中国风景园林学会　编

中国风景园林学会2019年会

论文集

（上册）

风景园林与美丽中国

Landscape Architecture and Beautiful China

CHSLA 2019

中国建筑工业出版社

图书在版编目(CIP)数据

中国风景园林学会2019年会论文集：上、下册/中国风景园林学会编．—北京：中国建筑工业出版社，2019.10

ISBN 978-7-112-24169-9

Ⅰ.①中… Ⅱ.①中… Ⅲ.①园林设计-中国-文集 Ⅳ.①TU986.2-53

中国版本图书馆CIP数据核字(2019)第202286号

责任编辑：杜 洁 兰丽婷

责任校对：张惠雯

中国风景园林学会2019年会论文集

风景园林与美丽中国

中国风景园林学会 编

*

中国建筑工业出版社出版、发行（北京海淀三里河路9号）

各地新华书店、建筑书店经销

北京红光制版公司制版

北京市密东印刷有限公司印刷

*

开本：880×1230毫米 1/16 印张：92¼ 字数：3901千字

2019年10月第一版 2019年10月第一次印刷

定价：**298.00**元（上、下册）

ISBN 978-7-112-24169-9

（34697）

中国风景园林学会 2019 年会
论文集

风景园林与美丽中国

Landscape Architecture and Beautiful China

CHSLA 2019

目　录

（上　册）

风景园林理论与历史文化传承创新

公园城市理论与实践

（下 册）

城乡景观与生态修复

我国风景园林 70 年

摘要

风景园林理论与历史文化传承创新

“晚明剧变”背景下的张南垣造园艺术研究

Research about Zhang Nanyuan's Gardening Art under the Background of "Transition in the LateMings"

逯星辉　刘雪寒　丁绍刚*

摘　要：明末江南园林自山、水、建筑三个层面，发生了重大的转变，逐渐形成了今日江南园林的风貌。此即“晚明剧变”。研究明季的园林剧变，对于了解中国园林的演进过程有着重要的意义。本文以晚明造园巨匠张南垣为研究对象，通过文献考证与分析，研究张氏造园与时代风格的异同。研究发现，张南垣造园一方面呈现着鲜明的变革期时代风格，如山水关系的处理。但另一方面，张氏营园与当时的时代风格有着一些不同，如低密度的园林建筑。在晚明时代园林美学转变的大背景下看张南垣的造园，有助于增进我们对古典园林的认识。
关键词：晚明剧变；张南垣；江南古典园林

Abstract: At the end of the Ming Dynasty, Jiangnan gardens have undergone major changes since the three levels of mountains, water and buildings, and gradually formed the style of today's Jiangnan gardens. This is the "late Ming Dynasty drama". Studying the dramatic changes in the garden in the late Ming Dynasty is very significant for understanding the evolution of Chinese gardens. This thesis takes Zhang Nanxuan, a master of the late Ming Dynasty gardening industry, as the research object, and studies the similarities and differences between Zhang's gardening and the style of the times through literature research. The study found that Zhang Nanxuan's gardens on the one hand presented a distinct era of change, such as the treatment of landscapes. On the other hand, Zhang's gardens are somewhat different from the fashion of the time, such as low-density garden buildings. Researching Zhang Nanxuan's gardening in the context of the transformation of garden aesthetics in the late Ming Dynasty helps to enhance our understanding of classical gardens.
Keyword: Late Ming Dynasty Drama; Zhang Nanyuan; The Traditonal Jiangnan Garden

引言

江南园林一直以来被认为是中国古典园林的典范，然而通过文献查阅和遗址考古，我们逐渐发现，早期园林的格局与造园要素与当今的大部分江南园林不同，今天所见的园林面貌明后期变革形成的，大异于之前的园林。对于这种变化，顾凯老师以“晚明剧变”名之。这种转折的产生，一方面是园主人思想的变化，另一方面也是造园匠人文人化与审美自觉的体现，张南垣作为这个时代最重要的造园家与时代美学风尚转变的引领者之一，其风格一方面具有鲜明的晚明时代美学特点，另一方面也具有着突出的个人风格与前代之风。

1　晚明剧变——晚明主流造园风尚探析

“晚明剧变”这一概念始见于东南大学顾凯老师的《重新认识江南园林——早期差异与晚明剧变》，这一观点对晚明园林现状进行了概括性总结，可以合理地解释现存江南园林与晚明园林的差异性。对“晚明剧变”这一概念文中并没有下一个准确的定义。通过对其文章的研读，笔者将其概括为“随着晚明思想的解放、市民文化的勃兴，江南园林出现了一系列由规整向灵动，由抽象转具象，由疏朗转繁复的变化趋势”。江南园林的风格转变，主要表现在三个方面。

1.1　水体：方池全面为曲池取代

早期造园中方池占有很大比重。方池的记载最早可见于白居易《草堂记》，北宋司马光筑独乐园，在园中筑“方深各三尺”的方池，南宋以来，因为朱熹诗句“半亩方塘一鉴开”，方塘被与道学中的“理”联系在了一起，到明代前中期，园林中依然可以找到大量的方池，如求志园、弇山园（图1）。明代的方池一方面保留了传统方池适意的审美，另一方面视方池为理之所在[1]。

图1　《求志园图》（局部）

明季随着工程技术的进步和时代审美的变化，方池逐渐被曲折有致的曲池替代，当时的造园家计成、张南垣等都认为方池不够灵动，批判“池凿四方”，称其为“窥管中之豹”。他们主张水池应曲折有致，“临池驳以石块”。在他们的推动下，曲池取代方池，成为主要的理水形式。

1.2 叠山：假山与置石的分离

晚明时，叠山由竖石为山向画意为山转变。先前叠山主张小中见大的叠山手法，峰石特置或堆石为山。对假山的审美和对奇石的审美是统一的。隆万以来，随着文人画的发展，对山的审美，由对单个峰石的鉴赏转为对山势与画意的欣赏，造园开始以画意叠山，造园者否定传统的峰石假山，主张以画理入山，将中国画中“布山形，取岔向，分石脉”[2]的绘画手法用于假山堆叠。这种实践扭转了以峰石为山的风气，形成了今天江南园林叠山的范式。

1.3 建筑：由疏朗到紧密

早期园林中建筑密度较小，与山水的联系也不密切。直到明代，园林建筑依然比较疏朗。早期的园林多为郊野别业，居住功能较弱，故园林建筑密度不高。明季随着市民文化的勃兴与社会对物质享乐的肯定，园林建筑的功能由原来的观景、点景为主转为以社交、起居为主。在这样的背景下，园林中的建筑密度逐渐增大。此外建筑的空间营造功能也逐渐凸显，如用廊结合山水，围合、分隔空间。不过对于建筑密度的增加，明末文人看法各不相同，如绍兴“巘花阁”，祁彪佳称赞“如簇花叠锦”，张岱则认为“伤板、伤实、伤排挤”[3]。但总体而言，明季开始，江南园林的建筑密度越来越大。

综上所述，“晚明剧变”本质上是中国园林趋于精致、绘画化和生活化的过程。这一方面是园主人审美世俗化的表现，另一方面也深受文人化的造园家思想的影响。但造园者个人的思想也不完全与时代特色相符，还会带有一些前代的遗存，张南垣就是如此。

2 和而不同——晚明主流再远风尚与张南垣营园的异同

作为晚明造园宗匠，张南垣的造园作品受到陈继儒等文化名人的肯定和推崇，名动江南。张氏的造园思想，一方面有着适应时代潮流的画意叠山和曲意理水，另一方面，在山势的处理以及建筑格局的把控上，张南垣又有着自己的坚持，这种矛盾，一方面体现了晚明江南园林变革的多元化，另一方面也反映了园林世俗化过程中文人意识的彷徨，侧面反映了中国园林在晚明转型中的渐变过程。

2.1 叠山手法的比较分析

晚明是叠山艺术由树石为山向画意入山、“截溪断谷”转变的重要时期[4]，张南垣无疑是这场变革的引领者。相较于计成一方面批判掇山“炉烛花瓶，刀山剑树”的审美，一方面又沿袭上代叠山手法“方堆顽夯而起，渐以皴纹而加”，延续上代“瘦漏生奇，玲珑安巧”的山石审美，营造全景式假山，张南垣对前代立峰赏石的审美否定得更为彻底。他指出了以峰石为山会因假山与周围环境尺度不一致而带来荒谬感，真山之美来自于“造物神灵之所为”的鬼斧神工和“跨数百里”的雄浑尺度，人工叠山难以复制。有鉴于此，张南垣主张叠山截取大山一角，模拟山脚、山麓。于短垣一侧筑土为山，然后“翳以密篆”，以竹林遮挡视线，形成园外有山的错觉。如此山的尺度感不变，玩赏更有真实感，仿佛真山一角[5]。较之原有树石为山的做法、更加简远、自然。

与同时代营造全景式假山的造园家们一样，张氏叠山理论来源于山水画，讲究意境与构图。然而计成等人模仿的是北宗范宽、李唐笔下雄奇壮丽的山水景致，造园“掇石而高”“搜土而下”，追求北宗山水险峻诡怪之美。而张南垣叠山以董其昌淡雅自然、疏朗凝练、重气韵的画意为模板，力图再现南宗董源、倪瓒等人的绘画风格，即笔触细腻绵密、小山平缓连绵、注重平远。受这种风格影响，张南垣筑土成山，叠山质感柔和，山势平缓，山石“伏而起，突而怒”，以石脉丰富假山的质感。同时山上“松杉桧栝，杂植成林”，以树木的柔和质感模拟皴法。整座假山疏淡天然，富有画意。此外，在节点的处理上，张南垣采取再现画中小景的做法，将倪瓒的水口，黄公望的矾头再现于假山的节点之中。

虽然处理手法不同，但以画入山的设计思想，张南垣与同时代的造园家是相通的。明季山水画进入总结阶段，高度凝练的艺术符号形成，园主人与造园家得以摆脱局部的片石审美，能够以绘画构图评价叠山的结构。画意入园成为主流。但与其他造园家相比，张南垣的审美格调更士大夫气。明季文人审美市民化，如计成、张南垣等造园家，更习惯更豪奢而浮夸的全景假山，传至后世。张南垣简远天然的土石缓坡叠山则逐渐没落，难寻踪迹。

2.2 理水手法的比较分析

直到嘉靖年间，江南园林中依然存在着大量的方池，建于嘉靖三十八年（1559年）的豫园，就采取“堂后凿方塘”的设计手法。万历中后期曲池开始盛行，而张南垣对曲池的流行起到了重要的作用。

吴伟业《张南垣传》记载，张南垣改造了大量方塘，“方圹石洫，易以曲岸回沙”，将园林水体自然化，这一点与当时大部分造园家是相合的。如是为之，增加了山水的契合度，近岸模拟洲、渚、矶等自然形态，给人曲折自然的美感。曲折的驳岸收束了水体，使之显得更为幽远，增加了景深，营造出了山水相互渗透的感觉。

这种理水手段源于传统绘画理论。中国画注重山和水的契合，山需要水的留白衬托，水则需要山形围合，山是图，水是底。郭熙在《林泉高致》中提出“山以水为血脉”“山得水而活，水得山而媚”，以此法营造园林，山形与水形相契，山的绵延决定了水的曲折。另一方面，张南垣师承董玄宰，董其昌描绘水岸喜用小披麻皴，运笔平顺，线条曲折，形成富于变化的水岸（图2），将这种形态运用于园林，就形成了张南垣曲折往复的曲线驳岸。

这种理水方式与计成是不谋而合的，计成主张理水“曲折有情，疏源正可”，以与环境更契合、富有韵律感的水体取代方池。二人的理念随着其造园活动的进行，受到苏淞士大夫的推崇，在江南广泛流传。

图 2 《高逸图》

2.3 建筑布置手法的比较分析

明末园林建筑的比例逐渐增大，建筑功能除点景观景之外，营造空间、实用功能日渐突出。同时建筑的雕饰增多、日趋浮华。建筑的造型美与雕饰美开始成为评判园林美的重要标准。张南垣造园与这种审美取向是相背的，其布置建筑同样重视建筑的空间营造和实用功能，造园“先思著屋”，将建筑格局作为整个园林格局布置的重要标准。同时，张南垣也推崇以廊组织空间，如在乐郊园的营造中，张南垣营建梅花廊，勾连假山与揖山楼。

然而对于当时建筑细部雕栏画栋的浮夸风，张南垣并不认同，他推崇简朴自然的建筑，“邃闼雕楹，改为青扉白屋”，主张以雅致简洁的装潢的代替繁复的建筑装饰。室内“窗櫺几榻，不事雕饰”，造型简朴，雅合自然。张氏营园不以雕饰取胜，严虞惇《东园记》对王时敏乐郊园的建筑围合、布局、视野都有所描述，唯独对装潢不着一字[6]。总的来说，在“居于园”的时代背景下，张南垣在建筑的布置上充分考虑了建筑的实用性和围合功能，同时，他依然恪守着自古以来中国园林建筑质朴的文人审美。这一点与这一时代的许多文人是一致的，王弇州批评徐园“微伤巧丽”，张宗子夸赞筠芝亭“浑朴一亭”，那个时代不乏文人恪守简约的美学，但这种审美最终在晚明众生对世俗享乐的追求中逐渐衰微。

3 结语：由张南垣看晚明剧变的曲折性和反复性

张南垣是晚明园林转折的过程中重要的领军人物，其造园思想也体现了晚明园林转变的曲折性与反复性。一方面，作为造园大家，张南垣是园林变革的探索者，对晚明江南园林风格的转折做出了巨大的贡献。另一方面，其造园风格，与顾凯所定义的“晚明剧变”，不尽然完全相同。叠山方面，张南垣虽同样主张以画意入山，但与模仿北宗山水的主流造园者不同，其叠山效仿南画，简远自然，土中戴石，截溪断谷，营造出恬淡天然的假山；理水方面，张南垣的主张可以说是这个时代理水手法的缩影，水随山形，打破了方塘的呆板，曲折有致；建筑方面，张南垣在切合实际与时代美学的同时坚持古风，一方面强调园林建筑的空间营造功能，注重廊在勾连、围合、分隔空间上的运用。然而对于建筑细部的处理，与当时建筑密度极大、强调建筑雕饰美的风尚不同，张南垣依然坚持着士大夫式的简洁审美，建筑不事雕饰、装潢简约，富于高士式的文人情趣。这种坚持反映了在世俗享乐日益发达的明末，造园者审美上的转变与矛盾。但正是这种对质朴美学的坚持，造就了张南垣前无古人、后无来者的独特地位，在晚明日渐繁复的园林设计浪潮中，泛起了一朵淡雅的浪花。

参考文献

[1] 顾凯．中国古典园林史上的方池欣赏：以明代江南园林为例[J]．建筑师（03），2010：44-51.

[2] 沈思．“深意画图，余情丘壑”——浅析中国古代山水画对古典园林中叠石掇山的影响[J]．艺术生活-福州大学厦门工艺美术学院学报，2015(04)：15-17.

[3] 顾凯．重新认识江南园林：早期差异与晚明剧变//建筑历史与理论第十辑(首届中国建筑史学全国青年学者优秀学术论文评选获奖论文集)[C]．中国建筑学会建筑史学分会，2009：10.

[4] 曹汛．中国园林的造园叠山艺术[J]．艺术设计研究，2009(03)：15-18.

[5] 曹汛．造园大师张南垣(二)——纪念张南垣诞生四百周年[J]．中国园林，1988(03)：2-9.

[6] 秦柯．张氏叠山造园管窥——以祁彪佳寓园为例[J]．华中建筑，201735(12)：18-22.

作者简介

逯星辉，1996 年生，男，汉族，甘肃天水人，南京农业大学园艺学院风景园林学硕士。研究方向为风景园林历史与理论。电子邮箱：2825363783@qq. com。

刘雪寒，1995 年生，女，汉族，河南开封人，南京农业大学园艺学院风景园林学在读硕士。研究方向为风景园林历史与理论。电子邮箱：2516977769@qq. ccom。

丁绍刚，1966 年生，男，安徽南陵人，汉族，硕士，副教授，南京农业大学风景园林学科负责人。研究方向为风景园林规划设计、基于数字技术的风景园林量化。电子邮箱：dsg2009@njau. edu. cn。

“引汤布池，传承启新”：唐华清宫温汤景象意匠考析①

Artistic Conception of the Hot Spring Bathing Pools in Huaqing Palace of the Tang Dynasty

张 蕊 王俊彦 王 欣*

摘 要： 华清宫作为我国现存唯一一处唐代皇家温泉山水宫苑，分析其温汤景象意匠有助于对唐代园居沐浴场所的认知。现有研究中对于唐华清宫沐浴汤池整体布局及其如何受统治者思想影响的讨论并不多见。以华清宫出土的唐代汤池为研究对象，在考古遗址基础上通过历史图-文互证、考古-史料互证的方法，从现存遗迹着手，梳理唐华清宫温汤营建的历史沿革、考证和分析唐华清宫汤池总体布局以及“星辰汤”、“莲花汤”、“海棠汤”的设计意匠。研究发现唐华清宫温汤景象在其同名立意、温泉水系布局以及汤池做法理微上，反映了当时的政治思想、艺术成就和建造工艺。华清宫汤池景象充分体现了“以艺驭术、文以载道”的中国园林内涵。

关键词： 风景园林；唐华清宫；唐玄宗；温泉汤池；设计意匠

Abstract: Huaqing Palace of the Tang Dynasty, the only royal landscape palace with hot springs present now in China, to analysis its artistic conception contribute to the understanding of the Tang Dynasty garden in the Bathing places. Papers and discussions about its overall layout and how it was influenced by the ruling class are seldom analysed. Based on archaeology, through historical pictures and archaeological data, this paper studies the relics of hot spring bathing pools in the Tang Dynasty, sorts out the construction of hot spring bathing pool in Huaqing Palace, textual researches and analyzes its overall layout and artistic conception of "Xingchen", "Lianhua", "Haitang" hotspring bathing pools. The study found that hot spring bathing pools in Huaqing Palace in their name asking, conception, hot springs water system layout, and practices reflected the political ideology, artistic achievement and building techniques. It fully embodies the essence of Chinese gardens-"conducting technology through art, carrying the Daosim by literature".

Keyword: Landscape Architecture; Huaqing Palace of the Tang Dynasty; Archaeology; Emperor Xuanzong; Hot Spring Bathing Pools

引言

华清宫位于唐长安以东30km的昭应县（今陕西省西安市临潼区）骊山北麓，属八百里秦川腹部，自古就有温泉流淌。1982年4月，临潼区政府在华清池温泉总源北部进行基建时，发现了唐华清宫汤池遗址。经过数年的发掘，清理出的唐代华清宫汤池和建筑遗址的方位、形制，与古代文献记载完全吻合[1]。从此唐华清宫的历史遗存展现在世人面前，让人可以从中领略盛唐皇家园居生活的风采，且史料和考古证据详实可靠，值得去深入研究。

以往相关研究较多的是对汤池建筑的复原研究，如杨鸿勋[2]、张铁宁[3]对莲花汤、海棠汤的建筑复原，张锦秋[4]对汤池建筑的设计复原；汪菊渊[5]、周维权[6]、傅熹年[7]对华清宫整体布局有一定总结；佟裕哲[8]、朱悦战[9]对汤池宫殿建筑的布局有所描绘。综上，唐华清宫出的研究目前已取得一定成果，但关于华清宫汤池水系布局、汤池设计造型技艺与帝王造园思想的关系等的详细论述并不多见，因而，本文从华清宫现存汤池遗迹着手，联系华清宫缔造者的个人情感与帝王意志，研究华清宫温汤（即温泉）布局和汤池设计意匠，探讨唐华清宫如何将沐浴场所变为精神场所，揭示出唐华清宫作为古代皇家宫苑如何反映景面文心的中国园林本质。

1 唐华清宫温汤的营建沿革

骊山温泉早在6000年前，就已经被原始先民们开发利用，繁衍生息[10]，在现华清宫温泉水源附近发掘的周代绳纹陶管道，证明了周代在此修建离宫[11]。“温泉在骊山，与帝都密迩。自秦汉隋唐人主皆常游幸”[12]。秦代砌石起宇修建“骊山汤”[13]，到隋代的“澡身浴德”[14]扩建温汤，至唐代，唐太宗“面山开宇，从旧裁基”[1]（取自唐李世民《温泉铭并序》）修建“汤泉宫”，至唐玄宗时期“华清宫”建设规模宏大。安史之乱后园林渐毁，宋、元、明时期改为道观，清末修筑“环园”，民国改名“涤尘池”，中华人民共和国成立后建为华清池风景名胜区[1]。在整个历史阶段，唐玄宗时期的华清宫规模和艺术成就都达到历史巅峰。

唐玄宗开元十一年（723年）大规模修建并将“汤泉宫”改名为“温泉宫”，又于天宝六载（747年）更“温泉宫”为“华清宫”[15]，史载“广温泉为华清宫……以（房）琯资机算，诏总经度骊山，疏岩剔薮，为天子游观”[16]。唐玄宗建汤池宫殿、修筑城池，规模宏大，“骊山上下益治汤井为池，台殿环列山谷，明皇岁幸焉，又筑

① 基金项目：浙江农林大学科研发展基金（编号：104/2034020090）；浙江省自然科学基金/青年基金项目（编号：LQ19E080024）。

会昌城，即于汤所置百司及公卿邸第焉”[17]。宫内建筑鳞次栉比“大抵宫殿包裹骊山一山，而缭墙周遍其外”[12]，如《唐骊山宫图》所绘（图 1）。唐代诗人白居易《骊宫高》诗赞华清宫壮丽的宫苑盛景“高高骊山上有宫，朱楼紫殿三四重。”他的《长恨歌》“春寒赐浴华清池，温泉水滑洗凝脂”道出杨贵妃赐浴华清宫的史实。唐·陈鸿《华清汤池记》形容当时的汤池殿宇“其穷奢而极欲，古今罕匹矣。”[18]。

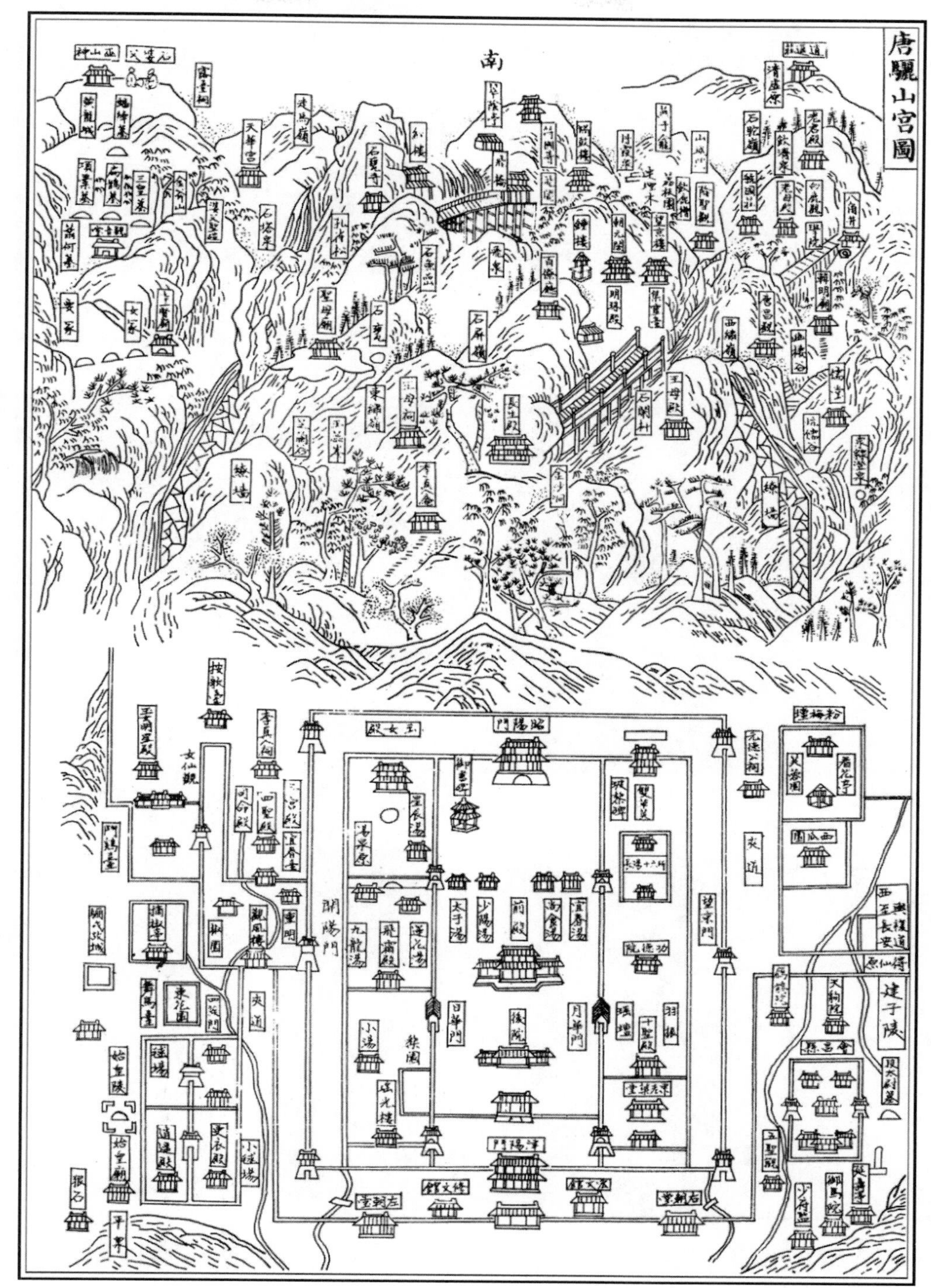

图 1　唐骊山宫图（上、中）
（图片来源：元·李好文《长安志图》）

唐华清宫汤池遗址的考古挖掘有三个阶段：第一个阶段从 1982 年 5 月 4 日至同年 11 月底，发掘了唐太宗沐浴汤池“御汤”（北半部分）[19]及其便殿遗迹[20]（图 2、图 3），以及先民生活用具、秦汉时期建筑构架[21]等。第二个阶段从 1983 年 8 月至 1986 年 6 月，先后发掘出“太子汤”（图 4）、“海棠汤”（图 5）、“御汤九龙殿（莲花汤）”[22]（图 6）、以及唐太宗“御汤”南半部分汤池遗迹[10]（图 7）。第三个阶段从 1987 年 1 月 1 日至同年 12

图 2 “御汤”（北半部分）遗迹考古发掘照
（图片来源：华清宫文化旅游有限公司提供）

图 3 “御汤”西侧便殿遗迹考古发掘照
（图片来源：华清宫文化旅游有限公司提供）

图 4 “太子汤”遗迹考古发掘照
（图片来源：华清宫文化旅游有限公司提供）

图 5 “海棠汤”遗迹考古发掘照
（图片来源：华清宫文化旅游有限公司提供）

图 6 “莲花汤”遗迹考古发掘照
（图片来源：华清宫文化旅游有限公司提供）

图 7 “御汤”南半部遗迹发掘照
（图片来源：华清宫文化旅游有限公司提供）

月 30 日，清理出土了“T5”汤池遗址、“T7”汤池遗址以及两处无名汤[10]（因存在争议，本文不做讨论）。笔者走访了当年参加华清宫考古的工作者，详细梳理了同时期考古发掘简报，结合现场考察和历史文献考据，发现华清宫沐浴汤池的建造、布局、造型及其传递的精神都与帝王和汤池的使用者有着千丝万缕的联系。

2 唐华清宫温汤的建设缘由

综合唐代华清宫修建的时代背景、政治、文化、经济的条件，从华清宫活动内容与设施来看，除了“讲武、狩猎、祭祀、朝贺”等方面的政治目的以及“东控鸿门，西接终南”[23]处交通要塞的军事意义之外，更主要目的可以概括为沐浴天然温泉，荡邪疗疾，表达君权永固、万岁同昌的皇家情怀；同时其自然山水环境符合帝王追求雅致生活的愿望以及尊天崇道、祈求长生不老的情结。唐玄宗李隆基《温泉言志》诗曰：“桂殿与山连，兰汤涌自然。阴崖含秀色，温谷吐潺湲。绩为蠲邪著，功因养正宣。愿言将亿兆，同此共昌延”[24]。从诗中可以看出：修筑华清宫目的侧重于在兼具沐浴温汤、游览、生活、崇道的园林环境中“蠲邪养正”。可见，满足帝王沐浴是修建华清宫的充分条件和基本前提。

唐太宗李世民修建“汤泉宫”是想利用温泉水沐浴以去除风疾病痛，“朕以忧劳积虑，风疾屡婴，每濯患于斯源，不移时而获损”（唐太宗《温泉铭》[1]）。唐玄宗李隆基曾下令颁发“禁骊山樵采敕”：“骊山特秀峰峦，俯临郊甸。上分艮位，每泄云而作雨；下出蒙泉，亦荡邪而蠲瘵。乃灵仙之攸宅，惟邦国之所瞻。”[18]。从敕文中可以看出，骊山温泉可“荡邪蠲瘵”，修筑华清宫象征“灵仙攸宅”有兴国安邦的希冀。唐玄宗将宫名改为“华清宫”，取西晋左思《魏都赋》“温泉瑟涌而自浪，华清荡邪而难老”[25]之意。符合华清宫温泉荡邪疗疾的事实，也符合玄宗当时求仙问道的诉求。

3 唐华清宫温汤的设计意匠

3.1 温汤水系总体布局

随着年代的更迭，唐华清宫内各温汤汤池的水系布局也根据其建造年代和使用情况的不同而有所变更。据考古遗迹的断代分期，笔者将华清宫汤池温汤水系的布局分为三个时期来介绍：第一期，唐高祖李渊武德元年至唐睿宗李旦景云二年（618～711年）；第二期，唐玄宗李隆基开元元年至开元二十九年（712～741年），第三期，唐玄宗李隆基天宝元年至天宝十五载（742～756年）。一期（图8*a*）汤池的布局以靠近温泉水源的太宗“御汤”为主要地位而进行排列，太子汤位于正北略偏西。二期（图8*b*）玄宗李隆基继位，唐太宗“御汤”原位置未变，“太子汤”废弃。唐玄宗在太宗“御汤”的东北为自己新建“御汤九龙殿”（“莲花汤”）。三期（图8*c*）汤池的布局是唐太宗“御汤”（“星辰汤”）“莲花汤”原位置未变，在“莲花汤”西北侧为杨贵妃修建“海棠汤”。

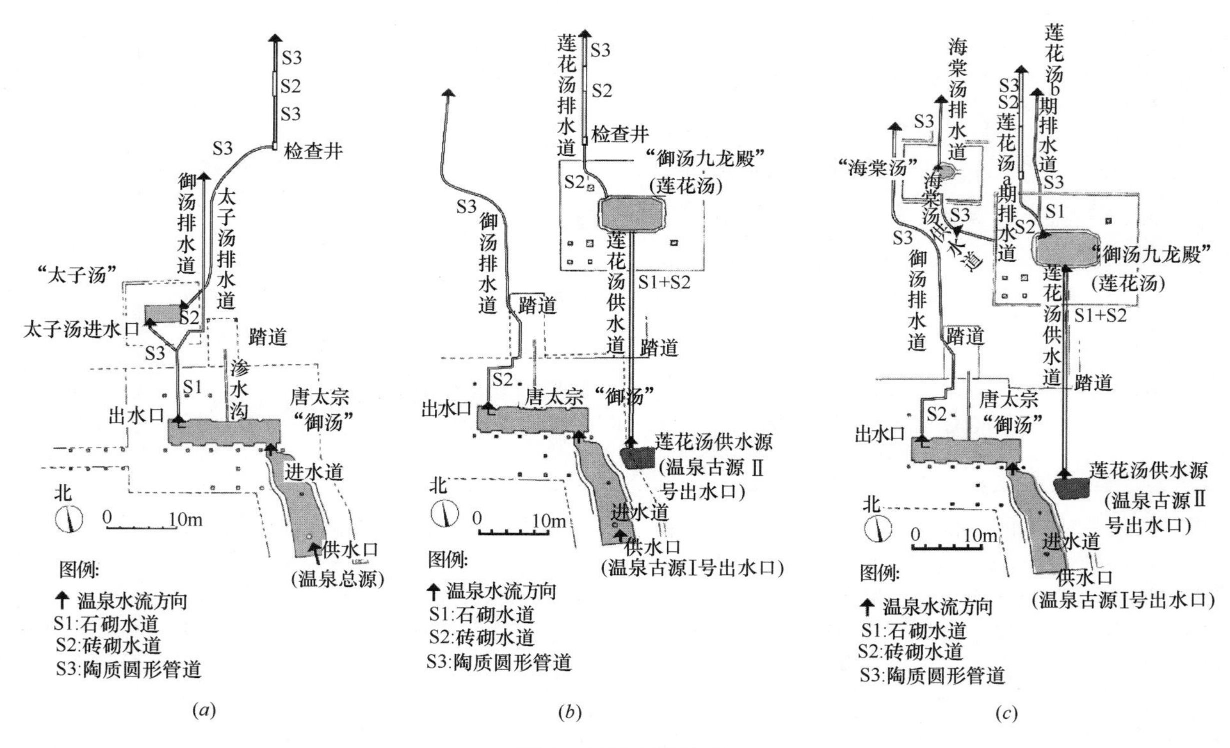

图8 温汤水系分布

（图片来源：作者据《唐华清宫》考古内容绘制）

（*a*）第一期温汤水系分布图；（*b*）第二期温汤水系分布图；（*c*）第三期温汤水系分布图

可以看出，唐华清宫温泉水道的走向根据其地脉和文脉两条思路布置。

地脉是因地制宜的靠近温泉水源，根据地势南部高北部低而自南向北流。各个汤池供排水合理，均采用独立的供排水系统，供水道与排水道分开。自成体系、互不干扰，充分利用建筑外空间区域、回避地面建筑物。

文脉依托于地脉，并依据古代礼制而布置，皇帝地位最高，首选靠近水源并且处于温汤区域的高处；根据唐代尊老崇祖的思想，唐玄宗继唐太宗之后广修温泉，将自己的汤池宫殿置于太宗宫殿的北侧下游区域。和太宗“御汤”同时修建的“太子汤”位于太宗殿宇西北侧下游，使水流先满父池后盈子池；杨贵妃“海棠汤”位于唐玄宗

“莲花汤”下游西北侧，流水先满君池后盈妃池，这种做法考虑了日后堵塞维修的方便，也符合唐代社会君权神授，皇权高于一切的尊君思想和封建等级的礼制制度。

3.2 唐太宗“御汤”（“星辰汤”）意匠考

唐太宗汤池名曰“御汤”，宋代以后文献中称之为“星辰汤”①。

唐太宗贞观十八年（644 年）“诏阎立德营建宫殿、御汤，名汤泉宫”[12]（图 9）。据考古文献记载，御汤汤池形似北斗七星，北部汤池的形状与北斗七星中魁四星的长方形布局相像，南部汤池和北斗七星中斗三星的走向、形状类似。两汤池合二而一的平面形状与北斗七星组成的形状神似，将其名“魁池”、“斗池”[10]。主要形制见表 1。

图 9 星辰汤遗址现状

（图片来源：作者摄于 2016 年 7 月）

唐华清宫主要汤池形制总结表 表 1

汤池名称	使用者	形态材质	层数	尺寸	进出水口方位	上下台阶	御座
唐太宗御汤（星辰汤）	唐太宗李世民	北斗七星状；青石	两层台式	“魁池”东西 16.49m，南北 3.93～3.95m 至 3.35 米，高 0.7～0.72m，总面积约 $60.2m^2$；“斗池”从下向上，一层台高 0.7～0.72m，二层台高 0.48～0.5m	进水口为温泉总源，“斗池”为进水道；出水口在“魁池”西北角，用石块砌筑而成	汤池北侧正中下层台有踏步 2 级，上层台踏步 4 级	“魁池”北壁正中[33]
莲花汤	唐玄宗李隆基	莲花形；青石	两层台式	东西 10.6m、南北 4.7～6m、深 1.5～1.54m（上层台深 0.8m，呈莲花形状；下层台深 0.7m，台边缘宽 0.2～0.4m，呈八边形）	双进水口位于池底靠近北壁，装有白玉“莲花”喷水头；池西北角有双出水口。前期砖石砌筑，后期石块砌成接圆形陶质水管道	上层台正中有 4 层石台阶；下层台在东、西、北三面各有一个 2 层的踏步	汤池北壁正中
海棠汤	杨贵妃杨玉环	海棠形；青石	两层台式	上层东西 3.6m，南北 2.9m，台深 0.72m，由 16 块券石组成。下层东西 3.1m，南北 2.1m，台深 0.55m，用 8 块券拼成	池底正中有直径 10cm 的圆形进水口；出水口在池底西北角，半椭圆形（短径 5cm，长径 18cm）	上层台东西各有踏步 4 级	下层北壁正中

唐太宗将“御汤”修建成象征“北斗七星”的平面形状，符合天帝主宰宇宙，人间帝王主宰黎民的紫宸志。除了在平面形态上模仿星象外，在汤池南北池壁结构上也有不同的形态功能及其象征意义：“魁池”南壁形状做成城垛状的凸起，工程上是为了解决大殿柱础排列和立柱的实际需要，为了保护、加固立柱；“魁池”的北壁和“斗池”的东西两壁则是顺着温泉从南至北的流向呈一定的曲线弧度变化，以象征自然山川[10]。汤池的形象与北斗星象和山川河流相呼应，既反映了帝王对于自然的崇敬，也体现出唐代工匠设计中追求模拟自然美的思想。

“御汤”建成，唐太宗游幸，并撰《温泉铭》：“泉涌殿而萦池，砌环流而起岸。岩虹曜彩，曲曲垂梁；岫月澄轮，低低入牖……疏檐岭际，抗殿岩阴；柱穿流腹，砌裂泉心”[1]。反映了“御汤”位于骊山之阴近山咫尺，殿前骊山耸峙；考古遗迹中两池衔接处有一定的落差设计，而形成温泉跌落之感。有殿宇柱础于汤池，正对双进水口，恰如太宗所云“柱穿流腹，砌裂泉心”（图 10）。

唐代有一整套完整的礼制制度，《唐六典》载“凡王公已下，至于庶人，汤泉馆室有差，别其贵贱，而禁其踰越”[26]，其沐浴汤池均按照身份等级而修建有别，不可僭越。在唐太宗驾崩后仍保留“御汤”汤池，子孙均不得越级使用。据考古资料，玄宗执政后，为自己新建“御汤九龙殿”（“莲花汤”），太宗御汤则变为温泉蓄水池[10]。推测李隆基是想祈求苍天北斗，保佑李氏王朝，永固皇位，福传万代；同时要继承先祖遗志，发扬光大“贞观之治”，像温泉一样恩泽四方，政通人和，国家繁荣昌盛。加之将星辰汤用于贮水，为宫内其他汤池和宫外宠臣沐浴供水，并暗寓皇恩雨露遍赐众生之意，笼络人心，为巩固大唐江山社稷效忠[10]。

① 在《骊山宫图》记曰“唐贞观初始营御汤”，引自康熙四十年《临潼县志》卷七《艺文志·钞集》；《骊山宫图》中将太宗御汤的位置名“星辰汤”，参见图 1；《长安志》：“今名星辰汤，南有玉女殿，北有虚阁，阁下即汤泉，二玉石瓮汤所出也”，参见文献［17］。

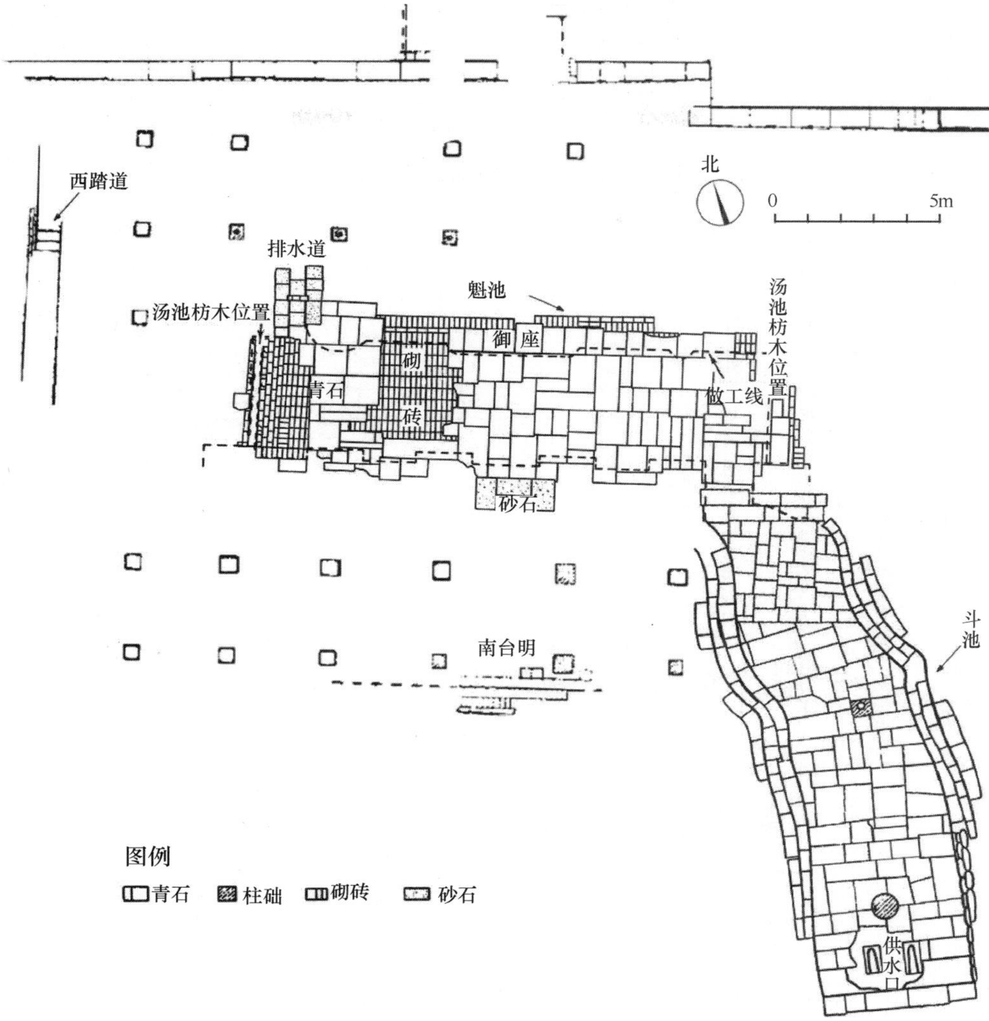

图 10　唐华清宫“御汤”汤池平面图（图片来源：摹自骆希哲《唐华清宫》）

3.3　唐玄宗“莲花汤”意匠考

“莲花汤”是唐玄宗李隆基为自己修建的沐浴汤池，建于唐开元十一年（723 年）（图 11）。“莲花汤”又名“御汤九龙殿”位于华清宫宫殿区东路南部，《长安志》“御汤九龙殿在飞霜殿之南亦名莲花汤”[17]。“莲花汤”汤池极尽奢华之能事，其殿宇宽广，制作宏丽[27]。《贾氏谭录》载“汤池凡一十八所，第一是御汤，周回数丈，悉砌以白石，莹澈如玉，面皆隐起鱼龙花鸟之状。四面石坐，阶级而下，中有双白石莲，泉眼自瓮口中涌出，喷注白莲之上”[28]。经考古表明，“莲花汤”有两层，上层轮廓近于横长的椭圆形，边缘呈四瓣花式；下层平面呈较规整的扁八边形。下层台内部在东、西、北三面各有一个两层的踏步供上下……池北壁正中有四层石台阶可供入池沐浴[22]（图 12）。主要形制见表 1。

图 11　莲花汤遗址现状
（图片来源：作者摄于 2016 年 7 月）

笔者认为，唐玄宗“莲花汤”的形态，与玄宗尊崇道教、渴求长生有关。上平面莲花形，“《华山记》曰：华山顶上有池，生千叶莲花，服之者羽化。《太清诸草木方》曰：七月七日采莲花七分，八月八日采莲根八分，九月九日采莲实九分，阴干下筛，服方寸匕，令人不老”[29]。可见，莲通身都是有用之物，且可以使人人寿年丰，长生不老。下平面八边形象征大地 8 个方向，将莲花设置在大地八极之上，希望通过沐浴能与天地相连，在清泉、莲花的护佑下延年益寿、羽化成仙。这种思想与唐玄宗《温泉言志》序：“惟以温泉，是称愈疾，岂予独受其福，思与兆民共之"[24]及诗中强调的"绩为蠲邪著，功因养正宣。愿言将亿兆，同此共昌延"[24]一语双关，即表达自己为民谋福祉渴望大唐王朝万岁昌延的志向，又表达了温泉的疗养功能以及玄宗对于长生的夙愿。

3.4 杨贵妃"海棠汤"意匠考

"海棠汤"位于"御汤九龙殿"西北，是唐玄宗的贵妃杨玉环沐浴之所（图13）。据考古发掘简报，汤池用青石砌成，平面轮廓近于长椭圆形，外边呈八瓣花式（海棠花形）[22]（图14）。主要形制见表1。（宋）钱易《南部新

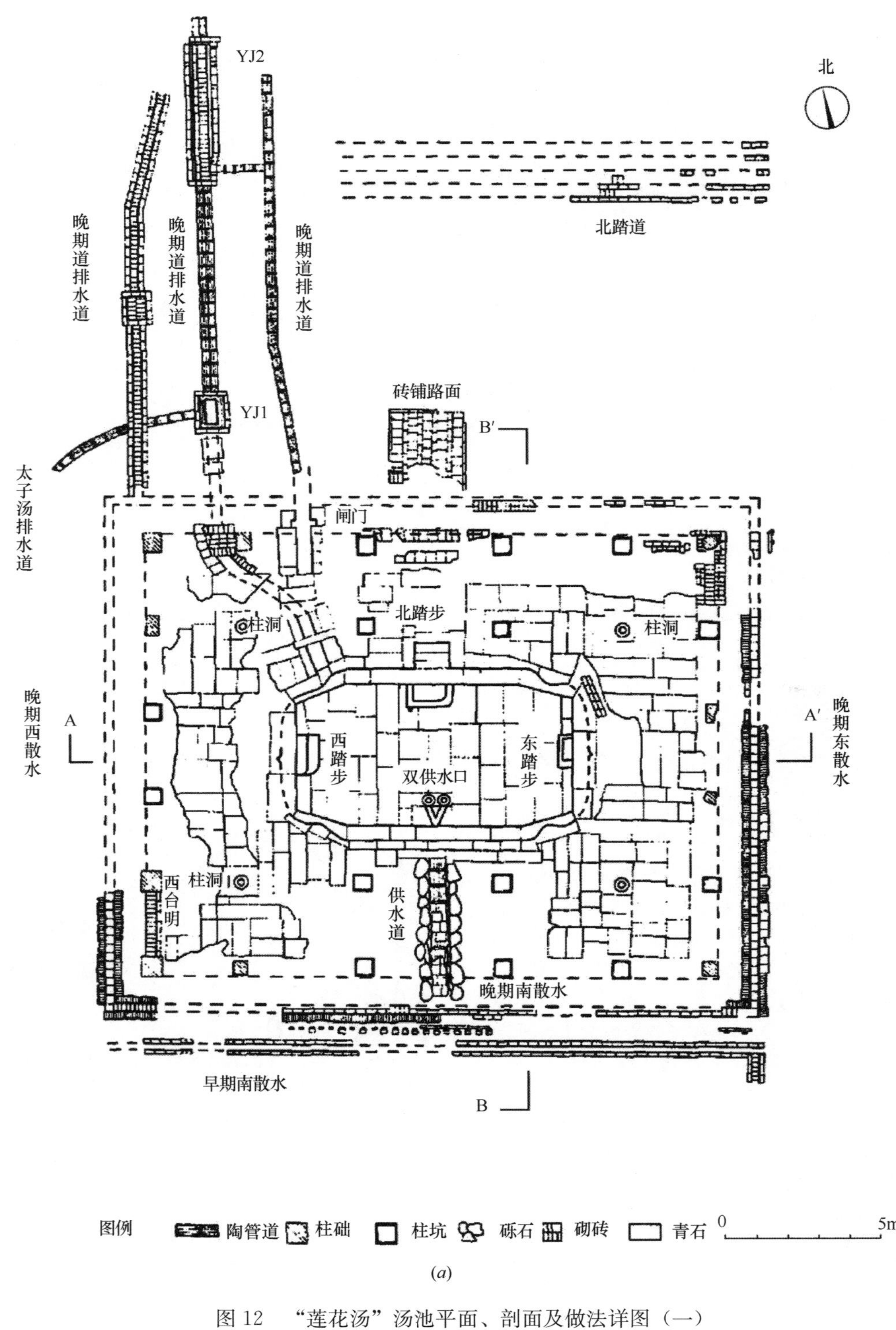

图12 "莲花汤"汤池平面、剖面及做法详图（一）

（图片来源：摹自骆希哲《唐华清宫》）

(a)"莲花汤"遗迹平面图

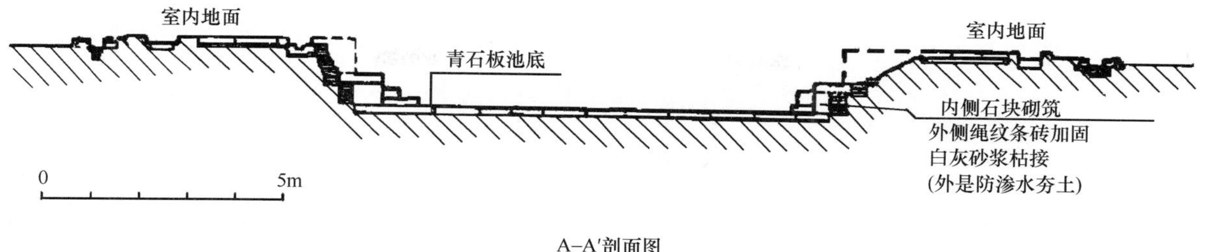

A–A′剖面图

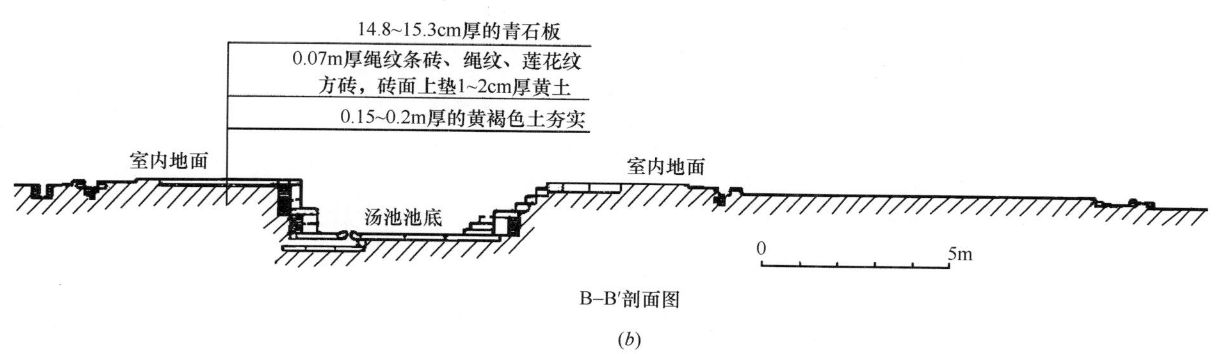

B–B′剖面图

(*b*)

图 12 “莲花汤”汤池平面、剖面及做法详图（二）
（图片来源：作者根据考古简报内容绘制）
（*b*）“莲花汤”汤池剖面及做法

图 13 “海棠汤”遗址现状
（图片来源：临潼区文物管理委员会提供）

书·已》载：“御汤西北角，则妃子汤，面稍狭。汤侧红白石盆四，所刻作菡萏之状，陷于白石面”[30]。（清）康熙《临潼县志》记载：“在莲花汤西，沉埋已久，人无知者，近修筑始出，石砌如海棠花，俗呼为‘杨妃赐浴汤’，岂以‘海棠睡未足’一言而为之乎”[31]。

“海棠春睡”的典故指明杨贵妃被唐玄宗比作海棠。《杨贵妃外传》载：唐明皇“登香亭，召太真妃子，妃子时卯醉未醒，命高力士使待儿扶掖而至。妃子醉颜残妆，鬓乱钗横，不能再拜。上皇（唐玄宗）笑曰：‘岂妃子醉。直海棠睡未足耳！’[32]”另外，杨玉环在成为玄宗贵妃之前做过一段时间的女道士，“平生服杏丹，颜色真如故”（唐代刘禹锡《马嵬行》），受仙风道气影响颇深，唐代崇道诗人罗虬《花九锡》云：“浴海棠，宜韵致容”。可以看出，将杨贵妃沐浴的汤池建造为海棠形，并名为“海棠汤”是问名有由的。

3.5 唐华清宫温汤营造意匠

华清宫汤池的修建在其问名立意、温泉水系布局以及汤池做法理微上，都在一定程度上受到唐代帝王的追求、皇家的等级和古代营造技艺的影响。充分反映了唐代沐浴汤池的营建智慧，体现了“以艺驭术”“文以载道”的中国园林内涵。

首先，温汤汤池的造型设计与其问名、立意密切相关，体现景面文心的中国园林本质[34]。如唐玄宗“御汤九龙殿”又名“莲花汤”，造型下呈八边上呈莲花，好似将莲花至于大地八级之上，玄宗在此沐浴，希望可以通天地、求长生。再如被玄宗比作海棠花的杨贵妃沐浴汤池名“海棠汤”，形状呈八瓣海棠花形。再如唐太宗所用“御汤”平面形似“北斗七星”，上合天象，池壁造型设计又仿华清宫地宜象征骊山和渭水。

其次，在整体的水系排布上“从旧裁基”、“尊老崇祖”、“自成体系”。唐太宗时期汤池殿宇是在历经前朝建设的基础上修建，至唐玄宗时期的扩建达到巅峰。太宗汤池处最高处，从温泉总源引水，玄宗修建的汤池位于太宗汤池的北方地势稍低处，其它汤池的修建均符合君臣尊卑，汤池水道都在太宗汤池水道的支脉上。如《南部新书》载“余汤逦迤相属而下，凿石作暗渠走水”[30]。各个汤池水道自成体系互不干扰，也使得维修管护上更加方便。

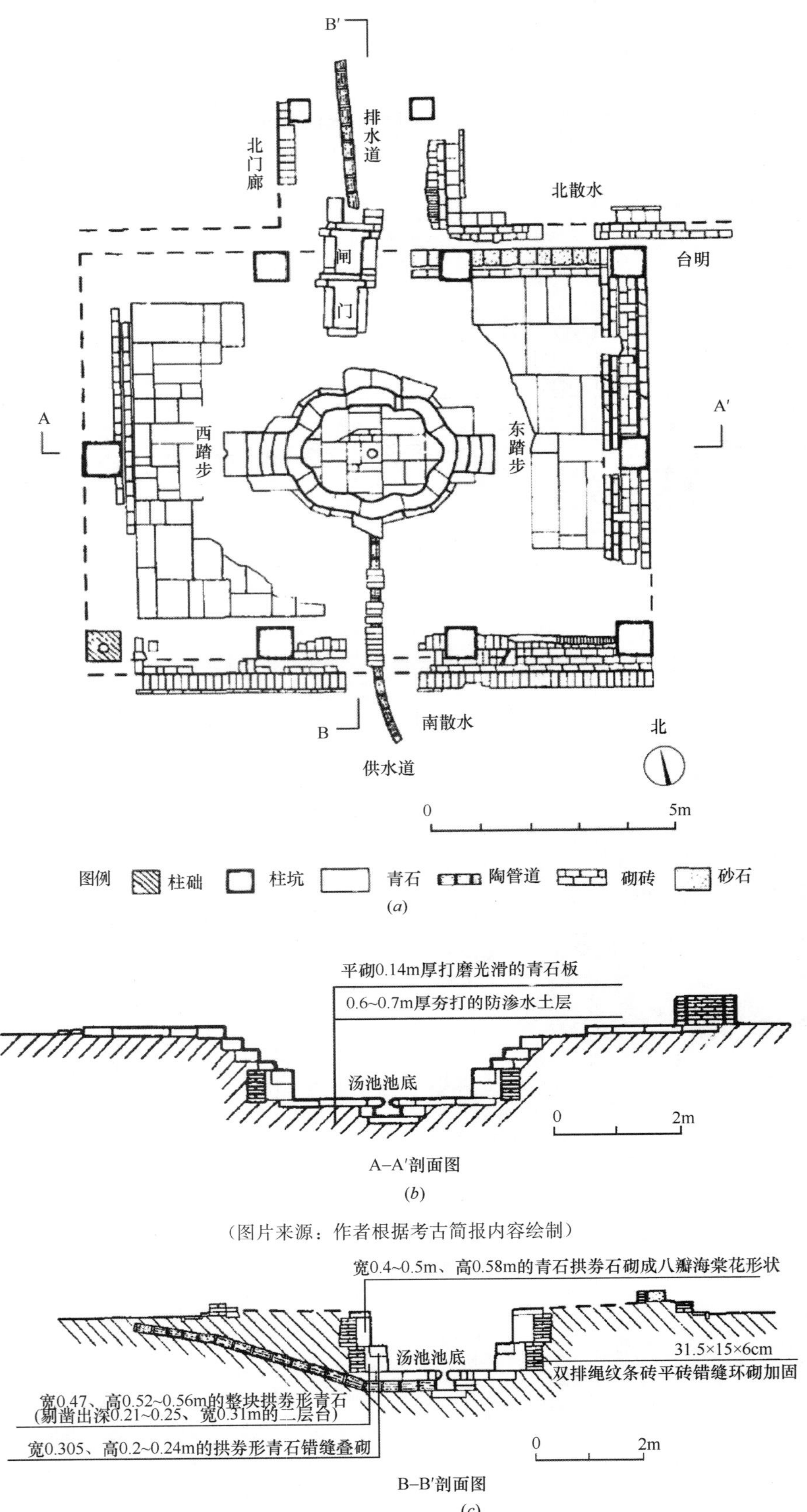

图 14 “海棠汤”汤池平面、剖面及做法详图

(a)“海棠汤”遗迹平面图；(b)“海棠汤”汤池 A-A'剖面及其做法详图；(c)“海棠汤”汤池 B-B'剖面及做法

(图片来源：(a)：骆希哲，《唐华清宫》；(b) 作者根据考古简报内容绘制)

再次，所有汤池台座均在北侧，向南面对骊山。《唐六典》载，尚舍局为皇帝提供沐浴服务，“凡供汤沐，先视其洁清芳香，适其寒温而进焉。……南向而设御座”[26]。坐北朝南符合古代皇家礼制；汤池殿宇均为“面山开宇”，御座朝南与汤池殿宇朝向一致；面对骊山而沐浴，更是强调了建筑空间与室外环境的沟通和联系。

最后，汤池的工程做法满足使用方便、就近取材的共性。所有汤池均为上下两层，且有入池的踏跺，以供沐浴者安坐和出入；所有的池面做法均选用耐温泉腐蚀的青石贴面，且就近取材自富平蒲城产青石。差异性则体现在修建时期，太宗贞观年间戒骄奢，汤池砌筑朴实；玄宗开元天宝年间汤池的装饰上尽显富丽豪华。

4 结语

华清宫的汤池空间被赋予了唐玄宗的天人之道、君臣之道等个人思想后，从一个“器用”场所，上升为园居精神体验，成为形而上的一种中国传统园林文化。在景象设计上华清宫汤池以艺驭术、以形媚道；在意境表达上将帝王的个人情感和皇家意志融于景象设计中，以文载道，传递景面文心的中国园林本质。园林根植于生活[35]，当生活中的器物被赋予了文化寓意和精神内涵后，则有了园林的属性。也可以说，精神文化内涵是器用的环境转变为风景园林的必要因素。研今必习古，随着文化的进步和历史的层累，中国园林的外延逐渐扩大，也更加关注人的情感及生活中的园居体验，那么对于如何将生活中的“器”注入人文的“艺”与“术”从而上升为“道”，体现天人合一的文化总纲，是如今园林设计文化传承方面值得关注的问题。

致谢

本文承孟兆祯院士、杨赉丽教授的悉心指导，陕西华清宫文化旅游有限公司提供了相当宝贵的考古图文资料，谨致谢意！

参考文献

[1] 华清宫管理处编制．华清池志[M]．西安：西安地图出版社，1992.

[2] 杨鸿勋．宫殿考古通论[M]．北京：紫禁城出版社．2001：489-491.

[3] 张铁宁．唐华清宫汤池遗址建筑复原[J]．文物，1995 (11)：61-71.

[4] 张锦秋．华清宫唐代御汤遗址博物馆设计简介[J]．古建园林技术，1991，(03)：9-11.

[5] 汪菊渊．中国古代园林史[M]．北京：中国建筑工业出版社．2006：135-137.

[6] 周维权．中国古典园林史[M]．北京：清华大学出版社．2008：200-205.

[7] 傅熹年．中国古代建筑史第 2 卷[M]．北京：中国建筑工业出版社．2009：426-429.

[8] 佟裕哲．中国景园建筑图解[M]．北京：中国建筑工业出版社．2001：101.

[9] 朱悦战．唐华清宫园林建筑布局研究[J]．唐都学刊，2005，(06)：15-18.

[10] 骆希哲．唐华清宫[M]．北京：文物出版社．1998.

[11] 骆希哲．华清池春秋[M]．西安：陕西人民出版社．1992：22.

[12] (宋)程大昌．雍录[M]．黄永年点校，北京：中华书局．2002，卷第四．

[13] (汉)辛氏．三秦记辑注[M]．刘庆柱辑注，西安：三秦出版社．2006：94.

[14] (唐)姚思廉．陈书：列传第二十二[M]．北京：中华书局．1972：257.

[15] (唐)李吉甫．元和郡县图志[M]．贺次君点校，北京：中华书局，1983，第一卷：7.

[16] (宋)欧阳修，宋祁．新唐书・房琯传[M]．北京：中华书局，1975，139 卷：4625.

[17] (宋)宋敏求．长安志[M]．上海：上海古籍出版社，1978，卷第十五：6.

[18] (清)董诰．全唐文[M]．上海：上海古籍出版社，1990.

[19] 骆希哲，廖彩良．唐华清宫汤池遗址第一期发掘简报[J]．文物，1990(5)：10-20.

[20] 赵康民．骊山胜迹[M]．陕西人民出版社．1993：74.

[21] 骆希哲．秦汉骊山汤遗址发掘简报[J]．文物，1996 年，1996，(11)：4-25.

[22] 骆希哲．唐华清宫汤池遗址第二期发掘简报[J]．文物，1991 (9)：1-15.

[23] (清)史传远．临潼县志[M]．台湾：成文出版社．1976，卷一：31.

[24] (清)彭定求．上海古籍出版社编．全唐诗[M]．上海：上海古籍出版社，1986，卷 3：30.

[25] (梁)萧统．文选[M]．(唐)李善注，北京：中华书局，1977，卷六：97.

[26] (唐)李林甫．唐六典[M]，北京：中华书局．2014.

[27] (唐)郑处诲，(唐)裴庭裕．明皇杂录[M]．田廷柱点校，北京：中华书局．1994，卷下：27.

[28] (清)毕沅．关中胜迹图志[M]．张沛校点，西安：三秦出版社，2004，卷五：177.

[29] (唐)徐坚．初学记[M]．北京：中华书局．1962，卷二十七：666.

[30] (宋)钱易撰；黄寿成点校．南部新书[M]．北京：中华书局．2002：89.

[31] 临潼区唐文化旅游区管理委员会．骊山华清宫文史宝典[M]．陕西旅游出版社．2008：261.

[32] (宋)释惠洪．冷斋夜话 [M]．从书集成初编据津逮本排印．长沙：商务印书馆．1939，卷一(2549)：2.

[33] 杨鸿勋．杨鸿勋建筑考古学论文集(增订版)[M]．北京：清华大学出版社，2008：486.

[34] 张蕊．退思园造园理法浅析[J]．中国园林，2017，33 (05)：123.

[35] 王欣．从民俗活动走向园林游赏——曲水流觞演变初探[J]．北京林业大学学报(社会科学版)，2005(01)：33.

作者简介

张蕊，1991 年生，女，陕西西安人，浙江农林大学风景园林与建筑学院讲师，北京林业大学风景园林学博士，研究方向为风景园林历史与理论。电子邮箱：zhangrui@zafu. edu. cn。

王俊彦，1991 年生，男，浙江绍兴人，浙江农林大学园林设计院有限公司设计师，北京林业大学风景园林学硕士，研究方向为风景园林规划与设计。电子邮箱：15201445275@163. com。

王欣，1973 年生，男，浙江嵊州人，浙江农林大学风景园林与建筑学院副教授，研究方向为风景园林历史与理论。电子邮箱：wang200166@163. com。

《红楼梦》中大观园的“虚景”营造探究

Exploration on the Construction of " Insubstantial Scene" of the Grand View Garden in the " A Dream of Red Mansions"

周 莲 黄学渊 蒲天村

摘 要：中国传统园林注重虚景的表现，形成了独特的营造手法与体验。本文选择清代名著《红楼梦》中描绘的大观园为研究对象，尝试对其虚景进行解读。通过对《红楼梦》进行梳理，将虚景在大观园中的表达分为园林空间的“虚廓”、造园手法的“虚借”、园林景题的“虚境”与人物气韵的“虚拟”四个方面，再具体分析虚景的景观功能，最后讨论虚景的美学意蕴。通过以上内容归纳总结得出大观园中园林空间的虚景营造，使园林诗意的艺术境界有了进一步提升，给人带来趣、声、色、香、境、韵等全面的景观体验。

关键词：虚景；大观园；红楼梦；意境

Abstract: The designs of the Chinese traditional garden that formed the unique construction technique and experience pay so much attention on depicting the insubstantial scene. This paper chooses the Grand View Garden that depicted in the famous Qing Dynasty novel "A Dream of Red Mansions" as the research object and tries to interpret its insubstantial scene. Through sorting out "A Dream of Red Mansions", this paper divided the expression of insubstantial scene in the Grand View Garden into four aspects: "insubstantial outline" of garden space, "insubstantial borrowing" of garden construction technique, " insubstantial environment " of garden landscape title, and " virtual " of character charm. Furthermore, this paper analyzed the insubstantial scene of landscape function more specific and discussed the aesthetic implication of the insubstantial scene. According to the contents I mentioned above, it is reasonable to concluded that the construction of insubstantial scene in garden space of the Grand View Garden can further improve the artistic realm of garden poetry and bring people a comprehensive landscape experience such as the experience of interest, sound, color, aroma, environment, and rhyme.

Keyword: Insubstantial Scene; The Grand View Garden; A Dream of Red Mansions; Artistic Conception

引言

《红楼梦》是一部享誉世界的中国古典文学作品，深刻而多角度的刻画了18世纪中叶中国封建社会的历史，而在当时，中国古典园林处于历史深厚传统的集大成终结阶段，发展已经非常成熟，到达了全盛时期，其中皇家园林和私家园林的建造艺术已经达到顶峰[1]。曹雪芹是古典园林的体验者和居住者，他总结了当时江南园林和皇家园囿的造园手法，并以他广博的园林知识对现实园林进行艺术概括，以精湛的文学底蕴营造了一座“天上人间诸景备”的纸上园林——大观园。大观园是为元妃省亲建造的一大型的私家园林[2]，它不被现实桎梏，更胜于当时的现实园林。大观园的景观营造包含着丰富的思想意蕴与独特的艺术魅力，其中很多景观规划理念和设计艺术元素很有探索意义，具有重要的园林美学研究价值。

1 虚景的审美价值与研究意义

1.1 虚景的审美价值

中国古典园林通过虚景的营造追求意境与画境，有着丰富的含蕴[3]。中国古典园林与中国画是一脉相承的，通过实景与虚景营造诗情画意的环境，受道家“有生于无，复归与无”避实就虚的思想。而同样，在园林中，“实”景指一切有形的存在，如屋宇、山、石、树木等，“虚”景则指无形的存在，如天空、云气、水面、声、光、影、风、霖、雨、雪等[4]。实景是园林的骨架，构成主要的风景画面，为了表现自然的艺术感染力，也还是需要借助于自然界中各种虚景辅助[5]。中国书法“布白”的手法，中国画“留白”的艺术，通过有形与无形的对比、露与藏、虚与实来达到更高的审美需求。而同样在园林中具有通过虚景营造空白的能力，能带来回味无穷深远的意境。古人创造出了“虚”或者“空”；它使我们对所要求的相似认知成为可能，也使得审美结构不再仅仅作为一个具体、图像的符号。虚景在园林景观中可以给人丰富的景观体验，产生朦胧的感观，烘托气氛，使景观灵动充满“真”的意趣。

1.2 研究意义

本文尝试从大观园中的园林“虚景”角度——以园林空间的“虚廓”、造园手法的“虚借”、园林景题的“虚境”与人物气韵的“虚拟”四个方面，探究渗透于中国古典园林中的传统园林艺术，以期能对当代中国景观设计提供一些参考。

2 园林空间的“虚廓”

中国古典园林在空间布局中讲究以虚和实的合理布

局。“实”即为山石、水体、园林建筑、植物等有形的存在，遮隔、阻挡人的视线，使无法通过；而“虚”是无形的存在，是视线未被遮蔽的透空之处。通过虚实关系来体现空间的围合，以虚实对比、虚实交替、虚实过度创造丰富的视觉感受，实现空间的变化与流动性。

2.1　空间虚实照应——顾盼有情，产生意境

郭熙在《林泉高致》中指出园林要素之间的呼应产生丰富的意境[6]。园林虚实空间的合理设计，让虚实空间相互呼应、建立联系。大观园开门入口处“迎面一带嶂翠”，体现了“入门奥如”的园林艺术手法，通过一带嶂翠形成的实空间，与“微露的羊肠小径”的虚空间紧密联系、相互呼应，使人在逶迤的羊肠小径中行走能感受到高耸嶂翠带来的强烈对比的美感，构成园林审美的独特心境。再走到潇湘馆“有千百竿竹遮映”“入门便是曲折游廊，阶下石子漫成甬路”。一片翠竹环绕是以植物构成的实空间，隐着曲折游廊构成的虚空间，竹子隐着曲栏，空间的虚实照应中产生清幽风雅的意境，能达到“通望周博，以畅远情”的诗意境界。

2.2　空间虚实交错——制造景深，深化园境

景物位置藏露得益，空间虚实交错，能丰富景观空间变化，产生重复，建立景深，使有限的空间创造出无限的想象，在进一步探美寻幽中体现园林艺术的朦胧感与含蕴美，给人以意趣深隽的美感[7]。如书中对稻香村的描写“倏尔青山斜阻。转过山怀中，隐隐露出一带黄泥墙，墙上皆用稻茎掩护。有几百枝杏花如喷火蒸霞一般，里面数楹茅屋。”其中“青山斜阻”是山石亏蔽，“几百枝杏花”是花木的亏蔽，“数楹茅屋”是建筑的亏蔽，这三个层面之中，还与其他景物虚实交替、穿插着，形成了画面不断变化的园景。在虚实交错中物象呼应顾盼，形成山重水复的空间格局，园景和观赏者在相互交流中实现虚、实、物、我的统一。贾政见此笑道“此时一见，未免勾引起我归农之意”，可见空间虚实交错深化园林审美意境，让园林范围延伸，使人感到空间无限。

2.3　空间虚实平衡——主题划分，气脉连贯

大观园的空间变化及为丰富，既有幽闭的奥如空间，又有开敞的旷如空间，奥与旷的转化，虚与实的平衡使得景观步移景换，气象万千。在全园布局空间中，在有限的空间尽可能丰富的景致，对空间的细分是其重要手段。主题景区的合理排列，引导视觉流向，表现和谐生动的空间节奏，建立松弛有度的空间序列（图1）。以潇湘馆为中心，在园林的西南角集中了翠嶂假山、翠烟桥、晓翠堂、

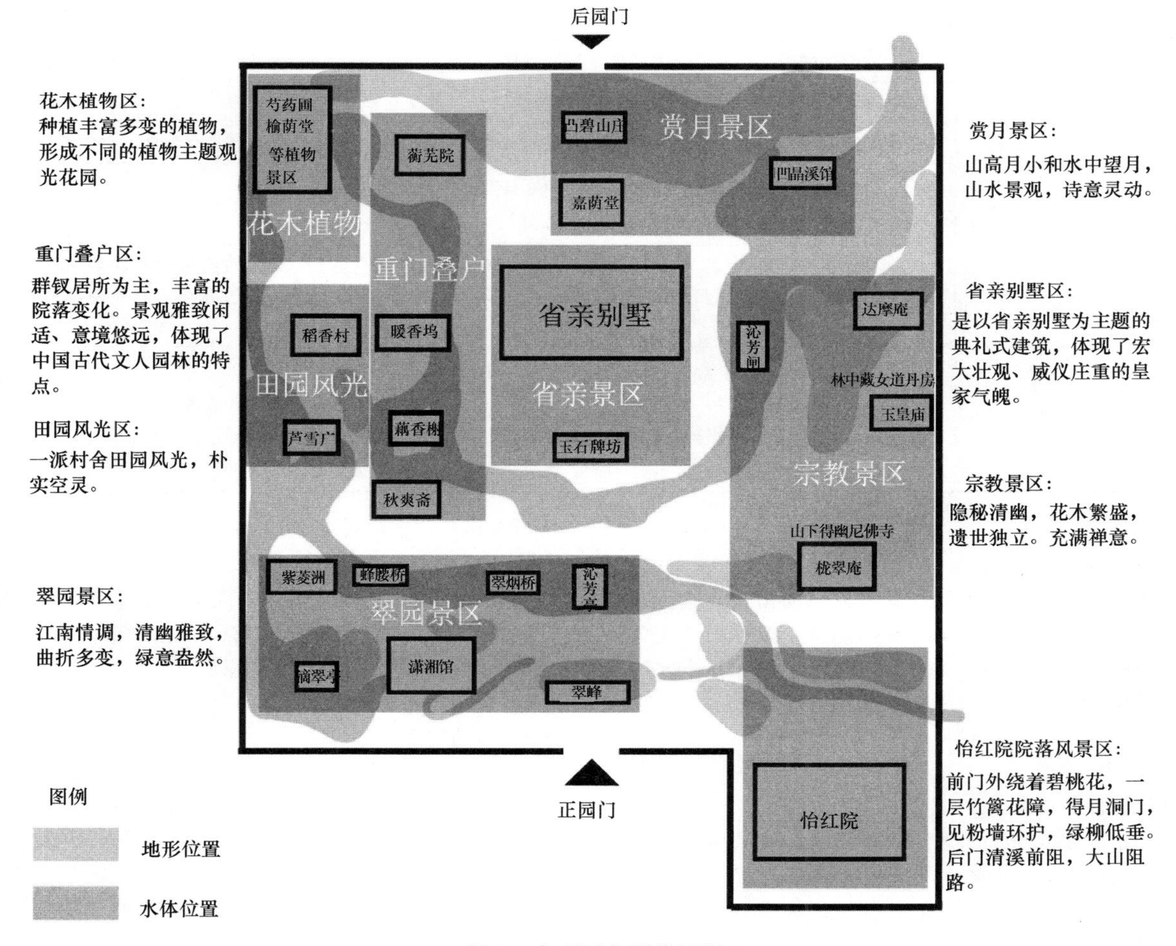

图1　大观园主题分区图

滴翠亭等以“翠”为主题的江南建筑景观；转入西侧是稻香村、芦雪庵这两处展现田园风光，以及重门叠户，丰富院落变化的诸钗居所；西北一侧花木繁盛、植物丰富；移步东北，高山、宽大的水面为主景，亭楼掩映于山水之间；正东一侧各类寺庙庵堂构成的清静宗教景区和怡红院为主的院落风景区，中路以省亲别墅为主体的辉煌省亲景区。如画卷长展的园林空间既有殊相空间之美，虚实平衡使景观息息相通，又有总体意境之美，韵高意深，气脉连绵，观之不尽。

3　造园手法的“虚借”

计成在《园冶》中提出了“巧于因借，精在体宜”的艺术原则，“夫借景，林园之最要者也[8]。”在大观园营造园林虚景的过程中，巧妙的运用了虚借这种手法。虚借形式通过人对环境的感知达到诗意的境界。

3.1　借声

在园林景观的营造中通过借声的造园手法能够带来愉悦的听觉体验，不同的声音可以塑造不同的意境（表1），声音可以潜入游览者的心底，使之动心动情，神与物游。

大观园声景审美表达表　　表1

种类	章节	描写	表达
风声	第七十九回	只听得园内的风自西边直透到东边，穿过树枝，都在那里稀里哗喇不住的响。一会儿，檐下的铁马也只管叮叮当当的乱敲起来	风与建筑物发出声音别具趣味
	第一百零一回	树枝上落叶满园中唰喇喇的作响，枝梢上吱喽喽发哨，将那些寒鸦宿鸟都惊飞起来	潇洒、爽朗的清秋图景
水声	第四十回	留得残荷听雨声	林黛玉钟情寂静寥落的声韵
	第四十五回	秋花惨淡秋草黄、残漏声催秋雨急、连宵脉脉复飕飕、疏竹虚窗时滴沥	通过雨打竹叶芭蕉的声音引起了人情绪上的共震
动物声	第三十回	只见赤日当空，树阴合地，满耳蝉声，静无人语	借助蝉声使让人的情绪变得平静
	第五十八回	正悲叹时，忽有一个雀儿飞来，落于枝上乱啼	营造鸟儿也来作别杏花之感
	第七十六回	只听那黑影里嘎然一声，却飞起一个大白鹤	“寒潭渡鹤影”的自然诗意的画面
	第八十二回	听得竹枝上不知有多少家雀儿的声儿，啾啾唧唧叫个不住	卧床休息时窗外的热闹场景
活动声	第二十三回	只听见墙内苗韵悠扬，歌声婉转，黛玉便知是那十二个孩子演习戏文……仔细忖度，不觉心痛神痴，眼中落泪	林黛玉通过听戏产生的心境共鸣
	第四十回	正说话，忽一阵风吹过，隐隐听得鼓乐之声……不一时，只听得箫管悠扬，笙笛并发。正值风清气爽之时，那乐声穿林度水而来，自然令人心旷神怡	悠扬的笛声和着莺啼燕啭般的昆腔，表达古典园林小庭深院的幽雅情境
	（1）第一回 （2）第七十六回	（1）当时街坊上家家萧管，户户弦歌，当头一轮明月，飞彩凝辉； （2）明月清风，天空地净，真令人凡心顿解，万虑齐除，都庶然危坐，默相赏听	向读者透露出当时社会背景下的中秋情节

3.1.1　风声

造园者对风声的艺术处理手法为借助植物、建筑物与风相互作用而发声[9]。如以风声为主的潇湘馆的“有千百竿翠竹遮掩”，微风吹过会产生“凤尾森森，龙吟细细”笛声般悠扬婉转的声音。

3.1.2　水声

在园林造景中借水声来营造氛围是很必要的方式，园林中的水声主要分为流水声和雨水声。流水撞击石头发出流水潺潺声，雨水滴落在植物上发出潇潇雨声。

中国古典园林的营造中要往往要求要有活水，流水的声响使得静态的园林充满生机。大观园是“从北拐角墙下引来的一段活水”，入口处有“一带清流，从花木深处曲折泻于石隙之下”。沁芳亭是“清溪泻雪，石磴穿云”蓼汀花溆是“水声潺湲，泻出石洞”沁芳闸“水如晶帘一般奔入，原来这桥边是通外河之闸，引泉而入者”，其势又与别处不同。用耳朵来捕捉雨景比用眼观看雨景显得更为重要。园林中，雨同风相似，要借助植物、山水、建筑等元素的辅助才能塑造雨景意境。

3.1.3　动物声

园林声景的营造，动物也发挥着极其重大的作用。不仅为园林增添一份野趣，同时也丰富了园林声景，让整体景观意境更加丰满。在第一次描写稻香村时贾珍提出“此处竟还不可养别的雀鸟，只是买些鹅鸭子鸡之类才都相称了。”杏花村在景观设计上，着意回归田园之趣，在听觉上配以鸡鸭鹅等家禽的叫声，方可与整体景观形象相称，也更能渲染出浓厚的乡土气息。园林中的动物之声能烘托氛围、营造诗意，“深院惊寒雀，空山泣老鸮”便是诗意的表达。

3.1.4 活动声

自古就有“声色苑囿”一词，曲中唱园林，园中也唱曲，园林学家陈从周曾指出：“中国园林必置顾曲之处”，曲与园有一种天然的嵌合[10]。曲境的营造是音乐、戏曲和曲艺以无形之旋律声腔曲音，构有形之花木山水亭台。譬如，游赏者听着园中古琴起承转合的律动节奏，就可能感受到如置身春光灿烂、芳香弥漫的境域中，使人产生从听觉欣赏扩展到视觉、嗅觉等全身的触动，正是这种曲境营造极大地丰富园林意境[11]。古人从声音的选择、听者的定位到环境的营造都很有讲究，对于园林中音乐美的追求可见一斑，充分体现了园林的整体意境。可以说，园林的这种深远意境离不开戏曲，园林和戏曲，一起构成了中国人几百年来共同拥有的一处精神家园[12]。

3.2 借香

大观园的香是以粮食、蔬菜、水果的香为主，其他植物为辅的农业之香，形成大观园的嗅觉美。小说直接以香命名的有“红香圃”（花香）“香菱”（硬壳果香）“稻香村”（粮食香）“藕香榭”（蔬菜香）“梨香院”（水果香）、“冷香丸”（中药香）“暖香坞”（香料香）。这些带“香”字的命名都与农业联系，表现出中国传统文化推崇农业的美意识[13]。园林中的香，可令人心旷神怡，游兴倍增，给予人丰富的嗅觉体验。置身花香空间之中，能触发人的情感共鸣与联想，香景所带来的意境让人回味无穷。

3.3 借光影

“日移花色异”，万物都在光线的移动中千变万化从而佳景倍出。自然光给予空间特性，自然光给予园林生命。

大观园中园林植物丰富多彩，千姿百态，是运用光影艺术的主要素材之一。植物的疏与密，可以创造明亮开敞与阴魅封闭的光影空间。书中“桂魄流光”“松影一庭”“竹影参差”“赤日当空，树阴合地”“月影移墙”就是植物与光影结合营造的美丽画面，令园林更富自然情趣。

除植物光影外，书中还描绘出了湖光天色的光影变幻，如第七十六回：“只见天上一轮皓月，池中一轮水月，上下争辉，如置身于晶宫鲛室之内。微风一过，粼粼然池面皱碧铺纹，真令人神清气净。”利用水面倒影、镜面反射借景，水中、空中两轮明月，这水中的虚像，空中的真月融为一体，园林空间的光影虚实极富氛围与诗韵。动水反射出天光，波光粼粼。光影所烘托的意境是寄情于园林中的物境，情生于景又超出所寄托的事物之外，让人无限回味与遐想。

4 园林景题的“虚境”

园林匾联，用写意的笔墨，创造出辽阔深远的艺术境界。匾联可以塑造园林性格、点明园林环境类型、渲染园林意境[14]，对园林景观起着烘云托月、画龙点睛的作用（表2）。《红楼梦》第十七回中就写到：“诸大景致，若干亭榭，无字标题，也觉得寥落无趣，任有花柳山水，也断不能生色。”潇湘馆联：“宝鼎茶闲烟尚绿，幽窗棋罢指犹凉。”联言宝鼎不煮茶了，屋里还飘散着绿色的蒸汽，幽静的窗下棋已经停下了，手指还觉得有凉意。绿色的蒸汽显然是翠竹掩映所致，这凉意，也是浓阴生凉之故。有色、有味、有意境、有氛围，视觉形象与触觉感知二者具兼，由景及情，由物及人，那种闲情逸致之情态，似映入眼帘。

大观园题景分布表 **表2**

地点	题名		作用	出处	描写
正门一带嶂翠	曲径通幽处	镜面白石一块	指引游览路线又暗示游人：此径可通，曲折向前，可达幽处	取唐代常建《题破山寺后禅院》诗句	白石峻嶒，或如鬼怪，或如猛兽，纵横拱立，上面苔醉成斑，藤萝掩映，其中微露羊肠小径
怡红院	“红香绿玉”后元春改为“怡红快绿”	匾额	揭示园林主景。点明院中主要的两种植物，营造热闹、富贵的建筑氛围	以红妆喻海棠取意宋代苏轼《海棠》诗；以绿蜡喻芭蕉取意唐代钱珝《未展芭蕉》诗	院外粉墙环护，绿柳低垂。院中央有几块山石，一边种芭蕉，一边种西府海棠
潇湘馆	“有凤来仪”	匾额	揭示园林主景。暗合皇妃来此、成片修竹	语出《尚书·益傻》：“箫韶九成，有凤来仪”	院内千百竿翠竹掩映，入门便是曲折游廊
芦雪广	“荻芦夜雪”	匾额	赋于诗情画意，揭示园林朴素与寂寞的意境，使人产生无穷的联想	柳宗元《江雪》中的“独钓寒江雪”之意境	一带几间茅檐土壁，草篱竹牖，推窗便可垂钓，又能赏雪
秋爽斋	“桐剪秋风”	匾额	赋于诗情画意，揭示园林意境，使人产生无穷的联想	梧桐与秋风的诗词多不胜数	“梧桐芭蕉尽有”，是以秋景为主的院落
稻香村	“杏帘再望”	石碣、酒幌	揭示园林主景，加深文化内涵	取明代唐寅“红杏梢头挂酒旗”诗句之意	茅屋、青篱、土井、分畦列亩，佳疏菜花，极富山野“自然”风光

续表

地点	题名		作用	出处	描写
在蘅芜苑西南沁芳溪水脉汇诸处	“蓼汀花溆”后元春改为“花溆”	石洞	赋于诗情画意，揭示园林意境，使人产生无穷的联想	蓼汀选自罗邺的诗《雁》，花溆选自唐代崔国辅《采莲》	通过转、穿、抚、过、入、越、度、出这样的动词表现了蜿蜒曲折
大观园行宫	“天仙宝境”后元春改为“省亲别墅”	玉石牌坊	揭示园林主题。“省亲别墅”正是源于建造大观园的目的而取这个题名	“天仙宝境”在园林中也是常用于描写景色不似人间所有	琳宫绰约，桂殿巍峨，是园中应皇家体制所建最辉煌宏伟的一组建筑群落
蘅芜苑	“蘅芷清芬”	匾额	赋于诗情画意，揭示园林意境，使人产生无穷的联想	典出王夫之湘西草堂楹联：芷香沅水三闾国，芜绿湘西一草堂	院内有插天的大玲珑山石和堆山，遍植名卉异草，垂檐绕柱，萦砌盘阶

造园家大多数将自己的人生观、价值观、世界观等通过文字等传达心声，而这些匾额、楹联、诗文是作者的“意象”，能给观者以广阔的联想、回味。观者根据切身感受的“物象”和审美思想去进行自己“意象”的艺术创作。客观之境与作者的“意象”相融合，再通过观者的“意象”，产生“象外之象”的虚境——意境（图2），从而获得强烈的美感享受。园林题景所蕴含的“象外之象”，也是中国古典园林虚景中的精华，能突破时空界限，使游园者无限想象。

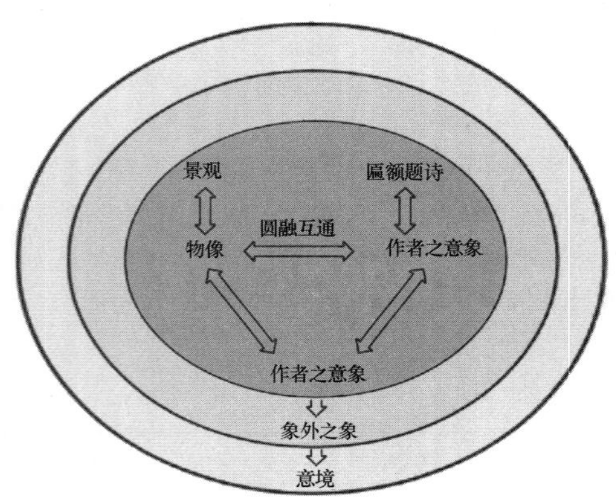

图2　园林题景中意境形成过程

5　人物气韵的“虚拟”

中国园林的美学价值极为丰富，不仅是人身体上的，更是精神上的居所。大观园中园林风格与其主人的性格非常一致，体现了园林的人格化（如表3所示）。人物精神气质给园林增添不同的气韵：潇湘馆的书卷气，怡红院的胭脂气，蘅芜苑的冰冷气，秋爽斋的男儿气，稻香村的寡欲气。人园合一是园林与园林主人高度契合，相互成全。不仅是园林主人在园林中生活的惬意舒适，其他来园中的参观者也能够体验到园林更深层的美。用建筑环境反映主人的性格偏好，又用人文背景烘托建筑环境的结构氛围[15]。

王国维在《人间词话》中说：“境非独景物也，喜怒哀乐亦人心中之一境界，故能写真景物，真感情者，谓之有境界[16]。”人园合一，心物交融，使得园林人情化、精神化，更加生动传神具体，更能动人。通过虚景的营造将自然的感受经行艺术加工然后写意地表现在园内，达到“此时无形胜有形”的意境。

大观园人物气韵分析表　　**表3**

地点	人物	植物	氛围	布局	性格
怡红院	贾宝玉	蕉棠两植	雍容华贵、富丽堂皇、胭脂气	院外粉墙环护，绿柳低垂。入院两边都有环廊，院中央有几块山石，一边种芭蕉，一边种西府海棠	富贵多情
缀锦楼	贾迎春	岸上蓼花苇叶，池内翠荇香菱	幽默凄凉	在大观园园西南部一带。西侧临水，东部靠山	懦弱无能
潇湘馆	林黛玉	移竹当窗、芭蕉、梨花	凄凉萧索、清高无暇、书卷气	院外一带粉垣；院内千百竿翠竹掩映，入门便是曲折游廊	抑郁不敞、幽暗悲伤
稻香村	李纨	杏花	朴素自然、寡欲气	在大观园西部大主山向南延伸之山怀中，一带黄泥筑就，稻茎掩护的矮墙，有几百株杏花盛开	与世无争、恪守理法

续表

地点	人物	植物	氛围	布局	性格
秋爽斋	贾探春	前有芭蕉，后有梧桐	阔朗、男儿气	院内正房三间，不曾隔断，前有芭蕉，后有梧桐	豪放和婉约、有才情、果敢干练
暖香坞	贾惜春	红蓼花	寂寞飘逸	建在山坳，往南穿过夹道，东、西有“穿云”“度月”石匾的过街门楼即至	孤僻冷漠、耿介孤直
蘅芜苑	薛宝钗	名卉香草	外则“无味”、内藏“清雅”、素净、冰冷气	院外一色水磨砖墙，围护着“清凉瓦舍”，大主山分脉穿墙而过。院内有插天的大玲珑山石和堆山，遍植名卉异草，垂潜绕柱，萦砌盘阶	外表藏愚守拙，内在天然可爱
拢翠庵	妙玉	栽梅绕屋	禅意、清幽	大观园东部大主山脉向南延伸处，庵内有东禅堂、净室，花木繁盛，十数枝红梅如胭脂一般	生性高洁、孤高冷傲

6 结语

本文通过在园林空间的“虚廓”、造园手法的“虚借”、园林景题的“虚境”与人物气韵的“虚拟”四个方面探究虚景在大观园园林空间中的表达，得出园林空间虚实对比有韵律美产生意境美；空间虚实交替能制造景深，深化园林意境；空间虚实过度使园林生动、气脉连贯。借声、借香和借光影的造园手法使园林诗意的艺术境界有了进一步提升，给人带来声、色、香全面的景观体验。园林题景能突破时空界限，使游园者产生无限的想象。人物气韵的虚拟，能够体现园林的人格化，使得园林景观增添独特的人物纪念性。通过以上内容归纳总结得出大观园中园林空间的虚景营造，使园林诗意的艺术境界有了进一步提升，给人带来趣、声、色、香、境、韵等全面的景观体验。

参考文献

[1] 周维权著．中国古典园林史[M]．第3版．北京：清华大学出版社，2008.

[2] (清)曹雪芹，(清)高鹗著．红楼梦[M]．北京：人民文学出版社，1981.

[3] 胡绪．中国古典园林的意境营造对现代景观设计的启示．城市建设理论研究(电子版)[J]，2014，(25)：848-850.

[4] 陈芹．静与阴同德，动与阳同波——略论中国古典私家园林中的道家思想．北方工业大学学报[J]，1992，4(4)：46-53.

[5] 陈从周主编．中国园林鉴赏辞典[M]．上海：华东师范大学出版社，2000.

[6] (宋)郭熙编著．林泉高致[M]．北京：中华书局，2010.

[7] 倪苏宁．论苏州园林空间的艺术特征[J]．苏州：苏州大学，2002.

[8] (明)计成著；陈植注释．园冶注释．第2版[M]．北京：中国建筑工业出版社，1988.

[9] 谢辉，杨森琪，葛煜喆．中国古典园林风、雨声景的空间营造手法探析[J]．西部人居环境学刊，2018，33(5)：58-63.

[10] 陈从周．中国诗文与中国园林艺术．扬州大学学报·人文社会科学版[M]，1985(3)：41—42.

[11] 吴菱蓉．非物质文化在中国古典园林中的积淀[J]．南京：南京林业大学，2009.

[12] 王万喜，魏春海，贾德华．论虚实空间在园林构景中的应用．长江大学学报·自科版[J]，2005，2(8)：36-39.

[13] 张世君．《红楼梦》的园林艺趣与文化意识．红楼梦学刊[J]，1995(2)：296-308.

[14] 赵武征．人园合一浑然天成——小议《红楼梦》大观园的园林艺术．古建园林技术[J]，2006，(4)：20-21.

[15] 张海林，朱荔丽．《红楼梦》中园林景观设施艺术的审美解读．红楼梦学刊[J]，2013(3)：128-137.

[16] (清)王国维著，涂经诒译．人间词话[M]．台北：台湾中华书局，1970.

作者简介

周莲，1996年6月生，女，汉族，四川人，四川农业大学风景园林学院在读硕士研究生。研究方向为风景园林文化与美学，电子邮箱：710267329@qq. com。

黄学渊，1994年6月生，男，汉族，福建人，四川农业大学风景园林学院在读硕士研究生。研究方向为风景园林历史与理论，电子邮箱：5305716@qq. com。

蒲天村（通讯作者），1973年7月生，女，汉族，四川人，四川农业大学风景园林学院副教授，硕士生导师。研究方向为三大构成在艺术设计中的应用，电子邮箱：627493831@qq. com。

《园冶》气象因子借物构景理法解析①

Analysis of the Theory and Method of the Borrowed Scenery of Meteorological Factors in Yuanye

赵彩君　张晓敏　傅　凡*

摘　要：从“境”的角度出发，筛选《园冶》中 42 处包含气象因子的“境”，分析其构成要素，从山水、建筑、植物、动物、器具和活动 5 个层面解析气象因子借物构景的理法，提出气象因子在营“境”中的功能，包括交代时间、烘托场景、人境交互、打造意境等。

关键词：园冶；气象因子；借物构景；理法

Abstract: From the point of view of "Jing", 42 "Jing" containing meteorological factors in "Yuanye" are selected to analyze their constituent elements. From the five perspectives of landscapes, buildings, plants, animals, utensils and activities, the theory and method of the borrowed scenery of meteorological factors are analyzed, and the functions of meteorological factors in "Jing" are put forward, including introducing time, setting up scenes, transmitting information and creating artistic conception.

Keyword: Yuanye; Meteorological Factors; Borrowed Scenery; Theory and Method

引言

《园冶》的写作方法及其传达的设计手法都是“入境式”的，蕴含丰富的营“境”智慧[1]。《园冶》中“境”的组成要素极其丰富，包括山水、建筑、植物、动物、器具、人，还有气象因子。“须陈风月清音，休犯山林罪过。[2]”表现出计成对自然环境细致入微的观察和由衷的热爱与敬畏之心。气象因子在《园冶》中大量出现，包括风、云、雨、雪、月等，分布在“园说”“相地”“立基”“屋宇”“门窗”“铺地”“掇山”“借景”等多个章节。可以说，气象因子是《园冶》之“境”不可缺少的构成要素之一。虚幻、多变和速变等特征，使气象因子能够与园林中静态、实体的物质性构景要素相辅相成，共成虚实、动静、变幻之美[3]。气象因子在“境”的营构和体验过程中发挥重要作用，不仅使园居生活更加舒适、生动、亲近自然，还让园林之“境”更加诗情画意、闲适脱俗。目前针对《园冶》造景理法的研究侧重于物质性构景要素，如掇山、理水、花木等。气象因子造景的理法却鲜有研究，本文拟从自然原理和审美传统两个角度入手，针对气象因子借物构景的理法进行梳理和解析，以期为传统园林气象因子造景智慧的现代传承和创新提供借鉴。

1　研究方法

从“境”的角度出发，筛选《园冶》中包含气象因子的“境”。具有指代意义的气象因子，如长虹指代桥不被纳入此次研究。分析“境”的构景要素，采用文献考证和实例分析相结合的方法，从自然规律、审美传统两方面，解析山水、建筑、植物、动物、器具和活动 5 类要素与气象因子相互因借以得景的理法。文献资料以《园冶》为主，以《闲情偶寄》、《小窗幽记》等明代园林论著为佐证，以古代相关的园记、游记、画论、诗词等为参考。实例分析的对象主要是古典园林，尤其是与计成造园经历相近的江南园林。

2　《园冶》气象因子造景概述

《园冶》中包含气象因子的“境”总计 42 处（表 1）。气象因子主要包括基于大气流动的风，基于大气凝结和凝华现象的云、雨、雪，还有基于大气光学现象的月光、霞等。从出现频率来看，最高的是风（21 处），其次是月（14 处）、云（11 处）、雨（6 处）、雪（5 处）。其他构景要素包括山水、建筑、植物，三大经典物质性要素，还有动物、器具和活动等，其中出现频率最高的是植物（23 处）。植物的生长发育具有节律性，与季相、时分、气象息息相关。其次是园居活动（22 处）。这一点值得思考，计成在《园冶》中花了大量篇幅描述“境”中的人及其活动。在计成心中萦绕的不是如何构建优美雅致的物质性环境，而是人们如何使用园林，并从中获得生理和心理的满足。气象因子的引入不仅是为了悦目，更是为了加强人与自然环境的互动，从而达到亲近自然、返璞归真的境界。再次是山水（13 处）、建筑（16 处）、动物（10 处）、器具（8 处）。

① 基金项目：国家自然科学基金（编号 31570699）、北京市社科基金（编号 16LSB004）和华侨大学科研基金（编号 16BS805）共同资助。

气象因子借物构景汇总表　　**表1**

序号	《园冶》例句	析出章节	气象因子					构景要素					
			风	月	云	雨	雪	山水	建筑	植物	动物	器物	活动
1	萧寺可以卜邻，梵音到耳……紫气青霞，鹤声送来枕上	园说	√		√						○	○	○
2	凉亭浮白，冰调竹树风生	园说	√						○	○			○
3	暖阁偎红，雪煮炉铛涛沸。渴吻消尽，烦顿开除	园说					√		○			○	○
4	夜雨芭蕉，似杂鲛人之泣泪	园说				√				○			
5	晓风杨柳，若翻蛮女之纤腰	园说	√							○			
6	移竹当窗，分梨为院；溶溶月色，瑟瑟风声；静扰一榻琴书，动涵半轮秋水。清气觉来几席，凡尘顿远襟怀	园说	√	√				○	○	○		○	○
7	杂树参天，楼阁碍云霞而出没；繁花覆地，亭台突池沼而参差	相地			√			○	○	○			
8	槛逗几番花信，门湾一带溪流，竹里通幽，松寮隐僻，送涛声而郁郁，起鹤舞而翩翩	相地	√						○	○	○		○
9	阶前自扫云，岭上谁锄月	相地	√	√	√			○					
10	安亭得景，莳花笑以春风	相地	√						○	○			○
11	虚阁荫桐，清池涵月；洗出千家烟雨，移将四壁图书	相地		√		√		○	○	○		○	○
12	风生寒峭，溪湾柳间栽桃	相地	√					○		○			
13	月隐清微，屋绕梅馀种竹；似多幽趣，更入深情	相地		√					○				
14	隔林鸠唤雨，断岸马嘶风	相地	√			√					○		
15	常馀半榻琴书，不尽数竿烟雨	相地				√				○			○
16	探梅虚蹇，煮雪当姬	相地					√			○			○
17	悠悠烟水，澹澹云山，泛泛鱼舟，闲闲鸥鸟，漏层阴而藏阁，迎先月以登台	相地		√	√			○	○		○		○
18	拍起云流，觞飞霞伫	相地			√								○
19	曲曲一湾柳月，濯魄清波；遥遥十里荷风，递香幽室	立基	√	√				○	○	○			
20	层阁重楼，迥出云霄之上；隐现无穷之态，招摇不尽之春	屋宇			√				○				
21	槛外行云，镜中流水，洗山色之不去，送鹤声之自来	屋宇	√		√			○	○		○	○	○
22	修篁弄影，疑来隔水笙簧	门窗	√	√						○			
23	锦线瓦条，台全石版，吟花席地，醉月铺毡	铺地		√									○
24	宜台宜榭，邀月招云	掇山		√	√				○				
25	峰峦飘渺，漏月招云；莫言世上无仙，斯住世之瀛壶也	掇山		√	√			○					

续表

序号	《园冶》例句	析出章节	气象因子					构景要素						
			风	月	云	雨	雪	山水	建筑	植物	动物	器物	活动
26	斯谓“坐雨观泉”之意	掇山				√							○
27	堂开淑气侵人，门引春流到泽	借景	√					○	○				
28	扫径护兰芽，分香幽室；卷帘邀燕子，间剪轻风	借景	√						○	○	○	○	○
29	片片飞花，丝丝眠柳；寒生料峭，高架秋千；兴适清偏，怡情丘壑	借景	√							○		○	○
30	风生林樾，境如羲皇	借景	√							○			
31	红衣新浴，碧玉轻敲	借景				√				○			
32	山容霭霭，行云故落凭栏；水面鳞鳞，爽气觉来欹枕	借景	√		√			○	○				○
33	俯流玩月，坐石品泉	借景		√				○		○	○		○
34	苎衣不耐凉新，池荷香绾；梧叶忽惊秋落，虫草鸣幽	借景	√					○		○	○		○
35	眺远高台，搔首青天那可问；凭虚敞阁，举杯明月自相邀	借景		√					○				○
36	冉冉天香，悠悠桂子	借景	√							○			
37	恍来林月美人，却卧雪庐高士	借景		√			√			○			
38	云冥黯黯，木叶萧萧	借景	√		√					○			
39	风鸦几树夕阳	借景	√							○	○		
40	寒雁数声残月	借景		√							○		
41	锦幛偎红，六花呈瑞	借景					√					○	○
42	棹兴若过判曲，扫烹果胜党家	借景					√						○

3　气象因子借物构景理法解析

3.1　山水

山水与气象密切相关。从自然环境的角度看，山水会影响近地面的气流和水循环，对风和云的生成具有重要意义；另外，从审美角度来看，气象因子是山水审美不可或缺的一部分，如汪珂玉在《西子湖拾翠余谈》中提到，“西湖之胜，晴湖不如雨湖，雨湖不如月湖，月湖不如雪湖”。可见，气象是品赏西湖盛景的重要条件之一。

3.1.1　生云

云被称作“山川之气”。山川林木通过蒸发蒸腾可以提升空气湿度，使云雾产生几率增大。这种蒸发蒸腾作用是水循环的重要环节，源源不断的在陆地和海洋之间传输水汽和热量。《园冶》“江湖地”中提到的“悠悠烟水，澹澹云山”是现实中经常出现的情景（表2）。陶弘景的“山中何所有，岭上多白云。只可自怡悦，不堪持赠君”更是山上多白云，且唯山中所有的生动写照。在美学方面，“云为山态度”（戴复古，《舟中》）。“水”和“山”在辽阔无际的“烟”和淡而不浓的“云”的衬托下呈现出一派空濛、缥缈的景象。动态的“行云”也被引入园中，行过槛外、栏间，让人产生身处云中、触手可及之感，同时也实现了画论中云的“流动不滞，或锁或屯，或聚或散，飘飘欲飞意象”（唐志契，《绘事微言》）。

3.1.2　送风

江南园林多以水为院，建筑临水而建，主要原因之一是为了借水边凉风。水边风多，且凉。风多的原因是水体和地面之间由于温差导致的水陆风，白天风从水面吹向陆地，夜晚从陆地吹向水面。“水边风最凉”（葛天民，《夏日》）则是因为水的比热较大，升温慢，白天温度低于周边地面，因此从水面吹来的往往是凉风。“水面鳞鳞，爽气觉来欹枕”即水上凉风。“鳞鳞”波纹暗示风拂过水面，“爽气”交代出水风之清凉舒爽，“欹枕”则是有人正在斜倚枕头，躺卧水际，享受这过水之凉风。所以，需要迎风降温或造景的元素都宜近水布置，如建筑，“卜筑贵从水面”“水阁构以迎凉”（汤贻汾，《画筌析览》），再如植物，如宜观动态风姿的垂柳等。

3.1.3 涵月

天空明月皎洁，地上月色如水，水中月光荡漾，都可以娱目怡情。在《园冶》中，湖、湾、池、溪等都是涵月的佳选。为什么水中月如此吸引人，一方面，“水借月精神”（戴复古，《舟中》），水与月的搭配传递出清冷、空明的氛围，如“曲曲一湾柳月，濯魄清波”，再如“水中月，虽非实见，已有清凉之意”（李纲，《佛日杲禅师真赞》），“月光浸水水浸天，一派空明互回荡”（查慎行，《中秋夜洞庭湖对月歌》）；另一方面，水中月具有丰富的动态特征，“水底有明月，水上明月浮。水流月不去，月去水还流”（蓟北处士，《和水月洞韵》）。再次，水中月更加近人，可以俯玩，如“借景”篇中的“俯流玩月，坐石品泉”。

气象因子借山水构景 **表 2**

气象因子	构景手法	《园冶》例句	自然原理
云	生云	悠悠烟水，澹澹云山 槛外行云，镜中流水，洗山色之不去，送鹤声之自来 峰峦飘渺，漏月招云 山容霭霭，行云故落凭栏 风生寒峭，溪湾柳间栽桃	山川林木增加空气湿度
风	送风	繁花覆地，亭台突池沼而参差 遥遥十里荷风，递香幽室 水面鳞鳞，爽气觉来欹枕	地方性风之水陆风
月	涵月	动涵半轮秋水 清池涵月 曲曲一湾柳月，濯魄清波 俯流玩月，坐石品泉	光的反射

3.2 建筑

建筑是介于自然环境和人之间的要素。人的生活离不开建筑，建筑的首要功能是保温保湿、遮风避雨。但园林建筑不同于普通屋舍，“园林之屋幽敞”（笪重光，《画筌》），与自然风景往往有更加密切的关联。室内外并非截然分开，建筑不会成为人和自然的隔绝，反而，成为人和自然气象交互的媒介（表 3）。

3.2.1 夏凉冬燠，舒适之处

“人之不能无屋，犹体之不能无衣。衣贵夏凉冬燠，房舍亦然。”（清，李渔《闲情偶寄》）“画之处所，须冬燠夏凉，宏堂邃宇。”（宋，郭熙《林泉高致》）建筑物内部的舒适性，即夏凉冬燠、遮风避雨是建筑最基本的功能。计成也深谙其重要性，如“两三间曲尽春藏，一二处堪为暑避”；再如“凉亭浮白，冰调竹树风生；暖阁偎红，雪煮炉铛涛沸。”炎夏，翠竹绿树送出习习清风（林原风），“凉亭”四面开敞迎风而立，人在亭内饮冰浮白；寒冬，“暖阁”内围炉而坐，煮雪烹茶。炉火提升室内温度，水体沸腾散发的水蒸气可以增加空气湿度，“炉铛涛沸”代替了寒风凛冽，再加上煮雪烹茶的雅兴和诗意，最终达到了“渴吻消尽，烦顿开除”的意境。气象因子被巧妙的融入环境和活动中，何等闲适惬意的园居生活场景！

3.2.2 邀月引风

在保持舒适的前提下，建筑也可以邀请清风、明月入室。《园冶》中多处用“虚”来描述建筑，通过檐、门、窗、槛、栏、帘等元素来实现建筑的“虚化”，实际上是柔化了建筑的边界，使气象因子能够与建筑产生关系，与室内之人产生互动。在引风方面，风入室可以“递香”，风可以帮助荷花和兰花散发香气，并“递香幽室”；可以“送声”，包括风入松之涛声还有鹤声等；可以传递春天的信息，如“堂开淑气侵人”“槛逗几番花信”“莳花笑以春风”等；在邀月方面，人在建筑里仍可以“举杯邀明月”（李白，《月下独酌四首·其一》），还可以欣赏月光拂过“四壁图书”，窗外的“修篁弄影”和“疏影横斜”（林逋，《山园小梅二首》）。拙政园的“与谁同坐轩”和网师园的“月到风来亭”等都是邀月引风的佳构。

3.2.3 招云

在《园冶》中楼阁与云的描述较多，如“楼阁碍云霞而出没”、“漏层阴而藏阁”。最终效果，一则在云的藏漏之间，楼阁似“迥出云霄之上”，尽显其高耸巍峨之态，符合传统文化中对楼阁高耸入云的想象。原理如山与云，“山欲高，尽出之则不高，烟霞锁其腰，则高矣”（郭熙，《林泉高致》）；二则，云的衬托使实体的楼阁“隐现无穷之态”，云与楼的搭配形成了虚实相生的效果，笪重光在《画筌》提到“山实虚之以烟霭，山虚实之以亭台”，建筑之实也可以虚之以烟霭、花木、树石。正是这种虚化和变幻的云姿，使得静态、实体的建筑能够变幻无穷。达到“登楼看云复看书，千古万古同卷舒”（项安世，《江陵为浏阳柳氏作云山书院歌》）的效果。

气象因子借建筑构景示例 **表 3**

气象因子	构景手法	《园冶》例句	自然原理
月	邀月	洗出千家烟雨，移将四壁图书 月隐清微，屋绕梅馀种竹 迎先月以登台 宜台宜榭，邀月招云 凭虚敞阁，举杯明月自相邀	月光及其形成的影子
风	引风	堂开淑气侵人 槛逗几番花信 安亭得景，莳花笑以春风 遥遥十里荷风，递香幽室 扫径护兰芽，分香幽室；卷帘邀燕子，间剪轻风 槛外行云，镜中流水，洗山色之不去，送鹤声之自来	穿堂风；风传输气味、声音
云	招云	杂树参天，楼阁碍云霞而出没 漏层阴而藏阁 宜台宜榭，邀月招云 槛外行云，镜中流水 山容蔼蔼，行云故落凭栏 层阁重楼，迥出云霄之上；隐现无穷之态	云雾形成的朦胧景致

3.3 植物

3.3.1 植物与风

植物可以随风摇曳，早在唐代，人们就开始依据植物在风中的征状确定风级（图 1）[4]。“动枝生乱影，吹花送远香。”（虞世南，《奉和咏风应魏王教》）风中植物的姿态，及其产生的声音皆可成景。风姿可以是植物本身，如枝条细长的柳树，微风之下柔美如“蛮女之纤腰”，也可以是植物的影子，如“修篁弄影”。另外，风还可以吹花送香，《园冶》中描述了荷花、兰花、桂花等借风送香形成的香境，所谓“不须泊岸寻花去，湖上秋风镇日香”（阮元，《秋日西湖泛舟》）。还有，风吹植物可以产生声音景观，最常见的如松之“涛声”，还有“笙簧”似的竹声。最后一点不可不提，植物的遮阴和生风作用。从“竹树生风”和“风生林樾”中可见计成熟知林原风的生成原理，并懂得如何应用于造园之中。事实上“杂树参天”“虚阁荫桐”、“梧阴匝地，槐荫当庭”等隐蔽环境不仅可以降低树下温度，还能向其四周输送清凉的林原风（表 4）。

气象因子借植物构景示例 **表 4**

气象因子	构景手法	《园冶》例句	自然原理
风	生风（含遮荫）	冰调竹树生风 风生林樾，境如羲皇 杂树参天 虚阁荫桐 梧阴匝地，槐荫当庭	植物通过遮荫降低树下温度；温差导致林原风
	观风姿	晓风杨柳，若翻蛮女之纤腰 安亭得景，莳花笑以春风 片片飞花，丝丝眠柳 移竹当窗……瑟瑟风声	风吹动植物的征状
	听风声	松寮隐僻，送涛声而郁郁 修篁弄影，疑来隔水笙簧 云冥黯黯，木叶萧萧	风吹动植物的声音
	借风闻香	遥遥十里荷风，递香幽室 扫径护兰芽，分香幽室 苎衣不耐凉新，池荷香绾 冉冉天香，悠悠桂子	风帮助植物散发香气
月	邀月	分梨为院，溶溶月色 月隐清微，屋绕梅馀种竹 曲曲一湾柳月，濯魄清波 修篁弄影 恍来林月美人，却卧雪庐高士	月下赏花、观影、闻香
雨	听雨	夜雨芭蕉，似杂鲛人之泣泪 红衣新浴，碧玉轻敲	雨滴击打植物的声音
	观雨	常馀半榻琴书，不尽数竿烟雨 红衣新浴，碧玉轻敲	雨滴飘落到植物上的情景

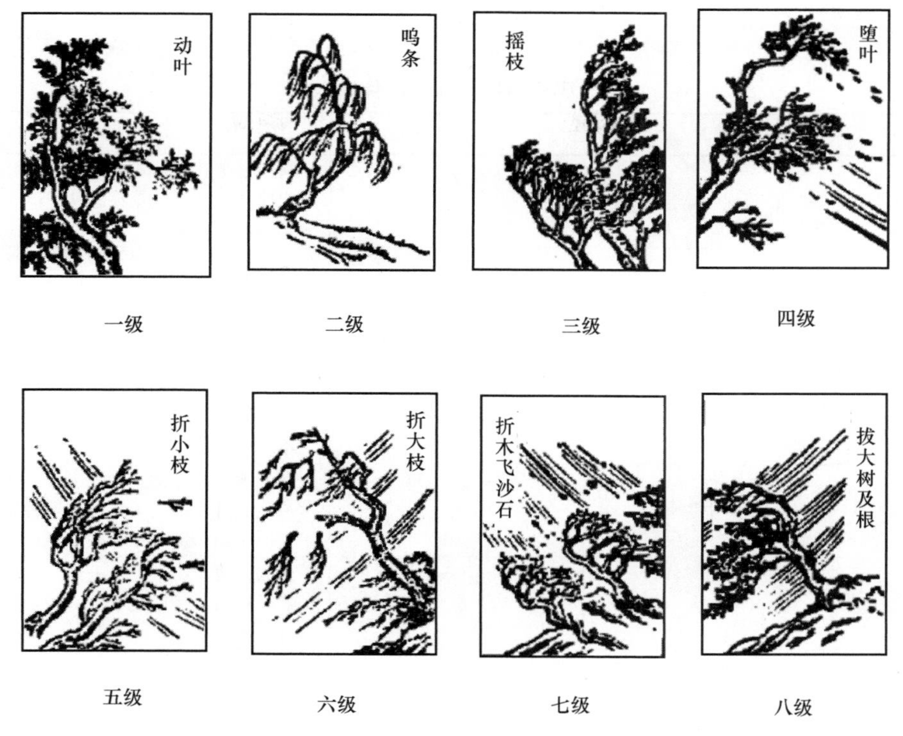

图 1　唐代的风力等级图[4]

3.3.2　植物与雨

雨滋润大地，对植物生长有重要作用。在营造声景方面，雨既可以“润物细无声”（杜甫，《春夜喜雨》），也可以点滴生情。如雨打芭蕉，芭蕉苍翠可爱，叶片大，且叶叶多情，植于窗外，“阴满中庭。叶叶心心，舒卷有馀情”（李清照，《添字丑奴儿·窗前谁种芭蕉树》），“风流不把花为主，多情管定烟和雨”（张镃，《菩萨蛮·芭蕉》）。除了芭蕉之外，雨打荷花也是富有诗意的声景。拙政园中既有听雨打芭蕉的“听雨轩”，又有闻雨打残荷的“留听阁”。

3.3.3　植物与月

观赏花木需要一定的氛围。就观花来看，气象条件可以增添赏花的韵味。如李渔在《闲情偶寄》中提到“淡云薄日，夕阳佳月，花之晓也”[5]。“淡云薄日，夕阳佳月”被认为是最佳赏花时机。张岱提出“夜月空明，何逊朝花绰约… …深情领略，是在解人。”[6]计成自是“解人”，同样深谙月下赏花之妙，《园冶》中既有月下梅梨，还有月上柳梢，月隐竹末（表 4）。而且，夜景宜布置在院内、窗外，让人们在夜晚，足不出户即可独享清境。“移竹当窗，分梨为院”即是顺应此理。

3.4　动物

计成观察自然现象达到细致入微的程度，书中可以发现多处关于动物的描述。动物对气象的反映也历历在目，如“隔林鸠唤雨，断岸马嘶风”。气象与动物组景表现在两方面：首先，借风传声，禽类的鸣叫声是园林中重要的声景之一，如“鹤声送来枕上”，“送鹤声之自来”都是风的功劳；其次，观风姿，如仙鹤在风中飞舞，“卷帘邀燕子，间剪轻风”则蕴含更加丰富的内容。主人卷帘邀燕子归还旧巢的同时，也在邀春风。燕子迎风飞舞，不仅有“微风燕子斜”（杜甫，《水槛遣心二首》）的妙景，还因燕子尾巴似剪刀，让人萌生燕子“剪轻风”的妙想（表 5）。

气象因子借动物构景示例　　**表 5**

气象因子	构景手法	《园冶》例句	自然原理
风	观风姿	槛逗几番花信… …起鹤舞而翩翩 卷帘邀燕子，间剪轻风	风吹动鸟类的征状
	借风传声	鹤声送来枕上 送鹤声之自来	风传输声音

3.5　器具和活动

传统私家园林功能丰富，可赏、可行、可居、可游，《园冶》中也出现了多种园居生活情景，包括读书、抚琴、吟诗、畅饮、游戏、休憩、赏景、清扫等，这些活动发生在室内和室外。生活场景有时是通过器具的呈现来进行暗示，如枕、席、榻、琴、书、殇、炉铛等（表 6）。《园冶》追求的是一处自然中的生活环境。因此，不论是室内还是室外，墙并不能阻隔园居活动与自然的互动。“静扰一榻琴书”的风，可以翻书，如“唯有南风旧相识，偷开门户又翻书”（刘攽，《新晴》），还可以抚琴，如“壁上一琴常挂，时拂天风”[7]。另外，特殊的气候条件为活动的展开提供了绝佳的场景，如“月宜琴声，雪宜茶声”[7]，月下抚琴，扫雪烹茶都堪称韵事，为文人所深爱。

气象因子借器具和活动构景示例 **表 6**

活动	器具	气象因子	《园冶》例句
倚卧	枕、席	风	清气觉来几席 水面鳞鳞，爽气觉来欹枕 鹤声送来枕上
扫雪烹茶	炉铛	雪	雪煮炉铛涛沸 煮雪当姬 扫烹果胜党家
饮酒	殇、杯、毡	风 云霞 月 月	凉亭浮白，冰调竹树生风 觞飞霞伫 醉月铺毡 举杯明月自相邀
读书抚琴	琴、书、榻	风 月 烟雨	瑟瑟风声，静扰一榻琴书 清池涵月，洗出千家烟雨，移将四壁图书 常馀半榻琴书，不尽数竿烟雨
娱乐（奏乐、品赏、游戏等）	乐器	云	拍起云流 槛外行云，镜中流水 行云故落凭栏
	槛、栏	风	槛逗几番花信
	槛、帘、秋千	风	莳花笑以春风 卷帘邀燕子，间剪轻风 寒生料峭，高架秋千
	—	月	俯流玩月

4 结语

综上，《园冶》中蕴含着丰富的气象因子借物构景的智慧。气象因子在“境”中起到了交代时间、烘托场景、人境交互、营造意境等功能。首先，通过气象因子的变幻展示时间，传递季相和时分的信息，实现了中国传统园林时空一体的效果；其次，通过气象条件渲染场景，增添韵味，为人们的触景生情打下铺垫；再次，气象因子为人和“境”交互提供了条件，尤其是风、月、云等，都已然成为主人相伴相惜的挚友，伴其读书、抚琴、吟诗；最后，气象因子赋予山水、建筑、花木以精神和情感，是传情达意，营造意境的主要媒介之一。《园冶》气象造景的智慧值得更加深入全面的挖掘和梳理，以期为当代园林建设提供借鉴和启发，使园林在修复人与自然关系方面发挥更加重要的作用。

参考文献

[1] 王绍增．论《园冶》的“入境式”设计、写作与解读方法．中国园林[J]，2012，28（12）：48-50.

[2] 计成著，陈植注释．园冶注释．第 2 版[J]．北京：中国建筑工业出版社，1988.

[3] 赵彩君，王国玉．中国古典园林气象景观营造经验对气候适应型城市建设的启发[J]．风景园林，2018(10)：45-49.

[4] 金传达．说风[J]．北京：气象出版社，1982.

[5] 李渔著，杜书瀛校注．闲情偶寄・窥词管见[J]．北京：中国社会科学出版社，2009.

[6] 张岱著，俞琼颖评注．西湖寻梦[J]．上海：上海三联书店，2014.

[7] 陈继儒著，罗立刚校注．小窗幽记[J]．上海：上海古籍出版社，2000.

作者简介

赵彩君，1979 年生，女，汉族，山东淄博人，博士，华侨大学建筑学院副教授。研究方向为园林史、园林生态。电子邮箱：652119300@qq.com。

张晓敏，1983 年生，女，汉族，山东淄博人，学士，山东沂河源园林发展有限公司工程师。研究方向为风景园林设计和工程管理。电子邮箱：452875488@qq.com。

傅凡，1974 年生，男，汉族，天津人，博士，北京建筑大学建筑与城乡规划学院教授。研究方向为园林史、园林生态。电子邮箱：landscapeplanning@163.com。

SD 法评价城市桥阴空间文化景观①

——以成都市高架桥为例

Evaluation of Cultural Landscape of Space under Urban Viaducts by SD Method

—Chengdu Viaducts as Cases

杨 茜 殷利华*

摘 要：快速城市化使得原本脆弱的城市地方文化记忆和景观面临消失的危机，城市高架桥下空间给城市地方文化景观的保存和再现提供了可能的场所空间。成都市率先开始了桥下植入地方文化景观的做法，并取得了示范性的影响。本文结合对成都市 4 座典型高架桥下空间的实地考察研究，运用 SD 法以及因子分析法，对桥下文化景观进行了定量综合评价，为今后城市建设者们利用地方文化景观优化城市高架桥桥下公共空间及景观提供理论借鉴。

关键词：风景园林；SD 法；桥阴空间；景观评价；地方文化景观

Abstract: The rapid urbanization has made the vulnerable urban local cultural memories and landscape facing disappearing crisis. It is possible to provide sites and space to preserve and reproduce urban local cultural landscapes under a large number of underutilized urban viaducts. The city, Chengdu, took the lead in starting the practice of implanting local cultural landscapes under the spaces and achieved exemplary effects. Based on the field investigation and research on the space under the four excellent viaducts in Chengdu, this paper uses the SD method and factor analysis method to quantitatively and comprehensively evaluate the cultural landscape under the viaducts, and provides theoretical references for the future urban builders, using the local cultural landscape, to optimize urban public space.

Keyword: Landscape and Architecture; SD Method; Space under Viaducts; Landscape Evaluation; Local Cultural Landscape

1 景观评价概述

早于 20 世纪 60 年代，欧洲已明确提出，风景美学研究的关键在于对风景质量的评价。随着研究队伍不断壮大，不同学科的研究思想与方法汇聚到景观评价的领域，学派林立。目前被公认的具有标志意义的四大学派包括：专家学派、心理物理学派、认知学派以及经验学派。基于不同的理论基础，四大学派也衍生出不同的景观评价方式。比较各个学派，采用群体评价方式的心理物理学派在灵敏性以及可靠性中有更好的效果[1]。也因为群体的基数大于专家基数，就有效性而言，心理物理学派的研究方法比专家学派更具优势。而对景观特征的评价可以通过量化的方式表现，使研究方法的客观性得以保证。

20 世纪 50 年代，凯文·林奇（Kevin Lynch）运用心理学相关理论研究了新泽西、波士顿以及洛杉矶三座城市的城市意象[2]；70 年代，扬·盖尔从人及其活动所需的环境角度来着重研究公共空间，详细分析吸引人到公共空间中进行活动的必然元素，从而归纳总结出促成人们进行社会活动的方法[3]；到 90 年代，SE·拉斯姆森（S. E. Rasmussen）根据亲身体验感知来描述不同的艺术手法在建筑中的具体应用，强调建筑的评价标准需要通过使用者自身感知来确定[4]。这些理论方法对欧美等城市公共空间景观设计产生了极大推动的作用。公认较好的心理评价方法有两种：其一是美景度评价法（SBE 法），属于归类评判法；另一种是比较评判法（LCJ 法），但从数学角度上看，两者并没有根本的区别。随后衍生出语义解释法（SD 法），常与其他分析法一起使用，最常见的是因子分析法[5]。

在系统学习景观美学评价理论与方法的基础上，我国在其应用方面也取得了长足的进步。曹娟等应用 SD 法对北京市自然保护区进行景观调查评价，总结空间认知模式[6]；段敏杰等运用 SBE 法分析公园的植物配置模式[7]；杨辉等以模糊数学模型分析评价绿地景观环境的综合效益[8]。

作为我国城市公共空间中的一种特殊形式，大量城市高架桥下空间，其空间利用及景观建设成为人们努力寻求解决的一个问题。成都调研发现较有特色的一种做法——桥阴文化景观利用。如何科学评价这类特殊公共空间的特色景观，清晰地阐述桥下空间环境与游人心理的问题，不断优化景观配置，是工程景观研究中一个值得探讨的新课题。本文尝试运用较匹配的心理物理学的 SD

① 国家自然科学基金项目“桥阴海绵体空间形态及景观绩效研究”（编号：51678260）和华中科技大学院系自主创新研究基金项目“桥阴海绵体空间形态及景观研究”（编号：2016YXMS053）共同资助。

法，并结合运用因子分析法，尝试对成都市桥下文化景观典型案例进行社会评价分析。

2 研究方法

2.1 研究地点

成都市，四川省会，处于成都平原腹地，中国“十大古都”之一，享有“天府之国”之美誉。面对因大肆建设高架桥而衍生出的消极桥下空间，成都市率先开始在桥下空间植入地方文化景观的做法，并取得了示范性影响。2001 年，人民南路（人南）高架桥下修建的老成都民俗公园，将昔日藏污纳垢的消极场所改造成城市开放空间以展现老成都的乡土民俗，协调了地域文化传承与城市化进程的矛盾，带动了利用和改造桥下附属空间的热潮。随后，一系列文化艺术工程也相继完工，如苏坡桥下的川剧脸谱长廊，将地域文化“物化”于高架桥下，成为川蜀独特的地域场所[9]。基于此，本文选择“人南高架桥”、“苏坡高架桥”、“羊犀高架桥”以及“沙湾高架桥”为研究样本，对其桥下文化景观空间评价进行深入解释验证。

2.2 研究手段

（1）SD 法，即语意学解释法（Semantic Differential）。C. E. 奥斯顾德（Charles Egerton Osgood）于 1957 年所创，属于心理物理学派研究方法中的一种。它运用语意学中的“言语”，通过既定的评定尺度，对调查者进行心理感受评价，定量计算出研究对象的感受指标。在 20 世纪 90 年代更多应用于建筑、景观等相关学科领域。通常由多组互为反义的形容词，以及呈奇数的度量表组成，用于评判调查对象的主观感受与环境之间的联系[10]。（2）因子分析法。也被称为主分量分享法。通过研究变量间的关系，提炼出其中明晰的，且具有高度概括意义的关联属性，即“因子”[11]。从研究数据中找出所包含的共有属性（特性因子），然后分析研究这些特性因子，从而得出整个数据中所包含的内在结构。综上所述，本次研究主要分为以下几个步骤：①运用 SD 法选取评价因子（评价项目），并进行问卷调查；②量化调查数据，利用 SPSS 软件进一步对数据进行多因子变量分析；③确定决定因子轴，对其评价因子解释分析，最终完成定量化景观评价。

2.3 研究数据

选取一环线、二环线以及三环线上 4 座城市高架桥下景观中具有代表性的 12 处场景进行拍摄，并用照片形式作为本次评价研究的样本（表 1）。

桥下空间文化景观汇总表　　　　表 1

样本高架桥	样本图片	样本编号
人南高架桥		1

续表

样本高架桥	样本图片	样本编号
人南高架桥		2
		3
		4
		5
苏坡高架桥		6
		7

续表

样本高架桥	样本图片	样本编号
羊犀高架桥		8
		9
		10
		11
沙湾高架桥		12

（资料来源：作者自绘）

进行SD法调查的先决条件是对心理评价的形容词及评价尺度。对于具体要使用多少对形容词进行测定，目前尚未具备明确的规定或标准。本文SD法的调查选取13对正、反义成对的适用于描述桥下景观空间的形容词，随机排列组合供被调查者进行主观影响的描述（表2）。

评价项目及相应形容词表　　表2

序号	评价项目	形容词对
1	空间感	封闭的——开敞的
2	仪式感	混乱的——有序的
3	光亮感	昏暗的——明亮的
4	尺度感	局促的——宽广的
5	色彩度	单调的——丰富的
6	放松度	紧张的——放松的
7	愉悦感	不悦的——愉悦的
8	熟悉度	陌生的——熟悉的
9	吸引力	抗拒的——吸引的
10	协调感	失衡的——协调的
11	活力度	安静的——热闹的
12	集散度	分散的——集中的
13	自发性	被迫的——自发的

资料来源：作者自绘

SD法评定尺度通常采用5～7级。为了避免尺度评定过于粗糙以至评价精度下降，同时有利于被调查者辨别理解，本次SD法问卷调查使用5级制评定尺度，即赋值－2、－1、0、1、2（表3）。同时为了使样本具有较高的概括性、客观性，分别调查了不同年龄段：18岁以下，18～25岁，26～30岁，31～40岁，41～50岁，51岁以上；以及不同职业人士如设计、工程、管理、IT、电气、生化、哲学等。总计发放问卷53份，回收有效问卷50份，回收率94%。

评价尺度表　　表3

	很不	稍不	适中	稍有	很（非常）	
形容词（负）	－2	－1	0	1	2	形容词（负）

资料来源：作者自绘

收集完50套调查问卷后，利用EXCEL软件统计12处图片样本的数据并得出其综合平均值＝∑各项因子平均值/12（样本个数），并绘制出样本的SD综合评价得分表（表4）。

利用SPSS软件统计分析本次研究数据，首先分析研究数据是否适合进行因子分析，从表5可以看出：KMO值①为0.862，大于0.8，满足因子分析的前提要求；巴特利（Bartlett）球形度检验P值②为0.00，小于0.05，说明本次研究数据非常适合进行因子分析，同时具有较高的可信度。然后进行因子分析得出结果（表6），可见桥下文化空间景观的全部因素可由本次研究中所选用的13

① KMO（Kaiser-Meyer-Olkin）检验统计量是用于比较变量间简单相关系数和偏相关系数的指标，取值在0～1之间。若此值小于0.6，说明数据不适合进行因子分析；若此值高于0.8，则说明非常适合。

② 巴特利（Bartlett）球形度检验用于检验相关阵中变量间的相关性。进行因子分析前，首先进行KMO检验和（Bartlett）球体检验，取值在0～1之间。检验对应P值小于0.05说明数据适合进行因子分析。

对评定因子来解释，并且在这些因子当中提取前3者可以解释桥下文化空间景观因素中89.0%的内在联系。

SD综合评价得分表 **表4**

评价项目	样本1	样本2	样本3	样本4	样本5	样本6	样本7	样本8	样本9	样本10	样本11	样本12
空间感	0.55	0.36	0.61	0.36	0.27	0.76	0.82	0.24	0.82	0.85	0.97	0.79
仪式感	0.55	0.55	0.73	0.3	0.33	0.76	0.52	0.42	0.48	0.88	0.27	0.82
光亮感	0.42	−0.15	−0.12	0.21	0.12	0.61	0.85	−0.3	0.18	0.73	0.48	0.85
尺度感	0.42	0.12	0.18	−0.09	0.3	0.48	0.55	0	0.55	0.7	0.67	0.73
色彩度	0	−0.06	−0.24	−0.18	1.03	0.36	0.82	−0.58	−0.21	1	−0.09	0.85
放松度	0.58	0.61	0.18	0.18	0.45	0.73	0.85	−0.33	0.3	0.64	0.64	0.27
愉悦感	0.64	0.55	0.21	0.18	0.64	0.67	0.58	−0.15	0.33	0.73	0.42	0.55
熟悉度	0.36	0.39	0.18	0.15	0.82	0.61	0.85	−0.15	0.52	0.85	0.27	0.64
吸引力	0.73	0.45	0.27	0.15	0.58	0.58	0.61	0.06	0.42	0.73	0.21	0.58
协调感	0.73	0.58	0.21	−0.06	0.3	0.48	0.58	−0.06	0.52	0.67	0.33	0.61
活力度	0.09	0.33	0	−0.18	0.27	0.55	0.73	−0.18	0.24	0.33	0.12	0.36
集散度	0.45	0.42	0.18	0.06	0.27	0.61	0.42	0.15	0.33	0.45	0.09	0.42
自发性	0.3	0.35	0.06	0.18	0.33	0.82	0.55	0.06	0.33	0.67	0.3	0.33
高分频次	2	0	0	0	1	2	4	0	0	3	1	2

资料来源：作者自绘

KMO和Bartlett检验 **表5**

KMO值		0.862
Bartlett球形度检验	近似卡方	598.063
	df	78.000
	P值	0.000

资料来源：SPSS软件。

方差解释表 **表6**

因子编号	特征根			旋转前方差解释率			旋转后方差解释率		
	特征根	方差解释率	累计%	特征根	方差解释率	累计%	特征根	方差解释率	累计%
1	10.247	78.821	78.821	10.247	78.821	78.821	4.550	35.003	35.003
2	0.662	5.090	83.911	0.662	5.090	83.911	3.812	29.322	64.325
3	0.656	5.043	88.954	0.656	5.043	88.954	3.202	24.629	88.954
4	0.424	3.262	92.216	—	—	—	—	—	—
5	0.274	2.108	94.324	—	—	—	—	—	—
6	0.215	1.656	95.980	—	—	—	—	—	—
7	0.175	1.343	97.323	—	—	—	—	—	—
8	0.117	0.900	98.223	—	—	—	—	—	—
9	0.087	0.668	98.891	—	—	—	—	—	—
10	0.056	0.431	99.322	—	—	—	—	—	—
11	0.048	0.373	99.695	—	—	—	—	—	—
12	0.022	0.172	99.867	—	—	—	—	—	—
13	0.017	0.123	100.000	—	—	—	—	—	—

资料来源：SPSS软件。

3 研究结果

完成因子分析得出因子数后，即可列出因子负荷量表（表7），该表在各个因子轴内将因子负荷量按照由大到小的顺序进行排列，通过读该表即可以观察得出因子轴构成的尺度，所得的3个因子凝结之前13个评价因子的物理负荷量及主要特征，将其归纳命名为“场所空间”

"场所氛围""场所行为"三大类，最终以这 3 个决定因子轴对成都市高架桥下文化景观空间进行评价。这 3 个因子轴中，又以"空间感""吸引力""活力度"这三项评价项目最重要。

因子负荷量表 **表 7**

因子轴组名	评价项目	因子轴 No. 1	因子负荷量 因子轴 No. 2	因子轴 No. 3
场所空间	空间感	0.856	0.401	0.197
	光亮感	0.776	0.359	0.431
	尺度感	0.692	0.408	0.53
	色彩度	0.609	0.533	0.34
场所氛围	吸引力	0.388	0.824	0.349
	熟悉度	0.375	0.823	0.366
	愉悦感	0.382	0.813	0.402
	放松度	0.312	0.791	0.399
	协调感	0.377	0.673	0.472
场所行为	活力度	0.264	0.351	0.855
	集散度	0.266	0.427	0.813
	仪式感	0.493	0.343	0.645
	自发性	0.463	0.54	0.575

作者以所得的 3 个因子作为评价依据，再次对所评价的 12 处样本空间进行横向对比，并对其因子分析评价结果进行排序对比（表 8），以此为桥下文化景观评价进行深入解释验证。

景观因子评价表 **表 8**

因子名称	评价项目	评价得分											
		人南高架桥				苏坡高架桥			羊犀高架桥				沙湾高架桥
		样本 1	样本 2	样本 3	样本 4	样本 5	样本 6	样本 7	样本 8	样本 9	样本 10	样本 11	样本 12
场所空间因子	空间感	0.55	0.36	0.61	0.36	0.27	0.76	0.82	0.24	0.82	0.85	0.97	0.79
	光亮感	0.42	−0.15	−0.12	0.21	0.12	0.61	0.85	−0.3	0.18	0.73	0.48	0.85
	尺度感	0.42	0.12	0.18	−0.09	0.3	0.48	0.55	0	0.55	0.7	0.67	0.73
	色彩度	0	−0.06	−0.24	−0.18	1.03	0.36	0.82	−0.58	−0.21	1	−0.09	0.85
	均分	0.35	0.07	0.11	0.08	0.43	0.55	0.76	−0.16	0.34	0.82	0.51	0.81
	平均值	0.15				0.58			0.38				0.81
场所氛围因子	吸引力	0.73	0.45	0.27	0.15	0.58	0.58	0.61	0.06	0.42	0.73	0.21	0.58
	熟悉度	0.36	0.39	0.18	0.15	0.82	0.61	0.85	−0.15	0.52	0.85	0.27	0.64
	愉悦感	0.64	0.55	0.21	0.18	0.64	0.67	0.58	−0.15	0.33	0.73	0.42	0.55
	放松度	0.58	0.61	0.18	0.18	0.45	0.73	0.85	−0.33	0.3	0.64	0.64	0.27
	协调感	0.73	0.58	0.21	−0.06	0.3	0.48	0.58	−0.06	0.52	0.67	0.33	0.61
	均分	0.61	0.52	0.21	0.12	0.56	0.61	0.69	−0.13	0.42	0.72	0.37	0.53
	平均值	0.36				0.62			0.35				0.53
场所行为因子	活力度	0.09	0.33	0	−0.18	0.27	0.55	0.73	−0.18	0.24	0.33	0.12	0.36
	集散度	0.45	0.42	0.18	0.06	0.27	0.61	0.42	0.15	0.33	0.45	0.09	0.42
	仪式感	0.55	0.55	0.73	0.3	0.33	0.76	0.52	0.42	0.48	0.88	0.27	0.82
	自发性	0.3	0.35	0.06	0.18	0.33	0.82	0.55	0.06	0.33	0.67	0.3	0.33
	均分	0.35	0.41	0.24	0.09	0.30	0.69	0.56	0.11	0.35	0.58	0.20	0.48
	平均值	0.27				0.51			0.31				0.48

结合对桥下景观的心理评价，使用因子分析法对成都市内典型的桥下文化景观评价进行研究，而就评价主体而言，研究也由SD法初期的心理评价进阶到了定量化评价过程。

由表8可知：①场所空间层面，羊犀高架桥下文化景观在空间尺度感上评价最高；就空间环境感受而言，苏坡高架桥下文化景观空间的评分最高，说明桥下墩柱适宜的高宽比与排列间距能直接影响桥下文化景观空间的心理感受；②场所氛围层面，人南高架桥以及羊犀高架桥下的部分景观空间的吸引力很高；但就整体而言，苏坡高架桥下文化景观的综合评分最高，说明植入标志性的地域文化象征符号能够加强景观吸引力，营造出特殊地域的场所氛围；③环境行为层面，苏坡高架桥下文化景观空间的活力值得分最高，说明苏坡高架桥下的文化景观空间环境最符合人群活动的心理要求。综上可得：苏坡高架桥下文化景观的社会评价最高。

4 讨论

桥下常见不同利用方式，如交通、绿化、市政、停车场、少量商业、休闲、运动利用等几种方式[12-19]，结合地域文化开展桥下文化景观建设利用的做法相对不多，但其对城市地方文化的积极保存和展示带来了非常有价值的参考作用。本文尝试从定量化的研究角度评价桥阴文化景观也体现了对其科学评价的指导作用。

研究过程中还存在不足：进行SD法心理评价研究时，最精确的研究方式是将被研究者带往其所需评价的空间环境中进行实景评测，但在此次研究中开展这种方式颇具操作难度，主要采用可视化照片放映的形式，每张照片停留时间2分钟。尽管很多研究基本证明了照片和幻灯片作为评价媒介同现场评价无显著差异，但其偏差影响无法被完全排除。同时SD法中对评价项目因子的选择并不随机，而是采取了专家学派和经验学派常用的评价因子。这些都可能会对调查结果产生一定的影响。再次问卷调查的样本数偏少，可能会对研究结论产生一定的干扰。

5 结语

通过本次SD法定量化研究综合得出：成都市苏坡高架桥下文化景观的评价最高。苏坡桥下文化空间景观之所以能脱颖而出，最终应归功于其特色墩柱景观的打造。28根景观墩柱高2.8m，且每根上均彩绘了一系列川剧人物脸谱（图1），形态各异。结合中心百戏台（图2）以及两端四个寓意川剧表演中“唱、念、做、打”的小戏台（图3），生动诙谐，宣扬了川剧文化的精髓，凸显出独特的川蜀曲艺场所。

基于此，与我国新时代的发展目标相结合，并借鉴成都桥下文化景观空间的成功之处，将地域文化景观植入城市高架桥下，将消极的桥阴空间打造成具有地域文化特色的积极开放空间，是值得广大城市建设者们借鉴学习的有效手段，具有提升桥阴空间景观品质，激活城市消极空间，展示地方特色文化景观的积极意义。

图1 川剧文化简介区中心百戏台

图2 墩柱上彩绘的川剧脸谱

图3 长廊两端小戏台

参考文献

[1] 李世东．森林公园风景质量评价．中国园林[J]，1991(04)：38-42.

[2] （美）凯文・林奇．城市意象[M]．项秉仁译．北京：华夏出版社．

[3] 扬·盖尔．交往与空间[M]．何人可 译．北京：中国建筑工业出版社，1992.

[4] 拉斯姆森．建筑体验[M]．北京：中国建筑工业出版社，1990.

[5] 章俊华．规划设计学中的调查分析法 16-SD 法．中国园林[J]．2004(10)：54-58.

[6] 曹娟，梁伊任，章俊华．北京市自然保护区景观调查与评价初探．中国园林[J]．2004(07)：77-81.

[7] 段敏杰，王月容，谢军飞，郭佳．基于美景度评价法的北京城市公园植物景观美学质量评价．科学技术与工程[J]，2018，18(26)：45-52.

[8] 杨辉，韩玲，张硕等．基于 Landsat8 卫星影像的生态环境质量评价——以三峡库区的宜昌市为例．河南科学[J/0L]．2019(01)：93-97.

[9] 廖嵘，张玉清．锦官城外桥下园——成都市立交桥下园林景观建设成就与特色分析．中国园林[J]．2007(7)：36-42.

[10] 庄惟敏．SD 法与建筑空间环境评价．清华大学学报．自然科学版[J]，1996(04)：42-47.

[11] 邹本东，徐子优，华蕾，韩玉朴，董淑英，鹿海峰．因子分析法解析北京市大气颗粒物 PM _（10)的来源．中国环境监测[J]．2007(2)：79-85.

[12] Julia Rothenberg，Steve Lang. Repurposing the High Line：Aesthetic experience and contradiction in West Chelsea. City，Culture and Society[J]. 2017(9)：1-12.

[13] 简圣贤．都市新景观——纽约高线公园．中国园林[J]．2011(4)：97-102.

[14] 周军，王巍．纽约市皇后道废弃高架景观空间转换方式研究．中国园林[J]．(10)：51-54.

[15] 肖开名，苏剑鸣．从城市公共空间角度看待高架桥下部空间利用．工程与建设[J]．2011 (3)：314-316.

[16] 李鹏，李娜，包满珠．武汉、上海、重庆三市中心城区高架桥绿化比较研究．中国园林[J]． 2015(10)：96-99.

[17] E. A. King，E. P. Bourdeau，X. Y. K. Zheng，at al. A combined assessment of air and noise pollution on the High Line，New York City. Transportation Research Part D[J]. 2016(42)：91-103.

[18] 路妍桢．城市高架桥下剩余空间的优化利用．安徽农业科学[J]．2016 (8)：182-185.

[19] 殷利华．基于光环境的城市高架桥下绿地景观研究[M]．武汉：华中科技大学出版社，2012

作者简介

杨茜，1994 年生，女，汉，湖北孝感人，华中科技大学建筑与城市规划学院景观系硕士研究生。研究方向为工程景观学、历史文化遗产保护研究。

殷利华，1975 年生，女，汉，湖南宁乡人，华中科技大学建筑与城市规划学院景观系副教授。研究方向为工程景观学、绿色基础设施、植景营造。

安宁楠园游线空间分析

Spatial Analysis of Tour Line in Nanyuan, Anning

丁　歆　周宏俊

摘　要： 云南省安宁市楠园是我国造园大师陈从周先生造园的代表之作，其中既融入了陈先生个人造园思想，体现我国园林理论，同时也延续了江南名园的设计精髓。楠园拥有典型的江南古典园林空间格局，园林游线与景象观赏和游园体验的关系密切，因此选用平面分析的方法，以楠园的主要游线为研究对象，以视线分析和空间特征分析为研究内容，提炼出空间开合变化、抑扬曲折、节奏对比、视线控制、引导暗示、障景引景、形态塑造等造园手法，达成曲径通幽、步移景异、境随景迁的艺术效果。

关键词： 风景园林；江南园林；空间序列；游线；陈从周

Abstract: Nanyuan, Anning City, Yunnan Province, is the representative work of Mr. Chen Congzhou, the master of gardening in China. It not only integrates Mr. Chen's personal gardening idea, reflects the theory of gardening in China, but also continues the essence of the design of famous gardens in South China. Nanyuan has a typical spatial pattern of classical gardens in the south of the Yangtze River. Landscape tour lines are closely related to landscape viewing and garden experience. Therefore, plane analysis method is used to study the main tour lines of Nanyuan, and line-of-sight analysis and spatial characteristics analysis are taken as the research contents to extract the gardening techniques such as space opening and closing changes, rhythm contrast, line-of-sight control, guide hints and barrier scenic introduction, shape shaping, which lead to the artistic effects of winding paths, moving scenery, and changing circumstances with the scenery.

Keyword: Landscape Architecture; Jiangnan Garden; Spatial Sequence; Tour Line; Chen Congzhou

1　楠园及其研究

楠园位于昆明郊区安宁市，为陈从周先生于1989～1991年间经营谋划、监督建造而成，是陈先生唯一完整建造的新园。在他一生的设计作品中，陈先生对楠园评价最高，视为得意之作。如陈先生所言，明轩是有所新意的模仿，豫园东部是有所寓新的续笔，楠园则是独立的设计，是其园林理论的具体体现。

路秉杰在《云南昆明安宁楠园再访记》中提到，建造楠园时想“将苏州园林搬到云南去[1]”。刘敦桢在《苏州古典园林》中指出苏州各园的基本布局方式是：“以厅堂作为全园的活动中心，面对厅堂设置山池、花木等对景。厅堂周围和山池之间缀以亭榭楼阁，或环以庭院和其他小景区，并用蹊径和回廊联系起来，组成一个可居、可观、可游的整体[2]。”陈从周在《苏州园林》里提及以水为主题的江南园林的总体布局：“中部以水为主题，贯以小桥，绕以游廊，间列亭台楼阁，大者中列岛屿……中列山水，四周环以楼及廊屋，高低错落，迤丽相续，与中部山石相呼应[3]。”《相地与布局——陈从周楠园造园的初步分析》一文中总结楠园“在整体上依照江南园林的风格特征，同时结合并体现了地方的景观特色[4]。”比较楠园可以发现楠园属于江南园林典型空间格局。类似网师园、寄畅园等小型江南园林，楠园结构精炼，中部山池区是核心景区，假山、主要建筑和景点围绕水池布置，主要游线环池一周，两侧入口通向山池区的序列由层层院落相连，是欲扬先抑的铺垫和序曲。

现已有《相地与布局——陈从周楠园造园的初步分析》和《探析陈从周园林思想在安宁楠园营建中的体现》两篇论文对楠园的空间布局进行过初步分析，然而对空间设计手法还未进行详细的分析。本文从游线空间入手，对楠园的设计手法和艺术效果进行深入的讨论。

2　研究对象与内容：路线与游径

途径是游园活动的凭借，江南园林所谓“因景设路，因路得景”，游览路线与观赏对象密切对应。潘谷西曾描述园林路线：“园林的游览路线既是交通线，又是贯串各个观赏点，供人边游边赏的‘风景线’。它对风景的展开和观赏程序起着组织作用[5]。”杨鸿勋在《江南园林论》中指出园路的在观赏中的作用：“就园林观赏的意义讲，它剪辑诸景面，组织变幻的景象情调，使人在游览过程中，对不断变化的景面作连续及不连续观赏，从而组织游览情绪，使人获得园林艺术享受[6]。”同时指出园路的特性：“导游的连贯性与形态的变幻性之间的对立统一，构成园路的本质[6]。”游园途径是导引的主导方面，直接联系了园林与游者，是主要的动观空间，同园林创作的关系重大。“所谓景象构图是否完美，实际是指相对路线所展现的诸景面而言的[6]。”路线的设计也对景象构图留给人的印象起到了关键作用。

观察楠园的主要游线，其包含了诸多导引、曲折、抑扬，对游园体验有重要的感染力。东西入口的两条游线庭院深深，景象形势错落，为进入主景区的豁然开朗做出了铺垫；中部环池一周的游线作为主要观赏线，精心组织了多种要素，空间特征多变，步移景异，不尽深远，其游线的创作手法值得进行分析。因此本文从游线切入分析楠园的设计精髓。

3　研究方法

现有对江南园林的视线和游径的研究方法主要有平面分析、抽象图示、地理信息、空间句法等。后两种方法用数字软件分析园林模型，设置参数变量分析全局特征，量化更充分，但是结论并不突出，操作难度也较大，不适用于分析小型的园林空间。抽象图示的方法主要用于景面的构图分析和连续路径的景深分析。平面分析方法对于视线控制和空间特征分析的结果较为明确也易于操作。如 Katherine Bedingfeld 在《Wang Shi Yuan：a study of space in a Chinese garden》中以平面视线分析加以照片说明作为研究方法，分析不同视点的空间及视觉特征，研究网师园的游线、景物和空间组织[7]。康洪涛在《苏州古典园林量化研究》以定点视觉测量的分析视距、视角；以数据量化的分析方法研究路径距离，并得到相关规律[8]。

楠园作为小尺度的江南城市园林，其感性的主观体验是分析重点，因此选择较传统的平面分析方法研究进行。视觉特征、空间特征、游赏体验是主要的研究对象。因此本文通过提取路线、视线、视点、视觉焦点、空间界面、空间转折点等空间要素和组织形式作为自变量，空间效果和游赏体验作为因变量，在平面图上进行图示和叠加分析。通过空间分节、空间节点分析、视线分析、路径分节等方法来分析前后关联，通过照片说明视觉特征和空间特征，进行游线的空间和游园感受的定性分析，总结空间设计手法和其取得的效果。

4　入口空间及游线

楠园东西两个入口空间是进入山池区前欲扬先抑的铺垫和序曲。两组空间序列和组织方式有相似之处，因而同时进行比较分析。

4.1　空间范围

西门入口空间从毓秀门的山林蹬道开始，到引翠门为止，空间序列为山林蹬道—毓秀门—春苏轩前院—怡心居院落—引翠门。游者先从百花山入，登上山林蹬道，两侧高大乔木掩映，见楠园门楼，跨越门楼进入春苏轩天井式前院，折北通过矩形门洞，经过曲折的小道，来到书斋怡心居前空地。再折东看见月洞门，题“引翠”，通向主景区，所研究的空间范围包含游线所经过的完整空间。

东门入口空间从东部入口内的山林蹬道开始，到随宜轩前走廊为止，空间序列为山林蹬道—四方小院—海棠门—随宜轩小院—随宜轩前。从山脚边的灰黑色门楼入园，登上竹林掩映的山林蹬道，通过八角门进入四方小院，四面墙有形状不一的四个门洞相对以示区别。北侧花瓣形的海棠门引人进入随宜轩庭院，略点山石树木，入院则可看见二层的安宁阁和镶于墙上的山洞。再向西行穿过随宜轩见山池区和依水起伏的游廊。所研究的空间范围包含游线所经过的完整空间（图 1）。

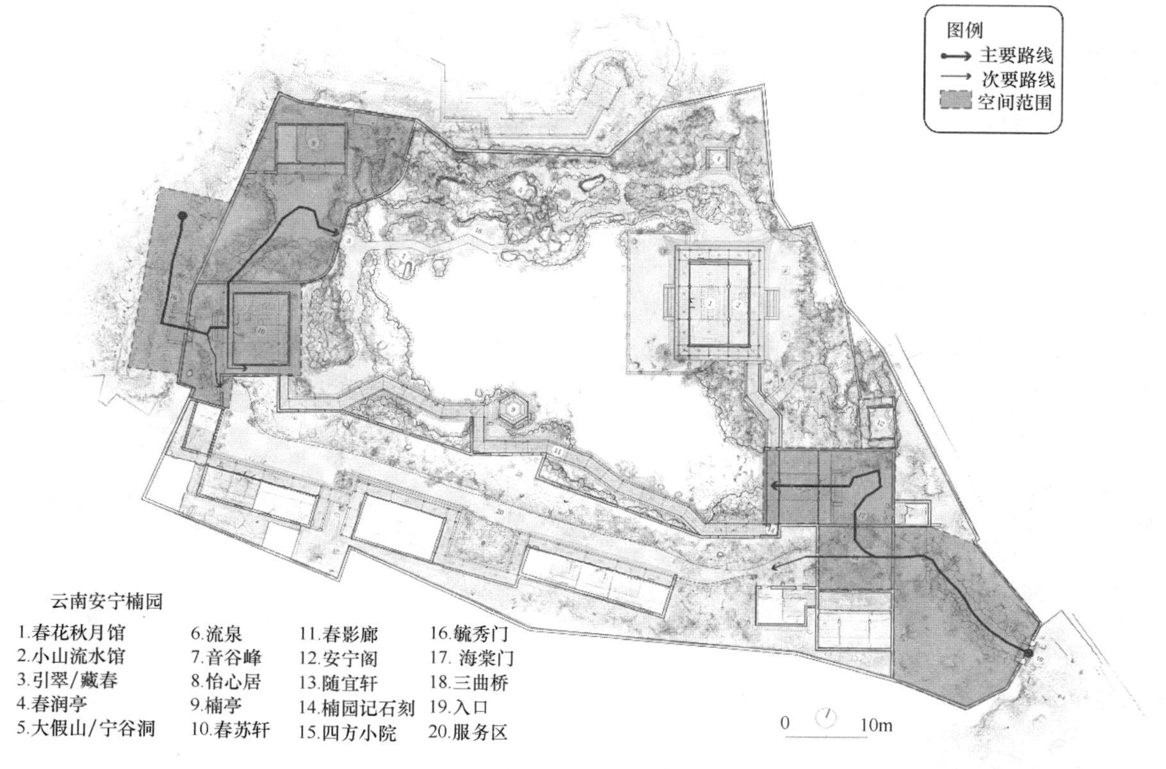

图 1　研究空间范围（图片来源：根据杨晨的测绘图改绘）

4.2 空间特征及设计手法

4.2.1 空间收放与对比

空间分节与特征：开合与变化。

根据空间的围合限定及其自身特征，将两段路线分别分为六节。西门入口的分节为山林蹬道空间、入口平台空间、毓秀门下、春苏轩前院、怡心居小径、怡心居前空间。东门入口的分节为山林蹬道空间、八角门前平台、四方小院、海棠门下、随宜轩小院、随宜轩前廊空间。

每一个空间都有自身的特征，将这些空间按开合特征分为两类。视线收束、空间闭合为“合”，视线打开、空间开敞为“开”。可发现两个游线空间序列都是“合—开—合—开—合—开”的序列，三组“合—开”空间依次连接（图 2）。

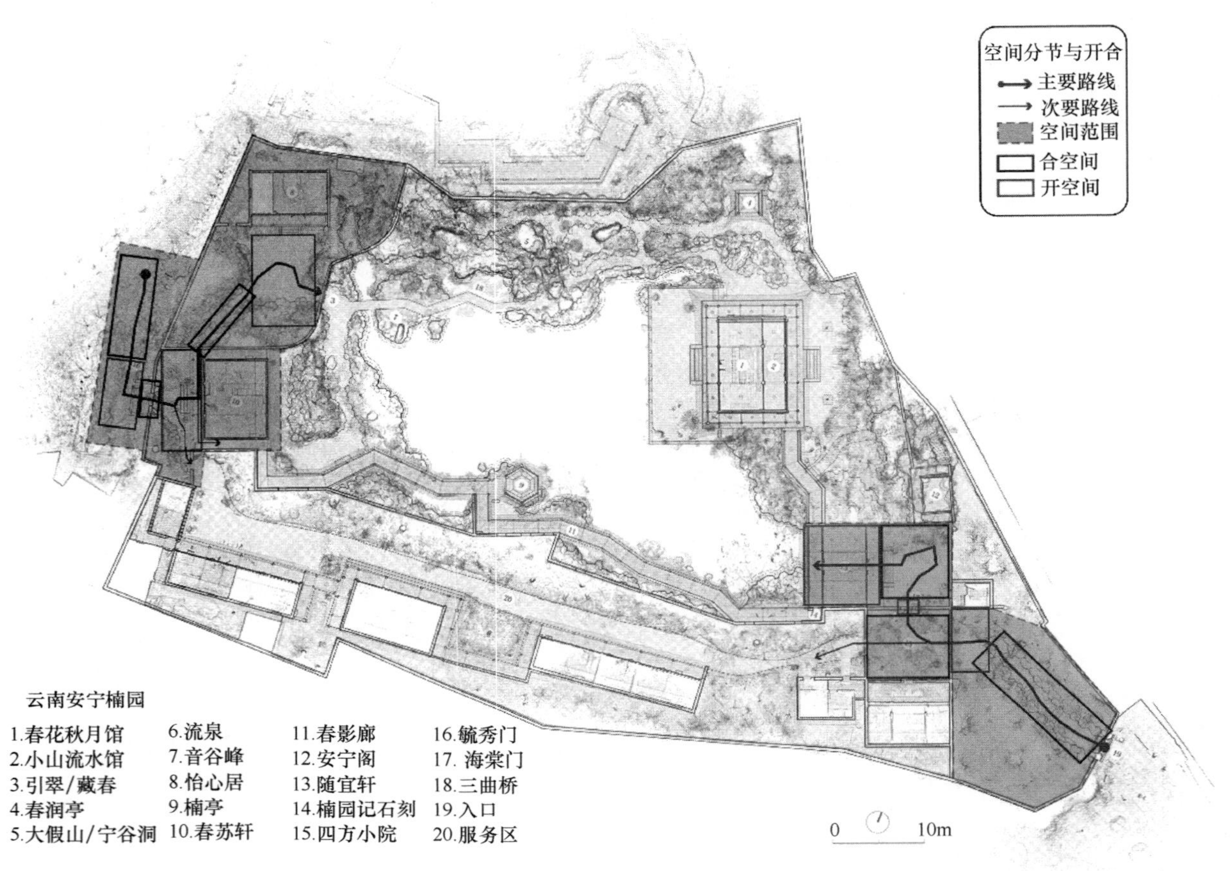

图 2　空间分节与开合（图片来源：根据杨晨的测绘图改绘）

虽然几组空间都有开合的特征，但相同的特征有不同的组织形式。“合”的空间形式有两侧大树掩映的长蹬道、顶部限定的门下、被植物围合的曲折小径、四面白墙围合的院落空间。“开”的空间形式有方正的门前平台、院落中心空旷的空地、以及汇集视线的门下。虽是同样的空间效果，多变的组织形式给人丰富的空间体验，不觉乏味。

除此以外，可以发现两组路径中都存在三次明显的路径转向，且每组“合—开”的空间组合中都有一次（图 3），可见路径的转向位置经过了刻意安排，配合了空间分节的变化节奏。

4.2.2 路径迂回

杨鸿勋在《中国古典园林艺术结构原理》提及，“仅以游览行进中动观的景象序列来说，由于途径的曲折而延长了路线，加以掩映的错综而增加了景象层次，这便使人流连，使观赏的进度延缓。这种游览时间的持续，从效果来讲，相当于空间的扩展。可以说，景象的曲折性扩展了空间深度，也延续了审美享受的时间[9]。”途径的曲折与掩映是园林的重要特征。楠园两段入口游线迂回曲折，欲左先右，欲上先下，欲通先迷，欲藏先露。根据分析，入口空间主要通过空间轴线扭转和视觉焦点布局两种方法共同实现路径的迂回曲折。

（1）空间轴线扭转

空间的轴线很大程度上决定了路径的方向。将两个空间序列的空间分节与轴线与路径叠合分析（图 4），可以发现空间分节的轴线不断扭转，使路线随之发生变化。可见楠园通过空间轴线的刻意经营使路径更加迂回曲折，使空间生动富于变化。

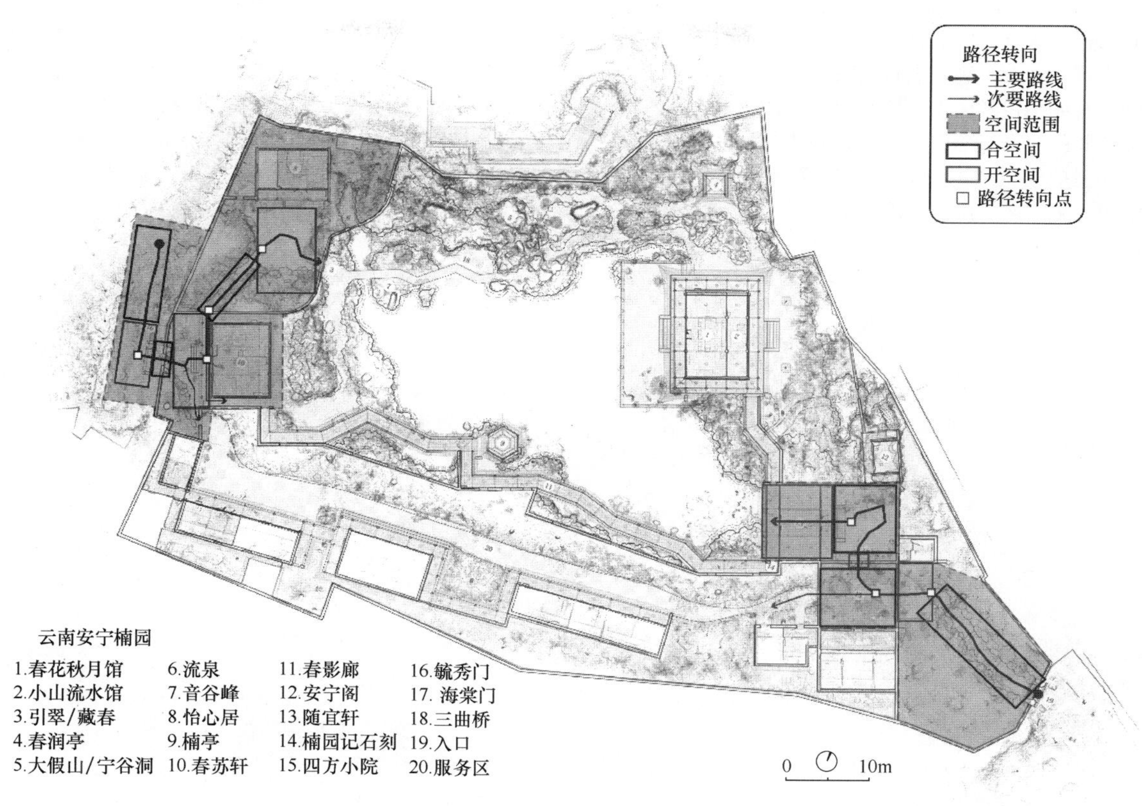

图 3　路径转向（图片来源：根据杨晨的测绘图改绘）

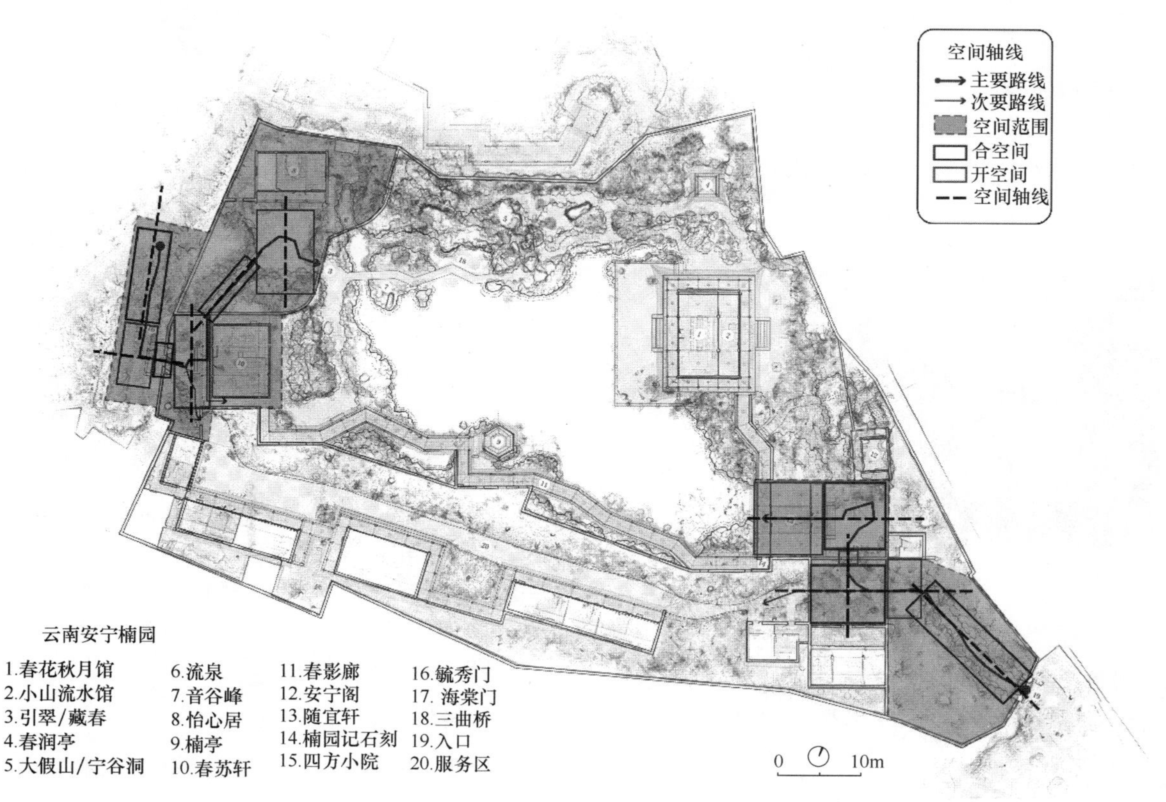

图 4　空间轴线扭转（图片来源：根据杨晨的测绘图改绘）

(2) 视觉焦点布局

空间的视觉焦点会吸引视线，从而使路径偏离。将门洞、主要建筑、观景窗洞、山石景物定义为视觉焦点，可见西门序列有五个视觉焦点，按观赏顺序依次是春苏轩

前院南北的两个矩形门洞、怡心居建筑、引翠门、花窗。东门序列也有五个视觉焦点，依次是八角门、海棠门、安宁阁、安宁阁下山洞口、水廊。

将视觉焦点与路线叠合（图 5），可发现视觉焦点都被布置在偏离路径行进方向的一侧，因而视线方向偏离之前行进方向，进而使人的路线发生不自觉的偏移。典型的如西门序列的焦点 2，纵深的长视线给人强烈的引导；又如东门序列的焦点 4，墙上的山洞口作为具有特色的景物也引人近距离观察（图 6）。因此控制视觉焦点的位置，可以在一定空间范围内使路径迂回曲折。

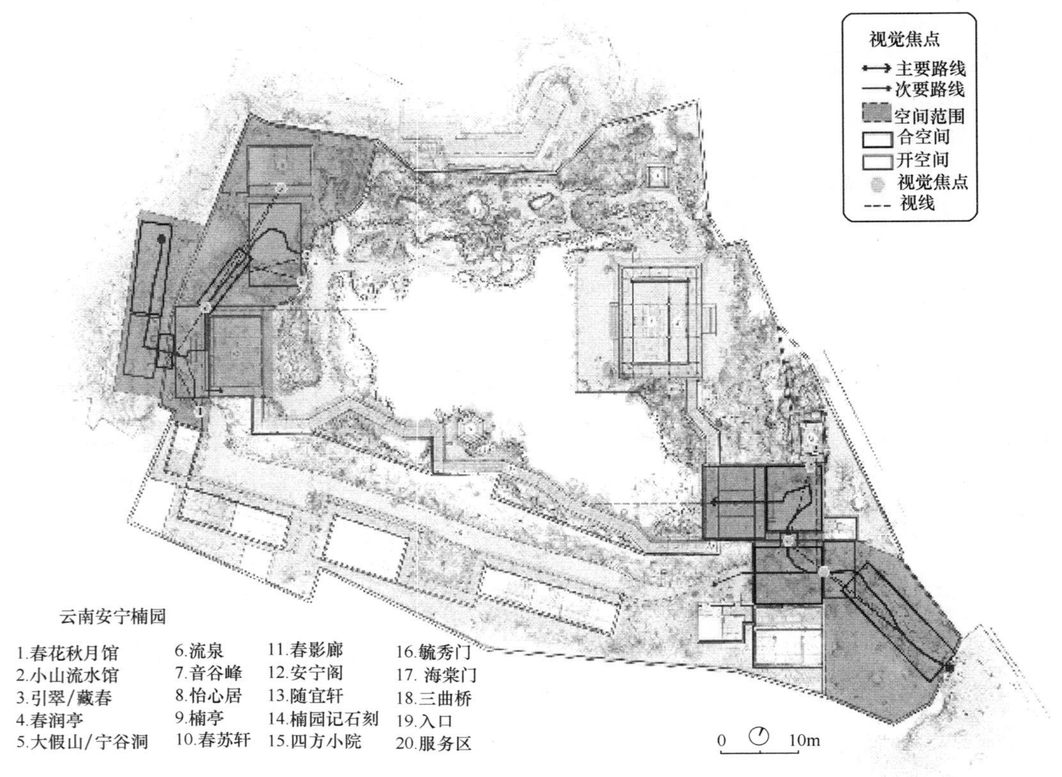

图 5　视觉焦点（图片来源：根据杨晨的测绘图改绘）

图 6　焦点 4

4.2.3　视线引导与景物显隐

两个入口序列有多处引导与暗示，游览中让人感到景物忽隐忽现，景象幽深，含蓄而富有趣味。将观赏点与视觉焦点在平面图中标出，配合视线分析可发现：楠园通过长视线的经营、路径的偏转、景物的掩映实现了视线引导与景物的显隐（图 7）。

西门序列中，站在视点 2 可提前通过长视线看见焦点 2，即透过门洞看见怡心居。然而路线的方向却是东西向，登上春苏轩前的台阶，这段过程中怡心居消失于视线，要到走到门洞口才能再次看见。

东门序列中站在视点 2 可以通过长视线看见焦点 2，即透过八角门看见海棠门。然而在之后攀登阶梯的过程中因为角度的变化和路径的偏移，不能再看见海棠门，直到走近八角门才能再次看见。

两个序列中，下一个空间的景物提前出现，紧跟路径与视线方向相反的偏差和转折，景物消失于视线，再经过一阶段路径景物最终显现，景物有“显—隐—显”的效果，藏露显隐有强烈的引导与暗示效果，空间幽深富有层次，动观体验多变富有趣味。

4.3　小结

楠园两个入口序列以几组院落空间连接而成，空间特征和设计手法相似，在路径上组织重复空间开合的序列进行对比，扭转空间轴线、布置视觉焦点使路径曲折迂回，刻意控制景物的显隐进行引导和暗示。入口序列空间

特征多变、景象层次丰富、路途曲折迂回、景面断续显隐，游者情绪体验不断变化，一系列的画面给人庭院深深的幽深之感，同时不时透出主景区的自然要素，达到曲径通幽的效果，成功为主景区的打开进行了铺垫和暗示。

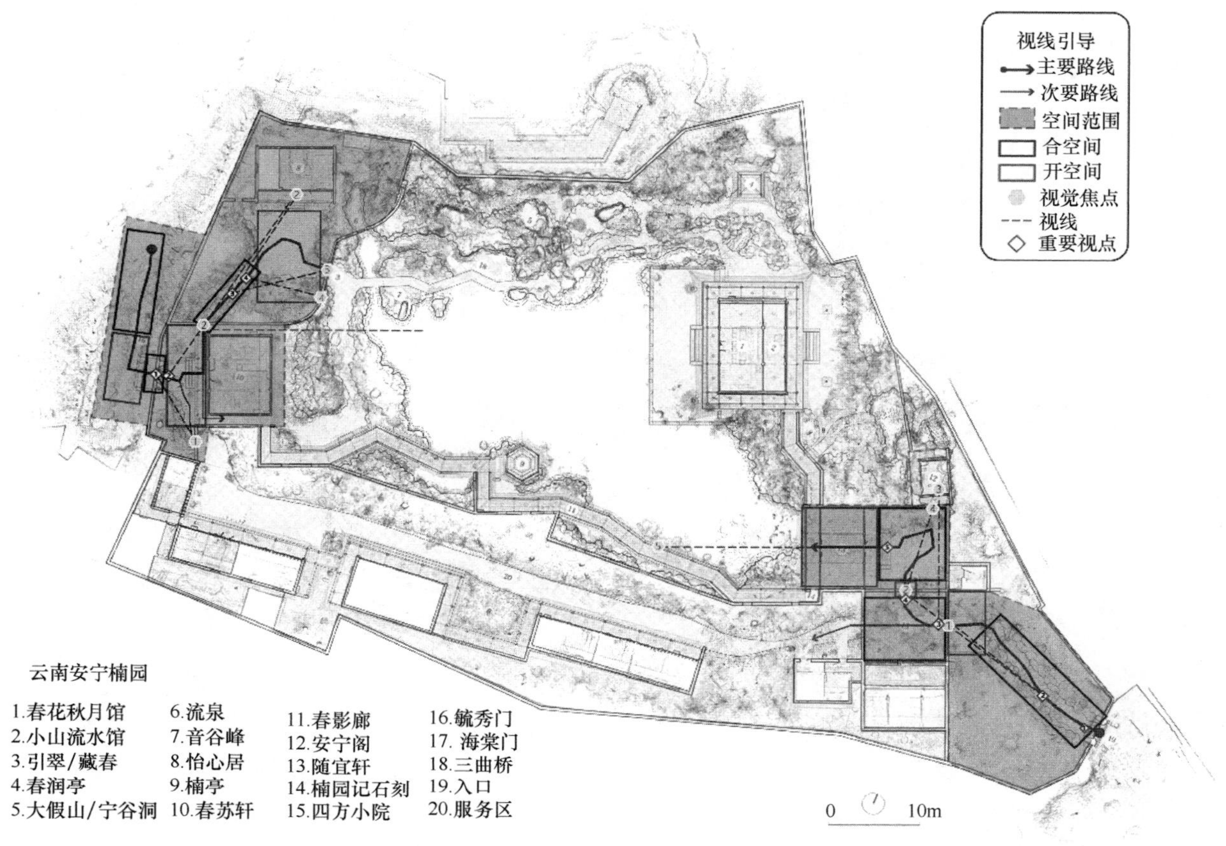

图 7　视线引导（图片来源：根据杨晨的测绘图改绘）

5　环池一周游线

环池一周游线特征与入口序列的院落空间有所不同，是在同一大空间进行游览，以自然要素为主，景面观赏性更强，景观要素更丰富。因此分析方法和入口序列有所不同，采用较大尺度的视线分析与空间特征分析。

5.1　游线路线

山池区游览路线从引翠门起，顺时针环池一周，游线序列为引翠门—音谷石—假山—春花秋月馆—随宜轩—春影廊—楠亭—春影廊—引翠门（图 8）。路径的形态凹凸曲折，有进有退，变化不断。

5.2　路径分节：形态多变

“路既是景[6]。”环池一周园路形态不断转化，人如在画中游。园路的形态的序列为桥—山盘道—桥—平台—游廊—平地。根据游线所经空间特征，可将游线进行路径分节（图 8）。整个游线分为十段，形成十个路径转折点。1～2 为浮水折桥空间，2～3 为隔水山石空间，3～4 为建筑临水空间，4～5 为滨水廊空间，5～6 为临石隔水廊空间，6～7 为两侧临水廊空间，7～8 为贴墙隔水廊亭空间，8～9 为两侧临水廊空间，9～10 为陆地廊空间，10～1 为临石隔水陆地空间。整个环形路线的空间特征在不断发生变化，并且其变化疏密有致。北侧的山石途径空间变化较少，变化距离在 22～33m，均值 27m，南侧的建筑途径空间变化较密集，变化距离在 7～22m，均值 14m。同时“水曲因岸，水隔因堤[10]”，路径与水面的关系也在不断发生高低远近的变化。

5.3　主要节点：空间收束与对景

环池一周有六个主要节点，依次是石拱桥、假山洞口、春花秋月馆前、随宜轩前廊、春影廊一处、楠亭。其中石桥、假山洞口、随宜轩前廊、楠亭是空间收束节点，在此处空间特征发生了突变；春花秋月馆前、随宜轩门前、春影廊一处、楠亭为主要观赏点，在此处有明显的对景视线关系（图 9）。四个视点分别为静观点、动观点、动观点、静观点。

空间收放有节奏地变化，空间收束节点的收束方式各有不同。石桥处以音谷石和假山的围合形成空间收束；假山洞口以假山置石包围，空间围合性较强；随宜轩门前是以游廊向外曲折后退形成空间收束，楠亭则以建筑手段进行空间收束。

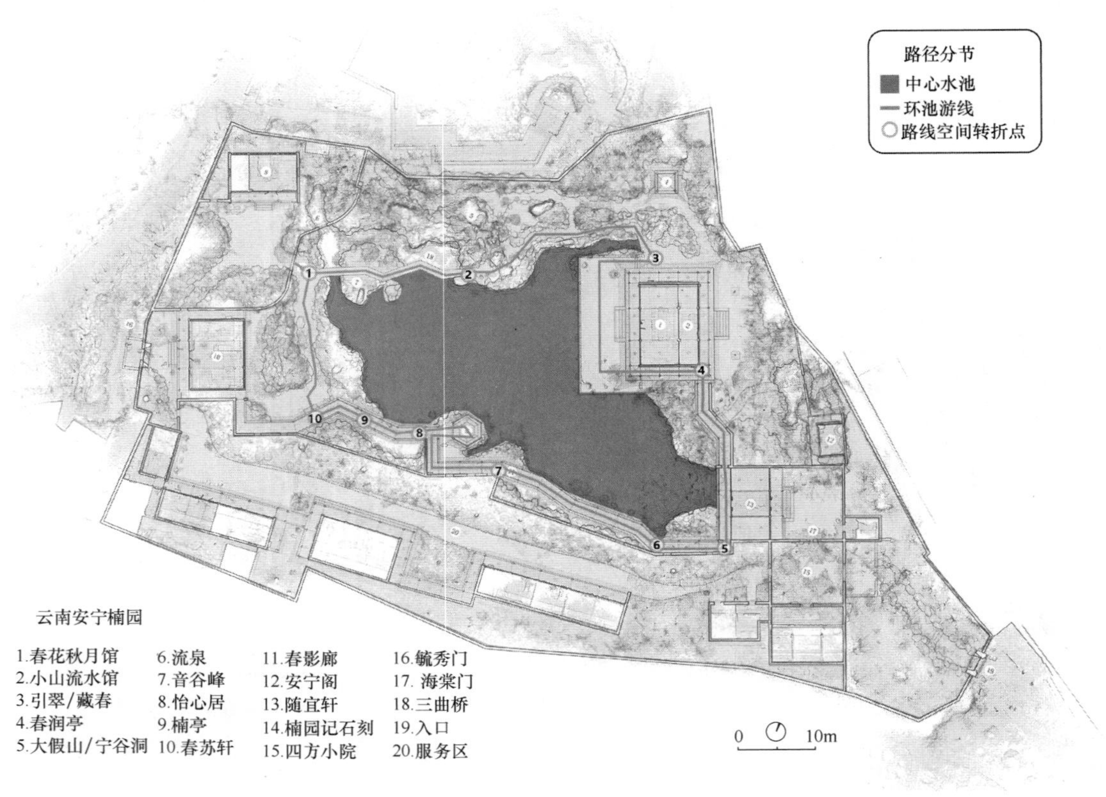

图 8 路径分节（图片来源：根据杨晨的测绘图改绘）

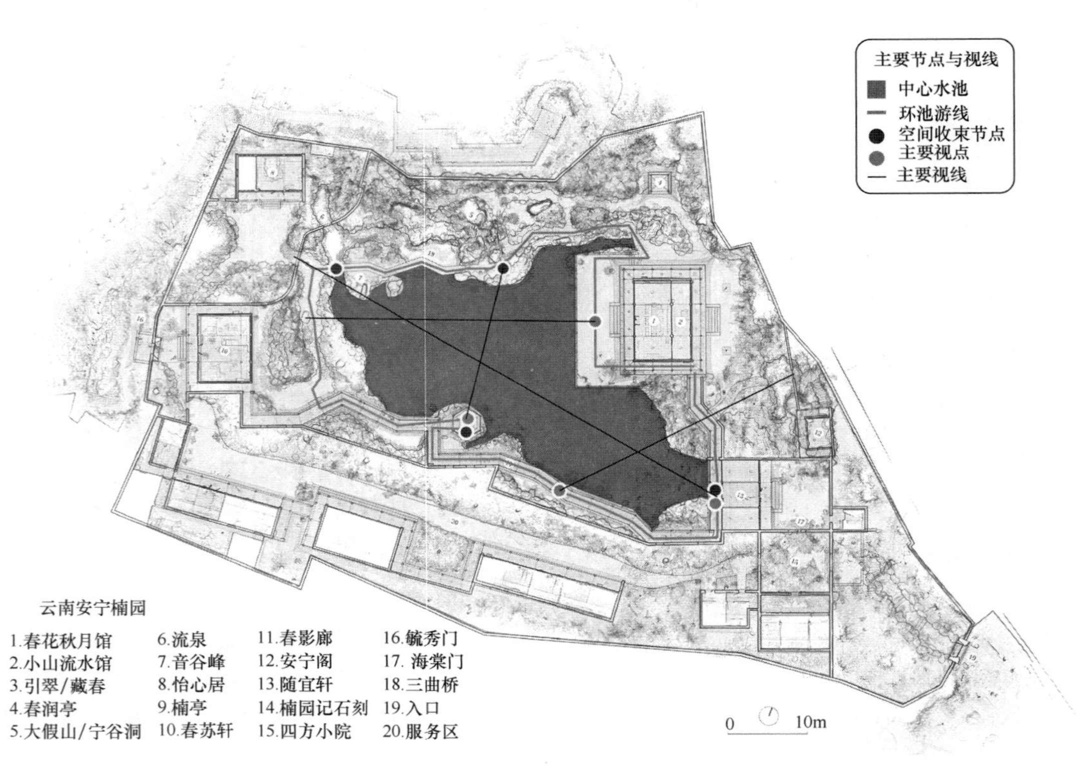

图 9 主要节点与视线

"路线上的对景要有变化，才能步移景异，左右逢源[5]。"观赏点都位于建筑空间，视线长短和层次都在发生变化，动观和静观的方式交替出现。位于两处建筑的对景是正面的观山，意图明显，富有气势。位于廊的两处对景都是在不经意中发现，层次深远，含蓄动人。

5.4 水廊景面：逐步展开

水池南侧的春影廊路径有很强的引导性。路径形态的趋势是弧形的，由于平面的曲折和高低起伏的变化，在行进过程中前方的景象是看不见的，随着游览的进行，景象逐步展开，避免了一览无余（图 10、图 11）。除此之外，在楠亭处水廊有垂直的转折，遮蔽了视线，使得在楠亭的南侧无法看见水廊之后的全貌，但其南北向的墙上开了窗洞，起到泄景和引景的作用（图 12）。水廊的障景和引景让视线最大程度上收揽了水景，又引人寻景，激发游兴，创造幽深之感。

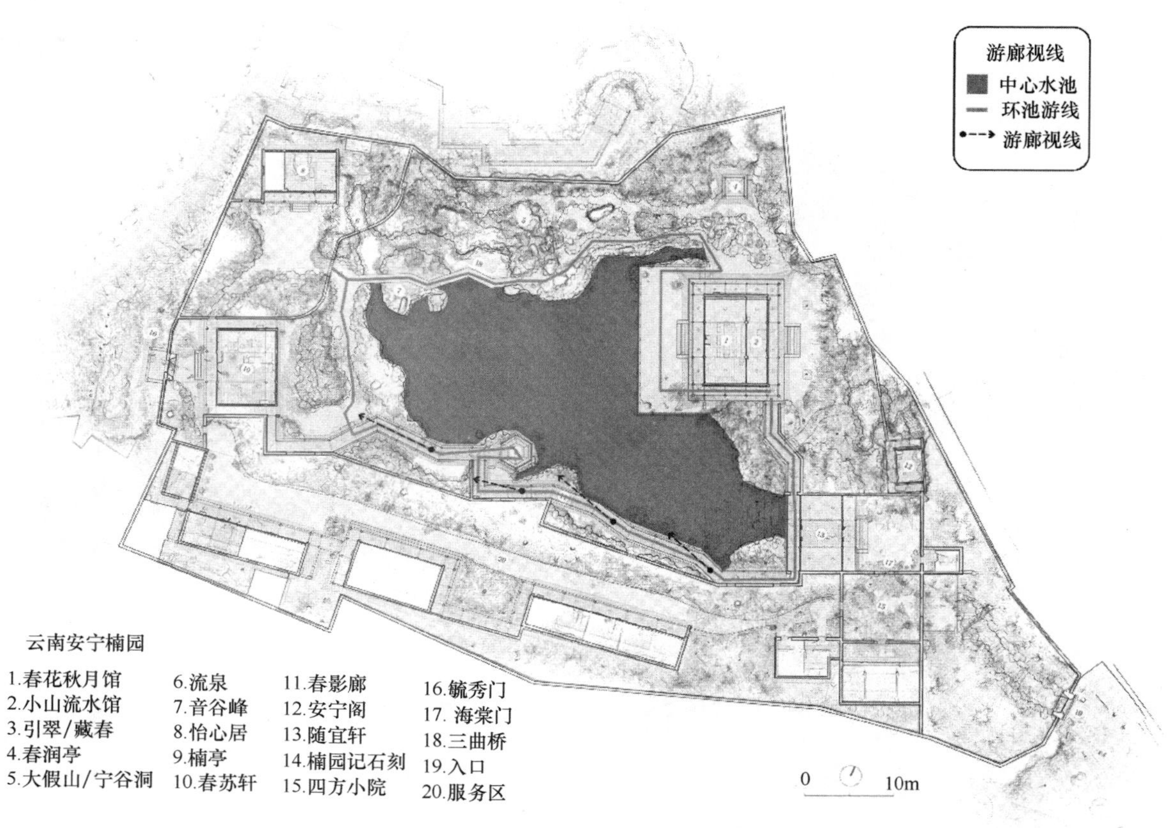

图 10　游廊的视线方向（图片来源：根据杨晨的测绘图改绘）

图 11　游廊路径的引导性

图 12　楠亭处水廊转折

5.5 山水意象：境随境迁

齐铉在《试论形成苏州园林艺术风格与布局手法的几个问题》分析苏州园林获得山林意趣的方法，"在苏州园林中，布局的规划与山水形象的塑造，大多是以创造某一特定的典型性环境为前提的，它们抓住而且再现了这一环境的基本特征[11]。”山水作为园林空间中的主要观赏对象，其意象和特征的多样性无疑增强了景观的丰富性。在楠园环池一周的游览过程中，可以发现山和水的意象也在发生变化，在同一个空间里创造出不同的山水氛围。

水在音谷石和在随宜轩处体现出不同的特征。前者设大小岛屿，水流渐窄，经由岛屿穿过拱桥流进水洞门，溪涧水流塑造出溪涧弥漫的意象（图 13）。后者路径曲折后退，水口变窄，随宜轩外廊架起，点缀山石，水流进廊下，产生临潭幽深的意象（图 14）。水是流动的无形之物，造景方式不同使流动的水体现出不同的意象。

图 13　溪涧弥漫

图 14　临潭幽深

山从不同观赏点看体现出不同的特征。折桥浮于水面，桥低则山石愈形高峻，在折桥处从侧面观赏显得高耸（图 15），在楠亭处观赏则显得平远（图 16）。山是静态的，但是其不同角度形态不同，“横看成岭侧成峰”，假山在不同的欣赏位置显现出不同的特征。

5.6　小结

楠园环池一周的游线空间体验不断变化，通过空间特征和山水意象的变化创造丰富的游园感受，通过节点的控制形成空间的突变和对景视线，通过水廊形态的曲折形成强烈的引导性和幽深感。多种空间设计手法共同创造了精彩的主景区，达到步移景异，境随景迁的效果。

图 15　山之高耸

图 16　山之平远

6　结语

江南古典园林是描写自然的时空艺术，城市园林的艺术性体现于在咫尺范围内再现自然山林，在有限的空间中创造不尽丰富的空间体验。楠园的空间营造无疑与江南园林的设计理念相符，其主要游线的组织很好地反映了园林中时间和空间地交织变化关系，入口空间序列曲折而抑扬，环池一周游线丰富而幽深，通过视线引导与空间特征的变化形成了多样的空间体验。通过对楠园游线空间的分析，梳理出其不断变化的空间特征，提炼出空间开合变化、抑扬曲折、节奏对比、视线控制、引导暗示、障景引景、形态塑造等造园手法，达成曲径通幽、步移景异、境随景迁的艺术效果。

参考文献

[1]　黄昌勇，封云主编．园林大师陈从周[M]．上海：同济大学出版社，2014

[2]　刘敦桢．苏州古典园林[M]．北京：中国建筑工业出版社，2005

[3]　陈从周．苏州园林[M]．上海：上海人民出版社，2012

[4]　周宏俊，丁歆．相地与布局——陈从周楠园造园的初步分析[J]．中国园林，2018，34(11)：56-60.

[5]　潘谷西．苏州园林的观赏点和观赏路线[J]．建筑学报，1963(06)：14-18.

[6] 杨鸿勋．江南园林论．第2版[M]. 北京：中国建筑工业出版社，2009
[7] Katherine Bedingfeld. Wang Shi Yuan：a study of space in a Chinese garden[J]. The Journal of Architecture，1997，2(1).
[8] 康红涛．苏州古典园林量化研究[D]. 南京农业大学，2009
[9] 杨鸿勋．中国古典园林艺术结构原理[J]. 文物，1982(11)：49-56.
[10] 陈从周．说园[M]. 上海：同济大学出版社，2007
[11] 清华大学建筑系．建筑史论文集(第一辑)[M]. 北京：清华大学出版社，1983
[12] 张姝．基于视域分析的拙政园空间开合对比量化研究[D]. 华中科技大学，2016.

作者简介

丁歆，1994年11月生，女，汉族，籍贯湖南，同济大学建筑与城市规划学院风景园林学系在读硕士研究生。研究方向为风景园林历史理论与遗产保护。电子邮箱：2942310026@qq.com。

周宏俊，1981年11月生，男，汉族，籍贯江苏常州，同济大学建筑与城市规划学院风景园林学系副教授。研究方向为中日古代园林历史及理论。电子邮箱：35558277@qq.com。

陈从周造园实践初探

A Preliminary Study on ChenCongzhou's Gardening Practice

李佳佳　周宏俊

摘　要： 陈从周先生在古典园林于当代的延续中起着至关重要的作用，其著作之多、园林实践参与度之高、园林文化传播之广，鲜少人能及。但目前对其园林实践相关资料的归纳总结较少，尤其关于他与他的修建园林的参与度和参与方式几乎没有整理。于是本文基于对陈从周造园过程中相关人士的文章著作、报刊资料以及其本人对园林的描述文章等资料收集，进行资料收集整理、表格分类罗列、信息之间相互印证的工作，依循时间线索逐一梳理陈从周的造园实践过程，初步对陈从周的造园实践做出归纳总结。

关键词： 陈从周；造园实践；资料梳理；信息印证；归纳总结

Abstract: Mr. Chen Congzhou plays an important role in the development of modern Chinese gardens. Few people can reach his level because of his numerous works, he high degree of participation in gardening practice and wide spread of gardening culture. However, at present, there are few summaries on the relevant information of his gardening practice, especially regarding the participation and way of participation of him and his garden. Therefore, this paper is based on the collection of articles, newspapers and periodicals of the relevant people in the process of Chen Congzhou's gardening, and his own description of the garden, such as data collection, table classification, and mutual confirmation of information, following the time clues. One by one, Chen Congzhou's practice of gardening was sorted out, and Chen Congzhou's practice of gardening was initially summarized.

Keyword: Chen Congzhou; Gardening Practice; Data carding ;Information Verification; Summary

1　研究背景

陈从周先生是中国著名的古建筑园林艺术学家，在园林方面建树颇丰，经历"学习研究"—"理论创造"—"实践造园"三个阶段。陈先生对书画、古建、园林等多方面知识了解的基础上融会贯通，产生了独具特色的造园理论，并通过报刊、书籍等媒介传播，于晚年将其思想付诸造园实践，且国内外造园皆有建树。目前已有学者对其造园理论开展研究且较为完备，但其园林实践缺乏整理。

本文基于此现象，主要收集《陈从周全集》、《园林大师陈从周》等书籍、知网搜索陈从周造园实践的相关文章、上海图书馆报刊数据库在正文检索关键词"陈从周"，得到新民晚报（1946 年～2005 年）367 篇、文汇报（1938 年～2005 年）230 篇和人民日报 32 篇报刊资料，（其中天一阁东园的资料主要由天一阁博物馆提供），进行梳理（附表 1），并主要根据时间线索将陈从周先生造园实践整理如下。

2　造园实践

2.1　明轩

陈从周先生在明轩的造园实践分为两阶段：第一阶段通过交流参观将网师园殿春簃推向国外；第二阶段赴美初次筹建明轩工程，与纽约大都会博物馆商造"中国庭园"事宜，促进方案顺利通过与实施。

在纽约大都会博物馆董事文森・阿斯特夫人为所购的一批中国明代家具提供陈设空间的契机下，大都会博物馆的代表方闻教授于 1977 年 9 月访问苏州，邀见陈从周先生并向其展示相关资料，讨论"在纽约建立一个中式园林"的构想。方闻在陈从周先生陪同下参观了网师园[①]，属意于以"殿春簃"为蓝本进行设计，更有意委托陈先生经办此工程[②]。1978 年春方闻、张慰人等人促成苏州市园林管理处[③]接手此工程，5 月，国家城建总局下发

① 纽约时报 1979 年 1 月 17 日 RICHARD F. SHEPARDJAN 所作文章《Metropolitan to Get Chinese Garden Court and Ming Room》中用外文描述："1977 年 9 月。该博物馆远东事务特别顾问、普林斯顿大学方闻教授访问了苏州，并会见了中国建筑史学家陈从周教授，讨论了在纽约建立一个中式庭院的构想。"此外，提及"1978 年 11 月，四位中国专家带着一个修改过的模型来到博物馆，对该场地进行检查，并与博物馆人员进行交流。"文汇报 1979 年 9 月 26 日期《古建筑家之歌》也记载了此事。

② 《书带集》"在美国朋友家作客"陈从周自述"最早方闻教授委托我经办这项工程"。

③ 今为苏州市园林和绿化管理局。

〔1978〕建发城字 275 号文件："为美国纽约大都会博物馆仿网师园'殿春簃'建造一所中国庭院"工程正式启动。此阶段陈从周先生作为发起者和倡议人将网师园"殿春簃"推荐给方闻教授。

工程启动后的方案设计阶段，陈从周作为被邀顾问多次与苏州园林处共同商讨，期间对方案和用材提出建议，对模型制作提出改进意见，帮助制订初步方案。据同济学报、文汇报、人民日报记载，1979 年陈先生应大都会艺术博物馆邀请，加入由国家建委组织的专家团队。作为发起人的陈从周先生和主要负责技术、图纸和模型工作的张慰人（苏州市园林处）、邹宫伍（同济大学毕业生）、王祖欣（苏州城建局）[①]四人组成的专家组带着图纸、模型及拍摄的假山照片等[②]，于 11 月 7 日赴美，与大都会博物馆商定建造"中国庭园"的设计施工和预算，并进行现场考察。[③]同时陈先生撰写了说明文稿，[④]在该博物馆专门召开的董事会上展示了"明轩"建筑方案，受到与会者的赞扬。圆满完成任务后陈先生于 11 月 17 日回国。这一阶段，陈先生作为顾问和筹建者虽未着重参与明轩图纸工作，但"三分匠七分主人"，他通过就地勘探与实际交流，促成方案优化与实施，并发展了两国友谊[⑤]。12 月中美签订建造合同[⑥]，1980 年 1 月 2 日建园工程始，四个半月完工，1981 年 6 月 18 日，明轩正式向公众开放。[⑦]

2.2 天一阁东园

陈从周先生曾数次前往天一阁，从作为顾问着手编制天一阁总体规划设计到主持重建东园，兢兢业业，一丝不苟。早在 1963 年，天一阁管辖机构与宁波市文物管理委员会着手编制天一阁总体规划设计时陈先生被邀请为顾问首次参与其中。此规划历经二十余载，其间屡经变迁和修改，先后参与者有路秉杰、藏庆生，邬三人等人，但始终在陈先生指导下进行[⑧]（图 1）。

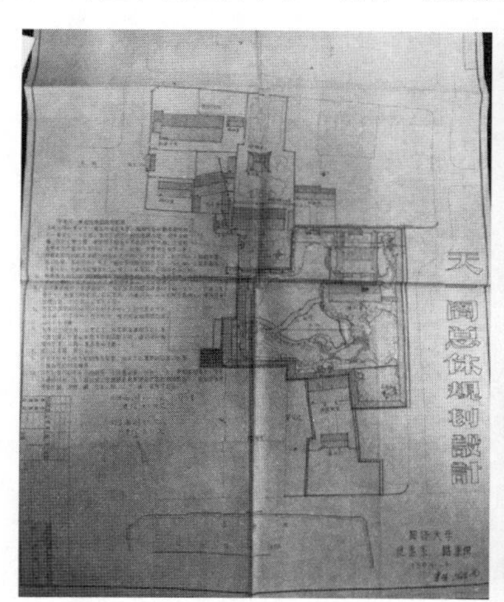

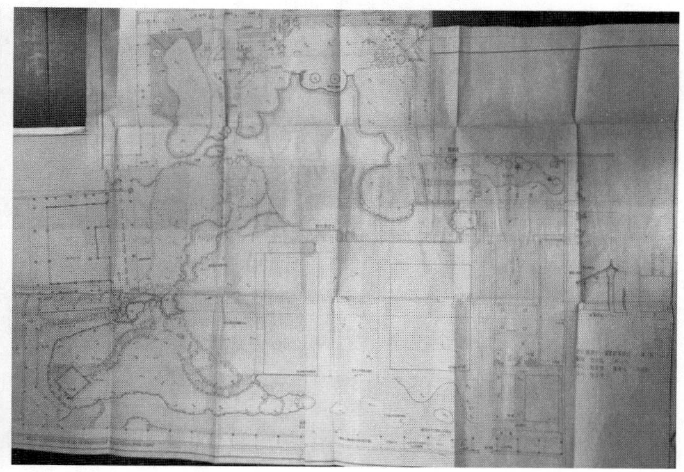

图 1　天一阁总体规划设计图和东园设计图稿（图片来源：天一阁博物馆）

① 《园林大师陈从周》"陈从周与明轩"提及"具体技术工作由同济大学建筑系毕业生邹宫吾通知及王祖欣、张慰人设计完成"。

② 文汇报 1979 年 1 月 1 日东戈文《纽约筹建"苏州园林"式的庭园》："陈教授将图纸、模型及拍摄的假山照片等带去美国，在该博物馆专门召开的有教授、建筑师和学者列席的董事会上，介绍了上述建筑方案，放映了幻灯片，受到与会者的欢迎和赞扬。"

③ 同济学报《建筑系陈从周教授应邀赴美》中提及：我校建筑系陈从周教授应美国纽约大都会艺术博物馆的邀请，参加由国家建委组织的"中国庭园"专家组，于 11 月 7 日赴美，与大都会博物馆商定建造"中国庭园"的设计施工和预算方案，并进行了现场考察。陈从周教授参加的专家组在纽约期间，受到大都会博物馆负责人及有关人士热情接待，为中美两国文化交流作了有益的工作。在园满完成任务以后，陈教授于 11 月 17 日回国。文汇报 1979 年 1 月 1 日东戈作《纽约筹建"苏州园林"式的庭园》也记载了此事。

④ 周苏宁在《敢为人先，开中国园林出口之先河——记明轩主要设计者张慰人》提及邀陈从周先生为顾问"陈先生对方案和用材都提了很好的建议，并认真撰写了向美方介绍的说明文稿"。

⑤ 《书带集》"在美国朋友家作客"中陈从周自述"在美期间，通过了设计方案，勘察了现场地形"。

⑥ 《NATURE WITHIN WALLS》记述"合同规定明轩需要完成两套，先在苏州东园做一套实际大小的模型，待美方确认后再做第二套运往美国"。

⑦ 梁凡和萧晓达在世界建筑发表的文章《明轩——纽约大都会博物馆是中国庭院》中描述："1977 年底，博物馆就此派人来华考察、协商，上海同济大学建筑系教授陈从周建议，以苏州网师园中的殿春簃称作为在美国兴建中国庭园的蓝本。1978 年底签订了合同。建园工程于 1950 年 1 月 2 日开始，由于全部构件都在中国预制加工，现场只按号装配，因此工程进展迅速，仅用了四个半月的时间。1981 年 6 月 18 日，这个仿照殿春簃及其前庭进行设计并由中国工人修建起来的阿斯托庭园— 明轩，正式向公众开放"。人民日报 1981 年 6 月 20 日余志恒所写《苏州庭园"明轩"在纽约》也作此阐述。

⑧ 2019 年 6 月通过与天一阁博物馆朱莹毅电话访谈和对其整理的天一阁档案中重修东园期间的规划、园林图纸、规划设计手写指导说明等资料的收集，梳理陈从周先生建设东园的始末。

1974 年 1 月，陈先生与学生路秉杰参观天一阁，该馆屡拟新建藏书楼之事，路秉杰执笔为之[①]。1980 年 10 月先生又至天一阁，忆范尧卿作诗一首，写天一阁“名园点石”[②]。1983 年天一阁文保所再次筹款兴造东园，历时三载扩建东园，投入 26 万元，于 1986 年 9 月基本竣成，占地约 6000m^2。陈先生认为东园的修建应衬托天一阁，二者需风格统一且开合有度。[③]于是建凝晖堂，筑百鹅亭，挖地成池[④]，堆土成山，池石花木布置合宜，寓古迹于园林之中。[⑤]

此后，陈先生仍陆续对东园局部加以建设和提升。1987 年 6 月陈从周先生参与设计东园明州碑林的护廊，使东园碑廊得以保护，同时提供游人鉴赏雅憩之处。1988 年 4 月，陈先生回到天一阁为其项目竣工作《天一阁东园记》：“抛卷成此记，存建园之始末”。《天一阁中作客情》记述 1988 年 10 月，陈先生赴天一阁东园小憩三日，主持重建东园工程[⑥]，于此清茗一杯，为东园提升修缮：“工程队的人员来了，开始讨论交谈，按着定方位画粉线。进行一些体力劳动。”

东园的设计图纸几易其稿，而陈先生对每一稿亲自审阅并签名（图 2），且每至天一阁，总居于范氏故居[⑦]进行现场布置和监督工程。[⑧]陈先生主持东园规划建设，呕心沥血。

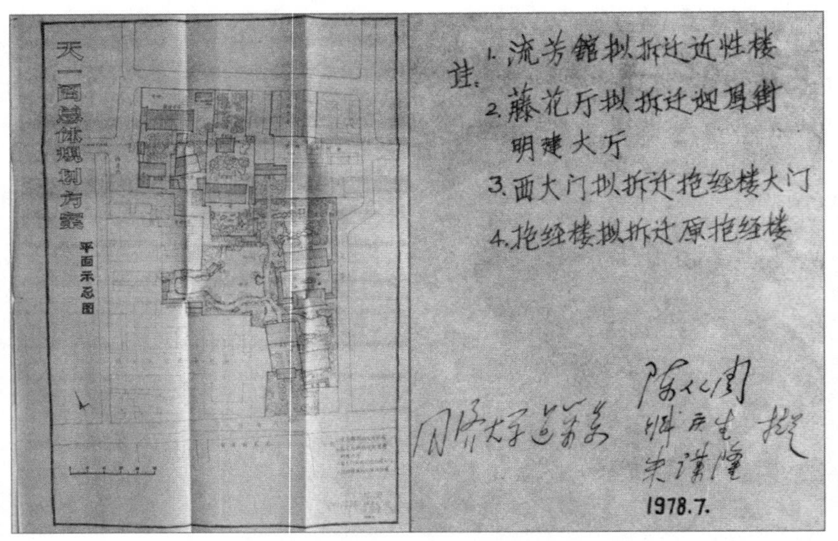

图 2　天一阁总体规划设计图和陈从周先生签名（图片来源：天一阁博物馆）

2.3　楠园

1989 年陈先生于昆明安宁小住，游罢滇池归来满腹牢骚。[⑨]故设计楠园时，陈先生道“我来昆明不是‘游’，是为昆明添美”。

《滇池虽好莫回头》中记载，1989 年陈先生受云南安宁城建局长李康祖登门坚邀邀前往安宁造一古典园林[⑩]，当日便抵昆明，勘查景地和细看图纸，“首先完成园的构思与实地情况配合协调”。[⑪]1989 年 8 月楠园建设正式动工，由陈先生带领研究生设计，常熟古建公司承建。施工期间陈从周先生于 1991 年 3 月应邀二下昆明安宁[⑫]进行主持设计，对选址选材、现场布置进行调整，《小城春色》提及其于 5 月抱病而归。而后仍挂念楠园建设，在《地杰人灵》中称“自是设计人，在竣工前要细致思索一番，才能完篇”。1991 年 12 月楠园竣工时陈先生三上安宁参加竣工典礼（图 3），他在 1992 年 1 月初写就《昆明鸥群》：

① 《梓室余墨》“参观天一阁与河姆渡”提及天一阁“屡拟新建藏书楼事”。

② 《梓室余墨》“天一阁题范尧卿卷”可推测陈先生于范氏故居耳房有感而发。

③ 1984 年 9 月，市文化局《文化简报》第二期发表了陈从周教授关于天一阁问题谈话的记录稿：“天一阁是”古到底“。对于东园建设，是辅助天一阁的，不能超越天一阁，要以静为主，不能过分华丽，两者要有分有合，总体风格要统一。”

④ 昔范尧卿先生有东明草堂，故陈先生以明池名之。

⑤ 施祖青所写《天一阁园林初探》中说道东园布置事宜：“东园始建于新中国成立后，是一处颇具浙东地域特色的园林建筑，由著名园林专家陈从周规划设计。东园位于藏书楼东南面，与天一池仅一墙之隔，占地约 10 亩，园中垒假山，建凝晖堂，筑百鹅亭，凿明池，植樟林，置碑廊，辟幽径，栽翠竹，布局得体，建筑精致，山水池石花木布置妥帖”，结合《天一阁东园记》具体描述。

⑥ 《园林大师陈从周》“陈从周年表”中记叙“赴宁波，勘察天一阁，主持东园重建工程”。

⑦ 《随宜集》“天一阁中作客情”中先生自己描述最爱此住平房。

⑧ 天一阁博物馆朱莹毅整理档案资料表示：“陈先生坚决要住范氏故居耳房住范氏故居耳房中看园子里的光线和气候的变化，自始至终监督工程，现场布置亭台、泉石。”

⑨ 文汇报 1992 年 1 月 27 日忻才良所作《陈从周憋气造楠园》文中如是记述。

⑩ 陈女陈馨接受采访时表述为江南园林，江南园林应是陈先生后来自己的设计想法。

⑪ 《随宜集》“滇池虽好莫回头”1990 年春节期间回忆半年前，并且描述“我到昆明不是‘游’，是为昆明添美”。

⑫ 文汇报 1991 年 8 月 22 日章成钧作文《爱景如命，夙愿得尝》中提及“今年三月，陈从周应邀二下昆明，主持设计安宁楠园。陈从周为选址选材，多次策杖而行，徒步踏勘。”

图 3 陈从周先生于楠园竣工仪典礼

“我远道而去，兴奋愉快的心情不言而喻。”。新民晚报记者张林岚陪同参加了竣工典礼，并于 1992 年 1 月 20 日作《昆明有座上海花园》一文。

2.4 水绘园

对于水绘园，陈从周先生曾道：“水绘园有自己的历史，有自己的个性，所以我一次、两次、三次来如皋。”并据沈复图及陈迦陵记文规划重建水绘园。

陈从周先生与如皋结缘于 1980 年 11 月，应邀到如皋审阅城市建设总体规划①，作《忆江南》一诗。1986 年秋，陈从周再次应邀至如皋，为古刹定慧寺制定修缮规划，陈从周初步应允主持水绘园复建工作。② 1987 年，陈从周的学生范子美为抢救几间古屋，建议政府将古建移至水绘园内，经商定用作寒碧堂，作为水明楼的背景。1988 如皋召开“恢复水绘园研讨会”，得南通市长拨款 30 万元，“如皋水绘园恢复工程”正式开启，③ 由陈先生主持设计，由路秉杰和常熟古建工程队到现场进行具体规划设计。1989 年 10 月，陈先生应邀第三次到如皋共商复园大计，④ 并在此后多次赴如皋勘察水绘园旧址，通过图纸、模型或录像等方式在现场反复观察；⑤ 1991 年，水绘园主体工程告竣，陈先生函请多人为其题额，⑥ 更添声色。1992 年陈从周于病重请蒋启霆书《重修水绘园记》。

2.5 塔影园

20 世纪 50 年代多篇报纸文章记陈从周先生参与龙华塔修复的过程⑦，述其令龙华塔法光再现。1990 年冬天，陈先生发现寺与塔之间有空隙地，“为唯寺塔之间，旁有缝隙，精舍竣工后，终觉虚然”。精舍则为龙华迎宾馆，占地 1 万 m^2，亦由陈从周教授主设计，为国内第一座由佛教界自己筹建、主要接待海内外佛教信徒的三星级佛教宾馆，于 1991 年 9 月试营业。⑧ 陈先生便发构图之思，于 1991 年与建筑设计资深教授陈宗晖合作，凿池叠石，成一小园林，仰则观塔，俯则现影，虚实互见，光影变幻，主持完成了龙华迎宾馆塔影园，园极小，用极少的中国园林要素：一亭一桥，一土山一湾水，但现塔影（图 4）。⑨ 塔影园的建成在 1991 年的文汇报和新民晚报都有所记载。该园为陈先生得意作品，但因龙华迎宾馆于 2000 年扩建改造，该园不复存。

图 4 塔影园旧照

2.6 依绿园

陈从周先生于 1940 年左右，从杭州到富阳避难时曾到过依绿园，后来这所名园成了上海海运局疗养院。先生口中疗养院，即 1989 年 10 杨富山于原富阳市受降镇中秋村内孙家弄成立的上海海运（集团）公司富阳依绿园渡假

① 《书带集》“双城环绕水绘园”中陈先生自述。

② 文汇报 1986 年 8 月 20 日房健作《陈从周教授为古城建设献计》文：“如皋人民来信表示衷心感谢 ；今年六月下旬，同济大学著名古建筑园林专家陈从周教授、路秉杰副教 授等，应如皋县的邀请，冒着炎热酷暑再次来如皋，对定慧寺钟鼓楼的修缮进行了精心的设计，还作了有关古建筑的专题学术报告。”

③ 如皋水绘园前院长徐琛在专修科班学习和对水绘园的深入了解基础上，于 1988 年向如皋县政府提出《关于全面整理恢复如皋水绘园的建议》，此事得到县长、副县长的首肯，并召开“恢复水绘园研讨会”同年 12 月，徐琛等人至上海恭请陈先生帮助恢复水绘园，陈先生欣然应允。

④ 《水绘园：冒辟疆董小宛传奇的演绎空间》道陈从周先生 1989 年 10 月第三次到如皋。

⑤ 《水绘园：冒辟疆董小宛传奇的演绎空间》提及陈先生修改橡皮泥制作悬溜峰模型。

⑥ 函请海内名彦的苏局仙书“因树楼”题额、上海图书馆馆长顾廷龙书“壹默斋”题额、书画家钱定一书“枕烟亭”题额、复旦大学中文系教授喻蘅书“湘中阁”题额、著名书法家蒋启霆书“碧落庐”题额、他本人则书“寒碧堂”题额。

⑦ 《梓室余墨》中“龙华古塔塔基”、“龙华苗圃之假山”、“龙华塔高度”、“上海今村之古塔”和文汇报中多篇文章均有提及。

⑧ 文汇报 1991 年 9 年 4 日《龙华塔影园试营业》中有记述。

⑨ 《园林大师陈从周》中路秉杰作“海市迎宾馆龙华塔影园”一文记述。

村，[①]富春江边小山间，“其楼皆面山也”。[②]

从周先生于1990年受“陈君长虎”邀请去指导修复此名园，他在依绿园内小住几天，自称“小隐名园几日闲”。所居依绿园一角有楼为“岚影楼”，楼下有一池，引一清泉，池上跨一石桥，陈先生在几日“闲”中对依绿园的山石花木环境进行提升设计，得“风篁摇绿，蕉阴滴翠，秀雅无俗气”。[③]

1992年依绿园度假村所在中秋村被列入富阳银湖开发区，2013年6月富阳银湖街道挂牌成立，2015年2月15日，富阳正式撤市设区，成为杭州市的第九个城区，时至今日疗养院的经营状态为已注销，在历史迭代和建筑更替影响下，依绿园已成为某公司专家楼庭园，经考察保存状况完好，建筑内部功能有改动，立面略微调整。

2.7 豫园

豫园于1956年受国家拨款整修，扩大修缮范围，得机会显露新姿。同年春，陈先生撰文《上海豫园和内园》[④]，为豫园修复明确方针和定位。1957～1960年，陈从周先生首次参加上海豫园修复工程，完成豫园西部第一阶段修复。[⑤]1960年～1961年又主持建造新增景点，形成总体较舒朗开阔的格局。1961年豫园开始对外开放后由于政治、权属等原因，豫园修复工程暂且搁置。

陈从周先生于1986年～1988年受邀主持第二阶段修复改造，主要是针对东部进行三期修复设计，期间多驻地豫园，长期参与施工（图5）。[⑥]修复过程中，陈先生于1987年写下《重修豫园东部记》。1988年豫园东部修复竣工，陈先生道：“1988年12月5日上海豫园东部重建，这是我花了两年多时间，总算从设计到施工，如同编剧到导演一样，一个人完成了。”[⑦]

图5　陈从周先生修复豫园施工现场

3　关于造园实践的分类

在上文作为针对陈从周先生造园实践相关的资料初步收集和信息佐证的工作基础上，可以看出陈先生园林实践的时序：先是豫园第一阶段，再是明轩，豫园第二阶段与天一阁东园、水绘园几乎同时进行，而楠园和依绿园的建设时间也有交叉，最后是龙华塔影园的建设。可以看出陈先生在不同的造园实践中担任的造园角色不同，分别有顾问、受邀主持、园林设计、参与施工、倡导组织以及促进交流几种角色。故根据资料梳理陈从周参与所造之园的时间段，归纳其参与角色，整理其造园实践过程中的到地情况，其中“参与时间”是指是最早接触园林项目到落成，而园林“建设时间”则指的是园林开始设计、建设和落成的时间段。

造园实践分类表　　表3-1

园林	参与时间（年）	园林建设时间（年）	担任角色	到地情况
豫园	1956～1987	1956～1961 1986～1987	第一阶段：顾问、受邀主持、园林设计 第二阶段：受邀主持，园林设计、参与施工	长期驻地
明轩	1977～1978	1977～1978	第一阶段：倡导组织、顾问 第二阶段：参与（初次模型）施工、促进（中美）交流	1次
水绘园	1980～1991	1988～1991	受邀主持、园林设计	多次
天一阁东园	1963～1988	1983～1988	受邀主持、园林设计，参与施工	多次且短期驻地
楠园	1989～1991	1989～1991	受邀主持、园林设计	3次到访
依绿园	1990～1991	1990～1991	受邀主持、园林设计	2次到访
龙华塔影园	1991	1991	（合作）园林设计	未知

① 富阳日报2016年12月03日《做匾额》提及：“上海海运局疗养院院长为杨富山。”

②《世缘集》“依绿园”记陈从周先生自述：“料理水石，安排花木，使名园复生，更富诗情画意。园中小楼一角，岚影随人，名曰“岚影楼”，从周先生请苏步青老人书匾。楼下有池一潭，引山水呈趵突状，隐隐有声，比济南趵突泉更觉清新自然。池上有桥，采用天然石构筑，浮于波上，如浮梁。旁有秀丽峰石，清泉潺潺，鸣若琴声。水上有亭，鸣禽上下，有“来音”之意境。园中风篁摇绿，蕉阴滴翠，秀雅无俗气。确为宜居、宜赏的佳地。”

③《园林巨擘陈从周——（六）半生湖海任东西》中描述依绿园设计建设相似的内容。

④ 发表于《文物参考资料》。

⑤《园林大师陈从周》路秉杰写“陈从周与上海豫园的修建”详尽描述。

⑥《随宜集》中“豫园顾曲”、“顾曲名园中”、“以园解曲 以曲悟园”等文章多次强调顾曲空间的修复。

⑦《随宜集》“画梁软语 梅谷清音——谈昆剧表演家梁谷音”中有此描述。

4 结语

本文对陈从周相关资料初步筛选过后，对其主要的七个园林实践进行归纳总结与梳理，但是《江流宛转绕芳甸》《为园林古迹撰史立传一陈从周四出踏勘写专著》等报刊刊物和《中国历代名园记选注·序》《〇字的妙用》等陈先生自述文章显示可能还有旧金山中国庭园等造园实践有待考证，关于陈从周先生的造园实践仍有所挖掘。

参考文献

[1] 周苏宁．敢为人先，开中国园林出口之先河——记明轩主要设计者张慰人[J]. 园林，2018(09)：60-63.

[2] 梁凡，萧晓达．明轩——纽约大都会博物馆是中国庭院[J]. 世界建筑，1982(01)：52-53.

[3] 蔡达峰，宋凡圣．陈从周全集[M]. 江苏文艺出版社，2013.

[4] 黄昌勇，封云．园林大师陈从周[M]. 同济大学出版社，2014.

[5] 施祖青．天一阁园林初探[A]..《天一阁文丛》第十辑[C].：宁波市天一阁博物馆，2012：5.

[6] 周宏俊，丁歆．相地与布局——陈从周楠园造园的初步分析[J]. 中国园林，2018，34(11)：56-60.

[7] 周向频，王庆．明清水绘园与陈从周当代复建[J]. 中国园林，2018，34(11)：51-55.

[8] 徐琛．水绘园：冒辟疆董小宛传奇的演绎空间[M]. 苏州：苏州大学出版社，2013.

[9] 陈洁行．园林巨擘陈从周——(六)半生湖海任东西[J]. 风景名胜，1994(7).

作者简介

李佳佳，1996年1月，女，汉，海南省，硕士在读，同济大学建筑与城市规划学院景观学系，学生。研究方向：中国古典园林与传统风景名胜区。电子邮箱：157356355@qq. com。

周宏俊，1981年，男，汉，江苏省，博士毕业，同济大学建筑与城市规划学院景观学系，副教授。研究方向：中国古典园林与传统风景名胜区。电子邮箱：35558277@qq. com。

城水互动

——古代济南城水系统规划对当今城市绿道建设的借鉴意义

Interaction between City and Water

—The Experience of Water System Planning in Ancient Jinan City for The Modern Urban Greenway Construction

赵 鹏 薛晓飞*

摘 要：绿道作为一种线性绿色开敞空间，对于优化城市生态环境、维持城市安全与健康、保护城市文化遗产、构建城市公共开放空间具有重要意义，而水系统历来是构建城市绿道的重要基础。近年来，无序的城市建设致使城市洪涝灾害频生、生态环境恶化、历史文脉断裂以及公共开放空间不足等问题，依赖传统的城市灰色基础设施和土地利用方式已经无法满足当今城市的发展需求。位于浅山区的济南城，地势南高北低且高差大，极易形成街道洪水，低洼地区易发内涝；同时，历史文脉和传统的城市空间形态逐渐遭到破坏。本文从古代济南城的水系统规划切入，着重研究古代济南城市雨洪防灾与利用体系及其与城市公共开放空间的动态关系，总结古代济南城水系统规划、城市防洪以及城市公共开放空间与历史文化廊道构建的历史经验：①壕池环绕、湖池据城、泉渠遍布的水系统格局。②综合利用护、排、蓄、导等防洪策略。③以水为本，构建点线面相结合的城市开放空间。④以水系为纽带串联历史文化遗产。以探究其对当今城市绿道构建的借鉴意义。

关键词：绿道；城市水系统；城市开放空间；历史文化遗产保护；古代济南城

Abstract: Greenway, as a linear green open space, is of great significance to optimize the urban ecological environment, maintain urban safety and health, protect urban cultural heritage, and construct urban public open space. Water system has always been an important foundation for the construction of urban greenway. In recent years, the disorderly urban growing has caused frequently flooding, deterioration of ecological environment, breaking of historical context and insufficient public open space. Nowadays, the traditional urban gray infrastructure and land planning have been unable to meet the development needs of cities. Jinan City, surrounded by mountains and river, which altitude is higher in the South of city than the north of city. It is easy to cause street floods and waterlogging in low-lying areas. At the same time, historical context and urban spatial form has been gradually destroyed. This paper will take the urban planning and water system planning of ancient Jinan City as an example, focuse on the dynamic relationship between the urban flood preventing and utilization system and urban public open space in ancient Jinan City, and summarizes the historical experience of urban water system planning, preventing urban flood, constructing urban public open space and historical and cultural corridor in ancient Jinan City: ①the water system is comprised of lake、river、city moat and spring water. ②utilizing flood control strategies such as drainage, storage, distribution, diversion and infiltration. ③constructing urban open space with the combination of kinds of water space. ④linking historical and cultural heritage with the water system. In order to explore its experience for the construction of today' s urban greenway.

Keyword: Greenway; Water System; Urban Open Space; Historical And Cultural Heritage; Ancient Jinan City

引言

绿道思想和规划理念萌芽在中国的发展源远流长。源于夏朝的“贡道”、西周时的“周道”、秦朝的“驰道”，以及历朝历代的官道、驿道，尤其是以水系为依托的线性廊道的形成和发展，对中国的区域发展、城市形成与发展以及文化的传播起到重要作用。水是城市生活的生命线，是城市生存和发展的物质基础。中国古代城市水系往往由流经的河流、环城壕池和城内河渠等各种水体构成脉络相通的水网系统，被誉为“城市之血脉”，在此基础上建立的绿道系统，它具有多种功用，维系着城市的生存和发展。古代济南城依托浅山区独特的山河湖泉之利，形成了较为完善的城市绿色网络体系。研究其水系统与城市公共空间的关系对于我国城市绿色网络构建和历史文化遗产保护具有一定的典型意义。

1 古代济南城市水系的变迁及对城市的影响

“凡立国都，非于大山之下，必于广川之上；高毋近旱，而水用足；下毋近水，而沟防省。”[1] 中国古代城市大多依山傍水而建，济南便是其中的典型代表。汉代建历城县城，晋代为区域政治中心，明代济南始为山东省首府，成为区域性的政治、经济、军事、文化中心（图 1）。济南城的起源和发展，与水系密切相关，依托泉、河、湖组成的水系统构建了城市绿色网络。

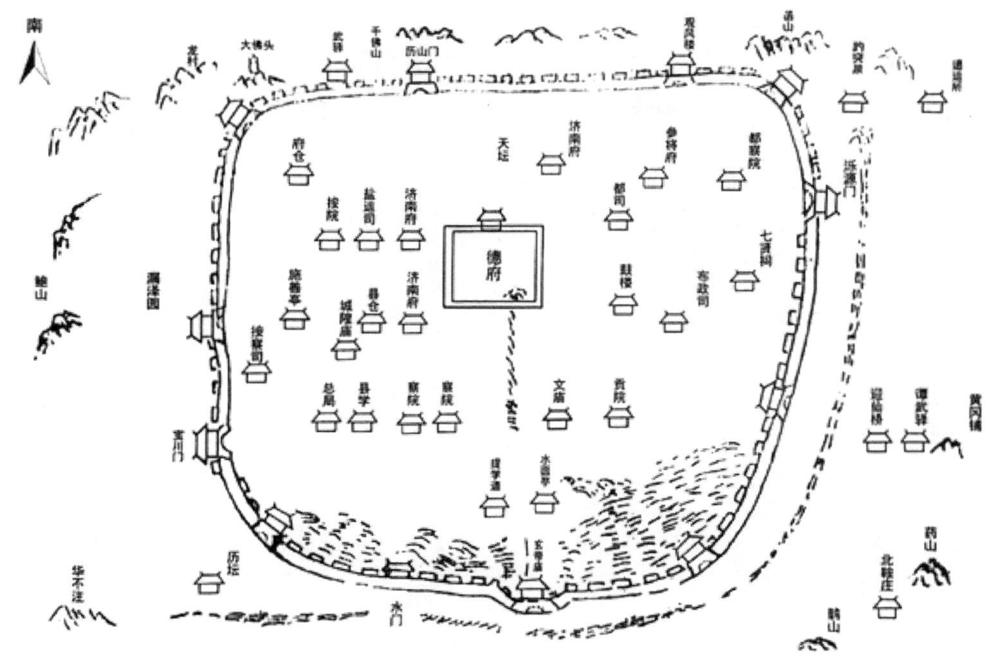

图 1　明代末年济南府图（图片来源：明崇祯《历乘》）

1.1　古代济南城水系的变迁

济水自古便是沟通东西水运的交通要道。早在夏朝时期就作为兖州贡道和青州贡道的主要通道，将来自山东的贡品向今河南的夏都运输。战国时期，成为沟通齐地与中原的交通要道。

汉历城县城位于在泺、历二水中间。《水经注》简略记载了北魏时期济南城的水系统[2]“泺水北流汇入古大明湖（即今五龙潭一带），湖水引渎东入西郭，东至历城西而侧城北注陂”，陂即历水陂。历水陂的另一水源是发源于舜井的历水，“其水北流，逸历城东，又北引水为流杯池……左水西径历城北，西北为湖，与深水会”。说明北魏时期济南城水系统充分利用泺水和历水等天然河道修建引水沟渠入城并在县城西北方利用低洼地势建有一座蓄水池——历水陂。

宋代，由于大清河（济水）已经北移，并且屡遭黄河决流的破坏，为解决登州、密州和滨州三处盐场的食盐运输，刘豫主持开凿了小清河，导引济南诸泉水东流入海，与大清河相辅相成，成为输送海盐的主要航道。而且当时山东半岛的海上贸易，也要通过大、小清河联运至内地，济南实处于水陆运输转运枢纽的地位。

同时这一时期，城市规模扩大，人口增加，并形成别具一格的城内之湖——大明湖（宋代又称西湖）。据《太平寰宇记》记载：“四望湖在县西二百步，其水分流人县城，至街中与孝感水合流，入州城，西出，四泉合流”[3]。四望湖即古大明湖，州城即《水经注》记载过的东城。又说：“孝感水在县北门……平地涌出为小渠，与四望湖合流，入州（城）、历（城）诸署，西入涯水”。宋代济南城市水系统是由四望湖（古大明湖）开凿沟渠引水入县城，汇合孝感水，继续向东跨越原历水故道引渠到州城诸衙署内，大约到达今珍珠泉群附近，然后汇合众泉之水折而西北流出州城，汇入今大明湖。

元初，郭守敬疏凿南北运河以通漕运，其重要码头临清和东平都在济南附近，大、小清河在水运方面仍起着很大作用，小清河负担沿海十几处盐场的运输，通过大清河与运河沟通南北运输，东西又可运盐、运粮与海运连接[4]。

明清两代，曾经多次疏通整治大、小清河。明洪武年间，疏通大、小清河，把大清河与会通河相连，促进了济南的持续繁荣。咸丰四年，黄河夺大清河入海，由于巨大的泥沙沉积，黄河很快成为地上悬河，航运艰难，小清河也淤塞不通，上游众水不能及时渲泄，造成严重的水涝灾害。光绪三十四年对小清河河道进行了治理疏通，提高了小清河的航运能力（图 2）。据称“小清河自西门外起至张家庄入章丘境，长约九十余里，船数约计有一千一百艘，往来行驶，运输方便”[5]。

明、清时期，济南成为省会，水系统由点状水源（井、泉）、面状水源（湖泊、池沼）和线状水源（河、渠）三大部分组成。（图 3）泉眼散布于整个城区，主要为五龙潭、趵突泉、黑虎泉三大泉群，并且依泉形成街巷庭院。朱善的《观趵突泉记》中记载泉水“交灌于城中，浚之而为井，储之而为池，引之而为沟渠，汇之而为沼址”。城内湖泊有大明湖、濯缨湖等，人工沟渠如玉带河：“水出灌缨湖，分脉人府痒，经启圣祠折而西，再折而北于学制阁前，转而北复人明湖”[6]。刘鄂在《老残游记》中以“家家泉水”来表达济南风情，也正是对古代济南城市水系统的生动描述[7]。

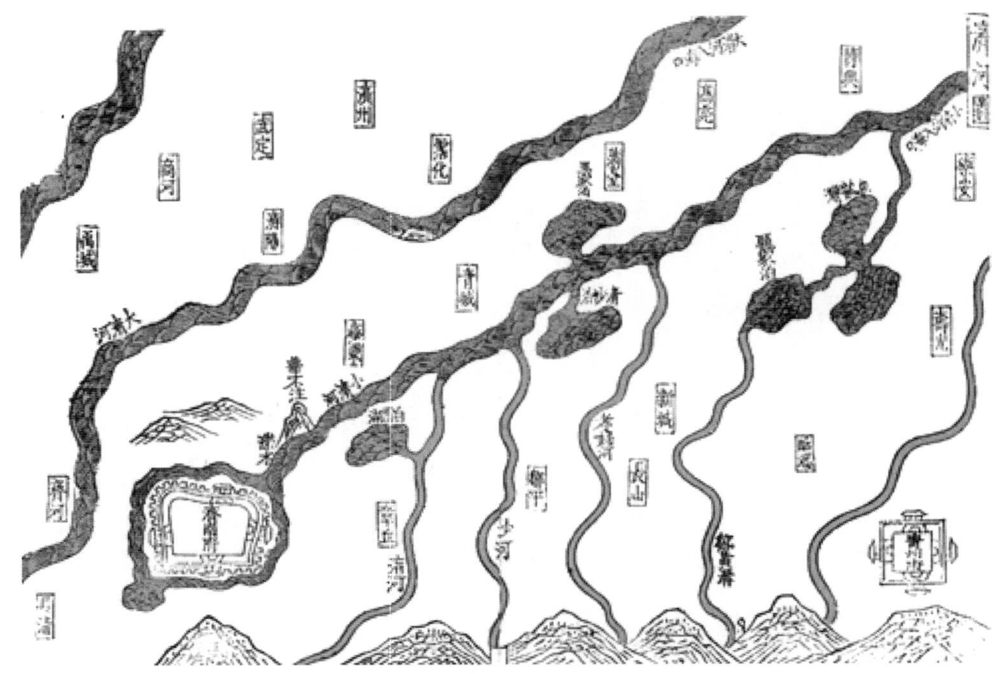

图 2　济河图（图片来源：改绘自明嘉靖《山东通志》）

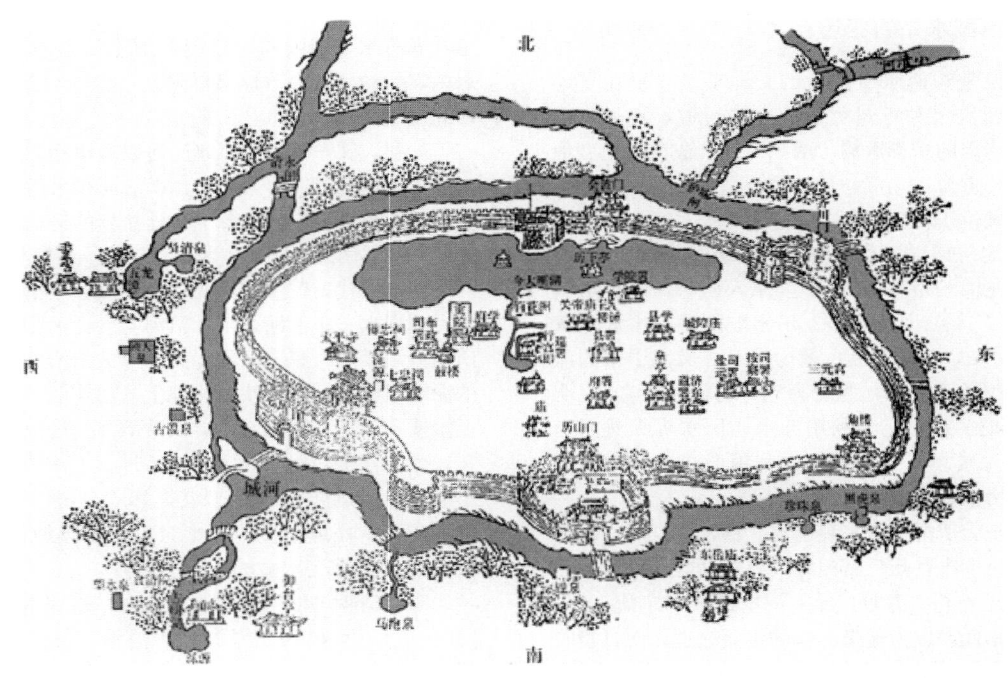

图 3　清代早期济南城图（图片来源：改绘自清乾隆《历城县志》）

1.2　对城市的影响

1.2.1　影响城市空间布局。

从汉代于泺水、历水间建“方城”，到魏晋南北朝时期跨历水建东城形成“双子城”再到唐宋时期筑城墙纳“西湖”与城内，四门不对，最后到明清时期的城壕体系和城内大明湖的收缩，带来城内功能布局的变化（表 1）。

1.2.2　改变城市供水与泄洪方式

自古便以泉水为源，泉水形成的泉渠、河流以及湖泊方便了城市供水的同时，也给城市防洪带来了压力。从汉代的历水陂一泺水体系到明清时期的护城河体系，以天然水系为基础，人工渠道为辅，逐渐形成完善了泄洪系统。城池内外泉水及南部山区汇水由护城河一大明湖-泺水这一路径最终汇入小清河（图 4）。

济南城市空间格局演变　　表 1

时间	示意图	发展阶段
秦汉	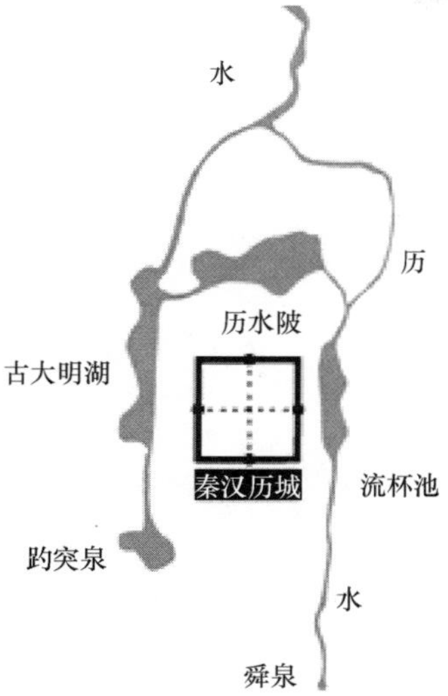 水 历 历水陂 古大明湖 秦汉历城 流杯池 趵突泉 水 舜泉	“方城”时期
北魏	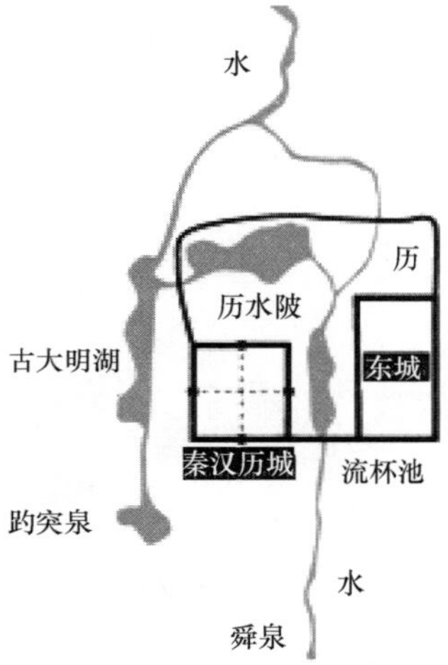 水 历 历水陂 古大明湖 东城 秦汉历城 流杯池 趵突泉 水 舜泉	“双子城”时期
宋代	河 四望湖 西湖 东湖 百花洲 珍珠泉 子城 趵突泉	“子母城”时期
明代	河 河 汇波门 大明湖 齐川门 百花洲 五龙潭 珍珠泉 泺源门 护城河 历下门 黑虎泉 趵突泉	济南府城时期
清代	河 河 济安门 汇波门 海晏门 永靖门 大明湖 新北门 齐川门 圩 乾健门 百花洲 巽利门 巽安门 永镇门 五龙潭 珍珠泉 子 泺源门 麟祥门 护城河 历下门 黑虎泉 永固门 永绥门 趵突泉 壕 岱安门	菱形“子母城”时期

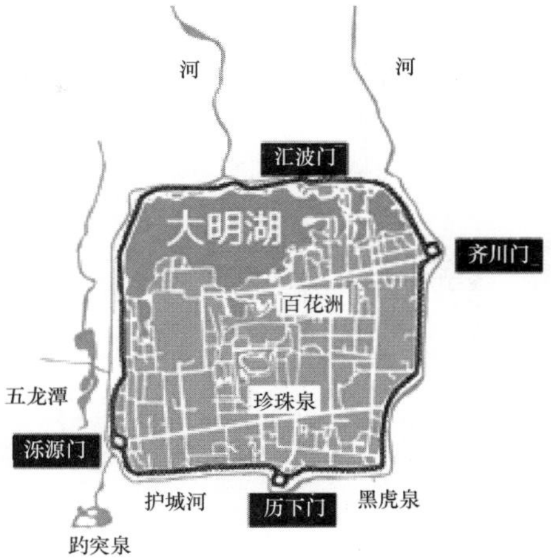

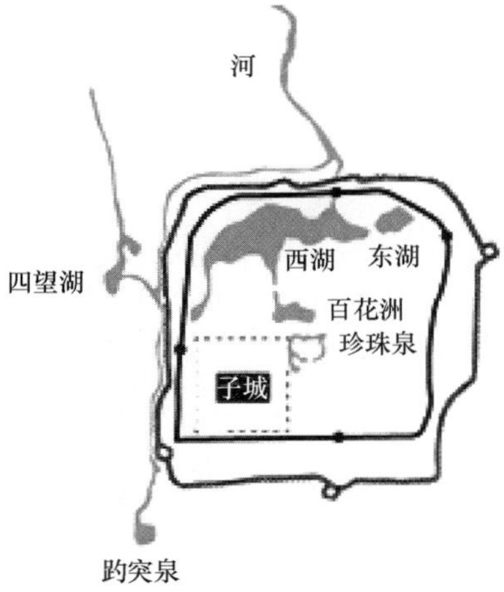

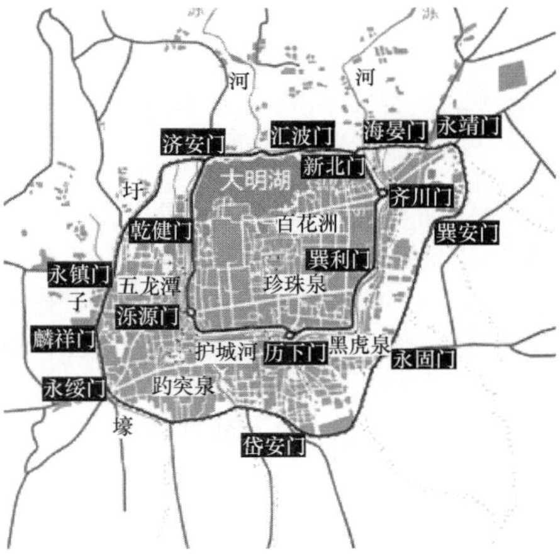

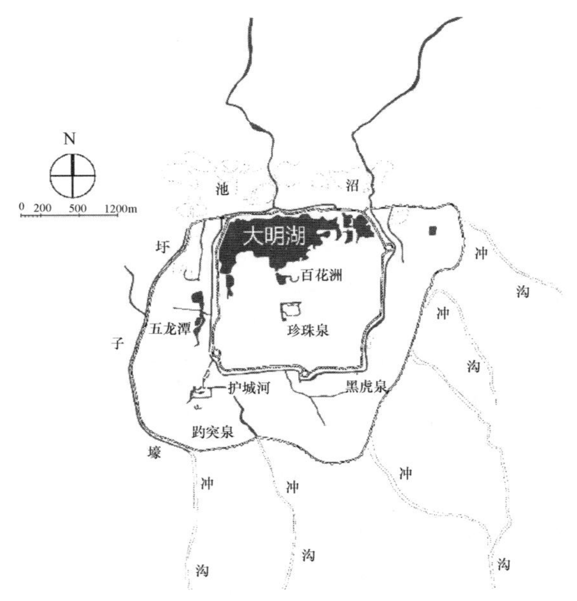

图 4　济南城水系图（图片来源：作者自绘，底图引自 1911 年济南城区图）

图 5　清末济南城区域水系

1.2.3　改变城市风貌

历史时期济南泉水丰沛西北郊以及城内大明湖的周边地区，景色优美，是辟建私家园林、寺庙以及学院的主要空间，并最终形成以“齐烟九点”、“历城八景”、大明湖和四大泉群为核心的城市景观合集，奠定了济南的城市景观格局。

2　古代济南城水系统和城市开放空间的构建经验

2.1　形成壕池环绕、湖池据城、泉渠遍布的水系统格局

济南城的水系统格局经历了漫长的演变。至明清时期，济南“城以外盈盈皆水也，西南则趵突金线诸泉，东南则珍珠黑虎诸泉，城内则珍珠刘氏诸泉汇为明湖连北门出，合东西两水环而绕之”。内城有大明湖、百花洲等湖泊及珍珠泉等多处泉群；内城外有护城河、东西泺河等水系，古温泉、五龙潭、马跑泉等多处泉群及冲沟、小河等溪流沟渠（图 5）。

2.2　综合利用护、排、蓄、导等防洪策略

济南城的城市防洪体系结合护、排、蓄、导为主的防洪策略，最终构建了了以泉渠泉池—大明湖—城墙—水门—护城河—冲沟—泺水为系统的城市内外防洪体系（图 6）。

护：济南城所处地势较低，城墙北拒城市北郊水泽，南防山区雨洪形成的洪水威胁，城墙从汉代开始直至清末，不断修筑加固，从夯土城墙到砖砌城墙，城门从汉代的四座增加至清末的内外 16 座城门，最终形成了两重城墙与两条城壕的城墙体系。

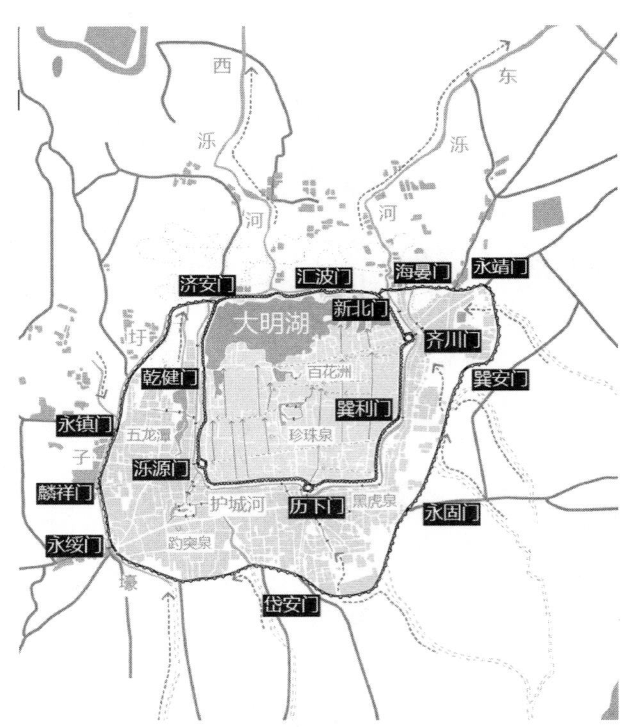

图 6　清末济南城排水系统

排：自宋代开始，修建了以汇波门为代表的水门数座，并设置闸门，与护城河、冲沟联动，以调节城内水位。

蓄：从汉代的历水陂到明清时期的大明湖，济南城的城市蓄水体系一直发挥着重要作用。城内众多的泉池也在一定程度上缓解了城市雨洪压力。

导：浅山区的地形地势造就了济南城周围的众多冲沟，裹挟山区雨洪威胁城市安全。明清时期梳理周边冲沟

将其与城壕联通，大雨行时便可将山洪导入护城河。而在城内，在雨水丰沛季节，收集城市内部雨洪，导入大明湖和护城河，通过泺水最终导入小清河。

2.3 构建以水为本，构建点线面相结合的城市开放空间

济南城的内外水系、内部道路和城市功能区的层次关系，形成了济南城的城市开放空间特征。具体来说，济南城中泉池、泉渠、大明湖组成的点线面俱全的水系统对城市的公共生活和城市公共空间的形成有重要影响。

在城市层面上，魏晋南北朝时期大明湖便成为了城市公共园林，《水经注》中记载："引水为流杯池，州僚宾燕，公私多萃其上。"[8]另外还记载了趵突泉与古大明湖（即五龙潭）两处也成为公共游览胜地。趵突泉为泺水之源，"泉源上奋，水涌若轮"，势如云沸，风景极佳，建有舜妃娥英庙。城西的古大明湖，湖西建有大明寺，寺东北面临湖，湖中建有客亭以供休息之用，"左右楸桐，负日俯仰，目对鱼鸟，水木明瑟"。一直到明清时期，大明湖、五龙潭、趵突泉都是济南城主要的公共游览胜地，进行了大量的城市景观建设，对于城市景观格局的意义重大[9]。

在街道层面上，以珍珠泉泉群为代表，其泉位相对分散，大小诸泉泉水喷溢形成的溪流穿墙越户，流淌于院落与街巷之间。据考古记载，古历水、梯云溪、濯缨湖一带皆分布有用于汲排水的水渠，"城中多二尺许水沟，通城旋绕，清泉汩汩，长流不止"[10]。泉渠或是与街巷相连，或是穿行于桥梁之下形成暗渠，形成以曲水亭街（图7）为代表的水巷空间，是城市重要的临泉生活交往空间[11]。

图7 清末曲水亭街（图片来源：引自《济南旧影》）

2.4 以水系为纽带串联历史文化遗产

济南城重要的历史文化象征也与水系密切相关。城内名泉众多，闻名全国，是济南城最核心的城市景观，曾巩在《齐州二堂记》记载："齐多甘泉，冠于天下，其显名者以十数。"依托泉水进行了大量的园林的建设，如趵突泉畔的舜妃娥英庙、槛泉亭、胜概楼、万竹园等。同时，也形成了闻名遐迩的"历城八景"，其中"白云雪霁"（图8）"汇波晚照"（图9）"历下秋风"（图10）"趵突腾空"（图11）"明湖泛舟"（图12）"鹊华烟雨"，皆是水系为基础形成的城市景观。

图8 历城八景——白云雪霁(引自明崇祯《历城县志》)

图9 历城八景——会波晚照(引自明崇祯《历城县志》)

图10 历城八景——历下秋风(引自明崇祯《历城县志》)

图11 历城八景——趵突腾空(引自明崇祯《历城县志》)

图 12　历城八景——明湖泛舟
（图片来源：引自明崇祯《历城县志》）

3　对当今城市绿道构建的启示

通过对古代济南城以水系为基础的绿道网络的研究，总结古城绿道网络构建过程中朴素的生态智慧，探究绿道网络支撑下的城市适应环境、应对灾害、具有良好“弹性”的原因。

（1）顺应自然的生态原则

在古代农业社会，在自然条件的制约下古人因地制宜，适当的进行人工干预形成聚落构建城市。水系既是城市形成和发展的生命力，也是约束力，影响城市扩张和布局。

（2）绿道网络的复合性和系统性

济南设置内外层叠、系统的绿道体系。即利用泉井、泉池、溪流河湖为城市给排水提供支撑，又形成城市开放空间的基础，成为城市的文化象征。

（3）始于泉水，兴于泉水，形成多样的城市开放空间

城内泉水的利用方式多样，形成独特的泉水聚居模式。城市内外的河、湖、水渠，贴近市民生活的池、井、渠等形成丰富多样的开放空间，形成独一无二的泉水城市文化。

因此，现代城市的绿道网络规划应当将水系统作为重要基础，充分尊重自然规律，修复水网体系，地表水和地下水统筹规划，修复水生态的自我修复能力。将水系统建立为城市的绿色基础设施，贴近市民生活，构建城市开放空间，保护城市文化遗产，打造独特的城市文化。

参考文献

[1]　郭沫若等．管子集校（上、下）[M]．北京：科学出版社，1956.

[2]　赵建，张咏梅．济南市城市水系及其变化研究[J]．山东师范大学学报：自然科学版，2007，22(1)：86-90.

[3]　郦道元．水经注疏[M]，杨守敬，熊会贞，疏；段熙仲，点校；陈桥驿，复校．南京：江苏古籍出版社，1989.

[4]　宋濂，王濂等．元史[M]．北京：中华书局，1998.

[5]　罗胜霄．济南大观：第三十四章[M]．济南：齐鲁书社，2011.

[6]　宋•乐史．太平寰宇记[M]．北京：中华书局，1985.

[7]　清•唐梦赉．康熙济南府志[M]．清康熙三十一年

[8]　郦道元．水经注疏[M]，杨守敬，熊会贞，疏；段熙仲，点校；陈桥驿，复校．南京：江苏古籍出版社，1989.

[9]　王保林．历史时期济南水环境与园林建设关系研究——以泉、湖为例[J]．西安欧亚学院学报，2009(1)：60-63.

[10]　刘玉民．济南竹枝词[J]．山东文学，2007(11)：63-64.

[11]　张建华，王丽娜．泉城济南泉水聚落空间环境与景观的层次类型研究[J]．建筑学报，2007(7)：85-88.

作者简介

赵鹏，北京林业大学园林学院风景园林学在读硕士研究生。研究方向：风景园林历史与理论。电子邮箱：zhaopenglzd@foxmail.com。

薛晓飞，博士，副教授。研究方向：风景园林历史与理论。电子邮箱：xuexiaofei@bjfu.edu.cn。

从道教与龙王信仰中谈三山五园龙王庙

Talking about the Three Mountains and Five Gardens of the Dragon King Temple from Taoism and the Belief of the Dragon King

刘庭风　周娉倩

摘　要：本文从道教中的龙王信仰来分析龙王庙的建造设计，分析道教与龙王庙一体化的现象，通过列举三山五园中的龙王庙来说明人们为祈福求安于山川湖海建造龙王庙。

关键词：道教；龙王庙；三山五园；建筑

Abstract: This paper analyzes the construction and design of the dragon king temple from the belief of the dragon king in Taoism, analyzes the integration phenomenon of Taoism and the dragon king temple, and by enumerating the dragon king temples in three mountains and five gardens, illustrates that people build the dragon king temple to pray for good fortune and settle down in the mountains and lakes.

Keyword: Taoism; Correlation; Three Hills and Five Gardens; Building

1　道教与龙王信仰

1.1　龙王

龙王是中国古代传说中统领水族，掌管降雨的王，属于四灵之一。以舞龙的方式来祈求平安和丰收是民间的一种习俗。

1.2　龙王与道教的渊源传承关系

道教形成于东汉末年，是在中国原始宗教的基础上吸收了春秋战国阴阳五行说和神仙思想发展而来的，上古神话中龙是通天神兽，是升仙的坐骑，道教对此说全盘继承。道教的龙王有守土之责，诸天有龙，四海有龙，五方有龙，三十八山有龙，二十四向有龙，以至凡是有水的地方，无论湖海河川，还是渊潭池沼内都有龙王镇守。

道教对龙的宣传，刺激了民间对龙的崇拜，于是大江南北无处不存在龙王。封建帝王对龙神更是产生了兴趣，多次以政府行为待之，唐代制定了祭五龙之制，宋大观二年（1108年）宋徽宗下诏封五龙神为王爵，明清两代帝王也有封龙为王的举措。帝王的褒扬，使龙在中国文化中的地位大大抬高，各地龙王庙林立，成为随处可见的庙宇。

1.3　道教中龙王的分类

道教《太上洞渊神咒经》中有“龙王品”，列有以方位为区分的“五帝龙王”，以海洋为区分的“四海龙王”，以天地万物为区分的54名龙王名字和62名神龙王名字。

道书《龙王品》有五帝龙王：“东方青帝青龙王，南方赤帝赤龙王，西方白帝白龙王，北方黑帝黑龙王，中央黄帝黄龙王。“四海龙王”东方东海龙王，南方南海龙王，西方西海龙王，北方北海龙王。”《龙王品》还列有54个龙王名如：“日月龙王，星宿龙王，山川龙王，井灶龙王，金银龙王，珍宝龙王，衣食龙王，官职龙王，国土龙王，州县龙王”等。又有“天神神龙王，地祇神龙王，国邦神龙王，府郡神龙王，宫殿神龙王，屋宅神龙王，天子神龙王，诸侯神龙王．县宰神龙王，家长神龙王，子孙神龙王，仁义神龙王，忠孝神龙王”等62个神龙王名。与此同时民间还有更多由此衍生而来的龙王种类。

2　龙王庙的发展与兴盛

唐时就有祭祀龙神的庙宇，据《古今图书集成》记载：“登州广德王庙，在灵祥庙西，贞观年建，中统三十八年修，洪武十八年，指挥谢规监修，学士谢溥记，万历中，参政李本纬、知府徐应元重修。”据《通典》记载：“唐明皇赐封号予四海龙王，以东海为广德王，南海为广利王，西海为广润王，北海为广泽王”，由此看来，广德王庙应为龙神庙。

龙王信仰在宋代得以确立。据《宋会要辑稿》载：“熙宁十年八月，信州有五龙庙，祷雨有应，赐额曰‘会应’，自是五龙庙皆以此名额云。”宋徽宗时又封五龙神为王，“青龙神封广仁王、赤龙神封嘉泽王、白龙神封义济王、黄龙神封孚应王、黑龙神封灵泽王”。由于封建上层的日渐推崇，龙神在宋代被统治者正式册封为龙王，从而使龙王信仰得以深化。

随着龙王信仰以封建王权册封的形式被进一步确立，全国各地纷纷建起了龙王庙，以供祭祀龙王之用，“钱塘顺济龙王，赐额昭应庙……惠顺庙在江塘；广顺庙在龙山；顺济龙王庙在杨村顺济宫；南高峰龙王祠，在荣国寺后钵盂潭”，等等。

至今为止，龙王庙存在于全国各地，为了祈求龙神的护佑。小到村落，大到城市都有不同规模的龙王庙。同时因为自然环境的不同，有的地方是以江河湖海为主，所以祭祀江河龙王，有的地方则是远居深山，或居高台，或居村庄，不一而足。

3 祭祀龙王的意义

无论是被册封的五方龙王，抑或是神话中的四海龙王，它们都被赋予了非凡的寓意。

3.1 降雨

龙能降雨的本领被民间百姓所推崇，每逢久旱不雨，百姓便向龙王求雨，祈求普降甘露，滋养万物。甲骨文卜辞中说：“其乍龙于凡田，有雨。”著名学者龚锡圭认为乍龙是作土求雨。《山海经·大荒东经》中记载：“旱而为应龙之状，乃得大雨”，由此可见，作土龙求雨很早就有。

3.2 应愿

龙王之所以被人们长期信奉，其中一个重要原因是它能使人得偿所愿。《太上洞渊召诸天龙王微妙上品》中记载：“道言：告诸众生，吾所说诸天龙王神呪妙经，皆当三日三夜，烧香诵念，普召天龙，时旱即雨，虽有雷电，终无损害。其龙来降，随意所愿。”古代道教文献中不仅认为龙王能显灵，而且认为它能实现人们愿望。

3.3 护海

龙王作为海神之一，其重要职责就是保护人们航海出行的安全，海上之人认为龙王通过护海可以使他们免遭海难。龙王护海之说在一些文献中也有提及，宣和年间，“诏遣给事中路允迪……往高丽……宣祝于显仁助顺渊圣广德王祠，神物出现，状如晰踢，实东海龙若也，……”无论是渔民还是海上航行者，他们都希望能得到海上神灵的庇佑。龙王作为海上神灵之一，成为出海人们寻求保佑的重要祭祀对象。

4 龙王庙实例分析——以三山五园龙王庙为例

4.1 龙王庙建筑

龙王庙建筑在中国古代社会城市及村落占有很特别的地位，人们自发的崇拜以及统治者利用祭祀建筑来维护统治地位和治安稳定，龙王庙建筑就是重要的一部分。

龙王庙建筑在早期是单体建筑，经过千百年的演化最终成了院落式的群体建筑，其建筑布局和建筑结构等都有诸如佛寺，衙署等建筑的要素，通过正门正厅，中轴对称建筑，同时因地制宜处理不同功能的建筑。另受风水学的影响，大部分位于村落或者城区的艮位，也就是东北位。

龙王庙的建筑布局一般是从山门（正门）开始，然后是碑亭、献殿以及东西厢房。中心为大殿供奉主要的龙王神位。最后是一般的内院的寝殿等辅助建筑。此外由于不同的等级与信仰差异，龙王庙建筑中的平面规划还有许多其他的配置。如等级较高的龙王庙会有牌坊，如颐和园广润灵雨祠的入口处就有东、西、南三个牌坊，可谓是皇家的等级。

4.2 畅春园龙王庙

历代统治者重视的龙神祈雨，在康熙朝也得到了保持。建畅春园时，康熙就在园内建有龙王庙，位于园内前湖东岸，靠近渊鉴斋。匾额为康熙所题，曰“甘霖应祷”。清宫档案中记载：“康熙四十九年（1710 年）五月十三日，皇三子胤祉等奉旨：在畅春园龙王庙，照皇十二子祈雨例祈雨。自昨日始，胤祉亲自行礼，令太监、道士等诵经七日，勤加祈雨。”可见畅春园龙王庙是作为祈雨场所的存在。

4.3 颐和园龙王庙

广润灵雨祠，（图 1）位于颐和园昆明湖南湖岛上，俗称龙王庙。明代此地称为“西湖”，其西北面为著名的佛寺功德寺，东岸为龙王庙。乾隆年间开挖西湖建成现在的昆明湖（见图 2），保留了东岸的龙王庙于孤岛之上，命名为“广润祠”，后增号为“广润灵雨祠”。门内正殿三间，硬山黄琉璃瓦屋面，黄琉璃瓦屋面是颐和园内最高等级（见图 3）。广润灵雨通过孔桥与新的东岸相连，一方面成为了万寿山南麓的对景，符合模仿杭州西湖孤山和三潭印月岛的关系；另一方面作为龙神庙，在皇家园林也不例外，为皇族所信奉，因此保留龙王庙作为当权者祈福求雨，保佑安康的场所。可谓是一举两得，即形成了良好的景观环境，同时又保证了对神灵的敬畏。将一个曾经民间破旧小庙升级为龙王祠，与皇家园林融为一体。

广润灵雨祠的正殿内檐匾额“泽普如春”，大意是雨

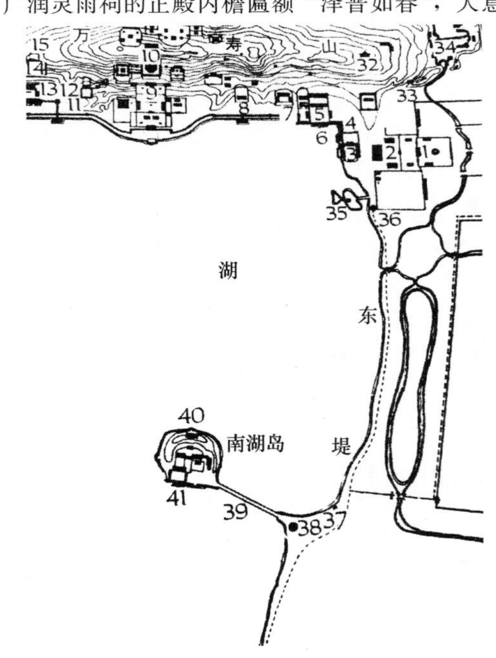

图 1 祠平面位置图

（图片来源：周维权《中国古典园林史》）

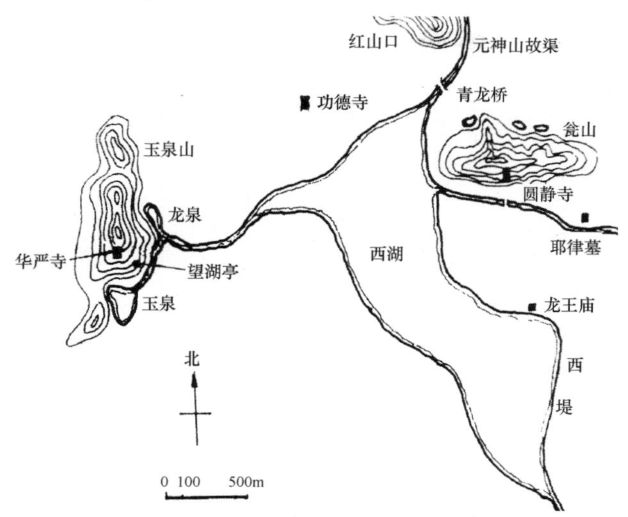

图 2　在西湖的位置
（图片来源：周维权《中国古典园林史》）

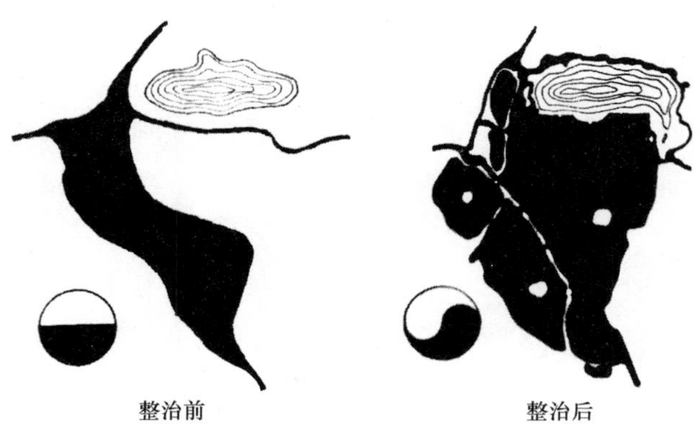

图 3　山水关系变化
（图片来源：周维权《中国古典园林史》）

露普降如春。而祠堂前的东、南、西三座牌坊地题额也有深意，东牌楼东面题额为“凌霄”，西面题额为“映日”，描绘了早晨或上午太阳升起的天空景象。南牌楼南面题额为“澄霁”，北面题额为“虹彩”，描绘了雨过天晴的天空景象。西牌楼西面题额为“绮霞”，东面题额为“镜月”，描绘了傍晚或晚间晴朗的天空景象。三座牌坊的题额点明了岛上不同时间可观赏到的六类佳景。多代皇帝都曾到此祈雨，慈禧太后进入颐和园也会在南湖岛停留，入广润灵雨祠焚香祈福，信仰祠内龙王控制天气的能力，以此来表达帝王家对龙王的崇拜。

4.4　圆明园龙王庙

圆明园中有多座龙王庙，各自承担着不同的功能。如日天琳宇中的瑞应宫，《日下旧闻考》载：“又东别院为瑞应宫……瑞应宫诸殿皆祀龙神。”可见瑞应宫龙王庙是皇帝祭祀龙王的场所。慈云普护龙王殿，则为祭祀昭福龙王，《日下旧闻考》中还提到：“碧桐书院之西为慈云普护，前殿南邻后湖，三楹，为欢喜佛场。其北楼宇三楹，有慈云普护额，上奉观音大士，下祀关圣帝君，东偏为龙王殿，祀圆明园昭福龙王”，可见此庙是祭祀掌管圆明园水域的龙王场所。另北门水官还有一座龙王庙，则是祭祀周边区域的龙王，清宫档案中记载：“雍正十二年四月初六日，宫殿监副侍李英传旨：北门内水关之河北小庙，供龙王牌位”。

4.5　静明园龙王庙

玉泉山静明园的龙王庙，有着“天下第一泉龙王庙”的称号，位于玉泉山南坡，是乾隆十六年进入国家祭祀中的。《大清会典则例》：“乾隆九年奉旨封京都玉泉山龙王之神为惠济慈佑龙神，十六年奉旨玉泉山龙神祠易以绿琉璃瓦。”另《日下旧闻考》中也有载：“御题龙王庙额曰永泽皇畿。乾隆十六年闰五月二十九日奉上谕：京师玉泉，灵源浚发，为德水之枢纽。畿甸众流环汇，皆从此潆注。朕历品名泉，实为天下第一。其泽流润广。惠济者博而远矣。泉上有龙神祠，已命所司鸠工崇饰，宜列之祀典。其品式一视黑龙潭，该部具仪以闻。”每年春二月秋八月都曾在此举行祭祀龙王的仪式。每逢干旱，朝廷也会钦派宗室亲王到此祈雨。

4.6　静宜园龙王庙

静宜园龙王庙，其位置，《日下旧闻考》中载：“驯鹿坡迤西有龙王庙，下为双井，其上为蟾蜍峰”。此外，静宜园晞阳阿朝阳洞，深广可丈余，其中也供有龙王。洞中有乾隆五十年御笔诗：“静室据峰顶，斯隩则斯洞。隩乃受曦处，朝阳名久中。洞中塑天龙，雨旸所司统。致拜祈甘泽，继润佑农种。劳躬非所虑，泽物申诚贡。不必更升高，升高恐劳众。朝阳洞作，已已孟夏中瀚。”五十一年，乾隆皇帝又作《朝阳洞》，曰“象设龙神石洞中，拜祈膏雨尽虔衷。望空恐似去年例，惭愧依然今岁同。”可见洞中供龙神，是为了祈福雨露恩泽。

5　祭祀

5.1　祭祀规格

以颐和园广润灵雨祠的祭祀仪式为例进行解析。嘉庆年间，颐和园广润祠被纳入国家祀典。《大清会典事例》中记载：“广润灵雨祠列入祀典，一体春秋致祭，应由钦天监查照置祭龙神之例。每岁选定春秋致祭日期，汇入祀册，豫行送部，转交太常寺按期题请亲钦派大臣一员承祭，朝服上香读祝三献，行礼如仪。所有应用香帛祭品祭器等项，由太常寺备办。祝文由翰林院撰选。”钦天监每年择日祭祀，确定祭祀日期之后由太常寺确定一位大臣为主祭官。

5.2　祭祀仪式

《钦定大清会典》中记载：“都城隍庙春秋取吉祭：都城隍庙，黑龙潭龙神祠，玉泉山龙神祠，昆明湖龙神祠，白龙潭龙神祠”

龙神祠的祭祀属于五礼中的吉礼。《钦定大清会典》中记载“凡五礼，一曰吉礼，其目百二十有九”其中之一“曰昆明湖龙神祠”。《清史稿》卷八十二记载“凡国家诸祀，皆属於太常、光禄、鸿胪三寺，而综於礼部”，龙神祠祭祀也不例外，龙神祠祭祀等级由礼部确定。整个祭祀过程需要确定“祭期、祭品、仪注、祝辞”等四项内容。《大清会典事例》中记载昆明湖龙神祠的祭祀仪节与玉泉山龙神祠和黑龙潭龙王庙相同。祭祀仪节包括“承祭官朝服行礼，迎神，上香，初献，读祝，亚献，三献，撤馔，送神望燎”等。

6 结语

千百年来，祈福求安是古代中国人的生活信仰，龙王庙作为一个载体，很好的体现了思想、信仰以及建筑三者之间的关系，由此而产生的诸如建造、祭祀等活动也在时间的长河中不断变化和发展，从最初单一的龙到复杂的龙王谱系；从民间崇拜到道教的整合等等，通过对龙王庙道教以及信仰的分析，有利于挖掘各地龙王庙的文脉传承，更好的保护和传播龙王文化。

参考文献

[1] 周维权. 中国古典园林史. 第3版[M]. 北京：清华大学出版社，2008.

[2] 王树强，冯大建. 龙文——中国龙文化研究[M].

[3] 焉鹏飞. 从神兽到龙王——试论中国古代的龙王信仰. 鄂州大学学报. 2014.

[4] 庞进. 道家与龙文化[J]. 唐都学刊，2018.

[5] 王英芝. 道教中的龙文化. 辽宁工业大学学报[J]. 2015.

[6] 苑利. 华北地区龙王庙壁画中神灵世界的组织结构. 西北民族大学学报[J]. 2004.

[7] 王鹏龙. 明清时期雁北地区的龙王信仰与民俗活动. 山西大同大学学报[J]. 2011.

[8] 曲金良，周盖锋. 从龙王爷到国家级海洋女神——中国历代海神信仰. 海洋世界[J]，2006(2).

[9] 林琳. 龙的起源和神化演变. 文史杂志[J]，2000(3).

[10] 高鹏翔，高忠，吕仕儒. 龙王庙建筑保护及营造特征探究. 山西大同大学学报[J]. 2017(4).

[11] 刘庭风. 中国园林年表初编[M]. 上海：同济大学出版社，2016.

[12] 刘庭风. 中国古典园林平面图集[M]. 中国建筑工业出版社，2018.

作者简介

刘庭风 1967年生，男，汉族，祖籍福建龙岩现居天津，天津大学建筑学院，教授，博士生导师。研究方向：园林历史与文化。电子邮箱：liutingfeng1590@126. com。

周娉倩 1992年生，女，汉族，籍贯福建宁德，天津大学建筑学院，研究生在读。电子邮箱：764235192@qq. com。

从文化景观视野剖析中国“洞天福地”价值①

The Evaluation of China “Cavern of Heaven and Place of Blessing” From the Cultural Landscape Perspective

吴 会 金荷仙*

摘 要：“洞天福地”将自然环境与神仙思想、山岳崇拜、道教文化等精神内涵融合，是“天”、“地”、“人”三者相通、相互作用的复合产物，体现了文化景观所强调的文化与自然的关系特征——“强联系”。通过阐述“洞天福地”主要物质实体及其在生态、风水、养生方面的思想内涵，展示“洞天福地”的文化景观特征；并从山水画、园林景观建设、文学创作和民众思想意识四个方面详细分析其对社会产生的影响；接着梳理现有的中国宗教主题世界遗产，挖掘“洞天福地”独特性，进一步探讨文化景观遗产标准下的“洞天福地”价值。
关键词：洞天福地；文化景观；特征；影响；价值；

Abstract: “Cavern of Heaven and Place of Blessing” integrates the natural environment with the spiritual connotation of immortal thought, mountain worship, Taoist culture, etc., and is a compound product of the interaction between "heaven", "earth" and "human", which reflects the relationship between culture and nature emphasized by Cultural Landscape— "strong connection". Through expounding the main material entity of “Cavern of Heaven and Place of Blessing” and its ideological connotation in the aspects of ecology, geomancy and health preservation, this paper shows the cultural landscape characteristics of “Cavern of Heaven and Place of Blessing”. And from the painting, the landscape architecture construction, the literary creation and the populace ideology four aspects detailed analysis its influence to the society; Then, this paper will sorts out the Chinese World Heritage under religious theme, digs out the uniqueness of “Cavern of Heaven and Place of Blessing”, and further explores the value of “Cavern of Heaven and Place of Blessing” under the standard of Cultural Landscape Heritage.
Keyword: Cavern of Heaven and Place of Blessing; Cultural Landscape; Characteristics; Influences; Evaluation

“文化景观”（Cultural Landscape）一词源于西方，是指人与自然长期作用而形成的能反映地方文化与地理环境特征的复合产物。1992年，“文化景观”被联合国教科文组织和世界遗产委员会确认为新的遗产类型，是全人类公认的具有突出意义和普遍价值的“自然和人类的共同作品”。狭义的“文化景观”是指那些突出地、直接地反映了人与自然关系的某一地域，广义上则是指那些直接反映了人们如何看待自然、处理自然及如何与自然发生关系的由自然要素和人文要素共同构成的区域[1]。不管是广义还是狭义的文化景观，都涵盖地域的发展过程，强调人与自然相互作用的密切联系，体现了时间性、文化性和物质性。

“洞天福地”思想来源于中国古代神仙思想（山岳思想结合老庄崇拜）、天人合一思想，道教融合“天人感应”学说与仙境传说在名山大川中构建了人间仙境——洞天福地。根据唐司马承祯《上清天地宫府图经》和杜光庭《洞天福地岳渎名山记》的神仙居所体系，中国洞天福地有118处，包括“十大洞天”、“三十六小洞天”和“七十二福地”，广泛分布于全国15个省市。洞天福地自然景观秀美，也是修道徒、信道徒的修仙圣地，实现了人与自然的和谐共融，充分表现出了文化景观的基本特征。

1 洞天福地物质实体与思想内涵

追溯至早期的洞穴崇拜、海上仙山模拟等，洞天福地发展近两千年。洞天福地不只指实体的洞穴或山体，还包括群山所环绕的以洞穴和道教宫观为中心的整个山川环境[2]。在长期的历史发展过程中，洞天福地在山水自然环境中留下了诸多自然与人文融合后产生的物质实体，并一直传递着丰富的能为现代世人所用的思想内涵。

1.1 主要物质实体

1.1.1 山、水自然环境

洞天福地连接人间、仙境两界，将神仙传说中的仙山圣境扩展到民间现实的名山大川，自然界中的山、水自然环境成为了人们想象中的仙境在人间的具体表现形态。对修道徒而言，高山更具神秘性，离天更近也更易遇仙点化而得道成仙，又因炼丹、宗教仪式开展及日常生活所需，洞天福地择址往往遵循“山水相依”的原则。山、水关系一般表现为三面环山、一面向海、湖等大面积水域，外加诸多溪流贯穿山间，如青岛崂山、峡江玉笥山（图1）、樟树阁皂山（图2），周围群山倒映水中，自然界大山大水相互映衬。它们之间关系也可能仅表现为水溪连

① 基金项目：浙江农林大学“校发展基金人才启动”项目（编号2014FR080）。

绵不绝萦绕群山，如麻姑山有一溪、二涧、三洞、四潭、十二佳泉、三十六峰；鹰潭龙虎山山环水抱，溪水与山势正好形成一个阴阳太极图，暗含道教教理[3]。

图 1　峡江玉笥山云腾飚驭祠周围自然环境（图片来源：峡江县文化馆边经仁摄）

图 2　阁皂山大万寿崇真宫周围自然环境

1.1.2　道教建筑

修仙圣地也是修道徒的生活场所，最原始的形式表现为天然洞穴，后慢慢发展为庵、庙、观、宫等。“宫”一般是统治者赐名，与政治具有密切关系，如西山万寿宫(宋真宗)、龙虎山大上清宫（宋徽宗)、庐山太平宫。当道教建筑模仿天上神仙居住的殿堂在洞天福地中建造起来，便给其打上了道教神仙信仰的烙印，注入了道教文化气息，使其与自然景观有了明显的区别[4]。道教建筑营建讲究顺应自然山势，即当代建设原则“因地制宜”，且基本不会构建巨大的人工建筑，维护最为和谐的“仙境”氛围，规格形制、用色上都寻求与自然风景相协调，大气朴素。如庐山仙人洞(石英砂岩山洞)建设灵活布局，就地取材，与自然山势相互协调，形成人与自然相和谐的建筑模式[5]（图 3)。

图 3　庐山仙人洞

1.1.3　摩崖石刻

自古以来，修道徒在道教洞天福地里留下了各朝代的道教摩崖石刻，包括石壁上篆刻的道教经书及相关宗教图像，如五岳真形图、庐山真形图（图 4)，还有历代名人墨客、统治者因个人喜好或是政治目的慕名前来所题刻的碑文、诗词歌赋，都给后人留下了珍贵的历史文化遗产，为研究古代宗教、政治、经济、文化等提供了难得的历史资料和依据。

图 4　庐山真形图石刻本

1.1.4　古树名木

仙境通常是风调雨顺，气候宜人，灵气聚集，洞天福地作为现实的人间仙境，基于良好的气候环境条件以及道教教义中强调的生态保护思想，自然环境无一例外都是植物丰茂的世外桃源。由此，山川中通常是古木参天，密林青翠，道教建筑内也留有古人细心栽培的许多古树名木。如西山万寿宫供奉许逊神像的高明殿前栽有东晋（距今 1700 年)、明朝（距今 550 年）的两棵古柏（图 5)，龙虎山嗣汉天师府具有纳气镇宅风水作用的、按北斗七星方位布置的 7 棵古樟树等（图 6、图 7)。

图 5　西山万寿宫高明殿前古柏树

图 6　嗣汉天师府内北斗七星树（樟树）

图 7　龙虎山东隐院前古樟树

1.2　思想内涵

1.2.1　生态环境思想

早期道经《老君说一百八十戒》提到：不得烧野山林，不得妄伐树木，不得妄摘草花，不得以毒药投渊池及江海中，不得竭水泽，不得渔猎伤杀众生等[6]。道教贵人重生，非常注重人类所赖以生存的自然环境，把自然界动物、植物、山川、河流等都视为珍贵的生命体，时刻以一种敬畏、友善之心对待。“与人为善”并“与自然为善”，提倡“道法自然”，认为人类应该顺从自然法则，保护自然生态系统平衡，实现万物共生。道教洞天福地是人类最早的自然生态保护区[7]，清泉秀水，景观优美，生物多样性丰富，生物在其中完全呈自由状态发展，人为干预极少，其中的宫观建筑也是充分顺应自然、还原自然并美化自然。

1.2.2　风水思想

道教有成熟的方术体系，而该体系中有相当一部分源于古代巫术，早期风水师就是从巫师队伍中分化出来的[8]。风水要旨是对人的居住环境进行选择和处理，追求人与自然的和谐。“向往返还与天地合一之境，寻觅洞室或利用堪舆术发现‘地穴’，因之设立宫观、御修真羔，冀以回归母体，得到成仙。”[9]洞天福地选址上是以风水理念为指引的，早期道教徒修道须找一个藏风纳气的风水宝地。所谓风水宝地是指有灵气、能聚气的地方，它要具备几个条件：左右有屏障，呈环抱之势；后有来脉，即气脉连贯，山势连绵不断，气势磅礴；前有明堂（开阔的意思），如庐山仙人洞前视野无阻、一望无际；中有杰穴，穴可以是山洞、庵、宫观等修道场所，汇聚天地灵气。洞天福地可看作是“地球的能量结点”，天、地、人三者融会贯通，物我交融，能量汇聚，气象万千，有助于加快道士修行。

1.2.3　养生思想

道家著作中的神仙思想直接为道教所吸收[10]，道教追求得道成仙、长生不老。为了长生成仙，道教主张对人体进行一定的修炼，包括外在形体上的修炼和内在精神上的修炼，即内外双修。外在表现为完整的养生动作功法，如打坐、太极拳、五禽戏、八段锦等，在完成系列养生动作中要求道徒能心定气闲、心无旁骛。内在强调精、气、神的蓄养，《黄帝内经》提到“先天之气”与“后天之气”[11]。“先天之气”是人的元气，元气论也是道教养生学说的基本理论之一[12]，结合“吐纳”和“胎息”等行气方术既能增强人的元气又能修复人的元气，也可使用存思术，集中精神，摒弃杂念，保持身心平衡；“后天之气”指人们通过后天饮食吸收的营养物质，服用有益身体健康的天然草药或丹药，或在日常饮食中混合药材来达到延年益寿的效果。洞天福地幽静、灵奇，含纳天地精华，是返璞归真的理想场所，是行气、静心修炼的世外桃源，并且“是以古之道士，合作神药，必入名山”①，洞天福地便于采药、炼丹。

2　洞天福地整体产生的影响

“洞天福地”是中国传统世界观的重要组成部分，展示了自然、社会与传统神仙信仰之间的关系，是人与自然的山川大地乃至天地日月相互统一的“天人合一”思想的集中体现[13]。“洞天福地”的空间分布反映了道教发展历程，直接孕育了我国传统的园林景观设计，并深刻地影响了东亚地区的文学艺术、山水绘画、园林造景等传统文化[13]。

2.1　山水绘画方面

山水画以山川自然景观为主要描写对象[14]，反映天地造化，表达“天地与我并生，而万物与我为一”的观念。山水画的发生与形成与洞天福地有着密切的联系。首先，洞天福地所在的名山洞穴钟灵毓秀，植物物产丰富，是灵气汇聚之所，下连大地，上达天界，具有连接天地的神圣内涵，与山水画“天人合一”的象征内涵有着异曲同工之妙。其次，洞天福地为山水画提供了众多创作题材，如寻仙问道，南朝时期的山水画理论家宗炳也推崇问道之旅题材，以通向山顶的朝山之旅表达古人对神山的崇

① 出自王明《抱朴子内篇校释》。

拜，代表作为明代戴进《洞天问道图》（图8），明代石芮《轩辕问道图》；又如危崖石坛、道观等，代表作为北宋王希孟《千里江山图》（图9），图中有山居道士、斋坛、圣山和通天树，它们相互之间都有着内在的联系，并且处于宇宙之心，沟通天地真气。此外，洞天福地仙境景象是青山绿水型山水画的创作源泉，典型人物为明代仇英，用如灵芝形状的祥云以及青绿的山水暗示着一处异于俗世的仙境，其中的"溶洞"正是模拟了道士得道成仙处的"洞天"形象，如《玉洞仙源图》（图10）、《桃源仙境图》（图11），都形象地体现了洞天福地的生态思想，并借由洞天胜境表达着画者自身对于生命转换和超越的渴望。

图8 明代戴进《洞天问道图》局部（图片来源：网络）

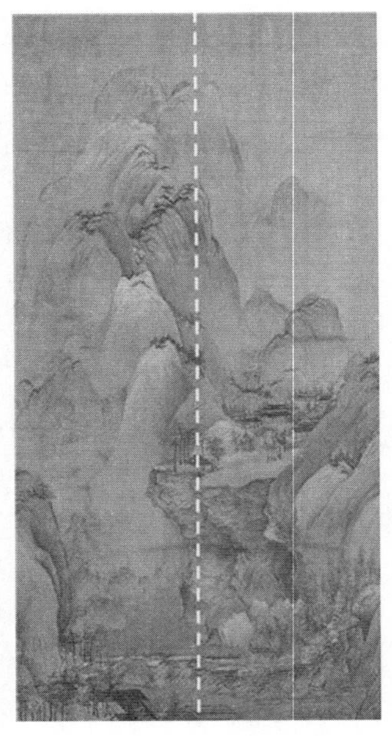

图9 北宋王希孟《千里江山图》局部（国片来源：网络）

图10 明代仇英《玉洞仙源图》局部（图片来源：网络）

图11 明代仇英《桃源仙境图》局部（图片来源：网络）

2.2 园林景观设计方面

秦汉时期，由于神仙思想的主导而摹拟的神仙仙境实际上就是山岳风景和海岛风光的再现[15]。从汉武帝的上林苑开始，人们就已经有意识地将仙境进行物质上的缩小，在人间设计真实的可供人们游览、欣赏的园林景观，如建章宫一池三山（太液池，蓬莱、瀛洲、方丈三山），这种布局成为后世中国园林建设的典型模式，承德避暑山庄、颐和园、圆明园、西湖等皇家园林、公共园林以及拙政园、留园等私家园林都广泛应用。中国古典园林常用造景主题"别有洞天"意指有别于人间的另一种境界——仙境，也是缘起于代表道教修仙胜境的洞天福地意境。借鉴洞天福地常见元素"石洞"或似洞的洞门，比喻过了此门（洞）便"别有一番风景"，强调从一个空间到另一个空间的转换[16]。另外，古代假山或是现代假山营造大多也会采用石洞、中置石室的手法，如苏州狮子林、太平天国忠王府（图12）及扬州何园（图13）。道观园林营造更是极具丰富的"洞天福地"意境[17]。

图12 苏州太平天国忠王府石洞

图13 扬州何园假山石室

2.3 文学创作方面

洞天福地因道教文化及景观形胜，自秦汉以来，就吸引了大批名人雅士、文人墨客，或遁世隐居、筑巢岩洞、修道炼丹，常日著书论道，如陆修静于庐山撰写道书三十余种，道教礼仪规范一百余卷，陶弘景于句曲山著《真诰》《本草集注》等道教典籍；又或寄情山水，尽情题诗赋文，如黄庭坚、陆游、朱熹、金幼孜等名人游览玉笥山写下《玉笥山》《大秀宫》《游玉笥飞仙石》《玉笥山赋》等众多诗词歌赋，唐颜真卿游麻姑山留下“天下第一楷书”《麻姑仙坛记》，清代戏曲家李渔游览庐山简寂观后发出感慨：“天下名山僧占多，也该留一二奇峰栖吾道友。”并且，“洞天福地”学说对于现代神仙小说的创作也具有较深影响，如《西游记》《红楼梦》《封神榜》等名著，以道教文化为主体，所涉仙界环境或修炼环境均是以洞天福地为蓝本进行描写。

2.4 民众思维观念、生活方式方面

“洞天福地”为人们描绘出理想人居环境的画面，对中国人的思维观念和生活方式产生了深远的影响[18]。洞天福地是世俗化的神仙仙境，体现了古人对“天人合一”美好生态环境的追求，一定程度上促进了人们自然审美意识的发展，激发了中国各地名山的开发建设。同时，洞天福地的选址理念深刻地影响着古人的居址选择观念，洞天福地也成为了一种自然宜居的生存模式，并慢慢形成了后代的园居生活方式。此外，道教“贵人重生”，渴望长生，道教洞天福地产生的部分原因也是因为良好的自然环境有益于修身养生，并且，道教形成了一套完善的养生理论与实践体系，这影响着中国人养成“内”“外”兼修的养生生活方式，尤其是在现今快节奏社会里。

3 文化景观视野下的洞天福地

3.1 中国现有宗教主题世界遗产

1976 年，世界遗产委员会成立，并建立了《世界遗产名录》，世界遗产包括：世界文化遗产（含文化景观遗产）、世界自然遗产、世界文化与自然双遗产。截至 2018 年第 42 届世界遗产大会结束，中国共拥有 53 处世界遗产。经笔者统计，其中与中国传统佛、道教相关的世界遗产共 16 处（表 1），可以看出，中国以佛教为核心价值的世界遗产有敦煌莫高窟、龙门石窟、云冈石窟、山西五台山等 7 处，而以道教文化为核心价值的世界遗产尚显空白，道教名山武当山强调建筑艺术价值，三清山强调自然景观价值；洞天福地名山青城山与都江堰结合体现古代水利工程价值，龙虎山以地质地貌特色归于“中国丹霞”系列，泰山、庐山、武夷山等也是着重表达多样性的文化交融或自然景观。

3.2 “洞天福地”文化景观遗产价值

洞天福地分布于全国各地名山，数量较多，可参照“中国丹霞”世界遗产将各洞天福地综合作为一个系列进行文化景观遗产申报。通过以上对洞天福地主要物质实体、思想内涵及其对社会产生的影响分析，并综合《操作指南》中的突出普遍价值评估标准，认为洞天福地符合以下四项标准相对应的价值。

（1）价值：在一段时期内或世界某一文化区域内，对建筑、技术、古迹艺术、城镇规划或景观设计的发展产生过重大影响。洞天福地融合了中国众多优秀传统文化、思想，它的山水自然环境以及神仙思想、生态思想等，为山水画、园林景观建设提供了创作题材，留下来的建筑物、构筑物、摩崖石刻等展示出了丰富的艺术文化和宗教文化。

（2）能为已消逝的文明或文化传统提供独特的或至少是特殊的见证。洞天福地维系了中华文化的“天人合一”、“道法自然”观念，见证了黄老之道、鬼神崇拜、山岳崇拜、风水等文化传统的发展、变化。

（3）与具有突出的普遍意义的事件、传统、观点、信仰、艺术作品或文学作品有直接或实质的联系。洞天福地与统治者思想、宗教信仰关联密切，反映了历代道教的兴衰，反映了各个朝代的历史传统、政治、社会环境，体现了古人的神山崇拜、神仙思想，其选址观念也影响了古人的居住选址思维和生活方式。

（4）绝妙的自然现象或具有罕见自然美的地区。洞天福地涵盖百余处名山胜境，均处于“风水宝地”，是信道者认定的神仙居所，是古人心目中的理想人居环境。

中国佛、道教相关世界遗产名录　　表 1

序号	世界遗产名称	时间	遗产类型	申遗核心价值
1	泰山	1987 年	世界文化与自然双遗产	多样文化与自然景观
2	敦煌莫高窟	1987 年	世界文化遗产	佛教文化
3	承德避暑山庄及周围庙宇	1994 年	世界文化遗产	佛教文化
4	武当山古建筑群	1994 年	世界文化遗产	建筑群艺术
5	拉萨布达拉宫历史建筑群	1994 年	世界文化遗产	建筑群艺术
6	庐山国家公园	1996 年	世界文化遗产	多样文化
7	峨眉山风景名胜区包括乐山大佛	1996 年	世界文化遗产	佛教文化
8	武夷山	1999 年	世界文化与自然双遗产	多样文化与自然景观
9	大足石刻	1999 年	世界文化遗产	佛教摩崖石刻造像
10	青城山—都江堰	2000 年	世界文化遗产	古代水利工程
11	龙门石窟	2000 年	世界文化遗产	佛教文化
12	云冈石窟	2001 年	世界文化遗产	佛教文化
13	江西三清山	2008 年	世界自然遗产	自然景观

续表

序号	世界遗产名称	时间	遗产类型	申遗核心价值
14	山西五台山	2009年	世界文化景观遗产	佛教文化、自然景观
15	嵩山“天地之中”古建筑群	2010年	世界文化遗产	建筑群艺术
16	“中国丹霞”（崀山、丹霞山、泰宁、赤水、龙虎山、江郎山）	2010年	世界自然遗产	地质地貌

4 结语

文化景观代表“自然与人的联合工程”，强调的是人与自然相互作用的关系。洞天福地以“和谐共存、互融共生”的态度去看待自然、处理自然并与自然发生正面关系，丰富的历史遗存与文化思想相互融合，也反映了近两千年历史长河中社会、政治、宗教文化等形成和发展的过程，并且，“洞天福地”至今仍较为完整地保存了景观、建筑、仪式和文献的有关内容。综上，洞天福地具有突出的、普遍的文化景观遗产价值。

然而，由于大多“洞天福地”的历史遗存类型多样，存在同一区域属宗教、风景名胜区、文物保护等不同单位进行管理的问题，又因现代旅游热的社会背景，洞天福地的保护体系不完善，本体价值经常被忽略。为了更好地进行申遗工作，各学科应高度重视洞天福地的研究工作，各管理单位应制定详细、完善的洞天福地保护对策，各开发建设单位也要重视洞天福地内在文化的挖掘。

参考文献

[1] 赵智聪. 作为文化景观的风景名胜区认知与保护[D]. 北京：清华大学，2012.

[2] 苗诗麒，金荷仙，王欣. 江南洞天福地景观布局特征[J]. 中国园林，2017，33(05)：56-63.

[3] 吕自申. 中国道教风景名胜游[M]. 河南：河南人民出版社，2004.

[4] 毛丽娅. 道教生命观与自然环境[J]. 西南民族大学学报(人文社科版)，2008(08)：97-101.

[5] 许俐俐，余巍巍，官云兰. 庐山自然环境与道教的关系探讨[J]. 东华理工大学学报(社会科学版)，2014，33(04)：345-347.

[6] 杨宗红. 杀生放生、洞天福地母题与佛道地理之关系[J]. 临沂大学学报，2018，40(03)：38-49.

[7] 李远国. 洞天福地：道教理想的人居环境及其科学价值[J]. 西南民族大学学报(人文社科版)，2006(12)：118-123.

[8] 张立昆，李晓燕. 张家口地区道教建筑选址及影响因素分析[J]. 河北建筑工程学院学报，2010，28(04)：44-45+63.

[9] 姜生. 论道家的洞穴信仰[J]. 文史哲，2003(05)：54-62.

[10] 张成权. 道家、道教与中国文学[M]. 合肥：安徽大学出版社，2010.

[11] 姚春鹏 译注. 黄帝内经[M]. 台北：中华书局，2010.

[12] 赵恒. 道教养生旅游开发研究[D]. 成都：四川师范大学，2012.

[13] 陶金，徐知兰，朱明夏. 度世桃花源：道教洞天福地申报世界遗产的构想[EB/OL]. http：//www.sohu.com/a/142242094_126577.

[14] 周维权. 中国古典园林史[M]. 北京：清华大学出版社，2010.

[15] 李飞. 中国古典园林中借“别有洞天”营造“转”空间的造景手法[J]. 华中建筑，2010(04)：136-139.

[16] 张晓霞. 抱朴道院“洞天福地”园林意境营造研探[D]. 杭州：中国美术学院，2017.

[17] 刘庭风，张柯楠. “洞天福地”学说对中国古典园林的影响[J]. 建筑与文化. 2019(03)：147-148.

作者简介

吴会，1995年生，女，汉族，江西宜春人，浙江农林大学园林学院在读研究生。研究方向为风景园林历史理论与遗产保护。电子邮箱：282767114@qq.com。

金荷仙，1964年生，女，汉族，浙江东阳人，研究员，浙江农林大学园林学院教授、博士生导师，《中国园林》杂志社社长、常务副主编，住房和城乡建设部高等学校风景园林专业指导委员会副主任委员等。研究方向为风景园林历史理论与遗产保护、康复景观。电子邮箱：lotusjhx@zafu.edu.cn。

范成大的园林与山水观念

Fan Chengda's Garden and Landscape Concept

何晓静

摘　要：南宋时期园林发展兴盛，园林不仅是宋人休闲燕游的空间，更是抒情达志的场所。以园林为主的文人士大夫之间交游雅集空间，是代表那时代独特美学意味的场域。然而，宋时园林营造并不是一般人所能承担，园主人需要有一定的财富积累和文学修养，范成大作为南宋“中兴四大诗人”之一，因其流传的诗词为世人熟知，但他在南宋所进行的造园活动，以及撰写的我国第一部《梅谱》而成为南宋园林发展史中不可忽略的一位重要人物。通过对范成大造园活动的考察以及相关园林文献的解读，可以建构出南宋造园盛期时士人的园林和山水观念。

关键词：　范成大；造园活动；山水观念

Abstract: During the Southern Song Dynasty, the development of gardens flourished, and the gardens were not only the space for the leisure travel of the literati, but also the place for communication. This place represents the unique aesthetics of that era. However, the garden construction in Song Dynasty is not something that ordinary people can afford. The owner of the garden needs a certain wealth accumulation and literary accomplishment. Fan Chengda is one of the "Zhongxing four great poets" in the Southern Song Dynasty, because his poems are well known to the world. His gardening activities, as well as the writing of China's first "Mei Spectrum", let him became an important figure in the garden history of the Southern Song Dynasty. Through the investigation of Fan Chengda's gardening activities and the interpretation of related garden literature, it is possible to construct the garden and landscape concept of the scholars in the Southern Song Dynasty.

Keyword: Fan Chengda Gardening Activities Landscape Concept

1　范成大的造园实践

范成大[①]的造园活动开始于他致仕退休后回到家乡石湖。回到家乡后，范成大造园、养梅、编写《梅谱》。《梅谱》虽记养梅、种梅之事，但因范成大所写之梅皆为其自家园林中所栽培，梅是范成大园林的重要构成部分，且反映着当时文人士大夫们对园林所寄寓的观念以及相关的造园手法。作为文学家，范成大与陆游、尤袤、杨万里并称为南宋“中兴四大诗人”，写下了流传甚广的诗词作品；作为身居高位的官员，他在宦海旅途多年，也留下了诸如《揽辔录》（残卷）、《骖鸾录》（一卷）、《吴船录》（一卷），《桂海虞衡志》等多部旅途笔记。其中以《骖鸾录》所记载园林考察活动最多。《骖鸾录》写成于南宋孝宗乾道八年十二月七日，记录了范成大从家乡苏州出发，赴广南路桂林，就任静江府尹途中沿途的情况。他一路游览了许多名胜和名园，其中包括了石林、大玲珑、小玲珑、左顾亭、城山、钓台、报恩寺、海马寺、超鉴堂、桃花台、琵琶洲、干越亭滕王阁、许真君观、清江台、乡林、盘园、玉虚观、仰山、南岳庙、衡岳寺、胜业寺、石鼓山、合江亭、回雁峰、浯溪中兴颂碑、愚溪、严关、灵渠等各大圣地名园，并对其中的一些作了详细考察，当然也包括了最为人所熟知的是《范村梅谱》以及《范村菊谱》。

范成大在临安的住宅并没有园林可造，据记载，作为都城的临安住宅用地十分紧张，寓居杭州城内的官员有一二间房屋可住已颇为难得。范氏在临安的住所相传在枣木巷，清代时的钱塘门驻防营内。[②] 因该处地有桥名石灰，也叫石灰桥，后因范成大（范氏号石湖）寓于此处，亦名石湖桥。范成大自己的诗作《次了先生吴中见寄》中“官居门巷果园西，桃李成荫杏压枝。”可知，这一带有较多果园林地。

范成大在老家吴江石湖度过了十几年闲适的晚年生活，他实现园林理想的地方是在石湖，位于具区（今太湖）之东。他在一篇园记中写道，少年时“长钓游其间，结茅种树”[③] 的景观到淳熙六年年归老之时，[④] 已然“成趣”。因自幼偏爱林泉之乐，幼时所栽多处园树，到他退休之时，已蔚然成林，成为他造园的基础。他共造过两个园林，“范村”与“石湖”，一个是傍宅园，另一个是湖景园，代表了那时的造园典型。在此二园中范成大留下大量关于园林以及园林生活的诗词和笔记，淳熙十三年（1186年）写下了隐居生活的《四时田园杂兴六十首》。

有关石湖园营造的记录比较丰富，不仅包括范成大自己的笔记，同时代多位文人也提到过石湖园。如南宋晚期的周密在《齐东野语》中就写到：“文穆范公成大，晚岁卜筑于吴江盘门外十里。盖因阖闾所筑越来溪故城之基，随地势高下而为亭榭。”[⑤] 介绍了范成大的园林构建在了在吴江盘门外十里的地方，以“来溪故城”为基

① 范成大，字致能，早号此山居士，后号石湖居士，吴郡（今江苏苏州）人。绍兴二十四年（1154）进士，官至参知政事。与杨万里、陆游、尤袤合称南宋“中兴四大诗人”。

② （清）朱彭撰，《南宋古迹考》，《杭州掌故丛书》，浙江人民出版社，1983年，第48页。

③ （宋）范成大撰，《御书石湖二大字跋》，选自《全宋文》卷四九八三，第370页。

④ （宋）范成大撰，《重九泛石湖记》称：“淳熙己亥重九……，今年幸甚，获归故国，”选自《全宋文》卷四九八四，第397-398页。

⑤ （宋）周密撰，张茂鹏点校，《齐东野语》卷十，中华书局，1983年，第178页。

础，园林里多有名花美木，并建造了“农圃堂”对望楞伽山，堂内有南宋孝宗为他题写的“石湖”之匾。园内有还有“北山堂”“千岩观”“天镜阁”、“寿乐堂”以及其他多个亭宇，一时名士会集，“篇章赋咏，莫不极铺张之美。①”

范成大经常偕同友人一起游赏石湖园，从他几次游览记录中，我们可知石湖不仅是一个园林，它的范围极大，有着以山为势，以水为依的大片自然空间。在文献中所提及的具体营造手法上，石湖园造景仿效临安西湖之景。范氏在淳熙六年重阳节游览石湖园时，写下了：

挂帆遡越来溪，源收渊澄，如行波黎地上。菱华虽瘦，尚可采。舣棹石湖，扣紫荆，坐千岩观下。菊之丛中，大金钱一种，已烂漫浓香。……其傍丹桂二亩，皆盛开，多栾枝，芳气尤不可耐。②

可知，园中有千岩观、菊丛、大金钱、丹桂二亩等造景。文中亦描绘了游览活动先是在园内赏花，再攀登入太湖周边的自然山林。“携壶度石梁，登姑苏后台，跻攀勇往，谢去巾舆筇杖。……山顶正平，有拗堂藓石可列坐，相传为吴宫闲台别馆所在。”③ 登至山顶，在相传吴王别馆处，享受作为景观最高点的风光。山顶所见之景“前湖光接松陵，独见孤塔之尖，尖稍北，点墨一螺为昆山。其后，西山竞秀，萦青丛碧，与洞庭林屋相宾。大约目力百里，具登高临远之胜。”④ 园林美的感受在此时达到最高峰，使人忘却了究竟是身在园林，还是在无沿旷野。范氏笔记中也提到他的好友翰林院周充等人在游览石湖园的场景。周充在他的壁间题字“登临之胜，甲于东南 。”⑤同行友人们认为虽然被称绝一时的名园“乡林、盘园”声明远播，但却完全没有石湖得天独厚的自然山水之趣。

范成大另外的一处园林是“范村”。与“石湖”不同，这是个傍宅园，紧邻家宅之侧，更便于闲隙时燕息游赏。范氏在《梅谱》序中记载了“范村”⑥ 园地的获得与营造过程。

该园建于“绍熙初元，庚戌”⑦。范成大告老还乡后在宅第南侧买下邻居王氏的房舍，拆除了原来有七十楹之大的房屋建成。范成大用园中的三分之一地种植梅花，他称：“梅，天下尤物，无问智贤愚不肖，莫敢有异议。学圃之士，必先种梅，且不厌多，他花有无多少，皆不系重轻。”⑧ 认为不论智贤或愚笨之人，都是爱梅的，造园首先要学会种梅，而且无论种了多少也不嫌多。相比之下，其他花的多少都是不重要的。

关于将园取名为“范村”的原因，范氏称此源于杜光庭（850～933 年）所撰《神仙感遇传》所写之事，一个迷途凡人不小心进入得道升仙者后人所居住的世外桃源所引发的一系列感叹。故事里“范村”内的环境便是范成大造园的参照。

圃中作重奎之堂，敬奉尊寿皇圣帝、皇帝所赐神翰，勒之琬琰，藏焉。四傍各以数椽为便坐，梅曰陵寒，海棠曰花仙，酴醾洞中曰方壶，众芳杂植曰云露，其后菴庐曰山长。盖瓦不足，参以蓬茅，虽不能如昔村之华，于云来家事，不啻侈矣。⑨

园内中心建筑物是“重奎”之堂，为敬奉皇室祖先之所，内藏有孝宗皇帝为其所御书“石湖”的牌匾，该牌匾原在他的石湖园“农圃堂”内。重奎堂四面设有檐廊，可供“便坐”。园中以赏花为主，专门为梅、海棠、荼蘼等观赏植物立“陵寒”“花仙”“方壶”等亭洞，园内还有倡导简朴农耕生活的“蓬茅”。

2 山水观念的园林表达

2.1 西湖山水

寓居西湖的文人大部分无园林可造，所幸西湖山水使他们获得对于园林想象的原型，这也促成他们虽造园在别处，却表达出有关西湖的园林意象。将以西湖山水为典型的江南山水进行园林化写照，使西湖成为普遍摹写和想象的对象，而渐形成一种特定的园林意象，有固定的模式和结构。这并不是某个具体可见的元素或物质，而是一种语言、一个符号。如对西湖十景的题名，当在园林中提及“苏堤”，便会产生对苏堤场景的想象，而这想象应是跨过粼粼波面、燕飞草长的桥景意象，不会具体关涉事物的尺寸、大小、材料等。这个意象在园记、诗词、歌赋中被进一步强化、确立。

西湖意象中湖面的形象形成了园林中大水景统领整个园景的标准。这样水体的处理方式在南宋之前并不常见。水景通常是与其他景观并置组成园景，而非一园之主角。南宋确定下的这个标准，虽无明确规定，但也成为众多士大夫对园林评价的标准。另外对飞来峰意象的运用，使得轻灵的山石成为园内的造景主体（图 1）。

从已有范成大的笔记和诗词可见他的园林观念和对于那时代园林的评价标准。写到园林的整体意象时，范氏所能联想到并借以对比的常常是西湖的山水景观。以他所写叶梦得石林为例，当写到正堂时，称其正面对着下山

① （宋）周密撰，张茂鹏点校，《齐东野语》卷十，中华书局，1983 年，第 178 页。

② （宋）范成大撰，《重九泛石湖记》，选自《全宋文》，卷四九八四，第 397 页。

③ （宋）范成大撰，《重九泛石湖记》，选自《全宋文》，卷四九八四，第 397 页。

④ （宋）范成大撰，《重九泛石湖记》，选自《全宋文》，卷四九八四，第 397 页。

⑤ （宋）范成大撰，孔凡礼点校，《范成大笔记六种》，中华书局，2002 年，第 50-51 页。

⑥ 同上，第 253 页。" 余于石湖玉雪坡，既有梅数百本，比年又于舍南买王氏僦舍七十楹，尽拆除之，治为范村，以其地三分之一与梅。吴下栽梅特甚，其品不一，今始尽得之，随所得为之谱，以遗好事者。

⑦ （宋）范成大撰，《范村记》，选自《全宋文》，卷四九八四，第 399 页。

⑧ （宋）范成大撰，孔凡礼点校，《范成大笔记六种》，中华书局，2002 年，第 253 页。

⑨ （宋）范成大撰，《范村记》，选自《全宋文》，卷四九八四，第 399 页。

的高峰，高峰云雾缭绕“层峦空翠照衣袂”①，景观能与临安天竺的白云堂相媲美，且更加雄尊。《吴船录》中描述江西吉安的炉峰禅寺时，称其“涧上峰如屏障，翠樾蒙密，绝似杭之灵隐之飞来峰下。”② 上文所写石湖园的园景时，也以西湖为比拟对象。范氏多次在各种园林评价中提及临安的园林场景，可以说，他的园林观念很大程度上生发于临安的湖山意象。

图1　西湖图　南宋　李嵩

2.2　奇秀之石

范成大写过《太湖石志》记载了太湖石、鼋山石、小洞庭、鸡距石板等各种太湖石的性状③。在《水竹赞》中写到了昆山石，认为其“奇，巧如雕镂。”好事之人获得之后将石头置于水中，并在上面种植花草，称之为“水窠”。更有人在上面种竹，范氏认为，石与竹的组合，体现了绝俗之美。

在对于园林中石头布置的审美标准，他详论了叶氏石林中石景造型。他称：

……自堂西过二小亭，佳石错立道周。至西岩，石益奇且多。有小堂曰承诏。叶公自玉堂归守先垅，经始之初，始有此堂。后以天官召还，受命于此，因以为志焉。其旁，登高有罗汉岩，石状怪诡，皆嵌空装缀，巧过镌鑱。自西岩回步至东岩，石之高壮礌砢，又过西岩，小亭亦颓矣。叶公好石，尽力剔山骨，森然发露若林，而开径于石间，亦有自他所移徙置道傍以补阙空者。④

范成大所见到的石林，是基于叶梦得借原有地形，对自然山体上的石头加以修整重置后的场景，“佳石错立道周”、“石状怪诡”、“嵌空装缀”、“巧过镌鑱”。石头在路边摆置是随意的，石头的形态是以奇巧、通透为妙。

叶梦得的石林被称为“大玲珑”，而与之相对的沈氏“小玲珑”，在范成大看来，石景更胜“大玲珑”。“小玲珑”的山石颜色微黄，因“一丘，悉中空，洞穴数十，皆旁相通贯”，⑤ 所以得名“玲珑”。在主堂前有一池，形状如牛马的石头奔腾其中；池后有山作屏，石头也是“襞積嵌巖，巧怪万状”，且岩石中间有清泉泓泓，上面种满了桂花树。

范成大写柳子厚旧址时，写到“新堂”有着“乱石满地或卧或立”⑥的景象，而另一处“万石堂在高陂，乃无一石”，认为所传说的柳子厚旧址是为误传。另，在离开四川黑水的路上，他经过孙思邈隐居的寺庙“牛心寺”，描绘了在寺庙不远处祠堂后面的一个奇石“玩丹石”，因可以“箕踞宴坐”而为佳矣。⑦ 在范成大看来，石的美最重要的体现在“奇”、在“秀”（图2）。

后来人周密《吴兴园圃》所列的36个园林中对于石头“奇秀”的审美标准是延续的。吴兴园圃中有叠石设置的12个，占1/3。这12个中的7个是在城外，依自然山体建园赏石的包括，叶氏石林（其居“卞山之阳，万石环之”）、黄龙洞（与卞山佑圣宫相邻，一穴幽深。）玲珑山（在卞山之阴，嵌空奇绝，略如钱塘之南屏记灵隐、乡林，皆奇石也。）、赛玲珑（去玲珑山近三里许，近岁沈氏抉剔为之）、钱氏园（因山为之，岩洞秀奇。）赵氏瑶阜（去城既近，景物颇幽，后有石洞，常萃其家法书，刊石为瑶阜帖。）及赵氏蜃洞（亦赵忠惠所有，一洞窅然而深不可测，闻昔有蜃居焉。）。另两处城内园中叠山的案例，分别是丁氏园（后有假山及砌台，春时纵郡人游乐。）俞氏园（假山之奇，甲于天下）。两处立石欣赏，分别是南沈德和尚书园及韩氏园（太湖三峰各高数十尺，当韩氏全盛时，役千百壮夫移置于此。）以及一处叶氏园，文中仅称“在城东，多竹石之胜。”

另外，诗人宋之问《太平公主山池赋》中也有对奇石的描写，写到太平公主的山池院中叠石为山的形态变化，山体与水体，花木、建筑的配合成景，“……其为状也，攒怪石而岑崟。其为异也，含清气而萧瑟。列海岸而争耸，分水亭而对出。其东则峰崖刻划，洞穴萦回。乍若风

① （宋）范成大撰，孔凡礼点校，《范成大笔记六种》，中华书局，2002年，第42页。
② 同上，第230页。
③ （宋）范成大撰，《太湖石志》，选自《全宋文》，卷四九八五，第408页。
④ （宋）范成大撰，《太湖石志》，选自《全宋文》，卷四九八五，第42页。
⑤ （宋）范成大撰，《太湖石志》，选自《全宋文》，卷四九八五，第42页。
⑥ （宋）范成大撰，《太湖石志》，选自《全宋文》，卷四九八五，第58页。
⑦ （宋）范成大撰，《太湖石志》，选自《全宋文》，卷四九八五，第203页。

飘雨洒兮移郁岛，又似波浪兮见蓬莱。图万里于积石，匿千岭于天台。”[①]

南宋江南一带多山以及山中产奇石的环境增加了赏石之风，石头多好怪石而且通透，与前代赏石之风几乎无异。同时，山石通常与其他水体、植物共同营造园景。

图2　四景山水图 南宋 刘松年

2.3　环洁之水

范成大对园林中是否有足够的水景颇为重视，他在谈及同时代“甲于东南”的乡林园和盘园时，认为此二园因没有足够的水面而名不副实，如乡林园“仅有一派入园作小池及涧泉之类所谓虎文者”；盘园“当洼下处作水池积雨水而已。”[②]他的石湖园是“可接自然之湖景，可邀友人携壶泛舟其间”。他所欣赏的园林也必然是有很好的水景营造，如蜀州郡圃，圃内有如自然湖景的“西湖”，水域面积极为广袤，可以呼船泛之，湖中有可以食用的小菱。湖周边“古木修竹、景物甚野”。[③]

依水造园在南宋文人园营造中较为常见，如何恪在《西园记》中描述了族人以义乌“溪山”为基地建立村舍的原因，就是因为这一带南面有水称“南湖”，湖的四周“清流掩映，山秀拔可喜，可舟可园，可屋可居。”他的园林则完全取此自然之势。吴儆的《竹洲记》，也因有自然水文条件，他所造之园借各种水体元素。他写到“因其地势洼而坎者为四小沼，种菊数百本周其上，深其一沼以畜鱼鳖之属，备不时之羞，其三以植荷花菱欠，取象江村之景，且登其实以佐觞豆。[④] 园中有四小沼，一沼养殖鱼鳖，三沼种植荷花菱芡，还有自然溪景串联山中各景致

最巧妙的则是洪适在《盘洲记》中所描绘的盘洲园景。盘洲位于江西鄱阳，地势特征饰“两山之缺，土湖所潴”，因为多年雨水积累，湖与溪汇为一片水面，此处既有静态的湖面，还有动态的溪流。造园从导流开始，“导涧自古桑田，由兑桥济。规山阴遗迹，般涧水，剔九曲，荫以并间之屋。”[⑤]园内构筑皆以此天然水系展开。叠石象山，杯出岩下，九突离坐，杯来前而遇坎者浮罚爵。方其左为“鹅池”，员其右为“墨沼”。“一咏亭”临其中。水由员沼循除而西，汇于方池。两亭角力，东‘既醉’、西‘可止’。……池水北流过檐葡涧，又西入于北溪。自‘一咏’而东，仓曰‘种秫’之仓，亭曰‘索笑’之亭，前有重门曰‘日涉’。”[⑥]

水串起了整个园林的景观。从“鹅池”到“墨沼”，又经“北流”经过“檐葡涧”。水的形态有方形的“池”、圆形的“沼”、曲线流动的“溪”，以及高下跌落的“涧”，

① 周维权著，《中国古典园林史》，清华大学出版社，2008年，第153页。

② 同上，第50、51页。

③ 同上，第192页。

④ 《全宋文》，卷四九六八，第121-122页。

⑤ （宋）洪适撰，《盘州记》，选自《全宋文》，卷四七四三，第379页。

⑥ （宋）洪适撰，《盘州记》，选自《全宋文》，卷四七四三，第379页。

这些并非全部刻意而为之，很大程度借力了自然的山形水势。

对照北宋司马光的《独乐园记》以及胡宿的《流杯亭记》，虽都写园中曲水流觞之景致，但南宋士人因江南多水的地理条件，则更多了对于自然的地理条件的借用和改造。

2.4 高士之梅

《梅谱》的编写始于范成大。范氏《梅谱》内罗列了十二种梅花，大部分植于“范村”。《谱》中分别记录十二种梅花的枝干、花叶的形态、习性以及培育方式。如江梅，他写道：“遗核野生，不经栽接着。又名直脚梅，或谓之野梅。凡山间水滨，荒寒清绝之趣，皆此本页。花稍小儿疏瘦有韵，香最清，实小而硬。”又如早梅，“花胜直脚梅。吴中春晚，二月始烂漫，独此品于冬至前已开，故得早名”[①] 等。

有关园林中赏梅之风的兴起和欣赏方式的形成缘起时，《四库全书总目提要》一则做了梳理，称：

梅之名虽间经典，然古者不重其花，故《离骚》遍咏香草，独不及梅。《说苑》始有越使执一枝梅遗梁王事，其重花之始欤？六朝及唐递相赋咏，至宋遂为诗家所最贵，然其裒为谱者，则自成大是编始。[②]

认为梅虽然经典，但是并不是自古就有，《说苑》中才提及有，越国使者以一枝梅参见梁王之事，猜测赏梅之风始于六朝，但直到宋代才为“诗家所最贵”。

判断梅优劣的标准在《梅谱·后序》有记：

梅以韵生，以格高，故以横斜疏瘦与老枝怪奇者为贵。[③]

范氏认为，梅是以“横斜疏瘦”和“老枝怪奇”为贵，相反，“嫩枝”、形态“直上”如酴醾或蔷薇的，被认为是“气条”，只能用作采摘果实和做材料；“茁短横枝”遍布花朵的，又“非高品”。范成大特别强调，造园之人首先要学会种梅，其他园林植物或多或少可以随意，而梅的种植，却不能随意处置，梅为君子象征。

范成大园林观念中对梅的关注远甚于其他事物，梅在园林中不仅作为植物布景，有时更是作为园林的核心而存在。在写盘园时，他认为梅是园中主景，且园内的其他配置都是为梅而作，他称：“去成都二十里有卧梅，偃蹇十余丈，相传唐物也，谓之梅龙，好事者载酒游之。”[④] 在距离程度二十里处有唐代种下的梅叫“梅龙”，枝叶生长开来有十余丈，吸引着众多文人骚客携酒游玩。宋代的一丈折合成现代度量尺寸是 3.168m，以此推算，龙梅的枝冠有三十多米的直径。范成大在笔记中还写道：

（梅）傍枝四垂，周遭可罗坐数十人。任子岩运使买得，作凌风阁临之，因遂进筑大圃，谓之盘园。余生平所见梅之奇古者，惟此两处为冠。随笔记之，附古梅后。[⑤]

任子岩买下大梅，并作凌风阁在旁边，并且造出了当时“甲于东南”的名园：盘园。盘园内的景物围绕者古梅布局：

梅后坡垅畇畇，子岩悉进筑焉。地广过薌林，种植大盛，桂径梅坡，极其繁芜。[⑥]

清楚交代了古梅的发现，求买，以及为梅造园的过程。文中称梅“盘结如盖，可覆一亩”，现在看来是很难想象的，但此文源自范成大纪实笔记，又具有极高可信度。为梅造园，首先仅作高楼“凌云阁”，可俯瞰古梅。后又扩张园林营造，在梅后筑“坡垅”，内有桂径、梅坡，“极其繁芜”。

范氏对梅的喜爱，也代表了南宋文人审美的普遍趣味。尤其在于将梅作拟人化的形容。历代文人以物比人，进行比德的做法非常普遍，不同的物被赋予了不同品格，相同的物也能被投射以不同的品格，即使其中的理解千差万别，但有一点达成共识，那便是对“德行”、“品质”的共同追求。刘克庄写过《梅花百咏》[⑦]，借梅比喻政治中的傲然姿态。

由于赏梅的兴盛，南宋在对梅的选择和培育上有了很大的发展。范成大称，作为独立欣赏之用的古梅在会稽（今浙江绍兴）最多，四明（今上海）、吴兴（今湖州）略产。古梅的形态独特“枝樛曲万状，苍藓鳞皴，封满花身。又有苔鬚垂于枝间，或长数寸，风至，绿丝飘飘可玩。”[⑧] 但尽管有各种栽培方式，但仍要考虑梅的习性，不可轻易移植培育异地之梅，他曾尝试将会稽产的苔梅移植到吴兴，梅身上的苔仅长了一年就全脱落殆尽。

园林花木的设置除了梅花外，范成大还在自己的诗文中提及如菊、竹等植。范成大也系统编写过《菊谱》，在序中，他以“菊”来比君子，称其“傲睨风露”是幽人逸士的节操，虽“寂寥荒寒”而不改其乐。同时以其医药价值，更称此为花中“君子之道”，列举了历代爱菊人士，以证此说。

故名胜之士，未有不爱菊者，至陶渊明尤甚爱之，而菊名益重。又其花时，秋暑始退，岁事既登，天气高明，人情舒闲，骚人饮流，亦以菊为时花，移槛列斛，辇致觞咏间，谓之重九节物。此虽非深知菊者，要亦不可谓不爱菊也。[⑨]

---

① （宋）范成大撰，孔凡礼点校，《范成大笔记六种》，中华书局，2002 年，第 254 页。

② 《四库全书总目》转引自（宋）范成大撰孔凡礼点校《范成大笔记六种》，中华书局，2002 年，第 260 页。

③ 同上，第 258 页。

④ 同上，第 255 页。

⑤ 同上。

⑥ 同上，第 50、51 页。

⑦ （宋）周密撰，孔凡礼点校，《浩然斋雅谈》，卷上，中华书局出版社，2010 年 1 月，第 30 页

⑧ （宋）范成大撰，孔凡礼点校，《范成大笔记六种》，中华书局，2002 年，第 255 页。

⑨ （宋）范成大撰，孔凡礼点校，《范成大笔记六种》，中华书局，2002 年，第 269 页。

他也写《水竹赞》以石和竹喻人，认为“竹君清癯，百昌之英。伟兹孤根，又过于清。”[①] 这是“辟谷吸风、姑射之人”，是普通文人们仅可瞻仰之人。

将人格化的植物在园林中广泛使用，园林也成为比德和兴德的重要场所。如姚宽所撰《西溪丛语》把植物中的三十种分别人化二为其命名，如：“昔牡丹为贵客，梅为清客，兰为幽客，桃为妖客，杏为艳客，莲为溪客，木犀为岩客……”[②] 等，表达了至于在人心中的品格和等级排序，并以此运用到园林营造中去。

张季长演《赋梅》自序云：“余往岁和任子渊梅花诗”，有云：“梦随影瘦溪横月，诗与香深竹拥门。”[③] 梅与诗、香、竹共同营造出文人的生活情趣，在此已不独强调梅的高洁品质，而更是多样的文人生活和精神特征。

3 结语

南宋大量兴起的文人阶层，在临安，在西湖边，几乎没有占地造园的可能，他们在致仕退休后，回到故乡或近都城的城市投入造园，并为自己以及他人的园林书写了大量的园记。在这个过程中，形成了独有的，区别于皇家、官贵的园林特色，从诗、画中吸收不同的山水意象呈现方式、组织结构和语言模式，并投射到园林营造中。主观化、意境化、符号化等经由文人多方面影响而形成的园林特征正是这个时期江南园林所独有，是皇家等主流文化扎根于江南后，被江南山水、文人所消解的园林特征。此时文人的园林同诗词和绘画共同表现了他们的山水观念，缺一不可。

参考文献

[1] (宋)范成大撰. 孔凡礼点校. 范成大笔记六种[M]. 中华书局，2002 年.

[2] (宋)周密撰. 孔凡礼点校. 浩然斋雅谈[M]. 中华书局出版社，2010 年.

[3] (清)朱彭. 南宋古迹考[M]. 浙江人民出版社，1983.

[4] 周维权. 中国古典园林史[M]. 清华大学出版社，2008.

作者简介

何晓静，女，1984 年生，汉族，浙江温州人，中国美术学院设计艺术学院博士，讲师。研究方向：园林历史与理论。

① （宋）范成大撰，《水竹赞》，《全宋文》，卷四九八五，第 415 页。

② （宋）姚宽撰，孔凡礼点校，《西溪丛语》卷上，中华书局出版社，1993 年，第 36 页。称：“昔牡丹为贵客，梅为清客，兰为幽客，桃为妖客，杏为艳客，莲为溪客，木犀为岩客海棠为蜀客，踯躅为山客，梨为淡客，瑞香为闺客，菊为寿客，木芙蓉为醉客，酴醾为才客，腊梅为寒客，琼花为仙客，素馨为韵客，丁香为情客，葵为忠客，含笑为佞客，杨花为狂客，玫瑰为刺客，月季为痴客，木槿为时客，安石榴为村客，鼓子花为田客，棣棠为俗客，曼陀罗为恶客，孤灯为穷客，棠梨为鬼客。”

③ （宋）叶寘撰，孔凡礼点校，《爱日斋丛抄》卷三，中华书局出版社，2010 年 1 月，第 59 页。

荷兰当代景观设计中的自然与文化传统再现探析

A Study of the Representation of the Natural and Cultural Traditions in Contemporary Dutch Landscape Design

陈步可

摘　要：荷兰当代景观设计植根本土的自然与文化传统，表现出独特而鲜明的地域特征。本文从荷兰的低地地理背景出发，总结其基于水土整合理念和手段、构建水敏景观系统的历程，分析其治水机制促成的圩田模式对本土公众参与的影响，阐明其圩田营造对大地几何形态的塑造，借此揭示荷兰景观设计发展的传统基础及其当代再现的历程与特征，从而以历史纵深的视角提供对于荷兰当代景观设计的新理解与新阐释。

关键词：风景园林；荷兰；自然与文化传统；当代设计

Abstract: The contemporary landscape design of the Netherlands is based on the natural and cultural traditions of the country, presenting unique and distinct regional characteristics. Based on the lowland geographical background of the Netherlands, this paper summarizes the process of Dutch water-soil integration and the construction of water-sensitive landscape system, analyzes the influence of the polder model on local public participation, and clarifies how human intervention shape the land, and reveal the traditional foundation of Dutch landscape design and the history as well as the characteristics of its contemporary reappearance, thus providing a new understanding and interpretation of Dutch contemporary landscape design from a historical perspective.

Keyword: Landscape Architecture; Dutch; Natural and Cultural Tradition; Contemporary Design

荷兰的景观设计一直在国际上闻名遐迩。从古典主义时期到现代主义再到当代，荷兰景观始终以先锋的姿态引领着欧洲乃至世界的设计风潮。优秀的设计公司如OMA，MVRDV，WEST8产出了大量的经典作品，在这些优秀设计的背后，是荷兰设计师孜孜不倦探索自身在地性的历程。

目前，国内学者关于荷兰景观的研究较多，主要以设计理念、风格流派，具体的设计师或者事务所作品案例介绍为主。如有些学者着重介绍了荷兰景观设计师或设计事务所的设计思想和部分景观作品，景观作品包括东斯尔德围堰工程、schouwburglein广场、史基浦机场扩建方案等，景观设计师如高伊策、德克・赛蒙斯等人[1-4]；有的学者注重总结荷兰设计理念和创作风格[5]；有些学者则整理了20世纪以来荷兰现代景观的发展历程或探讨荷兰现代景观设计的某种思潮[6-7]。

概言之，国内学者的关注点是从具体的设计师出发扩展到整个设计流派，再发展到对荷兰现代景观史的概述，而对荷兰本土自然文化传统的梳理关注较少。景观设计是设计师在一定文化地理背景下创作出的工程作品，设计作品和具体流派的诞生不能脱离其历史背景、文化传统、地理环境的孕育。若要更好的理解当代荷兰的景观设计，则有必要超脱荷兰设计形态表象，进而关注其基于低地环境下景观的生成演变过程，了解荷兰人在面临着水患危机时进行的围海造陆，水土整合等治水行动，并认识到这种行动是如何影响荷兰的国土形态、社会组织和审美观念，最后将这种地理时间下塑造的自然文化传统和当代景观设计相联系，为解读荷兰景观提供一个更为契合其自身历史与文化的视角（图1）。

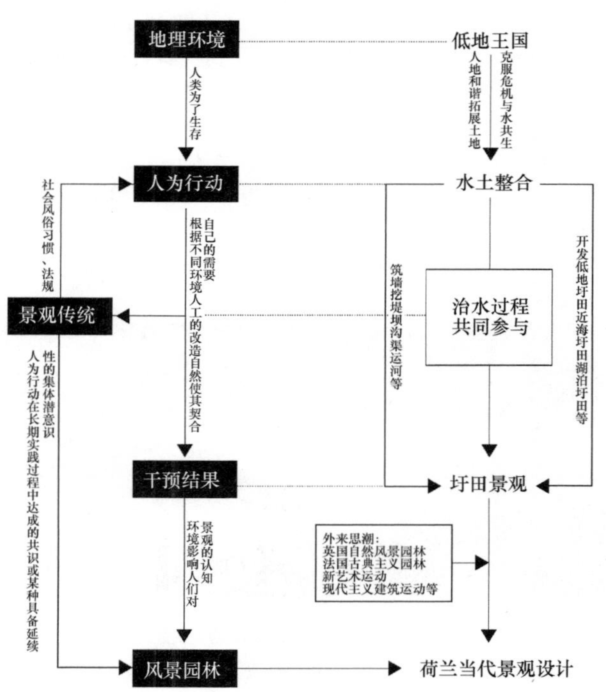

图1　基于自然与文化传统视角下的荷兰当代景观设计生成运作图

1　低地地理背景下的自然与人文视野

荷兰是著名的低地王国，在罗马时代以前，荷兰地区主要受自然的力量左右：潮汐和洋流将海底沉积物搬运至海岸塑造了独特的海岸景观，河流在荷兰入海口处沉积改道形成了错综复杂的三角洲，整个低地区域遍地沼泽，储存了大量的水[8]。据统计，荷兰接近1/3的国土低于海平面，有21%的人口生活在海平面以下，只有一半的国土高于海平面1m以上，整体受水灾影响严重。欧洲境内的荷兰领土整体上比较平整，仅东南面有部分丘陵地形。

为了赢得必要的生存与拓展空间，荷兰人通过填海造陆扩张他们的领土。这意味着土地在荷兰是一种稀缺品，这种稀缺性不仅表现在获取土地上，也表现在维持土地正常功能的运行上：如原先填海造陆得来的低地在经历大量的农事开垦后，土壤不断沉降；部分地区受到天然气开采和人工定居的影响，也出现了不同程度的沉降现象[9]。低于海平面地区需耗巨资建拦水大坝，以防止海水倒灌、洪涝灾害等灾害的发生，荷兰将全国的防洪标准定为1250年一遇等[10]。在这种生存与发展的博弈下，荷兰自然和人工之间的界限是模糊的，人类的干预就像是荷兰景观的背后幕布，人造的影子在荷兰领土上如影随形，荷兰的景观设计师甚至认为人为存在的本身就是对自然的介入，自由放任也是对自然的干预[5]，可以说荷兰领土上没有荒野的存在，早在公元元年开始，人工干预成为了塑造国土的主要力量。即便如生物活动：瓦德海（Wadden Sea）地区的海豹数目，也是经过人为调控的，而这也体现了荷兰景观的本质特征——人工性。

以WEST8的设计作品2002年瑞士世界博览会为例，设计师采取了文化隐喻的手法：用粗野的木结构营造出了高达6m的人工沙丘，上面种满了荷兰特色的花卉（图2、3），展览馆的屋顶上覆盖着喷墨印刷花朵图样，暗示着沙丘上的生物种类。整个设计宣告着荷兰景观的人工性本质：表面色彩浓烈的花卉业和高大的人工沙丘底下实际上隐藏着人为的支撑与干预①，荷兰人对自然的人工干预奠定了国土安全和经济发展的基础。也正是通过运用极富本土趣味和隐喻的要素，设计作品显得独特又顺理成章。

图2　2002年瑞士世界博览会1
（图片来源：West8官方网站）

和前一个项目比，快乐岛项目则充满了技术理性。出于对岛屿安全性的考虑（图4），设计师和Svasek公司的水文工程师在用相关软件模拟后，提出在岸边设立一系列人工沙丘岛来缓解海浪对岛屿的冲击，并用沟渠引导离岸洋流来降低西北风暴潮来袭时的海平面，在完成安全优先的设计后再考虑将其中最大的岛屿出租来为游客提供休闲娱乐和自然体验。这种严谨的设计和人造景观的巧妙结合和荷兰人为干预的传统一脉相承。

图3　2002年瑞士世界博览会2
（图片来源：West8官方网站）

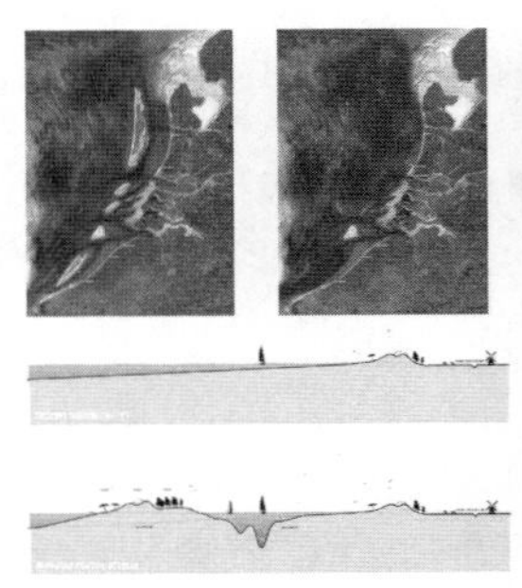

图4　快乐岛方案部分图纸（图片来源：West8官方网站）

2　水土整合：水敏景观系统的构建

荷兰的自然景观以沼泽、海湾、港汊组成的持续变化的三角洲景观体系为主[9]，四条国际河流莱茵河（Rhine），马斯河（Meuse），斯凯尔特河（Scheldt），埃姆斯河（Ems）在荷兰汇集流向大海[9]，数百年来，人与海洋，河流互相影响，共同的动态演进历程塑造了荷兰当地景观。从历史上看，荷兰水土整合的历史悠久。符拉尔丁根（Vlaardingen）地区的考古发现证实在公元前后，水管理就成为了当地居民生活的一部分[9]。堤坝、围墙等原始遗迹的出土有力的证实了当时人们积极改变自然环境的行为。中世纪时期，荷兰人开始在高处的沼泽挖沟渠来排水开垦煤炭圩田。不久后的13世纪，居住在荷兰北部的人学会用一系列堤坝来连接他们居住的人造高地。中世纪后，海平面持续上升，大地不断沉降，荷兰水管理也变的更加激进，除了加高堤坝来应对水威胁外，大规模开垦湖床圩田也成为那一时期人改造自然的象征。到1850年的时候，蒸汽泵站技术的出现使荷兰人甚至可以排干如哈勒姆梅尔湖（Haarlemmermeer）这样的大型湖泊。伴随着工程和科学技术的进步，现代荷兰也逐渐从用工程手段拦坝蓄水进行土地开发转向韧性规划，给河流以空间，允许部分围区成为蓄滞洪区[10]。

从自然环境来看，荷兰自古以来面临着海平面上升、海水入侵，洪水泛滥等问题，城市必须依靠人为营造风车、水泵和人工运河体系来维持运作[3]，农业依靠着沟渠圩田保持土地干燥进行生产，在长期的干预下，荷兰逐渐形成了水敏性的传统（图5）。正如荷兰著名景观设计师德克·赛蒙斯所提倡的“层模型”：设计必须先以水环境、土壤为肌底进行思考，其次是基础设施，再者才是城镇（First think water，Then think urban）[6]。

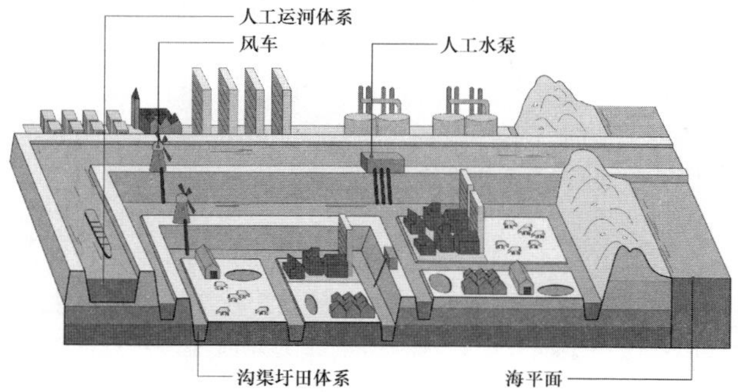

图5 荷兰水敏系统运作图（图片为作者在荷兰代尔夫特大学学习期间根据上课资料改绘）

以荷兰设计事务所De Urbanisten设计的鹿特丹市Waterplein Benthemplein水广场为例（图6、7），其晴天可以作为周边学生活动的场所，雨天则变成了调蓄水池，降雨过后，两个小广场内的雨水汇集到地下净化设施并从那缓缓地下渗补充地下水，大广场内的雨水则通过管道流入周边的运河。设计将公共空间与雨洪管理融为一体，与周边基础设施联动，从城市社区尺度上构建了水敏景观系统的一环。

图6 鹿特丹市Waterplein Benthemplein水广场鸟瞰（图片来源：http：//www.urbanisten.nl/wp/?%20portfolio=waterplein-benthemplein）

图7 鹿特丹市Waterplein Benthemplein水广场蓄水时（图片来源：http：//www.urbanisten.nl/wp/?%20portfolio=waterplein-benthemplein）

3 治水机制：社会与景观过程的形成

治水过程的本质是共识的达成和“组织”的运转：它需要组织社会动员，进行社会分工以及设立相应的规章制度保障其顺利进行。在中世纪早期的时候，荷兰临海一侧还是一片泥炭沼泽地（boggy peatland），村民为了生活和耕种，自发的组织起来挖沟渠建堤坝。到了11世纪，这种情况逐渐发生了改变，零散的土地从农民手中转移集中到了地主手中，治水区域也从村庄尺度走向更大范围[9]。13世纪后，许多村庄成为独立城镇，市民必须打理好自己的事物和土地，各个利益集团之间要彼此联合协作完成水系和道路体系的统筹发展，在这样的条件下催生了第一代水务委员会（water boards）的诞生。水务委员会不只是共同协作精神的象征，更是荷兰公众参与，民主治理形式的发轫，在其鼎盛时期曾经有几百个之多，如今只有26个留存下来[9]。到了20世纪，因水管理而构建起来的互相关联的当地政府网络依旧十分有影响力和运转良好，这种运转模式成为了世界闻名的“圩田模式”。从中我们可以看出，圩田模式起源于治水这一重大挑战，治水前，人们需要就水管理规划，成员调配与工作分工达成共识；在充分的讨论和商议后，人们共同劳作，集体治水，在这漫长的过程中，信任机制逐渐被建构起来，而上述三点：集体决策、达成共识、建立信任机制也是“圩田模型”的核心所在。

不难发现——“圩田模型”构成了荷兰社会公众参与意识的基石，在荷兰语中，景观一词“Landshap”并不单指某片具体的土地，而指的是某种文化层面的共同体享有土地的所有权[11]，在土地规划中，除了风景园林师之外，还包括 如农民、政治家、旅行家等一系列利益相关人员，这种囊括利益相关者的参与方式使得荷兰的风景园林规划为荷兰人共同治理的理想化身[11]，也对荷兰设计领域注重公众参与的传统影响深远。

以荷兰提尔（TIEL）市政厅前的水广场设计为例：政府方，设计方与当地居民组织了多次会谈，用工作坊的形式和明确了居民对场地的需求[12]，并在设计过程中组织了周边学校的孩子（场地使用最频繁的人群）通过剪切和拼贴的方式表达出他们对广场的愿景。初稿设计完成后，设计师推出三稿不同的颜色方案供孩子们票选，以此为基础完善设计。后期还组织了设计模型展出，组织公民研讨会，组织问卷调查等方法去收集对设计的反馈。这一参与过程起到极好的社会教育意义，孩子在活动中不仅了解了气候变化的相关知识，也从小培养了社会参与意识。这样一种囊括了儿童参与的集体决策是荷兰治水过程在当代景观设计中的折射投影。

4 圩田景观：大地几何形态的塑造

圩田景观通常被定义为：面临高水位威胁的低地，通过围垦沟渠等工程性手段使得其自身能独立调控水位，与原来所处的水文状况隔离开来[3]。从8世纪开始，荷兰人为了获取更多土地从事生产，开始了对三角洲低地的

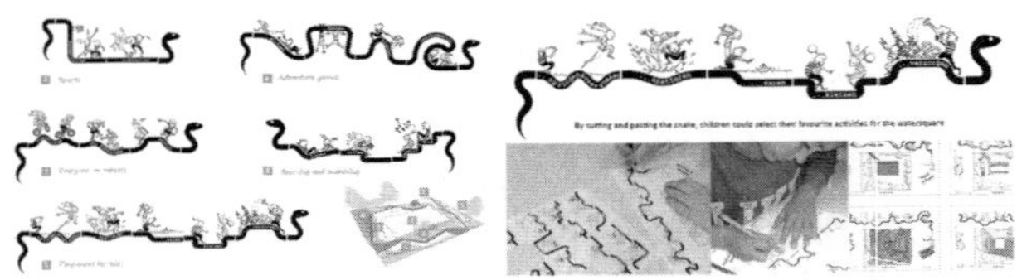

图 8　周边学校学生的公众参与方式(图片来源：网络)

围垦筑堤和开挖沟渠。16 世纪，伴随着工程、测量及制图领域的发展，测量师们以土地利用优化为出发点，将土地分割成不同大小的矩形块[13]。到了 17 世纪，荷兰开始对湖泊圩田的大规模围垦，推动了一批如 Beemster 圩田、Schermer 圩田的出现，此时圩田景观表现出了极强的对称性，轴线组织和格网结构，这种几何形态的出现是荷兰农业土地理性规划后的结果[14]，也和上文提到荷兰所面对的土地紧缺密不可分。

从形态学上看，圩田景观大致可以分成块状模式、开敞模式、条状模式和理性模式，从图 9 可以看出，圩田呈现出明显的几何性特征，如块状模式以不规则的多边形组成，边界由沟渠、树篱，铁丝网围合；开敞模式由大块的长方形组成；条状模式由窄而长的条形组成；理性模式的几何性受文艺复兴运动影响，表现的最为典型，其依靠着标准模数格网生成，由规则的长方形组成。

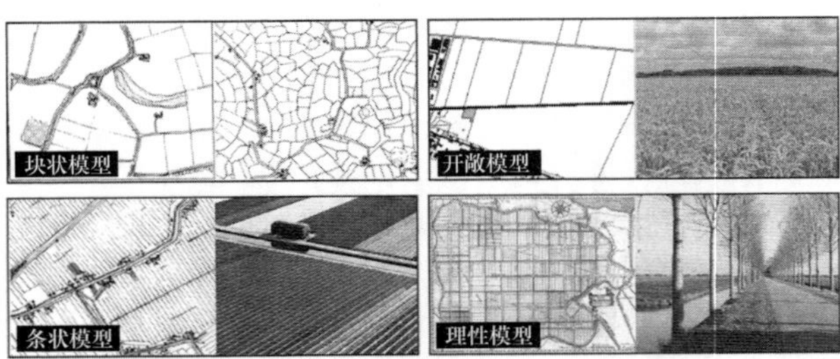

图 9　四种圩田模式（图片来源：作者根据参考文献［13］和 Introdcution to Dutch Landscape &Park Architecture 整理改绘）

这样的圩田景观占据了荷兰约一半的国土[13]，在自然的基底上，人工的力量重塑了荷兰的国土风貌和景观传统，几何性也变成荷兰景观文化中的重要一环。以东斯尔德围堰工程的设计为例，其设计将废弃的鸟蛤壳和蚌壳铺成细长的条形和方形的几何形式（图 10），与蜿蜒的海岸线形成鲜明的对比，仿佛暗示着其本质即是对荷兰传统圩田景观的再创造利用。

图 10　东斯尔德围堰工程（图片来源：West8 官方网站）

5　结语：作为“第二自然”的荷兰景观传统再现

对世界上绝大多数国家而言，其园林发展的参照对象往往是“第一自然”，即未经人类改造的自然。以中国园林为例，其发展就是在描摹秀美的山川湖泽，从原始自然的写实走向寄情山水的写意[15]，而荷兰园林发展的美学体系很难根植于自然的原始景象中，正如荷兰谚语“上帝创造了世界，荷兰人建造了荷兰”（God created the world，but the Dutch made Holland）所说，在与水抗争的历史过程中，大片的土地都是通过填海或填湖而得来的圩田，这种土地开垦、耕种所形成的几何圩田景观成为了荷兰造园艺术发展的基础[16]，在向“第二自然”汲取营养的过程中，荷兰的国土更多地呈现出人工化的特征。如果从视觉景观上分析荷兰的人工化特征，荷兰农业的线性水渠，农田树林；都市内的运河通道，河流堤岸；海边的围海堤坝；乡土景观中清晰可见的地平线和零星点缀的农舍塑造了高度结构化、几何化的国土特征。

这样的风景审美可以从荷兰的绘画大师们笔下看出：他们很少有对纯粹自然的描绘，却更多地以新的天际线、圩田，风车、城镇、航海活动等一系列人造景观作为绘画的母题，如著名的画作《威克的风车，1670》中，雷斯达尔选择用低视点来更加强调作为人类智慧结晶和荷兰人民利用自然风能的工具——风车；亨德里克喜爱描绘村庄里的人们在冰河上玩耍嬉戏的情景；鲁道夫善于将船和自然的伟力相互结合，通过延长地平线的模式来暗示海洋的无限延长性[17]。到了 16 世纪末，圩田景观甚至成为了黄金时代荷兰风景画作的主题或世俗生活的背景，画作中表现的开放和无限的空间也强化了低地的文化特征[13]，体现了荷兰艺术家某种在地的文化自觉，笔下流露出对荷兰人改造自然精神的强烈赞颂。20 世纪这种在地审美延续到荷兰风格派的身上，蒙德里安作品仿佛隐喻着荷兰海边的沙丘、平展的天空和大海、人工运河、乡村里的果树及农田，格网体系则来自荷兰连绵的地平线和风景中的直线。可以说，荷兰人工干预的痕迹最终渗透在农村、都市和国土的各个层面，这样呈现出来的纯粹的人工性和功能性深刻地影响了荷兰的美学体系，也隐晦地作用于荷兰当代风景园林设计。

低地王国的地理独特性培育出了荷兰人勇于从自然中总结规律并改造自然的历史传统。我们在审视荷兰现代景观设计的时候，不能忽视荷兰人在与水共生的历史中形成的景观过程、美学基石、社会组织等自然文化传统，正是这些不可磨灭的过去为当代荷兰的景观设计提供了丰富的灵感源泉，也构筑了当今的荷兰景观设计的独特性。

参考文献

[1]　王向荣，张晋石. 人类和自然共生的舞台——荷兰景观设计师高伊策的设计作品[J]. 中国园林，2002(3)：64-68.

[2]　刘力. 从 WEST8 透视荷兰景观[J]. 华中建筑，2009，27(9)：164-166.

[3] 郭巍，侯晓蕾．荷兰低地的景观传承——德克·赛蒙斯和H＋N＋S事务所设计评述[J]．中国园林，2016(1)：109-114.

[4] 赵宏宇，李耀文．通过空间复合利用弹性应对雨洪的典型案例——鹿特丹水广场[J]．国际城市规划，2017(8)：145-150.

[5] 张晋石．荷兰现代景观设计概览[J]．中国园林，2003(12)：4-10.

[6] 骆莹，张欣．荷兰现代景观的发展历程及地域特色[J]．浙江林学院学报，2005，22(5)：587-591.

[7] 孙丽，叶佳．分析生态主义在现代景观设计中的应用——以荷兰景观设计为例[J]．中外建筑，2016(7)：112-114.

[8] 郭巍，侯晓蕾．疏浚、排水和开垦荷兰低地圩田景观分析[J]．风景园林，2015(8)：16-22.

[9] Ministry of Infrastructure and the Environment. Water Management in the Netherlands[R]. 2011.

[10] 曹哲静．荷兰空间规划中水治理思路的转变与管理体系探究[J]．国际城市规划，2018，33(6)：68-79.

[11] 保罗·罗肯．荷兰人是怎样设计崇高的景观荷兰风景园林简史[J]．风景园林，2008(5)：34-44.

[12] Caroline U，Heleen M，Dries H，et al. The design of public participation：who participates，when and how? Insights in climate adaptation planning from th Netherlands [J]. Journal of Environmental Planning and Management，2009，DOI：10.1080/09640568.2019.1569503.

[13] 郭巍，迪克·弗莱德里克·赛门斯，侯晓蕾．海的土地——黄金时代北荷兰省湖床圩田景观分析[J]．风景园林，2015(7)：97-101.

[14] Meeus J，Vroom M. Critique and Theory in Dutch Landscape Architecture [J]. Landscape an Urban Planning，1986(13)：277-302.

[15] 林箐，王向荣．地域特征与景观形式[J]．中国园林，2005(6)：16-24.

[16] 斯蒂芬·奈豪斯(NL)．圩田景观：荷兰低地的风景园林[J]．风景园林，2016(8)：38-57.

[17] 马里特．威斯特曼．荷兰共和国艺术(1585-1718)[M]．北京：中国建筑工业出版社.

作者简介

陈步可，1997年生，男，汉，湖北人，本科，华中科技大学建筑与城市规划学院。研究方向为风景园林规划与设计。电子邮箱：cbkbookeer@163.com。

赵纪军，1976年生，男，汉，河北人，本科，华中科技大学建筑与城市规划学院，湖北省城镇化工程技术研究中心教授，博士生导师。研究方向为风景园林历史与理论。电子邮箱 cbkbookeer@163.com。

荒野精神价值初探①

——以中国传统草原游牧民族荒野观为例

A Preliminary Study of the Value of Wilderness Spirit

—An Example of the Wilderness View of Chinese Traditional Grassland Nomads

阿拉衣·阿不都艾力　刘滨谊*

摘　要：荒野具有丰富的精神价值，中国传统草原游牧民族是继承并传达草原荒野精神的典型载体。通过文献分析，以人居环境三元论为理论基础，提炼草原荒野背景特征，分析草原荒野精神对中国蒙古、藏、哈萨克三个典型草原游牧民族人居活动及建设的影响和荒野观。总结出荒野精神引发产生荒野观，荒野观指导人类行为活动，而人类行为活动反馈作用于荒野，保护荒野的结论。即："荒野→荒野精神→荒野观→荒野活动→荒野"这一以荒野精神为核心的荒野自我发展保护机制以及其对人居环境建设的启迪。

关键词：荒野；精神价值；传统游牧民族；荒野观；启迪

Abstract: The wilderness has rich spiritual values. The traditional Chinese grassland nomads are the typical carriers that inherit and convey the spirit of the grassland wilderness. Through literature analysis, based on the trilisim theory of human settlements, the background characteristics of grassland wilderness are refined, and the influence of grassland wilderness on the human settlement activities and construction of three typical grassland nomadic peoples in Mongolian, Tibetan and Kazakh is analyzed. It is concluded that the wilderness spirit leads to the wilderness view, the wilderness view guides the human behavior, and the human behavior activity feedback acts on the wilderness to protect the wilderness. That is, the "Wilderness→Wilderness Spirit→Wilderness View→Wilderness Activities→Wilderness" is a wilderness self-development protection mechanism centered on the wilderness spirit and its enlightenment on the construction of human settlements.

Keyword: Wilderness; Spiritual Value; Traditional Nomadic Nation; Wilderness View; Enlightenment

1　引言

荒野是生态系统原初状态的大自然，是一种美丽的景观，是有价值的自然资源。霍尔姆斯·罗尔斯的《哲学走向荒野》[1]，总结了十二种荒野价值，而其中 1 文化象征价值、2 历史价值、3 性格塑造价值、4 宗教价值，这四种内在的荒野自然价值，属于感受和精神层面。

荒野具有丰富的精神价值，人们在认识、利用、改造荒野的过程中，探索着荒野背后的精神力量，不同类型的荒野有不同的荒野精神。其作用于不同文化背景的民族产生了每个民族自身的荒野观并影响着他们所生活的荒野。

中国古时的荒野正是人与自然的和谐的人居环境。当代城市、乡村的建立，使人与荒野的关系逐渐分离，导致了人与自然关系的分离，甚至恶化。站在现代社会的视角，我们应当重新探究荒野的精神价值，指引我们如何重新与荒野共建和谐关系，推进人居环境发展和人居文明的进步。

2　中国传统草原游牧民族荒野观

2.1　研究对象与范围

研究以中国草原移动式人居环境为研究对象，以荒野众多类型中的草原荒野为研究范围。

2.2　以中国传统草原游牧民族为切入点的原因

荒野是客观存在，其要素有自身的特征；人具主观的意识，能感受到荒野中存在的精神。草原是隶属于荒野范畴的，加上传统游牧民族草原移动式人居环境，从人居环境的角度解读，就是一种荒野人居环境。中国传统草原游牧民族作为草原荒野中不可分割的要素，是继承并传达草原荒野精神的典型载体。因此，研究荒野精神以传统草原游牧民族入手最为典型。

2.3　中国传统草原游牧民族荒野观及在人居活动及建设的中的表现形式

研究通过文献分析，以人居环境三元论为理论基础，以"背景-活动-建设"三位一体[2]，提炼草原人居背景特征，分析草原荒野精神对中国蒙古、藏、哈萨克三个典型草原游牧民族人居活动、人居建设的影响，总结传统草原游牧民族的荒野观。

传统草原游牧民族是草原荒野的主要活动人群，他们对草原荒野的认识和活动直接影响他们所聚居环境的生态安全。传统游牧民族的荒野观塑造了他们对待自然的基本态度。通过案例分析我们总结中国传统草原游牧民族的荒野观是人类只是荒野的访客而不是主宰，人类

① 基金项目：新疆农业大学校前期资助课题（XJAU201624）。

需要做的是尽可能不去干扰自然的运作、不留下人为痕迹。面对荒野他们选择相信万物有灵、自然崇拜、适应自然，天人互益。

2.3.1 蒙古族

蒙古族是中国传统游牧民族之一，蒙古族主要聚居于内蒙古自治区和新疆、青海、甘肃、黑龙江、吉林、辽宁等省区的蒙古族自治州、县[3]。蒙古族世居草原，以畜牧为生，过着“逐水草而居”的游牧生活（表1）。

2.3.2 藏族

藏族是中国传统游牧民族之一，是青藏高原的原住民。在中国境内主要分布在西藏自治区、青海省和四川省西部，云南迪庆、甘肃甘南等地区[11]。主要生活在高海拔地区，环境较为恶劣，为了适应这样的生活环境，形成了以畜为主，农耕为辅的生产经营模式（表2）。

蒙古族草原人居背景特征、荒野观、草原人居活动及人居建设分析　　表1

草原人居背景特征	荒野观	草原人居活动及人居建设
草原上草木的长势收雨量、湿度、温差、风力等影响[4]	适应自然；天人互益	习俗：基本不用草木烧火；牛、羊、骆驼粪是烧火取暖的全部材料[4]
干旱草原相对脆弱		信仰：很强的草木的保护意识
水资源的缺乏	自然崇拜	信仰/习俗：牧民习惯节约用水、注意保持水的清洁，视水为生命之源，忌讳在河流中洗手或沐浴，或者将不干净的东西投入河中[5]
气候较为严峻；自然条件艰苦	自然崇拜；天人互益；适应自然	放牧：牧民夏天喜欢细草多的平原牧场，冬天则选择以木本植物为主的，能挡风避雪的山坡地带[6]
四季变化显著		迁徙：满足了畜群觅食的多样性和足够的食物量；其流动性、节约能源的方式保存了地表植被的覆盖面，对生态系统维持起积极作用[7]
人口密度低[4]	适应自然	性格：对陌生人的食物和住宿的无偿供给行为，好客行为[4]
生活方式流动		习俗：食物分配的平均化和无偿供给现象的广泛存在
物资的相对缺乏	适应自然	游牧/交通：牲畜一方面是生产资料，另一方面又是生产工具，与此同时牲畜也是牧民生产出来的产品[8]
	适应自然；天人互益	聚落建设：蒙古包容易拆卸、搬运搭建、可根据人口数量变小大、根据冷暖情况加厚变薄；减轻风暴阻力，扩大使用面积，保持空气流通[9]
	适应自然；天人互益	人居建设：建设与生活的创造中，贯穿着实用、综合、简洁的原则，做到对资源、能源的物尽其用
生物多样性	万物有灵、自然崇拜	习俗：动物图腾崇拜[10]

藏族草原人居背景特征、荒野观、草原人居活动及人居建设分析　　表2

草原人居背景特征	荒野观	草原人居活动及人居建设
草原自然灾害及风、雨、雷电、洪水、地震、火山等自然现象频繁；水资源、草原资源、植物资源缺乏等	自然崇拜；万物有灵；适应自然	祭祀：对自然元素的神化活动 禁忌：忌在神湖神水洗涤、游泳。忌血污、污秽物、大小便、吐痰等倒进水中；忌乱挖河湖，尤其是泉水；忌在神湖打鱼摸虾[12] 习俗：在修房前，请法师或祭司选择地基。其中以柏香树枝点燃以示敬祀[13] 习俗：每年春耕或秋收之时，人们都将向土地神供奉各种食物祈求[13] 习俗：藏族常常把一座山或一条沟的原始森林统统称之为神树，尤其是柏树，人们只能采摘些枝叶外，不能砍伐围绕神树[14] 禁忌：对随意伤害生命或侵犯其他生命体安全、生存的做法，被藏族人视作无人性之举而被唾弃[12]
	自然崇拜；天人互益；万物有灵；	习俗：藏民族以因果业报、乐于施舍等约束自己的言行，自觉并教导后辈热爱周围一切有利于人类发展的任何事物，为人类的未来而真诚呵护生命；对贫困之人、弱小生命施以同情和善待，忌暴掠和索取；崇尚奉献；主张与自然万物和睦相处[12]
草原地形、天空广阔	自然崇拜	信仰：藏族先民们认为鸟是飞翔在天空的，是连接神界与人界的天梯，对鸟的崇拜就是对天空的崇拜[15]

续表

草原人居背景特征	荒野观	草原人居活动及人居建设
草原生物多样性	自然崇拜；万物有灵；	习俗：认为生物有灵性，和人类是灵魂相通的，但牧民又以动物为主要肉食。因此将一种特俗牦牛形象抽象化为崇拜的图腾，其他牦牛用于食用[15]
草原高寒气温、海拔高，冻土层深厚等	自然崇拜；天人互益；适应自然；	习俗：天葬是藏族的一种传统丧葬方式，天葬核心是灵魂不灭和轮回往复[16]

2.3.3 哈萨克族

哈萨克族是中国传统游牧民族之一，在中国主要分布于新疆伊犁哈萨克自治州、木垒哈萨克自治县、巴里坤哈萨克自治县、甘肃省阿克塞哈萨克族自治县[17]。主要生活在温带干旱半荒漠和荒漠气候草原中，为适应这种自然生态环境，就形成草原游牧经济的生产生活方式（表3）。

哈萨克族草原人居背景特征、荒野观、草原人居活动及人居建设分析　　表3

草原人居背景特征	荒野观	草原人居活动及人居建设
草野自然格局和资源季节更替	适应自然、天人互益	逐水草迁徙的生活方式[18]
草原夏天暴晒、冬天酷寒的自然气候条件		民居：毡房，就地取材、易于搭卸、携带方便、坚固耐用、居住舒适、防寒、防雨[19]
		习俗：肉干、奶干、奶酪等方便携带和保存的食品[18]
		服饰文化：冬春季的帽子是尖顶四菱形帽，可遮风雪、避寒气；夏秋季的帽子是白毡帽，既防雨又防暑[20]
草原地广、资源有限	自然崇拜；万物有灵；天人互益	宗教信仰：萨满教“天父地母”的信仰[18]
草原水资源的珍贵和源远流长		习俗和禁忌：尸身不能穿越水中，禁止在泉水、河流和涝坝内大小便以及向水中吐痰，不得在水源附近修建厕所、畜圈，不准在水源内洗衣服以及把脏水倒入水渠[21]
草原的草资源季节性演变		冬季集中聚居利用有限的资源，夏季分散地利用丰茂的水草资源[21]
		习俗和禁忌：忌拔青草，只有在最严厉诅咒对方时，才会拔一束青草对其不停咒骂；拔青草意味着年轻人和小孩会夭折[21]
草原树木资源的稀缺性		禁忌：砍伐独树意味着会孤独终老，砍伐正在生长的树木意味着孩子会夭折[21]
草原的生物多样性		狩猎习俗：不能狩猎鹅、狮、孔雀、鹿和其他珍稀动物，把这些动物视为吉祥动物，给人们带来吉祥、安康[22]；大人们经常教导孩子，决不能破坏鸟窝，如果打烂鸟蛋会受到惩罚，脸上会长雀斑[22]；哈萨克人不允许捕猎孕鹿等野生动物[23]。

荒野最为自然震撼的力量体现在荒野中的一切生灵上，在这里人和万物一样是渺小的，在这里生存唯一的规律就是自然的规律。荒野以其自身的精神教化人类，荒野精神成为一种象征、一种符号、一种崇拜、一种种族传承的信仰在中国传统游牧民族世代袭成。

2.4 中国传统草原游牧民族荒野观与荒野保护的关系

人们赋予草原的自然规律和特质以一种精神，通过精神的传递、约束、崇拜，与草原形成一体。可以认为，草原形成了这样一套自我保护机制，游牧民顺应草原的观念和态度，受草原的馈赠而活，并保护着草原。草原精神教会了传统游牧民族如何与自然一体共存、和谐发展（图1）。

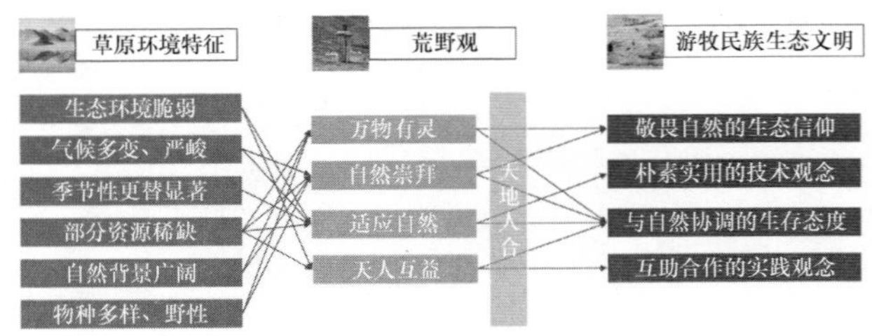

图1　草原环境特征、草原精神、游牧民族生态文明之间关系

3 草原荒野自我保护机制

中国传统游牧民族聚居的草原荒野是具有丰富价值

特性的野性自然区域，草原荒野的客观特征作用于载体上表现出荒野精神，荒野精神作下传统游牧民族产生他们的独特的荒野观，进而起到保护草原荒野的作用。即：

（1）荒野存在精神价值，荒野要素的客观特征是荒野精神的起源；

（2）荒野精神引发产生荒野观，荒野观指导人类行为活动，而人类行为活动反馈作用于荒野，保护荒野；

（3）荒野存在着“荒野→荒野精神→荒野观→荒野活动→荒野”的自我发展保护机制（图 2）。

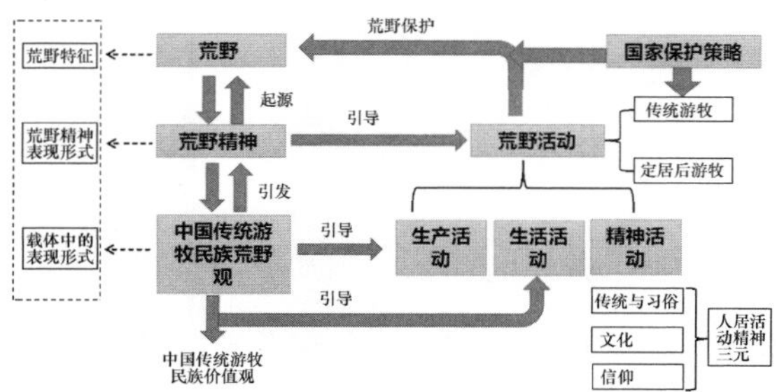

图 2　草原荒野自我保护机制示意图

4　结语

本研究总结的草原荒野自我保护机制，是一个草原精神诞生于人与自然整体发展进程，并影响传统游牧民族行为文化的过程。

在过去，通常被我们认为是“落后的时代”中，无论是在荒野、乡村还是城市，自然的力量之强大往往是人类不能左右的。因此，无论是荒野中的游牧迁徙、高山上的梯田农耕，还是城市中的逐水而居、依水而聚，都是人类顺应自然、适应自然的过程，是人真正作为地球整体的一个元素，是共同进步、持续发展的过程。技术的进步无疑增强了人类的力量，但是人居文化的跟进却滞后于技术的发展。我们对资源的掠夺式利用，将复杂生命过程在机械思维中简化，等等，看似先进的文明却剥离了人与自然的关系，实则是一种倒退。将自然附属化、工具化、奴役化的思维开始于城市，发展到乡村，现在又在影响着荒野草原定居中的建设。

时至今日，优质的人居环境与良好的自然社会关系存在最多的地方，依然是草原（荒野）——这一人类建设活动干扰力度最小的区域。从草原（荒野）入手，我们依然可以清晰提炼出“自然背景影响草原荒野精神，草原荒野精神指导游牧民族价值观”这样相互影响、良性循环的过程。通过对草原自我保护机制的总结，可以同理反思我们所在城市、乡村中的生活，其对于今后在推进可持续发展、增强本土性设计、思考人地关系、提升人居环境的过程中必将有所启发。

参考文献

[1]　霍尔姆斯·罗尔斯顿主编. 哲学走向荒野. 第1版[M]. 长春：吉林人民出版社，2000.

[2]　刘滨谊主编. 人居环境研究方法论与应用. 第1版[M]. 北京：中国建筑工业出版社，2016.

[3]　蒙古族. 中国政府网. http：//www.gov.cn/guoqing/node_16874.htm.

[4]　乌云巴图. 蒙古族游牧文化的生态特征[J]. 内蒙古社会科学(汉文版)，1999(06)：38-43.

[5]　秀梅，安晓平. 论卫拉特蒙古民间信仰习俗中环境保护意识[J]. 塔里木大学学报，2007(03)：34-37.

[6]　夏丽程. 内蒙古草原畜牧业经营方式比较与选择[D]. 内蒙古师范大学，2007.

[7]　马桂英. 蒙古族游牧文化中的生态意识[J]. 理论研究，2008(04)：27-30.

[8]　冰梅. 蒙古族传统生态文化之动物学溯源[D]. 北京林业大学，2008.

[9]　王紫萱. 古代蒙古族生态文化研究[D]. 兰州大学，2006.

[10]　高圆. 古代北方民族造型艺术中的动物图腾及其文化内涵[D]. 内蒙古师范大学，2008.

[11]　藏族. 百度百科. https：//baike.baidu.com/item/.

[12]　泽旺扎西. 藏族习俗文化中的环保理念[J]. 青海科技，2015(02)：70-73.

[13]　何泉. 藏族民居建筑文化研究[D]. 西安建筑科技大学，2009.

[14]　吴迪. 藏族传统生态伦理思想及其现实意义[D]. 西北民族大学，2010.

[15]　马成富. 藏族自然崇拜与生态保护意识渊源考[J]. 阿坝师范高等专科学校学报，2004(02)：22-26.

[16]　侯庆先. 轮回与超越：藏族传统生死观研究[D]. 兰州大学，2009.

[17]　哈萨克族. 百度百科. https：//baike.baidu.com/item/.

[18]　贾合甫·米尔扎汗. 哈萨克族文化大观. 新疆人民出版社，2000.

[19]　马清虎，马宗保. 哈萨克族生态文化探析[J]. 伊犁师范学院学报，2006(04)：21-24

[20]　哈萨克族服饰. 百度百科. https：//baike.baidu.com/item/.

[21]　罗意. 在游牧与农耕之间：新疆定居游牧民自然观与环境态度的变迁[J]. 西南民族大学学报(人文社科版)，2015，36(05)：24-29.

[22]　毛力提别克·哈尔乃. 哈萨克族风俗中的生态意识[J]. 中国民族博览，2017(02)：7-8.

[23]　潘亚楠. 哈萨克族禁忌习俗中的伦理文化研究[D]. 广西民族大学，2017.

作者简介

阿拉衣·阿不都艾力，1986年生，女，哈萨克族，新疆新源人，硕士，同济大学建筑与城市规划学院风景园林学在读博士研究生，新疆农业大学林学与园艺学院讲师。研究方向为风景园林与旅游规划设计。电子邮箱：1054632711@qq.com。

刘滨谊，1957年生，男，汉族，辽宁法库人，博士，同济大学风景园林学科专业委员会主任，景观学系教授，博士生导师，国务院学位委员会风景园林学科评议组召集人，国务院、教育部、人事部风景园林专业硕士指导委员会委员，全国风景园林专业教指委副主任委员，住房和城乡建设部城市设计专家委员会委员，风景园林专家委员会委员。研究方向为景观视觉评价、绿地系统规划、风景园林与旅游规划设计。电子邮箱：byltjulk@vip.sina.com。

基于景观要素的藏传佛教寺庙景观更新设计初探

——以五当召为例

A Preliminary Study on the Landscape Improvement Design of Lamasery Based on Landscape Architectural Elements

—Taking the Wudang Lamasery as an Example

何　亮　赵　琦　史漠烟

摘　要：寺庙园林是我国传统园林的重要类型之一，藏传佛教作为佛教的重要分支，在一千多年的发展过程中逐渐形成了独特的建筑和园林风格。本文以内蒙古现存形制最完整的藏传佛教格鲁派寺庙五当召为研究对象，在分析和总结五当召各景观要素现存主要问题的基础上，针对不同景观要素存在的问题，各有侧重地采用不同设计手法和表现形式对现状问题予以回应，以期能够以小见大地对藏传佛教寺庙的景观更新提出切实可行的建议。

关键词：景观要素；藏传佛教寺庙；景观更新；五当召

Abstract: Temple garden is one of the important types of traditional gardens in China. As an important branch of Buddhism, Tibetan Buddhism has gradually formed an unique architectural and garden style in the course of more than a thousand years of development. This paper takes the most complete Gelugpa temple in Inner Mongolia, the Wudang Lamasery, as the research object, analyzes and summarizes the main issues existing in the different landscape factors of it, responds to those issues by making use of different design methods and various representation patterns, hoping to make practical suggestions for the landscape improvement of Tibetan Buddhist temples.

Keyword: Landscape Architectural Elements; Tibetan Buddhist Temple; Landscape Improvement; Wudang Lamasery

引言

寺庙园林是我国传统园林的重要类型之一。周维权先生在《中国古典园林史》一书中将附属于佛寺和道观的园林定义为寺观园林，包含了寺观内部庭院和外围地段的园林化环境[1]。本文所称寺庙园林特指专属于佛教寺庙内的园林空间和寺庙外的园林化环境，其含义范畴小于寺观园林。

受到传入途径及各地区不同的文化和习俗的影响，佛教在中国有三大派别[2]，即汉传佛教、藏传佛教和南传佛教。它们的寺庙都具有鲜明的地域和文化特征，但本文仅以藏传佛教寺庙作为研究对象。藏传佛教有两层含义，一是指在藏族地区形成并经藏族地区传播到其他地区（如蒙古）的佛教；二是指用藏文、藏语传播的佛教[3]。本文的研究对象五当召是十分典型的蒙古族地区藏传佛教寺庙，同时涵盖了上述两层含义。

一直以来，风景园林学科对寺庙园林的研究大都集中于汉传佛教，对其他两类佛教寺庙的研究相对较少。藏传佛教历经一千多年的发展，在西藏、青海、内蒙古等地有着广泛的传播基础，也逐渐形成了独特的建筑和园林风格，它们承载了丰富的历史、文化和艺术内涵，具有很高的研究价值。

本文以五当召为切入点，分别分析了其植被、水、建筑、道路、构筑物等景观构成要素存在的问题和不足，希望采用局部更新的方式，对五当召的景观质量进行一定的提升，进而延伸本次研究的广度，为相似场地类型的景观更新提供切实可行性参考。

1　五当召概况

五当召是内蒙古自治区现存规模最大、形制最完整的纯藏式建筑风格藏传佛教格鲁派寺庙，它与西藏布达拉宫、青海塔尔寺和甘肃拉卜楞寺并称为中国藏传佛教四大名寺。五当召清晰的山水格局、紧凑的空间布局以及独特的建筑风格具有极高的历史、文化、艺术和科学价值，是体现包头市多元的民族、宗教、历史、文化的重要标志之一。1996 年，五当召被国务院列入全国第四批重点文物保护单位。

1.1　地理位置

五当召位于包头市石拐区吉忽伦图山南麓，其西南 54km 处即为包头市区。吉忽伦图山最高峰在五当召北 4km 处，海拔 2067m，山顶有吉忽伦图敖包。五当召周围群山环绕，平坦区域十分稀少，其东、西两侧有沟谷将山体切割开并汇集于五当召南侧（图 1）。

1.2　发展历史

“五当召”一名是蒙藏混合语名。蒙古语“五当”意为“柳树”，藏语“召”意为“世尊”（释迦牟尼），后引申为供佛的“庙宇”。五当召的建寺时间目前并无定论，但不会晚于清康熙六十一年（1722 年）。乾隆十四年（1749 年）五当召重修，乾隆二十一年（1756 年），乾隆皇帝赐汉名“广觉寺”。以后在嘉庆、道光、光绪时期曾多次扩建[4]。作为内蒙古地区重要的学问寺，历史上的五当召宗教、学术活动颇多，对当地及内蒙古西部地区的宗教、学术、政治、文化甚至经济都有较大的影响[4]。

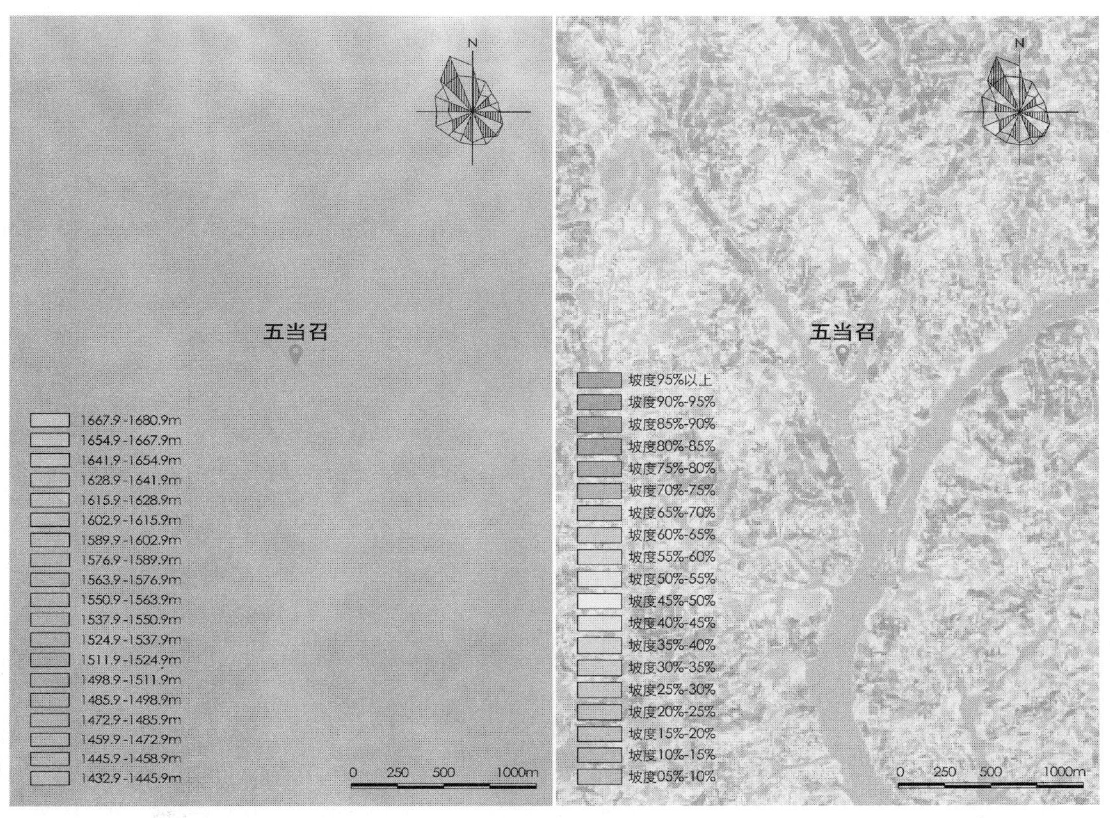

图 1　五当召高程与坡度分析

1.3　空间布局

五当召的建筑形式以西藏的札什伦布寺为蓝本[5]，现存殿堂房舍 2538 间，由中心区域的殿堂府院和两侧的僧舍组成，建筑全部采用典型藏式平顶石木结构，依山垒砌，鳞次栉比，层次分明。主建筑群召庙集中在吉忽伦图山主峰向南延伸的一条山脊上，白色的建筑群依山势排布，气势雄伟壮观，大气磅礴；分布在主建筑群两侧的僧舍群左右退后、分置在东西两条沟旁的高地上，成环绕拱卫之势，突出了殿堂府院在建筑群中的主体地位（图 2）。全部建筑占地二十多万 m^2，约三百余亩。

图 2　五当召全景

（图片来源：http：//www.sohu.com/a/117223596 _ 155024）

2 五当召景观现状分析

五当召悠久的历史和独特的自然环境使这里成为包头市重要的观光胜地，但由于年代久远、管理不善等诸多原因导致的景观品质不高和周边环境退化等状况也成为了这里不得不面对的问题，但这恰恰也为景观更新的介入提供了契机。整体来看，五当召各景观要素的现状问题及其严重程度大相径庭。

2.1 景观要素

在景观生态学中，景观要素通常指构成景观的基本的、相对均质的土地生态要素、单元和生态系统[6]。但本文所指的景观要素是风景园林视角下在更小尺度上组成景观的各单一成分，即风景园林要素或构园要素，一般包括地形、水、植物、建筑、构筑物、道路等。

中国传统园林中的构园要素包括地貌、园林植物、园林建筑、园路和构筑物等5个部分[7]。Norman K. Booth在他的著作《Basic Elements of Landscape Architectural Design》中将景观设计要素分为6类，分别是地形（Landform)、植物材料（Plant Materials)、建筑（Buildings)、铺装（Pavement)、园林构筑物（Site Structures）和水（Water)[8]。

结合不同学者对景观要素的定义和五当召各景观要素的现状，本文所指的景观要素包括五当召的建筑、道路、植被、水和景观构筑物等5个部分，研究重点是依据各自的现状问题对它们进行局部的更新和修补。

2.2 五当召各景观要素现状

2.2.1 建筑现状

五当召现存主体建筑布局及外形基本完整，但其中一些建筑例如喇弥仁独贡院、洞阔尔独贡、苏卜盖陵、章嘉活佛府、甘珠尔活佛府等由于各种原因存在残损现象，这些残损基本都出现在建筑内部，因此本次研究不做讨论。

五当召建筑残损现象最普遍的是作为僧人住所的土楼。其在鼎盛时期数量多达94栋，但由于管理不善、人员流失等原因，现在仅存49栋。土楼根据残损程度可分为残损一般、残损严重和仅剩遗址3类。残损一般的土楼存在的问题包括外墙破损、台基残缺或外墙石灰层剥落等，对五当召整体景观影响较小（图3)。残损严重的建筑存在的问题包括地面和墙体出现裂纹、柱子下沉、建筑内壁部分剥落等。仅存遗址顾名思义就是建筑主体已不存，但其基址边界还清晰可辨。

图3 石灰剥落的外墙

2.2.2 道路现状

五当召主体建筑依山势排列，目前保留有内外两条转经道。外转经道环绕整个寺庙，以石块铺成，随山势起伏变化，蜿蜒贯穿整个寺庙。外转经道基本衔接了各个建筑，在整个召庙群形成了一个比较完整的内部空间骨架，将各部分有机地组织起来。内转经道较短，只衔接了北部的几个殿堂和院落。目前内、外转经道由于年久失修，路面破损较多，部分路面有坑洼凹陷，雨后易形成积水。有些部分衔接不完整，限制了交通的完整性。同时，道路两侧缺少坐歇空间和驻足空间，无法为游人提供短暂的停留和休息场所（图4)。

2.2.3 植物现状

五当召植被状况较好，但仍存在一些问题。例如庙前广场仅有高大乔木，植物空间不完整，植物群落缺乏层次。庙区内由于建筑密度较高，植被稀少且生长状况不佳。召庙周边山地现有的天然植被主要以本土乔木（榆、油松等）为主，缺乏灌木和草本植物，植物层次单一，植物空间格局不完整。植物种类以落叶树与常绿针叶树为主，植物季相变化单一（图5)。

2.2.4 水（河道）现状

五当召作为文物保护单位，不具备修建大规模地下排水系统的条件，因此这里的降雨主要依靠重力通过地表排放。但降水时空分布不均（图6)、周边山体坡度大、山体植被覆盖度低等因素导致这一区域雨季的地表冲刷非常严重，从山区倾泻而下的径流对东沟、西沟及五当沟的岸体造成严重的侵蚀。为了减轻河道侵蚀，五当召管理处对庙前的岸体进行了加固，但上下游的河道仍保持着原状（图7)。

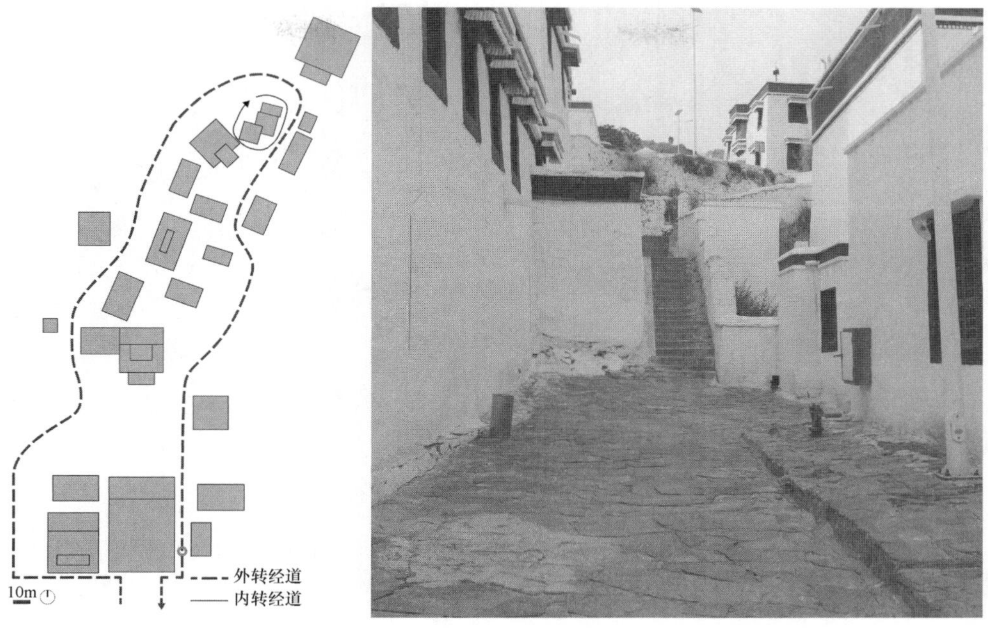

图 4　转经道及其现状

图 5　庙前植被现状

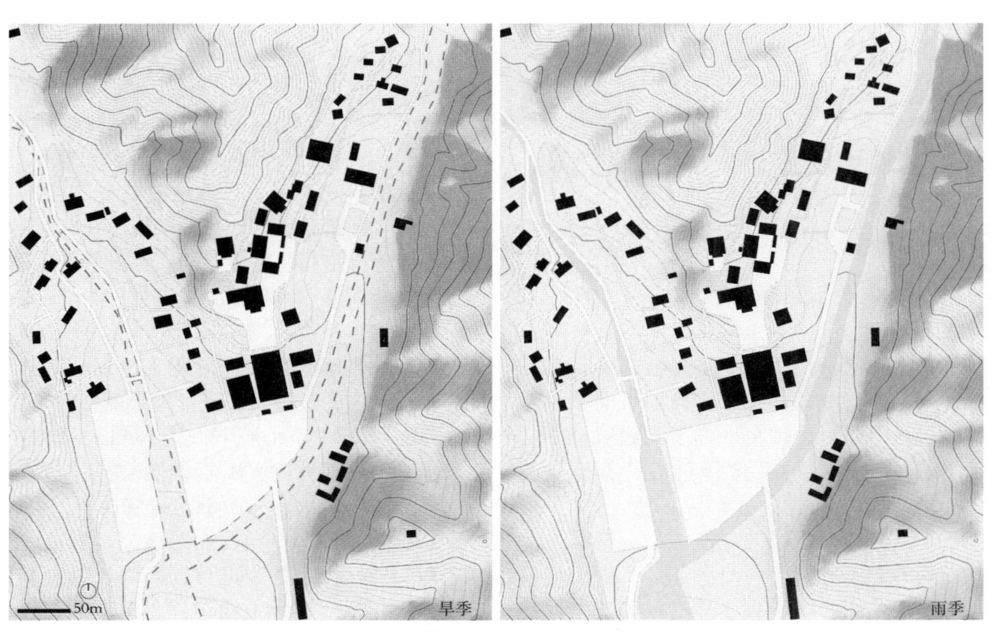

图 6　旱季和雨季河道对比

图 7　已加固与未加固河道对比

2.2.5　景观构筑物现状

景观构筑物是景观设计的重要构成元素，一般指景观环境中供人观赏，为游客提供休憩场地的建筑物及设施[9]。景观构筑物的功能包括物质功能和精神功能，物质功能主要指使用功能，精神功能则包括环境意象、装饰功能等[10]。综合以上定义，台阶、坡道、挡土墙、围栏等都可以被称为景观构筑物[11]，亭、廊架、花架等也属于景观构筑物的范畴，本文所称的景观构筑物主要包括后者，即以游憩、装饰功能为主的构筑物。

目前，五当召的景观构筑物主要有两侧山顶的亭以及通往庙区主路两侧的廊架，类型和功能都比较单一。主要问题包括：需要游憩设施的位置没有相应的构筑物；缺少装饰性构筑物；突显藏传佛教文化的构筑物较少；构筑物形式简单等（图 8）。此外，五当召保存有石塔一座，但其周边环境破败，道路破损，景观效果较差。

图 8　五当召部分景观构筑物现状

3　五当召局部景观更新设计

3.1　景观更新设计策略

3.1.1　突出展示文化特征

五当召深厚的藏传佛教文化是其最核心的文化资源，但其价值目前未得到充分的挖掘，文化特征也没有得到全面突出的展示。因此，景观更新需要通过文化展示、符号提取等手段对五当召的文化特色进行充分地展示。

3.1.2　因地制宜进行改造

五当召不同区域存在的问题不同，应对的措施和解决的方法也不尽相同。例如，庙区由于建成程度高、建筑密度高，适合进行景观更新的区域十分有限，不适合进行高强度的景观改造，只能通过在较宽敞的区域增加景观构筑物，在道路破损处修补铺装，在相对开敞的位置增加休息设施等措施来完善功能，提升其景观质量。对这里的景观更新策略可以概括为见缝插针，局部微调。

东沟和西沟的僧房区及两侧山地同时包含了建筑和自然环境。这里存在部分建筑遗址，植被层次也比较单一。微调式的改造无法改变其景观风貌，只有对建筑进行复原、对植被空间进行重塑才可以实现这一区域的景观更新。因此其更新策略可以概括为复原建筑，梳理植被。

通往庙区的主路两侧植被层次单一，缺乏游憩设施，道路铺装也存在不同程度的破损。但由于其位于文物保护范围外，可以适当进行较高强度的更新改造。主要更新措施包括新建景观构筑物、更新道路铺装、丰富植物层次等。

3.2 各景观要素更新内容

3.2.1 建筑

由于残损一般和残损严重的土楼问题大都出现在建筑内部，不会对五当召的景观风貌产生实质性影响，因此本次研究不做探讨。对于仅剩遗址的土楼，本次研究会选取历史资料、历史照片和考古资料齐全的部分遗址，按照资料依据原形制、原体量、原工艺进行重建复原。建筑复原的必要性在于重建的建筑可以展示五当召全盛时期的风貌，烘托其宗教氛围。

但由于建筑遗址较多，无法全部进行恢复，本次研究只选取了在重要位置，对整体风貌有显著改善的建筑遗址进行了建筑复原（图 9，图 10）。复原的建筑与五当召其他建筑一样，主要采用石木混合结构[12]。梁柱采用木料，外墙与台基以石材为主，外墙以石灰粉刷成白色。

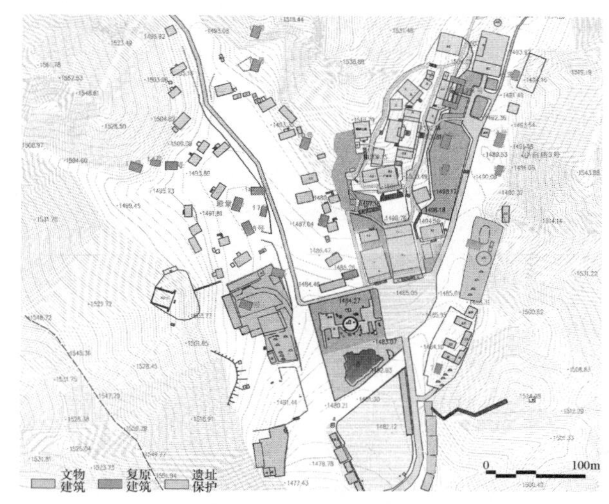

图 9 五当召复原建筑分布
（图片来源：《五当召文物保护规划》）

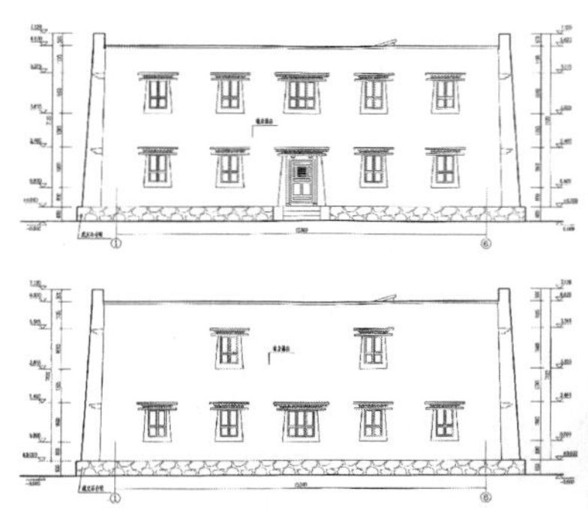

图 10 复原建筑效果图及立面图

3.2.2 道路

针对转经道铺装破损、无坐歇空间的现状，景观更新的内容包括修补路面与增设休憩设施。铺装应做到“修旧如旧”，不可与原有铺装格格不入，休憩设施应体量较小且应放置在较为宽敞的区域，不得阻碍转经道的正常通行（图 11）。

图 11 铺装修复及增加休憩设施后的转经道

通往庙区的主路铺装较为完整，但缺乏相应的游憩设施，且景观内容单调，大片的景观空间几乎都被荒地占据，造成空间浪费。针对这种现状，景观更新的内容包括增加道路两侧休憩设施，充分利用道路两侧空间，多方面、多形式地展现五当召的藏传佛教文化，例如通过增设经幡（图 12）、转经筒等一系列景观构筑物来帮助游人了解五当召及藏传佛教，引导游客逐步融入到五当召这一藏传佛教圣地。

图 12　经幡效果图

图 13　五当召庙区内的树池

3.2.3　植物

庙区作为五当召最重要的区域，无法置入大片的绿地空间，只能选择相对宽敞的区域进行少量的植物种植，种植池应尽量保持较小的面积，不得对原有的铺装造成损害（图 13）。通往庙区的主路植物层次单一，植物群落结构简单，应结合气候与土壤条件选取适合的乔木和灌木重新营造植物空间，丰富植物群落（图 14）。庙前广场现有的植物数量少、层次单一，可适当地将部分铺装场地改造为植物空间，这样不仅可以丰富植物景观，还可以提供更多的游憩场地。五当召周边山地由于坡度较大，不适宜种植高大乔木，应当选择深根性、高耐性的灌木种类，达到护坡保土的效果。

3.2.4　水（河道）

为了应对五当召河道侵蚀严重、雨季行洪泥沙量大的问题，本次景观更新改造根据不同河段的情况采用适宜的方法进行解决。主要策略为加固河沟岸体，减少河岸侵蚀；分级构建河道，分层拦截砂石。采用的设施包括护岸石笼、硬质驳岸和分阶式河道 3 种。护岸石笼耐冲刷易排水，主要设置在低于河道驳岸，冲刷较严重的区域；硬质驳岸比护岸石笼更加坚固，宜设置在冲刷十分严重的区域；分阶式河道利用高差构筑连续的拦截池，可有效对冲刷的沉积物进行拦截（图 15）。

图 14　五当召局部植物改造意向

图 15　五当召河道改造意向

3.2.5　景观构筑物

现有的观景亭建筑本身与周边环境条件尚佳，无需进行景观更新改造。对于目前形式简单、使用率不高、无法达到预期效果的构筑物，采取的更新方法主要为原地重建。对于原有的石塔，构筑物本身破损较轻微，但其周边环境质量较差，因此需要进行彻底的更新改造，从而达到利用植物景观烘托石塔宗教氛围的效果（图 16）。在一些坡度较缓、植被状况较好的区域，可以利用其地形和植被优势建造一些烘托藏传佛教文化氛围的构筑物如玛尼石堆（图 17），从而呼应上文提到的突出文化特征的更新策略。

图 16　石塔周边环境改造意向

图 17　玛尼石堆

4　结语

本文在对五当召进行简单介绍的基础上分析和总结了五当召各景观要素存在的问题，并有针对性地提出了相应的更新措施。具体的景观更新内容包括：恢复建筑原貌、完善道路体系、更新植物空间、加固现有河道、丰富景观构筑物等 5 项，但这些景观更新措施只是一个概括性的论述。

之所以没有从宏观的角度对五当召进行整体的更新改造是因为五当召整体保存状况较好，建筑空间布局和风貌也较为完整，只是在局部区域存在一些问题，大规模的景观改造是没有必要的，正所谓“杀鸡焉用牛刀”。

此外，由于五当召早已被列为国家重点文物保护单位，大规模的景观改造是不被允许的。小规模局部的改造不但可以有针对性地进行景观质量的提升，其效果也会比大规模改造更加明显，也更能对整体风貌的改变产生积极的影响，正所谓“四两拨千斤”。

参考文献

[1]　周维权. 中国古典园林史[M]. 3 版. 北京：清华大学出版社，2008.

[2]　施侠. 南京佛寺园林历史文化内涵及环境特征研究[D]. 南京：南京农业大学，2007.

[3]　罗中. 中国少数民族宗教与和谐社会研究[D]. 北京：中央民族大学，2013.

[4]　金申. 阴山古刹五当召[M]//见：包头市地方志史编修办公室，包头市档案馆. 包头史料荟要. 包头：中共包头市委机关印刷厂，1980.

[5]　白胤. 包头佛教格鲁派建筑五当召空间特性研究[D]. 西安：西安建筑科技大学，2007.

[6]　何东进. 景观生态学[M]. 北京：中国林业出版社，2013.

[7] 汪菊渊. 中国古代园林史[M]. 北京：中国建筑工业出版社，2006.
[8] Norman K. Booth. Basic Elements of Landscape Architectural Design [M]. Long Grove：Waveland Press，1990.
[9] 张锐，张伟. 景观构筑物设计研究—以商丘市应天公园为例[J]. 河南建材（3），2012：89-90.
[10] 王瑜，陈震. 景观构筑物的特征解析[J]. 烟台大学学报（自然科学与工程版）（3），2017：232-236.
[11] 李劲廷，蒲小东. 浅谈景观构筑物在景观设计中的运用[J]. 建筑论坛与建筑设计（S1），2009：113-114.
[12] 杨琳琳. 五当召建筑外部空间与环境艺术探析[J]. 设计艺术（1），2015：88-91.

作者简介

何亮，1993年生，男，汉族，内蒙古包头人，硕士，北京林业大学硕士研究生。电子邮箱：lianghe_landscape@163. com。

赵琦，1993年生，男，土家族，湖北宜昌人，硕士，北京林业大学硕士研究生。电子邮箱：2281360821@qq. com。

史漠烟，1995年生，女，汉族，黑龙江大庆，硕士，哥本哈根大学硕士研究生。电子邮箱：shimoyan0405@126. com。

基于空间分析与 IPA 模型的古典园林功能活化研究[①]

——以苏州柴园为例

Functional Activation of Classical Garden Based on Spatial Analysis and IPA Model

—Taking Suzhou Chaiyuan Garden as an Example①

刘 坤 张青萍*

摘 要：古典园林是文化遗产的杰出代表，其功能在现代社会中仍有传承与发展的价值，但在城市化过程中逐渐失活，因此，古典园林的活化利用变得尤为重要。以苏州柴园为例，整合其空间结构，梳理其功能演化过程，从活化绩效与公众实际感受出发，采用“重要性—满意度”评价模型（IPA），对园林内部、外部的 17 个功能评价指标进行分析，在资源有限的情况下确定功能活化的优先顺序。结果表明，柴园活动功能多为“重要性高-满意度低”指标，优先顺序最高，其次是展览功能与商业功能。建议通过未来的城市空间规划，保持古典园林参与社区生活与商业发展的可能性，以达到与环境协同发展的目标。

关键词：功能活化；IPA 模型；柴园；古典园林

Abstract: Classical garden is an outstanding representative of cultural heritage, its function still has the value of inheritance and development in modern society, but gradually in the process of urbanization, so the activation and utilization of classical garden has become particularly important. Take Suzhou Chaiyuan garden as an example, integrate its spatial structure and sort out its functional evolution. Based on the activation performance and the actual feeling of the public, the "importance-satisfaction" evaluation model (IPA) is used to analyze 17 functional evaluation indexes inside and outside the garden, and to determine the priority of functional activation under the limited resources. The results showed that the indicators of activity function in Chaiyuan garden are mostly high in importance and low in satisfaction , its priority are highest. , followed by exhibition function and commercial function. It is suggested that through future urban spatial planning, Classical Garden should be kept into the possibility of community life and commercial development, so as to achieve the goal of coordinated development with the environment.

Keyword: Spatial Analysis ; IPA Model;Functional Activation; Chaiyuan Garden; Classical Garden

1 引言

随着习近平总书记提出“让收藏在禁宫里的文物，陈列在广阔大地上的遗产、书写在古籍里的文字都活起来”的文化遗产保护思想，遗产活化成为我国文化遗产事业发展的政策导向。相对于建筑、历史街区等遗产类型，古典园林的空间更加复杂，功能更加丰富，其活化利用成为遗产活化研究中的热点。已有研究集中在活化模式探讨[1-2]、评价模型建构[3-4]及从规划管理层面进行合理经营与开发[5-6]等方面，其中也涉及古典园林空间重构与功能活化的探讨。例如李乾朗指出遗产活化实质是在于功能的恢复和再利用[7]。钟兴明和李长生研究了蒋经国故居，提出了一种集合多种功能的遗产活化方法[8]。孙剑冰从建立可持续的园林保护模式出发，认为有必要从社区生活的角度再次确认城市园林的价值[9]。且我国现阶段的古典园林活化利用多采用政府主导、自上而下的运作模式，公众参与实施评价过程尚处于尝试阶段。古典园林活化主要是从组成元素进行的，忽略了所涉及的社会过程[10]。因此，本研究从古典园林的空间与功能入手，针对活化利用的实施结果，通过问卷调查和量化分析，评价古典园林功能活化的优先次序，为在社会经济环境下古典园林的发展方向提供参考。

2 研究方法

IPA（Importance Per-formance Analysis）是 Martilla 和 James 于 1977 年提出的[11]，Evans 和 Chon 首先将该方法运用于旅游研究中以评估旅游政策[12]；Judy A. Wiles 根据对城市居民的调查，通过 IPA 模型分析找到城市街道的重要活力要素，并提出了城市中心街道复兴的发展战略和建议[13]；在本研究中，将游客的期望值和满意度确定为观测变量，将期望值表示为重要性标为 X 轴，将满意度标为 Y 轴，分别求出重要性均值的总平均数和满意度均值的总平均数，得出交点坐标；再根据交点的坐标作出平行于 X 轴和 Y 轴的直线，形成 4 个象限：第一象

① 基金项目：2018 年教育部人文科学规划基金项目（编号 18YJAZH132）资助。

限为优势区（继续保持），第二象限为维持区（顺其自然）、第三象限为改进区（优先等级低）、第四象限为劣势区（重点改进），最终得到 IPA 模型（图 1）。

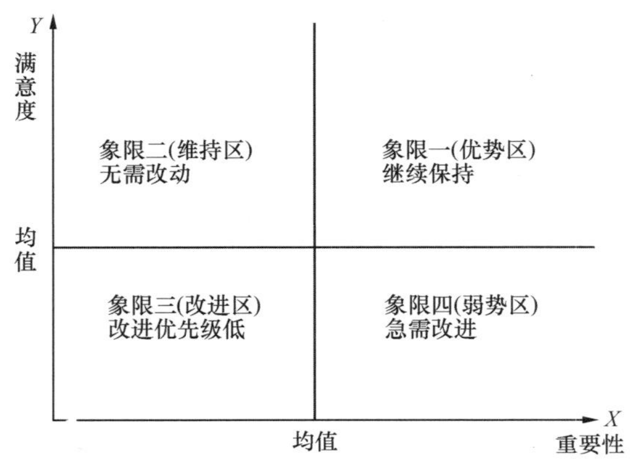

图 1 IPA 分析法示意图

3 空间重构与功能活化案例研究

3.1 研究对象

当前苏州提出打造“百园之城”的发展战略，其文物保护事业、风景园林绿化、旅游业等“十三五”发展规划均提出古典园林功能转化的目标。本研究以江苏省苏州市姑苏区柴园为研究对象。柴园位于江苏省苏州市醋库巷 44 号，是一处典型的江南古典园林。1982 年被列为苏州市文物保护单位，2015 年被列入第二批苏州园林名录。

3.1.1 功能演化过程

清道光年间，柴园初为苏州“贵潘”家族第三代子孙潘曾琦的私人宅园。光绪年间柴安圃购得此宅重修扩建，光绪九年（1883 年）建成[14]。柴安圃去世后，其子莲青取名緺（即“茧”）园，自号緺园主人。

抗日战争爆发后，柴园逐渐分散为居民区，沿袭居住功能，园林观赏功能渐渐衰弱。1951 年，苏州市南区人民政府设于此地办公。1957 年改建为苏州市盲聋哑学校，为进一步满足教育功能，1978 年，拆除柴园池北楼厅，改建三层教学楼[15]。2014 年，苏州市聋盲哑学校迁出，改扩建为苏州教育博物馆，延续教育功能和园林游赏功能，另创新发展展览与科教活动功能（图 2～图 4）。

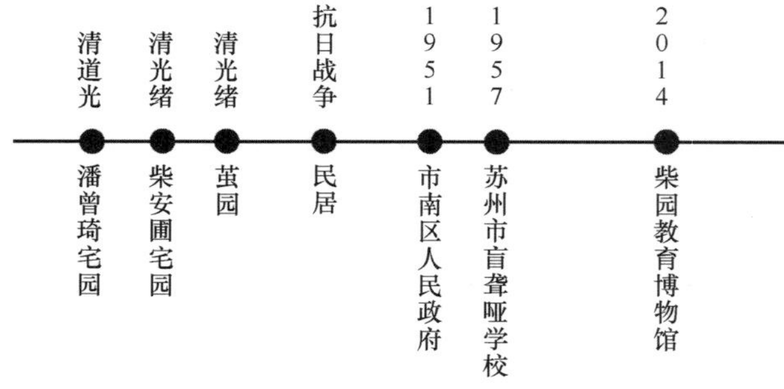

图 2 柴园功能演化示意图

图 3 柴园景观

图 4 柴园科普展厅

3.1.2 空间结构梳理

柴园现存面积 2150m^2，利用有限面积营造出“小中见大”空间感，呈现面积最佳利用效果[16]，以少胜多的造景手法运用得淋漓尽致[17]。总体空间布局为东宅西园。东面以建筑为主，是居住和生活的场所。由门厅、中厅（轿厅）、大厅和堂楼贯通形成中轴。布置庭园四区用于园林游赏。中园最为雅致，假山口有“缭而曲”字样，旱舫水榭，精致典雅，又有曲廊延绵贯连。东北为藏书楼，是园主人读书、收藏、著述之所，西北建有西花厅（图 5）。

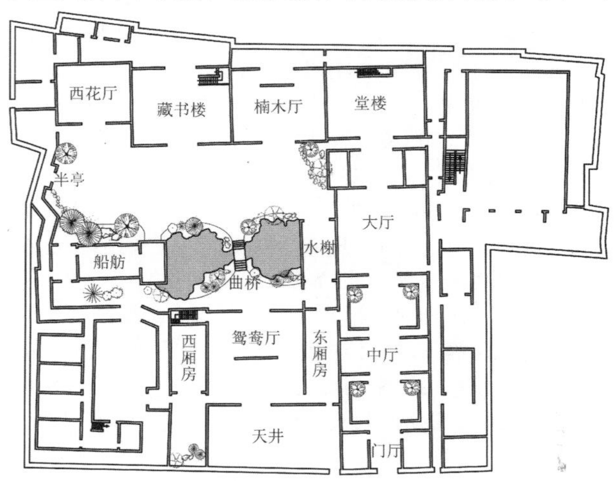

图 5 柴园原有内部空间结构示意图

活化后的柴园以历史发展为经线，辅以各个专题展览为纬线，体现古城千年文化传承与园林风貌。空间结构分为五大部分，分别是园林游赏区、办公区、活动区、服务接待区、展览区。（图 6）其中园林游赏部分仍然保留，修缮水榭、船舫、半亭，更新植物配置。堂楼等主体建筑主要做展览厅，门厅、厢房等作游客中心、厕所等，西花厅与新建的汉语言活动中心，鸳鸯厅西厢房作活动空间，开展相关特色活动。柴园外部 500m 范围内，多为居民区等社区空间间杂绿地空间（图 7）。

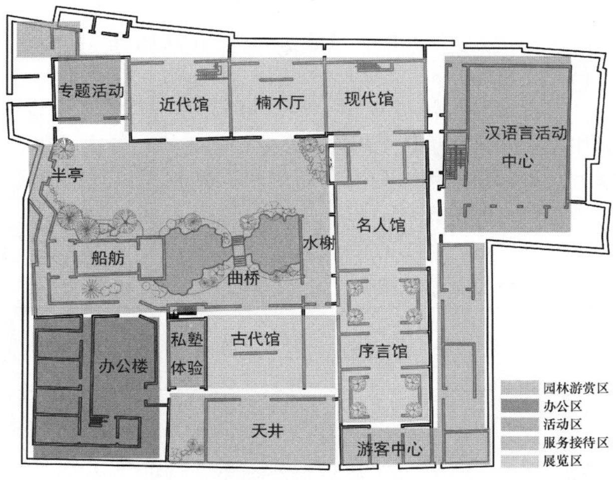

图 6　柴园现有内部空间结构示意图

图 7　柴园外部空间示意图

3.2　调查与结果

3.2.1　评价指标的确定

空间作为功能的载体，随着城市发展而不断改变，在重构的同时带来功能的更新活化[18]。在国内外游客满意度相关研究的基础上[19-22]，提取功能满意度评价指标 20 项。邀请国内 13 位具有旅游学、管理学、历史学、风景园林学等背景的专家结合苏州柴园实际背景，通过德尔菲法选出 5 个维度共 20 项评价指标，其中微气候、苏州文化特色展示、园区维护管理三项指标的“更正后与项目总数相关”值分别为 0.154、0.076、0.134，远低于其他指标，与其他指标的内部一致性较低，予以删除。更正后共计 17 个评价指标，据此构建游客满意度评价指标体系（表 1）。

评价指标层级表　　表 1

评价对象	评价维度	评价指标
功能活化	园林游赏功能	植被、池塘水质、园林主体建筑
		整体卫生状况、假山石
	展览功能	历史实物展示、非遗文化展示、公益展览
	商业功能	古典园林纪念品、文化创意产业、附近特色餐饮、民宿
	服务接待功能	导览解说、景观与服务设施
	活动功能	节庆旅游活动的举办、社区日常活动的举办、校园活动的举办、科技在活动中的参与性

3.2.2　问卷设计

调查时间是 2019 年 4 月 23 日～ 30 日，共发放问卷 218 份，回收问卷 202 份，其中，有效问卷为 186 份，有效率达 92%。

调查问卷由两部分组成。第一部分是受访者的基本情况，包括性别、居住地、年龄、学历、年收入、职业；第二部分是评估受访者对柴园功能活化的重要性与满意度，指标程度分为“非常重要、比较重要、一般重要、不重要、非常不重要”和“非常满意、比较满意、一般满意、不满意、非常不满意”5 个等级。选用李克特五级量表，分别赋值为 5、4、3、2、1。在对问卷调查数据进行分析的基础上，进行古典园林功能活化的 IPA 模型评价。

3.2.3　调查结果

（1）人口学统计特征

根据表 2 可得出，在 186 位受访者中，男性占 54.8%，女性占 45.2%，性别差异不显著。苏州本地市民占 64%，外地游客占 36%。以旅行为目的的外地游客占比小，多是附近的学生与居民。年龄统计组成中占比最大的是 21～35 岁，占 51.6%，学历统计中大专或本科学历达 71%。年收入 6～10 万元占 58.1%，表明现阶段出游群体是以学生为主的青年群体。

调查对象人口学特征统计表　　表 2

	人口特征	样本量	比例
性别	男	102	54.8
	女	84	45.2
居住地	苏州本地市民	120	64.5
	外地游客	66	35.5
年龄	≤20	24	12.9
	21～35	96	51.6
	36～55	36	19.4
	≥56	30	16.1
文化程度	初中及以下	6	3.2
	高中或中专	42	22.6
	大专或本科	132	71
	研究生及以上	6	3.2
年收入	还没有收入	24	12.9

续表

	人口特征	样本量	比例
	≤5 万元	42	22.6
	6～10 万	108	58.1
	11～20 万	12	6.5
职业	在校学生	60	32.3
	教师	36	19.4
	政府工作人员	6	3.2
	企业员工	48	25.8
	个体经营者	6	3.2
	其他	30	16.1

(2) 评价指标的可靠性检验及重要性、满意度分析

采用克朗巴哈（Cronbach）α 信度系数对调查问卷的内部一致性进行检测，α 系数越接近于 1，测试结果越可靠。应用 SPSS17.0 软件进行信度计算。总问卷信度系数为 0.803，重要性和满意度子问卷信度系数分别为 0.766 和 0.821，均大于 0.7，表明问卷的内部一致性良好且可靠性高。

本次调查数据如表 3，结果表明柴园功能活化评价指标的重要性与满意度感知的均值介于 2.71～3.55 与 2.2～4.47 之间，表明受访者对大多数功能具有较高高的重要性和满意度。

在重要性方面，受访者对活动功能重要性的认知最高，展览功能的部分内容重要性低，商业相关功能重要性高，柴园功能活化的实际效果与公众想法存在偏差。在满意度方面，受访者对柴园游赏功能的评价指标满意度普遍较高，而对一些社区日常活动举办、节庆旅游活动的举办满意度较低。

对重要性和满意度相关数据进行配对样本 T 检验。其中非遗文化展示、文化创意产业、附近特色餐饮民宿 3 项评价指标显著性 P 值大于 0.05，即在 95%以上置信区间不存在显著差异。

功能活化重要性、绩效性（满意度）分析与显著性检验表 **表 3**

功能	活化内容	重要性（I）		满意度（P）		P-I 均值差	T 值	sig.（双侧）
		均值	排序	均值	排序			
园林游赏功能	植物	3.42	3	4.33	4	0.91	−1.846	0
	池塘水质	3.03	10	4.03	7	1	−4.072	0
	园林主体建筑	3.55	1	4.47	1	0.92	−4.325	0
	整体卫生状况	2.97	14	4.43	2	1.46	−4.577	0
	假山石	2.71	17	3.97	10	1.26	−3.851	0
展览功能	历史实物展示	2.94	16	3.9	11	0.96	−2.958	0.004
	非遗文化展示	3.23	5	3.63	13	0.4	−1.146	0.261
	公益展览	3.03	11	3.67	9	0.64	−2.967	0.004
商业功能	古典园林纪念品	3	13	2.2	17	−0.8	3.123	0.003
	文化创意产业	3.22	7	3.47	14	0.25	−0.15	0.881
	附近特色餐饮、民宿	2.94	15	3.17	15	0.23	−0.234	0.816
服务接待功能	导览解说	3.45	2	4.13	5	0.68	−2.057	0
	景观与服务设施	3.1	9	4.4	3	1.3	−4.433	0
活动功能	节庆旅游活动的举办	3.16	8	3.67	12	0.51	−1.632	0
	公益活动的举办	3	12	4.07	6	1.07	−3.248	0.003
	社区日常活动的举办	3.26	4	2.4	16	−0.86	3.573	0.001
	科技在活动中的参与性	3.19	6	4	8	0.81	−3.293	0.002

3.3 功能活化分析

根据上述数据建立 IPA 模型。以重要性总体均值 3.13 满意度总体均值 3.76 为象限分界交叉点，构建二维四象限的坐标图（图 8）。根据 Badoglio S 和 Love C 的观点，对四个象限的观测指标分别解释[23]。

园林游赏功能维度的评价指标分布于第一、二象限。植被、园林主体建筑重要性高、满意度高，池塘水质、整体卫生状况和假山石重要性低、满意度高。展览功能维度的评价指标分布于第二、三、四象限。历史实物展示重要性低、满意度高，非遗文化展示重要性高、满意度低，公益展览重要性低、满意度低。商业功能维度的评价指标分布于第三、四象限。古典园林纪念品重要性低、满意度低，文化创意产业重要性高、满意度低，附近特色餐饮、民宿重要性低、满意度低。服务接待功能维度的评价指标位于第一、二象限。其中导览解说重要性高、满意度高，景观与服务设施重要性低、满意度高。活动功能维度的评价指标分布于第一、二、四象限。节庆旅游活动的举办重要性高。满意度低，公益活动的举办重要性低、满意度高，社区日常活动的举办重要性高、满意度低。科技在活动中的参与性重要性高、满意度高。

调查数据表明，非遗文化展示指标平均值为负，说明活化后满意度有所提高但不够显著，需要进一步改善活化方法。文化创意产业和附近特色餐饮指标数据不显著可能受限于地理位置偏僻，受访者行程等因素。游客前往柴园的偶然性大，其宣传工作可能存在一定缺陷，需要进一步拓宽宣传渠道，与周边景区、社区联动发展，以融入城市旅游经济。当前人们在关心古典园林本体艺术性的

同时，对活动空间的需求和多样性也提出新要求，柴园的修缮活化虽取得一定成果，但其参与现代社会活动的功能并未得到相关部门的重视。

结合 IPA 模型分析结果，确定柴园应最先活化活动功能，犹以社区活动和旅游活动为主。类似于台北天母白屋的功能活化，通过实施城市轨道交通，在周围社区和学校举办以日常生活美学为基础的各种艺术和文化活动，为社区提供活动使用空间[15]。增强古典园林与社区的连接度，从而改善了局部组织的凝聚力，延续城市文脉。第二优先考虑的活化功能是商业功能，包括纳入纪念品售卖、餐饮业行为等，增强古典园林的可持续发展，提升区域经济价值，纳入城市经济发展的一环。第三优先的是展览功能，丰富展览种类和方式，延长科技展览的时长。

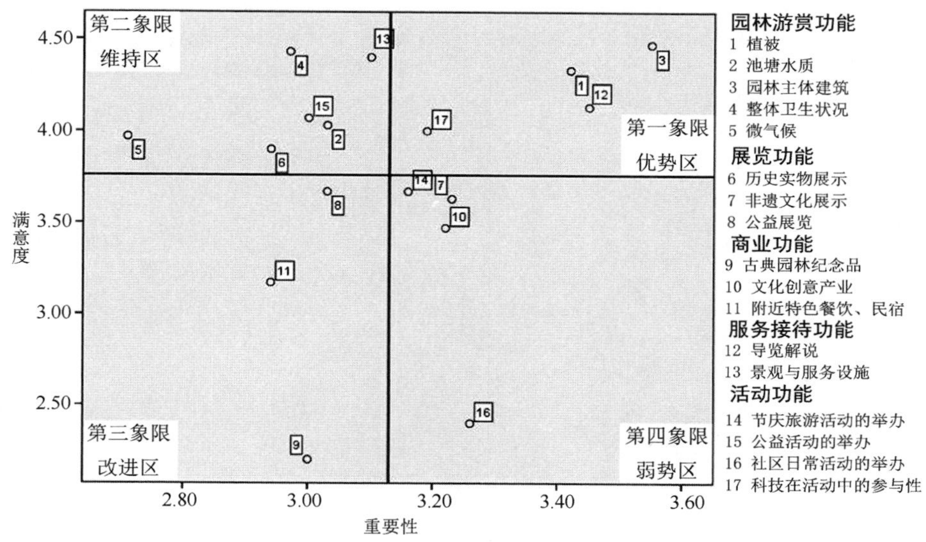

图 8 柴园功能活化 IPA 模型

4 结语

建议相关单位优先考虑涉及社区活动的功能，将其作为古典园林活化的重要组成。为满足公众社会需求，提高社区意识，注意把握商业介入的尺度与形式，重点增加非营利或由地方政府直接管理的空间，如图书区、社区活动中心等。在今后的空间使用规划中，应保持古典园林参与社区生活的潜力，以适应周边环境的经济、社会和生态变化。本研究结果有赖于问卷调查，受样本限制可能与实际情况略有不同。为进一步验证本研究的结论，必须调查应用功能按需活化后的项目现状。随后，根据进一步的调查对功能评价层次进行验证或修改，从而提高古典园林功能活化方向和框架的有效性。

参考文献

[1] 史建华，周云，史亮. 城市历史街区文化创意产业发展研究[J]. 遗产与保护研究 2018，3(11)：83-86.

[2] 吴琛瑜. 内容、文脉、概念：关于苏州园林博物馆的一点思考[J]. 东南文化，2016(S1)：91-95.

[3] 吴余青，熊兴耀. 园林美学评价的心理结构模型研究[J]. 湖南师范大学自然科学学报，2015，38(06)：7-13.

[4] 赵越，朱颖，余慧，胡义涛，莫晓琪. 基于相关性分析的古典园林景观绩效评价指标体系构建研究[J]. 苏州科技大学学报(工程技术版)，2017，30(04)：49-56.

[5] 苏勤，钱树伟. 世界遗产地旅游者地方感影响关系及机理分析——以苏州古典园林为例[J]. 地理学报，2012，67(08)：1137-1148.

[6] 魏宪伟. 苏州古典园林经营管理的现代转型研究[D]. 苏州：苏州大学，2018.

[7] 储小丽. 道教文化遗产活化研究[D]. 南京：东南大学，2015.

[8] 钟行明，李常生. 名人故居遗产活化——台北市蒋经国故居案例分析[J]. 建筑与文化，2010(05)：42-47.

[9] 孙剑冰. 苏州古典园林作为街区开放空间的价值评估——应用 CVM 价值评估法[J]. 城市发展研究，2009，(08)：64-68.

[10] 芮光晔，王世福，赵渺希. 基于 IPA 分析法的城镇风貌改造后评价研究[J]. 规划师，2014，30(03)：95-100.

[11] Martilla JA，James JC. Importance-Performance Analysis [J]. Journal of Marketing，1977(1)：77-79.

[12] Evans MR，Chon K. Formulating and Evaluating Tourism Policy using Importance Performance Analysis[J]. Hospitality Education and Research Journal，1989(3)：203-213.

[13] Judy A Wiles. Derive Importance-Performance Analysis：A Diagnostic Tool for " Main Street " Planners[J]. Academy of Marketing Studies Journal，2002(11)：141-149.

[14] 郭雅. 古代园林. [M]吉林：吉林摄影出版社，2004.

[15] 徐苛珂. 基于苏州古城区传统建筑修复的围护结构节能改造研究[D]. 苏州：苏州科技大学，2017.

[16] 梁慧琳，张青萍. 基于空间句法的江南私家园林空间开合量化研究[J]. 现代城市研究，2017(01)：47-52.

[17] 刘敦桢. 苏州古典园林[M]. 北京：中国建筑工业出版社，2005.

[18] 杨俊，陈荻，张青萍. 中国城市古典园林遗产保护预警研究初探[J]. 城市发展研究，2015，22(04)：91-97.

[19] JWoudstra，K Fieldhouse. The regeneration of public parks [M]. London. E&FN Spon. 2000.

[20] Noussia A. Heritage Recycled：migration and tourism as

factors in the heritage of vernacular settlements[J]. International Journal of Heritage Studies, 2003(9), 197-213

[21] 姜又春，李建华. 基于五级态度量表的张家界旅客满意度研究[J]. 人文地理，2010，25(1)：143-147.

[22] 王钦安，彭建，孙根年，基于IPA法的传统型景区游客满意度评价：以琅琊山景区为例[J]. 地域研究与开发，2017，36(4)：111-115.

[23] Badoglio S, Love C. Association Meeting Planners' Perceived Performance of Las Vegas: AnImportance-Performance Analysis ·[J]. Journal of Convention &Exhibition Management, 2003, 5(1): 13-27.

[24] Chia-Sheng, Chen, Yin-Hao, Chiu, Lichiu, Tsai. Evaluating the adaptive reuse of historic buildings through multi-criteria decision-making[J]. Habitat International, 2018, 81: 12-23

作者简介

刘坤，1995年生，女，汉族，山东招远人，南京林业大学风景园林学院2017级风景园林学研究生。研究方向：风景园林遗产保护、风景园林规划设计。电子邮箱：491747432@qq. com。

张青萍，1965年生，女，汉族，江苏南京人，通讯作者，南京林业大学风景园林学院教授、博导。研究方向：风景园林遗产保护、风景园林规划设计。电子邮箱：qpzh@njfu. edu. cn。

基于空间句法的盐道古镇聚落空间形态与认知研究①

——以乐山罗城古镇为例

Spatial Form Cognition of Ancient Town of Salt Road in Sichuan Based on Space Syntax

—A Case Study of Luocheng Ancient Town of Leshan

胡丁月　潘　翔*　文琳华

摘　要：盐道古镇聚落作为最完整的盐业历史文化证明，其空间形态具备特殊的地域文化与自然地理特征。以川盐古道上的代表性聚落-罗城古镇为例，运用空间句法结合认知地图法对古镇的空间形态特征以及与使用者的认知关系进行研究分析，结果表明：古镇内部中心以船形街为代表的空间，是全局空间系统的集成核，具备最强的集聚力与认知度，是古镇历史文化核心保护区；古镇街巷系统在自然演进中呈现对外开放、向内集聚的特征，内部可理解度较低，R^2值为0.423；空间附属价值的差异导致了空间的整合度与认知结果相悖，优势街巷轴线空间因文化价值缺失而不易被感知，文化内涵深厚的节点可达性却较低。针对罗城古镇的空间特征与认知问题，对古镇的空间保护与发展提出了相关建议。

关键词：盐道古镇；空间句法；聚落形态；认知地图；古镇保护与发展

Abstract: As the most complete history of salt industry witness, the Spatial Form of ancient town of sichuan salt rode have special regional cultural and natural geographical characteristics. Taking luocheng ancient town as an example, this article researches the spatial morphological characteristics of ancient towns and the cognitive relationship of users by using spatial syntax and cognitive map method. The results show that: (1) The center of ancient town, represented by boat-shaped street, is the integrated core of the space system. It has the strongest cohesion and awareness, and is the core protection area of the history and culture of ancient town. (2) In the natural evolution of ancient town streets and lanes, the system is open to the outside world and gathers inward, with a low internal comprehensibility and R^2 value of 0.423. (3) The difference of spatial subsidiary value leads to the inconsistency between spatial integration and cognitive results. Axis space of dominant streets and lanes is not easy to be perceived because of the lack of cultural value, but the accessibility of nodes with deep cultural connotation is low. From the spatial characteristics and cognitive problems of Luocheng ancient town, this article proposes some suggestions on the spatial protection and development of Luocheng ancient town.

Keyword: Salt Road Town; Space Syntax; Settlement Patterns; Cognitive Map; Development and Protection of Ancient Towns

引言

盐道古镇聚落，是盐业经济繁荣时期，人们在产、运、销盐的古道线路上形成的停靠驿站[1-2]。它在社会生产力进程中得以产生与发展，是受自然环境与特色经济活动共同作用下的人类重要文化遗产[3]。盐道古镇聚落作为井盐时代的文明见证，其特有的盐文明符号赋予了它独特的空间形态与街巷特征，因此其空间形态具有一定的独特性与历史延续性，衍生出的文化信息更是宝贵。随着城市化进程的加快与古镇旅游热的掀起，盐道古镇开始没落，古镇的传统空间环境产生了物质性和功能性的衰退[4-5]。因此，探索古镇聚落空间形态与认知情况，保护发展古镇空间形态、传承文化脉络显得较为迫切。

以往对盐道古镇的研究主要停留在历史的探究与主观性归纳总结，聚落空间的探索主要依靠城市意象理论来解释其空间元素特征，缺乏定量的分析。空间句法作为一种有效量化空间，能够将空间结构进行理性的划分与量化描述，近年来开始广泛地被应用于传统民居古镇聚落的研究中。认知地图法是从图纸呈现中获取使用者空间认知的一种空间研究方法[8]。运用空间句法工具结合认知地图，能够更加深入掌握空间形态的内部秩序与规律，在理性原则性为盐道古镇的空间保护与旅游发展提供有力依据。基于此，本文以乐山罗城古镇为例，探索性的尝试运用空间句法与认知地图法相结合的方法，从定性到定量、客观事实与主观认知相结合，探索盐业文化影响下的聚落空间的内部规律，并结合认知地图法反应古镇使用者对古镇空间的认知情况，将认知情况转化成直观数据，探求空间与使用者的关系。

① 基金项目：四川省教育厅青年基金项目“基于世界遗产标准的四川盐道古镇评价及可持续发展方案”（16ZB0041）；四川省风景园林艺术设计工程研究中心“四川盐道古镇聚落二维平面整体形态的量化研究”（2015YB07）。

1 研究设计

1.1 研究区概况

罗城镇坐落于乐山市犍为县。最早建于明末崇祯年间，选址在交通要道上，从清代开始作为周边区域的物资集散中心而存在，是闻名的“旱码头”[14]。它地处山丘之顶，借助自然地理实现古镇空间的良好采光、通风（图1）。古镇的布局呈南北走向，顺应自然地势，最大程度上削弱山地地形所带来的坡度，通过适宜的街巷布局和建筑建造，满足南来北往的货物集散，营造出宜居宜业的商业场所和人居环境[15-16]。在四川井盐业繁盛时期，罗城集产盐功能与运盐功能于一身，是非常重要的盐业古镇[17]。古镇中心凉亭街，俗称船形街，是整个古镇的精髓所在。它通过独立建筑之间组合与联系，形成了整体性的船形建筑群落。其历史文化价值与旅游价值近年来被不断的挖掘和开发。但随着旅游开发的过度介入，现代生活、生产方式与传统物质空间的冲突加剧，盐业古镇聚落空间格局逐渐失去其原真性与整体性；古镇空间内在特征以及与使用者的认知关系，往往在规划发展中被忽略。因此罗城古镇正面临着保护与发展的双重压力。

图1 罗城古镇区位图

1.2 研究方法

本文从空间句法与认知地图法相结合的研究视角出发，探索罗城古镇的空间组构内在规律及空间形态认知之间的相互作用关系。空间句法包括三种最基本的空间分割方法有：轴线法、凸多边形法、视区分割法，盐道古镇聚落的街巷肌理是空间重要的生长脉络，因此本文主要运用轴线法进行空间分析。用最少且最长的轴线来表示空间即是轴线法的绘制原则，经过轴线法绘制后的每条轴线都代表一个空间[18]。通过轴线分割将空间结构转换为可进行拓扑计算的轴线图，进而得出一系列经过计算后对于空间形态有重要描述和解释作用的变量。本文主要运用以下三种变量进行分析：

（1）全局整合度：指空间 a 与系统中其余空间的集聚与离散程度。整合度越高的空间具有越强的空间集聚力，越能吸引人群和活动。反之，空间的集聚力就越低。全局整合度表现为空间 a 相对于其他空间的中心性。

（2）可选择度：反映空间 a 出现在最短拓扑路径上的次数，空间之间的拓扑连接方式的不同，造成其选择度不同。选择度越高，空间吸引穿越交通的潜力就越大。

（3）可理解度：指局部空间与整体空间之间的相关程度，也叫做智能度。反应从局部空间环境感知全局空间的能力。

此外，居民对古镇环境空间的认知情况采集，主要采用优化后的认知地图法，提示图标记法，在认知地图法的调查时，提供每个古镇的平面简图，包含古镇基本的街巷空间结构信息，但不包含街巷名、重要建筑、重要节点名，希望受调查者在提示图上标志其所认知的空间元素，包括路径、建筑、边界、节点、区域。再将回收到的地图上的标记结果进行统计、排序。最后，借鉴 IPA 的经典四象限模型进行句法量化数据与主体认知情况的整合分析[19]。基于空间句法的古镇聚落空间形态分析表现为 IPA 分析中的“重要性”；而认知调查中的出现频率则体现为“绩效性”，以此构建罗城古镇的整合-认知度分析模型，更科学而有效的分析了古镇聚落内部空间形态特征与空间认知的关系，共同探索出罗城古镇的旅游开发与保护发展的相关理论依据。

2 罗城古镇空间形态句法解析

根据实地调研及罗城古镇平面空间肌理（图 2-*a*），借助绘图软件，将罗城古镇空间形态转换成轴线图（图 2-*b*），可以看出，罗城古镇的空间形态呈现出纵横交错的网络结构，整个轴线图由 334 条轴线组成（表 1）。街道骨架主要有东西向的汇成街、新街、船街，南北向的横街、半边街构成；其轴线较长，联系紧密，是连通古镇的四面交通的主要骨干线路。其余均为短轴线，通往内宅或活动节点。古镇内部建筑顺延街道布局，呈现中间密集紧凑，四周错落疏散的整体格局，船形街作为历史文化承载的核心空间

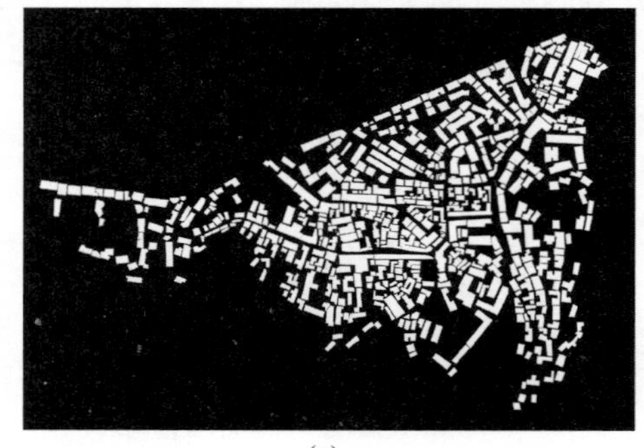

(*a*)

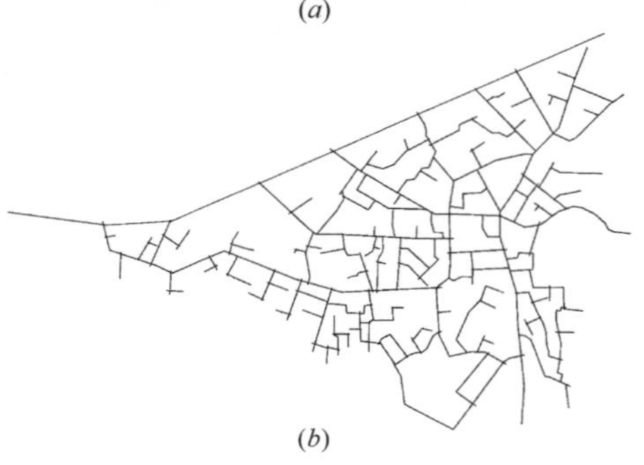

(*b*)

图2 罗城古镇空间图底关系与轴线模型

要素，其街道空间形态与建筑布局更为紧密，连接性更强。运用空间句法分析软件 Depthmap，将轴线图以. dxf 格式导入，进行运算分析，生成句法变量图与相应的空间要素句法值（表 1）。根据这些数据，进行空间定量分析，进而探究得出基于此理论下的古镇空间总体形态内在特性。

罗城古镇空间形态值　　表 1

轴线数量	连接值	全局整合度	局部整合度	平均深度	可理解度
334	2.301	0.55	1.08	11.95	0.423

2.1 全局整合度分析

全局整合度（Intregration Degree）反应了空间的集聚能力与可达性，整合度值越高，代表轴线空间的可达性越高。罗城古镇全局整合度图中（图 3）轴线颜色越暖表示整合度值越高。从图中可以发现，古镇以船形街、横街、过楼街以及新街、小巷等连接而成的中心区域颜色最暖，在整个空间系统中整合度值均较高。且横街的整合度值达到最高，为 0.85。因此说明这部分轴线是处于古镇空间全局整合能力的支配地位，它们构成了系统空间的全局集成核，在整个空间系统中具备最强的集聚力与渗透性，是聚落中心性最强的区域。其中横街处于最高的控制地位，是整个空间系统中集聚人流最强的区域。船形街作为旧时期的聚落中心，也具备较高的整合度，但客观反应不如横街数值高。我们可以推测横街虽在历史文化价值方面不如船形街深厚，但其空间形态更适应于满足人们在商业、社交等其他多样化活动上的需求，在空间地位上具有一定的客观优势。其次空间轴线由中心往北面拓展的部分颜色整体偏黄绿，南面以及边缘的轴线颜色偏蓝，较北面更冷，说明北面的街巷空间集聚能力与可达性整体都高于南面及两边缘。而南北轴线整合度的差异主要在于北面临近城市干道，对外联系较强，向外具备更好的交通可达性，而南面临近山体河流，地理条件限制了古镇内部街道向外的延伸与联系。因此古镇北面的轴线结构表现出比南面空间更高的集聚能力。

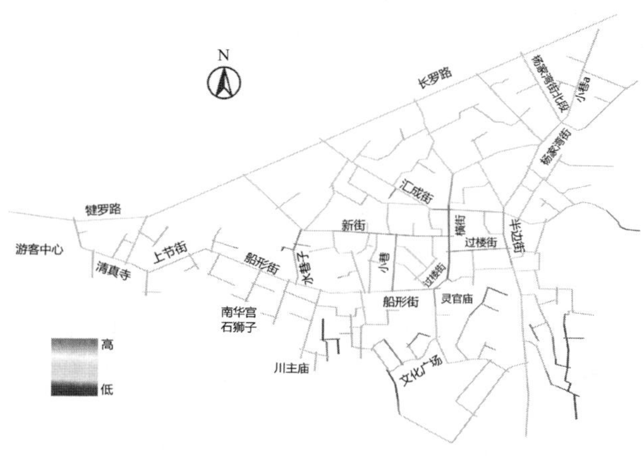

图 3　罗城古镇整合度

2.2 可选择度分析

可选择度（Optional degree）主要表示空间街巷的交通选择可能性程度，从罗城古镇的可选择度图（图 4），可以发现罗城古镇空间选择度的高低关系，从整体来看，组成古镇空间骨架的路径，包括横向的船形街、新街、汇成街与纵向的横街、半边街以及连接城市干道的长罗路都具有较高的选择度，其余通往内宅的支巷选择度较低。从拓扑学意义上讲，组成空间骨架的路径是穿越古镇空间的最佳选择线路，在古镇空间系统起着引导人流，物资流通的作用。而复杂的支巷结构则是古镇的内在生长脉络，不易被外人进入与穿越，具备一定的防御特征。另外，古镇中心区域，横街、船形街等仍具备较高的选择值，这与上文的整合度值相吻合，进一步印证了以横街、船形街为主的街巷空间是整个古镇中交通与人流集聚核心区，在未来的发展中，这些高值区域的空间具有较大路径选择潜力和目的地集聚潜力。它们是古镇的核心空间及生活与生产重要区域，也是未来要保护发展的核心成分。

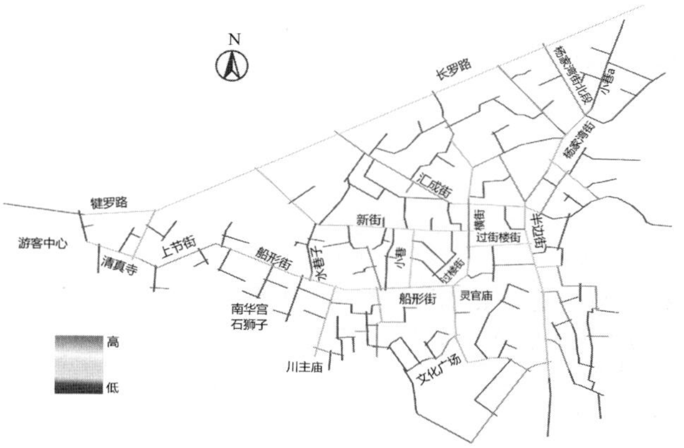

图 4　罗城古镇可选择度

2.3 可理解度分析

比尔·希列尔认为“无论对城市还是建筑空间，都很难被使用者站在内部的一个点就能理解，必须是在系统中运动地观察才可以逐渐建构空间系统的整体图景”[20]。可理解度（Intelligible degree）解决的问题是让空间局部对整体的引导程度有了直观的、数据化的衡量标准。可理解度高意味着更容易从局部感受整体。图 5 是在 Depthmap 软件中，通过 X 轴全局整合度与 Y 轴局部整合度总结出的轴线系统的散点图，R^2 表示空间的可理解度，斜率越大，则 R^2 值越高。根据句法理论认为，R^2 值在 0.5 到 0.7 之间时表示空间可理解度较好，当 R^2 值大于 0.7 时空间可理解度则为极好[21]。从罗城古镇的可理解度分析图（图 5）中可以得知，古镇的全局整合度与局部整合度的相关性 R^2 数值为 0.423，说明罗城古镇的街巷系统被理解的程度不高。由于罗城古镇的街巷空间仍然保留着自下而上演变的天然组织形态，整个空间系统呈现出较错综复杂的网络结构，除去空间骨架街巷外，其余支巷均呈现无规律性的有机连接，通过居民住宅空间的路径较为复杂，不利于外来者直接穿越，具备一定的防御特征，其次古镇的部分街巷受破坏较严重，空间结构缺乏完整性，这些都是导致古镇可理解度的原因。在未来保护规划中，应注重对空间原有肌理保护，维持古镇内宅的防御性特征，并梳理改善破损街巷，适当提高空间可理解度。

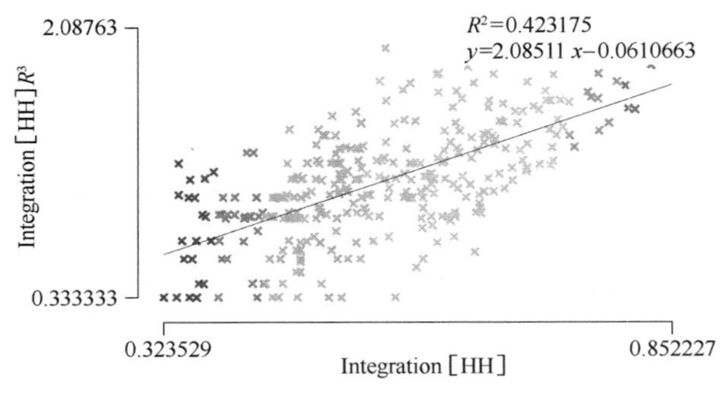

图 5 罗城古镇可理解度

3 罗城古镇空间认知分析

本文通过认知地图法结合问卷调研来探求人们是如何把握空间和空间要素的。在罗城古镇的认知地图调查过程中，一共发放认知地图提示图 100 份，回收到的有效地图为 94 份。在这 94 份有效地图中，研究对象的组成为古镇居民 50 人占 53.2%，古镇工作人员 9 人占 9.6%，古镇游客 35 人占 37.2%。

将全部受访者中对出现最频繁的空间元素进行整合（图 6）。可以看出，古镇空间的高频率认知空间元素主要集中在船形街及以南的节点，其中船形街认知度最高，达到 0.997，它是居民和游客活动最为频繁的区域。然而古镇往北的街巷节点几乎不被采访者认知。横街与新街虽具有一定的认知意象，但其频率远低于船形街与南面的空间节点，并且古镇的核心区域街巷，如过楼街、半边街等被认知程度更低，几乎不出现在高频率认知范围内。这一结果主要源于古镇自身的文化价值吸引力，船形街作为古镇的文化精髓，旧时的商业中心，几乎每个到访的游客与当地居民都能认知。其次船形街周边的重要历史遗址，庙宇、牌坊等，都是盐业时期古镇留存下来的重要文化景点，更能吸引人群的注意力与认知。而古镇北面临近城市干道，受外界城市化影响，建筑风貌已经被现代化，缺少了对游人的吸引力。

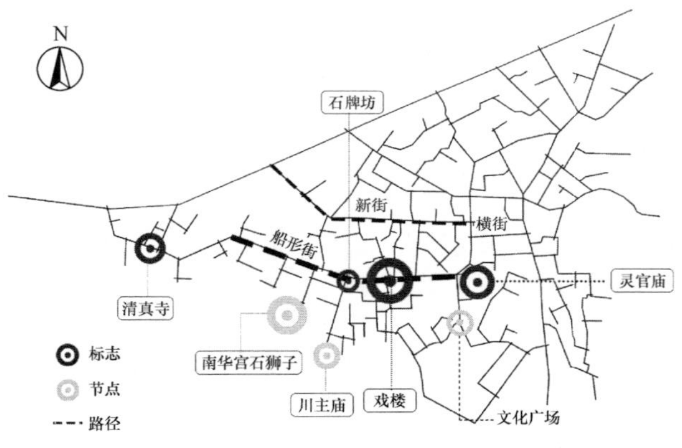

图 6 罗城古镇认知地图

4 罗城古镇空间整合度与认知意象整合分析

为了进一步探究空间元素的分析量化结果与认知情况之间的关系，将空间整合度值与最频繁的元素进行整合（表 2），并利用 IPA 分析法的“重要性”和“绩效性”，借鉴 IPA 的经典四象限模型构建罗城古镇整合度-认知度分析模型（图 7）。选择前文认知地图调查结果中出现频率较高的空间要素，结合每个空间要素的整合度进行分析，以期得出针对于空间要素的罗城古镇具体改进意见。

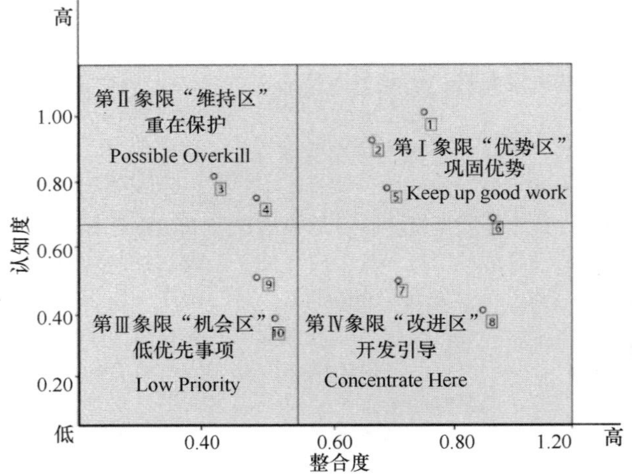

图 7 罗城古镇整合度-认知度分析图

句法理论认为高整合度的空间更容易集聚商业、吸引人流，容易被人群所记忆认知。从整体结果来看，我们可以发现罗城古镇的空间组构规律与主体认知情况基本相统一，但也存在差异。古镇高整合度值的集成核心区同样具备较好的认知，如船形街、灵官庙等，说明这部分节点既拥有良好的空间位置，也拥有较好的吸引力，应该作为古镇的优势空间加以适当的保护开发，最大程度发挥它们的地理优势和自身价值。但核心区的另一部分空间要素，如横街、石牌坊、新街落在第四象限，它们处在空间集成核的位置，虽具有良好的客观位置条件，但其被认知情况不如船形街优越。这应与空间自身缺乏影响使用者认知的附加价值有关，如景观价值、历史文化价值、功能价值等。从古镇保护开发的角度考虑，应根据空间条件适当挖掘其附加价值。如对横街注入文化特色，丰富空间功能，创造可识别的空间节点；对于石牌坊则应改善其外观风貌，凸出文化标志特点与可识别性，进而吸引使用者的认知。

最频繁出现的元素及其句法值 **表 2**

排序	空间要素	类型	出现频率	全局整合度	排序	空间要素	类型	出现频率	全局整合度
1	船形街	路径	0.997	0.77	6	新街	路径	0.638	0.83
2	戏楼	标志	0.851	0.77	7	石牌坊	标志	0.5742	0.75
3	清真寺	标志	0.766	0.48	8	横街	路径	0.524	0.85
4	南华宫石狮子	节点	0.713	0.50	9	川主庙	节点	0.438	0.57
5	灵官庙	标志	0.691	0.78	10	文化广场	节点	0.401	0.54

此外古镇北面街巷空间，它们未出现在受访者的易被认知范围内，因此在分析模型未被提及。但其空间整合值皆高于南面的易被认知的节点，具有更好的可达性与集聚能力。它们临近城市干道，路径轴线明确，在未来规划中可作为引导性空间，与古镇内部风貌相协调，增加空间的特色性从而吸引人群流入。同理古镇南面临山水，限制了街巷的生长，空间的集聚力与可达性都较差，如清真寺、南华宫等，但因有文化遗址为优势依托，仍能吸引游人的关注。对于这部分空间应加强交通的联系与空间轴线引导力度，使更多的游客有机会见到它们而不是因为它们不佳的可达性而错过。

5 结论与讨论

5.1 结论

以往学者对盐道古镇的聚居空间形态特征研究主要拘泥于主观性的描摹、归纳与总结。这些方法不能帮助我们加深理解空间总体特征，也无法掌握内在规律。空间句法作为一种被广泛应用的量化空间的研究方法，为盐道古镇的空间形态研究提供了一种高效而科学的手段。本研究突破了以往盐道聚落空间研究注重空间要素描述而忽略空间整体特征的研究范式，采用空间句法理论，以空间轴线为切入点，探索了罗城古镇的空间系统内部组织规律与整体特征；并结合认知地图法，将认知结果与空间句法值进行 IPA 整合，深入剖析了古镇聚落空间形态及与认知之间的关系。并得到了相关的结论：①盐道古镇从以往盐产业活动到现代商业、旅游业发展，仍然保留着最核心的历史街区。这部分空间具备高整合度的集聚能力与高认知效应，是控制整个古镇的文化与经济命脉，承载聚落居民生产与生活的重要空间。②罗城古镇的空间格局演变受自身地理环境限制与城市化及旅游发展影响，呈现出对外开放，向内集聚的特征。联系城市环境紧密的北面空间轴线，主干路径更为明确疏朗，可达性与整合度均高于南面临近山水的街巷空间。③古镇的各个街巷空间因文化内涵、景观环境与功能价值等因素的差异，导致其部分空间客观地位与认知情况不相吻合。古镇最高整合值的街巷并非是最具文化魅力与最高认知度的船形街，而是认知情况较低的横街。在保护规划中，船形街的空间地位还需要通过其他街巷的梳理来巩固加强，而横街则需要注入文化因子，激发空间活力。同样南北向的空间句法理性值与感性认知结果也相悖。说明了城市化进程与旅游开发在改变了古镇原有风貌的同时也降低了其本身的文化旅游价值与游客的地方感知能力。而古镇中心往南的节点，保留着某些文化遗产旧址虽具备一定的认知度，但因保护不力与所处空间地位较弱，未体现出其空间活力与旅游价值。④古镇聚落在长期自下而上的自然生长过程中，街巷空间形成了较为紧凑而错落的网络格局，主街脉络明确，易于物资集散与商业流通，但通往内宅各个支巷错综复杂，具备一定的防御特征，导致古镇整体的可理解度较低，人群很难从局部空间理解到聚落的整体空间系统。

5.2 讨论与建议

本研究引入空间句法这一理论对盐道古镇中的罗城古镇进行了新视角的探索，从理性与科学的角度来认知与把握盐道古镇的传统空间形态整体结构以及内部秩序与规律，以此为依据，针对罗城古镇的空间特征与认知关系的相关问题对古镇空间保护、文化传承以及未来旅游发展规划提出有效的建议：

（1）针对古镇空间不同层级的特征，对古镇街区进行分级控制。通过划分核心保护区、更新发展区、环境协调区、风貌提升区（图 8），进行空间环境整体性的改善，平衡保护与开发之间的协调关系。以船形街为主的历史核心区，以“原真性”原则加强全面保护，增强核心的内聚力。北面区域利用其空间地位优势，进行风貌改善与提升，挖掘文化内涵，延续古镇原有的历史风貌，加强空间对外来者的吸引与引导能力。南面因盐而衰的旧址节点，对其街巷环境、建筑风貌等进行更新与修缮，提高空间可识别性。对外延续的边缘空间进行建设控制，保护古镇的整体格局与历史文脉。

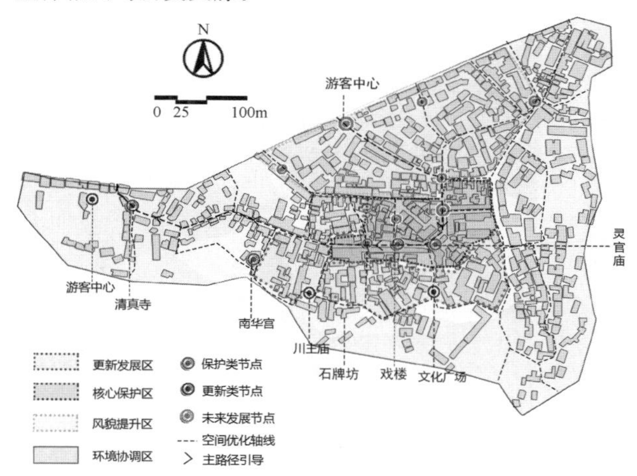

图 8　罗城古镇空间优化与保护图

（2）加强文化认知，激活空间活力，创造可识别性空间节点。在古镇的保护规划过程中，加强对文化的挖掘与提取，在线性特征良好的空间，如横街、新街，注入文化基因，创造有价值的场所功能，增加其附属价值，考虑其为未来发展的节点，提升空间吸引力。

（3）保护空间原有肌理特征，优化内部交通组织关系。在不破坏街巷肌理的基础上，对残缺、混杂的街巷进行梳理，依托北面空间整合优势，重构以北面作为导向入口的游览路线，提升古镇旅游的可达性和便捷性。对于可识别性较低的边缘空间，增加交通的联系轴线，改造不必要的路径，适当提高空间的可理解度，促进古镇的可持续性发展。

古镇空间形态的变化随着时代发展存在着许多非理性的因素，本文仅从空间句法分析视角探讨空间形态认知，而古镇聚落作为一个有机整体，对空间形态与认知的关系研究还需要结合其所处的自然环境、经济条件、社会文化等多方面因素，才能更全面的挖掘古镇空间形态表征下的内在特性，为盐道古镇的保护与发展作出更科学全面而合理的指示与建议。

参考文献

[1] 丁长清，唐仁粤．中国盐业史(近代当代编)[M]．北京：人民出版社，1997.

[2] 赵逵．川盐古道上的传统聚落与建筑研究[D]．华中科技大学，2007.

[3] 凌申．苏北盐业古镇的保护与旅游开发[J]．小城镇建设，2003，03：67-68.

[4] 程龙刚，邓军．川盐古道的路线分布、历史作用及遗产构成—基于 2014-2015 年的实地考察[J]．扬州大学学报，2016，20(4)：67-73.

[5] 尤思，聂康才．川南盐道古镇聚居形态特征及其更新设计保护研究[J]．四川建材，2013，117(39)：81-83.

[6] 韩雪，张建华，宋凤．基于句法分析的济南泉水聚落空间形态认知研究[J]．华中建筑，2015(06)：102-106

[7] 比尔·希列尔，段进．空间句法与城市规划[M]．南京：东南大学出版社，2007.

[8] 陶伟，陈红叶，林杰勇．句法视角下广州传统村落空间形态及认知研究[J]．地理学报，2013，68(2)：209-218.

[9] 凯文·林奇著，方益萍、何晓军译．城市意象[M]．北京：华夏出版社，2001.

[10] KimYO，PennA. Linkingthe spatial syntax of cognitive map to the spatial syntax of the env ironment. Environment and Behavior，2004，36：483-504.

[11] PeterC，Dawson. Space syntax analysis of Central Inuit snow houses[J]. Journal of Anthropological Archaeology，2002，21(4)：464-480.

[12] Meilinger T，Franz G，Bulthoff H. From isovists via mental representations to behaviour：First steps toward closing the causal chain//Hölscher C. Space Syntax and Spatial Cognition. Bremen：SFB/TR 8，2007：65-92.

[13] 陈驰，李伯华，袁佳丽．基于空间句法的传统村落空间形态认知——以杭州市芹川村为例[J]．经济地理，2018，38(10)：234-240

[14] 江俊浩，邱建．四川罗城古镇传统聚落空间的营造及其人居环境启示[J]．四川建筑科学研究，2008，34(5)：179-181.

[15] 唐瑜皎，李光跃．乡村古镇与周边环境融合研究 _ 以乐山市罗城古镇为例[J]．四川农业科技，2018，12.

[16] 高静，程先斌．传统室外公共空间初探--以罗城古镇船形街为例[J]．四川建筑，2005，25(4)：17-18.

[17] 陈兴中，帅希权．犍为罗城古镇遗产的保护与利用研究[J]．乐山师范学院学报，2004，19(2)：104-106.

[18] 杨滔．空间句法：从图论的角度看中微观城市形态[J]．国际城市规划，2006，21(03)：48-52.

[19] 周永博，魏向东，梁峰．基于 IPA 的旅游目的地意象整合营销传播——两个江南水乡古镇的案例研究[J]．旅游学刊，2013，28(9)：53-60.

[20] Hillier B，Yang T，Turner A. Advancing Depth Map to advance our understanding of cities：comparing streets and cities，and streets to cities[C]. Eighth International Space Syntax Symposium Santiago de Chile：PUC，2012.

[21] 陈丹丹．基于空间句法的古村落空间形态研究 _ 以祁门县渚口村为例[J]．城市发展研究，2018，24(8)：29-33

作者简介

胡丁月，1994 年生，女，汉族，四川眉山，硕士研究生，四川农业大学，学生。研究方向：风景园林规划设计、传统古镇空间特征。电子邮箱：945661524@qq. com。

潘翔，1985 年生，男，汉族，四川成都，博士，四川农业大学风景园林学院风景园林系副主任，讲师，硕士生导师。研究方向：风景园林规划与设计和风景园林遗产保护。

文琳华，1993 年生，女，汉族，四川射洪，硕士研究生，四川农业大学风景园林学院。研究方向：景观规划设计。

基于乡村振兴的乡村生态智慧和旅游建设适应性设计探讨[①]

——以中波古村落比较为例

Smart Eco-villages and Tourism Development Based on Rural Revitalization with Comparison Chinese and Polish Traditional Villages Experiences

马梓烜　齐　羚*　周　默　张玉雯

摘　要： 古村落对于当前精细化发展的城市具有重要的互补作用，然而一部分古村却在盛名之下，难逃现实发展的困境，日渐衰败。古村的再生发展必须以城乡间的共生发展为目标。针对村落衰落和现代经济模式对古村落的冲击，以及古村落发展中的生态智慧传承、古村落旅游建设和保护发展的问题，以中国和波兰两个典型古村落为研究对象，运用“适应性设计”概念，研究古村落生态适应性设计的生态智慧和旅游建设适应性设计的建设智慧，提出古村落建设的“适应性设计”原则和策略，总结古村落低破坏性更新与可持续化建设的方法策略。并通过中波案例对比，研究其共同点与差异性，互相借鉴，促进“一带一路”沿线国家在古村落生态、景观、建筑等物质形态与非物质形态文化遗产重视和投入，以及古村落的保护、更新与发展。

关键词： 乡村振兴；中波古村落；适应性设计；生态智慧；旅游建设

Abstract: Traditional villages have an important complementary effect on the current refined cities. However, many ancient villages are facing the dilemma of real development while they are in the phase being gradually declining. The aim of the regeneration of the traditional village is processing at the symbiotic development between urban and rural areas. In view of the impact of village declining and modern economic model on the traditional villages as well as the in heritage of ecological wisdom in the development of traditional villages together with the construction and protection of traditional villages. The study of two typical traditional villages in China and Poland with " Adaptive Design" concept, which is the result of the ecological wisdom of ecological adaptation design of traditional villages and the ecological wisdom of eco-village tourism development . It is worth to put forward the "adaptive design" principle by summing up the low-destructive renewable and sustainable construction of traditional villages with various strategies. Through the comparative case study of Chinese and Polish traditional villages, their commonalities and differences were studied in order to promote the ecological landscape, architectural and other forms of cultural heritage in the traditional ancient villages associated with the heritage protection, rural revitalization, ancient villages development along with the Belt and Road Initiative.

Keyword: Rural Revitalization; Traditional Village Strategies; Adaptive Design; Ecological Wisdom; Tourism Development

引言

当今世界，农村地区面临着许多挑战，包括生态环境系统建设、农村振兴、繁荣投资、历史保护等方面。其中，生态智慧对社会经济的影响是相当重要的。

然而，在农村振兴的进程中，世界各地的乡村振兴都面临着难以推进的问题。因此，农村振兴正成为社会、战略、技术、资金和各种促进农村发展途径的多元综合性课题。生态旅游的基础是自然和文化环境的受控开发。其目的是促进更好地了解旅游业和环境之间的相互关系，并为实现共生关系的可能性作出贡献。

1　乡村衰退与乡村振兴

1.1　乡村衰落

在城市化的进程中，由于城市对各项资源的强大吸力，农村的人口、资源、财富对城市呈现巨大顺差。其突出表现为：人口的老龄化、空心化、产业发展滞后、传统文化衰落。

1.1.1　老龄化、空心化

据《中国统计年鉴》数据，自 2010 年至 2016 年，农村常住人口减少 8140 万人，其中 75.93% 为青壮年劳动力。农村劳动力的减少，特别是具有较强组织能力、较强创新能力的强壮劳动力持续减少，导致了农村经济发展滞后、产业结构升级滞后、传统文化衰落[1]（图 1)。

1.1.2　生产力发展滞后

具备较高文化水平、较强创新能力的农村本土人才不断涌入城市，农村对外来人口的吸引力极低，造成农村人才凋敝，导致创新发展无力；同时由于青壮年作为农村建设与振兴的产权主体，进入城市后长期缺席相关建设进程，农村振兴与建设的具体举措难以推动[2]。从农村的产业结构看，我国农村第一产业，生产效率不高，工业化

①　基金项目：北京工业大学国际科研合作种子基金项目资助（2018B37），国家青年自然科学基金项目（51608012），北京工业大学研究生科技基金（yjk-2018-00606），北京工业大学研究生科技基金（yjk-2018-00606）。

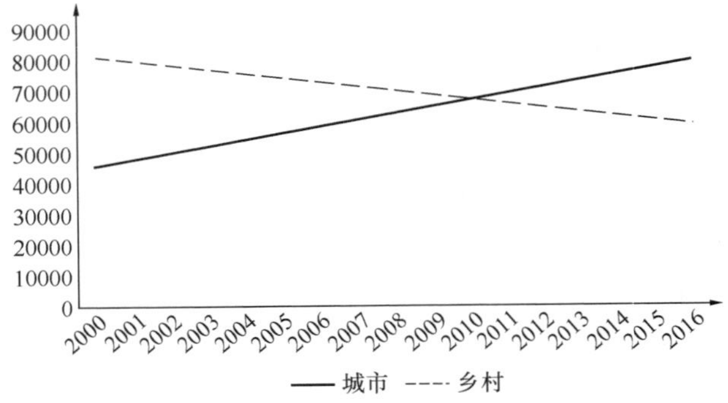

图 1　2000～2016 年中国城乡人口对比（单位：万人）
（图片来源：《中国统计年鉴》）

程度较低，规模化程度较低。尤其在贫困地区，仍然采用落后的生产方式。因此，我国的农产品价格常年高于国际市场，导致从事农业生产风险大、收益低[3]，以及农村对生产力的吸引力降低，形成了生产力的恶性闭环（表 1）。

村庄概况总结　　**表 1**

规模		292 户，747 人
交通性		两条盘山公路
产业	第一产业	主要为果园经济
	第二产业	手工特产
	第三产业	外出务工
基础设施	给排水	不完善
	电力电信	端口不足
	燃气、	自行解决
	集中取暖	无
	公厕	无
生活配套设施		无

1.1.3　传统文化衰落

在城市化的背景下，作为文化承载主体的农村青壮年劳动力不断外迁，造成农村传统技艺与习俗无人传承、无人发展。全球化文化对农村的冲击也十分强烈，由于农村在网络上话语权的缺失，使得农村居民对自身文化习俗产生自卑，造成了农村传统文化的不断衰落[4]。

原乡通过多种手段对西井峪进行分层次开发，并在开发过程中，注重针对性地解决传统村落青壮年劳动力外流、农村生产力发展滞后、文化衰落等问题。课题组通过对西井峪村及波兰乡村的振兴过程进行深入调研，探索了乡村振兴过程中的相关适应性问题[5]。

1.2　乡村振兴

乡村振兴的核心在于通过多方参与，提高乡村对青壮年劳动力的吸引力，提高村民生产能力。具体而言应通过提高村民文化素质，提升乡村单位时间产出；通过提高村民组织化程度，提升乡村总体生产能力和市场竞争力[6]。

1.2.1　多主体、多手段提升乡村吸引力

乡村振兴过程中，政府方、资本方、企业方、技术方应相互配合，共同发挥本职能力，协调推动乡村振兴。首先政府应对乡村进行一定的政策倾斜，对参与乡村振兴的村民、企业进行税收方面适度优惠[7]。充分利用资本市场及信贷体系，建立健全针对农业的信贷系统，为乡村振兴提供助力。企业应将先进的运营方式和生产模式带入乡村，提高乡村的整体运营效率，提升乡村应对市场风险的竞争力。在技术方面应逐步将乡村需要的生产、技术带入乡村，推动乡村的单位时间生产能力[8-10]。

1.2.2　通过产业教育提升村民生产经营能力

乡村人才凋敝的问题，应从两个方面进行解决。首先应着眼于乡村现有人力资源，通过教育培训提高村民的生产技术水平、经营水平、文化水平。其中技术方面应注重田间栽培技术、养殖技术、各种农牧业机械操作与维修技术[11]。经营能力方面，应提高农民对农产品、对乡村旅游等方面的相关管理、经营能力。综合素质方面，应提高农民的绿色生产意识、审美意识等综合能力[12-13]。

1.2.3　通过产业合作社等形式提高村民组织化程度

全世界范围内，农业合作社已经成为农业生产经营的重要形式。美国、加拿大、日本、德国、以色列、印度、泰国等国家均制定了相关法律以保障和推动农业合作社的发展。各国均通过生产合作社的形式，极大推动了乡村生产能力的提高，集中解决市场竞争、技术更新等小农经济背景下难以解决的问题。其中，日本通过“一村一品”运动，按照区域化布局、专业化生产、规模化运营、科学化种植等手段极大推动了产业集群的形成和生产效能的提高。

西井峪村在振兴过程中，主要采用是村民自主的多层次建设和村集体推动的统一配套基础设施相结合的手段，充分发挥村民个体具备的经营模式灵活、集体合作社的基建能力较强等优势，与外界资本投入相结合，进行高中低端的全面化村落旅游开发。此外，针对草编、皮影、面点等农村传统技艺、产品也进行重新发掘、开发[14-15]。

2　乡村生态与建设适应性设计理念

2.1　山地环境适应性

山地村落选址一般应考虑地势、交通、土壤厚度、山坡坡向等问题。具体而言，优先选址于缓坡，以利于建设、耕作，坡向一般以南向、东南向为主，偶尔在西南向布置建筑。山地建筑一般沿等高线布置，以方便施工，少量跨等高线布置的房屋则需要挖填方或垫起地基等方式找平地面。街巷随建筑布局沿等高线布置，辅助性街道少量跨等高线布置。由于山地区域可建设面积有限，村落往往采用密集的平面布局。在中国华北地区，密集的平面布局也比较有利于冬季采暖和保存热量。

以西井峪村为例，其建筑主要分布于饽饽山东南侧，

西南侧峡谷附件建筑较为稀疏，建筑布局设置不仅有利于建筑采光通风，也非常符合中国传统山水观念。就其街巷布局而言，西井峪村的主要街巷均沿等高线布置或盘山而上，次要流线则结合具体坡度选用台阶或坡道两种方法解决（图2）。

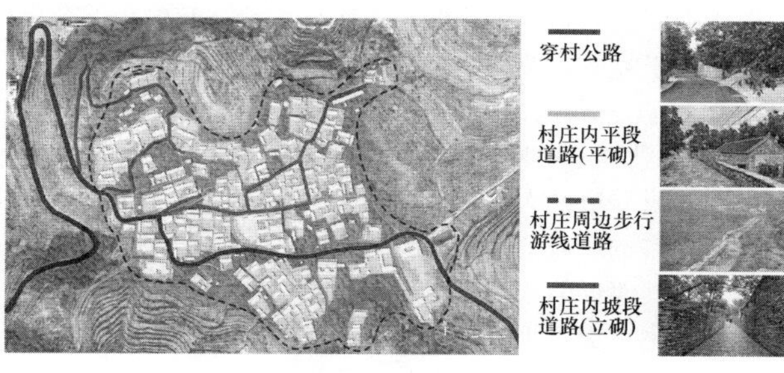

图2　西井峪村交通流线

西井峪村选址西北侧，北侧、西侧为落差较高的悬崖，充分阻挡了冬季寒风的侵袭；东南侧进山通道同时也是夏季主导风向，对村落内夏季通风降温起到了重要作用。

2.2　水环境适应性

中国传统村落选址一般会慎重、综合考虑水源问题。一般结合区域内地表径流和地下水分布考虑选址。传统村落一般不设地下排水，一般以地表排水结合雨水下渗解决雨水问题。此外在中国，基于背山面水的基本风水格局，一般希望村落南侧或东南方向有池塘或小溪、河流，这样的选址、布置从微气候的角度来看，十分有利于夏季东南季风条件下，通过自然通风降低村落内温度。

村落内街巷空间在解决通行需求的同时，也基本解决了村内排水问题。在进行村落规划的过程中，设计师针对西井峪村降雨量过低的情况，在全村范围内尽可能使用透水性较好的当地石材作为路面铺装，并在村内广场中部设置雨水收集区域，以涵养水源。

2.3　民居院落气候适应性

中国京津冀地区传统村落院落格局一般为合院形式，在人口密度大的区域一般为四合院或三合院的形式，居民量较小的区域内一般采用东西南三侧院落围合、建筑坐北朝南布置的形式。且在北方考虑到冬季保温问题的背景下，传统建筑的墙体一般为300mm～500mm，且部分墙体为复合结构，进一步增强其墙体保温能力，甚至在部分村落存在窑洞式民居。

聚落布置一般参考背山面水、藏风聚气的风水理论进行布置。通过古人对微气候传统而朴素的认识，较为成功地实现了微气候的适应性，是传统村落智慧的重要体现，也是进行传统村落振兴必须保护和发展的重要方面。

西井峪村的传统建筑形式为华北地区十分常见的合院形式。其典型布局由正房、厢房构成，正房由家中长辈使用，东西厢房一般用作厨房或仓储空间，部分厢房也可能用于饲养牲畜。正房、厢房的布置形式非常适宜华北地区的气候。在华北地区，由于冬季严寒，采暖为房屋构建的主要关注点。为了尽可能争取冬季采暖能耗最低、舒适度最高，在用地并不十分紧张的情况下，华北地区一般采用居住空间完全向南，尽可能争取采光，且在北侧几乎不留门窗的做法。

2.4　旅游开发建设适应性

乡村振兴，特别是古村落旅游开发过程中，商业经营空间与居住空间的划分与融合一直是一个较为重要的问题。过高的商业空间会导致原住民密度的过度稀释，造成村落内风俗体验、风俗传承不可逆的损伤。过低的商业经营空间则会导致开发力度过低，难以形成适宜的经济效益，导致旅游开发难以推动。

因此应采用不同级别的开发策略，使游客结构能够高中低参与度相结合，尽可能在保证原住民日常生活不受影响的前提下进行旅游观光安排。将原生文化保护、原生文化旅游作为一个不可分割的整体，采用对游客充分分层的手段。

西井峪村内针对旅游进行的开发形式主要有四种：民宿、优选农舍、农家乐、服务性院落。民宿、优选农舍、农家乐为最重要的开发形式，也是目前村内盈利性最佳的形式，三者价格、设计参与度均依次降低。服务性院落则分为生产型院落和公共空间院落。生产型院落一般以生产当地特产为主，村落中心的广场东西两侧为咖啡厅及餐厅等公共空间。

2.5　历史文化遗存适应性保护

历史文化遗存的保护不能与乡村振兴开发相脱节，乡村振兴也不能脱离对乡土文化、历史遗存的保护，两者互为动力，互相促进。对村落内历史遗存应采用保护、参观、互动、利用、改造等手段结合的方法进行妥善处理。以确保在可持续的前提下进行相关开发，确保开发强度不高于历史遗存适应性极限。对不可再生、容易遭到破坏的历史遗存，应以保护、参观为主，不对其进行过度互动，确保其可持续性；对可再生、或开发耐受度大的历史遗存，可以进行有限度的开发活动，以参观、互动的方式进行开发；对人文性历史遗存或非物质历史遗存，则可采用较高强度的开发模式，采用参观、互动、利用、改造等手段进行综合开发，进而振兴村落活力。

3　中波乡村建设的适应性设计探讨与比较

3.1　乡村生态与建设适应性研究框架

乡村的生态与建设适应性研究主要应包含以下几项：①村落选址特点；②村落空间与自然环境适应性；③山水格局及民居院落的气候适应性；④动空间的人文生态适应性；⑤村落旅游开发建设适应性（图3）。

3.2　天津西井峪村

西井峪位于中国天津市蓟州区渔阳镇北部，典型北方小山村。距离渔阳县城区2.5km，距离于桥水库5.5km。村落位于我国首个国家级地质剖面自然保护区——中上元古界地质剖面自然保护区范围内。村落开发前产业结构单一，主要为果园经济，无工矿企业，青壮

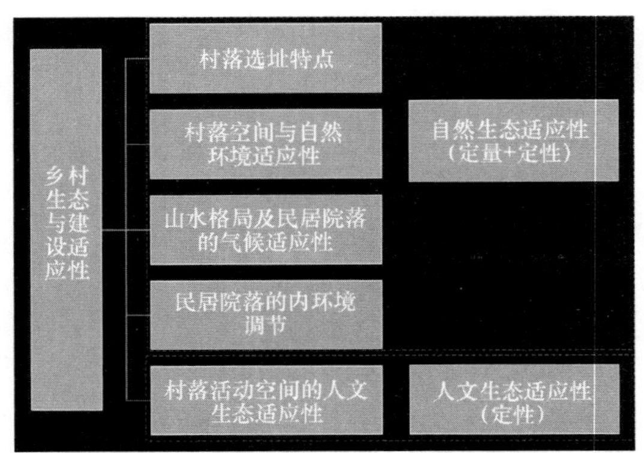

图3　乡村生态与建设适应性研究框架

年多前往村外务工。

3.2.1　村落选址特点

“峪”就是山谷，四面环山，中央凹地形成的“井峪”是西井峪基本的地理格局。对四周高地的开垦利用形成了大量的石砌梯田与果园。西井峪村核心村落面积约 13.4hm^2，是一处典型的北方塞内山村。村落依山就势而建，地势南低北高，位于周边井形沟谷的中心地带，并以此命名。

西井峪村的选址和建筑布局具有极高的生态智慧。通过对村落的精心选址，西井峪村的先人利用东侧山谷开口引入新鲜空气和夏季凉风，冬季寒风则被山谷阻挡。民居利用饽饽山南坡作为村落选址的核心区域，沿等高线布置，保证了微气候的舒适性（图4）。

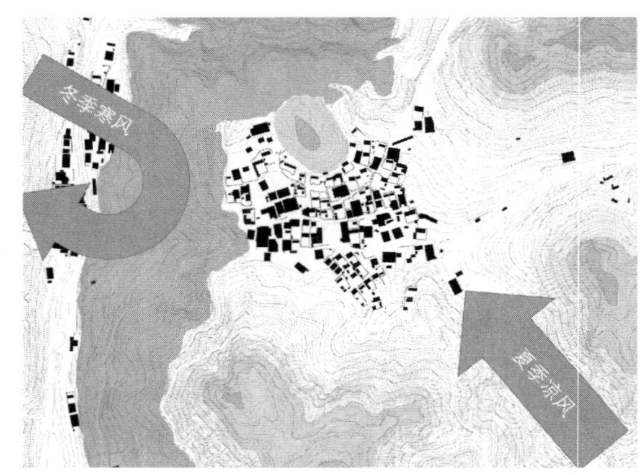

图4　西井峪村山体分析

3.2.2　村落空间格局的自然环境适应性

（1）地形地貌适应性

西井峪村的井字形地貌十分突出，村落东、西、南、北各有一条沟谷，其中北侧、西侧沟谷为断崖，是水峪村与外界的天然边界。整体村落坐北朝南，沿等高线布局，基本符合环山聚气的传统山水理论，前有府君山次峰（案山），后有饽饽山（祖山）及北部山体，东侧有府君山主峰（青龙），西有小岭子（白虎），体现了藏风聚气、负阴抱阳的风水观。村落整体位于山坡上，地势较高，有利于防洪排涝。西井峪的选址符合中国传统的风水概念，体现了古人在对村落选址的科学性。

（2）水环境适应性

对西井峪村进行相应开发的过程中，为了尽可能保留古村落的原始风貌，也为了保护西井峪建设在地形地貌适应性方面的高超生态智慧，对其街巷空间进行了保留和保护。

西井峪所属天津市属于暖温带半湿润大陆性季风气候，夏季高温多雨，冬季低温干燥，春秋时间较短。全年降水集中于夏季，平均为 515.9mm，约占全年平均降水量的 76%，冬季则仅有 11mm，仅占全年平均降水量的 1.6%。春秋两季时间较短，雨雪稀少，多大风天气。

西井峪周边最大水体为于桥水库，但由于山体阻挡，其对西井峪的水环境影响较小，西井峪周边整体缺水较为严重，其邻近的东井峪村因缺水已于 20 世纪 80 年代荒废。为解决水资源匮乏的问题，西井峪村民大多在自家院落之中设置储水装置。此外，为了增加西井峪村的地下储水量，设计团队在对西井峪村跃进广场进行改造的过程中也考虑到了雨水收集的需求，设计了雨水收集的高下渗度区域。

（3）交通及空间组织的适应性

对西井峪村进行开发的过程中，针对其具有中国传统特色与生态智慧的山水环境特征，进行了针对性的保护。此举不仅是对传统村落风貌的保护，也是对中国传统山水格局思想包含生态智慧的保护。

在交通及空间组织方面主要体现为以下两个方面：首先，沿登高先排布的主干道不仅减少了同行难度、增加了可达性，同时作为天然的雨水径流缓冲区域，减少了土地流失的可能性；其次村落在东南向道路较为密集，西北向道路稀疏，恰好符合了夏季引入东南向凉风，冬季阻挡西北向寒风的需求（图5）。

图5　交通分析图

在空间组织的层面上，村落以中轴主干道为分隔带，南侧建筑主要受君府山次峰山脉引导，北侧主要受饽饽山山体影响。这样的空间组织方式不仅在建筑过程中极大地减少了挖填方的工作量，也体现了传统生态智慧中依山就势的理念。

3.2.3　山水格局及民居院落的气候适应性

（1）风热环境适应性

课题组在前期调研过程中对西井峪的风热环境进行了实测、模拟，获得了大量的数据。发现在沟谷区域易形成狭谷风，风速过强不利于作为居住点；在山体背风处风速较弱，甚至可能形成少量静风区，不利于污染物扩散，也不利于作为居住点。因此通过模拟西井峪村的村落布局对风环境的影响，发现合适的山水格局、村落布局可使得村落有更好的微气候特别是风环境的舒适度（图 6）。

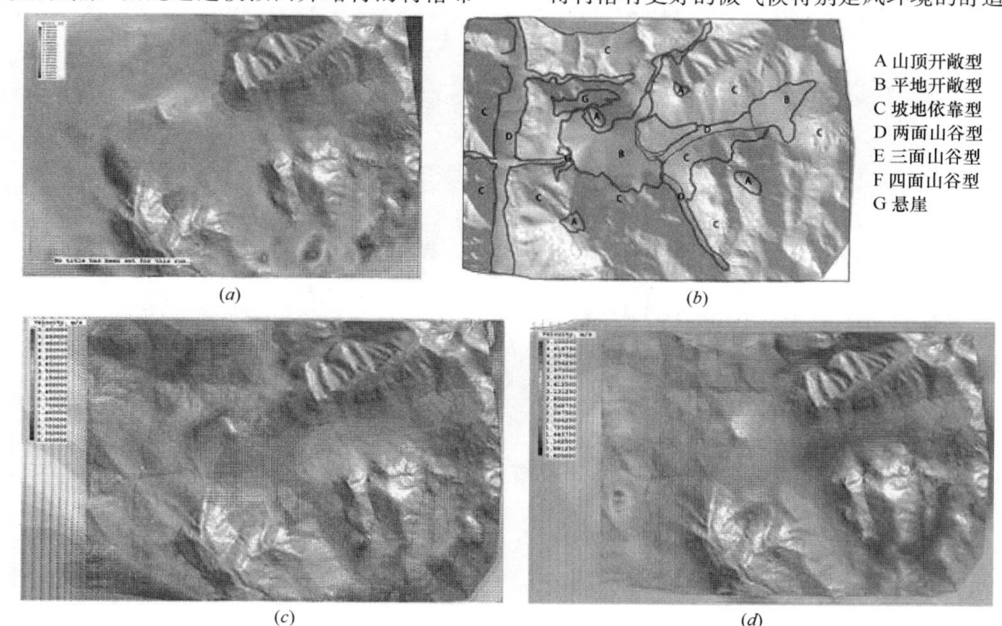

图 6　西井峪村风环境模拟图

（*a*）春季风环境模拟图；（*b*）地形分类索引图；（*c*）夏季风环境模拟图；（*d*）冬季风环境模拟图

山体朝向及山体坡度对场地的热辐射情况具有极大影响。虽然空气的流动交换会降低热环境的差值，但总体仍为向阳面温度较高，背阴面温度较低。此情况受到坡度影响也较大。当背阴处坡度小于模拟时间段太阳最低高度时，辐射得热会略低于向阳面（图 7）。

西井峪村的村落布局不仅降低了村落在夏季降温、冬季保温的成本，同时也兼顾了通风、排污、采光、防捞。其中运用的风水理论是中国古人智慧、经验的集中体现。

（2）民居院落的内环境调节

西井峪村特殊的自然环境条件对传统民居形式的发展产生了很大影响。这里夏季高温，冬季低温干燥，且村落西侧狭谷风较大。村落西高东低，南有君府山北有饽饽山，且村内耕地稀少，土地肥力不佳，村民生活较为清贫。西井峪村独特的地理地貌特征和经济发展情况对建筑院落形式产生了较大影响。

西井峪村院落式建筑平面布局一般由正房和厢房构成，比较适宜华北地区夏热冬冷、冬季西北风较强的气候。在此背景下，西井峪地区住宅形成了独特的半包围形结构。这样的结构起到了抵挡冬季寒风，引入夏季凉风，并减少西晒的突出作用（图 8）。

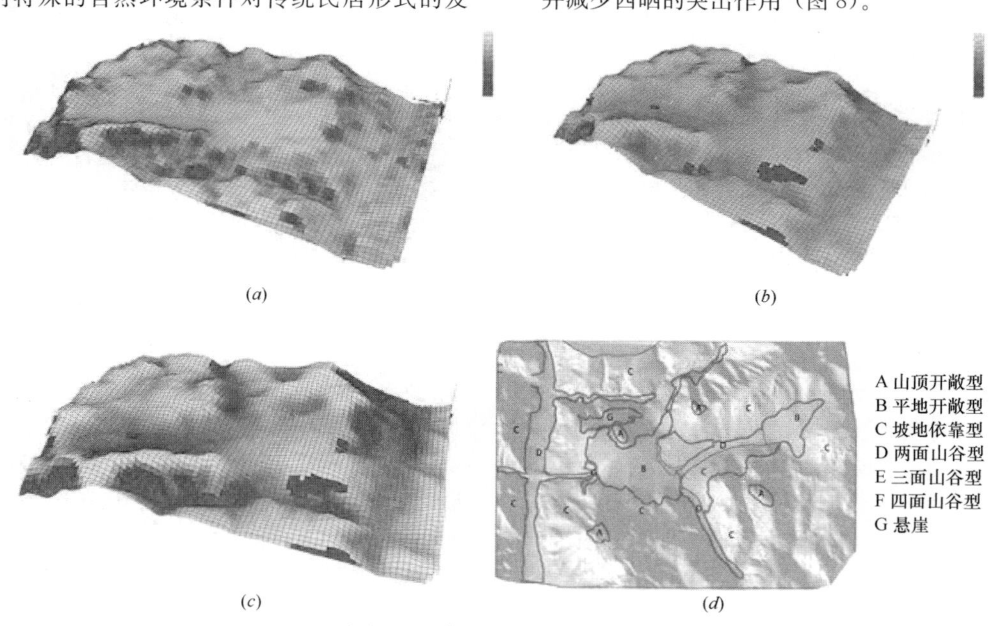

图 7　西井峪日照得热模拟图

（*a*）西井峪春季模拟图；（*b*）西井峪夏季模拟图；（*c*）西井峪冬季模拟图；（*d*）地形分类图

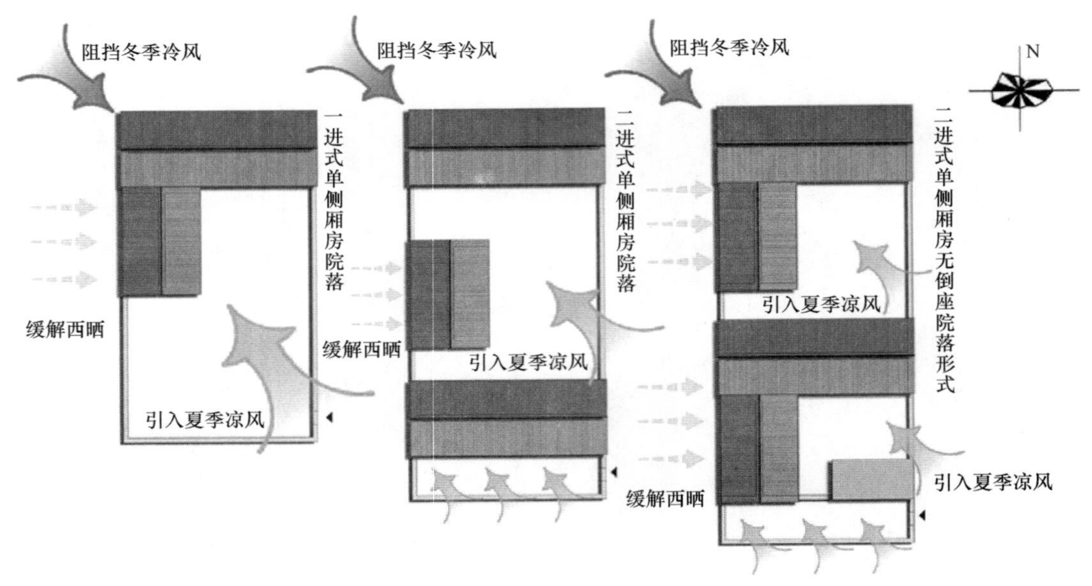

图 8 典型院落形式

依据传统院落形式在微气候的适应性方面的智慧，对西井峪村几处典型院落平面形式进行设计引导如下：

平面设计中延续了传统的正房、厢房结构，并对院落的围合方式进行整理，根据功能和适应气候的需要，形成了多种类型的院落空间。正房主要以南北朝向为主，建筑主要分布在西北两侧，在东南留出庭院空间。这样的布局有利于阻挡冬季冷风，引入夏季凉风，大门位于东侧。一进式采用纵长的庭院平面形式，这样可以缓解夏季的西晒问题，同时窄长的院落空间也形成了风的通道，可组织形成良好的自然通风；二进式有一前一后两个庭院，前庭呈横长方形，进风面宽，进风量大，后庭呈方形，小而深，太阳直射时间少，较为阴冷，二者易形成热压差，由此促进空气的流通。平面在对空间进行划分和界定的同时，也充分考虑了建筑的自然通风及日照情况。

（3）就地取材、生态实用的屋顶与墙体

中国古人针对西井峪村所处环境特点，开发了适应西井峪村的以夯土结合石砌作为主要建筑方法，以夯土结合当地特产石材为主要建筑材料的建筑模式。采用传统建筑方法进行砌筑的墙体不仅保温性能出色，耐久性也较强，十分适应华北地区冬冷夏热的气候。在建筑布局方面，村内建筑多仅在南侧开窗，北侧封闭，以进一步减少冬季西北风带来的热量散失。

在屋顶处理方面，受到华北地区常年少雨，且冬季降雪量较小的影响，传统建筑屋顶多为缓坡屋顶或平屋顶。这样的屋顶设计不仅减少了瓦片的铺设量，降低了成本，同时也减轻了墙面承重，提高了建筑的耐久性。

为了与传统建筑的风貌相匹配，在对西井峪村的改造过程中，主要采用了当地特产的石材进行施工改造，最大限度的降低了建造材料对周边环境造成的破坏，同时也节省了大量的人力物力。

针对不同民居现状，设计方制定了针对性的修缮、改造计划。

针对墙体的改造则主要分为两种，首先是对原有传统石墙的覆盖物进行清理，重现其历史风貌，其次是对石墙进行破损修补，并进一步提升建筑的保温性能；对瓷砖墙、抹灰墙、砖墙的改造则主要通过对其进行面石粘贴、砂浆抹灰的方法使其尽可能与传统石砌建筑风貌保持一致（图 9）。对原始风貌建筑，在不对其进行不可逆改造的前提下，尽可能提升其舒适度，使其达到现代建筑的居住标准，并通过室内设计提升其居住舒适度和居住情趣；对砖混结构建筑，该类建筑主要通过将平面屋顶改造为适应传统村落风貌并更利于雨水收集利用的缓坡坡屋顶，改造同时加入保温层、防水层，实现现代建筑的要求；针对部分厢房，主要采用加建屋顶平台或屋顶绿化的手段进行改造，必要情况下，在保温层上方浇铸钢筋混凝土，并进行必要防水处理（图 10）。

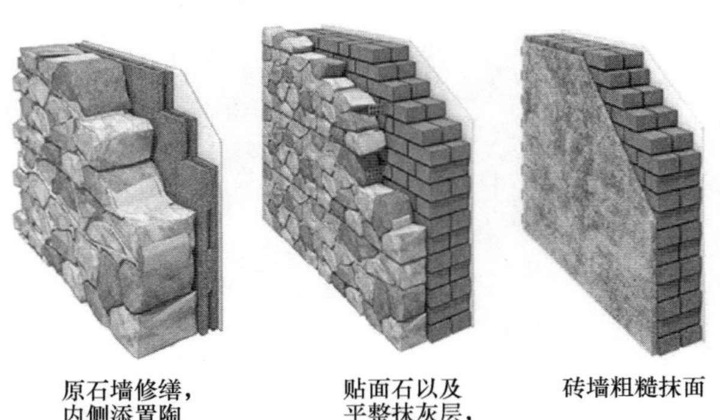

图 9 墙面改造方法

3.2.4 村落活动空间的人文生态适应性

早期村落形成阶段，由于山区平坦地块十分珍贵，西井峪村并没有形成专用的公共活动空间，绿地主要为村民宅前屋后的建设空地，几乎完全不具备游憩、集会功能。

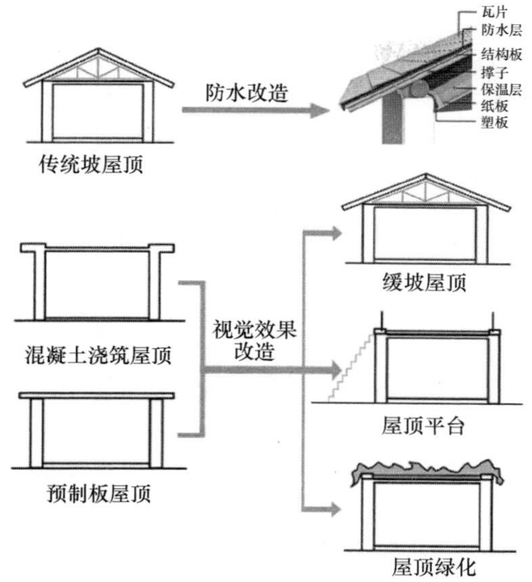

图 10　屋顶改造方法

在设计师介入后，有意识的开辟了村落中心广场，并在周边设置了必要的游客接待与服务空间。村落中心的广场不仅完善了村落内的公共活动空间结构，同时也增加了村民自发进行集体活动的可能性，提高了村落内的人文活动氛围。

此外，为缓解村落内地下水缺失的问题，村落广场周边进行汇水设计，使得周边道路等硬质场所降水均汇集于广场中心，并在此区域设置了高下渗区域，提高了降雨的收集效果。配合村民建筑的集水屋顶改造，逐步缓解了西井峪村的用水困难问题。

由于西井峪西南侧存在较宽沟谷，极易形成狭谷风，并且受冬季冷风影响严重，因此在此区域的景观设计主要以停车、卫生间为主。村落东南方向入口处由于冬季背风，夏季迎风且日照良好，故拟建成游客服务与村委办公区，并在周边设置了集水水池及游憩景观设施（图 11）。

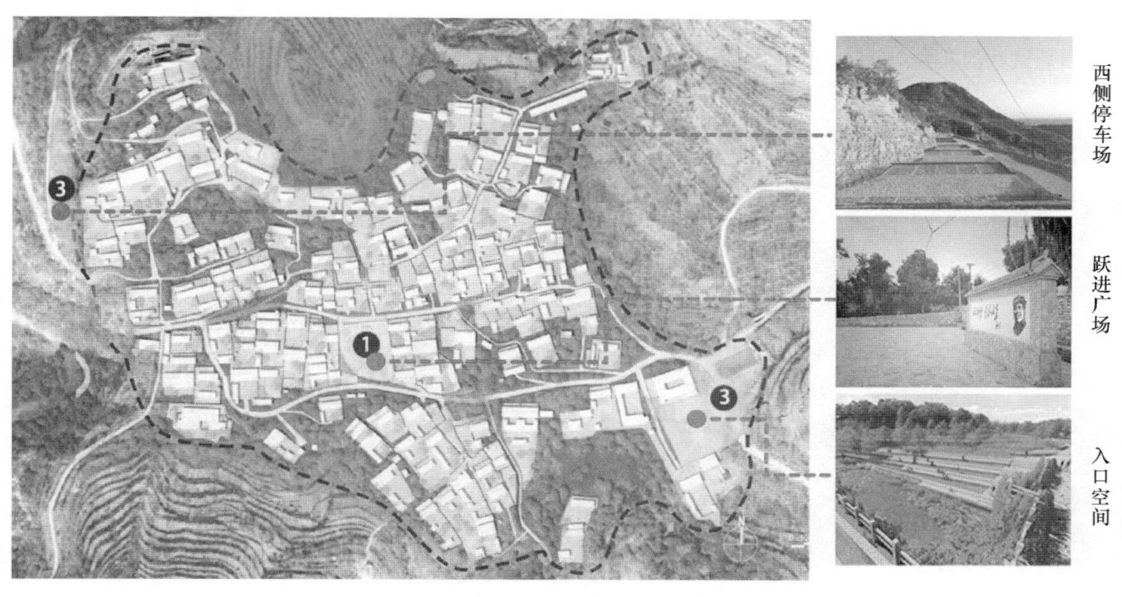

图 11　主要新增活动空间

3.2.5　村落活动空间的人文生态适应性

西井峪村整体以饽饽山为中心，向东南侧发散，其空间结构具有典型的向心性，这与中国向心性的民族心理特质十分吻合，同时，整体布局基本依据风水理论进行布置，充分满足了居民在居住过程中的安全感。

随着村落的发展，村民对沟通、集会等活动需求的不断增加，公共空间逐步增多，出现了村落入口广场、村委会广场、跃进广场等一系列更高级别的公共活动场所。随着后续旅游经营活动的不断深入，广场作为重要的活动场所，重要性和活力必然不断提高。广场的不断发展与村民外向、开放、包容的村民精神必将相互适应、相互促进。

3.2.6　村落旅游开发建设适应性

在西井峪村设计运营团队进入后，通过微信公众号等宣传方式，以软件提高硬件价值，成为了提升西井峪知名度、提高村民收入的重要途径。同时运营团队推出的各色亲子、摄影、体验、团建等活动，为打造村宴、市集特色品牌性活动提供了优良的载体。

资本进入后，为传统村落导入了建设必要的经济基础，更重要的是为传统村落带来了满足当代市场需求、为村民增产增收的方法，并通过现代化的组织形式将村内本已存在的优质资源进行拆分、重组、运营，极大提高了传统村落的经济效益与文化效益。

3.3　总结

在对西井峪村进行开发的过程中，针对其具有中国传统特色与生态智慧的山水环境特征，进行了针对性的保护。此举不仅是对传统村落风貌的保护，也是对中国传统山水格局思想包含生态智慧的保护。设计运营团队希望通过对西井峪传统村落山水格局的保护和研究为村落改造、运营项目提供宝贵的山水环境适应性指导。

3.4 波兰传统村落 Golęczewo

Golęczewo 赫克托耳是一个面积约 623 公顷的波兰村庄，地理位置处于波兰 Suchy Las 行政区域中西部，该村落距离波兰大波兰省省会波兹南约 14km[16]，在周围环城与小镇之间已具备很便捷的公路河铁路交通运输系统。根据 2016 年波兰人口登记普查表记录村落登记人口为 1001 居民。

根据村落历史档案的记载，此传统村落的历史可以追溯到 14 世纪初，有波兰人在周围森林开辟家园农田，形成最初的定居者。最初的村落形成多集中于森林农田，相互交融且依赖于 Warta 河水资源的灌溉。村落多散户，房屋多建于近森林处或农畜牧业场附近处。直到 1901 年迫于战争的形势，该村落入了普鲁士殖民区管辖，普鲁士政权的计划是将该村落建为典型的德国村落模型，在短短 5 年时间里，发展成了一个拥有 40 多栋建筑的现代化村庄。第一次世界大战后，这个村庄再次归波兰当地居民占领并归波兰政权管辖和建设。因此，该村落大多数传统建筑的风格带着浓浓的普鲁士风民居风格[17]。

3.4.1 村庄的地理特征

整个村庄坐落于广阔的波德平原地区，整个平原肥沃的土壤造就了发达的农田农业。整个村庄属于典型的波兰传统村落，位于中部低地，地势相当平坦。大部分房屋都是沿着一条贯穿轴线的道路修建，村落民居分布于明确的南北向轴线上。除南北轴线外，也有很多房屋逐步建设于与之垂直的东西向轴线，整个村落民居多分布于红色轴线两侧。在此基础上，村庄以网格形式扩张，大部分后期扩建建筑物都分布于蓝色线与紫色线周围且贯穿黑线铁路两侧。大部分住宅农田区域位于村落周边与自然森林地之间。

3.4.2 基于村庄布局的自然环境适应性分析

自然生态保护网络被认为是基于不同的历史自然保护根源、区域规划和科学传统、不同的地理和行政级别、不同的土地利用，最终也依赖于不同的土地利用策略。自然与文化特征的相互作用导致了生态网络与绿道之间的截然不同的协同方式[18]。

由于该村庄的气候介于湿润的大陆和海洋性气候之间，导致它的气候特点是冬夏两季气候均较为温和。这个村庄的地形位于波兰平原上，地势相当平坦，村落四季分明。

村落大部分民居为双层建筑，且采用了隔热材料以抵御寒冷冬季。村落内房屋分为住宅、学校、消防站、教堂和农田等公共建筑（图 12）。

图 12 坐落于 Dwolczowa 的 59 号和 48 号住宅建筑

3.4.3 基于波兹南理大学建筑学院的学生实地考察的分析

选取了大波兰省来自 Golęczewa 住宅登记中具有标志性的建筑物 45 栋。其中 39 栋为普通住宅房屋，带有花园或私人农场，而 6 座为公共建筑，作为实验所调查的对象，包括学校、商店等。如表 2 显示的信息，对于 Golęczewo 村庄的历史建筑具有以下特征，村落内最常见的屋顶形式为山形屋顶和三角形屋顶分布，除此之外，还有其他类型的屋顶，如斜面屋顶、臀部屋顶分布以及平台顶式和台式屋顶（图 13）。

（1）所选取的实验分析表明，该村大多数的房屋墙体多采用保温材料加固于墙体，从而更好的达到保温的效果，以防冬天的寒冷气流入侵。另外村内建筑普遍采用白色、灰色以及米色等浅色调的墙壁图层，这充分显示了当地居民与房屋周围花园的种植相结合，也充分显示了环境适应性，另外在冬天由于纬度较高、白昼短，浅色调让人有更多光亮的感觉。

（2）村内多数房屋的部分立面墙都引入了爬山虎等攀缘植物的垂直绿化进行装饰，与本身的木制或者粘土融为一体，与自然相交融，基于此实验所选住宅房屋或公共建筑的绝大多数立面墙体都可以借鉴此举进行垂直绿化，以达到乡村自然的可持续发展。这一点本身也符合欧洲中小型城市周围乡村地区的可持续发展乡村建设策略[19]。

由于波兰有丰富的森林资源，木材也是在建筑物中很常见的建造材料。传统村落 Golęczewo 在建筑物的选材上也体现到了农民就地选材的传统和智慧。木材是该地区村落里最常见且最为经济的建筑材料。此外在不断发展的民居以及商用公共建筑里，除木材以外，砖、瓦、石材、陶瓷和粘土也是重要的建筑材料。分析对象多为瓷砖覆盖、抹灰墙体，部分为陶瓷覆层。完整的木质构件是常以露明木架和木质覆层的形式安置于山墙之上。

图 13　坐落于 Galeczewo 的住宅建筑

村庄房屋墙体建材类型，屋顶类型和墙体颜色分布比例图　　**表 2**

	墙体建材类型	所选实验中比例	屋顶类型	所选实验中比例	墙体颜色	所占比例
1	木质材料	52%	山墙屋顶	58%	白色	45%
2	红砖 瓦片	23%	斜面屋顶	26%	灰色	32%
3	粘土+石灰	14%	臀部屋顶	11%	棕色	13%
4	半木制．陶瓷等	11%	平台与台式屋顶	5%	米色 橙色	10%

3.4.4　村落公共空间对人类的生态适应

为了充分利用传统村落的公共空间，村落组织了运动会、足球比赛和音乐节。

3.4.5　传统村落振兴战略

虽然 Golęczewo 并不代表波兰风格建筑，但由于其拥有最多的住宅建筑，使其成为 GreaterPoland 地区的重要文化遗产[20]。Golęczewo 有近 50 个重要的历史遗存进入了省级注册表，并进入到严格的大波兰省遗产保护的行列。

大部分房屋建于普鲁士政权时期，其特征为白墙并以黑色窗户装饰，所以整个村落的建筑物依旧保存了普鲁士建筑物特色：白色墙壁，黑色和红色的屋顶。其中部分建筑物基于传统风格，以半木质结构建筑和木制包层建造，现代房屋的建筑材料也多为木制的屋顶，并以红色，棕色或墨色砖材覆盖。

村落通过出售用于建造私人住宅的土地或花园以及庄园等多样化的形式，从而吸引周边城市以及小镇县城的城市居民来村落定居。此外，村里还成了当地的足球俱乐部，可以给孩子们提供运动场所。通过组织培训和足球比赛，吸引了附近城镇人流以及运动爱好者真正的参与到乡村的活动中来。跨大波兰省自行车线路的提议和基础路线得到修建也几乎覆盖了该村庄周边的森林地带。通过国家级和地区级的骑行大赛，在很大程度上都推动当地乃至波兰全国骑行爱好者能有更多机会接触到该传统村落。在促进商业化的村落方面，主要有商业办公都波兹南镍业创新科技园的规划，距该村 5 分钟车程处，科技园便利的交通可以为该村落剩余的劳动力提供很好的就业机会。潜在的发展了传统村落周围的经济。

了解历史古建筑和古迹遗产的保护、参观国家森林自然保护区和 Biedrusko、参与森林公园周围的骑行以及融入位于村庄西部的军事训练区已经逐步成为该村落振兴策略要点[21]。

4 结语

本文通过对中、波两国传统村落的案例研究和分析比较，探寻了乡村在生态适应和旅游开发过程中的乡村振兴策略。

从村落位置上看，中国传统村落——西井峪村位于山体之上，民居建筑沿等高线分布在坡上，这与中国古代风水哲学相一致；波兰传统的村庄——Gołęczewo由于其处于大平原的良好地理位置，大部分房子都沿着乡间的主要公路修建，由轴线贯穿南北，交通十分便利。

在乡村振兴的过程中，应以村落布局为基础，以自然环境适应性为切入点，对具有中国传统特色的景观特色和生态智慧进行保护。传统村落改造的目的不仅是对传统村落景观的保护，也包括对场地微气候适应性生态智慧的保护。

在当地民居院落的微气候适应性方面，本文对中波两国传统村落的本土建筑材料、屋顶和墙体建造方法进行了阐释。纵观两国传统村落，绿色屋顶和垂直绿化均为建筑物改造的可行方法。村落公共空间中以人为本的生态适应均是乡村振兴过程中不可或缺的一部分。

以波兰和中国传统村落为例，分析了促进传统村落发展的诸多策略。例如，发展附近商业从而吸引年轻劳动力，发展农村旅游、引进网上商店来促进当地文化和当地传统农产品的销售网络等。

参考文献

[1] 李薇薇．论中国当代乡村文化的发展困境与对策——基于传统文化衰落的视角[J]．学理论，2012(10)：103-104.

[2] 王庆军．传播学视野下的农民话语权研究[D]．辽宁大学，2012.

[3] 林箐．乡村景观的价值与可持续发展途径[J]．风景园林，2016(08)：27-37.

[4] 张璐．社会资本下乡后村民怎么说？——以天津蓟州传统村落西井峪为例[J]．中国建筑教育，2017(02)：108-121.

[5] 王亚华，苏毅清．乡村振兴——中国农村发展新战略[J]．中央社会主义学院学报，2017(06)：49-55.

[6] 姜德波，彭程．城市化进程中的乡村衰落现象：成因及治理——“乡村振兴战略”实施视角的分析[J]．南京审计大学学报，2018，15(01)：16-24.

[7] 张强，张怀超，刘占芳．乡村振兴：从衰落走向复兴的战略选择[J]．经济与管理，2018，32(01)：6-11.

[8] 张天洁，张璐，岳阳．企业介入的传统村落保护实施探讨——以天津蓟县西井峪村为例[J]．城市规划，2018，42(04)：119-124.

[9] 陆颖．部分国家乡村振兴经验[J]．上海人大月刊，2018(04)：50-51.

[10] 崔军，冯伟．城乡规划管理与乡村保护——英国的经验与启示[J]．中国工程咨询，2018(05)：14-18.

[11] 陈仁安．英美农村区域规划经验及对中国乡村振兴的启示[J]．世界农业，2018(06)：24-28.

[12] 徐顽强，王文彬．乡村振兴的主体自觉培育：一个尝试性分析框架[J]．改革，2018(08)：73-79.

[13] 吴昊．日本乡村人居环境建设对中国乡村振兴的启示[J]．世界农业，2018(10)：219-224.

[14] 贾俊虎．乡村振兴战略实施过程中的经验借鉴——以国外4种乡村发展模式为参考[J]．改革与开放，2018(20)：17-18+23.

[15] 王林龙，余洋婷，吴水荣．国外乡村振兴发展经验与启示[J]．世界农业，2018(12)：168-171.

[16] Central Statistical Office (GUS) - TERYT (National Register of Territorial Land Appor-tionment Journal)" (in Polish)，2008.

[17] Rylukowska A. Wzorcowa wieś niemiecka-Golenhofen，POWIAT POZNA ŃSKI，RENOWACJE I ZABYTKI42 I，IV，(in Polish)，2016.

[18] R. Jongmana Külvikb M，Kristiansen I. European ecological networks and greenways. Landscape and Urban Planning，68，Issues 2-3，305-319，2004.

[19] Zhou M，Bonenberg W. Application of the Green Roof System in Small and Medium Urban Cities. Advances in Human Factors and Sustainable Infrastructure，2016：125-136.

[20] Zierke P，Traditinal architekturual Gołęczewa and its impacts on the morden biulidng，Trends in the economic and spatial development of small towns in Poland. "Space-So-ciety-Economys. 2016：101-113.

[21] Zug，M. The influence of protected areas on military training areas in terms of sustaina-ble development. Journal of Security and Sustainability Issues，2015，5(2)：129-136.

作者信息

马梓烜，1992年生，男，汉族，河北衡水人，北京工业大学建筑与城市规划学院在读硕士研究生。电子邮箱：879973755@qq.com。

齐羚，1979年生，女，汉族，安徽池州人，博士，城乡生态环境北京实验室，北京工业大学建筑与城市规划学院讲师，硕士生导师，研究方向为风景园林规划与设计。电子邮箱：63651106@qq.com。

周默，1979年生，女，汉族，山西忻州人，博士，波兹南理工大学建筑学院，副教授，研究方向为生态设计与园林景观。电子邮箱：zhouxiaomo6141@hotmail.com。

张玉雯，1998年生，女，汉族，河南信阳人，北京工业大学建筑与城市规划学院在读硕士研究生。电子邮箱：365940791@qq.com。

基于原真环境风貌的革命旧址保护规划方法研究[①]

——以陕北杨家沟为例

Research on the Protection Planning Methods of Revolutionary Site Based on Original Environment and Scene

—Taking Yangjiagou in Northern Shaanxi for Example

薛 倩 薛立尧*

摘 要：革命旧址类文物保护单位往往位于偏远山区及乡村，地域环境风貌的原真性便成为了其保护规划编制的核心关注点。陕北杨家沟革命旧址具有典型的黄土高原乡村聚落及地貌环境特征，在认定建筑本体及历史环境要素的为保护对象基础上，总结分析出保护措施“单一化”、展示方式“碎片化”、利用方式“静态化”等现状问题，进而以“环境原真、场景完整、人地相融”的原则开展价值评估、区划划定、环境协调、场景活化，从而彰显了革命事件、重要会议、革命人物等历史内涵，也为同类型革命旧址提供了“风景一体化”的保护规划思路与参考。

关键词：风景园林遗产；原真环境；革命旧址；保护规划

Abstract: The cultural protection units with the style of revolutionary site, are always located at remote mountainous and rural area, the authenticity of regional environment and scene becomes the core concern in its protection planning's establishment. Yangjiagou revolutionary site in Northern Shaanxi has the typical feature of Loess Plateau's rural settlement and geomorphological environment. Based on identifying the architecture bodies and historic environment elements as the protection object, summarize and analyze the situation problems of protective measure's unitary, presentation way's fragmentation and utilization mode's motionlessness, and then, under the principles of "environment's original, scene's complete and man-land relationship's merging", let the value assessment, zone's demarcation, environmental coordination and scene's activation to be carried out, therefore, make the revolutionary events, meetings and characters' historical connotation to be highlighted. Also, provide some thinking and reference about the protection planning with "landscape's integration" conception for revolutionary sites of the same style.

Keyword: Landscape Heritage; Original Environment; Revolutionary Site; Protection Planning

引言

目前我国登记革命旧址、遗址33315处，占近现代不可移动文物总数的24%。[1]2018年6月为贯彻落实《国务院关于进一步加强文物工作的指导意见》（国发〔2016〕17号）要求，国家文物局组织相关单位编制完成了《革命旧址保护利用导则（征求意见稿）》。同年7月29日中共中央办公厅、国务院办公厅印发了《关于实施革命文物保护利用工程（2018～2022年）的意见》。一系列的中央文件，都为之后革命旧址的保护利用工作提供指导和引导。

作为转战陕北时期中央部队驻扎时间最长的旧址，是第五批全国重点文物保护单位，也是第二批“中国历史文化名村”。环境作为一种历史时空的传真，是旧址内涵的重要体现途径。[2]本文是基于文物保护的真实性及完整性原则探讨革命旧址类文保单位通过传统村落环境要素与文物价值相融合的保护规划编制对策。

① 基金项目：国家自然科学基金资助（项目批准号：51608418）。

1 革命旧址简介

杨家沟革命旧址位于陕西省榆林市米脂县杨家沟镇杨家沟村，1947年3月18日，党中央撤离延安，开启转战陕北，并与同年11月抵达杨家沟村。杨家沟村原为清代乾隆年间（1736～1795年）建造的窑洞式的马氏庄园，为保存至今全国最大的窑洞式建筑群。中央机构在此驻扎共4个月，是转战陕北期间驻扎时间最长的一个地方（图1）。

图1 杨家沟革命旧址扶风寨全景图

2 文物真实性及完整性评估

2.1 真实性评估

编制规划前的首要工作是根据《革命旧址保护利用导则》中关于“革命旧址保护和利用，应当已全面深入的研究为基础”的要求[2]，对革命旧址真实性开展文献资料收集、评估及研究。

2015 年的《中国文物古迹保护准则》中的第 10 条是对文物古迹真实性的评估准则，也是目前编制文物保护单位保护规划中真实性的评估的标准[3]

但就革命旧址本身特点而言，更需要有党史、军史、方志、政府部门资料的记载，还应包括保护管理的记录、当事人描述或口述、历史照片等一并作为重要的史料支撑。

杨家沟革命旧址的真实性评估内容表　　表 1

序号	资料类型	来源	真实性评估内容
1	史料	《中国共产党历史·第一卷（1921～1949 年）》	1947 年 11 月至 1948 年 3 月的记载“转战陕北时期”的文字
2	历史照片	杨家沟革命纪念馆	毛泽东在杨家沟村的新院拍摄的老照片
3	四有档案	杨家沟革命纪念馆	文物本体认定
4	历史当事人口述资料	转战陕北期间的领导干部及杨家沟的村民	1957 年陕西省人民政府就公布其为省保单位，并对革命旧址开展认定工作，转战陕北期间的当事人及当地村民都能对革命旧址本体在当时的使用情况描述清楚
5	物质空间	现场调研资料	杨家沟村因交通不便，所在的山体沟壑、水系植被多年来并无人工重大改变，基本保持了历史上黄土高原沟壑纵横的自然环境
6	历年保护维修工程	保护维修档案	对文物的保护维修工程均采用当地传统窑洞修缮工艺，采用传统建筑材料，较好保存了陕北窑洞的建筑特色，整体保持了转战陕北时期的建筑风貌

2.2 完整性评估

革命旧址的完整性主要是从革命活动事件、红色革命人物、重要战斗遗址等革命文化内涵的物质空间载体的完整性。[4]完整性同时还应具有时间、事件以及人物等历史内涵要素的完整性，特别是革命类遗址的完整性需要将其事件的前因后果都应串联起来，达到时空整体的完整性。

杨家沟革命旧址的完整性评估内容表　　表 2

序号	完整性要素类型	要素内容
1	山水环境	其所在的区域的黄土高原沟壑形成的寨子圪垯山、崖磘沟、观山梁、阳堌山等山系以及南北穿流的杨家沟河
2	建筑构成	革命旧址所在的扶风寨至今较完整保存有清代窑洞庄园的建筑布局、防御体系、建筑风貌、古道路、排水渠等
3	旧址功能设施	完整保存了转战陕北驻扎杨家沟时期的旧居、机构部门、办公场所等设施

3 保护对象认定

革命旧址保护对象不应仅从建筑本体或承载空间谈保护对象，一定要包括其所在的区域至可移动分不同空间层级的认定，如区域空间环境、建筑布局、建筑本体以及事件，可移动文物。

3.1 区域空间环境

区域空间环境从其自然环境的物理特性考虑，还必须增加其革命旧址选址的历史背景要素。旧址的区域空间环境位于绥德县的黄头沟壑纵横的山区内，自然地理环境十分隐蔽、对外交通十分不便，满足当时转战时期必备的隐蔽性特点。

3.2 建筑布局

在革命旧址的建筑布局中，也必然有着特殊革命时期特殊需要的考虑因素，传达出革命时期的真实历史信息。

旧址所在的杨家沟村，原为陕北地区最大地主集团马氏家族的窑洞式庄园，其从清代始建至转战陕北期间在扶风寨已形成具有十分完整的防御性的庄园。将防御性强的扶风寨区域作为重要领导人的旧址以及重要机构的驻扎地。

阳堌山区域与水道沟为便于当时转战陕北的部队出入，在此作为机械连和交通连的布局（图 2）。

图 2　革命旧址分布要素与地形地貌的结合

3.3　建筑本体以及事件

革命旧址的建筑本体的认定在满足对其建筑形制、建筑风貌、建筑装饰、传统建造工艺等认定条件中，还应增加对其在革命时期所承载的革命事件、革命人物以及其时间意义进行深入研究，增加景观保护对象的文化内涵。

杨家沟革命旧址中的建筑本体认定中，首要是对其选址背景、所承载的事件、人物、与现实意义之间的联系等进行了系统分析，其次为物质载体的认定。

对于重要会议旧址的景观内涵研究，要研究及理解会议的原因、会议的人员、会议形成的报告以及该会议对于中国革命的重要意义等方面内容。

对于革命人物旧居，要对当时革命背景、当时人物的经历及思想以及该时期人物对整体革命的影响力等方面进行背景性的认定。

同时部分革命旧址作为当时重要机构的办公驻扎地，在保护展示中需要着重体现该机构在当时主要工作内容的具体情况，转战时期的革命工作和活动，以及当时重要机构的领导或负责人等方面入手，对其历史信息的全面展示。

3.4　相关历史环境要素

相关历史环境要素包括历史文化名村的构成要素，包括寨门、寨墙、炮台、古道、古桥、排水渠、古水井、戏台、名人故居、石碑、周边历史建筑、寺庙等。

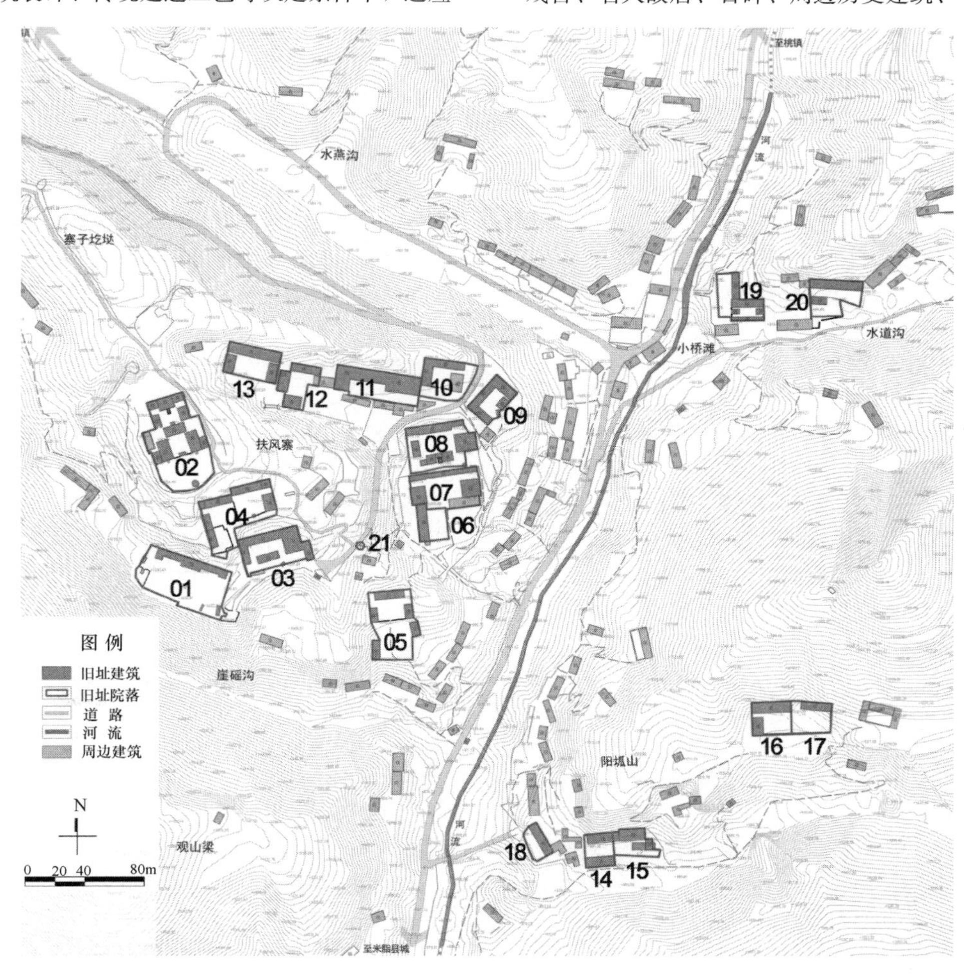

图 3　革命旧址本体分布图

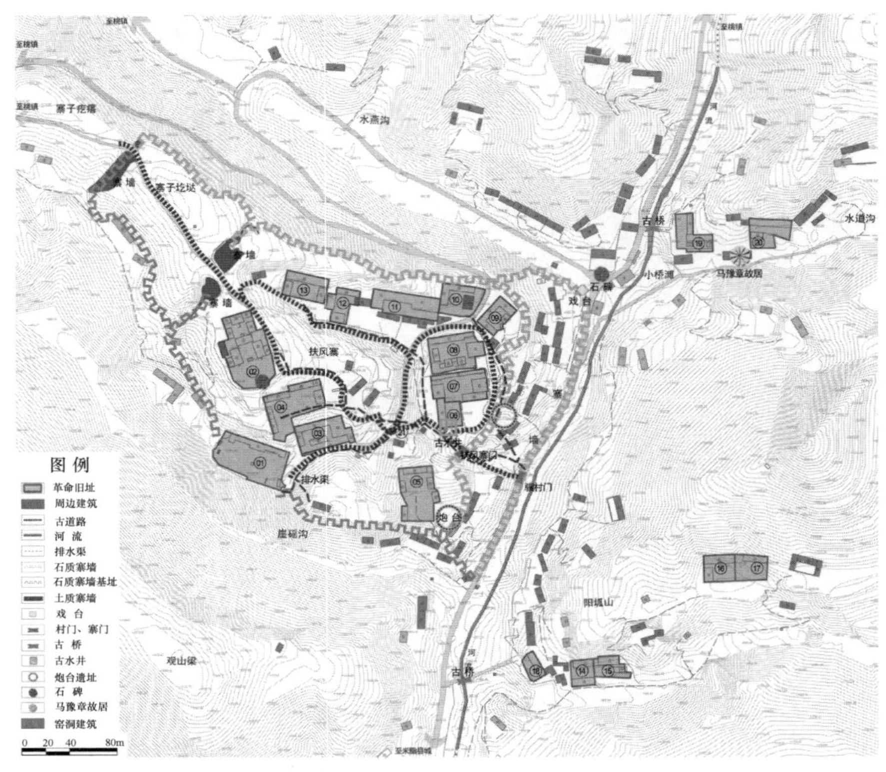

图 4　相关历史环境要素分布图

4　目前存在主要问题

4.1　保护单一化的现象

杨家沟革命旧址目前在保护方面的工作整体展开较好。

目前的保护区划主要针对三处旧址建筑单体，对于其他旧址建筑并未划入保护范围，并且建设控制控制地带缺少对环境完整性的有效控制。

从整体上来说目前的保护工作重心在于旧址建筑单体，对于旧址建筑与周边环境、历史背景等相关信息的联系保护较少。特别是对村落建筑周边环境的保护措施较少，部分现代化生活生产设施对整体村落景观产生一定影响；部分新建建筑出现现代建筑材料，较为突兀，景观环境亟需提升和细化。

4.2　展示碎片化的现象

目前革命旧址的展示以陈列展示为主，参观人群分布不均，开放比例较小，对整体的革命旧址认知不够全面。

目前杨家沟革命旧址现无整体、系统性的参观游线，游客开车可直接抵达扶风寨内，对旧址建筑进行单体的参观游览，缺少互动联系性，导致对革命旧址本体选址中的“隐蔽性”以及转战时期防御性安排住所等历史信息无法体会。

4.3　利用静态化的问题

目前常住人口低于户籍数的 50%，青壮年大部分外出务工，村落内多为老年人。村落革命旧址院落为多户或单户居住。由于窑洞建筑的特性，长时间不居住使用，静态化保护及展示，窑洞极易出现残损和坍塌现象。

5　规划编制对策

5.1　规划原则

规划依据“环境原真、场景完整、人地相容的原则”作为规划原则，开展相关的价值评估、区划划定、环境协调、场景活动等规划内容（图 5）。

5.2　价值评估

革命旧址的价值评估是要围绕革命旧址本体所承载的历史内涵，着重体现在其在革命历程中的意义、地位以及影响力，而目前的措施都是紧紧围绕价值评估为规划措施的核心内容。

杨家沟革命旧址的价值评估：从我党的革命历程上来看，杨家沟革命旧址是中共中央和人民解放军转战陕北期间居住时间最长、从事革命活动最多、影响最大的地方，是中国解放革命历程中的重要见证。在杨家沟召开的“十二月会议”则确定了中国解放革命从战略防预转入战略反攻，是中国革命的转折地，是中共中央转战陕北取得光辉胜利的标识点，是离开陕北走向全国胜利的出发点。

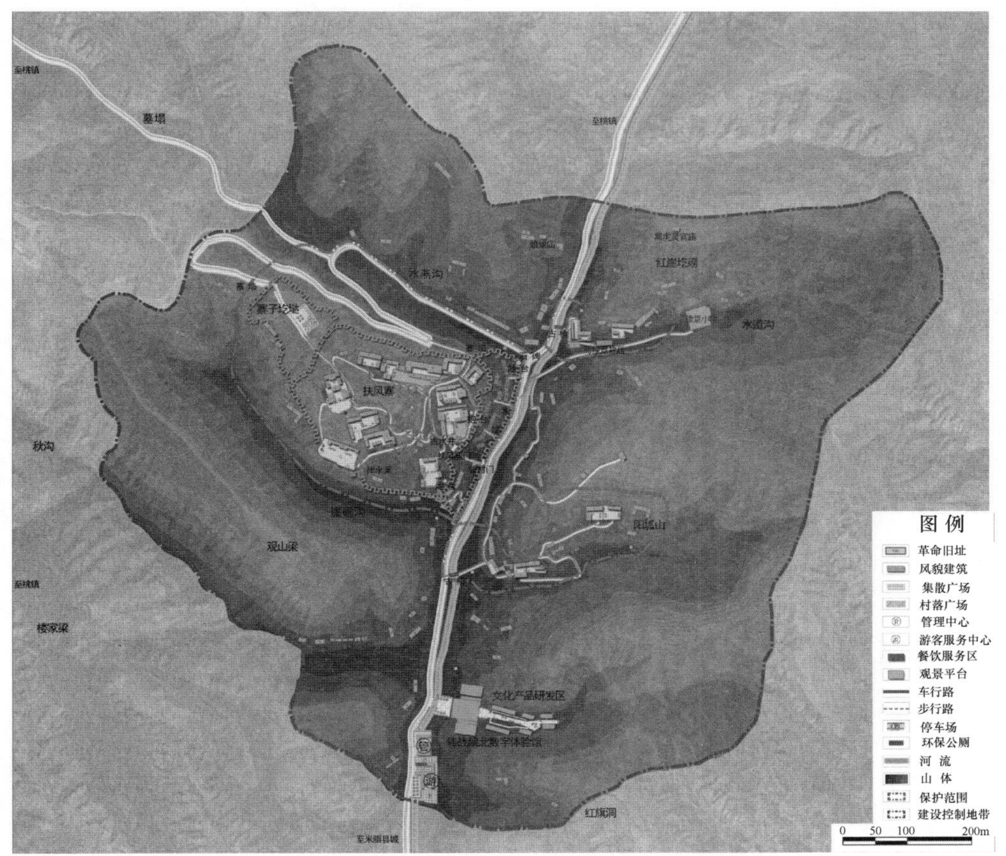

图 5　保护规划总图

杨家沟革命时期的革命活动及其精神，是对我党延安精神的延续，更是对西柏坡精神的启承。

5.3　基于整体环境及核心价值相统一的区划划定

原保护区划主要针对革命旧址建筑本体作为保护对象，对周边的历史环境的保护不足，作为转战陕北期间中央机构驻扎时间最长的地点，其村落选址的山水环境的隐蔽性、村落布局的防御性及部队驻扎的防御考虑均为其成为革命旧址的核心价值要素，因此在调整保护区划中一并考虑。因此保护范围将整体布局的三大片区按照地形、道路等因素划入保护范围，作为遗存构成保护过程中的真实性及完整性的考虑。

5.4　呼应原真环境特征的空间布局

杨家沟革命旧址在调研、分析及规划构思工作中，紧紧围绕历史环境的“隐蔽性”和“地域性”特点，从布局中严格保护现有建筑空间布局，在划定的保护范围外南侧确定入口游客服务中心。在游客服务中心中停放自驾车辆或大型客车，之后参观数字化展厅，全方位了解转战陕北的历史背景，体会当时转战陕北时期的战争紧张氛围。

从整体氛围环境的规划中，为体现“隐蔽性”，由数字化展厅出来需要沿着狭窄的山沟向前步行，拐弯后才能抵达豁然开朗的扶风寨区域，从参观路线上体现出历史环境的真实特点。

5.5　围绕价值活化及场景完整的展示规划

根据杨家沟革命旧址可供展示对象的自我特征，现将展示主题分为革命活动核心区、革命宣传展示区、解放军史展示区、军民融合展示区。展示片区既是对文物价值的活化展示，同时对周边山水建筑物质环境与革命历史事件的充分融合，将革命事件场景脉络清晰、组织完整。

5.6　面向村落整体环境的活态管理

杨家沟村的革命旧址本体为窑洞形式，由于建筑材料的特性，需要时常使用避免残损，同时对于历史文化名村而言，需要当地村民对多类型的文化进行保护、传承和发展。

面对分散的管理现象，采取杨家沟革命纪念馆同杨家沟村村委会共同管理的模式，管理责任到人。属于村民所有的革命旧址本体，其中协商至少一孔窑洞作为陈列展示的场所，其余继续作为居住使用。通过整体“人地相融”的原则，使得村落环境得到活态管理。

6　结语

革命旧址作为目前越来越多的文物保护单位，在建筑空间的研究基础上，特别需要考虑其所承载的革命事件、革命人物、重要会议等内涵，展现其对我国革命历程中的重要影响力、地位以及意义。通过对杨家沟革命旧址保护规划的编制工作，以旧址环境的整体解读，构建出革命旧址与环境相互融合的"风景一体化"保护规划思路。

参考文献

[1] 我国登记革命旧址、遗址达33315处[N]. 人民日报，2018-07-31(04).

[2] 革命旧址的环境保护．陈新民[N]. 中国文物报，2007-08-10(006).

[3] 国家古迹遗址理事会中国国家委员会制定．中国文物古迹保护准则(2015年修订)[M]. 文物出版社．2015.

[4] 沈旸．"事件性"与"革命旧址"类文物保护单位保护规划[N]. 中国文物报，2018-02-16(006)

[5] 中共中央党史研究室．中国共产党历史(第1卷)(1921—1949)[M]. 中共党史出版社，2011.

[6] 国家文物局．文物保护工程管理办法[Z]. 2003.

作者简介

薛倩，1986年生，女，陕西西安人，陕西省文化遗产研究院，工程师，保护规划二所副所长，城市规划与设计硕士。研究方向：文物保护规划、传统村落保护利用规划。电子邮箱：190556110@qq. com。

薛立尧，1986年生，男，陕西西安人，西安建筑科技大学建筑学院，讲师，博士研究生，风景园林学科秘书。研究方向：城乡绿地系统及生态规划、城市风道景区规划。电子邮箱：67083013@qq. com。

见微知著[①]

——南京新街口交通岛的空间构成及其变迁研究

Seeing Deep Things through Small Ones

—Study on Spatial Composition and Changes of Xinjiekou Traffic Island in Nanjing

张清海　张山峰　丁　璨

摘　要： 通过对新街口广场始建至今的景观要素及空间形态的变迁特征进行了分析研究，考察其规律和影响因素。在选取有代表性的 9 个时间节点后，通过空间形态数字化技术复原，明析了广场功能、形态、植物空间、景观小品的定性分析结果。研究表明：①新街口广场空间变迁具有由简至繁再向现代简约的特征；②西方景观理论对新街口广场的景观变迁具有重大推动作用；③景观要素和空间的变迁主要受到政治、经济、文化三方面影响。

关键词： 风景园林；景观要素；空间形态；交通岛；变迁

Abstract: The purpose of this paper is to analyze and study the landscape elements and the spatial variation characteristics of the Xinjiekou Square since its establishment so as to examine its laws and influencing factors. After selecting the representative 9 time nodes, with the restoration of the spatial form digital technology, the qualitative analysis results of square function, square shape, plant space and landscape sketches were analyzed. The research shows that: ① The spatial change of Xinjiekou Square changes from simplicity to enrichment to simplicity, and gradually develops into a more concise modern garden; ② Western landscape theory has played a significant role in the change of landscape features in Xinjiekou Square ③ The changes of landscape elements and space in Xinjiekou Square are mainly influenced by the three aspects of politics, economy and culture.

Keyword: Landscape Architecture; Landscape Elements; Spatial Form; Traffic Island; Changes

引言

南京新街口始建于 1930 年。1929 年（民国 18 年）国民政府依《首都计划》开始建设首都南京，新街口首次规划为商业区[1]。新街口广场为建设重点，是南京市内街道上的第一个广场，故称第一广场[2]。如今以广场中央的孙中山雕像为标志，新街口成为了南京市的中心区域，是中国著名的商业中心，被誉为“中华第一商圈”[3]。

南京新街口的既往研究多集中于对整个新街口的商业公共空间的变迁研究[4][5]以及新街口中心区的用地空间的演替研究[6]。对于新街口广场的研究则更多的是偏向于与其他道路节点广场的对比研究[7]，以及对新街口广场中心的雕塑做的单体研究[8]，缺乏关于新街口广场的空间形态变迁的系统研究。作为拥有百年历史的中国近代代表性的交通广场，其景观元素与景观空间都发生了多样的变化，把握这些景观要素及空间构成的变迁过程和特征，可通过作为标志性景观的新街口广场以小见大，从一个节点反映景观园林的进展在城市变迁中的体现，对于研究中国城市广场的发展具有重要理论和实践意义。

本研究拟从景观要素及空间构成的视点出发，旨在通过探明新街口广场八十多年来景观要素与空间变迁的特征，进而考察新街口广场的景观空间变迁规律，并对之后的交通节点型城市广场提出有参考价值的发展策略。

1　新街口广场概况

南京的新街口广场现位于南京市中心区域，于四条干道交汇处（图 1）。其东为中山东路，通向中山门；南为中山南路，通向长干门；西为汉中路，通向汉中门；北为中山路，通向鼓楼广场及中央门。新街口广场整体呈十字形交叉，中心是直径 18m 的圆形绿岛，立以孙中山先生铜像，广场周围大型商业建筑云集，是南京市标志性的景观节点。

自新街口广场建成至今，新街口广场的景观和空间形态发生了多次变迁，其中包括平面的形态、绿化、标志性中心景观、各类景观小品等景观要素的改变，不同时期的新街口有着不同的景观，同时在功能上也有着一定的差别（图 2）。基于对历史资料的整理分析，通过数字技术复原并绘制了 9 个最具代表性的新街口空间布局图。由于历年新街口的平面形态都呈中心对称格局，因此采用半剖平面图（图 3）。

①　基金项目：国家自然科学基金面上项目：基于空间形态定量分析的近代园林遗产保护研究——以南京为例（基金编号：31570702）。

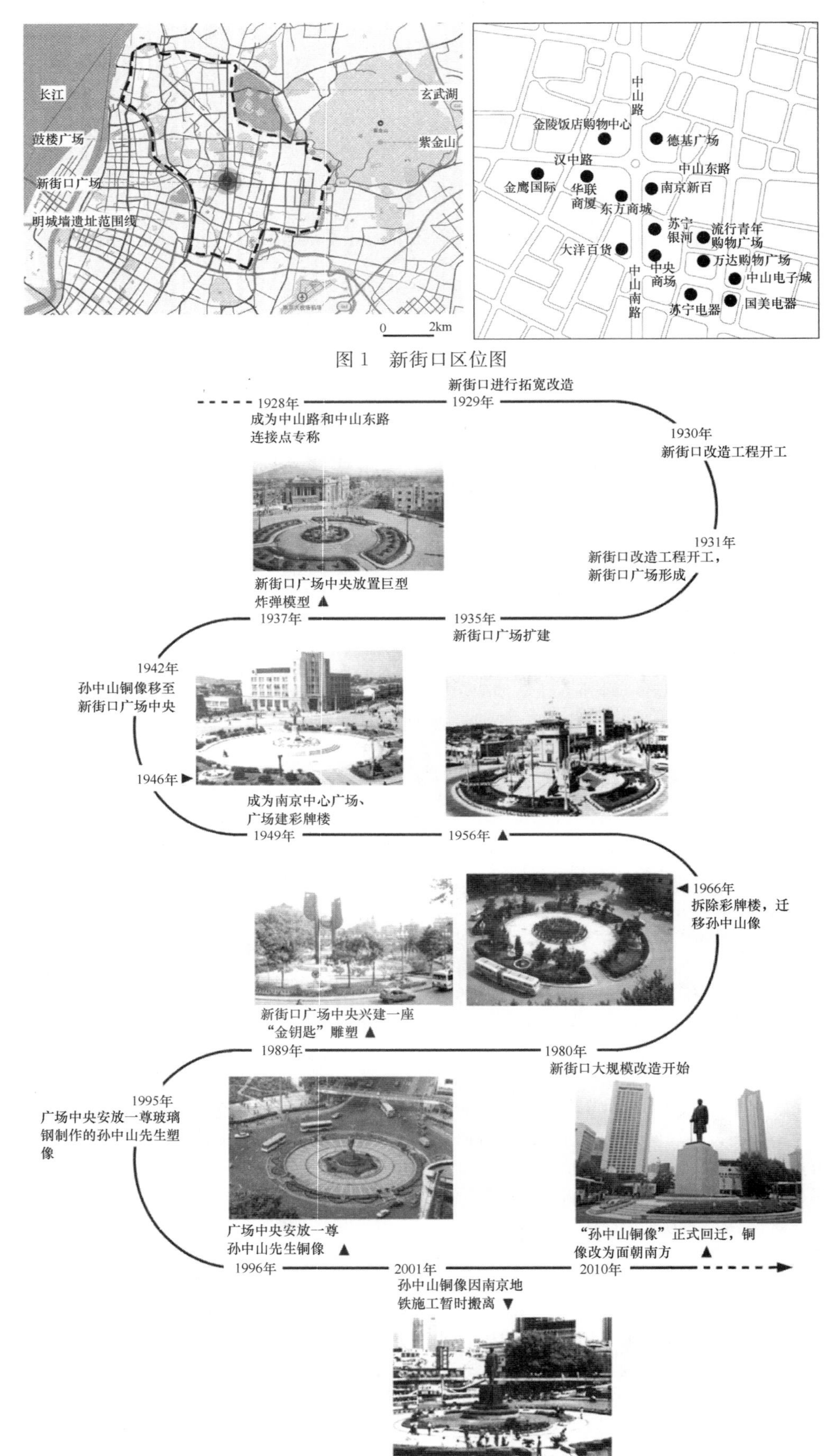

图 1 新街口区位图

图 2 新街口广场变迁大事件

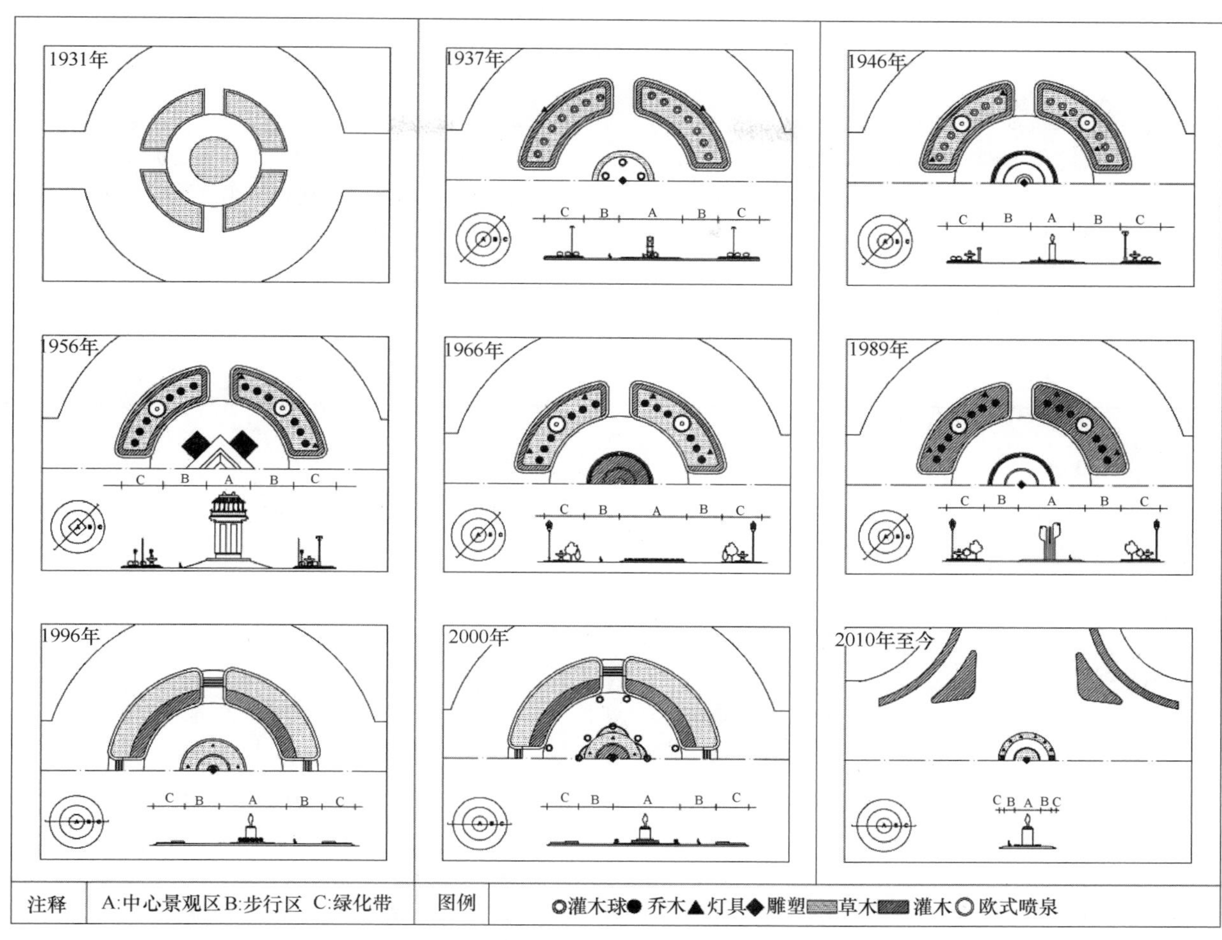

图 3 新街口广场不同时期的空间形态复原图

2 景观要素与空间形态变迁分析

2.1 功能的分析考察

城市广场在功能上主要可以分为以下几个方面：纪念、文化、商业、交通、观赏、集散、休闲。很多时候，一个广场所具有的功能可以是其中一个，也可以具有多种功能，多功能广场中往往会存在一个最主要的功能，其他功能作为辅助性的存在。通过周边环境的特点、配套功能性园林小品的特征以及历史事件中透露出来的人的活动信息，可以判断出街口广场不同时期的功能及其主次关系（表 1）。

2.1.1 交通

新街口广场最初以十字路口交通岛的形式而存在。它作为一个交通复合型广场，交通的导向作用则成为了新街口广场最基本的功能。但在 1937～2010 年，随着建设改造以及空间形态的演变，纪念、文化、休闲、游赏等辅助性功能逐渐被强调，交通功能开始弱化。新街口广场更加趋向于成为一个位于交通中心的市民休闲式广场。直到 2010 年以后，新街口经济发展迅速，人流量和车流量也逐渐增加，为了解决交通拥堵的问题，广场的面积相较于之前大幅度减少，车行空间增加，广场的其他功能被削弱甚至消失，主要功能再次回归交通功能。从表 1 中可知，无论新街口广场空间如何变化，交通功能始终是新街口广场的基本功能。

从商业空间发展视角看，在横向上商业空间逐渐以新街口广场为中心沿汉中路、中山路、中山南路、中山东路为轴向周边发散；在纵向上随着时代的发展，新街口广场周边商业发展迅速。在 20 世纪 90 年代至 2018 年的二十多年间，商业空间将近增长了 3 倍[9]。而自始至终新街口广场始终处于一个中心的地位，周边商业空间的增长与新街口广场交通量呈正相关，潜移默化中影响了新街口广场的空间形态及功能形式。

2.1.2 纪念

自从进入近代，西方公共园林传入中国，全国各地为弘扬孙中山先生的思想和主义，纷纷兴建中山公园。新街口广场便在此社会环境中成为革命思想传播的重要场所，设置有孙中山先生的雕像（图 4），起到了强烈的纪念和思想传播意义。

2.1.3 其他

集散、观赏、休闲功能则分别有两个时期被作为主要功能而存在着。广场空间大而开阔且其他功能被弱化时，则广场以集散功能为主；以观赏功能为主时，往往是植物景观比较丰富的时期；以休闲功能为主时，会在广场设置较为完善的休憩设施。

通过几个时期不同功能以及功能主次的比较分析得出，新街口广场自初建至今，其交通功能为最重要的功能需求，作为一个交通岛式广场与一般的城市广场有很大的区别。交通岛以交通功能为主，疏导交通[10]。其次是纪念功能，主要体现在孙中山像的强调上。新街口作为南京市中心，新街口广场又位于新街口中心地带，可谓重中之重，故将具有历史纪念意义的孙中山先生像置于此处。少部分时期新街口广场交通量小，曾被作为集散广场。而现今新街口广场正处于交通中心，故集散功能较难实现。休闲功能也同集散功能一般，要结合现状人流车行状况，目前来看亦较难实现。而观赏功能虽极少作为主要功能，却可与主景结合相得益彰，是不可或缺的辅助功能。

景观要素变迁表 **表 1**

时间		1931	1937	1946	1956	1966	1989	1996	2000	2010
功能	交通	▲	△	△	△	△	△	△	△	▲
	集散	○	▲	△	▲	○	△	△	△	○
	纪念	○	○	▲	○	○	○	▲	▲	▲
	园林	△	△	▲	△	▲	△	△	△	△
	休闲	○	○	△	○	▲	▲	△	△	○
景观小品	中心雕塑	—	●	(孙)	○	○	●	(孙)	(孙)	(孙)
	喷泉	—	○	●	●	●	●	●	○	○
	路灯	—	●	●	●	●	●	○	○	○
	座椅	—	○	●	●	○	○	●	●	○
	台阶	—	○	●	●	●	●	●	●	●
	花钵	—	○	○	○	○	○	○	●	○
植物	乔木	—	○	○	○	●	●	○	○	○
	灌木	—	●	●	●	●	●	○	●	○
	草本	—	●	●	●	●	●	●	●	●

注：▲主要 △次要 ●有 ○无 (孙) 孙中山雕像。

2.2 广场形态的分析考察

从广场的空间形态来看，新街口广场的平面形态的变化基本分为两大类：外圆内方和外圆内圆两种模式。其中只有 1956 年时的广场是外圆内方形式，即外环为圆形内部是方形的空间平面形态。其他时期均为外圆内圆的模式，自外向内依次是缓冲绿化带、人行空间、中心景观区。故可推测外圆内圆的广场形态更加适合位于交通岛位置的城市广场。这种形态可以更加充分合理地利用空间，与人行空间、车行空间紧密结合，使各功能空间之间的过渡更加顺畅、自然。

根据图 5 及相关尺寸数据，定量分析中心广场的半径（D）与中心景观高度（H）比值的变化不难发现，中心广场 D/H 比值的变化影响着景观视线范围以及中心竖向标志性景观的重要性[11]。分析得知，新街口中心广场的 D/H 比值基本维持在 3 左右，较好的突出中心景观，反映强烈的纪念意义，周边植物起到辅助衬托的作用，整体上营造出整齐、简洁、大气的氛围，使人具有强烈的印象感。而 1966 年的新街口广场由于无中心竖向标志性景观，D/H 比值最大，导致广场内缺乏视线汇集点，整体景观效果平淡，丧失整体仪式感。可见，在交通复合型广场中中心竖向标志性景观对广场整体景观效果的营造是极为必要的（图 6）。

图 4　孙中山像

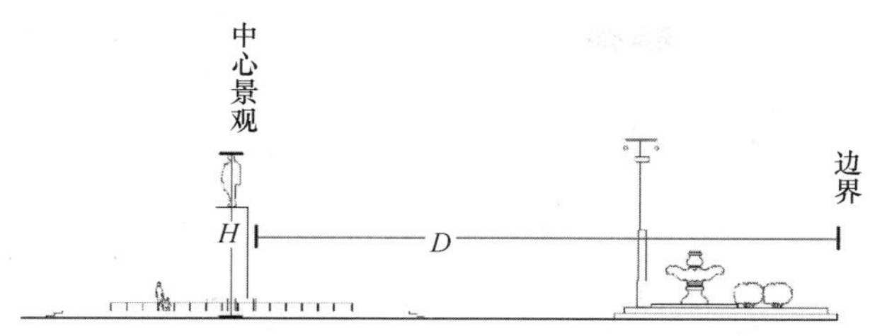

图 5　D/H 比示意图

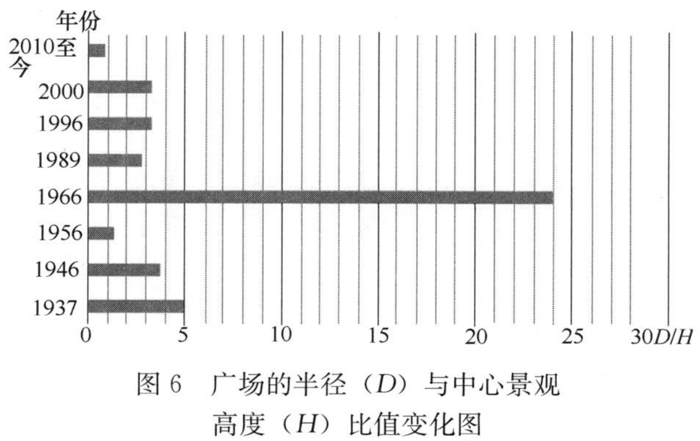

图 6　广场的半径（D）与中心景观高度（H）比值变化图

2.3　植物空间的分析考察

2.3.1　植物搭配

20 世纪三四十年代的新街口广场的种植设计以开敞空间为主，采用规则式的植物配置模式，以规则对称的模纹为主，平面构图和谐、均衡。植物选用低矮的灌木、地被植物及草本花卉。所构成的植物空间，对视线基本没有遮挡，植物围合感较弱，视野开阔；从 1956 年开始，新街口广场的植物的空间围合感相较于早期有了明显的提升，除了灌木、地被，还增加了小乔木的植物景观。虽然围合感有了一定程度的加强但总体上空间还是处于一个视线通透，十分开敞的状态；1966 年的广场则开始着重对植物景观进行营造，在竖向上有了乔灌草三层的植物空间，观花观叶植物种类丰富，给人强烈的视觉感。中心景观区也逐渐演变成为一个被植物包围着的比较封闭的街心花园，隔挡周边交通的纷扰，利于营造一个宜人的活动空间。但由于时代的发展和周边交通形势的变化，茂密的围合式植物景观的形式并没有一直延续下去；1989 年，街心花园被重新改成了雕塑景观；1996 年的新街口广场再次恢复了以灌草为主的植物景观空间，保证了整个广场的视线的通透性和空间的开敞性；2000 年，广场空间内部增加了花钵用以放置灌木球，绿化带景观没有过多变化，基本保持着足够的开敞性；2010 年至今，新街口广场的植物空间只保留了下层草本植物[12]。

分析可知，1931 前与 2010 年后的新街口广场植物景观只有草本花卉，前者是由于在建造初期植物景观没有得到足够的重视，亦是因为当时正处动乱期，经济实力不够充沛，无法投入足够的人力物力，从而导致景观效果差强人意；后者如此配置原因有二：①受到场地空间大小的影响以及日益繁重的交通，而必须弱化植物景观从而保证新街口十字路口中间的视线通透性，从而保证交通顺畅、安全；②降低周边 植物高度和层次，从而突出中心雕塑景观——孙中山像，强化广场的纪念意义。

2.3.2　绿地率

根据各个时期的平面图计算统计绿地面积和绿地率，得出各年绿地率变化图如图 7。据此分析可得，新街口广场的绿地率整体呈下降的趋势，硬化率在上升。最初 1931 年时绿地率达 56%，在整个演变期内绿地面积最大，当时对硬质广场处理较少。除此之外便是 1996～2000 年，绿地率达到了 20%左右。

目前的新街口广场仅在中心雕塑周边简单点缀低矮地被作修饰，平面布局强调交通功能，空间开敞通达。

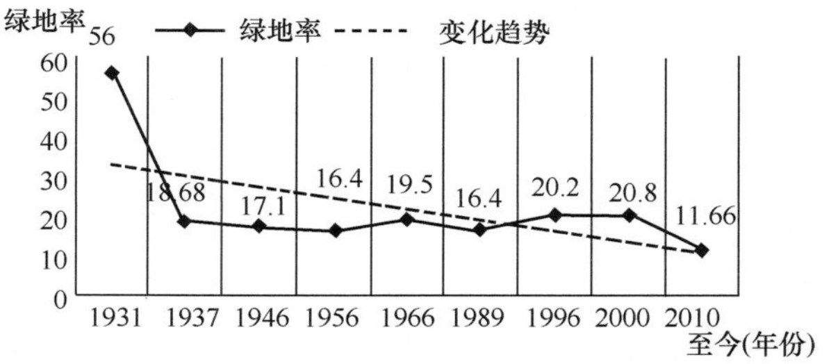

图 7　绿地率变化图

2.4　景观小品的分析①

2.4.1　雕塑

纵观几个时期新街口广场的景观小品设置情况（表 1），中心雕塑景观几乎是各个时期必备的景观要素。多数时期雕塑均为孙中山像，偶有个别时期有所变动。1946 年、1996 年、2000 年以及 2010 年至今的时期，广场中心的雕塑为孙中山像，意在纪念孙中山先生并宣扬其思想和主义；1937 年设置的是一座以炸弹模型，将其置身于灯红酒绿之中，提醒人们注意空袭，同时表达对战争的讽刺和对和平的期盼；1989 年中心雕塑为" 金钥匙" 雕塑，象征着南京人民用科学、民主、法制三件法宝，去打开现代化大门，喻示着：改革开放的年代需要有勇于探索、开拓创新的精神。

2.4.2　喷泉

喷泉属于西方园林造景要素。新街口广场于 1946～1995 年间均采用欧式喷泉，并且置于绿化带之中。而 1996 年的喷泉则是以广场中央的孙中山像为圆心的环形喷泉。功能也逐渐在观赏性上增加了可参与的特性，增加了游赏乐趣。在 2000 年之后广场便取消了喷泉，整个广场的景观开始趋于简洁。

① 1931 年新街口广场无实景照片，文献记载较少，因此难以考证景观小品的情况。不将此阶段纳入分析时期。

2.4.3 路灯

路灯在前期的新街口广场景观要素中也是必备的(草坪灯，投射灯等其他种类灯不作研究)，1937 年、1946 年、1956 年、1966 年、1989 年的路灯根据时代的不同，除了平面布置上有变化，在外形上也有区别。最初是非常简约的外形，从民国时期开始，受到西方文化的影响，路灯的造型也开始变得复杂起来，彰显着复古和华丽。1996 年开始则不再有路灯，只在孙中山像下配备照明设施。

2.4.4 座椅

座椅在园林造景中属于“停”的空间设计，交通岛中安排座椅表明是可进入的空间。有座椅的几个时期分别是 1946 年、1956 年、1996 年和 2000 年，但这几个时期的座椅针对的景观功能又有不同。其中前两个时期的座椅位于中心景观区域，具有外向型，人坐于其上，观赏视线向外，对景之物以广场外围景观以及街道景观为主；后两个时期的座椅位于外围绿化带的内侧边缘，成环形分布，视线具有向心性，对景之物以广场内部景观和中心雕塑为主。

2.4.5 台阶与花钵

纵观演进的九个时期，台阶是出现频次最高的景观要素。除了 1937 年的广场不具有台阶，其他时期全部都具有台阶，只是在位置上有些许的差别。1946 年、1956 年、1966 年、1989 年、2010 年至今这几个时期均将台阶设置于中心景观岛处，将中心景观抬升，起到强调的作用。1996 年和 2010 年这两个时期则将台阶设置于外部环岛处强化环岛空间与外部空间之间的分割。1966 年在台阶上便有植被，主要因为 1966 年主要为营造街心花园，植被结合台阶可使植物景观看起来更加有层次；与台阶这一景观要素出现频次正好相反的景观要素是花钵。在研究的九个时期中，只有 2000 年的时期有花钵这一景观要素。

综上所述，中心雕塑和台阶是基本必备的景观要素，增加竖向空间的变化，以此在有限的空间营造足够的层次感；喷泉、座椅这两个景观要素则适合在较大的空间里设置，而 2010 年至今广场空间变小，且游憩功能几乎不再具备，因此喷泉和座椅这两个景观要素便不再设置；路灯逐渐被地灯、草坪灯代替。当然除了受到广场空间大小的影响，广场的功能也会影响到景观要素的变化，以休闲功能为主的广场，相比其他功能为主的广场，景观元素会更加的完善。

3 综合考察

政治上，战乱期的中国，社会动荡不安，无暇顾及园林的观赏性。民国时期，南京作为当时的首都，在园林建设上的投入有了明显的提升，景观元素较之前丰富了起来。至新中国成立，百废待兴，社会主义建设在各个领域展开，其中就包括了园林领域。之后经历的十年文革，由于该时期政治思想的影响，在新街口广场上建设牌楼，挂标语，使其彻底成为一个政治思想宣传中心。园林绿化的建设亦随之进入停滞时期。改革开放之后，政治的稳定，经济发展，社会安康，园林建设在此进入稳步提升阶段直至现代。

文化上，民国时期是我国现代园林形成前实践和理论积累的一个时期。中西文化激烈碰撞同时，西方简洁、规则、大气的园林形式逐渐影响着传统园林的异变。全国各地开始兴建中山公园，故供市民参与的公园以一种全新的园林形式逐渐出现在大众视界中。所以自民国时期开始，新街口广场的景观便具有部分公园的功能。在形式上亦吸收了很多西方园林的设计要素，具体体现在花坛的模纹样式、欧式喷泉、欧式灯具等多方面。改革开放之后，随着人们生活水平的提高和对现代景观设计的进一步理解。新街口广场的景观设计不再是一味的模仿西方园林，而是更加落实于现状，满足于人们的需求。

经济上，因新中国成立之初资金有限，在园林建设方面投入不足。这时期的新街口广场景观简单，只为满足基本的交通功能；“文革”期间经济发展停滞不前，新街口广场没有进一步建设；改革开放后，解放和发展社会生产力，提高综合国力，进一步解放人民思想，经济发展迅速。园林事业得到重视，园林绿化逐渐进入大好的发展建设时期。而国民经济的提高使得人们的出行方式也有了更多种的选择，私家车保有量呈现爆炸式增长，为了满足交通车流量人流量的需求，车行空间随之增加，导致如新街口广场之类的交通复合型广场愈发趋于简洁的现代园林形式。

4 结语

基于对南京新街口的调查研究，得出以下结论：①新街口广场的变迁特征主要表现在广场功能以交通与纪念为主要功能，集散、休闲功能在演变中逐渐消失，观赏功能作为次要功能与主功能结合紧密；广场的形态以同心圆模式为主，并且广场中心雕塑高度与广场半径的 D/H 控制在 3～4 之间会有更好的景观视线体验；开敞的植物空间更加有利于交通广场功能的体现；广场景观绿地的面积呈缩小的趋势，景观小品趋于少而精，整体形式向更加简洁的现代园林形式发展。②新街口广场的形式与要素深受西方园林的影响，具有典型的中西杂糅的民国风，并且这种园林风格特征持续了很长一段时间，直至改革开放。③作为城市核心区的交通广场，其景观要素和空间的变迁主要受到历史、交通、人文这三个方面的影响，同时广场的景观要素、构成形态又密切反映了时代的政治、文化和经济的特征。

参考文献

[1] (民国)国都设计专员办事处编．首都计划[M]．南京出版社，2007

[2] 沈芳．城市中心区的形成与更新研究——以南京市新街口商业中心为例[J]．江苏城市规划，2008(06)：26-29.

[3] 薛冰著．南京城市[M]．南京出版社．2008.

[4] 王乾，徐昀，宋伟轩．南京城市商业空间结构变迁研究[J]．现代城市研究，2012(6)：83-88.

[5] 宋桐庆，宋伟轩，朱喜钢．南京新街口商业公共空间变迁研究[C]. 2011 中国城市规划年会，2011.
[6] 史北祥，杨俊宴．南京市新街口中心区用地空间演替研究[C]. 规划创新：2010 中国城市规划年会论文集，2010.
[7] 周悦．南京中山大道节点上的广场设计研究[D]. 南京艺术学院，2011.
[8] 周馨．浅析雕塑与公共空间的关系——以南京新街口广场孙中山先生像为例[D]. 南京艺术学院，2013.
[9] 施一峰，陈翰文．增长主义视角下城市阴影区特征与机制研究——以南京新街口为例[J]. 建筑与文化，2018(08)：137-139.
[10] 李秉毅．论城市广场的规划与建设[J]. 城市发展研究，2009，16(1)：141-142.
[11] (日)芦原义信．外部空间设计[M]. 尹培桐译．中国建筑工业出版社，1985.
[12] 刘滨谊．现代景观规划设计(第二版)[M]. 东南大学出版社，2005.

作者简介

张清海，1976 年 9 月，男，汉族，江苏涟水人，日本千叶大学博士，南京农业大学园艺学院副院长，农业农村部景观设计重点实验室，副教授。研究方向为风景园林规划设计与理论。电子邮箱：1043176787@qq. com。

张山峰，1994 年 6 月，男，浙江平湖人，南京农业大学园艺学院在读硕士研究生。研究方向为风景园林历史与理论。电子邮箱：756123215@qq. com。

丁璨，1994 年 6 月，女，湖南岳阳人，硕士，华夏幸福基业股份有限公司城市规划专员。研究方向为风景园林规划与设计。电子邮箱：125429277@qq. com。

建福宫花园的象天格局生成探析

Spatial Pattern Analysis of Jianfu Palace Garden

刘庭风*　张柯楠　王佳琪

摘　要：建福宫花园是乾隆帝精心经营的第一座故宫花园，园林以三三为位的九宫格和象天法地的建筑布局以及山脉走势体现皇权的至高无上，通过建筑和庭院的组合与穿插将天人合一的宇宙观念、治国安邦的政治寓意和文人园林的审美情趣融汇于一园中，并以此为蓝本在宁寿宫花园中进行完善和发展。文章从空间布局、建筑形制、意象表达三方面对其象天格局的形成进行研究和解读，探究中国传统哲学对故宫花园营建的影响，为故宫花园的研究和保护提供新的思路。

关键词：建福宫花园；乾隆；九宫格；象天

Abstract: The Jianfu Palace Garden is the first in-house garden carefully operated by Emperor Qianlong. The layout of the garden architecture and the trend of the mountains reflect the supremacy of the imperial power. Through the combination of architecture and courtyard, the concept of the universe that unites the heavens and the human, the political meaning of governing the country and the aesthetic taste of the literati garden are integrated into one garden. The blueprint is perfected and developed in the garden of Ningshou Palace. The article studies and interprets the spatial pattern, architectural form and image expression from the perspective of traditional Yi-ology, explores the influence of Chinese traditional philosophy on palace garden construction, and provides new ideas for palace garden research and protection.

Keyword: Jianfu Palace Garden, Qianlong, Jiugongge, Simulate Sky

1　建福宫花园历史简介

建福宫花园位于紫禁城西北部，占地约 4020m²，原为乾西五所中四、五所所在地，乾隆六年（1741 年）至乾隆二十三年（1758 年）渐次建成。乾隆从小深得康熙皇帝的喜爱，在上百名的同辈中独弘历“特被恩宠，迥异他人”，按清制皇子婚后即搬出内廷，弘历 17 岁成婚后却并没有搬离皇宫而是移居至乾西二所，乾西二所便成了乾隆皇帝的“龙潜”之地。乾隆即位后，按照清规要将原来的住处荣升为宫，故将西二所荣升为重华宫。“龙潜之地，后世子孙不得再为居住，而杜觊觎大宝之心”[1]，故将住在西四、五所中的皇子们迁出。因其地清凉，更有侍奉太后的便利，于是下令修建建福宫及建福宫花园。

建福宫花园经多次增建和改建渐次而成。乾隆四年（1739 年）下谕拆乾西四、五所。乾隆六年（1741 年）拆乾西四、五所，同年冬天开始备料营建花园。乾隆七年（1742 年）静怡轩、吉云楼、延春阁、凝晖堂、敬胜斋、积翠亭、玉壶冰竣工。乾隆十七年（1752 年）添建碧琳馆。乾隆十九年（1754 年）将玉壶冰改建为歇山楼两座，新建转角游廊楼一座。乾隆二十三年（1758 年）慧曜楼竣工，期间逐渐完善建筑与花园工程。乾隆三十一年（1766 年）在碧琳馆八方门添安玉盘石座。此后，历代皇帝不再进行大规模的工程而是局部修补。然而 1923 年夏天的一场大火，使建福宫花园化为灰烬，中正殿、淡远楼、香云亭等也被延烧。

2　建福宫花园的空间格局分析

建福宫及其花园总体分为东宫和西园两个部分，东部宫殿区主要是用于皇帝办公、庆典宴乐、生活起居和礼佛，西部园林区主要用于游赏、尊亲、礼佛及艺术品鉴。东部宫殿区采用前朝后寝的布局方式，抚辰殿和建福宫是前朝，主要用于接见使臣和庆典宴乐，静怡轩为后寝，惠风亭是连接前朝后寝的过渡空间。慧曜楼位于静怡轩后，是一座六品佛楼，出于遮挡围墙以及笼络少数民族的宗教原因于乾隆二十三年增建。西部园林区的中心延春阁为明二暗三的楼阁式建筑，主要用于游乐、休息、读书、登高望远以及侍奉皇太后观灯。其北的敬胜斋室内分成东五间和西四间，东五间用于艺术品鉴西四间用于听戏。碧琳馆南室为妙莲花室，用于供奉观音菩萨。吉云楼供奉八大菩萨八尊，无量寿佛九尊，释迦牟尼佛等八尊佛。凝晖堂南室为三友轩，是皇帝读书、休息的地方。吉云楼、敬胜斋、碧琳馆、凝晖堂与延春阁之间均有游廊相连。玉壶冰和积翠亭是观赏游憩建筑。由宫而园的空间转换有三种途径：一是穿惠风亭西侧随墙门入；二是经存性门内西侧游廊入；三是沿慧耀楼前的游廊入。

以往学者对于建福宫花园格局的分析，认为建福宫花园采用的是“十字分中”的布局方法，“主体建筑控制轴线，左右统观全园”[2]，以延春阁为中心向北延伸至敬胜斋东五间，向南延伸至积翠亭，从北至南构成一条明显的花园轴线。《御制建福宫赋》云“盖是地也，围于宫墙而弗加扩”，“未费司农之帑，何劳庶民之攻”[3]，但是“为修建建福宫花园，将西四、五所的西墙向西移，并影

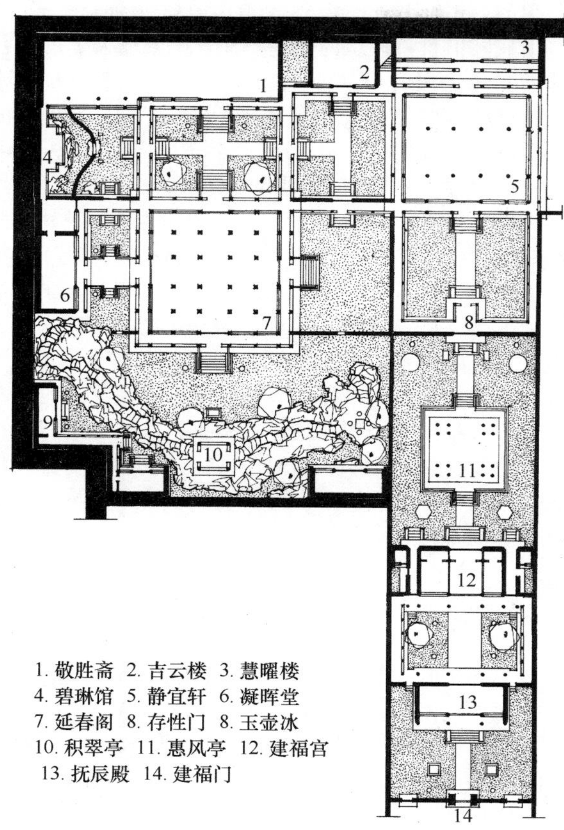

图 1 建福宫花园平面图
（图片来源：引自《清代内廷宫苑》）

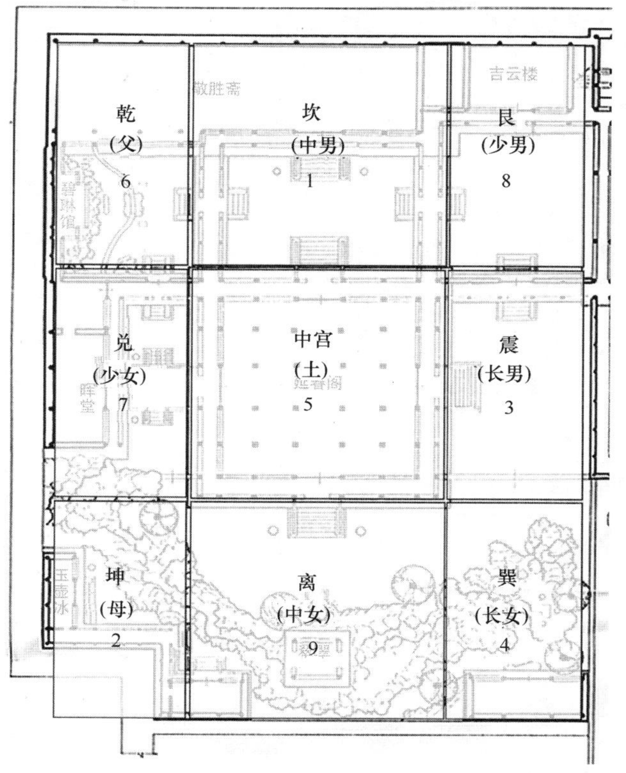

图 2 建福宫花园九宫格局分析图

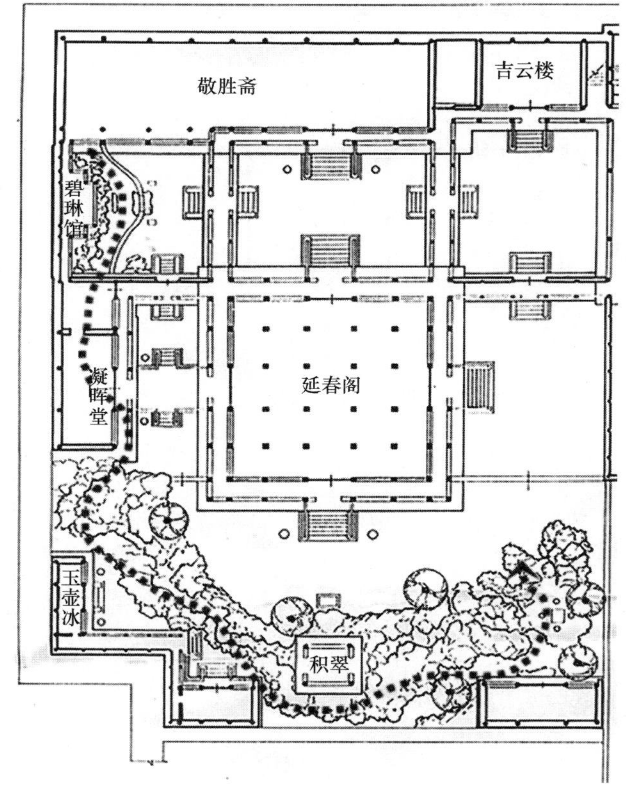

图 3 建福宫花园龙脉分析图

响了英华殿的建筑格局”[4]，建福宫花园在兴建过程中，耗费了一定的人力、物力、财力来拆毁英华殿的东跨院，向西扩展了宫墙 11m，致使西侧的交通由直街变为曲尺形道路。如此言行不一的做法必是为了满足更深层次的设计意图，仅从美学和造园手法的角度去分析未免片面。“风水、阴阳、五行是中国传统文化的重要组成部分，广泛地运用于城市和建筑物的营建。紫禁城作为明清时期古代宫城和古建的杰出代表，风水、阴阳、五行在紫禁城中得以充分体现”[5]，但现代学者分析紫禁城花园时，往往会忽略这一方面。

通过观察不难发现，建福宫花园的布局以延春阁为中心被游廊和院墙划分出六个院落，吉云楼院落、敬胜斋（东五间）院落、碧琳馆院落、凝晖堂院落、延春阁东侧院落及假山院落。延春阁的东西两侧的围廊向北延伸至吉云楼和敬胜斋，向南则强化了两条视觉轴线，虚实轴线把建福宫花园划分成了“井”字格局—即九宫格局。御制《建福宫新春》诗“照壁熊丸灿九华，祥烟浓作赤城霞”[6]印证了这种设想，“熊丸”指贤母以熊丸教子柳仲郢的故事，“九华”指后赵石虎所建宫殿，以三三为位，故谓之九华。三三为位建福宫花园格局的关键所在，也是乾隆的意图所在。

九宫，是指古代中国天文学家将天宫以井字划分乾宫、坎宫、艮宫、震宫、中宫、巽宫、离宫、坤宫、兑宫九个等份，在晚间从地上观天的七曜与星宿移动，可知方向及季节等资讯。以九宫格布局分析建福宫花园，乾位主体建筑为坐落在假山上的碧琳馆，坐西朝东，有明堂有朝案；坎位为敬胜斋（东五间）院落，明堂开阔，门两侧有

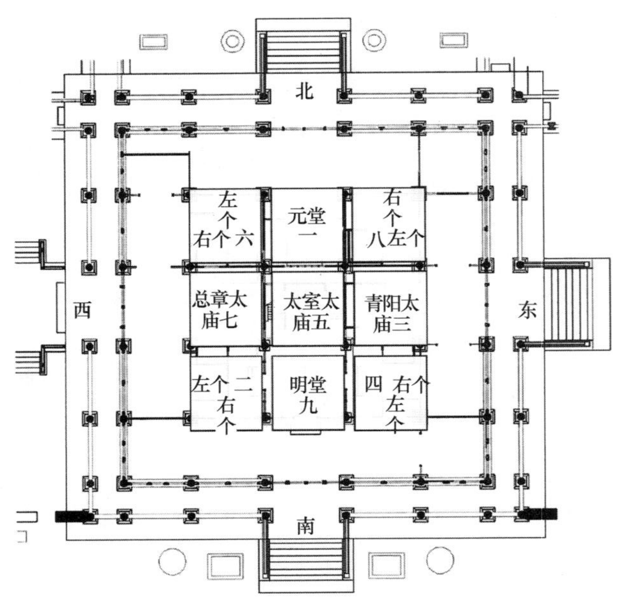

图 4　延春阁平面分析图

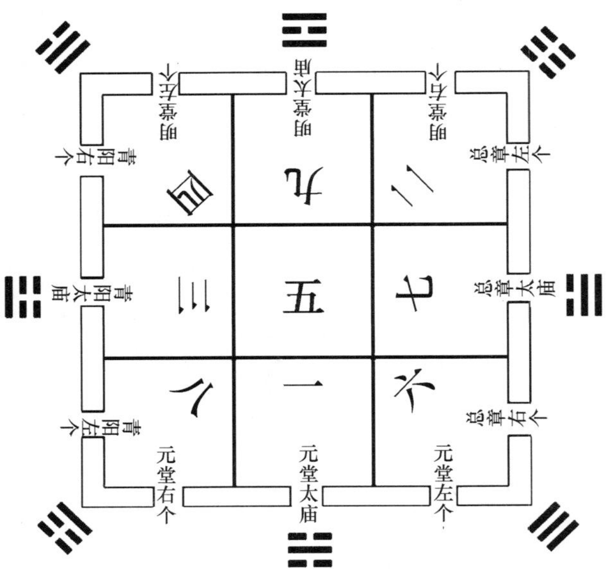

图 5　明堂九室图示

两口水缸；艮位吉云楼院落，楼前原有假山秀石；震位为延春阁东面空地，独立成院，有两个出入口，北通吉云楼院落，西进延春阁；巽位假山上有石桌石凳，角落里是南值房，朝案完整；离位有一积翠亭，有明堂有朝案；坤位为玉壶冰，立于山后；兑位凝晖堂，明堂开阔；中宫为延春阁。一条山脉从西北发出穿乾、兑、坤、离、巽五宫蜿蜒曲折行至东南，山脉蜿蜒曲折盘踞于九宫格局之内，如龙在深海中潜伏，待风雨大作一飞冲天。咸丰后在建福宫西次间匾额上书“飞龙在天”，也暗示了这种雄心壮志。

化用九宫格理念建造园林早有先例，圆明园就是按照九宫格局布置景观要素的，雍正二年（1724 年）的《山东德平县知县张钟子等查看圆明园风水启》中“圆明园内外俱查清楚，外边来龙甚旺，内边山水按九州爻象、按九宫处处合法”[7]可以印证这一点。但是圆明园是以非常自由的方式使用九宫形式，“追求园林中的自由与天然的同时兼顾了政治理想的表达，并且用象征天下的九宫格表明皇家园林至高无上的等级，使其有别于私家园林”[8]。乾隆即位次年就对于圆明园进行扩建，在雍正旧园的范围内增加新的建筑群组，直到乾隆九年（1744 年）增建工程才告一段落。同年乾隆题九州清晏“诸胜仿佛浔阳九派，驺衍谓裨海周环为九州者，九大瀛海环其外，兹境信若造物施设耶”[9]，整个景区的园林布局在设计上模仿全国疆土，取“禹贡九州”传说的意境，既表达了皇帝“统治天下”的政治理想，又象征着祖国统一。乾隆承袭了圆明园，亦是承袭了壮丽重威的皇家园林美学思想，圆明园的规划受到既定格局的限制，而建福宫花园的建造则可以更大程度遵循乾隆的设计构思。依据皇家园林托景言志、以景寓政的惯例，以九宫格的布局来划分建福宫花园的平面，强化统治思想在园林景观中的作用，可能比轴线对称的布局方式更有说服力。

3　建福宫花园的建筑形式分析

延春阁的体量庞大，居于建福宫花园中心。周围建筑及院落呈内向型布局，且延春阁内檐装修为“中心发散式”，如此格局恰好可以关照四面的空间与景观，使室内外相呼应。这种做法实属罕见，除宁寿宫花园符望阁与之相似，清代宫殿苑囿中再无它例。这种异乎寻常的“明堂式”的空间格局，体现了乾隆深层次的设计意图，即“法紫微以居中，拟明堂而布政”。“建筑表现是以一定的形体造型，模拟宇宙或社会人生中一些事物情状，以象征一定文化观念情绪”[10]，延春阁仰可观宇宙之大以通神灵，俯可品四季美景以正四时，乾隆巧用了古代礼制建筑的布局方式来表达君权神授、天人统一的思想并实现了文人审美和生活享受。

碧琳馆位于西北乾位，于乾隆十七年（1752 年）添建，御制《碧琳馆三首》中“殷怀周海寓，深居敢宴盘。寸阴信不假，万几焉有閒。轻裘念鹑结，玉食轸粝餐。圣狂别罔克，朝夕凛惕乾。肯堂励方来，保此磐石安。”[3]就体现了乾隆居安思危、勤政爱民、励精图治的政治理想。从院落布局来看，院西的假山上筑有碧琳馆，碧琳馆背倚高大围墙面对狭窄明堂，并用曲面墙围合，从门洞进入院落时仰望碧琳馆假山，给人以压制感和逼迫感，以示潜龙勿用。龙墙上开了窄小的八卦门，龙墙为弓，门道为箭，以示龙山欲出。龙墙前又一院，院落开阔寓意前庭广大，院位于东方示意紫气东来。帝王的雄心壮志昭然若揭，咸丰在建福宫西次间匾额上题“飞龙在天”就是印证。

4　建福宫花园的意象探索

4.1　象天法式

建福宫建筑的命名及寓意在御制《建福宫赋》中有详尽的记述，建福宫的名称来源于“洪范有言，敛时五福”[3]。宫殿和花园的营建和命名上体现了象天原则，这在御制《建福宫赋》和御制建福宫诗词中可以找到依据。

建福宫象天的主要对象是星象，包括北极星、建星、辰星和曜星。建福宫及其花园的整体布局和北斗七星的空间位置十分形似，乾隆御制诗《夏日建福宫》中就有“金城漏永芙蓉静，玉宇宵明象纬沈”之句，《暮春恭奉皇太后建福宫赏花侍膳之作》中也提及“酒斟北斗升玫陛，寿指南山映琐闱。”

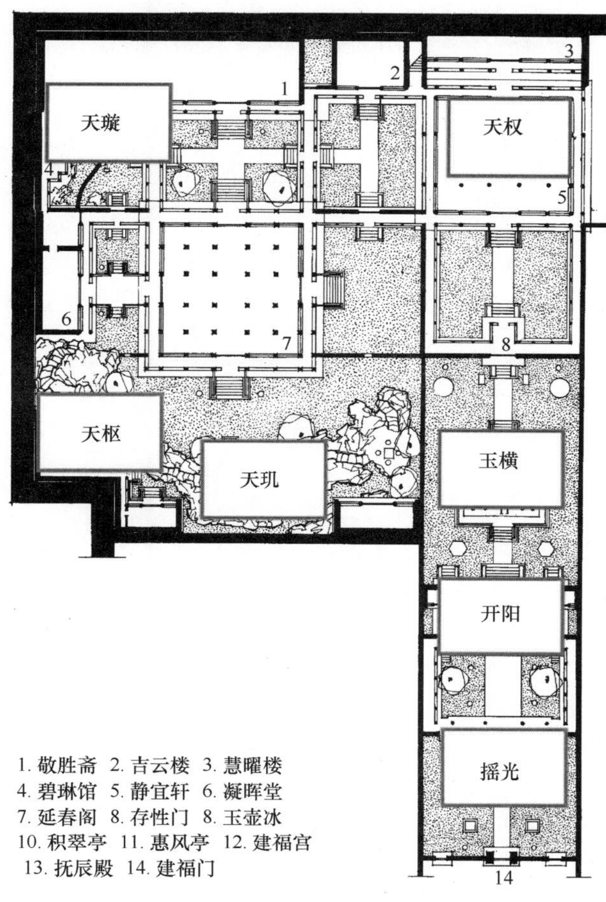

图 6　建福宫花园北斗七星对应图

建星，古代天文学称北斗星斗柄所指为建。一年之中，斗柄旋转而依次指为十二辰，称为“十二月建”，如建寅（正月）、建卯（农历二月）、建辰（农历三月）、建巳（农历四月）、建子（指以夏历十一月），夏历（农历）的月份即由此而定。乾隆御制诗词就提及斗柄转向引起季节的变化，乾隆八年御制《建福宫新春》诗“禁城景物报和韶，初转寅方玉斗杓”[6]，指北极星斗柄指东，天下皆春。

抚辰殿，辰即指辰星。郭沫若曰：“星之名辰者，盖星象于农事，大有攸关。古人多以耕器表彰之。”（西方亦称北斗为‘犁星’）。故‘大火为大辰，伐为大辰，北极亦为大辰’（《左传·昭公十七年》）。更进则举凡星象，皆称为辰，辰又转为时日之通称，于是而耕器之本义遂全晦。”[11]御制《建福宫赋》中“观太宇兮调元化，育万物兮验农耕”[3]也体现了这一点。

慧曜楼是位于静怡轩后的一座六品佛楼，于乾隆二十三年动工添建，历时三年全部完工。曜，是日月星辰的统称，七曜在中国古代是指日、月及火、水、木、金、土五大行星这七个主要星体，是当时天文星象的重要组织成份。张衡的《灵宪》载“文曜丽乎天，其动者有七，日月五星是也”[12]。慧曜楼的增建，填补了静怡轩后的空地，使花建福宫花园的整体格局更加完整，也突出了乾隆“玉宇宵明象纬沈”的寓意。

4.2　晋卦

乾隆营建建福宫别有深意，乾隆四十四年御制《建福宫题句》云“亦有引未发，则别具深意”“以备慈寿万年之后居此寄制，然亦不忍宣之于口”“本亦如葺建福宫之意，且以备慈躬或不豫，为日夜侍奉汤药之所”[13]。建福宫本欲为母守制而备，正和晋卦之意。晋卦曰“受兹介福，于其王母”，指晋升的这个福分，来自王的母亲，合乾隆为母守制之意。此外，御制《建福宫新春》诗“照壁熊丸灿九华，祥烟浓作赤城霞”[6]，“熊丸”指贤母以熊丸教子柳仲郢的故事。晋卦上九爻言“晋其角，维用伐邑；厉吉，无咎；贞吝。”恰对应玉壶冰之拐角，既扩宫墙何留拐角，正是进无可进、晋极必反的警示之意。

4.3　九宫格

建福宫花园是乾隆皇帝的潜龙之所，潜龙即潜藏，韬光养晦不显山露水。建福宫花园运用九宫图式的巧妙之处在于不用院墙或者围廊划分出显而易见的九宫格，而是利用轴线的视觉延伸以及假山的围合实现了实体空间与感知空间的划分，同时也实现了人工向自然的转换，用九宫格局象征禹贡九州，昭示“普天之下，莫非王土”的宏图伟业。园内山起于西北止于东南，象征天下大势，山脉蜿蜒曲折盘踞于九宫格局之内，暗含对“飞龙在天”的期许。再者作为礼制建筑明堂显然不应出现在园林中，乾隆皇帝为延春阁所作的御制诗中也仅言祈福观景，并未提及布政理政，但是延春阁的空间格局却与明堂格局如出一辙，可见乾隆的用意之深。

乾隆即位之初，实行宽严互济的政策，务实足国，重视农桑，停止捐纳，平定叛乱等一系列活动中，充分体现了他的政治抱负，建福宫花园不仅是乾隆文人情趣的实践地也是他文治武功的演练场。乾隆后来果然取得了辉煌的政治成就，执政六十年间社会稳定，经济繁荣，国家统一，在康熙帝和雍正帝的基础上把封建王朝推向顶峰。乾隆晚年对潜龙之地心存感念于是把建福宫花园复制到太上皇宫—宁寿宫花园之中，并对建福宫龙脉穿五宫理念进行完善，按乾卦的爻辞发展了六爻式龙脉意象格局。

5　结语

建福宫花园是乾隆皇帝即位后精心经营宫内园林的第一次尝试，园林多处体现了象天法式设计原则和励精图治的政治寓意。三三为位的九宫格是花园建造的蓝本，通过建筑、庭院和游廊相互环绕产生的虚实轴线划分出来，再以山脉从西北至东南贯穿五宫。再通过象天法式赋予宫殿和园林建筑以更深层次的意义，实现乾隆“观太宇兮调元化”的设计意图。通过易学理论和建福宫花园格局进行对比和研究，不仅可以拓展现有对于皇家园林的文化研究思路，更可以丰富古典园林的研究思路和方法，其造园方法和文化内涵对于现在环境的设计具有借鉴意义和推进作用。

参考文献

[1] 张淑娴．建福宫花园建筑历史沿革考[J]．故宫博物院院刊，2005(05)：157-171.

[2] 朱庆征．建福宫及其花园的平面布局研究[J]．故宫博物院院刊，2002(04)：88-91.

[3] (清)于敏中．日下旧闻考卷十六．北京：北京古籍出版社，1985：221.

[4] 周苏琴．建福宫及其花园始建年代考[M]//朱传荣．禁城营缮记．北京：紫禁城出版社，1991：111.

[5] 党洁．风水、阴阳、五行在紫禁城中的体现[J]．北京档案，2012(09)：50-51.

[6] (清)于敏中．日下旧闻考卷十六．北京：北京古籍出版社，1985：222.

[7] 赵春兰，潘灏源．从"圆明园风水启"说开去——皇家园林与风水初探[J]．规划师，1997(01)：106-112.

[8] 孟彤．从圆明园的九宫格局看皇家园林营造理念[J]．华中建筑，2011(11)：94-96.

[9] (清)沈源，唐岱．圆明园四十景图咏．北京：圆明园遗址公园出版社，1991.

[10] 邵志伟．易学象数下的中国建筑与园林营构[D]．山东大学，2012.

[11] 黄现璠．古书解读初探．广西：广西师范大学出版社，2004.

[12] (晋)司马彪著.(梁)刘昭注补．后汉书志．北京：中华书局，1965.

[13] (清)于敏中．日下旧闻考卷十六．北京：北京古籍出版社，1985：223.

作者简介

刘庭风，1967年2月，男，汉族，福建省龙岩市，博士后，天津大学建筑学院教授，园林历史与文化。电子邮箱：liutingfeng1590@126.com。

张柯楠，1994年4月，女，河北省邢台市，硕士，天津大学建筑学院，园林历史与文化。电子邮箱：landscape_kn@163.com。

王佳琪，1993年5月，女，河北保定市，硕士，天津大学建筑学院，园林历史与文化。电子邮箱：1248966841@qq.com。

乐圃千年钩沉[①]

——由环秀山庄原址之疑探索乐圃历史变迁

The Historic Vicissitude of Le Pu Garden

—explore historic vicissitude of Le Pu Garden due to the question from site of the Mountain Villa with Embracing Beauty

苏晓丽　秦仁强*　周　欣

摘　要：目前学界的研究对于乐圃与环秀山庄位置是否一致仍颇具争议，环秀山庄位置众所周知，而乐圃的位置则是论证的关键。本文采用历史研究法，通过相关文献分析和图纸资料比对，探索了乐圃千年历史进程和范围变迁，得出乐圃址并非环秀山庄，而在今苏州儿童医院至中街路处。

关键词：乐圃；环秀山庄；朱长文；金谷园；适适圃

Abstract: It's still controversial that about the location of Le Pu Garden and the Mountain Villa with Embracing Beauty for the current research. The location of the Mountain Villa with Embracing Beauty is well known, and the location of Le Pu Garden is the key to the argument. This paper uses the method of historical research to explore the history and scope of the Le Pu Garden millennium's history through the relevant literature analysis and the comparison of the drawings and materials. It is concluded that the Le Pu Garden site is not the Mountain Villa with Embracing Beauty, but it is now at the Suzhou Children's Hospital to Zhongjie Road.

Keywords: Le Pu Garden; the Mountain Villa with Embracing Beauty; Zhu Changwen; Golden Valley Garden; Shi Shi Garden

1　研究源起

目前对于环秀山庄历史演变记述较为普遍的是认为其就是北宋朱长文的乐圃，如《惟有园林》和《江南园林志》中均指出环秀山庄本五代广陵王钱氏金谷园故址，入宋归朱伯原，名乐圃[1,2]，魏嘉瓒《苏州历代名园录》中也说钱文恽在景德寺故址上建金谷园，后沦为民居，北宋时由朱长文祖母吴夫人购得，后为汪氏义庄，改称环秀山庄[3]。但此观点也存在争议，如时任东吴大学教授的黄颂尧撰《乐圃遗址考》曾明确指出乐圃不在景德寺址，魏嘉瓒在《苏州古典园林史》中也论证乐圃旧址和景德寺、环秀山庄无涉[4]，那么乐圃与环秀山庄位置是否一致？仍需更加系统地论证。本文由此为题，运用历史研究法，以乐圃的纵向演变为主要线索，进行乐圃的位置论证。

2　乐圃位置考

2.1　辩而生疑——乐圃、乐圃坊、乐圃坊巷与环秀山庄

有关“乐圃”的记载有《吴郡图经续记》：“朱光禄园，在凤凰乡集祥里……而长文隐居于此，号曰乐圃”[5]；《避暑录话》载：“朱伯原，吾乡里，其居在吾黄牛坊第之前，有园宅幽静，号乐圃”[6]；洪武年间《苏州府志》：“乐圃在雍熙寺西，为朱伯原所居”[7]。从以上记述中可以看出，乐圃是朱长文[②]之园，且在凤凰乡集祥里、雍熙寺之西、叶梦得黄牛坊宅第之前。有关“乐圃坊”的记载有朱长文《与诸弟书》：“惟园宅之地于此隐居久矣，前郡守章公伯望名其坊曰乐圃”[8]；《（绍定）吴郡志》：“乐圃坊，在三太尉桥北”[9]；《（正德）姑苏志》：“乐圃坊，清嘉坊南，朱长文所居，名乐圃，知州章岵建坊表之”[10]，因此可得“乐圃坊”是知州章岵以表朱长文所居之地乐圃而立，但也有记述易使读者混淆为乐圃坊便是朱长文园圃，

① 基金项目：中央高校基本科研业务费专项基金（编号 2011JC013）。

② 朱长文：（1039—1098 年）北宋书学理论家，字伯原，号乐圃、潜溪隐夫，未冠，嘉祐四年（1059）进士，授秘书省校书郎。以父忧去职，举进士，以病足不肯试，筑室乐圃坊，著书阅古，家居 20 年，元祐中（1089 年）起教授于乡，召为太学博士，著有《吴郡图经续记》、《乐圃余藁》、《琴史》等。

如《（崇祯）吴县志》中乐圃坊在园林和坊巷卷中均有出现①；另《（民国）吴县志》中载："乐圃坊，在今慕家花园巷东口"[11]，和上述在三太尉桥北，清嘉坊南的位置记录相符。有关乐圃坊巷的记载在之前地方志上均未找到，直至《（正德）姑苏志》中开始出现，并在之后方志中均有记载，《宋平江城坊考》："乐圃坊巷，范卢二志均著录②，今慕家花园"[12]，《（民国）吴县志》："乐圃坊巷，宋朱长文所居，故名互见坊及宅第，慕天颜尝居此，有园池之胜，故今名慕家花园"[11]。综上可知乐圃坊在慕家花园巷东口、三太尉桥之南，乐圃坊巷即今慕家花园巷（图1），而史料中所提及的乐圃位置，因叶梦得黄牛坊宅第已不可考、雍熙寺之西范围模糊、凤凰乡集祥里年代久远，而尚不能确定。但若假设环秀山庄址就是乐圃，那便会出现疑问，其一是乐圃坊既然是为表朱长文所居，在景德路南，那为何乐圃会出现在清嘉坊，在景德路北（图2）？其二是朱长文有记："……昔虎丘东、西二寺，今之景德寺，皆是也[5]"，说明朱长文时期景德寺仍在，且在《平江图》中仍具一定规模（图3），那么朱长文何以在景德寺址筑园呢？另外景德寺曾在"明永乐二年僧智仁嗣贤如琦净据重建"[13]，乐圃北宋之后数次易主，史料中未记载其被用作寺址，因此乐圃与环秀山庄是否为一处疑问颇多。但由于历史有诸多可能性，疑问并不等于否定，对于乐圃的位置，仍需深入探讨。

图1　乐圃坊与乐圃坊巷位置

2.2　拾遗补阙——凤凰乡集祥里

上文引用史料中的凤凰乡集祥里，虽因年代变迁，考证并非准确，但对于郭明友在佐证乐圃位置时，认为集祥里恰在西百花巷的西北处这一观点是有待商榷的。通过查阅地图资料，发现郭明友应是将集祥里误作《姑苏城图》中的集祥街③（图4），这两者并非同一概念，"乡-里"是宋代乡村区划中一种常见的编排形式[14]，《旧唐书》中载："百户为里，五里为乡"，可见宋代的"乡一里"应指的是某一特定地域范围，这点从《（正德）姑苏志》"凤凰乡集祥里，管图七（北贞一至四北元三北利一二）[10]"以及其后方志记载中均可得以佐证。根据方志中所记，结合《（1872～1881年）姑苏城图》和《（1896～1906年）苏城全图》绘制出凤凰乡集祥里的大致范围（图5a，5b），发现即使是同一记载，同一朝代，由于其地图标示的方法不同，也会使集祥里的范围出现差异。但《（嘉靖）吴邑志》中详细记载了集祥里内的坊、巷、桥和寺、庙，并结合其他史料记载和地图资料，重新绘制了集祥里的大致范围④（图5c），然由于朝代更替，仍有不确切之处，只是为乐圃位置考证略作补充，为之后的相关研究提供参考，而乐圃具体位置还须在其历史演变的洪流中寻找印记。

图2　乐圃坊、乐圃坊巷与环秀山庄位置图

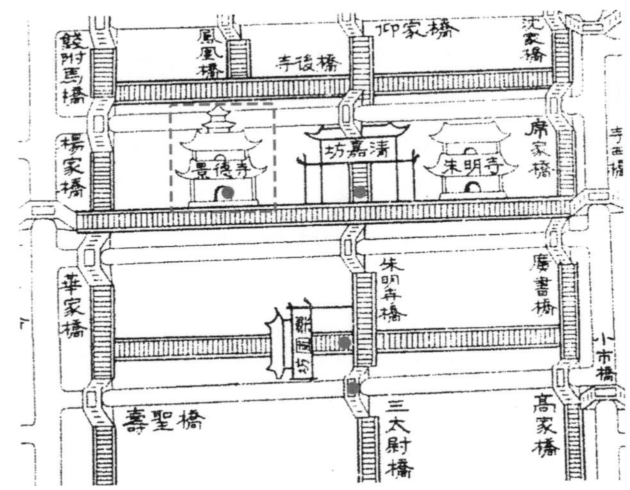

图3　景德寺在平江图中位置（宋《平江图》）

① 《（崇祯）吴县志》园林卷中所载："长文营以为圃，乡人尚其明德，知州章岵表为乐圃坊"但在坊巷中又载："乐圃坊，三太尉桥北，北宋元丰间知州章岵表"。若没有读得后一条记载，便易使人混淆乐圃就是乐圃坊。

② 经阅读方志发现范卢二志中均有记载乐圃坊，但并未记载乐圃坊巷，此处作者应是将两者弄混。

③ 通过查阅清至民国的地图，发现此街之后也被称为集祥里、集祥弄、集祥巷。

④ 《（嘉靖）吴邑志》载凤凰乡集祥里有坊：甘节坊、黄牛坊、吴趋坊、清嘉坊、仁风坊、太平坊；巷有鑽龟巷、汤家巷、王枢密巷、周五郎巷、天灯巷、麋都兵巷、百花巷、石塔子巷、天王井巷；桥有皋桥、梵门桥、张广桥、方广桥、莲湖桥、庙和寺有：城隍庙、承天寺、雍熙寺、景德寺、三茅观，依据这些地点绘制集祥里区域，得乐圃坊在集祥里范围内。而方志中所记乐圃坊在大云乡庆云里应属笔误，因为其所记大云乡庆云里包含的其他坊巷均在集祥里北，只有乐圃坊在集祥里中，为集祥里中的地点所环绕，南有太平坊，北清嘉坊等，东有雍熙寺，西有梵门桥。

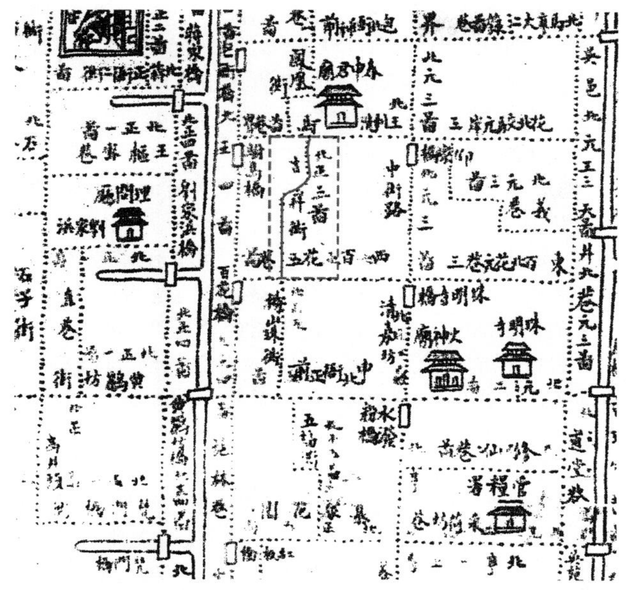

图 4　集祥里位置图（清 1872～1881 年《姑苏城图》）

2.3　察源疏流——乐圃前世今生

2.3.1　察源：乐圃之前世金谷园

有关乐圃前世，朱长文有记曰："始钱氏时，广陵王元璙者……其诸子徇其所好，各因隙地而营之，为台为诏，今城中遗址颇有存者，吾圃亦其一也"[15]，后洪武《苏州府志》则指出其为"吴郡时金谷园也"[7]，通过相关史料分析，认为《苏州府志》这一记载应为合理。因为米芾《墓表》中云："乐圃先生，吴郡朱氏，名长文……筑室居郡乐圃坊"[16]，而"乐圃坊，在三太尉桥北"[9]，"三太尉桥，在吴县西，昔广陵王诸子各治园第，此桥之西巷盖当时第三子所营治也，今皆为居人占藉"[5]，因此朱长文所居在三太尉桥北的钱氏之子遗圃中，与钱氏第三子园圃位置相近，同时将洪武《苏州府志》与《（正德）姑苏志》中的吴县图进行叠加（图 6）①，发现乐圃在今景德路与中街路交叉处，但距清嘉坊不远，这可能是《（正德）姑苏志》有"乐圃，在清嘉坊北"之记的原因，也是人们贯将环秀山庄误以为乐圃之故址的原因之一。

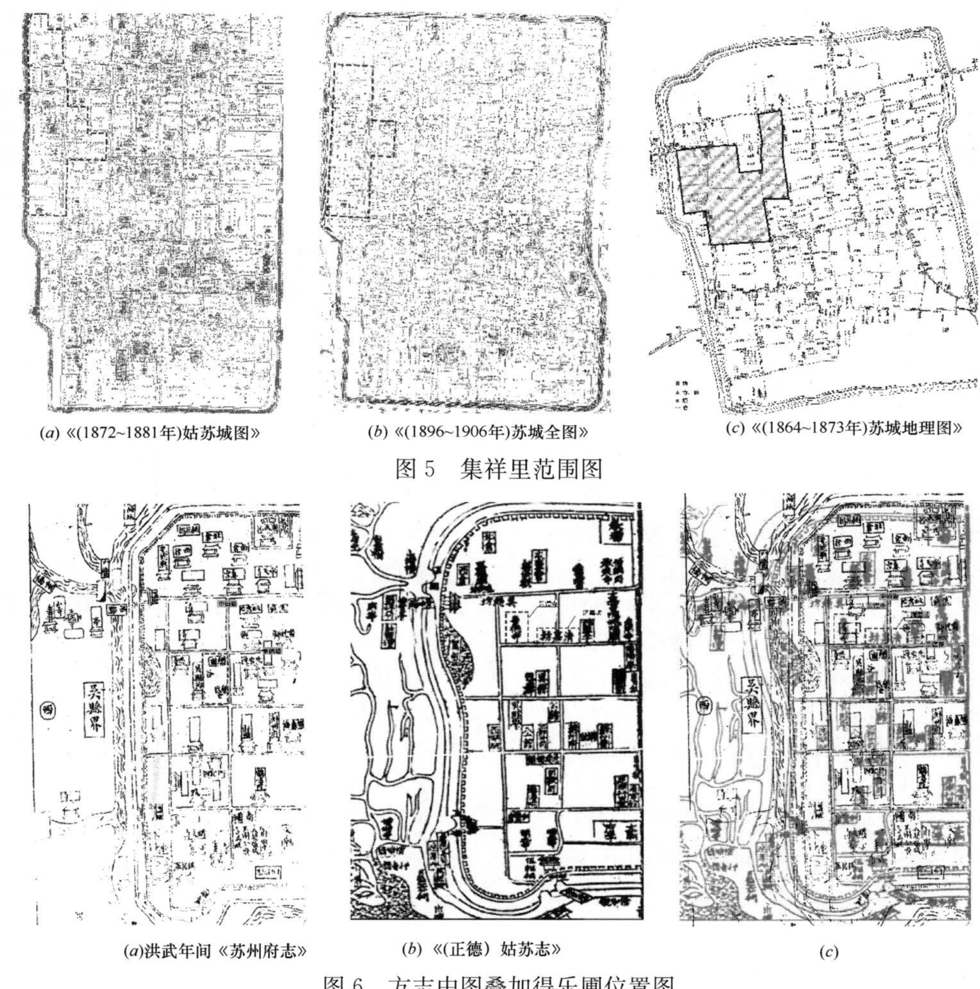

(*a*)《(1872~1881年)姑苏城图》　(*b*)《(1896~1906年)苏城全图》　(*c*)《(1864~1873年)苏城地理图》

图 5　集祥里范围图

(*a*)洪武年间《苏州府志》　(*b*)《(正德）姑苏志》　(*c*)

图 6　方志中图叠加得乐圃位置图

① 两部方志中虽详细内容有不清晰之处，但府城中三横四直的街道可作为两图叠加的基点，重合度也较高，且在洪武《苏州府志》府城图中依晰可辩出乐圃、钱氏金谷字样。

2.3.2 疏流——乐圃的后世变迁

（1）乐圃—乐圃林馆—杜琼宅—适适圃

《（道光）苏州府志》中记："乐圃在雍熙寺西……元末为张适所有……明德宣年间杜琼得东隅地……万历中申文定公治政归，构适适圃于此中，有赐闲堂，今尚存"[17]。将此记载与其他文献进行佐证，认为其记载准确。关于"乐圃林馆"张适有七律二首，题为"余旧业在城西隅，乐圃朱先生之故基也……至辛亥春复返旧业"[18]；另倪瓒也曾为张适作《乐圃林居图》，并题有诗句，以上两条为园主本人及其好友所记，与方志所载一致，且可知张适在明洪武四年（1371年）之前就已购得乐圃。关于"杜琼得东隅地"吴宽在《杜东原先生墓表》云："……先生得宋朱长文乐圃，而家其旁，自号东原"[19]，同时沈周《杜东原先生年谱》中也载："正统元年丙辰，始迁居乐圃里，作如意堂，景泰元年庚午，作延绿亭"[20]，因此可知杜琼确曾居于乐圃东隅。但因《（正德）姑苏志》中载："乐圃在清嘉坊北……杜琼得东隅地"，使其后的方志均载："杜东原琼宅在清嘉坊"。而这一记载与关于"申文定公适适圃"相互矛盾，《申氏世谱》和《（崇祯）吴县志》① 中均载："适适圃，在乐圃坊内，即故乐圃地"[13]，从苏州各时期的古城地图发现，清嘉坊与乐圃坊之间相隔一条河流和道路，朱长文本人也未曾提及乐圃被分为南北部分，那杜东原所居何以在清嘉坊呢？再结合上文史料所证，乐圃、乐圃林馆、杜琼宅、适适圃应均在乐圃坊，也解答了"乐圃坊是为表朱长文所居，而乐圃为何出现在清嘉坊"之疑问。

（2）适适圃与申文定公宅

在方志记载中，关于乐圃历史变迁的完整记述在申时行适适圃时便戛然而止，之后有迹可循的便是《（同治）苏州府志》："申文定公宅在黄鹂坊桥东……先为景德寺，后改学道书院……道光末归汪氏为耕荫义庄，或云即宋时乐圃"[21]以及"（王鳌）今建祠之地，相传即宋时乐圃，后为景德寺……蒋氏掘地得古甃井，名之曰飞雪泉"[21]等，首先所谓"相传"、"或云"即并非肯定，另外后者所记出现了时间错误，景德寺为王珣、王珉舍宅所建，是魏晋之事，而宋时乐圃又怎能"后为景德寺"，同时基于上文论述分析得《（同治）苏州府志》中的这种说法并不严谨，但通过史料分析发现其观点确有缘由，方志中说申文定公宅在道光末为汪氏耕荫义庄，而乐圃之后也曾为申时行所有，作适适圃，因此人们才会以为适适圃就是申文定公宅，就是乐圃。其实这两者并不在同一处，原因有三：其一是在《（崇祯）吴县志》中，适适圃在园林卷中（卷二十三），而申文定公宅则在宅第卷中（卷二十二）[13]，另外在其所记人物卷中载："（申时行）……晚构园亭于乐圃之上，号休休居士，有论扉奏草，赐闲堂集"[13]，因此两者在功能性质上不同；其二是方志记载中申文定公宅中有宝纶堂，而适适圃中有赐闲堂②，此两堂应均为两处标志性建筑，《（崇祯）吴县志》也应无把一处厅堂名字记错之理；其三是适适圃中有园圃药栏、溪流山岗、小亭清池、林木蔚然，均自然雅致，表达了申时行致仕耕隐之意，同时申时行有《适适圃十二咏》，可见其对其园圃景致的赞赏。综上分析得申时行适适圃和方志所记的申文定公宅应不是同一处，中有赐闲堂的适适圃是申时行著书立说，闲游风雅之园亭，而中有宝纶堂的申时行宅第才是今天的环秀山庄，这也是人们贯将环秀山庄误以为乐圃之故址的原因之二。

（3）适适圃—慕家花园—适园—苏州市儿童医院

《（道光）苏州府志》中载："申文定公致政归，构适适圃于此，中有赐闲堂，今尚存"[17]，说明在其刊印时，即道光四年（1824年）赐闲堂仍然存在，《吴门表隐》与其撰写时间相差无几，中有记："赐闲堂在慕家花园[22]③"，记载应为准确，而关于慕家花园的记载有：

"慕家花园在吴县黄鹂坊南，康熙间巡抚慕天颜所筑，后归河南人绍与太守席椿，其后毕尚书沅割其半，旋皆颓废，后又归董观察国华，略加修葺，毕氏仍居其东偏，今归安徽人刘树仁"[11]

"董国华宅，在慕家花园，清吴县董琴南（国华）方伯所治，其址初为海宁陈广陵（元龙）相国所居，继为谷州尉志斌宅，国华买其旧地，时人称为东园主人毕秋帆，西园主人董国华"[23]。

"遂园，在慕家花园，清末宣统年间云南刘咏台大令购于董氏旧宅，重新修葺，改名遂园……至民国二十六年又归东山叶氏矣"[23]。

根据以上三条记载，可推导出慕家花园的大致演变历程，即其初为慕天颜筑，后归席椿，之后为陈广陵所居，后毕沅割其东半而居之，谓之曰适园（亦作东园）④，西半则为尉志斌宅，尉志斌后被董国华所购，因此时人才称以"东园主人毕秋帆，西园主人董国华"，董国华之居又被刘树仁（咏台）所得，易名"遂园"（图7），后民国时又归叶氏所有，而东部之后一直为毕沅及其后裔所居，"尚书殁后，家产入官，无托足之地，一家眷属，尽住圃中，可慨也……现其裔孙依然居住，因以造家庙，例不入官，近唔尚书后裔志飏茂才云园废不治"[23]。据毕氏后裔毕玥年回忆称："其祖居建于十八世纪八十年代"，且毕沅为悬乾隆御笔亲赐"经训克家"巨匾而在苏州购买慕家花园，改建毕家祠堂，以"经训堂"命名，后嘉庆四年，家产入官，唯经训堂、毕沅墓园与灵岩山馆属家庙墓地幸

---

① 申时行（1535～1614年），万历十九年（1591年）谢政归家，而《（崇祯）吴县志》撰写于崇祯壬午年（1642年），距申时行逝世仅28年；且申氏世谱是申氏家族世代谱系的记录，在道光二十一吴廷琛为其作序曰："申文定公……公自序如此，自后一修，于雍正甲寅再修……"，因此与申时行年代较近同时又是明时著名宰相之所的记录与申氏谱系的记录，应当是较为确切的。

② 也有文章将两者均混为一谈，说申时行宅中有赐闲堂、宝纶堂等诸胜，另外《履园丛话》中对乐圃的变迁记述准确。

③ 《（道光）苏州府志》于道光四年（1824年）发行于世，而《吴门表隐》据潘世恩《吴门表隐序》中写："道光辛巳……乃睹其所著《吴门表隐》"得知，其应撰写于道光元年辛巳（1821年）之前，和方志撰写时间相差无几，且"只录志所未及"，另外《吴门园墅文献》中也载："乐圃，五代时广陵王钱元璙金谷园遗址……申时行致仕后又购得之，有赐闲堂……慕拱丞天颜巡抚江南，在此建别墅俗称慕家花园……"因此说赐闲堂在慕家花园应当准确。在《吴门表隐》刊印版中将"赐闲堂"写作了"赐门堂"，但在对其进行校勘，并加注标点的《江苏地方文献丛书》中写为"赐闲堂"。

④ 《吴门园墅文献》中载："不久太仓毕秋帆尚书割其东部，改为适园"。

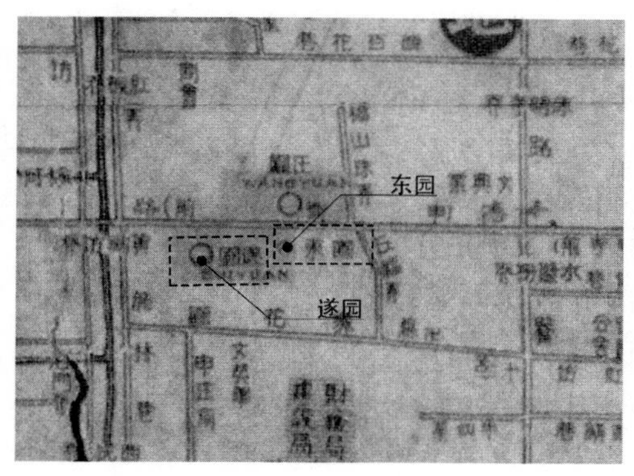

图 7　东园、遂园位置图（1931 年苏州新地图）

免，与上述记载一致，之后于 20 世纪八九十年代，改建为“苏州市儿童医院”[24]。

经过上述史料的分析研究和对乐圃前世今生的探索，可大致罗列出其整体的历史变迁轨迹（图 8），并绘制乐圃的大致范围和其历代演变范围图（图 9），发现乐圃西部因适适圃的沿袭而得以找寻旧址，适适圃因慕天颜而成慕家花园的一部分，后经毕沅割其东部建经训堂而后传于世，成为现在苏州市儿童医院的一部分。而乐圃东部、杜东原宅或荒废或沦为民居，湮没在历史长河中，依此也可看出迭代园主对园林传承的重要性。

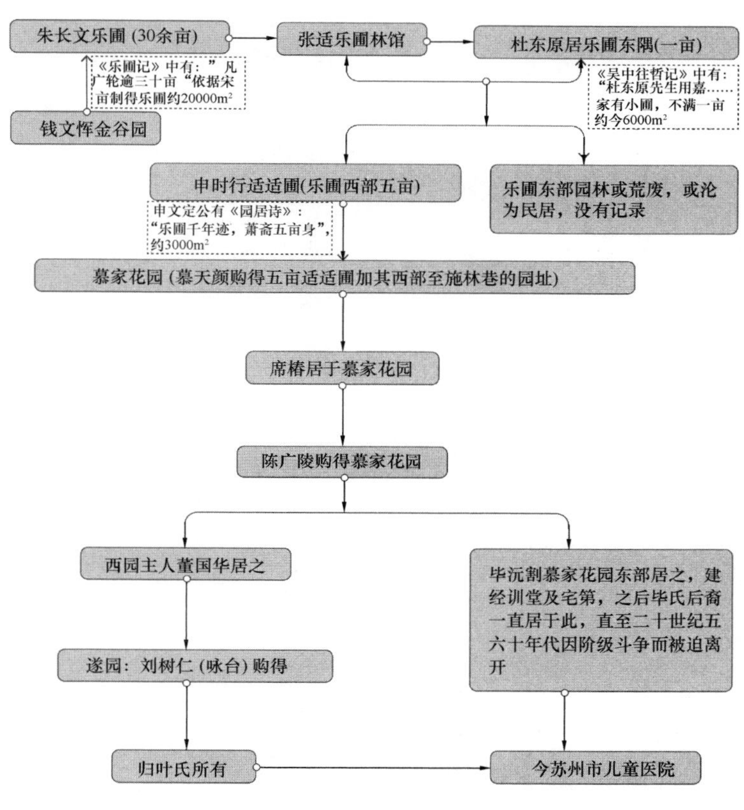

图 8　乐圃历史变迁轨迹图

图 9　乐圃范围及其历代范围演变图

3 结语

本文选取史料以年代相近为原则，通过对史料的梳理和古地图佐证，探索了乐圃变迁轨迹和历代演变的大致范围，得乐圃并非今环秀山庄，而在今苏州儿童医院至中街路处，并进一步解析了环秀山庄被误认为乐圃的原因：其一是《姑苏志》中对于："乐圃在清嘉坊北"的记述，其二是对申时行园圃和宅第的混淆。另外园林遗址的论证需要深厚的史学功底和史料整理分析能力，在此过程中笔者对此虽有涉猎，但依然十分欠缺，故谬误之处，恳请指证。

参考文献

[1] 陈从周．惟有园林[M]．百花文艺出版社，2007.05：130.

[2] 童寯．江南园林志[M]．文海出版社，近代中国史料丛刊续编第六十七辑．

[3] 魏嘉瓒．苏州历代园林录[M]．北京：北京燕山出版社．1992.

[4] 魏嘉瓒．苏州古典园林史[M]．上海：上海三联书店，2005.

[5] (宋)朱长文．吴郡图经续记．同治癸酉年十月江苏书籍刊板[M].

[6] (宋)叶梦得．《避暑录话》.

[7] 卢熊．(洪武年间)苏州府志．明洪武十二年钞本．

[8] 朱长文．与诸弟书，乐圃余藁．卷九．文渊阁四库全书．1119-45.

[9] (宋)范成大纂修．(绍定)吴郡志．

[10] (明)王鏊．(正德)姑苏志．明正德元年(1506年)刊印．

[11] (民国)吴县志．民国22年锓版，苏州文新公司承印．

[12] 王謇，(民國)宋平江城坊考．民国14年(1925年)铅印本．

[13] (崇祯)《吴县志》．上海书店，1990年(据明崇祯年间刊本)影印本．

[14] 包伟民．中国近古时期"里"制的演变[J]．中国社会科学，2015(01)：183-201＋206.

[15] 朱长文．乐圃记．乐圃余藁．卷六．文渊阁四库全书．

[16] 米芾．墓表．

[17] (道光)苏州府志．清道光四年刻本．

[18] (明)钱谷．吴都文粹续集．卷十七．

[19] 吴宽．匏翁家藏集·卷72．杜东原先生墓表．

[20] 沈周．杜东原先生年谱．

[21] 冯桂芬．(同治)苏州府志．同治重修．江苏书局开雕．

[22] (清)顾震涛撰，吴琴等标点．吴门表隐．江苏古籍出版社，1986.

[23] 范广宪．吴门园墅文献[M]．卷一谈丛，抄本．

[24] 毕玥年．姑苏消失的祖居[J]．苏州杂志，2013(3)：52-55.

作者简介

苏晓丽，1991年生，女，汉族，甘肃环县，华中农业大学园艺林学学院风景园林系，农业部华中地区都市农业重点实验室在读硕士。研究方向为风景园林历史及理论。电子邮箱：1757009929@qq.com。

秦仁强，1971年生，男，汉族，河南信阳，华中农业大学园艺林学学院风景园林系，农业部华中地区都市农业重点实验室副教授。研究方向为风景园林历史及理论，园林美学。电子邮箱：180566881@qq.com。

周欣，1975年生，女，汉族，湖北省武汉市，华中农业大学园艺林学学院风景园林系，讲师。研究方向为中国传统绘画历史及理论与园林美学研究。电子邮箱：2914268163@qq.com。

历史文化街区在适应现代物质文化需求下的规划设计更新研究

——以北京什刹海金丝套片区为例

Research on the Planning and Design Renewal of Historical and CulturalArea Adapted to the Needs of Modern Material Culture

—Taking the Shichahai Jinsitao Area in Beijing as an Example

冯 玮 黄楚梨

摘 要：在中国快速城市化背景下，众多历史文化街区遭受到了冲击，其传统文化遗产遭受到不同程度上的破坏。党的十九大提出：中国特色社会主义进入新时代，我国社会主要矛盾已经转化为人民日益增长的美好生活需要和不平衡不充分的发展之间的矛盾。而历史文化街区作为有效改善城市公共空间、提高社会公平、弘扬传统精粹的重要载体，如何在适应现代物质文化需求下进行规划设计更新变得尤为重要。本文以北京历史文化保护区金丝套片区规划设计更新为例，从多方面进行综合评价，并对历史街区的规划设计更新进行探索与总结。
关键词：历史街区；规划设计；更新；金丝套片区

Abstract: In the context of China's rapid urbanization, many historical and cultural blocks have been hit, and their traditional cultural heritage has been damaged to varying degrees. The 19th National Congress proposed that socialism with Chinese characteristics has entered a new era, and the main contradictions in our society have been transformed into contradictions between the people's growing needs for a better life and the development of inadequate and unbalanced development. As an important carrier to effectively improve urban public space, improve social fairness, and promote traditional essence, historical and cultural blocks have become more important in planning and designing to adapt to the needs of modern material culture. This paper takes the planning and design update of Jinsitao District of Beijing Historical and Cultural Protection Area as an example to carry out comprehensive evaluation from various aspects, and explores and summarizes the planning and design update of historical blocks.
Keyword: Historic District; Planning and Design; Renewal; Jin Sitao Area

引言

在我国社会主要矛盾已经转化为人民日益增长的美好生活需要和不平衡不充分的发展之间的矛盾背景下，历史文化街区作为有效改善城市公共空间、提高社会公平、弘扬传统精粹的重要载体，如何在适应现代物质文化需求下进行规划设计更新变得尤为重要。对于历史街区合理化的更新不仅能够在进行文化传承的同时提高街区居民生活质量，改善街区乃至整座城市人文印象，还能够给参与者带来更好的物质文化体验，激发街区活力，带动街区及周边区域经济的发展。如何将历史街区进行合理化更新对城市发展无疑具有重要的研究价值。

1 金丝套片区相关研究

金丝套的得名源自这一区内的大小金丝胡同。明代的时候，这里曾设有织染所，后来虽然废置了，但是却留下了金银丝绦胡同。到民国的时候，称为大、小金丝套，1965年时改称大、小金丝胡同。后来就把这片地区统称为金丝套地区，占地二十多公顷。

1.1 研究选址

金丝套片区位于北京前海与后海之间的什刹海地区，是著名的历史文化街区，也是商住混合街区，参与者主要为居民、商贩与游客。金丝套片区由众多胡同穿插组成（图1），片区完整度高，目前已全部完成街区的维护与改造。在其独特的经济活动“胡同游”发展下，该片区具有极高的人群参与度。而金丝套片区的改造更新也存有较多争议，具有双面研究价值。

1.2 区位

金丝套片区位于北京前海与后海之间的什刹海地区，是著名的历史文化街区，也是商住混合街区，参与者主要为居民、商贩与游客。金丝套片区由众多胡同穿插组成（图1），边界为前海北沿街、后海南沿街、柳荫街与前海西街，毗邻什刹海酒吧街、钟鼓楼、烟袋斜街等著名的历史街区，场地内坐落着众多的文物古迹，建筑群保留着中国传统建筑的风貌，具有浓厚的历史氛围。

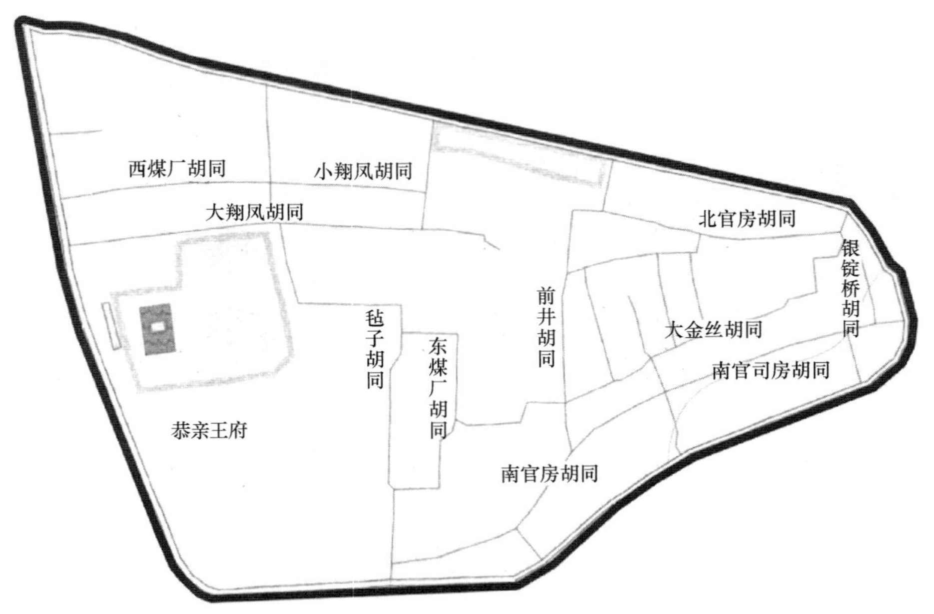

图 1　金丝套片区的胡同组成

1.3　金丝套片区的历史文化背景与空间演变

元朝，依据《周礼・考工记》，因地制宜，兴建元大都。此时，什刹海尚名为积水潭，是一条南北狭长等天然湖泊。大都城以精确测量为平面设计基础，都城皇城外区域划分为 50 坊，金丝套地区位于丰储坊。至此包括金丝套地区在内的街巷形态和胡同肌理得以形成，并影响至今。而由于积水潭水面宽阔的不规则，使得如今的金丝套地区胡同边界在当时尚未有清晰的分界线，但内部空间仍追求规整方正，金丝套地区的初步形态和空间结构总体定型，大的胡同骨架和肌理也开始逐步明确。

明初建皇城，切断京杭大运河与积水潭联系，积水潭来水大量减少，至此由元代汪洋一片变为由德胜桥、银锭桥分隔一水相连的三片水域，前海后海格局形成，金丝套地区基本轮廓被划定出来。陆地面积增加，海岸线变得平直。随着明末造园运动兴起，金丝套片区成为京城的风景胜地。

清朝，金丝套片区发展为居住文化和商业文化相结合的地区，原有的胡同格局依旧保留，形成以居住功能为主，商业、文化繁荣地区。至此，胡同和院落的走向和肌理已完全成形：院落边缘沿胡同走向向右偏折，但院落空间追求方正，建筑密度小，符合北京四合院传统的低密度布局。

民国时期，由于政权更迭导致部分王府的功能调整。中华人民共和国成立后，政府疏浚内外城河道水系，形成了北京旧城内唯一的一条比较完备的河湖水系。同时，月牙河被填平，柳荫街和毡子胡同在此基础上出现。

改革开放以来，金丝套片区的历史与旅游价值得到发掘，连同什刹海地区共同被开发为旅游景区，随着政策引导，政府对金丝套片区的保护与修缮力度推动了金丝

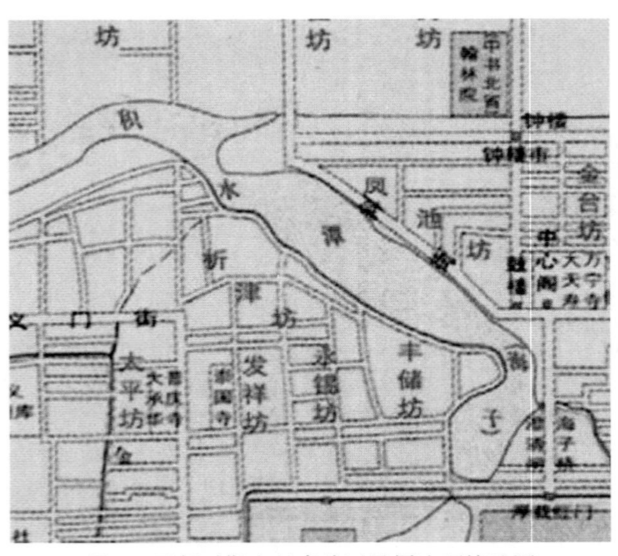

图 2　元朝时期金丝套片区及周边环境地图

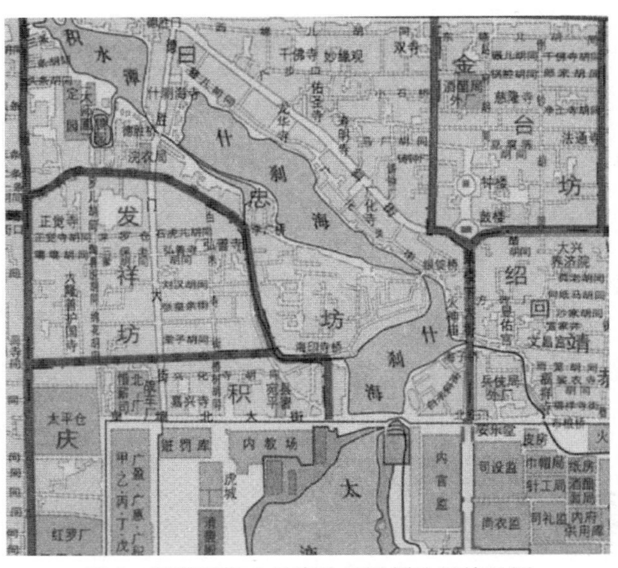

图 3　明朝时期金丝套片区及周边环境地图

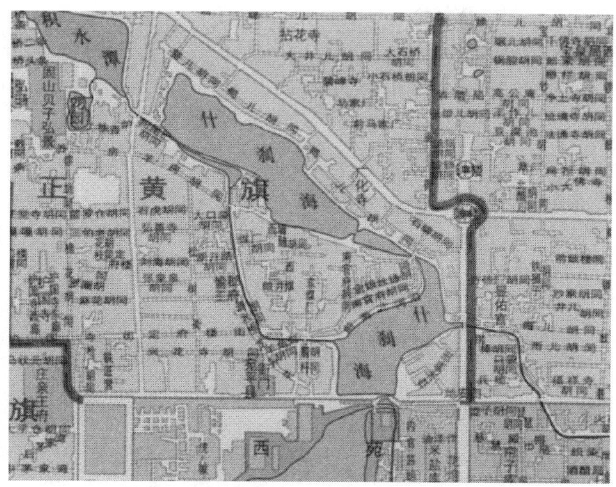

图 4　清朝时期金丝套片区及周边环境地图

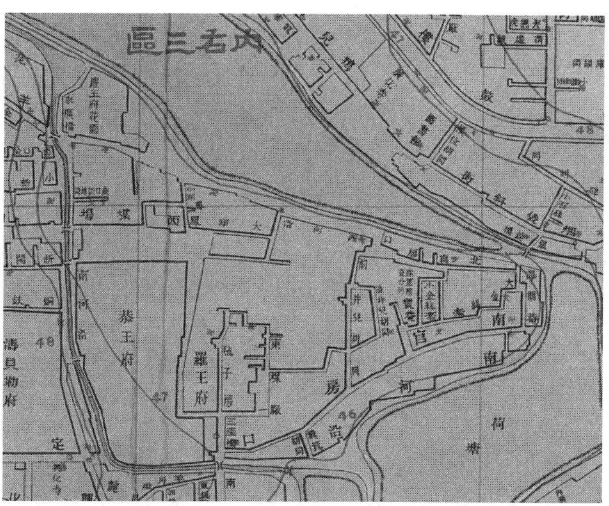

图 5　民国时期金丝套片区及周边环境地图

套整体区域与环境对剧烈改变，金丝套片区也成为北京著名的胡同游览区域。

1.4　金丝套地区场地调研

1.4.1　胡同现状

金丝套片区有十八条街巷蜿蜒其中，包括大小金丝胡同、大小翔凤胡同、南北官房胡同、东西煤厂胡同、东西口袋胡同、前后井胡同、毡子胡同、银锭桥胡同、前海北沿、前海西沿、后海南沿和柳荫街。

1.4.2　街区风貌

能开放供游客参观的四合院仅三处。分别位于东口袋胡同、金丝胡同、南官房胡同。可以从建筑的墙面、屋瓦、大门等看出，胡同里的建筑大多是经过统一翻修的，门窗采用传统的红绿配色，灰色砖墙均经过重新整修。真正古老的建筑十分少见。

常常有新旧建筑结合的情况。新建筑与旧建筑或隔一条小墙缝或紧紧相连。

图 6　后小井胡同

图 7　大金丝胡同

图 8　毡子胡同

建筑风格大体统一，但仍有不少现代的钢混建筑混入其中，翻新过程中对翻新材料的使用不够精细，外形仿古，但屋瓦常用塑料仿制来实现造型。

1.4.3　街区经济活动“胡同游”

胡同游空间是指北京旧城胡同游项目定点游览的胡同中，胡同游运作者选择并引导游客参观访问的、具有连续性和互动性的空间。20 世纪 80 年代开始，金丝套片区成为最早的胡同游发源地。1994 年胡同文化发展公司正式将胡同游作为旅游项目出，2000 年后迅速发展。

图 9　小凤翔胡同

图 10　统一翻修后的胡同风貌

图 11　现代多层建筑坐落其中

图 12　新旧建筑相互连接

图 13　钢混建筑

图 14　塑料仿制顶篷

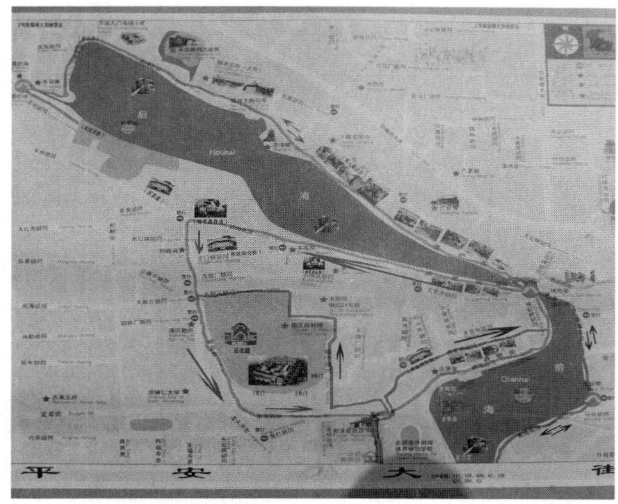

图 15　胡同游路线图

金丝套胡同的胡同游现已相对成熟，有挂牌设立的胡同游经营管理办公室，三轮形式、工作人员着装都要求统一，并设有车牌。区域内设有专门的胡同游停靠站点。胡同游为金丝套片区注入了经济活力，但同时也还存在一些问题。

传统的胡同四合院是游客感兴趣的地方，但一些保护较好的院落进不去，使胡同游路线受到很大限制。同时，当地居民的生活秩序受到游客参观、导游车夫、同院居民接待活动的过度侵扰，而居民日常活动也对游客产生影响。尽管有官方运营管理，但由胡同空间权属混乱，导致胡同游运营范围冲突，非法运营出现。例如在非胡同游路线的胡同，也会出现机动三轮车搭载游人穿行，令原本狭小的胡同空间变得更加拥堵，影响居民生活。

图 16　非胡同游路线内出现搭载游客三轮对行人步行、骑行带来影响

1.4.4　街区评价

总体来说，金丝套片区以北京传统风貌为主，新翻修后的建筑多是钢筋混凝土结构外加青砖饰面，胡同四合院交错。色彩以灰色调为主，风格大体统一，但仍有不少现代混凝土建筑混入。“古”民居整体较新，并无历史街区的陈旧之感。真正古老的建筑少有。经过调查走访后发现，当地政府对该街区的风貌有着严格的控制，居民若对房屋进行改造，需经过房管局、规划局和文保局的层层统一，新盖建筑面积不得大于原来建筑面积。建筑的功能主要为居住。胡同空间居民与游客共用。

2　金丝套片区评价

2.1　街区评价表

参考（*The Evolution of Historic Streetscape in Adapting Modern Demand in Achieving the Quality of Life*）历史街区评价要素分类，对金丝套片区从 15 个方面进行了评价。如表 1。

街区评价表　　表 1

	要素	评价标准	金丝套片区评价
1	街景	从观测点反映评估区域的街道质量	街景状况较好。环境较整洁、统一。但行人空间较少
		高：街道状况良好并符合其周边环境。为行人与使用者之间提供互动空间	
		低：街景的质量不好，维护不良或遭受破坏。行人活动空间少	
2	建筑现状	建筑物的状况（风貌/结构）	建筑为维护良好，但细节处维护不足。部分新旧建筑交接不协调
		高：建筑结构合理，维护良好	
		低：明显遭受破坏和维修不善。结构存在安全隐患	
3	交通	道路的宽度和容量是否适合于道路交通。虽然在高峰时间可能会有尾随，但是多数时候交通是否流畅，是否存在长时间的拥堵和行车混乱	道路宽度和容量整体较为适当。但开展胡同游的部分区域，人车混行严重，存在行车混乱、交通不流畅的情况
		高：道路环境适合于现有的日常交通流量	
		低：停车、通道和步行道之间存在冲突。高峰时间车辆拥堵，行车混乱	

续表

	要素	评价标准	金丝套片区评价
4	可达性（点到点）	从一个地方到另一个目的地（在视野内）的直接移动。不良的街道维护会造成路线中断（行人/车辆） 高：使用者从一点移动到另一点行动便捷。有便捷的公共设施和标牌帮助指导方向。 低：公共设施没有指向性，植被护妨碍行人和车辆的移动	街道标识较为清晰，目的性指向明确
5	人身安全：交通	机动车交通和步行空间之间的界限清晰。有足够的时间穿越十字路口 高：行人空间和机动车交通并存，没有任何冲突或不安全行为的环境 低：行人空间和机动车交通之间冲突，相互干预，存在风险	胡同内部交通较为混乱，车行人行交互混杂，存在风险
6	公共设施的质量	公共设施的质量和状况 高：公共设施维护良好，功能良好，与街道环境具有相关性 低：公共设施状况不佳；成为该街区的阻碍；成为涂鸦的目标；被张贴杂乱海报；未考虑到街道用户的使用感受	公共设施维护较好，造型符合街区整体风貌，几乎没有杂乱的广告贴纸现象
7	道路/人行道状况	街面铺装的设计、质量和维护，以及安全性 高：合理的表面设计，质量高，安全性好，维护良好 低：铺着被磨损，明显的修补痕迹，道路有坑洞	大部分道路铺装区域经过统一，与街区风貌相协调，未见明显的磕损
8	基础设施（水电/参考使用）	水电等公共基础服务于街区，满足公共需求。垃圾、水和能源管理的公共基础设施良好 高：公共基础设施（如供水，排污，垃圾收集，路灯）状况良好，运作良好 低：能源供应不足，给社区造成困扰。垃圾管理系统存在问题，街区存在超负荷的垃圾，有糟糕的气味，清洁度不够	经采访，公共基础设施运作良好，资源供应充足，街区风貌整洁，没有异味
9	标牌	存在合理的标示系统，指导交通和行人便捷地前往目的地 高：足够的、易懂的且精心设计的标牌，以满足使用者的需求 低：没有可用的标示牌，或指向不明确、混乱或出现错误。	标牌清晰，指向明确
10	易读性	有效且清晰的交通标志，路径清晰且通畅，行人和机动车交通顺畅。有明确的方向指引 高：清晰的标志和路线，以及细小的提示，在路标处设置地标和相关细节 低：缺少标示或标示不清	胡同内交通较为随意，缺少交通标志引导
11	排水和下水道系统	排水和排水系统经过良好设计和维护，能够将水引到街区内外 高：排水和下水道系统状况良好，成为街景的设计的补充 低：下水道脏乱臭	经采访未有内部积水事件发生，排水状况良好
12	街道照明	有路灯保证夜间采光 高：存在足够数量的路灯 低：路灯数量不足	路灯数量充足，规律性排列
13	清洁度	公共空间是否有垃圾、涂鸦、多余的标志、海报等 高：一个干净整洁的环境，铭记这是许多街区使用者最常关注的问题 低：长期存在垃圾、物品残骸、海报碎屑，垃圾箱满溢，黑色垃圾袋随意倾倒	公共空间几乎没有随意散落的垃圾，墙壁干净整洁
14	相关性	“保持相关性”的观点是否作为城市景观的一部分 高：建筑与非建筑空间之间是否处于一种和谐关系，树立了“地方感” 低：很少或没有可观察到的设计痕迹，空间关系消极	建筑空间与非建筑空间没有感受到精细设计感，存在较多灰空间被杂物或车辆填满

续表

	要素	评价标准	金丝套片区评价
15	活力	有人活动的街景场景表明了使用者对社区和环境的积极态度，这也是关心他人安全和状况的基础	街区中居民自身的活动较少，多为游客穿行。步行空间较为连续，但形式不够丰富。居民区缺少活力
		高：步行空间丰富多样，形成建筑物周边活跃积极的非建筑空间	
		低：街上几乎没有活动，使用者相互之间漠不关心，行为阻碍了正常的通行需求，喧闹扰人	

3 结语

经过整体更新后的金丝套片区，在十个方面达到了评价标准，满足了参与者在当前社会背景下的物质文化需求。金丝套片区在更新过程中，政府部门对其风貌进行了统一的保护和修缮，使得整体的街区风貌统一而整洁。同时，对其中自发兴起的经济文化活动“胡同游”进行支持和引导。既带来了就业岗位，又满足了游客对胡同文化的探索，吸引了众多游客参与其中，得到了文化与经济的双丰收。此外，什刹海酒吧街的繁荣，也为金丝套片区吸引了大量游客，为金丝套历史片区注入活力。

但是，目前的金丝套片区更新仍存在有一些问题，如居民与游客之间的相互干扰、“胡同游”经营权属的不明确、街道非建筑空间单调缺少设计、建筑仿古修缮缺少细节等。对此，应当激发胡同空间的活力，引导与控制建筑风格及修缮精细程度。以改善胡同居民的生活条件为前提，同时开放部分文保单位，发挥金丝套片区历史文化的价值。

参考文献

[1] 杨大洋．北京什刹海金丝套历史街区空间研究[D]．北京：北京建筑工程学院，2012：1-3.

[2] 谌丽，张文忠．历史街区地方文化的变迁与重塑——以北京什刹海为例[J]．地理科学进展，2010.

[3] 光明网．什刹海地区旧城保护：传统格局不能改，城市功能得改善[N]．光明日报，2013-06-17.

[4] 朱文一．徽观北京[M]．北京：清华大学出版社，2011.

[5] 朱文一．微观北京旧城[M]．北京：清华大学出版社，2013.

[6] 邓奕．从乾隆京城全图看北京城街区构成与尺度分析[J]．城市规划，2003-03：58-63.

[7] 内务部职方司测绘处．北平地图．1916—民国5年．

[8] 西城区旅游局．什刹海旅游发展战略规划[Z]．2004.

[9] ShahrulYani Said，Zalina Samadi，The Evolution of Historic Streetscape in Adapting Modern Demand in Achieving the Quality of Life.［J].

作者简介

冯玮，1994年生，女，汉族，山东人，本科，北京林业大学，在读硕士研究生。研究方向为风景园林历史与理论。电子邮箱：supervia@qq.com。

黄楚梨，1995年生，女，汉族，四川人，本科，北京林业大学，在读硕士研究生。研究方向为风景园林规划设计。电子邮箱：huangchuli@bjfu.edu.cn。

梅城的传统城镇景观营建

The Traditional Landscape Construction of Meicheng

邓佳楠　郭　巍*

摘　要： 浙江古镇梅城拥有着悠久的历史，从唐代开始便一直是地方州治所在，宋代因水路货运的发达而逐渐兴盛，经过明清两代的进一步发展积累，直到民国撤销其州治地位以前，梅城一直是座热闹非凡的沿河商业重镇。本文以地方志、舆图和历史影像资料为材料，梳理了梅城各历史时期的发展过程，探究了梅城的山水构架、城镇空间结构和景观格局等传统城镇景观营建要素之间的关系，并总结了其在延续自身传统山水格局和城镇历史肌理的方面的经验教训，以期为梅城新时期的发展建设提供一定思路。

关键词： 梅城；传统城市景观；山水格局

Abstract: Meicheng, an ancient town in Zhejiang province, has a long history. It has been the place of local government since the tang dynasty. Due to the development of waterway freight in the song dynasty, it gradually flourished. Based on your map, and the historical image data material, combed the MeiCheng each historical period of the development process, and explores the MeiCheng landscape architecture, urban spatial structure and landscape pattern of traditional urban landscape construction elements such as the relationship between the mountains and continue their traditions and summarizes its pattern and urban historical texture aspects of the experience and lessons, in order to provide some ideas for the development of the new era of MeiCheng construction.

Keyword: Meicheng; Traditional Urban Landscape; Landscape Pattern

1　概述

梅城位于浙江省杭州市建德县内，地处富春江、新安江和兰江的交汇处。四面环山，北靠主峰乌龙山，南临新安江，三江交汇于城外东南，拥有优越的自然地理位置。梅城是“梅花城”的简称，这里的“梅花”指的是砌筑成梅花形的城垛，“天下梅花两朵半：北京一朵，南京一朵，严州半朵”，这半朵梅花指的便是作了1200多年地方州治的古镇梅城。杜牧、范仲淹、陆游等先贤都曾在此任太守，为梅城清秀俊丽的山水风光所打动从而写下大量吟咏的诗文。从南宋到清中叶，梅城一直是钱塘江上游商业运输的重要枢纽和政治军事的险要之地，这也是梅城能够仿照京城体制修建半朵梅花状城垛的原因。直到工业时代来临后，战争的摧毁和下游水坝的修建使得因水而兴的梅城逐步走向衰落，六十年代建德县县城迁往白沙，自此梅城便成了一个看似普通的浙西小镇（图1，图2）[1]。

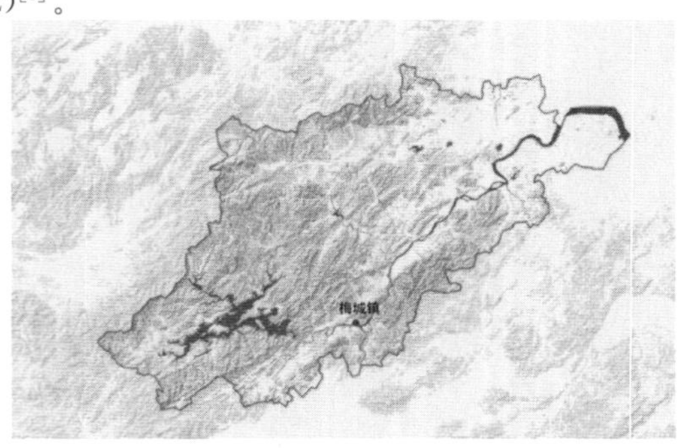

图1　梅城镇区位图

图2　梅城镇鸟瞰图
（图片来源：网络）

如今，国家高度重视历史文化城镇的保护与发展，拥有深厚历史文化底蕴且保留有完整传统城镇景观格局的梅城迎来了新的发展机遇。本文旨在通过探究梅城的山水构架、城镇空间结构和景观格局等传统城镇景观营建要素之间的关系，总结其在延续自身传统山水格局和城镇历史肌理的方面的经验教训，以期对梅城新时期的发展建设提供一定的思路依据。

2　历史发展

2.1　宋代之前

三国吴黄武四年（225年），孙权将家乡的富春县划分出建德、桐庐和寿昌三县，梅城为建德县县治。唐武德四年（621年），于桐庐设置严州，管辖桐庐、建德、分水三县；唐武德七年（624年），废严州入睦州；武则天神功元年（697 年）年，睦州州治从上游的锥山（今淳安）迁至梅城，此后的 1200 多年，梅城便一直是州治的所在地[2]。

2.2　两宋时期

北宋初期，睦州仍是贬谪官员的偏远地界。范仲淹在此任太守时曾写下《潇洒桐庐郡十绝》描绘睦州的自然山水风光，从中可以看出当时的睦州还是比较偏冷的荒野之地。宣和二年（1120 年），睦州爆发了席卷江南六州的方腊起义，次年，起义在朝廷的重兵镇压下失败，宋徽宗下令改睦州为严州，梅城便成为了严州州府。

南宋时期，严州府梅城迎来了发展的高峰。由于都城南移到了临安（杭州），其上游的严州便成为近裴之地，进京的官员、学子、商人、军队和物资货运的都需经过严州的三江码头，往来船商络绎不绝，可谓是“千车辚辚，百帆隐隐，日过其前”。这些商船为严州带来了大量税收，同时促进了当地商业和制造业的发展兴盛，作为严州州治的梅城从此便成为了商业重镇和军事战略要地（图 3）[3]。

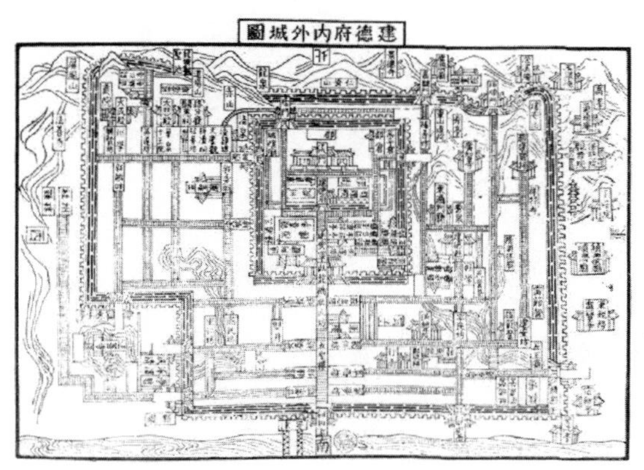

图 3　宋代严州府治舆图
（图片来源：宋《淳熙严州图经》）

2.3　明清时期

到了明代，严州府商业中心的地位继续得到加强巩固。随着番薯、玉米等山地粮食从海外传入，严州对外交往的货运需求进一步加大；同时，随着徽商的崛起，严州成为徽商出行的第一个大型码头，这些条件使得严州成为重要的商品货运转运地。繁忙的水运持续促进着严州的商业、制造业和服务业的发展，城中商铺鳞次栉比，往来客商彻夜不绝，热闹非凡[4]。严州府作为浙江州府中重要性仅次于杭州的重要商业城镇，一直持续到清中叶(图 4)。

2.4　民国至中华人民共和国成立前

20 世纪 30 年代抗日战争爆发，严州城屡次遭受日军的轰炸袭击。由于城墙的门洞易发生拥堵，阻碍了百姓的逃生速度，政府决定“毁城留名”——拆除东、西、北三面的城墙，仅保留下了具有防洪功能的南部城墙，并正式定下“梅城镇”之名。如今的梅城依旧保留着传统的街巷格局，但早已不似当年繁荣（图 5）[5]。

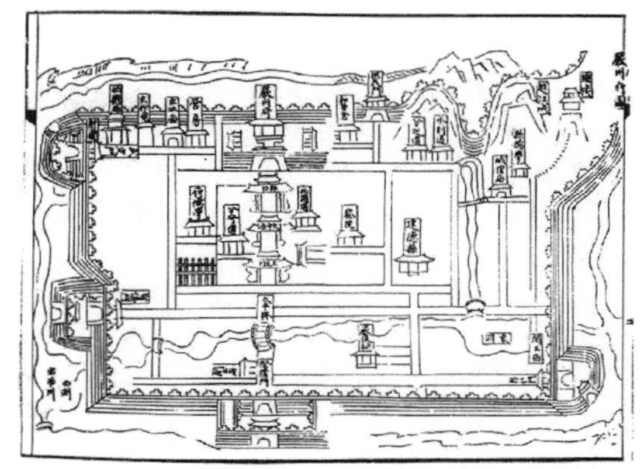

图 4　明代严州府治舆图
（图片来源：明《续修严州府志》）

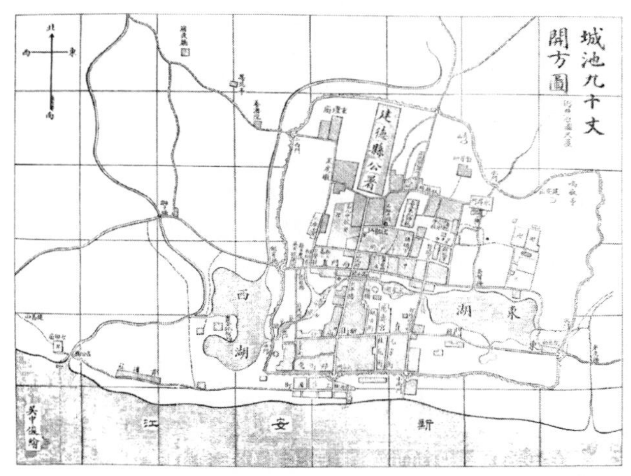

图 5　民国时期梅城平面图
（图片来源：民国《梅城县志》）

3　山水构架

3.1　山势与地形

梅城四周群山环绕，位于城北的乌龙山突出于众山之中，高约 800m，其山势挺拔，气势非凡，且在位置上坐北朝南，高临三江，为梅城的主山。其南麓沿伸的矮岗名为锦沙山，是古代士人出游之处。锦沙山向南沿伸抵达城墙北门的两座起伏的小山被称为凤凰山。凤凰山的余脉沿伸进城内的一段，被称为秀山。梅城以东为北高峰，又名高峰山，山有双峰，东峰较高而西峰较低，峰顶有宝塔，可俯瞰三江汇流之景。城西有范亭山、乌龙岭、建昌山等，皆为乌龙山的余脉。城东南为南高峰，山势平坦，与乌龙山隔江相望，是为客峰。

3.2　水系和水利设施

据记载，宋时梅城四周有护城河，东侧为佘浦水，南侧为新安江水，西侧有西溪和西湖。有四条水道从东西两侧穿过城墙汇入城内的南沟，经东南的余浦口流入新安江。其中自西向东贯穿罗城的水道为相连的斗门沟和南沟，其余的三条水道皆为自北向南流向。西湖则为唐代人工开凿的湖泊，唐懿宗咸通十年（869 年），出于储水和抗旱的考虑，睦州刺史侯伯温下令将城西的水洼开辟为西湖，此后西湖便成为严州的一处胜景。[6]到了明代，由于西北方向的罗城城墙向内迁移，原为护城河的西南水道逐渐消失，其余水系保持不变。嘉靖四十年（1561 年），于城内东南汇水之地筑堤修建东湖，随后利用东西渠道（原南沟）贯穿东湖、宋家湖、江家塘和蔡家湖，城内的水域面积逐步扩大，这样的水系格局一直保持到了民国时期。

4 城市空间结构

4.1 选址

古代城镇的传统选址讲究依山临水，“非于大山之下，必于广川之上。高毋近旱而水足用，下毋近水而沟防省”，而梅城正是这样一处山环水抱、风水极佳的场所。梅城四面群山环绕，且林木茂盛，中部地势相对平坦，便于城镇建设和军事防御；南临大江，东南有三江汇流，便于船运贸易和物资运输；周围山溪环绕，地形排水畅通，免于旱灾和洪涝的侵扰。唐代将睦州州治迁至此处，便是考虑了其地理区位的优越性。

4.2 布局

梅城先后经历了四次大规模的筑城，最早的筑城记录始于唐末，修筑的罗城东、西、北三面沿山而建，南面以大江为屏，其主要目的是为军事防御；北宋末年第二次筑城，为了更好地军事防御缩减了罗城的面积，修筑八个城门，城内的基本格局初见端倪；南宋时期对年久失修的城墙进行了第三次修补；元末明初最后一次筑城，由严州守将李文忠主持，此次筑城维持了梅城原本的街巷布局，新修建的城墙围合面积约为 1.02km^2，城墙整体为砖石结构，设有五座城门和四座水门。[7]自此梅城的最终格局形成，除却民国时期拆去除南面外的三面城墙，其街巷布局一直保留至今未曾有大变动。

4.3 轴线

梅城主轴线由主山乌龙山起，向南穿过严州府治，沿城内主街府前街、南大街向南延伸，三元坊、太平桥、灵顺庙等主要景观建筑皆沿主街布置，经大南门出城横穿过商业闹市上黄浦街和下黄浦街，过新安江最终结束在南面的南高峰。梅城内还有一条东西走向的水轴，西起城外的西湖，过水门至城中的蔡家塘、江家塘，经太平桥进入宋家湖，再经字民桥至东湖，结束在东边的水门。[8][9]城内东西向贯穿整个城池的大街磊石巷和水轴平行延伸，共同强化了梅城东西方向的轴线（图 6）。

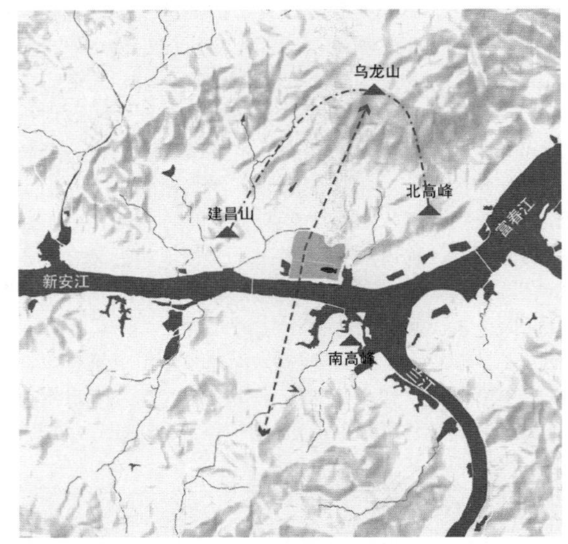

图 6　梅城传统城镇结构和周围山水环境的关系

5 景观格局

5.1 水系与城内的公共空间

梅城城内的公共空间多临水而设置，主要集中在江边、湖畔、桥和码头周围。沿江大道黄浦街形成于明代，原本是为防洪修筑的南堤，由于往来不绝的船商货运，逐渐发展成为一条以修船造船为主的沿江大道。到了明朝万历年间（1573～1620 年），黄浦街上商业、服务业、制造业活动络绎不绝，茶馆、酒肆、会所云集，使黄浦街成为旧时梅城最为繁华热闹的地区。

湖畔的公共空间大部分集中在东西二湖。梅城的西湖在西边的城墙之外，从唐代修建开始便常有人来此游赏，留下了大量吟咏的诗文。湖上有一小洲，名为宝华洲，北宋时期洲上修建法言寺，并沿湖修筑了南北堤坝，后人称为“范公堤”。法言寺此后几经改建，在道光五年（1825 年）将其建为宝贤书院。民国年初，建德县知事张良楷重新修筑湖堤，两岸桃红柳绿，风光无限，是居民日常游玩的好去处（图 7）。

图 7　西湖老照片（图片来源：徐重光摄）

桥梁作为传统江南水乡不可或缺的景观要素，具县志记载明清时期梅城内共17座古桥，到了民国时期还剩下10座。桥梁周围往往是人流汇聚之地，例如位于东西渠道之上的太平桥，由于紧邻府前大街和磊石巷的交界处，桥周围便成了是梅城旧时最为热闹的地方之一，北侧为三元坊，东西两侧皆有祭祀香火的寺庙，往来人流络绎不绝。

5.2 山地与城外的园林景观

梅城四面环山，山中环境清幽雅致，多建有寺庙和园林，以城北的乌龙山最为密集。相传乌龙山上有九十九座寺庙，虽不能一一证实，但亦体现乌龙山上寺庙数量之多。北宋时期，乌龙山上就有玉泉寺（图8）、乌石寺、龙山书院等，这些仍有遗址保留至今。[10]此外，山顶上多设有登高望远的景观建筑，例如城东的北高峰的东峰顶便建有七层佛塔，登高眺望可将三江景色尽收眼底。城南的南高峰峰顶亦有天宁寺和佛塔，其南北双塔并称“双塔凌云”，为“严陵八景”之一（图9）。

图8 玉泉寺（图片来源：网络）

图9 南北双塔（图片来源：网络）

5.3 人文景观营建——严陵八景

人文景观是建立在自然山水构架和人工的城市营建的基础上的，例如明朝严州知府李德恢创拟的“严陵八景”，分别是：二江成字、三墩毓秀、七里扬帆、八面层峦、双塔凌云、千峰古榭、九井储清和双台垂钓，皆严州府所在区域的山水环境有关。二江成字、七里扬帆赞叹的是水景的波澜壮阔，八面层峦、三墩毓秀描绘的是山景的清雅秀丽，双塔凌云、千峰古榭、双台垂钓和九井储清则是描绘的景观建筑和水利设施等人工构筑的奇巧构思。

6 结语

本文对梅城的山水构架、城镇结构、景观格局等传统城镇景观结构进行了梳理，从中不难看出，山水构架是传统城镇建设的根基，自然山水从城市选址、街巷布局和轴向方位等方面影响着城镇营建，同时，在城镇建设过程中人们也会对自然山水进行反向的人工干预，从而形成了每座城镇独特的山—水—城的空间格局。景观格局则是在自然山水骨架和城镇建设的基础上进一步形成的，依托于水系和山体，城中的街巷构造以及人工修筑的建筑物和构筑物，从而形成了延续各座城镇山水环境和历史文脉的景观格局。

如今，沉寂了近百年的梅城迎来了新的发展机遇。为了避免在现代化城市发展过程中出现“千城一面”的同质化问题，城镇更新应该注重山水构架、城镇空间结构和景观格局三者之间关系的协调，尊重自然景观的延续和城镇肌理的传承，从而保证新时期的梅城仍然具备鲜明的地域特色和文化特征。

参考文献

[1] 朱睦卿．王国平．钱塘江古镇梅城[M]．浙江：杭州出版社，2013.

[2] 戚延裔，马天选．康熙建德县志[M].

[3] 陈公亮．淳熙严州图经[M].

[4] 甲寅．万历严州府志[M].

[5] 赵界．宋元以来严州府城形态研究[D]．上海：上海师范大学，2018.

[6] 夏曰璈，张良楷．民国建德县志[M]．金华朱集成堂，1919.

[7] 吕昌期，俞炳然．万历续修严州府志[M].

[8] 许起凤．乾隆建德县志[M]

[9] 李德恢．弘治严州府志[M].

[10] 陈彬彬．新安江——富春江风景名胜历史变迁研究[D]．浙江：浙江农林大学，2012.

作者简介：

邓佳楠，1993年生，女，成都人，北京林业大学园林学院在读硕士研究生。研究方向为风景园林规划设计与理论。电子邮箱：d_canaan@126.com。

郭巍，1976年生，男，浙江人，博士，北京林业大学园林学院副教授、硕士生导师，荷兰代尔伕特理工大学（TUD）访问学者。研究方向为乡土景观。电子邮箱：gwei1024@126.com。

明清文人园林洞天景象的源流与成因

The Origin and Cause of the Dongtian Scene in the Literati Garden of Ming and Qing Dynasties

史庄昱　杜　雁*

摘　要：文人园林寄托着文人士大夫修身悟道、完善人格的需求与愿望，道学映射在园林中产生的修身悟道空间是文人园林中的巧妙之处。至明清时期，由洞天思想产生的修身悟道空间，已很少直观体现，更多地利用题字命名，辅以形态借助，审美意象上体现，此时文人园林中的洞天空间已在根本意义上发展变化。通过分析“洞天福地”源流，梳理明清文人园林中的洞天空间，总结洞天表现形式和传达内涵，探究其思想成因，解读当时的文人阶层求仙问道的本质及其背后蕴含的隐逸文化和长生愿望，揭示文人园林“洞天福地”空间的世俗化情怀。

关键词：文人园林；洞天福地；求仙；隐逸；长生

Abstract: Literati gardens are based on the needs and desires of literati to cultivate their morality, understand Taoism and improve their personality,. the self－cultivation and enlightenment space generated by the Taoist mapping in the garden is the ingenuity of the literati garden. In the Ming and Qing Dynasties, the space of self-cultivation and enlightenment generated by Dongtian thought has rarely been visualized. It uses more inscriptions, supplemented by form, and aesthetic image. At this time, the space in the garden of the literati has been fundamentally development changes. Through analyzing the source flow of "Dongtianfudi", combing the space of Dongtian in the literati gardens of Ming and Qing Dynasties, summing up the expressions and conveying connotations of Dongtian, exploring the causes of their thoughts, interpreting the essence of seeking immortality and inquiring about Tao of the literati class at that time and the secular culture and longevity behind it, revealing the secular feelings of the space of "Dongtianfudi" in literati Gardens.

Keyword: Literati garden; Dongtianfudi; Seeking Immortal;Seclusion; Longevity

道学与中国古典园林关系密切，从秦代的兰池宫肇始，挖池筑岛象征海上仙山并逐渐程式化为“一池三山”的湖岛模式一直是封建社会皇家宫苑的重要景观，周维权先生在《中国古典园林史》中写道，“园林景观在一定程度上反映了中国传统的‘天人合一’哲学思想，体现了道家对待大自然的‘生而不有，为而不持’的态度”[1]。“城市和房屋是受儒家思想支配的结果，花园和风景是受道教思想影响的产物，无论如何中国建筑的确存在着这种玄妙的二重性”[2]，王振复先生认为，中国古代建筑文化中的民族美学性格，受儒、道、释哲学思想影响至巨，而当试图将道家哲学与古代建筑文化联系起来加以美学探讨时，中国古代园林成为当之无愧的研究对象，因为中国园林受道家影响最大，其文化现象充分积淀着道家情思[3]。西方学者也认为：“从人与自然这一哲学母题分析，中国园林文化的哲学灵魂无疑是老庄之道”[4]。查尔斯莫尔用规则式中国官式建筑比附儒家思想，用自然式中国园林比附道家思想[5]。Alision Hardie 认为道教对中国传统园林的影响巨大，但是缺乏它在个体上的表现研究[6]。继昆仑、海上仙山等神仙思想映射在园林后，道教洞天福地思想发展成为洞天、丹室等意象出现在明清文人园林中，寄托着文人阶层修身悟道、完善人格的需求与愿望。于运乐[7]、刘希娟[8]、刘璇[9]等人的学位论文研究了道在中国古典园林的具体体现和内涵，但道教洞天福地思想在园林空间的研究还知之甚少。

1　洞天福地的源流

洞天福地是在吸收原始先民的洞穴崇拜思想、山水崇拜观念和古代神话观念的基础上所构建的人间仙境，是由唐朝司马承祯根据葛洪的《抱朴子内篇》[10]及早期道经有关福地的内容综合而成完整体系。《道迹经》云“五岳及名山皆有洞室”。《云笈七签》及《洞天福地岳渎名山记》均叙明洞天福地，洞天有十大洞天与三十六小洞天。洞天福地，即地上的仙山，道经称其乃是神仙真人居住之所，因其多实指名山胜地，所以也被誉为人间仙境。

随着社会主流观念变化，道学衍生的洞天福地思想发展演变，尤其是明清之际，洞天福地不再局限于名山风景之中，园林中多有其概念化的意象出现。洞天福地思想深刻影响中国古典园林，在皇家园林中体现繁多，如宋代皇家园林艮岳就是宋徽宗道君皇帝的洞天福地幻想的园林重现，在清代皇家园林中，避暑山庄汲取洞天福地思想尤胜。乾隆皇帝诗中对其中的壶天意象进行描写：“迎凉台榭即仙壶”“几席绝尘嚣，草木清且淑。且此凌霞标，胡须三十六?”“周裨瀛海诚旷哉，昆仑方壶缩地来”。圆明园有“洞天深处”“别有洞天”“方壶胜境”等景。私家园林更是继承了洞天福地思想，保留了中唐至两宋的壶中天地格局。如拙政园“别有洞天”（图 1），王世贞的弇山园[①]，建“壶公楼”，又如潘允端《豫园记》说入园处“竖一小坊，曰人境壶天”，而陈蔡有园名之“壶隐”。

图1　拙政园别有洞天

2　文人园林中的“洞天福地”

笔者在整理古代园记的基础上，重点梳理了明清文人园林中“洞天”“丹室”相关意象，见附表“明清文人园林中的‘洞天景观”，总结多处多以“洞”或“洞天”命名。

其中有模拟自然洞穴，打造天然洞室，亦或园林建筑辅以形态，如集贤圃“有石横亘如门，四山崒嵂，停水一泓，有古杏覆其上，为‘杏花涧’”[②]，淳朴园“去矼不数步，峰峦四合，路转石回，得石洞”[③]。也有直接以园林建筑命名为“洞”，如影园玉勾草堂故有“玉勾洞天”或即其处，日涉园“轩后长廊，廊穷一小室，曰：‘小有洞天’”[④]。园林洞天不但形式多样，本身的功能也有不同。洞天福地设立最初为那些渴望长生的修仙之士提供了在世修炼的场所，随着洞天福地思想世俗化，在园林中衍生为修身养性、陶冶情操之所，功能多样。淳朴园有“神清洞”，记“去矼不数步，峰峦四合，路转石回，得石洞，深广仅十尺，主人当盛暑，挟书岸帻，趺坐其中，曰：‘神清洞’”[⑤]，随园同有“神清之洞”（图2、图3），郭嵩焘记有园“右饶长廊，行数十步，垒石为洞，盘旋而出，有小堂，榜曰：‘洗心臧密之室’”[⑥]，五柳园有“归云洞”，“洞内构屋三间，曰：‘卧云精舍’”[⑦]。可见，“洞天”在文人园林中作读书静心，坐忘静修之用，另外，部分明清文人园林中的“洞天”并尚未脱离修道本源。将就园有“东峰之腰，有洞，洞左右有丹室数楹”[⑧]，白鹤园有“太白居”“临石屏，嵂崒壁肖。旁两室斗大，一贮丹经道箓”[⑨]，吴氏园“北有斋，题之‘贞白’，后复有门，

图2　清 袁起《随园图》——现藏于南京博物院

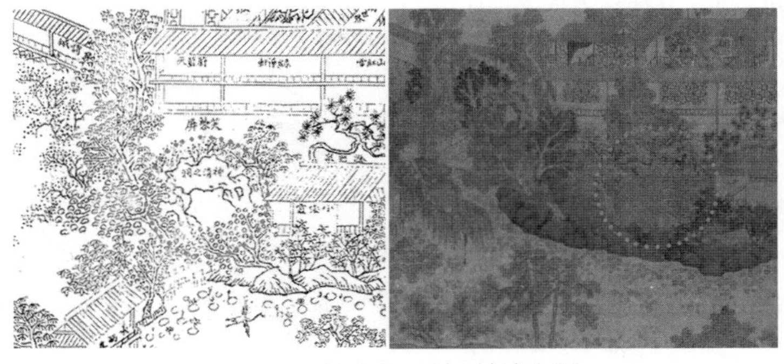

图3　《随园图》局部 神清之洞

① 《山海经》大荒西有弇州之山。《穆天子传》天子寘於西王母，乃纪其迹于弇山，名曰西王母之山。
② 引自（明）陈宗之《集贤圃记》。
③ 引自（明）沈祐《自述淳朴园状》。
④ 引自（明）陈所蕴《日涉园记》。
⑤ 引自（明）沈祐《自述淳朴园状》。
⑥ 引自（清）郭嵩焘《郭嵩焘日记》节选。
⑦ 引自（清）石韫玉《城南老屋记》。
⑧ 引自（清）黄周星《将就园记》。
⑨ 引自（清）冯皋谟《白鹤园自记》。

为室五楹，则以养炼丹石，为神仙学”①，“丹室”可以认为是洞天福地的一部分，修道场所内的炼丹长生之用，更甚至同时，亦有一些园林内设有药圃。

园林“洞天”本身的形式和功能在这里并不起决定作用，利用语言工具辅以形态取其意境，言与象配合解说，给予其意境营造已成为明清文人园林创建的重要手段。刘致平先生在《建筑类型与结构》中曾提到：“到了明清以来有些建筑已无一定制度，辨别不清他们的性质及彼此的区别。一直到现在他们之间既无很显著的彼此不同的制度，又没有很清楚的不同的功能。常常是一座建筑造好之后，文人雅士们高兴在该建筑物的匾上题个什么就是什么，不管什么静心斋、杏花春馆、来今雨轩、水心榭等，全可题上去。我们对这些建筑物是不太容易下定义的。论功用则是可书可画可茶可宴可眺望休息可谈宴聚会。[11]”文人士大夫依据造园之“意”题名，如文徵明筑别业于玉女潭北，名“玉女洞天”，虽无洞之形，但以“洞天”命名，山水交映，言象互为补充，山谷溪涧之意扑面而来。王世贞建弇山园始自“诵《南华》而至所谓‘大荒之西，弇州之北’，意慕之，而了不知其处”②，故有门曰“隔凡”，即三弇第一洞天，甚有“潜虬洞”“呀牙洞”“率然洞”等景模拟洞天，意仿“西王母之山”。

3 园林洞天的思想成因

文人园林中洞天、丹室等空间寄托着文人阶层修身悟道、完善人格的需求与愿望，文人阶层投身于园林，弥补仕途的失意和生活的不满，带有升华个人精神的主体意义。洞天、丹室等意象出现反映明中期以后江南文人的精神世界和当时士大夫的普遍道教信仰。

明初由于政治宣传的需要，多位“神仙”形象被皇家建构起来。张三丰、冷谦“仙化”故事，从洪武、永乐起经多年的持续发酵和传播，到晚明的隆庆万历年间，二者已经成为深入人心的“神仙”形象，凡人可“仙化”的思想也扎根于诸多江南士人和普通民众的精神世界，且在万历八年昙阳子事件中达到高潮，进而直接影响天启、崇祯乃至清初文人求道求仙。文人阶层将这一观念体现在他们的专属天地园林洞天中，其背后蕴含着当时文人阶层求仙问道的本质和政治失意后普遍带有的隐逸避世情怀，而且侧面反映文人普遍的尊生观念，带有世俗化的养生长寿愿望。

3.1 求仙问道本质

《老子》提出“死而不亡者寿”③“长生久视之道”④等理念，为道教“长生成仙”提供了理念构型，《庄子》有“肌肤若冰雪，倬约若处子，不食五谷，吸风饮露，乘云气，御飞龙，而游乎四海之外”⑤的“神人”，“不知说生，不知恶死。其出不欣，其入不距，翛然而往，翛然而来而已矣”⑥的真人，“上窥青天，下潜黄泉，挥斥八级，神气不变”⑦的圣人，《庄子》的“神人”“真人”“至人”等和“无何有之乡”构成了道教的“神仙”和“仙境”的意向源泉，而“逍遥”“心斋”“坐忘”以及“吹响呼吸，吐故纳新，熊经鸟伸”⑧等更是直接渗入和丰富道教成仙方术的各个层面。道教产生后吸收老庄之道发展仙境说并推论出一套成仙之法，凡人成仙的首要媒介就是“洞天福地”，随着道教发展以及道教神仙观念的普及，“洞天福地”场所与求仙途径逐渐多样化，简单化，世俗化，修仙场所不止名山胜地，求仙途径不在依赖于“巫”和“方士”才能达到，取而代之的是一种更主动，更积极的求仙态度和方式，成为一种依赖于求仙者个人能力，意志，以及一定技能的宗教行为。

明代以王世贞为代表的士人，对闭关修炼相当着迷，王世贞在其弇山园收藏有一部完整的《道藏》，其本人摒弃家室俗累，与王锡爵一道拜昙阳子为师迁居于恬澹观修行，并带动一大批文人信之，除了王锡爵、王世贞外，昙阳子的弟子还包括王锡爵弟王鼎爵 、王世贞弟王世茂、昙阳子弟王衡、赵用贤、沈勤学 、屠隆 、冯梦祯、管志道、瞿汝稷、范守己等。王世贞江南文学集团的新生代成员陈继儒也与道有着密切联系。这些江南文人共同追求仙道之事，不仅受他们在文化上共享的价值观影响，而且与江南文人集团共同被排挤出政治中心的失意感有关，宣扬昙阳子仙化，背后包含情感信仰等诸多复杂因素，更多的是一种政治失落后的宗教想象。万历四年，王世贞受张居正弹劾回藉听用，在此期间营建弇山园，他希望建立一座不同于现实人生，足以媲美海上三山的弇山幻境，能够净化心灵安养身心的园林，他将神仙幻境搬入弇山园，三弇记载了对神话境地的探寻，园内“隔凡”、“潜虬洞”、“呀牙洞”、“率然洞”等洞天空间正是维系仙境与凡间的纽带。

3.2 避世归隐思想

隐逸文化是在中国封建传统社会中文人产生的独立于“皇权”之外的一种生活方式。老庄学说对隐逸文化影响极大，《庄子·缮性》道：“古之所谓隐士者，非伏其身而弗见也”，可见隐士在诞生伊始便与道家有所联系。《庄子·刻意》更有“就薮泽，处闲旷，钓鱼闲处，无为而已矣。此江海之士，避世之人，闲暇者之所好也”。

隐逸之风自秦汉至两晋形成，这一时期的士人心态发生了巨大的变化，统治集团之间时常内斗，文人们常常成为政治斗争的附庸与牺牲品，世人尤其是文人对于生死的态度发生转变，从对国家现实的关照转向自己的内

① 引自（明）刘凤《吴氏园池记》。
② 引自（明）王世贞《弇山园记》。
③ 引自老子《道德经》第三十三章。
④ 引自老子《道德经》第五十九章。
⑤ 引自《庄子·逍遥游》。
⑥ 引自《庄子·大宗师》。
⑦ 引自《庄子·田方子》。
⑧ 引自《庄子·刻意》。

心世界。士人与政治渐行渐远，与道家的关系逐渐密切，政治失意者与不忿者纷纷归隐，追求“中有冥寂士，静啸托清弦。放情凌霄外，嚼蓝抱飞泉”与世绝缘的荒郊孤隐，从而形成了崇老尚庄、尚清谈的风气。魏晋以后，隐逸文化的明显表现除了对自然山水的向往外，更普遍地将这种爱倾注在对自己生活环境的建造中，隐逸之士逐渐栖迟园林，寄情山水，抒发政治受挫的愤懑，享受平静安闲的境界。文人山水园林因为它能够艺术的营造出摈弃尘嚣的自然山野气息，也就成了千百年中隐逸文化的最重要组成部分，甚至成为隐逸文化的哲学理念赖以生存的基础。

明清时期，“市隐”成为主流，“大隐入朝市，小隐入丘樊；丘樊太冷落，朝市太嚣喧”①，遂使“城市山林”以名称化的符号，成为文化人隐逸途径的选择。园主们“既贪图城市的优厚的物质供应，又不想冒劳顿之苦，寻求‘山水林泉之乐’，因此就在邸宅旁经营既有城市物质享受，又有山林自然意趣的‘城市山林’，来满足他们各方面的享乐欲望”[12]。园林在相当大程度上弥补了归隐羡隐的士大夫在政治受挫后的心理平衡，并完成其人格精神的改造与重建。这一时期的文人园林追寻的是超脱俗世的精神和自由隐逸的情怀，希望从政治中解脱，但又难以摆脱世俗纷扰。文人们虽远离山林，但企图在园林中寻找一片未经雕琢的净土，达到“市隐”，故洞天福地意象化于园林中。洞天福地意象从两个层面达到了文人隐居园林的效果，一方面是洞天福地以自然要素“洞”的意象出现在园林山水中，仿若身处山林薮泽，人与自然合二为一。另一方面，洞天福地有人间仙境解读，园主们发挥自己的想象，俨然将“洞”发挥为桃源世界，幻想隐逸生活怡然自得。如王新一在归园田居内有“峰之下有洞，曰：‘小桃源’，内有石床、石乳”②，弇山园中更有名为“率然洞”，“其上下平，而左右饶石骨，以其修且谽闭也”“洞且尽，两石夹之”③，率然洞仿若桃源入口“初级狭，才通人”。

3.3 养生长寿愿望

神仙道教以长生修仙为本。先秦时的方仙道即虚拟出了许多神仙乐园，最典型的莫过于西部的昆仑山和海上三神山，“海内昆仑之虚，在西北，帝下之都。昆仑之虚方八百里，高万仞，上有木禾……百神之所在”[13]。有人皆向往瑶池美景、蟠桃仙果，更重要的是梦寐以求的“不死之药”。但毕竟神仙胜地浩渺无极，难以企及，于是道教把天上的仙界延伸到地上，借用使人心旷神怡、涤荡心胸的名山秀水，满足道教徒们的现世需要。洞天福地是通向仙界的虹桥，欲长生求仙，必择一处“洞天福地”炼丹修道。道教乞求长生求仙的过程中，不死之药无疑对修道之人有巨大魅力，嵇康曾随王烈入山采药，“采药钟山隅，服食改姿容”。郭璞《游仙诗》云，“登岳采玉芝，涉涧将六草”，都描绘了他山洞采药的实践。这些具有“仙化”功效的药，如人间稀有的芝草、菌类也确有滋身强体的作用。

道教长生成仙信仰在南北朝至隋唐达到顶峰，但在明代发生很大转变，相较以往大大减弱，人们转而追求现实生活，将道教长生思想转化为道教养生学，强身健体、延年益寿则是主要目标。明代高濂著有《遵生八笺》，是中国古代养生学的集大成之作，其文吸收儒释道修身养性之说，“三教法门，总是教人修身、正心、立身、行己、无所欠缺”④，更借鉴道教养生专著繁多，养生之法除药补、食疗外，更多是清修、练气及丹药养生，如《灵秘丹药笺》道“高子曰：食药者，可以长年，仙经论之矣”，内多有炼制丹药之法。

文人园林中的丹室正是养生长寿思想的反映，如吴氏园有斋为“贞白”，以养炼丹石。另外，明代文人将种植花草的园艺生活视为重要的养生活动，常在园林空间中置一园圃，以从事灌园艺蔬、莳花种草的活动。《浮生六记．卷六》中有记载：“晨入园林，种植蔬果，芟草，灌花，莳药”。颐圃有地署曰“药圃”，屏居莳植。离资园“壶隐”后得小圃二，栏以竹，杂种桃杏木药诸属。人境园“其一北折，以灌亭前‘药栏’”⑤。习静也是一种安顿心灵、修身养性的行为，习静意谓心常静寂清澄，文人在园林中修心悟道，追求心物无碍自由境界，故园林洞天作为修身养性场所也在一定程度上反映文人的养生长寿愿望。

4 结语

道学是根治于中国文化土壤的一种产物，其神仙观念已沉淀为中华民族特有的文化意识，而园林艺术则是物质文化和精神文化的双重体现，神仙思想自秦汉始就一直映照在中国古典园林中。由神仙思想衍生的洞天福地理论，发展为园林中的洞天空间，异于宴客、怡情、游赏等其他类型的空间，其审美意象随着世俗观念演变发生变化，但其求仙问道的本质内涵始终不变，它不仅体现了文人园林本质的隐逸追求，而且带有世俗化的养生长寿愿望也映照其中，寄托着文人阶层修身悟道、完善人格的需求与愿望。

明清文人园林中的“洞天”景观 **表1**

序号	地点	景名	原文	出处	朝代、作者	园名
1	江苏	潜虬洞	其一支穿“缥缈楼”下，以入“潜虬洞”，与潭会，中多奇石可纪	《弇山园记》	明 王世贞	弇山园
2		隔凡	楼南，稍东，得石磴，拾级而下“白云门”，又东北拾级而下，有门曰：“隔凡”，则吾三弇之第一洞天也			
3		陬牙洞	复入“陬牙洞”。转登故台，少西得一亭，桂树环之，曰：“丛桂”			

① 引自白居易《中隐》。

② 引自（明）王心一《归田园居记》。

③ 引自（明）王世贞《弇山园记》。

④ 引自（明）高濂《遵生八笺·清修妙论笺》。

⑤ 引自（清）高凤翰《人境园腹稿记》。

续表

序号	地点	景名	原文	出处	朝代、作者	园名
4		率然洞	不数武，为“率然洞”，其上下平，而左右饶石骨，以其修且谽闭也，类若为率然所中穿者，故名。洞且尽，两石夹之，俨然两阍人，左高而瘦，右卑而古，总名之曰：“司阍石”	《弇山园记》	明 王世贞	弇山园
5		香菰廪	从此而进，率甃石为洞，不用一木，凡五间，有曰：“香菰廪”者，圆满如廪状，可以贮物。……有曰：“弥楼窟”者……	《愚公谷乘》	明 邹迪光	愚公谷
6		玉勾洞天	折而入草堂，家冢宰元岳先生题曰：“玉勾草堂”，邑故有“玉勾洞天”或即其处	《影园自记》	明 郑元勋	影园
7		栖云	下有洞，曰：“栖云”	《谐赏园记》	明 顾大典	谐赏园
8		玉女洞天	嘉靖间筑别业于玉女潭北，名“玉女洞天”	《玉女潭山居记》	明 文徵明	玉女潭山居
9		丹室	廊之后为“丹室”，又后为“云耆台”			
10		飞云洞	“琪树峡”之西，为“集灵谷”，又西为“飞云洞”	《从适园记》	明 王鏊	从适园
11		三珠洞	石之有奇者，曰“天成碑”、曰“两溜”、曰：“小苍弁”、曰“青骡岩”、曰“三珠洞”、曰“二珠”、曰“双仙”，皆以状类名			
12	江苏	药畦	—			
13		浣香洞	乃降自阁，足缩如循褰渡曾不渐裳，则“浣香洞”门见焉	《梅花墅记》	明 钟惺	梅花墅
14		小西洞	洞穷得石梁，梁跨小池，又穿“小西洞”，憩“招爽亭”			
15		小桃源	峰之下有洞，曰：“小桃源”，内有石床、石乳	《归田园居记》	明 王心一	归田园居
16		悬井岩	西折，为“悬井岩”，有洞幽邃			
17		杏花涧	有石横亘如门，四山崒嵂，停水一泓，有古杏覆其上，为“杏花涧”	《集贤圃记》	明 陈宗之	集贤圃
18		飞香径	其下石洞，窅靓莫测，名曰：“飞香径”	《乐志园记》	明 张凤翼	乐志园
19		陶真室	廊前则为“陶真室”，南北相望			
20		药蘘	前后为药蘘，莳异卉珍花	《吴氏园池记》	明 刘凤	吴氏园
21		贞白	北有斋，题之“贞白”，后复有门，为室五楹，则以养炼丹石，为神仙学	《颐圃记》	明 姜埰	颐圃
22		药圃	相国杜门扫轨，屏居莳植，亦此一地也，署曰“药圃”	《何氏园林记》	元明 王行	何氏园
23		—	山之麓有泉林，有茶坡，有按花坞，有杏林，有药区			
24		鹤峒	又南为鹤峒	《东庄记》	明 李东阳	东庄
25		—	由亭而东，得大石洞，窅穹深靓，几与“张公”、“善卷”相衡	《豫园记》	明 潘允端	豫园
26	上海	小有洞天	轩后长廊，廊穷一小室，曰：“小有洞天”	《日涉园记》	明 陈所蕴	日涉园
27 28	浙江	神清洞	去矼不数步，峰峦四合，路转石回，得石洞，深广仅十尺，主人当盛暑，挟书岸帻，趺坐其中，曰：“神清洞”	《自述淳朴园状》	明 沈祐	淳朴园
29		丹井	—	《越中园亭记》	明 祁彪佳	好泉亭
30		烟萝洞	—			柳西别业
	陕西	峋嵝洞	南曰：“峋嵝洞”，金简玉牒，仿佛见之，象衡山也	《五岳园记》	明 焦竑	五岳草堂

续表

序号	地点	景名	原文	出处	朝代、作者	园名
31	安徽	冰肌坐	倚园为洞，名之曰“冰肌坐”，白盛无饰，泠泠然真作藐姑射山神人想	《奕园记》	明 李维桢	奕园
32		漱石洞	东径绝而西下石径，逶迤数十步，东折级而下十五步，曰漱石洞	《遵晦园记》	明 吴瑞谷	遵晦园
33		玄白洞天	由室而启东户，署曰‘玄白洞天’	《遂园记》	明 汪道昆	遂园
34		甂甄洞	规池如圜，周岸可二百武，从池中垒石，为三小山，曲折连亘，具体三十六峰，曰：“壶领”，空其中，为“甂甄洞”	《北园记》	明 吴国伦	北园
35		翠隐洞	有堂曰“厄言”，阁曰“绿云”，台曰“清虚”，有竹叶居、梅花屋、翠隐洞、芝厦，其名胜莫能阐述	《甘露园记》	明 陈文烛	甘露园
36	江苏	—	复凿其西为小洞，而连筑一室于其北为“逸老窝”云。	《招隐园记》	明 孔天胤	招隐园
37		—	西入石洞，甚廓，常有小穴，俯瞰“涩浪坡”，苔藓石纹如织，前临“因树楼”，则蟠付宛在地中	《水绘园记》	清 陈维崧	水绘园
38		夕阳岩	—	《三友园记》	清 李良年	三友园
39		—	“壶隐”后得小圃二，栏以竹，杂种桃杏木药诸属	《娄东园林志》	清 未知	琅琊离賌园
40		—	雪洞一	《郭嵩焘日记》节选	清 郭嵩焘	王敬美澹园
41		—	右饶长廊，行数十步，垒石为洞，盘旋而出，有小堂，榜曰：“洗心臧密之室”	《随园图说》	清 袁起	城隍庙后一园
42		神清之洞	出亭再北，渡平桥，穿丛林，磬折入石洞，曰：“神清之洞”			随园
43		浣香	轩曰“知鱼”，鱼相忘者江湖，人相忘者道术。桥曰：“引仙”，仙以譬师朋，引以譬扶翼也。洞曰“浣香”。识密鉴洞，心情闻妙也	《凤池园记》	清 蒋元益	凤池园
44		药圃	中有世纶堂、药圃、青瑶屿等	《艺圃记》	清 汪琬	艺圃
45		穿山洞	又有大小石屋，其“穿山洞”，君易为“穿云”，摩崖以书	《补筑白云亭记》	清 李果	白云亭
46		丹亭	湖之中央，有亭翼然，曰“丹亭”，慕丹丘也	《勺湖记》	清 沈德潜	勺湖
47		归云洞	叠石为洞门，曰“归云洞”。洞内构屋三间，曰：“卧云精舍”	《城南老屋记》	清 石韫玉	五柳园
48		慈云洞	自其左，履石梁而下，得一洞，有石天然如大士像，是曰：“慈云洞”。洞中石桌石櫈咸具，石乳下注磊磊然。洞外多桃花，是曰：“绛云洞”	《怡园记》	清 俞樾	怡园
49		卷石洞天	提之曰“卷石洞天”，人呼之“小洪园”	《扬州画舫录》	清 李斗	小洪园
50		药圃	斋之东为药圃，辟地亩余，植各色芍药数百本	《履园丛话》	清 钱泳	绿净园

续表

序号	地点	景名	原文	出处	朝代、作者	园名
51	浙江	含晖洞	含晖洞，鱼乐溪，仙棋石			朴园
52		小一洞天	小一洞天：石洞幽邃，仿佛飞来龙泓	《春草园》小记	清 赵昱	春草园
53		锦淙洞	锦淙洞、留真馆	《履园丛话》节选	清 钱泳	倦圃
54		太白居	又进为“太白居”，居临石屏，嵂崒壁肖。旁两室斗大，一贮丹经道箓	《白鹤园自记》	清 冯皋谟	白鹤园
55	福建	巢云洞	亭前西上，复东折为栈道，傍崖凌空，北入巢云洞	《涛园记》	清 王源	涛园
56	山东	—	峰东北临水，有石窟，俯而入，幽暗不辩物；宛转而行，豁然清爽，则石室方丈，由石罅中透入日光也	《偶园纪略》	清 冯时基	偶园
57		—	西南隅有一穴，仅可容身，穴自上而下，蜿蜒登降，暝行数百步，乃达洞口，口外有涧，亦可通人间溪谷			
58		—	东峰之腰，有洞，洞左右有丹室数楹，因岩作屋，苍翠阴森，人迹罕到，榜以七字曰：“洞云深锁闭窗寒”	《将就园记》	清 黄周星	将就园
59		澳馆	傍亦有丹室数楹，号为“澳馆”			
60		药栏	其余药栏、蔬圃之属，亦仿佛“将园”			
61		药栏	其一北折，以灌亭前“药栏”			
62		雪窟阳春	于廊中间，凿后壁作门，通以疏棂细槅，别为暖室者三楹，以便风雪中，时款佳客；而额其上曰：“雪窟阳春”	《人境园腹稿记》	清 高凤翰	人境园

参考文献

[1] 周维权. 中国古典园林史[M]. 北京：清华大学出版社，2011：31.

[2] 李允鉌. 华夏意匠[M]. 天津：天津大学出版社，2005：30.

[3] 王振复. 中华古代文化中的建筑美[M]. 上海：上海学林出版社，1989：1.

[4] 玛丽安娜·鲍谢蒂. 中国园林[M]. 闻晓萌，廉悦东译. 北京：中国建筑工业出版社，1996：85

[5] 查尔斯·莫尔，威廉·米歇尔，威廉·图布尔．风景[M]. 李斯译. 北京：光明日报出版社，2000：30.

[6] Hardie A. Think globally, build locally: syncretism and symbolism in the Garden of Sitting in Reclusion[J]. Studies in the history of gardens and designed landscapes, 2006, 26 (4): 259-308.

[7] 于运乐. 明清私家园林艺术中道学渊涵的研究[D]. 长沙：中南林业科技大学，2012.

[8] 刘希娟. 传统园林天人合一之思诗交融的艺术境界[D]. 东北林业大学，2012.

[9] 刘璇. 苏州私家园林造园要素的象征文化研究[D]. 东北林业大学，2013.

[10] 王明. 抱朴子内篇校释[M]. 北京：中华书局，1985：85.

[11] 刘致平. 建筑类型与结构[M]. 北京：中国建筑工业出版社，1987：36.

[12] 刘敦桢. 苏州古典园林[M]. 北京：中国建筑工业出版社. 2005：301.

[13] 郭璞注. 山海经·海内西经[M]. 丛书集成初编本，北京：中华书局，1985.

作者简介

史庄昱，1996年5月，女，汉族，山西晋城人，华中农业大学园艺林学学院风景园林系，在读硕士研究生。研究方向为风景园林历史与理论。电子邮箱：576025732@qq.com。

杜雁，1972年12月，女，汉族，湖北长阳人，华中农业大学园艺林学学院风景园林系，副教授。研究方向为风景园林历史与理论。电子邮箱：yuanscape@mail.hzau.edu.cn。

明长城遗产廊道构建方法研究
——以明阳和道所辖为例

Research on the Construction Method of the Ming Great Wall Heritage Corridor
—Take Ming Yanghedao Suo Jurisdiction as an Example

冯君明　孙佳琪　黄思成　李运远

摘　要：明长城作为中国的文化瑰宝，是中国古代最重要的大型军事防御设施，在漫长的历史发展过程中均扮演着重要的角色。本研究以明长城体系保护为研究导向，通过引入美国遗产廊道理论，结合空间分析方法，针对明长城当前所面临的文化保护、生态保护、游憩管理等方面的问题提出明长城遗产廊道构建方法，并以明阳和道所辖为例进行实证分析，希望通过区域规划的手段为未来明长城整体保护与系统更新提供借鉴。

关键词：明长城；遗产廊道；构建；阳和道所辖

Abstract: As a cultural treasure of China, the Great Wall of Ming dynasty is the most important large-scale military defense facility in ancient China, which has played an important role in the long historical development. This study takes the system protection of the Ming Great Wall as the research object. By introducing the American heritage corridor theory and combining the spatial analysis method, this study proposes the construction method of the Ming Great Wall heritage corridor in view of the current cultural protection, ecological protection, recreation management and other problems facing the Ming Great Wall, on this basis, this study taking Ming Yanghedao Suo as examples for empirical analysis, hoping to provide reference for the overall protection and systematic regeneration of the Great Wall in the future through the method of regional planning.

Keyword: Ming Great Wall; Heritage corridor; Construction; Yanghedao Suo Jurisdiction

引言

中国作为世界四大文明古国之一，拥有悠久的传承历史与丰富的遗产资源，针对中国文遗产的保护一直是相关研究的要点。2017 年 10 月 18 日，习近平总书记在中国共产党第十九次全国代表大会报告中明确提出：“没有高度的文化自信，没有文化的繁荣兴盛，就没有中华民族的伟大复兴。”充分证实了文化遗产保护对深化社会主义精神文明建设、促进建设美丽中国的重要性。

明长城作为中国文化瑰宝，是中国古代以军事防御为主，兼具疆域划分、贸易控制等多种功能的大型军事防御体系，其完备的工程体系与广阔的战略纵深不仅有效的保证了边境与内地的安全，同时也是中原农耕文明与草原游牧文明交流融合的通道与纽带[1]。随着时代发展，明长城逐渐失去了军事防御作用，其文化遗存也开始成为保护与修复的对象，因此在当前城市化发展环境下，如何实现明长城体系的整体保护，如何促进文化遗存保护与区域城市（镇）的协同发展，是当前风景园林领域相关研究的重点，也是未来中国文化遗产保护的重要一环。

1　明长城体系概述与现状思考

1.1　明长城防御体系研究

明长城作为中国历史上最重要的军事防御设施之一，主要原因在于其横跨东西、纵跨南北的整体防御格局，该格局以“九边十一镇”著称，其中“边”之一词是受明代塞王守边制度影响所形成的格局称谓，具有军事制度与地理意义双重属性，“镇”之一词随着军镇建立而设置，是区域防守与管理的核心[2]，图 1 为明嘉靖年间（1522～1566 年）形成的“九边十一镇”防御格局。在具体发挥防御功能过程中，明长城分别通过陆海（路）屯兵系统、烽传系统、驿传系统、军需屯田系统、互市贸易系统等防御设施系统以及相关设施来实现[3]，此外明长城在修筑过程中还结合地形、水系等形成山险、水险进而增强其防御作用。以明大同镇（今山西省大同市与朔州市）为例，根据相关学者的考证总结[4]，本研究将大同镇 8 路-7 卫（所）-47 堡寨-城墙等防御工事按军事等级绘制如图 2 所示，可以看出在广阔的中国边境范围内，明长城通过“点”“线”编织形成面状区域防御体系。

图 1　明九边重镇分布图

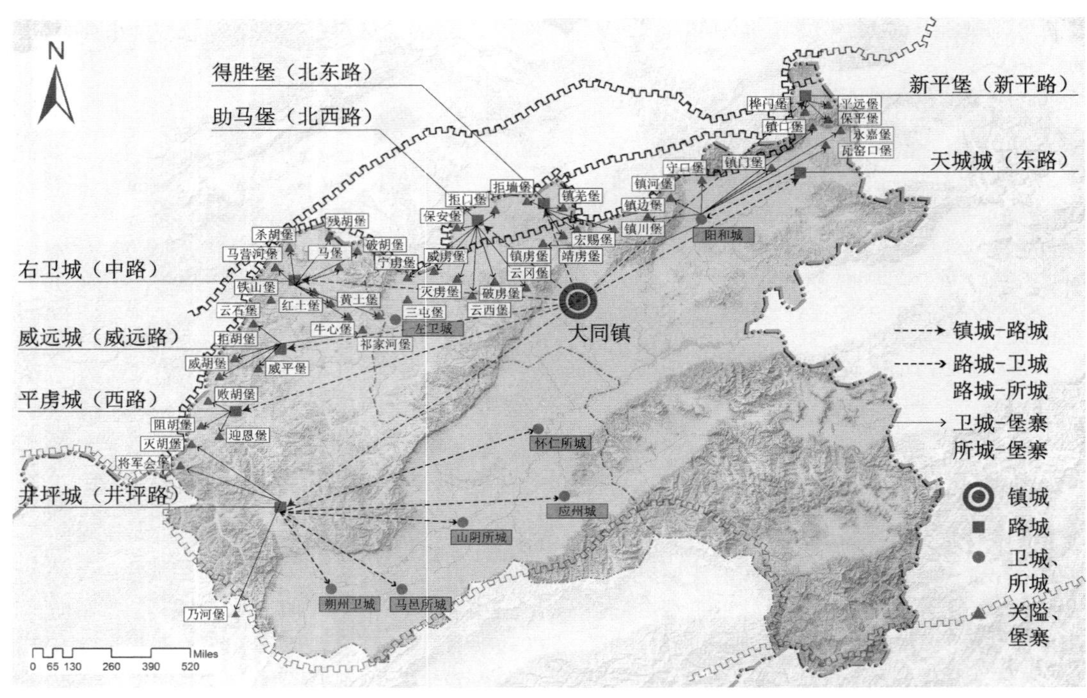

图 2　大同镇明长城空间防御层次图

1.2　明长城保护现状研究与思考

当前国内针对明长城相关保护工作主要集中在立法保护与学术研究两个方面。在立法保护方面，相关法律主要包括《长城保护条例》（2006 年）与部分省市关于保护范围与建设控制地带的规定等，其内容主要针对宏观层面，缺少可以指导明长城体系保护的方法途径；学术研究方面，多位学者以明长城遗存保护为导向开展研究，相关领域包括建造信息、多学科保护、军制组成等。

综合上述研究与实地考察发现，当前针对明长城保护主要采用单点或静态保护方式，容易割裂镇-路-卫（所）-堡等各层次军事单元之间的守望互助联系，也容易忽略烽传、驿传系统在防御过程中的重要作用，此外明长城无论军事防御或转型发展均离不开其所依托的自然、社会与人文环境，因此在未来综合保护上，应该充分认识明长城自身的整体性及其与生态环境、城市之间的联系，采用区域规划的理论与方法作为支撑，进而实现明长城整体保护。

2　遗产廊道相关研究及其与明长城保护结合的可行性

2.1　遗产廊道理论与实践研究

遗产廊道（Heritage Corridor）最早出现在美国，是 20 世纪末美国绿道（Greenway）与遗产区域（Heritage

Area）理念想结合的产物。1984 年伊利诺伊和密歇根运河国家遗产廊道的确立标志着该理念正式成立[5]，截至 2019 年 3 月 15 日，美国共建立 8 条国家遗产廊道（图 3），在多年的研究与实践中，美国在遗产资源立法管理、规划与运营管理、保护与构建等多个方面积累了丰富的经验，与遗产区域等一起共同支撑美国遗产资源保护工作。

国内方面，自 2001 年王志芳等学者首次引入美国遗产廊道理念，并对其概念内涵、选择标准、规划重点等进行系统阐述后，多位国内学者在此基础上进行深化研究，包括构建内容、构建流程、分析方法等，具体研究对象包括京杭大运河、茶马古道等，逐渐论证了遗产廊道与中国线型遗产保护的关联性与适用性。

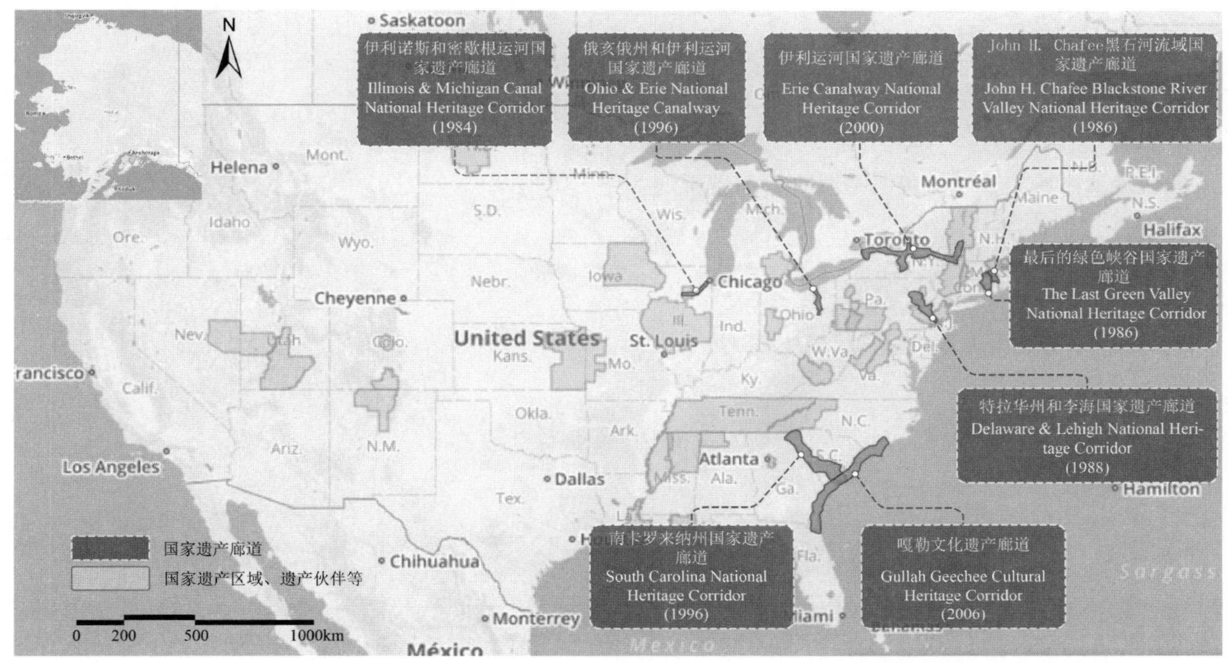

图 3　美国国家遗产廊道分布图

2.2　遗产廊道与明长城保护结合的可行性

虽然源自美国的遗产廊道理念体系并不完全符合中国国情，但遗产廊道作为美国后国家公园体系的世界遗产保护理论与方式，其完整的保护与管理流程，包括资源认知与评价、立法保护、社会管理等，均可为明长城相关保护工作提供多方面指引。根据我国明长城资源特征与保护现状，本研究认为通过借鉴国外先进的线型遗产保护与管理经验，综合我国明长城资源特点实现理念与实际的结合，是适合中国国情、符合中国特色且行之有效的方法。

3　明长城遗产廊道构建方法——以明阳和道所辖为例

3.1　研究区概况

本文研究区域为阳和道所辖区，具体位于山西省大同市东北部，明代隶属大同镇城，《皇明九边考·卷五》载，“东则天城、阳和，为虏如顺圣诸路之冲。”足见其战略地位的重要性。由于史料中缺少对该辖区行政范围的详细记载，根据明阳和卫、天城卫与今阳高县、天镇县的沿革关系，本研究参照阳高县与天镇县域进行分析，区域地理坐标为北纬 39°49′～40°40′，东经 113°28′～114°32。

3.2　构建流程、分析方法与数据来源

本研究在明长城体系与遗产廊道理论综合研究的基础上，首先建立明长城遗产廊道构建流程，具体包括基础数据收集、遗产资源综合评价、遗产廊道总体布局、遗产廊道专项构建策略等四步。在具体构建过程中，同时根据相关法律或规章制度对明长城遗存保护的要求，结合 GIS10.5 技术平台提出明长城遗产廊道分析方法（图 4），以此作为分析开展的依据。

数据来源方面，文中选取的数据来源包括地理空间数据云下载的 DEM 数据（30m 精度）、中国水土流失在线地图数据网站（Https：//www.osgeo.cn/map）提供的土壤侵蚀数据、相关部门提供的区域水系与文物分布图、大同市城市总体规划《2006～2020 年（2017 年）》以及实地调研数据等。

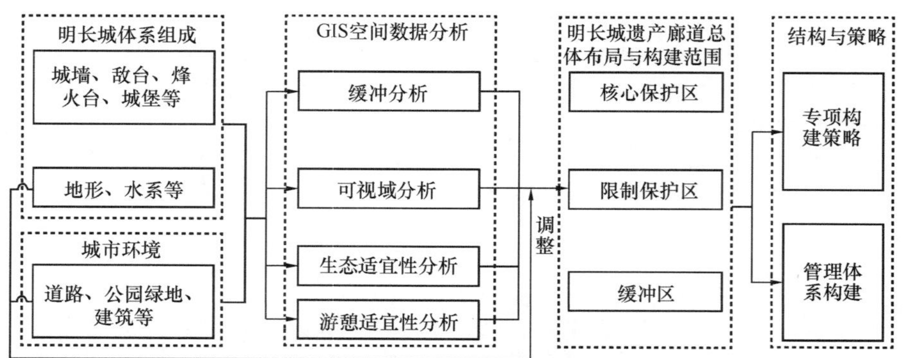

图 4　研究思路与技术路线示意图

3.3　明长城遗产廊道构建流程——以明阳和道所辖为例

3.3.1　基础资料收集

在分析过程中，首先需要对研究区域内资源类型与分布信息进行汇总，根据《中国文物地图集・山西分册》以及实地调研结果，本文将研究区内明长城资源分为城墙、城堡、敌台、烽火台、马市等 5 类，具体信息如图 5 所示。

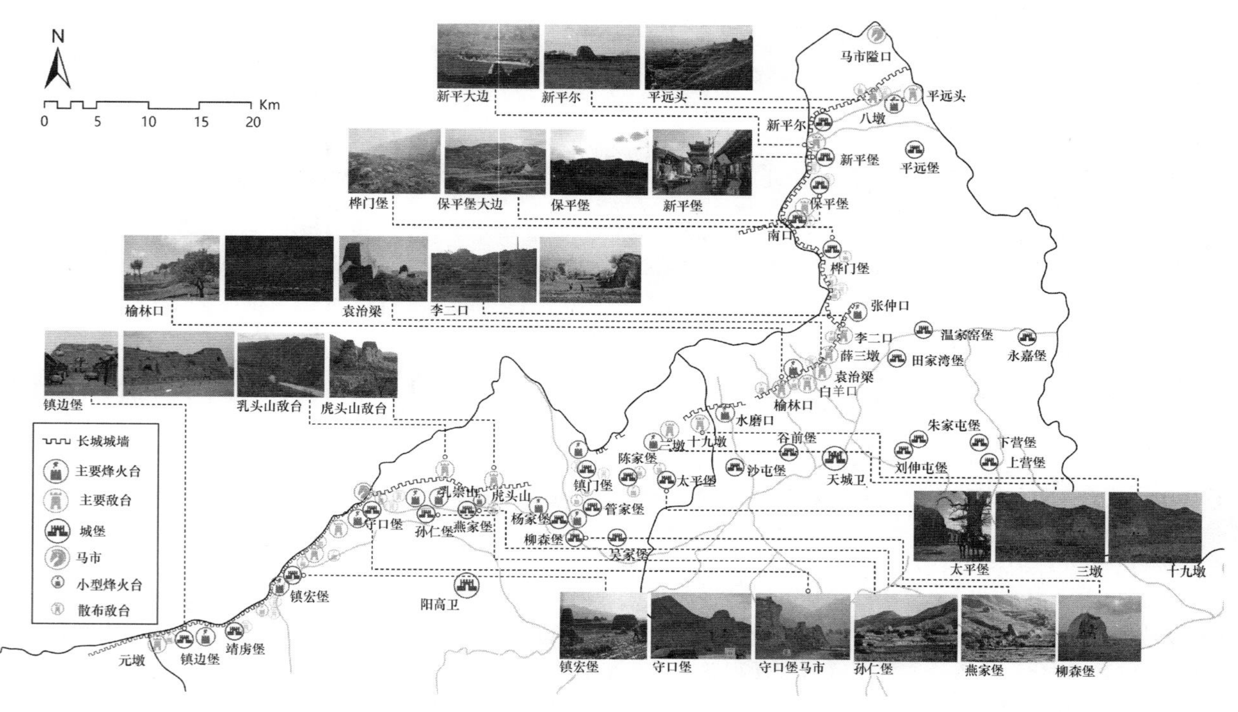

图 5　阳和道所辖区明长城遗产资源分布图

3.3.2　遗产资源综合评价

在资源综合评价过程中，首先根据联合国教科文组织对明长城世界遗产地的介绍与《保护世界文化和自然遗产公约》，以及国家文物局颁布的《全国重点文物保护单位保护规划编制要求》（2003 年）、《长城资源保存程度评价标准》（2009 年）等对资源评价的介绍，选取相应的评价因子并建立评价层次（图 6）；其次结合 AHP 层次分析法与 Delphi 法对各项评价因子做权重赋值；最后通过专家咨询等方式，为各遗产资源进行打分汇总，得出综合评价结果（表 1）。

明长城遗产资源综合评价结果表　　表 1

序号	遗产资源等级	遗产资源名称
1	一级遗产点	守口堡、明外长城天镇段、明外长城阳高段、守口堡马市、镇边堡、新平堡、镇门堡、新平堡、新平尔、袁治梁、镇宏堡、元墩、太平堡
2	二级遗产点	六墩、十九墩、虎头山、平原头、乳头山、陈家堡、柳林堡、田家湾堡、温家窑堡、桦们堡、榆林口、元墩、十墩、孙仁堡

续表

序号	遗产资源等级	遗产资源名称
3	三级遗产点	三墩、严加堡、十九梁、管家堡、物价堡、谷前堡、沙屯堡、杨家堡、十墩、平远堡、水磨口

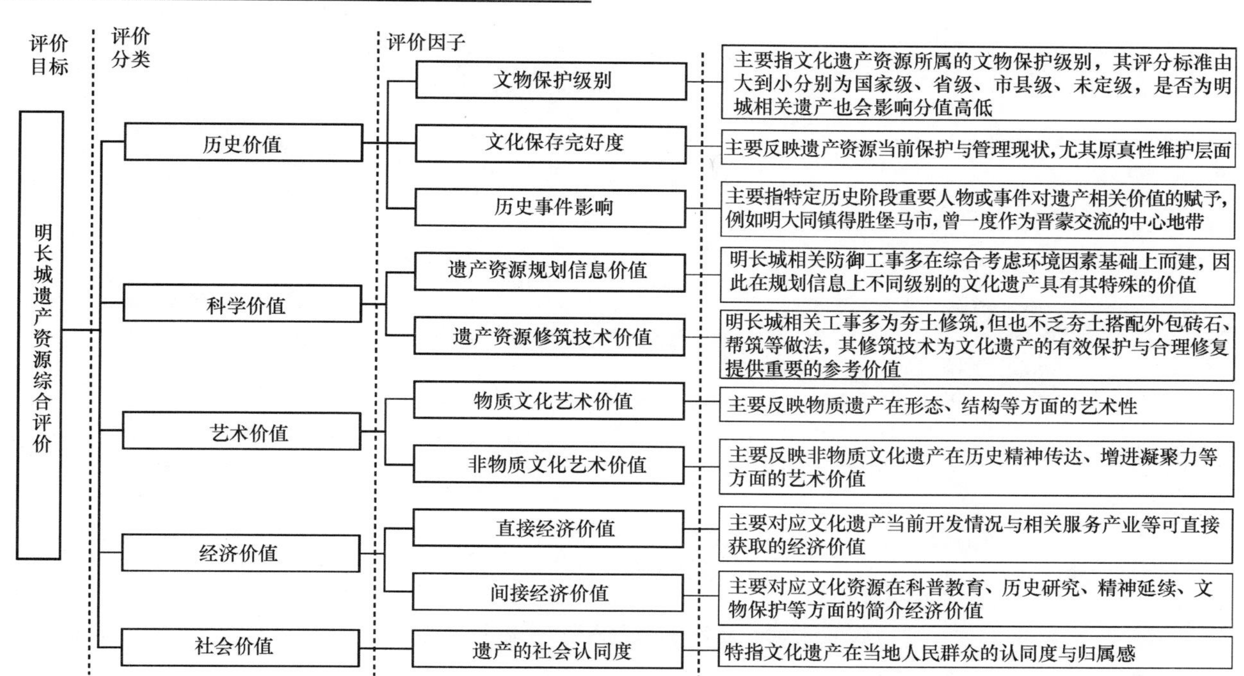

图 6 明长城遗产资源综合评价层次图

3.3.3 遗产廊道总体布局

本部分分别针对核心保护区、限制保护区以及缓冲区进行分析，并将分析结果进行叠加，最终得到明长城遗产廊道总体布局，具体内容如下：

（1）核心保护区

核心保护区主要依据《山西省人民政府关于公布山西省历代长城保护范围及建设控制地带通知》中对长城周边 50m 保护范围的规定，对城墙与遗产点进行缓冲分析，得到核心保护区如图 7 所示。

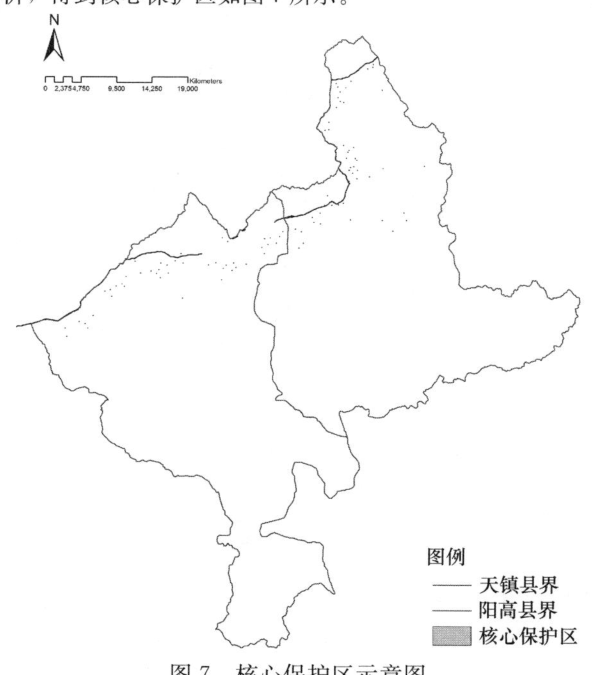

图 7 核心保护区示意图

（2）限制保护区

限制保护区主要目的在于保护明长城资源周边历史风貌，一方面根据上述条例对明长城周边 500m 建设控制地带的规定，对城墙与遗产点进行缓冲分析，另一方面则依据烽传系统即视线联系在明长城防御体系中的重要作用，以城墙与遗产点作为视线源进行可视域分析，在此基础上筛选出紧邻长城且视线可达性高的区域作为限制保护区参考。最后将二者进行叠合，得到限制保护区如图 8 所示。

（3）缓冲区

缓冲区主要目的在于完善遗产廊道功能，本研究将通过生态与游憩适宜性分析来为缓冲区的划定提供依据。首先参考生态安全格局、游憩绿道选线等方面研究选取[6,7]并建立本研究适宜性分析的评价因子；其次结合 AHP 层次分析法与 Delphi 法对各项评价因子做权重赋值（表 2）；最后将各项基础数据进行重分类分析与叠加，得到综合适宜性分析结果如图 9 所示。

（4）综合叠加与调整

在明长城遗产廊道总体布局生成过程中，需要对核心保护区、限制保护区与缓冲区分析结论进行叠合，同时根据周边道路、建筑等城市要素以及河流、山脊等自然要素进行调整，筛选出距离明长城较近且适宜性高的区域作为遗产廊道骨架与范围依据（图 10），从而在整体性、系统性分析的基础上实现明长城遗产廊道从理论思路到具体构建的过渡。

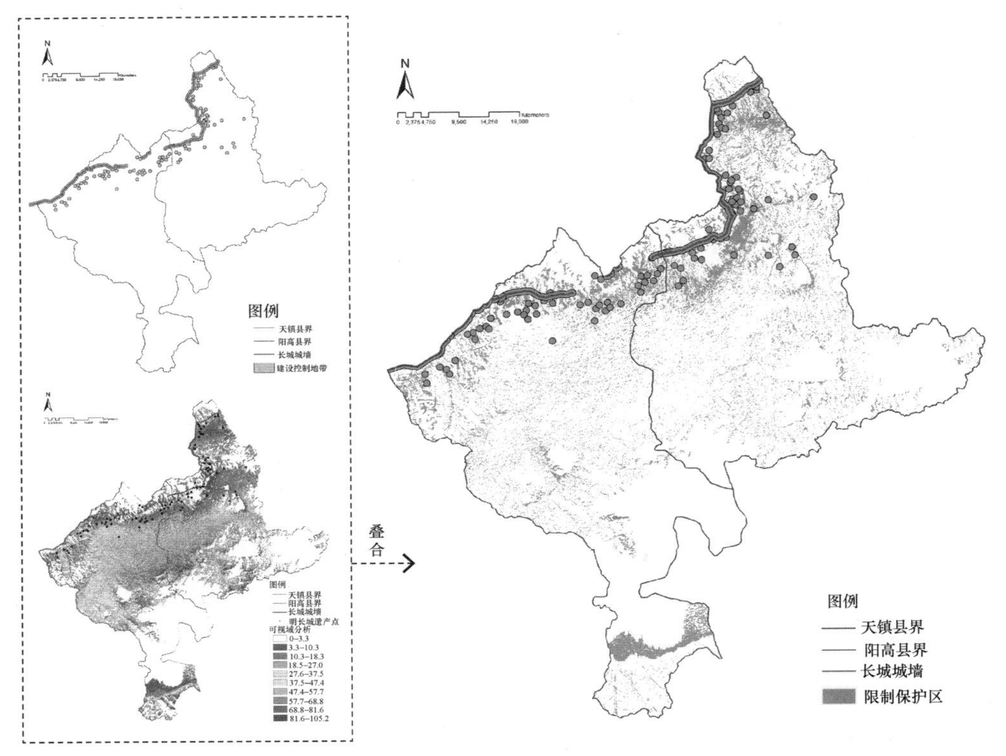

图 8 限制保护区示意图

综合适宜性评价因子及权重信息表 **表 2**

系统层	准则层	指标层	权重	系统层	准则层	指标层	权重
生态适宜性	自然本底	雨水径流分布	0.0420	游憩适宜性	自然本底	地形坡度分布	0.0954
		水源缓冲区	0.0341			水体缓冲区	0.0563
		地形坡度分布	0.0939			山体缓冲区	0.0797
		植被覆盖度	0.1276			城市绿地	0.0335
		土壤侵蚀分布	0.1106		人文资源	遗产资源缓冲区	0.0324
	城市建设	土地利用类型	0.1417		城市基础设施	城市道路缓冲区	0.0403
						城市交通枢纽	0.1120

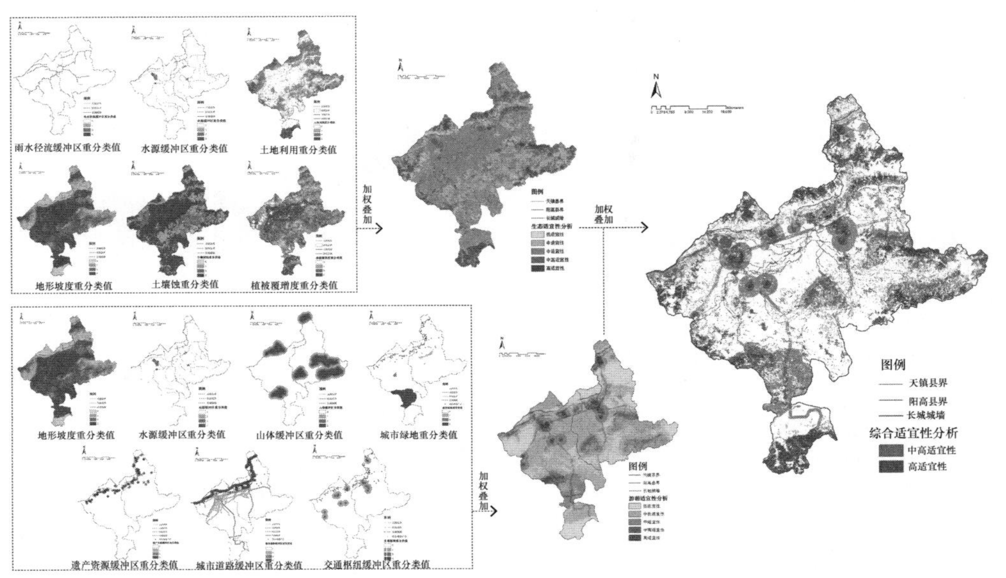

图 9 综合适宜性分析示意图

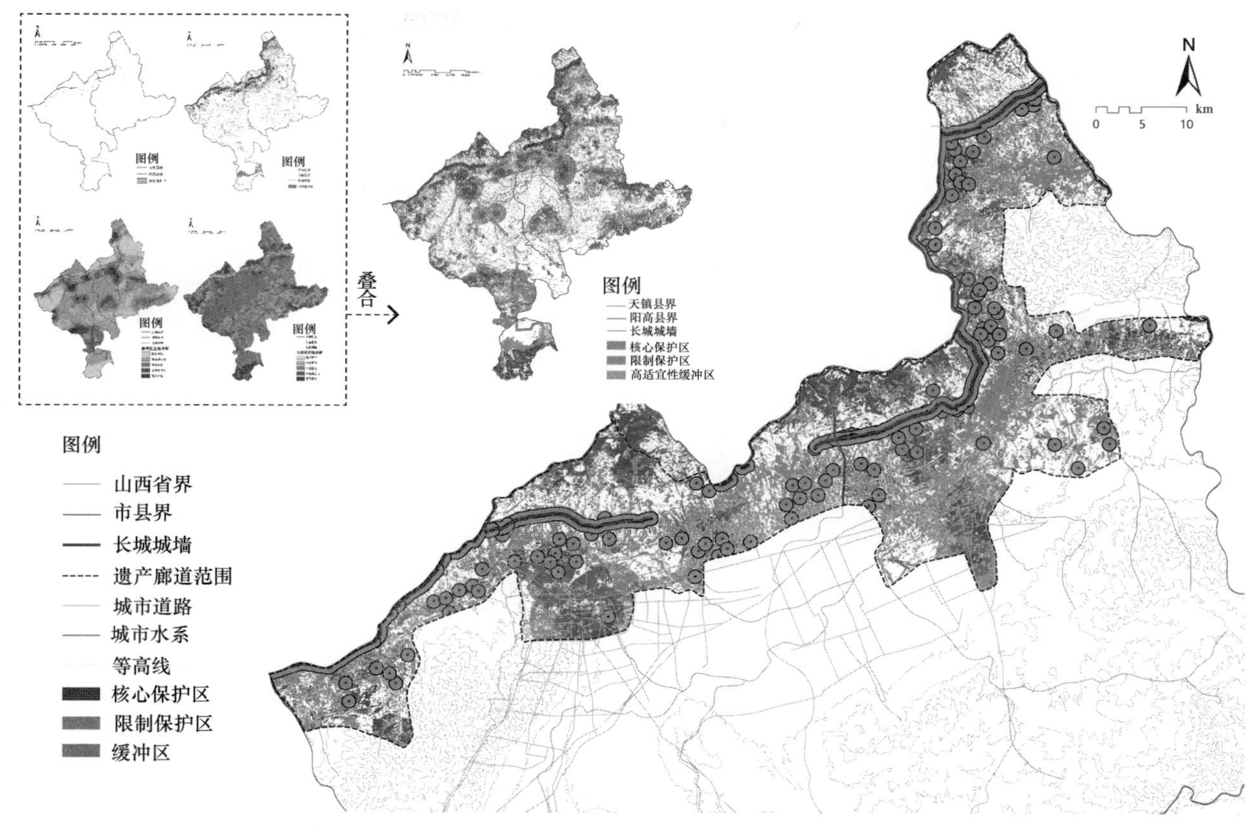

图 10 阳和道所辖区明长城遗产廊道范围与布局示意图

3.3.4 遗产廊道专项构建策略

在明长城遗产廊道具体构建过程中，需要针对不同遗产资源进行系统保护与管理，本研究根据明长城体系组成与国外遗产廊道构建特点，现将其构建策略总结如下：

（1）核心保护区

明长城文化遗产具有不可再生的特性，因此该区域需要根据遗存资源现状以及环境特点，以长城“四有”工作要求（《关于加强和改善文物工作的通知》，1997 年）、《长城保护维修工作指导意见》（2014 年）等规章条例为依据对长城资源及其周边生态环境进行保护与修复。同时在充分尊重并实现资源原真性保护的前提下，可挑选基础设施相对完善、综合价值与可达性高的遗产点（如新平堡等）进行文化节点打造。

（2）限制保护区

该区域以保护、协调区域历史风貌为主要目的，通过严格控制区域内建筑高度与材料等，在做好防火等规范要求前提下，力求实现历史风貌协调的同时减少潜在灾害对资源的影响，同时为核心保护区提供适宜的生态基址。除此以外，可选取视线可达性高的区域（尤其主要的烽火台、城堡之间）进行景观视廊的打造。

（3）缓冲区

缓冲区在具体构建方面受限较少，主要目的在于为体验者提供观赏游憩、服务等功能，并实现遗产廊道与城市环境的融合，因此该区域内可通过绿色廊道、慢行步道等景观设施增强各遗产点、遗产点与城市等之间的联系，为遗产保护提供缓冲空间的同时也扩大明长城的文化影响。

4 结语

本研究以明长城体系保护为研究对象，结合遗产廊道理论与空间数据分析方法提出明长城遗产廊道构建方法与流程，主要结论如下：

（1）明长城作为复杂的空间防御体系，需要站在宏观视角进行系统性分析，即选择区域性研究理论与方法来为明长城保护提供依据与引导，进而实现其与自然、城市环境的融合。

（2）遗产廊道理论作为源于美国的世界遗产保护理论与方式，可以提供明长城有效保护与合理利用提供支撑。限于篇幅原因，本研究仅就构建范围与专项策略进行研究。

参考文献

[1] 国家文物局. 明长城[M]. 北京：文物出版社. 2018.
[2] 赵现海. 明代九边军镇体制研究[D]. 东北师范大学，2005.
[3] 李严，张与坤，解丹. 明长城九边重镇防御体系与军事聚落[M]. 北京：中国建筑出版社，2018.
[4] 曹象明. 明长城沿线军事堡寨的演化及其保护与利用模式——以山西省为例[M]. 北京：中国建筑出版社. 2015.
[5] 王志芳，孙鹏. 遗产廊道——一种较新的遗产保护方法

[J]. 中国园林，2001(05)：86-89.

[6] 张蕾，危小建，周鹏. 基于适宜性评价和最小累积阻力模型的生态安全格局构建——以营口市为例[J]. 生态学杂志，2019，38(01)：229-236.

[7] 白兰. 基于适宜性评价的依兰县域绿道体系规划研究[D]. 哈尔滨工业大学，2018.

作者简介

冯君明，1992 年 4 月生，男，汉族，河北人，北京林业大学园林学院硕士研究生。研究方向：风景园林规划与设计。电子邮箱：2418527914@qq. com。

孙佳琪，1993 年 1 月生，女，汉族，山西人，硕士研究生，山西农业大学园艺学院助教。研究方向：风景园林规划与设计。电子邮箱：529829571@qq. com。

黄思成，1993 年 6 月生，女，壮族，广西南宁人，硕士研究生，广西艺术学院助教。研究方向：风景园林规划与设计。电子邮箱：330705413@qq. com。

李运远，1976 年 8 月生，男，汉族，内蒙古人，北京林业大学园林学院教授。研究方向：风景园林规划与设计。电子邮箱：lyy0819@163. com。

宁寿宫花园的乾卦象征设计

The Symbolic Design of Ningshou Palace Garden

苗哺雨　王佳琪　刘庭风*

摘　要：宁寿宫花园又名乾隆花园，是乾隆为自己预备执政满六十年后所修建的归政豫游之地。该园的设计是乾隆个人意志的集中体现，其中处处流露着中国传统文化中易学文化的影响。本文通过对故宫宁寿宫花园营造史实的挖掘，对宁寿宫中潜在的易学文化进行解读，并对易学文化在宁寿宫花园中每个院落的具体表现形式进行分析，以此来为古典园林艺术研究提供一个新的视角。

关键词：宁寿宫花园；易学；乾卦；古典园林

Abstract: Ningshou Palace Garden, also known as Qianlong Garden, is the place where Qianlong built as his own tour place after he was ready to resignation when ruling for 60 years. The design of the garden is a concentrated expression of Qianlong's personal will, which reveals the influence of the Yi-style culture in Chinese traditional culture. Through the excavation of the historical facts of the Ningshou Palace Garden in the Forbidden City, this study interprets the potential Yi culture in Ningshou Palace, and analyzes the specific expressions of Yi culture in each courtyard of Ningshou Palace Garden. To provides a new perspective of Chinese classic garden art research.

Keyword: Ningshou Palace Garden; Yi culture; Qian Gua; Classic Garden

1　源起与历史

宁寿宫花园坐落于故宫紫禁城东北部宁寿宫的后部偏西一区，是乾隆皇帝在乾隆三十五年为实现自己"待归政后，备万年尊养之所"而下旨进行大规模改建的宫内御苑。此园是乾隆皇帝倾注了大量心血全程参与设计的一处宫内御苑，因此又名乾隆花园。明代宫城此地原为外东裕库、仁寿殿旧址，北部为居住老年宫妃的哕鸾宫、喈凤宫旧址。清初此地区全毁，仅在今衍祺门一带有少量辅助服务用房[1]。

目前学界有明确考证的乾隆所建宁寿宫花园前身是康熙二十八年（1689年），康熙皇帝为孝惠章皇后博尔济吉特氏所建的颐养天年之处宁寿宫。《清圣祖实录》有载，"康熙二十八年（1689年）十一月，上谕大学士、内务府总管，朕因皇太后所居宁寿旧宫，历年已久，将建新宫，比旧宫更加弘敞辉煌，今已先成，应即恭奉皇太后移居。"另《康熙起居注》有载，"康熙二十三年（1684年）五月初二，辰时。上诣太皇太后、皇太后宫恭请避暑。太皇太后移驻五龙亭，皇太后移驻紫光阁。五月十四日。早，上诣五龙亭，请太皇太后安，随奉太皇太后还慈宁宫。未时，上诣紫光阁请皇太后安，随奉皇太后还宁寿宫。"可知康熙二十三年（1684年）之前宁寿宫便已新建，但是与康熙二十八年（1689年）新建之宁寿宫是否为一处还未可知[2]。

《国朝宫史》中对乾隆扩建前的宁寿宫的记载为：宁寿宫正殿两重，宁寿宫 之后为景福宫正殿两重，宫西有花园，宫后有为皇子所居兆祥所。"宫西有花园"的描述，可以看作是乾隆花园的前身，但是目前的史料对花园并无考证，仅在完成与乾隆十五年（1750年）的《乾隆京城全图》中可以依稀辨认在今禊赏亭处有一亭子，大致符合今天禊赏亭的位置，其他方面来看，乾隆基本是对花园进行了推翻重建。

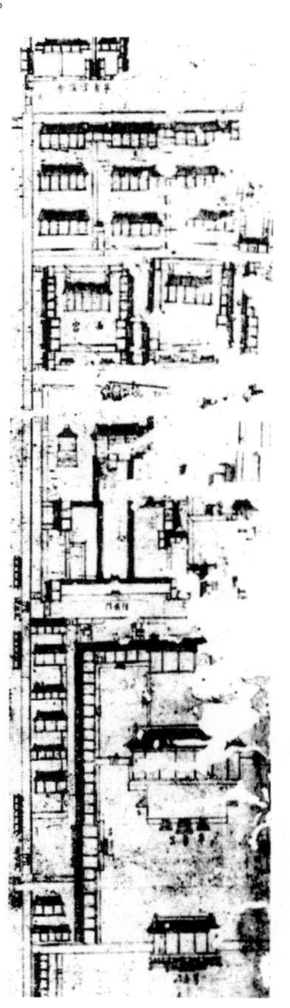

图1　乾隆京城全图中的宁寿宫图

由上可见，宁寿宫在历史时期是不断的更新和改建的，其中最主要的两次改建分别为康熙二十八年（1689年）前的改建和乾隆三十五年（1770年）之后的改建，乾隆花园是在宁寿宫扩建前花园的基础上进行的较大规模的改建，因此基本确定今天的宁寿宫花园总体格局的，就是乾隆皇帝本人。其指导思想即为：营造一个供乾隆归政颐养天年之地。

乾隆改建后的宁寿宫花园南北狭长如飘带，南北长160余m，东西宽近40m，占地面积10余亩，纵深大致分隔为六个院落，中轴线上的建筑依南北轴线布置。改建宁寿宫花园的主要时间节点为：1770年乾隆降旨设计宁寿宫花园，并估算了耗费；1772年在园中叠石，构山洞和甬道等；1773年安设铜缸、石座、栏杆；1777年在悬挂匾额并增添刻字、给花卉添加保护罩、在庭院内陈设石座、在一进院中添加叠石。花园建成之后至今，在乾隆时期形成的格局并没有改动过，只存在微小的修补。

宁寿宫花园营造考证　　表1

时间（年）	年号	事件
1689	康熙二十八年	为孝惠章皇后博尔济吉特氏所建的颐养天年之处
1770	乾隆三十五年	下旨设计宁寿宫花园
1772	乾隆三十七年	在园中叠石，留山洞、甬道等
1773	乾隆三十八年	安设铜缸、石座、栏杆
1777	乾隆四十二年	悬挂匾额、庭院内陈设石座、一进院添加叠石

注：王佳琪、苗啸雨制。

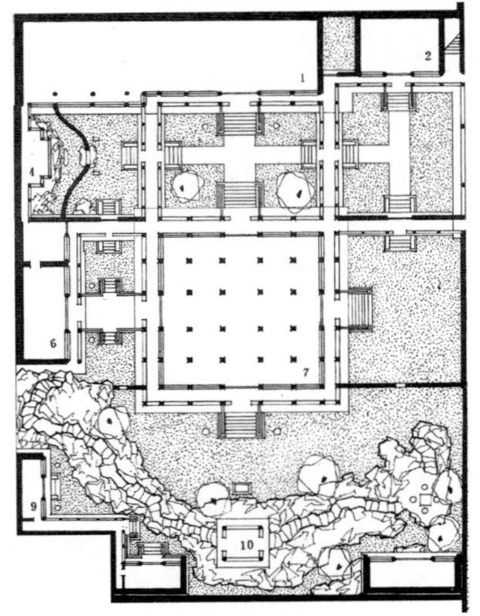

图2　建福宫花园平面图

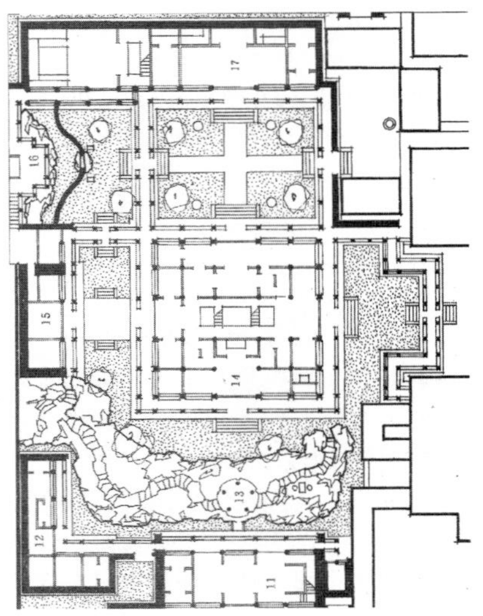

图3　宁寿宫花园符望阁院落平面图

2　风水结构

宁寿宫花园与建福宫花园有相似之处，从北部符望阁的布局来看，是完全按照建福宫花园的布局而设计的。与正方形基地的御花园相比，宁寿宫花园的南北狭长的多进院落，并没有在八卦和五行的布局上展开设计。造成这一现象的原因可能因为建造者乾隆的喜好问题，乾隆在位时极力抑制道教的发展，与其父雍正帝对道教丹药的迷恋及与道士过往甚密的做派是有截然的不同[3]。

但是乾隆对于道教文化中卦爻①等要素却有浓厚的兴趣，在其诗文中十分常见。其中最具有代表性的一首为乾隆题避暑山庄云容水态处含粹斋（相传康熙、乾隆二帝曾在此研究易经）一诗，“旁通六爻情，而无六爻迹。山峙与川流，由来自开辟。孟秋忽仲秋，代谢成今昔。飞潜及动植，其中各适适。是谓纯粹精，万物演羲画。”其中诗的首句“旁通六爻情，而无六爻迹。”应当是乾隆对于卦爻在万事万物中存在形式的理解，这一境界也在宁寿宫花园的设计中体现的淋漓尽致。

宁寿宫花园的串联式格局中，一个很重要的串联因素便是园中的假山。在我国堪舆文化中，山脉是天下龙脉的象征，将这一尺度从宏观的世界缩小到微观的园林中来，那么假山便是一个园林中的龙脉，假山的走向便是园中“龙气”的走向。在宁寿宫花园的设计中，以园中假山的走向及构建作为延展脉络，我们可以清晰的解读出花园中六个院落与乾卦的六爻之间的对应关系。将六十四卦中乾卦的六爻应用在序列性极强的宁寿宫花园的园林中，并以卦辞的内涵来组织和营造各个院落，使得每一组院落均对应乾卦中的一爻，并且呈现次第演进的规律。

① 卦爻（音yáo）是《易经》的基本因素，分阳爻（—）、阴爻（— —），把三爻重叠起来，构成八卦，即乾（三阳爻）、坤（三阴爻）、震（下一阳爻上二阴爻）、巽（音xùn，下一阴爻上二阳爻）、坎（上下皆阴爻中一阳爻）、离（中一阴爻上下皆阳爻）、兑（上一阴爻下二阳爻）、艮（音gèn，上一阳爻下二阴爻）。八卦再重叠起来，构成六十四卦，如否极泰来之“泰”乃上坤下乾，“否”乃上乾下坤；每卦均有六爻。

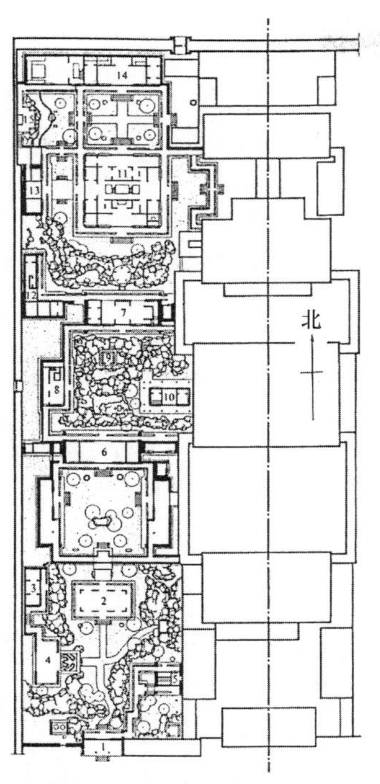

图 4　宁寿宫花园平面
（图片来源：王佳琪根据《宫廷内苑》改绘）

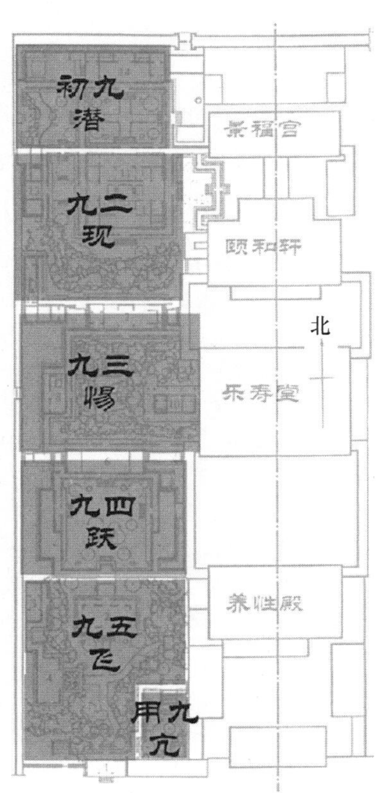

图 5　乾卦六爻划分花园空间
（图片来源：王佳琪 制）

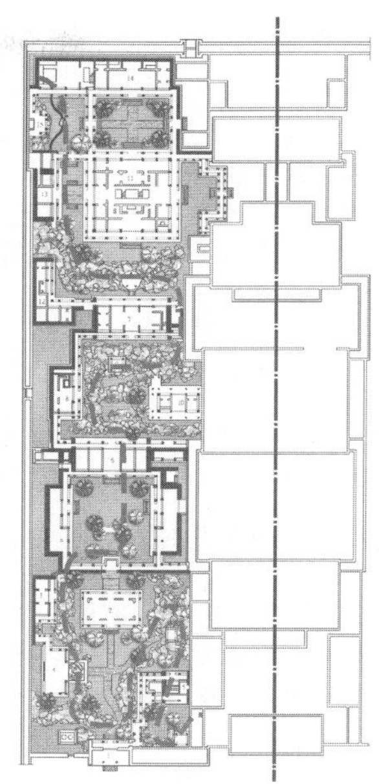

图 6　宁寿宫花园的龙山的走势图[4]
（图片来源：刘庭风 制）

3　乾卦布局分析

全园龙脉的祖山，位于倦勤斋西第四间的西壁，为一副以山岳为主的通景画[5]，高大异常，云雾生其巅。祖山为中国风水学意义上的龙脉源头——昆仑山。从全国其他地方来看昆仑山，是看不见的。故在此用一幅挂在墙上的画，象征虚幻中的祖山。

图 7　倦勤斋内山岳通景画

乾卦是《周易》第 1 卦，象曰：天行健，君子以自强不息。卦辞为“元亨利贞”。从象征喻义的角度看，乾卦是在劝人奋发进取，但进取方向要注意需要把握节奏，顺应形势。以下分六爻与六个院落进行分别对应讲解。

第一阶段初九：潜龙勿用。这个阶段的关键词就是潜藏，韬光养晦不显山露水。卦辞的解释为：龙在深海中潜伏着，雄心壮志暂时压制住，还不能有所作为，等到事成一道雷雨大作，就可以在万里长空抒发情志。

初九对应倦勤斋院落，院内西侧有假山一座，假山上筑有竹香馆，院落较为局促并且有一弓形墙。乾卦初九这

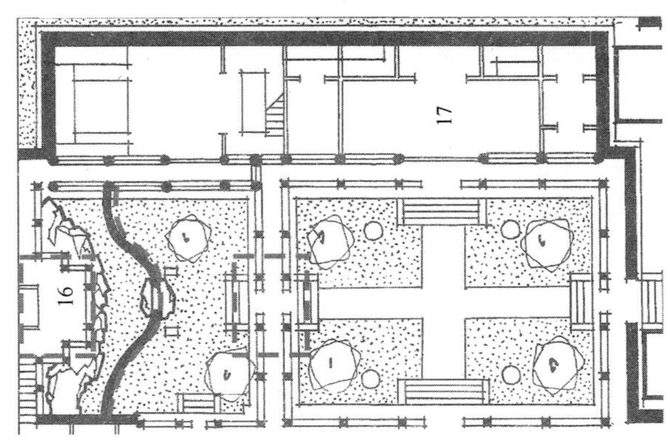

图 8　倦勤斋院落龙山与初九卦辞对应关系

一爻在院落中的表现为明堂局促狭窄，象征潜龙没有用武之地。龙脉假山上构建竹香馆，竹香馆体量相对于假山来说较大，有龙脉被压制之感，山外又被曲线的龙墙将其囚禁起来，龙墙上开了窄小的八卦门以作出入口。假山体量与竹香馆基本相同，从八卦门进去时仰望竹香馆和假山，给人以压制感和逼迫感。

压制内心贪玩之思，在竹香馆中勤勉学习和修炼，似乎是设计此景的本意。竹香馆有联：“亭多松筠趣，筠多翰墨香”①，八卦门匾额：“映寒碧”②，说明了这一意思。乾隆题又联曰：“流水今日，明月前身”③，倦勤斋阁下联“经书趣有永，翰墨乐无穷。”数次提及“翰墨”“寒碧”等象征寒窗苦读诗书的字样，从侧面证明乾隆皇帝在暗示自己要韬光养晦，用心读书积累学识。“明月有暗”指这里曾经是明代前朝的宫殿，如今，已被乾隆皇帝改造成为“清”幽的花园了。联中“流水”暗指大清的清流。

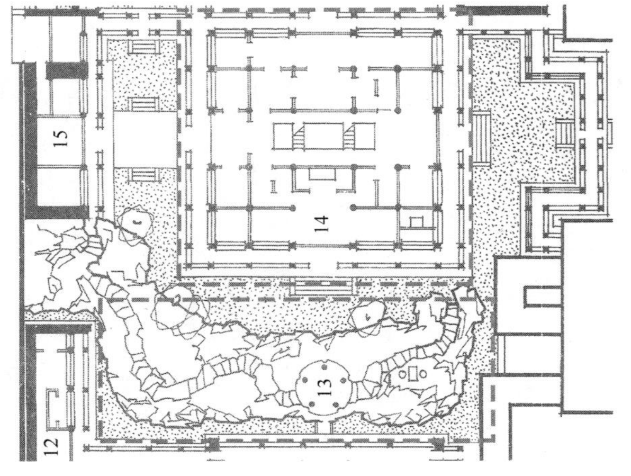

图 9　符望阁院落龙山与九二卦辞对应关系

第二阶段是九二：见龙在田，利见大人。这个阶段的关键词是表现自我。经过前一阶段（初爻）的潜藏和韬光养晦，积累了足够的乾元，能力大增，到了表现才能给世人看的时候。卦辞解释为：凌云壮志在心中很久，心心念念这件事，虽然时机还未成熟，但是可以小试牛刀。

九二对应符望阁院落。院内自西向南有假山一座，主体建筑为符望阁，西侧有玉粹轩，西南角筑有养和精舍。符望有得天之助，俯瞰众生，统领天下之意。皇帝如玉之精粹，在精舍之中修炼，如今养和已成，公之于众。

乾卦九二卦爻在院落中的表现为，假山位在中轴，案山朝作，实体而无虚洞。成山峦形状，没有山峰群立的效果，与初九的假山相比，九二的假山气势更宏伟，与主体建筑符望阁一样气势凌人，是“现龙”崭露头角和锋芒毕露的时候。

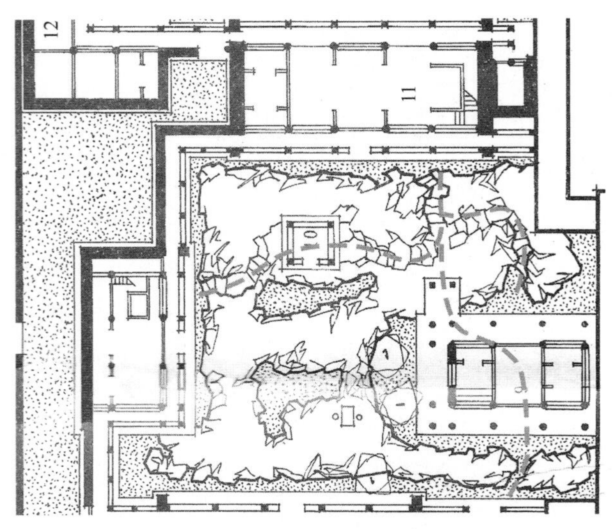

图 10　萃赏楼院落龙山与九三卦辞对应关系

乾隆皇帝在御制诗《符望阁》注阐明了皇帝命名此阁的主要思想：“阁在宁寿宫内于丙申年落成为归政后游息之所，冀沐天恩获符所望因以名之。”将阁建造为花园中体量最大的建筑来“冀沐天恩”，表达了皇帝想要与在不可知的高处的“天”进行对话的思想，同时与爻辞中的“见大人”不谋而合。望阁南门内联之一“居中揽内外襟怀畅，击毂摩肩职植殷”④，符望阁东门内联“云卧天窥无不可，风清月白致多佳。”⑤，这些对联当中可体会到“窥天”“畅怀”等崭露头角，把酒临风，畅襟舒怀。同时也有泰然处之，不论处境如何都要静静磨砺自己的描

① 据《国朝宫史续编》卷五九。

② 据《国朝宫史续编》卷五九。

③ 据《日下旧闻考》卷一八。联出自唐司空图《二十四诗品·洗练》：“载瞻星辰，载歌幽人。流水今日，明月前身。”

④ 据《日下旧闻考》卷一八。上联写符望阁之外形：居内揽外，一览无余，把酒临风，襟怀舒畅，浮想联翩。下联言展望所见盛世景象：马车击毂，行人摩肩、旗幡招展，绣带飘扬。毂：车轮中间的圆木，周围与车辐的一段相接，中间有圆孔，可以插轴。

⑤ 据《日下旧闻考》卷一八。状景联。上联用拟人映衬的手法，描绘景色之美，从符望阁望去，宁寿宫花园内岚霭在假山间飘逸，恰似云卧其上，清风阵阵，霞光道道，远近明灭，正像天窥其中，构思甚巧。下联承上，由实入虚又发奇想，从园内之景一下子跳到了月色之美。

述，如：符望阁北向匾联“万汇天全，观生物气象；四时景备，得久照光华。横批：清虚静泰。”①，符望阁东联“即事畅天倪，知仁同乐；会心成静寄，远近咸宜。”② 此中表达了得天之汇，合天之时，畅观生意，清虚静泰的思想。

第三个阶段九三：君子终日乾乾，夕惕若。厉，无咎。这个阶段的关键词为惕，人无完人，时刻需要警惕，锋芒毕露之时优点和缺点都会公之于众，就会有歹人作怪的情况所以要时刻小心谨慎。卦辞解释为：技艺还未成熟之时，仍然需要闻鸡起舞每日做功课，谦逊的待人接物，也要有防人之心，当祸事来时才能临危不乱。

九三对应萃赏楼院落，园中塞满假山石，假山沟壑纵横、峰峦叠起、悬崖峭壁、谷洞连通，正中为萃赏楼，东南辟三友轩，西面连廊接有延趣楼，院中假山上有耸秀亭。

乾卦九三卦爻在院落中的具体表现为，院落中山石之间沟壑纵横，步道崎岖，悬崖峭壁，行走其中需要步步小心，时刻警惕，稍有不慎便会发生危险。萃赏楼楼上西室匾联“素壁题诗还自检，明窗披帙雅相亲。”③，在老子的朴素之壁上题诗“自检”，无疑是告诫自己，处事要谦逊谨慎，与雅客为友，不与小人相亲。这点在萃赏楼中宇的联中也可以看出：“闲庭不改风还月，欹案依然易与诗。”④ 说明休闲之时，风月是自然之物，难以改变，只有深入伏案研读易经与诗经，方能得道大通。

此外，乾隆更是在此地写了一首诗为《延趣楼自警》：“趣固生于心，时亦藉乎境。玲珑湖石间，有楼谧以静。竖横峰岭势，飒沓松竹影。胥足助心会，讵惟引目骋。偷闲兹偶来，勤政仍宜省。屈指五年过，或可与之永（归政以前不可耽静也）。”其中第一句足以说明乾隆认为环境对人心境的影响是不容忽视的，在园中营造这样丰富的环境令人感觉妙趣横生，但却另乾隆这样的勤政皇帝因为警惕自己会沉迷其中而告诫自己只能“偷闲兹偶来”。

第四阶段是九四：或跃在渊，无咎。这个阶段的关键词是跃，如同鲤鱼跃龙门，需要寻找机会登跃龙门。卦辞解释为：动起来如离弦的箭，静的时候入巍峨的千年山脉，君子需要分析时势，决定自己的进退。

九四对应遂初堂院落，院落中并无假山，乾卦九四卦爻在院落中的表现比较特别，龙脉在此断了！与古华轩院落的满布山石相比，遂初堂院落显得一览无遗。因为龙跃起或钻入地下。这里的地面铺装也是特别，称为海墁铺地。意思是地如海波，与爻辞的“渊”相吻合。

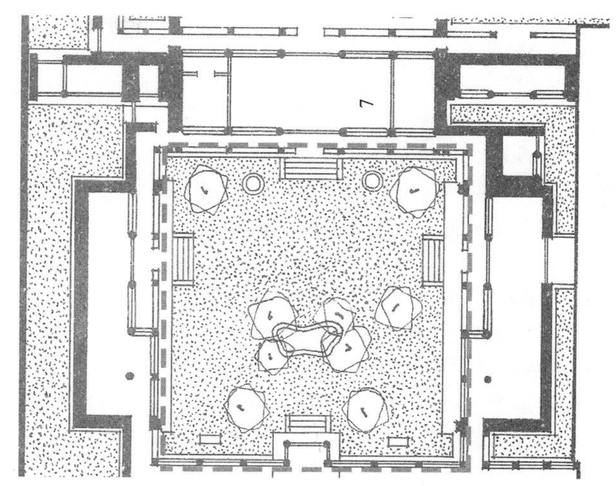

图 11　遂初堂院落龙山与九四卦辞对应关系

遂初堂的“初”，指的是初心初志，是在渊之志。遂初堂东室门联云：“墨斗砚山足遣逸，琪花瑶草底须妍”⑤，内室联云：“屏山镜水皆真绰，萝月松风合静观”⑥。屏山就是朝山，镜水就是朱雀池。水面成镜，围山成屏。虽院中无水，但是，用象海的波纹海墁铺地铺在院中，象征渊薮。渊代表深渊的水，说明看是平静的水面，底下是暗藏汹涌。遂初堂内楣间匾额“养素陶情”，只有老子的朴素，才是无敌的。遂初堂东配殿匾额“惬志舒怀”。只有如初心之志，方可舒怀畅饮[6]。

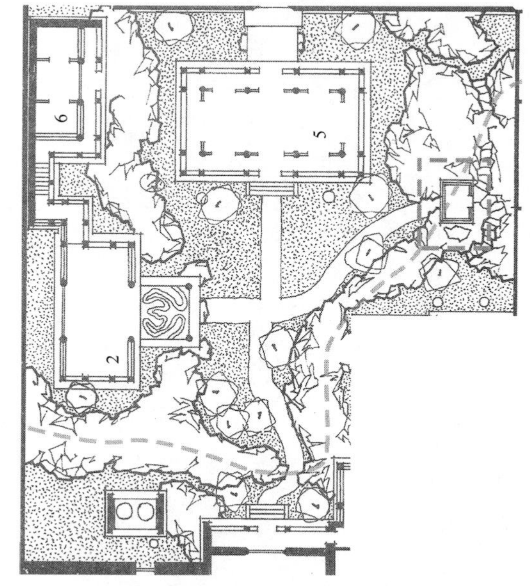

图 12　古华轩院落龙山与九五卦辞对应关系

① 据《国朝宫史续编》卷五九。站在符望阁向北观望，景山、北海白塔尽收眼底。冬去春来，青山绿水，四时景色一览无遗。使人心气平和，处之泰然。联语写景，匾额寓意，相得益彰，天衣无缝。

② 据《国朝宫史续编》卷五九。哲理联，是作者生活经验的高度浓缩，已在说明主观感受对客观世界的能动作用。阐述着“仁者乐山，智者乐水”的豁达。

③ 据《日下旧闻考》卷一八。“素壁”、“明窗”是客观环境，“题诗”、“披帙”是人物活动，“自检”、“相亲”是主观态度，由远及近，由外及内，层层推递，悠然勤勉留恋于诗书间的乐趣尽在其中。

④ 据《日下旧闻考》卷一八。

⑤ 据《日下旧闻考》卷一八。巨大的墨砚就足够令人安逸了，何须还填上美丽的琪花瑶草呢。下联系正话反说，更添景色之美。

⑥ 据《日下旧闻考》卷一八。联语从人造的屏山镜水与萝月松风写起，言只要心中有景，便会蔓延风光；只要平心静气，就会与看不尽的山水。

第五阶段是九五：飞龙在天，利见大人。这个阶段的关键词就叫飞，卦辞解释为，苦苦的等候终会有结束的时刻。届时风雷突然出现，五湖四海任遨游，含笑云上抒胸臆，贤能之人将相助。

九五对应的院落为古华轩院落。古华轩前檐下有古楸一株，建轩时树龄已逾百年，为了保护这棵楸树，乾隆修改了最初的设计方案，变成倚树建轩，故名“古华轩”。古华轩的前方，龙山跌宕起伏，宛如飞龙在天，或起或降。最高点是东面的假山，也就是古华轩的青龙位。龙山上构台，台上立一仙子，名仙人承露台，以备挹取朝露饮用。西有旭晖亭迎夕阳，更有禊赏亭以行文人斗诗的游戏。院落中龙山的高耸起伏的山势及收尾处建台以见仙人，正符合“飞龙在天，利见大人”这一卦辞。

古华轩联之一云：“星琯叶珠杓，祥开万象；云屏通碧汉，瑞启三阳。”① 《陈书·高祖纪下》有载：“朕受命君临，初移星琯，孟陬嘉月，备礼泰坛。”表示皇帝君临天下，天上的星象北斗七星如叶子一样呈现祥瑞。云彩把天上的银河连起来，如同三阳开泰。《易》八卦中的《乾》卦，由三阳爻构成，故这里以“三阳”指乾卦。另外，古人称农历十一月冬至一阳生，十二月二阳生，正月三阳开泰，合称“三阳”。古华轩联之二：“明月秋风无尽藏，长楸古柏是佳朋。”长楸和古柏是此地的长者，以它们为友才是顺应天道。

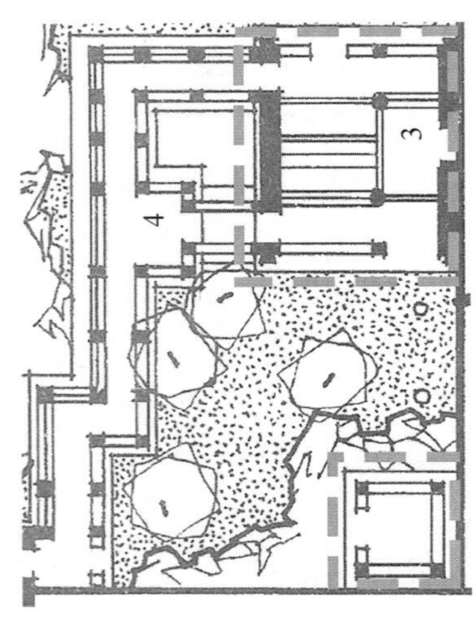

图 13　抑斋院落龙山与上九卦辞对应关系

第六阶段上九：亢龙有悔，盈不可久也。《象辞》说：升腾到极限的龙会有灾祸之困，这是警诫人们崇高、盈满是不可能长久保持的。这个阶段的关键词是悔，即悔曾过激，控制情绪和适可而止。与初九相近，收敛气势，隐藏锋芒才是正道。卦辞解释为：在青云中盘旋已久，多次出去逍遥游，然而天色已晚，夜幕将至，还是应该踏上归途，走上来时的路。

与上九对应的是抑斋的院落。院落整体较局促，狭小，与初九的院落相近。抑斋西邻矩亭。矩是规矩之意，不按规矩，超出规矩，就会好心办坏事，故心情压抑，封闭小院，反省思过。主体建筑为抑斋，表明了抑制之意。按常理，中国主体建筑都是奇数开间，独此处为偶数，减小了一个开间。《钦定四库全书》中对抑斋的描述为：“抑者，不过欲退损以去骄吝，慎密以审威仪，所为敬业乐羣之事耳。”② 在乾隆早年所居住的重华宫中便有一处建筑为抑斋，之后在圆明园长春仙馆等多处乾隆居所中，均有抑斋出现，可见乾隆对抑制自己内心的欲望是十分重视的。

抑斋乾隆题联云：“心田静洗全如水，鼻观群芬讵必莲。”③ 心田本来不静，亢奋有力，才导致漏洞百出，失误连连，故应静心修炼，洗净焦躁。由原来眼观变成鼻观，更是修心。院北为高大假山，成为靠山，但是，院内仅为小体量的假山，山上构一亭，名撷芳亭，成为抑斋的案山，表明通过修省之后，还是可以撷取芳华的。

4　结语

本文从易学文化的视角出发，首次将乾卦卦爻与乾隆花园的设计结合进行分析考证，初步推断出了乾隆花园的设计与乾卦卦辞之间的联系。从乾隆花园的庭院布局来看，乾隆可以说是挖空心思，合理利用基地南北长条形的特点，把乾与龙结合在一起，并把乾卦的六爻与庭院意象相结合，使其发展成为有意味的空间。

参考文献

[1]　孙大章．清代紫禁城宁寿宫的改建及乾隆的宫廷建筑意匠[C]//中国紫禁城学会．中国紫禁城学会论文集（第一辑），1996：7.

[2]　李大平，倪斌．故宫宁寿宫花园营造史考论[J]．吉林艺术学院学报，2007(06)：106-115.

[3]　卿希泰，由申．乾隆朝的道教事务管理[J]．湖南大学学报（社会科学版），2016，30(02)：119-125.

[4]　刘庭风．中国古典园林平面图集[M]．中国建筑工业出版社，4128.

[5]　王子林．宁寿宫花园主题考释[C]//中国紫禁城学会．中国紫禁城学会论文集（第六辑 上），2007：33.

[6]　张玲，刘君敏．交相胜，还相用：宁寿宫花园人文典故意境的营造[J]．装饰，2017(06)：98-99.

① 据《楹联丛话》卷二。上联从天上星象写起，星辰运转，说明一元复始，下联用“三阳开泰”预示春天到来，充满朝气。星琯：古称一周年。星：二十八星宿；琯：指十二律管，引二十八宿及十二律以一年为运转周期，故称。：珠杓：对北斗七星柄部三颗星的美称，又称斗柄、杓星。碧汉：天空。汉：天河。三阳：三阳开泰的简称。

② 《钦定四库全书》御制文二集卷十一《抑斋记》

③ 据《日下旧闻考》卷一八。“心田”：佛教语，即心，“鼻观”：佛家有观想法，鼻为六根之一。

作者简介

苗啃雨，1995年生，男，汉族，河南焦作市人，天津大学建筑学院风景园林专业硕士研究生在读。研究方向为风景园林历史与文化。电子邮箱：miaopu33@163.com。

王佳琪，1993年生，女，汉族，河北保定人，天津大学建筑学院风景园林专业硕士研究生。研究方向为风景园林历史与文化。电子邮箱：1248966841@qq.com。

刘庭风，1967年生，男，汉族，福建龙岩市人，博士后学历，天津大学建筑学院风景园林专业和建筑学专业博士生导师，天津大学地相研究所所长和天津大学设计总院风景园林分院副院长。主要从事古建筑和风景园林历史与文化的研究、教学和设计工作。电子邮箱：liutingfeng1590@126.com。

清代闽南儒家文化在书院的传承①

——永春侯龙书院为例

The Heritage of Confucian Culture in the School of the Qing Dynasty-Yin-Yin-Yin-Yuan-Yongchun Houlong Academy as an Example

郑慧铭

摘　要：书院作为儒家文化的传播基地，书院园林继承传统园林风格，书院建筑空间和园林环境体现文人的教育氛围。侯龙书院位于闽南地区中部传承风格淡雅、寄情于景、巧于因借的传统造园手法，体现地域特色。文章对侯龙书院园林文化进行分析，注重选址和借景，细部体现尊礼文化和教化作用，传承闽南园林文化。希望对继承传统园林文化，对书院园林的研究有所启示。

关键词：风景园林；闽南书院；地域文化

Abstract: The college is the communication base of traditional Confucian culture, the college garden inherits the traditional garden style, the architectural space and garden environment of the college reflect the educational atmosphere of the literati. Houlong Academy is located in the middle of the southern region, the style of the garden is elegant, in love with the scenery, coincidentally because of the traditional garden-making techniques, with regional characteristics. This paper analyzes the garden culture of Houlong Academy, pays attention to the location and borrowing, embodies the culture of honor and the role of education, and inherits the garden culture of Minnan. It is hoped that the study of the garden of the academy will be enlightened by inheriting the traditional garden culture.

Keyword: Landscape Architecture; South of Fujian Academy; Regional Culture

引言

书院是在传统私学的基础上发展的教育体制，是我国古代儒家文人讲学、藏书和祭祀等场所。“书院园林是中国古代的一种特殊的教育组织和学术研究机构，始见于唐代”[1]。书院园林是传统建筑文化的承载物，吸收私家园林和宗教园林为一体，形成独具特色的园林文化。清代时期，民间兴办的私学，具有一定的规模也叫做书院，清代有不少保留完好下来的书院。闽南历史上著名的书院如温陵书院和石井书院等。

侯龙书院位于闽南地区的永春县吾峰镇后垄村。明朝学人陈琛提到“永春在万山中，山水秀丽，风气完密，济济多士，喜读书而无外慕，必有问道而知思者。”后垄村古作“侯龙”。根据《颍川侯龙陈氏族谱》记载：早在清朝康熙年间，侯龙陈氏十三世祖素厚（岁贡生）在弱冠时（20岁左右），1661～1721年建“竹园斋”。清嘉庆年间（1796～1820年），陈氏十六世祖孝武公建“桂轩书斋”，两处书斋组成侯龙书院[2]。竹园斋作为陈家的私家书斋，营造陈氏子弟的读书氛围，其长子岁贡生在乾隆年间（1761年）的州试名列前茅，二子和七子也获得功名。经过几代人的努力，两组书斋合成园林式的书院。清末、民国和中华人民共和国成立后，书院曾是侯龙小学的校舍。“侯龙书院历经300多年，书香不断、一脉相承”[3]。

侯龙书院是闽南地区保护完好的古代书院，书院坐落在双鬓垅山麓中，坐北朝南，占地有700m²。20世纪20年代，侯龙村的旅外茶商陈悌怀先生独资重加修缮，使其池、亭、阁、榭皆备。2002年1月列入永春县第四批县级文物保护单位，书院经过修缮后保护较好。

1　书院的建筑形制分析

侯龙书院位于侯龙村的腹部，四面绿水青山环抱。为园林建筑，古香古色，颇有特色。据村中老者回忆，书斋建有十八厅，分别有上下厅、前厅、两厢厅、东西厅、阶下两厅、孔子厅、桂轩两侧厅（图1）。

侯龙书院曾是学子孜孜求学的优美之地。侯龙书院体现自然简约、人工痕迹较少，遵循古典园林的“虽由人作，宛如天开”的准则，强调人工的方式营造自然美景。水体的处理简洁，院落轮廓整齐，在书院的园林中增加开阔感，体现书院园林气质上的豁达、从容和悠闲的意境。

侯龙书院的平面布局规整，院内有亭、池、轩，廊轩，檐廊把厅堂联系为一体，环境幽雅。大门设置在东南面，立面形象高低错落，虚实相间得宜。精巧的栏杆、门窗隔扇、木雕构件丰富园林建筑。园林背面是苍山，绿色的屏障衬托园林，扩大空间感（图2）。

① 基金项目：北京市社科基金项目（编号17YTC033）资助。

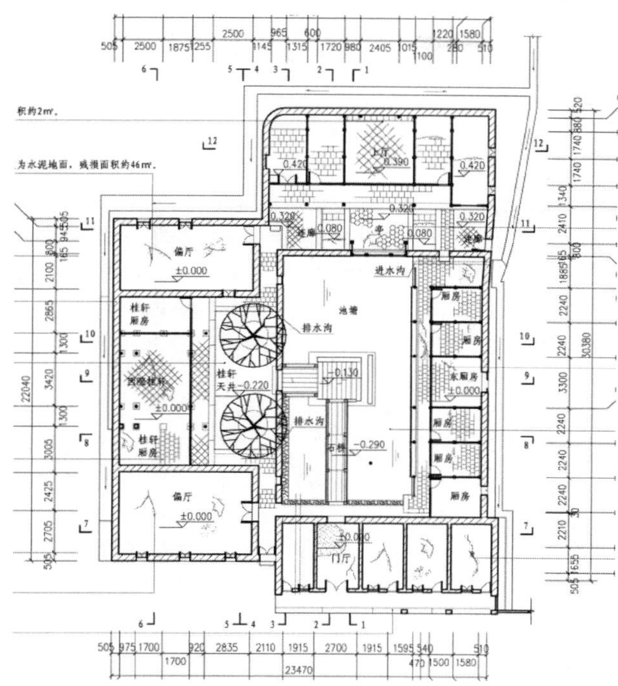

图 1　侯龙书院与周边的关系（图片来源：姚洪峰）

图 2　园林复原效果图

建筑，有个体的美，也有群体的美[4]。书院园林中包含较多的建筑物，包括厅堂、楼阁和亭子等类型，用于休憩、读书和居住等功能。丰富的建筑造型是园林景观的一个重要组成部分。侯龙书院由封闭明确的墙体围合，与外界有较好的隔绝，书院环境相对独立，主要功能有祭祀、藏书和讲学。讲学是书院的主要功能，注重寄情山水、陶冶情操和文化内涵，面积不大，空间紧凑，环境和谐。

侯龙书院从建筑、细部装饰和周边环境都体现闽南园林风格。书院环境优美、寄情山水中，书院依傍周边风景优美的山水文化，气象万千，吸取天地的灵气，便于成就学问，也符合中国文人崇尚自然的审美情趣。从功能上，园林是建筑的延伸和扩大，是建筑进一步和自然环境（山水、花木）的艺术综合，建筑则可说是园林的起点和中心[5]。闽南的书院园林与建筑形式一体，具有一定的教化作用，通过书院营造教育环境。

1.1　厅堂空间

书院园林中重要的建筑是厅堂，位于中间的是正堂，采用歇山的屋顶，空间宽敞，视野开阔。《园冶》中提到：“惟园林书屋，一室半室，按时景为精。”园林书屋注重周边环境，空间景色随着时间的变化而有所改变。侯龙书院体现了清代典型闽南传统建筑材料和造型特色。《园冶》中提到：“虽厅堂俱一般，近台榭有别致。前添敞卷，后进余轩，必用重椽，须知草架，高低依制，左右分为”①。侯龙书院的廊轩位于厅堂的前方，精致小巧，为了扩宽厅堂前的空间，使得厅堂显得高大开敞而设置的廊轩，屋顶以攒尖顶（图 3）。廊轩端正稳重，体现造园“时遵雅朴，古斋端方”的朴素审美。斋指的是书房，有的用做事收藏室，位于相对安静的地方。轩是临水的建筑，开敞或是局部开敞，临水设置木栏杆，可以凭栏观赏鱼池。侯龙书院的建筑屋脊相对平缓，檐下有清雅的彩画，显得凝重。（图 4）。

儒家士人需要静心读书，古人借书院园林陶冶情操，胸怀理想，如清代王源在《涛园记》中提到：予怀山之志久矣，每思结庐名胜，读书尚志以终身②。书院园林体现

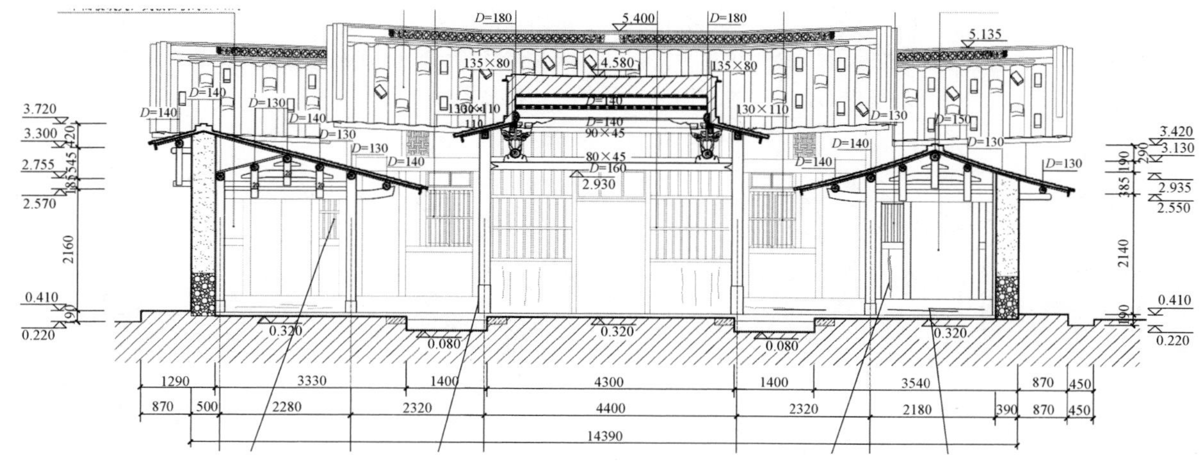

图 3　厅堂建筑剖面图（图片来源：姚洪峰）

① 张家骥，园冶全释，北京：山西古籍出版社，2002：214。

② 陈从周、蒋启霆选编，赵厚均注释，同济大学出版社：2011：219。

图 4　厅堂前的廊轩照片（图片来源：郑慧铭）

文人的情趣。园林建筑朴素，在有限的范围内，以淡泊雅致的意境。厅堂的内檐装饰最富有装饰性和内涵美，木雕构件有丰富的层次建筑，突出审美效果。栏杆疏朗的抽象纹理搭配和谐，构成简雅清丽的风格。园林中树、亭，成为藏于山林中的书院。厅堂轩敞开时，面对开阔的绿野，花木掩映在其中，庭院深深，营造文人修身养性的场所。

1.2　长廊空间

侯龙书院不同于民居住宅，建筑曲折有理，端正有变化。如《园说》中提到“园墙隐于萝间，驾屋蜿蜒于木末。”园墙在绿植后隐隐约约，长廊环绕周边。有学者认为气候等条件在内的自然物质环境对建筑风格确实有明显的影响。侯龙书院的开敞性，与周围的亚热带季风性自然气候山环水绕的地形地貌环境有关。周围的环境为建筑提供材料和自然资源，对建筑风格具有影响，这也是闽南园林的地域特征。廊是串联园林的重要因素，吸收了北方园林的因素，围合成一个方整的院落空间。厅堂与长廊相连，半楼半屋的房子，变化成趣（图 5）。侯龙书院的西边、北边由建筑围合起来，形成内部安静的书院环境。

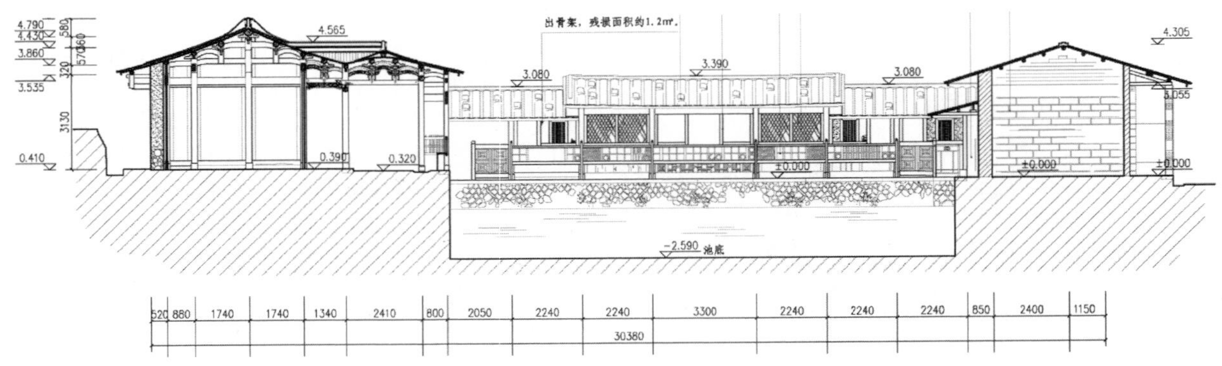

图 5　廊轩剖面图（图片来源：姚洪峰）

1.3　园墙构造

侯龙书院的墙是一种独立的元素，用于分隔、围合和遮挡，成为植物衬托的背景。墙上开设各种漏窗，为小空间增加层次感（图 6）。闽南传统建筑的红砖的立面形象高低错落，虚实相间、红砖和花岗岩搭配形成朴实的风格。园墙也有白粉墙，以石灰浆粉刷表面，使得墙面光滑细腻。园墙上开辟漏窗，具有避外隐内的含义，也有隐显藏露的趣味性。如《园冶》中提到“凡有观眺处筑斯，似避外隐内之义”。漏窗能够遮挡墙外的视线，使得墙内的景色有迷离隐约的情趣，这也是闽南园林在空间视觉设计上的独特形式和营造手法。

园墙写“临池”体现园林的文学化，用命名的方式使得园林渗透着诗意，使得有限的书院串联建筑。水池、花木、禽鱼传达诗情画意的园境。园墙的背后写上“桂轩”，点明植物主题和建筑主体。

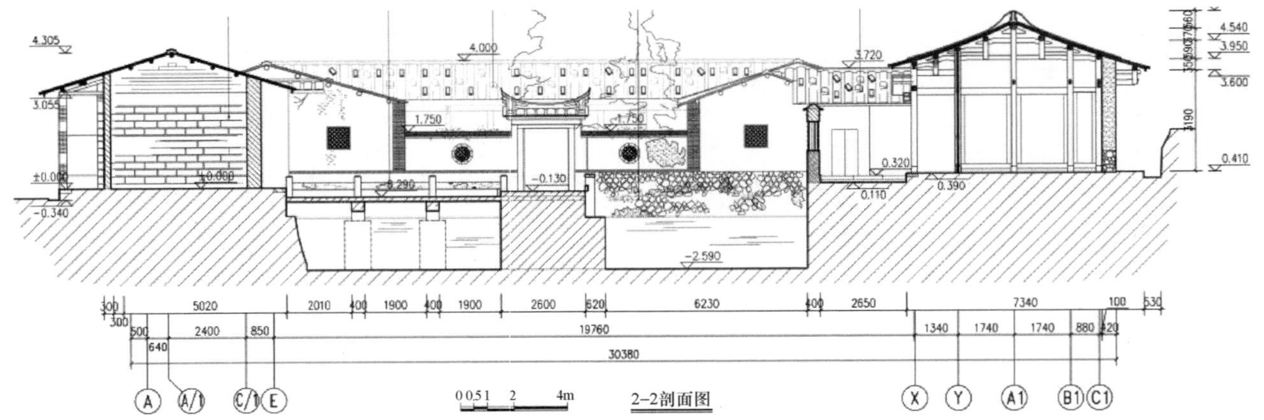

图 6　西面高低错落的建筑（图片来源：姚洪峰）

1.4 廊轩构造

侯龙书院的桥以平桥为主，尺度不大。古人认为廊轩“宜置高敞，以助胜则称”，意思是廊轩需要高大开敞，有助于增加建筑空间之美。侯龙书院的廊轩位于厅堂前，扩宽厅堂的空间，便于遮阳下赏景，强化中轴线和突出中心位置等。《园冶》中提到廊者，庑出一步也，宜曲宜长则胜。侯龙书院的廊连接厅堂，长廊靠水边，空间较长。侯龙书院的栏杆有丰富的变化，《园冶》中提到栏杆以笔管式为始，以单变双，双则如意，变化以次，而成，故有名。侯龙书院的檐廊、空廊的衔接把所有的厅堂联系起来，适合亚热带季风性气候，尤其是夏日，便于遮阳、避雨，营造室内外贯通的空间。

2 闽南园林文化的传承

书院是中国古代的教育组成部分，宋代以来发展成为正式的教育制度，教化功能是儒家文化的产物，侯龙书院突出育人的思想，通过环境教化学子。侯龙书院通过选址、尊礼空间和植物比德，以环境景观对教育对象进行感化，实现了对学子的熏陶和教化。

2.1 布局精致协调

书院园林设置的地点仿效禅宗佛寺，对于传统的闽南书院中，景观尤其重要。一般选择在远离城市的山野之间，为村庄之胜、风景秀丽，便于学子潜心研习，在优美环境中感悟人生。书院注重对自然的选择、植物比德，经过精密的选择，让学子感受书院的人文环境。侯龙书院在山林地周边，地势有高有低，书院的左侧原有一条小溪景观，上面铺设石桥，桥下有流水，是读书的理想场所。书院顺应自然和周边环境设计，“往左看的峰峦是金鸡旗山、大山寨，远处是天马山，如飞腾的天马，峰峦像翠屏一样，向右是凤尾山、天望寨天然成趣，如气势磅礴的龙族，向南是苦口桥”。侯龙书院背靠蛇公山，面朝小溪，为学子的求学和修身养性提供优美的环境（图 7）。

图 7 紧凑的空间布局

侯龙书院建于吾峰镇，背靠吾峰上，后面有竹林、古树和溪流。院子的建筑洋溢山水灵气。书院的选址尊重地势环境，书院园林顺与基址的天然地势和周边环境，因势利导。侯龙书院周围的河流沿溪而下，古树参天、街道古朴，彰显人文氛围，体现闽南书院的特色。书院园林具有公共园林的性质，本身也是公共活动场所，其园林的公共性比较显著。由于北方移民的南迁，加上科举制度取得功名的人数大增，平民百姓也有机会进身之阶，加上朝廷比较宽松的政策，使得民间讲学和读书的风气日益加浓。侯龙书院位于村落中，在这样的背景下，主人在经营农业生产的同时，也注重耕读结合，乐于传播礼教文化，形成耕读的文化。在这个村落里，外围有优美的山水环境，古树枝繁叶茂，围墙内的书院，与外围的山水彼此呼应，形成有机组成部分农村聚落环境（图 8）。村落的景观、文化传统、习俗等影响书院园林。

图 8 从廊轩看空间布局

2.2 水景映衬空间

孔子的“智者乐水，仁者乐山”的儒家思想影响传统书院，大多书院选择在有山有水的环境中。孔子从水的形态中看出水的“似德、似义、似勇、似法、似正、似察、似善、似志的结论”[7]，这种比德的山水感，反映儒家的道德感悟。理水指的是园林内水景，闽南的书院园林一般有水，水的形状和尺度经常很有限。书院园林的水体一般比较规整，营造宁静的氛围。侯龙书院注重借鉴园外的山水景色，将周边的山水列入观赏的对象，以“延山引水”的方式进行空间引入。在侯龙书院的低洼处凿成池沼，构筑游廊。侯龙书院的水景比较方正规整，布局精致，水从书院内流过，水景平静，当年池水清澈见底，游鱼历历可数。池上有石桥，仿照闽南宋代以来的石板梁桥，通向桂轩斋。亭台高低错落在水面上，闲庭内有几处花香，书院不远处有溪流。园林的水景点缀空间，成为借景的主要手段，使得书院将内敛性和外延性相结合。

闽南的书院通过营造山环水抱的景观，让士子们读书、感悟人生、修养品德，实现环境育人的作用。传统儒家人文修身可以不断进阶，包含修身，齐家、治国、平天下。侯龙书院以山为依托，书院与后面的山水相融、优雅清净，是修身养性的理想之地。书院的选址为修身求知提供良好的环境，在优美的自然环境中修行参悟，用自然的美教化对象，形成闽南特色的育人文化氛围。

2.3 装饰秀雅精致

侯龙书院运用了闽南传统的建筑形式，廊轩的屋顶和园墙的屋脊是翘起的曲线，运用闽南地域风格的“燕尾脊”，使得建筑显得轻巧活力。建筑风格延伸到园林中，建筑的屋顶采用黑瓦和花砖的中脊，有利于避免台风损坏，增加建筑的空灵感。园墙运用红砖和白墙对比，借鉴了闽南建筑的“镜面墙”。园墙也有采用红砖镂窗，与屋顶的材料一致，相互呼应，体现闽南红砖的地域特色。

书院的装饰不像庙宇、宗祠那样雕彩结合、雕梁画栋，仅仅是在重要的部位贴金箔，简单装饰营造氛围。侯龙书院没有过多的彩绘，整体风格庄重典雅，木构件基本不油饰，仅仅在厅堂的圆光有彩绘贴金，园墙的“水车堵”有局部的彩绘，题材以花鸟走兽，寓意吉祥和自然。临池的墙上有麒麟、凤凰石浮雕，丰富书院的文化内涵。书院园林的装饰素雅，主要的装饰包含木雕、花砖、彩绘等，色彩以深红、深灰、白色为主，镂空红砖体现闽南传统建筑特色。木雕装饰主要集中在建筑的上部。建筑中堂的圆光、瓜筒、斗拱造型精美，圆光以梅花喜鹊的题材，雕彩结合。斗拱采用莲花斗，寓意君子的内涵。裙堵采用鹅卵石，是地域性建筑材料。临池上镌刻“鸢飞鱼跃”，引起人们把池子的游鱼、荷花与天空的飞鸟相互联系。

2.4 植物营造氛围

植物是闽南园林中不可缺少的因素。侯龙书院的院内点缀植物，造型精致、尺度合适、枝叶清雅、气质清新，受到文人学士的喜爱。在侯龙书院的传统园林中注重植物的运用，以植物为象征，将文人的审美、气节、人格和书院文化结合起来，以此鼓励追求君子的修行。侯龙书院由竹园斋和桂轩书斋组合一起的园林书院，植物名称引起人们的联想。在园林中，植物的象征意义往往大于审美意义，植物被赋予人格。桂花轩种植桂花和玉笔画树，寓于花如玉笔，学子笔下生花，可以金榜题名。轩庭院里春开玉笔花，秋绽桂花，清雅脱俗。侯龙书院里有一方池塘，石桥架构池上，原来的石栏盘上有盆栽花，垂柳随风袅袅，鸟语花香，池水清澈见底，游鱼可数，使人顿悟“问渠哪得清如许，为有源头活水来”。书院的庭院内设置花岗岩的花台，丰富庭院内的植物景观。

书院中尤其注重树型的选择，以规则和不规则加以栽植，树木的形体与建筑配合起来，体现地方的风格。树的高度经过百年来，树的上部不是太密，留下很多美丽的虬枝，枝和枝之间还有空间，减少大风的阻力。人们的视线依然能够穿过看到建筑物，几种植物中叶型相互映衬。在书院中，栽种桂花树，花时满院幽香，花的色彩淡雅宜人，游人可以观赏，院子适当留出空地做树池，地面有卵石，更觉得清洁。

3 造园意境的传承

计成在《园冶-相地》中提到“自然天成之趣，不烦人事之工。建筑物虽然因势而成，但不缺乏人工的技艺美。闽南传统建筑中注重装饰，在侯龙书院中，也包含一些雕琢之事。”既雕既琢，复归于朴（《庄子・山水》），这一特征体现在闽南书院园林中。从微观的视角上，适当的装饰性，使得精美的细节成为地域特色。园墙上的水车堵绘制“桃花、燕子”，象征春暖花开，右侧绘制喜鹊和玉兰花，象征喜上眉梢。檐下还有牡丹卷草纹，回字纹，象征吉祥幸福。

3.1 节奏有序

闽南地区气候温暖温润、阳光明媚，书院色彩柔和素雅。侯龙书院的面积虽小，精致小巧。建筑的色彩朴素大方，几何图案增添素雅的氛围。建筑的入口采用闽南式传统建筑的凹寿空间，进入书院先是较低大前厅，接着是开阔的水面，走上相对较窄的小巧，来到园墙，走进园门，进入相对宽阔的桂花轩。空间的宽窄、节奏有序、步移景异，变化丰富。园林建筑保持古朴素雅的艺术风格，与书院的基本格调相一致。漫步在侯龙书院中，在有限的空间中体验不同的景观，在变化丰富的精致中感受不同的空间氛围（图 9）。

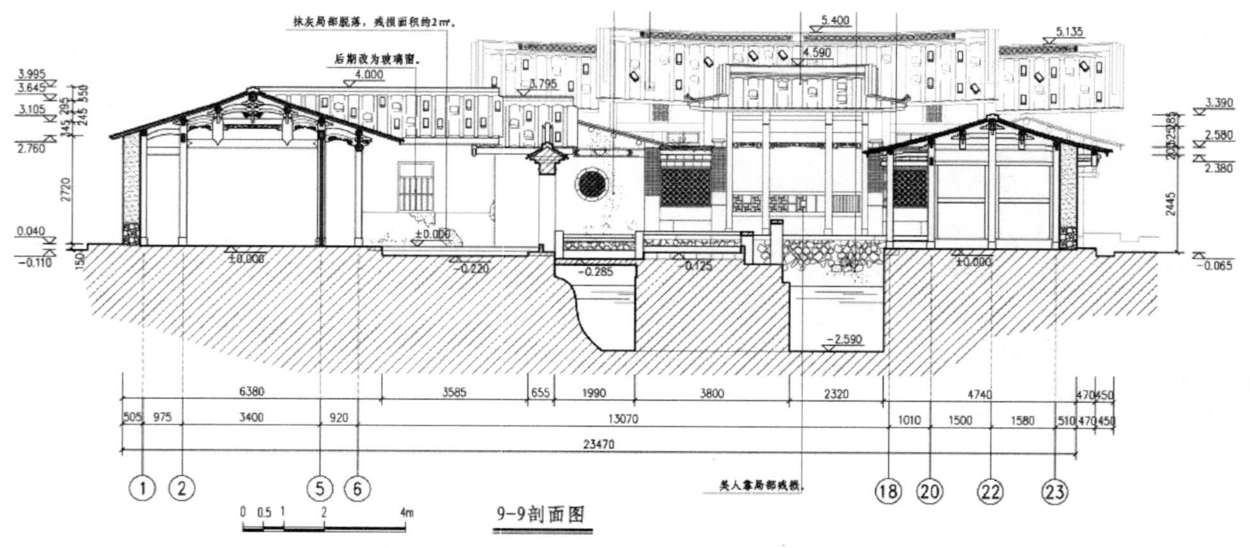

图 9 建筑与园林形成高低节奏的空间（图片来源：姚洪峰）

侯龙书院的亭榭池沼有序分布，天井两侧还摆放石桌，放置盆景和花卉是闽南地方的特色。侯龙书院的不仅能够观赏，还与生活的需要结合，生活与园林的巧妙融合。

3.2 精在体宜

侯龙书院布局合理，细节精致。如《园冶》中认为门窗"切忌雕镂门空，应当磨琢窗垣，处处邻虚，方方侧景[6]"。意思是园林的园林的门窗适宜营造门景，园林庭院建筑除了正面都是面向庭院外，需要留有空间间隙，化实为虚的手法。外部空间有一定的封闭性，内部空间有丰富的层次。建筑的山墙和后墙外邻虚空隙，点缀成景，建筑通透，有景色可赏，形成整体构图。门窗是园林空间的装饰和点缀，门窗隔扇、斗拱花窗，造型考究，变化丰富显示活泼生动。侯龙书院的窗户有圆窗、直棂窗，圆窗以闽南的月窗式为主，寓意圆满。《园冶》中的《园说》提到："窗牖无拘，随宜合用，栏杆信画，因境而成。制式新翻，裁除旧套，大观不足，小筑允宜。"侯龙书院栏杆运用多种的组成方式，以精巧的闽派木装修，长廊的栏杆精巧简朴，图案变化有序，构成几何美、增添新意雅致，丰富空间。如《园冶》中提到惟园屋异乎家宅，曲折有序，端方非额，如端方中须寻曲折，到曲折处还定端方，相间得宜，错综为妙[6]。侯龙书院的木雕构件点缀细节，丰富建筑的结构，石桥的细部尺度适宜、朴实大方，体现建筑意匠（图 10）。

图 10　石桥细部

侯龙书院的门额槅扇的装饰图案，使得建筑有实有虚、虚实相映。门窗栏杆挂落纹样具有连续性，在变化中有规律，挂落有长有短，主要是"万"字纹反复变化而成，构图上有中心，两端也有结束。栏杆在廊轩、游廊中使用，变化灵活，使人感觉律变化统一（图 11）。书院的窗扇、横批的格心样式丰富、变化多样，以各种规格的"条枳"拼成几何图案。书院园林的尺度小巧、亲切宜人，各种木雕、彩画等精致典雅。

3.3 巧于因借

侯龙书院注重借景的手法扩大空间。如《园冶》中提到："夫借景，林园之最要者也，如远借，邻借，仰借，俯借，应时而借"[6]。侯龙书院将北面的自然风景纳入了庭院，院子的内外一体，山水相融。书院内远眺青山，峰峦秀丽如绿屏，将远景借入书院中，扩大空间感。如《园

图 11　变化的栏杆挂落纹样

说》的"远峰偏宜借景，秀色堪餐"[6]。打开南面的大门，可以从侯龙书院的厅堂看到门外绿色的原野。侯龙书院还通过近处邻借，将相邻的景物互相衬托，如在长廊中，以长廊为框，借景漏明墙，在水池中，借景植物和园桥，形成水景，互相衬托。仰借体现有低而高，将天空的云霞，仰望星空，借入书院中。俯借由高而低，站在园池或是依靠廊轩俯看园池的倒影。以池水映衬建筑，水景、小桥增加空间的趣味性。东厅与西厅对称，下厅与上厅互相借景（图 12）。在长廊中欣赏园墙和亭台，空间的景观因时序而变化，植物四季的变化体现应时而借。

图 12　东西两侧互相借景

侯龙书院除了背面青山的借景，对景也是重要的手法，小范围的空间内，前后左右互借的手法。在廊轩中，凭借栏杆，举杯望明月，闻着书院传来的桂花香气，通过借景，扩大空间感受（图 13）。正如《园冶》中提到，

图 13　廊轩的借景

“俗者屏之，佳者收之。通过小院借景大园，处境空灵。”

3.4 楹联匾额

书院园林是儒家文化的载体，传承儒家的隐士文化，书院反映当时的哲学思想。闽南的一些书院园林寄托着清高、雅趣的志气，采用了文化的符号，强化意识。如清代的王源在《涛园记》中写道：“噫！予怀山之志久矣，每思结庐名胜，读书尚志以终身，顾蹇产数奇莫能遂[8]。文人理想中的读书氛围应是幽静的山林，如朱熹在《云谷记》中提到：是时山之林薄，当益深茂，水石当益幽胜，馆宇当益完美，耕山钓水，养性读书，弹琴鼓缶，以咏先王之风，亦足以乐而忘死矣。”当年的侯龙书院内常用匾额、楹联起到画龙点睛作用，富有内涵文化。侯龙书院园林继承前朝文人的隐士情怀文人理想的影响，园林追求雅逸和书卷气息，风格清新、返璞归真、周边有山林溪流，适合耕田垂钓，耕读结合，以读书养性的文人雅趣，体现儒道结合的隐逸思想，也融合了当时的哲学思想。

清·嘉庆年间，十六世祖陈孝武（例授直隶分州）建“桂轩”书斋。桂轩斋又称为“临池书屋”，园门的门楣雕刻“临池”和“桂轩”，提升园林式书院的意境（如图 14 和图 15 所示）。大厅的左厢房门上有“学海”，右侧原是孔子厅，供奉孔子的画像。中厅为竹园斋，厅前临池上方刻有“鸢飞鱼跃”四个镶金大字牌匾。清末诸生陈超元，字蕊庭，据史志载，他曾游学省城福州，以善交游、重然诺而深负时望，后归乡里主持“桂轩”，当时的永春知州翁学本大书“董帷”二字以表彰之。“董帷”二字典出西汉著名学者董仲舒授课时“下帷讲诵”，以喻指闭门攻读或治学精严。上厅前厅上原悬挂有知州翁学本的题匾“董帷”和县府表彰陈辗敦捐资一千银元的牌匾“热心教育”。

侯龙书院的三百年来桃李芬芳，在清代，这里先后出现了贡生、州司马、奉政大夫、同知衔、举人、县正堂等人从。

图 14 匾额临池

4 结语

侯龙书院园林传承中国传统园林的造园特色，它既有江南园林的秀丽，也包含北方园林的大气，结合闽南传统造园特色，是清代闽南造园风格的典型代表。侯龙书院以山为依托，水池以静观为主、就地选材，因材施艺，结合闽南地区建筑和地理气候，体现了当时的社会文化。植物以常绿植物为主，增加桂花等香气植物，暗含笔下生辉、学子金榜题名的美好愿望。侯龙书院的园林布局构思、建筑形式、植物搭配、匾额楹联、装饰构件等包含地域文化元素。侯龙书院的注重厅堂氛围，长廊和园墙符合地域特色和亚热带气候，园林的布局与周边协调，材料和细部体现了地域性色彩，水景扩大空间，营造书院氛围，植物体现比德赏颂等。侯龙书院布局体现节奏有序、精致体量、巧于因借、匾额楹联点名主题等体现当时的文化、哲学、信仰和地域文化等内容。

图 15 匾额-桂轩

参考文献

[1] 周维权. 中国古典园林史[M]. 北京清华大学出版社，2010：749.

[2] 李敏，何志榕. 闽南传统园林营造史研究[M]. 北京：中国建筑工业出版社，2014：215.

[3] 侯龙书院的故事，永春地方文史资料.

[4] 金学智. 中国园林美学[M]. 北京：中国建筑工业出版社，2000.2.

[5] 张家骥. 园冶全释[M]. 大同：山西古籍出版社，2002：168(TU-098.42).

[6] 储兆文. 中国园林史[M]. 上海：中国出版集团 2008：88、337.

[7] 陈从周，蒋启霆. 赵厚均注释[M]. 上海：同济大学出版社，2011：219.

[8] 毛兵，薛晓雯. 中国传统建筑空间修辞[M]. 北京：中国建筑工业出版社，2010.

[9] 刘畅，曾朝，谢鸿权. 福建古建筑地图[M]. 北京：清华大学出版社，2015.10.

[10] 政协福建省永春县文史资料委员会. 永春文史. 第 33 辑.

[11] 曹春平. 闽台私家园林[M]. 北京：清华大学出版社，2013.7.

作者简介

郑慧铭，1981 年生，女，福建人，北京联合大学讲师。研究方向：传统建筑、园林和乡村建设。电子邮箱：86298263@qq.com。

清乾隆时期皇家园林书斋庭院理水艺术探析[①]

An Analysis of the Water-Saving Art of the Royal Garden of the Royal Garden in the Qing Emperor Qianlong Period

刘亚男　赵　鸣

摘　要：书斋庭院作为清帝修习政教、经史自娱的日常使用空间，是皇家园林的重要组成部分。该空间的营造常通过水体、山石、建筑和花木等园林要素的组合来实现，以表达其静谧、幽远的环境氛围。本文主要针对水体这一组景要素，对书斋庭院部分实例进行分析，归纳出书斋庭院水体的空间布局、形态类别、来源去流、空间组织、景物因借和意境表达等方面的特征，继而得出书斋庭院园林理水的方法与范式，为书斋庭院的研究与当代体现意境特征的园林营建提供参考。

关键词：皇家园林；书斋庭院；理水艺术；园林意境

Abstract: As the daily use space for the Qing emperor to practice politics and religion and to study and enjoy himself, the study garden is an important part of the royal garden. The creation of this space is often achieved through a combination of garden elements such as water bodies, rocks, buildings and flowers and trees to express its quiet and remote environment. This paper mainly analyzes some examples of the water body, and analyzes some examples of the courtyard of the study. It summarizes the spatial layout, shape category, source flow, spatial organization, landscape and borrowing and artistic expression of the water body of the study. The method and paradigm of watering out the garden of the study garden provide reference for the study of the study of the study and the construction of the garden that reflects the artistic conception.

Keyword: Royal Garden; Study Courtyard; The Art of Water Feature Design; Landscape Artistic Conception

引言

封建帝王历来以“天子以四海为家，非壮丽无以重威”作为园林建设需遵循的审美标准，本质上讲，皇家园林重国家政治，而较少地表达个性化的主题[1]。极具私密性、隐逸性的书斋庭院便成为帝王抒怀表意的重要场所。

清王朝进入乾隆时期，最终完成了肇始于康熙的皇家园林建设高潮，这个皇家建园高潮规模之广大、内容之丰富，在中国历史上是罕见的[2]。书斋庭院的营建也随之达到顶峰，从大内御苑，到行宫御苑，再到离宫御苑，分布甚广，多达百座。书斋庭院作为储君和帝王的修习、养性、读书之所，是清代皇家园林不可或缺的使用空间，其环境的营造就显得尤为重要。

中国古典园林素重理水，宋·郭熙在《林泉高致》中提出：“泉石啸傲，所常乐也。”[3]明·文震亨在《长物志》中表示：“园林水石，最不可无。[4]”明·计成在《园冶》中虽无园林理水的独立章节，但在书中却随处可见，从相地立基到掇山筑屋，无一不与“水”发生关联。以水景著称的园林以江南地区居多，然乾隆帝向往自然山水、喜游历风景名胜，曾六下江南，并将所见的名园美景令画师记录后“携图以归”，并写仿于御园之中。正基于此，清中后期的皇家园林有着“移缩天地在君怀”的万千姿态，其园林风格不仅有着北方的壮丽豪放，也映现着江南的内敛婉约。极具江南文人园林特征的书斋庭院便包含在内，其理水手法、意境表达，颇可称道。为便于讨论，作者根据书斋庭院的现存状况和相关文献研究，以圆明园和北海内具有代表性的书斋庭院为样本（图 1）进行分析并加以阐述。

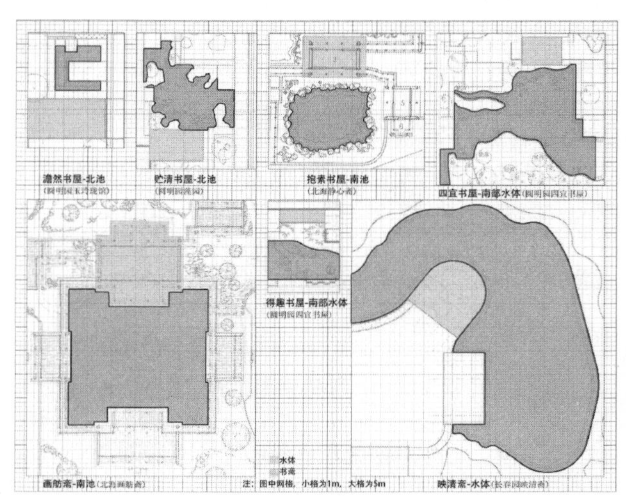

图 1　皇家园林部分书斋庭院水池平面示意图[②]

① 基金项目：教育部人文社会科学研究青年基金项目（编号 19YJC760102）。

② 图 1 平面底图：澹然书屋、贮清书屋、四宜书屋、得趣书屋、映清斋平面图均由作者依据《钦定日下旧闻考》、乾隆御制诗文和样式雷图档绘制；抱素书屋、画舫斋平面图均引自：天津大学建筑学院、北海公园管理处合作编写，王其亨、王蔚主编，《北海》. 中国建筑工业出版社，2015 年。

1 空间布局

彭一刚在《中国古典园林分析》一书中指出："园林用水，大体可分为集中与分散两种处理方法。对大、中型园林多采用分散式布局，中、小型园林多采用集中式布局。[5]"书斋庭院限于功能的需求，仅供个人使用，园林空间一般较小。因此，书斋庭院大多采用集中用水的方法，建筑、山石、花木等造园要素也环水布置，这种向心和内聚的布局方式不仅增加了庭院的空间感，还使得原本局促的空间活泼起来。

2 形态类别

水在自然界中的形态千变万化，宋·郭熙在《林泉高致》中指出："水，活物也。其形欲深静，欲柔滑，欲汪洋，欲回环，欲肥腻，欲喷薄，欲激射，欲多泉，欲远流，欲瀑布插天，欲溅扑入地，欲渔钓怡怡，欲草木欣欣，欲挟烟云而秀媚，欲照溪谷而光辉，此水之活体也。[3]"书斋庭院由于面积较小，其所包含的水体形态大致分为三种（图 1）：池塘型、河流型和湖泊型。

2.1 池塘型（规则式、自然式）

池塘型是中、小园林中最常见的水体形态，尤其是面积较小的庭院空间。池塘根据其驳岸的形式可分为规则式和自然式两种。

2.1.1 规则式

规则式池塘最为简单，其驳岸平直，多呈方形，一般由虎皮石或条石砌筑。水面形式简洁大气，四周多缀以游廊，便于观赏。北海画舫斋南部的水池即呈方形，南北向的建筑探出水面，使得水池略显变化而免于死板。还有圆明园澹然书屋以北的池塘，水池呈曲尺形，与亭廊建筑相互咬合，规则且多变。

2.1.2 自然式

自然式池塘岸线曲折，四周多环以山石、花木或亭廊，野趣十分。如圆明园贮清书屋之北的水池：池西有亭，与书斋以游廊相连，山石参差交错，岸线多变。还有北海抱素书屋以南的水池，湖石临岸点缀，巧妙自然。

2.2 溪流型

溪流是较小的河道，通常属于庭院所在主园主水系的一部分，在庭院中常对应面积较小的书斋布置。如圆明园四宜书屋以北的得趣书屋，书斋面积仅 $27m^2$，斋前不远处有溪流横穿而过，上设平桥，夏日荷花亭立，清风徐来，竹叶纷纷，心情畅然，是消夏读书的好去处。

2.3 湖泊型

湖泊型水体一般比池塘型要大，驳岸自然曲折，全无人工雕琢之感。同溪流型水体相同，大都为庭院所在主园整体水系的一部分。如圆明园四宜书屋以南的水体，岸线回环有致，水中筑有长岛，水面视野开阔且空间较为丰富。再如圆明园映清斋之湖泊，三面将书斋环绕"三面全临水，八窗回俯空。[6]"

3 来历去由

园林用水以活为主："水者，天地之血也，血贵周流而不凝滞。[3]"既是活水，就必有来源去流。《园冶》云："立基先究源头，疏源之去由，查水之来历。[7]"书斋庭院的水体从其所在主园的水系空间分布上来讲，有两种：一是庭院内自成一池或与主水系有暗道相通；二是与主园内水体相连，作为全园水系的水源或水尾而存在。

3.1 暗通

北海抱素书屋以南的水池便位于主园水系的水尾处（图 2），水体由主园沁泉廊北池经滚水坝向东南，流过静心斋与抱素书屋之间的连廊和小石桥进入抱素书屋前庭。小石桥下水床有些许落差，且为全园水系的束水口，水流经过形成微小叠水，水声潺潺。汇入池后，由东南角的出水口通过暗道引至太液池中。再如画舫斋方池，池中之水源于其东部筒子河，经暗道汇入经方池，再由暗道西引，汇入太液池。还有圆明园澹然书屋北池、贮清书屋北池等都与园内主水系以暗道相通。

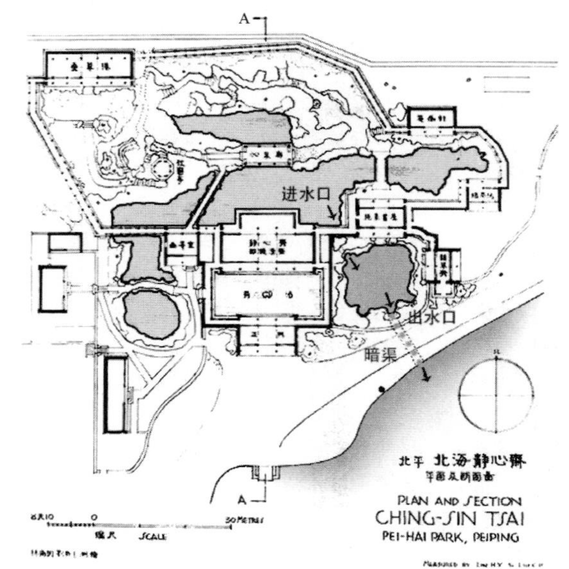

图 2 抱素书屋南池池水来源去由示意图①

3.2 明连

圆明园四宜书屋之水，引自圆明园主水系；长春园映清斋之水，引自长春园主水系。 水体由水道直接进入园内，在院中成景（图 3）。

风景园林理论与历史文化传承创新

① 图 2 改绘自：天津大学建筑学院、北海公园管理处合作编写，王其亨、王蔚主编，《北海》，中国建筑工业出版社，2015 年。

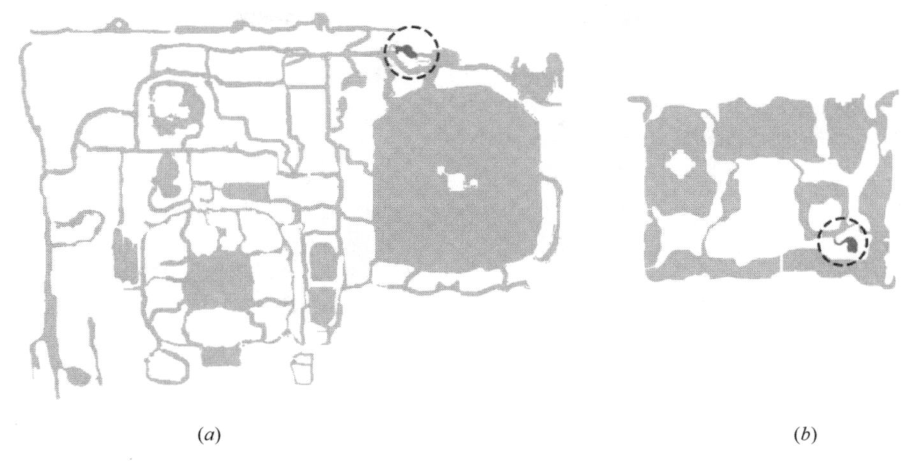

(a) (b)

图 3 书斋庭院内水体与所在主园水系关系图①

（a）四宜书屋与圆明园；（b）映清斋与长春园

4 景物因借

中国古典园林素来注重景物之间的因借关系，即“巧于因借，精在体宜”“借景无由，触情俱是”。书斋庭院内水景的营建不单单是水体本身的塑造，还是水与山石、花木、建筑等其他造园要素相互因借的结果。正如《长物志》中对小池类景观营造的表述：“阶前石畔凿一小池，必须湖石四围，泉清可见底。中畜朱鱼、翠藻，游泳可玩。四周树野藤、细竹，能掘地稍深，引泉脉者更佳。”[4]庭院中各要素相互组合，形成雅致的景观（图 4）。

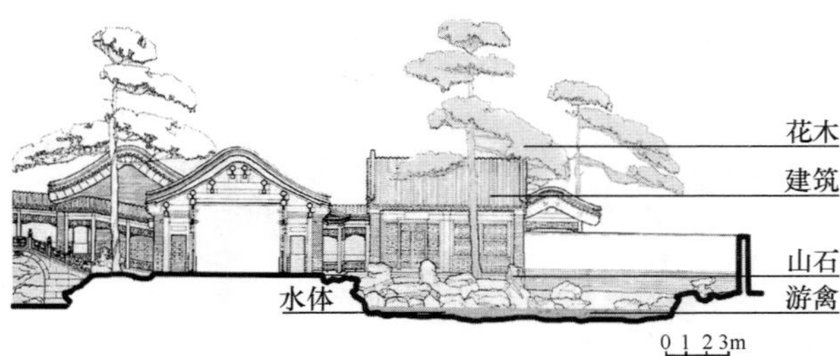

图 4 各要素与水体组成的景观示意图②

4.1 水与山石

“石令人古，水令人远，园林水石，最不可无。[4]”对于书斋庭院而言，更是“以山石为池，作与窗下，似得濠濮间想。[7]”虽无“江流天地外，山色有无中”的气魄，但也别有一番韵味。

在书斋庭院中，由于园林空间较小，少有在水中置石者，水、石一般是水与驳岸的关系。如贮清书屋北部由山石筑成的自然式水池，形态各异的巧石相互交错，形成犬牙参差的驳岸，蜿蜒曲折，自然之味油然而生。再如抱素书屋南部的水池，由于院内与院外水系的微高差，导致水体涌入池中，与岸边山石相互碰撞，发出似碎玉般的声响，营造出视觉以外的听觉景观，巧妙有趣。

4.2 水与花木

园不可无花木。花木不仅在园林中具有丰富景观效果的作用，还会引起人对季候变换的感知。其景物营造不单单牵动人的视觉感官，同样涉及听觉、嗅觉和感觉等身体感知。

花木植于水边，可软化坚硬的山石驳岸，可倒影在平静的水面，也可形成框景、障景等多变有趣的观赏效果。花木植于水中，可在池中形成焦点，吸引观赏者目光，还可对水面进行划分，增加水面空间层次。如抱素书屋以南的水池，冬有松柏，苍翠可爱；夏日有睡莲，递香出室；雅致的景色，令人沉醉。

4.3 水与建筑

建筑是中国古典园林重要的造园要素之一，其在园中的选址布局直接决定了园林的景观结构，以控制人的观赏位置与观赏视角。水与建筑的关系也常常不可剥离，如“卜筑贵从水面”[7]，“亭台突池沼而参差”[7]。

由于书斋庭院中的水体以集中式布局为主，因此建筑常环绕在水面周围，其中亭、榭、廊是常用的建筑类型。《园冶》一书中也对以上三种建筑类型给出了其布局方式：亭——“水际安亭”、榭——“或水边，或花畔，制亦随宜”、廊——“蹑山腰，落水面……或借濮濠之上，入想观鱼；倘支沧浪之中，非歌濯足”。

圆明园贮清书屋以北的水池，池西有亭探于水面，与书斋以游廊相连，名溜琴。因水池中有一小水法，可发出淙淙水声，灵动悦耳似琴音，亭故取其名。行至此亭，不仅可赏院内之景，还可听泉水叮咚。又如圆明园澹然书屋以北的水池，池岸由走廊围合，呈曲尺形，池北有亭，亦探出水面，既增加了水廊的建筑变化，也使池面空间更加丰富。

4.4 水与游禽

游禽虽不在园林设计中占主导地位，但其与理水的关系仍密

① 图 3 作者依据郭黛姮编著．乾隆御品圆明园［M］．杭州：浙江古籍出版社，2007 改绘。

② 图 4 改绘自：天津大学建筑学院、北海公园管理处合作编写，王其亨、王蔚主编，《北海》中国建筑工业出版社，2015 年。

不可分。尤其对于面积较小的书斋庭院而言，游禽的安排，会给水景起到画龙点睛的作用。如澹然书屋北边的水池："两间书斋临小池，掩映丝柳坐数鱼"[8]"方塘半亩犹然欠，澹趣凭来觉有余。此意问谁能会得，画波几箇小金鱼"[6]"窗牖糊玻璃，坐可数游鱼"[6]。无不反映出，"小金鱼"在规则形的水池中扮演的角色。同样的情况还画舫斋前的方池、抱素书屋南的池塘中多有体现。

5 意境表达

意境是中国历代造园家所追求的造园最高境界，他们通过塑造山水、建筑、花木等造园要素，来表达自己的内心，寄托自己的情怀。通过"寓情于景"，达到"情景交融"的效果。在皇家园林的书斋庭院中，意境的表达与帝王的人格属性有着直接的关联。在笔者看来，帝王的身份主要有二：勤政之君主和隐逸之文人。

5.1 帝王审美——内圣外王、仁政惠民、君舟民水

"内圣外王"是儒家历来所尊崇的哲学思想，出自《庄子·天下》："是故内圣外王之道，暗而不明，郁而不发，天下之人，各为其所欲焉，以自为方。"[9]乾隆帝饱读儒家经典，对此甚是向往。在其众多的建园过程中，多有体现，书斋庭院的营造便包含其中。如抱素书屋以东的韵琴斋，"韵琴"并非单寻常琴声，亦指院中泉落之声似琴声。琴声和谐象征政治昌明四时有序，实现对圣王之治的隐喻。

"仁政惠民"主要表达了做为君主对国家苍生的希冀，是皇家园林造园不可或缺的意境要求。圆明园映清斋之名即源于此："溪斋近水名映清，映清之义不一足。心欲其清克己方，政欲其清察吏属。时欲其清安民要，边欲其清柔远笃。"[6]对于"映清"包含的四重寓意：克己清心、政治清明、时代清平、边疆清宁，乾隆用一弯环绕书斋的溪水来表达。

"君舟民水"是对君民关系的常用比喻，如《荀子·王制篇》提到："君者舟也，庶人者水也。水则载舟，水则覆舟[10]。"在北海画舫斋中，乾隆曾诗云："譬如水载舟，前贤揭其旨[6]"。因此将斋名取"舫"字，且临于水边，授意方池为君主，斋室为民众，表达"君舟民水"之意境。

5.2 文人情怀——宁静致远、陶冶性情

除去以上政治方面的帝王审美，乾隆帝的文人情怀在书斋庭院的水景中也表露无遗。如抱素书屋之南的水池："地学蓬瀛尘自远，身依泉石兴偏幽"[6]。意思是将这里当做仙境，便可远离凡尘喧嚣，身旁有泉石相依，便可感受幽静的氛围。这一潭池水不仅呼应了斋名"抱素"之意："见素抱朴，少私寡欲"[11]，还表达了乾隆帝所向往的精神世界。再如圆明园的澹然书屋之北的水池："半亩银塘漾碧涟，书斋十笏石栏边，凭窗鑑影休嫌小，亦足因心印澹然[6]。""书屋低临碧沼边，近看天水相澄鲜。宁为恬净挹襟袖，吾意因之亦澹然[6]"形容心似池水一般恬静澹然，同样表达了乾隆在园林中追求宁静以致远的精神期望。

6 结语

在皇家园林书斋庭院中，园林理水对其景观、意境的营造发挥着重要的作用。本文着眼于书斋庭院园林理水的特点分析，主要通过水体的空间布局、形态类别和来历去由，结合部分实例，归纳出书斋庭院理水特征：书斋庭院水景以池塘型水体为主，呈居中式布局，其水源主要以暗道管渠或直接引用的方式从所在主园主水系中引用。除此之外，还对水体及其他造景元素之间的因借关系进行了分析，进一步总结出理水的因借方式。最后对水景所承载的园林意境进行归纳，得出其帝王审美和文人情怀两方面的意境表达。以期对书斋庭院的研究有了进一步的认识，且对当代园林意境空间的表达提供可参考的依据。

参考文献

[1] 张淑娴．明清文人园林艺术[M]．北京：紫禁城出版社，2011.

[2] 周维权．中国古典园林史 第3版[M]．北京：清华大学出版社，2008.

[3] (宋)郭思编．林泉高致[M]．北京：中华书局，2010.

[4] (明)文震亨撰；李瑞豪评注．长物志[M]．北京：中华书局，2017.

[5] 彭一刚．中国古典园林分析[M]．北京：中国建筑工业出版社，2008.

[6]《清代诗文集汇编》编纂委员会编．清代诗文集汇编．[M]．上海：上海古籍出版社，2010.

[7] (明)计成．陈植注释．园冶注释[M]．北京：中国建筑工业出版社，2015.

[8] 张恩荫著．圆明园管理处编．圆明园变迁史探微[M]．北京：北京体育学院出版社，1993.

[9] (战国)庄周著．纪琴译注．庄子[M]．北京：中国纺织出版社，2007.

[10] 方勇，李波译注．荀子[M]．北京：中华书局，2011.

[11] 汤漳平，王朝华译注．老子[M]．北京：中华书局，2014.

作者简介

刘亚男，1993年生，女，汉族，河北人，北京林业大学园林学院风景园林学2016级在读学术硕士研究生。研究方向为风景园林规划与设计。电子邮箱：375888762@qq.com。

赵鸣，1964年生，男，汉族，安徽人，工学博士，北京林业大学园林学院教授、博士生导师。研究方向为风景园林规划与设计、园林建筑设计和建筑历史与理论。电子邮箱：zm0940@126.com。

社区营造过程中“四域联合”思想的演进模式研究

Research on the Evolution Mode of the "Four-Sector Alliance" Thought During the Process of Community Building

周 详

摘 要：随着全球化进程中本土意识的觉醒，对遵循日常生活逻辑发展起来的“社区营造”进行系统化梳理十分必要。文章以日本经验为鉴，通过系谱学的研究方法将社区营造放回其演进过程中，检视其作为城市化动力的意义。首先，文章在明确将其发展谱系划分为三个阶段的基础上，指出当前的社区营造正迈向地域共治的高级阶段。其次，文章从日本筹办2020年东京奥运会的现实背景出发，分析了地域共治中民产官学“四域联合”的具体方式。最后，文章基于四域联合的当代动力，研判了社区营造过程中四域联合对当前中国社区发展的启示意义。文章认为：在四域联合中，作为媒介的第三域对基层社区组成的第四域起到激活作用；而在这一过程中，第四域主体性的体现才是社区营造的当代意义。

关键词：社区营造；民产官学；地域联合；第三域组织；主体性与集体性

Abstract: With the awakening of local consciousness during the process of globalization, it is necessary to systematize the process of "community building" developed in accordance with the logic of daily life. Based on the experience of Japan, this paper puts community building back into its evolution and examines its significance as a driving force of urbanization. First of all, this paper points out that community building is stepping into the advanced stage of territorial co-governance on the basis of clearly dividing its development pedigree into three stages. Secondly, starting from the realistic background of Japan's preparation for the 2020 Tokyo Olympic Games, this paper analyzes the specific method of "four-sector alliance" which connects the domains of populace, enterprise, authority and academia. Finally, based on analyzing the contemporary driving force of the four-sector alliance, this paper studies the enlightenment significance of territorial alliance in the process of community building for the development of Chinese communities. The paper holds that: under the pattern of four-sector alliance, the third sector as a medium plays an active role in cultivating the fourth sector composed by the grassroots community; During this process, the embodiment of the fourth sector subjectivity is the contemporary significance of community building.

Keyword: Community Building; Populace, Enterprise, Authority and Academia; Territorial Alliance; The Third Sector; Subjectivity and Collectivity.

1 全球化进程中的本土意识

受全球化的影响，全面都市化（complete urbanization）俨然成为全球城市发展的主轴。法国思想家亨利·列斐伏尔（Henri Lefebvre）在其1968年出版的著作《都市革命》中最早提出“全面都市化”的概念，以预测未来都市发展的轨迹。在他看来，随着城市中原本属于草根阶层的物质空间和生活方式逐渐被形象高大的现代景观所取代，那些汲取本土养分发展起来的地方社区将逐渐湮没在城市化的进程中，市民最真实的都市空间不断被刻意抹去，都市建设由此进入一种被称为“紧急地带”（critical zone）的状态[1]。一直以来，在宏大叙事这一意识形态的影响下，市民被赋予被动的角色，权力与资本始终是主导城市发展的动力。在这一过程中，社会主流意识形态因循全球消费主义路线，不断将“全球化”灌输为当代城市发展的正确方向。当权力与资本大刀阔斧地将整个都市的发展计划与全球化进行匹配时，在地居民却切身感受到重建项目造成的社区溃散。

虽然，在城市更新日益成为社区生活主旋律的今天，符合现代生活的新陈代谢在所难免；但是，在面对本土化的生活空间日益被蚕食之际，我们需要反思的是：如何控制这些可被允许的变化的程度和方向？目前在东亚范围内，各地居民纷纷采取行动努力坚守根深蒂固的本土文化以及传统的生活方式，尝试通过地域特色鲜明的社区营造来刻画自我身份的象征。在日本，都市结构的变革促使社区营造开始向地域联结发生转变[2]。基于2020年东京奥运会这一历史契机，日本社会当前涌现出来的民产官学“四域联合”在以往“环境”和“居民”营造的基础上，开始将地域视作具有独立系统的“社会”，强调通过社会设计完成对地域的设计，从而实现地域自我完善的目的。基于此，文章将以日本为例，探索社区发展如何从初级阶段的环境营造迈向高级阶段的社会设计。回溯日本社区营造的演进历程，特别是当前与时代并进的地域联合，无疑对处于社区营造初级阶段的我们具有重要的启示意义。通过这一系统地分析，文章旨在说明：在面对全面都市化产生的问题时，当代城市需要的不仅是宏大的权力与资本，还有可以协作和商讨的行事方式。只有当权力欲望和经济原理让位于生活逻辑之时，我们的城市才能向着更加民主、现代、人文的分权规划方向转型[3]。

2 社区营造的系谱学研究

与西方社会流传的公众参与的概念不同，日本的社区营造除了具备公众参与的政治学与社会学因素外，最重要的一点是日本的社区营造强调从文化和日常的角度来理解本土社区的地方意象[4]。根据日本学者佐藤滋的定义，所谓的社区营造就是以地域社会现有的资源为基础，进行多样性的协作，促使身边的居住环境逐步得到改善，从而提升社区活力的一系列可持续的活动[5]。从这种意义上讲，社区营造的目标并非创造某种全新的东西，而是在现有的事物中，经过仔细琢磨使之脱胎换骨。

"社区营造"的概念最早由增田四郎于 1952 年提出，以呼吁在地居民环境意识的觉醒[6,7]。随着各种居民运动的推进，这一概念开始从最初的反社会公害抗战向着更具创造性和建设性的方向发展，并通过与各地多主题的运动相互联结、支援，逐渐将居民运动推至高峰。从系谱学的视角审视日本社区营造的发展路径，其演进历程基本可分为三个特征鲜明的世代。第一世代是 1970 年代到 1980 年代中期，该时期是日本社区营造的蓬勃期，也是对营造理念进行验证的时期。第二世代从 1980 年代中期开始，包含了 20 世纪 90 年代日本泡沫经济破灭时所谓的"失落的 10 年"，这是从地域社会内部构建实践方法，并配合相关法律法规开展成功实践的时期。第三世代从 1990 年代后期至今，面对少子高龄化的社会，这一阶段的目标是将零散的社区营造扩大到地方社会整体经营的进程中去。

2.1 第一世代（1970～1980 年）：以反抗城市问题为表征的概念萌芽期

1970 年代，随着日本战后经济的高速发展，都市重建引发的环境公害逐渐激起地方社会的反抗情绪。此外，《建筑基准法》将对建筑物绝对高度的限制变更为对容积率的控制，从而提升了高层建筑建造的可能性，进而埋下社会纠纷的隐患。这一阶段的反抗运动大多是在社区自治会或町内会这些社区既有组织的带领下，以传统领袖代表制的方式运作，活动内容也多局限于社区内部的事务[8]。虽然这一阶段的运动范围较小，社会诉求也没有之后的社区营造表现得那样广泛，但正是这些反抗运动给更为综合的社区营造带来可能。

神户丸山地区被日本学界称作社区营造的发源地[9]。受全球化进程的裹挟，当时的神户开始实施填海造城工程。然而，运载砂土的卡车在经过丸山町时，给当地带来严重的环境公害，遂引发居民的反抗运动。虽然这些运动的出发点是为了对环境问题表达抗议，但结果却意外引发了丸山地区的社区营造运动。市民们开始发行地方报纸，成立社区协议组织，把原本的抗争活动逐渐扩大为具有创造性的社区营造运动。而另一方面，革新势力主导的地方政府在各地出现，他们将"参与"、"分权"等民主概念以政策的形式提出，并透过市民的支持来推动行政。因此，这些居民运动虽是将反抗中央政府的既有规划作为行动的出发点，但在实际操作中却能得到地方行政部门的认可与支持，从而确立了以市民为主体、行政作参与的社区营造形式[10]。与此同时，一些面临产业凋敝困局的区域开始在城市周边出现。这些地方若只是单纯采取再开发的方式来解决难题，面对的将不只是政策是否有效的问题，还有财政是否负担得起的难题。因此，随着地方主义的兴起，基于地方经济内发性重组的地域振兴运动开始运作。虽然在实际操作层面，这些运动仍处于不断试错的尝试阶段，但期间涌现的不少案例成为日后地域振兴型社区营造的源流[11]。由此可见，在第一代社区营造运动中，地方主义包含的多元化目标造就了形式多样的社区营造运动。但是从创新性和专业性的角度而言，大范围较为成熟的社区营造运动尚未兴起。

2.2 第二世代（1980～1990 年）：以多元主题实验为主导的定义成熟期

1980 年代以后，社区营造的主要特征是特定主题的出现。这一时期社区营造的基本议题也由城市问题转变为艺术街区、地域活化以及环境整备等主题更为丰富的内容，例如历史保育型社区营造、防灾型社区营造的开展。这些突破式的主题型社区营造逐渐成为第二代社区营造的主流。此外，这一时期的社区营造不再被形式上的地方领袖代表制所牵制，而是在与地方既有的自治会或町内会建立合作关系的基础上，成立单独的社区营造组织，以更加灵活自由的方式筹办各项活动[12]。然而，由于这些组织并没有得到法律层面的担保，因而这一时期的社区营造无法在整体的地方运营上发挥作用，只能在个别主题性的社区营造上推动实验性质的活动。

在这种背景下，该世代的社区营造出现一个明显的趋势就是以"景观"作为出发点，谋求在地居民的一致意见。出现这种现象的主要原因是，如果将社区营造的目标定位于环境整备或地域活化这种抽象性的宏观内容，便难以达成共识，这无疑会加大社区营造推行的难度。但是，如果能够以"景观"这种可视价值作为基础，就比较容易取得共鸣[13]。1992 年联合国在里约热内卢召开环境发展会议，发表了《环境发展里约宣言》和《21 世纪议题》，倡议各国地方政府动员广大市民参与制定 21 世纪的地方议题。由此，可持续发展和循环型社会等基本概念便成为社区营造的新议题。而这种发展趋势正好与社区营造的基本目标相同，因此社区营造逐渐成为 21 世纪城市建造活动的主流。但是，这一时期的社区营造同样存在较为明显的短板。由于社区营造是各个组织单独发挥作用，因此在一个地方可能会存在数种社区营造组织共同行使权力的情形发生；这便造成各团体之间难以协调、工作效率低、较为耗时等问题[14]。1998 年，日本政府实施《特定非盈利活动促进法》，成立 NPO 法人认证机制。随着社区营造日臻成熟，如何通过 NPO 组织合作的方式使其产生新的可能，便成为第三世代面临的机遇和挑战。

2.3 第三世代（1990～今）：以综合性地域共治为目标的内涵拓展期

1990 年代后期，日本的社区营造开始从特定的主题中释放出来。随着各种社区营造组织合作关系的确立，社区营造开始朝向更具综合性和社会性的方向发展，这种趋势从日本近期开展的社区营造中便能看出端倪。目前，虽然整体性的社区营造方法已经发展出来，但对于以综合性地域共治为目标的社区营造来说，由于机制并不完善，这一模式可以说才刚刚起步[15]。而且，就日本社区营造的整体状况而言，各个地方的发展状况不尽相同。除了个别地区的社区营造已经开始朝向第三世代迈进之外，大多数地方仍然无法一蹴而就地全部进入第三世代。在这种情况下，第三世代的社区营造更像是一个预设的理想蓝图[16]。因此，在尚未做出实际成绩的情况下，以推动第二世代多样性主题的方式凝聚力量，然后在取得成效的基础上，推进到综合性的整体运营方为可行之道。

2006 年，《社会福祉法》的颁布是日本社区营造史上一个重要的发展契机。随着"地方福祉"一词正式在司法制度上出现，以该法为分界点，日本的社会福利政策逐渐从以辅助公共建筑和社区中心的构建为导向，转变为主动与地域社会相互扶持与合作[17]。由于社区营造的主旨本就是实现公共利益，当地方福祉的法律地位被正式确定之后，地域社会的福利事业与社区营造的结合才得以有效运作。而拥有这部法律作背书，行政部门与各种市民组织的伙伴关系才得以制度化，以多元主体共治的方式实施社区营造才变成现实。

2.4 小结：从"社区营造"到"地域共治"

从 1952 年"社区营造"的概念第一次出现，日本便将其作为一种解决地区问题的方法论，开始地区治理模式的创新实践：以共同的地域范围为基础，将居民作为主体，透过政府与居民的职能分担，从软、硬两方面着手解决地区的特定问题。随着地方主义的兴起和本土权力时代的到来，日本中央政府的权利开始旁落至地方政府，市民社会在城市管治方面也逐渐争取到更大的参与权，这都使得社区营造的影响力越来越大。在这一过程中，居民在社区发展中的作用开始超越政府，并逐步构建出一套通过"四域联合"的方式完善社区内外联系机制的模式。这种不同利益团体之间对话的构建，让公共性在这些地区再现，并通过持续对话促成小型的社会变革。

从系谱学的视角审视社区营造与城市规划的关系，两者主要从制度流动性和空间流动性两个方面对日本的城市发展产生作用（图 1）：前者主要朝向更加稳定的空间流动性方向，后者则朝向空间流动性更高的方向。从行政体系的构造上看，城市规划属于纵向分割型行政构造，行政之间的横向连接非常弱；而社区营造的积极意义则在于它能够建立起多方面的横向连接，属于横向联结型社会构造。随着老龄化社会的到来，人口减少将导致空间流动性和制度流动性两方面的衰减。城市再生与社区营造如何在地域联合中发挥积极的作用，将是日本今后需要深思的问题。目前，日本的社区营造正朝着更高级的的地域共治发展，而现在正是地域联合刚刚起步的时候[18]。因此，下文将通过 2020 年东京文化资源区的构建具体阐释日本社会的"地域共治"将如何实现。

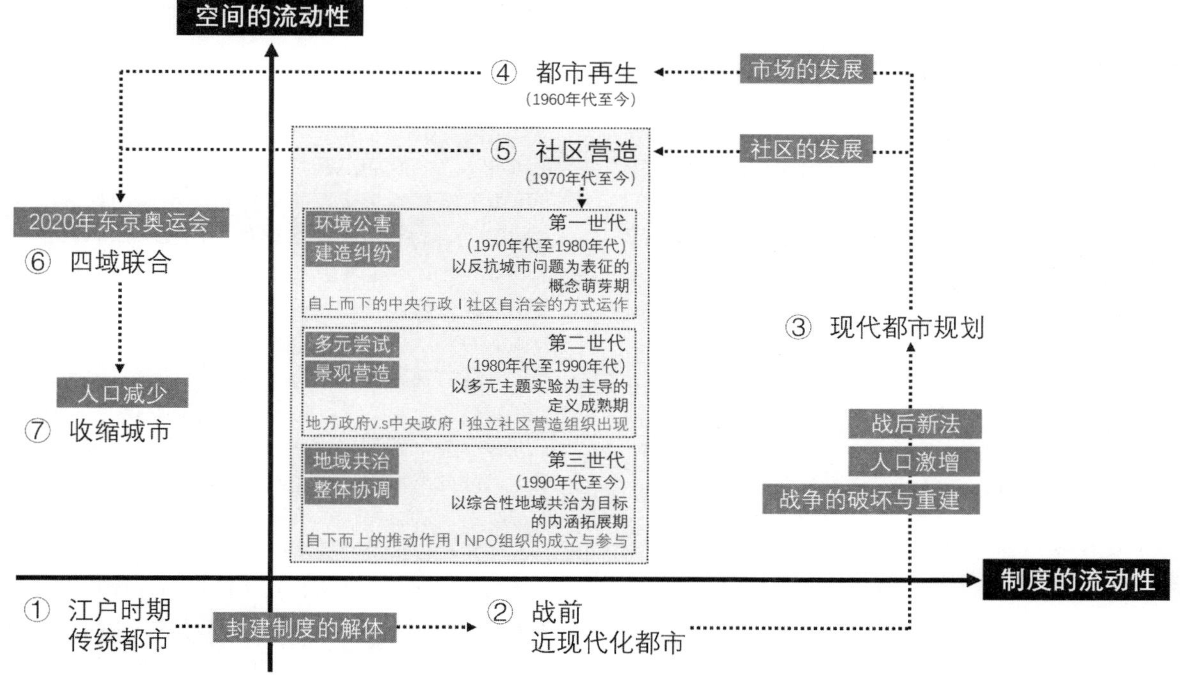

图 1　系谱学视角下日本社区营造的发展历程

3 四域联合的当代动力

目前，大多数国家的经济体制被视为由三部分组成：由以盈利为目标的企业所构成的第一域，由政府干涉或公共部门组成的第二域，以及致力于国家正式机制和商业盈利模式之外的公共目标，由个体基于共同兴趣组建起来的第三域（The Third Sector）[19]。当社会面临的问题愈加尖锐时，大众逐渐意识到志愿服务原则作为一种社会主导原则，已经成为与市场原则和政府原则并驾齐驱的三大原则之一[20]。因此，来自民间、产业界、政界和学术界（民产官学）的力量，开始以不同的身份涉足第三域，促使这一领域的群体关系呈现多元化趋势。如果从民产官学协作的角度来分析各种利益团体之间的关系，其实当前已经出现第四域的概念，即社区营造的对象：在地居民与草根社区。在日本的国家创新系统中，来自民产官学这四个领域的力量，实际上代表了这个系统中最重要的组成部分，它们之间的相互衔接直接关系着国家创新系统的功能和绩效。在社区营造的过程中，如何实现这四个领域的联动，对于地方社会的整体发展至关重要。2014年，基于"四域联合"这一理念发展起来的东京文化资源区构想首次提出；该构想希望借助2020年东京奥运会的契机，从更大范围内实现地域社会的联结，从而将日本的社区营造朝向综合性地域共治的目标迈进。在这一宏大构想的中，作为媒介的第三域如何联动其他三个领域实现"四域联合"，将是下文重点讨论的内容。

3.1 以综合性地域共治为目标的东京文化资源区

目前，少子高龄化已成为日本社会面临的严峻问题，这一问题仅靠城市规划的方法或自上而下的行政干预已经难以解决。因此，通过奥运会让东京这座超级都市实现再一次扩容显然无法满足其对于未来可持续发展的研判。基于此，2020年东京奥运会设定的主题为"遗产与继承"，该主题的确立正是缘于东京对过去半个世纪的反省，以及对传统都市价值的再发现。不同于增量开发式的推倒重建，东京文化资源区企图通过重塑地区整体性的文化战略，对束缚城市发展的既存框架提出挑战；通过重新评估地区资源潜力的方式，最大限度地利用和发挥地方社会的文化多样性，从而引领21世纪东京未来的价值。

东京文化资源区是指位于东京市东北部，涉及千代田区、文京区和台东区三个行政区，范围包含谷根千、根岸一带，以及上野、本乡、秋叶原、神田、神保町和汤岛在内的半径在2公里步行圈范围内的广袤地域（图2）。虽然这一区域蕴藏着优越的历史文化资源，但由于资源之间呈现割裂、分散的状态，因此区域的整体性并未彰显[21]。为了改变这种状态，构想提出"通过改进行政管理措施和发动草根文化运动的方式"实现整个区域的联结[22]，从而将文化资源区整合成一个具有世界性、本土性和历史性的创造地区，使其转化为21世纪东京的遗产和创新力的起点。

3.2 东京文化资源区组织构架中的"四域联合"思想

东京文化资源会议，作为该构想的实际推动组织，以自由团体的形式吸纳了将近200名会员。目前，该组织主要由认同其宗旨理念的个人与团体以志愿者的形式参与运营，而运作经费则由会费和赞助构成。文化资源经济价值的开发利用，是维持项目可持续运作的关键。由于梳理和保护文化资源可以发掘潜在商机，因此很多企业以团队成员的身份参与组织共建。另一方面，为了达成文化资源会议设定的目标，与文化资源区关联的三个行政区建立合作十分必要。因此在会议成立初期，很多政府人士以

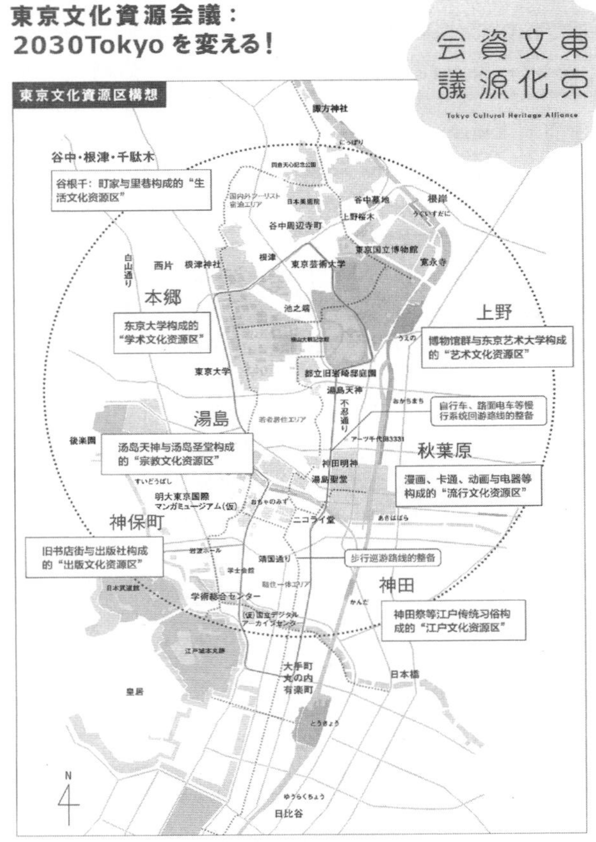

图2 东京文化资源区构想图（图片来源：东京文化资源会议2016年官方文件）

观察员的身份加入组织，并在一些重要的环节交换意见。2016年，"东京文化资源区推进委员会"成立，标志着新的组织框架开始形成，并推动组织不断向四域联合的方向发展[23]。这种以自由团体的形式在多个行政区之间构建联系的方式，在东京23区的范围内尚属首例[24]。由于文化资源会议并非以研究者为中心的学习小组，亦非政府认证的NPO组织，而是民产官学协力的结果；因此，参与人员的旨趣成为活动能够推进的核心，也是理论和实际能够结合的关键。此外，文化资源会议并非在行政层面进行决策，而是将文化资源的保存、利用作为研究对象，通过自主实践将自上而下和由下而上两种规划方式进行联结，从而构建未来社会的规划范式与行动模型（图3），这才是该组织的最终目标与实际定位。

由此可见，东京文化资源区构想更像是一种由精英阶层发起的同好会（即由志趣相同的人士组成的志愿团体），并透过这一特定阶层的呼吁和提议，引起政府部门和民间基层组织对地域文化资源的再审视。在东京文化资源会议事务局局长柳与志夫看来，该会议的组建虽然缘于兴趣，但目标则是希望通过完善城市管理制度，建立研究会以及地域文化资源数字档案馆，从而将组织构想予以制度化。因此，该会议谋求在自上而下的长官意志和由下而上的民间诉求之间探索第三条城市发展的道路，即由掌握了一定权力资源，并对民间诉求富有同理心的

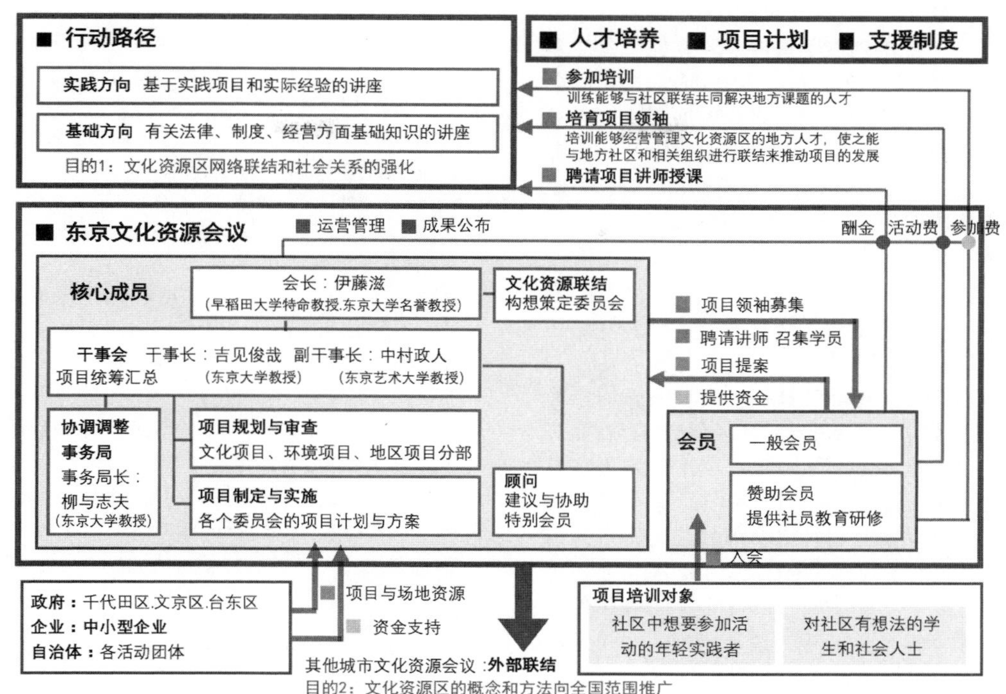

图 3 东京文化资源会议的组织框架与行动模型分析

中间阶层，发起对城市建设自上而下和自下而上两条路径的整合。就现实情况而言，日本虽然奉行市场经济制度，但整个国家的城市化进程仍然由中央政府的意志决定。因此，在这种情形下如何有效地联结上下两个方向的意志，打破上下之间的壁垒与隔阂，便成为东京文化资源区构建的主要目标。

3.3 小结：上层意志与基层诉求的耦合

从“社区营造”到“四域联合”，城市发展的技术要点已不再局限于“自上而下”和“自下而上”两种技术路线。在城市建设领域，自上而下被视为将权威思想和统治理念进行结合，进而凌驾于城市设计之上的一种方式；自下而上则被描述为一种由基层社会自主衍生的城市营造模式。思考当前中国火热推进的城市微更新和社区营造项目，这些运动的发起方式与东京文化资源构想相似。从严格意义上讲，它们并非由基层社会自主发起的运动，却在一定程度上符合了上层建筑构建和谐社会的愿望和塑造人民美好生活的目标。因此，这场由精英阶层发起和打造的城市建设运动很好地迎合了上下两端的诉求，从而推进现代化城市建设朝着上下结合的方向发展。社区蕴藏着巨大的创新潜力，这种潜能的激发需要第三域的专业力量加以催化，东京文化资源构想则为专业人员的角色转型和社区赋能提供了崭新的样本与可能。

4 结论：四域联合中地域培力的塑造

当前，中国城市的发展理念与营建模式正发生深刻的变革，城市营建的关注点需要从物质改造转移到城市服务、形象提升、产业拓展和丰富内涵等方面。新的发展理念需要各参与方产生相应的转变（图 4）：第三域组织需要发挥专业优势，成为促进多方参与的触媒与中介；政府则需要从完全主导的地位逐渐转化为引导性角色，充分发挥第三域和第四域的社会创造力；资本方需要从公共资金的大量投入转型为多元民营资本的介入，从而形成资本类型的多样化；改造模式则需要从自上而下的增量开发转变为上下结合的多方共治，运用存量经营的思维充分发掘社区潜力。本文从日本经验出发，重点检视社区营造作为城市化动力的意义，这一超越国界、文化、种族、政治的新社会动力对中国社区的发展主要有以下两点启示：

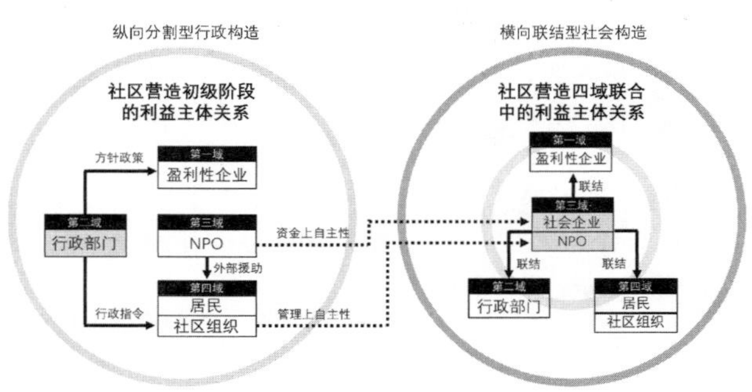

图 4 社区营造与四域联合中利益主体关系分析

4.1 第三域对第四域的激活

社区是城市文化创新的源头，居民则是社会创新的重要力量。第三域汇聚了有思想、有情怀、又有专业素养的多元人才，通过第三域的引领和启蒙，其他领域的壁垒将有可能被打开；从而作为第四域的基层社区则可以从被动的信息接受者转变为主动的文化创造者，进而激发社区生产的潜能。在中国，转型期的自主社会与独立市场都为中国公民社会的产生创造了条件。随着公民社会多元主义、民主诉求以及体制外精英群体的崛起，公民社会将无可避免地随市场经济和现代化进程发展起来；面对这种情况，理性选择是建立一个国家权威与公民社会有机联系的模式。第三域作为中间力量，将在这一过程中发挥必不可少的衔接作用；通过扩大基层社会的民主水平，鼓励社区参与到城市合作开发的体系中来，能够使居民共享城市发展的成果。

4.2 主体性在社区营造过程中的体现

今天，形式多样的文化活动日益丰富着中国的社区生活。然而，这些社区活动与成熟的社区营造仍存在显著的差距。不可否认，这些活动在一定程度上起到联络感情、融洽邻里的作用，但这还不足以展现现代社区的全部内涵。特别是很多活动总是将社区精神划归为所谓的传统美德，这表明我们对现代社区的认知，仍然局限于传统的乡土概念。一直以来，我们反复强调社区的"集体性"，并透过长官意志赋予其政治正确与道德正确；而社区自身的"主体性"却较少得到关注，这便造成我们与其他成熟的社区营造的差别。主体性是基础，集体性基于主体性构建。没有主体精神的集体是空洞的，不尊重主体的大局是骗局。因此，社区营造的关键是赋权（empowerment），它让一个社区具有永续发展的动力。在日本，无论是社区营造还是四域联合，我们读到的一个关键词便是"主体性"。相比而言，我们的社区实践更像"社区服务"，而非"社区营造"。人与人的关系，人与公共空间的关系，人与公共资源的关系，这些才是社区问题的核心要义。社区营造必然指涉居民主体、公共空间、公共资源，它让民主原义重回民众的视野，这才是社区的当代意义。

致谢

东京文化资源会议事务局局长柳与志夫教授于 2018 年 7 月 27 日，在日中友好会馆后乐寮举办了有关东京文化资源区构想的讲座。席间，笔者与柳与教授进行了对谈。文章中的部分内容来自于此次对谈和采访，在此笔者对柳与教授的分享和对本文作出的贡献表示感谢。

参考文献

[1] Lefebvre，H. The Urban Revolution. Minneapolis：University of Minnesota Press，2003.

[2] 原田多美子. まちづくりワークショップにおける歴史と現状について[C]. 日本建築学会近畿支部研究報告集，2003：645-648.

[3] 周详，窪田亚矢. 国与家之间：论上海里弄街区日常生活空间的断裂与统一[J]. 风景园林，2018，25(04)：34-40.

[4] 周详. 日本街区保全型社区营造的发展与实践[J]. 景观设计学，2017(05)：12-27.

[5] 佐藤滋. 饗庭伸. 内田奈芳美. まちづくり教書[M]. 东京：鹿島出版社，2017.

[6] 増田四郎. 都市自治の一つの問題点[J]. 都市問題，1952，43(2)：49-59.

[7] 渡辺俊一，杉崎和久，伊藤若菜，小泉秀樹. 用語「まちづくり」に関する文献研究(1945～1959)[J]. 都市計画論文集，1997，32：43-48.

[8] 倉沢進. コミュニティ論：地域社会と住民活動[M]. 東京：放送大学教育振興会，1998.

[9] 広原盛明，尾上雅章，森本信明，中島熙八郎. 丸山地区における「まちづくり運動」の特質と条件[J]. 日本建築学会論文報告集. 1972(194)：59-69.

[10] 白石克孝，富野暉一郎，広原盛明. 現代のまちづくりと地域社会の変革[M]. 東京：学芸出版社，2002.

[11] 秋山義継. 地域振興論：新しいまちづくりの実践[M]. 東京：創成社，2017.

[12] 西村幸夫. 都市の再生とコモンズの復權[A]. 见：西村幸夫. 風景論ノート：景観法. 町並み. 再生[M]. 東京：鹿島出版社，2008：210-234.

[13] 中井検裕. 景観まちづくりとその意義[A]. 见：日本建築学会. 景観まちづくり[M]. 東京：丸善株式会社，2005：2-9.

[14] 西村幸夫. 景観整備と都市計画[A]. 见：西村幸夫. 文化. 観光論ノート：歴史まちづくり. 景観整備[M]. 東京：鹿島出版社，2018：164-179.

[15] 谷口守. 地域・まちづくりワーク：成功に導く進め方と技法[M]. 東京：森北出版株式会社，2018.

[16] 佐藤滋. まちづくりのこれまでとこれから[A]. 见：佐藤滋. 饗庭伸. 内田奈芳美. まちづくり教書[M]. 東京：鹿島出版社，2017：10-36.

[17] 日本福祉のまちづくり学会. 福祉のまちづくりの検証—その現状と明日への提案[M]. 東京：彰国社，2013.

[18] 佐藤滋. まちづくりの生成と歴史[A]. 见：日本建築学会. まちづくりの方法[M]. 東京：丸善株式会社，2004：16-48.

[19] Defourny，J. From Third Sector to Social Enterprise[A]. In：Borzaga，C and Defourny，J.，eds. The Emergence of Social Enterprise[M]. London：Routledge，2001：1-18.

[20] 李亚平，于海. 第三域的兴起[M]. 上海：复旦大学出版社，1998.

[21] 太下義之. 東京文化資源区構想：なぜ明治の文化人たちは東京を歩き回っていたのか[J]. 季刊政策・経営研究，2015(4)：39-54.

[22] 東京文化資源区構想策定調査委員会. 東京文化資源区構想[R]. 東京：東京文化資源会議事務局，2015.

[23] 柳与志夫. 東京文化資源会議の設立経緯と活動：新しい文化行政のスタイルを求めて[J]. 文化經濟学，2018，15(1)：20-25.

[24] 関口太一. 東京の文化資源を全国・世界の人々に[J]. 建築東京，2016，52(7)：3-5.

作者简介

周详，1987 年生，男，汉族，河南安阳人，日本东京大学都市工学博士，现为东南大学建筑学院景观学系讲师。研究方向为城市更新与社区营造、景观遗产与文化景观。电子邮箱：12700657@qq. com。

社区营造视角下的川西林盘空间更新初探①

Preliminary Study on the Space Renewal of Linpan in Western Sichuan Plain from the Perspective of Community Construct and Management

纪　丹　孙大江*

摘　要：乡村振兴背景下，社区营造是乡村人居空间更新的创新思路。本文基于该视角分析总结了传统川西林盘人、文、地、产、景五方面的社区营造潜力，并通过调研现代林盘空间更新情况，对比社区营造思想梳理出了空间格局失序、空间要素失衡、邻里空间隔阂、文脉空间断裂四个方面的现存问题。根据其潜力与现存问题，针对传统林盘空间更新提出空间要素修复、邻里空间联结、空间功能复合、景观意象重构四大策略，以期为相关更新实践提供理论借鉴。

关键词：社区营造；川西林盘；空间更新

Abstract: Under the background of rural revitalization, community construct and management is an innovative way to renew Rural Human Settlements. Based on this perspective, this paper analyses and summarizes the potential of community construct and management in Human, Culture, Land, Industry, Landscape of traditional Linpan in Western Sichuan Plain, by investigating the spatial renewal of modern Linpan and comparing with the idea of community construct and management, the existing problems of spatial pattern disorder, unbalance of spatial elements, space gap between neighborhoods and space rupture of context are sorted out. Then, according to the potential and existing problems, four strategies are put forward for traditional the Linpan spatial renewal: spatial element restoration, neighborhood spatial connection, spatial function combination and landscape image reconstruction, in order to provide theoretical reference for relevant renewal practice.

Keyword: Community Construct and Management; Linpan in Western Sichuan Plain; Spatial Updating

引言

随着我国进入新时代城镇化，城乡发展不平衡、资源分配不均等问题凸显，成都地区传统乡村聚落居住形态——川西林盘在快速城市化的影响下面临空心化的趋势，传统生活方式、居住模式等不断消失，其特有的景观形态也逐渐被现代景观同化，造成居民地方感弱化及凝聚力丧失，亟待开发新的发展模式引导林盘更新，以实现整合低效空间资源、提升乡村空间功能品质、传承地域文脉特色、重塑内聚地方感等目标。在乡村振兴、城市更新、土地存量优化的语境下，论文旨在通过“社区营造”视角探讨适宜于成都地区林盘乡村空间更新的创新发展模式，从忽视林盘地域特色的“千村一面”现代化开发模式，转变至“自下而上”全民参与、政府协作的自主更新形式，还原乡村社区的归属感和认同感，以实现林盘的特色化更新和可持续发展。

1　传统林盘中的社区营造潜力

“社区”是指人群聚居的地域性居住环境，同时包括生活、历史、产业、文化与环境等多维度含义，并且隐含着“故乡”的情感意识[1]。“社区营造”起源于日本，根据各学者的概念提出，可概括为通过唤醒当地居民的认同感和归属感，鼓励居民自发利用当地资源优势对场地进行空间更新和地域文化传承发展[2]，激发场地原有活力，以构成可持续发展的生活共同体[3]，具体可分为地、景、产、文、人五大方面[4]。传统川西林盘作为成都平原典型乡村聚落形态，同时也具备“社区”性质，从空间格局到场所精神皆有发展“社区营造”的潜力与基础。

1.1　地——地域优势与格局优势

川西林盘是成都平原典型的人居环境聚落，是成都平原斑块有机演变、农耕文明有序发展形成的活态居住空间维度。其地处都江堰灌溉自流区，依托地理环境与农耕水利文明协调共生，继而形成了地域性极强的川西农村聚落文化[5]。林盘整体格局特色为循水而生、随田散居，聚落精巧而分散，并与竹木结合紧密，空间内聚性强，自然形成归属感，是集生活、生产、生态和景观为一体的复合型农村散居式聚落单元，具有天然的“社区”属性（图1）。

1.2　景——构建手法与理念优势

川西林盘的空间格局主要由宅、水、林、田四大要素构成，物质要素构成基本单元形态，表现出由内至外“庭院-房舍-菜地-林木-田地”的层级式围合结构[6]。从私密居住空间、公共交往空间到开放生产空间，利用层级结构提

① 基金项目：西蜀园林造园艺术技巧和手法运用解析。

图 1　川西林盘鸟瞰图（图片来源：课题组）

供复合功能空间：中层林木模拟自然山体形态作为内部宅院的天然屏障，外层生产空间提供生活保障并连接林盘单元，满足居民生活、生产、生态上的基本需求（图 2）。

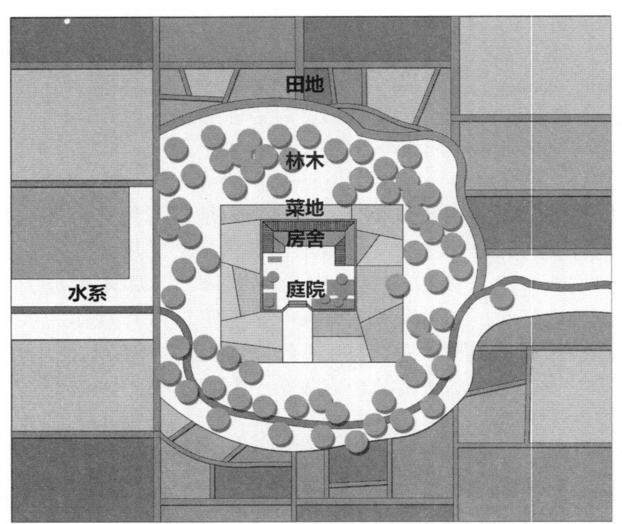

图 2　层级结构示意图

千年发展和成型中，林盘居民利用乡土植物与作物构建了层次丰富、尺度宜人的空间秩序，并形成独特的川西林盘乡土景观和浑然似天成、清幽似自然的景观意境（图 3）。介于十里不同风，百里不同俗的乡村特点，林盘模式虽统一，不同村落的景观风貌和文化习俗仍各具特色。相沿成习的空间营造理念与灵活多变的景观风貌正是进行社区更新营造的必备优势。

1.3　产——产业多元与经济基础

以川西林盘为依托的林盘经济是中国小农经济的优秀典范，产业是维持林盘聚落能量循环的基础，主要为大田经济和庭院经济生产。产业空间占比最大的是农业耕地，林盘耕地半径多控制在 200m 以内，有利于田间管理和劳力投入，适合精耕细作的农业生产[7]（图 4）；庭院经济包含林园中竹、木、果实、蔬菜、花卉等农副产品，同时包含传统手工业、现代服务业等多元产业，可为竹编等手工业提供材料基础，为旅游服务业提供活动材料与场地等。庭院经济配合大田经济形成良性循环，是林盘持续发展的经济基础，也是可进行社区更新营造的产业发展基础。

图 3　林盘意境图

图 4 林盘大田经济

1.4 文——地域文化特质与优势

川西林盘文化是川西平原独有的聚落文化和民俗文化，是自然地域特点与人类历史进程碰撞的产物，是川西社会发展的原动力之一，也是蜀文化基因重要组成部分。其作为独特的川西文化遗产，具有几点特质：

(1) 适应自然，灵活善变

林盘文化是人类与自然互动的产物和农耕文明进化的典型，居民对自然资源巧妙利用和对环境适应与改造，促使林盘不断更新进化，与自然和谐共生。林盘文化也是蜀文化衍生的产物，蜀文化中提倡自然仙道思想和不法陈规、灵活变通的处世哲学在林盘的演变与发展中体现得淋漓尽致[5]。

(2) 开放包容，和谐内聚

移民社会的属性赋予了林盘文化开放包容的特质，传统和谐文化在林盘发展进程中融会贯通，林盘对外来新鲜事物接纳度高，适应力和生命力强，利于更新创新。和谐文化中包含邻里和家庭和谐，群体内融洽相处，互帮互助，表现出合作意识，懂得互利共赢，有极强的凝聚力。

(3) 积极乐观，闲逸自主

林盘文化受传统文化和地域条件的影响，形成了独特的闲逸文化。川西人民大多性情乐观平和，热爱生活并善于自主创新，喜闲趣玩乐，价值观趋同。

(4) 地域性强，朴野乡土

林盘文化除精神文化还有民俗文化，如民居风格、民俗礼仪、传统手艺等，皆具极强的地域特征且朴野乡土，内涵丰富相沿至今，对发展文化创意提供了物质基础。

川西林盘属于文化景观类型中的“有机进化的景观”[5]，林盘持续性自主性的更新演变与“社区营造”所提倡的居民自发积极参与改造的思想相契合，林盘文化中灵活善变、和谐内聚等特征皆有利于林盘未来的发展更新与林盘文化的文脉传承。

1.5 人——“熟人社会”凝聚优势

深受道家思想影响，川西人民行事自在洒脱，热爱生活随性闲适，对本地认同感高，住民彼此独立又相互照应，充满人文关怀。由于林盘是以血缘和伦理关系、地域风土习俗、乡规民约为纽带的典型乡土“熟人社会”[8]，群体之间除地域文化、风土人情及生活习性的同质性外，情感和身份上的紧密联系也是形成内聚力的重要原因。在日常生活交往、民俗活动、信仰聚会、娱乐休闲中，群体表现出高度的合作意识，懂得互利共赢，具有极强的凝聚力，是进行社区营造的一大优势（图 5）。

图 5 林盘居民日常交往

川西林盘在地域与格局、景观构建手法、多元产业、独特地域文化、人际交往等方面的优势，使得林盘具备加载社区营造的潜力与条件，为发展可持续的生活共同体奠定了良好基础。但在现代林盘空间更新中部分案例忽视林盘的优势及特点，一味照搬城市规划手法，造成了林盘更新“千村一面”的局势。

2 现代林盘空间更新的问题

从全国层面来看，近年在乡村建设的投入虽然非常大，但是乡村风貌并未得到全面的改善，反而乡村风貌的城市化、趋同化和低质化等一系列问题显得越来越突出。现存川西林盘更新尚无固定模式，部分林盘更新既不能满足住民的日常生活需求也不能对林盘文化进行系统的保护与传承，亟需统一的理念和相应策略对林盘更新进行合理指导。笔者以传统川西林盘特征保护为出发点，调研分析了部分典型现代林盘空间的更新情况，对比社区营造思想梳理出了空间格局失序、空间要素失衡、邻里空间隔阂、文脉空间断裂四个方面的现存问题。

2.1 空间格局失序

快速城镇化的影响下，现代林盘更新大多呈“非林盘化”农村聚居倾向：直接模仿城市社区的空间布局形式，采取单调规整的密楼行列式布局，抛弃传统村落尺度适宜、空间丰富的特点[7]（图 6）；同时聚居点远离耕地和密林，土地被硬化，失去了传统林盘和自然互动的特性，居民与土地的情感联系断裂，传统的生活方式和价值观念遭受城市化冲击；另一方面乡村公共空间的打造被忽

图 6　现代林盘鸟瞰图（图片来源：课题组）

视，传统交往空间和活动空间未保留，被水泥地和与乡村违和的现代健身设施、金属座椅等代替，乡村社区感被削弱[9]，闲逸亲和的生活氛围消失，失去林盘原有生命力与活力。

2.2　空间要素失衡

川西林盘传统空间由宅水林田四大要素组成，要素比例在林盘多年演变中调整至平衡，合理的空间比例与尺度可满足居民生活、生产、生态上的需求。然而现代林盘更新多数只强调建设用地的利用最大化，原有耕地和林地的土地资源被占用，水渠淤堵废弃，建筑高度和密度不断增加，现居人口需求远远大于生产可供给上限量，导致能量循环失衡，产业体系断裂，传统林盘自给自足的特征流失，与自然共生关系被破坏；同时部分林盘原有乡土植物被替换成城市景观植物，原有植物韵律被破坏，缺乏乡土美感，乡村生活氛围不再，环境质量下降；田地和林地的减少、乡土植物的消失直接导致原有林盘生态本底被破坏，生态系统多样化降低，林盘特有生态价值严重受损（图 7）。空间要素的失衡，导致林盘特征逐渐消失，原有稳定性和延续力被打破。

2.3　邻里空间缺失

现代川西林盘更新无固定模式，根据调研总结，主要做法有三种：

（1）新聚居社区。照搬城市小区规整单一形式，水泥高楼隔绝人际交往，空间呆板无内聚感，无乡村气息与融洽氛围，邻里交往空间消失（图 8）。

（2）村民自发改建。村民随意拆除和兴建住宅，建筑残渣乱堆乱放，争夺公共空间（图 9）。利益驱动下，个体关系从群体关系网络中抽离，导致村落整体空间杂乱无组织，村落环境恶性循环[10]。加之大量村民涌入城市，林盘面临“空心化”危机，社区凝聚力解体，传统人文关怀消失殆尽。

（3）商业开发。部分林盘中的商业开发虽保留农村建筑风格，但居住人群性质改变，多为外来投资者，以发展第三产业为主。无序开发导致内部人口外流，居住主体人

图 7　现代林盘内部

图 8　新聚居社区内部

图 9　自建林盘内部环境

群的替换使得林盘变成“生人社会”，未保留原住民及传统林盘民俗文化（图 10）。

图 10　商业开发林盘内部

川西林盘居民的归属感、认同感和凝聚力都是在社会交往的过程中形成的[11]。任一开发模式中，都忽视了对公共空间的营造和对林盘和谐邻里文化的保护与传承。更新后的公共空间舒适感差，功能缺失，无法满足居民日常需求，原有乡土构筑物被现代设施替代，缺乏文化氛围，传统林盘内聚亲和空间形式瓦解。

2.4　文脉空间断裂

川西林盘是蜀文化和农耕文化相互作用下应运而生的产物，其文化底蕴深厚，文化资源丰富，是川西重要的文化遗产。然而，个别现代林盘更新对原有村落缺乏应有的尊重和保护意识，致使一些农村村落中能够体现时代特点和传统风貌的聚落形态瓦解，很多新建农宅的设计与当地的人文特色几乎脱节，外墙材质、结构骨架等已经丝毫没有地域特色可言[1]。同时随着文化活动空间的消失，林盘乡土文化中独具特色的民俗文化和手工工艺也不断流失。“一刀切”的更新方式摧毁了林盘千百年演变形成的风格各异的村落和建筑，其承载的丰富文化也随之消失，文脉空间断裂，地域文化传承面临危机[12]（图 11）。

图 11　林盘自发改建民居

部分林盘的更新违背了村民意愿，忽略了村民需求，更忽视了对林盘文化的保护与传承，引入社区营造，即旨在将更新的重点聚焦于村民的参与，鼓励村民自主参与更新，重建场地内聚力，解决现存问题。

3　林盘空间更新营造思路

社区营造本着空间多样性、功能适应性、生产便利性、景观生态性、特色延续性这五大原则，对乡村空间更新提出几点指导思想：

（1）从村民利益出发，强调培养村民自治意识，充分调动其参与积极性，以唤醒凝聚力和认同感。

（2）强调普及乡土文化的价值及保护的必要性，通过对传统文化的保留与传承，塑立村民文化自信及重视。

（3）尊重村民诉求，保证空间功能复合齐全，尺度宜居。

（4）在适当产业创新中，保证乡村社区产居平衡，实现社区可持续发展。

从率先进行社区营造的台湾来看，当地南投桃米社区的灾后重建，宜兰白米社区木屐文化产业的建立，包括台南土沟村的环境改造等，都获得了一定成效[14]，社区营造的指导思想在乡村的发展建设中起到了关键性作用。根据原则和思想，川西林盘的空间更新策略思路可大致整理为空间要素修复、邻里空间联结、空间功能复合、景观意象重构四个方面。

3.1　空间要素修复

重视传统川西林盘空间营造中宅水林田四大要素的比例构成及功效作用，在更新中保证林盘产居平衡作为社区可持续发展的基础。根据传统营造手法修复空间要素，恢复空间格局、尺度与形式，保证林盘空间生活、生产、生态三大功效的均衡发展。

3.2　邻里空间联结

注重公共空间的打造，以供村民日常活动交往，恢复川西林盘特有的邻里文化，唤醒村民之间的认同感和林盘社区的内聚力。保留当地风俗习惯，保护乡村地域文化特色，恢复历史传统，挖掘有价值的地方手工技艺及特殊节庆活动进行传承，形容村民之间的精神联结。

3.3 空间功能复合

以人为本，充分考虑林盘社区居民的物质和精神需求，把现代农业、生态型服务业和相关产业配套设施等，与村民居住配套设施有机结合（王小翔）。尤其注重公共文化空间的营造，合理布置空间实现功能复合，调动村民参与积极性，形成良好的公共生活氛围。

3.4 景观意象重构

启发住民运用当地材料和乡土植物，借助先进的技术手段改善社区环境，（明研）综合传统川西林盘景观意象进行自主更新，强调林盘的地域文化特质和生态效益，以构建特色文化社区并保留不同村落的风格多样性。

4 结语

社区营造为川西林盘提供了一种契合度高、适应性强的自下而上的空间更新方式，从空间要素、邻里联系、空间功能、景观意象方面解决现代林盘空间更新混乱、文脉遗失、要素失衡等问题，通过民众自发、政府协作上下同治的新形式激发林盘潜力，挖掘人文资源，激活社会经济和文化传承，实现可持续发展。可选取部分林盘作为示范点实施更新策略，通过不同案例情况完善理论，以期为更大规模的林盘更新提供理论指导，对推进成都地区的乡村振兴具有重大意义。

参考文献

[1] 黄瑞茂．社区营造在台湾[J]．建筑学报，2013(04)：13-17.

[2] 王郁．日本城市规划中的公众参与[J]．人文地理，2006(04)：34-38.

[3] 胡澎．日本“社区营造”论——从“市民参与”到“市民主体”[J]．日本学刊，2013(03)：119-134+159-160.

[4] 周颖．社区营造理念下的乡村建设机制初探[D]．重庆：重庆大学，2016.

[5] 方志戎．川西林盘文化要义[D]．重庆：重庆大学，2012.

[6] 方志戎，李先逵．川西林盘文化价值探析[J]．西华大学学报(哲学社会科学版)，2011，30(05)：26-30.

[7] 王小翔．成都市林盘聚落有机更新规划研究[D]．北京：清华大学，2012.

[8] 贾永梅，胡其柱．“乡土社会”：以费孝通先生《乡土中国》为参照的解读[J]．中国社会科学院研究生院学报，2010(06)：96-101.

[9] 邹明妍，周铁军．“社区营造”模式下乡村公共空间营建策略研究[J]．建筑与文化，2018(12)：149-150.

[10] 余缅萍．海外社区营造的发展性视角对中国的启示[J]．广东青年职业学院学报，2016，30(03)：73-77.

[11] 朱盛杰．乡村更新中的社区空间营造研究[D]．苏州：苏州科技大学，2018.

[12] 徐萌．基于社会重塑目标下的川西林盘社区营造研究[D]．成都：西南交通大学，2016.

[13] 吴志宏，吴雨桐，石文博．内生动力的重建：新乡土逻辑下的参与式乡村营造[J]．建筑学报，2017(02)：108-113.

[14] 彭皓栋．台湾社区营造理念在乡村规划与建设中的应用研究[J]．小城镇建设，2018(06)：64-68.

作者简介

纪丹，1994年生，女，汉族，四川攀枝花人，四川农业大学风景园林学院在读硕士研究生。研究方向为风景园林规划设计、川西林盘景观要素。电子邮箱：807588893@qq. com。

孙大江，1973年生，男，汉族，四川广元人，博士，四川农业大学风景园林学院副教授、园林研究所主任。研究方向为风景园林规划设计、西蜀园林美学思想、川西林盘景观意象。电子邮箱：414814549@qq. com。

沈阳市景观遗产保护与利用相关法规变迁研究

Study on the Change of Laws and Regulations Related to the Conservation and Utilization of Landscape Heritage in Shenyang

王 娜 邓 舸*

摘 要：清朝发祥地的沈阳现存多时期多民族形成的历史遗产，1986 年被指定为“历史文化名城”。2005 年沈阳市颁布《沈阳市地上不可移动文物和地下文物保护条例》标志着独自建立景观遗产保护政策体系的开端。近年与景观遗产相关法规也从保护向利用方面扩展。本文以沈阳市与景观遗产相关法规为研究对象，将其变迁划分为 5 个时期，分析各时期的发展特征。结果表明，各时期的施政都具有时代性的特征。对于历史价值较高的建筑物等历史型景观遗产，从近代就已开展了保护与利用工作，对现今遗产保护与利用事业的发展仍具有极其重要的借鉴意义。位于郊外的山地、森林等自然型景观遗产，在清代与皇族的坟墓、风水关联密切，部分作为皇室狩猎地被保护下来。未来应建立完善的景观遗产保护系统，有必要通过调控城市经济开发与市民日常活动，来减少对景观遗产造成的不良影响。

关键词：中国沈阳；景观遗产；保护；利用；法规制度

Abstract: Shenyang, which is known as the birthplace of the Qing Dynasty, has many historical heritages formed by multi-ethnic rule in various periods. In 1986, Shenyang was designated as a "historical and cultural city". In 2005, Shenyang issued the Regulation on the Conservation of Immovable Cultural Relics on the Ground and Underground Cultural Relics, which marked the beginning of establishing the policy system of conservation of landscape heritage independently. In recent years, the legal system related to landscape heritage has been expanding from conservation to utilization. This study takes the laws and regulations related to landscape heritage in Shenyang as research objects, divides theirs changes into five periods, and analyses the development characteristics of each period. The results show that the governance in each period has the characteristics of times. The conservation and utilization of historic landscape heritage, such as buildings with high historical value, have been carried out since modern times, which has extremely important reference significance for the development of the conservation and utilization of today's landscape heritage. The natural landscape heritage, such as mountains and forests in the suburbs, was closely related to the imperial tombs and geomantic omen in the Qing Dynasty. Some of the heritages were protected as royal hunting grounds. In order to, it is necessary to control the economic development of the city and the daily activities of the citizens to avoid the adverse impact on the landscape heritage, and then establish a perfect landscape heritage conservation system.

Keyword: Shenyang, China; Landscape Heritage; Conversation; Utilization; Laws and Regulations

引言

自 20 世纪 80 年代中国经济高速发展，景观破坏问题日益严重。中国政府为保护利用景观遗产，开展了对文物保护单位、自然保护区的指定工作。另外，对于历史文化遗产相对集中的城市、镇、村等地方行政区域，中国政府推行了“历史文化名城名镇名村”的指定制度，成为“历史文化名城名镇名村”的行政单位逐步建立独自的遗产保护制度。为了能最大限度突显地域的特色，更好地保护景观遗产，本文从历史角度整理了沈阳各时期的景观遗产相关法规，在把握现状的基础上展望未来，为今后城市、镇、村的景观遗产保护与利用发挥借鉴作用。

1 研究对象

目前沈阳市拥有 150（2019 年）处代表多民族统治的景观遗产，包含 2009 年以前确认的 146 处[1]及新增 4 处（沈阳汗王宫遗址、八卦街、石佛一村、东北陆军讲武堂）。本文以中国沈阳市（图 1）为研究对象，以各时代

图 1 沈阳市市辖区行政区划图

的人类统治方式为焦点，提取《奉天通志》、《沈阳市志》、《东北城市计划史》等文献中记载景观遗产的保护利用相关的法规制度[2-4]，从社会背景、遗产性质的角度出发，整理出清朝以前（916～1644 年）、清朝（1644～1911 年）、民国（1911～1931 年）、殖民地（1931～1945 年）、中华人民共和国成立后（1949～今）5 个时期的变迁，并考察各时期的特征（图 2）。

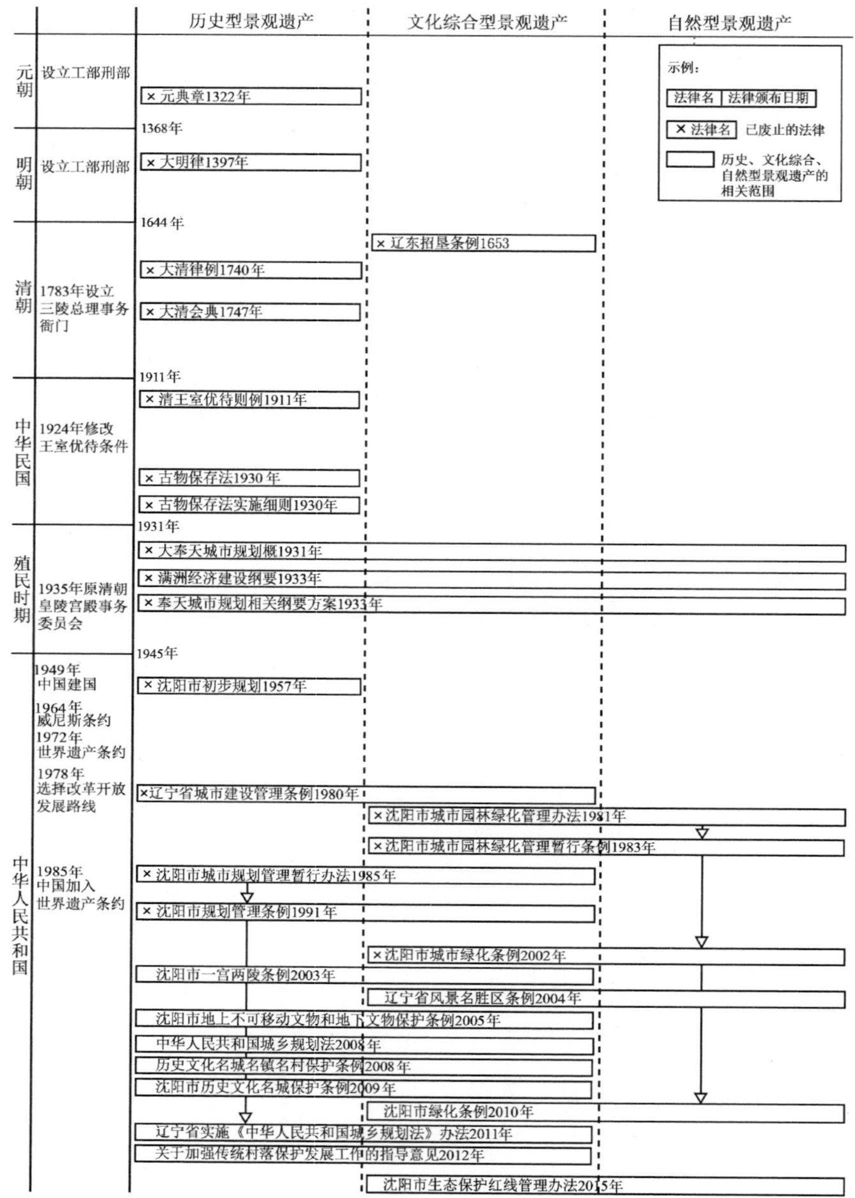

图 2　沈阳市景观遗产保护法律制度的变迁[5]

2　沈阳市景观遗产保护与利用相关法规制度的变迁

2.1　重视统治者民族、宗教的历史型遗产管理保护制度（辽、元、明 916～1644 年）

清朝以前的沈阳一直是少数民族或汉族的军事据点。辽代为更好地治理百姓，统治阶级一直重视原住民信仰的萨满教[6,7]，此时期建造了现存于沈北新区的回龙寺、舍利塔（1044 年）等建筑群。元、明朝行政体系受唐、宋朝的影响。在元代的《元典章》（1322 年）和明代的《大明律》（1397 年）中均明确记载“工部”（建筑物的建设、历史建筑物的修复工程等）和“刑部”（建筑物的管理）的职能[8,9]，如 15 世纪 10 年代对长安寺、大法寺进行了修缮。但清代以前的宗教政策并非代代传承，统治者们为了权力仅重视扶持符合政权的宗教，如元朝排斥儒教，明代却将宗教政策的重心放在儒教上，大力压制佛教与道教（图 3）。

此时期的法规制度受统治者宗教观的影响，以历史型景观遗产为主的保护管理制度发生了巨大的变化，形成了极不稳定的保护制度。

2.2 多民族共生、控制人类活动的保护制度（清 1644～1911 年）

清朝的沈阳经历了首都、陪都等时期，制定了历史型、文化综合型、自然型景观遗产的保护制度。在历史型景观遗产方面，清朝沿用了元、明朝的“工部”、“刑部”的管理制度，对王室贵族等统治阶级的主要建筑物施行了严格的管理制度，注明了守卫者的人数、职责与惩罚规则。同时，为统治多民族百姓而建造了法轮寺（北塔）、永光寺（东塔）、延寿寺（西塔）、广慈寺（南塔）等大规模的藏教寺院。在文化综合型景观遗产方面，清政府于 1653 年颁布了《辽东垦条例》，引导多民族人民利用郊外的土地发展农业。此后，清朝为了在中国建立更大的政权，选择借助蒙古族、伊斯兰族、朝鲜族等其他民族的力量[10]。因此，多民族的宗教文化、传统民族村落在稳固的宗教保护政策下受到了保护。

在自然型景观遗产方面，清朝皇室按中国传统的“背山临水”的“风水”理论选择了陵墓地点，营建福陵（1626 年）和昭陵（1629 年）。清朝的统治者们相信祖先的陵墓与自己的政权运势紧密相连，因此在《大清律例》（1740 年）和《大清会典》（1747 年）中设立了“三陵总理事务门”（1783 年），规定在皇陵周围驻扎守卫部队，禁止一切市民甚至家畜的进入，定期确认油松、榆树等重要树木的生长状态，除祭祀外不允许任何的人为干扰[11,12]。另外，满族王室继承了“打围”的狩猎风俗，狩猎的场所被称为“围场”。沈阳市北部的部分区域被划入“盛京围场”，同时还规划了“八旗”贵族的私人“围场”。作为清朝历代统治者们重要的政治军事场所的“围场”，制定了严格的管理制度：①有士兵把守，严禁百姓入内，禁止放牧、砍柴、砍伐树木的行为；②每年仅在秋季进行一次狩猎；③为保证“围场”动物的繁衍而禁止狩猎小动物。此种制度通过限制人类活动保护了森林动植物，成为保护自然生物多样性的自然型景观遗产保护制度(图 3)。

此时期的法规制度以宗教保护政策为中心，保全了多民族的宗教设施。即便在大规模首都建设的背景下，也实施了特定区域限制人类活动，间接保护生态系统的法规制度。

2.3 最低限度维持遗产功能和价值的保护政策（民国时期，1911～1931 年）

民国时代沈阳作为奉系军阀的军事据点，新建了多处军事工业设施和民族工业设施，但军阀政府并未推进景观遗产保护法规的制定。1910 年代，中华民国政府颁布了《清王室优待条例》，依据该条例的规定，沈阳的皇宫、皇陵、皇家寺庙均应受到特别的保护。1924 年，根据“修正清室优待条件”，王室的财产全部归国民政府所有，沈阳皇宫改为“东三省博物馆”（图 3）。此时期的法规制度仅对历史型景观遗产实施了最低限度的保护。

2.4 重视历史遗产的价值与功能、以自然保护控制城市规模的城市规划（半封建半殖民地时期，1931～1945 年）

1931 年沈阳市成为日本殖民地的奉天市，1933 年殖民政府颁布的《满洲经济建设纲要》确定了建设工商大城市奉天的方针。同年，以京都帝国大学的《大奉天都市计划概要》[13]为基础，颁布了《奉天都市计划纲要》。在纲要中强调了“史迹、名胜、纪念物等的保存”，将重要的历史型景观遗产盛京宫殿改名为奉天故宫博物馆，将福陵和昭陵改造为城市公园。同时，制定了城市总体公园绿地规划，将塔湾、万泉等清代名胜地改为公园，对北塔法轮寺、南塔广慈寺等周边地域也进行了绿化。自然型景观遗产方面，市郊的绿地和水系在城市规划中均成为保护对象，总规划区域面积达到 $400km^2$[14-16]（图 3）。

此时期的法规制度对于当时亚洲各国的城市规划来说是先进的，法规制度在内容上重视景观遗产的价值和功能，通过限制城市规划规模的方法来保护自然环境，使城市建设、保护遗产与保护自然相互共生。

2.5 配合现代城市建设的新型景观遗产保护制度（中国，1949 年至今）

新中国成立后，沈阳市被指定为全国重点建设城市，重工业城市功能得到了迅速恢复[5]。1957 年国务院公布了《沈阳市初步规划》，在如何保护与工业生产相冲突的

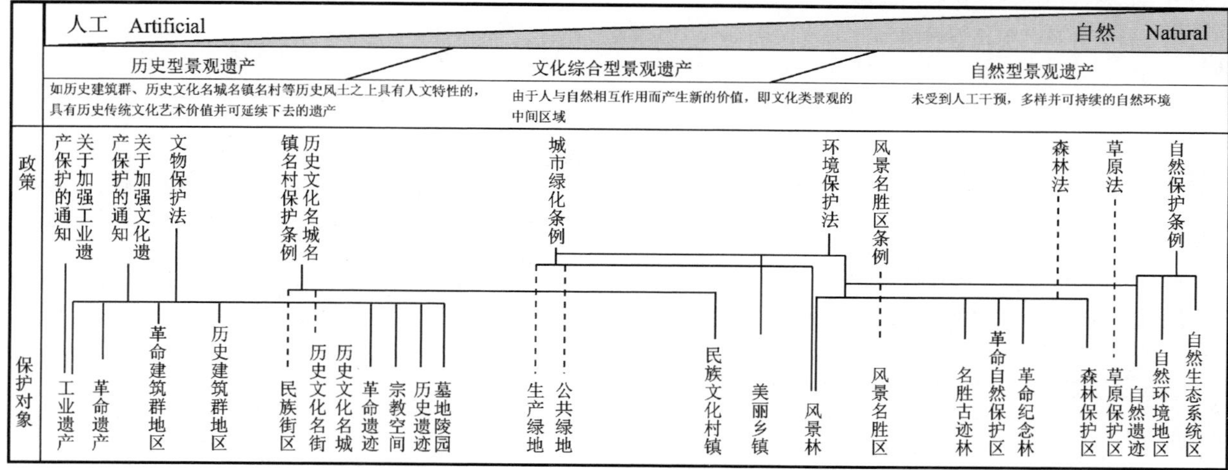

图 3 沈阳市景观遗产相关法律法规与保护对象的对应关系

景观遗产方面，决定在保留历史性建筑物的同时改造原有的交通系统。此后，文化大革命期间（1966～1976年）许多历史型景观遗产，特别是宗教类的遗产遭到了破坏，城市的整体功能也基本停滞。

1980年代初，沈阳市为恢复正常城市功能而开展了新的城市规划政策，包含了城市绿化工作。在历史型景观遗产保护方面，《沈阳市城市规划管理实施办法》（1985年）、《沈阳市城市规划管理条例》（1991年）中，第二十八条明确了“在旧区改建中，不得损害文物古迹和风景名胜，应当保护具有重要历史意义、文化艺术和科学价值的建筑物和构筑物”等内容。在文化综合型景观遗产与自然型景观遗产保护方面，《沈阳市城市园林绿化管理暂行办法》（1981年）、《沈阳市城市园林绿化管理暂行条例》（1983年）中，明确将“陵园、名木古树和风景名胜区”纳入管理范围，提出对名胜古迹和名木古树要加强保护和管理的要求。此时期名木古树等自然型景观遗产，陵园、风景名胜区等文化综合型景观遗产均成为保护对象。

21世纪，中国景观遗产保护开始受到国际条约、宪章等的影响，沈阳市的故宫、福陵、昭陵也于2004年7月被列入《世界遗产名录》，以此为契机沈阳市颁布了《沈阳市一宫两陵条例》（2003年），开始了历史型景观遗产的保护与修复工作。另外，景观遗产的保护对象不断扩大，《辽宁省风景名胜保护管理暂行条例》（2004年）将具有丰富文化资源与自然资源的地区划分为风景名胜区，在保护历史、宗教、革命等人文景观的同时，也规定了地形、水系、生物等生态系统的保护政策。根据国家《文物保护法》的相关规定，沈阳市特别颁布了《沈阳市地上不可移动文物和地下文物保护条例》（2005年），严格规定了历史建筑物、构筑物等文物保护单位的保护范围与建设控制地带，不得破坏文物保护单位的环境和历史风貌。沈阳市于1984年被指定为历史文化名城，在2008年颁布了《沈阳市历史文化名城条例》，突破了原有的仅对建筑单体的景观遗产进行保护的局限，清朝和殖民地时代的整个历史风貌区，宗教建筑、民族建筑、古迹、风景胜地、历史文化街区等更为综合性的区域均成为了保护对象，保护范围逐步扩大（图3）。

此时期的法规制度保护了民族、宗教等人文景观，控制了历史、自然保护地区周边规划区域，增加了管理区域内建筑物色彩、外观、增建等详细规定。另一方面，历史性建筑物的修缮、人类的经济活动、城市规划之间的联系变得更为重要。

3 结论

本文整理了沈阳市景观遗产相关的法规制度，共分为5个时期，每个时期均具有明确的特征。在各时期的保护制度中均保护了民族、宗教类景观遗产。为了维护统治者的政权，多民族的宗教保护政策一直延续至今。因此，今后沈阳市在制定景观遗产保护制度时，有必要重视这一特征。

对于沈阳市现存的沈阳故宫、清代皇陵、寺院等历史性较高的建筑物，目前转变为博物馆、公园等，开展了一定的保护与利用工作。但如何在保护各类景观遗产的基础上发挥其应有的价值与功能，将成为未来城市文化、景观发展的重要课题。

对于郊野山林等自然型景观遗产，清代保护了皇家陵寝、皇家猎场等区域。在近代为了保护城市近郊的绿地和水系而控制了城市发展的规模，严格管理了人类的活动区域和活动内容。因此，未来沈阳有必要通过控制城市经济活动与市民活动来建立完整的自然遗产保护体系。

参考文献

[1] Ge DENG, Tsutomu HATTORI, Isoya SHINJI. Analysis of the present condition of landscape heritage site Shenyang, China[J]. Journal of Agriculture Science, Tokyo University of Agriculture, 2009, 54: 155-162.

[2] 王树楠等. 奉天通志[M]. 沈阳：沈阳七二一七工厂，1927：1242-2198.

[3] 沈阳市人民政府地方志编辑委员会. 沈阳市志[M]. 沈阳：沈阳出版社，1989：4-50，189-251，627-718.

[4] 汤士安等. 东北城市规划史[M]. 沈阳：辽宁大学出版社，1995：9-41.

[5] Ge DENG, Tsutomu HATTORI, Isoya SHINJI. A Comparison study on landscape heritage in Japan and China[C]. The 11th Landscape Architectural Symposium of China, Japan and Korea, 2008: 188-193.

[6] (明)任洛等纂修. 辽东志[M]. 北京：科学出版社，2016.

[7] (明)李辅纂修. 全辽志[M]. 北京：科学出版社，2016.

[8] 谢贵安. 明实录研究[M]. 武汉：湖北人民出版社，2003.

[9] 张海英. 明史[M]. 上海：上海人民出版社，2015.

[10] 中国社会科学院历史研究所清史研究室编. 清史论丛[M]. 北京：中国广播电视出版社，2008.

[11] 姜相顺. 满族史论集[M]. 沈阳：辽宁民族出版社，1999.

[12] 华文书局. 清高宗实录(卷201)[M]. 华文书局.

[13] 武居高四郎. 地方规划的理论与实践[M]. 富山房，1938：281-291.

[14] 越泽明. 殖民地满洲的城市规划[M]. 日本：亚洲经济研究所，1978：01-192.

[15] 佐藤昌. 满洲造园史[M]. 日本：财团法人 日本造园修景协会，1985：134-136.

[16] 李荟，石川干子. 中国沈阳市开展公园绿地系统规划的历史研究[C]. 城市规划论文集，2010，45(03)：235-240.

作者简介

王娜，1992年生，女，汉族，辽宁北票人，硕士，研究方向为城市历史性公园的保护利用与景观遗产保护。电子邮箱：nawwna@outlook.com。

邓舸，1977年生，男，汉族，辽宁辽阳人，博士，沈阳农业大学教研室主任，研究方向为城市景观遗产的保护与利用/城市历史性公园的保护与利用。电子邮箱：2015500042@syau.edu.cn。

首钢后工业景观重构与空间演化研究

Research on Space and Value Reconstruction of Shougang's Post-Industrial Landscape

李　宾

摘　要：本文试图为首钢为代表的中国后工业转型研究提供新的视角，在复杂后工业案例历史演变的特殊时期，以空间与价值的重构来审视景观的作用。借助社会学理论框架，对首钢空间演化的概念、意义和内涵等方面进行准确定位：首先对首钢空间的演化进行时间段的划分，包括工业时期与后工业时期；其次研究工业时期景观价值与空间的成因机制、基本原理以及复杂关系；最后针对其空间生产的类型、特征建立起对于首钢在后工业中景观重构过程的认识框架。

关键词：首钢；空间演化；景观重构

Abstract: The paper attempts to provide a new perspective research on China's post-industrial transformation represented by Shougang. The role of landscape is examined through the reconstruction of space and value in the special period of the historical evolution of complex post-industrial cases. Under the sociological theoretical framework, the paper clearly define the concept, significance and connotation of Shougang's spatial evolution: Firstly, the time division of Shougang Shougang space is divided into time periods, including industrial period and post-industrial period; secondly, demonstrate the formation mechanism, basic principles and the possibility of the relationship between landscape value and space. Finally, based on the types and characteristics of space production, the understanding framework of Shougang's landscape reconstruction process in post-industrial industry is established.

Keyword: Shougang; Space Evolution; Value Reconstruction

1　背景

1.1　景观与废墟

查尔斯·瓦尔德海姆（Charles Waldheim）在揭示景观是从城市化自身起源出现时，曾引用克里斯托夫·伍德（Christopher Wood）的描述："在西方景观是一种缺失的象征，一种人类与自然原初关系被城市化、商业和技术扰乱后才出现的文化形式。"景观不仅仅简单的是从城市性（urbanity）中发展而来的，景观本身就是深植于西方传统上对城市废弃地（urban abandonment）的具体描述中的。没有对城市的遗弃，就不会有西方对景观话题的讨论①。

为了进一步印证这个观点，瓦尔德海姆提到1603年"景观（Landscape）"一词第一次出现在英语语言中，并以克劳德（Claude Lorrain）在意大利Disabitato所作的许多关于废墟的绘画（这些绘画对英国园林运动产生重要影响）为例子（如图1所示），想要声明没有城市遗弃地（urban abandonment）就不可能有景观的出现。"我们直到开始遗弃城市，景观才开始出现在西方文化中"。虽然关于景观词源的解释只代表瓦尔德海姆个人的观点，但其对城市遗弃地（棕地）（urban abandonment）与景观互为因果关系的切入点，以及基于此景观价值与认知方式重新评判都具有启发性。

图1　Landscape with Ascanius Shooting the Stag of Sylvia（1682年），克劳德·诺兰

1.2　首钢的历史发展

雄踞北京石景山区的首钢作为中国钢铁厂的典范，自1919年建厂以来，在中国近现代钢铁工业中都占有重

① 哈佛大学景观系前系主任Charles Waldheim 2015年9月8日卸任讲座。

要地位，首钢之“首”，要起到重要的带头作用，而这不光展现在其工业生产成就上，考虑到其工业体系的复杂性以及于北京的区位关系。

但伴随强大的生产力而来的是不可忽视的环境污染问题，自1994年来围绕“要首都还是要首钢?”① 政府、专家、公众、首钢人产生了一系列激烈的讨论，而2001年北京申奥的成功，则戏剧性的加快了首钢的离开，自2005年起，为了适应北京市生态环境建设、经济结构转型，首钢逐步关停了钢铁生产线，生产职能逐步外迁，截至2010年，最后一桶钢水生产完毕，正式停产。曾经严格按照生产流程及高效原则建造的建筑、设备、铁路、道路、传送带、管道、烟囱等组成的复杂巨系统成为北京标志性的“工业博物馆”（图2）[1]。

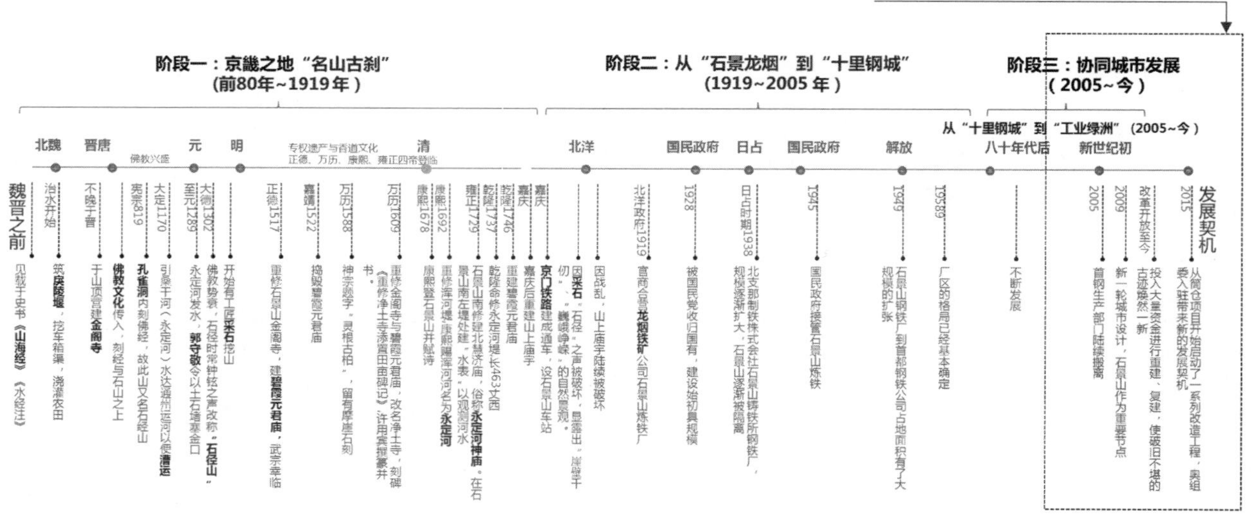

图2 首钢工业遗存复杂巨系统（图片来源：一语一成工作室提供）

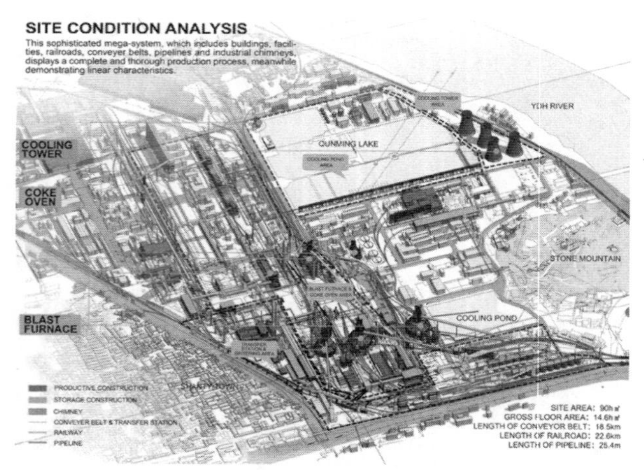

图3 首钢工业遗存复杂巨系统
（图片来源：一语一成工作室提供）

首钢的转型是一种复杂的自然、经济、社会和制度等过程的转变，是在特定的国家事件（两次奥运）、地理环境和北京城市发展阶段中，工业生产设施与城市环境相互作用的综合结果，在空间结构上则体现为从封闭、单一的工业生产、生活的“大院”向开放、多元的城市历史文化公共服务区的转变。这种空间的转变一方面呈现于微观的、内在的空间要素之中，使得实体建成环境保留历史信息（Historical Ground）的同时具有了新的文化意涵（Cultural Imagination），而另一方面则呈现于宏观的、外部的、与之相关联的城市运行机制（Urban Operation Mechanism）与大事件（City Event）之中，这其中包括的资本生产方式的转变、政策法规治理方式的转变、生活秩序与社会网络的改变等。[2]

1.3 首钢的空间特性与边界

本文选择首钢工厂大院作为对象展开研究。从时间维度上看，研究主要关注1919～2019年首钢百年的历史发展进程，以“工业化”为重要的时间分割点逐一考察首钢空间的演化历史，在此基础上，重新梳理城市、工厂、景观发展演变过程（图4）。

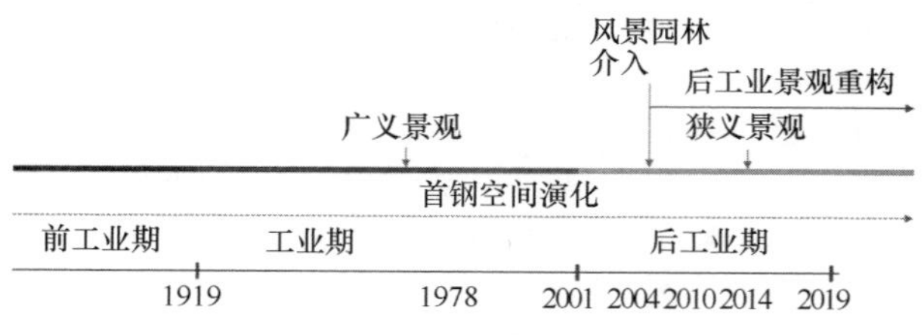

图4 首钢研究时间范围界定

① 2000年6月9日徐匡迪在中国工程院第五次院士大会上作学术报告中，就钢铁生产的出路在于是否能和环境友好等问题提出的反问。

从研究界面来看，由于首钢作为一个“大院”，其边界及影响范围涵盖广泛，研究首先需要对首钢做清晰的界定，本文研究的首钢从空间划分肇始于 1919 年，选址北京西郊永定河畔石景山东麓，历经国民政府、日占和中华人民共和国成立后快速发展时期，其工业与相对的大院空间不断“生长”形成如今的格局[3]（如图 5 所示）。

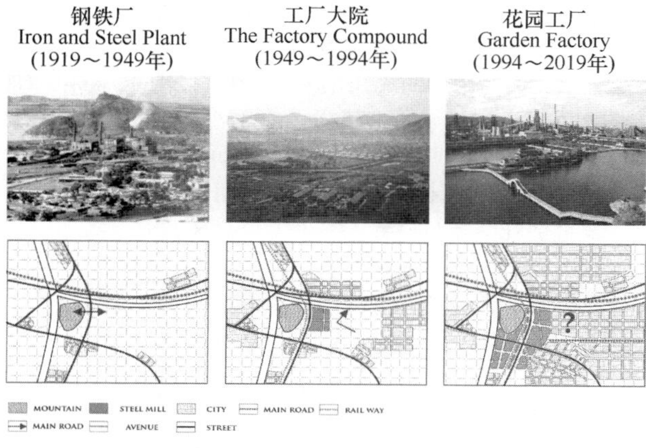

图 5　首钢研究时间范围界定

狭义的范围包括总占地 8.63km^2 的主厂区以长安街西延线为划分标准，分为南北两个片区。广义上的研究范围则将其锁定于“首钢存在于石景山周边城市社会环境”[4]，一方面是因为首钢历史工业空间不仅仅是一个私人的、封闭的空间实体存在（虽然其确实有明确的厂区边界），而更多的是处在一种边界模糊的、意象的、动态变化的城市环境之中，将其放置于城市社会环境之中，更利于观察研究历史工业空间与各类社会要素的强烈互动，讨论其作为建成环境参与到社会生产的过程，同时也能够从更为宏观、本质的层面来理解历史工业空间的再生问题（如图 6）。

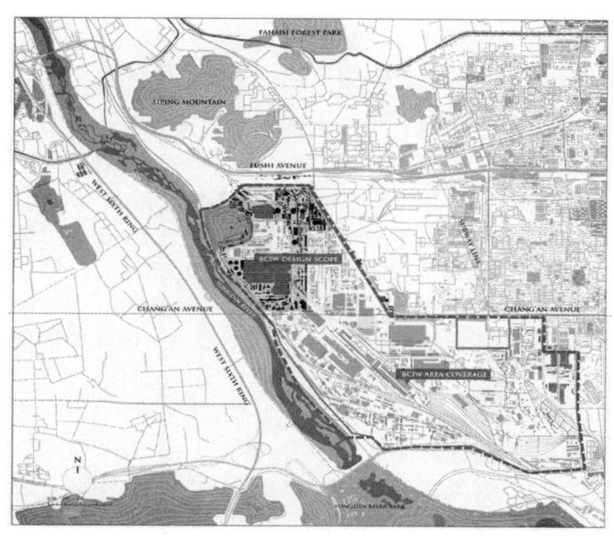

图 6　首钢研究范围界定

自 2002 年起针对首钢的学术研究日益增多，从传统的工业遗产保护、工业自然、棕地再生、产业转型等角度已有相当丰富的研究成果，而将其放置到更宏观的社会空间运行机制中研究相对较少，本文旨在从社会学角度上解读首钢后工业转型与其物质空间演化之间紧密的关联，探索这一过程中其景观的价值重构与空间重构，总结其特殊性。

2　空间演化与景观重构

2.1　空间演化

人类依据不同经济活动、社会活动对空间进行分割，由此细化后的空间具备不同的规模、功能和特征，这一行为被称为“空间的配置”。而空间本身的产生、分化、重构和演进，都随着历史的发展而变化，称为“空间的演化”。对于首钢空间的演化需要在大的历史线上论证其成因机制、基本原理，并针对其空间生产的类型、特征建立起对于演化过程中的认识框架。具体而说，首钢空间演化主要可从三个方面来解读：

第一，生产建设的“工业时期”。宏观层面，首钢工业空间发展历程中，其空间受到历史的社会意识形态、政治、经济发展模式、社会运行机制、空间治理方式等的影响，具有历史特殊性；微观层面，作为一种纯粹的工业线性生产空间，设计为满足最大效率，完全以“实用性”为导向，形式不受太多审美及文化要素干扰，但却需考虑技术条件的约束[5]。

第二，停产转型的“后工业期”。局部工业建筑与设施等遗存的更新面临既有空间与新使用需求对接、更新改造与文脉叠加等问题。整个首钢厂区则直接面临工厂大院如何与城市交通、基础设施系统交接等复杂问题。

第三，自上而下的机制与自下而上的行动，文章从城市社会学的视角来审视首钢空间的演化，将其看作是在特定城市环境与社会发展阶段中，人类各种活动与物质空间相互作用的结果。具体来看，是将自下而上对不同的能动主体的价值选择与实践方式，与自上而下不同机制下的生产模式、城市效用等进行逐一分析。

2.2　后工业景观重构

2.2.1　景观价值重构

景观价值的重构包括：经济价值，游憩价值，生态价值与文化价值，各自作用不同，面对首钢复杂的转型问题，经济价值对应厂区更新后自身作为价值客体对于北京周边潜在人群的吸引，以及通过改造与利用所产生的经济效益；而游憩价值则直接与后工业公园相对接；生态价值，则更多关注首钢后工业景观在棕地修复治理后，以及保存原有郊野感的绿色空间价值；文化价值，侧相对应《北京总规 2016 年—2035 年》中提出的北京近现代工业历史文化区，以后工业为文化价值的客体。

2.2.2　景观空间的重构

景观空间的重构包括：其空间结构、形态特征与要素类型的重构。空间结构是从区域城市尺度关注原有的线性生产空间，从炼铁、炼焦、炼钢、型钢等都无不与工业强调高效率的生产线有关，而与之对应的是，后工业到来，首钢面临城市高强度的路网结构，这两种从本质上就不同的空间结构产生对话；而形态特征与要素类型则在街区尺度与场地尺度关注首钢中潜在的不同的景观类型如铁轨景观、高炉景观、滨湖景观与山地景观、工业景观与寺庙景观，需要指出的是，正是因为首钢具有的高度复杂性，导致其要素、特征类型过于庞杂，无法通过一个既有的范畴去归类，而这也彰显了价值重拾的重要性[6]（如图 7 所示）。

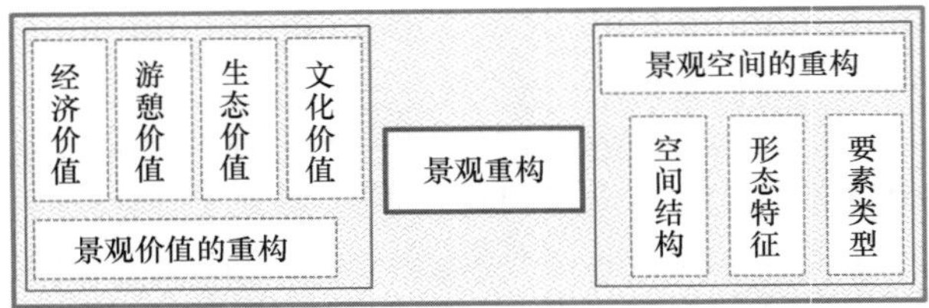

图 7　后工业景观重构图示

3　历史语境下首钢的空间演化与景观重构

3.1　首钢空间演化——成因机制

对空间演化背后成因机制的理解，不仅关系到人们对其重构后的景观（后工业景观）历史信息（historical information）的解读，更重要的是它还直接影响到人们基于历史认知所可能所采取的种种相关实践行动的联想（imagination）。因此对于成因机制的解析有助于我们理解首钢空间演化中的社会运行本质。

文章以列菲弗尔的空间生产论作为认知框架，来理解空间演化的运行机制[7]（如图 8 所示）。

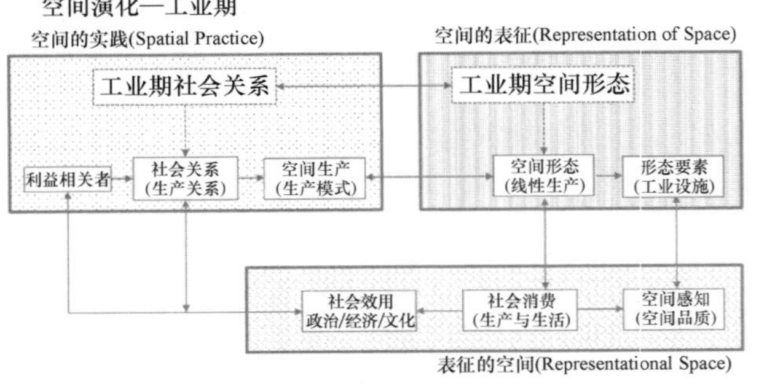

图 8　首钢工业期空间生产示意图

“空间的实践”是由一定的社会生产关系所决定的，每一个不同的个体依据他在生产与再生产中最终所处的位置，来完成他对空间的改造与实践。它既是人类各种物质实践活动和行为本身，又包括这种行为的结果，产生了一种外在的物质空间表现。工业期内，首钢此类空间即包括工厂生产空间也包括周边对应的工人新村、俱乐部等生活空间。

“空间的表征”一种概念化的、抽象的、精神的、被构想（conceived）的空间。客观来看，此类空间多属于人居环境学科研究的主体。而此类空间无论是在首钢初期苏联式的典型工厂大院，还是后期朴实山水观念的园林化工厂、还是停产后的历史文化工业园区，都是在规划与管理者意图下产生的理想空间。

“表征的空间”是人们真正生活的空间，与人们日常生活的复杂性、不确定性紧密相联。正是这种矛盾的存在，此类空间是一种充满潜力的、生活的（lived）空间，客观来看，与价值判断相关。多样的生产者在其中存在着多样价值表达的可能，也使得价值重构的途径呈现出多样化的特征。每一股力量都在不同空间演化类型中扮演了不同的角色，在不同的时空语境中不同角色之间也构建了不同的社会互动关系。

值得注意的是，当首钢进入后工业时期，因原有生产关系的断裂，使得其原有的工业生产空间处于荒废之中，由于多方面利益的博弈，以及对于这种遗弃空间的价值的认知的滞后性，使得基于首钢空间生产的链接被打断，与之相对应的价值——空间联系也被打破。但随着首钢转型的加速，新的社会与生产关系的介入（高端产业服务区的建立），使得新的链接出现可能（图 9）。

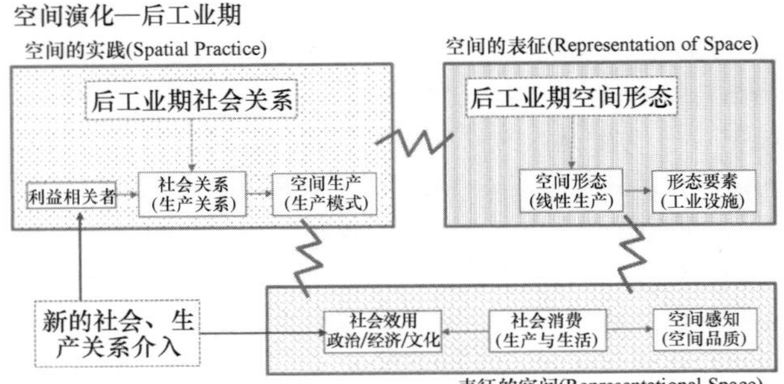

图 9　首钢后工业期，空间生产断裂及新社会、生产关系介入示意

3.2　首钢空间演化中的景观——价值与空间

短暂回顾世界范围内废弃地景观观念的变迁：从 1967 年史密森以摄影的方式论述一个具有考古意义工业景观，到 1969～1975 年理查德．黑格将废弃精炼厂的工业设施融入公园之中，再 1990～2002 年拉茨将新事物置入到一个巨大的、错综复杂但逻辑缜密的工业遗存信息层中，[8]再到 2003～2014 年科纳将高线废弃铁路设施转换为城市核心区中精控的自然公园。可看到对废弃地景观价值的认知也在不断演化。

聚焦在首钢这块特殊场地，近百年的工业发展，使其形成了庞杂的工业体系，这些严格按照生产流程及高效原则建造的建筑、设备、铁路、道路、传送带、管道、烟囱等组成的复杂巨系统的同时，与周边永定河、石景山等自然环境也产生密不可分的关系，需从历史、社会、经济、政策多维角度认识首钢这一工业系统的空间逻辑，是对其进行保护与改造利用的价值判断基础。需要注意的是，景观的含义在 2001 年定位分界点（北京夏季奥运会的成功举办决定了首钢停产搬迁），2001 年前是广义的，

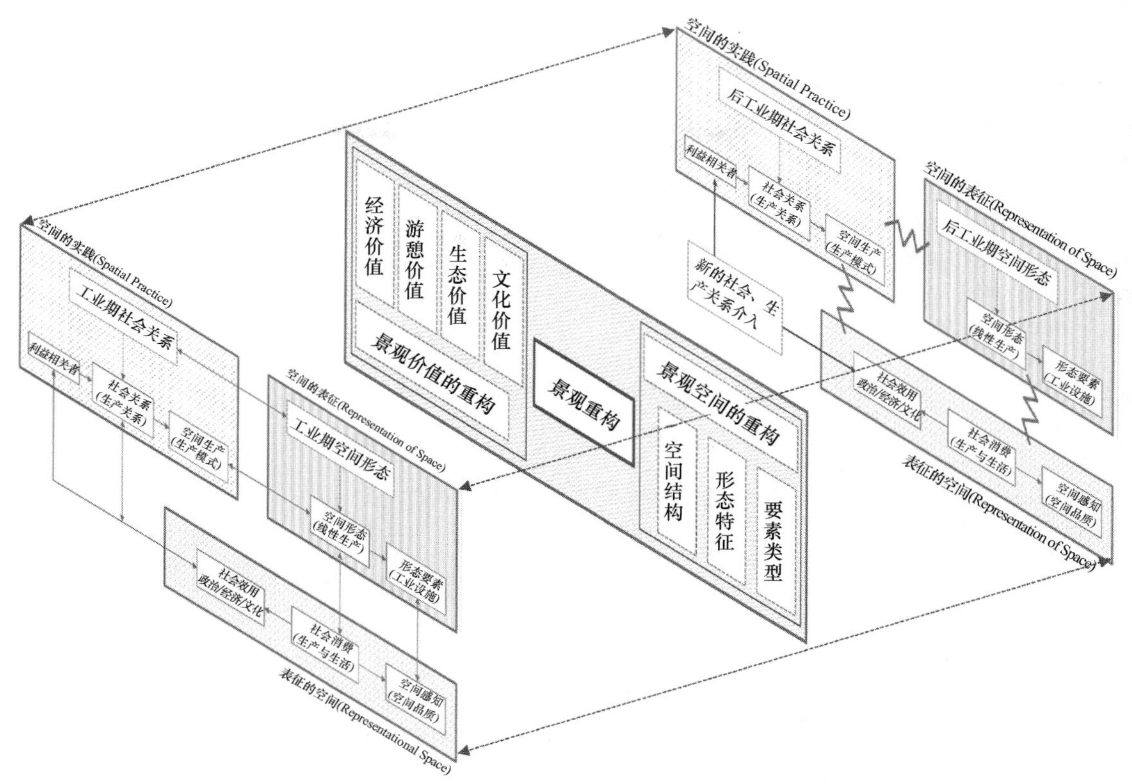

图 10　首钢工业期与后工业期间景观价值与空间重构示意

而之后是狭义的。而在这样特殊时期，以其景观重构为出发点，围绕价值识别——空间营造，在首钢历史工业区与后工业转型后的首钢服务区建立起沟通联系，对其后工业景观进行批判性的重构（图 10）。

3.3　历史语境下的演化与重构

首钢后工业景观重构反过来也对城市与社会产生全方位的影响，蕴含着空间与价值对社会、城市空间的反向塑造。伴随着首钢后工业景观重构的不仅仅是其物质遗存的更新与变化，同时也蕴含着其社会空间的全面重构。

那么不禁要问，在首钢空间演化的过程中，景观对首钢演化产生的影响又具体是什么？结合宏观城市层面、中观街区层面与微观场地层面的影响，从过程性的角度来探首钢自前工业期——工业期——后工业期这一演进过程中诸多概念名词：园林工厂、工业旅游的探寻、工厂公园的提出[9]，这些名词概念地提出，一定程度上促成了首钢后工业景观的现状，对其空间——价值亦潜藏着影响，限于文章篇幅原因不逐一展开。总的来说，首钢的社会关系与空间形态一直都处于变化之中，因此需从更长的历史线演进过程来看（图 11）。

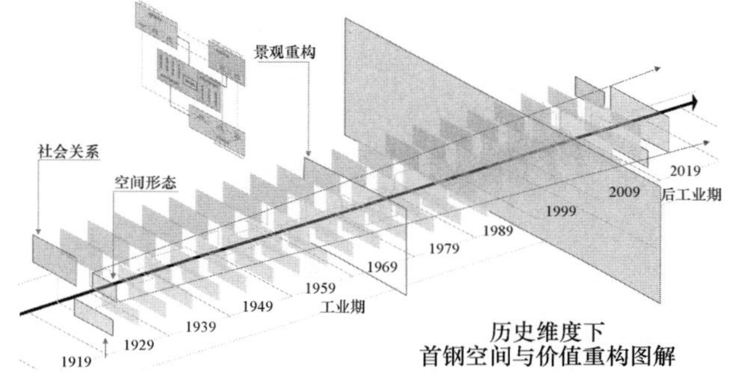

图 11　首钢历史维度下，工业期到后工业期景观价值重构示意

4　结语

2006 年，雄踞重庆九龙坡区长江畔的重庆钢铁厂（史建于 1890 年）正式启动了环保搬迁工程，到 2012 年搬迁完毕，除了极个别有特色的工业建筑有机会被保留作为工业历史博物馆外，其余全部拆除以外，而拆除后的厂区却迟迟得不到开发，至今仍然是城市中一块荒地，而像这样快速的大拆大建的例子在中国还有很多。这虽然回应了厂区快速更新的命题，却丧失了工业建筑遗址群作为一个巨系统的审美价值和文化价值。在面临这一系列棘手问题是，国外经验往往无法直接引用借鉴，如何最大可能保留并延续多层历史积淀的成果并合理的改造利用、创造新区块价值，这对中国当代的后工业景观改造提出了挑战。

本文试图以首钢为代表的中国后工业转型研究提供新的视角，在复杂后工业案例历史演变的特殊时期，以空间与价值的重构来审视景观的作用。在对首钢空间演化的概念、意义和内涵等方面进行准确定位以及整合跨学科理论的前提下：首先对首钢空间的演化进行时间段的划分，包括工业时期与后工业时期；其次研究工业时期论证景观价值与空间的成因机制、基本原理以及之间关系的可能；最后针对其空间生产的类型、特征建立起对于首钢在后工业中景观重构过程的认识框架。

对首钢后工业景观的空间重构与价值重构进行批判，首钢转型再生过程中需要面临非常多现实操作问题，但在一系列的问题中最为核心的就是首钢历史空间的既有价值如何得到处置。这一价值亦包括其景观的价值，然而在价值重构的背后，更为根本的是社会行动者对于空间的价值选择，因此对他们的价值选择、价值博弈成为了研究的根本。

参考文献

[1] 朱育帆，孟凡玉．2016. 首钢北区向城市开放空间转型中的潜质与策略研究[J]. 城市环境设计，(02)：127-133.

[2] 黄磊．城市社会学视野下历史工业空间的形态演化研究[D]. 湖南大学，2018.

[3] 国武房夫等，华北钢铁公司石景山列铁厂概要（暂名）. 1938.

[4] 刘伯英，李匡．首钢工业遗产保护规划与改造设计[J]. 建筑学报，2012(01)：30-35.

[5] 包亚明．2008. 现代性与都市文化理论[M]. 上海：上海社会科学院出版社．

[6] CARMAN E. 2001. Manufactured Sites：rethinking the post-industrial landscape [M]. New York：Spon Press：43-49.

[7] Lefebvre H. 1991. The Production of Space[M]：Oxford Blackwell.

[8] LATZ P. 2001. Landscape Park Duisburg-Nord：the metamorphosis of an industrial site[M]. //KIRKWOOD N G. Manufactured sites：rethinking the post-industrial landscape. New York：Spon Press：150-161.

[9] 雨霖．对首钢大公园建设的建设[J]. 国土绿化，2002，(1)：32.

作者简介

李宾，1988 年生，男，白族，贵州人，博士研究生，清华大学景观学系。研究方向：风景园林规划与设计。电子邮箱：libin15@mails. tsinghua. edu. cn。

台湾地区传统造园思想初探

A Preliminary Study on Classical Gardens in Taiwan

赵 忆 刘庭风

摘 要： 本文通过对台湾传统园林从宏观到细节的分析，总结了台湾园林传统造园思想与景观元素之间的关系，并选取具有代表性的平地园林板桥林家花园与山地园林雾峰林家花园等园林做类比研究，希望由此探索台湾传统园林的设计理念。
关键词： 台湾园林；古典园林；造园思想

Abstract: This study summarizes the relationship between the traditional ideas and landscape elements of Taiwan classical gardens through the analysis of Taiwan classical gardens from the macro to the details, and select the representative gardens, such as the Flat Garden Banqiao Lin Family Garden and Mountain Garden Wufeng Lin Family garden to explore the design concept of Taiwan classical gardens.
Keyword: Taiwan Garden; Classical Gardens; Gardening Ideas

台湾园林从荷兰统治阶段到清朝末期，从建园数量以及风格上来区分，总体上可分为三个阶段，分别是：园林萌芽期——荷兰统治和明郑时期（1624～1683年）；园林兴盛期——清领初期和中期（1684～1829年）；园林成熟期——晚清时期（1829～1895年）。台湾地区虽远离大陆，但是在文化（特别是园林文化和建筑文化）上可谓同宗同源，园林方面不仅闽粤风格随处可见，还兼具江南园林与西方园林的影子。中国台湾地区的古典园林与大陆园林相同，也是文人、商贾、权贵交往的场所，但是由于台湾地区与大陆的气候、政治、社会等因素的不同，在台湾地区自荷兰统治至今三百多年的发展过程中，台湾古典园林也成为独具一格的一支。具体的影响因素如下：

1 地理因素的影响

台湾岛四季如春，特别是夏季漫长，气候湿热温暖，多季风多暴雨，《台湾志略》有云："夏秋红日当空，片云乍起，倾盆而至。一日之内，阴晴屡变，或连月不开。冬春二时，或昧旦霜飞，日中雨注。方在摇扇，旋苦寒风。[1]"说明了台湾气候不同于我国北方地区的四季分明和江南地区的温暖湿润，台湾气候多变，当然造园观与风水观也随着气候和地理的变化而变化。本文以漏窗和围墙这两种景观元素为例说明气候与地理因素对造园的影响。

1.1 漏窗

中国古典建筑一直都有"取吉"的考量，漏窗和门洞即是这种考量的直接体现。江南地区的园林围墙高且漏窗开较小，围墙会随地势变化而略有起伏，漏窗的主要功能之一便是漏景、借景，而台湾传统园林里的漏窗的主要功能并非只有漏景与借景，还有通风纳吉。台湾园林若像江南及北方园林那般处理漏窗，整个园林会变得炎热与闭塞。

以板桥林家花园为例，这些漏窗和门洞不仅仅区分了空间，使游园序列完整、空间隔而不绝，而且将各种生活化的吉祥图案，配以传统符号的吉祥语意，借此表达人们对于美好生活的希冀。漏窗和门洞所寄托的主要寓意不外乎"功""名""利""禄""官""子""财""寿"[2]八类。将林园中的漏窗与门洞分为器物类与花果类、草虫类与几何图形类，皆蕴含有风水寓意，不仅是祈福以求上天庇护，还借此宣扬礼义廉耻、孝悌忠信，从而起到对子孙族人的教育感化作用。除此之外，林家花园中的漏窗和门洞还多运用象征"岁岁平安"的冰裂纹、"圆满无缺"的圆洞门、"福"和"佛"的佛手瓜漏窗等等，如表1所示。

林家花园中蕴含吉祥寓意的漏窗与门洞 表1

种类	名称	样式	寓意
几何图形类	八卦门		人流量较大的门口设置八卦门，有辟邪的意味
	如意窗	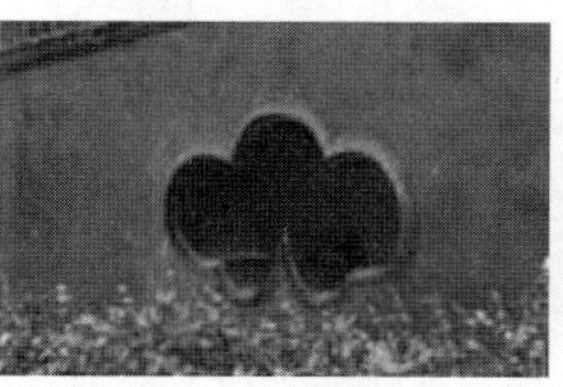	有"如人意"的期许，象征"吉祥如意"
	书卷窗		福禄寿喜，开卷有益

续表

种类	名称	样式	寓意
器物类	酒缸窗		“酒缸”有“储存”的意义，酒有品尝的意义，谐音“纲常”
动物类	蝙蝠窗		蝙蝠谐音“福”，寓意“福气绵长”
	 蝴蝶窗		“福气”谐音“蝴”，“耄耋”谐音“蝶”，寓意长寿福绵
瓜果类	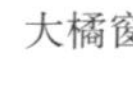 大橘窗		“橘”在泉州话中同“甘”，取其吉祥之意寓意生活美满甘甜
	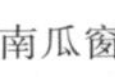 南瓜窗		“瓜瓞绵绵”，寓意子孙不绝，万代不断

在林家花园里，漏窗与门洞另外一个重要特征是将小物变大，即将原本很小的主体放大数倍，如蝴蝶、如意、书卷、蝙蝠、橘、桃等，物体放大，吉祥寓意随之增加，起到祈福的作用。大千世界，有无相生，虚实相济，这是自然的规律，也是中国传统艺术所追求的最高境界[3]。通过漏窗和花墙体现的虚实，产生了无限的空 间想象，无声地、深深地影响着人们的观念。

1.2 围墙

围墙具有藏风的作用，但是又多开漏窗，夏季闷热暴雨时院落内外也可通风，围墙挡住园内外的煞气，漏窗连结“生气”。且花园中设二层廊道，亦体现了“气”的流通。板桥林家花园内的花墙低矮符合人能观赏的尺度，围墙的变化多样，且漏窗开窗较大，如图1所示。

地理因素的变化决定了气候变化，其直接影响了在古典园林中“气”的凝聚和流通。《葬书》有云：“气乘风则散，界水则止[4]。”在园林中，想要达到藏风聚气的目的，须使气蓄聚且有四周又山水屏障。气候的变化导致了藏风理论与透风理论的相对。在中国南北方园林中，外院墙的全封闭体现了“藏风聚气”理论，但是内院落的围墙则大相径庭，江南园林的漏窗较小，北方皇家园林的漏窗多方正、善于利用夹膛窗以在寒冬保温，棂花图案均较细，北方私家园林甚少用窗，有窗也会使用窗纸封窗用以抵抗寒风，现代园林中则完全摒弃了纸窗做法，多用玻璃处理。林家花园中围墙重重，也确实从形态上做到了“藏风”，但是花墙上却又开了无数漏窗，一方面以漏窗的吉祥图案“取吉”，另一方面则是为了便于气的流通。

“峻宇雕墙，家徒壁立，昔人贫富，皆以墙壁间辩之，故富人润屋，贫土结庐，皆自墙壁始，墙壁者，内外攸分

图1　苏州园林（沧浪亭）围墙漏窗（上图）与林家花园漏窗（下图）对比

而人我两半者也。”[5]李渔在《闲情偶寄》中提到，围墙或屋墙是住宅的根本和开始，园林中亦是如此。“园之四周，既筑高墙，园内各部，亦多以墙划分……白粉墙多漏明，即李笠翁所称之‘女墙’也。或作砖洞，或以互砌，式样变换，殆无穷尽，各园不同，一园中亦少重复。[6]”在板桥林家花园中体现地较为明显的是观稼楼、来青阁前的围墙设置，这种围墙又被称之为“女墙”，符合古代男女有别的传统观念，来青阁为了区分两性空间，特地以曲折的花墙围合出五个小院[7]。“粉墙洁白，不特与绿荫及漆饰相辉映，且竹石投影其上，立成佳幅。光线之作，不止此也。……且往往同一漏窗，徒以日光转移，其形状竟判若两物，尤增意外趣矣。[6]”除了提升了景观效果的趣味性，通过花窗窥视风景的动作还可以使内部空间与外部空间建立必要的联系。

2 神佛信仰与敬天、畏天的设计理念

2.1 神佛信仰

台湾距离大陆较远，所以保留下来较为完整的神佛信仰。如图2所示，汉民族所认知的宇宙观中分为“三界”——“天界”“地界”“人界”：“人界”即人生活的大千世界，充满世俗和生活化；“地界”可以认为是鬼神生活的地方，也可以认为是“冥界”；“天界”即神仙所在之处。因此根据“三界”的观念，台湾传统的空间概念规划中也随即分为三类：民间宗教的“人界观念”、风水的“生气观念”、伦理的“位序观念”[8]。

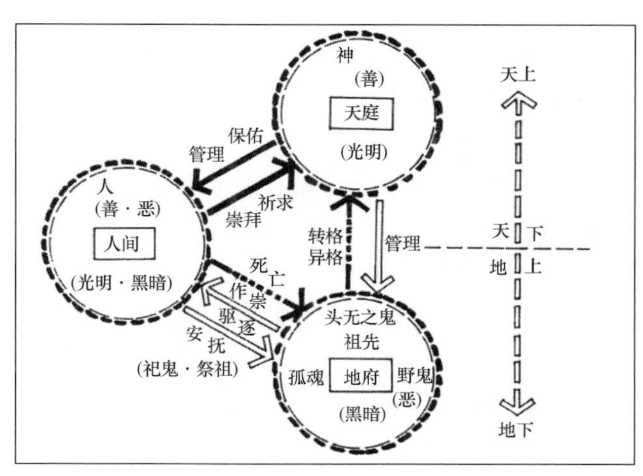

图2 三界观念

（图片来源：引自关华山《台湾传统民宅所表现的空间观念》）

三界融合了儒、释、道的思想[9]，在空间营造中里展现出来的“三界”的关系为从属关系，关华山认为可以从三个方面看出：

① 这种宇宙观的存在使得内外空间的设定有了潜在的分隔，外层由鬼怪决定，内层由神明决定，如板桥城内慈惠宫、林家主导兴建的接云寺等，成为人们心目中守护板桥城、迎接神明的存在。台湾传统民居中的三合院俗称为“正身带护龙”，厅房正中间一间一般称之为“神明厅”，用以供奉神佛以及举行红白喜事与家族祭祀，比如雾峰林家宅园的草厝就曾设“神明厅”，景薰楼组群建筑第一院落正身也设“公妈厅”供家族活动。同样在有三落大厝与五落大厝中也设有公妈厅与神明厅，同台湾的其他家族一样，林家子弟也会每逢初一、十五祭祀神明与祖先。②前文提到林宅的装饰物主要有两种，一种是“驱鬼避邪”的厌胜物，如八卦门、狮子等，另一种则是用于“招祥纳福”，主要体现在漏窗式样、墙雕与砖雕图案等上。③体现在营造过程上，无论是动土、上梁还是完工都要选取良辰吉日，举行一定的祭拜仪式，如地基主、五坊宅神、鲁班三郎、十极高真①等。[10]

2.2 敬天、畏天的设计理念

中国古典园林中常用“一池三山”的布局，象征“蓬莱、瀛洲、方丈”三仙山，林家花园中只划分云锦淙一“山”来起到吸引神仙下凡的目的，月波水榭后又有鹿洞鱼池，体现向往“天界”的思想。榕荫大池与假山的结合，也有阴阳相济的寓意，石山为阳池为阴，象征天地交泰。中国民宅中常见用“泰山石敢当”来震宅，而林家花园中则用堆山来体现“灵石”的镇宅纳祥。横虹卧月陆桥有“洞天福地”的寓意，南宋状元陈亮有云：“道家有所谓洞天福地者，其说不知所从起，往往所在而有。[11]”山洞设计得曲折有致，引人入胜，榕荫大池的大假山亦有此含义，硓咕石山峰悬崖迭起，或起或落，山洞“初极狭，才通人，复行数十步，豁然开朗”[12]，颇有“桃花源”的意境。山峰并非简单堆叠，而在阴阳五行相生相克的基础上，设计有金、木、水、火、土的属性。大池东岸的钓矶亭颇有姜太公渭水垂钓的意味，八角亭的天花作八角藻井，顶心绘太极图，象征“八卦太极”，为大池增添了袅袅神仙氛围。

① 地基主，是住宅、房舍的守护灵。世界各地的闽南人常会在春节、清明节、中元节时，或者旧历每月初二、十六作牙时，以简单菜肴为祭品，并焚烧纸钱，加以祭拜。五坊宅神、鲁班三郎、十极高真也是闽南文化信仰的守护神。

图 3　李腾芳古宅前半月池

苏大山在《板桥别墅杂咏》中吟咏方鉴斋时有云："入世何须圭角去，神僊亦是住方壶。"《列子·汤问》亦云："渤海之东不知几亿万里，有大壑焉，……其中有五山焉：一曰岱舆，二曰员峤，三曰方壶，四曰瀛洲，五曰蓬莱。……所居之人皆仙圣之种，一日一夕飞相往来者，不可数焉。"苏大山诗中"方壶"即仙山方壶，此处意即指方鉴斋，亦颇有神仙意味。此外，闽台地区特有的燕尾屋脊亦蕴含接天之意。

2.3　"象天法地"的体现

无论是整个台北城的规划，还是台湾民宅前的半月池，无一不体现了"象天法地"的思想，展现人与天地自然万物对话的美好愿望。由于台湾地区地理位置的特殊性，这种理念在民间也尤为普遍。

例如，桃园大溪的李腾芳古宅中将天井命名为"日井""月井"（图 4），这与西湖的三潭印月和阿里山日月潭的命名如出一辙，都寓意日月同辉。板桥林家花园中从汲古书屋到方鉴斋回廊的墙壁上刻有"奉魁承杓"等诗句暗示花园的布局与方位运用"北斗七星"的原理（图 5）。这个意向体现在林家花园的游园顺序和布局位置上，林家花园最初的游园次序设计为：从东南角小门进入，依次是汲古书屋、方鉴斋、来青阁、香玉簃、观稼楼、定静堂、月波水榭。而这个游园次序串联起来，恰巧是北斗七星的轮廓。

图 4　李腾芳古宅中"日井：位于左内、外护龙之间

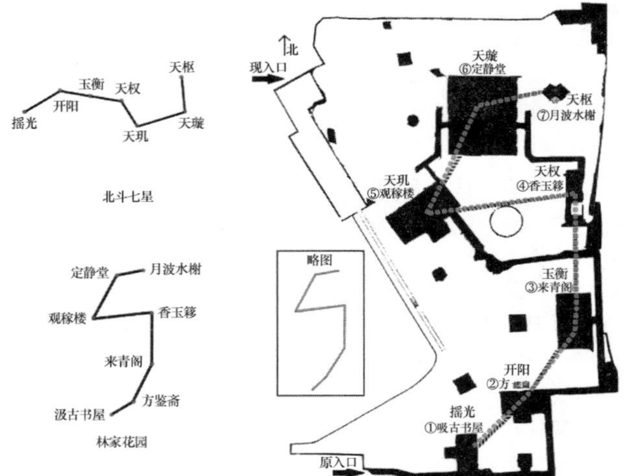

图 5　林家花园内的"北斗七星"
（图片来源：改绘自冈部三智雄《林本源园邸的建筑理念试探》）

同样运用"象天法地"理念的还有台北城的布局，1875 年沈葆桢奏请清廷设立台北城，1878 年台北第一任知县林达泉规划了台北城的轮廓，将城市与七星山连结在一起，并且确立了台北城轴线指向北极星的设计原则，1879 年由台北知府陈星聚开府，1881 年由福建巡抚岑毓英调整原定轴线偏向 13°，后由台湾道主事刘璈主持修建城墙。德国人韦兹称台北城："以大屯山为背，淡水河为水。因为城郭东北有高山主凶，整座城郭乃向东旋十三度，用以避凶。东、西两墙延伸相交于七星山，而城府的中轴，仍不偏不倚地对准北极星"[13]。台北城以城门构成七星局，东西城门延长线相交于七星山主峰，街道中轴线纸质北极星，台北城结穴则以七星山为背，以淡水河支流新店溪为朱雀，形成山水大会的格局，如图 6 所示。而林家花园七星局中天枢（月波水榭）、天璇（定静堂）的延长线所指即为七星山。

3　风水理念的拟人化与拟物化

3.1　营造过程

台湾民居建造遵循着一套严谨又深入人心的闽南习俗，即"择址牵分金、动土安砖契、起基定磉、奠阶下砛、穿屏搧架、上梁典礼、合脊收归、落成入厝、悬挂匾联"九道建屋程序[14]，并且将房屋建造过程比拟为人体生命从受孕到胚胎至出生一系列的过程。并且有些仪式一直传承至今日，如下图 7 所示屏东县古迹九如乡三山国王庙举行的上梁仪式。

3.2　空间布局

空间布局的移情首先体现在对于山川、宅体、植物的拟人化处理上，这种拟人化处理其实是一种"移情"，朱光潜在《谈美》中说："移情的现象可以称之为'宇宙的人情化'，因为有移情作用，然后本来只有物理的东西可具人情，本来无生气的东西可有生气。[15]"移情实际上体

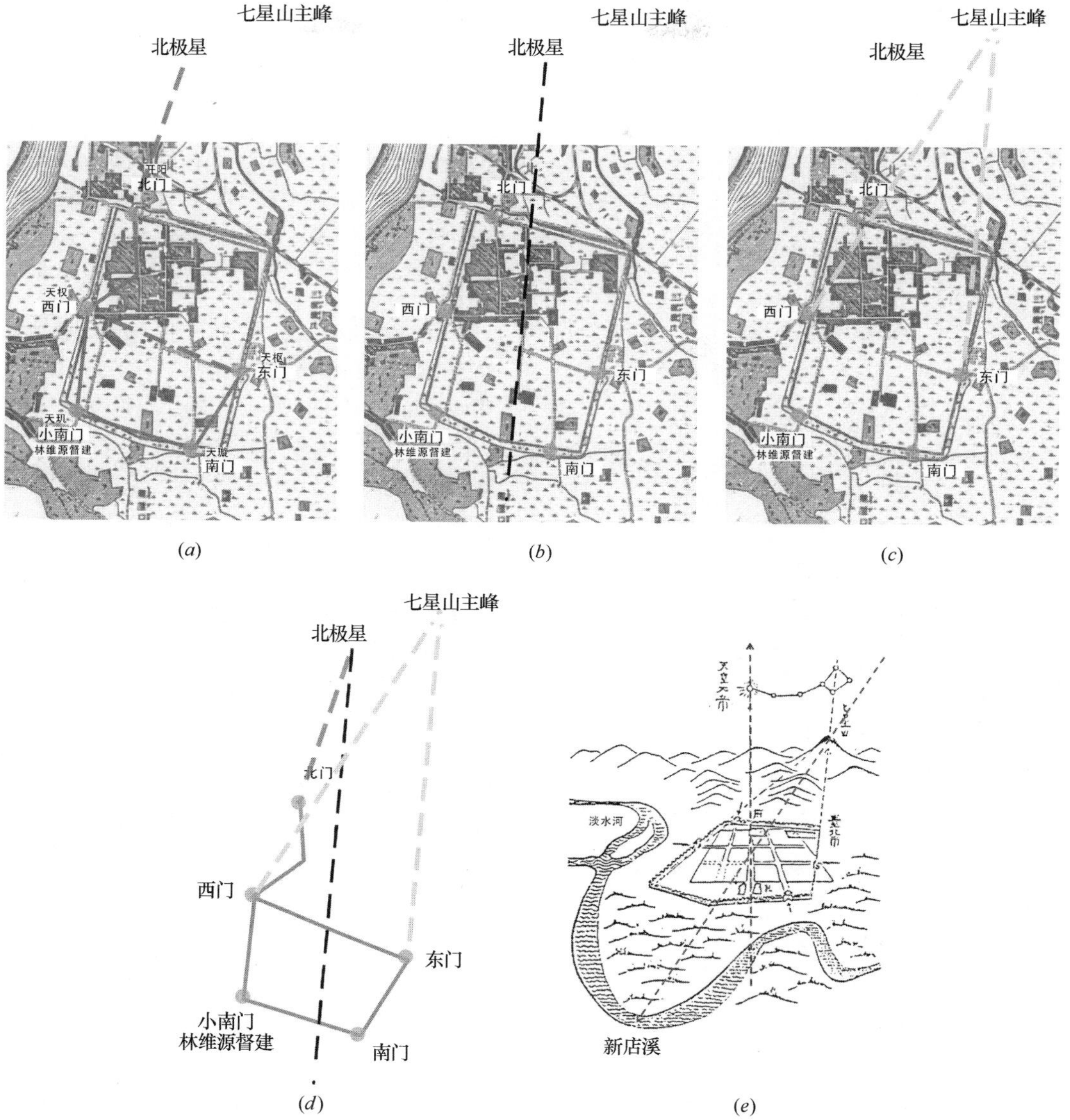

(*a*) (*b*) (*c*)

(*d*) (*e*)

图 6　台北城七星局示意图

（*a*）台北城门构成的七星意向；（*b*）台北城中轴线直指七星山；（*c*）西门和东门延长线交会于七星山主峰；（*d*）台北城七星意向简化图；（*e*）台北城的山水关系与象天法地

图 7　台湾现代上梁仪式
（图片来源：中时电子报）

现了一种有情的环境观，人类意识如何与自然万物和谐共存，即以文学、哲学、艺术创作、园林、建筑等为依托，对抽象的天地的具象化处理。

《头陀衲子论》云："文龙形势如人之状然，其身一动则手足自应。[16]"将人体比拟为山川结构，解释山脉形势。"宅以形势为身体，以泉水为血脉，以土地为皮肉，以草木为毛发，以屋舍为衣服，以门户为冠带。[17]"则是以宅体比拟人体，形象生动。比如三落大厝和五落大厝的布局体现了"正屋为本身，两厢为手足"。值得一提的是，观稼楼外的花墙也似手臂环抱天心。还有以植物拟人："树亦犹砂水耳，树有是气，人亦如是气，树是有形，人亦如是形，其感召无二理也。"[18]"拟人化"在雾峰林家宅园中亦有所体现，以蓉镜斋建筑组群为例，可以看到一组清晰的护龙与正身，且蓉镜斋内部"四神全"的格局也清晰可见，如图 8、图 9 所示。

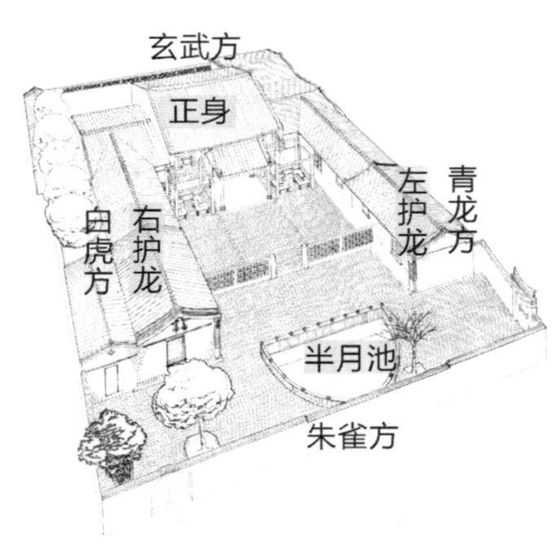

图 8　雾峰林家蓉镜斋
（图片来源：引自赖志彰《台湾雾峰林家建筑图集》）

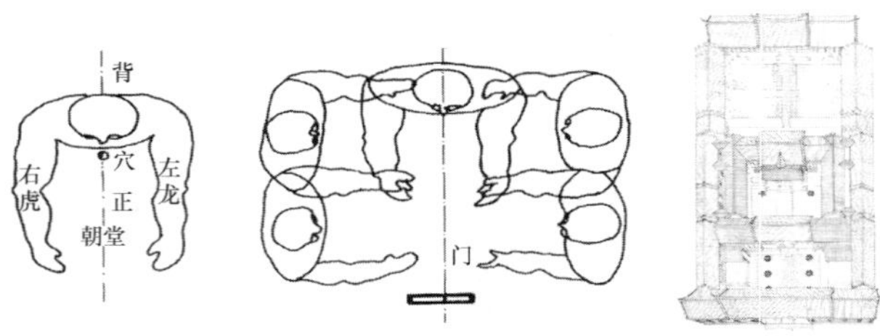

图 9　台湾民居建筑院落的拟人化——以雾峰林家宫保第为例

“喝形取象”也是台湾风水中常用到的一种方法，比如板桥的“仙人撒网穴”、台北圆山的“龙头隔江抢珠”都是山峦、地形“喝形”的体现，但并不拘泥于形势，故有云“大抵砂形不须泥，有情便为贵。”除此之外，还有以音取义、以字形取义等比拟方法。

4　宗族变迁、风水师与工具运用

4.1　宗族发展

风水的因素除了影响着台湾宗族选择定居地和祖坟之外，有些宗族还把风水地的获得与神话结合，并记载在族谱里，来加强其兴盛的自然性，和宗族的神圣不可侵犯[19]，并且有些宗族会将家族的发迹与繁荣归功于祖坟、宗祠或聚居地风水好[20]。

随着家族的发展，老族长去世，新族长登上历史舞台，风水又极其讲究命盘与时运，必然会跟随族长的换代而有所改变，如板桥林家五落大厝后两进与前两进所偏的角度。再如雾峰林家在日据时期，林资彬（林文察之孙）曾在宫保第外兴建跑马场，此地在 1882 年（光绪二十年）前后曾兴建日月池与水亭“作风水”，后因与顶厝风水对冲之说而被拆除。台湾学者吴贤俊认为：风水追求的不仅是宗族的存活，还有希望族人及后代的生命得到更多保障，能过安定富足的生活[21]。

4.2　风水师

风水家认为圆山下之中山桥为台北市封闭紧严的内水口，已有狮象守护之貌，而观音山与关渡山为台北盆地之主水口，左狮右象，形象宛然，水口之守护尤为动人，计成在《园冶》“兴造论”中说：“世之兴造，专主鸠匠，独不闻三分匠、七分主人之谚乎？非主人也，能主之人也。”“主人”指的是在整体规划、施工过程中发表主要意见的人。清末著名诗人林鹤年曰：“板桥园在台北之板桥庄，为林枢北观察所建，时甫太傅又润色之。”[22]林枢北即林国华，林时甫即林维源，两代园主人依据风水师和林家的西席、门客和宾客在建园方面的意见，由漳州等地请来的匠师实施施工。

相传林瑯仙为林家点了“仙人撒网”祖坟吉穴。当时林家延聘林瑯仙，除了给其酬金，且承诺负责其一切费用直至终老。《林平侯列传》中记载林国华“咸丰三年，卜居枋桥，起邸宅，园林之盛冠北台”，“卜居”一词有通过占卜择居处世的意思，也印证了林家借助风水师点选定居之所。

目前可知的是，板桥林家在定居板桥时充分采纳了形势派风水师林瑯仙的意见，由于资料的缺乏，林家在后期修建宅邸及花园阶段聘请的风水师具体是谁未曾可知。但是可以肯定的是，林家在不同时期结合了不同风水师的意见，最直接的体现是宅邸和园林的定向。本研究猜测因为族长的更迭，其幕僚团队也会有所变化，故而会聘请新的风水师，所以建筑的朝向和位置也会与最初规划有所不同。如 1930 年（民国 19 年）年雾峰林家有子孙在草厝外盖了青楼，挡住了草厝风水，为此林家后人将林文察和林定邦的神牌移到了大花厅。

4.3　台湾常用的风水工具

台湾传统园林营建过程中常用的工具有木工尺、鲁班尺和压白尺等，这些尺度对传统建筑的营造产生了一定影响。台湾地区常用的木工尺，是民间木工所主要使用的尺度。各地的木工尺尺长各有不同，如莆田木工尺长为 29.4cm，而福州及泉州的木工尺尺长为 30cm，故闽台地区的木工尺尺长在 30cm 左右。

鲁班尺又称门光尺、门公尺，各地各门派的尺寸也都不尽相同。鲁班尺是融合了阴阳平衡、五行相克、九宫飞白、周易八卦等哲学数理的基础上，具有一定的占筮功能[23]，且结合营造尺之数序尺度而成[24]。鲁班尺以八字尺法取吉，《鲁班经》记载：“内有财、病、离、义、官、劫、害、吉（又称‘本’）也。凡人造门，用依尺法也。”[25]压白尺又称“飞白尺”“紫白尺”，压白尺主要控制大木作平面柱网的宽度和高度。

5　结语

“山水有情皆入画，园林无日不生春。”这是潜园主人林占梅题赠郑用锡北郭园的诗句。山、水、气候、景物之间的关系通过寥寥几语表达得清晰透彻。风水理论讲究四时四季变化，并将万物划分五行属性。在造景过程中，可以将万物的属性考虑为一个造景要素。

台湾学者林开世将风水视作一种空间实践，在这种实践过程中的背后，应该看到的风水文化其与中国传统哲学、科学所结合的地方。“天人合一”是中国哲学思想的最高体现，老子《道德经》中的“人法天地法天，天法道，道法自然”、《庄子》中的“天地与我并生，万物与我为一”的观点，以及后来又融进了禅释的“芥子纳须弥”的思想，“人即宇宙，宇宙即人”，古典园林的存在成为“天、地、人”融为一体的意境写照。人们将几千年传承的风水理念与古典园林的设计加以结合，使园林在审美的、艺术的层面上又平添了几分神秘感。园林设计与风水的结合也碰撞出强烈的“个性”，与园林设计的“因地制宜”相通，其具有“因人而宜”的特点。风水设计在台湾园林中体现出来的强烈的“情感性”。台湾古典园林的园主人多为官宦、文人，多有家族建园建宅者。园林融合了居住、娱乐等多种功能，寄寓了造园者的人文理想和生活意识，也表达了园主人的哲学、文学、艺术、人生的诸多观念。林氏家族对于林家花园的定位存有凭栏远眺、指点江山及关心国家、社稷额意图，林家花园也成为了成为板桥林氏家族的寄托、精神世界的慰藉。

参考文献

[1] 李元春．台湾志略[M]．台湾银行经济研究室，1958.

[2] 王庆台．林本源园邸古迹细赏系列·漏窗之美(贰)[M]．新北市政府文化局，2011.

[3] 李丽妹．传统岭南庭园建筑渗透性研究[D]．中央美术学院，2010.

[4] 郭璞．葬书[M]．台湾商务印书馆，1969.

[5] 李渔著．闲情偶寄[M]．中华书局，2014.

[6] 童寯．江南园林志[M]．中国建筑工业出版社，1984.

[7] 李乾朗．台湾古住宅的两性空间[J]．南方建筑，2014(01)：5-10.

[8] 关华山．台湾传统民宅所表现的空间观念[J]．中央研究院民族学研究所集刊，1980(49)：175-215.

[9] 谢宗荣．台湾寺庙建筑的空间观念[J]．台湾工艺．

[10] 谢宗荣．台湾寺庙建筑的空间观念[J]．台湾工艺．

[11] 应军．《紫霄观重建记》石碑考释[J]．东方博物，2013(3).

[12] (晋)陶渊明．桃花源记．

[13] 张觉明．中国名城风水[M]．湖北人民出版社，2009.

[14] 李乾朗，闫亚宁，徐裕建．图解台湾民居[M]．新北市：枫书坊文化出版社，2017.

[15] 朱光潜．谈美[M]．新星出版社，2015.

[16] 徐宇农．阴宅要诣《峦头□青囊经□疑龙经□葬经》[M]．宋林，1998.

[17] 周履靖．黄帝宅经[M]．中华书局，1991.

[18] 魏清江．宅谱大成[M].

[19] 陈启钟．风生水起——论风水对明清时期闽南宗族发展的影响[J]．新史学，2007，18(3)：1-43.

[20] 陈进国．事生事死：风水与福建社会文化变迁[D]．厦门大学，2002.

[21] 吴贤俊．宗族的生存与希望：论风水的存在价值[J]．台湾源流，2010(50&51)：7-17.

[22] 连横．台湾诗承[M]．1921.

[23] 赵佳琪．鲁班尺的应用及传统造物思想研究[D]．中国艺术研究院，2012.

[24] 牛晓霆．门光尺研究[D]．东北林业大学，2008.

[25] 午荣，张庆澜，罗玉平．鲁班经[M]．重庆出版社，2007.

作者简介

赵忆，1994年生，女，汉族，山东菏泽人，风景园林专业博士研究生，天津大学建筑学院。研究方向为古典园林历史与理论。电子邮箱：594745995@qq.com。

刘庭风，1967年生，男，汉族，福建龙岩人，博士，天津大学建筑学院教授。研究方向为园林历史与文化、地域园林及园林设计。电子邮箱：Liutingfeng1590@126.com。

探索古典私家园林扩建的传承与创新

——以上海古猗园为例

Exploring the Inheritance and Innovation in the Expansion of Classical Private Gardens

——Based on Guyi Garden in Shanghai

谢琪熠　董贺轩　管凯雄

摘　要：古典私家园林为适应新时代发展，其改扩建现象比比皆是，园林园貌因此产生变化，影响园林的公开景观形象。古典园林的扩建区域既有园林文化、地区文化的传承作用，又有现代发展的需求，它在营造上的传承与创新对古园的形象与发展至关重要。本文以上海古猗园为例，通过对比古猗园古今的造园立意、造园要素及其营造、园林空间序列，分析扩建园林中的传承和遗失，探讨引入的新要素在古典园林中呈现的价值或问题，总结并提出古典私家园林在扩建中的传承与创新策略，望能对类似园林扩建有一定借鉴作用。

关键词：中国古典园林；扩建园林；古今对比；传承与创新

Abstract: In order to adapt to the development of the new era, the phenomenon of renovation and expansion of classical gardens abounds. the landscape of garden has changed, which affects the public landscape image of the garden. The expansion of classical gardens not only has the inheritance of garden culture and regional culture, but also meets the needs of modern development. Its inheritance and innovation in construction is crucial to the image and development of the ancient garden. Taking Shanghai Guyi Garden as an example, this paper analyzes the inheritance and loss of the expansion garden by comparing the ancient and modern gardening ideas, the gardening elements and their construction, and the spatial sequence of the garden, and explores the introduction of new elements in the classical garden presented value or problems, summed up and proposed the inheritance and innovation strategy of the classical private garden in the expansion, hope to have a certain reference to the expansion of similar gardens.

Keyword: Chinese Classical Garden; Expanded Garden; Ancient and Modern Contrast; Inheritance and Innovation

在古典园林的变迁发展中，尤其是私家园林，历代园主会对宅园应时应需地改扩建。而由于新中国成立后土地私有制的改革、园林本身的性质及其所属的变动等原因，很多私家园林成为开放的景点和公园[1]。

为了保护园林园貌、延续园林意境、传承文化遗产，学者们对古典园林的修缮保护展开系列研究；而为了丰富园林文化价值、满足渐增的现代游憩需求，部分私家园林进行扩建，例如明初的南京瞻园经过两次大面积扩建，明清时期的泰州乔园[2]和上海南翔古猗园的扩建[3]等等。由于需求和服务对象不同于明清时期，这些园林的扩建在保护古园的基础上对园林本身带来的不仅仅是园貌的改变，还影响着园林的本质。那么，扩建的园林是否传承古园的文化、展现古园的意趣？结合现代游憩需求的扩建在营造上增添哪些新元素？古典园林的扩建如何做到传承与发展，甚至是创新？

作为上海五大历史名园之一的古猗园，自明朝修建以来几经易主并多次扩建，现已从最初“十亩之园”的私家园林扩建为146亩的城市公园，扩建规模之大必然影响其总体格局与园林园貌，且南翔有悠久的历史和深厚的文化底蕴，使其成为地区文化的主要传播场所。

本文以古猗园为例，通过对比古猗园古今的造园立意、造园要素及其营造和园林的空间序列，分析扩建园林中的传承和遗失，探讨引入的新要素（景观元素、功能空间等）在古典园林中呈现的价值或问题，总结并提出古典私家园林在扩建中的传承与创新策略。

1　古猗园的发展变迁

1.1　历史沿革

古猗园历经七任园主，经过朝代更迭、战火损毁，几经修葺扩建，最终筑成如今人们游憩的古猗园。

最初的园主是明朝通判闵士籍，设计者为当地竹刻名家朱三松。后经多次转让，清朝时叶锦购得园林后更扩其地，改名“古猗园”，沈元禄的《古猗园记》详细记载当时的园中景致。1789年被当地人募捐为城隍庙灵苑，自此从私家园林变为地方公园，并增建祀神集议的厅堂等。此时古猗园已扩建至27亩。随后由于战火，古猗园多处损毁，花木古物无存。抗日战争胜利后进行多次修复，中华人民共和国成立后又三次扩建。现今的古猗园由最初的“十亩之园”改扩建至146亩的城市公园[4,5]。

1.2 园林的发展

1.2.1 古园修缮

历经战火损毁，古猗园原址在抗战胜利后多次进行修复和重建，主要依据沈云禄《古猗园记》和童寯《江南园林志》中绘制的民国前期古猗园平面图修复，如图1所示[4]。结合二者分析，清末至民国前期的古猗园仍留原有格局，本文将以此分析古猗园古时的营造。

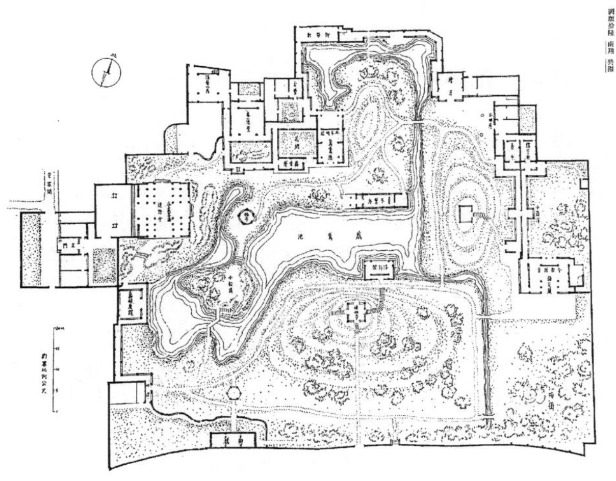

图1 民国前期古猗园平面图[6]

1.2.2 扩建附属园林

古猗园的大面积扩建有三次，1958年向西、南扩展，1979年扩建松鹤园，1985年扩建青清园。扩建的原因有三个：首先通过扩建的方法保护文物，其次古镇人口增多、绿地面积少，扩建园林来满足游憩等需求，最后扩建园林是南翔古镇文化的延伸。

由此可见，扩建区域不同于古园，但仍有文化内涵[7]。扩建园林位于古园原址周边，营造上是仿造古园，并与古园融为一体，但功能性大于艺术性，需要满足保护文物和游憩、开发旅游，与文物建筑附属园林[8]的特征相似，因此将扩建部分界定为古典园林的附属园林。

2 古猗园的古园与附属园林营造对比

2.1 造园立意对比

古猗园古园处处体现以"竹"为主题的园林特色。首先，原名为"猗园"，取自《诗经》"绿竹猗猗"和《嵇康(琴赋)》"微风余音，靡靡猗猗"。其次，嘉定盛产竹，就地取材容易，造园师又是著名竹刻家，竹林竹刻是当地特色，同时竹象征君子品格。

如今的古猗园经过多次的扩建，规划以古猗园古园为核心的古园景区，还有曲溪鹤影、花香仙苑、幽篁烟月3个景区和办公区、服务区，如图2所示[5]。每个景区的扩建时间不同且有不同的立意。

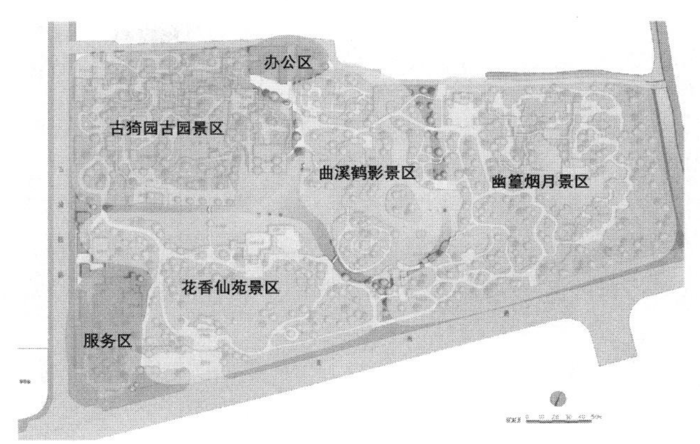

图2 古猗园现状分区

古园以保护为主，追求古猗园原本的造园立意，而附属园林的立意不仅停留于古园本身，还引入与园林历史相关的文化内涵，是古园的延伸，让附属园林空间立意丰富、更具有历史文化价值。曲溪鹤影景区展示南翔因鹤得名的文化，花香仙苑景区引入花神为立意来纪念作为灵苑的历史，幽篁烟月景区延续古猗园"竹"的主题，营造与竹相关的景点空间，作为园林的延伸。

2.2 造园要素及其营造对比

由于建造时间的不同，古园与附属园林的造园要素的类型（如表1所示）、营造方法及其价值不全相同。

古园与附属园林的造园要素类型 表1

分类	要素类型
古园	水体、山石、建筑、花木
附属园林	水体、山石、建筑、花木、雕塑、现代功能性设施、围栏

2.2.1 古猗园古园的造园要素及其营造分析

水体、山石、建筑、花木被称为造园的四大要素[9]，依据《古猗园记》以及童寯所绘民国前期平面图分析古园造园四大要素。

（1）水体

由于上海水系纵横，水成为园林的布局核心，以池鱼为欣赏主题。[10]古猗园中水是主体和精华，戏鹅池、泛春渠等贯穿全园，与山体、建筑等造园要素相互联系映衬。如图3所示，以戏鹅池为中心，布局上有汇聚之感，开阔的池面与分流出形态不一的支流形成"旷奥"对比，通过桥廊、植物、建筑丰富水岸，水面宽窄变化营造富有层次变化的空间以达到"静曲水幽"之效，增添游园趣味。

（2）山石

上海古典园林中叠石为山实践颇多[10]，《古猗园记》中多处描绘园中"垒石""小山"，于小云兜中穿行，堤南的小松冈与轩相望。山石的营造结合水、建筑和地形，丰富空间体验。而平面布局上的"一池三山"的格局，如图4所示，是古典园林的传统做法，将人们求仙长寿的思想融入景观，象征着超脱凡尘、逍遥。

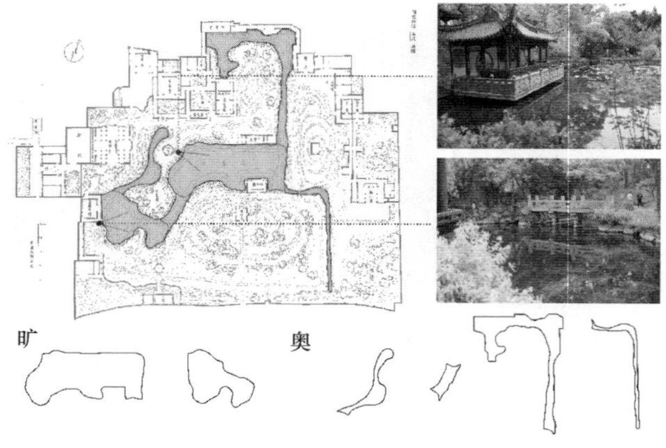

图3　古猗园古园理水

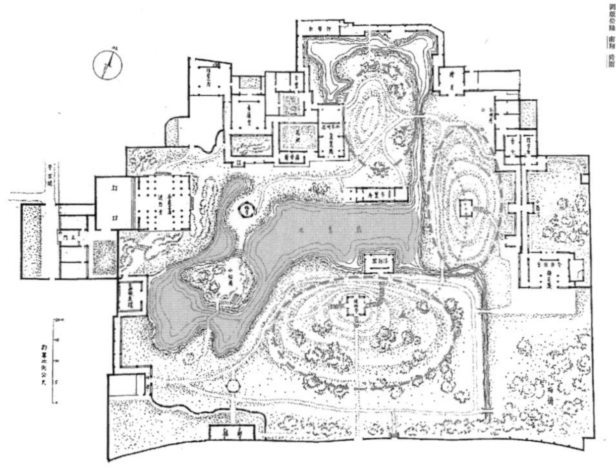

图4　“一池三山”格局

（3）建筑

始建于明代的古猗园，建筑呈现精巧灵活的特征。从游记和平面图都可以发现，建筑聚于西边，且有临水而建，倒影水中别有韵味，设亭于山顶、水边，以曲廊连接不同场所，空间布局连贯有序又富有变化，如图5所示。古猗园特色之一的楹联匾额对意境营造起到画龙点睛之效，“寥寥数语，便能将园林景观的意境勾勒出来，将景观意境作了升华，使物化的园林成为诗化的园林。”[9]营造出自然、超凡出尘、清幽、闲适自在的意境，体现园主的追求素雅、隐逸之心。

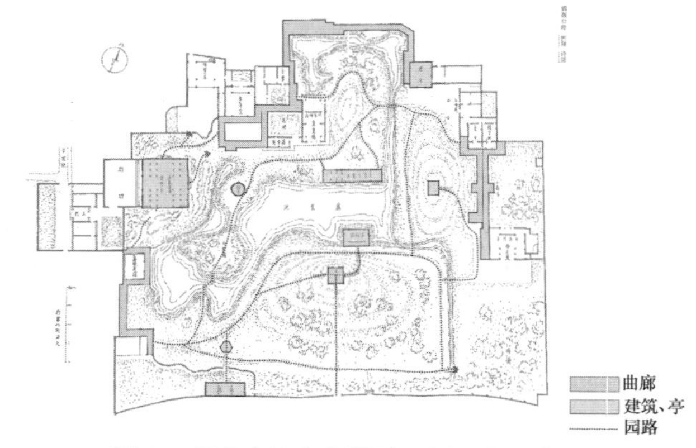

图5　亭廊建筑在古园平面图上的环绕格局

（4）花木

古猗园最具特色的是竹，作为营造立意处处以竹造景，除了竹，在游记中提及“芙蓉桃柳”“梅杏”“荷池”“柏”等，也体现营造注重植物观赏性、象征性以及与其他造园要素间的联系，注重观赏性是明后期上海园林的特色[10]。

2.2.2　古猗园附属园林的造园要素及其营造分析

附属园林的营造仿造古园并引入新元素，通过调研总结其中主要的造园要素及其营造。

（1）水体

首先，全园以水贯穿连接，面积增大后运用古典园林理水手法，由小园的“聚”到大园的“分”。从整体布局来看园林的中心由戏鹅池转为鸳鸯湖，但水仍为布局核心。其次，水的形式增加，动静结合。最后，对水岸的处理，古典园林中一般是置石、植物等自然形态水岸，附属园林中出现现代景观手法的亲水台阶、墙式水岸，多处临水而建的建筑大多是墙式岸线。

（2）山石

叠山置石是古典园林的常见手法，叠山更是上海园林的特色。附属园林将东北侧的龟山纳入园内，并置翔云阁于龟山顶为全园最高点。园区内也多处设有叠石假山，置石通常用于水岸、园路两侧、空间围合的营造，还有作为视线中心点的手法，以及作为休憩或者挡水功能的设置。

（3）建筑

以明清风格为主，多处建筑颇具历史文化内涵，呈现南翔文化特色，纪念南翔历史大事件，例如双鹤斋、鹤寿轩以仙鹤为型；花神殿以及保存唐经幢等历史文物展现南翔“因寺成镇”[11]的聚落特色；微音阁、缺角亭等是历史大事件的遗存；不可无竹居、竹外一枝轩、猗猗亭等呼应古园立意、延续古园文脉，引人探古问胜。由于园林面积大且有不同区域，用古典园林中的粉墙、云墙分隔区域，也可作为白色画布造景。

（4）花木

传承古猗园古园“绿竹猗猗”的青清园多以竹为主造景，重建以梅造景的梅花厅，新建祈求长寿的曲溪鹤影园区用松柏、梅花等花木营造意境，还有以花神为题的花香仙苑，其中有现代景观中的草地、花艺等。在各个园区的不同立意下，古猗园的植物配置均缺乏疏密变化，还缺少私家园林追求的移步换景的空间体验，显得沉闷无趣。

（5）其他

除四大造园要素，附属园林中出现现代景观要素，比如雕塑、功能性设施。雕塑大多有文化价值，比如玉女吹箫石雕是友好公园的赠物，但也有一些现代花艺雕塑、景观雕塑置于道路旁和视线焦点的植物造景中。同时，园林中布置现代功能性设施，例如儿童乐园、休憩设施等，满足人们游玩的需求。

另外，附属园林中呈现传统造园要素的新应用，例如围栏、石桌椅等。有文献中提及围栏在我国应用悠久，是古建筑的主要构件之一，传统的围栏侧重于隔离防护的功能，而如今的围栏逐步革新，并与植物、小品等融合[12]。

附属园林的造园要素及其营造 **表 2**

要素	营造	实地照片
水体	动静兼具	 动水 　静水
	水岸	 自然水岸 　墙式水岸 　亲水平台
山体	置石	 围合置石 　休憩置石 　造景置石 　功能置石
建筑	墙	 分隔空间 　造景画布
花木	现代景观要素	 草地 　花艺
	古园常见植物	 竹林 　荷塘
雕塑	雕塑	 文化雕塑 　景观雕塑 　花艺雕塑

续表

要素	营造	实地照片	
功能性设施	功能性设施	 儿童游乐设施	 休憩设施
围栏	围栏		

2.3 空间序列对比

古园的空间序列在《古猗园记》中记载得十分详尽，结合童寯绘制的平面图来分析，首先，总体布局上以戏鹅池为园林的核心，建筑集中建造在园林西边，其余空间布局结合曲廊、亭轩与山石、水体、花木。其次，观赏路线的组织左右着园林布局和整体结构[13]。古猗园古园的观赏路线比较灵活，主要有内外两条游线，中间围绕戏鹅池与山体规划游线，如图6所示。

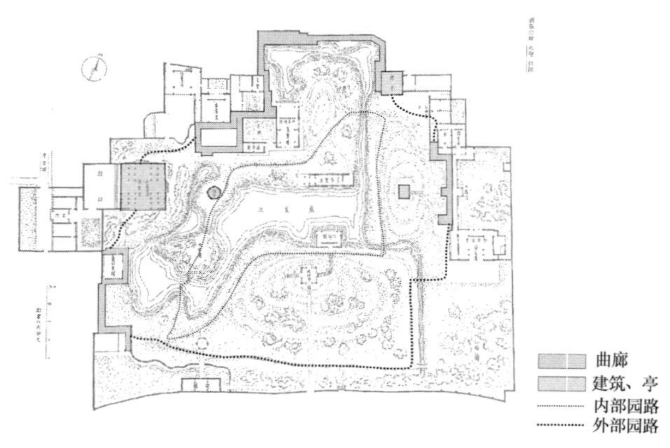

图6　两条游线

根据记载，入门经过曲廊再穿过有门洞的粉墙到达全园体量最大的逸野堂，是相对曲折狭长的空间，视线焦点聚于幽赏亭和逸野堂，穿过逸野堂才能看到全园景色，营造出空间的层级和变化；逸野堂可往南、往东，往南则经过假山-鸢飞鱼跃轩-长廊，往东走过石径-曲廊-建筑群，进入后是相对灵活的观赏路线，运用明暗开合、藏漏疏密、高低错落等手法营造出丰富多变的景观。

附属园林的空间序列与修复后的古园一起分析。首先，总体布局应以古园为核心的规划，但鸳鸯湖占据园林中心，以水体贯穿全园的设计手法使得在西边的古园失去核心地位，同时新建东边以“竹”为主题的附属园林无论是体量、立意、造景都与西边的古园平分秋色，使得全园近乎对称的布局降低古园的核心地位。

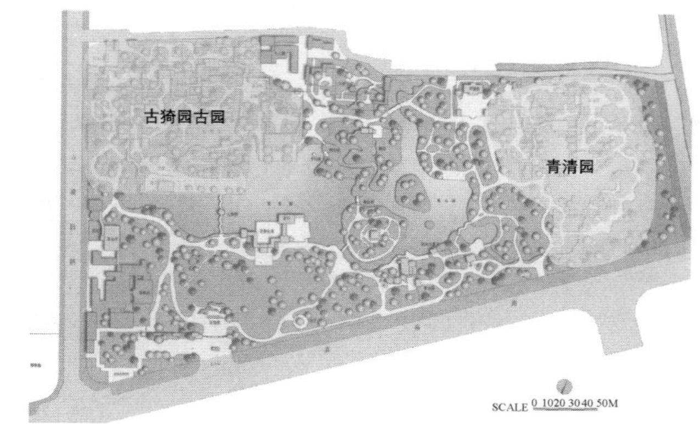

图7　古猗园现状布局

其次，由于全园被分化为多个主题景区后且是分时段扩建，观赏路线通过园路连接，变化少。同时，古园小而精通过移步换景丰富游观体验，而附属园林中的观赏路线较为复杂且缺乏藏与漏等观景变化，尤其是大草坪引入古典园林中，开阔的景观空间使周边的花木、假山等一览无余。

图8　草坪的开阔

图 9　鸳鸯湖的开阔

3　扩建中的新元素

通过对比分析，附属园林的扩建中引入许多新元素，包括新的立意、新的造园要素、新的营造手法等。

在造园立意方面，附属园林除扩建传承延伸“绿竹猗猗”的青清园景区外，还引入地区历史文化。在作为城隍庙灵苑的背景下，清末的古猗园已为地方公园，因而扩建中引入的地方文化也是古猗园的变迁历史。

在造园要素方面，除了传统造园的四大要素，增添了现代景观要素，比如雕塑、功能型设施、草地、花艺等。为满足游憩需求在附属园林中增设大量的座椅，有现代木制座椅，也有古代石桌石椅；为满足儿童游乐需求，附属园林中开辟一个专门的儿童乐园，位于古园的南边，位置虽偏却在通往古园道路；还有为丰富景观置于道旁的花艺、雕塑、围栏，但因为不同于古典园林的要素给人古今混杂的园林体验。

在营造手法方面，有传统要素的现代营造手法，也有现代景观要素的营造。首先，传统要素的现代营造手法，比如花木在古典园林中呈现自然之态，在附属园林里出现西方园林中修剪后的花木等。其次是现代景观要素的营造，比如源于西方景观的草坪，是营造开阔空间的要素，而古典私家园林中开阔空间是以水面之旷来表现，具有古典园林性质的附属园林中出现草坪要素在游观上给人以现代景观的错觉，尤其是位于古猗园南大门的大草坪和草坪上的花艺、雕塑，第一印象是城市的现代公园。

4　附属园林的传承与创新

古园与附属园林是营造中的整体，附属园林的传承与创新也应受到重视。首先，附属园林具有保护文物、衬托文物甚至提升文物的功能，也是园林、地区历史发展的承载体。[8] 在游观时古园与附属园林都体现着园林的历史文化与造园艺术，在古园的原真性保护基础上，附属园林的营造也需考究对历史文化与造园艺术的保护。其次，扩建是源于现代化的需求和保护文物的需要。作为保护文物的场所，附属园林需以古典园林为背景衬托文物，但现代化需求的扩建需要引入现代化元素或设施以服务游客和居民，这在附属园林的营造上造成冲突。基于古猗园现状，总结并提出附属园林传承与创新的策略。

4.1　古猗园附属园林的传承

古典园林的传承一直以来受到社会的关注，研究针对空间、意境、审美体系和营造手法的传承[14]，而附属园林在传承上起到的是保护文物、延伸古园文化和意境、传承营造手法等作用。

首先，古猗园附属园林在扩建中修复遗迹、迁入文物，有着保护的效果。比如缺角亭、徽音阁等具有纪念意义的遗迹，唐经幢、宋石塔等具有历史文化价值的文物。其次，延伸古园文化与意境是传承的重要部分。附属园林所表达的园林立意不仅再现古园文化，还传承表达地区的传统文化，正如前文所提及的南翔鹤文化、寺庙文化，并通过各要素的运用营造园林意境。最后，在传承营造手法上附属园林保留有上海古典园林中的营造手法，使其具有地方个性。

但不足之处是对空间序列营造中，总体布局本应以古园为核心，但未见效果。另外，古园采用曲廊、亭子与竹林小径构建游观的序列，巧妙地运用假山和地形丰富游观体验，但附属园林更多地通过道路连接每个景点，缺乏空间序列上的变化和移步换景的巧思。

4.2　古猗园附属园林的创新

在古典私家园林中，新元素的引入和与原有景观结合本是一种创新的方式。古猗园附属园林的创新在满足现代游憩需求和丰富景观上引入新元素。从创新角度来看，休憩设施以自然形态和普通的石桌石椅、路边木椅布置在路边广场，仍保留亭、廊等作为休憩空间，较好地满足需求和景观效果，同时路旁具有历史文化价值的雕塑也给附属园林的景观增色。

但新的元素引入并没有完全锦上添花，草坪、花艺等的出现给古猗园带入现代感，与其古典园林的性质相冲突；儿童游乐设施的布置仅满足儿童玩乐的需求，但毫无体现历史文化价值的区域却位于通往古园的道路上。古猗园首先应是古典园林、历史名园，再而是满足现代化游憩需求的城市公园，只有将需求很好地融入古典园林的营造中才达到创新。

4.3　附属园林传承与创新的策略

针对古猗园传承与创新中的不足之处，提出改善的策略。

首先，古园应是古猗园的核心，从现状布局上看处于较偏的西边，从南大门进入后的大草坪将其游赏路线带向东边的园林。改变大草坪的空间并连接湖心亭设计通向西边的视线通廊和游线，加强古园在全园的核心感。

第二，古典私家园林以小而精著称，因此在空间序列的营造上可以灵活丰富，而现状的附属园林面积过大，且草坪的空间感、园路连接的单一性造成空间变化性小，景观营造上缺乏藏与露的古典园林的景观效果，应减小草坪面积或在其他区域进行设计。

第三，作为古典园林的附属园林，会出现现代需求与古典园林造景上的不融合。首先为满足需求，现代需求放置于非轴线或核心区域。其次，根据古猗园变迁史中叶锦的做法，可划分古园风貌区域进行最大程度的风貌保护，其中包含文物的保护、地区传统文化的宣扬等附属园林区域，用古典园林中的粉墙、云墙等将其与满足现代游憩需求的功能性设施扩建区域进行分离，并更名为“古猗园公园”，使改扩建的公园有旧貌换新容之感，在游观时有新旧园林之分。

5 结语

由于现代的审美情趣、社会结构、文化意识的变化以及中西方文化的交流对古典园林产生的影响[15]，对传承古典园林文化已有方方面面的研究。在古典园林扩建中，作为它的附属园林，也应重视对古园游赏体验的影响，同时，附属园林具有保护文物历史文化价值、宣扬地方文化特色的作用，兼具现代城市公园的游憩功能，它属于古典园林中的一部分却不同于古典园林本身的特色和价值，在扩建中的传承与创新策略也应不同于古典园林。

本文就上海古猗园进行古今对比总结和提出传承与创新策略，望能对类似的古典园林改扩建工作提供理论指导，也填补古典园林传承创新中对古典园林扩建部分的研究空白。最重要的是传承与创新是结合新时代的发展，而扩建部分的古典园林不仅有传承保护的需求，也有结合新时代创新的必要。

注释：

古猗园古园平面图来源于童寯主编的《江南园林志》，现状平面图来源于《上海古猗园改扩建工程》，分析自绘，实景照片自摄。

参考文献

[1] 谷光灿，程语，李莉，郭良，邓宏．中国私家园林的历史变迁与原真性保护研究——以苏州怡园为例．西部人居环境学刊［J]2018(33)，69～77.

[2] 陈薇．体验私家园林的变化过程——从江苏泰州乔园的扩建说起．建筑学报[J]．2008．(01)．98-102．

[3] 归云斐．新旧碰撞，以时空视角探寻古猗园之造园艺术．园林[J]．2016，(06)，70-73.

[4] 彭正飞．上海古猗园发展与保护．河南科技[J](16)，2010：207-208＋214．

[5] 匡振鹍，王英鹰等．上海古猗园改扩建工程．风景园林[J]，2014，(S1)．22-24.

[6] 童寯主编．江南园林志．第2版[M]．北京：中国建筑工业出版社，2014.

[7] 曹丽娟．关于保护历史园林遗产的真实性．中国园林[J] 2004，(09)．29-31.

[8] 梁励韵，刘晖．文物建筑附属园林的保护与更新——以佛山祖庙公园设计为例．古建园林技术 2013，(02)．51-54.

[9] 周苏宁．园趣．上海：学林出版社，2005.

[10] 王东昱．上海与苏州古典园林的比较分析．中国园林 2011，(27)．78-82.

[11] 吴滔，佐藤仁史主编．嘉定县事：14 至 20 世纪初江南地域社会史研究．广州：广东人民出版社，2014.

[12] 龙骏．围栏在园林中的应用研究：[D]．长沙：中南林业科技大学，2014.

[13] 彭一刚主编．中国古典园林分析[M]．北京：中国建筑工业出版社，1986.

[14] 李丹丹．中国传统园林观法研究：[D]．郑州：河南农业大学，2018.

[15] 宋君，雷平．试论生态文明建设背景下中国古典园林的传承与创新[J]．重庆建筑．2019，(18)．15-18．

[16] (清)沈元禄．古猗园记[M]

作者简介

谢琪熠，1995 年生，女，汉族，福建南安人，华中科技大学建筑与城市规划学院在读研究生。研究方向：风景园林。电子邮箱：40846905@qq. com。

董贺轩，男，博士，华中科技大学建筑与城市规划学院副教授。

管凯雄，男，博士，华中科技大学建筑与城市规划学院副教授。

文化线路视角下日本富士见道路的保护与复兴[①]

——以富士箱根伊豆国家公园为例

The Protection and Revival of Fujimi Road Based on Cultural Route in Japan

—Take Fuji Hakone Izu National Park as Example

石 渠 李 雄*

摘 要：富士见道路作为一种以借景为目的，以眺望富士山作为主要表现形式的富士信仰产物，是唤起场所感与文化认同的重要城市设计手法及人文景观。对富士见道路既往研究进行梳理总结，提出现有研究过度集中个例，全面研究较少，责任范围不明等问题。将富士箱根伊豆国家公园作为研究范围，系统整理了各地方自治体景观计划书中对城市道路与富士山眺望相关的规划方针、设计目标、法律条例等，筛选出以富士吉田为代表的11市中的24条富士见道路作为研究对象，结合文化线路在文化、功能、时间和空间等四方面特征，将两者进行对比分析与标准界定。从尺度、构成、形态、结构、范围等五个角度，补充富士见道路空间特征方面的研究深度，更是弥补了目前世界文化线路遗产所涉及的诸多研究领域与研究成果中对于空间方面研究的不足。建立以国家公园为主体的富士见道路保护体系，对国家公园与其所属城市的整体景观风貌塑造以及富士山相关文化遗产复兴等工作具有重要的现实意义。

关键词：富士山；富士见；文化线路；富士见道路；国家公园

Abstract: As a product of Fuji beliefs, Fujimi road' purpose is borrowing scenery and its manifestation is to overlook Mt, Fuji. It is an important urban design technique and human landscape that evokes the sense of location and cultural identity. Through summarizing previous researches of Fujimi road, the author proposes that the existing researches have problems of over-concentration on individual cases, little comprehensive researches and unclear scope of responsibility. This chapter uses Fuji-Hakone-Izu National Park as research area, systematically compiled the planning guidelines, design goals, and laws and regulations related to the city roads and the policies related to overlooking of Mt. Fuji in the local government' s landscape plan, and selected 24 Fujimi roads as the research objects in the 11 cities represented by Fujiyoshida. This chapter combines the four aspects of culture, function, time and space to analyze and standardize the two. This chapter supplements researches on Fujimi roads' space characteristics from five angles: scale, composition, shape, structure and scope, and makes up for the lack of research on the space of world cultural heritage in many research fields and results. The establishment of the Fujimi road protection system with the national park as the main body, has important practical significance for the shaping of the national park and its affiliated cities' overall landscape, and the revitalization of related cultural heritage of Mt. Fuji.

Keyword: Mt. Fuji; Fujimi; Cultural Route; Fujimi Road; National Park

引言

日本国内作为世界遗产的文化线路主要有以下三处：①纪伊山地的灵场和参拜道，作为参拜路线的熊野古道、高野山町石道和峰奥驱道，以及2016年申请补充的高野参拜道；②石见银山遗迹及其文化景观，连接港口与开采地，运输银、铁等矿产的石见银山街道；③富士山—信仰的对象与艺术的源泉，作为富士山区域构成资产的大宫村山口登山道、须山口登山道、须走口登山道和吉田口登山道等富士登山道。

文化遗产与自然遗产相比具有被创造性，是某种文明或文化传统的历史见证，被提名的文化遗产项目可以受到保护以免于人为的破坏。因此，在申请新的世界文化遗产进展缓慢的背景下，将对待一部分文物、建筑群或遗址的工作重心转移到世界文化遗产的补充环节中去，借此手段达到保护相关遗产的做法在近年来受到了相关学者的广泛关注。作为世界文化遗产的富士山，其构成资产的类型是丰富多样的。富士山申遗过程中，日本学者还试图将无形文化影响下的一种有形景观作为世界遗产的一部分，那就是一系列对城乡规划或景观设计方面产生了极大影响的被称为富士见的遗产。遗憾的是，诸如此类的富士见遗产没能受到委员专家们的关注与认可，其中就包括存在于关东地区数十个城市中，联系富士山与人，将自然引入城市的富士见道路。

1 富士见道路的含义及研究背景

1.1 富士见道路的含义

富士见，是基于日本关东地区特殊地理环境背景下，以眺望富士山作为主要表现形式的富士信仰文化之一。

① 基金项目：国家自然科学基金（31670704）："基于森林城市构建的北京市生态绿地格局演变机制及预测预警研究"和北京市共建项目专项共同资助。

富士山作为其周围城镇空间定位的重要参照物，对各城镇的分布及内部结构形态均产生了深远的影响。因此，各城镇中出现了大量的以“富士见”命名的场所，如以“富士见町”命名的村落；或以“富士见楼”、“富士见山”命名的建筑或景观等；再或是以“富士见通”、“富士见坂”命名的道路等。随着科技的发展与时代的变迁，为了精神、宗教等因素继续创造的富士见场所已不再多见。相反，一系列以富士见命名的道路，作为一种以借景为目的，通过眺望富士山获得视觉享受，从而唤起场所感与文化认同的城市设计手法却依旧延续至今。由此可见，富士见道路是富士信仰及富士见文化延续传统历史，发挥再生价值的重要途径之一。

1.2 富士见道路的研究背景

由日本ICOMOS国内委员会委员长西村幸夫牵头，以赤坂信作为小委员会主要负责人，成立了名为“眺望遗产及Setting”的第13小委员会，主要致力于对东京都内被称为富士见的有关富士山眺望景观的保护工作，并试图将它们作为眺望遗产的一种，以期望获得人们的重视与保护[1]。2005年，第15届ICOMOS大会以背景环境中的古迹遗址为主题，探讨不断变化的城镇景观中的文化遗产保护，将文化线路作为四项子议题之一[2]。在此基础上，赤坂信（2005年）以东京都富士见坂为例，提出恢复城市内的自然眺望，并呼吁对富士见遗产进行再评价与复兴[3]。清水英范（2010年）等在古地图的基础上探寻东京的原始景观，重现了从日本桥、骏河町等地眺望富士山的风景，高度还原了歌川广重《名所江户百景》中对于江户城内眺望富士山的描绘场景[4]（图1）。

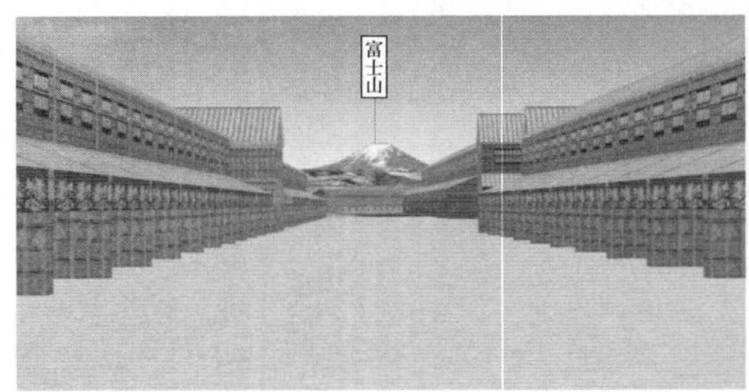

图1 江户时代骏河町三越前的原始风景与浮世绘[4]

到现阶段为止，日本国内对富士见道路的研究做出了不懈的努力，但是其保护现状可谓是令人遗憾的，主要存在着以下的一些不足：

（1）研究的重点过度集中在一些知名的道路上。东京都作为富士见文化重镇，历史上存在过的富士见坂共计16处，最后一处日暮里富士见坂作为20世纪末都心内唯一能够继续眺望富士山的道路，受到了相关学者极大的关注。自1999年开始，受都市开发进程加快的影响，日暮里富士见坂眺望富士山的情况由部分遮蔽恶化到2013年的全部消失。除此之外，为了申办2020东京奥运会，东京都拆除了旧国立竞技场并开始重建，使得其场地一旁位于明治神宫外苑绘画馆前的富士见道路重获了眺望富士山的短暂新生。日本ICOMOS与民众呼吁政府修改设计方案以保护这一道路，但结果不尽人意，随着新国立竞技场的建成，眺望富士山的可能也已化为泡影。

（2）研究的内容多以个例为主，全面的系统性研究较少。富士见道路的数量之大，目前日本国内也没有一个准确的统计数字。对于个例的研究，只是片面地对某一富士见道路进行呼吁性的保护，导致政府重视程度与民众意识普遍较低。可见从区域范围内空间格局的角度对现存富士见道路进行研究，借助制度的强制性，从根本上进行系统性的保护十分必要。

（3）研究的范围过大，跨区域责任制度不明显。日本ICOMOS以委员长的名义与日暮里富士见保全委员会一同，对与眺望富士山相关的不动产机构，东京都，荒川区、文京区、台东区、丰岛区和新宿区等递交修改相关建设的请求。但是各部门处于平行水平，相互之间无法形成一种有效的制约，因此并未获得相关部门的积极回应。可见富士见道路因其特殊的存在形式，应该明确研究范围与责任制度，在上位规划中对各分区的保护义务进行确权登记。

1.3 富士箱根伊豆国家公园内的富士见景观

富士山位于富士箱根伊豆国家公园之内，2013年6月被评为世界文化遗产。富士箱根伊豆国家公园由富士山地域、箱根地域、伊豆半岛与伊豆诸岛地域组成，公园陆路面积达 12 万 1749hm^2，所属地方自治体为东京都、神奈川县、静冈县、山梨县等四都县下辖的 14 市 14 町 8 村。富士山作为日本第一高峰，在广阔的地域上存在着多种多样的眺望方式与可能性，一直以来国家公园内各地方自治体与观光协会等均致力于与富士山有关的眺望风景的保护与振兴等。

2016 年 2 月，富士箱根伊豆国家公园迎来了建园 80 周年。环境省、国家公园所属的各地方自治体及相关专家，组成了“富士箱根伊豆国家公园指定 80 周年纪念事业实行委员会”，从保护及可利用性、风景的多样性、文化的背景等多个角度评选出了国家公园范围内的“富士山风景百选”眺望点，并选出了 11 处眺望场所进行重新整备的相关工作[5]。

一直以来，现存并被大众熟知的富士山眺望点有很多处，但是这一次基于国家公园范围内的眺望点评选主要是为了系统性地组织各眺望场所，增添国家公园的魅力，让更多的游客与来访者体会到富士山作为日本国的象征所带给人们的一种被称之为“自然优越的风景，国土特有的文化”的印象。但此次百景评选出的结果来看，入选的多数是分布于自然环境之中的点状眺望场所。除富士吉田市的金鸟居所在的吉田本通大街及富士见 Bypass 公路被作为线状眺望场所被评选出来之外，其余城市内的与人们生活密切相关的富士见道路却没有获得委员会专家的认同。由此可以看到，富士见道路在不同城市内的现存状况良莠不齐，受重视程度也存在着差异，深度挖掘其作为文化遗产的道路特征并开展相应的保护与复兴的任务迫在眉睫。

2 研究方法与范围

基于日本文化线路现状以及富士见道路的研究背景，本文认为应该对富士见道路的研究提出一种新思路：即尝试摆脱其作为眺望遗产的单一界定，借助其线路的根本属性，用文化线路的视角去更加深入地理解其建造的自然环境及人文背景，充分挖掘其特征；在共同责任制的基础上框定富士箱根伊豆国家公园为研究范围，区域统筹保护各富士见道路，以作为国家公园景观风貌的重要组成部分，并达到保护与复兴的目的，为富士山文化遗产补充工作做出相应的贡献。

为了对国家公园的景观提供一定的保障，各所属自治体均在景观法的基础上，在各自的景观计划书中明确提出了严格的开发限制条件。通过查阅各地方自治体公开发布的景观计划书[6-16]得知，其中由富士吉田代表的 11 个市町将活用并保护富士山眺望景观作为首要基本方针，并将富士山视为地域的象征，明确提出了吉田本通大街等 24 条富士见道路作为城市主轴线、区域轴线、重点保护与提升对象的相关内容（表 1）。同时对富士见道路相关文献资料进行研究，结合富士箱根伊豆国家公园所属地方自治体明确提出的 24 条富士见道路群，从文化线路在文化、功能、时间和空间等四方面特征[17-20]的角度出发，将两者进行对比分析与标准界定。

富士箱根伊豆国家公园富士见道路数量统计表 **表 1**

都道府县	自治体名	景观计画	富士见道路
山梨县	富士吉田市	富士吉田市景观计画	吉田本通大街
			昭和大街
			富士见 Bypass 公路
	南巨摩郡身延町	身延町景观计画	林道富士见山线
	南都留郡西桂町	西桂町景观计画	富士道
			国道 139 号
	南都留郡富士河口湖町	富士河口湖町景观计画	河口湖大桥通沿道
			町道富士岭 1 号线
神奈川县	小田原市	小田原市景观计画	穴部国府津线
静冈县	三岛市	三岛市都市景观形成基本计画	下田街道
			東骏河湾环状道路
	富士宫市	富士宫市景观计画	富士登山道
	富士市	富士市景观形成基本计画	富士见大通
			本市场大渕线
			富士川蒲原线
		富士市景观形成基本计画	国道 139 号
			国道 138 号
	御殿场市	御殿場市景观计画	县道御殿场停车场线
			御殿场富士公园线
			御东原循环线
			My Road 商店街
	裾野市	裾野市景观计画	全景展望路
			国道 138 号
	小山町	小山町景观计画	县道 150 号

3 文化线路视角下国家公园内的富士见道路特征

文化线路是依附于自然环境，由物质和非物质文化遗产共同组成的。基于这种视角，可以准确的辨析出富士见道路本身也是物质文化遗产的一种，它是以富士山为主要的自然遗产，以关东地区地理环境为依托背景，结合富士见这一非物质文化遗产而组合产生的文化线路。根据对富士箱根伊豆国家公园的富士山可视域分析（图 2）以及各地方自治体富士见道路数量密度分析图（图 3）可知，除伊豆半岛受其山地影响外，其余地方自治体的富士见道路数量与富士山可视域呈正相关关系。基于以上统计与分析，对国家公园内部富士见道路的特征进行研究。

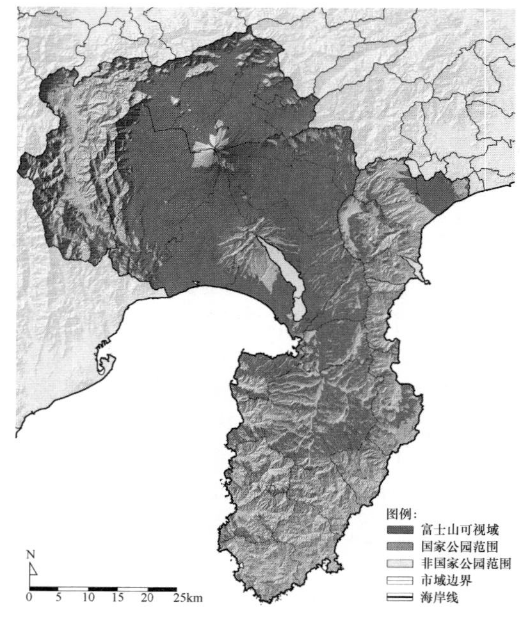

图 2　富士箱根伊豆国家公园富士山可视域分析

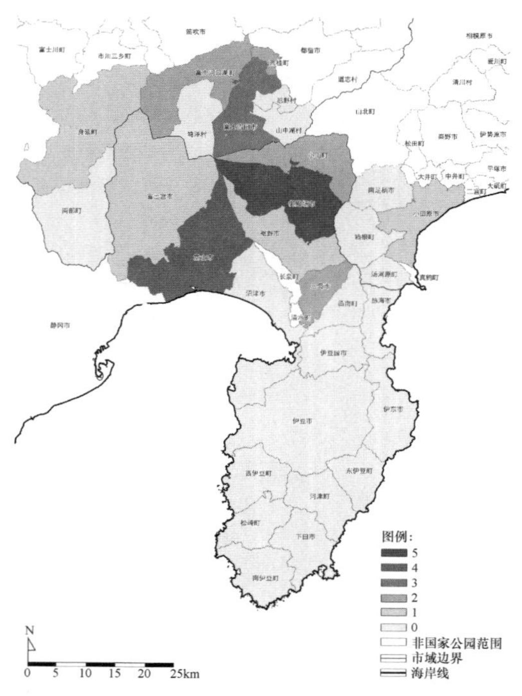

图 3　富士箱根伊豆国家公园富士见道路数量分析

3.1　文化特征

文化方面体现出了统一性的特征。富士见道路是富士信仰影响下的特殊产物之一，是受国家层面宗教语言艺术与区域层面城市设计手法的双重作用用下产生的。世界文化线路遗产为多元文化交流与融合的产物，而富士见道路则是将富士山岳信仰作为共同的中心理念，将富士山视为核心象征的标志物，在文化思想方面实现了跨越性的转变。富士见的文化思想源于日语中“富士见”与“不死身”的同音现象，初期主要表现在江户时代德川幕府对于统治权力的巩固。随着时代的发展，这一传统封建文化思想则转向了当代庶民百姓对于生态环境的保护，富士见文化从而完成了人文与自然的统一。

3.2　功能特征

功能方面呈现出了独特性的特征。世界文化线路遗产的功能多体现为两种或以上的综合性特征，所承担的主要功能以交通、贸易为主，宗教、军事、迁徙、政治等作为主要功能的线路则相对较少。但文化线路受其大尺度、跨区域的影响，在功能方面具有一定的局限性，即世界上多数的文化线路在规划阶段忽略了观赏的功能属性。富士见道路，作为眺望富士山的重要场所之一，其建设的初衷和第一主要功能则是与文化线路相比，体现出独特性的观赏功能。同时在满足观赏的基础上，将交通作为基本功能。辅助功能方面则是对外显著地表现为以宗教功能为目的，规划以富士山为基准轴或借景轴的城市路网体系，将道路作为富士山的遥拜场所；对内则是德川幕府试图以隐晦的方式以政治功能为目标，运用富士见思想表达对于稳定社会秩序的主导与控制。日本明治维新后至今，富士见道路的政治功能逐渐弱化并消失，主要功能则保留为观赏、交通、宗教等。

3.3　时间特征

时间方面表现出了持续性的特征。世界文化线路遗产形成的时间一般较早，受周围自然环境的影响，多数水路线路自形成开始均可保留至今，具有较长的时间跨度。而与之相比的陆路线路或水陆混合线路，在全世界范围内大规模现代化城市建设浪潮中，受到了不同程度的破损与毁坏。富士见道路的形成历史悠久，至今已有 400 余年的历史，真正意义上的出现是在江户时代早期骏河城町人地的路网规划中，但其也并未摆脱陆路线路受城市建设的限制与约束。某一富士见道路虽然时间跨越至今消失殆尽，但其作为日本传统城市设计手法下的产物，这一富士见设计手法则依旧延续至今，影响范围波及 20 世纪 80 年代至今日本各地掀起的新城建设中，实现了历史与现实的连续。

3.4　空间特征

空间方面展现出了多样性的特征。目前世界文化线路遗产所涉及的诸多研究领域与研究成果中，少有对于文化线路空间方面的研究，但其作为一种时空叠合下的产物，需要对空间特征的研究予以关注。而文化线路视角下富士见道路的研究，因其空间方面的多样性可以系统性补充富士见道路的研究广度，也可以弥补文化线路既往研究上的不足。

3.4.1 空间尺度

文化线路尺度多样，主要以跨洲、跨国和跨省为主。与文化线路相比，富士见道路的空间尺度相对较小，多为日本国土范围内，以都道府县为行政单元下的跨省线路、省内线路等。

3.4.2 空间构成

根据地理环境的不同，世界上将文化线路划分为：陆路线路、水路线路和水陆混合线路，各线路由物质空间构成，完成了起点与终点之间的物质流动。而富士见道路则是作为物质空间的陆路线路与作为精神空间的视觉廊道叠加构成。物质空间是文化古迹、历史建筑和景观等实体近景空间存在的场所，但富士见道路的陆路线路仅作为象征性的代表，并不承担实际的物质交流活动；精神空间将富士山作为富士见道路远景及视觉终点，借助视觉廊道串联作为中景的历史建筑、文化景观和城市近郊风景等，实现了人与富士山之间的精神联系。

3.4.3 空间形态

世界文化线路遗产中，除斯特鲁维地理探测弧线为各测量点组合形成的一个三角测量链之外，其余线路的空间形态均为单线型。相比较之下，单体的富士见道路空间形态也呈现出单线型的特征，根据其立地条件不同可分为平地型的“通”与坡道型的“坂”等。除此之外，富士见道路还呈现出各单体组合而成的组合形态，这一形态是世界上任何一个文化线路都不曾存在的，即富士见道路群以富士山为中心表现出的向心型。

3.4.4 空间结构

世界文化线路遗产受地理环境制约及单线型空间形态影响，其空间结构多为以线路本身作为轴线，串联城镇聚落、历史遗迹、人文景观等文化遗产进而呈现出的一轴多点型。传统封建社会时期，政治因素是富士见道路发展建设的重要推动，冈市与东京都作为富士见文化发展的两个副中心，其间的富士见道路形成了这一结构的双翼；其余的富士见道路群在此基础上，共同表现出三核双翼多线型的特征（图 4）。

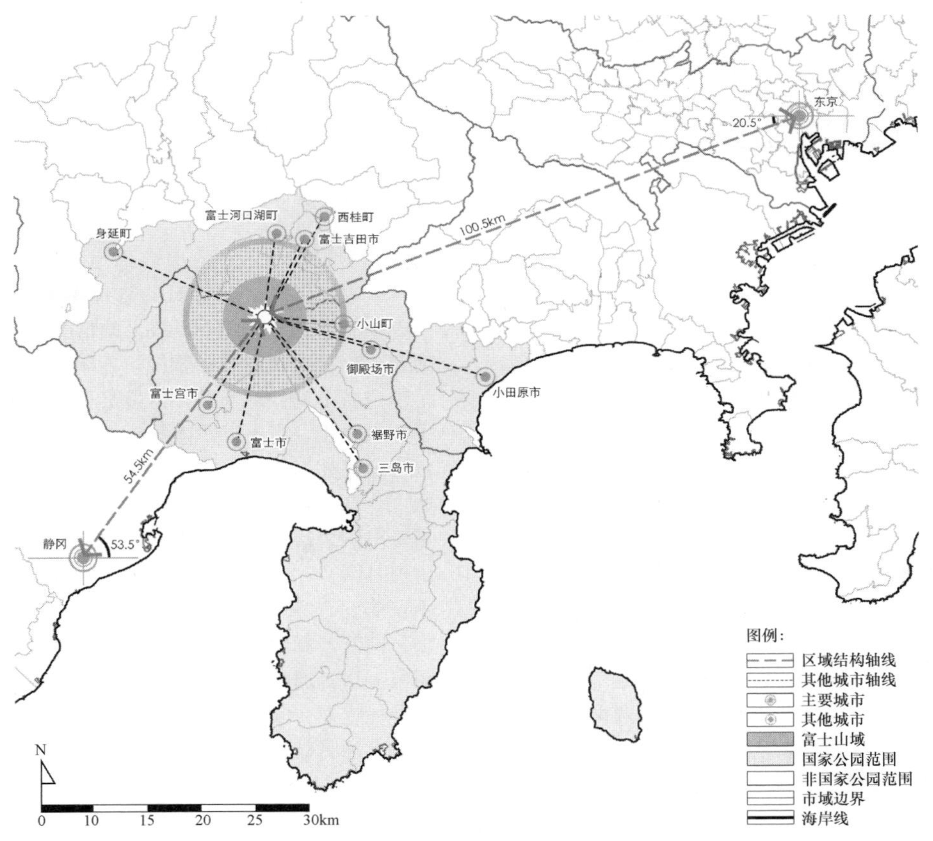

图 4　富士见道路的空间结构

3.4.5 空间范围

空间范围除文化线路的尺度范围之外，其直接影响范围也极为重要。世界文化线路遗产中，影响范围主要是叠加在线路两侧，产生了一系列物质与非物质遗产，形成了带状影响空间。YAMA-ATE 作为一种日本特有的城市设计手法，衍生出关东地区富士山可视区域内各城镇内部的富士见道路。富士见道路的出现直接影响了各个城镇的空间结构，除了在其道路两侧形成了带状影响空间外，其群体聚集表现出的向心型空间形态，更是形成了扇形的面状影响空间，从而促进了沿途历史文化的发展与繁荣，推动了富士山这一区域范围内自然生态的重视与保护（图 5）。

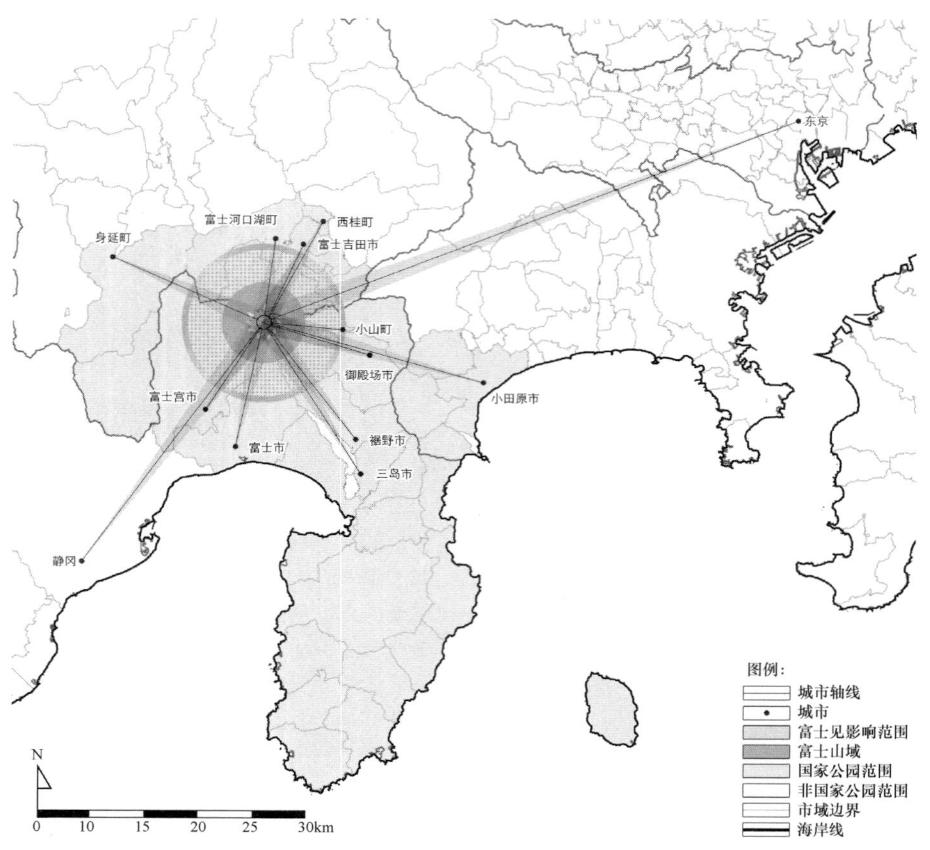

图 5　富士见道路的空间影响范围

4　富士吉田市的富士见道路

富士箱根伊豆国家公园内含有富士见道路的地方自治体共计 11 个，其中最具典型代表的便是富士吉田市。富士吉田市位于山梨县，坐落于富士山北麓，占地面积 121.74km^2。整座城市海拔 652m 以上，可以称得上是建造在火山熔岩流之上并于富士见道路两侧发展起来的城市。

中世时期，富士信仰受镰仓新佛教的影响开始初步发展，大量宗教信仰者沿甲斐路进行往来，吉田作为其中一个重要的节点出现了最初的人口聚居的现象。中世战国时期的大批御师聚居于富士山吉田登山口起点的北口本宫富士浅间神社的参道两侧，利用吉田东西两侧的河川挖掘防御设施修筑吉田山城。

近世时期，御师聚落在富士浅间神社参道的基础上向西北方向移动，并将上吉田与下吉田一体化形成了御师町。因此出现了御师町的吉田本通大街与神社中轴线出现偏离以及不在同一直线上的情况。吉田本通大街，作为现如今富士吉田的中轴线以及御师町历史文化景观轴，是整个城市发展的基础，也是富士见道路最初的雏形。到了江户时代，富士讲团体每年 6 月底于江户新宿出发，沿富士道前往富士山进行登拜活动。富士吉田是在吉田本通大街两侧发展起来的城市，北侧于金鸟居处连接富士道，南侧于富士浅间神社鸟居处连接神社参道及富士登山道（图 6～图 9）。吉田本通大街作为富士见道路之一，不仅受到 YAMA－ATE 的影响，更是宗教信仰下的产物。同时，御师们利用间堀川沿吉田本通大街两侧修建里川与外川，通过里外两川将御师宅地与北口本宫富士浅间神社连在一起，达到了同宗同源、一脉相承的意境，并形成了独具特色的城市风貌。

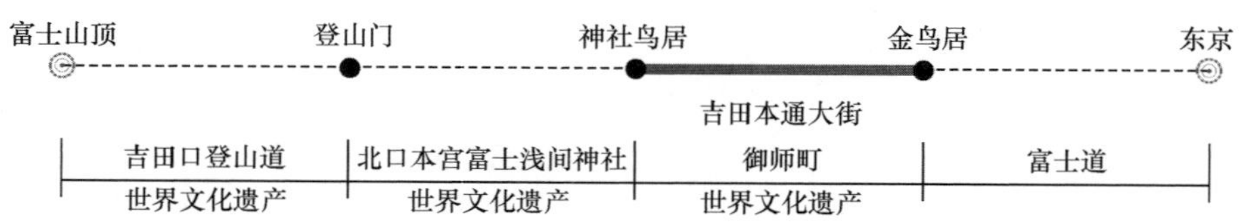

图 6　文化线路视角下的吉田本通大街分析

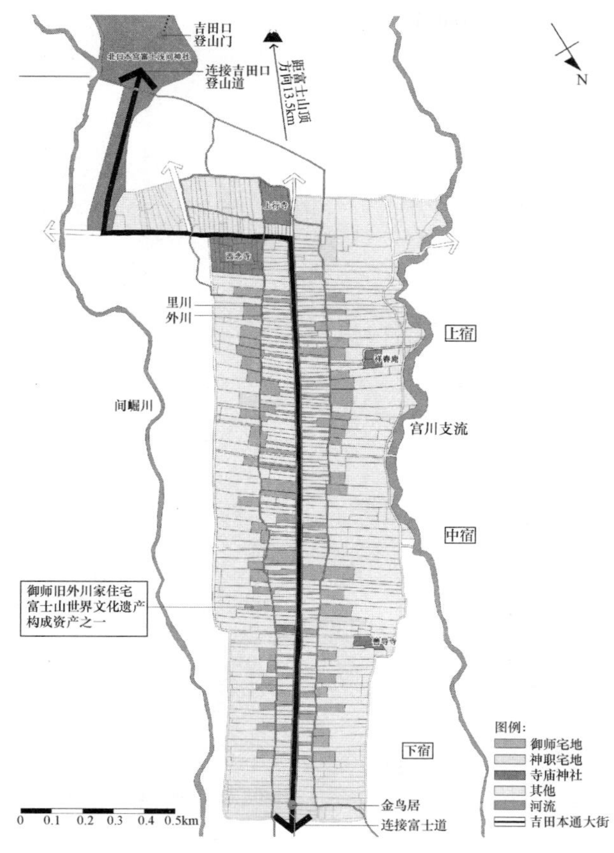

图 7　江户时代的御师町与吉田本通大街

图 8　江户时代的吉田本通大街、金鸟居与富士山
（图片来源：google 图像）

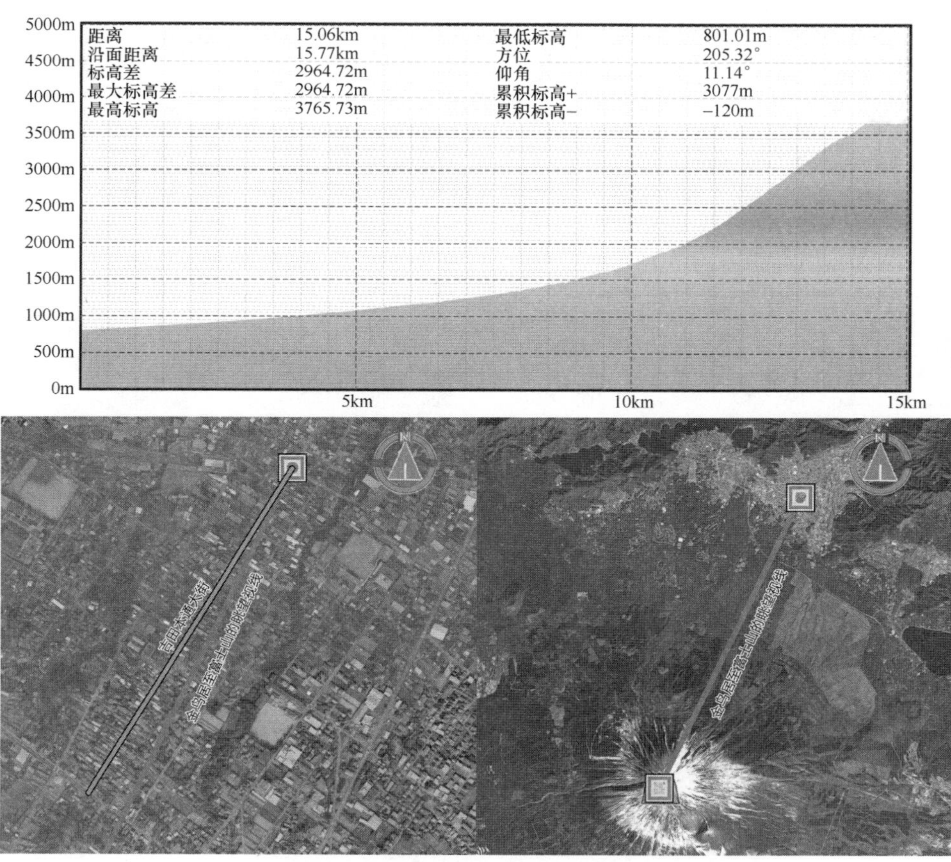

图 9　金鸟居至富士山顶断面图分析

到了近代，富士吉田的城镇化发展进程加快。受吉田本通大街的影响，富士吉田市又规划了昭和大街和富士见 Bypass 公路这两条富士见道路，并在景观规划中明确将这两条道路定义为城市的富士山眺望景观轴。至此，由三条富士见道路为主要轴线的城市景观结构已初步完成（图 10）。

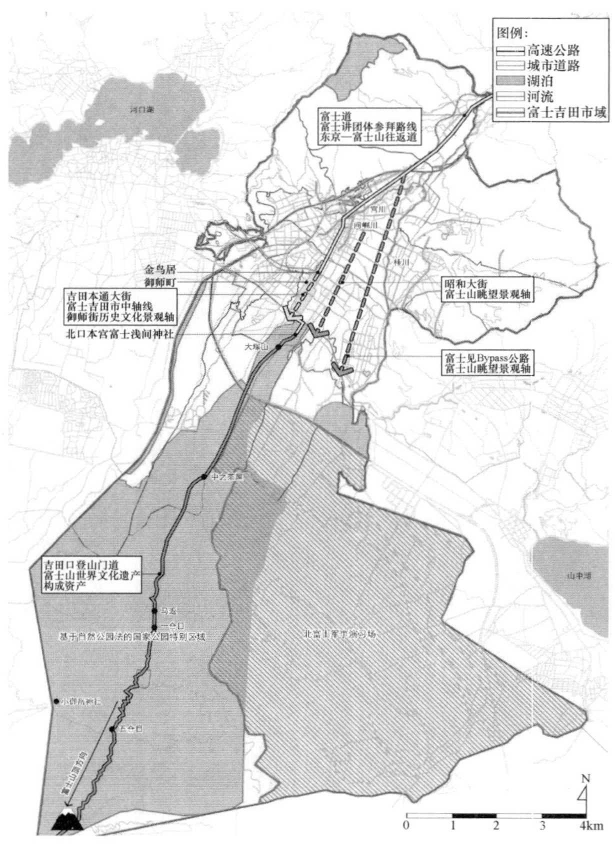

图 10　富士吉田市的富士见道路
（图片来源：根据参考文献［6］改绘）

富士吉田市富士山麓部分被指定为基于自然公园法的国家公园区域，因此，为了提供一个良好的眺望富士山的环境，富士吉田的景观计划中对整个城市范围内一定规模以上的建筑物的高度及风格等有着相当严格的限制。在城市全体的景观形成方针中，继承与富士山相关联的历史景观、创造作为市民象征的富士山眺望景观、建造与连绵不断的富士山脉相协调且充满活力的城市景观等三条方针不仅仅对城市内现存的富士山眺望景观点做出了相应的保护政策，更是对各富士见道路的整体眺望效果提出了整备与提升的计划。如对昭和大街提出要在未来将阻碍眺望富士山的电线入地，将广告牌撤销等措施，并将市树白桦作为行道树，运用其适应高原低气温、成长缓慢、树形完整的特点，大规模种植于道路两侧，以此提升富士见道路的品质（图 11）；同时，富士见 Bypass 公路更是在道路中间绿化带中，打破了传统的道路绿化方式，运用富士山顶的火山熔岩与高原植物模拟出了别具一格的富士山顶所特有的岩石景观（图 12）。

图 11　2017 年 12 月的昭和大街
（图片来源：网络）

图 12　2018 年 10 月的富士见 Bypass 公路
（图片来源：网络）

5　结语

文化线路宪章认为遗产的保护应当超越地域的界限，综合考虑到遗产价值，在共同努力、联合保护的基础上，将每个独立存在的文化遗产作为一个整体组成部分来评估其价值[21]。富士见道路因其特殊的地理人文背景，呈现出了与以往文化线路截然不同的空间特征。以国家公园为责任范围对富士见道路的系统性研究不仅对富士见相关遗产提供了一个新的保护思路，同时更是增添了富士箱根伊豆国家公园独具特色的景观魅力与特点，对各地方自治体城市风貌的塑造以及未来与富士山相关的文化遗产的补充与复兴等工作具有重要的现实意义。

参考文献

［1］ 日本イコモス国内委員会．日本イコモス国内委員会理事会に設置されている小委員会［EB/OL］. http://www.japan-icomos.org/workgroup.html，2017-6.

［2］ 张松．文化线路保护的区域性策略探讨［C］//中国城市规划学会．和谐城市规划——2007 中国城市规划年会论文集，2007.

［3］ 赤坂．都市からの自然の眺めを取り戻す——富士见坂からの富士见という眺望遗产の再评価と復興［A］．中国风景园林学会、日本造园学会、韩国造景学会．第 8 届中日韩国际风景园林学术研讨会论文集［C］．中国风景园林学会、日本造园学会、韩国造景学会：中国风景园林学会，2005：6.

[4] 清水英範，布施孝志．東京の原景观を探る—現代に蘇る江戶絵図の世界[A]．土木计画学研究論文集[C]. 2010-9.
[5] 森原百合．富士箱根伊豆国立公園における「富士山がある風景 100 選」選定と展望地整備の取り組み[N]．国立公园，2018-1(31-32).
[6] 富士吉田市．富士吉田市景观计画[M]．日本：富士吉田市市役所，2016.
[7] 身延町．身延町景观计画[M]．日本：南巨摩郡身延町，2013.
[8] 西桂町．西桂町景观计画[M]．日本：南都留郡西桂町，2013.
[9] 富士河口湖町．富士河口湖町景观计画[M]．日本：南都留郡富士河口湖町，2018.
[10] 小田原市．小田原市景观计画[M]．日本：小田原市市役所，2009.
[11] 三島市．三島市都市景观形成基本计画[M]．日本：三島市市役所，2007.
[12] 富士宫市．富士宫市景观计画[M]．日本富士宫市市役所，2016.
[13] 富士市．富士市景观形成基本计画[M]．日本：富士市市役所，2015.
[14] 御殿場市．御殿場市景观计画[M]．日本：御殿場市市役所，2013.
[15] 裾野市．裾野市景观计画[M]．日本：裾野市市役所，2013.
[16] 小山町．小山町景观计画[M]．日本：小山町，2016.
[17] 李伟，俞孔坚．世界文化遗产保护的新动向——文化线路[J]．城市问题，2005(04)：7-12.
[18] 刘科彬，沈山．世界文化线路遗产特征与价值研究[J]．世界地理研究，2017，26(06)：143-153.
[19] 戴湘毅，李为，刘家明．中国文化线路的现状、特征及发展对策研究[J]．中国园林，2016，32(09)：77-81.
[20] 林祖锐，赵霞，周维楠．我国“文化线路”研究现状与展望[J]．遗产与保护研究，2017，2(07)：18-24.
[21] 丁援．国际古迹遗址理事会(ICOMOS)文化线路宪章[J]．中国名城，2009(05)：51-56.

作者简介

石渠，1992 年生，男，汉族，河北沧州人，北京林业大学硕士研究生在读。研究方向为风景园林规划与设计。电子邮箱：287413491@qq. com。

李雄，1964 年生，男，汉族，山西太原人，博士，北京林业大学副校长，教授，博士生导师。研究方向为风景园林规划设计理论与实践。电子邮箱：bearlixiong@163. com。

乡村风水林研究①

Rural Fengshui Forest Research

林志浩　姚　洁　包志毅*

摘　要：近年来，乡村景观建设不断深入，乡村风水林也逐渐进入人们的视野，人们也对这一中国特有的群落模式进行了一定研究。由中国传统风水思想影响下而形成的乡村风水林，在当下也不神秘，人们尝试用不同的科学方法去解读乡村风水林，发现在环境保护、文化价值与生态研究上，乡村风水林都有着重要作用。本文通过文献查阅，综合研究，解释了乡村风水林的定义与含义，探讨了乡村风水林的起源，并对现有乡村风水林的研究文献进行总结与概括，最后得出乡村风水林的价值与现阶段研究村在的不足之处，给今后的风水林研究提供参考与借鉴。

关键词：园林；乡村；风水林

Abstract: In recent years, the construction of rural landscapes has continued to deepen, and rural Fengshui forests have gradually entered the field of vision. People have also conducted some research on this unique Chinese community model. The rural Fengshui forest formed by the influence of Chinese traditional Feng Shui thought is not mysterious at present. People try to interpret the rural Fengshui forest with different scientific methods. It is found that in the study of environmental protection, cultural value and ecology, the rural Fengshui forest has Important role. Through literature review and comprehensive research, this paper explains the definition and meaning of rural Fengshui forest, discusses the origin of rural Fengshui forest, summarizes and summarizes the research literature of existing rural Fengshui forest, and finally draws the value of rural Fengshui forest. At present, the study of the inadequacies of the village will provide reference and reference for future research on Fengshui forest.

Keyword: Garden; Village; Fengshui forest

贯穿中华五千年的风水学说有着悠久历史，其起源可追溯到战国时期，核心思想是协调人与自然的关系，而最终达到“天人合一”的境界[1-2]。而风水林作为封建时代宗教神学与风水学术、园林绿化等多种文化影响下的产物，也是中国带有传统文化色彩的一种特殊林业形式。随着林业研究的不断深入，风水林作为我国特有的林业形式日益受到学者关注。风水林在科学、文化、生态、观光等过个方面具有重要价值。而我国对其研究历史却不过短短几十年，更多的风水林早已消失于历史的长河中，这也促使我们需不断深入研究风水林，不断加强风水林的管理与保护。笔者也希望通过本文对现有风水林的研究、总结与展望，呼吁人们更多关注风水林[3]。

1　乡村风水林的定义与分类

1.1　乡村风水林的定义

风水林是古代风水意识的产物，它是指古代人们在风水思想与宗教观念的影响下，祈求平安长寿、子孙满堂、人丁兴旺、福寿安康、官运亨通而在路口、村后、宅旁、坟墓周围等与风水相关的地方人工栽植或天然存在并严加保护的林木，经过多年的生长于演替，而形成的稳定的植物群落[4]。广义上的乡村风水林不仅指成片的树木群落，也包含村庄内外有风水作用的孤植的大树。

1.2　乡村风水林的分类

风水林主要分为三种，分别为村落宅基风水林、坟园墓地风水林、寺院风水林。村落宅基风水林，既种植在村庄内外庭前屋后的具有风水作用的林木，岭南地区常见这类风水林，面积从几亩到几百亩大小不等；坟园墓地风水林是古代人们在坟园墓地或皇家在陵地周围人工栽培或天然保护的林木，在礼制思想下，墓葬林具有浓厚的政治色彩与严格的等级制度，须按品级高低决定植树的数量，其植物种类多以松柏为主[5]；寺院风水林是古代僧侣道士们在寺庙宫观庵周围人工栽培或天然保护的林木，“天下名山僧占多”，因此深受佛道文化熏陶的风水林也在当今的风景名胜中依然可见。

村落宅基风水林包括水口林、垫脚林、龙座林、宅基林 4 种不同类型，在空间上广泛分布于村口、村前、村后、村四周和庭院宅基。水口林是指种植在村落水源出入口处，具有保护水源，抵挡“煞气”的作用，在一定程度上也是村庄的标志性景观；龙座林，主要是指座落在山脚、山腰的村落或村落后山的风水林，是村庄的靠背，具有“藏风纳水”的作用；垫脚林主要种植在村前河边、湖畔，起固堤护岸、涵养水源的作用；宅基林主要分布在建筑住宅的周围或庭院内外[6]。当然也有另外一种说法，村

① 基金项目：浙江省重点研发项目：浙江省乡村生态景观营造技术研发与推广示范（项目编号：2019C02023）。

落宅基风水林分为水口林、风口林、龙座林与宅基林。风口林的作用是抵挡大风，充当防风林的作用[4]。

2 乡村风水林的起源

2.1 风水说

风水说由传统风水理论与风水林之间的关系出发，认为风水林是风水理论这一中国传统文化的林业表现形式：风水林起源于我国传统风水思想。杨国荣曾提出风水林就是人们受风水理论的影响，在入口、建筑周边、坟墓四周等与风水有关的地方所植的林木，树种一般是松柏和杉树[5]。但是此观点的成立与否还与人们对于风水理论的理解。曾有人认为，环境吉凶意识早在风水学说之前便已存在。俞孔坚也认为，是中国人内心深处的理想景观模式引发了风水理想的思辨，进而形成了风水学说的世界观与方法论[7]。因此人们认为，是先有了在各个地方种植林木的表现，后才有风水林的这一说法。如此看来，上述所说的起源似乎与之相违背，但是谁又能断言，这种看似谬论的说法就一定是错误呢。

2.2 环境保护论

该观点从“林”角度来阐述风水林的起源与发展。认为，风水林之所以存在是因为古人的绿化思想与环境保护的意识，这种意识不一定是完全明确的，也有可能是环保“意图”的下意识或说潜意识的行为。然而，在这之前，我们必须首先明确的是，环保意识与环境吉凶意识不同[8]。后者是原始人类，出于对自然与环境的无知，而产生的一种敬畏自然、趋吉避凶的天性。而前者则是在科学技术的支持下，了解人与自然的相互关系，以及世间万物的存在形式与活动方式，从而得到的一种人与自然和谐相处方式，是一种及其具有现代风格的思维模式。其实，细想之下便能发现主张风水林源于古人的绿化思想与环保意识者，是犯下了年代误植的错误。所谓的环保意识也是在人类进入工业时代的时候才产生的，往前推两百多年，那时候，黄河并不是真的“黄河”，洞庭湖的面积也是现在的 2-3 倍，人类以农耕经济为主，对于环境的破坏其实很少，也因如此，在这绿水青山的环保之中，人类因为环保意识而进行园林的绿化的可能性并不高。此外，人类的活动更多是收到封建统治、生产生活的需要而进行的。

2.3 社神崇拜学说

社神崇拜学说综合了前两者的观点，一方面，解释了风水林的起源，另一方面，它追根溯源，从根植于中华民族几千年的传统与习俗的古代文化寻求思想源泉。该观点认为风水林的起源于社神崇拜，社神是土地神，在中国传统习俗中，一直就有祭祀社神的习惯，直到现代也依然存在去寺庙向社神祈福的风俗。关传友认为村落风水林起源于古老的社神崇拜，村民将树木作为神灵的依附对象和标志，在村落中广泛地种植林木，希望受到树木的恩惠和庇护，保佑他们健康长寿、子孙升官发财、家族兴旺发达等，久而久之，风水林便成为古代村落居宅旁不可或缺的部分之一[9]。

3 乡村风水林研究现状

从地区上来分析，风水林主要存在于南方地区，北方地区很少，几乎没有，这与历史传统和民间信仰有着很大关系。唐末五代至两宋时期，在客家地区形成了一个重要的风水流派——江西形势派。明清时期，风水活动已经成为一种风俗普及于赣闽粤广大客家地区，风水信仰亦由此深入人心，成为客家人的一种传统意识。也由于此，深受风水思想影响的客家人对于风水林营造起到了重大的推动作用。因封建迷信的思想，人们常常把风水林与丧葬、龙脉等相联系在一起，不仅导致了客家地区风水争讼现象严重，但是同时使得风水林得到了较好保护与发展[10-12]。近现代以来，受国外文化影响，风水文化也被民众认为是封建愚昧的代表，风水文化一度遭到怀疑和批判，对风水文化及风水林文化认识的片面性，使得风水林的保护未得到足够的重视，不少风水林遭受破坏。“文化大革命”与“破四旧”中，风水林及风水文化也再一次受到打击与破坏，随后而来的改革开放更是让风水林的生存现状雪上加霜。至此，我国许多地区风水林消失殆尽，只有岭南地区和部分省市的落后山村依然保存。

3.1 理论综述

最早开展对风水林进行科学研究是香港科技界，在上世纪末到本世界初，主要是对香港风水林的植物群落特征、树种构成、植被恢复及保护的研究。关传友[13-14]的《风水景观：风水林的文解读》一书中系统解读了风水林，全书分为九章，首先阐述了风水与风水林的定义，然后概述了风水理论的发展历程，第三章到到第五章讲述了风水林的作用和生态绿化思想，最后四章分别叙述了村落宅居风水林、坟园墓地风水林、寺庙宫观风水林以及先关传说故事；程俊[15]等研究了岭南风水林的格局、群落特征、植物种类、保护等方面，提出目前村落风水林的研究依然处于起步阶段，大多集中在广州、东莞、佛山等区域，对于客家文化于潮汕文化区域涉略较少，岭南地区地理环境复杂、村落形式多样，与传统风水分类标准不吻合，须重新划分，此外目前设计的研究多仅限于植物种类的组成研究；李摧玲[16]等对海南风水林的空间形态与分布格局进行了分析，指出其空间形态可划分为聚集形与游离形两大类，根据分布类型还可以分为平原型风水林、高山型风水林和海岸风水林，为海南的新农村环境景观建设规划及乡村旅游开展提供参考；罗旋等[3]阐述了浙江风水林的历史发展过程及浙江先民对风水林的保护管理，总结了浙江风水林的类型及基本特点，并提出风水林的保护管理对策。

3.2 数据分析

部分风水林科属种及地区数据统计表[17-28]　表 1

论文	科	属	种	调查地区
高伟等	41	82	101	福建东山岛

续表

论文	科	属	种	调查地区
许飞等	35	55	69	福建（88村）
李仕裕等	140	397	732	广州12区
孔波等	50	80	98	广州
易绮斐	112	255	387	广州萝岗区
汤丹丹等	74	153	217	桂林
臧毅等	24	32	34	浙江郭洞
杨期和等	35	49	58	广东蕉岭县
杨期和等	37	54	67	广州梅州市桥溪村
莫惠芝等	40	68	81	广州增城市
廖宇红等	33	57	73	广州莲塘村
徐瑞晶等	61	119	151	广东清新县
罗旋等	75	262	412	浙江

除了以综述类或是理论类的风水林研究之外，近年来人们也尝试这着用科学的方法来解释中国传统的风水理论与风水林，因此运用数据与图表类的研究文献也层出不穷。根据笔者对数据类风水林论文的研究与统计发现，该类型研究文献多以样方分析法、分层随机抽样法、野外实地调查法并结合相关文献的查阅与理论研究，对风水林的植物群落种类、资源、分布、结构、空间异质性进行分析，此基础上采用物种丰富度、Margalef 指数、Shannon-Wiener 指数、Simpson 指数、Pielou 指数等作为评价标准，来进行风水林群落相关定量与定性的研究．例如吕浩荣[29]分析探讨了人为干扰对风水林的影响，发现随着人为干扰强度的增大，轻度干扰、中度干扰和重度干扰下林木胸径和树高随之减小。Shannon-Wiener 指数、Simpson 指数、Margalef 指数和 Pielou 指数一致呈现出中度干扰＞重度干扰＞轻度干扰的格局，与中度干扰假说相符合。

根据表数据可以发现，进行风水林研究的城市多以福建、广东、广西这些岭南地区为主，根据表中科属种的分布情况，可以大致得出风水林中的植物种类丰富，物种丰富度较高，植物群落的稳定性也较好。仔细查阅相关论文，发现广州市风水林植物种类以樟科、山茶科、壳斗科、桑科、茜草科、大戟科、莎草科、桃金娘科、茜草科、禾本科、蝶形花科等为主；以樟科、壳斗科、金缕梅科、山茶科、桑科、禾本科、蔷薇科、无患子科、杉科、漆树科为主。主要乡村风水树种有榕树、香樟、枫香、龙眼、木荷、细柄阿丁枫、石楠、蚊母、朴树、-锥栗等[17－28]；而浙江优势种主要集中在松科、杉科、木兰科、樟科、柏科、金缕梅科、红豆杉科、壳斗科、禾本科等[3]。由此不难看出，风水林植物因地域的影响，多以南方热带植物与亚热带植物为主，部分受温带植物一定的影响。由于不同地区的风水林的植物群落种类、数量、生长状况、结构等均存在一定的差异，但是风水林总体上来说群落相对稳定，为各地区的新农村改造与植物资源研究提供了宝贵的物种资源[30]。此外，季芳等研究了风水林在野生动物多样性保护作用方面，通过选点按季节采样线法对风水林中的鸟类进行全查，得出风水林是林鸟的重要保护地，风水林中的鸟类多样性受树种多样性、数量、覆盖面积、结构层次等多种因素共同影响。该研究提醒我们，在研究风水林不仅仅只关注人类与风水林的关系，更应该拓宽视野，探索风水林与动物多样性、甚至是生态多样性之间的关系，如此才更加充实生态学与景观的研究。

4　乡村风水林的价值

4.1　风景观光

乡村风水林历史悠久，其中植物大部分都得到较好的生长，因此风水林中植物种类繁杂，植物群落丰富而稳定，形成比较完整的生态群落。风水林中，许多植物胸径与冠幅数值较大，使得乡村风水林成为古树名木的保留形式之一，也大大增强了风水林的观赏性。例如，岭南地区有 40～50cm 粗的木质藤本，也有榕树独木成林、伞盖千尺的独特景观，诸如此类都使乡村风水林具有独特的植物景观，吸引人群观光。此外，风水林中的传统风水植物配置手法，崇尚山水的自然情趣，也值得我们在乡村林地建设中借鉴。我们可以从风水林的稳定群落结构中，探寻乡村植物的搭配种植，这对我们新农村建设背景下，如何保留乡村人居环境与体现乡土特色提供了重要参考[31]。

4.2　生态保护

乡村风水林具有调节温度、吸烟滞尘、净化水体、防风固沙、涵养水源、改善环境小气候等重要作用。其高度的物种丰富度、较高的空间异质性以及丰富的植物种类都体现了其稳定生态结构，林中大量的植物种类成为许多地区的植物种子基因库，同时它也为许多林鸟提供了栖息地，不仅保护了植物多样性，也保护了动物多样性。在当今乡村城镇化的快速进程中，乡土植物在不断消失，风水林作为乡村的乡土植物资源，在生态上有着重要作用。保护风水林生态系统，促使风水林的自然演替和更新，对于区域生物多样性的保护具有重要意义。

4.3　文脉乡愁

乡村风水林是中国传统风水文化思想下的产物，与中国传统风水理论有着 密不可分的关系，是先人留下的宝贵遗产。对于乡村风水林的研究，能够更好促进人类对乡村的研究，尤其是岭南地区的风水文化的研究。乡村风水林的产生发展与当地的民俗风情、宗教信仰息息相关，保护风水林即使对乡村文脉的保护。

同时，从古至今，村落风水林一直是一个天然的乡村公共休闲空间。村民在风水林中或是闲庭信步，或是家常日常，或是祭祀祖先，或是宗族议事，无论如何风水林都是村民使用较为频繁的公共场所，给人们留下了深深的烙印，是村民挥之不去的乡愁。如今，自然村落不断消失，许多人童年记忆中的风水林可能早已不在，留下的只是回忆。保护风水林，也是保护乡村风俗文化与乡愁的重要手段之一[4]。

5 结语

目前，对于乡村风水林的研究还处于初步探索阶段，研究内容不够全面和深入，存在较多问题，这些问题在以下几个方面尤为突出：

（1）对于乡村风水林的研究目前主要为历史理论的综述与风水林植物群落的数据研究两种，而对乡村风水林与乡村发展规划、与村民生产生活的研究方面存在许多不足。希望能在对于乡村风水林的研究方法与研究内容上有更大的创新。

（2）从现有研究资料可以发现，对于风水林的研究大多集中在南方地区，尤其是广东、福建、广西等岭南地区，其他地区的较少或是几乎没有。笔者认为，此种现象固然与地理文化、风俗习惯、历史发展有着关系，但是中国地大物博、传承不断，相信我们总能在其他地区找到典型案例并进行研究。中国各地区的风水林研究依然大有可为。

（3）在村落宅基风水林、坟园墓地风水林、寺院风水林三种风水林中，村落宅基风水林研究相对较多，其余两者较少。此外，四类村落宅基风水林中（水口林、垫脚林、龙座林、宅基林），学者专家也多以水口林为研究对象，其他三类的研究也不多见。因此，在不同种类的风水林研究上，需要我们不断深入与 丰富。

（4）对于村落风水林资源的保护、开发、应用，当前研究多只提出了一些大的概念规划，并未深化到具体的应用层面，缺乏实际可行的案例，需要开展相关的实际应用研究。

随着现代社会的发展，人们越来越注重对原有地域文化和地域精神的尊重，景观资源的开发都考虑尽可能维持原有的地域特色。在国家大力社会主义新农村建设与美丽乡村建设的过程中，我们应当注重风水林的研究与保护。随着时代发展，风水林不再是迷信的产物，人们也尝试着用更多科学手段去解读与研究，并发现风水林对乡村环境的美化、水土保持、防风固沙、改善气候等方面有着重要作用。风水林存在于各乡野之中，成百上千的古树形成独特的植物景观，在园林绿化中，可以结合当地自然环境、风俗习惯、文化传统，充分发挥风水林的价值，打造独特的乡村景观。

参考文献

[1] 赵怡．从古到今，浅谈风水理论对园林景观设计的影响[J]．现代园艺，2017，(02)：79-80.

[2] 郎小霞，徐欢，李晓红．风水理论对园林景观规划的影响[J]．中国农学通报，2010，26(09)：270-272.

[3] 罗旋，王小德，杭璐璐，陈婧婧．浙江风水林类型、特点及保护管理探讨[J]．福建林业技，2012，39(02)：173-177.

[4] 张西林．村落风水林休闲游憩开发[J]．福建林业科技，2013，40(03)：213-216.

[5] 杨国荣．关于中国传统林业遗存-风水林的历史文化初探[J]．林业经济问题，1999(06)：60-63.

[6] 关传友．中国古代风水林探析[J]．农业考古，2002(03)：239-243.

[7] 俞孔坚．理想景观探源：风水的文化意义[M]．北京：商务印书馆，2000：91.

[8] 吴欲波．风水林探源与当代启示[J]．安徽农业科学，2011，39(29)：17984-17986.

[9] 关传友．中国传统园林与风水林理论[J]．皖西学院学报，2001(1)：42-45.

[10] 陈海斌．清代赣南客家地区的风水争讼问题研究[J]．湖北民族学院学报(哲学社会科学版)，2017，35(06)：81-85＋98.

[11] 罗建平，张颖．定居、住宅与环境文化分析[J]．中华文化论坛，2015(08)：136-141.

[12] 罗勇．客家民间风水信仰与水资源的利用和保护[J]．民俗研究，2015(04)：37-43.

[13] 关传友．风水景观：风水文化的解读[M]．南京：东南大学出版社，2012.

[14] 陈跃．一部解读风水林文化的力作——评《风水景观——风水林的文化解读[J]．中国农史，2013，32(04)：141-144.

[15] 程俊，何昉，刘燕．岭南村落风水林研究进展[J]．中国园林，2009，25(11)：93-96.

[16] 李萃玲，宋希强．海南风水林的空间形态与分布[J]．中国园林，2014，30(02)：87-91.

[17] 高伟，叶功富，卢昌义，等．福建东山岛海岸带风水林数量分类与排序[J]．中南林业科技大学学报，2013，33(08)：117-121.

[18] 许飞，邱尔发，王成，等．福建省乡村风水林树种结构特征[J]．江西农业大学学报，2012，34(01)：99-106.

[19] 李仕裕，叶育石，王发国，等．广州市风水林植物组成及分布区类型分析[J]．植物资源与环境学报，2013，22(01)：102-109.

[20] 孔波，曹洪麟，马磊，吴林芳，陈灿，黄忠良．广州市格木风水林的群落特征分析[J]．热带地理，2013，33(03)：307-313＋332.

[21] 易绮斐，王发国，刘东明，等．广州市萝岗区风水林植物组成及群落结构分析[J]．植物资源与环境学报，2012，21(01)：104-110.

[22] 汤丹丹，马姜明，李海霞．桂林岩溶石山“风水林”植物群落维管植物区系特征[J]．广西师范大学学报(自然科学版)，2017，35(03)：126-132.

[23] 臧毅，蔡建国，徐明，等．郭洞水口林植物景观研究[J]．西北林学院学报，2014，29(04)：2 66-271.

[24] 杨期和，陈美凤，赖万年，杨和生，况伟．粤东地区客家风水林群落特征研究[J]．南方农业学报，2012，43(12)：2040-2044.

[25] 杨期和，杨和生，赖万年，等．梅州客家村落风水林的群落特征初探和价值浅析[J]．广东农业科学，2012，39(01)：56-59.

[26] 廖宇红，陈红跃，王正，等．珠三角风水林植物群落研究及其在生态公益林建设中的应用价值[J]．亚热带资源与环境学报，2008，3(2)：42-47.

[27] 徐瑞晶，庄雪影，莫惠芝，等．清远白湾石灰岩山区村落风水林植物物种多样性研究[J]．华南农业大学学报，2012，33(04)：513-518.

[28] 莫惠芝，庄雪影，黄川腾，徐瑞晶，周雪刚，魏依娜，唐小清．增城市小楼西境村风水林植物多样性的保护与利用[J]．广东农业科学，2011，38(24)：1 44-148.

[29] 吕浩荣，刘颂颂，叶永昌，等．人为干扰对风水林群落树种组成及多样性的影响[J]．生态学杂志，2009，28(04)：613-619.

[30] 代晓康．中国风水林的研究进展[J]．中国农学通报，

2011，27(19)：1-4.

[31] 郛红芳．水口园林的文化内涵与美学价值[J]．文艺研究，2009(04)：151-152.

作者简介

林志浩，1994年生，男，浙江江山人，浙江农林大学风景园林与建筑学院在读硕士研究生。研究方向为风景园林与景观设计，植物景观规划设计。电子邮箱：834511071@qq.com。

姚洁，1994年生，女，江苏连云港人，浙江农林大学风景园林与建筑学院在读硕士研究生。研究方向为园林植物应用。电子邮箱：772970963@qq.com。

包志毅，1964年生，男，浙江东阳人，浙江农林大学风景园林与建筑学院教授，博士生导师。研究方向为园林植物应用与植物景观规划设计。电子邮箱：bao99928@188.com。

徐派园林史略：徐州清末古园“潜园”研究

The History of Xu-style Garden: Research on the "QianYuan" of Xuzhou Ancient Gardens of Qing Dynasty

刘禹彤

摘　要：以徐州清末古园“潜园”为研究对象，以诗词文献中有关潜园的描述为依据，分析了潜园的艺术特色，从全园平面布局、空间组织和置石、理水、路径、建筑、植物五大造园要素，提出了潜园的复原设计，力求再现徐州清末私家园林的风采。

关键词：园林；起源；始祖

Abstract: Based on the descriptions of the "QianYuan" in poetry and literature, this paper analyses the artistic features of the hidden gardens in Xuzhou ancient gardens at the end of Qing Dynasty. From the five main elements of the garden, i. e. plane layout, space organization and stone placement, water management, path, architecture and plants, it puts forward the restoration design of the hidden gardens, in order to reproduce the style of private gardens in Xuzhou at the end of Qing Dynasty.

Keyword: Garden; Origin; Progenitor

引言

古园林承载着古人对生存环境的理解、开发和美化。在描写徐州的古诗词歌赋中，记载了许多徐州古园林、古景观。历经兵燹水灾，这些古园林多已湮没无闻，但“青山绿水古徐州”的园林景观，始终闪耀着人文的光芒。潜园作为清末著名的私家园林在徐派园林中具有很高的代表性，其园主人在徐州文坛也有这很高的影响力，对相关史料进行收集和考证，并依此为基础对其进行复原设计，力求将仅存于文字中的一代名园重构成有具体形象的园林，再现徐派园林的艺术风采。

1　潜园由来与园主人王凤池

清同治十三年（1874 年）秋，出任江南候补教谕的徐州人王凤池目睹官场险恶，对仕途心灰意冷而弃官回乡，在徐州城内（今淮海西路南侧诸达巷东侧）耗资 800 吊钱建起一座私人园林，名曰“潜园”。辛亥革命后铜山教育会曾设于此，1938 年日寇飞机轰炸徐州，潜园被炸毁。

王凤池，字琴九，徐州铜山人，清光绪年间举人。苏北名山云龙山上著名古迹放鹤亭北面，有一处 1980 年重建的船厅，大厅门外就悬挂着王凤池撰写的长联（今人王冰石书）：“大地俯青徐看残落日平原百战山河谁楚汉？孤亭绕翠嶂倚遍疏栏画槛千秋雪月共苏张。”联句抒情写景，自然得体、对仗工整，堪称佳联。据《徐州续诗徵》[1]记载，王琴九“风雅之士，工书善画，筑潜园于郡城，文人宴集无虚日。”从他的诗词和对其描写中就可知王凤池文学书画才华横溢，性格独立率真、明彻达观。王凤池长喜与友人谈诗论画，文友主要有曹寿铭、杨鉴泉、李仙九、葛绳鉴、张介、祁世倬、王学渊、王嘉诜、陆光甫、樊溥霖等。徐州道台袁大化、府台桂中行亦常与之谈时论政、赋诗书画。可见他虽远离林泉，归隐市井，但是却真诚热情、不慕荣利。

作为一个伤时感事的通儒达士园主人，潜园的环境营造也必定受到其思想的侵彻，主体定是小而精，且充分体现了山水画、山水诗与园林的相互影响。通过他的诗句《潜园赋》：“门垂故虞之瓜，墙依王戎之李。君子乐此，贤者住之……”，《今雨轩即事》：“……门留题字头羞出，琴少知音尾任蕉……”，“萧斋雌伏有余闲，扫地焚香昼掩关。吩咐园丁勤插菊，安排石子遍堆山”等可看出王凤池清沁雅致的人格，所以潜园一花一木、一石一室的营造都要能够体现出其寄托梦想、陶冶性情的文人色彩。

2　诗词文献中有关潜园的描述与分析

2.1　王凤池诗词中关于潜园的描写

对于潜园，王凤池著有许多关于潜园的诗句，本文通过分析园主人对于潜园的诗句描写，对其中的园林元素进行归纳总结、和元素提取，再结合其他历史文献的记述整理出潜园中各园林要素在园中的空间位置关系以及潜园的造园手法及景观特色，为下面的复原设计打下基础。

王凤池《潜园赋》曰：“似隐非隐，可潜则潜，地购三亩，屋筑数椽，小住为佳兮窗明几净，偶来不速兮心远地偏。可以课园丁，可以抬舟子。门垂故虞之瓜，墙依王戎之李。君子乐此，贤者住之……”

关于潜园的主体建筑“今雨轩”的描绘，有王凤池曾有诗云：“依旧窗开四照明，芳草竹树喜纵横。延风入户宜消夏，趁雨栽花不碍晴。地有幽姿新菊圃，人多仙侣小蓬瀛。频年恭寿轩中集，一样谈棋说剑情。”

另一首《今雨轩即事》中也吟道："高轩弗过免湜嚣，花事阑珊鸟不骄。往日系怀鸿踏雪，十年寻梦鹿迷焦。门留题字头羞出，琴少知音尾任蕉。最好南窗清睡足，风来可当故人邀。"

《雨后过潜园》诗中曾有："潆迴水抱小兰亭，雨后苔深草更青，两部蛙声千树柳，一钩月影半池萍。牵茅新补卢仝屋，谱苑同参张羽经。开径不分新旧雨，言言处处总无形。"的诗句，描绘了潜园中"小兰亭"的景色。

王凤池专门聘请一名园丁负责潜园园林的看护、整修、浇灌等。对此，王凤池亦有诗云："萧斋雌伏有余闲，扫地焚香昼掩关。吩咐园丁勤插菊，安排石子遍堆山。虎头画壁兼花鸟，蜗角争疆笑触蛮。夏日清和无个事，新诗吟罢稿重删。"

2.2 文献中关于潜园的描写

据1991年沈华甫《王凤池和他的潜园》一文的记载，潜园坐东朝西，占地三亩，园内树木茂盛[2]。门檐上有一石匾，上书"潜园"二字，为徐州知府桂中行所书。门内以三棵槐树做屏，屏后树木茂密，芳草铺地，优雅异俗。北门有西屋三间，为"十友轩"（客舍）。王凤池常在这里接待地方文化名流，并与之谈诗论赋，泼墨书画。

北屋五间为园内主体建筑，重轩双檐，高雅古朴，门上横匾上书"今雨轩"三个大字。前轩有短栏，坐此可以观花赏柳，槅扇后为大厅，屏风后为后轩，从东间小门转入后轩系罗汉墙，下边木格上面镶玻璃窗，冬闭窗以赏雪，夏开窗而观雨。当时潜园南、东、北三面还有一条宽40m左右的小河三面环绕，清溪流湍，绿荫系舟，鱼游哇鸣，可钓可游，人称潜园河，使潜园更加清明秀雅。1938年日军轰炸徐州时从空中拍摄的徐州照片（图1）上，可以看到潜园大致状况。潜园确处在三面环水的半岛上，周围都是河水，河面较宽，西面及西南面有一部分和陆地连接，与徐州道台衙门相隔着一条二府街。

图1 日军轰炸徐州航拍图
（图片来源：《彭城周末》，2014年15月15日）

由厅堂向东南有一条弯曲草径，东以翠竹为篱，兼夹桃柳，草径尽头有亭，名"小兰亭"，亭上有"小兰亭"三字横匾。亭内设方石小桌一，长形石凳四，周围六面石栏，下有台阶三级，亭门前后可通。每值风清月白之际，良友三五可集此分韵对弈，幽静异常。

沿亭东南行，垂柳夹道中有便门，户外清溪流湍，绿荫下系有小舟，可乘三五人，西畔树荫亦可垂钓。潜园内南墙下为花坛，下有花圃，花坛西南有房五间，三间做厨房，一间茶房，另一间为园丁住处。

王凤池返徐后常与宾朋故旧、挚友门生论文赋诗于潜园，每岁旧历三月三日，地方文人学士在此修禊，当地士绅也长借此相聚或会亲吃酒。

2.3 潜园的艺术特色

2.3.1 巧借水势，因地制宜

潜园园林选址独特，三面环水，园址地地势高于水面，似位于半岛之上，且可借园外水景之趣，潜园具备造园的许多要素，潜园河之水及其形成的半岛，造就了此区域丰富的造景条件，同时，潜园河又为潜园形成了一道天然的屏障，使潜园能够免于外人的过分打扰，而同时又开阔了潜园的外围视野。难怪王凤池觉得其似隐非隐，可潜则潜，窗明水幽，环境秀美，从而相中此地。潜园选址巧借水势，因地制宜、巧于因借，也成为了潜园文人清居的园林特色。

2.3.2 君子乐此，宛自天开

潜园作为藏于市井之中的私家园林，在保留和延续自然之趣的基础上，加以人工雕琢的痕迹，"门垂故虞之瓜，墙依王戎之李"，体现了园主人"君子乐此，贤者住之"文人情趣。潜园中的建筑布局和景点营造都充分地顺应了地形特点，无论是主体园林还是园外水景的营造，都尊重原有地理条件加以改造，如对潜园河河岸周围不加点缀，仅在岸边植柳树，河中置舟，似有意为之，又似天然形成。在园子主体区域，会客、居住用房及亭子体量都不大，仅供会客、居住、休憩和观景只用。这些布置都体现出了园主人道法自然的造园理念，体现了园主人清高耿直、洒脱质朴的性格特征。

2.3.3 竖向变化，趣味盎然

从竖向上来看，潜园的竖向变化也是非常丰富而有连续性的。从西向东，是由较高平地到较低河道的一个地形变化，顺应这个趋势而建的潜园，也延续了这一变化。从正门到主体园林再到外围河道，形成了一个连续性的景观带，而这一景观带带来的是充满趣味的围合空间和丰富的观赏体验。潜园面积虽不大，但是却因为潜园河的特殊地理位置而变得独特。可见竖向向下的河道空间变化在增加了潜园景色的同时，也增加了其中的观景点，王凤池诗中说道："可以课园丁，可以抬舟子""两部蛙声千树柳，一钩月影半池萍"可见地形的变化使得人在潜园中观赏园林、垂钓望河、泛舟纳凉的历程更为趣味盎然。

2.3.4 文化古韵浓厚

潜园能够成为被记载下来的徐州文人名园，也与其园主人王凤池及其所蕴藏的文化有关。王凤池的诗词在徐州堪称经典，他在营建潜园的过程中也有意识地突出他善攻诗词的特点。园内有"菊圃""小蓬瀛""小兰亭"等景点，又有"潆迴水抱""弯曲草径""芳草铺地"的各种园林路径，都体现出园主人在营建的过程中想要突出和展示这些充满诗情画意和文人气息的园林要素，正因为潜园的文化古韵浓厚，更是吸引了当时徐州文坛的许多文人每月来此谈诗论画，这些都是园主人文化珍宝的继承和延续。

3 潜园的复原设计

3.1 潜园的平面布局与空间组织

从复原的潜园总平图（图2）上可以看到，潜园总占地面积约 2×10^3 m²。由于其三面环水的特殊条件，因此形成了一个从水体到主体园林再到陆地的连续性景观，因而也造就了园内丰富的造园要素。因此从竖向上，可将潜园分为水体区和主体园林区两个分区（图3）。

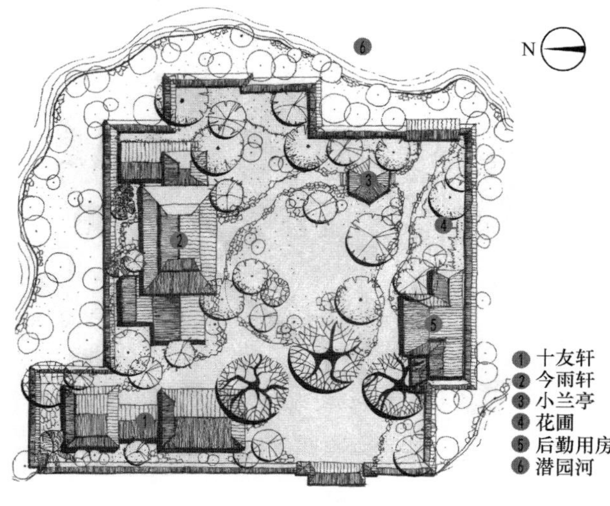

图2 潜园总平面图

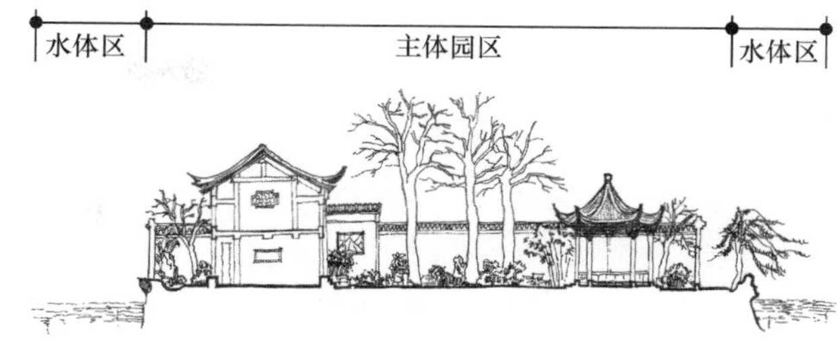

图3 竖向分析图

从平面即横向上看，潜园的两个分区也各有特色。水体区域主要起到了连接主题园林和外界的作用，又保护了主体园林的隐私，为其增添了一丝情趣，也成就了潜园特有的地形地貌，并成为了其不可或缺的造园要素，潜园的主要空间主要就是由水体区域和部分陆地区域围合而成。

主体园林区域是潜园最主要的活动区域，潜园正是立足于这个区域逐步扩建的。根据园主人的诗词描述，主体部分主要分为三个区域，一个是位于北边及西北角的生活会客区域，主要由两组建筑组成；其次是位于中心至东南边的休闲花园区域，以槐树、草坪和花圃等植物花木所组成，花园区域有亭池舟圃，灵石花木，小巧别致，景色宜人。最后是西南边的后勤用房区域，主要为厨房和园丁住所（图4）。

3.2 潜园的园林要素

3.2.1 置石

《园冶》所说："片山有致，寸石生情"[3]，潜园属于规模较小的庭院空间，因此，必不是以大规模的堆山叠石作为庭院的主题和核心，这样总不免有几分拥塞的感觉。合园主人所著诗词中"安排石子遍堆山"对山石的特别描述，潜园的山石应是多以稀疏散落的石块加三五玲珑剔透的石峰来点缀，如以山石嵌于粉墙，在辅以花木，从而形成一幅优美的画面（图5），亦或在潜园河的驳岸边利用山石自然形态的变化形成曲折有致、自然巧妙的驳岸景观(图6)，这些处理可以更好的抒发园主人追求诗情

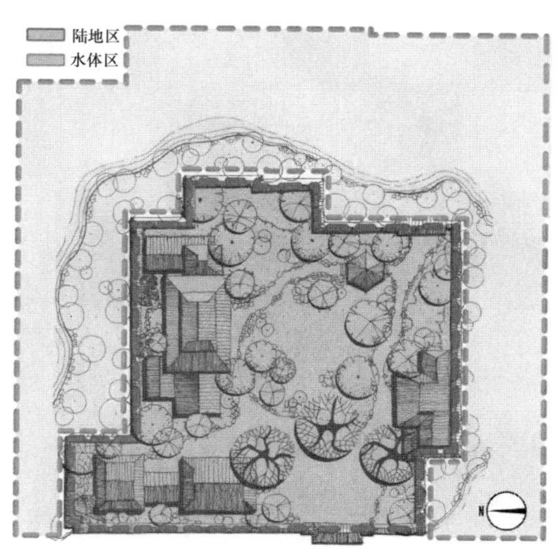

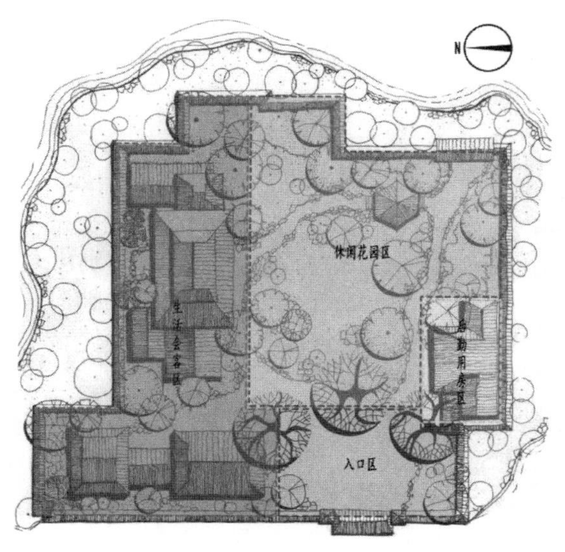

图4 区域分析图

画意的心境。

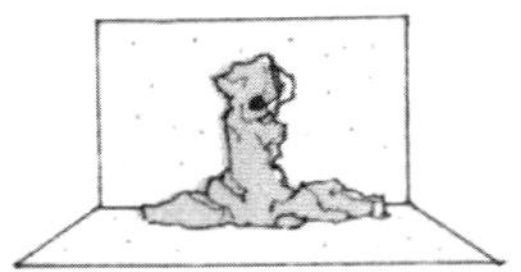

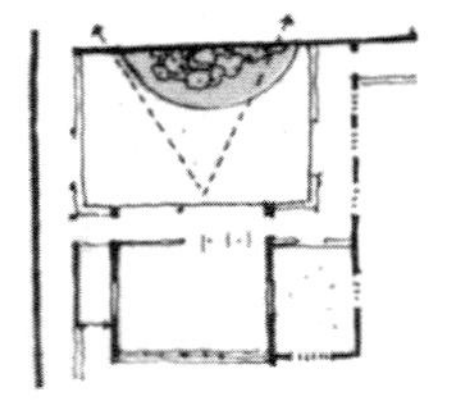

图5　置石效果
（图片来源：彭一刚《中国古典园林分析》）

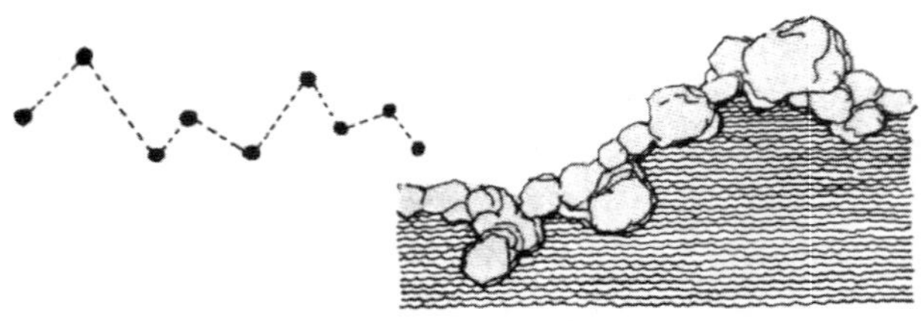

图6　驳岸置石效果
（图片来源：彭一刚《中国古典园林分析》）

3.2.2　理水

潜园因处在地势较为低洼的特殊地理环境，所以有着自身独特的水体系统。园外有着一条40m宽的小河将潜园环绕起来，不仅形成了潜园贯通的水系，更形成了优美的园外景色和极佳的借景条件，充分展示了“一拳则太华千寻，一勺则江湖万里”的园林景观艺术。

水体作为园林中的重要要素，往往承担着景观中心的功能。因此许多重要的景观都会围绕着水体布置。潜园的水体充满着自然野趣，从园主人诗词描述中可知潜园中在临近河流处布置有亭，沿河布置有步道、湖石和小舟，与亭互为视觉焦点，并与周边的景色相呼应。

3.2.3　路径

潜园的园内并无廊道、桥梁和山径这些典型的园林路径，而是由曲折蜿蜒的草径、夹道以及一些没有明确道路性质的引导性道路来组成园内的道路系统，正如钱溪梅《履园从话》中所述“造园如作诗文，必使曲折有法，前后呼应，最忌堆砌，最忌错杂，方称佳构。”潜园中曲折的路径也能够体现出园主人的文人情怀；园外主要是由环潜园的小河形成的水路系统。各类路径串联其园中的各个建筑景点及不同风格的区域，又巧妙地使用了夹道与水面紧密额结合为一体，不仅避免了单调，反而显得曲折而饶有变化，带给园主人及其他的观赏者丰富的体验。

3.2.4　建筑

园主人王凤池为风雅之士，追求一种如诗似画的园林意境，潜园的建筑必定如同凝聚了诗和画。潜园建筑复原采用回环曲折、参差错落、忽而洞开、忽而幽闭的手法，以赋予潜园中建筑的无限变化，并与山石、水体、花木等其他园林要素巧妙地集合，只有这样才能把建筑美与自然美浑然地融成一体，从而达到“虽由人作、宛自天开”的境地。

园内的建筑共有三组，主要以歇山顶和硬山顶建筑为主，其中主体建筑“今雨轩”为重檐歇山顶（图7），在园中占据了非常重要的位置；硬山顶的建筑数量最多，在园中应用最为普遍；“小兰亭”为六角攒尖形式的建筑（图8）。潜园中建筑朝向均为面向其主景面的朝向，从而使人在建筑中的视线可以集中在周边的景点上，其院内的主要路径也是通过建筑进行引导的（图9）。

图7　“今雨轩”复原意向图
（图片来源：彭一刚《中国古典园林分析》）

图8　“小兰亭”复原意向图
（图片来源：彭一刚《中国古典园林分析》）

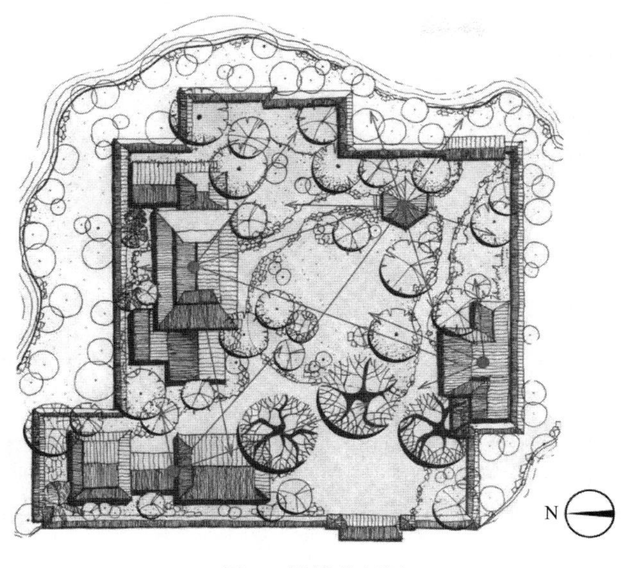

图 9　视线分析图

3.2.5　植物

潜园庭院中花木繁盛，主要的植物品种为槐树、桃树、柳树、李子树、竹、芭蕉、菊花及其他时令瓜果和草坪等地被，所营造的植物环境十分朴素清幽，可谓奠定了整个园林的风格和基调（图 10）。园内植物在延续这一特色的同时，种植方式更为多样，植物种类也更为丰富。

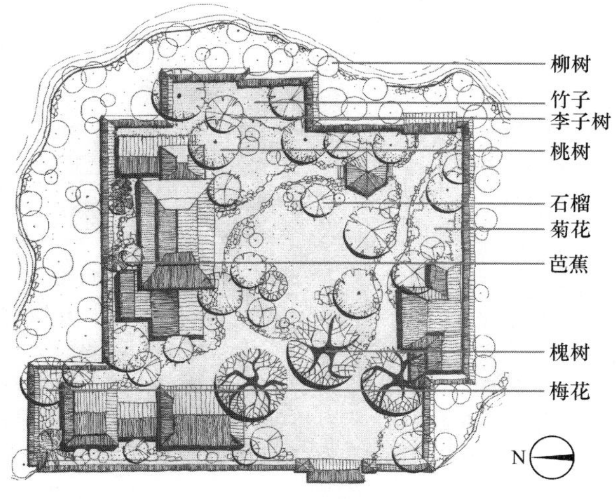

图 10　植物配置图

园内的植物种植方式主要是点种、孤植与丛植，以视觉的观点来看点种的树更加引人注目，因为孤植的树难免会使人感到不足以庇护整个空间，为此，尚须以点种的方法在院内栽植乔木二、三株，方能与环境相称。前面所提“门内以三棵槐树做屏”就表明了潜园中大型乔木的搭配和位置安排。三棵槐树即作为入口处的屏风，避免了开门见山、一览无余，它们把潜园的“景”部分的遮挡起来，使其忽隐忽现，若有若无，用植物这种独特的方式体现了古典园林中“藏”的手法，又单独作为植物景观，点缀了庭院的空间。而《今雨轩即事》中“琴少知音尾任蕉”则是运用借景和框景的手法巧借窗外芭蕉，营造出雨打芭蕉的声景并茂的景观效果。

在进入潜园后，随着庭院的空间进一步扩大，仅仅通过孤植的乔木不能使浓荫覆地，诗句中“依旧窗开四照明，芳草竹树喜纵横”表现了园主人通过采取点种与丛植相结合，乔木与灌木相搭配的手法，在三棵槐树后又配置了茂密的灌木及草坪，作为三棵槐树的陪衬，营造枝繁叶茂，嘉木葱茏的气氛。在通往“小兰亭”的草径旁，“东以翠竹为篱，兼夹桃柳”，也是通过了不同品种的植物相搭配或间种来营造一种自然古朴的植物景观。通过描写小兰亭的“潆洄水抱小兰亭，雨后苔深草更青，两部蛙声千树柳，一钩月影半池萍”这句诗句的分析，潜园中从“小兰亭”通往户外清溪的路径中，以密植垂柳，形成葱葱郁郁，充满自然野趣的水边环境，以期获得充满野趣的景观效果。另外潜园中还规划有一片花圃，来丛植菊花、瓜果等应季的花木，来营造植物景观色相上的变化。

潜园的植物配置与营造，既有围，又有透；既有遮挡，又有显露，疏密有致，大小相间，高低错落，在有限的庭院空间中通过植物的搭配很好的烘托陪衬了园林建筑，也营造了含蓄深远的植物景观效果。

4　结语

潜园延续了王凤池的明彻达观，清沁雅致的文人情趣，王凤池亦通过潜园找到了生活快乐和心灵慰安的现实途径，无论人生感叹或政治忧伤，都在对自然和与三五好友品茗论诗的质朴生活中得到了安息，也在一花一木中找到了归宿与寄托。望以此文再现徐派园林清末古园潜园的风格特色和风采。

参考文献

[1]　张伯英．徐州续诗徵[M]．北平：文岚簃承印，民国二十四年(1935).

[2]　沈华甫．王凤池和他的潜园．文史资料[J]，1991，(第十一辑)：168-170.

[3]　(明)计成著，刘艳春编著．园冶[M]．南京：江苏凤凰文艺出版社，2015.

[4]　彭一刚．中国古典园林分析[M]．北京：中国建筑工业出版社，1986，(2005 重印).

[5]　张建国．潜园往事 [N]．彭城周末，2014-11-15(A38).

[6]　何爽．杭州小有天园复原设计[D]．北京：北京林业大学，2016.

作者简介

刘禹彤，1988 年生，女，汉族，江苏徐州人，硕士研究生，徐州市徐派园林研究院副研究员。研究方向：景观设计。电子邮箱：272851318@qq.com。

御花园的阴阳、五行、八卦空间格局研究

Study on the Spatial Pattern of Yin and Yang, Five Elements and the Eight Trigrams in Imperial Garden

杨　洁　刘庭风*　王佳琪

摘　要： 紫禁城中的御花园始建于明代，经过明清两代不断的修缮成为皇家宫廷园林的杰出代表。阴阳五行八卦学说是中国传统易经文化的重要组成部分，在紫禁城御花园中，这一学说体现的淋漓尽致，本文以阴阳五行八卦学说理论为基础，通过对御花园空间格局进行研究，考证这一学说理论在御花园设计中的应用，进而探索中国传统易经文化和皇家宫廷园林有机结合的关系特点，期望传统园林理论文化对当代园林景观设计的传承与创新有所裨益，对当前园林的传统文化给与理论上的积极意义。

关键词： 御花园；阴阳；五行；八卦；空间格局

Abstract: The Imperial Garden in the Forbidden City was built in the Ming Dynasty and has been an outstanding representative of the Royal Court Gardens after two generations of Ming and Qing Dynasties. The yin and yang、five elements and the eight trigrams theory is an important part of the traditional Chinese Yijing culture. In the Forbidden City Imperial Garden, this theory is vividly reflected. Based on this theory, this paper studies the spatial pattern of the Imperial Garden, examines the application of this doctrine theory in the design of the Imperial Garden, and explores the relationship between the traditional Chinese Yijing culture and the royal court garden. It is expected that the traditional garden theory culture will benefit the inheritance and innovation of contemporary garden landscape design, and give theoretical significance to the traditional culture of the current garden.

Keyword: Imperial Garden; Yin and Yang; Five Elements; the Eight Trigrams; Spatial Pattern

紫禁城建于明永乐十八年（1420年），是我国现存规模最大的木质结构古建筑群，见证了明清两代的皇帝的兴衰，紫禁城内部建有四座宫廷园林供帝王和后妃们的娱乐消遣和祭祀读书等，四座园林分别为：位于宁寿宫西部的宁寿宫花园（也称乾隆花园）、位于西六宫西北部的建福宫花园、位于外西路慈宁宫南面的慈宁宫花园和本文所介绍的位于坤宁宫北面的御花园，四座园林中，御花园位于紫禁城中轴线北端，全园以钦安殿为中心，呈左右对称的格局布置建筑20余座，其建设规模最大，东西长约140m，南北宽约80m，占地约1.2万m^2，另在四座花园的建设历史中，御花园建设时间最为久远，从以上几个方面来说御花园可称为紫禁城四花园之首。

阴阳五行八卦学说是传统易经文化的重要组成部分，体现了哲学上的辩证关系，在紫禁城的整体规划和建筑设计中，处处蕴含着这一重要理论，而紫禁城中的园林由于其特殊的位置从属紫禁城的建筑群，使得园林的设计自然也蕴含着阴阳五行八卦这一理论体系。本文从这一理论出发探究在御花园园林中阴阳五行八卦的具体体现。

1　御花园风水源起及其历史事件

1.1　明清时期对御花园的修缮情况

明成祖朱棣于永乐四年闰七月下诏迁都北京，永乐五年（1407年）五月开始建北京宫殿，永乐十八年（1420年）十二月，紫禁城宫殿全部竣工。至此建成的御花园仅仅是一片林地，又被称为“宫后苑”。明嘉靖十四年（1535年）五月，修建钦安殿以祀真武并在殿前建天一门及围墙。明万历十一年（1583年），拆毁四神祠和观花殿，叠石为山中做门，匾为堆秀，山上建亭名御景亭。东西建鱼池，池上建浮碧、澄瑞二亭，还有清望阁、金香亭、玉翠亭、乐志斋、曲流馆等。万历十九年（1591年），拆毁清望阁、金香亭、玉翠亭、乐志斋、曲流馆。清朝对于花园稍作增改，根据乾隆十九年（1754年）十月二十四日，奏折中对于御花园的记载有：养性斋（明朝称乐志斋）改建为转角楼；做大小月台两座，台上镶花斑石、安砌旱白玉栏杆；添做药栏，八堂凑长五丈二尺七寸；井亭四面添按装修四槽做成暗沟二十九丈五尺……堆黄太湖石高峰点景，做水法铜管吸筒等。乾隆年间钦安殿东西加建小方亭。同治十年（1871年）十二月十七日总管内务府递交奏折中记载，千秋亭已失火只剩地基，钦安殿万春亭年久失修。此年九月，御花园千秋亭等建筑已被官员捐修完成。列表如下（表1）。

1.2　御花园营造历程

根据前文分析的御花园营造历程，笔者通过地基及古代取名的习惯推测其位置，详见下图（图1）。

1.3　小结

由前文分析可知，随着紫禁城宫殿的不断修缮和完善，在明代园林格局基本形成，清代没有对其园林形制进行大规模的改造，沿袭了明代的宫后苑形式，只是进行了名称的更改，由明代的“宫后苑”改称为“御花园”。

明清两代御花园修缮大事记　　表 1

公元	年号	事项
1406 年	永乐四年	下诏建北京故宫
1420 年	永乐十八年	御花园仅为元代遗留的一片林地，建成钦安殿、绛雪轩、万春亭、千秋亭、观花殿、对育轩（清称位育斋）
1535 年	嘉靖十四年	御花园修建钦安殿前天一门、围墙
1536 年	嘉靖十五年	御花园建造四神祠
1583 年	万历十一年	御花园拆毁重建四神祠，做堆秀山、建御景亭、鱼池、浮碧亭、澄瑞亭、清望阁（清称延晖阁）、金香亭、玉翠亭、乐志斋（清称养性斋）、曲流馆
1591 年	万历十九年	拆毁重建清望阁（延晖阁）、金香亭、玉翠亭、乐志斋（养性斋）、曲流馆
1754 年	乾隆十九年	养性斋改建为转角楼，做大小月台两座；在园中堆太湖石、黄石为山并做水法；添做药栏，井亭四面添按装修四槽做成暗沟，钦安殿东西加建小方亭
1871 年	同治十年	千秋亭失火重修

资料来源：作者自制

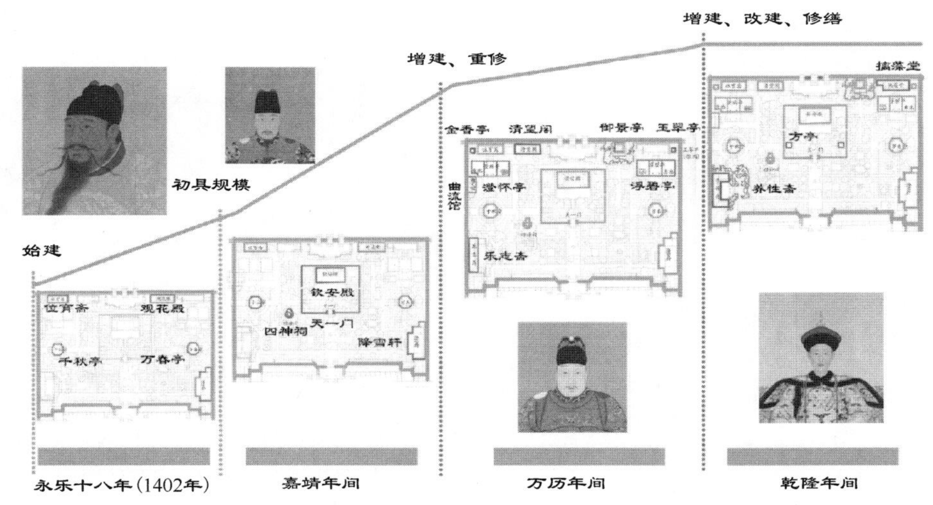

图 1　御花园营造历程图

2　阴阳、五行、八卦在御花园中的体现

2.1　阴阳理论在御花园中的体现

《周易》中认为世间万物都蕴含着“阴”和“阳”两面，这两种物质相互对立也相互渗透，此消彼长影响着事物发展的方向。《周易·系辞》里面说道：“一阴一阳之谓道”，而阴阳具体体现为：天为阳，地为阴；日为阳，月为阴，山为阳，水为阴；前为阳，后为阴；高为阳，矮为阴，凸为阳，凹为阴，奇为阳，偶为阴；东为阳，西为阴；实为阳，虚为阴；动为阳，静为阴等等。

御花园位于紫禁城中轴线上，这条轴线贯穿南北，把紫禁城分为东西两部分，东为阳，西为阴，东阳西阴在御花园中体现在建筑命名上，万春亭位于御花园轴线东侧，千秋亭位于轴线西侧，最大的不同在于命名上，是一对构造完全相同呈对称布置的建筑；降雪轩和养性斋的建筑平面则诠释了凸为阳、凹为阴的理念，在平面形式上，御花园东南角的降雪轩呈“凸”字形，西南角的养性斋呈“凹”字形，两座建筑造型不同呈对称布置在轴线两侧；由于所处位置的限制，御花园是一座建筑占主体的宫廷园林，建筑为实属阳，庭院景观为虚属阴，在御花园的设计中，建筑与山石、水体、植物相协调，创造极具自然情趣的宫廷园林景观，虚实相结阴阳相合，表达一种阴阳交合与平衡的状态。

2.2　五行理论在御花园中的体现

2.2.1　五行相生相克关系在御花园中的体现

古人把世间万物归纳成五种属性的物质—金木水火土，这五种物质互相影响与变化，深深的影响着人们的生活和发展，沿袭至今形成了五行学说，据考证，“五行”之金木水火土的命名最早见于周书《洪范篇》：“五行：一曰水，二曰火，三曰木，四曰金，五曰土。水曰润下，火曰炎上，木曰曲直，金曰从革，土爰稼穑。”五种物质相生相克，五行相生的次序为：木生火，火生土，土生金，金生水，水生木；五行相克的次序为：木克土，土克水，水克火，火克金，金克木。五行相生相克的关系体现了一种动态的平衡，这种关系被人们用来推演事物发展变化，同时也被应用与园林建筑的规划设计中。

御花园位于紫禁城的北方，五行属水，五行学说中关于水的相互关系为：金生水，水克火，水生木，紫禁城古建筑群主体为木质结构，防火最为重要，御花园的位置体现了水克火；在御花园中心点是一座道家活动的建筑为钦安殿，重檐盝顶的钦安殿内供奉着玄天上帝（亦称真武大帝），玄天上帝为北方水神，殿内布置陈设了多座镀金铜像，钦安殿前院墙正中辟门曰“天一门”取自天一生水之意，殿前的丹陛上刻有六条龙，取自“地六成之”之意，殿门外左右两端设置一对铜麒麟神兽像，天一门稍前路正中对着圆亭重檐铜鼎，诸多镀金铜像、铜制神兽和铜鼎体现了金生水；御花园中的光之数目则体现了水生木这一关系。

2.2.2 五行五方五色在御花园中的体现

五行对应五方五色，董仲舒在《春秋繁露》中说到：“木居左，金居右，火居前，水居后，土居中央。”班固于《白虎通义》曰：“左青龙（木）、右白虎（金）、前朱雀（火）、后玄武（水）、中央后土（土）。”在御花园中将五行五色五方和其相应节点相对应列表如下：

御花园五行五方五色节点对应表　　表2

五行	五方	五色	御花园
木	东	青	万春亭
火	南	赤	铜鼎香炉
土	中	黄	钦安殿
金	西	白	千秋亭
水	北	黑	顺贞门、神武门

万春亭是一座重檐盝顶的亭子，位于御花园的东面，在五行中为木，木为青色，代表着春季，取名万春亭，亭顶上圆下方喻义“天圆地方”，上端的宝顶承托华盖，饰以龙凤呈祥图案。在亭脊上还分别饰有仙人、嘲风、螭吻、凤、狮子等象征吉祥和等级制度的吻兽。

铜鼎香炉位于坤宁门北端正对天一门，在御花园总体位置上属于南面，在五行中属火，火为赤色，鼎上设置香炉取自南方属火之意，鼎下三足支撑，表示皇帝希望自己江山稳固。

钦安殿位于御花园中心点位置，坐落于汉白玉单层须弥座上，中央属土，土为黄色，代表着中央集权的意思，钦安殿是道家活动场所，在此举行道家活动最多的两位皇帝当属明代嘉靖帝和清朝雍正帝，这两位皇帝在钦安殿大肆举行各种祈寿祈福和社斗坛等，对钦安殿十分重视。

千秋亭和万春亭相对应，位于御花园西面，在五行中为金，代表着秋季，取名万春亭。建筑形制构造和万春亭相差无几。

顺贞门为御花园北门，隔北横街与神武门相对，五行属水，代表颜色为黑色。神武门原名玄武门，为避免康熙帝玄烨而改名，玄武为北方七宿之神，五行属水，另两门之间的北横街上布置有黑色屋顶的建筑以对应北方水位黑色之意。

2.3 八卦理论在御花园中的体现

八卦有先天八卦和后天八卦之分，笔者采用的是后天八卦（文王八卦），在《周易·说卦》中对八卦进行了解释：“乾为天……，坤为地……，震为雷……，巽为风……，坎为水……，离为火……，艮为山……，兑为泽。”同时，八卦与五行相合，二者对应关系如下：乾、兑属金，艮、坤属土，震、巽属木，离属火，坎属水，笔者将立极点放在千秋亭和万春亭之间的连线和中轴线的交点，可以看出与八卦和御花园节点的对应关系如图2所示。

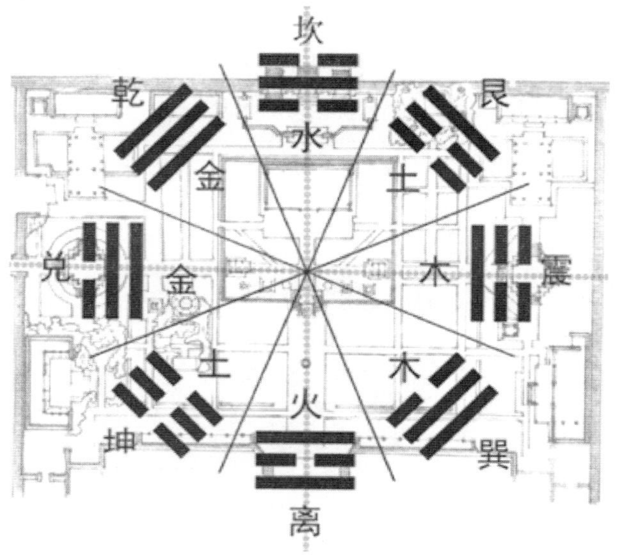

图2　御花园后天八卦布局分析图

坤位和艮位属土，在坤位和艮位所处都堆山叠石以呼应其属性。艮位有园中最高的假山堆秀山，坤位为环抱养性斋的秀石以及围合成鹿囿的假山石。

巽位属木，巽位最大的契合是代表巽风的景观舞雩台。

乾位属金，该方位有明代所建的对育轩，嘉靖年间更名玉芳轩，清改名位育斋，清雍正时此斋改为藕塘，供奉观音、韦驮、关夫子金身塑像。明代所建的澄瑞亭，原是蓄水池上方形的桥亭，清雍正九年，三面增建抱厦，作为斗坛。通过通过塑像材质“金”，来显示其方位属性。

震位和兑位相对，分别属木和金，不同于巽位和乾位的表达方式是，并没有通过建筑来表述，而是通过园路的形式来表述其属性。震位属木属于直的形状，园路也是直的。兑位属金，用环形来表示，兑位的园路也是圆的。并且也用景名表达了其方位属性，春在东秋在西。

离位属火，在其所在方位有数个香炉以与其属性相呼应。

坎位属水，北方有两个，一是玄武门（为避玄烨讳而改神武门），一个是集福六门的“地六成之”体现的。出玄武门便是筒子河，且玄武本就是水神，也与其属性相符合。

根据以上分析，御花园五行八卦契合度列表如下(表3)。

御花园五行八卦布局分析表　　表 3

方位	属性	内容	五行是否契合	八卦是否契合
坎	水	筒子河、玄武水神	√	√
艮	土	堆秀山	√	√
震	木	直的园路、万“春”亭	√	√
巽	木	舞雩台	√	√
离	火	香炉	√	√
坤	土	养性斋及鹿囿附近假山石	√	√
兑	金	环形园路、千“秋”亭	√	√

3　结语

文章以阴阳、五行、八卦理论为指导，对御花园的空间格局进行研究，探讨了以上三种理论学说与御花园营建的内涵关系，由此得出的结论有：阴阳、五行、八卦学说理论对于御花园的布局、命名、色彩、建筑形制及装饰有影响，笔者揣测，御花园在营造时期经过缜密的思考并且加入了易经文化的考虑，这些体现了在园林营建过程中追求阴阳相合、天人合一的思想，表明了古人对于五行相生相克关系的具体应用以及对于周易八卦哲学思想的深刻理解。对于传统易经文化和园林设计的传承与创新有一定的指导作用。

4　展望与不足

文章仅从阴阳五行八卦角度去分析御花园格局具有一定的局限性，易经理论博大精深，仍需继续探索其中的精髓，接下来笔者将会继续从易经风水理论的其他方面去解读紫禁城御花园的设计与营造，期望发掘御花园中传统易经文化的应用，为当代的园林景观设计提供传统文化参考，推动中国传统易经文化与园林设计有机结合，营造具有我国传统文化特色的园林景观。

参考文献

[1] 天津大学建筑工程学院主编．清代内廷宫苑[M]．天津．天津大学建筑出版社，1990.

[2] 于倬云主编．紫禁城宫殿[M]．北京．三联书店，2006.

[3] 天津大学建筑系主编．清代御苑撷英[M]．天津．天津大学出版社，1990.

[4] 马茜．从我国传统建筑设计浅谈五行说[M]．南京：艺术百家，2004.

[5] 洪华．紫禁城建筑的文化内涵——阴阳五行学说[M]．北京：北京联合大学学报，2001.

[6] 傅連興，許以林．禁城诸园之首——御花园[M]．北京：紫禁城，1984.

[7] 钱畅，王一方．中国传统风水理论与园林景观[M]．江西省农业厅：现代园艺，2014.

[8] 赵川．以御花园为代表的明代宫廷园林艺术探微[M]．辽宁省档案局：兰台世界，2014.

[9] 岂凯．风水理论在明清北京古典园林中的应用研究[J]．北京：北京林业大学，2013.

[10] 王佳佳，蔡平．风水学与叠山理水理论探析[M]．安徽：安徽农业科学，2012.

[11] 王子林．钦安殿与玄极宝殿考[C]．故宫古建筑研究中心、中国紫禁城学会．中国紫禁城学会论文集（第七辑），2010.

[12] 李正良．风水理论在古园林建筑格局中的运用体现[J]．南京：南京农业大学，2007.

作者简介

杨洁，1994 年生，女，汉族，河北唐山人，硕士研究生，天津大学建筑学院，学生。研究方向：园林历史与文化。电子邮箱：1184077094@qq.com。

刘庭风，1967 年生，男，汉族，福建龙岩人，博士后，天津大学建筑学院，博士生导师。研究方向：园林历史与文化。电子邮箱：liutingfeng1590@126.com。

王佳琪，1993 年生，女，汉族，河北保定人，硕士研究生，天津大学建筑学院，学生。研究方向：园林历史与文化。

园林文化下石刻碑文点景作用分析
——以济南市趵突泉公园为例

Analysis of the Function of Stone Inscriptions in Landscape Culture
—A Case Study of Bao-Tu-Quan Park in Jinan City

王 琳* 宋 凤

摘 要：石刻碑文是园林文化的重要载体，尤其在景题烘托与意境呈现中起到了画龙点睛的作用。以济南市趵突泉公园中石刻碑文的点景作用实际应用效果为例，分析石刻碑文在景观设计中景题烘托与意境呈现时的关联性，进而研究如何合理运用石刻碑文起到丰富游人体验与观感，增强园林景观自身的精神感染力，最大程度实现游人体验效果的提升。以现状调研法与文献调查法对济南趵突泉公园中的106处石刻碑文进行归纳整理，根据内容与现状景观中的点景应用相比较，分析得出石刻碑文内容大多与现状景观中的点景应用相协调。点景具有增强文化丰富性和层次性的作用。最后针对现状点景中的不足之处，提出应该在增强石刻碑文的管理维护、采用多种体验方式以及增强信息景观的介入三种措施加以改进。

关键词：园林文化；石刻碑文；点景；趵突泉公园；

Abstract: Stone inscriptions are important carriers of garden culture, especially in setting off scenery and presenting artistic conception. Taking the practical application effect of stone inscriptions in Bao-Tu-Quan Park of Jinan City as an example, this paper analyzed the correlation between stone inscriptions in landscape design and the presentation of artistic conception, and then studied how to use stone inscriptions reasonably to enrich experience and perception, enhance the spiritual appeal of landscape itself, and maximize the enhancement of visitors' experience effect. This paper summarizes 106 stone inscriptions in Bao-Tu-Quan Park of Jinan by the methods of current situation investigation and literature investigation. According to the comparison between the content and the application of spot inscriptions in the current landscape, it is concluded that the content of stone inscriptions is mostly in harmony with the application of spot inscriptions in the current landscape. Points play an important role in enhancing cultural richness and hierarchy. Finally, aiming at the deficiencies in the current situation, three measures should be taken to improve the management and maintenance of stone inscriptions, the use of multiple experience modes and the enhancement of information landscape intervention.

Keyword: Landscape Culture; Inscriptions; Point of View; Bao-Tu-Quan Park

引言

石刻碑文是园林文化的物质载体之一，在城市公园中经常以点景方式出现。山东省拥有悠久的石刻碑文渊源，是中国历史上书法刻石最为集中的地区之一[1]。以石刻碑文为代表的题咏既能丰富审美体验，同时能够烘托园林自身的“韵外之致”与“味外之旨”[2]。目前的研究主要针对石刻碑文的艺术表现形式，而对于石刻碑文自身文字内容的研究较少。

1 趵突泉公园概述

济南地处南北方过渡地带，园林文化兼具南北园林之特色，既有北方园林的博大质朴，又有南方园林的自然灵活、曲折优雅[3]，而趵突泉公园即是这一园林文化影响下的近现代优秀园林设计。趵突泉公园园如其名，是以趵突泉为园林主景，结合李清照纪念堂、沧园等园中园，形成的一处面积十公顷左右并且具有强烈人文景观面貌的城市专类公园。济南是历史文化名城，其历史文化尤以泉水、名人与舜帝三种文化形式最有代表性，这三种文化在趵突泉公园都有展现，为研究趵突泉公园城市文化的深刻内涵提供了有效的研究本底。石刻碑文具体指的是出现在园林景观中的石刻文字，包括碑文与刻写在墙壁上的文字，有别于楹联匾额。在园林点景层面，石刻碑文的内容多与文人题咏活动相关联，这是一种园林文学形式的表达[4]。

2 石刻碑文点景作用分析

2.1 石刻碑文概述

石刻碑文是多种艺术形式的复合载体，同时是园林文化中点景的重要手段。不同题刻文字的出现，丰富了观者在尺度、视角、时空和思维之间的转换，表达了空间叙事自身的特殊魅力[5]。

2.1.1 表现方式

趵突泉公园中存有众多的历史文人题书的碑刻，其中古代石刻34方，现代石刻72方。在景观表现方式上主要以三种形式出现，分别是：立碑、条石与墙体。立碑的形式在点景中最为常见，其中以泉水名字出现方式最多，包括趵突泉、马跑泉、漱玉泉等处的立碑，碑文用材最为朴实，多以墨色为底，以暗绿色调书写文字[6]。条石多为单独巨型石材，以白雪楼前铭记有《重修白雪楼记》以及五卅惨案纪念园处铭记有《济南惨案歌》的条石为代表。墙体出现的形式以李清照纪念园内部、娥英祠周边景墙及公园内众多门洞匾额等最为常见。

2.1.2 景观尺度

从景观尺度的角度加以分析，石刻碑文的尺度与所刻写文字的数量、大小、书法类型、篆刻方式有着密切关系。从尺度上划分，趵突泉公园的石刻碑文包含 4 种类型，分别为：娥英祠区域高 0.28～0.74m，宽 0.45～0.9m；泉池石壁高 0.62～0.8m，宽 1.43～1.7m；立碑刻高 1.5～2.0m，宽 0.57～1m；自然石高 0.8～1.2m，宽 0.8～1.6m。其中娥英祠区域出现次数最多，最常出现尺度为高 0.4m、宽 0.8m，分析原因为娥英祠区域诗词多为七言八句诗，这当中以戴本孝的《趵突泉诗》、吕纯如的《趵突泉观麦畦》及王守仁的《晚到泺泉次赵松雪韵》为代表。

2.1.3 所属区域

对 106 方石刻碑文进行所属位置划分，其中：娥英祠墙壁及院内 31 处、李清照纪念堂墙壁及院内 30 处、趵突泉碑廊 16 处、万竹园 4 处、五卅惨案纪念园 4 处、白雪楼前 2 处、沧园 2 处，其他区域 17 处。石刻碑文以娥英祠、李清照纪念堂、趵突泉碑廊处所存有石刻碑文最多，占总石刻碑文数量的 72.6%。分析得出石刻碑文集中出现在趵突泉景区与李清照纪念园景区，呈现密集大量分布的特点。

2.1.4 时间朝代

在时间朝代的划分上，依照石刻碑文内容划分为宋、明、清、近现代四个时期。宋代以李清照纪念堂中的石刻碑文为代表，包括《菩萨蛮》等 28 处。明代 3 处包括娥英祠殿前东墙门南第二块，分别为明代弘治年间典试山东的王守仁的《晚到洛泉次赵松雪韵》及陈镐题作的《无名》诗；娥英祠东前门南第一块为明代熊相的《趵突泉秋会次韵》。清代以娥英祠院内所存前后分别为康熙与乾隆题写的石碑《激湍》为代表，共 3 处。近现代石刻以李清照纪念堂欧阳中石先生题写内容、沧园齐白石先生手书、万竹园李苦禅先生手书、五卅惨案纪念园立石题刻内容等为代表共 72 处。在时间分布上，呈现时间分布差异较大、近现代石刻碑文占比更高的状况。

2.1.5 词语频率

以石刻碑文内容为研究载体，对其中出现的文字进行频率统计，得出：泉字 73 次，突字 21 次，人字 15 次，水字 12 次，天、清、花字各 10 次，春、雨、湖字各 9 次，酒字 8 次，香字 6 次，月、夜字各 5 次，其他字数出现频率均少于 5 次。分析得出以泉、突、人出现次数排名前三的字，其中泉表现了趵突泉文化的深厚与悠久以及广泛的影响；突字主要以趵突泉三个字的出现频率最高，在趵突泉区域出现最多，突字本身作为动词表现了趵突泉自身的奔涌之高水量之大，并且趵突腾空作为八景内容与突字有着密切联系；人字主要出现在李清照纪念堂内部墙壁题刻中，人字与悄悄、谁、怀抱、骚人、比、归、无、卷帘、愁、人间等搭配出现，更多的以表现人的外在活动与心理活动为主。

2.2 点景作用分区研究

点景的作用并非是为了点景而点景，而应该师法古人的“名实相符”“言相互动”的价值取向相关照[7]，更应该与营造的园林环境以及场所的精神内涵相契合[8]。在进行词语频率之后研究得出出现次数最多的区域集中在趵突泉、李清照纪念堂区域，并依照这一分析结论，详细的进行趵突泉与李清照纪念堂区域的分项研究。

2.2.1 趵突泉

这一区域主要以“泉”“突”“水”“天”“湖”等字出现频率最高，重点突出了趵突泉作为自然景观的表现特点与济南古城的景观特色，其中“泉”“突”所蕴含的趵突即跳跃奔突之意，反映趵突泉三窟迸发，奔涌不息的特点[9]。“水”表现了水体景观的特征、“天”表现了趵突泉在倒影及水天合一方面的景观特色、“湖”则点出了趵突泉与大明湖作为泉水脉络的内在联系，在景观点景的运用上以趵突泉三股水旁边的碑刻《趵突泉》最为明显，使得原始的自然景象趵突泉经过重新塑造之后更加具有人文的精神[10]。其他出现位置主要在趵突泉碑廊与娥英祠院落墙壁上，趵突泉碑廊在三股水北侧，以整体出现的形式将历代名人诗词题刻，在游人动观水体的过程中，在表述趵突泉自身历史发展的同时，增加了泉水文化的丰富性；娥英祠院落墙壁，通过泉水文化与舜帝文化的复合，点出了“历城”“历山”“趵突泉”之间的“水出历城，泉源上奋，水涌若轮”[11]的历史脉络，提升了整个游览过程的文化层次性。

2.2.2 李清照纪念堂

《漱玉集》中的诗词是石刻碑文的主要内容，统计得出：人字 15 次，花字 10 次，雨字、春字 9 次，酒、风字 8 次，香字 6 次，月、夜字 5 次，梦、云字 4 次，水字 3 次，山、天、消、雪字 2 次。李清照纪念堂区域的诗词集中反映了李清照个人婉约派的诗歌风格，注重对于周围环境的描写以及内心活动的深刻表达。

首先是对于天气状况的描述，以雨、风、雪为突出代表，在景观设计的点景层面，主要结合植物种植设计表达文化内涵，以芭蕉听雨、白雪红果、桂花晚风为植物造景手段，烘托诗词中对于天气变化状况的敏感捕捉；其次是对于静寂、独处、安静的描述，以人、酒、梦、消、残字为代表，在景观设计的点景层面，主要结合景观空间序列的引导与变化，以亭廊组合、漏窗门洞的组合为主，通过掇山叠石以及理水的方式，隔离外部交通空间对于李清照纪念静的影响，形成动静区分的不同景观空间，借以实现由动如静、由远观到近观的游览形式的变换；最后是对于君子比德文化的体现，以花字为代表，在李清照的诗词中出现大量对于海棠、寒梅、梧桐、江梅的描写，在李清照纪念堂的入口部分庭院，通过桂花、梨花、兰花等植物种植，植物景观层面以李清照曾经的生活情境和词意词境以达到纪念性目的[12]，依托君子比德文化的体现比喻李清照自身高雅、柔婉的性格特征，以植物景观要素与石刻碑文的相互呼应强化了园林文化的层次性与丰富性。

2.2.3 其他

除了趵突泉与李清照纪念堂区域，对于清、青、湖、山、美等字，在局部园林点景中作用仍然较强，但是并未如前者的点景表征更加明确。在园林景观点景词语的使用中，除了有关景物自身特征或者人物自身特点以外，诗词描写中擅长使用类比、比喻以及象征的手法，与文学艺术自身特点不同，园林景观在设计过程中更多的注重游人体验，以五感体验的方式引发精神性的思考，两者之间的不同需要在景观文化表达之初加以区分。

3 不足与改进措施

在进行详细的石刻碑文内容与现状景观设计中点景运用的对比之后，针对现状景观中的点景实际运用得出了一些不足之处与改进策略。

3.1 增强石刻碑文的管理维护

石刻碑文因为自身具有一定的耐磨损性以及易保存性，容易在管理维护层面被忽视。在现状的点景运用中，以李清照纪念堂为例，现状的植物景观维护措施不到位，造成了一部分树木的死亡以及品种的改变，大大降低了植物景观在文化意境烘托层面的表达，从侧面降低了石刻碑文在点景方面的作用。

3.2 采用多种体验方式

在石刻碑文中尤其是诗词的内容，因为和书法艺术相结合在实际的展示过程中，存在表意不明，容易造成混淆的问题，同时现状的体验方式主要以视觉方式为主比较单调，极大的影响了园林文化的表述过程。采用多种体验方式，尤其增加在听觉、触觉方面的表达方式，可以更好的实现园林文化的综合展示与体验感受。

3.3 增加信息景观的介入

信息景观的发展是当前景观发展的一大趋势，传统园林也并非是止步不前，而更多的应当是冯纪忠先生提到的与古为新。信息景观的介入，可以更好的实现场景再现与园林意境阐述，这对于游人体验的观感提升有着重要的促进作用。积极引入信息景观的设计策略，结合现有的石刻碑文形成新的景观设计效果，既可以增强原有石刻碑文的自身形象效果，又可以实现景观丰富度的提升。

4 结语

石刻碑文是城市文化表达的一种景观要素。在对济南市趵突泉公园中石刻碑文点景应用进行比较分析之后，得出现状石刻碑文对于游人体验的提升和景观特色的突出有着很好的促进作用。在趵突泉和李清照纪念堂区域，石刻碑文的点景效果最为显著。在进一步的设计提升中，需要考虑到石刻碑文在园林建设中的新定位，推陈出新，满足日益增长的市民文化需求。

参考文献

[1] 王文雯．碑刻文化与园林景观的融合——以齐鲁碑刻文化苑景观规划设计为例[A]．中国风景园林学会．中国风景园林学会2013年会论文集(下册)[C]．中国风景园林学会：中国风景园林学会，2013：4.

[2] 陈秀中．境是天然赢绘画 趣含理要收精微——试析楹联匾额在风景园林中的审美价值[J]．中国园林，1992(01)：39-46.

[3] 王文雯，史作刚，崔家新．"众泉汇流、潇洒泉城"——第九届园博会济南园设计[J]．中国园林，2013，29(10)：30-33.

[4] 蒯畅．文心诗境·中国古典文人园林题咏研究[D]．重庆大学，2016.

[5] 蔡凌豪．溪山行旅——景观语言转译与建构[J]．中国园林，2016，32(02)：25-30.

[6] 宋凤．济南城市名园历史渊源与特色研究[D]．北京林业大学，2010.

[7] 庄岳，王其亨，邬东璠．中国古典园林创作的解释学传统[J]．中国园林，2005(05)：71-75.

[8] 李白云，李黎，夏宜平．杭州西泠印社园林点景的人文渊源探究[J]．华中建筑，2013，31(10)：151-154.

[9] 司春杨．园林理水的地韵之美[D]．重庆大学，2009.

[10] 金柏苓．中国传统园林文化与价值观的形成[J]．风景园林，2018，25(01)：79-82.

[11] 程建，崔舒怡．济南的山水及园林[J]．中国园林，2004(12)：63-65.

[12] 布凤琴，陈国庆，任晓雪，赵连海．济南趵突泉公园李清照纪念堂植物景观探析[J]．现代园艺，2015(24)：86-87.

作者简介

王琳，1995年生，男，汉族，山东诸城人，山东建筑大学建筑城规学院硕士研究生。研究方向：风景园林规划与设计。电子邮箱：1275049613@qq.com。

宋凤，1976年10月16日，女，汉族，山东省招远市，北京林业大学博士，山东建筑大学建筑城规学院，副教授，风景园林教研室主任，硕士研究生导师。研究方向：风景园林规划与设计、乡村景观、生态智慧。电子邮箱：songf@sdjzu.edu.cn。

月上柳梢头：浅析赏月活动与晚明文人园的时空特征

Moon Climbing up Willow: Leisure Activities of Moon-admiring and Spatial and Temporal Characteristics of Literati Gardens in the Late Ming Dynasty

邱 明 王 敏

摘　要： 园林素来是承载晚明文人大隐于市理想的空间，文人的个人休闲喜好会影响园林的营造。本文从赏月活动切入晚明文人园林研究，以散文诗画的文本分析及典型空间的案例研究相结合，试图揭示赏月活动与文人园林生活的联系及其对园林空间建构的影响。概括总结了4类园林赏月空间营造的典型手法，认为园林赏月呼应于晚明时代背景，文人意志积极介入了赏月空间的建构之中，促成了其人工痕迹加重，追求画意、凸现空间特征的形成。

关键词： 赏月；文人园；晚明；园林营造；历史研究

Abstract: Chinese Gardens usually reflect literati's ideal of solitude in cities, thus their personal leisure preferences would affect the construction of their own gardens. This paper takes leisure activities of moon-admiring into account in the research of literati's gardens of the late Ming Dynasty. With the approach of analysis of proses, poets and Chinese painting as well as of case studies, we attempt to reveal the connection between activities of moon-admiring and construction of literati's gardens. In the end, we summarize four typical methods of constructing moon-admiring space and reckon that moon-admiring in gardens echoes the background of the late Ming. The active intervention of literati's will accounts for moon-admiring space's characteristics which manifest as artificial inclination, emphasis on painting conception and sense of space.

Keyword: Moon-admiring; Literati's Gardens; Late Ming Dynasty; Garden Construction; History Research

引言

园林素来作为承载晚明文人大隐于市之理想的空间，被精心营建，带有强烈的个人印记。文人一方面将审美意趣与雅致清韵融入园林，于其中“浇花种竹、听琴玩鹤、焚香煮茶、寓意奕棋”[1]，另一方面，又受消费文化影响，物欲投射于精美的古玩器物与珍奇的花鸟山石之上，企图将它们通通收摄入自己的园子。文人对事物的鉴赏与追求会影响园林的营建，这已从园林生活的多个方面被加以阐释：周向频（2012）通过分析晚明文人园中饮茶空间的经营布置与不同品茗环境的营造选择，揭示了文人耽于建构园林内在的“清”“雅”“趣”“隐”[2]；董雁（2010）[3]与姚旭峰（2008）[4]指出晚明文人颇为频繁的园林观剧活动既是其生活情趣与艺术才华的显现，也是对末世政治的失望和回避。王炜炜（2018）着重探究晚明文人结社与园林的关系，总结概括了晚明园林诗酒之会活动的几点特征[5]。

赏月活动同样也是园林生活重要的一方面。明朝张大复称“天上月色能移世界”，盛赞月光下的世界别开生面[6]。计成认为园林月景有多种之美，庭院月景美在“溶溶月色，瑟瑟风声，静抚一榻琴书，动涵半轮秋水”，湖池月景美在“曲曲一柳弯月，濯魄清波，遥遥十里荷风，递香幽室”[7]。明代袁宏道认为西湖最美的时段，不在早晨或是午后，而在云破月来之时，在《晚游六桥待月记》中曾云“月景尤不可言，花态柳情，山容水态，别是一番趣味”。然而，现如今以园林赏月活动作为研究主体的研究仍较少，已有相关研究普遍讨论月作为意向符号在园林中的应用（如月洞门）[8]，或缺乏深入细致的分析及案例研究，阐释过于空泛[9]。基于此，本文选择从赏月活动切入晚明文人园林研究，以散文诗画的文本分析与典型空间的案例研究相结合，试图揭示赏月活动与文人园林生活的联系及其对园林空间建构的影响，以启发对于园林生活与时代内核之间相互关系的思考。

1　晚明散文诗画与赏月活动

晚明时期市民文化繁荣，人们注重生活品质，日常生活的内容相较过去大为丰富，这其中，园林赏月在文人社会交往中扮演着重要角色，常常作为宴席聚会发起的目的。彼时，宴席雅集是文人间社交的敲门砖，如文徵明、唐寅等人都曾由师长沈周带领，出席各类雅集及互赠书画以提高名望，扩大交际圈。相较于隋唐和五代时期，晚明宴席的形式与风格由奢靡的贵族风转变为雅致的文人风[10]。花前月下、吟诗作画，因能彰显高雅格调而成为聚会的主要活动。高濂在《遵生八笺》中称“秋时当与师朋酒友，赓和清赏，更听万壑江声，满空海色，自得一种世外玩月意味”[11]，即是将对洒脱逍遥的生活追求寄托于月景之中。

园林赏月的社会联系作用在以中秋节为代表的社会节庆期间更趋明显。明散文家张岱在《陶庵梦忆》中就描绘了西湖七月半，杭州的达官贵人、文人雅士、普通百姓竞相云集西湖赏月的场景，“此时月如镜新磨，山复整妆，湖复颒面”，“韵友来，名妓至，杯箸安，竹肉发。月色苍凉，东方将白，客方散去”，彼时社会各界被婵娟月色吸引至同一时空，因着对美好事物的相同向往，社会身份的隔阂得而被这共情一刻消解。随着月的阴晴圆缺，赏月俨然成为周而复始生活的锚点，为生活增添平易的仪式感。

园林赏月不仅仅联系人与人，还为文人与宇宙建立精神媒介，时常引发其对人生终极问题的哲学思考。明朝画家沈周曾作《有竹庄中秋赏月图》，描绘他在居所“有竹庄”内平安亭与友人中秋饮酒赏月时的情景，画中山水清胜，竹树桥亭，明月高悬，景致幽静，上书“少时不辩中秋月，视与常时无各别。老人偏与月相恋，恋月还应恋佳节。老人能得幾中穐，信是流光不可留。古今换人不换月，旧月新人风马牛”，今日仍能体会到，沈周宴席觥筹交错间，面对圆月所生发的物是人非、韶华易逝的凄清情绪。

2 晚明园林空间与赏月活动

鉴于明朝距今年代久远，园林遗存数量稀少，研究往往基于对现存文字与图像资料的考据解读以及合理推测之上。本文选择点面结合的方式，将基于赏月空间题名分析以及具体案例总结园林赏月空间典型特征与营造手法。

2.1 晚明园林赏月空间特征

中国古典园林特别注重园林整体文化的营造，园中构筑的题名通常为所见之景与园主情怀意志相互结合的产物[12]。表1总结了晚明22座园林名字带有“月”的赏月空间以及文字资料显示与月景有密切联系的（如与谁同坐轩等），共计40处。通过词频统计与词义比较进行分析，有助于建立起对晚明园林赏月空间的整体认识。

晚明诸园赏月空间总结 **表1**

园名	时期	园主	所在地	典型赏月空间
壑舟园	明成化	王鏊	苏州	双墩出月
豫园	明嘉靖	潘允瑞	上海	醉月楼 月华堂 得月楼
息园	明嘉靖	顾璘	金陵	映月亭
弇山园	明嘉靖	王世贞	太仓	先月亭 月波桥 光月亭 天镜潭
勺园	明万历	米万钟	北京	松风水月阜 濯月池
愚公谷	明万历	邹迪光	金陵	净月亭 满月轮
日涉园	明万历	陈所蕴	上海	明月亭 漾月桥
梅花墅	明万历	许玄佑	苏州	漾月梁
遯园	明万历	顾起元	南京	月鳞花径 明月半轮窗
留园	明万历	徐秦时	苏州	花好月圆人寿轩 月榭星台 云满峰头月满天楼
东皋别业	明万历	陈子壮	广州	浸月台
东皋草堂	明万历	瞿汝说	常熟	虹桥醉月 东楼月上
拙政园	明正德	王献臣	苏州	与谁同坐轩 梧竹幽居
寄畅园	明正德	秦燿	无锡	先月榭
淳朴园	明正德	沈祏	海宁	载月舟 梅月峤
寓园	明末	祁彪佳	绍兴	沁月泉
寄傲园	明末	—	渭塘	斜月廊
潭上书屋	明末	徐白	苏州	升月轩 东沜桥 介白亭
石林园	明末	许豸	福州	半月池
无隐庵	明末	—	吴县	涌月轩
归园田居	明末	王心一	苏州	啸月台 串月矶
香草垞	明末	文震亨	苏州	游月楼 斜月楼

来源：作者收集整理

从赏月场所偏好来看，晚明文人最为倾向于在楼、轩等园林构筑中欣赏月景，它们均具有高敞的特征，有利于追求登高望月的景致。其次亭其次是在亭中，符合亭作为古典园林典型观景构筑的特征；此外，临水空间也是颇受青睐的赏月场所，譬如说池、潭、泉等，或者通过桥（梁）横跨水面，抑或是在水边的舟、舫中，且常由山景映衬，如墩、阜、峤、矶等。

从赏月审美取向来看，晚明文人更青睐动态的月景。在赏月空间题名中，仅有映、浸两个动词与静止相关，却有近一半的动词表露出强烈的动感。这其中，又有出、涌、升等词，蕴含着上升的势头，反映出晚明文人偏爱观赏月亮升起之势；此外，濯、净、漾浸、沁、涌等词均与水相关，表明所赏月景常与水体存在较为密切的互动。而对于月亮的状态，不同的月相都有提及，无论圆月、斜月、半月、醉月等；不仅观赏月亮本身，月的光晕（月华、光月）与投在水面上的波光（月波）也受到关注。

2.2 晚明赏月空间典型案例

2.2.1 潬上书屋

潬上书屋为吴江高士徐白明末清初隐居于苏州灵岩山上沙村时所建，后转易为陆稹别业，更名为“水木明瑟园”，最后改作清代著名学者毕沅的墓园。与潬上书屋相关的文本资料有何焯所作《潬上书屋记》，朱彝尊所作《水木明瑟并序》，图像资料有已经失传的王石谷所作的《水木明瑟园图》。

潬上书屋现已荒废，且未有平面图流传，为了进一步研究的需要，采用示意平面复原[13]，对文字资料加以提炼（表2），从而还原出相对抽象的园林空间结构关系（图1）。据《潬上书屋记》载，该园为书屋后院，仅几亩大小。全园的核心是中央水塘构成的水岸空间，以东洴桥为界，以北为冰荷壑，以南为小波塘。环塘种植有梅木丛桂，水中鱼群游弋；水塘以东是全园的高处摘篛冈，其上种植有竹林，蜿蜒向北直达园的尽头，并在园的最北端筑有暖翠浮岚阁，求取绝佳视野；水塘西侧临水建有介白亭、升月轩，离岸丛桂之中掩映着桐桂山房、听雨楼、帷林草堂等构筑。

潬上书屋园景摘述　　表2

园景	描述
皂荚庭	即书堂之后庭…
曲蠡阑*	…在介白亭之前，广八尺，长倍之，平坦可以置酒，追凉坐月，致为佳胜
介白亭*	三面临水，轩爽绝伦。左则修竹万竿，俨然屏障，前则海棠一木，映若疏帘，旁有古梅，蚴蟉屈曲，最供抚玩
升月轩*	临水面东，月从隔岸修篁间夤缘而上，故以名轩
听雨楼	桐响松鸣，时时闻雨，霜枯木落，往往见山
帷林草堂	北望茶坞山，如对半壁。其前嘉木列侍，若帷若幕，中有古桐一株，横卧池上…
暖翠浮岚阁	即帷林后之右偏，叠石为山，构楹为阁…
冰荷壑	帷林之前广池，两岸梅木交映，水光沈碧…
桐桂山房	丛桂交其前，孤桐峙其后，焚香把卷，秋夏为佳
小波塘	介白亭后之方池，细浪文漪，涵青漾碧，游鳞翔羽，自相映带
摘篛冈	枕池之东，土冈蜿蜒，其上修篁林立，扫箨剔萌，颇供幽事
东洴桥*	横跨流水，前后澄潭映空，月夜沦涟泛滟，行其上者，如濯冰壶
木芙蓉溆	土冈之下，暑退凉生，芙蓉散开，折芳搴秀，宛然图画
鱼幢	池深广处立石幢一，游鱼环绕，有邈然千里之意
蛰窝	狭室北向，翠羽黄云，三时弥望，草亭低覆，过者以为牛宫尔
研北村	修竹之内茅舍数间，外接平畴，居然村落，一窗受明，墨香团儿，视友仁之在阛阓有过…

注：*代表典型赏月空间。

资料来源：作者摘录整理自何焯，《潬上书屋记》。

围绕小波塘共有三处赏月空间：①介白亭。至亭前首先需经过曲折但宽阔的石桥，可坐于桥上饮酒纳凉，凭阑望月；介白亭位于小波塘南侧，三面临水的同时又被各样植被围合，背靠繁密宛若屏障的竹林，临水侧又有海棠与古梅，前者枝条宛若垂帘，后者枝干屈曲玩味，是为绝佳的前景。加之亭极其高敞，在这处半围合空间视线随着水塘延伸至远方，水塘更显宽广，可以想见月亮宛若水洗的动人情景。②升月轩，临水面东，对岸为摘篛冈，与介白亭相比，竹林变作前景，景如其名，在此处可观赏到“月从隔岸修篁间夤缘而上”之景，竹林摇曳，其后月亮攀升，若隐若现，极富动感。③东洴桥，横跨流水，何焯形容月夜形容行其上，眼前水塘宛若明镜，泛起粼粼波光，四下一派澄澈的天地，而体感“如濯冰壶”，仿佛沐浴在清凉世界，这种景致，是涉及从视觉到触觉，极其纯净而又带有温度的体验。

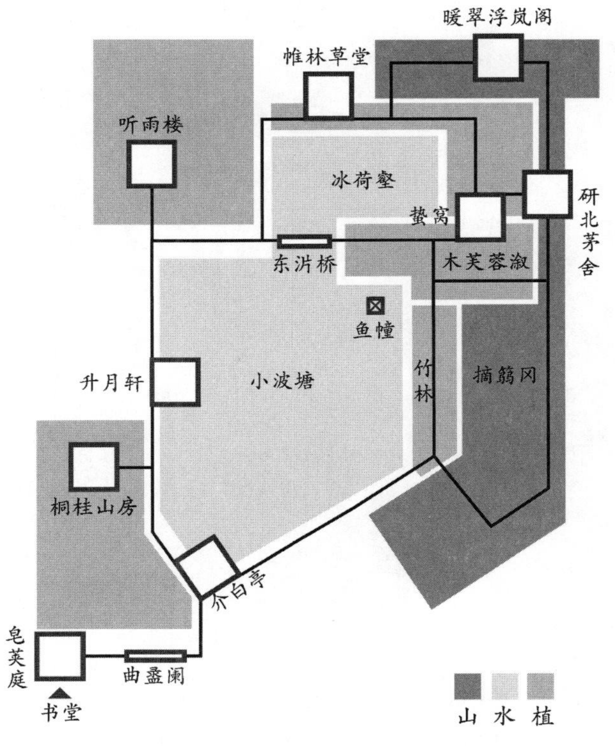

图1　潬上书屋园林拓扑平面图

2.2.2 日涉园（上海）

日涉园为明代上海三大名园之一，最初为明万历年间进士陈所蕴所有，后归赠奉政大夫陆起凤，由明造园名家张南阳负责总体设计，此后屡次增建，建成后计有三十六景，然而如今遗址仅存书隐楼。日涉园的文字资料有陈所蕴撰写的若干首诗及《日涉园记》，嘉庆志上海县志中的《五老堂记》也有部分相关论述，图像资料尚存明人所画的《日涉园十景图》和清人编纂的《日涉图录》四卷，今均收藏于上海博物馆[14]。

根据提炼的文字资料（表3）以示意平面复原法还原的日涉园平面（图2）。园位于城东南隅，约20亩，原为废圃，经过十二年悉心经营才成为后来的模样。水体同样是全园中心，被称作“巨浸”，足见该水塘之巨大。池以南为用太湖石垒成的过云峰，上有“来鹤楼”；池以东为香雪岭，因满山栽植有梅花而得名；池以北为竹素堂，与过云峰相望，竹素堂再以北为环绕着夜舒池的次园，有濯烟阁、万笏山房、问字馆、五老堂等建筑；池以西是大片竹林。

日涉园园景摘述　　表3

园景	陈所蕴《日涉园记》	嘉庆松江府志二卷七十八
过云峰	造太湖石为山，一峰高可二十寻，名曰“过云”	过云一峰突兀而起，尤峻绝不可攀，山下浴凫池馆，前抱来鹤楼
浴凫池馆	……前有土冈，上跨“偃虹”。穿浴凫池馆，登过云峰而下，出桃花洞，度漾月桥，逗东皋亭，北沿步屧廊，修禊亭枕其右	尤峻绝不可攀，山下浴凫池馆
偃虹桥	前有土冈，上跨“偃虹”	东南有石梁二，一日“偃虹”，一日“漾月”
蒸霞径	冈下植桃，曰“蒸霞”	水际有径，环列以桃，名日“蒸霞”
明月亭*	迳西有明月亭、啼莺堂、春草轩	冈以西，明月亭、啼莺堂、春草轩久废
桃花洞	出桃花洞，度漾月桥，逗东臯亭	循网而东而北，有白云桃花诸洞
漾月桥*	出桃花洞，度漾月桥，逗东臯亭，	东南有石梁二，一日“偃虹”，一日“漾月”
濯烟阁	堂后为濯烟阁，阁下为问字馆，前后迭石为山亦太湖产。中一峰亭亭直上，小峰附之，蹬道逶迤可登阁	群峰挺峙，望之轩如前，有阁曰“濯烟”
万笏山房	迤逦而东，万笏山房在焉，所迭石皆武康产，间以锦川斧擘，长可至丈八九尺	东为长廊，自北而南，廊之左“万笏山房”，群峰挺峙，望之轩如前
春草轩	迳西有明月亭、啼莺堂、春草轩	冈以西，明月亭、啼莺堂、春草轩久废
香雪岭	度偃虹而上，冈俱植梅……	偃虹南去土岗横亘百武，往时多植梅……

注：*代表典型赏月空间。
资料来源：作者摘录整理自陈所蕴，《日涉园记》及嘉庆松江府志二卷七十八《五老堂记》。

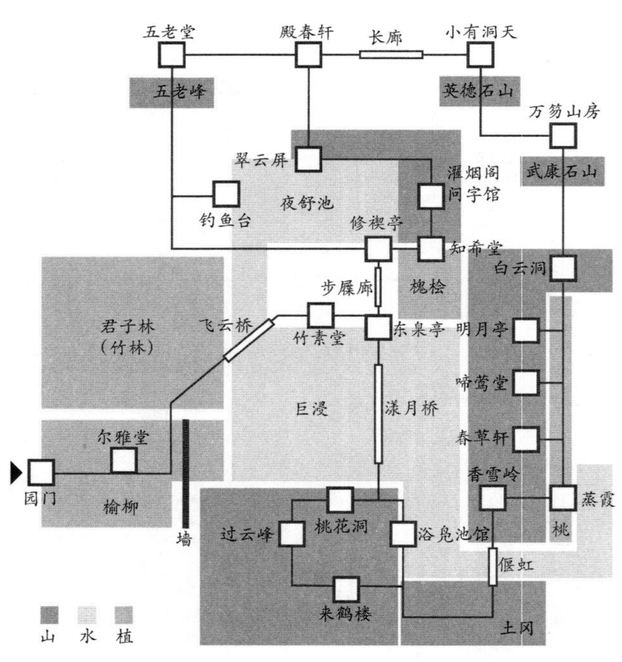

图2　日涉园园林拓扑平面图

日涉园明确记载用于赏月的空间有两处：①漾月桥，从过云峰山冈下开始，横跨巨浸，通往东皋亭、步屧廊及修禊亭。《十景图》显示该桥为拱桥（图3），似木桥又似竹桥，可以想见人小心翼翼行于其上，需先登高再拾级而下，桥在摇动，水波与水中月也随之摇动，别是一番滋味。陈所蕴题诗“月在水之中，桥跨水之上。水流故潆纡，月光亦簸荡”和“流水在山下，明月在山上。山间跨长虹，水月同摇荡”，正描绘了这番情景。②明月亭，位于香雪岭山坳之间，被峰峦环绕，宛若在深山之中（图3）。区别于漾月桥处开敞的水岸空间，明月亭处在静僻围合的空间之中。寻常时节，尤其适合独酌赏月，追忆往昔，正如陈所蕴曾为亭题诗“乌啼夜未央，犬吠月方午。此时舒独啸，谁与今人伍”与“桂树月初圆，啣杯夜当午。千古赤壁游，真堪与之伍”；而到梅花盛开季节，香雪岭上一片雪白，暗香浮动，月色溶溶，整个空间将变为异常纯净。

2.3 晚明园林赏月空间典型营造手法

综合上述分析，可认为园林月景之美关键在于情境的营造。相比于日光朗照的氛围而言，赏月活动审美主体与审美对象始终保持着神秘而微妙的距离，这就使得月景在个人与物像之间产生了一种耐人寻味的美学体验，而彼时赏月者的心境、赏月空间的氛围就会引导这种似是而非的感应。基于此，可以认为晚明文人建构赏月空间，实则在创设多样化的情境，围绕该目标有如下几种常见手法：

(a)

(b)

图3　十景图之漾月桥与明月亭

(a) 漾月桥；(b) 明月亭

(图片来源：《日涉园十景图》)

(1) 旷奥空间。赏月旷空间，指的是赏月活动发生于较空旷的空间，如池畔或楼、轩的制高点视野开阔，可见较大面积天空背景，有较长欣赏时间，犹如摄影的“广角”，视野中月亮有了各种配景搭配，画面内容丰富；赏月奥空间，指的是赏月活动发生于较幽僻的空间，如山坳之间，此时人的视野局限，月景得以突出，宛若摄影中的“特写”。

(2) 动静观赏。静赏指的是赏月活动发生于较为固定的场所，布局倾向于选择制高处或者朝向东方，从而能长久地观赏到月色；动赏指的是将赏月活动规划进游园游线中，会考虑到月亮的起落或园中景色与月色结合的动态效果，如日涉园的漾月桥创造了的水月摇曳的效果，或是潭上书屋东浒桥前后澄澈的意境。

(3) 水月相伴。虽然也有山中观月空间，但可以说赏月活动离不开水。因为水能丰富月景的层次，一方面天上月、水中影一真一假，一实一虚，遥相呼应，另一方面月光投射在水面上，由远在天边不可触及的月华转变为眼前的富于变化的波光，大大增添了情境的趣味。这种审美意趣甚至此后发展为旱园水做的做法，通过卵石等铺地的运用，引发人“月来满地水”的联想，典例如网师园的殿春簃。

(4) 植被搭配。植被的选用搭配是营造情境的重要途径，其手法既有利用植物界定围合空间，如竹林常是典型形式；也有以植被设置赏月配景，与月亮形成互动，丰富画面趣味，选用的植物往往具有简洁鲜明的几何形式美，诸如垂条、修竹等；此外，还能利用芳香植物充分调动人的嗅觉，与月景互补，为赏月者提供多感官体验。

3　园林赏月中的晚明文人园时代印记

明朝中叶以后，中央权力空前集中的危机渐渐显露[15]，而科举壅塞的问题愈发严重[16]，最终导致社会缺乏上升空间，晚明文人不能或不愿“入仕”而选择退隐。与此同时，程朱理学建立的禁欲社会受到资本主义萌芽的挑战，社会生活由简朴端肃渐趋尊崇富侈、热烈活跃，这就为文人们逃避现实、排遣政治生活中的不如意提供了途径。在这种时代背景下，园林作为完全受晚明文人掌控的一方天地，承载精神世界，暗合审美意趣。一脉相承，顾凯曾将晚明时期造园手法风格的转向总结为人工痕迹的加重，从而确立画意追求、凸现空间效果、强化整体营构[17]，这印证了文人意志对园林建构的积极介入。反映于园林赏月活动之中，晚明文人以赏月为引，既可结社宴集、交游纵乐，逃避现实的苦闷，又能建立自身与天地的私密对话，汲取心得体悟与情感积淀。可以认为，既是这种动机促成了园林赏月空间的建构，而反过来赏月空间的存在服务于活动，使体验极致化。而赏月空间具体建构中，人工痕迹加强的突出表征是园林建筑作用的增强，表现为建筑形制多样，适用于不同赏月情境，有轩、亭、桥等等诸多差异，另一方面表现为建筑承担着更多组织景致的作用。此外，植物的搭配，近远景的布置，都统摄于静观显画意、动观感空间的目的之下，最终形成了或静僻清幽，或纯净浩瀚等等不同特质的赏月空间，与晚明文人丰富而复杂的精神世界相互映衬。当前风景园林时常被诟病为文化符号的简单堆砌，从赏月活动观晚明文人园的时空特征，能够认识到月文化并非只是意向符号，而切实具现到文人生活之中，这是对我们调动文化中的基因指导今日美丽中国建设的重要启示。

参考文献

[1]　陈继儒，王晖，宋友文等．小窗幽记［M］. 上海：上海古籍出版社，2000.

[2]　周向频，刘源源．云光落茗杯：晚明文人尚茶之风对园林的影响[J]. 中国园林，2012(04)：101-104.

[3]　董雁．晚明文人园林观演剧活动及其戏曲史意义[J]. 西北大学学报(哲学社会科学版)，2010(03)：78-81.

[4]　姚旭峰．“忙处”与“闲处”——晚明官场形态与江南“园林声伎”风习之兴起[J]. 福建师范大学学报．哲学社会科学版，2008(01)：128-135.

[5]　王炜炜．晚明文人结社与园林的关系探究——以复社为例[J]. 现代园艺，2018(06)：142.

[6]　张大复，李子綦．梅花草堂笔谈［M］. 浙江人民美术出版社，2016.

[7]　计成，陈植．园冶注释［M］. 北京：中国建工业出版社，1988.

[8] 石媛．中国古典园林月意象及其空间构建研究[J]．中南林业，2013
[9] 陈月华，陈克家．园林中的借月造景[J]．中国园林，1999(03)：32-33.
[10] 何宗美．明末清初文人结社研究[J]．中文自学指导，2003(022.
[11] 高濂．遵生八笺·清修妙论笺上[J]．洞天清录(外五种)．上海：上海古籍出版社，1993.
[12] 阎景娟．中国古代园林的题名原则、事典源流及意义生长[J]．北京林业大学学报(社会科学版)，2018(04)：39-44.
[13] LU A. Deciphering the reclusive landscape：a study of Wen Zheng-Ming's 1533 album of the Garden of the Unsuccessful Politician[J]. Studies in the History of Gardens & Designed Landscapes，2011(1)：40-59.
[14] 楊嘉祐．《日涉园图》与明代上海日涉园[J]．上海博物馆集刊，1987(00)：390-396.
[15] 刘君敏，张玲．文人理想与现实的激荡——管窥晚明园林设计的转型[J]．中国园林，2017(02)：89-92.
[16] 刘晓东．科举危机与晚明士人社会的分化[J]．山东大学学报．人文社会科学版．2002(02)：103-108.
[17] 顾凯．晚明江南造园的转变[J]．中国建筑史论汇刊，2008(00)：309-340.

作者简介

邱明，1993年生，男，汉族，海南人，同济大学建筑与城市规划学院风景园林专业在读硕士研究生。研究方向为风景园林规划设计。电子邮箱：ming. qiu@foxmail. com

王敏，1975年生，女，汉族，福建人，博士，同济大学建筑与城市规划学院景观学系副教授、博士生导师。研究方向为城市景观与生态规划设计教学、实践与研究。电子邮箱：wmin@tongji. edu. cn

再议人居环境语境下的风景概念

Reconsideration of the Conception of Scenery in the Human Settlement Environment Context

马冀汀

摘　要：本文通过对风景本体研究，以及各学科中针对风景的研究现状的梳理，厘清风景的概念边界，及其在各学科中的研究角度。对风景这个概念对人居环境营建的作用提出建议。

关键词：风景；人居环境；规划设计

Abstract: The article focuses on the research of scene, as well as in different research areas, attempts to get down to the nitty gritty of the conception of scene. Proposes applications of the conception of scene in the the human settlements planning and design.

Keyword: Scene, Human Settlements, Planning and Design

1　为何再议风景的概念

风景在我们国家是一个古老的概念，在古代与人的生活环境关系密切。在现代社会，风景几乎与城市生活已经割裂，大多只出现在风景名胜区里。人居环境营造的相关专业，不论是城市规划设计，建筑设计还是风景园林专业在当代都面临着同样的问题，就是如何回顾传统，如何面对高密度城市建设，以及未来的发展方向是什么。每一位从业者都在迷惑和寻找中试着营造我们理想的生活环境。那么该怎么描绘理想人居环境图景？哪些概念可以应用？风景如画，一直是我们向往的生活居所。风景是一种美丽的图像，也是一个美丽的地方，是平面的，是三维的，是古老的，是现代的，是属于历史时空的。风景是一个多维概念，在我们现在复杂的居住环境营建过程中，它也许是一个建立联系，提供方法的重要概念。

2　风景本体研究

风景作为研究对象，首先出现在欧洲的艺术史学界，源自18世纪兴起于欧洲中部的风景画，进而“如画美”作为风景特质，成为风景研究的重要内容之一[1]。随后风景的研究进入到风景旅游，进而进展到与游憩活动关系的研究中[2]。此外风景研究在西方国家的另一支主要方向在地理学领域，Carl O. Sauer[3]是率先提出自然地理空间演变中的人文作用的学者，他的理论对风景研究影响深远。我国风景园林学科内对风景的研究始于20世纪80年代的风景区建设。陈从周先生对当时的大规模开发风景区的现象提出了警示。[4]同年，冯纪忠先生《风景开拓意义》[5]一文在建筑学报登载，文中引介西方地理学界以及游憩学界对风景的研究，并提出“风景不仅是一个艺术问题，也是很大的科学问题”的观点。从论文时间看，冯先生是第一位将风景研究纳入到我国建筑规划与风景园林学科中的学者。随后当时就读北京林业大学的俞孔坚在1987年的论文《中国自然风资源管理系统初探》[6]则第一位将西方风景认知研究方法介绍到国内。可惜这条研究脉络并没有很好的延续下去。并且随着城市商业空间的扩展，风景的研究范围几乎难以在城市中找到立足点。同时由于陈植先生在20世纪60年代将如本翻译自西方Landscape的景观一词引入国内。“20世纪80年代后期，以俞孔坚[7]为主的青年学术力量将“景观”定性为更适合于当代趋势的研究对象。至此，由于新概念的冲击，风景研究出现了一个重要议题，就是风景的含义与性质的探讨。同时审美与认知方面的内不论在“风景”或是“景观”的研究中均有进展。最后风景作为空间艺术的范畴则在造园学研究持续发展。以下便将这三方面研究内容进行介绍与解读。

2.1　风景的含义与性质

在前文有述，20世纪80年代后期“景观”一词的出现几乎取代“风景”。实际上，从文献发表时间和内容上看，20世纪年代末到90年代，对“风景”含义和性质都有持续的讨论。1988年史震宇在《风景·浅释》[8]中提出“风景”是存在于宇宙间具有美感的物象总称，它源于自然，但不能说所有自然界都是风景。文中肯定了风景作为审美对象的意义，并且对它的自然与人工属性均有认识，只是对人与风景之关系的论述不深。1990年刘滨谊在《风景景观的概念框架》[9]提出“风景，是观赏者眼中的景象，她是人们头脑中的观念，她是以空间存在的一系列可见的物质实体。”明确指出了风景作为人类感知对象的性质，以及它作为空间的本质。此外，张述林[10]在1991年的文章中对风景的概念进行了归纳，总结出有关风景的概念达33条之多。1992年王之力以《风景学简绎》[11]一文中初步建立了风景学的内容框架，包括风景建设、生态环境、风景美、风景资源等 10 个内容。另外“景观”也作为学科概念被讨论[12]，其内容扩充至地理学、生态学的范畴[13]。至此，可以看到风景的含义广泛，而其性质因为涉及到与人的感知关系而更为复杂。对于这样一个流于泛化概念的危险，王绍增就指出“如果什么都被包容进去，那就是哲学或者神学了，也算是一种自我消亡”[14]。同时指出了景观在中国语境下的缺陷，认为其有着强烈的唯视觉意义[15]。然而，避开“风景”与“景观”的争论，可以看到风景存在的共识的概念：它是自然与人工的融合的物质空间，也是人的观念、思想的产物。对风景更意义更综合的诠释在 2010 年杨锐《“风景”释义》[16]中有总结“自然和人是风景不可或缺的两个要素。风景是人对自然环境感知、认知和实践的显现，存在于艺术形式、知识形态和空间形态”。此外，刘晖提出“景观在本质上含有主客观统一的意义，即审美对象与审美主体结合起来，才构成完整的景观意义”[17]，将“景”的主客观二元统一的关系进行了阐述，是刘滨谊观点深化。至此，风景的性质逐渐明朗。

另有通过字义的考证，对风景的意义进行的研究。比较重要的是 2012 年杨锐的《从《四部丛刊》略考“风景”》[18]，王其亨《“景”的释义》[19]。这两篇文章非常重要，将风景的词义放到我国传统语境中考证，对风景含义的理解是一个进步。考证研究发现，风景作为风光景色的含义最早出现在东晋[20]，另外《四部丛刊》的考证中发现唐代是“风景”作为风光景色意义出现最多的时代。

另外景观作为风景的相近概念，其定义往往出现非常综合的特征如联合国教科文组织大会 2011 年 11 月 10 日采纳了一项新的国际文书——“城市历史景观”的新建议中将景观（风景）“作为城市动态演变中自然与建成环境之间相互作用的层累结果，具有重要的价值。城市历史景观的概念首先是一种思维模式，它是一种观察、理解城市及其城市组成的方式，它把城市看作是自然、文化和社会经济过程在空间上、时间上和经验上的建构产物，它关注城市的建筑与空间，也重视人们为城市带来的礼制与价值。”[21]至此也可以看出，风景与景观都具有综合，空间尺度灵活的相似性。并且在近来的研究中，生态学作为景观的范畴越来越受到重视。但是在具体的物质审美要素上，风景更加强调自然、人工、与人的关系。

综上，可以看到风景历经 30 多年的讨论与研究，逐渐接近其真实的概念与性质。同时近年来对风景传统释义的考证，也使风景的概念成为更具有中国传统意义的学科词汇（以上的两篇考证文章中均没有发现景观在传统语言中的应用）。实际上，风景作为一个学科交叉点，其他学科对其的理解也能帮助我们理解风景的含义，比如 E.JT 米切尔编著的《风景与权力》[22]一书，中将风景的含义理解为一个“空间-地方-风景”多面一体的意义结构，又如 IanH. Thompson[23]将风景理解为艺术创造等等，这些认识和意义的理解都能增进风景理论研究的思路。

2.2 风景的认知和审美研究

关于风景认知和审美的理论方法研究在西方较早开始。最先是美国林业局出于对森林资源的保护而指定的风景视觉质量评价标准。这一举动激发并带动了一系列关于风景美学、审美、认知的研究。从 20 世纪 70 年代到 80 年代之间发表了大量研究成果，在 ErvinH. Zube 等的文章《Landscape Perception：Research，application and Theory》[24]中将风景感知研究总结为了四类分别是专家学派、心理学派、感知学派以及经验学派。随后认为应该发展出更完整的理论将这四类本质相近的理论方法相融。然而在文中今提出了构想和建议，并未能建起庞大理论系统。在本论文中更多的采纳了感知和经验学派的研究观点：感知派-通过研究人类如何观察、预测、参与风景，将风景场地与人类价值联系；经验派-将风景价值的解读建立在人类与风景的互动经验研究上。在之后的风景认知研究中，逐渐深入到个人对风景认知差异的研究。如 R. BRUCE HULL IV 等[25]提出了不同文化下的风景审美差异。并提出了美感差异的几个关键问题：（1）注意体验人的目的；（2）注意体验人对风景的熟悉程度；（3）注意个人的喜好。并在文中应用了实证主义的方法，将个人体验风景的不同方式进行了归纳。HIROHIKO OHTA[26]则通过现象学的方法研究个体在风景审美中的经验差异进行了补充研究。在感知审美研究中除了侧重于人的，也有侧重于空间的如 Koun Sugimotoa[27]通过体验者描述风景空间，随后认知的空间内容被具体分解为人、植被、水体、构筑、街道等；这类方法形成了大量的案例研究，近年来在西方研究中屡见不鲜[28-29]。这些研究均促进了设计理论的进步，最重要的如 Anne Whiston Spirn 的 *Language of Landscape*[30]书中将人对风景的认知作为人对生存环境最初的认识，用语义学的观点将风景与人类的精神文化关系进行了解释。更将风景作为建筑、城市等设计的基本“文脉”来考虑，丰富了设计理论。实际上这类研究，在此之前已有涉及但不及 Anne Whiston Spirn 全面如 Matthew Potteiger，Jamie Purinton[31]。目前，将风景感知审美的研究应用于设计的理论，除了上面提到的 Anne Whiston Spirn 和 Matthew Potteiger，Jamie Purinton，基本没有更系统化的理论出现，目前的设计理论研究中凯文林奇的意向结构，仍是风景感知研究的重要参考[32]。另外，近年的风景审美研究中，生态审美的概念也被提出。[33-34]

在我国，最早涉猎人在风景中的体验感知研究的冯纪忠先生指导的刘滨谊博士的论文《风景景观工程体系化》[35]，其中以时空序列为基础，探讨了人在空间中的动态感受的量化方法。近年来这类人与空间环境的互动感知研究愈发受到我国学者关注，如 2010 年自然科学基金项目《从人的外界信息感知反馈模式探讨建筑及城市中的景观存在方式与整治》等。

2.3 风景作为一种空间艺术

第一个提出风景空间，并将其空间艺术理论融合园林空间艺术的第一位应当是冯纪忠先生。冯先生在 1979 年的论文《组景刍议》[36]。先生在文中强调了风景空间的“动观感受”，从而指导风景空间设计的动静空间结合的思路。随后冯纪忠先生所指导的研究生孔少凯，在其论文《风景空间设计初探》[37]，以空间为基本研究对象，对风景空间的内容做出了界定。并且通过空间塑造、组合、境界、要素特征几个方面分别探讨了风景空间的塑造方式。属于最早理论化风景空间设计的论文。此后，风景空间艺术的研究并未有力的持续下去。主要原因是针对风景的研究内容越来越多元，比如风景资源保护与评价，风景区评定与管理等等，这些虽然一定程度上促进了风景空间的研究，但始终风景空间艺术研究未成体系。值得注意的是借用传统园林空间设计的理论，研究风景空间也是方法之一。代表如孟兆祯先生指导的博士薛晓飞在《论中国风景园林设计“借景”理法》[38]论文中将“借景”手法扩大至风景空间中。反观园林空间艺术的研究则在循序渐进，呈螺旋状发展，不同的园林类型的空间艺术均有探讨。而在空间设计手法上的研究则日趋细致，代表如李飞在《论“漱石”与“枕流”在中国园林水石造景中的应用》[39]以及《论“无水似有深意”的中国传统园林山水理景方法》[40]两篇论文中对古典园林中具体的造景手法有了深入的讨论。另有以董豫赣[41]为代表的设计师对古典园林中叠山、理水手法的历史过程和现代表现都有深入的探讨。这为风景空间艺术塑造的研究提供了一定的研究基础。

除了对空间的塑造手法，各位先生也在园林空间美学上有一定的研究结论。如冯纪忠先生将园林空间分为形-情-理-神-意[42]五个境界，而后的学者多在此层次上加以深化或归类，如杨锐提出的“境地空间”概念[43]，丁绍刚的“意象论”[44]等。

3　人居环境规划设计中的风景研究

此类风景研究根植于人居环境规划设计的各个具体学科，可以梳理出主要五个方向：一是风景空间规划设计：主要是将风景看做人居环境的一部分，讨论风景对城市（乡村）的风景空间，最终是讨论风景（景观）的设计规划方法，这样一部分除了风景园林的学科视角，也有地理学视角的相关研究，其中对古代城市风景营造经验的挖掘也尤其重要；二是风水观：这一部分主要以风水理论解释传统人居环境的规划设计思想与方法，风景在其中主要是一种环境特征的描述；三是地景观：这一部分涉及到的风景空间（建筑）的规划设计方法与思想，是直接以风景为基础谈空间营造的理论；四是规划观：这部分将风景纳入城市规划设计的范畴，主要是讨论城市规划设计的方法；第五部分是交叉学科背景下的风景观：这一部分主要是交叉学科背景下解读城市生活、风貌、空间形态，其中风景作为一个综合的概念用于解释其中的现象。以下分别解读：

3.1　风景空间规划设计研究

这类研究基本以风景作为城乡整体环境不可分割的组成部分为观点，研究最终落点为风景空间或系统的规划设计。此类研究主要分为两个出发点：一是以人的感知为出发点，研究风景空间的形态、类型等；二是以物质空间为出发点，研究风景的类型、系统等。

3.1.1　人-景感知互动式空间设计

除了冯纪忠[45]先生较早开始风景空间与人的动态关系的研究外，在建筑设计领域齐康先生也在场所理论的影响下，率先提出了“风景场”[46]的概念。在城市尺度，有以孟兆祯[47]先生为主的，将古典园林的空间艺术，应用于现代城市风景（景观）设计的研究[48]。以及应用现代或交叉学科理论研究城郊风景（景观）空间的，如王紫雯、蔡春[49]，博士生姚朋[50]应用场所理论的分析，贺慧、余柏椿[51]以心理学方法分析城市景观形态与人审美偏好等等。此外余柏椿为我国较早进行城市景观系统研究的学者，其自然科学基金课题“城市景观特色审美结构理论及其应用研究”（2006～2008年）对城市景观的分类做了比较全面的分析[52]。在传统城镇风景空间与人的感知研究方面大多集中于个案的讨论，如王建国等对西湖与杭州城“景-观”关系的讨论，提出了传统城市中“坐景观城”的人景互动模式[53]。李晓波等以四川阆中为例，采用城市设计中环境感知五要素，分析阆中山水城市的风水意象元素与文化内涵，提出城市的风水景观结构可以分解成单中心同心圆式，由城市中心向外发散的圈层意向结构，结构内层为城市核心意象、中层为景观控制意象和外层为自然山水意象[54]。王树声分析了黄河晋陕地区的传统城镇的演进规律，提出了传统城镇空间结构由“人格空间”、“礼格空间”和“神格空间”组成[55]。指出“景致”是构成传统城市物质空间要素之一，通过意境层面的“道、舞、空白”来表达[56]。范志永从中国古代形胜思想出发，以陕北历史城镇为研究对象，认为“形胜模式”是一种山水空间形态感知的最优模式，提出了“神境空间”“礼境空间”“人境空间”和“地境空间”的传统城镇空间形态[57]。

但是可以看到这类研究仍然处于起步的阶段，包括方法欠缺、研究落点宽泛、学科交叉较多，缺乏专业词汇等问题和难点，特别是如何系统的解释传统城市风景空间的感知问题，仍无系统论述。

3.1.2　古代城市营造中的风景经验提取

我国古代城市的风景资源优越，留有大量资料可以挖掘，这类研究相对丰富，方法和视角相对多样。现总结如下：

（1）古代城乡风景解释型研究

张杰从传统城镇风景视觉角度研究传统城镇聚落、建筑和周围山水环境间的构图关系，认为由这三者所形成的城镇风景格局是中国传统城镇特有的城市文化景观模式，山水轴线起到了城镇风景组织的主要作用[58]。姚准从文化解释角度研究城市景观演变，提出了“文化一解释一空间”的互动研究机制，并认为生活方式是其演变的物质基础，价值观念是其演变的精神动力[59]。刘沛林等借鉴城市形态学的相关思路通过分析古代舆城图分析我国古城景观类型，以类型学方法将构成古城景观基本因素分解为三个层次：景观基本单元胞、景观联接通道链和景观整体形态城郭形状[60]。王树声则以古人营建人居环境的智慧与经验入手，归纳总结了古代风景营造中巧借自然、充分利用自然地势等具体方法，解读了古代城乡风景营造的过程[61]。此外亦有大量针对具体案例的解释性研究，如李慧敏对厦门古村落景观空间建构原型的解读[62]等。

通过古代园林与城市的关系探讨古代城市风景创造的有：田银生认为中国传统城市中园林和城池存在着对立统一的有机结合关系，这种传统的城镇结构性特征源于早期城市中独立的生产性“园、囿、苑、圃”演变为具有审美价值的园林的过程[63]。王铎认为中国古代园林分为宫苑、社坛园、林苑和城乡宅园、神庙风水园、邑郊风景园、名山胜景处的寺观风景园，共同构成了林苑环都城的城镇风景模式，构筑了“象天法地、城苑一体”的人居环境绿色网络框架[64]。宋凤以济南有代表性的历史名园为研究对象从济南古城的山水格局入手探讨城镇的山水环境对历史名园形成的特点，提出了济南历史名园特色传承应走“名园—环境”整合的路线[65]。

此外，也有研究依托古代城市自然环境，探讨城市风景演变特点，从而揭示风景与古代城市发展的内在规律。如王军以长安、洛阳为研究对象，从城市选址、格局、水系等方面探讨了古代城镇利用自然和改造自然的历史现象和客观规律，揭示了山水自然环境与城镇兴衰的内在联系[66]。汪霞等从中国古代城镇理水的源起入手，认为水空间有引导城市空间有机生长、构成城市空间基本骨架，起到丰富城市空间形态的作用[67]。仇立慧通过对先周至唐代近年黄河中游地区都市发展迁移的研究，揭示出传统城市发展总是顺应大尺度气候环境变迁，以取得更优越的自然环境条件和更为丰富的水土资源为目的，发展是一个为不断优化选择和充分利用资源环境优势或者规避环境灾害的地理空间的调整过程[68]。王劲等分析了北京河道景观元、明、清三代的历史演变，经历了功能由漕运向滨水游憩空间转变，内容逐渐丰富，亲水特征突出，形式从单一的自然风景游赏变为复合型公共空间，文化上由缺乏人文活动发展为涵盖民俗和皇家大型节庆活动的过程，河道风景整体上具有从单一走向复合、从自然走向人文的特征[69]。

(2) 传统城乡风景应用型研究

现代城市建设思想反思：陈宇琳回归传统城镇“山—一城”融为一体的风景格局特色营造理念，提出在当前城市快速城市化地区应该建立多尺度的“山—一城”空间单元并建构起区域层面的艺术骨架、维育城市景系、塑造景点层面场所精神等历史文化环境保护和发展的城市建设思路[70]。王颖通过对比上海郊区小城镇的水体、民居和街道的空间形态的演变，提出传统水乡城镇空间由“以水为轴”转变为“以路为轴”，城镇用地形态由匀质性转变为异质性，城镇肌理由细密趋于粗糙，连续趋于断裂，并提出城镇形态田园化的小城镇环境发展模式[71]。

现代城市规划设计过程中的风景规划设计内容：区柳春等以柳州为例提出以城市设计为基础的城市风貌控制框架应结合城市规划体系从城市总体景观风貌定位、城市景观风貌系统分区指引和近期重点地区建设导引三个层面展开[72]。杨俊宴等以无锡城市景观为研究对象将大尺度的景观控制区域划分为山、湖、河、城等类型区，认为城市特色区的空间分布是构成城市主体景观的结构性框架，通过开放空间、景观要素和特色体系的评价，提出沿湖、沿河、依山、依城的城市景观控制规划引导[73]。王浩等提出通过优化城市绿地系统规划布局，以绿色生态空间为先导通过塑造城市空间格局的结构特色实现维育城市文化、营造城市整体文化风貌的城镇风景空间发展方法[74]。邢忠等通过对城市环境区边缘地带空间特征的分析，在环境区的保护规划中引入边缘区土地使用生态关联控制和空间设计引导，通过环境增值效益塑造城市空间特色[75]。

风景与城乡整体空间环境的关系问题。这类观点最具代表性的是外国学者的认识，如西村幸夫认为城镇风景不仅包括由建筑和城市设施等构成的城镇地区内景观，还涉及由城市的大地形为风景骨架的眺望风景。其中眺望风景可以分为对城市内外地标性眺望风景和背景性眺望风景两种类型[76]。我国风景区研究仍然处于相对孤立的状态，但是在研究思想上以有一定突破。贾建等将城市风景的研究锁定在那些主要集中在城市边缘或与市区，有便捷交通联系，风景资源相对集中、环境优美的，的城市型风景区。他认为城市型风景区的风景要素与城市的共生关系是形成城市风景特色的主要因素[77]。

现代城市风景视线控制：黄文柳通过对湖 - 城空间演进的历史关系和文化景观关联性分析，从西湖文化景观真实性、完整性角度提出了与西湖尺度相宜的平远、深远的城市轮廓线控制方法和湖东视线景观控制要求[78]。张平等从城市视觉空间形象的美化角度出发提出了以自然山水的整合，融城市色彩、开放空间、景观视廊、眺望系统和建筑要素等为一体的风景控制体系[79]。龚晨曦研究了欧美和亚洲遗产城市的城市眺望风景控制方法，提出欧美对城镇内外历史景观的视线价值的控制是基于对不同视觉关系内部粘聚力的认同，而亚洲则更加重视文化语境的完整性和连贯性[80]。

城乡风景评价：李春玲等以武汉为案例，研究城市景观特色。提出城市景观特色具有景观特色区和相应的特色级两个维度，并以旅游点景观特色、地貌景观特色、水景特色、气象特色、色彩景观特色、公共活动场所景观特色和街道及片区整体景观特色为评价因子建立起景观特色级区评价指标体系[81]。

(3) 风景体系构建研究

赵秀敏从系统论观点出发，认为城市景观是若干结点和面域的有机动态发展体系。城镇风景是一个复合网络单元，其演化是由风景要素、内容、类型的不断变化形成的一个动态过程[82]。张国强提出了广义的城镇风景类型，认为城镇风景包括与城市共生共存的自然风景和人文风景，城镇风景的类型可以根据城市空间构成可以分为块状风景区、带状风光带和点状或标志性“八景”三种主要类型，城市风景体系表现为这三线交织的特点[83]。杨文华等将城镇风景的研究锁定在城市风貌上，提出城镇风貌系统可以分为城市风貌圈、城市风貌区、城市风貌带、城市风貌核和城市风貌符号[84]。赵梦蕾以系统论方法提出了作为城市风景系统，以及分系统中城市绿地系统、风貌系统[85]。张国强对城市风景的构成进行了总结，并提杜；城市风景区、风光带、典型景胜、风景体系和城景协调发展的观点[86]。杜春兰分析了山地城市的风景特点，提出山地类型的城镇风景由城市开放空间系统、城市绿地系统、城市水系统、城市景观设施及标志物系统构成[87]。日本 Tiamsoon Sirisrisak 提出城市的历史景观要素分为有形和无形两类，有形元素包括建筑、天际线、城市空间、眺望风景、植被和小尺度元素；无形元素包括城市功能、社会传统、生活方式、西方信仰等[88]。

(4) 古代城乡风景研究方法

田银生等提出通过城市形态学可以对历史城镇的物质空间形态及其文化内涵的解读来分析城镇景观演变。历史地理的城市形态分析是从结构和构成角度分析城市景观，建筑形态学是从序列和文脉角度分析城市景观，二者具有研究的互补性，可以创造一种“类型—形态”的研究方法应用于城市规划设计[89]。段进从城镇风景特色审美出发，根据符号学方法中词汇、语句和章法三个递进的分析层次论证了南京城的“山、水、城、林”的城镇风景格局[90]。于风军通过研究从明代至民国的陕西方志舆图所反映的城镇景观变迁，提出了通过独特性、景观差异性和逻辑实证分析等方法，对传统方志舆图符号空间的解读可以用来研究城镇历史人文空间[91]。李良以历史时期重庆城镇景观变迁为研究对象，通过历史地理学的研究方法，查阅大量的史料文献，对其城镇景观格局、自然和人文景观要素、景观结构进行推断和剖析，分析其城镇景观特征，归纳景观演变规律以揭示重庆城镇景观的历史文脉[92]。姚亦峰以古都南京为例从地理景观视角分析文化景观格局的演替规律，提出认定和寻求景观系统中的关键地理内核是分析历史城市景观演变的方法[93]。成一农提出了中国古代地方城市形态研究应通过要素研究法把古代城市形态的各要素分解开来进行历时性研究，然后再将要素组和起来构成中国古代城市形态的抽象模型，从而可以获得对古代城市形态的新认识[94]。

上述研究方法表明古代城市风景的研究依托方志等历史文献，结合舆图、历史地理等信息进行比较性研究较为可行。此外，历时性研究也是本论文值得借鉴的研究思路与方法。

3.2 风水观

古典城市研究中，风水是一个重要思想理论方法。虽然构建风景体系并不是风水理论的重点，风景往往作为形态概念或文化现象出现在风水理论中。但是风水仍然是理解古代城市营建与自然环境关系的重要理论之一，本文的风景现象及空间形态的解释研究中将会借助风水理论对风景现象中的文化因素加以分辨。

王其亨对风水理论研究有比较突出的贡献[95]。在风水理论的现代应用上，如杨柳研究了中国传统城镇营建中以风水手段在城镇风景评价中的应用，指出该评价体系是以感性审美评价为主导、经验型技术判断为辅助和神秘的喝形选择为参考的，该评价体系在应对现代城市山水特色塑造具有独特的价值[96]。

3.3 地景观

地景观点下，风景是作为建筑、园林、城市三者空间布置的基本条件。地景设计尚处于初步研究阶段，目前研究更多的是针对结合风景的空间设计方法研究。佟裕哲先生和刘晖较早开始地景研究，提出中国地景建筑理论起源于西部秦朝，到隋唐时期已形成系统理论[97]。共同编著的《中国地景文化史纲图说》[98]是地景理论的系统化的开端。刘晖认为地景转译到现代语境，将以景象空间为载体，其内部结构为“物→形→景→情→意→境”的递进层次。在这一点上，地景与风景空间艺术研究的内容不谋而合[99]。另外，地景也被理解为风景的一种类型运用到研究中。袁琳通过地景的概念解读《蜀川胜概图》（成都平原段），提出在城市化进程中成都平原可以通过运用《蜀川胜概图》等山水长卷，结合各种艺文，保护、恢复甚至重建风景。在城镇化的过程中推进自然化，重现山水气韵[100]。在本论文中并不会直接谈及地景的概念，但是地景作为风景空间设计的特点之一，这种空间处理方式会作为本文的研究对象。

3.4 城市规划设计中的风景研究

城市规划设计研究中讨论到风景时，主要将风景作为一种城市空间现象，这类研究主要集中在古代城市规划理论研究中，目的是补充现行城市规划思想与设计方法，并非针对风景的理论构建。

3.5 不同学科背景下的风景研究

不同学科背景下的风景概念侧重不同，尤其注重其文化特征和隐含的社会信息。在对空间形态的解释呈现艺术、社会学、心理学、经济学、地理学、政治学等不同学科背景下的讨论，这类研究在西方国家较为丰富[101-102]。不同学科对风景的认识、城市空间形态的解释为理解风景提供了丰富的思路。

4 风景是人居环境营造过程中的一个多维概念

可以看到很多学科领域都或直接研究风景本身，或借用风景的概念进行研究，说明风景概念的包容性，且外延深广。通过已有的风景研究，可以厘清风景概念的外延，建立多维度的风景概念。

4.1 风景作为一种自然与人工结合的空间概念

风景的本质是空间，不论是人与空间环境的认知问题，还是传统营造中人参与到空间创造的方式与过程问题，风景都同时具有外显和内显的现象，是在进行空间设计时可以借助的思维工具。

4.2 风景作为联系人的感知与外界环境的概念

人如何真实的生活在空间中，是当今人居环境营造中普遍关注的问题，在现象学、场所理论补充到人与建筑空间感知关系研究的时候，人与城市整体环境的情感、行为等关系研究却缺少相应的概念与方法。凯文林奇的《城市意向》研究可说是开创成果，然而可以看到在其随后的《城市形态》一书中，对意向结构进行了反思，认为城市整体的动态过程和价值才是城市形态的根本。随后国外对于城市空间与人互动联系的研究更多的是在建筑设计理论研究领域展开，如前述的场所理论等，因为在小尺度，人群较固定的空间类型中，个体差异性的复杂问题才能简化。城市方面的研究愈发重视政策引导和公众参与，林奇所引起的城市感知问题，则倾向于具体地块或特定内容的研究，但并没有大的进展。我国建筑类专业对这方面类研究在近 20 年逐渐重视，体现在建筑学中现象、类型研究的增多。城市规划设计则基于场所、文脉等概念进行了研究尝试。风景园林专业的这类问题则集中在园林空间意境层次的讨论，以及风景审美感知上。这三个专业的研究分别侧重了人对空间感知的不同方面的建筑学更侧重与空间对人的心理的影响，以及人对空间的"期望"；城市规划设计更多是从人群的文化特征对空间进行讨论；风景园林则更多是从审美的角度讨论。不论从哪个学科角度，空间与人的心理和行为关系都成逐渐被重视。目前来看建筑学的"场所"，城市规划设计学的"文脉"，风景园林学的"意境""意象"，这些词的性质都比较贴近本学科所特有的空间内涵，而其根本要解决的问题是一致的。但是，人在城市生活中与空间的种种关系并非单一学科的问题，而且以上这些概念更偏重人的感知，其中几乎不包含空间性质的内容。这使这些研究往往过于侧重人的感受，而难以将其研究成果应用到空间设计中。因此，缺少一个既包含足够的空间信息，也包含人的感知内容的概念。"风景"一词正包含这两部分的信息。更重要的是，在我国传统营造语境中，风景是建筑，城市，园林都包含的内容，是我国传统营造的一大特征。也就是说"风景"既联接物质空间与审美心理、行为活动的桥梁。

4.3 风景作为联系古今的概念

传统城市空间的形成与演变的持续研究，这部分涉及人在空间中的活动和对空间发展的种种影响的研究，大多出现在单体历史建筑或古典园林的研究中。在传统城市空间的研究领域中大多以经典内容（如园林，宗教等）等专门考察，或者对城市整体物质空间结构加以讨论研究，而对古代生活中人如何参与到城市物质空间，并影响其发展的连续过程的问题讨论较少。在这方面尤其值得注意的是传统城市丰富的风景现象，这里含有大量的人们如何理解和参与到城市空间中的信息。然而这类研究起步较晚，针对古代风景的认识大多停留在"八景"，这种类型研究。在研究方面更多的集中在静态的形态讨论，或仅作为研究视角。而实际上，风景是传统城市空间生活的重要内容，这从几乎每座传统城市都具有的"八景"现象可见一斑。作为一个同时具有外显和内显的现象，风景的研究可以相对更好的从"自上而下"和"自下而上"两个方向理解人如何参与到对城市空间创造中。也是理解古代城市中人参与空间形成的方式，及其对空间总体发展方向的影响及适应这个问题的一种途径。可贵的是风景是我国的传统语言，在文化上具有联结古今的意义。

4.4 风景作为理解城市整体空间环境的概念

从人居环境的角度，传统的营造经验并不单独藏于建筑、城市，或者园林中，而是此三者的结合，它们同时与自然发生着联系，并通过人参与环境，形成了整体的、动态的、生动的，具有深刻美学价值的人居环境。站在这个角度讨论传统营造经验具有难度，一旦分类又容易造成传统经验的破碎。这不是一个庖丁解牛的问题。实际上，吴良镛先生的人居环境科学，孙筱翔先生地球表层规划的理念，就是先生们站在对传统营建充分理解，对现代发展的理性认识上凝练所得。从这个角度看，"风景"也是整体人居空间环境研究的一个重要角度。

5 结语

综上所述，风景作为自然与人工结合的空间概念；作为联系人的感知与外界环境的概念；作为联系古今的概念；作为理解城市整体空间环境的概念。对于当今从业者在实践活动中的困境，比如如何延续传统；如何创新空间；如何尊重地缘文化等等，这些在实践活动中常见的、持续的问题，风景作为一个多维度的空间概念，应该能够成为解决这些问题的有力工具之一。

参考文献

[1] Gilpin. William. Three essays: On picturesque beauty; On picturesque travel; and On sketching landscape: to which is added a poem, On landscape painting. Nabu Press. 2010.

[2] Stephen Page. Review essay: Progress in tourism history—The contribution of recent historiography to tourism research. Volume 27, Issue 5, October 2006, Pages 1074-1077.

[3] Carl O. Sauer (1925) The Morphology of Landscape. University of California Publications in Geography. Number 22. Pages 19-53.

[4] 陈从周. 造风景还是煞风景[J]. 时代建筑. 1984(04).

[5] 冯纪忠. 风景开拓议[J]. 建筑学报. 1984(08).

[6] 俞孔坚. 中国自然风资源管理系统初探[J]. 中国园林. 1987(03).

[7] 俞孔坚. 论景观概念及其研究的发展[J]. 北京林业大学学报. 1987(04).

[8] 史震宇. 风景. 浅释[J]. 中国园林. 1988(02).

[9] 刘滨谊. 风景景观的概念框架[J]. 中国园林. 1990(10).

[10] 张述林. 风景概念简释[J]. 中国园林. 1991(04).

[11] 汪之力. 风景学简绎[J]. 中国园林. 1992(06).

[12] 俞孔坚. 景观的含义[J]. 时代建筑. 2002(01).

[13] 俞孔坚. 还土地和景观以完整的意义-再论-景观设计学-之于-风景园林[J]. 中国园林. 2004(07).

[14] 王绍增. 风景园林学的领域与特性 _ 兼论 Culturd Landscapes 的困境[J]. 中国园林. 2007(11).

[15] 王绍增. 园林、景观与中国风景园林的未来[J]. 中国园林. 2005(03)"汉字的景观一词却有着强烈的唯视觉意味！因为它不再依附于土地和生命。顺而推之！造景就是人工制造一片吸引或 刺激眼球的东西".

[16] 杨锐."风景"释义 [J]. 中国园林. 2010(09).

[17] 刘晖、佟裕哲、王力. 中国地景文化思想及其现实意义之探索[J]. 中国园林. 2014(06).

[18] 杨锐. 从《四部丛刊》略考"风景"[J]. 中国园林. 2010(03).

[19] 王其亨."景"的释义[J]. 中国园林. 2012(03).

[20] 王其亨."景"的释义[J]. 中国园林. 2012(03).

[21] 罗·范·奥尔斯；韩锋；王溪. 城市历史景观的概念及其与文化景观的联系[J]. 中国园林. 2012(05).

[22] 范·奥尔斯．风景与权力．译林出版社．2014.

[23] IanH. Thompson. Landscape Architecture-a very short introduction. OXFORD. 2014.

[24] ErvinH. Zube，James L. Sell，Jonathan G Taylor. Landscape Perception：Research，application and Theory. Landscape Planning，9(1982)1-33.

[25] R. BRUCE HULL IV and GRANT R. B. REVELL，Cross-cultural comparison of landscape scenic beauty evaluations A case study in Bali. Journal of Environmental Psychology，Volume 9，Issue 3，September 1989，Pages 177-191.

[26] HIROHIKO OHTA，A PHENOMENOLOGICAL APPROACH TO NATURAL LANDSCAPE COGNITION-Original Research Article. Journal of Journal of Environmental Psychology，Volume 21，Issue 4，December 2001，Pages 387-403.

[27] Koun Sugimotoa，Analysis of Scenic Perception and Its Spatial Tendency Using Digital Cameras，GPS loggers，and GIS，Procedia - Social and Behavioral Sciences，Volume 21，2011，Pages 43-52.

[28] Joo，Shin-Ha ; Kim，Gyung-In，A Study on the Changes of the Landscape Cognition in Yong-In City. Journal of the Korean Institute of Landscape Architecture. 2012.

[29] Sjerp de Vries，Mirjam de Groot，Johnny Boers. Eyesores in sight：Quantifying the impact of man-made elements on the scenic beauty of Dutch landscapes. Landscape and Urban Planning，Volume 105，Issues 1-2，30 March 2012，Pages 118-127.

[30] Anne Whiston Spirn，Language of Landscape，Yale University Press. 2000.

[31] Matthew Potteiger，Jamie Purinton. Landscape Narratives：Design Practices for Telling Stories. Wiley. 1998.

[32] Baris Kara，Landscape Design and Cognitive Psychology，World Conference on Psychology and Sociology 2012.

[33] TerryC. Daniel. Whither scenic beauty Visual landscape quality assessment in the 21st century，Landscape and Urban Planning，Landscape and Urban Planning，Volume 54，Issues 1-4，25 May 2001，Pages 267-281.

[34] Susanne Frank，Christine Fürst，Lars Koschke，Anke Witt，Franz Makeschin，Assessment of landscape aesthetics—Validation of a landscape. Ecological Indicators. 2013.

[35] 刘滨谊．风景景观工程体系化[M]. 建筑工业出版社．1990.

[36] 冯纪忠．组景刍议[J]. 同济大学学报．1979(08).

[37] 孔少凯．风景空间设计初探．1982.

[38] 薛晓飞．论中国风景园林设计"借景"理法[M]. 2007.

[39] 李飞．论"漱石"与"枕流"在中国园林水石造景中的应用．中国园林[J]. 2011(04).

[40] 李飞．论"无水似有深意"的中国传统园林山水理景方法．中国园林[J]. 2010(04).

[41] 董豫赣．主讲有方空间：理水两相；山石一品[M].

[42] 孔少凯．风景空间设计初探[M]. 1982.

[43] 杨锐．论"境"与"境其地". 中国园林[J]. 2014(06).

[44] 丁绍刚．景观意象论——探索当代中国风景园林对传统意境论传承的途径．中国园林[J]. 2011(01).

[45] 冯纪忠．意境与空间．东方出版社[M]. 2010.

[46] 齐康．风景场及其美学特征——建筑艺术创作规律研究之一．中国园林[J]. 1991.

[47] 孟兆祯．园林设计之于城市景观．中国园林[J]. 2002(07).

[48] 曾洪立．风景园林规划设计的精髓—"景以境出，因借体宜"北京林业大学[D]. 2011.

[49] 王紫雯、蔡春．城市景观的场所特征分析及保护研究．建筑学报[J]. 2006(03).

[50] 姚朋．现代风景园林场所物质的表征及构建策略研究[D]. 北京林业大学．2011.

[51] 贺慧、余柏椿．"景"与"观"——审美主体视角下的城市景观特色"形态"偏好．规划师[J]. 2010(09).

[52] 宁玲．城市景观系统优化原理研究[D]. 华中科技大学．2011.

[53] 王建国、杨俊宴、陈宇、徐宁．西湖城市"景—观"互动的规划理论与技术探索．城市规划[J]. 2013(10).

[54] 李晓波、文绍琼．四川阆中风水意象结构及其规划意义．规划师[J]. 2005(08).

[55] 王树声．黄河晋陕沿岸历史城市人居环境营造研究[D]. 西安建筑科技大学．2006.

[56] 王树声、李慧敏、喜旭芳．中国传统城市设计的意境结构研究．肥工业大学学报(自然科学版)[J]. 2010(06).

[57] 范志永．再现失落的形胜：陕北历史城镇山水空间形态案例研究[D]. 西安建筑科技大学．2008.

[58] 张杰．城市传统文化景观空间结构保护现代城市研究．现代城市研究[J]. 2006(11).

[59] 姚准．景观空间演变的文化解释[D]. 东南大学．2006.

[60] 刘沛林、刘春腊、邓运员、申秀英，我国古城镇景观基因"胞—链—形"的图示表达与区域差异研究．人文地理[J]. 2011(02).

[61] 王树声、李慧敏．厦门古村落人居环境规划中的"自然智慧"初探．西安建筑科技大学学报(社会科学版)[J]. 2008(09).

[62] 王树声、李慧敏．古村落人居环境构建原型及文化景观环境营造——以国家历史文化名村厦门为例．西北大学学报(自然科学版)[J]. 2012(10).

[63] 田银生．中国传统城市结构的"二元对立统一律". 城市规划学刊[J]. 2005(01).

[64] 王铎著．中国古代苑园与文化．武汉湖北教育出版社[M]. 2002.

[65] 宋凤．济南城市名园历史渊源与特色研究[D]. 北京林业大学．2010.

[66] 王军．中国古都建设与自然的变迁：长安、洛阳的兴衰[D]. 西安建筑科技大学．2000.

[67] 汪霞、李跃文．我国古代城市理水特质的分析．华中建筑[J]. 2009(03).

[68] 仇立慧．古代黄河中游都市发展迁移与环境变化研究[D]. 陕西师范大学．2008.

[69] 王玏、魏雷、赵鸣．北京河道景观历史演变研究．中国园林[J]. 2013(10).

[70] 陈宇琳．基于"山一水一城"理念的历史文化环境保护发展模式探索．城市规划[J]. 2009(11).

[71] 王颖．传统水乡城镇结构形态特征及原型要素的回归：以上海郊区小城镇的建设为例．城市规划学刊[J]. 2000(01).

[72] 区柳春、王慕、许险峰．城市景观风貌规划控制框架的探索：以柳州市为例．和谐城市规划：中国城市规划年会论文集[C]. 2007.

[73] 杨俊宴、王建国、阳建强、费移山．无锡总体城市设计层面的景观控制研究．城市规划．2009(02).

[74] 王浩、王亚军．城市绿地系统规划塑造城市特色．中国园林[J]. 2007(09).

[75] 邢忠、王琉、李新．城市环境区边缘地带的土地利用规划导控．城市规划学刊[J]. 2005(03).

[76] 西村幸夫、张松．何谓风景规划．中国园林[J]. 2006(03)：18-20.

[77] 贾建中、邓武功．城市风景区研究(一)：发展历程与特点．中国园林[J]. 2006(03)：18-20.
[78] 黄文柳．杭州西湖文化景观城湖空间格局控制研究．风景园林[J]. 2012(02).
[79] 张平、李迎军、张红娟、赵玉峰、杨丽娜．河北省定州市城市景观风貌规划探析．现代城市研究．[J]. 2012(02).
[80] 龚晨曦．粘聚和连续性：城市历史景观有形元素及相关议题[D]. 清华大学．2011.
[81] 李春玲、余柏春．景观特色的级区评价模型研究．规划师[J]. 2011(10).
[82] 赵秀敏．杭州城市景观网络化体系研究．浙江大学[D]. 2008.
[83] 张国强．城市风景的构成、特征与发展．中国园林[J]. 2008(01)：73-74.
[84] 杨文华、蔡晓丰，城市风貌的系统构成与规划内容．城市规划学刊[J]. 2006(02)：59-62.
[85] 赵梦蕾，基于系统论的城市绿地景观风貌研．南京林业大学[D]. 2013.
[86] 张国强，城市风景的构成、特征与发展．中国园林[J]. 2008(01).
[87] 杜春兰．山地城市景观学研究[D]. 2005.
[88] 刘沛林、刘春腊、邓运员、申秀英，我国古城镇景观基因“胞—链—形”的图示表达与区域差异研究．人文地理[J]. 2011(02).
[89] 段进．城市空间特色的符号构成与认知：以南京市市民调查为实证．规划师[J]. 2002(01).
[90] 田银生、谷凯、陶伟．城市形态研究与城市历史保护规划．城市规划[J]. 2010(04).
[91] 于风军．城景观与空间结构：基于陕西方志舆图明至民国的景观历史地理研究．陕西师范大学[D]. 2005.
[92] 李良．历史时期重庆城镇景观研究．西南大学[D]. 2013.
[93] 姚亦峰．南京古都景观核心和生态文化研究．地理学报[J]. 2009(06).
[94] 成一农．中国古代地方城市形态研究方法新探．上海师范大学学报(社会科学版)[J]. 2010(01).
[95] 王其亨等著．风水形势说和古代中国建筑外部空间设计谈析．天津大学出版社[M]. 2012.
[96] 杨柳．风水思想与古代山水城市营建研究．重庆大学[D]. 2005.
[97] 佟裕哲、刘晖．中国地景建筑理论的研究．中国园林[J]. 2003(08).
[98] 佟裕哲、刘晖编著．中国地景文化史纲图说．建筑工业出版社[M]. 2013.
[99] 刘晖、佟裕哲、王力．中国地景文化思想及其现实意义之探索[J]. 中国园林．2014(06).
[100] 袁琳．古代山水画中的地域人居环境与地景设计理念——宋《蜀川胜概图》(成都平原段)为例[J]. 中国园林．2014(11).
[101] 夏铸九编著．空间的文化形式与社会理论读本．明文书局[M]. 2014(03).
[102] 卡特琳·古特著．重返风景．华东师范大学出版社[M]. 2014.

作者简介

马冀汀，1985年生，女，汉族，河北人，博士在读，西安建筑科技大学建筑学院讲师。研究方向：风景园林历史理论方向。电子邮箱：584358588@qq.com。

中国传统书院园林空间特征及变迁因素研究

——以三个书院为例

The Spatial Characteristics and Change Factors of Chinese

— Traditional College Gardens by Three Cases

王 舒 王应临*

摘 要：研究通过文献梳理、案例分析、实地测绘等方法，梳理三个典型书院园林案例——石鼓书院、岳麓书院和关中书院的选址、格局变迁及空间布局，探讨书院园林的核心特征及影响其发展变迁的因素。在书院一千余年的发展历史中，其自身的发展需求、气候环境、学者活动、战乱党争等因素均对其产生重要影响，形成了以山水环境为基础，注重轴线和空间序列，并将园林区置于核心位置与建筑穿插布置的独特布局模式。

关键词：书院园林；历史沿革；空间特征；变迁因素

Abstract: This paper focus on the core characteristics and underlying factors of ancient college gardens by three cases—— Shi Gu College, Yue Lu College, Guan Zhong College. By means of literature review, case analysis and mapping, we sorted out its location, layout changes and characteristics. In more than one thousand years, the development needs, climate, scholars, war, party struggle and other factors have had an important impact on it. It has formed a unique layout pattern based on landscape environment, focusing on the axis and spatial sequence, and putting the garden area in the core position and building intersection layout.

Keyword: Traditional Academy; Historical Evolution; Spatial Characteristics; Change Factors

引言

在世界文化多元的今天，幼儿经典诵读、大学国学社创办、书香世家文化建设等传统文化活动重新被人们认识，古老的中华文化在新时代焕发生机。以怎样的空间形式承载这些活动、以突出场所文化特质、满足时代需求都是值得思考的问题。

中国历代，文人在园林中的活动十分丰富，文人也以其独特的审美和追求影响了数量庞大的中国传统园林[1]。书院作为中国古代特殊的教育组织，兼具官学和私学特点，是中国文人日常生活和学术活动的重要场所，其造园意匠与中国古代文人园林一脉相承，具有重要的历史地位。古已有“择胜地，立精舍，以为群居读书之所”的说法[2,3]，宋代大儒朱熹和张拭也多次作记对书院的环境大加赞美[4]。

本研究通过文献梳理、案例分析、实地测绘等方法，选取三个具有代表性的书院园林案例——石鼓书院、岳麓书院和关中书院，对其选址、格局变迁及布局特点等进行分析，探究书院园林核心特征及影响其发展变迁的因素。

风景园林学科的已有相关研究较少：王鹏在《中国古代书院园林研究》中对书院园林的产生发展及阶段特征等做了较为详细的梳理和阐述[5]。部分学者以研究个体书院案例为主，如对石鼓、岳麓、嵩阳等书院的研究[6,8]。其他研究则集中关注某个时期、某个区域的书院，如杨芳绒等对北宋书院园林特征的研究、刘诗瑶对明清时期关中书院的研究等[9,10]。这些研究多从相地选址、建筑布局、造园要素、植物配植及文化内涵等方面分析了书院园林的特征。建筑学已有研究主要关注书院的建筑单体及空间布局等[11]。此外，一些社会学方面的研究详细考证了书院的萌芽发展过程和社会基础等，为本文提供了研究基础[12]。

1 书院园林发展历史

唐开元五年（717年）玄宗设丽正书院，可视为书院园林的开端。此时的书院主要用于藏书，尚未形成独立的风格。唐末士人避祸山林，最初具讲学功能的石鼓、嵩阳等书院，多位于偏僻的山林地带，规模较小，布局自由灵活（见图1）。

图1 唐五代书院图
（图片来源：中国书院博物馆）

宋初，朝廷鼓励民间办学，书院之风渐盛，其布局形制也逐渐形成了自身特色，即大体以讲堂、藏书楼为中轴，两侧排布号舍。选址逐渐转移至近郊风景优美的地方。书院在借景周边的同时，更加注重内部园林空间的营造。

元以来，随着书院官学化，选址更注重交通便捷和管理方便，如关中书院即在城市内部兴建。中轴对称的布局形式更为普遍，逐渐形成定式，祭祀功能更加突出[12]。

光绪二十四年（1898年），上谕各地书院改制为学堂，中国古代书院历史自此结束。民国元年（1912年），国民政府废止读经科，书院作为承载古代文人学术活动的物质空间需求不再存在。但关于“学习西方”和“继承传统”的讨论在学界却从没有停止，民间私人开办书院的情况也仍然存在[13]。

基于上述历史梳理，选取唐、宋、明三代三个典型书院园林进行进一步分析。

2　三个书院园林案例分析

2.1　石鼓书院

石鼓书院肇创于唐元和三年（808年），是最早具招徒授业功能的书院之一[4]。书院位于古衡州城北蒸、湘合流的石鼓山，其地自汉晋已颇有佳境盛名。朱熹：“石鼓据蒸湘之会，江流环带，最为一郡佳处（见图2）。[3]”

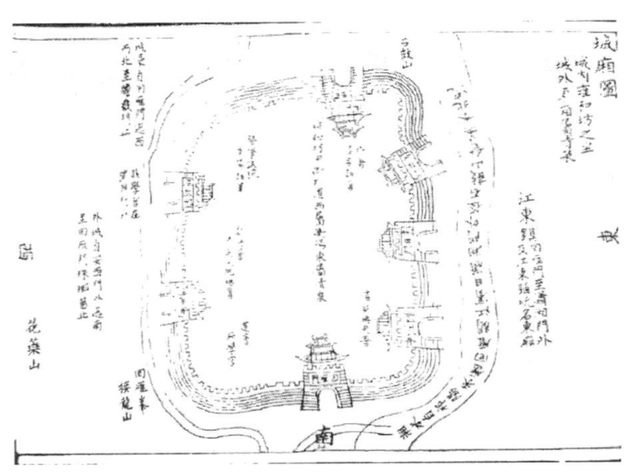

图2　古衡州城图
（图片来源：引自参考文献［4］）

2.1.1　选址

自然环境是书院选址的重要条件。

创始人李宽选择风景秀美的石鼓山作为归隐处，体现了儒家学者“里仁为美”的环境观。元和五年(810年)吕温拜访李宽，留下：“闭院开轩笑语阑，江山并入一壶宽。微风但觉杉香满，烈日方知竹气寒。”的诗句，描绘了书院清幽自然的环境氛围[4]。

明万历十三年（1602年），衡州知府沈鈇由蒸湘二水之清浊联想人性之善恶，作《沧浪亭记》[4]。独特的选址环境激发了游者对人性义理的思考，这也是书院选址所具有的重要影响。

2.1.2　格局变迁

石鼓书院在千余年间经历了十余次重要的格局变迁（见图3～图6），功能需求、气候环境、官方支持等均对其发展产生重要影响。

建于书院之前的合江亭可俯瞰蒸湘二水合流胜景，后书院历代兴废，合江亭均有重建，明代曾于亭中斲石引

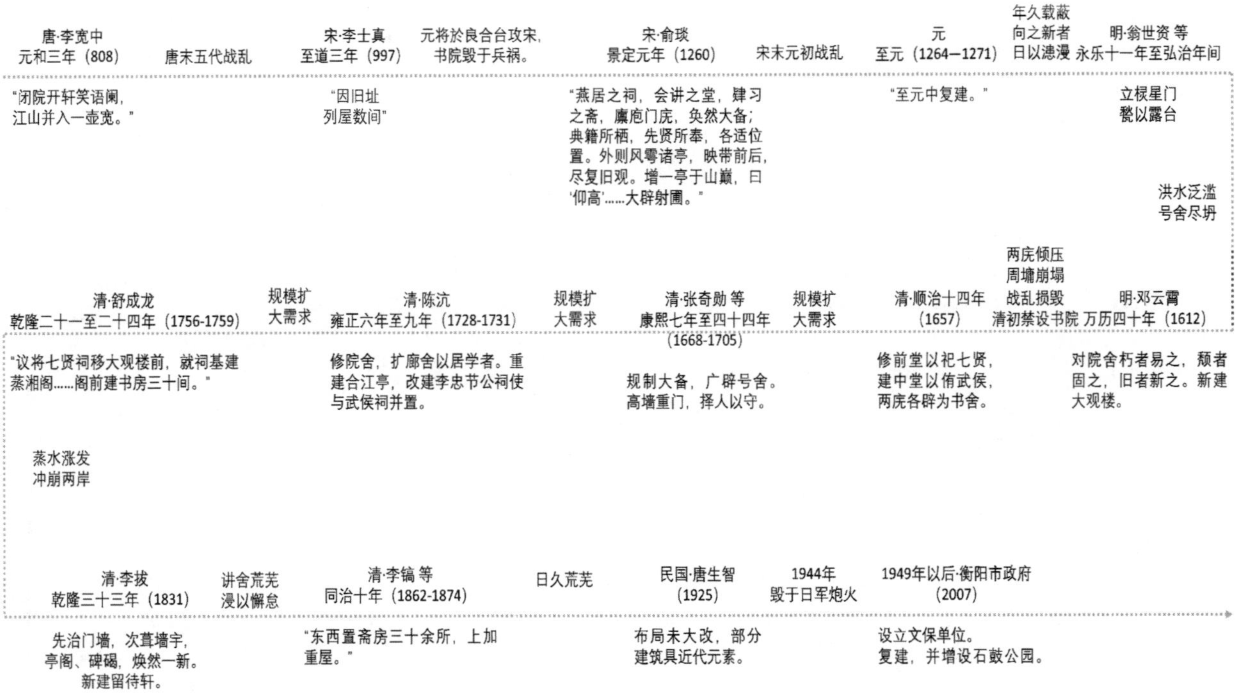

图3　石鼓书院格局变化（图片来源：根据参考文献［4］整理自绘）

图 4　明万历石鼓书院

（图片来源：图 4～图 8 引自参考文献［4］）

图 5　清乾隆石鼓书院

图 6　民国石鼓书院照片

泉作“流杯池”。书院初期规模一直不大，朱熹《石鼓书院记》有：“因旧址列屋数间。[3]”这是由于其最初是由私人读书的场所转化而来，且没有经费和官家支持。

随着讲学规模的扩大，原有格局和规模不再能满足书院的发展需求。场所功能方面，宋是书院发展的全盛期[8]，各类讲学、藏书、居住等场所功能逐渐完备；场所规模方面，明清以来书院号舍多有增建，甚至取代了部分祭祀建筑。为使地形局促的石鼓可居生徒“百二三十人”，东西两庑的号舍均采用楼房形式。

气候环境是影响其兴废的另一因素。洪水、崩塌等自然灾害使石鼓山山体面积不断缩减，明万历四十年（1612 年），清乾隆三十三年（1768 年）等均有记载洪水对书院的破坏。此后，邓云霄和李拔分别对书院进行修复，增添了大观楼和留待轩。面对不断缩减的用地，石鼓书院中“楼”式建筑日益增多，其中仰高楼兼具讲堂和藏书的功能。

书院的发展与官方支持有着密切关联，包括敕额、赐田、颁赐经书等方式。而石鼓书院长期作为衡州州学的特殊性，使其曾建有夫子庙等官学规制建筑。宋末元初，书院毁于战乱，但在元政府支持下迅速重建，成为全国书院恢复的先兆。清代官学渗透背景下，书院规模不断扩大，尤以斋房和祭祀建筑突出。

风水思想的影响。清乾隆二十一至二十四年（1756～1759 年），书院建蒸湘阁，认为“回雁为岳峰首，合郡风水攸关……建寿岳楼与蒸湘阁相辉映。”

此外，书院地处要冲，屡受兵祸。宋景定元年（1260 年）俞琰重修石鼓书院时，“大辟射圃”以鼓励师生健体保国。后屡易朝代，石鼓书院均不免罹祸。1944 年，石鼓书院再次毁于日军炮火（见图 7）。2007 年，衡阳市政府以清代格局为蓝本对石鼓书院进行了恢复，外围修建了石鼓书院公园，形成了兼具游览教育、市民活动等功能的场所（见图 8）[4]。

图 7　1944 年石鼓书院毁于日军炮火

图 8　石鼓书院重建格局

2.1.3　布局特征

书院虽屡废屡兴，但其园林空间相对稳定，且历代多有增建。

书院总体平面呈中轴对称而略有变化，立面空间十分丰富，在占地仅 4000m^2，海拔 69m 的空间中形成四个台层（图 9）。第一个台层是从禹碑亭到山门的过渡序列。第二个台层为山门入口空间，东西向狭长的台地有简单植物配植，主要引导视线穿过第三层平台的李忠节祠和武侯祠至第四层平台的主体阁楼——大观楼。今天的大观楼兼具讲堂和藏书功能，位于书院中轴的核心位置，楼前有孔子像，集中体现了书院讲学、藏书和祭祀的三大功能。

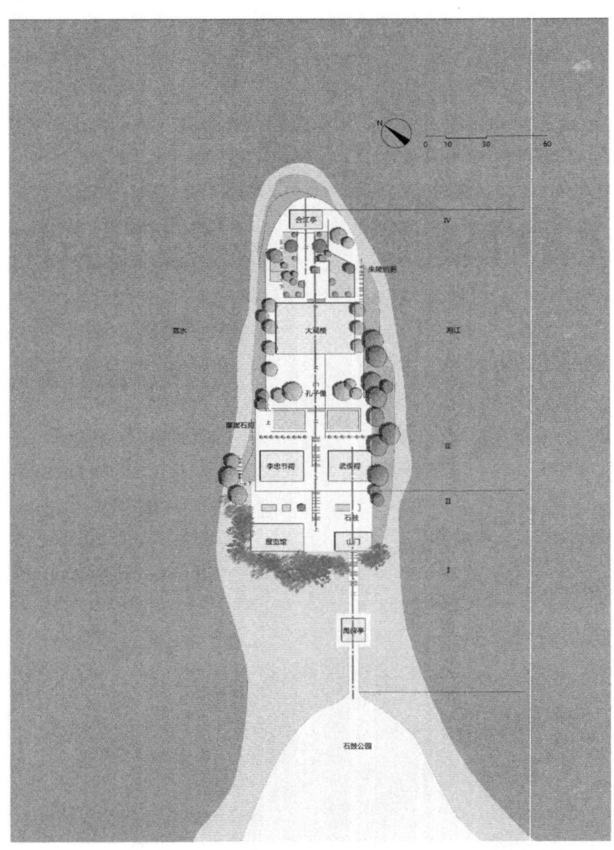

图 9　石鼓书院现状平面图

书院中轴末端庭院为整个空间序列的高潮。古时有留待轩，有蒸湘阁，有浩然台，有仰高楼，还有建于书院之先的合江亭。为方便游人登览合江亭，避免书院“每滋喧杂”，清代重新开凿了书院西侧磵道并遍植竹树。留待轩于讲堂之后，为赏月佳境。蒸湘阁与回雁寿岳楼互为对景（见图 10）[4]。

明王大韶《重修石鼓书院记》有：“夫书院有孔子燕居，有合江，有仰高楼，有风雩亭，有东岩晓日，有西溪夜蟾，有蒸湘二水，有钓矶渔唱，有栈道，有咿唔书声，有朱陵洞。公之重修，岂无意哉！盖为诸生讲学读书、进德修业基也。[14]”这些景观资源是书院的重要组成部分，为师生及来访学者的从游治学、陶冶情操提供了良好环境。

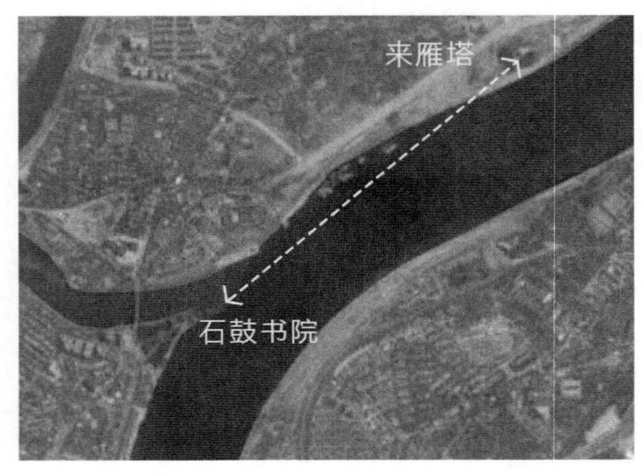

图 10　今石鼓书院与来雁塔对景

2.2　岳麓书院

岳麓书院诞生于宋初书院创办热潮之时，是全国“四大书院”之一，今天依旧发挥着重要的学术功能（图 11）[15]。

图 11　岳麓书院学生做志愿者

2.2.1　选址

书院背靠岳麓，左右有天马、凤凰二山，前临湘江，自然环境和风水理论是书院选址的重要因素（见图 12）。

良好的自然环境是书院选址的重要条件，书院创办前的岳麓山即以山水秀美吸引了大量佛道在此建立庙宇。

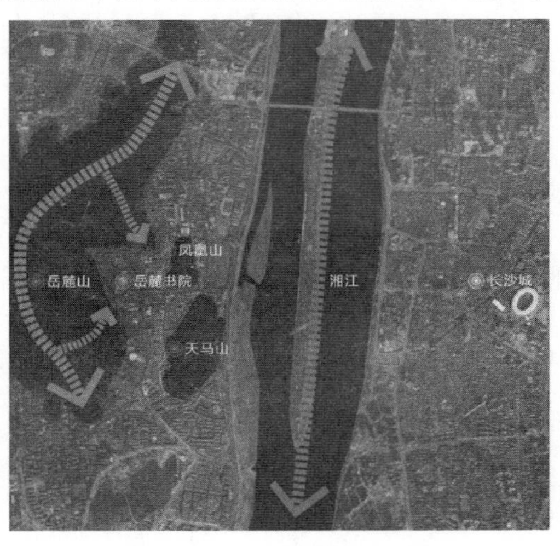

图 12　岳麓书院选址

风水理论认为背山面水的地形为“藏风聚气”之地。张栻《答朱元晦书》亦有：“岳麓书院相对案山，颇具形胜，有力者睥睨作阴宅，披棘来往，四方环绕，大江在前，景趣在道乡、碧虚之间，以风雩名之，安得杖屦来共登临。[16]”

2.2.2 格局变迁

书院主要经历了九次左右格局变迁，主要受到学者活动、风水堪舆等影响（见图 13）。

学者的活动对岳麓书院的布局具有重要影响。如宋乾道三年（1167 年），朱张会讲于岳麓，共居于百泉轩。朱熹为观日处题名“赫曦”，张栻建台。当时的赫曦台并不在今天的位置，道光元年（1821 年）山长欧阳厚均发现朱熹题词，将“前台”改名“赫曦台”。又如，朱张曾同游于清风峡，后清代山长罗典于此建爱晚亭。

风水堪舆是影响书院格局的另一原因。明吴世忠等认为书院“风水背戾”，因此重新勘定了书院朝向道路等，使书院中轴更为突出，布局更加契合山形地势。并迁大成殿于讲堂左修建了独立的文庙（图 14、图 15）。

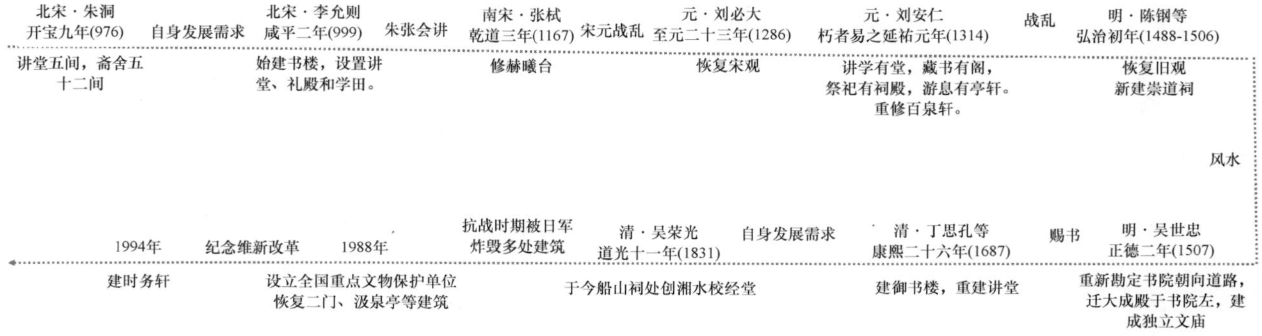

北宋・朱洞 开宝九年(976)
讲堂五间，斋舍五十二间
自身发展需求
北宋・李允则 咸平二年(999)
始建书楼，设置讲堂、礼殿和学田。
朱张会讲
南宋・张栻 乾道三年(1167)
修赫曦台
宋元战乱
元・刘必大 至元二十三年(1286)
恢复宋观
元・刘安仁 朽者易之延祐元年(1314)
讲学有堂，藏书有阁，祭祀有祠殿，游息有亭轩。重修百泉轩。
战乱
明・陈钢等 弘治初年(1488-1506)
恢复旧观 新建崇道祠
风水
明・吴世忠 正德二年(1507)
重新勘定书院朝向道路，迁大成殿于书院左，建成独立文庙
赐书
清・丁思孔等 康熙二十六年(1687)
建御书楼，重建讲堂
自身发展需求
清・吴荣光 道光十一年(1831)
于今船山祠处创湘水校经堂
抗战时期被日军炸毁多处建筑
1988年
设立全国重点文物保护单位 恢复二门、汲泉亭等建筑
纪念维新改革
1994年
建时务轩

图 13　岳麓书院格局变化

（图片来源：根据参考文献［15］整理自绘）

图 14　明代岳麓山

（图片来源：引自清康熙刊本《岳麓书院志》）

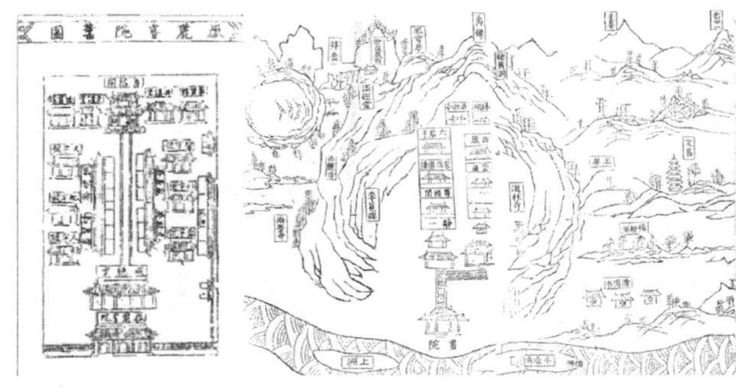

图 15　明代岳麓书院布局

（图片来源：引自明万历刊本《重修岳麓书院志》）

岳麓书院创办初始即以讲学为任，太守朱洞设讲堂及斋舍。咸平二年（999 年），李允则增设书楼和学田，书院功能规制基本完备。此时的书院定员为六十人，到清代则有一两百人，规模相应扩增（见图 16）。此外，清偏沅巡抚丁思孔请赐书建御书楼，湖南巡抚吴荣光建湘水校经堂等也对书院格局产生了影响。

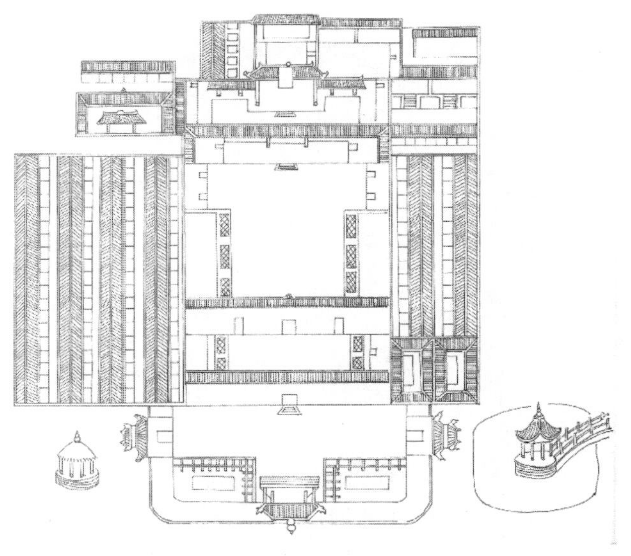

图 16　清末岳麓书院

（图片来源：引自清刊本《善化县志》）

自清末至今，岳麓书院经历了从省立湖南大学到今天隶属湖南大学的一系列改制，建筑格局基本保持明清样式（见图 17）。对内承担教学功能，对外向游人开放。湖南大学也延续了书院的轴线式布局方式依山而建（见图 18）[15]。

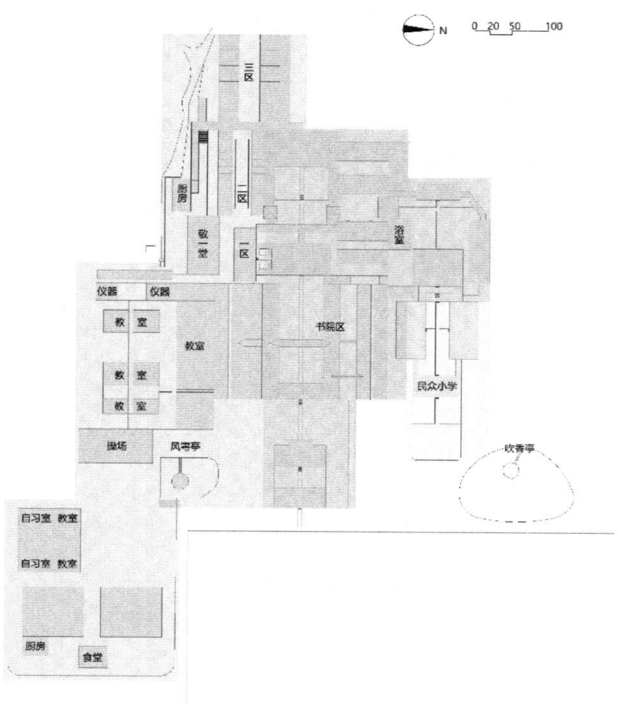

图 17　省立湖南大学平面图
（图片来源：改绘自参考文献［15］）

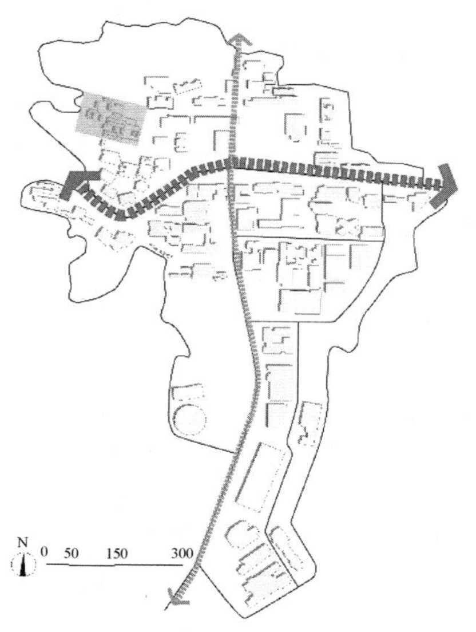

图 18　湖南大学平面图
（图片来源：作者自绘）

2.2.3　布局特征

书院整体依山势形成东西向主轴，明以后增加了平行于主轴的北部文庙建筑轴。地形高差不大，通过院落台阶及爬山廊处理落差（图 19）。

讲堂和御书楼位于主轴末端，建筑之间庭院空间在轴线上占据重要地位，形成一种“虚空间”的效果。“无之以为用”，这与书院的使用功能有关。空间不足时，学生往往在讲堂前的庭院空间听讲——以岳麓为例，听者众多时二门以内的空间均可作为临时教学区，类似于今天大学的室外讲堂（图 20）[15]。

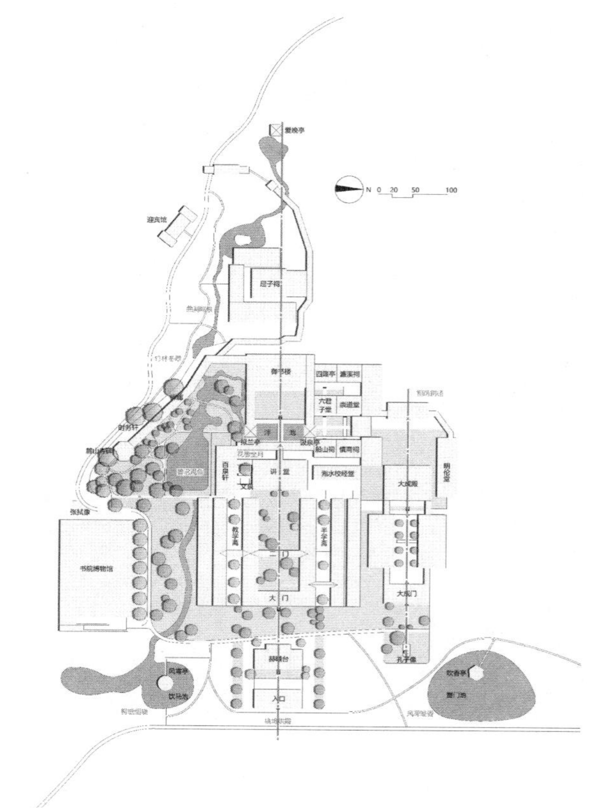

图 19　岳麓书院现状平面图

图 20　朱张会讲图（图片来源：引自参考文献［15］）

书院西南借清风峡地势，引泉水入园，形成百泉轩游赏区。园林以水为中心，在有限的面积形成开合高下曲折丰富的水景，结合植物亭廊营建小环境。

书院创办后一直注重园林景观的营建，从宋代的赫曦台、饮马池、青峰峡、百泉轩到清代的书院八景，这些景观有的在书院内部，有的分布于周边，均为书院重要的景观资源。元代理学家吴澄指出，书院之园林意不在“玩物适情”，更在于陶冶心性以达“高尚”境界，这种寓教于环境之中的做法在今天依然值得借鉴。

2.3　关中书院

关中书院创建于明万历三十七年（1609 年），创建伊始即受到官学的严重影响，胜时从学者达数千人。

2.3.1 选址

书院位于城东南，选址受到风水堪舆思想的影响（见图21）。文崇东南，风水堪舆认为，东南方文昌星主文运。许多城市东南多建府学县学等，形成文化区。关中书院就在这样的背景下形成与文庙、府县三学毗邻的状况[17]。

图21 关中书院区位图

2.3.2 格局变迁

始建于明的关中书院格局变迁较为简单，其中党争和朝代更迭对其冲击最大（见图22）。明万历三十七年（1609年），书院创办人冯从吾为魏忠贤迫害，回乡办学。明天启六年（1626年），魏忠贤派人砸毁书院，至清康熙三年（1644年）方得重建。咸宁知县黄家鼎扩建了书院，在允执堂北建“精一堂”，形成“前学后祀”的格局，并将大门改为南向，于门外建牌坊。康熙六十一年（1722年）正学书院也划归关中书院，书院规模空前扩大。[18]现书院为西安文理学院的一部分，未对外开放（图23）。

2.3.3 布局特征

由于地处平原，没有地形局限，整个书院呈规整的南北向中轴对称，讲堂和书楼由南至北依次排列于中轴线上（图24）。与岳麓书院类似，轴线上的庭院空间依然占有重要地位。“讲堂左右为屋各四楹，皆南向若翼；东西建有生徒宿舍号房各六楹。堂前有方塘半亩，树亭于中，砌石为桥。堂后有假山一座，三峰耸翠，宛然一小华岳。”关中书院地处城内，没有像石鼓、岳麓一样优越的自然环境，因此更加注重庭院内部的环境营造，是三个书院中唯一在书院内部人工掇山的书院。

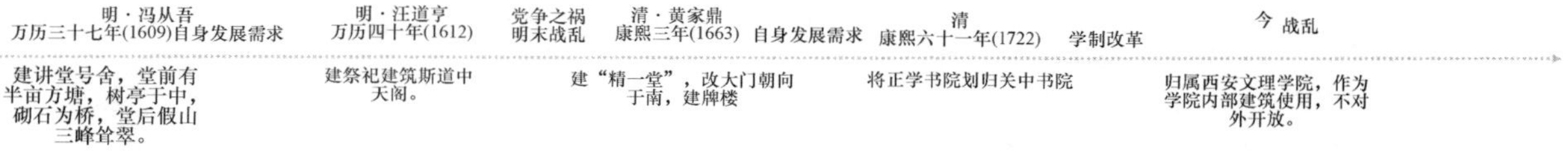

明·冯从吾
万历三十七年(1609)自身发展需求
建讲堂号舍，堂前有半亩方塘，树亭于中，砌石为桥，堂后假山三峰耸翠。

明·汪道亨
万历四十年(1612)
建祭祀建筑斯道中天阁。

党争之祸
明末战乱

清·黄家鼎
康熙三年(1663) 自身发展需求
建“精一堂”，改大门朝向于南，建牌楼

清
康熙六十一年(1722) 学制改革
将正学书院划归关中书院

今 战乱
归属西安文理学院，作为学院内部建筑使用，不对外开放。

图22 关中书院格局变化（根据参考文献［17］、［18］整理自绘）

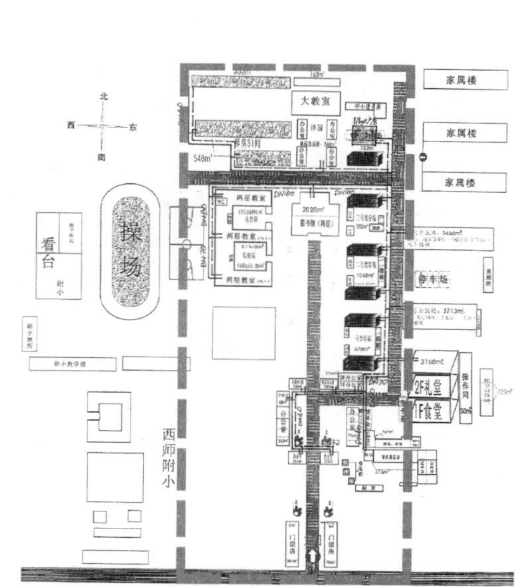

图23 西安文理学院关中书院校区
（图片来源：引自参考文献［17］）

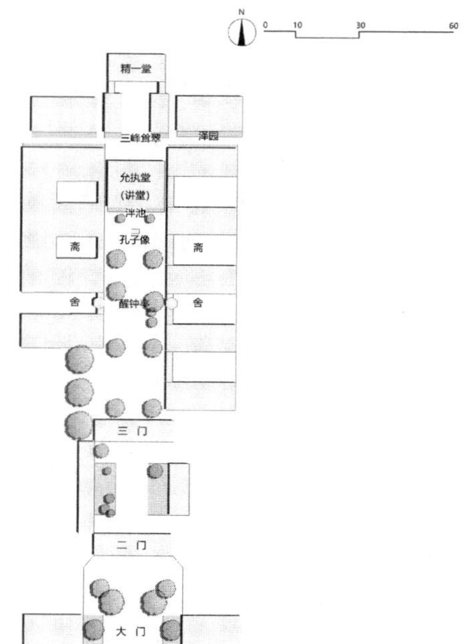

图24 关中书院现状平面图
（图片来源：根据参考文献［17］改绘）

3 结论与讨论

3.1 结论

基于三个典型书院园林的分析，发现书院虽历代兴废不一，但其园林空间均表现出较为稳定的特征：

首先是对山水环境的需求。自然环境是书院选址的重要条件，即使如关中书院受官学影响选址平坦的城内，也会在书院内部进行掇山理水。这样的环境营造不仅为师生提供优良的修习环境，也具有文化熏习的教化功能。与文人造园的基本思路一致。

其次是强调轴线和空间序列。书院园林大多为典型的串联式纵深院落空间，辅以并联的跨院建筑。书院园林最初是受到寺观聚众讲学的启发，因此其空间形式也具有一定相似性，这种轴线控制和层层递进的空间序列可以有效地划分空间，控制节奏，烘托气氛。另一方面这样的序列也能满足儒家礼乐祭祀等功能需求。

此外，园林空间在书院中占据重要地位。尽管与寺观园林具有空间上的相似性，书院园林中轴空间具有其自身特点：在空间构成方面，建筑所占比重小、庭院所占比重大；游览序列方面，庭院空间往往是游览的高潮，因而在中轴线的最高点或中轴线最为重要的位置往往布置庭院而非建筑。这一特征可能与书院的使用功能有关，如岳麓、关中等，均将庭院空间作为临时讲堂使用。

最后，面积较大的书院会因地制宜设立独立的园林游赏区，往往是布局自由的文人园林样式。

3.2 讨论

书院园林在漫长的发展过程中，其自身的发展需求、气候环境、官方支持、学者活动及战乱党争等，均对其格局变迁产生影响。但整体上书院园林的发展是与社会、教育的发展相一致的。

在如今多元教育需求的背景下，各类教育机构不断涌现，但与之相对的是教育景观空间的单一和文化个性的缺失。受城市规划用地限制和大学城建设影响，许多新建教育机构在选址和环境营造方面存在诸多限制，难以彰显自身文化属性，更无法以此来使学生产生归属感，实现环境育人的功能。因此，应充分吸纳书院建设的宝贵经验，合理选址，因地制宜，注重营造文化氛围和适宜形成亲密师生关系的环境，从而发扬学校文化特质，实现景观空间环境育人和精神传承的功能。

参考文献

[1] 周维权．中国古典园林史．第2版[M]．北京：清华大学出版社，1999.
[2] 肖永明．书院传统与当代大学教育[M]．吴仰湘 等．长沙：湖南大学出版社，2017.
[3] 饶佺修．乾隆衡州府志．影印本[M]．湖南：岳麓书社，2008.
[4] 郭建衡．石鼓书院．郭幸君．第2版[M]．长沙：湖南人民出版社，2017.
[5] 王鹏．春秋到两宋时期中国古代书院园林变迁营略[D]．北京：北京林业大学，2016.
[6] 刘志红．衡阳石鼓书院文化内涵及价值研究[D]．北京：中国林业科学研究院，2014.
[7] 冒亚龙．岳麓书院园林景观．华中建筑[J]，2008(03)：144-147.
[8] 杨贵学．嵩阳书院景观研究[D]．武汉：湖北工业大学，2009.
[9] 杨芳绒，刘禹希，徐勇．北宋书院园林的景观特征分析．华中建筑，2011，29(11)：113-115.
[10] 刘诗瑶．明清关中地区书院园林的研究[D]．西安：西安建筑科技大学，2015.
[11] 盛学恩．传统书院形制及其现代设计应用研究——以关中书院为例[D]．西安：西安建筑科技大学，2017.
[12] 邓洪波．中国书院史[M]．上海：中国出版集团东方出版中心，2004.
[13] 教育杂志．全国专家对于读经问题的意见[M]．福州：福建教育出版社，2016.
[14] 李安仁．石鼓书院志．王大韶，李扬华[M]．长沙：岳麓书社，2009.
[15] 朱汉民．岳麓书院史话．邓洪波．长沙：湖南大学出版社，2006.
[16] 吴帆．岳麓书院园林造园意匠研究[D]．武汉：华中科技大学，2011.
[17] 魏琳琳．关中书院景观空间设计研究[D]．西安：西安建筑科技大学，2016.
[18] 盛学恩．传统书院形制及其现代设计应用研究——以关中书院为例[D]．西安：西安建筑科技大学，2017.

作者简介

王舒，1992年生，女，山西五寨人，北京林业大学在读硕士研究生。研究方向：风景园林历史理论与风景区规划。电子邮箱：1757016623@qq.cm。

王应临，1985年生，女，山东潍坊人，博士，北京林业大学园林学院城乡生态环境北京实验室讲师。研究方向：风景园林遗产保护与管理。电子邮箱：84902260@qq.com。

中国园林的起源补遗

Supplement to Origin of Chinese Garden

李 勇 秦 飞*

摘 要：与“王（皇）家园林”源头“囿”、“台”的自然景观为基础不同，“民间园林”起源于日常生活，其从“庭”的形态扩大到“院”的规模，并持续发展成“园”的自然递进、衍变过程，实质是生活环境的景观艺术化过程；中国园林（和林业）的始祖当为伯益。
关键词：园林；起源；补遗

Abstract: Different from the natural landscape of royal (king) garden, Civilian garden originated from their lives, From yard branch out into courtyard and becomes the gardens, the essence is the process of landscape artistry of living environment. Baiyi as the originality of the Chinese gardens.
Keyword: Garden; Origin; Supplement

引言

中国园林的早期形态，周维权先生《中国古典园林史》（第三版）指出：“囿和台是中国古典园林的两个源头……‘园圃’也应该是中国古典园林除囿、台之外的第三个源头”[1]朱有玠先生在《关于园林概念的形成、发展、性质及对美学的特殊功能问题的思考》中研究了“当人类社会尚未形成风景园林这类事物或概念之先，以萌芽形式出现的前身”——分为5种类型：一是岩栖：士大夫山水园林的滥觞；二是名山大川：风景名胜区的肇始；三是台与囿的融合：宫苑园林的创始；四是起源于民间风俗形成的风景游乐地；五是由生产性园艺栽培转向观赏性栽培：在相当长的历史时期中，园林是生产园艺与观赏园艺的结合[2]。汪菊渊先生在《中国古代园林史》中分析了“宅旁村旁绿地、黄帝悬圃、台、园、圃、囿”等后认为，“中国园林是从殷商开始有的，而且是以囿的形式出现的。”[3]

笔者认为，园林是人们有机融入人类文化和艺术元素所形成的体现了人的意志需求的生态境域。从园林类型角度看，周先生和汪先生的“囿（台）源头说”反映的是王（皇）家园林以自然生境为基础走向具有人文意义的生境的过程，是王（皇）家园林的起源。朱先生的文题虽然是“园林”但是正文为“风景园林”，所以如汪先生所论剔除“自然风景”和“生产”的话，也只是确定了“宫苑园林的创始。”亦即“王（皇）家园林”的另一种说法。另一方面，“许多书中把中国古代园林划分为‘皇家园林’和‘私家园林’，这是不正确的，因为按照其属有性质来划分，‘皇家园林’也属于‘私家园林’”[4]。因此，相对于“王（皇）家园林”的“民间园林”亦或“臣民园林”的起源还有待补遗。

1 “民间园林”的起源

汪菊渊先生在《中国古代园林史》中指出：作为游息生活境域的园林，营造时需要相当富裕的物力和一定的土木工事，即要求较高的生产力发展水平和社会经济条件。“……随着奴隶制经济的日益发展，这就有可能为了满足他们（奴隶主）奢侈享乐生活的需要而营造的游息为主的园林。”[3]因此，“民间园林”的产生，必然要在奴隶社会消亡，进入封建社会之后，随着生产力的进一步发展，王（皇）室之外的贵族地主官宦豪民等在这时具备了“为了满足他们（奴隶主）奢侈享乐生活的需要而营造的游息为主的园林。”而关于中国古代封建社会的分期，史界有“三论五说”未能统一。以园林而论，不论周维权先生的《中国古典园林史》，还是汪菊渊先生的《中国古代园林史》，所记的前秦期的园林例证均为王家园林。另一方面，作者综合《左传》、《公羊传》、《水经注》、《春秋》、《史记》、《汉书》、《后汉书》、《太平御览》等古文献记述，前秦时期古徐地园林有武子台、周公台、孔宅、春秋台、甲父亭、漆亭、闾丘亭、武唐亭、观鱼台、泥母亭（或曰古甯母）、舞雩坛、郎台（泉台）、薛台、秦台、临党氏台、观台、泉宫、鹿囿、季札挂剑台（徐君冢）、沛囿、大野泽（囿）等。考察这些早期园林的属有性质，除孔宅、春秋台（按汪菊渊先生的标准，能否算作园林还要存议）外，也大多都是“王家园林”。因此，有据可考的“民间园林”起源，保守一点讲，要在秦汉以后。

秦汉时期，中国社会在强化以皇帝制度为核心的中央集权制度的同时，随着武帝“推恩令”的颁布推行，诸侯王分崩离析，大批“小微贵族”地主豪民和官宦得以产生，进入生产力高速发展阶段，为“民间园林”的产生和发展提供了经济基础。从汉像石中，我们可以清晰地看到，与王（皇）家园林源头“囿”、“台”的自然景观为基础不同，因受财力物力等的限制，其起源于日常生活，其从“庭”的形态扩大到“院”的规模，并持续发展成“园林”的自然递进、衍变过程，实质是生活环境的景观艺术化过程。

汉画像石是两汉时期厚葬之风下，于建造墓室、墓地祠堂、墓阙和庙阙等祭祀性建筑时，在石质材料上雕刻的神话传说、风土人情、生活娱乐等图像，是观念希望逝者安享诸般富贵，庇佑生者观念在表现方法上的发展。秦汉时期，作为“西楚故都，两汉故土”的古徐州地区，经济文化进一步发达，使之成为汉画像石的集中发现地。如徐州市即发现并汇集了一千多块汉画像石，经专家考证属于王侯墓葬等级的仅占很少比例，大部分是出于本地区权贵富豪的中小型墓室。在这些描述他们生活的图像里，有众多的园林景观或景物，情节细致清晰，事例丰满明确，既有反映整个园林的全貌图像，更多的是对园林建筑、植物和山水的刻画。

庭一般指堂室前的空地，是大门内主室与偏厢房之间的天井，比较封闭，规模较小。西汉初期实行与民休养生息的举措，社会经济水平日渐提高、物质生活比较丰裕，使得人们对日常起居生活的环境也日渐重视，庭中多元美化修饰已经成为居家的重要元素。如图1所示。院是扩大了规模的庭，是有栏杆或围墙维护遮挡的封闭空间。汉画像石上表现的院是依据真实生活雕绘的，有小有大形制不同，功能指向不同、所表达的内容也不同。图2是一个宅院场景，图3是一个别院（亭院）场景，图4是一个邸院场景，图5是一个豪院场景，图6、图7则是官僚权贵、富商巨贾享受更高质量生活的需要，扩大院落规模、增加游憩设施、丰富观赏内容，作为聚会宴客、休闲赏玩的场所，可以说已经具备了园林的全部要素和属性。

庭中听琴图（图片来源：徐州铜山区）

庭园休闲（大树与奇兽）图（睢宁县）

图1　汉画像石中的“庭”

图2　宅院（鸟舞图，铜山区）

图3　别院（亭院）（休闲图，铜山区）

图4　邸院（武士家园图，睢宁县）

图 5　豪院（庄园欢庆图，铜山区）

图 6　囿苑（缪宇囿苑图，邳州燕子埠）

图 7　囿苑（陂池连宇图，徐州茅村）

2　中国园林的始祖

中国建筑行业的始（师）祖，不论是有巢氏说[5]，还是鲁班（春秋时期鲁国人）说[6]，总还是有一个基本确定的对象。然而中国园林史，特别是中古时期以前的园林史长河中，基本只见君王和园主，一众园林营造大师皆成无名氏，园林始（师）祖更是一个未见的概念，特别是在强调文化自信的当下，不能不说是园林行业的一个重大缺憾！

《尚书·虞书·舜典》记载："帝（舜）曰：'畴若予上下草木鸟兽?'佥（众人）曰：'益哉!'帝曰：'俞，咨！益，汝作朕虞。'益拜稽首，让于朱虎、熊罴。帝曰：'俞，往哉！汝谐。'"《周礼·地官司徒·草人/羽人》载，虞掌山林之政令。物为之厉而为之守禁。仲冬，斩阳木；仲夏，斩阴木。凡服耜；斩季材，以时入之，令万民时斩材，有期日。凡邦工入山林而抡材，不禁，春秋之斩木不入禁。凡窃木者有刑罚。若祭山林，则为主而修除，且跸。若大田猎，则莱山田之野。及弊田，植虞旗于中，致禽而珥焉。泽虞掌国泽之政令，为之厉禁。使其地之人守其财物，以时入之于玉府，颁其余于万民。凡祭祀、宾客，共泽物之奠。丧纪，共其苇蒲之事。若大田猎，则莱泽野。及弊田，植虞旌以属禽。

伯益作为舜帝 9 官（22 人）中的虞官，是有记录的官方法定的华夏族最早从事管理与保护山林川泽的最高官员，无疑是一个懂山水林田禽兽，能够利用自然山水、林树、花草、鸟禽、鱼兽并取得很大成就的人，《史记·秦本纪》载："（周）孝王曰：'昔伯翳为舜主畜，畜多息，故有土，赐姓嬴'"。因此，将伯益立为中国园林（和林业）的始祖可谓名副其实、名正言顺。

参考文献

[1]　周维权．中国古典园林史(第三版)[M]．北京：清华大学出版社，2015.

[2]　朱有玠．关于园林概念的形成、发展、性质及对美学的特殊功能问题的思考．中国园林，1991，7(3)：28-32.

[3]　汪菊渊．中国古代园林史[M]．北京：中国建筑工业出版社，2012.

[4]　姚亦锋．探寻中国风景园林起源及生态特性[J]．首都师范大学学报(自然科学版)，2001，22(4)：81-87，95.

[5]　杨东晨．中华建筑始祖有巢氏考——构木为巢的有巢氏之事迹[J]．百色学院学报，2007，20(5)：36-38.

[6]　张钦楠．鲁班——中国民间匠师(建筑师)的总代表[J]．北京规划建设，2008，(5)：173-175.

作者简介

李勇，1968 年生，男，汉族，江苏徐州人，本科，徐州市风景园林协会理事长，高级工程师。研究方向为风景园林理论。

秦飞，1962 年生，男，汉族，江苏南通人，硕士，徐州市徐派园林研究院院长，教授级高级工程师。研究方向为风景园林理论与园林史。

中国园林艺术在海外的传播和发展

The Spread and Development of Chinese Garden Art Overseas

曾洪立

摘　要：本文将中国园林在海外的影响和发展经历划分为四个阶段，对当今现存的海外中国式园林的发展现状进行了评价，以表格形式罗列了历史上有营建记载的一百多座海外中国式园林和园林建筑的基本信息。
关键词：海外中国园林；发展阶段；数量

Abstract: In this paper, the author concentrates the development of Chinese gardens overseas into four stages, gives comments on current situation, lists basic information of more than one hundred Chinese style gardens and landscape architectures overseas.
Keyword: Classical Chinese Gardens Overseas; Development Stages; Quantity

引言

在中国近现代历史上的重要时期，那些在海外建设的中国园林，通过青砖黛瓦、雕栏玉柱、曲径通幽、小桥流水等优美舒适的景观和场地，传达出浓郁的中国风，不仅起到了促进东西方文化交流的作用，更进一步在我国的国际外交事务中发挥了重要的作用。当今，风靡了全球的中国园林艺术受到各国人民的关注和喜爱，不仅中国人自己向外捐赠和展示中国园林实物，外国人也参与到海外中国园林的建设和创作实践中，欧美大陆上兴建了不少中国式园林，尤其是最近几十年间，是海外中国园林建设的爆发期。

从历史上来看，中国园林海外建设的发展阶段和中国的国际地位变化有着密不可分的关系，这些阶段大可划分为4个，它们是：①17～19世纪末20世纪初，“中国风”时期；②20世纪70年代末至20世纪末，友邦鉴赏时期；③21世纪初，中国影响普及期；④城市综合体时期。

1　“中国风”时期

从16世纪开始，欧洲的传教士们将在中国的所见所闻记录下来传到欧洲，欧洲各国惊叹于中国的生活哲学、建筑风格、植物资源和园林艺术，于17世纪在欧洲刮起了“中国风（chinoiserie）”。通过便于携带的绘画、陶瓷、刺绣、织物等器物中的纹样和书信文字描述等渠道，欧洲人了解了中国的园林和建筑，并开始模仿建造了不少中国风格的作品，包括小庭园、单体建筑、构筑物、小品等，当时建成的若干作品也有保留至今，比如1753年，瑞典国王腓特烈一世在王宫附近专门为喜爱中国文化的王后乌尔利卡修建造的“中国宫”，是一座将中国式宫殿与法国洛可可式建筑相结合的建筑，屋顶刻雕有龙形纹样，没有使用琉璃瓦。在19世纪，也有少数的园林和建筑作品是由中国人建造的，如19世纪末来到法国的中国人卢芹斋在法国建造的“红楼”。现今在比利时的国王行宫——“拉肯宫”的御花园里，还有一座“中国宫”，由来自于上海的华工在法国巴黎举行万国博览会上建造，之后重建于此，是比利时最大的中国陶瓷器收藏馆，宫后有玫瑰园和杜鹃花园，草坪上设有一些类似太湖石的石凳，上面刻有“高山流水”等篆文（图1）。邻国日本则因为地理位置的接近和一脉相承的文化，在平安京城的宫苑中建造了仿周文王灵囿而创作的禁苑——神泉苑，又于1629年在日本东京都文京区后乐一丁目由明朝遗臣朱舜水参与设计建造了“小石川后乐园”。

(a)

(b)

(c)

图1　比利时拉肯宫御花园内中国宫

在这些传播的介质当中，绘画对于建筑和园林具体形态的传播起到的作用非常突出，特别是对建筑单体形象的记录方面。例如1654年来华的荷兰东印度公司使团的随行画家约翰·尼霍夫在他的游记中绘制了南京大报恩寺琉璃塔，英国丘园的中国塔就是参考这个画本和钱伯斯的文字记述来建造的。又如1627年明代苏州画家张宏采用西方的焦点透视构图方法和中国画的表现技法绘制了20幅《止园图》，这套系列绘画于20世纪50年代由美国学者高居翰在英国剑桥发现，不仅保存得非常完好，而且还可以初步断定它在很早的年代就已经流传到国外，因为画面上没有国内收藏家惯常的题字和印章，流传海外的年代最有可能的年代就是明末清初，这个时期止园毁于战乱。虽然当时海外没有过整座园林的仿建活动，但是通过文字的记述和《止园图》等中国绘画中所表现出来的中国园林追求自然天成的气质深深地扎根在人们的心中，当时的造园家们受此影响，营造了很多具有自然风格的园林，如斯托园、凡尔赛小特里阿农农庄等。

2 友邦鉴赏时期

20世纪70年代，是我国对外关系发展的重要时期，中国在国际事务中发挥越来越重要的作用。1971年10月，在第26届联合国大会上，中国恢复安理会常任理事国的席位。1972年，中日两国正式建立外关系。1979年，中美正式建交。1997年，香港回归，中国的国际地位进一步提高。在此之后，无论是北方的皇家园林风格、江南的私家园林、岭南园林、川渝园林，还是寺庙风格的中国园林实体，都曾被作为友好邦交的鉴证，扎根建设在异国的土地上。中国的造园艺术也再次被介绍到西方世界。这一次，不仅有中国各级政府将园林除了被作为珍贵的礼物赠送给友盟国家和地区外，还有喜爱中国园林艺术的国际友人在自己的国家赞助修建的各种类型的园林作品。

建在美国纽约大都会艺术博物馆内的明轩具有代表性，它是第一座被移筑到大洋彼岸的中国古典园林，它的庭院根据大都会博物馆内现场条件以及使用要求进行了专门设计，吸取了苏州古典园林网师园殿春簃小院的精华，设计建造精巧完美，风格淡雅明快，反映了苏州传统私家园林的精华，大都会博物馆馆方对明轩的工程质量给予了高度评价，称“工艺质量达到了值得博物馆和您的政府自豪的标准”。明轩是境外造园的经典之作，被誉为中美文化交流史上的一件永恒展品（图2）。它成功地开创了新时期中国传统园林走向世界的先河，1986年在加拿大温哥华建造的逸园、1992年在新加坡建造的蕴秀园、1998年在美国纽约建造的寄兴园、2000年在美国波特兰建造的兰苏园等，都可以说是明轩建造的延续和发展。在1979年加拿大蒙特利尔筹办的1980年世界花卉博览会中，中国政府指定上海市代表中国参加世界花博会，建造了中国园，促进了1991年“梦湖园”的建成，也让中国园林建造者积累了在高寒地区进行营建的技术经验。

(*a*) (*b*) (*c*) (*d*)

图2 明轩，纽约大都会博物馆

（图片来源：“明轩”罗生门，陈从周还是潘谷西？http：//www.sohu.com/a/168206715_652964. 2017-08-29 18：15，本文转载自「纸上建筑IPA」）

在这一时期，国外的学者对中国园林的研究也更加深入，再比如研习中国绘画史的美国学者高居翰，他在1996年发起举办了一次完整的《止园图》展览，在国际上引起了轰动，并在当时断言，《止园图》描绘的是一座真实的园林。高居翰对《止园图》的研究带动了对中国晚明时期的造园研究。

3 中国影响普及期

进入21世纪以来，中国迅速崛起为发展中的地区大国，2001年在上海成功举办亚太经合组织领导人非正式会议（APEC），中国加入WTO。随着社会主义现代化建设的迅速发展和综合国力的提高，中国在国际事务中发挥越来越大的作用。在这一时期，传统的中国园林在社会交往与生活中的重要作用逐渐受到西方人士的关注和认可，很多新建的中国园林被作为社区活动和邻里交往事务的场所。

建于俄勒冈州波特兰市老城中心区唐人街的"兰苏园"就是一个典型的代表。"兰苏园"的设计采用了苏州传统私家园林风格，运用传统工艺和技术进行建造，经营方式也和苏州传统相似，采取了民间募集经费、建造管理、服务社会生活的方式。它的建成"让生活在21世纪的美国人，和有1000多年历史的中国江南园林的审美传统对接"。它的建成活跃了已经陷于衰败的老城区的生活氛围，获得了美国俄勒冈州政府授予的"人居环境奖"，设计单位苏州园林设计院获得了波特兰市政府授予的"特别贡献奖"（图3）。2007年竣工的波士顿中国城花园，将中国造园要素融入到社区公园中，也成为波士顿旅游部门的一个亮点工程。

图3　美国俄勒冈州波特兰市"兰苏园"
（图片来源：网络）

"兰苏园"被投入使用之后，波特兰市残疾人协会指出园林的建造方式未遵循了俄勒冈州的无障碍设计法规，应该让行动不便的人士也能够登上假山、跨过汀步，为此，苏州的设计师和工程师们在假山依傍的二层厅堂里面加建了电梯，修建了通往假山顶部的通道，又将汀步连接起来，在保持中国传统园林特色的情况下遵守了当地的法规。这次经历更促进了国内园林届对美国建设规范的深入了解。

4 城市综合体时期

随着华人社会影响力的扩大，大规模的中国式风景园林城市综合体将作为中国人的精神和文化艺术的物质载体，成为未来的建设方向。这种综合体的营建雏形在加拿大温哥华中山公园（其中包含"逸园"）的营造中就有所体现，到美国洛杉矶流苏园的扩建工程建设中发展到成熟。位于美国洛杉矶亨廷顿图书馆的流芳园于2018年8月再次对现有的中国花园进行扩建，包含10个亭子和一个占地约6亩的湖泊，以及其周围的岩石洞穴，在花园北端增设一个展览中心、一个更大的咖啡馆和其他建筑物，花园面积从最初3.5hm^{2}的面积拓建到12hm^2，将是世界上规模最大的经典中国花园。

5 结语

海外中国园林从最初的局部被模仿发展至今，经历了从局部—单体—庭园—园林—组园综合体的建造过程，园林景观也从最初单纯的猎奇发展到艺术欣赏，再发展至融入社会生活的全过程。

随着我国对外交流的日益频繁和深入，全世界人民对中国园林和园林艺术的了解会越来越深入，中国园林建造者对各个国家的相关法律法规也将更加熟悉、通晓，在海外营建中国园林的技术也会更加精湛、娴熟，逐渐形成海外中国园林产业，中国园林走向海外的路将会更加宽广。恰如在我国历史上的宋代和明清时期，园林发展到农耕时代的艺术和营建的繁盛时期，中国园林在不久的将来，将会在世界范围内发展起来，成为后工业信息时代蓬勃发展的中国园林和艺术，为世界繁荣做出贡献。

正如佛罗里达州的劳瑞·巴恩斯女士所言："我一直告诉大家，19世纪是英国的年代，20世纪是美国的世纪，而21世纪就该到了中国的时代。我觉得大家都应该去了解中国的文化，因为中国走上世界舞台的时刻到了。"

参考文献

[1] 朱建宁，张文甫．中国园林在18世纪欧洲的影响[J]．中国园林，2011(3).

[2] 刘少宗主编．中国优秀园林设计集(三)[M]．天津大学出版社，1997.7，136-142，155-159，163-165，201-207.

[3] 刘少宗主编．中国园林设计优秀作品集锦——海外篇[M]．中国建筑工业出版社，1999.

[4] 甘伟林，王泽民．文化使节——中国园林在海外[M]．北京：中国建筑工业出版社，2000.

[5] 张孔生．扬州园林营造技艺入选国家级非遗推荐名录——盘点海内外的扬州园林[J]．扬州日报，2014.

[6] 苏州园林发展股份有限公司编著．海外苏州园林[M]．北京：中国建筑工业出版社，2017

作者简介

曾洪立，1970年生，女，汉族，北京人，博士，北京林业大学园林学院副教授。研究方向：风景园林规划设计理论与实践、传承与创新、风景建筑。电子邮箱：Zenghongli@bjfu.edu.cn。

公园城市理论与实践

从城市公园到公园城市——海湾型城市的韧性发展途径[①]
——厦门案例

From Urban Parks to Park Cities—The Resilient Development of Gulf City
—Xiamen Case

桑晓磊　黄志弘　宋立垚　战杜鹃

摘　要： 海湾型城市与其他内陆型城市在空间层面上存在巨大差异，城市韧性建构的途径也因此不同。本文基于历史视角，讨论厦门市由城市公园向公园城市发展的韧性建构途径。首先采用文献法对厦门市及城市公园的发展进行概述，采用统计相关分析及回归分析法计算城市公园发展对社会、经济、环境的影响；接着运用空间句法的轴线分析法对城市公园的分布情况进行探讨，通过三个典型开发案例分析对厦门向公园城市的发展提出建议。研究发现：城市公园建设与厦门市社会、经济、环境发展高度相关，作为城市的生态基础设施，岛外城市公园的建设仍有很大的提升空间；城市公园是有效的韧性发展构件，可以通过学习和创新的途径构建公园城市的韧性框架。

关键词： 城市公园；公园城市；海岛型城市；空间句法；韧性发展

Abstract: There are huge differences in the spatial level between the Gulf-type cities and other inland-type cities, and the ways in which urban resilience is constructed are different. Based on the historical perspective, this paper discusses the resilience construction path of Xiamen City from urban park to park city development. Firstly, the literature method is used to summarize the development of Xiamen City and urban parks. Statistical correlation analysis and regression analysis are used to calculate the social, economic and environmental impacts of urban park development. Then the spatial analysis of urban parks is carried out using the spatial syntax analysis method. Discuss and make recommendations on the development of Xiamen to the park city through three typical development case studies. The study found that the construction of urban parks is highly correlated with the social, economic and environmental development of Xiamen. As the ecological infrastructure of the city, there is still much room for improvement in the construction of urban parks outside the island; urban parks are effective members of resilient development and can be adopted. Learning and innovative ways to build a resilience framework for park cities.

Keyword: Urban Park; Park City; Gulf City; Space Syntax; Resilient Development

引言

城市公园是始于欧洲近现代历史背景的城市绿地形式，持续恶化的人居环境与严峻的社会健康危机是现代城市公园出现的最直接原因[1]，并作为一种重要的自我调节机制存在于现代城市的发展过程，具有防风降速、保持水土、滞洪排涝、吸烟滞尘、减弱城市热岛效应、调节区域气候等灾前防御作用，也可以在地震后发挥安置、避险、救护等多效合一的紧急防护作用[2]，是城市防灾体系的重要组成部分。

城市公园体系是由若干类型的公园相互联系而构成的一个有机整体，是城市生态基础设施关键构成部分。其数量、面积、比例、空间布局等直接影响到城市整体环境质量，影响居民休闲游憩活动的开展，对城市文化和城市风貌特色的形成具有重要影响[3]。当城市公园与其他蓝绿色空间连结时，作为城市风险弹性（URR）的衡量标准，城市公园不仅对生态环境具有较高的调试及改善作用，还具有一定的社会调节和身心健康的疗愈功能[4]，另外，城市公园的景观、历史和娱乐价值增加了城市吸引力，作为休闲游憩及旅游目的地，获得较好的经济效益，创造就业机会的同时提高当地居民收入，能够大幅度提升城市发展水平[5,6]。

1　相关概念

1.1　韧性城市

由于现代城市系统自身的脆弱性，将实时面临各种不可预测的、大量的、不确定性的灾害事件的威胁，而城市脆弱性则取决于城市的地理区位，气候环境、基础设施、土地开发、空间组织与原有自然环境本底的协调程度[7]。20 世纪 90 年代，“韧性”作为一个术语开始被引进城市规划领域，用来衡量城市系统适灾及避灾的综合能力[8]，具备韧性的城市系统能承受各项灾害冲击，受到干扰后能保持或迅速恢复系统功能，同时，能够通过更新、重组，迅速适应各项重大灾害冲击的能力[9]。

Holling 首先提出并通过一系列研究完善了“韧性”概念（图 1），特别强调了灵活的适应性规划和设计是现

① 基金项目：2017 年“东南沿海生态人居环境福建省高校重点实验室”开放课题（Z17X0028）。

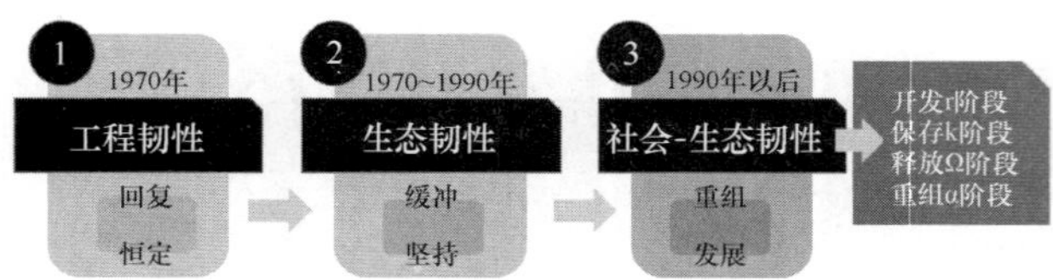

图 1　韧性概念发展

代城市学习和发展的机会[10]。从 2001 年开始，相关规划学者开始将“适应性循环模型”在城市“适灾”范畴中的应用进行了相关研究，并进一步发展了“韧性城市”回复力的概念[11,12]，对“韧性城市”概念进行了明确定义，提出了更综合的研究方法[13]。韧性城市的建设目标就是加强城市韧性，减少灾害风险，缓和和适应气候变化，特别是利用管理措施降低其自身脆弱性，增强复原力以及城市对自然和人为灾害的反应能力[14]。

1.2　公园城市

城市公园只是城市众多景观类型中的一种，而公园城市从范畴上讲是公园整体大于城市个体，公园包含城市，城市只是一种特定类型的公园景观，事实上，公园城市是基于完善的城市公园体系，用以缓解城市发展危机、改善城市运行状态、减轻极端自然和人为灾害的新思维模式，这也是城市公园与公园城市概念区分的关键点，前者是为解决各种已发生的城市问题出现，后者完全是一种城市韧性发展的新型策略，为优化城市结构、适应城市动态性发展而做的预先景观式整合。因此，可以从以下两个观点来理解公园城市概念，一种方式是把公园城市理解为一个大的城市布局“系统”，形成从一个公园到另一个公园不间断、串联起来的城市公园体系。另一种方式是完全以公园设计的概念去发展城市[15]，形成以公园“基底”，城市为“图形”的新型空间架构。公园城市发展了田园城市、生态城市等理论，“比花园城市更有人文意蕴，比园林城市更有自然风味，比生态城市有更多的发展特性”[16]。

1.3　研究现状

相对于现阶段的各种城市规划理论来说，公园城市是一个全新的发展概念。现阶段文献多集中于如何从城市规划者的主体角度来看待整个城市的适应性发展，从城市构件个体或者是城市物质空间组织发展的角度来研究城市韧性的文献还相当缺乏，针对海岛型城市的发展模式及城市韧性建构的研究成果较少，城市公园作为现代城市公共空间的重要组成部分，作为城市韧性建构的最关键生态效应组件，对城市韧性建设的重要作用并没有得到相关学者的重视。

2　研究设计

2.1　研究背景

厦门全市由厦门本岛、鼓浪屿岛、北部内陆部分及附近若干小岛组成，山地分割而成滨海平原和谷地是城市发展的主要空间单元体系，海湾、河流、湖泊众多是厦门市最重要的地域资源特色，也是城市发展的重要制约因素。

历史上，厦门城市的发展都以厦门本岛为主（图 2），由于厦门本岛的地理空间容量有限，厦门市由海岛型城市向海湾型城市快速转型成为必然。2000 年以后，厦门市进入快速的海湾型城市发展期（图 3），GDP 年均增长 17%以上，截至 2016 年，全市人口达到 392 万人，城市建成区绿化覆盖率达 40.8%，人均公园绿地 11.5m^2[17]。其中，城市公园作为最重要的城市基础构件，在提升城市整体景观面貌的同时，也优化了城市空间的组织结构，对厦门市整体社会、经济、环境、文化的建设起到了关键性的推动作用。

2.2　研究过程

城市韧性系统的建构是一个动态的、复杂的漫长过程，与城市生长的过程和经历密切相关，见图 4，本研究首先对厦门城市发展历史及类型演变的相关文献进行整理，选定 1990～2016 年厦门市从海岛型向海湾型城市转型的重要时间段进行研究，分别设定常住人口数量＝社会发展、年均 GDP 总量＝经济状况、 园林绿地总面积＝

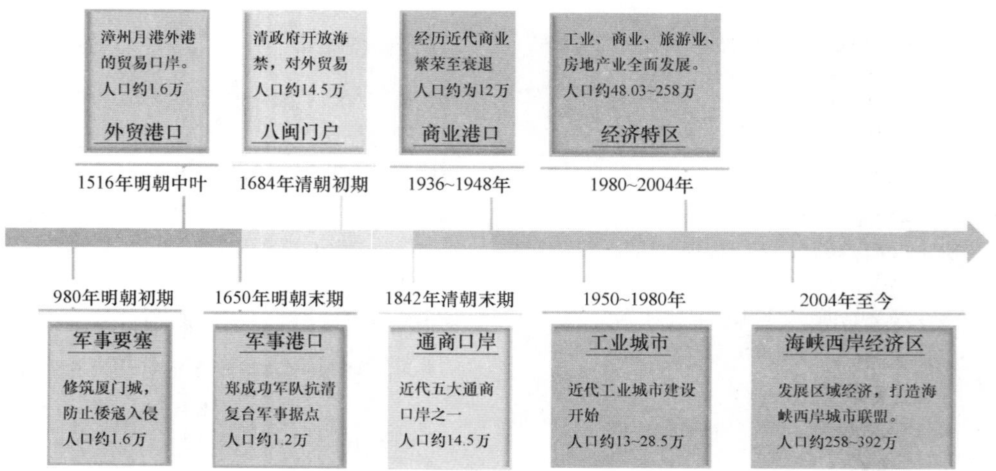

图 2　厦门城市发展的历程（图片来源：部分内容参考自李茂荣，1991）

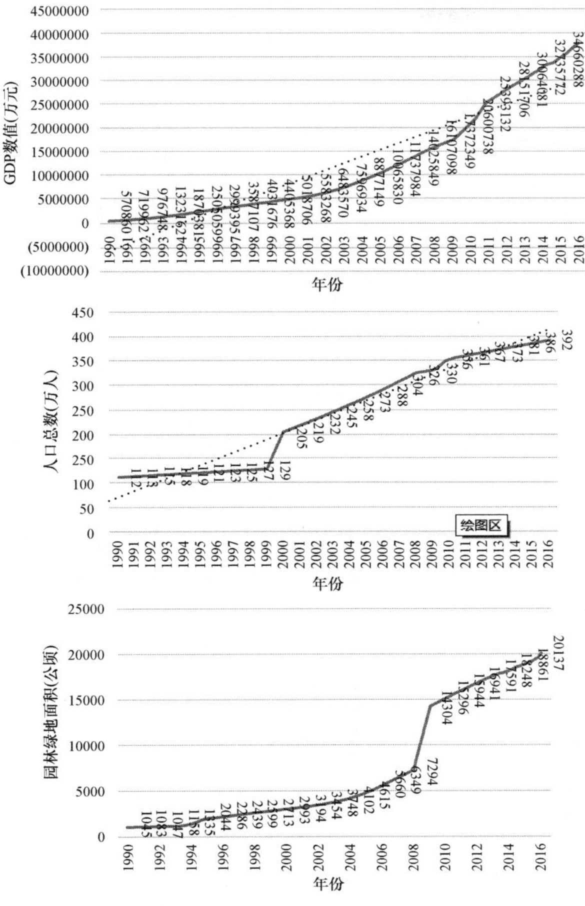

图 3　厦门 1990～2006 年厦门市 GDP、人口、园林绿化面积变

生态环境这三个参数，以此分析厦门城市公园建设与城市发展之间的关系，验证城市公园对于城市发展的推动作用。在城市空间层面上，因自然地形及海湾限制，各个空间组团之间的边界作用明显、独立性强，与内陆城市全局连通的空间结构有较大差别，因此，应用 Depth map 软件，运用空间句法（space syntax）的 Integration［HH］R3 区域性参数进行集成度分析，避免边界作用的影响，在全局范围内对各组团之间的空间核心及空间次中心做出计算，并叠加城市公园的现状分布图，分析厦门市城市空间发展与城市公园的布局结构的现状，以此讨论城市公园对于各组团城市空间集成度的影响贡献。

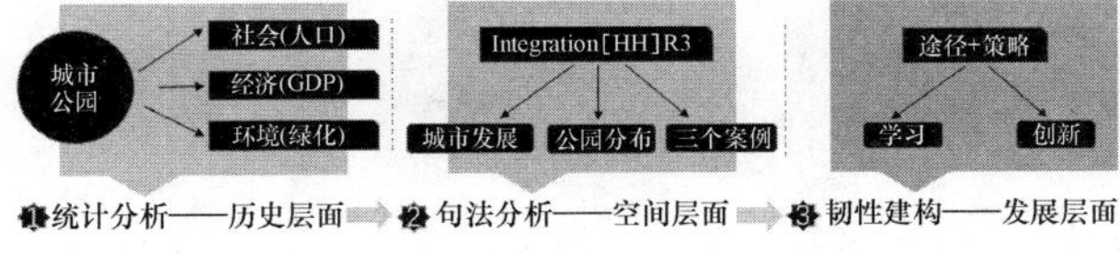

图 4　研究技术路线

另外，因海岛城市的发展特性，厦门城市发展的重要阶段都对应一个海湾水系的开发过程，筼筜湖、五缘湾、杏林湾三个滨水公园体系分别位于厦门城市发展的不同时间阶段和空间区位，其社会-生态韧性的建设直接影响到厦门整个城市韧性建设的成败。因此，本研究选定筼筜湖水域、五缘湾水域、杏林湾水域三个典型海湾开发过程进行个案分析，应用扰沌模型[18]（图 5）四个动态阶段来对开发背景、治理过程以及影响做评述分析，从个例推估整体，以过程推估结果，实现对厦门城市整体韧性建设过程的总体分析，对最终实现公园城市的战略性目标提出参考建议。

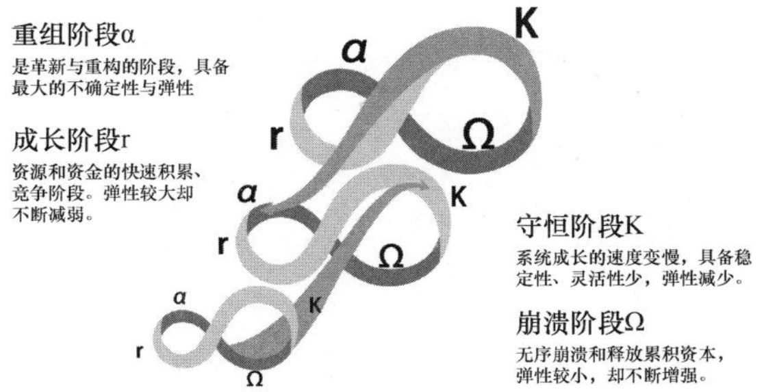

图 5　社会—生态系统的扰沌模型

2.3　研究数据

本研究用于统计分析的厦门市各项年均 GDP 指标、常住人口数量、园林绿地面积以及公园个数和公园面积的资料均取自于厦门市统计局官网，摘自 1991～2017 年《厦门经济特区年鉴》中对于城市基础设施建设的各项统计数据记录；用于城市空间句法分析的厦门市地图数据取自于 2018 年 6 月 20 日的谷歌厦门街道地图（15 级），空间分辨率为 8m，比例尺为 25000∶1，作为分析底图进行集成度计算。

3　分析与讨论

3.1　城市公园建设对厦门城市社会、经济、环境的影响

1990～2016 年是厦门市城市公园建设的高速发展期，城市公园的数量由 19 个增长至 120 个，面积也从 194hm² 快速增加至 2604hm²（图 6），实现了从量变至质变的重要飞跃过程。本研究首先对公园面积与园林绿化面积、年均 GDP 总量（经济）、常住人口数量（社会）各项数值分别进行相关统计计算，如图 7，公园面积的增长、园林绿地面积（环境）、常住人口数量（社会）、年均 GDP 总量（经济）的增长均存在高度相关，分析认为，在 1990～2006 年间，厦门城市公园建设与社会发展、生态环境与经济增长各项因素之间具有高度的正向相关性，城市整体建设发展处于积极、良性的协同生长状态。

另外，公园面积是其服务面积及服务效率的最重要影响因子[20]。本研究为了进一步测定公园面积与社会、经济、环境之间的线性因果关系，设定 1990～2016 年间城市公园面积为自变项 X，分别设定园林绿化面积、年均 GDP 总量（经济）、常住人口数量（社会）为因变项 Y，利用线性回归系数对其影响程度进行测定（图 8），城市公园面积变化对园林绿地面积的影响最大，调整后 R^2 值为 0.975，对年均 GDP 总量（经济）的影响也达到了 0.962 的高值，对城市常住人口数量（社会）的影响变量

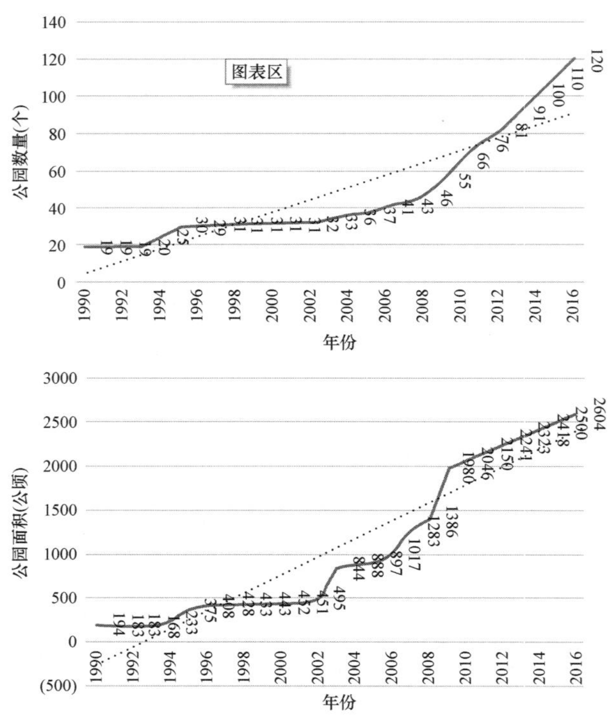

图 6　厦门市公园数量及面积增长（1990～2006 年）

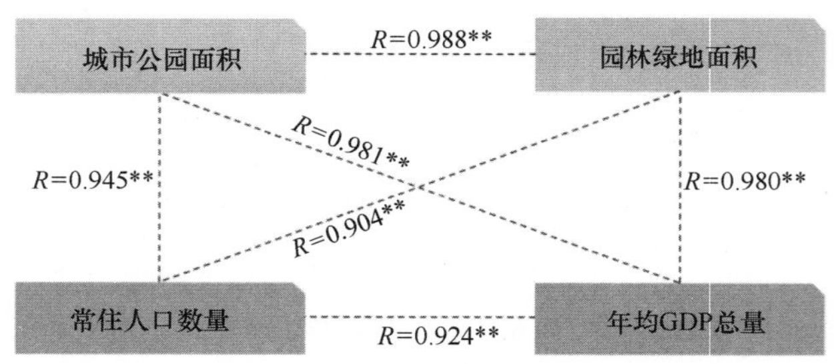

图 7　厦门市各项指标的相关性分析

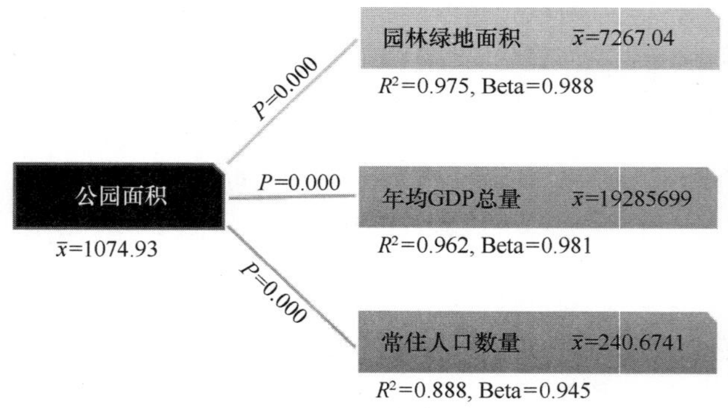

图 8　厦门市各项指标的回归分析

达到了 0.945，分析得知，厦门城市公园的大量建设使厦门市的园林绿地面积得到了大幅度提升，在获得良好的景观生态效益的同时，也提升了城市整体的吸引力，加大了城市对于社会人口的集聚效应，促进了这期间人口的大幅度净流入现象，进一步加快了厦门市城市发展的整体进程，同时，对反映城市整体经济活力的 GDP 总量（经济）也产生了较大的刺激作用，可以总结为：城市公园的发展进一步提升了厦门城市的活跃度与发展潜力，社会-生态韧性的协调建设带动了城市社会、经济、环境整体的良性有序发展。

3.2　厦门城市空间及公园布局

如图 9，厦门市 Integration［HH］R3 的空间集成核还是过度集中于本岛的筼筜湖周边区域（最高值 4.56353），经过十多年来海湾城市发展战略的逐步实施，环海湾建设的多中心结构组团已经初具规模，形成了各自的区域中心核，并沿主要道路结构呈现出枝状生长的状态，呈现出高度的复杂化和网络化特征。其中，海沧区的区域集成核围绕区政府及海沧湖水系景观带展开，周边设置有海沧湾公园、儿童主题公园、大屏山公园等，集美组团的空间核心围绕杏林湾区域展开，新旧城区社会、经济之间的差异性进一步减小环杏林湾步道公园串联起周边的园博苑、集美市民公园等；同安组团受山地地形的影响较大，区域的空间集成核以同集北路为集成核心轴，呈面状网络化发展，双溪公园位于东溪和西溪汇合处，是区域的核心景观区块。翔安组团集成度沿翔安大道公园构建的带状景观轴线纵向发展。厦门城市公园建设充分利用了丰富的海岸和湖岸线资源，受城市历史发展及自然形态的影响，厦门城市公园绿地布局的结构呈现巨大的时空差异性，其韧性环境效能潜力还未能充分发挥。如图 9，岛内外公园建设的空间分布差距依然很大（图 10），岛内的城市公园建成数量及面积配比明显多于岛外区域，其中思明区的公园面积占比达到了 55%，且多分布于局域集成度高值区域，作为支撑城市可持续发展的重要生态基础设施，岛外各组团的城市公园建设量明显不足，类型偏少，人均公园绿地指标偏低，岛外区域集成度高的区域应尽快加速城市公园建设，完善城市公园的类型体系，充分利用城市公园对城市的推动、影响作用，进一步完善海湾城市城区一体化的总体战略建设布局。

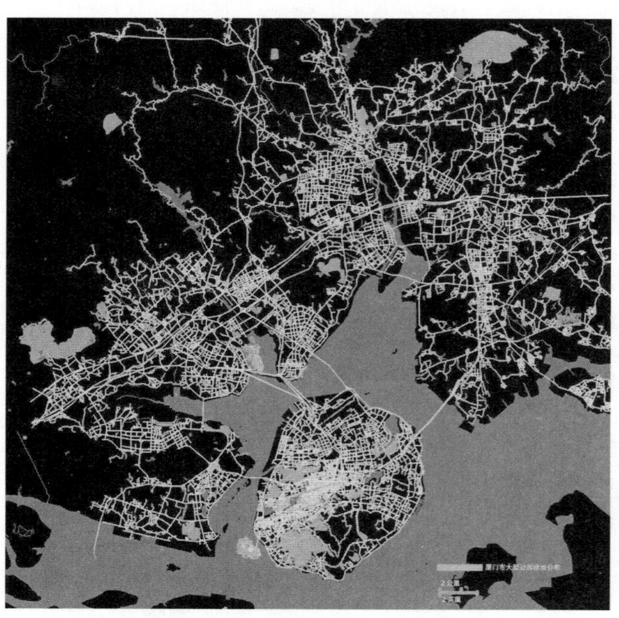

图 9　厦门城市的空间集成度 Integration［HH］R3（均值为 1.32687）及现状城市公园分布叠图

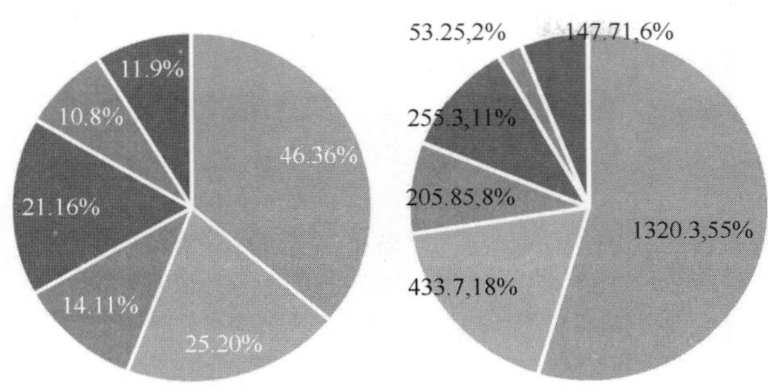

图 10　各行政区划城市公园的个数、面积对比

3.3　厦门城市公园体系的韧性建构

3.3.1　第一阶段——筼筜湖水域开发

见图 11、图 12，筼筜湖水域的开发处于厦门工业化城市建设的早期阶段，早在 20 世纪 70 年代，迫于城市发展压力，筼筜港被围海成湖。1980 年后，其区域生态系统已经处于濒临崩溃的释放阶段，引发了严重的健康危害和生态困境，经过近 20 年的“学习”调试和“重组”建设，在水质持续改善的同时，区域生物的多样性得到有效恢复，逐步达到了新的系统稳定状态。城市景观的美化更新也带来了巨大的旅游增量效应，推动了 20 世纪末期厦门城市化进程的飞跃式发展。由于筼筜湖显著的整治成果，被联合国开发计划署（UNDP）评选为东亚海域污染防治管理示范区的示范工程。

3.3.2　第二阶段——五缘湾水域开发

基于筼筜湖水域整治经验和城市景观提升带来的巨大经济效益和社会价值，厦门市政府利用湾区水系景观建设带动城区发展思路的正式形成，五缘湾区开发的前提即是区域生态恢复和提升城市应对干扰的韧性能力（图 11、图 12）。2005 年五缘湾区域开始进行第一期建设开发，从规划的顶层设计就注重区域的防灾适灾考虑，开发过程始终贯穿生态修复及文化保留概念。2007 年前，五缘湾区域处于释放重组后的整体开发阶段，2008 年后，随着基础设施、公共配套的逐渐完善，区域发展进入快速增长期，系统逐步趋于稳定，弹性发展。2009 年，基本实现了生态系统的类平衡状态。2010 年后五缘湾水域开始进入稳定系统的保存阶段，原有的滩涂、盐田、养殖场及垃圾聚集区转变为新兴海湾城区，推动了厦门岛东北部区域的城市化开发进程，吸引了大量人口进入，也减轻了旧城区及西南部筼筜湖中心城区的发展压力。

3.3.3　第三阶段——杏林湾水域开发

延续五缘湾水域开发的生态修复观念，厦门市政府以承办第六届国际园林博览会为契机，由城市公园承载大型展会事件来提升市民对城市新开发区域的关注，为新区发展提供可持续性的原动力（图 11、图 12）。杏林湾水域的开发基于 2000 年后厦门市由海岛向海湾空间扩张战略计划的持续推进，与筼筜湖区域、五缘湾区域过于明显的“人工化”堤岸改造手法有所不同，杏林湾水域对于水面边界的处理更为自然，更大程度地保留了自然生境的边界部分，能够使新建城市系统能更快速融入原有的自然系统的循环过程，加速建设环境的稳定状态形成。园博苑则成为集美—杏林新区公共绿地系统的核心组成部分，对厦门海湾新城区的建设起到了巨大的推动作用[21]，极大的推动了厦门岛内外一体化的城市进程。

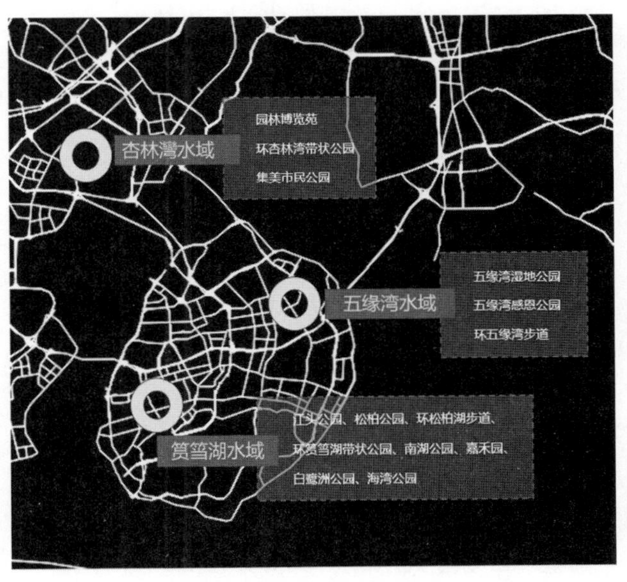

图 11　三个典型海湾区域的公园体系

图 12　依次为筼筜湖、五缘湾、杏林湾滨水公园体系

综上所述，1982 年对岛域内筼筜湖新区开发，实现了城市中心由历史旧城区向筼筜新区转移，2005 年时，中心城区向本岛东北部分散对应五缘湾新区的整体性开发，2007 年杏林湾新区的开发则对应跨越海峡向岛外集美新城集聚的城市政策转向。三个海湾滨水区域同样经历了城市化过程带来的剧烈扰动，体现了从无序开发、保存、累积型释放及崩溃重组的循环阶段后，经过顶层规划设计及不同的适应性设计手法，使区域系统进行重新进

入开发、成长以及动态守恒的自适应性稳定阶段。其中，城市公园作为关键的韧性构件整合了区域发展的各项要素，实现了城市区域韧性的重新构建。但是，由于区位差异，三个案例区域在城市化进程中生态系统遭受外部干扰破坏的程度不同，发展建设的时序不同，建设周期不同，付出的社会成本及经济代价也不尽相同（表1）。筼筜湖水域的治理过程是厦门市政府各部门对于城市的建设管理积极学习、更正和创新的调试过程，对于环境污染的态度经历了从被动接受到主动治理，从消极治疗到积极预防的转变，甚至通过城市公园建设来对城市的韧性结构进行调整与修正，从中积累了应对城市韧性发展的相关经验：城区生态系统的一旦遭受破坏，自然系统抵御自然灾害的能力减弱，修复的过程不仅要付出时间的代价，还要付出更多的社会、经济成本，生态恢复工程实施后至少5年才能达到稳定期[22,23]，而充分的恢复则需要几十年或者更长时间。由此唤醒了厦门社会各层面对于生态建设的集体意识，并为厦门市之后各个新区开发实践提供了借鉴的样本。

三大海湾滨水公园系统公园列表　　表1

滨水体系公园	公园名称	面积（hm^2）或长度（km）	建成年月	类型
筼筜湖水系	海湾公园	20	2005	综合性公园
	筼筜湖带状公园	15km	2013	带状公园
	白鹭洲公园	39.66	1993	综合性公园
	南湖公园	16	1995	综合性公园
	松柏湖环湖步道	3.14km	2017	带状公园
	松柏公园	7.2	1996	综合性公园
	嘉禾园	1.8	1988	社区公园
	江头公园	6.02	1999	社区公园
五缘湾水系	五缘湾湿地公园	85	2009	湿地公园
	环五缘湾步道	8km	2015	带状公园
	五缘湾感恩广场	5.2	2016	综合性公园
杏林湾水系	环杏林湾绿道公园	20.6	2015	带状公园
	园林博览苑	1082	2007	展会公园

4　结论与建议

4.1　结论

（1）厦门城市公园的建设发展与社会、经济、环境的发展各项因素呈现高度正相关，其中，城市公园的建设对城市社会、经济、环境的发展都具有决定性影响，说明厦门整体城市的建设处于良好的社会-生态韧性的成长协同状态。

（2）在对厦门城市进行韧性建设的过程中，城市公园不是唯一构件，但却是最有效的韧性构件，是建成的人工环境和自然环境之间的链接媒介，其景观效应、社会效应、经济效应和生态效应都可以对城市空间组织的集成度产生影响，从而带动海岛型城市的跨区、跨海式发展，推动城市发展的整体进程。

（3）依靠过去城市公园体系的规模化建设，厦门本岛区域已经初步具备了良好的生态本底与设施条件，处于保存和稳定的发展阶段，为岛外区域的新城区开发提供了相关的韧性建设经验，可以通过学习和创新的途径，加快岛内外一体化的韧性循环过程。

（4）公园城市的建设必须以提高城市系统的整体韧性来实现，依靠灵活弹性的规划决策和区域自身韧性调整来实现整个城市在地域、社会、经济、环境层面上的高度融合，城市公园的跨时、跨域建设是海岛型城市发展的有效途径。

4.2　建议

城市公园布局结构的进化是一种复杂性的非线性过程[24]，城市应不断汲取经验，提高学习能力、特别是自我修复后创新转化能力，本研究对于厦门从城市公园到公园城市的韧性建设提出以下几点建议，以供参考：

（1）充分发挥城市公园在跨时、跨区建设时尺度灵活的韧性特质，对散布于城市空间中具有各种所属关系、各种功能的大小绿地区块进行连结，利用城市公园的环境网络及场地设施来提升城市生态基础设施的综合承灾能力，发挥城市公园的生态化防灾避灾效能，形成高度灵活的城市自我调节机制。

（2）公园城市的韧性建构有赖于顶层规划设计的长期坚持和规划决策的实行，以城市总体规划为基准，为城市发展预留足够的弹性发展空间，从自然资源、功能区块、空间组织、治理决策四个大的层面来建构公园城市的韧性，进一步提升政府机构的管治能力，在制度和规范方面对风险和灾害进行评估、加大治理维度。

（3）生态、社会、经济、文化多样性是支持城市复原力的重要而有效的策略。尊重场域的历史、文化、生态环境，注重厦门在地文化的发掘与展示，对城市经济和文化的多元性进行尊重和包容，提升社会事件的公众参与意愿和公众服务的意识。

（4）海岸滨水带为人类的社会发展和文明的创造提供了绝佳的生存环境，也是生态系统最脆弱和敏感的地带，应运用合理设计手段使建成环境与城市自然本底之间实现快速连结，创新发展出适用于海湾型城市的韧性空间建设体系，最终实现公园城市概念下自然与城市的有机融合。

参考文献

[1]　李韵平，杜红玉. 城市公园的源起，发展及对当代中国的启示[J]. 国际城市规划，2017，32(5)：39-43.
[2]　冯璐. 不同类型城市公园绿地防灾避险规划研究［D］. 哈尔滨：东北林业大学，2014.
[3]　路遥. 大城市公园体系研究-以上海为例［D］. 同济大学，2007.
[4]　Grahn P，Stigsdotter U A. Landscape planning and stress [J]. Urban Forestry and Urban Greening，2003，2(1)：1-18.
[5]　Tagtow R. The need for urban forests[J]. Am. City Coun-

ty, 1990, 105: 74-75.

[6] Luttik J. The value of trees, water and open space as reflected by house prices in the Netherlands[J]. Landscape and Urban Planning, 2000, 48(3-4): 161-167.

[7] 王昕晧. 城市化的韧性思维[J]. 城市与减灾, 2017, (4): 10-13.

[8] Lamond J E, Proverbs D G. Resilience to flooding: lessons from international comparison[J]. Proceedings of the Institution of Civil Engineers-Urban Design and Planning, 2009, 162(2): 63-70.

[9] López-Marrero T, Tschakert P. From theory to practice: building more resilient communities in flood-prone areas[J]. Environment and Urbanization, 2011, 23(1): 229-249.

[10] Holling C S. Adaptive environmental assessment and management[M]. John Wiley & Sons, 1978.

[11] Manyena S B. The concept of resilience revisited[J]. Disasters, 2006, 30(4): 434-450.

[12] Klein R J, Nicholls R J, Thomalla F. Resilience to natural hazards: How useful is this concept? [J]. Global Environmental Change Part B: Environmental Hazards, 2003, 5(1-2): 35-45.

[13] White G F, Kates R W, Burton I. Knowing better and losing even more: the use of knowledge in hazards management [J]. Global Environmental Change Part B: Environmental Hazards, 2001, 3(3-4): 81-92.

[14] THE NEW URBAN AGENDA habitat3 [EB/OL]. http: //habitat3. org/the-new-urban-agenda/.

[15] 周夏. 中国新闻网. 让公园城市延展绿色梦想[EB/OL]. [2018-05-11] . http: //news. sina. com. cn/o/2018-05-11/doc-ihamfahw6570127. shtml.

[16] 陈碧红. 天水市规划局. 成都计划“四步走”到2050年迈向“城市=公园”之路[EB/OL]. [2018-05-18]http: //www. tssgh. gov. cn/index. php? m = content&c = index&a = show&catid=25&id=7202.

[17] 厦门市统计局官网. 厦门市2017年国民经济和社会发展统计公报[EB/OL]. [2018-06-7]http: // http: //www. stats-xm. gov. cn/tjzl/ndgb/201804/t20180423 _ 33380. htm.

[18] Holling C S. Understanding the Complexity of Economic, Ecological, and Social Systems[J]. Ecosystems, 2001, 4(5): 390-405.

[19] 张天洁, 李泽. 高密度城市的多目标绿道网络——新加坡公园连接道系统[J]. 城市规划, 2013, (5): 67-73.

[20] 尹红岩, et al. 公园绿地可达性的客观影响因素[J]. 应用生态学报, 2016, (10): 3387-3393.

[21] 林樱, 樊江梅, 潘郡. 浅议厦门海湾型城市发展与第六届园博园建设[J]. 黑龙江科技信息, 2008, (19): 187.

[22] Simenstad C A, Thom R M. Functional equivalency trajectories of the restored Gog-Le-Hi-Te estuarine wetland[J]. Ecological applications, 1996, 6(1): 38-56.

[23] Kentula M E. Perspectives on setting success criteria for wetland restoration[J]. Ecological Engineering, 2000, 15(3-4): 199-209.

[24] 张浪, 李静, 傅莉. 城市绿地系统布局结构进化特征及趋势研究——以上海为例[J]. 城市规划, 2009, (3): 32-36.

作者简介

桑晓磊, 1982年生, 女, 汉族, 河北人, 博士生研究生在读, 华侨大学建筑学院风景园林系讲师, 国立台北科技大学设计学院。研究方向: 景观资源与生态修复、风景园林文化与遗产价值。电子邮箱: 656275874@qq. com。

黄志弘, 1960年生, 男, 中国台北, 博士, 国立台北科技大学设计学院院长, 建筑与都市设计研究所建筑系教授, 博士生导师。电子邮箱: huangch@ntut. edu. tw。

宋立垚, 男, 中国台北, 国立台北科技大学建筑与都市设计研究所、建筑系副教授。电子邮箱: lysong@ntut. edu. tw。

战杜鹃, 女, 1982年生, 哈尔滨, 博士, 丽水学院生态学院, 讲师。

大数据背景下城市公园社会评价可视化研究

——以济南大明湖公园为例

Visualization of Social Assessment of Urban Parks in the Background of Big Data

—Take Daming Lake Park in Jinan as an Example

王玉叶　李端杰*

摘　要： 城市公园是城市景观中使用率和话题度最高的类型，人们的反馈评价是其设计或更新改造的重要依据，同时也对优化公园服务管理意义重大。公园的评价方法从专家打分或者调查问卷，逐渐转向了依靠对大数据平台评价信息的筛选处理并通过可视化的方式进行直观展现上来。本研究以济南大明湖公园为例，展示了通过大数据平台的数据爬取和词频分析技术筛选处理信息，并通过可视化技术展示核心热点，并分析总结了该方法的优势与局限。

关键词： 大数据；城市公园；社会评价；可视化；词频分析

Abstract: Urban parks are the most frequently used and topical types of urban landscape. People's feedback evaluation is an important basis for their design or renovation. It is also of great significance for optimizing Park Service management. The evaluation methods of parks have gradually shifted from expert scoring or questionnaires to relying on the screening and processing of evaluation information of large data platforms and visualizing them. Taking Daming Lake Park in Jinan as an example, this study shows how to select and process information through data crawling and word frequency analysis technology of large data platform, and shows the core hotspots through visualization technology, and summarizes the advantages and limitations of this method.

Keyword: Big Data; Urban Park; Social Evaluation; Visualization; Word Frequency Analysis

引言

大数据的核心价值并非巨大的信息量本身，而在于海量数据的目标导向性过滤分类等处理，并对海量资料在合理的时间内爬取、存储和处理，以协助决策。大数据通常被认为有四大特性：大规模，高速性，多样性和真实性[1]。目前对于城市公园社会评价大多还采取传统专家打分和问卷调查方法，基于网络大数据进行社会评价的研究还相对较少。本研究以济南大明湖公园为例，通过对大数据的收集和处理，以可视化形式展示城市公园的民生热点和服务社会的价值。网络大数据的获取和处理相对较为省时省力且涵盖时空范围更广，将数据爬取技术和词频分析软件的结合，通过简明直观的可视化表达，从而辅助设计和优化服务。

1　概念内涵

大数据：目前尚未有一个公认的定义表述大数据，字面含义上可以理解为数据规模量的庞大，也泛指巨量的数据信息集，但仅从规模上定义不足以涵盖其全部内涵。较为普遍的认知是指利用软件工具爬取、分析和存储所需时长超过了忍耐时间的数据集[2]。依托大数据则可以实现全样本的分析与对比，分析结果更为客观全面。

词频分析：这是一种基于计量内容分析的方法[3]。词频分析的一般过程主要包括数据爬取，筛选处理，关键词提取和统计分析四个步骤。其基本原理是通过统计关键词在内容中出现的高低频次来确定某领域的研究热点和发展方向，具有重要的实际意义。

可视化：最初用于计算机科学领域，利用几何图像数字化技术，把抽象信息转换成具象的图片并进行交互分析的方法。计算机可视化可以把各类数据如数字、文字或图像等信息进行处理并转换为直观的图形图像信息予以呈现[4]。

2　研究方法（图 1）

（1）通过八爪鱼软件对基于社交平台的城市公园评价大数据进行数据获取，选定的社交平台是新浪微博、携程网和大众点评网。

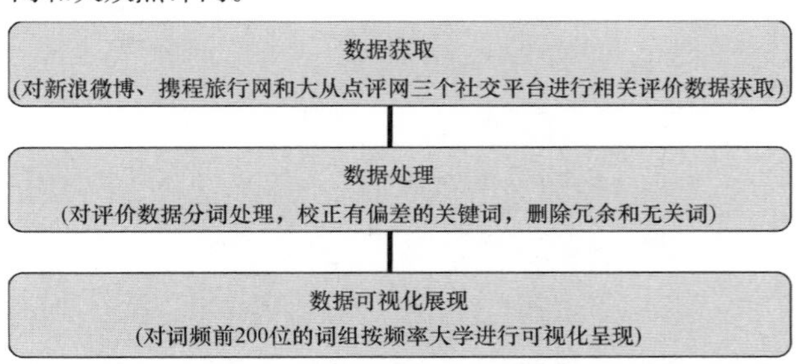

图 1　基于大数据的城市公园社会评价可视化研究流程

（2）对获得的所有评价信息进行分词处理，分词后对于一些与公园评价无关的词汇以及计算机错误识别的词汇进行人工矫正与筛选，并对评价材料进行词频分析。

（3）使用 ROST-CM6 软件进行可视化表达，将排名前两百的关键词出现的频率大小进行可视化分析，分析结果中单词大小越高，用户评价中出现的单词频率越高，从而获得城市公园社会评价的热点。

3 济南大明湖公园大数据评价可视化案例

3.1 大数据收集

网络大数据平台具有形式多样、开放性强，更容易获得偏差较小的数据。同时提取迅速、成本低、操作相对简单，可以在较短的时间内采集大量的数据。

数据搜集工具是八爪鱼数据采集器，它依赖于云计算平台在短时间内从不同网站或网页捕获大量标准化数据信息。完成网页信息数据自动化搜集和处理，极大降低对人工搜索的依赖，降低获取信息的成本并提高效率。数据收集平台分别是新浪微博数据、携程旅游网和大众点评网。

3.1.1 新浪微博

新浪微博是一个注册用户分享日常信息、获取以及传播用户动态的平台，它是目前国内规模最大的网络资讯交互平台[5]，蕴含海量信息可供挖掘处理。其注册者基数庞大、状态更新频繁、互动率高、开放型强、表达自由、信息传播迅速，其发布者发布的都是自己主观真切的感受，且是纯自发性行为不受任何方向的引导，对于公园的评价方向更广更自主更全面，但同时针对性相对较弱，信息掺杂很多无关干扰，后期筛选校正工作量偏大。

收集方式：采用微博开放平台作为界面，八爪鱼采集器针对性采集三年内带有“大明湖”关键词的微博文本信息。

3.1.2 携程旅游网

该网站是一家提供票务服务和全方位的旅游服务的网络平台，在携程网对于景点的评价以外地的游客居多，在游玩公园之后在平台上发布对旅行过程及公园的综合的感受等方面的评价，针对性和目的性强、数据丰富、数据筛选相对容易。

收集方式：利用携程旅游网网页版平台作为接口，通过八爪鱼采集器获取所有用户对于大明湖公园的游玩评价。

3.1.3 大众点评网

大众点评网是主要沟通本地生活信息及服务交易的平台，评价涵盖生活面广，特别在公园的使用者感受方面积累了大量的数据。

收集方式：利用大众点评网网页版平台作为接口，通过八爪鱼采集器获取大众点评网大明湖景点链接下所有用户关于大明湖公园的评价。

3.2 数据处理的平台

3.2.1 八爪鱼采集器

八爪鱼采集器是一个多功能且简单的 Web 数据收集器，可以轻松快速地将复杂庞大网页数据转换为结构化数据，帮助用户实现网页信息的自动化采集。该收集器功能强大易于学习，可视化编辑过程无需编写代码，对没有技术背景的用户非常友好。

3.2.2 内容挖掘软件 ROST-CM6

ROST-CM6 软件作为一款高效的内容发掘工具，该软件可以实现网页和聊天信息统计分析、分词及词频统计、浏览器分析和中英文的词频统计和信息可视化表达等一系列文本处理操作。该软件优点是操作简易、处理方便快捷。

3.3 数据处理的方法

利用八爪鱼采集器抓取以上三个网站对于济南大明湖公园的所有评价信息之后分别整合成三个数据库，将其导入词频分析软件 ROST-CM6 软件，对所有评价的内容进行分词，并对评价中出现的词汇频率进行排序，然后将词频导入 Excel 中删除无关的词汇或者是关联度较低的词汇和一些语气助词和连词如“啦啦”“还有”和“如果”等，校正错误识别的分词如“铁公祠”被错误分词成“铁公”等。

3.4 大明湖公园社会评价可视化表达

将分词校正后词频排名前 200 的词组通过 ROST-CM6 软件进行可视化分析，可视化的表达是按照字号的大小对应出现的频率，字号越大的词语在用户评价中出现的频率越高，相同频度的字或词将以同一颜色和大小显示。通过新浪微博数据、携程旅游网和大众点评网三个网站分别提取济南大明湖公园的所有相关数据，通过 ROST 软件进行可视化分析之后，结果如图 2～图 4。

图 2 新浪微博社会评价可视化图

图 3　携程旅游网社会评价可视化

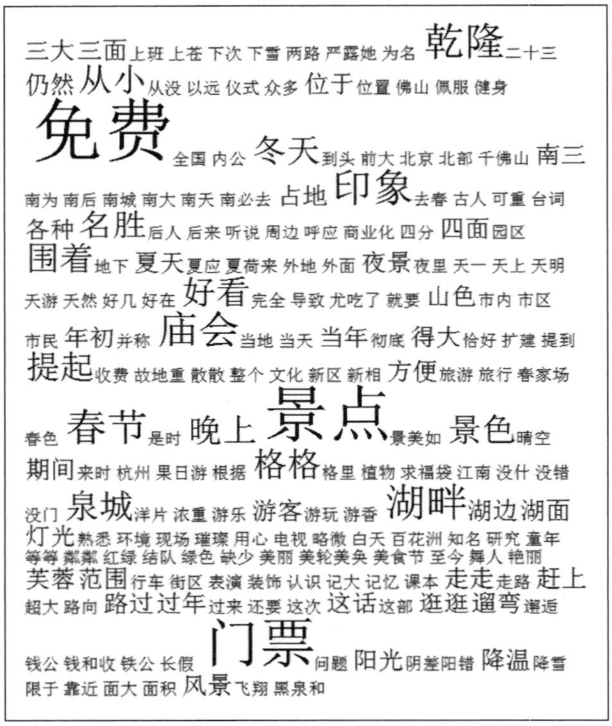

图 4　大众点评网社会评价可视化

4　研究结论

通过新浪微博数据的可视化分析显示济南大明湖公园社会评价排名前二十的高频词汇分别为“冬天”“开心”“广场”“荷花”“街区”“时代”“老人”“餐厅”“医院”“素食”“千佛山”“玩儿”“黑虎泉”“护城河”“散文”“队长”“芙蓉街”“宽厚里”“泉水”“平安”。该平台关注的热点主要是从城市角度的主要景点和相关感受，与大明湖直接相关的高频词汇相对较少。

通过携程旅游网的可视化分析显示济南大明湖公园的评价排名前二十的高频词汇分别为“免费”“荷花”“门票”“景点”“收费”“风景”“地方”“湖水”“湖面”“游船”“开放”“湖边”“泉水”“游览”“南门”“坐船”“泉城”“游玩”“名胜”“优美”。该平台关注热点相比新浪微博数据就更贴近景区了，比如“免费”“门票”“收费”代表了用户对于公园收费与否以及收费多少的高度关注。“湖水”“湖面”“湖边”表达了大明湖湖水本身的热点。“游船”“坐船”表达了对水上游玩项目的热点关注。

通过大众点评网的可视化分析显示济南大明湖公园社会评价排名前二十的高频词汇分别为“免费”“景点”“门票”“春节”“乾隆”“庙会”“湖畔”“印象”“湖边”“从小”“好看”“格格”“提起”“景色”“晚上”“泉城”“冬天”“名胜”“夜景”“湖面”。大众点评的热点词汇和携程旅游网相关度较高，“免费”“门票”、“湖畔”“湖边”“湖面”、都与携程旅游网的高频词汇相似，可见用户评价关注的焦点是比较集中的。

通过综合分析三个平台共同的社会评价排名前 20 的核心词汇，出现两次及以上的关键词有“荷花”“泉水”“免费”“冬天”“门票”“湖面”，其中语意相近的关键词有“夜景”和“晚上”、“湖边”“湖面”和“湖畔”。大明湖的湖水是主要景观，提及的次数频繁，湖里的荷花是一大特色，也是高频热词；济南被称作泉城，“泉水”也是多次被提及；大明湖景区自 2017 年 1 月 1 日起，原收费区也和新区一样免费开放，“免费”和“门票”也成为热词。2018 年 5 月 6 日开始筹备了一年多的大明湖灯光秀“泉城夜宴”开演，“夜景”和“晚上”也成为热词。此外，大明湖的冬景也颇受关注，“冬天”也是热门词汇。

通过对三个平台的关键词比较也可看出，携程旅游网和大众点评网的高频词汇重合率更高，排序也更为接近，而新浪微博数据的高频词与另外两者偏差较大。携程旅游网和大众点评网都是明确的针对大明湖景点的评价，虽然前者服务对象偏向旅游的外地游客，后者多为当地居民的评价，但可以发现关注的热点是基本相似的。而新浪微博数据相对目的性没有太明确，多是用户自发性的发表动态，所以会出现“千佛山”“护城河”“宽厚里”“黑虎泉”“芙蓉街”等其他景点名称。就社会评价的准确度和相关度来说，携程旅游网和大众点评网更高，但新浪微博数据优势在于提供一些新鲜的视角，比如“老人”代表了很重要的一个社会热点群体，再比如“平安”一词对于景区的安全管理方面也提出了更高的期许，比如“广场”一词一定程度上表达了对于公园开放空间的需求。

5　优势与局限

由于网络评价平台的开放性与实时性，可以高效准确的获取社会各界广泛的评价，相对于传统的问卷调查法省时省力、获得数据量更为庞大。以携程旅游网为例，笔者共搜集到有效评价 1256 条，评价按照时间倒序依次选取，时效性强，发表评价者均为认证用户，真实性可靠性有保证。评价共计 104435 字，平均每条评价 83 字左右，内容丰富涉猎广泛。对社会评价的文本分析可以快速提取城市公园乃至各类公园的关注热点，可以为公园提升管理质量或者为更新改造提供依据。因操作方便，可实时更新热点词，对于扩大景区宣传和提高影响力、满足不同群体的需求都十分有益。

当然，该技术目前也有很多局限。首先，热点关键词只能表明社会热点关注热点，并不能更加准确的分析评价的褒贬态度，如“开心”“满意”“好看”可表达使用者的态度是满意的，可是如“广场”“湖面”这类词就无法确定评价者是否满意和满意程度，也无法确定评价者是否提出了相应的改进意见。

其次，数据获取主要依靠的第三方平台，这就带来了评价人群分层困难的问题，调查问卷可以针对不同职业不同年龄段按比例进行抽样调查，但第三方平台的使用者年龄、职业分层和区域分布都极不均匀，这是一个难以回避的问题。以新浪微博为例，其八成用户不满 30 岁，且以男性为主，职业组成大多是学生，城市分布以二三四线城市为主，区域分布从东南沿海城市向西南内陆城市依次递减[7]。

最后，数据精准分析的难度也较大，比如如何排除重复数据和虚假数据，如何更加高效的筛选与目标相关的数据排除干扰数据等。数据校对方面也是一个亟待解决的问题，需要人工筛查与清理，数据庞大的情况下任务量也很大。

6 结语

通过济南大明湖公园社会评价可视化的研究实践为例，通过数据爬取技术和词频分析技术尝试了大数据在公园社会评价方面的应用。但同时需要强调，大数据技术的发展应用并不是要取代专家打分和调查问卷等方式，而是与之配合，现在已经有基于大数据平台的新问卷模式的诞生[8]，大数据背景下的社会评价可视化提供了辅助管理和扩展思路的一条新途径。

科学技术的迅猛发展的背景下，人们日常生活的各个方面都不同程度被大数据影响着，我们应当理性看待大数据的发展。对风景园林学中的景观评价方面而言，大数据也逐渐成为了新的基础支撑[9]。依靠大数据的辅助能更加客观理性的分析，于错综复杂的信息中搜寻解决问题的核心关键，高效便捷准确的找到项目的关键问题并进一步探寻解决途径。

参考文献

[1] 贾培义. 大数据时代的风景园林学[J]. 风景园林，2013(05)：150.

[2] 孟小峰等. 大数据管理：概念、技术与挑战[J]. 计算机研究与发展，2013.

[3] 李祎，基于词频分析和知识图谱的国内外学习分析热点对比研究[J]. 开放学习研究，2016(03)：38.

[4] 李方正等. 大数据时代位置服务数据在风景园林中应用研究[M]//中国风景园林学会. 中国风景园林学会 2015 年会论文集. 北京：中国建筑工业出版社，2015.

[5] 李亮稷等. 基于大数据对城市公园的研究方法[J]. 美与时代(城市版)，2016(10)：65-67.

[6] 秦萧等. 大数据时代城市时空间行为研究方法[J]. 地理科学进展，2013，(9)：1352-1361.

[7] https：//www. useit. com. cn/thread-17562-1-1. html.

[8] 董琦. SoLoMo 公众参与——大数据时代新型城镇化建设背景下的风景园林[M]//中国风景园林学会. 中国风景园林学会 2014 年会论文集. 中国建筑工业出版社，2014.

[9] 王鑫等，基于网络大数据的北京森林公园社会服务价值评价研究[J]. 中国园林，2017(10)：14-18.

作者简介

王玉叶，1990 年生，女，汉族，莱阳人，山东建筑大学硕士在读。研究方向为风景园林规划设计与理论。电子邮箱：wangyuyehao@163. com。

李端杰，1965 年生，男，汉族，山东建筑大学教授。研究方向为风景园林规划设计。电子邮箱：lduanjie@163. com。

公园城市背景下的城市游园使用状况评价①

——以山东省青岛市为例

Evaluation on the Use of Urban Parks under the Background of Park City

—Taking Qingdao City, Shandong Province as an Example

孙博杰　李端杰*

摘　要： 习总书记在2018视察成都天府新区期间提出了建设公园城市的理念，要求我们完善的处理好城市环境建设与人们生产生活之间的关系。而在当前的城市建设活动中，城市建设用地日趋紧张，城市可建设区域呈现出碎片化的特点。城市更新活动规模逐渐开始由大转小。同时，社会发展带来的人们生活节奏的加快使人们的休闲时间也变得碎片化，人们休闲活动的发生将更多放在距离居住区、公司更近的小型公园。因此，城市小规模公园的建设将成为未来的城市更新的一个重要部分。本文基于POE（使用后评价）理论对青岛市游园进行调查研究，按照“调研方案→数据收集→数据整理→数据分析→综合评价→提升建议”的流程分析使用者的行为特征与需求规律，总结目前城市游园现状，提出一些合理化建议与解决措施。对游园建设与管理提供一定的理论支撑及参考，使城市游园能更好的满足人们的使用需求。

关键词： 公园城市；城市游园；使用后评价；青岛

Abstract: During his visit to Tianfu New Area in Chengdu in 2018, General Secretary Xi put forward the idea of building a park city, which requires us to deal with the relationship between urban environmental construction and people' s production and life. In the current urban construction activities, urban construction land is becoming increasingly tense, and urban constructable areas show the characteristics of fragmentation. The scale of urban renewal activities gradually began to change from big to small. At the same time, the acceleration of people' s life rhythm brought by social development makes people' s leisure time fragmented. People' s leisure activities will be more located in small parks closer to residential areas and companies. Therefore, the construction of small-scale urban parks will become an important part of urban renewal in the future. Based on POE (post-use evaluation) theory, this paper investigates and studies Qingdao' s tourist park. According to the process of "investigation scheme data collection data collation data analysis comprehensive evaluation suggestions for upgrading", it analyses the user' s behavior characteristics and demand rules, summarizes the current situation of urban tourist park, and puts forward some reasonable suggestions and solutions. To provide some theoretical support and reference for the construction and management of tourist park, so that urbantouristparkcanbettermeetpeople' suseneeds.

Keyword: Park City; Urban Recreation Park; Post-Use Evaluation; Qingdao

引言

随着城市化不断推进，城市更新建设活动频繁导致城市用地日趋紧张，城市可建设区域呈现出碎片化的特点。城市内已经没有足够的区域实施大尺度的建设，城市更新活动规模逐渐开始由大转小。同时，社会发展带来的人们生活节奏的加快使人们的休闲时间也变得碎片化，人们休闲活动的发生将更多放在距离居住区、公司更近的小型公园。因此，城市小规模公园的建设将成为未来的城市更新的一个重要部分。习总书记在2018视察成都天府新区期间提出了建设公园城市的理念。公园城市是我国在当代城乡规划建设与理想城市环境创建的理念创新，是指导当代人居环境建设的生态文明观和城市治理观。要求基于城市绿地系统、公园体系，根据现代人居环境科学理论方法，建设生态、公平、美丽繁荣的理想城市环境。而城市游园建设作为公园城市建设的其中一环，扮演着不可或缺的角色。

当前我国城市游园由于对城市居民需求理解不到位，城市游园的建设存在设计不合理，利用率低的现象。运用使用后评价研究方法，分析城市居民对城市游园空间感知，深入分析运行情况和使用效果，为设计提供有效依据。使用后评价（Post Occupancy Evaluation，简称POE）产生于20世纪60年代的环境心理学。POE是指环境空间建成一定时间后，一种规范化的分析系统，收集使用者对环境的评价数据信息，经过科学的分析，了解对使用者的需求满意度；通过可靠信息的汇总，对后同类建设提供科学的参考，便最大限度地提高设计的综合效益和质量。

青岛市是国家计划单列市，山东省经济中心、国家沿

① 基金来源：国家自然科学基金项目（51807320）。

海重要中心城市，目前正在由国家二线城市向一线城市迈进。2018年上合峰会在青岛顺利召开，青岛市城市园林绿化景观正处于综合提升阶段。本文以青岛市为例从使用者群体特征、游园可达性、活动适宜性，使用者行为活动分析等几个角度分析使用者的行为特征与规律，讨论城市游园与使用者使用需求，使用满意度的关系。总结目前城市游园建设存在的问题，提出相应的合理化建议与解决措施。对游园建设与管理提供一定的理论支撑及参考，使城市游园能更好的满足人们的使用需求，更好地建设公园城市。

1 研究方法

1.1 研究场地

按照青岛市城市建设规划要求，根据现有城市游园建设现状，结合城市公园服务功能，同时遵循科学性可操作性和典型性等原则，分别选取了青岛市3个类型不同，服务不同功能的公园作研究对象，分别为海尔路带状游园，金田路南侧游园，香港中路山东路游园（表1）。

游园基本信息统计表　　表1

游园名称	面积	区位	
海尔路带状游园	60000m^2	位于崂山区城市干道海尔路西侧1.5km长带状绿地，周边多为商业建筑与居住小区	
金田路南侧游园	7500m^2	位于市南区金田路南侧，周边为城市老居民区，南侧为大润发商场	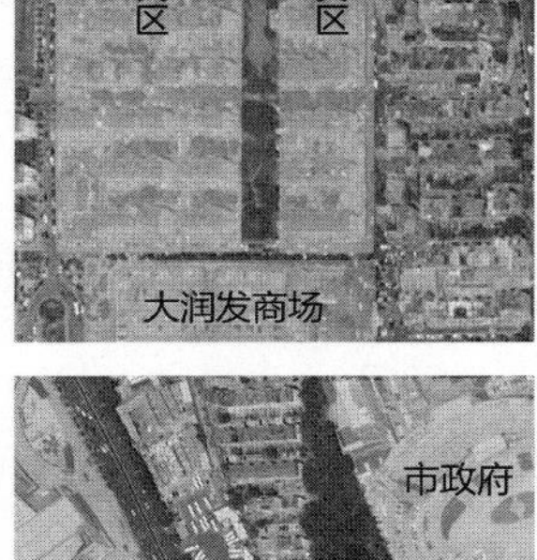
香港中路山东路游园	5600m^2	位于香港中路与山东路交界东北街角，地处市中心繁华路段，东侧为市政府西侧为万象城，毗邻地铁口、公交站	

1.2 研究内容与研究方法

选择2018年7到8月晴朗微风或无风天气，对3处城市游园空间进行为期6天的调查。为了使调查更好的代表广大人群，选取非特定节假日进行调查，为了避免样本的重复性，尽可能多地选取不同身份的人群进行调查。

（1）使用者基本信息和出行特征调查。每处游园一天的观察。根据空间分类定点随机发放调查问卷。共计发放300份，收回263份，有效问卷240份，有效回收率80%。

（2）使用者使用特征调查。根据Adinolfi行为注记法从8：00～20：00，每30min对使用者行为进行观察并记录，同时对不同年龄不同身份的使用者进行对话访谈并进行记录。

（3）使用者满意度评价。根据市民需求结合前人对相关问题的研究，设置自然环境、基础设施和空间评价3方面14个因子。根据语义差异，制定5个定级变量（很好、较好、一般、较差、很差）并赋值（2，1，0，－1，－2）。同时基于满意度评价体系让使用者对15个因子进行满意度影响评价，同样使用3个定级变量（很有影响、一般、影响较小）并赋值（2，1，0）。得出对于使用者满意度影响最大的影响因子。

2 结果与分析

2.1 使用者基本信息

根据调查问卷统计分析可知（表2），青岛市不同类型城市游园的游园者年龄、性别和受教育程度比例均不相同。其中，海尔路带状游园使用者男性比例高，女性则较低，以青年人为主，受教育程度普遍较高。金田路南侧游园使用者，男性比例低，女性比例高。中老年与儿童居多，受教育程度普遍较低。香港中路山东路游园使用者男性比例低，女性比例高，以青年人为主，受教育程度普遍较高。造成差距的原因主要由于香港中路为城市中心繁华路段，对年轻人的吸引较高。金田路游园临近居住区对老年人与小孩的吸引较大。海尔路带状游园位于城市干道东侧，跨度较长面积较大，周边环境复杂，使用者种类较为多元。不同类型的公园使用者的性别、年龄结构和受教育程度均不同，年龄结构能反映出3个城市游园的不同游园人群，对合理规划管理城市公园至关重要，而受教育程度结构的不同，也在一定程度上反映了公园规划和使用的差异。

使用者基本信息定项统计表 **表2**

游园名称	性别比例（%）		年龄结构比例（%）			受教育程度比例（%）			
	男	女	少年儿童	青年	中老年	小学	初中	高中	大学及以上
海尔路带状游园	54	46	17	65	18	13	18	32	37
金田路南侧游园	24	76	37	14	49	25	27	31	17
香港中路山东路游园	39	61	23	59	18	14	20	24	42

2.2 使用者出行特征、可达性分析

2.2.1 交通方式

由于青岛市地形原因自行车交通系统受限，城市内很少有市民骑自行车出行，故不将自行车电动车计入选项。经过调查得知三处城市游园出行方式主要为步行与城市公共交通，极少有私家车，造成这种状况这一方面是使用者来源地距离较近，一方面说明游园皆具有良好的开放性和可达性。

2.2.2 来源地距离

海尔路有75%的使用者来源地不超过1km，金田路游园88%的使用者来源地距离不超过1km，说明该公园的主要使用者是附近居民，香港中路游园只有47%者来源地距离不超过1km。首先这是由于香港中路、山东路游园毗邻城市公交车站的原因，此处大部分使用需求都是等人或者交通穿行。其中大多数来自居住地，少部分来自工作地。反映了当前城市游园主要服务于周边居民，承担的休憩功能较弱，难以吸引远距离居民。其次由于香港中路山东路游园位于土地资源紧张的城市中心区游园服务半径达不到居民使用需求的缘故。

2.2.3 使用频率及停留时间

通过调查图表得知三处游园的使用频率普遍较高，一天一次以及一天多次的比重占到了46%。说明居民对城市游园的使用需求较大。但是三处游园停留时间分布有所不同。海尔路带状游园的停留时间相对较短，使用者停留时间集中在30min～1h以内。金田路游园停留时间普遍较长，居民主要集中在1～2h的区间内。而香港中路山东路游园的停留时间最短，停留时间集中在0.5h以内（表3）。

用者出行特征定项统计表 **表3**

游园名称	出行方式（%）			来源地距离（%）			
	步行	公交车	私家车	500m内	500～1000m	1000～2000m	2000m以上
海尔路带状游园	48	39	13	32	43	15	19
金田路南侧游园	74	21	5	53	34	7	6
香港中路山东路游园	34	48	18	24	33	25	18

游园名称	使用频率（%）					
	一天多次	一天一次	一周多次	一周一次	几周一次	很少来
海尔路带状游园	14	25	28	17	10	6
金田路南侧游园	28	33	20	15	3	1
香港中路山东路游园	12	28	27	18	11	4

游园名称	停留时间（%）				
	5min内	5～30min	30～60min	1～2h	2h以上
海尔路带状游园	42	29	19	10	0
金田路南侧游园	10	22	30	31	7
香港中路山东路游园	58	34	8	0	0

2.2.4 游园可达性分析

通过对三处游园使用者交通方式，来源地距离，使用频率的统计分析，可以反映出三处游园可达性的优劣。海尔路带状游园使用者步行比例较大，来源地距离大多在500m～1km内，出行频率较高。故可达性较好。金田路南侧游园使用者步行比例达到74%，来源地距离大多在500m内，使用频率极高。故可达性最佳。香港中路山东路游园出行方式占比较大的为城市公共交通，平均来源地距离较远，使用频率相对低一些，故可达性较弱。

2.3 使用者使用特征

2.3.1 活动类型分析

根据几天内对三处游园的使用者行为观测，总结活动类型为五类：休闲游玩（包括观赏景观，遛狗，儿童游玩等）；健身运动（包括散步、体育锻炼等）；文化娱乐（包括唱歌、棋牌、阅读等）；休息交流（包括等人、交谈等）；穿行活动（路过或停留少于5min）。通过图表可知金田路游园由于紧靠居住区，使用者活动类型以观景游玩与健身运动为主，其次是休憩交流与文化娱乐，穿行活动较少。海尔路带状游园使用者活动类型以休息交流与穿行活动为主，其次是休闲游玩，健身文化活动较少。香港中路山东路游园使用者活动类型以休憩交流与穿行活动为主。其他活动都比较少。经过访谈得知造成这种现象的原因一方面是香港中路山东路游园与海尔路带状游园位于城市干道旁，空气质量较差，环境比较喧闹。另一方面是由于两者基础设施较为简单承担功能较少（表4）。

使用者活动类型定项统计表　　表4

游园名称	活动类型（人次）				
	休闲游玩	健身运动	文化娱乐	休息交流	穿行活动
海尔路带状游园	49	17	5	112	82
金田路南侧游园	158	89	18	76	31
香港中路山东路游园	12	0	0	59	273

2.3.2 使用者时间分布

根据图表显示（图1）金田路游园一天之内使用人数较高的时段为上午以及傍晚，主要是周边居民在进行健身以及游玩。而香港中路山东路游园一天之内使用人数的峰值出现在早上以及下午主要是上下班的市民与路过等人的市民。海尔路带状游园使用人数较少导致一天内使用者人数变化并不明显。

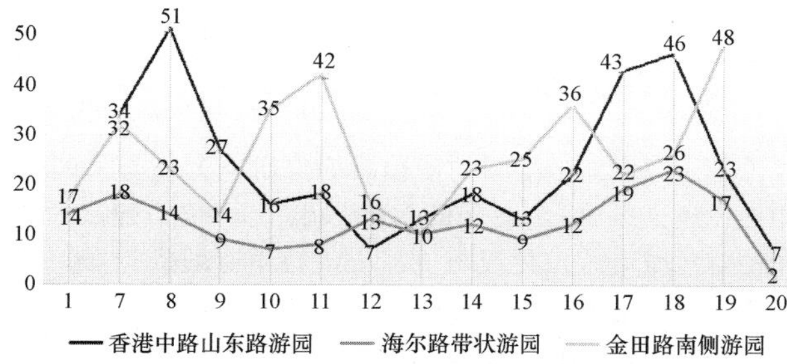

图1　使用者时间分布

2.3.3 使用者空间分布

根据场地现状将分为大体四个空间类型：林荫空间，道路空间、广场空间、建筑空间。通过观察记录一天之内三处游园使用者对四种空间类型的使用情况。由图表可知（表5），海尔路带状游园使用者对道路空间与林荫空间使用需求较大，其次是建筑空间、道路空间，对广场空间的使用需求较少。金田路南侧游园使用者白天对林荫空间与建筑空间使用需求较大，广场空间与道路空间较少，其中夜晚时段对广场空间使用需求增大。香港中路山东路游园没有建筑空间，使用者对林荫空间需求较大，道路空间次之，广场空间最少。总结可以看出使用者普遍聚集在林下空间中进行活动，不同空间承担的功能略有不同，可以反映出使用者对城市游园的使用需求。广场空间为集会，群体活动等。林荫空间为休憩、交流、健身等。道路空间为穿行、遛狗等。

使用者活动空间分布统计表　　表5

游园名称	活动类型（人次）			
	林荫空间	道路空间	广场空间	建筑空间
海尔路带状游园	102	84	48	65
金田路南侧游园	172	42	116	43
香港中路山东路游园	43	242	12	0

2.4 使用者满意度评价

根据市民需求结合前人对相关问题的研究，设置自然环境、基础设施和空间评价3方面14个因子。制定两份问卷分别为对游园现状评价与影响评价。自然环境分为：阳光、遮荫、噪声、绿化、卫生。基础设施分为垃圾桶分布、交通设施，游乐设施、休息设施、照明设施，空间评价分为空间数量、空间安全、场地维护、空间感觉。研究使用者对当前青岛市城市游园建设现状的评价与对城市游园的使用需求。最后根据问卷整理得出结果（表6）海尔路带状游园使用者评价总体满意，但是对场地遮荫，噪声，照明设施与空间安全四个因子评价较低。金田路南侧游园使用者的满意度评价优良，只有在垃圾桶分布，交通设施两个因子上评价较低。使用者香港中路山东路游园满意度评价整体一般，对遮荫、噪声、绿化、交通设施、休息设施、空间安全、场地维护7个因子上评价都比较低。通过满意度影响评价可以得出城市居民对城市游园影响较高的因子为休憩设施、噪声、遮荫、卫生、场地维护五个因子，影响较小的为绿化、空间数量、垃圾桶分布、交通设施、游乐设施四个因子（表 7）。

使用者满意度评价统计表 **表 6**

游园名称	自然环境				
	阳光	遮荫	噪声	绿化	卫生
海尔路带状游园	1.4	0.7	0.2	1	1.6
金田路南侧游园	1.4	1.5	1.2	1.2	1
香港中路山东路游园	1.5	0.5	0.1	0.9	1.4

游园名称	基础设施				
	垃圾桶分布	交通设施	游乐设施	休息设施	照明设施
海尔路带状游园	1.2	1.4	1	1.3	1.4
金田路南侧游园	1	0.6	1.2	1.5	1
香港中路山东路游园	1.4	0.7	0	−1	0.8

游园名称	空间评价			
	空间数量	空间安全	场地维护	空间感觉
海尔路带状游园	1.7	0.3	1	1.4
金田路南侧游园	1.6	1.4	0.6	1.5
香港中路山东路游园	0.7	−0.3	1.4	0.8

使用者满意度影响评分表 **表 7**

评价因子	影响度	评价因子	影响度
阳光	1.1	照明设施	0.6
遮荫	1.6	空间数量	0.4
噪音	1.4	空间安全	0.7
绿化	0.6	场地维护	1.3
卫生	1.4	空间感觉	1.1
垃圾桶分布	0.1	游乐设施	0.3
交通设施	0.4	休息设施	1.4

3 评价研究分析

本文基于青岛市城市游园调查问卷数据，从使用者的角度出发，运用 POE 方法对青岛市城市游园进行了调查研究，得到了城市游园使用者使用需求与行为特征。主要结论如下：

（1）三处游园使用者身份对象不同使用者使用需求也存在不同。同时因游园一般面积较小，较之社区公园、综合公园存在功能单一、不明确的特征。故环境不同的城市游园承担的功能不同。

（2）城市中心区游园半径难以满足周边居民使用需求，到达游园交通方式中步行占比相对较低，故可达性较差。

（3）游园的使用者大多为周边人群，通过分析得知使用者来源地距离游园多在 1km 内，侧面反映出，游园的最佳服务范围在周边 1km 左右。以及结合青岛市游园建设现状分布，可知部分区域缺少公园绿地，对游园的规划分布尚有欠缺。

（4）三处游园使用者的主要活动类型为以及休闲游玩，休息交流，交通穿行，城市游园内健身活动以及文化娱乐活动发生较少。

（5）游园使用者峰值多集中在傍晚，使用者空间分布集中在林缘旷地和广场空间，对绿地的依赖性不强，绿地起到的更多为防护作用。

（6）使用者满意度评价良好，其中对园内休息设施、林荫、噪音等方面满意度较低，其中对使用者满意度影响最大的也是休息设施、林荫、噪音方面。影响较小的为绿化、空间数量、垃圾桶分布、游乐设施等方面。

4 建议与总结

基于对青岛市游园的使用后评价研究分析与公园城市建设理论指导，对城市游园建设提出以下几点建议，希望能够对城市游园建设与更新提供科学有效的指导，为城市居民创造好的生活环境。

（1）因城市游园服务半径较小，3 个不同类型城市游园使用者主体，游园者性别和受教育程度比例也存在差异，故城市游园的建设应对周边人群的使用需求进行调研，主要满足周边人群的使用需求，达到功能完善而不多余。

（2）当前城市中心区用地紧张，同时中心区人口稠密对公园绿地的需求日益增长，为了平衡城市用地紧张与人民需求之间的关系，应重视推广游园建设，充分利用好城市内分散的地块，满足人们使用需求。

（3）通过对游园服务半径的分析，得出游园规划建设选址应在分析周边环境的基础上，以 1km 为服务半径对城市空间进行覆盖，使游园针对使用者具有良好的可达性。同时，对周边的人群密度，用地性质进行分析，应在人流来往密集，使用需求大的商业用地以及居住用地周边进行有缘的重点布置。使游园的服务效果达到最佳。

（4）城市游园面积较小，功能上应该主要考量使用者的使用需求。设计上可以多布置一些休憩设施与出入口，保证游园内部休憩功能完善，交通流畅，同时可以减少健身，文化娱乐设施布置。

（5）通过对使用者行为记录以及使用后评价的分析，设计时应适当多布置林下活动空间，广场空地。对绿地空间占比可以适当削弱。

（6）加强游园内的卫生管理与基础设施维护完善，对于使用者来说，对于休憩设施的重视要高于绿化造景的美观。在设计时可考虑减弱绿化造景方面成本投入，完善休憩设施，园路等基础设施的完善。游园因其特性经常布置在城市交通干道周边，存在者飞尘，噪声等污染，应考虑通过绿化构建隔离噪声粉尘的屏障。

当前我们国家城市环境建设速度飞快，人民生活环境日益提升，但仍然存在着不少的问题，例如，绿地资源空间分布不合理，区域间环境建设水平不均，等。而公园城市理念要求我们以人为本建设美好的城乡人居环境，满足人们对美好居住环境的需求。我们应当不断总结实践经验以及城市环境科学理论，发现城市人居环境中的问题与不足之处，探寻科学有效的解决方法，将我们的城市建设成绿色生态，风景优美，公平开放，经济繁荣的理想人居环境。

参考文献

[1] 刘滨谊. 公园城市研究与建设方法论[J]. 中国园林，2018，34(10)：10-15.

[2] 吴岩，王忠杰，束晨阳，等. “公园城市”的理念内涵和实践路径研究[J]. 中国园林，2018，34(10)：30-33.

[3] 李丹丹，郑钰旦，邵锋，晏海. 城市口袋公园使用后评价(POE)研究[J]. 中国城市林业，2018，16(03)：41-46.

[4] 魏芸云，许新亚，王睿. 基于POE法的兰州市城市公园使用状况评价[J]. 浙江农业科学，2018，59(02)：254-258+265.

[5] 徐晓娴. 镇江城市街旁绿地使用后评价(POE)研究[D]. 江南大学，2017.

[6] 龚克，胡灵琪. 城市街头绿地小游园使用状况评价(POE)应用案例研究——以桂林市瓦窑堡小游园为例[J]. 城市住宅，2016，23(07)：84-86.

[7] 张琛琛. 北京市社区公园使用状况评价研究[D]. 北京林业大学，2016.

[8] 胡金龙，周志翔，张晓来. 武汉市城市公园使用后评价(POE)研究[J]. 浙江农业学报，2013，25(01)：83-88.

[9] 王沐锦，宋力，史国旭. 大连市黄河路街头绿地使用状况评价[J]. 中国园艺文摘，2011，27(02)：67-68.

[10] 赵东汉. 使用后评价POE在国外的发展特点及在中国的适用性研究[J]. 北京大学学报(自然科学版)，2007(06)：797-802.

作者简介

孙博杰，1995年生，男，满族，山东青岛人，山东建筑大学建筑城规学院硕士研究生。

李端杰，通讯作者，1965年生，男，汉族，山东济宁人，研究生，山东建筑大学基建处处长。研究方向：风景园林规划设计。电子邮箱：lduanjie@163.com。

公园城市理念在城市控规中的应用

——以亭子新城控规为例

The Application of Park City Concept in Urban Regulatory Plan

—Taking the Regulatory Plan of Tingzi as an Example

孙艺松 呼 玥 江 权

摘 要： 随着“公园城市”理念的提出，在规划中对此理念的实践也随之展开，包括在控规中如何实现“公园城市”理念的融入。本文通过对于“公园城市”理念的解读，阐述控规中“公园城市”理念实践的技术要点，并结合亭子新城的案例，研究“公园城市”管控体系的构建，从而实现“公园城市”理念在控规中的应用，同时希望对于以后同类型的项目提供可以参考的技术路径。

关键词： 公园城市；控制性详细规划；控制要素；控制指标；绿地系统

Abstract: With the in-depth study of the concept of “park city”, this concept gradually carried out in city planning, including how to realize the integration of “park city” concept in the regulatory plan. Through the interpretation of the concept of “park city”, this paper expounds the technical points of the practice of “park city” in the regulation, and combines the regulatory plan of Tingzi to study the construction of the “park city” control system, thus realizing the concept of “park city”. At the same time to provide technical paths that can be referenced for future.

Keyword: Park City; Regulatory Plan; Control Elements; Control Indicators; Green Space System

1 “公园城市”理念解读

1.1 “公园城市”理念的提出

2018年2月，习近平总书记在视察天府新区时，提出“公园城市”理念，并强调该理念对生态价值的考虑和对人居环境的重视。随即，重点研究此理论的城市研究院也开始组建，相关重点课题研究逐步展开，各设计院也开设公园城市系列研究专栏，组织相关学习探讨，至此，“公园城市”理念逐渐被大家重视。

1.2 “公园城市”理念的内涵

公园城市，并不是“公园”与“城市”的叠加，也区别于“城市公园”概念，是高于城市整体，对于整个地区的系统性规划理念。公园城市是公共、生态、生活、产业的叠加，是各类功能相互协调，复合型高，多元共生共同发展的系统。

在“公园城市”的建设中，吴志强认为建设的内涵为城市通过“一公三生”（公共、生态、生活、生态）的叠加，建设一个各类功能相互协调、复合性高的系统；毛其智认为“公园城市”的建设重点为打造一个优良舒适的人居环境。

本人认为作为未来城市发展的趋势，“公园城市”理念所倡导的规划目标如下：

（1）保护生态本底，达到持续发展目的

通过地区内部核心生态资源的识别，形成具有地域特色的生态安全格局；通过对生态管控的加强，实现保护和利用协调发展的趋势；通过开发强度的控制，提高城市绿地水平，营造蓝绿萦城的生态城区。

（2）以人为本，打造舒适人居环境

通过完善公园设施，分级分类配置，形成完整的公园游憩系统；通过优化绿地公园的布局，实现公园服务全覆盖；通过公园场地优化设计，建设特色专类公园，提升公园服务水平。

（3）绿地基础设施的均等服务

通过建设区域风景游憩体系，串联城乡自然风光资源、人文历史资源，实现区域整体发展；通过推进公园式乡村建设，改善乡村居民生活环境品质，实现绿地服务设施均等化；通过打造特色景观小镇，带动旅游业发展，实现农民增收。

（4）打造创新景观，达到提升品质目的

通过控制城市规模，聚集城市产业，维护城市山水格局；通过产业创新转型，建设绿色产业园区；通过绿色宜居建设理念转型，建设公园化城市片区；通过结构性绿地建设，营造公园化的绿地生态地区。

2 “公园城市”理念下的控规技术要点

在控规中，通过对于城市发展的要素进行系统全面的把控，可以引导整个城市的发展，在各个控制要素的管控中，引入“公园城市”的理念，来帮助城市达到“公园城市”理念的实施。

2.1 公园绿地的系统化布局

依据城市的山水格局，结合城市公园绿地系统，将城市的公园绿地系统化的布局作为城市建设的基础，通过城市的生态条件把控城市整体风貌并引导城市用地的布局和建设，实现城市公园化的环境营造。具体的城市公园绿地系统化布局包括以下景观要素布局的把控。

2.1.1 点状绿地

梳理城市中的点状绿化空间，利用居住区绿地、街头绿地、立体绿化、屋顶绿化等遍布全城的点状绿化空间构建城市绿色景观体系基底。

从人文的角度出发，充分考虑绿地系统组织的均匀性、共享性和开放性，在居住区内设置公园绿地，形成点状均布的绿地系统。在控规中，通过对地块绿化率和绿化形式的控制，实现覆盖全城的散点式绿化的建设，达到绿色服务设施均等化的目的。

2.1.2 绿色廊道

梳理城市自然绿色廊道，结合山体、河流等自然景观要素划定绿地边界，维护城市自然山水格局。结合城市道路、景观轴线构建带状绿地，保证景观的通透性，进而将城市自然山水与城市环境相结合，建设完整、连续的城市绿色景观廊道。

2.1.3 片状公园

提升公园品质，利用片状的公园绿地和滨水空间塑造周边高品质、高价值用地。建设“公园城市”不仅需要保证公园绿地的数量，还要提升公园绿地的品质，同时对于公园绿地的布局也要充分考量。构建各种类型和多元主体的专类公园体系，丰富城市公园体系内涵；滨水地区发挥优质的景观条件，利用多种形式的驳岸塑造亲水与远水相结合的高品质滨水地块。通过片状大型公园绿地的景观塑造，展现城市的特色。

2.1.4 点、线、面构建绿地网络系统

以城市生态廊道为联系，将城市中点状分布的绿地和片状分布的公园及滨水空间相互串联，使城市不同形式的绿地之间协调呼应，以系统化的形式覆盖全城，形成层级分明、丰富多彩的城市绿地体系格局。

2.2 景观化的道路空间营造

改善城市的道路景观环境，营造景观化的道路空间是建设公园化城市的重要组成部分。

首先，按照城市道路等级，预留不同尺度的街边绿地空间。通过对于街边绿地在城市路网中的分区分类配置，构建城市慢行系统和街边驻留空间，营造良好的街道空间。

其次，要加强对道路断面中绿化比例的控制。将城市道路根据其性质和道路等级，结合周边用地条件，对道路断面中不同位置的绿化隔离带的宽度、种植植物种类和绿化率进行控制，人行步道主要营造舒适宜人的道路环境，车行道主要营造整体连贯的视觉环境。

2.3 激励性指标体系构建

根据控规具有法定性、强制性、理念性和落地性的特点，能够将“公园城市”理念更好的落实到实际建设当中，控规在一定程度上，对建设指标的控制是完成理念实施的最佳规划步骤。

首先，要在城市用地地块指标中，将地块绿化率指标和容积率指标结合控制，对于利用立体绿化、屋顶绿化等新型绿化方式提升地块绿化水平的地块给予一定的容积率奖励，鼓励城市建设中采取更多样化的丰富的绿地建设形式。

其次，结合对“公园城市”理念的建设目的和的控制要素的选择，提出能够影响“公园城市”理念实施的相关控制指标（表1）。在城市控规编制中，结合城市实际情况，针对不同性质的地块特点在这些指标中选择性的对其进行建设的引导，并对满足条件的建设给予一定的政策优惠，从而实现“公园城市”理念的实践。

“公园城市”理念相关控制指标表　　表1

控制要素	具体指标
城市山水格局	五线控制
	河网密度
	河网水面率
	山体面积
	山体绿化率
城市公园绿地	滨水空间驳岸形式
	绿地面积
	人均绿化面积
	绿地率
	道路绿化覆盖率
	城市公园性质
	公园绿地覆盖率
	十分钟生活圈服务水平
城市风貌	城市建筑色彩达标比例
	街坊尺度
	综合容积率
城市道路	绿化隔离带宽度
	街头绿地面积
绿地触媒	立体绿化率
	屋顶绿化率
	绿色基础服务设施水平
	公共建筑配套绿地面积

2.4 发挥绿地的触媒作用

发挥公共绿地的触媒作用，以优良的景观生态品质带动城市活力，提升土地价值。激发带动城市片区的环境品质跃升，引领城市片区的更新复兴和空间拓展。

2.4.1 构建以绿地为核心的城市游憩商业区

结合城市商业中心以及剧院、演艺中心、图书馆等公共文化设施建设和打造标志性绿化空间，提升此类公共绿地的指标控制，打造成城市绿色地标，利用绿色休闲服

务带动城市活力，提升城市景观品质。

2.4.2 打造绿地为基础的公共活动空间

加强对公园绿地中儿童游憩场地和体育器材健身场地等基础服务设施的建设，并根据分级分类的原则合理、足量的在城市中进行布局，满足居住区中不同年龄段、具有不同爱好的居民的服务需求。

2.4.3 打造以绿地为依托的优质化居住空间

通过对居住空间中绿地建设水平的控制，提升居住空间的品质。通过对居住片区内公共公园绿地的规模、绿地率、绿化游憩基础设施水平、和景观环境控制水平的提升，对周边的城市居住片区由远至近带来逐渐增强的人居环境品质的提升，提升地块价值的同时，美化城市的居住空间。

3 “公园城市”理念实践——四川达州亭子新城控规

3.1 项目概况

亭子新城位于四川省达州市东南部，是达州未来重要的城市组团。规划区总面积为 31km²，其中城乡居民点建设用地 22km²，规划人口 29.4 万人。

规划亭子新城是以自然山水为景观特色，以现代商贸、旅游服务和现代居住为主要功能，同时兼具商务、文化、休闲、娱乐等多种功能为一体的“山水新城”（图 1）。

图 1 亭子新城土地利用规划图

3.2 公园城市规划理念的应用

亭子新城控规践行公园城市理念，积极探索城市可持续发展新模式，构建中央公园的发展模式，留山、留水，打造山水相间，建设城区大尺度绿地系统，优化配置实现公共绿地均等化，丰富城市景观，提升城市环境质量。最终建设成为“山、水、园”结合的公园新城。

3.2.1 构建中央公园模式

规划以绿地水系为核心，利用良好的景观资源带动商业的聚集，形成公共服务设施核心（图 2）。进而带动周边社区的发展，提升土地的附加值。从而形成“中央公园”的布局模式。依托核心区的天恩水库，打造中央公园。结合公园布局城市商务中心和文化体育设施，打造城市活力中心，带动周边区块发展。

图 2 亭子新城规划结构图

3.2.2 留山、留水，打造山水相间的公园城市

规划区周边多山，中部有水，山水相映构成规划区自

然的山水格局。规划利用该地块良好的自然景观条件，充分考虑地形因素与水体景观效应，借助自然赋予山景、水景，借山引水，运用城市绿地系统与水系，将自然景观融入到城市的整体风貌之中，塑造良好的城市景观格局，打造新时代的宜居山水城市。

规划借助亭子新城现状鲤鱼河、汇河沟等丰富的水景观为触媒，植入文化、娱乐、商业、居住、办公等复合化的城市功能，使城市职能空间与自然环境有机融合，营造活力城市新区（图 3）。

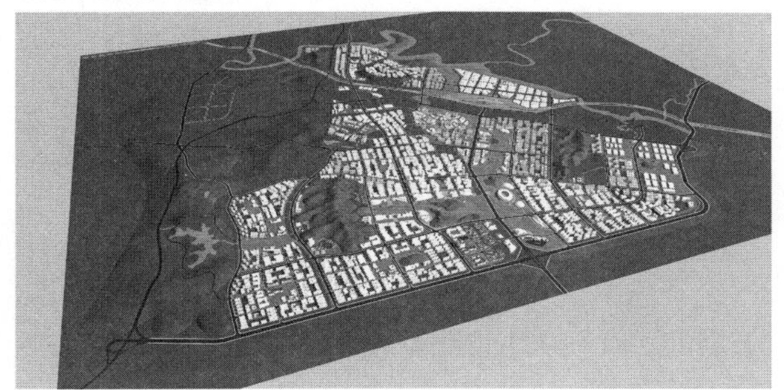

图 3　亭子新城南视角鸟瞰图

3.2.3　利用大尺度绿地结构，建设生态廊道体系

规划以“河”为景，以“和”为魂，打造城市与自然、文化、人之间的和谐关系；构架自然和谐、文化和谐、与人和谐的和谐之城。充分利用原有水塘、沟渠等自然地形地貌特征，建立多形式、多层面的绿地形态（图 4）。从人文的角度出发，充分考虑绿地系统组织的均匀性、共享性和开放性，最大限度地便于居民的休憩游览需要（图 5）。

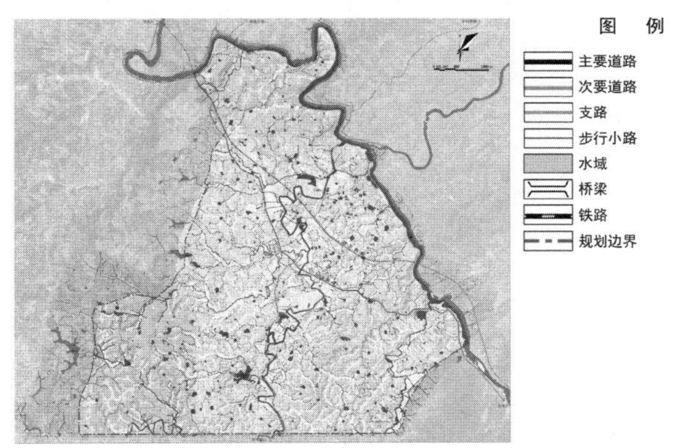

图 4　亭子新城道路水系现状图

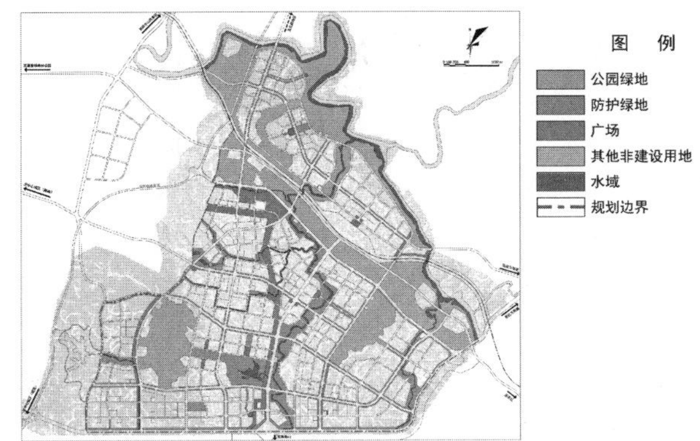

图 5　亭子新城绿地水系规划图

3.2.4　“三核，三轴，多节点”的城市景观结构

基于绿地空间，通过建立景观视廊、景观轴线等手法，使规划区内部的空间与周围城市环境、自然地形及生态景观取得有机联系与对话。标志性建筑、城市道路、广场、绿地、河流、山体等空间的相互呼应的景观结构。总体呈现“三核，三轴，多节点”的形式（图 6）。

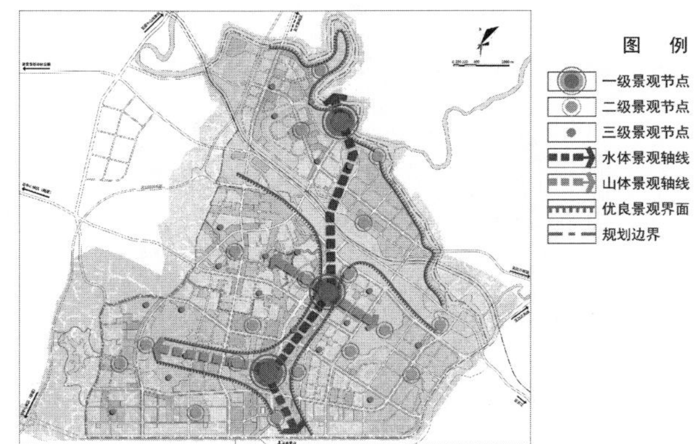

图 6　亭子新城景观结构规划图

三核：滨江自然山水核心，位于规划区北部，由滨江公园、自然山体构成的自然核心景观；滨水公共核心，位于规划区中部鲤鱼河，由滨水的办公设施和文化商业设施构成地标性的景观；滨水商务核心，位于天恩水库，高端商务、文化办公设施围绕天恩水库形成规划区核心景观。

三轴：东侧保留山体与滨水公共核心连接形成的东部山体景观轴线；西侧保留山体与滨水商务核心连接形成的西部山体景观轴。沿鲤鱼河邻水建设公共设施，形成水体景观轴线；三轴交汇于两核构架出城市的山水景观骨架。

多节点：除核心和轴线外，各居住区、组团形成有层次的景观节点体系。

另外，绿化配置应体现当地的气候特点，宜选用当地植物，以乔灌木为主，最大起到生态绿化效果，减少维护成本。

3.2.5　以人为本，生态优先，实现公共绿地均等化

在考虑生态环境的前提下，优化绿色公共服务供给，考虑方便居民使用和适中的服务半径，合理确定各级各类公园绿地的分布（图 7）。

在规划中，尽量保留原有自然环境，在每个生活圈内配置公共服务绿地，居住区、公共服务区以及道路交通范围均配以适当绿地系统，并互相关联，形成对景。通过控制用地、容积率、绿地率等手段建造优美人居环境（图 8）。

4　总结与展望

在控规中应用“公园城市”理念，主要途径为打造高品质的生活环境和全域景观化的生态环境，建设多元化、

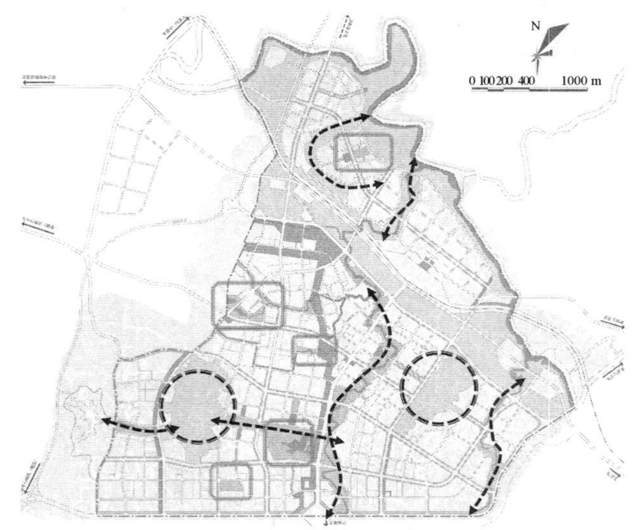

图 7　绿地分布示意图
（图片来源：作者自绘）

图 8　亭子新城东北视角鸟瞰图
（图片来源：作者自绘）

均等化的绿地体系，围绕“十分钟生活圈”加强公共绿地配套建设，重视创新产业的发展，打造新型景观，加强城市风貌建设等。技术方法为通过“公园城市”理念相关控制要素与控制指标相结合来控制城市的建设，实现把“城市中的公园”升级为“公园中的城市”。而针对不同城市如何将这套方法因地制宜的应用，对于控制要素和指标的灵活选取和权重考量则为具体方案中的重要思考问题，关系到控制性详细规划能否发挥出承上启下、管控落实的作用，能否为打造美丽宜居公园城市奠定坚实的规划基础。

参考文献

[1]　郭川辉，傅红．从公园规划到成都公园城市规划初探[J]．现代园艺，2019(11)：100-102.

[2]　李铁．公园城市的发展方向[N]．北京日报，2019-05-20(014).

[3]　肖汉平．公园城市：以生态文明引领发展的新范式[J]．先锋，2019(05)：14-15.

[4]　张茜．城市近郊生态廊道地区控规编制技术探索——以《南京江北新区三桥生态廊道控规》为例[C]//中国城市规划学会，杭州市人民政府．共享与品质——2018 中国城市规划年会论文集(15 控制性详细规划)，2018：17.

[5]　匡晓明，徐进，陈君．基于控制性详细规划地块层面的低碳生态管控要素体系建构研究[J]．城市规划学刊，2018(05)：56-62.

作者简介

孙艺松，1980 年生，男，河南人，硕士，北京清华同衡规划设计研究院有限公司，旅游与风景区规划研究所景观室主任工。研究方向为旅游与风景区规划。电子邮箱：317361878@qq. com。

呼玥，通讯作者，1992 年生，女，汉族，河北，硕士，北京清华同衡规划设计研究院有限公司，旅游与风景区规划研究所规划师。研究方向为旅游与风景区规划。电子邮箱：714562362@qq. com。

江权，1979 年生，男，硕士，安徽桐城人，北京清华同衡规划设计研究院有限公司，旅游与风景区规划研究所副所长。研究方向：旅游与风景区规划。电子邮箱：199079305@qq. com。

公园城市体制下街道公共空间的分析与优化
——以福州市为例

Analysis and Optimization of Street Public Space under Park City System
—Taking Fuzhou City as an Example

章陆杨　郝　亮　许志敏　陈　琳　刘燕珍　丁国昌*

摘　要： 为了响应中央"公园城市"建设的号召，了解发展街道公共空间对"公园城市"建设的推动作用。本文采用文献归纳法和实地勘测法，对福州市新城区——金山生活区、商业步行街区——"三坊七巷"和老城区——"开元寺"周边住宅组团这三组街道进行小尺度公共空间品质分析对比。结果表明，从沿街绿化、步行人流量、车流量、人行道宽度和街道活动空间五个要素进行对比发现，"三坊七巷"的街道公共空间营造效果最好，"开元寺"周边住宅组团次之，金山生活区最差。通过本次研究可以明显发觉，除步行街外的其他街道公共活动空间都非常少。单调的沿街立面缺乏对行人驻足停留的吸引力，人行道宽度过小、大量非机动车的停放占据人行道导致居民难以在街道展开社交活动，从而使街道失去活力。由此种种都反映出城市街道公共空间值得进一步发展。

关键词： 公园城市；街道；公共空间；品质；福州市

Abstract: In response to the call for the construction of the central "park city", find out the role of the development of street public space to promote the construction of "park city". This paper uses the literature induction method and the field survey method to make the small-scale public space quality analysis and comparison of the three groups of streets in the new urban area of Fuzhou, Jinshan living area, commercial pedestrian street, "Sanfangqixiang" and the old city area, "Kaiyuan Temple" surrounding residential group. The results show that from the five elements of street greening, pedestrian flow, traffic flow, sidewalk width and street activity space, it is found that the "Sanfangqixiang" street public space has the best effect, and the "Kaiyuan Temple" surrounding residential group second, and the Jinshan living area is the worst. Through this research, it is obvious that there is very little public activity space in other streets except the pedestrian street. The monotonous street facade lacks the attraction of pedestrians to stay. The width of the sidewalk is too small, and the parking of a large number of non-motorized vehicles occupies the sidewalks, making it difficult for residents to socialize on the streets, thus the streets is lost. All of this reflects the fact that the public space of urban streets deserves further development.

Keyword: Park City; Neighborhood; Public Space; Quality; Fuzhou City

引言

从"园林城市"到"城市双修"，再到如今"公园城市"理论的提出，都是对城市发展中出现的"城市病"所提出的治疗方案，也是对城市发展的阶段性肯定。近年来国家对城市和生态文明的建设无疑折射出中央对人民群众美好生活创造和美丽家园建设的高度重视。在这个经济高速发展的时代，国内大部分城市都已经配备了几乎一切生活所需基础设施，但是却缺少了绿地和公共活动空间，这就与公园城市理念相去甚远了[1]。要达到公园城市的理想状态，首先要解决环境污染问题、城市人居方式畸形问题和公共活动空间缺乏问题[1]。街道作为城市重要的线性公共空间，具有所占公共空间比例大、连通性高、可达性强、与城市发展联系紧密的特点。它的发展将对"公园城市"的建设提供很大的帮助。

健康的街道是城市发展的基础。欧美国家对于街道空间的研究从很早就已经开始。美国著名城市规划学家凯文·林奇（Kevin Lynch）早在1960年就已经提出："城市街道是城市意向构成的最主要元素[2]"。加拿大学者简·雅各布斯（Jane Jacobs）从街道活力方面进行研究，提出了"城市街道空间作为城市中最重要的公共活动场所，是城市中最富有生命力的器官，而人则是决定街道活力度的最直接元素"[3]的理论。"共享街道"理念则是基于人本主义层面的街道空间研究，乌纳夫原则（Woonerf Principle）就是该理念的精细化衍生产物。荷兰学者尼耶克·德·波尔（Niek De Boer）在此原则上提出街道使用者是影响街道质量的最主要因素的理念，他强调了在街道元素与人发生矛盾时，要优先考虑人的权益。国内关于街道空间的研究虽然起步较晚，但也取得了一定成就，相关学者从不同角度对街道空间进行了研究，主要包括街道的人性化设计[4,5]、街道结构的多样性[6,7]、街道设计方法论[8,9]、街道空间活力度[10-12]等方面。从研究方法上来看，主要有SD法、空间句法和PSPL法等。以上相关研究都对我国现阶段街道空间的营造提供一定的指导作用。

本文采用电子地图查询配合实地勘测的方法对比分析了福州市老城区街道、商业步行街道和新城区街道三组具有代表性街道的空间品质情况。挖掘出值得改进的潜在要素，为街道公共活动空间的营造和优化提供策略。

1 研究区域概况

福州市位于福建省东部，地处北纬 25°15′～26°39′，东经 118°08′～120°31′，是福建省省会，福建省的政治、文化、交通中心，海峡西岸经济区中心城市之一。福州市地貌属于典型的河口盆地，海拔多在 600～1000m 之间。气候上属于典型亚热带季风气候，温暖湿润，夏季炎热，冬季无雪。福州市目前处于大力发展公共交通阶段，城市道路网络以机动车通行为主。本次研究选取了福州市的三个区域：金山生活区、开元寺周边住宅组团区和“三坊七巷”区，这三个区域所在街道分别代表新城区街道、老城区街道和商业步行街道，在街道属性上具有代表性。围绕这三个区域的数条街道展开街道空间的品质探析。

1.1 金山生活区

金山生活区位于福州市仓山区东北部，地处二环与三环之间，东至闽江大道，西达金洲南路，北接金山大道，南临金祥路。该住宅区是以榕城广场为中心，呈辐射状分布。该区域为相对较新的组团住宅区，其中包括雨桐苑、紫竹苑、采菊苑和友兰苑等小区。本次研究在金山生活区主要选取了金环路和金祥路两条街道（图 1）。

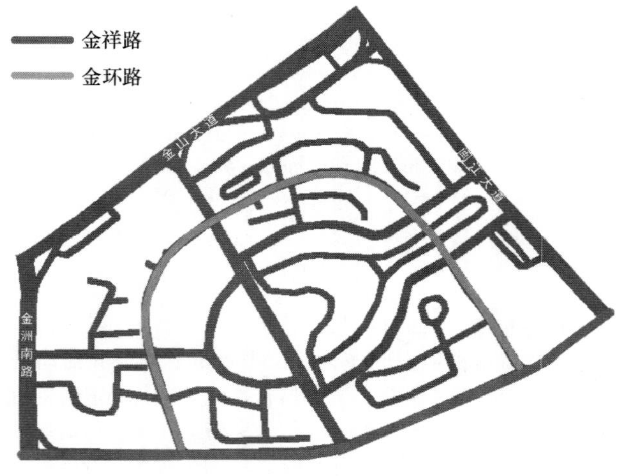

图 1 金山生活区街道平面图

1.2 “三坊七巷”

“三坊七巷”地理位置优越，位于福州市鼓楼区南部，地处二环以内，东至八一七北路，西达通湖路，北接杨桥东路，南临其一坊一巷——光禄坊和吉庇巷。它是福州市著名商业步行街，国家 5A 级旅游景区。本次研究主要选取了贯穿该区域的“南后街”以及由其向两边延伸的“三坊”和“七巷”（图 2）。

1.3 开元寺周边住宅组团

该区域位于福州市鼓楼区东南部，地处二环以内，东至井大路，西达鼓屏路，北接湖东路，南临卫前街。该住宅组团区多为福州市老旧小区。本次研究主要选取了贯穿该区域的三条街道，分别是卫前街、鼓东路和尚宾路（图 3）。

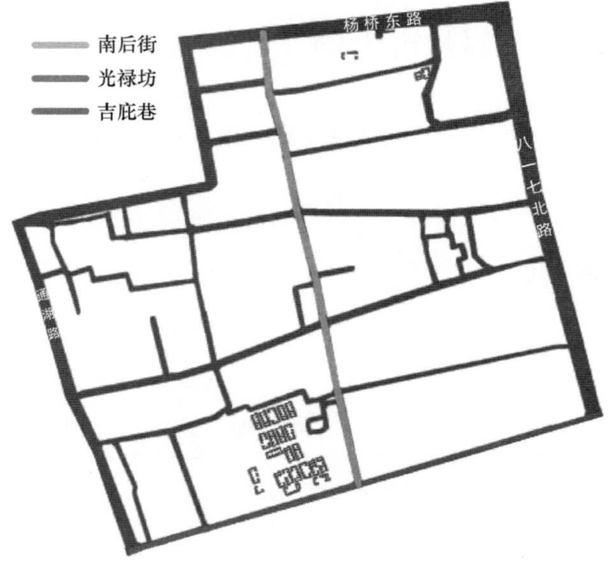

图 2 “三坊七巷”街道平面图

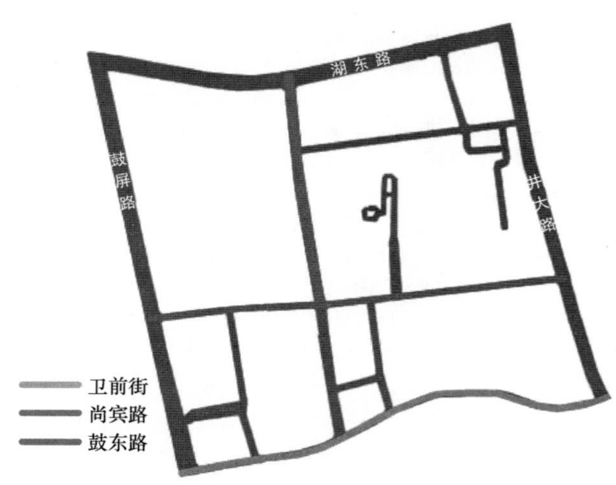

图 3 “开元寺”周边住宅组团街道平面图

2 研究方法

采用电子地图查询配合实地勘测的方法，对福州市金山生活区、开元寺周边住宅组团区和“三坊七巷”区这三个区域街道的五个街道空间品质影响因素进行观察拍照和测量，这五个影响因素分别为沿街绿化、步行人流量、车流量、人行道宽度和街旁活动空间。

2.1 沿街绿化

沿街绿化测量指标为行道树遮荫效果、乔灌草垂直空间层次搭配和绿化维护程度。遮荫效果（P）的好坏主要取决于荫质（M），而荫质则由遮光率（L）和降温率（T）组成，具体计算公式如下：

$$L=(l_1-l_2)/l_1\times 100\% \qquad (1)$$

$$T = (t_1 - t_2)/t_1 \times 100\% \quad (2)$$

$$M = L \cdot T \quad (3)$$

式中：l_1 为全阳光下的照度；l_2 为树木荫影中心部位的照度；t_1 为全阳光下的地表温度；t_2 为树木荫影中心部位的地表温度[13]。由于“三坊七巷”古民居众多，性质上决定南后街和其他坊巷基本没有行道树，吉庇巷和光禄坊道路宽度小，为了不影响车行与人行，行道树体量很小。而金山生活区的两条街道行道树遮荫效果肉眼可见不及“开元寺”周边住宅组团区域街道。乔灌草垂直空间层次搭配主要以观察拍照的形式，从植物的种类数量、色彩丰富度和美观程度进行衡量。绿化维护则通过观察灌木绿篱的修剪程度、地被杂草生长情况进行衡量。

2.2 人、车流量

选取天气晴朗的工作日，在上午 10：00～11：00 和下午 14：00～15：00 这两个时间段（避免早晚高峰影响数据可靠性），测量三组街道路口通过的机动车数量和行人数量（“三坊七巷”区除吉庇巷和光禄坊外只测行人数量），计算出每小时该街道的人流量与车流量。

2.3 街旁活动空间

街旁活动空间主要包括人行道和建筑之间面积较大、适宜活动的开敞空间。人行道宽度的测量运用激光测距仪直接读出数据。其余开敞空间则运用电子地图测量出三个区域除建筑面积、道路面积和水域面积外的街区开放场所数量和面积，同时掌握它们的分布状况。再结合实地走访调查，排除掉不适合活动的碎片化场地，提高街区开放场所的准确度。

3 结果与分析

通过对三组街道沿街绿化、步行人流量、车流量、人行道宽度和街旁活动空间这五个街道空间影响因素的实地勘测，所得结果如表 1。

福州市三组街道空间质量分析对比表 表 1

	区域名称							
	金山生活区		“三坊七巷”步行街			“开元寺”周边住宅组团		
街道名称	金环路	金祥路	南后街	光禄坊 吉庇巷	其他 坊巷	卫前街	尚宾路	鼓东路
街道类型	双向 单车道	双向 双车道	步行街	单向 单车道	步行街	单向 双车道	双向 单车道	双向 单车道
街道长度	1260m	680m	650m	310m 330m	—	570m	320m	540m
沿街绿化	较差	一般	一般	一般	较差	好	较好	较好
步行流量	少	少	多	较多	一般	较多	较少	一般
车流量	少	一般	无	多	无	多	一般	较多
人行道宽度	2m	5m	12m	2.5m	3～5m	4m	2m	4m
活动空间	少	少	多	少	较多	较少	少	少

3.1 沿街绿化效果

从总体上看，三个区块的沿街绿化情况为开元寺周边住宅组团最好，金山生活区最差。由于开元寺周边住宅小区多为老小区，虽然多数建筑破旧，但是行道树树龄较大，枝繁叶茂，遮荫效果极佳（图 4）。且少数路段建筑后退距离较大，因此拥有较宽的绿化带，绿化效果好。“三坊七巷”为旅游步行街，片区内拥有大量受政府部门保护的古民居，因此用于绿化的空间不多。为了保证步行空间能够满足游人所需，除光禄坊和吉庇巷外，其他街道没有种植过多的乔灌木。金山生活区为相对较新的生活区组团，街道两边的绿化情况虽然有规划，但是实施较差，多数路段以低矮灌木为主，乔木数量较少，且体量较小，遮荫效果不够理想（图 5）。

图 4 卫前街沿街绿化

图 5　金环路沿街绿化

3.2　街道剖面及沿街立面

三个研究区块除步行街以外，主要有四种街道剖面与沿街立面类型，分别为住宅建筑—住宅建筑、商住建筑—住宅建筑、商住建筑—商住建筑、商铺建筑—商住建筑。其中金山生活区金环路街道两边沿街立面主要为小区中高层建筑，较单一，除去人行道所占面积外，几乎无公共活动空间（图 6、图 7）；金祥路、卫前街、鼓东路和尚宾路均为商铺与住宅结合的建筑立面，其中金祥路街道剖面为“三板四带式”，机动车、非机动车和行人各行其道，安全性较强（图 8、图 9），其他街道在剖面上相对简单，均为“一板二带式”（图 10、图 11）。而由于“三坊七巷”的特殊性，其所在区域的南后街和其他坊巷沿街立面均为低矮古民居和商铺建筑，吉庇巷和光禄坊靠古民居一侧为低矮商铺，另一侧则同样为商住结合建筑（图 12、图 13）。

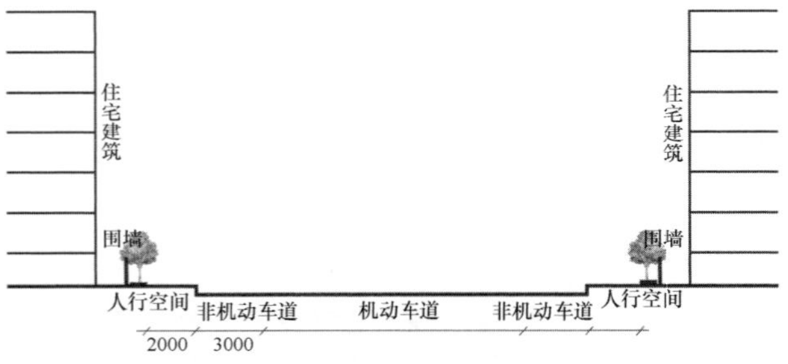

图 6　金环路剖面图

图 7　金环路

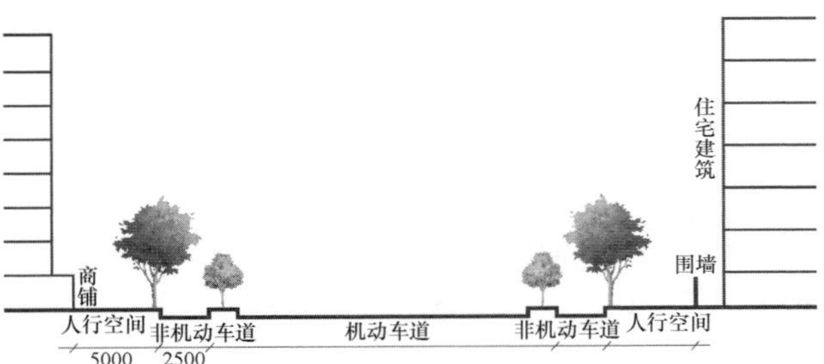

图 8　金祥路剖面图

图 9　金祥路

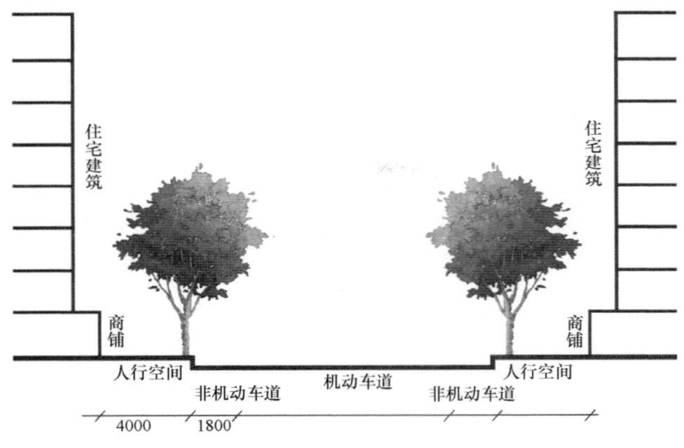

图 10　尚宾路剖面图

图 11　尚宾路

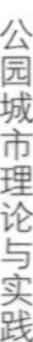

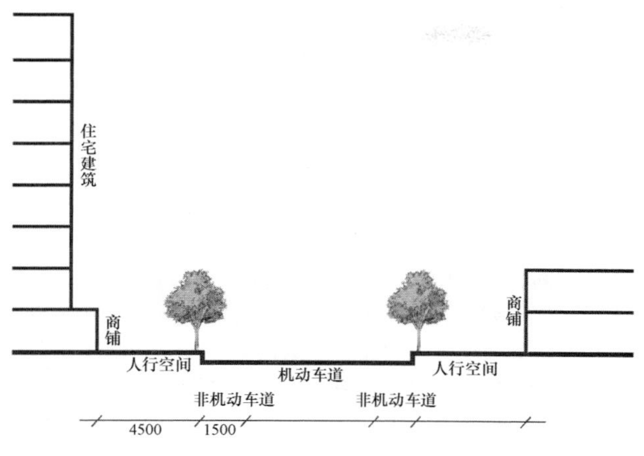

图 12　吉庇巷剖面图

图 13　吉庇巷

3.3　非机动车与人行空间

在非机动车道与人行道设置上，金山生活区的金祥路是最合理的，采用“三板四带式”道路设计，即增加了绿化效果，又保证了非机动车与行人的安全，且人行道宽度较大，给行人留有较大的活动空间（图 8、图 9）。而除步行街以外的其他道路都为“一板二带式”，行道树与人行道结合的方式，使得人行空间较小，非机动车与机动车在同一水平面且无阻隔，安全性较低。更值得一提的是，金环路的部分路段，非机动车道被划为机动车停车位，导致非机动车无道可行，因此非机动车在骑行过程中安全性极低（图 14）。

图 14　金环路非机动车道被划为机动车停车位

3.4　街道活力度

一个城市是否有活力要看它的街道，而街道的活力度则体现在人上[3]。通过对表 1 中三组街道车流量和人流量的对比可以很明显地看到，在街道活力度上，“三坊七巷”凭借其特殊的步行街性质，表现最好，紧随其后的是开元寺周边住宅组团，金山生活区的街道活力度最低。街道的活力程度很大程度上与街道设计良好与否成正相关关系。由于“三坊七巷”南后街沿街商铺林立，其他坊巷中也有较多古民居和文创空间，具有较大的活动场所，能吸引人驻足停留，且作为旅游点，该区域内基础设施较完善，这也很大程度上提升了该区域的活力度。开元寺周边住宅组团街道绿化较好，行道树遮荫效果极好，对于福州市此类炎热季节偏多的沿海城市，这将非常有助于人们选择步行出行。该区域沿街底层商铺种类繁多，涵盖饭店、便利店、水果店、药店等日常生活所需店铺，这也在一定程度上提高人们的停留时间。金山生活区整体绿化较差，行道树达不到遮荫效果。金环路人行道宽度过窄，且沿街立面为纯住宅建筑，缺乏吸引力。金祥路虽然道路剖面设计较好，但是绿化效果一般，沿街底层商铺缺乏多样性。因此金山生活区街道活力度在三组街道中最差。

3.5　小结

通过本次实地勘测，将三组街道进行对比发现，“三坊七巷”由于其特殊的街道性质，所在区域的步行街在各方面表现都较好，是很好的街道公共活动场所。但是光禄坊和吉庇巷由于其通车性，加之道路宽度较小，非机动车停放多，导致非常拥挤，公共空间很少。开元寺周边住宅组团街道表现次之，虽然该地区大多为老旧小区，街道建筑立面不够有吸引力，但是街道两边的绿化较好，且周边土地资源利用率高，基础设施一应俱全，街道活力相对高。金山生活区街道相对而言表现最差，首先，道路绿化率不高，金环路大部分路段的绿化靠小区内部乔木提供。其次，街道立面同样单调，缺乏对行人的吸引力。最后，道路以机动车行为主，对非机动车和行人不够友好，街道的活力度也随之降低。因此，从总体评价上来看，街道公共空间的营造“三坊七巷”最好，开元寺周边住宅组团次之，金山生活区最差。

4　街道空间优化策略

本文以福州市为例，对三组具有代表性的街道进行小尺度公共空间品质分析，发现目前福州市街道公共空间的发展还比较落后，没有体现出精细化设计理念。城市街道的建设与城市发展息息相关，在公共交通仍处于高度建设中状态的福州市，往往选择优先发展机动车交通。但就“公园城市”而言，我们更应该未雨绸缪，学习西方的完整街道理念，在城市发展中不断反思机动车交通带来的弊端，倡导低碳出行，把街道以公平公正的方式还给市民，注重街道空间品质的提升，给市民创造一个有活力、有品质的社交场所。

通过分析三组街道的优劣之处，提出了以下优化策略：

（1）提高步行安全性，营造步行舒适环境。城市建设在优化机动车交通的同时，应更全面地考虑步行者的安全性与舒适性。在条件允许的情况下，把道路设计成“三板四带式”，给行人创造一个可以悠闲步行的空间，隔离带种植池能增加绿化，营造“绿色”环境，这都能促进行人放松情绪，达到更好的社交状态。旧城区街道人行道铺装修整也是营造良好步行空间的重要手段，老旧小区周边街道行道树树龄大，根系发达，导致人行道路面被抬起而起伏不平，这不仅影响了步行舒适性，甚至会造成安全隐患。因此修整人行道路面也是优化街道空间的重要手段。

（2）创造具有吸引力的景观。街道实质上是一种线性空间，要让行人在长距离的线性空间中不产生视觉疲劳，最重要的是要创造富有变化的景观。目前城市街道景观千篇一律，沿街绿化大同小异，沿街立面毫无新意，这就很难触动行人的感官，对他们造成吸引力。营造良好的街道公共空间不仅仅是划分出一块提供社交活动的场所这么简单，更重要的是要能吸引市民前往活动。街道绿化和沿街立面是对行人感官冲击力最大的“景观”。绿化方面不能只有行道树，要做到乔灌草结合的种植方式，充分考虑植物的叶色、花色和季相变化，打造平面空间和垂直空间双重景观。沿街建筑立面设计要与街道交相呼应，营造特色化立面效果，底层商铺应具有多样性，使其更有吸引力。

（3）提供完备、多样的公共基础设施。在调查的三组街道中，除了步行街以外，其他街道在公共基础设施多样性上表现很差，严重缺乏休闲座椅、体育锻炼设备和遮阳避雨设施等。街道上市民的社交活动主要以生活休闲为主，公共基础设施除了满足日常休息、活动所需外，还可以引导人们进行更多的信息交流。街道设施又被称为城市家具，是街道设计中必不可少的一部分，它不仅具备日常实用性，而且对街道起到装饰作用。在街道设施设计中融入从城市中提取的文化元素能够很好的提升街道的艺术内涵。同时，复合利用街道设施可以节约土地资源的同时，更能创造街道空间的丰富性。

5 结语

“公园城市”的提出是对过去几十年我国“绿色”城市建设成果的肯定，也是对未来“绿色”城市建设的展望。它代表着我国城市可持续发展模式的新阶段，同时也代表着在城市建设中坚持“以人为本”的思想。“公园城市”本质上是新时代背景下人居环境建设的总结，旨在为人民群众创造舒适的生活环境，改善人民群众的人居方式。推动“公园城市”建设的第一步就是治理城市污染环境、优化城市基础设施、发展城市开放空间。街道作为贯穿城市的线性开放空间，近年来以其独有的特点被人们所关注，优化街道空间对城市开放空间的发展，乃至“公园城市”的建设起到至关重要的作用。

本文通过实地走访勘测的方式，对福州市新城街道、老城街道和商业步行街道进行对比分析，梳理出在城市街道空间营造上仍需改进的点，为福州市以及与其发展阶段相似的城市提出街道空间上的优化策略，以期为“公园城市”的建设提供帮助。但是在研究内容上仍有不足之处，缺乏城市居民对街道空间的主观评价，不能更好地为街道公共空间的优化提出建议，望后续研究能够对此进行优化。

参考文献

[1] 刘滨谊.公园城市研究与建设方法论[J]. 中国园林，2018，34(10)：10-15.

[2] 凯文·林奇. 城市意象[M]. 方益萍，何晓军，译. 北京：华夏出版社，2001.

[3] 简·雅各布斯. 美国大城市的死与生[M]. 金衡山，译.2版. 北京：译林出版社，2006.

[4] 叶宇，张昭希，张啸虎，曾伟. 人本尺度的街道空间品质测度——结合街景数据和新分析技术的大规模、高精度评价框架[J]. 国际城市规划，2019，34(01)：18-27.

[5] 代阳. 基于人本价值导向的寒地城市街道设计研究[D]. 哈尔滨工业大学，2014.

[6] 徐东辉. 全球化浪潮下街道空间多样性的保持与创造[D]. 武汉大学，2005.

[7] 赵静. 城市生活性街道的宜居性的探析[D]. 合肥工业大学，2007.

[8] 周钰. 街道界面形态的量化研究[D]. 天津大学，2012.

[9] 卓健，曹根榕. 街道空间管控视角下城市设计法律效力提升路径和挑战[J]. 规划师，2018，34(07)：18-25.

[10] 苟爱萍，王江波. 基于SD法的街道空间活力评价研究[J]. 规划师，2011，27(10)：102-106.

[11] 彭钢. 城市街道活力的营造[D]. 湖南大学，2006.

[12] 黄秋实. 南京老城社区型共享街道空间建构与活力营造[D]. 东南大学，2017.

[13] 陈耀华. 关于行道树遮荫效果的研究[J]. 园艺学报，1988(02)：135-138.

作者简介

章陆杨，1994年生，男，汉族，浙江杭州，硕士研究生，福建农林大学。研究方向：风景园林规划与设计。电子邮箱：376832275@qq. com。

丁国昌，1970年生，男，研究员，硕士生导师，福建农林大学。研究方向：园林植物与应用。电子邮箱：fjdgc@fafu. edu. cn。

哈尔滨丁香公园植物群落对夏季局地温湿调节效应研究①

The Regulation Effect of Internal Plant Community on Temperature and Humidity of Harbin Lilac Park in Summer

王之锴　赵晓龙

摘　要：城市公园的植物群落对改善生态环境和调节微气候发挥着重要作用。在夏季（2018 年 8 月 4 日～8 月 6 日）9：00～19：00 晴朗无风的 3 天，选取哈尔滨丁香公园 36 个典型植物群落，采用实地测量与无人机记录的方式提取植物群落空间特征，通过移动测量方法获取温湿度数据；将植物群落空间特征与温湿度进行 SPSS 分析，解析覆盖度和绿量对温湿调节效应。结果表明：覆盖度在 0.71～0.86 之间、绿量密度在 $3m^3/m^2$ 以上时能发挥最佳降温增湿效益；本研究提出充分发挥降温增湿作用的植物群落最优结构，旨在为植物种植规划设计提供数理支撑。

关键词：城市公园；植物群落；覆盖度；绿量密度；温湿效应

Abstract: Plant communities in urban parks play an important role in improving the ecological environment and regulating microclimate. The research selected 36 typical plant communities in Harbin Park of Lilac, using field measurement and the UAV to record the spatial characteristics of plant communities, and moving measurement methods to obtain temperature data in 3 sunny and windless days of summer (August 4th-August 6th, 2018), 9:00-19:00 every day. The spatial characteristics and humiture of plant communities were analyzed by SPSS to study effect of regulation of coverage and three-dimensional green biomass on humiture. The results show that the best cooling and humidifying benefits can be achieved when the coverage is between 0.71-0.86 and the three-dimensional green biomass is above $3m^3/m^2$. This study proposes to optimal structure of plant communities that can fully cooling and humidifying effect. Aiming at providing mathematical support for plant planning and design.

Keyword: Urban Park; Plant Community; Coverage; Three-Dimensional Green Biomass; Effect of Temperature and Humidity

1　研究背景

随着城市化的快速发展给自然及社会带来了极大的危害，对于景观的研究已从传统视觉观赏到物理环境拓展，作为城市开放空间重要组成部分的城市公园不仅为人们提供娱乐活动场所和美学观赏价值，并且对空气质量改善、缓解城市热岛效应、城市生态系统维护和人居环境等都起到积极作用[1,2]，国内外大量对城市公园的生态功能研究表明，增加绿地覆盖率已被证实是有效的措施[3-5]。研究发现群落覆盖度的小气候调节效应主要集中于温湿度方面[6]，城市森林冠层在削减太阳辐射、降温增湿和对高温的滞后等调节小气候效果和改善人体舒适度方面具有显著的作用[7]；Gioia 等的研究结论印证了公园绿地面积对降温的直接作用，面积最大的绿地可以降温 1.5～2.8℃[8]。An-Shik Yang 等对台北 1 个城市公园内植物的冷却效果进行模拟，发现增加植被覆盖率可以弥补草坪对冷岛效应带来的损失[9]。

较多有关城市公园对局部温湿效应及其影响因素进行了实证研究，初步证实了城市公园温湿效应及其限制因子，但是在城市建设与公园规划设计上，需要对植物群落结构配置与其最优生态服务功能之间的关系有清晰认识，而目前国内外对城市公园植物群落和温湿效应功能的研究、城市公园植物群落优化配置和如何对人居环境起到改善作用的有效信息相对较少。

本研究基于 36 个典型植物群落的空间特征，通过移动测量方法获取温湿度数据，将植物群落空间特征与温湿度进行量化分析，解析覆盖度和绿量对温湿调节效应的影响，提出充分发挥降温增湿作用的植物群落最优结构，旨在为城市公园的规划设计提供数理支撑。

2　研究概况与研究方法

2.1　研究区域及样方调研

依据寒地城市特点，城市公园功能类型等角度，为尽量减少周边其他因素对实测数据的干扰，选择占地面积 40.62 万 m^2，绿地面积 27.91 万 m^2 的群力丁香公园为研究样地（图 1），选取具有代表性、稳定的人工和自然混合的植物群落，其群落树种在寒地城市应用频率高，适应当地气候和立地条件，植物群落特色突出，层次丰富，观赏性强，且乔木枝下高于 2m，适于人们的林下空间活动，

① 国家自然科学基金重点项目“严寒地区城市微气候调节原理与设计方法研究”（51438005）、国家自然科学基金面上项目“健康导向寒地绿色空间规划设计研究—基于金维特征与体力活动绩效耦合机理视角”（51878206）共同资助。

使研究结论服务于人体活动研究。选取乔木、乔草、乔灌草、灌草、草地5种类型的36个不同植物群落样方实测其局地温湿度数据并统计变化情况，并在样地入口广场设置一块开阔无植被区域作为对照数据。每个样方之间相差10m以上，且50m范围内没有水源，避免相互之间对实测数据的干扰。研究表明，复合层植物群落结构在(20m×20m)规格内发挥其生态效益[10]，所以乔木、乔草和乔灌草型样方设置为20m×20m，灌草和草地型样方设置为10m×10m。

图1　哈尔滨市群力丁香公园36个样方选点

首先对样方覆盖度进行调查，覆盖度指植被在阳光直射下地面的总投影面积（冠幅）与调查区总面积的比。使用Inspire 1航拍无人机对每个样方进行垂直投射的图片采集，最高飞行高度500m，ZENMUSE X3 1200万像素照片、360°旋转，样方20m×20m飞行高度设定为40m，样方10m×10m飞行高度设定为30m，图片面积S＝长×宽＝长×（长×3/4），长＝飞行高度×tan（水平视角/2）×2（其中水平视角/2＝41°），根据公式计算不同飞行高度图片的长宽，并在Photoshop中截取相应的样方面积，通过对地表和植被遮挡面积比例计算出覆盖度。

其次对样方绿量进行调查，绿量是指生长中的植物茎叶所占空间面积的多少，绿量密度是指单位面积群落样方上的绿量值，采用金荷仙、刘常富等人在文献资料中绿量计算方程估算各样方绿量密度[11,12]（表1）。记录植物群落各层结构的种类组成，然后对群落样地分层调查，逐株测量乔木层所有乔木的胸径、基径、冠幅、树高、枝下高等特征；灌木层逐株测量灌径、高度等特征；草本层以样方的四个边角和对角线的焦点5个位置设置2m×2m的草地群落调查草本种类、高度等特征取平均值。

绿量计算公式　　表1

序号	树冠形状	计算公式
1	球形	$\pi x^2 y/6$
2	半球形	$\pi x^2 y/6$
3	卵形	$\pi x^2 y/6$
4	圆柱形	$\pi x^2 y/4$
5	圆锥形	$\pi x^2 y/12$
6	球缺形	$\pi(3xy^2-2y^3)/6$

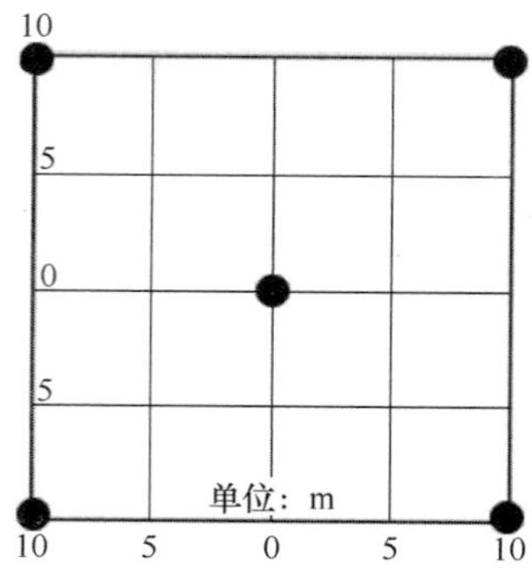

图2　灌草型、草地型实测点

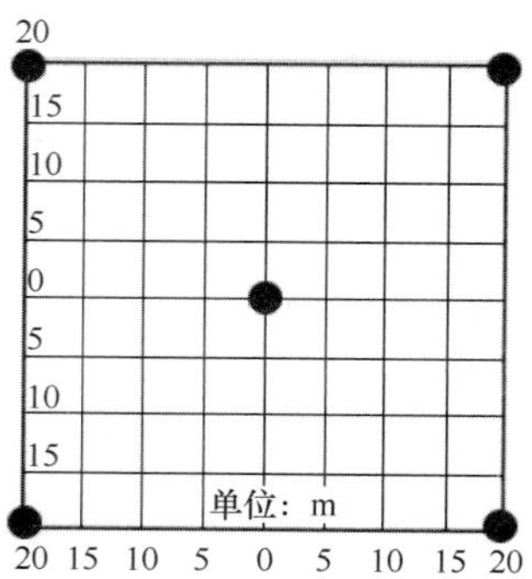

图3　乔木型、乔草型、乔灌草实测点

2.2　数据测量与评估方法

在夏季（2018年8月4日～8月6日）选择晴朗无风或微风且前三日无降雨的连续三日（表2），每天9：00～19：00同步测量36个样方和对照点的温湿度。实验仪器为6台Testo435多功能测量仪，手持距离地面1.5m垂直高度，即一般人的呼吸高度。仪器温度精度为±0.2℃，分辨率为0.1℃，测量范围为－20～＋70℃；相对湿度精度为±2%，分辨率为0.1%，测量范围为0～100%。每个样方每小时进行一次移动测量，以四个边角和对角线焦点为五个实测点，进行温湿度实测取其平均值（图2、图3）。通过Microsoft Excel对实测数据整理，并用SPSS对数据曲线拟合，根据方差等结果进行分析，完成相关检验。

2018年8月1日～8月6日天气情况　表2

日期	天气状况	气温	风力风向
2018年08月01日	晴/多云	28℃/18℃	东南风<3级/东南风<3级
2018年08月02日	晴/晴	33℃/20℃	东风1～2级/东风1～2级
2018年08月03日	晴/多云	27℃/18℃	南风<3级/南风<3级
2018年08月04日	晴/晴	29℃/18℃	东风1～2级/东风1～2级
2018年08月05日	晴/晴	28℃/18℃	东南风1～2级/东南风1～2级
2018年08月06日	晴/多云	27℃/19℃	南风1～2级/南风1～2级

绿地植物群落降温增湿效果分别采用平均温度百分率（T_p）和平均湿度百分率表示（H_p），计算公式为：

$$T_p = \frac{\sum_{i=1}^{n} \frac{T_{ci} - T_i}{T_{ci}} \times 100\%}{n} \quad (1)$$

$$H_p = \frac{\sum_{i=1}^{n} \frac{H_i - H_{ci}}{H_i} \times 100\%}{n} \quad (2)$$

式中：T_{ci}为对照样方第 i 时刻的温度值,℃；T_i 为群落样方第 i 时刻的温度值,℃；H_{ci} 为对照样方第 i 时刻的相对湿度值,%；H_i 为群落样方第 i 时刻的相对湿度值,%；n 为记录时间段，$n=11$[13]。

3 数据分析

植被通过光合作用吸收并反射一部分太阳光射入地表，在一定程度上降低了下方辐射得热，并通过蒸腾作用牵引土中水源，通过植物叶面蒸发的水分不仅降低了空气温度，也增加了空气湿度，是改善局地微气候条件的重要因子，提高人们户外活动舒适度。根据以往研究发现夏季白天城市公园降温效果在 1.2～4.5℃，增湿效果在 2%～18%之间[14]，通过对样方实测数据可知，寒地城市夏季公园白天降温效果在 0.7～3.0℃，增湿效果在 5%～14%之间。

对公园调研发现，9：00～11：00、13：00～15：00 和 17：00～19：00 是人们一天中在公园活动的重要时段，并且 17：00～19：00 是人群活动的高峰时段，所以覆盖度和绿量对温湿效应的影响在不同时段进行了量化分析比较。

3.1 覆盖度对温湿效应的影响

3.1.1 覆盖度对温度效应的影响

以植物群落的覆盖度为横坐标、温度变化为纵坐标作散点图，并通过二次曲线进行拟合，分析覆盖度对局地温度效应的影响。结果表明，在 9：00～11：00 和 13：00～15：00 降温能力随覆盖度的增大而升高，相关系数分别为 0.698 和 0.665，显著性均为 0.000，而在 17：00～19：00 降温变化呈现先升高后下降的趋势，临界点覆盖度为 0.71，降温能力达到最大值 2.4℃，该现象原因是白天植被通过蒸发降温、控制着对太阳辐射的吸收和环境中的碳氧平衡调节等多方面因素使其具有冷岛效应，但是在晚间，树木通过遮挡一部分天空而抑制夜间的长波辐射降温，过剩的水分增加了土壤的热容量，从而减缓地表降温[15]，而覆盖度较小或树木相对稀疏的草坪在夜间局地降温能力会增强（图 4～图 6）。一天中可以看出，降温能力随着覆盖度的增大而升高，相关系数为 0.810，显著性为 0.000。当覆盖度大于 0.86 时，曲线趋于平稳状态，植物群落降温能力达到最大值且不再有明显提高。综上结果表明，覆盖度在 0.71～0.86 之间能发挥最佳降温效果（图 7）。

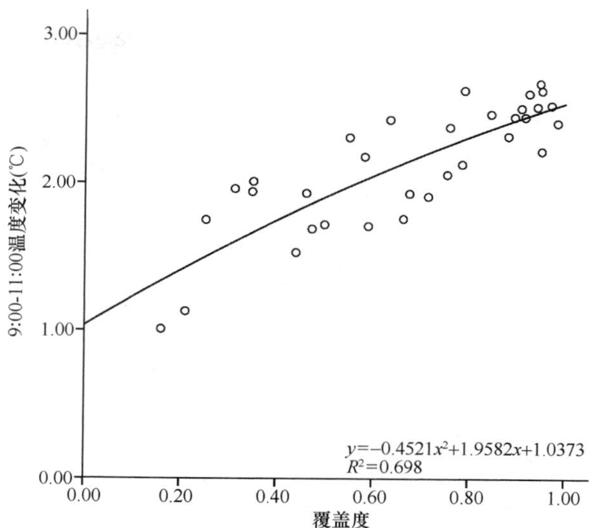

图 4　9：00～11：00 观测样方温度与覆盖度关系

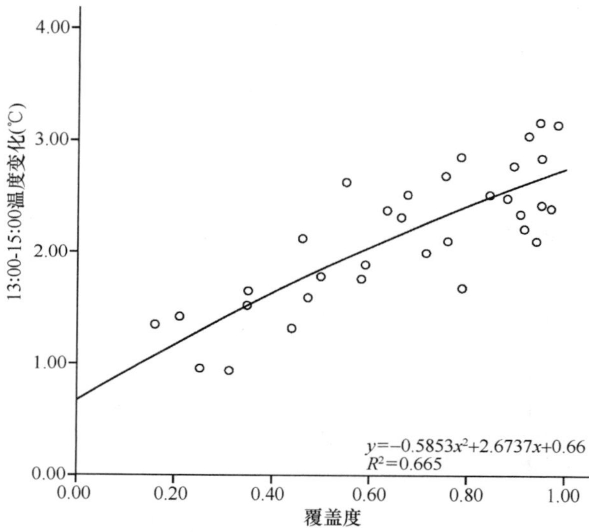

图 5　13：00～15：00 观测样方温度与覆盖度关系

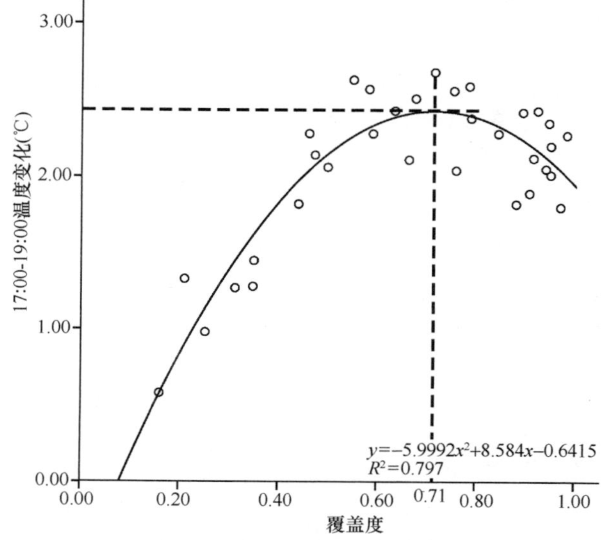

图 6　17：00～19：00 观测样方温度与覆盖度关系

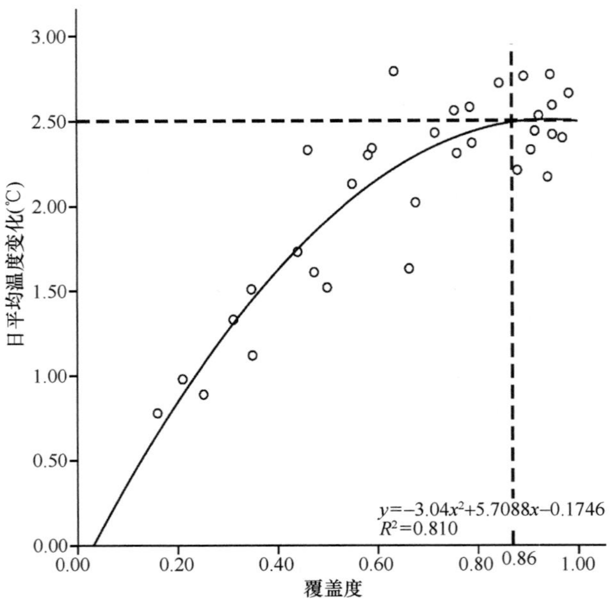

图 7　一天中观测样方温度与覆盖度关系

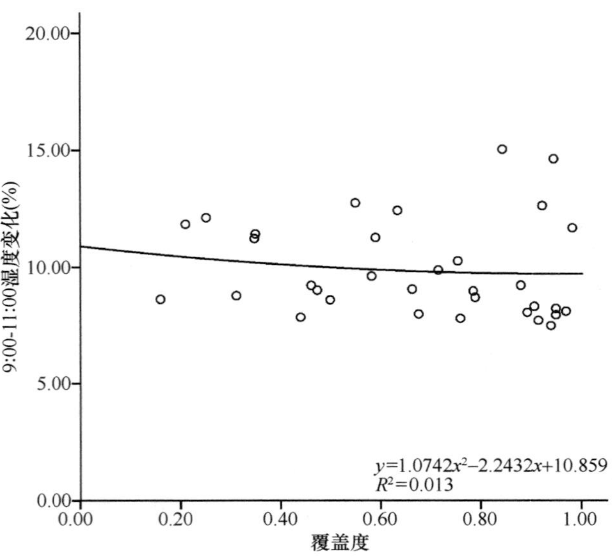

图 8　9：00～11：00 观测样方湿度与覆盖度关系

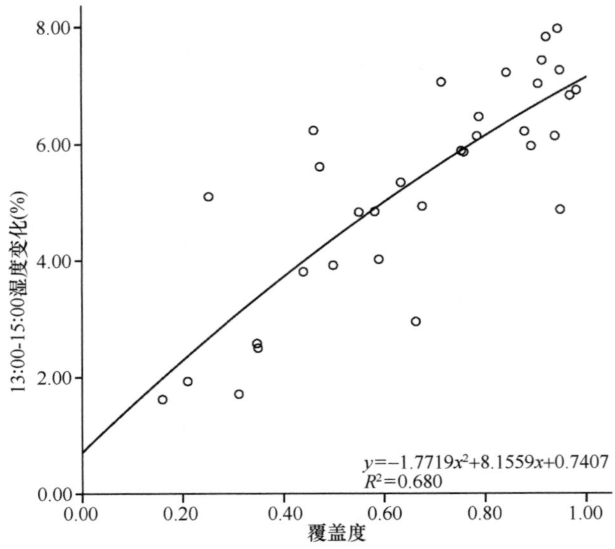

图 9　13：00～15：00 观测样方湿度与覆盖度关系

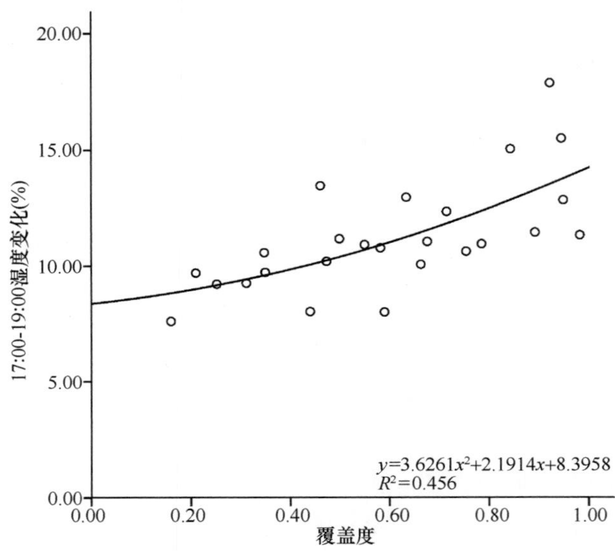

图 10　17：00～19：00 观测样方湿度与覆盖度关系

3.1.2　覆盖度对湿度效应的影响

以覆盖度为横坐标、湿度变化为纵坐标作散点图，并通过二次曲线进行拟合，分析植物群落覆盖度对局地湿度效应的影响。结果表明，在 9：00～11：00 增湿能力保持在 7.5～15 的区间中，相关系数仅为 0.013，由于寒地城市夏季早晚温差大，早上空气温度相对较低，水气达到过饱和，此时水汽遇到叶子的尖端，实现了水的凝结，从而形成露水，而上午温度升高，蒸发了叶子上的露水，所以上午增湿能力相比其他时间段要强且都保持在一个区间内（图 8）；在 13：00～15：00 增湿能力相差 6.1，虽然在三个时段中增湿相差最多，但最大为 7.9，增湿能力相对较弱（图 9）。随着覆盖度的增大，增湿能力不断升高，一天中相关系数为 0.378，显著性为 0.001，说明覆盖度在降温能力上高于增湿能力（图 11）。

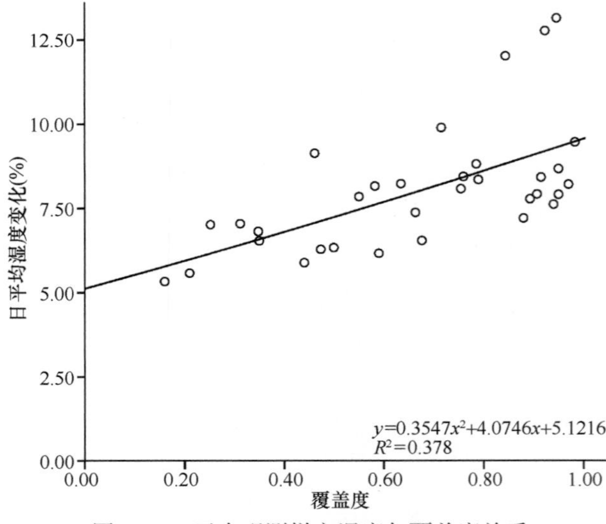

图 11　一天中观测样方湿度与覆盖度关系

3.2 绿量密度对温湿效应的影响

3.2.1 绿量密度对温度效应的影响

以绿量密度为横坐标、温度变化为纵坐标作散点图，并通过对数曲线进行拟合，分析植物群落绿量密度对局地温度效应的影响。结果表明，降温随着绿量密度的增大而升高，在 9：00～11：00、13：00～15：00 和 17：00～19：00 相关系数分别为 0.495、0.492 和 0.412，显著性均为 0.000，绿量密度在 0～2m³/m² 时变化率明显高于 2m³/m² 之后的变化率，所以绿量密度应至少达到 2m³/m² 时才是最佳的降温临界值（图 12～图 14）。

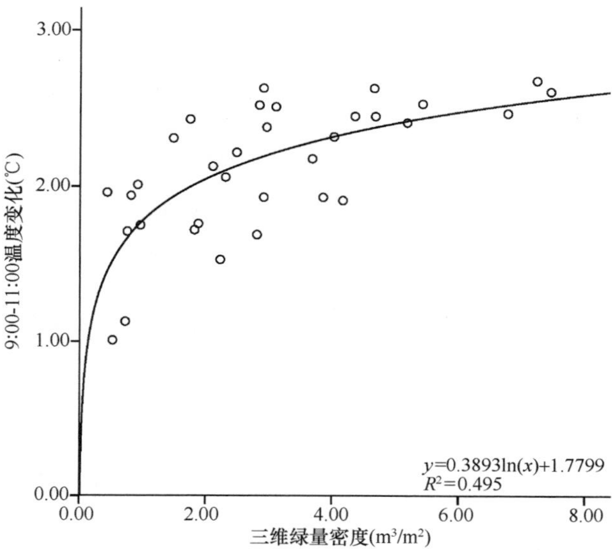

图 12 9：00～11：00 观测样方温度与绿量密度关系

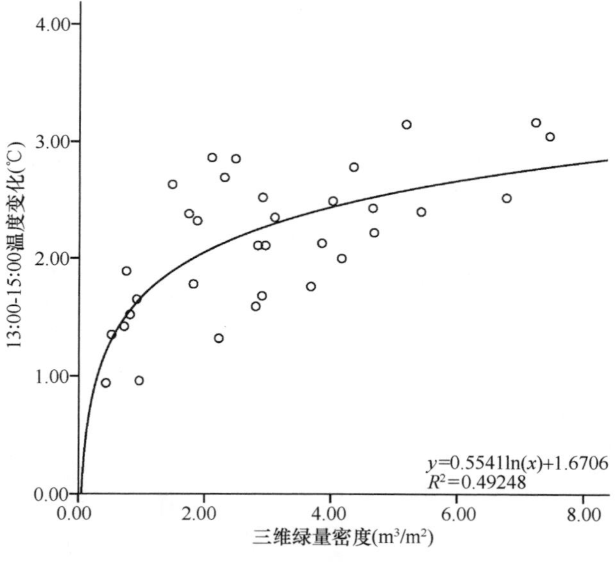

图 13 13：00～15：00 观测样方温度与绿量密度关系

一天中，相关系数为 0.627，显著性为 0.000，绿量密度在 2m³/m² 时，增长率为 0.314，在 4m³/m² 时，增长率为 0.157（图 15），可以看出绿量密度在 3m³/m² 以上范围时，每增加 1m³/m² 的绿量密度日均降温变化幅度

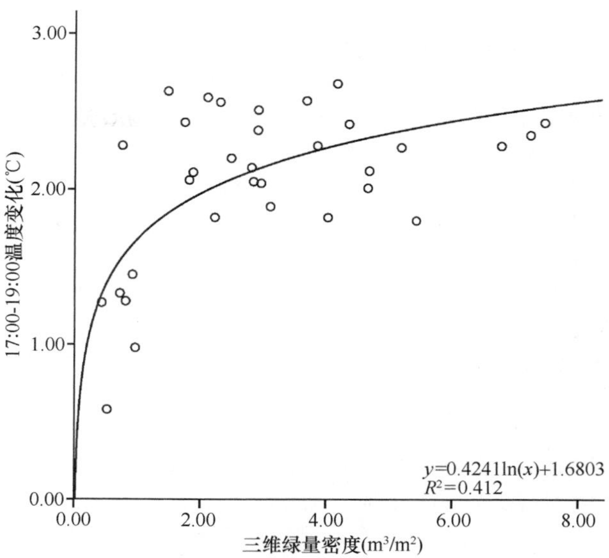

图 14 17：00～19：00 观测样方温度与绿量密度关系

小于 3m³/m² 以下绿量密度，所以为了提升群落的降温效果，将绿量密度增加到 2～3m³/m² 以上时能发挥有效的降温效果（图 16）。

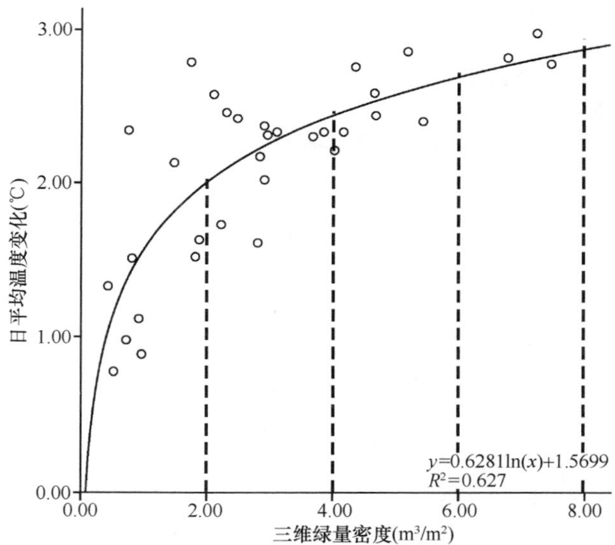

图 15 一天中观测样方温度与绿量密度关系

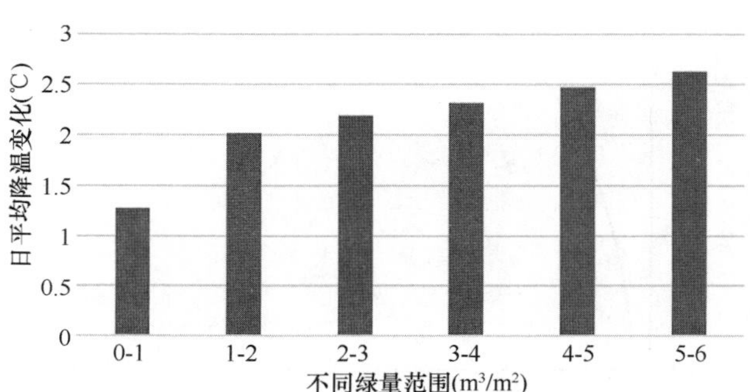

图 16 不同绿量范围与日平均降温变化比较

3.2.2 绿量密度对湿度效应的影响

以绿量密度为横坐标、湿度变化为纵坐标作散点图，并通过二次或对数曲线进行拟合，分析植物群落绿量密度对局地湿度效应的影响。结果表明，在 9：00～11：00 相关系数为 0.506，显著性为 0.000，增湿能力随绿量密度先降低后增加的趋势，当绿量密度是 $3.3m^3/m^2$ 时，增湿效果相对最低为 8.3%，通过对样方植物群落的信息统计发现，增湿效果先减的原因在于有些样方虽然绿量密度不高，但是草本层植被密度大且相对较高，所以上午温度升高时，叶片露珠蒸发释放到 1.5m 高度时的湿度大于其他草本层低密度植被的样方(图 17)。在 1：00～15：00 和 17：00～19：00 的相关系数为 0.804 和 0.718，显著性均为 0.000，增湿能力随着绿量密度的增加而增大，在 13：00～15：00 当绿量密度为 $2m^3/m^2$ 时，增长率为 1.06，当绿量密度为 $3m^3/m^2$ 时，增长率为 0.71，所以在下午时段为了提升植物群落的增湿效果，将绿量密度增加到 $2\sim3m^3/m^2$ 以上时能发挥有效的增湿效益（图 18、图 19）。

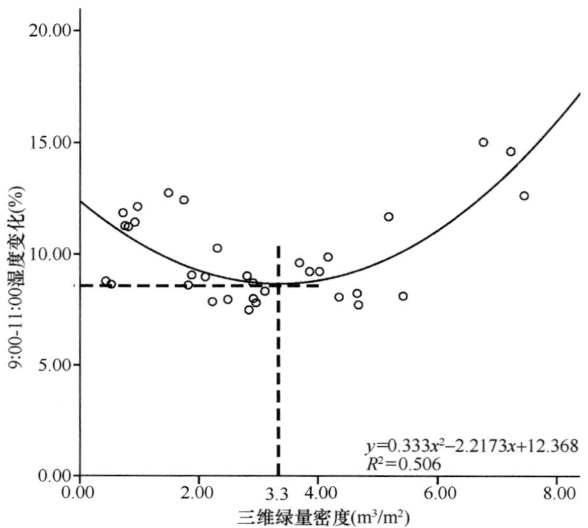

图 17　9：00～11：00 观测样方湿度与绿量密度关系

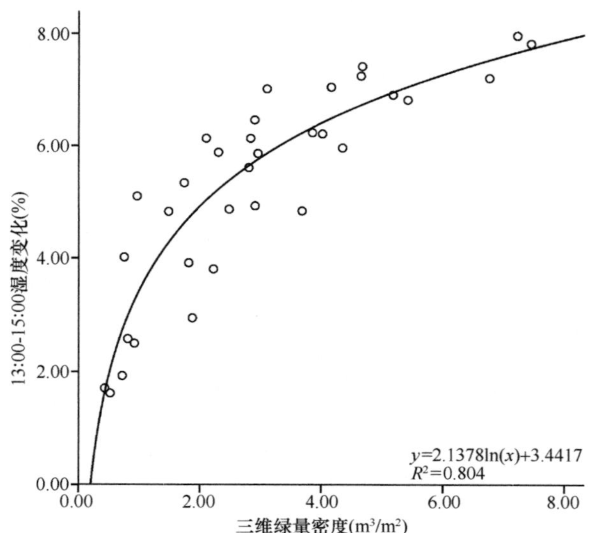

图 18　13：00～15：00 观测样方湿度与绿量密度关系

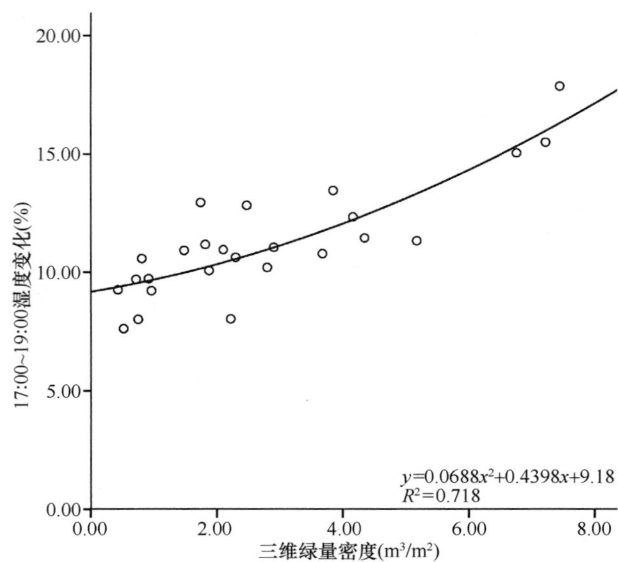

图 19　17：00～19：00 观测样方湿度与绿量密度关系

在一天中，相关系数为 0.771，显著性为 0.000，绿量密度为 $4m^3/m^2$ 时，增长率为 0.88，绿量密度为 $5m^3/m^2$ 时，增长率为 1.09（图 20），可以看出绿量密度在 $3m^3/m^2$ 以上范围时，每增加 $1m^3/m^2$ 的绿量密度日均降温变化幅度小于 $3m^3/m^2$ 绿量密度以下，所以为了提升植物群落的增湿能力，绿量密度在 $3\sim4m^3/m^2$ 以上时能发挥有效的增湿效益（图 21）。

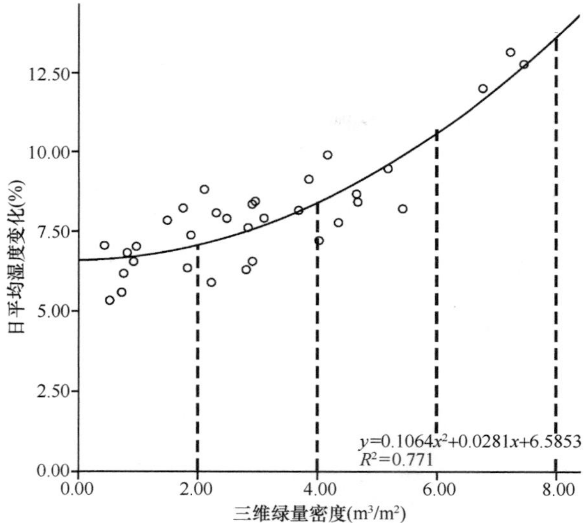

图 20　一天中观测样方湿度与绿量密度关系

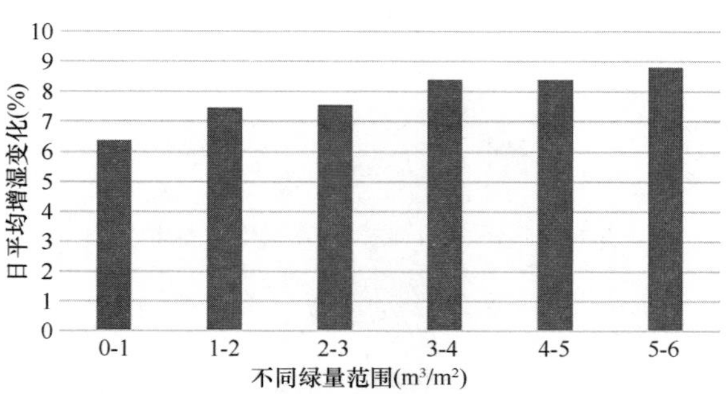

图 21　不同绿量范围与日平均增湿变化比较

4 结论与讨论

4.1 结论

我国在当前城市用地日益紧张的情况下，通过优化公园植物群落的合理配置，适度调节植物群落的覆盖度和绿量，对提高城市公园生态效益和人居环境都具有重要实际意义。本研究基于哈尔滨市丁香公园 36 个典型植物群落样方，实测温湿度数据，重点解析覆盖度和绿量对改善局地温湿效应的影响，探究具有最大生态效益和人居环境的植物群落配置结构。

(1) 在覆盖度方面：覆盖度应在 0.71～0.86 之间，过高的覆盖度对改善降温增湿效果不明显，可能还会因过高的冠层闭合度使热量难以扩散，并影响底层植被的生长所需，增加公园建设成本。

(2) 在绿量方面：绿量密度在 $3m^3/m^2$ 以上时能发挥更佳的增湿效果，过度的绿量会增加建设成本且对降温效果不明显，草本层植被是地面 1.5m 高度增湿的重要植被层，在有限的条件下可以种植玉簪、鼠尾草和鸢尾等草本植被，也可以达到高绿量密度的增湿效果。

4.2 讨论

提高城市公园植物群落的质量，探明植物群落对温湿效应影响的机制，进而充分发挥公园植物群落的降温增湿能力，已成为改善城市生态系统和人居环境的重要举措，但温湿效应不仅与覆盖度和绿量有关，地理条件、树种类型和斑块形态等因素都有待深入研究。此外，本研究样地周边环境、调研数据和实测数据采集的些许误差等因素都可能会导致结果的准确定，需要更多的观测结果加以验证。

参考文献

[1] Kijung Kim, Changhyo Yi, Seungil Lee. Impact of urban characteristics on cooling energy consumption before and after construction of an urban park: The case of Gyeongui line forest in Seoul [J]. Energy and buildings, 2019, 191: 42-51.

[2] Kolokotroni M, Ren X, Davies M, et al. London's urban heat island: Impact on current and future eneigy consumption in office buildings[J]. Energy and Buildings, 2012, 47: 302-311.

[3] Wang Z-H, Zhao X, Yang J, Song J. Cooling and energy saving potentials of shade trees and urban lawns in a desert city. Appl Energy 2016; 161: 437-444.

[4] Farshid Aram, Ester Higueras Garcia. et al. Urban green space cooling effect in cities[J]. Heliyon, 2019, 5(4).

[5] Mahyar Masoudi, Puay Yok Tan. Multi-year comparison of the effects of spatial pattern of urban green spaces on urban land surface temperature[J]. Landscape and Urban Planning, 2019, 184: 44-58.

[6] 赵晓龙，卞晴，等．寒地城市公园春季休闲体力活动强度与植被群落微气候调节效应适应性研究[J]．中国园林，2018，2：42-48.

[7] 廖永昌，庄家尧，等．城市森林冠层对小气候调节作用[J]．生态学杂志，2015(6)：1532-1539.

[8] Gioia A. Paolini L. Malizia A. et al. Size matters: vegetation patch size and surface temperature relationship in foothills cities of northwestern Argentina[J]. Urban Ecosystems, 2014, 17(4): 116I-1174.

[9] An-Shik Yang. Numerical simulation of cooling effect of vegetation enhancement in a subtropical urban park[J]. Applied Energy. 2017: 178-200.

[10] 李英汉，王俊坚，李贵才，等．居住区植物绿量与其气温调控效应的关系[J]．生态学报，2011，31(3)：830-838.

[11] 刘常富，何兴元，陈玮，等．沈阳城市森林三维绿量模拟及其影响因子[J]．应用生态学报，2008，19(6)：1173-1178.

[12] 王东良，金荷仙，唐宇力．疗养院植物绿化三维量与空气负离子浓度的关系[J]．西北林学院学报，2013，28(4)：61-65.

[13] 高吉喜．北京城市绿地群落结构对降温增湿功能的影响[J]．资源科学，2016(6)：1028-1038.

[14] 张彪，高吉喜，谢高地，等．北京城市绿地的蒸腾降温功能及其经济价值评估[J]．生态学报，2012，32(24)：7698-7705.

[15] 埃维特 埃雷尔．城市小气候——建筑之间的空间设计[M]．北京：中国建筑工业出版社，2014.

作者简介

王之锴，1994 年生，男，汉族，黑龙江牡丹江人，哈尔滨工业大学建筑学院在读硕士研究生。研究方向：气候适应性寒地景观规划设计。电子邮箱：454673480@qq.com。

赵晓龙，1971 年生，男，汉族，黑龙江哈尔滨人，博士，苏州科技大学建筑与城市规划学院教授，博士生导师。研究方向：生态导向的城市设计、健康景观规划设计及其理论。电子邮箱：943439654@qq.com。

基于地统计学分析方法的城市绿地建成环境效应理论研究①

Research on Environmental Effects of Urban Green Space Built Based on Geostatistical Analysis

陈羽阳　朱春阳*

摘　要：城市绿地建成环境作为城市结构中自然生产力的主体，在城市系统中起着至关重要的作用。随着我国生态文明建设的发展，对城市生态环境效应的需求也日益迫切，如何进一步提升城市的整体环境效应成为了生态建设中拟解决的关键科学问题。地统计学是统计学的一个分支，其以区域化变量理论为基础，研究自然现象的空间变异与空间结构，同时能够对空间格局的尺度、几何形状、变异方向进行定量地分析和有效的估计，是分析自然现象空间特征的有效手段，已逐渐被运用到风景园林学科理论与实践中。本文基于对地统计学分析方法进行多学科、多视角的理论梳理，提出基于地统计学分析的城市绿地建成环境效应研究的方法体系，结论得出在有限的城市空间范围城市绿地与建成环境生态效应间潜在的空间分异关系，成为基于当代风景园林学科视角下的城市生态实践理论补充。

关键词：风景园林；城市绿地建成环境效应；地统计学；土地利用

Abstract: The urban green space plays an important role in the urban system as the main body of natural productivity in the urban structure. With the development of China's ecological civilization construction, the demand for urban ecological environment effects is becoming more and more urgent. How to further improve the overall environmental effects of the city has become a key scientific issue to be solved in ecological construction. Geostatistics is a branch of statistics. Based on the theory of regionalized variables, it studies the spatial variability and spatial structure of natural phenomena. At the same time, it can quantitatively analyze and effectively estimate the scale, geometry and direction of spatial patterns. It is an effective means to analyze the spatial characteristics of natural phenomena, and has gradually been applied to the theory and practice of landscape architecture. Based on the multi-disciplinary and multi-perspective theory of geostatistical analysis methods, this paper proposes a methodological system for urban green space built environmental effects based on geostatistical analysis. The conclusion is that urban green space and built environment ecology are limited in urban spatial scope. The potential spatial differentiation between effects has become a supplement to the urban ecological practice theory based on the perspective of contemporary landscape architecture.

Keyword: Landscape Architecture; Urban Green Space Built Environmental Effects; Geostatistics; Land Use

引言

生态环境是人类生存和发展的基本条件，是社会经济发展的基础。城市绿地作为城市生态系统的重要组成部分，是促进城市可持续发展的重要载体，在改善城市环境效应方面发挥着重要的生态调节功能[1]。但随着中国的城市化水平不断提高，城市人口剧增，工业化进程加速发展，城市环境质量迅速下降，造成了大气、水、土壤、噪声等污染，同时也造成了城市用地紧张的局面，导致了更多的城市近郊林地、农田等被吞噬，城市绿地遭受着典型的城市生态系统压力[2]。城市建成环境中不均匀的下垫面状况及人类活动排放出的废气和热量，明显改变了城市环境的气流走势与温湿度条件，严重制约了城市小气候环境的自我调节能力。因此，如何有效的应对城市化过程中的生态环境问题是城市可持续发展的根本保证。

随着生态文明建设的快速推进，气候环境作为生态环境中的重要组成部分备受社会关注，以生态文明建设需求为发展导向，迫切需要现代生态智慧的多领域协同发展。本文基于对城市建成环境空间尺度特征、城市绿地环境效应对建成环境的敏感性，引入地统计学分析方法对城市绿地环境效应与建成环境间的交互作用进行理论梳理，并提出基于不同情景下的城市绿地建成环境的调控途径，成为基于当代风景园林学科视角下的城市生态智慧理论补充。

1　城市建成环境空间尺度特征

在全球范围内，城市扩张在最近几十年都有所增加。在中国，各城市高速的经济增长与快速的城市化进程极大的改变了城市的景观面貌，经济发展所伴随的城市生态环境质量下降在很大程度上影响着城市居民的生产与生活环境，并对未来城市经济发展的环境造成了不利的影响[3]。规划者经常利用模拟模型来预测未来的城市扩张，以改善土地管理政策和实践，通过土地变化模型描述城市扩张空间变化对绿地结构的影响[4]，如 Feng et al. 研究表明，未来 20 年中国珠江三角洲地区的城市扩张将

① 基金项目：国家自然科学基金项目（编号 31870700，31500576）资助；中央高校基本科研业务费专项资金项目（编号 2662018JC047）资助。

从 30% 增加到 50%，导致绿地面积将下降 10%～30%[5]。建筑斑块面积逐渐增加，形式更加紧凑和连续。而绿色空间斑块面积缩小，变得更加异质性。

城市绿地在城市化进程中面临着越来越大的压力，这对生态系统服务、文化联系、城市居民的身心健康都产生了负面影响。城市绿地建成环境遭受着典型的城市生态系统压力[6]。以武汉市为例，在城市外围，绿地的自然度指数区间为 0.41（江夏区）～0.55（黄陂区）；而在城市中心，如洪山区绿地的自然度指数为 0.35。同时，从城市外围至城市中心，截至 2016 年城市绿化覆盖率由 34.1%降低至 9.4%，人口密度由 321 人/km^2 增加至 17863 人/km^2（2010 年第六次全国人口普查数据）。同时，武汉主城区具有严重的环境压力，如空气中细颗粒物 $PM_{2.5}$ 浓度为 58ug/m^3，粗颗粒物 PM_{10} 浓度为 97ug/m^3，SO_2 浓度为 11ug/m^3，酸雨 pH 达到 6.11，尤其 2017 年较严重的空气污染物如 NO_2 浓度达到 52ug/m^3，CO 浓度达到 1.1ug/m^3，O_3 浓度达到 90ug/m^3。（日最大 8h 滑动值）（数据来自 2017 年武汉市环境保护局）。另外，相对于自然森林土壤状况，城市绿地土壤也存在高 pH、土壤有机质、有效磷、有效钾、阳离子交换能力，低碱解氮等特征[7]。由此可见，寻求城市绿地建成环境效应调控方法以缓解城市绿地环境压力显得十分迫切。监测和理解城市建成环境空间尺度特征与城市绿地环境压力有助于为进一步的城市规划提供理论支持，对促进城市生态的发展具有重要意义[8]。

2 城市绿地环境效应对建成环境的贡献及敏感性

城市绿地在改善城市环境质量方面发挥着重要作用。健康、管理良好的城市绿地可以提供许多生态效益。树木可以通过遮阳、蒸腾和蒸发冷却影响空气温度和相对湿度。有研究表明，每增加 10%植物表面可降低 0.14～0.32℃[9]。城市植被还可以通过多种方式改善空气质量，如 Cavanagh 研究表明，克莱斯特彻奇市每年可清除约 300t 的空气污染物[10]。Nowak 研究表明，由于城市树木具有清除空气污染的能力，美国城市空气粗颗粒物 PM_{10} 浓度每年可减少 0.2～1.0%，NO_2 浓度可减少 0.1～0.6%，而 CO 浓度则下降到 0.005%以下[11]。Yang 研究表明，北京的树木从空气中去除的污染物总量高达为 1261.4t，净减少量为每年 772t[12]。植被为改善城市空气质量的重要途径，而城市绿地有效提高空气质量的环境效应取决于环境空气污染浓度、健康叶面积的大小、降低空气污染程度的相对意义，以及树木对空气污染的贡献[13]。

在城市建成环境中，一些土地覆盖类型可能会排放污染物，其中最主要的是城市工业和农业。城市绿地作为消减污染物的重要途径，其环境效应很大程度上受到周边建成环境的影响[14]。生态指标作为生态系统结构、组成或功能的可量化特征，城市绿地环境效应的敏感性可以通过生态指标加以体现。目前，关于环境压力对绿地敏感性方面的研究较少，相关研究集中于生物群落尺度，如多数研究学者证实了受污染地区的敏感物种数量下降这一结论。如 Pinho 将地衣功能群作为地中海生态系统中土地利用效应的生态指标，研究传统低强度土地利用对地中海软木橡树林地附生地衣群落的影响[15]。Ribeiro 利用地衣物种丰富度作为生态指标，分析在不同空间尺度上洞察生态指标与潜在环境因素之间关系的空间格局[16]。

3 城市绿地环境效应与建成环境间的交互作用——地统计分析模型的构建

城市生态环境的重要性与环境问题的全球化趋势使得人们越来越关注城市态环境效应的变化对人类生产生活的影响，城市绿地环境效应及影响机制研究将有助于我们更深入的理解生态环境变化的规律以及为政府提供城市生态规划与建设的重要理论依据，从而有效地改善城市生态环境，提高生态环境质量。Ribeiro 研究表明，在一定的空间尺度范围内，城市绿地斑块的环境效应与其周边建成环境之间存在联系且相互影响，但不论是环境效应自身的空间关系还是环境效应与周边建成环境两者间的空间关系均未得到很好的表述。因此，本研究试图引入地统计分析模型，对城市绿地环境效应自身的空间分异关系及环境效应与建成环境土地覆盖类型之间的空间分异关系展开论述。

地统计学是统计学的一个分支，其以区域化变量理论为基础，研究自然现象的空间变异与空间结构，同时能够对空间格局的尺度、几何形状、变异方向进行定量地分析和有效的估计，是分析自然现象空间特征的有效手段[17]。地统计学提供了对空间结构变量多元相关性建模的方法。该方法理论源于应用地质学，近年来在基础生态学和应用生态学领域的应用越来越广泛，其主要为空间模式分析。Pinho 利用地统计学模型描述了生物多样性数据、土地覆被类型和大气污染物浓度间的空间相关性，但是空间尺度有所局限，且为预先确定。

而协同区域化模型（LMC）是在地质统计学框架内建立的，利用变异函数（1）和交叉变异函数（2）对若干个空间结构变量间的多重相关性进行建模，并确定变量空间的相关性尺度。协同区域化模型（3）多用于土壤科学，Bellier 在生态学领域中使用这种方法分析了物种与环境的空间相关性尺度。

$$\gamma_i(h)=\frac{1}{2N(h)}\sum_{\alpha=1}^{N(h)}[Z_i(x_\alpha)-Z_i(x_\alpha+h)] \quad (1)$$

式中：$\gamma_i(h)$ ——变异函数；

$N(h)$ ——由向量 h 分离的采样点的个数；

$Z_i(x_\alpha)$ ——系统中系统中某一属性 z 在空间位置 x_α 处的值；

$Z_i(x_\alpha+h)$ ——z 在 $x_\alpha+h$ 处的值。

$$\gamma_{ij}(h)=\frac{1}{2N(h)}\sum_{\alpha=1}^{N(h)}\{[Z_i(x_\alpha)-Z_i(x_\alpha+h)][Z_i(x_\alpha)-Z_j(X_\alpha+h)]\} \quad (2)$$

式中：$\gamma_{ij}(h)$——交叉变异函数；

Z_i 与 Z_i 为一对变量；

$N(h)$——由向量 h 分离的采样点的个数；

$Z_i(x_\alpha)$——系统中系统中某一属性 Z 在空间位置 X_α 处的值；

$Z_i(x_\alpha+h)$——Z 在 $x_\alpha+h$ 处的值。

$$\Gamma(h)=\sum_{s=1}^{s}B^s g^s(h) \tag{3}$$

式中：s——空间尺度；

B^s——正定矩阵；

g^s——正定变异函数。

另外，Ribeiro[18] 选取欧洲西南地区作为研究场地，将土地覆盖、海拔和气候的数据与生态指标联系在一起，在没有先验空间尺度分析的前提下，采用了线性化的线性模型，将生态指标与环境因子联系起来，展示了地统计学分析模型可以用来洞察生态指标与潜在环境因素之间关系的空间格局，同时基于方差分析，确定了生态指标与环境因子之间的关系的不同空间尺度。对于每个空间尺度，再利用主成分分析来描述关系，并将其应用于相关矩阵。通过这种方式可以评估每个空间尺度上每个环境因子和生态指标之间的关系，最终得出了在中等尺度规模（15km）的开放空间区域，空气污染指标与其显著相关，在更大尺度（45km）的开放空间，人工区域和气候都是占优势的重要结论。

综上，在研究城市绿地环境效应与建成环境压力间的交互作用时，可以通过定量测量若干环境指标，并对周边建成环境的土地覆盖类型进行分类。基于地统计学分析方法构建二者间的空间分异模型，从而得出城市绿地环境效应与建成环境相互作用下的影响变程。这将成为风景园林学科与地统计学协同的一次理论与实践的创新。

4 基于不同情景下的城市绿地环境效应调控途径

在快速城市化这一背景下，土地利用的变化是全球变化研究的热点，其受到区域经济社会发展驱动和自然资源约束，也影响着区域中很多的生态过程。不合理的土地利用方式、城市发展导向与布局是城市生态环境效应恶化与加剧的推进机制。因而，定量化模拟和预测土地利用变化过程是研究其他生态过程变化的基础，也被常用来预测和优化区域土地格局[19]。如潘影[20] 等基于“源-汇”生态过程理论，利用空间数据库计算了密云县水库周围面源污染控制的景观安全格局，分析了低安全格局中的有较大面源污染风险的土地利用变化过程。基于现状社会经济驱动因子和邻域因子，利用 CLUE-S 模型模拟了各情景下的土地利用发展。因此，基于上述方法预测不同情景下城市绿地环境效应调控途径，协调周边用地布局的关系，将城市绿地环境效应发挥最大化也将成为今后城市规划与城市设计的重点。

参考文献

[1] 王晶懋，刘晖，宋菲菲，等. 基于场地生境营造的城市风景园林小气候研究[J]. 中国园林，2018(02)：18-23.

[2] 杜吴鹏，房小怡，吴岩，等. 城市生态规划和生态修复中气象技术的研究与应用进展[J]. 中国园林，2017(11)：35-40.

[3] 黄木易. 快速城市化地区景观格局变异与生态环境效应互动机制研究[D]. 浙江大学. 2008.

[4] Nora A. N.，Corstan R.，A. Harrisa J.，et al. Impact of rapid urban expansion on green space structure[J]. *Ecological Indicators*. 2017；274-284.

[5] Feng H. H.，Liu H. P.，Lu Y. Scenario prediction and analysis of urban growth using SLEUTH model[J]. *Pedosphere*，2012. 22(2)：206-216.

[6] Selmia W.，Weber C.，Rivieère E.，et al. Air pollution removal by trees in public green spaces in Strasbourg[J]. *Urban Forestry & Urban Greening*，2016(17)：192-201.

[7] 王朴，胡红青，丁昭全. 武汉城市园林绿地土壤现状分析[J]. 湖北农业科学. 2009(01)：78-80.

[8] Zhang Z.，Li Y. M.，Pana H. T.，Cooling and humidifying effect of plant communities in subtropical urban parks[J]. *Urban Forestry & Urban Greening*，2013(01)：323-329.

[9] McDonald A. G. ，Bealey W. J.，Fowler D.，et al. Quantifying the effect of urban tree planting on concentrations and depositions of PM_{10} in two UK conurbations[J]. *Atmospheric Environment*，2007(41)：455-467.

[10] Jim C. Y.，Chen Wendy Y.，Assessing the ecosystem service of air pollutant removal by urban trees[J]. *Journal of Environmental Management*，2008(88)：665-676.

[11] Nowak D. J.，Crane D. E.，Stevens J. C.，Air pollution removal by urban trees and shrubs in the United States. *Urban Forestry and Urban Greening*，2006(4)：115-123.

[12] Liu X. H.，Yu X. X.，and Zhang Z. M.，$PM_{2.5}$ Concentration Differences between Various Forest Types and Its Correlation with Forest Structure [J]. *Atmosphere*，2015 (06)：1801-1815.

[13] Yang J.，McBride J，Zhou J. X.，et al. The urban forest in Beijing and its role in air pollution reduction[J]. *Urban Forestry & Urban Greening*，2005(03)：65-78.

[14] Cavanagh J.，Reza P.，Wilson J. G.，Spatial attenuation of ambient particulate matter air pollution within an urbanised native forest patch [J]. *Science Diercty*，2009 (08)：21-30.

[15] Pinho P.，Bergamini A.，Carvalhod P.，et al. Lichen functional groups as ecological indicators of the effects of land-use in Mediterranean ecosystems[J]. *Ecological Indicators*. Ecological Indicators，2011(05)：36-42.

[16] Liu X. H.，Yu X. X，Zhang Z. M.，$PM_{2.5}$ Concentration Differences between Various Forest Types and Its Correlation with Forest Structure[J]. *Atmosphere*，2015(06)：1801-1815.

[17] 李志斌. 基于地统计学方法和 Scorpan 模型的土壤有机质空间模拟研究[D]. 中国农业科学院，2010.

[18] Ribeiro M. C.，Pinho P.，Llopc E.，Multivariate geostatistical methods for analysis of relationships between ecological indicators and environmental factors at multiple spatial scales[J]. *Ecological Indicators*. 2013(09)：339-347.

[19] Pinho P.，Augusto S.，Martins-Loucao M. A.，Pereira

M. J. , et al. Causes of change in nitrophytic and oligotrophic lichen species in a Mediterranean climate: Impact of land cover and atmospheric pollutants[J]. *Environmental Pollution*, 2008(154): 380-389.

[20] 潘影，刘云慧，宇振荣等. 基于CLUE-S模型的密云县面源污染控制景观安全格局分析[J]. 生态学报，2011(02): 529-537.

作者简介

陈羽阳，1995年生，女，汉族，福建福州，硕士研究生，华中农业大学风景园林专业园林生态与绿地规划方向电子邮箱：1039652290@qq. com。

朱春阳，1983年生，男，河北卢龙人，博士，农业部华中都市农业重点实验室（试运行），华中农业大学风景园林系副教授。研究方向为园林生态与绿地规划、植物景观，电子邮箱：zhuchunyang@mail. hzau. edu. cn。

基于空间句法与大数据的公园城市绿地可达性评价

——以成都市为例

Evaluation of Park City Green Space Accessibility Based on Spatial Syntax and Big Data

—A Case Study of Chengdu

刘嘉敏　潘　翔*　苏柠频

摘　要： 在成都公园城市建设背景下，大数据的发展为“以人为本”的规划理念提供了更为科学合理的实践途径。本文以成都市中心城区为例，运用休息日与工作日不同时段的百度热力图截图为数据源对城市居民时空活动进行分析，并筛选出日均高热力度绿地。然后运用空间句法中的全局整合度、局部整合度、效率值四个指标对成都市中心城区路网进行分析，将结果与日均高热力绿地布局叠加，与效率值共同构建绿地可达性评价体系。研究发现成都市中心城区存在绿地可达性与人群活力错位，整体可理解度较低等问题，但总体布局基本符合居民使用习惯，未来应加强高热力度区域绿地建设，完善城市导向设施并提升绿地自身吸引力。

关键词： 空间句法；百度热力图；可达性；城市绿地；公园城市

Abstract: Under the background of Chengdu Park City construction, the development of big data provides a more scientific and reasonable practical approach to the “people-oriented” planning concept. Taking the downtown area of Chengdu as an example, this paper analyzes the time and space activities of urban residents by using Baidu thermal maps at different times of rest days and working days, and screens out the green space of daily average high heat intensity. Then, using the global integration degree, local integration degree and efficiency value of spatial syntax to analysis the road network of Chengdu downtown area. Then superimposed with the results of the daily average high thermal green space layout, constructed the green space accessibility evaluation together with the efficiency value system. The study found that there are problems such as green space accessibility and population misplacement in the downtown area of Chengdu, and the overall comprehensibility is low. However, the overall layout is basically in line with the residents' usage habits. In the future, it is necessary to strengthen the construction of green areas in high-heat areas, improve urban-oriented facilities and upgrade parks. Self-attractive.

Keyword: Space Syntax; Baidu Thermal Map; Accessibility; Green Space System; Park City

引言

21世纪以来，我国人居环境文明历经“园林城市”“生态园林城市”，如今“公园城市”理念的提出相较于前两者已经由单一视觉层面的城市表层美化上升到城市、自然、人居活动三者关系的系统思考与多维统筹[1-2]。城市居民活动的聚集、游历等时空特性反应了人生存活动的内需本性，对其进行科学的量化分析是公园城市“以人民为中心”建设理念的重要支撑，而当前依据规划师主观经验判断与有限社会调查建立的评价指标无法从人群时空活动特征角度反映城市绿地分布情况。

本文将空间句法与热力图结合，通过研究城市人口的时空行为特征，解构城市绿地空间与居民社会活动背后的相互作用机制，为人本主义下公园城市的绿地合理可达性建设提供依据。

1　城市绿地及可达性

本文将研究的城市绿地范围界定为成都四环路以内的城市绿地，城市绿地以植被为主要存在形式，是用于改善城市生态，保护环境，为居民提供游憩场所和美化城市的一种城市用地[3]。当前我国的城市绿地系统规划依旧存在着评价结构单一、忽视全域绿地发展与居民感受、无法充分利用空间数据等问题[4]，历年以来这种自上而下的规划所产生的矛盾日益突出。

可达性是指居民克服距离、旅行时间和费用等阻力到达一个服务设施或活动场所的愿望和能力的定量表达，当前不同学者对于可达性概念的理解主要有两个层面：一是客观层面可达性，关注两点之间在交通上的便捷程度；二是主观层面可达性，将人们的主观意愿与空间点的选择优先级的关系视为可达性评价的基础[5]，因此可达性不仅仅由时空层面的通达程度决定，人对环境的心理认知也尤为重要，在公园城市可达性建设中必须将其纳入考虑范围。

2　空间句法与地图热力图在绿地可达性研究中的适用性

2.1　空间句法理论

当前学界研究可达性所采用的评价方法大多集中于

拓扑网络与几何网络两类方法，空间句法方法属于拓扑网络类。相较于其他方法而言，其突出的特点为在分析可达性问题中，融入了个体对环境的认知，使个体对路径的选择具有主动权[6]，直观的表达了城市居民活动与空间之间的关联[7]。因此，运用空间句法方法进行城市绿地可达性评价，是回归空间与人关系本身的研究。

2.2 百度地图热力图

百度地图热力图是以位置服务技术（location based service，LBS）平台手机用户地理位置数据为基础，有效的展现了城市人口活动轨迹与时空聚散状态，即通过叠加在网络地图上的不同色块来实时描述城市中人群的分布情况[8]（图1）。百度地图热力图所展示的不同时段内人群在城市各地点的聚集信息在很大程度上反映了城市空间被使用的情况，弥补了传统数据来源动态性不足的问题[9]。同时由于百度热力图是城市用户的手机信令数据，实际上是公众对规划决策的参与，因此与公园城市规划中“以人为本”理念不谋而合，其自下而上的决策机制也提高了规划的科学性。本文尝试把百度地图热力图作为分析的工具，对其在城市人群时空活动研究上能够发挥的作用进行一些初步的探索。

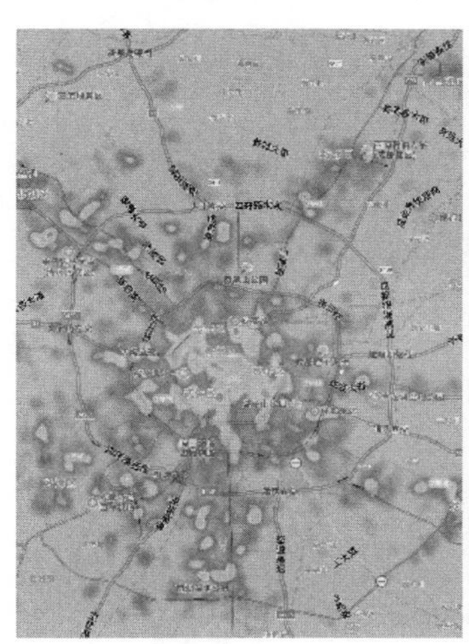
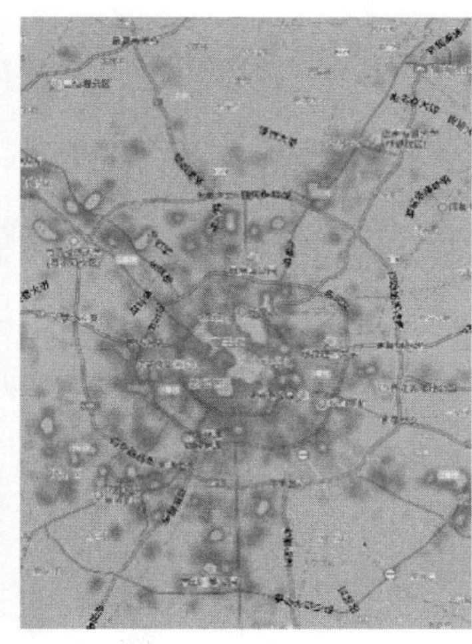
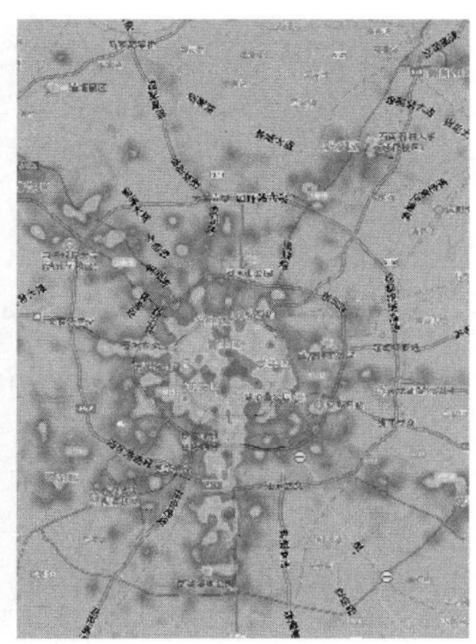

图1　部分热力图截图

3　基于大数据法的城市人群活动时空特征研究

3.1 数据来源与处理

城市居民活动最大差异主要体现在规则性活动与自由性活动，因此本文选取四环内2019年4月13日（工作日）与2019年4月18日（休息日）两天7：00～24：00点共计约26个时段，实时更新的百度热力图为数据源，共截取百度热力图216幅。百度热力图中共有七种图像颜色：红、橙、黄、黄绿、绿、紫、浅紫，代表了七个级别热力值，颜色越暖其所代表的热力度越高，人群密度越大，利用Adobe Photoshop CC2018将获取的截图进行拼接后得到36个测量对象，将对象依此导入Image-Pro Plus6.0中进行定标后的HIS模式下分色测量处理，可得出不同时间点研究范围内的实际热力分布面积，将结果导入Excel中进行汇总，每个对象所得数据包含数据编码、颜色分区面积。本文将红、橙两种颜色所代表的区域定义为高热区、黄、黄绿两色所代表的区域定义为次热区。

3.2 数据综合分析

通过对Image-Pro Plus6.0导出的数据在Excel中进行图表可视化处理后，可以发现各级别的热力度区域面积，不同级别出现的时间都经历着明显的起伏变化，这是由于人群使用移动客户端人数变化与使用者在城市中活动的时空分布变化两个因素造成的，因此本文针对不同时空人群的相对集中程度进行分析。

3.2.1 时间特征

高热区与次热区其面积的大小从一定程度上反应了城市人群的聚集与离散程度。从图2、图3可以看出，在4月13日（周六）7：00～24：00的时段内，四环内高热区与次热区面积都随时间变化有明显起伏，但波动规律性都不明显。首先次热区面积在八点左右开始增长，随后在12：00～13：00有一个明显的下降过程，接近14：00左右再次上升，17：00开始保持平缓增长，18：00小幅下降后又快速增长，19：00达到最高峰后持续下降。高热区从10：00才开始出现，16：00出现面积峰值后持续下降，全程波动与次热区相比较为平缓。由此可见在休息日成都市居民上午活动强度较低，从中午开始至晚饭后开始趋向峰值，说明大部分居民周末早晨会选择在家休息，中午过后至下午开始外出活动，并在晚饭过后逐渐结束活动回家。而在工作日，次热区从七点就开始增长，在12：00～14：00达到热力面积的峰值，全天体现了上下班的节律性。

3.2.2 空间特征

将热力图在ArcGIS中矢量化后得到工作日与休息日

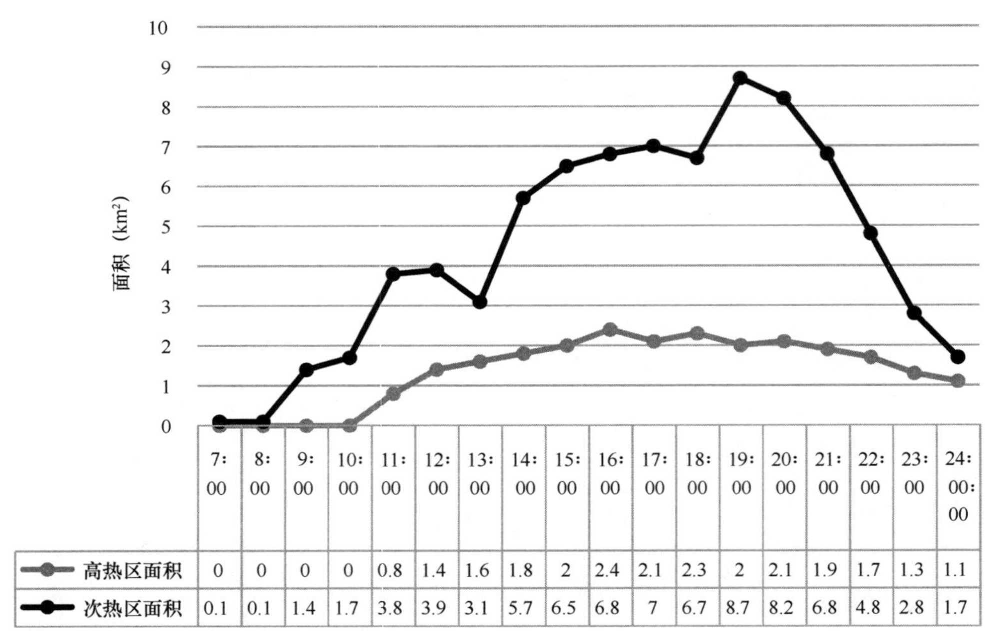

	7:00	8:00	9:00	10:00	11:00	12:00	13:00	14:00	15:00	16:00	17:00	18:00	19:00	20:00	21:00	22:00	23:00	24:00:00
高热区面积	0	0	0	0	0.8	1.4	1.6	1.8	2	2.4	2.1	2.3	2	2.1	1.9	1.7	1.3	1.1
次热区面积	0.1	0.1	1.4	1.7	3.8	3.9	3.1	5.7	6.5	6.8	7	6.7	8.7	8.2	6.8	4.8	2.8	1.7

图 2 （体息日）高热区与次热区面积随时间变化曲线

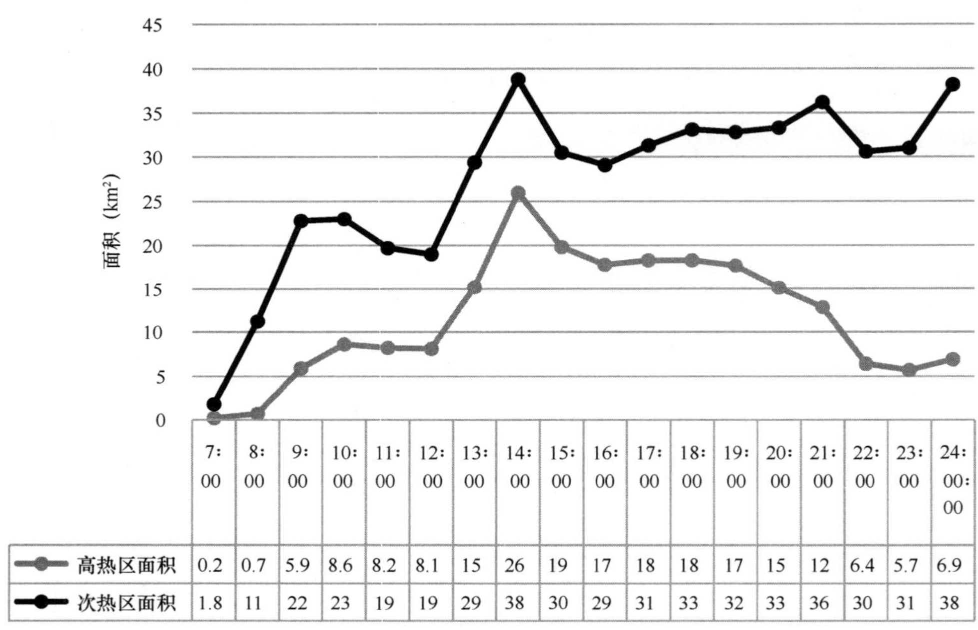

	7:00	8:00	9:00	10:00	11:00	12:00	13:00	14:00	15:00	16:00	17:00	18:00	19:00	20:00	21:00	22:00	23:00	24:00:00
高热区面积	0.2	0.7	5.9	8.6	8.2	8.1	15	26	19	17	18	18	17	15	12	6.4	5.7	6.9
次热区面积	1.8	11	22	23	19	19	29	38	30	29	31	33	32	33	36	30	31	38

图 3 （工作日）高热区与次热区面积随时间变化曲线

两日的热力平均值（图 4、图 5），首先可以看出休息日与工作日均人群密度都大体呈由中心向外逐渐递减的趋势。在休息日，成都市中心城区高热区大部分集中于一环范围内，包括成都站、成都东站、天府广场、春熙路、武侯祠、西南民族大学、四川大学华西校区，由此可见休息日城市人群活动主要集中于交通枢纽、学校与商业区，其中休闲商业区为强度最高地区。而工作日高热区与次热区面积相较休息日有大幅度的增加，涵盖整个一环范围内与天鹅工业园区、青龙场立交桥附近、交大立交、苏坡立交、人南立交至天府立交全段周边。

将休息日与工作日两幅日均热力图中位于高热区与次热区的绿地叠加得到日均高热力绿地（图 6），这些绿地包括万华苑、蓉华上林居住片区、香澜半岛居住片区、驷马桥街道路绿地、三洞古桥公园、大公园、成温高架路、府南河活水公园、成华公园、电子科技大学沙河校区、天府广场、万福苑花香庭院居住片区、肖家河居住片区、人民公园、新华公园、江华社区、成都大学、九眼桥、武侯立交居住片区、红牌楼市政公园、丽都公园、科华南路片区、成渝立交、九寨沟路、天府立交片区、交子大道商业片区，其中大部分分高热力绿地分布区成华区与武侯区（表 1），反应出中心人群活动密集的绿地区域。

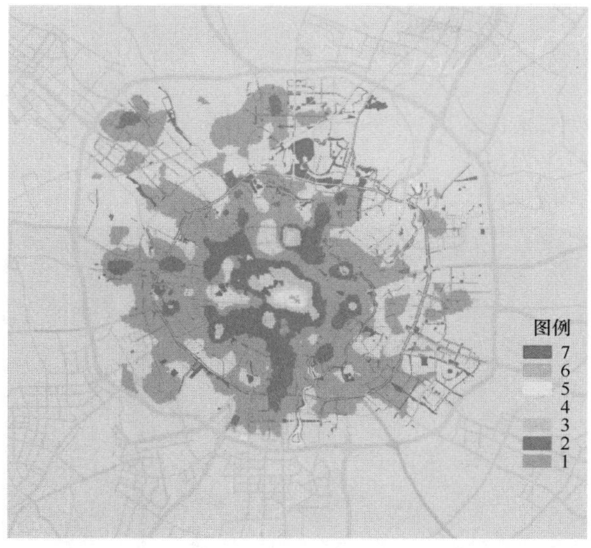

图 4　ARCGIS 矢量化后的休息日日均热力图

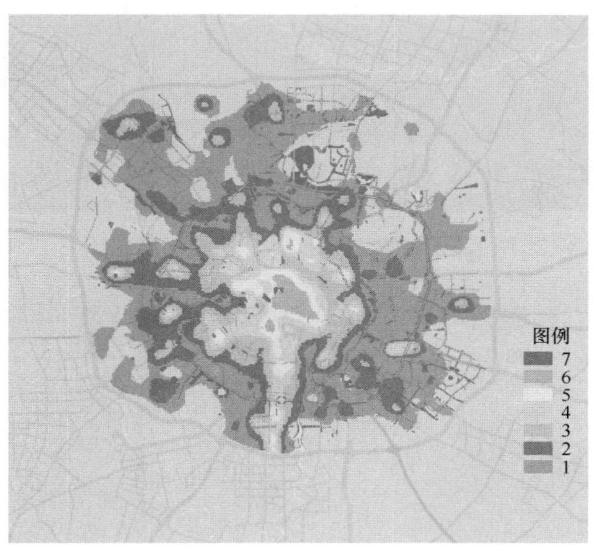

图 5　ARCGIS 矢量化后的工作日日均热力图

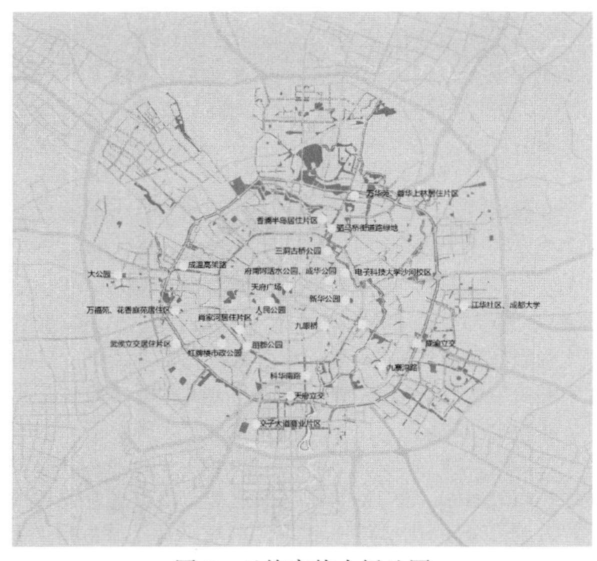

图 6　日均高热力绿地图

日均高热力绿地表　**表 1**

序号	名称	类别	所在区位
1	万华苑、蓉华上林居住片区	居住区公园	成华区
2	香澜半岛居住片区	居住区公园	
3	驷马桥街道路绿地	道路绿地	
4	三洞古桥公园	综合公园	
5	电子科技大学沙河校区	附属绿地	
6	新华公园	综合公园	
7	成渝立交	街旁绿地	
8	九寨沟路	道路绿地	
9	天府广场	街旁绿地	青羊区
10	人民公园	综合公园	
11	大公园	综合公园	
12	成温高架路	街旁绿地	
13	府南河活水公园	综合公园	锦江区
14	成华公园	综合公园	
15	万福苑、花香庭院居住片区	居住区公园	武侯区
16	肖家河居住片区	居住区公园	
17	天府立交片区	街旁绿地	
18	交子立交商业片区	街旁绿地	
19	九眼桥	街旁绿地	
20	武侯立交居住片区	居住区公园	
21	红牌楼市政公园	综合公园	
22	丽都公园	综合公园	
23	科华南路片区	道路绿地	
24	江华社区	居住区公园	龙泉驿区
25	成都大学	附属绿地	

4　基于空间句法的成都市绿地可达性研究

4.1　路网数据获取与范围界定

研究获取的路网数据主要来自成都市目前各类规划图、百度地图与谷歌卫星图。成都市外围具有完整封闭的绕城高速，对交通道路以及两侧物质能量流动具有明显的阻隔与切割作用，可避免边缘效应对研究空间研究的影响，因此研究结合成都市道路交通与用地规划，选定涵盖成都中心城区绝大部分范围（面积约 541km^2）的四环线为研究边界，对四环以内的城市绿地进行研究。

4.2　空间句法建模

以成都市中心城区道路交通规划图为基础，结合谷歌地球卫星图进行补充修正，以成都市四环线为界线并适当向外延伸城市主干道，在 CAD 中以“最长且最少”为原则绘制成都市空间句法模型，将研究范围内的城市路网转换为轴线构成的拓扑结构，模型涵盖研究范围内的高速公路，城市快速路，结构性主干道，道路广场与公路用地，尽量准确概括城市空间（图 7）。随后将 CAD 中的路网轴线图保存为 dxf 格式，在 Depthmap 中转化为线段模型。

图 7　成都市中心城区轴线模型

4.3　绿地可达性分析

本文选取全局整合度、局部整合度、可理解度与效率值四个变量对绿地可达性进行分析，并依据最终结果对成都市城市绿地可达性进行综合评价。

4.3.1　全局整合度

绿地的全局整合度反映的是居民在城市中任意位置到达城市绿地的难易程度，即与绿地间距最短的空间轴线与研究范围内剩余空间轴线之间关联密切程度，是评价城市绿地在大范围空间中可达性水平的指标。空间句法理论中，整合度数值高的部分能够承受更多的交通流量与人流活动，可达性较高。本文通过空间句法变量中的全局整合度衡量城市绿地的全局可达性，其全局整合度越高，绿地与周边连接更紧密，可达性越高。

在 Depthmap 分析结果中，轴线色彩由暖调至冷调表示整合度数值逐渐降低。由全局整合度分析（图 8）所示，成都市中心城区整合度基本呈由中心向四周递减的放射状分布，其中全局整合度较高的道路有蜀都大道总府路、蜀都大道大慈寺路、蜀都大道东风路、新华大道江汉路、新华大道文武路、新华大道三槐树路、新华大道双林路、府星路、红星路、新南路、科华北路、一环路全段与二环路西部，分布于这些道路周边的绿地数量较少且比较零散。

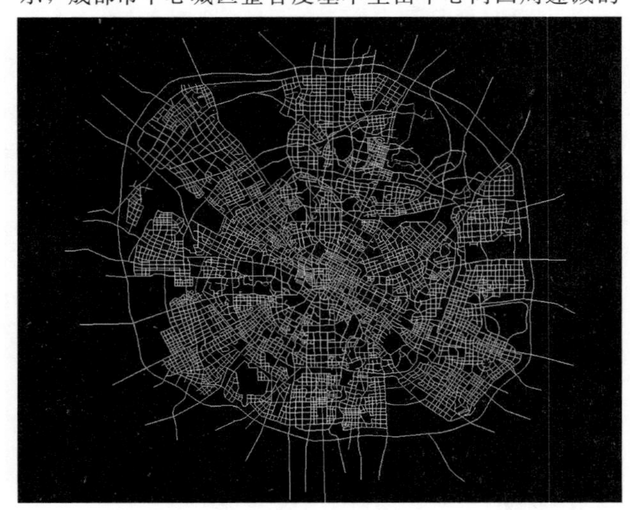

图 8　成都市中心城区全局整合度

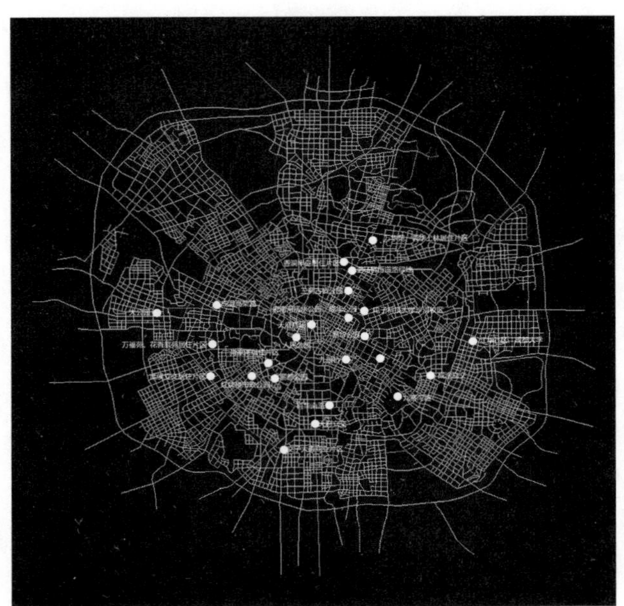

图 9　全局整合度与日均高热力绿地叠加

将路网轴线全局整合度与其中日均高热力度绿地叠合（图 9），可以看出万华苑、蓉华上林居住片区、香澜半岛居住片区、大公园、万福苑花香庭院居住片区、红黄牌楼市政公园、交子大道商业片区、九寨沟路、成渝立交、江华社区、成都大学这些日均热力值较高的绿地位于全局整合度较低路段。

4.3.2　局部整合度

城市绿地局部整合度反映了绿地周边市民从绿地附近步行抵达绿地的难易程度，即衡量绿地服务半径范围内的轴线与周围小区域内轴线间的连接状态，是评价距离绿地可步行范围内的可达性指标。在正常情况下步行十五分钟内可抵达目的地较符合居民生活习惯，因此按平均步行速度计算，将城市绿地局部可达性半径设置为 1200m。

从局部整合度的分析结果（图 10、图 11）中可以看出一些原本在全局整合度中数值较低的区域，呈现局部整合度较高的状态，这种现象在川陕立交区域、武青南路片区、天府大道北段及东部片区、驿都西路、狮子立交片区这些距离城市中心较远的区域体现的尤为明显。这种现象说明了这些区域对于其周边一定辐射范围而言是居民活跃的中心。

局部整合度与全局整合度对比分析可知，局部与全局均较高的地区（图 12），局部交通与全市交通都比较便捷，对城市绿地有更为充分的利用，这部分区域主要集中在城市中心区，其中包含的日均高热力度绿地有：府南河

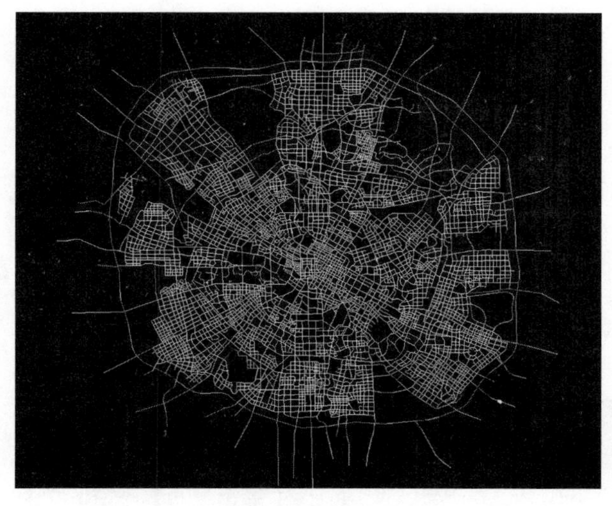

图 10　成都市中心城区局部整合度

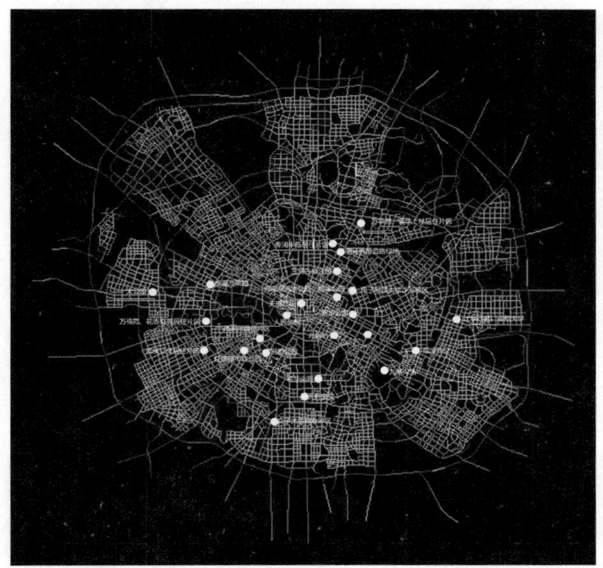

图 11　局部整合度与日均高热力绿地叠加

图 12　局部与全局均高区域

活水公园、成华公园、天府广场、新华公园、九眼桥、肖家河居住片区、丽都公园、天府立交；局部较低，全局较高的区域（图 13）在未来可作为远期规划的重点，其涵盖的日均高热力度绿地有：成温高架桥片区、科华南路片区；局部较高，全局较低的区域（图 14）为城市的次活力中心，其涵盖的城市绿地能更充分的发挥作用，是重点建设的对象，其中日均高热力度绿地为江华社区、成都大学。但通过叠加可发现，仍然有大部分日均热力度较高的绿地其全局整合度与局部整合度均较低（图 15）：万华苑、蓉华上林居住片区、香澜半岛居住片区、驷马桥街道路绿地、三洞古桥公园、大公园、电子科技大学沙河校区、万福苑花香庭院居住片区、人民公园、武侯立交居住片区、红牌楼市政公园、成渝立交、九寨沟路、交子大道商业片区。

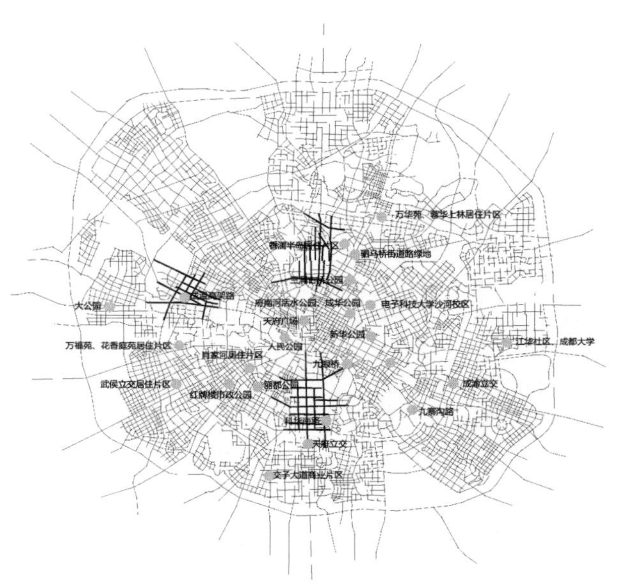

图 13　局部低全局高区域

图 14　局部高全局低区域

图 15　局部全局均低区域

4.3.3　可理解度

Bill · Hillier 认为“无论对城市还是建筑空间，都很难被使用者站在内部的一个点就能理解，必须是在系统中运动地观察才可以逐渐建构空间系统的整体图[10]。本文中可理解度旨在评估居民可通过周围地区交通网络对全市整体空间结构感知的程度大小，评估出行线路的清晰便捷程度。

图 16 是在 Depthmap 软件中，通过 X 轴全局整合度与 Y 轴局部整合度得出的轴线系统的散点图。根据句法理论认为，R^2 值在 0.5～0.7 之间时表示空间可理解度较好，当 R^2 值大于 0.7 时空间可理解度则为非常好。从成都中心城区的可理解度分析中可得知，其相关性 R^2 的数值约为 0.125，说明成都市中心城区的可理解度不高，难以从局部空间对整个中心城区空间进行掌握，在未来城区规划中应着重提升。

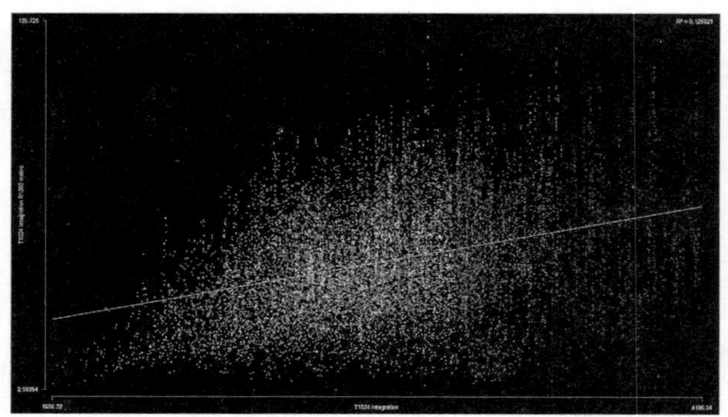

图 16　成都市中心城区可理解度

4.3.4　空间效率值

空间效率值表示城市空间的渗透与吸引力，衡量城市空间布局是否合理，其评估值越高表示空间吸引力越强，即可达性越好。其公式为：

$$Efficiency=\frac{\log(T1024Choice+1)}{\log(T1024TotalDepth+3)}。$$

选择度表示穿越城市轴线能够到达目的地潜能大小，其值越高的路段对市民出行吸引力越大，深度值反映绿地在整个城市空间路网中的可达性，代表了城市空间之间彼此连接的最小步数，空间转换次数与居民前往绿地的意愿成正比，绿地的可达性就越高，体现了从城市绿地到达周边其他交通道路空间的能力。

从效率值分析图（图 17、图 18）中，可以看出日均热力度高的绿地基本位于高效率值路段上，说明人群活动较为频繁，城市绿地整体结构较为合理。

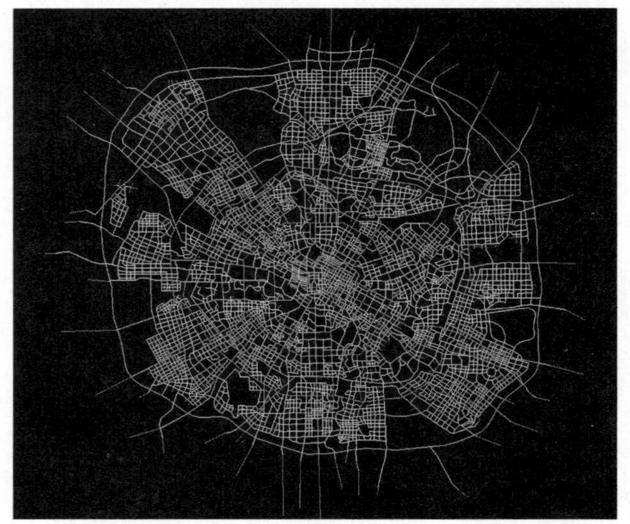

图 17　成都市中心城区效率值

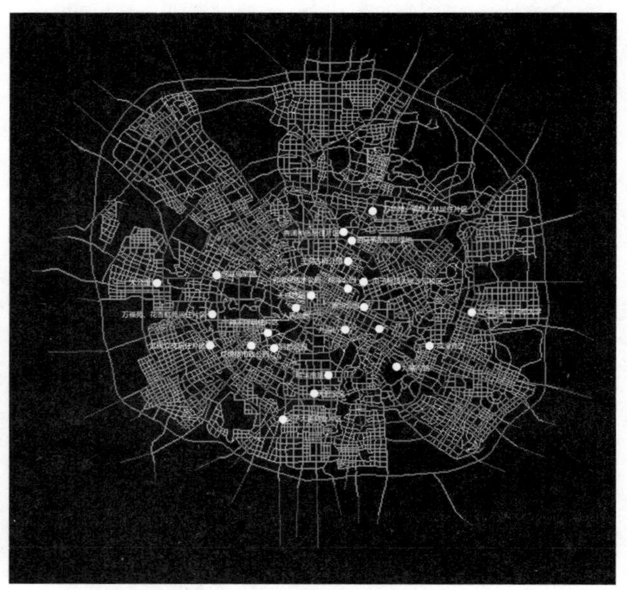

图 18　效率值与日均高热力绿地叠加

5　结论与建议

本文利用空间句法理论结合热力地图法，从城市绿地的全局可达性、局部可达性、可理解度和效率值四个方面对成都市中心城区的公共绿地进行探讨评估，对数据进行分析评估后，总结出现状布局的主要问题：

（1）城市绿地与可达性错位问题：总体而言，成都市日均高热力绿地呈现由中心向外逐渐递减的趋势，位于一环、二环内的日均高热力公共绿地全局整合度与局部整合度都基本较高；但多数位于二环之外日均高热力公共绿地全局与局部整合度依然较低，造成绿地分布人群活力与可达性的错位问题，绿地之间可达性差异较大，这种情况大部分位于二环之外的成华区、武侯区，在未来应该针对错位问题加强高热力度区域的公共绿地建设，使绿地的公共服务半径与居民需求相对应。

（2）城市空间可理解度较低：从 Depthmap 分析中可以看出成都市中心城区整体可理解度很低，结构秩序存在问题，居民难以通过局部交通感知城市空间，由此会对绿地可达性造成负面影响。成都市中心城区面积较大，立体交通发展繁杂，在分区发展的前提下造成不同行政区之间交通、城市空间规划、政策上有所偏差，所以造成空间差异性大，可理解度较低的现象。在未来公园城市绿地建设中，应该加强规划的立体联系，完善绿地相关的交通体系与导向标识等公共服务设施。

（3）日均高热力度绿地所在路段的效率值均较高，与人群活动时空变化分析结果契合，说明总体而言公共绿地的布局基本符合市民使用习惯，未来应继续提升绿地自身吸引力，结合人口时空分布与可达性建设城市绿地。

6 展望

当前城市大数据的发展为更为合理的城市设计提供了科学、人性化的机遇，公园城市理念下“以人为本”的设计理念要求城市整体规划应该与城市本身的使用者——居民的时空活动习惯紧密相连，但前自上而下，脱离实际的规划方法与公园城市理念背道而驰。

城市生态系统建设归根到底是人地观念的问题，在公园城市的建设背景下，结合当前大数据发展的良好契机，尊重城市自然本底的完整性，适度弱化在城市建设中的人为秩序，使城市的居民与建设者从更为深层的高度认识人与脚下土地之间的人居环境，将是公园城市未来建设的关键。

参考文献

[1] 成实，成玉宁．从园林城市到公园城市设计——城市生态与形态辨证[J]. 中国园林，2018，34(12)：41-45.

[2] 王浩. “自然山水园中城，人工山水城中园”——公园城市规划建设讨论[J]. 中国园林，2018，34(10)：16-21.

[3] 张云路. 基于绿色基础设施理论的平原村镇绿地系统规划研究[D]. 北京林业大学，2013.

[4] 杨文越，李昕，叶昌东. 城市绿地系统规划评价指标体系构建研究[J]. 规划师，2019，35(09)：71-76.

[5] 孙雅婷. 基于空间句法的武汉市综合性公园绿地可达性研究[D]. 华中农业大学，2015.

[6] 陈洁，陆锋，程昌秀．可达性度量方法及应用研究进展评述[J]. 地理科学进展，2007(05)：100-110.

[7] Monokrousou K，Giannopoulou M. Interpreting and Predicting Pedestrian Movement in Public Space through Space Syntax Analysis. Procedia-Social and Behavioral Sciences，2016(223)：509～514

[8] 吴志强，叶锺楠. 基于百度地图热力图的城市空间结构研究——以上海中心城区为例[J]. 城市规划，2016，40(04)：33-40.

[9] 王录仓. 基于百度热力图的武汉市主城区城市人群聚集时空特征[J]. 西部人居环境学刊，2018，33(02)：52-56.

[10] Hillier W，Yang T，Turner A. Advancing DepthMap to advance our understanding of cities：comparing streets and cities and streets with cities. 2012.

作者简介

刘嘉敏，1996 生，女，汉族，江西吉安人，本科，四川农业大学，硕士研究生。研究方向：风景园林规划设计（611130）。电子邮箱：549251563@qq. com。

潘翔，1985 年生，男，四川成都人，博士，四川农业大学风景园林学院风景园林系副主任，讲师，硕士生导师。研究方向：风景园林规划与设计和风景园林遗产保护。

苏柠频，1994 年生，女，四川资阳人，本科，四川农业大学，研究生硕士。研究方向：风景园林规划设计。

基于旷奥理论研究的高密度城市人居视觉景观网络机理与构建旷奥基础理论研究①

Research on the Mechanism of Visual Landscape Network of High Density Urban Human Settlements Based on Kuang-ao Theory and Constructing the Basic Kuang-ao Theory

李　爽　刘滨谊*

摘　要： 风景旷奥理论属于风景分析评价的基础理论。本文基于旷奥理论，将高密度城市分解为城市人居视觉景观客体特征、主体感受与主客作用机制。在城市人居视觉景观客体特征部分，对城市客体空间进行分类，并提炼客体特征评价类型和评价因子；在城市人居视觉景观主体感受部分，提炼主体感受评价因子；在主客作用机制部分，将上述两者进行关联，提出了高密度城市人居视觉景观网络评价方法及机理发掘的思路。旷奥理论为基础，视觉景观网络为补充，有助于发现城市景观感受普适规律并指导城市景观建设。

关键词： 旷奥理论；高密度城市；视觉景观网络

Abstract: Kuang-ao Theory belongs to the basic theory of landscape analysis and evaluation. Based on Kuang-ao Theory, this paper decomposes the high-density city into the object characteristics, subjective feelings and the mechanism of subject-object interaction of urban human settlements visual landscape. In the part of object characteristics of urban human settlements visual landscape, the urban object space is classified, and the evaluation types and evaluation factors of object characteristics are refined. In the part of subject perception of urban human settlements visual landscape, the evaluation factors of subject perception are refined. In the part of subject-object interaction mechanism, the above two are correlated, and the evaluation method and mechanism of high-density urban human settlements visual landscape network are put forward. Based on Kuang-ao theory and supplemented by visual landscape network, it is helpful to discover the universal law of urban landscape perception and guide the construction of urban landscape.

Keyword: Kuang-ao Theory; High Density City; Visual Landscape Network

1　研究背景

1.1　国内外视觉景观评价理论

20世纪60年代至80年代初期，视觉景观评价理论以保护主义倾向为主。20世纪80年代至21世纪初期，视觉景观评价理论保护和利用并行，出现了包括公众偏好、成分待用模式的两模式，包括专家学派、认知学派、心理物理学派和经验学派的四大学派[1]。21世纪至今，视觉景观评价理论不断发展革新，研究重点为视觉影响评价、视觉质量评价、视觉景观偏好等方面。

我国出现得最早的与景观评价相关的理论为唐代柳宗元提出的关于风景“旷奥”的理论，他通过山水诗文中“游之适，大率有二：旷如也，奥如也，如斯而已[2]。”的感怀表达出对风景客体的主观感受。1979年，冯纪忠提出旷奥的变化可以作为景观动态视觉感受的重要测量维度[3]。1983～1999年，在冯纪忠的指导下，刘滨谊开展了“风景旷奥”感受的分析评价研究。

1.2　旷奥基础理论研究进展

风景旷奥理论属于风景分析评价的基础理论。刘滨谊于1986将风景感受高度概括为旷奥概念，提出旷奥的风景直觉空间、风景知觉空间和风景意向空间三个基本层次；后于1988年提出了主客结合的风景评价方法，并应用电子计算机、航测量化指标来辅助风景规划设计[4]，之后的三十年间，刘滨谊及其团队开展了包含景观空间心理、信息、行为、视觉感应等在内的风景园林空间视觉美学感受基础理论机理研究。例如在视觉感应机理方面，于2013年提出视觉吸引机制及其吸引的四要素[5]；于2014年构建出旷奥理论下的指导城市湿地公园建设的视觉感受模型[6]，并对景观空间视觉吸引要素进行量化分析，总结归纳出12个景观空间视觉吸引要素等[7]。这些理论研究作为旷奥视觉评价理论的重要部分，促进了视觉景观评价理论的发展。

① 基金项目：国家自然科学基金委员会面上项目“城市景观视觉空间网络分析与构建”（编号51678417/E080202）资助。

2　高密度城市人居视觉景观网络

2.1　城市人居视觉景观

城市人居视觉景观为城市物质环境体和城市人居生活体构成的不同物质形态的视觉形式[8]。从广义上来说，城市人居视觉景观是包含城市功能、城市文化、人的感受、社会活动在内的城市空间或整个城市的视觉总体；从狭义上来说，城市人居视觉景观是指通过视觉感受的城市环境[9]。本文所讨论的城市人居视觉景观为物质形态环境与人类主观感知的结合。

2.2　城市人居视觉景观网络形成背景

2.2.1　城市认知网络

城市视觉认知网络是基于家的城市中心度总体认知网络，人在城市中除家之外的活动轨迹只是城市中的几个地点、中心与路。人在城市中认路要基于两种假设，第一种假设是根据行为心理学家的"刺激"-"反应"学说，沿某一方向行走，通过试探与纠正错误直到找到某一刺激暗示；第二种假设是根据地点与路构成的网络关系，这种网络关系是一种概括的环境意象，也被称为"头脑中的地图"。

2.2.2　城市意象

城市意象是周围环境直接或间接的影响使城市居民产生的经验认识空间。在这种人的大脑的主观环境空间中，城市居民对于城市的定位主要依据道路、节点、边缘、区域、标志物五种环境要素[10]。

2.2.3　景观空间序列

在步行条件下，在时间、空间、情感等方面，城市景观客观环境与人类主观感受之间存在相关性。如果将景观空间序列简化为节点和路径两个部分组成的系统，则节点为空间序列中感官路标统领的空间，路径为线性的具有连接功能的空间[11]。

2.3　城市人居视觉景观网络概念界定及构建方法

刘滨谊指出，空间网络是指空间关系的结构组织特征，景观视觉空间网络是指视觉空间结构组织关系。城市景观视觉空间网络一方面由城市景观视觉客观空间组成，分为节点、廊道、区域三类，骨架是点状的视觉节点及线性的视觉廊道；另一方面由城市景观视觉主观空间组成，分为视域、视廊、视界三类，骨架是视域及视廊网络。

本文认为城市人居视觉景观网络是物质形态环境与人类主观感知及其作用关系，因此，基于旷奥理论，结合城市视觉空间九要素，本文将高密度城市人居视觉网络的分解为城市人居视觉景观客体特征、城市人居视觉景观主体感知、主客作用机制，分别与旷奥理论三个层次相对应（图1）。

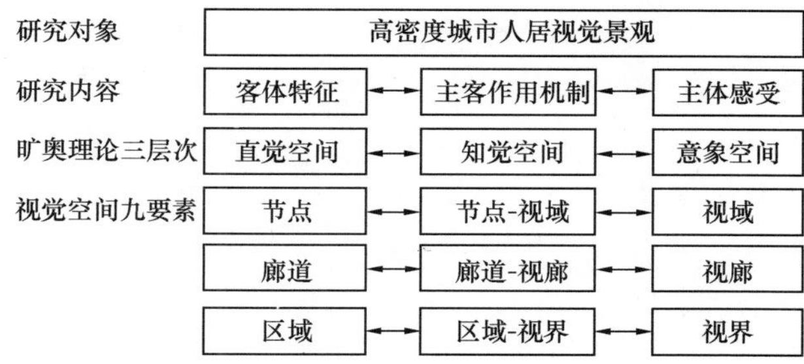

图1　本文研究内容与旷奥层次对应关系

3　城市人居视觉空间网络基本框架构建

3.1　城市人居网络空间构成

在客体空间方面，对城市节点、区域、廊道三类客体空间进行进一步分类。其中节点包括广场、交通节点两类实体空间；廊道包括街道、滨水区两类实体空间；区域包括公园、校园、商业街区、历史街区、居住区五类实体空间，选取的实体空间基本涵盖了城市人居视觉网络客体空间（图2）。

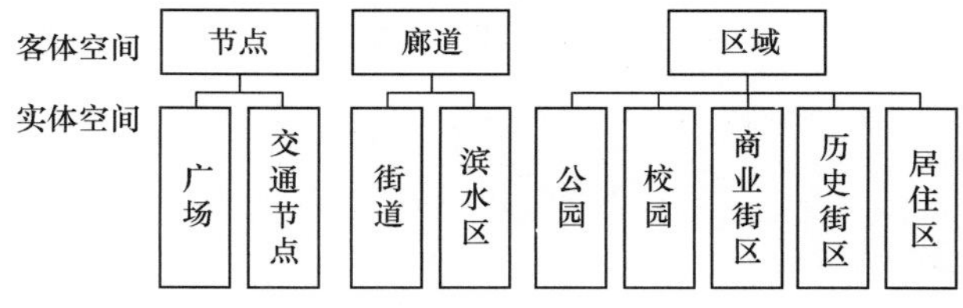

图2　城市人居网络客体空间

此外，沿用视觉空间九要素中的视域、视廊、视界作为城市人居网络主体空间，节点-视域、廊道-视廊、区域-视界为主客作用空间。

3.2　城市人居视觉空间网络客体特征

在客体特征部分，将从城市人居视觉空间的空间类型和空间指标两方面进行分析归纳。

在空间类型方面，对城市人居视觉空间的客观特征进行分类，提炼空间大小、围合程度、层次丰富性三个因子，根据旷和奥对应得到空间狭小型、空间广阔型、封闭围合型、开敞通透型、层次丰富型、层次单一型六类基本客体空间类型。将上述基本客体空间类型复合，得到另外八类复合客体空间类型。十四类空间类型（表1）能涵盖不同种类城市空间。

在城市人居视觉空间客体空间指标方面，通过筛选，选取空间尺度、观赏角度、视域尺度、D/H（距离/高度）、围合程度、要素种类、要素排布、肌理、色彩、光影、不可见区域比例作为描述城市人居视觉空间网络客体特征的因子（表2）。

城市人居视觉空间网络客体空间类型　表1

提炼因子	客体空间基本类型	客体空间复合类型	
视域尺度	空间狭小型	空间狭小—封闭围合型	空间狭小—封闭围合—层次丰富型
	空间广阔型	空间广阔—开敞通透型	
围合程度	封闭围合型	封闭围合—层次丰富型	
	开敞通透型	开敞通透—层次单一型	空间广阔—开敞通透—层次单一型
空间层次	层次丰富型	层次丰富—空间狭小型	
	层次单一型	层次单一—空间广阔型	

城市人居视觉空间网络客体特征因子　表2

客体特征因子	评价标准			
空间尺度	0～25m	25～110m	110～390m	＞390m
观赏角度	俯视	平视	仰视	
视域尺度	0～200m^2	200～500m^2	500～2000m^2	＞2000m^2
D/H	0～1	＝1	1～3	＞3
围合程度	0～30％	30％～50％	50％～70％	70％～100％
要素种类	以建筑为主0～5	以植被为主0～5	以小品为主＞15	
要素排布	放射型	轴线型	围合型	
肌理	粗放—细腻 均质—非均质 松散—紧凑			
色彩	冷色调—暖色调 有主色系—无主色系 饱和度低—饱和度高			
光影	昏暗—明亮 弱对比—强对比			
不可见区域比例	0～30％	30％～50％	50％～70％	70％～100％

3.3　城市人居视觉空间网络主体感受

在主体感受部分，本文综合文献研究，结合高密度城市人居视觉空间特征，参考旷奥感受描述语汇，对与感受相关的词汇进行梳理，总结归纳出城市人居视觉空间网络主体感受词汇为明晰感、秩序感、旷达感、沉思感、安宁感、奥秘感，并筛选出与之相关的主体感受因子及其相对应的感受语汇（表3）。其中六类主体感受词汇所对应的十二个主体感受因子为易解度、识别度、统一度、连续度、开阔度、通透度、轻松度、安全度、变化度、自然度、神秘度、趣味度。

城市人居视觉空间网络主体感受因子　表3

提炼因子	主体感受因子	语义评价语汇
明晰感	易解度（空间解读的难易程度）	晦涩—易解
	识别度（空间要素和信息的识别程度）	相似—辨别
秩序感	统一度（空间要素的统一程度）	混乱—统一
	连续度（空间序列的连续程度）	割裂—连续
旷达感	开阔度（空间被遮挡的程度）	郁闭—开阔
	通透度（空间是否联通或被阻隔）	堵塞—通透

续表

提炼因子	主体感受因子	语义评价语汇
安宁感	轻松度（空间感受是否轻松）	压抑—轻松
	安全度（空间是否安全或有隐）	恐惧—安全
沉思感	变化度（空间类型的变化程度）	重复—变化
	自然度（空间内风景保持自然状态的程度）	人工—自然
奥秘感	神秘度（空间的神秘程度）	平淡—神秘
	趣味度（空间类型或空间要素的趣味程度）	无趣—有趣

3.4　城市人居视觉空间网络评价体系

总结高密度城市人居视觉景观客体特征、主体感受与主客作用机制以及高密度城市空间的客体分类与主体分类，得到高密度城市人居视觉景观网络评价方法（图3）。其中，城市人居视觉空间网络评价体系包括客体特征和主体感受两方面，参照所得评价因子分别进行定性或定量评价，最终将城市人居视觉空间网络客体特征与城市人居视觉空间网络主体感受进行关联，通过相关性分析，发掘客体特征和主体感受的潜在联系，提出高密度城市人居视觉景观网络机理。

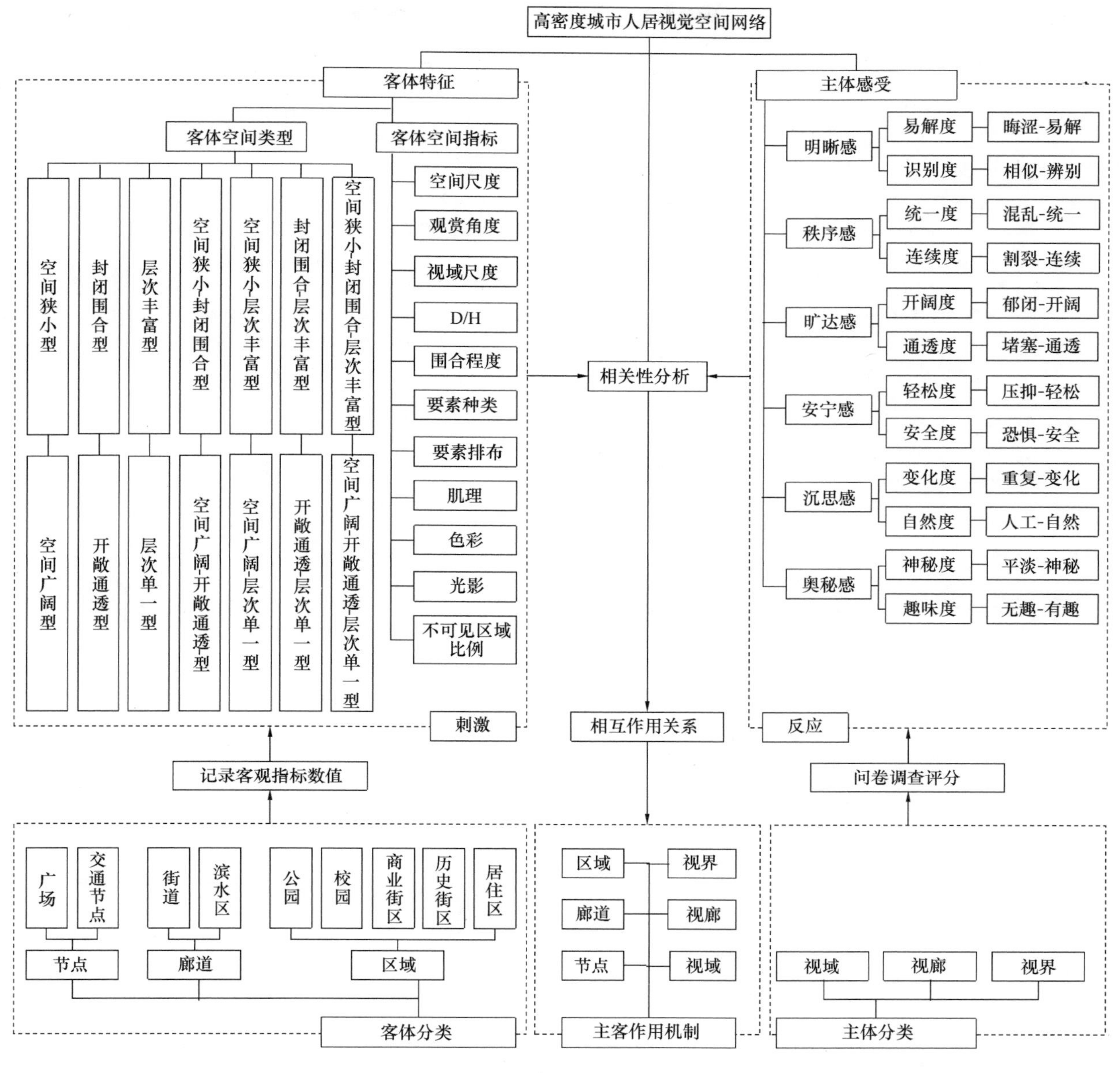

图 3　高密度城市人居视觉景观网络评价方法图示

4　城市人居视觉景观网络研究与旷奥基础理论发展

4.1　旷奥理论为基础，视觉景观网络为补充

风景旷奥理论作为包含景观空间心理、信息、行为、视觉感应等在内的风景园林空间视觉美学感受基础理论，是风景分析评价的基础。城市人居视觉景观网络的研究在客体空间方面涵盖了三种空间类型九类实体空间；在客体特征和主体感知方面，运用各类评价因子并结合定性、定量分析方法，可以较为全面地评价城市人居视觉空间；在主客作用机制部分，将上述两者进行关联，能够发掘城市景观视觉空间网络客体特征与主体感知之间的规律，推动旷奥基础理论发展。

4.2　有助于发掘城市景观感受普适规律

通过研究城市人居视觉景观网络机制，有助于识别客体特征的主体感知，发现人类对于景观感受和认知所遵循的规律。

4.3　有助于指导城市景观建设

通过研究城市人居视觉景观网络机制，有助于识别主体感知的客体特征，对于营造激发人们某种感受的客体空间、指导城市景观建设具有借鉴意义。

参考文献

[1]　刘滨谊. 风景景观工程体系化[J]. 建筑学报，1990(08)：47-53.

[2]　柳宗元，柳河东集[M]. 上海：上海人民出版社，1974.

[3] 冯纪忠. 组景刍议[J]. 同济大学学报：自然科学版，1979(2)：1-5.
[4] 刘滨谊. 风景旷奥度——电子计算机、航测辅助风景规划设计 [J]. 新建筑，1988(03)：53-63.
[5] 刘滨谊，范榕. 景观空间视觉吸引机制实验与解析[J]. 中国园林，2014，30(09)：33-36.
[6] 刘滨谊，郭佳希. 基于风景旷奥理论的视觉感受模型研究——以城市湿地公园为例[J]. 南方建筑，2014(03)：4-9.
[7] 刘滨谊，范榕．景观空间视觉吸引要素量化分析[J]. 南京林业大学学报(自然科学版)，2014，38(04)：149-152.
[8] 金广君. 图解城市设计[M]. 北京：中国建筑工业出版社，2010.
[9] 魏晓慧. 基于视觉分析的城市景观空间研究[D]. 武汉理工大学，2008.
[10] Lynch K. The Image of The City[M]. Cambridge Massachusetts：The MIT Press，1960.
[11] 刘滨谊，张亭. 基于视觉感受的景观空间序列组织[J]. 中国园林，2010，11：31-35.

作者简介

李爽，1996 年，女，汉族，山东人，硕士，同济大学建筑与城市规划学院，硕士生。研究方向：视觉景观感受分析评价。电子邮箱：894035114@qq. com。

刘滨谊，1957 年，男，汉族，辽宁人，博士，同济大学建筑与城市规划学院，景观学教授、博士生导师。研究方向：视觉景观感受分析评价。电子邮箱：byltjulk@vip. sina. com。

基于手机信令数据描述游客行为的公园更新研究

——以上海泥城滨河文化公园改造设计为例

Park Renewal Research Based on Mobile Phone Signaling Data to Describe Tourist Behavior

—A case study of Renewing design of Shanghai Nicheng Riverside Cultural Park

朱黎清　冯一民　王　琼

摘　要： 如何准确描述使用者在老公园的具体位置与行为习惯，以便对公园进行有的放矢的更新设计是一个复杂且困难的问题。本文以上海泥城滨河文化公园为研究对象，通过手机信令数据的采集而带来的大数据技术运用，量化公园使用者数量与行进路线调查，结合主动进行的问卷与访谈方法进行设计研究；进一步综合二者结论从而确立公园改造策略、优化公园功能布局与交通路线，优化场地使用与调整服务设施等。论文目的是通过手机信令数据探索大数据采集技术探讨老公园更新策略，期待对公园更新设计前期研究有所助益。

关键词： 手机信令数据；大数据运用；使用后评估；公园改造；设计策略

Abstract: How to accurately grasp the specific location and behavior habits of users in the old park, in order to carry out targeted and updated design of the park is a complicated and difficult problem. This paper takes Shanghai Nicheng Riverside Cultural Park as the research object, and uses the big data technology brought by the collection of mobile phone signaling data to quantify the number of park users and the route survey, combined with the active questionnaire and interview method for design research. Furthermore, this paper integrates the two conclusions to establish a park reconstruction strategy, and optimizes the park's functional layout and traffic routes, in the meantime, optimizes site use and adjust service facilities. The purpose of the paper is to explore the old park update strategy through the use of mobile phone signaling data to explore big data collection technology, and look forward to helping other researches on park renewal design.

Keyword: Mobile Phone Signaling Data; Big Data Usage; Post Occupancy Evaluation; Park Renewal; Design Strategy

1　缘起

大城市格局初定新的公园建设变少而老公园改造需求增加，公园设施因使用年限变长，设施陈旧需要改造更新，市民生活方式的多元化对公园的功能布局要求发生变化也需要对公园进一步的改造更新；而市民在公园使用过程中有哪些规律及行为习惯呢？而游人在使用公园时的行为习惯如何，如惯常使用什么场地以及行动轨迹是否与公园场地设计及交通布局意图是否一致，以及新时期游客是否有哪些新的需求等需要进行一些详细调查，得到可靠结论，以便描述评估使用状态，并确立公园恰当的改造策略。

风景园林师当下面临的设计项目越来越复杂，公园改造需要确立什么样的设计目标，设计目标是否能够完成，需要进行实证研究，获取相应数据。设计师常用的方法主要有观察法、问卷调查、专家访谈等定量方法来获取相应数据。方法不同，所获证据的有效度不同，需要相互印证找出可靠依据。由于通信技术、物联网、云计算以及传感器技术的飞速发展与广泛运用，对我们对公园的使用后评估提供了大数据产生的丰富手段，这些大数据可以揭示公园使用者的行为习惯与变化规律，潜藏着巨大的社会研究价值，对设计师分析评估并更新设计公园的使用提供了有力的帮助。而如何获取、收集及分析大数据成了公园使用后评估的一个重要课题，有赖于新的技术手段。

2　公园更新策略的确立需要游客行为描述

2.1　描述性策略与数据采集

描述性研究（descriptive study）是一种实证性策略，它通过系统收集并记录客观存在的信息获取新的知识[1]，进行评价与欣赏。具体的方法可分为观察法、二次描述法、描述性社会调查法与综合描述法，后者也包括多案例研究。传统上通过观察得到的公园使用者行为数据样本通常有限，而使用者对公园使用的规律依赖更多的数据才能得出准确结论。比方传统方法通过研究者对游人位置与行为进行观察记录，在纸质图纸上定位。公园使用者是持续的动态，观察者很难记住或区分所有人，这使得用传统的图纸定位方法会出现大量重复与遗漏；这种方法耗时较长且可能数据容易缺失，可能因为数据的粗糙而对公园的更新研究帮助程度有限。

如果获取公园游客的时间、位置与移动轨迹，将使公园的更新策略更为有的放矢，借助超出设计手工统计能力得到的大数据收集方法能得到相对准确的数据。

2.2 游客行为大数据的获取与分析

如何统计游客数量，定位相应位置与描述移动轨迹，是大数据获取的前提。问题是如何确定游客的位置呢？由于手机在国内的广泛普及，通过游客使用的手机来统计数量与位置是一个非常有用的方法。工信部统计数据显示，2016 年 12 月底我国移动用户数量累计到 13.2 亿户，而当年底我国人口总数，2015 年底为 13.7 亿人，手机使用量达到了 96.4%，基本人手一部手机[2]。如果我们利用通讯探针收集一定范围内手机信令数据及其移动轨迹，就能收集到公园使用者的数量与行动路线。这使得通过某个范围内的手机信号分析公园使用情况，所得数据接近精确，可信度非常高。

3 研究对象与方法

3.1 研究对象

本研究以上海浦东泥城滨河文化公园绿地空间为研究对象（图 1）。根据现场调查，公园的主要使用者，包括泥城社区的中青年、老年人群和部分外来人员。

泥城滨河文化公园位于上海市浦东新区泥城镇西侧，距离陆家嘴 45km，距南汇新城 10km。公园东侧为鸿音路，西侧为池月路，北侧为彭平路，中间被秋雨路横穿。公园东西长 625m，南北宽 352m，总面积 12.6hm²（不含水系）。此公园初建于 21 世纪初，绿化虽然长势较好但原建设标准偏低，加上临港新城建设而周边居民大量增加，公园设施不堪重负而需要改造。本次公园具体改造为核心区范围，面积约为 10.5hm²，即橙色虚线范围，不包括对岸滨河绿带（图 1）。

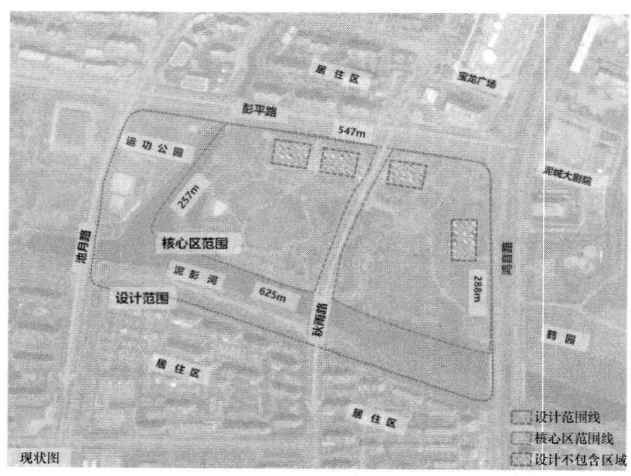

图 1 泥城河滨文化公园研究范围

3.2 研究方法

3.2.1 研究方法

定性描述与定量数据收集下结合，可以使用评价结果更加科学客观，更加有效地反映现实问题且具有说服力。研究方法根据描述性研究方法并突出量化研究，从使用者行为出发，记录分析公园绿地使用情况与使用规律[3]。具体方法采用手机信令数据采集，及文献资料与收集、现场踏勘、问卷与访谈、观察与行为记录、拍照录像等复合式研究方法。手机信令，是指非用户电话语音、上网数据以外的在不同通讯网中交换的信息数据，目的是保证用户使用手机的正常进行。收集手机信令数据可以知道匿名用户的位置与行动轨迹。

通过对手机探针获取的信令数据的挖掘和分析，可以清晰直观地反映出公园的人群活动轨迹及活动规律，为公园绿地有的放矢改造提供可靠依据。本文所研究的工具是 WIFI 智能感知探针（WIFIPIX）搜集一定范围内的手机信令数据。在目标地放置并打开 WIFI 探针，当携带手机者走近 WIFI 探针区域时，他（她）们出现时间、位置与移动详情都自动被探针检测。借助 BDP（business data platform）商业数据平台的可视化数据分析工具，可以将获得的手机数据上传至 BDP 云服务器；由云服务器进行整合分析，输出可视化数据[4]。通过 BDP 分析结果生成的百度热力图可以反映公园使用人群在不同时间及空间集聚特征，BDP 分析结果生成的轨迹图可以反映公园使用人群活动轨迹，这些信息可以量化测试时间内场地、公园道路的使用强度。

为使公园改造更有针对性及增强调研数据的可靠性与完整性，分为被动收集手机信令数据搜集与发放问卷调查两个方面：一是利用手机探针调查人群在公园中的位置与行动规律，然后整理相关数据并对公园现状进行活力评估。根据公园使用者人在哪些地方出现更为集中，以及他们在公园中的移动轨迹，来决定场所是否扩大或缩小、公园游路加宽或减小；二是在连续时间内进行实地调研、发放调查问卷与游客访谈，观察记录使用者的行为模式与特征（与手机信令数据相互印证），访问使用感受与使用偏好等等。然后将二者信息进行整理、对照分析，多角度衡量与评估公园改造策略。

3.2.2 具体步骤

初步准备：采用百度高清卫星图下载图结合现场查勘形成对公园平面的初步印象，同时结合《泥城镇志》了解公园历史文化，及通过上海市容网站中市民对公园的投诉与公园点评了解公园主要存在问题。

器材准备：接下来确定采样时间，根据需要准备适量的通讯探针（图 2），通过收集手机信号定位一定半径范围内活动人数，并依工具性能定所需探针数量。记录并分析使用人群出现在时间、数量与位置（以探针位置计）等活动规律（图 3～图 5）。

放置探针：探针布置点依游客出现位置及探针性能确定，主要包括公园主要的道路和活动场地、公园滨水栈道两端、主要道路环线和公园出入口等地段，本次研究主要在出入口、主要广场和功能区设置 14 个探针（图 6），探测公园日流量及游人游玩路径。

问卷准备：先设计调查问卷内容，考虑到学龄前儿童携带手机较少，因此问卷中要增加成人携带儿童的比例；再次确定调查时间。本研究调查时段为早上 8：00 至晚上 20：00，且每间隔 1h 以个人为单位进行调查。时间

图 2　WIFI 探针

图 3　人群出现主要位置 1

图 4　人群出现主要位置 2

图 5　人群出现主要位置 3

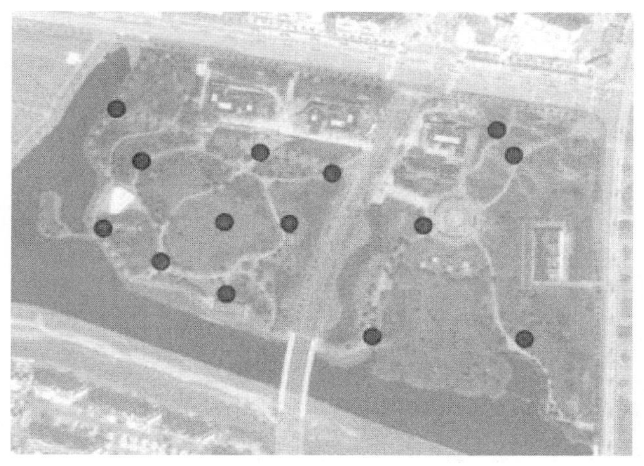

图 6　探针放置位置

与探针采样时长一致。探针采样日期为 2017 年 1 月 14 日 10：00～17：00，为星期六；问卷调查实施日期是从 2017 年 1 月 14 日至 1 月 27 号 10：00～17：00，共计 4 天。

回收调查问卷，进行数据整理；回收探针，比对探针编号然后清洗数据，对获取的独立移动设备进行去重，筛选出现在目标项目内的人群数量。

4　结果与讨论

4.1　探针调查结果

数据整理：将每个探针点探测到的手机 Mac、日期、时间等数据整理制作成如下表格。表格总数量依探针数量定，表 1 是以 5 号探针（随机编号）数据为例制作而成。

探针位置与探测到的人数统计　**表 1**

探针信号	探针纬度	探针经度	调查日期	探测到的人数
1	121.81729	30.90975	2017/1/14	47
2	121.818566	30.9092	2017/1/14	39

续表

探针信号	探针纬度	探针经度	调查日期	探测到的人数
3	121.820093	30.9089	2017/1/14	21
4	121.819644	30.91061	2017/1/14	203
5	121.820695	30.90999	2017/1/14	20
6	121.817816	30.91093	2017/1/14	23
7	121.819334	30.910744	2017/1/14	91
8	121.818274	30.91055	2017/1/14	14
9	121.821786	30.910411	2017/1/14	12
10	121.818148	30.9099	2017/1/14	34
11	121.819397	30.910186	2017/1/14	38
12	121.821346	30.910605	2017/1/14	6
13	121.818876	30.910264	2017/1/14	72
14	121.821553	30.908901	2017/1/14	7

分析成图：①BDP成图：充分利用BDP的功能，先制作工作表格（图7、图8）；利用BDP的表格生成地图功能，选择热力图这个类型，通过人数来定义每个探针点的热力度，得到热力图（图9）；利用BDP的表格生成地图功能，选择轨迹图这个类型，通过时间数值来定义人在不同时间点的活动轨迹，得到轨迹图[5]（图10）。②人工绘制成图：绘制热力图与游客游览路径图（图11、图12）。如果部分数据存在质量问题，则需要一定的修正。

图7　泥城滨河文化公园热力图表格

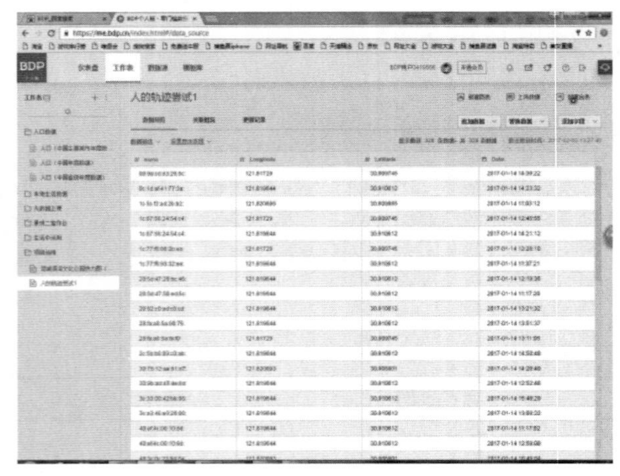

图8　泥城滨河文化公园轨迹图表格

基于手机大数据和公园绿地使用后评价对泥城滨河文化公园绿地进行实例研究，从探针调查数据分析可以得出公园的活力聚集点和游客喜欢的游走路径；从问卷访谈数据分析可得出需要改进的公园设施；而依据使用方式评价能够得知使用者的使用偏好以及行为规律。

图9　泥城滨河文化公园热力图

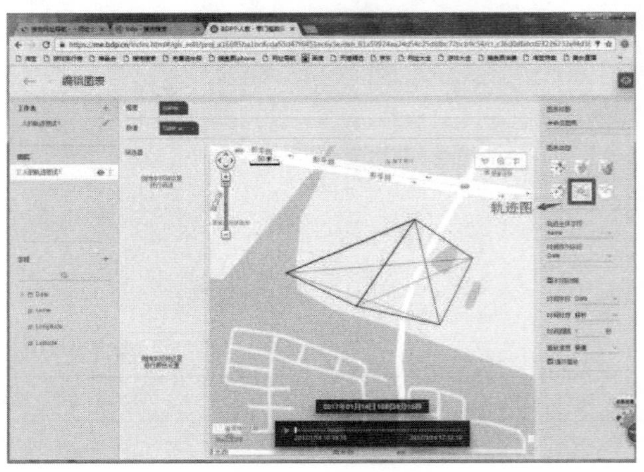

图10　泥城滨河文化公园轨迹图

图 11　泥城滨河文化公园游客集中热力图

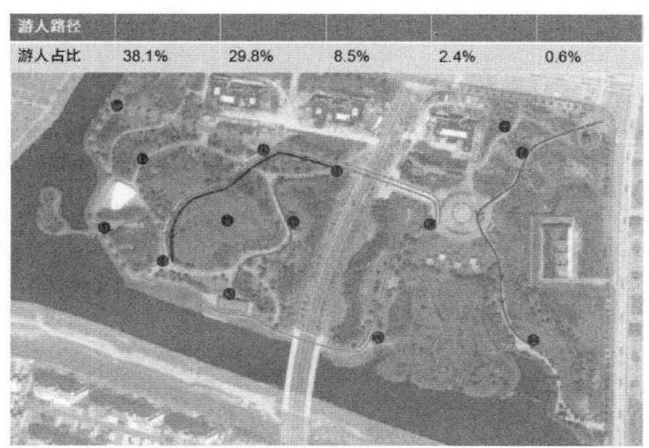

图 12　泥城滨河文化公园游客游览路径图

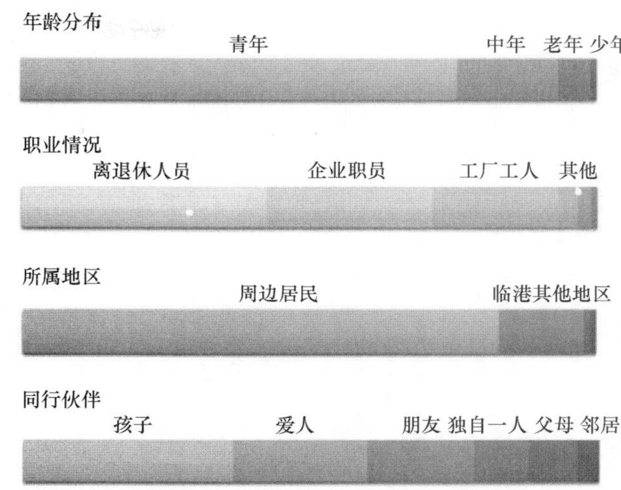

图 13　泥城滨河文化公园游客人群分析

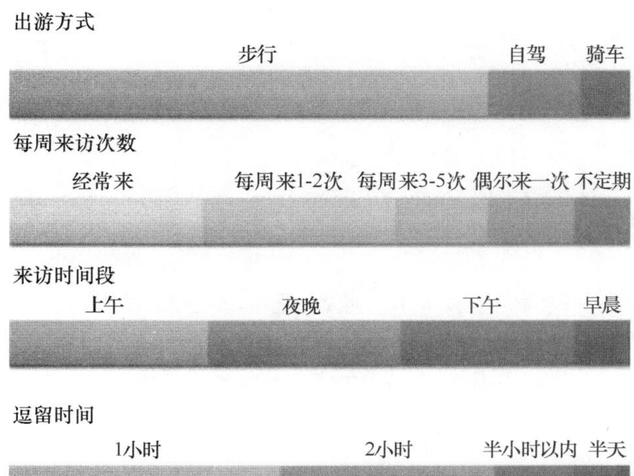

图 14　泥城滨河文化公园游客人群游览情况分析

4.2　问卷调查与访谈结果

通过问卷调查辅助访谈方法，得到相应数据。本次共发放问卷数量 125 份，回收问卷 96 份，得到有效问卷 87 份。根据问卷结果分析：游客人群中年龄分布以中青年为主，占 66.7%，有家庭的中年次之，占 23.8%；游客职业情况以离退休人员、企业职员为主，占 71.2%，其次为工厂工人等；游客所属地区以周边居民为主，占 83.9%，临港区其他地区的次之，占 15%；游客同行伙伴多以小孩、爱人为主，分别占 36.4%和 23.3%，其次或独自一人，或与朋友、父母出行（图 13）。

游客的出行方式：以步行为主，占 77%，自驾的方式次之，占 14.9%，骑车较少；经常来的游客居多，占 31%，每周来 3～5 次的次之，占 14.9%；除早晨前来游客较少外，其余来访时间的游客人数分布较为平均。游客停留时间大多为 1～2h，占 78.2%，半小时以内的次之，占 12.6%（图 14）。

游客出行目的：多数游客出游目的以呼吸公园的休闲、锻炼身体居多；喜欢的公园场所有草坪、滨水栈道、广场居多。希望增加儿童活动设施、遮荫避雨设施、运动场所、健身器材、健身绿道等；希望改进照明、亭廊等构筑物、座椅、植物景观、广场等（图 15）。

综合问卷调查结果显示：①使用者以老人和青年带小孩者居多，以周边居民为主。②出行方式以步行为主，经常来且停留 1～2h 者居多。③公园的主要目的是休闲、锻炼，因此希望增加健身、活动场所和遮荫避雨设施。

通过分析他们的出行习惯及对公园改造的想法，从而可结合他们的要求进行改造设计。

4.3　实地考察结果

通过实地考察发现：目前泥城滨河文化公园内建筑除入口管理用房外，其他建筑破损严重，不能安全使用，多空置，无利用；植物覆盖率不高且苗木品种相对单一，缺乏色彩植物和植物主题区。景点多以雕塑和景墙表达宪法主题，形式较为单调，数量少，且游客与公园设施缺乏互动性、参与感；服务设施中，前后不同时期放的垃圾桶，种类多却风格、垃圾分类要求不同；公园标识系统类型不全，形式不一，令人费解；照明系统不完善，部分区域缺乏照明；公园无避难场地等（图 16）。

综合实地考察结果显示：游客需求集中反映在安全管理、服务设施、活动场地三方面。改造前的泥城滨河文化公园内建筑物需要修改，统一风格，营造植物林荫覆盖

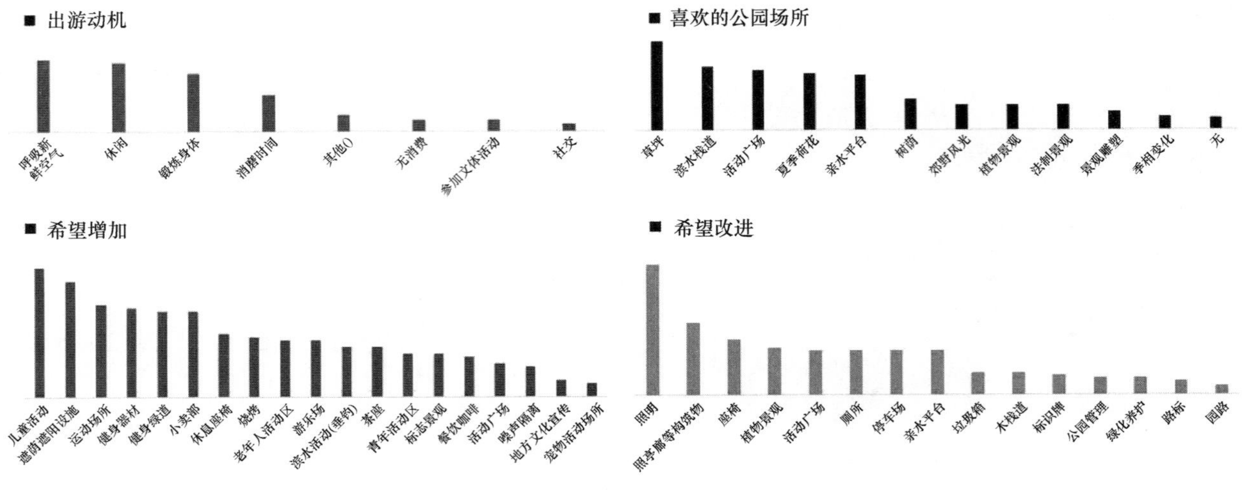

图 15　泥城滨河文化公园游客人群使用情况分析

图 16　泥城滨河文化公园现状平面

率和基调树种，增加特色景点；增加服务设施，增添标识系统，设置照明灯具，设计避难系统；增强公园管理与养护措施。

4.4　讨论

根据上述结果分析，本文认为：

（1）人群集中度热力图反映游人数呈西热东冷的趋势，且多为线性活动，缺乏面空间。游览路径图反映游人活动路线主要呈环状。约有 79.4%的人通过以上（图 12）5 种主要路径游览公园。特别是发现人们喜欢环行游览公园，穿过秋雨路桥下道路，在东西公园环行慢走或跑步，这说明这些道路使用强度相对较大，需要强化景观并适当加宽，并在路边适当增加避雨亭廊、休息座椅、挂衣钩等以方便游人。

（2）公园绿地的总体布局有待改善，如原根据人群分布的情况，发现秋雨路西侧入口游人使用较多及停留时间较长；相反东侧入口广场较大但使用者几乎空无一人。现状情况则是秋雨路西侧入口零散、空间较小、环境形象较差，标识性不强但游客出现多且造成林下黄土露天；分析原因在于公园西侧树荫较多，东侧广场硬质铺地较大且无树荫，显然没有受到游人欢迎。那么适当增加西入口林下硬地活动面积、增加东入口广场树荫甚至适当减小硬地面积是公园改造重要方向。

（3）秋雨路西侧桥下水边使用人群较多，公园西侧大草坪上使用人群较多；相反秋雨路东侧广场草坪上人们放风筝与搭帐篷或在野餐垫上闲聊发呆；西侧入口有较浓树荫，受游人欢迎的元素。

（4）结合问卷调查发现 36.4%成人游客是与小孩一同出行的，公园需要增加儿童活动场所。由于小孩特别是学龄前小孩一般不带手机，手机信令数据会漏掉这些统计人数。辅以观察，决定儿童活动区域设在公园西半部分，这与实际出现人的人群规律一致。

（5）通过现场观察主要是评估服务设施的多寡与好坏、现场植物的长势与密度情况，根据适地适树策略采取相应的种植调整。

5　公园改造设计布局

本次改造设计根据访谈等结果将遵循以人为本、生态优先、循序渐进的改造原则，为周边居民创建一个温情、回忆、惊喜、交往的幸福公园绿地景观。根据以上调研结果与分析讨论情况，所提出的公园改造策略，公园的策略分为宏观的规划和微观的提升两方面。从公园宏面层面，依据绿地尺度与区位，合理安排使用功能，提升游憩多样性[6]；增加活动相关配套设施，利用健康步道、泥城文化展示带等联系整个公园的游憩空间，加强公园东西两侧联系；适度增设照明设施与景观灯设计，满足公园夜间使用需求；基于手机信令数据分析结果确定对公园现状具有活力聚集的 4 处场地进行扩大并进行精细化改造和构建 2 处环形步道。

从场地微观层面来看，根据公园活力聚集点适量增加树荫下的硬质空间并进行精细化设计，对场地的游憩休闲设施进行合理摆与设置，同时巧用颜色和材质进行别出心裁的趣味营造，从而提升休憩设施的使用功能，增加游客使用公园的便利性。总之，以游客强弱和游客偏好游览路径为参考，合理安排游憩设施分布。通过竖向设计、道路节点景观塑造以及局部铺装的改动来增加场地的独特性。

综合以上认识与手机信令数据、问卷访谈及现场观察结果，以及结合最新《公园设计规范》GB 51192—

2016 要求，本次改造设计布局主要从以下 10 个方面进行：①交通优化：整个秋雨路两侧入口形成一个整体，依实际人流量扩大东北部入口，使之成为新主入口，同时在公园南部增加 2 个人行入口并增设停车场。②管理优化：结合出入口采取隔离措施，形成可封闭的管理系统，借助安全监控系统强化对出入口，边界和易发生危险场所的管理（旅客聚集度高的场地）。③空间提升：植入展示、老年儿童活动、休闲、亲水、观水等功能，赋予空间不同的属性，创建交往空间，记忆空间、温情空间、惊喜空间。提升游玩幸福感。④建筑改造：通过统一建筑风格、融入当地元素，明确色彩基调，对现状 3 栋服务管理设施和 7 个游憩设施如亭廊进行改造，通过新功能植入形成非遗展示馆和休闲茶室，并增设以“四方泥城”为意向的特色形象入口。⑤绿化提升：由于绿化长势较好，故绿化改造通过进一步梳理现状植物，提出强化塑造“桃红柳绿”形成滨水植物带、生态花岛、竹林小径、入口花田、海棠花林和时节花坛 6 大主题分区。⑥景点设计：在现状基础上进行景点再设计，形成生态花岛、童叟乐园、桃红柳绿滨水岸、追风草坪、泥城文化带、活动广场、四季花岛、宪法步道、活动广场、泥城文化广场 9 大特色景点。⑦设施优化：增设便民挂钩、WIFI 信号点、健身器材、饮水点等设施，统一坐凳、亭、廊设施形式。⑧标识系统：植物标牌、宣传解说类标识统一风格，更换部分破损的安全警示牌，保留原有引导类标识，在新增景点增加标示牌。⑨照明系统：亮化主环路、优化节点照明、亮化导入型道路，为公园夜间开放提供必要条件。⑩避难系统：根据紧急避难绿地标准，充分利用园内空旷场地规划避难系统，设计后园内有效避难面积达 6732m²，可容纳 2200 人避难（图 17）。

通过以上改造设计内容形成优化后的平面布局方案，结合设计理念本次设计规划形成滨水休闲区、健身活动区、植物围合区、入口区、四季花岛区、泥城文化展示区 6 大功能分区（图 18）。同时为使公园改造便于实施，不影响游人使用，以秋雨路为界，按东西两区，分两期实施，因东区包含泥城滨河文化公园主形象入口，较为重要，因此优先实施改造。目前本方案已完成施工图，正在建设中。

图 17　泥城滨河文化公园优化布局平面

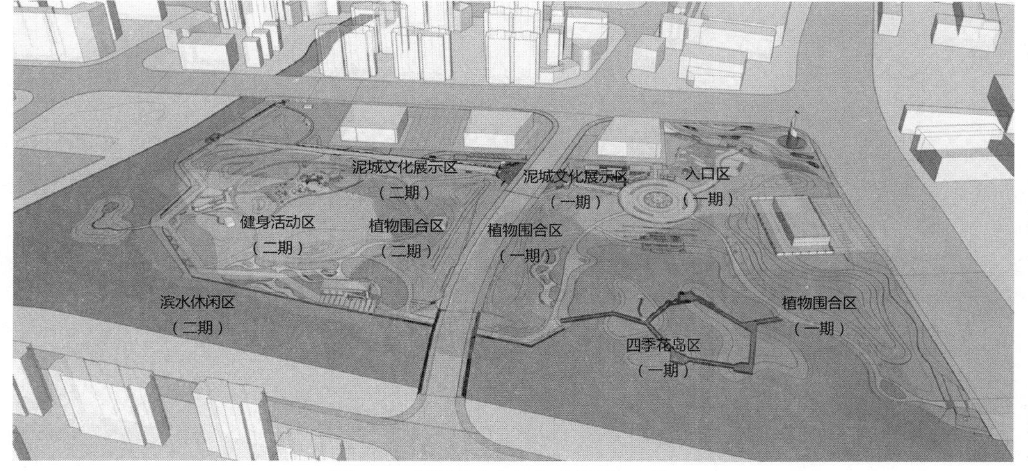

图 18　泥城滨河文化公园改造分区

6 结语

风景园林规划设计在信息化和大数据浪潮的冲击下，各种新的技术方法不断涌现，正经历着深远的革命性改变。在风景园林专业实践中，传统公园改造设计方法已不能全部满足当前人们户外活动的需求；加之我国公众参与的渠道与机制还不健全，然而新技术新方法运用能够提供相对精确的量化数据从而发现过去不曾掌握过的公园使用信息，为公园改造和设计策略提供新的视角[7]。本文通过采集手机数据信息，利用手机数据样本量大、质量高、实时性强的优点，直接获取公园人气情况和游客路线，可以从新的角度发现并量化公园绿地人群使用规律，管控并避免游客高密度聚集处的风险。为风景园林设计的智慧化发展开辟一条新的路径。

大数据时代的来临，很多传统数据获取渠道将会拓宽。不过，本研究针对本文中大数据的应用还存在不足，如探针无法判断游客还是车流；当探针数量较少或统计数据较少时，需要增加专业人员辅助判断才能更为准确；儿童由于较少携带手机而数据有所不足。总之，基于手机信令数据分析的位置与轨迹记录方法不失其科学性，辅以其他方法会使公园更新研究证据更为客观可信。

参考文献

[1] M. ELENDEMING. 景观设计学：调查・策略．设计[M]//景观设计学：调查・策略・设计，2013.

[2] 王德，钟炜菁，谢栋灿，等．手机信令数据在城市建成环境评价中的应用——以上海市宝山区为例[J]．城市规划学刊，2015，32(5).

[3] 陈佳，胡波，左小清，等．利用手机定位数据的用户特征挖掘[J]．武汉大学学报（信息科学版），2014，39(6)：734-738.

[4] 包婷，章志刚，金澈清．基于手机大数据的城市人口流动分析系统[J]．华东师范大学学报（自然科学版），2015(5)：162-171.

[5] 吴志强，叶锺楠．基于百度地图热力图的城市空间结构研究——以上海中心城区为例[J]．城市规划，2016，40(4)：33-40.

[6] 李攀．基于使用状况评价(POE)方法的高校校园绿地研究[D]．2016.

[7] 任颐，毛荣昌．手机数据与规划智慧化——以无锡市基于手机数据的出行调查为例[J]．国际城市规划，2014，29(6)：66-71.

作者简介

朱黎青，1972 年生，男，湖北监利人，上海交通大学讲师，华中农业大学博士生。研究方向为风景园林规划设计理论与可持续风景园林规划设计。

冯一民，1972 年生，男，广西贵港人，教授级高级工程师，上海复旦规划建筑设计研究院景观分院执行副院长。研究方向为风景园林规划设计。

王琼，1992 年生，女，湖北黄岗人，硕士。研究方向为风景园林规划设计。

紧凑型城市视角下的亚洲城市绿道分析研究

——以中国广州、中国香港、新加坡及日本的名古屋市为例

Comparative Analysis of Urban Greenway Construction in Asia from the Perspective of Urban Expansion

—The Greenways in Guangzhou, Hong Kong, Singapore and Nagoya, Japan as Example

姚盈旭　李　倞*

摘　要：在亚洲城市经济快速发展和城市不断扩张的背景下，人们对于城市环境的要求逐步提高，新建绿道工程项目在亚洲范围内逐渐增加，绿道的规划建设形式也由城市间的区域性绿道逐步延伸至城市内部的城区型绿道，绿道承载的功能也更加复合多样。亚洲城市自身的城市历史、文化发展进程、人口变化和经济水平变化等等因素，使得其城市的发展形态和欧美等发达国家的城市发展形态大相径庭。因此，借鉴与总结亚洲城市的绿道建设经验将更有利于我国未来的绿道建设。本文以亚洲四个典型紧凑型城市的绿道建设发展为例，运用文献收集法和案例对比法，通过梳理这些城市绿道建设的历程、建设政策的发展以及绿道实际案例的分析和总结，对亚洲城市紧凑型城市绿道的建设方法进行分析研究。探讨如何在人口密度高、用地有限的紧凑型城市中建设绿道。
关键词：紧凑型城市；城区型绿道；实例分析

Abstract: Under the background of rapid economic development and urban expansion in Asia, people's requirements for the urban environment are gradually increasing, and new greenway projects are gradually increasing within the scope of Asia. The planning and construction form of greenway is also gradually extended from the regional greenway between cities to the urban greenway within the city, and the function of greenway is also complex and diverse. The urban development form of Asian cities is very different from that of Europe, America and other developed countries because of their own urban history, cultural development process, population change and economic level change and so on. Therefore, drawing lessons from and summing up the experience of greenway construction in Asian cities will be more beneficial to the future greenway construction in China. Taking the development of greenway construction in four typical compact cities in Asia as an example, this paper uses the method of literature collection and case comparison to sort out the history of greenway construction, the development of construction policy and the analysis and summary of practical cases of greenway construction in these cities. This paper makes a comparative analysis on the construction methods of compact urban greenways in Asian cities. This paper discusses how to build greenways in compact cities with high population density and limited land use.
Keyword: Compact City; Urban Greenway; Case Analysis.

引言

西方的绿道规划及建设起步较早，取得了相对来说比较成熟的符合西方城市发展的绿道建设经验。相比来说，有限的用地，相似的文化及密集的人口，并且在近30年，各个都在飞速发展的东南亚国家的绿道建设成绩鲜少为人总结。在这样的背景下，基于文献与实例研究，以广州、香港、新加坡和日本名古屋为例，从四城绿道规划政策及发展历程、绿道宏观总体结构及微观实际建设案例，三个方面进行横纵向分析和绿道建设经验的总结，以期对我国未来绿道建设及研究提供参考。

1　概念

1.1　紧凑型城市概念

紧凑型城市可以定义为以实现城市的可持续发展为核心目的，通过前瞻性的规划来设计城市的未来成长边界、限制城市的无序蔓延，增加城市土地的混合利用比，以及实现立体化城市公共交通及实现城市的高效可持续运行的城市规划概念及城市发展模式[1]。

根据2018年12月四个城市的数据，得到表1，可以看到，基于城市面积、城市人口数量、城市人口密度及城市中心区的布局模式，四个城市在亚洲均属于城市土地面积有限且人口数量较大的紧凑型发展城市，其中新加坡人口密度明显高于其他三城市，而新加坡的城市建设历来被誉为亚洲典范，可见城市的宜居性和环境的优劣与人口密度不构成负相关关系（表1）。

四城市整体城市与人口现状比较一览表　　表1

国家/比较项	城市面积（km²）	人口数量（固定+流动）	人口密度	城市中心区在城市的布局形式
中国广州	7434	22358400	3140	单核心
中国香港	1104	7648887	6729	多核心
新加坡	719.1	7612253	1058.8	多核心
名古屋	326.45	2317646	7099.5	单核心

资料来源：根据文献［2］～［5］收集整理绘制。

1.2 绿道概念

首先，必须明确，我国的绿道建设及相关研究起步较晚。如赵海春、王靛等就指出，我国对于绿道及其定义并没有统一的国内的定义[6]。因此，仍是沿用绿道的发源地——美国，关于绿道的定义及相关概念。将绿道定义为：经过规划、设计、建设并存在后期管护的线性网状系统，同时这个系统兼具有生态、休憩、文化、景观等多个方向的复合功能，同时也是一种可持续的土地利用方式[7]。

2 三个层面的分析与研究

2.1 宏观发展分析：四个城市的绿道发展历程

从绿道规划政策的发展历程上，四座城市的发展具有相似性，同时又具有各自的独特特征。综合梳理四个城市的绿道历程，得到四城市的绿道规划政策发展一览表（表2）。

四个城市的绿道规划政策发展历程一览表 **表2**

时间	新加坡（公园连接网络）	中国广州	中国香港	日本及名古屋
1950年前	未建设	未有绿道理论与实践	未有绿道理论与实践	1923年，《首都复兴规划》，提出“点、线、面”三级结构绿地系统 1924年，欧洲区域规划“greenbelt”概念传入日本，促进了日本绿道总体规划思想的萌芽 1939年，制定日本规划史上第一个公园绿地规划《东京绿地计画》，设置了环形绿地带。其中设置的行乐道路成为今后城市城区型绿道的雏形 1945年，仙台、名古屋和横滨的城市中心区绿道相继开始规划和建设
1950～1960年	未建设	未有绿道理论与实践	未有绿道理论与实践	1956年颁布《都市公园法》明确的规定了绿道在城市中的地位
1960～1970年	1965年，新加坡建国，主要是进行大规模的绿化工作，旨在提高全国绿化率；1968年，时任总理的李光耀在《环境公共卫生法案》（Environmental Public Health Bil）在新加坡议会审定过程中，提出政府的目标是要加快促进新加坡转变为一个洁净和绿色的“花园城市”	未有绿道理论与实践	1970年，香港自然渔农署部门结合郊野公园的建设，为进行联系，开辟了郊野游览径，为绿道体系奠定了总体的结构基础	1965年，日本在大量新建新城的同时，规划了大量的小公园和连接公园的绿道，构成了初步的网状系统
1970～1980年	1970年，新加坡制定的“环状城市”概念规划中，提出城市中心保留广大宽阔的自然地带，即中央集水区和原始森林区域，新城带状、分散地布局在城市中，新城与新城之间规划保留有充足的绿地和生态地带	未有绿道理论与实践	继续延续施行与完善上述计划	1970年后，各种不同形式的绿道开始在城市中大量出现 1975年，日本西川市绿道公园建成，是日本比较著名的城区型绿道
1980～1990年	1980年，新加坡从1980年开始着手建设贯穿全岛屿的公园连接网络。公园连接网络即“Park Connector Network”简称PNC，是指有效连接文化保护区、自然保护区、大中型公园、居住型公园的廊道系统	1985年，我国对绿道的研究，近代最早在1985年对日本西川绿道项目的介绍，见于《世界建筑》中国第一次最为系统的介绍美国绿道见于1989年的《国外城市规划》。但是在该著作中并没有对绿道的本质进行深入的解释，而是作为工程实践来介绍	继续延续施行与完善上述计划	1985年，日本进一步明确了城市中公园绿地构成一个完善系统的重要性，制定了《城市绿化推进计划》

续表

时间	新加坡（公园连接网络）	中国广州	中国香港	日本及名古屋
1990～2000年	继续延续施行与完善上述计划	1990～2000年，是我国绿道建设的初级阶段，国内也出台了包括《城市绿化条例》《公园设计规范》《国务院关于进一步推进全国绿色通道建设的通知（国发号》等有关文件，其研究、规范和建设，主要集中在道路和河道两侧并且以绿化和美观为主	1990年，在城市中心区开辟首条文物径，串联50处文物古迹，为香港城区型绿道建设打下基础	1994年，对《城市绿地保全法》进行了修订，形成区域绿地规划和城市绿地规划相互结合的两级模式，绿道结构进一步得到整体性的加强
2000～2010年	2001年，在概念规划中提到的将绿道延伸到新镇中心、公共邻里，以提高绿道可达性；2002年，《公园、水体规划及个性规划公园、水体规划及个性规划》中，提出了将绿道的总长度从年的，增至2010年的总体目标	2009年，广东省借鉴国际先进经验，编制了《珠江三角洲绿道网总体规划纲要》，绿道建设和城际轨道一起被列为珠三角"四年大发展"十大工程的"一号工程"	继续延续施行与完善上述计划	2003年，制定《名古屋道路空间绿化标准》，对城市绿道的植被进行更加精细的统筹规划设计
2010～2020年	2019年，截止到2019年，新加坡已经建立了完善的城市绿道体系	2010年，绿道建设在珠三角全面启动 2015年，珠三角绿道网络建成7350km，广州已经建成绿道2250km，串联起320个景点。166个驿站和服务点。覆盖面积3600km^2，服务人口超过800万人。 至2020年，预计广东全省和各市将建成融合交通出行和休闲体验于一体的城市慢行体系。实现生态保护与生活休闲和谐共赢	2010年至今，结合新市镇提升，建设并完善城市单车径，为城区型绿道的主要形式。体系已经基本确立	2011年，制定《绿色基本计划》，名古屋市绿道的规划与设计逐渐转入后城市化时代，更加精细化，多元化发展

资料来源：根据参考文献[8]～[16]收集资料，整理绘制。

从四城市绿道历程上，可总结出以下几点相似性：①四座城市的早期绿道发展都是在一定程度上的西方现代城市规划思想的影响下所产生的。②四座城市的绿道规划发展，均可从总体划分成四个阶段，即：受（西方规划思想影响下的）绿道思潮萌芽期、绿道建设繁荣期、绿道系统完善期和绿道功能多样化时期。③在萌芽期阶段，日本受西方的规划思想最早，本国规划受到的干预更加全面，这也造成日本的绿道从建设开始就具有宏观系统性的考量。同时，伴随着绿道体系的建设，从建设伊始就有控制性规划文件作为指导。

2.2 规划绿道结构模式的比较和分析

根据四城市的城市绿道总图，将横向比较和研究四城的绿道体系结构。从构建的模式、层次，及各层次特点等分别进行分析和总结特点。四城市绿道体系结构如图（图1～图3）并通过绿道模式总结，比较和分析得出表3。

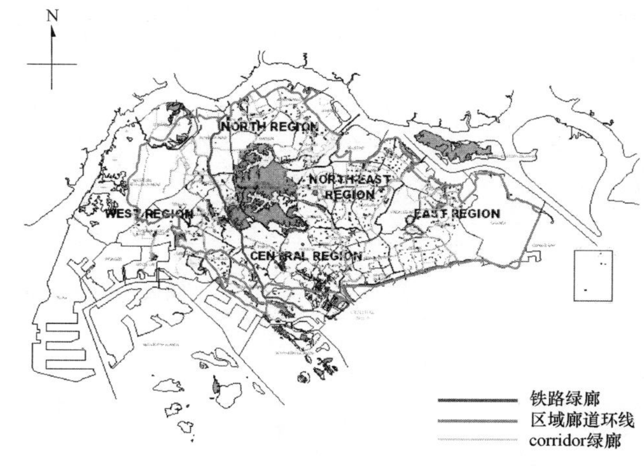

图1　新加坡城市绿道体系总图
（图片来源：作者根据参考文献［17］绘制）

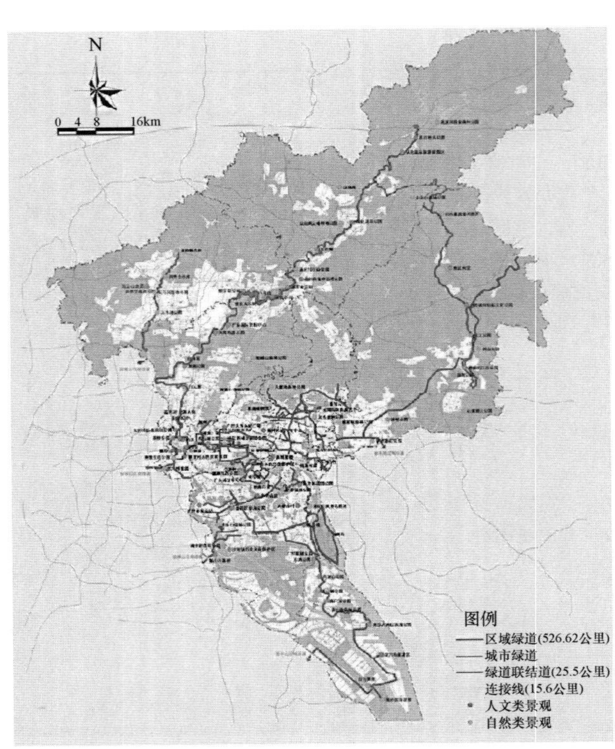

图 2 广州市绿道网总图（图片来源：作者根据参考文献［18］2010 年广州市绿道总图重绘）

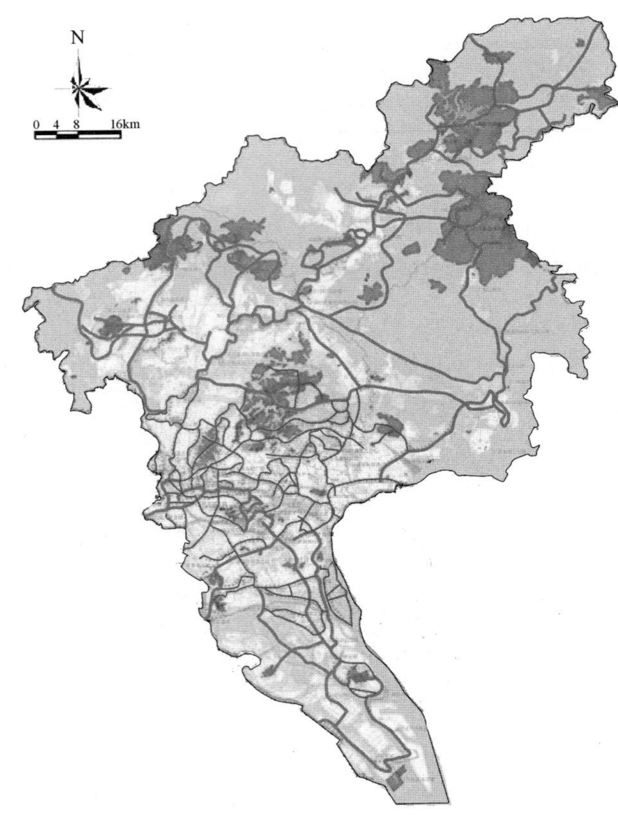

图 3 广州市绿道网总图（图片来源：作者根据参考文献［19］2016～2030 年广州城市总体规划重绘）

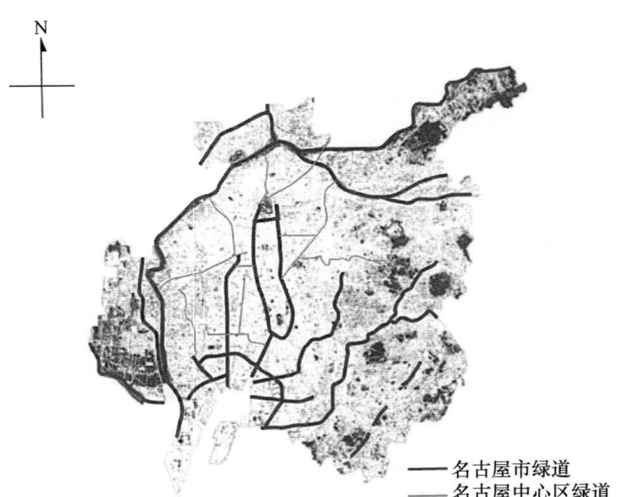

图 4 名古屋绿道体系总图（图片来源：作者根据参考文献［21］改绘）

四城市绿道总体结构比较分析一览表 **表 3**

城市	绿道与城市核心布局模式	绿道体系分级	绿道体系分类方式	绿道结构特点
新加坡		二级体系结构	一级：区域环线绿廊 二级：corridor（连接道，主要为骑行游览道）	1. 总体布局：布局均匀，呈网状分布 2. 与骑行径大部分重合，游赏性佳

续表

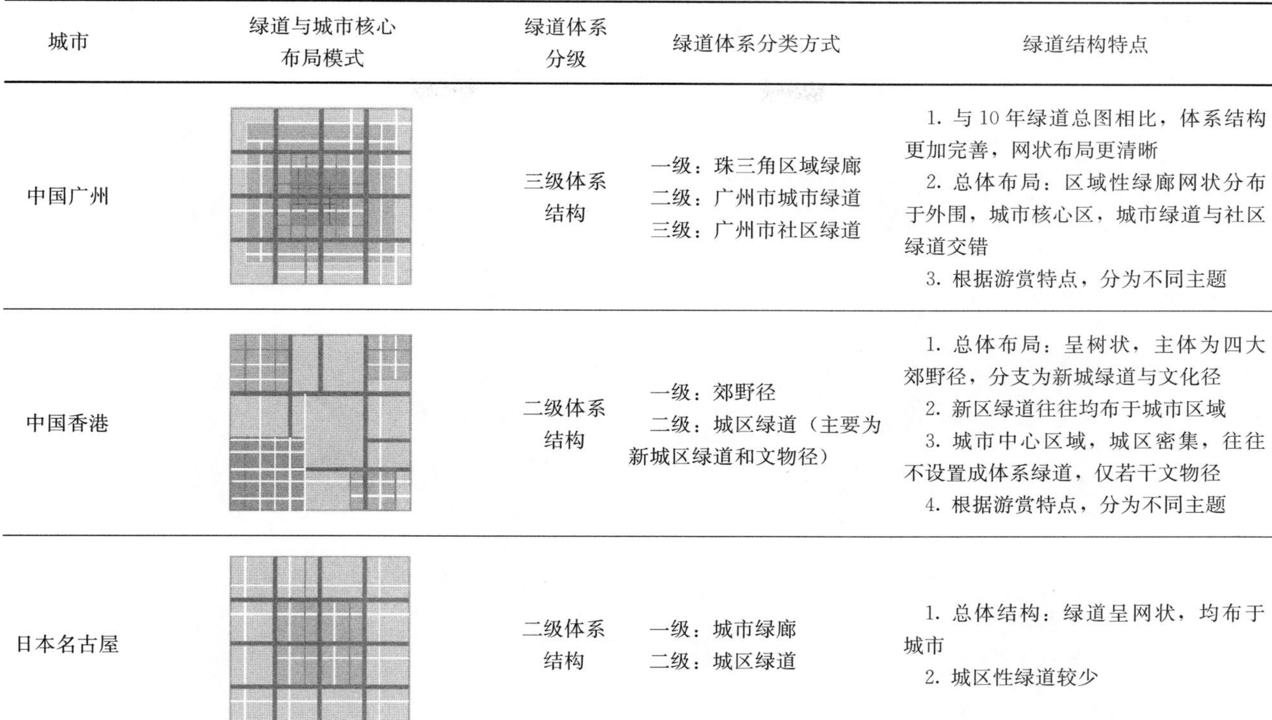

城市	绿道与城市核心布局模式	绿道体系分级	绿道体系分类方式	绿道结构特点
中国广州		三级体系结构	一级：珠三角区域绿廊 二级：广州市城市绿道 三级：广州市社区绿道	1. 与10年绿道总图相比，体系结构更加完善，网状布局更清晰 2. 总体布局：区域性绿廊网状分布于外围，城市核心区，城市绿道与社区绿道交错 3. 根据游赏特点，分为不同主题
中国香港		二级体系结构	一级：郊野径 二级：城区绿道（主要为新城区绿道和文物径）	1. 总体布局：呈树状，主体为四大郊野径，分支为新城绿道与文化径 2. 新区绿道往往均布于城市区域 3. 城市中心区域，城区密集，往往不设置成体系绿道，仅若干文物径 4. 根据游赏特点，分为不同主题
日本名古屋		二级体系结构	一级：城市绿廊 二级：城区绿道	1. 总体结构：绿道呈网状，均布于城市 2. 城区性绿道较少

资料来源：参考文献[22]～[24]。

通过对四城市的绿道总图进行对比分析可以看出：①城市的绿道结构模式与城市区域的耦合关系较强。四城市的绿道在城市区域均已建成一定的网状结构。②其中由于香港的多山地形与城市区域的控制性发展，城市核心区域如中环地区，反而限制绿道的发展，绿道更多建于新城区域。③将绿道进行游赏性分类，同时见于广州和香港。而新加坡和日本的绿道则更多注重于绿道的系统生态性。

可见，在紧凑型城市中绿道的建设，总体结构以网状型布局为宜；城区型绿道的数量应充分考量城市的各区域的未来规划用途、人口承载等因素。不可一味地追求生态与绿色，可适度减弱绿道的生态功能，以内部微毛细样绿道的方式构建，以更加适宜城市的紧凑性更新与功能提升。

2.3 四城市绿道建设实例层面的分析

2.3.1 代表了国家城市化快速发展地区绿道规划建设的先行者与实践者角色的广州社区绿道——东濠涌绿道

东濠涌绿道位于城市中心区，周边密布居民区及其他城市公共设施，使得东濠涌使用频率较高，居民对于绿道的使用需求更为多样，兼顾了居民的日常健身、自由骑行、邻里交往、工作通勤、休憩娱乐等需求（图5）[25]。绿道规划中注重对城市自身风貌和城市历史特色的保留和发挥；以绿道为纽带，串联城市公共交往空间（图6）；在规划沿线，预留居民活动空间，并带动当地居民协同共建城市绿色交往带（图7）。

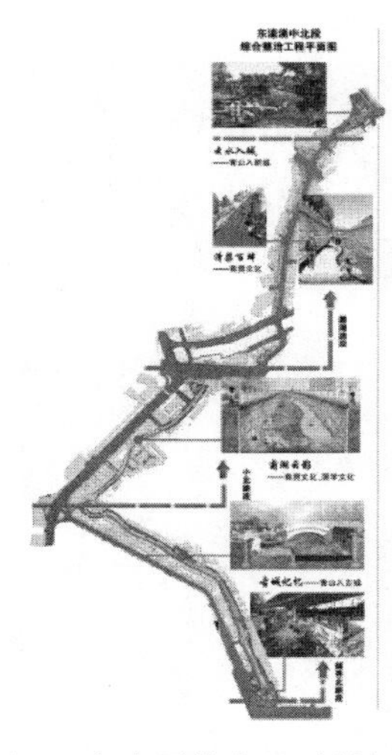

图5　东濠涌综合整治效果图

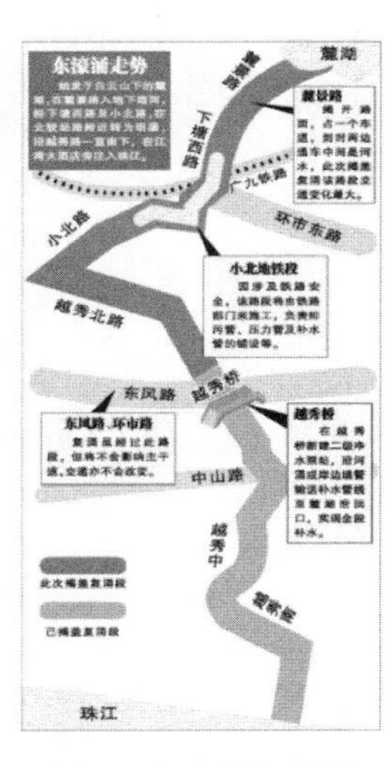

图6　东濠涌走势图

图7　东濠涌立交桥下节点广场（图片来源：参考文献［26］）

2.3.2 将国家发展与生态绿景规划结合新加坡绿道——新加坡榜鹅滨水步道

位于新加坡东北部，是由人工水道扩充和整治而来。榜鹅借助"无中生有"的滨水绿道已成为近年来新加坡发展最快的最繁荣的滨水新市镇。榜鹅滨水绿道融合了"人、水、绿"三大元素，创造了一个以水为主体的动感公共空间，激发了城市发展活力。特点如下：①绿道主体结构突出，水体作为脉络贯穿与该段绿道始终（图 8）；②注重新加坡当时本土文化与地域性场所记忆的保护与展示；③绿道从全局宏观进行规划，并回归于精细的细节（图 9）。

图 8　榜鹅跨水道桥（图片来源：参考文献 [27]）

图 9　榜鹅水道（图片来源：参考文献 [27]）

2.3.3 在有限土地与极高人口密度下尽可能寻求绿色体系化发展的绿道规划——香港天水围新城绿道规划

由于香港的城市扩张，原本接近郊野，多为屋村且比较荒芜的天水围区自 1998 年也进入了飞速发展期。逐渐成为了新兴的繁荣社区。并且，在新区域的规划规划中，嵌入式的环区绿带成为其一大特色（图 10）。整个绿道规划注重新区城市绿色景观空间的整体性营建，通过绿廊——绿道的网络化体系镶嵌天水围新区，并将都市公园、街头绿地、社区庭园、苗圃、滨水绿带等都纳入到整体的绿色网络中，构成了新区有自我维持能力的动态城市绿色网络体系。

2.3.4 人地和谐，风景和谐的绿道规划——名古屋城区久屋大通绿道

名古屋市最著名的绿道是市街的名古屋大通绿道公园。大通绿道公园为市中心一条宽 100m、长 2000m 的道路，总占地面积 11.18 公顷。大通绿道公园的整体结构自北向南可以划分成三大部分（图 12）：

北部的自然公园，基于场地原有的自然资源营造以植物景观为主要特色的自然景观。中部的为名古屋中央

公园，公园周围为名古屋市的各种地标性建筑物，如名古屋电视塔、世纪人桥、河之公园等等。南部为汇聚了各种形式的广场的大型都市活动区，在广场的周边，结合树阵设置了大量的休憩设施[28]（图 13）。

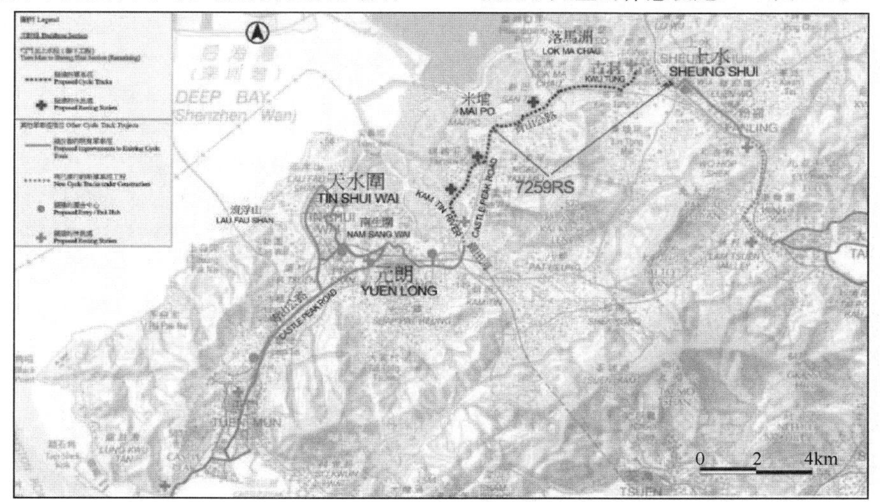

图 10　连接新界西北和东北绿道骑行径规划（元朗至上水段）（图片来源：香港运输署，官网 https：//www. td. gov. hk/tc/home/）

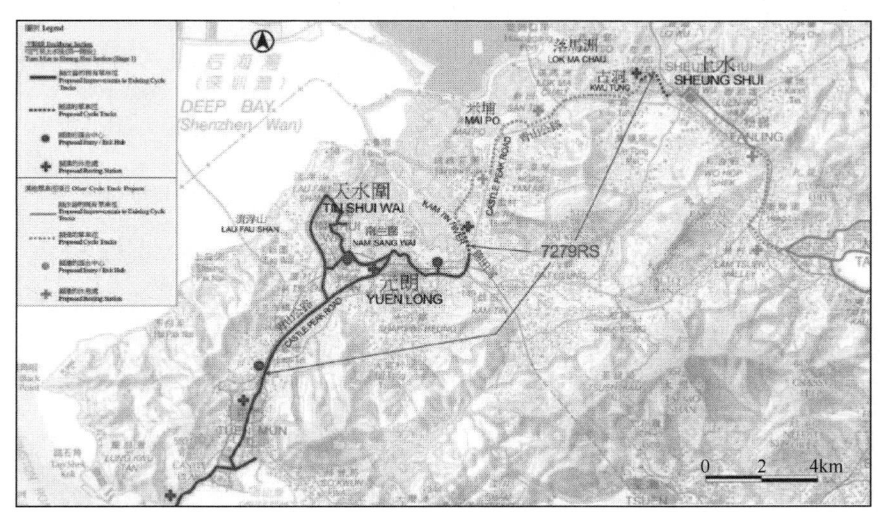

图 11　连接新界西北和东北绿道骑行径规划（屯门至元朗段）（图片来源：香港运输署，官网 https：//www. td. gov. hk/tc/home/）

图 12　天水围绿道实景（图片来源：参考文献［28］）

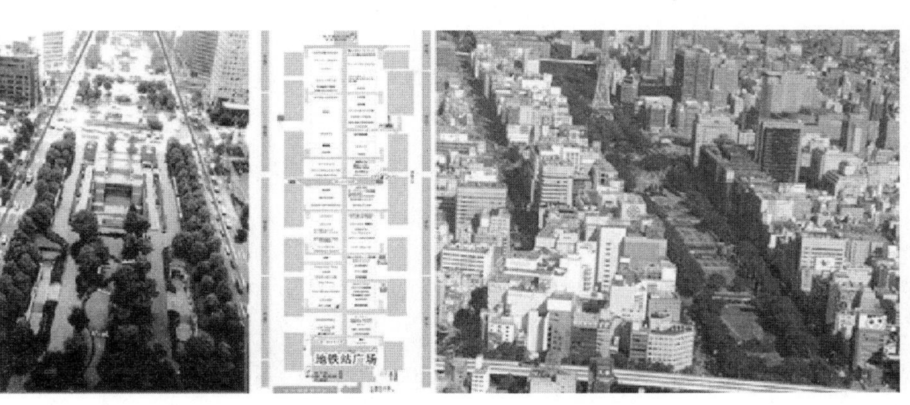

图 13　久屋大通绿道平面示意图（图片来源：网络）

图 14 久屋大通绿道鸟瞰图（图片来源：网络）

大通绿道公园的整体特点是：(1) 位于名古屋中心区域，日常使用频率极高。(2) 通过城市干道将三部分进行连接的同时，中间为大块绿地，整体的连贯性极强。(3) 位于城市中心，周边道路四通八达，居民到的绿道的可达性强。(4) 充分考虑城市居民的日常活动需求，并依据此进行绿道设施的设置。同时也提升了名古屋市中心城市游憩空间的质量。(5) 在进行绿道建设的时候，尽可能的保留了原有的自然植被，充分体现了绿道营建的生态性。

3 亚洲四城市整体城市绿道发展的总结

3.1 绿道结构建设上受亚洲城市紧凑性发展影响较大

综合对比亚洲的绿道发展，可见一个城市的绿道建设是多种因素错杂交织的成果。无论是城市的政策的制定、或者是当地居民的自发、对生活环境提升的意愿或者对于城市未来发展的考量，这些都远比欧美等发达国家的绿道建设的动机来的更加复杂化，也因此造成了比欧美等国家绿道更加具有紧凑的亚洲性城市绿道该有的特性。

3.2 宏观结构更加注重体系性与结构性

根据各城市不同城市立地条件，在发展和继承了欧美现代绿地系统规划中的体系化的基础上，对结构进行了更精细的优化，如广州、香港，都进行了不同尺度绿道的分级规划。

3.3 微观上，显示出注重功能多样性和注重游赏性的特点

四城市的绿道都不同程度上将绿道视为一种带动城市区域活力的，多功能的城市绿色综合道。并且进行了多种游览路线及游赏活动的设计。

4 结语

通过对四个城市的绿道的比较，可以看到，这些城市的建成绿道之间既存在着相似性也存在着差异性和各自的特性。而这些差异与城市的规模、人口、经济发展模式、城市形态都息息相关。通过横向与纵向的比较，同处于亚洲的我国，在未来的绿道发展建设中可汲取同为亚洲城市的绿道建设和发展经验。首先，在进行绿道宏观规划的角度上，相较于由西方规划思想影响下的注重绿道的生态功能等，我国乃至亚洲的城区型绿道应更多的考虑城市的多功能公共空间的营建与公共空间的整体性串联。其次，虽然绿道已经在中国发展了十几年，但依然存在着发展形势过于单一、微观结构缺乏联系等问题。在未来的绿道规划中，应更加注重微观结构的联系和强化。在城市的绿道发展中，应该更加注重地域特色的保留和发扬。虽然绿道的概念等都是由西方传入并衍生而来，但是融合地域特色，在设计中注重整体规划的本土化依然是规划设计中的一个重点。最后，城区绿道网络的构建将会以循环更新演替的方式实现城市机体的功能更新与活力更新，从而带动提升紧凑型城市的城市质量。

参考文献

[1] 韩刚，袁家冬，王兆博. 国外城市紧凑性研究历程及对我国的启示[J]. 世界地理研究，2017，26(01)：56-64.

[2] 晋铭.人口增减数据背后的广州变化[N]. 证券时报，2019-03-04(A08).

[3] 香港人口总数排行. 2019[2019-06-10]. https：//web.phb123.com/city/renkou/city_16875.html.

[4] 涂云海. 国际大都市人口发展的经验及其启示——以新加坡、伦敦、东京和纽约为例[J]. 政策瞭望，2018(05)：46-48.

[5] 名古屋的人口情报. 2019[2019-06-10]. http：//www.city. nagoya.jp/shisei/category/67-5-5-0-0-0-0-0-0-0.html.

[6] 赵海春，王靛，强维，等. 国内外绿道研究进展评述及展望[J]. 规划师，2016，32(03)：135-141.

[7] Ahern J. Greenwaysas a Landscape and Urban Planning[J]. Planning Strategy，1995，(33)：131-155.

[8] 雷芸. 日本的城市绿地系统规划和公众参与_雷芸[J]. 中国园林，2003，卷缺失(11)：34-37.

[9] 刘畅，陈小芳，孙欣欣，等. 日本绿道建设概况及启示[J]. 世界林业研究，2016，29(03)：91-96.

[10] 陈福妹. 日本绿道规划建设及其借鉴意义[C]. //中国城市科学研究会，天津市滨海新区人民政府.2014(第九届)城市发展与规划大会论文集——S03 中外生态城市理论与趋势，2014.

[11] 佘淑洪. 新加坡与厦门的绿道对比研究及对厦门绿道的指导[D]. 福建农林大学，2013.

[12] 张天洁，李泽. 从人工美化走向景观协同——解析新加坡社区公园的发展历程[J]. 建筑学报，2012(10)：26-31.

[13] 李兆洋. 绿道(Greenway)研究与规划建设综述[C]//中国城市规划学会，沈阳市人民政府. 规划 60 年：成就与挑战——2016 中国城市规划年会论文集(11 风景环境规

划），2016.

[14] 王龙，叶昌东，张媛媛．香港低碳城市空间建设及其对高密度城市建设的启示[J]．广东园林，2014，36(06)：33-37.

[15] 陈可石，崔翀．高密度城市中心区空间设计研究——香港铜锣湾商业中心与维多利亚公园的互补模式[J]．现代城市研究，2011，26(08)：49-56.

[16] 胡毓佳，湛磊，张思．城市绿道系统分析——以日本福冈市为例[J]．建筑与文化，2017(04)：154-155.

[17] 新加坡政府 2019 年总体规划详细规划数字化地图．2019[2019-06-10]. https：//www. ura. gov. sg/Corporate/Planning/Our-Planning-Process.

[18] 罗婉贞．广州绿道建设中的植物群落设计[D]．华南理工大学，2011.

[19] 《广州市城市总体规划(2017-2035 年)》草案公示．2019[2019-06-10]. http：//news. 163. com/18/0225/11/DBG67K7M000187VE. html.

[20] 香港特别行政区运输署公开资料．2019[2019-06-10]. https：//www. td. gov. hk/tc/home/.

[21] 長期未整備公園緑地の都市計画の見直しの方針と整備プログラム．2019[2019-06-10].

[22] 张天洁，李泽．高密度城市的多目标绿道网络——新加坡公园连接道系统[J]．城市规划，2013，37(05)：67-73.

[23] 王龙，叶昌东，张媛媛．香港低碳城市空间建设及其对高密度城市建设的启示[J]．广东园林，2014，36(06)：33-37.

[24] 余淑洪．新加坡与厦门的绿道对比研究及对厦门绿道的指导[D]．福建农林大学，2013.

[25] 孟浩亮．广州主城四河涌的历史演变与景观生态重塑研究[D]．华南理工大学，2010.

[26] 东濠涌中北段下月起“揭盖复涌”．http：//news. 163. com/11/0823/08/7C4KG1T600014AED. html.

[27] 百度图片——榜鹅绿道．http：//image. baidu. com/search/index.

[28] 刘畅，陈小芳，孙欣欣，等．日本绿道建设概况及启示[J]．世界林业研究，2016，29(03)：91-96.

作者简介

姚盈旭，1992 年生，女，汉族，河北唐山人，风景园林学硕士研究生，北京林业大学园林学院在读。电子邮箱：1832264064@qq. com。

李倞，1984 年生，男，河北人，博士，任职于北京林业大学园林学院，北京林业大学园林学院副教授。电子邮箱：67430565@qq. com。

上海浦江郊野公园游客游憩偏好研究

A Study on Tourists' Recreational Preferences in Shanghai Pujiang Country Park

张观宁　张凯旋

摘　要： 郊野公园如今成为人们游憩的新去处，为了把握游客的要求，本文以上海浦江郊野公园为研究对象，对游客游憩偏好进行分析，对不同游客特征与选择结果相关性进行研究，提出相应的建议。结果表明，游客对于郊野公园的游憩偏好整体相似，选择具有多种自然资源特色、一定比例景观设施且远离市区，靠近主要交通道路的郊野公园，前往公园主要为了远离城市环境、获得放松享受，更加需要能够带来放松休息作用的设施，游客特征中受教育程度及月均收入对游憩偏好的选择存在显著影响。主要对策建议：选址综合考虑，发挥交通便利；保持生物多样，建设特色设施；丰富游憩功能，满足设施需要。

关键词： 浦江郊野公园；游憩偏好；游客特征；户外游憩

Abstract: Country parks have become a new place for recreation. In order to accurately grasp the requirements of tourists for country parks, this paper takes Shanghai Pujiang Country Park as the research object, analyzing tourists' recreation preferences in various aspects and the correlation between different tourists' characteristics and selection results, to put forward corresponding suggestions. The results show that tourists' preferences for recreation in country parks are similar as a whole. They choose country parks with a variety of natural resources, a certain proportion of landscape facilities and far away from urban areas, near the main traffic roads. In order to get away from the urban environment and enjoy relaxation, tourists need facilities that can bring them relaxation and recreation. Educational level and monthly average income have a significant impact on the choice of recreation preferences. This paper puts forward the following countermeasures and suggestions: comprehensive consideration of site selection, giving full play to traffic convenience; maintaining biodiversity, building characteristic facilities.

Keyword: Pujiang Country Park; Recreational Preferences; Tourists Characteristics; Outdoor Recreation

1　研究背景

城市快速发展、人口不断上升，使得城市公共游憩空间无法满足人们日益增长的户外游憩需求。因此，上海启动了郊野公园规划，初步规划建设的 21 座郊野公园，到 2018 年底已完工并开放 7 座，分别为廊下郊野公园、浦江郊野公园、嘉北郊野公园、青西郊野公园、长兴岛郊野公园、松南郊野公园以及广富林郊野公园[1-3]。

郊野公园的地理位置更接近城市，自然资源丰富，面积广阔，使其逐渐成为城市居民新的游憩场所，是观赏游览、亲友聚会、科普教育、拓展体验的好去处。由于其特殊的地理位置以及复杂的周边环境，郊野公园的游憩活动又区别于其他类型的公园游憩活动。为了更好地了解游客对于郊野公园的游憩偏好及需求，本文选取上海浦江郊野公园进行研究分析。

2　研究方法

采用问卷调查的方法分析上海浦江郊野公园游客游憩偏好，游憩偏好调查内容包括游客对于郊野公园区位特征、森林自然资源特征、景观设施比例方面的偏好，以及游客对于在郊野公园具有的功能及活动、公园所配备的服务及游览设施的偏好。游客人口学特征调查内容包括性别、年龄、受教育程度、职业、月均收入等。

调查时间为 2019 年 2 月，在上海浦江郊野公园各功能区进行问卷发放。共发放问卷 250 份，有效问卷 205 份，有效问卷回收率为 82%。运用 excel 及 spss 20.0 对调查结果进行分析。

3　上海浦江郊野公园游客游憩偏好分析

3.1　区位偏好分析

对倾向的森林区位、森林与道路距离以及森林与居住区距离三个角度，对受访者的区位特征偏好进行分析。调查结果如表 1 所示。

游客对区位偏好情况表　　表 1

区位特征	偏好选择	百分比
森林区位	市区内的森林	29.51%
	郊野的森林	60.49%
森林与道路距离	靠近道路的森林	51.71%
	远离道路的森林	48.29%
森林与居住区距离	居住区附近的森林	49.76%
	远离居住区的森林	50.24%

结果显示，受访者对于远离市区的郊野公园更为青睐，可以暂时完全脱离城市环境，接触自然，获得放松享受，但公园所处位置仍旧需与主要交通道路相近，保障交通便利。

以包括性别、年龄、受教育程度、职业、月均收入及在上海居住时间六个属性为相关性影响因子，运用单因素方差分析检验上海浦江郊野公园区位特征偏好是否与其游客特征不同而产生相关性变化。根据结果，受教育程度和月均收入对于森林区位选择存在显著相关性影响，中小学及以下学历的均值高于其他四种受教育程度，均值为 2.00；月均收入 10000 元以上的群体对于森林区位的选择影响高于其余四种收入人群，均值为 1.71。在森林与道路距离的选择中，月均收入对于距离影响最显著，少于 1500 元的收入群体对于森林与道路间距离的选择影响最强烈，均值为 1.59。森林与居住区距离上，男性的选择对结果更有影响，男性比女性的倾向性更为突出，均值分别为 1.68 和 1.47。

3.2 自然资源偏好分析

对森林的疏密程度、森林类型、森林树种组成、树种色相类型、森林整体结构、森林下层结构六个角度对受访者在郊野公园自然资源方面的偏好进行研究。结果如表 2：

游客对自然资源偏好情况表　　表 2

自然资源	偏好选择	百分比
森林疏密程度	开阔型为主的森林	21.46%
	茂密型为主的森林	13.66%
	开阔型与茂密型兼具	64.88%
森林类型	完全天然	28.29%
	接近自然	18.54%
	人工种植	74.15%
森林树种组成	落叶树为主	7.32%
	常绿树为主	18.54%
	落叶树与常绿树混交	74.15%
森林树种色相	绿色为主，不开花结果	17.07%
	季节性开花结果	47.32%
	四季开花结果	35.61%
森林整体结构	分布规则，树木尺寸差异不大	20.00%
	分布规则，树木尺寸差异较大	20.98%
	分布随机，树木尺寸差异不大	33.66%
	分布随机，树木尺寸差异较大	25.37%
森林下层结构	灌木层与草本层兼具	78.05%
	灌木层为主	9.27%
	草本层为主	12.68%

结果显示，受访者对于自然资源偏好整体较为相近，在森林疏密程度、类型、树种组成、树种色相及下层结构几个方面，更多的受访者倾向于各种特色兼具的自然资源形式，喜欢具有丰富性和充实性的森林自然景观。对于森林整体结构，受访者的选择则较为平均，无明显的偏好。

六个属性中，月均收入的不同对于树种组成选择具有最显著影响，月均收入 5000～10000 元对于结果的差异影响，超过其余四种收入人群，其均值为 2.81。在树种色相类型上，性别、职业与月均收入均对该资源产生显著影响，女性相较于男性对色相类型偏好存在更显著差异，均值为 2.2791；机关事业单位人员影响最大，均值为 2.40；月均收入 5000～10000 元的收入人群较其余四类对于树种色相选择有最显著的差异，均值为 2.44。而疏密程度、森林类型、森林结构以及下层结构，受游客特征的差异影响较小，无属性产生显著差异影响。

3.3 景观设施比例偏好分析

从森林中的水体比例、活动场地比例、景观设施比例、道路比例四个角度，对受访者在郊野公园景观设施方面的偏好进行分析，结果如表 3：

游客对景观设施比例偏好情况表　　表 3

景观设施比例	偏好选择	百分比
水体比例	没有水体	2.93%
	一定比例，不超一半	89.76%
	越多越好	7.32%
活动场地比例	不要场地	8.78%
	一定比例，不要太多	87.32%
	越多越好	3.90%
景观设施比例	不要设施	14.15%
	一定比例，不要太多	78.54%
	越多越好	7.32%
道路比例	越少越好，保持自然	19.51%
	基本主干路，能通行即可	69.27%
	越多越好，连通性好	11.22%

结果显示，更多受访者在设施的比例方面，倾向于中间项的选择，即需要有这些设施，但是比例不可过大。这样既能有森林景观设施的丰富性和多样性，同时也能保持森林原有的自然景观。

对六项游客特征指标与森林景观设施比例偏好选择进行相关性分析，活动场地比例中，职业以及受教育程度对于选择存在显著影响，企业职员的均值最高，为 2.02；初中人群的均值最高，为 2.04。在景观设施比例中，职业这一属性有着最为显著的影响，机关事业单位均值为 2.04，在各种职业人群中最高。在道路比例方面，性别以及受教育程度、月均收入情况均对结果产生显著影响，女性产生影响高于男性，均值为 2.00；高中或中专人群均值最高，为 2.10；月均收入 1500～3000 元均值高于其余四种收入人群，均值为 2.18。水体比例受游客特征的差异影响较小，无明显差异。

3.4 功能选择偏好分析

根据不同受访者在郊野公园的需求，对郊野公园所具有的活动项目及功能进行了分类调查，共设置了八大类别，让受访者对其重要性进行评分，评分均值见图 1。

根据结果，游客前往郊野公园的游憩功能以放松享受为主，亲近自然和在郊野公园进行休闲消遣活动成为现代都市人来到郊野公园主要的活动功能诉求，也有越来越多的人来到郊野公园进行户外运动。而自我提升教育方面的功能受到的游客青睐程度则有所降低，较少的游客是以科普教育、社交集会以及文化娱乐的活动目的

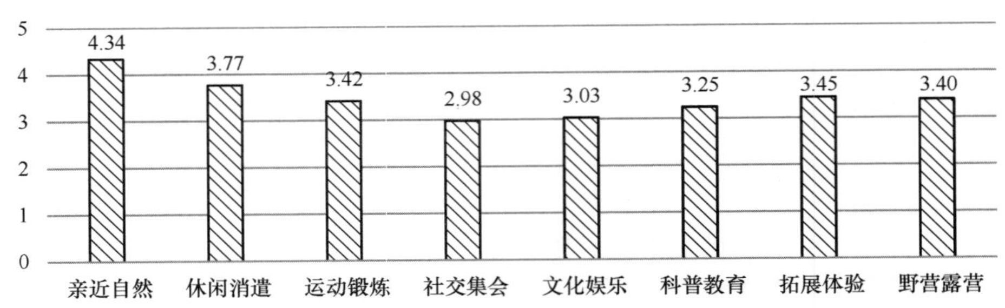

图 1　游客对功能活动偏好情况图

来到郊野公园进行游览。游客对于前往郊野公园的目的集中在自身的休憩以及调整，对于公园内容的学习了解并不受广大游客的注重。

对游客特征在郊野公园所开展的活动及功能的相关性进行检验，受教育程度分别对运动锻炼以及文化娱乐存在显著影响。根据事后检定，小学及以下对于文化娱乐这一功能的偏好程度最高，均值为 4.67；而高中及中专对于运动锻炼这一功能的偏好程度最强烈，均值为 3.54。其余六项公园功能活动所受游客特征的差异影响较少，无显著差异。

3.5　服务游览设施偏好分析

采用因子分析，对郊野公园服务及游览设施各项指标类型进行划分。受访者对其重要性进行评分，各项因子得分均值如表 4 所示。

游客对服务游览设施偏好情况表　　表 4

设施类型	具体指标	均值	标准差	公因子均值
拓展设施因子	帐篷营地	3.53	0.92	3.39
	野餐烧烤	3.23	1.10	
	森林超市	3.40	0.96	
基础设施因子	森林剧场	2.94	0.98	2.78
	电子解说	3.04	1.14	
	纪念品店	2.37	1.04	
休闲设施因子	自行车	3.60	1.09	3.44
	电瓶车	2.87	1.19	
	健身游乐设施	3.20	1.04	
	休闲草坪	4.10	0.78	

根据结果，游客认为最重要的服务游览设施，是能够带来休闲享受功能的类型。这与对游客在郊野公园开展的活动功能中选择最为重要的是亲近自然以及休闲消遣的结果相匹配。带有拓展探险因素的设施也在游客所倾向的选择中。对于郊野公园内所建设的一些基础设施，游客偏好不大，表明游客并对于在郊野公园的游览过程中进行对于郊野公园的认识没有过多的注重，与上文所得出游客在自我提升教育方面注重偏少的结论相适应。

游客特征属性对浦江郊野公园服务游览设施选择的差异分析中，电瓶车、森林剧场、帐篷营地、休闲草坪、电子解说这几项服务游览设施均受到部分游客特征带来的显著差异影响。通过分析以及事后检验，对于电瓶车这一设施，年龄以及受教育程度都对其有显著影响，18～44 岁群体的均值高于其他几个年龄群体，均值为 3.09；研究生的均值为 3.09，在各受教育程度群体中最高。森林剧场这一设施方面，受到性别、职业以及受教育程度这三项游客特征带来的显著影响，女性比男性更有倾向性，均值为 3.05；离退休人员的均值高于其余所有职业，为 4.00；小学及以下学历均值为 4.33，高于其余学历。帐篷营地主要受年龄这一游客特征的影响最为显著，18～44 岁年龄群体对于帐篷营地的影响程度最大，均值为 3.83。休闲草坪这一设施同样也受年龄带来的影响最为显著，60～74 岁影响力最为显著，均值为 4.30，高于其他年龄群体。电子解说这一设施则主要受性别的影响程度最大，女性较男性影响程度更大，均值分别为 3.16 和 2.83。

4　基于游憩偏好的郊野公园优化建议

4.1　选址多维考虑，发挥交通条件

城市现有防护林、城市外高速路防护林带、城郊农业用地、城郊森林等可以作为郊野公园选址的考虑区域。建设中还需要充分考虑周边交通的便利程度，以此保证游客来游的顺利。以上海为例，可以充分发挥郊野公园位于外环的独特交通区位优势，并做地面干道的衔接，确保郊野公园的主要出入口、停车场在较短时间内可以进入主干道交通系统，游客从市区出发，可以在 1～2h 内开车抵达园区。同时，也需要充分利用上海现有发达的轨道交通系统。

4.2　保持生物多样，建设特色设施

郊野公园建设应尊重自然环境条件，结合当地资源现状，以原有自然资源为基础，最大程度做到保护和利用。要在原有植被基础上种植合理密度和规格的新植被，注重多种风格兼具和丰富性，形成景观的多样性。内部的交通道路，要结合郊野公园特色，打造特色多元的交通系统，兼顾交通和旅游休憩功能。所具有的水体比例，需要得到充分的利用。

4.3　丰富游憩功能，满足设施需要

在进一步建设中，功能定位上要以满足游客放松享受的功能为主，突出其释放压力、欣赏自然风光，同时一定程度上辅以增长知识功能的情况下，获得更为稳定的客源保障和提升游客满意度。根据游客游憩需求的具体特征，设计开发独具特色的郊野公园游憩产品，吸引更多不同的游客。更加注重对郊野公园相关配套设施的完善，在具体游憩活动的设置上要更多的考虑互动性和体验性等。

参考文献

[1] 郊野公园规划项目组．落实生态文明建设，探索郊野公园规划——以上海试点郊野公园规划为例［J］. 上海城市规划，2013(5)：51-61.

[2] 陈敏，李婷婷. 上海郊野公园发展的几点思考[J]. 中国园林，2009，25(6)：10-13.

[3] Gu XK，Tao S Y，Dai B. Spatial accessibility of country parks in Shanghai，China［J］. Urban Forestry & Urban Greening，2017，27：373-382.

作者简介

张观宁，1996 年生，女，汉族，上海人，本科，现就读于上海商学院旅游管理专业。电子邮箱：3317662473@qq. com。

张凯旋，1980 年生，男，内蒙古赤峰人，博士，上海商学院副教授。研究方向为景观游憩和绿地生态。电子邮箱：zhangkx99@126. com。

游百里蜀川胜景，栖万亩诗意田园

——公园城市背景下成都市锦城绿道体系营建之思考

Enjoy Hundreds of Shu Chuan Scenic Spots, Dwell Oceans of Acres of Poetic Habitat

—Study on the Construction of Jincheng Greenway System in Chengdu Under the Background of Park City

蔡秋阳　牟　怡

摘　要：锦城绿道是成都市天府绿道体系组成部分，是成都公园城市建设重要生态项目之一。以锦城绿道规划设计过程为研究对象，运用归纳与推演的方法，对其建设进行论述。从地脉、文脉、功能、产业 4 个方面，将其现阶段规划设计思路与策略总结为：1）严守生态本底，善用场地资源；2）重现蜀川胜景，塑造熊猫 IP；3）紧扣人本需求，引领低碳生活；4）联动绿色产业，转化生态价值。以期为绿道和公园城市理论和实践做出探讨与参考。

关键词：锦城绿道；公园城市；绿道；风景园林

Abstract: Jin Cheng Greenway is one of the essential branch of Chengdu Tian Fu Greenway system and the ecological project of Park City. Taking the plan and design process of Jincheng Greenway as the subject, the layout, plan and design of Jin Cheng Greenway will be discussed through inducting and deducting. From the four aspects of geography, culture, function and industry, the paper summarizes its current planning and design ideas and strategies as follows. 1) Strictly respecting the ecological base and make good use of site resources. 2) Reproducing the scenic beauty of Si Chuan and creating Panda IP(Intellectual Property). 3) Following human needs and leading low-carbon life. 4) Linking green economic and developing ecological value. The study is expected to make a discussion and reference for the theory and practice of greenway and park city construction.

Keyword: Jin Cheng Greenway; Park City; Greenway; Landscape Architecture

引言

成都市确立公园城市建设特征包括：以生态文明引领的发展观，以人民为中心的价值观，构筑山水林田湖城生命共同体的生态观，突出“人城境业”和谐统一的城市形态；突出从“产-城-人”到“人-城-产”，从“城市中建公园”到“公园中建城市”，从“空间建造”到“场景营造”三个转变；彰显美学、生态、人文、经济、生活、社会六大价值；并形成公园城市成都共识[1, 2]。

专家学者就公园城市形成初步理论成果：建设的目标上，市民能够零距离的在公园环境中生活、工作、交通、游憩[3]。公园城市要具有识别性且人与自然和谐共处，切实增强人民群众的获得感、存在感和幸福感[4]。倡导“城、人、境、业”三位一体的结构与实现路径，让生态文化中心区（ECD）取代传统城市 CBD 与 RBD [5, 6]。总体规划思路上从“绿地系统”到“公园体系”的蜕变[7]。

现代意义的绿道（Greenway）诞生于 20 世纪 60 年代[8]，在其发展初期（1987 年），《全美开放空间和户外游憩的命令》确定绿道具有串联不同用地和资源，吸引沿线居民，构建城乡共融网络体系的目标[9]。经过几十年发展，绿道从最初较为单一的景观元素发展到兼具生态、社会、文化和景观等复合功能的廊道[10, 11]。

锦城绿道是成都公园城市建设中以大尺度生态廊道隔离城市组群的重要手段。以成都市锦城绿道规划设计为研究对象，对其现阶段建设过程和规划设计策略与思路进行研究，为绿道发展建设和公园城市营建提供探讨和参考。

1　锦城绿道概述

1.1　项目概况

锦城绿道是成都“一轴、两山、三环、七带”天府绿道体系中的“一环”，分布于成都市四环路（绕城高速）两侧的环城生态区①。

项目所涵盖的规划设计范围与成都市环城生态区紧

① 环城生态区是由成都市城市总体规划确定的，沿中心城区四环路（绕城高速公路）两侧各约五百米范围，以及周边七天楔形地块内的生态用地和建设用地所构成的控制区。

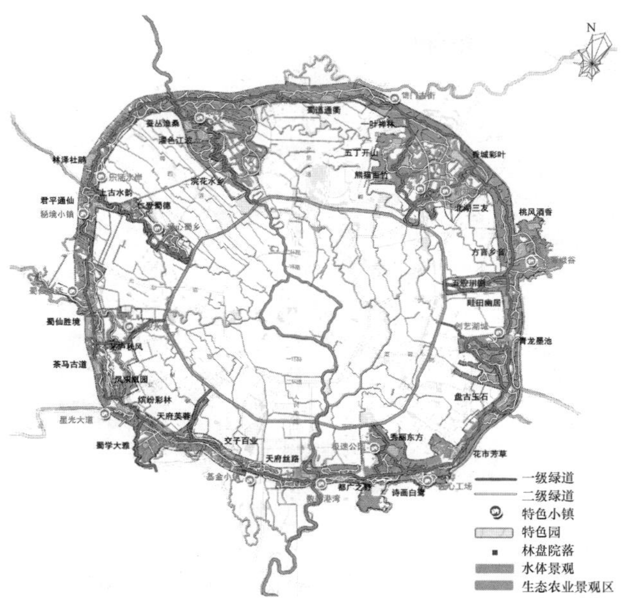

图 1　锦城绿道总体规划图

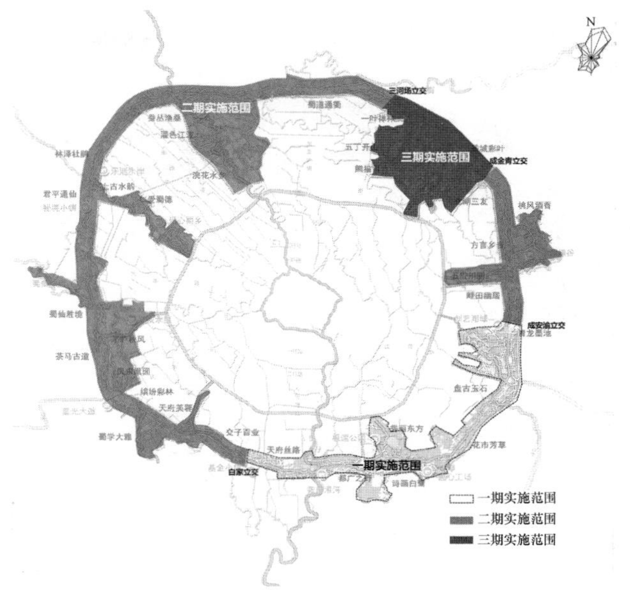

图 2　锦城绿道分期实施图

密结合，总规模 187.15km²，其中生态用地 133.11km²，建设用地 54.04km²，规划一级绿道 200km，二级绿道 300km，4 级配套驿站体系（16 个特色小镇一级驿站，30 个特色园二级驿站，170 个林盘院落三级驿站和若干四级驿站）（图 1）。绿道通过慢行交通体系串联沿途驿站和已有生态绿地（白鹭湾、锦城湖与香城湿地公园等），形成具有综合社会效益的环状放射型城市生态隔离带与楔形绿地。

锦城绿道总体规划秉承“可进入、可参与、景观化、景区化”理念，以人民为中心，以绿道为主线，以生态为本底，实现生态保障、慢行交通、休闲游览、城乡统筹、文化创意、体育运动、农业景观、应急避难八大功能。

1.2　分段建设与思路转变

锦城绿道整体上分三期建设，2019 年一期范围初步落成，并将实现一级绿道慢行交通体系的全环贯通。依据场地周边城市用地和实施条件等综合考虑，锦城绿道大致分为三个建设时序（图 2）。

一期范围界限顺时针方向涵盖成安渝立交到白家立交之间的区域，该区域以疏朗、通透的当代城市公园风貌为主，代表成都“东进”和“南拓”城市发展战略导向和城市公园风貌样板，现已进入施工阶段，部分区域已基本竣工。然而较多周边用地和城市配套仍未建成，周边客源稀少，存在建设风格过于甜美，绿地风貌单一，价值挖掘不够，运营产出较少，投资造价较高等问题。

二期范围界限顺时针方向涵盖白家立交到三河场立交，以及成金青立交到成安渝立交的区域。目前正处于文化策划和落地方案深化设计阶段。该期建设积极汲取一期的经验与教训，针对场地基本农田与林地较多，周边城市配套不足，人口分布较少等客观实际条件，进行思路转变和提升。

三期范围界限顺时针方向涵盖三河场立交至成金青立交的区域，包括成都大熊猫繁育基地。该期实行片区整体统筹与城市设计，联动锦城绿道与熊猫基地等资源，打造国际熊猫之都。

2　锦城绿道体系营建策略总结

2.1　严守生态本底，善用场地资源

锦城绿道所处的环城生态区是成都市域“两山两环，两网六片”生态安全格局的重要组成部分，构建以“6 库 8 区（水生作物区）”为核心的生态湖泊水系。其生态用地规模为 133.11km²，是控制成都市主城区与外部城区的永久性生态隔离屏障，亦是抑制城市“摊大饼”无限发展的利器。因此，锦城绿道是一条慢行交通体系，是一条宽 1～5km 城市环形生态廊道，亦是公园城市建设中逐步构建和成长的城市绿色综合体。其规划设计条件对建筑高度、容积率、建筑用地严格限制，以生态为本底，保护利用山、水、田、林等生态要素，实现绿满蓉城、花重锦官、水润天府的愿景。

锦城绿道二期建设优化方案中，面对与一期不同的场地条件，汲取一期的经验与教训。在基本农田和生态用地面积较广（图 3），场地周边城市配套不足，交通可达性较差的客观条件下，明确以生态修复为主导，设计风格从甜美城市公园到质朴生态田园的转变，确立以田园为基调，衔接与协调国土资源、土地利用和城乡规划，微调并划定永久基本农田，做到保护耕地，保留田园基底，从打造第三自然（人工自然）到营造并彰显第二自然（文化景观）与第四自然（自我修复的自然）之美的大地风景。

环城生态区在过去具有较多工厂厂房和林盘院落，在较大面积的拆迁和外迁后，现面临原有道路和部分构筑物的保留和再利用问题。因此，确立现场资源最大化利用，生态环境最小破坏的总体纲领；建设、设计、施工等单位通过反复踏验现场，设计方案尽可能利用原有道路、农田、水系、林地以及具有保留价值的林盘院落和建构筑

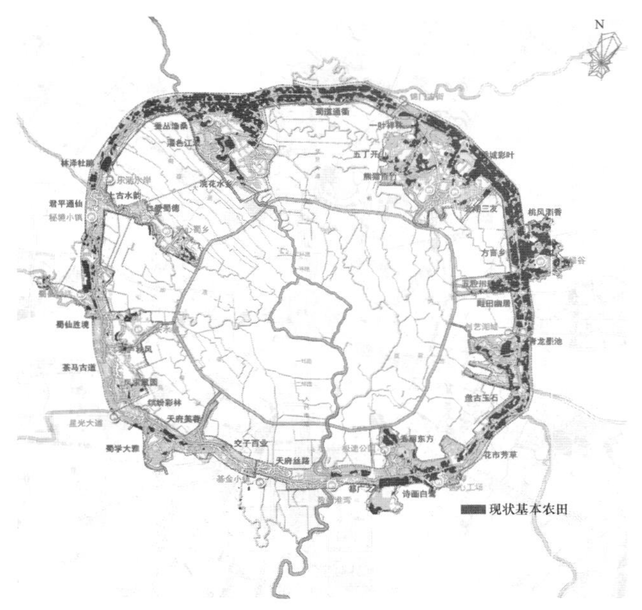

图 3　现状基本农田分布图

物等。例如，林盘聚落的规划设计上，以保护为第一要旨，辅以多元业态植入，实现林盘聚落的延续和再造。又如，东西两段区域水系呈现“东塘西渠”风貌，通过对水系和水塘的保护、恢复和改造提升，营造“东塘星罗百水润城，西渠阡陌六河灌都”的自然水文格局。

2.2　重现蜀川胜景，塑造熊猫 IP

九天开出一成都，万户千门入画卷。成都具有深厚的历史文脉积淀和地域文化特色，是绿道体系规划设计过程中需要挖掘和延续的重要因素。

李公麟（北宋）的《蜀川胜概图》描绘了历史上成都自然山川与人文景观和谐相融的胜景（图 4）。锦城绿道因借《蜀川胜概图》（成都段），结合具体场地周边资源，进行文化要素的挖掘传承和发展创新，以文化主题统领驿站功能布局和业态，以 30 个二级驿站特色园为空间承载，再现蜀川胜景，彰显川蜀文脉，提升成都软实力。同时这也是实现避免“全城一面”，做到去同质化建设的重要手段。

例如在城北的北新片区，从《蜀川胜概图》（成都段）提取城北“升仙桥、石井、金牛”等地名，结合该区域历史上作为金牛蜀道起点，周边坐落成都最大小商品商贸城与中药材市场等浓厚“蜀道、蜀商、蜀医”文化氛围现状，规划设计“蜀道通衢”特色园二级驿站。其以蜀道文化统领造园，蜀商与蜀医衍生特色业态，营造蜀道文化、中医药养生与商贸体验相结合的特色园（图 5），同时也为四川蜀道申遗工作提供宣传、科普等方面的助力。

另外，熊猫文化是成都不可多得的名片。锦城绿道三期以现有大熊猫繁育基地为核心，进行区域级世界熊猫之都城市设计，以“科研保护＋公众教育＋旅游休闲”打造探讨人与熊猫友好关系的城市，发挥大熊猫文创与旅游品牌影响力，打造世界级影响力的城市首位品牌。

图 4　蜀川胜概图（成都段）

图 5　蜀道通衢园蜀医养生圈

2.3 紧扣人本需求，引领低碳生活

锦城绿道功能规划顺应时代发展，以人民需求为中心，满足绿色出行和不同市民群体的多元化需求。

首先，因各个绿地斑块被市政道路隔离，故以慢行立体交通（桥梁）连接被市政道路分隔的斑块，营造“贯穿绿环的交通节点，步骑共享的空中走廊”。共计规划建造桥梁百余座，并建造地标节点和网红打卡地，营造“一桥一景”。其次，由于四环路（绕城高速）横穿锦城绿道中部，通过“透绿工程”对四环路两侧植物的梳理与更新，做到“俗则屏之，嘉则收之”，实现城景共融，宜人兴城。

此外，构建由“特色镇、特色园、林盘院落、亭台楼阁”组成的四级驿站配套设施体系，提供各类配套功能：①基础配套。包括游客中心、餐饮售卖、医疗维修、园区管理、停车等功等。②体育配套。包括体育场馆、健身房、户外运动、儿童运动等。③时尚旅游配套。包括民俗客栈、康养理疗、休闲农业、咖啡茶社等。④文化配套。包括科普教育、文创艺术、戏曲表演、音乐展演等。

除此之外，针对特定受众，提供差异化、定制化、个性化的户外活动空间和服务功能，划定多个先行示范区，为绿道后期可持续运营和创收起到示范作用。如在双流区结合年轻群体的宠物饲养需求，营造田园萌宠综合体；在武侯区匹配当代女性消费特质，以粉色为五大立面，营造粉色奇幻过渡带；在成华区，利用大片基本农田，引入“农场+”体验模式，为周边学生、工作者、居住者提供新型生态农庄体验服务（图 6）。

图 6　大家农场示范区

2.4 联动绿色产业，转化生态价值

锦城绿道并非城市或郊野公园，其区域面积广阔，需要保护生态本底的同时与周边与城市空间相联动，提供丰富多彩的活动空间。其土地价值不局限于生态价值，应实现生态价值的合理转化，践行习近平总书记“突出公园城市特点，把生态价值考虑进去”建设理念。

因此，锦城绿道以绿道为主线，串联生态、田园、文化、业态等资源，联动全线文态和业态，实现“文、体、旅、商、农”融合发展。探索政府主导、市场主体、商业化逻辑的城市建设运营模式，探索绿道首店与绿道新经济模式，实现生态价值的转化和服务业态的转型升级。

例如，规划设计层面，通过城乡规划调控建设用地指标，使原本较为分散的红斑在服务驿站和示范区内相对集中，发挥服务业集聚效应，便于后期管理运营。在东段预留建设指标和空间，为 2021 年第 31 届世界大学生夏季运动会举办提供支撑。另外，配套建筑设计与环境风貌相协调，采用下沉、上挑、露台等手法，使建筑空间园林化，最大化实现增值，以期从形态的考虑和功能业态的植入方面，为构建高品质生活场景和新经济消费场景奠定坚实基础。

同时，协调国土与土地利用规划，根据建设需要合理调整基本农田。满足耕地保护刚性要求基础上，在现有基本农田（35.2km^2）中形成粮油农作物景观农业，并融合其他农用地（约 65km^2）打造现代农业的示范区、农耕文明的展示区、精品旅游的聚集区、乡村振兴的示范区，营造公园城市理念下都市现代农业公园，全面推动现代都市农业高质量发展。

3 讨论与总结

通过对锦城绿道项目的归纳总结，结合公园城市理论和具体实践，得到点滴思考如下。

（1）生态文明引领发展，多维价值实现转化

锦城绿道推动城市去中心化的发展进程。其因天时就地利，以现有生态用地和田园风貌为本底，振兴蜀地良田，营造田园可栖胡不游的桃花源画卷。保护生态系统，限制建设强度，构筑山水林天湖草生命共同体，实践生态文明和绿色基础设施引领城市发展的理念，阻止城市“摊大饼”无序发展。在绿道沿线配置功能与产业，构建生活与消费场景，将生态用地的生态价值转化为生态、经济、社会等综合价值，是探索“绿道+”新经济模式，实现经济增长的转变的示范地。

（2）功能业态紧扣需求，“人城境业”和谐统一

当代城市被钢筋混凝土包裹，人们时常处于高度紧张的工作状态，亲近自然是人最本质的需求与朴素愿望。具备广袤田园风貌的锦城绿道则是市民接触自然，舒缓压力的户外空间。同时，锦城绿道串联并对接公共交通接驳，其功能与业态策划紧密围绕人民日益增长的物质文化需求和美好生活的需要，让城市从工业逻辑回归人本逻辑、从生产导向转向生活导向，有助于实现社会公共资源的合理配置，创造宜居城市环境，提升人民获得感和幸福感。

（3）绿道塑造城市品牌，助力“三城三都”目标建设

公园城市或绿道品牌的塑造，是在地域文化自信的基础上，顺应时代需求，与其他文化兼容并包，做到文化的传承和发展。锦城绿道对蜀川文脉、熊猫文化的挖掘，“文、体、旅、商、农”功能业态的策划和配置，对建设“三城三都”（世界文创、旅游、赛事名城，国际美食、音乐、会展之都）起到支撑，也是塑造成都公园城市新名片，提升城市综合价值与实力的重要途经。

总的来看，随着成都公园城市理论与实践的逐步推进，锦城绿道一、二、三期的建设也随之成长和蜕变。目前的建设较为集中的展现了现阶段成都市公园城市建设理论与实践成果，但其仍然面临诸多用地权属、资源配置、权益分配、专业交叉、运营维护等矛盾和问题，在日后规划设计、建设和运营过程中还需要所有参与者积极面对和解决。

参考文献

[1] 成都市公园城市建设领导小组. 公园城市——城市建设新模式的理论探索[J]. 成都：四川人民出版社，2019.

[2] 范锐平. 加快建设美丽宜居公园城市[J]. 人民日报，2018-10-11(7).

[3] 李金路. 新时代背景下“公园城市”探讨[J]. 中国园林. 2018(10)：26-29.

[4] 王浩. “自然山水园中城，人工山水城中园”——公园城市规划建设讨论[J]. 中国园林，2018(10)：16-21.

[5] 刘滨谊. 公园城市研究与建设方法论. 中国园林，2018(10)：10-15.

[6] 陈明坤，张清彦，朱梅安. 成都美丽宜居公园城市建设目标下的风景园林实践策略探索[J]. 中国园林，2018(10)：34-38.

[7] 袁琳. 城市地区公园体系与人民福祉——“公园城市”的思考[J]. 中国园林，2018(10)：39-44.

[8] Whyte W H. Securing open spaces for urban America：conservation easements[J]. Soil Science，1961，92(2)：153.

[9] Press I. The report of the President's Commission：Americans Outdoors，the legacy，the challenge. 1987.

[10] 赵海春，王靛，强维，等. 国内外绿道研究进展评述及展望[J]. 规划师，2016(03)：135-141.

[11] 胡剑双，戴菲. 中国绿道研究进展[J]. 中国园林，2010(12)：88-93.

作者简介

蔡秋阳，1991 年生，男，汉族，成都人，硕士，成都市建筑设计研究院，风景园林规划设计师。研究方向：可持续风景园林规划设计与理论、风景园林感知。电子邮箱：caiqiuyangla@126. com。

牟怡，1992 年生，女，汉族，成都市，硕士，成都市建筑设计研究院，风景园林规划设计师。研究方向：地域性风景园林规划与设计。电子邮箱：lamuyi@126. com。

长三角新兴城区雨洪适应性空间体系研究[①]

——以杭州城区北拓为例

The Spatial System Adaptable to Stormwater for the Emerging Urban Area in the Yangtze River Delta

—A Case Study of Northward Urban Expansion of Hangzhou

张　云

摘　要：兼具地势平坦和经济发达优势，长三角洲快速的城市化带来洪涝加剧风险。目前针对城市雨洪的相关研究呈现定量分析的趋势，较少围绕新兴城区的新、旧空间组织。杭州钱塘江以北城区位于长三角洲南端，近三十年持续北向拓展。以此为例，研究北拓所及地带的水文不利因素，及周边风景名胜和农耕景观中的雨洪适应因素。提出构建城市田野的空间策略。这一中尺度空间体系在山水风景之下、低影响开发雨水系统之上；是郊区历史景观中雨洪适应要素与雨水基础设施结合的方式；是新兴城镇构建海绵体系的方式；是乡土景观在城市化进程中延续的可能方式；亦是定量研究的前提。

关键词：新兴城区；城市田野；雨洪适应；杭州北；新和旧

Abstract: With the advantages of flat terrain and economic development, the rapid urbanization in the Yangtze River Delta brings the increasing risk of flooding. The recent research on urban flooding shows a trend of quantitative analysis, and there are few discussions on spatial organization between the new and old landscape around emerging urban areas. The northern part of Hangzhou Qiantang River is located at the southern end of the Yangtze River Delta, which has been expanding northward for nearly 30 years. Taking this as an example, this paper studies the hydrological disadvantage factors of the area that involved, and the adaptation factors of stormwater in the nearby scenic spots and farming landscapes. The spatial strategy of constructing urban field is put forward. The scale of this spatial system is under Hangzhou's water-mountain landscape and above the low-impact rainwater system; it is the way to combine the elements of rainwater adaptable suburban historical landscape and rainwater infrastructure; it is the way to construct sponge system in emerging towns; it is the way to continue the local landscape in the process of urbanization; it is also the premise of quantitative analysis.

Keyword: Emerging Urban Area; Urban Fields; Stormwater Adaptation; Northern Hangzhou; the Old and New

1　研究背景

自20世纪80年代以来，我国城市建设速度加快。城市发展已从中小城市的扩张，转向村、镇的并、集、聚。相比丘陵山区的城市建设受地形之阻，长三角洲平原地带兼具地势平坦和经济发达的优势，城市化进程尤为迅猛，城市化率远远高于全国平均水平。当2016年全国平均城市化率，即常住城镇人口占总人口率为57.35%[1]时，长三角洲几个重要城市如上海、南京、杭州，其城市化率分别达到了89%、81%、75%[2]。

长三角地带主要由长江带来的泥沙冲淤造就，地势地平，地貌以孤岗、湖泊、河网为主[3]。其地理环境和流域水系特点决定了其洪涝多发的地域特性[4]。伴随着近三十年领先的城市化进程，长三角洲地带呈现出水面率减少、支流退化、河网复杂程度降低、流域调蓄能力下降的趋向[5]。与水系衰退相并行的是城市建设用地增加、绿地减少、地表渗透性下降[6]。两者共同加剧暴雨时期城市洪涝风险。

在城市发展历史中，人类一直通过各种水利措施提高城市的防洪、泄洪能力，使城市建设和水系衰减取得平衡。在近十年，我国学者聚焦于"绿色雨水基础设施"[7]的研究，推动了低影响开发雨水系统、海绵城市体系等的研究和实践。绿色雨水基础设施有别于灰色雨水基础设施，其核心是利用绿地实现对雨水的渗、滞、蓄、净、用、排，从而减少对雨水自然循环的干扰，化雨水为水资源。虽然绿地无法消纳的雨水仍需通过管渠排除，但绿地系统和城市雨水管渠系统相互协作可促成雨洪的错峰排放，由此减轻防洪、泄洪压力[8]。

有关绿色雨水基础设施的研究，对应其解决雨水问题的侧重，可划分为三个尺度的研究和实践。一是场地尺度，如构建街头绿地、绿色屋顶、雨水花园。这一尺度适用于场地开发，是低影响开发雨水系统的组成部分，有利于控制地表径流污染。二是城市街区尺度，如构建湿地公

① 基金项目：本文为浙江省社科规划课题成果："城市雨水的景观化及其空间导控策略——以杭州为例"（项目批准号：14NDJC126YB）。本文支持基金为国家自然科学面上基金"城市形态及其演化对雨水自然循环的影响机理研究：以长三角区域为例"（项目批准号：51478412）。

园、绿色街道。这一尺度适用于城市片区的开发，是城市雨水系统的组成部分，有利于显著减缓城市内涝。三是城市个体尺度，如构建防护林、保护郊野地。这一尺度针对超标雨水，有利于维持水资源平衡。[7]三层尺度的绿色雨水基础设施和雨水管渠系统、雨水排放管理制度相结合，共同构成海绵城市体系。近年来，在较大两个尺度上的研究，即城市街区和个体尺度上的研究呈现出量化分析的两股趋势。一是运用生态学的景观格局理论对城市用地类型分析，从而评价用地变化对城市内涝的影响[9,10]。二是利用水文模拟工具进行模拟，预判城市绿地系统规划对洪涝状况的改善[11-13]。上述研究为城市建设用地发展规划提供了定量指标。然而，对正处于城市化进程中，曾经是水系湖塘田地的城市郊区，如何利用其在历史中生成的、已经具备一定雨洪适应能力的地域景观，使其与新兴城区的绿色雨水基础设施共同构成海绵体系，尚未有足够探讨。这对于拥有大量历史名城，又处于城市化前沿的长三角洲地带的城市发展显得尤为重要。

从经济圈而言，长三角地带有26个城市分布于国家“两横三纵”城市化格局的优化开发和重点开发区域[1]，其中的杭州，是浙江的省会城市，也是及经济文化中心，在周边城市中发展最快，其城市化率排在26个城市的前列。从三角洲形成和演变规律而言，学界公认长江三角洲的自然边界以杭州湾为南界。[3]由此可推，钱塘江以北、天目山以东，也就是杭州行政区划范围的北部构成了地理意义上长三角洲平原的南端（图1*a*，红色圆圈所示）。这里自古以来是天目山下行洪水的缓冲地带，也是杭州主城区行洪所经之处。前面论及长三角地貌以孤岗、湖泊、河网为主（图1*a*，蓝色所示）。杭州钱塘江以北山水并存，江、湖、河水体众多，使其具有长三角地貌的代表性（图1*b*，蓝色所示）。因此，对杭城北拓的研究对长三角新兴城区共同面对的城市雨洪问题具有重要意义。

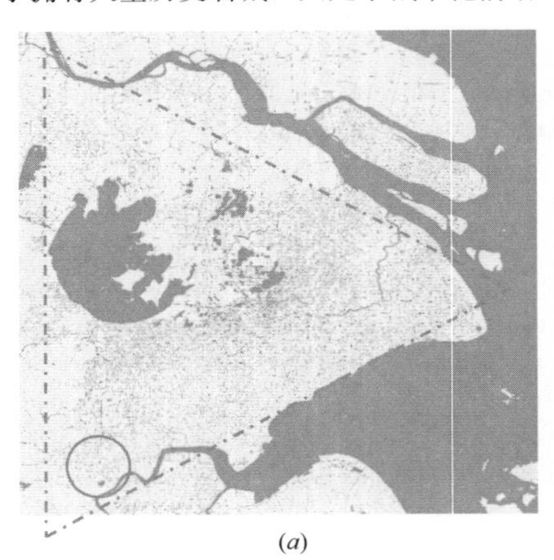
(*a*)

(*b*)

图1　长三角洲地理范围示意（*a*）及其南端杭州行政区划内水系（*b*）
（图片来源：作者基于开放地图改绘）

2　杭州雨水问题环境特点及其对城区北拓的不利因素

所谓城区北拓，是相对杭州1980年代城区范围（图2*a*），即钱塘江以北老城区而言。自80年代起，城市建设在老城区以北持续拓展，先后涉及北偏西的河谷平原地带、以北的河网平原地带以及北偏东的滨江滩涂地带（图2*d*）。

伴随城区北拓，是不断涌现的城市内涝问题。从近十年的新闻报道中可以发现，较早开发的北偏西居住区（图2*b*），常有雨季“看海”之说。又如2013年6月24的暴雨，钱塘江以北城区出现了45个面积在100m^{2}以上、积水深度20cm以上的积水点。其中北偏西的西湖区8处；以北的拱墅区14处，北偏东江干区12处。杭州城区北拓所面临的内涝风险与杭州的降雨特点、地势格局、土壤成分密切相关。

2.1　降雨时空不均，北部多

首先是杭州降雨总量多，且主要集中在6～7月上旬的梅雨期，及夏秋季的台风暴雨期。在这两个降雨期，城市雨水管渠常常不能及时排除集中发生的降雨或短时的超标暴雨水径流，造成城市低洼地段严重积水。

此外，杭州的降雨量在空间上也分布不均。总体上，降雨量随地势增高而增加，也就是北偏西地势高处的雨量比北偏东地势低处的雨量要多，容易产生西面来洪。降雨总量多、时段集中是杭州雨水，乃至长三角地带的普遍性问题，但空间分布不均，北偏西地区雨水较多加剧了杭城北拓的内涝风险。

2.2　地势两端高中间低，行洪落差小

杭州的地势格局是加剧内涝隐患的又一原因。杭州位于长江流域入海口的三角平原，地处浙西丘陵向浙北平原的过渡地带。钱塘江以北老城区是平地中地势最高所在，高程为6.5～8.5m。这里亦是自隋朝以来城郭所在[14]，体现了杭州先民则高而居防范洪涝的智慧。老城区以北的地势相对较低，并且是两端高中间低。其中，北偏西的河谷平原高程6～9m，为最高；中部水网平原，即运河杭州段所在，高程最低，为3.6～4.5m；北偏东的滨江滩涂平原稍高，高程为6.5～7.5m[15]。杭州城区的雨

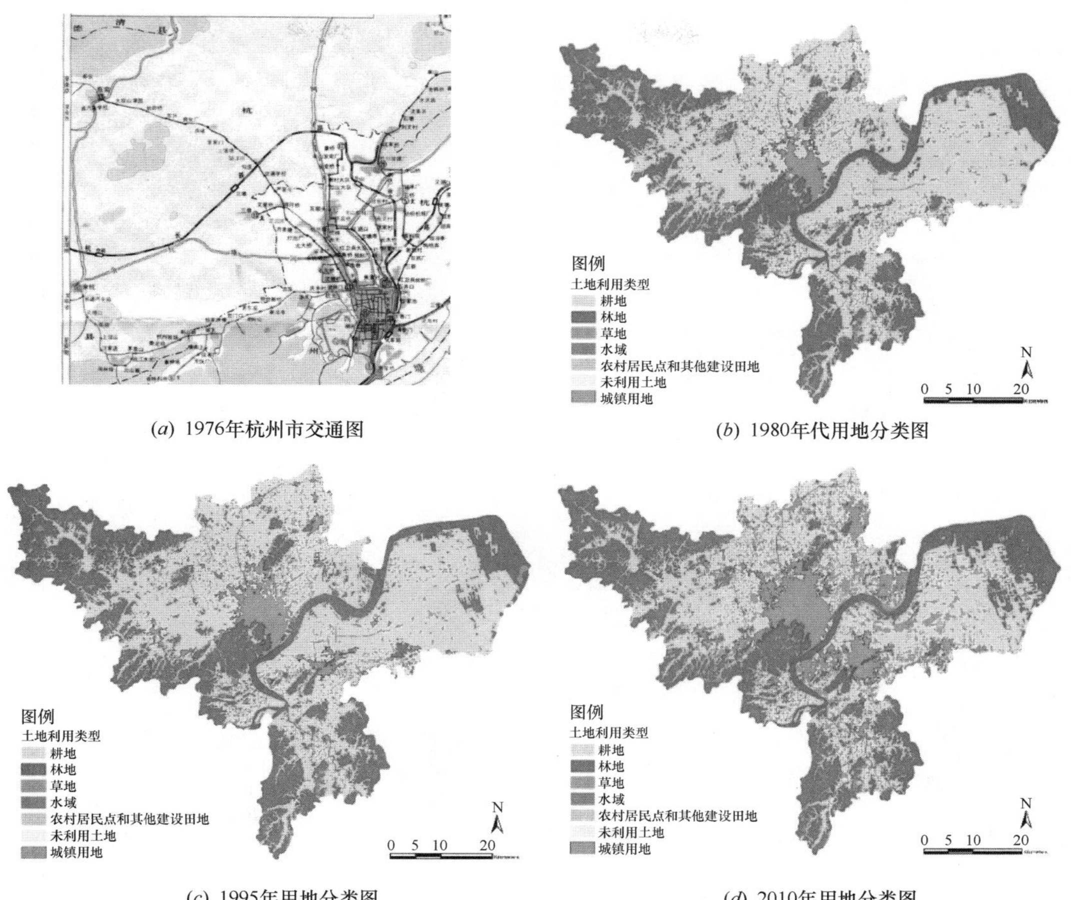

(*a*) 1976年杭州市交通图　　(*b*) 1980年代用地分类图

(*c*) 1995年用地分类图　　(*d*) 2010年用地分类图

图 2　杭州钱塘江以北城区北向发展的 30 年土地利用变化
（图片来源：用地分类图由谭黎娜基于地理空间云数据绘制）

水主要以最低处的运河杭州段为行洪通道。由于运河水位低于钱塘江水，难以就近将老城区的雨水向南自然排放至钱塘江，故行洪方向为自南往北经运河杭州段排往杭嘉湖平原、太湖、黄浦江一带。这一行洪路径落差小，导致排洪速度非常缓慢。随着城区北拓，老城区以北平原两侧地势较高处的雨水的就地下渗能力持续下降，径流量持续增加，进一步增加了运河行洪的压力。基于 2014 年的内涝风险评估图可以发现（图 3），老城区以北的内涝高风险区，面积远大于老城区内部。

2.3　水稻土为主，不利下渗

杭州整个地区的土壤下渗能力不强是内涝风险的又一项因素。杭州十区范围内主要有八种土壤类型，包括红壤、水稻土、潮土、滨海盐土、紫色土、石灰岩土、粗骨土、黄壤。总体而言，红壤占比最高，渗透系数为 0.5～1.5m/d [16]，即一天下渗 0.5～1.5m，属于中等下渗速度。但杭州钱塘江以北的六区，尤其是北拓所及地区，其土壤以水稻土为主。水稻土渗透系数为 0.05～0.5m/d[16]，即一天下渗 0.05～0.5m，属慢到较慢下渗速度，亦是杭州八种主要土壤类型中渗透系数最低的。即便是绿地，土壤的低渗透性不利降雨就地下渗，易形成积水。

除了土壤渗透性差、地势低、雨量多、行洪落差小等综合环境条件，还有建设用地取代部分湖塘林田，带来的雨洪调蓄能力下降。如图 4 所示，先是自 1990 年代末，在西湖以北偏西，因土地开发成本较低，开启了大规模的

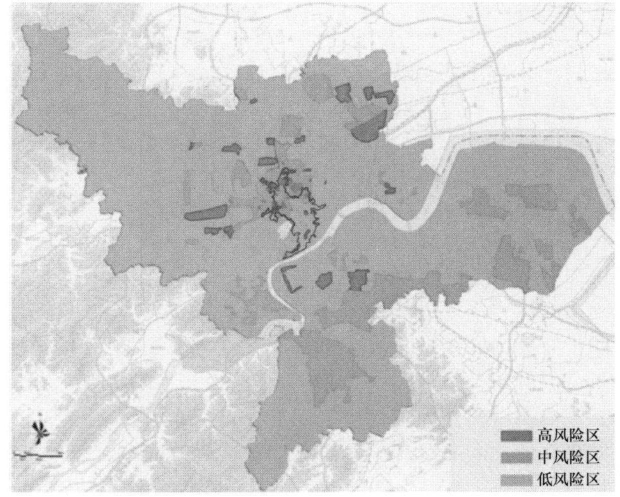

图 3　内涝风险评估图与 1980 年代城区范围叠加［图片来源：作者改绘，图中蓝色线框所示为 1980 年代钱塘江以北杭州老城区范围；内涝风险评估图来源于杭州市规划局阳光工程信息网，杭州市城市排水（雨水）防涝综合规划（2014）］

商品房建设，形成居住区。这里地面高程仅为 2～5.5m，曾经湖塘密布。土地开发后，水域面积减少 3/4，降低了蓄洪能力。近十年来，老城区以北运河两岸，随着运河申遗成功，残余田地和闲置地等开发为住宅、商业用地。同样，老城区以北偏东，滩涂平原上的田地和村庄也在转变为产业区、城市新区。目前，杭州城区北向推进，已触及老城区西北的河谷平原，东北的滩涂平原，并和这些小地理空间的中心，即同样处于城市发展中的建成区相连接。

老城区以北中间低两端高的排水不利、西部河谷平原雨量多的分布不利、土壤整体粘度高的下渗不利以及河塘水系随建设用地增加而减少的必然趋势，成为现阶段杭州海绵城市建设要应对的难点和重点。

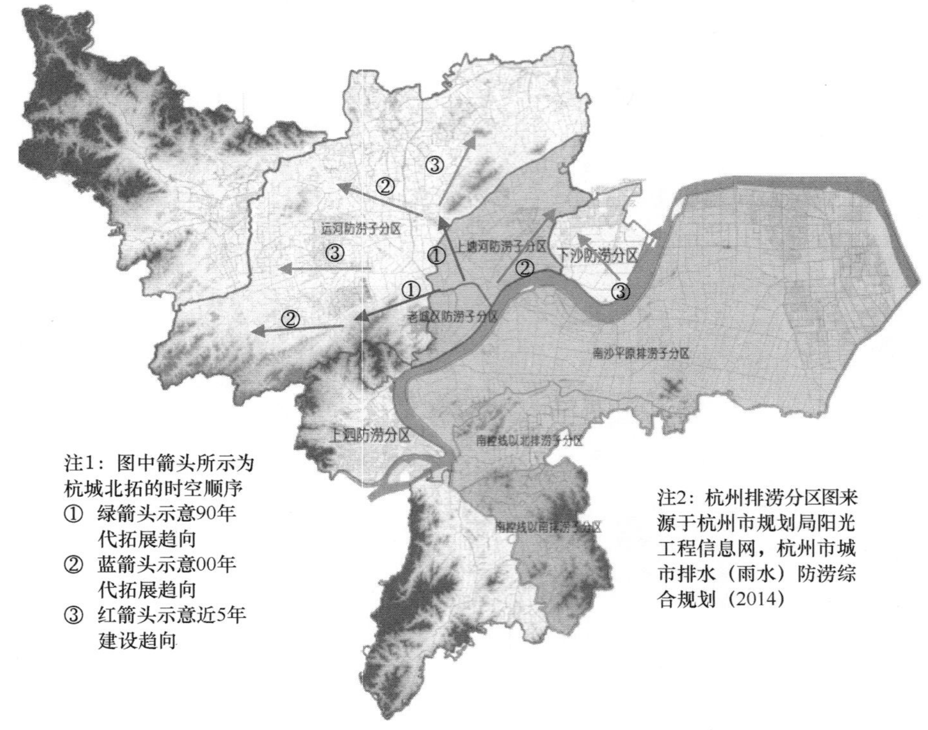

图 4 杭州排涝分区图和杭城北拓时空顺序叠加（图片来源：作者改绘）

3 杭州风景名胜及农耕景观形成的雨洪适应因素

杭州城郭的形成与变迁自古以来受制于其所处的山水格局。由于历代饱受水灾之苦，且在洪涝潮灾中以洪涝之灾为最[15]，古代至近代的杭州，其城郭格局、乡土聚落均体现出对雨洪、雨涝的适应性防范。前述的老城区地势最高即为一例。此类适应雨水的历史遗存还涉及杭州的风景名胜及农耕景观，为新兴城区的雨洪管理提供了思路。

杭州西湖风景名胜形成的雨洪适应因素，可追溯至唐代。自西湖与钱塘江水隔离成为泻湖，湖水即由其西南部山脉降雨后形成的山水下行补充。西湖水逐渐从盐卤之水才逐渐转为淡水。西湖淡水用于农业灌溉、生活用水，促进了西湖东岸聚居片的形成。唐代李泌开凿的六口大井引水自西湖，更促成了六井所在区域成为杭州历代繁华之地。由于周围群山下行之水夹带泥沙较多，西湖时常淤积萎缩。当连续降雨发生时，湖水常满溢形成洪水。因此西湖历代得以清淤和疏浚以维持其水域面积，从而满足杭州先民在东岸聚居的生产、生活之需。由此产生了杭州独特的城湖共生的文化景观。除了山水风景，西湖对雨水的蓄、净、用功能是其留存至今，成为风景名胜的另一重要原因。

有别于西湖对雨水的调蓄促成了杭州地势较高处的聚居片，以及老城区的形成；杭州以北地势较低处平原，在历史上则形成基塘圩田的农耕景观。由于杭州以西的天目山是暴雨中心，在台风暴雨时期，天目山下行山水顺苕溪而来，常导致苕溪暴涨。这里自古以来是防洪重地。在苕溪以西，自东汉时期（173 年），就在当时的余杭县以南开辟南湖；唐代又在县以北开辟北湖。均为滞蓄洪水。苕溪右岸还历代修筑防洪堤，形成西险大塘的历史遗存。台风暴雨期，曾经湖荡密布的西溪一带，就能对雨洪起存蓄作用。历代湖荡清淤和农业的结合形成了此地桑基鱼塘的特色景观，至今仍有遗存。

在地势更低的余杭平原，为应对洪水则发展出圩田的农业耕作方式。余杭平原以北的嘉兴、湖州等地平原，地势地貌相近，空间上相连，常称杭嘉湖地带。历代构筑的基塘圩田形成杭嘉湖平原极具江南水乡特色的农耕景观，在宋代达到巅峰。此外，在地势相对较高的老城区以北偏东，即钱塘江北岸下沙一带，历代对滩涂的围垦也形成了可观的圩区田地。

西湖转雨水为生活用水、西溪桑基鱼塘中生产与防洪的结合，对这些海绵功能的历代维护促成了西湖和西溪成为风景名胜。21 世纪初的西湖西进工程、西溪湿地整治工程，既是杭州名胜和风貌的保护与恢复，也是借山水风景构建海绵城市体系。杭州城区北拓所及的平原低地，其历代形成的圩田农业景观与坑塘地貌，不可避免地因城市发展而改变。在城区北拓的海绵体系构建中，如何将雨洪适应的历史景观要素融合入新兴城区的绿色雨水基础设施？

4 杭州城区北拓的雨洪适应蓝绿空间体系

较之于西湖周边，杭城北拓所及地理空间缺少可利用的大山大水以构筑较大尺度的海绵体。结合此地历史景观中的雨洪适应要素，即历代形成的具有防洪功能的农耕景观，形成蓝绿空间体系，是构建绿色雨水基础设施的重要手段。有别于西湖周边的山水名胜，这一蓝绿空间体系包含两个层面的开放性和尺度，三类景观形态。一是面状、开放的城市田园；二是点状、半开放的城市野境；三是将上述面状田园、点状野境与行洪水系相联通的开放的、线状绿色街道。

4.1 利用基塘圩田构筑城市雨洪风景田

前面论及杭州北部平原的基塘圩田农业景观，其成因包含着调蓄雨洪之需。为避免杭州城区北拓削弱对西面来洪的调蓄能力，在地势相对较高的北偏西平原处，尤其是东苕溪以西，应充分利用原有基塘圩田。目前，圩田的规模和完整性随着建设用地开发、经济作物取代水稻，已大大降低[17]。因此，在城区北拓的进程中，除了保护永久性基本农田，还需有意识保留残存的基塘圩田，将其作为城市绿地系统的组成部分。

为满足雨洪调蓄的要求，这类城市田园的作物应能适应水位高低变动，如高处种植棉麻油豆；低处则为桑基鱼塘[18]。此外，在北偏东地势较高的城市开发地带，即沿钱塘江下沙一带，土壤的盐碱性亦会赋予城市田园独特性，如潮圩处瓜田。由此还可形成东西两侧各具特色的雨洪调蓄风景田。

4.2 利用坑塘水体构筑融入建成环境的湿地野境

利用余杭平原多水池坑塘的地貌特点，在城市开发过程中可塑造中小规模的城市湿地野境。这类空间有别于西溪湿地的大尺度，其规模取决于保留的坑塘水体。它们较小的规模不仅有利于融入建成环境，也能构成绿色屋顶、渗水铺装、雨水花园等场地尺度的绿色基础设施的终端，是高度建成区的低影响开发雨水系统联系上一尺度城市雨水系统的交接处。

这类空间也有别于西湖沿岸的公园绿地，不着力于乔灌木的搭配、花镜草坪的精美；更注重较少的干扰、适当的面积、自我演替的生态性；并具有随水位变化的动态性。因此，这类空间更具野性，形式更为粗放、自然，适用于具有一定限制的半开放空间，如校园、产业园区；并不适用于所有的城市功能区块。据此，在城区北拓的用地规划中，应有意识地存留池塘水体，依据其位置和大小安排教育科研用地。

4.3 构筑东西绿色街道联通雨洪风景田与运河行洪水系

前面论及运河杭州段将高处来水由南向北排至杭嘉湖水网、太湖、黄浦江。因行洪方向地势平缓，故排水缓慢，无法通过自然排放及时排出暴雨期间超标雨水。而需借电排将超标雨水就近排至水位较高的钱塘江。为缓解运河行洪的水文不利，可构建东西走向的绿色街道联系中间低处的运河行洪水系与两端高处的雨洪风景田。

由于绿色街道的核心功能是雨水管理，即通过带豁口的道牙、沿路下沉绿地、渗水铺装及相关渗滤设施，将路面雨水暂存。这类街道可以延缓路面雨水排入市政管网，有助于错峰排放。运河杭州段持续增加的行洪压力来自两侧地势较高处的雨水径流。径流主要来自西侧运河水系的余杭塘河、沿山河、西塘河；其次来自东侧上塘河水系的上塘河、备塘河。顺应地势走向，构建东西向的绿色街道，尤其是以北偏西平原至运河段的绿色街道，不仅在雨水径流主要方向上延缓了排入市政管网的时间，还可连通城市中相对割裂的蓄洪田园、湿地野境，促进两者间相互调蓄。此外，绿色街道的构造特点适用于慢行交通。与雨洪风景田的连接，可鼓励城市慢生活，形成富有杭州特色的休闲文化。

上述三种形态类型、两种开放层次的绿色景观空间，即开放的城市蓄洪田园，半开放的城市雨水湿地野境，以及与两者相联、与行洪水系相交的东西向慢行绿色街道，共同构成了中尺度的结合雨水调控的蓝绿空间体系。这一蓝绿空间体系在山水风景之下、低影响开发雨水系统之上。三个尺度的空间协同构成杭州钱塘江以北，长三角南端的城市海绵体系。

5 结语

杭州城区北拓所经的地理空间从西至东，其独特的农耕景观是河谷、水网、滩涂三类平原的防洪与农业生产相结合的历史产物，孕育了散布其中的乡村聚落，构成长三角洲南端的城市发展基础。城市化进程中聚居的扩张，农产业的转型，正以前所未有的速度发生着，改变着历史上洪泛平原形成的雨洪适应机制。在这一趋势下，提取历史景观中的雨洪适应要素，将其与各尺度的城市雨水基础设施结合，是新兴建成区域构建海绵体系的重要方式，亦是乡土景观融入建成环境的方式。对上述空间类型如何结合的定性研究，应是水文模拟、景观格局等定量分析的前提。

虽然杭州钱塘江以北作为长三角洲南端具有一定代表性，但具体论证其雨洪适应的空间体系时，无法脱离其所处地理空间的水文环境特点、历史景观的形成。长三角洲的各个主要城市，或比邻太湖；或与江、海接壤；或有丘陵孤岗；或地势平坦、水网密集，自古以来从聚落到城市的发展所产生的雨洪适应途径亦各具特点。这意味着结合历史和乡土景观的海绵城市建设途径亦是避免城市景观匀质化的可能手段。

参考文献

[1] 国家统计局：中国城市化率历年统计数据.

[2] 国家发展改革委，住房城乡建设部. 长江三角洲城市群发展规划. 发改规划〔2016〕1176 号.

[3] 陈洪全. 论长江三角洲的北界. 浙江师范大学学报(自然科学版), 2004, 27(1): 76-79.

[4] 许有鹏等著. 长江三角洲地区城市化对流域水系与水文过程的影响. 科学出版社, 1990.

[5] 韩龙飞, 韩龙飞, 许有鹏, 等. 近50年长三角地区水系时空变化及其驱动机制. 地理学报, 2015, 70(5): 819-827.

[6] 王晓丽, 陈西庆, 张二凤, 等. 太湖流域洪涝灾害与洪水保险的基本问题研究. 华东师范大学学报(自然科学版), 2005(4): 43-50.

[7] 刘丽君, 王思思, 张质明, 等. 多尺度城市绿色雨水基础设施的规划实现途径探析. 风景园林, 2017, (1): 123-128.

[8] 胡楠, 李雄, 戈晓宇. 因水而变_从城市绿地系统视角谈对海绵城市体系的理性认知. 中国园林, 2015, 31(6): 21-25.

[9] 吴健生. 张朴华. 城市景观格局对城市内涝的影响研究——以深圳市为例. 地理学报, 2017, 72(3): 444-456.

[10] 殷学文, 俞孔坚, 李迪华. 城市绿地景观格局对雨洪调蓄功能的影响. 2014中国城市规划年会会议论文.

[11] 陈虹. 李家科. 李亚娇, 等. 暴雨洪水管理模型SWMM的研究及应用进展. 西北农林科技大学学报(自然科学版), 2015, 43(12): 225-234.

[12] 何福力, 李世豪, 胡彩虹, 等. SWMM在城市建设规划中的应用. 中国防汛抗旱, 2017, 27(3): 79-84.

[13] 高峰, 蔺欢欢. 海绵城市的建设与评估概念模型构建研究. 国际城市规划, 2017, 32(5): 26-32.

[14] 阙维民. 杭州城池暨西湖历史图说. 杭州. 浙江人民出版社, 2000.

[15] 《杭州市水利志》编纂委员会. 杭州市水利志. 北京. 中华书局出版社, 2009.

[16] 杭州市城乡建设委员会. 杭州市海绵城市建设低影响开发雨水系统技术导则(试行), 2016.

[17] 康瑛, 张健, 陈磊. 浙江平原河网区洪涝治理新思路. 水利发展研究, 2017, 17(2): 31-33, 41.

[18] 侯晓蕾, 郭巍. 圩田景观研究——形态、功能及影响探讨. 风景园林, 2015, (6): 123-128.

作者简介

张云, 1970年生, 女, 浙江杭州人, 浙江大学园林研究所副教授。研究方向为水敏感城乡空间格局。

“绿色空间微更新”：探讨大栅栏社区微更新行动

——以茶儿胡同 12 号院为例

"Green Micro-Renewal": Taking No. 12 Chaer Hutong as an Example to Discuss the Micro

—Renewal Action of Dashilar

张文海

摘　要：以北京市政府关于老城导则体系的变化和调研走访大栅栏街区微更新项目为切入点，引出大栅栏更新计划在推进过程中发生的变化，以此展开论述，探究其表象背后的原因。指出，社区网络中共建与协商机制的缺失、对空间与业态超越的过度追求、对社区居民需求的缺乏关注，忽视了社区隐性存在的社会过程，在社区营造过程中无形增加了制造矛盾的“界面”。从历史向度梳理回顾微更新的概念和产生背景，以在茶儿胡同 12 号院开展的绿色空间微更新实践为例，对“绿色空间微更新”的介入方式、技术与方法展开讨论。最后，总结老城改造背景下“绿色空间微更新”的特点和理念意义，认为“绿色空间微更新”将成为大栅栏更新行动的有益补充，发挥积极作用。

关键词：风景园林；社区营造；微更新；设计介入

Abstract: Taking Beijing Municipal Government' s research on the change of the old city' s guideline system and the micro-renewal project of Dashilar block as the breakthrough point, this paper describes the change of Dashilar' s renewal plan in the process of promoting, and then discusses the reasons behind its appearance. Because of the lack of Co-construction and consultation mechanism in community network, the excessive pursuit of space and format transcendence, and the lack of attention on the needs of community residents, the micro-renewal project of Dashilar neglects the social process of the implicit existence of community and invisibly increases the "interface" of creating contradictions in the process of community construction. This paper reviews the concept and background of micro-renewal from a historical perspective. Taking the practice of micro-renewal in No. 12 Chaer Hutong as an example, the way, technology and method of "green micro—regeneration" are discussed. Finally, it summarizes the characteristics and ideological significance of "green micro—regeneration" under the background of old city reconstruction. It is believed that the concept of "green micro-renewal" will be a useful supplement to the action of the renewal project of Dashilar and play an active role.

Keyword: Landscape Architecture; Community Building; Micro-Regeneration; Design Intervention

1　背景

1.1　从“旧城”到“老城”

由中共北京市委、北京市人民政府于 2017 年 9 月 29 日发布并实施的《北京城市总体规划（2016 年—2030 年）》，不见多年提及的“旧城”，取而代之的是近段时间在各种重要文件中被中央决策层常常提及的“老城”[1]。提到“旧城”，人们往往联想到的是破败、残旧的景象，“老城”则不同。在汉语释义中，“老”跟“新”相对，指的是很久以前就存在的事物。同时，过去三十多年的推行的旧城改造使得古城风貌日渐消逝，给大众留下了不重视保护的观感。

因此，明确“老城”提法无疑是一种突破，这其中折射出的是领导层对于北京历史积淀看法的转变，更是哲学层面上对保护与发展辨证思考的光辉，特别是在《北京城市总体规划（2016 年—2030 年）》第四章指出，“做到在保护中发展，在发展中保护，让历史文化名城保护成果惠及更多民众。”

针对现存胡同，文中也提出更为明确的要求：“保护 1000 余条现存胡同及胡同名称。实施胡同微空间改善计划，提供更多可休憩、可交往、有文化内涵的公共空间，恢复具有老北京味的街巷胡同，发展街巷文化。”这无疑为大栅栏微更新行动提供了政策上的有力支持。

1.2　胡同空间更新与社区微更新

大栅栏，始于明永乐年间，距今已有六百年。起初是因为战乱，大量流民在前门之外临时聚居，后来历经漕运和娱乐业的兴盛，逐步演化成别具一格胡同街区，与老北京城内的街区相比，体现了强烈的自组织性和适应性；中华人民共和国成立以后，大栅栏历经改造和清洗，迁入了大量人群，私搭乱建现象严重，导致大杂院普遍出现[2]。20 世纪 90 年代以来，大栅栏街区日渐衰败，面临许多难题：人口密度高、风貌不断恶化、居住条件差、公共设施不完善。

随着经济社会的发展，大栅栏街区亟需改善，但选择怎样的更新方式，成为一个难题。前门大街的整体拆迁和开发，引起了广泛的争论。最后人们普遍认为，如果大栅栏采取相同的做法，是对不曾存在的景象进行虚伪地凭吊和消费，不仅建筑文脉被彻底丢弃，且依附于建筑之上形成的社区文化也将被彻底消解。而这时，西方国家已然进入了这样一种以谨慎、缓慢为特点，试图通过社区中的小型空间的局部微更新改造唤醒城市活力、提升空间品质的阶段，并持续进行了近 30 年的探索，取得了许多有益的效果[3]。

大栅栏的更新改造，确不单单是物质环境的更新，大量现存的胡同交错纵横组成了一个具有复杂社会生态关系的社区。社区微更新恰是针对此类建成空间提出的更新设计，其从问题出发，在微小空间通过少量投入，实现多方合作，获取多样回报，因此，具有小中见大的特点[4]。

鉴于此，大栅栏地区实施了不同于国内的大规模土地开发模式，以谨慎、渐进为特点的“大栅栏更新计划”，在合适的尺度层级下，通过一种类似“微创手术”的方式重构局部建成空间，保护以建筑、院落、街巷和居民为核心的社区网络关系，以期达到更新改造的目的。

本文选取大栅栏街区作为研究对象，通过实地调研走访和相关实践，对大栅栏街区开展的社区微更新展开讨论。文章通过七个部分展开：第 1 部分介绍了相关政策，总结了国内外研究背景；第 2 部分是引论，主要介绍了作者通过实地调研发现的“大栅栏更新计划”遇到的问题；第 3 部分，试图从社区营造和公共空间视角对研究的问题进行讨论；第 4 部分，在前文分析的基础上得出结论；第 5 部分，从风景园林专业视角对研究问题提出“绿色空间微更新”的应对策略；第 6 部分，以茶儿胡同 12 号院的微更新实践为例，介绍了在进行的“绿色空间微更新”实践；第 7 部分，对“绿色微更新”策略进行总结，展望了未来大栅栏的社区微更新。

2　引论：大栅栏更新计划遇到的问题

“大栅栏更新计划”的最终目标区别于临近的故宫博物院和前门大街，既不是旧有历史建筑的恢复，也不是推翻重来、拆旧建新，而是改善人的生活品质、营造优良的环境空间和构建和谐的社会空间。达到这样的目标，不能固步自封或迷信单一学科的力量，需要公共部门、设计方、社区居民等不同社会利益主体之间的相互博弈、相互对话、相互协作。但是，近年来出现的一些现象却与这样的初衷相背离。

通过实地走访大栅栏地区发现，社区微更新项目多以建筑更新为主，引入多元业态为辅。除了以改善居住条件为目的的微更新项目外，多数后期使用主要服务于外来人群，与大栅栏居民交集不多，社区居民参与和使用较少。这其中一部分更新项目定位“高端”，不能解决本社区居民当前需求。另一部分以重塑大栅栏居民文化自信为目的更新项目，缺乏居民的文化认同，遭到了社区居民“冷落”，在社区营造过程中无形中增加了制造矛盾的“界面”。

以茶儿胡同 8 号院的更新改造为例（图 1），将杂乱的院落空间改造成社区儿童图书馆，但后期使用过程中，由于院落内未腾退住户的认同度较低，大多数时候 8 号院大门紧闭，只有少数慕名而来的游客找到这里参观，这与起初加强社群之间的连接的想法背道而驰。

图 1　茶儿胡同 8 号院
（图片来源：网络）

3　讨论：不同视角下看大栅栏街区目前的问题

目前关于社区微更新的研究，更多的是从设计出发，继而探寻介入方式和更新方法，对于产生上述问题的原因缺乏更深入的探讨和解释，特别是有些社区微更新项目的后续使用“阵痛”和“复愈”困难。本文试图从两个视角来讨论大栅栏街区出现的问题。

3.1　基于社区营造视角

英国社会学家鲁斯·格拉斯（Ruth Glass）[5] 在 1964 年，率先使用了“绅士化”一词，她以位于大伦敦（Greater London）的伊斯灵顿地区[3] 为例，描述了低收入工人居住的社区被中产阶级涌入并取代的现象。“绅士化”的一大特征是置换（Displacement），这包括社会阶层和物质空间的置换。从这个意义上来说，“绅士化”对于任何层面的城市更新都不可避免。此后，“绅士化”一词在学术界被广泛认可和使用。发展至今，“绅士化”这一概念的内涵已更加复杂与宽泛，出现了“传统绅士化”（traditional gentrification）“旅游绅士化”（tourism gentrification）“超级绅士化”（super-gentrification）等不同绅士化现象[4]。

“传统绅士化”的特点在于参与者已不再单纯地是高收入阶层与低收入阶层两者，而是直接或间接加入了政府和公司企业等其他的角色，此外，翻修和更新后的建筑，并非只当住房使用，有可能被转化为商业或商住合一的用途，以此来看，在西城区政府的支持下，由北京大栅栏投资有限责任公司作为区域保护与复兴的实施主体的大栅栏地区无疑正处于“传统绅士化”过程中。

虽然“传统绅士化”能够促进社区物质环境的改善，但由于其迫使居民外迁、产生居住隔离等问题[6]，因此，一直是政治和城市规划中一个普遍而有争议的话题。同时，由于政府和公司企业的参与，社区营造受资本、权利运作的影响出现大幅超前于现实需求和冒险实验的倾向，忽略了居民需求和多方协作，造成“定位高端”等一系列问题。

3.2 基于公共空间视角

物质空间或社区文化都在演进过程中，不断发生变迁和再造，之前的怀旧情结或对老北京文化的浪漫想象让人们陷入道德陷阱而固步自封。现如今，传统建筑在定义公共空间上已经不具有唯一性，社区居民对公共空间需求正在变得多样。越来越多定义空间的技术物①（technology object）应该被纳入到大栅栏更新计划中。

过去，胡同里没有公园，现在由于社区居民对城市公共空间有了迫切需求，“留白增绿”和“拆违还绿”让微公园在大栅栏实现遍地开花。大栅栏地区微公园的出现，从深层意义上来说，是在具体时代背景下社会动力（social dynamics）在物质空间赋形的结果。

4 结论：产生上述问题的原因

本文通过上述讨论，总结有以下原因。首先，相关的多元主体没有形成有效的协商、共建机制与平台。管理者、设计者、多个业主和使用者组成的社区网络中，没有形成一种系统性的协同关系，期间一度推崇的精英主义，造成少数人（比如政府领导、设计师等）在更新过程中占据主导地位，使社区微更新项目容易受到专业壁垒的限制，同时也不免有宣扬个人主张之虞。

其次，受政府“趋利性”和资本投机性的影响，微更新项目追求一时的空间与业态的超越，一定程度上隔离了原有的社区居民，增加了社区矛盾。

最后，社区居民对公共空间日益增长的需求和当前公共空间不能满足居民要求之间的矛盾，是促使微公园建设和推广的主要社会动力。

总言之，这些问题均起于忽视社区中隐性存在的社会过程。

5 “绿色空间微更新”：基于风景园林专业提出应对

通过走访调研发现，虽然大栅栏社区闲置空间有限，但居民均在自家的门前窗边利用回收的旧物和废弃材料，自发地进行绿化，创造出多种绿化方式，并且为之乐此不疲。在西方国家，这样的自发绿化形式同样深受欢迎。以德国柏林社区微更新实践为例，基于“邻里管理”计划自下而上实现的社区菜园成为最受欢迎的更新模式（图2）。社区菜园在实践过程中总结起来有三类突出优势：首先，通过将闲置空间改造为菜园实现公共空间挖潜，吸引各年龄层人群共同参与，提升社区的空间活力，能促进创意活动的产生；其次，满足了社区居民对健康生活的诉求，增强了社区认同感和参与感，宣扬了绿色、生态的理念；最后，消解了城乡生活差异，让城市居民可以体验多样的生活。迄今为止，这样的社区菜园在德国已有几百处[4]。

图2 德国柏林社区菜园实践[11]

由此可见，基于风景园林专业知识，在大栅栏社区向居民提供具有广泛且具有参与性的绿化空间，可以成为加强社群联系、缓和矛盾、提升公共空间的有效方式，从而推进社区营造，唤醒社区活力。

6 以茶儿胡同12号院的绿色空间微更新实践为例

城市更新是从物质环境、社会、经济三方面对城市衰退地区的进行的复兴运动[7]。二战结束后，以西欧城市为例可以清晰地看到城市更新已经从城市尺度的重建转向局部、渐进式的改善，比以往更加注重社区尺度的微更新[8]，而中国在历经30年的大规模城市建设后，也逐渐转向城市局部空间的更新上，逐渐采用更微观、更灵活、更广泛的城市微更新模式[2]。

社区微更新，正是城市微更新其中的一种形式。

基于这样的背景，在“2019北京国际设计周”开幕之际，笔者作为参与者之一的茶儿胡同12号微更新项目对外开放。历经两个月的改造，整个团队让这个普通的四合院的院落空间成了环境宜人的微型花园，同时，未来将作为“胡同绿色空间微更新示范基地”，探索胡同院落和街道空间绿化更多的可能。

6.1 场地现状与分析

茶儿胡同12号院院落空间十分有限（图3），此外由于没有实现完全腾退，仍有一户居民常年居住。在实地调

① 技术物（Technology object）：来源于西蒙东（Gilbert Simondon）理论著述技术哲学的思考，即以一种系谱学（Genealogy）的方式探寻技术物在历史演进过程中的社会存在方式。

研和设计研讨过程中，我们认为形成有效的协商、共建机制与平台显得尤为重要。在设计之初，与管理者、居民等多方进行了细致沟通。最终选择以绿化为核心的设计介入措施也因其设施成本低、可拆卸，后期可以根据使用需求进行调整，不会带来无法弥补的损失。

图 3　院落空间现状
（图片来源：蒋鑫、徐昕昕、赵茜瑶、作者　摄）

6.2　介入性设计

在综合考虑以上现状后，提出充分利用院落的不同空间，以“绿色”为核心特色，受到居民自发绿化方式的启发，最终采用社区农业、家庭园艺、胡同花境、墙面挂绿、廊架悬绿等多种微更新技术与方法（图 4，图 5），对茶儿胡同 12 号院进行更新改造。首先，针对沿街立面的乱象，提出采用定制的攀援装置和种植池进行墙面绿化。这样既美化了街道空间，又在一定程度上整治了沿街立面。其次，采用“挂绿”、“悬绿”等节省空间的绿化方式，充分挖掘院落空间潜力并对其进行绿化，增设的绿化装置均可以自由悬挂和拆卸，后续使用可以根据需求自由调整。最后，将废弃的塑料筐或木筐改造成可以自由种植和组合的家庭农业装置，同时设计两处利用收集雨水进行浇灌的庭院花境，既为院落空间增添了生活气息，也提升了美学价值。

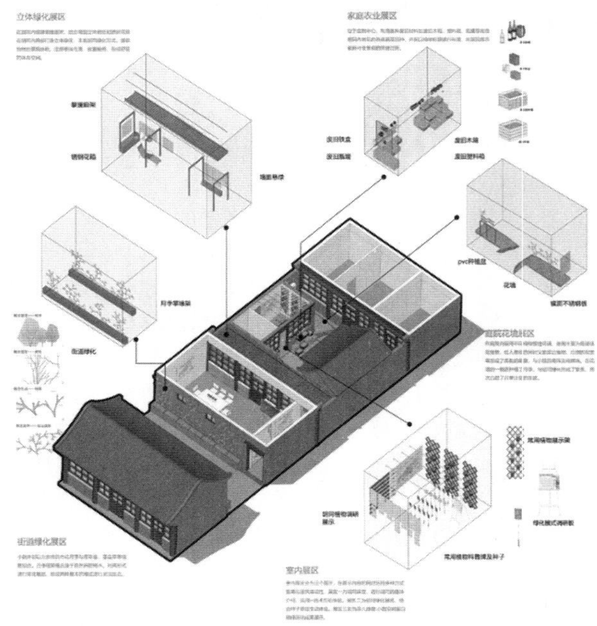

图 4　介入性设计措施展示
（图片来源：蒋鑫、徐昕昕、赵茜瑶、作者　绘）

图 5　介入性设计效果展示
（图片来源：蒋鑫、赵茜瑶、王资清、徐昕昕、作者　摄）

甫一开放，就吸引了大量社区居民及专家学者前来休闲、参观（图 6）。

活动结束后，部分植物材料分发到胡同居民手里，激发了居民参与胡同绿化的热情，一时间茶儿胡同“绿意盎然”。

图 6　更新后的茶儿胡同 12 号院
（图片来源：蒋鑫、赵茜瑶、王资清、徐昕昕、作者　摄）

7　总结与展望

从尺度向度进行系谱化梳理，我们可以发现风景园林师的研究主体包括生态网络、环城绿带、城市公园、口袋公园，研究范围趋向小尺度的空间，甚至是“城市家具”的尺度，因此风景园林专业在尺度层面上与大栅栏地区开展的社区微更新行动有了结合的可能。此外，居民对于景观绿化的热爱，和狭小空间进行绿化的可能性也让这种结合十分和谐。具体来说，在大栅栏片区的院落公共空间和街巷空间进行绿色微空间的更新具有以下几个意义：

（1）尊重主体性，认识社区居民

这些长期与居民在同处一环境下的绿色微空间，往往反映居民的价值观、品味和需求，甚至这些某一具体“景观”背后还有耐人寻味的故事。将关注目光聚焦于绿色微空间，可以更好地了解居民作为更新主体的需求和特点。

（2）发扬能动性，汲取“民间”智慧

学界普遍认为，受经济能力和产权的影响，居民呈弱势化倾向，自主更新能力不足。不过在实际调研中发现，自发性绿化更新等却如雨后春笋，体现了居民仍然具有极大能动性。绿色微空间更新恰恰可以极大激发这种能动性，从而为大栅栏片区的更新行动贡献“民间”智慧。

（3）保留多样性，培育邻里关系

绿色微空间承载着社区的在地文化，是保护文化多样性的重要载体。除此之外，绿色微空间可以激活社区公共空间的活力，从而为加强社区联系、凝聚社区力量提供建议。

“绿色空间微更新”即是基于实现这样的目的而提出的一种设计介入策略。“微更新”强调在局部微小的地方进行适当规模、工程量少、耗资少的更新改造，注重基层自主的新型社区发展，试图围绕居民形成社区自主更新机制。而“绿色”作为一个空间介入手段，具有低成本、可拆卸的特点，虽然是一种外在性行动，却不排斥社区内部的自主性，此外，其本身近乎“无创”，具有一定的社会复愈① 能力，通过共建、共享绿色空间，能够在一定程度上缓和社区矛盾，有益促进社区营造。以此可以预见，“绿色微更新”的理念将成为大栅栏更新行动的有益补充，发挥积极作用。

致谢

在此感谢张诗阳、李倞、吴丹子老师对于茶儿胡同 12 号更新实践的指导，感谢蒋鑫、赵茜瑶、徐昕昕、王凯伦、董雪莹、丁呼捷、贾绿媛、李逸伦、刘畅等实践团队辛勤工作与付出。

参考文献

[1]　李斌，孔祥鑫．从“旧城”到“老城”——一字之变折射首都发展理念之变[J]．决策探索(上半月)，2017(07)：73-74.

[2]　徐丰，戴安琪．大栅栏旧城演进之反思[J]．城市建筑，2015(28)：88-91.

[3]　侯晓蕾，郭巍．社区微更新：北京老城公共空间的设计介入途径探讨[J]．风景园林，2018(4).

[4]　单瑞琦．社区微更新视角下的公共空间挖潜——以德国柏林社区菜园的实施为例[J]．上海城市规划，2017(05)：77-82.

[5]　Glass R. Introduction：Aspects of Change [M]．In Centre for Urban Studies，London：Aspects of Change，Mac Gibbon and Kee，1964.

[6]　Rowland Atkinson，Gary Bridge (2005)．Gentrification in a Global Context．Routledge. p. 4. ISBN 978-0-415-32951-4.

[7]　黄幸，杨永春．中西方绅士化研究进展及其对我国城市规划的启示[J]．国际城市规划，2012，27(02)：54-60.

[8]　周详，窪田亚矢．国与家之间：论上海里弄街区日常生活空间的断裂与统一[J]．风景园林，2018，25(04)：34-40.

[9]　李德华．城市规划原理(第 3 版)[M]．中国建筑工业出版社，2001.

[10]　杜鹏．社区环境微更新中的自主治理[J]．时代建筑，2016(4)：62-67.

[11]　社区微更新视角下的公共空间挖潜——以德国柏林社区菜园的实施为例[J]．上海城市规划，2017(05)：77-82.

作者简介

张文海，1994 年 2 月，男，汉族，籍贯山东，在读硕士研究生，北京林业大学。研究方向为风景园林规划与设计。电子邮箱：zhangwh0211@outlook. com。

① 社会复愈（socially restorative）由英国谢菲尔德大学景观系教授施维茨（kevin Thwaites）提出。

“以人为本”理念的城市慢跑道选线策略研究

——以珠海市健康步道专项规划为例

Research on the Selection Strategy of Jogging Trail with "People First" Idea

—A Case in Zhuhai

曹　亮

摘　要： 随着人民生活水平的提高，市民开始追求健康生活，对运动更加重视，户外慢跑是一项具有良好健身效果的群众性体育活动，受到市民的热捧，但目前国内各城市慢行体系缺少慢跑道系统。对各类慢行道进行分析，并根据其主要性质进行重新分类，提出狭义绿道与广义绿道的概念。提出以“以人为本”为核心理念，运用问卷及大数据分析方法，掌握市民的需求，并基于需求提出城市慢跑道的选线方法。最后，对珠海市健康步道的规划及建设经验进行总结分析。

关键词： 慢跑道；绿色开放空间；选线

Abstract: With the development of people's living standard, citizens seek for healthy life and attach more importance to exercise. Jogging is a mass sport which is helpful to people' health which are popular by citizens. However, all the cities lack of jogging system now. The text analyzes various kind of jogging trail and classified it into different kinds according to its nature and propose the concept of narrow sense greenway and broad sense greenway. It not only proposes “people first” idea, but also puts forward methods of selecting jogging trail by means of big data analysis by which we can learn citizens' need. Finally, the text makes conclusion and analysis for the experience in planning and constructing zhuhai healthy trail.

Keyword: Jogging Trail; Green Open Space; Selecting Path

目前国家政府大力推进健康中国建设，2011 年，国务院颁布的《全民健身计划（2011-2015 年）》指出，开展户外运动、群众登山等全民健身活动，充分利用山水自然条件，建设健身步道、登山道等户外运动设施[1]。目前国内已有多个城市在公园绿地等公共空间开展慢跑道的建设，如北京的奥林匹克森林公园健身步道和上海的环世纪公园跑道。

1　概念辨析

城市慢行道包括以交通为主要功能的人行道和非机动车道及以休闲观光为主要功能的绿道。本文研究的是绿道，目前国内外学者认可的绿道概念是指沿着河滨、山脊、风景道路等自然和人工廊道建立，连接居住区和主要的公园、风景名胜区、历史古迹等景观资源，可供骑行和步行的线型绿色开敞空间，是广义概念[2]。

目前国内各省市都在展开绿道网的规划建设工作，但主要以自行车道为主要体现形式，散步、慢跑、休闲游憩等功能被弱化，是狭义概念的绿道。绿道的狭义概念是指以骑行为主要功能，连接居住区和景观资源的线型绿色开敞空间。

另外城市慢跑道、漫步道、徒步道在功能、交通方式、空间载体等方面均具有绿道的特性，属于广义绿道的范畴[3]。

绿道概念辨析表　　表 1

大类	细类	主要功能	交通方式	空间载体
广义绿道	狭义绿道	骑行观光	骑行	公园、风景名胜区、历史古迹等景观资源
	城市慢跑道	运动健身	跑步	综合型公园、城市滨水绿带
	漫步道	漫步休闲	漫步	贴近居住区的绿色开敞空间
	徒步道	郊野体验	户外徒步	郊野型的山体、围堤、塘基、村道

2　市民需求分析

为充分了解市民的需求，本次研究采用了网络问卷调查的方式，共收到有效问卷 96 份。本次研究的主要问题有：

（1）市民对慢跑环境的要求；

（2）市民的慢跑特征；

（3）市民对城市慢跑道配套设施的要求。

2.1　慢跑环境

国外有研究证明体育活动与环境有明显的关联[4]，

良好的自然环境能够促使人群想要进行体育活动，体育活动带来的积极心态和减压效果能进一步促进人群进行运动，形成良性的循环[5]。另外通过对喜爱的跑步场所设置多项选择进行问卷调查，结果显示公园绿地、滨海、江绿带选择比例明显高于城市道路、体育馆等选项。可以看出大众喜爱在公园绿地和滨海、滨江绿带等景观环境好绿色空间跑步。

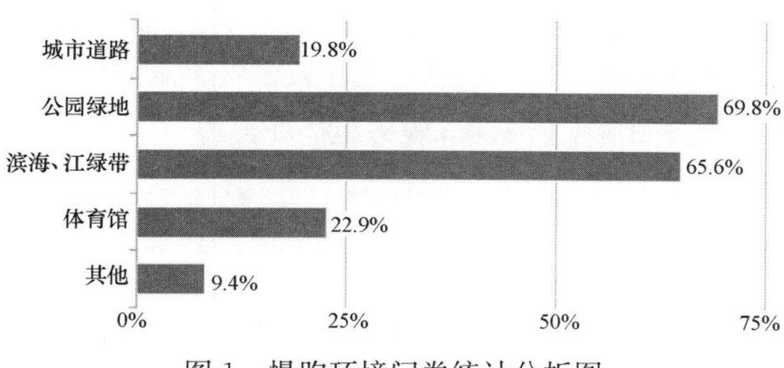

图 1　慢跑环境问卷统计分析图

2.2　慢跑特征

通过对市民每周跑步次数的问卷调查，结果显示每周跑步 1～7 次的比例达到 68.8%，表明慢跑活动受到大众的欢迎，且正在成为市民的日常运动方式之一。

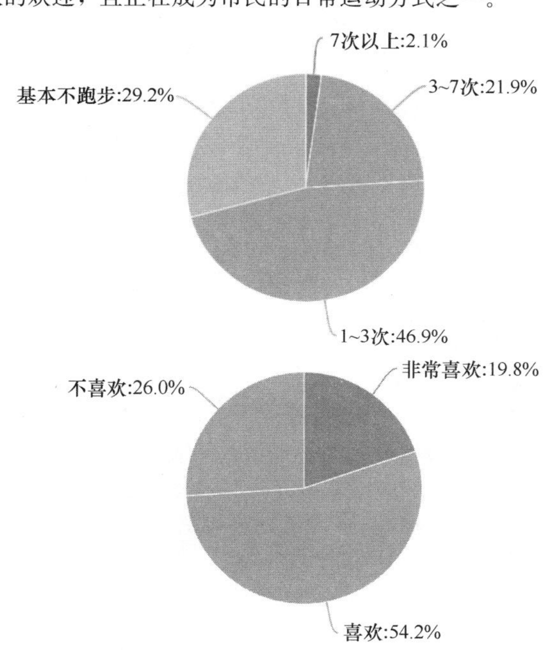

图 2　慢跑特征问卷统计分析图

通过市民对彩色跑、荧光跑等趣味主题活动喜好的问卷调查，结果显示 74%的市民喜欢此类活动，且有约 20%左右固定比例的爱好者，表明市民对城市慢跑道的需求并非单纯的运动健身。

2.3　配套设施

通过市民对城市慢跑道配套设施的要求设置多项选择进行问卷调查，结果显示休闲座椅、照明设施、卫生间的选择比例明显高于其他，可以看出市民对城市慢跑道的安全性、休闲性、人性化有要求。

通过市民对城市慢跑道材质的要求的问卷调查，结果显示 72.9%的市民喜欢在塑胶材质路面跑步，可以看出市民对城市慢跑道的舒适度有要求。

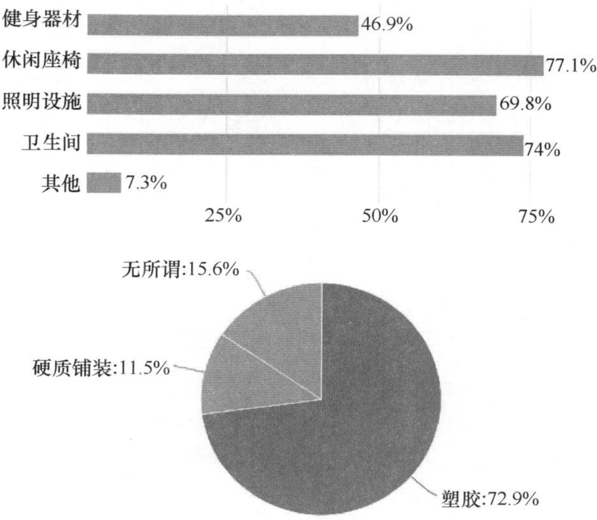

图 3　配套设施需求问卷统计分析图

2.4　跑步大数据分析

目前跑步爱好者喜爱使用 App 记录自己的跑步时间、距离、位置等信息，对这些信息进行筛选处理可以得到市民跑步的现状情况。

通过大数据统计分析显示，珠海市香洲城区跑步人群较多的区域为居住区周边和景观较好的滨水景观带。吉柠路、三台石路、健民路、旅游路周边用地主要为居住用地，居民在人行道进行跑步健身，特别是夜晚人数较多。情侣路和前山河为珠海市重要的景观廊道，为市民日常休闲之地，跑步人群也较多。

所以市民喜爱在生态环境好的绿地和居住小区周边跑步健身。

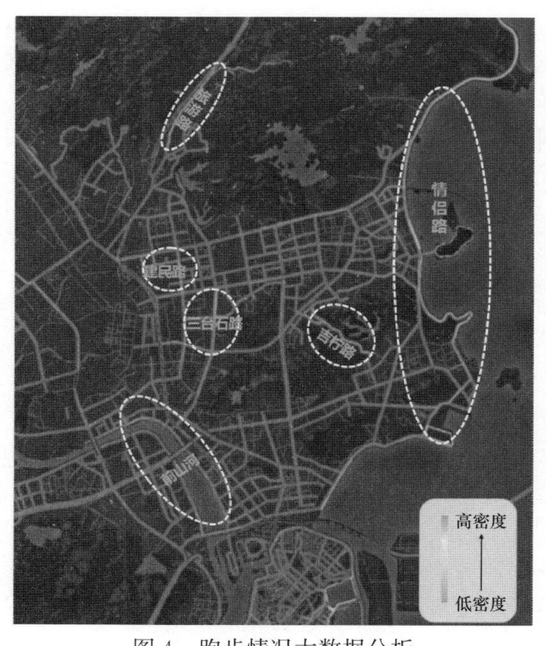

图 4　跑步情况大数据分析

3 城市慢跑道选线策略

3.1 依托载体——绿色开放空间

市民喜爱在景观环境好的地方跑步，所以城市慢跑道主要依托绿色开敞空间，另外跑步是日常健身活动，需要贴近居住区，满足便利性需求。山、水、田、园等都是优质的自然资源，其中山体地势复杂，坡度起伏较大，不适合建设慢跑道，农田远离居住区，跑步需求量少。所以，社区公园和城市建成区的滨水绿带是慢跑道建设的最主要空间载体。

3.2 打造3～5km连续无干扰慢跑线型空间

跑步健身要达到较好的效果，速度要保持在6～8km/h，并且连续跑步时间达到40min以上，所以慢跑道的长度要达到3～5km，并且是连续不间断的路径。根据慢跑道建设的不同空间载体，建设形式分为环形慢跑道和线形慢跑道。

环形慢跑道：公园绿地的形状多接近方形，适合建设环形慢跑道，另外环形跑道可以同方向多圈次使用，满足3～5km连续跑步条件。根据人流量、跑步舒适度和场地面积大小等因素，环形跑步道长度要大于200m[6]。

线形慢跑道：滨水绿带，一般宽度较窄（10～50m），长度较长，适合建设线形慢跑道，市民可以根据便利性，选择住址附近的一段3～5km的慢跑道进行跑步健身。

3.3 公园慢跑道500m服务半径全覆盖

慢跑是一项居民休闲时间的日常健身活动，慢跑道的规划选线要贴近居住区，满足便利性使用要求。社区公园是服务居住区为主的绿色公共空间，服务设施多样，包括休闲、体育运动、健身、儿童游乐等。所以公园慢跑道是服务周边居民为主要目的，要满足市民的基本跑步需求。

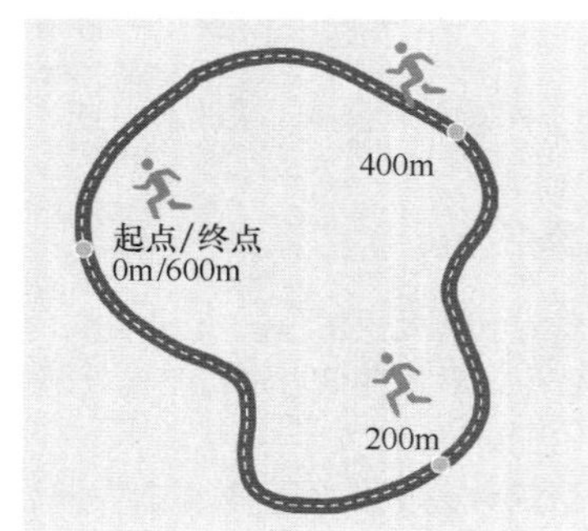

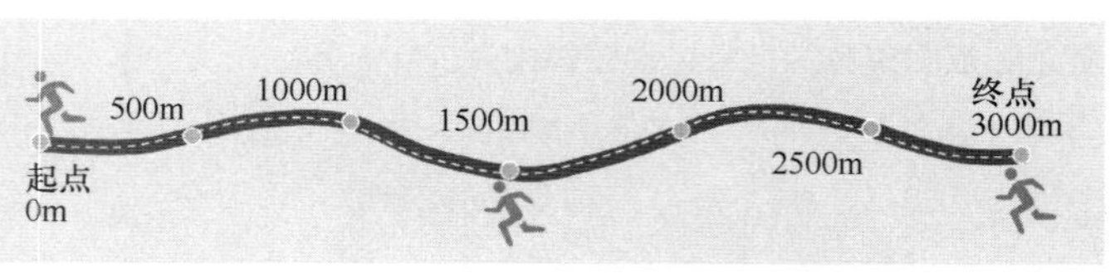

图5 跑步道形式图

按照《城市绿地分类标准》CJJ/T 85—2002的要求，社区公园的服务半径为0.3～0.5km，所以公园慢跑道规划选线实现服务500m半径全覆盖，满足便利性的要求。

3.4 突出特色，打造滨水主题慢跑道

滨水绿带周边的景观资源丰富，往往是一个城市的核心景观区域，景观建设程度较高，但仍然存在功能单一、设施老旧、参与性不强等问题。目前滨水绿带一般只有休闲观景的漫步道，缺少跑步健身的慢跑道，增加慢跑道的建设可以丰富其功能，满足周边居民跑步需求，增加绿地使用率。同时，滨水绿带是市民周末休闲的重要目的地，可以利用跑步道，策划荧光夜跑、彩色跑、家庭跑等跑步活动，增加景观参与性，打造滨水主题跑步道。

3.5 建设服务点，完善配套设施

3.5.1 服务点

服务点是承担着城市慢跑道主要的服务功能，规划建设要注意节约性和便利性。尽量结合公园服务性建筑、驿站、景点设置，对其进行升级改造，使空间集约利用，既满足使用需求，又避免重复性的建设。另外，主题型跑步道服务点的设施要与公交站点相结合，便于市民的使用。

3.5.2 配套设施

配套设施要尽量利用场地原有的设施，对其进行改造升级，满足市民使用要求。

通过问卷调研和访谈发现，跑步者对设施的要求更关注安全性和便利性，对照明设施、休憩设施、卫生设施的需求更强，设施的布局可参照《公园设计规范》GB 51192—2016，根据人流量、场地面积、使用者需求等实际情况，尽量使用国家标准的上限，甚至可以对国家标准进行提升。

4 选线策略在珠海市健康步道中的应用

依托珠海市的绿地空间进行规划选线，在公园绿地建设环形慢跑道，以满足市民的跑步需求为主要目的；在城市建成区的滨水绿地空间，建设长距离线型慢跑道，策划主题活动，满足市民的多样跑步需求。

4.1 公园环形跑步道

上位规划《美丽珠海——公园之城规划》，将珠海市公园分为城乡村居公园、都市特色公园、森林郊野公园和水网湿地公园。城乡村居公园为服务型公园，服务周边的社区居民，所以依托社区公园建设的环形慢跑道以满足

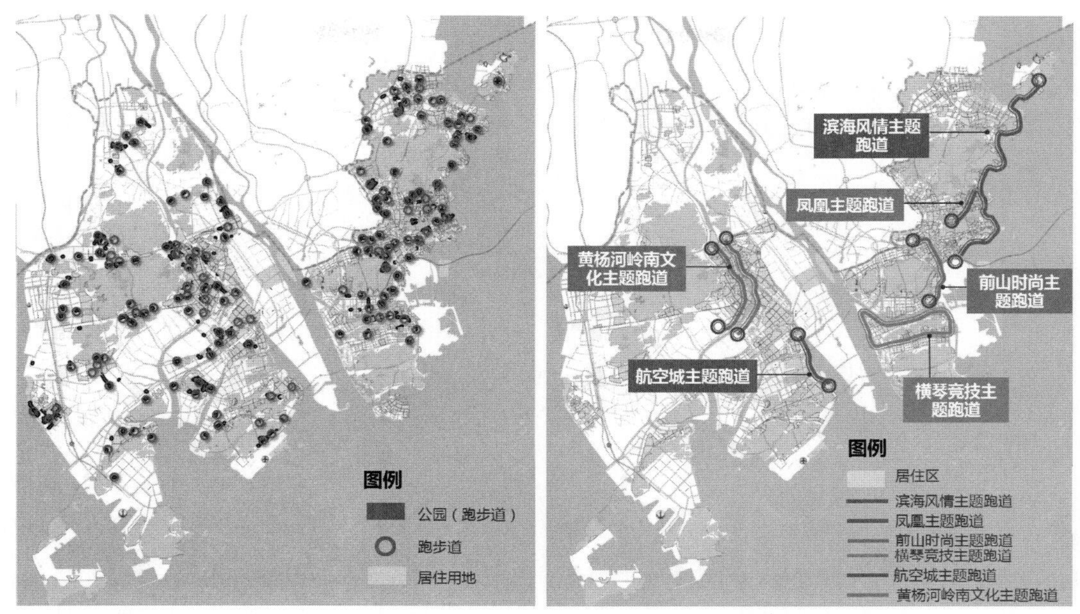

图 6　公园环形慢跑道（左）与主题线形慢跑道（右）规划布局图

居民基本需求为主，实现慢跑道 500m 服务半径全覆盖。

按照公园面积大小、人流量及其他具体场地情况，将环形跑步道分为两个等级，用地规模 1～5hm^2，建设 200～500m 环线；用地规模大于 5hm^2，建设 500～800m 环线；用地规模小于 1hm^2，不适合建设跑步道。

4.2　主题线形跑步道

根据场地条件、景观风貌及地域文化特色等因素，打造不同特色主题，形成 6 条主题慢跑道。滨海风情主题慢跑道，举办半程马拉松等活动，黄杨河岭南文化主题慢跑道，举办黄杨越野跑、彩色跑等活动；前山时尚主题慢跑道，举办荧光夜跑、彩色跑等活动；凤凰主题慢跑道，举办家庭跑、彩色跑等趣味活动；横琴竞技慢跑道，供各团体举办跑步竞技等竞技活动；航空城主题慢跑道，举办家庭跑、城市乐跑等活动。

图 7　龙山湖公园、大境山公园慢跑道照片

图 8　航空城机场东路主题跑步道照片

4.3 建设标准

跑步道建设遵循安全性和舒适性的原则，以塑胶材质为主。宽度分为两个等级，2～3m为两人并行或双向对行和3～4m为三人并行或双向对行。纵坡小于8%，且同一纵坡长度坡长小于100m。

4.3.1 服务点

规划布点与公园服务建筑、驿站、公交站点等结合，减少重复建设。公园每个设置一个服务点，滨水主题步道服务点间距为2～3km（跑步速度约10km/h），约为跑步者20min路程。服务点功能包括自行车停靠处、售货亭、休憩点、公共厕所、治安消防点、停车场、医疗点等。

4.3.2 配套设施

跑步道卫生间间距小于500m；垃圾桶间距为100～200m，使用分类式，材质以金属和塑料为主；灯具照度不应低于150，照度均匀度（最小值/平均值）为0.3；座椅按照人群容量的30%设置，材质以木质和石材为主。

5 结语

城市慢跑道在空间载体，交通方式等方面具有绿道的基本属性，属于广义概念的绿道。通过网络问卷和现状调研的方式，了解市民对城市慢跑道的需求，发现市民喜爱在景观环境优美的环境跑步；喜爱参与趣味性跑步活动；并且对慢跑道的材质和配套设施有一定要求。基于市民需求，提出以“以人为本”为理念，依托绿色开放空间，打造3-5km连续无干扰慢跑路径的策略。将城市慢跑道分为环形慢跑道和线形慢跑道，环形跑步道依托公园绿地贴近居住区，满足便利性要求；线形慢跑道依托滨水绿带打造主题活动，满足市民活动需求。最后介绍了该策略在珠海市健康步道建设的实践，展示了建成效果。

参考文献

[1] 全民健身计划(2011-2015年)[Z]. 2011-02-24.

[2] 秦小萍，魏民. 中国绿道与美国Greenway的比较研究[J]. 中国园林，2013-04-15.

[3] Ahern J. Greenways as a planning strategy[J]. Landscape and Urban Planning，1995(33)：131-155.

[4] Sharpe，P.，Granner，M.，Hutto，B.，etal. Association of environmental factors to meeting physical activity recommendations in two south Carolina crounties[J]. American Journal of Health Promotion，2004，18(3)：251-257.

[5] Calogiuri，G.，Chroni，S. The impact of the natural environment on the promotion of active living：An integrative systematic review[J]. Bmc Public Health，2014，14(1)：873-873.

[6] “十二五”公共体育设施建设指导手册(试行)[Z]. 2012-07-19.

作者简介

曹亮，男，1990年生，硕士，珠海市规划设计研究院。电子邮箱：467287682@qq.com。

成渝城市群重庆域内绿色基础设施网络空间格局分析及时空演变特征研究[①]

Study on Spatial Pattern Analysis and Time-Space Evolution Characteristics of Green Infrastructure Network in Chongqing Area of Chengdu-Chongqing urban agglomeration

谢于松　李春容　罗言云　王倩娜*　尹蓝静

摘　要： 生态网络空间规划是风景园林规划的核心内容，通过生态网络空间规划，能够保护和构建生态栖息地的网络结构。随着我国空间规划体系稳步推进，生态网络空间规划因相关部门事权不明晰、行政区划分等问题导致的生态网络保护开发缺乏统筹和衔接等问题逐渐得到改善，通过生态网络空间规划，保护和构建生态网络，形成稳定的生态安全格局是最为重要的任务。研究以成渝城市群重庆区域为例，将绿色基础设施(GI)概念引入生态网络空间协同规划研究中，基于形态学空间分析(MSPA)，运用 ENVI、ArcGIS、Guidos、Fragstats 等软件，准确识别并量化重庆区域范围内 2005、2010、2015、2018 年等 4 个时期的 GI 网络空间格局，分析并总结了 GI 网络的时空演变特征和规律。研究结果旨在为成渝城市群重庆域内的 GI 网络识别、空间格局分析、时空演变规律和生态空间规划等方面提供启示与参考。
关键词： 风景园林；绿色基础设施；形态学空间分析；时空变迁分析；成渝城市群

Abstract: Ecological network space planning is the core content of landscape architecture planning. Through ecological network space planning, it can protect and construct the network structure of ecological habitat. With the steady advancement of China's spatial planning system, the problem of lack of coordination and convergence of ecological network protection development due to unclear authorities' powers and administrative divisions has gradually improved. Protecting and constructing ecological networks through ecological network space planning and forming a stable ecological security pattern is the most important task. Taking the Chongqing area of the Chengdu-Chongqing urban agglomeration as study area, the concept of green infrastructure (GI) was introduced into the collaborative planning of ecological network space. Based on morphological spatial analysis (MSPA), software such as ENVI, ArcGIS, Guidos and Fragstats was used to accurately Identify and quantify the spatial pattern of GI networks in the four periods of 2005, 2010, 2015 and 2018 in Chongqing, and analyze and summarize the spatial and temporal evolution characteristics and laws of GI networks. The results of the study aim to provide inspiration and reference for GI network identification, spatial pattern analysis, temporal and spatial evolution and ecological spatial planning in the Chongqing area of the Chengdu-Chongqing urban agglomeration.
Keyword: Landscape Architecture; Green Infrastructure; Morphological Spatial Analysis; Time and Space Change Analysis; Chengdu-Chongqing Urban Agglomeration

1　研究背景

党的十九大以来，“美丽中国”概念的提出、生态文明建设被纳入党章、组建自然资源部等一系列举措凸显了党对于“建设生态文明、推进绿色发展”的重要战略决心。生态优先、绿色发展是建立空间规划体系的“初心”，也应成为制度设计的首要目标。国土空间规划是以自然资源的保护和综合利用为基本前提的规划思想体系，需协调将自然资源的保护和利用作为规划的基本任务[1]。生态网络空间规划作为国土空间规划的重要组成部分，需承担土地基础底图的管控利用功能，对各类用地，包括建设用地、耕地、林地、水体、草地、非建设用地等进行管控[2]。绿色基础设施（green infrastructure，GI）作为自然生命的支持系统，其核心理念在于将自然区域和其他开放空间组成相互连接的生态网络，是以一种与自然环境发展相一致的方式寻求土地保护与发展并重的模式[3,4]，与我国空间规划构建的导向具有一致性。

近年来，形态学空间分析（Morphological Spatial Pattern Analysis，MSPA）方法[5,6]被引入 GI 空间格局分析中。运用形态学空间格局分析法（MSPA），以几何形态学为理论基础，提取 GI 要素为“前景”，其他要素为“背景”，经二值图像栅格化处理后将“前景”划分为 7 种形态学格局分析要素（表 1）。目前已有学者通过 MSPA 方法对 GI 展开研究，通过 MSPA 方法准确提取研究区域 GI 网络要素，运用 GIS、RS 等相关软件，并结合景观格局指数、景观连通性指数、空间模型等，对城市景观网络格局和城市建设用地扩张、GI 网络发展进行分析、模拟与预测。如 Wickham 与 James 等[6]学者采用 MSPA 方法结合 GIS 技术对美国州域尺度上的地理信息进行数字化

① 基金项目：国家自然科学基金青年基金“成渝城市群绿色基础设施多尺度空间格局分析及空间规划方法研究”(编号 31500581)资助。

叠加和缓冲处理实施的相关研究；邱瑶[3]等运用MSPA提取深圳市城市GI网络要素，识别城市GI要素功能及等级，以景观功能为导向对GI网络进行分级，为城市GI提供理论依据和方法参考；于亚平等[7]利用MSPA方法识别南京市三个时期GI网络结构，并进行时空上的定量评价；杨志广等[8]基于MSPA提取广州市景观连通性较好的核心区作为生态源地，基于最小累积阻力模型构建广州生态廊道网络，提出生态网络优化对策。MSPA方法在GI网络空间识别、景观格局评价等，具有较好的科学性、延展性，以及可操作性。

基于以上背景，本文选取成渝城市群重庆区域范围为研究对象，通过对比研究区域范围内2005、2010、2015、2018年等4个时期土地利用类型图和GI景观类型图、结合各景观类型变化情况、景观格局指数等，对其空间格局及时空演变特征进行分析。研究结果可为研究区GI网络的规划与优化提供参考，为客观认识区域内GI网络格局提供资料。

MSPA不同景观类型及含义[5,6]　　表1

景观类型	生态学含义
核心区（core）	前景像元中较大的生境斑块，是多种生态过程的“源”，对生物多样性的保护具有重要意义
孤岛（islet）	孤立且彼此之间不相连的小斑块，其内部物质、能量交流和传递可能性比较小，相当于生态网络中的“生态跳岛”并在网络中起着媒介的作用
穿孔（perforation）	核心与内部非绿色景观斑块的过渡地带，可减少外界景观人为干扰带来的冲击，具有边缘效应
边缘（edge）	核心与外围非绿色景观斑块的过渡地带，可减少外界景观人为干扰带来的冲击，具有边缘效应

续表

景观类型	生态学含义
连接桥（bridge）	连接相邻不同核心的狭长区域，代表生态网络中斑块连接的廊道，对生物迁移、能量交流、景观连接具有重要的意义
环（loop）	连接同一核心的内部廊道，是核心斑块内部进行物种扩散和能量交流的通道
分支（branch）	只有一端与边缘、连接桥、环或穿孔相连的区域

2　研究区概述

成渝城市群是我国西部国家级城市群之一，地处西部长江上游地区，生态区位重要而特殊，是维护长江上游乃至我国生态安全的重要战略区域。成渝城市群范围内有我国大量的重要水源保护地和生态涵养区，依托长江、岷江、大渡河、沱江、涪江、嘉陵江、渠江、乌江、赤水河等水网，形成了城市群水域生态廊道，依托龙门山、龙泉山、华蓥山及盆地南北部边缘和川中等自然丘陵、山体，形成了城市群生态陆域隔离带[9]。本研究主要包括2个研究尺度：①成渝城市群重庆区域，包括重庆主城区、万州、黔江、涪陵等27个区（县）以及开县、云阳的部分地区；②重庆主城区：包括渝北区、江北区、沙坪坝区、九龙坡区、南岸区、大渡口区、北碚区、渝北区和巴南区，总面积约5 464km²，地处E106°14′～E106°53′、N29°19′～N29°67′[10]，人口总数占重庆市总人口数的19.55%，而地区生产总值占到全市的43.55%，是重庆市经济最活跃的地区。重庆市属亚热带季风湿润气候，空气湿润，降水丰沛；太阳辐射弱，日照时间短；气候资源和动植物资源丰富，自然生态环境良好。

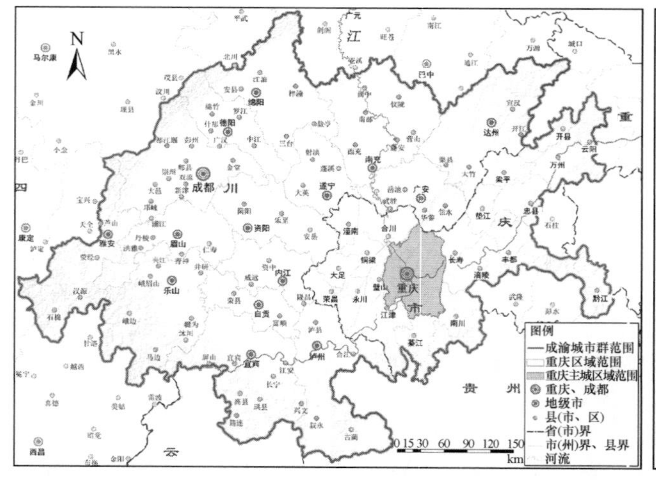

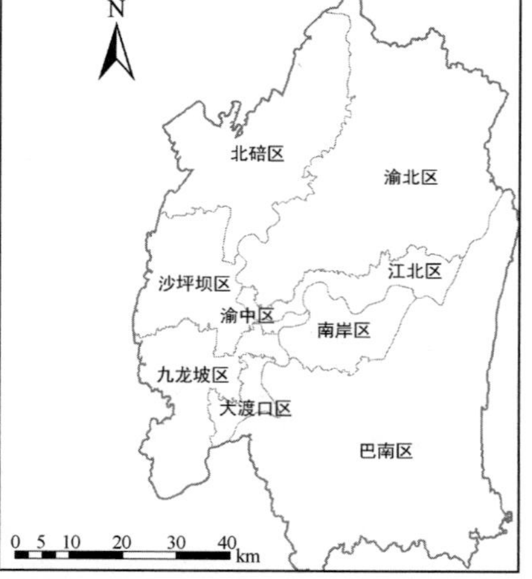

图1　研究区范围（图片来源：改绘自参考文献[10]）

3　研究方法

3.1　GI景观组成分析

本文所使用的主要数据有重庆市2005年、2010年、2015年、2018年土地利用数据[11]，将重庆市土地利用类型分为耕地，林地，草地，水域，建设用地以及未利用地。基于ArcGIS软件，结合成渝城市群重庆范围和重庆主城区范围Shapefile文件，进行掩膜提取，分别得到成渝城市群重庆范围和重庆主城区范围的土地利用数据，进一步对4个时期土地利用进行统计分析。

3.2 GI 形态学空间分析

基于土地利用类型图，提取出耕地、林地、草地、水体作为研究区的 GI 要素，并将其作为前景，其他用地类型作为背景。然后将数据转为 30m×30m 的 TIFF 格式二值栅格数据文件。最后基于 Guidos 软件，其中斑块按照：小型核心，$S \leqslant 4.5km^2$；中型核心，$4.5 < S \leqslant 90km^2$；大型核心，$S > 90km^2$ 进行划分[12]，采用八邻域和 30m 边缘宽度进行 MSPA 分析，最终得到研究区域基于 MSPA 的 GI 网络结构要素分布图、面积及其所占百分比数据，并进一步统计整理，归纳出 2005～2018 年景观类型的变化情况。

3.3 GI 景观格局指数选取与处理

景观指数能够高度浓缩景观格局信息，反映其结构组成和空间配置等方面的特征。因 GI 廊道较分散、连接距离变化较大等特点，对区域景观格局的研究更加着重对 GI 斑块变化特征研究，通过对 GI 斑块进行景观格局指数研究，能够直观说明城市 GI 景观格局[12]。首先，运用 ArcGIS 重分类 MSPA 分析得到的景观类型图，将核心及其内穿孔和边缘、孤岛等块状景观类型归为斑块，将连接桥、环、分支等线状景观类型及非 GI 类型归为背景。其次，将得到的结果导入 Fragstats 软件，计算斑块数量（NP）、边缘密度（ED）、蔓延度指标（CONTAG）等景观格局指数。

4 结果与对比分析

4.1 GI 形态学空间分析

通过 MSPA 分析得到的成渝城市群重庆范围 4 个时期的 GI 网络结构要素分布图（图 2）发现：成渝城市群重庆区域尺度下整体生态网络空间格局变化不明显，4 个时期的核心区面积均维持在 90%以上，区域 GI 网络格局完整且

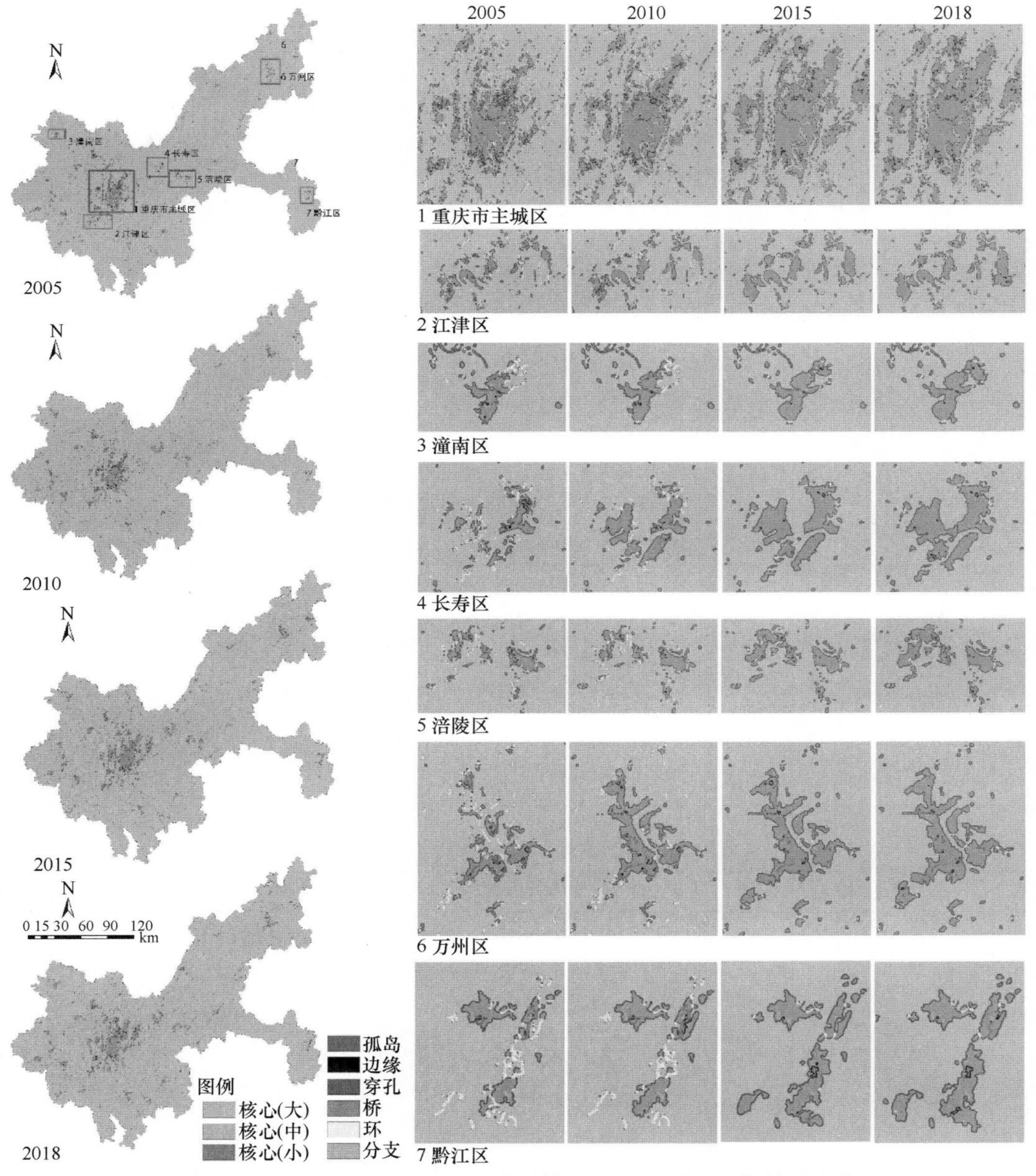

图 2 2005、2010、2015、2018 年研究区 MSPA 类型空间格局变化

现状较为优越。经对比发现，重庆市主城区、江津区、潼南区等GI变化较为明显，结果表现为城市的建设用地扩张在这4个时期呈现出由城市的中心区域向GI延伸，城市均处于建设用地逐步扩张，城镇化发展的上升阶段，城市的GI网络优越性高；而重庆市主城区的建设用地扩张速度较为明显，GI网络的破碎化程度较高。因此，对重庆主城区的景观组成变化、景观格局展开研究具有更高的优先级。

重庆市主城区MSPA景观类型统计数据（表2）显示：重庆主城区GI比重呈下降趋势，在2010～2015年从89.13%下降到83.72%，2015～2018年下降幅度减小到1.5%以内；重庆主城区的景观类型主要为核心，核心区的面积与GI整体变化保持一致，其中孤岛、边缘、分支均呈现先减小后增大的变化趋势，表现为城市破碎化程度开始加深，穿孔在2005年的204.08km²增加到2015年243.88km²，之后在2015～2018年面积有所减小，环和桥从2005年的136.08km²一直下降到2018年的16.11km²，表现为城市发展侵占GI内部，带状GI减少。

2005～2018年重庆主城区MSPA景观类型变化情况统计表 **表2**

年份	核心		孤岛		边缘		穿孔		桥		环		分支		GI	
	面积（km²）	占比（%）	面积（km²）	占比（%）	面积（km²）	占比（%）	面积（km²）	占比（%）	面积（km²）	占比（%）	面积（km²）	占比（%）	面积（km²）	占比（%）	面积（km²）	占市域比（%）
2005	4440.09	89.21	4.00	0.08	88.18	7.07	204.08	2.35	78.26	0.34	136.80	0.42	25.89	0.53	4977.30	90.95
2010	4384.29	89.88	2.17	0.05	86.69	6.75	206.67	2.21	57.40	0.31	116.45	0.30	24.17	0.51	4877.84	89.13
2015	4171.32	91.01	3.67	0.08	99.26	5.61	243.88	2.37	16.43	0.12	16.49	0.12	30.70	0.69	4581.75	83.72
2018	4100.38	90.64	5.52	0.12	107.34	5.64	241.60	2.60	18.80	0.12	16.11	0.14	32.73	0.74	4522.49	82.64

4.2 GI景观组成分析

首先，对重庆市主城区土地利用类型（表3）进行统计，结果显示：重庆市主城区的土地利用类型主要以耕地和林地为主，2005年耕地与林地比达到最大值3.4：1，2010年耕地与林地比为最小值3：1，4个时期的耕地与林地比波动较为稳定。4个时期的草地与水域在总面积的比重上都保持着相对稳定，分别占到了总面积的1%和3%左右。4个时期研究区范围内的建设用地比重为8.86%～17.18%，且逐年增加。

其次，统计并研究土地利用变化（表4）情况发现，研究区内耕地和建设用地的变化最为突出，林地、草地、水域虽每年递减，但波动幅度较小。在耕地方面，2010～2015年的耕地变化最为剧烈，减少了286.06km²，在2015～2018年耕地减少的趋势有所减缓，每年减少16.13km²，综合统计发现2005～2018年耕地面积按每年24.35km²逐年减少。建设用地方面，虽区域范围内建设用地逐年增加，但2010～2015年建设用地增加量尤为突出，达到了295.60km²，而2015～2018年的增长幅度低于2005～2010年的增长幅度，重庆主城区在经历了2010～2015年大规模城市扩张后，减缓了城市建设用地向GI扩张的趋势。通过对数据归纳分析，重庆主城区的景观组成特征可归纳为：研究区域内耕地与林地面积比重最大，城市建设的快速发展时期在2010～2015年，大量的耕地转化为了建设用地。

重庆市主城区土地利用类型统计表 **表3**

年份		耕地	林地	草地	水域	建设用地	未利用地	总面积
2005	面积（km²）	3689.46	1074.51	55.37	157.68	484.01	2.83	5463.86
	占比%	67.52	19.67	1.01	2.89	8.86	0.05	100
2010	面积（km²）	3585.58	1080.05	51.74	160.29	583.34	2.87	5463.87
	占比%	65.62	19.77	0.95	2.93	10.68	0.05	100
2015	面积（km²）	3299.52	1070.95	51.24	160.07	878.94	3.15	5463.86
	占比%	60.39	19.60	0.94	2.93	16.09	0.06	100
2018	面积（km²）	3251.14	1066.41	54.76	150.48	938.56	2.82	5464.18
	占比%	59.50	19.52	1.00	2.75	17.18	0.05	100

重庆市主城区土地利用类型变化情况统计表 **表4**

年份区段		耕地	林地	草地	水域	建设用地	未利用地
2005～2010	面积（km²）	−103.88	5.54	−3.63	2.61	99.33	0.04
	年均值（年/ km²）	−20.78	1.11	−0.73	0.52	19.87	0.01
2010～2015	面积（km²）	−286.06	−9.10	−0.49	−0.22	295.60	0.28
	年均值（年/ km²）	−57.21	−1.82	−0.10	−0.04	59.12	0.06
2015～2018	面积（km²）	−48.38	−4.53	3.52	−9.58	59.63	−0.33
	年均值（年/km²）	−16.13	−1.51	1.17	−3.19	19.88	−0.11
年均值	年均值（年/km²）	−24.35	−0.45	−0.03	−0.40	25.25	0.00

4.3 GI景观格局分析

经 Fragstats 软件计算景观格局指数，进一步结合景观格局指数的生态含义对指标进行筛选，最终按不同指标类型选取了斑块数量（NP）、最大斑块占景观面积比例（LPI）、总边缘长度（TE）等 9 个指标（表 5）对重庆主城区景观格局进行分析。

重庆市主城区 2005～2018 年景观指数结果（表 6）显示：研究区的 NP、PD、TE、ED 和 LSI 指数，在 2005～2015 年呈现下降趋势，特别是 TE 指数，在 2005～2010 年下降幅度远大于 2010～2015 年 TE 指数变化，NP、PD、ED 指数均呈现 2005～2010 年的下降幅度低于 2010～2015 年，在 2015～2018 年，NP、PD、TE、ED 和 LSI 指数都有相应的增幅；CONTAG 指数在 2005 年 46.93%增加到 2015 年 47.37%，AI 指数由 2005 年 99.10%上升到 99.34%，而 2015～2018 年 CONTAG、AI 指数均呈下降趋势。以上指数整体表明城市的 GI 网络在 2005～2018 年呈现出缓慢破碎化到快速破碎化以及破碎化得到改善的城市发展 3 个阶段，内部斑块也呈现出由离散程度加大到开始慢慢聚积的过程，景观的连续性在 2015～2018 年得到一定的改善。面积指标方面：LPI 指数由 2015 年 56.25%一直下降到 2018 年的 52.47%，城市的核心斑块面积正在被人类活动侵蚀。多样性指标方面，2005、2010、2015、2018 年 SHDI 指数变化不明显，城市的景观异质性较稳定。

景观格局指数生态含义[13-14] 表 5

指标类型	景观指数	生态学含义
密度大小及差异	斑块数量（NP）	反映景观的空间格局，与景观的破碎度呈正相关
	斑块密度（PD）	指景观中包括全部异质景观要素斑块的单位面积斑块数
面积指标	最大斑块占景观面积比例（LPI）	某一斑块类型中的最大斑块占整个景观面积的比例；反映人类活动的方向和强弱
边缘指标	总边缘长度（TE）	反映景观斑块内斑块的总边缘长度
	边缘密度（ED）	景观范围内单位面积上异质景观要素斑块间的边缘长度
形状指标	景观形状指数（LSI）	是斑块聚散程度的度量，LSI 越大，斑块越离散
聚散性指标	蔓延度（CONTAG）	是景观里不同拼块类型的团聚程度或延展趋势。CONTAG 值越高景观连续性越好，反之景观破碎化程度越高
	聚集度（AI）	基于同类型斑块像元间公共边界长度来计算。当某类型中所有像元间不存在公共边界时，该类型的聚合程度最低
多样性指标	香农多样性指数（SHDI）	反映景观异质性，土地利用越丰富，破碎化程度越高，其不定性的信息含量也越大，值越高

重庆市主城区 2005～2018 年景观格局指数统计表 表 6

年份	NP（n）	PD（n/100ha）	LPI（%）	TE（km）	ED（m/ha）	LSI	CONTAG（%）	SHDI	AI（%）
2005	1115.00	0.13	56.25	5086.62	6.11	14.96	46.93	0.68	99.10
2010	924.00	0.11	55.70	4613.70	5.54	13.66	47.09	0.69	99.18
2015	595.00	0.07	53.70	3711.12	4.46	11.19	47.37	0.69	99.34
2018	828.00	0.10	52.47	3873.48	4.65	11.64	47.18	0.69	99.31

5 结论与讨论

基于 MSPA 可快速有效地识别出 GI 网络结构要素，通过借助其他工具分析比较得出不同年份 GI 变化特征，从而得知 GI 在景观组成、景观格局方面的变化趋势，并在此基础上识别出最近年份的 GI 要素重要性特征。研究结果显示：成渝城市群重庆范围内整体 GI 网络结构完整且优越，具有较大的发展与开发潜力，建设用地的扩张主要体现在各区县核心区，呈现出由核心区向周围 GI 扩散的情况；而重庆市主城区在 4 个时期的变化最为显著，土地利用类型主要以耕地与林地为主，2005～2018 年景观组成变化主要集中表现为耕地面积逐年转化为建设用地，这一转化趋势在 2010～2015 年时间段内达到了最大值，之后转化速率减缓。重庆主城区的景观格局呈现出缓慢破碎化到快速破碎化以及破碎化得到改善三个变化时期，城市的景观异质性较稳定，但城市对核心大斑块的侵蚀仍在继续。因此对重庆主城区的生态网络空间规划应围绕明确基本农田的划分，保障城市生态网络连续性、合理开发生态网络资源等问题。

在成渝城市群政策和空间规划体系的大背景下，需平衡 GI 网络保护与城镇化开发的关系。保证生态网络格局的完整性，应是成渝城市群区域范围协同规划及各级尺度空间规划的要点。基于 MSPA 方法对城市 GI 网络的研究，能够清晰、准确地反映城市的土地利用变化规律，异质性，破碎化程度以及城市的发展趋势，为准确、客观认识城市GI网络格局和为城市空间规划管控发展提供参考。将GI理论引入到生态网络空间规划体系中，能够在清晰认识土地利用变化和景观格局情况的基础上，使得城镇化的建设与生态环境有效协调、稳步推进。

参考文献

[1] 李建伟. 国土空间规划的风景园林学思考[N]. 中国自然资源报，2019-03-21(007).

[2] 赵凤葳，地理国情监测云平台全国土地利用数据产品[EB/OL]. [2018-5-30] http：//www. dsac. cn/DataProduct/Detail/200804.

[3] 邱瑶，常青，王静. 基于MSPA的城市绿色基础设施网络规划——以深圳市为例[J]. 中国园林，2013，29(5)：104-108.

[4] 周艳妮，尹海伟. 国外绿色基础设施规划的理论与实践[J]. 城市发展研究，2010，17(8)：87-93.

[5] Soille P，Vogt P. Morphological segmentation of binary patterns[J]. Pattern Recognition Letters，2009，30(4)：456-459.

[6] Wickham J D，Riitters K H，Wade T G，et al. A national assessment of green infrastructure and change for the conterminous United States using morphological image processing [J]. Landscape & Urban Planning，2010，94(3-4)：186-195.

[7] 于亚平，尹海伟，孔繁花，等. 基于MSPA的南京市绿色基础设施网络格局时空变化分析[J]. 生态学杂志，2016，35(6)：1608-1616.

[8] 杨志广，蒋志云，郭程轩，等. 基于形态空间格局分析和最小累积阻力模型的广州市生态网络构建[J]. 应用生态学报，2018，29(10)：3367-3376.

[9] 中华人民共和国国家发展和改革委员会. 成渝城市群发展规划 [EB/OL]. [2019-01-22] http：//www. ndrc. gov. cn/zcfb/zcfbtz/201605/t20160504 _ 800779. html.

[10] 重庆市统计局，国家统计局重庆调查总队. 重庆市统计年鉴[M]. 北京：中国统计出版社，2017.

[11] 资源环境数据云平台：四川省土地利用遥感监测数据[EB/OL]. [2019-01-25]. http：//www. resdc. cn/.

[12] 吴银鹏，王倩娜，罗言云. 基于MSPA的成都市绿色基础设施网络结构特征研究[J]. 西北林学院学报，2017，32(4)：260-265.

[13] 周亚东，周兆德. 基于GIS与Fragstats的海南岛森林景观格局研究[J]. 中南林业科技大学学报，2015，35(05)：78-83.

[14] 宋先先，王得祥，赵鹏祥，等. 天华山自然保护区景观格局现状及分析[J]. 西北林学院学报，2011，26(04)：75-79.

作者简介

谢于松，1993年生，男，汉族，重庆北碚人，四川大学建筑与环境学院风景园林专业在读硕士研究生。研究方向为绿色基础设施、基于GIS的景观分析。电子邮箱：song199310@qq. com。

李春容，1996年生，女，汉族，重庆忠县人，四川大学建筑与环境学院风景园林专业在读研究生。研究方向为风景园林规划与设计。

罗言云，1969年生，男，汉族，四川大竹人，四川大学建筑与环境学院副教授、研究生导师。研究方向为风景园林规划与设计。

王倩娜，1986年生，女，汉族，重庆北碚人，四川大学建筑与环境学院副研究员、风景园林教研室主任。研究方向为绿色基础设施、新能源景观、基于GIS的景观分析。电子邮箱：qnwang@scu. edu. cn。

尹蓝静，1994年生，女，汉族，四川南充人，四川大学建筑与环境学院风景园林学专业在读硕士研究生。研究方向为绿色基础设施、基于GIS的景观分析。

城市公园对居民心理健康效应影响机制研究

——以北京市朝阳区城市公园为例

Study on the Impact Mechanism of Urban Parks on Residents' Mental Health Effect

—Taking the Urban Parks in Chaoyang District of Beijing as An Example

房伯南　王淑芬　王晨羽

摘　要：城市公园与居民公共健康密切相关，随着现代化进程加快，居民心理疾病问题日益突出，明确城市公园对心理健康效益的影响机制，对建设高品质的公园环境具有现实意义。本文通过宏观布局层面和微观设计层面对北京市朝阳区城市公园对心理健康效应影响机制进行了研究，得出了综合影响机制，并提出布局和设计建议。

关键词：城市公园；心理健康；朝阳区；公共健康；影响机制

Abstract: Urban parks are closely related to the public health of residents. With the acceleration of the modernization process, the problem of residents' mental illness has become an increasingly prominent problem. Therefore, it is of practical significance to clarify elucidate the impact mechanism of urban parks on mental health benefits. This paper studied the impact mechanism of urban parks in Chaoyang District of Beijing on the mental health effects through the levels of macro layout and micro design layers, and drawed a comprehensive impact mechanism, and proposed layout and design suggestions.

Keywords: Urban Parks; Mental Health; Chaoyang District; Public Health; Impact Mechanism

1　研究背景

城市公园作为居民亲近自然、进行体力活动和社会交往的重要场所，对于居民健康具有积极作用。国内外在公园绿地与人群健康方面的研究，证实了公园在改善人群健康方面作用与价值，主要体现在生理健康、心理健康和社会健康三个方面[1]。随着城市化进程加快，快节奏的城市生活和高密度、高异质性城市景观容易诱发广泛性焦虑、心理障碍和精神障碍等各种心理疾病[2]。居民心理疾病问题日益突出，明确城市公园对心理健康效益的影响机制，对建设高品质的公园环境具有现实意义。

2　研究方法

本研究通过对心理精神疾病患病情况和城市公园布局情况的分析，得出宏观布局层面城市公园对心理疾病的影响机制；同时，以朝阳区典型城市公园——朝阳公园和红领巾公园为例，实地调研并发放问卷，探寻公园环境要素、心理感知要素、行为特征要素和心理健康效应要素之间的关系，得出微观设计层面城市公园对心理健康效应影响机制（图 1）。最后，得出城市公园对居民心理健康效应的综合影响机制，并基于提升心理健康水平提出城市公园布局和设计建议。

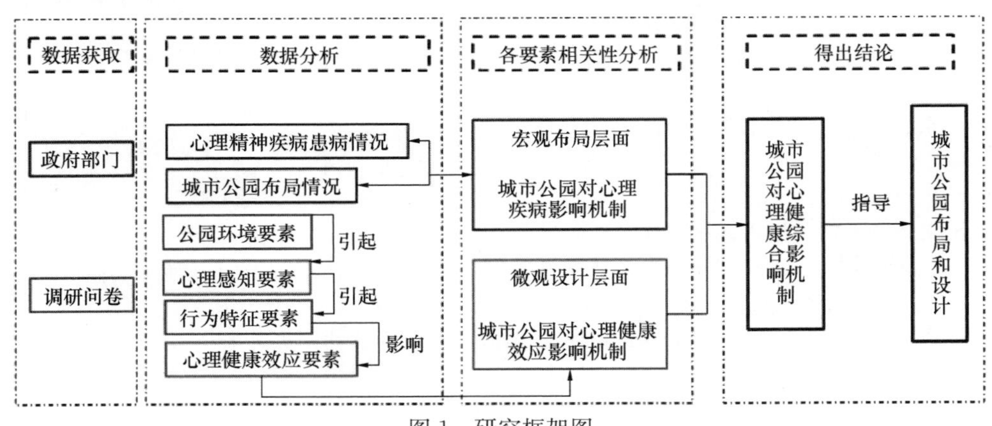

图 1　研究框架图

3 研究要素的获取与特征分析

本研究数据来源分为两个部分，客观数据来源于朝阳区政府网站公开数据（城市公园分布及规模）和朝阳区卫计委非公开数据（心理精神疾病患者数据，本研究已对源数据做转换处理）。主观数据通过向公园使用者发放调研问卷获得（每个公园 105 份问卷，共计 210 份，有效问卷 203 份，选取 200 份有效问卷进行分析），以获取居民对公园环境要素、心理感知要素、心理健康效应的评分情况以及居民的行为特征。

3.1 客观数据获取和分析

3.1.1 朝阳区心理精神疾病患者空间分布

通过对朝阳区各街乡心理精神疾病患病情况（截至 2019 年 5 月，在册患者统计数据）进行对比分析（图 2），酒仙桥、呼家楼、孙河、常营等街乡的居民心理精神疾病患病情况较为严峻；东湖、望京、朝外、奥运村等街乡的居民患病情况轻微。

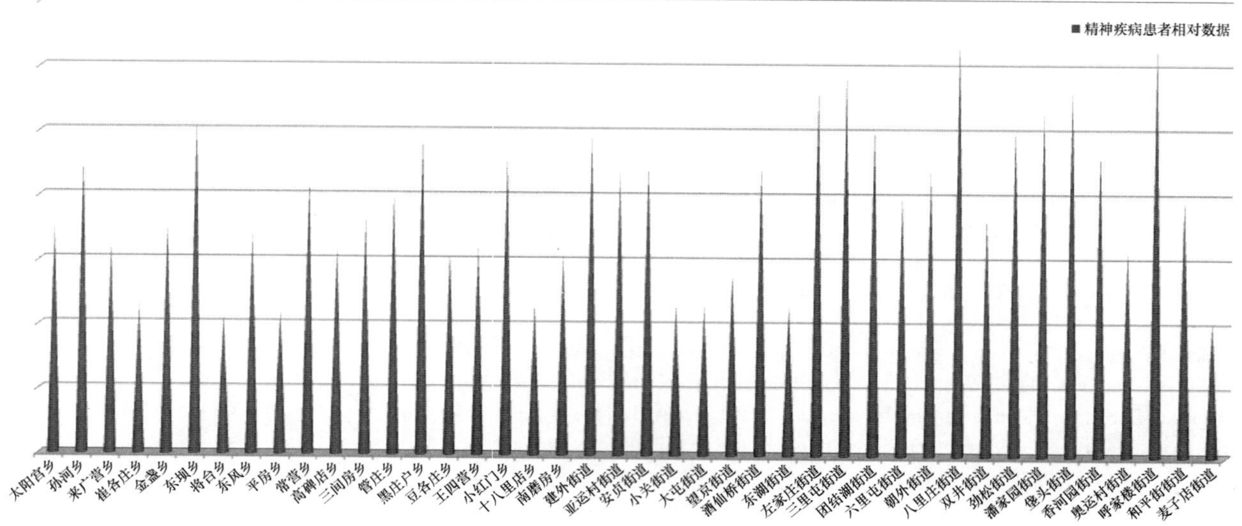

图 2 朝阳区各街乡心理精神疾病患病情况

（数据来源：朝阳区卫计委非公开数据，已做转换处理）

3.1.2 朝阳区城市公园空间布局情况

从控制污染的角度，公园的规模效应和合理布局有助于形成城市的通风廊道；从促进健康运动的角度来看，城市公园的合理布局能够提高可达性，从而鼓励人们使用这些空间进行锻炼活动[3]。因此，本研究从公园可达性和人均绿地面积两个指标来反映朝阳区城市公园布局和规模情况。

参考同类研究，将可达性分为四个不同的等级，一级到四级分别对应 0～5min、5～15min、15～30min、30～60min 四个不同的步行时间成本区间[4]，四个区域之外的地区为 0 级可达性。对朝阳区城市公园按上述四个等级的时间距离成本在 GIS 中进行缓冲区分析，得到图 3 所示的朝阳区城市公园可达性分布图，可达性较高的地区主要有将台、望京、朝外、三里屯等；可达性较低的主要有十八里店、黑庄户、管庄、常营、金盏、孙河、高碑店等。

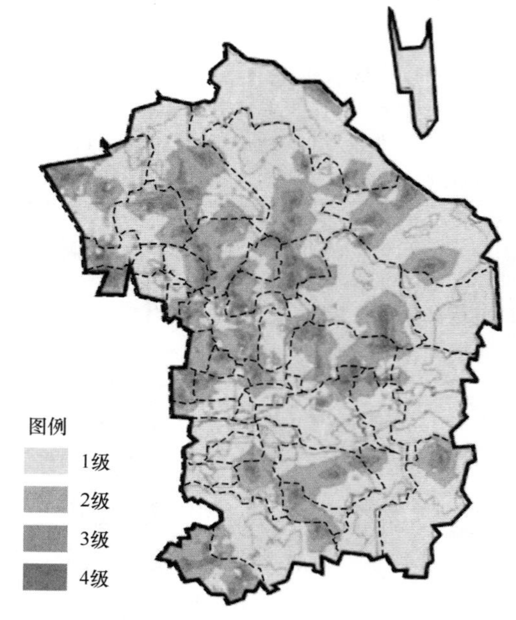

图 3 朝阳区各街乡城市公园可达性布局图

通过整理分析朝阳区各街乡城市公园规模，从而得到人均城市公园占有面积情况，如表 1 所示，朝阳区城市公园分布差异性较大，城市公园数量上，来广营、将台、十八里店、平房等街乡范围内城市公园数量较多；规模上，奥运村、麦子店、来广营乡、平房、东坝等街乡城市公园规模总量较大。结合人口数据综合分析，奥运村、麦子店、豆各庄、东坝等街乡人均城市公园占有面积较大，官庄、南磨房、大屯、望京等街乡人均城市公园占有面积较小。

朝阳区各街乡城市公园统计信息　　表 1

街乡	城市公园名录①	公园面积（hm²）	总面积（hm²）	人均城市公园占有面积②（m²/人，以 2014 年人口数据计算）
将台乡	将府公园	58	74.1	10.4
	四得公园	16.1		
	丽都公园	6		
小红门乡	鸿博公园	80	106.7	18.4
	小红门镇海寺公园	26.7		
十八里店乡	老君堂公园	48.3	84.1	4.2
	北焦公园	2.8		
	海棠公园	33		
王四营乡	古塔公园	55.7	84.3	10.0
	白鹿郊野公园	28.6		
来广营乡	朝来农艺园	30	190.4	15.4
	朝来森林公园	53.3		
	北小河公园	24.8		
	立水桥公园	0.6		
	来广营清河营郊野公园	57.7		
	勇士营郊野公园	24		
常营乡	常营公园	74	74	15.4
金盏乡	金盏郁金香花园	26	26	4.5
豆各庄乡	金田郊野公园	113.3	113.3	34.3
望京街道	望湖公园	17.2	50.02	3.0
	南湖公园	15.5		
东坝乡	东坝郊野公园	286.6	286.6	30.2
崔各庄乡	大望京公园	33.4	33.4	3.3
南磨房乡	庆丰公园	6.6	6.6	0.5
高碑店乡	兴隆公园	52	73.5	6.4
	高碑店百花公园	21.5		
管庄乡	东一处公园	0.7	0.7	0.1
团结湖街道	团结湖公园	12.3	12.3	3.2
东风乡	东风公园	80	80	9.2
平房乡	京城槐园	73.2	178.5	14.8
	京城梨园	62		
	京城森林公园	43.3		
建外街道	日坛公园	20.6	20.6	5.9
麦子店街道	朝阳公园	288.7	288.7	90.2
太阳宫乡	太阳宫公园	10.7	26.4	3.8
	太阳宫体育休闲公园	15.7		
亚运村街道	中华民族园	50	50	6.9
八里庄街道	红领巾公园	39	39	3.6
奥运村街道	奥林匹克森林公园	1135	1135	108.1
安贞街道	元大都城垣遗址公园（朝阳段）	67	67	9.9
三间房街道	杜仲公园	59.9	59.9	4.8
大屯街道	大屯黄草湾郊野公园	39	39	2.8

① 本研究所选城市公园名录以北京市园林绿化局政府网站对公园的分类及所属区县为准，即公园类别为“城市公园”，区县位置为“朝阳区”。

② 本研究以“人均城市公园占有面积”来表示所选公园的空间布局情况。

③ 东湖街道、双井街道、香河园街道、潘家园街道、酒仙桥街道、垡头街道、劲松街道、孙河乡、小关街道、和平街道、左家庄街道、呼家楼街道、六里屯街道、黑庄户乡暂未建设城市公园，人均城市公园占有面积以 0 计算。

资料来源：北京市园林绿化局政府网站公开数据。

3.2 主观数据获取和分析

3.2.1 公园环境要素和心理感知要素

通过文献阅读和参考同行专家建议，筛选出地形、水体、园路、植物、休憩设施、活动设施、景观小品七类公园环境要素；景观优美度、环境舒适度、空间私密感、交往氛围度、趣味宜游度、设备完善性六类心理感知要素[5]。

在朝阳公园和红领巾公园随机受访者发放问卷，对七类公园环境要素和六类心理感知要素进行评分（评分区间 1～10，10 为满分），评分根据笔者准备的公园照片图册以及居民自身体验进行。统计结果并取平均分可得，公园环境要素方面（图 4），公园在植物景观上均得分较高（9.7 分、9.4 分），朝阳公园水体景观（9.8 分）、园路设计（9.3 分）得分最高，红领巾公园休憩设施（9.2 分）使用满意度较高，地形、活动设施、景观小品得分均较低；心理感知要素方面（图 5），朝阳公园在景观优美度（9.6 分）、环境舒适度（9.7 分）、趣味宜游度（8.8 分）、设备完善性（9.2 分）方面得分均较高，红领巾公园在景观优美度（9.5）、环境舒适度（9.1 分）、交往氛围度（8.9 分）方面得分较高，两个公园在营造空间私密感（7.1 分、8.1 分）上均得分较低。

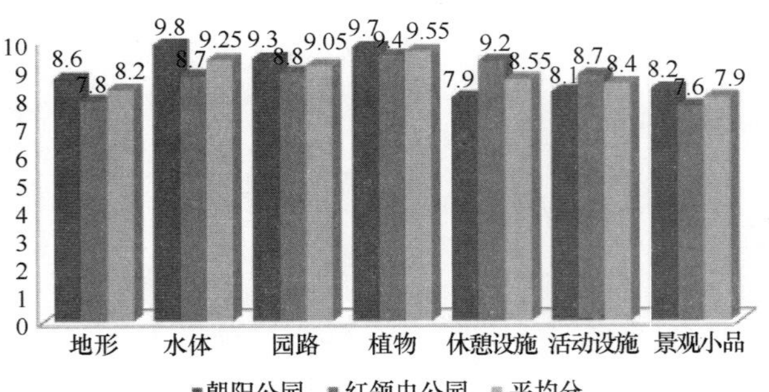

图 4　公园环境要素评分

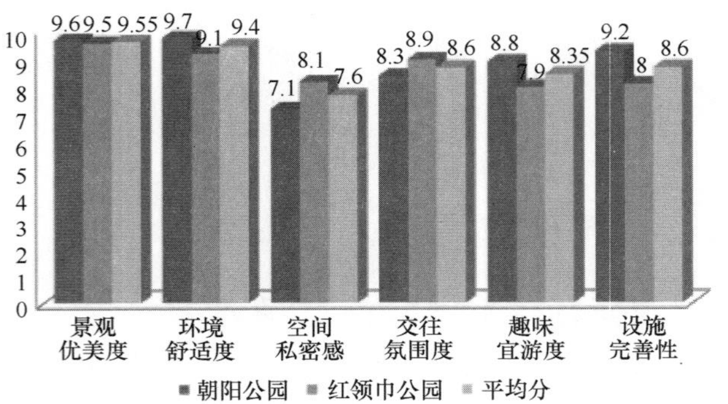

图 5　心理感知要素评分

3.2.2　公园行为特征要素

通过对受访者在游玩公园的过程中发生的行为类型进行观察采访和统计，对各类活动进行归纳分类（如表 2），从而得出体育活动、社会交往、文娱活动、休闲活动发生的概率。如图 6 所示，朝阳公园内发生休闲活动（96%）、社会交往活动（87.90%）的概率较高，红领巾公园内发生体育活动（45.70%）的概率较高；两个公园发生休闲活动、社会交往、文娱活动的概率均较高，超过了半数。

行为特征分类表　　表 2

行为特征	具体行为
体育活动	球类运动、健身
社会交往	聊天、聚会、打牌下棋、野餐
文娱活动	演奏乐器、唱歌、跳舞
休闲活动	静坐、冥想、赏景、闻花香、听虫鸣鸟叫/观赏鱼虾、游园、游乐场娱乐

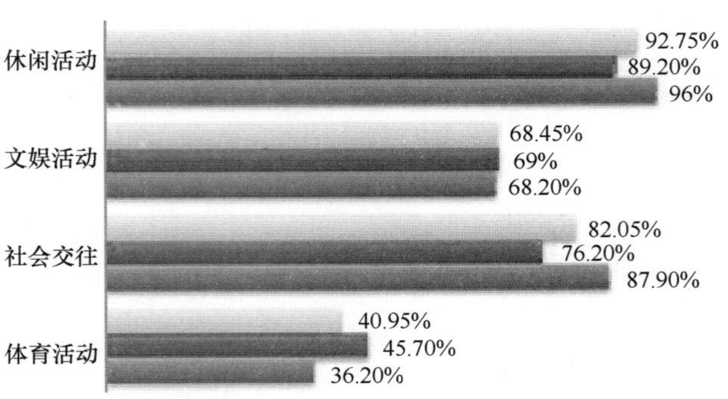

图 6　不同行为特征要素发生概率图

3.2.3　心理健康效应要素

参考同类研究，将心理健康的表现形式分为安全感、自我认知、积极主动性、压力疏解能力和保持心情愉悦五类。通过对受访者游玩公园前后（包含本次和历史游览经历）的心理健康状况统计分析可得游览公园前后心理健康效应感知情况（图 7），综合分析两个公园结果可知，公园在促进心情愉悦（90.5%）、压力疏解（80.5%）、提升积极主动性（80.0%）方面有着显著作用。

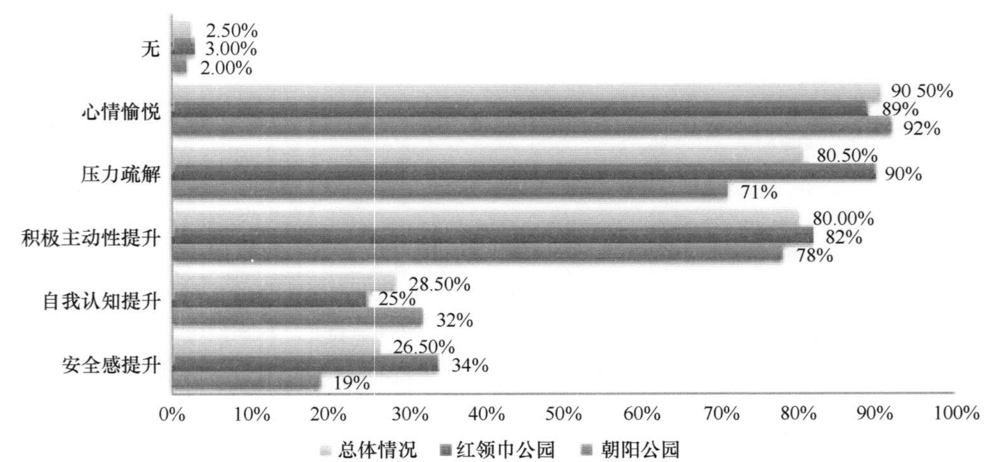

图 7　游览公园前后心理健康效应感知情况图

4 数据处理及主要结论

4.1 宏观层面数据分析

建立心理精神疾病—人均城市公园占有面积—可达性相关性模型（表3）以探寻心理精神疾病与公园空间布局的关系，将三组数据在SPSS（23.0版本）统计软件进行相关性分析，得出人均城市公园占有面积与精神疾病患病情况显著相关，相关系数−0.371。心理精神疾病患病情况与公园可达性无显著相关性。

心理精神疾病—人均城市公园占有面积—可达性相关性模型　表3

		人均城市公园占有面积	可达性级别
心理精神疾病患病情况	相关系数	−0.371*	0.057
	显著性（Sig.）	0.016	0.718

注：表中显著性为 P 值，P 值越小相关性越大，表中*表示 $0.01<P<0.05$.

4.2 微观层面数据分析

通过在SPSS软件中对公园环境要素—心理感知要素、心理感知要素—行为特征、行为特征—心理健康效应三组数据分别建立线性回归模型，进行相关性分析，分析心理健康效应与其他要素的关系，从而得出影响心理健康效应的机制。

4.2.1 公园环境要素—心理感知要素相关性

由公园环境要素—心理感知要素一元线性回归模型（表4）可知，地形与空间私密感具有显著相关性；水体与景观优美度具有显著相关性；景观优美度、环境舒适度、空间私密感分别与植物具有显著相关性，其中，景观优美度与植物相关性最明显；休憩设施与设施完善性具有显著相关性；活动设施与交往氛围度、设施完善性具有显著相关性；景观小品和园路和心理感知之间无明显关系。综上，植物和活动设施对心理感知影响较大，加强公园的植物景观和植物配置、丰富活动设施对提升心理感知程度有较大帮助，尤其是提升景观优美度、空间私密感和设施完善性。

公园环境要素—心理感知要素一元线性回归模型　表4

公园环境要素		地形	水体	园路	植物	休憩设施	活动设施	景观小品
心理感知要素	景观优美度	0.301	0.216*	0.032	0.325**	−0.048	−0.039	0.023
	环境舒适度	0.068	0.241	0.201	0.451*	−0.012	0.160	0.195
	空间私密感	0.519*	−0.764	0.083	0.142*	0.143	0.211	0.013
	交往氛围度	0.294	0.071	0.410	0.326	0.371	0.274*	0.418
	趣味宜游度	0.191	0.118	0.193	0.135	0.274	0.301	0.247
	设施完善性	0.246	0.048	0.015	0.019	0.216*	0.207*	0.195

注：表中数据为Beta，表示回归系数；P 值为Sig.，即显著性，P 值越小相关性越大，表中*表示 $0.01<P<0.05$，**表示 $P<0.01$。

4.2.2 心理感知要素—公园行为特征相关性

由心理感知要素—公园行为特征一元线性回归模型（表5）可知，体育活动与空间私密感、设施完善性显著正相关；此外，休闲活动与景观优美度显著正相关、社会交往活动与交往氛围度呈显著正相关。综上，较高的空间私密感可以提供为存在危险的活动提供安全保障和空间界限，对促进球类活动、健身等体育活动有明显作用，同时，丰富的设施为促进体育活动的发生提供的物质基础；较高的景观优美度激发了游人游园、赏景等休闲活动的发生；林下、草坪、广等场多样化的场所空间有助于社交活动的进行。

心理感知要素—公园行为特征一元线性回归模型　表5

心理感知要素		景观优美度	环境舒适度	空间私密感	交往氛围度	趣味宜游度	设施完善性
公园行为特征	体育活动	0.313	0.179	0.106*	0025	0.078	0.139**
	社会交往	0.021	0.204	−0.132	0.028*	−0.012	0.063
	文娱活动	0.012	−0.167	0.052	0.106	0.051	0.121
	休闲活动	0.271*	0.190	0.248	0.239	0171	0.044

注：表中数据为Beta，表示回归系数；P 值为Sig.，即显著性，P 值越小相关性越大，表中*表示 $0.01<P<0.05$，**表示 $P<0.01$。

4.2.3 公园行为特征—心理健康效益相关性

由公园行为特征—心理健康效益一元线性回归模型（表6）可知，体育活动与压力疏解具有呈显著正相关，社会交往活动与自我认知提升呈显著正相关，文娱活动与积极主动性提升具有显著正相关性，休闲活动与各类心理健康效益并无显著相关性。综上，球类活动、健身等体育活动有助于有效缓解压力；聊天、聚会等社会交往活动能促进人的互动交流，进而在互动过程中认识自我，促进自己进行适度自我批评，制定和修正切合实际的生活目标；参加唱歌、跳舞、演奏乐器等文娱活动能够有效提升积极主动性，能够保持与外界的接触，提升学习能力；其他各种活动对提升心理健康并未呈现显著相关性。

公园行为特征—心理健康效益一元线性回归模型 **表 6**

公园行为类型		体育活动	社会交往	文娱活动	休闲活动
心理健康效应	安全感提升	0.072	−0.139	−0.210	0.039
	自我认知提升	0.034	0.210 *	0.106	0.005
	积极主动性提升	0.125	0.071	0.172 *	0.134
	压力疏解	0.313 *	0.083	0.324	0.160
	心情愉悦	0.113	0.039	0.243	0.216

注：表中 Beta 表示回归系数；P 值为 Sig.，即显著性，P 值越小相关性越大，表中 * 表示 $0.01<P<0.05$。

4.3 城市公园对心理健康效应综合影响机制

通过以上分析，可得出朝阳区两个城市公园对心理健康效应综合影响机制（图 8）：①人均城市公园占有面积与心理精神疾病患病情况呈显著负相关，人均城市公园占有面积较高的街乡患病率越低；②植物和地形要素提升空间私密感，促进体育活动的发生，进而有助于压力疏解，促进心理健康；③丰富多样的休憩设施和活动设施有助提升居民对设施完善性的感知，激发体育活动，从而达到缓解压力提升心理健康水平；④品质高的活动设施同样能够提升交往氛围度，促进社会交往，从而提升自我认知，进一步提升心理健康水平。

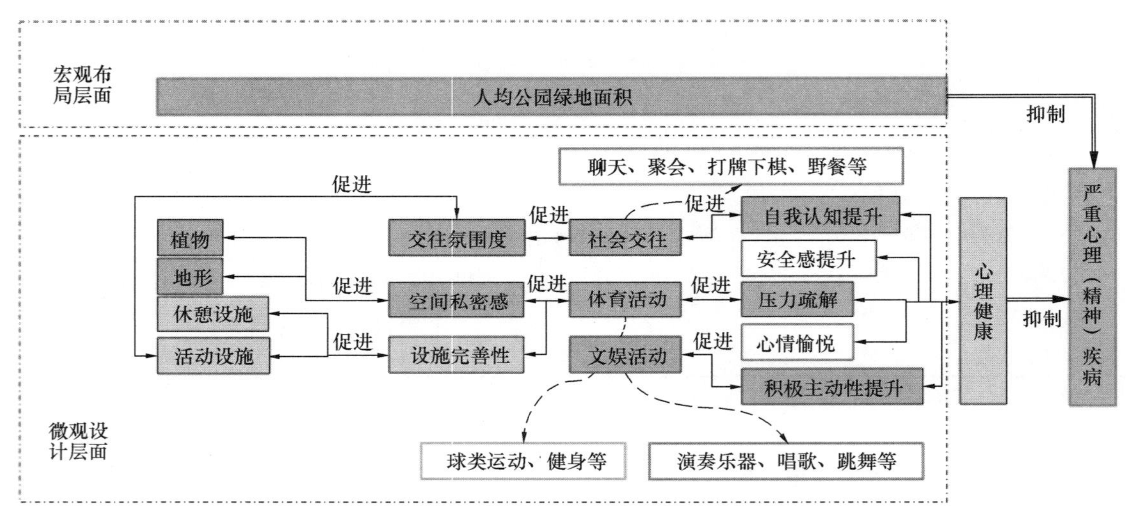

图 8　城市公园对心理健康效应综合影响机制

5　总结和建议

本研究通过宏观和微观两个方面对北京市朝阳区城市公园对心理健康影响机制进行了分析。综上所述，宏观上，合理的公园布局和适宜的公园规模能够有效抑制心理精神疾病；微观上，植物层次丰富、地形设计多样、休憩设施和活动设施种类齐全的公园有助于激发聊天聚会等社会交往活动、打球健身等体育活动和唱歌跳舞等文娱活动，进而有助于自我认知提升、压力疏解和积极主动性提升，提升心理健康水平，抑制心理精神疾病于萌芽处。因此，在空间布局上应注重提升低人均城市公园占有面积区域的公园规模和数量，尤其需要关注患病情况严重的区域；同时，应注重公园内植物和地形的设计，营造优美的自然环境，注重设施的完善性和趣味性，为居民提供可游可赏的健康城市公园。

参考文献

[1]　王兰，廖舒文，赵晓菁. 健康城市规划路径与要素辨析[J]. 国际城市规划，2016，31(04)：4-9.

[2]　TOST H，CHAMPAGNE F A，MEYER-LINDENBERG A. Environmental influence in the brain，human welfare and mental health[J]. Nature Neuroscience，2015，18(10)：1421-1431.

[3]　李英侠. 促进人群健康的城市公园空间环境设计研究[D]. 重庆大学，2015.

[4]　王琨. 基于GIS的城市公园绿地可达性研究[D]. 南京林业大学，2012.

[5]　谭少华，孙雅文，申纪泽. 城市公园环境对人群健康的影响研究——基于感知与行为视角[J]. 城市建筑，2018(24)：24-28.

作者简介

房伯南，1994 年生，女，汉族，陕西咸阳人，本科，北京工业大学建筑与城市规划学院在读硕士研究生。研究方向：园林景观规划设计。电子邮箱：769270730@qq. com。

王淑芬，1965 年生，女，汉族，河北鹿泉人，博士，北京工业大学建筑与城市规划学院副教授，景观园林所所长，加拿大英属哥伦比亚大学访问学者。研究方向：园林景观规划设计。电子邮箱：wangshufen@bjut. edu. cn。

王晨羽，1994 年生，女，满族，河北承德人，本科，北京工业大学建筑与城市规划学院在读硕士研究生。研究方向：园林景观规划设计。电子邮箱：1005344741@qq. com。

城市复愈[①]

——基于空间生产理论正义向度的非正式公共空间更新

Urban Resurrection

—Renewal of Informal Public Space Based on the Justice Dimension of Space Production Theory

钱　翀　金云峰　吴钰宾

摘　要：城市复愈语境下，非正式公共空间更新对未来开放空间规划管控具有创新价值和深远意义。研究基于空间生产理论正义向度的三重维度解析对非正式公共空间进行价值判定，梳理了非正式公共空间在应对隔离与失衡、歧视与敌意、威胁与低效等问题上的有效作用，继而从场域、社会和空间三大层面提出了本益平衡的连通配置满足、容纳差异的分异控制引导和分时共享的功能活力修复的非正式公共空间更新之道。以期对存量的公共服务优化问题探索有所助益。

关键词：空间更新；公共空间；空间生产；空间正义；城市复愈；非正式

Abstract: In the context of urban rehabilitation, informal public space renewal has innovative value and far-reaching significance for management and control of open space planning in the future. Based on the three dimensions of spatial production theory, the study sorts out the values of informal public space in dealing with isolation and imbalance, discrimination and hostility, threat and inefficiency. We propose strategies from the levels of the society, site and space, including balancing the cost and the attraction to satisfy the connectivity configuration, differentiating control guidance to accommodate differences and building time-sharing function to restore vitality. We wish it be helpful to exploring the stock of public service optimization.

Keyword: Space Renewal; Public Space; Space Production; Space Justice; Urban Healing; Informal

引言

当下城市公共空间在一定程度上显现出敌意，它们失衡、危险、混乱、低效[1]，甚至表现出对特定群体的歧视。本该复愈城市的具有多主体、多权属、多意义性质的城市公共空间[2]，现在却成为问题本身。以品质提升和渐进更新为特征的存量规划越来越受到关注。交往需求增加和自主意识增强促使民众开始以自下而上的方式对城市中功能定义不明确或时空间利用不充分的空间进行“非正式”的使用，进而形成非正式公共空间。亨利·列斐伏尔（Henri Lefebvre）、迪克奇（Dikec）等西方学者提出空间生产是利益立场不同的社会阶级通过对土地的控制实现创造城市空间形态的过程，空间的实质是社会关系的物质载体，因而空间的秩序安排就是被选择的时空间框架。空间生产正义向度的研究成果为非正式公共空间更新提供了重要思路。

1　非正式公共空间与空间生产理论的正义向度

1.1　非正式公共空间概念界定

不同于正式公共空间的“理性规则”和“情感控制”，非正式公共空间注重的是正式系统之外的自发交往形式，是一种基于自身需求产生的自发生长、自我组织和自适应演化的空间模式。当更新区域在遇到土地权属复杂、建设周期过长、地理区位特殊、地域价值待估等开发高风险因子时，风险分散、成本最小化和分成合约提高效用等因素的权衡使得非正式更新模式比传统官方主导、决策和推动的正式更新模式更易被自然选择[3]。

基于空间的属性、功能以及预期与实际使用方式和程度的差异，本研究将城市中自上而下规划形成的已被完整定义性质和有效限定功能的用地称为正式公共空间，其余类型的公共空间定义为非正式公共空间，且依据时间、空间、功能三大层面的不同效率划分为以下三种类型（图 1）：

失落空间（lost space）：自上而下的规划中无明确归属与功能或功能错置的空间。

松散空间（loose space）：规划利用低效的空间，包括空间利用低效、时间利用低效和功能利用低效。

反叛空间（insurgent space）：在未定义空间中，由自下而上的自发性民众活动形成的、未花费大量社会资源配置却能够满足多元需求和社会发展的空间形式。

① 基金项目：上海市城市更新及其空间优化技术重点实验室 2019 年开放课题（编号 20190617）资助。

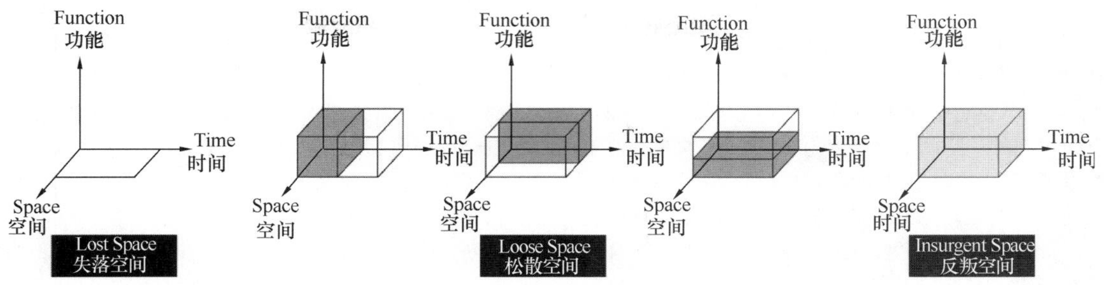

图 1　非正式公共空间分类

1.2　空间生产理论的正义向度三重维度

在空间生产理论背景下，一些非空间化的概念正日渐被空间化，包括社会正义、参与式民主和公民权利等。“空间正义”是社会理论“空间转向”的产物和重要部分，是社会正义的空间维度[4]。它指向各种符合伦理精神的空间形态与空间关系，即不同社会主体能够相对平等、动态地享有空间权利，相对自由地进行空间生产和空间消费的理想状态。因而空间正义是空间生产理论的重要价值向度。其中包括：(1) 日常生活与非日常生活领域：即认为公共生活并不一定要借助狭义物质形态的公共空间发生；(2) 城市权利与空间转向：公民拥有控制空间转向的权利和拒绝国家和资本力量的反方面控制；(3) 差异的空间公平与无差异的社会交往：即以完全的开放性吸纳各个阶层共同参与，但所借助的空间是差异化的且在一定程度上倾向于弱势群体优先。三者分别指向非正式公共空间的产生原因、空间权利和复愈潜力。

2　空间生产理论的正义向度下非正式公共空间的价值判定

空间生产理论正义向度下的城市空间存在着应然诉求与实然现状之间的偏差[5]，而非正式公共空间因其临时性、可变性和强适应性，在弥合城市空间问题上具有重要价值。

2.1　消解隔离与失衡：成本与吸引力共同作用的区域

当下城市发展中空间物化现象严重，人的使用需求被隔离、割裂的空间单向度地决定，如交通必要原因产生的畸零地块、建筑空间的失落夹角等。空间从外化于人的客体变成发展的必然条件，人则从城市主体变成物理空间的附属品[6]，造成人与空间关系隔离。

同时由于空间更新的实质是差异主体之间资源竞争的过程，包括资本力量、政府干预及民众影响。竞争过程中，“中心一边缘”挤压、空间排斥、不平衡发展等空间运作逻辑对尤其是包括底层弱势群体在内的公众进行挤压和剥夺，迫使其边缘化[7]，使得人与人关系失衡。

非正式公共空间凭借自发性和自适应性对人与物的自然关系以及人与人的社会关系的生成和塑造有着至关重要的作用，这类自下而上的空间模式就是公众对于自身的主动补偿。可达性是保证公共空间效用的基础，相较正式公共空间，非正式公共空间因其非常规规划性在尺度规模和服务半径上一般都较小，存在一个临界区间，因而可作为补偿较大规模正式公共空间连通配置不足的中间形态，低成本和高吸引力的共同作用使得非正式公共空间能够成为消解城市公共空间隔离与失衡的高效空间模式。

2.2　打破歧视与敌意：碎片与共同体平等对话的领域

当下社会出现两种典型的歧视与敌意——精英群体的反叛和对弱势群体的排斥，精英联合与弱势群体区隔解体同时出现。前者形成自己的空间，躲藏在地方价格的物质障碍之后。空间被根据经济价值进行简单划分而造成的空间剥夺使得原本就处于弱势地位的贫困者、失业者、年老者等面临着更为严峻的基本生存需求丧失和基础公共服务缺失，归属感、认同感逐渐被剥夺感、不公感所取代。阶层分化加剧的社会转型时期的正义缺失带来不正义的现实和充满对抗性矛盾的空间[8]。

而非正式公共空间所揭示的空间更新行动，是对处于社会关系中的人的既有关系的变革和新型关系的建构。由于公共资源具有稀缺性，因而基于个体满足在私人领域无法实现的交流和社交需要而必须使用公共资源时，公共服务不能成为被独占的对象，使用权也不应由社会分异产生。非正式公共空间为碎片人群提供了发声且能够被听到的接纳可能性机会，因而能够与共同体发生平等对话，甚至可以基于相同需求成为共同体的一部分。

2.3　对抗威胁与低效：个体与组织体有效共存的场所

资本同质化的特性与民众主体使用价值差异化的特质使得真正的空间正义应当被视作一种差异性的正义。在根本需求一致的情况下，局部需求和当下需求存在着分级和分层。法国思想家福柯认为，后现代社会中的空间充斥着差异性、断裂性以及异质性，因而不断产生着矛盾与对抗。

在当下中国城市空间生产实践中，消费主义式的公共空间改造现象瓦解和颠覆了公众日常生活空间的多样性。被定义了长期使用期限的正式公共空间往往明确限制各人群的使用空间、时间和功能，试图均质化地控制和规训使用主体的日常生活。奥尔森提出，理性人群为了共同利益组成具有共同意识、采取共同行动的不同层次和性质的整体，组织规模越大的集体，其维护的综合成本越高，越难以具备有效性，造成社会效率降低，这就是“集体行动困境”[9]。空间中的人总被现实地分离成松散的追求基本空间权利的“空间消费者”和相对紧密的拥有资本与权力的垄断空间配置的“空间生产者”。两者博弈中，前者天然处于劣势，虽有共同利益却无法形成共同行动的潜在集体。不同环节的“空间消费者”也会因缺乏合理组织架构而产生诸多空间冲突，尤其是其中的弱势群体，如贫穷者、失业者等，更易受到威胁，空间也会因此变得低效。而差异化的空间——非正式公共空间就在此时强化差异性因而能够从这种困境中摆脱出来获得自由，以“竭力恢复与重建这种自然天成的世界”[10]。

3 空间生产理论正义向度下的城市非正式公共空间复愈之道

在无法维持空间正义的现实社会中，人们从未停止过对新的可能性空间的想象、期望和探索。在秩序化空间中，人们一直通过默默行动实践性地不断营建与理性化空间相对的日常空间[11]。这类空间秩序的产生不可被单纯设计，而是经由不断试错而发展出具有回避混乱、保持秩序性和复杂性的内发力量和自组织机制[12]。在城市复愈背景下，基于空间生产理论正义向度下的城市非正式公共空间更新是场域、社会、空间三大层次下厘清城市空间合理结构和重塑社会正义关系的有效模式（图 2）。它并不指向一个单一的、最终的完美空间状态，而是促使城市进行渐进与持续的改革，刺激与引导后续开发的更多尝试。

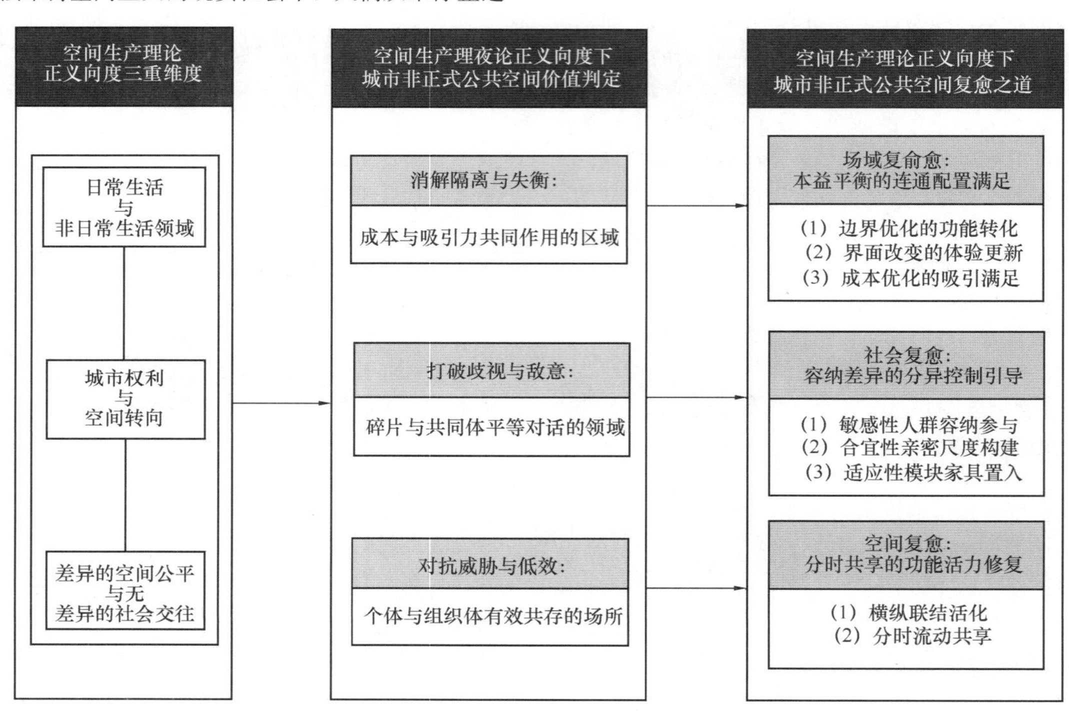

图 2　空间生产理论正义向度下的非正式公共空间复愈之道

3.1 场域复愈：本益平衡的连通配置满足

非正式公共空间的有效利用是成本与吸引力相互作用下的平衡结果。场地规模与服务半径结合形成的空间成本与场地时间、空间、功能闲置叠合形成的场地吸引力的重合程度越高，非正式公共空间有效利用的可能性就越大，因而在弥合正式公共空间的连通配置不足上更具效益（图 3）。

（1）边界优化的功能转化

PAAC 通过对熟悉空间的边界改变将墨西哥一个展览场所临街的垂直墙面改为曲面，消解固有界线，激发场地可能性。它可以是一个更高的落地点而成为演说、戏剧的台面；可以增设休憩设施而成为休闲一隅；也可以成为背景衬托物品的展示或是活动的发生；甚至可以是一个立面的雕塑引发沉思（图 4）。边界的精妙优化使得原本功能闲置的空间成为容纳无限情绪与可能性的空间。

（2）界面改变的体验更新

MMX 工作室为墨西哥 ECO 实验博物馆设计的临时展域区别于以往在主庭院划分独立区域的范式，选择了创造原有建筑的感性延伸空间。运用绳索材料的交织系统，在原本无用的空间通过创造不同密度的三维界面形成了开合关系和光影效果交替变化的全新公共空间，鼓励公众探索不同的新领域、新视角以及新的空间使用方式，转闲置时间为有效（图 5）。

（3）成本优化的吸引满足

由于非正式公共空间在一定条件下与正式公共空间存在着过渡置换、使用补偿或试错纠正的关系（图 6），因而如何在综合成本较低的情况下营造高吸引力的空间是非正式公共空间更新的关键。奥地利维也纳利用短期闲置的场地满足民众对公共空间的需求，创立了市政协调办公室，致力于帮助寻找临时活动空间的民众与私有土地的所有者协商。大部分场地仅以简单方式开发利用，如将篮筐固定在墙上，创造简易运动场地或仅提供一个 4～5 个月临时使用的沙滩排球场地[13]。这样灵活的场地选择能够有效弥合城市公共空间割裂的现状，而低成本材料的选择和运营也使得空间的成本和吸引力得以平衡。

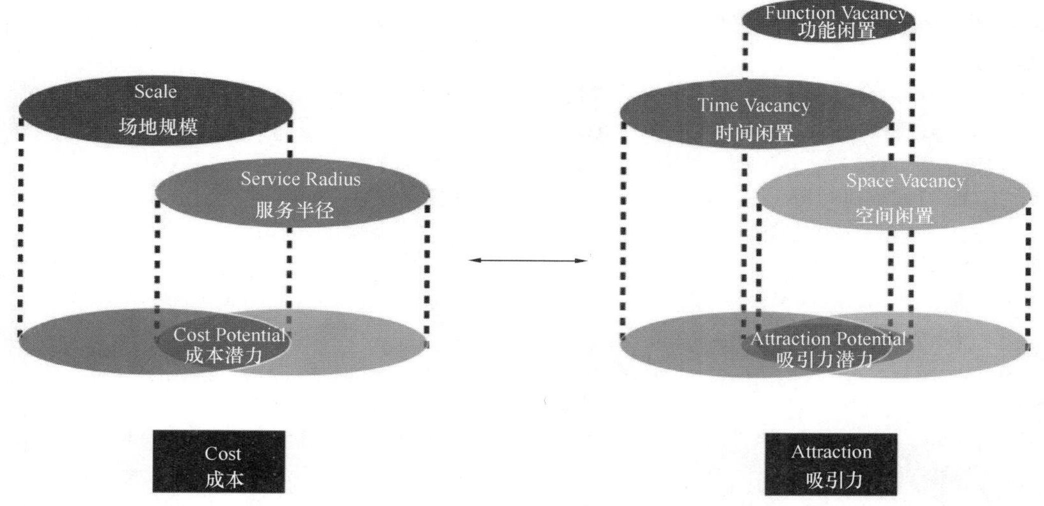

图 3　非正式公共空间成本与吸引力潜力示意图

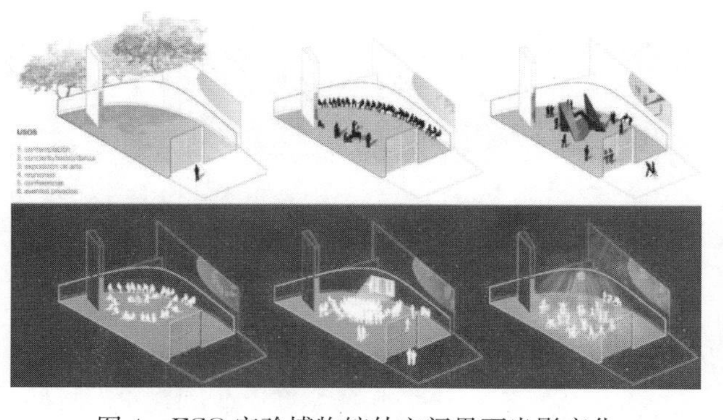

图 4　ECO 实验博物馆外空间界面光影变化
（图片来源：网络）

图 5　边界优化带来场地无限可能
（图片来源：Yoshihiro Koitani）

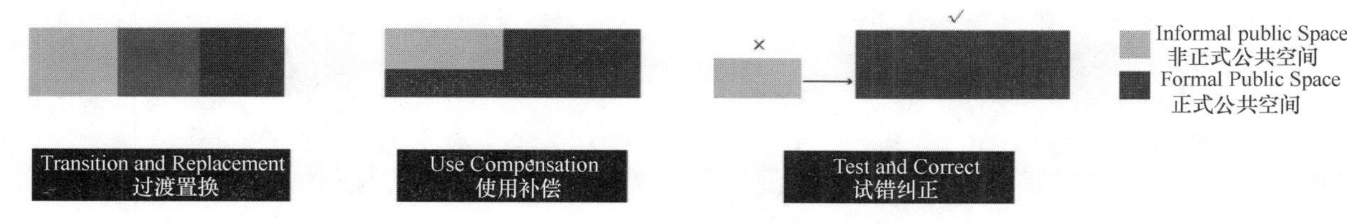

图 6　非正式公共空间与正式公共空间的转换关系

3.2　社会复愈：容纳差异的分异控制引导

非正式公共空间作为碎片与共同体平等对话的领域应当承载不同的人群分异需求，如空闲时间长而步行速度缓的年老者、步行时间短而通行速度高的穿行者以及停留时间长而活动范围广的儿童使用者。同时研究发现弱势群体对公共空间的需求和敏感性更高。

（1）敏感性人群容纳参与

德国汉堡将一处市政空置建筑场地提供给戒毒人员康复组织直至场地被重新收回。项目接受多方资助并建立了包括游乐场、烧烤区、花圃园及蔬菜园在内的多用途空间。场地归属于会员自身管理，在提供公众服务的同时，为社会敏感性人群提供了承担社会责任的机会。对弱势人群和边缘性人群的接受和容纳是深层次空间正义的体现。

（2）合宜性亲密尺度构建

非正式公共空间的公共性是动态演进中的不变内核，即所有人能相对平等而动态地享有空间，它包含两个层面的价值，即①共享：自由进入和行动的权利不限定适用人群；②接纳：公共空间语境下的人较之其他环境更能接受各人群多样化的行为。合宜性的亲密尺度构建为共享接纳的实现提供可能。

波兰 Malta 文化节临时公共空间通过简单的脚手架装置，结合 370m 长的半透明织布以及胶合模板，营造出亲密尺度不一的各类空间（图 7）。单一材料的不同围合方式将原本均质化的空间划分成私密、半私密和公共的三大灵活类型，空间具有简单却强烈的暗示与导向，不同的需求主体能够在场地中认知自我定位而依然保有独立性，但同时，人格的一部分依然可以与他人分享。

图 7　波兰 Malta 文化节临时公共空间
（图片来源：网络）

（3）适应性模块家具置入

弹性灵活和允许试错的动态设计过程应当被非正式公共空间采用以实现其短期高效的目标。布鲁塞尔议会区的空置广场实行了“100 把椅子、10 张桌子和 50 个植栽”拼装组合的调研项目，探索了需求各异的公众、模块式家具和组合式空间之间的互相影响可能性。不同色彩、不同形式的家具和植栽以不同的组合方式被设置在广场的不同位置，或围合成圆圈状形成交谈空间，或排列成行列状形成静思空间（图 8）。非正式的公共空间成为公众

图 8　布鲁塞尔议会区临时街道家具
（图片来源：网络）

事件发生的背景，简易模块式组合家具则为使用主体主导空间提供易于拆装并转移的载体。

3.3　空间复愈：分时共享的功能活力修复

社会学家希奈特（R. Sennett）指出，“城市的文化”特质就在于它能将差异性的人，无论其种族、年龄、阶层和喜好，集聚在一起。通过城市中的公共交往，突破原来建立在亲近的共同性上的个体身份，为人们在复杂的城市生活中形成更广泛层次的社会关系及重塑个人身份提供无尽的可能[14]。

非正式公共空间强调使用而非占有的流动性功能优化，因而不断自适应修正和演化的正义空间更需要被接受和采纳。

（1）横纵联结活化

深圳水围村的改造项目在保持原有城市肌理、建筑结构和城中村空间尺度的基础上在楼缝中植入立体交通系统形成立体公共社区，同时在较高层连接处形成连廊（图 9）。空中连廊和室内连廊相互串联，三维的交通流线系统在连接所有楼栋的同时，将原本狭窄而利用效率低下的夹缝空间改造成立体的非正式公共生活空间。另外空间的第五立面——屋顶花园也被开放出来成为包含洗衣房、菜园和休憩花园在内的营建场所。空间的横纵向联结引发新旧社区居民自身的参与与交融从而活化老社区和曾经被废弃的公共空间（图 10）。

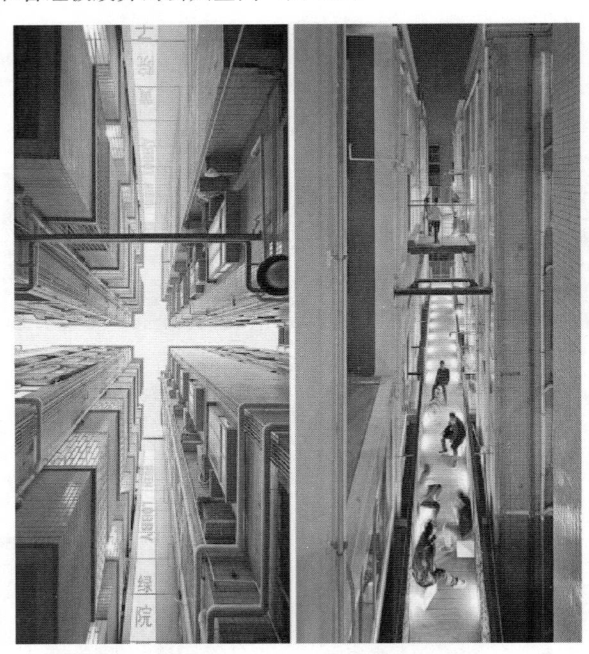

图 9　水围村空中连廊
（图片来源：网络）

（2）分时流动共享

正义被认为是一种公平的意愿以及一种承认他人要求的意愿[15]。承认且尊重差异性，谋求多元利益群体回见的“重叠共识”和“交叉共识”[16]，通过在利用效率相对低下或使用效能相对有限的时间段合理嵌入激发更多使用活动和产生更大效益的功能，从而实现对空间潜力

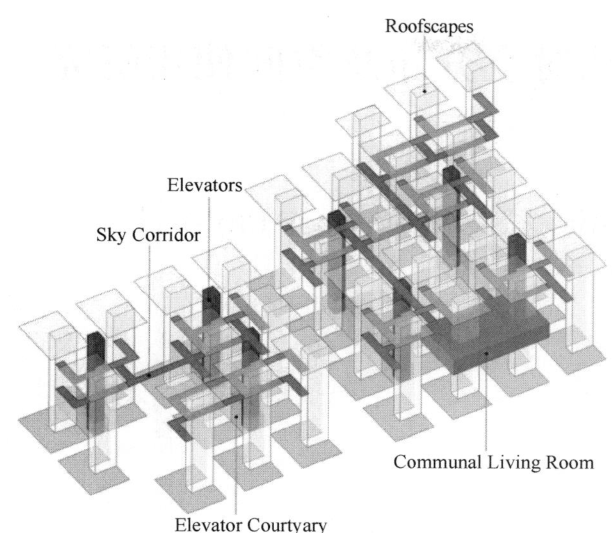

图 10　水围村横纵向空间结构
（图片来源：网络）

的挖掘。有组织、有层次的非正式公共空间分时流动利用能够在一定程度上缓解规模过大的“集体行动困境”。多元的空间性集体行动是空间正义的根本，以合理的民间及社会组织架构控制和有效的分时利用引导使松散的需求主体能够联合成恰当规模的具备相同行动趋势的组织，并形成具有空间权利话语权的集体。同时，社区赋权这一类的新范式也能够促进上层政府公权和下层社区民意的传达和协作。各类人群在互不干涉的基础上能够共享彼此的一部分从而激活城市积极空间体。

4　结语

空间思想家曼纽尔·卡斯特深刻地指出：“空间不是社会的反映，而是社会的表现。换言之，空间不是社会的拷贝，空间就是社会。”[17] 空间开发、占有、使用、更新等一系列社会行为的空间运作机制是资本与权利、空间消费者与空间生产者等多方主体角逐的过程。因而空间更新也不仅是对场地时空间和功能的优化提升，更是对社会失衡关系的复愈。

非正式公共空间的自发性和适应性使其能够在一些短期闲置、废弃地块之上基于不同群体的需求持续叠加、整合、发声而成为一个有厚度和温度的场所。作为城市复愈的载体，非正式公共空间能够由个人、社区和市政通过短周期、低成本和小规模的干预方式，促进城市产生长期有效的变化，重塑城市空间功能与民众社会关系，抑制公共空间负向效应。从政府主导转由设计师引导、使用者参与的城市更新模式，能够产生容纳和激发更多可能行为和事件的交互性场所，弥合、修复、激活和强化城市空间体系，是建构多元时空间和功能场所、完善非正式公共空间制度、建构空间正义的重要集体行动路径。

参考文献

[1]　徐磊青，言语．公共空间复愈之道：408 小组的场所营造．城市建筑，2018(25)：32-35.

[2]　杜伊，金云峰．城市公共开放空间规划编制．住宅科技，2017(2)：8-14.

[3][9]　陈忠．空间辩证法、空间正义与集体行动逻辑．哲学动态，2010(6)：40-46.

[4]　曹现强，张福磊．空间正义：形成、内涵及意义．城市发展研究，2011，18(4)：125-129.

[5]　李建华，袁超．论城市空间正义．中州学刊，2014(1)：106-111.

[6]　多莉斯·赫斯．城市开放空间开发中兴起的临时使用现象．景观设计理论，2007 (3)：87-92.

[7][16]　王志刚．差异的正义：社会主义城市空间生产的价值诉求．思想战线，2012，38(4)：121-124.

[8]　高晓溪，董慧．城市空间正义——以城市空间活力的建构为线索．前沿，2012(19)：12- 16.

[10]　刘怀玉．现代日常生活批判道路的开拓与探索．南京：南京大学，2003.

[11]　Andrzej Zieleniec，Space and Social Theory. London：SAGE Publications，2007，72-75.

[12]　尹衍龙．遇见“匿名”——城市“非正式”空间思考．天津：天井大学，2014.

[13]　多莉斯·赫斯．城市开放空间开发中兴起的临时使用现象．景观设计理论，2007 (03)：87-92.

[14]　陈竹，叶珉．什么是真正的公共空间？——西方城市公共空间理论与空间公共性的判定．国际城市规划，2009(3)：44-53.

[15]　E. 博登海默．法理学：法哲学及其方法．北京：中国政法大学出版社，1999.

[17]　曼纽尔·卡斯特．网络社会的崛起．夏铸久译．北京：社会科学文献出版社，2003.

作者简介

钱翀，1995 年生，女，浙江人，同济大学建筑与城市规划学院景观学系在读研究生。研究方向为风景园林规划设计方法与技术、景观有机更新与开放空间公园绿地。电子邮箱：476760860@qq. com。

金云峰，1961 年生，男，上海人，同济大学建筑与城市规划学院景观学系副系主任、教授、博士生导师。研究方向为风景园林规划设计方法与技术、景观有机更新与开放空间公园绿地、自然资源管控与风景旅游空间规划、中外园林与现代景观。电子邮箱：jinyf79@163. com。

城市广场春季老年人户外体力活动时空分布及空间使用研究①

——以哈尔滨北秀广场为例

Temporal and Spatial Distribution and Spatial Use of Outdoor Physical Activity ofthe Elderly in City Square in Spring

—Taking Harbin Beixiu Square as An Example

余 洋 杨 悦 唐晓婷

摘 要：随着人口老龄化形势愈加严峻，与之相关的空间环境问题也不断突显．城市广场作为承载老年人户外体力活动的重要场所，对改善老年人生活品质具有重要作用。本文以老年人户外体力活动为对象，选取哈尔滨市具有典型代表性的北秀广场作为研究场所，从时间、空间角度出发，对公园老年人到访量、活动类型、时空分布进行实证研究，归纳了四种活动空间模式，并对广场适老化设计策略进行探讨。研究得出以下结论：①老年人在城市广场中的休闲性户外体力活动主要分为康体健身、休闲娱乐、社会交往和安静休憩四大类，其中发生频率最高的三种活动为跳广场舞、站立聊天、绕广场健步走。②老年活动人次在 9：00～9：59、14：00～14：59、19：00～19：59 形成三个高峰期。大部分活动具有明显的时段效应。③老年人对广场空间使用具有明显的聚集特征，不同类型的活动表现出不同的聚集倾向。

关键词：风景园林；城市广场；老年人；户外体力活动

Abstract: As the aging population becomes more severe, the related space and environmental issues are also constantly highlighted. City plaza as an important place for carrying out outdoor physical activity for the elderly, plays an important role in improving the quality of life of the elderly. This paper takes the outdoor physical activity of the elderly as the object, and selects the typical Beixiu Square in Harbin as the research site. From the perspective of time and space, it conducts empirical research on the arrival of the park, the type of activity, and the spatial and temporal distribution. Four kinds of activity space patterns were discussed, and the design strategy of aging in square was discussed. The study draws the following conclusions: ① The leisure outdoor physical activity of the elderly in the city square is divided into four categories: physical fitness, recreation, social interaction and quiet rest. The three activities with the highest frequency are Jump square dance, standing up and chatting, walking around the square. ② Three peak periods are formed in the elderly activities at 9:00—9:59, 14:00—14:59, and 19:00—19:59. Most activities have a significant time effect. ③ The elderly have obvious aggregation characteristics for the use of square space, and different types of activities show different aggregation tendencies.

Keyword: Landscape Architecture; City Square; Aged People; Outdoor Physical Activity

引言

老龄人口数量迅速增长是当今中国城市面对的严峻问题，关注老年人的户外体力活动对健康老龄化具有重要意义。已有大量研究证明，老年人定期进行适量的体力活动，可以减缓老年人身体老化，降低高血压、冠心病、中风等心血管疾病的发病风险[1-5]，在个人层面有助于保持身体健康、促进社会交往；在国家层面有利于节省医疗资源、减轻社会养老负担[6]。城市广场一直以来都是老年人户外体力活动的重要空间载体，其优化设计对促进老年人户外体力活动重要作用，也是风景园林学科助力提升老年人群生活质量的有益探索。因此本研究选取哈尔滨市北秀广场作为研究对象，基于健康导向的引导，从老年人休闲性户外体力活动出发，采用行为注记法进行数据采集并对其进行可视化展示和深入挖掘分析，围绕老年人体力活动的时空间分布特征、空间使用情况及人群特征之间的联系，来作为风景园林学科参与健康老龄化的切入点，旨在为城市广场适老化设计提供指导和参考。

1 相关研究

在有关老年人户外体力活动的既往研究中，张纯、柴彦威等人首先运用时间地理学方法，描述了北京城市老年人日常生活活动类型的时空特征[7]。林文洁等人对北京市老年人夏季户外活动的特征进行了调查分析[8]。汪民分析了武汉市老年人在公园活动中的时空分布及满意度[9]。曲艺等人研究了夏冬两季寒地开放性公园中老年人活动的时空间特征[10]。刘正莹、冯建喜等人分别研究了大连、上海两地相关建成环境对老年人户外体力活动

① 国家自然科学基金面上项目（批准号：51578173）；国家重点研发计划课题（批准号：2017YFC0702405）。

的影响[11,12]。董贺轩对武汉社区公共空间夏季老年人活动及其空间使用特征进行探究，归纳了老龄健康活动三大特征，总结了老年人对公园空间使用规律[13]。宋聚生从老年人社群活动的角度出发，研究了深圳社区户外空间中老年人的活动规律[14]。黄怡选取了上海若干社区探索了老年人的日常活动特征及其感知评价的影响因素[15]。楼宇青、金荷仙等研究了老年人在杭州城市公园春季一天中不同时段的活动类型、活动与环境之间的关系[16]。

综上所述，目前针对老年人体力活动的研究大多是针对老年人群个体行为及其活动规律的探索，缺乏将老年人微观需求与宏观空间分布特征进行联动考虑，未能对老年人群活动模式进行深入归纳探索。此外，已有研究大多是基于城市公园、社区、街道乃至整个市域，少有针对城市广场的研究。

2　研究方法与研究对象

2.1　研究对象

本研究选取哈尔滨市南岗区的北秀广场作为观察样本（图 1）。该广场位于哈尔滨市南岗区，周围分布多个居住区，人口密度较大，附近商业服务设施较为发达，距离哈尔滨老年人大学南岗分校仅 100m。广场长约 150m，宽约 80m，占地面积 1.2hm^2，由绿化空间和中心硬质活动空间组成，场地内分布多钟健身设施及休憩设施。广场四周为城市道路，交通便利，老年人可以方便地从居民区步行到达，老年人的使用率和活跃度都较高。

图 1　北秀广场平面图

2.2　调查方法

本研究通过在场地内设置多个观测点进行现场观察，采用行为注记法对场地内老年人的休闲性户外体力活动进行综合记录。本次数据采集于 2018 年 4 月进行，从早 7：00～21：00 按照固定时间间隔进行记录，涵盖广场每个区域且不得重复。

2.3　数据处理

将数据进行分类、筛选后录入 Excel2013 软件中，对数据进行量化统计分析；同时将数据通过 GIS 平台录入公园平面图中，对体力活动发生的空间特征进行可视化处理，并归纳总结老年人群、户外体力活动行为以及场地空间特征之间的关系。

3　北秀广场老年人户外体力活动特征

3.1　老年人户外体力活动类型及时空间特征

3.1.1　老年人户外体力活动类型

对北秀广场四日内老年人休闲性体力活动进行统计分析，结合其行为特点和已有文献研究[1]，将广场内老年人体力活动分为四大类：康体健身、休闲娱乐类、安静休憩类、社会交往类。根据活动状态可分为动态活动和静态活动，活动方式分为集体式活动和个人式活动（表 1）。其中发生最多的活动类别是康体锻炼类活动（图 2），发生频率最高的五种活动为跳广场舞、站立聊天、绕广场健步走、使用器械健身和打扑克（图 3）。

老年人户外体力活动类型统计表　　表 1

活动类型	活动内容	活动方式	活动状态
康体健身类	广场舞、交谊舞、绕圈走、慢跑、太极拳、踢毽子、健身操、器械健身	集体式	动态
休闲娱乐类	歌曲戏曲演唱、乐器演奏、下象棋、打扑克、地面书法、遛狗、观看棋牌	集体式	静态为主
安静休憩类	静坐、驻足、陪伴孩子	个人式	静态
社会交往类	坐着聊天和站着聊天	集体式	静态

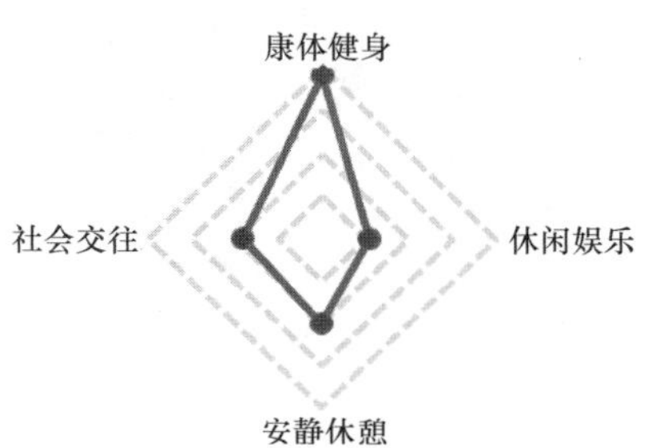

图 2　老年人户外体力活动类型统计图

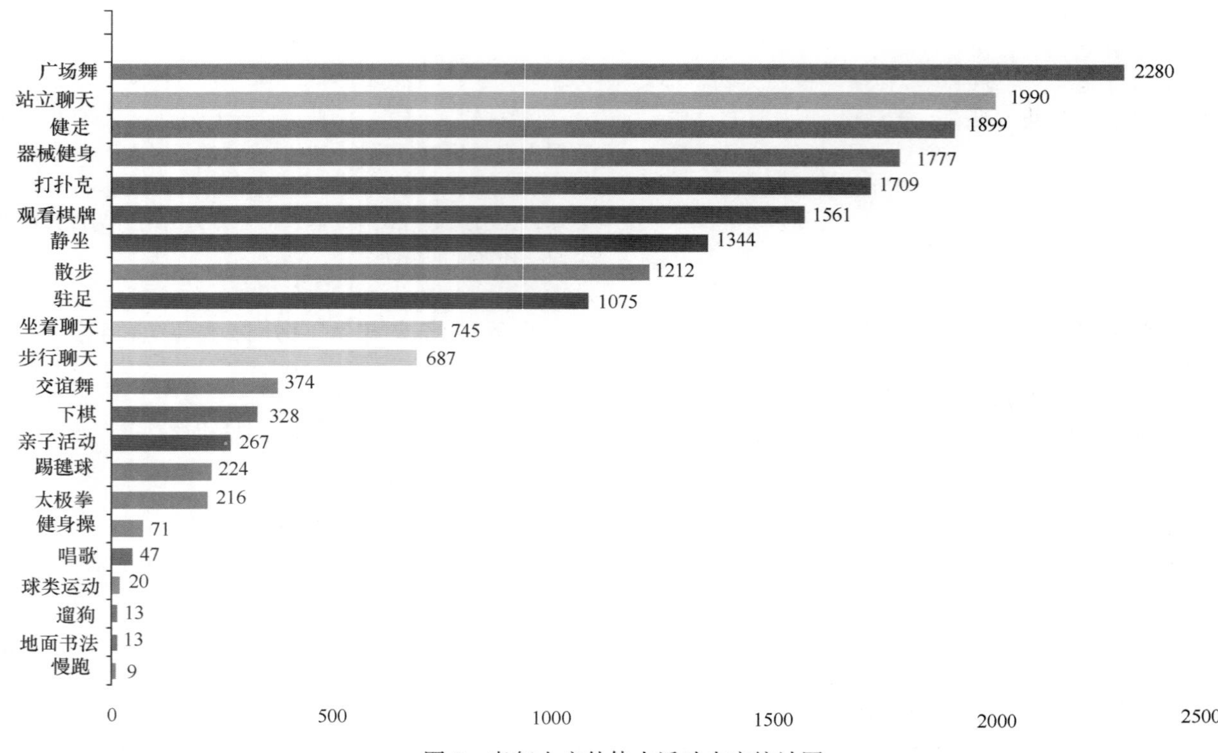

图 3　老年人户外体力活动内容统计图

3.1.2　不同活动类型时间特征分析

各类型活动在不同时间截面下所占比例存在差异。四类活动中时段性最明显的是康体锻炼类活动，此类活动一直是老年人户外体力活动的主要内容，在早 7：00～8：59 和晚 18：00～19：59 活动人数占比优势明显；社会交往类活动在 12：00～12：59 占比最大；休闲娱乐类活动在 9：00～11：59 占比最大；静态休息类活动在 16：00～17：59 之占比最大（图 4）。

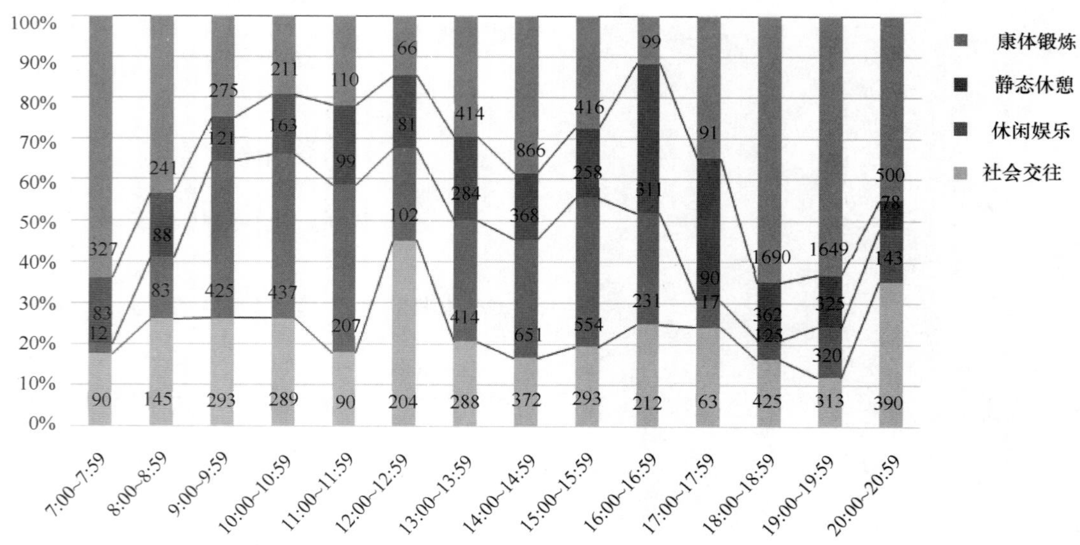

图 4　不同活动类型占比的时段特征

康体锻炼类活动在 14：00～14：59 达到第一个高峰，在晚 19：00～19：59 达到全天最高峰。其中，发生最多的三种活动为广场舞、健走和器械健身（图 5）。三种活动都具有极强的时效性，广场舞只发生在中午和晚上的特定时段（图 6）。健走活动只发在晚上（图 7）。器械健身活动在 19：00～19：59 人次达到最多，其高峰参与人数小于前两种活动，但在从早到晚的全部观测时段内均保持着相当数量的参与人数（图 8）。

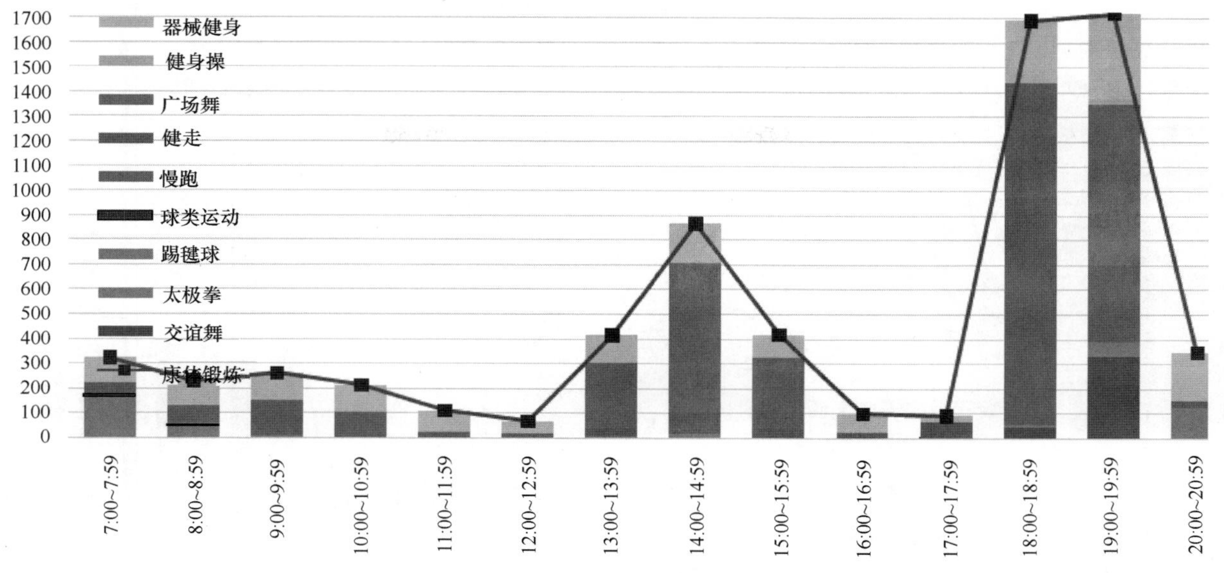

图 5　康体锻炼类活动的时段特征

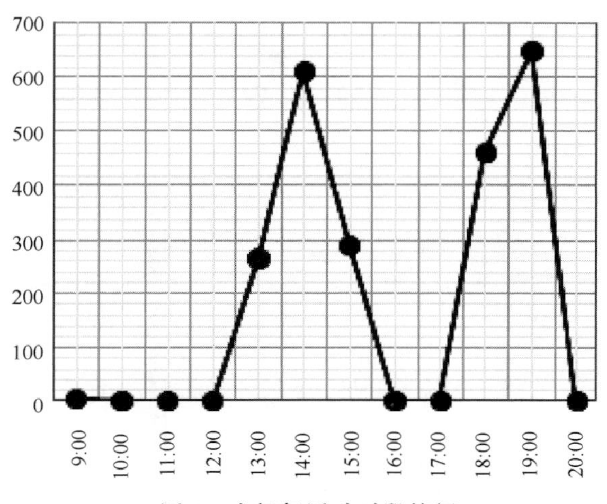

图 6　广场舞活动时段特征

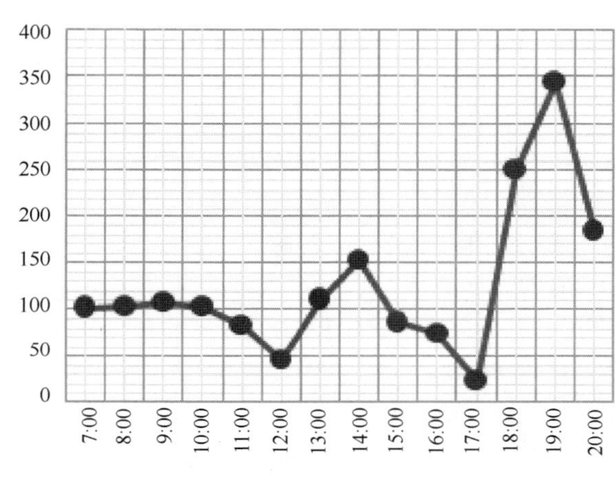

图 8　器械健身活动时段特征

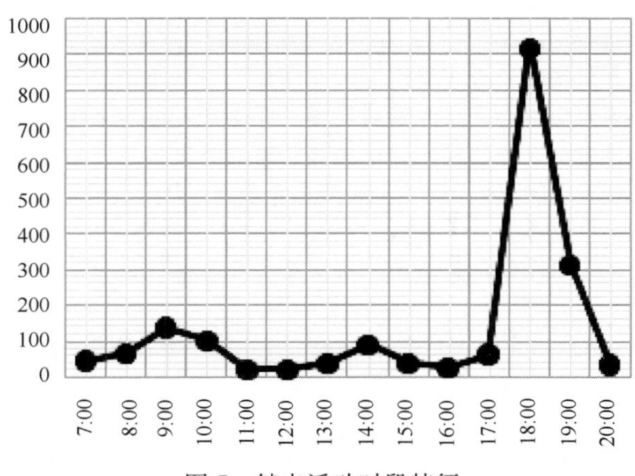

图 7　健走活动时段特征

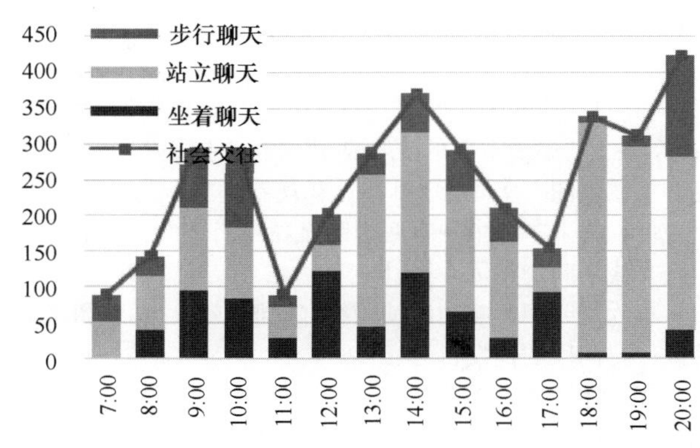

图 9　社会交往类活动的时段特征

社会交往类活动在早 9：00～9：59 和 14：00～14：59 达到高峰期，直至 21：00 观测结束人数一直呈增加趋势（图 9）。其中，站立聊天行为频次最高，在 9：00～9：59、13：00～13：59、18：00～19：59 达到活动高峰，晚间高峰为活动人数最多的时段。其他两种活动参与人次较低，全天未呈现出较大波动（图 10）。

休闲娱乐类活动在 10：00～10：59 和 14：00～14：59和晚 19：00～19：59 达到三个高峰期，其中

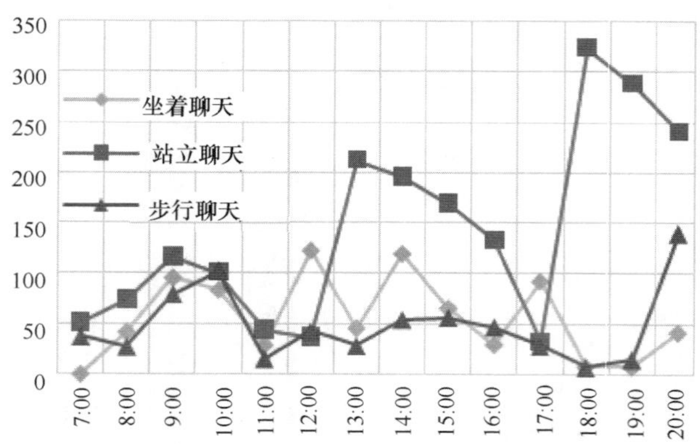

图 10　站立聊天、步行聊天及坐着聊天活动的时段特征

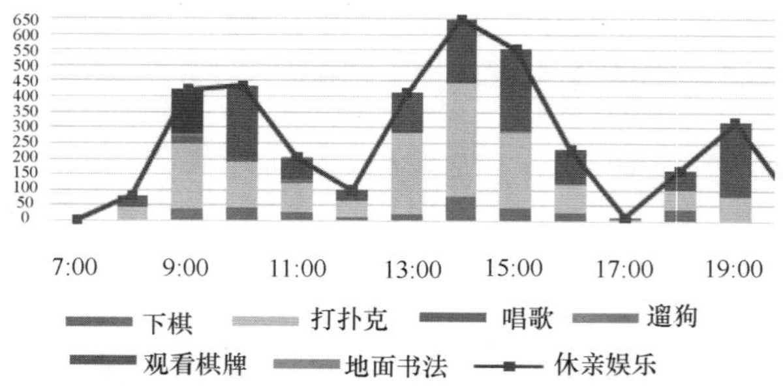

图 11　休闲娱乐类活动的时段特征

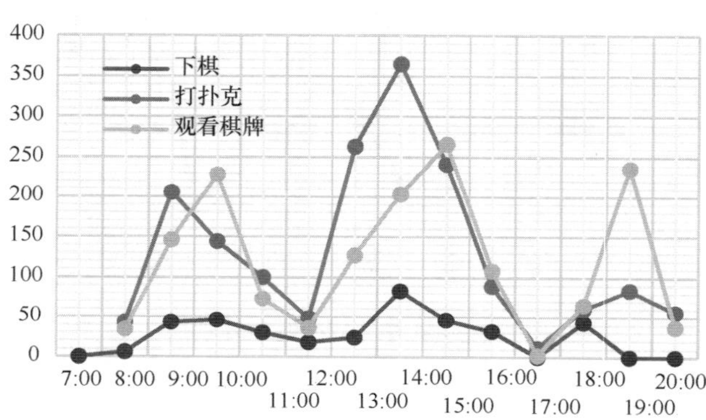

图 12　打扑克、观看扑克和下棋活动的时段特征

14：00～14：59 为一天之中行为发生最多的时段（图 11）。该类型中最主要的三项活动内容为打扑克、观看扑克和下棋（图 12），发现打扑克和观看扑克行为有明显的时段性，在上午和中午有两个明显高峰期，推测由于晚间由于光线变暗的原因，打扑克行为的参与人次明显变少。下棋行为受时间影响的波动较小。地面书法、唱歌和遛狗为某一时间段的偶发行为。

安静休憩类活动在上午 10：00～10：59 达到全天第一个活动高峰，在 14：00～14：59 达到全天活动人次最大值，随后在 17：00～17：59 人数骤降后开始回升（图 13）。其中，静坐行为发生比例最高，其次是驻足和看护孩子行为。静坐行为在 14：00～14：59 达到了明显的高峰期。亲子活动在 16：00～16：59 人数最多，驻足行为在 18：00～18：59 人数最多，三种行为在上午的参与人数都很少（图 14）。分析原因发现，寒地城市在早春时节的上午温度仍然较低，下午时段阳光最为充足，因此老年人普遍喜欢在下午进行晒太阳等安静休憩活动。而亲子活动的发生则与儿童的放学时间具有明显的相关联性。

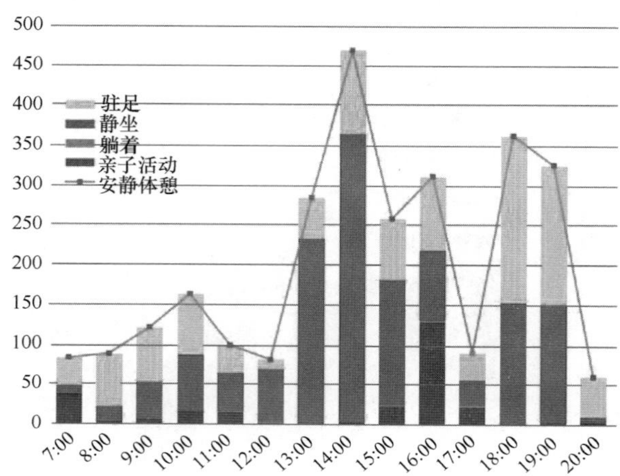

图 13　安静休憩类活动的时段特征

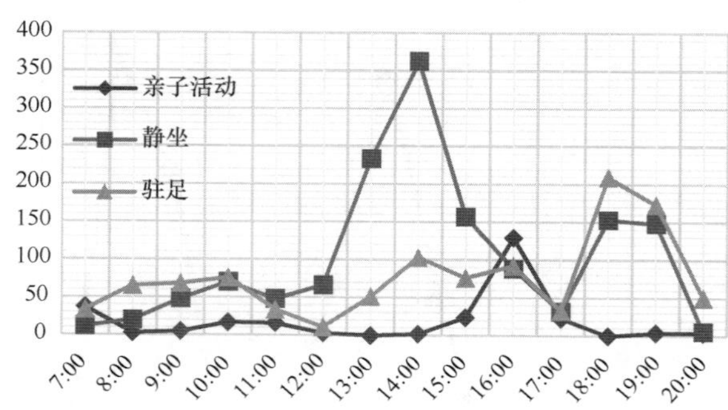

图 14　静坐、驻足、亲子活动的时段特征

3.1.3　不同活动类型的空间分布

将行为地图录入 Arcgis 平台采用自然间断点的方式进行点密度分析，分别针对四种活动类型的空间分布特征进一步研究（图 15～图 18）。结果显示，康体锻炼类活动在广场中的分布情况展现了明显的点状聚集特征，第一类聚集主要发生在健身设施分布区域，说明老年人对户外健身设施的使用强度较高。第二类聚集主要发生在广场中央的空旷处，空间特征主要表现为开阔、平坦，空间尺度足够包容广场舞、交谊舞等集体式活动，说明城市广场中康体健身类活动的首要场所要求是保证一定范围

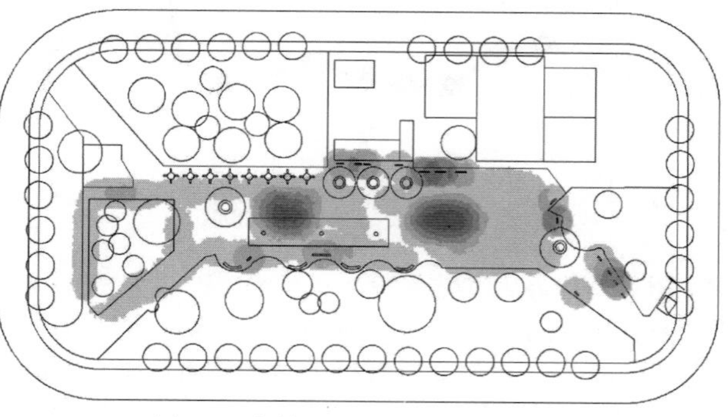

图 15　康体锻炼类活动空间分布

内不受干扰的空间尺度。健走、散步等体力活动在空间内的分布方式大多围绕广场边界呈线性环绕。

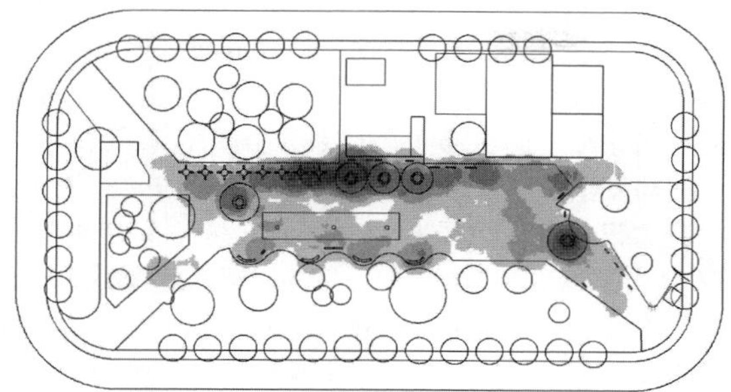

图 16 社会交往类活动空间分布

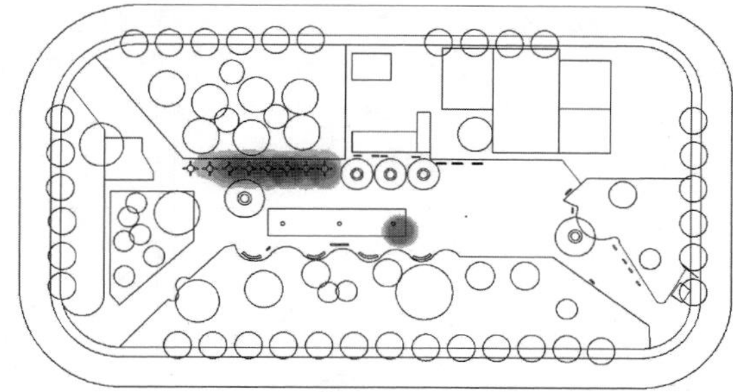

图 17 休闲娱乐类活动空间分布

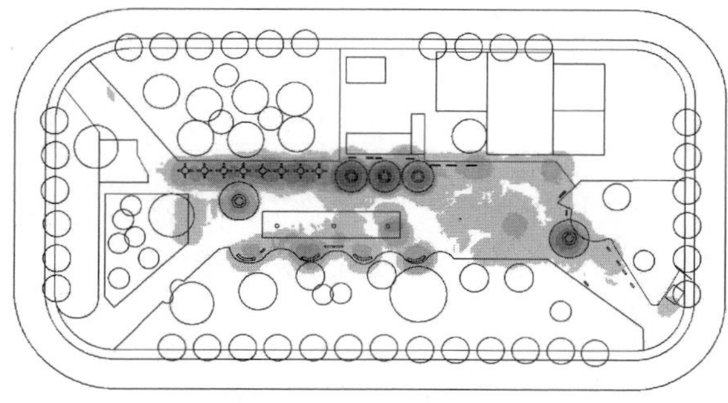

图 18 安静休憩类活动空间分布

在社会交往类活动的空间分布上，聚集特征最明显的是在广场北侧区域，呈线状排列，与该区域的休憩措施排列趋势一致。可将广场中老年人的社会交往类活归纳为专门式与伴生式两种[18]，专门式社会交往活动指老年人以闲聊互动为主要目的的活动，站立聊天和坐着聊天属于此类，参与这些活动的老年人更加寻求舒适、适宜停留的空间，因此此类活动多聚集在广场北侧的石桌、景观树池、南侧有树荫遮蔽的景观长凳附近；伴生式社会交往活动指由其他类型活动伴生的聊天与交流，场所较为多样化，因此广场中社会交往类活动几乎覆盖整个场地。

休闲娱乐类活动主要以棋牌类活动及观看棋牌行为为主，因此，此类活动全部依赖广场北侧的石制桌椅等景观休憩设施发生，分布特征明显。

安静休憩类活动对景观休憩设施也具有一定依赖性，因此主要分布在广场北侧有座椅的空间以及广场边界处有树荫、适宜停留的空间。经过现场观察发现，与休闲娱乐及社会交往类活动所偏好的便于交流的围坐形式的桌椅不同，安静休憩类活动参与者更偏向于面朝活动发生场所单向布置的、氛围安静的景观休憩设施。此外，安静休憩类活动中重要的一项是看护孩子等亲子行为，儿童经常围绕健身设施追逐玩耍，因此围绕着健身设施也分布着相当数量的老年人。

3.2 活动参与人群及其时空间特征

3.2.1 参与人群特征

对老年人的性别结构进行统计，发现男性数据共计10037 次，女性数据共计 7831 人次，男性数据总数约为女性的 1.3 倍。说明老年男性的户外体力活动频率明显高于老年女性，对广场空间的使用强度也高于老年女性。分别统计各个活动类型中老年人的性别结构发现，老年女性的活动类型集中于康体锻炼类，其他三类活动的人数明显少于男性；老年男性的活动类型分布则更加均衡，其中休闲娱乐类活动参与人数最多（图 19）。进一步分析活动内容与性别的关系，发现明显的性别差异（图 20）。广场舞、交谊舞、球类运动、唱歌和太极拳活动的老年女性的比例显著高于男性，其余活动则男性人数较多。

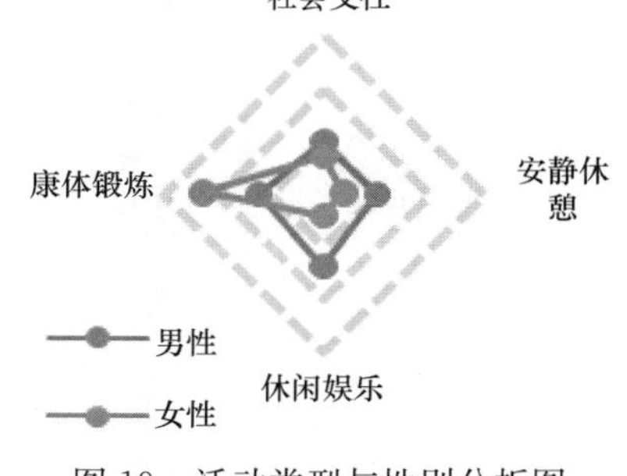

图 19 活动类型与性别分析图

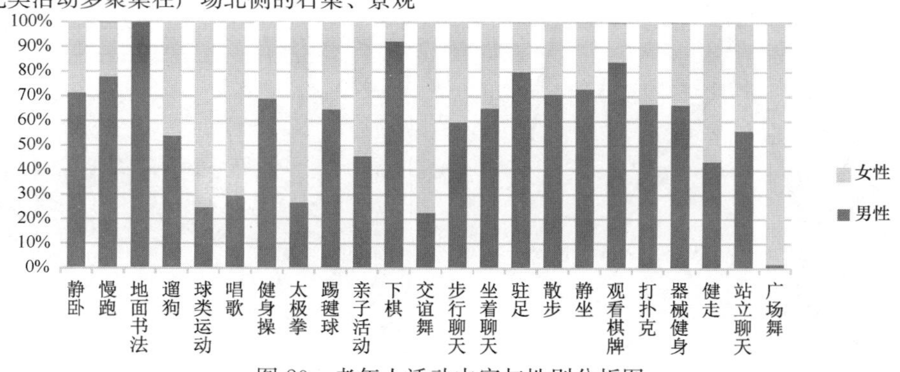

图 20 老年人活动内容与性别分析图

3.2.2 参与人群时间特征分析

广场内的活动人次随时间段的推移发生明显变化（图 21），整体呈现出三个高峰期，分别是早 9：00～9：59、下午 14：00～14：59 和晚上 19：00～19：59，其中晚高峰为全天活动人数最高峰。

分析发现老年人活动的三个高峰期与气候舒适度和家庭生活模式都有密切关系。哈尔滨作为典型的寒地城市，冬季寒冷而漫长，其温度在春季仍然相对较低，因此人们对于阳光有较为强烈的需求。加之老年人特殊的生理条件，在进行户外体力活动时偏好阳光充足、光线较强的环境条件，以便获得较好的热舒适体验，因此上午 9：00～9：59 和下午 14：00～14：59 的温度和阳光条件正好符合老年人的生理需求。另外，在我国居家养老的大背景下，三世同堂的情况较为常见。早午饭后家人工作、儿童上学，老年人独自留守在家中，孤独感、疏离感及老化过程中身心功能退化所造成的健康危机感和压力感[19]驱动其走出家门参与到老年人群体氛围浓厚的场地进行体力活动并通过社会交往寻找内心的身份认同感。

具体分析不同性别的老年人惨景户外体力活动的时段特征（图 22），老年男性与女性活动人数变化趋势具有一致性，但整个上午时段女性户外体力活动发生的人次都明显少于男性，该差值在 10：00～10：59 时段达到最大。从中午开始，老年女性的活动人数开始急剧增加。分析原因可能为老年女性在上午时段更偏向于在室内进行家务性体力活动。而下午和晚上广场舞、健身操等集体活动的发生更容易吸引老年女性走出家门进行户外休闲性体力活动。

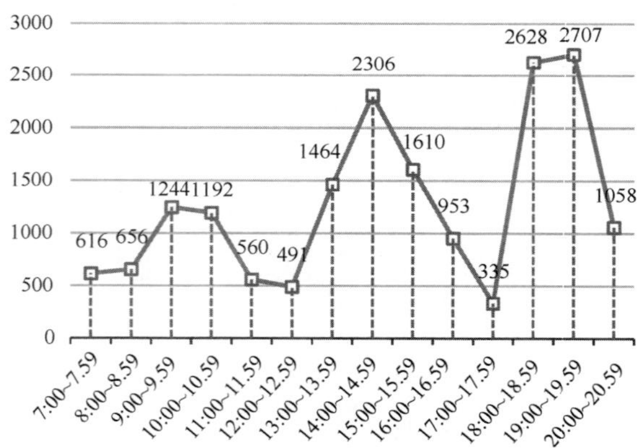

图 21 活动人次时段特征

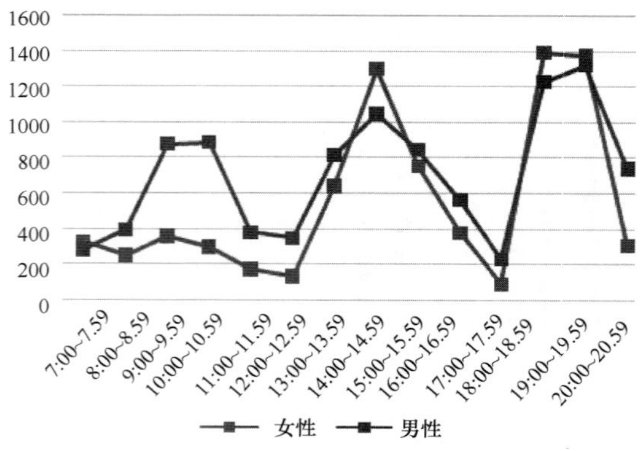

图 22 不同性别老年人活动的时段特征

3.2.3 参与人群在不同时间截面下的空间分布

截取三个高峰时期的活动空间分布图进一步分析发现（图 23～图 25），早高峰时段活动分布呈现出明显的南北边界效应，此时主要类型为社会交往类和休闲娱乐类活动，因此在空间分布上较依赖广场周边设置的休憩设施，活动发生区域较为固定。午高峰时段阳光充足，能够被树荫遮蔽的区域更受欢迎。因此北侧空间使用强度仍然较大，南侧活动发生减少；另外，康体健身类活动比例的大幅度增加，使老年人对广场中心的硬质区域区域开始高强度使用，形成两个明显的聚集节点。晚高峰时段由于活动人次的增多强化了空间上的聚集特征，同时线性体力活动大幅度发生形成了明显的围绕边界的活动轨迹。此时通过现场观察发现，老年人大多偏好选择光照条件较好的区域进行活动，集体式活动大多以照明设施为中心开始聚集人群。三个高峰时段的空间分布特征都体现了集体式活动明显的领域性。

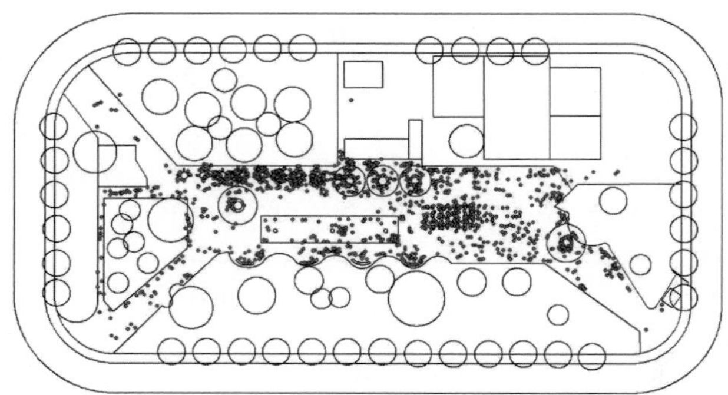

图 23 早高峰时段活动空间分布特征

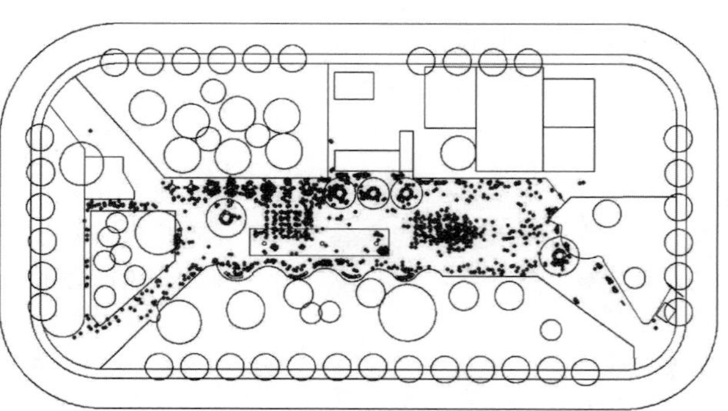

图 24 午高峰时段活动空间分布特征

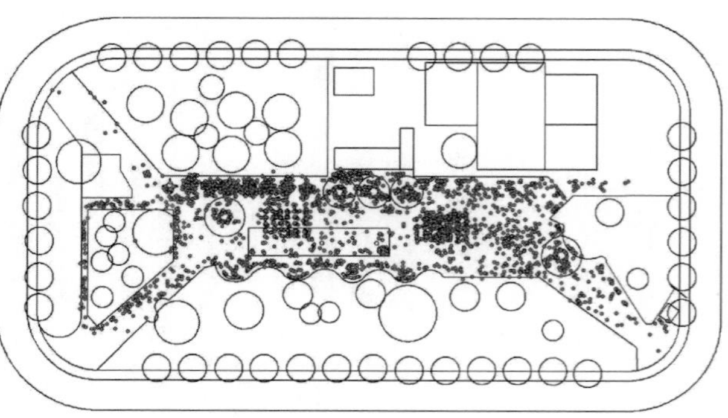

图 25 晚高峰时段活动空间分布特征

4 讨论

4.1 老年人户外体力活动空间模式

根据老年人户外体力活动的空间特征记录显示，北秀广场的老年人户外体力活动主要分布在硬质空地、健身器材和景观休憩设施周围（图 26～图 29）。健身器材的功能性和开阔平整的场地空间牵引进行健身锻炼的老年人群聚集，并与线性体力活动轨迹结合，形成康体健身类活动空间模式。空间的热舒适度、休憩设施的辅助性和热点活动的吸引力牵引形成以老年人社交网络为基础的社会交往类活动空间模式。对休憩设施的完全依赖性牵引老年人形成具有内部向心性的休闲娱乐类活动空间模式。空间的热舒适度、休憩设施的辅助性、视野开阔度和亲子活动牵引老年人的静态聚集，形成安静休憩类活动空间模式。

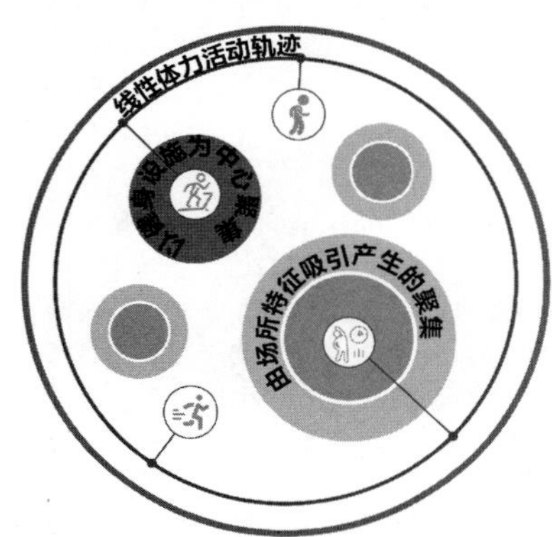

图 26 康体健身类活动模式图

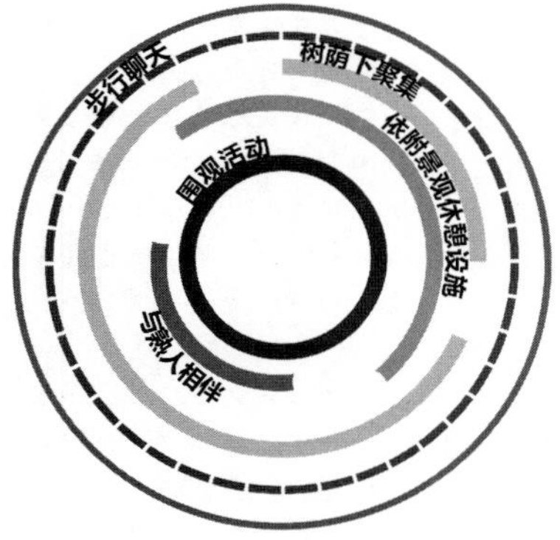

图 27 社会交往类活动模式图

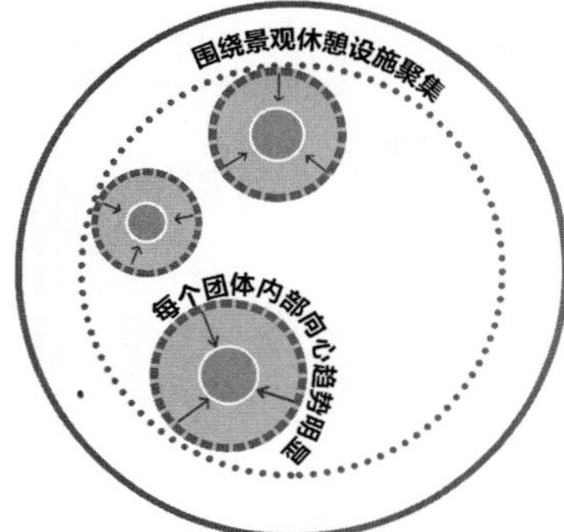

图 28 休闲娱乐类活动模式图

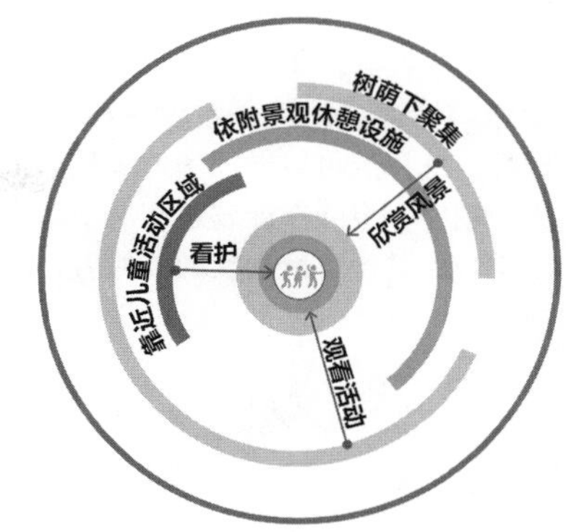

图 29 安静休憩类活动模式图

不同类型的广场空间环境对促进老年人休闲性户外体力活动的多样性、自主性、提升运动时长和频率具有重要影响。广场的健身设施和硬质场地为老年人体力活动提供了运动基础。合理的植物配置提升了老年人活动场所的小气候舒适度。完善的休憩设施保障了老年人特殊身体条件下的休憩需求。对这些环境要素的精细化设计是对城市广场适老化建设的积极探索。

4.2 减少冲突的老年人群强领域感保障

老年人群活动具有短时多次的特征，表现出强烈的时域性和地域性，固定类型的活动一般发生在特定时段，且不会改变每次活动的地点，因此要求要尽量避免各个活动之间的互相冲突。研究显示不同团体的广场舞与健走、健身操、毽球等集体式活动在活动范围上存在交集现象，不可避免地出现了一定程度的互相干扰。

可通过设置可移动休憩设施、置物设施，灵活地满足不同时段老年人的空间使用需求。同时在广场中央活动区采用异化地面铺装等设计手法进行活动范围限定，满足老年人对领域感的强烈需求。此外，本研究的空间分布特征显示老年人偏好围绕广场边界进行的线性体力活动。因此可在广场周围设置专用健走步道，不仅增加安全性，也从心理上激发了老年人活动的积极性。同时，在寒地的不同季节、不同时段，人们对阳光的需求变化差异明显，因此灵活的景观空间和设施也是弹性应对寒地气候的有效策略。在植物配置上，已有研究证明充足的林下空间、丰富的灌木多样性和增加地被面积植物有助于促进体力活动多样性[20]。通过在广场上引入灌木及草坪地被营造不同层次的空间、合理距离间植乔木以冠幅限定空间等置物配置手法，在保障老年人活动领域感的同时也有助于丰富体力活动多样性。

4.3 促进伴生活动的适老性复合空间营造

分析发现，老年人在进行体力活动时，在其聚集点周围常有其他形式的伴生活动发生，主要包括观看行为和社交行为。另外老年人在心理上喜爱儿童，除了看护自家儿童，观看其他儿童活动也是缓解老年人孤独感的重要活动。因此，在对广场进行设计时可以考虑建立适老性复合空间系统（图 30），包含多种空间类型：①中央活动空间，即主要活动发生的场地；②观看社交空间，主要为景观座椅等设施；③休憩置物空间，包括置物装置、饮水装置、遮阳避雨廊架等设施。④儿童活动空间，包括儿童活动器材等其他相容性设施。复合系统可根据场地具体条件进行组合搭配，这样既可以增加场地人气，全面激发场地活力，提高使用率，也能保证场地在活动高峰期外也有一定的使用率，吸引其他年龄层次的使用者，提升场地的可持续利用性。

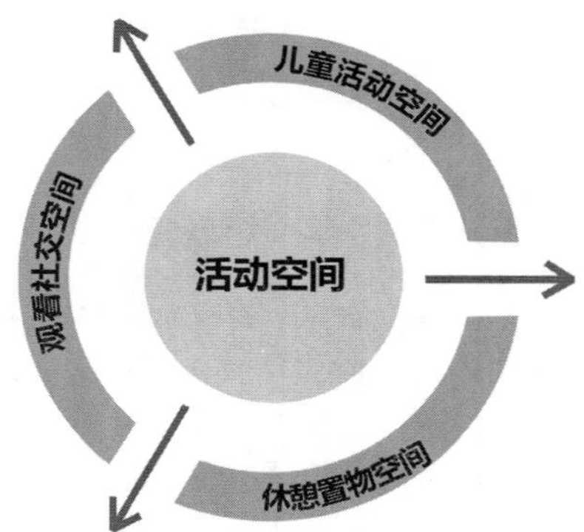

图 30　适老性复合空间营造示意图

4.4　研究局限

本研究的数据来自对于老年人的行为观察，未能识别出老年人的年龄层次、身体状况以及家庭情况等信息，无法进一步分析不同类型老年人活动的时空特征和活动偏好。同时本研究是将老年人的活动行为作为点数据录入，对于快速移动的活动数据可能难以捕捉，老年人对广场空间的使用强度有可能被低估。

5　结语

本研究基于行为注记法，采集北秀广场老年人休闲性户外体力活动行为，从时空分布特征和空间使用情况上探究了老年人户外体力活动特征，总结出老年人户外体力活动的不同模式，讨论了寒地城市广场空间适老化空间设计策略。研究得出以下结论：(1) 老年人在寒地城市广场中的休闲性户外体力活动主要分为康体健身、休闲娱乐、社会交往和安静休憩四大类。其中发生频率最高的五种活动为跳广场舞、站立聊天、绕广场健步走、使用器械健身和打扑克。(2) 广场中老年人活动人次在早 9：00～9：59、下午 14：00～14：59、晚上 19：00～19：59形成三个高峰期。大部分活动如广场舞、健走、器械健身、站立聊天、打扑克、观看棋牌、静坐、陪伴孩子等具有明显的时段效应；坐着聊天、步行聊天、下棋等活动人次随时间变化波动较小。(3) 老年人对广场空间使用具有明显的聚集倾向性，主要空间分布方式为树荫下聚集、依附休憩设施聚集、人际网络吸引聚集和活动吸引聚集、靠近儿童活动区域聚集。

城市广场是最贴近老年人生活的户外体力活动场地之一，对老龄群体的健康服务功能起到重要承载作用。了解老年人的户外活动规律及模式，进行具有针对性的适老化设计，可以提高城市广场对于老年人户外体力活动的支持潜力。同时作为城市开放空间系统的重要组成部分，也将提升广场对城市的健康服务效能。

参考文献

[1] Singh M A. Exercise Comes of Age: Rationaleand Recommendations for a Geriatric ExercisePrescription[J]. Journal of Gerontology: Medical Sciences, 2002, 57A(5): 262-282.

[2] Aulund K, Lund R, Holstein B E, et al. SocialRelations as Determinant of Onset of Disability inAging[J]. Archives of Gerontology and Geriatrics, 2004, 38(1): 85-99.

[3] Rappe E, Kivela S L, Rita H. Visiting outdoor green environments positively impacts self-rated. health among older people in long-term care[J]. Horttechnology, 2006, 16(1): 55-59.

[4] OWEN N, HEALY G N, MATTHEWS C E, et al. Too much sitting: the population health science of sedentary behavior [J]. Exerc Sport Sci Rev, 2010, 38(3): 105-113.

[5] WARBURTON D E, CHARLESWORTH S, IVEY A, et al. Asystematic review of the evidence for Canada's physical activity guidelines for adults [J]. Int J BehavNutr Phys Act, 2010, 7(1): 39.

[6] W H O. Global Perspective of World Health D ay 2012[M]. G eneva: W H OPress, 2012.

[7] 张纯，柴彦威，李昌霞. 北京城市老年人的日常活动路径及其时空特征[J]. 地域研究与开发，2007(04)：116-120.

[8] 林文洁，于喆，杨绪波. 居住区老年人户外活动及其空间特征研究——夏季户外活动实态调查[J]. 建筑学报，2011(02)：73-77.

[9] 汪民，张俊磊. 老龄化社会需求下的城市公园调查分析及其启示[J]. 规划师，2013，29(10)：29-32.

[10] 曲艺，张然，王大鹏. 城市开放性公园老年人休闲活动时空特征研究——基于夏冬两季沈阳市老年人公园活动实态调查[J]. 建筑学报，2016(S2)：87-91.

[11] 刘正莹，杨东峰. 邻里建成环境对老年人户外休闲活动的影响初探——大连典型住区的比较案例分析[J]. 建筑学报，2016(06)：25-29.

[12] 冯建喜，黄旭，汤爽爽. 客观与主观建成环境对老年人不同体力活动影响机制研究——以南京为例[J]. 上海城市规划，2017(03)：17-23.

[13] 董贺轩，潘欢欢. 城市社区大型公共空间老龄健康活动及其空间使用研究——基于武汉"吹笛"公园的实证探索[J]. 中国园林，2017，33(02)：27-33.

[14] 宋聚生，孙艺，谢亚梅. 基于老年社群活动特征的空间规划设计策略——以深圳典型社区户外活动空间为例[J]. 城市规划，2017，41(05)：27-36.

[15] 黄怡，朱晓宇. 城市老年人的日常活动特征及其感知评价的影响因素——以上海中心城社区为例[J]. 上海城市规划，2018(06)：87-96.

[16] 楼宇青，金荷仙，张丽. 杭州春季城市公园老年人行为抽样调查与分析[J]. 中国园林，2019，35(03)：66-70.

[17] 赵秀敏，郭薇薇，石坚韧. 基于老年人日常活动类型的社区户外环境元素适老化配置模式[J]. 建筑学报，2017(02)：48-52.

[18] 董贺轩，潘欢欢. 城市社区大型公共空间老龄健康活动及其空间使用研究——基于武汉"吹笛"公园的实证探索[J]. 中国园林，2017，33(02)：27-33.

[19] 魏烨. 老年人参与群体性休闲运动的动机、群体气氛与运

动效益的相关性[J]. 中国老年学杂志，2014，34(20)：5899-5900.
[20] 王兰，张雅兰，邱明，等. 以体力活动多样性为导向的城市绿地空间设计优化策略[J]. 中国园林，2019，35(01)：56-61.

作者简介

余洋，1976年生，女，汉族，黑龙江人，博士，哈尔滨工业大学建筑学院景观系副教授，寒地城乡人居环境科学与技术工业和信息化部重点实验室。研究方向为风景园林规划与设计，环境与健康。

杨悦，1994年生，女，汉族，辽宁人，哈尔滨工业大学建筑学院景观系在读硕士研究生，寒地城乡人居环境科学与技术工业和信息化部重点实验室。研究方向为风景园林规划与设计。电子邮箱：810858870@qq.com。

唐晓婷，1993年生，女，汉族，四川人，中国建筑西南设计研究院有限公司。研究方向为风景园林规划与设计。

城水和谐视角下北京浅山区城镇绿色网络规划研究①

Research on the Strategic Planning of the Green Spaces of Suburban Hilly Area in Beijing From the Perspective of the Harmony between City and Water

王　钰　高梦瑶　李　雄

摘　要： 以北京市石景山区五里坨地区为例，以城市建设与水环境因子的适应性关系为研究对象，探索浅山地区城市的一种城水适应性规划方法。通过实地调研、系统研究、技术分析等方法，从水生态、水功能、水景观三个层面探索了浅山区城市城水适应性规划模式，提出了从问题确定、相关要素分析、策略提出到水适应性处理等一系列水适应性城镇绿色网络规划步骤。在现有城市空间的基础上，建立一个城市绿色空间网络，推动区域的绿色发展。

关键词： 城水和谐；浅山；绿色空间；城镇发展

Abstract: Taking Wulituo area, Shijingshan District, Beijing city as example, and the relationship between urban construction and adaptability of water environmental element as the research object, so as to explore a way of planning adaptability between city and water in cities located in suburban hilly area. Through field investigation, systematic research and technical analysis among other methods, the mode of planning the adaptability between city and water in cities of suburban hilly area from three aspects of water ecology, water functions and water landscape. It proposes a series of steps of planning green space network of water-adapted towns including confirming the issue, analysis on relevant elements, proposing strategies and handling water adaptability. On the basis of existing urban space, an urban green space network will be constructed to push forward regional green development.

Keyword: Suburban Hilly Area; Harmony Between City and Water; Green Spaces

引言

浅山区是北京市的重要生态屏障和生态敏感地区。一方面，它具有地势平缓、水系发育、物种多样、等特点，拥有丰富的风景名胜、文化遗产、乡土景观资源，是城市居民休闲、度假、居住的极佳场所；但另一方面，由于处于城市边缘地区，缺乏科学规划和统一管理，面临着人为破坏严重、生态景观破碎、安全问题突出等问题。随着北京经济发展和人口规模的快速增长，浅山区面临强烈的开发建设需求[1,2]。

浅山区建设中的水文问题极为突出。由于山地水文条件特殊，具有沟谷发育较多、季节变化大、易发生洪水等特点，盲目照搬平原城市的经验，导致山水结构改变、水体空间被压缩、水岸公共性衰落、水生态问题严重，进而对城市功能、风貌、环境品质产生影响。传统的城镇规划缺乏基于水环境功能的控制和引导，无法达到理想的水环境保护、水景观营造和城市生态系统健康维护的目标。选择“城水和谐”作为研究切入点旨在通过城市绿色开放空间的规划建设，重塑城水关系，探索适合浅山区的城水适应性规划模式[3]。

本文以北京市石景山区五里坨地区为例，以城市建设与水环境因子的适应性关系为研究对象，在 GIS 空间分析技术支持下探索浅山地区城市的一种城水适应性规划方法。通过实地调研、系统研究、技术分析等方法，从水生态、水功能、水景观三个层面探索了浅山区城市城水适应性规划模式，提出了从问题确定、相关要素分析、策略提出到水适应性处理等一系列水适应性城镇绿色网络规划步骤。在现有城市空间的基础上，建立一个城市绿色空间网络，保护关键生态用地，重建区域生态水文系统，发挥一系列综合效益，推动区域的绿色发展。

1　研究区场地概况

本次研究关注的五里坨地区，位于北京市石景山区的最西端，距离市中心 20km，辖区面积 26.94km²。五里坨地区属于北京小西山西麓，处于被小西山和永定河围合形成的碗状区域，是北京市规划提出的“西山永定河文化带”的关键连接点之一（图 1）。规划场地大部分区域属于 100～300m 的浅山区范围，属于重要的城市边界以及城市与自然的过渡带，最小高程 80m，最大高程 780m。山区坡度基本维持在 25%～40%，少量区域达到 40%以上，山体植被覆盖以人工林为主且城区有大量裸露土地面。该区域主要包括首钢工业区、新建住宅区、自然村庄和部队军事用地，且存在大量城市基础设施，城市更新发展潜力巨大。场地内存在大量自然村庄，沿永定河自西向东，沿地势由高而低分布。大量村落街巷空间混乱、基础设施不足、环境品质差，房屋面临改造、拆迁、腾退的状况。

①　基金项目：国家自然科学基金（31670704）：“基于森林城市构建的北京市生态绿地格局演变机制及预测预警研究”和北京市共建项目专项共同资助。

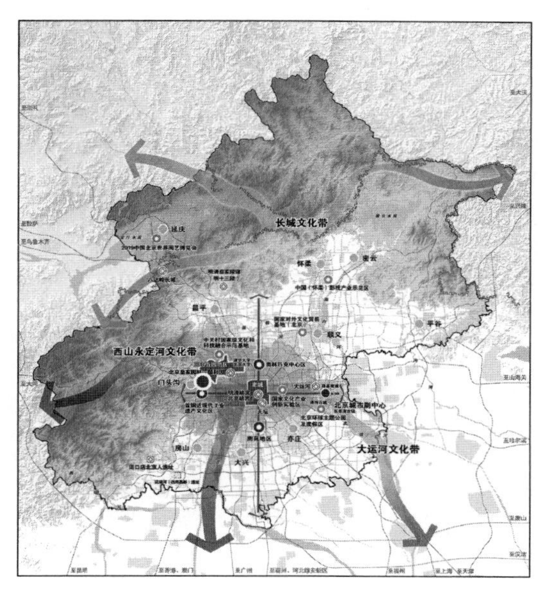

图 1　五里坨地区在北京市的区位

京西古村落所处的山地环境相比平原地区环境条件更加复杂，在生产、生活、生态、安全等多个方面与水的联系更为密切[4]。研究范围内原本存在着“两河、一渠、五沟”的水网结构，但在实地调研发现该地区除了河流、湖泊 、池塘、沟渠等地表水，同时还有泉水、井水、深层地下水等，但是在农业景观转变为城市景观的过程中，城市与原来的乡土失去关联，导致原有山水结构改变；老城中城市水网密度减少，河道被填埋或占用，水体空间被压缩；水岸公共性衰落，许多曾经具有多功能的水系活力降低；并且出现了水污染、河道干涸、水土流失、地下水位下降等比较严重的水生态问题（图 2）。

城水关系直接影响到城市未来的可持续发展，一直以来是学术研究的热点[5]。通过绿色开放空间体系的打造重塑城与水的关系，使五里坨地区形成“山水交融、城水相依”的格局，有助于发挥水的一系列综合效益，从而推动区域绿色发展。

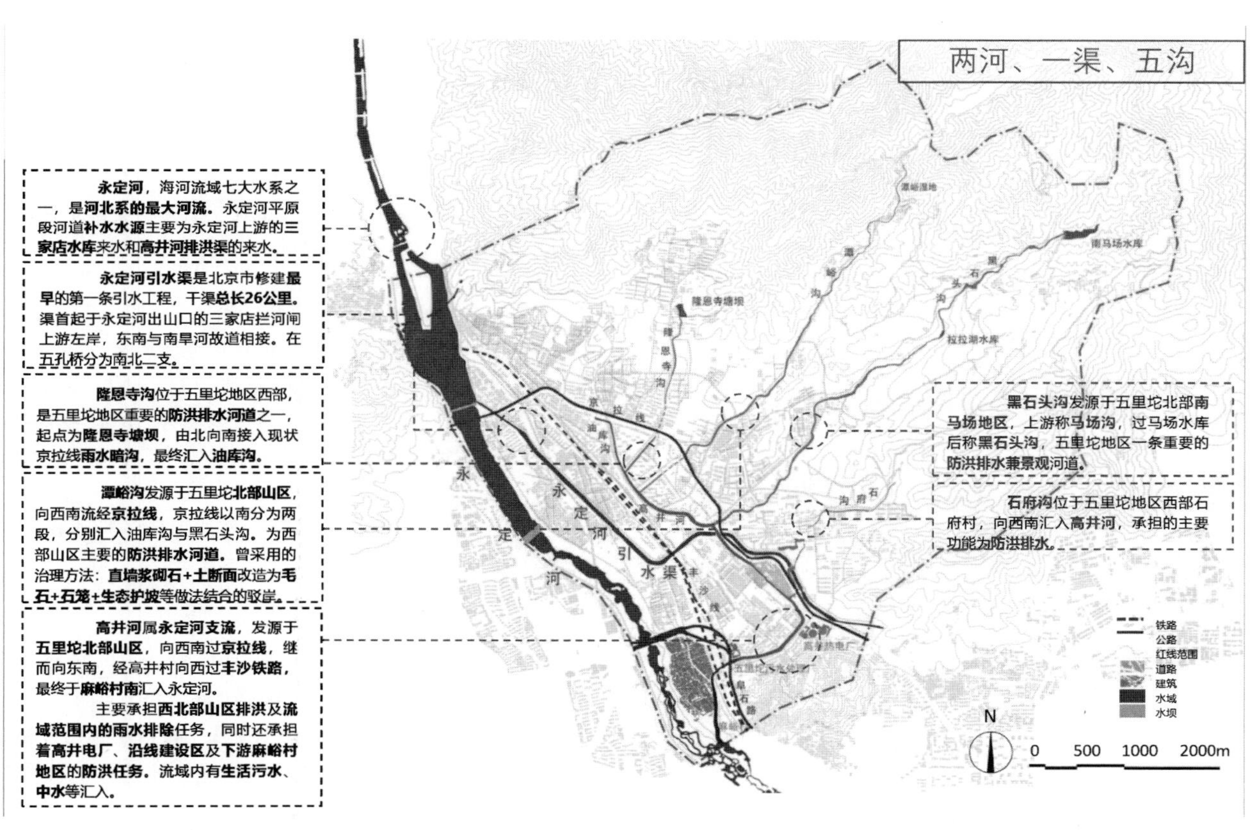

图 2　五里坨地区水文条件概况

2　城水和谐视角下绿色空间规划方法

通过场地汇水分析可知在单次降雨 20mm、50mm、100mm、200mm 时场地整体汇水从 30 万 m^3 到 500 万 m^3，对这些水进行有效的蓄水利用可以供给城市段部分河道维持长年有水的状况（图 3）。基于场地现状矛盾，规划提出“以水生态修复、水功能更新为基础、以打造多样化的水景观、激活水空间为特色、构建城水和谐的浅山区绿色生态网络体系”的目标。

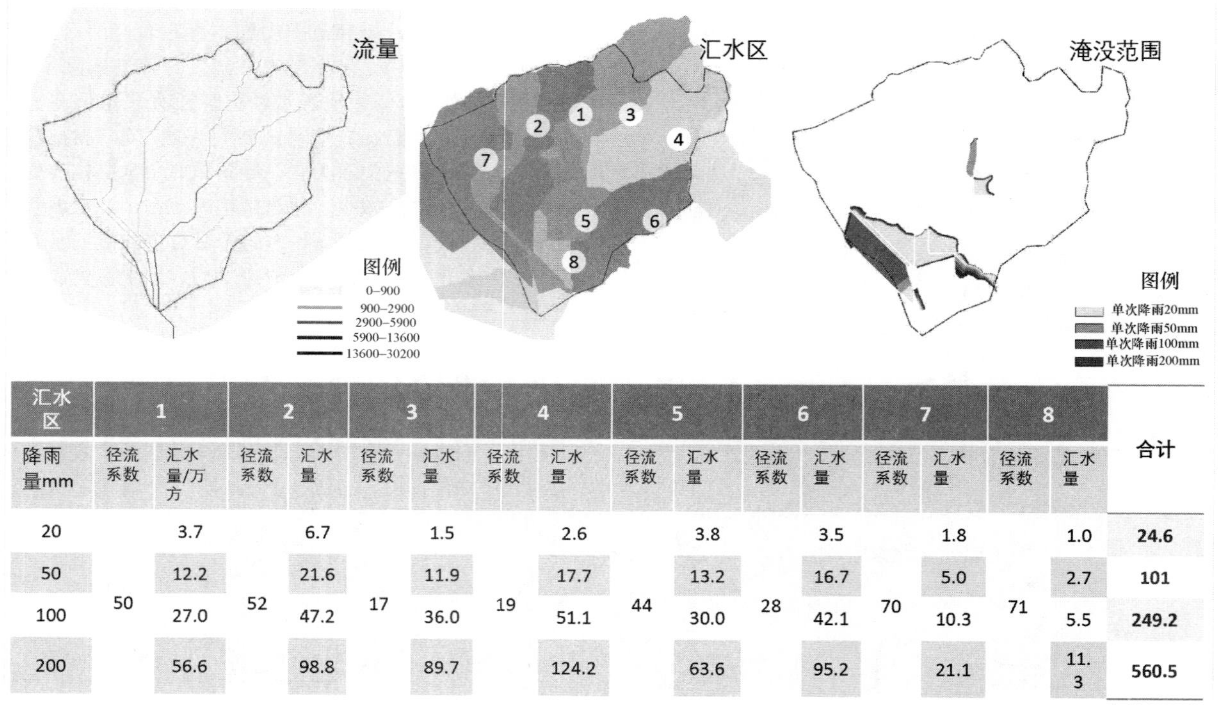

汇水区	1		2		3		4		5		6		7		8		合计
降雨量mm	径流系数	汇水量/万方	径流系数	汇水量	径流系数	汇水量	径流系数	汇水量	径流系数	汇水量	径流系数	汇水量	径流系数	汇水量	径流系数	汇水量	
20		3.7		6.7		1.5		2.6		3.8		3.5		1.8		1.0	24.6
50		12.2		21.6		11.9		17.7		13.2		16.7		5.0		2.7	101
100	50	27.0	52	47.2	17	36.0	19	51.1	44	30.0	28	42.1	70	10.3	71	5.5	249.2
200		56.6		98.8		89.7		124.2		63.6		95.2		21.1		11.3	560.5

图3　五里坨地区基础水文数据分析

2.1　适应水的空间规划策略

针对城与水互相影响、互相制约的因素进行分析，从水生态、水功能、水景观三方面构建适应水的空间规划策略（图4）。

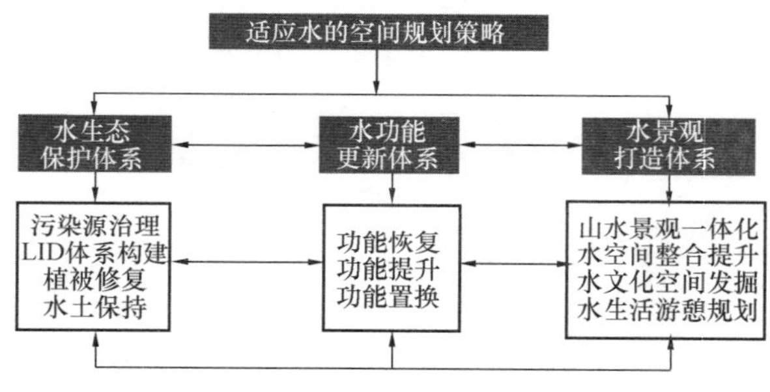

图4　适应水的空间规划策略

2.1.1　水功能更新

对于功能逐渐丧失的河道，进行恢复或提升；对于随着时代发展原有功能发生改变的河道，如永定河、高井沟进行功能的置换，规划建设为绿色基础设施。在汇水区考虑拓展水面或建蓄水池；利用绿地对雨水、污水进行收集、净化、存蓄；提升水的自我循环、净化能力。

2.1.2　水生态保护

永引渠、高井河、油库沟汇水处建蓄水池，并在雨水汇入河道前进行净化处理；双泉寺、慈善寺泉眼出补给地下水；对河道周边污染源进行城市污水再利用。

2.1.3　水景观打造

场地内存在大量与水相关的历史古迹、风景资源，亟待保护、开发。对于具备风景价值、人文价值的河道水系，结合自然、人工要素进行景观的提升、配套服务设施建设和慢行体系的构建，提升水水景观价值、激活水空间活力。

将以上选点在空间上落位，叠加形成适应水的潜力空间（图5）。

2.2　绿地结构规划策略

浅山区是一个完整的生态系统，对其绿色空间进行分析规划应建立在整体的生态敏感性评价基础上，目前已有学者将RS和GIS技术应用于浅山区生态环境评价研究中[6]。本研究借助技术分析提出基于生态敏感度的绿心保护策略和基于生态网络的绿地结构规划策略。

2.2.1　基于生态敏感度的绿心保护策略

首先，通过现状调查，结合北京浅山区的特点，选取对绿地结构和景观有重大影响的因素，构建出生态敏感度的评价指标。结合“城水和谐”的规划目标，兼顾景观生态和人文生态[7]，利用层次分析法确定各指标的权重（表1）。

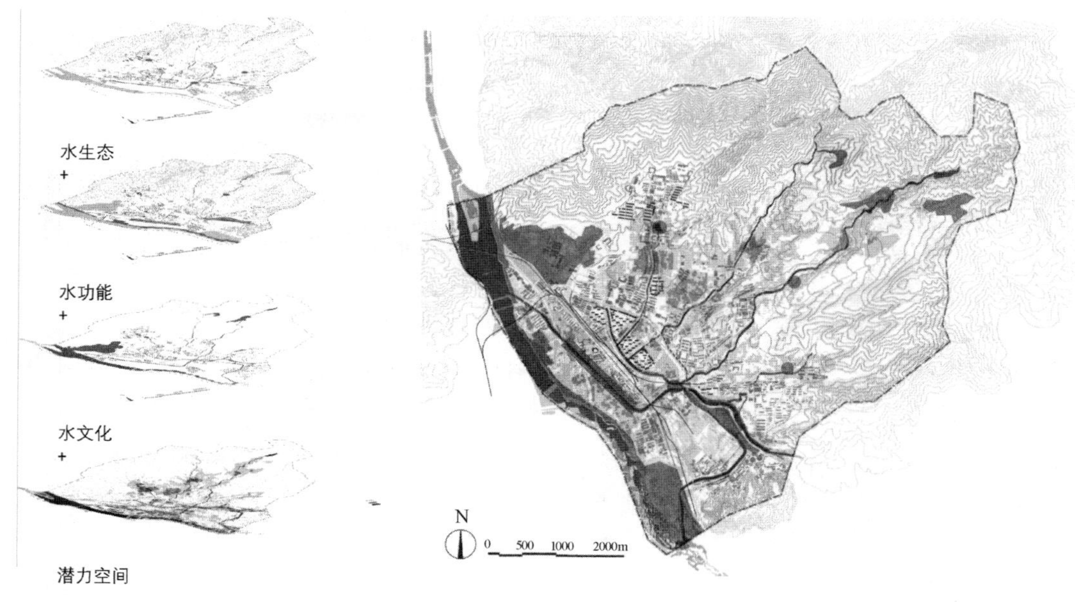

图 5 适应水的潜力空间在研究区域的分布

生态敏感度评价表 **表 1**

评价因子	分类	评价值	目标权重
水体及缓冲区	0～10m	10	0.45
	10～30m	8	
	30～100m	6	
	100～200m	4	
	200～500m	2	
	＞500m	0	
土地覆盖	有林地	8	0.25
	灌木林地	6	
	疏林地	4	
	草地	2	
	建设用地	0	
	耕地	6	
	水域	10	
	裸地	1	
高程	＜100m	4	0.1
	100～200m	6	
	200～300m	8	
社会服务功能（村镇民居距离）	0～150m	8	0.2
	150～300m	6	
	300～500m	4	
	＞500m	2	

研究区域内的水体主要包括有人工水库、人工沟渠、坑塘、河流等，对水体划定出不同距离的缓冲区，利用重分类的方法，赋予不同缓冲区以生态敏感性意义上的分值，作为水体距离这一评价因子的评价结果[8]。在土地利用/覆盖这一目标层中，根据五里坨地区的土地情况，以国土资源部发布的《土地利用现状分类》GB/T 21010—2007 为基础，设计研究了土地利用/覆盖的分类系统体系。对 landset8 高分辨率遥感影像数字资料进行 GIS 地物分类解译，佐以人工目视结合实地考察的方法，对分类进行校正。研究区域内的高程主要按照浅山区生物多样性的分布特征进行分类，而社会服务功能是指与已聚集的有规模的村镇民居之间的距离。高程与社会服务功能均采用与水体距离相同的处理方法，分别得到相应因子的评价结果。借助栅格计算器工具，将四个单因子评价的结果进行加权叠加，结果采用自然断点的分类方式，提取分类中的核心值，即可反映出生态敏感度最高的区域（图 6）。

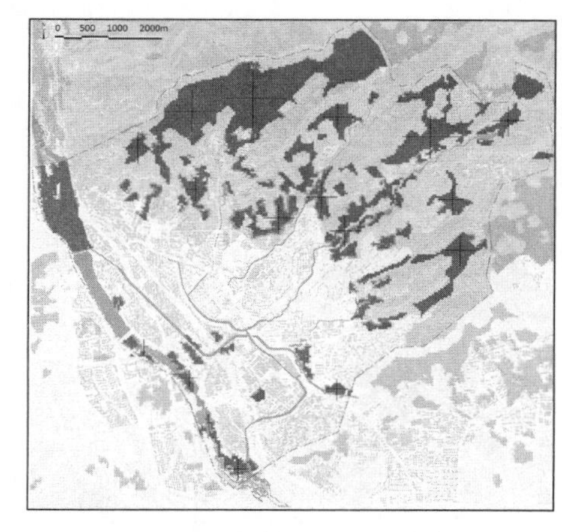

图 6 五里坨地区生态敏感区分析

2.2.2 基于生态网络的绿地结构规划策略

为了构建完整的生态保护格局，还需要基于“引力一阻力”分析，补充出适宜动物迁徙的潜在廊道，从而既满足生态功能，又符合动物栖息迁徙需求，并且高度连接生态网络[9]。

根据代表物种的习性特征对土地覆被进行赋值，借助成本距离工具分别计算这些代表性物种在空间运动中阻力最小的区域，得到最小阻力面。进而，选定土地利用/覆盖、植被覆盖与海拔高度作为生态成本因子，分别对其设置阻力值。借助栅格计算器工具，将土地利用/覆盖、植被覆盖与海拔高度成本进行加权叠加；借助成本连接度工具，在每两个高生态敏感度区域之间形成一个连接的廊道，即对成本最低的生物廊道。

在敏感度最高的区域之间构建出最小阻力模型，以判断这些生态岛屿间在生物迁徙空间上的联通性，并采取不同的策略。适应生态的绿地结构应该在此基础上进行调整和规划，统筹考虑生态过程和功能的连接性[10]：

第一，生态适宜区和城市建设区之间存在生态空白区域，需要通过生态廊道、绿色网络的构建来修补破碎生境、补白增绿、打造城水一体的绿色空间格局，从而产生了“蓝绿交织、城水一体”的绿色空间结构初步构想（图 7）；

第二，根据生态高敏感区域、最小阻力面与廊道内外环境要素的特征，划分出类型不同的生境（图 8）。近水的生境以自然冲沟或湿地为主，林地为主的生境包括大面积的林灌、草地和林地中散布的农田，而近城市的生境主要是自然与建设用地之间过渡的、以公园绿地为主的各种绿地类型。

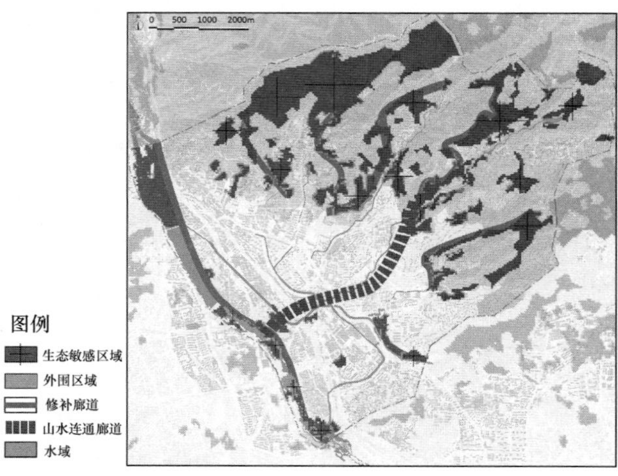

图 7　五里坨地区绿色空间初步构想

图 8　五里坨浅山区生境类型

3　规划成果

在以上分析基础上将适应水的空间规划与绿地空间进行叠加得出绿色空间规划结构。结合场地历史与人文特征，规划“一轴、两带、多中心”的空间布局：“一轴”是依托永定河打造展示城乡新风貌的绿色发展轴线；依托城区水系、道路结合用地布局形成“创新发展绿廊”；结合山区冲沟水系改造形成连通山与城的“山水生态绿廊”。由线性的“带”串联组团分“区”，从而使水系真正成为带动经济发展、提升城市活力的引擎，形成绿色空间总平面图（图 9）。

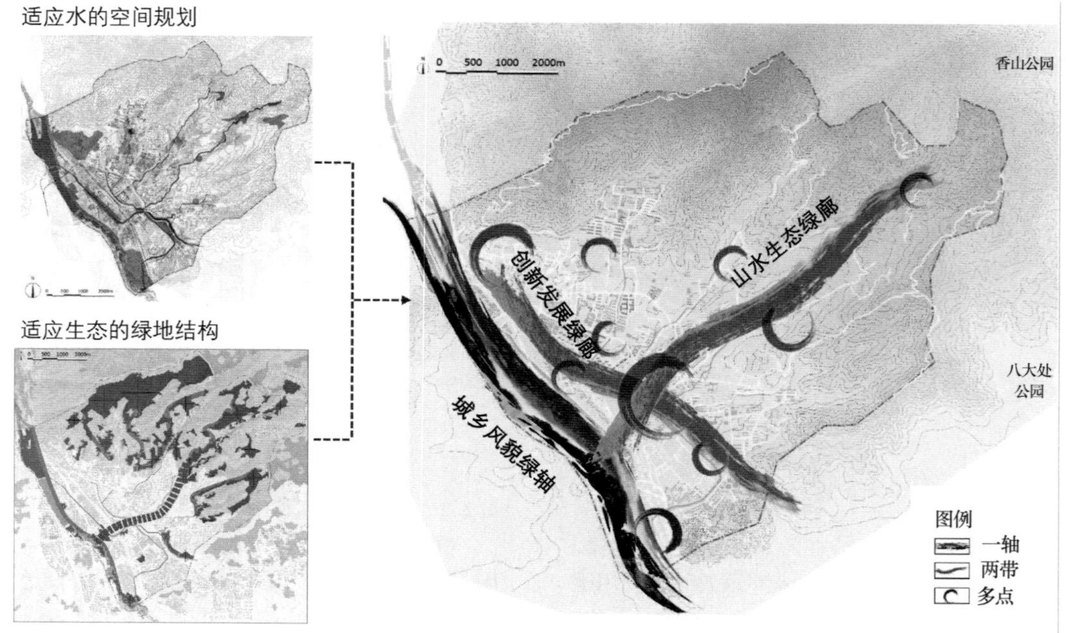

图 9　五里坨地区规划绿色空间总平面图

4　总结与展望

《北京城市总体规划（2016～2035 年）》中明确提出"加强沿平原地区东北部、北部及西部边缘浅山带的生态保护与生态修复，加大生态环境建设投入，鼓励废弃工矿用地生态修复、低效林改造等，提高生态环境规模和质量。推动浅山区特色小城镇和美丽乡村建设，将浅山区建设成为首都生态文明示范区。"因此，研究人为因素对浅山区自然环境的影响、进行科学合理的规划建设对于维持北京市生态环境质量具有重要意义。本研究从风景园林的视角出发对北京西部浅山区五里坨地区进行水文分析和绿地结构评价基础上，提出以"城水和谐"为目标、从水生态、水功能、水景观三个层面探索了浅山区绿色空间构建策略，从而建立城市绿色空间网络，推动区域的绿色发展。

参考文献

[1] 俞孔坚，袁弘，李迪华，王思思，乔青．北京市浅山区土地可持续利用的困境与出路[J]．中国土地科学，2009，23(11)：3-8.

[2] 柯敏．北京浅山区土地利用潜力与利用模式研究[D]．清华大学，2010.

[3] 王水源．城水和谐视角下山地城市城水适应性规划分析[D]．南京大学，2014.

[4] 李倞，商洪池，徐析．京西山地古村落水适应性环境营造生态智慧研究[J]．建筑与文化，2014(12)：85-87.

[5] 冯艺佳．风景园林视角下的北京市浅山区绿色空间理想格局构建策略研究[D]．北京林业大学，2016.

[6] 彭红．基于RS和GIS的北京市浅山区环境评价及功能分区研究[D]．中国地质大学(北京)，2012.

[7] 安超，沈清基．基于空间利用生态绩效的绿色基础设施网络构建方法[J]．风景园林，2013(02)：22-31.

[8] 张锦．基于景观敏感度的湖泊型风景区规划研究[D]．东北林业大学，2009.

[9] 陈明，孟勇，戴菲，刘志慧，王运达．生态修复背景下城市绿心规划策略研究——以武汉东湖绿心为例[J]．中国园林，2018，34(08)：5-11.

[10] 裴丹．绿色基础设施构建方法研究述评[J]．城市规划，2012，36(05)：84-90.

作者简介

王钰，1993 年 10 月生，女，汉族，河南郑州人，风景园林学硕士，北京林业大学园林学院，硕士研究生在读，研究方向为风景园林规划设计与理论。电子邮箱：695052345@qq.com

高梦瑶，1994 年 6 月生，女，汉族，山东临沂人，风景园林学硕士，北京林业大学园林学院硕士研究生在读，研究方向为风景园林规划设计与理论。电子邮箱：bjfugmy@163.com

李雄，1964 年 5 月生，男，山西人，博士，北京林业大学，副校长、园林学院教授，研究方向为风景园林规划设计与理论。电子邮箱：bearlixiong@sina.com。

城中村最佳避难路径规划探析
——以深圳市上屋社区为例

Analysis on the Optimum Refuge Route Planning for Urban Villages
—Taking Shangwu Community in Shenzhen as an Example

胡俞洁　冯　瑶　刘小毓

摘　要：避难路径规划的合理性直接影响灾后居民疏散至避难场所的时效性。城中村地区人口与建筑分布密度高、空地资源紧缺等特点造成灾后避难疏散形势严峻。因此，本文以深圳市上屋社区为研究对象，针对其应急避难疏散的特殊性，建立了城中村最佳避难路径规划研究框架，主要包括分级避难场所选择、分级避难道路规划和最佳避难路径分析三个层面。借助 ArcGIS 的网络分析功能，建立避难道路网络数据集，分别以三级避难场所为设施点，依据时间最短为主、路径最短为辅的原则求取城中村最佳避难路径。以期在满足避难道路规划合理性的前提下，优先满足居民到达避难场所的时效性，为灾后避难道路规划提供一定的参考与建议。

关键词：城中村；避难路径；时效性；网络分析

Abstract: The rationality of refuge route planning directly affects the timeliness of evacuation to evacuation sites after disasters. The high density of population and buildings in the urban villages and the shortage of open space resources have made the situation of evacuation after the disaster severe. Therefore, this paper takes the Shangwu community in Shenzhen as the research object, and establishes the research framework of the optimum refuge route planning for urban villages according to the particularity of its emergency evacuation. The framework mainly includes three levels: hierarchical evacuation site selection, hierarchical refuge route planning and optimal refuge route analysis. With the network analysis function of ArcGIS, the data network of refuge route network is established. Then taking the three-level shelter as the facility site, the optimum refuge route in the urban village is obtained based on the principle of the shortest time and the shortest route. Under the premise of satisfying the rationality of refuge route planning, priority is given to meeting the timeliness of residents arriving at shelters, in order to provide some reference and suggestions for refuge route planning after disasters.

Keyword: Urban Villages; Refuge Route; Timeliness; Network Analysis

1　研究背景

自然灾害和人为事故等突发性公共事件的频发会给城市居民带来严重的经济损失[1]。城中村作为我国快速城市化进程中的产物，其人口与建筑高密度分布、避难资源短缺等显著特点导致防灾减灾问题尤为突出。《深圳市防震减灾“十三五”规划》和《宝安区城市更新“十三五”规划》等文件中指出，城中村人员居住密集、建筑不设防易造成灾后损失惨重，要结合更新改造重点开展公共安全工程和防灾减灾设施建设。避难道路系统作为引导灾民进行逃生避难、到达目标避难场所的重要通道，是社区防灾的命脉，其避难道路的可达性与通畅度影响着灾后能否有效进行人员疏散及开展相应救援活动。因此，城中村避难道路系统的规划及最佳避难路径的选择研究具有重要意义。

近年来国内外学者对避难路径进行了不同层面的研究。作为国外防灾减灾规划研究领域的佼佼者，在 1995 年阪神大地震之前，日本避难路径选择相关的研究相对较少，阪神大地震之后研究文献显著增加，主要集中于长距离疏散区域解决措施研究[2]、疏散路线周边建筑影响因素研究[3]以及构建避难模式进行疏散路径的安全评价[4]等。我国台湾地区更多关注对社区环境、居民特性进行分析[5]；基于效用理论判断效用与安全风险值[6,7]等寻求最适避难路径。大陆地区的研究主要包括从城市规划建设视角展开各等级疏散通道的规划原则、等级划分、宽度控制、网络布局等内容[8,9]；利用模糊神经网络[10]、蚁群算法[11]等进行路径选择的模拟与优化；结合 GIS 技术和蚁群算法规划震后应急路线，并利用 ArcGIS 软件对路网模型进行分析[12]等。目前的研究成果基本集中在城市中心区域[13,14]或村镇尺度[15,16]，从高密度社区[17]尤其是防灾避难更为特殊的城中村地区展开的研究较为少见。

本文从居民到达目标避难场所的时效性考虑，建立城中村最佳避难路径规划研究框架。并以深圳市上屋社区为例，在分级选择避难场所、分级规划避难道路的基础上，利用 ArcGIS 的网络分析功能，基于时间最短为主、路径最短为辅的原则求取灾后城中村居民最佳避难路径。

2　研究对象、方法与流程

2.1　研究对象

上屋社区位于深圳市宝安区石岩街道内，辖区总面积为 5.3km^2，总人口约 7 万人，其中常住人口 1207 人，流动口 6.9 万人，流动人口率 99%。社区内部建筑分布密度高、楼间距小，以居住功能为主，北部有少量工业建筑与行政办公建筑，风格多为广东地区特有的握手楼形式。具体区位与建筑风格如图 1 所示。

图 1　区位与建筑风格

地震、飓风、台风、暴雨、干旱是危害上屋居民的主要自然灾害。90 年代以来，频发的暴雨导致的洪涝灾害严重影响居民的日常生活。此外，城中村住宅和旧厂房违建无序、基础设施老旧不足等现象，导致火灾、交通事故等人为灾害时有发生。

2.2　研究方法

本文的研究方法主要包括实地调研法和 GIS 空间分析法。

研究针对上屋社区的自然环境、灾害情况、防灾资源现状等进行实地调研，包括居民访谈、道路数据采集等，并对收集到的基础资料进行系统地收集与归类整理，确保研究的真实性与客观性。

对最佳避难路径的分析主要应用了 ArcGIS 中的网络分析功能（Network Analysis）。网络分析是 ArcGIS 空间分析中的重要功能，主要是通过研究道路网络、城市基础设施网络（排水管道、电力网络）等网络状态、分析与模拟网络上资源流动及分配情况，对网络结构和资源进行优化。主要分析解决的问题包括路径问题、服务域分析问题[18]和资源分配问题等。

2.3　研究流程

本研究通过甄选分级避难场所、规划分级避难道路，基于网络分析功能进行最佳避难路径分析，具体研究流程如图 2 所示。

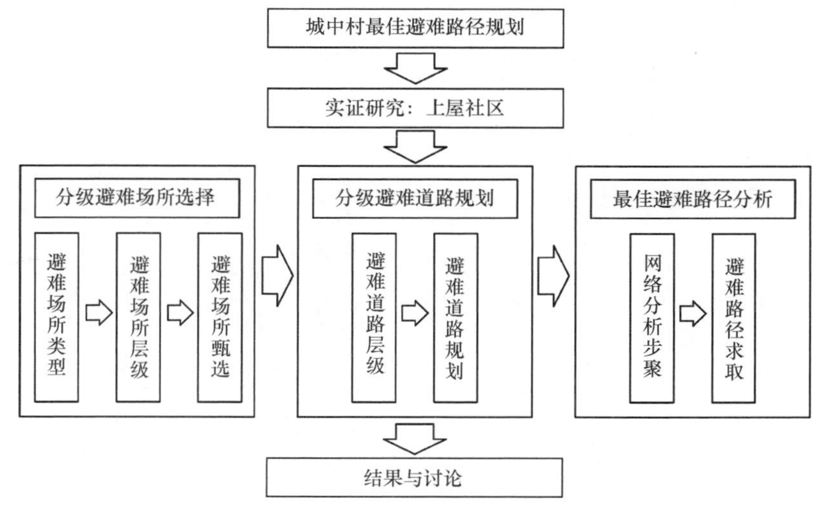

图 2　研究流程

3　基于网络分析的最佳避难路径规划

3.1　分级避难场所选择

避难场所也称避难据点，是灾害发生时居民自发步行到达或有序组织疏散的场地，主要提供收容避难人群、输送物资、消防活动和医疗救护等功能，也可作为临时灾害指挥总部使用。

3.1.1　避难场所类型

（1）室外避难场所

当地震、边坡倒塌等可能造成建筑房屋倒塌的灾害发生时，需要安全开敞的室外避难场所对受灾人员进行疏散与安置。常见室外避难场所包括广场、绿地公园[19]、操场、体育场及室外停车场等[20]。

（2）室内避难场所

当暴雨、台风、洪涝等恶劣气象灾害或者突发公共卫生事件发生时，需要室内避难场所对受灾人员进行疏散安置或特殊隔离。常见室内避难场所包括体育馆、学校、社区服务中心、人防工程、福利设施等。

3.1.2　避难场所层级

依据灾害发生时及发生之后人群的避难停留时间、转移和救援顺序，可将城中村避难场所划分为 3 个层次：紧急避难场所、过渡避难场所和社区避难场所。各层级避难场所在灾后承担不同的作用，在确保安全、迅速疏散安置灾民的前提下，综合考虑人口数量与密度、既有建筑物密度和开敞空间资源等情况，并结合实际调研情况对其分级规划，具体层级功能及规划要求如表 1 所示。

城中村各级避难场所规划要求及功能　　表 1

层级	避难时序	服务半径	有效避难面积	人均有效避难面积	平时功能	灾时功能
紧急避难场所	灾后 3～30min	300m	≥500m²	≥0.5m²	居住组团内绿地、 组团内开敞空间	灾民就近紧急避难， 满足暂时停留
过渡避难场所	灾后 30min～3h	500～600m	0.5～1hm²	≥1m²	广场、 小公园、 街头绿地	避难人员集中救援， 较长时间避难
社区避难场所	灾后 临时收容	1km～2km	≥1hm²	≥5m²	社区公园、 体育场、 学校操场、人防工程	指挥与避难救援， 中长期安置中心

3.1.3　避难场所甄选

对上屋社区内绿地、广场、学校、体育场、社区中心等可能作为避难场所的区域进行筛选，筛选时注重避难场所的安全性，避免造成二次伤害。例如应选择开阔平坦的场地，避开活断层、重工业区以及变配电设备等危险源辐射半径。此外，场所还应满足以下条件：面积符合规划要求；交通便利，便于运输物资；远离高密度高层建筑；场地信息特征突出易识别；过渡避难场所及社区避难场所周边应配备医疗等设施。

依据以上条件，选择上屋社区紧急避难场所共 34 处，总面积为 22430m²；过渡避难场所共 11 处，总面积为 59382m²；社区避难场所共 5 处，总面积为 83450m²。筛选后的避难场所满足上屋社区避难需求，具体位置如图 3 所示。

3.2　分级避难道路规划

在整个灾害发生时序上，避难道路系统是第一个直接面对灾害疏散的防灾空间，其通达性与效率性是影响应急避难救援成功与否的关键因素[21]。此外，社区其他防灾要素也与避难通道系统紧密相关，各要素功能的有效发挥都离不开避难通道的正常运作。

3.2.1　避难道路层级

依据《城市居住区规划设计标准》GB 50180—2018、防灾避难场所规划等社区防灾相关规划标准，结合国内外经验和城中村特点，可将城中村避难道路划分为 3 个层次：紧急避难道路、疏散道路、救援道路。不同层级避难道路在灾后承担不同的机能，借鉴日本和中国台湾的经验，综合考虑城中村周边防灾资源分布与内部空间结构形态规划避难道路，具体功能及规划要求如表 2 所示。

城中村各级避难道路规划要求及功能　　表 2

道路层级	宽度	有效宽度	主要功能	连接场所
紧急避难道路	4～7m	4m	灾民逃生疏散	连接社区紧急避难场所、建构筑物
疏散道路	7～14m	4～10m	消防通道、输送物资、伤员	连接过渡避难场所、社区避难场所、医疗救护设施
救援道路	≥15m	≥10m	输送外援物资及救援人员	连接城市集散中心、医疗救护中心、防灾指挥中心

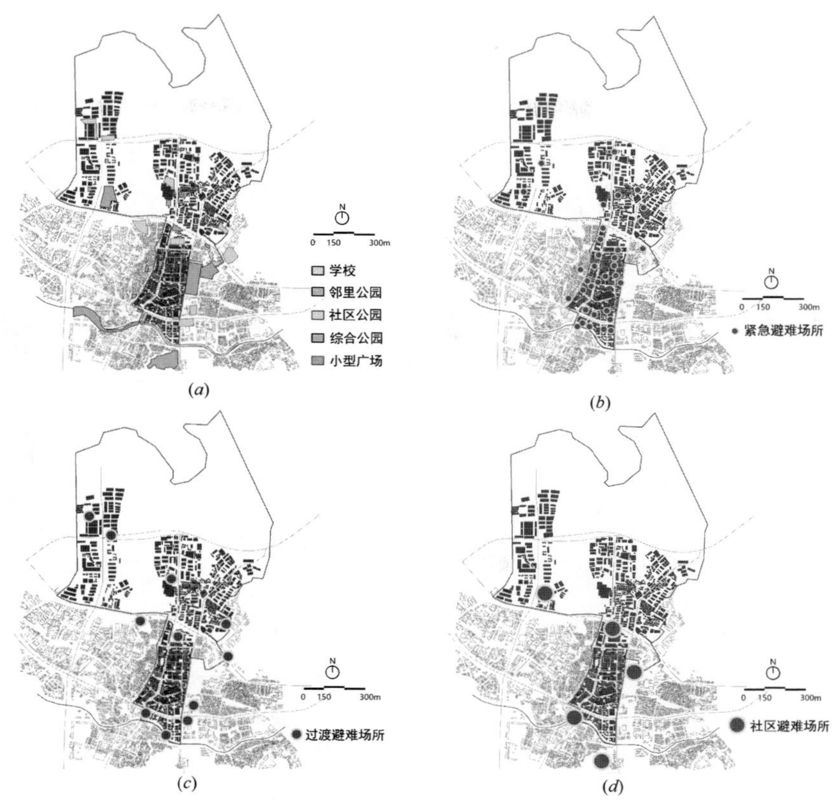

图 3　上屋社区分级避难场所甄选结果

(*a*) 避难场所用地；(*b*) 紧急避难场所；(*c*) 过渡壁难场所；(*d*) 社区避难场所

3.2.2　避难道路规划

对原有道路系统进行整合与优化设计，形成了层级分明的城中村避难道路系统。紧急避难道路主要由社区内部居民日常步行道路组成；救援道路由石岩外环路、石岩北环路、宝石西路、爱群路、坑尾大道、上屋大道和田心大道组成；疏散道路呈环状，由园心路、园径路、田心路、田心旧村一巷、下屋路、西山路、丰正路和坑尾村路组成。规划后的避难道路形成了可达性和效率性良好的网络系统，具体规划如图 4 所示。

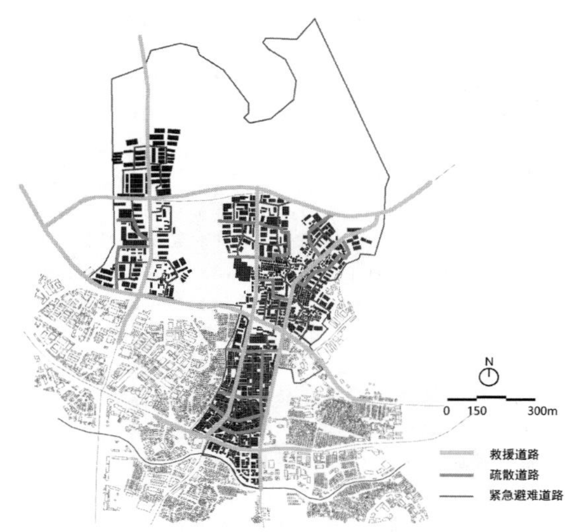

图 4　上屋社区分级避难道路规划结果

3.3　最佳避难路径分析

3.3.1　网络分析操作步骤

基于网络分析的最佳避难路径求取主要分为以下四个步骤：

（1）数据的处理与模型的构建

在统一坐标的基础上，将收集、处理后的道路信息，包括长度、行驶速度、每条道路需要花费的时间等属性导入要素数据集中，构建道路网络数据集。此外，还需要将筛选后的避难场所位置导入软件中作为设施点。

（2）一级避难路径的选择

以几何计算得到的建筑驻点为服务点，紧急避难场所入口为设施点，求取一级避难最佳路径。

（3）二级避难路径的选择

以紧急避难场所入口为服务点，过渡避难场所入口为设施点，求取二级避难最佳路径。

（4）三级避难路径的选择

以过渡避难场所入口为服务点，社区避难场所入口为设施点，求取三级避难最佳路径。

3.3.2　分级避难路径求取

在确定分级避难场所位置、数量和分级避难道路后，需要应用 ArcGIS 的网络分析功能确定最佳避难路径的分布。首先依据规划后三级避难道路系统建立网络数据集，由于不同等级避难道路上运动的单位费用不同，即道路等级越高其单位费用越小，需要对不同等级避难道路进行费用值赋值：救援道路为 1，疏散道路为 2，紧急避难道路为 3。然后按照 3.3.1 中具体步骤分别求取三级最佳避难路径，其中，根据近年来地震等突发事件的实践经验并综合考虑上屋社区老人和儿童所占人口结构比重，将避难人员的逃跑速度设置为 1m/s。最终求取一级最佳避难路径 46 条，二级最佳避难路径 24 条，三级最佳避难路径 11 条，具体结果如图 5 所示。

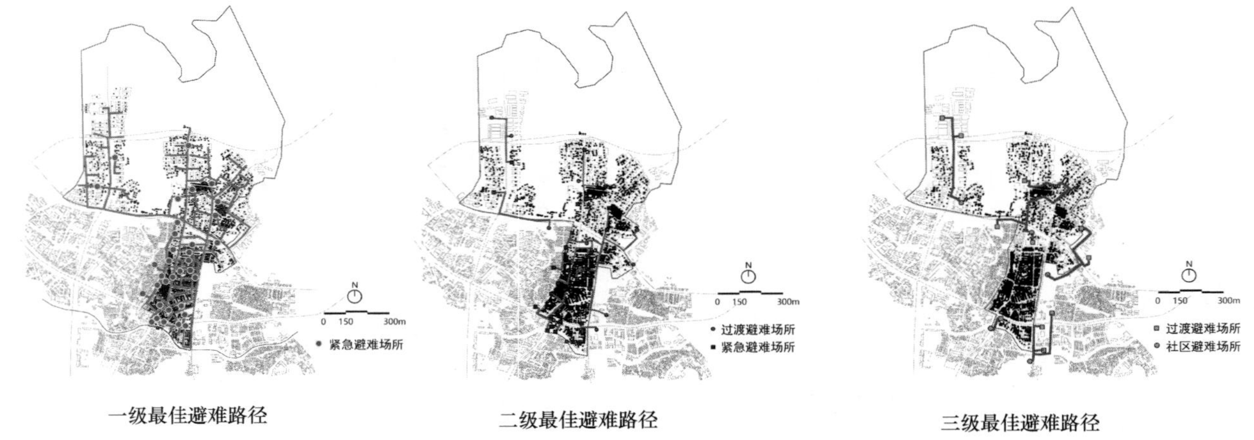

图 5　上屋社区最佳避难路径分析结果

4　结果与讨论

本文以深圳市上屋社区为例，通过分级选择避难场所、分级规划避难道路和分析最佳避难路径三个层面，构建了城中村最佳避难路径规划研究框架。最终选取总面积约 22430m^2 的 34 处紧急避难场所、总面积约 59382m^2 的 11 处过渡避难场所、总面积约 83450m^2 的 5 处社区避难场所；44 条紧急避难道路、13 条疏散道路、6 条救援道路以及 46 条一级最佳避难路径、24 条二级最佳避难路径、11 条三级最佳避难路径，保障了灾后避难人群到达目标避难场所的时效性。

本研究为防灾减灾规划中最佳避难路径的分析提供了相应的理论基础和规划方法，同时与避难疏散具有一定难度的高密度社区进行了有机结合。但本文在避难道路具体规划要求、最佳避难路径求取过程中路权动态计算的探索上仍存有一定局限性，有待继续深入研究，以切实发挥最佳避难路径分析在推动社区防灾减灾规划中的应有效用。

参考文献

[1]　徐娜．冬春生活救助暖民心——专访国家减灾委员会秘书长、民政部副部长窦玉沛[J]. 中国减灾，2016(03)：6-7.

[2]　内山宜之．長距離避難地区の解消方策に関する基礎的研究．日本建築学会大会学術講演梗概集(D)[C]. 1991：1305-1306.

[3]　林広明、室崎益輝、西垣太郎．避難経路の記憶に影響を与える建築的要因に関する研究. 日本建築学会大会学術講演梗概集[C]. 1994：1527-1528.

[4]　梶秀樹等．繁華街の避難安全性評価に関する研究：繁華街避難モデルの構築. 地域安全学会論文報告集(3)[C]. 1993：165-170.

[5]　张明晖．地震灾害发生時避難路径选择与其效能分析之研究[D]. 台湾科技大学，2006.

[6]　萧素月．地震灾害避难疏散最适路径之研究——以南投都市计画区范围为例[D]. 中国台湾：国立台湾大学，2003.

[7]　吕奖慧．都市震灾救灾路线选择模式之构建[D]. 中国台湾：国立台湾大学，2002.

[8]　傅小娇．城市防灾疏散通道的规划原则及程序初探[J]. 城市建筑，2006(10)：90-92.

[9]　苏幼坡，初建宇，刘瑞兴．城市地震避难道路的安全保障[J]. 河北理工学院学报（社会科学版），2005（04）：191-193.

[10]　李博文，余博，杨晓明．基于模糊神经网络的应急物流最优路径选择[J]. 物流技术，2009，28（12）：162-163＋174.

[11]　陈艳．基于蚁群算法的最优路径选择研究[D]. 北京交通大学，2007.

[12]　刘梅．基于 GIS 的震后应急路径规划方法及应用研究[D]. 南京理工大学，2012.

[13]　杨杰莹．城市中心区社区防震避难空间仿真模型构建[D]. 哈尔滨工业大学，2016.

[14]　郭鑫，周俊，胡蓓蓓，段佳豪，叶明武，李梦雅．天津市中心城区居民应急疏散的路径选择[J]. 天津师范大学学报（自然科学版），2017，37(04)：59-65.

[15]　熊志阳．村庄避难场所及疏散通道的评价与优化——以北京流村镇六个村庄为例[C]// 中国城市规划学会．城乡治理与规划改革——2014 中国城市规划年会论文集(01 城市安全与防灾规划).

[16]　胡周灵，肖映辉，但文羽，等．基于 GIS 的村镇避难场所和疏散通道规划方法研究——以神农架松柏镇区为例[J]. 地理与地理信息科学，2019，35(02)：19-24.

[17]　杨杰莹．基于虚拟仿真的城市公园的防灾避难服务范围模拟研究[C]//中国风景园林学会．中国风景园林学会 2016 年会论文集．

[18]　邵明琦．基于地震风险的讷河防灾避险绿地规划研究[C]// 中国城市规划学会，东莞市人民政府．持续发展 理性规划——2017 中国城市规划年会论文集(01 城市安全与防灾规划).

[19]　邵明琦．基于灾害风险分析的小城镇防灾避险绿地规划研究[D]. 哈尔滨工业大学，2018.

[20] 孟庆洁，温家洪，尹占娥．城市社区应急避难地研究[J]．城市问题，2010(05)：67-70.
[21] 周天颖，简甫任．紧急避难场所区位决策支持系统建立之研究[J]．水土保持研究，2001(01)：17-24.

作者简介

胡俞洁，1995 年生，女，汉族，江苏南通人，哈尔滨工业大学建筑学院景观系、景观与生态规划研究所硕士研究生。电子邮箱：630367418@qq. com。

冯瑶，1977 年生，女，汉族，黑龙江哈尔滨人，哈尔滨工业大学建筑学院景观系、景观与生态规划研究所副教授。电子邮箱：1417834308@qq. com。

刘小毓，1997 年生，女，汉族，黑龙江哈尔滨人，哈尔滨工业大学建筑学院景观系、景观与生态规划研究所 19 级硕士研究生。电子邮箱：18260069183@163. com。

冲沟坡地用地条件下景观基础设施构建策略研究

——以水富市温泉片区东部冲沟坡地用地为例

Study on the Construction Strategy of Landscape Infrastructure under the Land Useof Gully and Slope Land

—A Case Study of Eastern Gully and Slope Land of the Hot Spring Area in Shuifu

刘宇亮　朱　捷

摘　要：冲沟坡地是山地城市中心区建设中无法避免的用地类型，冲沟坡地的利用方式对于城市生态安全和功能合理性都有重大意义。本文以水富市温泉片区东部冲沟坡地用地为例，通过对景观基础设施理念的解读，总结冲沟坡地地形下基础设施建设所面临的机遇与挑战，针对该类地形常见的问题，提出强化生态安全、修复基础设施，激发城市活力的策略，构建生态、功能、文化、形象和城市空间相交融的景观基础设施，用以实现城市持续健康发展的目标。

关键词：冲沟；冲沟坡地；景观基础设施；构建策略

Abstract: The gully and slope land is the type of land that cannot be avoided in the construction of the central area of the mountain city. The utilization of the gully and slope land is of great significance to the urban ecological security and functional rationality. Taking the gully and slope land in the eastern part of the Shuifu City Hot Spring Area as an example, this paper summarizes the opportunities and challenges faced by the infrastructure construction under the ridge sloping terrain through the interpretation of the landscape infrastructure concept, and proposes to strengthen the common problems of this type of terrain. Ecological security, restoration of infrastructure, strategies to stimulate urban vitality, and construction of landscape infrastructure that blends ecology, function, culture, image and urban space to achieve the goal of sustainable and healthy urban development.

Keyword: Gully; Gully and Slope Land; Landscape Infrastructure; Construction Strategy

1　冲沟坡地用地条件下基础设施现状

冲沟是间断的流水长期冲刷岩石和土壤形成的带状谷地[1]。广泛分布于我国的山地、丘陵地区，冲沟在垂直方向上分为沟床、沟坡、沟缘，沟床是间歇性流水流经的地方，沟坡是沟床与两侧沟缘间倾斜的坡地，在水平方向是可分为上游、中游、下游。冲沟的发育由一系列复杂、相互作用的因素决定[2]，一般情况下，冲沟是侵蚀沟发育的最终阶段。本文讨论的冲沟类型为山地城市中心区中相对稳定的冲沟。

冲沟坡地坡度较大，在持续降雨、暴雨时易发山洪、泥石流等自然灾害，生态环境脆弱，而山地城市建设用地紧张，常会越过冲沟建设新区，冲沟则作为城市片区间的绿化隔离带。城市道路及市政管网等灰色基础设施作为城市生活生产的支撑系统必须贯穿整个城市，势必要穿越冲沟区域，为疏导雨洪也会修建水利基础设施，这些灰色基础设施铺设在复杂的冲沟坡地下，加剧了冲沟坡地的生态环境恶化，同时，单一功能的灰色基础设施占据冲沟中大量空间，使其成为与市民生活疏离，被城市遗忘的"废弃空间"。由此，合理利用冲沟坡地用地对山地城市建设中平衡生态保护与开发建设具有重大意义，尤其对于用地紧张的山地城市。

2　景观基础设施构建

2.1　景观基础设施概念解读

在发达国家产业转型、工业废弃地激增等背景下，景观都市主义作为一种应对城市化问题，实现城市复兴的理论得到迅速发展，景观能够容纳自然过程主导的生态空间和多种功能主导的公共空间，并作为媒介和工具整合现有城市秩序。现有的、能够引导现代城市功能和秩序的基础设施便成为了景观都市主义最关注的领域，并从城市基础设施的角度延伸出景观基础设施理论。

景观基础设施是一个由"景观"和"基础设施"组成的复合名词，探讨景观与城市基础设施的内在关联性及一体化的可能性[3]。传统的景观建筑学涉及整合自然资源与开发建设的景观规划、满足人民的文化和经济建设需求的景观设计两个领域[4]，景观与城市基础设施的结合，即是在城市中寻求自然生态、基础设施功能、社会功能相互交错的混合景观（hybrid landscape）的机会[5]。景观基础设施传承了绿色基础设施的基本原则来构建连贯的自然系统网络，强调生态系统的联通性、空间和功能的连接性，并且在城市基础设施的建设过程中重视社会、文化层面[6]，即重视灰色基础设施的景观化，景观化的灰色基础设施具有穿越一个城市独特气候、地理、文化特征的自然区域的优势[7]，有利于生态系统、基础设施系统、开放空间系统的相互依托，从而形成兼顾生态、文化、功能活动等方面的景观基础设施网络。

2.2 冲沟坡地用地条件下景观基础设施构建内涵

冲沟具有地形复杂、生态脆弱的特点，在用地短缺的山地城市中，单一功能的灰色基础设施难免会对冲沟造成环境破坏，使得开发建设与生态保护矛盾加剧，同时作为城市中心区组成部分的冲沟坡地用地具有提供公共空间、提升城市形象的潜力。

通过对景观基础设施概念阐释，结合生态脆弱与开发建设的问题，得到冲沟坡地用地条件下景观基础设施构建的内涵：即在开发建设和倒退回自然之外的第三方法，将生态、基础设施、城市相混合[8]，将基础设施整合进景观的框架，要求在自然生态系统的模式里重新定义旧系统，识别出场地的生态敏感区和适宜建设区，并建立连续的自然生态斑块与廊道，形成保障生态安全的格局，以容纳城市基础设施和公共空间；其次，保证各类城市基础设施的正常运行，修复水利基础设施，实现生态化的防洪蓄洪，利用废弃基础设施用地和附属交通设施用地，提供开放空间与动植物栖息地。最后，顺应城市的发展目标，提供弹性发展空间，完善公园与绿道体系，提升可识别性、可达性、活力等打造独具冲沟特色的场所，形成反映冲沟特质的文化体系与自然地理特征的开放空间系统，使冲沟坡地由城市废弃空间转变为人们向往的城市目的地，从而带动城市发展。

3 水富市温泉片区东部冲沟坡地景观基础设施构建研究

本文选取水富市温泉片区东侧冲沟坡地用地作为研究对象，该冲沟位于水富市中心城区的中心位置，规划范围位于冲沟中部，面积 195hm²。场地地势西南高，东北低，包含沟床的上游和中游区域，下游流入金沙江，海拔落差 277.52m。冲沟水文地质条件相对稳定，上游建有水库，中游为泄洪道，泄洪道中断平缓两端落差大。东部及南部沟坡为玛瑙山茂密的自然山林，坡度在 25°以上，北部沟坡较缓，平均坡度在 25°以内，现为废弃采石场，部分沟坡位于向家坝水电站禁建管控线内。伴随着水富老城退城建港计划的推进，城市西侧的温泉片区将建设城市新区以应对老城的搬迁安置，区域交通规划上，为加强城市东西向和南北向联系，将在冲沟区内规划通向高滩片区的水绥路及通向楼坝片区的二级公路，以及沿山脚的向滇大道联系老城。通过分析场地现状及规划，可见冲沟坡地在城市建设中的复杂性，包含了冲沟坡地用地条件下常见基础设施类型：水利基础设施、废弃基础设施、交通基础设施。(图 1)

图 1 区位及现状分析图

3.1 冲沟现状问题

3.1.1 生态环境脆弱

冲沟位于玛瑙山与金沙江之间，上游三条主要的汇水沟汇集雨水经水库、泄洪沟流入金沙江，水量受降雨影响，但因山体汇水面积不大，无较大洪峰、水量暴涨暴落的情况出现，水文地质条件相对安全，水库正常蓄水不受影响，此外玛瑙山侧沟坡较陡且密林覆盖。因坡度大、植被茂密、水文情况较为复杂等问题，使得此冲沟坡地生态脆弱，敏感性较高。此外，规划道路及市政基础设施的修建将会破坏现状的自然山体、植被、水系，使原本脆弱的生态环境越加恶化。

3.1.2 基础设施缺失

现状黄沙水库因多年泥沙淤积，非雨季时为浅水湿地，雨季时蓄水量小，水库泄洪口狭窄，落差 53.62m，局部坡度大于 40°，中游泄洪道因施工导致自然沟床破坏，易发水土流失。随着地表径流冲刷与城市建设影响，沟床与自然水文环境脱离，水利设施功能性缺失，存在安全隐患。场地北侧原为采石场，自然沟坡被平整为三层水泥平台和 12m 高的垂直挡墙，随着采石场的关停，产生大面积荒废的硬质场地。同时，近期规划道路穿越陡坡沟谷时，也会形成较大面积附属的切坡和桥隧，将使场地充满不友好的废弃地。

3.1.3 场地活力匮乏

北侧沟坡将承接老城搬迁，急需满足市民生活需求的公共空间，但场地缺乏公园绿地及文化娱乐、体育健身场地，且人居环境恶劣，缺乏活力，限制城市健康发展。现状灰色基础设施产生不安全、恶劣的人居环境的同时，新建基础设施将横穿冲沟坡地，若对冲沟区域不加以治理修复，将使冲沟的户外空间质量越加恶劣，成为城市中被遗弃的空间。

3.2 景观基础设施构建目标

针对冲沟坡地主要问题进行分析，结合景观基础设施的理念与核心设计途径，为适应水富市未来城市发展，提出景观基础设施的构建目标：构建兼顾生态功能、基础设施功能、活动功能的景观基础设施网络，修复并利用现有灰色基础设施，整合规划的城市基础设施，以高品质的人居环境，激发城市活力，使冲沟坡地区域成为城市持续健康发展的动力。

3.3 景观基础设施构建策略

3.3.1 强化生态安全

自然生态环境是城市生态系统的基础，是山地城市独特的基因，应作为景观基础设施构建的前提，首先应控制自然生态格局，作为承载城市基础设施和公共空间的基底，其次应依据自然水文过程，营造山地特点生境系统。

（1）编织生态格局

识别生态敏感区域，构建垂直方向上的生态格局，在水平方向上，使冲沟坡地与玛瑙山山体、金沙江水岸联系起来，并通过绿廊延伸进建筑环境，使冲沟区域成为联系城市与自然的纽带。整合垂直与水平方向的生态格局，构建总体的生态格局，形成“上通山，下达水，中联城”的生态安全网络（图 2）。

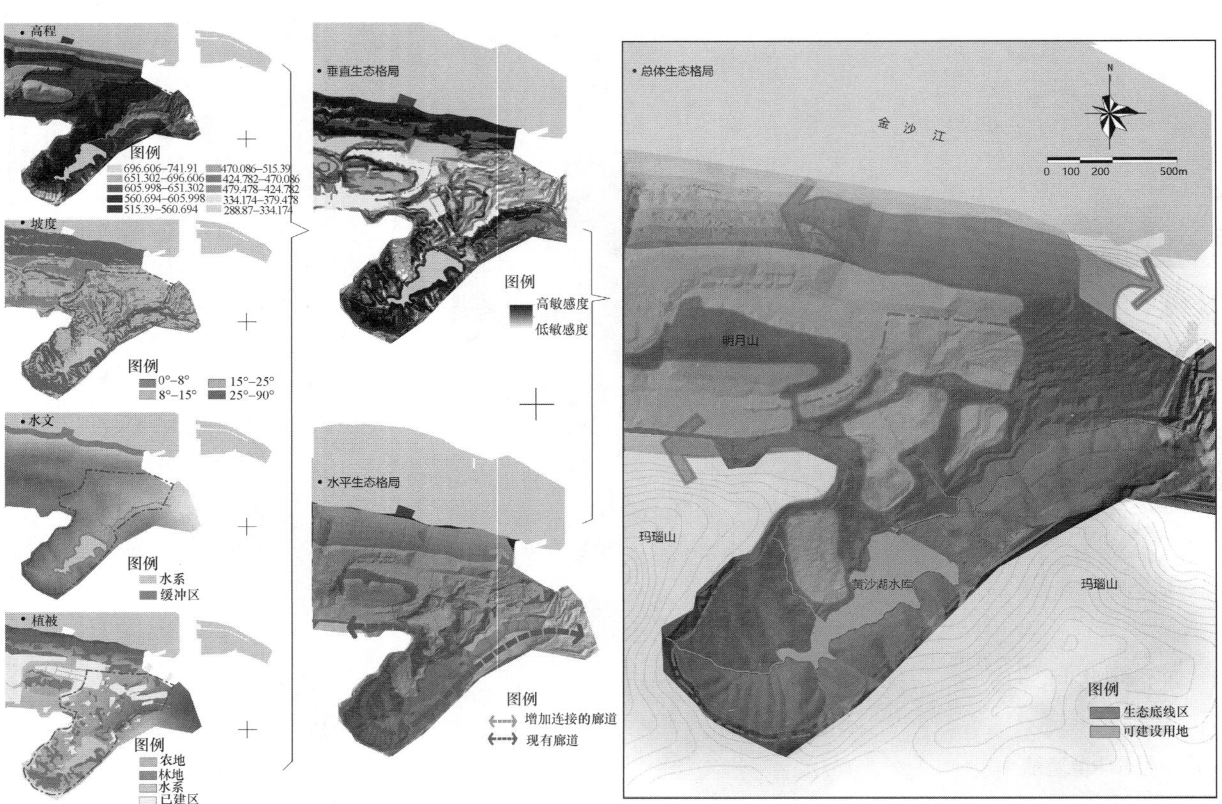

图 2 生态格局

（2）营造山地生境

沿汇水线保护及修复玛瑙山优良的地带性植被，保护现有湿地坑塘、林带，通过沿水系构建的生态廊道和湿地山林斑块，构建动植物生存的栖息地，同时在北侧城市建设区内通过低洼绿地、雨水花园、植草沟等形式，完善地表径流的渗、滞、蓄、净、用、排功能，在自然山林与人工环境的生境营造下形成城林交融、绿荫掩映的山水特色园林城市。

3.3.2 修复基础设施

在规划设计中必须保障各城市基础设施的正常运行，增强稳定性及耐久性。修复水利基础设施以提高防洪蓄洪能力，处理车行交通与绿道的关系、修复利用废弃用地，通过灰色基础设施的生态化处理并提供多种城市功能，实现灰色基础设施的景观化。

（1）增强防洪蓄洪功能

上游水文地质条件相对稳定有利于水库蓄水，可通过对水库北侧湖底清淤以增大水深，将坡度较大的泄洪道改造为自然型分台叠水，形成多级蓄水池，增大蓄水能力的同时可缓解雨洪。对驳岸进行生态化加固，平面形式应采用曲线型，避免出现直线型，自然驳岸采用斜坡式断面，并用植物及干砌石固定进行生态处理，人工驳岸采用退台式断面与亲水游憩设施相结合。以叠瀑、沟谷河滩等形式展现山地特色，并在非汛期时提供游憩场所。

（2）构建立体交通

穿越冲沟坡地的道路多为快速路及主干道，与绿道交叉时应采用立体交通的方式，利用坡地地形，架空车行道使绿道下穿，无法架空时采用步行天桥方式提升绿道通达性，同时避免交通基础设施割裂场地。对于等级较低的生活性道路，绿道可通过人行横道跨道路。同时，为避免车行交通与人行游憩的相互影响，绿道走向应与道路线型垂直，避免平行。

（3）利用废弃用地

场地废弃地因位于禁建区不可建设，可利用废弃的硬质平坝为市民提供活动场地，建设运动球场、健身广场等需要大面积平地的空间，同时改造挡墙提供攀岩登高等特色活动，利用开阔视野打造眺望台，将不利的废弃设施转化为活动场地。对于交通设施附属空间，通过种植爬藤植物、常绿乔灌转变为绿色空间，绿化美化切坡挡墙。

3.3.3 激发城市活力

结合城市发展定位、社区居民生活文化需求，在生态基地上提供丰富多样的游憩场所，通过游憩网络与生态网络、城市基础设施网络耦合层叠形成景观基础设施网络，打造高品质人居环境，带动城市发展与活力提升。

（1）完善公园绿道系统

依托冲沟坡地，利用黄沙湖水库的山水资源及废弃采石场的多层平坝，布局两大公园。黄沙湖公园展现生态自然特点，利用现有湿地山林，打造集生态教育、水上活动、餐饮休闲、观光游憩等功能于一体的城市综合公园，体育公园则承担全市运动健身及活动赛事的举办，结合分台地形，形成一轴三带五区的公园结构，即以垂直于沟坡的缤纷活力轴串联活力运动带、休闲健身带、滨水景观带，分台布局运动球场区、综合运动区、山林活动区、林荫休闲区、滨水景观带五个分区。体育公园、黄沙湖公园作为城市公园斑块，在公园斑块之间、公园斑块与城市之间，通过滨水型绿道、山地型绿道构成的绿道网络连接，构成公园与绿道系统（图 3）。

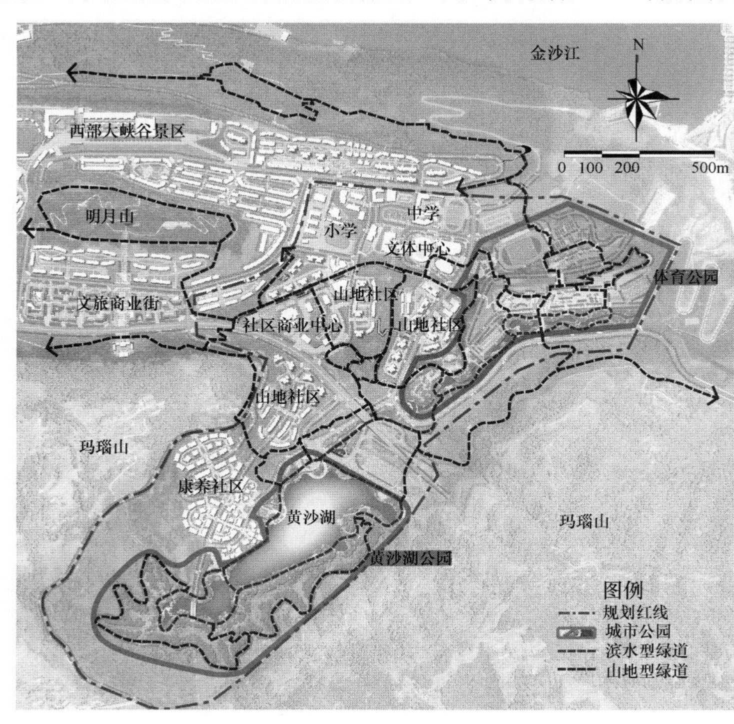

图 3 公园及绿道体系

（2）激活城市发展动力

景观基础设施的构建与城市发展目标相结合，以实现其复合功能。温泉片区将打造以休闲旅游为特色的滨江宜居新城，冲沟区将突出宜居新城和旅游动力两方面。在宜居新城上，通过修复利用水利与交通基础设施、废弃基础设施，以高品质的开放空间促进康养社区、文体新城的发展；在旅游动力上，多级旅游游线在冲沟区交汇，冲沟区将融入水富市全域旅游，依托两大公园打造康养、文体两大核心板块，成为城市经济发展的动力之一。以此构建兼具生态、经济、社会、文化等多种功能的复合型景观基础设施。在城市与景观基础设施的互动中，激发城市活力。

4 结语

冲沟坡地作为山地城镇建设常见的用地类型，多年来的城市建设中，常成为废弃的边角空间，造成环境恶化、土地浪费，在生态文明和人居环境受到重视的今天，应转变建设思路，运用景观基础设施的理念，利用好冲沟复杂而充满多种可能性的特点，在有限的土地上实现生态效益、经济效益、社会效益最大化，避免冲沟边缘化。如今，以中小城镇的城镇化为主流的新型城镇化正如火如荼的进行中，这些城镇多为山地丘陵地形，为实现城市可持续健康发展，要求景观基础设施的构建在规划设计之初就应得到重视。

对于城市中心区冲沟坡地用地下的景观基础设施构建，即是实现生态空间、基础设施、公共空间相互层叠融合形成的网络化、功能复合的景观基础设施，不是简单的将三者叠加，而是协调、融合、互动、互补，这要求生态安全作为基础设施与公共空间布局的前提，城市基础设施的运行作为城市正常运作的保障，使开放空间系统、绿道网络、公园体系等城市“发展模式”得以构建。

参考文献

[1] 王华，张晓阳．城镇内部冲沟坡地土地利用规划基本模式研究[J]. 现代城市研究，2011(4)：69-72.

[2] 牛思亚，刘志成．雨洪管理视角下的浅山区冲沟公共绿地设计策略研究[J]. 中国城市林业，2019(02)：96-99.

[3] 翟俊．协同共生：从市政的灰色基础设施、生态的绿色基础设施到一体化的景观基础设施[J]. 规划师，2012，28(09)：71-74.

[4] 洪盈玉．景观基础设施探析[J]. 风景园林，2009(03)：44-53.

[5] 李倧．景观基础设施 思想与实践[M]. 北京：中国建筑工业出版社，2017.47.

[6] 田乐采访．张凌译．基于景观基础设施的城市建设 克里斯·里德[J]. 景观设计学，2013(6)：60-65.

[7] 朱捷，汪子茗．景观触媒效应下的山地城市设计研究[J]. 中国园林，2017，33(02)：14-16.

[8] 查尔斯·瓦尔德海姆．SWA 近期设计作品解读//SWA 基础设施研究提案编．景观基础设施[M]. 曾颖译．2 版. 北京：中国建筑工业出版社，2014.12.

作者简介

刘宇亮，1994 年生，男，汉族，湖北鄂州人，重庆大学建筑城规学院风景园林专业在读硕士研究生。电子邮箱：475185746@qq.com。

朱捷，1962 年生，男，汉族，江苏南京人，重庆大学建筑城规学院，重庆大学山地城镇建设与新技术教育部重点实验室，教授，博士生导师。研究方向：景观规划设计、城市设计。

传统村落街巷节点空间夏季小气候营造初探①

——以安徽宏村为例

A Preliminary Study on the Construction of Microclimate in the Node Space of Traditional Village Streets in Summer

—A Case Study of Hongcun, Anhui Province

殷璐怡　刘滨谊

摘　要：为了挖掘传统村落小气候营造模式，通过对安徽宏村夏季小气候的实测，对街巷空间要素与小气候环境的关系进行探讨。由此来探究古人择地建宅中，如何巧妙利用村落空间规划达到夏季通风、降温、除湿等提高居住者舒适感受的目的。采用现代小气候分析方法，结合实测数据，对传统村落街巷空间的小气候营造策略进行定量的分析。

关键词：传统村落；宏村；街巷节点空间；夏季小气候

Abstract: In order to excavate the microclimate construction mode of traditional villages, through the field measurement of the summer microclimate in Hongcun, Anhui province, the relationship between the spatial elements of streets and the microclimate environment was discussed. Therefore, it is explored how the ancients skillfully used the village space planning to achieve the purpose of ventilation, cooling and dehumidification in summer to improve the residents' comfortable feelings in site selection and house construction. Using the modern microclimate analysis method, combined with the measured data, this paper makes a quantitative analysis of the microclimate building strategy of the traditional village street space.

Keyword: Traditional Villages; Hongcun; Street Node Space; Summer Microclimate

引言

全球经济的高速发展给人们带来了许多便利。面对曾经难以应对的各种问题，科技给出了相应的解决方案，使生活有了更多的选择和可能性。但与此同时，科技又是新问题的制造者。以工业生产为主的经济发展模式，不断推进的城市化进程，使得能源逐渐消耗殆尽，生存环境变得恶劣，极端天气层出不穷。面对严寒酷暑，现代人利用科技产品轻松调节温度湿度，保持室内舒适环境；然而由此人们却愈发不能感受自然界的气候变化和四季交替，长期处于这样的空间，甚至影响人们的身心健康[1]。

古人因科技水平有限，无法轻易改变生存环境。然而流传至今的传统村落，冬暖夏凉，宜居性远远优于千篇一律、模式化的现代住宅群。这是因为，古人充分考虑对自然环境和气候条件的适应，利用传统风水理论指导村落营建，来获得当时的环境下最适宜生存和居住的环境[2]。从现代生态学角度来看，传统村落周边自然条件优越，有便利的水资源和良好的通风日照，同时从选址到村落布局规划均对局部小气候起到调节作用，因此蕴藏在其中的基于气候适应性的生态策略是值得分析和借鉴的[3]。

宏村，作为徽州传统村落的代表之一，其村落环境恰是传统风水理论在村落营建中的完美体现。从村落基址位置的确定、空间布局的规划到人工水系的构建、建筑单体的建造，都合理运用了传统气候智慧。其中，街巷空间作为传统村落最主要的室外空间，除了起到交通和商业的作用，也是联系各大主要活动空间的脉络，其作用毋庸置疑。与此同时，由于街巷多由建筑外墙围合而产生，因此街巷空间也是村落建筑群布局特色最直观的体现[4]。

因此，本文以宏村街巷中的节点空间为研究对象，通过对夏季小气候的实地测量，探究街巷节点空间要素与小气候的关系，对村落街巷空间小气候营造做一个理性的探讨。

1　研究区域概述与研究方法

1.1　宏村概述

宏村，位于安徽省黄山市黟县东北部，地理坐标：东经 117°38′，北纬 30°11′，村落面积 19.11 公顷。始建于南宋绍兴年间（公元 1131～1162 年），距今约有 900 年的

①　基金项目：国家自然科学基金重点项目（编号 51338007）：城市宜居环境风景园林小气候适应性设计理论和方法研究。

历史。宏村大多处于平坦地带，靠山脚依山势而上。北靠雷岗山、南望吉阳山、东邻东山、西倚龟山，地势较高。村落西南面有西溪围绕，依山傍水而建[5]。

宏村四季分明，夏季极为炎热，冬季较为寒冷，属北亚热带湿润季风气候。春、秋季节短，冬、夏季节长，季节特征较为明显。常年潮湿多雨，降雨多集中于 4～6 月。春冬季日照较短，夏秋季日照较长，西南风、西北风频率较大。

1.2 数据收集

本研究的数据收集基于对安徽宏村夏季街巷节点空间小气候参数的实地测量。实验时间为夏季，共 3 天，在晴朗、少云的天气下进行。

夏季街巷空间小气候实测选择了炎热的 7 月底，具体测试时间为 2016 年 7 月 21～24 日。每点 3 天，每日 8：00 至次日 8：00，进行 72h 连续观测，采集昼夜数据，便于进行小气候数据对比分析。

1.3 实验设备及测试内容

测试仪器：使用美国产的 Watchdog 小型气象站，每 10min 自记一次，设备装配在 1.5m 高的三脚架上，对街巷节点的研究共使用 7 台小型气象站采集数据。

测试内容：距地面 1.5m 高度处的太阳辐射、空气温度、相对湿度以及风速四个小气候要素[6]。

1.4 测点设置

在街巷的结构性和特征性节点处选择典型测点 7 个，主要布置于宏村街、上水圳等主要街巷的交叉口。其中，宏村街为东西走向的村落主要街道，长约 420m，西侧宽于东侧。其他巷弄多为南北走向且宽度较窄。街巷内部地形均较为平坦，下垫面为青石板。测点现场布置情况如下（图 1），各测点空间特征如表 1 所示。

图 1 测点现场情况及平面布置图

测点空间特征列表 **表 1**

测点	所在路段	路段走向	路宽南北向	路宽东西向	建筑高度	空间形态特点	图示
1	上水圳	南北街巷贯通西侧街巷	北侧 2.6m 南侧 4m	西侧 1.2m	8m	空间狭窄 有水圳	

续表

测点	所在路段	路段走向	路宽南北向	路宽东西向	建筑高度	空间形态特点	图示
2	宏村街	东西街巷贯通 南侧街巷	北侧 1.6m 南侧 2.2m 开口 3.5m	东侧 2.2m 西侧 2.2m	南侧 3m 东西北侧 8m	错开的 十字路口	
3	宏村街	东西街巷贯通 北侧街巷	北侧 1.4m	东西 1.5m 西侧 1.5m	南侧 3m 北侧 8m	空间狭窄	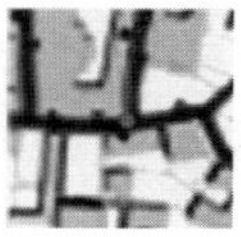
4	宏村街	东西街巷贯通 北侧街巷	北侧 4.5m 开口 9.5m	东侧 2.2m 西侧 5.5m	8m	广场空间 开敞	
5	下水圳	南北街巷贯通 东侧街巷	北侧 2.2m 南侧 2.5m	东侧 2.5m	东侧 3m 西侧 8m	测点处 东西向 6m 宽 有水圳	
6	宏村街	东西街巷贯通 南侧街巷	南侧 3m 开口 5.3m	东侧 2m 西侧 2m	8m	节点处 有植被	
7	湖滨路	东西街巷贯通 北侧街巷	北侧 2.5m	东侧 2.8m 西侧 2.8m	北侧 8m	南侧为 大面积水面	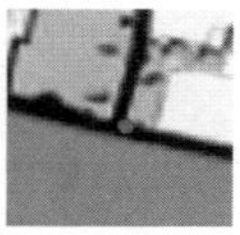

1.5 测试日天气情况

宏村夏季实测三日气象状况参考中国气象站发布的黟县天气预报，测试的 3 天气象条件基本相近（表 2）。

夏季实测日黟县天气预报 **表 2**

日期	天气状况		气温		风力风向	
	白天	夜间	最高温度	最低温度	白天	夜间
2016 年 7 月 21 日	多云	晴	35℃	24℃	西南风 3～4 级	东南风 ≤3 级
2016 年 7 月 22 日	多云	晴	36℃	25℃	西南风 3～4 级	东南风 ≤3 级
2016 年 7 月 23 日	晴	晴	37℃	24℃	西南风 ≤3 级	东风 ≤3 级

2 结果与讨论

将测得的夏季小气候数据进行整理，首先逐个对比同测点三日的太阳辐射、风速、空气温度、相对湿度的变化，发现同测点的同种小气候要素在三日内有一定差别，但变化的趋势大体一致。

再对实测得到的太阳辐射、风速、空气温度、相对湿度数据进行分类归纳，对比各小气候要素的日变化曲线和日平均值，分析小气候环境的影响要素。

2.1 太阳辐射

测试日，宏村日出时间 5：30 左右，日落时间17：30 左右。三日内各测点太阳辐射变化趋势一致（图 2）。各测点太阳辐射到达最大值的时刻有所差异，但均出现在 11：00～14：00 之间。由图 2 可知，因受到四周建筑的影响，各测点受太阳直射的时间有所不同，进而影响每日太阳辐射总量。比较各测点日均太阳辐射量，除了测试第一日受多云天气影响，后两日各测点日均太阳辐射量的大小情况一致，最大值均出现在测点7，最小值均出现在测点2。

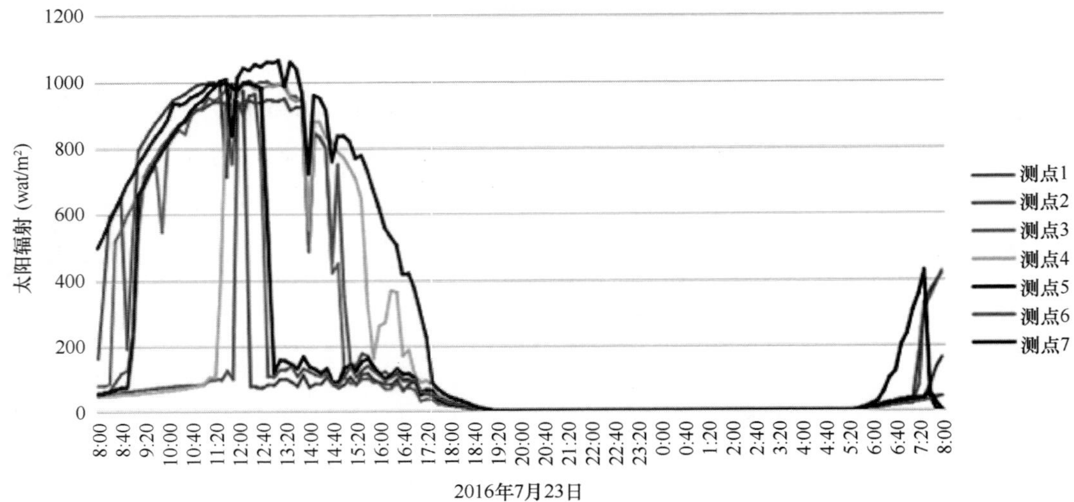

图2　各测点太阳辐射日变化图（2016年7月23日数据）

其中，测点7是各测点中唯一南侧无建筑遮挡，界面为水体的测点，整日日照充分，因此日均太阳辐射量为各测点最大。测点3处街巷空间狭窄，但因夏季太阳高度角较大，而测点南侧建筑低矮，对阳光直射影响较小，所以太阳辐射量仅小于测点7。测点5、测点4处，场地宽阔，且东西两侧建筑中，单侧建筑层高较低，因此接收到的太阳辐射量也较多。测点1、测点6、测点2街巷较为狭窄，且多侧建筑层高较高，高宽比较大，因此太阳辐射量较小。由上述分析可得，太阳辐射和建筑的遮阴量呈反比。街巷节点空间越开敞，或是周边建筑层高越低，则节点处高宽比越小，从而日照越充分，街巷接收的日太阳辐射总量越大。

2.2　风速

夏季三日内，各测点的风速数据均出现在8：00～20：00之间（图3）。各测点处均出现风速频繁急速增减的现象，风速数值变化幅度最大的为测点3，测点5风速变化相对平稳。三日中，风速日均值的前三位均依次为测点3、测点4、测点2。

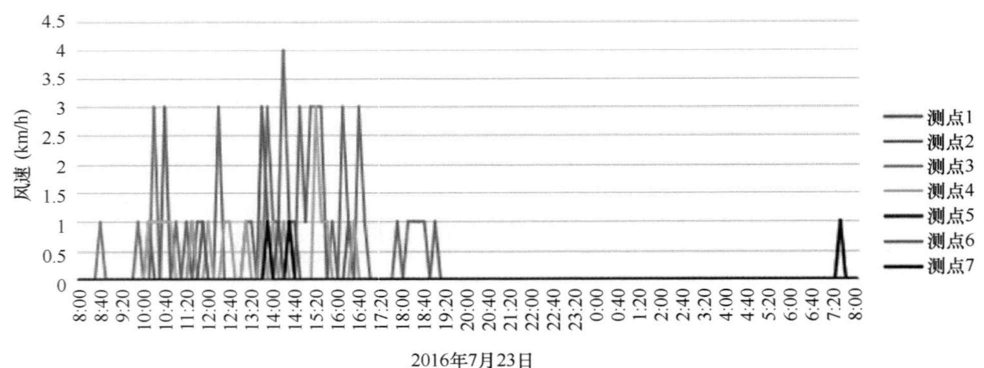

图3　各测点风速日变化图（2016年7月23日数据）

将各测点分组，对比不同街巷走向的各测点的风速。发现丁字交叉口中，东西向街巷贯通的测点3、4、2、6，风速大于南北向街巷贯通的测点1、5。再对同走向不同高宽比的测点3、4以及测点2、6分组对比，发现空间狭窄的测点3和2的风速分别大于空间开敞的测点4和测点6。可见，由于宏村主导风向为西南风和西北风。东西向街巷贯通的节点，风速大于南北向街巷贯通的节点。此外，节点空间越开敞，建筑层高越低，即高宽比越小，风速越小；反之风速越大。

2.3　空气温度

三日内各测点的空气温度变化趋势一致（图4）。各个测点气温到达最大值的时刻，有一定差异，但均出现在11：00～16：00。其中，测点5最早到达最大值，测点4最晚到达最大值。部分测点的昼夜温差大于气象站温差，昼夜温差最大值出现在测点4，最小值出现在测点1。三日日均气温中，最大值均出现在测点4、5处，而最小值均出现在测点7处。

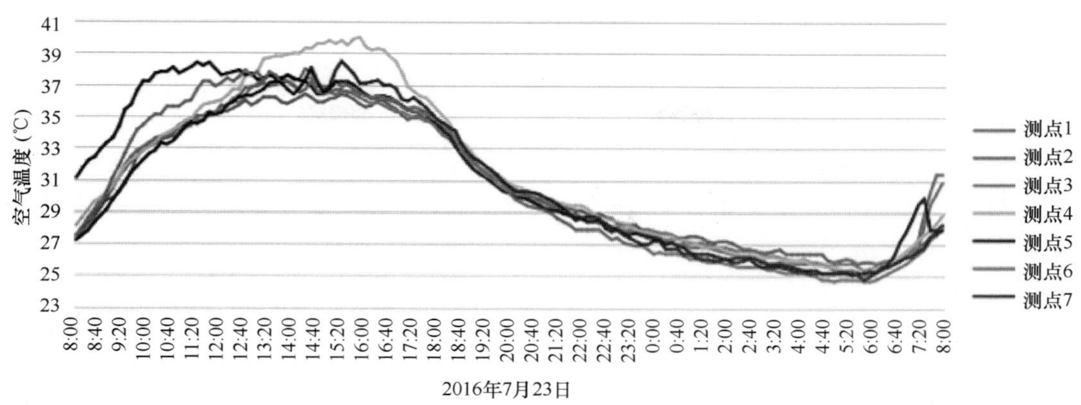

图 4　各测点空气温度日变化图（2016 年 7 月 23 日数据）

比较不同尺度的各测点，空间最为开敞的测点 4、5 与其余各测点相比，始终气温最高。而与测点 4 走向相同的测点 3，虽然太阳辐射量大于测点 4，由于狭窄的巷道加大了风速，使得节点处日均气温低于测点 4。测点 5 和测点 7 处均有水体，其中测点 5 处有水圳穿过，此处太阳辐射量大于测点 4，风速小于测点 4，而三日平均气温略小于或等于测点 4；太阳辐射量最大的测点 7，由于位于南湖边，日均气温最低，可见水体降低了节点空间的气温。此外，与测点 2 走向相同的测点 6，因为节点处有部分植被，虽然太阳辐射量大于测点 2，风速小于测点 2，平均气温仍小于测点 2，可见绿色植被也有一定的降温效果。

2.4　相对湿度

三日内各测点的相对湿度变化趋势一致（图 5）。相对湿度的最小值均出现在 10：00～16：00，最大值均出现在 22：00～7：00。最大差值出现在测点 7，最小差值出现在测点 1。比较各测点日均相对湿度，最大值均出现在测点 7 处，而最小值均出现在测点 5 处。

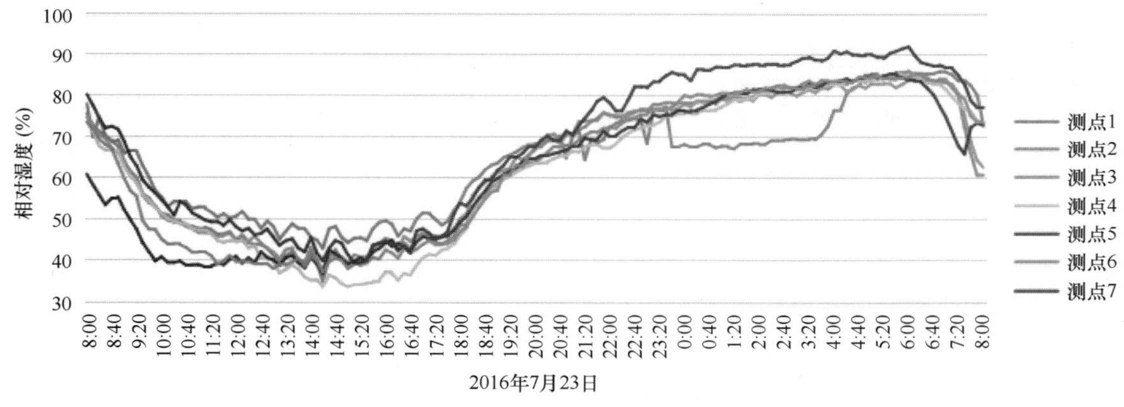

图 5　各测点相对湿度日变化图（2016 年 7 月 23 日数据）

各测点中，测点 7 日太阳辐射量为最大，由于紧靠南湖，日均相对湿度是各测点最高的。其余各测点中，测点 3、1 处空间最为狭窄，街巷高宽比大于测点 2、6，而测点 4、5 处街巷高宽比为各测点最小。比较各测点数据，发现测点 3、1 三日的相对湿度大于测点 2、6，测点 4、5 相对湿度最小。测点 3 东西向和北侧街巷均较窄，即便太阳辐射量较大，空气仍然更为湿润。由上述分析可得，街巷节点的相对湿度首先受到街巷尺度影响，街巷越窄，高宽比越大，相对湿度越高。此外，水体的存在能明显增加空间相对湿度。

2.5　宏村街巷节点空间夏季小气候分析

宏村夏季炎热潮湿，利用合理的通风、降温、除湿可以营造适宜的村落小气候。一方面，宏村街巷走向的确定中对村落主导风向的考虑，使夏季凉风更易进入村落，而狭窄的街巷，加快风速，进而起到降温除湿的作用；另一方面，贯通宏村内外的水系能通过蒸发吸收太阳辐射，在流动中降低周边街巷空间的气温并增加湿度；此外，节点处的植物也能起到一定调节小气候的作用。

3　结论与讨论

如何利用合理的规划设计，使现代人的居住环境更具气候适宜性，是值得探究的问题。本次实验结果表明，街巷的走向、街巷节点处的高宽比、街巷中的植被和水体，是街巷节点处小气候环境的主要影响因素。传统村落街巷层面的气候适应策略，应用于现代城镇和村落建设，主要应考虑以下几个方面：

3.1 合理的街巷走向

在现代城镇和村落建设中，应结合区域气候条件规划街巷走向，使建筑群与夏季主导风向保持合适的风向入射角[2]。平行于区域主导风向的街巷能更好地引导风的流动，增大风速进而更有效地进行热交换，有利于夏季降温除湿[7]。

3.2 适宜的空间尺度

除了引导自然风以带走热量，通过减少太阳辐射接收量，也可有效降温。控制街巷尺度以保证适宜的高宽比，并调整街巷周边建筑的围合方式，从而获得更多的建筑阴影以减少太阳直射，同样可以起到降低区域温度的效果[8]。

3.3 适当布置绿化和水体

高大的乔木能起到遮阴效果，使得树荫下的空间免于太阳直射，空气温度较其他空间更低，动态的水系可在流动的过程中带走建筑周边的热量。植物的蒸腾作用和水体蒸发的过程中，水分子均进入空气，降温增湿效果显著。因此，在街巷空间中适当布置绿化和水体均能对小气候环境起到良好的调控作用[2]。

4 结语

此次对宏村街巷空间布局和要素进行了分析，并结合节点处小气候要素定量化测定，探索了传统村落中基于小气候调节的营建技巧。此次实验是对宏村街巷节点空间小气候的初步测试，实测结果将进一步作为宏村街巷节点小气候舒适度研究的数据支撑。

参考文献：

[1] 张德顺，李宾，王振，刘鸣．上海豫园夏季晴天小气候实测研究[J]．中国园林，2016，32(01)：18-22.

[2] 李晨．徽州古村落生态策略研究[D]．安徽建筑大学，2014.

[3] 邓晓红，李晓峰．从生态适应性看徽州传统聚落[J]．建筑学报，1999(11)：9-11.

[4] 冷红，马彦红．应用微气候热舒适分区的街道空间形态初探[J]．哈尔滨工业大学学报，2015，47(06)：63-68.

[5] 揭鸣浩．世界文化遗产宏村古村落空间解析[D]．东南大学，2006.

[6] 刘滨谊，林俊．城市滨水带环境小气候与空间断面关系研究 以上海苏州河滨水带为例[J]．风景园林，2015(06)：46-54.

[7] 刘滨谊，张德顺，张琳，匡纬．上海城市开敞空间小气候适应性设计基础调查研究[J]．中国园林，2014，30(12)：17-22.

[8] FAli-Toudert，H Mayer. Effects of asymmetry，galleries，overhanging façades and vegetation on thermal comfort in urban street canyons[J]．Solar Energy. 2007，81(6).

作者简介

殷璐怡，1989年生，女，汉族，江苏溧阳人，同济大学建筑与城市规划学院风景园林专业在读研究生。电子邮箱：88357221@qq.com。

刘滨谊，1957年生，男，辽宁法库人，博士，同济大学风景园林学科专业委员会主任，景观学系教授，博士生导师，国务院学位委员会风景园林学科评议组召集人，国务院、教育部、人事部风景园林专业硕士指导委员会委员，全国高等学校土建学科风景园林专业教指委副主任委员，住房与城乡建设部城市设计专家委员会委员、风景园林专家委员会委员。研究方向为景观视觉评价、绿地系统规划、风景园林与旅游规划设计。

传统街巷式住区到街区[①]

——历史视角下我国开放式住区生长的途径

Traditional Street-style Residential Areas to Open Blocks

—Approaches to Growth of Opening Residential Areas in China from the Perspective of History

邹可人　金云峰*

摘　要：近年来，以“街区制”主导的开放式住区模式在我国得到大力推广，但开放的住区格局在我国并非是全新的概念。本文基于历史观和风景园林的视角，研究了我国不同时代背景下住区开放模式的生长脉络，以及此种演进所具有的动态与必然、应需与定位的特征。通过解读传统街巷式住区道路规划、场地设计以及空间序列的特点，指出其对于我国现行开放式街区的借鉴意义，并结合国情和建设美好生活家园的需要对未来住区的发展进行展望与构想。
关键词：风景园林；住区模式；生长途径；开放式街区；美好家园

Abstract: In recent years, the opening residential areas dominated by 'Open Block' has been promoted in our country, but this residential pattern is not a brand—new concept in our country. Based on the view of history and landscape architecture, the paper studies the growth of opening residential areas under different times in China, as well as the trends and necessity, the effectiveness and accuracy of this evolution. By studying the characteristics of the road planning, the site design and the spatial sequence of in traditional opening residential areas, the paper points out its significance for China's current opening residential areas. And finally the paper considers the national condition and the need to build a better life home in order to forecast the development of residential areas in the future.
Keyword: Landscape Architecture; Residential Area Pattern; Growing Way; Open Blocks; Good Life Home

1　研究背景

中华人民共和国成立以来，我国人口数量的激增和社会体制的变革为大规模住区更新注入了强劲动力；尤其在改革开放以后，我国城镇化进程进一步加速，住区的开发建设同样进入了新阶段。1978～2011 年，我国人均住房面积从最初的 8.1m² 增长至 36.0m²[1]。在城市更新运动愈演愈烈的七十年间，我国的住区建设也在自我反思和外部借鉴中不断成长，从封闭与隔离逐渐向开放与融合过渡。自 2016 年，我国开始推行开放式住区的广泛建设，三年来，关于开放式住区的探索与实践在我国各大城市如火如荼地进行。目前，之于我国开放式住区的研究主要从规划策略、空间形态、共享理念等方面展开，却罕见研究系统化梳理我国住区开放的发展进程与趋向。2019 年 4 月，习近平主席在北京世界园艺博览会上发表了以“绿色生活，美丽家园”为主题的重要讲话，深刻揭示了我国作为共建美丽地球家园、共建人类命运共同体的大国担当需要发挥自身的独特力量，这为我国住区的生长提供了新的发展方向。

2　风景园林视角下我国的开放式住区

2.1　“开放”含义的界定

目前，开放式住区并未被学界赋予确切的定义，一些学者常将狭义上的现代开放式住区与近代西方兴起的 Open Block 相关联，这是一种城市形态结构及包括居住、工作、休闲在内的功能结构的基本构成单元[2]。

本文中讨论的开放式住区是广义上的开放模式，它并不是脱离传统住区体系、吸收国外机制而分异出来的某个分支，而是一个相对于封闭的概念，可以从物质空间形态和管理服务机制两个层面进行界定。空间形态上，开放式住区的物理边界较模糊，一般摒弃了具有阻隔效益的围墙和大门，仅保留由道路划分的概念边界；在管理服务体制方面，住区的开放意味着其管理与服务也将从居住个体或单元解放到广大人群的利益共同体中。以此为标准，街坊制住区—胡同式住区—街区制住区代表了开放式住区在我国的生长途径。

2.2　街坊制住区

街坊制度在我国五代时期初现其雏形，五代各个割据政权在地方形成了相对独立的统治环境，为当时住区

①　基金项目：上海市城市更新及其空间优化技术重点实验室 2019 年开放课题（编号 20190617）资助。

发展的小范围转型实践提供了可能。而到了北宋，由于政治上的统一和商品经济的迅速发展，成熟的街坊制度逐渐形成，街坊制通常也被称为坊巷制，是一种以坊为名按街巷分地段规划的聚居制度[3]。住区被赋予了更高权限的经济职能，建立起以街市为主干，包括新兴城市服务业在内的街坊规划体制。与前代的住区模式相比，北宋时期成熟的街坊制住区有以下特点：

（1）商业街市与住区的结合

唐代的东西两市被严格限制在皇城的东南和西南两角，仅占长安城面积的2.2%，其营运时间也受制约。而时至宋中叶，唐时的市坊区分已彻底瓦解，商肆大举深入街巷，此时的商业活动摆脱了时间与空间层面的双层束缚且经历了大规模的改革：空间上，“在京正店七十二户，此外不能遍数”反映出商肆临街布置且数量空前[4]，散布在各个街巷的基层商业点汇集成为商业网络与居民住所无隙衔接，形成了城南州桥、宫城区东侧等闹市区；时间上，商区和住区具有更高的自由度，据《东京梦华录》记载，通宵达旦的“夜市”，五更开市的“鬼市子”风靡一时，为居民的社交行为和文娱生活提供了更多样的选择。

（2）路网层级的划分

北宋东京城采用经纬涂制的道路结构，形成了以四条御道为骨干，通车马的城市次干道为框架，住区步行为主的巷道为毛细血管的多层级交通体系。街坊制住区范围内的细小支路既能和外部城市路网产生良好的沟通，又不至直接暴露在外部车马的喧嚣之中。

（3）管理机构的变革

由于住区与街市的结合，北宋时期的住区治安与管理问题成为了难点。缺乏围墙后连为一体的街巷一方面容易引发大片火情的蔓延，另一方面，民事纠纷和刑事案件也在市井生活中滋长，尤其反映在勾栏瓦子等娱乐场所。而旧有坊吏制度的崩溃导致了基层管理职能的缺失，于是厢吏承担了基层治安管理的职能，负责及时预警街坊的火情、维护街坊的治安以及监督居民的行为规范[5]，此时的厢吏转型为更贴近市井生活和居民需求的综合性管理机构。

2.3 胡同式住区

胡同又称胡洞、衚同、衚通、火巷、火弄等，狭义上的胡同是指北京传统民居四合院及院墙所围合起来的街巷空间。北京胡同源于元代，它的具体内涵随着时间的推移而持续变化[6]。时至清代，胡同除了作为街道名称外，也成了一种街区形式。中华人民共和国成立以来的胡同经历了居民自发建设与政府城区改造，一部分逐渐演变为历史街区，另一部分仍为居民所居住。由于胡同四通八达，经由其内部能通往居民点且没有人员限制性，因此以开放的观点分析胡同，它代表了开放式住区在我国第二个阶段的生长，这一阶段住区的特点如下：

（1）安全功能的强化

元代胡同最初也被称作“火巷”，指的是在住区的建筑周边筑起垣墙并保留足够防火间距。一旦火灾发生，这一通道能有效地避免火势的蔓延；而在平时，高耸的墙体对四合院内部的居民起到了良好的隔音和防盗作用，同时维护了居住空间一定的私密属性。

（2）道路尺度的变更

据《析律志》的描述，元大都的胡同宽约6步（9m）。到了明清时期，胡同容易受到使用者自主建造的影响，其道路或宽或窄，随意性更强。研究表明，以北京东西城区胡同为例，今天的胡同在经历了种种改造后，有3m～9m不同宽度的显著差异（表1）[7]。从胡同尺度在时空上的演进趋势来看，胡同由政府的规划转变为居民自主建设，由单一类型转变为多枝杈类型。这一定程度上分流了车行，限制了车速；但一些不符合人体尺度的空间同样造成了部分空间拥挤、通风采光不利、疏于管理的问题。

北京东西城区胡同现状 **表1**

胡同宽度	3m以下	3～5m	5～7m	7～9m	9m以上
占比	14.85%	14.72%	39.26%	18.83%	12.33%
类型	步行或非机动车慢行	少量机动车慢行	混行	混行	混行

资料来源：整理自参考文献［7］。

（3）道路结构的复杂化

与宋时东京街坊制住区简单直接、与都城建设紧密关联的经纬涂制路网相较，近现代的胡同式住区有着更复杂多样的道路结构。一些研究将其抽象为不同线型的几何形态，包含了元朝旧有保留至今的鱼骨形、长格栅形、篦梳形，这是三种最规整和简洁的道路形态；受居民活动的影响，还衍生出环形胡同、树枝形胡同、斜线和折线形胡同、间断形胡同以及混合形胡同[8]。其中结合了各种其他形式的混合形胡同数量最多，如北京东城的九道湾胡同内部结构曲折幽深，营造出更多类型的胡同内部空间。

2.4 开放式街区

2016年，我国发布了《中共中央国务院关于进一步加强城市规划建设管理工作的若干意见》，意见指出：“我国原则上不再建设封闭住宅小区，已建成的住宅小区和单位大院要逐步打开”，住区的开放策略自此逐渐被大众认知和关注。在我国土地集约化与城镇化的进程中，人居空间的开放能有效缓解人地矛盾、完善城市功能，使其渐趋成为促进城市转型升级的重要举措，但在现有的开放式街区中，我们同样能发现时代赋予它新的特性和问题：

（1）城市形态与功能的整合

开放式街区建设以更广的维度整合了城市的形态与功能，体现在城市空间功能以及社会形态两个层面。一方面，目前开放式街区和其他形式开放式住区类似，弥合了城市的交通功能、商业功能，并且还在公共服务和设施方面产生了新的进展，一些社会共享的公共绿地、健身设施、广场、座椅等作为政府的福利性项目更高频次地出现；这不仅满足了公众的需求，同时这种与城市规划联为一体的建设方式也整合了城市景观与城市形象。从社会的层面，“居民”的社区正试图向“社会”的街区转型，交通半径及公共服务范围的扩大反映了街区模式意图提升公众参与性[9-11]。基于对南京开放式街区的实地考察，不难发现其实践中也产生了一些问题与矛盾。共享设施方面，一些场所和设施的实际使用率低下。安全方面，不同于往昔马车人行为主的慢速交通，机动车在住区的行驶给居民们造成了安全威胁。另外，由于住区内外来车辆大量涌入，停车成为了难点；据本文在南京开放式街区试点的调查显示，81.5%的居民认为停车场等配套设施不完善，造成住区内部停车混乱的局面。

（2）科技指导下的防控方式

随着科技的发展，开放式住区的防控从人为管控转变为更高效的智能化辅助。在开放领域，街区考虑到外来人员流动造成的犯罪隐患，通过安装街道监控摄像头以进行防控。而居住领域中，通常在入户单元设置门禁（南京万科九都荟）；或在入户大厅设置安保，入户电梯非住户刷卡不可启动（南京长江路九号街区）。针对开放式街区的防控情况，作者以南京长江路九号街区为例使用Depthmap软件，整合其空间结构、自主防控及摄像头防控进行了视线聚合系数分析（图1）[12]。结果表明，街区开放领域的防控力度较强，尤其是临近主干道和商铺处的表现最佳；而临近住户楼栋的区间防控力度则有待提升，如何兼顾居民隐私和防控安全成为了开放式街区亟待解决的问题。

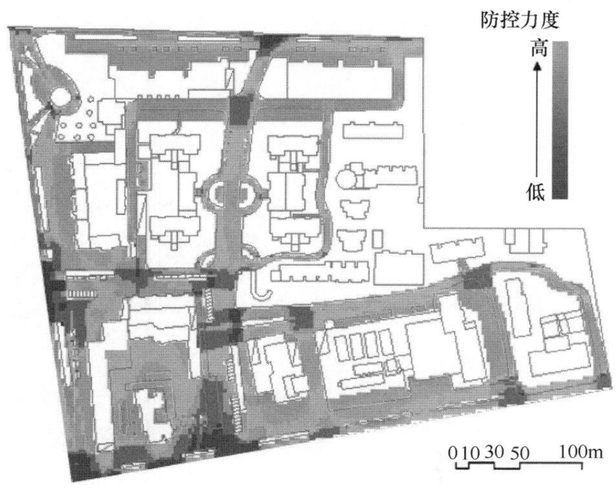

图1　南京长江路九号街区防控情况分析

3　开放式住区生长的特点

3.1　动态与必然

纵观自古以来我国的住区建设（表2），可以看出这是一个开放与封闭不断交替、动态回环的历程，由封闭到开放的数次螺旋性递进表明，住区的开放并不是一次偶然，而是历史发展进程中的必然趋势。

我国住区发展脉络　　表2

时期	特征	开放属性
原始社会	按母系氏族血缘关系形成的聚落	半开放
奴隶社会	高墙围合的“闾里”	封闭
隋唐	市坊分开的里坊制	封闭
两宋	商住结合的街坊制	开放
封建后期	大街—胡同—四合院的结合	开放
计划经济时期	国家机器与居民生活结合的“单位大院”	封闭
改革开放后	传统街巷式、单位社区、物业管理型住区并存	混合
2016年后	开放式街区的推广	开放

3.2　应需与对位

在开放式住区的三次阶段性生长中，发展的最终目标始终以当时当地的居民需求和时代需求为导向，与城市建设和上层规划相对位（表3）。

开放式住区的发展背景与对位方式　　表3

时期	类型	背景	对位方式
两宋	街坊制住区	集中市场的里坊制难以适应商品经济的发展	市肆入坊，住区的封闭界限也随之被打开
		都城建设、城市交通与皇权思想的影响	北宋东京城形成御道—次干道—巷道体系
		坊市之间不再设围墙，火灾极易在住区蔓延；市肆的急速扩展导致了住区的治安问题	街坊制住区中诞生了新的管理职能——厢吏，以监督居民行为、防火防盗
		市民阶层的日益壮大，经济的繁荣引发大量闲散市民对文娱生活的关注	瓦子、妓馆、赌馆、杂耍等娱乐场所在住区中大量出现
元朝至近现代	胡同制住区	元大都都城建设整齐、对称、中轴分明	初始胡同沿袭都城建设棋盘式布局
		北方气候干燥，排列紧密的住宅招致火情扩散	元代胡同预留防火间距和墙体，营造防火通道
		人口数量的增长，居民要求更多生活空间	胡同内道路宽度不断缩减，转化成更大面积的居住空间
		居民活动所需的空间类型具体要求不断变更	胡同内由居民自发改建产生了复杂的路网结构和多种类型的空间序列
2016年至今	街区制住区	经济的繁荣、城镇化的发展、人口的增长使封闭式住区不完全适应我国发展的需求	街区制住区在全国范围内推广

4 传统街巷式住区对街区生长的启示

4.1 线性布局的分级处理

街坊制以及胡同制住区的道路规划都采取了某种程度上的道路分级的策略。北宋东京从城市布局的角度出发，将可通车马行驶的御道、城市次干道与住区街巷内的小间距步道区分开来；而在住区内部，胡同则演化出了更复杂的道路分级机制。基于安全的考量，当前的开放式街区可通过细化路网等级、限制车速、单独划分步行通道等方式在保障其与城市交通紧密依存的同时，营造内部道路的微循环体系。

4.2 社会参与引领的弹性场所

两宋东京城的住区建设“不似隋唐两京之为预布置，官私建制，均随环境展拓”；胡同结构的复杂化演进同样体现了居民为主体按需建设住区的迫切性。推演到当今的住区建设，在开放领域时常出现“供需不符”、使用效率低的情况，而采取循证设计的策略，并在住区建成后适时回访和改进是缓解该矛盾的有效途径。住区归根到底是人本的空间，“开放”的引入则需要设计者关注不同社会群体的需求，强化公共场所利用的灵活性和公众参与性。

4.3 交往与防控并存的空间序列

防控安全和私密空间是目前开放式街区内的一组矛盾，从传统街巷式住区的空间组成上我们可以借鉴一些思路。两宋繁荣的住区商业成就了兼具活力和防控力的临街界面，夜市、晓市、瓦子等不同时段的住区活动又大大提升了公众防控的时效。在当前住区的开放领域可以建构周期长、活力高的公共场所并辅以监控装置加强安全防控。而在开放式住区的住宅领域，则可借鉴胡同环形、树枝形、斜线折线形、间断形的多种形式，营造开敞与私密共存的多元交往空间，并局部封闭保障安全。

5 结语

从传统街巷式住区到街区，开放式住区在我国历经了街坊制—胡同式—开放街区的三个历史阶段，这一历程不仅饱含了源远流长的中华文化，也是在今后的住区建设及城市规划中可供参考的可贵经验。我国住区的开放策略并非我们通常认为的一种外来舶来物，而是有据可循、有理可依、有史可查的一种发展趋向。着眼于发展的角度，我们能够通过开放式住区的本土生长途径中汲取更符合本国国情和经过实践检验的有益经验，从而进一步深化落实建设美丽中国与共建美好生活家园的美好愿景。

参考文献

[1] 张杰．基于资源共享视角下的住区开放性研究[D]．西安：西安建筑科技大学，2013.

[2] 张天尧，夏晟，张衔春．欧洲城市街区制在中国的适应性研究：理论与实践[J]．规划师，2017(7)：5-13.

[3] 乌再荣．从《平江图》看南宋平江府城之市坊制度[J]．建筑师，2009(6)：35-40.

[4] 李百浩．中国城市规划史[M]．南京：东南大学出版社，2014.

[5] 邓奕．北京胡同空间形态演变浅析[J]．北京规划建设，2005(4)：17-19.

[6] 段炳仁．北京胡同志[M]．北京：北京出版社，2007.

[7] 尼跃红．北京胡同四合院类型学研究[M]．北京：中国建筑工业出版社，2009.

[8] 贺业巨．唐宋市坊规划制度演变探讨[J]．建筑学报，1980(2)：43-49.

[9] 金云峰，卢喆，吴钰宾．休闲游憩导向下社区公共开放空间营造策略研究[J]．广东园林，2019(2)：59-63.

[10] 杜伊，金云峰．社区生活圈的公共开放空间绩效研究——以上海市中心城区为例[J]．现代城市研究，2018(5)：101-108.

[11] 金云峰，李宣谕，王俊祺，等．存量规划中大型公共空间更新的公众参与机制研究——以美国东海岸防灾项目为例[J]．风景园林，2019(5)：71-76.

[12] 姜戴裕，邹可人，邱冰．一种开放式社区儿童安全防控空间分析模型研究[J]．现代城市研究，2019(01)：15-22.

作者简介

邹可人，1997年生，女，江苏南通人。同济大学建筑与城市规划学院景观学系在读硕士。研究方向为风景园林规划设计方法与技术。电子邮箱：15295515098@163.com。

金云峰，1961年生，男，上海人，同济大学建筑与城市规划学院景观学系副系主任、教授、博士生导师。研究方向为风景园林规划设计方法与技术、景观有机更新与开放空间公园绿地、自然资源管控与风景旅游空间规划、中外园林与现代景观。电子邮箱：jinyf79@163.com。

大学校园树木抗风性提升的设计策略研究

——以华南理工大学五山校区为例

Study on the Design Strategy of Improving the Wind Resistance of University Campus Trees

—A Case Study on the Wushan Campus of South China University of Technology

翁奕城　朱雪蓓

摘　要：频繁的台风灾害为我国华南地区园林绿化带来巨大危害，也侵害着人们的生命安全与经济利益。校园园林绿化环境与师生日常生活关联密切，其安全性不言而喻。本文以华南理工大学五山校区为研究对象，通过对该校园绿化树木在台风“山竹”中的受灾情况的调研基础上，总结其树木受损的主要原因，并从树种规划、工程措施、维护管理等三方面探讨校园园林树木抗风性提升的设计策略，为建设低维护安全型校园绿化环境提供一定参考。

关键词：抗风性；绿化树木；设计策略；安全型校园

Abstract: Frequent typhoon disasters bring great harm to the greening of South China, and also infringe on safety and economic interests of the public. Moreover, the campus greening environment is closely related to the daily life of teachers and students, and its safety is self-evident. In this paper, we took the Wushan Campus of South China University of Technology as the research object, summarized the main causes of tree damage and provided some strategies of improving the wind resistance of campus garden trees based on the investigation of the disaster in the typhoon "Hawthorn". The strategies was organized in three aspects——Tree species planning, Engineering measures, and Maintenance management . which provide a reference for the construction of low maintenance and safety campus greening environment.

Keyword: Wind Rresistance; Greening Trees; Design Strategy; Safe Campus

1　风灾背景下城市绿化抗风性研究具有重要意义

在城市建设的进程中，园林绿化在美化环境、生态保育、游憩、防灾等方面发挥着重要的作用[1]。但华南地区的园林树木，饱受台风灾害的频繁侵袭，不仅自身的稳定性得不到保障，其受灾后果为城市居民的人身安全、经济等带来巨大损失。据统计，2016 年“莫兰蒂”降临厦门，共 65 万棵树木受损；2018 年“山竹”降临华南地区，广州、深圳树木倒伏分别达 7000 及 1.1 万宗，损失惨重。可见台风对城市绿化的破坏性很大，如何提高城市绿化树木的抗风性显得十分重要。

在城市的诸多绿化单元中，校园园林绿化面积大、树木种类繁多、与师生日常生活关联紧密，风灾带来的影响就更加显著（图 1）。以校园作为抗风性提升研究的对象，对城市绿化抗风性研究和工程实践具有很好的借鉴意义。因此，本文以华南理工大学（以下简称华工）五山校区为研究对象，基于对校园绿化树木在台风“山竹”中的受灾情况调研基础上，总结树木受损主要原因，并从树种规划、工程措施、维护管理探讨校园园林树木抗风性提升策略，为建设“低维护安全型校园绿化环境”提供一定参考。

图 1　台风“山竹”后的华工校园树木受灾情况

2　华工五山校区在台风“山竹”中受损情况调查

华南理工大学五山校区位于广州市天河区五山街道，用地面积约 182.6hm^2，校园内绿化环境分布甚广，类型多样。据统计，五山校区在 2018 年台风“山竹”中受损害树木总计 350 棵，其中倒伏大树约 94 株，主要分布在人行道、道路交口、绿化坡地底部与绿化平地边缘，断裂树木 256 株（包括折断与断枝两种情况），压砸车辆多至 41 辆，整体受灾情况严重（图 2），详见表 1。

台风“山竹”后华工园林树木受灾情况关联分析表 **表 1**

序号	树种	树木受损害情况					树木抗风特性		关联分析
		倒伏	折断	断枝	总计	性能	特性	缺陷	
1	羊蹄甲	9	23	15	47	—	根浅	易倒伏	＋＋
2	桉树	1	23	9	33	＋	主根发达，树形过风	—	—
3	蓝花楹	33	0	0	33	＋	树形过风，根系发达材质脆	易断枝	—
4	构树	4	4	15	23	＋	整体抗风	—	—
5	榕树	6	2	7	15	—	冠大枝脆根浅	倒断	＋＋
6	人面子	7	1	2	10	＋	板根，根系发达	—	—
7	白兰	2	2	2	6	—	枝脆	易断枝	—
8	木麻黄	3	2	0	5	＋	树形过风，根系发达	—	—
9	白千层	1	1	1	3	＋	树形过风，枝条柔韧	—	—
10	非洲楝	3	0	0	3	—	冠大枝脆	易断枝	—
11	南洋楹	0	0	3	3	—	小枝脆	易断枝	＋＋
12	石栗	1	1	0	2	＋	根系发达	—	—
13	紫荆树	2	0	0	2	0	能抗风	—	—
14	芒果树	1	0	0	1	＋	整体抗风小枝脆	易断枝	—
15	猫尾树	1	0	0	1	＋	总体抗风	—	—
16	木棉	1	0	0	1	＋	树形过风，板根	—	—
17	桑树	1	0	0	1	＋	根系发达	—	—
18	竹子	1	0	0	1	—	生长松散	易倒伏	＋＋
19	串钱柳	0	1	0	1	—	树形过风，但大枝条脆	易断枝	＋＋
20	大叶相思	0	0	1	1	—	枝脆	易断枝	＋＋
21	凤凰木	0	0	1	1	＋	树形过风，根系发达枝条脆	易断枝	＋
22	海南蒲桃	0	0	1	1	＋	总体抗风，枝脆	易断枝	＋
23	荷花玉兰	0	0	1	1	＋	树形过风，直根系	—	＋
24	未知	17	121		138	—	—	—	—
	总计	94	256		350	—	—	—	—

图 2　华工校园树木倒伏、折断、断枝受灾情况

3　华工校园树木受损害原因分析

台风中树木受灾原因可从内因与外因两个方面剖析：内因即树种特性，使得树种表现出不同抗风性能，规划设计中与树种选择息息相关。外因包括台风风力压强、树木生长环境、养护管理措施等[2]。

3.1　内因关联度分析

下文进行“树木受损害情况”与“ 树木抗风特性”（注：＋、—、0 分别表示抗风性能较好、一般与较差）之间的关联性进行分析，探究华工树木受灾的内因成分，详见表 1。

（1）高度正相关（＋＋）：抗风性弱树种受损，且符合抗风缺陷；如羊蹄甲、榕树、南洋楹、竹子、串钱柳、大叶相思等，损害系数（损害系数是指这三种类型的损害树木分别在总受损树木中的占比）占比 0.338。

（2）正相关（＋）：抗风性良好树种微弱受损，且符合抗风缺陷；如凤凰木、海南蒲桃、荷花玉兰等。损害系数占比 0.016。

（3）负相关（—）：抗风性良好树种严重受损或抗风性弱树种受损，但不太符合抗风缺陷；如桉树、蓝花楹、构树、人面子、木麻黄、白千层、石栗、紫荆、芒果、猫尾树、木棉、桑树等。损害系数占比 0.646。

高度正相关直接反应出“配置树种特性损害因子”与受灾情况的关联，正相关与负相关反映出除树种特性之外的损害因子对园林树木造成的损害，说明在华工受灾情况中，其他损害因子不容小视，还需进一步探究损害原因。

3.2 外因定性分析

3.2.1 树木生长环境

由于历史原因，五山校区早期种植的树木树龄长，种植间距偏小，树木缺乏阳光，如校园主干道两侧的窿缘桉、石栗树、白千层和白兰等（图 3）。同时近年来，随着学校的快速发展和校园环境改善，校园道路的维修和人行道拓宽，行道树生活环境遭遇破坏，根基不稳，从而影响树木的抗风性能。

图 3 种植间距过近的白千层

对倒伏树木根系与生长环境观察与分析如图 4 所示。主要存在两种情况：

（1）硬质环境为主要生长环境的树木。主要指道路、广场孤植的行道树或绿带种植的行道树。正如翻根情况（图 5）显示，华工采用的是常规的树木栽培方式，压实导致土壤强度，密度和孔隙度等性质改变，树池狭小影响根芽生长，另外未将排水组织考虑在内，种植土壤低于周围环境且无防水措施，径流被引导到树坑，停留时间延长导致根部恶化。在根部生长受限与土壤缺乏垂直锚固左右的双重影响下，这种类型的树木种植结构通常在抵抗风荷载方面效率最低。

（2）软质环境为主要生长环境的树木。主要指绿地中的树木，排水是关键的原因。华工地处五山丘陵地段，绿地多为坡地，起伏地形变化使得绿地含水量情况复杂，地形高处易水土流失，低处又易积水烂根。倒伏树木中多数位于斜坡地段，且多是地形降至较低地段的树木倒伏（图 5）。在较平坦的地段，倒伏树木多位于与道路交界的边缘地段，因为直接接收来自道路的径流汇水，平坦地形使得水流动性差从而积渗。

综上，华工树木生长环境存在严重不足，是导致风灾损害的重大原因之一。

图 4 硬质广场环境倒伏树木情况（上）、软质绿地环境倒伏树木情况（下）

图 5 华工行道树倒伏及其树池（左）、陡坡处的倒伏树木（右）

3.2.2 养护管理措施

校园内大多数树木自栽种后均任其自然生长，缺乏定期修剪，导致树木过度生长，多年后树干粗大，树身倾斜，树形不佳，加之根基不稳，极易受损。特别是半山西路，百步梯附近陡坡处的部分高大乔木。

另外很多年代久远的老树已经存在树干空心等状况，但缺乏专业的病虫害鉴定机构出具的鉴定结论。老教职工对这些老树感情深厚，视其为心目中校园历史与场所精神之所在，使得树木更替计划阻力重重，对潜在的病虫害也未能尽早发现并加以防治。

4 校园树木抗风性提升策略

4.1 树种规划

首先，选择抗风特性良好的树种是提升校园抗风性的基础。针对受灾情况更新的树木，可参考市政园林部门近年更换的树种（表 2），综合分析并择优选定合适的树种。如人行道不适合种植榕树、羊蹄甲等浅根性树种；人员密集的广场区不适合种植凤凰木、大王椰，等容易断枝、掉叶的树种。

广州行道树建议树种及抗风特性 表 2

树种名称	拉丁文名	科	抗风特性
海南红豆	*Ormosia pinnata*	蝶形花科	总体抗风
铁东青	*Ilex rotunda*	东青科	总体抗风
尖叶杜英	*Elaeocarpus apiculatus*	杜英科	树形过风，直根系
罗汉松	*Podocarpus macrophyllus*	罗汉松科	树形过风
广玉兰	*Magnolia grandiflora*	木兰科	树形过风，直根系
木麻黄	*Casuarina equisetifolia*	木麻黄科	树形过风，直根系
人面子	*Dracontomelon duperreanum*	漆树科	板根，根系发达
树菠萝	*Artocarpus heterophyllus*	桑科	总体抗风
小叶榄仁	*Terminalia neotaliala*	使君子科	树形过风，根系深且广
荔枝	*Litchi chinensis*	无患子科	树形过风
龙眼	*Dimocarpus longan*	无患子科	树形过风

4.2 工程措施

从工程的角度改善树种的生长环境，是具有可实践性的抗风性提升策略。常见工程措施如下：

（1）石块压根法

按照常规种树方法完成种植后，在树木地面上均匀的铺上石块，厚度根据实际的情况来确定，一般以 35cm 左右为宜，然后在石块表面铺一层泥土，最后在泥土表面种一些耐旱性较高的植物，将石碓覆盖住，增加其美观程度。[3]

（2）石块垫穴法

在树木土球放入种植穴扶正后，使用大小是所种植树木的 1.5～2.5 倍的，厚度与长短适宜的石块就近以南北和东西四个方向垫入种植穴和树木土球之间，让土球能够被石块卡在种植穴内，并且保持稳定，穴内填充细土压实后进行四角支撑[3]（图 6）。

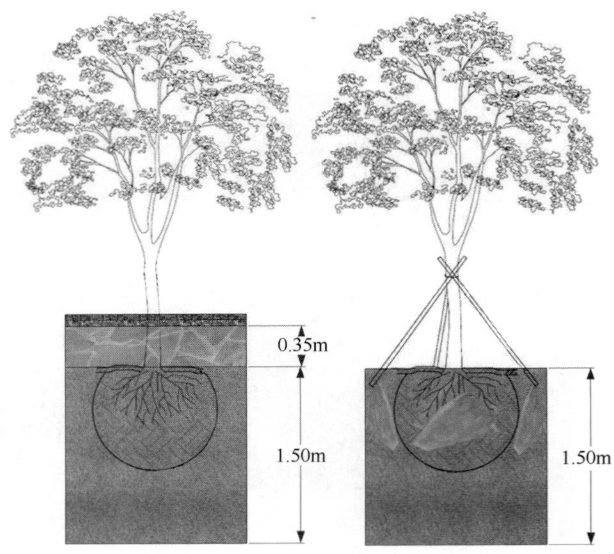

图 6 石块压根法（左）、石块垫穴法（右）示意图

（3）架空树池法

随着新材料的涌现，如何从为树木提供更好的生长环境从而提升抗风稳定性的新思路浮现，出现了架空树池法的做法。为抗风性提升提供了更优解——一种更加生态可持续、延展生态系统服务功能的策略。例如，新加坡 uniseal 公司在考虑抵抗风灾时，设计了架空树池系统的方法，克服传统种植方式中的根系生长受限与排水不畅导致烂根等弊端。该系统由框架和甲板组成的模块化系统搭建，中间形成的空隙空间填充有种植土壤。对比于压实土壤种植环境，更利于根系的生长与雨水的疏导排放。经试验证明，架空树池上种植的树形成了更长且稳定的根[4]。该公司自主研发的 GrasCell DC 系列材料（图 7），在系统实践落实中至关重要，反映了新材料在抗风工

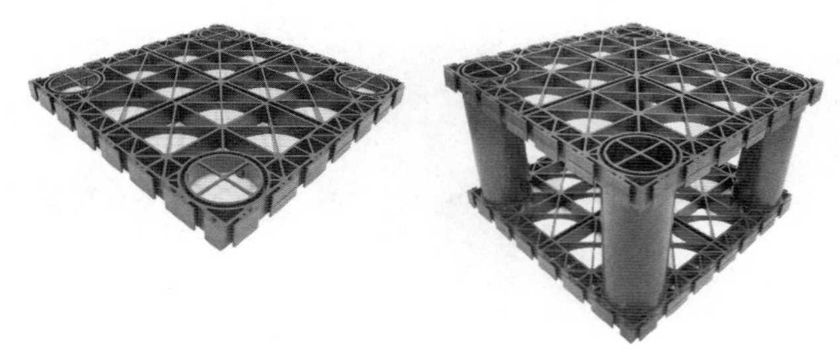
图 7 架空树池系统工程技术图[5]

程技术方面的应用。

（4）渗透树池法

基于常规种植池的改良，这种新型树池（图 8）在坑位内壁设有耐植物根系穿刺的卷材树池壁或涂料树池壁，植物的根系可以穿过池壁从而得到更好的生长。坑位底部为倾斜的平面，即过滤层，最低处设有均匀布设多个排水孔的排水槽，能够利于种植池中水分的排放以免导致烂根[6]。

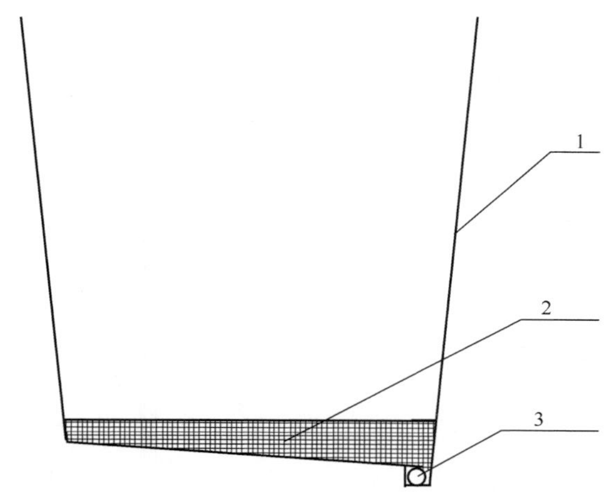

图 8　渗透树池工程技术图[6]

1—卷材壁；2—过滤层；3—排水管

对以上几种种植工程技术的对比情况如表 3 所示。在经济允许的前提下，可将架空树池系统运用于种植小叶榕等浅根性树种的广场与行道树池中；对绿地边缘或坡道底部等易积水的种植绿地，采用渗透树池的种植工艺；对绿地中的倒伏树木，可采用石块压根法与石块垫穴法提升其土壤稳定性；只有树木良好的生长状态得以保证，才能稳定其抗风性能。

4.3　维护管理

（1）加强树木抗风性评估，加强危树排查工作。联系专业公司或利用检测仪器、实验仪器、计算机模拟等手段进行病虫害防治及危树检测服务，作为树木抗风灾前期工作，及时排除树木安全隐患。尤其在恶劣天气影响前后，更要加强巡视、排查和应急处置。

（2）加强养护管理。受灾情况与其抗风缺陷正相关的树种，如应作为养护管理的首要关注对象，存在枝脆缺陷的树种，应注意修剪，保证合理抗风结构形态。

（3）定期修剪影响交通的低垂枝、存在安全隐患的枯枝，重点修剪枯叶、老叶、下垂叶和坚果。处于迎风地段的棕榈植物，应采取剪除或短截部分叶片，以提高树体抗风性能。

抗风性提升种植工程技术比较　　**表 3**

种植技术	适用环境	适用树种	经济成本	提升抗风性原理
石块压根法	均适用	根部存在抗风缺陷的树种，对于易折断、短枝的树种无意义	较低	加固土壤对树木根部的稳定作用
石块垫穴法	均适用	根部存在抗风缺陷的树种	较低	加固土壤对树木根部的稳定作用
架空树池法	道路、广场等硬质种植环境	框架尺度限制，适用于浅根性树种	较高材料人力成本	为树木根系提供良好的生长空间与排水条件
渗透树池	绿化坡底或平地边缘等易积水种植区域	均适用	中	为树木根系提供良好的生长空间与排水条件

5　总结与思考

综上所述，受灾城市的抗风性提升是我们建设更加稳定、低维护的韧性城市园林绿化的必要条件，这对园林从业者也提出了更高要求：必须严密审视现状绿化背后潜伏的抗风危机，对树木在抵抗台风中的机制有清晰全面的认知，并以此为原理针对性提出抗风性提升策略，密切关注绿地结构规划、树种选择、工程措施、养护管理等多方因子的每一个关键环节，有效提升园林树木的抗风性，以在台风灾害中呈现良好的稳定性能。

另外，关于树木抗风性的研究一直都有较深入的研究，特别是专业界园林树木抗风性能也很熟知。但为什么我们城市一旦面临强台风或大暴雨等自然灾害是，城市园林树木还是经常受到极大的损失，其背后的真正原因是什么？这还值得进一步探究。

致谢

本文部分基础资料由华南理工大学后勤处提供，在此深表谢意！

参考文献

[1]　肖洁舒，冯景环．华南地区园林树木抗台风能力的研究[J]．中国园林，2014，30(03)：115-119.

[2]　吴志华，李天会，张华林，等．广东湛江地区绿化树种抗风性评价与分级选择[J]．亚热带植物科学，2011，40(01)：18-23.

[3]　黄海英．不同栽培方法对园林树木抗风性的影响探究[J]．农家科技(下旬刊)，2017，(7)：246.

[4]　Rahardjo H，Gofar N，Amalia N，et al. Structural cell contribution to resistance of trees to uprooting[J]. Trees, 2016, 30(5): 1843-1853.

[5] 新加坡 uniseal 集团官方网址［EB/OL］. http://uniseal. com. sg/.
[6] 北京市园林科学研究院．一种园林树木种植池．中华人民共和国，A01G9/02，CN201520254646. 2，2015-04-23.

作者简介

翁奕城，1974年生，男，汉族，广东汕头人，博士，华南理工大学建筑学院、华南理工大学亚热带建筑科学国家重点实验室、广州市景观建筑重点实验室，讲师。研究方向为生态景观规划设计、公共景观设计。电子邮箱：wengych@scut. edu. cn。

朱雪蓓，1999年生，女，汉族，安徽池州人，风景园林硕士研究生在读，华南理工大学建筑学院年生在读硕士研究生。研究方向为风景园林规划与设计。电子邮箱：814628951@qq. com。

地方依恋导向的主题公园旅游影响感知调查与分析
——以冰雪大世界为例

Investigation and Analysis on the Influence Perception of Local Attachment Oriented Theme Park Tourism
—Taking the Ice and Snow World as an Example

张佳妮　朱　逊*　姜　瑞

摘　要： 具有地域特色的旅游资源是地方依恋的重要载体，也是加强市民凝聚力，拉动区域经济的主要来源。本研究通过调查哈尔滨“冰雪大世界”主题公园，分析了园区中游客旅游项目的偏好，游客的旅游影响感知评价，园区的管理服务及景观质量，外地游客与本地居民的体验区别及不同年龄层的感知评价对比。研究发现：①本地市民对园区的评价总体高于外地游客的原因在于其本身对园区强烈的地方认同感；②景区服务管理、景观质量及设施不佳造成游客重游性与推荐性较低；③本地老年群体对该场地的使用时段、项目及评价具有特殊性。通过对冰雪大世界的调查与分析为寒地主题公园的相关建设提供依据，为设计更加具有地方认同感的地域特色旅游景观提供有效的反馈和建议。

关键词： 冰雪大世界；旅游影响感知；地方依恋；项目偏好；老年人

Abstract: Tourism resources with regional characteristics are an important carrier of place attachment, and also a major source of strengthening the cohesiveness of the citizens and stimulating the regional economy. This study analyzes the preferences of tourists by investigating the “Ice and Snow World” theme park in Harbin, the tourism impact perception evaluation of tourists, the management services and landscape quality of the park, the experience difference between foreign tourists and local residents and different age groups. Comparison of perceived evaluation. The study found that ① the local citizens' evaluation of the park is generally higher than that of the foreign tourists because of their strong place identity to the park; ② the scenic service management, landscape quality and poor facilities cause tourists to be less revisited and recommended; ③ place elderly groups' using period, project and evaluation of the site are special. Through the investigation and analysis of the Ice and snow word, it provides the basis for the related construction of the theme park, and provides effective feedback and suggestions for designing the regional characteristic tourism landscape with more place identity.

Keyword: Ice and Snow World; Tourism Influence Perception; Place Attachment; Project Preference; Elderly

1　研究背景

冰雪旅游项目，具有明显的季节性特征，季节成为其发展的周期限制因素但也因其形成独特“稀缺”资源景观。地域文化景观对游客具有持久的吸引力[1]。冰雪大世界作为最典型的冰雪旅游资源，其现有的冰雕、雪雕等传统的冰雪景观及项目已无法满足现有游客的需求。

国内外学者大多就目的地居民旅游影响感知对居民满意度、居民旅游满意度、对其旅游参与意愿、旅游地居民旅游参与行为对居民旅游影响感知及旅游满意度之间的变量关系进行研究[2-4]。现存的研究所涉及的范围侧重于主题与游客的动机，满意度或行为意图有关其他人讨论先行因素和因果关系[5]，对于季节性的旅游项目涉及较少，而且我国主题公园发展已经步入新一轮的市场竞争中，在这一阶段竞争的焦点和手段发生了根本性的变化[6]。我国拥有类型丰富、各具特色的自然与文化旅游（游憩）地，研究不同使用者对这些地方的感知与态度具有重要的理论与实际意义[7]。本文以哈尔滨的冰雪大世界为例，从人群的年龄及来源地角度出发，研究其旅游感知及相关项目偏好。

2　研究内容及方法

2.1　研究区域

哈尔滨主要的冰雪旅游产品有黑龙江国际滑雪节、太阳岛冰雪大世界、哈尔滨国际冰雪节、兆麟公园冰灯游园会、斯大林公园冰雪游乐、体育学院室内冰球场、亚布力滑雪场。但依据 2019 年《中国冰雪旅游竞争力大数据报告》显示，哈尔滨冰雪大世界热度高达 92.3，排行第一，因此选择第二十届冰雪大世界作为本次调研研究的对象。

冰雪大世界位于松北区，占地 80hm²，开园时间为 2018 年 12 月 23 日～2019 年 2 月 17 日，园区分为九个部分，分别为室内冰雪表演区、祈福区、经典冰雕区、雪雕区、冰嬉区、冰雕比赛区、极光山运动场、餐饮服务区以及服务区。参与人群包括国内外游客及本地居民。

图 1　冰雪资源分布图

2.2　调查问卷设计

调研问卷分为三部分：

第一部分为被调查者的个人属性特征，包括游客的年龄、是否本地居民、出游时间、出游方式、出游组成成员、出游次数、对冰雪大世界室内外相关冰雪景观项目的喜爱偏好。

第二部分是对冰雪大世界主题公园的旅游影响感知的满意度评估。问卷评价方法采用李克特量表法，受访者将按自己的对公园的主观感受的满意程度通过分数的高低填写问卷，1＝非常不满意，2＝较不满意，3＝一般，4＝较满意，5＝非常满意。将冰雪大世界的等共计 21 个要素作为研究指标，在游客进行打分后，用 SPSS17.0 软件进行有效性分析、相关性分析和因子分析，并利用主成分分析法提取出前 4 个起主要影响作用的因子，形成 4 个维度，即预期度、特色度、新颖度及忠诚度。

第三部分是对园区景观质量、管理服务、景观质量的调查与评价。不同类型旅游（游憩）地、不同主体的地方感维度、属性、特征、影响因素、空间差异及其对主体行为的作用机制研究也不同[8]。

2.3　调研实施过程

问卷采集工作于 2018 年 12 月 28 日～2019 年 1 月 17 日进行，本次调研共发放调查问卷 100 份，收回有效问卷 74 份。抽取工作日以及节假日各 1 天作为调研时间，单次调研时间为 11：00～19：00，持续 8h 于园内进行观察、问卷发放以及半结构式访谈。于 11：00～14：00段对游戏项目的体验人群及频率进行观察记录；16：00～19：00段发放问卷，依据为雷默尔（Raymore）提出的发放公园问卷的方法[6]。

2.4　问卷信度效度检验

利用 Cronbach's α 系数对测量指标的内部一致性进行信度检验。当 Cronbach's α 系数值大于或等于0.7 时，说明调查问卷的信度较好。结果显示，本研究游憩体验质量量表的 Cronbach's α 系数值为0.871，问卷具有较高的信度。

利用 SPSS17.0 对冰雪大世界感知各题项进行 KMO 值和 Bartlett 球形检验，结果显示 KMO 值为（0.749）大于 0.7，Bartlett 球形检验结果（0.00）显著（$P<0.01$），适合进行因子分析，具有有效性。

3　结果分析

影响游客旅游影响感知的因素、重要性及居民对其现状的满意评价对于社区公园规划设计、游憩空间创造、游憩环境提升、服务质量改善和未来发展至关重要[9]。对统计数据分析如下：

3.1　游客主体特征分析

统计结果表明，整体游客以中青年游客（64.5%）居多，70 岁以上的老年群体（4.4%）虽占比例最少但来访次数较多；来访游客中 66.2%为外省游客。省外游客选择出租车到达冰雪大世界，到达时间集中在 16：00～18：00，本地居民以公交车为主，景点可达性强，且本地老年游客来访时间明显的集中在 11：00～13：00。

项目偏好汇总　　表 1

喜欢冰雕类型	互动的（神鼓广场的鼓）	设计精美的雕塑式的（冰雕比赛作品）	可以进入登高的建筑式、桥式的、亭子	不可进入式城堡	十二生肖冰雕
	96.20%	36.50%	35.10%	32.40%	4.10%
室内项目	哈冰秀	6D 影院	冰雪 T 台秀	儿童剧	玩偶剧
	39.20%	33.80%	18.90%	5.40%	4.10%
室外项目	冰上自行车	极光山大滑梯	旋转滑梯	滑雪场	冰球场
	43.20%	48.60%	27.00%	10.80%	4.10%
	城堡滑梯	组合楼梯	神鼓广场	冰雕比赛作品	雪雕作品
	25.70%	5.40%	8.10%	21.60%	25.70%

由表1分析可得大部分人喜欢可以互动的以及雕刻精美的冰雕，对于砌筑的建筑类冰雕的喜欢程度较低。室内项目最受欢迎的是哈冰秀，但室内项目不能成为影响园区吸引力强弱的决定性因素。室外项目热度最高的是极光山大滑梯，其次是冰上自行车。老年人喜欢的项目为冰上自行车。43.2%的游客认为冰雪大世界与预期有一定的差距，认为有很大差距的人达到31.1%，均为外来游客。

3.2 游客旅游影响感知分析

旅游影响感知产生的预期度、特色度、新颖度及忠诚度在外地游客与本地居民之间表现出明显的差异。旅游影响感知通常分为经济影响感知、社会文化影响感知和自然环境影响感知三个层面[10-12]。根据问卷中开放式问题的调查和统计，以旅游影响感知满意度评价体系中每一选项被选择频次的百分比转换成四个微观维度，表现该维度对整体旅游影响感知的重要性和影响力。外来游客预期度（2.19），低于本地居民预期度（3.56）；本地居民对特色度的评价低于外来游客；本地居民与外来游客的新颖度相当；本地居民的忠诚度与外来游客差距明显（图2）。

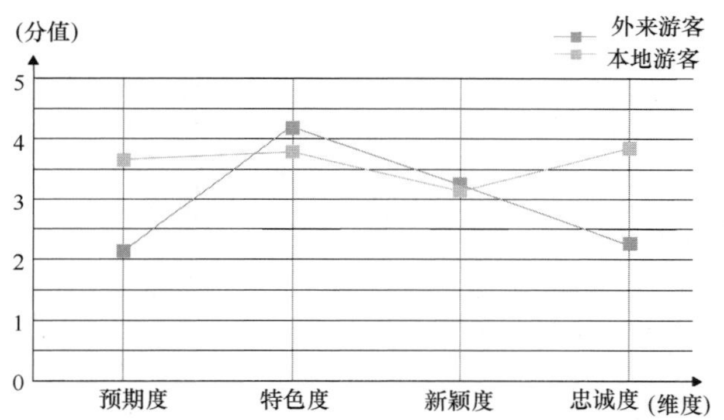

图2 游客旅游感知维度分析

3.3 管理服务

管理服务方面，外地游客认为游戏的参与性较弱，治安维护较强，对冰雪大世界的总体满意程度较差。拥挤感知被认为是影响游客的游憩体验和满意度的重要指标[13]。但游客对园区高峰时段并未感到明显的拥挤感，且游人拍照的行为并未对自身的游览造成影响。本地游客的全游性低，但仍对冰雪大世界的管理服务评价较高，并愿意将它推荐给自己的亲戚朋友。

3.4 景观质量

不同年龄的使用人群对景观质量的评价差异很大，对景观产生的依恋程度随年龄变化而变化[14]。园区内景点新颖程度未达到游客的预期标准，例如游客对冰雕类型中的十二生肖并未产生喜欢的情感，对于互动式的冰雪景观显示出浓厚的偏好，项目的参与度严重影响游客对冰雪大世界产生的记忆及情感，极大减少了游客的推荐性行为。

3.5 景观设施

景观设施不完善导致老年人对园区的体验感很差。人们对于园区内的休憩座椅以及室内休息室相对较为关注，对于垃圾箱的放置以及形式并不关心，游客数量的多少是否影响拍照观赏并不重要，作为冰雪景观的典型主题公园，老年人对于园路的安全性并未提出质疑。

4 讨论

（1）本地居民对冰雪大世界的旅游影响感知整体评价较高于外来游客。本地居民对冰雪大世界进行最高分评估的人数远多于进行低分评估的人数，可见本地居民对冰雪大世界的地方认同感很强，这对后期的场地推荐和重游性行为的产生具有一定的积极的意义。

（2）调研发现由于年龄在65以上的具有黑龙江省户口的老年人可以免费进园参观，参观时间集中在11：00～14：00，且其对园区整体评价较高。在老龄化的社会背景下，具有旅游性的主题公园不应完全以经济为主导，应结合所在城市背景，考虑多层次年龄结构的参与人群对休闲公园的使用。公交等公共交通工具对老年群体免费开放，因此冰雪大世界应从整个社会服务角度出发，完善园区设施，从而满足老年人的需求，提升社会公平性。

（3）外地游客对于冰雪大世界的满意度、预期度较高，对于温度的适应性也较强，满意园内设施，但其推荐度较低，重游新较低，不愿将该景点推荐给他人，原因还有待进一步的考究。

5 建议

加强园区管理服务，及时完善游憩设施，提高外来游客的地方依恋情感，从而增加外来游客的重游及推荐性行为。加强与老年人相关的冰雪活动项目，完善相关景观设施，优化游憩空间。营造旅游地文化氛围，提升游客对旅游地文化氛围的感知水平，有利于培养游客地方依恋情感，激发游客文明行为的共鸣。

参考文献

[1] 张琳，杨珂，刘滨谊，等．基于游客和居民不同视角的江南古镇景观地域特征感知研究——以同里古镇为例[J]．中国园林，2019，35(01)：10-16.

[2] 唐晓云．古村落旅游社会文化影响：居民感知、态度与行为的关系——以广西龙脊平安寨为例[J]．人文地理，2015，30(01)：135-142.

[3] 杜宗斌，苏勤．乡村旅游的社区参与、居民旅游影响感知与社区归属感的关系研究——以浙江安吉乡村旅游地为例[J]．旅游学刊，2011，26(11)：65-70.

[4] 崔曦，麻学锋．旅游地居民感知度、满意度对其旅游态度的影响机制——以张家界为例[J]．西安财经学院学报，2014，27(04)：91-96.

[5] 程绍文，张晓梅，胡静．神农架国家公园社区居民旅游感知与旅游参与意愿研究[J]．中国园林，2018，34(10)：103-107.

[6] 马勇，王春雷．现代主题公园的竞争焦点及创新对策分析

[J]. 人文地理，2004(01)：71-75.

[7] 唐文跃．地方感研究进展及研究框架[J]. 旅游学刊，2007(11)：70-77.

[8] Raymore L，Scott D．The characteristics and activities of older adult visitors to a metropolitan park district[J]. Journal of Park & Recreation Administration，1998.

[9] 于冰沁，谢长坤，杨硕冰，车生泉．上海城市社区公园居民游憩感知满意度与重要性的对应分析[J]. 中国园林，2014，30(09)：75-78.

[10] Andereck K L，Valentine K M，Knopf RC，et al. Residents' perceptions of community tourism impacts. Annals of Tourism Research，2005，32(4)：1056-1076.

[11] Besculides A，Lee M，McCormick P. Residents' perceptions of the cultural benefits of tourism. Annals of Tourism Research，2002，29(2)：303-319.

[12] 宣国富，陆林，章锦河，等．海滨旅游地居民对旅游影响的感知——海南省海口市及三亚市实证研究[J]. 地理科学，2002，22(6)：741-746.

[13] 张圆刚，余向洋，Wong IpKin Anthony，程静静，尹寿兵．古村落景区游客拥挤感知维度与游憩情绪影响机制研究——以西递、宏村为例[J]. 人文地理，2018，33(02)：138-146.

[14] Hidalgo M C，BERNARDO HERNáNDEZ. PLACE ATTACHMENT：CONCEPTUAL AND EMPIRICAL QUESTIONS[J]. Journal of Environmental Psychology，2001，21(3)：273-281.

作者简介

张佳妮，1995年生，女，汉族，内蒙古人，哈尔滨工业大学建筑学院风景园林专业硕士研究生。研究方向：风景园林历史及理论。电子邮箱：1457752456@qq.com。

朱逊，1979年生，女，满族，哈尔滨人，哈尔滨工业大学建筑学院景观系副教授，寒地城乡人居环境科学与技术工业和信息化部重点实验室。研究方向：风景园林规划与设计，风景园林历史及理论。电子邮箱：zhuxun@hit.edu.cn。

姜瑞，1995年生，男，汉族，哈尔滨人，哈尔滨工业大学建筑学院风景园林专业在读硕士研究生。研究方向：风景园林历史及理论。电子邮箱：775734263@qq.com。

雕塑公园植物种植与管理对公共空间环境品质影响的多元回归模型[①]

Multiple Regression Model for the Influence of Planting and Management of Sculpture Parks on the Quality of Public Space Environment

王之羿　殷利华　万　敏

摘　要： 基于对武汉市东湖风景区雕塑公园公共主题雕塑空间空间环境特征、园林植物种植施工管理的调查和观测，通过数据间的多元回归分析，建立了雕塑公园植物种植与管理对公共主题雕塑空间空间环境特征的多元回归模型。该模型揭示了雕塑公园空间环境品质与雕塑公园植物种植与管理之间的定量关系。通过使用该模型，计算了武昌寓言园的公共空间环境品质得分，提出了判断公共空间品质强弱的阈值。通过分析模型回归系数，提出了利于公共空间品质提升的改进措施。

关键词： 风景园林；雕塑公园；植物种植与管理；公共空间品质

Abstract: Based on the investigation and observation of the spatial theme of the public theme sculpture space and the plant planting construction management of the sculpture park in East Lake Scenic Area of Wuhan City, through the multiple regression analysis between the data, the sculpture park planting and management to the public theme sculpture space space environment was established. Multiple regression model of features. The model reveals the quantitative relationship between the quality of the space environment of the sculpture park and the planting and management of the sculpture park. By using this model, the public space environmental quality score of Wuchang Fables Garden is calculated, and the threshold for judging the quality of public space is proposed. By analyzing the regression coefficients of the model, the improvement measures for improving the quality of public space are proposed..

Keyword: Landscape Architecture; Sculpture Park; Plant Planting and Management; Public Space Quality

引言

雕塑在城市建设中代表城市特有的文化且象征城市精神，对提升城市凝聚力和国际影响力起到重要的作用[1]。1985年我国大陆的第一座雕塑公园北京石景山雕塑公园落成，随后，据不完全统计我国出现的“雕塑公园”或“雕塑园”约有50处以上[2]。现代雕塑公园的出现必然会与环境融合[3]，但如果植物种植与管理不能适应雕塑公园空间环境的需求，则对雕塑公园的景观营造、功能设置、文化传递造成阻碍。现有研究通过调查、统计和分析，如层次分析法、聚类分析法等，筛选出对公共空间环境品质具有重要影响的植物种植与管理要素，这些要素集中在平面构图和理性、立面层次的变化和谐、与周边环境的和谐、色彩与季相的变化和谐、杂草清除、补种、定期施加水肥等方面[4,5]，但不同的要素产生的影响不同。Jacobo Krauel 认为植物种植的平立面构图对公共空间环境品质影响最大[6]，孙晓钢、张启蒙认为植物数量多与种类丰富更为重要[7]，还有一些研究认为植物与雕塑的契合度、植物季相丰富度、植物配植的节奏与韵律等起到重要作用[8]。但少有研究度量不同植物种植与管理要素对户外空间环境品质定量评估主题雕塑空间建设和管理情况的方法。本研究借鉴了哈尔滨工业大学宋聚生研究团队的空间与场地吸引力回归分析的研究方法，进行以下调查和数据处理，在获取影响户外公共空间环境品质的植物种植与管理数据的基础上，通过相关性分析和多元回归分析，建立雕塑公园植物种植与管理对公共空间品质的多元回归模型，度量各个植物种植与管理要素对公共空间品质的影响，并为雕塑公园公共主题雕塑空间建设和管理提供一种定量评价的方法[9]。

1　数据获取思路及方法

通过现场观测和调研，获取雕塑公园植物种植与管理和公共空间环境情况等的原始资料。案例地点选在武昌寓言雕塑园，该雕塑公园建于1986年，是我国第三座雕塑公园，占地4.4hm²，同时是我国第一座以古代寓言故事为题材的寓言雕塑园，有20余组寓言雕塑。实地调研时间为武汉市气候稳定的10～11月间。

1.1　雕塑公园植物种植与管理情况观测

武昌雕塑园位于武汉市东湖风景区内听涛景区，调研范围内各雕塑基本情况详见表1。其中海光农圃与周苍柏纪念室不包括寓言雕塑。调研主题雕塑空间包括雕塑

① 基金：国家自然科学基金“绿网城市理论及其实践引导研究”（编号51678258）；桥阴海绵体空间形态及景观绩效研究”（项目号：51678260）。

公园内所有以雕塑为中心的开放型公共主题雕塑空间，依据各主题雕塑植物配植边界或硬质铺装边界外扩 2m 的范围为单体研究单元划界。植物种植于管理要素在单一研究单元内基本一致或连续，在各研究单元之间则有较明显的差异或空间分隔。研究区共包括研究单元 21 处，面积在 2～210m² （图 1）。

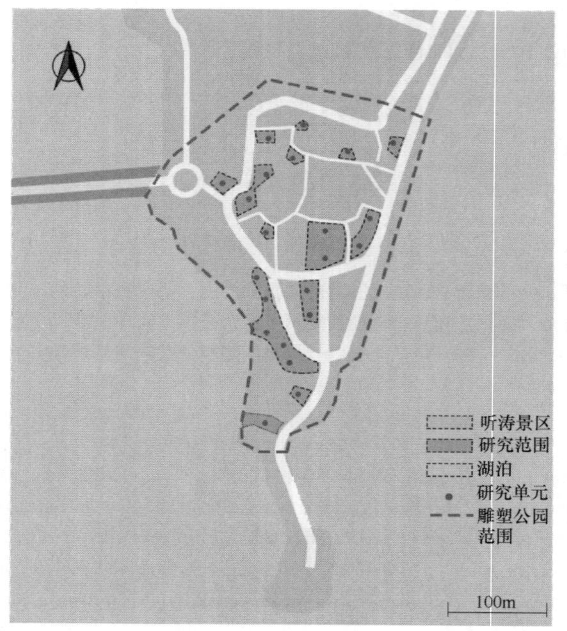

图 1　武昌雕塑园植物种植与管理公共空间研究单元分布

1.2　公共空间环境品质观测

周进在《城市公共空间建设的规划控制和引导》一书中对公共空间环境品质做出了具体的定义：城市公共空间品质是指城市公共空间在“量”（quantity）和“质”（quality）两方面满足城市人群综合需要和使用活动需求的程度[10]。黄耀志等认为城市公共空间品质是由城市公共空间在物质空间、心理环境、场所意义、文化内涵四个方面的综合质量组成的，四个方面质量的综合优质就是城市公共空间品质优质，而这些方面最终都会体现在构成城市公共空间的各类具体要素上[11]。由于公共空间环境品质具有随时代发展而变化、受到具体功能与环境信息影响的特性，在上述四方面的基础上，空间环境品质的服务满意度应该是一种与时俱进的综合要素，而人群活动强度则可以在一定程度上清晰的反应空间环境品质。

张启蒙等曾使用雕塑环境景观评价表对全年龄段人群的主题雕塑空间使用情况进行了量化分析[12-14]。由于植物种植与管理对雕塑公园公共空间环境品质影响与全园要素存在差异，故通过问卷调查重新统计植物种植与管理对雕塑公园公共空间环境品质要素，修正调研量表。问卷由 2 名专业人员在片区中随机发放。通过有限总体样本取样公式[15]确定问卷发放总数为 50 份，最终回收问卷 46 份，其中有效问卷 42 份（图 2）。“其他”项主要为公共厕所。

武昌雕塑园各主题雕塑植物植种与管理概况　　**表 1**

编号	寓言主题	面积（m²）	硬化面积（m²）	植物种植面积（m²）			植物种类数量			植物养护	
				乔木面积	灌木面积	草本面积	乔木种类	灌木种类	草本种类	杂草面积（m²）	病害面积（m²）
1	鹬蚌相争	56	36	9	10	1	1	4	1	3	0
2	猎人争艳	72	12	36	9	15	4	1	1	9	2
3	解铃还需系铃人	18	14	3	1	0	3	1	0	0	0
4	伯乐相马	15	9	6	0	1	1	0	1	0.5	0
5	亡羊补牢	3	2	1	0	0	1	0	0	0.8	0
6	疑邻盗斧	12	6	0	3	3	0	2	1	1.2	0
7	狐假虎威	16	4	5	0	7	1	0	2	6	0
8	对牛弹琴	15	8	7	0	0	3	0	0	0.6	0
9	自相矛盾	50	33	10	5	2	3	3	1	0	0
10	螳臂当车	16	8	5	2	1	2	1	0	0.25	0
11	滥竽充数	61	12	18	18	13	3	6	2	0	0
12	庖丁解牛	10	8	2	0	0	1	0	0	0	0
13	盲人摸象	—	—	—	—	—	—	—	—	—	—
14	叶公好龙	54	42	0	0	12	0	0	1	3	0
15	曾子不说谎	41	23	3	3	12	1	1	1	0	0
16	愚公移山	210	42	27	21	120	3	6	3	14	0
17	守株待兔	21	6	4	5	6	1	6	2	2	0
18	射手与卖油郎	38	18	3	2	15	2	2	1	5	0
19	三个和尚没水吃	45	27	6	6	6	3	5	2	0.2	0
20	东郭先生	15	9	3	1	1	2	3	1	0	0
21	掩耳盗铃	21	9	5	5	2	2	5	1	0	0
22	井底之蛙	2	1.8	0	0	0.2	0	0	1	0	0

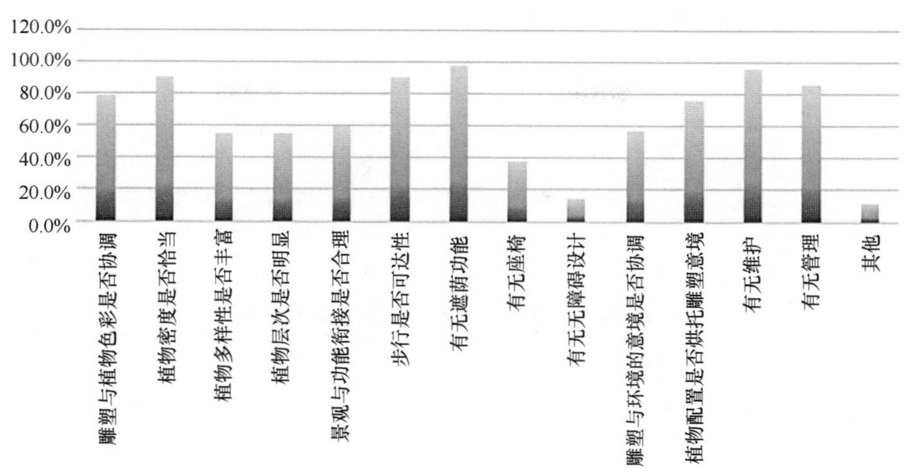

图 2　雕塑公园公共空间环境品质特征统计
（图片来源：作者自绘）

去掉问卷中选择率低于 10％的要素（是否有无障碍设计、其他），在综合已有评价量表和观测结果的基础上调整评价要素，得到评价雕塑公园植物种植与管理对公共空间环境影响的量表，共包括 4 个类别，12 个指标（表 2）。对每个研究单元的 12 个指标进行实测。为保证测量和计数的准确性，每个指标进行 2 次勘察，用第二次的结果对第一次进行校核。其中涉及距离、面积的指标利用激光手持测距仪进行测量。

基于植物种植与管理的雕塑公园公共空间环境品质评价量表　　表 2

编号	指标类别	指标项目	度量指标
1	景观营造（L）	1）主题雕塑空间面积（L_1）：主题雕塑研究范围总面积	m^2
		2）草地面积比例（L_2）：主题雕塑造景范围内仅含草地的面积占总体面积的比例	%
		3）灌木面积比例（L_3）：主题雕塑造景范围内仅含灌木正投影的面积占总体面积的比例	%
		4）乔木面积比例（L_4）：主题雕塑造景范围内仅含乔木树冠正投影的面积占总体面积的比例	%
		5）季相种类（L_5）：雕塑造景范围内季相植物种类数量	种
2	功能设置（F）	1）硬质铺地面积比例（F_1）：主题雕塑造景范围内仅含有硬质铺地的主题雕塑空间面积总体面积的比例	%
		2）座椅（F_2）：主题雕塑研究范围内座椅和其他休息座椅设施，如花坛边缘、水池边缘、台阶、雕塑等	处
		3）遮荫面积（F_3）：主题雕塑研究范围内植物提供的可供活动的遮荫面积占总体面积的比例	%
3	文化传递（C）	烘托情况（C_1）：雕塑实体周长与植物围合周长与的比例	%
		意境表达（C_2）：植物配置是否烘托雕塑意境	是/否
4	维护管理（M）	1）维护情况（M_1）：主题雕塑造景范围内病害面积占总面积的比例	%
		2）管理情况（M_2）：主题雕塑造景范围内杂草、垃圾占总面积的比例	%

2　数据分析及模型构建

获取观测数据后，对社区户外活动主题雕塑空间空间环境评价量表中的 12 个指标进行共线性关系检验。结果显示变量研究单元面积（L_1）和维护情况（M_1）存在共线性或近共线性，其他 10 个变量的 VIF 值均小于 10，即变量间不存在共线性关系，变量可用（表 3）。以 10 个指标为自变量值，将 22 个研究单元对应的指标值与公园活动人数进行相关性分析。预处理发现，单变量回归的 10 个方程很难对主题雕塑空间中老年人活动人数进行解

共线性关系检验（表格来源：作者自绘）　表 3

模型		共线性统计	
指标	代码	容差	VIF
草地面积比例	L_2	0.213	4.695
灌木面积比例	L_3	0.108	9.3
乔木面积比例	L_4	0.267	3.751
季相种类	L_5	0.229	4.359
硬质铺地面积比例	F_1	0.383	2.612
座椅	F_2	0.53	1.888
遮荫面积	F_3	0.135	7.384
烘托情况	C_1	0.205	4.871
意境表达	C_2	0.686	1.457
管理情况	M_2	0.663	1.509

释，按指标类别分别进行回归的 4 个多元回归模型的拟合优度也较差。因此构建 10 个自变量的多元回归模型，如下所示：

$$P_i=\sum_{i=2}^{5}(a_i \cdot L_i)+\sum_{i=1}^{3}(b_i \cdot F_i)+\sum_{i=1}^{2}(c_i \cdot C_i)+(d \cdot M)+C$$

式中：P_i——主题雕塑空间中的活动人数；L_i——景观营造情况指标；F_i——功能设置指标；C_i——文化传递情况指标；M——维护管理情况指标；C——常数项；a_i、b_i、c_i、d——拟合系数。考虑到公共空间环境品质活动人数与停留时间两方面的体现，对停留时间进行回归分析（表 4）。回归分析表明：模型的拟合优度在 0.370～0.524，且通过了 F 检验，模型可用。

模型回归系数及检验（表格来源：作者自绘） **表 4**

变量		活动人数回归模型		停留时间回归模型	
		系数	T 值	系数	T 值
连续变量	草地面积比例 L_2	* * 173.791	0.85	* * −76.437	−0.554
	灌木面积比例 L_3	331.587	1.525	−2.502	−0.017
	乔木面积比例 L_4	−106.828	−1.792	−35.929	−0.892
	季相种类 L_5	* 12.293	2.127	3.854	0.987
	硬质铺地面积比例 F_1	203.194	0.99	−81.968	−0.592
	座椅 F_2	* 1.895	0.531	* −3.427	−1.421
	遮荫面积 F_3	94.495	0.804	−39.616	−0.499
	烘托情况 C_1	−134.246	−2.771	−26.128	−0.799
	管理情况 M_2	45.363	1.104	25.601	0.922
虚拟变量	意境表达 C_2	* 27.446	2.724	* 25.527	* 3.752
常量		−188.846	−0.93	76.328	0.556
R		.828[a]		.873[a]	
R^2		0.685		0.762	
调整 R^2		0.37		0.524	
F		2.172		3.198	

注：* $P<0.05$，* $P<0.1$。

3 模型解读及其应用

3.1 变量的显著性和对模型的贡献

活动人数和停留时间 2 个模型中，各个变量对雕塑公园公共空间环境品质的影响方向不同，且各模型中变量对应的系数不同，因此需要分别解读。

（1）景观应在情况：草本种植面积比例 L_2 和季相种类 L_5 为显著性变量。回归系数表明：每增加 10%的草本种植面积，主题雕塑空间活动人数就增加 17 人，停留时间则减少 7min；每增加 1 种季相植物，主题雕塑空间活动人数就增加 12 人，停留时间增加 3min。灌木面积比例 L_3、乔木面积比例 L_4 对雕塑公园公共空间人群活动强度并没有显著影响，其中 L_3 变量有弱 Z 正向影响，L_4 有弱负向影响。

（2）功能设置情况：座椅 F_2 为显著性变量。回归系数表明：每增加 1 处座椅，该主题雕塑增加 2 人活动，停留时间增加 3min。硬质铺地面积比例 F_1、遮荫面积 F3 对人群活动强度没有显著影响，其中 F_1、F_3 均有弱正向影响。

（3）文化传递情况：植物配置是否烘托雕塑意境 C_2 为显著性变量。回归系数表明：当植物配置可以表达雕塑意境时，该主题雕塑增加 27 人活动，停留时间增加 25min。雕塑实体周长与植物围合周长与的比例 C_1 无显著影响，存在弱负向影响。

（4）维护管理情况：主题雕塑造景范围内杂草面积比例 M_2 无显著影响，且存在弱正向影响。

3.2 雕塑公园公共空间环境品质得分

模型的因变量代表了公共空间环境品质得分。以下采用活动人群数量计算武昌雕塑园各主题雕塑公共空间环境品质得分，分值结果在 0～81 分，大部分集中于 29 分以下，低于 56 分的主题雕塑空间占比超过 50%。使用 GIS 对品质得分进行可视化操作（图 3），结果表明：56 分以上的主题雕塑空间多集中在具有恰当的植物配置层次且设计意境表达较好的区域；56 分以下的主题雕塑空间则散布于各个小环路中，主题雕塑空间小而简陋。56 分可作为区分主题雕塑空间品质强弱的阈值。

3.3 提高主题雕塑公共空间环境品质的措施

根据模型中的显著性变量（L_2、L_5、F_2、C_2），依次

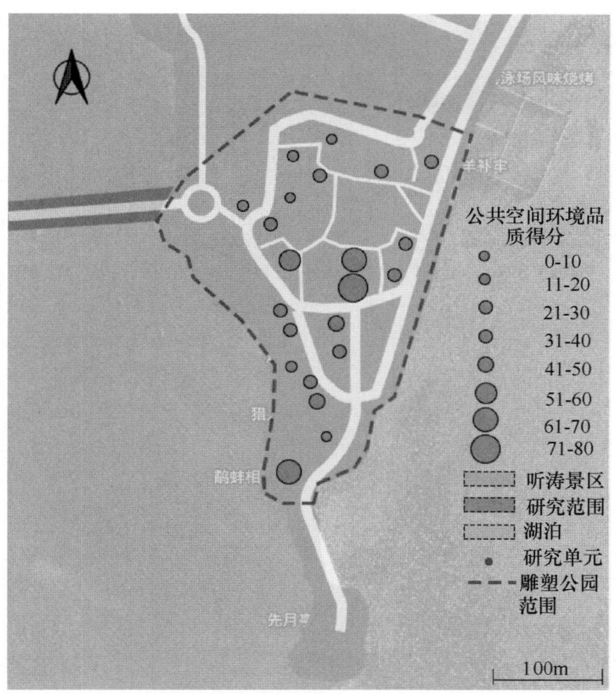

图 3　主题雕塑公共空间环境品质得分空间分布

提出 4 项提高主题雕塑空间环境品质的优先改进措施。

（1）增加主题雕塑空间草地面积比例。雕塑空间需要一定开敞的活动空间[16]，增加主题雕塑空间草地面积比例能够满足多人活动的需要。

（2）增加季相植物种类。季相植物种类增多到来更多的色彩感知，有利于提升主题雕塑空间的趣味性。

（3）增加座椅设施。座椅有利于人们在雕塑主题空间内交流、拍照和休憩[17]，座椅的设置，可结合雕塑、花坛、树池等，可满足人群的不同需求，又可增加主题雕塑空间的使用效率。

（4）丰富主题雕塑空间植物种植对雕塑的意境烘托，比如植物的节奏韵律、对比于同一等增加情绪、意境营造，在主题雕塑空间周围设置这些植物语言的表达会提升公共空间环境品质。

模型中的不显著变量与主题雕塑空间环境品质存在一定的弱相关性。根据回归系数为正的变量（L_3、F_1、F_3、M_2）和回归系数为负的变量（L_4、C_1）提出 6 项次要改进措施。

（1）增加主题雕塑空间的灌木面积比例，可增加植物层次和雕塑背景。

（2）增加硬质铺地面积比例，便于人群自由活动。

（3）增加场地遮荫面积，可提高主题雕塑空间的观赏性、舒适性[18]、标识性。

（4）加强对主题雕塑空间的管理与维护。

（5）控制不同主题雕塑的乔木面积比例，例如观赏乔木、可入林地等不是越高越好，主题雕塑空间乔木种植面积的比例应该适当留出空间和开敞的范围越利于观赏和使用。

（6）控制雕塑实体周长与植物围合周长与的比例。主题雕塑营造的软质边界并不是越大越好，应该考虑人群活动强度的不同使用情况设置二两的比例，有利于提到空间的使用效率。

4　结论

（1）本文基于在武汉市东湖风景区武昌雕塑园的实地调研，以人群活动强度（包括人群数量和停留时间）为因变量，以 12 个指标为自变量，构建了雕塑公园植物种植与管理的情况对公共空间环境品质影响的多元回归模型。该模型可用来计算主题雕塑空间品质得分，定量评估主题雕塑空间的建设情况。

（2）通过人群数量模型得出了武昌雕塑园的主题雕塑空间环境品质得分，56 分可以作为分割主题雕塑空间环境品质强弱的阈值，武昌雕塑园低分值的主题雕塑空间占了绝大多数，说明主题雕塑空间的利用情况有待提升。

（3）通过分析模型中的显著性变量，提出了 4 条优先改进措施，包括增加主题雕塑空间草地面积比例、增加季相植物种类、增加座椅设施、丰富主题雕塑空间植物种植对雕塑的意境烘托。通过分析模型中不显著变量提出了 6 条改进措施，包括增加主题雕塑空间的灌木面积比例、增加硬质铺地面积比例、增加场地遮荫面积、加强对主题雕塑空间的管理与维护、控制不同主题雕塑的乔木面积比例、控制雕塑实体周长与植物围合周长与的比例。

参考文献

[1]　黄耀志，赵潇潇，黄建彬．城市雕塑系统规划[M]．化学工业出版社，2010(2)：16-19.

[2]　陈增华．当代中国雕塑公园发展困局与再生策略研究——以青岛海滨雕塑园为例[D]．中央美术学院，2017.

[3]　武定宇．演变与建构-1949 年以来的中国公共艺术发展历程研究[D]．中国艺术研究院，2017.

[4]　杨云峰．场地与雕塑的博弈 维格兰公园与奥林匹克雕塑公园比较研究[J]．风景园林，2011(06)：108-112.

[5]　韦祎祎．苏州市城市公共空间品质提升方法研究[D]．苏州科技学院，2009.

[6]　Jacobo Krauel. Urban Spaces：environments for the future [M]. London：Linksbooks. 2009.

[7]　张启蒙．长春世界雕塑公园植物配置调查与完善性设计的研究[D]．吉林农业大学，2014.

[8]　应求是，钱江波，张永龙．杭州植物配置案例的综合评价与聚类分析[J]．中国园林，2016，32(12)：21-25.

[9]　孙艺，戴冬晖，宋聚生，龚咏喜．社区户外活动场地空间环境特征对老年人吸引力的多元回归模型[J]．中国园林，2018，34(03)：93-97.

[10]　马建业．城市闲暇环境研究与设计[M]．北京：机械工业出版社，2002. 25

[11]　刘滨谊．现代景观规划设计[M]．南京：东南大学出版社，1999.

[12]　颜玉娟，陈星可，李永芳，张玉梅，王桔红．基于层次分析法的湖南阳明山森林公园植物景观规划研究[J]．中国园林，2018，34(01)：102-107.

[13]　宋慧慧，周春玲，刘志科．青岛市木本植物群落相似性研究[J]．中国园林，2014，30(10)：90-93.

[14]　邵靖．中国现代城市雕塑的发展研究[D]．苏州大学，2013.

[15] 吴明隆．问卷统计分析实务：SPSS操作与应用[M]．重庆：重庆大学出版社，2010：59.
[16] 颜玉娟．湖南阳明山森林公园植物景观评价研究[D]．中南林业科技大学，2012.
[17] 蔺宝钢．当代城市雕塑建设评价机制及应用研究[D]．西安建筑科技大学，2009.
[18] 张鹏．景观环境中的雕塑主题公园研究[D]．大连理工大学，2008.

作者简介

王之羿，华中科技大学建筑与城市规划学院，在读硕士。

万敏，华中科技大学建筑与城市规划学院，景观系主任，教授，博士生导师。

殷利华，华中科技大学建筑与城市规划学院，副教授，硕士生导师。

多学科融合视角下基于水动力模拟的湿地公园水系设计框架研究

——以北京南沙河湿地公园设计为例

Hydrodynamic Simulation Based Design Framework of Wetland Park Water System under Multi-Disciplinary Perspective

—Taking the Design of Beijing Nansha River Wetland Park as an Example

施 瑶 林 俏 王 婧 郑 曦

摘 要： 城市湿地公园承担着雨洪调蓄、水质净化和科普教育等多方面的功能，是城市河道生态修复的重要手段，也为城市带来了美好景观。传统湿地公园的水系设计主观性较强，水系布局和形态缺少科学依据，对湿地产生效益的量化和反馈也常被忽略。跨学科寻求合适的支撑工具及方法进行湿地水系布局的优化有助于利用有限的水资源打造高效且美丽的湿地景观。本文以南沙河湿地公园为研究对象，在水质提升的主要目标下提出了湿地水系设计的方法框架，包括湿地面积计算、湿地布局研究及结合湿地复合功能调整湿地形态，最终进行设计效果反馈。并在设计过程中结合跨学科的水动力模拟软件，通过雨洪、流场、水质的模拟作为湿地布局及效果反馈的参考依据，为湿地公园的水系设计提供新思路，也是多学科融合的有益探索。

关键词： 湿地公园；水系设计；河道生态修复；水质模拟；MIKE21 模型

Abstract: As one of the important approaches of urban river ecological restoration, urban wetland park plays many functions, such as rainwater regulation and storage, water purification and popular science education. However, traditional wetland parks have strong subjectivity in water system. The design of water system layout and form lack of scientific basis, while the quantification and feedback of wetland benefits are always neglected. In order to create efficient and beautiful wetland landscape with limited water resources, it is helpful to search for appropriate supporting tools and methods to optimize the layout of wetland water system. Taking Nansha River Wetland Park as the research object, this paper proposes a methodological framework of wetland water system design under the main goal of water quality improvement. Our framework consists of wetland area calculation, wetland layout research, wetland morphology adjustment based on wetland complex function, and finally design effect feedback. In the design process, interdisciplinary hydrodynamic simulation software was used to simulate rain flood, river flow field and water quality, which serves as the reference basis for wetland layout and effect feedback, providing new ideas for the water system design of wetland park as well as a beneficial exploration of multi-disciplinary integration..

Keyword: Wetland Park; Water System Design; River Ecological Restoration; Water Quality Simulation; MIKE21 Model

引言

在国家“山水林田湖草”生命共同体一体化发展的政策理念下，水环境的系统保护修复是系统治理的重要环节[1]，其中城市河道的生态修复是城市生态文明建设的重要议题。湿地公园作为城市河道生态修复的重要手段，以良好的湿地生态环境和多样化的湿地景观资源为基础，承担了雨洪调蓄、水质净化、生物多样性保护、科普教育等综合功能[2-4]，在生态保护方面具有将生态功能和景观功能相结合的优势，成为了城市水系生态廊道上提供生态及社会服务的优良选择。

对于湿地公园的水系设计，目前国内的研究多是关于具体的水系问题的解决方法，对水系的布局设计研究较少，仅将湿地的布局分为河流型、堤岛型和湖泊型[5]，未形成系统的理论框架，存在主观性较强、缺乏对湿地产生效益的量化和反馈等问题[3,6]。湿地设计实践方法的进步是一个复杂长期的过程，需要多学科的融合并随着技术手段的进步不断调整[7]。本文以南沙河湿地公园为研究对象，利用跨学科水动力及水质模拟为湿地公园的水系布局提供了新思路，探索湿地水系布局的设计框架，以期为类似湿地公园的水系设计提供借鉴。

1 研究方法

1.1 湿地公园水系布局方法研究

本文在综合现有研究的基础上提出了以水质净化为主要目标、兼顾防洪排涝、休闲游憩、生境恢复的湿地公园水系布局方法框架（图 1）。在保证河道行洪能力的基础上，计算水质净化所需的湿地面积，利用水文模型进行雨洪、流场、流速的模拟为水系布局提供参考，并通过结合生境类型与游憩需求形成完整的湿地水系布局，最后通过水质模拟对湿地布局的水质净化效果进行反馈。

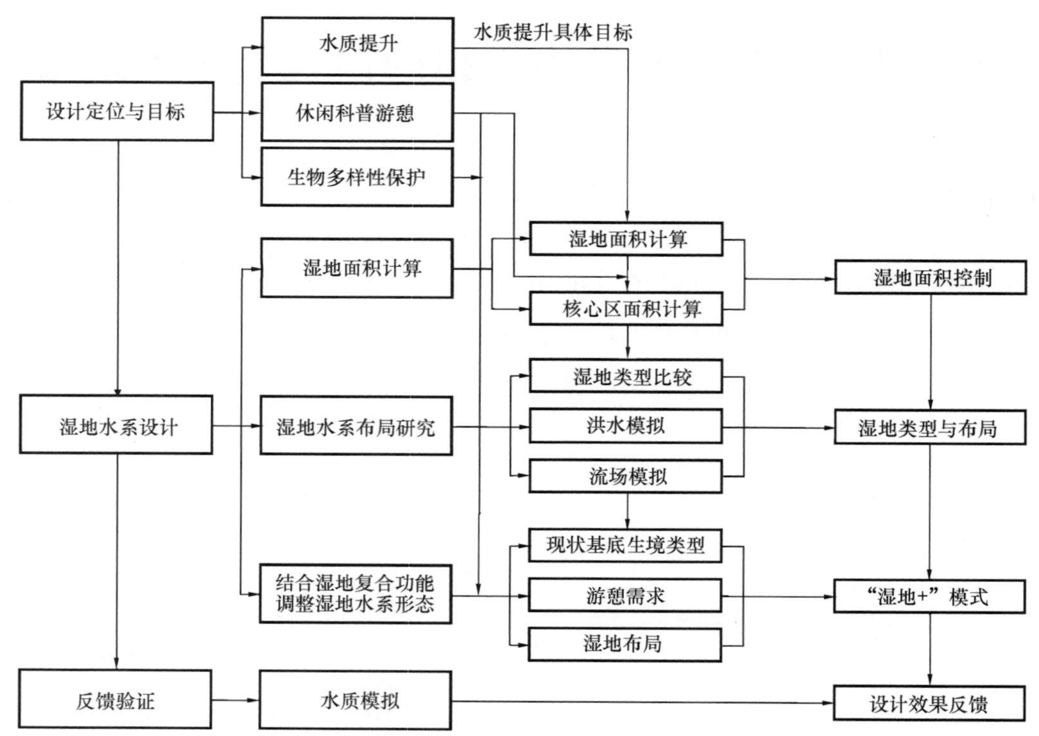

图 1 湿地公园水系设计方法框架

1.2 水动力及水质模拟方法

水文特征是影响水质变化的驱动力[8]，考虑到水文特征与水质变化之间的复杂关系，许多学者提出了不同的水质模型，可分为统计模型和物理模型，其中物理模型具有更强的模拟预测能力[9]。常用的水动力及水质物理模型有 MIKE21、InfoWorks、QUAL2E、WASP 等，本研究中主要采用丹麦水利研究所（DHI）研制的 MIKE21 模型进行平面二维仿真模拟[10]，兼用 SMS、GIS、HEC-RAS 等软件进行辅助计算和模拟。MIKE21 包含多个模块，本文主要应用水动力模块（HD）及水质模块（EcoLab）。水动力模块为 MIKE21 的核心模块，也是其他模块运行的基础。本文通过 HD 模块提供水深和流场分布规律，并将 EcoLab 模块和 HD 模块耦合，通过设定污染物的扩散与衰减系数等参数，对设计前后污染物浓度和分布情况进行模拟和比较。

2 研究区概况与建设目标

南沙河发源于海淀区，后入沙河水库，属温榆河水系，是海淀区北部重要的排水河道，同时也是西北郊地区湿地的主体[11]。作为海淀北部地区最重要的河流生态廊道，污染的复杂性给河道治理带来困难。在 2018 年 9 月的水质监测中，南沙河的水质仍为劣五类[12]。

拟设计的湿地公园位于已建成的翠湖湿地东侧，上庄水库监测断面和玉河橡胶坝断面之间（图 2），对南沙

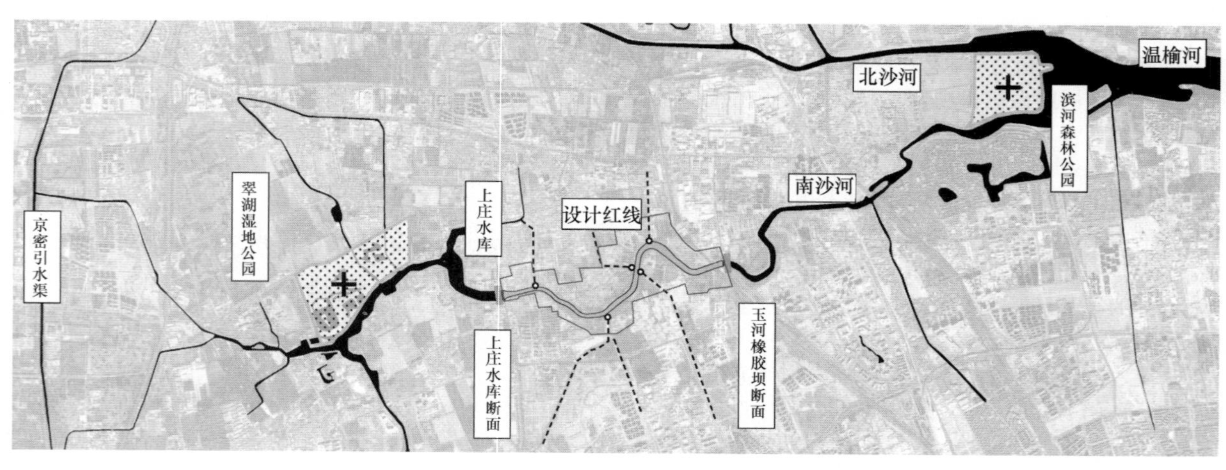

图 2 拟设计湿地公园区位

河的中下游来说，该河段是重要的水质提升源头区段。上游已建成的翠湖湿地公园与上庄水库较大程度提升了河道上游水质，但上庄水库之后有5条支渠及汇入，带来了一定量的生活污水污染，并存在农田灌溉带来的面源污染，对水质影响较大。除河道水体之外，场地内存在零星的坑塘，为湿地营造创造了较好的条件，场地南侧故宫博物院北院区项目也为公园带来了新的发展契机。

拟设计的湿地公园作为湿地型郊野公园，位于二道绿隔郊野公园环中，发挥着生态和游憩的双重服务功能，与城市公园相比其净化水质的生态功能格外重要。因此，通过景观化的水资源调控系统和水质净化系统打造以水质提升为主要目标的活水湿地型郊野公园，打造蓝绿交织的森林湿地景观，连接上下游的翠湖公园和滨河森林公园两个面状公园，建构完整南沙河生态廊道，打造南沙河水体净化的样板和治理模式成为了湿地公园的建设目标。

3 南沙河湿地公园水系设计研究

3.1 湿地面积计算

3.1.1 总面积计算

根据北京市水务局官网发布的2019年4月地表水水质情况，南沙河水质情况为V2类，BOD浓度大于20mg/L，COD浓度大于60mg/L[13]，溶解氧（DO）浓度小于2mg/L[14]。

根据《北京市“十三五”时期水务发展规划》（2016年），中心城区和北京市城市副中心建成区污水基本实现全处理，2020年北京城市副中心段河道水质主要指标基本达到地表水四类标准[15]。（BOD、COD、氨氮、TP浓度全年不超过6、30、1.5、0.3 mg/L）[14]。根据湿地面积计算公式[16]：

$$A = \frac{Q(\ln C_i - \ln C_e)}{K_t hm}$$

式中：A——湿地有效面积，m^2；

C_i，C_e——进水、出水污染物浓度，mg/L；

Q——处理水量，m^3/d；

K_t——反应速率系数（针对BOD）：

$$K_t = \begin{cases} 1.014 \times 1.06(t-20) \text{ 潜流人工湿地} \\ 0.278 \times 1.06(t-20) \text{ 表流人工湿地} \end{cases}$$

为了达到四类水的水质标准，全区需要153hm^2表流湿地或25hm^2潜流湿地。

3.1.2 核心区面积计算

根据南沙河四类水的水质要求对湿地面积进行测算，考虑人群活动对水体安全的需求，在南侧故宫北院区项目及南侧城市产业园聚集区附近规划小型水质提升核心区，计算前端净化面积，对湿地整体面积进行控制。经计算需要27hm^2表流湿地或4hm^2潜流湿地。

3.2 湿地水系布局研究

3.2.1 湿地类型选择

通过对不同湿地类型进行比较[17,18]可以得出，表流湿地净化效率略弱于潜流湿地，湿地单元较小，水深较浅；由于潜流湿地需要净化基质和输水模块，造价高于表流湿地。故可以在湿地上游布置潜流湿地进行集中净化，大面积景观水体区布置表流湿地。

湿地类型参数对比　　表1

	表流湿地	水平潜流湿地	垂直潜流湿地
污染物去除率（BOD）	40%～70%	45%～85%	50%～90%
湿地单元面积	<800m²	<1200m²	<1200m²
水深	0.3～0.5m	0.4～1.6m	0.4～1.6m
适宜长宽比	3：1～5：1	<3：1	<3：1
水力坡度	<0.5%	0.5%～1%	0.5%～1%
水力停留时间	4～8h	1～3h	1～3h
造价	较低	较高	较高

3.2.2 行洪条件水文模拟

HEC-RAS模型是针对天然河网和人工河道开发的一维水力计算的软件，该软件可以对整个研究区域的河网进行计算，从而评价雨洪淹没区及雨洪的危害程度[19]。通过GIS和HEC-RAS软件对河道进行地表径流和10年一遇洪水模拟，得到河道10年一遇洪水淹没范围（图3）。为了缓解场地整体汇水压力，需要在地表径流较大的地方构建湿地廊道，因此在河道淹没范围以外的区域加设湿地，基于现状水系分析增加一条泄洪廊道。

3.2.3 流场条件模拟

提取南沙河数字化边界轮廓与地理高程数据，基于SMS软件进行网格划分，共得到1051个三角形自适应网格，435个网格节点。其次通过MIKE21的水动力模块（HD）利用网格化地形和边界条件的处理建立模型，采用选取的求解格式、干湿网格条件、河床糙率调试确定计算模式，考虑降雨蒸发因素、输入外部源汇作用实现水动力模拟，提供水深和流场分布规律[20]（图4）。

由流场模拟结果可知，河道中部及北侧流速较快，可在保证河道基本形态的前提下放大水面，降低水的流速来进行深度净化；同时河道较窄，净化空间不足，可在河道两侧构建内河水系，将河水引出原河道经治理后汇入原河道。河道中部污染物浓度较高且有干渠污水汇入，可在污染物浓度较高及干渠与河道接口部分以潜流湿地着重进行净化。

3.3 结合湿地复合功能调整湿地形态

湿地水质净化的主要目与湿地科普游憩、生物多样性保护等功能相辅相成，故结合现状条件较好的农田、林地、坑塘等自然基底形成多样化生境，考虑游憩活动对湿地净化效果的影响，形成三种“湿地+”模式（表2）。

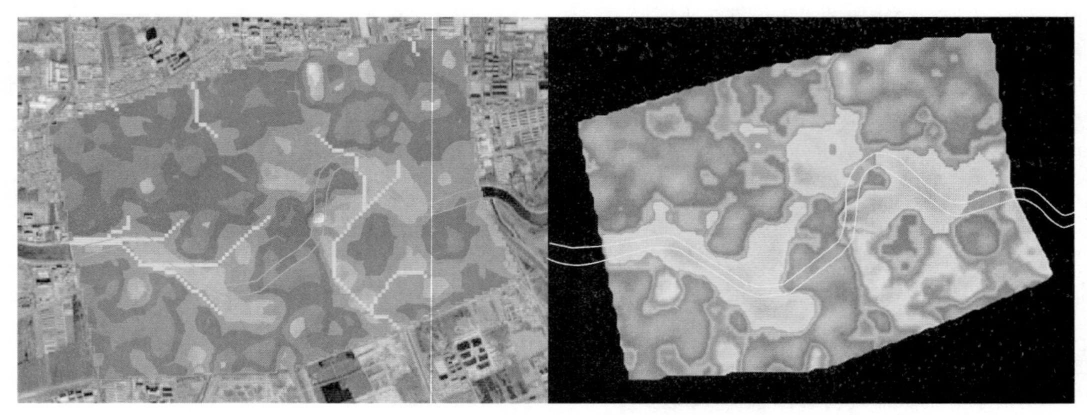

图 3　河道地表径流及洪水模拟

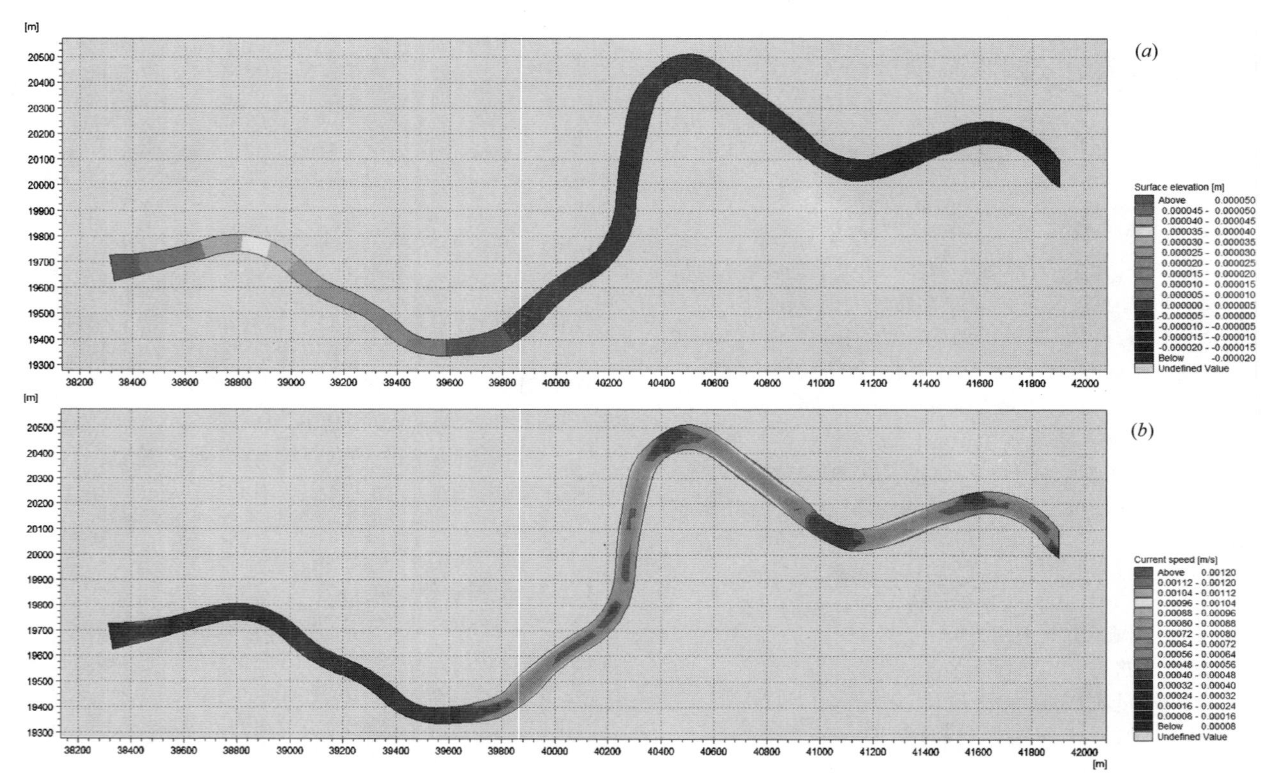

图 4　河道流场条件模拟

(*a*) 水位；(*b*) 流速

三种“湿地+”模式营建　　　　表 2

	湿地类型	生境类型	游憩强度	营建策略
模式一	内河湿地 水泡湿地 （表流）	林地	中	保留已有的林地，通过河滩与生境岛营造鸟类和陆地动物繁殖、生长的栖息地，设置林溪漫步、沼泽探险等活动类型，营建“生境探险型湿地”

续表

	湿地类型	生境类型	游憩强度	营建策略
模式二	内河湿地 坑塘湿地 （表流）	农田	高	利用坑塘调蓄地表径流，提供灌溉用水、进行养殖、净化农田污染，结合农田观光、水岸鱼趣等活动，营建“生产观光型湿地”
模式三	潜流湿地	林地	低	人工营建与林地保育结合，结合湿地科普活动，营建“潜流科普型湿地”

将三种模式与湿地分布及类型相结合进行补充，以工艺形态优先、综合运用水原型形态、仿生形态、临界认知形态建构方法[21]调整湿地形态，最终形成分布于上中下三层空间的由潜流湿地、内河湿地、坑塘湿地、水泡湿地、生境浮岛构成的多级湿地水系形态布局结构（图5），设计后，场地内潜流湿地为6.3hm²，表流湿地为102hm²。

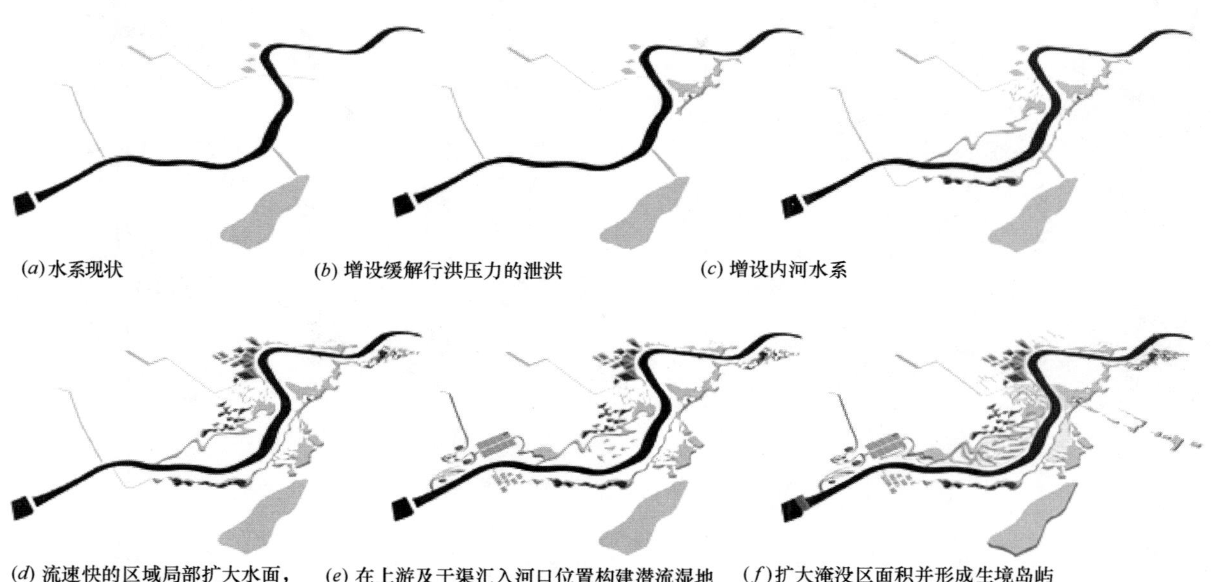

图5　湿地水系设计过程推演

4　湿地净化效果反馈

应用MIKE21构建水动力（HD）与水质（Ecolab）耦合模型，通过对设计前河道与设计后湿地公园进行水质模拟以期达到对于设计效果的反馈。

4.1　建立网格

利用SMS软件将设计前河道与设计后湿地的数字化边界与地形数据建立模拟区域的二维平面网格，与上文步骤相同（图6）。

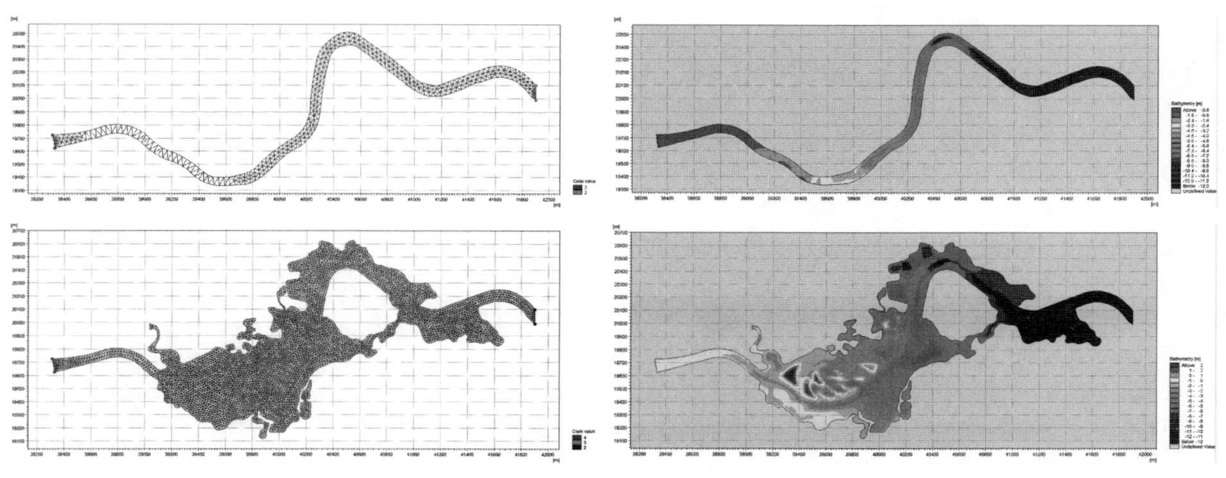

图6　二维模型中使用的水深和三角网格图

4.2　模型参数设定

选择MIKE21/3 WQ Simple模型，主要对于BOD与DO进行模拟。由于缺乏出入边界水质监测的准确数据，根据北京市水务局发布的最新南沙河水质类别设定入流污染物的初始条件：COD＝60mg/L，BOD＝25mg/L，DO＝2mg/L。BOD降解速率[22,23]取0.5d^{-1}，污染物扩散系数在0.01～20 m²/s之间[24]，最终扩散系数取0.15 m²/s。时间步长为3600s，模拟时间为24h。

4.3　模拟结果

根据水质模拟结果（图7），在模拟时间段内，湿地BOD出流浓度由降低为28.6mg/L降低为20.25mg/L，比设计前有所下降，溶解氧浓度由 0.18mg/L 提升为 0.65mg/L，虽在模拟时间内未达到地表四类水的标准，但可以看出湿地水系对于污染物的降解具有正向作用。本次模拟时长为 24h，在增加模拟时间后预期可以有更加明显的水质净化效果。

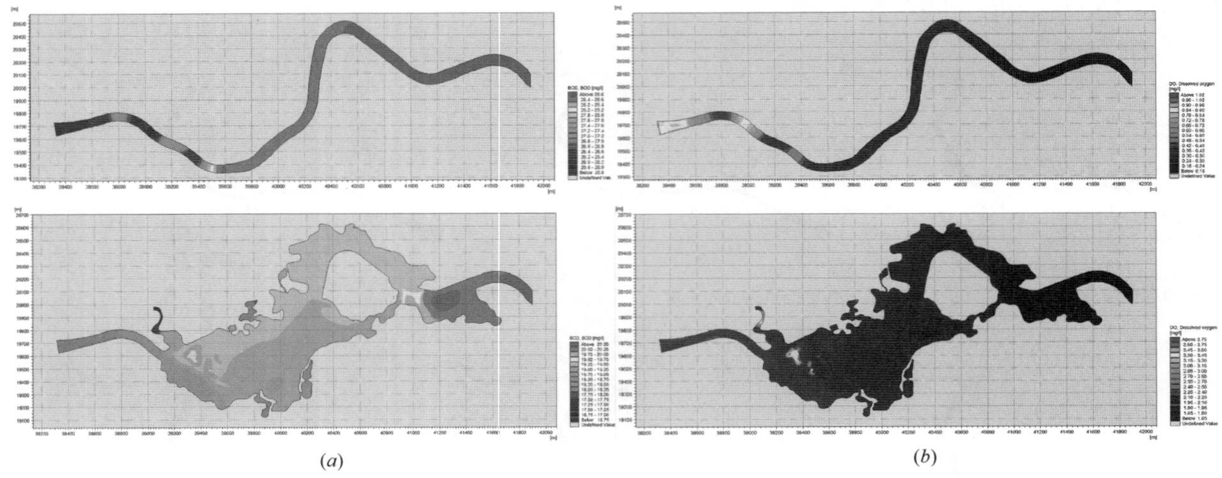

图 7　设计前后污染物空间分布模拟

（*a*）BOD 浓度；（*b*）DO 浓度

5　讨论与结论

本研究聚焦于传统湿地的布局主观性较强的缺陷，针对水质改善的具体要求，提出了水系设计方法的框架，并利用水动力模拟软件对湿地布局进行探究。应用 MIKE21 模型构建水动力（HD）与水质（Ecolab）耦合模型，对湿地净化能力进行模拟研究，为湿地的布局提供参考。首先模拟了河道的现状流场条件，并对湿地的净化效果进行反馈验证，湿地设计有效降低了河道污染物浓度。

研究中还存在一定的不足。由于文章篇幅有限，重点探讨了水系布局的设计研究，省略了植物配置、游憩体系、驳岸设计等湿地设计的常规专项内容以及补水蓄水等工程设计。为了模拟方便，在模拟中将复杂的点源、面源污染与干渠污染简化为入流断面的污染物浓度。由于缺乏水文监测站的具体水质监测数据，研究中省略了模型与现实情况拟合程度的验证过程，更适用于相对的对比研究与设计的效果反馈。由于设备与实验时间限制，模拟时间上较短，在后续的研究中可进一步完善水质模型，从时间和空间的维度更好地继续验证。

通过将跨学科水动力模拟方法整合融入到湿地公园水系设计中，为湿地公园设计中合理优化湿地水系布局提供了借鉴，也是设计中多学科合作的有益探索。

参考文献

[1] 中华人民共和国财政部《关于推进山水林田湖生态保护修复工作的通知》.

[2] 《城市绿地分类标准》CJJ/T 85—2017.

[3] 潘经纬．南京高淳固城湖城市湿地公园水系设计[D]．南京工业大学，2016.

[4] 戚京京．基于生态修复的中牟黄河湿地公园规划设计[D]．河南农业大学，2018.

[5] 尹勇．城市湿地公园水系规划研究[D]．湖南农业大学，2010.

[6] 王倩倩．黄土台塬区湿地公园水系规划策略研究[D]．西安建筑科技大学，2014.

[7] 高江菡．城市湿地公园设计探究[D]．北京林业大学，2014.

[8] Inés O' Farrell，Izaguirre I，Chaparro G，et al. Water level as the main driver of the alternation between a free-floating plant and a phytoplankton dominated state：a long-term study in a floodplain lake[J]. Aquatic Sciences，2011，73(2)：275-287.

[9] Kim Y，Kim B．Application of a 2-Dimensional Water Quality Model (CE-QUAL-W2) to the Turbidity Interflow in a Deep Reservoir (Lake Soyang，Korea)[J]. Lake and Reservoir Management，2006，22(3)：213-222.

[10] DHI (2012) MIKE 21 flow model：user guide. DHI：http：//www. mikebydhi. com/pruducts/mike-21.

[11] 崔驰飞，祁诗月，郝明，王彦虎，白龙．城市黑臭水体治理技术研究——以北京市海淀区南沙河流域为例[J]．北京水务，2019(02)：12-16.

[12] 北京市水务局．http：//swj. beijing. gov. cn/bjwater/index/index. html.

[13] 《城镇污水处理厂污染物排放标准》GB 18918—2002.

[14] 《地表水环境质量标准》GB 3838—2002.

[15] 周红玉．基于 MIKE11 的北运河流域水质改善方案效果评估[C]//《环境工程》编委会，工业建筑杂志社有限公司．《环境工程》2018 年全国学术年会论文集(上册).

[16] 张润斌，孟建丽，魏铮．人工湿地设计计算方法探讨[J]．给水排水，2017，53(S1)：146-147.

[17] 田卫．表面流人工湿地净化污水的应用研究[D]．吉林大学，2004.

[18] 《人工湿地污水处理工程技术规范》HJ 2005—2010.

[19] 贺娟．基于 HEC-RAS 及 GIS 的洪水灾害损失评估[D]．中国水利水电科学研究院，2016.

[20] 李大鸣，卜世龙，顾利军，等．基于 MIKE 21 模型的洋河

水库水质模拟[J]. 安全与环境学报, 2018, 18(03): 1094-1100.

[21] 王影. 人工净水湿地工艺模式及形态建构方法研究[D]. 哈尔滨工业大学, 2013.

[22] 黄河龙门至三门峡河段污染物降解系数动态特征研究.

[23] 基于 MIKE21 的南四湖上级湖水量水质响应模拟研究.

[24] 宫雪亮, 孙蓉, 芦昌兴, 等. 基于 MIKE21 的南四湖上级湖水量水质响应模拟研究[J]. 中国农村水利水电, 2019 (01): 70-76+82.

作者简介

施瑶, 1995 年生, 女, 山西人, 北京林业大学风景园林学在读硕士研究生。研究方向为风景园林规划设计与理论。电子邮箱: bjfushiyao@sina.com。

林俏, 1995 年生, 女, 浙江人, 北京林业大学风景园林学在读硕士研究生。研究方向为风景园林规划设计与理论。电子邮箱: linqiaomails@163.com。

王婧, 1995 年生, 女, 山东人, 北京林业大学风景园林学在读硕士研究生。研究方向为风景园林规划设计与理论。电子邮箱: aneccentricbetty@outlook.com。

郑曦, 1978 年生, 男, 汉族, 北京人, 博士, 北京林业大学园林学院教授, 博士生导师。研究方向为风景园林规划设计与理论。电子邮箱: zhengxi@bjfu.edu.cn。

儿童友好型城市视角下的旧区公共空间改造研究

Research on the Transformation of Public Space in the Old District from the Perspective of Children-Friendly City

丁　杰

摘　要：在我国城市化建设大洪流中，城市公共空间建设成为大众关注焦点。尤其在城市旧区，由于建设用地紧张，基础设施相对落后，城市公共空间被占用，导致儿童活动空间被剥夺。本文基于儿童友好型城市理念，结合城市旧区公共空间现状及问题，总结了丹麦哥本哈根儿童友好城市公共空间改造的成功经验，提出了生态优先、安全为基、文化为魂、功能多样、无障碍、低成本设计六项针对城市旧区儿童公共空间改造设计策略，希望为我国“儿童友好型”城市旧区公共空间改造设计提供思路。

关键词：儿童友好型城市；城市旧区；公共空间；改造设计

Abstract: In the great torrent of urbanization construction in China, the construction of urban public space has become a big public concern. Especially in old urban districts , it leads to deprivation of children' s activity space due to the tightly construction land、relatively backward infrastructure, occupied urban public space. Based on the concept of child-friendly cities and combined with the status quo and problems of public space in the old districts of the city, this paper summarizes the successful experience of public space renovation in the children-friendly city, Copenhagen, Denmark and puts forward ecological priority, security-based, culture-oriented, versatile and accessible and low-cost design of six urban public space reconstruction design strategies for urban old districts, hoping to provide ideas for the transformation of public space design in the “child-friendly” urban old areas of China.

Keyword: Child-friendly City; Old Urban Area; Public Space; Reconstruction Design

引言

儿童是国家的未来和祖国的希望。成千上万儿童的健康成长与国家未来息息相关，为儿童创造优质的社会成长环境，是培育和造就新一代人才是中国社会主义现代化建设和繁荣发展的必然要求。近30年随着城镇化建设快速发展，城市旧区呈现出拥挤、老化、缺乏活力等一系列问题。同时伴随着社会人口老年化问题日益加剧、二孩政策全面放开、私家车数量快速增长，旧区公共空间弊端日渐凸显，如今城市旧区大部分公共空间被越来越多私家车侵占，儿童活动空间越来越少，因此对旧区提质改造成为众多市民愿望，而公共空间建设越来越受到社会关注。

1　相关概念解析

1.1　儿童友好城市

1996年，联合国第二次人居环境会议决议中首次提出了“儿童友好城市”理念。“儿童友好城市”概念起源于联合国儿童基金会，其核心是在日常生活中形成一个完美的、儿童友好的城市空间。在日常生活中，城市里所有儿童都能在任何时间、任何地点、方便、安全愉快地玩耍和学习[1]。

1.2　城市旧区

城市旧区主要是指城市中衰退、落后的地区。其城市功能结构，用地布局，基础设施等已经不能满足城市当代发展需要[2]。城市旧区一般历史久远，部分具有较为显著的传统特色风貌，但由于城市发展建设迅速，旧区的环境已经不适应人们更高的文化社会环境生活要求。

1.3　城市公共空间

城市公共空间是指“城市或城市群中，在建筑实体之间存在着的开放空间体，是城市公众进行公共交往，举行各样活动的开放性场所，其根本目的是为广大群众服务”。城市公共空间主要包括山川、河流等自然环境，以及人工建造的各类公园、交通道路停车场等[3]。

综上，既要善待儿童，又要在儿童友好城市中创建面向公共空间的儿童导向街区或城市，并通过一系列措施，在衰退、落后的城市地区提升原有街区或城市儿童友好度，改善出行交通，更新生活环境，为城市旧区注入新的活力。

2　儿童友好型城市旧区公共空间现状及问题

城市不断发展需要更多土地来支持人们的生产和生活等活动，随着我国老年化进程加速及二胎时代的到来，大多城市面临着用地紧张，后备土地不足等问题。一部分公共活动空间被停车等侵占，街道空间被车占道，以致公共空间面积和品质远远不能满足大众对美好生活需要。

2.1 公共空间存在安全隐患，妨碍儿童户外活动顺利展开

人口激增导致城市旧区公共空间日趋减少，私家车普及，旧区部分公共空间被改造成停车场，公共空间规模越来越小，环境变差，交通拥堵现象非常严重。一些儿童不得不把拥挤的道路、建筑工地、荒废空地作为玩要的场地，造成诸多安全隐患，进而限制了他们足够的户外活动时间，更加缺乏认识自然环境和社会环境的良好场所[4]。

据世界卫生组织统计，在每年的道路交通事故中，大量的儿童失去生命或致残；同时不安全的社会环境导致儿童被拐卖或失踪的事件时有发生，儿童水塘溺水、动物咬伤等一些不安全因素极大制约了儿童进行户外活动[5]。

2.2 千篇一律机械化儿童游乐设施，影响儿童创造力

城市公共空间旧区中现有的免费儿童游戏空间设计僵化，其中大部分为简陋单一成品器械（图 1），既不环保，也不具有创造性，不能激发孩童本真的想象力，满足不了儿童的身体和心理需求，容易使他们产生器械依赖，影响他们的创造力[6]。同时这些空间缺乏场地特色，维护管理不善，缺乏针对儿童特点及需求的科学研究和设计，传统游戏器材如秋千、跷跷板、单杠及双杠等造型单一，多年不变，早已锈迹斑斑，许多场地常常将儿童游乐空间与成人健身场地简单地结合起来（图 2）。

图 1　成品器械儿童游乐设施

图 2　活动场地与成人健身地合并

2.3 商业化、快速消费儿童游乐场所，不利于儿童成长

国内室内外公共空间中对于付费的儿童活动场所，充满着旋转木马、碰碰车、游戏机等商业项目或摩天轮、海盗船等大型儿童活动设施（图 3），虽然这些设施可以给孩子们带来快乐，但这种过于刺激的快速消费方式，并不适合所有年龄段孩子，尤其对于部分有缺陷的儿童更是产生排斥。有些室内活动场所在节假日或者周末时候人满为患，空气混浊，环境不够明亮，噪音污染严重，封闭压抑，且多为塑料玩具，对孩子身体非常不利（图 4），也是不可持续的，甚至伤害孩子成长。

图 3　刺激的大型儿童活动设施

图 4　室内空气混浊的儿童游戏空间

3 儿童友好型城市旧区公共空间改造设计策略探析

3.1 丹麦哥本哈根公共空间改造设计的成功经验

哥本哈根，作为北欧丹麦王国的首都、最大城市和最大港口，被称为最具童话色彩的城市。在联合国人居署评选“全球最宜居的城市”过程中，哥本哈根成功入选，被评为全世界最幸福的城市之一。哥本哈根同时是包括美国西雅图、丹佛、阿根廷布宜诺斯艾利斯、英国伦敦、德国慕尼黑等城市在内的世界儿童友好型城市之一。哥本哈根提出了一个适合儿童游戏玩乐的城市公共空间网络体系，其中有三个非常重要的举措：

3.1.1 儿童空间全局化的布局，儿童利益最大化

从20世纪初开始系统兴建以来，哥本哈根已经发展成为以居住小区场地为基础、公共空间（社区儿童场地和公园绿地场地）为骨干、机构附属场所（学校、医院、教堂等的儿童场地）为补充的“点状游戏场”层级布局体系（图5）。在 Wolnośći 广场临时公共空间中，建筑师将3000m²的开放空间划分为几个不同功能和活动的小区域，为所有人创造了一个舒适的空间，或圆或方的桌子、长椅及防水软枕，各种城市家具进一步定义了儿童游戏区、临时咖啡馆和餐厅、音乐剧场舞台和小作坊和其他不同区域（图6）。哥本哈根为儿童营造大量可达性强的玩乐空间，促进儿童的全面发展。

图5 幼儿园活动空间纳入公共空间

图6 儿童在城市家具上玩耍

3.1.2 儿童设施吸引性、趣味性、冒险性并存，激发儿童创造性和探索性

设计注重吸引性、冒险性和益智性，并尽可能考量系统性原则，即整体性思考所有能吸引儿童及其监护人进行活动的潜在因素，创造出一系列满足儿童需求的高品质安全活动空间，同时选用自然式的设计手法。一方面注重与周围环境条件的协调，另一方面为儿童营建接触大自然的城市空间。其中设计师把一处公共游泳池改造成儿童游乐探索空间，以“水”为主体，保留场地的自然形态和旧的可以玩赏的设施，对于新设计区域，皆遵循自然更替原则（图7）。

图7 水主题儿童游乐探索空间

3.1.3 深入挖掘可改造可利用空间，满足不同年龄段儿童的玩乐需求

立体停车场现成为哥本哈根城市空间的一个组成部分。该城市设计师在停车场的顶层建造了一个儿童活动“天堂”。屋顶被用来陈设成各种年龄的体育和娱乐设施，如秋千、攀登架、横杆、蹦床等，从而为儿童提供多样性的活动，创造一个动态的公共空间（图8）。

图8 立体停车场顶层的儿童游乐场

为儿童建造一个非正式的户外活动场所可能是创建儿童友好城市的开始。依托积极良好的改造措施，促进原有城市友好度提升，把儿童活动发展纳入城市建设中，对儿童身心健康及城市健康发展十分必要。

3.2 儿童友好型城市旧区公共空间改造设计策略

结合丹麦哥本哈根公共空间设计的成功经验和对中国城市旧区现状的分析，归纳出六项主要针对儿童友好城市公共空间建设的改造设计策略。

3.2.1 生态优先——最大限度体现自然属性

随着城市空间尺度的不协调和生活环境的快速变化，儿童与自然的互动和在日常生活中与小伙伴互动的机会正在减少。儿童处于感知的敏感阶段，在这个阶段，儿童受到大量的视觉、触觉、听觉和嗅觉等方面的刺激，逐渐形成自己对世界的感知，城市公共空间中引入自然元素无疑是丰富感知成长的最佳设计技术措施[7]。与大自然亲密接触不但可以提高其大脑兴奋度和注意力；还能够让孩子表达他们的情感，释放他们的情绪，从而发挥出更大的潜力。因此大自然是儿童学习社会知识、体验艺术与生命力得天独厚的讲堂。

3.2.2 安全为基——营造安全的城市公共空间环境

儿童在城市旧区公共空间中活动中受伤时常发生，给儿童空间活动带来极大阻力。交通安全事故、意外伤害、拐骗失踪等已经对儿童户外活动造成了极大威胁。因此，在城市旧区的公共空间改造设计中，设计者对公共空间儿童的使用安全性要十分注意，设计能让儿童自由安全穿行的慢行系统、减少隐蔽空间的设计让孩子暴露在社会的监管之下、场地的游乐设施符合儿童的生理情况、设计细节方面注重软质铺装、夜晚的灯光照明等[8]。

3.2.3 文化为魂——尊重场所精神，延续历史文脉

场所精神是在特定的历史文化变迁中形成的。城市旧区的公共空间不仅是一个提供公民活动的场所，而且是可以给人们带来历史记忆，并获得归属感和认同感的场所。在城市旧区里有些空间有着深厚的历史渊源和文化背景，建筑古迹、传统街巷空间、地域文化，承载着生活在这个地区人们的独特情感。故城市公共空间的改造设计应当充分尊重场地的灵魂，让设计能够与儿童世界产生反应，直指他们的情感，丰富他们的精神世界，并使得空间历史文脉精神得以延续。

3.2.4 功能多样——构建参与性强的趣味多功能公共空间

由于人们的参与，才使得每一个公共空间都充满活力。人类活动是创造城市公共空间活力的重要因素。在对城市旧区中的公共场地进行充分调研的基础上，科学合理地进行改造设计，使之能够在不同时间满足不同人群的活动需求，形成功能上的交织，使得有限的用地成为复合型场地。空间改造设计中，除了儿童游乐场地，也应该考虑老年人的活动空间，广场舞、广场弹唱、棋牌等设施平台进行功能复合。一方面，部分儿童尤其是婴幼儿需要家长的监管，复合的功能能为他们提供适宜的活动；另一方面，多功能复合空间能够吸引不同年龄段、不同社会背景的人群进行交流沟通。

3.2.5 公共空间注入无障碍设计理念

随着经济的发展，城市居民越来越注重生活的舒适性和便捷性，社会群体也越来越关注残疾人和其他弱势群体的生活状况。近些年来，由于社会环境不断变化，我国自闭症儿童呈现增加趋势，这些儿童表现为社会交往、交流障碍和行为异常。在城市旧区公共空间的设计中，应充分考虑不同程度伤残、缺陷者及一般活动能力衰退者等弱势群体的使用需要，为他们创造安全、舒适的生存环境，共同筑建平等、友爱、相互尊重的和谐社会环境[9]。

3.2.6 引入低碳、绿色、环保理念，考虑低成本设计

在城市旧区公共空间改造设计中，要尽可能地增加绿化覆盖率，减少能量耗损，严禁以牺牲自然环境为代价发展经济[10]。对于儿童活动场地，木材质感能够带给儿童自然亲切感，为处于感知敏感期儿童带来丰富的体验。用枯败的树木做成儿童游玩的器械，废旧轮胎做成的攀爬坡，油漆桶及废料水管做音乐墙，稻草做成景观小品等都能为儿童带来乐趣。尽可能考虑公共空间前期建设投资的最低化，以及实施中后期损耗、能耗、管理维护运营等方面投资最低化[11]。突出地形、山水、植物等自然景观，减少自然资源的破坏。

4 结语

城市旧区常常蕴藏着丰富的人文历史信息，承载着当地群众的生活记忆和情感。儿童友好型城市公共空间是儿童利益最大化的生活场所，是每个公民憧憬的美好社会环境。因此，要深入调查研究城市旧区自然和人文资源，以儿童为本，营造生态自然、安全和谐、文化交融、功能复合、全无障碍、低碳环保的城市旧区公共空间，使儿童更加安全、自由、快乐地成长。本文基于我国城市旧区公共空间建设的问题及矛盾，借鉴哥本哈根公共空间营造的成功经验，对儿童友好型城市公共空间的相关概念及其具体的改造设计策略进行了探析，希望从规划设计层面提出切实可行的建议，为中国儿童友好型城市公共空间改造设计积累经验。

参考文献

[1] M·欧伯雷瑟·芬柯，吴玮琼．活动场地：城市——设计少年儿童友好型城市开放空间[J]．中国园林，24(9)：49-55.

[2] 黄祖康．城市旧区公共空间改造设计方法研究[J]．建筑设计，2014(19).

[3] 林瑛．儿童友好型城市开放空间规划与设计：国外儿童友好型城市开放空间的启示[J]．现代城市研究，2014(11)：36-41.

[4] 沈萍．儿童友好型城市公共空间设计策略研究[D]．湖南．湖南大学 2010：65-67.

[5] [澳大利亚]布伦丹·格利森．创建儿童友好型城市[M]．北京：中国建筑工业出版社，2014

[6] 周源，孙睿，冯阳．老城区居住社区公共活动空间设计研究——以南京大油坊巷老城区为例[J]．住宅科技，2017(3)：4-7.

[7] 郑郁，袁大昌，李思濛．人性场所的回归——城市公共开放空间规划设计策略探析[C]．2015 中国城市规划年会，贵阳，2015.

[8] 林瑛，李希．海绵型儿童友好城市公共空间的建设——以无锡滨湖区万科太湖国际片区城市更新为例[J]．园林，

2018 (1)：67-71.

[9] 罗瑶 . 儿童友好型校区开放空间设计分析——以仰天湖赤岭小学为例[J]. 低碳世界，2017 (1)：134-135.

[10] 吴敏，王琳 . 记忆的缝合：城市非典型风貌区旧城更新景观规划 [J]. 规划师，2014，(2)：48-52.

[11] 关伟锋，高宁，王永超 . 城市开放空间景观设计的“低成本”策略[J]. 西北林学院学报，2014，29(1)：212-216.

作者简介

丁杰，1989 年生，女，汉族，湖南常德人，中南林业科技大学风景园林学院硕士研究生，北京世纪千府国际工程设计有限公司湖南分公司，风景园林工程师、景观设计师，从事园林规划与设计。电子邮箱：591866725@qq. com。

感官体验视角下的儿童活动空间营造与植物配置
——以嘉兴植物园儿童活动区设计为例

Children's Activity Space Construction and Plant Configuration from the Perspective of Sensory Experience
—Taking the Design of Children's Activity Area in Jiaxing Botanical Garden as an Example

黄胜孟　沈姗姗　杨　凡　赵丹萍　包志毅*

摘　要：儿童活动区是植物园重要的组成部分，是儿童学习自然的重要课堂。本文在分析植物园儿童活动空间要素的基础上，结合嘉兴植物园儿童活动空间设计，在感官体验的视角下，为植物园内儿童活动空间提出了一种有别于其他类型公共绿地内儿童活动空间的营造方式，从而更好地满足儿童与自然互动的心理需求。同时，提出了相应的植物优选品种，以期为植物园儿童活动空间的建设与优化提供参考。

关键词：儿童；感官体验；空间营造；植物配置

Abstract: The Children's Activity Area is an important part of the Botanical Garden and an important classroom for children to learn about nature. Based on the analysis of the spatial characteristics of children's activities in Botanical Garden, combined with the design of children's activity space in Jiaxing Botanical Garden, from the perspective of sensory experience, this paper proposes a space for children's activity space in other types of public green space. Ways to better meet the psychological needs of children interacting with nature. At the same time, the corresponding plant varieties were proposed to provide reference for the construction and optimization of children's activity space in botanical gardens.

Keyword: Children; Sensory Experience; Space Creation; Plant Configuration

引言

近年来随着社会经济的飞速发展，现代化城市进程将人与自然的联系逐渐割裂，加之现代科技对传统教育和娱乐方式的结构性影响，使儿童与自然之间产生了令人惊异的断裂[1]。随着人民受教育程度普遍提高，人们开始意识到自然环境对人的积极作用，尤其是对儿童的健康成长具有不可替代的积极作用。让·皮亚杰认为儿童存在一种把所有的事物都视为有生命、有思想感情的特殊心理——“泛灵心理”，在这种特殊心理的作用下，儿童会本能的喜欢亲近水、植物和动物等自然界中的元素，具有与自然交流、对话的天赋能力和兴趣[2]。孩子们喜欢探索、挑战、运动，他们能够在与自然接触就会变得愉悦[3]，反之，与自然接触的减少易使儿童出现学习与感知能力弱化的情况[4]。但由于城市化发展进程的加快，儿童大都只能生活在人工的自然环境之中，其感受、了解自然的机会明显减少。而植物园作为人们亲近自然、了解自然的场所，其面向儿童的空间功能设计还相对滞后。

目前，国内植物园还是多以植物介绍牌、宣传册、象征性雕塑以及科普馆等手段进行“说教”式的自然科普，这种枯燥的形式一般难以引起儿童的兴趣[5]。植物园内的儿童活动空间应有明确的主题强调与启发式的信息传达，通过提问、建议式的方法来引导儿童自主探索自然、了解自然[6]。植物作为植物园最重要的元素，其在成人眼中只是作为一种自然资源存在，但是在儿童看来植物可能拥有更多的用途，因此在儿童活动空间营造的过程中可以尝试通过植物来构建儿童与自然的联结[7]。通过将植物配置与空间营造相结合，创造出“看、嗅、听、触”的感官体验空间，在外形、气味、声效、质感特别的植物旁边提示儿童观察、嗅闻、聆听、触碰，引导儿童与活动空间产生多感官互动式体验[8]，帮助他们更好的认识自然，进一步激发儿童探索自然的好奇心。美国纽约布鲁克林植物园儿童园通过在场地内开辟出特定圃地供儿童进行园艺体验，引导儿童亲身参与从播种、养护、收获到分享成果，让儿童通过自己的视角直观了解植物生长的过程，也增强他们对于探索自然的信心和兴趣。在这一过程中，植物园会从往期体验园艺种植的儿童中招募助教来辅助全职教育人员进行新一轮的科普活动中去，使儿童实现从受教者到引导者的角色转变。而墨尔本皇家植物园依安·波特基金会儿童园则是在设计过程中的调研发现，对于儿童来说丰富的感官和空间体验是同样重要的，尤其是空间需要符合儿童尺度并且能够给儿童提供更多的变化性，如在植物配置上增加季相变化以丰富景观变化，开辟临时展示空间以促进儿童间的交流等等。他们也同样认为，应该鼓励儿童通过一种“互动和感官的体验”来接触和发现自然[9]。

1　植物园儿童活动空间需具备的要素

1.1　定位应有明确的自然指向性

植物园相较于一般的城市公园，其除了丰富城市绿地空间类型、提供观赏游憩场所等功能外，还具有植物科普、教育、引种、驯化、展示等功能[10]。因此，在植物园内进行儿童活动空间的营造时，需要充分发挥植物园特有的自然资源优势，设计出以植物为主题且适宜儿童学习、游憩的空间。根据相关研究表明，儿童能够在玩耍的过程中将从空间内所接受到关于外部环境的信息转化为对自然的理解储存在脑海中[11]，而植物园又拥有丰富多样的动植物资源可供儿童探索，可以考虑突出植物园儿童活动空间对儿童进行自然教育的定位。

1.2　活动设施与自然环境的协调性

城市中大部分儿童活动空间的发展目前已经较为完善，但大部分儿童活动空间往往简单划出一块场地，放置一些人造活动设施供儿童进行一些固定模式的活动，“场地＋人造活动设施”似乎已成为设计城市儿童活动空间的惯用方式[8]。但儿童是最富有创造力的群体，他们在公园里玩耍、想象并且能够在这创造出属于他们的难忘体验[12]。因此，活动空间内的活动设施需要与场地协调布置，拥有更为灵活多样的使用方法，能够尽可能满足儿童多样的使用需求。比如在人造滑梯玩耍和使用软垫在一片草坡上进行滑草活动，后者可能更能体会到自然的野趣。儿童若仅仅在人造设施游戏则可能会失去许多学习的机会，因此在儿童活动空间内的游戏设施的配置上，应当为儿童创造更多观察动物和体验自然的机会[13]。

1.3　充分考虑植物品种选择的安全性

儿童喜欢通过自己的双手去探索自然，用自己的双眼去发现自然，在这一过程中，我们需要注意规避一些容易对儿童产生伤害或存在潜在风险的植物，避免使用本身有毒，带有尖刺、浆果或会产生飞絮的植物，如商陆、夹竹桃、枸骨、柳等。在场地内部及外部环境还应慎用具有风媒花的植物，如蒿属、苋属、藜属、楝属、葎草属、蓖麻属、豚草属、臭椿属、白蜡树属、木麻黄属等属的植物[14]，因其抗原性强、致敏率高、花粉产量高且植物本身属于广布种，因此也可能威胁到儿童的安全。除此之外，还应当考虑到一些本身无毒且景观效果突出，但在不同情境下可能对儿童活动存在潜在威胁的植物，例如无患子。其植物季相变化明显，本身无毒无害，因果皮含有皂素落地碾压后易使石质地面变得更加光滑从而加大儿童滑到受伤的风险，但若落果在草地、塑胶、沥青等界面上风险就大大降低了。因此，对于此类植物应当视具体空间细节来确定是否适宜使用。

2　不同年龄阶段儿童感官体验景观的塑造

年龄范围在0～12岁的儿童，按照年龄段大致分为学龄前（0～6岁）以及学龄（7～12岁）两个阶段[15]。0～6岁的学龄前儿童对色彩的视觉偏好是建立在对于色彩的辨识度上的，并随着年龄的逐渐增长，其对于色彩的差异性与敏感性逐渐增强，因而更偏向红紫色等混合度高的颜色[16]。学龄前儿童在这一时期，对于触觉的感知也趋于敏感，由触觉引发的情绪表现有所增加，倾向于触碰柔软的物体；在嗅觉方面也更喜欢甜香气味。这一阶段的儿童性格活泼好动，开始展现出对探索自然的欲望，但由于年龄较小需要由成年人保护。

7～12岁的学龄儿童视觉感知能力较上一阶段有明显的增强，但在这一阶段需要更强的环境刺激才能够吸引儿童的注意力，其更偏向红紫色等混合度高的颜色。伴随教育的深入，学龄儿童有一定的知识储备，在触觉感知上，已经可以将触摸到的事物与脑海中的形象进行关联。同时，听觉、嗅觉的感知对比上一阶段也均有所提升，总的来说这一时期的儿童思维和运动能力都更加活跃，也变得更加独立了[17]。

通过相关资料的搜集[18,19]，整理得到基于感官体验的常见儿童活动区可选植物表，并根据各植物对不同感官刺激的方式将其分成直接刺激植物和间接刺激植物，见表一。除了通过种植不同色彩的植物来吸引儿童外，可以考虑增加花、叶、果实奇特，易引发儿童联想的植物来间接吸引儿童，如红花羊蹄甲（叶形似羊蹄）、复羽叶栾树（果实形似小灯笼）、金钱槭（果实远观如同铜钱）等。随着年龄的增长，儿童表现出对大自然声音的关注，在考虑响叶杨、山胡椒、青皮竹、芭蕉等会在风吹、雨打中发出声响的植物外，还可以通过栽植引鸟植物来吸引鸟类，让儿童能够在公园内聆听到鸟鸣。在儿童嗅觉体验方面，除桂花、栀子、茉莉等常见的芳香植物外，还可以配置一些需要通过互动产生香味的植物来加深儿童对植物的印象，如碰碰香（轻轻触碰叶片散发香味）、山矾（揉碎叶片具有青苹果的芳香）以及藿香（揉搓叶片产生香味）等。根据相关研究证明，植物的香味对儿童的行为具有一定的引导作用[20]，同时有助于加深儿童对于活动空间的印象，也能够有效增加儿童体验与认识自然的机会[21]。

基于感官体验的常见儿童活动区可选植物　　表1

感官体验	直接刺激植物	间接刺激植物
视觉	水杉、鸡爪槭、火炬树、银杏、纳塔栎、紫叶小檗、红叶李、重瓣榆叶梅、白棠子树、枫香、紫珠、红花檵木、红叶石楠、常春油麻藤、珍珠绣线菊、银叶菊、蓝羊茅、细茎针茅、粉黛乱子草、彩叶草、黑麦冬等	香橼、香椿、化香、复羽叶栾树、荷花玉兰、杂种鹅掌楸、豹皮樟、凹叶厚朴、珙桐、秤锤树、红花羊蹄甲、金钱槭、紫荆、牵牛、羽叶茑萝、香菇草等

续表

感官体验	直接刺激植物	间接刺激植物
嗅觉	桂花、栀子花、茉莉、薰衣草、郁香忍冬、丁香、含笑、蜡梅、迷迭香、百里香、檀香木、胡椒木、紫罗兰、罗勒等	碰碰香、薄荷、山矾、藿香、香樟等
听觉	响叶杨、山胡椒、青皮竹、马尾松、细叶芒、芭蕉、美人蕉、荷花等	枫杨、榆树、朴树、香樟、马尾松、山茶、红叶李、枇杷、樱桃、枫香、石榴、女贞、垂丝海棠、南天竹、海桐、麦冬等
触觉	羽衣甘蓝、花椰菜、地肤、垂盆草、佛甲草等	紫薇、含羞草、结香、杜仲、凤仙花、马尾松、日本冷杉等
味觉	枳椇、胡颓子、无花果、一串红、南酸枣、美人蕉、枇杷、石榴、柑橘、香泡、橙、柚、蓬蘽、空心泡、山莓、樱桃等	

3 案例分析——以嘉兴植物园儿童活动空间设计为例

嘉兴植物园位于浙江省嘉兴市，总占地面童活动空积约100hm^2，其中儿间占地约1.84hm^2。本案儿童活动空间（图1）期望打造成为儿童提供休憩和游戏空间的专类园，分为学龄前儿童活动区和学龄儿童活动区。学龄前儿童活动区位于松林杜鹃园北侧，面向0～6岁儿童；学龄儿童活动区位于松林杜鹃园东侧，牡丹芍药园东北侧，面向7～12岁儿童。

图1 嘉兴植物园儿童活动区总平面图

3.1 学龄前儿童活动空间的营造

基于学龄前儿童的色彩偏好，在该区域边界上采用纯度较高、活泼亮丽的颜色，如红、粉、橙等，设置竖向构筑以围合空间（图2），从而限制学龄前儿童在监护人未注意的情况下离开活动空间。在下垫面材质的选择上，运用彩色沥青、自然草坪等，降低儿童在空间内活动跌倒受伤的几率。活动空间内设置有瓢虫发声装置、自然之声等装置，通过装置模拟昆虫叫声以及儿童通过拍打场地内不同构筑不同部位从而获得各不相同的声境体验。

在该空间内，还设置有小尺度的平坦草坪、声境林（山胡椒＋青皮竹＋大花美人蕉、芭蕉等）以及由芳香植物组成的花境迷宫（碰碰香＋薰衣草＋雀舌栀子＋迷迭香等）等场地（图3），为学龄前儿童提供了活动强度小但体验丰富的活动空间。为弥补竖向围合而导致空间内外自然的割裂，儿童可在监护人的陪伴下登上场地内设置的球形构筑以另一个视角观察周边的植物环境。同时，植物球因其内部光线相对较暗，可用作植物萌芽展示区域以向儿童科普植物萌发的过程。

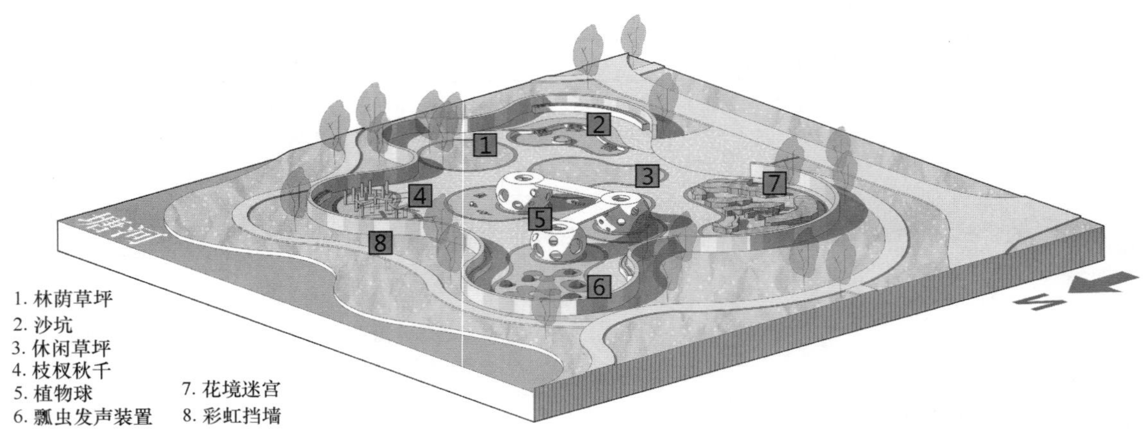

图 2　学龄前儿童活动空间轴侧图

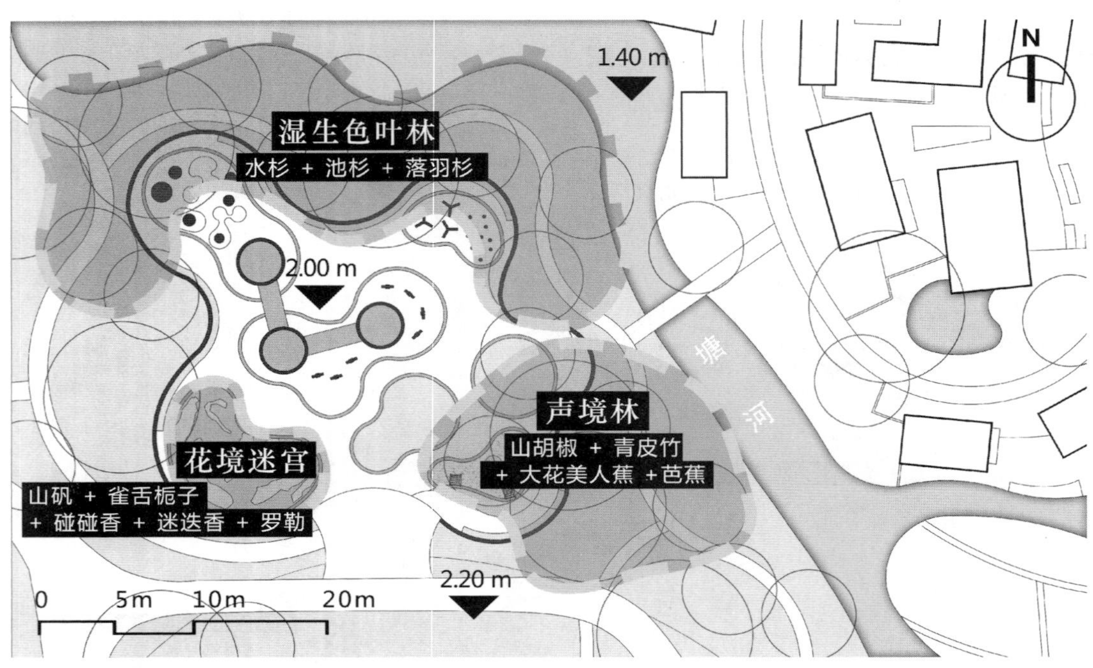

图 3　学龄前儿童活动空间主题植物分区图

由于学龄前儿童对事物认识相对简单，难以理解较为生涩的描述，因此在植物教育上可以将植物特征同他们已知的简单概念相关联帮助他们认知自然，如山矾将叶子揉碎后具有青苹果的香气、含笑开花之后会散发出类似香蕉的甜香、轻抚紫薇树干会像挠痒痒一般微微颤动等等。

3.2　学龄儿童活动空间的营造

相对于学龄前儿童，学龄的儿童在体力和探索欲望都更加旺盛。因此该空间利用低矮的灌木和地被植物作为空间的限制因素，形成一个流动、开放、外向和无隐蔽性的开敞空间[22]，如图 4 所示。空间内主要布置的游戏设施有旋转滑梯、平衡木、小型滑板场地、攀岩墙、木桩攀爬网等适宜 7～12 岁学龄儿童使用的设施。空间内的铺装主要由石质硬质铺装与绿地组成的柔性场地所构成，不同材质的下垫面构成能够为儿童进行多形式活动提供了可能，如儿童可以在平坦的草坪上奔跑、游戏或者休息，而在具有一定坡度的草坡上又可进行滑草项目等。场地内设置的带有斜度的石材可作为监护人休息的坐凳，亦可作为儿童轮滑的活动空间使用。

在空间内部的植物构成中（图 5），以无花果、香橼、柑橘、石榴、樱桃、槜李等植物形成果树林，为儿童提供自然采摘的体验。这些植物的果实在采摘后可以自己食用或与他人共享，根据研究表明植物果实散发出的香味能够舒缓情绪，使儿童变得愉悦[23]。外部空间除了为儿童提供采摘体验外，还可以植物围合形成引鸟林，吸引鸟类来此活动，为儿童提供近距离观察鸟类、聆听鸟鸣的感官体验。在植物品种的选择上，需要兼顾对各个季节不同鸟类的吸引，诸如可选用春季处于果期的珊瑚树、毛樱桃、南天竹等植物吸引白头鹎、喜鹊、乌鸫等鸟类；可选用秋冬结果的鸡爪槭、红枫、月桂等植物吸引红头长尾山雀、大山雀、麻雀等鸟类[24]。

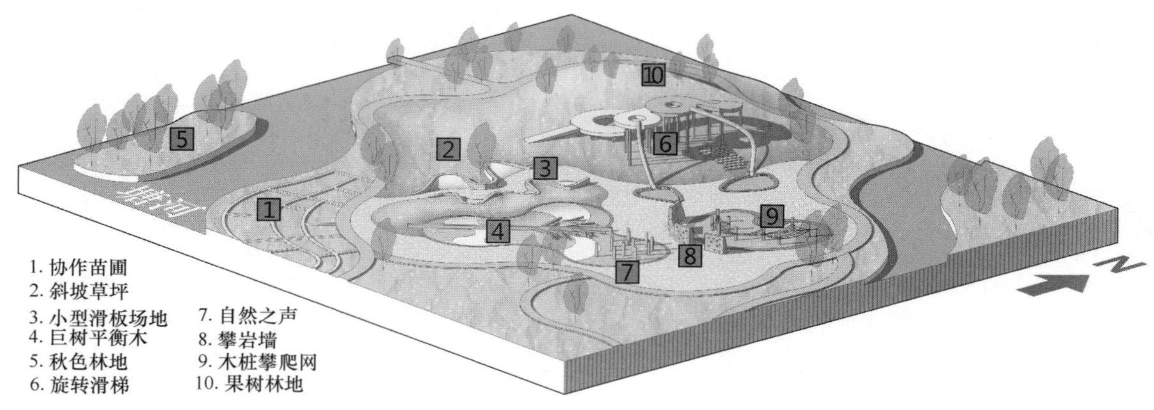

图 4　学龄儿童活动空间轴侧图

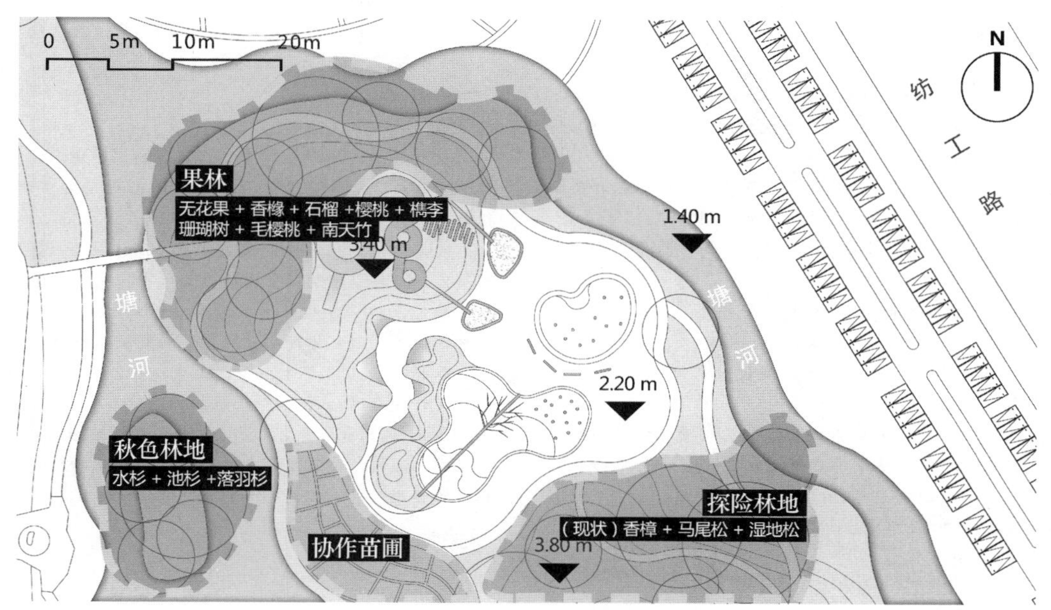

图 5　学龄儿童活动空间主题植物分区图

园艺种植体验对成人也同样具有吸引力，儿童活动空间如能吸引家长与孩子共同参加活动，既可以密切亲子感情，又能够避免"家长要回家，孩子不肯走"的矛盾[25]，因此将家庭参与考虑进活动空间的营建是非常有必要的。本案在场地西南侧开辟有互动式圃地向来园儿童开放，儿童可在这一区域与其他儿童组队或以家庭为单位进行园艺体验，实际参与从播种、养护到收获的植物生长过程，用人类和土地最直接的交互方式，让城市儿童有机会参与到自然界原始生命循环之中[8]，由此也能够提高儿童关于生长、繁殖、衰老、死亡四个维度的认识[26]。在收获作物之后，品尝亲自栽培的成果，还可以与其他儿童分享，这不仅有助于增强儿童探索自然的自信心与热情，对培育儿童学会分享、协作以及责任心等都是有莫大助益的。

4　结语

在儿童的成长过程中，与自然的互动是至关重要的。植物园儿童活动空间设计的关键在于，从儿童本身出发，根据其不同年龄阶段的特征，营造适宜他们亲近自然的空间，为儿童提供与自然界联系的机会。在选择儿童活动空间的植物种类时，不仅需要考虑整体植物景观效果，还需要考虑所选植物种类能否吸引儿童关注周围的环境，并激发儿童向自然学习的热情。本文借助案例阐述了儿童感官与植物的必要联系，以期对未来植物园儿童活动空间建设做出有益的探索。

参考文献

[1]　郭庭鸿，董靓．重建儿童与自然的联系——自然缺失症康复花园研究[J]．中国园林，2015，31(08)：62-66.

[2]　李孜，陈丽艳．抓住"关键期"培养学前儿童的亲自然情感[J]．环境教育，2013，(04)：67-69.

[3]　澳派景观设计工作室．悉尼历史悠久的世界级自然游乐公园——伊恩波特儿童野趣游乐公园[J]．风景园林，2018，25(07)：71-76.

[4]　罗雨雁，王霞．景观感知下的城市户外空间自然式儿童游戏场认知研究[J]．风景园林，2017，(03)：73-78.

[5]　陈艳．浅谈我国植物园环境解说效果[J]．长沙铁道学院学报(社会科学版)，2010，11(04)：52-53.

[6] Ballantyne R, Packer J, Hughes K. Environmental awareness, interests and motives of botanic gardens visitors: Implications for interpretive practice[J]. Tourism Management, 2008, 29(03): 439-444.
[7] Laaksoharju T, Rappe E. Trees as affordances for connectedness to place—A framework to facilitate children's relationship with nature[J]. Urban Forestry & Urban Greening, 2017, 28: 150-159.
[8] 苏媛媛，陈泓．可持续的培育——美国纽约布鲁克林植物园儿童花园设计策略[J]. 装饰，2019(02)：82-85.
[9] 安德鲁·雷德劳，约翰·雷纳，金荷仙，鲍沁星．墨尔本皇家植物园依安·波特基金会儿童园的规划与建设[J]. 中国园林，2007(10)：9-14.
[10] 谢欣辰．基于文化主题的植物园规划设计研究[D]. 湖南农业大学，2017.
[11] Acar H. Learning Environments for Children in Outdoor Spaces[J]. Procedia -Social and Behavioral Sciences, 2014, 141: 846-853.
[12] 李方悦．儿童的视角，快乐时光的创造性空间载体营造——丹阳大亚洛嘉儿童乐园规划设计[J]. 中国园林，2017，33(03)：33-38.
[13] 谭玛丽，周方诚．适合儿童的公园与花园——儿童友好型公园的设计与研究[J]. 中国园林，2008，24(09)：43-48.
[14] 汪永华．花粉过敏与园林植物设计[J]. 风景园林，2004(54)：29-31.
[15] 张嘉恩．儿童植物主题公园设计研究[D]. 天津科技大学，2017.
[16] 王荐．基于五感的儿童公园植物景观设计探讨[D]. 西南大学，2017.
[17] 牛琳．基于儿童行为学的城市公共儿童活动场地设计的研究——以澳大利亚悉尼达令港广场设计为例[J]. 艺术与设计(理论)，2016，2(03)：64-66.
[18] 张天麟．园林树木1600种[M]. 北京：中国建筑工业出版社，2010.
[19] 夏宜平．园林地被植物[M]. 杭州：浙江科学技术出版社，2008.
[20] 马克辛，李科．现代园林景观设计[M]. 北京：高等教育出版社，2008.
[21] 祁素萍，齐程宏，王萍．儿童户外游戏场地安全性研究[J]. 中国园林，2013，29(05)：81-84.
[22] 诺曼K·布思．风景园林设计要素[M]. 曹礼昆，曹德鲲译．北京：中国林业出版社，1989.
[23] 金紫霖，张启翔，潘会堂，李霞，安雪．芳香植物的特性及对人体健康的作用[J]. 湖北农业科学，2009，48(05)：1245-1247.
[24] 谢华辉．鸟类分布与植物景观关系的研究[D]. 浙江大学，2006.
[25] 周启盈．北欧儿童游戏场的特点[J]. 中国园林，1988(03)：62-63.
[26] 曲嘉韵．种植主题活动对中班儿童植物生命历程认知的干预研究[D]. 天津师范大学，2015.

作者简介

黄胜孟，1993年生，男，汉族，浙江乐清人，浙江农林大学风景园林与建筑学院风景园林专业硕士研究生在读。研究方向：植物景观规划设计。电子邮箱：391328288@qq.com。

沈姗姗，1996年生，女，汉族，浙江杭州人，浙江农林大学风景园林与建筑学院风景园林专业硕士研究生在读。

杨凡，1984年生，男，汉族，浙江龙游人，博士，浙江农林大学，讲师。研究方向：植物景观功能及其设计应用。

赵丹萍，1986年生，女，汉族，浙江杭州人，浙江农林大学园林设计院有限公司。

包志毅，1964年生，男，汉族，浙江东阳人，博士，浙江农林大学，教授，博士生导师。研究方向：植物景观规划设计和园林植物应用。电子邮箱：bao99928@188.com。

工业主题滨水绿地景观色彩设计分析①

——以上海杨浦滨江与徐汇滨江绿地为例

Landscape ColorAnalysis of Waterfront Green Space with Post-industrial Theme

—Case Study of Yangpu and Xuhui Riverside Green Spaces，Shanghai

战 颖 李佳佳 张德顺

摘 要：在后工业景观重新融入城市文脉的大背景下，上海黄浦江承载着中国近代百年工业记忆，其滨水工业遗产的挖掘正不断丰富着城市景观，为游客参观、居民游憩提供了重要的场所。本文选择黄浦江的杨浦滨江和徐汇滨江两段绿地作案例，在调查滨水工业景观色彩表达现状的基础上，结合理论研究、问卷调研与实地访谈等方法，对比不同色彩表达的优缺点，得出工业景观场景与各要素的常用色彩的色相、饱和度、亮度色谱，总结色彩在工业景观设计要素和场景方面的规律，以求梳理出一套适合工业主题滨水绿地景观色彩设计的方法，为工业滨水景观提供理论依据，提升工业景观规划的宜人性。

关键词：工业主题；滨江绿地；色彩表达

Abstract: As the post-industrial landscape re-integrates into the urban context, the Huangpu River in Shanghai bears the industrial memory of modern China for over one hundred years. It boasts a host of waterfront industrial heritage, which constantly enriches the urban landscape and at the same time provides an important place for daily gatherings and cultural activities of urban residents. Taking Yangpu and Xuhui Riversides of Huangpu River as a case study, the color expression status quo of the waterfront industrial landscape are investigated and summarized in this paper. Chromatography of hue, saturation and brightness of common colors in industrial landscape scenes and elements are carried out with the theoretical research, questionnaire survey and field interview. The advantages and disadvantages of different color expressions are compared and the law of color in the design elements and scenes of industrial landscape is explored by analysis. This paper aims to provide a landscape color design method that fits the waterfront green field in the industrial theme, offer a theoretical basis for its planning, and promote the pleasant nature of post-industrial landscape planning.

Keyword: Industrial Theme; Riverside Green space; Color Expression

引言

滨水工业遗产既是遗产也是城市景观[1]，从 20 世纪 90 年代末的苏州河创意仓库改造到近年来的上海国际节能环保园、杨浦滨江工业水岸改造，工业遗产不断丰富着上海的城市景观。近年来对后工业景观的研究层出不穷，有的从历史文脉的角度提出后工业景观设计原则[2]，有的在后工业景观理论研究与设计语言理论研究的基础上，提出从后工业景观设计语言的角度探究后工业景观设计的方法[3]。景观设计中，强调色彩的重要性的论述也涌现出来，然而，现有景观色彩分析主要集中在环境心理学与色彩规划的关系分析上，以得到定性描述的结论，缺少量化分析，难以得出对园林设计的具体指导[4-7]。而在城市规划的实践中，北京、杭州等城市的色彩规划通过现场拍照、色卡对比、孟塞尔体系分析等方法得到城市色彩总谱及各分区色谱以控制城市色彩的方法已经比较成熟[8,9]。

因此，借鉴城市色彩控制中常用的色彩量化的方法，并结合色彩心理学的相关理论，针对工业色彩表达探讨可行的工业主题滨水绿地景观色彩设计方法，为后工业景观的系统化提供素材。该研究的意义在于：①将工业主题滨水绿地景观与色彩紧密联系，从色彩心理学的角度探究滨水绿地工业主题的表达与色彩的关联性；②以部分典型工业主题滨水绿地为研究对象，以色彩量化的方式对其中的要素色彩进行标色，探寻工业主题滨水绿地的色彩使用规律；③探讨可行的工业主题滨水绿地景观色彩设计方法，为工业主题滨水绿地的规划设计提供理论依据，打造兼具视觉美感与工业氛围的滨水工业景观。

1 研究内容与方法

1.1 研究选址

以黄浦江滨水景观为研究对象，所选择的的研究段

① 基金项目：国家自然科学基金（编号：31770747；城市绿地干旱生境的园林树种选择机制研究）和国家重点研发计划（编号：2016YFC0503300；典型脆弱生态修复与保护研究—自然遗产地生态保护与管理技术）。

分别为：①黄浦江西岸——杨浦滨江段，杨浦滨江段是上海近代工业的摇篮，其历史文化底蕴深厚，实体的工业遗迹和非物质的工业精神是其独特的风景，在此分布有多家反映近代上海城市工业文明发展历史的老工业资源：旧上海鱼市场、祥泰木行、怡和冷库、日本明治制糖株式会社明华糖厂。②黄浦江西岸——徐汇滨江段，徐汇滨江段以文化体验为主题，因其紧邻黄浦江岸，具有地势开阔，河道纵横的地理优势，徐汇滨江沿江地区曾经分布着上海铁路南浦站、北票煤码头、上海飞机制造厂、龙华机场上海水泥厂和洪文造纸厂等一批民族企业，承载了中华百年的民族工业历史（图 1）。

图 1　选址示意图

1.2　研究内容与方法

（1）从游客的角度出发，通过网络问卷和实地访谈了解游客对工业主题滨水绿地色彩表达的心理感受与喜好。

（2）以孟赛尔色彩体系为理论指导，运用 HSB 模型技术手段对徐汇滨江与杨浦滨江沿岸中工业感较强的植物、道路铺装、建筑、小品与设施、标志性景观各要素以及场景色彩进行色彩量化分析，探寻用色规律。为工业主题滨水绿地的色彩设计提供借鉴。

（3）综合问卷调查与色彩量化分析结果提出工业主题滨水绿地色彩规划设计思路，期望为今后的城市滨水规划设计中的工业景观色彩设计提供参考。

1.3　问卷设计

问卷设计分为三部分，如图 2 所示，第一部分为基本信息，第二部分为色系选择，以求得出受访者认为最能使人联想到工业的色系，第三部分为景观要素、场景的照片选择，以求根据结果进行色彩量化分析，并且问卷第三部分设计时，为减小各要素的材质、形态对受访者的干扰，尽量保持选项照片内各要素材质、形态相对统一。场景照片选择时则选取均具有工业标志性构筑物的照片，以增强所得数据的可靠性。

此次调研于 2018 年 11 月 29 日发布网络调查问卷，问卷持续时间为 11 月 29 日到 12 月 9 日，共回收问卷 102 份。并于 11 月 29 日、11 月 30 日分别前往杨浦滨江沿岸、徐汇滨江沿岸发放问卷，共回收问卷 50 份。网络问卷与实地问卷共计 152 份。

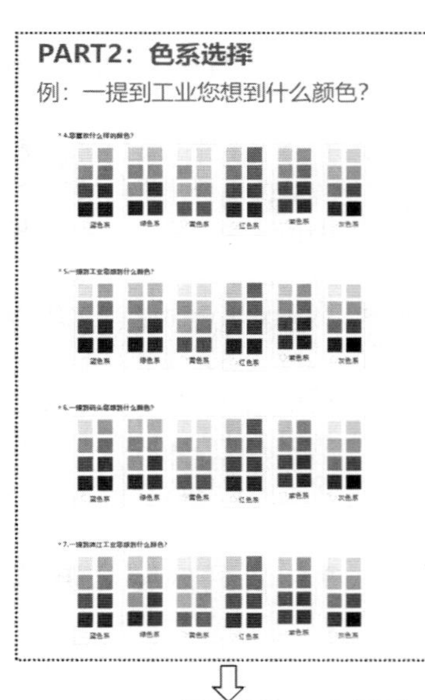

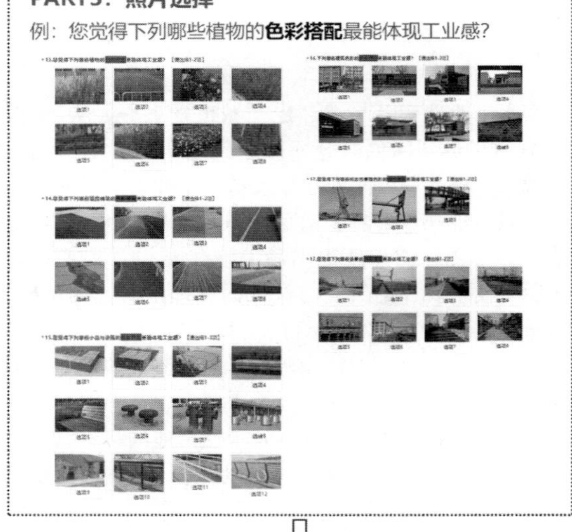

关联性 ⇨ 色系 ← 佐证 ┈ 色彩量化 ⇨ 色谱

图 2　问卷设置示意图

2 分析与结论

2.1 工业主题滨水绿地景观与色彩的关联性及色系确定

对提到“工业、码头和滨江工业想到什么颜色”三道题从实地访谈和色彩心理学的角度进行分析和推测，以得出游客认为最能使人联想到工业的色系，确定色彩与工业印象之间的关联性。

（1）提到工业想到什么颜色？

提到工业受访者想到的较多的颜色是灰色（45.2%）与红色（27.4%），没有人选择紫色系（图 3）。推测提及工业，受访者联想到灰色系的水泥、钢筋，红色系的铁锈、集装箱、塔吊等物体。

（2）提到码头想到什么颜色？

提到码头人们想到的较多的颜色是蓝色（47.95%）与灰色（27.4%），选择紫色系（1.37%）、绿色系（1.37%）的人较少（图 4）。这可能是因为谈到码头，受访者联想到大海、水手等元素，进而联想到蓝色。

（3）提到滨江工业想到什么颜色？

谈到滨江工业人们想到的颜色选择较之前两个问题更多元，除了之前提到的蓝色系（26.71%）、红色系（21.92%）、灰色系（16.44%）之外，还出现了较多绿色系的选择，占 24.66%（图 5）。从色彩心理学角度来说这是滨江公园的出现带给人们的暗示与联想。

结合问卷结果及色彩心理学理论研究发现，色彩与工业印象的联想存在一定的关联性。大部分受访者认为红色系、灰色系、蓝色系等工业要素的常用颜色可以帮助人们联想到工业。以上色系在景观设计中的使用将对场地工业氛围的营造、工业记忆的唤起起到促进作用（图 6）。

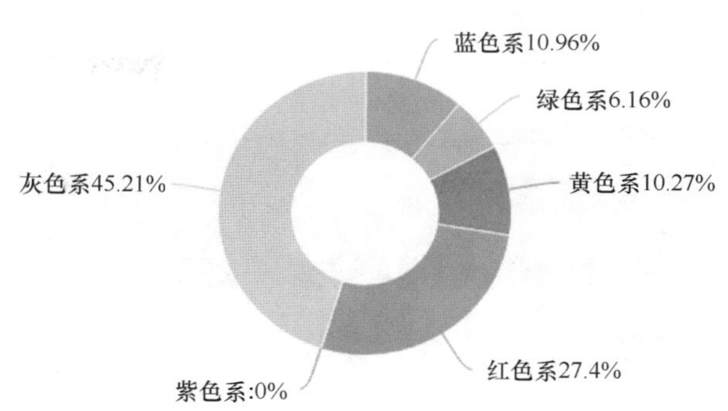

图 3 工业-联想色系图

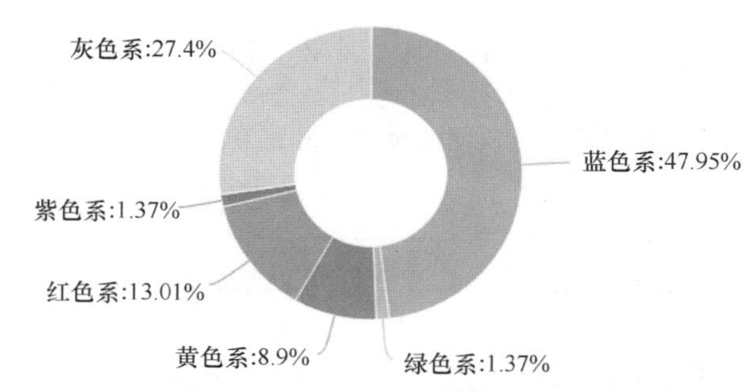

图 4 码头-联想色系图

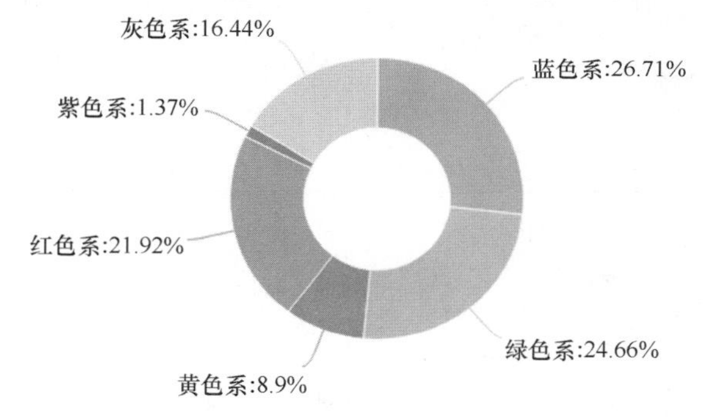

图 5 滨江-联想色系

图 6 色系选择与联想

2.2 工业主题滨水绿地景观的色彩量化分析

选取受访者选择出的在色彩表达方面最具工业感和相对不具有工业感的要素和场景照片，借助 COLOR-CUBE 与 Photoshop 等软件分析照片色彩、绘制色彩蜂巢图及色卡，根据色彩面积确定主体色、辅助色和点缀色，并在 HSB 模型中量化其色相、饱和度、亮度。

（1）植物色彩

选择 8 处在杨浦滨江与徐汇滨江出现频率较高且相互之间配色差别较大的植物群落为取样对象，供受访者选择，照片拍摄以包含该群落所有植物且尽量少的包含其他景观要素为原则。结果发现，受访者选择较多的植物主体色集中在红黄色系，辅助色与主体色的色相相近，色彩搭配较为统一；选择较少的植物的主体色为高饱和度的绿色，辅助色呈现出色相与主体色差别大，饱和度高且点状分布的特点（表 1）。

植物色彩量化分析对比 **表 1**

选择较多	选择较少

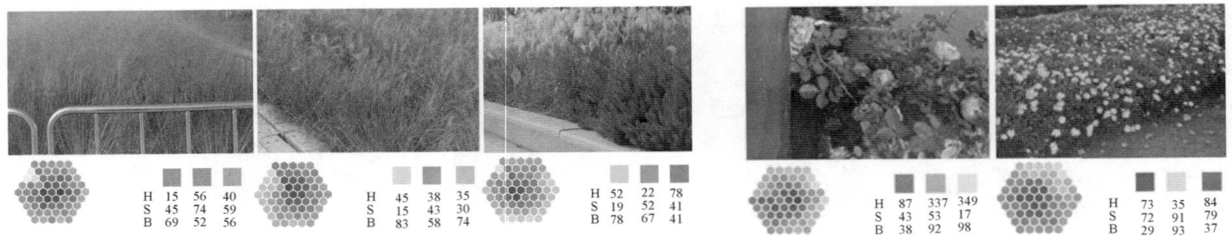

（2）建筑色彩

选择杨浦滨江与徐汇滨江沿岸 8 处相互之间配色差别较大的建筑为取样对象，供受访者选择。结果发现，选择较多的建筑色彩主要是亮度和饱和度在 50%～60%区间的红色系，选择最少的建筑外观为饱和度和亮度较高的蓝色系，推测受访者认为亮蓝色与工业感无关。而两张灰色系的建筑照片呈现出较大的选票差异，可能受建筑区位、形态和材质方面的影响，在此不予考虑（表 2）。

建筑色彩量化分析对比 **表 2**

选择较多	选择较少

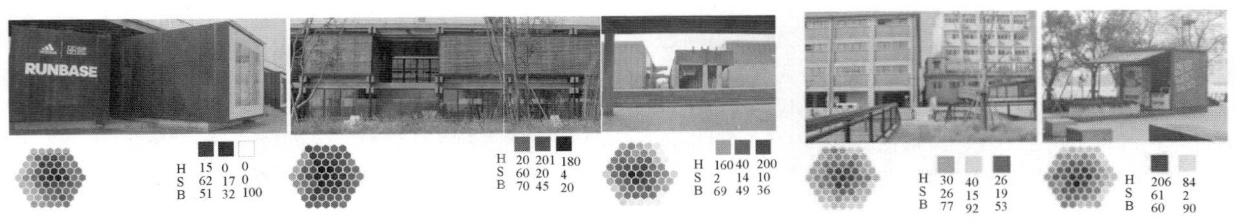

（3）道路铺装色彩

杨浦滨江与徐汇滨江段铺地种类繁多，选择 8 处使用面积较大且相互之间色彩差异较大的铺地为取样对象，供受访者选择。结果发现，选择较多的铺地以灰色系为主，红色系与灰色系搭配也比较能表达工业感，而铺地以饱和度和亮度较高的蓝色白色搭配和红色绿色搭配则被认为缺少工业感，选择较少的红色铺地与选择较多的红色铺地在 HSB 模型中数值相近，但因色彩搭配不同，选票差异较大（表 3）。

道路铺装色彩量化分析对比 **表 3**

选择较多	选择较少

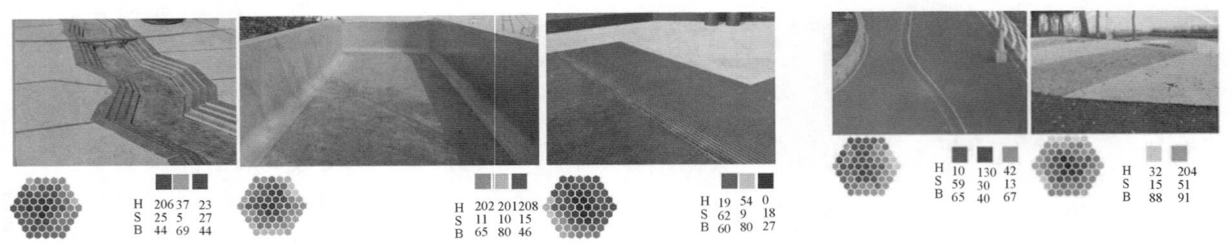

（4）小品与设施色彩

杨浦滨江与徐汇滨江段小品与设施很多，选择 12 处相互之间色彩差异较大且材质、形状相似的小品与设施为取样对象，供受访者选择。在 HSB 模型中，小品与设施的选择差异主要体现在色彩的亮度上，选择较多的小品与设施的亮度较低，反之较高（表 4）。

小品与设施色彩量化分析对比 **表 4**

选择较多	选择较少
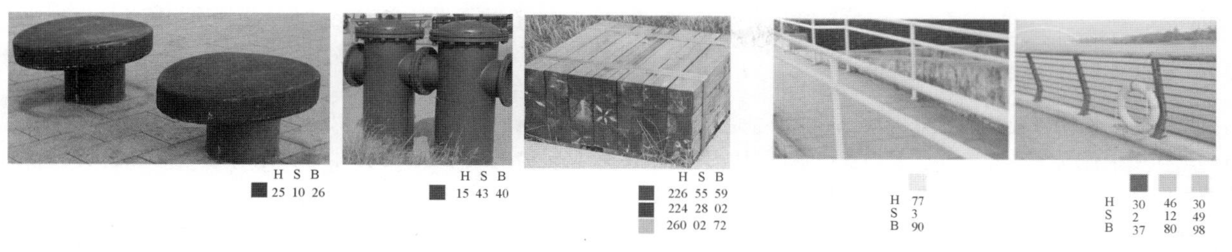	

（5）标志物色彩

杨浦滨江与徐汇滨江绿地中标志物有绿色与橙色的塔吊以及灰色的景观桥，访谈与问卷中发现，受访者认为这三种标志物的色彩表达均能表达工业感，主要采用的色彩特点为饱和度和亮度较高（表 5）。

主要标志物色彩量化分析 **表 5**

标志性景观分析		
 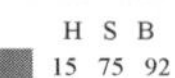		
H S B 15 75 92	H S B 174 6 67	H S B 100 49 56

（6）场景色彩

选取包含工业标志性构筑物的场景 8 处供受访者选择，从 HSB 模型中明显看出，被选择较多的场景照片的主体色、辅助色和点缀色色相均集中分布在红、黄色系区间；主体色与辅助色饱和度偏低在 60%以下，点缀色的饱和度较高，最高可达 80%；主体色与辅助色的亮度偏高，大多在 50%以上，点缀色的亮度区间变化很大，最高达到 98%，最低为 28%（图 7）。

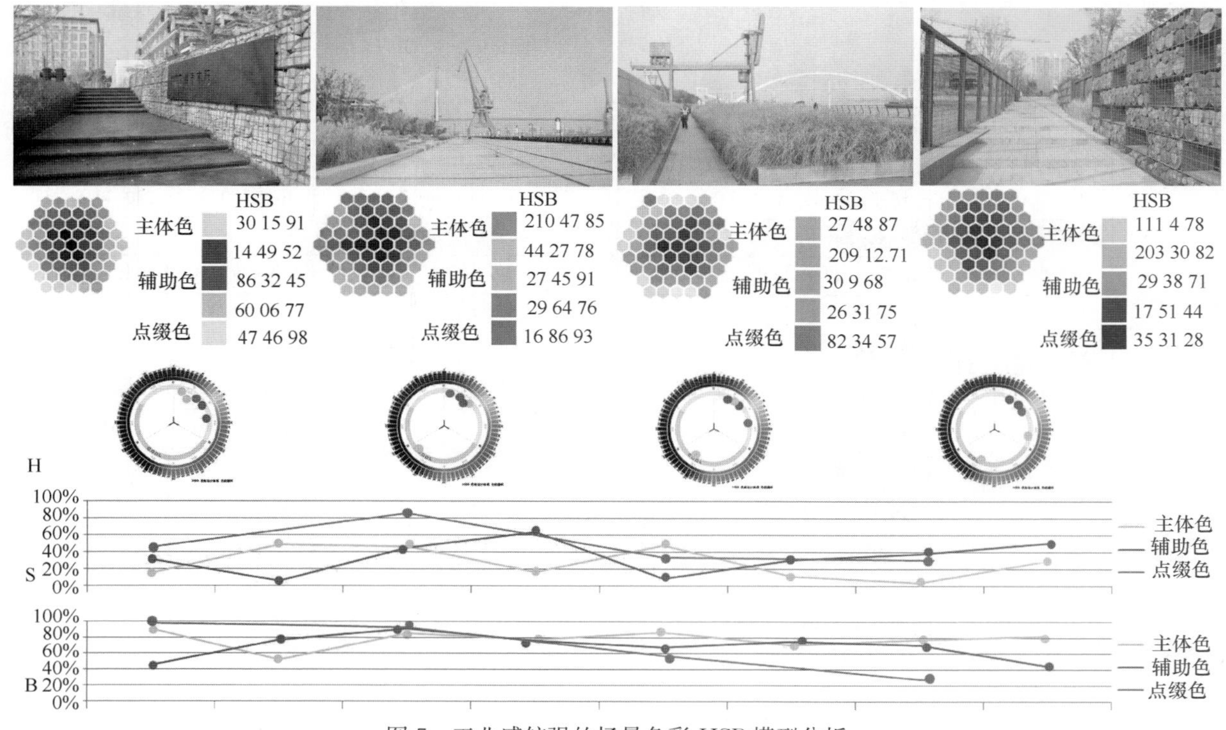

图 7　工业感较强的场景色彩 HSB 模型分析

3 工业主题滨水绿地色彩景观设计方法探讨

3.1 工业主题滨水绿地色系选择

从问卷、访谈以及关联性分析可知，工业主题的表达与色彩存在很强的关联性。红色系、灰色系、蓝色系可以帮助人们建立与工业、码头等意向的联想，有利于工业主题氛围营造。同时问卷结果表明人们认为工业主题滨水绿地中也需要绿色系的使用。这一结论在受访者对各景观要素及场景色彩的选择中可以得到证实。

3.2 工业主题滨水绿地色调控制

（1）主体色

受游客欢迎的场景中主体色数量一般小于3种，主要应用在景墙、铺地上，并且可大面积集中使用以强调色彩的整体性。由于滨水的特殊性，工业主题滨水绿地一般以蓝色为基调，主体色一般饱和度偏低而亮度偏高，以红棕色系为主，整体上处于一个色彩基调的调和状态。

（2）辅助色

从整体而言，工业主题滨水绿地中辅助色一般体现在植物、周边建筑上，所占比例小于主体色。色相选择以灰色系、红橙色系为主，亮度一般偏高，主要运用的色彩搭配方法为主体色类似色调和以及对比色的使用。

（3）点缀色

点缀色主要体现在标志性景观、小品与设施的色彩上，所占比例最小，因此可以有一些高饱和度、高亮度的色彩使用，成为该处的视觉焦点。

3.3 工业主题滨水绿地要素设计

（1）植物

为契合工业主题，植物的色彩大多选择褐色、深黄色和橄榄绿色，比如芦苇等植物，并将其组合搭配打造特色植物群落，与周围铺地、建筑等人工环境相结合，营造工业感。同时应避免月季、雏菊等点状开花且花色鲜艳的植物。在规划设计中还应注重植物的季相搭配，在工业主题下创造四季宜人的景色。

（2）建筑

概括而言，工业主题滨水绿地中建筑色彩以体现地域性特征、工业与自然有机结合为理念，建筑色彩的亮度、饱和度应与周边工业表达需求性以及整体绿地的设计理念调和搭配，但是要减少饱和度和亮度较高的蓝色的使用，实现人类建筑与工业景观、生态环境高度协调统一的目标。

（3）道路铺装

工业主题滨水绿地的道路铺装色彩的主色调可以是不同饱和度的灰色和红棕色相搭配，加以冰蓝色、褐色和茶色为点缀，使得铺装色彩充分体现工业感。同时应与滨江的整体景观相融合，起到连接、过渡、引导的作用。不建议使用亮度饱和度较高的蓝色和白色。

（4）小品与设施

设施作为场地重复出现多次且体量较小的要素，颜色选择要注重整体协调，设施的颜色选择主要为亮度较低的红褐色和灰色等颜色，而小品作为点缀则会选择灰色配合高饱和度低亮度的靛蓝等颜色体现工业感。

（5）标志性景观

标志性景观在场地的作用主要是表达场地和吸引人眼球，因此可以在色彩上采用中高亮度高饱和度的橙色和绿色，搭配或点缀以灰色、红棕色等其他颜色，结合工业主题的吊塔、码头、车轱辘等小品形式进行搭配，体现场地活泼、鲜明的特点。同时应注意不要破坏整体环境的和谐统一。

综合色彩量化分析得到景观要素色彩量化色谱对比图如图8所示。

色彩色析——选择较多组			
植物	H色相（°）	S饱和度（%）	B亮度（%）
	15~25,40~80	15~20,30~60	40~85
建筑	H色相（°）	S饱和度（%）	B亮度（%）
	0~40,160~200	0~20,45~65	20~40,50~80
道路铺装	H色相（°）	S饱和度（%）	B亮度（%）
	15~40,200~210	0~30,60~65	25~45,60~80
小品与设施	H色相（°）	S饱和度（%）	B亮度（%）
	15~25,220~260	0~55	26~40,60~75
标志性景观	H色相（°）	S饱和度（%）	B亮度（%）
	15,174,100	0~30,60~65	55~100

色彩色析——选择较少组			
植物	H色相（°）	S饱和度（%）	B亮度（%）
	35,70~90,330~350	40~55,70~95	30~40,90~100
建筑	H色相（°）	S饱和度（%）	B亮度（%）
	20~40,206	0~30,61	50~60,80~90
道路铺装	H色相（°）	S饱和度（%）	B亮度（%）
	10~45,130,204	10~30,50~60	40,70~100
标志性景观	H色相（°）	S饱和度（%）	B亮度（%）
	30~50,77	0~15,49	37,80~100

图8 景观要素色彩量化色谱分析对比

3.4 工业主题滨水绿地设计原则

工业主题滨水绿地设计遵循的主要原则如下。

(1) 以人为本 立地为据

工业主题滨水绿地无论以何种形式出现，其最终使用者都是人类，工业主题滨水绿地色彩的规划设计在做到表达工业的同时，还应当将游客的感受和心理需求考虑其中。

(2) 工业特征 留忆创新

工业主题滨水绿地在进行色彩规划设计时，颜色作为场地不可缺少的一部分，应力求将场地的工业文化和工业记忆融入色彩规划设计当中，力求引起人们的共鸣和对工业历史的怀念。

(3) 调和对比 和谐统一

工业主题滨水绿地色彩规划设计首先要确定滨水绿地整体的基调色彩，其次注重工业主题滨水绿地各景观要素的色彩对比与色彩调和，最终达到整体色彩的和谐统一。

(4) 场所风貌 景观融合

工业感是工业主题滨水绿地的重要特征，在表达工业的同时，合理增加工业主题滨水绿地的娱乐观赏性和趣味性，结合儿童玩耍空间、老年人疗养空间等功能性空间的色彩要求，使工业与场地色彩有机结合。

4 总结与展望

通过对工业景观、景观色彩、色彩理论基础方面的文献研究，对黄浦江杨浦滨江和徐汇滨江段的实际案例中工业主题突出的要素与场景的色彩特征进行归纳与整理，结合色彩心理学与色彩量化方法，得出工业主题滨水绿地的色系选择、色调控制、各要素色彩设计方法和设计原则，能够给未来中国的后工业景观的发展提供一些新的思路与方向。

资料查阅、理论总结、实地调研、数据分析是得出合理结论的前提。鉴于知识量、时间有限，综合分析能力欠缺，结论不足和不确定因素在所难免，以后还要通过感受分析、风洞试验和软件模拟等技术手段进行色彩的提取与量化，对工业主题滨水绿地的色彩设计进一步深化。

参考文献

[1] 朱怡晨，李振宇．作为共享城市景观的滨水工业遗产改造策略——以苏州河为例[J]．风景园林，2018，25(09)：51-56.

[2] 肖锦．浅析后工业景观设计——中国城市景观中工业区的可持续开垦[J]．艺术与设计(理论)，2018，2(08)：46-48.

[3] 胡燕．后工业景观设计语言研究[D]．北京：北京林业大学，2014.

[4] 陶鹏．色彩在园林景观设计中的应用与实现分析[J]．现代园艺，2018，(19)：120-121.

[5] 段梦．色彩设计在园林景观设计中的应用[J]．居舍，2018，(13)：99.

[6] 杨晶晶，袁彪，徐彬．色彩景观在园林设计中的应用研究[J]．纳税，2018，(11)：255.

[7] 杨青．基于环境心理学的城市景观色彩设计研究[D]．西安：西安建筑科技大学，2018.

[8] 张梦宇，李钢，陈静勇．保护与更新视角下城市色彩规划的探讨——以北京老城历史文化街区为例[J]．北京规划建设，2018，(04)：93-97.

[9] 张楠楠．杭州城市色彩规划与管理探索[J]．规划师，2009，25(01)：48-52.

[10] 李永婕．城市环境色彩规划设计在旧城商业区改造中的应用——以合肥大学城商业街区改造为例[J]．设计艺术研究，2017，7(05)：106-112.

[11] 王美吉．城市湿地公园色彩规划设计研究[D]．泰安：山东农业大学，2016.

[12] 田鑫，李玮奇，张亚玲．地域特色在现代城市色彩规划设计中的传承与发展[J]．美与时代(城市版)，2018，(05)：97-98.

[13] 刘晨．工业设计中的色彩情感导向性研究与实践[J]．戏剧之家，2018，(10)：134.

[14] 袁科．基于PCP模型的城市街道色彩景观评价方法研究[D]．上海：上海应用技术学院，2016.

[15] 张萌．特色滨水城市中色彩识别系统的规划与研究——以天津城市色彩为例[C]//天津市社会科学界联合会．"四个全面"·创新发展·天津机遇——天津市社会科学界第十一届学术年会优秀论文集(中)，2015.

[16] 张洪涛，郭锦涌．体现地域性的城市色彩规划体系构建与实施对策——以菏泽市为例[J]．城市发展研究，2016，23(08)：17-21+32.

[17] 王鑫．历史街区城市街道色彩研究[D]．北京：北方工业大学，2016.

[18] 韩慧英．城市湿地公园色彩景观应用分析[D]．哈尔滨：东北农业大学，2013.

[19] 钟琪．城市湿地公园景观色彩规划设计初探[D]．四川农业大学，2013.

[20] 于晓菲．济南市老城区城市景观色彩设计与分析[D]．济南：山东建筑大学，2013

作者简介

战颖，1996年生，女，汉族，山东人，大学本科，同济大学建筑与城市规划学院，高密度人居环境生态与节能教育部在读硕士研究生。

李佳佳，1996年生，女，汉族，海南人，大学本科，同济大学建筑与城市规划学院在读硕士研究生。

张德顺，1964年生，男，汉族，山东人，博士，同济大学建筑与城市规划学院，高密度人居环境生态与节能教育部重点实验室教授、博士生导师，IUCN SSC委员、中国植物学会理事、中国风景园林学会园林植物与古树名木专业委员会副主任委员。

公共健康视角下的近现代中国风景园林发展演变研究①

Evolution of Modern Chinese Landscape Architecture Based on Health-trend

夏　宇　陈崇贤

摘　要：一直以来风景园林的发展都与人类的健康问题息息相关。本文通过文献梳理的方式总结了公共健康视角下近现代中国风景园林发展演变过程。从不同时代的背景、对于健康的诉求、风景园林主要的发展形式将整个发展过程分为五个阶段，总结每个阶段公共健康视角下风景园林的发展特征。通过对发展演变过程的总结，希望推动以健康为目标的新的设计模式的发展，以应对城市化及老龄化所带来的挑战。

关键词：近现代；风景园林；健康；发展演变

Abstract: Landscape architecture has a long history that closely related to human health. Through literature review, this paper reread the development of Chinese landscape architecture based on the perspective of relationship between human health and landscape. The study results showed that the history is generally divided into five stages according to different historical backgrounds, people's desire for The stages are defined according to the characteristics of the relationship between landscape and health in the history health. Through the study of the evolution process, we hope to promote a new design model with health as the goal to meet the challenges of urbanization and aging.

Keyword: Landscape Architecture; Public Health Landscape; Historical Retrospection

1　引言

风景园林有着悠久的历史，其发展与人类的健康问题息息相关。近现代中国风景园林的发展也同样受到公共健康问题推动。从近代民族复兴"强身强国"到当代城市化所带来的环境与生活方式的改变，不同时代背景下，人们对于健康有着不同的诉求，风景园林也以不同的形式成为了解决公共健康问题的有效途径。

2　基于健康视角的近现代中国风景园林发展演变过程

2.1　清末民初：公园的出现

中国传统人居环境历来重视环境与健康的关系，中国传统园林营造也反映了不同时代背景人们的养生观念，但早期的园林都为皇家或私人所有，服务于少数阶层，即使宋之后出现过"洛下园池不闭门……遍入何尝问主人"的情况"[1]，但这种开放的局面也仅仅出现在少数园林一年中特定的时段，对公众健康的影响相对有限。唐代之后公共游览地的记载也多见于文献之中，包括著名的长安曲江池、杭州西湖，加之众多的寺庙园林，共同承载了人们日常休闲娱乐、宗教祈福活动，提供了暂时摆脱传统礼教束缚，舒缓压抑情绪，抒发情感的场所，对大众健康起到了一定的促进作用。

公园的出现对改善公共健康状况起到了极大的推动作用。公共健康的问题是在工业革命之后，城市化进程日益加剧，大量人口涌入城市，出现各种城市化弊病，人与自然的关系逐渐恶化之后才逐渐凸显。而"城市公园"和"城市开放空间"正是应运而生。"公园"从其民主、开放的内涵而言是纯粹西方的概念[2]。中国最早的"公园"出现在第一次、第二次鸦片战争之间，位于广州十三行的"美国花园""英国花园"[3]。之后在上海、天津、汉口等通商口岸也陆续出现了众多的西式公园，为西方商人和殖民者提供了休闲娱乐的场所。这些租界公园伴随着城市化进程而生，受到西方民主、开放观念和公共健康意识的影响，虽然并不对华人开放，但一定程度上起到了示范效用，与"市肆之盛，民居之稠，与泰西各国等，而街衢之不洁，人畜之秽污，则尤非各国京城可以举"[4]"个人卫生既多忽视，公共卫生更无设施，一遇时疫瞠视莫救"[5]形成鲜明对比，让国人了解了西方的公共卫生建设。

2.2　民国时期：公园与强身强国

20世纪初，中国面临特殊的历史局面，国家危亡之际有识之士开始向西方学习探索救亡图存的道路。舆论将身体健康与国家兴亡联系在一起，公共卫生受到了关注。一些有识之士在亲历西方考察之后，也受西方城市规划和市政管理理念的影响，开始大力倡导城市公园建设。城市公园被称为"都市之肺脏"，有利于改善城市恶劣的卫生状况，如林学家陈植在《都市与公园论》强调："公园为都市生活上之重要设施，公园之于都市也，其重要一似肺之于人，窗之于室然。盖未有人体健全而肺弱者，亦未有居室卫生而无窗者。西人喻公园为都市之肺脏，盖有

① 基金项目：广东省教育厅青年创新人才项目（2017WQNCX010），国家自然科学基金（51808229）资助。

由也。”[6]同时城市公园还是重要的卫生、健康知识宣传平台。一些公园开设“卫生成列所”，张贴卫生广告牌，开展定期的教育宣传活动[7]，对宣传、普及卫生常识起到了重要作用，有助于提高公众的卫生素养和大众健康水平。

舆论还将公园在城市卫生中的重要作用上升到“道德”层面，将“市政改良和社会改造当作一件事看”[7]呼吁其在民族复兴大业中的重要性。梁启超盛赞美国的公园“论市政者，皆言太繁盛之市，若无相当之公园，则于卫生上于道德上皆有大害，吾至纽约而信。一日不到公园，则精神昏浊，理想污下”[8]。1912 年，黄以仁在《东方杂志》上发表文章指出：“匪特于国民卫生与娱乐有益，且于国民教育上，乃至风致上，有弘大影响焉”[9]。

在此背景下，体育活动也上升为提高民众素质，关乎民族存亡的纽带。民国期间，北京、上海、广州等城市新建的大型公园中都有运动场、体育场，增设各类体育活动设施[10]。如虹口公园就是当时上海最著名的运动场，高尔夫球场、足球场、网球场、篮球场、排球场等体育设施齐备。同时政府引入西方体育竞赛的体制在公园中举办大型的体育赛事，极大的促进了体育运动的发展。而民众也利用公园开阔的空间进行多种休闲健身活动，许多传统的体育活动如游泳、溜冰、划船、舞蹈等也在公园中开展了起来。

图 1　近代由明清社稷坛改造的中央公园内的溜冰场
（图片来源：中山公园管理处．中山公园志［M］．中国林业出版社，2002）

图 2　近代由明清社稷坛改造的中央公园内的儿童游乐场
（图片来源：中山公园管理处．中山公园志［M］．中国林业出版社，2002）

近代风景园林的建设，“卫生”是其中重要的推动因素，也是其主要功能。近代公园的建设极大的改善了城市卫生状况，并起到了卫生教化的作用，加之提供了城市中较为开阔的场地，促进了体育活动的开展，对这一时期公共健康改善起到了积极的推动作用。

2.3　建国初期：绿化与公共卫生

新中国成立后，面临着百废俱兴的局面，园林建设在一个特殊的社会、经济和政治背景之下展开，园林绿地的建设以为国民经济恢复服务和为人民生活服务的方针。首先以修整和恢复旧有园林绿地为主，迅速改善城市面貌，为广大民众提供游憩活动的场地。之后为了改变卫生条件差，传染病严重的状况，全国上下开展了声势浩大的“爱国卫生运动”，其主要任务和目的是：“除四害，讲卫生，消灭疾病，振奋精神，移风易俗，改造国家”。全国各地结合市政卫生工程，大力进行城市绿地建设，将城市中环境恶劣，遭受水淹、垃圾场或其他废弃不适宜居住的场地改造为绿地，解决城市卫生疾患的同时赋予了土地新的功能。如北京紫竹院公园选址于城市低洼地，并利用废弃物塑造地形；广州的流花湖公园、东山湖公园、麓湖公园都与城市的防洪排涝的市政建设相结合。这些绿地的建设极大的改善了城市居民居住卫生环境。之后在“绿化祖国”口号的倡导下全国又展开了大规模的绿化运动，目的是消灭荒山荒地，鼓励植树造林。城市中也在居住区、学校、工厂、单位和街道进行大规模绿化，公共绿地面积显著增加，城市面貌改变巨大。而受苏联的影响，城市规划体系中也提出了园林绿地系统规划，使中国造园的视野从花园、公园的范畴进一步扩大到了对较为宏观的绿地系统的认识[11]。

这一阶段，随着国民经济的恢复，国家加大了园林建设方面的投入，“绿化”成为风景园林发展的主题词，城市绿地面积的显著增加，城市卫生状况和面貌得到了较大改善，并在一定程度上满足了人们休闲娱乐和精神文化活动的需求。成为改革开放之前风景园林的一个重要发展时期。

2.4　“文革”期间：破坏与停滞

1966～1976 年“文化大革命”使党和国家遭受了中华人民共和国成立以来最为严重的破坏。风景园林的建设也难以幸免。在“破四旧”口号的影响下，许多公共绿地特别是利用寺庙或古代园林开放而形成的城市公园遭到了极为严重的破坏。一些公园绿地被侵占，成为农作物种植区、工厂和仓库等，全国新建公园数量在 1968 年降到了零。在修正主义的影响下，城市绿地的花卉、苗木被破坏，装饰性的路灯、雕塑全部被砸烂，一些景点被拆除，随处涂写宣传标语。一些风景名胜区也难逃厄运，山林树木被砍伐，土地被占用。“文革”期间全国风景园林建设事业基本处于停滞状态。

2.5　改革开放后：健康设计与城市化

改革开放之后，我国的社会、经济发展迅速，在国民经济高速增长的推动下，中国的城市化呈现快速增长的态势，1978年中国的城市人口比例仅为17.92%，到了2015年城镇人口为54.77%，超过农村常住人口。城市数量和规模也快速扩张，带来了生态环境恶化，城市土地资源短缺等问题。在此背景之下，风景园林行业也开始思考应对和解决措施。受到西方生态主义思潮的影响，“生态”成为关注的焦点，生态学的相关思想被运用到风景园林之中，风景园林作为一种介入的方法，帮助防止生态恶化，恢复生态系统的平衡，改善区域生态的重要途径。1990年代以后，中国陆续出台了全国卫生城市、园林城市、森林城市、生态园林城市、水生态文明城市等建设评选活动。虽然在评选标准有所差异，但对宜居的城市生态构建起到了很好的推动作用。对于大众健康而言，生态设计思想影响下的风景园林研究和实践缓和了城市化所带来的居住环境恶化、空气污染、自然环境匮乏等问题。如相关研究发现城市绿地能有效降低细颗粒物（$PM_{2.5}$）浓度[12]，能够有效的降低噪声[13]，还能够有效调节小气候，起到增湿降温的作用[14]。

另一方面，快速的城市化也带来了生活方式的改变，随着医疗水平的提供和公共卫生的普及，预期寿命增加，导致一些慢性疾病如高血压、高血脂、Ⅱ型糖尿病、肥胖、抑郁等取代传染性疾病，成为威胁人类生存与健康的首要因素。健康模式的转变，推动了从疾病治疗到积极主动预防的转变，人们意识到健康不仅有赖于完善的医疗卫生服务，还需要有利于身心健康的空间环境，健康与环境的问题成为人们关注的焦点。相关学者从生理健康、心理健康、社会健康的不同维度；从康复花园到健康城市的不同尺度；从环境所产生的恢复性作用到环境对人行为模式的影响等方面对环境与健康问题进行了深入的探讨。心理健康方面主要探讨建成环境对人心理健康的影响，城市绿地对缓解精神压力、疲劳和注意力恢复的影响。相关学者通过脑电波、心率、血压及皮肤温度等生理指标，研究外部景观环境对人心理的影响程度和作用方式[15,16]，通过调查问卷调查城市公园缓解人群精神压力的主要影响因子[17]。生理健康主要从建成环境对人群体力活动的促进作用。王兰通过对上海两个公园的研究发现绿地空间的整合度、连接度、绿化覆盖率、绿视率、各类植被的面积和灌木多样性显著影响体力活动的多样性[18]。赵晓龙以微气候为媒介，探讨植被群落微气候调节效应与体力活动强度之间的关系，并探讨寒地城市公园利用园林植物群落调节效应改善微气候以激发寒地城市居民休闲体力活动意愿和增强活动强度[19]。彭慧蕴将行为模式作为中介变量研究公园环境与居民健康恢复的因果关系[20]。社会健康方面主要探讨城市绿地增加社会交往，绿地分布多引起的环境和健康不公平现象。相关学者从数量、质量和可达性等方面对城市公共绿地进行评价，探讨绿地分布于居民健康的空间关联[21]。从社区体育设施的分布探讨健康公平问题[22]。

3 结语与展望

近代中国内忧外患的社会背景下，“公园”成为了一种“强身强国”卫生教化的工具；建国初期，在经济基础有限，政治影响强烈，通过绿化的方式快速的改善了城市的卫生状况，并在一定程度满足了大众休闲活动的需求。未来，中国的公共健康问题仍然面对巨大的挑战，一方面中国的城市化问题带来了城市环境恶化与生活方式的改变，另一方面，中国面临着前所未有的老龄化问题，根据预测到2020年，老年人口将达到2.48亿，老年化水平达到17.17%。2025年，60岁以上人口将达到3亿[23]。环境与健康问题将越来与成为关乎民生的重要问题，2016年中共中央和国务院发布《“健康中国2030”规划纲要》，中国即将进入现代化强国建设阶段，将“把健康放在优先发展的战略地位[24]。推动建设有利于公共健康的城市环境，是风景园林及相关学科需要研究的重要科学问题。未来基于循证方法、多学科交叉的健康设计研究，需要提供一种新的设计模式，以应对城市化、老龄化所带来的挑战。

参考文献

[1] （宋）邵雍．咏洛下园[J]．伊川击壤集[M]．四部丛刊本．

[2] 彭雷霆．娱乐与教化：近代公园的中国变迁[J]．江淮论坛，2007，(04)：184-188.

[3] 彭长歆．中国近代公园之始——广州十三行美国花园和英国花园[J]．中国园林，2014，30(05)：108-114.

[4] 中国京城宜创造公园说．大公报．1905-07-21(2).

[5] 石桂芳．民国北京政府时期北京公园与市民生活研究[D]．长春：吉林大学，2016.

[6] 陈植．都市与公园论[M]．上海：商务印书馆，1930.

[7] 孟洛、宋介译．市政原理与方法[M]．上海：商务印书馆．1926.

[8] 饮冰室主人．新大陆游记[N]．新民丛报(临时增刊)．1904：54.

[9] 黄以仁．公园考[J]．东方杂志(第9卷第2号)，1912：3.

[10] 熊月之．近代上海公园与社会生活[J]．社会科学，2013(05)：129-139.

[11] 王丹．中国现代园林(1949-1978)发展历程纲要性研究[D]．海口：海南大学，2012.

[12] 王雷，赵晓娟，孙玉红，等．初夏时期园林绿地温湿度与细颗粒物($PM_{2.5}$)浓度的关系研究——以北京市玉渊潭公园为例[J]．城市建筑，2018(33)：82-86.

[13] 郑思俊，夏檑，张庆费．城市绿地群落降噪效应研究[J]．上海建设科技，2006，4：33-34.

[14] 周立晨，施文彧，薛文杰，等．上海园林绿地植被结构与温湿度关系浅析[J]．生态学杂志，2005，24(9)：1102-1105.

[15] 刘博新，李树华．基于神经科学研究的康复景观设计探析[J]．中国园林，2012，28(11)：47-51.

[16] 陈筝，翟雪倩，叶诗韵，等．恢复性自然环境对城市居民心智健康影响的荟萃分析及规划启示[J]．国际城市规划，2016，31(04)：16-26+43.

[17] 谭少华，彭慧蕴．袖珍公园缓解人群精神压力的影响因子研究[J]．中国园林，2016，32(08)：65-70.

[18] 王兰，张雅兰，邱明，等．以体力活动多样性为导向的城市绿地空间设计优化策略[J]．中国园林，2019，35(01)：56-61.

[19] 赵晓龙，卞晴，侯韫婧，等．寒地城市公园春季休闲体力活动水平与微气候热舒适关联研究[J]．中国园林，2019，35(04)：80-85.

[20] 彭慧蕴，谭少华．城市公园环境的恢复性效应影响机制研

究——以重庆为例[J]. 中国园林，2018，34(09)：5-9.

[21] 谭冰清，武书帆，苏世亮，等. 城市公共绿地供给与居民健康的空间关联[J]. 城市建筑，2018，(24)：57-61.

[22] 王兰，周楷宸. 健康公平视角下社区体育设施分布绩效评价——以上海市中心城区为例[J]. 西部人居环境学刊，2019，34(02)：1-7.

[23] 中共中央，国务院. 国务院关于加快发展养老服务业的若干意见.[2019-06-06]. http：//www.gov.cn/zwgk/2013-09/13/content_2487704.htm.

[24] 中共中央，国务院."健康中国 2030"规划纲要.[2019-06-06]. http：//www.gov.cn/zhengce/2016-10/25/content_5124174.htm.

作者简介

夏宇，1985 年生，女，汉族，湖北人，博士，华南农业大学，讲师。研究方向：健康景观。电子邮箱：xiayuscau@scau.edu.cn。

陈崇贤，1984 年生，男，汉族，福建人，博士，华南农业大学，副教授。研究方向：健康景观。电子邮箱：597947853@qq.com。

公共交通站点与绿道入口之间步行可达性研究
——以武汉东湖绿道为例

A Study on Walking Accessibility of Greenway Entrances from Public Transport Stations
—The Case of Wuhan East Lake Greenway

张謦文* 周 珂 张亚男 陈星漪

摘 要：在"美丽中国"建设背景下，公共交通与步行作为绿色出行方式得到提倡，绿道建设在全国范围大力推进，因此，做好公共交通站点与绿道入口间有机连接意义重大。本文以武汉东湖绿道为例，从距离、安全性、识别性三个维度出发对公共交通站点与绿道入口之间步行可达性进行研究，并通过SD量表获得使用者对各个入口的步行可达性评分，计算各指标与步行可达性之间灰色关联度，最后根据分析结果有针对性地对二者之间步行可达性提出改进建议。
关键词：步行可达性；公共交通；绿道；灰色关联度；风景园林规划设计

Abstract: Under the background of "Beautiful China", public transport and walking have been encouraged as green traffic modes, and the construction of greenway has been vigorously promoted nationwide. Therefore, it is of vital important to build an organic connection between public transport stations and greenway entrances. Taking Wuhan East Lake Greenway as an Example, the paper studies the walking accessibility from public transport stations to greenway entrances in dimensions of distance, safety and identification, and obtains accessibility scores from users through semantic differential method. The scores are used to make grey relational analysis between indices and walking accessibility. Finally, the paper advices specifically on the improvement of walking accessibility according to the result.
Keyword: Walking Accessibility; Public Transport; Greenway; Grey Relational Analysis; Landscape Planning and Design

1 引言

1.1 研究背景

党的十八大提出了建设"美丽中国"的新要求，绿道作为景观与交通功能的绿色空间载体，其兴起无疑是"美丽中国"建设的重要推动力；公共交通具有集约高效、节能环保等优点，其建设与完善亦是"美丽中国"建设进程中的重要一环；而步行这一慢行交通方式低碳环保、绿色健康且灵活性强，不失为二者之间接驳的绝佳选择。

1.2 研究目的与意义

虽然已有研究指出绿道规划设计与公共交通系统的配合关系，但通过实地调查发现，公共交通站点通往绿道的"步行最后一公里"尚存问题。故本文针对公共交通站点与绿道入口之间步行可达性进行实例研究，以期系统地展现现状问题并提出科学合理的改进建议，从而提高绿道建设的生态效益和社会效益，继而从细微之处推动"美丽中国"的大局建设。

1.3 相关研究进展概述

1.3.1 绿道可达性研究进展

可达性（accessibility）即利用一种特定的交通系统从某一给定区位到达活动地点的便利程度[1]。通过中国知网检索发现，截至2019年3月底，与绿道可达性相关的研究仅为6篇。其中，苏晓燕研究的重点是通过慢行绿道到达古村落的可达性[2]，芦迪等、刘婧等的关注点则集中在绿道可达性与使用者活动的关联[3-5]，李谡采用CVM评价法对绿道主观可达性进行了分析研究，并辅以最小邻近距离法对绿道客观可达性进行计算，但其主要关注点为绿道内部环境，对于到达绿道之前的道路微观环境有所忽视[6]，都成林则侧重于可达性优化策略，对于绿道可达性本身研究有所缺乏[7]。

1.3.2 步行可达性研究进展

知网检索发现，步行可达性的已有研究主要为宏观层面上基于GIS的可达性计算[8,9]与中观层面上空间阻隔[10]与建成环境[11]的可达性研究，对微观层面——即人在步行过程中所感知到的具体道路环境的关注略有不足。

1.3.3 可步行性研究进展

相较已有可达性研究，可步行性的视角更为微观，对人行道路具体环境如安全性、识别性等关注较多，但其研究对象常为社区、街区乃至城市等面域范围内的步行环境[12-16]，对于具有特定出发点与目的地的带状步行环境研究较少。

2 研究内容

2.1 研究范围

2.1.1 武汉东湖绿道

本文以武汉东湖绿道为例展开研究。武汉东湖绿道是首个入选的“改善中国城市公共空间示范项目”，在2016年第三次联合国住房和城市可持续发展大会上进行了展示和推广，在全国各地绿道建设中占有代表性的地位[17]。因此，将其选取为对象进行研究所得结论将更加具有参考价值，可更好为其他城市提供示范。武汉东湖绿道位于武汉市东湖风景区内，由多个主题绿道组成，串联起东湖磨山、听涛、落雁、渔光、喻家湖等五大景区，其类型包括生态保护型、观光风景型和休闲游憩型，主要目的是建立良好的城市生态环境与绿化景观，凸显武汉市的自然山水和地域特色[18]。东湖绿道正式入口门户共计9处，分别为：白马洲头、湖光序曲、梨园广场、一棵树、梅园踏雪、西门驿站、南门驿站、太渔栖霞、落霞归雁，其分布如图1所示。

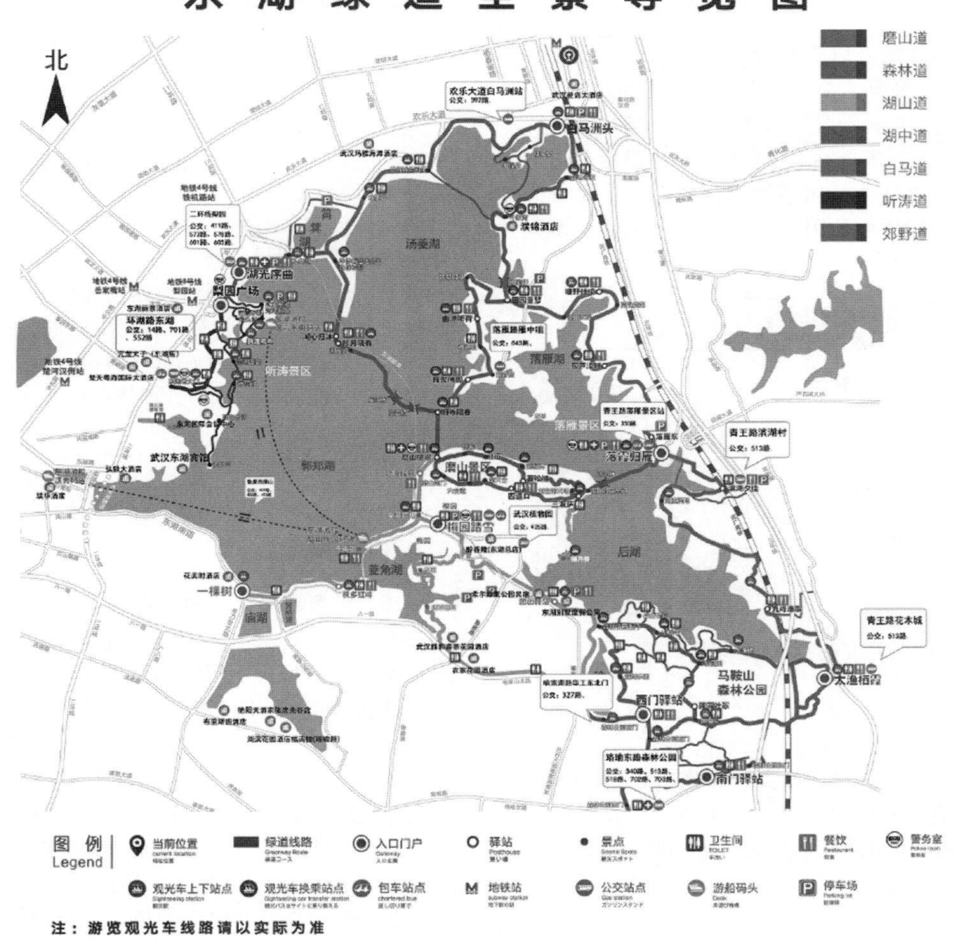

图1 东湖绿道入口分布图
（图片来源：东湖绿道微信公众号）

2.1.2 公共交通站点选取

相关研究表明，950m是居民日常出行的极限步行距离[19]，因此将距离各绿道入口步行线路长度小于950m的公共交通站点纳入研究范围，研究其与绿道入口之间步行可达性。

在步行线路的选取上，高德地图具有完备的信息搜索和路线规划导航功能，能够为使用者提供更便捷和优化的步行路线，在如今手机导航风靡一时的背景下，成为众多出行者的选择。故本文以高德地图导航路线为基础，结合人工实地校对与勘误，确定最终步行线路（表1）。

研究范围内公共交通站点至绿道入口步行线路　　表 1

绿道入口	白马洲头	湖光序曲	梨园广场	一棵树	梅园踏雪	西门驿站	南门驿站	太渔栖霞	落霞归雁
公共交通站点数量	2	2	6	3	1	1	7	2	2
路线示意图	(a)	(b)	(c)	(d)	(e)	(f)	(g)	(h)	(i)

注：●绿道主入口；◎有效距离车站；◎无效距离车站；——高德步行路线。

2.2　研究方法

2.2.1　指标选取

鉴于现有可达性研究以宏观视角为主、对微观层面关注较少这一特点，本研究立足"人"这一使用主体，纳入可步行性的相关理论，结合现场踏勘，并与使用者进行访谈，最终选定距离、安全性、识别性 3 个方面对公共交通站点与绿道入口之间步行可达性进行研究，具体指标选取如下，对于指标选取的因由与计算方法在后续相应小节中分别说明（图 2）：

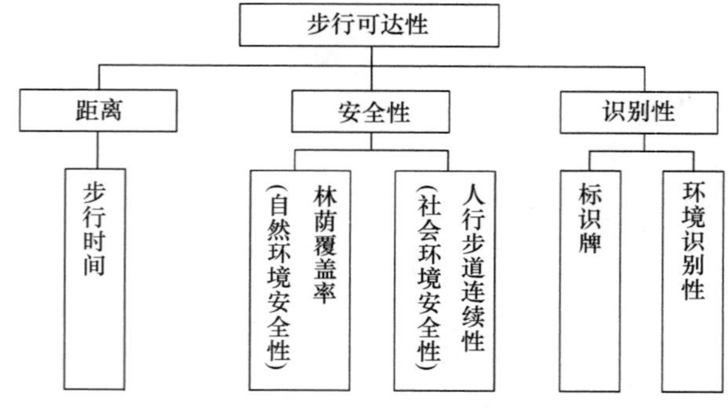

图 2　研究指标选取框架

2.2.2　实地调研

根据上述指标对公共交通站点与绿道入口之间步行环境进行实地调查，采取图片与文字相结合的方式记录调查结果，而后将其量化并汇总成表，进而对 9 个入口的各个指标进行比较分析。

2.2.3　语义差别量表

语义差别（semantic differential，以下简称 SD）量表是由 C. E. Osgood 于 1957 年提出的一种心理测定方法，通过语言尺度将受访者的心理感受量化[20]。本研究将可达性分为如下 5 个等级（图 2～图 3），采取实地与网络相结合的方式发放量表，以期获得使用者对于公共交通站点与绿道入口之间步行可达性的整体评分。

2.2.4　灰色关联度计算

灰色关联度（grey relational analysis，以下简称 GRA）是一种多因素统计分析方法，它根据各因素发展态势的相近或相异程度来衡量因素间的关联程度[21,22]。本研究通过对各指标调研数据与步行可达性整体评分之间的灰色关联度进行计算，根据关联程度的高低，依次且有针对性地对公共交通站点与绿道入口之间步行环境提出建议，从而确保建议的合理性与有效性。

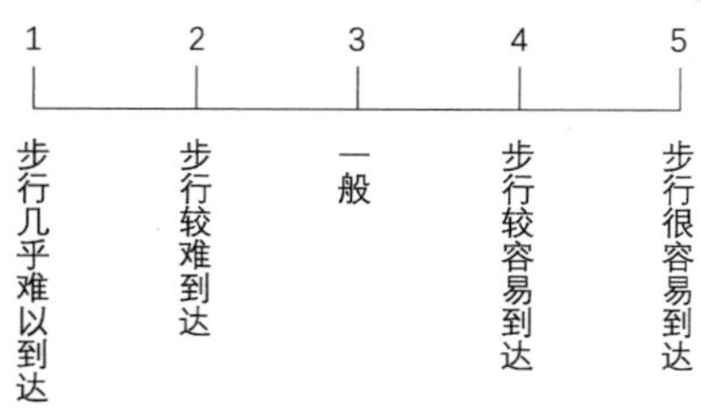

图 3　SD 量表评定尺度划分

3　研究结果与分析

3.1　步行时间

步行距离越短则可达性越高。本文采取步行所需时间作为衡量公共交通站点至绿道入口步行距离的指标，从而综合考虑步行空间距离及坡度、过街阻碍因素等对可达性的影响。其计算公式为：

$$T=(l_1+l_2)/v+t$$

式中，T 为步行时间；l_1 为路线中平直路段长度；l_2 为通过地图测量的坡道投影长度与坡度计算得出的坡道长度；v 为行人平均步行速度，根据相关研究，取 $v=61.01\text{m/min}$[23]；t 为实地测量得到的过街红绿灯等候时间。各交通站点至其对应绿道入口步行时间及其算术平均值的计算结果如表 2、图 4 所示。

步行时间计算表　　表 2

绿道入口	公共交通站点	步行时间 (min)	平均值 (min)
白马洲头	A 和谐路杨春湖路	15.40	12.50
	B 落雁路东湖绿道	9.60	
湖光序曲	A 二环线梨园	7.50	6.85
	B 梨园广场	6.20	

续表

绿道入口	公共交通站点	步行时间（min）	平均值（min）
湖光序曲	A 二环线梨园	9.20	
	B 梨园广场	3.40	
梨园广场	C 徐东大街地铁梨园站	9.60	9.74
	D 东湖路知音传媒	12.00	
	E 东湖路湖北日报	14.50	
一棵树	A 东湖村一棵树	0.90	6.40
	B 卓刀泉北路风光村	4.10	
	C 八一路东湖村	14.20	
梅园踏雪	A 鲁磨路磨山	8.70	8.70
西门驿站	A 喻家湖路喻家山北路	10.20	10.20
南门驿站	A 珞喻东路长山	11.50	11.26
	B 珞喻东路油篓口	4.40	
	C 珞喻东路森林公园	10.00	
	D 秦云路光谷创业街	12.30	
	E 光谷创业街秦云路	15.90	
	F 光谷一路珞喻东路	9.30	
	G 光谷创业街大秦村	15.40	
太渔栖霞	A 青王路东湖花木城	4.40	8.85
	B 青王路石门峰桥	13.30	
落霞归雁	A 青王路落雁景区	12.70	7.25
	B 东湖落雁景区南门	1.80	

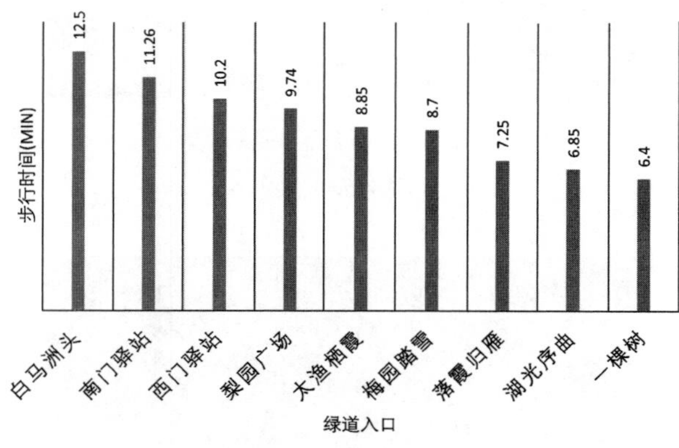

图 4　步行时间直方图

其中，前往梅园踏雪、落霞归雁、湖光序曲、一棵树入口所需步行时间较短，而前往白马洲头、南门驿站所需步行时间较长。

3.2　安全性

步行安全性是步行者在行进过程中对所处环境的安全感受，影响步行安全性的环境可分为自然与社会两个方面：自然环境安全性包含行道荫蔽、清新空气等；社会环境安全性包含交通安全、违法犯罪等[24]。

3.2.1　林荫覆盖率

武汉市位于亚热带季风气候区，夏季高温炎热，故采取林荫覆盖率这一指标衡量步行路线的自然环境安全性，林荫覆盖率越高，则可达性越强。此处计算林荫路段长度与步行路线总长度的比值作为林荫覆盖率，其过程及结果如表 3、图 5 所示。

林荫覆盖率计算表　　**表 3**

绿道入口	公共交通站点	林荫覆盖率	平均值
白马洲头	A 和谐路杨春湖路	706m/778m=0.91	0.90
	B 落雁路东湖绿道	483m/544m=0.89	
湖光序曲	A 二环线梨园	438m/460m=0.95	0.91
	B 梨园广场	326m/381m=0.86	
梨园广场	A 二环线梨园	477m/562m=0.85	0.75
	B 梨园广场	83m/206m=0.40	
	C 徐东大街地铁梨园站	427m/525m=0.81	
	D 东湖路知音传媒	603m/73m0=0.82	
	E 东湖路湖北日报	757m/884m=0.87	
一棵树	A 东湖村一棵树	11m/56m=0.18	0.32
	B 卓刀泉北路风光村	48m/248m=0.19	
	C 八一路东湖村	506m/867m=0.58	
梅园踏雪	A 鲁磨路磨山	480m/488m=0.98	0.98
西门驿站	A 喻家湖路喻家山北路	777m/921m=0.84	0.84
南门驿站	A 珞喻东路长山	452m/640m=0.71	0.66
	B 珞喻东路油篓口	108m/210m=0.51	
	C 珞喻东路森林公园	550m/790m=0.70	
	D 秦云路光谷创业街	463m/690m=0.67	
	E 光谷创业街秦云路	659m/910m=0.72	
	F 光谷一路珞喻东路	304m/510m=0.60	
	G 光谷创业街大秦村	617m/880m=0.70	
太渔栖霞	A 青王路东湖花木城	55m/205m=0.27	0.54
	B 青王路石门峰桥	753m/609m=0.81	
落霞归雁	A 青王路落雁景区	563m/705m=0.80	0.57
	B 东湖落雁景区南门	13m/40m=0.33	

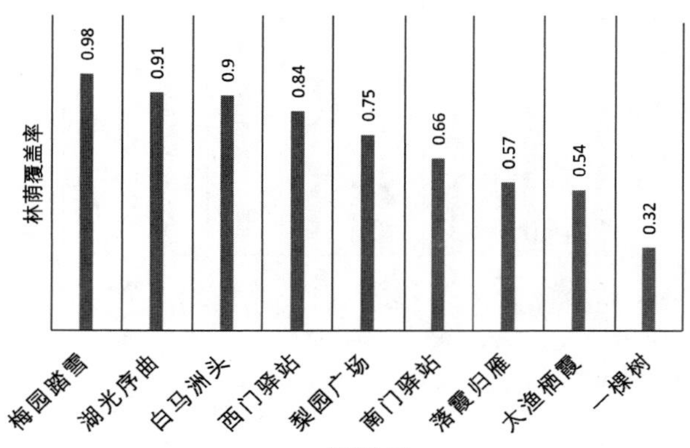

图 5　林荫覆盖率直方图

其中，大部分入口步行路线具有较好的遮荫，林荫平均覆盖率在0.75以上；而南门驿站、落霞归雁、太渔栖霞、一棵树入口林荫覆盖率较低。

3.2.2 人行步道连续性

本文选取人行步道连续性衡量步行路线社会环境安全性，人行步道连续性越高则可达性越强。此处计算人行步道长度与总线路长度比值，并以各绿道入口为单位，分别计算比值的算术平均值，以该结果反映各绿道入口的人行步道连续性。计算过程及结果如表4、图6所示。

人行步道连续性计算表　　表4

绿道入口	公共交通站点	人行步道长度与总线路长度比值	平均值
白马洲头	A 和谐路杨春湖路	791m/898m=0.88	0.91
	B 落雁路东湖绿道	510m/544m=0.94	
湖光序曲	A 二环线梨园	373m/460m=0.81	0.91
	B 梨园广场	381m/381m=1.00	
梨园广场	A 二环线梨园	545m/562m=0.97	0.98
	B 梨园广场	206m/206m=1.00	
	C 徐东大街地铁梨园站	525m/525m=1.00	
	D 东湖路湖北日报	824m/844m=0.98	
	E 东湖路知音传媒	710m/730m=0.97	
一棵树	A 东湖路一棵树	56m/56m=1.00	0.80
	B 卓刀泉北路风光村	216m/248m=0.87	
	C 八一路东湖村	467m/867m=0.54	
梅园踏雪	A 鲁磨路磨山	446m/488m=0.91	0.91
西门驿站	A 喻家湖路喻家山北路	901m/921m=0.97	0.97
南门驿站	A 珞喻东路长山	606m/640m=0.95	0.92
	B 珞喻东路油篓口	210m/210m=1.00	
	C 珞喻东路森林公园	716m/790m=0.91	
	D 秦云路光谷创业街	628m/690m=0.91	
	E 光谷创业街秦云路	818m/910m=0.90	
	F 光谷一路珞喻东路	441m/510m=0.86	
	G 光谷创业街大秦村	780m/880m=0.89	
太渔栖霞	A 青王路东湖花木城	0m/205m=0.00	0.35
	B 青王路石门峰桥	528m/753m=0.70	
落霞归雁	A 青王路落雁景区	31m/705m=0.04	0.02
	B 东湖落雁景区南门	0m/40m=0.00	

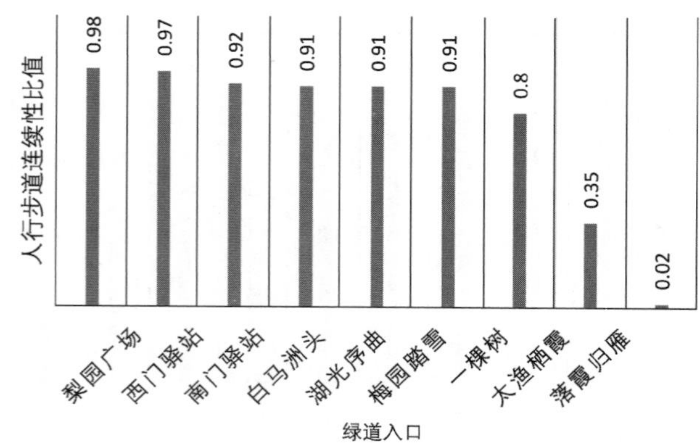

图6　人行步道与总线路长度比值直方图

其中，造成人行步道中断的因素主要有5类，分别为：未设置人行步道（图7）、途径交通路口（图8）、车辆停放（图9）、施工阻隔（图10）与人行步道铺装损坏（图11）。

图7　未设置人行步道
（摄于落霞归雁路段）

图8　途径交通路口
（摄于白马洲头路段）

图9　车辆停放
（摄于一棵树路段）

图 10　施工阻隔
（摄于白马洲头路段）

图 11　铺装损坏
（摄于白马洲头路段）

在九个绿道入口中，大部分入口人行步道连续性较好，比值为 0.8～0.98，而太渔栖霞及落霞归雁入口人行步道连续性较差。

3.3　识别性

通过实地调研发现，各交通站点至绿道入口步行线路的识别主要依赖于两个方面：标识牌与环境识别。标识牌提供了步行目的地位置和方向的指示，环境识别则通过步行环境及沿途景观与目的地内部环境的相似性来实现。

3.3.1　标识牌

具有标识牌的路段可达性往往较强。本文选取明确标注东湖绿道入口相关信息的标识牌作为统计对象，计算标识牌的设置密度（即各公共交通站点至对应绿道入口的步行线路中，标识牌数量与该步行线路长度的比值），并以各绿道入口为单位，分别计算算术平均值，并以该结果反映各绿道入口的步行线路标识牌密度。计算过程及结果如下（表 5、图 12）：

标识牌密度计算表　　表 5

绿道入口	公共交通站点	标识密度	平均值
白马洲头	A 和谐路杨春湖路	1/0.778=1.29	1.48
	B 落雁路东湖绿道	1/0.544=1.84	
湖光序曲	A 二环线梨园	4/0.460=8.70	6.98
	B 梨园广场	2/0.381=5.25	
梨园广场	A 二环线梨园	5/0.562=8.90	7.72
	B 梨园广场	1/0.206=4.85	
	C 徐东大街地铁梨园站	5/0.525=9.52	
	D 东湖路湖北日报	6/0.844=7.11	
	E 东湖路知音传媒	6/0.730=8.22	
一棵树	A 东湖路一棵树	2/0.056=35.71	15.36
	B 卓刀泉北路风光村	2/0.248=8.06	
	C 八一路东湖村	2/0.867=2.31	
梅园踏雪	A 鲁磨路磨山	4/0.488=8.20	8.20
西门驿站	A 喻家湖路喻家山北路	4/0.921=4.34	4.34
南门驿站	A 珞喻东路长山	1/0.640=1.56	2.26
	B 珞喻东路油篓口	1/0.210=4.76	
	C 珞喻东路森林公园	1/0.790=1.27	
	D 秦云路光谷创业街	2/0.690=2.90	
	E 光谷创业街秦云路	2/0.910=2.20	
	F 光谷一路珞喻东路	1/0.510=1.96	
	G 光谷创业街大秦村	1/0.880=1.14	
太渔栖霞	A 青王路东湖花木城	4/0.205=19.51	12.41
	B 青王路石门峰桥	4/0.753=5.31	
落霞归雁	A 青王路落雁景区	7/0.705=9.93	29.97
	B 东湖落雁景区南门	2/0.040=50.00	

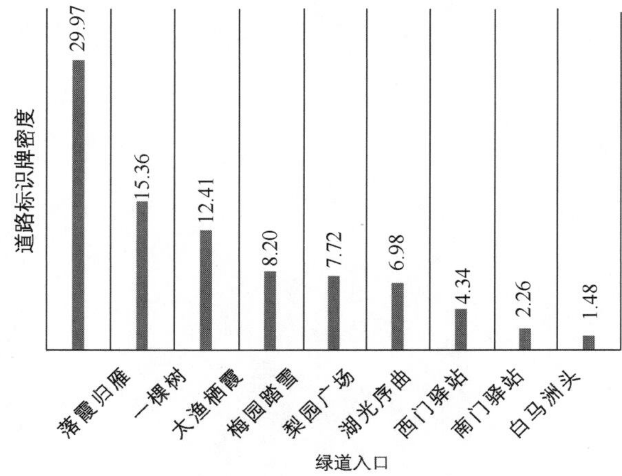

图 12　标识牌密度直方图

所得数据显示，各入口步行路线均具有一个及以上的标识牌，但其密度分布相差较大。其中，落霞归雁、一棵树、太渔栖霞、梅园踏雪、梨园广场、湖光序曲入口步行路线标识牌密度较大，而西门驿站、南门驿站、白马洲头入口步行路线标识牌密度较小。

3.3.2 环境识别性

对本研究而言，若某一路段周边环境可以轻易识别为绿道或绿道贯穿的景区（如东湖、森林公园等），则该路段称为具有环境识别性的路段；反之则称该路段不具有环境识别性。环境更易识别的路线对于使用者更具有可达性。各入口路线识别性举例如图 13～图 21 所示：

(*a*)

(*b*)

图 13　白马洲头

（*a*）不可识别路段；（*b*）可识别路段

(*a*)

(*b*)

图 14　湖光序曲

（*a*）不可识别路段；（*b*）可识别路段

(*a*)

(*b*)

图 15　梨园广场

（*a*）不可识别路段；（*b*）可识别路段

(*a*)

(*b*)

图 16　一棵树

（*a*）不可识别路段；（*b*）可识别路段

(*a*)

(*b*)

图 17　梅园踏雪

（*a*）不可识别路段；（*b*）可识别路段

(*a*)

(*b*)

图 18　西门驿站

（*a*）不可识别路段；（*b*）可识别路段

(*a*)　　　　　　　　(*b*)

图 19　南门驿站

（*a*）不可识别路段；（*b*）可识别路段

(*a*)　　　　　　　　(*b*)

图 20　太渔栖霞

（*a*）不可识别路段；（*b*）可识别路段

(*a*)　　　　　　　　(*b*)

图 21　落霞归雁

（*a*）不可识别路段；（*b*）可识别路段

本文对路线中具有环境识别性路段长度与步行路线总长度的比值进行计算，比值越大则该路线环境可识别性越好，计算过程及结果如下（表 6、图 22）：

环境识别性计算表　　表 6

绿道入口	公共交通站点	比值	平均值
白马洲头	A 和谐路杨春湖路	208m/778m＝0.27	0.51
	B 落雁路东湖绿道	402m/544m＝0.74	
湖光序曲	A 二环线梨园	306m/460m＝0.67	0.84
	B 梨园广场	381m/381m＝1.00	
梨园广场	A 二环线梨园	376m/562m＝0.67	0.57
	B 梨园广场	206m/206m＝1.00	
	C 徐东大街地铁梨园站	175m/525m＝0.33	
	D 东湖路湖北日报	345m/844m＝0.41	
	E 东湖路知音传媒	312m/730m＝0.43	
一棵树	A 东湖路一棵树	56m/56m＝1.00	0.85
	B 卓刀泉北路风光村	248m/248m＝1.00	
	C 八一路东湖村	479m/867m＝0.55	
梅园踏雪	A 鲁磨路磨山	344m/488m＝0.70	0.70
西门驿站	A 喻家湖路喻家山北路	672m/921m＝0.73	0.73
南门驿站	A 珞喻东路长山	167m/640m＝0.26	0.42
	B 珞喻东路油篓口	210m/210m＝1.00	
	C 珞喻东路森林公园	293m/790m＝0.37	
	D 秦云路光谷创业街	216m/690m＝0.31	
	E 光谷创业街秦云路	120m/910m＝0.13	
	F 光谷一路珞喻东路	295m/510m＝0.58	
	G 光谷创业街大秦村	243m/880m＝0.28	
太渔栖霞	A 青王路东湖花木城	76m/203m＝0.37	0.25
	B 青王路石门峰桥	92m/753m＝0.12	
落霞归雁	A 青王路落雁景区	37m/705m0.05	0.53
	B 东湖落雁景区南门	40/40m＝1.00	

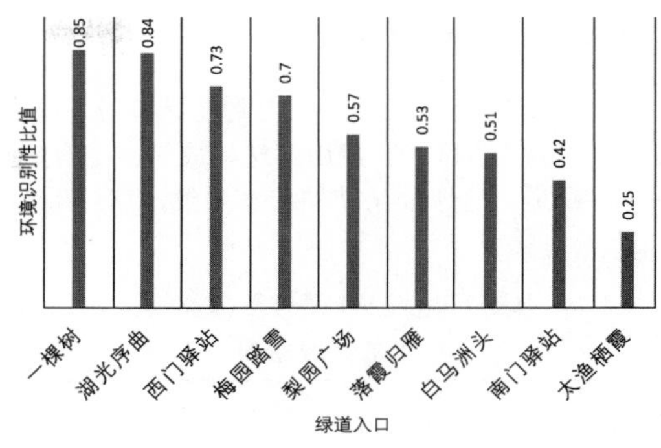

图 22　环境识别性直方图

在 9 个入口中，湖光序曲、梨园广场、一棵树、梅园踏雪、西门驿站入口的步行路线环境识别性较好，而白马洲头、南门驿站、太渔栖霞、落霞归雁入口环境识别性较差。

3.4　综合比较

对公共交通站点到东湖绿道各入口指标进行均值归一化计算后（其中，因步行时间与可达性呈负相关，故取其倒数参与计算），其雷达分布如图 23 所示。从中可以看到，在整体上湖光序曲、梨园广场、一棵树、梅园踏雪入口在距离、安全性、识别性方面表现较好，在 9 个入口中具有较好的步行可达性。白马洲头、落霞归雁、太渔栖霞、西门驿站、南门驿站入口则具有相对较差的步行可达性，具体体现为步行距离较长、林荫覆盖不足、人行道不连续、识别度不高等问题。同时，步行所需时间过长与标识牌的密度过低是多数入口存在的问题，亟需得到关注和解决。

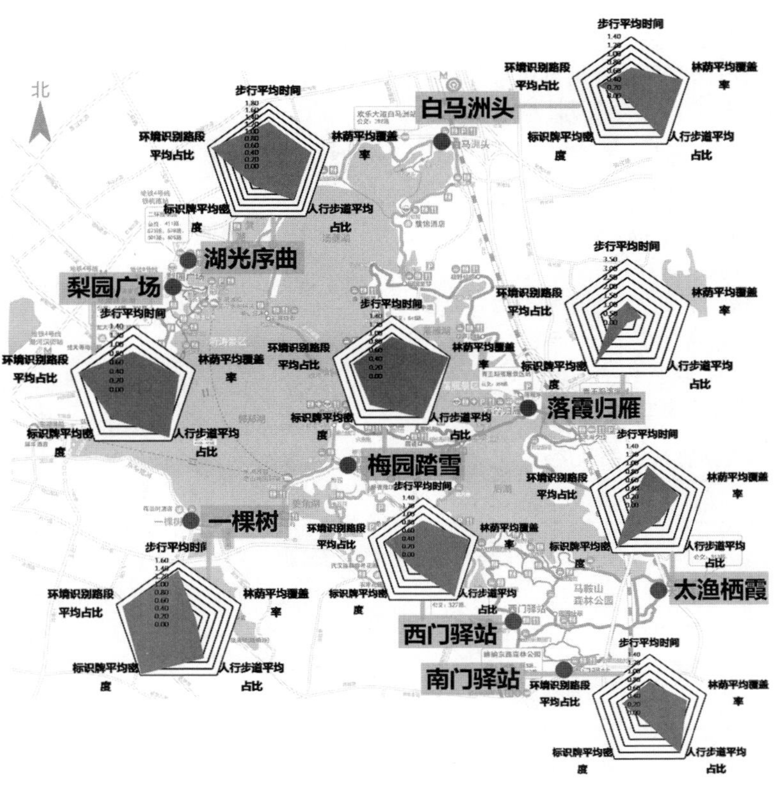

图 23　各绿道入口研究指标雷达分布图（图片来源：改绘自本文图 1）

3.5 使用者可达性评分

本研究共发放公共交通站点与绿道入口之间步行可达性评价 SD 量表 525 份，经由筛选，最终确定有效量表 483 份，各绿道入口评分及其加权平均数计算结果如表 7 所示。

步行可达性 SD 评分及其加权平均数计算结果　　表 7

绿道入口	有效 SD 量表数量	平均得分
白马洲头	42	3.36
湖光序曲	42	3.79
梨园广场	105	3.63
一棵树	42	3.36
梅园踏雪	78	3.46
西门驿站	30	2.80
南门驿站	36	3.83
太渔栖霞	39	2.92
落霞归雁	69	2.70
合计	483	3.34

3.6 GRA 计算

本文将步行可达性平均得分作为 GRA 计算的母序列（参考序列），步行时间、林荫覆盖率、人行步道连续性、标识牌、环境识别性作为子序列（比较序列），其具体数值如表 8 所示。

各绿道入口步行可达性 SD 评分与各指标计算结果　　表 8

绿道入口		白马洲头	湖光序曲	梨园广场	一棵树	梅园踏雪	西门驿站	南门驿站	太渔栖霞	落霞归雁
步行可达性 SD 得分		3.36	3.79	3.63	3.36	3.46	2.80	3.83	2.92	2.70
距离	步行平均时间倒数（1/min）	0.08	0.15	0.10	0.16	0.11	0.10	0.09	0.11	0.14
安全性	林荫平均覆盖率	0.90	0.91	0.75	0.32	0.98	0.84	0.66	0.54	0.57
	人行步道平均占比	0.91	0.91	0.98	0.80	0.91	0.97	0.92	0.35	0.02
识别性	标识牌平均密度（个/km）	1.48	6.98	7.72	15.36	8.20	4.34	2.26	12.41	29.97
	环境识别路段平均占比	0.46	1.00	0.73	0.85	0.54	0.58	0.40	0.21	0.53

首先以均值化的方式对数据进行归一化（normalization）处理（其中，因步行时间与可达性呈负相关，故取其倒数参与计算），继而通过如下公式进行计算灰色关联系数计算：

$$\zeta_i(k)=\frac{\min_i\min_k|x_0(k)-x_i(k)|+\rho\cdot\max_i\max_k|x_0(k)-x_i(k)|}{|x_0(k)-x_i(k)|+\rho\cdot\max_i\max_k|x_0(k)-x_i(k)|}$$

式中，x_0（k）为母序列；x_i（k）为子序列；ρ 为分辨系数（$\rho\in$（0，1）；本文取常用值 $\rho=0.5$ 进行计算）。之后分别计算各子序列灰色关联系数平均值，计算结果为各子序列与母序列的关联度（表 9）。

各指标与步行可达性灰色关联度　　表 9

影响指标		灰色关联度
距离	步行时间	0.85
安全性	林荫覆盖率	0.85
	人行步道连续性	0.83
识别性	标识牌	0.67
	环境识别性	0.81

由计算结果可知，各指标与公共交通站点至绿道入口之间步行可达性的关联程度由高至低排序为：步行时间≈林荫覆盖率＞人行步道连续性＞环境识别性＞标识牌。

4 改进建议

4.1 步行时间和林荫覆盖率

在步行时间方面，可通过减少步行距离与途径交通路口数量来增强步行可达性。对此，改进思路大致分为两类：

（1）以绿道入口为基准，就近设置公共交通站点。

（2）以公共交通站点为基准，就近设置绿道入口。

鉴于公共交通站点所承担的社会功能更为综合，其选址受多方因素影响，故思路（1）的改进空间略有不足。思路（2）中“绿道入口”则更为灵活，因“绿道”本兼具景观与通行功能，而进入绿道之处皆可作为“入口”，故可通过加强公共交通站点至绿道入口之间步行环境的建设，将“绿道入口”延续至公共交通站点，而提高路段林荫覆盖率恰恰是步行环境建设的重要举措（图 24）。

4.2 人行步道连续性

连续的人行步道是步行可达性的基本保障，更是绿道接驳建设的必然要求，故应完善人行步道的铺设并及

图 24　林荫覆盖

图 26　铺装样式

图 25　限制停车措施

图 27　绿化带样式

时更换破损铺装，同时采取措施限制机动车与非机动车的停放（图 25）。此外，对于施工路段也应做好步行保障，如提醒使用者换行他路、搭建临时步行设施等。大型交通路口处则应完善过街天桥与地下通道的设置。

4.3　步行线路识别性

根据计算结果，相较标识牌的设置，环境识别对于步行可达性的影响更为显著，故可在该方面加强建设。虽然步行线路周边环境大局已定，但线路本身仍有改进余地，如参考绿道的设计适当改变道路铺装（图 26）、绿化带样式（图 27）等等，从而增强其环境识别性。

5　结语

本文基于微观层面，从距离、安全性、识别性三个维度选取指标对公共交通站点至绿道入口之间步行可达性进行实例研究，较为详尽地展现其建设现状，并通过 SD 量表与灰色关联度计算，依次从步行时间和林荫覆盖率、人行步道连续性及步行线路识别性方面提出完善步行环境建设、将“绿道入口”延续至交通站点的建议，以期提高绿道可达性的同时，使绿道如同生态绿地的触角一般深入城市，加强生态绿地对城市的楔入程度，使城市亦如公园，继而推进“美丽中国”的建设。

该研究关注点较新，旨在呼吁风景园林规划设计的相关从业人员更多地立足人这一使用主体进行可达性研究，并将思考范围拓展至绿道之外，思考其与城市的联系。诚然，本文研究方法尚有不足之处，如未考虑各交通站点使用频率的差异，从而导致个别绿道入口客观环境指标显示的步行可达性情况与SD评分结果稍有不符，有待日后改进与完善。

致谢

本文得到华中科技大学建筑与城市规划学院赵纪军教授的指点，特表谢忱！

参考文献

[1] 李平华，陆玉麒．城市可达性研究的理论与方法评述[J]．城市问题，2005，(01)：69-74.

[2] 苏晓燕．基于可达性的增城市古村落慢行绿道研究[D]．广洲：华南理工大学，2017.

[3] 芦迪，芦建国．探索绿道可达性和使用者活动程度的关联——以美国巴尔的摩市"TCB"绿道为例[J]．中国园林，2013，29(07)：72-75.

[4] 刘婧．"让城市慢下来"——绿道可达性与使用者活动调查研究[C]// 中国风景园林学会．中国风景园林学会2014年会论文集(上册).

[5] 刘婧，牛宏，秦华．太原汾河湿地公园绿道可达性与使用者活动调查研究[J]．安徽农业科学，2014，42(29)：10207-10209.

[6] 李谡．基于CVM评价法的绿道可达性分析研究[D]．四川农业大学，2012.

[7] 都成林．可达性理念下滨水绿道优化策略的分析[J]．建材与装饰，2017(24)：50-51.

[8] 潘竟虎，从忆波．中国4A级及以上旅游景点(区)空间可达性测度[J]．地理科学，2012，32(11)：1321-1327.

[9] 郇峻，张久芳．基于GIS路网分析的城市滨湖景观可达性研究[J]．中国园林，2014，30(03)：63-67.

[10] 杨焱，孙永青，刘立钧．空间阻隔视角下居住型地铁站的步行可达性[J]．都市快轨交通，2017，30(05)：27-33.

[11] 李雪．建成环境对地铁站步行可达性的影响机制研究[C]// 中国城市规划学会、杭州市人民政府．共享与品质——2018中国城市规划年会论文集(02城市更新)．中国城市规划学会、杭州市人民政府：中国城市规划学会，2018：10.

[12] 卢银桃．基于日常服务设施步行者使用特征的社区可步行性评价研究——以上海市江浦路街道为例[J]．城市规划学刊，2013(05)：113-118.

[13] 张洪波，姜云，陶春晖，等．低碳出行导向的城市日常生活服务设施可步行性评价[J]．四川建筑科学研究，2016，42(03)：97-101.

[14] 崔莹，过秀成，邓一凌，等．历史文化街区步行性分析方法研究[J]．交通运输工程与信息学报，2015，13(01)：51-57.

[15] 王昊，张泉．改进步行指数模型在城市步行性评价中的应用[J]．交通科技与经济，2018，20(03)：11-17+61.

[16] 龙瀛，赵健婷，李双金，等．中国主要城市街道步行指数的大规模测度[J]．新建筑，2018(03)：4-8.

[17] 程超，王璇．世界级滨湖绿道：诗意栖居地——武汉东湖绿道[J]．城乡建设，2017(14)：80-81.

[18] 常健，刘杰．基于绿道类别的武汉城市绿道发展方向分析[J]．中外建筑，2011(06)：93-95.

[19] 王宁，杜豫川．社区居民适宜步行距离阈值研究[J]．交通运输研究，2015，1(02)：20-24+30.

[20] 章俊华．规划设计学中的调查分析法16——SD法[J]．中国园林，2004 (10) ：57-61.

[21] 刘颂，章舒雯．风景园林学中常用的数学分析方法概览[J]．风景园林，2014(02)：137-142.

[22] 王宇，许鹏飞，申冠鹏．灰色关联法在公路景观评价中的应用初探[J]．山西建筑，2008(14)：274-275.

[23] Carey N. Establishing Pedestrian Walking Speeds [R]. Project Report, Portland State University, ITE Student Chapter, 2005.

[24] 赵宇，李远，刘磊．重庆主城区绿道步行环境现状研究[J]．西南师范大学学报(自然科学版)，2018，43(01)：110-117.

作者简介

张謦文，1998年生，女，汉族，山西永济人，本科三年级在读，华中科技大学建筑与城市规划学院。研究方向：健康景观、绿色基础设施。电子邮箱：zqh1998625@163.com。

周珂，1998年生，女，汉族，湖南长沙人，本科三年级在读，华中科技大学建筑与城市规划学院。研究方向：景观规划与场地生态设计、城市绿色基础设施。电子邮箱：347529443@qq.com。

张亚男，1997年生，女，汉族，湖北襄阳人，本科三年级在读，华中科技大学建筑与城市规划学院。研究方向：城市绿地空间形态、景观绩效研究。电子邮箱：2428632494@qq.com。

陈星漪，1999年生，女，汉族，湖北十堰人，本科三年级在读，华中科技大学建筑与城市规划学院。研究方向：城市绿地系统生态服务。电子邮箱：447578818@qq.com。

公共绿地使用者行为时空分布初探

The study on users· spatial and temporal distribution in public green space

原　昊

摘　要:在公共绿地内，使用者行为活动是使用者对于公共绿地环境选择利用的表现形式，能够有效的反映使用者的使用偏好。本文选择华中农业大学绿保中心旧址中的使用者行为活动时空分布作为研究对象，从环境行为学的角度出发，通过行为观察法对公共绿地的使用者行为活动进行数据采集，并结合空间统计学，借助 Excel、GIS、GEODA 等软件对调查数据进行统计处理，解析公共绿地使用者行为空间分布特征，并深入地揭示公共绿地场地特征与使用者空间行为密度的相关性。得出公共空间环境特征中小品邻近度与使用者活动具有显著相关性，郁闭度、可坐设施密度与使用者活动关联性不足，但座椅位置影响使用率。其研究成果可为进一步认识使用者对公共绿地环境的需求和使用偏好提供实证依据，为公共绿地建设提供科学客观的理论支持。

关键词: 时空分布；公共绿地环境特征；使用者行为

Abstract: Users' behavior is the manifestation of users' choice and utilization of the public green space environment, which can reflect preferences. Basing on the environment behavior science and the spatial statistics, this paper choose the users' behavior of time and space distribution in HZAU green insurance center site as the research object, and collect data of users' behavior in public green space through behavior observation, and analyze the spatial distribution characteristics of public green space users' behavior, and reveal the correlation between characteristics of public green space and users' space behavior density, , with the aid of Excel、GIS、GEODA for statistical software for survey data processing. It is concluded that the public space environment characteristics in the sketch of proximity and users' behavior have significant correlation, Canopy density and seating facility density are not correlated with users' behavior, however , seat position affects utilization rate. The research results can provide empirical basis for further understanding of users' demands and preferences for public green space environment and provide scientific and objective theoretical support for the construction of public green space.

Keyword: Spatial and Temporal Distribution; Environmental Characteristics of Public Green Space; Environment Behavior Science

1　研究背景

城市发展进程中，土地高密度及高容积率的开发导致使用者活动空间变少，现有公共空间使用感受质量下降，加之设计师的预设行为与实际使用往往存在不同程度的错位，并伴随着一些景观误用现象，与之相反的是大量外来人员不断涌入，城市人口增多，高强度的工作使使闲暇放松、恢复体力和进行日常游憩活动需求增加。

校园由于人文气息浓重和较高的景观环境品质等因素吸引大批游客，校园中公共绿地成为提供休息、游览、锻炼、交往以及举办各种集体文化活动的场所的重要场所之一，了解使用者行为活动能有效的反馈到环境设计过程中，对提升公共绿地利用率有一定程度的正面促进作用。故本文选择华中农业大学绿保中心旧址中的使用者行为活动时空分布作为研究对象，从环境行为学的角度出发，通过行为观察法对公共绿地的使用者行为活动进行数据采集，结合空间统计学，借助 Excel、GIS、GEODA 等软件对调查数据进行统计处理，研究公共绿地中使用者行为与环境特征的关系，总结使用者的活动倾向及环境与使用者行为的深层次联系。

2　研究综述

国内外开展大量研究试图解析公共空间与使用者行为存在的潜在关联，Ostermann 从绘制游人行为地图入手提出采取核密度估计法将公共绿地游人空间分布数据转换为空间热力图并与公共绿地平面图叠加，从而对公共绿地特征如何影响游人行为进行探索；Adinolfi 等将活动和空间特征归纳为若干变量因素选取了西班牙格兰纳达市内的 10 个公共绿地作为研究对象，应用 SPSS 软件建立多元回归模型，从宏观上对各公共绿地来访游人情况与公共绿地量化特征的相关性展开探索，为公共绿地后续改造提供了指导和依据。Baek 等在美国纽约州进行的研究中将公共绿地空间划分为几种不同尺度的样本区域并对其中的儿童游憩行为进行了详细观察，应用 GIS 平台的地理分析工具和多元线性回归模型尝试分析样本区域的各场地特质对儿童活动的影响，是行为地图绘制与统计学关联性解析结合的一项研究。李昕阳等的实证研究利用问卷、访谈和行为地图等方法对天津市 5 个社区的老人、儿童的主观评价、活动需求、环境偏好的趋同性和差异性进行了统计分析，并提出设计层面（包括大型公共空间、小型公共空间、步行道路、私密性空间和儿童游乐场）和心理层面的社区公共空间建构策略。

总体上说，国外研究已多从定性研究转变为将行为观察和数据统计相结合的定量研究，研究结果更具说服力和论证性，而国内由于起步较晚，研究成果多停留在描述性层面，少数借助多元回归、数据统计等量化分析手段的论文也由于样本量偏小，涉及到设计层面的研究并没有使用较为成熟的空间分析量化手段，不能为城市公园规划设计提供直接的参考依据。

3 数据

3.1 公共绿地选择原因

（1）交通便利，大量外来人员及本校人员聚集。

（2）至初次调研为止，建成时间约1年，环境效果稳定且使用者使用偏好大致定型。

（3）该公共绿地包括水系、景观小品、休闲小广场等内容，环境特征明显。

3.2 绿地基本情况

绿保中心旧址位于华中农业大学南湖校区中部，东临翠竹路，南为狮子山大道。其东部为国际学术交流中心主楼和校医院，西南为教职工活动中心，西部为教职工居住区，北部为国际学术交流中心5号楼。原为植物培养基地，后改造为公共绿地，并于2016于12月2日通过现场验收。该公共绿地总景观绿化面积23500m^2，其中绿化面积9900m^2，水体面积2400m^2，广场及步道铺装11200m^2，分布植物主要包括：香樟、栾树、桂花、银杏、朴树、日本晚樱、紫薇、垂柳等。

3.3 调查内容

选择天气良好的工作日和周末，从8：00～18：00每15min使用快照法对各调查区域的游人瞬时活动进行记录，记录内容涵盖使用者的性别、空间位置和活动类型，活动类型分为步行、休息坐靠、运动游戏、驻足站立四类，并制作游人行为地图。调查时间包括节假日以及工作日，分别为2017年的9月15日（周五）和10月22日（周日）、2018年的7月10日（周二）和9月8日(周六)。

4 结果与分析

4.1 使用者行为特征

如表1所示，使用者男女比例较为均衡，基本接近1：1，活动类型人数占比由高到低依次为步行、休息坐靠、运动游戏、驻足站立；步行人数占比最多，平均比例为36.9%，休息坐靠与运动游戏比例接近，分别为23.3%和24.1%；驻足站立比例为15.7%。

使用者行为特征汇总表 **表1**

调查天数	性别比例（%）		活动类型（%）			
	女性	男性	步行	休息坐靠	驻足站立	运动游戏
1	48.52	51.48	36.92	23.56	16.98	22.54
2	51.36	48.64	32.95	24.42	15.93	26.70
3	49.27	50.73	40.74	24.18	12.09	22.99
4	52.12	47.88	36.94	20.95	17.90	24.20

4.2 使用者时空分布特征

4.2.1 时间分布特征

如图1所示，使用者人数在一天内两次达到高峰：上午10：00～11：00达到第一次高峰，下午4：00～5：00达到第二次高峰。一方面，学校师生占据一定比例，为了错开用餐高峰，较多人选择提前用餐，另一方面，由于中午温度过高（12：00～14：00）及下午温度（16：00）相对较低，导致高峰回落时间集中在上午11：00及下午5：00左右。

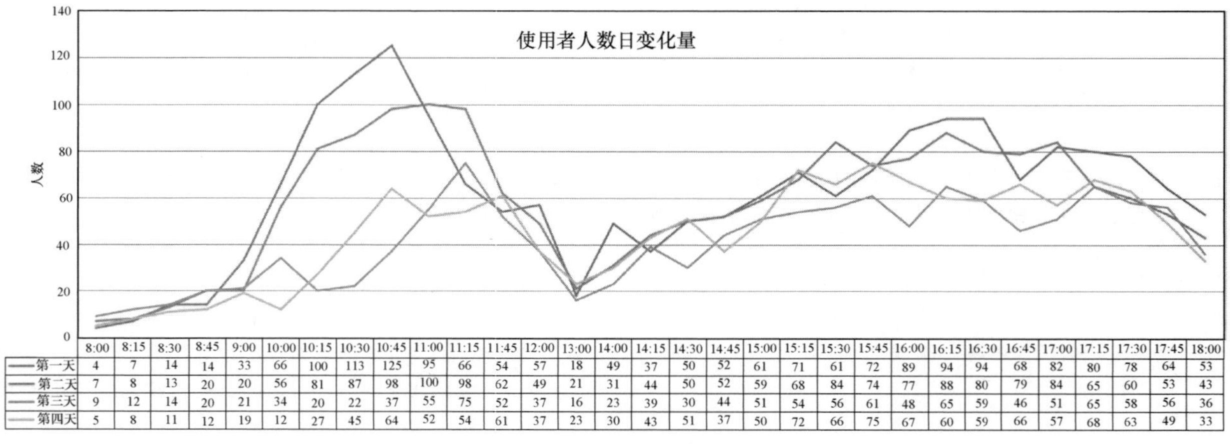

图1 使用者人数日变化量

4.2.2 空间分布特征

如图2所示，从整体来说，使用者集中分布在整体公共绿地东部及南部，西部及北部相对较少，这可能与使用者不同的需求有关，喜欢独处的存在西北方向，喜欢群聚的集中在东部及南部；从局部来说，使用者集中分布在广场、道路开阔处和景观小品（凉亭）等位置，尤其是在广场座凳范围及凉亭处，表现出较高的使用活力。除此之外，场地西北部（半封闭空间）同样表现出较高的使用倾向，这些位置的共同特征为：地形起伏小，具有一定的围合感，夏季遮荫效果好，冬季风力小，这些环境特征与余汇芸的杭州太子湾公园游人的时空分布和环境行为研究中总结出受欢迎的空间环境特质有一定的重合。

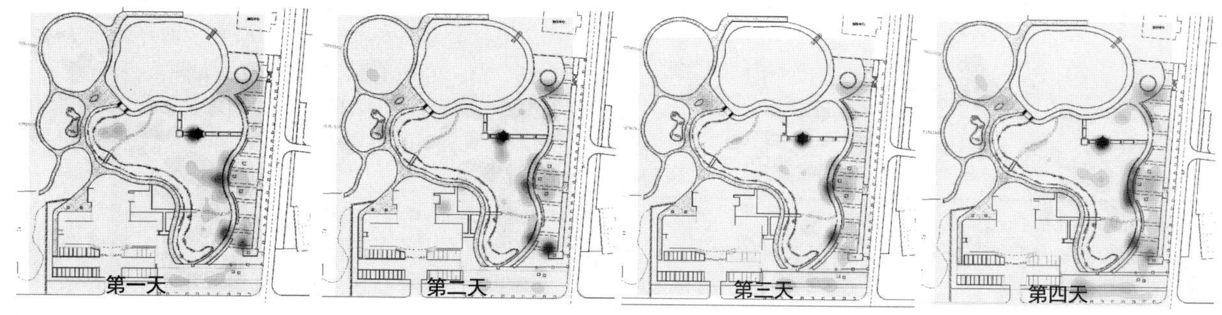

图2 使用者日核密度图

如图3所示，总体上，使用者各类成群集中分布。使用者步行活动除去道路的限定外，集中在广场和道路等开阔空间，水平视线良好，结合周边植物种植，整个空间存在一定的围合感，这样的环境能给人以安全感和领域感；使用者休息坐靠活动集中在具有可坐设备的空间附近，但结合原始使用者活动点数据，发现西北部的疏林空间内同样存在大量使用者聚集（该处并未有可坐设施），使用倾向有待进一步研究；使用者驻足站立活动集中在视线良好的空间中，鉴于该类活动包括观赏及拍照等，说明周边环境的景观性与视线通畅对于该类活动的重要影响；使用者运动游戏主要集中在广场、草坪等视野开阔、地形起伏较小的空间，这和使用者基本属性可能有较大关系，使用者多为女性加儿童，这样的空间有利于对于周边环境的观察，保证儿童始终在家长的视线中，这样的实例证明安全性在景观设计中的重要性。

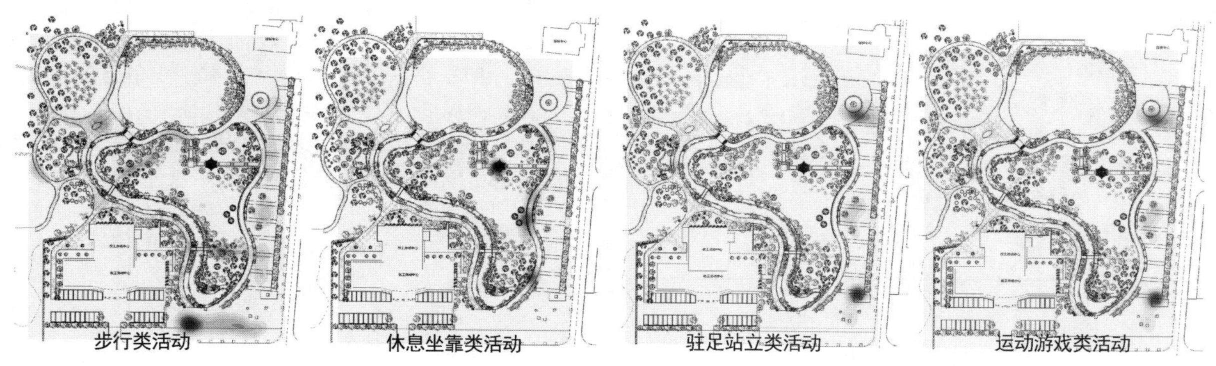

图3 不同活动类型的核密度分布

4.3 使用者行为与公共绿地特征关联性分析

4.3.1 模型构建

经典统计学强调样本的独立性和随机性，无法处理空间数据中存在的空间异质性等问题，故本文选取运用空间滞后模型来研究研究隐含的空间分布、空间模式以及空间相互作用等特征。其中，将公共绿地游人空间分布数据的核密度作为空间活力值，即因变量，环境特征量化为空间郁闭度、可坐设施密度及小品邻近度等环境特征指标，即自变量。

空间滞后模型（spatial lag model，SLM）：SLM模型考虑了变量的空间滞后项和子样本具有空间相关性、异质性和一次性等特点，可以剔除干扰项中的空间依赖性，因而可以很好地描述空间单元变量的空间交互作用。

其表达式为：$Y=\rho W_Y+X\beta+\varepsilon$。

式中，Y为被解释变量；X为外生解释变量；在本文中度量了活力值中的空间依赖作用；即相邻子样本活力值W_Y对子样本活力值Y的影响方向和程度；W为空间权重矩阵，反映子样本与子样本间空间关系的权重矩阵；W_Y为空间滞后变量；ε为随机误差向量。

4.3.2 样本尺度

根据环境行为学研究，人在公共空间中公共距离约为3.66～7.62m，以此为依据将所选调查区域按照外接圆半径为7.5m的正六边形划分为112子样本，对于处于子样本空间中心点的使用者，子样本空间大致等同于其社交距离范围。

4.3.3 自变量

公共绿地场地特征指所选公共绿地游憩场所中与服务使用者活动相关的空间尺度、植物配置、设施小品等方面的设计特征，本文暂取3个量化指标（空间郁闭度、可坐设施密度及小品邻近度）作为本研究的自变量，量化方式如表2所示。

自变量量化方式　　表2

影响因子	定义	量化方式
空间郁闭度	乔木适度遮挡形成的顶界面对游人的坐憩行为有着明显的吸引作用 乔木遮蔽程度可使用空间郁闭度即林冠覆盖面积比进行计算	空间郁闭度＝子样本空间中林冠覆盖面积/子样本面积
可坐设施密度	大量研究指出座椅数量对于公园休憩行为的发生和时长有着至关重要的作用，公共空间可坐设施的完善程度可通过可坐设施长度与研究区域的面积之比衡量	可坐设施密度＝（基本座椅长度×1＋辅助座椅长度×0.5）/子样本面积
景观小品邻近度	斯普林里根（1965）研究指出公园游人的最远可视距离为24m。子样本区域受到周边所有阈值范围内的景观小品对其潜在影响程度随距离衰减，不同景观小品的效应可叠加（N为子样本空间内部景观小品数量；Li为子样本区域中心点与各阈值范围内景观小品的直线距离）	景观小品邻近度$=N+\sum(1-Li/24\text{m})$

4.3.4 因变量

将子样本内使用者活动的核密度值作为观察时间点上各子样本区域空间活力的指标，以反映游人行为密度，即本研究的因变量。公式如下：

$$f(s)=\sum_{i=1}^{n}\frac{1}{h^2}k\left(\frac{s-c_i}{h}\right)$$

式中，$f(s)$为空间位置s处的核密度计算函数；c_i为事件点；h为距离阈值，在本研究中取环境行为学研究中人在公共空间进行公共社交的最大距离7.5m；k为空间衰减函数，与核心c_i的距离达到阈值h时核密度值降为0；n为与位置s的距离小于或等于h的样本点数量。

4.3.5 相关性结果

空间权重矩阵W选择的准确与否关系到模型的最终估计结果，本文结合所设定的样本采用queen邻接关系来设定空间权重矩阵，邻接的秩为1。

通过全局空间自相关分析对因变量的整体分布特征进行描述，得到Moran's Ⅰ散点图(图4)。由图可见，活力值的Moran's Ⅰ指数为0.434，显著性检验的Z值为7.697，表明随机产生此聚类模式的可能性小于1%，活力值之间存在显著的空间正相关关系。活力值散点主要分布在1、3象限，在空间上呈集聚态势。由此说明，使用者活动在空间上并非随机分布，而是呈现一定的空间集聚特征，这种集聚特征是由子样本所处自然环境特征异质所决定的。

利用局部空间自相关分析反映相邻空间单元之间活力值的相关程度与格局分布差异，并绘制LISA集聚图(图5)。由图可知，活力值分布具有一定的空间差异性，中部高，四周低。从局部空间集聚特征来看，高一高集聚区主要位于东部构筑物较多的区域，低一低集聚区主要位于西部范围内，而高-低集聚区则零星分布。

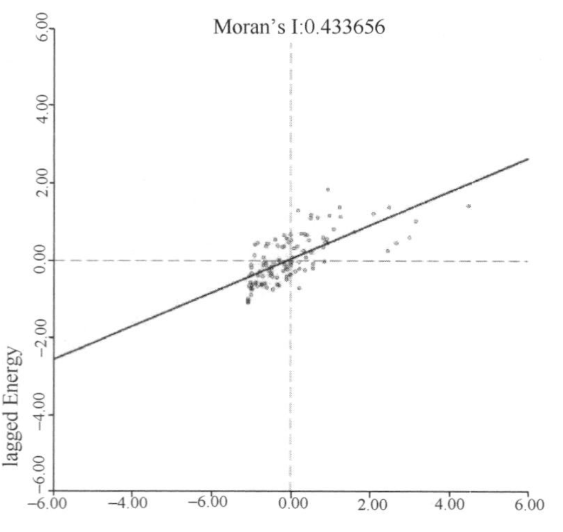

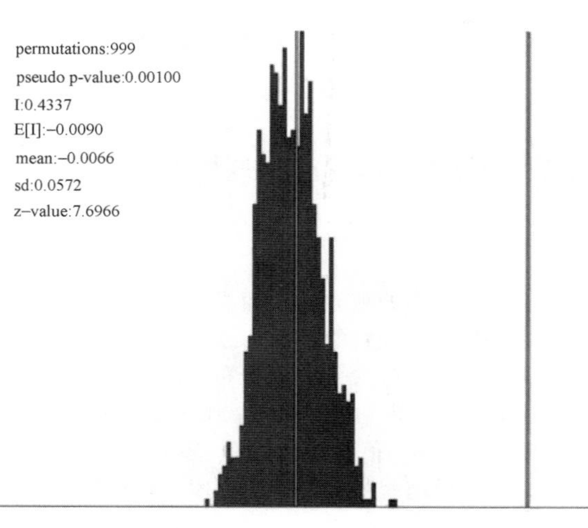

图4　Moran's Ⅰ散点图

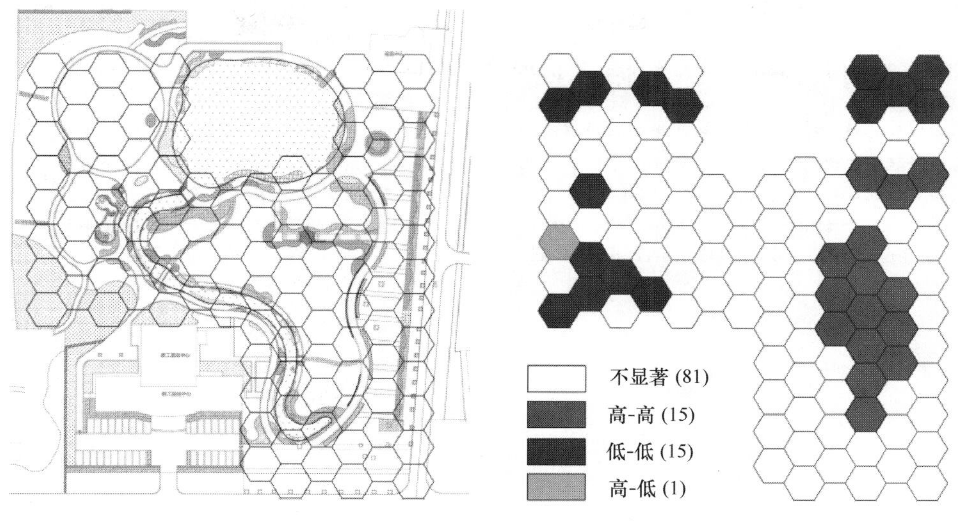

图 5　LISA 集聚图

整体及局部的空间分析证明使用者行为本身存在空间自相关性，利用空间滞后模型对环境特征和使用者活动的相关性进行进一步探索。结果如表 3：

空间滞后模型结果　　表 3

Variable	Coefficient	Std. Error	z-value	Probability
W _ MEAN	0.539734	0.0880456	6.13016	0
CONSTANT	0.143103	0.0577478	2.47807	0.01321
小品邻近度	0.153271	0.0336328	4.55717	0.00001
郁闭度	−0.352608	0.234059	−1.50649	0.13194
可坐设施密度	−1.03918	1.84283	−0.563902	0.57282

样本共 112 个，SLM 模型的拟合优度（R^2）为 0.515，最大似然值为−23.0829，小品邻近度、郁闭度、可坐设施密度的 P 值分别为 0.00001、0.13194、0.57282，依据空间滞后模型的拟合结果，可得出：

（1）小品邻近度 P 值为 0.00001，在 1%的水平下通过了显著性检验，表明小品邻近度与使用者活力值显著相关——小品的设置对于使用者活动的发生有强烈相关性。因此，在设计中适当增加小品的比例能够增加公共绿地的使用率。

（2）郁闭度 P 值为 0.132，未通过显著性检验，表明该场地内郁闭度与使用者活力值不相关，这可能与样本的尺度有关，有待进一步研究。

（3）可坐设施密度 P 值为 0.573，未通过显著性检验，表明可坐设施密度与使用者活力不相关，但使用者的时空分布特征表明使用者休息坐靠活动主要集中在具有可坐设备的空间附近（图 3），说明座椅位置的摆放能够提升使用率，这和约翰·扎卡赖亚斯对于公园坐凳的研究有相似之处——相比光照和温度等气候因素而言，座位量对于公众存在的影响非常轻微，但是座椅的质量和位置将在很大程度上决定它们的使用率。

5　结论

本文将空间统计引入公共绿地与使用者行为的研究中，发现使用者行为存在着正的空间相关性。因此，建立了使用者行为与公共绿地环境特征的空间计量模型，从而使使用者行为及环境特征产生联系。通过空间滞后模型得出以下结论：

（1）公共绿地中使用者行为具有较强的空间依赖作用和正的空间溢出效应。

（2）从对使用者行为影响的环境特征看，公共绿地中小品邻近度对使用者行为有显著的正向作用，郁闭度与使用者行为相关性不强，有关内容需要进一步研究，可坐设施密度与使用者行为相关性不足，但可坐设施的位置与使用者行为有较大相关性。

参考文献

[1] Whyte W H. The social life of small urban spaces[M]. Conservation Foundation，1980.
[2] 扬·盖尔. 交往与空间[M]. 北京：中国建筑工业出版社，2002.
[3] Ostermann F O. Digital representation of park use and visual analysis of visitor activities[J]. Computers Environment & Urban Systems，2010，34(6)：452-464.
[4] Adinolfi C，Suárez-Cáceres，Gina Patricia，et al. Relation between visitors ' be haviour and characteristics of green spaces in the city of Granada，south-eastern Spain[J]. Urban Forestry & Urban Greening，2014，13(3)：534-542.
[5] Baek S，Raja S，Park J，et al. Park design and children' s active play：a microscale spatial analysis of intensity of play in Olmsted' s Delaware Park[J]. Environment and Planning B：Planning and Design，2015，42(6)：1079-1097.
[6] 李昕阳，洪再生，袁逸倩，等. 城市老人、儿童适宜性社区公共空间研究[J]. 城市发展研究，2015，22(5)：104-111.
[7] 余汇芸，包志毅. 杭州太子湾公园游人时空分布和行为初探[J]. 中国园林，2011，27(2)：86-92.

[8] 李道增．环境行为学概论[M]. 北京：清华大学出版社，1999.
[9] David O' Sullivan, David J. Unwin. 地理信息分析[M]. 北京：科学出版社，2013.
[10] 郑斓，李乔玄，任红艳，等．基于土地利用回归模型的登革热疫情与社会环境要素的空间关系研究[J]. 中国媒介生物学及控制杂志，2018，29(03)：226-230+234.
[11] John Zacharias，Ted Stathopoulos，Hanqing Wu. Spatial Behavior in San Francisco's plazas：The Effects of Microclimate，Other People，and Environmental Design[j]. Environment and Behavior，2004，7(36)：638-658.

作者简介

原昊，1993 年生，男，华中农业大学。电子邮箱：451454179@99. com。
温碧莹，1994 年生，女，华中农业大学。
徐孟远，1983 年生，男，华中农业大学。

共享理念下历史文化街区非正规商业活动生存法则探究
——以汉口俄租界历史文化街区为例

Exploring the Law of Existence of Informal Commercial Activities in Historical and Cultural Streets under the Concept of Sharing
—A Case Study of the Historical and Cultural District of the Russian Concession in Hankou

王哲骁　廖映雪

摘　要："存量规划"时代，历史文化街区的价值愈显珍贵，然而内部活力缺失的问题严重制约了它的价值的发挥。非正规商业活动的发生在一定程度上刺激了街区活力的提升，但同时也破坏了街区形象、加重了交通负担、带来食品安全问题和治安隐患，存在严重负外部性。本文从"共享理念"出发，倡导"路权共享与精细化管理"手段，试图建立一套"手机定位、信息发布与信用评价系统"。并在此基础上提出了摊贩"复合就业岗"的概念，旨在通过风景园林视角寻找突破口，调解摊贩与城市管理者的对立关系，改善非正规商业活动的弊端，为构建和谐、便捷、活力的历史文化街区提供新思路。

关键词：共享理念；历史文化街区；非正规商业；活力营造

Abstract: In the era of "stock planning", the value of historical and cultural blocks has become more and more precious. However, the lack of internal vitality has seriously restricted its value. The occurrence of informal commercial activities has stimulated the improvement of the vitality of the block to some extent, but at the same time it has also damaged the image of the block, increased the traffic burden, brought about food safety problems and security risks, and has serious negative externalities. Starting from the concept of sharing, this paper advocates the means of "road rights sharing and fine management" and tries to establish a set of "mobile phone positioning, information release and credit evaluation system". On this basis, the concept of "compound employment post" for street vendors is put forward, aiming at finding a breakthrough through the perspective of landscape architecture, mediating the antagonistic relationship between street vendors and city managers, improving the disadvantages of informal commercial activities, and providing new ideas for the construction of harmonious, convenient and dynamic historical and cultural blocks.

Keyword: Concept of Sharing; Historical and Cultural District; Informal Commerce; Vitality Construct

引言

随着城市化进程的不断推进，在城市在自上而下的规划控制下产生了大量正规的城市公共空间。但由于忽略了居民生活的多样化需求，规划控制下的城市公共空间往往存在活力缺失的现象。非正规商业活动从业者是社会弱势群体的一类，人群特点决定其生存能力和空间有限，在社会竞争中处于劣势地位。在" 生存推力" 和" 市场拉力" 的共同作用下，他们在夹缝中生存，并通过自下而上的方式重塑城市公共空间环境，为城市活力的提升做出积极贡献的同时，也带来大量垃圾、噪音，并且影响公共卫生、阻碍交通，因此城市管理部门与从事非正规商业活动从业者的对抗数见不鲜。

汉口俄租界作为武汉市重要的历史文化街区，历经时间洗礼，由辉煌逐渐走向衰落，建筑的老旧和基础设施的落后使得大量老龄化和低收入人群在此聚集，街面上随之生存着许多非正规经营的摊贩和商铺。历史文脉、老旧社区与非正规商业活动的交织令笔者对这一区域产生浓厚兴趣，期望通过研究探索出一套风景园林视角、历史文化街区语境下合理的非正规商业活动生存法则。

1　问题剖析

非正规商业活动从业者的定义为"在公共场所不合法从事商业行为的群体"，我们习惯称之为"摊贩"，其产生和存在的根本原因在于当地现存的大量低收入群体的消费需求。低收入群体"低、散、小、轻、劣"的消费特征决定了商品和服务能够以非正规的商业形态实现，但这种低门槛的从业形式亦滋生了许多管理层面的难题，简而言之是其合理性和不合法性的矛盾（表 1），归根结底是社会公平问题。

非正规商业活动的合理性与不合法性比较　　表 1

合理性	不合法性
解决弱势群体的自身生存和就业	占道经营，严重妨碍交通秩序
满足城市低收入阶层消费需求	卫生脏乱，破坏城市市容市貌
延续和保持城市文化及习俗	质量难保，侵犯居民正当权益

2004年日本“亚洲摊贩国际研讨会”上指出：摊贩是亚洲国家传统文化的一种体现，道路作为公共空间其用途不是单一化的，摊贩可以为城市和道路增加生活情趣与活力。他们作为边缘化群体，虽然目前对其管理模式从之前的管制型渐渐过渡到动态治理型，但“猫鼠游戏”和“柔性抗争”持续上演。在此模式下，摊贩的权益能够得到一定程度上的保障，但仍然被动接受管理。因此，需要建立新的规则，重新认识并发挥摊贩的社会价值。

2 理论依据

2.1 共享街道和路权分配理论

“共享街道”系统的核心概念在于“构建一个统一体，强调共同体和居住使用者。”共享街道与普通街道的区别在于，后者将行人系统与车行系统严格区分，实际上是汽车优先，将行人置于一种孤立的困境。而共享街道取消或者柔化行人系统与行车系统的区分，营造一种新的社区氛围，使街道成为一个混合用途的公共区域。

路权分配就是将道路的使用权按照一定的规则给予道路使用者，以解决“拥挤效应”和“过度使用”的问题。规则制定应以有关路权排序理论与方法为指导，如冲突位置及范围确定的理论依据、速度及延误因素的影响权重、应急能力及灵活性等，并应当具有实施的保障措施。

在城市街道的舞台上，不仅仅有机动车、非机动车与行人，亦有把这片公共空间作为谋生场所的非正规经营从业者，通过精细化的路权管理，将城市道路空间更充分地挖掘和利用，实现街道共享，使被非正规经营占据的公共资源在规范化和分时分片管理下起到既不与居民生活出行发生冲突，又能给予社区便捷服务、提升街道活力。

2.2 日常都市主义理论

日常都市主义的核心是对“日常空间”的重视，而“日常空间”被定义为“平民化的、易重复出现的、非经过设计产生的生活性景观空间”。因此，日常都市主义是一种对公共空间价值进行多维度思考的方法，它关注常常被忽视的日常生活中发生的具体活动等带来的公共空间和公共生活的改变，以增加空间使用者多样化的空间体验。从日常都市主义视角出发，非正规商业活动是丰富空间体验的重要神经元。

3 汉口俄租界历史文化街区

3.1 区域概况

汉口俄租界位于武汉市江岸区的武汉历史文化风貌核心区（区域汇集武汉80%历史文化街区、76%优秀历史里分、70%优秀历史建筑），占地27.6hm²，上至合作路起与英租界相邻，下到黎黄陂路与黄兴路之间；西靠中山大道，东抵长江。场地建筑多为优秀历史建筑和里分住宅，居住人口9461人，共2845户，人均居住面积11.2m²。

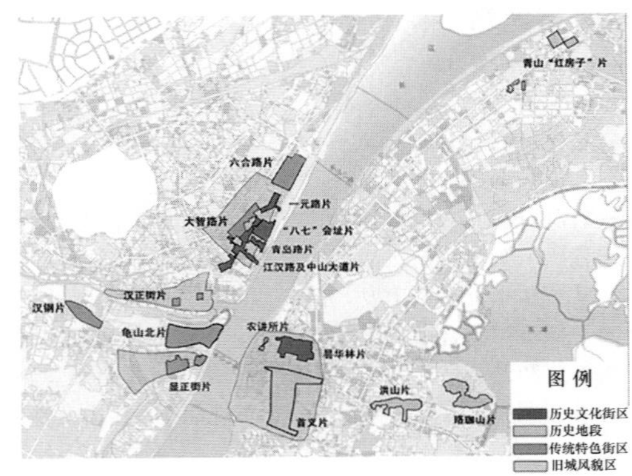

图1 武汉市历史文化与风貌街区分级别图
（图片来源：武汉历史文化与风貌街区体系规划）

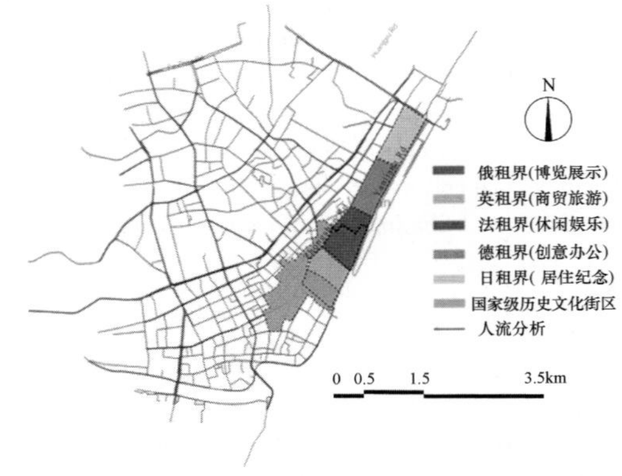

图2 汉口俄租界及周边历史文化街区位置关系图

3.2 现状业态

通过场地调研，汉口俄租界的主要商业业态可划分为零售业、餐饮业、生活服务、休闲娱乐、文化产业5类，集中分布在场地6个重要区域（表2）。

汉口俄租界现状商业业态分布及分类 **表2**

地点	空间类型	功能类型	业态类型	人群活动	环境质量
黎黄陂路	运动、公共	商业	文化、餐饮	交谈、观光	优秀
兰陵路	运动、公共	商住混合	餐饮、零售	餐饮、购物	一般
珞珈山街	运动、公共	商住、绿化	餐饮	餐饮、观光	良好
同兴里	停滞、半公共	居住	生活、休闲	晒衣、游憩	良好
泰兴里	停滞、半公共	商住	餐饮	休息、交谈	良好
义品里	运动、半公共	商住	餐饮	吃早饭、交谈	较差

4 非正规商业活动生存法则探究

4.1 概念提出

非正规商业活动具体分为两种类型：固定摊位和流动摊位。相较于流动摊位，固定摊位的管理难度更低，仅在摊位周边临时占据公共空间。具体表现为，生鲜店铺为了招揽生意，将部分货筐摆出店铺门口；固定早餐店铺餐位有限，占据公共空间形成临时就餐区等。因此，对于可能存在空间非正规占用现象的固定摊位，可以运用“精细化路权管理”概念，更好地实现有效资源的分时共享。

而流动摊贩，分析其人群特征，相较于固定摊主，他们多外籍户口、售卖“三无产品”、工作时间长、流动性强、热心等，管理难度相对较大。

城管、摊贩、社区居民之间存在着极其微妙的关系：城管一方面负责执法，一方面也享受着摊贩带给自己的生活便利；摊贩要在城管监管的时间段内规范自己行为的同时尽量多地走进人群视野，实现经济效益最大化；社区居民享受城管干预后整洁的街道空间，享受摊贩带给自己的便利服务，又会对食品的安全性存在一定芥蒂。

行为＼主体	居民		摊贩		城管
必要性活动	通行	←矛盾→	商业经营	←矛盾→	管理无序经营
自发性活动	游憩	←矛盾→	通过能动性使经营效益最大化	←矛盾→	不定时巡查
社会性活动	社交	←统一→	社交	←统一→	社交

图 3　居民、摊贩、城管行为关系分析

基于以上分析，摊贩和城管关系并非绝非对立，这便为关系的优化提供了可能。流动摊贩对于历史街区而言，最大的价值在于其流动性，流动性的合理发挥可以为街区带来一些有品质的贡献，因此，可由管理部门以廉价租金直接向流动摊贩提供的销售空间，以下简称“众创空间”。

“众创空间”的母体是一个带有号码的方盒，根据不同的服务类型能够呈现出几种不同的变化状态，但是整体风格与历史街区统一（图 4）。“盒子”内置信息发布功能与信用评价体系，管理者可以通过信息发布平台从安全性和道路通达度的角度对摊贩非正规商业行为进行一定管控并可实现远程监控，使城管的工作更具针对性和有效性，从严峻的执法者变为和谐空间的营造者。

信用评价体系建立在流动摊贩和居民相互信任之上，也是流动摊贩与客户的信息交互平台。客户可以在“店铺”开张的前提下，通过其“店铺”号码的输入，定位流动摊位位置，如若距离过远可以进行信息发布，通过“众创空间”的信号提示，摊主可以就是否选择移动至客户处进行回复（尽量减少摊主“零收入”闲置时间）。无形中创造出一种“隐形社交”的可能，利于和谐社会的构建。

“三无产品”不同于“黑心产品”，对于流动摊贩，“三无”的原因在于额外付费以及冗杂的办理程序，信用评价体系的建立，也是对这一问题解决的良策。对于任何产品质量问题，客户有权对摊主进行信用降级，摊主亦可通过平台与客户直接沟通，城管此时扮演的是“断案者”的身份，进行信息真实性的核实。作为执法部门，对于黑心商家理应严惩不贷，但对于良心“三无”摊主，应当对其正当权益进行保护。信用值降低到一定值，除必要的赔偿外，不法摊主将被市场淘汰。

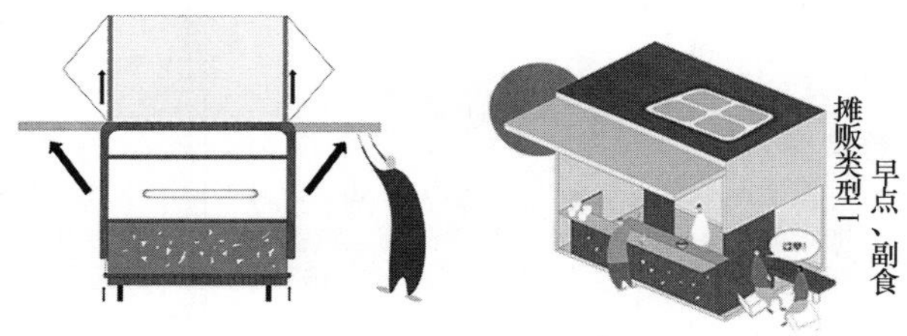

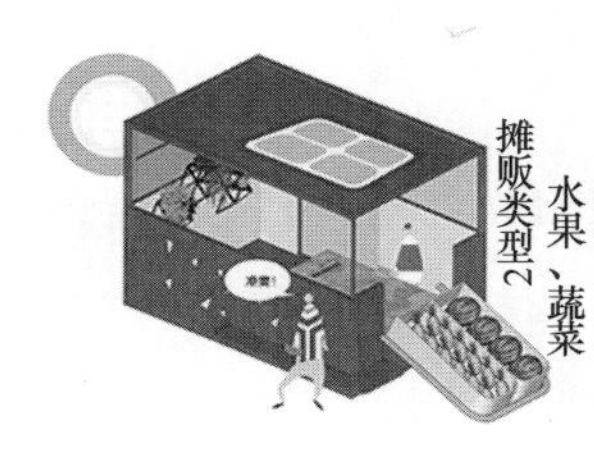

图 4　“众创空间”概念模式图

4.2 概念优化与引申

通过概念优化和引申，增加“方盒子”的功能，并使之与场地发生交互。

4.2.1 城市宣传栏

城市街头巷尾，充斥着各种广告宣传栏，有的是商品宣传，有的是城市形象宣传，有的是价值观宣传，与其在街区挂起昂贵又冰冷的宣传喷绘，不如将场地故事交给“方盒子”去诉说。流动的摊位成为鲜活的历史文化街区宣传载体，随着“方盒子”移动，车轴的转动带动摊车表面表达故事情节的图案实现运动，这便能够提升场地趣味性，也让摊贩与居民、游客的关系变得不再生涩。

4.2.2 复合就业岗

流动摊贩带来的问题很大程度上来源于在某些时间段失去收入来源，因而试图逾越规矩。究其根源，在于流动摊贩的“工作岗位”是单一的。假设一种可能，让流动摊贩从事其固有业态的同时，兼职护工、花匠、停车场管理员等身份，令其在“闲置时间”或“被管控期间”内，获得另外的收入，而这一部分收入的来源，基于对街区和社区的贡献。

护工：老旧里分老龄化现象严重，腿脚不便的老人渴望摆脱孤独、积极社交，却往往因为力不能及不得不打消念头。老人的生活作息规律，早起早睡，醒来的时间普遍早于工作族。那么“被管制期间”刚好能够成为服务老人的合适时段，这种类似“外卖接单”的方式，将会被社保部门付费，这也是社保部门精准服务的一个途径。

花匠：义品里自20世纪90年代起，一直是当地人习惯性“过早”的场所，每天固定的时间段，3m宽的窄巷，从沉寂到喧嚣到摩肩接踵，是汉口俄租界极具特色的体验。虽然不正规商业行为比比皆是，但是过多地限制反而会扼杀历史文化街区绝无仅有的“生机”。理性剖析场地核心问题，不在于摊主们的非正规商业行为对通行空间造成障碍，而在于空间闭塞带来的脏乱。空间狭小、通风不畅、厨余垃圾残留……带来食品安全隐患。14：00过后，“过早”大军撤去，这里便成了失落空间，然而，同其他里分一样，义品里也有住户，只不过由于特殊的业态，失去了其应有的生机。小摊贩的“方盒子”可以为义品里运送植物，选择的植物种类是易于养活的、绿化效果优秀且具备吸附油烟和污染物能力。一方面，“方盒子”摇身变为“移动的花坛”，如此可以适当减少兰陵路路边花坛的使用量，缓解交通压力；另一方面，下午的“被管控时段”，摊贩可以将植物移至义品里，用以吸附油烟和提升生活品质，第二天清晨运走，如此往复，植物的养护权由小摊贩负责，由绿化部门支付一定费用。

停车管理员：对于当前街区，由于老的建筑模式和空间设置的不合理性，街边停车在所难免，但可以通过一定人工引导，保证一些关键节点无停车，如重要交通路口和易于堵塞的位置。街区内部一些店铺为了避免门口停车，在店铺门口放置“坐凳”，作为“温情”的提示，这些凳子往往能够为过往的行人提供一个歇脚之处。那么可以将放置板凳的工作交由城管负责，放置凳子之处，鼓励摊贩在此营业（重要的交通口也是摊贩经常选择的位置），凳子能够短暂缓解摊贩站立经营的疲惫，摊贩也能一定程度上控制关键点停车现象。

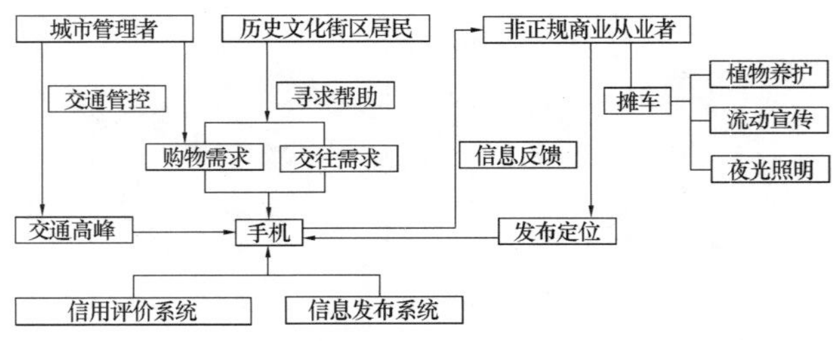

图5　新型社会关系模式示意

5　结语

摊贩往往被视为城市不发达的标志，在城市的规划与管理中缺乏对这一人群的关注以及对他们生存状况的积极回应。但通过对汉口俄租界历史文化街区调研，摊贩对城市公共空间的占据是一种经过多方面考量和博弈后的合理性行为，并且对于激活历史文化街区，具有积极社会意义。他们的经营活动，类似共享单车之于公共交通体系的织补，弥补了正规商业经营范畴。通过人性关怀，提高其经济收入，重新定义其社会身份，是执行历史街区活力复兴建设可考虑的切入点。

参考文献

[1]　崔占峰，王剑锋．城市治理中的“软法”逻辑：摊贩的利益组织化与协商治理[J]. 湖南科技大学学报(社会科学版)，2018，21(06)：98-104.

[2]　辛振．成都市旧街区“非正规空间”研究[D]. 成都：西南交通大学，2018.

[3]　霍伟芳．德阳市流动摊贩管理困境与对策研究[D]. 成都：西南交通大学，2018.

[4]　杨璐，汪原．小摊贩的城市空间策略——武汉市原英租界胜利街口案例研究[J]. 新建筑，2015，(04)：27-30.

[5]　孙晓．城市生活性街道非正规化商业现象分析评价与引导策略[D]. 南京：东南大学，2015.

[6]　郝辰杰．非正规视野下大城市早间商摊问题及规划策略[D]. 南京：东南大学，2015.

[7]　吴哲．边缘性治理视角下的流动摊贩治理研究[D]. 桂林：广西师范大学，2014.

[8]　徐艺容．“城管”与流动摊贩的矛盾冲突及解决机制研究[D]. 长沙：湖南师范大学，2012.

[9]　Jane. 美国大城市的死与生[M]. 金衡译．南京：译林出版社，2005.

作者简介

王哲骁，1994年生，男，汉族，山东潍坊人，华中农业大学园艺林学学院在读研究生。研究方向：风景园林规划与设计。电子邮箱：774073543@qq. com。

廖映雪，1995年生，女，汉族，湖北随州人，华中农业大学园艺林学学院在读研究生。研究方向：风景园林规划与设计、历史文化街区游憩行为。电子邮箱：675640031@qq. com。

古代洛阳八景的功能解译及其城市历史景观初探

Functional Interpretation of the Eight Sights in Ancient Luoyang and Preliminary Exploration of Its Historical Urban Landscape

王毅磊　赵　烨　高　翅*

摘　要："八景"作为中国传统风景概念的重要范畴，是基于自然山水而形成的城市历史景观，它兼具地理环境、时间季节、古今时域、文化政治的信息特征。本文通过梳理方志舆图和历史典籍，分析了洛阳八景的自然禀赋、历史文脉和人地演进的3个形成因素及特点，归纳出古代"公共休闲游憩""政治文化教化"的功能并撷取洛阳城市营建的意象。提出了"洛阳八景"作为整体性保护的物质和精神核心，进而得出其对当代城市历史景观保护的启示。

关键词：风景园林；洛阳；八景；城市历史景观；城市营建

Abstract: As an important category of traditional Chinese landscape concept, "eight sights" is an historical urban landscape formed on the basis of natural landscape. Through sorting out local maps and historical books, this paper analyzes the natural endowment, historical context and the three forming factors and characteristics of the eight sights in Luoyang, summarizes the functions of "public recreation and recreation" and "political culture education" in ancient times, and captures the image of urban construction in Luoyang. The paper puts forward the eight sights of Luoyang as the material and spiritual core of the whole protection, and then draws its enlightenment to the protection of the contemporary historical urban landscape.

Keyword: Landscape Architecture; Luoyang ; Eight Sights; Historic Urban Landscapes; Urban Construction

引言

"八景"是经过长期演化而建立起来的一个系统化、结构化的相对稳定的城市历史景观。"八景"文化大体起源于魏晋南北朝时期，产生于隋唐，成熟于宋元，发展于明清[1]，是我国城市建设中重要的组成部分，洛阳作为长期的都城，代表着古人城市营建中较高的水准，在传统营城过程中体现着古人的营建智慧。八景的产生离不开社会各阶级的参与，不同阶层的影响使城市八景在文化上有所不同，而这些不同形成了一定"教化"功能。在封建社会城市公共空间稀缺的情况下，八景作为城市中最为开放的空间，为民众提供游憩的场所。

八景作为各个学科一直以来关注的对象，研究的侧重点主要集中在四个方面：第一是对八景起源的探讨，认可度较高的为宋迪的《潇湘八景图》起源说[2,3]。第二，八景诗画的价值研究，冉毅通过梳理相关史料揭示了《潇湘八景图》的创意来源[3]。第三，八景文化景观的探讨，耿欣对八景文化对风景的影响进行了探讨，对八景进行分类并整理理清了脉络[4]。第四，地域八景的分析，在浙江、重庆、山西、云南等地已经开展了深入全面的研究[5-8]。

1　洛阳八景的形成因素

1.1　自然禀赋

洛阳位于伊洛盆地的西端，南临龙门山、北依邙山、西拥函谷，形成三面环山，东面开敞的城市空间。洛阳从古至今地形并未发生过较大变化，地势西高东低，山地、丘陵和平原交错，地形较为复杂。整体海拔在130～170m。六水并流，是洛阳重要的自然地理环境特征。所谓六水，是指黄河、洛河、伊河、涧河、瀍河、谷水。黄河居北，伊、洛、瀍、涧四水纵横流贯洛阳盆地而东去。涧水在西，瀍水在东，伊、洛在南，历来交会多在瀍涧之间。其中，伊洛二水是洛阳两条最主要的河流，而洛河是黄河的重要支流[9]。城市山水交融、自然禀赋，"河山拱戴，形势甲于天下"。

1.2　历史文脉

公元前1046年，西周代殷后，开始在洛阳营建国都。周公在洛水北岸修建了王城和成周城，史称成王"定鼎于郏鄏"，自此以后洛阳开始了其长达1500年的建都史。到了北宋以后，由于连年战乱和经济重心南移及自然环境的恶化，导致了洛阳的逐渐衰落。至清乾隆时期，降为了一般的府县，城郭规模只有 $2km^2$，加上四关仅为 $4.5km^2$[10]。

1.3　人地演进

人与自然处于一种相互依存、相互制约的动态关系。洛阳八景的产生既依托于自然的山水，也与洛阳的政治、经济、文化密不可分。基于这种关系所产生的文字、绘画、建筑等艺术形式饱含了洛阳的集体记忆和感知。洛阳八景的产生与传承离不开和谐的人地关系。

2 洛阳八景及特点

2.1 洛阳八景

史料中最早以组景形式出现的洛阳八景为北宋诗人刘贽所做《洛阳八景》，在各版本县志中均为记载最早的一则材料，刘贽的洛阳八景被称为洛阳八大景。至清朝，龚崧林任洛阳县知县时作《续十二景诗》，在续十二景的基础上发展出了洛阳八小景：关林翠柏、午桥碧草、石林雪霁、伊沼荷香、东城桃李、瀍壑朱樱、西苑池塘和龙池金鱼。八大景为

（1）龙门山色

龙门在洛阳南 12km 处，自夏商朝起统治者就在龙门举行规模浩大的祭祀活动，从西周开始便有人依龙门山而居住，从山上获取各类生活资料，如洛阳纺织历史上重要的葛，《诗经·王风·采葛》载“彼采葛兮，一日不见，如三月兮”。展示着百姓真实的生活场景。至隋唐时期，龙门是隋唐城中轴线上的对景，龙门山和香山东西对峙，伊水中流，白居易有诗“龙门翠黛眉相对，伊水黄金线一条。”

（2）马寺钟声

马寺指白马寺，位于洛阳城东 12km 处，永平十一年（68 年），汉明帝敕令在洛阳西雍门外三里御道北兴建，是佛教传入中国的第一座寺庙，号称“释源祖庭”。寺内有一重 5000 余斤的大铁钟，民间一直流传“东边撞钟西边雨，西边撞钟东边鸣。”的说法，指白马寺钟声响起之时，洛阳城钟楼上的钟也会同时产生共鸣。武周时期政教结合，洛阳地区佛教进入盛况，《旧唐书薛怀义传》载，“怀义后厌入宫中，多居白马寺，刺血画大像，选有膂力白丁度为僧，数满千人。”

（3）金谷春晴

“金谷”是指西晋大司马石崇的别业园林“金谷园”，在今老城东北 10km 的金谷涧中。西晋著名的文学团体“金谷二十四友”曾在此进行“金谷宴集”。至永康元年赵王伦杀石崇，随之金谷园也被捣毁而荒废。明计成所著《园冶注释》载：“晋人如石崇之河阳别业，即金谷涧别庐，柏木几于万株，流水周于舍下，有观池沼，多养鱼鸟，遗迹至唐，犹形歌咏。”

（4）洛浦秋风

洛河，自洛阳郊区入偃师后，全长 31km，流域面积 $255km^2$[11]。洛浦指洛水通过洛阳城的两岸之地。中国神话故事中伏羲的女儿宓妃为洛水之神。《古今乐录》中记载秦始皇嬴政于洛水畔立祠祭祀，并作《祀洛水歌》：“洛阳之水，其色苍苍。祀祭大泽，倏忽南临”。

（5）天津晓月

天津桥，始建于隋炀帝大业元年（605 年），为皇城轴线上的一座都城主桥。隋时天津桥为一浮桥，《元和郡县图志》载“用大缆维舟，皆以铁锁钩连之”。隋末大火烧毁，唐初修复。随后多次毁于战乱，至金代毁于大火后，逐渐淹没在河床之下，直至军阀吴佩孚（1922 年）在原址旁重建一桥，同名天津桥。

（6）铜驼暮雨

“铜驼”指“铜驼陌”。宇文恺于大业元年（605 年）营建洛阳新都时，在洛水北岸，皇城之东第 4 里坊，命名为“铜驼里”。铜驼里之北为“景行里”，再北为“北市”，洛水之南相对于“南市”。故而隋唐时这里是商船如织的河港繁华地段。《元河南志》载：“天下之舟所集，常万余艘，填满河洛，商贩贸易车马填塞。”

（7）平泉朝游

平泉，唐武宗时为宰相李德裕的别业园林，称“平泉山庄”。《旧唐书·李德裕传》载“东都伊阙南置平泉别墅，清流翠筱，树石奇幽”。平泉山庄规模宏大，“平泉庄周围十里，构筑台榭百余所，天下奇花异草，珍松怪石，靡不毕致其间。”宋时山庄被毁弃用，至明清时期已成了山野。

（8）邙山晚眺

邙山位于洛阳市北，黄河南岸，在洛阳城北横亘而过，海拔 300m 左右，为黄土丘陵地。邙山为洛阳北面之屏障，不仅是洛阳北面的黄河的自然提防，而且为自古兵家必争之地。同时也是古人丧葬的理想场所，素有“生在苏杭，葬在北邙”之说。

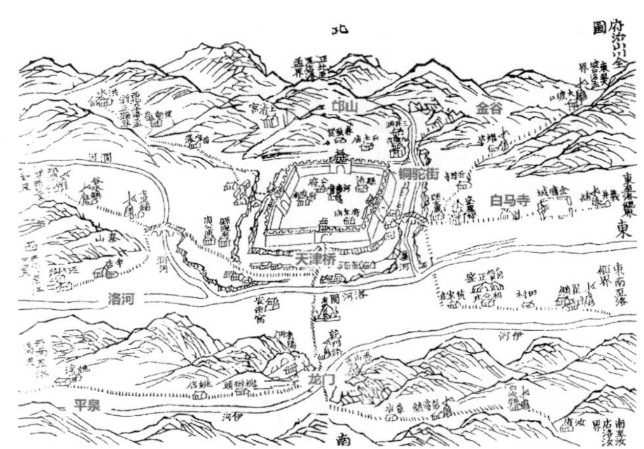

图 1 洛阳八景在清乾隆《河南府志》府志山川全图中的分布

2.2 洛阳八景特点

城市历史景观是一种城市居民的文化景观[12]，《保护世界文化和自然遗产公约》中对于文化景观的类型划分中有一类为“有机进化的景观”[13]，洛阳八景所具有的悠远稳固性、历史层积性与其有着相似的特点。

（1）悠远稳固

如“西湖十景”“燕京八景”“羊城八景”等地区八景，随着时代的改变而发生着演替。但洛阳八景却鲜有改变。除龚崧林任洛阳县知县时作《续十二景诗》，在续十二景的基础上发展出了洛阳八小景外，八大景在确定之后就未发生改变。

（2）历史层积

“境非独谓景物也。喜怒哀乐，亦人心中之一境界”[14]。洛阳八景作为凝聚了洛阳地方乡民记忆的历史文化景观，其依托于山水古迹的城市意境代代相传（表 1）。自然山水和地域文化的有机统一，传承着城市文脉。从中可以看出，到了唐代，经过数百年的层积洛阳八景已基本形成（图 2）。

洛阳八景的层积性 **表 1**

洛阳八景	山水载体	历史景源依托	时期	历史事源依托	时期
龙门山色	龙门山、香山、伊河	龙门石窟	北魏（493 年）	伊阙之战	春秋战国（前 293 年）
		香山寺	北魏（516 年）	置八关都尉	东汉（184 年）
		白公墓	唐（846 年）	开凿龙门石窟	北魏（493 年）
		《龙门二十品》碑	南朝（496～520 年）	香山赋诗夺锦袍	武周（约 700 年）
马寺钟声	邙山、洛河	白马寺	东汉（68 年）	《四十二章经》	东汉（约 68～73 年）
金谷春晴	邙山、金谷涧	齐云塔院	东汉（69 年）	绿珠坠楼	西晋（300 年）
		金谷园	西晋（约 290 年）	金谷二十四友	西晋（296 年）
洛浦秋风	洛河	魏王堤	唐（约 641 年）	河图洛书	东周（约公元前 500 年）
		窈娘堤	唐（约 685 年）	洛神	先秦
		—	—	《洛神赋》	三国（222 年）
天津晓月	洛河	天津桥	隋（605 年）	邵康节闻鹃声知天下乱	北宋（约 1067 年）
铜驼暮雨	洛河、瀍河	铜驼陌	隋（605 年）	铜驼荆棘	西晋（291 年）
平泉朝游	龙门山、伊河	平泉山庄	唐（约 840 年）	诫子孙	唐（约 849 年）
		醒酒石	唐（约 840 年）	—	—
邙山晚眺	邙山、邙渠	东汉帝陵	东汉（25～220 年）	老子邙山炼丹	周（前 520 年）
		曹魏帝陵	曹魏（213～266 年）	邙山大捷	南北朝（564 年）
		西晋帝陵	西晋（266～316 年）	—	—
		北魏帝陵	北魏（386～534 年）	—	—
		上清宫	唐（666 年）	—	—

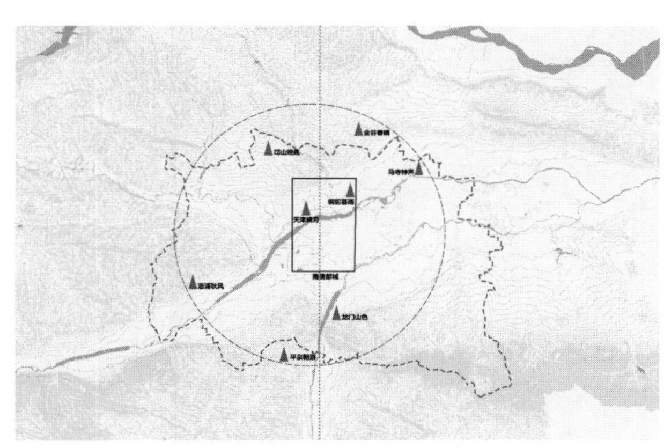

图 2　隋唐时期洛阳八景分布图

3　古代洛阳八景的功能解译

八景作为传统城镇中文化空间的重要组成成分，在其城市发展的进程中有着重要且多重的功能。八景中景致的选取代表着当地各个阶层中认可度最高的几处景色，蕴含着古人传统的营建智慧，这些风景中也包含着城镇中重要的公共空间，为民众提供着日常休闲游憩的场所。传统文化中“智者乐水，仁者乐山，君子比德于山水”的哲学思想，使风景作为审美的主体，同时也起着对民众的教化。

3.1　政治文化教化

（1）宗教伦理的教化

宗教作为封建统治者教化国民的有效途径，作为古都的洛阳，其八景中蕴含的宗教教化功能起着极其重要的影响。龙门山与邙山为河洛平原发展的重要山脉，自夏商起统治者便有祭祀活动，祈祷国泰民安，百姓幸福。作为原始宗教影响着先民的生活。东汉（68 年）中国第一座佛教寺庙白马寺建立，佛教便开始成为封建统治者维持社会长治久安的工具。公元 493 年孝文帝迁都洛阳，开始了龙门石窟的营建，持续时间长达 400 年[15]。洛阳八景中与佛教相关的场所有四处（表 2），其中作为洛阳八景中的前两景的龙门山色和马寺钟声，其宗教影响一直延续至今。

宗教相关八景 **表 2**

八景	相关宗教
龙门山色	佛教
马寺钟声	佛教
洛浦秋风	民间信仰
邙山晚眺	道教

（2）家园意识的教化

家园意识是一种人对于故土持久而执着的依恋之情。洛阳作为中华文化的重要发源地之一，对于民众家园意识的影响是深远的。影响最为深远的便是“生在苏杭，葬在北邙”中的邙山，“邙，亡人之乡也”[16]，这里埋葬着自东汉至明清各个时期的皇帝及名人权贵。已经探明的帝陵包括东周时期的王墓 8 座，东汉帝陵 5 座，曹魏帝陵 1 座，西晋帝陵 5 座，北魏帝陵 4 座，五代后唐帝陵 1

座。除此之外，“平泉朝游”同样有此表现。清乾隆《洛阳县志》中《平泉朝游》相关的10首诗中，6首都涉及到了“诫子孙”此典故。平泉山庄之主李德裕教导后代“留此林居，贻厥后代。鬻吾平泉者，非吾子孙也；”《全唐诗》记载132首李德裕诗作，其中82首是他在外做官怀念平泉山庄时写的。展示出家园对其的重要性。再如天津晓月，天津桥也名洛阳桥，以闽南客家人为代表的华人在全球各地兴建的洛阳桥，就是“根在河洛”这一家园意识的具体表现。

3.2 公共休闲游憩

（1）风景组成

洛阳八景的物质空间组成可以分为自然景观和人为景观（表3），自然景观中包括如龙门山、邙山、伊河等城市山水，以及花草虫鱼等生物景观。人为景观主要为石窟、寺庙、桥梁等构筑物。八景中的7处人为景观的建造都有着山水的依托，体现着我国传统城市营建中“天人合一”的营建理念。

（2）时空分布

从方位的分布来看，八景主要分布于6个方位，均衡且对称，满足来自各个方位游人的需求。邙山与龙门山构成了城市南北向的中轴线，洛水穿城成为东西向的轴线。八景沿轴而布，整体分散亦有积聚，“天津晓月”横跨“洛浦秋风”，“平泉朝游”背依龙门山色。在季节的分布上，八景中有四景可供游人四季观赏，除此之外也有专门针对某一季节而形成的季向景观，如金谷春晴与洛浦秋风。既有可全日观赏的，也有专门强调某一时刻重要性的时间景观，如天津晓月与铜驼暮雨（表3）。

洛阳八景体系构成 **表3**

洛阳八景	风景组成	方位布局	季节分布	时辰分布	游憩方式	游憩体验
龙门山色	龙门山、香山、伊河、香山寺、龙门石窟	南	四季	全日	远观、近赏	视觉、听觉、触觉、味觉
马寺钟声	白马寺、齐云塔院	东北	四季	全日	近赏	视觉、听觉
金谷春晴	亭、台、楼、阁、花、草、虫、鱼、金谷涧	东北	春	全日	近赏	视觉、触觉、嗅觉
洛浦秋风	洛河、魏王堤、窈娘堤	西	秋	全日	近赏	视觉、触觉
天津晓月	天津桥、洛河、月	中	夏	早晨	远观、近赏	视觉、听觉
铜驼暮雨	洛河、商船、雨	中	夏	傍晚	近赏	视觉、听觉
邙山晚眺	邙山、古墓、洛阳城	北	四季	夜晚	远观、近赏	视觉、听觉
平泉朝游	伊河、亭、台、楼、阁、花、草、虫、鱼	西南	四季	早晨	近赏	视觉、味觉

（3）游憩体验

对于八景的游憩方式主要为远观和近赏两种，但无论是哪一种都离不开感官的体验，感官上的体验分为五种，视觉、嗅觉、触觉、听觉、味觉（表3）。明诗人邱起凤荡舟伊河上目睹“凿断层崖伊水流，巃嵸双阙壮金瓯。”的壮景，感受着“雨浮爽气清来阁，风送晴岚翠幌楼。”的风清气爽，“载酒波心停去棹，扶筇洞口豁吟眸。”饮酒作诗，诗声朗朗。视觉、听觉、触觉、味觉的多感融合，主客体的融合，展现着人与自然的和谐相处。

4 洛阳八景对城市历史景观建设保护的启示

（1）以洛阳八景为核心的城市历史景观整体性保护

城市历史景观强调城市遗产及其环境的整体性[17]，在中国，城市空间所承载的人文意义越重要，越是被优先布置在城市风景资源富集的区位或风景网络秩序的焦点处[18]。最为典型的便是龙门山色、邙山晚眺二景，位于洛阳城市中轴线的两端，为除了皇城之外最为重要的焦点（图3）。洛阳八景的序列组成中，既有以马寺钟声、天津晓月为代表的点状城市空间，也有以洛浦秋风为代表，贯穿洛阳全城的线状城市空间，还有以龙门山色、邙山远眺为代表的面状城市空间。其“点—线—面”的整体性组合形成了可以影响城市大部分地区的城市历史景观。对城市历史景观的保护也应遵循其整体性的原则。

（2）城市郊野风景的选址

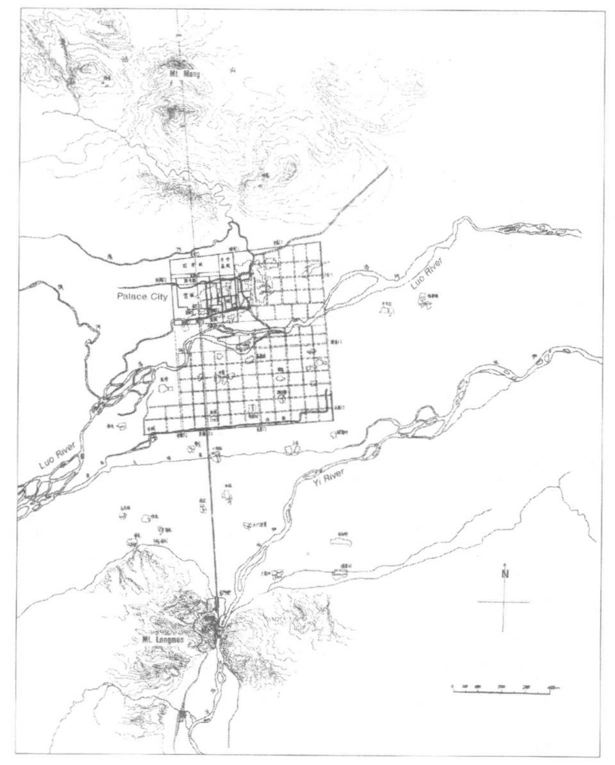

图3 洛阳城建址复原及周边地理形式图
（图片来源：引自吴良镛《中国古代城市史纲》）

城市历史景观除“历史中心”的概念之外，它还包括更广阔的城市背景及其地理环境[19]。中国的统治者自古便有在城郊自然地带开辟苑囿的喜好，同样的文人名士也在城郊寻求山水胜地造园。石崇的金谷园便是其中代表，原址位于邙山南麓的袋形浅谷中，谷中有溪，背依邙山，俯瞰伊洛，远望东南嵩山太室、少室二峰，西南可望伊阙龙门[20]，正南眺望万安山，其选址追求自成天然意趣而不烦人工。再如平泉朝游的选址：“乔处士隐沦空谷”，选于环两山之间的空谷地带，才能有“飞泉挂空，如决天浔。万仞悬注，直贯潭心。月正中央，洞见浅深。群山无影，孤鹤时吟。”的壮丽场景。

（3）八景的传承与发展

根据清乾隆《洛阳县志》中洛阳八景的组图（图 4）可以看出，当代洛阳八景中除龙门山色和洛浦秋风之外，其余六景都已部分或全部消失而失去其功能，以马寺钟声为例，虽然白马寺依然存在，但作为强烈文化符号的钟声却在喧嚣的城市中消失了，这种独特的意境是应该保护和传承的城市文脉[21]。以视觉观赏为主的，如邙山晚眺、天津晓月等风景则可以通过视线控制、建筑物限高等方法保存其传统风貌。而诸如金谷春晴、平泉朝游这些早已消失的风景则提醒我们，是否可以像新西湖十景一样，伴随着城市的发展而出现新的八景，这也是每一位城市建设者需要思考的问题。

图 4　洛阳八景组图
（图片来源：引自清乾隆《洛阳县志》）
从上到下、由左至右依次为：龙门山色、马寺钟声、金谷春晴、洛浦秋风、天津晓月、铜驼暮雨、平泉朝游、邙山晚眺

参考文献

[1]　张廷银．地方志中“八景”的文化意义及史料价值[D]．北京：北京林业大学，2003.

[2]　何林福．论中国地方八景的起源、发展和旅游文化开发[J]．地理学与国土研究，1994(02)：56-60.

[3]　冉毅．宋迪其人及“潇湘八景图”之诗画创意[J]．文学评论，2011(02)：157-164.

[4]　耿欣．“八景”文化的景象表现与比较[D]．北京：北京林业大学，2006

[5]　智伟静．浙江省“八景”文化景观探究[D]．杭州：浙江农林大学，2013.

[6]　戴林利．明清时期重庆“八景”分布及其文化研究[D]．重庆：西南大学，2009.

[7]　常肖．明清时期山西“八景”文化的历史考察[D]．南宁：广西民族大学，2018.

[8]　周琼．“八景”文化的起源及其在边疆民族地区的发展——以云南“八景”文化为中心[J]．清华大学学报(哲学社会科学版)，2009，24(01)：106-115+160.

[9]　李久昌．古代洛阳都城空间演变研究[D]．西安：陕西师范大学，2005.

[10]　王铎．洛阳古代城市与园林[M]．内蒙古：远方出版社，2005

[11]　侯超英，刘福兴．洛阳山水[M]．北京：九州出版社，2003.

[12]　Smith J. The Marrying of the Old with the New in Historic Urban Landscapes[M]//Ron van Oers and Sachiko Haraguchi (eds). Managing Historic Cities. World Heritage Papers Series No. 27. Paris，2010.

[13]　UNESCO. Convention Concerning the Protection of the World Cultural and Natural Heritage[EB/OL]. [1992-12]. http：//whc. unesco. org/

[14]　王国维．人间词话[M]．上海：上海古籍出版社．1998.

[15]　洛阳市地方史志编纂委员会．洛阳市志[M]．郑州：中州古籍出版社．1996.

[16]　夏征农．辞海[M]．上海：上海辞书出版社．2009.

[17]　张文卓，韩锋．城市历史景观理论与实践探究述要[J]．风景园林，2017(06)：22-28.

[18]　王树声．重拾中国城市规划的风景营造传统[J]．中国园林，2018，34(01)：28-34.

[19]　UNESCO. 城市历史景观保护方法详述[M]．France.：United Nations Educational. 2013

[20]　王铎．东汉、魏晋和北魏的洛阳园林[C]．中国古都学会．中国古都研究(第七辑)——中国古都学会第七届年会论文集．中国古都学会：中国古都学会，1989：34.

[21]　高翅．人与天调 以文载道 写在风景园林学一级学科设立之际[J]．风景园林，2011(02)：31-32.

作者简介

王毅磊，1995 年生，男，河南洛阳人，华中农业大学风景园林系在读硕士研究生。研究方向为可持续风景园林规划设计。电子邮箱：hzauwyl@foxmail. com。

赵烨，1989 年生，女，山东淄博人，华中农业大学风景园林系在读博士研究生。研究方向为可持续风景园林规划设计。

高翅，1965 年生，男，安徽合肥人，华中农业大学风景园林系教授，博士生导师。研究方向为可持续风景园林规划设计。

国外城市绿地与人类健康关系研究进展

Research Progress on the Relationship between Urban Green Space and Human Health Abroad

陈 鸣 熊和平

摘 要：目前，健康问题日益受到人们的重视，绿地建设也逐渐成为改善人们健康状况的重要手段。以 Web of Science 数据库中 1998～2018 年关于城市绿地与人类健康研究的文献作为分析对象，运用信息可视化软件 CiteSpace 进行数据挖掘，客观展现文献研究国家及重点学科领域分布，通过高被引文献提炼出该领域的知识基础，利用关键名词术语共现分析把握研究热点，研究表明：①城市绿地与人类健康关系的研究近年来呈增长趋势，美国在该研究领域优势明显；②该研究领域所发的文献主要集中在与环境、生态等相关的学科；③绿地对健康的影响效应、城市绿地分布差异及指标、影响绿地感知的因素和对于城市生态系统服务的研究是热点研究领域。以期为我国城市绿地与人类健康关系的研究提供有价值的参考。

关键词：城市绿地；人类健康；CiteSpace；研究综述

Abstract: At present, people pay more and more attention to health problems, and green space construction has gradually become an important means to improve people's health. Taking the documents on urban green space and human health research from 1998 to 2018 in the Web of Science database as the analysis object, the data mining is carried out by using the information visualization software CiteSpace, which objectively shows the distribution of national literature research and key subject areas. the knowledge base in this field is extracted by highly cited documents, and the research hotspots are grasped by co-occurrence analysis of key terms. the research shows that: ① the research on the relationship between urban green space and human health has shown an increasing trend in recent years, and the United States has obvious advantages in this research field; ② Literature published in this research field is mainly concentrated on the disciplines related to environment, ecology, etc. ③ The research on the effect of green space on health, the difference and index of urban green space distribution, the factors affecting green space perception and the service of urban ecosystem are hot research fields. In order to provide valuable reference for the study of the relationship between urban green space and human health in our country.

Keyword: Urban Green Space; Human Health; Citespace; Review

引言

健康一直是人们关注的话题，1978 年国际初级卫生保健会议发布《阿拉木图宣言》，首次将健康提升到战略层面的高度[1]。我党的十九大报告将健康中国战略纳入国家发展的基本方略，健康中国建设进入全面建设实施阶段[2]。根据联合国世界卫生组织的研究，健康由个人生活行为方式（60%）、环境（17%）、父母遗传（15%）和医疗技术与设施（8%）四个因素所决定[3]，城市绿地能够在有效改善环境的同时，改变人类的生活方式，从多方面对人类健康产生积极影响。

“城市绿地”指的是城市中覆盖着植被或是植物群落的开放区域[4]，能够改善生态、提供休憩场所和美化城市[5]，有益于人类健康和城市更新[6]。国内关于城市绿地与人类健康的探讨，王晓俊[7]从审美偏爱、情绪控制和园艺治疗等方面总结了城市中的植被与人类身心健康的关系；吴志萍[8]等从空气负离子、颗粒物、噪声和空气微生物的角度研究了城市绿地对于人体健康的作用，房城[9]等分析了城市绿地绿视率、小气候等因子与居民生理健康、心理健康以及社会适应能力和道德健康的关系。

本文基于“文献追踪”视角，以自 1998～2018 年间 20 余年的国外城市绿地与人类健康领域研究的核心文献数据为研究对象，运用信息可视化软件 CiteSpace，对引文和被引文献进行数据挖掘，客观展现该领域的研究发展趋势和热点，以期为我国城市绿地与人类健康关系的研究提供有价值的参考。

1 研究方法与数据采集

1.1 知识图谱及 CiteSpace

科学知识图谱是以科学知识为计量研究对象，显示科学知识的发展进程与结构关系的一种图形，属于科学计量学范畴[10]。其基本原理是分析单位（科学文献、科学家、关键词等）的相似性及测度，根据具体不同的方法和技术可以绘制不同类型的科学知识图谱[11]。目前，倍受欢迎并得到广泛运用的知识图谱工具 CiteSpace 能够对特定领域的文献集合进行计量，从而探寻学科领域演化的关键路径及知识拐点，分析学科演化潜在动力机制，探测学科发展前沿[12]。

1.2 数据来源

精准且全面地检索到所研究主题的核心文献对于科

学地绘制知识图谱是十分关键的[12]。Web of Science（以下简称 WOS）囊括了 SCIE、SSCI、A&HCI 三大引文数据库，所包含的全球范围内最具影响力的高质量期刊文献能够反映国际科研技术水平[13]。本文研究所采用的数据全部来源于 WOS 的核心数据库，检索条件设置为：主题=（“urban green space $” OR “urban green”） and （“health *”），文献类型=（Article），语种=（English），时间范围设置为 1998～2018 年，检索截止日期为 2018 年 10 月 23 日，经过 CiteSpace① 软件除重处理后，得到有效文献 466 篇。由图中（图 1）可以看出，2003 年才出现有关城市绿地与人类健康关系的研究，直到 2013 年开始文献数量出现大幅增长，显示出学界对于该领域的研究关注度不断增强。

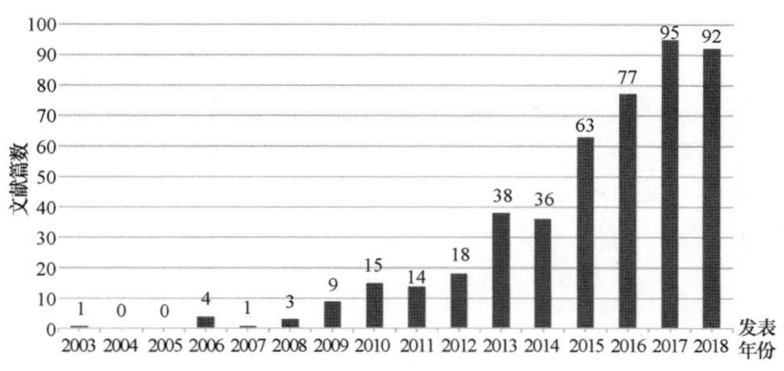

图 1　文献年份分布情况

2　研究文献的国家及学科领域分布

2.1　国家及地区分布

运用 CiteSpace 对所检索文献的研究国家及地区的分布进行可视化分析（图 2），图谱信息 $N=37$ 表明有 37 个国家和地区涉及城市绿地与人类健康关系的研究，其中，排名前五的国家在该领域的发文数量具有明显优势（表 1）。在 CiteSpace 知识图谱绘制中，节点是构成知识网络的基础，而中介中心性（Betweenness Centrality）是测度某一节点在网络中重要程度的指标，将中介中心性≥0.1 的节点视为关键节点[14]，这类节点通常是连接两个不同领域的关键枢纽[15]。结果显示，美国的发文数量和中介中心性均排在首位，表明美国在城市绿地与人类健康关系研究领域处于绝对领先地位。从平均发文年份来看，英国的研究起步最早，显示出其对于人类健康与城市绿地关系研究的高敏锐度。

发文数量排名前五的国家和地区　　表 1

序号	发文数量（篇）	中介中心性	国家	发文年份
1	97	0.54	USA（美国）	2010
2	75	0.23	ENGLAND（英国）	2006
3	68	0.10	PEOPLES R CHINA（中国）	2011
4	42	0.16	GERMANY（法国）	2012
5	42	0.19	AUSTRALIA（澳大利亚）	2010

① 本文使用的 CiteSpace 为 5.4.R3（64-bit）版本。

图 2　文献的研究国家及地区分布

2.2　学科领域分布

利用 CiteSpace 对城市绿地与人类健康关系研究领域的学科进行分析（图 3），结果显示，环境科学与生态学、环境研究和城市研究等学科领域发文数量最多，而中介中心性较高的学科为环境科学与生态学、环境研究、公共、环境和职业健康等学科（表 2），显示出其在该研究领域起到了加强不同学科之间联系的纽带作用。

发文数量前十的学科领域　　表 2

序号	学科领域	文献数量（篇）	中介中心性
1	Environmental Sciences & Ecology（环境科学与生态学）	310	0.44
2	Environmental Studies（环境研究）	182	0.39
3	Urban Studies（城市研究）	144	0.21
4	Environmental Sciences（环境科学）	136	0.15
5	ECOLOGY（生态学）	90	0.22
6	Public, Environmental & Occupational Health（公共、环境和职业健康）	85	0.28
7	Forestry（林学）	78	0
8	Geography（地理学）	73	0.15
9	Plant Sciences（植物科学）	71	0
10	Physical Geography（自然地理学）	64	0.09

图 3　学科领域共现图谱

3 知识基础

高频被引文献表征城市绿地与人类健康关系研究领域的知识基础。对文献进行共被引分析（图 4），将被引频次排名前 10 位的文献进行整理（表 3）。Maas J 有 3 篇文章进入被引前 10 位，体现出在该研究领域的重要影响力，其中最早的为 2006 年发表的“Green space，urbanity，and health：how strong is the relation?”。通过对高被引文献进一步阅读和分析，得出关于城市绿地与人类健康关系研究的知识基础集中在以下几个主题：“城市绿地对于人类健康的积极作用”“绿地的定量分布情况对人类健康的差异性影响”“与城市绿地相关的社会问题”。

高频被引文献（前十位） 表 3

序号	被引频次	文献标题	第一作者	年份
1	67	Urban green space，public health，and environmental justice：The challenge of making cities ‘just green enough’	Wolch J R	2014
2	59	Effect of exposure to natural environment on health inequalities：an observational population study	Mitchell R	2008
3	56	Nature and Health	Hartig T	2014
4	54	The health benefits of urban green spaces：a review of the evidence	Lee ACK	2011
5	40	Green space as a buffer between stressful life events and health	van den B	2010
6	37	Urban greening to cool towns and cities：A systematic review of the empirical evidence	Bowler D E	2010
7	37	Morbidity is related to a green living environment	Maas J	2009
8	36	Social contacts as a possible mechanism behind the relation between green space and health	Maas J	2009
9	36	The relation between perceived sensory dimensions of urban green space and stress restoration	Grahn P	2010
10	34	Green space，urbanity，and health：how strong is the relation?	Maas J	2006

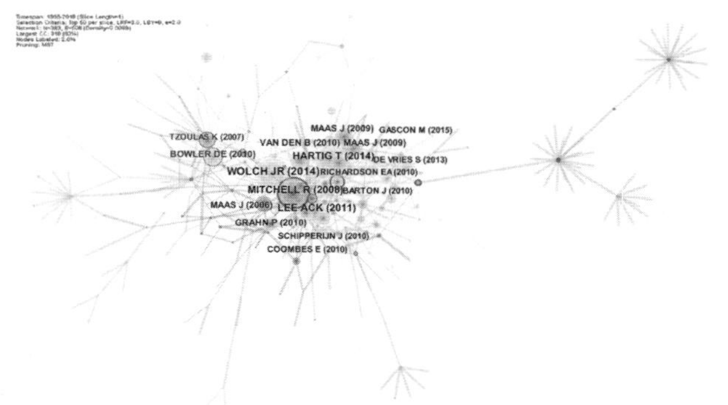

图 4 文献共被引分析图谱

3.1 城市绿地对于人类健康的积极作用

Hartig T 等[16]重点关注与规划设计相关的物理环境以及相关政策措施，在证实了与自然接触对人类健康有益的同时，归纳出影响人类健康的主要因素包括空气质量、体育活动、社会凝聚力和压力释放等几个方面，引导学界进一步研究这些不同因素在人与自然接触过程中对于人类健康影响的相关度。Bowler D E 等[17]研究了城市绿地对于城市区域的降温效果及其作用机制，并且关注了不同类型绿地的具体降温效应，引领学界对绿地降温效应的关注转向绿地外部。

3.2 城市绿地的分布情况对人类健康影响的差异

Maas J 等[18]通过实验，得出了人们生活环境中绿地的百分比与居民的整体健康状况呈正相关的结论，且证实了不同城市化水平地区的城市绿地对于人类健康促进作用存在差异，提出绿色空间的发展应该占据更重要的位置。van den B 等[19]通过对于受访者样本的研究，发现三公里半径范围内的绿地，对于减轻生活压力对健康的负面影响调节作用显著。Maas J 等[20]利用电子病历记录和城市绿地百分比数据研究了城市绿地分布情况与各类疾病发病率之间的关系，强调了临近住区的城市绿地对于儿童和低收入群体的重要性，引导在绿地建设中关注对于弱势群体的关怀。

3.3 与城市绿地相关的社会问题

Wolch J R 等[21]通过比较中美城市绿地的建设，发现城市绿地配置不均衡导致的乡绅化现象会对公共健康产生影响，引导人们将城市绿地建设作为环境正义问题来考虑。Mitchell R 等[22]通过定量的研究发现，收入差异导致的健康不公平问题可以通过接触城市绿地得到缓解，使得弱势群体的健康状况在关于绿地的研究和建设中得到更多的关注。Lee A C K 等[23]对研究绿地与人类健康关系的文章进行总结，按其研究方法和关联强度进行了分级评估，归纳出影响人类体育活动和绿地使用的环境以及使用者决定因素，引导进一步量化绿地与城市健康之间的关联性，同时提出要将社会心理和经济因素纳入考虑范围。Maas J 等研究了一万多名荷兰居民的社交和健康状况，以及他们周围不同范围内的绿地百分比，旨在探寻社交是否是绿地与健康之间关系背后的潜在机制。结果表明生活环境中的绿地数量不仅影响人类健康，还对人们的孤独感和社会支持的缺乏存在积极影响，尤其是对于老人、儿童和经济地位低的群体[24]。

4 研究热点

研究热点是指在某一段时间内，内在联系和数量较多的一组文献所研究和探讨的科学问题[25]。利用 CiteSpace 进行共词分析可以得到该领域的研究主题，在此以共词分析及其聚类的结果表征城市绿地与人类健康研究领域的研究热点。

CiteSpace 分析共词的方法有两种，分别是直接分析文献的原始关键词；分析从文献的标题、摘要等中提取的名词性术语，后者能够更加深入的分析文献内容，在此选择对名词性术语进行共词分析（图 5），导出位列前 20 的关键性术语（表 4）。其中"城市区域"、"体育活动"、"心理健康"和"空气污染"等关键性名词术语具有较高的中介中心性，体现出这些具体研究方面在城市绿地与人类健康关系研究中的重要地位。

图 5 关键名词性术语共现图谱

对所得到的名词性术语进一步聚类，进而探寻城市绿地与人类健康关系研究方面的热点。共得到聚类 28 个，其中主要聚类 12 个，采用 LLR 算法（Log-Likelihood Ration）选取排名靠前的标题词作为各聚类的标签，聚类编号沿用 CiteSpace 软件所得结果（表 5）。

高频名词性术语（前 20） 表 4

名词性术语	频次	中心性	关键名词术语	频次	中心性
城市区域（urban area）	75	0.15	城市公园（urban parks）	28	0.04
体育活动（physical activity）	58	0.22	自然环境（natural environment）	25	0.03
人类健康（human health）	51	0.08	城市居民（urban residents）	24	0.07
绿色区域（green area）	39	0.11	健康益处（health benefits）	19	0.07
生态系统服务（ecosystem service）	37	0.07	城市规划者（urban planners）	14	0.02
公众健康（public health）	32	0.08	气候变化（climate change）	14	0.07
城市环境（urban environment）	30	0.06	城市水体（blue space）	13	0.02
心理健康（mental health）	29	0.10	重要关联（significant association）	12	0.01
城市规划（urban planning）	29	0.02	空气污染（air pollution）	12	0.11
城市绿色基础设施（urban green infrastructure）	28	0.04	归一化植被指数（normalized difference vegetation index）	11	0.04

名词性术语主要聚类信息 表 5

聚类编号	文献规模	Silhouette 平均轮廓值	年份	聚类标签（LLR 算法）
#0	23	0.642	2014	urban park（城市公园） air purification（空气净化） urban agriculture（都市农业）
#1	16	0.735	2016	environment-related attitude（环境相关的态度） urban greenery（都市绿化） natural sound（自然声音）
#2	16	0.741	2016	nature-based solution（基于自然的解决方案） health risk assessment（健康风险评估） heavy metal contamination（重金属污染）

续表

聚类编号	文献规模	Silhouette 平均轮廓值	年份	聚类标签 (LLR 算法)
#3	16	0.783	2015	urban communities (都市社区) natural environment (自然环境) understanding relationship (理解关系)
#4	14	0.762	2016	area-level green space (区域级地) adult mortality (成人死亡率) urban green (都市绿化)
#5	13	0.772	2014	psychological effect (心理效应) young male (年轻男性) heat stress (热应力)
#6	13	0.850	2016	park-based physical activity (基于公园的体育活动) park visitation (公园游览) play-scape installation (景观装置)
#7	6	0.815	2016	health determinant (健康决定因素) south european setting (南欧环境) sports activities (体育活动)
#8	9	0.884	2014	compact city (紧凑城市) environmental education (环境教育) sustainable city (可持续城市)
#9	9	0.861	2015	physical activity (体育活动) urban green space (城市绿地) health indicator (健康指标)
#11	5	0.987	2015	european cities (欧洲城市) natural outdoor environment (自然户外环境) possible mechanism (可能机制)
#12	3	0.961	2016	social-ecological innovation (社会生态创新) user participation (用户参与) mapping stakeholder involvement (图示利益相关者的参与)

对各聚类中的关键文献进行整理归纳，得出有关城市绿地与人类健康关系研究的热点主要集中在以下几个方面。

4.1 绿地对于人类健康的影响效应

大量研究结果证实了城市绿地有利于减少健康方面的问题和缓解人们的心理压力。Richardson E A 等[26]通过研究新西兰受访者健康状况的截面数据，发现绿地率较高社区的居民心血管疾病和患心理健康问题的风险较低。Alcock I 等[27]研究了英国家庭的调查样本数据，结果显示向较多绿地的城市区域迁移能够持续地改善精神健康。Van den Berg[28]等通过研究被试者观看恐怖电影后的情绪恢复情况，比较城市街道和不同类型的城市绿地对人情绪恢复作用的影响。结果显示，城市绿地相较于城市街道景观更有助于人的压力情绪恢复。Triguero M 等[29]对西班牙加泰罗尼亚接受访谈的成年人的截面数据进行了研究，结果表明在不同的城市化、经济地位和性别下，绿色空间都能带来更好的自我认知和心理健康。城市绿地在提高居民生活质量的同时，其中植物的花粉传播也对过敏患者的健康造成影响，Carinanos P 等[30]2017 提出了一个量化城市公园致敏性的指数，在西班牙 24 座城市的 26 个绿地进行了应用并证实了其有效性，为之后的规划设计和管理提供了有用的工具。

4.2 城市绿地分布及指标评价

城市绿地的分布情况、数量和可达性等因素会影响其积极作用的发挥。Nutsford D 等[31]研究发现减少到可用绿地的距离以及增大社区可用绿地的比例等措施有益于缓解居民的焦虑情绪。Zhang Wenjuan 等[32]使用在线的方式调查了北京年轻居民使用城市绿地进行体育活动的方式，结果表明散步、观光等低强度活动是最常见的活动形式，居住环境、植被质量和城市绿地的可达性都是影响居民满意度的重要因素。Akpinar A 等[33]通过对 420 名受试者的数据分析发现，距离城市绿地较近的距离和绿地较高的质量与更为频繁的体育活动密切相关，进而会为居民带来更佳的健康状况。Zhang Yang 等[34]对荷兰两个人口和绿地数量相似的社区比较发现，城市绿地的可达性和可用性有助于提高人们对于社区的满意度。

也有学者考虑到影响城市绿地发挥其作用的地域因素。Saw Le E 等[35]对热带国家新加坡进行研究发现，城市绿地对当地人的福祉没有明显影响，与温带地区的研究结果相矛盾，提出对热带地区的城市绿地效用进行进一步研究。Schipperijn J 等[36]考虑到由于城市结构的差异，来自北美和澳大利亚对于绿地的研究可能并不直接适用于欧洲，通过研究发现在欧洲城市绿地的总量和到城市绿地的距离与体育活动之间没有发现明显相关性，而城市绿地的规模和特征会影响对于体育活动的吸引力。de K C 等[37]对西班牙部分地区的死亡率数据进行分析发现，绿地对于死亡率的降低只在社会经济地位较低的地区得以体现。

4.3 影响城市绿地感知的因素

Sang A O 等[38]对居住在瑞典哥德堡市不同绿地附近的居民进行调查，结果显示居住在绿地附近的居民在绿地中进行更多的活动，同时具有更高的幸福感和审美感知。此外，就性别和年龄的影响而言，女性和老年人在绿地中感受到的审美价值和幸福感也更高。Gunnarsson B 等[39]2017 通过对受访者的反馈进行研究发现，人们对于城市绿地的主观美感感知与该区域生物多样性的高低呈现高度一致，因而规划者需要为居民提供物种丰富的城市绿地。

4.4 对于城市生态系统服务的研究

Niemela J 等[40]讨论了芬兰功能性城市区域中重要生态系统服务的类型和功能，以此补充目前所缺乏的城市区域中生态系统功能的相关信息，改善土地规划利用的知识基础。Diane E Pataki 等[41]提出了一个框架将生物地球化学过程整合到绿色基础设施的设计、实施和评估中，以此量化城市绿色基础设施中的生物地球化学过程，提高对城市生态系统服务的理解和利用。

5 结论

研究采用 CiteSpace 软件对近 20 年来外国城市绿地与人类健康关系研究的 466 篇核心文献进行了分析，明确了相关研究国家和机构的情况，厘清了该研究领域的知识基础及研究热点，对于我国进一步开展城市绿地与人类健康关系相关的研究具有积极指导作用。

城市绿地与人类健康关系的研究开始于 2003 年，2013 年开始有明显增长并保持。开展相关研究的国家达 37 个，英国最早开始，而目前美国处于领先地位。与环境和生态相关的学科在该研究领域有大量文献发表。

早期相关研究的知识基础主要集中在验证城市绿地对于人类健康的积极作用，也对具体的影响因素进行了探究，同时关注了绿地公平性等社会问题。目前所研究的热点除了利用不同方式验证城市绿地对人类健康的影响效应，也从绿地总量、可达性和可使用性等方面研究了影响城市绿地发挥积极作用的因素。此外，从人的感知差异和城市生态系统服务的角度进行了探索，目的都是通过更加有效的规划设计手段发挥城市绿地的积极功效。

参考文献

[1] 方鹏骞，闵锐．新常态下的健康中国建设[J]．中国卫生，2016(03)：65-67.

[2] 华颖．健康中国建设：战略意义、当前形势与推进关键[J]．国家行政学院学报，2017(06)：105-111+163.

[3] 世界卫生组织．1997 年世界卫生报告：征服疾病　造福人类，总干事报告[M]．人民卫生出版社，1998.

[4] Yang，Binzhang. Urban Green Spaces for Quality Life[J]. 2013.

[5] 房城．城市绿地的使用与城市居民健康的关系初探[D]．北京林业大学，2008.

[6] Swanwick C，Dunnett N，Woolley H. Nature，Role and Value of Green Space in Towns and Cities：An Overview[J]. Built Environment (1978-)，2003，29(2)：94-106.

[7] 王晓俊．城市·植被与人类身心健康[J]．中国园林，1995(01)：35-38.

[8] 吴志萍，王成．城市绿地与人体健康[J]．世界林业研究，2007(02)：32-37.

[9] 房城，王成，郭二果，等．城市绿地与城市居民健康的关系[J]．东北林业大学学报，2010，38(04)：114-116.

[10] 陈悦，刘则渊．悄然兴起的科学知识图谱[J]．科学学研究，2005(02)：149-154.

[11] 陈悦，刘则渊，陈劲，等．科学知识图谱的发展历程[J]．科学学研究，2008(03)：449-460.

[12] 陈悦，陈超美，刘则渊，等．CiteSpace 知识图谱的方法论功能[J]．科学学研究，2015，33(02)：242-253.

[13] 齐君，郝婷婷，唐雪琼．科学知识图谱视角下的绿色基础设施研究分析[J]．北京林业大学学报(社会科学版)，2015，14(04)：38-44.

[14] 科学知识图谱[M]．2008.

[15] 王俊帝，刘志强，邵大伟，等．基于 CiteSpace 的国外城市绿地研究进展的知识图谱分析[J]．中国园林，2018，34(04)：5-11.

[16] Hartig T，Mitchell R，de Vries S，et al. Nature and Health [J]. Annual Review of Public Health，2014，35(1)：207-228.

[17] Bowler D E，Buyung-Ali L，Knight T M，et al. Urban greening to cool towns and cities：A systematic review of the empirical evidence[J]. Landscape and Urban Planning，2010，97(3)：147-155.

[18] Maas J. Green space，urbanity，and health：how strong is the relation？[J]. Journal of Epidemiology & Community Health，2006，60(7)：587-592.

[19] van den Berg A E，Maas J，Verheij R A，et al. Green space as a buffer between stressful life events and health[J]. Social Science & Medicine，2010，70(8)：1203-1210.

[20] Maas J，Verheij R A，Vries S de，et al. Morbidity is related to a green living environment[J]. Journal of Epidemiology & Community Health，2009，63(12)：967-973.

[21] Wolch J R，Byrne J，Newell J P. Urban green space，public health，and environmental justice：The challenge of making cities 'just green enough'[J]. Landscape and Urban Plan-

ning, 2014, 125: 234-244.
[22] Mitchell R, Popham F. Effect of exposure to natural environment on health inequalities: an observational population study[J]. The Lancet, 2008, 372(9650): 1655-1660.
[23] Lee A C K, Maheswaran R. The health benefits of urban green spaces: a review of the evidence[J]. Journal of Public Health, 2011, 33(2): 212-222.
[24] Maas J, van Dillen S M, Verheij R A, et al. Social contacts as a possible mechanism behind the relation between green space and health. [J]. Health & Place, 2009, 15(2): 586-595.
[25] Chaomei Chen. CiteSpace II: Detecting and visualizing emerging trends and transient patterns in scientific literature [J]. Journal of the Association for Information Science and Technology, 2014, 57(3): 359-377.
[26] Richardson E A, Pearce J, Mitchell R, et al. Role of physical activity in the relationship between urban green space and health[J]. Public Health, 2013, 127(4): 318-324.
[27] Alcock I, White M P, Wheeler B W, et al. Longitudinal Effects on Mental Health of Moving to Greener and Less Green Urban Areas[J]. Environmental Science & Technology, 2014, 48(2): 1247-1255.
[28] Van den Berg A E, Jorgensen A, Wilson E R. Evaluating restoration in urban green spaces: Does setting type make a difference? [J]. Landscape and Urban Planning, 2014, 127: 173-181.
[29] Triguero-Mas M, Dadvand P, Cirach M, et al. Natural outdoor environments and mental and physical health: Relationships and mechanisms[J]. Environment International, 2015, 77: 35-41.
[30] Cariñanos P, Casares-Porcel M, Díaz de la Guardia C, et al. Assessing allergenicity in urban parks: A nature-based solution to reduce the impact on public health[J]. Environmental Research, 2017, 155: 219-227.
[31] Nutsford D, Pearson A L, Kingham S. An ecological study investigating the association between access to urban green space and mental health[J]. Public Health, 2013, 127(11): 1005-1011.
[32] Zhang W, Yang J, Ma L, et al. Factors affecting the use of urban green spaces for physical activities: Views of young urban residents in Beijing[J]. Urban Forestry & Urban Greening, 2015, 14(4): 851-857.
[33] Akpinar A. How is quality of urban green spaces associated with physical activity and health? [J]. Urban Forestry & Urban Greening, 2016, 16: 76-83.
[34] Zhang Y, Van den Berg A, Van Dijk T, et al. Quality over Quantity: Contribution of Urban Green Space to Neighborhood Satisfaction[J]. International Journal of Environmental Research and Public Health, 2017, 14(5): 535.
[35] Saw L E, Lim F K S, Carrasco L R. The Relationship between Natural Park Usage and Happiness Does Not Hold in a Tropical City-State[J]. d'Acquisto F. PLOS ONE, 2015, 10(7): e0133781.
[36] Peschardt K K, Stigsdotter U K. Associations between park characteristics and perceived restorativeness of small public urban green spaces[J]. Landscape and Urban Planning, 2013, 112: 26-39.
[37] de Keijzer C, Agis D, Ambrós A, et al. The association of air pollution and greenness with mortality and life expectancy in Spain: A small-area study[J]. Environment International, 2017, 99: 170-176.
[38] Ode Sang Å, Knez I, Gunnarsson B, et al. The effects of naturalness, gender, and age on how urban green space is perceived and used[J]. Urban Forestry & Urban Greening, 2016, 18: 268-276.
[39] Gunnarsson B, Knez I, Hedblom M, et al. Effects of biodiversity and environment-related attitude on perception of urban green space[J]. Urban Ecosystems, 2017, 20(1): 37-49.
[40] Niemelä J, Saarela S-R, Söderman T, et al. Usingthe ecosystem services approach for better planning and conservation of urban green spaces: a Finland case study[J]. Biodiversity and Conservation, 2010, 19(11): 3225-3243.
[41] Pataki D E, Carreiro M M, Cherrier J, et al. Coupling biogeochemical cycles in urban environments: ecosystem services, green solutions, and misconceptions[J]. Frontiers in Ecology and the Environment, 2011, 9(1): 27-36.

作者简介

陈鸣，1993年生，男，汉族，湖北荆门人，硕士，华中科技大学建筑与城市规划学院风景园林系，学生。电子邮箱：406665076@qq. com。

熊和平，1963年生，男，汉族，湖北武汉人，硕士，华中科技大学建筑与城市规划学院景观学系副教授。研究方向：城市绿地系统、风景名胜区规划。

国外高架桥下运动休闲利用对我国的启示①

The Utilization of Sport Leisure Activities under the Overpass in Foreign Countries and Its Enlightenment to China

殷利华* 杨 鑫

摘 要： 市民户外运动休闲活动大量的空间需求，与城市紧凑有限的用地格局形成了明显的矛盾，而大量闲置和消极利用的城市高架桥下空间为部分公共体育活动利用提供了可能。国外已有桥下空间开辟成各种体育休闲活动、激发空间活力的成功案例，而我国尚少涉及。本文采用文献研究、案例解析等方法，总结了高架桥下空间特征、可能开展的桥下运动休闲形式及问题，重点解析三个国外优秀案例，了解其场地周边环境特征、桥阴空间特点、运动项目设置特色、活动场地景观营建方法，从健康运动、人性关怀的角度，尝试探讨我国高架桥下开展各类合适的运动休闲类场所的基本条件和要求。

关键词： 风景园林；城市高架桥；运动休闲；人性关怀；桥阴空间及景观

Abstract: There is an obvious contradiction between the demand of urban outdoor sports and leisure activities space and the provision of limited public space. A large number of unused and passively utilized urban viaduct space provides the possibility for some public sports venues to open up. Overseas, there have been many successful cases that make use of the space under viaducts into a variety of sports and leisure activities to stimulate the vitality of space, but China is still less involved. By using the methods of literature study, case analysis and so on, this paper summarizes the space characteristics under viaducts, the possible forms and problems of sports and leisure under viaducts, and focuses on the analysis of three outstanding cases abroad. The three sports space under the viaduct are typical excellent cases of sports leisure utilization under the viaduct, and it is understood from the analysis that the surrounding environment characteristics of the venue, the characteristics of the space under the viaducts, the characteristics of sports items, the construction methods of the landscape of the sports venues. At the same time, combining with the human care to explore the basic conditions and requirements of various suitable sports and leisure places under viaducts in China.

Keyword: Landscape Architecture; Urban Overpass; Leisure Sports; Human Care; Space and Landscape Under Overpass

1 概述

随着人们对运动休闲类（leisure through sport 或 sport leisure[1]）体育运动参与度和积极性逐步增强，同时人们在余暇时间里自主选择参与的以身体运动为主要形式的休闲活动对其运动场地的需求也越来越大[2]，但城市中缺乏足够的场地设施仍是大众休闲运动面临的主要问题[3]。广大专家、城市规划师和景观师正在努力寻求和积极创造出适合城市居民的运动休闲的空间环境景观[4]。

大量存在，且多闲置的连续大体量城市高架桥下空间，是城市公共开放空间的一部分，虽具有典型“消极灰空间”特征[5]，但只要合理分析和综合利用，就能有效转化为方便服务市民休闲运动的“可特色利用的，积极型公共空间”。在靠近居住区的高架桥下，根据周边环境差异，适当设置建筑型或开放型的体育活动场所，可以提供更多的供周边居民使用[6]。例如，广州天河区奥林匹克中心附近的北环高速公路高架桥桥下的几家体育俱乐部，将桥下空间改造为足球场、篮球场、羽毛球场、溜冰场等[7]，为周边的居民提供了足够而经济的活动场所。

本文通过城市高架桥下空间成功改造设计作为运动休闲空间的三个国外优秀案例分析，旨在为我国桥下空间的运动休闲利用提供参考和借鉴。

2 高架桥下运动休闲利用的问题与原则

2.1 注意空间利用的安全与可达

（1）避免对桥下可能车行的视线遮挡

为了避免交通事故的发生，在营造高架桥下附属空间的各种景观功能时，应考虑必要的安全视角范围内的通视需求，并强化其对车行交通的视觉引导。

（2）避免对进入桥下活动行人的安全干扰

进入高架桥下场地的人流与桥外车流和交通之间的安全隐患要尽可能规避。开展运动休闲活动的开放性桥下空间[8]，周边附近尽量避免有大量机动车的市政干道通行，尽可能采用开辟地下通道、架设人行天桥或设置交通信号灯等多种形式人车分流，进行交通引导和控制，最

① 基金项目：本文受国家自然科学基金（51678260）、华中科技大学自主创新基金（2016YXMS053）、华中科技大学校级教改课题（2017041）同时资助。

大消除桥下人员进出交通安全隐患。

（3）确保桥下休闲活动安全

活动开设不会对高架桥结构本身安全造成影响，同时桥下活动项目自身安全系数较高。

2.2 桥下运动休闲空间利用原则

（1）因地制宜

充分论证分析所选桥段的交通利弊、周边环境条件优越性，避免可能的出入安全隐患和对周边环境的负面影响。城市高架桥下空间有明确空间界定区域，运动休闲活动需要充分考虑桥下空间的大小尺度匹配性。桥体周边尽量绿地环境为主，靠近居民区，且安全易达，桥下净空 8m 及以上能满足很多运动项目对空间竖向的要求[9]。

（2）以人为本

充分了解拟建空间段所辐射周边区域范围内居民年龄结构、知识水平、经济条件、时间成本等对场地活动的诉求特点，桥下运动休闲方式的选用需注意采光、噪声、振动、扬尘、梁柱、空间净空等可能对活动的影响。针对不同人群的运动休闲偏好多样化发展，选择相对最合适的运动休闲项目，采取积极补光、安全防护等措施，同时又注重景观艺术效果，合理布局富有活力和亲和力的项目空间[10]。

（3）可持续发展

城市高架桥下运动休闲空间设计应尊重当地历史文化特征，积极利用可能的周边自然环境条件，多渠道拓宽空间范畴，有机串联其他公园、商业综合体中运动休闲空间[11]，形成一个低成本、高质量，且低碳运营的运动休闲健康网络体系。

（4）开放公平

桥下运动休闲面向全体市民公共开放，市政投入保证场地正常运营。根据人口密度比例均衡布局，确保享有空间的平等性[12]。保证残障人士、老年人、儿童等社会弱势群体的运动休闲权利，建设适合他们特点的运动休闲设施及相应配套设施，为他们进入并进行运动休闲活动创造便利。

3 高架桥下运动休闲空间的国外优秀案例分析

3.1 休斯顿高架桥下慢行道

休斯顿高架桥下慢行道，位于美国德克萨斯州休斯顿市的 45 号州际公路及其他几条市政公路交汇处。经过 SWA 景观规划公司设计改造，于 2006 年竣工。该桥下空间属于休斯顿市的萨宾街到贝格比街散步道（Sabine-to-Bagby Promenade）的一部分。散步道是休斯顿市针对公共绿地带所做的最大一个投资项目，实现了休斯顿市自 1938 年建立以来，滨水地区的市政与休闲娱乐同步发展。它改造了休斯顿约 9.3hm² 的布法罗湾商业区，包括长达 914.4m 的带状城市公园和 2.4km 的自行车道（图 1）。同时，也改善了洪流的排水系统，带状公园穿过的地区的改造极具挑战性，包括高架桥、公共设施以及峭壁和漫滩等（图 2）。沿河以及高架桥下空间改造后成为了骑行漫步道（图 3）。

图 1 红色截段为改造的高架桥下慢行道

图 2 休斯顿市布法罗河上空复杂的高架桥系统

图 3 桥下空间改造前后的状况

SWA 集团为 3.2km 的城市环境创建了一个总体规划，将河湾沿岸重新规划，减少了斜坡的角度，从而使得视线可以穿过河岸（图 4），同时也缓解了河岸受侵蚀的危险，提高了防洪输水的能力。重新种植了植物（图 5），打造了通向城市中心的新绿色环境（图 6～图 9）。大量种植的树木软化了建筑环境，减少了噪音，同时降低了对高速公路的交通安全影响。

公园的成功很大程度上取决于是否能够在夜间提供一个安全的步行环境。景观建筑设计师设想了三个等级的照明，一个主要的路径照明系统，一个专门照亮死角的

图 4　高架桥下连接河两岸的栈道

图 5　高架桥下河沿茂密的植物

图 6　桥下舒适宜人的绿色空间

图 7　桥下健身跑步的市民

图 8　趣味性的慢行道

图 9　遛狗经过桥下的市民

照明系统，和一个艺术性的照明部件。在高速公路下面约 800m 路段上的夜间照明，从白色到蓝色随着月亮的色相而变化，直到进入水牛湾。人们称这里拥有“天然的雕塑公园”，是由高速公路的一个个柱础构成（图 10，图 11）。

图 10　桥下照明
（图片来源：本案例图片全部引自风景园林新青年网）

图 11　休斯顿夜景下的桥下空间
（图片来源：本案例图片全部引自风景园林新青年网）

3.2　荷兰 A8ernA 公园

由 NL Architects 设计公司设计的荷兰 A8 高速公路下的 A8ernA 公园，位于阿姆斯特丹附近郊区，扎安河河畔的一个可爱小镇。七十年代初，在此新建了一条高速公路，采用了建立高架桥墩的方式来组织扎安河两岸交通。这条新路以一种极端的方式穿过城镇，在城市组织中造成了残酷的割伤，高架桥导致了宗教教会和政府国家之间的根本分离：高架桥的一边是教堂，另一边是前市政厅（图 12）。桥墩柱大约有 7m 高，桥下的空间异常巨大，就像一座无限伸展的线性庞大障碍物（图 13）。

项目不仅是空间的重造，也重塑了小镇人们的生活。

图 12　高速公路施工时期的图片

图 13　卫星图下的高架高速路

当地社区居民的愿望和许多建议载于一份名为 A8ernA 的文件中，用以实现桥下空间的复活，其中包括一家超市、一家鲜花和一家鱼店、一百二十辆汽车的停车位、更好的与河流连接的一个公园和一个所谓的“涂鸦画廊”，而射击场则被巧妙地安置在匝道上。在政府和市民的共同努力下，这个项目的内容越发充实丰富。因此该计划也是设计公司与地方政府和民众密切合作制定的（图 14）。

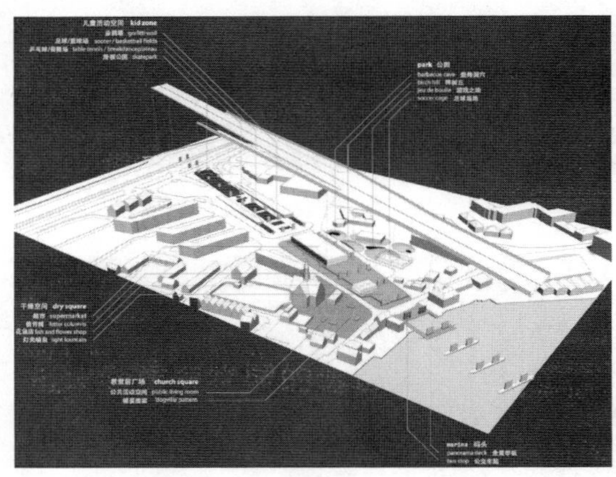

图 14　改造后的各功能分区

桥下有情侣专座、溜冰场、滑板区、儿童游乐区、舞台、台球桌、足球场、篮球场、停车场等等。往一个路口走，有信息栏、花店、鱼铺。往另一个路口走会有雕塑汽车站、迷你步道、观景台和河流。在高速路的旁边还有一个有着许多山丘的小公园，绿化舒适宜人。设计和工程公司雕刻开发了复杂的溜冰场，其中还有一个“米老鼠”形状的凹槽溜冰场（图 15～图 20）。

图 15　烧烤场地与小丘

图 16　完善的停车场与步道

图 17　篮球场与涂鸦墙

图 18　桥下的花鸟店、超市和商业广告

图 19　各种形状的凹槽溜冰场和涂鸦

图 20　夜景下的立柱装饰和超市、停车场

为了使教堂更显眼和便于使用，教堂前的广场上过剩的绿化被移除了（图 21）。定期举办的小集市可以在教堂的门口举行，女王日这里也是热闹非凡。沿河两岸密集的建筑阻碍了公众与扎安河的互动，通过引入从公路桥下的堤岸上挖掘出来的小港，使这条河与主街相连，同时设置了一个靠近河港的桥下皮划艇水池（图 22）。

图 21　高架南侧教堂前的广场

图 22　靠进河港的桥下皮划艇水池
（图片来源：本案例图片全部引自筑龙网）

3.3　多伦多高架桥下公园

PFS Studio 打造了这个充满想象力的公共空间。场地位于多伦多市中心一段高速高架桥之下，曾经无人问津的荒废土地如今成为了活力十足的公共公园，不仅为周边市民的休闲娱乐和社会交往提供了空间，同时也打通了新旧社区与附近公园的联系（图 23）。本项目是著名的多伦多 West Don Lands 区域滨水空间复兴计划中不可或缺的重要部分。改造前的场地正如所有这类废弃空间一般，普通民众视而不见，充斥着违章停车与非法活动，潜在的安全隐患愈发让人唯恐避之不及（图 24）。而如今，这个占地 1.05 公顷的桥下公园，已成为了区域内最重要的两个公园之一，以安全而充满生命力的公共空间联系起 Corktown 公园、河滨广场以及高架路两侧的社区，很好的证明了对桥下空间荒废地块的设计极富远见，为片区内的生活质量带来质的提升。

本项目的成功归功于设计团队对现有高架空间支撑结构潜力的充分挖掘。上方延绵的道路造就了下方极富秩序

图 23　位于多伦多市中心待开发地段

图 24　原本充斥着犯罪和违法的区域

的韵律与节奏感，体现在交替出现的承重梁柱网格结构与内嵌的小型空间。桥下公园的空间结构与功能规划的最终确定，也受到了这略带历史气息的交通设施空间格局的影响。高架路如同一把巨大的保护伞，为桥下空间遮风挡雨，塑造出一片全年无休的活动场地，无论白天或夜晚，篮球、曲棍球、滑板等种种活动激活了公园空间，甚至在多伦多常见的极端天气状况下也不例外（图 25）。

空间规划和活动区的布置考虑了立交桥的结构及其支撑立柱的位置，由于受到桥面的保护不受天气影响，公园内的休闲设施十分受欢迎，而暴露在外的空间则被设计师转化成了绿地（图 26）。一道道蜿蜒的带状矮墙穿插在开放的空间之中，同时满足着交通功能和多样化的活动需求（图 27）。

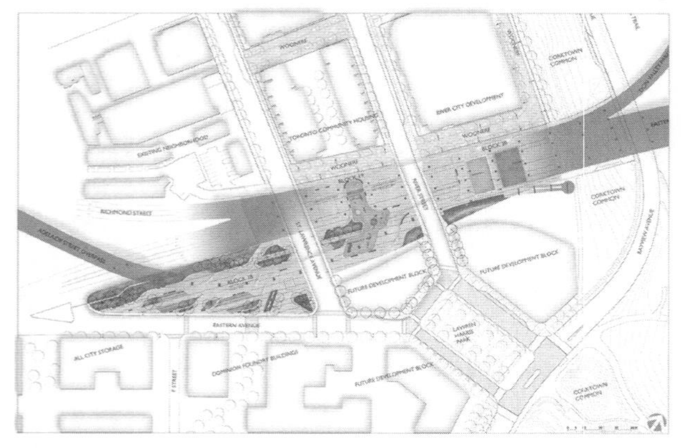

图 25　遮风挡雨的桥下空间平面图

图 26　带状矮墙上休憩的学生

图 27　弯曲的矮墙与高茎草

矮墙将其进一步划分为不同的活动区域，引导着人们在其中穿行，并提供休息的座椅。夜晚的时候，长凳下方的灯光亮起，映照在木质的座椅之上显得温暖而明快，与交通设施冰冷而沉重的质感产生了鲜明的对比。点缀在场地之中的儿童游戏设置则为整个空间带来了更丰富的色彩、形式与功能。

改造策略中最引人注目的一点属场地中兼具艺术气息与实用性的灯光设计。夜晚略带夸张的明快色彩映照在延绵的柱廊之上，赋予了这片场地与白天截然不同，却仍不失吸引力的全新面貌，同时指引路线给夜游的人们增加了安全感，增加了照明系统的层次，也带来了变化无穷的视觉体验（图 28）。

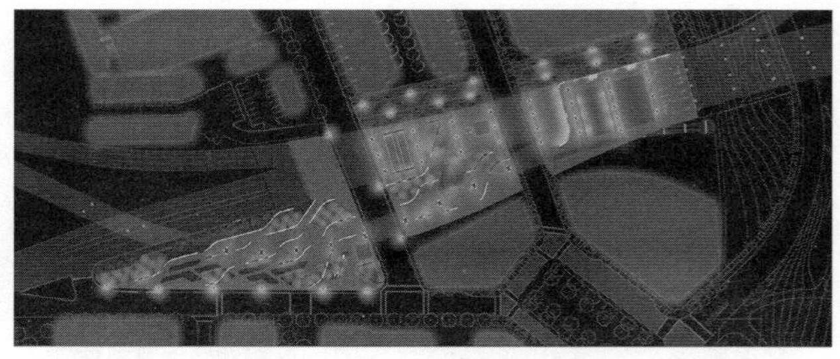

图 28　完善的夜间照明系统

公共艺术装置被放置在高架桥底部以呼应着照明系统，同时也有助于削弱上方厚重桥梁带给人的压迫感。“海市蜃楼”镜面装置极具魅力，在白天折射着不断变化的自然光线，而在夜晚，明快而夸张的灯光亮起，仿佛在镜面中创造了一个迷幻的魔法空间（图 29，图 30）。

图 29　被灯光照亮的高架桥墩

图 30　灯光系统与桥下艺术装置中的倒影

这片兼具社区设施与城市舞台两种职责的公园也得到了无数艺术活动的青睐，无论是自发性的表演、运动项目、滑板活动、舞蹈演出或是音乐视频和广告的拍摄皆在这里展开。在管理部门的倡导与鼓励下，来自各地的 Street ARToronto、Mural Routes 等多个艺术组织作为“先头部队”，大量街头涂鸦覆盖了冰冷的混凝土桥墩，创造出一个独特而充满活力的城市艺术走廊。(图 31～图 34)。该项目证明通过成功有效的设计手段，城市中的废气荒地将能够被转化并完全融入城市肌理，成为城市开放空间系统的一部分。

图 31　风格多样的艺术涂鸦与篮球场

图 32　趣味儿童艺术装置

图 33　专为残疾人士设计的篮球场

图 34　高架桥下角落里的休憩装置

（图片来源：本案例图片全部引自谷德网）

4　结语

我国正处在一个城市化进程快速发展的阶段，尽管人们逐步认识到城区高架桥的弊端和问题，但更多的中小城市的高架桥建设仍会以一种较快的速度增长，这不仅改变了原有城市的面貌和景观，也直接导致高架桥下部空间的增加，所以对于高架桥下部空间利用的探索仍将是我们未来待优化解决的一个问题。我国高架桥建设的历史虽短，但对于高架桥下部空间的多种利用形式也逐渐得到重视，并且进行了多种多样的尝试[2]。

本文从“体育运动休闲”的桥下利用视角，结合国外三个优秀案例的较深入解析，提出高架桥下空间运动休闲利用的景观设计全新思考，并提出建设安全、舒适、特色的城市高架桥运动休闲活动空间及景观设计需遵循因地制宜、以人为本、可持续性、开放公平等四个原则，拟对我国城市高架桥下的运动休闲利用及景观提供参考。

参考文献

[1]　陶宇平．体育旅游、休闲体育、户外运动异同辨析[A]. Intelligent Information Technology Application Association. Proceedings of 2011 International Conference on Social Sciences and Society(ICSSS 2011 V3)[C]. Intelligent Information Technology Application Association：智能信息技术应

用学会，2011：47-49.
[2] 郑向敏，宋伟．运动休闲的概念与理解[J]．北京体育大学学报，2008，03：315-317.
[3] 王武龙，刘亚恩．我国休闲体育发展现状与趋势[J]．才智，2010(14)：208
[4] 张建．都市休闲空间的整合与调控研究[D]．华东师范大学，2006：3
[5] 杨玥．城市"灰空间"——高架桥下部空间改造利用研究[D]．浙江大学，2015：4-5.
[6] 张雨晗．失落的桥下空间——成都高架桥下空间利用建议[J]．四川建筑，2015，35(04)：17-20+22.
[7] 倪文岩．广州旧城历史建筑再利用的策略研究[D]．华南理工大学，2009：310-311.
[8] 望晶晶．城市运动休闲空间环境景观构建分析[J]．大众文艺，2016(4)：96.
[9] 谷鑫．基于全民健身的运动休闲园区规划策略研究[D]．华中科技大学，2011：8-9
[10] 刘骏，刘琛．城市立交桥下附属空间利用的景观营造原则初探[J]．重庆建筑大学学报，2007(6)：5-9.
[11] 宋铁男．城市运动休闲空间建设研究——以沈阳市为例[D]．上海：上海体育学院，2013：38-39.
[12] Tom Hinch，Edgar L. Jackson，Simon Hudson & Gordon Walker. Leisure Constraint Theory and Sport Tourism[J]. Sport in Society，2005，02：142-163.

作者简介

殷利华，1977 年生，女，汉，湖南宁乡人，博士，华中科技大学建筑与城市规划学院，副教授。研究方向：城市绿色基础设施（工程景观学方向）、场地生态设计、植景营造。电子邮箱：yinlihua2012@hust. edu. cn.

杨鑫，1995 年生，男，汉，湖南新邵人，硕士，华中科技大学建筑与城市规划学院，在读硕士研究生。研究方向：城市绿色基础设施（工程景观学方向）。电子邮箱：yxlands@sina. com。

杭州多植物园模式的探析

Probe into the Models of Constructing Multiple Botanical Gardens in Hangzhou

付益帆　杨　凡　黄若之　包志毅*

摘　要： 植物园是城市专用绿地的一种特殊类型，一个具有创意规划的植物园能体现和增强城市的区域综合竞争力，引领时代潮流发展，特别是在当前人居环境退化、城市生态质量日益严峻、城市绿地体系亟待健全、城市形象需要优化的背景形势下，植物园建设尤其需要创新性的规划思维[1]。本文通过对上海、东京都植物园建设发展的分析，提出在杭州新建植物园的必要性，并对第二座植物园的选址进行了科学探讨，最终选择在富春湾新城，结合富春湾新城的独特地理位置，对新建的植物园提出了新的规划思路，总结出通过自然环境、文化底蕴、新型的植物分类系统（APG）和前沿科研的展示方式四个方面来体现建设植物园的创新方式，探讨具有景观性和科普性的植物园创新模式。

关键词： 新型；模式；景观性；功能

Abstract: Botanical garden is a special type of urban special green space, which can comprehensively reflect the local economic, cultural, scientific and technological level. A creative planning botanical garden can reflect and enhance the comprehensive competitiveness of the city and lead the trend of the times. Especially in the background of the degradation of human settlements, the increasingly severe urban ecological quality, the urgent need to improve the urban green space system, and the need to optimize the image of the city, the landscape effect of traditional botanical gardens is not good, and the construction of botanical gardens especially needs innovative planning thinking. Based on the analysis of the construction and development of Botanical Gardens in Shanghai and Tokyo, this paper puts forward the necessity of building new botanical gardens in Hangzhou, and makes a scientific discussion on the site selection of the second botanical gardens. Finally, the new botanical gardens in Fuchunwan New Town are selected, combining with the unique geographical location of Fuchunwan New Town, and a new planning idea is put forward for the new botanical gardens, and a new plant classification system (APG) is The exhibition mode of frontier scientific research, natural environment and cultural connotation embody the innovative mode of botanical garden construction. On the basis of satisfying the popularization of science, the landscape aesthetic characteristics are emphasized, and the innovative mode of botanical garden with landscape and popularization of science is discussed.

Keyword: New Type; Patterns; Landscape; Functions

1　研究基础

1.1　世界植物园的发展历程及其功能的演变

随着历史社会和社会水平的不断变革，各个时期植物园的建设模式也在随着时代发展不断演变，其功能和特征也在不同的阶段呈现不同的内容。

植物园的发展经历了约400年，从一开始建设植物园的初衷就是为了满足人类的教学需求，于是当时在全世界范围内兴建了一批药用园，随着人类认知的发展和对植物园功能的需求，植物园逐渐侧重植物的品种收集，科学职能逐步增强，到了18世纪，植物园的数量空前提升(见图1)，植物分类学等的相关基础理论研究也得到了迅速发展。19世纪末，在工业革命后，植物园从科学发现的功能逐渐向满足人们视听娱乐的功能拓展。现如今，自然环境的污染与破坏也让全球的生态环境岌岌可危，当代的植物园被赋予了保护生物多样性的提供濒危植物保护地的历史性使命[3]。

新时期的植物园在生态恢复及物种保护的时代使命中担任重要的新角色，这就造成了现在植物园承担的功

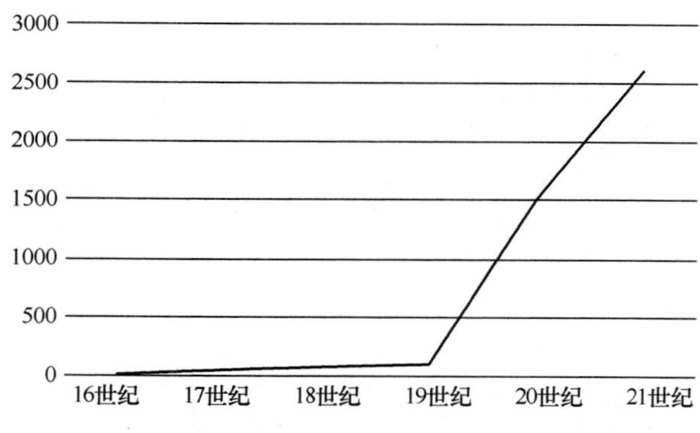

图1　全球植物园数量增长趋势图

能更为复杂，人们对植物园在生物保护、物种收集、生态涵养、观赏游乐、科学内涵等各个方面的重要功能都给予了极高的期待，对植物园的功能要求越来越高[2]。这就需要在一个城市中，集合侧重点不同的植物园来形成完整的植物园系统，组合成适应时代发展的植物园模式，使得各类植物园功能互补，激发新的活力。于是在历史发展的进程中，许多城市都衍生出了建设多个植物园绿地鬼狐模式，来适应越来越快的城市发展需求。

1.2 中国植物园发展现状与问题分析

1.2.1 中国近现代植物园发展概况

中国植物园的发展历史非常久远，纵观中华文明的发展历程，中国是植物栽培的发源地，早在原始时代，人们刀耕火种，为了繁衍生存，人们开始了原始的植物的引种驯化，因而植物驯种和种植一定程度上是随着我农业的发展应运而生的。

中国的植物园虽然在发展的雏形上有悠久的历史，但是如果要以现代植物园的国际上的科学定义而言，我国植物园的发展要晚于世界约3个世纪，大部分的植物园建于新中国成立时期，虽然当时对于植物园的规划上仍然处于探索状态，但是在之后的20年内，植物园的规划设计水平和理论的完善取得了明显的进展。到了改革开放时期，我国的植物园数量已经增加了两倍多，达到34座，是植物园建设的鼎盛时期，当时建设的植物园大部分仍然是我国现在的主要植物园。

进入21世纪，我国城市化进程加速。社会对于植物园的功能提出了更高的要求，此时植物园的发展已经不仅仅是数量上的增长，更重要的是其规模受到了更广泛的重视和认同，不仅作为提供植物收集展示与实践研究等活动的开展场地，也作为衡量城市绿量和生态与绿化发展的标准。

1.2.2 中国植物园发展建设的现状问题

中国植物园由于起步较晚，虽然得到了飞速发展，在近十几年的植物园建设中取得了显著的成就，但是由于经济政治等方面的因素的制约以及意识形态的不完善，相比于国外植物园的建设系统，国内的植物园的发展状况仍存在一些不容忽视的问题。

（1）收集植物数量较缺乏

我国是世界上植物种类最为丰富的国家，现有大约3万种的植物种群数量，约占世界总数的十分之一，但是目前我国对于植物的收集和濒危植物的保护并没有给予足够的重视，收集的植物数量有限，即使是华南植物园、北京植物园这类属于中科院系统并由国家支持的综合性植物园，收集植物种类也不过1万余种，但在国外的植物园中，如邱园、密苏里植物园等较大型的植物园，数量都已达到了5万多种[3]。同时我国植物园在濒危植物种质资源的收集上与国外也相差甚远（图2），国内收集的珍稀濒危植物约250多种，仅占总数的7%左右，因此，推动植物收集工作，加强濒危植物和乡土植物的保护地建设是我国新时期植物园规划的重中之重。

（2）景观设计缺乏特色

中华人民共和国成立的植物园建设起步较晚，大多数是在建国初期建成，受到当时科学技术和审美水平等多方面的影响，中国植物园整体风貌并没有形成自己鲜明特色和独特风格，在景观营造上模式化痕迹过于严重。一味模仿国外的规划方式和造园技术，缺乏对自身规划

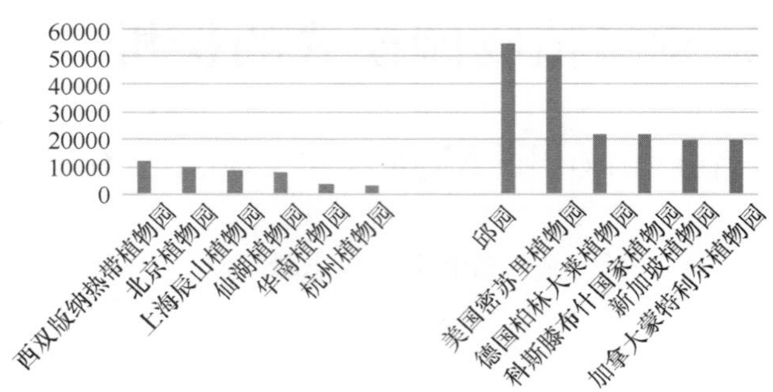

图2 中外著名植物园收集数量对比

方式的考虑，一味追求植物种类的收集和国外植物品种的引用而忽略了乡土植物的栽培和保护，即使在短期内可以吸引较多游客，但无法保持长久的吸引力，对植物园的长期发展是不利的[4]。

中华人民共和国成立初期的植物园的快速建设导致大部分植物园还未达到预期的景观效果就已向公众开放，而后，由于经费和后期管理等的不足，一些植物园只能勉强维持现有植物的保护和基础的运营。在后期引进新植物品种等方面，由于缺乏先进的系统和科学的工程技术指导，也导致植物园的发展受到了限制，虽然现在新建的一些植物园在创新性和因地制宜建设方面也取得了比较明显的成就，如济南植物园，上海辰山植物园等。但是这类植物园只占据了很小的一部分，挖掘植物园的特色彰显要更多地纳入接下来植物园规划设计的考量之中。

（3）与周边环境联系不密切

传统植物园是依托于周边自然环境而存在的，不能与环境脱节，但是在建设过程中，植物园往往作为独立的个体存在，这就导致了个别植物园与周边环境联系度不够，对园内的景观细心呵护而不尊重园外的生态环境，对原址的地理条件和风土人情没有充分挖掘，从而融合到植物园的设计中，如此失去了植物园设计的初衷，长此以往容易导致植物园整体风貌的落后。

1.3 新局势下中国植物园的主要功能

纵观各时期植物园所承担的功能，可见植物园总是顺应社会的发展和时代的需求来扮演自己合适的角色，如今，植物园环境科学、生态学、美学、植物学方面的融合使得植物园的建设日趋完善。

传统的植物园更多的定位是偏向于城市中的一个用于科研的研究场所，新时期的最大特点对是把科研的重要性逐渐淡化，把休闲娱乐的功能性增强，但这并不意味着不重视植物的选育和科普，相反，植物的收集和育种仍然是主要功能，只是更加注重表达的途径，比如通过设计一系列富有景观欣赏价值的植物景观来吸引人流，之前的植物园市民以单纯放松或游玩的形态出入植物园的很少，而新时期的植物园不能单单是专业人员或者植物爱好者的去处，而是为市民提供开放的公共绿地以及生物多样性保护重要场所[5]。

2 杭州新建植物园的需求性和必要性

世界上的很多著名的城市都拥有两个或以上的植物园，如伦敦、华盛顿、芝加哥、东京都等，之所以在一座城市建设多个植物园，大部分原因是城市发展到一定阶段时一个植物园已无法满足全部的城市需求，需要新建一个植物园来弥补和完善功能上的不足。

而杭州已全面开启了建设世界名城的新征程，而世界级城市的主要标志之一就是基本形成人与自然和谐的生态环境，在这一方面，杭州与纽约、伦敦、巴黎等公认的世界级城市还存在较大差距，所以有必要在杭州其他地区建造一座物种丰富、功能多样、具有国际一流水平的植物园，用两个植物园来承载杭州发展过程中出现的新的城市形态和城市需求，同时植物园的建设又需要很长的周期才能逐渐完备，杭州的城市规模也已经具备规划多个植物园的建设条件。可以尽早将建设双植物园纳入考虑范围。

2.1 杭州新建植物园的需求性

2.1.1 杭州建设世界名城的需求

杭州现在的城市建设得到了飞速发展，有发展成类似于上海这样公认的世界级城市的趋势，并且它与上海地理位置相近，气候环境相似。上海在发展过程中先后建设上海植物园和辰山植物园两大植物园，作为中国探索双植物园的先行城市，它植物园建设初期的定位规划以及后期的发展重点都对我们有非常大的借鉴意义。

上海已提出建成世界级城市的目标[6]。当时上海只有一座植物园：上海植物园，但是它无法完全满足对生态环境的需求。上海植物园占地面积仅 81hm^2，基本为平地造园，没有山地环境，受土壤条件的限制，园内植物品种较少，物种不够丰富，生长环境比较单一，生态多样化水平较低，景观美学效应不足。游人普遍反映游玩设施比较无聊，设施陈旧老式。现有的上海植物园周围已被居民区层层包围，逐步演化为一个服务于周边居民的袖珍盆景花园，很难再进行大面积的改造和发展。为了满足越来越多的植物收集需求和城市发展的需求，上海辰山植物园应运而生。

上海辰山植物园是松江区发展过程的一个特定的产物。上海辰山植物园位于松江，并不属于上海的中心区域，选择辰山这样一个小山峰，是因为它可以提供一个特殊复杂的生态环境，便于种植种类更多的植物。辰山植物园与山搭接，巧妙利用了山形山势，是罕见的依山而建、靠山吃山的植物园。两大植物园准确定位，错位互补，以促进两园共同发展，具体情况见表 1。

上海辰山植物园和上海植物园基本情况对比　　表 1

相物园	开园时间	收集种类	面积	区位	功能侧重	自然风貌	分类系统
上海辰山植物园	2010 年	9000	207.63 万 km^2	上海松江区	生态保护 科学研究 植物育种 科研创新	瀑布、天堑、栈道、水帘洞、矿坑	恩格勒系统、APGⅢ系统
上海植物园	1980 年	3500 余种，6000 多个品种	81.86 万 km^2	上海徐汇区	科普展示 游览休憩 科普教育	平地	克朗奎斯特系统。

综上所述，辰山植物园的出现弥补了当时上海植物园的不足：①现有设施无法满足不了植物园未来的使用需求及总体发展的需要；②在植物种类收集方面的限制；③建筑功能设计混乱；④周边过度开发影响生态环境，辰山植物园在上海的植物园的建设中具有举足轻重作用。

除了上海两座植物园的建设模式可以带给我们一定的思考外，日本东京都的植物园体系关于规划也有一定的借鉴意义。

日本植物园的建设是自 1638 年就已开始，东京都作为日本首都，是日本植物园的起源地，至今已建成不同规模、不同类型的公立植物园 7 处，日本植物园的发展与中国稍显不同，日本植物园发展时间较早，一座城市内的植物园数量也较多，东京都作为日本的经济文化政治中心，其植物园的发展能更好的体现日本整体的发展进程，也从侧面突出了植物园顺应不同的城市发展模式的功能转型过程[7]。

东京植物园跨度五个时期，历时 5 个时期，除了战争等不可抗力的影响外，植物园保存的较为完整，而且战争后政府还积极对损毁的建筑园林进行修复，所以通过植物园变迁可以直击日本历史的发展，从最初的国家药园到战时建造的防空洞、收容所，再到战后的福祉、教养场所，最后到现代为人们提供的公共活动场所和植物保护收集，园内设施不断完善，植物园根据城市发展的需求不断转型，可以说东京都的植物园的发展与城市发展相辅相成。

2.1.2 市民休闲娱乐科普的需求

植物园既是展示、科研、生态保护的重要场所，也是供人们休憩、感悟自然的城市公园，在某种程度上，他形成了一个可提供多种交流方式的城市公共领域。

随着时代的发展，人们对植物园功能的要求不再是简单的科研、观赏、植物认知等，而是要能满足人们日益增长的游憩需求，这也是新时期植物园的典型特征，

随着人们精神文化需求的增长，人们更为注重多元

化、现代化的游憩娱乐方式，越来越多的植物园通过将植物园游憩活动与丰富多彩的文化节事活动相结合，植物园因此增添了独特的人文风情。

杭州植物园位于市中心，交通拥挤，园内活动空间较少，在原场地上开辟多余的空间进行娱乐场地的建设无疑难上加难，而富阳桐庐等地自然环境优越，也并无大型的公园绿地为临近的居民提供休闲娱乐场所，同时杭州植物园所在的西湖区距离较远，来回极为不便，在某种程度上极大地限制了居民去植物园的次数和时间。这就需要建设一个新的植物园来提供多元化的新型科普游憩活动场地，强调植物园作为城市公共绿地场所的属性体现。

结合以上两点，杭州的城市发展已经达到了较为成熟的阶段，杭州在新时期对多个植物园的需求已经越来越强烈，多植物园模式将势在必行。

2.2 杭州新建植物园的必要性

2.2.1 现有植物园空间发展受限

现有的杭州植物园内部空间拥挤，外部已无法再进一步扩张，想在原址上进行发展难上加难。

杭州植物园经过长期的积累，植物种类已经非常丰富，树木密度较大，改造空间小，已不能进行过多的调整，植物园本身也无法承担更多的植物收集功能，游人活动空间被大大压缩。而这些古树名木法律上明令禁止对其进行改动，要想进一步提升改造也只能在维持现状的基础上进行微调，提升空间不大。更由此造成了院内硬质场地缺乏，活动空间减少，同时园内设施陈旧老式，游客服务建筑缺乏，满足不了游人对植物园生态性、娱乐性、经济性等越来越高的需求。

现有的杭州植物园外部已被西溪湿地、太子湾公园等风景名胜区层层包围。此处建筑密布，场地拥挤，寸土寸金，由这些公园组成的风景名胜区块作为重要的经济文化枢纽，承担着无比繁重的交通功能，现有杭州植物园的硬件设施无法承载巨大的人流量，容易造成交通拥挤，有很大的安全隐患。在风景名胜区块里，可供利用的场地几乎没有，所以杭州植物园无法进一步扩张，发展很受局限，在这种情况下，想对杭州植物园进行改造，在原址上再发展成为能与杭州国际地位相匹配的国际一流的植物园已无可能。

2.2.2 新建植物园立地条件优越

杭州市空间格局已基本成定局，市区内人口数量多，建筑密度大，已有西溪湿地、杭州植物园、太子湾公园等著名的国家级公园，市区内绿化用地在城市规划中多已承担了重要的功能，无法强行改动，现在的杭州市区绿化模式多为“见缝插针”型，如街头绿化、道路绿化、立体绿化等局部绿化的方式，所以市区内可以进行大面积植物园建设的绿化用地少之又少，但是富阳桐庐等地，自然环境优越，生态本底优良，素有“天下佳山水，古今推富春”的美誉，有充分的自然环境建设新的大型植物园，其次，富阳桐庐距离杭州主城区直线距离较远，在杭州植物园的服务半径之外（图 3），结合以上几点，在非主城区建设一个新的植物园是非常有必要的。

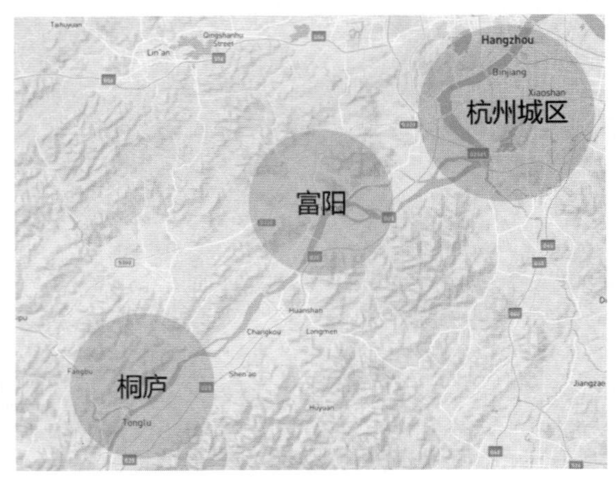

图 3　杭州、富阳、桐庐区位示意

3 杭州新建植物园的选址考量

沿钱塘江流域的富阳、建德等地不仅自然环境优越，而且暂无大型的综合公园。通过对市区临近的几个区块综合分析和探讨，基于以下几点的考量，笔者认为如果要建设新植物园，“富春湾新城”是较好的板块[8]。

（1）政治条件支持

杭州富春湾新城位于富春江南岸（图 4），与富阳主城区隔江相望，面积约 53.3km^2，辖“一街两镇”（春江街道、大源镇和灵桥镇），为富春江南、杭新景高速公路以北区域。“这里是杭州城沿江上溯最后一块发展空间，发展潜力无限。”富阳区副区长、新城建设指挥部常务副总指挥喻乃群说，富春湾新城不仅是富阳今后城市发展、产业发展的主战场，也是未来杭州拥江发展、建设国际化大都市的重要板块[9]。

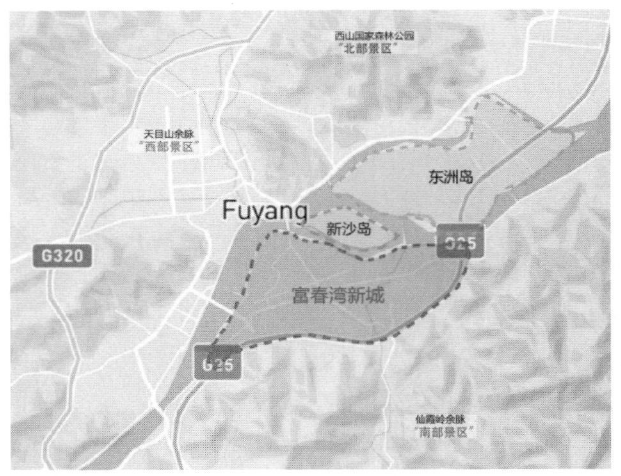

图 4　富春湾新城区位

杭州钱塘江已进入拥江时代。2018 年，城市发展战略由 2001 年制定的“沿江开发、跨江发展”转变为“拥江发展”，钱塘江从原来的城市边界，渐变成杭州城中之江[9]。杭州未来发展的主战场将会逐渐转移到钱塘江两岸，前瞻性把植物园选址选择在富春湾新城，对于植物园的建设和发展大有裨益[6]。

(2) 自然条件优越

富春湾新城所处地块北水南山，拥有长达 15km 的富春江滨水岸线和 23km 的山体背景界面。新城南面背靠天天种山，山体背景线绵延（图 5），2013 年，杭州打响了钱塘江“五水共治”的攻坚战，取得了显著成效，新城延伸了富春江水进入场地内，水质优良，场地内水系总水面率为 16%，自然水网密布，水源充足（图 6）。场地内田园绿化丰富，这些绿地从城市发展的规划用地角度来讲可能是城市未来的绿化用地或城市公园绿地，可以作为新城建设的需求来考虑（图 7）。

图 5　山水夹城的景观格局

图 6　优美的滨水岸线和密布的水网

新城体现了江南山水田园特征的景观格局——山水夹城。富春湾新城优越的地理位置和自然条件为新建植物园提供了积极的生态本底。富春湾新城既具山城之美，又具江城之秀。其区位、山水、人文、交通、空间等综合性资源的独特优势，让富春湾新城无疑成为了富阳城市发展、产业发展的重要板块。

(3) 景观诉求强烈

富春湾新城规划建设成为富阳经济转型发展的新引擎，它作为还未完全建成的区域，现有的绿地分布比较破碎，图 5 中大面积的绿地多为农田，所以新城需要一个集中的城市绿地来满足城市功能，同时为周围居民提供大

图 7　丰富的田园绿化

型的用来休闲、科普的公共场地。

新城的建设过程中体现了对生态绿地景观系统的强烈诉求，政府也采取了划定了永久自然保护地、岸线生态修复等一系列措施，希望能建立不同维度的公园系统，形成山水田园的生命共同体，在此建设植物园正好顺应了新城建设的需求。同时还可以作为新城建设时的后备植物资源的储备地。

4　新建的植物园的创新模式

4.1　结合独特山水特征

杭州植物园地形地貌丰富，景观条件优越，唯一不足的是植物园缺乏大面积的水域，多为人工挖的小水塘，水资源不够丰富，水景营造较缺乏。而富春湾植物园所处地块北水南山，有充分的水资源可以利用。杭州植物园少高差较大的山体空间，而富春湾依靠天钟山得天独厚的自然条件为我们设计山地专类园提供了可能。根据国土部门基本农田调整要求，新城内可建设公园范围为 14.5km^2，在这个范围内可选择靠近天钟山山脚的田园空间作为植物园的基址，借山势建造一系列专类园。

4.2　强调人文历史融合

杭州植物园在设计初期并未把文化体现作为必不可少的设计点，顶多是通多一些建筑来表达杭州的历史文化，文化内涵略显逊色[10]。而富春湾植物园在初级的专类园设计中就纳入富阳的传统文化，在某种程度上弥补了杭州植物园的不足，对植物园设计赋予了新的思考。

富阳文化历史雄厚，富阳是“榭公笺”创制人谢景初的故乡，造纸业发达，是我国手工纸的重要产区之一，被称为中国的“造纸之乡”，富春湾新城作为主要的造纸工厂聚集地，在很长一段时间内独占鳌头。富阳“八山半水分半田”，山多，茶地就多，所以富阳同时还是全国商品粮基地和重点产茶、产茧地区；在富春湾新城植物园的建设中，可打造以茶为主的重点观赏区域，运用科技的手段，新型的设计方式将植物园的设计与当地的历史文化

紧密结合。同时举办一些游人自己种茶采茶的活动，造纸的模拟操作等，增强公园的趣味性。

4.3 选择新型分类系统

近些年来，以DNA序列为基础的分子系统学日趋成熟，APG分类系统也已受到了国外大多数学者的认可，而中国现有的建设较早的植物园多采用传统的分类方式，各省的植物志对被子植物的分类方式也不尽相同[12]，我们希望能在新的植物园建设中，引进这种基于DNA分子序列的APG分类系统，采用更为科学的分类方式，这个分类体系是对过去的植物更加准确全面的研究的结果，目前为止是当下最为科学的分类体系[13]。

4.4 使用前沿展示方式

传统的植物园以植物收集和植物展示为主，对于植物的演变和保存的方式比较缺少，这种方式可能更多地存在于博物馆里，新型植物园用一种更加有历史沿承的方式，除了展示当下现存的活体植物，还展示了一些在这个地区曾经存在过的其他植物，或者展示一些体现植物演替历史痕迹的东西，延长植物园的科普的脉络。

给植物园加入植物历史的元素，而这些元素展示的方式不仅仅是传统的视频或者展览，还可能是一些情境或实物，比如通过对湿度、温度、光照等自然要素的控制，复刻远古时期杭州的某一个气候条件，展示植物在这种环境下生长的场景和形态；或者只针对某一植物研究它在从古至今的形态、习性等的变化，展示从远古时期到上古时期再到近古时期的植物演进过程，体现植物的生态适应性，植物的时间轴对于分类系统的演变也是一个科学实践和科普；再或者展示一些通过现在的分子生物技术发现，与现存植物有亲缘关系的远古植物等。展示的方式有很多种，我们的目标是形成纵横相交的分类系统布置方式，纵向沿袭APG系统，横向展示植物进化史，这种分类系统覆盖面更为全面，可以使平面布局空间表达结合更为紧密，植物园的分类系统更为科学。

植物园园区规划必须要有一个按植物分类标准建成的分类区，这个区域是重要的组成部分，但是不占据绝大部分，其余的大部分场地来展示创新前沿的方式，如植物进化、活化石展示等，分类区并不以景观见长，但是除了分类区以外的所有的专类园则以景观欣赏角度出发，着重景观效果的营造和提供身临其境的参与感，强调美感和趣味性，从景观的角度去美化强化。

5 结语

植物园在风景园林艺术发展，乃至人类社会的发展进程中均扮演了重要的角色。杭州有发展成公认的世界级城市的趋势，单单一个植物园已无法满足需求，亟需更多的植物园来承担多样的种质资源和展示方式，提供更为广泛的科普休闲活动场地，同时在植物园规划设计的发展趋势内容中，要更注重创新性，合理应用新的规划模式和前沿的科学研究方式，与杭州植物园错位定位，优势互补，共同发展。

参考文献

[1] 熊田慧子．新时期中国植物园规划建设的发展趋势探究[D]．北京林业大学，2016.

[2] 张云璐．当代植物园规划设计与发展趋势研究[D]．北京林业大学，2015.

[3] 朱建刚．世界著名植物园现状及对北京新建植物园的启示[J]．国土绿化，2017(11)：46-48.

[4] 肖姗．基于地域文化特色的植物园景观规划设计研究[D]．西南科技大学，2012.

[5] 钱仿鑫．植物园功能的演变及发展趋势初探[J]．农业科技与信息(现代园林)，2018(8)：26-29.

[6] 彭贵平．上海辰山植物园植物系统园分类系统的选择与植物配置的探讨[J]．安徽农业科学，2011.39(27)：16899-16901，16940.

[7] 日本东京都植物园的形成与变迁[J]．风景园林植物，2018(10)：113-115.

[8] 包海娟．时代抉择：从"跨江发展"到"拥江发展"[J]．政治瞭望，2017，(9)：23-24.

[9] 丁建刚．价值前沿解读：拥江时代，谁主潮头？[EB/OL]．2018-09-21.

[10] 贺善安．21世纪的中国植物园[M]．北京．中国植物园，2010：1-5.

[11] 刘冰．中国被子植物科属概览：依据APG Ⅲ系统生物多样性[J]．2015，23 (2)：225-231.

[12] JIANG C K. 被子植物的系统发生——有花植物的系统分类(Poster)：APGIV.[EB/OL]DOI：10.13140/RG.2.1.3631.4000.

[13] 汪劲武．种子植物分类学[M]．2版．北京：高等教育出版社，2009.

作者简介

付益帆，1995年生，女，汉族，山西阳泉人。就读于浙江农林大学风景园林与建筑学院、旅游与健康学院。研究方向为风景园林学。研究方向为植物景观与生态。电子邮箱：1197620487@qq.com。

环境行为视角下的公园空间与交往设计研究

——以上海和平公园为例①

Research on Park Space Design from the Perspective of Environmental Behavior

—A Case Study of Shanghai Peace Park

宋美仪　金云峰*　王俊祺　周　艳

摘　要： 在公园设计中，活动者才是最有权对空间用途进行定义的角色，而非设计者，但就当前诸多公园现状来说，这二者之间仍存在较大出入，导致消极空间的存在。为从源头上解决这一不和谐现象，需准确把握不同活动人群对空间的偏好，本文以上海和平公园为研究对象，运用活动驻记法等方法，采集 12906 个活动者的行为数据，分析其活动与交往规律，总结公园中受各类使用人群偏爱的空间的构成特征，提出公园空间设计的行为学原则，为后续设计提供参考依据。

关键词： 公园设计；环境行为；交往空间；最优唤醒理论

Abstract: In Park design, the activist is the most authorized role to define the space use, not the designer. However, as far as the current situation of many parks is concerned, there is still a big discrepancy between the two, leading to the existence of negative space. In order to solve this disharmonious phenomenon from the source, it is necessary to accurately grasp the preference of different groups of people for space. This paper takes Shanghai Peace Park as the research object, collects 12906 actors' behavior data, analyses their activity rules, summarizes the composition characteristics of the space preferred by various groups of people in the park, and puts forward the behavioral science of park space design. Principles provide reference for subsequent design.

Keyword: Environmental Behavior; Optimal Awakening Theory; Law of Crowd Activity; Spatial Design; Parks

引言

伴随我国人们生活水平的提高，城市居民对于休闲、娱乐和生活品质的要求越来越高。而城市公园作为城市居民休闲娱乐的重要场所，其景观品质也需相应提升以满足居民更高的游憩需求[1]。但是，当前我国城市公园景观普遍存在着环境品质不高，公众满意度低[3-5]，景观设计难以满足居民的休闲需求等状况。究其原因，主要是公园的设计者与使用者之间仍存在分歧。正如社会学家赫伯特·盖斯指出：要想一个客观环境能够被对使用者本身产生作用，就必然先被其主管意识所接纳。

在公园设计中，活动者才是最有权对空间的用途进行定义的角色，而非设计师，但在现实中这二者之间往往存在着较大的出入，因而造成了许多公园中现存的灰色空间，即利用率较低的活动区域。要想杜绝这一现象，需要从研究使用者行为活动规律入手，了解不同人群对于空间的偏好，使其在空间使用过程中感受到场所与需求间的良好互动[6,7]，从源头上解决设计师与使用者之间存在的观念偏差。因而，本文试图引入最优唤醒理论这一环境行为学概念，通过了解使用者环境偏好，究其原因，以上海市和平公园为例，解读基于环境行为学的城市公园空间设计方法。

1　从环境行为学出发的公园设计研究

1.1　环境行为学

环境行为学在 20 世纪 60 年代兴起，主要是研究人的行为活动与空间环境两者之间的相互关系[8]。环境行为学要求从使用者即人的行为出发，分析什么样的环境才是最适于使用者行为需求与心理需求的环境，故首先应先将注意力放在研究人的心理与行为需求上。可以认为，研究人与环境相互作用的基础是研究人的环境偏好与行为活动，也是研究基于环境行为学研究城市公园设计的基础[9]。将环境行为学与城市公园设计结合在一起，则是设计师把对环境的体验与感觉提升到理论的高度加以分析，再反应到设计中去，可能启发出更好的设计规划思路。

1.2　环境偏好——最优唤醒理论

环境唤醒理论认为，引起神经系统一定水平唤醒的原因很多，其中视觉、听觉、嗅觉、触觉都是重要因素。环境刺激对人产生的直接效果就是提高唤醒水平，同时这种唤醒水平决定了情绪的强度。心理学家耶尔克斯多德森指出，每一个个体都有自己的最佳唤醒水平，最优的唤醒水平能够让人产生最好的感觉评价。事实上，刺激水

①　基金项目：上海市城市更新及其空间优化技术重点实验室 2019 年开放课题（编号 20190617）资助。

平和偏好之间的关系是一条倒U形曲线[10]（如图1）。环境心理学家伯莱恩关于美学判断的研究结果显示，只有复杂性，新奇性，意外性和不一致性达到中等水平时[11]，客体环境会被评定为最美的，也是人最舒适的状态。

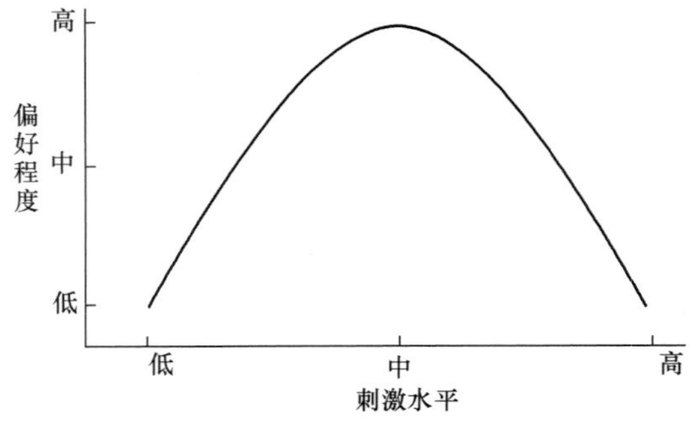

图1　使用者刺激水平与偏好程度间的关系

2　和平公园概述与调查研究方法

2.1　和平公园概况

和平公园地处上海市虹口区，全园270余亩，共分风景游览区、儿童娱乐区和动物观赏区三个功能区，整体风格以中国山水园林为特色，园内山、水、建筑等景观要素搭配相得益彰，形成了环境宜人，景色秀丽的优美环境，是上海市比较著名的城市公园。

2.2　数据与方法

本文采用了调查法、观察法、现场研究、活动驻记法[11]和“四W法”等方式对上海和平公园的使用人群和其行为进行了详细的调研。研究采用活动注记法观测收集数据。

首先将案例公园空间细分成9个片区进行反复轮流观测，保证每一轮的观测过程能覆盖案例的所有区域。日常观察包含4个时间段，10：00～12：00、12：00～14：00、14：00～16：00和17：00～20：00，每个时间段选取一个时间断面进行观察，共收集到12906个活动者的行为数据。

记录使用者行为观测内容采用“四W法”[12]，具体观察五个方面，即when：时间；who：使用者；where：活动地点；what：活动类型。详见表1。

现场调研分析表　　表1

气候	5月，晴			
When 时间	17：00～20：00			
Where 活动地点	东侧入口石舫旁小广场			
Who 使用者	少年	青年	中年	老年
What 活动类型	休憩、跑步、打羽毛球	漫步、休憩、打羽毛球、玩手机	太极、健身、聊天、漫步、休憩	漫步、休憩、聊天

3　数据分析

3.1　活动内容构成

和平公园活动内容非常丰富，研究者观察到多达30种不同的活动类型（表2），总体上这是一处受欢迎的城市公园。从活动者年龄分布情况看（表3），主要为35～59岁，这与该公园周边主要为老上海居民区有关，此外还可能与公园建成年份已久，整体设施偏旧有关。

中山公园使用者主要活动类型　　表2

活动分类	活动内容
文化娱乐	看报纸、看布告板、下棋、乐器演奏、演唱、观看
商业活动	卖玩具、卖食品、沙画体验、游乐设施、购买消费
体育活动	打羽毛球、轮滑、骑自行车、跑步、太极、健身、跳舞、放风筝、玩耍
休闲活动	玩手机、打电话、休憩、饮食、观景、聊天、恋爱亲密活动、漫步
其他活动	穿行、安保、环卫作业

活动者年龄组成　　表3

类别	年龄	所占比例（%）
儿童	0～12	5.5
少年	12～19	4.7
青年	20～34	13.6
中年	35～59	60.5
老年	大于60	15.7

3.2　活动分布特点

和平公园内部构成要素多样，对调研数据进行整理后，依据场地景观构成、空间围合、绿化种植等特征，将公园中最为主要的14个空间提取出来，对其受人群偏爱的程度进行统计（图2，受偏爱程度随所示空间颜色由深到浅依次递减）。

分别对这些空间的场地特征、主要活动类型及使用人群进行分析，可见各区内主要活动类型与场地特征高度相关（表4、图3、图4）。在所有空间中，较为受欢迎的空间多为视野开阔、同时有座椅设施的空间，在这一类空间中，部分人群会开展自发性的户外娱乐活动，如纳凉、观望、下棋、跳舞、放风筝等等，这些自发性的活动多数会伴随社会活动的开展，如打招呼、交谈等等。

各空间景观特征及主要活动类型 **表4**

场地位置	场地特征	主要活动类型
和平广场	中央为铺地广场，四周有台阶座椅，视野开阔，空间围合	聊天休憩、下棋、跳舞、轮滑、跑步
北侧儿童游乐园	儿童娱乐设施较多，有座椅	儿童玩耍、照看孩子、漫步
草坪旁树镇广场	铺地广场，视野开阔，有树池座椅，遮阴	聊天休憩、跳舞、漫步、放风筝、轮滑
3号入口广场	交通通道，有少量座椅，半围合空间	漫步、穿行
1号入口广场	交通通道，中央为铺地广场，有花池座椅	漫步、穿行
4号入口广场	交通通道，铺地广场，视野开阔，有花池座椅	漫步、聊天休憩、跳舞、锻炼
健身苑	铺地广场，较多健身器材，围合空间	健身锻炼、聊天休憩、打羽毛球
北侧树镇广场	铺地广场，视野开阔，有树池座椅，遮阴，有商业设施	聊天休憩、下棋、漫步、饮食、购买消费
垂钓区	有座椅，遮阴，滨湖，半围合空间	聊天休憩、情侣亲密活动
东北角假山	交通通道，植被旺盛，空间私密性强，有座椅、亭子	锻炼、唱歌、漫步、聊天休憩
石舫旁树镇广场	绿化良好，有树池座椅，遮阴，较为开阔，滨湖	聊天休憩、漫步、锻炼
2号入口广场	交通通道，有少量座椅，半围合空间	漫步、穿行
西侧庭院空间	植被旺盛，有座椅，遮阴，半围合空间	聊天休憩、漫步、观景
景观廊桥	视野开阔，水生植物景观效果好，滨湖	观景聊天、漫步

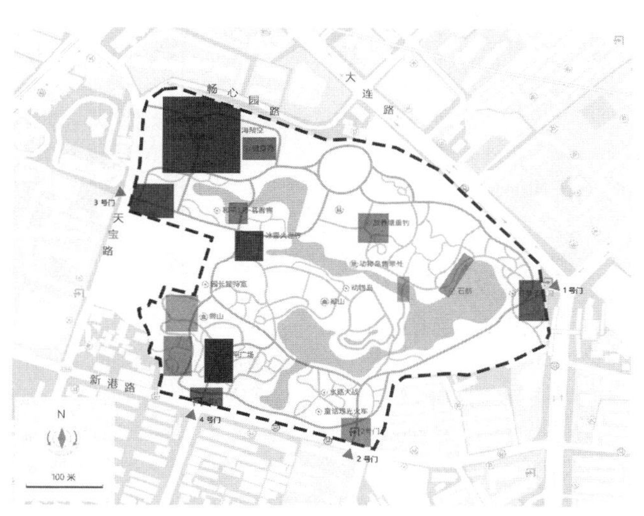

图2 各区域内使用者密度分布图

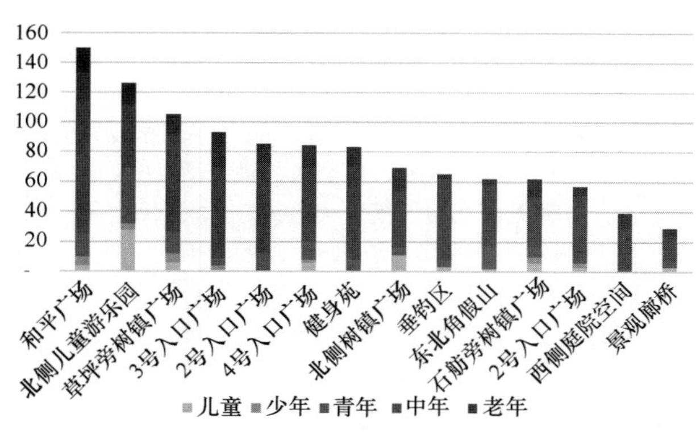

图3 各空间活动者人群构成

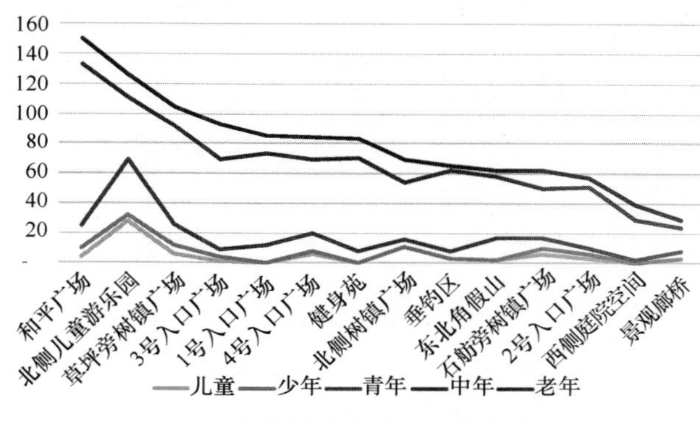

图4 各类活动者对空间偏爱程度

3.3 不同人群分布特点

3.3.1 中老年活动群体

在上述图表数据中能看出，14个空间中最受中老年活动者喜爱的分别空间是和平广场、儿童乐园、草坪旁树镇广场。本文以和平广场为例，对其受偏爱原因展开分析。

在这一被植被围合为形成的相对较为空旷、视野良好的广场空间中，使用者根据活动内容不同主要分成三组聚集人群（图5），一是聚集在南侧的两组广场舞群体（图6），二是广场北侧由于儿童玩耍而聚集的人群，三是在广场东侧台阶座椅上的下棋群体，据笔者观察，这三类活动群体都自发的在固定场所展开活动，彼此之间互不打扰。而在这三类活动区域中大多数中老年人都会选择进行休憩与观望，究其原因，使用者能够在进行社交活动的同时，满足其对于“人看人”的需求[13]。例如在北侧区域休憩的人群能够在照看孩子的同时，观看远处广场舞人群的活动情况，使环境对于人群的刺激水平达到中等水平，处于最优唤醒状态，增强空间带来的舒适感。

这样能够同时容纳多种活动人群，在满足中老年人“个人空间气泡”不被侵犯的同时，又能产生具备复杂性、新奇性、意外性、不一致性的环境刺激的空间，在公园中最为中老年人所喜爱。

图 5　和平广场不同类型活动人群分布

图 6　和平广场南侧的另一组广场舞群体

3.3.2　青少年活动群体

通过上文中对于案例公园的分析中能看出，青少年与中老年人对于空间的偏好有较大差异。最受青少年偏爱的空间从高至低分别为北侧儿童游乐园、石舫旁树镇广场与草坪旁树镇广场。儿童乐园由于具有特殊性先暂且不列入本次分析对象之内，本文选取石舫旁树镇广场为例展开分析。

在这一空间中，与和平广场空间类似，该空间也因使用者不同活动内容，可被划分成为四组人群（图 7），一是聚集在北侧的两组打羽毛球的青少年人群，二是东侧互相追逐嬉戏的儿童，三是在石舫折桥上游赏的人群（图 8），四是在广场北侧聊天休憩的群体。

该空间与和平广场空间从基本要素组成上就有较大差异，树镇广场可供休憩的空间更丰富且空间分割性更

图 7　石舫旁树镇广场不同类型活动人群分布

图 8　石舫旁的活动人群

强，每一处树池座椅间的距离较大，其中还包含很多个人领域性较强的凹空间，更能为使用者提供一处可以自由谈论而不被穿行人群打扰的区域，因此，相较偏爱社交活动的中老年人群体，青年群体的“个人空间气泡”则范围更大，更加偏爱一些僻静、私密性较强的空间区域进行活动。

此外，与中老年群体相似的是，这两个空间均具备视野较为开阔的特征，该树镇广场是一处临河的带状空间，因此能够看到河对岸的亭榭与植被，景观效果较好，同时由于场地开阔，且活动人群较为单一，也能够满足青年人健身娱乐，儿童追逐嬉戏的需求，同时这些多样的活动种类，也为在此处聊天休憩的人群带来了适度的环境刺激，达到最佳的环境唤醒水平。

4　基于环境行为学的公园设计策略

（1）人性化的空间尺度

城市公园的公共空间环境的使用者是人，因此，利于交往的空间必定是符合人们的心理需求的，同时还具有舒适的尺度感。各种社会场合中，每个人都被看不见的“个人空间气泡”所被包围[14]，即一种为了控制个人所需要的最小空间范围而形成的身体缓冲区[15]，而儿童与老年人的个人距离较小，中青年人则较大[16]。因此，交往空间的设计应依据活动人群的特征和活动需要来确定最适度的尺度。

（2）满足领域性，提供各类人群活动的固定场所

在城市公园中，不同群体由于活动的内容不一样，所需求的场地也会产生明显的差异。如不将这些需求承载不同需求的场地进行划分，那么人们进行活动时，便会一团混乱，各种人群互相干扰。久而久之，人们便不再愿意聚集起来，这是不利于城市公园发展的。因此，在进行城市公园设计时，必须要允许固定使用群体将某个分区作为自己的专用活动领地，形成一种向心环境。

（3）形成功能复合的共享空间，达到使用者心理最优唤醒水平

以使用者的交往需求为出发点，考虑使用者在时间和空间上活动的层次性，满足人们多样化的交往需求与

被环境唤醒的心理需求。在设计时，要有令人独自静思的空间，儿童嬉戏玩耍的空间，老年人健身娱乐的空间等，将这些进行渗透融合，能同时容纳多种群体、个体行为的发生，模糊活动边界，统一成一个完整的交往空间。不同的活动人群既不会互相干扰，还能起到互相带动的作用，为“人看人”创造了大量的机会，保证空间对与使用者的刺激元素维持在最优的水平。

5 结语

和平公园作为一所颇受市民欢迎的城市公园，使用者活动总体十分丰富，因此，本文从环境行为学视角出发，以和平公园为例，尝试从使用者角度对公园内空间进行解读与分析，探索其背后深受市民喜爱的原因，为后续的公园空间设计提供参考与理论支撑。

参考文献

[1] 金云峰，卢喆，吴钰宾．休闲游憩导向下社区公共开放空间营造策略研究[J]．广东园林，2019，41(02)：59-63.

[2] 姚吉昕，金云峰．基于不同视角的城市公园设计策略与方法[J]．广东园林，2017，39(02)：45-50.

[3] 金云峰，杜伊，周艳，等．公园城市视角下基于空间治理的区域绿地管控与上海郊野公园规划实践[J]．城乡规划，2019(01)：23-30.

[4] 金云峰，王越．城市特色文化空间生成的方法[J]．住宅科技，2018，38(08)：1-6.

[5] 马唯为，金云峰．城市休闲空间发展理念下公园绿地设计方法研究[J]．中国城市林．

[6] 金云峰，陈希萌．基于景观原型设计方法的现代园林空间设计分析——以方塔园为例[J]．中国城市林业，2016，14(02)：33-37.

[7] 陈希萌，金云峰，周晓霞．城市公园设计策略——上海桃浦中央公园弹性空间与边界研究[J]．住宅科技，2016，36(07)：1-6.

[8] 阿尔伯特・J・拉特里奇．大众行为与公园设计[M]．北京：中国建筑工业出版社，1990.

[9] 吴昊雯．基于行为注记法的公园使用者时空分布与环境行为研究[D]．杭州：浙江大学，2013.

[10] [美]凯文・林奇．项秉仁译 城市的印象[M]．北京：建筑工业出版社，1990.

[11] 成玉宁．现代景观设计理论与方法[M]．南京：东南大学出版社，2010.

[12] 徐磊青，杨公侠．环境心理学——环境、知觉和行为[J]．上海同济大学出版社，2002.

[13] 陈义勇，刘卫斌．使用者行为视角的城市大型公共空间设计研究——以深圳北中轴广场为例[J]．中国园林，2015，31(07)：108-112.

[14] 格兰特・W・里德．从概念到形式[M]．中国建筑工业出版社，2004.

[15] 杨瑾．环境设计下心理调节空间的研究与运用[D]．西安美术学院，2015.

[16] 陶赟，傅碧天，车越．基于游憩行为偏好的城市公园环境设施空间优化[J]．城市环境与城市生态，2016，29(02)：21-26.

[17] Yuen Hon K，Jenkins Gavin R. Factors associated with changes in subjective well-being immediately after urban park visit.[J]. International journal of environmental health research，2019.

作者简介

宋美仪，1995年生，女，黑龙江哈尔滨人，同济大学建筑与城市规划学院景观学硕士研究生。研究方向：风景园林规划设计方法与工程技术。电子邮箱：121424071@qq.com。

金云峰，1961年生，男，上海人，同济大学建筑与城市规划学院景观学系副系主任、教授、博士生导师。研究方向：风景园林规划设计方法与技术、景观有机更新与开放空间公园绿地、自然资源管控与风景旅游空间规划、中外园林与现代景观。电子邮箱：jinyf79@163.com。

王俊祺，1995年生，男，汉族，江苏南京人，同济大学建筑与城市规划学院景观学系硕士研究生。研究方向：风景规划。电子邮箱：samwangjq@hotmail.com。

周艳，1992年生，女，重庆人，同济大学风景园林专业在读研究生。研究方向：风景园林规划设计方法与技术，景观有机更新与开放空间公园绿地。电子邮箱：635641545@qq.com。

基于CAS视角的珠三角水适应性景观历史发展特征研究①

Study on Historical Development Characteristics of Water Adaptation Landscape in the Pearl River Delta Based on CAS

王可欣　汪　民

摘　要： 三角洲地区历史演进中形成了独特的水适应性景观，反映出人水共生下的生态智慧，随着现代化进程加快，三角洲水适应性景观也面临着转型发展。通过选取珠江三角洲为研究对象，分析三角洲水适应性景观的历史演进主要分为被动适应阶段、主动适应阶段和转型阶段，并引入复杂适应性系统理论（CAS）总结三角洲水适应性景观具有的聚集、非线性、流和多样性特征，为新时期的三角洲地区发展建设提供启示。

关键词： 风景园林；复杂适应性系统（CAS）；三角洲；水适应性景观

Abstract: In the historical evolution of the delta region, a unique water adaptive landscape has been formed, reflecting the ecological wisdom under the symbiosis of humans and waters. With the acceleration of the modernization process, the delta water adaptive landscape is also facing a transformational development. By selecting the Pearl River Delta as the research object, the historical evolution of the delta water adaptive landscape is analyzed, which is mainly divided into the passive adaptation stage, the active adaptation stage and the transformation stage. And Complex Adaptive System (CAS) is introduced to summarize the delta water. The characteristics of aggregation, nonlinearity, flow and diversity of adaptive landscapes provide inspiration for the development of the delta region in the new period.

Keyword: Landscape Architecture; Complex Adaptive Systems; Delta; Water adaptive landscape

引言

复杂适应性系统（complex adaptive systems，CAS）由John Holland于1994年提出，认为适应性造就复杂性，主体能够在其他主体以及环境的相互作用中产生“学习”过程，调整自身结构和行为方式，适应环境和其他主体变化以促进整个系统发展[1]。三角洲处在复杂多变的环境当中，往往对一个国家具有重要的战略地位，是复杂适应性系统。珠江三角洲历史上曾是一片海湾，在西江、北江和东江及支流携带泥沙汇入下，在珠江口河口湾内逐渐堆积成陆，是复合型三角洲[2]。故以CAS为视角对珠江三角洲水适应性景观发展进行研究能够对其历史演进和日益复杂的人居环境可持续发展有更好的认识。

1　CAS视角下的水适应性景观

1.1　水适应性景观

自然环境和人类社会的复杂性引发了关于适应性景观的探讨，其中包含水适应性景观。国内外学者对水适应性景观的概念均有不同阐述，一部分学者认为水适应性景观是人类社会与水环境相互适应和改造过程中形成的景观格局，也有学者倾向于灾害防治策略和生态实践产物，并进行相关回顾性和前瞻性研究[3,4]。

结合CAS理论中把系统要素理解为活的、具有主动适应能力的主体，引进宏观状态变化的“涌现”特点，笔者认为水适应性景观指由人类社会发展过程中与水环境的相互作用形成的一系列人水共生思想、方法和实践经验在景观上的体现。

1.2　CAS视角的水适应性景观特征

复杂适应性系统具有7个基本点，其中包括4个特性：聚集、非线性、流、多样性（表1），和三个机制：标识、内部模型、积木[1]。水适应性景观是人居环境复杂系统中的一个要素，同时也是一个适应性主体。结合CAS基本特性可对水适应性景观基本特征进行转译（表2）。

CAS基本特性归纳　　表1

CAS基本特性	内容
聚集	简化复杂系统，忽略细节差异将事物分门别类；较为简单的主体聚集相互作用，必然会涌现出复杂的大尺度行为
非线性	主体间相互作用存在双向性，导致聚集行为存在复杂性
流	连接资源流动，资源聚集产生乘数效应；产生再循环效应，资源在系统中的循环提升利用率

① 基金项目：农业部华中都市农业重点实验室。

续表

CAS 基本特性	内容
多样性	是一种动态模式，通常具有持存性和协调性，即每种主体都安顿在由以该主题为中心的相互作用所限定的合适生态位上，系统在不断适应中演化，为进一步相互作用和新的生态位开辟可能

资料来源：参考文献［1］。

水适应性景观基本特征　　表 2

水适应性景观基本特征	内容
聚集	适应特定环境下的共同问题，在多种水适应性景观的共同作用下，涌现出区域环境整体积极的效益
非线性	水适应性景观与人类社会相互作用，即改善人居环境，同时人类行为也会对水适应性景观产生影响或干扰
流	景观-空间-社会形成适应环境发展的资源流动模式
多样性	不同环境下产生不同的水适应性景观，同一环境不同时期水适应性景观会出现调整或改变以适应环境变化

2　珠江三角洲水适应性景观历史演进

珠江三角洲随历史演进形成了独特河口和密集的水网体系，促进了岭南聚落形成、传统农业发展和特色文化积淀，水适应性景观也在发生变化。根据土地利用、环境影响及生产生活方式复杂性，对珠江三角洲水适应性景观的历史演进分为三个阶段：原始的被迫适应阶段、农业主导的主动适应阶段和现代化发展下的转型阶段。

2.1　被迫适应阶段

唐代以前珠江三角洲地区在海洋侵退作用下处在发育阶段，整体以海湾为主，虽然已有人类活动和历史文化积累，但因人口稀少、位置偏远和疾病肆虐等因素，社会发展缓慢。因此当地人选择地势较高的位置定居，利用已有条件进行生产活动，对环境改造较少，人水相互作用程度较低，水适应性景观形成发展较为迟缓。

2.2　主动适应阶段

唐代以后，由于移民涌入、经济重心南移，珠江三角洲的台地不能满足增长的生活需求，同时又面临着水文变化下的洪水压力，形成传统农业主导的主动适应过程。该阶段时间跨度从唐代持续到 20 世纪 80 年代，分为形成期、成熟期和成熟后期。随着中华人民共和国成立后现代化建设兴起，珠江三角洲的农业主导仅持续到改革开放前[5]。该阶段水适应性景观主要体现在土地改造和以独特生产方式形成的空间结构和农业景观。

在土地改造上，堤防建设始于唐代并在宋代规模扩大以应对洪水。堤防建设促进了水网形成和沉积物淤积，为农业生产提供适宜的土壤环境和有利的排水条件，形成具有地域特色和农业用途的水适应性景观（如桑园围）。

在生产方式上，进行土地复垦、围海造陆，将围合的低洼地和新的陆地用于生产，形成独特的圩田和沙田景观[6]。然而堤坝围堰内的农田低于堤外河流，在遇到较大洪水时会出现倒灌、内涝等问题，以及明朝以来政治经济环境变化，导致三角洲居民利用低洼水塘及两侧堤岸构建种植与养殖相结合的耕作方式，形成基塘景观。基塘是人水相互作用下的水适应性景观，既提高蓄洪能力又提升了农业生产和商品经济，促进了不同要素间的复杂性提升。

2.3　转型阶段

改革开放后社会一生态环境复杂性进一步加剧，珠江三角洲人口爆炸增长和经济社会高速发展在世界上是十分罕见的，短期内对环境的负面影响高于先前阶段，主要表现为传统农业衰落、水网缺失和生态退化。因此水适应性景观应从传统农业景观的水适应性向城乡生态环境的水适应性转变。形成自上而下的规划政策指导、体系构建、局部建设以及自下而上的群众参与。提出生态文明理念下的城市雨洪管理、河涌整治修复、海绵城市等水适应性景观建设，以及区域尺度的水资源配置工程等，通过提升空间质量提升防洪安全，进行水资源保护利用、水环境恢复提升和水安全构建[7]。

珠江三角洲水适应性景观历史演进　　表 3

时间	发展阶段	主要水适应性景观/措施	形成原因	影响
唐代以前	被动适应阶段	水适应性景观缺乏	人口稀少，生产力低	三角洲自我发育
唐代至元代	主动适应阶段（形成期）	筑堤景观（桑园围）、沙田景观、圩田景观	移民迁入，经济重心南移，生产力提升，洪涝灾害影响增大	水网格局形成，稻田种植成规模；过度修建导致河道淤塞，加剧洪涝风险
明代至 20 世纪 20 年代	主动适应阶段（成熟期）	基塘景观	社会经济环境变化，农业高度商业化	蓄洪能力提升，地下水位下降，农业生产效率提高

续表

时间	发展阶段	主要水适应性景观/措施	形成原因	影响
20 世纪 20 年代至 20 世纪 80 年代	主动适应阶段（成熟后期）	基塘景观、区域环堤	技术进步，城市建设加快，洪涝风险依然严峻	水道硬质边界增加，地下水位上升对洪水的抵御
20 世纪 80 年代至今	转型阶段	“海绵城市”建设、河涌景观建设、珠江三角洲水资源配置工程等	高速城市化，人口激增，生态环境恶化	基塘景观衰落，城市运河、湖泊逐渐丧失，灾害治理从抵御转向适应

3 CAS 视角下珠三角水适应性景观历史发展特征研究

3.1 聚集特征

堤防建设规模不断扩大反映出水适应性景观的聚集特征，通过筑堤进行洪水抵御及流向疏导，珠江三角洲的水网格局出现了不断规整的调整过程，不断聚集下涌现出三角洲独特的水网格局。主要表现在三角洲水陆环境变化，即陆地环境不断向水岸延伸的演变趋势，以及水网格局变化，即堤防建设聚集在上下游的时间顺序不同导致的三角洲水网呈现出上游大支流稳固、下游小支流曲折的整体上疏下密的结构特点（图 1）。

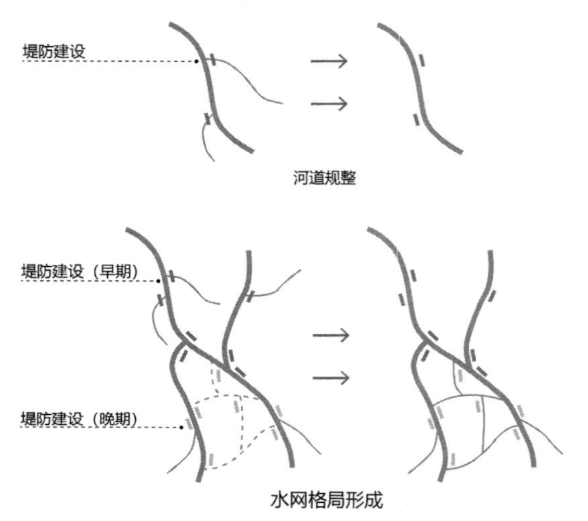

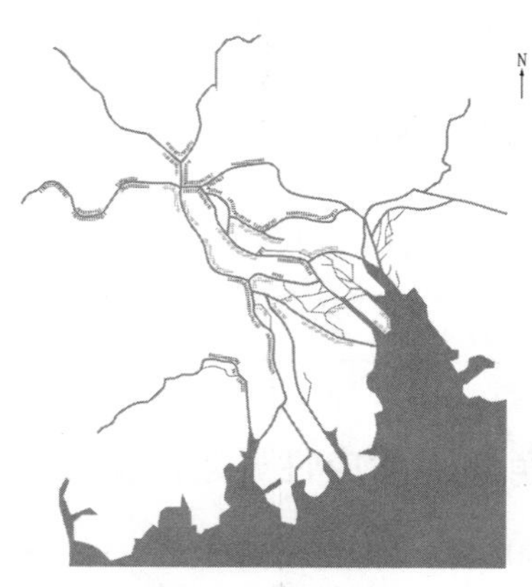

图 1　聚集特征

3.2 非线性特征

珠江三角洲的水适应性景观是人与复杂水环境非线性相互作用下的产物。适度干预可以改善水环境以缓解洪涝风险，而过度干预则会加剧灾害风险，形成消极反馈造成社会经济损失。古代堤防、沙田和近代区域环堤建设虽然能够抵御洪水、促进生产，但在利益驱使下建设规模的不断扩大，却导致河道淤塞、地下水位上升，破坏了水系的自然边界，增大洪水风险。而海绵城市、河涌整治等城市环境建设，在于削减隐患积累形成积极效益的聚集，非线性过程达到积极反馈（图 2）。

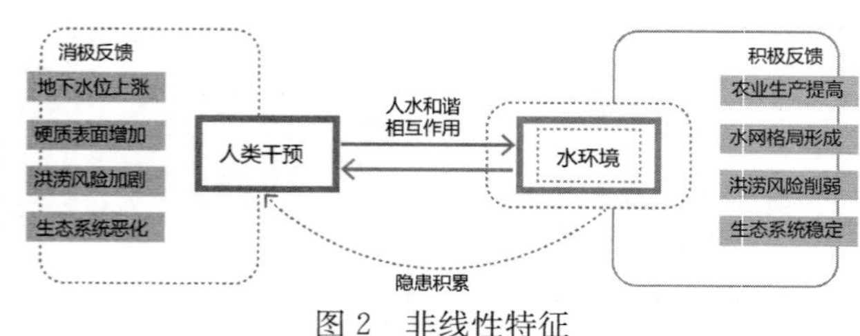

图 2　非线性特征

3.3 流特征

随着基塘景观发展的逐步成熟，珠江三角洲的人水适应达到了稳定状态，主要得益水适应过程中良好的资源流动过程。基塘自身就是以水产养殖塘和经济作物堤之间的物质能量流动关系形成的科学环保的生态循环系统，此外还产生乘数效应拓展出社会—生态系统的资源循环，而范围更广的基塘—筑堤—河道系统构成区域水系，也形成了完善的排水流和蓄洪流（图 3）。

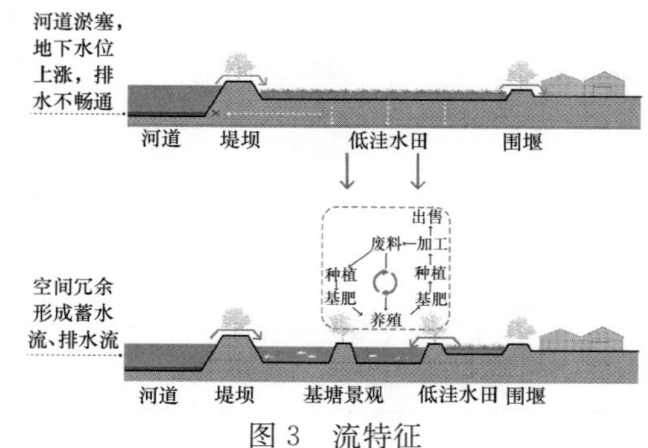

图 3　流特征

3.4 多样性特征

生产生活方式随时代变革而发生变化，人居环境复杂性的逐渐增加，水适应性景观呈现出基于不同功能类型和空间类型的多样性特征。

功能类型上水适应性景观可根据不同水环境问题分为洪涝适应性景观和干旱适应性景观（如湿梯田和旱梯田）。空间角度上水适应性景观又可根据城乡空间差异分为农业水适应性景观和城市水适应性景观，农业类型中如基塘景观又可反映出不同经济作物构建不同类型的基塘景观的复杂多样性（桑基鱼塘、蔗基鱼塘、果基鱼塘）。而现代化程度高的城市空间则更多以提升空间质量进行洪涝治理、雨水管理等，是具有多功能和尺度的水适应性景观，如湿地公园、滨水廊道、雨水花园等。

水适应性景观也可在功能和空间上出现重叠，如基塘景观即能作为农业水适应性景观，也可作为洪涝适应性景观。因此体现出水适应景观随环境愈发复杂而体现出的多样性特征（图 4）。

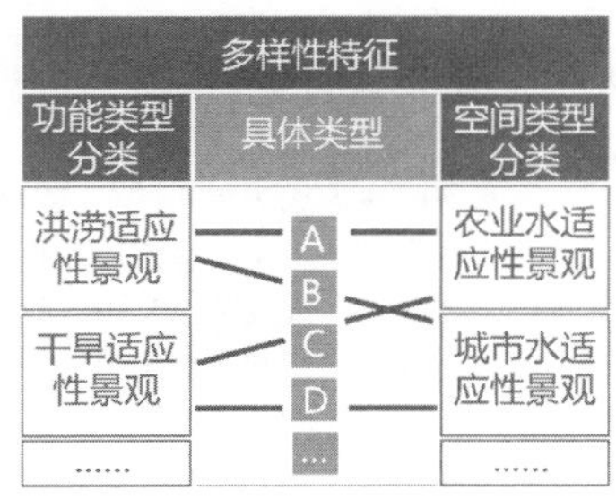

图 4　多样性特征

4　对新时期三角洲地区建设启示

主动适应阶段的珠三角水适应性景观发展为我们展现出了前人与水环境和谐共处下的生态智慧，而转型阶段前期快速的城市化发展带来的教训也引起对新时期三角洲地区建设的反思。在日益复杂的人居环境中，应该加强水适应性景观与人居环境中多主体相互作用，转型发展阶段需要及时调整水适应性景观自身结构或模式以适应系统整体变化。

因此，需要结合 CAS 理论重新审视三角洲地区水适应性景观发展。通过总结珠江三角洲水适应性景观历史发展具有的复杂适应性特征，新时期三角洲地区水适应性景观发展应从以下几点进行考虑。

（1）空间格局的水适应性：水适应性景观的构建应从区域山水格局进行把握，以区域水系结构特征为基础，对水网格局进行保护，结合周围景观空间构建相应的复杂适应机制。

（2）土地利用的水适应性：土地利用的不合理往往导致水适应性景观的退化，虽然传统农业发展模式已不适于当前珠江三角洲发展大环境，但其与水环境相互作用中反映出通过预留空间以适应环境压力。因此需要对三角洲地区进行洪涝等灾害风险分析划定风险区范围，优化土地利用[8]，通过已有场所移除或功能置换等方式构建适当的空间冗余[9]，引入相应的水适应性景观适应环境变化。

（3）生活生产方式的水适应性：通过 CAS 理论建立对生产生活复杂性的认知，以生态文明理念为指导完善水环保机制和措施，减少人类活动对水环境的消极影响，构建人水和谐的生活生产方式。

5　结语

在传统农业和人类聚居演变下诞生出了珠江三角洲独特的水适应性景观，通过 CAS 理论介入总结其历史演变和特征能够对当前转型阶段下水适应性景观的发展有更好的认识。随着城乡环境的日益复杂，对水适应性景观的研究应结合系统学方法，不断探索适应模式和适应机制，以促进对可持续发展的认知。

参考文献

[1]　约翰，霍兰．隐秩序．适应性造就复杂性[M]．上海科技教育出版社，2000．

[2]　程炯，王继增，刘平，等．珠江三角洲地区水环境问题及其对策[D]. 2006．

[3]　李伯华，曾荣倩，刘沛林，等．基于 CAS 理论的传统村落人居环境演化研究——以张谷英村为例[J]．地理研究，2018，37(10)：1982-1996．

[4]　高伟，龙彬．复杂适应系统理论对城市空间结构生长的启示——工业新城中工业社区适应性空间单元的研究与应用[J]．城市规划，2012，36(05)：57-65．

[5]　侯思颖，李可可．从水资源角度探索珠三角地区桑基鱼塘发展与出路[J]．水资源研究，2018，7(02)：215．

[6]　Weng Q．A historical perspective of river basin management in the Pearl River Delta of China[J]．Journal of Environmental Management，2007，85(4)：1048-1062．

[7]　肖飞，刘达．对珠江三角洲地区水生态文明建设的调查思考[J]．水利发展研究，2014，14(07)：15-18+27．

[8]　Francesch-Huidobro M，Dabrowski M，Tai Y，et al. Governance challenges of flood-prone delta cities：Integrating flood risk management and climate change in spatial planning[J]．Progress in Planning，2016．

[9]　仇保兴．基于复杂适应系统理论的韧性城市设计方法及原则[J]．城市发展研究，2018，25(10)：7-9．

作者简介

王可欣，1995 年生，女，汉族，广西南宁人，华中农业大学园艺林学学院在读研究生。研究方向：风景园林规划与设计。电子邮箱：236702933@qq. com。

汪民，1973 年生，男，汉族，湖北武汉人，博士，华中农业大学园艺林学学院副教授。研究方向：风景园林规划与设计。电子邮箱：39347747@qq. com。

基于 ENVI-met 模拟的城市滨江空间冬季小气候与驳岸形式关系研究

——以上海杨浦滨江、外滩为例

Study on the Relationship between Winter City Microclimate and the Revetment Form Based on ENVI-met

—A Case Study of Shanghai Yangpu Riverfront Park and the Bund

邱杰迩　符思熠　戴代新*

摘　要：近年来，公众对于宜人的户外空间需求日益增加。在上海实行滨江贯通的背景下，滨水空间逐渐成为重要的公共开放空间。目前滨水小气候研究多集中于夏季，然而冬季滨水空间利用率相对较低，如何优化利用是个容易忽视的问题。本文以滨水带防汛墙设计形式为切入点，运用 ENVI-met 对不同滨江断面模型进行冬季滨水小气候模拟，探求典型滨水断面的地形设计、植被结构与小气候物理因子之间的关系，并将结果与实测结果进行比较。基于模拟分析得到的规律，提出面向冬季滨水带小气候适宜性的空间优化策略。

关键词：ENVI-met；滨水带；小气候；风景园林；防汛墙

Abstract: Recently, the demand for pleasant outdoor spaces has been increasing. Under the background of the riverside integration, riverfront place has gradually become an important outdoor public space. At present, the research on waterfront microclimate is mostly concentrated in summer, and the utilization rate of waterfront space in winter is low. How to make better use of the waterfront space is a question easy to be neglected. In this paper, the design of the flood control wall is taken as the start point, and ENVI-met is used to simulate microclimate to explore the relationship of typical waterfront section between the topographic design, vegetation structure and microclimate. Then compare these simulation results to the measured ones. Furthermore, based on the rules obtained by simulation analysis, landscape design strategies for the winter climate are proposed.

Keyword: ENVI-met; Waterfront Park; Microclimate; Landscape Architecture; Flood Control Wall

1　研究背景

随着全球变暖、高速城镇化发展，城市人居环境表现出越来越多的问题，例如城市热岛效应、空气污浊、通风不良等等。如何在日益恶化的城市环境中营造宜人的空间环境愈来愈成为人们关心的问题，而户外小气候的设计则是改善城市环境的重要手段之一，风景园林设计对于小气候有着直接的影响。

并且在上海实行滨江两岸贯通的背景之下，滨水空间成为城市户外活动空间的重要组成部分。由于其特殊的地理位置，具有与腹地区域差异较大的干湿、温度等条件，并且小气候与人群活动存在着相互作用关系[1, 2]。滨水空间是否利于人群活动，如何改善滨水户外环境是较为重要的议题。

由此可见，滨水空间的小气候适应性设计研究存在一定的必要性，探究风景园林要素对小气候的影响显得极为重要。

1.1　城市滨水微气候的相关研究

小气候研究目前主要集中在城市街道、公园、居住区等，并且不少学者对风景园林设计要素，包括地形、植物、建筑形态、水体等，进行了小气候影响研究。

地形是构成景观的骨架，已有学者针对不同地形的小气候进行研究，发现地形与小气候之间存在显著影响[3, 4]。而植物作为风景园林的重要组成部分，由于自身的蒸腾、阻滞作用等原因，其对小气候的影响也较大，已有学者从树木群落、植被结构[5]等角度研究了植物对于小气候的影响。相比较局部地形或植被的气候调节作用，城市内水体的调节作用更为显著[6]，有研究表明城市大型水域对城市热环境的改善作用显著[7]。

在城市滨水带的小气候研究方面，不少学者从街区尺度等大尺度出发，对建筑形态、街道布局、空间界面等方面进行研究，进而提出滨水环境气候适应性设计策略，也有学者针对热岛效应缓解效能进行研究。在中小尺度上的滨水带探索较少，只有刘滨谊等从滨水景观的空间断面出发，研究了地形、植被结构、乔木郁闭度对滨水小气候的影响[3]。而大部分滨水小气候的研究都集中于夏季，且冬季滨水空间利用效率较低，因此本文从冬季滨水小气候的角度进行研究，以期为城市滨水空间设计提供更合理、详细的小气候适宜性设计策略。

1.2 小气候计算机模拟

目前较为主流的微气候模拟软件有 ENVI-met、Eco-Tect 等。其中，ENVI-met 是由德国 Michael Bruse（University of Mainz）开发的多功能系统软件，可以通过软件内网格化建模，模拟室外风环境、城市热岛效应等。该软件由建模、编程、模拟、结果显示 4 个板块组成。该软件在小气候研究中，主要应用于居住区、历史或商业街区、校园等尺度相对较大的空间模拟，研究内容包括绿地空间布局对于微气候的影响[8]、各类空间构成要素的模拟研究、污染物扩散研究[9]等。

本次试验主要针对现存探索较少的中小尺度滨水带小气候进行研究。而防汛墙则是大部分滨水带景观设计中较为重要的因素，不仅是保障城市安全的功能性构件，同时对塑造不同特征的滨水岸线有着较为重要的作用。本次研究以滨水绿地防汛墙的设计形式为切入点，研究其对滨水微气候的影响。

2 研究方法

2.1 研究对象

本文将滨水带典型的防汛墙设计断面作为基本空间单元进行研究，探索不同的设计形式如何影响小气候的物理因子。滨水带的空间断面主要由地形、植被、水体三部分构成[3]。其中，地形因素主要指防汛墙的竖向设计，植被因素则包括植被空间结构、灌木高度等。而在小气候的评价方面，选取对风、湿、热环境起关键作用的指标：空气温度、相对湿度、风速以及太阳辐射度进行分析。

2.2 研究框架

本次实验以 ENVI-met 软件模拟实验为主，同时通过与相关文献的实测数据进行比较研究，对实验结果的准确性作出评估，具体研究框架见图 1。

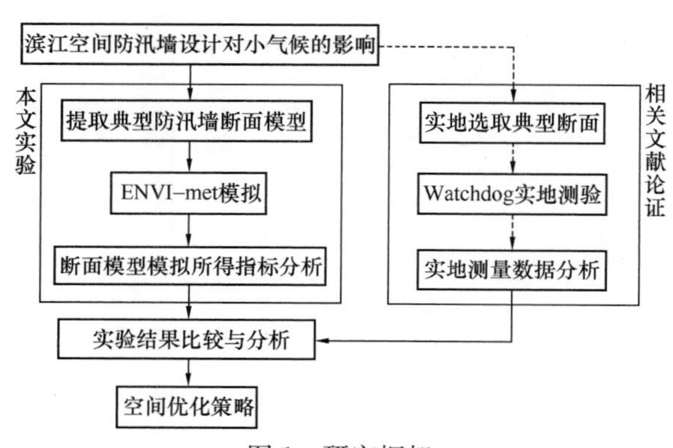

图 1 研究框架

3 模拟试验

3.1 试验设计

选取的实验段落为黄浦江杨浦滨江段与外滩滨江段。杨浦滨江原为工业码头，其防汛墙（图 2）以挡墙式为主，在之后的改造中，部分段落防汛墙保持原有形式，部分滨江段则根据基地条件改造为直立式、台地式等。而外滩滨江由于历史原因，其防汛墙（图 2）的设计则是将滨江步道抬高至防汛墙标高，而其下则设置商铺与停车空间，构建出临水式的防汛墙设计。

图 2 滨江空间防汛墙现状

从外滩与杨浦两个滨江段提取典型的防汛墙形式，得到七类断面形式（图 3）。由于滨水带防汛墙设计主要

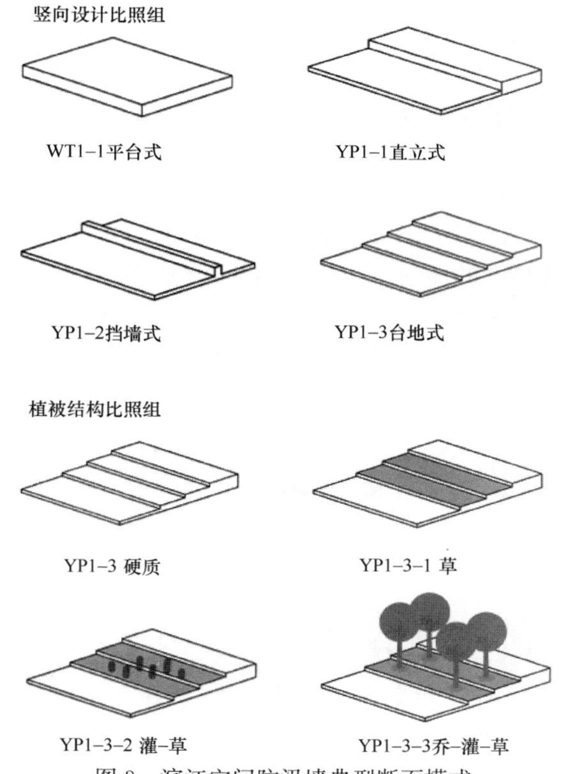

图 3 滨江空间防汛墙典型断面模式

包括两个要素：地形、植被，将这两个要素进行分组研究。竖向设计比照组仅考虑竖向因素；而植被比照组在竖向设计相同的情况下进行三类种植模式的比较。在小气候分析中，对典型断面距地面 1.5m 高度的空气温度、相对湿度、风速、太阳辐射量（太阳辐射量的衡量因子选取反射辐射量这一指标）4 个气象要素进行分析。

3.2 模型参数设置

3.2.1 初始环境参数设置

试验模拟的初始环境参数参考典型的冬季气象数据。天气为晴天，平均温度设置为 9～13℃，平均风速为 2.5m/s，风向为东南风。模拟时间选取为 8：00～18：00。

3.2.2 模型参数设置

除有乔木的模型（YP1-3-3）外，模型网格数设置为 20×40×20，空间精度为 2m×2m×1m。而 YP1-3-3 模型，由于乔木模型具有一定高度，且计算区域高度宜为模拟物体最大高度的两倍[10]，因此将这两个模型的模型网格数设置为 20×40×40，空间精度为 2m×2m×1m。

3.2.3 植物参数设置

软件模拟主要涉及 3 种植物类型：乔木、灌木和草本。由于软件条件限制，草本选择植株高度为 50cm 的植物，乔木选择球状树冠的落叶乔木。

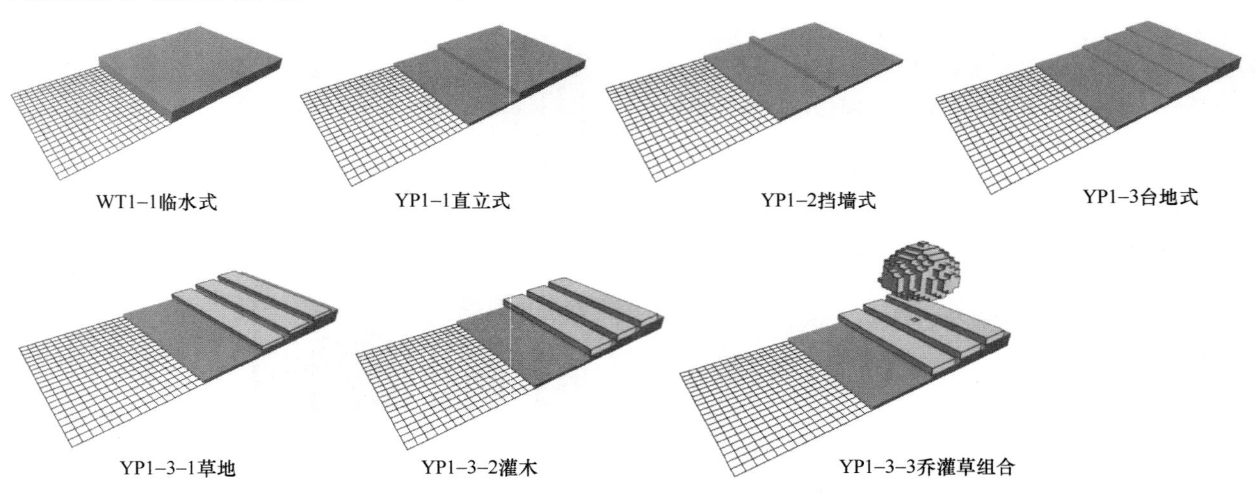

图 4 试验模拟模型

4 试验结果

4.1 地形因素对滨江小气候的影响

地形因素主要与防汛墙距岸线位置、高差处理方式等相关，本试验包括临水式（WT1-1）、直立式（YP1-1）、挡墙式（YP1-2）、台地式（YP1-3）四类。在控制其他空间构成要素相同的前提下，比较四类不同地形设计下的滨水空间小气候，探究地形因素对微气候要素的影响。

对比 4 个断面模型的平均风速，从全天风速变化图（图 5）可以看出，YP1-2（挡墙式）断面的风速最小，与其他剖面具有显著差异。从防汛墙前后的风速变化上来看（图 6），YP1-2（挡墙式）的防汛墙前后风速无明显变化。由此可见临水式、直立式、台地式的防汛墙导风效果较好，挡墙式防汛墙导风效果最差。

对比 4 个断面模型的平均温度（图 7），全天平均气温的变化差异不大。从防汛墙前后的具体数值对比来看（图 8），直立式、台地式的断面设计形式具有一定的增温效果。

对比 4 个断面模型的相对湿度（图 9），挡墙式的剖面相对湿度较低，其余剖面无明显差异。从各剖面的防汛墙前后相对湿度比较也可看出（图 10），YP1-2（挡墙式）的增湿效果最差。

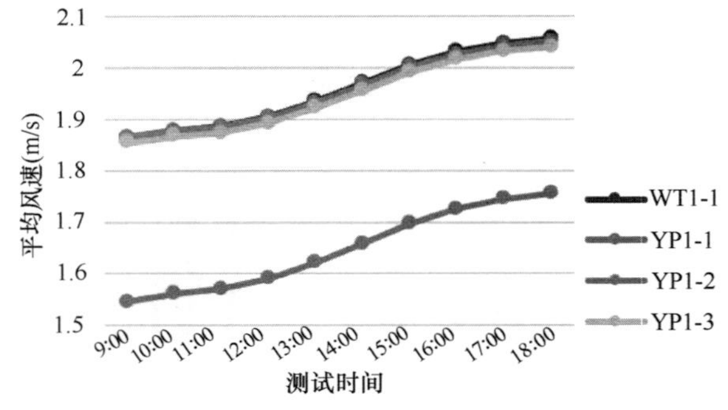

图 5 风速变化曲线

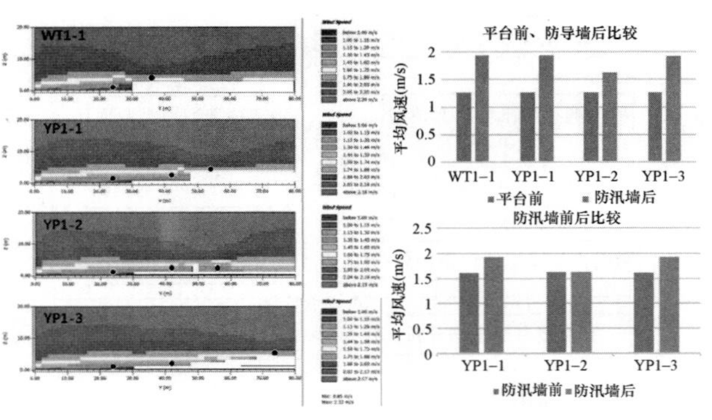

图 6 风速模拟结果剖面图

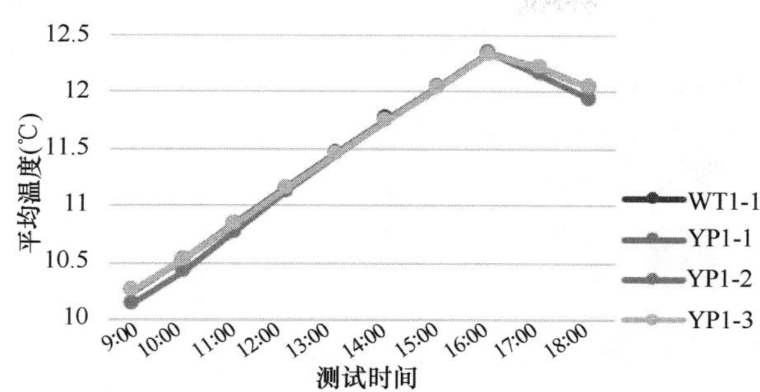

图 7　平均温度变化曲线

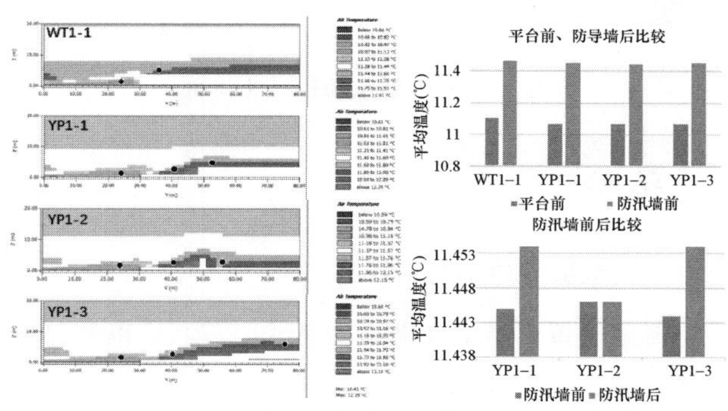

图 8　平均温度模拟结果剖面图

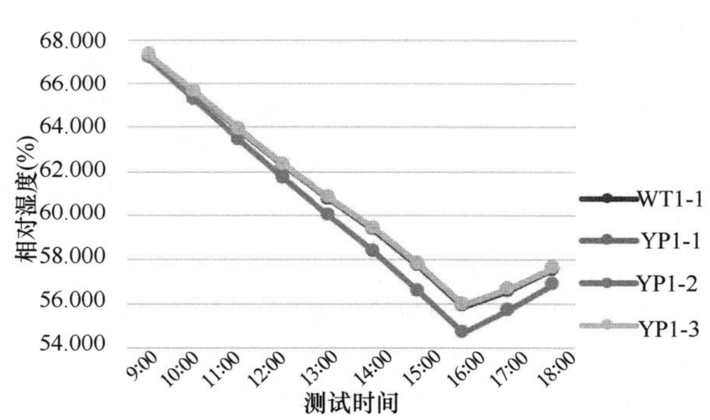

图 9　相对湿度变化曲线

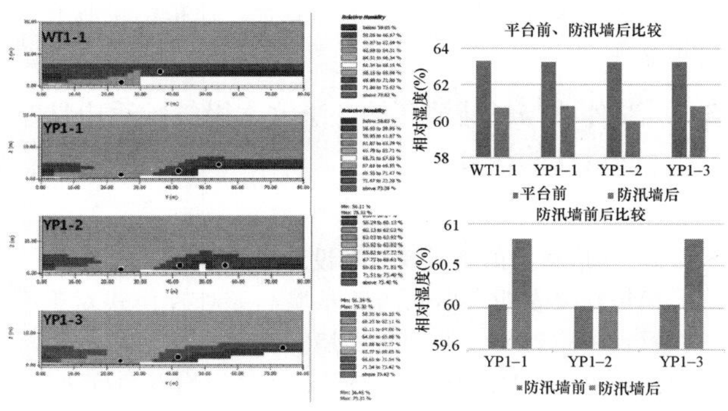

图 10　相对湿度模拟结果剖面图

4.2　植被结构对滨江小气候的影响

在本试验中，选取较为典型的植被组合来测定植被因素对于小气候要素的影响，主要包括草地、灌木、乔灌草三种植被组合形式。本对比组选取台地式作为统一的地形形式，比较无植被（YP1-3）、草地（YP1-3-1）、灌木（YP1-3-2）、乔灌草（YP1-3-3）4 个断面模型的滨水带小气候要素，探究植被因素对微气候的影响。

比较 4 种断面形式的全天平均风速（图 11），结果为：YP1-3-3（乔-灌-草）＜YP1-3-2（灌木）＜YP1-3-1（草地）＜YP1-3（硬地）。从防汛墙前后的风速比较来看（图 12），硬地、草地对于风速没有减风效果，而灌木、乔灌草组合的种植模式有较好的减风效果，由此可见减风效果为：乔灌草组合＞灌木＞草坪。

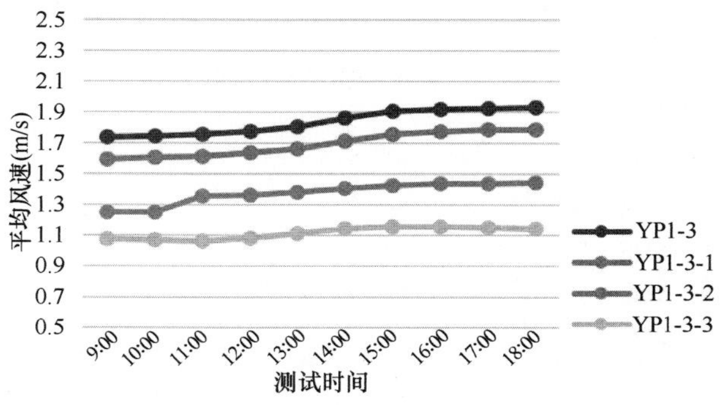

图 11　风速变化曲线

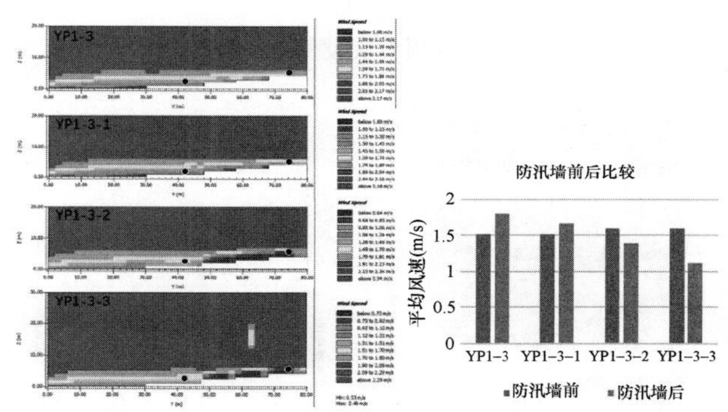

图 12　风速模拟结果剖面图

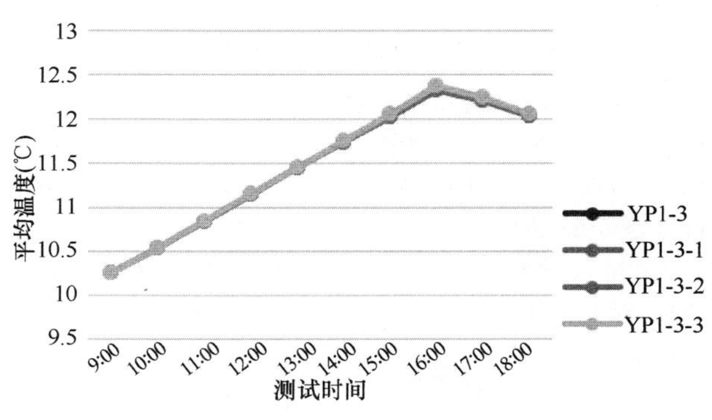

图 13　温度变化曲线

比较 4 个断面模型的全天平均温度（图 13），四种植被结构没有显著差异。从防汛墙前后变化来看（图 14），除了 YP1-3（硬地）的防汛墙前后温差变化不大，其他 3 个剖面的温差还是有一定程度的增长。从温差数值的具体变化上，灌木、乔灌草组合的剖面温差变化大于草坪。可见植物对沿岸小气候具有一定的升温效果，增温效果大致与绿量呈正比关系。

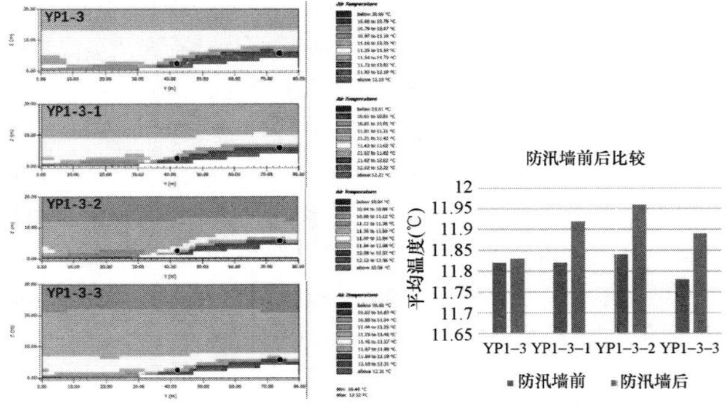

图 14 温度模拟结果剖面图

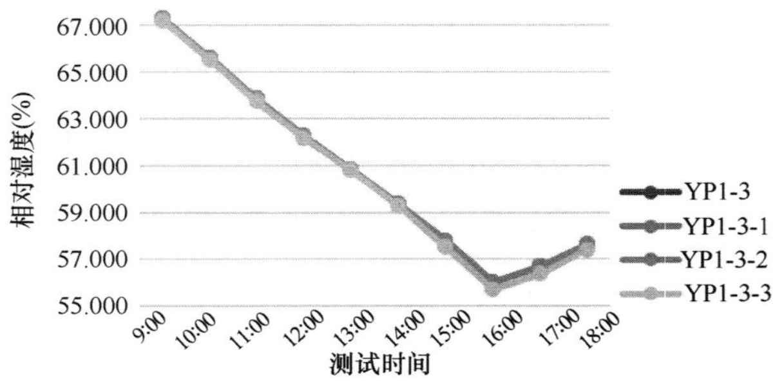

图 15 相对湿度变化曲线

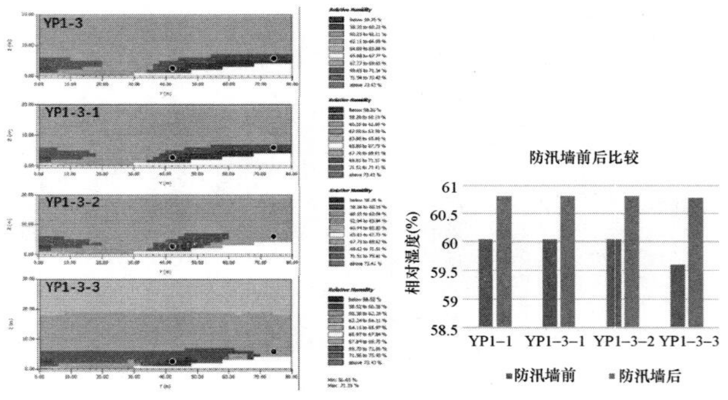

图 16 相对湿度模拟结果剖面图

比较 4 种断面模型的相对湿度（图 15），四类断面差异较小。从防汛墙前后数值比较可以看出（图 16），YP1-3-3（乔灌草）剖面的增湿效果最为显著，可能由于植物自身的蒸腾作用较大而导致该结果。

比较 4 种断面形式的地面反射辐射量（图 17、图 18），YP1-3（硬地）、YP1-3-1（草地）的辐射量高于另两个剖面，反射辐射量的值由高到低依次为：YP1-3（硬地）＞ YP1-3-1（草地）＞ YP1-3-2（灌木）＞ YP1-3-3（乔灌草）。

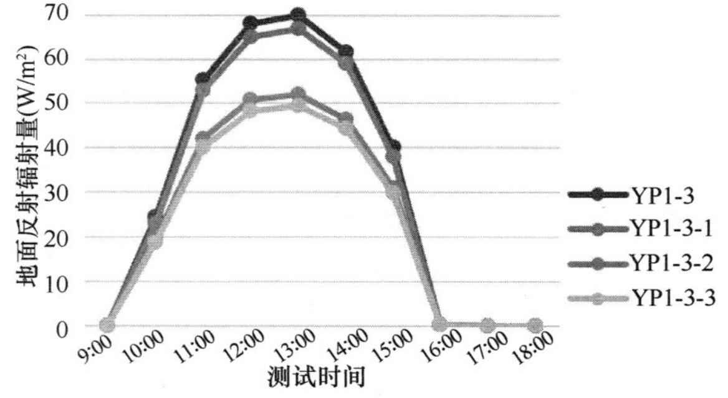

图 17 太阳辐射量变化曲线

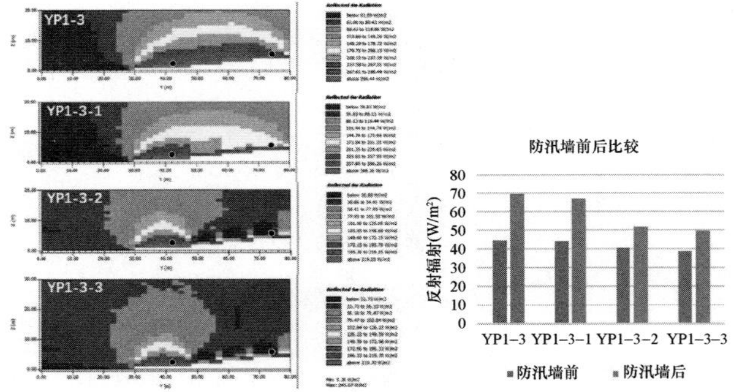

图 18 太阳辐射量模拟结果剖面图

5 结论与讨论

5.1 模拟试验总结与对比

通过模拟 7 类滨江断面的冬季小气候，得出以下结论：

地形设计方面，挡墙式较为特殊，其导风效果较差，不利于增湿、增温。其他形式的剖面导风效果无明显差异，而直立式、台地式具有一定的增温效果。

植被的绿量与导风效果成负相关，植被越丰富，降风效果越显著；从增温效果来看，乔-灌-草组合、灌木的两类的增温效果略优于单一的草地；从增湿效果来看，乔灌草组合的增湿效果较为显著；植被绿量与太阳辐射呈负相关。

与上海苏州河滨河的实测结果[3]对照来看，在地形设计方面，本试试验增加了挡墙式、临水式的断面类型，可以发现挡墙式对小气候有着较为不同的影响。在植被结构方面，除温度数据外，得到的结论基本一致；而由于试验模拟与实测分别为夏季与冬季，因此是季节差异导致了温度数据的不同。此次模拟中的理想断面模型，其结果与实测结果还是具有一定的一致性，模拟结果具有一定可靠性。

5.2 对外滩与杨浦滨江的冬季滨水微气候适应性空间设计的探讨

5.2.1 选取适宜的防汛墙地形设计形式

模拟结果表明，不同的防汛墙高差处理模式对于小气候存在一定差异。特别是挡墙式的防汛墙对风的阻滞大，妨碍水体与城市腹地的通风；从增温增湿角度来看，也应尽量避免选择挡墙式设计。而在杨浦滨江的规划设计中，目前仍存在不少挡墙式防汛墙。从改善滨水小气候的角度来看，在后续更新过程中，杨浦滨江应尽可能改造挡墙式防汛墙。

5.2.2 建议选择乔灌草组合适宜的植物种植模式

模拟试验结果表明，乔灌草组合模式的减风效果、升

温效果、增湿效果均较为显著，同时能减少太阳辐射量。从改善滨水小气候的角度来看，该种植模式是最为适宜应用的，其次为灌木＋草地的组合形式。

在外滩的设计中，以硬地铺装为主，该形式对人体的热舒适度较差。为改善微气候，建议采用乔灌草组合的种植方式进行更新。但考虑到人群使用需求，在大部分区域建议采用“乔木＋草地”或“灌木＋草地”的形式。在杨浦滨江设计中，植物种植模式较为丰富，但在部分滨江段，硬质铺装所占面积过大，且植物种植以单一的乔木为主。建议在后期更新中，采用乔灌草或乔草结合的方式，改善滨水微气候，增强人体热舒适度。

5.3 不足与反思

本文所做的工作还是一些初步尝试，在模拟滨江微气候时采用模块化的断面模型有其优势性（便于操作、可以更专注于单个因子的比较等），然而实际情况更为复杂。在后续的试验以及研究中，可从较大尺度上进行模拟和探究。此外，也可就防汛墙距岸线的位置、防汛墙宽度等因素如何影响滨水小气候进行定量研究。

参考文献

[1] 梅歆，刘滨谊．上海住区风景园林空间冬季微气候感受分析[J]．中国园林，2017，33(04)：12-7.

[2] 赵晓龙，卞晴，侯韫婧，等．寒地城市公园春季休闲体力活动水平与微气候热舒适关联研究［J］．中国园林，2019，35(04)：80-5.

[3] 刘滨谊，林俊．城市滨水带环境小气候与空间断面关系研究——以上海苏州河滨水带为例［J］．风景园林，2015，06)：46-54.

[4] 马椿栋，刘滨谊．地形对风景园林广场类环境夏季小气候热舒适感受的影响比较——以上海世纪广场和辰山植物园为例[M]//中国风景园林学会．中国风景园林学会 2018 年会论文集，2018.

[5] 张芸溪，王燕飞，黄宾．基于 ENVI-met 指导的河南科技大学德园东区景观优化研究［J］．山西建筑，2019，45(08)：3-5.

[6] 庄晓林，段玉侠，金荷仙．城市风景园林小气候研究进展［J］．中国园林，2017，33(04)：23-8.

[7] 邓鑫桂．滨水住区夏季热环境特征及其影响因子研究［D］．华中农业大学，2016.

[8] 张伟．居住小区绿地布局对微气候影响的模拟研究［D］．南京大学，2015.

[9] 周宇，穆海振．微尺度气象模式在环境影响评价中应用初探［J］．高原气象，2008，27(S1)：203-209.

[10] 马舰，陈丹．城市微气候仿真软件 ENVI-met 的应用［J］．绿色建筑，2013，5：56-58.

作者简介

邱杰迩，1995 年生，女，汉族，上海人，同济大学建筑与城市规划学院景观学系在读硕士研究生。电子邮箱：503152394@qq.com。

符思嫺，1995 年生，女，汉族，江苏人，同济大学建筑与城市规划学院景观学系在读硕士研究生。电子邮箱：564155560@qq.com。

戴代新，1975 年生，男，汉族，湖南人，博士，同济大学建筑与城市规划学院景观学系、高密度人居环境生态与节能教育部重点实验室副教授，博士生导师。研究方向：景观遗产与文化景观、景观再生与可持续设计。电子邮箱：urbanplanning@126.com。

基于 GI-ES 评估模型的城市绿色基础设施供需平衡规划①

——以北京市中心城区为例

Supply and Demand Balance Planning of Urban Green Infrastructure Based on GI-ES Evaluation Model

—Take the Central District of Beijing as an Example

刘　阳　倪永薇　郑　曦*

摘　要： 绿色基础设施（GI）是城市发挥综合生态系统服务效益的重要支撑体系。高密度城市发展模式加剧了生态系统服务供需平衡的矛盾。构建绿色基础设施生态系统服务评估模型（GI-ES），选取雨洪管理、缓解热岛效应、生物多样性、绿色空间可达性、景观连通性五类指标，进行 GI 需求性分析，识别北京市中心城区 GI 的高需求空间，并探讨不同 ES 之间的权衡和协同关系。研究结果表明：GI 生态系统服务空间分布呈现一定差异性，石景山区东部、丰台区西三环等区域 GI 生态系统服务需求性较高，面积 185.92km^2，占比 13.39%。雨洪管理、缓解城市热岛、生物多样性保护效益之间存在协同关系，与景观连通性、GI 可达性之间存在权衡关系。运用 GI-ES 评价模型进行北京市中心城区 GI 规划，对于促进城市社会-生态健康，指导生态系统服务量化评价体系建立、优化 GI 功能结构并提升综合生态系统服务能力有重要意义。

关键词： 绿色基础设施；生态系统服务；GI-ES 评估模型；北京；中心城区

Abstract: Green infrastructure (GI) is an important supporting system for cities to bring into play the benefits of integrated ecosystem services. High-density urban development pattern aggravates the contradiction between supply and demand of ecosystem services. A green infrastructure ecosystem services assessment model (GI-ES) was constructed. Five indicators, rainwater management, heat island mitigation, biodiversity, green space accessibility and landscape connectivity, were selected to conduct GI demand analysis, identify the high demand space of GI in Beijing's central urban area, and explore the trade-offs and synergies among different ES. The results show that the spatial distribution of GI ecosystem services shows some differences. The demand for GI ecosystem services in the eastern Shijingshan Mountains and the western third ring of Fengtai District is relatively high. The area of GI ecosystem services is 185.92 km^2, accounting for 13.39%. There are synergistic relationships among rainwater management, urban heat island mitigation and biodiversity conservation benefits, and trade-offs with landscape connectivity and GI accessibility. Using GI-ES evaluation model for GI planning in Beijing's central urban area is of great significance for promoting urban social-ecological health, guiding the establishment of quantitative evaluation system of ecosystem services, optimizing GI functional structure and enhancing the comprehensive ecosystem service capacity.

Keyword: GI; Ecosystem Services; Assessment Model; Beijing; Central City

引言

高密度城市发展背景下，建设用地不断扩张加剧了 GI 生态系统服务供需平衡的矛盾。一方面体现在 GI 数量与类型不断减少，空间破碎化致使生态连通性不断下降；另一方面体现在 GI 间配置的不均匀，即社会需求与生态系统服务供给无法实现空间上合理匹配，从而影响绿色基础设施生态系统服务功能发挥[1]。保证 GI 生态系统服务功能综合性[2]，转变单体设施为区域尺度上绿色基础设施网络，加强生态空间组织功能联系[3]成为 GI 研究的重点内容。由此提出 GI-ES 评估模型，进行 GI 生态-社会效益的综合分析[4]。广泛研究证实，GI 规划往往以人类宜居以及生物保护需求为出发点，包括城市雨洪管理、气候调节、保护物种多样性、休闲游憩以及景观连通性[5-7]等服务功能的内容。但现有研究通常从 GI 某种单一生态系统服务功能进行分析[8]，忽视了不同 GI 的空间结构与联系性[2]，缺乏综合的评估体系统筹 GI 的多重效益并分析它们之间的协同与权衡关系[9]来满足城市居民日益增长的环境品质与游憩需求。为了缓解 GI 供需失衡的矛盾，本文通过构建 GI-ES 评估模型，进行绿色基础设施 ES 需求性分析，识别北京市中心城区 GI 的高需求空间，并揭示不同生态系统服务之间的权衡和协同关系，旨在探索论证能够提供可持续且高效健康的生态系统服务效益的城市 GI 规划方法，指导城市 GI 规划实践。

① 基金项目：北京市科技计划——北京景观空间数据采集及景观绩效评价研究（D171100000217003）。

1 研究区域概况

北京市位于东经116°20′、北纬39°56′，据《2018年中国国土绿化状况公报》显示，城市建成区绿化率达37.9%，人均公园绿地面积达14.1m²。本研究以北京市中心城区为研究区域，包括东城区、西城区、朝阳区、丰台区、石景山区、海淀区六个区域，面积1385km²，占北京市总面积的8%。随着城市化程度加剧，越来越多的绿地被其他土地利用类型所替代以支持经济发展，生态系统服务出现严重的供需失衡现象，GI规划建设面临巨大压力。

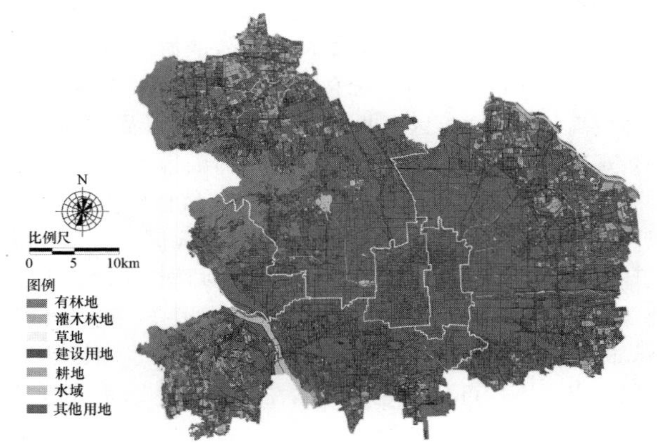

图1 北京市中心城区土地利用类型

2 研究方法

2.1 构建GI-ES评估模型

传统的GI规划研究集中于如何维持和恢复生态系统[10]、保护生物多样性[11]等层面，忽视了其他社会经济利益相关的需求，譬如居民健康、社会文化等[10]。在评估多种服务的空间分布时较少考虑不同服务之间权衡和协同效应[12]。本文构建的GI-ES模型将GI和ES两个理论研究联系起来，整合生态学维度与社会学维度识别GI综合效益高需求空间，基于以上文献综述集成雨洪管理、缓解热岛效应、保护生物多样性、绿色空间可达性、景观连通性五类ES，平衡ES供需，并考虑协同与权衡作用。

GI-ES评价模型与数据来源　　表1

功能	服务类型	指标	指标权重	数据来源
雨洪管理	调节	径流系数	0.23	Landsat8 2017 遥感影像，DEM高程
缓解热岛效应	调节	地表温度	0.11	Landsat8 2017 遥感影像
保护生物多样性	支持	生境质量	0.35	Landsat8 2017 遥感影像，中国观鸟记录中心数据库
GI可达性	文化	不同等级道路的最小阻力	0.16	国家基础地理信息系统网站
GI连通性	支持	Patch Cohesion Index	0.15	Landsat8 2017 遥感影像

2.1.1 雨洪管理

城市绿色空间在减少雨洪风险、削减雨水径流方面发挥重要的作用[13]。计算径流系数，分析GI降雨的截流能力和流域面上的转化分配情况，最大程度实现缓解北京城区雨洪内涝的问题[14]。径流系数越大的区域，对于雨洪管理需求性越高。

计算模型基于2017年北京市遥感影像以及ERDAS非监督分类模块获取不同地表覆盖类型，通过DEM数据进行汇水子流域划分和坡度分析，利用GIS叠置分析获得不同地表覆盖的坡度再划分，最后借鉴《场地规划与设计手册》中整合坡度之后的合理化方法的径流系数，获得区域综合径流系数[15]。

2.1.2 缓解热岛效应

城市GI是改善城市热环境效应，提高人体热舒适度的主要措施之一[16]。根据地表温度评价热岛效应，温度越高的区域，对于缓解热岛效应需求性越高。

利用卫星遥感影像能够快速监测大面积地表温度，在空间和时间重维度上具有一定优势，并广泛应用于城市热岛效应研究[17]。

基于北京市2017年7月25日landsat-8 OLI /TIRS影像数据，使用ENVI5.1软件，采取辐射传输方程和分裂窗算法，计算表比辐射率、黑体辐射亮度等参数进行地表温度反演，利用GIS作极差标准化处理，得到最终数据[18]。

2.1.3 保持生物多样性

生境质量是反映GI功能的重要内容，是生态系统服务水平的关键性决定因素。生境质量退化越严重的区域，生物多样性保护需求性越高。

基于InVEST模型中的生物多样性模块结合土地覆盖类型，通过定义生境威胁因子影响距离及权重，确定不同土地覆盖类型对不同威胁源的相对敏感程度等因素，评价生境质量[19]。

2.1.4 GI可达性

GI可达性评价是实GI提供社会服务功能的基础。可达性越低的区域，GI提供社会服务能力越差，GI可达性需求越高。

以GI分布为源，依据土地利用、道路网络结构栅格数据加权计算得到成本距离加权建模所需要的阻力面，运用GIS空间分析模块最小成本路径工具计算GI的可达性[20]。

2.1.5 GI连通性

景观连通性（LC）指景观促进或阻碍生物或某种生态过程在源斑块间运动的程度[21]，斑块凝聚度指数（COHESION）是衡量重要生态功能斑块连通性（CC）的重要指标。使用Fragstats中的Patch Cohesion Index模块，分析GI连通性[22]，连通性较差的区域应作为GI连通需求的优先区域。

2.2 评价方法与指标权重

对GI的五大生态系统服务功能需求进行分析后，采取层级分析法结合专家意见比较5个功能之间的重要性，得出雨洪管理、缓解热岛效应、保持生物多样性、GI可达性、景观连通性权重分别为0.23、0.11、0.35、0.16、0.15。然后利用GIS平台对5项生态系统服务需求进行加权叠加分析，根据GI需求性高低，利用自然断点法划分绿色基础设施选址优先级为高需求、较高需求、一般需求、较低需求、低需求五个等级，作为GI供需平衡规划基础。

3 结果

3.1 绿色基础设施需求性评价

运用GI-ES模型得到北京市中心城区GI选址优先级评价图，可以看出GI生态系统服务需求性存在显著的差异。雨洪管理以及生物多样性保护效益较高的区域位于海淀区西部、西南部以及丰台区西部，该地区分布有北京植物园、香山公园、西山国家森林公园、北宫国家森林公园等重要绿色空间；雨洪管理以及生物多样性保护需求性较高的区域集中在中心老城区，基本以北京市第一道绿隔规划为边界，绿地覆盖率低，雨水收集存储功能薄弱，生境质量破坏严重。缓解热岛效应效益需求较高的区域集中在西城区、东城区、石景山区以及其他各区靠近老城区的区域，该地区是北京市人口、建筑密度较高区域，大面积工业、商业用地加剧了区域热岛效应。GI可达性需求较高的区域位于海淀区西北部以及丰台区西部，该区域有丰富的自然资源，需要构建有效的游憩-生态连通体系增强区域的可达性。绿色基础设施景观连通性需求整体较高，仅在海淀区西北部、丰台区西部以及朝阳区东部景观连通性较好，需求性较低。总体而言，GI选址高需求区域是以老城区为核心，以第一道城市绿隔为界限以内的区域，其中石景山区东部首钢工业园区、丰台区西三环区域、朝阳区西南部十八里店区域以建设用地、工业商业为主，整体生态系统服务需求性较高，面积185.92km²，占比13.39%；海淀区西部、石景山区西北部以及丰台区西部以绿色空间为主，整体生态系统服务能力较好，需求性较低，面积173.67km²，占比12.57%，说明用地性质和建设强度都影响到区域生态系统服务能力。运用GI-ES模型得到GI需求较高区域，对于平衡城市生态系统服务供需关系，提升城市弹性有重要的意义。

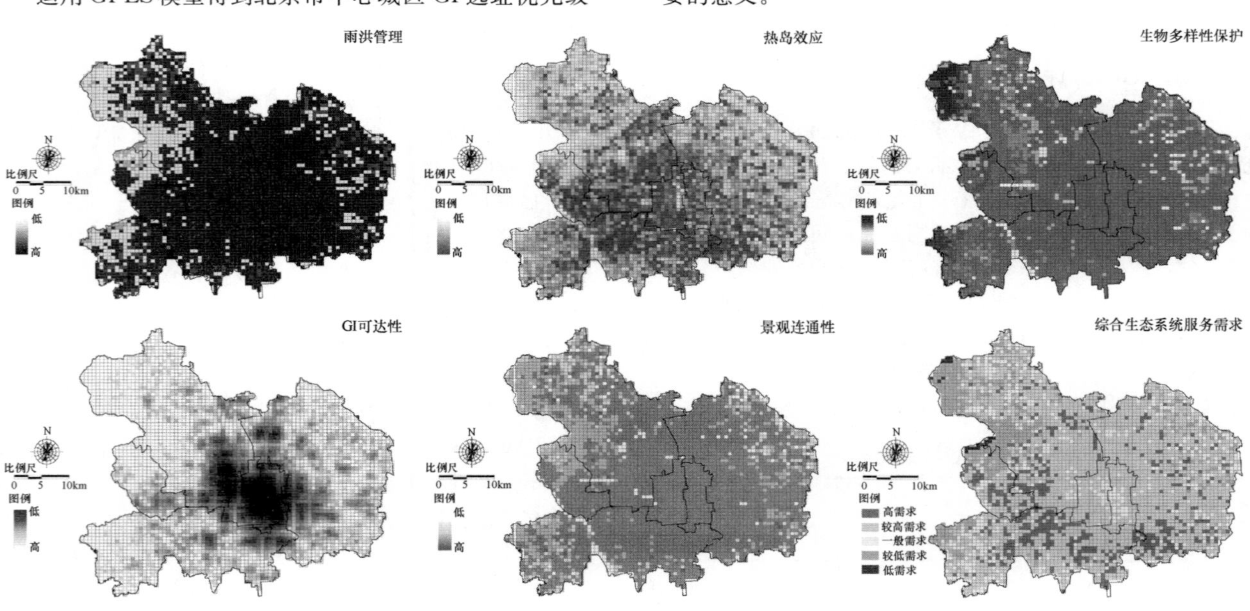

图2 GI生态系统服务需求性评价

3.2 不同生态系统服务功能的协同与权衡关系

GI提供的不同生态系统服务间存在复杂的相互作用关系[23]，可归纳为协同与权衡两种关系。在许多情况下，优化某种单一服务的通常会导致其他服务的损失，这是服务之间权衡的结果。因此，根据生态系统服务之间相互作用关系做出GI规划方案合理决策十分必要。运用SPSS软件分析雨洪管理、缓解热岛效应、生物多样性保护、GI可达性以及景观连通性5个指标的相关性（图3），发现雨洪管理、缓解热岛效应、生物多样性保护有一定的空间协同作用，且缓解热岛效应与雨洪管理协同关系显著。景观连通性与生物多样性保护呈现一定的正相关性。GI

可达性与雨洪管理、缓解热岛效应以及生物多样性保护以及景观连通性具有一定的空间权衡关系，且与雨洪管理权衡关系显著。空间关系表明，GI 的规划应该统筹考虑结构与综合功能，构建 GI 网络体系（绿道）提升中心城区景观连通性，同时合理规划路网密度，实现 GI 生态效益与社会效益最大限度发挥。

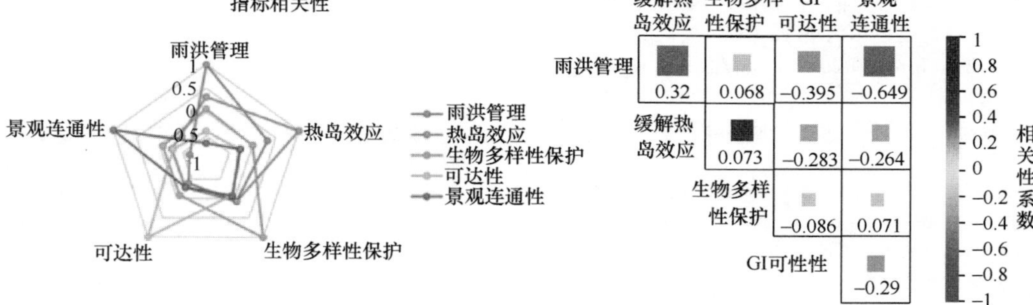

图 3　指标相关性分析

4　结论与讨论

城市扩张所带来的种种生态问题其根源在于生态系统服务供需失衡这一矛盾。因此，基于生态系统服务供需平衡视角下绿色基础设施规划具有重要的现实意义。基于供需平衡的 GI-ES 模型提供了一个灵活的工具，具体表现在：①通过 ES 多样性评估促进 GI 合理规划与土地治理，涵盖生态，生产和社会方面的生态系统服务用作可持续性的指标促进城市社会和生态健康。②跳出了绿地率、绿地面积等量化评价瓶颈，从增加人类福祉角度完善高密度城区 GI 建设评价标准，为基于平衡生态系统服务供需的快速城市化地区以及城市生态安全格局建设提供指导，为建立量化政策，绩效评估体系和成本效益分析奠定基础。③探讨生态系统服务之间的权衡取舍，揭示了不同 ES 协同效应和权衡的情况，有助于提高城市生态系统的综合服务能力。

另外城市绿色基础设施规划涉及到社区、城市、城市群等不同尺度层次，如何将 ES-GI 评估模型理论转变为生态实践，需要进行深入研究，包括：①绿色基础设施生态系统服务供需平衡影响因子与调控机制研究。②绿色基础设施生态系统服务供需水平测量以及评估指标与模型的科学化、完善化。③绿色基础设施生态系统服务功能评价方法与技术手段的提升。④综合考虑从社区到城市多尺度公众参与式规划过程来作为 GI 规划决策。

以上研究对于构建供需平衡视角下绿色基础设施规划框架与实践落实具有关键作用。必须认识到，在进一步研究中，需要根据不同尺度绿色基础设施规划，深入探讨生态系统服务之间协同与权衡作用以求达到高效的服务能力，优化绿色基础设施结构与功能，为城市绿色基础设施向更加可持续，高效和健康方向发展提供依据。

参考文献

[1] Wang Y C, Shen J K, Xiang W N. Ecosystem service of green infrastructure for adaptation to urban growth: function and configuration[J]. Ecosystem Health and Sustainability, 2018, 4(5): 132-143.

[2] Madureira H, Andresen T. Planning for multifunctional urban green infrastructures: promises and challenges. URBAN DESIGN International, 2014, 19(1): 38-49.

[3] Fang C, Yu D. Urban agglomeration: An evolving concept of an emerging phenomenon[J]. Landscape and Urban Planning , 2017, 162(Supplement C): 126-136.

[4] Kambites C, Owen S. Renewed prospects for green infrastructure planning in the UK. Planning Practice & Research, 2006, 21(4): 483-496.

[5] Ujoh F, Eneche PSU, Obiegbu M E. 尼日利亚北部卡杜纳州绿色基础设施发展的生态连通性指数图[J]. 2018.

[6] Rieke Hansen, Niki Frantzeskaki, Timon McPhearson, et al. The uptake of the ecosystem services concept in planning discourses of european and american cities[J]. Ecosyst. Serv. , 2015.

[7] 田志会，王润，赵群，等 . 2000～2012 年北京绿地生态系统服务价值时空变化规律的研究[J]. 中国农业大学学报，2017，22(6)：76-83.

[8] Kremer P, Hamstead Z A, McPhearson T. The value of urban ecosystem services in New York City: a spatially explicit multicriteria analysis of landscape scale valuation scenarios[J]. Environmental Science & Policy, 2016, 62: 57-68.

[9] Hansen R, Pauleit S. From multifunctionality to multiple ecosystem services? A conceptual framework for multifunctionality in green infrastructure planning for urban areas[J]. Ambio, 2014, 43(4): 516-529.

[10] Snäll T. , Lehtomäki J. , Arponen A. et al. Green Infrastructure Design Based on Spatial Conservation Prioritization and Modeling of Biodiversity Features and Ecosystem Services[J]. Environmental Management, 2016, 57: 251.

[11] Pauleit SL, Liu L, Ahern J, et al. Multifunctional green infrastructure planning to promote ecological services in the city[M]. In: Niemelä J (ed) Urban ecology. Oxford University Press, New York 2011: 272-285.

[12] Close Dagmar Haase, Neele Larondelle, Erik Andersson, et al. A quantitative review of urban ecosystem service assessments: concepts, models, and implementation[J]. AMBIO, 2014, 43 (4): 413-433.

[13] Inkiläinen E N M, McHale M R, Blank G B, et al. The role of the residential urban forest in regulating throughfall: A case study in Raleigh, North Carolina, USA [J]. Landscape and Urban Planning, 2013, 119: 91-103.

[14] 张彪，王硕，李娜．北京市六环内绿色空间滞蓄雨水径流功能的变化评估[J]．自然资源学报，2015(9)：1461-1471.

[15] 刘兴坡，于腾飞，李永战，等．基于遥感图像的汇水区域综合径流系数获取方法[J]．中国给水排水，2016(9).

[16] JENERETTE G D，HARLANS L，BUYANTUEV A，et al. Micro-scale urban surface temperatures are related to land-cover features and residential heat related health impacts in Phoenix，AZ USA [J]. Landscape Ecology，2016，31(4)：745-760.

[17] 谢启姣，刘进华，胡道华．武汉城市扩张对热场时空演变的影响[J]．地理研究，2016，35(7)：1259-1272.

[18] 高艳．基于辐射传输方程和分裂窗算法的 Landsat 8 数据地表温度反演对比研究[J]．甘肃科技，2016(2)：43-45.

[19] 宋磊，陈笑扬，宋丹，等．基于 InVEST 模型的生境质量变化评价——以 2009～2012 年长沙市望城区为例[J]．国土资源导刊，2018，15(04)：29-36.

[20] 王瑶，宫辉力，李小娟．基于最小累计阻力模型的景观通达性分析[J]．地理空间信息，2007，5(4)：45-47.

[21] Taylor PD，Fahrig L，Henein K，et al. Connectivity is avital element of landscape structure[J]. Oikos，1993，68：571-573.

[22] 刘晓君，李占斌，等．基于土地利用/覆被变化的流域景观格局与水沙响应关系研究[J]．生态学报，2016，36：5691-5700.

[23] Brauman K A，Daily G C，Duarte T K E，et al. The nature and value of ecosystem services：An overview highlighting hydrologic services[J]．Annual Review of Environmental and Resources，2007，32：67-98.

[24] Bradford J B，D' Amato A W. Recognizing trade-offs in multi-objective land management [J]．Frontiers in Ecology and the Environment，2012，10(4)：210-216.

作者简介

刘阳，1994 年生，女，满族，内蒙古人，硕士，北京林业大学园林学院学生。电子邮箱：863833260@qq. com。

郑曦，1978 年生，男，汉族，北京人，博士，北京林业大学园林学院，教授，博士生导师。研究方向：风景园林规划设计。电子邮箱：zhengxi@bjfu. edu. cn。

基于 GIS 网络分析法的武汉市公园可达性影响机制研究①

Research on the Influence Mechanism of Wuhan Park Accessibility based on GIS Network Analysis

吕飞南　章　莉*

摘　要：公园是城市公共系统中不可或缺的一部分，是人们户外交往、休闲娱乐、调节身心的重要场所，因此切实实现公园的市民服务价值显得尤为重要。公园可达性是保障公园服务价值的基本条件。本文以武汉市主城区 57 处公园为例，基于 GIS 网络分析法，对步行和公交出行两种途径进行公园可达性分析，并借助多元归回模型分析影响武汉市主城区公园可达性的因素。研究表明，武汉市主城区公园步行出行可达性较好，公交出行可达性相比较差；公园可达性受公园入口数、公园周边道路密度、公交线路数影响较大，受公园规模的影响较弱。

关键词：GIS；网络分析；公园；可达性；武汉市

Abstract: Parks are an indispensable part of the urban public system. It is particularly important to realize the public service value of parks for providing important spaces for people to communicate outdoors, relax and entertain, and regulate their body and mind. The good accessibility of the park is the basic condition to ensure the service value of the park. Based on GIS network analysis, this paper analyzed the accessibility of 57 urban parks in Wuhan by walking and bus travel. The factors influencing the accessibility of the park in Wuhan City were analyzed by means of the multivariate regression model. The result showed that the accessibility of walking travel to park was better in the main urban park of Wuhan, but the accessibility of bus travel was worse. The results also implied that park accessibility was mainly affected by park entrance number, density of surrounding roads and number of public transport lines, and it was only slightly affected by park area.

Keyword: GIS; Network Analysis; Park; Accessibility; Wuhan

引言

众所周知，公园是城市中的重要绿地之一，承担了极为重要的社会服务功能，发挥着防灾减灾、改善城市环境、保护生物多样性等作用[1,2]。同时，公园也是市民日常户外休闲娱乐、亲近自然、科普教育、陶冶情操的重要场所，研究表明公园绿地对市民的健康起到积极改善作用。在城市建设初期城市公园规划设计主要集中于满足人均公园绿地面积、公园规模、公园数量、公园服务半径等指标；然而随着经济发展、城市建设日趋完善，这些指标已经无法评价人们是否享有更为便利、景观优美、设施完备的公园绿地[3]。城市公园可达性作为一种新兴的评价城市绿地指标，可以反映出城市公园绿地所提供的自然服务能否被市民便捷、公平的享用，在一定程度上可以用于评价公园布局的合理性和公园服务的公平性[4]。目前公园可达性研究方法有网络分析法[4-7]、引力模型法[8]、缓冲区分析法[9]、费用加权距离法[10]等，不同研究方法的测算可达性的结果差异较大，已有研究表明网络分析法是各类可达性量化方法中较为准确且接近实际情况的。但现阶段研究主要关注于横向比较各方法之间量化结果的差异性[10]，鲜有探究影响公园可达性机制的研究。

本文借助 ArcGIS 中网络分析法工具，以武汉市主城区的 57 个城市公园为研究对象，通过构建交通、公园布局模型，对城市公园可达性进行定量分析，并根据与公园本身以及周边特征的相关数据，探究武汉市主城区公园可达性的影响机制，为从业人员和研究者在城市公园空间布局、城市建设和管理等方面提供科学、可靠的决策依据。

1　研究方法

1.1　研究范围和研究对象

武汉作为湖北省的省会，位于长江中下游平原，属于亚热带季风性气候，夏季炎热，冬季寒冷，7～8 月平均气温最高，为 28.7℃。夏天普遍高于 37℃，极端最高气温 44.5℃。武汉市域辽阔，市内水域面积较为丰富，湖港交错，并且有长江、汉水交汇于武汉市中心位置，加之两者的支流，以及市内众多大大小小的 27 个湖泊，使得武汉被称为“千湖之国”。武汉市于 2006 年被评为中国园林城市。本文研究范围为武汉市主城区，其拥有超过 400 万的常住人口。

根据《城市绿地分类标准》CJJ/T 85—2017，其武汉市主城区 62 个城市公园包括综合性公园、专类公园和社区公园三类，其中 58％为综合性公园，34％为专类公园，

①　基金项目：中央高校基本科研业务费专项基金（编号 2662018JC045）。

社区公园数量最少，仅有5个占8%。综合公园和专类公园为全市居民提供一日往返的休闲游憩绿地，社区公园主要为周边居民服务。本文意在探究面向全市城市公园可达性影响机制，故选用57个面向全市市民使用的城市公园作为研究对象，依据城市道路及交通现状，量化分析日常生活中武汉市主城区公园可达性。

依据2016年武汉市居民出行调查报告显示[11]，主城区居民出行以公交车（含地铁）、步行和私家车为主，三者占据居民出行方式的76.98%，其中公交车为最主要出行方式，占比达到44.34%，步行出行人数占比为17.17%。基于武汉市主城区人们主要出行方式，遵循低碳环保、城市可持续发展理念，本次分析以居民步行和公交车（含地铁）出行为主，分析居民达到57个公园的便利程度，明晰其存在的问题，并探究影响武汉市主城区公园可达性的主要因素。

1.2 数据获取

基于2018年1月拍摄Landsrt8卫星影像，采用ENVI 5.2进行几何校正等预处理后，结合实地调研与《武汉市城市总体规划（2010～2020年）》，利用ArcGIS 10.2对处理后的卫星图像进行人工目译解译，获取公园和道路等数据信息；使用爬虫技术通过高德地图API大数据平台对公交站点、地铁站点兴趣点数据采集，通过坐标投影等预处理后，结合已有公园和道路数据分别建立城市公园绿地数据库和交通网络数据库。

1.3 数据提取及模型建立

根据ARCGIS中网络分析模块的数据要求，需提取“源”与“连接”数据。本研究的“源”数据为公园的入口，“连接”数据为城市现状的道路网络系统的矢量数据[12]。

构建公园数据库时，根据实地调研，创建57个城市公园入口的点要素，构成网络的中心元素。

交通网络数据库包括地铁线、地铁站点、公交站、公交线路、轮渡、道路中线、道路名称。以道路中线构建网络数据集，打断道路交叉点建立路口结点，模拟城市道路、十字路口、地铁、地铁站点出入口、公交、公交站点、轮渡等，阻力为通过所在交通网络所花费的时间。徒步出行方式中，速度设定为1.1m/s[12]，过街延时为30s；公共交通出行方式中，依据地铁运营标准设定速度为30km/h，每站等候120s，公交设定速度为18km/h，每站等候120s。

1.4 计算公园可达面积及潜在影响因子

利用ArcGIS10.2的网络分析工具，分别生成徒步出行30min和公共交通出行20min两种交通方式下沿道路网络形成的可达面域，通过汇总得到各个公园服务面积比，以此为量化公园可达性的指标。

本文从这4个方面明确相关变量指标：以公园面积、公园入口数描述公园特征；以入口周边的道路密度和公共交通线路数代表周边特征。

潜在影响因子数据集构建　　表1

变量	描述	数据来源
公园面积	公园面积	在ArcGIS10.2中计算
公园入口数	公园入口数	在ArcGIS10.2中计算
道路密度	公园周边的道路密度	在ArcGIS10.2中基于网络分析法500m范围使用线密度分析计算
公交线路数	公共交通线路数量（包括公交和地铁）	在ArcGIS10.2中基于网络分析法500m范围计算

1.5 建立分析模型

借助斯皮尔曼相关性分析，探究两类共4个变量与公园使用情况的影响程度，了解影响武汉市主城区公园可达性的主要变量并评估其引入模型的可行性；以4个变量为自变量，分别以两种出行方式下的公园可达面积为因变量，建立多元回归分析模型，以探究城市公园可达性的影响机制，进而为公园规划设计提供优化建议。

2 结果与分析

2.1 武汉市城市公园可达性

网络分析法结果表明（图1～图2），基于徒步出行和公共交通出行条件下武汉市主城区城市公园可达性呈现相似的结果，可达区域沿着道路或公共交通沿线展开，公园愈趋近于城市中心，其公园服务范围更大，可达性更强。

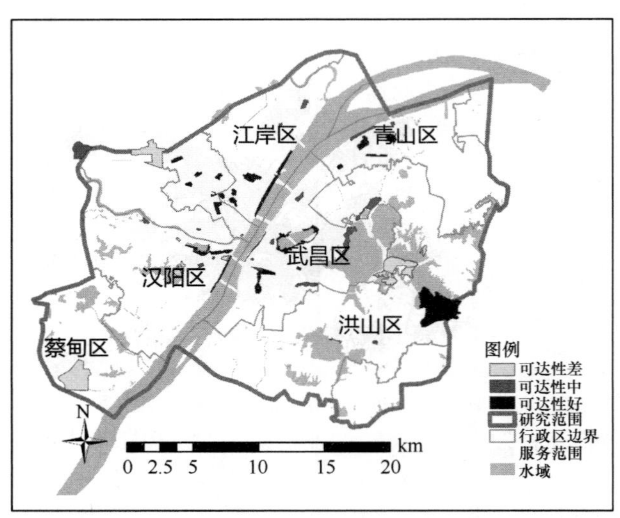

图1　基于徒步出行的武汉主城区公园可达性分析

基于徒步出行分析结果显示（图1），57个城市公园的30分钟的出行的总服务面积为309km²，平均服务面积为5.5km²，其中沙湖公园、南干渠公园、中山公园、汉口江滩的服务面积最大；26个公园可达性较好，而中科院武汉植物园、东湖落雁景区等12个公园可达性较差；基于公共交通出行分析结果（图2），57个城市公园的20

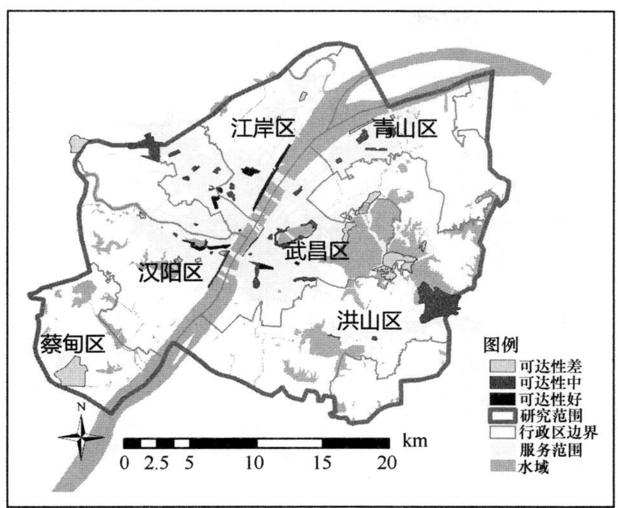

图 2　基于公交出行的武汉主城区公园可达性分析

分钟的出行总服务面积为 386km²，平均服务面积为 6.8km²，其中喷泉公园、中山公园、解放公园、汉口江滩的服务面积最大，仅 9 个公园可达性较好，而中科院武汉植物园、东湖落雁景区等 20 个公园的公交可达性较差。中科院武汉植物园、东湖落雁景区同属于武汉东湖风景区，随着 2016 年武汉市东湖绿道对外开放，景区实施交通管制，景区内部以步行交通为主，公交只能到达景区边界，中科院武汉植物园位于景区核心区，公交出行可达性相对较差，东湖落雁景区位于东湖风景区东部，紧邻三环线，现有公交路线较少，进而导致其可达性较弱。

分析发现部分公园存在 20min 的公共交通出行服务面积小于徒步出行 30min 的情况（图 3），其原因是城市公交路线分布不均衡，部分公园所处位置公共交通不发达，或公共交通站点距离公园入口较远。

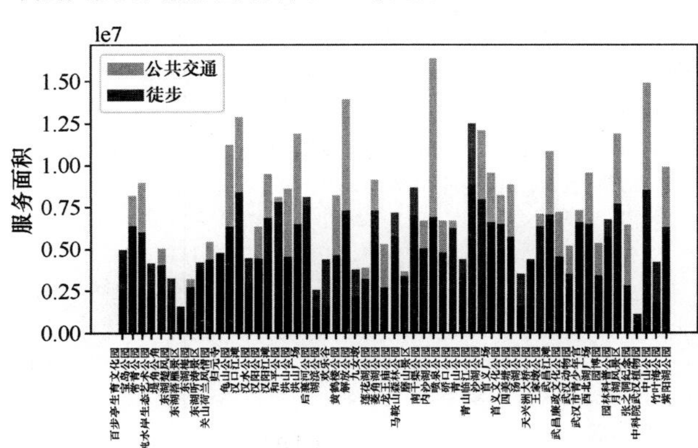

图 3　武汉市主城区公园服务面积分析

2.2　主城区公园可达性影响因素分析

将两种出行方式所描述的公园可达性分别与 4 个影响变量进行斯皮尔曼相关分析。结果表明，两种数据源所得到的公园使用情况与 4 个变量相关性分析结果相似。表 2 所示，除公园面积外，可达性与公园入口数、道路密度、周边公交线路数均呈现强正相关，相关系数均大于 0.5，这表明公园面积对武汉市主城区公园可达性影响微乎其微，但公园入口数、道路密度、周边公交线路数均会影响公园可达性。

4 个变量与基于两种出行方式的公园可达性的斯皮尔曼相关性分析　　表 2

公园可达性	公园面积（hm²）	公园入口数	道路密度	公共交通线路数
基于徒步出行的公园可达性	0.139	0.682**	0.581**	0.604**
基于公交出行的公园可达性	0.042	0.613**	0.491**	0.759**

注：** 相关系数显著性水平为 0.01。

多元线性回归模型　　表 3

类别	变量	基于徒步出行的公园可达性	基于公共交通出行的公园可达性
公园特征	公园面积	0.178*	0.023
		(1.104)	(1.104)
周边环境特征	公园入口数	0.473**	0.228*
		(1.291)	(1.291)
	道路密度	0.455**	0.322**
		(1.148)	(1.148)
	公交线路数	0.202*	0.548**
		(1.343)	(1.343)
	R^2	0.659	0.677
	调整后的 R^2	0.633	0.652
	平均 VIF 值	1.177	1.177

注：括号中为 VIF 值。* $p<0.05$；** $p<0.01$。

为更为深入的探究武汉市主城区公园可达性主要影响因素，本文借助 2 个多元线性回归模型进行详细分析。如表 3 所示，模型中所有变量的 VIF 值均小于 1.4，表明 4 个变量因子相对独立，不存在共线性问题。模型调整后的 R^2 分别为 0.633、0.652，表明模型能较好地表达因变量与自变量的关系。

基于徒步出行多元回归模型显示，公园可达性与公园入口数及公园周边道路密度有较大相关性，与公园规模和公交线路数相关性较弱，这说明当人们徒步进公园时，影响公园可达性的主要因素是公园入口数和道路密度，这一结果与斯皮尔曼相关性分析结果一致，这也进一步表明，公园入口数的增加将极大程度上提高公园的可达性，提高公园周边道路网密度也有利于步行的居民更为便利的到达公园。此情景中，公园规模与周边公交线路数对可达性影响较小。

基于公交出行多元归回模型结果显示，公园可达性与公园规模无关，与公园入口数、道路密度呈现弱相关，与公交线路数呈现强相关。这表明依靠公交出行时，公园周边公交线路数是影响公园可达性的最主要因素，增加公园周边公交线路数量能极大提升居民到达公园的便利程度，进而扩大公园的服务范围，让更多的居民能顺利到达公园。

基于徒步和公交出行的多元线性回归模型分析可知，影响武汉市主城区公园可达性的主要因素是公园出口数、公园周边道路密度及公交线路数，公园本身面积的大小会在一定程度上对可达性造成影响，但单纯的扩大公园面积并不一定能有效改善公园可达性。

3 总结

3.1 武汉市主城区公园可达性

借助GIS网络分析方法，从武汉市居民主要的步行和公交出行方式分析武汉市主城区公园可达性，研究结果显示，从整个城市的尺度上，武汉市主城区公园可达性情况较好，居民能较为便利地进入2/3的公园，临近中心城区，道路网较密，公交线路覆盖较密，公园可达性情况较好。研究也发现步行进入公园的可达性较好，主城区居民步行可以顺利地进入45个公园；与之相比，公交出行前往公园的可达性较差，因公交线路覆盖差异较大，20个公园的公交可达性差；尤其是位于主城区边缘地区的公园，因公交不便利，可达性较差。

基于多元回归模型进一步分析影响武汉市公园可达性的因素，研究结果显示，公园入口数、公园周边道路网密度及公交线路数是影响武汉市公园可达性的主要原因。对于步行到达公园的居民来说，公园入口数和公园周边道路网密度影响对人们到达公园便利程度影响较大；对于公交出行的居住而言，公园周边公交线路数是主要影响因素；结果也表明，公园规模对于可达性的影响较小。

3.2 对武汉市主城区公园规划建设的启示

提升城市公园可达性是实现公园切实服务市民的基本要求，评估公园可达性和理解影响公园可达性的因素对于公园规划设计、建设和管理的从业人员十分重要。从上述研究可知，公园入口数是影响居民步行前往公园可达性的重要因素之一，设计师应当充分了解公园周边用地性质、使用人群的人流方向，在公园边界设置合适数量的入口，进而有效提升人们进入公园的便利度，且出入口设置也应当充分考虑周边公交交通站点，让乘坐公共交通出行的人们能较为便利的发现和进入公园。

研究结果也表明，改善公园可达性也需借助城市交通部门的力量。在规划公共交通站点和路线时，应该尽可能地靠近公园，可以设置于公园出入口尤其是主入口附近，且同时增加公交线路数，便于不同方向的居民到达公园，进而有效改善公园的可达性。分析可知武汉市主城区公交出行时，只有9个公园可达性好，这表明主城区公交线路若能兼顾公园空间位置进行调整和优化，市民公交出行的公园可达性将得到极大提升。

再者，城市规划建设中道路密度也会影响公园的可达性，对步行前往公园的居民而言影响程度较大，这也意味着公园在进行选址建设时，不仅仅是要看道路级别，还应当关注周边道路密度；城市规划师也应当在公园周边和居住用地间适当的增加道路密度，进而方便居民出行，顺利进入公园。

参考文献

[1] Tenerelli P, Demšar U, Luque S. Crowdsourcing indicators for cultural ecosystem services: A geographically weighted approach for mountain landscapes[J]. Ecological Indicators, 2016, 64: 237-248.

[2] Amani-Beni M, Zhang B, Xu J. Impact of urban park's tree, grass and waterbody on microclimate in hot summer days: A case study of Olympic Park in Beijing, China[J]. Urban forestry & urban greening, 2018, 32: 1-6.

[3] 陈书谦，戴冬晖，卜晓丹．基于网络分析法的公园绿地可达性研究[M]//城乡治理与规划改革：2014中国城市规划年会论文集．北京：中国建筑工业出版社，2014.

[4] 郦晓桐．基于可达性的北京市石景山区公园绿地格局研究[D]. 北方工业大学，2017.

[5] 郭松，范泽源，何家琪，等．基于网络分析法的南宁西乡塘区公园可达性[J]. 中国园林，2019，35(01)：74-78.

[6] 施拓，李俊英，李英，等．沈阳市城市公园绿地可达性分析[J]. 生态学杂志，2016，35(5)：1345-1350.

[7] 马雪梅，陶冠华．基于GIS的城市绿地景观可达性研究——以通化市中心城区公园绿地为例[J]. 华中建筑，2017(5)：74-77.

[8] 李朝奎，卜璞，方军，等．基于改进引力模型的医疗服务可达性评价[J]. 经济地理，2018，38(12)：83-88.

[9] 梁颢严，肖荣波，廖远涛．基于服务能力的公园绿地空间分布合理性评价[J]. 中国园林，2010，26(09)：15-19.

[10] 李博，宋云，俞孔坚．城市公园绿地规划中的可达性指标评价方法[J]. 北京大学学报(自然科学版)，2008，44(4)：618-624.

[11] 田诺凡．武汉居民出行特点及交通优化建议：基于调查分析[J]. 人力资源管理，2018，(2)：162-163.

[12] 李小马，刘常富．基于网络分析的沈阳城市公园可达性和服务[J]. 生态学报，2008，29(3)：1554-1562.

作者简介

吕飞南，1993年生，男，山东莱芜，华中农业大学本科毕业生，沈阳农业大学在读硕士。研究方向为生态预测模型。电子邮箱：lvfeinan@foxmail. com。

章莉，1980年生，女，汉族，江苏如皋人，博士，华中农业大学风景园林系讲师，农业农村部华中都市农业重点实验室。研究方向为绿地系统规划、绿地与气候。电子邮箱：lizhang. wh@foxmail. com。

基于 HEC-RAS 雨洪模拟分析的河湖景观规划研究
——以新乡市凤泉湖为例

Research on River and Lake Landscape Planning Based on HEC-RAS Rainwater Flood Simulation Analysis
—Taking Fengquan Lake in Xinxiang City as an Example

林　俏　郑　曦　肖　遥

摘　要： 将单一人工化的防洪设施转化为弹性生态的河湖雨洪景观，能够提升生态效益、景观效益和功能需求，但由于洪水演进的动态性，河湖雨洪管理景观设计需要科学的数据分析和模拟。本文以新乡市凤泉湖为研究对象，设计通过水系规划和自然地形对洪水进行有效引导，蓄洪滞洪，采用 HEC-RAS 水文模型对设计前后不同重现期洪水进行雨洪模拟。通过计算，设计后不同重现期的洪水淹没面积平均减少了 50.74%，洪水位平均减少了 0.45m，洪水不再无序泛滥。研究表明，应用水文模型能对河湖雨洪管理进行可视化和量化计算，为前期提供数据支撑，为设计方案提供验证调整，并对未来的活动规划和植物景观提出建议。

关键词： 雨洪模拟分析；HEC-RAS；河湖景观规划；设计前后对比

Abstract: Transforming a single artificial flood control facility into an elastic and ecological river and lake flood landscape can enhance ecological benefits, landscape benefits and functional needs. However, due to the dynamic nature of flood evolution, river and lake rainwater management landscape design requires scientific data analysis and simulation. This paper takes Fengquan Lake in Xinxiang City as the research object, designs the effective guidance of floods through water system planning and natural topography, and stores floods. The HEC-RAS hydrological model is used to simulate floods in different return periods before and after design. Through calculation, the flood inundation area of different return periods after design is reduced by an average of 50.74%, and the flood level is reduced by an average of 0.45m. The flood is no longer disorderly flooded. The research shows that the application of hydrological model can visualize and quantify the rainwater management of rivers and lakes, provide data support for the early stage, provide verification and adjustment for the design plan, and make recommendations for future activity planning and plant landscape.

Keyword: Rain and Flood Simulation Analysis; HEC-RAS; River and Lake Landscape Planning; Comparison Before and After Design

引言

据统计，目前我国有 641 座建制城市面临洪涝灾害，每年有百余座城市不同程度发生暴雨洪涝灾害[1]。大量城市正在加速提升城市防洪标准，而以灰色基础设施为主的防洪设施已经无法满足雨洪需求，将单一人工化的防洪设施转化为弹性生态的河湖雨洪景观，是当代生态文明背景下迫切的需求。这些有关问题以前仅限于水利、工程或生态的范畴，现在需要风景园林师通过设计将它们进行弹性衔接[2]。

雨洪弹性管理模式强调通过科学设计来适应不同情境的雨洪灾害，经过雨洪数据分析、雨洪管理设计、雨洪生态能力恢复等达到对洪水的适应和调蓄[3]，这是一种相互联动的弹性管理过程，能够随着雨洪演进过程进行设计调整。

本文以新乡市凤泉湖为背景，针对该规划中重要的雨洪管理体系展开研究，利用 HEC-RAS 水文模型分析设计前后场地的防洪能力，为河湖景观规划设计提供数据支撑和验证，优化形成弹性的雨洪管理方案。

1　研究区概况

凤泉湖位于新乡市主城区与凤泉区之间的城乡交界地带（图 1），为保证农业生产，1958 年该地区建造了 192km 长的共产主义渠，连接上游山脉与下游黄河。2016 年共产主义渠由于洪水泛滥，导致新乡逾 47 万人受灾，直接经济损失 6 亿多元。为了解决季节性洪水泛滥的影响，凤泉湖将进行综合规划设计，满足行洪蓄洪、生态调节与景观游憩的综合功能，同时成为连接新乡市主城区和凤泉区的生态廊道。

规划范围总面积为 2178.26hm^2（图 2），内部共产主义渠为 15.1km。区域内地势较为平坦，以农田和村庄建设用地为主。京广铁路、长济高速穿越场地，107 国道桥划定了东侧边界，共渠右堤、二道堤和京广铁路为现状“防洪堤”。在规划范围内根据场地与城市接驳点选取 6 个计算断面，分别位于栗屯桥（规划范围入水口）、京广铁路桥、和平大道、长济高速、新中大道和 107 国道桥（规划范围出水口）。栗屯桥至和平大道为景观协调区，规划为湿地区。和平大道至长济高速为凤泉湖西湖、长济高速至新中大道为中湖、新中大道至国道桥为东湖，此三湖南北两侧靠近城区，为重点规划区域。

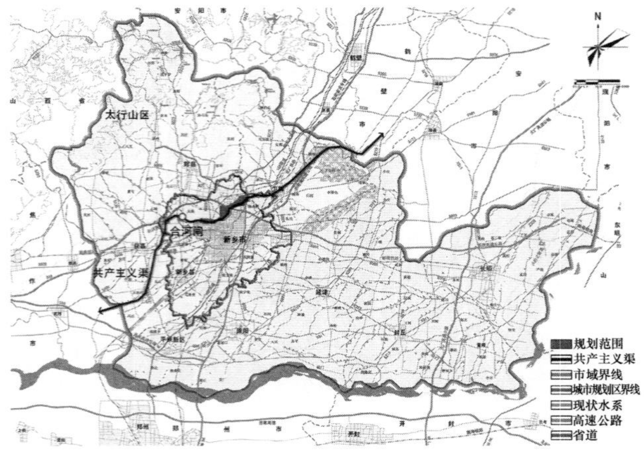

图 1　研究区域水系图
（图片来源：根据《新乡市生态水系景观专项规划（2012～2020 年）》改绘）

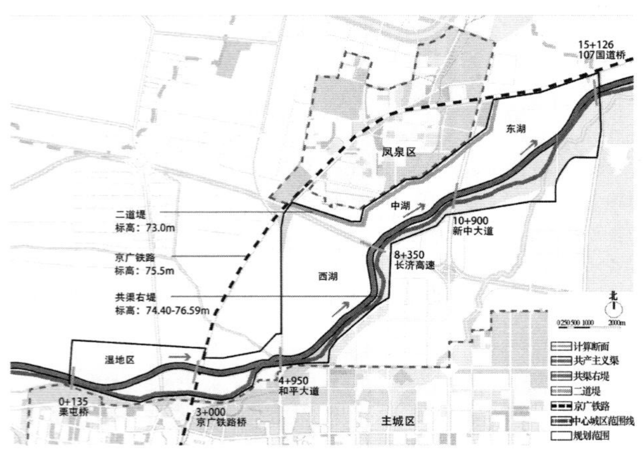

图 2　规划范围及计算断面图

2　数据来源及方法

2.1　主要数据及来源

DEM 数据：规划范围内 DEM 数据来源于新乡市规划局，研究范围外 DEM 数据来源于地理空间数据云 30m 精度的 TIFF 数据。

降水流量数据：参照《新乡市城市总体规划》（2011～2020 年）中对防洪标准的规定，主城区防洪标准为 100 年一遇。洪峰流量来源于共渠上游合河水文站的分析数据，此次模拟采用重现期为 10 年、20 年、50 年和 100 年的设计洪水，洪峰流量分别为 1080m^3/s、1650m^3/s、2470m^3/s 和 3130m^3/s。

2.2　研究方法

近年来，水文模型已经逐渐引入到景观规划设计中，通过现状雨洪分析，能有效进行涉及推演并辅助科学决策。HEC-RAS（The Hydrologic Engineering Center River Analysis System）软件是针对一维恒定或非恒定流的水力模型，主要用于河道流动分析和洪泛平原区域确定，模型所得结果可以用于洪水区域管理及分析，评价洪水淹没范围及危害程度[4]。

目前已有学者通过 HEC-RAS 用于防洪规划中的水面线计算，判断现状河道防洪能力[5]和雨洪淹没范围[6,7]。也有学者通过 HEC-RAS 分析河道治理效果[8]，比较设计方案对行洪能力的影响[9]，形成生态的河道景观[10]。同时在设计洪水模拟验算中，发现 HEC-RAS 准确率较高，误差较小[11,12]。

2.3　计算模型

HEC-RAS 模型的非恒定流模拟基于连续性方程和动量方程，其表达式分别为

$$B\frac{\partial Z}{\partial t}+\frac{\partial Q}{\partial x}=q \tag{1}$$

$$\begin{aligned}&\frac{\partial Q}{\partial t}+\left(gA-\frac{Q^2}{A^2}B\right)\frac{\partial Z}{\partial x}+\frac{2Q}{A}-\frac{\partial Q}{\partial x}\\&=-g\frac{n^2Q|Q|}{AR^{4/3}}+\frac{Q^2}{A^2}\frac{\partial A}{\partial x}Z\end{aligned} \tag{2}$$

式中：Z 为水位；A 为过水面积，m^2；B 为水面宽，m；t 为时间，s；Q 为流量，m^3/s；R 为水力半径，m；n 为曼宁糙率系数；x 为沿河距离，m；g 为重力加速度；q 为单位河长侧向入流量，流入为正，流出为负，m^2/s。

3　结果与讨论

3.1　设计前雨洪淹没范围模拟

通过 HEC-RAS 软件进行水文模拟，凤泉湖不同重现期雨洪淹没范围如图 3 所示，水位如图 4 所示。

淹没范围：10 年一遇和 20 年一遇的洪水限制在京广铁路和共渠右堤之间，50 年一遇和 100 年一遇的洪水没过北侧二道堤，淹没凤泉区。

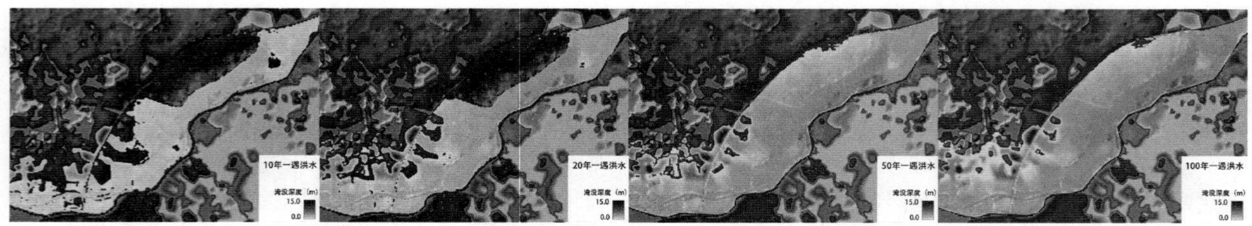

图 3　设计前不同重现期洪水淹没范围及深度

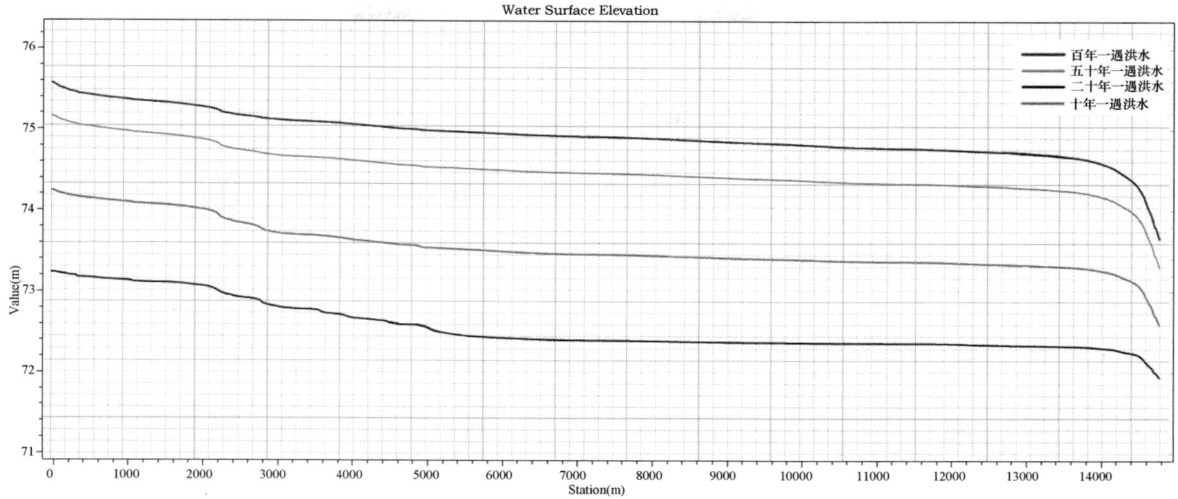

图 4　设计前不同重现期洪水淹没高度

淹没高度：洪水演进的过程中，水位随入水口距离增大而降低，出水口低于入水口约 2m。以百年一遇水位为例，湿地区、东湖、中湖和西湖分别为：75.75～74.93m、74.93～74.83m、74.83～74.64m、74.64～73.10m。

设计推演：共渠右堤为防洪堤，不可变动，根据 100 年一遇防洪标准以及上位规划需求，规划高度为 77.00m。北侧防洪措施可以根据河湖景观设计进行调整，调整结果如表 1 所示。湿地区为景观协调区，北侧农田可自然淹没，但为了减少洪水对周边的冲击和水质考虑，希望将 20 年一遇洪水经过湿地净化、沉淀后排放，因此北侧湿地防洪设计高度需高于 20 年一遇洪水。东湖、中湖、西湖通过开挖现状区域增大蓄水容量，将挖出的土方填在湖体北侧，堆叠自然式地形，地形高度基准为现状百年一遇水位线，形成生态屏障，防止洪水倒灌凤泉区。北侧与城市接壤区域局部设置可亲水的内水系，从外侧引水，换水时排入共渠，保证亲水区水位和水质的稳定。

凤泉湖北侧防洪措施　　表 1

	湿地区	东湖	中湖	西湖
防洪要求	二十年一遇	百年一遇	百年一遇	百年一遇
现状洪水位	73.87～72.93m	74.93～74.83m	74.83～74.64m	74.64～73.10m
防洪设计高度	74.00m	75.00m	75.00m	75.00m
防洪介质	自然地形	自然地形	自然地形＋直立堤岸	自然地形

3.2　设计后雨洪淹没范围模拟

将设计方案地形数据导入 HEC-RAS 软件进行验算，湖体常水位为 69.00m，正常情况下，雨季来临前凤泉湖会降低水面高度应对汛期，但是为了避免突发洪水，实验模拟仍以凤泉湖正常蓄水位进行。设计后凤泉湖不同重现期雨洪淹没范围如图 5 所示，水位如图 6 所示。通过模型计算，设计前后洪水淹没面积见表 2，设计前后 6 个计算断面洪水淹没高度见表 3。

设计前和设计后不同重现期洪水淹没面积（hm^2）　　表 2

	10 年	20 年	50 年	100 年
设计前	2046.16	2476.71	3280.38	3437.7
设计后	988.74	1130.91	1671.83	1790.37
减少率	51.68%	54.34%	49.04%	47.92%

淹没范围：10 年一遇和 20 年一遇的洪水完全限制在规划范围内部，50 年一遇和 100 年一遇的洪水没过湿地，淹没北侧农田。湿地区由于设置了漫滩，淹没范围变化较大，东湖、中湖、西湖沿岸地形较密，淹没范围较为类似。设计后洪水淹没面积均低于设计前（表 2），10 年、20 年、50 年和 100 年一遇的洪水淹没面积分别减少了 51.68%、54.34%、49.04%和 47.92%。

淹没高度：洪水演进中不同重现期洪水高度的变化趋势一致。以百年一遇水位为例，湿地区、东湖、中湖和西湖设计后分别为：75.21～74.66m、74.66～74.38m、74.38～73.97m、73.39～72.50m。设计后同一位置水位

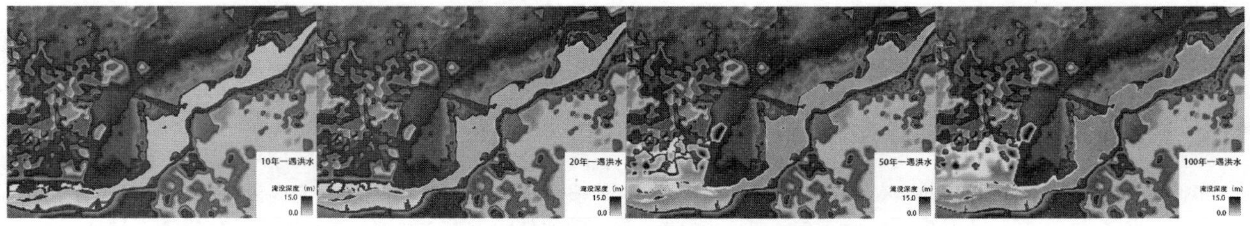

图 5　设计后不同重现期洪水淹没范围及深度

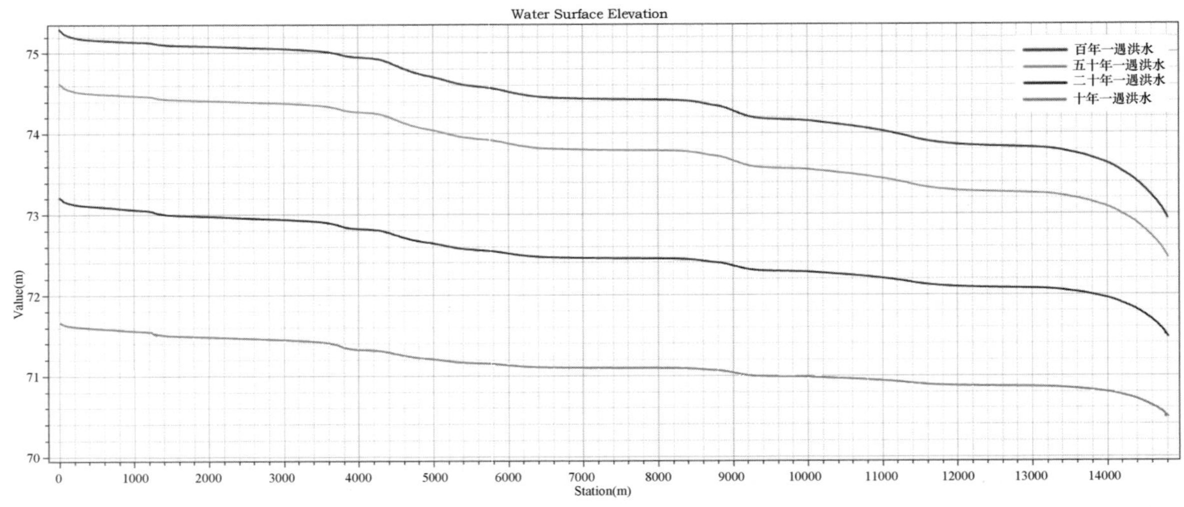

图 6 设计后不同重现期洪水淹没高度

均低于设计前（表 3），10 年、20 年、50 年和 100 年一遇的洪水高度平均减少了 0.50m、0.44m、0.44m 和 0.43m。

设计调整：①设计后扩大了行洪宽度，整体洪水位降低，因此，每个区域的防洪设计高度根据模拟后的 100 年一遇水位进行调整，湿地区防洪设计高度由 74.00m 调整至 73.50m；东湖为 75.00m，不需调整；中湖由 75.00m 调整至 74.50m；西湖由 75.00m 调整至 74.00m。调整后的防洪设计高度能降低堤岸高度，减少土方量，提升亲水景观效果。②基于蓄洪滞洪的雨洪管理要求，设计考虑在湿地出水口和东湖出水口设置橡胶坝，拦截 10 年一遇洪水，对拦截的洪水进行初步的沉淀滞留和净化，一部分用于公园和农田用水灌溉，一部分在汛期结束后排入下游，排放速度为 $10m^3/s$。

设计前和设计后洪水淹没高度 **表 3**

桩号（m）	位置	设计前洪水淹没高度（m）				设计后洪水淹没高度（m）				现状高度-设计高度（m）			
		10 年	20 年	50 年	100 年	10 年	20 年	50 年	100 年	10 年	20 年	50 年	100 年
0+135	栗屯桥	72.51	73.87	75.15	75.75	71.61	73.14	74.54	75.21	0.90	0.73	0.61	0.54
3+000	京广铁路桥	71.92	73.16	74.49	75.11	71.44	72.93	74.37	75.05	0.48	0.23	0.12	0.06
4+950	和平大道	71.63	72.93	74.32	74.93	71.19	72.61	74.01	74.66	0.44	0.32	0.31	0.27
8+350	长济高速	71.33	72.79	74.17	74.83	71.07	72.42	73.75	74.38	0.26	0.37	0.42	0.45
10+900	新中大道	71.36	72.72	74.04	74.64	70.92	72.17	73.39	73.97	0.44	0.55	0.65	0.67
15+126	107 国道桥	70.71	71.61	72.54	73.10	70.24	71.18	72.01	72.50	0.47	0.43	0.53	0.60

3.3 河湖景观规划

在雨洪分析的基础上，需要从场地角度出发，根据弹性目标进行活动场地和植物的雨洪承受力规划，评估具体区域的应对方式和弹性目标。根据洪水淹没消落变化，可以将滨水区分为常水位区、常水位至百年一遇洪水位、百年一遇洪水位之上区（图 7），不同层次在雨水淹没程度、蓄积和土壤含水量方面都会有所不同，因此需要科学分析其生态环境进行合理规划[13]。

常水位区为湖体主景区，可在常水位以下不同水深配置不同的水生植物群落。由于此区域种植高度最低，容易被洪水浸泡甚至没顶，大部分植物没顶时会无法呼吸死亡，因此需将耐水性强、耐没顶的植物作为区域的骨干植物[14]，如水杉、紫薇、狗牙根、芦苇等。

常水位至百年一遇洪水位为水位波动区和洪水频繁淹没区，此区域需控制建设强度，以可淹没的滨水栈道为主。雨水消落带来的冲刷作用会影响土壤条件，在种植规划中应重点注意此区域的恢复。此区域可种植耐一定浸泡的植物，如果植物不耐没顶，需利用花坛或地势抬高其高度，使植株 1/3 以上能在洪水水位线上，如垂柳、山桃、水葱等。

百年一遇洪水位以上区域可作为造景主景区，重要服务建筑需设置水位线之上。洪水位边缘区种植以耐水湿的植物为主，外围可进行丰富的植物景观设计。

图 7 设计后百年一遇水位线

4 结语

(1) 本文通过对设计前后场地进行雨洪模拟，将设计前洪水淹没数据作为基础资料支撑河湖景观设计，并通过对设计方案的再次模拟，验证雨洪安全。通过对比设计前后的洪水淹没范围和淹没高度，发现设计后方案 10 年、20 年、50 年和 100 年一遇的洪水淹没面积分别减少了 51.68%、54.34%、49.04% 和 47.92%，10 年、20 年、50 年和 100 年一遇的洪水高度平均减少了 0.50m、0.44m、0.44m 和 0.43m，表明设计方案能有效控制洪水无序蔓延。同时根据模拟结果，调整了每个区域的防洪设计高度以及整体洪水调蓄量。

(2) 弹性的雨洪管理模式强调通过科学的设计来适应不同情境的雨洪灾害，设计方案的变化会引起雨洪淹没过程的变化，需要弹性对设计方案进行调整。此外，降水流量、场地条件、建设强度的变化都会影响雨洪过程，应定期收集雨洪数据，对场地进行长期跟踪和动态调整。

(3) 洪水演进过程中，每一个位置的淹没高度不同，河湖景观设计中若根据一个不变的洪水位高度进行等高线设计、活动划分，将会与实际结果产生较大偏差。HEC-RAS 水文软件为风景园林设计师提供了可视化并量化的雨洪淹没模拟过程，对于设计方案的推敲和后期调整具有极大的参考意义。

参考文献

[1] 城市防洪问题与对策调研组. 我国城市防洪问题与对策[J]. 中国防汛抗旱，2014，24(03)：46-48+65.

[2] 尼尔. G. 科克伍德，刘晓明，何璐. 弹性景观——未来风景园林实践的走向[J]. 中国园林，2010，26(07)：10-14.

[3] 金晶. 基于弹性城市理论的城市防洪设施设计适应性研究[J]. 建筑与文化，2018，175(10)：63-64.

[4] 贺娟. 基于 HEC-RAS 及 GIS 的洪水灾害损失评估[D]. 中国水利水电科学研究院，2016.

[5] 丰小玲. HEC-RAS 在防洪规划工程中的应用[J]. 水利与建筑工程学报，2015，13(01)：202-204.

[6] 田景环，张科磊，陈猛，等. HEC-RAS 模型在洪水风险分析评估中的应用研究[J]. 水电能源科学，2012，30(04)：23-25.

[7] 陈建峰. 黑河金盆水库下游洪水模拟研究[D]. 西安理工大学，2007.

[8] 李丹雄，周连兄，王兆良，等. HEC-RAS 在河道生态治理中的应用——以滦平县兴洲河路南营段河道治理工程为例[J]. 中国水土保持，2018(10)：29-33.

[9] 陈学剑，潘世虎. HEC-RAS 在河道整治工程方案优化中的应用[J]. 人民黄河，2011，33(09)：7-8+43.

[10] 丁亿凡. HEC-RAS 软件在生态化河道设计方案优化中的应用[J]. 水利规划与设计，2018(10)：187-190.

[11] 方园皓，张行南，夏达忠. HEC-RAS 系列模型在洪水演进模拟中的应用研究[J]. 三峡大学学报(自然科学版)，2011，33(02)：12-15.

[12] 王佰伟，田富强，桑国庆. HEC-RAS 洪水演进模型的应用[J]. 南水北调与水利科技，2011，9(03)：24-27.

[13] 张雨生. 基于海绵城市理论的城市边缘区河道场地生态修复——以北京市温榆河北沙河段为例[M]// 中国风景园林学会. 中国风景园林学会 2017 年会论文集. 北京：中国建筑工业出版社，2017：4.

[14] 蓝松涛，蓝净江，郭尔祥. 园林植物对特大洪水的抗性调

查[J]. 中国森林病虫，2001(S1)：13-15.

作者简介

林俏，1995年生，女，汉族，浙江人，北京林业大学风景园林学在读研究生。研究方向为风景园林规划设计与理论。电子邮箱：linqiaomails@163. com。

郑曦，1978年生，男，汉族，北京人，博士，北京林业大学园林学院，教授、博士生导师。研究方向为风景园林规划设计与理论。电子邮箱：zhengxi@bjfu. edu. cn。

肖遥，1989年生，女，汉族，北京人，博士，北京林业大学园林学院，讲师。研究方向为风景园林规划设计。电子邮箱：xiaoyao0403@foxmail. com。

基于 LMS Test Lab 的老年人秋季公园音景感知研究①

Study on Soundscape Perception of Autumn Park for Senior Citizens Based on LMS Test Lab

龙春英　欧阳翠玉

摘　要：秋季气温的舒适性和音景的多样性吸引大量老年人来公园活动，而良好的声环境对人类的健康有极大益处。选取南昌市人民公园7个观测点，在 ArcGIS 进行空间强度分析的基础上，再采用 LMS Test Lab 深入研究频谱变化，探究声音元素对老年人感知的影响。研究发现：①秋季老年人的对声源感知受特定地方音景质量的影响；②老年人秋季活动的高峰时间段在 9：00～9：30，声级并达到了最大，而相应的频率中低。因此建议增强音景舒适性感知空间，使绿色空间音景元素多样化成为老年人音景公园的普遍形态。

关键词：城市公园；老年人；音景感知；LMS Test Lab

Abstract: The comfort of autumn temperature and diversity of soundscapes attract a large number of elderly people to park activities, and a good sound environment is of great benefit to human health. Seven observation places in people' s park of NanChang city were selected. On the basis of ArcGIS spatial intensity analysis, LMS Test Lab was used to further study the spectrum changes and explore the influence of sound elements on the perception of the elderly. Research findings :(1) the perception of the elderly in autumn is affected by the quality of soundscapes in specific places;(2) the peak time of autumn activities for the elderly is 9:00～9:30, and the sound level reaches the maximum, while the corresponding frequency is low or medium. Therefore, it is suggested to enhance the comfort perception space of soundscape and make the diversity of soundscape elements in green space become the common form of soundscape park for the elderly.

Keyword: Urban Parks; The Elderly; Soundscape Perception; LMS Test Lab

引言

城市化和人口老龄化使得城市成为健康老龄化的重要背景[1]。首先预计到2050年，中国60岁以上人口预计将超过30%，这意味着超过4.1亿中国公民将成为需要特殊照顾的老年人[2]。随着人口老龄化骤增，老年人面临着健康问题、社会孤立以及绿色空间娱乐需求日益增加的风险[3]，人口老龄化趋势降低了老年人的生活质量。其次在大型城市群的噪音现在被视为一种噪音污染，对老年人生活质量造成极大损害[4]，噪音污染也严重威胁老年人的身心健康。总之人口老龄化和噪声污染给政府带来了严峻挑战。

党的十九大报告指出实施健康中国战略，积极应对影响健康的突出环境问题。老年人群体的健康状况已成为解决发展中国家和转型国家未来的关键问题[5]。这些问题表明一个支持老年人的健康和独立的环境尤为重要，城市公园提供了各种有利于健康的好处。音景作为公园要素对人类身心健康具有积极意义[6]，生理上具有保健功能，心理上可提高居民的幸福感达到心理恢复[7]。19世纪末同济大学王季卿教授在“开展声的生态学和声景研究”中第一次在我国提及 soundscape 的概念[8]，被定义为“一个人或人在语境中感知或体验或理解的声音环境”[9]。首次涉及到城市开放空间声景研究的是康健教授的“城市公共开放空间中的声景”为声景研究所包括的声景描述、声景评价和声景设计三个层次提供理论依据[10]。良好的声景质量可以提高人的幸福感，提供更舒适的体验[11]。音景在公园中扮演着重要的角色，当前针对老年人与公园活动研究较多，而关于老年人与公园音景感知研究却极少。

此次研究以南昌市人民公园为例，由于人对声音的主观感受主要由响度、音调、音色等特征来描述[12]，则本研究以老年人对声音的响度为切入点，采用 GIS 进行空间强度分析，再用 LMS Test Lab 的深入探究秋季老年人在公园活动中的音景感知的频谱变化。LMS Test. Lab 不仅是新一代振动噪声处理方案系统，还是高速多通道数据试验、分析与电子报告工具的多功能结合，尤其是从数据诠释到可用性，提高实验结果更加精准的功效。由于南昌秋季气温一天中变化幅度小，且是老年人外出高峰季节，选择调查季节为秋季。前期进行用观察法初步调查，选定7个老年人聚集最多的音景空间进行勘测，探究老年人与音景感知的规律，并提出相关建议。将有助于通过音景元素设计的应用，以满足未来适老绿色基础设施的空间规划，为城市老龄人口的身心健康发展提供科学依据。

① 南昌大学研究生创新专项资金资助（CX2018103）。

1 试验方法

1.1 研究对象

南昌市人民公园面积约 32.6hm²，位于南昌市老城区的综合型公园[13]。通过前期的观察法，确定七个老年人经常活动的绿色音景空间，识别出公园中最常出现的 3 类不同的声音[14]、15 种声源（表 1）。

公园 15 种声源　　表 1

类型	声源名称
人类声音	谈话声、儿童玩耍声、唱歌、跳舞、运动声
自然声音	树叶声、水声、风声、雨声、鸟鸣声、昆虫声
机械声音	交通声、器具乐声、工地声、其他机械声

1.2 数据获取

研究数据主要包括两类。勘测期间选定 0～3 级风速，体感温度 10～23℃，湿度 20%～60% 晴天进行调查。①音景空间声音强度范围分布数据：用 Digital Sound Level Meter 声级计测量，每个观测点确定三个位置，并做相应标记。三个位置的确定是根据每个观测点的中心位置以及延中心点对称的距空间外围距离约 50～100m 外两个位置。测量时间段是 12：00～14：00，每个观测点 3min，每次 1min，重复 3 次，获取平均值，间隔频率是 15s，声级权限 A 加权，声级大小范围（30～150dB），最后记录编码。②音景空间声音频普数据：用纽曼 V19 录音笔 DSP 数字降噪模式下进行录音。在晴朗微风的条件下进行，分别在（9：00～9：30、12：00～12：30、15：00～15：30、18：00～18：30）时间段进行，在每个位置进行了 3 次双耳录音，在保证声级指示器稳定下测量时间间隔（3min），以左右声道平均等效能量声压级计算各声级，减少录取过程中的误差，最后记录编码。

1.3 数据分析

首先用观察法确定老年人经常聚集的绿色音景空间，其次用 ArcGIS 分析公园中音景空间强度分布范围，最后通过 LMS Test Lab 探究声音频谱大小对老年人感知的影响。

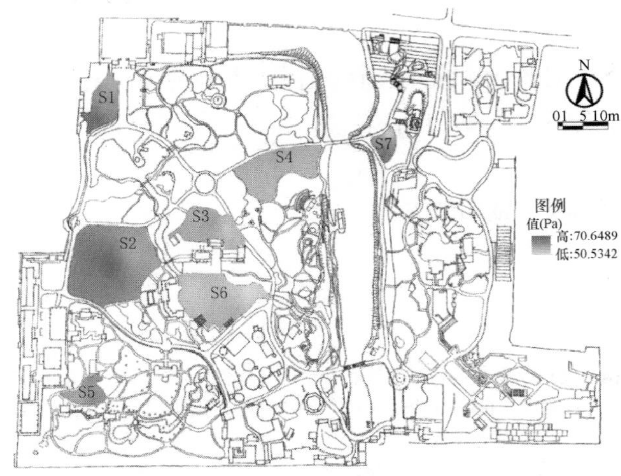

图 1　人民公园不同观测点的声音强度

S1—入口香樟树林；S2—舞台汇演广场；S3—树荫健身广场；S4—大草坪；S5—百年香樟；

2 结果分析

2.1 老年人秋季音景感知强度分析

扈军、葛坚和李东浩等人以杭州柳浪闻莺公园为例运用 GIS 勘测声景观[15]。GIS 能更精准描述所在空间强度大小，由于正午受老年人活动的干扰性最小，为减少勘测过程中的误差，所以选择观正午（12：00～14：00），如图 1 声音强度最高可达 70.6 Pa，最低为 50.5 Pa。S2 处声音强度最高，由于 S2 是公园中最大的广场，且此时段的声源为鸟鸣声、树叶声、谈话声、儿童玩耍声、跳舞、运动声和器具乐声。其次是 S1、S5、S7，其中 S1 为入口香樟树林，尽管在正午，声音元素也具有多样性，此时段声源为鸟鸣声、树叶声和交通声；S5 声音强度较小，声源是鸟鸣声和昆虫声，其中鸟声比其他的观测点响度大，吸引了大多数老年人；S7 处为一个小广场，主要声源是风声、树叶声、昆虫声谈话声和运动声。S3、S4、S6 声音强度较小，S3、S4声源主要是运动声和儿童玩

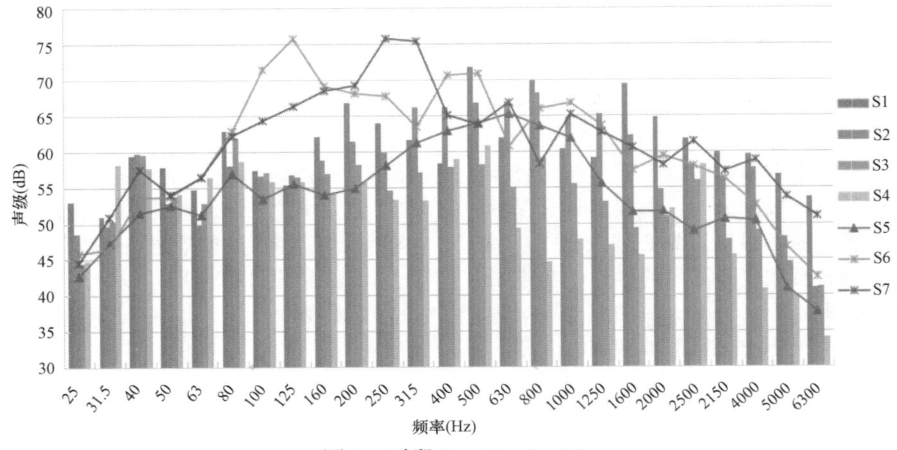

图 2　时段 9：00～9：30

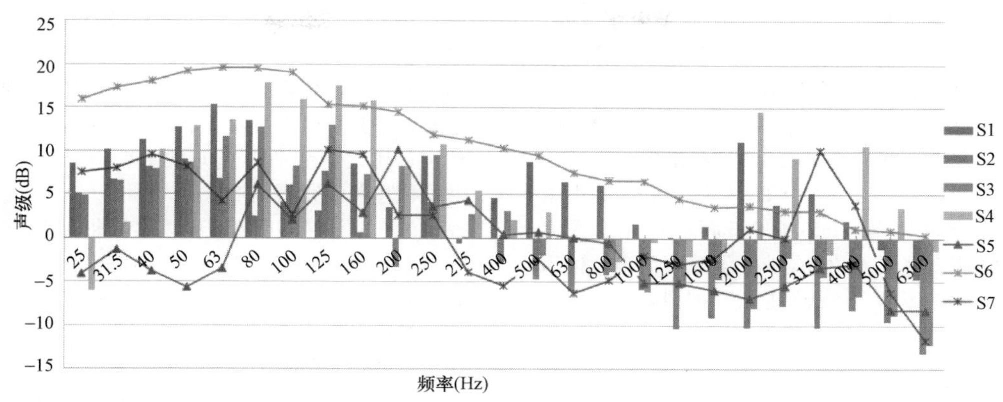

图 3　时段 12：00～12：30

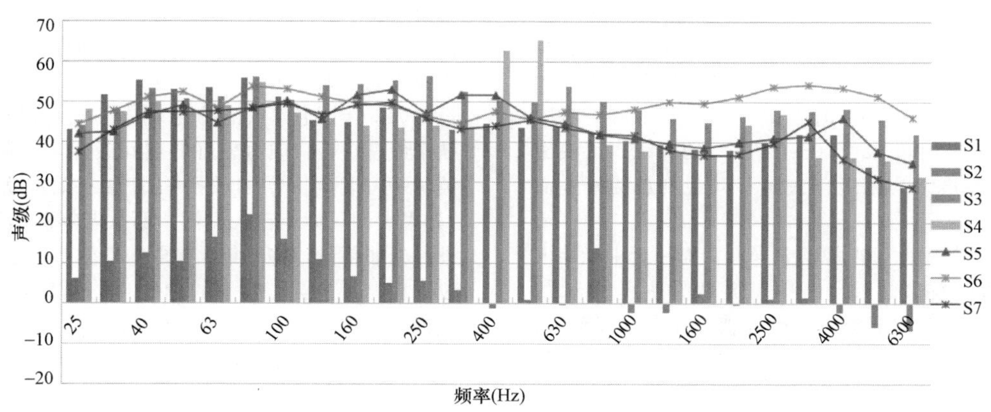

图 4　时段 15：00～15：30

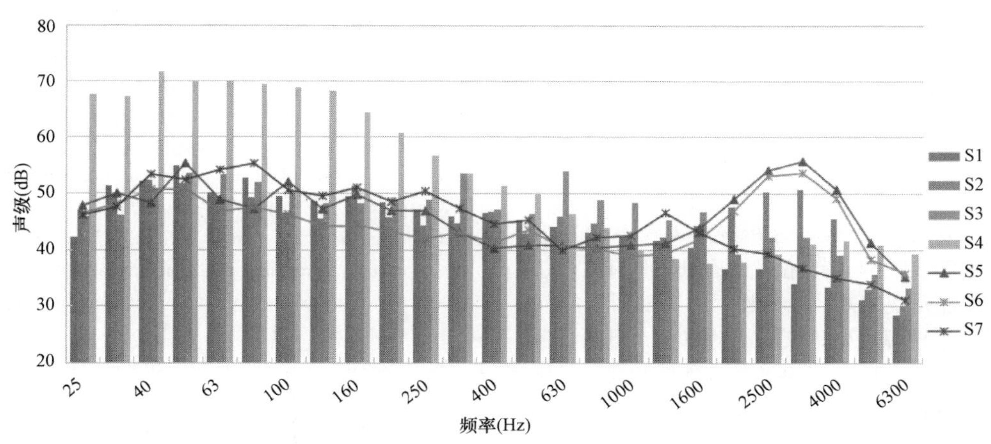

图 5　时段 18：00～18：30

要声；S6 处的声音最弱，主要是水声、鸟鸣声和昆虫声。结果表明声音强度与声源的多样性变化有关，所以不同观测点声音强度的差异性与特定地方音景质量有关，老年人在不同音景空间活动偏好性反映了对该观测点声音元素的偏好，即老年人的对声源感知受特定地方音景质量的影响。

2.2　老年人秋季音景感知频谱分析

根据频谱变化每个点的 LAeq 显示了一个“水平 S”变化，频率范围 25～6300Hz。而人类听觉只能识别频率是 20～20000Hz[16]，低频（20～200Hz），中频（500～2000Hz），高频（≥4000Hz）[17]。横向分析：在时段 9：00～9：30（图 2），S6 和 S7 声级最高（75～80dB），此时频率达 125Hz 和 250Hz，其他声级和频率呈现递减趋势。S6 主要声源是老年人谈话声、唱歌声、鸟声和水声，而 S7 为广场且位于一级道路旁的半开敞空间，尤其在上午人流量会大于其他观测点，主要声源是老年人唱歌和跳舞声，其次是鸟声和机械噪音。在时段 12：00～12：30（图 3），受外界干扰最小，误差也最小，此时声级最高为 S2（19.5dB），此时频率 63Hz，属于低频，而

S2 声音主要来源老年人唱歌、跳舞、谈话声、儿童玩耍、音乐声，其次是鸟声。其中部分观测点声级达到负值，则老年人听不到的声音，此时频率达到高频。在时段 15：00～15：30（图 4），S4 声级最高（65.5dB），此时的频率为 500Hz，属于中频，仍有 S2 声级低于负值，频率达到了高频。在时段 18：00～18：30（图 5），S4 处声级最高（71.6dB），频率为 40Hz，属于低频，S4 由于是大草坪，声源主要来自老年人的运动声、儿童玩耍声、谈话声，其次是鸟声。声级最大值依然是上午时段，声源跟下午时段一样，但上午可能会有大量的唱歌和器具乐声。综上四个时间段，当声级达到最大时，频率分别达到（250Hz、63Hz、500Hz、40Hz），均属于中低频。

纵向分析：在时段 9：00～9：30 声级达到了最高，而时段 12：00～12：30 达到了最低，时段 15：00～15：30 和时段 18：00～18：30 升级比较稳定。结果表明老年人活动高峰期在时段 9：00～9：30，根据声级的大小，则时段 9：00～9：30＞时段 18：00～18：30＞时段 15：00～15：30＞时段 12：00～12：30 的声级，反映出不同时段频率和声级会因老年人对不同观测点的喜爱而有所不同。

综上所述，尽管由于声源的差异性，但一天中老年人活动的高峰时间段在 9：00～9：30，声级并达到了最大，而相应的频率中低，则老年人对声音感知在中低频范围，随着老年人年龄的增加听力下降，对声音感知频率会降低。在中午时段（12：00～12：30）的声音元素的声级较小，还有大量人耳听不到的噪音，对老年人听觉产生一定影响。则表明老年人对音景的感知主要由中低频率的声音元素，声级的大小与老年人的活动有关。

3 结论与建议

3.1 结论

（1）通过 ArcGIS 空间强度分析老年人秋季音景感知，得出声音强度的大小与特定位置的音景质量有关，并影响老年人对声音元素感知的敏感性。体现最明显的就是观测点 S2，由于声源主要是人类活动声音（唱歌、跳舞），其次自然声音（鸟声），老年人首先能感知到声源与人类活动有关，特定位置空间功能的定义就会影响声源的大小，从而影响老年人对音景元素的感知。

（2）采用 LMS Test Lab 探究声音频谱大小对老年人音景感知，得出老年人在不同观测点活动声级达到最大，但频率依然是中低频率。体现最为明显的是上午时段，则该时段为老年人活动的高峰时段，其次是傍晚。

3.2 未来老年人公园音景规划的建议

（1）增强音景舒适性感知，构建美丽宜居的城市公园。随着老年人人口的不断增多，老年人是公园中主要人群，公园老年人与社区距离游相伴随，因此在城市公园规划时，应考虑社区用地与公园的关系。即在老年人公园中，首先应该考虑社区服务与老年人可达性，具有一定的服务半径使老年人以便携式到达公园，提高公园的利用率；其次应该考虑构建老年人宜居的音景城市公园，由于城市生活中严重的噪音污染，迫使老年人主动寻求舒适的音景环境，则特定位置的音景质量影响老年人的音景感知，尤其是声级大或者中低频的声音元素，老年人对自然声音和人类活动声音的敏感性因予以增强其舒适性，共同构建美丽宜居城市公园。

（2）使绿色空间音景元素多样化成为老年人公园的普遍形态。通过分析，老年人对鸟声、唱歌和跳舞的声音比较喜爱，而这些声音元素的绿色空间老年人活动性较频繁。秋季老年人在时段 9：00～9：30 声级是一天中达到最大，则这与老年人能感知到的喜爱的音景元素有关，并进行活动。绿色空间音景元素多样化，可以有效缓解噪音污染和日常生活压力对人们健康的影响[18]。所以推动绿色空间音景元素的多样化，使老年人对声音元素的敏感性并不仅仅是上午，下午和夜晚也同样也具有敏感性，使之成为老年人公园的一种普遍形态。

（3）建设老年人活动的专属设施。分析表明，老年人秋季最喜欢音景质量较好的空间锻炼，尤其是上午时段。英国一位老年医学的教授伯纳德·艾斯克斯曾经说过："如果设计只为年轻人而做，那么老年群体便会被排除在外；但如果设计将老年人等弱势群体考虑在内，那这样的设计也会是适合年轻人的设计。"[19] 所以，设置老年人专属设施不仅便于老年人与自然更亲切的接触，而且增加了老年人来园频率，提高了公园的利用功效。

参考文献

[1] Sara R, Daniel P, Lois O, et al. Using photovoice methods to explore older people's perceptions of respect and social inclusion in cities: Opportunities, challenges and solutions[J]. SSM-Population Health, 2016 (2): 732-744.

[2] Jing F Y, Ling Z L, Endong W, et al. Examining sustainability indicators of space management in elderly Facilities—a case study in China[J]. Journal of Cleaner Production, 2019 (208): 144-159.

[3] Chen W, Christian A, Christina V H. The elderly in green spaces: Exploring requirements and preferences concerning nature-based recreation[J]. Sustainable Cities and Society, 2018(38): 582-593.

[4] Barbara L. Acoustic background and transport noise in urbanised areas: A note on the relative classification of the city soundscape[J]. Transportation Research Part D, 2005(10): 341-345.

[5] Bo X, Zihao A, Yiling Z, Zhigang L. Healthy aging with parks: association between park accessibility and the health status of older adults in urban China[J]. Sustainable Cities and Society, 2018. 178: 12-17.

[6] 许晓青，杨锐，彼得·纽曼，等．国家公园声景研究综述[J]. 中国园林，2016，32(07)：25-30.

[7] Gidlof G A, Ohrstrom E. Noise and well-being in urban residential environments: The potential role of perceived availability to nearby green areas [J]. Landscape and Urban Planning, 2007, 83(2-3): 115-26.

[8] 王季卿．开展声的生态学和声景研究[J]. 应用声学，1999，(02)：10.

[9] Jiang L, Yichao X, Yajun W, et al. Soundscape effects on

visiting experience in city park: A case study in Fuzhou, China[J]. Urban Forestry and Urban Greening, 2018(31): 38-47.

[10] 康健，杨威．城市公共开放空间中的声景[J]. 世界建筑，2002，(06)：76-79.

[11] Jeon J Y, Lee P J, Hong J Y, et al. Non-auditory factors affecting urban soundscape evaluation[J]. The Journal of the Acoustical Society of America, 2011, 130(6): 3761-3770.

[12] 王娜．基于人耳主观反应的听觉特征量及其在目标识别中的应用[D]. 西安：西北工业大学，2006.

[13] 余本锋，王伟峰，房明海．南昌市人民公园声景观现状与设计探讨[J]．中南林业调查规划，2011(11)：25-29.

[14] Xiuhua S, Xinbo L, Dongming Y, et al. Spatial-temporal change analysis of plant soundscapes and their design methods[J]. Urban Forestry Urban Greening, 2018(29): 96-105.

[15] 扈军，葛坚，李东浩．基于GIS的声景观地图制作与分析-以杭州柳浪闻莺公园为例[J]. 浙江大学学报(工学版)，2015，49(07)：1295-1304.

[16] 梁树星．次声波——无声的世界[J]. 齐齐哈尔师范高等专科学校学报，2008(06)：150-151.

[17] 徐超．居住区环境噪声特征及烦恼度研究[D]. 杭州：浙江大学，2005.

[18] Angel M D, Donka D D. Elderly visitors of an urban park, health anxiety and individual awareness of nature experiences[J]. Urban Forestry Urban Greening 2014 (13): 806-813.

[19] 魏菲宇，戈晓宇，李运远．老龄化视角下的城市公园包容性设计研究[J]. 建筑与文化，2015(4)：102-104.

作者简介

龙春英，1979年生，女，汉族，江西萍乡人，南昌大学建筑工程学院副教授，博士，硕士生导师。研究方向为老年人健康与环境的关系，风景园林规划设计。电子邮箱：longchunying@ncu.edu.cn。

欧阳翠玉，1993年生，女，汉族，河南信阳人，南昌大学生命科学学院在读硕士研究生。研究方向为风景园林规划设计。电子邮箱：1814436143@qq.com。

基于 SBE 法与 AHP 法的商业街植物景观营造评价研究①

——以武汉楚河汉街为例

Study on Plant Landscape Construction Evaluation of Commercial Street based on SBE and AHP

—A Case Study of Han Street of Chuhe River in Wuhan

刘 杰 李景奇*

摘 要： 商业街是一种以步行为主、商业消费为目的的特殊街道空间，商业街植物景观质量影响着人们对该商业街的整体印象。本文以楚河汉街 36 组植物景观单元为例，采用了基于层次分析法（AHP）与美景度评价法（SBE）的综合评价方法对其进行评价。结果表明：①商业街评价指标模型包括美学构成、人体感知、生态效益 3 个准则层指标，12 项要素层指标；②AHP 法与 SBE 法对楚河汉街景观单元的评价结果具有一致性；③楚河汉街目前的整体植物群落景观质量较低；④汉街四个类型的植物景观质量的综合排序是：步行街街道植物群落＞广场节点植物群落＞出入口植物群落＞建筑小品旁植物群落。

关键词： AHP 法；SBE 法；商业街；植物群落；景观营造

Abstract: Commercial street is a special street space with the purpose of walking and commercial consumption. The quality of commercial street plant landscape affects people' s overall impression of the commercial street.. In this paper, taking 36 groups of plant landscape units in Chuhe Han Street as an example, the comprehensive evaluation method based on analytic hierarchy process and scenic beauty estimation evaluation method is used to evaluate the plant landscape units. The results show that: ① the evaluation index model of commercial street includes aesthetic composition, human perception, ecological benefit, 12 factor layer indexes, ② AHP and SBE are consistent with the evaluation results of Chuhe Han street landscape units, ③ the landscape quality of Chuhe Han street is low ;④ the comprehensive order of four types of plant landscape quality in Han Street is as follows: pedestrian street plant community ＞ square node plant community ＞ entrance plant community ＞ building sketch plant community.

Keyword: AHP; SBE; Commercial Street; Plant Community; Landscape Construction

引言

随着中国城市化进程的加快，城市人口密度加大，交通压力增加，城市环境恶化，城市商业街创造的一个相对自由和舒适的外部环境，已成为人们日常生活的中心，因此，街区内植物景观营造的好坏极大影响着街区的吸引力。

近年来，国内外学者在植物景观量化评价方面做了大量研究，采用的评价方法主要包括审美评判测量法（BIB-LCJ）、语义分析法（SD）、层次分析法（AHP）、美景度评价法（SBE）及人体生理心理指标测试法（PPl）等。关于植物景观评价的绿地类别大多集中在校园景观[1,2]、道路景观[3]、公园绿地[4-6]、森林景观[7,8]、居住区绿地[9]等，鲜少有关于商业街的景观评价。而在少量的商业街植物景观评价中[10,11]，仅采用单一评价方法，评价结果略显片面性。本文在前人的基础上，综合两种评价法[12]对商业街植物景观营造质量进行评价，得出综合评价结论，更具全面性、准确性。

在评价方法的选择上，根据不同评价法对样本区域的适宜性，最终选取操作性强，普适性高的 SBE 法与 AHP 法作为综合应用的评价方法。AHP 方法是自上而下的评估方法，景观单元通过专家评分进行定量量化，但评估过于强调完整性而忽略使用对象感受。SBE 是一种自下而上的评估方法，反映了使用对象对景观单元的直观感知，但是并不客观和全面。通过使用综合评价法，对植物景观营造质量的概括性更强。

本文选择楚河汉街的植物景观质量作为研究对象，以园林及相关专业组和非园林及相关专业组为评判对象进行综合评价分析，指出商业街植物景观营造的侧重点，为将来建设一个兼具生态效益和受公众喜爱的商业街绿化景观提供科学有效的参考。

1 区域概况

楚河汉街是武汉市重要的城市地标，面积 1.8km^2，总长度 1500m，地理位置相当于武汉市几何中心，通达性良好。汉街具有购物、餐饮、文化、休闲、娱乐等多种业态，

① 基金项目：国家自然科学基金项目“基于景观基因图谱的乡村景观演变机制与多维重构研究”（编号 51878307）资助。

建筑以民国风格为基础，结合现代建筑和欧洲建筑，它丰富了武汉地表景观，开发了武汉公共空间景观的新模式。

汉街步行街在树种选择上多以乡土树种为主，植物景观种类丰富，应用方式多样，汉街植物景观的营造在一定程度上体现了湖北地区的风貌与特色，选择其作为研究区域，可获取武汉市具有代表性、全面性的植物景观单元作为研究基础材料。

2 研究方法

2.1 景观单元的拍摄取样

在进行数据分析之前，首先要对所选区域进行样方取样，经过认真筛选之后的最终样本将作为评价商业街植物景观质量的媒介，其具体操作如下：

在实地调研了楚河汉街的基础上，将汉街的所有植物景观分为四个类型进行拍摄，各类型的植物景观应不重复、不交叉。

取样时间为 2019 年 5 月底，选择晴朗的白天进行拍照，拍摄时间为 9：00～13：00。以植物群落组为单元取不同方位角度拍摄多张照片，拍摄有效照片共计 153 张，期间记录景观单元的相关信息。

为全面反映汉街的景观类型，每个样地选取 1 张最能代表样地典型特征的照片作为评价图片，最终选取 36 张植物群落图片，并进行整合分类编号（简称“景观单元”）作为样本进行调查，供测试者评价。

选取的照片包含出入口植物群落景观 7 个，编号 A1～A7，广场节点植物群落景观 10 个，编号 B1～B10，建筑小品旁植物群落 10 个编号 C1～C10，步行街街道植物群落 9 个，编号 D1～D9。

2.2 景观单元分值的评判方式

为确保研究结果的客观性，选择园林及相关专业和非园林及相关专业组共计 38 人参与评判，见表 1。

评价方式为采用室内放映幻灯片的方式进行，进行评判之前，先对评判标准进行介绍，但是不透露照片相关信息。评价等级为 5 级：非常喜欢（2）、喜欢（1）、一般（0）、不喜欢（−1）、非常不喜欢（−2）。

放映参考幻灯片，使评价者了解植物群落评价基础为减少人为误差，将 36 张景观单元的照片制作成幻灯片，设定每张幻灯片自动播放时间为 8s，按评判标准在问卷上对每张照片的景观单元进行打分，照片不重复播放。

评判人员构成　　表 1

组别	评判对象	评判人员属性	人数
1	园林及相关专业组	风景园林、城市规划、建筑学等专业的教师和学生	22
2	非园林及相关专业组	除风景园林、城市规划、建筑学等专业以外的对象	16

2.3 数据分析方法

分别计算 SBE 法和 AHP 法对同一植物景观单元评价的结果，并进行排序，对所得秩采用肯德尔协和系数进行一致性检验，若结果检验一致方可计算综合得分，若结果检验不一致应采取相应的处理措施。

2.3.1 使用者感知分析（SBE 法）

根据 SBE 法中的标准化公式，将 38 名评判者对每张照片的评分值进行标准化处理，对每张照片的所有标准化得分值求平均，得到该景观的标准化得分 Z 值。计算公式如下[13]：

$$Z_{ij} = (R_{ij} - \overline{R}_j)/S_j \tag{1}$$

$$SBE_i = \sum_{i=1}^{n} Z_{ij}/N_j \tag{2}$$

2.3.2 植物景观质量综合性分析（AHP 法）

首先应根据楚河汉街植物景观现状及评价目标，选取合适指标构建评价体系层次构造，确定商业步行街植物景观评价模型，由目标层（A）、准则层（B）、要素层（C）构成。

选取专业组中的 20 人对评价要素进行比重确定，对结果进行平均取整，最后通过数据处理取平均值可得到 C 层权重系数排序。

本文对景观要素的指标层按照五个评价等级划分并赋值，划分标准及赋值具体如表 2 所示。步行街中各景观要素的评分通过播放幻灯片的形式由专业组 10 人分别给出，取其平均值作为该景观要素的最终得分。计算公式如下[12]：

$$S = \sum_{i=1}^{n} B_i C_i \tag{3}$$

商业街植物景观单元评价标准及等级　　表 2

准则层（B）	要素层（C）	评价标准	评价等级 1（差）	2（较差）	3（一般）	4（较好）	5（好）
美学构成	统一与变化	植物组群设计在色彩、形态、质感、层次等上是否注重整体统一、局部变化	−2	−1	0	1	2
	对比与调和	植物组群与外部环境是否通过对比强调变化、调和强调统一	−2	−1	0	1	2
	均衡与稳定	植物设计是否注重动态均衡、韵律感及节奏感，呼应建筑结构群	−2	−1	0	1	2
	比例与尺度	植物组群内形态、质感、色彩、体量感等的比例是否适宜，及植物软质与铺装硬质和建筑的尺度是否协调	−2	−1	0	1	2
	遮挡软化	植物组是否能有效软化或减弱形态粗糙及僵硬的建筑物及环境	−2	−1	0	1	2

续表

准则层（B）	要素层（C）	评价标准	评价等级 1（差）	2（较差）	3（一般）	4（较好）	5（好）
人体感知	生理及心理舒适感	是否构建满足生理需要、安全需要、私密性需求等的植物景观空间	−2	−1	0	1	2
	新奇与兴奋感	植物景观设计是否注重从形式、色彩、组合上的创新体验，强调人文地域特色	−2	−1	0	1	2
	环境协调	植物设计是否与环境色彩、肌理、尺度等相协调，不突兀、不混乱	−2	−1	0	1	2
生态效益	遮阴	植物景观构建的空间遮阴效果	−2	−1	0	1	2
	消毒杀菌、净化空气	植物单体的生态性，如叶片质感、枝叶繁密、杀菌能力等	−2	−1	0	1	2
	隔音降噪	植物组群高度、密度、层次、面积等综合隔音降噪效应	−2	−1	0	1	2
	调节改善小气候	植物整体维持碳氧平衡能力，缓解温度、湿度过高或者过低带来的负面效应能力等	−2	−1	0	1	2

2.3.3 肯德尔协和系数检验

肯德尔协和系数检验[12]是考察两种评价方法对 N 个景观单元的评价结果之间是否一致的一种统计学方法。通过 SPSS 软件中的非参数检验→K 个相关样本模块，勾选肯德尔协和系数法检验。

2.3.4 汇总 2 种方法的综合分数

（1）将得分标准化。当两种评价方法所得的秩评经肯德尔系数检验具有一致性时，需将各评价方法所得的评判值分别进行标准化处理[12]。计算公式同（1）。

（2）汇总两种方法的标准分值。为综合评价楚河汉街植物景观单元更直观的进行分析，将景观单元美景度标准化后的得分与层次分析法中标准化后的得分汇总，计算公式如下[12]：

$$T_j = \sum_{i=1}^{K} Z_{ij} \tag{4}$$

3 结果与分析

3.1 基于 SBE 法的评价主体相关性分析

在 SBE 法中，由单因素方差分析结果可得非专业组与专业组的总体显著性水平检验值为 $P=1>0.05$ 为差异不显著，且两者的折线波动趋势走向大体相同，表明不同群体或文化背景的评判者之间的审美态度在统计学意义上差异不显著。

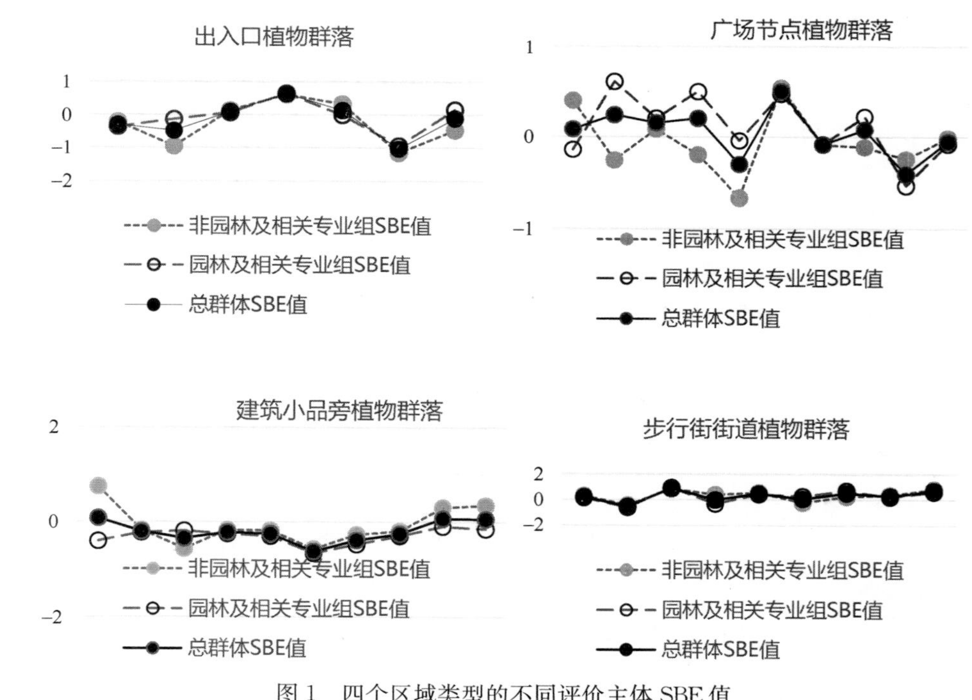

图 1 四个区域类型的不同评价主体 SBE 值

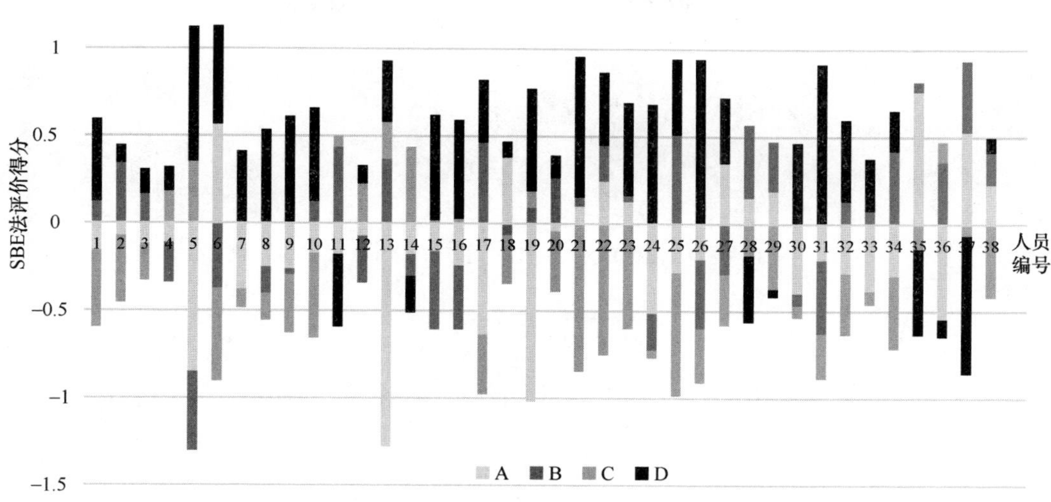

图 2　不同人员 SBE 法评价结果

3.2　基于 AHP 法的植物景观单元权重分析

由 AHP 法得出景观单元的评价因子（表 3），准则层重要性排序为：美学构成（0.3715）＞人体感知（0.3614）＞生态效益（0.2671），由此可知步行街植物景观营造中美学构成是景观单元中最为重要的影响因子，而人体感知的重要性也不容小觑，同时植物的生态效益性作为不容易被感知的因子，得分三者中最少，却发挥着重要作用。

美学构成中，统一与变化权重值最高，为 0.2169（表 3）；人体感知中，生理及心理舒适度得分最高，为 0.4361（表 3），因此步行街的植物景观应注重私密性、安全性、社交性以及尺度的适宜性等；生态效益中，遮阴效果的得分最高，为 0.2986（表 3），因此注重植物的遮阴效果在商业街规划中尤为重要。

商业街植物景观单元评价指标及其权重　　**表 3**

目标层（A）	准则层（B）	准则层权重	要素层（C）	要素层权重	C 层综合权重
（A）步行街植物景观质量评价	（B1）美学构成	0.3715	（C1）统一与变化	0.2169	0.0806
			（C2）对比与调和	0.2020	0.0750
			（C3）比例与尺度	0.1986	0.0738
			（C4）遮挡软化	0.1921	0.0714
			（C5）均衡与稳定	0.1904	0.0707
	（B2）人体感知	0.3614	（C6）生理及心理舒适感	0.4361	0.1576
			（C7）环境协调	0.3243	0.1172
			（C8）新奇与兴奋感	0.2396	0.0866
	（B3）生态效益	0.2671	（C9）遮阴	0.2986	0.0798
			（C10）调节改善小气候	0.2557	0.0683
			（C11）隔音降噪	0.2338	0.0624
			（C12）消毒杀菌净化空气	0.2119	0.0566

3.3　基于两种方法的综合评价结果分析

3.3.1　基于两种方法评价的一致性分析

AHP 法与 SBE 法得分由肯德尔协和系数检验结果可得：渐近显著性为 0.046＜0.05，拒绝零假设的情况，两种方法评价排序结果且呈正相关，具有一致性。

3.3.2　楚河汉街总体植物景观质量分析

综合 SBE 法与 AHP 法计算的结果如图 5 所示，四个类型的植物景观质量的综合排序是：步行街街道植物群落（S_D＝0.7687）＞广场节点植物群落（S_B＝0.7106）＞出入口植物群落（S_A＝－0.3119）＞建筑小品旁植物群落（S_C＝－1.3378），可知楚河汉街步行街街道植物景观质量最好，建筑及小品旁植物景观质量差。

从总体评分来看（表 4），得分最高的五组为 D_3、A_4、D_9、D_7、D_5（图 3），得分最低的五组为 A_6、B_9、C_6、D_2、C_7（图 4）。得分高的景观单元侧重点各有不同，反观得分低的五组特质趋同，层次、种类、色彩均单一，且面积较小，功能性不足，因此，在步行街植物景观设计中应避免这样的设计。

图 3　景观单元 D3、A4、D9、D7、D5（从左至右）

图 4　景观单元 A6、B9、C6、D2、C7（从左至右）

植物景观单元 2 种方法评价得分、秩、汇总标准分及最终评价结果　　表 4

植物景观单元	SBE 法得分	标准分	秩	AHP 法得分	标准分	秩	汇总标准分	秩
A1	−0.2992	−0.7464	28	0.5534	1.1976	6	0.4512	12
A2	−0.4802	−1.1980	33	0.3100	0.4908	11	−0.7071	24
A3	0.0949	0.2367	13	0.0156	−0.3641	24	−0.1274	18
A4	0.6328	1.5785	3	0.5821	1.2810	4	2.8595	2
A5	0.1359	0.3390	12	−0.1029	−0.7082	27	−0.3692	20
A6	−1.0315	−2.5732	36	−0.4285	−1.6537	35	−4.2269	36
A7	−0.1012	−0.2525	23	0.2061	0.1891	16	−0.0634	17
B1	0.0874	0.2180	14	0.1087	−0.0937	20	0.1243	15
B2	0.2444	0.6096	8	0.5562	1.2057	5	1.8154	7
B3	0.1574	0.3926	11	0.2249	0.2437	15	0.6363	11
B4	0.2066	0.5153	10	0.5168	1.0913	7	1.6067	8
B5	−0.3042	−0.7589	29	0.1623	0.0619	18	−0.6970	23
B6	0.5031	1.2550	5	0.4001	0.7525	9	2.0074	6
B7	−0.0828	−0.2066	22	0.0334	−0.3124	23	−0.5190	22
B8	0.0826	0.2060	15	0.3658	0.6529	10	0.8589	10
B9	−0.4142	−1.0333	32	−0.4892	−1.8299	36	−2.8633	35
B10	−0.0508	−0.1268	21	0.2815	0.4081	12	0.2813	13
C1	0.0784	0.1955	16	−0.2695	−1.1920	31	−0.9964	28
C2	−0.2017	−0.5032	24	0.1789	0.1101	17	−0.3931	21
C3	−0.3440	−0.8582	30	−0.0171	−0.4590	25	−1.3172	31
C4	−0.2168	−0.5409	25	−0.0532	−0.5639	26	−1.1047	30
C5	−0.2485	−0.6200	26	0.0407	−0.2912	22	−0.9112	26
C6	−0.6213	−1.5500	35	−0.2759	−1.2106	32	−2.7605	34
C7	−0.3852	−0.9610	31	−0.1761	−0.9208	28	−1.8817	32
C8	−0.2512	−0.6267	27	0.2500	0.3166	14	−0.3101	19
C9	0.0763	0.1903	17	−0.1805	−0.9335	29	−0.7432	25
C10	0.0648	0.1616	19	0.1028	−0.1109	21	0.0507	16

续表

植物景观单元	SBE法得分	标准分	秩	AHP法得分	标准分	秩	汇总标准分	秩
D1	0.2170	0.5413	9	−0.3854	−1.5285	34	−0.9872	27
D2	−0.5250	−1.3097	34	−0.3278	−1.3613	33	−2.6710	33
D3	0.9132	2.2780	1	0.9116	2.2378	1	4.5158	1
D4	−0.0052	−0.0130	20	−0.2048	−1.0041	30	−1.0171	29
D5	0.4866	1.2138	6	0.6356	1.4363	3	2.6501	5
D6	0.0711	0.1773	18	0.1327	−0.0240	19	0.1533	14
D7	0.5187	1.2939	4	0.6380	1.4433	2	2.7372	4
D8	0.2816	0.7024	7	0.2750	0.3892	13	1.0916	9
D9	0.7109	1.7734	2	0.5039	1.0539	8	2.8272	3

3.3.3 楚河汉街不同区域类型植物景观质量分析

为了解楚河汉街四个区域类型的植物景观营造质量，需对比同一区域类型综合得分最低与综合得分最高景观单元，分析出不同区域类型植物营造的侧重点。

（1）出入口植物景观单元中综合秩最高的是A4（2.8595），最低的是A6（−4.2269）（表5）。A4景观单元采用（杜英）—（金叶女贞＋海桐）—（太阳花＋麦冬）的乔灌草典型植物配置，高大的乔木容易让人一眼识别周围场地的功能，植物的半球状软质形态与旁边的僵硬建筑形成了鲜明对比，且遮阴效果良好，植物的绿意与植物前四彩的标牌相互辉映，给人眼前一亮的清新感。A6景观单元采用的是金叶女贞—杜鹃的配置手法，单一且面积小，存在感较差，给人单薄和不适感。

在商业街出入口植物景观营造中，人流来往，应侧重于植物组景的标识性、生态效益性，这样易于让人识别出入口，以及提高人们的生理舒适。

（2）广场节点植物景观单元中综合秩最高的是B6（2.0074），最低的是B9（−2.8633）（表5）。B6景观单元采用（三角梅＋红叶石楠＋加拿利海枣＋紫薇）—（石竹＋麦冬）的灌木加草本配置是为了突出广场的雕塑景观，其后的植物起对比衬托作用，色彩、质感、层次较丰富，展现了该组景清幽的意境美，起到了较好的景观效果；B9是屈原广场的球形绿篱，虽然在形态上有特色，然而单一乏味，未增加游客的空间体验感，得分较低。

各分类景观单元中得分最高与最低　　表5

	出入口植物景观单元	广场节点植物景观单元	建筑小品旁植物景观单元	步行街街道植物景观单元
得分最高				
得分最低				

广场节点是人流集散区域，在该类型植物景观营造中，应合理规划植物覆盖面积，不宜过小，注重景观单元的美学性，及生态效益性，如遮阴纳凉，必要时可结合植物池、台提供休憩的地方。

（3）建筑小品旁植物景观单元中综合秩最高的是C10（0.0507），最低的是C6（−2.7605）（表5）。C10景观单元采用（香樟＋香泡）—（四季桂＋八角金盘＋小叶黄杨＋杜鹃＋玫瑰）—（石竹＋麦冬）的乔灌木搭配，虽然综合秩排名是在该组里面最高的，但是单独看SBE与AHP的秩却是靠后的，该组虽然在层次及色彩上的美学效果都不差，然而其与硬质雕塑的搭配却差强人意，小品伫立在平坦的草坪中央，植物的软化遮挡作用不明显，在人的心理上产生了不适感，因此仅注重植物的美学还不够，应将植物的功能与人体感知相结合，让植物景观发挥最大的优势；C6景观单元采用三角梅加地被搭配方式，装饰软化建筑阴角的作用并不明显。

为体现商业街特色及主题，规划者通常会借以建筑及小品的设计来烘托商业街氛围，从以上分析不难看出建筑小品旁植物景观营造应注重软化、遮挡及协调，表现在色彩上是两者色彩均衡稳定，表现在质感上两者软硬的比例搭配，表现在形态上是两者高低错落节奏的呼应等。

（4）步行街街道植物景观单元中综合秩最高的是 D3（4.5158），最低的是 D2（－2.6710）（表 5）。D3 是由杜鹃及鹅掌柴组合而成的垂直绿化，在植物色彩及软化装饰建筑立面的作用上较明显，虽然其在种类及层次上不够，然而在两种方法中秩的排名都是最高的，究其原因是因为在人体感知方面，垂直绿化给人们心理带来的新奇感，大面积地软化了建筑肌理，减少了建筑的冰冷感，在空间方面，营造了一种不同的空间氛围，搭配块石铺装与休闲坐凳营造了一处尺度宜人、舒适安全的休憩场所。D2 景观单元与以上低分组问题趋同。

商业街街道是人流重点活动的区域，对一个商业街而言，街道的景观营造对人流的吸引起着重要作用[14]，分析该区域类型植物景观质量得分情况，可得出街道景观营造更注重新奇性、独特性、视觉上的美感及心理生理舒适度。

总体来说，商业街不同于其他绿地类型，它是一种以步行为主、商业消费为目的的特殊街道空间，商业步行街植物景观要具有满足生态性和人的审美需求的功能，因此其植物景观构建应本着独特性原则、舒适性原则、文化性原则、生态性原则、艺术性原则。

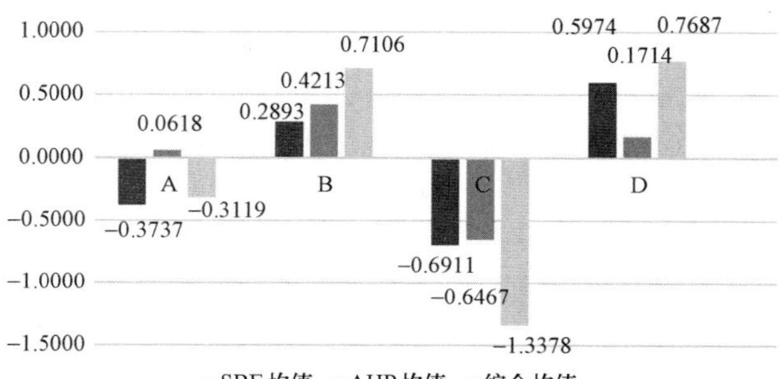

图 5　两种方法得分平均值与综合平均值

4　结论及展望

商业街植物景观是营造良好购物环境气氛的基础，其植物景观质量影响着人们对该商业街的整体印象。本文通过对楚河汉街植物景观调查研究，应用 AHP 法与 SBE 法的综合景观评价方法对其进行评价，研究得出以下结论。

（1）基于 AHP 法的商业街植物景观评价指标模型包括美学构成、人体感知、生态效益 3 个准则层指标，12 项要素层指标。

（2）AHP 法与 SBE 法对楚河汉街景观单元的评价结果具有一致性。

（3）在楚河汉街群落样地中，评价值为正值的仅占全部样地的 44.4%，说明从评判者主观感受来讲，楚河汉街目前的整体植物群落景观质量较低，公众喜爱程度不高。

（4）根据综合评价结果显示（图 5），4 个类型的植物景观质量的综合排序是：步行街街道植物群落（S_D＝0.7687）＞广场节点植物群落（S_B＝0.7106）＞出入口植物群落（S_A＝－0.3119）＞建筑小品旁植物群落（S_C＝－1.3378）。

本研究仅在春季进行，且只选择了武汉一个商业街，照片很难客观展示植物自然变化状态，且样本量偏少，故对植物群落的评价结果仅为商业街植物景观营造提供参考，在今后的研究中将继续进行其他季节、选取多个商业街的植物群落调查，并加大样本量进行综合评价。

参考文献

［1］ 区有和．广州六所高校校园景观效果及物种组成特点研究［D］．华南农业大学，2016.
［2］ 陶永娟，刘敏，孙玉莹，等．基于 SBE 法的临沂大学校园植物群落景观评价［J］．现代园艺，2018(15)：37-39.
［3］ 段敏杰．基于 SBE 法的北京城市绿道植物景观美景度评价［J］．北京园林，2019，35(01)：11-18.
［4］ 吴燊涛．上海徐汇区公园绿地植物景观质量评价及优化研究［D］．华东理工大学，2017.
［5］ 翁殊斐，柯峰，黎彩敏．用 AHP 法和 SBE 法研究广州公园植物景观单元［J］．中国园林，2009，25(04)：78-81.
［6］ 蒋子银．城市公园生态景观美景度评价研究［D］．西安建筑科技大学，2017.
［7］ 陈勇，孙冰，廖绍波，等．深圳市城市森林林内景观的美景度评价［J］．林业科学，2014，50(08)：39-44.
［8］ 黄广远．北京市城区城市森林结构及景观美学评价研究［D］．北京林业大学，2012.
［9］ 宋世杰，颜立红，颜玉娟，等．基于 SBE 法的宅间植物景观美学评价研究［J］．中国城市林业，2019，17(02)：17-21.
［10］ 吴军，葛碧霄．层次分析法在步行商业街景观评价中的应用［J］．天津城建大学学报，2016，22(02)：98-103.
［11］ 杨亚娟．昆明市主城区商业区绿视率及美景度研究［D］．西南林业大学，2017.
［12］ 沈雯，李凯，王秀荣．层次分析法与美景度评价法在植物景观评价中的综合运用［J］．北方园艺，2018(11)：110-117.
［13］ 刘敏，陶永娟．临沂园博园植物群落美景度评价［J］．山西建筑，2017 (36).
［14］ 裴宇．基于地域特征的商业步行街设计［D］．大连理工大学，2007.
［15］ 朱丽娜．现代城市步行商业街景观设计［J］．现代园艺，2016(08)：104.

作者简介

刘杰，1997 年生，女，汉族，四川成都人，华中科技大学建筑与城市规划学院在读硕士研究生。电子邮箱：1099873287@qq.com。

李景奇，1963 年生，男，陕西人，硕士，华中科技大学建筑与城市规划学院，副教授。研究方向：风景区与旅游区规划、城市生态规划、乡村旅游规划、乡村与乡村景观规划。电子邮箱：LJQLA@163.com。

基于空间句法的校园公共空间分析①

Analysis of Campus Public Space Based on Space Syntax

邹梦扬　魏绪英　蔡军火

摘　要：本文以江西农业大学为例，选取 14 个户外公共空间，从校园整体空间、交通空间和节点空间三方面入手，使用 depthmap 软件对其进行空间句法分析，结果表明：校园公共空间的连接关系较为密切，芳菲苑、惟义广场、燕园中心绿地等空间区域可达性高，容易得到空间使用者的认知；校园空间布局合理，主干道路整合度、控制度都比较高，而部分次干道虽然控制值低，但是能满足校园师生日常生活出行，使用频率较高。

关键词：空间句法；校园空间；可达性分析

Abstract: Taking Jiangxi Agricultural University as an example, this paper selects 14 outdoor public spaces, starting from the three aspects of campus overall space, traffic space and node space, and using spacemap software to analyze its spatial syntax. The results show that the connection of campus public space is relatively close. The spatial areas such as Fangfeiyuan, Weiyi Square and Yanyuan Center Greenland have high accessibility and are easy to get the recognition of space users; the layout of campus space is reasonable, the integration degree and control degree of trunk roads are relatively high, and some secondary roads are relatively high. Although the control value is low, it can meet the daily life of teachers and students on campus, and the frequency of use is high.

Keyword: Spatial Syntax; Campus Space; Accessibility Analysis

引言

校园公共空间承载了校园师生教育、学习、生活和记忆，是大学校园的核心空间和精神载体[1]。从 20 世纪 90 年代末开始，随着高校大幅扩招和大学产业化的发展，中国高校出现了一次史无前例的建设热潮，但校内公共空间建设的数量和质量却远跟不上招生扩大的步伐，新校区出现文化性缺失、校园景观同质化等问题[2]。校园公共空间在满足校园师生日常生活生产需要的同时，也逐步面向影响校园的外界因素，这对校园公共空间的发展提出了要求。

20 世纪 70 年代，比尔・希列尔等人发明了空间句法，揭示了空间构型是空间的本质[3]。此后，国外学者们就开始用拓扑思想对空间可达性和空间格局模式的特征进行分析与研究[4]。凸空间法、轴线法、视域法等各种实用的空间分析技术，设计出许多算法软件与插件（如 Depthmap、Segmen 、Confeego 等），用于分析各种尺度的空间环境分析[5]。近几十年，空间句法广泛应用城市总体规划、历史街区更新、古典园林空间形态等方面的案例研究[6]。

本文借助空间句法的分析工具，以江西农业大学户外公共空间为研究对象，从公共空间现状出发，量化分析空间的可达性，为提升空间活力提供基础性数据支撑，并发掘可能存在的问题，提出校园公共空间发展的建议。

1　研究区域概况

1.1　样本概况

江西农业大学校园始建于 19 世纪 50 年代，以志敏大道为界分为南北两区，以求实路串联，校园背依龙泉山，三面环村[7]。主要教学楼与办公型建筑的布局是 80 年代中轴对称模式，由“三纵三横”的主干道分为三大片区如图（图 1）。校园景观空间的布局平面为网格式，不同的

图 1　功能分区图

① 基金项目：国家自然科学基金项目（红花石蒜“花叶期不遇”现象机制的研究，31560226）与江西省教改课题（基于“VR”实景体验的教学模式创新研究——以植物造景为例，JXJG-17-3-14；“项目驱动式”多学科模块教学在园林专业中的应用研究，JXJG-09-3-4）共同资助。

网格空间的划分位置、面积、造园要素布置以及被赋予的地位不同，使校园空间具有了主次、等级之分[8]。

本研究区域，包括教学区、学生生活区和教工生活区，选取其中4类（广场空间、绿地空间、亲水空间、运动空间）共14个户外公共空间为研究对象，选取的条件为这些空间具有开放性和公共性，场地对使用者的专业、性别、年龄没有限制。其中，广场空间为大学生文化广场（G1）、惟义广场（G2）、先骕广场（G3）、金桂广场（G4）；绿地空间包括芳菲苑（L1）、燕园中心绿地（L2）、工会广场（L3）、先骕南绿地（L4）；运动空间包括惠园篮球场（Y1）、北区田径场（Y2）、燕园篮球场（Y3）、南区田径场（Y4）；

由图2可以得知，4种类型的空间均成分散式布局，生活区和教学区均有绿地空间和广场空间分布，运动空间多集中在学生生活区。各空间多与校园内干道有紧密联系，有2个绿地空间、1个广场空间与校园主干道相邻，部分绿地空间和广场空间与主干道相交或被主干道环绕，分别有一个绿地空间和广场空间与次干道相邻。

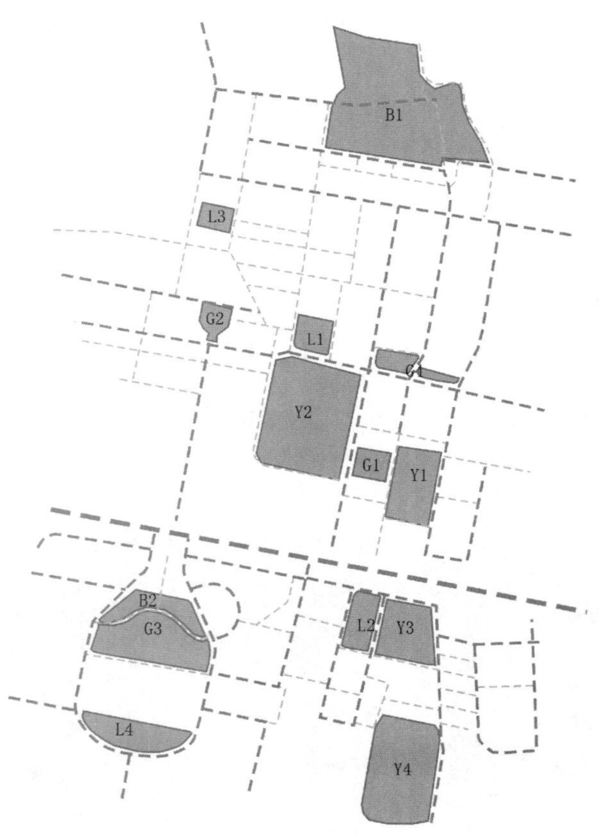

图2 户外公共空间分布图

1.2 研究方法

通过轴线法建立轴线与轴线的图示关系，在AutoCAD（Version 2016）用最长且最少的轴线穿过所有凸空间，绘制出轴线图（图3）。然后使用空间句法分析软件UCL Depthmap（Version 10）对校园空间形态进行运算，得出校园轴线的系列变量数值及其图示结果。

图3 轴线模型图

2 结果与分析

2.1 轴线模型的建立

首先截取Google Earth中图像，将节点连接关系简化为图4，将栅格图像导入AutoCAD2016，对校园中14个空间进行绘制校园轴线模型，共计349条轴线（图3）。将绘制完成的轴线图导入depthmap软件，生成各系列变量值图示，图中颜色越偏暖轴线（红色）代表的数值越高，越偏冷的轴线（蓝色）代表的数值就越低，从而分析空间的连接关系以及可达性。

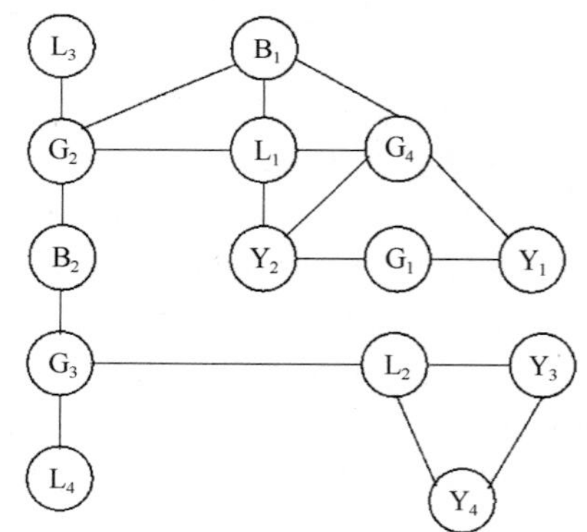

图4 节点连接图

2.2 轴线模型分析

2.2.1 整体空间分析

整合度是空间句法分析中最重要的一个变量参数之

一，描述了空间系统中某个节点与其他节点的集聚或者离散程度。整合度值越高，表明该节点在空间中可达性越高，公共性越强，越容易吸引人流聚集于此。图5表明，江西农业大学全校的空间平均整合度（Average integration [HH]）为0.964，最大整合度为1.601，最小整合度为0.404。其中，在0.88～1.46区间的轴线总数占61%。说明，全校大部分的户外公共空间处于高度的整合度。由表1可知，L1、G3、B1等空间Rn值均在2以上，这些空间也基本都集中分布在校园景观主轴线上或者核心区域（图6）。如：志敏大道（连接校园南北区及校内与校外），学苑路、团结路和厚德路等。实地调查也表明，芳菲苑、惟义广场、燕园中心绿地等空间区域可达性高，是学校内举行各项社团活动的主要场所，与周围其他公共空间的连接关系较为密切，容易得到空间使用者的认知。

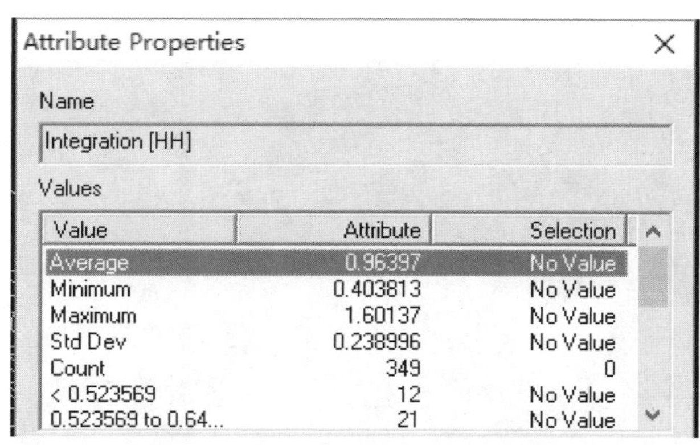
Attribute Properties

Name

Integration [HH]

Values

Value	Attribute	Selection
Average	0.96397	No Value
Minimum	0.403813	No Value
Maximum	1.60137	No Value
Std Dev	0.238996	No Value
Count	349	0
< 0.523569	12	No Value
0.523569 to 0.64...	21	No Value

图5　空间轴线属性

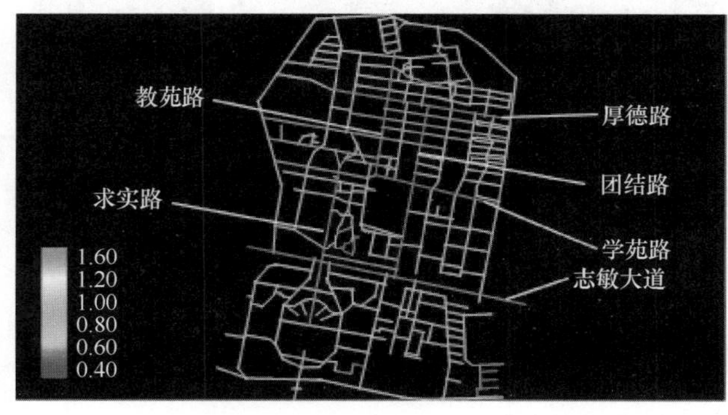

图6　全局整合度图

2.2.2　道路空间分析

道路空间核心是空间系统中各要素得以继续生长的刺激源，是空间活力进一步发展和优化的基础[9]。因此，对江西农业大学的核心空间进行改造更新，会带动整个校园公共空间的提升。

通过轴线上色图7可以得知，整合度值较高的轴线（红色）均是校园主干道所在地，分别是学苑路、厚德路、求实路、团结路和勤奋路，校园内的人流多通过此类轴线空间进行集散分流。校园内的主要建筑和户外公共活动空间都是沿主干道两侧布置或位于道路节点位置，这些道路空间在整个校园空间中占据重要地位，具有高可达性。

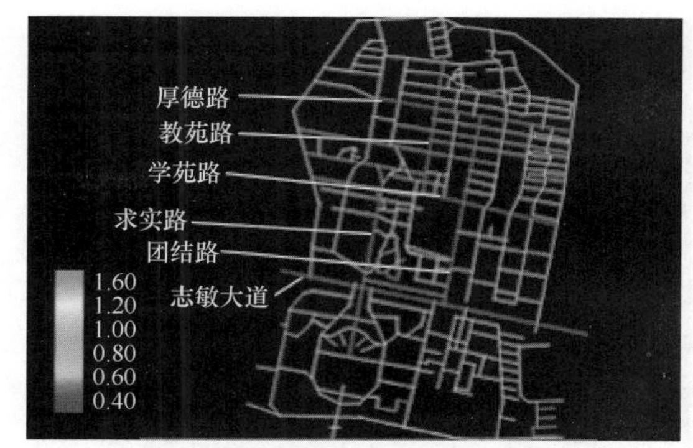

图7　道路轴线全局整合度

图7还表明，团结路、学苑路、求实路、志敏大道是核心区域内轴线整合度最高的道路，同时也是校园中最为重要的几条主干道，在师生的生活、学习和工作中扮演着重要角色。

户外公共空间的可达性会影响不同空间使用者的认知。例如：蜿蜒或狭长的道路，会影响使用者的出行安全感和外来使用者对空间的可识别性；而道路的可视性也会降低使用者对空间的好奇心。网格构造的道路东西交错、南北贯通，虽然会减少弯曲趣味性但“直线”所带来的便利性可以吸引更多使用者前来。

通过Depthmap分析轴线的形态特征，如整合度值、选择度值和控制值（图8、图9），建立空间句法构型分析与道路等级之间的关联。即一般控制度和整合度均较高的轴线也是校园师生使用频度较高的道路空间，而整合度和控制度值偏低的轴线说明该道路在整体中的地位也不高（即重要程度不高）。但是对于低控制值的次干道来说，认知度相对还比较高。因为它满足了使用者日常生活的出行功能，使用频率较高，容易被师生所认知。

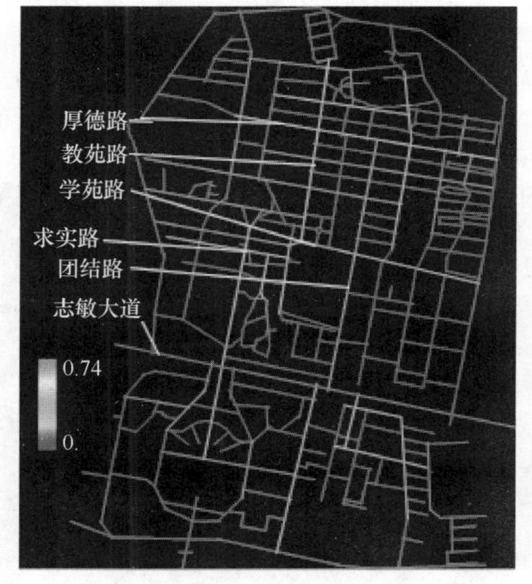

图8　选择度分析图

江西农业大学具有深厚的高校文化底蕴，和良好的自然环境，形成了现有较为理想的校园空间格局。现场调研和访谈发现，求实路、团结路、创新路、学苑路、厚德路和南区路是校园内车行的主要通道，也是校园内的主要干道。

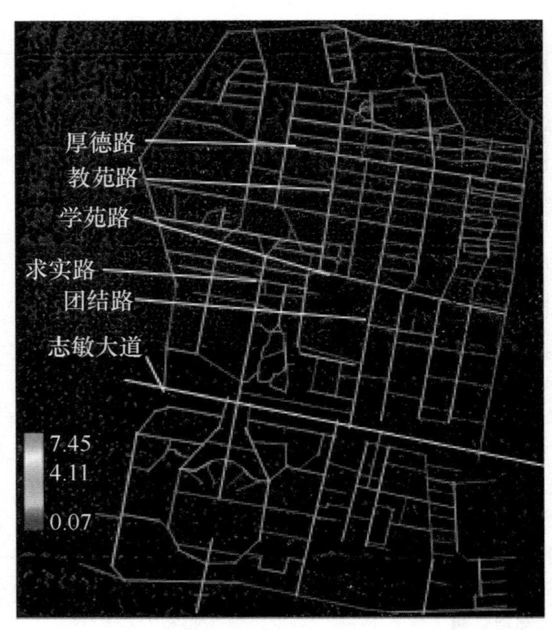

图 9　控制度分析图

2.3　节点空间分析

2.3.1　连接度分析

连接度（connectivity）表示有某节点相连接的节点个数，用 *CN* 表示，其公式表达为：$CN=k$，k 为该点所连接节点的个数。当空间的连接度越高，则说明该空间与周围其他的空间的联系更为紧密，空间渗透性越好，对周围其他空间有越强的影响力。由表 1 可得，连接度最高的的空间为 G4，连接度值为 5；连接度最低的空间为 L3 与 L4，连接度值均为 1；其余空间连接度值分布在 2～4 之间。图 10 为校园公共空间连接度分析图，志敏大道为江西农业大学交通主枢纽，其连接的轴线数量最多，呈红色；L3 与 L4 分布在轴线图末端，与其他空间连接性较差，呈蓝色；G1、G2、G3、G4、L1、L2 等空间沿校园主干道分布，呈暖色，连接度值较高，容易到达，渗透性好，空间活力高。

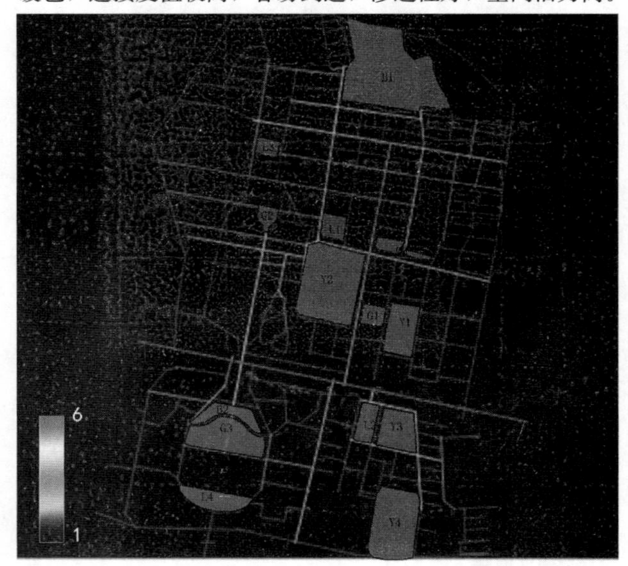

图 10　连接值

2.3.2　控制值分析

控制值（control value）代表了空间系统中某个单元空间与所有单元空间的连接值的倒数之和，反映了该空间对周围空间的影响程度，控制值越高，说明该空间更容易到达。

由深度值分析图（图 11）可得，部分主干道呈暖色，控制值在 5～7，其他轴线均呈冷色，且均匀分布。这说明校园整体空间的控制值较低，各个空间之间的控制力不高，相互间的影响力不大。由表 1 可知，控制值最高的校园公共空间为 G3，其控制值为 1.833，这说明 G3 对周边空间具有较强的控制力和影响力；其次控制值较高的空间为 G2 和 L1，分别为 1.583 和 1.117；G2 和 G3 作为教学楼的主要集散场所，而 L1 则为图书馆侧的休闲绿地，3 个空间对于周边空间的影响力与控制力和其具有疏散人流和休憩的功能密不可分。

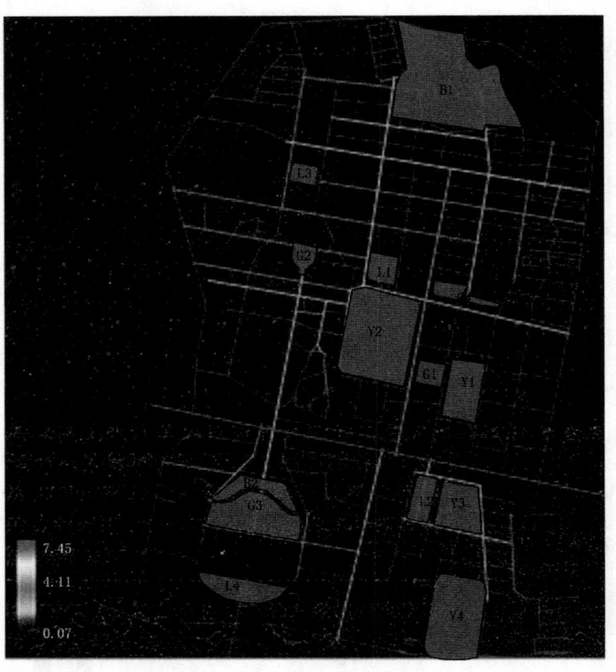

图 11　控制值

2.3.3　深度值分析

深度是指两个空间节点中最少步数，两个相邻节点之间的深度为一步，深度值表达的是拓扑学中节点间的可达性，反映了一个空间到达另一个空间的便捷程度。深度值越低，可达性越高。

由表 1 可知，Y1、Y3 和 Y4 这 3 个空间的深度值最高，分别为 5.5、5.5 和 5，而深度值最低的空间为 L1、B2 和 G2，这三个空间的深度值分别为 3.3、3 和 3.2。深度值分析图（图 12）显示整体空间多呈冷色，这说明校园整体空间深度值偏低，可达性较好。仅有部分末端空间呈暖色，深度值较高，如小树林深处、南校区宿舍区尽头等地，这些空间属于校园中的末端空间，交通便利性差，可达性较差。

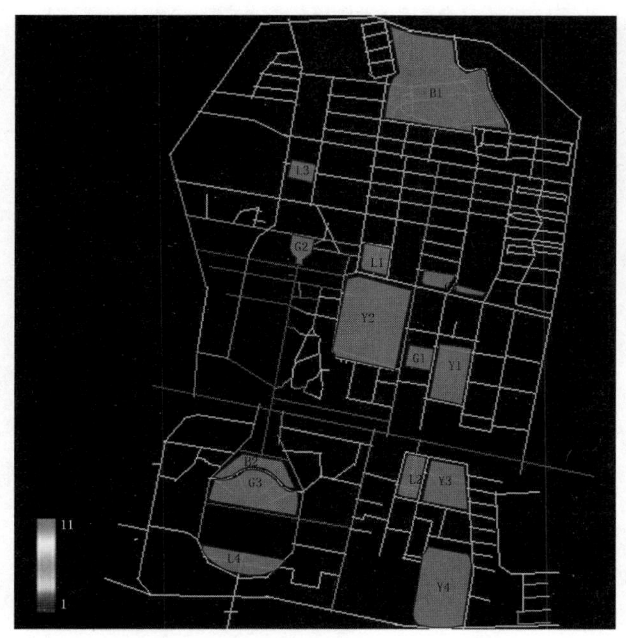

图 12　深度值

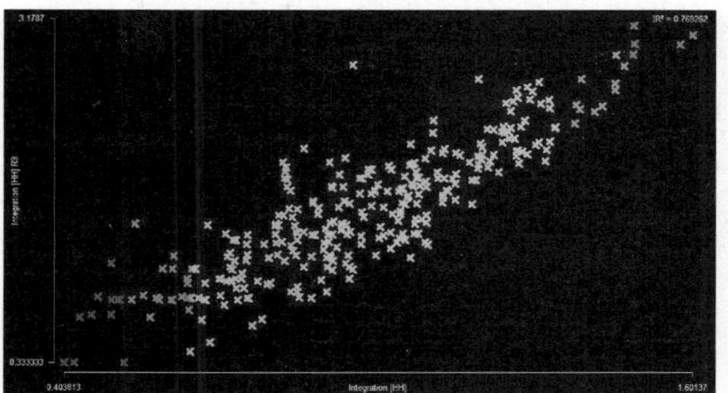

图 13　全局可理解度与局部可理解度关联性

2.3.4　可理解度分析

可理解度反映了观察者在空间系统内通过局部空间的连通性来感知整体系统内空间通达性的能力。通过depthmap 软件计算出 $R^2=0.76$（图 13），表明空间可理解度高，越容易被外面的人所认知。总的来说，根据实地调研表明江西农业大学校园整体空间主次分明，结构有序，结构有序，空间转换频繁，建筑及道路的合理布局，可识别性较高。在校园中行走路线清晰，方向感较好，这与空间句法分析所得出的结论一致。

3　讨论与结论

通过空间构形对空间单元进行切割整合，可以构建相应的空间图解，计算出各种各个空间形态变量值。通过空间构型分析，可以挖掘出具有更新价值的潜力空间[10]，从而解决景观设计主观化的问题。

本文采用了空间句法，评价并筛选出了江西农业大学中可达性最强、交往活动最高的区域，根据公共空间的轴线分析，分析了江西农业大学中道路网络的可达性。如红色轴线对应的公共空间分别是主干道以及与主干道相接的各个空间道路，包括先骕广场、燕园中心绿地、惟义广场、大学生活动广场、芳菲苑、金桂广场和翠湖。其中，大学生活动广场、燕园中心绿地、芳菲苑是校园户外公共空间中使用效率最高的空间。校园空间主次分明，整体性好，可理解度高。

江西农业大学各空间节点数值表　　**表 1**

空间序号	空间名称	连接值	控制值	深度值	整合度	空间类型
L1	芳菲苑	4	1.117	3.3	2.609	绿地空间
L2	燕园中心绿地	3	0.833	4.4	1.765	
L3	工会之家绿地	1	0.250	4.2	1.875	
L4	先骕南绿地	1	0.333	4.8	1.579	
G1	大学生文化广场	3	1.033	4.9	1.538	广场空间
G2	惟义广场	4	1.583	3	3.000	
G3	先骕广场	3	1.833	3.6	2.308	
G4	金桂广场	5	1.750	3.9	2.069	
Y1	惠园篮球场	2	0.533	5	1.500	运动空间
Y2	北区田径场	3	0.783	4.1	1.935	
Y3	燕园篮球场	3	0.833	5.5	1.333	
Y4	南区田径场	3	0.833	5.5	1.333	
B1	翠湖	3	0.700	4	2.000	亲水空间
B2	思镜湖	2	0.583	3.2	2.727	

道路空间各要素的连续性构成了整体的道路网络，从而形成不同的人流集散情况。利用空间句法进行空间构形定量分析，描述道路在整体结构中的地位及其作用，以及道路关联之间的重要性。局部性的空间行为也可以

增加整体格局的可认知程度。通过各道路的连接值和整合度值分析得知，虽然江西农业大学的校园道路等级与分布完整，由于校园内存在诸多角落空间（居民自建或建筑死角），其不易到达，私密性较强，可理解度低的尽端空间。建议进行改造成休憩性的校园文化元素标记点，以强化空间使用者的校园意象认知。

参考文献

[1] 蔡凌豪. 大学校园记忆的开放空间建构浅论[J]. 风景园林，2018，25(03)：15-24.

[2] 邓剑虹. 文化视角下的当代中国大学校园规划研究[D]. 华南理工大学，2009.

[3] 比尔·希列尔，杨滔，张佶，王晓京译. 空间是机器一建筑组构理论[M]. 中国建筑工业出版社，2008.

[4] 张愚，王建国. 再论"空间句法"[J]. 建筑师，2004，(03)：33-44.

[5] 张红，王新生，余瑞林. 空间句法及其研究进展[J]. 地理空间信息，2006，(04)：37-39.

[6] 陈雪依，姚亦锋. 基于空间句法的新老校园空间形态差异性研究——以南京大学为例[J]. 华中建筑，2010，04(2)：103-106.

[7] 方捷. 高校校园景观空间需求满意度评价研究[D]. 南昌：江西农业大学，2015.

[8] 常俊丽. 中西方大学校园景观研究[D]. 南京：南京林业大学，2013.

[9] 曾旭东，姜莉莉. 基于自组织理论的城市空间系统的重构——以"空间句法"的应用引发灾后城市重建的思考[J]. 新建筑，2008(4).

[10] 林楠. 空间句法视角下广州村庄公共空间规划更新对策研究[D]. 广州：广东工业大学，2016.

作者简介

邹梦扬，江西乐安人，在读硕士。研究方向：园林植物景观规划与设计研究。

蔡军火，江西余江人，副教授，硕导。研究方向：园林植物景观规划设计、园林花卉应用研究。电子邮箱：cjhuo7692@163. com。

基于空间句法理论的北京市朝阳区城市公园可达性研究

A Study on the Accessibility of Urban Parks in Chaoyang District, Beijing Based on Space Syntax Theory

黄思齐　王淑芬　陈　建

摘　要：城市公园不仅是城市绿地空间系统的重要组成单位，更是人们亲近自然享受生活的重要媒介。人们是否能公平便利地享受公园带来的服务，是衡量城市的宜居水平重要指标之一。本文通过对“可达性”的起源发展进行综述，用空间句法理论方法运用全局可达性和心理可达性两个重要衡量标准，将北京市朝阳区 36 个城市公园的可达性进行评价。详细分析了北京朝阳地区的公园可达性评估结果，得出公园绿地的布局问题，它为该地区公园布局的优化提供了方向，从而成为改善城市绿地空间结构的有力基础。
关键词：空间句法；可达性；城市公园；公园布局；朝阳区

Abstract: Urban park is both an important component of urban green space system and an important medium for people to get close to nature and enjoy life. Whether people can enjoy the services brought by parks equitably and conveniently an important indicator of urban livability. This paper traces the origin and development of the concept of “accessibility” and evaluates the accessibility of 36 urban parks in the Chaoyang District of Beijing with two important indicators, global accessibility and psychological accessibility, using space syntax theory. This paper analyzes the results of urban park accessibility, identifies problems, and provide solutions for improvement, so as to provide direction for urban park layout optimization and further offer advice for improving urban green space structure.
Keyword: Space Syntax; Accessibility; Urban Parks; Park Layout; Chaoyang District

1　研究背景

城市公园绿地作为城市绿色空间的重要组成单位，在城市绿地系统结构中起重要支撑作用。城市公园作为城市呼吸的“绿肺”对人的身体健康和精神健康发展有着巨大的益处，是人和动物共同享有，且不可或缺的公共活动场所，是人和动物与自然环境、生态环境、健康环境亲密接触的绿色空间。

随着人们的生活质量不断提高，美好生活的向往更加强烈，开始有更多的人追求更高的精神生活品质。城市公园的建造数量的多少已经不能成为城市区域空间的公园绿地的建设水平的衡量标准。舒适性和便捷性的城市公园绿地受到越来越多的关注，而城市公园服务质量和使用率，也成为评价和判断一个城市公园的建设水平和公园空间布局情况的重要指标。城市居住人群能否便利地享受到绿地公园带来的服务，可以用“可达性”这一概念来进行评价。城区公园绿地的可达性从另一方面能显现出公园绿地及绿色空间布局的合理性与否，从而对城区的绿地空间格局建设提出相应的优化意见，从而提升公园的使用效率，间接促进人们的身体健康。

2　可达性与空间句法理论

2.1　可达性的起源

20 世纪 50 年代末，沃尔特·汉森创新性地讲出了“可达性”的概念，由此之后可达性的相关研究逐渐展开、深入并丰富。随后研究涉及许多学科或领域，如城市规划，景观设计和建筑设计。如城市轨道交通和城市交通网络的可达性评价，医疗设施、服务设施、安全设施空间的可达性研究，县域人口分布与地区可达性的关系等。随着“可达性”概念的发展与应用，城市区域内公园的可达性探究逐渐增多，成果不断丰富。早期关于公园可达性的研究方法多用于调研法，例如邓岗于《城市公园可达性设计研究——以成都为例》中用调查研究的方法，探讨了城市公园可达性问题，提出了城市公园在空间构成，交通系统，环境设施，标识系统和绿化系统方面的可达性设计对策。现代社会从 2G、3G 和 4G 网络时代发展到即将到来的 5G 时代，大数据的应用越来越多越来越精准和便利，更多的学者开始借 GIS 和 Depthmap 软件进行公园的可达性研究。例如，学者秦华和高罗秋在 2012 年出版的《基于 GIS 网络分析的山城公园空间可达性》一文中采用了网络分析方法。以重庆区域公园为例分析得出公园空间可达性存在的问题，为城区内公园绿地系统建设以及城市园林空间分布格局的优化提供基础。

2.2　可达性的研究方法

现在有关于城市公园的可达性研究方法比较多，包括常用的统计指标、缓冲区分析、最小邻近距离法、引力势能分析法、GIS 网格分析法等。但是这些方法也存在一定的局限性。统计指标法和引力势能模型法有较强的人为主观性，界限划分方法与模型构建方法不同会造成较大的结果差异。最小邻近距离法和缓冲区分析法缺乏对行进障碍的考虑，容易对公园可达性进行过高的判断。网络分析法过分依靠较全面且完善的道路空间网络数据进行分析，而高精确的数据获取有一定难度。空间句法分析方法，利用空间句法理论进行分析，从城市空间本身的角度和道路间拓扑关系进行对城市公园可达性进行评价，以人的活动为基础将人的活动纳入研究范围。空间句法理论研究方法只思量城市空间位置的拓扑关系属性，数据获取易操作，评价成果可靠性高。

2.3 空间句法理论及其量化指标

空间句法的概念是与19世纪70年由英国学者比尔·希列尔提出，现如今已经形成了一套完整的学说体系和专门应用于空间句法理论分析空间的软件技术。空间句法理论其基本思想是对空间进行尺度划分和空间分割，描述空间之间的拓扑、几何、实际距离等关系。空间句法理论认为，空间是可以分割且具有深度的，人在活动中的行为具有几何性。空间本身受制于几何法则，因而有其自身的几何规律，而人与空间之间本身就是相互影响相互作用，利用有限空间几何规律研究能侧面反映人的活动规律。

本文的研究是借助于英国UCL大学研发的软件Depthmap来分析，并根据空间句法理论最终导出一系列的形态分析变量（表1）；以下这些变量模型中较为常用的变量，用以定量描述某个模型节点或空间系统的结构特征。在不同的研究过程中可以依据不同的研究方向，按照空间句法的理论和规则，对空间句法的变量值进行严谨的推导得到具体的变量值。

空间句法常见变量表 **表1**

变量值	表达说明
连接（connectivity）	表示系统中某个空间相交的空间数；连接值越大，表明空间视觉的渗透广度越大
深度值（depth）	表示某一空间到达其他空间所需经过的最小连接数；全局深度值比较小的空间，是可达性较高的。全局深度值比较大的，可达性不高
整合（integration）	表示系统中某一空间与其他空间集聚或离散的程度；集成度越高其便捷程度（可达性）也越高
选择度（choice）	表示系统中某一空间被其他最短路径穿行的可能性

3 北京朝阳区城市公园可达性分析

3.1 研究区域概况

朝阳区地理区位良好是北京市人口面积最大的一个区域，其位于北京市的东部。全区面积约为706200亩，是临近北京中心城区中面积最大的。朝阳区现在管辖着24个街道和19乡镇级区域（图1）。根据《朝阳分区规划（2017年～2035年）》草案，朝阳将建设具有广泛国际影响力和竞争力的和谐宜居国际化城区。到2035年，朝阳区建成区人均公园绿地面积达到18m²，96%的公园绿地将达到500m服务半径，森林覆盖率为35%。本文以朝阳区36个城市公园为主要研究对象，对其可达性进行评价，具体公园名录见表2。

图1 朝阳区行政区划分布图

图2 朝阳区公园分布图

朝阳区城市公园名录　　　　表 2

序号	公园名称	面积（hm^2）
1	奥林匹克森林公园	1135
2	朝阳公园	288.7
3	东坝郊野公园	286.67
4	金田郊野公园	113.33
5	鸿博公园	80
6	东风公园	80
7	常营公园	74
8	京城槐园	73.2
9	元大都城垣遗址公园	67
10	京城梨园	62
11	杜仲公园	59.9
12	将府公园	58
13	古塔公园	55.7
14	朝来森林公园	53.33
15	兴隆公园	52
16	中华民族园	50
17	老君堂公园	48.3
18	红领巾公园	39
19	大望京公园	33.4
20	海棠公园	33
21	朝来农艺园	30
22	白鹿公园	28.67
23	金盏郁金香花园	26
24	北小河公园	24.8
25	日坛公园	20.62
26	望湖公园	17.26
27	四得公园	16.13
28	太阳宫体育休闲公园	15.7
29	南湖公园	15.5
30	团结湖公园	12.3
31	太阳宫公园	10.7
32	庆丰公园	6.69
33	丽都公园	6
34	北焦公园	2.8
35	东一处公园	0.7
36	立水桥公园	0.6

注：本研究所选城市公园名录以北京市园林绿化局政府网站对公园的分类为准，即公园类别为“城市公园”，区县位置为“朝阳区”。

3.2　公园可达性分析模型建立

本文利用空间句法分析方法对公园可达性进行评价，主要依赖于空间句法理论中 3 个重要的变量指标，分别是整合度、选择度、深度值。利用这 3 个指标及其导出的变量值对朝阳区城市公园的可达性进行一个全面的衡量。整合度反应的是空间的聚集能力和通达能力，反应了一个空间和另一个空间联系的紧密程度以及他们之间的连通程度，可以用来计算可达性，变量值整合度表达了一个空间吸引到达交通的潜力，由此整合度值越高其空间的可达性相对较高。全局整合度可以用来表示空间的整体可达性。由选择度与深度值这两个基本变量值的比值来表示穿行度，穿行度可以表示城市空间的穿行能力和吸引能力。

空间句法软件主要用来分析城市空间之间的拓扑关系，从而分析出城市空间形态关系，本文从百度地图进行最基本的城市道路信息以及城市空间结构的获取，运用 CAD 对已经获取的城市空间信息进行初步元素提取，将其放入空间句法软件 Depthmap 中，进行运算得出轴线图。将轴线图进行整合度分析，得出轴线整合度图。由朝阳区轴线全局整合度图来看全区的整合度基本上程格网放射状分布，越靠近主城区部分整合度越高。将得出的轴线整合度图与朝阳区热力图进行对比分析。可以看出轴线整合度与百度热力图有较强的相关关系，从侧面反映出该空间句法模型是可以反映出朝阳区城市空间的拓扑关系和城市形态的。

图 3　朝阳区轴线全局整合度图

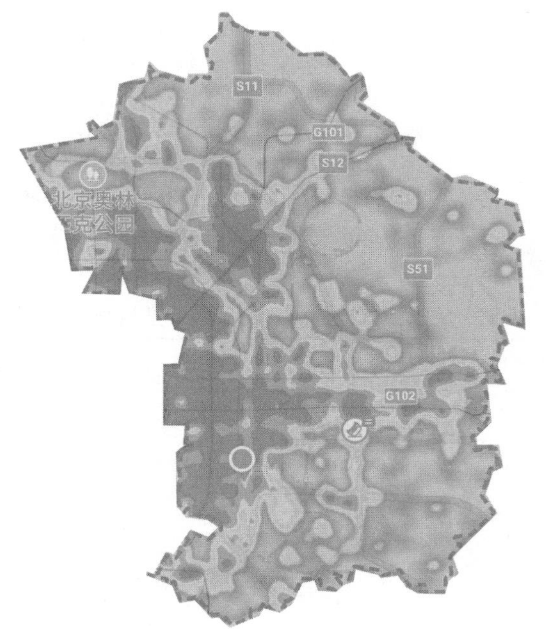

图 4　朝阳区百度热力图

3.3 公园可达性分析结果

3.3.1 整体可达性

本文通过全局整合度来衡量朝阳区城市公园整体可达性。整合度数值越高即可达性越高，即居民到公园的方便程度越高。如图5所示，颜色较深较暖则整合度数值高则空间整合度就越好。由此红色数值较大，数值较高则表示可达性较好。相反蓝色数值较小，可达性较差。从全局整合度与公园分布叠加图（图5）上可以看出，位于朝外街道、劲松街道、建外街道、呼家楼街道等区域全局整合度数值最高，由此可以得出位于此区域的公园可达性最高。而位于来广营地区、金盏地区、黑庄户地区、小红门地区等区域内的全局整合度较低，由此可以看出位于此区域范围内的公园可达性较低。

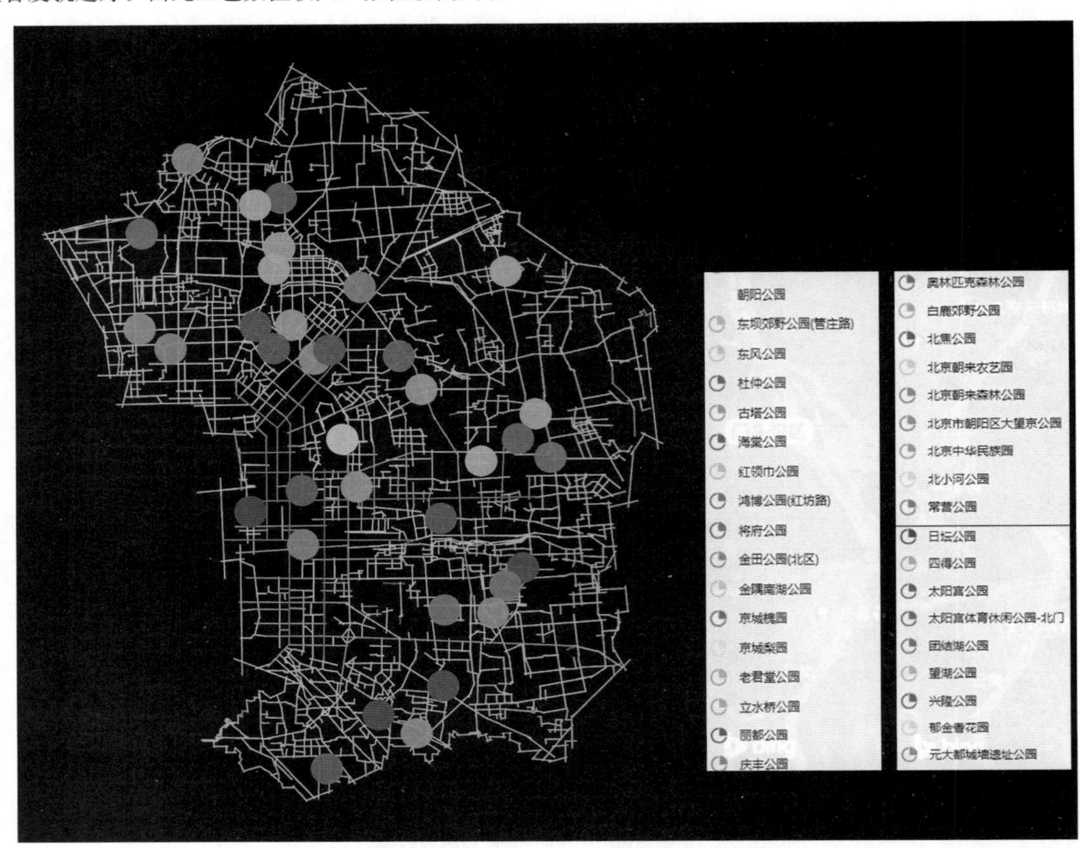

图5 朝阳区全局整合度与公园分布相叠图

经由Depthmap软件进行计算，得出空间的全局整合度平均值为1269.44，最高值2078.24，最低值6.0832。分析出公园全局整合度的数值，统计后进行排序得出下表（表3）可以看出本区域内的庆丰公园和朝阳公园的整体可达性最好，团结湖公园、红领巾公园和日坛公园等公园的可达性次之。从列表来看常营公园、鸿博公园、东风公园、东一处公园等公园可达性较低。

朝阳区城市公园全局整合度排名表　　表3

序号	公园名称	全局整合度	公园面积（hm^2）
1	庆丰公园	1851.46	6.69
2	朝阳公园	1788.53	288.7
3	团结湖公园	1788	12.3
4	红领巾公园	1758.25	39
5	日坛公园	1757.12	20.62

续表

序号	公园名称	全局整合度	公园面积（hm^2）
6	兴隆公园	1749.56	52
7	太阳宫公园	1717.54	10.7
8	丽都公园	1707.32	6
9	太阳宫体育休闲公园	1687.16	15.7
10	将府公园	1683.3	58
11	四得公园	1668.62	16.13
12	望湖公园	1660	17.26
13	北小河公园	1642	24.8
14	奥林匹克森林公园	1633.05	1135
15	京城梨园	1539.01	62

续表

序号	公园名称	全局整合度	公园面积（hm^2）
16	大望京公园	1488.94	33.4
17	北焦公园	1405.79	2.8
18	南湖公园	1400.57	15.5
19	白鹿公园	1399.71	28.67
20	朝来森林公园	1375.61	53.33
21	朝来农艺园	1359.78	30
22	古塔公园	1324.73	55.7
23	中华民族园	1258.76	50
24	元大都城垣遗址公园	1256.3	67
25	老君堂公园	1242.95	48.3
26	京城槐园	1189.9	73.2
27	金田郊野公园	1165.3	113.33
28	杜仲公园	1165.3	59.9
29	海棠公园	1165	33
30	金盏郁金香花园	1102.07	26
31	东坝郊野公园	1096.48	286.67
32	立水桥公园	1033.88	0.6
33	常营公园	969.937	74
34	东风公园	925.1771	80
35	东一处公园	907.023	0.7
36	鸿博公园	821.14	80

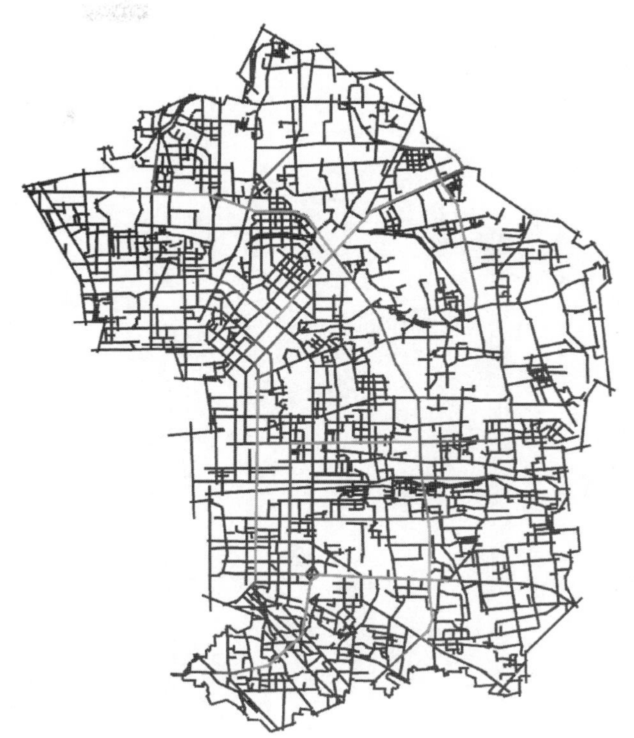
图 6　空间句法选择度分析图

图 7　空间句法空间深度分析图

3.3.2　心理可达性

选择度可以用来说明城市空间到达的潜能性大小，人群在出行时更加希望选择更短的行程，因此选择度越高的路段对人群的出行吸引力越高。而深度值表示某一空间到达其他空间所需经过的最小连接数，数量越小，空间穿透性越强，对人群的吸引力就越高①。

穿行度的公式为 efficiency = log（value（“T1024Choice”）+1）/ log（value（“T1024 Total Depth”）+3）。即表示选择度（choice）与深度值（depth）的比值。因此穿行度可以用来衡量空间的吸引能力。穿行度值越高，则表示空间对人群的吸引性越强，即表达了人群到达该空间的愿望更加强烈，即可表示心理可达性越高。

用空间句法软件进行公式运算得出穿行度图，计算出穿行度平均值为 0.5498，最大值为 1.4128。将穿行度分析结果与公园分布图叠加得出图（图8），将穿行度

① 任晓双. 基于空间句法可达性评价的青岛市综合性公园布局研究［D］. 青岛理工大学，2018.

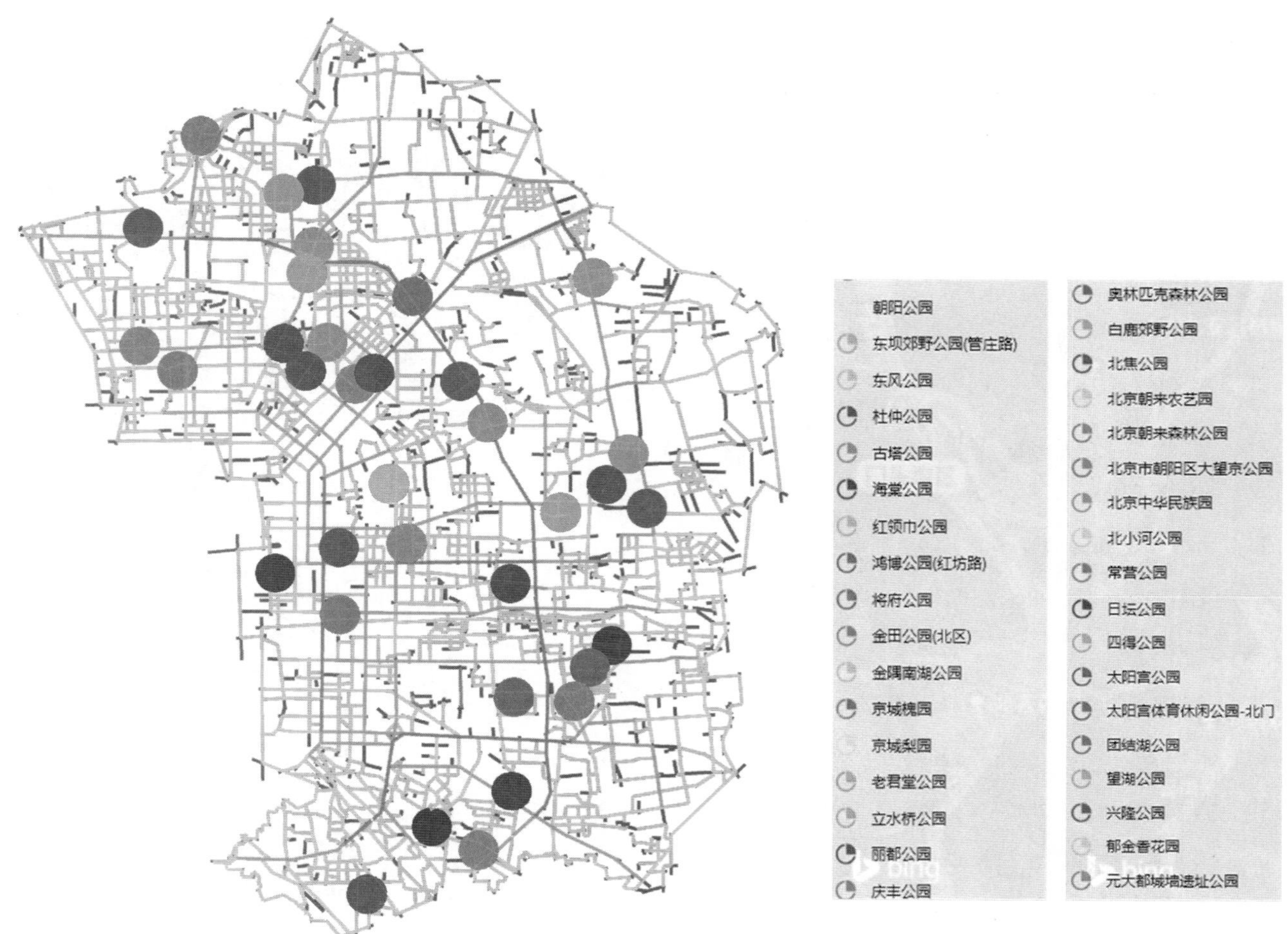

图 8 穿行度与公园分布叠加图

值进行量化分析后公园区域范围内的平均穿行度值进行统计，从高到低进行排序得到表格（表 4）。

朝阳区公园心理可达性排序表　　表 4

序号	公园名称	穿行度	公园面积（hm^2）
1	庆丰公园	0.8973	6.69
2	四得公园	0.8898	16.13
3	日坛公园	0.7795	20.62
4	中华民族园	0.7627	50
5	团结湖公园	0.7533	12.3
6	红领巾公园	0.7356	39
7	古塔公园	0.711	55.7
8	北小河公园	0.6962	24.8
9	南湖公园	0.6855	15.5
10	元大都城垣遗址公园	0.6731	67
11	望湖公园	0.6522	17.26
12	丽都公园	0.6495	6
13	朝阳公园	0.6457	288.7
14	太阳宫体育休闲公园	0.6209	15.7
15	太阳宫公园	0.62	10.7
16	大望京公园	0.6139	33.4
17	朝来农艺园	0.6074	30

续表

序号	公园名称	穿行度	公园面积（hm^2）
18	北焦公园	0.6033	2.8
19	兴隆公园	0.6013	52
20	金盏郁金香花园	0.5997	26
21	奥林匹克森林公园	0.5889	1135
22	杜仲公园	0.5661	59.9
23	将府公园	0.566	58
24	金田郊野公园	0.5589	113.33
25	白鹿公园	0.5582	28.67
26	东风公园	0.5384	80
27	东一处公园	0.5301	0.7
28	常营公园	0.517	74
29	朝来森林公园	0.5106	53.33
30	海棠公园	0.5086	33
31	立水桥公园	0.5064	0.6
32	老君堂公园	0.4962	48.3
33	鸿博公园	0.4954	80
34	京城梨园	0.4899	62
35	京城槐园	0.4888	73.2
36	东坝郊野公园	0.4508	286.67

从数据表中可以看出，庆丰公园、日坛公园和红领巾等公园的穿行度值较高，由此可看出这些城市公园空间吸引力较高，而东坝郊野公园、京城槐园和鸿博等公园穿行度值比较低，空间吸引力较差，心理可达性较低。

4 朝阳区城市公园可达性结果分析

本文通过运用空间句法理论及其分析方法，对北京市朝阳区的36个城市公园全局可达性和心理可达性两个方面进行评价和研究。从全局可达性的分析结果来看，70%的城市公园位于拥有比较高可达性的区域，说明朝阳区城市公园地理位置良好，布局比较合理，可以便捷地为使用人群进行服务。

城市公园高密度区与城市空间整体可达性高的区域有微小错位，小红门地区、十八里店地区和来广营地区相较于其他地区全局可达性较低，而公园密度相对较高。而对于劲松街道、双井街道、建外街道、南磨房地区的全局可达性较高，公园密度较低。城市空间可达性较高的区域应与公园的高建设量相结合，这不仅有利于缓解交通人口压力，同时使得聚集于中心的人群有更多的公园绿地可以进行选择，有利于城市人群身体健康。

有观点认为公园面积较大则公园设施功能相对完备从而推导出其空间吸引力大。从城市公园心理可达性分析可以得出，这个观点是比较片面的，心理可达性较高公园与公园面积并不存在正相关关系。如东坝郊野公园、鸿博公园等公园占地面积相对较大，但是心理可达性较低，说明其空间吸引力较差，公园使用率不高。而日坛公园、红领巾公园和团结湖公园等公园虽然面积不大，但是这些公园心理可达性较高。说明公园的吸引力不在于公园的面积大小，而是强调城市公园能在非常好地融入城市各种空间中。

5 基于可达性的公园布局优化建议

5.1 完善道路网络，提高公园全局可达性

道路网络的规划建设水平会对城市空间的可达性造成最直接的影响，在改造与建设过程中可以增加部分地区的路网密度，增加强城市道路的通达性，从而间接提升公园的可达性。例如在小红门地区和十八里店等地区适当调整和增加次干路和支路以及自行车道和步行道路。从城市主观功能服务水平方面提高这些地区的可达性，从而提高区域公园的可达性。

大力发展城市公共交通系统，完善的公共交通系统的可以减少私家车出行缓解交通拥堵，减少因交通不畅而增加的通行时间，提高城市公园的可达性。对公园的布局进行微小的调整，与城市道路网络公交站点相配合，增加公园的可进入性，方便居民便捷的享受公园的服务。大力推进慢行交通，增加通畅安全自行车道和慢行林荫步道，使居民出行更方便快速安全，到达公园更加便捷。

5.2 注重特色塑造，提升心理可达性

公园的服务水平以及吸引力受众多因素影响，虽然公园的规模是公园吸引力的重要影响因素，但城市公园绿地的特色塑造尤为重要。城市公园与周围的娱乐、居住、工作空间的融合，塑造出了充满活力和充满吸引力的场所更能提升公园的心理可达性。适当增加公园入口，甚至打破公园围墙创造无边界绿地，增加公园与周边环境的互动可以提升公园的吸引力。

5.3 增加绿廊建设，调整城市公园布局

从可达性分析结果来看，北京市朝阳区城市空间越靠近主城区部分的空间可达性越好，但是公园建设率较低，这也与城市发展和现状用地建设情况相符合。这部分地区与应该通过增建街边绿地和道路绿色廊道来加大与大块的城市公园绿地的联系，加强绿地建设的整体性和连通性。扩大公园影响范围和服务范围，调整现有公园活跃状态使其布局达到最优。新增加建设公园应与城市整体的空间可达性相结合，公园选址应选择可达性较高的地区，城市建成区域内的公园建设率与高可达性空间相结合，更有益于提升公园的使用率。

6 结语

随着人们物质生活的满足以及精神文化需求的提升，城市的建设也由原来粗放型的数量的建设转化为精细型的质量建设。城市中公园的质量建设在城市规划和建设中有着越来越重要的位置。通过空间句法理论及其研究方法对北京市朝阳区的城市公园可达性进行科学合理的评价，为城市绿地空间布局研究提供了科学依据。创造美好的宜居现代的城市空间，有利于人的自由为健康的发展。

参考文献

[1] 任晓双．基于空间句法可达性评价的青岛市综合性公园布局研究[D]．青岛理工大学，2018.

[2] 张萍萍，贾小焓，徐纪安，等．基于空间句法与GIS的开封城市公园绿地可达性分析[J]．中国名城，2018(11)：45-51.

[3] 张金光，赵兵．基于可达性的城市公园选址及布局优化研究[J]．南京林业大学学报(自然科学版)，2018，42(06)：151-158.

[4] 王志强．基于GIS技术的城市公园绿地布局优化研究[D]．江西农业大学，2018.

[5] 陆砚池，方世明．均衡和效率双重视角下武汉市主城区公园绿地空间布局优化研究[J]．长江流域资源与环境，2019，28(01)：68-79.

[7] 潘明率，孙晋美．基于空间句法的韭园公共空间可达性分析[J]．华中建筑，2017，35(09)：118-122.

[8] 陈明，戴菲．基于GIS江汉区城市公园绿地服务范围及优化布局研究[J]．中国城市林业，2017，15(03)：16-20.

[9] 郦晓桐．基于可达性的北京市石景山区公园绿地格局研究[D]．北方工业大学，2017.

[10] 袁熠．基于GIS网络分析的北京市城区公园绿地可达性研究[D]．山东大学，2015.

[11] 赵龙．基于GIS和景观格局的西安城市公园布局优化研究[D]．西安建筑科技大学，2015.

作者简介

黄思齐，1994年生，女，汉族，河北张家口人，北京工业大学建筑与城市规划学院在读研究生。研究方向：园林景观规划设计。电子邮箱：582249181@qq.com。

王淑芬，1965年生，女，汉族，河北鹿泉人，博士，北京工业大学建筑与城市规划学院副教授，景观园林所所长，加拿大英属哥伦比亚大学访问学者。研究方向：园林景观规划设计。电子邮箱：wangshufen@bjut.edu.cn。

陈建，1993年生，男，汉族，山东济宁人，北京工业大学建筑与城市规划学院在读研究生。研究方向：园林景观规划设计。电子邮箱：1583248038@qq.com。

基于留白增绿背景下通风型城市森林营建策略研究

——以北京西红门城市森林为例

Study on the Construction Strategy of Ventilation Urban Forest Based on the Background of Leave blank space and increase green space

—A Case Study of Beijing Xihongmen Ventilation Urban Forest

阎姝伊　郑　曦*　刘　峥　刘　喆

摘　要：北京市提出留白增绿，让森林进入城市的目标来应对多种城市病。构建城市通风廊道是提升城市空气流通能力和缓解城市环境问题的有效措施。城市森林具有多种生态功能，是城市生态系统的重要组成部分。本研究旨在探索通风廊道附近的城市森林营建策略，使城市森林成为提高城市通风质量的绿色空间，促进城市生态系统的可持续发展。本文提出从空间布局、骨干树种、植物群落类型、活动体系四个方面共同营建通风型城市森林，并以北京市西红门镇一块腾退地区域为例，通过计算流体力学软件对城市森林的结构与布局进行模拟，得到最优空间布局，基于树种关联度和 i—Tree 模型对森林骨干树种选择、并提出营建通风性，降温增湿性，滞尘去污染性三种群落类型。通过对通风型城市森林营建策略研究可以为未来城市提升通风质量的森林建设提供参考依据。

关键词：留白增绿；通风型；城市森林；营建策略

Abstract: Beijing puts forward the goal of "leave blank space and increase green space" and let forest enter the city to deal with a variety of urban diseases. Construction of urban ventilation corridors is an effective measure to improve urban air circulation capacity and alleviate urban environmental problems. Urban forests have multiple functions and are an important part of urban ecosystems. This study aims to explore a ventilated urban forest construction strategy, making urban forests green space to improve urban ventilation quality and promote the sustainable development of urban ecosystems. This paper proposes to build a ventilated urban forest from four aspects: spatial layout, backbone tree species, plant community type, and activity system. The computational fluid dynamics (CFD) software is used to simulate the structure and layout of the ventilation corridors in an area in Xihongmen Town. Beijing, and the optimal layout of the ventilation corridor is obtained. Based on tree species correlation and i-Tree model, forest backbone trees are used. Urban forests provide three types of community structure patterns: ventilation, cooling, dampness, and decontamination. Through the research on the construction strategy of the ventilated urban forest, it can provide a reference for the future forest construction of the city to improve the ventilation quality.

Keyword: Leave Blank Space and Increase Green Space; Ventilation; Urban Forest; Construction Strategies

1　背景介绍

1.1　城市问题与“留白增绿”背景

随城市化进程的加快，国内各类城乡建设用地快速扩张，城市下垫面变得愈发粗糙，致使我国许多城市的风速普遍呈现逐年降低态势，大量悬浮颗粒物在城市上空滞留沉积，城市出现空气流动性差，污染物富集，以及热岛效应等多种城市病，困扰社会发展、威胁人们身心健康。

北京市在《北京城市总体规划（2016 年—2035 年）》中提出“开展生态修复，提高生态空间品质，治理‘大城市病’”“健全市域绿色空间体系，建设森林城市，让森林进入城市”来应对存在的多种城市环境问题。为保证能有更多的绿色空间为城市提供生态服务，北京市加强对疏解腾退空间的利用和引导将拆违腾退土地用于“留白增绿”。“留白增绿”地块遍布北京各个市辖区内，部分地块位于总体规划中市域绿色空间的城市公园环、郊野公园环、环首都森林湿地公园环、市级通风廊道等[1]。

1.2　城市通风系统的组成及相关研究

构建城市通风廊道则是提升城市空气流通能力和缓解城市环境问题的有效措施。为加速城市空气流通性，学者们以空气流动原理和城市结构为基础，提出作用空间、补偿空间和空气引导通道组成的城市通风系统。其中作用空间主要是以城市中心为重点组成部分的区域，建筑物密集，社会活动多，是城市病的集中区域，急需改善风环境或降低污染的地区。补偿空间是城市周围产生新鲜空气或局地风系统的来源地区，多以森林、绿地为主，为作用空间提供新鲜空气[2]。空气引导通道一般是基于连续的、线性的道路、河流、绿地开敞空间体系进行构建，引导空气在补偿空间和作用空间中交换[3-5]。

目前国内外陆续开展城市空气引导通道（也称通风廊道）的相关规划研究，德国斯图加特[6]、日本东京都[7]、中国香港[8]、武汉[9]、北京[10]等城市探讨通风廊道的构建与布局、风道沿线地区的规划控制和引导等方面，规划更多侧着研究城市通风效率、空气流通能力，较少有研究关注通风质量。

城市森林作为城市生态系统的重要组成部分，协调城市生态环境、维持生态系统良性循环，在维护碳氧平衡、净化环境、调节气候等方面具有重要作用[11]。城市森林在绿地滞尘[12]、调节空气温湿度[13]、固碳释氧、产生空气负离子[14]等方面具有明显的生态效益，是城市良好的冷空气生成区。

通风廊道不仅应连接市内的线状空间（主要有江河、绿化带等），还应串联起市内局部冷空气生成区（一般是城市绿地）。有研究表明，分散的绿地在空气引导通道的联系下，生态效益要比相同面积的集中绿地还要大，更能发挥良好的整体通风降温效果[15]。

1.3 基于“留白增绿”背景下的通风型城市森林的概念与定位

本文所指的“留白增绿”背景下通风型城市森林为符合的狭义城市森林概念，即城市森林是指在城市或周边区域，以乔木为主体，达到一定的规模（面积＞0.5hm^2）和覆盖度（林木树冠覆盖度应在10％～30％以上），能对周围的环境产生重要影响，并具有明显的生态价值和人文景观价值等的各种生物和非生物的综合体[16]。

通风型城市森林是城市处于通风廊道上及附近的森林，主要以提高城市通风质量为目的的城市森林。这里的提升通风质量指的是，当空气经过通风型城市森林时，可以有效降低温度并增加湿度，携带更多的负氧离子，污染物质得到滞留从而减少周边区域的污染。正是由于城市森林具有丰富的生态效益，通过通风廊道的连接可以带来更多的通风降温，去除污染的效果。如何让城市森林在城市级通风廊道上发挥更大的优势，建设与城市发展背景相契合的城市森林，是本文主要想要解决的。

2 通风型城市森林营造策略

2.1 通风型城市森林的空间布局

根据作用空间与补偿空间的空间分布，结合通风廊道的布置位置，合理布局通风型城市森林，保证作用空间能在盛行风等带动下获得质量较高的清洁空气。

因此通风型城市森林布局需基于城市风环境特征、城市热岛分布以及其他现实条件。应和构建通风廊道一样，通过长期气候资料应重点统计全年及不同季节软轻风在各风向上的频率，分析得到全年及不同季节的软轻风的主导风向和次主导风向[17]。研究表明，风速较大和静风条件下设置通风廊道对促进空气流动来讲意义不大。风速在0.3～3.3m/s的软轻风是在城市通风廊道上通风效果明显的风段[18]，也是通过通风型城市森林主要考虑改善的风速。

通风型城市森林空间布局在通风廊道上时，由于通风廊道对于下垫面粗糙度有所要求，所以城市森林营建空间布局应顺应常见盛行风方向，在作为城市内部局部补偿空间时，营建空间布局与盛行风接触面积较大为宜。通过空气流动，使城市森林的生态效应影响范围亦能得到很大的增幅。

2.2 基于树种关联度和i-Tree模型评价的骨干树种选择

为构建适合研究地区的通风型城市森林群落首先需要对骨干树种进行针对性筛选，树种筛选存在多种方式，本文使用树种关联度和i-Tree模型评价完成骨干树种选择。

通风型城市森林对于骨干树种的选择需遵从几个原则：①遵从“适地适树”原则，保证立地条件与树种特性相互适应。②选择乡土树种，由于对当地环境有较强的适应性成活率高，减少管理及养护成本。③考虑树种的习性，根据树种不同的生态特征，选择有利于能提高通风质量的植物组成群落。

在满足原则的基础上，通过对树种关联度分析选择适合的植物群落配置，并通过i-Tree模型对树种的不同生理特征评价选择更适合通风型城市森林的骨干树种。

2.2.1 树种关联度分析

森林群落内的每一个树种不是孤立存在的，而是与生境中其他树种相互影响，并表现为有益或有害等种间关系。为保证构建的城市森林的稳定性，研究种间关联度具有重要意义[19]。

首先对研究地的自然森林群落进行调查，根据最小样地面积法，一般选择20×20m的样方进行调查。根据植物群系类型选择具有典型性的群丛标准地，然后在标准地中设置3～5个灌木样方以及8～10个草本样方。对标准地里的乔木进行每木检尺记录树种、数量、胸径（≥4cm时记录）、树高；记录灌木样方里灌木（含木质藤本）和草本样方里草本（含草质藤本）植物种类、数量和盖度[20]。

对于种间关联度研究方法很多。主要有以下几种：①采用完全随机零模型分析种间空间关联性，并使用P(r)和M(r)二维坐标轴对种间空间关联类型归类[21,22]；②可使用2×2列联表，运用方差比率法、卡方校验、jaccard指数来检验其显著度[23]；③或者使用Pearson相关系数和Spearman相关系数检验研究种群种间相关性[24]。

依据群落内共同出现的种对生境选择和要求上的异同以及相互间的吸引或排斥状况，可将种间关系分成正、负关系或不相关等3种类型。根据树种的生理特性选择种间具有正相关或者不相关的骨干树种构建较为稳定的通风型城市森林的植物群落骨架。

2.2.2 基于i-Tree模型筛选树种

i-Tree模型是由美国林务局开发的专门针对城市森林体系效益价值研究的模型。本研究只使用i-Tree Species模型快速评估树种效益的功能，结合i-Tree Species模型对调查树种（或者当地乡土树种统计表）在降温增湿、滞尘抗污染两方面能力对树种进行排序，选择排名靠前的树种。

根据树种关联度分析，结合 i-Tree Species 模型分析出的在降温增湿、滞尘抗污染两方面排名靠前的骨干树种，根据其树种关联度分析选择与其关联度均较高的几类树种，以此为基底构建 3 种类型植物群落。

2.3 植物群落类型及结构

根据通风型城市森林的目标，确定了通风型，降温增湿型，滞尘去污染型 3 种群落类型，根据实际需求可以综合或单一使用某类群落类型。

通风型群落主要在通风廊道上营建，主要是为了增强空气流动性（主要是冬季），由林冠层紧密，林干层有大的通风孔道[25]，深根性落叶乔木为主。所以建议通风型群落结构以乔草模式为主，20%的郁闭度即可保证通风效益影响较小又可保证整体的郁闭度符合城市森林的定位，疏透度 0.4～0.6。建议北方地区常绿落叶比约为 0∶10。

降温增湿型目的是缓解其热岛效应。有研究表明，灌-草、乔-草和乔-灌-草结构的绿地降温增湿效果显著。当郁闭度超过 44%时，绿地降温增湿效应显著，空气负离子效应显著，当郁闭度超过 67%时，绿地降温增湿效应、抑菌作用稳定显著且趋于稳定[26,27]。北京市公园绿地植物配置的研究，常绿树一般占落叶树的 30%～40%即可，即常绿落叶比例约为 23∶77 ～ 29∶71[28]。所以建议降温增湿型群落结构以乔灌草模式为主，郁闭度大于 67%，疏透度小于 0.3，建议北方地区常绿落叶比例约为 3∶7。

滞尘去污染型则是将森林作为一层过滤网，滞留大气颗粒物，吸收二氧化硫为主的，将引来的空气进行净化，达到改善局部空气质量的目的。高大的乔木可以大大降低绿地及周围的风速，为有效截留并吸收粉尘提供了有利的条件[29]。针叶树的滞尘能力大于阔叶树种。较高的森林比较矮植物和草地对颗粒物的沉降作用要强，具乔、灌、草垂直复层结构、绿量高的城市森林滞尘最为理想[30]。城市森林种植密度、郁闭度和覆盖度越大，总的滞尘量越大，但若超过一定的阈值，群落滞尘量虽然还在增大，但此时林内空气中的颗粒物不容易扩散，可能就导致其浓度增高，也即此时城市森林的调控作用不明显甚至表现为负效应[31]。所以建议滞尘去污染型群落结构，由灌木、乔木组成 2～3 层林冠叶面积大的针阔混交林组成，郁闭度 67%左右，疏透度 0.3～0.4，建议北方地区常绿落叶比例约为 5∶5。

2.4 活动设施体系景观化营建

通风型城市森林除了在生态效益上的功能，还有城市功能的融合。其特色在于风景观的营建，根据风环境理论，存在多种使空气流动变化的原理[32]，包括狭管效应、拔风效应、爬坡效应、风影效应。有研究表明，夏季风速至少要达到 1.5m/s，人在户外活动时才能感到比较舒适[33]。通过相对舒适度评价法，通过大量实验发现坐着的舒适风速为 1.8m/s，散步的舒适风速为 3.33m/s[34]。利用狭管效应、拔风效应、爬坡效应等原理，结合植物、地形、水体，可以打造夏季清风拂面的舒适环境，冬季以通风治霾的风环境为主体，利用风影效应，打造冬季局部少风或无风的活动场地。

3 西红门通风型城市森林营造探讨

本文以“留白增绿”地块位于中轴线南侧西红门北京新机场高速东侧总面积 104hm^2 的地块为研究对象(图 1)。地块在中心城区边缘，建设区与生态涵养区交界处，且处于北京市二级通风廊道和楔形绿地廊道上，通风潜力巨大。场地地势平坦，内部及周边主要是小型厂房，物流仓储及废弃地，局部有少量居住区用地。且根据上位规划，内部建筑均需拆除。场地旁有较好的水源条件，可作为水系营造引水使用。结合前文探讨，认为西红门地块适宜营建以提高通风质量为主要目标的通风型城市森林。

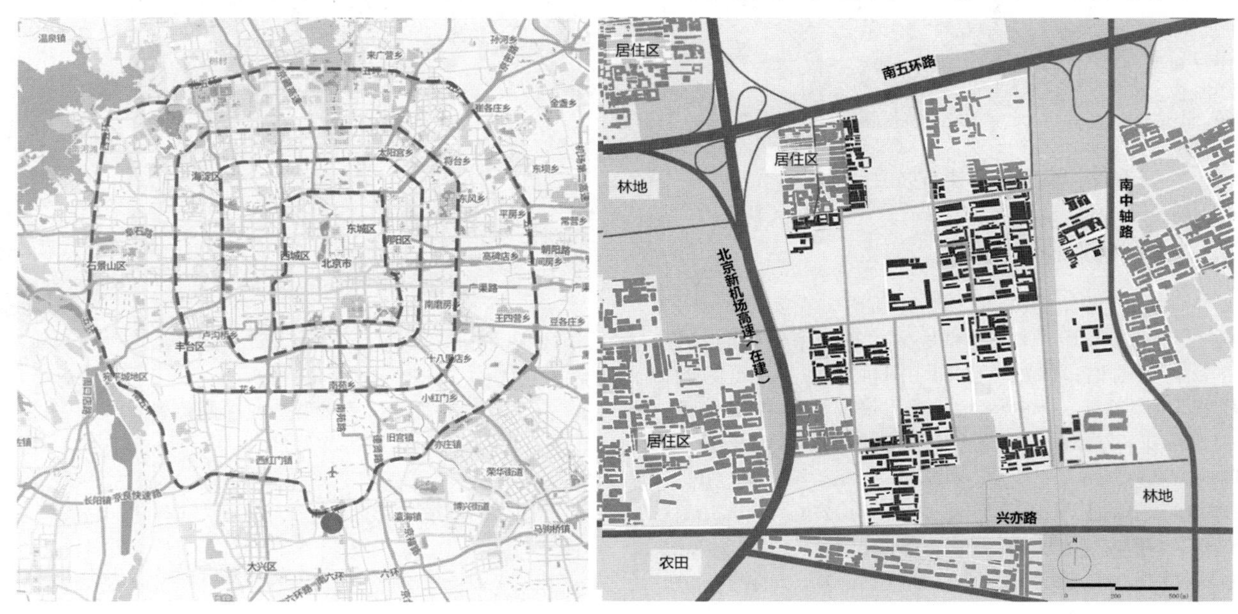

图 1 研究场地位置及现状

3.1 基于模拟的城市森林空间布局

通过对北京全年风频率及夏冬两季风频率数据整理得到北京偏北风和偏南风出现频率较高，且对多年 $PM_{2.5}$ 数据分析发现冬季 $PM_{2.5}$ 值相对较高，因此最终选择冬季盛行风西北风向来作为构建通风型城市森林的通风廊道的主导方向。通过气象站的统计数据可知北京地区风速小于 3m/s 的风占到 85%，且主要以软清风为主。由此确定模拟平均风速为 3m/s。使用 ECOTECT 软件对竖向综合体（由植物、地形、水体组成）宽度、竖向综合体长度、狭管宽度及坡度，迎风角度进行模拟，通过比较单位时间气体交换流量（公式 1），得到最终的空间布局，在北京盛行风西北方向上设置 3 条长度约为 700m 的狭管通道其通风效益最优（图 2）。

$$Q = \alpha A \sqrt{\frac{2\Delta p}{\rho}} \tag{1}$$

其中：Q 为气体流量 m^3/h；α 为系数；A 为截面面积；Δp 是进风位置平均压强与出风位置平均压强差；ρ 为气体密度。

图 2　模拟出最佳布局的平面图

3.2 骨干树种选择

参照前文通风型城市森林营建策略，在实地调查和分析文献的基础[35]，选取北京地区出现频率较高的优势树种[36]，如侧柏、油松、垂柳、国槐、银杏、元宝枫、栓皮栎，使用 i-Tree 模型从增加降温增湿、滞尘去污染的能力进行排序。得到建议的通风型骨干树种：栓皮栎（*Quercus variabilis*）、麻栎（*Quercus acutissima*）、山毛榉（*Fagus longipetiolata*）、白蜡（*Fraxinus chinensis*）等深根性冠层紧密树种。降温增湿型骨干树种：侧柏（*Platycladus orientalis*）、毛白杨（*Populus tomentosa*）、白蜡（*Fraxinus chinensis*）、油松（*Pinus tabuliformis*）、鹅掌楸（*Liriodendron chinense*）、七叶树（*Aesculus chinensis*）、榆树（*Ulmus pumila*）、银杏（*Ginkgo biloba*）、榆叶梅（*Amygdalus triloba*）、连翘（*Forsythia suspensa*）等呼吸作用较强植物。滞尘去污染型骨干树种：侧柏（*Platycladus orientalis*）、白皮松（*Pinus bungeana*）、圆柏（*Juniperus chinensis*）、国槐（*Sophora japonica*）、臭椿（*Ailanthus altissima*）、楸树（*Catalpa bungei*）、元宝枫（*Acer truncatum*）、垂柳（*Salix babylonica*）等抗污染能力强的植物。

可根据更多群落的树种关联度分析，结合北京市《乡土植物资源发展名录》推荐的 82 种乔灌草植被，选择与骨干树种存在关联度的树种或者在增加负氧离子、降温增湿、滞尘去污染的能力出色的树种作为每一种群落类型的补充树种。

3.3 植物群落及水面位置布置

通风型群落布置于通风廊道上部及两侧，保证透风性；滞尘去污染型群落主要位于冬季上风向（场地北侧为主）以及主要城市道路边界，可以有效滞留城市空间中产生的污染物质，此外利用空气流动原理的爬坡效应，由于爬坡时风速会出现先减后增的情况，将滞尘去污染的群落布置在迎风坡上可有效利用爬坡效应中风速减慢有利于滞留等多污染物；降温增湿型群落集中布置在夏季风上风向（场地南侧为主），单块面积大于 $3hm^2$，这样可以提供明显的增湿降温效益（图 3）。将水面布置于通风廊道东南南侧上，夏季盛行风可以携带更多清爽的空气进入城市作用空间。

图 3　植物群落及水面位置

4 讨论与启示

"留白增绿"计划为城市生态恢复提供了良好的契机，营造通风型城市森林可以有效增加城市通风质量、缓解城市病。

需要指出的是，本文是基于提高以提高城市通风质量为目的的通风型城市森林所进行的营建策略研究，其建设策略更多地是以提升提供城市清新干净的环境为原则提出的。营建城市森林是落实城市生态文明建设的重要途径，但城市森林功能并不唯一，其生物栖息、生活游憩、生产防护等功能也是城市森林营建时需要考虑和重视的。因此，针对不同的场地条件、定位目标，需要全方位考虑并择优选择和建立不同功能类型的城市森林。此外为保证城市森林能够良好的发展，还需要关注群落相似性、生物多样性、森林生态系统健康、森林美学等一系列问题，未来需要更为广泛的研究。

参考文献

[1] 赵人镜，戈晓宇，李雄."留白增绿"背景下北京市栖息生境型城市森林营建策略研究[J]. 北京林业大学学报，2018，40(10)：102-114.

[2] 王武科．城市通风廊道规划的理论和方法初探[C]// 中国城市规划学会，沈阳市人民政府．规划 60 年：成就与挑战——2016 中国城市规划年会论文集(07 城市生态规划)，2016：8.

[3] 陈士凌．适于山地城市规划的近地层风环境研究[D]. 重庆大学，2012.

[4] 赵红斌，刘晖．盆地城市通风廊道营建方法研究——以西安市为例[J]. 中国园林，2014，30(11)：32-35.

[5] 张云路，李雄．基于城市绿地系统空间布局优化的城市通风廊道规划探索——以晋中市为例[J]．城市发展研究，2017，24(05)：35-41.

[6] 刘姝宇，沈济黄．基于局地环流的城市通风道规划方法——以德国斯图加特市为例[J]. 浙江大学学报(工学版)，2010，44(10)：1985-1991.

[7] 日本建筑学会．都市风界境评价体系[M]. 东京：日本建筑学会，2002.

[8] 香港中文大学．空气流通评估方法可行性研究[R]. 香港：香港特别行政区规划署，2006.

[9] 李军，荣颖．武汉市城市风道构建及其设计控制引导[J]. 规划师，2014，30(08)：115-120.

[10] 北京市气候中心．城市通风廊道规划气候可行性论证技术指南[R]. 中国气象局，2015.

[11] 蔡春菊，彭镇华，王成. 城市森林生态效益及其价值研究综述[J]. 世界林业研究，2004，17(3)：17-20.

[12] 王晓磊，王成．城市森林调控空气颗粒物功能研究进展[J]. 生态学报，2014，34(08)：1910-1921.

[13] 唐泽，任志彬，郑海峰，等．城市森林群落结构特征的降温效应[J]. 应用生态学报，2017，28(09)：2823-2830.

[14] 潘剑彬．北京奥林匹克森林公园绿地生态效益研究[D]. 北京林业大学，2011.

[15] 陈永生．快速城市化下城市生态绿地系统构建技术[J]. 合肥工业大学学报(自然科学版)，2007(03)：308-311.

[16] 刘常富，李海梅，何兴元，等．城市森林概念探析[J]. 生态学杂志，2003(05)：146-149.

[17] 梁颢严，李晓晖，肖荣波．城市通风廊道规划与控制方法研究——以《广州市白云新城北部延伸区控制性详细规划》为例[J]. 风景园林，2014(5)：92-96.

[18] 任超，袁超，何正军，等．城市通风廊道研究及其规划应用[J]. 城市规划学刊，2014(3)：52-60.

[19] 谈多多，李卫忠，王庆，等．黄龙山林区松栎混交林主要树种空间分布格局及其关联性[J]. 西北农林科技大学学报(自然科学版)，2015，43(06)：113-120.

[20] 肖雁青．北京松山自然保护区森林群落结构健康评价[D]. 北京林业大学，2007.

[21] 祝燕，白帆，刘海丰，等．北京暖温带次生林种群分布格局与种间空间关联性[J]. 生物多样性，2011，19(02)：252-259.

[22] 姚杰，张春雨，赵秀海．吉林蛟河阔叶红松林树种空间分布格局及其种间关联性[J]. 林业科学，2018，54(08)：23-31.

[23] 王牌，苟志辉，农寿千，等．海南中部丘陵区鸭脚木次生林群落种间的关联性[J]. 热带生物学报，2018，9(04)：409-417.

[24] 刘淑燕，余新晓，陈丽华．北京山区天然林乔木树种种间联结与生态位研究[J]. 西北林学院学报，2009，24(05)：26-30+81.

[25] 封斌，高保山，麻保林，等．陕北榆林风沙区农田防护林结构配置与效益研究[J]. 西北林学院学报，2005(01)：118-124.

[26] 朱春阳，李树华，纪鹏．城市带状绿地结构类型与温湿效应的关系[J]. 应用生态学报，2011，22(05)：1255-1260.

[27] 朱春阳，纪鹏，李树华．城市带状绿地结构类型对空气质量的影响[J]. 南京林业大学学报(自然科学版)，2013，37(01)：18-24.

[28] 李淑凤．北京公园绿地中的植物配置[J]. 中国园林，1995(03)：34-39.

[29] Zheng S W，Xing G M，Li J，Li J S. Effect of dust catching capacity virescence tree species in the North of China[J]. Journal of Shanxi Agriculture University：Natural Science Edition，2008，28 (4) ：383-387.

[30] Fowler D，Skiba U，Nemitz E，Choubedar F，Branford D，Donovan R，Rowland P. Measuring aerosol and heavy metal deposition on urban woodland and grass using inventories of210Pb and metal concentrations in soil[J]. Water，Air，& Soil Pollution，2004，4 (2/3) ：483-499.

[31] 王晓磊，王成．城市森林调控空气颗粒物功能研究进展[J]. 生态学报，2014，34(08)：1910-1921.

[32] 周淑贞，束炯．城市气候学[M]. 气象出版社，1994：618.

[33] 香港中文大学．空气流通评估方法可行性研究[R]. 香港：香港特别行政区规划署，2006.

[34] Isyumov N. Studies of the pedestrian level wind environment at the boundary layer wind tunnel laboratory of the University of Western Ontario[J]. Journal of Wind Engineering & Industrial Aerodynamics，1978，3(2)：187-200.

[35] 黄广远．北京市城区城市森林结构及景观美学评价研究[D]. 北京林业大学，2012.

[36] 冯彩云．近自然园林的研究及其植物群落评价指标体系的构建[D]. 中国林业科学研究院，2014.

作者简介

阎姝伊，1994 年生，女，汉，辽宁人，在读博士研究生，北京林业大学园林学院。研究方向：风景园林规划与设计。电子邮箱：ysy2016@bjfu. edu. cn。

郑曦，1978 年生，男，汉，北京人，博士，北京林业大学园林学院副院长，教授，博士生导师。研究方向：风景园林规划与设计。电子邮箱：zhengxi@bjfu.edu.cn。

刘峥，1994年生，女，汉，甘肃人，硕士研究生，北京林业大学园林学院。研究方向：风景园林规划与设计。电子邮箱：408192974@qq.com。

刘喆，1993年生，男，汉，山东人，在读博士研究生，北京林业大学园林学院。研究方向：风景园林规划与设计。电子邮箱：626136736@qq.com。

基于美国景观绩效平台（LPS）的生态绩效研究①
——以武汉园博园为例

Study on Ecological Performance of Wuhan Garden Expo Based on LPS

徐亚如 戴 菲 殷利华*

摘 要： 随着生态宜居城市的建设，城市绿地的生态环境改善功能逐步受到重视，植被生态效益的量化研究也逐渐成为科学评价绿地环境效益的主要内容。文章以武汉园博园为研究对象，利用 RS/GIS，结合美国景观绩效平台的 National Tree Benefit Calculator（国家树木效益计算器），计算出 2018 年武汉园博园绿地的碳汇、截留雨水、能源节约、空气净化、地价提升等生态效益及相应的经济价值，探讨武汉园博园的生态功能和价值。

关键词： 武汉园博园；景观绩效；国家树木效益计算器；生态价值

Abstract: With the construction of ecologically livable cities, the ecological environment improvement function of urban green space is gradually valued, and the quantitative study of vegetation ecological benefits has gradually become the main content of scientific evaluation of green space environmental benefits. Article garden expo garden in wuhan as the research object, using RS/GIS, combining with the landscape performance platform in National Tree to Calculator (National Tree Benefit Calculator), The ecological benefits and corresponding economic values of carbon sequestration, rainwater interception, energy conservation, air purification and land price improvement of the green land of Wuhan Garden Expo in 2018 are calculated, and the ecological functions and values of Wuhan Garden Expo are discussed.

Keyword: Wuhan Garden Expo; Landscape Performance; National Tree Benefit Calculator; Ecological Value

1 研究概述

研究发现[1]：如果加利福尼亚栽植 50 万棵树在合理的位置（两棵树在住宅的西侧、一颗在住宅的东侧），15 年以后，这些树种每年将会节约 12500GW·h 的能源（图 1）。177 百万棵树提供的阴影可以节约 1 亿元的空调制冷费用，减少 10% 的地表径流，生产储蓄 73100MW 的电量，植被具有很高的生态效益。树木、植物、绿色空间能够改变当地的气候，为人们提供多种环境效益。它们能够利用荫蔽减少建筑的热量吸收，从而节省建筑的能源消耗；帮助城市适应并缓解气候改变的影响；它们能够吸收并处理地表水，并提高空气质量[2]。

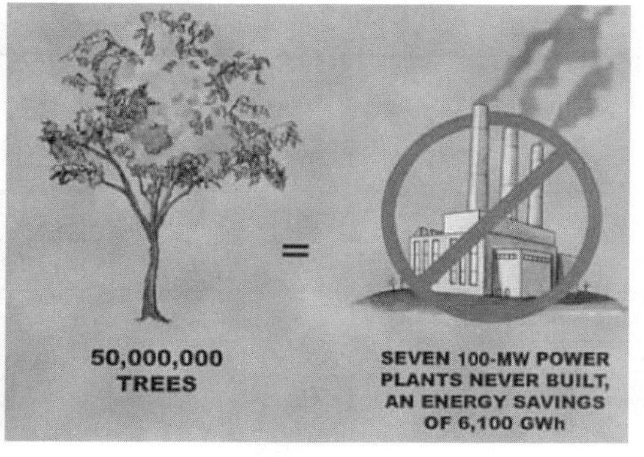

图 1 树木的合理栽植和节约能源（图片来源：网络）

国内外学者对生态效益的研究主要涉及到三个层面：宏观层面如城市绿地系统的生态效益及相应的指标体系和城市绿地的结构和生态功能[3-9]，城市绿量研究等[10,11]；中观层面例如不同类型绿地的生态效益[12-14]，城市绿地和植被对周边环境的影响[15-21]；微观层面的不同树种的生态效益等[22-24]；指标体系等的评价指标多以定性为主，缺乏科学规范的评价指标体系，定量的研究内容大致可分为两种：一种是基于 GIS/RS 的城市绿地系统

① 基金项目：国家自然科学基金面上项目：桥阴海绵体空间形态及景观绩效研究，项目批准号：51678260。

生态效益评价结果较为粗狂，一种是针对某一单颗树种的生态效益（固碳、吸收二氧化碳、二氧化硫等、吸收颗粒物等），缺乏对城市的绿地或公园尤其是新建绿地带来的具体生态效益和相应的生态价值的研究，量化结果难以直接指导规划设计。

2 研究方法和工具

以 2018 年 8 月武汉园博园的高精度遥感影像（分辨率为 0.61）为基础数据源，利用 ENVI 对影像图进行几何校正，提取出武汉园博园的植被覆盖信息；结合武汉园博园植被施工图对场地进行为期 2 个月的现场调研，建立武汉园博园包括树木的种类、数量及位置信息的植被景观分类系统。

利用美国树木效益网络计算器 National Tree Benefit Calculator（以下简称 NTBC），通过输入园博园的树木种类、胸径、用地类型和地理位置信息，对园内植被进行计算，得出树木的碳汇、暴雨减排量、能源节约、改善空气质量、提升地价以及场地综合价值等生态效益和相应的价值。

由于工具是基于美国的基础数据建立，因此只能选择与武汉经纬度和气候环境相似的地区芝加哥；在树种的选择上，如果软件内没有相同的树种，则选择与之相似或同科属的树种；国内相关学者通过研究得出该工具的计算结果与我国学者所给出的关于树木的碳汇效能结论相一致[25]，尽管这样做得出的结论会存在一定误差，但是作为基本参考依然是可行的[26]。

3 武汉园博园植被信息特征

结合武汉园博园的实际情况，利用 ENVI 提取武汉园博园的绿地类型信息，对武汉园博园绿地信息进行提取得到武汉园博园的植被信息，将树种信息进行整理得到武汉园博园乔木包括(种类、数量、覆盖率）的基本信息（表 1）。

武汉园博园植被信息表　　表 1

特征	数量
乔木数量	53480 株
植被绿化覆盖率	82.6%
建筑、道路和铺装	14.37%
水体覆盖率	3.03%
数量最多的乔木种类	香樟、栾树、桂花、银杏、朴树、雪松、重阳木、石楠、乌桕、悬铃木
常绿阔叶林	38.2%
落叶阔叶林	49.55%
常绿针叶林	6.12%
落叶针叶林	4.36%
棕榈类	0.02%
竹类	4.87%

本文调研和研究的乔木约为 53480 棵，其中常绿乔木约为 35 种，占全园植被的 36.9%，落叶乔木约 95 种（相近的乔木算为一种）比例为 63.1%，武汉园博园中常绿植物与落叶植物的比例约为 1∶1.7。

4 武汉园博园植被生态效益

本文对武汉园博园植被的生态效益的量化主要以园博园的树木为主。

利用 NTBC 对武汉园博园的植物生态效益进行定量分析，得出 2018 年武汉园博园植被的生态效益，其中园内的树木每年约能吸收 5731.13kg 的臭氧，9454.15kg 的二氧化硫，9853.66kg 的二氧化氮和 10237.58kg 的颗粒物，减少的空气总量约为 35276.52kg；固碳总量约为 7059677kg；减缓雨水径流约 21513283m^3；节约电力约 2008811kW・h，节约石油/天然气约 673670m^3。

由于软件还能直接计算出单颗植被的总经济价值，通过计算得出 2018 年武汉园博园植被的总经济价值（包括地价提升）约为 16242689.5 元（表 2、图 2）。

武汉园博园植被生态效益各项列表　　表 2

	碳汇价值（kg/年）		净化空气（kg/年）	暴雨减排（m^3）	节约能源		地价提升（元/年）
	碳吸收	碳储存			电力（kW・h）	石油/天然气（m^3）	
数量	1497760	5437210	35276.52	21513283	2008811	673670	—
生态效益价值（元/年）	1743451.45		1432538.6	1294262.3	6530012.3		5242424.5
生态效益总价值（元/年）	16242689.5						

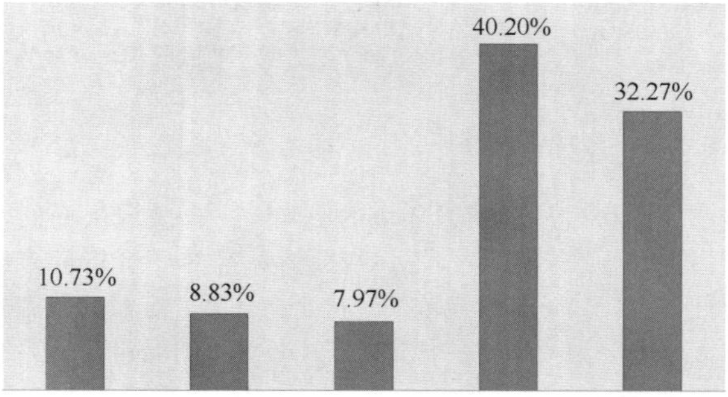

图 2 武汉园博园植被各项生态效益比例图

对武汉园博园绿地各项生态效益进行分析（图 6）可以清晰地看出：节约能源的生态价值量最高，地价提升的价值量次之；净化空气、碳汇和暴雨减排的价值量相当，其中暴雨减排的价值量最低；因此要重视和利用植被通过荫蔽减少建筑的热量吸收，节省建筑的能源消耗（电力、石油/天然气等）的生态价值量，帮助城市适应并缓解气候改变的影响。

4.1 净化空气

根据计算得出园内的树在木 2018 年吸收臭氧、二氧化氮、二氧化硫、二氧化氮、颗粒物等的生态效益，然后通过植被净化大气污染物经济价值的价格换算得出吸收的污染物相应的经济价值。

由于国内对生态效益的经济换算缺乏明确的标准，在本研究中对植物净化空气污染物的经济效益换算是根据美国国家公共服务委员会的标准来计算的（表3）。净化大气污染物价值评估采用美国每种污染物的中间客观值[27]即：NO_2为54.18元/kg，PM_{10}为36.13元/kg，SO_2为23.22元/kg，O_3为54.23元/kg。

通过计算得出武汉园博园植被2018年净化空气量约为35276.52kg，因净化空气产生的经济价值约为1432538.61元。其中每年吸收的颗粒物（PM_{10}）的量最多，净化臭氧的生态效益最低，净化二氧化氮和二氧化硫生态效益则比较接近。详情见（表4、图3）。

植被净化大气污染物经济价值的价格换算 **表3**

大气污染物	折算依据	相关经济价值（元/kg）
O_3	消除等量的O_3的费用	54.23
NO_2	消除等量的NO_2的费用	54.18
SO_2	消除等量的SO_2的费用	23.22
PM_{10}	消除等量的PM_{10}的费用	36.13

资料来源：American Forest。

武汉园博园植被净化总量 **表4**

空气污染净化	O_3	NO_2	SO_2	PM_{10}	总量
净化空气量（kg/年）	5731.13	9853.66	9454.15	10237.58	35276.52
经济价值（元/年）	310799.25	533871.26	219525.38	369883.74	1432538.61

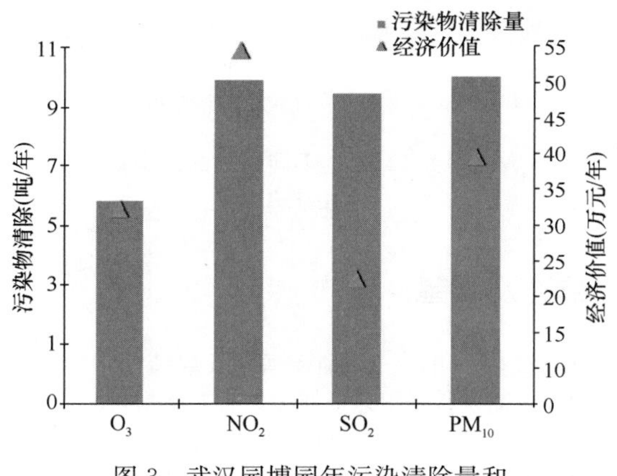

图3 武汉园博园年污染清除量和相应的经济价值，2018年

4.2 暴雨缓排

树木作为mini-reservoirs、主要通过以下方式来控制雨水径流（图4）：

（1）通过树枝、树叶和树皮来控制拦截并径流来源，它们的根系统促进渗透和存储水在土壤中。

（2）增加雨水的渗透和存储树的根系。

（3）通过减缓雨水径流减少土壤侵蚀。

根据NTBC计算得出武汉园博园树种的削减雨水径流的数量和价值（表5），将数据进行整合得出2018年武汉园博园削减的雨水径流量约为81436.3m^3。

从武汉城市气象资料获得年降雨量、24h的最大降雨量模型运行所必需的数据；根据李俊奇等人在《城市雨水排放费征收标准的量化方法探讨》中论述的方法[28]，采用筹集资金费用分摊法，按武汉市城区最理想的雨水利

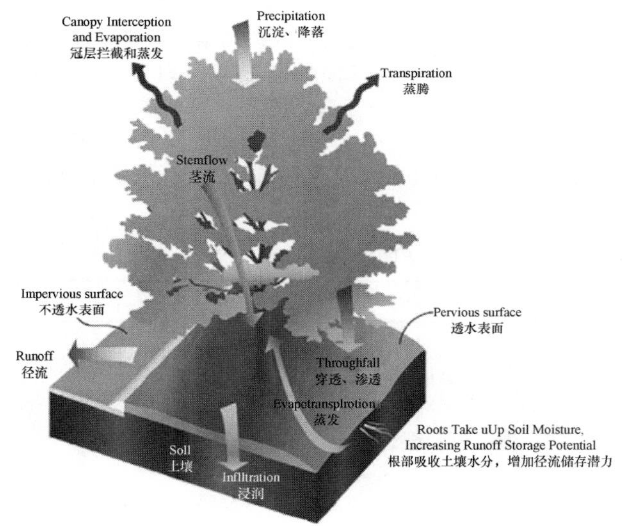

图4 树木截留雨水示意图

（图片来源：改绘自http://www.treebenefits.com/calculator）

用率为50～80%，采用该文计算出的绿地每年按水量计算的雨水排放费15.893元/m^3。计算得出2018年武汉园博园植被拦截雨水的经济价值约为1294262.3元。

园博园植被吸收雨水情况 **表5**

雨水径流	暴雨减排量（gallen③）	暴雨减排量（m^3/年）	经济价值（元/年）
暴雨减排量	21513283	81436.3	1294262.3

注：1加仑(gallen)＝0.0037854m^3。

4.3 能源节约

树木可为周边的房屋在减少能源消耗方面产生一定效益。栽植适当的树种，在夏季能够通过对房屋、汽车等遮荫减少空调电力的消耗，在冬季通过对房屋遮挡寒风起到保暖作用而减少加热用天然气或电力的消耗（图5）。

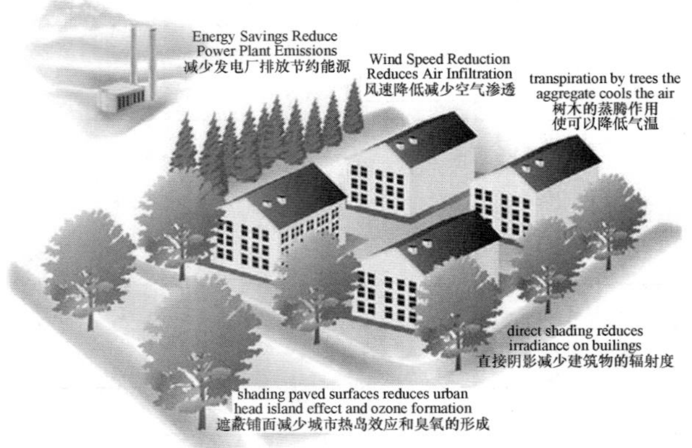

图5 树木节约能源示意图（图片来源：改绘自 http：//www. treebenefits. com/calculator）

根据NTBC软件评估研究区树荫给居民带来的直接效益，得出2018年武汉园博园树种可以节省电力约2008811kW·h，减少石油/天然气约1906486.1m^3；相应的经济价值约为1753692元和4776320.3元；计算得出2018年武汉园博园树种节约能源的生态价值约为6530012.3元（表6）。

园博园植被节约能源情况 表6

	电力冷却	减少石油/天然气	总价值
能源节约量	2008811（kW·h）	673670（therm）	
能源节约量	2008811（kW·h）	1906486.1（m^3）	
经济价值（元/年）	1753692	4776320.3	6530012.3

注：1. 1kW·h=1度，武汉电费超过400度价格为0.873元/度。
2. 1色姆(therm)=10万Btu=0.1MBtu(百万英热单位)≈100cf(立方英尺)≈2.83m3(立方米)；1美元=6.8640人民币；美国住宅天然气价格为10.33美元/MBtu；因此1therm(色姆)天然气≈0.1MBtu≈1.033美元≈7.09元。

5 结论与讨论

5.1 武汉园博园建成4年来植被产生了非常大的生态价值

武汉园博园自2015年开园，至今已建成4年，根据计算的武汉园博园2018年植被的生态价值约为0.162亿元；可以得出武汉园博园建成后三年植被的生态价值总量至少约为0.65亿元（暂且对植被的生长速度忽略不计）。

5.2 不同的树种净化不同空气污染物的能力也有所不同

对同一规格的落叶阔叶树、常绿阔叶树和针叶树种分别计算对比可以看出：吸收臭氧（O_3）和颗粒物（PM_{10}）的能力：常绿阔叶树种>常绿针叶树种>落叶阔叶树种；吸收NO_2能力：常绿阔叶树种>常绿针叶树种>落叶阔叶树种；吸收SO_2能力：常绿针叶树种>落叶阔叶树种>常绿阔叶树种（图6）；同一树种各方面的生态效益各不相同，并无规律可循，因此在规划设计的时候要根据实际情况有针对性地选择不同抗性的树种，使绿地的生态效益最大化。

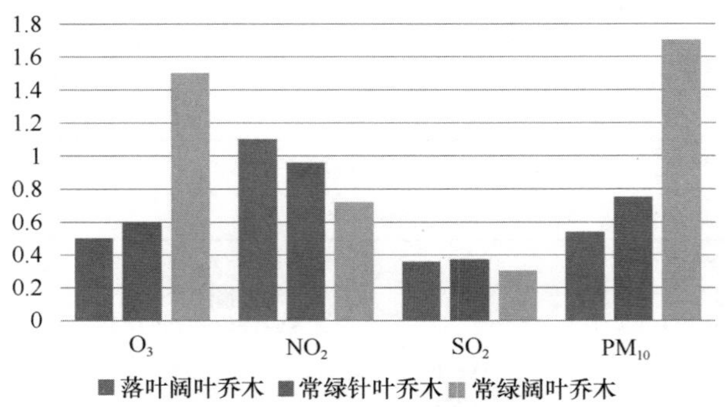

图6 胸径同为15cm的不同树种的污染物清除量（pound/年）

6 结论及展望

本文没有采用传统的翻译国外景观绩效案例或对其进行解读，而是基于国外景观绩效的工具NTBC，结合项目实际情况利用遥感影像和场地植被施工图对国内的大型项目园博园的量化进行研究，得出2018年武汉园博园植被的生态效益，明确其生态系统服务的价值。不论对景观绩效还是对园博园的研究都属于一次新的尝试。将景观绩效及其工具更全面地呈现在大众面前，不仅为今后建成的绿地空间提供一种新的思路和方法，而且研究的结果可以用于指导园博园的规划管理建设和规划设计的引导，同时对于外界对园博园建设的质疑也是一种有效的解答，具有一定现实的指导意义。

本文也存在一定的局限性，研究的广度和深度都不够等；后续应该对武汉园博园整体带来的环境效益比如调节温度、降低温度、改善土壤等方面进行量化；以及对武汉园博园的社会效益和经济效益进行全面的研究。

① 具体解释：根据美国环境保护局（Environmental Protection Agency）提供的数据，一辆客车每年大约排放5.1 tCO_2，6934.97÷5.1=1360辆（美国环境保护局网站：http：//www. epa. gov/clean energy/energy-resources/refs. html）。

② 具体解释：1磅（lb）=0.454千克（kg）

参考文献

[1] http://cufr.ucdavis.edu.cn.

[2] http://www.naturalengland.org.uk/ourwork/Planningdevelopment/greeningfrastructure/default.aspx.

[3] 刘滨谊，姜允芳．中国城市绿地系统规划评价指标体系的研究[J]．城市规划汇刊，2002，2：27-29.

[4] 刘洪杰，苏建忠，李文翎．城市景观的类型及其环境生态效能的评价[J]．华南师范大学学报(自然科学版)，2003，8(8)：126-130.

[5] 李满春，周丽彬，毛亮．基于RS，GIS的城市绿地生态效益评价与预测模型[J]．中国环境监测，2003，6：48-51.

[6] 李锋，王如松．城市绿地系统的生态服务功能评价、规划与预测研究——以扬州市为例[J]．生态学报，2003，9：1929-1936.

[7] 严晓等．城市绿地系统生态效益评价指标体系初报[J]．浙江林业科技，2003，03：68-72.

[8] 蔺银鼎．城市绿地生态效应研究[J]．中国园林，2003，(11)：36-38.

[9] 傅徽楠等．上海城市园林植物群落生态结构的研究[J]．中国园林，2000，16(2)：22-25.

[10] 陈芳．武汉钢铁公司厂区绿地绿量的定量研究[J]．应用生态学报，2006，17(4)：592-596.

[11] 李露，周刚，姚崇怀．不同类型城市绿地的绿量研究[J]．中国园林，2015，31(09)：17-21.

[12] 陈自新等．北京城市园林绿化生态效益的研究[J]．中国园林，1998，1：55.

[13] 刘洪杰，苏建忠，李文翎．城市景观的类型及其环境生态效能的评价[J]．华南师范大学学报(自然科学版)，2003，8(8)：126-130.

[14] Heal G. Valuing ecosystem services. Ecosystems，2000，3：24-30.

[15] 赵勇，李树人，阎志平．城市绿地的滞尘效应及评价方法[J]．华中农业大学学报，2002，12：582-586.

[16] Alamah Misni. Modifying the Outdoor Temperature around Single-Family Residences：The influence of landscaping. Procedia-Social and Behavioral Sciences，2013(105)：664-673.

[17] Sten Gillner，Juliane Vogt，Andreas Tharang. Role of street trees in mitigating effects of heat and drought at highly sealed urban sites，Landscape and Urban Planning 2015 (143)：33-42.

[18] Gomez F，Tamarit N，Jabaloyes J. Green zones，bioclimatic studies and human comfort in the future development of urban planning. Landscape Urban Plan，2011(55)：151-161.

[19] Jo HK. Impacts of urban greenspace on offsetting carbon emissions for middle Korea. J Environ Manage，2002(64)：115-126.

[20] Avissar R. Potential effects of vegetation on the urban thermal environment. Atmosph Environ，1996，30 (3)：437-448.

[21] 倪黎，沈守云，黄培森．园林绿化对降低城市热铅效应的作用[J]．中南林业科技大学学报，2007. 27(2).

[22] Jim CY. Managing urban trees and their soil envelopes in a contiguously developed city environment. Environ Manage，2001，28(6)：819-832.

[23] 张卫军，等．上海园林植物生态功能评价——以上海绿色建筑环境绿化植物为例[J]．东北林业大学学报，2007(1)：73-75.

[24] 金莹杉，等．沈阳市建成区行道树的结构与功能研究[J]．生态学杂志，2002，21(6)：24-28.

[25] 冀媛媛，罗杰威，王婷．建立城市绿地植物固碳量计算系统对于营造低碳景观的意义[J]．中国园林，2016，32(8)：31-35.

[26] National Tree Benefit Calculator http://www. Tree benefits. com/calculator/.

[27] NOWAK D J；CRANE D E；STEVENS J C Air pollution removal by urban trees and shrubs in the United States 2006.

[28] 仇宽彪．北京市五环内城市植被格局及公园绿地生态服务功能价值初步研究[D]．北京：中国林业科学研究院，2011.

作者简介

徐亚如，1991年生，女，汉族，河南开封人，硕士，武汉市园林建筑规划设计研究院有限公司，助理景观设计师。电子邮箱：386132237@qq.com。

戴菲，1974年生，女，汉族，湖北武汉人，华中科技大学建筑与城市规划学院，教授。主要研究方向：城市规划设计调查研究方法、绿道、城市绿地系统规划。

殷利华，1977年生，女，汉族，湖南人，华中科技大学建筑与城市规划学院，副教授。主要研究方向：桥阴雨水花园研究、景观绩效。

基于人的行为模式的遗址公园景观研究[①]

——以怀安军古城遗址公园景观设计为例

Archaeological Site Park Research Based on Human Behavior Patterns

—A Case Study of Huai An Jun Archaeological Site Park

余翩翩　贾玲利　夏战战

摘　要： 人是空间环境中的行为主体，对场地设计的研究离不开对人的行为的研究。运用环境行为学研究方法，通过分析景观环境与使用者行为偏好之间的相互关系，从人的文化、空间和心理需求层面提出了基于使用人群需求的遗址公园景观设计策略，并将其通过突显军城特质、主题游线指引和塑造多义场所三个方面运用于怀安军遗址公园设计中，以探讨环境行为学理论在遗址公园景观设计中的应用。

关键词： 行为模式；遗址公园；景观设计；环境行为学

Abstract: Human is the subject of behavior in space environment, so the study of site design cannot be separated from the study of human behavior. Due to its unique historical and cultural attributes, the landscape of the archaeological site park emphasizes the interaction and communication between people and the environment, and The degree of merits directly determine the expression of heritage culture. Using the environmental-behavior research method, by analyzing the relationship between the landscape environment and the user' s behavioral preferences, the effects of the landscape environment on the behavior of the population were studied from three aspects: environmental perception, cultural environment and ambiguity space. These characteristics are applied to the design of Huai' an Army Site Park from the highlights of military characteristics, the guidance of cultural representation, and the shaping of ambiguity space to explore the application of environmental behavior theory in landscape design of heritage parks.

Keyword: Behavior Model; Archaeological Site Park; Landscape Architecture Design; Environmental-behavior

引言

遗址是人类世代生活痕迹的见证，是联系古今的纽带。然而在过去几十年里，对遗址不恰当的开发和利用，不仅对其内部和外围环境都造成了不容忽视的侵蚀威胁，也使遗址的历史文化价值未能充分发挥作用。遗址的保护在经历了种种曲折和坎坷，终于形成了当下以建设遗址公园作为有效保护和利用遗址的模式，不仅为解决遗址保护利用、阐释展示、旅游发展、利益相关者权益的实现、民生改善等问题提供了新的模式，对于丰富人们的文化生活也具有重要作用。

1　遗址公园景观与人的行为模式分析

1.1　遗址公园景观与环境行为学的关系

人是空间环境中的行为主体，公园景观这种空间正是为人的各种行为服务的，但在以往许多公共空间中倾向于通过提升美学环境等视觉要素来提升空间利用率，而忽视了人的行为习惯与环境之间的关系[1]。环境行为学是一种分析人的行为与其周围环境之间的深层联系的理论，它着眼于物质环境系统与人的系统之间的相互依存关系[2]。遗址公园景观因其特有的历史文化属性，相较一般综合性公园而言更加强调人与环境间的相互交流与沟通，其优劣程度直接决定了遗址文化的表达。将环境行为学与景观设计相结合具有较强的实际应用性，有助于充分了解人的行为模式，发掘人的行为与不同景观空间的内在关系，探索如何通过设计去高效地引导人们进行活动、与环境发生交流。

1.2　遗址公园使用人群行为模式分类

渡边仁史在《环境心理》中将人在空间中的行为分为有目的的位移、随意移动、过程本身为目的的移动以及停滞或逗留状态[3]。遗址公园作为城市公共空间的重要部分，对其中人群行为的划分也可根据上述理论进行，但与一般公共空间不同，遗址公园中的行为类型在更大程度上取决于游客的主观目的性，可以是有认知的也可以是无意识的。研究以金沙国家考古遗址公园为实例，采用行为观察法和问卷调查法，对公园内的空间环境以及使用人群的游园路线、行为模式等进行初步观察分析（表1）。

① 基金项目：四川地震灾后重建的文化遗产空间保护利用研究，四川省社会科学研究规划项目（项目编号 SC17B100）。

金沙遗址公园行为调查表 **表 1**

行为	位置	空间类型	游园路线
参观、拍照	遗迹馆、陈列馆	室内空间	有目的的位移
拍照、儿童游戏	太阳神鸟中心广场	开敞空间，有标志性构筑物	按设计游线移动
儿童游戏、通行	“玉石之路”景点	开敞空间，但地理位置偏僻	随意移动
交谈、看护、休息	“乌木林”景点	半开敞空间，相对安静	停滞或逗留
投喂、观看	“古蜀寻鹿”景点	半开敞空间，可与动物互动	按设计游线移动
锻炼、打牌	水景广场	半私密空间，植被围合，所受干扰小	停滞或逗留

根据表 1 中金沙考古遗址公园的行为统计，并结合相关文献研究[4-6]，将遗址公园中的行为活动总结为有目的的位移、按设计游线移动、随意移动以及停滞或逗留状态。

有目的的位移往往受到遗址公园物质构成的影响大，与外部环境关系密切。这类人群明确知道自己在游览中想要观看或体验的是什么，并且对遗址公园的主要遗址背景信息已经有了一定了解，以自我的主导意识为主引领其行为，其目的往往是具有突出特质的某处节点或建筑，例如遗址本体的陈列展示、遗址博物等。

按设计游线移动与有目的的位移类游客类似，都能够以自身意识为主导，行为目的明确，二者区别在于过程本身为目的的移动类游客更加注重景观环境的整体氛围、空间连接度、序列性等，而非某一具体点位，对遗址文化的体验也有较大期望和需求。

随意移动类游客主要是进行休闲活动，按照行为发生的时间频率，这种休闲活动又可以划分为随机性休闲行为和规律性休闲行为。其中随机性休闲行为人群多为外地或本地距离较远的游客，在闲暇时段进行偶一游览，多表现为对遗址公园的空间体验、景观观赏、好奇认知等；规律性休闲行为人群主要是当地周边居民，长期会在固定地点和时间段内进行休闲活动，包括健身、散步等。除了场地环境，这类行为十分容易受到天气等自然因素的影响。

停滞或逗留行为是上述三类行为游客在游园过程中大多都会进行的，但其停滞逗留原因往往不同，包括休憩、驻足观赏、拍照、阅览等，这类人群往往可以根据自身需求选择合适的活动场所。

2　基于使用人群需求的遗址公园景观设计策略

遗址公园景观是一种人工与自然环境的结合，其环境的设计在很大程度上决定了行为的可能与否，同时对行为具有很大程度的决定作用，既能引导行为，也能阻碍或防止某些行为的产生[7]。将遗址公园的人群需求主要总结为文化、空间和心理三个方面，基于使用人群需求的遗址公园景观设计，将更有利于人与环境间的情感交流，体验文化信息。

2.1　文化需求层面

遗址公园的文化表达可依托于场所中的所有的物质、现象、人等内容要素，是核心场所精神的重要体现方式，表达方式主要可分为两个方向：一是基于遗址本体的直接展现；二是基于遗址文化的景观设计体现。将遗址文化应用于景观的营造，这种根植于本土文化和风土人情的景观设计不仅易于唤起当地人的认同感，也能使不同行为的人群在特定的空间中对同一处景观产生多样化的感受。

在基于遗址文化的设计中，遗址本体毫无疑问是其最具有可识别性的标志代表，其周围的形象构成往往是公园景观设计的核心。另一方面，在保持并强化这种特色内容的同时，通过设计的手段在公园的其他区域也安排一定的暗示和引导性景观，创造具有独特性的风格，作为对原有内涵的延伸。例如公共座椅、照明设施、导视系统、雕塑小品等，是面向大众使用频率最高的公众设施，可将符合遗址文化内涵的风格体现在设计中。通过这两点共同对人们进行遗址历史文化的宣传和教育，尤其强化无目的随意行为者对整个空间的认知感，引导他们进行遗址文化认知等活动。

2.2　空间需求层面

人与空间环境间互相影响的关系是环境行为学的研究重点之一，即人的主观行为活动受到所处环境中各种空间的影响，空间的客观条件制约并直接影响人的下意识行为活动，但同时人也会因为自身需求去改造、创造并制约环境的发展[9]。休闲行为是遗址公园的最为普遍性行为，休闲空间使用者以停滞或逗留状态人群和随意移动人群为主，同时也存在少量其他几种类型人群。由于休闲行为的发生与行为者在进行这项活动时的精神状态有着密切的联系，因而只有在身心都达到自由放松的状态时，休闲行为才能实现调剂人们生活节奏的功能。在休闲空间中，人们既需要保持对公共活动的参与感，即能够观看各类活动或参与其中，也需要有相对私密性的空间进行放松身心，不受外界干扰。对每个个体而言，其个人空间的习性受到年龄、性别、亲近关系、性格等多方面要素的影响[10]，因而当一座遗址公园同时包含私密性空间、半私密半公共空间以及公共空间时，能够更好地平衡不同人群的需求。

2.3　心理需求

在满足使用者心理需求的层面，遗址公园应根据自身的物质文化条件，去首要满足人们对遗址展示的需求。遗址展示空间区别于普通公共空间，应以展示遗址的历史文化内涵为首要目的，既可以是面状场地，也可以是线性空间串联全园。可利用这种环境诱导的方式影响不同动机人群的活动，一方面能够吸引有目的型游客的前来，满足他们在对人文精神上的需求，另一方面，对于目的模糊的随意移动类游客，也可通过一系列具有指引性的设计，去引导他们的意识需求，了解遗址所承载的历史文化信息，而不仅仅是休闲游乐。在遗址景观中，这种指引应更多地借助各景观元素的象征和暗喻，而非文本的形式的直接释义。

3 人的行为模式下的遗址公园设计实践——以怀安军古城遗址公园景观设计为例

基于人的行为模式的怀安军遗址公园景观设计，以不同使用人群的需求为出发点，将遗址景观环境对使用人群行为的影响研究运用至设计实践，以探究富有人性化的遗址景观设计方法（图 1）。

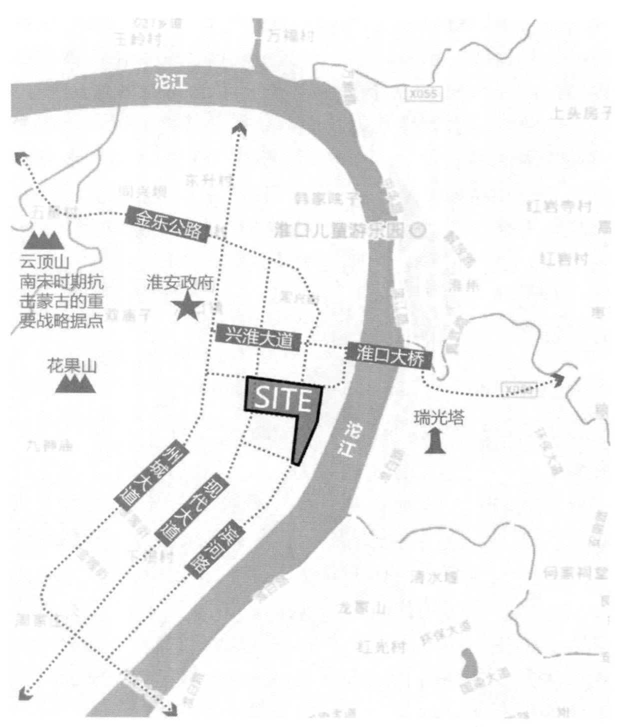

图 1 怀安军遗址区位关系图

3.1 场地概况

怀安军是一座史料止于南宋末年的古城，近年来随着考古工作的进展而得以重现于世。通过对 9000 余平方米的重要遗迹进行发掘，不但发现了城门、城墙、排水系统、寺庙、民居等遗址，还出土了大量瓷器、陶器、石刻、印章、铁器和钱币等遗物，时代以南宋为主[12]。城址位于四川成都金堂县，距离成都市区约 48km，东临沱江，隔江屹立着南宋时期的瑞光塔；向西不远处为有名的云顶山，是南宋时期抗击蒙古的重要山城之一[13]（图 1）。

3.2 设计策略

基于对遗址公园中游人行为模式的研究，结合怀安军古城的考古发掘情况，怀安军遗址公园景观提出“尽揽林光水色，秉承历史淮口”的设计理念，以史为鉴，以林养生，利用景观设计体现遗址历史文化的同时为当地居民提供休闲游憩场所（图 2）。

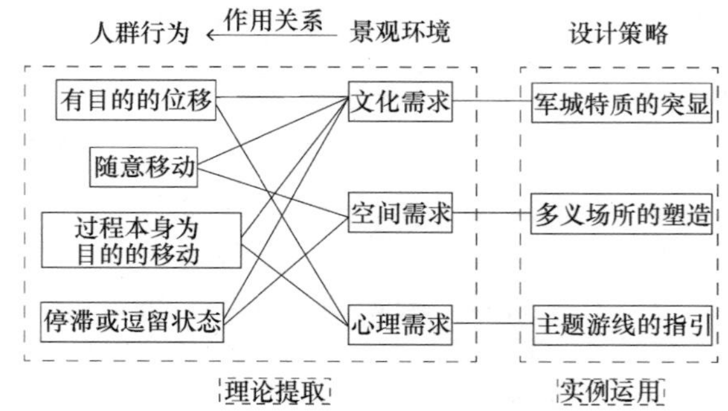

图 2 人群行为与遗址景观关系图

3.2.1 突显军城特质——挖掘遗址文化价值

作为一座在宋蒙之战中抗击蒙军超过半个世纪的军城，即使其史料记载止于南宋，现存地上遗址较少，但当地居民对军城的认知程度高，对包括怀安军在内的八十余座山城所组建的山城防御体系怀有深厚感情[14]。基于对史料的梳理和解读，设计以军城文化作为贯穿全园的主题，充分挖掘、传播遗址的文化价值。

军城文化的表达一方面以遗址博物馆为主载体，通过出土文物的展示，承担系统全面地向公众展示和传播怀安军的历史文化内涵的作用。其中，遗址博物馆主建筑简洁凝练的建筑形式是对宋代兵器、军城、传统民居等意象的抽象化处理，立面采用形似古代兵器、铠甲的石材搭接而成（图 3），博物馆外环境以象征护城河的线性水轴串联景观与建筑空间，反映怀安军城发达的排水系统；结合两处入口广场中的椎体抽象雕塑象征山脉，象征怀安军城山环水抱的关系。

图 3 怀安军遗址博物馆

另一方面是将全园公共设施与遗址文化的结合，使它们成为重要的视觉传达媒介，以其所表现出的内涵和象征对每个普通民众产生潜移默化的影响，引导随意移动类游客进行更加深层次的游览，也为有目的的位移人群和按设计游线移动人群提供指引作用。怀安军遗址公园的导视、照明系统设计提取宋代兵器的形式语言，以简洁流畅的不规则线条把它们“物化”成具体实在的景观符号，也是博物馆建筑在空间构成上的呼应（图 4）。在这一过程中，景观设计成为辅助使用者读懂遗址环境内涵的手段，而文化则通过这种手段得以体现[16]。

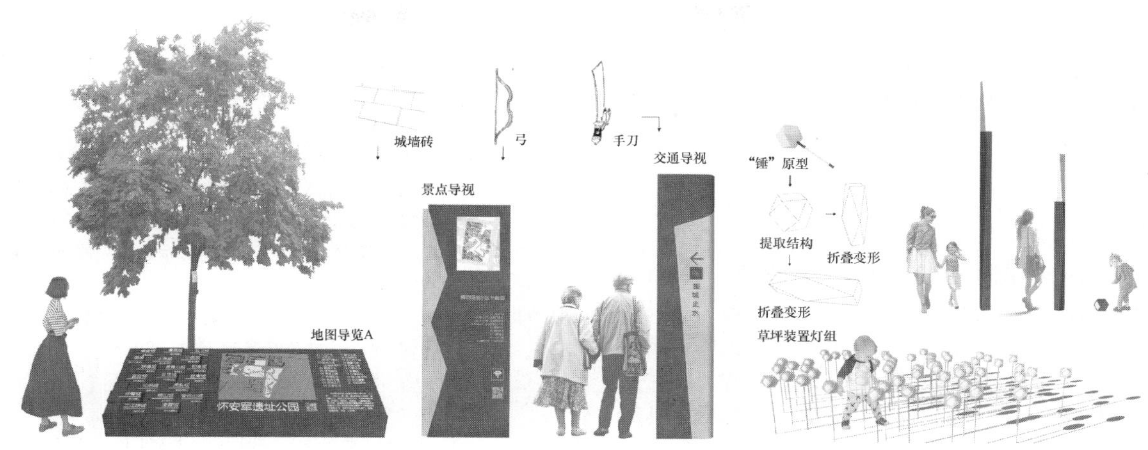

图 4　导视、照明系统设计

3.2.2　塑造多义场所——丰富节点空间

对每个个体而言，其个人空间的习性受到年龄、性别、亲近关系、性格等多方面要素的影响[10]，多义性的场所能够以多方式传递同一信息给不同使用者[11]，更加广泛地适应不同目的的活动人群需求，也让使用者能对它们仁者见仁、智者见智。在寻求私密性与公共性空间在数量上达到平衡的基础上（图 5），怀安军遗址公园通过留白、传统形式的再生等手法设计多义性空间，使不同目的需求的停滞、逗留类人群可选择相应的活动空间。例如景观节点"天空之印"是运用留白手段创造出开敞式的公共性空间（图 6），由于军印是遗址重要出土文物之一，设计中采用抽象简化的手段将印有方篆体"怀安军遗址公园"的印章雕塑阵列排放于镜面水池之中，让传统、具象的实体形式得以再生，也使游人与雕塑保持适当空间距离的同时又存有关联，这种留白式的疏离感能够引发游人关于场所意象的更多思考。

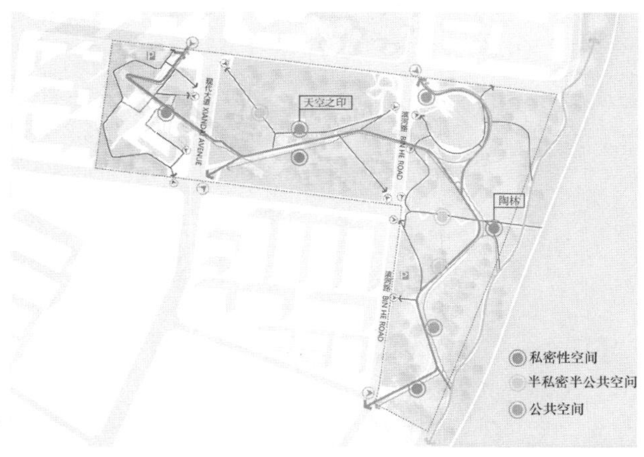

图 5　空间关系分布图

图 6　天空之印

3.2.3　主题游线指引——串联公园结构

在全园整体空间结构的组织上，以城郭—军事—民俗的主题为串联全园的游线，将公园分为城池印象、军事战争、军事守备、市井民俗四个主题游览区，以富有节奏和秩序的空间序列，使游人在游览中保持流畅感和趣味感，并引导他们在游览路线中了解怀安军以及四川山城体系的历史演变过程（图 7、图 8）[15]。不同游览区在环境

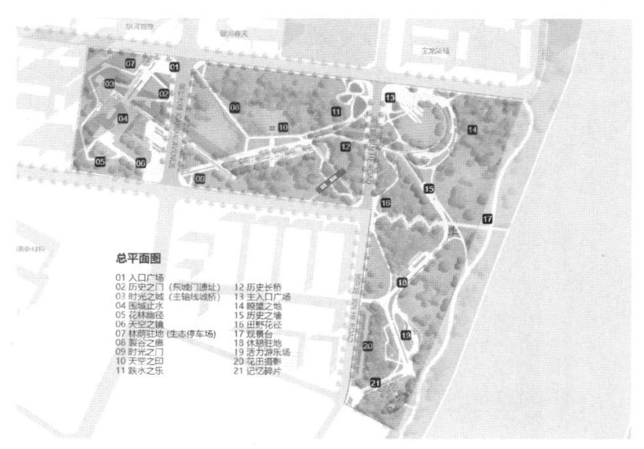

图 7　怀安军遗址公园总平面图

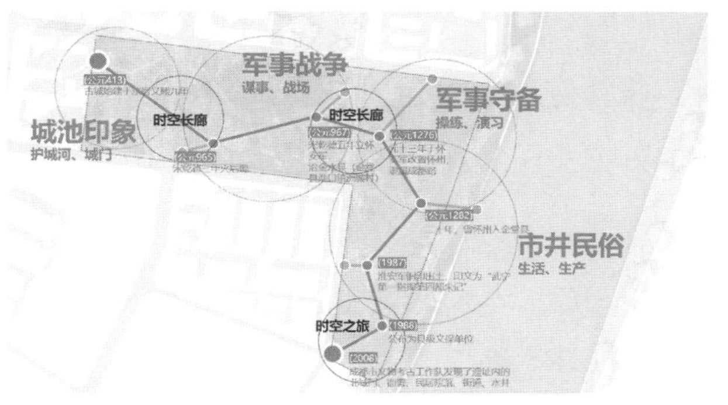

图 8　时空序列游线图

氛围、空间类型等方面变化显著，使按设计游线移动类人群能够在游线中完整体现怀安军的历史文化时空序列，随意移动类游客也能从中对遗址文化有所察觉，在富有节奏感的景观流线进行游览活动。

4　结语

对人的行为模式的初探是进行人性化设计的基础，可以发现设计者在很大程度上决定了大众的行为。以怀安军古城遗址公园设计为例，对环境行为学在风景园林场地设计中的应用进行了探讨。场地设计与行为研究是较为复杂的课题，针对遗址公园景观的设计需要以具体问题具体分析，例如地上遗址与地下遗址无论在保护还是利用方面都存在巨大差异，设计的侧重点也有所不同。如果能够设身处地的从人的角度出发，并且做到对场地有全面的调查和研究，将更有助于设计师创造出功能良好的宜人空间。

参考文献

[1]　苏光子．基于使用行为维度的公共空间调查研究——以北京三里屯太古里为例[J]. 中国园林，2015，(12)：75-79.

[2]　李斌．环境行为学的环境行为理论及其拓展[J]. 建筑学报，2008，(2)：30-33.

[3]　林玉莲，胡正帆．环境心理学[M]. 北京：中国建筑工业出版社，2006：203.

[4]　张毅，邱建，贾玲利．金沙国家考古遗址公园开敞空间利用研究[J]. 西南大学学报：自然科学版，2016，(9)：71-78.

[5]　任斌斌，李延明，卜燕华，等．北京冬季开放性公园使用者游憩行为研究[J]. 中国园林，2012，(4)：58-61.

[6]　戴菲，章俊华．规划设计学中的调查方法 4——行动观察法[J]. 中国园林，2009，(2)：55-59.

[7]　保罗贝尔，托马斯格林，杰弗瑞费希尔，等．环境心理学[M]. 北京：中国人民大学出版社，2009：51-63.

[8]　赵元月．基于环境行为学的广州市近郊住区散步环境研究[D]. 广州：华南理工大学，2012.

[9]　朱晓渭．基于考古遗址公园的城市文化生态系统研究——以西安市为例[J]. 人文地理，2011，(2)：112-115.

[10]　李道增．环境行为学概论[M]. 北京：清华大学出版社，1999：28-30.

[11]　王鹏强．基于环境行为学的城市历史街道景观更新改造研究[D]. 西安：西安建筑科技大学，2018.

[12]　陈四四．淮口地下暗藏宋代军事州城[N]. 四川日报，2008-07-18(C03).

[13]　索德浩．"怀安军"城的调查与发掘[J]. 中国文化遗产，2015，(6)：38-43.

[14]　薛玉树．宋元战争中四川的宋军山城及其现状[J]. 四川文物，1993，(1)：27-34.

[15]　张妍，李宇宏．皇城根遗址公园空间环境行为组织探析[J]. 南方建筑，2017，(3)：51-57.

[16]　翟天然．环境行为学视阈下的互动景观设计研究[D]. 南京：东南大学，2015.

作者简介

余翩翩，1995 年生，女，汉族，湖北荆门人，硕士研究生，西南交通大学建筑与设计学院。研究方向：风景园林规划设计。电子邮箱：piaopiaoyu3@gmail. com。

贾玲利，1978 年生，女，汉族，工学博士，西南交通大学建筑与设计学院，副教授。研究方向：地方传统园林保护及现代地域景观。电子邮箱：jialingli@163. com。

夏战战，男，工学硕士，四川省建筑设计研究院设计五院，景观设计师。研究方向：风景园林规划设计。电子邮箱：332180384@qq. com。

基于生态考虑的城市景观照明设计与指标控制体系研究
——以上海徐汇滨江为例

Urban Landscape Lighting Design and Index Control System Based on Ecological Consideration
—Taking Xuhui Riverside as an example

陈敏思　邢春晖　戴代新*

摘　要： 本文通过文献综述，以确立城市景观生态照明价值取向为出发点，指出光污染防治、生物环境和谐、高效节能设计3个基于生态考虑的方面。对比国内外生态照明设计实践与控制指标，以上海徐汇滨江的景观照明设计为研究对象，提出基于场地设计尺度与生态考虑导向的滨江景观照明设计原则、空间布局分级控制以及定性与定量结合的照明控制指标体系，并以此作为依据，对目前徐汇滨江的照明提出改进建议。期望指导城市景观的照明规划设计，为夜间光环境评估提供控制标准与方法。

关键词： 景观照明设计；生态照明；控制指标；光污染

Abstract: Based on the literature review, this paper points out three aspects based on ecological considerations: light pollution prevention, biological environment harmony, and high efficiency and energy conservation design. Compare the practice and control index of ecological lighting design at home and abroad. Taking Xuhui Riverside of Shanghai as an example, this paper puts forward the lighting design principle of riverside landscape, hierarchical control of space layout, and qualitative and quantitative lighting control index system based on ecological consideration and site design scale, also puts forward some suggestions for improving the lighting of Xuhui Riverside, hoping to guide the lighting planning and design of urban landscape, and providing the control standard and method for night light environment evaluation.

Keyword: Landscape Lighting Design; Ecological Lighting; Control Index; Light Pollution

1　背景

1.1　照明设计与环境伦理思想变化

20世纪60～80年代，环境意识觉醒。从90年代初便提出了绿色照明概念，到了21世纪初由国际照明设计师协会（International association of Lighting Design，简称IALD）提出可持续照明设计（sustainable lighting design），从前者“提高光的应用效率从而减少发电对环境的污染”，到后者的“人造的光环境对周围物理环境的影响应该是最小的”（Mark Loeffler，LC）[1,2]，再到现今兼顾周围自然环境与物种保护的具有生态意义的照明设计。我国2010年通过《城市照明管理规定》的政策支持，部分城市照明工程开始采用合同能源管理模式，成为实现我国城市绿色照明的手段。这样的变化不仅仅源于技术的变革，更是源于环境伦理思想的变化。

1.2　光污染对生态系统服务的影响

随着生态理论的发展，光污染逐渐受到重视。光污染被认为是侵蚀生态服务系统背后的重要原因，它影响了生态服务系统的供应（如感光物种和基因型的消失）和调节（如夜间传粉的下降）[3]。随着世界变得越来越亮，尤其是在接近高照度的市区过度的人工光线照射，会改变夜行动物的生长发育、扰乱植物的正常活动规律。这些现象与人类的可持续发展相违背，破坏了生态系统的平衡状态[4]，说明目前迫切需要从生态考虑视角研究夜间光环境评估与城市景观照明设计的方法。

1.3　缺乏场地设计尺度的照明设计指导

在针对光环境的生态效益进行照明设计探索的研究中，多数是关于建筑室内自然光的运用、基于生态考量的大尺度保护区夜景照明规划、节能环保智能灯具的设计。缺乏景观设计实践、场地设计尺度下的生态照明指导，考虑有哪些具体的照明指标会影响生态环境。而滨水景观作为城市室外空间的代表，夜间使用率越来越频繁，因此也带来一些生态问题：①过度照明对植物生长、动物习性的影响，并尤其影响水中动植物生物节律，同时干扰水质，破坏水体生态环境[5]；②照明投射角度产生的眩光影响人夜间出行的安全，甚至让人感到眩晕。本文通过文献与案例研究，结合上海徐汇滨江目前的景观照明设计，以此为契机探讨什么样的室外夜间照明设计才符合生态考虑。

2　基于生态考虑的照明设计

2.1　光污染防治

光污染不是以确定的光线的量的多少界定的，而是考察出射光线是否对环境产生负面的影响，不能单纯根据一个区域或一个照明设备的亮度水平或出光量来评价光污染[6]。光污染的形式包括：①眩光污染（反光材质形成的白亮污染）；②人工白昼（持续的光源影响动植物生命光周期、产生大量无效热能）；③彩光污染（过量的彩色光源能够产生辐射污染、眩光污染、频闪污染，使人感到头晕目眩，甚至会出现恶心呕吐、失眠等症状，还容易产生烦躁、焦虑等）[7]。

在照明设计同时进行防治光污染的做法包括：①划分区域空间，划分适宜的照明等级；②应合理控制照度、投射角度。夜间照明加装防逸散装置，也可加装漫射玻璃、格栅、遮光板等以降低光照强度、改变光照方向。可适当搭配园林植物，利用植物把直射光和反射光变为散射光和漫反射，降低光源的光通量和照度，或利用植物形成封闭或者半封闭的空间，遮蔽照明灯具的溢散光；③选择适当的光源。多使用高压汞灯、LED灯、高频无极灯等高光效、低发热的光源，不用或少用白炽灯等光效低的光源。

2.2 生物环境和谐

2.2.1 植物与光环境

每种植物所能承受的环境参数阈值是由自然光唯一确定的，而夜间人工照明的出现恰恰改变了这种原生态光环境[8,9]。根据研究表明，不当的人工照明对植物的影响包含以下：①破坏植物生长的节律及光合作用；②导致植物花芽过早形成（由于长时间、大强度的夜间灯光照射）；③对植物外观产生影响（由于植物的光周性 、屈光性、趋光性和分光灵敏性等）；④植物对某些光谱尤其敏感（3个明显的波段是380～500nm的蓝、600～700nm的红和700～800nm的远红外）。

在进行植物照明时，需要注意：①根据植物对光反应程度的不同，需要根据场地划分植物类型，再进行下一步的定量控制（例如根据光强分为喜光、耐阴、阴生植物；根据日照时长分为长日照、中短日照、日中植物等）；②光源照度定量控制：根据植物光强分类，喜光上限3000lx，耐阴上限2000lx，阴生上限1000lx；③光照时长定量控制：长日照植物——花果期5～8月为4.95h、其余花果期为5.98h，中短日照植物——花果期5～8月为2.95h、其余花果期为3.98h；④光源定性控制：光源的投射方向及照明效果[9-11]。

2.2.2 动物与光环境

过度的人工光线照射可能会改变夜行动物的生长发育，扰乱动物的正常活动规律，甚至导致物种濒临灭绝与发生变异等。不当的人工照明对动物的影响包含以下：①误导动物夜间定位（对周围环境的照度反应，鸟类尤为明显）；②引起动物行为异常（光溢散的后果）；③对昆虫的诱引（对光源亮度的反应）；④其他动物趋光行为的影响；⑤对动物夜间沟通的影响（靠视觉进行沟通的动物）；⑥对动物取食行为的影响（水中食物链产生变化）[4,17]。

目前关于动物方面的生态照明设计研究大多都是定性描述，暂无定量的系统研究。根据已有研究，有以下几种方法可以改善照明对动物的影响：①改变光束的强度和类型，将持续或回旋式的光束改为闪光性或间歇性的灯光系统；②减少不必要的彩光照明；③改善光源特性，尽量避免眩光[4,12,13]。

2.3 高效节能设计

生态照明理念包含4个核心，即节能、健康、人性、艺术，完整的生态照明内涵应包含高效节能、环保、安全、舒适4项指标[14]。朗波尔光电创造性提出的“生态照明”这一价值理念，除了“以人为本”为基本，还由此衍生出健康化、节能化、人性化、艺术化这四个核心价值[15]。基于生态考虑视角的景观照明设计，非常重要的一点在于环保节能，其中包括：①智能灯具，使用利用太阳能、风能等能源的新型节能灯具；②智能低碳的照明系统，计算机集成控制，智能化控制达到节能效果，数控化的智能景观照明系统为园林夜景照明设置合理的运行时间、运行模式和运行群组[16]。

3 生态照明实践与指标控制

选取国内外5个生态照明实践，提取其预期目标、设计时的具体指标和案例特色，以期为城市景观照明设计提供生态考虑下的理论方法和控制指标参考（表1）。

国内外生态照明规划设计实践　　表1

案例		预期目标	具体指标	特色
国外	新加坡滨海湾花园照明规划	有机和环保照明	① 可持续和负责任的有效使用光源（金属卤化灯、LED光带） ② 避免光线溢出和过量（备有管状眩光盾的对称投影仪）	① 照明与自然和建成环境融为一体 ② 创新性的照明环保科技成果
		交互式照明	① 空间节奏（杆状灯、短柱灯和只供指引方向的细小元素） ② 中央智能照明控制系统	

续表

案例		预期目标	具体指标	特色
国内	上海市景观照明总体规划	节能环保	① 亮度、色温、动态照明、彩光应用、光污染的分区控制 ② 推广应用高效节能的光源灯具和智能控制系统	① 专业化、系统化的统筹 ② 明确提出建立景观照明总体规划实施效果评估机制
		整体协调创新发展	打破行政分区的概念，统筹全市夜景布局	
	上海世博会浦东场地公共空间夜景照明设计[17]	高效节能	① 高效节能光源的选用 ② 散光眩光污染的积极控制 ③ 绿色照明技术的应用和示范	①“点、线、面”结合，多层次、网络化 ② 照明“显隐关系”的提出，体现生态人文关怀
		生态世博	对照度、亮度、色温的照明指标控制，避免影响动植物	
	颐和园照明生态研究[12]	生态照度等级分区	① 基于动植物光习性的照度、光源种类、光照方向、时间 ② 照明分区限制指标	将照明对生态环境的影响量化分析，指导照明方案的设计
	武夷山九曲溪照明工程[2]	落实绿色生态照明	① 照明光谱成分分析 ② 照度水平、光照时间与周期的控制 ③ 节能光源、高效灯具、供电能源的选择	把生态的保护放在首位，最大程度保护生态环境

4 徐汇滨江照明与指标控制体系

4.1 徐汇滨江照明现状

本次进行研究的选段位于上海市徐汇滨江东段以及部分南园滨江，本文统一称为徐汇滨江选段，河段长度将近 1.5km。在现场调研过程中，发现徐汇滨江灯光种类较齐全，沿岸出现频闪灯、大型彩灯，适合作为研究对象，进一步考察场地内的照明设计是否满足生态考虑。

4.2 指标控制体系

4.2.1 景观照明设计原则

根据文献和案例研究，总结出从生态考虑出发、较为全面的上海滨江景观照明设计的控制原则：①高效节能可持续。从能耗的角度考虑，力求照明环保，无生态污染；②生物环境和谐共生。从夜间光污染的角度考虑，将夜间照明对于生物环境的影响减小到最低；③滨水特色与安全舒适。与滨水景观的空间布局对应，考虑照明空间分级控制，并从人性化的角度考虑，在对生态环境影响最小的情况下保证人的安全和舒适。

4.2.2 空间布局分级控制

照明在灯光布点前，需要先考虑场地的灯光分级分区，其原因包括：①考虑到灯光能耗，需要在亮度上分级把控；②考虑照明对动植物的影响，需要在照度、色温、波段等指标上分级把控；③考虑上海滨江场地形态，需要根据线性形态进行分级把控。

本文根据这三个方面的考量，将照明分级分为滨水步道带、岸线轮廓带、绿地腹地带，并提出分级控制（表 2）。

4.2.3 指标控制体系

结合前文景观照明的生态考虑方面与生态设计实践，将具体的指标与设计原则对应（图 1），目的在于理清指标所能满足的生态考虑下的照明设计目标原则，并且进一步将灯具分为场地灯光、道路灯光、绿化灯光、水景灯光、小品灯光五类，确保场地中的灯具有指标对应，并且区分成“点、线、面”进行不同的控制。

结合《上海景观照明总体规划》《景观工程设计》，综合文献研究，得到更加具体的指标控制标准（表 3）。

滨江照明空间布局与分级控制 **表 2**

分级	分级依据	亮度控制	色温与波长控制	动态照明与彩光
滨水步道带	一级灯光。是人群较为密集、主要由硬质场地构成的区域，距离上考虑灯光对植物影响较小	亮度最高	应为人眼适应的 6000K 左右的黄白光，并避免眩光，以便人群使用	可以适当结合滨水活动点缀彩光和闪频较低的动态照明，增加滨水特色
岸线轮廓带	二级灯光。该区域灯光主要对水中生物以及夜晚飞行的候鸟有所影响	亮度适中	亲水平台区域应为人眼适应的 6000K 左右的黄白光，并避免眩光	应避免对候鸟活动有影响的彩光和闪频较低的动态照明

续表

分级	分级依据	亮度控制	色温与波长控制	动态照明与彩光
绿地腹地带	三级灯光。该区域灯光与植物密切相关，夜间应主要考虑对植物的影响，并且最低限度保证使用安全和舒适	亮度较低，在时间上考虑亮度降低	避免波长红光和蓝光的使用，以免加长光合作用时间，干扰植物生长	可以适当结合活动区域点缀彩光和闪频较低的动态照明

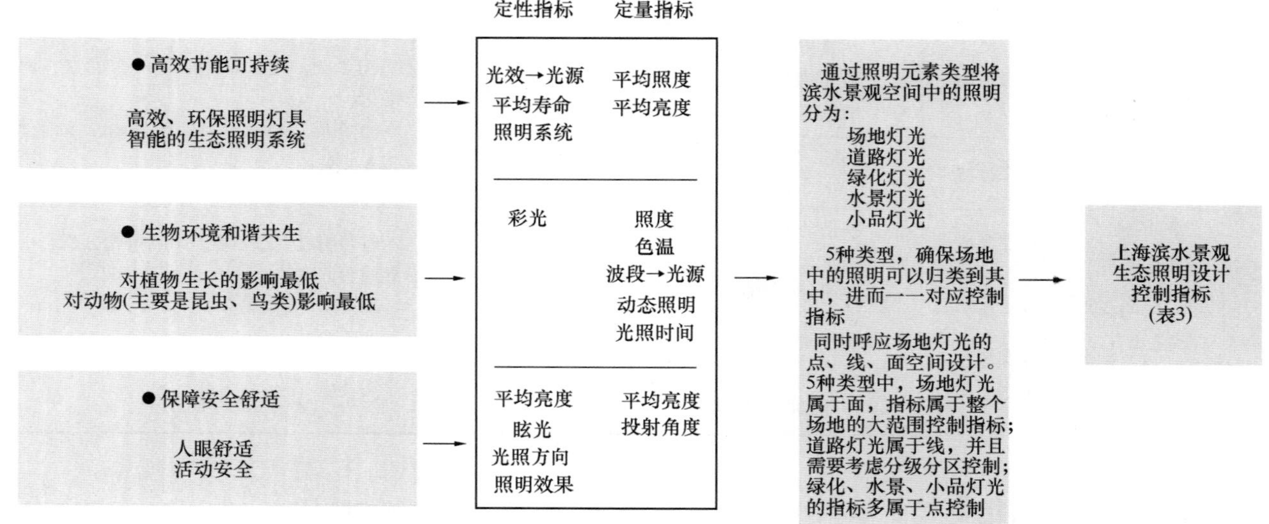

图1　基于生态考虑的照明原则与控制指标的对应关系

基于生态考虑的照明指标控制体系　　**表3**

照明元素类型	具体指标	指标解释	定性	定量	指标控制	指标来源
场地灯光整体控制（面）	光效（光源）（lm/W）	光源发出的光通量与它消耗的电功率之比	✓		积极推广高光效，长寿命的高压钠灯和金属卤化物灯；钠灯的光效可达120lm/W以上；金属卤化物灯光效可达90lm/W；LED光效可达100lm/W以上；除此之外还有直管荧光灯与紧凑型荧光灯	王维清，2014 林涛，2012
	平均寿命	50%的灯失效的寿命	✓		钠灯寿命12000h以上，甚至高达24000h；金属卤化物灯寿命达10000h以上；LED寿命长达30000h以上	
	平均亮度（cd/m^2）	光源在某一方向上的光亮度		✓	核心区域：20～35；重要区域：15～23；发展区域：13～23；一般区域≤10；禁设区域＝0（区域分类详见《上海景观照明总体规划》）	《上海景观照明总体规划》2017
	眩光	视野内有亮度极高的物体造成的视觉不舒适	✓		在景观光源位置、高度、类型、强度、投射范围等选择上应尽量避免眩光的产生，从而增加景观空间的安全系数	李瑞冬，2013
	光照方向	光源照射的角度	✓		尽量避免向上投光灯、地埋灯，这样很容易导致上照光污染，引起天空发亮，对那些依靠夜天光定位的动物不利，容易误导方向	刘鸣，2012
	动态照明	光源	✓		改变光束的强度和类型，将持续或回旋式的光束改为闪光性或间歇性的灯光系统等方式都可大大减少灯光对鸟类的吸引与诱导	刘鸣，2012
	彩光	多种色光的组合	✓		彩光严控区：不能设置；彩光控制区：不宜设置饱和度较高的彩光（区域分类详见《上海景观照明总体规划》	《上海景观照明总体规划》2017

续表

照明元素类型	具体指标	指标解释	定性	定量	指标控制	指标来源
道路灯光（线）	平均照度（lx）	场地内道路灯光所入射光的量（道路灯光总光束除以场地总面积的值）		√	滨江贯通绿道≤20；沿岸码头道路≤15；游径≤5	林选泉，贾晓海，史仲维，2010
	平均亮度（cd/m²）	道路灯光光源在某一方向上的光亮度		√	滨江贯通绿道≤0.75；沿岸码头道路≤0.75；游径≤0.4	
	色温（K）	光线中包含颜色成分的一个计量单位		√	滨江贯通绿道：4000～5000；沿岸码头道路：3000～4000；游径3000～4000	
绿化灯光（点）	照度（lx）	单位面积内所入射光的量（光束除以面积的值），表示场所的明亮度		√	喜光植物≤3000；偏喜光植物≤2000；偏阴性≤1000；阴生植物≤300	李农，2012
	色温（K）	光线中包含颜色成分的一个计量单位		√	中低色温为主，1900～3300；中间色温为主：3300～5300；中高色温为主≥5300（区域分类详见《上海景观照明总体规划》）	《上海景观照明总体规划》2017
	波段（光源）	不同光源发出不同波长的光，可见光波段380～780nm对植物主长有影响		√	喜光植物：全可见光波段，宜选用金卤灯、卤钨灯、汞灯、荧光灯、LED等； 偏喜光植物：可选红橙光、蓝紫光波段，宜选用金卤灯、卤钨灯、汞灯、荧光灯、LED等； 偏阴性：不宜选用红橙光，可选青蓝紫光、黄绿光波段，宜选用绿色金卤灯、卤钨灯、荧光灯、LED等； 阴生植物：不宜选用红橙光、蓝紫光，宜选用黄绿光波段，宜选用荧光灯、绿色金卤灯、LED等	李农，2012
	光照时间	夜景照明的光照时间		√	长日照植物：花果期5～8月＝4.95h、其余花果期＝5.98h；中短日照植物：花果期5～8月＝2.95h、其余花果期＝3.98h	李农，2012 万富云，2013
水景灯光（点）	光源种类	选择满足水下照明安全的光源	√		水下照明：宜选择石英卤素灯、12V PAR灯和LED灯等满足水下安全且相对节能的灯具	张金洪、林琪，2015
	投射角度	光源向下照明的投射角度		√	水上照明投射角度≤垂直线以外的35°，避免眩光	王维清，2014
小品灯光（点）	照明效果	光源的位置和瞄准角度	√		设定灯具位置和瞄准角度以减少眩光是十分重要的，常常会用到上照效果、月光效果、轮廓效果、聚光效果、投光效果等具体照明方式根据小品的主题、造型、材质等确定	李瑞冬，2013 王维清，2014

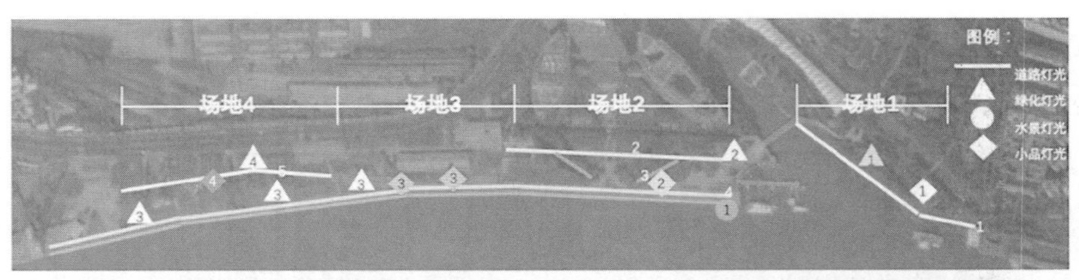

图 2 徐汇滨江灯具位置与夜间效果

徐汇滨江灯具指标 **表 4**

灯具类型		灯型	灯具指标	照射对象
道路灯光	道路 1	太阳能高杆灯	LED 灯、亮灯时间：根据当地日照情况 6～12h、连续工作阴雨 5～7 天	道路
	道路 2	LED 庭院灯	功率：45W、色温：3000K、防护等级：IP55	道路
	道路 3	LED 草坪灯	功率：13W、色温：3000K、防护等级：IP65	草坪、道路
	道路 4	LED 景观灯	防护等级：IP55	道路
	道路 5	LED 灯带	功率：60W、防护等级：IP65、外壳塑料、波长：585～595nm 黄白光	道路
绿化灯光	绿化 1	投光灯	功率：12W、色温：3000K、防护等级：IP65、光束角：30°、含防眩罩	乔木、灌木
	绿化 2	LED 照树灯	功率：12W、色温：3000K、防护等级：IP65、光束角：30°、含防眩罩	乔木
	绿化 3	LED 草坪灯	功率：12W、色温：3000K、防护等级：IP65、光束角：30°、含防眩罩	草坪
	绿化 4	投光灯	功率：12W、色温：4000K、防护等级：IP35、光束角：30°、含防眩罩	观赏草
水景灯光	水景 1	LED 灯带	功率：60W、防护等级：IP65、外壳塑料、变色闪烁	黄浦江
小品灯光	小品 1	LED 灯带	功率：60W、防护等级：IP65、外壳塑料、波长：460～470nm 蓝色光	扶手
	小品 2	LED 等带	功率：35W、防护等级：IP65、外壳塑料、波黄色光	座椅
	小品 3	LED 轮廓灯	LED 灯、防护等级：IP65	小品
	小品 4	投影灯	功率：15W、防护等级 IP65、投影距离 3～5m、全彩灯片	道路

4.3 评估与改进建议

文章选取指标控制体系中光源、炫光、光照方向、动态照明、彩光、色温、光照时间 7 个指标，对上海滨江中的徐汇滨江选段照明设备与照明环境进行了现场调研（图 2、表 4）。根据指标判断，进行选段的评估，并提出具体改进建议：①加入智能照明控制系统，夜晚可到一定时间后，改为声控感应；②减少徐汇滨江的动态彩光频闪，特别在沿江地带，以免影响鸟类夜晚迁徙，使鸟类失去方向。

5 结论与展望

照明对生态环境影响的研究是个非常复杂且需要长时间去研究的课题，本文由于时间、人力、知识覆盖面的限制，只是做了初步的工作。但生态照明的重要性越来越受到重视，未来可以考虑继续在以下几点展开的研究工作：①生态系统所受到的人工光污染影响的研究还很有限，还需要更加细致、专业的评定；②指标控制体系不仅仅可以应用于规划设计阶段的滨水空间照明设计、建成照明环境阶段的改进指导依据，还可以作为夜间光环境评估的指标层，考虑结合人的感受评价，进一步提出主观和客观结合的夜间光环境评估方法。

参考文献

[1] 胡华，马剑．可持续照明设计理念初探[J]．照明工程学报，2003(01)：46-50.

[2] 陈文成，陈大华，黄敏聪，等．绿色生态照明设计的探讨——武夷山九曲溪夜漂照明工程[J]．照明工程学报，2006(03)：51-55.

[3] 马俊涛，杨春宇，张志远，等．对光污染生态影响的关注与思考[J]．灯与照明，2015，39(04)：29-32.

[4] 刘鸣．城市夜间光污染对动物行为习性潜在影响的研究[C]//中国科学技术协会．中国科协第 249 次青年科学家论坛——照明对生态环境影响的量化观测与评价报告文集，2012.

[5] 段然，杨春宇，阳佩良，等．滨水人工照明影响水质的研究[J]．灯与照明，2016，40(03)：21-22+52.

[6] 吴训虎．光污染对城市园林植物的影响及应对策略研究[J]．城市住宅，2016，23(09)：85-87.

[7] 石坚韧，郑芳，李逸轩．虚实互动：水与光的一体化设计——水城杭州运河沿线夜景规划设计[J]．中国名城，2011(02)：23-27.

[8] 李农．植物照明的生态环保研究[C]// 中国科学技术协会．中国科协第 249 次青年科学家论坛——照明对生态环境影响的量化观测与评价报告文集，2012.

[9] 段然．城市园林景观照明生态性控制研究[J]．灯与照明，2012，36(2)：10-13. DOI：10.3969/j.issn.1008-5521.2012.02.004.

[10] 王维清．基于绿色照明理念下城市公园绿地夜景照明设计研究[D]．西安建筑科技大学，2014.

[11] 王钧锐．基于生态环保的植物照明设计研究[D]．北京工业大学，2013.

[12] 刘博．颐和园夜景照明光生态研究及调查实验[D]．天津大学，2007.

[13] 李媛．基于鸟类保护的夜间人工照明光生态研究综述[C]//中国科学技术协会．中国科协第 249 次青年科学家论坛——照明对生态环境影响的量化观测与评价报告文集，2012.

[14] 林涛．基于 LED 的生态概念照明技术及其应用[A]．浙江省照明学会、上海市照明学会、江苏省照明学会．2012(杭州)中国长三角照明科技论坛论文集[C]．浙江省照明学会、上海市照明学会、江苏省照明学会：浙江省照明学会，2012：4.

[15] 晨康．生态照明，谋求 LED 照明产业报国之路——朗波尔光电寻求差异化发展道路[J]．中国发展观察，2009(10)：63-64.

[16] 孟宇轩，段渊古，曹梦佳，等．园林景观中的光污染及其防治对策[J]．西北林学院学报，2014，29(03)：210-214.

[17] 林选泉，贾晓海，史促维．上海世博会浦东场地公共空间夜景照明设计[C]//上海浦东建筑设计研究院，2010 上海世博会照明应用论坛论文集，2010.

作者简介

陈敏思，1995 年生，女，汉族，海南人，同济大学建筑与城市规划学院景观学系在读硕士研究生。电子邮箱：minny_c@qq.com。

邢春晖，1994 年生，女，汉族，内蒙古人，同济大学建筑与城市规划学院景观学系在读硕士研究生。电子邮箱：1830132@tongji.edu.cn。

戴代新，1975 年生，男，汉族，湖南人，博士，同济大学建筑与城市规划学院景观学系、高密度人居环境生态与节能教育部重点实验室副教授、博士生导师。研究方向：景观遗产与文化景观、景观再生与可持续设计。电子邮箱：urbanplanning@126.com。

基于网络开放数据的城市公园使用评价及客流分析
——以北京玉渊潭公园为例

Urban Park Usage Evaluation and Passenger Flow Analysis Based on Open Data
—Taking Beijing Yuyuantan Park as an example

严庭雯　贾一非　李运远*　张　翔

摘　要：公园使用后评价能够对建成环境进行系统的信息反馈，是为公园提升以及今后的设计提供科学参考的重要方法。随着新数据环境的逐渐形成、数据分析技术的提升，网络开放数据成为获取使用者感知和反馈的重要手段。本文以北京玉渊潭公园为例，通过python自然语言处理和GIS数据可视化技术对数据进行解析，构建基于网络点评数据的评价因子系统，研究使用者评价热度、满意度以及时空因素对公园吸引力的影响，并提出公园物质空间、活动打造、管理运营等方面意见。本研究科学地挖掘了大数据潜在优势，缩短城市绿地空间的监测与反馈时间，为城市绿地建成后物质空间与管理运营的提升提供参考，探索大数据在风景园林规划设计评估上的应用。
关键词：开放数据；评价因子；满意度；Python；数据可视化

Abstract: Post-occupancy evaluation of urban green space provides systematic feedback on the built environment, and is an important method for providing scientific references for park upgrading and future design. With the gradual formation of new data environment and the improvement of data analysis technology, open data has become an important channel for obtaining user perception. Taking Beijing Yuyuantan Park as an example, this paper analyzes the data through Python natural language processing and GIS data visualization technology, and builds an evaluation factor system based on open data. In this way, the user's evaluation theme, satisfaction, and the influence of time and space factors on the attraction of the park are studied, and opinions on the park's material space, activity creation, management and operation are proposed. This research scientifically explores the potential advantages of big data, shortens the monitoring and feedback time of urban green space, provides reference for the improvement of material space and management operation after the completion of urban green space, and explores the application of big data in the performance evaluation of landscape architecture planning and design.
Keyword: Open Data; Evaluation Factor; Satisfaction; Python; Data Visualization

1　研究背景

公园使用评价是从使用者角度出发，通过深入分析以往设计决策的影响及设施的运作情况来为将来的设计提供坚实的基础[1,2]。随着信息技术不断发展，由大数据和开放数据构成的新数据环境正逐渐形成，而网络开放数据相对传统数据而言，具有样本量大、动态性、时效性、精细化、多样化特点，在个体行为捕捉、样本容量、研究尺度、趋势预测、规律发现等方面更具优势[3-5]，极大地弥补了传统问卷调查等传统研究途径的滞后性和样本小的不足。

目前将大数据运用于公园使用后评价的研究较少，对单个公园展开的研究集中于城市公园或旅游景区评价指标体系构建、形象感知、满意度、等方面。如党荣安等人基于互联网、物联网、GIS技术，对旅游景区的资源环境、基础设施、游客活动等进行系统的感知和可视化管理[6-8]；付业勤等人基于游客点评数据与词频技术进行评价主题分析，以探究游客对主题公园、旅游地形象感知及满意度调查[9]；王鑫、李雄基于高德指数与词频分析技术对北京多个森林公园社会服务价值进行评价[10]；蒋鑫、吴丹子等人利用网络点评数据对四个园林展会后使用状况进行评价指标与评价体系研究[11]；研究发现，通过结合网络开放数据构建公园评价系统能够较全面、深入地分析公园内部物质环境、承载活动类型、经济因素以及公园外部空间的使用状况。

本文将从使用者角度出发，通过python自然语言处理和GIS数据可视化技术对网络开放数据进行解析建模，构建基于网络点评数据的评价因子系统，研究使用者评价热度、情感倾向以及时空因素对公园客流的影响，辅助城市公园规划建设和管理服务。

2　研究框架

2.1　研究对象选择

玉渊潭，又名钓鱼台、八一湖，经历皇家苑囿、水产养殖、城市公园的历史转变，2010年被评为国家AAAA级景区。公园规划总面积136.69hm²，其中水域面积61hm²，绿化覆盖率达到95%以上，主要景区为樱花园、引水湖景区、中山岛、留春园等。园中最负盛名的樱花园，栽植山樱、青肤樱、染井吉野、杭州早樱等将近20个品种，近2000株樱花，是国内最大的樱花专类园之一。玉渊潭公园因其园区规模大、功能丰富、景色优美、特色鲜明，一直是各类点评网站游客评价的热门景点，自2010年起网络评价数量迅速增长，为研究提供了较多的评价语料。

2.2 研究数据与方法

本文评价体系研究分以下几个步骤，见图1。

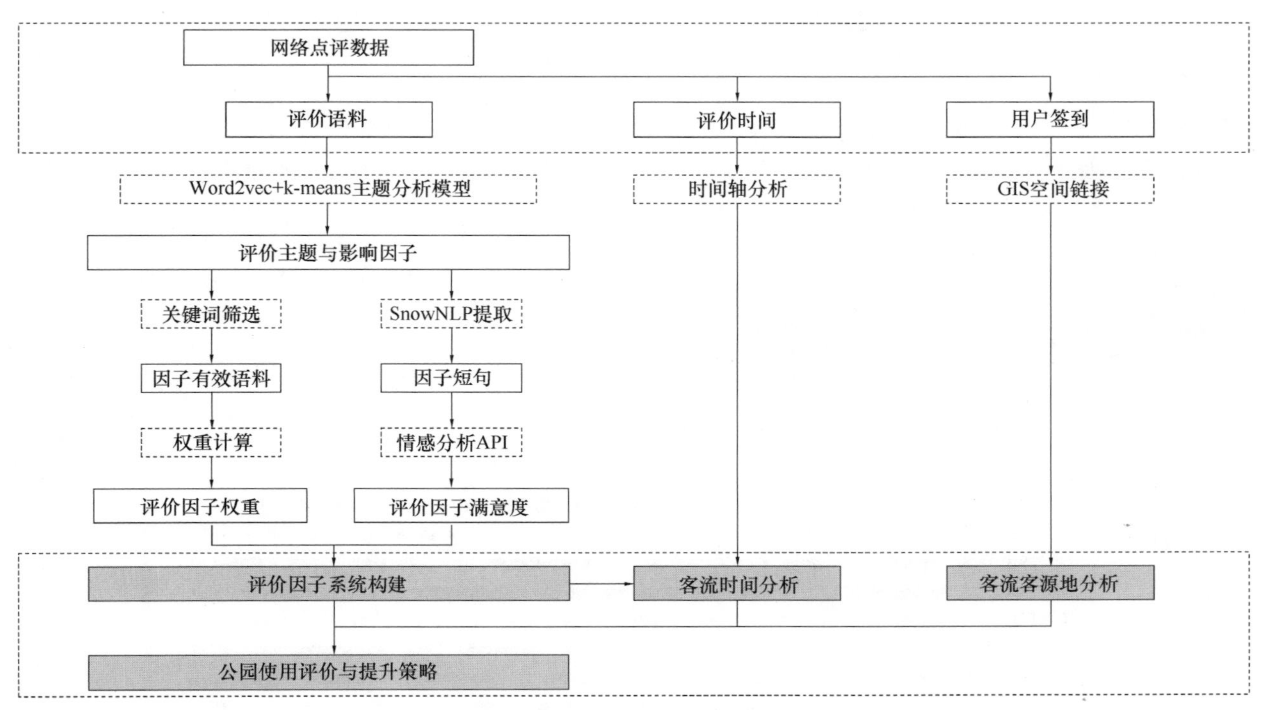

图1　研究数据与方法流程图

2.2.1 数据采集与预处理

本研究原始数据源自网络点评网站，使用网络爬虫技术对使用评价文字内容、评价时间、使用者所在城市、生日、婚姻状态、历史签到数据进行爬取，最终得到2015年底至2018年底共2893条有效数据。并对采集的数据进行预处理，包括对语料进行去重、查异、jieba分词、停用词筛除等。

2.2.2 基于python自然语言处理的使用评价模型

为探究非结构化评论语料的潜在逻辑，取代传统的人工标注，一采用python机器学习自然语言处理中Word2vec词向量训练与K-Means语言自动聚类模型，再结合专家意见的方式对文本进行评价因子系统构建，得到5大主题与17个因子权重表，并将各主题关键词按词频进行词云图可视化，如表1、图2所示；二通过调用百度AI平台机器学习自然语言处理模块中情感分析API，对各评价主题与因子对应语料进行情感探测，探知景区使用者的情感倾向，如表2、图3所示。

Word2vec模型属于浅层神经网络的一种，将文本内容映射为高维向量空间中进行运算[12,13]，由上下文关系预测词语相似度，再结合k-means聚类模型根据欧式距离将同一主题词语归类[14]。

评价主题与影响因子权重表　　表1

主题	因子	条数（条）	权重
1 经济性	1.1 门票物价	944	36.83%
2 可达性		1036	40.42%
	2.1 交通条件	1007	39.29%
	2.2 停车设施	174	6.79%
3 景观环境		2473	96.49%
	3.1 景区规划	584	22.79%
	3.2 植物景观	2251	87.83%
	3.3 水景观	974	38.00%
	3.4 其他环境因素	1243	48.50%
4 节事活动		2126	82.95%
	4.1 休闲节事	1954	76.24%
	4.2 特色节事	1171	45.69%
5 设施管理		688	26.84%
	5.1 管理服务	85	3.32%
	5.2 设施设备	633	24.70%

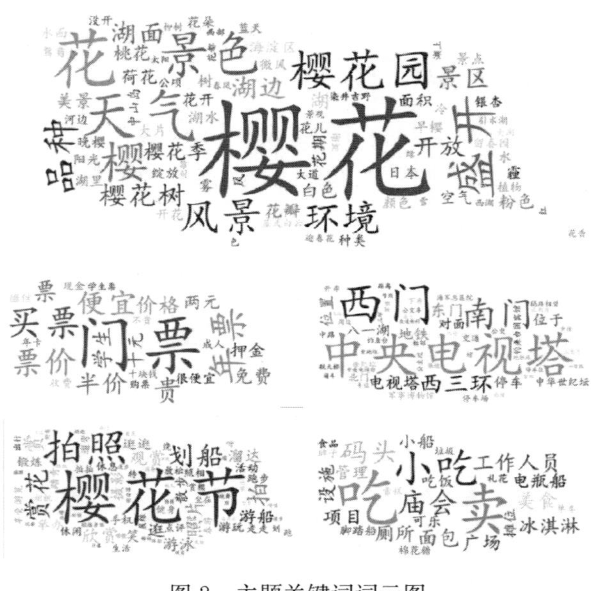

图 2　主题关键词词云图

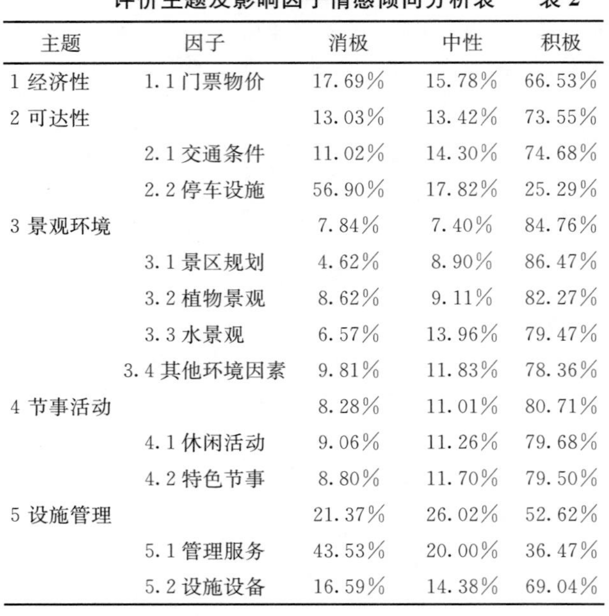

评价主题及影响因子情感倾向分析表　　表 2

主题	因子	消极	中性	积极
1 经济性	1.1 门票物价	17.69%	15.78%	66.53%
2 可达性		13.03%	13.42%	73.55%
	2.1 交通条件	11.02%	14.30%	74.68%
	2.2 停车设施	56.90%	17.82%	25.29%
3 景观环境		7.84%	7.40%	84.76%
	3.1 景区规划	4.62%	8.90%	86.47%
	3.2 植物景观	8.62%	9.11%	82.27%
	3.3 水景观	6.57%	13.96%	79.47%
	3.4 其他环境因素	9.81%	11.83%	78.36%
4 节事活动		8.28%	11.01%	80.71%
	4.1 休闲活动	9.06%	11.26%	79.68%
	4.2 特色节事	8.80%	11.70%	79.50%
5 设施管理		21.37%	26.02%	52.62%
	5.1 管理服务	43.53%	20.00%	36.47%
	5.2 设施设备	16.59%	14.38%	69.04%

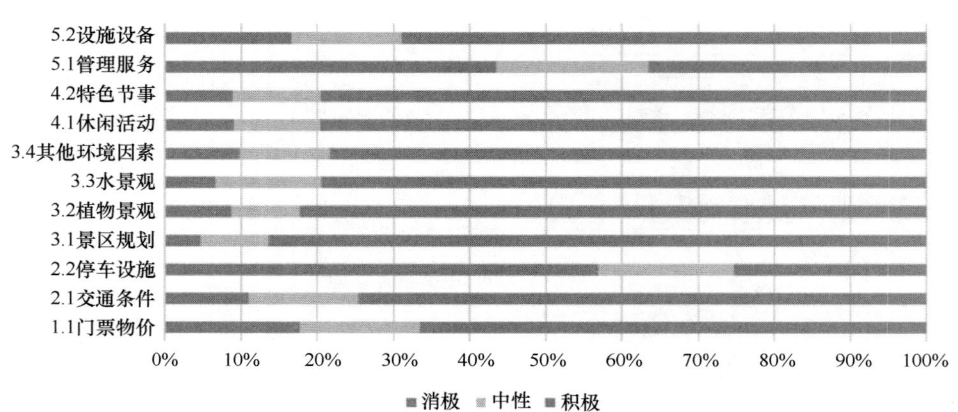

图 3　使用者评价情感倾向

2.2.3　客流时空研究

为探究玉渊潭公园的客流时间特点和客源地分布，通过对使用者评价进行时间轴分析，得到评价数量及满意度随时间变化规律，如图 4、图 5 所示；通过对 2018

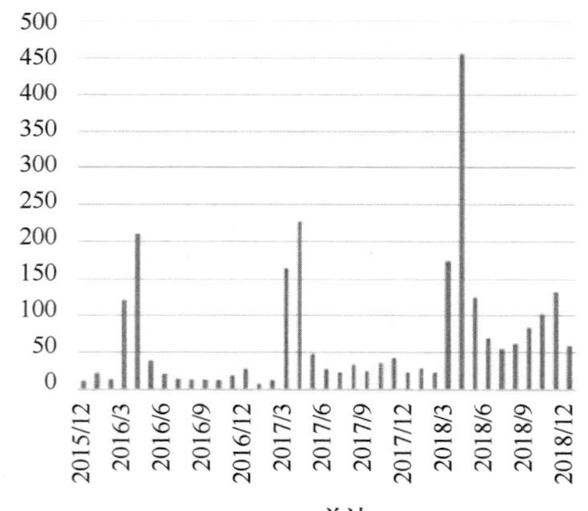

图 4　评价数量时间变化分析

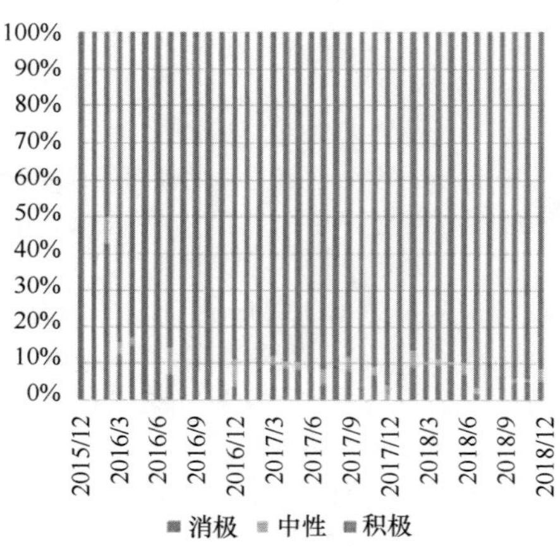

图 5　评价满意度时间变化分析

年 1632 个公园评价者的日常活动区域进行研究，将评价者历史签到数据录入 Arc GIS 进行处理，并与中国省市级行政边界、北京市区边界进行空间连接，将最近签到达到 66%以上的区域作为评价者日常活动区域[15]，得到客源地分布特点，如图 6～图 8 所示。

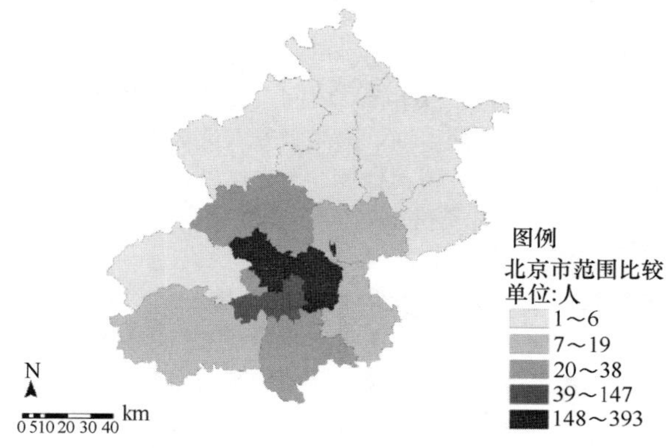

图 6　北京市范围游客分布

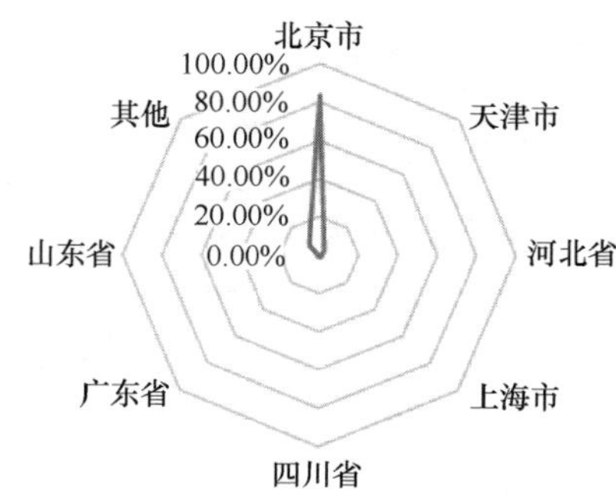

图 7　全国范围游客分布对比

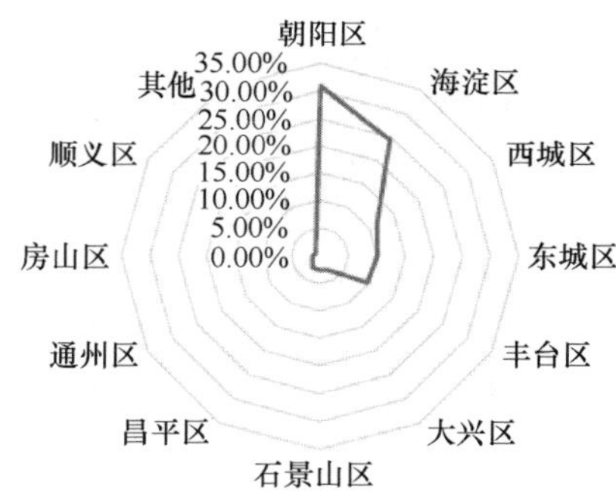

图 8　北京市范围游客分布对比

3　结果与分析

3.1　游客评价热点及情感倾向

根据权重计算显示，公园的景观环境是使用者关注度最高的主题，多达 96.49％的使用者对该主题进行了评价，其中对植物景观的关注最为集中，樱花主题特色十分明显；公园物质环境所承载的功能活动为使用者关注的第二大主题，而公园经济性、交通可达性、设施管理的关注度都低于 50％，管理服务因子仅占 3.32％。

3.1.1　经济性

关于公园门票物价，使用者评价涉及门票价格、商品与娱乐设施价格以及购票形式。66.53％的使用者对公园门票价格、学生票、老年人优待卡以及年票形式感到满意；消极评论集中于节事期间门票上涨、食品与项目设施价格偏贵、年票使用时间受限、支付形式受限、设施收取押金等方面，少数使用者认为公园门票应该免费。另外，负面评价与购票时排队呈现高频共现，可见公园购票服务有待提高。

3.1.2　可达性

使用者普遍认为公园地理位置良好，交通便利，周围地标建筑较多，但周边道路交通拥堵影响使用者出行体验；交通形式上，使用者采用地铁、公交、自驾、步行等多种出行方式，多建议采用公共交通出行方式；出入口上，公园出入口数量较多，但人流拥堵、排队现象较为严重；公园停车设施满意度极低，仅为 25.29％，使用者反映停车不方便、车位不足、费用高，尤其是节事期间临时停车场不正规、收费人员复杂、出现停车乱收费现象。

3.1.3　景观环境

（1）景区规划

公园总体规划评论中，使用者对景区布置、景区景点面积大小、景区知名度关注度较高，可见玉渊潭公园景区规模大、高知名度对使用者产生较大的吸引力；对于景点，西部樱花园景点热度最高，其次为东西湖景区，东区湿地等景点。总体来说，公园规划满意度高，规划合理，整体景色宜人，景观季相变化较丰富。

（2）植物景观

82.27％的使用者对公园植物景观感到满意。评价包含樱花品种、花期、颜色、种植方式、茂盛度、数量、观赏形式等多个方面，其中对颜色、品种、花期的关注度分别为 19.10％、12.44％、9.33％，体现出使用者对樱花的喜爱以及樱花的科普价值，负面评论主要来自使用者游赏时未到或错过樱花花期、花期太短、树形和颜色搭配欠佳等。游客对植物本身满意度较高，消极评论多为观花体验较差，如人太多、攀爬树木、攀折花枝、践踏草坪等不文明现象影响观赏体验。

（3）水景观

近 80％使用者认为湖面开阔壮观，驳岸亲水性好，水景设计较为丰富，如荷塘中的野鸭岛、小桥流水、中央电视塔的借景手法等，水景中的鸳鸯、鱼群也深受使用者喜爱；水景观负面评论来自公园水质差、气味刺鼻、驳岸安全隐患，以及东湖湿地的游览限制。

（4）其他环境因素

近 50％的使用者谈及对空气、雾霾、风、雨、夕阳等自然环境因子的感知。一方面，使用者关注自然环境因素对景观呈现效果的影响；另一方面为公园景观对自然环境的影响，如公园生态价值评价，使用者认为公园绿地形成微气候，在一定程度上改善了城市空气质量。使用者对自然环境的关注，代表着人们对美好环境的渴望，也体现着风景园林设计中人工与自然密不可分，自然环境是规划设计过程中不容忽视的因素。

3.1.4　节事活动

使用者对公园解释活动的关注度与满意度仅次景观

环境。80%的使用者对公园承载着活动较为满意，包含以赏花、摄影、锻炼身体、散步等为主的日常休闲活动，以及樱花节、冰雪节、游船等为主的特色活动。樱花节事打造为公园一大特色，627 条评价中正面评价占 81.95%。负面评价多为人流拥挤、不文明现象降低游玩体验，由此可见较多使用者选择节事活动期间前往公园游赏，对公园节事活动打造较为满意。

3.1.5 设施管理

对公园管理方面的评价较低，43.53%的评价者认为公园在工作人员数量、服务态度、环境维护等方面亟待提高，尤其是公园垃圾处理不及时、垃圾袋随处堆放的问题，部分使用者认为公园商品种类较单一、特色欠缺、摊位较混乱、食品口味欠佳、厕所与座椅等公共设施数量不足。

3.2 客流时空分析

3.2.1 客流时间分析

对公园评价时间研究，玉渊潭公园评论数量逐年递增，评论数呈现季节变化，具有明显的淡旺季特征；公园整体满意度上，差评率在 2016 年后得到大幅度降低，使用者对各季节的满意度分布较为均匀；研究本应对各二级因子满意度进行时间比较，但受限于部分因子评价语料较少，故本文不做分析。玉渊潭公园吸引力极大地受季节因素影响，园区应在旺季进行适当的客流管控和安全保障，同时提升淡季景观与活动策划，平衡淡旺季差异。

3.2.2 客流空间分析

玉渊潭主要使用者以北京市内游客为主，其次是天津、河北、上海等交通较为便捷的城市，同时包含较少的国外游客。北京市内使用者主要集中于朝阳区、海淀区、西城区、东城区等距离较近的区域。可见公园使用受距离影响较大，多为满足周边居民日常游憩使用，部分为短途旅游游客提供服务，国际及长途游客需求较少。客源地分析有助于精确公园使用对象地理属性和使用需求[16]，公园应提供与客流分析相对应的活动与宣传策略，以完善公园服务能力。另外，作为国内最大的樱花专类园之一，应考虑如何创造樱花品牌价值，扩大公园影响力。

4 改善与提升

4.1 提升公园建设与人性化设计

优化公园景观与科普系统。樱花作为园内主要植物景观，应不断研发与引进新品种，延长公园观赏期，并配以精细化的养护管理，注重公园生态功能与小气候的营造[17,18]。增设公园智能化设施，健全公园管理制度。设置线上及线下科普展示系统，包含花情预报系统、植物品种科普、生命周期演示、生态价值展示、一键查询历史人文知识及相关的信息等；增设环境监测设施，实时监测 $PM_{2.5}$、风力、紫外线辐射、水质等环境指标。

规范公园设施与管理服务。改善停车条件，规范停车管理，提倡绿色出行。全面采用电子支付、增设自助购票机、采用电子票快速入园等，可将门票与娱乐设施、特色商品组合优惠定价，减少排队时间，提高游园体验；实行意见投诉机制，定期培训，提高服务人员水平；加大卫生管理力度，及时清理残花枯枝、湖水垃圾、厨余垃圾，禁止商铺周边杂物乱堆乱放，实行垃圾分类，保持环境整洁等。

增强人性化设计。公园设计应随着社会经济发展不断改良和发展，顺应公园人流增长趋势和需求变化。如增设场地，拓宽部分道路，将已踩踏出来的路径设置为辅助性的穿越路径，缓解人流压力；对于部分枝下高度较高不易攀折的樱花，可将林下草地更换为生态铺装材料或硬质场地，开放部分区域作为使用者野餐、露营的场所。

4.2 打造数据平台与精准服务

打造开放数据合作平台，一方面将点评推荐、地图签到功能嵌入数据合作平台应用，鼓励游客对园区景点发布游览体验，形成数据共享平台，实现公园信息化管理和实时反馈机制，及时调整公园规划设计、设施管理、活动策划。另一方面，设置以使用者需求为导向的公园服务模块，包括活动策划、订票服务、景区电子地图与解说服务、天气查询、社交平台、安全监控服务等，为使用者提供更加方便、精准、全面的服务。

4.3 塑造公园形象与特色运营

作为国内最大的樱花主题园之一，公园应立足于现有基础，以游客为导向，借鉴国内外樱花品牌打造模式，制定特色运营方针，塑造更加深入人心的公园形象。打造高质樱花节事活动，不局限于传统的视觉欣赏，增加参与性、沉浸式体验活动等；开发特色主题文创产品、饮食文化产品，将公园文化底蕴具像化体现；加大宣传力度，同步经营公园微信公众号及微博账号，丰富开放数据平台模块内容，将玉渊潭樱花文化打造成北京市又一城市名片。

5 结语

本文将面向使用者需求作为公园评价的出发点，提出融合主题提取与情感分析的公园使用后状况研究方法，将客流时间和客流来源地纳入研究框架，探讨不同时间下公园使用者满意度的变化以及公园的空间辐射力。随着开放数据获取门槛的降低、分析支撑技术的发展完善、python 等编程语言的普及，网络开放数据不仅能够通过语义分析和情感探测提供使用者体验感受，还可通过细化不同属性使用者在不同时空下对公园景观、游憩、交通、娱乐的需求，对公园规划设计和管理服务形成动态更新的反馈，为相关部门的规划和决策提供科学支持。

参考文献

[1] 徐艳玲，李迪华，俞孔坚．城市公园使用状况评价应用案例研究——以秦皇岛汤河公园为例[J]. 新建筑，2011(01):

114-117.
[2] 赵东汉．国内外使用状况评价(POE)发展研究[J]．城市环境设计，2007(02)：93-95.
[3] 龙瀛，罗子昕，茅明睿．新数据在城市规划与研究中的应用进展[J]．城市与区域规划研究，2018，10(03)：85-103.
[4] 李双金，马爽，张淼，等．基于多源新数据的城市绿地多尺度评价：针对中国主要城市的探索[J]．风景园林，2018，25(08)：12-17.
[5] 柴彦威，申悦，陈梓烽．基于时空间行为的人本导向的智慧城市规划与管理[J]．国际城市规划，2014，29(06)：31-37+50.
[6] 党安荣，张丹明，陈杨．智慧景区的内涵与总体框架研究[J]．中国园林，2011，27(09)：15-21.
[7] 彭霞，朱战强，张艳．智慧黄山景区决策支持系统研究[J]．中国园林，2011，27(09)：36-39.
[8] 汪侠，甄峰，吴小根．基于游客视角的智慧景区评价体系及实证分析——以南京夫子庙秦淮风光带为例[J]．地理科学进展，2015，34(04)：448-456.
[9] 付业勤，王新建，郑向敏．基于网络文本分析的旅游形象研究——以鼓浪屿为例[J]．旅游论坛，2012，5(04)：59-66.
[10] 王鑫，李雄．基于网络大数据的北京森林公园社会服务价值评价研究[J]．中国园林，2017，33(10)：14-18.
[11] 蒋鑫，吴丹子，王向荣．基于网络点评数据的园林展会后利用评价研究[J]．风景园林，2018，25(05)：74-80.
[12] 安璐，吴林．融合主题与情感特征的突发事件微博舆情演化分析[J]．图书情报工作，2017，61(15)：120-129.
[13] 张谦，高章敏，刘嘉勇．基于Word2vec的微博短文本分类研究[J]．信息网络安全，2017(01)：57-62.
[14] 万源．基于语义统计分析的网络舆情挖掘技术研究[D]．武汉理工大学，2012.
[15] 马威，张耀南，敏玉芳，等．基于互联网搜索数据的甘肃省旅游客源地时空分析[J]．中国沙漠，2016，36(03)：857-864.
[16] 陈小华．旅游客源市场分析理论与方法研究[D]．西安建筑科技大学，2003.
[17] 王美仙，陈婷．樱花园植物景观设计要点及樱花群落美景度评价研究 以北京和武汉为例[J]．风景园林，2015(03)：79-86.
[18] 石金莲．北京玉渊潭公园樱花文化与休闲活动研究[C]//中国花卉协会、东南大学、南京市人民政府．中国花文化国际学术研讨会论文集．

作者简介：

严庭雯，1994年生，女，汉族，福建三明人，北京林业大学硕士研究生。研究方向风景园林规划设计。电子邮箱：815605264@qq.com。

贾一非，1994年生，男，汉族，甘肃天水人，北京林业大学硕士研究生。研究方向分解园林工程。电子邮箱：jiayifei123@bjfu.edu.com。

李运远，男，汉族，内蒙海拉尔人，博士生导师，北京林业大学园林学院教授，城乡生态环境北京实验室。研究方向为风景园林工程与技术、风景园林规划设计理论与实践。

张翔，男，藏族，甘肃兰州人，北京林业大学硕士研究生。研究方向为风景园林规划设计。电子邮箱：815605264@qq.com。

基于协调策略的城市绿地地块详细规划管控研究[①]

Research on Control of Construction of Urban Green Space Plot in Detailed Planning Based on Coordination Strategy

李宣谕　金云峰*　周　艳

摘　要：绿地在地块功能更新建设过程中会受到来自周边城市地块更新建设的负面影响，详细规划编制的目的是对具体地块用途和开发强度等作出的实施性安排，以便“引导和控制土地的开发建设行为”。因此，本文以“分区管控、弹性协调和动态维护”为指引，以对地块建设控制指导性最强的详细规划为研究对象，以空间分区管控为基本策略，探索在现有的框架下，对绿地及其周边城市建成空间进行整体建设控制的方法。借鉴德国的优秀规划经验，在现有的详细规划框架内进行探索，提高了策略的可实施性；并在有机更新理论的指导下，针对各个管控区域提出弹性协调以及动态维护的思路。

关键词：建成环境；分区管控；弹性协调；城市绿地；绿地功能；有机更新

Abstract: The green space will be negatively affected by the renovation and construction of the surrounding urban plots during the reconstruction of the land parcel function. The purpose of the detailed planning is to make implementation arrangements for the specific land use and development intensity, so as to "guide and control the land. Development and construction behavior." Therefore, this paper takes "zoning control, flexible coordination and dynamic maintenance" as the guide, and takes the detailed planning of the most control of land construction control as the research object, and takes the spatial division control as the basic strategy and explores under the existing framework. A method of controlling the overall construction of the green space and the surrounding space of the surrounding city. Drawing on the excellent planning experience of Germany, it explores within the existing detailed planning framework and improves the implementability of the strategy. Under the guidance of the organic renewal theory, it proposes the idea of flexible coordination and dynamic control for each control area.

Keyword: Built Environment; Zoning Control; Elastic Coordination; Urban Green Space; Green Space Function; Organic Renewal

1　有机更新背景下的绿地建设工作要求

在城市有机更新的价值导向下，规划工作的主要对象不再是增量用地，而是功能、空间等重叠交织形成的十分复杂的现状城市空间系统。有机关联是系统的本质，城市绿地往往能带动周边各类开发建设项目的发展，周边土地往往呈现增值趋势，绿地周边的开发建设强度因此存在强度过大、公共性较低的建设行为。这类建设行为通常会对绿地的游憩、景观、防护功能产生负面的影响。在增量扩张转向存量规划的背景下，更新地块绿地周围的用地情况和土地产权往往较复杂，对于绿地建设管控来说，往往出现公益性设施与经营性项目、政府主导的建设与市场主导的建设、专项体系与开发项目等边界模糊的状况。

因此，不管是开发类建设还是更新类建设，都应在建设过程中关注地块所在区域内绿地与周边用地的关系。在规划制定过程中，只有把控住绿地地块与周边用地的建设关系，才能维护绿地地块功能的有效发挥，并在一定程度上维持周边的土地价值。

2019年5月，自然资源部将国土空间规划分为“五级三类”，其中三类是指总体规划、详细规划、相关的专项规划。其中详细规划强调实施性，一般是在市县以下组织编制，是对具体地块用途和开发强度等作出的实施性安排，是进行各项建设开发保护活动管制的法定依据。对应于城市规划体系中一般有两项内容：控制性详细规划和修建性详细规划。城市规划体系中，控规层面的地区开发控制在总体规划和修建性详细规划中处于承上启下的位置，其编制的目的是以图则化和指标化的管理规定，通过对土地开发权益的控制调配，实现和保障公共利益。在对绿地地块进行功能有机更新优化的过程中，应对标这一层级，协调绿地与周边其他城市建设用地的关系，使得绿地地块建设完全、边界明确，空间价值在城市中得到充分发挥。

因而，对接原有规划体系中控制性详细规划的管控内容，指向国土空间规划体系“五级三类”中的详细规划，进行绿地地块与周边用地的管控与协调策略的研究。结合有机更新的理论原则，提出基于这一目标的“分类管控、弹性协调和动态维护”的协调机制，对详细规划在绿地地块建设协调的机制进行优化。

2　分区管控——针对建设影响的编制思路

德国的“建造规划”（Bebauungsplan也就是B-plan）

① 基金项目：上海市城市更新及其空间优化技术重点实验室2019年开放课题（编号20190617）资助。

比较重视物质形态规划，尤其是建筑用地地块与周边环境的关系，在管控层面和内容上相当于我国的详细规划。建造规划有一个概念称为建造窗口（baufenster），它由建造限制线（baugrenzen）或建造线（baulinie）闭合而成，是允许建造建筑物的区域。而一个完整的建造规划通常由三块组成：建造窗口、建造窗口以外用地地块以内的区域、建造窗口所在用地地块以外规划区域以内的区域（公共利益区域，包括：道路交通、公共设施、绿地等空间）。对于这三块区域分别由"建筑物补充控制指标集、地形控制指标集和环境控制指标集"三块表达建造规划的空间控制要求（表1）。

德国建造规划 B-plan 针对环境保护的建设空间分类划分及管控要求 **表1**

区域	建造窗口	建造窗口之外、建筑用地之内的区域	建造窗口所在用地地块以外、规划区域以内的区域
控制对象	建筑物建造方面的环境控制	建造窗口之外建筑用地之内的环境控制	公共利益区域的环境营建控制
主要控制内容	1. 建筑立面/屋顶绿化 2. 绿地的建设与保护 3. 生物群落的保护与开发 4. 土壤保护 5. 水体保护	1. 树木植被的种植和保护 2. 规定树木种植与保留 3. 规定废弃物和污水处理用地主要 4. 规定公共和私人绿地 5. 供水/防洪/调控水土流失用地内容 6. 保护土壤/自然环境/景观 7. 空气污染防护 8. 城市文化和景观的保护	1. 规定农业用地和林地 2. 土壤保护 3. 控制建筑间距 4. 节地的建造方式 5. 防止地表封闭 6. 引导节能设施的 7. 规定特定的防护用地建设和燃料使用 8. 控制污染空气物质的使用

在建造规划中充分考虑开发行为和开发用地之间的关系，考虑到开发行为对地块周边景观环境所产生的不同程度的影响，同时也考虑到地块内景观环境的敏感度。以开发建造行为为出发点，较全面地涵盖了建造开发行为所涉及的物质环境要素，细致地考虑和缓解了建造规划地块内绿地在建造过程中受到的影响。

以此为借鉴，运用过程中叠加绿地这一"建设用地"，并以绿地为受体，运用到绿地功能与周边建造环境之间在存量更新阶段的关系协调中。针对周边用地的建设影响，详细规划的空间层次可以划分为：绿地功能维护区、建设行为限制区、建设行为管理区。绿地功能维护区为划定的绿地建设地块，主要为绿地内部的功能协调和发挥，绿地地块层面的环境建设。建设行为限制区为详细规划管控区域之内、绿地地块和建筑建造用地之外的区域，主要进行配套设施如道路交通设施、市政公用设施的控制。建设行为管理区为建筑建造用地之内的区域，主要进行建筑容量、建造、建设行为活动的指标管理。在3个层次上共同进行城市设计引导，以此完成绿地与周边用地的空间协调工作（图1）。

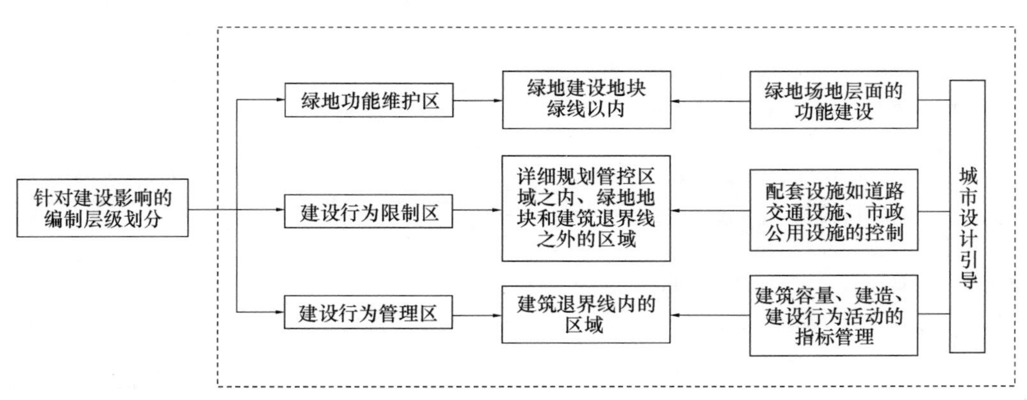

图1 基于分区管控的空间协调策略

3 弹性协调——针对绿地功能维护的管理思路

由于过去对于绿地的配比和关注相对较弱，如社区绿地的布局不均衡、各类附属绿地的建设不达标等状况，以及对于绿地需求的更新，导致在更新过程中绿地、包括绿地周边的其他城市建设用地都会有相当程度的调整改动。在有机更新理论的指导下，这一城市更新的复杂状况的解决要求详细规划对于绿地的管理控制在刚性的基础上拥有相当的弹性。需要在编制的管控层面考虑建设过程的确定性与不确定性，从而细化规划管控的技术手段。

由于详细规划的管控技术手段是针对绿地在场地建设层面的问题，因此在讨论管控手段的时候也将绿地分为拥有独立用地地块的如G1公园绿地、G2防护绿地、G3广场用地和非独立地块XG附属绿地两类。

3.1 针对独立绿地用地地块的规划管控

绿地作为公益性用地，承载着增进公共福利、促进社会平等和引导城市可持续发展的多重目标，在建设中需要严格落实上位规划的要求，但其建设的主体和方式根据绿地的具体情况会出现差异。这就需要在达到上位规划刚性要求的基础上给予建设落实的弹性。按照建设的主体通常分为：①以政府主导的配建；②以开发商为主导的代建，如居住区旁的代征道路防护绿地、开发商代建的社区公园等。

对于这两类建设主体不同的模式，在详细规划对于绿地本身的控制方式上应有差异：

（1）由政府主导的配建可以采用规定性的实线和虚线控制：对绿地用地地块的位置、边界形状、建设规模等作出强制性的规定。

（2）由开发商主导的代建由于在建设过程中拥有很强的不确定性，为了确保详细规划的刚性与弹性并存，可以视情况采用规定性与引导性并存的点位和指标控制：保证绿地用地规模的前提下，绿地的位置可以在同一道路边界限定的地块内进行调整。

3.2 针对非独立绿地地块的规划管控

对于XG附属绿地，由于附属绿地不参与城市建设用地平衡，并且无明确指标和手段控制，因而在建设过程中对附属绿地的功能发挥不够重视，例如单位附属绿地由所在单位负责建设，而在资金压力下，绿地建设的资金通常被挤占，在建设过程中功能的完全实现受到一定程度的阻碍。但附属绿地不计入用地平衡的现状在短期内不会改变，因而在详细规划的管控手段上，需要进行一定的刚性限定；同时由所属用地地块统筹安排建设的建设手段，需要规划管控的过程中具备足够的弹性，加强详细规划的可实施性。

德国在详细规划层面对于地块内部的绿地采用"生境面积因子"（biotop flächen faktors，BFF）的计算手段进行管控，开发商可以自行决定地块内的绿地建设措施以及绿地建设的位置，以便同时满足绿地功能的发挥和现场设计的灵活性。BFF的实施在绿地建设的过程中实现了指标刚性与位置形式弹性的结合，对针对非独立绿地地块的详细规划规划管控有一定的借鉴价值。

生境面积因子的计算公式（1）为

$$BFF=\frac{\text{naturhaushalt-wirksame Flächen}}{\text{Grundsuücksfläche}}$$

$$\text{生境面积因子}=\frac{\text{自然表面面积}}{\text{地块内土地总面积}} \quad (1)$$

首先BFF的标准划定取决于3个要素（表2）：①地块的用地性质；②地块内的建筑密度；③地块内建设项目属于更新还是改造。其次"自然表面面积"为地块内所有提供"绿色服务"的表面积乘以"换算系数"（表3）的总和。BFF的设定不仅对地块内的绿化环境水平作出保障，同时对于更新项目而言考虑了原有建筑空间的建设水平和状况，作出充分回应。对于建筑密度较大的老城区，地块内绿地功能的发挥不限于绿地的二维表面，可以在建筑的三维空间内得到协调和补偿。

BFF划定标准 **表2**

修改/扩建型项目		新建项目
建筑密度	BFF值	BFF值
居住用地（纯粹的生活和地板混合，没有商业用途的开放空间）		
0～0.37 0.38～0.49 ≥0.50	0.60 0.45 0.30	0.60
商业用地（纯贸易和混合使用与商业用途的开放空间）		
—	0.30	0.30
行政用地及商业用地（商业企业以及核领域典型的行政和其他用途的中央机构）		
—	0.30	0.30
公共机构（有文化和社会目的）		
0～0.37 0.38～0.49 ≥0.50	0.60 0.45 0.30	0.60
学校（普通教育学校、职业学校、学校中心、户外运动设施）		
—	0.30	0.30
日托类学校		
0～0.37 0.38～0.49 ≥0.50	0.60 0.45 0.30	0.60
技术基础设施		
—	0.30	0.30

"绿色服务"面积换算系数 **表3**

表面状态	示意图	换算系数	用地表面状况具体描述
密封区域		0.0	覆盖不透气和水，不植物生长（例如混凝土、沥青、具有约束下部结构的板）
部分密封区域		0.3	表面可透过空气和水，通常没有植物生长（例如熟料、马赛克路面、带砂/砾石下部结构的板）

续表

表面状态	示意图	换算系数	用地表面状况具体描述
半开放区域		0.5	表面可透过空气和水，渗透，植物生长（例如草皮、木材铺路、草坪摊铺）
没有地面连接的植被区域		0.5	地下室天花板上的植被区域，地下车库，地板土层不到 80cm
没有地面连接的植被区域		0.7	土层厚度超过 80cm
植被区域与地面连接		1.0	植被与邻近土壤的连接，可用于植物群和动物群的开发
每平方米屋顶面积的雨水渗透		0.2	雨水渗透为地下水补给，通过植被区域渗透
垂直绿化，最高可达 10m 高		0.5	无窗外墙的墙壁绿化
屋顶绿化		0.7	屋顶区域广泛或密集的绿化

绿地功能的实现首先应以绿地绿量的建设为前提，对非独立地块实行生境面积因子的建设管控手段不仅保证了绿量，同时有助于协调在地块内附属绿地和周围建设环境之间的关系，并且根据建设的实际情况为绿地的建设留足弹性。在有机更新的视角下，根据更新类详细规划控制项目的用地的原有建设情况，采取不同的绿地建设指标控制，充分考虑用地原有状态的独特属性。对于国内的各类建设用地均可融合这一评判标准以对附属绿地的建设进行管控。

4 动态维护——针对绿地周边建设用地的管理思路

本文从详细规划层面对绿地功能的协调发挥进行探讨，符合多规合一的背景要求。同时在详细规划角度上进行整合可以提高规划的实操性，使得绿地在用地载体上与详细规划的建设构想相匹配，在建设管控上与周边城市建设用地相协调。

在城市存量更新建设的过程中，对在绿地以外的建设行为限制区和建设行为管理区范围内进行的的建设行为予以管控，以确保在系统有机关联的规律下绿地功能作用的完整发挥。需要说明的是本次研究中所讨论的针对绿地周边环境的建设指标并非完整的详细规划指标体系，而是以详细规划地块内的绿地为最终受益对象的前提下，在详细规划中需要对绿地周边的建设行为进行限制的指标体系。

在综合了详细规划对于城市用地的建设指导，以及国外在详细规划层面的管控体系（新西兰、德国等国家的详细规划管控体系）后，将城市存量有机更新的渐进性特征纳入到管控体系的考虑中，提出了从绿地功能出发的以建设过程为划分的、对于相应绿地功能较为重要的管控内容体系梳理，以便实现对于绿地周边用地建设开发的控制（表 4）。

针对绿地地块周边建设用地的动态管控内容　　表 4

		以休闲游憩为主导功能的绿地		以日常防护为主导功能的绿地		以景观风貌为主导功能的绿地	
		指标名称	控制方式	指标名称	控制方式	指标名称	控制方式
建设行为限制区（基础建设区域）	场地平整过程	土方范围	规定性	土方范围	规定性	土方范围	规定性
		土方量	引导性	土方量	引导性	土方量	引导性
		地表土壤保护	引导性	地表土壤保护	引导性	地表土壤保护	引导性
	设计重建过程	用地边界 用地性质 用地兼容性 人口容量 道路交通设施定位 （道路具体形式） 市政设施配套定量定位 不透水地表覆盖率 透水地表覆盖率	规定性 规定性 规定性 引导性 规定性 引导性 引导性 引导性	用地边界 用地性质 用地兼容性 绿地率 地表径流系数 雨水收集使用率	规定性 规定性 规定性 规定性 引导性 引导性	公共服务设施配套定量定位 道路交通设施定位 （道路具体形式） 不透水地表覆盖率 透水地表覆盖率 景观设施小品	规定性 规定性 引导性 引导性 引导性

续表

		以休闲游憩为主导功能的绿地		以日常防护为主导功能的绿地		以景观风貌为主导功能的绿地	
		指标名称	控制方式	指标名称	控制方式	指标名称	控制方式
建设行为管理区（房屋开发区域）	场地平整过程	土方范围 土方量 地表土壤保护 建筑垂直与屋顶绿化 容积率 建筑高度	规定性 引导性 引导性 引导性 规定性 规定性	土方范围 土方量 地表土壤保护	规定性 引导性 引导性	土方范围 土方量 地表土壤保护 建筑垂直与屋顶绿化 容积率 建筑限高 建筑占地面积	规定性 引导性 引导性 引导性 规定性 规定性 规定性
	设计重建过程	建筑占地面积 建筑限高 建筑间距 用地性质 用地边界 用地兼容性 公共服务设施配套定量定位	规定性 规定性 规定性 规定性 规定性 规定性 规定性	容积率 建筑密度 建筑群体布局 地表径流系数 雨水收集使用率	规定性 规定性 规定性 引导性 引导性	用地性质 用地边界 建筑体量 建筑风格与形式 建筑色彩与材料 建筑群体布局 市政设施配套定量定位	规定性 规定性 引导性 引导性 引导性 引导性 规定性

5 结语

在有机更新的指导下，研究如何实现详细规划中针对绿地地块与周边建成环境的建设关系协调控制对于完善多规合一的规划体系具有重要的现实意义。依托现有的详细规划管控内容和体系，创新规划理念和控制手段，以完善详细规划协调管控建设过程的目标，充分借鉴国外的政策规范，提出增加详细规划的管控空间层次，并针对绿地提出弹性的管控手段，针对绿地周边建成环境更新指标要求，以期确保实现城市更新过程中绿地地块的功能维护，是对详细规划编制的有益补充。

参考文献

[1] 赵洋．空间·系统·有机[D]．重庆大学出版社，2004.

[2] 蒋祎，金云峰，林荟．城市绿地系统规划编制——绿地协调区的构建与控制[J]．住宅科技，2015，35(09)：12-15.

[3] 张建荣，翟翎．探索"分层、分类、分级"的控规制度改革与创新——以广东省控规改革试点佛山市为例[J]．城市规划学刊，2018(03)：71-76.

[4] 宋金萍，王承华．控规实施过程中的修补实践——以南京市控规图则单元优化调整为例[J]．现代城市研究，2018(12)：55-61.

[5] 朱海雄，朱镱妮，程昊．控制性详细规划中绿地系统完全控制策略[J]．规划师，2018，34(04)：38-43.

[6] 沈娜．基于控制性详细规划的环境保护机制建构研究[D]．大连理工大学，2015.

[7] 殷成志，杨东峰．中德城市详细规划环境控制比较研究[J]．城市发展研究，2010，17(02)：36-41.

[8] 殷成志，弗朗兹·佩世．德国建造规划的技术框架[J]．城市规划，2005(08)：64-70.

[9] 陈昌勇，陈静．存量型控规的精细化编制方法探索——以佛山市控规编制实践为例[J]．规划师，2018，34(01)：120-125.

[10] Tobia Lakesa，Hyun-Ok Kimb. The urban environmental indicator "Biotope Area Ratio"—An enhanced approach to assess and manage the urban ecosystem services using high resolution remote-sensing. [J] Ecological Indicators，2012，13：93-103.

[11] https：//www. berlin. de/senuvk/umwelt/landschaftsplanung/bff/index. shtml.

[12] Landschaftsprogramm Artenschutzprogramm Begründung und Erläuterung 2016 [EB/OL]. https：//www. berlin. de/senuvk/umwelt/landschaftsplanung/lapro/download/lapro _ begruendung _ 2016. pdf

[13] 金云峰，梁骏，王俊祺，等．存量规划发展背景下郊野公园多地类性质与功能叠合研究——以上海郊区控规单元为例[J]．中国园林，2019，35(02)：33-38.

[14] 金云峰，王越，蒋祎．有机更新发展理念下城市线性绿地的功能修补研究[J]．中国城市林业，2018，16(02)：22-26.

[15] 金云峰，卢喆，吴钰宾．休闲游憩导向下社区公共开放空间营造策略研究[J]．广东园林，2019(2)：59-63.

作者简介

李宣谕，1993年生，女，江苏人，同济大学建筑与城市规划学院景观学硕士研究生。研究方向：风景园林规划设计方法与工程技术，景观有机更新与开放空间公园绿地。电子邮箱：xuanyuli1993@hotmail. com。

金云峰，1961年生，男，上海人，通讯作者，同济大学建筑与城市规划学院景观学系副系主任，教授，博士生导师，高密度人居环境生态与节能教育部重点实验室，生态化城市设计国际合作联合实验室，上海市城市更新及其空间优化技术重点实验室，高密度区域智能城镇化协同创新中心特聘教授。研究方向：风景园林规划设计方法与技术、景观有机更新与开放空间公园绿地、自然资源保护与风景旅游空间规划、中外园林与现代景观。电子邮箱：jinyf79@163. com。

周艳，1992年生，女，重庆人，同济大学风景园林专业在读研究生。研究方向：风景园林规划设计方法与技术，景观有机更新与开放空间公园绿地。电子邮箱：635641545@qq. com。

基于雪资源管理的寒地城市绿色基础设施构建研究

Research on the Construction of Green Infrastructure in Cold Cities Based on Snow Resource Management

盖 恒 吴 冰 刘晓光

摘 要：由降雪引发的城市次生灾害给寒地城市生产、生活带来诸多影响，在投入大量经济成本清理城市积雪的同时，寒地城市面临水资源短缺的问题。如何改变传统的雪资源管理利用方式，变消极对抗到积极利用，成为实现寒地城市健康可持续发展的重要议题。绿色基础设施理论倡导最大程度利用自然做工解决城市问题，以此来恢复城市的生态环境健康，创造更加高效的土地利用发展模式，为寒地城市雪资源管理提供一种可能途径。本文以哈尔滨市道里区为例，通过空间位置识别、土地利用类型分析、交通可达性评估三个步骤，识别积雪消纳用地，结合 GIA 方法确定绿色基础设施用地，通过形态学空间分析方法识别绿色基础设施要素及其空间格局，构建绿色基础设施网络，能够充分利用城市既有土地实现积雪消纳，为寒地城市雪资源管理利用与生态环境改善提供借鉴与参考。

关键词：绿色基础设施；雪资源管理；寒地城市

Abstract: The urban secondary disaster caused by snowfall has brought many impacts on the production and life of the cold city. While investing a lot of economic costs to clean up the urban snow, the cold city faces the problem of water shortage. How to change the traditional snow resource management and utilization methods, change the negative confrontation to active use, and become an important issue to realize the healthy and sustainable development of cold cities. The theory of green infrastructure advocates the maximum use of natural work to solve urban problems, in order to restore the ecological health of the city, create a more efficient land use development model, and provide a possible way for snow resource management in cold cities. Taking Daoli District of Harbin as an example, this paper identifies three places of spatial location identification, land use type analysis and traffic accessibility assessment, identifies snow-covered land, and uses GIA method to determine green infrastructure land, through morphological spatial analysis method. Identifying green infrastructure elements and their spatial patterns, and constructing a green infrastructure network can make full use of the existing land of the city to achieve snow-covered consumption, and provide reference and reference for the management and utilization of urban resources and the improvement of ecological environment.

Keyword: Green Infrastructure; Snow Resource Management; Cold Region

引言

降雪作为寒地城市重要的水资源，对于缓解冬季旱情、涵养水源、维持水循环系统稳定至关重要[1]。以往多通过机械清理，化学融雪等方式处理，成本投入巨大，污染城市环境，造成水资源浪费[2]。绿色基础设施理论倡导通过自然的方式解决城市问题[3]，一直伴随着城市问题的不断呈现和解决而发展演进，为城市可持续发展提供理论指导和动力源泉。本文以我国北方典型寒地城市哈尔滨市为例，基于绿色基础设施理论，探究通过绿色基础设施构建实现寒地城市雪资源管理，以期为寒地城市雪资源高效利用与生态环境改善提供借鉴与参考。

1 基于雪资源管理的 GI 构建方法

绿色基础设构建的关键是识别枢纽、连接廊道、与节点主要构成要素及其空间布局[4]，本文以雪资源管理为目的构建绿色基础设施，通过空间位置识别、土地利用类型分析、交通可达性评估三个步骤，识别城市积雪消纳用地，结合 GIA 方法确定绿色基础设施用地，之后通过形态学空间分析识别绿色基础设施要素及其空间格局进而构建绿色基础设施网络。

1.1 积雪消纳用地识别

1.1.1 空间位置识别

融雪水作为寒地城市重要水资源，积雪消纳区是融雪径流的主要来源，恰当的消纳区空间位置能够实现对雪水资源进行充分利用，涵养水源、对地下水进行补给，缓解寒地城市冬季旱情。选取不当会使径流附带大量污染物，引发环境污染、交通拥堵等城市次生灾害。融雪水产流的主要受地形、高程因素影响，为了降低融雪径流所带来的不利影响，最大程度的利用雪水资源，本文将融雪径流汇聚点，子汇水区最低点作为潜在的积雪消纳点，可通过 Arc GIS 水文分析工具对其进行识别。主要步骤如下：

（1）汇水区划分

基于 Arc Hydro，导入原始 DEM 数据，通过洼地填充工具得到无洼地的 DEM 数据，降低数据误差对计算结果的影响。通过流向分析工具，导入无洼地 DEM 数据，得到流向栅格数据。使用盆域分析工具导入流向栅格数据，对盆地间的山脊线进行识别，得到流域盆地。通过分析输入流向栅格数据找出属于同一流域盆地的所有已连接像元组。定位窗口边缘的倾泻点及凹陷点，然后再识别每个倾泻点上的汇流区域，来创建流域盆地，得到流域盆地栅格数据，通过面转栅格工具得到流域盆地矢量数据，对面积过小的汇水区进行合并，得到最终汇水区划分结果。

（2）潜在消纳点识别

基于 Arcgis 水文分析模块通过 sink 工具进行洼地提取，统计工具计算洼地贡献区，通过区域统计工具识别洼地贡献区最低点高程。利用捕捉倾斜点工具，导入洼地贡献区最低点数据与蓄积栅格数据得到倾泻点空间位置，将其作为潜在积雪消纳点。

1.1.2 土地利用类型分析

基于自然地形因素考虑融雪径流影响所选取的潜在积雪消纳点，由于其所在空间位置土地利用类型可能不适宜作为积雪消纳区，需要对其位置所在城市土地利用类型进行分析，对于不适宜的区域进行剔除，并结合周边环境进行替换与增补。适宜作为积雪消纳区的主要土地利用类型包括[4]：林地、耕地、水体、耕地、裸地、透水路面，城市棕地等。不同土地利用类型积雪消纳能力如表 1 所示。

不同土地利用类型积雪消纳能力比较　　表 1

土地利用类型	消纳积雪能力
水域	较好
林地	较好
草地	较好
耕地	一般
透水路面	一般
透水铺装	较好
城市棕地	较好

1.1.3 交通可达性评价

积雪需要通过车辆运输至积雪消纳区，因此应设置在交通便利、可达性较好的区域[5]。对于上文消纳区选取结果进行可达性分析，对于可达性较差的区域进行剔除，得到最终的积雪消纳用地选取结果。栅格成本距离分析是一种较为常用的可达性分析方法[6]。按照一定的规则把研究区划分为栅格，以每个栅格位置用地性质或道路等级设定经过栅格的成本，采用节点、连线计算法则，通过迭代运算计算出研究区域内每个栅格到源栅格的所有可能路径，累积通行成本，通过比较大小，将累积成本最低的赋给栅格，并标记该路径。本文通过 GIS 成本距离工具进行交通可达性分析。

1.2 GI 构建适宜性评价

绿色基础设施评价（GIA）方法，由马里兰自然资源部开发，最先应用于马里兰州绿色基础设施规划[7]。该方法源自于麦克哈格的人类生态规划理论，又称“千层饼”模式[8]，以景观生态学为基础，基于垂直生态过程空间要素分析，是确定 GI 构建适宜性的一种基本方法。选取绿色基础设施构建影响因子，构建绿色基础设施建设适宜性评价指标体系，通过专家打分法确定指标权重，基于 GIS 平台进行分析，得到可视化的绿色基础设施构建适宜性评价结果。通过对评价结果进行等级划分，选取评价高值的区域作为绿色基础设施用地，在此基础上识别绿色基础设施构成要素及其空间分布格局，进而规划绿色基础设施网络。计算模型为：

$$G = \sum_{i=1}^{m} q_i G_{ij}$$

式中，G 表示每一评价指标的指数，q_i 表示第 i 个指标的权重值；G_{ij} 表示第 j 个等级中，第 i 个指标的得分；m 表示评价指标个数。

1.3 GI 构建

绿色基础设构建的关键是识别枢纽、连接廊道、与节点主要构成要素及其空间布局。形态学空间分析（MSPA）最早有 Vogt 等学者基于膨胀、腐蚀、开闭运算等数学形态学原理而提出，能够较为精准的对栅格图像的空间格局在功能结构上进行分类[9]。具有操作简单、所需数据量少、基于像元层面对目标绿色基础设施用地进行识别，确定绿色基础设施要素及其空间格局。

1.3.1 GI 要素识别

将积雪消纳区与 GIA 评价结果作为绿色基础设施用地，基于 GIS 平台对栅格图像进行二值化处理，将绿色基础设施用地赋值为 1 作为前景，其他赋值为 0 作为背景，保存为 TIFF 格式。基于利用 Guidos Toolbox 软件平台，采用八邻域分析方法，根据研究需求设置边缘宽度。对二值化栅格数据进行分析，得到互不重叠的七种不同的类型要素：核心区、环道区、桥接区、孔隙、边缘区、支线和孤岛斑块如图 1 所示。提取核心区作为绿色基础设施枢纽，桥接区作为连接廊道。

图例　前景　背景

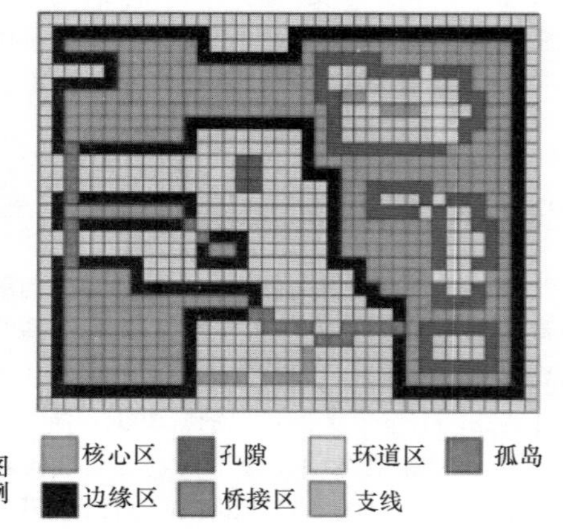

图 1　MSPA 工作原理

1.3.2 GI 要素分级

一级枢纽，主要由一级核心区构成，斑块面积较大是城市绿色基础设施功能发挥的基础。二级枢纽，主要由二级核心区构成面积小于一级核心区，主要包括城市内部公园等城市内部面积较大的绿地。三级枢纽，主要由三级核心区及孤岛构成，面积较小在绿色基础设施网络中起连接媒介作用。

一级连接廊道，主要连接一级枢纽，带状公园，城市主干道绿化带。二连接廊道包括河岸带城市次干道绿化带等。三级连接廊道，包括街巷道路绿化带等。

2 哈尔滨市道里区绿色基础设施构建研究

2.1 研究区现状

哈尔滨属中温带大陆性季风气候，冬季气温较低，受到西伯利亚内陆冷空气和副热带海洋气团的影响，降雪量大、降雪频次高。据气象部门统计：哈尔滨市冬季的平均降雪天数约为 34 天[10]。历时 4 个月的冬季里有 1 个月的时间在下雪。哈尔滨市每年需要投入大量的人力、物力成本清理积雪，给城市生产、生活造成诸多影响。

2.2 积雪消纳区用地识别

2.2.1 空间位置识别

(1) 汇水区划分

通过地理空间数据云平台下载 30m 精度 DEM 数据，基于 GIS 水文分析模块按照前文方法得到汇水区划分结果如图 2 所示。

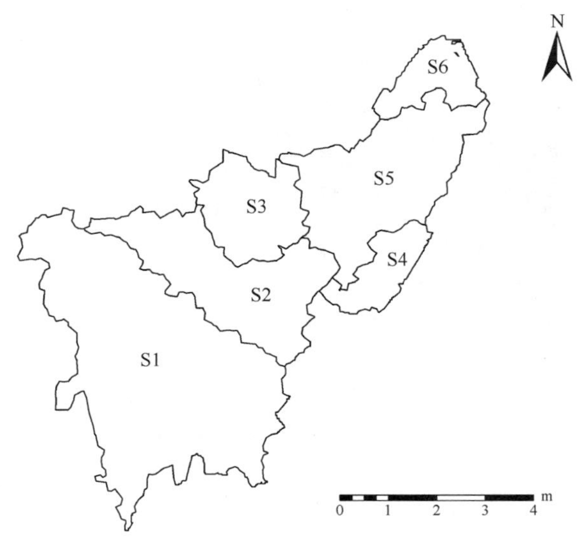

图 2 汇水区划分结果

(2) 潜在消纳点识别

基于 Arcgis 水文分析模块通过 sink 工具进行洼地提取，统计工具计算洼地贡献区，通过区域统计工具识别洼地贡献区最低点高程。利用捕捉倾斜点工具，导入洼地贡献区最低点数据与蓄积栅格数据得到潜在积雪消纳点识别结果如图 3 所示，空间位置识别结果如图 4 所示。从空间位置识别结果来看，适宜作为积雪消纳点的区域主要分布于城市道路绿化带、城市公园绿地，河流水体等。

图 3 子汇水区最低点识别结果

图 4 积雪消纳区空间位置识别结果

2.2.2 土地利用类型分析

根据 2017 年遥感影像，基于 GIS 平台通过监督式分类结合目视解译，建筑、道路等专项地图数据得到研究区土地利用类型图。根据上文研究结果筛选积雪消纳区，对于不适宜的区域进行剔除，并结合周边环境进行替换与增补分析结果如图 5 所示，积雪消纳区面积统计如表 2 所示。从分结果来看城市积雪消纳区用地主要以城市公园绿地为主，面积占比最大，城市棕地，裸地等用地面积次之。部分河流水体也可作为积雪消纳用地，面积占比较小。

积雪消纳区用地面积统计　　表 2

绿地（km²）	水体（km²）	透水硬质（km²）	裸地（km²）	城市棕地（km²）	其他（km²）
5.912	0.012	1.325	0.145	0.236	2.744

图 5　土地利用类型分析

2.2.3　交通可达性评价

积雪消纳区应设置在交通便利的区域，方便积雪运输。使用成本距离法，按照道路等级，土地利用类型等，进行赋值，用 GIS 栅格计算器工具得到栅格成本面。将积雪消纳区质心作为源点，通过成本距离分析工具得到积雪消纳区可达性栅格图如图 6 所示。叠加积雪消纳区选取结果。对可达性较差的区域进行剔除，最终得到积雪消纳区用地。从分析结果来看，城市内部积雪消纳区用地整体交通可达性较好，外围积雪消纳区可达性较差。

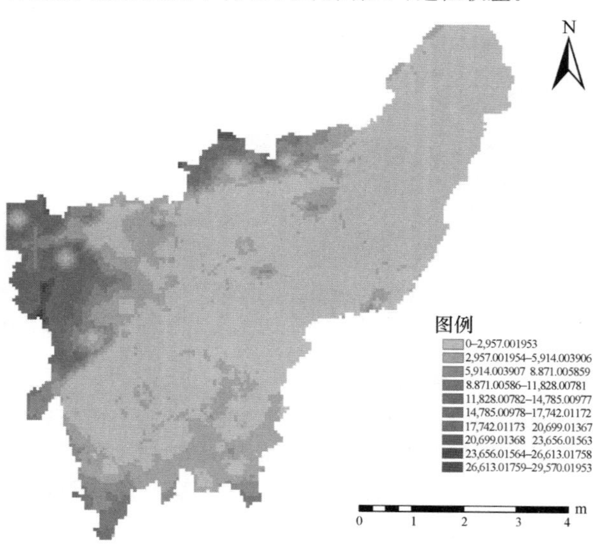

图 6　交通可达性评价结果

2.3　GI 建设适宜性评价

依据 GIA 方法，选取影响因子，根据专家打分发确定指标权重确定绿色基础设施建设适宜性评价指标体系如表 2 所示。基于 GIS 平台栅格计算器工具得到评价结果，运用自然断点法将评价结果分为四类，选取高值区域与较高值区域作为绿色基础设施用地如图 7 所示。从评价结果来看城市外围林地绿色基础设施适宜建设高值区域面积占比较大，城市内部区域主要以城市公园绿地为主。

绿色基础设施建设适宜性评价指标体系　　表 2

一级指标（权重）	二级指标（权重）	三级指标	赋值
自然地形（0.35）	高程（0.55）	96～116	9
		116～129	7
		129～142	5
		142～156	3
		156～169	1
	坡度（0.45）	0～5	9
		5～10	7
		10～15	5
		15～20	3
		＞20	1
土地利用（0.65）	土地利用类型（1）	林地	9
		耕地	7
		水体	5
		其他	3
		建设用地	1

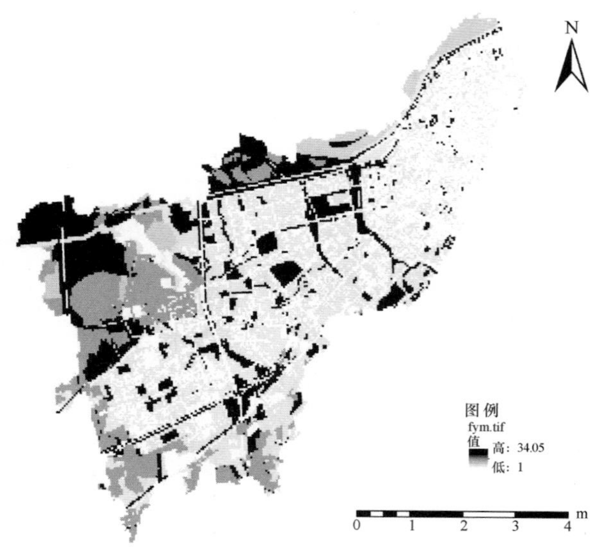

图 7　GI 构建适宜性评价结果

2.4　GI 构建

2.4.1　GI 要素识别

将上文识别绿色基础设目标用地作为前景，其他设置为背景，将两类图像进行二值化处理。基于 Guidos

Toolbox 软件平台进行形态学空间分析。选择八邻域分析法，根据研究需求设置边缘宽度设置为 30m。将目标绿色基础设施用地形态学分析结果。GI 要素组分如表 3 所示，识别结果如图 8 所示。GI 构建结果如图 9 所示。

研究区绿色基础设施要素组分　　表 3

GI 要素	面积 (km^2)	景观组分比 (%)	总面积占比 (%)
核心区	9.54	46	12.60
孔隙	1.55	7	2.04
环道区	0.14	1.2	0.18
孤岛	1.58	7.8	2.04
边缘区	4.88	25	6.44
桥接区	0.52	3	0.69
支线	2.04	0.08	2.07

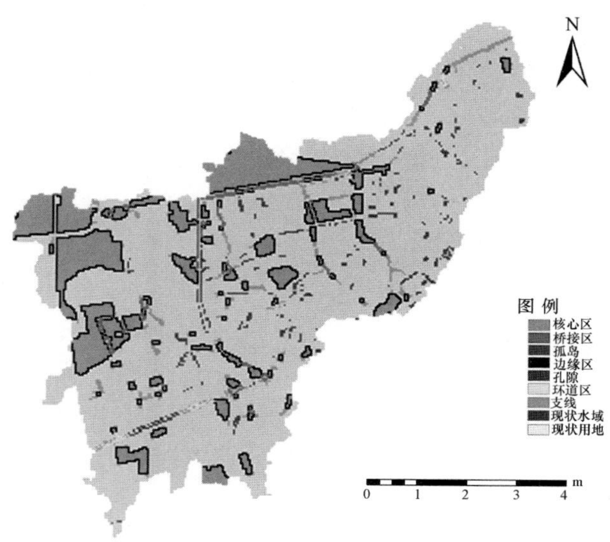

图 8　GI 要素识别结果

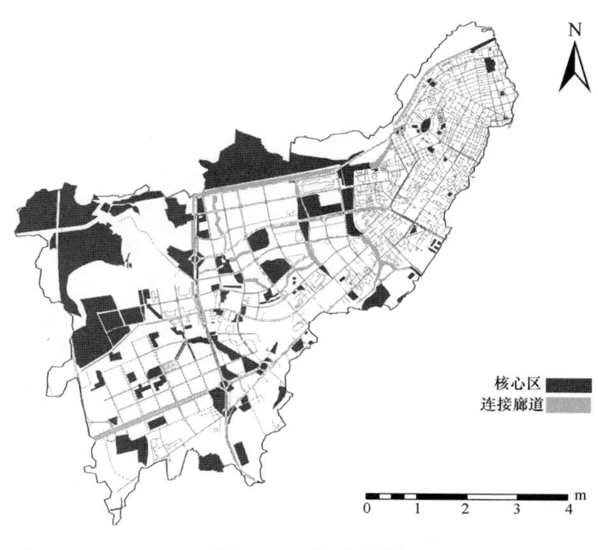

图 9　GI 构建结果

2.4.2　GI 要素分级

一级核心区主要分布在城市外围包括大面积的林地、内陆滩涂、部分城市公园等面积占比最大。二级核心区主要分布与城市内部以城市公园为主。三级核心区包括面积较小的城市公园，附属绿地等。

一级连接廊道主要包括高速公路、城市干线绿化带等。二级连接廊道以城市河流水系、城市主干道为主。三级练级廊道主要由城市街巷道路绿化带部分滨河绿带组成。

2.4.3　GI 构建结果分析

对 GI 构建结果进行分析发现核心区主要分布在研究区外围用地类型主要以林地、内陆滩涂为主，部分核心区分布在城市内部，主要由面积较大的公园组成，总面积约 9.54km^2，其中积雪消纳用地约 5.13km^2，主要包括林地、内陆滩涂、城市公园等。核心区整体布局较分散，破碎度较高。连接廊道主要分布在城市内部，主要包括带状公园、河流绿带、道路绿化带等，在核心区分布较为集中的地区分布较多，面积约为 0.52km^2，其中积雪消纳用地 0.37km^2。

3　结语

降雪作为寒地城市重要的水资源对于维持寒地城市水循环稳定、缓解寒地城市冬季旱情至关重要，以往的雪资源管理方式耗费大量的人力、物力成本，浪费水资源，本文基于绿色基础设施理论，通过空间位置识别、土地利用类型分析、交通可达性评价三个步骤识别可作为积雪消纳区的城市用地，结合 GIA 与形态学空间分析构建绿色基础设施网络，最大程度利用现有城市用地，实现雪资源高效利用，降低积雪给寒地城市生产、生活带来的不利影响。为寒地城市雪资源管理提供一定的借鉴与参考。

参考文献

[1]　徐苏宁，赵蕾．东北地区城市水系雨雪水利用潜力研究[J]．城市发展研究，2017，24(01)：82-88.

[2]　侯清扬．面向偏好及支付意愿的长春雪资源空间利用模式研究[D]．哈尔滨：哈尔滨工业大学，2017.

[3]　赵彩君．浅议绿色基础设施中的多样性[J]．风景园林，2013(06)：156-157.

[4]　刘颂与何蓓，基于 MSPA 的区域绿色基础设施构建——以苏锡常地区为例．风景园林，2017(08)：98-104.

[5]　王振华．城市降雪资源化利用系统设计与实验研究[D]．北京：北京林业大学，2011.

[6]　阚吉．基于 GIS 的空间可达性评价方法研究[D]．南京：东南大学，2015.

[7]　付喜娥，吴人韦．绿色基础设施评价(GIA)方法介述——以美国马里兰州为例[J]．中国园林 2009，25(09)：41-45.

[8]　McHarg I. Human Ecological Planning at Pennsylvania [J]. Landscape Planning，1981(8)：109-120.

[9]　邱瑶，常青，王静．基于 MSPA 的城市绿色基础设施网络规

划——以深圳市为例[J]. 中国园林，2013(05)：104-108.
[10] 许文婷，胡海辉，李爽，等. 哈尔滨城市雪资源利用与收集[J]. 现代城市研究，2014(08)：79-85.

作者简介

盖恒，1991年生，男，汉族，吉林省公主岭人，在读硕士，哈尔滨工业大学建筑学院，学生。研究方向：景观规划研究。电子邮箱：602495991@qq.com。

吴冰，1970年生，男，汉族，黑龙江省哈尔滨人，哈尔滨工业大学建筑学院，高级工程师。研究方向：景观规划。电子邮箱wubing@hit.edu.cn。

刘晓光，1969年生，男，汉族，黑龙江省哈尔滨人，博士，哈尔滨工业大学建筑学院，副教授、硕导。研究方向：景观规划研究。电子邮箱：lxg126@126.com。

济南开放性校园公共空间活力调查研究

Research on the Vitality of Public Space in Open Campus of Ji'nan

刘 欣

摘 要：以校园公共空间使用者的角度感受校园空间活力，选取具有代表性的济南开放性校园作为研究对象，校园空间活力本质从空间构成和空间表征角度分别出发，运用不同的方法共同探究空间活力调查，借助问卷调查、访谈等传统调查方法，利用了SD法和层次分析法（AHP）并借助统计分析软件，得到量化的校园公共空间活力评定数值，为校园空间活力建设提供了有力的发展方向。
关键词：开放性校园；空间活力；层次分析法

Abstract: From the perspective of the users of campus public space, taking Jinan Open Campus as the research object, the essence of campus spatial vitality was explored from the perspective of spatial composition and spatial representation, and different methods were used to explore the spatial vitality survey, with the help of traditional survey methods such as questionnaire survey and interview. At the same time, using SD method and AHP and statistical analysis software, the quantitative evaluation value of campus public space vitality is obtained, which provides powerful data information for the campus space vitality survey.
Keyword: Open Campus; Spatial Vitality; Analytic Hierarchy Process

引言

基于社会发展和教育的高度普及，各行各业对人才的需求不断加大，拉动了高校招生人数，导致校园人口密度增大，许多校园面临着校舍不够、自习室缺乏的尴尬局面，校园走向了改建、扩建和新建的道路。开放性校园公共空间作为校园环境的有机组成部分，是校园活动的重要载体，是师生生活的必要场所。一座校园有了活力，也就有了战胜困难的武器，而一个拥有活力的校园则本身就会拥有理解、交流、发现和创造这种武器的能力，在这样一个培养人才的空间环境下，活力将是吸引人才资本汇聚的核心竞争力。，所以怎样的空间才算得上活力，校园空间的活力构成要素是什么，本文将以济南高校校园空间为例，做一次空间活力的评价研究，希望能够为其他学校的发展建设提供一些经验建议。

1 开放性校园发展

开放性大学，其中开放的含义多种多样，从不同领域视角有着不同的概念解释，可以认为是教育的开放性、思想的开放性，而本文讲述的则是规划领域的开放性，指空间的开放。在过去，从私塾到传统的综合性大学，校园的形成是一个有机生长的过程，是人文精神的物质载体。当今校园大发展模式可以归为两类：自然发展型和规划建设型。许多历史悠久规模较大的高等学府都是随着城市社会经济和高等教育的发展而壮大，如剑桥大学、牛津大学我国的清华大学、北京大学等。而现代大学则是多属于规划建设型大学，由政府、高校和企业多方合作统一规划建设，这类大学特点突出规划宏伟布局条理，往往以大学为核心以城市为依托，学校更融合与城市中，使用者除了师生外，面向更广泛的社会群体。这也是开放性校园在使用过程中最突出的特点。

1.1 开放性校园空间特征

一座好的校园空间一定不单单指学术的建设贡献，世界一流的大学往往具有令人难忘的校园空间，如国外的哈佛、康奈尔等大学，国内的清华、北大等，优秀的校园环境往往存在着共性。

从下图校园图底关系可以看出其共性特征：①街区化的校园空间，开放的空间体系；②丰富多变的轴线，空间完整有序；③建筑体块与景观环境互相协调，形成了各种公共空间；④道路扮演了恰如其分的角色，校园内步行尺度的交通组织至今仍然行之有效。

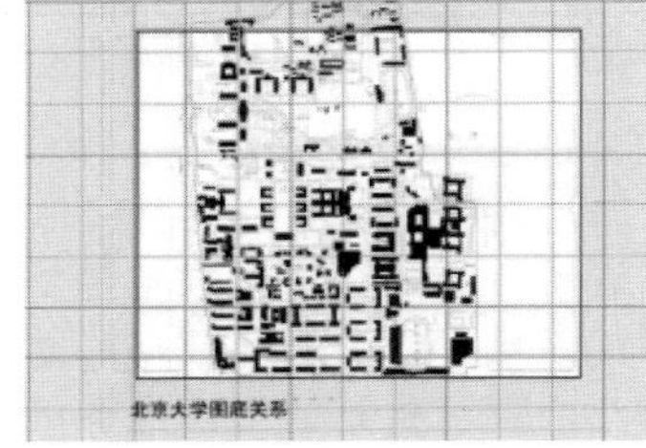

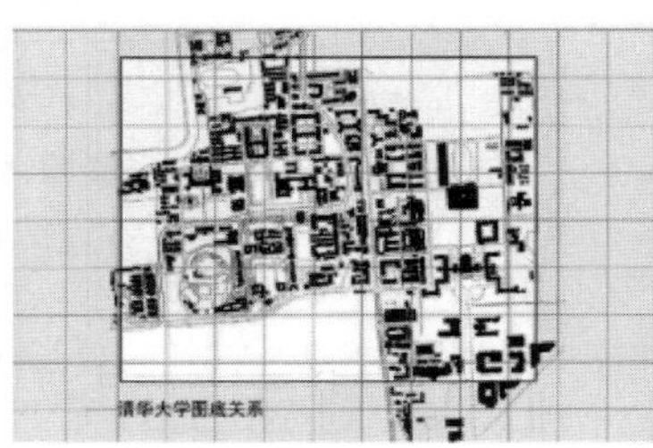

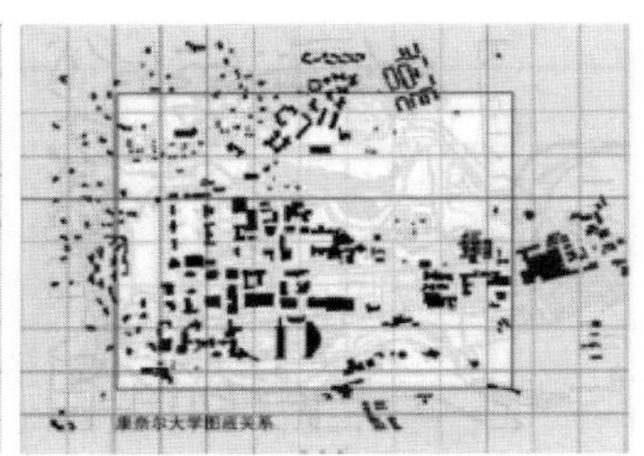

图1 大学校园图底关系

1.2 开放性校园布局特征

以济南大学校园布局为例（图 2）发现济南的大学校园总体布局，主要有组团式布局、大学城集合式布局、自由式布局。

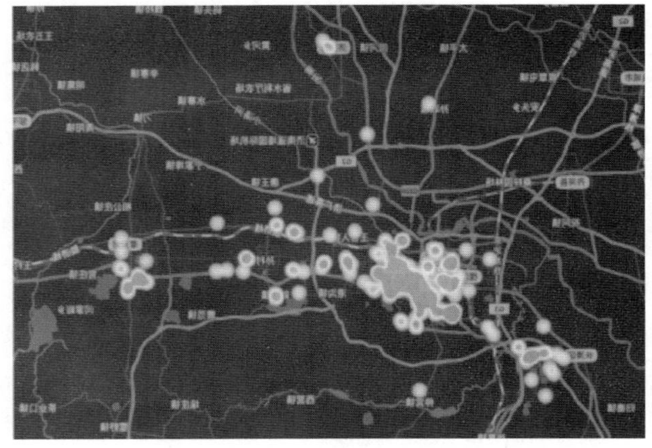

图 2 济南的大学校园布局

大学城集合式布局主要指济南一东一西两座大学城：长清大学城、章丘大学城，其特点是学校布置密集，学校与学校之间会有一定的商业群体，一起共享商业群体，形成一定的大学城的共享发展模式，这种校园一般建设在城市周边，拥有大量的土地资源，周围居住区较少，除校园以外人口密度低，多为经济稍落后产业匮乏的城边区域。组团式布局主要分布于济南市中心，学校相邻布局多抱团式，距离较近，多为建校早、年代久的学校，建设面积对于今天的大学建设来说远远不够，城市的不断扩张，校舍的破旧，面积的有限性，导致校园发展面临着割裂，同一座学校在周围附近有多个分校区，或者有的直接在大学城新建校区，如山东大学、山东师范大学。自由式布局则是一种特殊情况，学校周边不像市区繁华、功能多样丰富，也不像大学城一样小面积聚集区域内功能齐全，自由式布局的大学周边功能较单一，周围设施发展依据学校需求，只为学校及周边住宅服务，周围既没有同类型的综合大学也没有繁华的生活服务设施，但此类校园空间面积较大，规划宏伟，多取自然环境条件如山东建筑大学。

2 开放性校园公共空间活力评价研究

2.1 校园活力评价的定量指标选择与评价方法

2.1.1 校园活力评价的定量指标

活力本身是一个非常概念性的形容词汇，本质特性具有不可度量性。但是大学校园公共空间活力包含了两方面的内涵即空间活力表征和空间活力构成[1]，可从校园公共空间中使用者的公共活动行为模式和支持使用者活动行为的公共空间的活力体组成特征元素开始，选择相关的、可定量的、有效的评价参数，最后通过一个系统的、全面的、可定量化的评价体系来测评济南大学空间活力问题。根据目前国内外可借鉴的关于公共空间活力评价方面的研究成果确定大学校园公共空间活力定量评价内容为：确定评价维数；选择评价指标；制定评价方法。

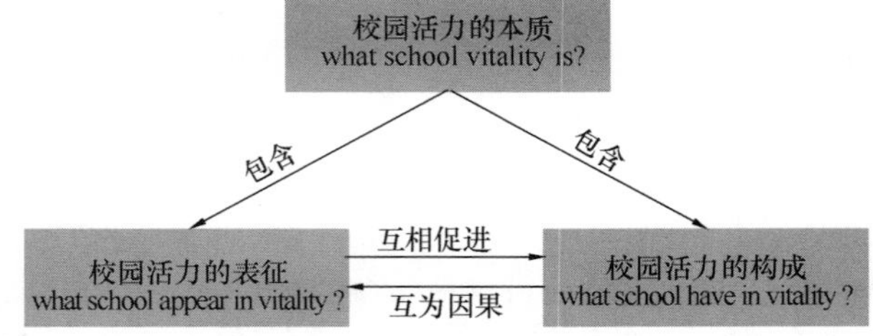

图 3 校园公共空间活力概念内涵图

评价指标分为活力表征与活力构成维度，活力表征主要探讨活力的外在表现，即使用者的公共活动呈现如活动的人数与驻留时间等还可延伸利用五点量表打分法来获取使用者对场地的评价感受和来访目的等信息；活力构成则可选择具有定量内容的指标作为衡量点，如校园景观空间密度、空间可达性、空间属性构成舒适度、校园文化展示等。基于以上对评价指标选择的结果，将校园总共空间活力的定量评价总结成为以下评价指标研究框架（表 1）。

校园公共空间活力评价指标框架　　表 1

活力评价维度	评价指标	评价指标的具体内容（X）
活力表征	人流量	人流量
	到达频率	到达频率
	停留时间	停留时间
	到达目的	到达目的
活力构成	公共空间布局结构	布局与立地环境的结合 X_1
		功能布局与周边环境的协调 X_2
	空间绿化舒适性	绿化覆盖率 X_3
		植物种类 X_4
		山、水自然特质可亲近度 X_5
	空间属性构成舒适度	休憩设施数量 X_6
		环卫设施数量 X_7
		运动设施数量 X_8
		景观照明数量 X_9
	校园文化展示	具有文化意义的小品、雕塑等数量 X_{10}
		校园文化氛围 X_{11}
		学校对古建遗迹的保护 X_{12}

2.1.2 校园活力评价方法

评价方法的制定是构建校园公共空间活力评价体系的重要步骤。评价方法的具体制定则主要包含确定数据的取得方式以及确定评价指标数据的处理方式两个方面，①根据活力评价指标的不同内容可采用不同的数据获得方式，数据取得途径包含实地观察法和针对空间使用者的问卷调查法。校园公共空间活力构成维度下的指标内容可以通过实地观察、问卷访谈记录获得信息数据。②数据处理方法：基于校园公共空间活力评价这个总目标将活力评价指标分别两两比较构造相应的判断矩阵，以供专家评价打分结果为 D_i。然后利用层次分析法，将专家打分后的判断矩阵，进行处理，得出各要素的权重 B_i。计算指标评分值的方法是将指标分值乘以相应的权重，相加后可得出该指标评分制，计算公式为：

$$X=\sum D_i \times B_i (i=1,2\cdots,n) \qquad (1)$$

式中：X 为该指标活力；D_i 为该指标分值；B_i 为相应权重值。

将指标评分值乘以各自的权重，求和后得出校园公共空间活力的最终得分即校园公共空间活力计算方法为：

$$Y=X_1+X_2+X_3+,\ \cdots,\ X_{12} \qquad (2)$$

3 济南开放性校园公共空间活力调查研究

3.1 研究对象

在进行目标研究评价之前，根据评价目标与层次要求的不同，首先对选择研究的对象进行原则上的删选，以便符合评价指标的确定，本文在学校选择上要求满足如下几个条件：① 以综合性大学为主，以学科领域涵盖广泛、学科结构综合性强的综合性大学为主要选择对象。不同的学校在学校发展的历程中都是将自身发展成为高等优秀学府为目标，所以选择济南区域内综合性大学作为评价对象，在评价指标的选择上对其他高校具有指向和借鉴的作用。②校园人数与面积。学校的人数与面积直接影响到评价结果的科学性，学校面积要适中，均衡，校园人群不宜过于分散，校园活动的人流集中程度影响着评价结果。③校园历史文化悠久。校园文化历史是在发展过程中传承沉淀下的宝贵财富，校园文化往往体现在古老校舍的存留、名人校友的故居、学校重大历史事件的遗址等传承渲染，这种历史性的文脉是新建校园无法比拟的同时也是吸引游览者非常重要的条件之一。根据以上条件，本文选择的评价对象如表 2 所示。

济南开放性大学选择　　　　表 2

学校名称	建校时间	在校人数	规模面积
山东建筑大学	1956 年	约 2.6 万人	约 160 万 m^2
山东大学（中心校区）	1958 年	约 1.5 万人	约 106 万 m^2
山东师范大学（千佛山校区）	1950 年	约 1 万人	约 117.5 万 m^2
济南大学	1948 年	约 3.6 万人	约 243 万 m^2

图 4～图 7 是被选择校园的空间环境布局，以彩色图底形式展示，划分为水域、建筑和绿地，其中绿色图块则为调研的重点区域，也是每个学校环境设计的精华。

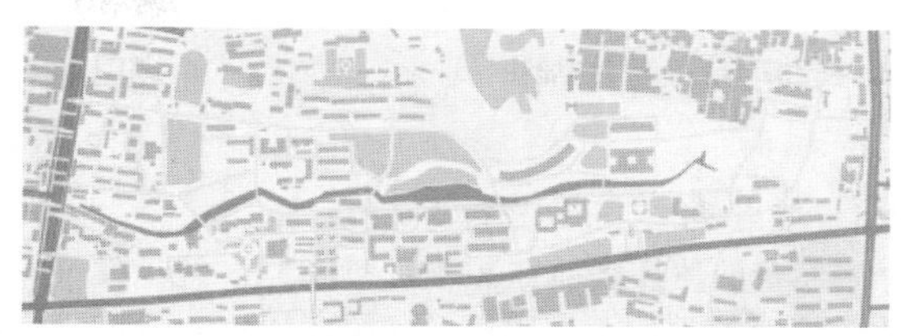

图 4　济南大学校园空间

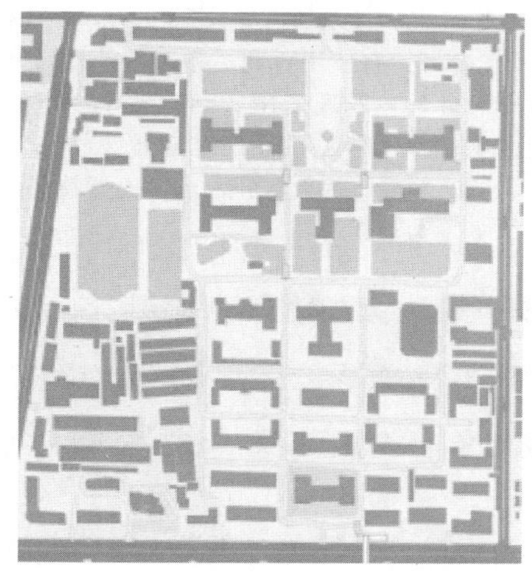

图 5　山东师范大学校园空间

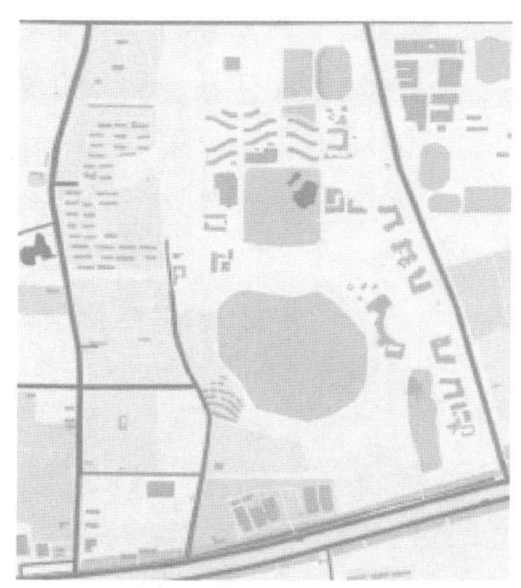

图 6　山东建筑大学校园空间

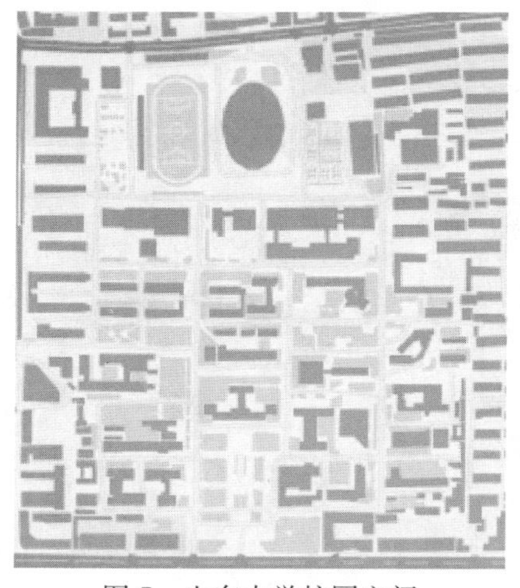

图 7　山东大学校园空间

3.2 空间活力表征调查

3.2.1 使用者时空分布及行为研究

对学校的使用者前往频率进行了问卷统计发现，济南大学济南大学位于市中区，校园环境宜人附近居住区多，每天 1～2h 到访人数高于其他三所学校约占 60%，其次是山东建筑大学每天到访学校 15～30min 的人数占据采访量的 53.48%。将使用者到达频率与使用者在学校停留时间做交叉分析，发现使用者到达频率一定程度上和停留时间成正比，这种关系在山东建筑大学和济南大学较为显著。访谈发现，每天与经常到访人群特征明显，多为附近小区居民，活动目的明确，多为健身游览或看护孩子。学校环境也是一项重要指标，校园绿地率高则人群集中且多，绿地率低，则人群相对分散且少。

选取某晴朗周末，借助微信热力城市对校园人流进行实时观测，发现山东建筑大学、山东大学和济南大学热力强度最大，最强人流在 10：00～15：00 形成峰值，午后人流回落，17：00 左右人流微起伏波动。山东师范大学绿地空间热力强度较弱，活力显示力低且无明显峰值。四所大学学生和老师生活作息规律，排除午饭晚饭和上课时间的固定热力人流以外，相比较而言，可以看出，山东师范大学公共活动空间活力度显然落后于其他 3 座大学。

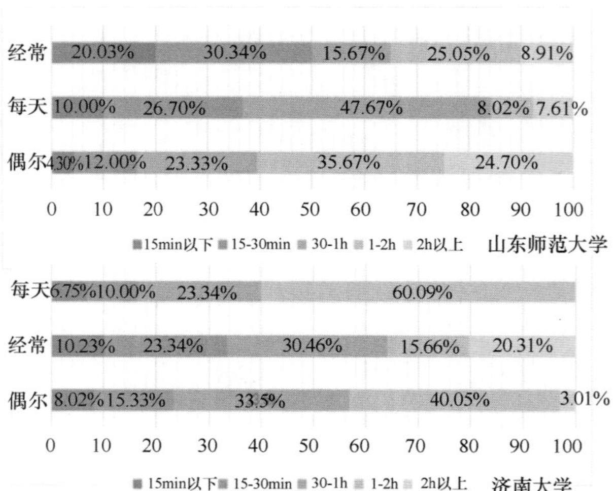

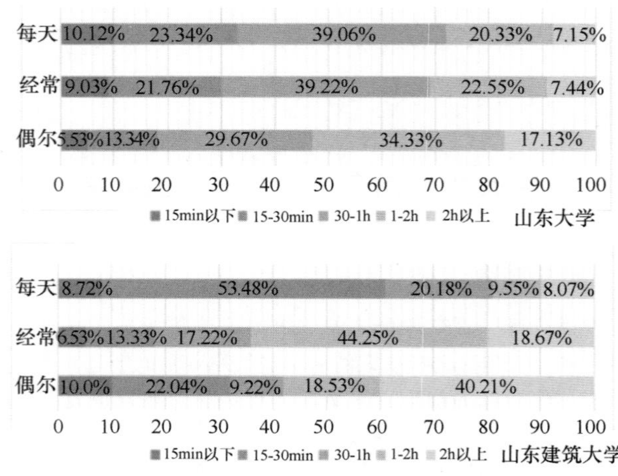

图 8 使用者到达频率与停留时间交叉分析

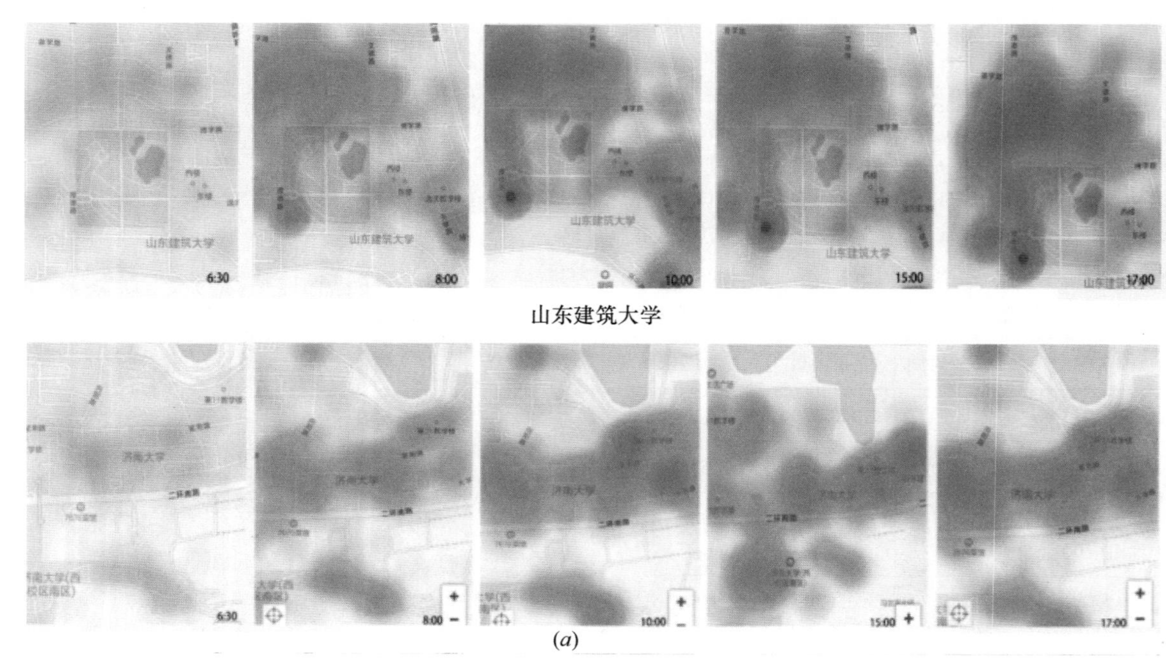

图 9 大学各时段热力图（一）

（*a*）济南大学

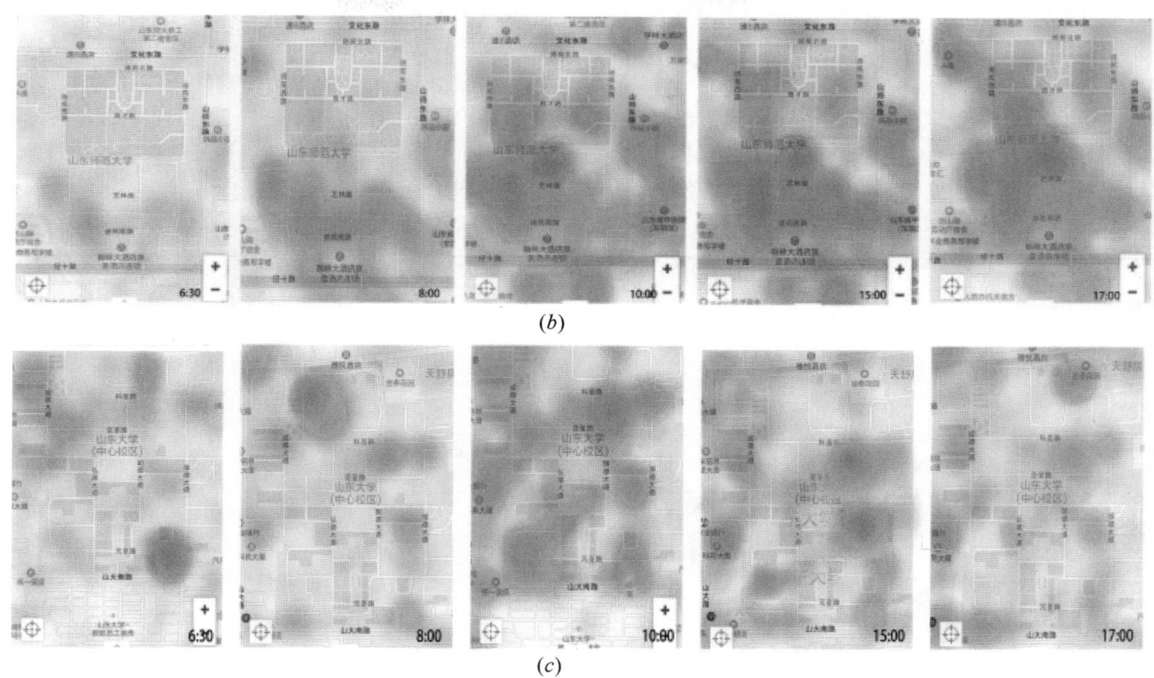

(*b*)

(*c*)

图 9　大学各时段热力图（二）

（*b*）山东师范大学；（*c*）山东大学

3.2.2　使用者目的调查及环境评价

问卷内容将活动目的分为六类不同的情况，每所学校各有差异，其中最受欢迎的活动行为是休闲散步，济南大学和山东建筑大学分别占据 44.20％和 53.30％，接近于调查人数的一半，第二受欢迎的游览目的是观光游览，每个学校依据自身校园空间及人文特色吸引各地的参观者进行参观游览校园，此项调查结果最为平均。其他游览目的人数均有略微差异。尤其山东建筑大学可能由于地理位置偏远于城市商业活动中心，所以学校活动组织少，来此地参加活动的人群远远低于其他学校仅占 2.20％。

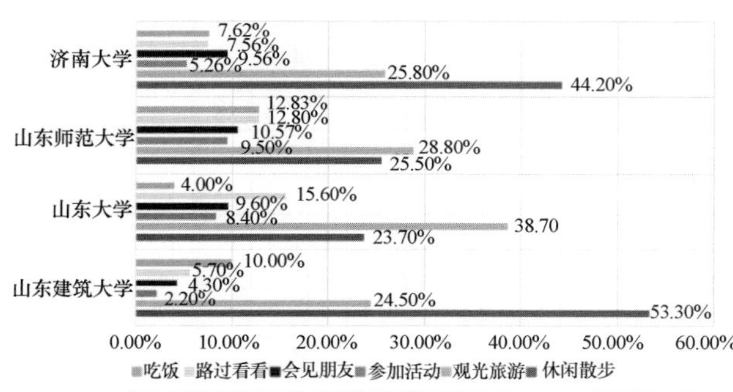

图 10　各大学公共空间使用者目的

基于李克特量表，采用问卷调查方式让使用者从整体校园环境的空间布局形态、校园绿化情况、校园卫生干净度、校园整体舒适度、安全度及校园整体文化氛围 6 个方面对校园公共空间进行打分，结果显示（图 11），山东大学与济南大学评分变化均衡且位于第一、第二的位置，没有极端差距数值。山东师范大学整体评分都相对低于其他学校，校园卫生整洁度约为 3.02 分位居最低，且山东师范大学与山东建筑大学因校园内部分楼群重新装修施工，所以在安全度问题上相对较低。

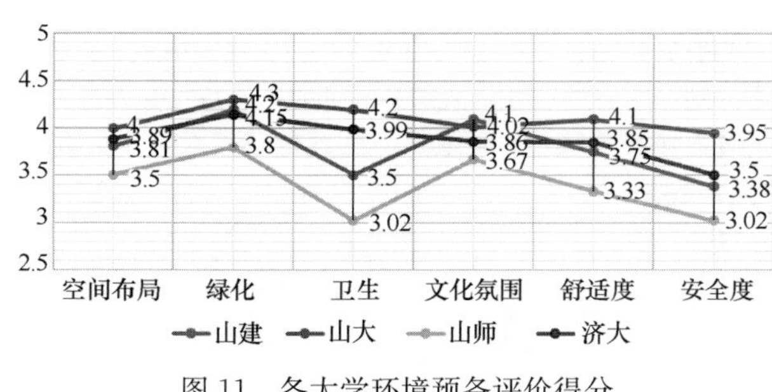

图 11　各大学环境预备评价得分

3.3　空间活力构成评价研究

3.3.1　研究方法

（1）评价因子集制定

本文通过制作李克特量表和层次分析法建立一套合理的大学校园空间活力评价体系，李克特量表是属评分加总适量表最常用的一种，由美国社会心理学家李克特在原有的总加量表基础上改进而成[2]。

据此，笔者确定总体景观评价因子集的步骤如下：

①收集 11 个与评价相关的因子作为二级因子，并根据特点概括分为 4 个一级因子，并在后面做相关描述让受测的评分者更加了解有助于打分，a 表示很满意、b 较满意、c 一般、d 不满意、e 很不满意，据此对 4 所大学分别展开问卷调查。②选择 30～50 位比较专业的受测者对全部项目进行预先测试。③对每个强度描述给一个分数，从差到好的项目分别是 1、2、3、4、5 分。④根据受测者

的评分，计算和得到个人总分，再将不合格的剔除计算出最终打分（表 3）。

（2）评价因子权重计算

评价因子权重是综合评价的关键，层次分析法是美国著名的运筹学家 T. L. Satty 等在 20 世纪 70 年代提出的一种对定性问题进行定量分析的简便、灵活而又使用的多准则决策方法。AHP 法的步骤如下：

①一对比较值得设定，一般一对比较值为 1、3、5、7、9。②制定一级评价因子一对比较表（表 4）。③计算一级评价因子的权重（表 5）。④以同样的方法计算二级评价因子权重，根据此方法，得到的大学校园绿地总体景观评价因子集（表 6）。

相关评价因子打分 **表 3**

评价因子	山建综合平均值	山大综合平均值	山师综合平均值	济大综合平均值
a1 功能布局与周边环境的协调好	2.50	3.52	2.22	2.32
a2 布局与立地环境的结合	3.05	3.01	2.02	1.98
a3 绿化覆盖率高	1.92	2.12	1.86	1.89
a4 植物种类丰富	2.25	2.60	2.35	2.20
a5 山、水自然特质可亲近度高	2.98	3.60	3.52	2.44
a6 休憩设施数量合适	2.44	3.20	2.56	2.98
a7 环卫设施数量合适	3.78	3.90	3.24	3.50
a8 运动设施数量合适	2.95	3.05	2.50	2.62
a9 景观照明数量合适	3.29	3.74	3.03	3.89
a10 具有文化意义的小品、雕塑等数量多	2.93	2.89	2.15	2.53
a11 校园文化氛围好	2.93	2.75	2.13	2.96
a12 学校对古建遗迹的保护好	2.73	2.05	2.32	1.98
总计	33.75	36.43	29.88	31.27

根据差异显著性分析可知，除了少数几个因子受专业背景、学科特点外，大部分因子的评价特点无差异，且具有很强的共性，如分数越高则评价越高（表 1），山东大学位于市中心，交通便利，同时更具有名校情结的优势许多外地游客将此校园作为优秀大学观摩欣赏，相对于其他学校，活力分值评价略领先。

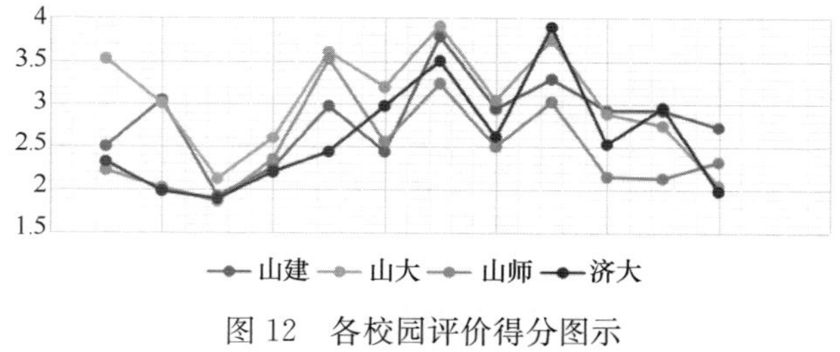

图 12　各校园评价得分图示

数值的设定标准 **表 4**

一对比较值	定意
1	同样重要
3	稍微重要
5	明显重要
7	非常重要
9	极为重要

一级评价因子权重计算 **表 5**

公共空间布局结构		空间绿化舒适	空间属性构成舒适度	校园文化展示	几何平均	权重
公共空间布局结构	1	5	5	5	3.34	0.39
空间绿化舒适	1/5	1	3	3	1.16	0.41
空间属性构成舒适度	1/5	1/3	1	3	0.76	0.13
校园文化展示	1/5	1/3	1/3	1	0.39	0.07

3.3.2　评价与分析

各项因子权重为层次分析法得到的组合权重数值（表 6），权重数值越接近于 1 则表明评价因子越接近于最佳水平，由此可以得到评价因子对于校园公共空间活力而言的价值排序，其状况程度直接影响活力情况。公共空间布局结构的优良直接影响空间活力，可见校园的设计需要从宏观规划取得满意度，学校空间布局与立地环境的结合、功能布局与周边环境的协调性直接影响校园活力。

景观评价因子的权重 表 6

一级因子	权重	二级因子	权重	归一化权重	排名
公共空间布局结构	0.39	布局与立地环境的结合（*D*1）	0.53	0.207	1
		功能布局与周边环境的协调（*D*2）	0.47	0.183	2
空间绿化舒适	0.41	绿化覆盖率（*D*3）	0.42	0.172	3
		植物种类（*D*4）	0.28	0.115	5
		山、水自然特质可亲近度（*D*5）	0.30	0.123	4
空间属性构成舒适度	0.13	休憩设施数量（*D*6）	0.32	0.042	7
		环卫设施数量（*D*7）	0.19	0.025	9
		运动设施数量（*D*8）	0.38	0.049	6
		景观照明数量（*D*9）	0.11	0.014	12
校园文化展示	0.07	具有文化意义的小品、雕塑等数量（*D*10）	0.38	0.027	8
		校园文化氛围（*D*11）	0.33	0.023	10
		学校对古建遗迹的保护（*D*12）	0.29	0.020	11

根据公式（1）各项目因子的相应权重与调查打分结果取和，通过公式（2）得最终校园公共活力空间活力情况（表 7）。

不同高校公共空间活力排序 表 7

校园	*D*1	*D*2	*D*3	*D*4	*D*5	*D*6	*D*7	*D*8	*D*9	*D*10	*D*11	*D*12	合计
山建	0.631	0.46	0.330	0.280	0.343	0.134	0.094	0.145	0.046	0.079	0.067	0.055	2.66
山大	0.623	0.644	0.365	0.299	0.443	0.134	0.098	0.150	0.052	0.078	0.063	0.041	2.99
山师	0.420	0.410	0.325	0.253	0.300	0.125	0.097	0.190	0.054	0.068	0.068	0.040	2.35
济大	0.460	0.370	0.320	0.270	0.433	0.108	0.081	0.123	0.042	0.058	0.049	0.046	2.36

山东大学综合排分最高，其次是山东建筑大学、济南大学和山东师范大学。山东大学校园面积大，位置条件优越，校园整体规划统一有序景观品质好且外地游客慕名而去的人数较多；山东建筑大学作为建筑类特色院校非常注重校园的规划设计，虽然位于高新区附近仅居民住宅，但校园选址依山傍水，校园绿化面积大，树木繁多形成一定环境小气候，慕名而来拍照游客居多；济南大学位于市中区，校内河流穿过，两岸垂柳轻抚，校园沿河景观带异常优美，多附近居民来此锻炼散步感受新鲜空气；山东师范大学，此校区是老校区，校园学生较少，景观小品略有年代感，校园景观维护欠佳多处地方杂草丛生，校园活力略低，但却因为校园经过多年历史沉淀文化氛围浓厚，是非常难得的一项活力品质。

4 结语

校园公共空间与人的主动参与不可分割，人的行为活动特征和对环境的评价理所当然地成为整个空间活力研究的中心问题。本文从空间活力的表征与构成两方面入手，选取了客观、可操作的数据统计方法，形成了空间活力评价框架。希望通过评价现有的大学校园空间的活力，为科学的、合理地制定大学校园规划和建设的决策提供客观依据，也为评价校园规划设计提供一个可操作的定量的指标体系。本文研究内容还有许多不足，还需修正进步。

参考文献

[1] 郑丽君. 大学校园公共空间活力评价指标的定量化研究 [J]. 山东农业大学学报(自然科学版)，2016，36(11)：821.

[2] 百度百科 . https：//baike. baidu. com/item/%E6%9D%8E%E5%85%8B%E7%89%B9%E9%87%8F%E8%A1%A8/2282414? fr=aladdin.

[3] 穆燕洁. 张海清基于 AHP 的大学校园景观质量综合评价研究——以四川农业大学雅安校区为例 [J]. 安徽农业科学，2011.

[4] 张新平，阴雷鹏. 基于 AHP 的高职校园植物景观评价——以陕西职业技术学院为例 [J]. 南方园艺，2011.

[5] 黄广远，徐程扬，朱解放，等 . 基于层次分析法和逼近理想解排序法的高校校园绿地景观评价 [J]. 东北林业大学学报，2012.

[6] 黄静，王中玥，王晓阳. 基于层次分析法的大学校园景观节点评价研究——以南京林业大学为例 [J]. 湖北农业科学，2018.

[7] 范榕，刘滨谊 . 基于 AHP 法的景观空间视觉吸引评价 [C]// 中国风景园林学会 2014 年会议论文集(下册)，2014.

[8] 邓雪，李家铭，曾浩健，陈俊羊，赵俊峰. 层次分析法权重计算方法分析及其应用研究[J]. 数学的实践与认识，2012.

[9] 姜杰，徐峰. 北京高校校园景观环境评价——以中国人民大学为例 [J]. 江西农业学报，2010.

[10] 迟敬鸣 . 论大学校园开放性空间 [D]. 华南理工大学，2009.

景观引领“三基协作”的城市核心滨水区规划设计研究

Study on Planning and Design of Urban Waterfront Landscape in Cooperation with Blue, Green and Gray Infrastructure

袁　晶

摘　要：城市滨水地区的规划设计一直是多学科交叉研究的热点，在城市双修的背景下，科学保护和利用滨水空间是提升人们生活品质和改善生态环境的关键，本文通过归纳和总结当下滨水空间存在的诸多问题，提出景观引领的蓝、绿、灰基础设施协作的规划设计方法，探讨多专业组合下的滨水空间设计方法，并提出滨水区的“三基体系”研究框架，最后，通过盐城南海公园规划设计案例实践，分析景观与三大基础设施的具体操作层面的协作方法，为滨水区的可持续发展提供借鉴意义。

关键词：滨水空间规划设计；三大基础设施

Abstract: The planning and design of urban waterfront area is a hotspot research. Under the background of urban double-training, scientific protection and utilization of waterfront space is the key to improve people's quality of life and ecological environment. This paper summarizes and summarizes many problems of current waterfront space, and puts forward the planning and design methods of blue, green and grey infrastructure cooperation led by landscape, and discusses them. Landscape plays a leading role in multi-specialty collaborative waterfront space design, putting forward the "three-matrix system". Finally, through the practice of planning and design of Nanhai Park in Yancheng, the Collaborative Methods of landscape and three major infrastructures are analyzed, which can provide reference for the sustainable development of waterfront areas.

Keyword: Waterfront Spatial Planning and Design; Three Major Infrastructures

1　研究背景

城市滨水区是城市生态与城市生活最为敏感的地区之一，具有自然、开放、方向性强等空间特点和公共活动多、功能复杂、历史文化因素丰富等特征，是自然生态系统与人工建设系统交融的城市公共开场空间[1]；滨水区域从空间布局的形态序列来看，从郊区到中心城区呈现由自然环境向半人工环境的渐进过程。城市核心滨水区是指位于城市中心地区，地段优越，人口密集的滨水界面，集中展现城市特色与风貌的重要空间载体，是城市最佳的景观形象展示和休闲游憩地带，是城市生态效益、社会效益、经济效益、文化效益、空间效益多层效益的叠合地带，是城市的价值高地。

城市核心滨水区的规划设计涵盖多个专业领域，景观、城市规划、建筑、水利、地下、道桥、环境等，是学科之间交叉研究和实践的热点。城市核心区的滨水空间，是重要的城市形象界面，景观专业（landscape architecture）作为规划、设计、保护、建设和管理户外自然和人工境域的学科，是整合滨水空间形象、生态、文化和游憩多种价值的关键专业，而实际操作中还存在一系列问题。

城市滨水空间风貌单一化、公共游憩空间缺乏、界面美感缺失、生态系统碎片化等问题存在多年，这其中不仅是规划设计的问题，还有更多原因所致。首先，管理分散。我国在空间管控领域，一直是多龙治水的局面，在滨水地区的表现更为明显，与其相关管理的部门有规划、水利、环保、绿化、市容等多个部门，部门之间都站在各自立场博弈，使得滨水地区的规划设计决策、建设和管理都存在一定的难度。其次，行业壁垒。河道的治理与提升，常常由水利部门发起，并作为资金引入的主体，以水安全、水生态为目标，邀请水利设计单位牵头，景观专业配合完成周边岸线的绿地设计，重点的驳岸高度及形式的决策权，始终在水利专业手里。从城市的安全出发，水利领域涉及防洪的各项控制性条款刚性度高，调整或优化的空间极小，因此造就的驳岸形式往往比较单一，美感度较差，滨水空间水陆交互的生态系统被割裂，人水互动的体验被阻断。本文认为上述问题的关键在于一方面，滨水地区的城市基础设施规划设计缺乏整体思维，各自为政；另一方面，各类基础设施的设计还是停留在它的基本功能上，与时代发展的需求脱节，从而形成了需求与供给的内在矛盾。

城市基础设施（urban infrastructure）是工程性基础设施的总称，是社会的基本支持系统。由于城市核心滨水区是各类基础设施密集叠加的空间载体，聚集在这个地段的基础设施，不仅要满足基本的城市服务功能，更要考虑形象和使用属性。随着生活品质的不断提升，人们已经不再满足于防汛墙的安全作用，它应该更加美观、生态和可用的亲水空间；市政桥梁不仅仅只是联通交通，它更应该是城市重要的景观地标；建筑也不再是仅供人们居住的机器，它应该是可以被认知，被阅读的文化景观；城市应该是有温度的。这些诉求的背后说明人们对单一化的传统基础设施开始反思，并开始追求城市基础设施的精致化发展。

在城市双修的背景下，城市修补，重点是不断改善城市公共服务质量，改进市政基础设施条件，使城市功能体系及其承载的空间场所得到全面系统的修复、弥补和完善。这一修补过程正是针对公共基础设施进行人性化、功能化的精细化提升，正是城市修补工作的重要界面。防汛墙是否还有更多形态，使其更具有观赏性或互动性；水体与驳岸之间是否可能建立连续的生态系统而非割裂的；一条过境滨水区的市政道路，是否能在高程上考虑适当抬高路面，将人们驾车过境的景观视角体验作为考虑对象，而非一平到底的普通马路？面对这些精细化设计的诉求，景观可以利用自身的专业优势进行跨界整合、优化、提升，是引领基础设施从粗放走向精致化的重要手段。

2　蓝、绿、灰三大基础设施

绿色基础设施（green infrastructure，GI）20 世纪 90 年代美国出现了绿色基础设施的概念，是指一个国家的自然生命的支持系统，即由水道、湿地、林地、野生动物栖息地，自然区、绿色通道、公园、保护区、农场、牧场和森林，以及维系天然物种、保持自然的生态过程、维护空气和水资源并对人们健康和生活质量有贡献的荒野及其他开放空间组成的互通网络，它是将重要生态资源作为国土生命支持系统的关键性格局[8]。绿色基础设施的提出具有重要的学术价值，能提升人们对绿色空间结构和价值的重新认知，但从操作层面来看，专业和空间跨度过大，依靠景观专业独立操作是很难完成使命。

蓝色基础设施（blue infrastructure，BI），它包括人工水的各种类型和自然河流、湖泊、溪流、湿地、水塘、沼泽地、地表水和地下水等，水作为城市生态最重要的元素，与道路交通等灰色基础设施，风景园林，城市森林等绿色基础设施一样，是构筑城市生活环境，引导城市功能区划，空间布局，以及产业分布和城市风貌最关键的要素。

灰色基础设施（grey infrastructure，GRI）是城市基建为主导的人工设施，包括道路、桥梁、河堤、管网等，灰色基础设施是一个国家工业化象征，是城市经济发展水平的重要标志，是城市存在的重要支撑系统，它注重效率与经济，建设手段单一，缺乏美学和生态的深度考量。

2.1　三基体系

三大基础设施，相互独立又相互融合，它们共同构成整个城市的基础设施，它们有自身的肌理形态，彼此交织构成了地球表面雄伟的大地肌理，是人与自然和谐与对立的统一体。三基有机融合时，合理的配比，能为城市发展带来巨大的活力和动力；而彼此冲突时会影响城市形象，破坏生态环境，生活品质降低等，最终成为城市发展的阻碍，而景观可以有效地调和三者之间的矛盾，是它们彼此融合的重要途径。

长期以来，滨水区的开发三基是彼此独立和分离的，从建设时序来看，GRI 率先入场，构建城市道路、桥梁、管网等，由于 GRI 的规划设计是独立完成，对道路的宽度和竖向关系都缺乏对城市景观风貌格局的长远判断，导致城市交通层面的风貌单一或对空间割裂过强；同时，BI 建设从安全角度出发进行雨洪评估和开展应对性的设计，即便如此，仍旧没有充分考虑发展的需求，巨大的防洪墙堤，没有对未来绿化或游憩活动留出合理的发展空间，于是，防洪堤很多时候都是城市的消极空间；最后 GI 入场，它的作用在成了在两片巨大的钢筋混凝土夹缝中填绿，导致 GI 效力和功能无法得到发挥。

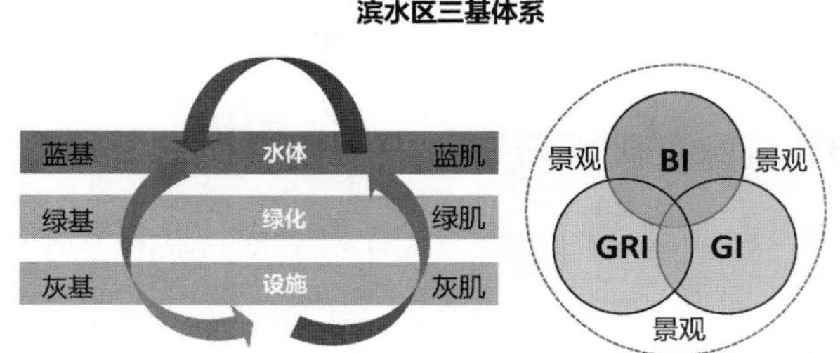

图 1　三基体系图

构建一种多元融合的、可操作的规划设计方法与管理路径是应对城市滨水区的综合性与复杂性的关键，单专业已经不能完全胜任，引入多专业共同参与协作共建是必然趋势。未来滨水地区的规划设计与建设，应该是景观为引领，三基融合并进的合作模式。

首先，BI 作为自然环境中不可控因素，其形态、规模和生态安全应得到最大程度上的尊重与保护，景观在自然环境下应该与水利、动植物等相关专业，深入研究、保护与利用自然水环境的多元价值，以景观的视野参与到其他领域的设计中，如水体生态安全、水生植物选取、水体净化、生态驳岸控制等。景观在参与到人工滨水环境下，可以发挥的空间更大，可以同水利专业共同研发更多形式的驳岸，加入生态化理念，创造更多绿色与灰色有机融合的水岸关系。

其次，景观加入到 GRI 的设计中，能帮助 GRI 单一的设计模式，开辟更多样的设计形式，如道路边界的处理，道牙形式设计、过水桥梁景观造型设计、滨水周边道路竖向设计等多种领域，精细化的设计能弥补 GRI 在过境滨水地带的多元景观价值，这不仅仅是美观问题，是打造滨水地区整体空间架构的关键环节。

再次，景观与 GI 有很多共性的特点，景观跳出 GI 的目标是帮助 GI 从城市规划层面上建立空间格局的连续统一，强化 GI 体系下的景观界面对城市的价值。

2.2　景观引领三大基础设施

为什么由景观引领？首先，历史原因。20 世纪 70 年代，美国学者麦克·哈格的著作《设计结合自然》，首次提出景观规划设计初期需要多专业共同参与的工作模式，既一个由地理学家、水文学、植物学家、动物学家、土壤学家、气候学家、规划师与建筑师等，组成的专业团队，这种叠加技术和专家团队即“千层饼模式”。他的理论与方法赋予了景观规划设计以科学的内涵，将景观分解为多个专项，并且用于科学的方法评估和实践。景观整个近代发展的历程就是不断科学化、跨界整合的过程。

再次，景观的引领价值，为什么是景观引领的三基协作，而不直接运用“景观基础设施（landscape infrastructure，LI）”概念？本文探讨的内容与LI概念相似，而区别在于操作层面，由于LI的涵盖面太大，并且是由景观单专业提出，理论上高瞻远瞩，但是在实践中缺乏具体有效的实施方法。本文强调景观引领各专业前期工作，景观应跳出自身专业的范畴束缚，进行跨专业学习和自我提升，并确切参与到BI或者是GRI的具体设计和建设中去，发挥自身的美学、生态设计的特长与其他专业有机融合，才是具有操作性的整体基础设施的提升路径。

3 滨水景观规划实践案例

盐城市南海公园位于城南新区南部，处于南北向城市主轴的南段，是城市景观主轴的南部节点，是城南地区的核心地带，总体占地约2500亩。其中水域面积约1200亩，该项目规划设计领域涵盖城市规划、城市设计、水利工程、市政道路、桥梁、建筑、景观等多个专业，整个项目从规划设计到落地，近三年时间，是一次完整地贯彻景观引领下“三基”协作的滨水空间规划、设计与建设的范本。

图2 南海公园总体平面图

3.1 景观引领GI设计

景观参与了南海公园上位规划中的控制性规划和城市设计，从规划层面，自上而下的帮助构建完整序列的GI系统，一方面，强调绿地系统规划以鱼骨状与城市道路、公共设施或居住区交织，保持交通便利和生态走廊的连续性与通达性，使南海公园周边用地的发展能更加公平享用绿色带来的价值，出门即见公园；另一方面，景观帮助GI建立更为精确的景观节点，打造生态绿化核心景区，同时，强化绿色为主导带状景观界面，构建植物景观风貌带。

3.2 景观引领BI设计

中心湖体是南海公园的灵魂也是重要的BI，1200亩的规模已经对区域环境产生影响，为此水利专业为主导专业，而景观在湖体设计整个设计过程中，在多个维度都起到关键性作用。首先，湖水形态控制。南海公园的湖体雏形来自于上位规划“城南之花”理念，由景观具体对形态进行深化和落实，整体呈半月形的湖面与五片花瓣岛自然咬合衔接，力求形意交融。形态设计与水利专业进行深入的共同设计，水利提出如何避免因形态带来的湖区死角问题，为此景观湖体边界尽可能采用流线型设计，水利专业对湖形进行流体测试，通过两个专业的紧密配合，水形与水流的稳定的统一。

其次，湖水驳岸控制，景观提出整个公园打造亲水宜人的水岸空间，建议以生态型驳岸为主，即草坡入水的方式；由于是新开挖的人工湖，周边土壤稳定性较差，湖水对岸的侧压力较大，水利建设水面30～50cm以下设置块石驳岸或插板式驳岸，以固土稳土，草坡入水的外在效果也能保证。在景观与水利共同设计的过程中，客观地提升了湖体设计的安全性、科学性与美观性，实现了多重价值的统一。再次，景观设置了一系列涉水、亲水的平台空间，以满足人们亲水的游憩体验，景观与水利结合，充分考虑亲水地区的安全性在湖体边界设置0.8～1.2m的安全水位带，最大程度确保人的生命安全。

图3 南海公园总体鸟瞰图

3.3 景观引领GRI

景观参与到GRI的设计中，表现最为鲜明的是市政桥梁，公园北面有一座联系城市与公园内部的桥梁，位于湖的黄金位置，是整个湖面的地标。它的景观价值必须与其功能属性考虑，为此，景观与市政桥梁形成紧密的配合，景观提出多个造型创意并结合地方文化的方案设计，并同时市政桥梁专业讨论其结构、风动、荷载等多方面的技术支持，确保每一个方案都有好的合理性与落地性，以供业主决策；另外，周边市政道路的竖向设计，在满足交通功能的前提下，从满足观湖的景观视野出发，丰富道路的竖向关系，湖景欣赏与游客的驾车体验统一起来，最大程度实现GRI的交通与景观的融合价值。

总体来说，盐城南海公园的项目实践证明，各类城市基础设施通过景观的引领与协同下，能获得双赢的局面，有利于解决复杂多元的诉求，是有实际借鉴意义的案例。

4 结语

在城市生态文明和公园城市理念的倡导下，城水共生、城水共荣的是未来发展的美好愿景，协调好城市与滨水空间的关系、追求良好生态平衡、丰富滨水游憩活动类型、凸显地域文化等多方面的综合效益是大势所趋，景观在这样的时代背景下，大有可为，不同于传统的园林思维，景观应当有更大的视野，看清自身的时代使命与责任，不断提升从业者的技术素养，尤其是跨界专业技能的学习，实践指出景观引领三基协作的工作方法，是行之有效的，尤其是在应对复杂的城市滨水空间环境中具有实质性的推动作用。

一片具有吸引力的城市滨水空间，应该是安全的、生态的、好玩的、美丽的、文化的等多重价值的叠加与有机组合，是城市魅力的核心区，景观应该抓住时代机遇，走在前沿，早日实现城市滨水空间从满足人们基础服务的1.0版走向以人为本的2.0版，打造人、水、城和谐共生的美丽图景。

参考文献

[1] 刘滨谊. 城市滨水区景观规划设计[M]. 南京：东南大学出版社，2005.

[2] 马会岭. 城市滨水景观设计理论探析[D]. 北京：北京林业大学，2006.

[3] 杜春兰. 滨水景观设计[J]. 时代建筑，2002.

[4] 袁晶. 中国古典园林山水格局审美在当代景观规划中的价值——以盐城市龙湖公园景观规划设计为例[C]// 中国民族建筑研究会、北京绿色建筑产业联盟.2017 第七届艾景奖国际园林景观规划设计大会论文集，2017：4.

[5] 刘滨谊，周江. 景观水系整治中的护岸规划设计[J]. 中国园林，2004.

[6] 王建国. 现代城市设计理论与方法[M]. 东南大学出版社，1997.

[7] 翟俊. 协同共生：从市政的灰色基础设施、生态的绿色基础设施到一体化的景观基础设施[J]. 规划师，2012(9)：71-74.

[8] 文桦，从景观基础设施看事业新风景——访 LA 设计师格度阿基诺[J]. 风景园林，2009，(3)：41-43.

作者简介

袁晶，1982 年生，男，汉族，湖北，硕士研究生，华建集团上海现代建筑装饰环境设计研究院有限公司，高级工程师，副所长。研究方向：风景园林规划与设计。电子邮箱：46848242@qq. com。

开放校园背景下高校公共空间景观意象感知研究

——以西南大学为例

Study on Public Space Landscape Image Perception in Context of Open Campus

—A Case Study of Southwest University

胡佳歆　左　力

摘　要：在开放型校园融入城市空间的背景下，公共空间不仅是校园环境的重要组成部分，也成为承载城市文化和居民生活的重要场所。当前我国校园公共空间呈现出趋同性特征，缺乏对场所精神和人文环境的塑造。本文基于校园景观认知维度，以西南大学北碚校区为例，对高校校园公共空间景观意象的感知情况进行调查研究。通过认知地图调查选取 11 处意象程度较高的公共空间景观作为研究样本，通过问卷调查和实地观察从可达性、活力度、认知度、舒适度和文化性五个方面对景观意象感知情况进行主观评价，利用 SPSS 软件对分析各项因子的评价结果及关联性，从而提出校园公共空间设计的相关建议，为校园景观意象的营造提供参考。

关键词：开放校园；公共空间；意象感知

Abstract: In the context of open campus integrating into urban space, public space is not only an important part of campus environment, but also an important place to accommodate urban culture and residents' lives. At present, campus public space in our country shows the characteristics of homogenization and lack of place spirit and humanity environment. Taking Beibei Campus of Southwest University as the example, this paper investigates the perception of public space landscape image in University campus based on the dimension of campus landscape cognition. Selecting eleven imaginable public space as samples through cognitive map, this paper analyzes the subjectively evaluation results of landscape image perception from five aspects (accessibility, vitality, cognition, comfort and culture and the relevance of various factors by SPSS, then further proposes suggestions to the campus public space design to provide reference for the construction of campus landscape image.

Keyword: Open Campus; Public Space; Image Perception

1　研究背景

校园公共空间作为公共活动和校园文化的重要载体，其空间品质的提升是高等教育事业发展的重要基础。随着我国高等教育规模的不断扩张和对人居环境品质要求的不断提升，现有传统校区校园公共空间环境条件已经难以满足人们的需求，与此同时，校园打开围墙，校园公共空间成为城市公共空间的重要组成部分，开放共享理念成为社会的广泛共识。因此，校园公共空间生活中多元的参与主体对校园空间景观意象的感知和认识已经成为评价校园环境满意度的重要标尺，使用者的行为特征和心理需求成为该领域研究的重点。

景观意象的概念来源于 Lynch 提出的“可意象性”，即空间的可读性和可认知度，提出城市空间要素的合理分布可以提高环境的可识别性[1]。高校校园作为城市设计的“试验场”[2]，景观意象为研究高校公共空间景观环境提供了人性化视角[3]。本文将校园公共空间人文环境特色转换为意象要素，以西南大学北碚校区为例，通过意象调查和实地测量，分析意象感知与空间特征的关联性，为校园公共空间环境设计提供建议和依据。

2　研究对象和内容

2.1　研究对象

校园公共空间是学生日常学习生活空间的组成部分，也是容纳社会交往行为、承载校园文化的重要场所。西南大学是教育部直属重点综合大学，校本部紧邻嘉陵江与缙云山，典型的山地地形、丰富的植被绿化和大面积的自然水体为高校师生及周边居民提供了公共活动场所，是重庆开放式校园景观的典型代表。本文选取西南大学认知地图中意象程度较高的核心区域作为本次调查研究的样本，探讨公共空间景观意象感知情况以及意象要素之间的关联性。

2.2　研究内容

首先对西南大学公共空间意象认知情况进行调查研究，通过认知草图整理出校园意象认知频率地图，选出可意象性较高的核心区域作为研究样本。通过问卷调查对校园景观进行总体评价，针对特定区域样本的景观意象要素指标进行计算和主观评价，通过 SPSS 软件对各要素的相关性进行计算，并进一步校园景观意象的营造进行讨论。

3　认知地图调查

在南北校区各选取 15 名对校园环境较为熟悉的学生进行认知地图调查，主要表现出校园主要道路、节点、标志物、公共活动区域和边界的空间关系。一项针对西南大学校园景观可意象性的研究表明公共意象要素出现率最高的为建筑物，其次是道路、节点、场所和标志[4]。认知地图对道路意象结构反映较为明确，但是校园标志物和节点的反映往往受到被调查者生活范围的局限，因此本文在进行认知草图调查的基础上，通过主观问卷对主要空间标志物和节点的重要性进行评价统计，作为对认知草图的补充，最终整合为校园意象认知频率地图（图 1）。

图 1　校园认知频率地图

3.1　道路

校园道路从规划角度可分为主干道、次干道和支路，认知度最高的为贯穿南北校区的校园纵向主干道，也是串联校园主要公共空间和教学区重要建筑物的校园特色景观带。次干道中认知度较高的为二号门和毛主席雕像前的东西向道路，是南北校区共青团花园和行署楼两大组团的重要轴线。支路认知度较高的多为宿舍区周边的步道，公共空间中的支路通常不被表达。

3.2　标志物与节点

标志物表达较多的类型主要为建筑物和雕塑，识别度最高的依次为中心图书馆、毛主席雕像、袁隆平雕像、蚕学宫、大礼堂和二号门。识别度较高的节点包括共青团花园、樟树林、崇德湖、生态实验大楼前广场、行署楼广场和吴宓园，运动场节点在认知草图中出现频率较高，但是空间形态较为固定，本文不作讨论。各类节点均有标志物分布，但是识别率较高的节点与标志物的空间分布并不一致，例如意象性最强的节点共青团花园中的公牛雕塑，其意象性远低于袁隆平雕像。

3.3　区域与边界

西南大学占地 8000 余亩，规模较大，在认知地图中可以体现为若干个明显的区域要素：分别位于南北校区的共青团花园和行署楼两大中心区，以及南北校区交界处的崇德湖片区。边界要素以道路和湖面边界为主。

以意象性最强的南北向主干道、共青团花园和行署楼两大组团轴线，以及崇德湖边界为基本骨架，选取轴线两侧节点和标志物识别率较高的 11 处公共空间作为研究样本，对各样本的景观意象空间的感知情况进行调查分析（图 2）。

图 2　研究样本选取

4　景观意象调查分析

4.1　景观意象调查

Lynch 提出城市意象具有特性、结构、意义三个方面的内涵，其中特性和结构与客观环境要素相关，意义与使用者心理感受相关[2]。Aydin 指出影响校园广场空间质量的因素包括物理环境构成、活动和功能品质、视觉品质与人体感知[5]。黄翼将校园意象分为空间意象和文化意象，并总结了公共活动丰富度、文化特色认知度、标志性公共空间被提及频次、景观环境满意度、公共空间满意度五项校园意象因子[6]。邢鹏威将影响高校外部空间品质的主要影响因素归纳为可识别性，舒适性，可达性，活力，文脉，多样性[7]。

本文综合以往研究，从活力度、可识别性、舒适度、文化性、可达性五个要素对西南大学景观意象感知情况进行调查。活力度调查选取公共空间活动较为丰富的下午 3：00～5：00，在各样本区域以 1h 为间隔，定点拍摄

3组照片，通过均值计算得到各区域活动数量，并换算为单位面积内公共活动密度，以排除区域面积的影响（图3）。可识别性、舒适度和文化性由低到高分为五个级别，建立里克特5级量表，通过主观评价得到各样本区域可识别性、舒适度和文化性的综合评分结果。可达性调查依据空间句法理论，对校园道路整合度进行计算，但是对于山地校园，空间句法的二维空间分析具有一定局限性，本文通过问卷从主观维度对各样本的可达性进行评价，将评价结果与整合度分析结果进行对比分析。

图3　部分样本区域照片

4.2　总体评价分析

本次在南北区各随机发放问卷60份，回收有效问卷102份。问卷第一部分通过形容词对打分对校园景观整体环境进行了总体评价（图4）。评价最高的三项为校园景观的丰富程度、开放程度和历史积淀，时代感明显远低于其他选项。所有选项的均值均在3分以上，且大部分位于4分左右，使用者对校园公共空间景观意象的整体感知偏向于开放、便捷、丰富和有历史文化特色。问卷第二部分为针对11处样本区域的评价结果（图5）。从折线图看，识别性、文化性、舒适度、可达性和道路整合度的整体分布趋势较为接近，活力度与其余因素差异较大，且波动程度更大。多项指标均处于较高水平的为共青团花园、樟树林和图书馆片区。其中，图书馆片区多数评价因子的均值均高于4.5分，且舒适度的单项评分明显高于其他样本区域，但是活动密度较低。共青团花园和樟树林各项指标较为均衡，且活力度最高。其余样本中，可识别性较强的区域为大礼堂、英语角和图书馆，文化性较强的区域包括大礼堂、英语角和行著楼，活力度较高为博雅广场。

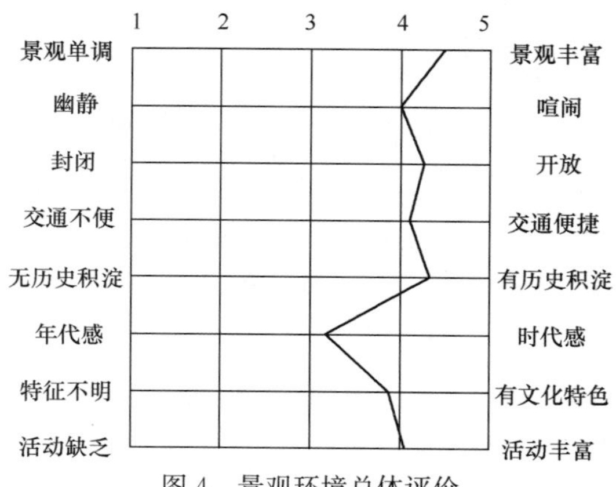

图4　景观环境总体评价

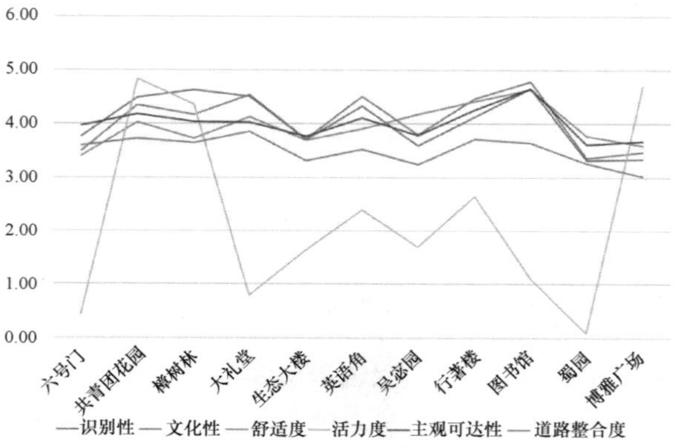

图5　各区域主观评价

4.3　意象感知要素分析

4.3.1　可达性

用Depthmap软件绘制轴线图，计算道路全局整合度，得到整合度分布图，与校园公共空间意象认知地图叠合（图6），可以看出整合度较高的道路两侧分布了较多认知度较高的景观意象节点和标志物。同时，通过相关性分析可知，可达性与可识别性、文化性和舒适度评价结果均成正相关（表1）。

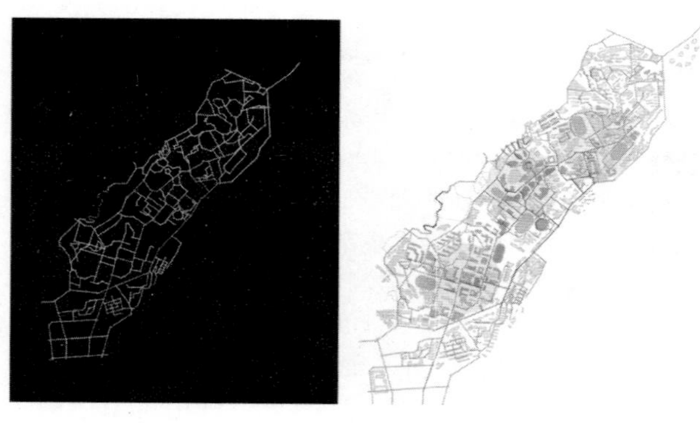

图6　整合度叠加认知地图

为验证道路整合度对校园公共空间可达性的解释程度，将各区域周边道路整合度的均值与主观问卷可达性评分进行配对样本t检定（表2），在95%置信区间下成对样本检定p值大于0.5，两组数据不存在显著差异，同时道路整合度和主观可达性分布趋势之间显著相关，可知使用者对公共空间可达性的感知与整合度水平基本一致。

相关性分析 表 1

		可识别性	文化性	舒适度	活力度	主观可达性	道路整合度
可识别性	皮尔森（Pearson）相关	1	0.899**	0.499	0.182	0.818**	0.891**
	显著性（双尾）		0.000	0.118	0.592	0.002	0.000
文化性	皮尔森（Pearson）相关	0.899**	1	0.761**	0.191	0.863**	0.909**
	显著性（双尾）	0.000		0.007	0.573	0.001	0.000
舒适度	皮尔森（Pearson）相关	0.499	0.761**	1	0.037	0.713*	0.677*
	显著性（双尾）	0.118	0.007		0.914	0.014	0.022
活力度	皮尔森（Pearson）相关	0.182	0.191	0.037	1	0.115	0.215
	显著性（双尾）	0.592	0.573	0.914		0.737	0.525
主观可达性	皮尔森（Pearson）相关	0.818**	0.863**	0.713*	0.115	1	0.742**
	显著性（双尾）	0.002	0.001	0.014	0.737		0.009
道路整合度	皮尔森（Pearson）相关	0.891**	0.909**	0.677*	0.215	0.742**	1
	显著性（双尾）	0.000	0.000	0.022	0.525	0.009	

**. 相关性在 0.01 层上显著（双尾）；*. 相关性在 0.05 层上显著（双尾）。

配对样本检验 表 2

	成对差异数					T	df	显著性（双尾）
	平均数	标准偏差	标准错误平均值	95%差异数的信赖区间				
				下限	上限			
对组 1 主观可达性-道路整合度	0.15478	0.54252	0.16358	−0.20969	0.51926	0.946	10	0.366

4.3.2 可识别性与文化性

与可识别性相关的因素包括文化性和可达性，即文化性越强、可达性越高的区域，在校园公共空间景观中的可识别性越强。例如大礼堂和图书馆，虽然其公共空间使用人群密度较低，但可识别性、文化性和舒适性指标均处于较高水平，而有着较活跃的公共活动的博雅广场，可识别性和文化性较弱，在意象认知地图中也属于意象程度较低的区域。

4.3.3 舒适度与活力度

与舒适度和活力度相关的因素较少，仅道路可达性与舒适度之间呈正相关，可达性越高、整合度越强的区域，舒适度评价越高。活力度与其他要素之间未产生显著的相关性。但是数据也表明，活力度最低的六号门和蜀园区域，其舒适度、可识别性和文化性指标均低于所有区域的平均水平。

5 结论

5.1 空间整合度对于山地校园景观的可达性感知具有参考意义

校园整体结构对景观意象主观感知的影响是最主要的。山地校园中公共空间的可达性可能还会受到三维空间中高差、坡度等因素的影响，但是道路结构的整合度与可达性呈现显著的正相关且不存在显著差异，可以用于反映山地校园景观的可达性。例如场地高差较大的共青团花园，占据着校园东西向和南北向主轴线交点的重要位置，使用者对其可达性的评价远高于场地更为平整的六号门前广场和博雅广场区域。

5.2 公共空间节点的区位应作为校园景观意象营造重点关注的结构性要素

处于整合度较高区域的公共空间更容易形成可达性、可识别性、舒适性较高的校园景观意象。在西南大学的认知地图中，意象性较强的景观节点大都分布于整合度较高的南北向主轴线附近，且紧邻轴线的图书馆、共青团花园和大礼堂有着较高的可识别性和舒适度。因此在校园景观规划中，应将重要的景观意象节点设置与校园空间结构布局和交通流线组织结合，通过区域、轴线、节点等空间的要素架构与路径、可达性等交通要素整合，共同作用，提升校园景观的可意象性。

5.3 校园景观营造应增强标志性景观节点的文化性

本文的相关性研究表明，文化性越强的区域，在校园景观意象结构中具有更高的可识别性。西南大学校园中，被认为文化性最强的图书馆、大礼堂和英语角三处区域，在问卷中也是选择率最高的特色公共空间景观节点，可以看出，结合校园地形条件和校园文化营造具有差异性的个性化景观、提升校园景观的文化性是促进景观意象形成的有效途径。

5.4 活力度不是影响景观意象感知的重点要素，但仍需保持一定的活动频率

影响校园活力度的因素较多，包括区位交通、功能分区、人群结构等，活动密度与景观意象感知呈现阈值影响特征，同时数据也表明，活动频率低于阈值范围，可识别性和舒适性评分也明显低于平均水平。因此应当兼顾校园中活力度较高和环境较为安静的区域，营造具有不同氛围特征的景观意象，并保持一定阈值范围的活力度。

在我国高校校园逐渐面向城市空间开放的背景下，校园公共空间建设和更新必然会带来更多元化空间需求。本文关注使用者的心理感知和行为活动，基于景观意象感知维度，以西南大学为例，探讨公共空间景观可识别性、文化性、舒适性、活力度、可达性和空间整合度六项意象感知要素的关联，提出提升开放式校园公共空间景观可意象性的建议，希望为高校校园公共空间景观环境营造提供参考。

参考文献

[1] 常俊丽．中西方大学校园景观研究[D]．南京林业大学，2013.

[2] 凯文·林奇．城市意象[M]．方益萍等译．北京：华夏出版社，2003：7-9.

[3] Turner P V. Campus：an American planning tradition. New York：Architectural History Foundation[J]. 1984.

[4] 齐静静．重庆高校校园景观可意向性分析[D]：西南大学，2013.

[5] Aydin D，Ter U. Outdoor space quality：Case study of a university campus plaza[J]. International Journal of Architectural Research：ArchNet-IJAR，2008，2(3)：189-203.

[6] 黄翼，李碧洳，翁殊斐．广州高校校园景观意象设计研究[J]．中国园林，2017，33(1)：88-94.

[7] 邢鹏威．岭南地区既有高校外部空间优化设计研究[D]．华南理工大学，2018.

作者简介

胡佳歆，1995年生，女，汉族，安徽人，重庆大学建筑城规学院建筑系，在读硕士研究生。电子邮箱：hujiaxin311@foxmail.com。

左力，1976年生，男，汉族，重庆人，重庆大学建筑城规学院建筑系，山地城镇建设与新技术教育部重点实验室，副教授。电子邮箱：zuoli@cqu.edu.cn。

康养导向下的北京小西山北麓浅山区绿色空间格局构建研究

Research on the Construction of Green Space Pattern in the Shallow Mountain Area of the West Mountain in Beijing under the Guidance of Health Care

杨子蕾　薛晓飞

摘　要：党的十八大报告中"生态文明建设"被提升到一个更高的战略层面，风景园林面临着更高层次的挑战。北京作为首都，在快速发展中，城市规模扩大所带来的开发建设与生态保护的矛盾更为凸显，浅山区作为特殊的生境交错带，如何有保护地高效开发浅山区的绿色空间成为重要议题。本文从康养产业视角出发，对北京小西山北麓区域生态、景观、产业要素进行现状评价，调整场地生态保护范围、优化可开发建设范围，并根据产业评价调整景观游憩绿地布局，构建浅山区绿色空间网络，此举对于北京市其他浅山区域及其他山区城市的开发与建设具有一定的借鉴意义。

关键词：浅山区；绿色空间；构建策略；康养

Abstract: The "Ecological Civilization Construction" in the report of the 18th National Congress was promoted to a higher strategic level. And landscape architecture is facing higher levels of challenges. As a capital city, Beijing is in a rapid development. The contradiction between development and construction and ecological protection brought about by the expansion of urban scale is more prominent. As a special habitat interlaced zone, how to effectively develop green space in shallow mountainous areas with protection has become an important issue. From the perspective of health care industry, this paper evaluates the current status of ecological, landscape and industrial elements in the West Mountain area of Beijing, adjusts the scope of ecological protection of the site, optimizes the scope of development and construction, and adjusts the layout of landscape recreation green space according to industrial evaluation to construct a shallow mountainous area. The green space network has certain reference significance for the development and construction of other shallow mountain areas and other mountainous cities in Beijing.

Keyword: Shallow Mountain Area; Green Space; Construction Strategy; Health Care

1　研究背景

未来三十年，我国将面临城市化进程最为快速的阶段[1]。对于首都北京而言，有学者估计，2020 年北京市人口总量将达到 2141.23 万[2]，城市化的进程中必然伴随着城市用地的大规模扩张，平原用地存量有限，城市发展会逐渐向周边山地区域蔓延。浅山区作为特殊的生境交错带，具有内在开发与保护的双重特性[1]，梳理和有保护地开发浅山区域内所拥有的面积较大的绿色空间，如何科学构建浅山区绿色空间格局是一个重要议题。

据世界卫生组织调查显示，全球近 75%的人正处于亚健康状态[3]。如何实现人类社会的可持续发展，实现人与自然的和谐与"美丽中国"的奋斗目标成为了世界各国共同关注的热点[4]。本文拟从北京浅山区绿色空间发展要素现状评价出发，基于对北京典型浅山区域——小西山北麓地区的研究分析，概述在以生态为本底、修复与提升浅山区自然生态系统的同时，以康养产业为引领，引导浅山区发展特色产业，在此基础上营建适合全龄层、全类别的康养胜地，通过基于产业导向的小西山北麓浅山区绿色空间格局规划，实现浅山区的绿色健康发展。

2　北京浅山区绿色空间概述

2.1　浅山区绿色空间

浅山区是相对于"深山区"所提出的概念，《北京浅山区协调发展规划 2010—2020》规定浅山区规划范围为北京高程系 100～300m 的浅山丘陵地区。其范围的界定涉及海拔高度、人为干扰等诸多因素，但其核心的特征是：浅山区是山地和平原的过渡地带；是具有一定开发价值，并已经承受一定开发压力或未来极有可能受到城镇化影响的区域；是对北京市生态系统至关重要的区域[5]。

浅山区绿色空间是浅山区内部的复合生态系统，具有绿色空间共有的属性与功能，包括公园绿地、防护绿地、广场用地、附属绿地和区域用地等，具有生态保护、休闲游憩、乡土特色、人文历史、景观美学等价值[6]。浅山区绿色空间因其特殊的地理区位，其最首要的功能即为城市提供生态屏障，消解城市污染，调节城市小气候，同时浅山区也是山地生态涵养区的保护屏障，合理布局时可在一定程度上控制城市无序蔓延的情况。

2.2　北京市浅山区绿色空间概述

北京市三面环山，山系属太行山和燕山山脉，其多元文化交融、历史遗产丰富，是长城文化带、西山永定河文化带、三山五园文化带的主要承载区域。在北京相关规划文件中，《北京市土地利用总体规划（1997～2010年）》中首次出现浅山区，2005年《北京城市总体规划（2004年～2020年）》在规划第十章《生态环境建设与保护》第92条“山区绿化建设”中首次对浅山区绿色空间进行规定[7]，之后2009年北京市规委明确提出将浅山区范围划定为100～300m，总计面积2363km²，占全市的14%[8]。北京早期因为战争及城市快速发展对浅山区绿色空间造成过一定破坏，北京包括浅山区绿色空间在内的生态系统存在着一系列较为严重的问题，如水资源短缺、大气污染、风沙侵袭、水土流失、生物多样性丧失等，缺乏合理的保护方式[9]，因此对于北京市浅山区的发展有着诸多的挑战。

3 康养导向下浅山区绿色空间格局构建——以北京小西山北麓地区为例

3.1 研究项目概况

研究区域位于海淀区小西山北麓浅山地区（图1），被小西山东西向主山脊和京密引水渠围合形成W形碗状区域，东、西及南侧以小西山与百望山一线主山脊为界，北侧以京密引水渠为界。场地东西长约10km，南北2.5～4.6km不等，平均3km，总面积约为30km²。

该区域在上位中处于北京市第二道绿隔郊野公园环内，同时也是西山地区重点提升的山前风貌区，还位于三山五园及西山历史文化带上。

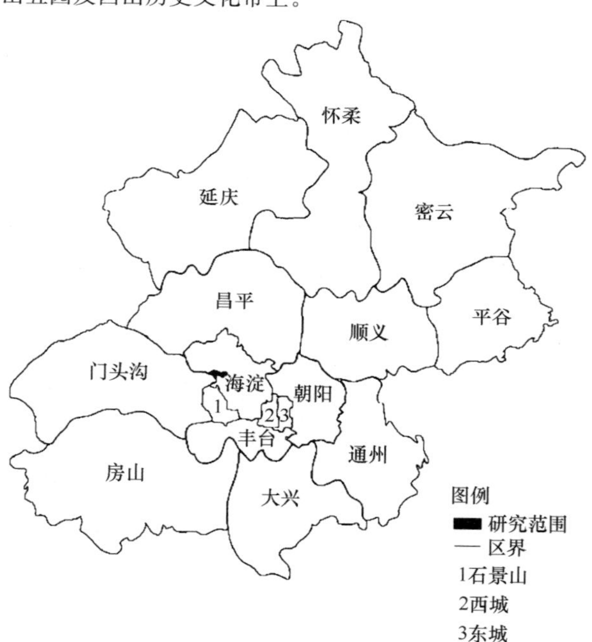

图1 场地所在区位

3.2 北京小西山北麓地区森林康养条件分析

3.2.1 场地自然资源

小西山浅山区作为大西山余脉，地势由西北向东南逐级降低。作为东西走向西山支脉，场地主要由五部分山体组成（图2），三条山脉向北延伸至区境中部，作为北京近郊山区与城市的过渡地带，环境优美、资源丰富。该地区主要植物资源共73种，实地调研得60种植物，资料搜集补充13种，其中乔木有36种，灌木17种，草本20种。植被多为50～60年代营造的人工林，经过演化形成上层以人工林为优势、底层以灌木及草本为主的半自然林，主要有油松林、侧柏林、栓皮栎林、刺槐林、黄栌林、刺槐林等。其他组成森林的优势树种包括辽东栎、蒙古栎、元宝枫、栾树、臭椿、桑树、构树、山杏。林下灌木主要种类有荆条、酸枣、小叶鼠李、蚂蚱腿子、锦鸡儿、孩儿拳头等。山区草本资源丰富，常见草本有求米草、苔草、白莲蒿、夏至草、野菊、隐子草等。

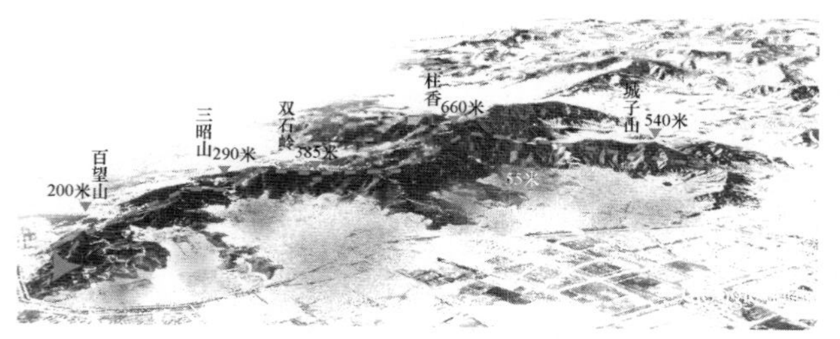

图2 场地南倚西山三脉延伸

3.2.2 人文历史底蕴

场地现状历史遗存包括寺庙，诸如东岳庙、娘娘庙、水塔寺、龙神庙、关帝庙、福泉寺、青龙庙等；包含历史遗迹点，如曹雪芹小道、白家疃石桥、辛亥滦州起义先烈纪念园等。

贯穿场地东西的京密引水渠为北京市最重要的人工输水渠之一。建成于60年代，流经密云、怀柔、顺义、昌平、海淀五区，全长112.7km，海淀区内长度约为34km。起自密云水库，原为农业灌溉设计。现成为南水北调工程自团城湖向密云水库逆向输水的重要通道，为一级水源保护地。

3.2.3 康养发展潜力

场地内森林资源丰富，且松柏林较多，植物杀菌素（芬多精）含量较高，可以形成有利于人体健康的森林环境，具有舒缓心理紧张、提升免疫细胞活性、增长抗癌蛋白数量等作用[10]。并且分析海淀区的康养资源（包括医院、门诊、养老院等），海淀山前地区康养资源丰富，但场地所在的山后区域康养资源呈点状分布，康养点的缺失及未成体系也为场地发展康养提供了条件。

3.3 北京小西山北麓场地要素评价

3.3.1 评价体系构建

结合现有的场地规划内容，并进一步通过调研及地理数据、文献资料查询建立GIS数据库，使用这些数据，对浅山区绿色空间从生态、景观和产业三个要素进行分析评价，通过对各自要素的叠加分析分别得出生态、景观、产业三个格局，进而得出较为科学合理的适宜于以康养为导向的场地结构、分区及绿色空间[11,12]（图3）。

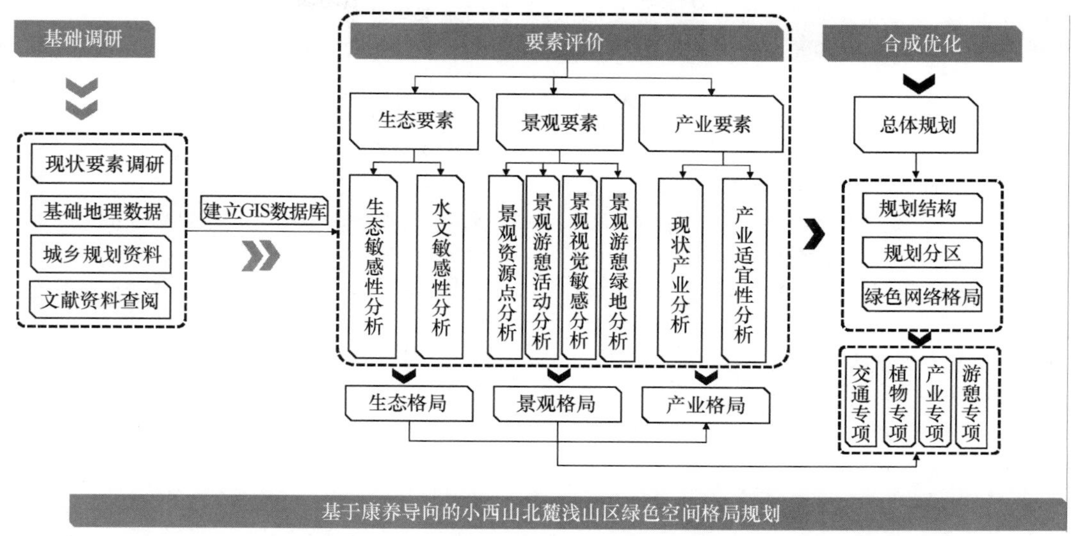

图 3 绿色空间格局规划体系构建

3.3.2 生态要素评价

生态要素评价主要基于生态敏感性分析，划分出场地核心保护区域，尽量减少人工的干预。生态敏感性分析采用 ArcGIS 搭载 AHP 分析模型，实现空间物体基于各指标因子在地理空间上的加权叠图运算，得到空间物体在地理空间上的重要性分布情况，这一结果可以为下一步规划决策提供较为合理的指导建议。指标因子选取基于资料的完整性及可用于数据分析或数据化表示的原则，探讨研究范围内生态敏感性的目的和尽量避免受到定性评价的主观性影响，由场地的自然条件入手，最终确定了 7 个因子——高程、坡度、坡向、水体缓冲区、土壤类型与性质、植物覆盖度、地表覆盖类型。利用 ArcGIS 叠加单因子评价结果，将研究范围的生态敏感性分为五级：由五级到一级生态敏感性由好至差（图 4）。根据划分的区域我们可以得知：生态敏感性越好的区域越应当保护，而生态敏感性较差的区域可以进行适当的开发建设。

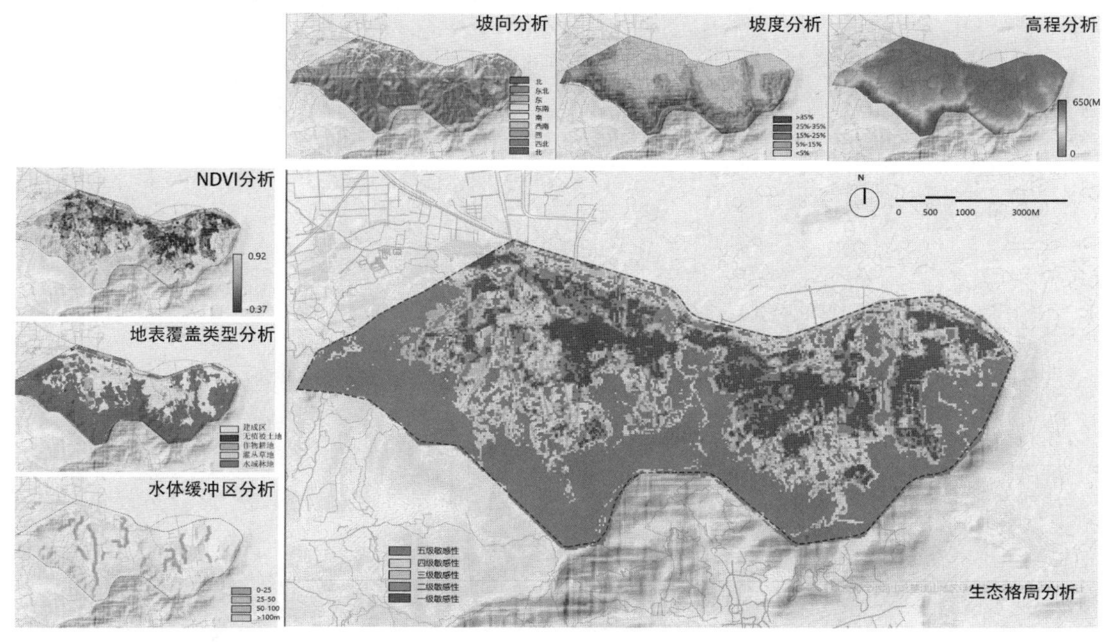

图 4 生态要素评价（图片来源：陈鸿宇组绘制）

3.3.3 景观要素评价

景观格局主要基于景观视觉敏感性分析得出。景观敏感性是从影响视觉敏感度 4 个因素包括相对距离、相对坡度、景观醒目度及出现几率来进行权重值的计算和评分[13,14]，实现空间物体基于各指标因子在地理空间上的加权叠图运算。

相对距离以主要观景点作为距离带划分的基点来评价，按距离不同划分前景带、中景带、远景带 3 个距离带，游人获得的景观体验依次下降，敏感度依次降低。对于相对坡度，景观表面相对于景观观测者视线的坡度越大，其景观的可视程度即被观测和注意程度的可能性就越大。

景观的醒目度是影响景观敏感度的重要因素之一，它反映的是景观与环境的对比度和相对特征所决定[15]。通常来说，景观的组成越丰富，其相对敏感度就越大。选取了4个主要因素——景观组成的丰富度、地貌醒目程度、植被的鲜明程度、景观的特异性来作为景观醒目度的评价依据，并针对4个主要因素对10个景观点进行评分。

对于出现几率，通过对可见视域的分析，获得基于景点分布的其他景点的被观察次数。将被观察次数划分为3个等级（0～3、4～6、7～9）。

进一步利用ArcGIS叠加单因子评价结果，将研究范围的景观视觉敏感性由高至低进行划分（图5）。根据划分的区域我们可以得知：景观视觉敏感性越好的区域可以在严守生态保护的原则下适当展开康养游憩路线，而景观视觉敏感性较差的区域可以进行适当进行景观修复及适度建设。

3.3.4 产业格局分析

场地北部主要分布高科技园区，场地内部分布着多个采摘园。总体上看，采摘园主要分布在山体与平原交界处，基本为传统种植、采摘模式，营业时间基本为5～6月，但少数采摘园已具有一定规模，且与园林景观相结合；工厂分布零散、面积小，不具规模，部分处于闲置状态，与周围环境不相融合（图6）。

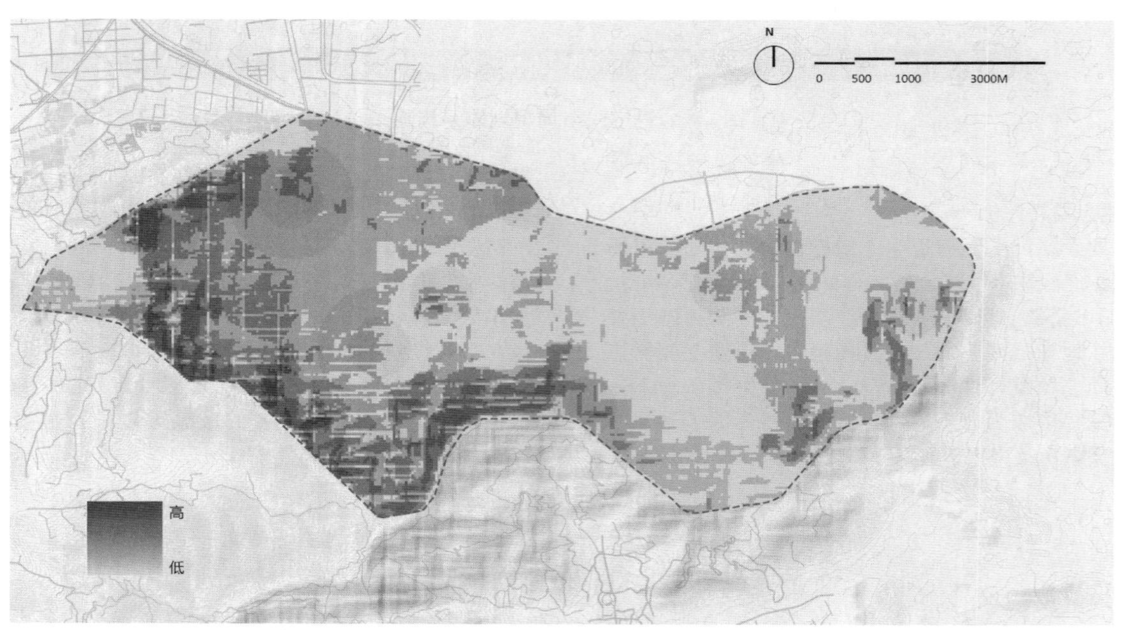

图5 景观视觉敏感性分析

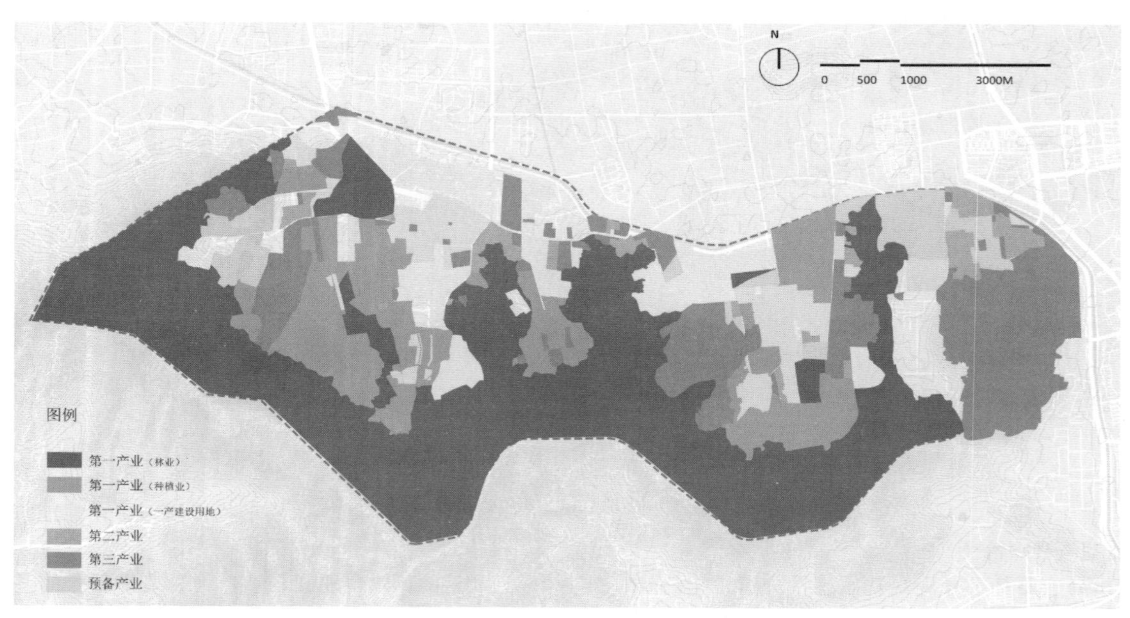

图6 现状产业分析

原有产业业态分布较零散，且配置不合理，基于对场地资源的整合分析，分别建立第一、第二、第三产业适宜性评价指标体系，通过层次分析法计算各评价指标权重，求出评价单元对应的第一、第二、第三产业适宜性评价综合指数，分别得出第一、第二、第三产业的适宜性分区（图7右），最后通过空间管控，获取场地产业空间格局（图7左）。

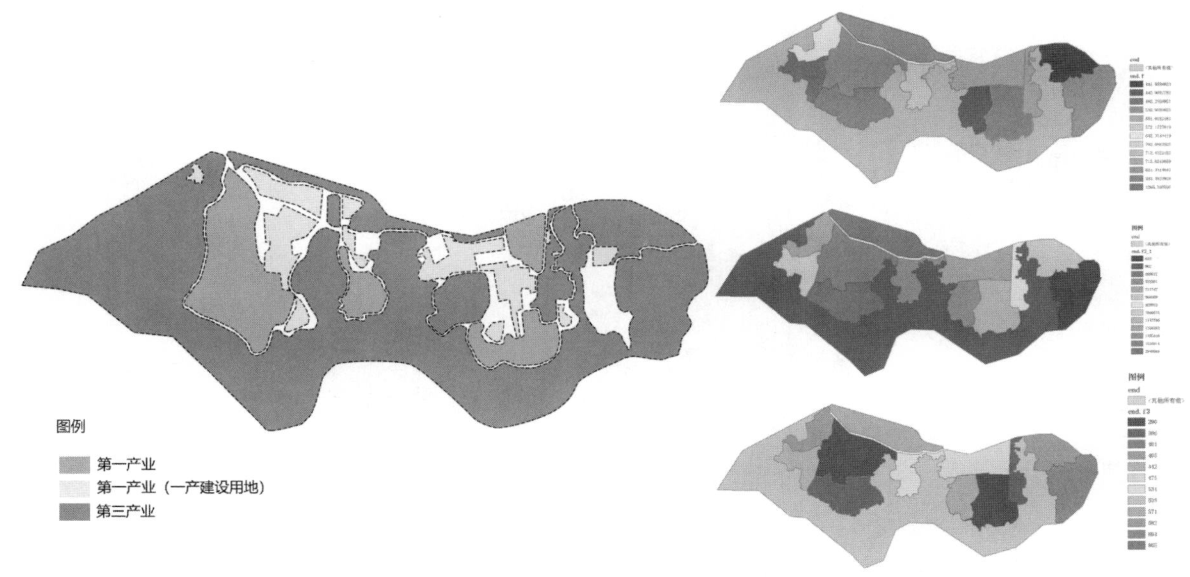

图7　产业空间格局优化组图

3.4　北京小西山北麓绿色空间构建

宏观层面上，与现有的总体规划进行对照与协调，树立对浅山区生态保育区的严格控制。另外根据北京市浅山区规划范围图，场地内包含浅山区部分，是重要生态屏障与涵养地，对场地内林带断带、废弃矿山、荒地荒林做好生态修复工作，对场地内违法建设零容忍。根据北京市海淀区土地利用总体规划，规划场地内主要用地性质包含：生态环境安全控制区、风景旅游用地区、允许建设区、一般农田区。

中观层面上，综合上述生态、景观、产业三个格局，调整场地保护范围、优化可开发建设范围的空间格局，根据产业评价调整场地用地性质及景观游憩绿地布局（图8），进一步调整体系范围，形成最终的绿色空间网络（图9）。

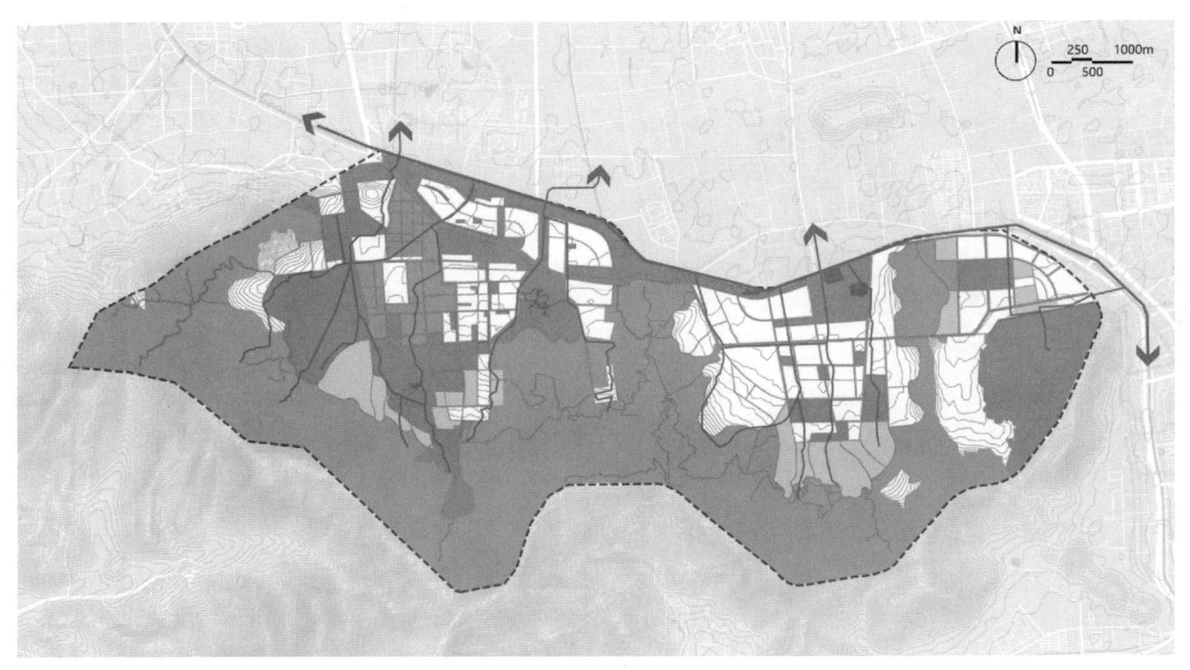

图8　景观游憩绿地布局

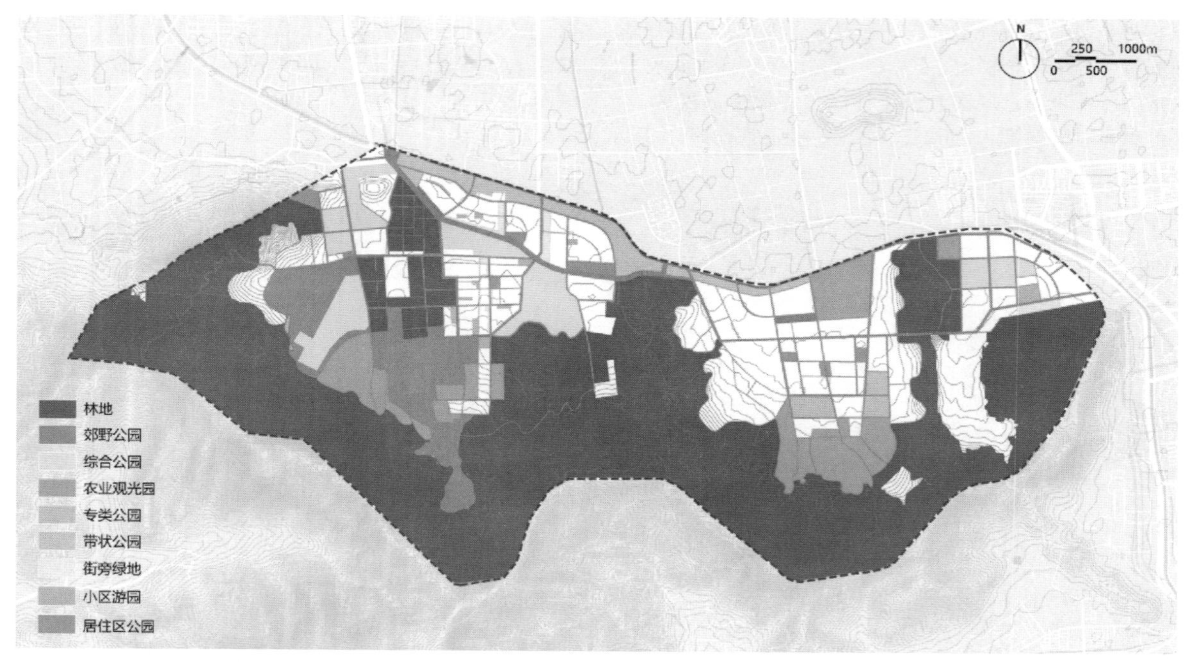

图 9　绿色空间网络

3.5　微观设计层面

微观层面上，深入场地设计时，需注意场地与周边的联系及现状肌理，挖掘场地乡土文化，尤其是森林文化，建立社区共享机制，引导公众参与。

选取规划重要节点南北向连接绿地作为研究对象（图 10），场地作为由城市到西山的过渡地带、京密引水渠与小西山之间的连接绿楔，是重要的康养示范地块，有望与百望山森林公园齐名成为北京西部山区生物物种保护和城市可持续发展的重要载体。结合现有场地条件，选择森林康养为导向，在改善生态环境的同时，可利用城市居民对于回归自然的强烈渴望，发挥更加广泛的社会功能。

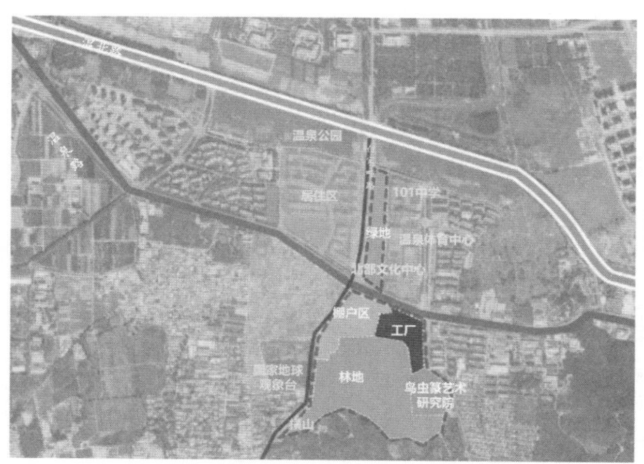

图 10　微观设计地块选择

3.5.1　场地现状介绍

场地位于白家疃路与温泉路交界处，南靠横山，北抵京密引水渠。西侧紧邻国家地球观象台与白家疃村，东侧与温泉体育中心、海淀北部文化中心、101 中学相邻。

场地内部用地性质以林地、居住用地、工业用地为主。林地类型丰富，大片为常绿针叶林及灌木林地；居住区建筑质量较差，多数属于危房；工业用地以钢管加工为主。场地东部有鸟虫篆艺术研究院，建筑质量较好，在设计中考虑予以保留。且场地存在被破坏的裸露山体亟待被修复。

3.5.2　场地设计策略

（1）修复场地生态基底

首先，用植被修复缺损山体，在山体的生态恢复过程中，选用大量的山地适生树种如侧柏、油松等，利用这些造林适生树种恢复山体的林相，再搭配黄栌、山桃等观花观叶的乡土树种，丰富山体的林冠线和季相变化。其次，对于道路边坡采用景观面有观赏性且较为经济的山体生态修复方式，维持天然的山坡断面通过乔灌草的搭配，形成植被错落有致的景观，采用金枝国槐＋龙柱碧桃＋云杉＋冷季型草、油松＋碧桃＋金叶连翘＋冷季型草的植物配置方式。另外，对于重要节点位置，采用挂三围网＋植被恢复基材喷附的方法实施生态修复，植物品种选用绿色期长的冷季型草种——草地早熟禾＋高羊茅＋多年生黑麦草（6：3：1）喷播[16]。

（2）构建景观游憩体系

游憩体系构建主要依托丰富多彩的森林景观，以森林康养活动为主，追求一种区域森林自然资源的可持续利用模式，实现康养与森林的完美融合。其大致包括：森林主导康养、森林运动康养、森林休闲康养、森林康养科普宣教、森林辅助康养。

场地作为大西山系统伸入京城的余脉，属于城市和自然发生交融的界面。规划通过完善游览路线，发挥森林的优势，根据不同地块的植被特征，设置疗愈康养的专门路线。顺应浅山区肌理，按照观景视线及活动类型规划穿越线和环线。

(3) 营造康养环境

在大片林地范围内，根据群落特征和功能需求设置呼吸保健型林地、抗菌保健型林地、生态保育林地、乡土灌木野花草地四种类型（表1）。在林地中可设置林间运动如森林瑜伽、登山、森林健走等一系列康养活动。空间营造利用植物营造安静内聚空间，同时给疗养者50～100m的通视距离，增加疗养者的安全感并增强疗养效果。

林地康养类型总结 **表1**

康养环境类型	主要功能	群落特征	植物种类
呼吸保健型林地	释放活性挥发物（BVOC），调节人体身心健康、镇定安抚	郁闭度0.7～0.8	白皮松、华北落叶松、油松、雪松、侧柏、圆柏、杨树、桦树、猕猴桃、木槿、金银花等
抗菌保健型林地	释放杀菌素，滞尘，预防呼吸系统疾病	郁闭度0.7～0.8	油松、白皮松、侧柏、圆柏、桑树、核桃、栾树、槐树、泡桐、臭椿、杜仲、构树等
生态保育林地	固碳释氧、生态涵养	郁闭度0.3～0.7，林地密度120株/亩	云杉、柏类、栎类、臭椿刺槐、栾树、、元宝枫、黄栌、白蜡、榆树、楸树、文冠果等
乡土灌木野花草地	丰富林地边缘生境类型，为林鸟提供栖息地	面积大于$10hm^2$，林地边缘以灌木为主，内部增加鸟嗜树种	刺槐、构树、楸树、栓皮栎、锦鸡儿、杭子梢、多花胡枝子、丁香、荆条、大叶铁线莲、甘野菊、青绿苔草、紫花地丁、点地梅等

在非林地范围内，可打造连续的以视觉、听觉、芳香、触觉以及味觉疗养空间。视觉疗养空间选择以绿色植物为基底，蓝紫色为主要观赏色彩、辅助以粉色。观赏植物可选择蓝紫色系植物如绣球花、瓜叶菊、鼠尾草、鸢尾、翠菊、蓝羊茅；粉色系如桃花、海棠、榆叶梅、紫叶李、牡丹。听觉疗养空间以水声为主，辅助以鸟声以及风声，植物选择可以有柿子、海棠、金银木、竹子等。芳香空间的功效主要有杀菌抑菌、调节神经、理疗治病，植物挥发油通过呼吸系统进入身体，能对身体产生一定效益。植物可以选择如鼠尾草、薰衣草以及丁香等。触觉疗愈是通过手、足、皮肤等感官对周边的物质通过触摸，从而刺激大脑的直觉区和运动区，达到特定的愈疗效果的一种治疗方法，植物可选择棉毛水苏、蜡梅、桑叶、八宝景天、地肤、细叶芒等。

在滨水区域，将冲沟及硬化的驳岸进行改造，与山间汇水相连接，在洼地设置蓄水区，依托水系塑造湿地疗愈基地，通过微地形和水渠引导水流，局部形成跌水声景；在冲沟底部和两侧增加乡土灌草，蓄水区域营造滨水生境，适宜区域构建涉水体验区，形成湿地疗愈森林基地；依托水系营造进行负离子浓度的提升与利用。

4 结语

一直以来，北京山区发展模式较为粗犷，山体开发、森林矿采等对山体与生态环境破坏较为严重，在北京市政府《关于促进生态涵养发展区协调发展的意见》（2009年5月25日）中明确了山区未来产业发展的两个方向："一是大力培育总部经济及高新技术研发、后台服务、文化创意等低碳高端产业；二是积极发展富民型的旅游休闲、生态农业及环境友好的劳动密集型产业，促进产业融合"，因此浅山区未来的发展需考虑将业态模式与土地空间利用结合起来，高效且可持续地进行空间规划。

为实现此目标，在阅读大量的文献和设计资料的基础上，本文从大尺度、中观尺度、微观尺度范围3个方面对北京小西山北麓地区进行规划，并在微观层面以康养为导向有针对性地总结了以下三个方面的策略：①修复场地生态基底；②构建景观游憩体系；③营造康养环境。本文以一个新的视角，基于浅山区绿色空间的空间特征与综合评价得出与之更匹配的规划途径，为城市浅山区绿色空间的景观规划提供更具体的研究思路和方法。

致谢

感谢北京小西山北麓浅山区课题组成员李马金、祖笑艳、舒心怡、张浩鹏、陈慧敏、赵倩、王楚琦、陈姝婕等在要素评价及空间构建研究中作出的贡献。

参考文献

[1] 柯敏．北京浅山区土地利用潜力与利用模式研究[D]．清华大学，2010.

[2] 董光器．关于北京城市空间发展战略之我见[J]．北京规划建设，2003(06)：18-22.

[3] 柏方敏．森林康养对人体健康的促进作用[J]．林业与生态，2018(1)：17-19.

[4] 时朋飞，李星明，熊元斌．区域美丽中国建设与旅游业发展耦合关联性测度及前景预测：以长江经济带11省市为例[J]．中国软科学，2018(2)：86-102.

[5] 俞孔坚，袁弘，李迪华，等．北京市浅山区土地可持续利用的困境与出路[J]．中国土地科学，2009，23(11)：3-20.

[6] 冯艺佳．风景园林视角下的北京市浅山区绿色空间理想格局构建策略研究[D]．北京林业大学，2016.

[7] 北京市规划委员会．北京城市总体规划(2004年-2020年)[S]. 2005.

[8] 北京市规划委员会．北京浅山区土地利用及产业优化研究[S]. 2009.

[9] 北京市城市规划设计研究院．北京市浅山区协调发展规划

(2010-2020 年)[S]. 2011.
[10] 潘洋刘，徐俊，胡少昌，等．基于 SWOT 和 AHP 分析的森林康养基地建设策略研究——以江西庐山国家级自然保护区为例[J]. 林业经济，2019，41(03)：40-44+59.
[11] The Trust for Public Land. Guidance for Implementing Regional Open Space and Trail Infrastructure. LRK Inc.，Alta.
[12] South Carolina conservation Bank[OL]. [2016-04-03]. http：//sccbank. sc. gov/about. html.
[13] 肖伟峰，张婷婷．基于视觉分析的百色市麒麟山公园景观要素评价与布局优化[J]. 规划师，2016，32(04)：78-84.
[14] 俞孔坚．景观保护规划的景观敏感度依据及案例研究(三等奖)[J]. 城市规划，1991(02)：46-49+64.
[15] 郭少壮，白红英，孟清，等．1980～2015 年秦岭地区景观格局变化及其对人为干扰的响应[J]. 应用生态学报，2018，29(12)：4080-4088.
[16] 孙钦花．徐州采石场废弃地生态修复和景观重建[J]. 中国园艺文摘，2010，26(01)：82-83.

作者简介

杨子蕾，1995 年生，女，汉族，河南郑州人，北京林业大学在读硕士研究生。研究方向为风景园林历史与理论。电子邮箱：529694266@qq. com。

薛晓飞，1974 年生，男，汉族，山东莱阳人，博士，北京林业大学园林学院，副教授。研究方向为风景园林历史与理论。电子邮箱：xuexiaofei@bjfu. edu. cn。

空间句法在传统村落空间特征分析和保护发展规划中的应用
——以江西樟树塔前彭家村为例

Application of Space Syntax in Characteristics Analysis of Spatial Form and Protection Development Planning of Traditional Village
—A Case Study of Tatsien Pengjia Village, Zhangshu city, Jiangxi Province

李宝勇　黄宇涛　古新仁*

摘　要：引用空间句法理论和方法，以国家传统村落——江西樟树塔前彭家村（下文简称彭家村）为例，对村落进行量化分析，深入挖掘村落空间形态特征，探寻江西地方文化语境下的宗族观念、社会结构和地方文化在村落空间特征形成中的影响；基于分析结果为村落保护发展规划提出相应策略；并从整合度、连接度、可理解度等方面对规划前后村落空间进行对比，评价空间句法在规划设计中的作用，总结出相应的研究模式，为传统村落的保护利用提供参考。

关键词：空间句法；传统村落；轴线分析；空间形态；景观特征

Abstract: By taking Tatsien Pengjia village, Zhangshu city, Jiangxi province(hereinafter referred to as Tatsien Pengjia village) as an example, this paper, in terms of Space Syntax, dig village space form features of village and explores the influence by the forming of Jiangxi local culture of clan concept on characteristics of in the village space form; Based on the results of the analysis, Put forward the corresponding strategies for the village protection development planning and put forward the corresponding strategy, By comparing village space before and after from the aspect of Integration degree, Connection degree, Intelligibility and others, valuating the effect of space syntax in planning and design, summarizing appropriate research mode, providing reference for the traditional villages protection and use.

Keyword: Space Syntax; Traditional Villages; Analysis of The Axis; Space Form; Landscape Features

1　空间句法

“空间句法”理论由英国伦敦大学巴特利学院的比尔·希列尔等人创立的。最初希列尔等人用“句法”一词指代组成空间的一种规则，并认为空间本身的意义是由其所在的空间系统的相对关系决定的[1]。现今，空间句法理论与技术正不断完善[2]，为学者进行相关问题的研究提供更多方法。该理论将空间作为独立的一个因素，探索不同空间的关系，进而解析非客观因素如何影响空间形态的形成[3]。空间句法中的轴线分析法就是将空间结构转化为高度概括空间特性的轴线图，再对其进行数据分析，从而得到一系列的数据变量，如：整合度、局部整合度、连接值、深度值、控制值、可理解度等，并以此来解析轴线图所具有的特性及空间相互之间的关系。全局整合度描述的是全局范围内某一个空间与其他所有空间联系的紧密程度；局部整合度指的是在一定距离或拓扑数范围内某一空间与其他空间联系的紧密程度；连接值的大小取决于该轴线上所直接连接其他轴线的数量，参数大小表现了空间渗透程度；深度值表达的是空间节点的可达性：两个相邻轴线之间的拓扑距离定义为一步，从一个轴线到另一个轴线即空间转换的次数则表示为这两根轴线之间的深度值；控制值表达的是某一空间对整体空间中其他空间的控制能力，数值大小反映了控制力的强弱；可理解度是通过计算机辅助运算将整体整合度与局部整合度做线性回归分析，得到 R^2 数值，数值在 0～1 之间，越接近 1 就表明局部可辨识度较高，对局部的认知有利于建立起对整体的认知。

2　彭家村基本情况

2.1　村落现状

江西自古号称“文章节义之邦”，多鸿儒巨宦、达官富贾，因而造就了一批历史悠久、规模庞大、世家巨姓、文化发达且积淀深厚的村落[4]。塔前彭家村位于樟树市西北部，地处赣江中游鄱阳湖平原南缘，以丘陵地貌为主，距明清时期赣江中游富庶的政治中心临江府仅 10km，历史上属江右民系的主要聚居地，也是历史上著名的临清商帮源地核心区。村落为姓氏单一的彭氏村落，据《彭氏宗谱》记载[5]，彭氏祖先自元末开始迁徙于此定居。现保存的古建筑及巷道规划严整有序，绝大部分都是名列临清商帮的彭氏族人所构建。彭家村地势北高南低，倚坡而建，古斫溪环村南而过，风水格局完整。村内民风古朴，崇文重教，宗族观念深厚，崇宗敬祖的习俗绵延不断，至今村内仍延续着春节祭祖大典等仪式，并保留有文昌阁、应龙庵、斫溪古道等祭祀仪式空间遗址。彭家村村落的布局保留着鄱阳湖滨湖地区村落面水而建形成门塘的特色，布局以宗祠——思本堂为中心，因循地势，民居向两侧展开构筑，形成街巷规整的村落格局（图1～图6）。据考证，彭氏祖先迁徙至此定居繁衍，形成五房，并建有各自的分房祠堂（现两房已坍毁，啟元堂本祠、郎官第本祠和冰玉堂本祠仍保留），且每一房均在村里的入口处构置了房份的标志性建筑——“房门”，这种房门共保留有3座，为该村布局的显著特色。全村现存古民居依山而建，层叠而上。全村人口266人，共75户，主要经济来源现为水稻种植、蔬菜种植和外出务工。近年来，上级政府拟在严格保护的基础上，打造古村观光游，提升村民收入，创新当地产业发展道路。

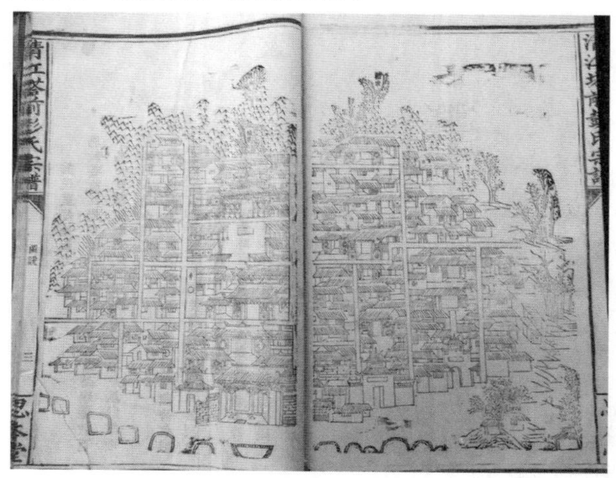

图1　1926年版《清江塔前彭氏宗谱》中的彭家村村落格局

图2　研溪商道、村口古樟与远处水口林

图3　村前半月形风水塘

图4　北侧主山上俯瞰全村

图5　通而不畅的弧形巷道

2.2　村落景观空间要素

传统村落是中国农耕文明留下的最大遗产，蕴藏着丰富的历史信息和文化景观。传统村落景观可以分为生产性景观、生活型景观及自然景观[6]。经实地勘察，彭家村村落景观可归纳如表1。

彭家村各类景观一览表　　表1

类型名称	景观要素及备注
生产性景观	① 稻田景观：村落南部 ② 灌溉景观：村南稻田研溪及古桥
生活性景观	① 交通景观：研溪古道；村内巷道；入村道；南入口广场；古井小广场 ② 水体景观：村南主入口宗祠前风水塘；宗祠北侧古井 ③ 园林景观：村东南水口家庙、家塾及观音阁；村内古树；风水林；少数私宅庭院园林 ④ 建筑景观：民居；祠堂；房门楼；村围墙 ⑤ 人文景观：春节祭祖仪式及各节气风俗
自然景观	① 缓坡丘陵地形：村落现状及周边 ② 周边湖泊：自然湖泊（现状多改为水库）

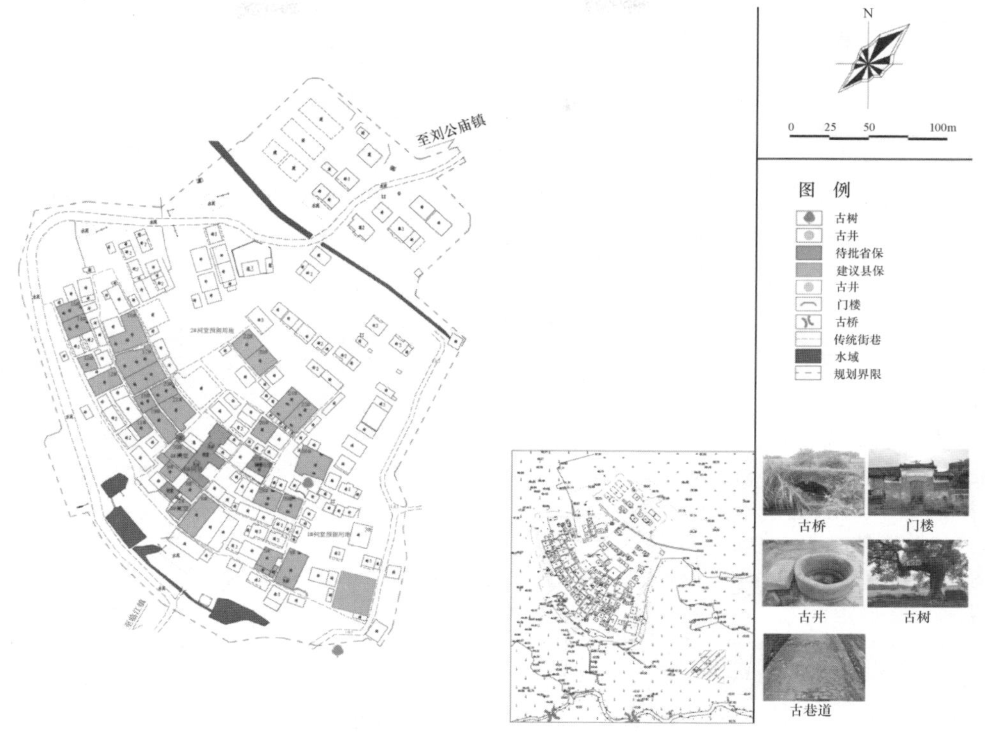

图 6　村域内历史环境景观要素分布

3　彭家村的句法分析

3.1　轴线模型建立

日常生活就是人身体、宇宙时空、文化、社会的节奏彼此交错的空间[7]，人的运动流线既依靠道路认知，又受制于拓扑路径，不同轴线与轴线群形成的空间句法值代表了与其他空间作用关系[8]，因此，巷道空间网是对村落行为轨迹的高度概括。对于本案，我们将街巷空间网与轴线分析法相结合，形成具有高度概括村落空间形态结构的轴线图（图 7）。利用计算机对彭家村地形图进行整理、绘制得到彭家村轴线图（图 8），通过计算机软件 Depthmap 的辅助运算，系统自动对每一条轴线进行分析、染色，颜色的深浅按暖色到冷色退晕，其代表的数字大小依次递减，以代表不同的潜在属性，这种转译后的图示语言能通过颜色深浅的变化直观地反映彭家村空间内在的形态特征。本文将轴线分析结果与村落现状要素进行叠加分析，以研究彭家村空间形态及景观分布特征，并挖掘其影响机制。

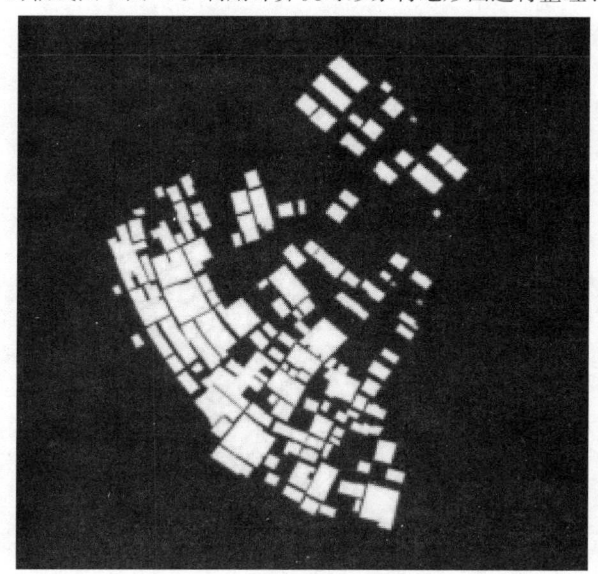

图 7　彭家村现状肌理图

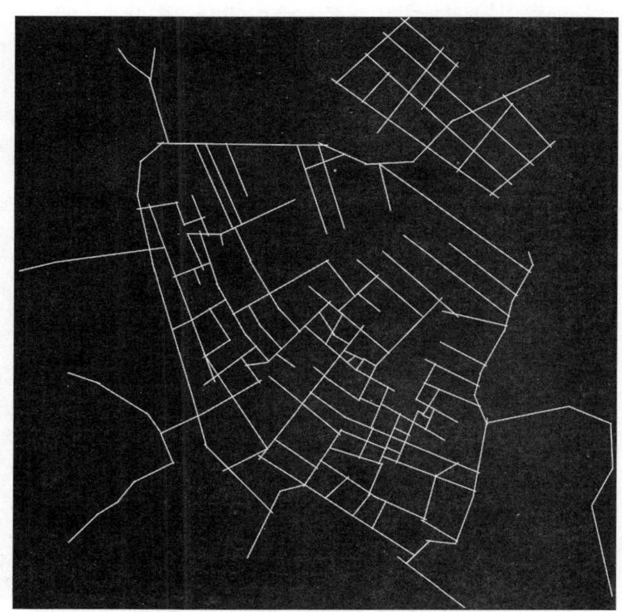

图 8　生成的彭家村现状轴线图

3.2 空间句法与彭家村现状空间形态特征分析

3.2.1 现状整合度与村落空间的可达性

整合度考量系统内的可达性，整合度高的区域能方便到达村落中所有其他区域。整合度又可分为整体整合度与局部整合度：整体整合度考量的是整个系统范围的整合度值，而局部整合度则分析一定范围内整合度数值。

（1）整体整合度

轴线颜色的暖冷度反映了所在该区域到达村落其他区域便捷程度的高低，即全局整合度。由图可知，村落整体整合度南部最高，中部次之，北部新建组团最低（图14）。在轴线模型分析中，整合度最高的轴线称之为轴线系统的空间核心，往往具有较高的公共性和可达性，在空间组织中发挥着重要作用。分析显示，南部区域以轴线1、2整合度最高，并以轴线1为中轴向两翼逐渐降低。由此可知，村落核心空间为彭氏宗祠。江西人崇宗敬祖，历史上是全国立祠最多的地区之一，宗祠本身担负着家族议事、祭拜、婚丧迎娶等大量公共性事务的功能，因此分析结果与实际情况是相符的。全村唯一的水井位于在1号轴线附近的巷道交叉处，也方便了全村人取水。2号轴线并不长，连接轴线也不多，能和1号轴线并列整合度最高则是因为其连接了1、3等数条高整合度的轴线，表明宗祠南入口广场的人流集散量最大，3座分房门楼位置正是2号轴线与3条高整合度轴线的连接处，承担了大量人流的进出。村内一些与居民生活联系紧密的空间，如承担着风水及交通、休闲的功能的村口古樟空间，起着消防、汲水和盥洗等功能的风水塘等也位于较高整合度的轴线上，表明了村落空间组织的合理性。

（2）局部整合度

研究选取3步深拓扑关系做局部整合度分析（图16），南部区域的整体与局部整合度结果最为接近，中部次之，北部区域两值区别最为明显。全局整合度较低的北部住宅组团内部道路较完善，但仅靠一条入村路与老村落相联系，造成其局部整合度较高但全局整合度较低，说明北部居住组团虽然局部可达性较高，但与整体道路格局并没有很好的融合；中部区域全局与局部整合度均不高，主要由于该区域道路骨架搭建与结构不合理，断头路较多；南部区域全局和局部整合度均最高，体现了该区域内部交通和与全村各处联系便捷度均很高，也表明了彭氏宗祠对于整个村落的巷道交通网的形成有着重要的影响。三座本房祠堂整体整合度虽然一般，但对于各自聚居区而言，局部整合度仍较高，也说明了其与各房聚居区居民日常生活联系紧密，是宗祠下属的次级空间核心。

基于以上分析，在保护发展规划中，应修补并强化具备较高整合度的2号、3号、8号轴线和1号轴线，同时提高内部组团道路的通达性和连接性，打通断头路，进一步提升整体和局部空间整合度。

3.2.2 深度值与村落空间的隔离度

深度值图中，轴线颜色越暖表示深度值越高，空间隔离度越高，反之则深度值越小，隔离度越低。与整合度类似，全局深度值也呈现分级现象（图18）。首先，深度值最小的轴线主要分布在村落南部区域内。其中公共性较高的主要景观节点如房门楼、古井、风水塘等空间深度值最低。古樟、门楼分别因其标识性作用，位于村落的路口和主入口附近；水井因其实用功能也位于村落中心较易抵达的位置；这类空间在村落中不仅辨识度很高，也很易到达。村落中部深度值较高，缘于近年来原有街巷肌理遭到破坏，形成较多断头路，造成内部空间相互之间被隔离。北部区域由于仅靠一条入村路与老村相连，深度值最高，表明该区域与原村址隔离性最强，从防卫的角度来讲，存在潜在的不安全因素[9]。

基于以上分析，村落修复应增加北部组团与老村之间道路，降低其隔离度，提高北部组团的可防卫性。

3.2.3 连接度与村落空间的穿越度

由分析（图20）可知，与整合度、深度值相同，连接值较高的轴线同样多分布在村落南部。轴线1连接值最高，表明这条紧邻主宗祠的轴线空间的穿越性和渗透性最强，考虑到这条轴线也是整合度、控制度最高的轴线，再次验证了其在构建彭家村村落格局中的重要性。分析结果显示3号、4号、7号等轴线连接值也较高，这与巷道穿行量调查结果也是相符的。此外，有两处位置值得注意：第一，村东南北向道路虽然为尽端路，但其整合度、连接度、控制值均处于中高水平，体现出其未来作为主干道路的潜力。第二，即使在村落平均可达性最高的南部区域，仍然分布着一些较窄的尽端小巷，其连接度极低。据彭氏宗谱记载，彭氏先民在营建之初“四围新砌砖墙，以备风火盗贼之患”[5]，因此可推测，这种纵横密布的迷宫式巷道同样可能具备防范盗贼的功用。这表明，防御要求是彭家村空间格局形成过程中的重要考虑因素[10]。

因此，村落修复应对现有棋盘式街巷进行保护，对于部分毁坏的街巷进行复原，以凸显古村的防御特色。

3.2.4 控制值与村落空间特色

控制值图轴线颜色越暖表示该空间对其他空间的控制能力越强。分析结果（图22）显示，轴线大部分为冷色，暖色轴线的数量较少，表明村落各空间之间的控制度不高。历史上江西风水学说兴盛，因此，彭家村的营建极为注重“通而不畅”“藏风聚气”等风水原则的应用①，村落空间讲求迂回曲折，注重私密性和小气候的营造，形成了村内空间低控制值的空间特点。南部区域中，轴线4控制值却仅次于轴线1，全村唯一的水井临近古村范围的几何中心，同时位于控制值较高的轴线4中部，结合其整合度、深度值分析等可以推断，在影响彭家村最终空间形

① 在曾经产生风水学说的形法派并遍布众多堪舆大师足迹的江西大地上（见参考文献［4］），彭家村的营建，较为强烈地表现出受传统风水文化影响。如全村所有建筑的大门和二门或是大门与院门均不在一条纵轴线上，这在其他地区是比较少见，甚至村东头的一条巷门的朝向，为了避免直冲一棵古樟树，竟然和主体建筑的外墙形成一个明显的夹角（韩振飞，2009，《第六批江西省文物保护单位申报登记表》）。

态的诸多因素中，与人们日常生活息息相关的取水点位置（水井）重要性仅次于宗祠。

基于以上分析，针对村落的保护和发展规划，一方面应注意修复的路网空间应保持原有的低控制度，另一方面也需要加强对古井空间的保护。

3.2.5 可理解度与村落的景观标识度

选取整体集成度与3步深的局部集成度做线性回归分析，通过XY散点图得出轴线系统的可理解度，从而可以衡量村落局部和整体的关系，从某一侧面也可以衡量村落整体空间的可识别程度（图24）。图中X表示全局度，Y表示局部整合度，R^2表示可理解度，右上方的红点代表可理解度较高的轴线，左下方的蓝点代表可理解度相对较低的轴线。图24上红点的数量较少蓝点数量较多，现状总体的可理解度R^2为0.28。该数值处于较低水准，表明现状村落空间内不易建立整体空间感觉。分析结果显示，可理解度较高的轴线亦集中在村落南部区域。其中，该区域最南侧的三座房门连同风水塘、宗祠共同构成的村落正入口景观界面，该界面所在轴线整合度、连接度和可理解度均较高。结合实际的调研分析，可以判断：该界面对于构成彭家村整体空间感、识别感以及意象感具有关键的意义，是彭家村最为重要的景观界面。

因此，在保护发展规划中应对高理解度轴线沿线的建筑、街巷、邻水界面景观进行整治和提升，尤其是南侧宗祠邻水界面的打造和毁坏的各房祠堂的复原。

4 分析结论

综合空间句法和调查分析结果表明，彭家村文化底蕴深厚，环境要素格局完整。该村不同于一般农耕性村落，而是“因商而兴”，形态紧凑理性，同时具有传统村落自组织系统的自我保护性与适度的开放性。村落无论从选址布局还是内部空间的营造，无不严格遵循宗族理念和风水文化。村落整体上形成“枕山、环水、面屏”的山水格局，家庙、家塾构成的水口园林与村内祠堂靠一条斫溪古道相连，共同构成了家族祭祀仪式空间。同时，村落形成了各个分房内部以分祠为核心，全村又以彭氏主宗祠为核心的空间形态，体现了“宗族—家族—家庭”的宗族结构，并以“主祠—分祠—各房”的架构表现在村落的空间形态中，祠堂等公共建筑占据了村落的有利位置，门楼、古樟、广场、水井、风水塘等主要景观节点的功能与布局取得了和谐统一。村落南部入口空间是彭家村传统格局保存最为完好的区域，控制度、连接度、可理解度水平均较高，也是整个村落的核心。总的来讲，源远流长的宗族文化和坚固恒久的风水观念把握着村落形态大的发展和方向，使其整体形态保持着相对稳定的形态[11]，呈现出独有的空间特征。

同时，村落在保护方面也存在诸多问题。首先，彭家村村落格局中除南部宗祠周边区域保存相对完好，中部区域由于保护不佳，内部村落道路、建筑肌理破坏严重；第二，整体村落路网框架中多处不合理，无法满足村民生产生活及未来开展游览观光的需要，北部近年来新建的居住组团与原村落格局联系度也不够；第三，传统村落环境要素逐渐被消解或侵蚀。村落内重要的景观要素如门楼、围墙、祠堂、风水塘、古樟树等由于年久失修或缺少维护，状况令人担忧。最具景观特色的南广场界面已出现新建洋房，与传统风貌格格不入，急需整治；此外，由于斫溪古道的衰败，村域范围古墓区、水口园林与村落间的联系度也较低，亟待恢复与保护，满足未来村域旅游观光的需要。

5 空间句法视角下的彭家村保护发展规划策略

传统村落的保护与发展，既非对城镇化乡村的简单模仿，也不是对原有村落空间形态的刻板维系。对于本案，应该是在对其现状做出综合评价与认识后，根据时代发展的需求，提出一套科学理性、切实可行的方法与策略，以维护其系统的自组织平衡，恢复其传统活力，最终实现传统村落的科学保护和可持续发展。

5.1 “界域”——分级保护范围的界定

合理界定核心保护地带范围和建设控制地带是村落保护的基础性工作。规划结合实地勘察评估，参照轴线模型分析结果（整合度、连接度、控制度及可理解度）划定了相应范围。核心保护范围为：东起彭根芽家古民宅，南至主祠前水系，西达环村水泥路，北抵彭洪元家古民宅，总面积约为1.69hm²，基本涵盖了村落传统格局保存最为完好的区域；建设控制地带为：东起彭秋根家民宅，西至环村路，南达风水塘，北抵新村南，总面积约为5.33hm²，规划其未来建设风貌应与核心保护范围相协调；远离核心保护范围的村落北部新建住宅组团未来规划作为集中性居住安置用地，严格限制其用地面积。

5.2 “织补”——整体街巷景观的修复

规划首先针对核心保护区内街巷进行完善与梳理，进一步明确彭家村“三横四纵”的传统巷道格局；针对建设控制地带破坏严重的道路肌理，规划参考彭氏宗谱中全村风貌图，依循核心保护范围内的扇形道路肌理，打通南北方向的道路轴线9、10、11、12，以加强村落南北区域交通联系，使南北区域联系更加紧密；打通环村路，选择整合度、连接度较高的道路进行景观提升，消除村内断头路，提高东部与西部区域空间的贯通性以及整体道路系统的完整性与通达性。

5.3 “激活”——传统开放空间的营造

《彭氏宗谱》中曾立有“山林禁约”，要求对村落环境要素“保护宜勤，风水扼要之区培植必谨…有犯禁者决不姑宽……”，甚至绘有全村图貌篆于族谱（图1），“以为后人清查……”[5]，体现出彭氏先人对风水环境要素的珍视。规划以民国15年《彭氏宗谱》中图貌为参考，基于空间句法分析，选取村域范围内重要的山水要素如主山、斫溪、风水林等进行山水保育，对水口园林、古井广场、风水林等开放空间进行打造，并重点针对整合度、控制值和连接度均较高的彭家村宗祠入口景观界面和轴线1巷道进行景观提升（图10），重现彭家村传统山水画境。

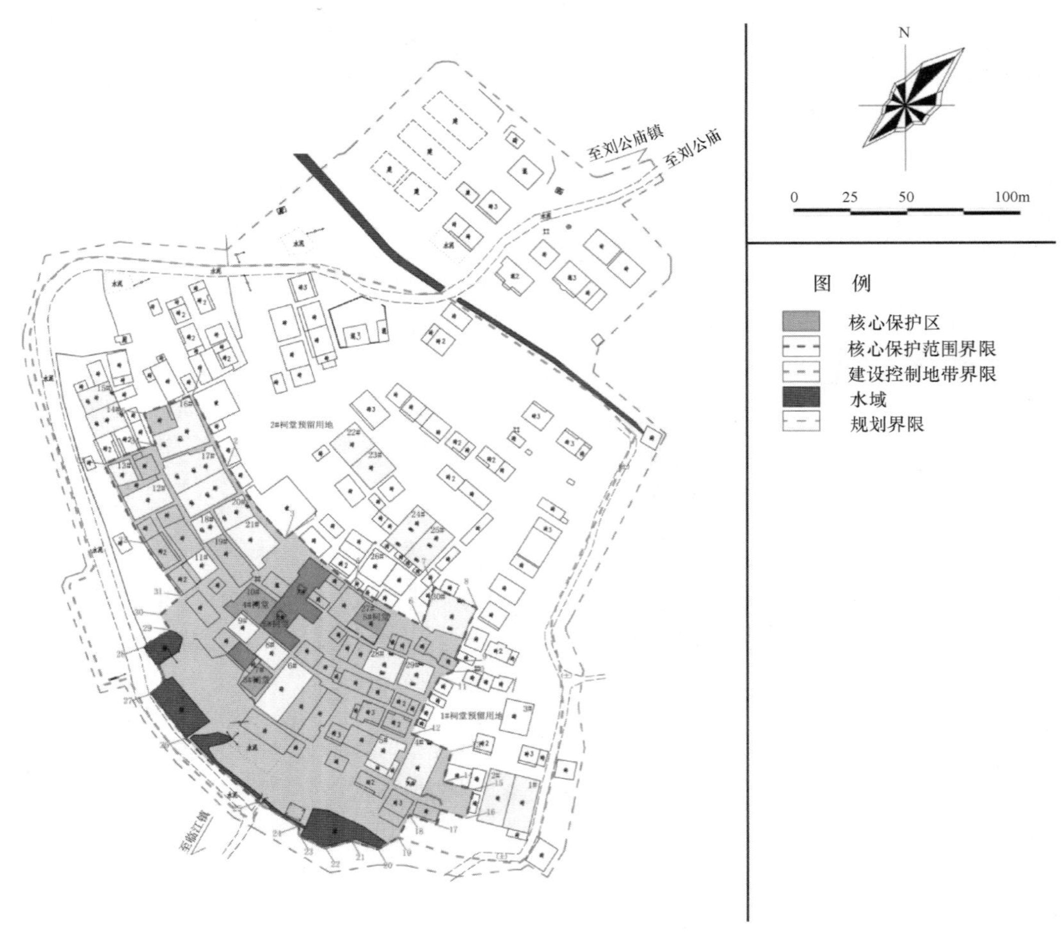

图 9 核心保护范围

图 10 宗祠前景观界面优化

5.4 “再生”——特色建筑景观的恢复

彭家村系单姓的宗族村落，在村落的规划布局方面，形成了以房份为单位的居住区，原有的五房宗祠，现仅存三房，其中两房祠堂在调查前已坍毁，传统村落空间特色受到影响，村落可理解度降低。因此，规划选择历史价值较高的祠堂建筑，将已荒废的两房祠堂按本地建筑特色原址复建，恢复并延续其宗族文化景观特色；同时，结合家谱中的图像记载，以修旧如旧的方式修复水口处荒废的村塾——文昌阁（图 11）及村庙——应龙庵和观音阁，还原本村俗神崇拜和祭祀体系空间的完整性，重现村落传统建筑景观风貌。

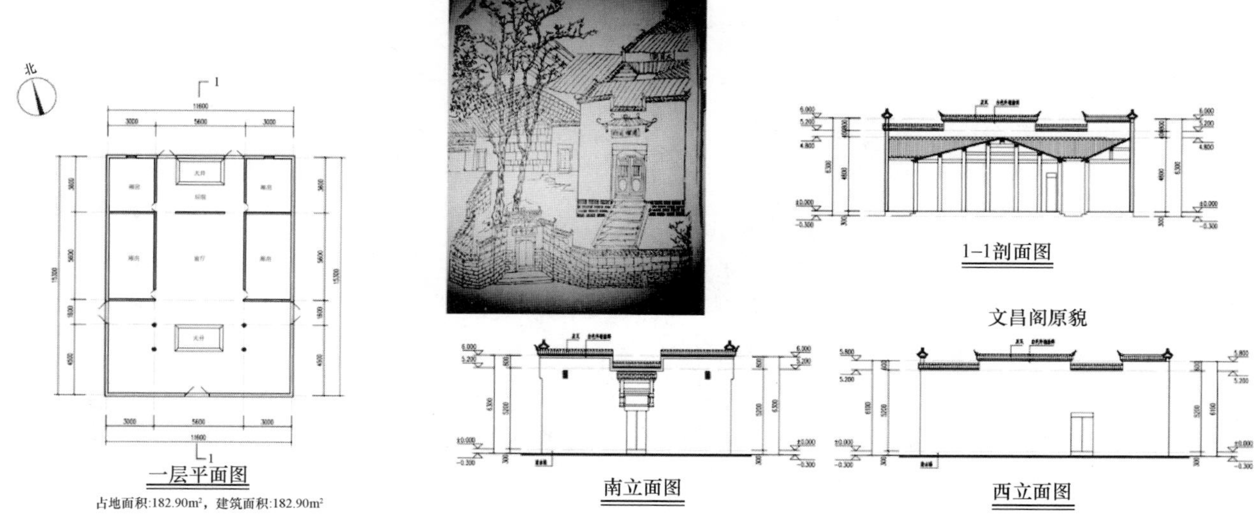

图 11　基于宗谱中的式样复原设计的家塾——文昌阁

5.5 “延拓”——村域旅游景观格局的打造

彭家村本身规模较小，仅仅在聚落内部做旅游文章是远远不够的，还应深入挖掘梳理并整合村域内的文化景观资源[12]，提升村域范围内的资源的丰富度和旅游特色，搭建村域旅游的大格局。规划将文化融入景观，“寓教于游”，设计出三大主题特色观光游线。其中，村落内部通过独具特色的街巷景观串联游览一系列祠堂建筑和精美民宅，打造“民居游”，展现彭家村精美古朴的建筑文化；村域范围内，将传统祭祀仪式与沿线景观相整合，打造“民俗游”，展现彭家村源远流长的宗族文化；同时挖掘村落独特的环境资源，展现包括主山、案山、明堂、风水林、环水（古斫溪）、斫溪商道、水口古桥、案山在内的完整的村落风水格局要素，打造“山水游”，使游客领略彭家村深厚的堪舆文化。此外，结合句法分析结果，合理增设接待、商业、停车等旅游服务设施，提升村落旅游功能（图 12、图 13）。

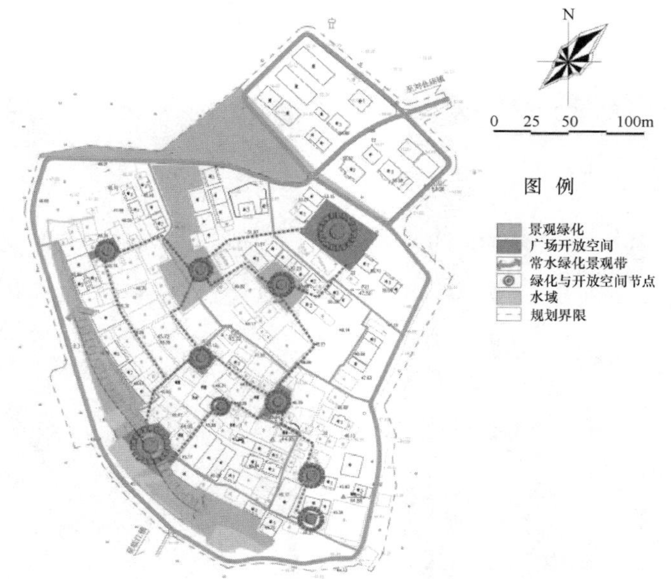

图 12　绿化与开敞空间规划图

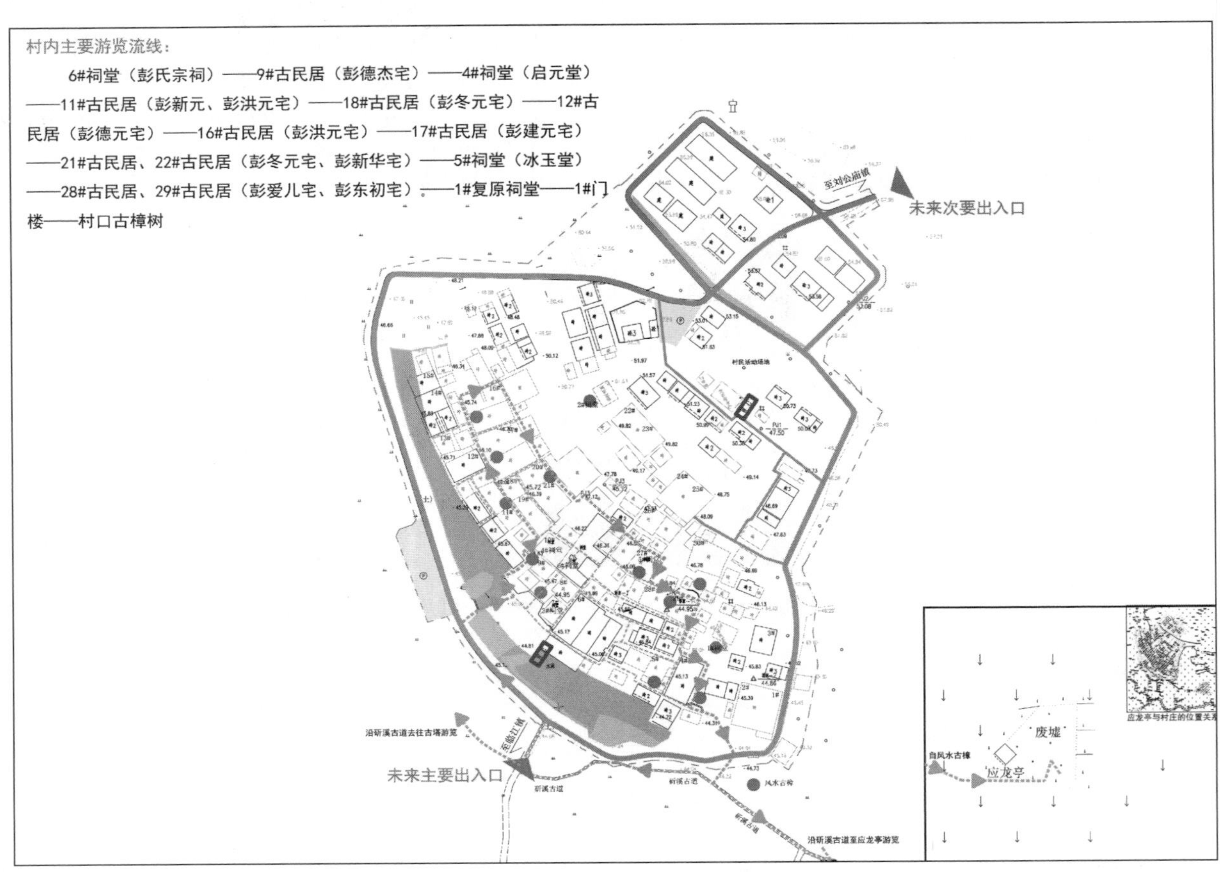

图 13 彭家村旅游观光游线设计

6 空间句法视角下的彭家村保护发展规划评价

再次运用空间句法轴线图对更新后的彭家村各参数值进行分析（图 15，图 17，图 19，图 21，图 23，图 25），得出以下结论：

（1）村落空间整体可达性提高。规划后的整合度分析结果表明，村落中部和北部控制地带范围内整体整合度有明显提升，整体整合度和局部整合度趋于相近，表明村落交通结构和道路网更加合理，断头路大幅减少，居民交通可达性增强，规划后的彭家村在整体和局部空间的可达性都得到有效改善。

图 14 现状全局整合度

图 15 规划后全局整合度

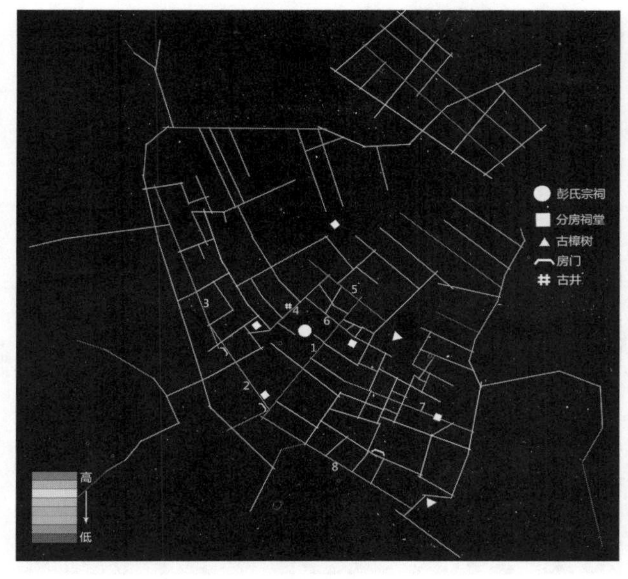

图 16　现状局部整合度

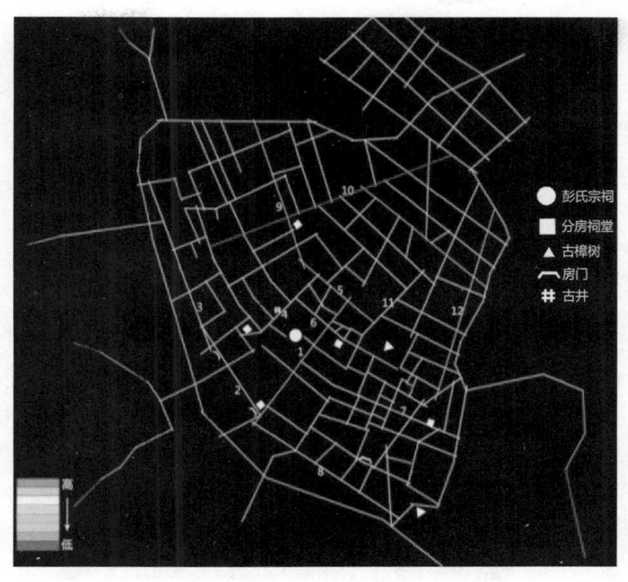

图 17　规划后局部整合度

图 18　现状深度值

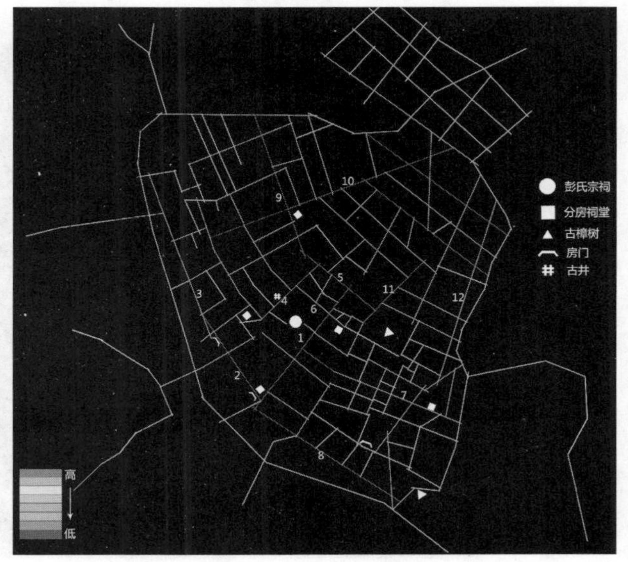

图 19　规划后深度值

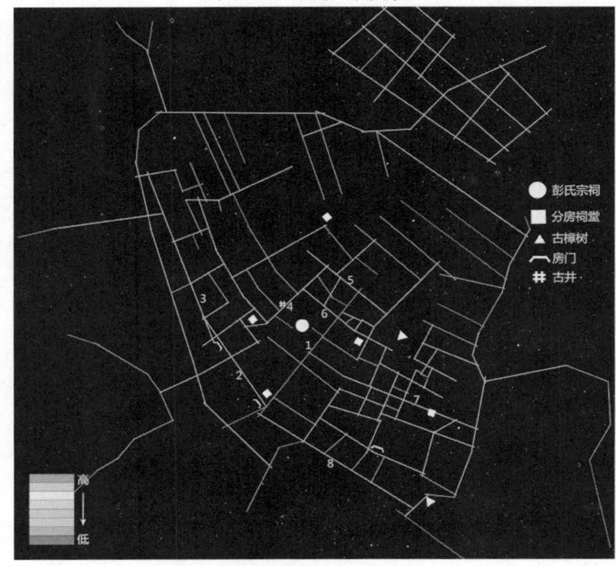

图 20　现状连接度

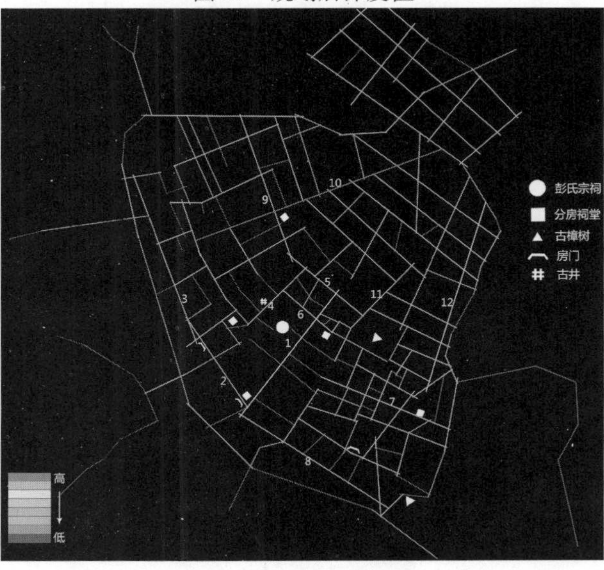

图 21　规划后连接度

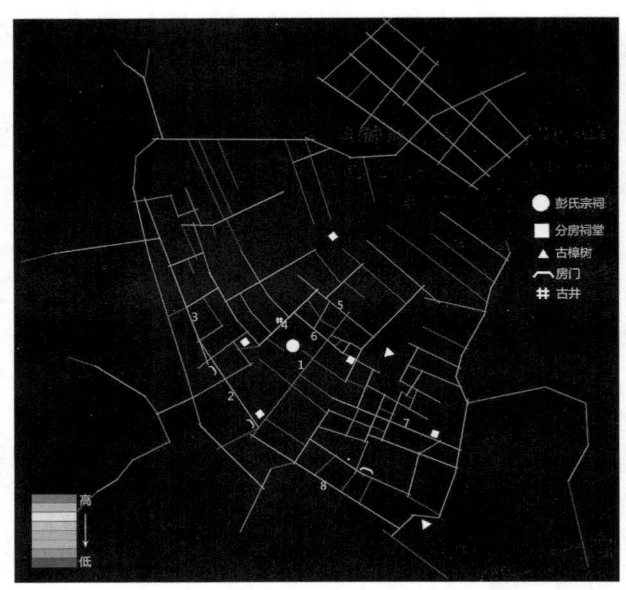

图 22　现状控制度

图 23　规划后控制度

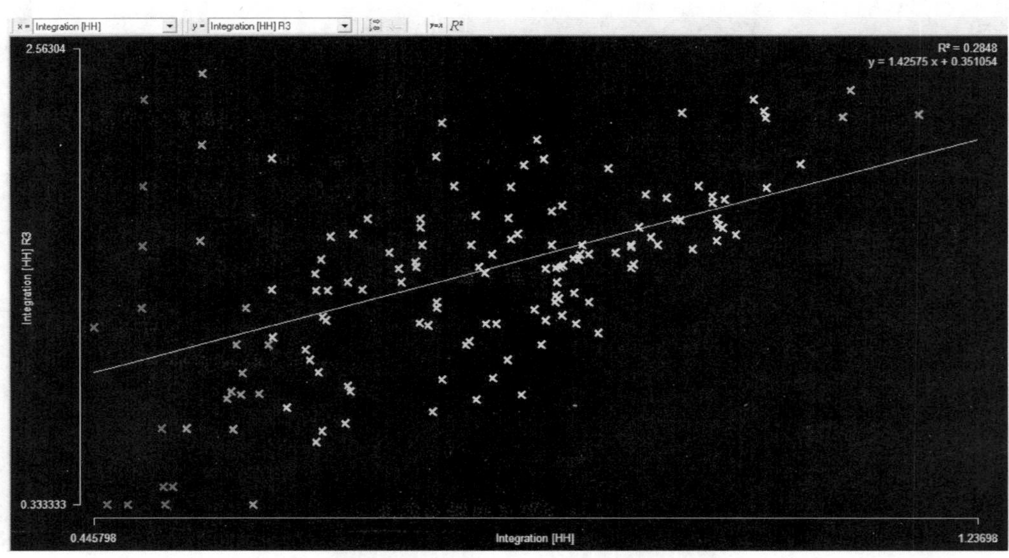

图 24　现状可理解度线性分析

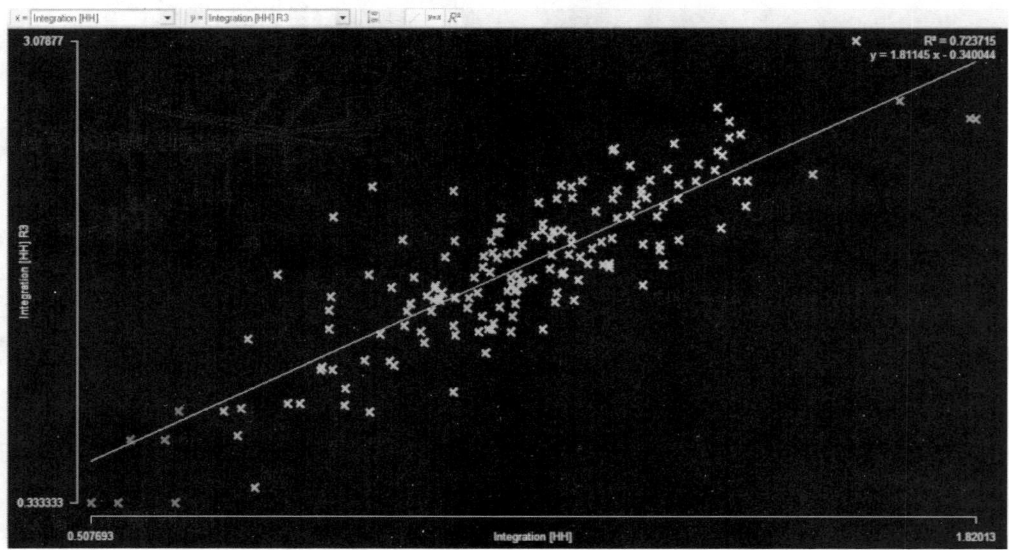

图 25　规划后可理解度线性分析

（2）可理解度分析图表明，村落空间可理解度值 R^2 的数值从 0.28 上升到 0.72，相较规划前提升 157%，说明道路的修复与规划调整和重要景观的重现，使得村落空间的可识别度明显提高，村落景观风貌特征更为凸显，人们更容易通过对局部空间的认知来建立对整个村落景观的认知和文化意象。

（3）规划中多条整合度较高的道路得到修复使得整体整合度和连接度显著提高，从而有助于塑造不同特色的游览观光游线。

总的来说，本次规划对恢复村落活力，重建传统村落的社会组织形式，维护村落系统自组织平衡，实现传统村落的系统保护和健康发展，有着良好的促进作用[13]。

7 结论与展望

“空间”是历史时期村落“社会文化”内部力量运作的外在表现，宗族的繁衍、宗族权利和意识形态的变化以及宗族对外部环境的适应与调整等因素，是村落聚居结构形态的内在动力[7]。塔前彭家村是赣中传统村落的重要代表，村落独具特色的结构形态和空间环境特征，反映出其深厚的传统文化传承[4]。

空间句法理论的引入，使得彭家村景观特征研究和保护规划更具科学性与说服力。基于本次实践，可总结出相应的传统村落研究模式及步骤：第一步，实地调研和相关信息分析，初步分析村落景观形态特点及影响因素；第二步，收集句法分析所需信息，采集并利用计算机辅助技术进行句法分析；第三步，综合句法分析和调研分析结果，总结村落空间景观特点及存在问题；第四步，针对问题，利用相应规划原则及方法对村落格局进行针对性修复、优化和提升。

任何理论都是不全面的，空间句法仍然具有其局限性，本研究模式依然存在不少值得完善之处：①首先空间句法中轴线图的绘制无法实现计算机自行生成，需要人工手动绘制，其误差势必会对分析研究结果造成一定的影响。②受理论发展制约，当前空间句法的相关理论方法对于研究纯平面二维空间拓扑关系比较有效，但常忽略了三维空间中地形起伏对于人行为的影响。③空间句法涉及的模型和变量较多，不同模型和变量分析可能会得出相同或类似结果，如何针对不同类型的传统村落选择最合理的方法仍值得研究。④利用句法方法对初步规划方案进行科学合理的评估仍缺少规范化的评价标准。尽管如此，空间句法作为传统研究方法的重要补充，为我们提供了一种新颖的空间研究视角，通过分析量化的图形，结合传统调查对比分析，我们可以以一种全新的视角探寻空间形态特征乃至人的行为活动规律，这对于传统村落保护研究方法的改进与完善，仍具有重要的意义。

致谢

江西省樟树市博物馆、刘公庙镇政府及塔前彭家村对本次研究多有协助，在此表示感谢！

参考文献

[1] Hillier B.，盛强．空间句法的发展现状与未来[J]．建筑学报，2014(8)：60-65.

[2] Hillier B，Hanson J. The Social Logic of Space [M]. Cambridge：Cambridge University Press，1984.

[3] 张愚，王建国．再论"空间句法"[J]．建筑师，2004，03：33-44.

[4] 刘华．江西古村落的文化价值[J]．民间文化论坛，2012，(03)：94-97.

[5] (民国)彭氏族人修，《塔前清江彭氏宗谱》，民国十五年(1926)刻本

[6] 傅娟，许吉航，肖大威．南方地区传统村落形态及景观对水环境的适应性研究[J]．中国园林，2013，(08)：120-124.

[7] 孙莹，肖大威，王玉顺．传统村落之空间句法分析[J]．城市发展研究，2015，(05)：63-70.

[8] 段进，比尔·希利尔．空间研究 14——空间句法在中国[M]．南京：东南大学出版社，2015：124.

[9] 吴浩源，刘杰，张青萍．城市居住区的空间句法分析及景观设计——基于预防犯罪视角[J]．中国园林，2015，(09)：65-69.

[10] 刘沛林．论中国古代的村落规划思想[J]．自然科学史研究，1998，(01)：82-90.

[11] 段进，比尔·希利尔，空间研究 4——世界文化遗产宏村古村落空间解析[M]．南京：东南大学出版社，2009：43

[12] 束晨阳．基于古村落保护的乡村旅游规划——以安徽绩溪龙川村为例[J]．中国园林，2008，(08)：9-15.

[13] 徐会，赵和生，刘峰．传统村落空间形态的句法研究初探——以南京市固城镇蒋山何家-吴家村为例[J]．现代城市研究，2016，(01)：24-29.

作者简介

李宝勇，1987 年生，男，山东菏泽人，博士，江西农业大学园林与艺术学院讲师。研究方向：风景园林设计及其理论。

黄宇涛，1992 年生，男，江西上饶人，江西农业大学园林与艺术学院风景园林硕士研究生。研究方向：风景园林设计及其理论。

古新仁，1963 年生，男，江西寻乌人，江西农业大学园林与艺术学院风景园林专业教授，博士生导师。研究方向：风景园林设计及其理论。

历史文化街区街道景观变化评价研究[①]

——以北京市南锣鼓巷、地安门外大街为例

Evaluation of Street Landscape Changes in Historical and Cultural Blocks

—Taking South Luogu Lane and Di'anmen Wai Street in Beijing as Examples

解 爽 李 雄*

摘 要： 历史文化街区街道景观评价，是以历史文化街区的街道景观为研究对象，兼顾景观的客观性和景观认知的主观性特征，对各评价指标进行量化，并针对多个视点进行评价打分的过程。本研究在综合学者们对景观评价研究的基础上，以北京市南锣鼓巷、地安门外大街两处历史文化街区为例，借助历史影像分析，针对区域近五年范围内区街道景观变化展开分析。研究内容包括历史文化街区概述、景观评价方法发展研究、评分系统探讨、案例分析以及景观优化建议等。本研究综合考虑北京作为历史文化名城的文化独特性，探讨了历史文化街区街道景观在北京城市文化建设中的重要作用，对历史文化资源的评估与保护以及景观优化与历史文化传承创新具有重要意义。

关键词： 历史文化街区；景观评价；评分系统

Abstract: Street landscape evaluation of historical and cultural blocks takes street landscape of historical and cultural blocks as the research object, gives consideration to the objectivity of landscape and the subjective characteristics of landscape cognition, quantifies the evaluation indexes, and evaluates and scores the process from multiple viewpoints. On the basis of comprehensive landscape evaluation studies by scholars, this study takes two historical and cultural blocks in Beijing, South Luogu Lane and Di'anmen Wai Street as examples, and analyzes the changes of street landscape within the last five years with the help of historical image analysis. The research contents include overview of historical and cultural blocks, development research of landscape evaluation method, discussion of scoring system, case analysis and suggestions of landscape optimization, etc. This study comprehensively considers the cultural uniqueness of Beijing as a famous historical and cultural city, discusses the important role of street landscape of historical and cultural blocks in the cultural construction of Beijing, and is of great significance to the evaluation and protection of historical and cultural resources, landscape optimization and historical and cultural inheritance and innovation.

Keyword: Historical and Cultural Blocks; Landscape Assessment; Scoring System

引言

为落实新时代大力推行文化建设的需求，风景园林行业在继承历史、创新发展方面具有重要作用，城市的发展需要立足文化传承的根基。当今时代，城市的文化特色是其综合发展竞争力的重要指标，具有文化底蕴与人文精神的历史文化街区则是发展城市文化建设的重要依托。

历史文化街区是具有人文特质的建筑景观遗产，它作为一种历史遗存在城市发展的时间节点和空间节点上记录了重要的人文信息，具有不可替代的人文印记与特定的美学价值，是城市中重要的旅游景观[1]。街道景观是集合了居住、生产、交通、娱乐等功能，形成人们赖以生存的复杂物质环境[2]。伴随着人类文化的发展和价值观念的变化，历史文化街区的街道景观始终处于不断的新陈代谢之中。北京作为历史文化名城，其历史文化街区街道景观承载着城市发展演变历史，是重要的文化资源，对于历史文化街区在城市发展历程中的街道景观变化研究对于指导未来景观优化、推动文化建设具有重要意义。

目前，国内对于历史文化街区街道景观评价的理论相对较少，尚未形成特定的评价体系，而对于城市公共空间景观评价的研究相对成熟。美国城市规划学家凯文·林奇《城市意象》一书中，对于城市意象的研究以城市整体作为出发点，由空间意象的经验研究延伸到城市的形态要素，提出通过对城市实体和空间的分配、控制、使用和知觉，在景观印象的基础上认知一座城市[2]，为历史文化街区景观评价奠定基础。后有学者逐渐将定性与定量方法结合，运用层次分析法、模糊数学法等定量分析，融入主观视觉评价与分析，共同构建起城市公共空间景观评价体系[3,4]。

本研究依托于前人已建立的科研基础，通过对国内外历史文化街区景观评价方法的研究与学习，以北京两条历史文化街区——南锣鼓巷、地安门外大街为例，进行历史文化街区街道景观评价分析，总结提炼出该地区街道景观在不同时间发生的变化与独特性，对于历史文化街区景观优化及文化传承具有积极引导意义。

① 基金项目：国家自然科学基金（31670704）："基于森林城市构建的北京市生态绿地格局演变机制及预测预警研究"和北京市共建项目专项共同资助。

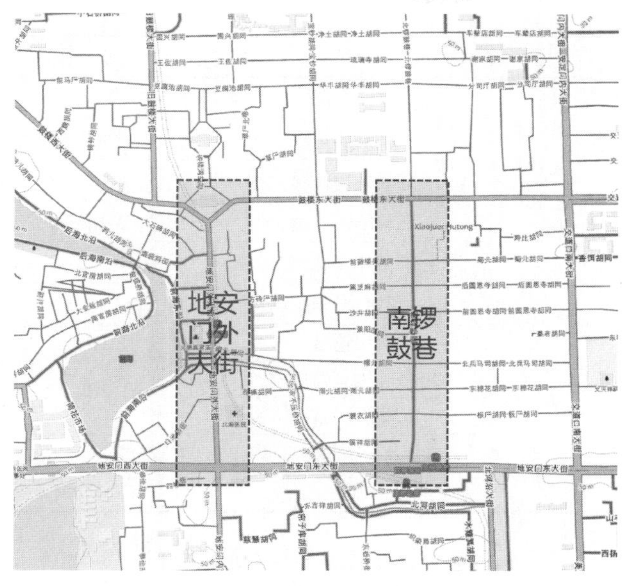

图 1 研究对象区位

1 数据与方法

1.1 评价标准和依据

评价是做出判断，评价的过程是为所做的判断提供证据。对于景观评价而言，很难形成一种标准[5]。城市道路景观评价需兼顾景观的客观性和景观认知的主观性特征，是一个十分复杂的问题，对各评价指标的量化及明确各评价指标在整个评价体系中的权重是城市道路景观进行评价的难点之一。本文参考学者 Shahrul Yani Said 等于 2015 年针对马六甲历史文化街区展开的城市景观中物质元素变化的评估方法，并针对北京历史文化街区特色加以完善，归纳出适合该区域的历史文化街区景观评价计分系统，在历史文化街区选取适当的观察点，以点对点的方式进行景观评价，具体方法采用景观评价计分系统进行打分，结合影像资料进行综合评价，并提出优化建议。

1.2 景观评价计分系统

本次研究运用的景观评价计分方法由三个主题组成，它们分别是环境质量与街道景观、历史鉴定以及社会认同感。针对三个主题设置 25 个小项，具体分类如表 1 所示。随后给每一项指标打分，评分使用了一个 5 分制的系统，从“强烈同意”到“强烈反对”，分数从 5（最高）到 0（最低），总共 125 分。

城市景观评价计分系统[6] 表 1

主题	项目	打分
环境质量与街道景观	街道景色	
	建筑情况	
	交通流线	
	可达性	
	公众安全性	
	街道景观小品	
	人行道情况	
	建筑标志性	
	可辨识度	
	雨水体系	
	街道灯光系统	
	清洁度	
	连贯性	
	街道活力	
历史鉴定	遗产资源	
	外观质量	
	建筑使用情况	
	建筑结构质量	
	保护工作实施情况	
	场所地域感	
社会认同感	历史遗迹	
	新建构筑情况	
	历史保护情况	
	新老景物和谐度	

1.3 摄影证据

摄影证据对景观评价研究非常重要，通过图像可以对研究区域进行清晰的描述，便于对景观变化进行重新分析。全年发生的变化的证据可以通过照片来捕捉，并且可以进行比较，进行视觉上的记录。本研究影像资料取自实地调研拍摄及部分百度地图街景拍摄数据。

2 结果与分析

2.1 历史文化街区实例分析——以南锣鼓巷为例

2.1.1 街区概况

南锣鼓巷历史文化街区是北京市第一批颁布的历史街区之一，保存着元大都时期的“鱼骨式”街巷空间结构[7]。随着城市发展的需要，南锣鼓巷历史地段历经三次更新改造。第一次是 1990 年北京市提出《旧城危房改造规划》，对南锣鼓巷部分危房进行了改造。第二次是 2005 年的“交道口南锣鼓巷历史地段保护与发展规划”为南锣鼓巷历史地段注入了商业生机。第三次是 2016 年，南锣鼓巷进行封闭施工，减少商铺，转型低端业态，加入传统文化特色[8]。目前，作为居住与商业并行的南锣鼓巷历史文化街区具有主体认知研究的典型性和普适性意义。

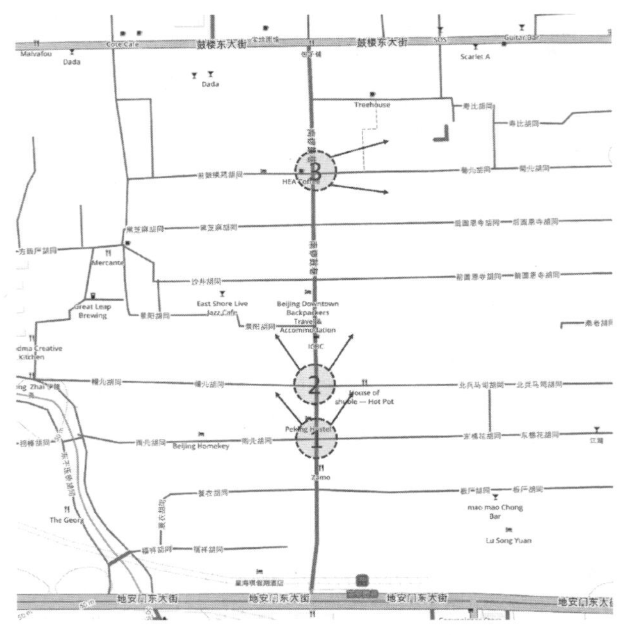

图 2　南锣鼓巷选点平面图

2.1.2　景观评价选点打分

由于历年影像资料难以获得，本研究通过百度街景数据查阅到 2013 年部分位置影像，对比 2018 年调研实景，研究共选取 3 个点，分别为点 1（雨儿胡同与南锣鼓巷交叉口）、点 2（帽儿胡同与南锣鼓巷交叉口）、点 3（菊儿胡同与南锣鼓巷交叉口）。对所选的三个观察点依据上文所提计分系统进行评分统计，得出表 2（2013 年）、表 3（2018 年）。

南锣鼓巷景观评价计分（2013 年 8 月）　表 2

主题	项目	点 1	点 2	点 3
环境质量与街道景观	街道景色	3	3	2
	建筑情况	3	4	1
	交通流线	2	2	3
	可达性	5	5	5
	公众安全性	4	4	4
	街道景观小品	2	2	3
	人行道情况	4	4	4
	建筑标志性	4	2	4
	可辨识度	3	4	3
	雨水体系	3	3	3
	街道灯光系统	3	3	3
	清洁度	3	4	3
	连贯性	4	4	4
	街道活力	3	3	2
历史鉴定	遗产资源	4	4	3
	外观质量	3	4	2
	建筑使用情况	3	4	2
	建筑结构质量	4	4	2
	保护工作实施情况	3	3	2
	场所地域感	4	2	3
社会认同感	历史遗迹	4	2	3
	新建构筑情况	3	3	3
	历史保护情况	3	3	3
	新老景物和谐度	4	3	3
合计		81	79	70

南锣鼓巷景观评价计分（2018 年 1 月）　表 3

主题	项目	点 1	点 2	点 3
环境质量与街道景观	街道景色	4	4	3
	建筑情况	4	3	3
	交通流线	4	2	3
	可达性	4	5	5
	公众安全性	5	4	4
	街道景观小品	4	4	3
	人行道情况	4	4	4
	建筑标志性	4	4	4
	可辨识度	4	4	3
	雨水体系	3	3	3
	街道灯光系统	3	3	3
	清洁度	4	4	4
	连贯性	4	4	4
	街道活力	4	4	2
历史鉴定	遗产资源	3	3	3
	外观质量	4	4	2
	建筑使用情况	4	4	2
	建筑结构质量	4	4	3
	保护工作实施情况	4	4	3
	场所地域感	4	4	3
社会认同感	历史遗迹	3	3	3
	新建构筑情况	4	4	3
	历史保护情况	3	3	3
	新老景物和谐度	3	3	3
合计		91	88	76

2.1.3　景观评价影像分析

如图 3，上图为 2013 年，下图为 2018 年。点 1 在 2013 年得分为 81 分，在 2018 年得分为 91 分，分值提高较多。对比两年的街景变化，有如下几点：

（1）2018 年中央戏剧学院外侧隔墙拆除，可观建筑立面，增强场地文化特色。

图 3　点 1（雨儿胡同）影像资料对比图

（2）2018 年部分店铺外立面翻修，拆除标新立异的元素，增加中国传统建筑符号装饰立面，增强传统文化特色。

（3）2018 年道路文化宣传栏改为墙体内嵌式，节省道路空间。

（4）2018 年道路路口右侧及道路中央均增加了种植池，场地绿化加强。

（5）2018 年标识体系更加清晰明确。

如图 4，上图为 2013 年，下图为 2018 年。点 2 在 2013 年得分为 79 分，在 2018 年得分为 88 分，分值提高较多。对比两年的街景变化，有如下几点：

（1）2018 年部分小吃店铺拆除，植入与传统文化相关的商业元素。

（2）2018 年店铺立面改造，新增带有传统建筑特色的匾额，空调外机及配电箱粉饰，隐藏式处理。

（3）2018 年道路中央增加绿化隔离带，加强场地绿化种植。

图 4　点 2（帽儿胡同）影像资料对比图

（4）2018 年标识体系更为明确，加入帽儿胡同解说牌，利于传统文化的宣传。

如图 5，上图为 2013 年，下图为 2018 年。点 3 在 2013 年得分为 70 分，在 2018 年得分为 76 分，分值略有提高。对比两年的街景变化，有如下几点：

（1）2018 年建筑窗户外立面增加传统建筑元素，增强场所文化特征。

（2）2018 年部分建筑墙体翻新，街道景观更加整洁。

（3）2018 年左侧花池改为假花，影响场地绿化美观性。

（4）杂乱停车对街道景观产生的负面影响尚未得到改善。

图 5　点 2（菊儿胡同）影像资料对比图

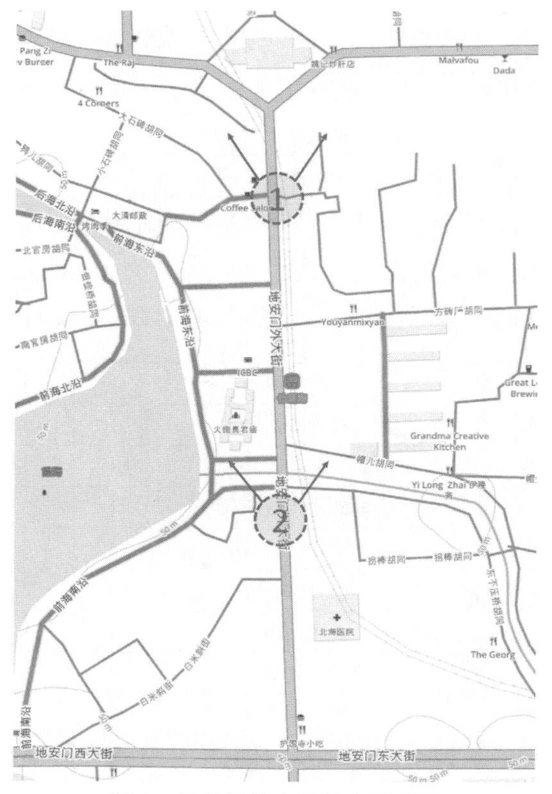

图 6　地安门外大街选点平面图

2.2 历史文化街区实例分析——以地安门外大街为例

2.2.1 街道概况

地安门外大街旧时位于北京皇城地安门外，分为两段，以万宁桥为界，北起鼓楼，与鼓楼西大街、鼓楼东大街衔接，南至地安门，与地安门西大街、地安门东大街、地安门内大街衔接，是承载历史文化特色的重要道路。

2.2.2 景观评价选点打分

本研究通过百度街景数据查阅到2013年部分位置影像，与2017年数据进行对比。研究共选取2个点，分别为点1（地安门外大街与鼓楼东大街交叉口南侧）、点2（前海南侧）。对所选的两个观察点依据上文所提计分系统进行评分统计，得出表4（2013年）、表5（2017年）。

地安门外大街景观评价计分（2013年8月）表4

主题	项目	点1	点2
环境质量与街道景观	街道景色	3	3
	建筑情况	3	3
	交通流线	4	4
	可达性	5	5
	公众安全性	4	4
	街道景观小品	3	3
	人行道情况	3	3
	建筑标志性	3	3
	可辨识度	3	3
	雨水体系	3	3
	街道灯光系统	3	3
	清洁度	3	3
	连贯性	3	4
	街道活力	3	2
历史鉴定	遗产资源	4	3
	外观质量	3	3
	建筑使用情况	3	3
	建筑结构质量	3	3
	保护工作实施情况	3	3
	场所地域感	3	3
社会认同感	历史遗迹	3	3
	新建构筑情况	3	3
	历史保护情况	3	3
	新老景物和谐度	2	3
合计		76	76

地安门外大街景观评价计分（2017年6月）表5

主题	项目	点1	点2
环境质量与街道景观	街道景色	4	5
	建筑情况	4	4
	交通流线	4	4
	可达性	5	5
	公众安全性	4	4
	街道景观小品	4	4
	人行道情况	5	5
	建筑标志性	4	5
	可辨识度	4	4
	雨水体系	3	3
	街道灯光系统	3	3
	清洁度	5	5
	连贯性	4	5
	街道活力	4	4
历史鉴定	遗产资源	5	4
	外观质量	4	3
	建筑使用情况	4	4
	建筑结构质量	4	4
	保护工作实施情况	4	4
	场所地域感	4	4
社会认同感	历史遗迹	4	4
	新建构筑情况	3	3
	历史保护情况	4	4
	新老景物和谐度	3	4
合计		96	98

2.2.3 景观评价影像分析

如图7，上图为2013年8月，下图为2017年6月。点1在2013年得分为76分，在2018年得分为96分，得分有较大提升。对比两年的街景变化，有如下几点：

（1）近景右侧2013年待修建建筑已完工，建筑立面符合历史文化街区整体氛围。

（2）左侧建筑在2013年与整体街区氛围不和，在2017年处于施工状态一定程度影像了街道景观。

（3）远景的鼓楼左侧商业建筑予以拆除后露出原古建筑，增强场所遗产印记。

（4）在2017年影像图中绿化明显提高，左侧绿化带及右侧行道树的种植都对街景有所提升。

（5）道路地面行车分隔带更加清晰，使街景更加有秩序感。

如图8，上图为2013年8月，下图为2017年6月。点2在2013年得分为76分，在2018年得分为98分，得分有显著提升。对比两年的街景变化，有如下几点：

（1）2013年影像图中左侧墙体在2017年图中予以拆

图 7　点 1 影像资料对比图

图 8　点 2 影像资料对比图

除，露出原建筑，提升历史文化街区氛围。

(2) 街道行车分隔带更加清晰，且有了红色塑胶非机动车慢行道，是道路体系的完善，也对街景整体秩序感有所加强。

(3) 桥面两侧绿化植物在 2017 年得到加强。

(4) 路面明显更加整洁卫生，清洁工作有所提升。

3　结语

在南锣鼓巷的街道景观评价分析中，点 1（雨儿胡同口）和点 2（帽儿胡同口）在两年得分均有较大提升，因为点 1 与点 2 选取均位于主街与重要胡同交叉口，作为南锣鼓巷的重要街道景观节点，在近五年的管理中，一系列整改措施的应用起到了明显的效果。其中，中央戏剧学院的可视化增强场所归属感，建筑外立面增设传统建筑元素增强场所文化特色，街道景观的简洁化、标识体系清晰化有助于街景美观度的提升。而作为主街两侧的胡同景观点 3（菊儿胡同），街道景观在近五年内提升较少，甚至有部分衰退，说明在近五年的整治中，两侧的胡同景观较为忽略，而胡同中保留的历史文化元素也应当得到充分的重视与发展，在未来街景优化中有待提升。

在对地安门外大街的景观评价分析中，点 1 与点 2 在 2013 年得分相同，在 2017 年得分略有差异，但都明显提升。说明在 4 年整改中，地安门外大街的街景得到了显著改善，这种改善表现在历史文化记号的突出、街道建筑立面的统一、绿化的提升以及交通游线的完善等方面。

综合上述分析，历史文化街区的街道景观整改，应基于街区现存历史印记，通过改造建筑立面、街道绿化、交通游线、标识体系等方式，保留并弘扬传统文化元素，在对原有历史文化氛围破坏最小化的基础上美化街道景观。为避免“千城一面”现象的出现，应当传承保护当地文化特色传统，例如北京街道整改中应当适当纳入一些北京传统文化元素，提升文化特色，增强人们的归属感和认同感。

参考文献

[1]　刘冉．城市历史街区景观视觉质量分析与评价[D]．上海师范大学，2018.

[2]　张磊．历史文化名城特色街道风景研究[D]．西安建筑科技大学，2014.

[3]　吴凯．景观评价模式研究[D]．南京林业大学，2009.

[4]　董乐．历史街区公共空间景观评价体系探究——以什刹海为例[J]．建筑与文化，2018(03)：129-130.

[5]　冯旋．关于城市道路景观评价体系的研究[D]．南京农业大学，2007.

[6]　Shahrul Yani Said，Zulkiflee Abdul Latif，Lilis Shereena Safiee. Evaluating Physical Changes for the Conservation Initiatives in the Historic City of Melaka[J]. Procedia-Social and Behavioral Sciences，2016：222.

[7]　汪芳，严琳，熊忻恺，等．基于游客认知的历史地段城市记忆研究——以北京南锣鼓巷历史地段为例[J]．地理学报，2012，67(04)：545-556.

[8]　李山石，刘家明．基于文化创意产业的历史街区提升改造研究——以南锣鼓巷为例[J]．人文地理，2013，28(01)：135-140.

作者简介

解爽，1995 年生，女，汉族，山东潍坊人，北京林业大学园林学院在读硕士研究生。研究方向为风景园林规划设计与理论。电子邮箱：394659962@qq.com。

李雄，1964 年生，男，汉族，山西人，博士，北京林业大学副校长、园林学院教授。研究方向为风景园林规划设计与理论。电子邮箱：bearlixiong@sina.com。

面向城乡协调国土空间发展的城市边缘区开放空间规划管控与治理途径①

Control and Governance Ways of Peri-urban Open Space Planning for Territorial Space Development with Urban-Rural Coordination

万　亿　金云峰*　钱　翀

摘　要： 城市边缘区作为城市空间与乡村空间、自然环境的衔接交汇区域，在当前城乡协调发展中将起到重要作用。而该区域的开放空间是生态文明建设中保证城乡融合成为有机连续的巨系统的关键空间缝合要素。因此，对城市边缘区开放空间做好理性规划，有助于国土空间治理工作的顺利进行。本文解读城市边缘区及其开放空间的内涵、特征及现状问题，分析梳理国土空间发展趋势对城市边缘区开放空间在规划体系、相关政策和管制技术方面的变革影响和相应作用，最后探讨面向新时代的城市边缘区开放空间从层次健全的要素体系、保产双赢的规划导向和系统精明的规划技术三大方面的规划管控与治理途径，以期为我国城乡空间品质的均好性协调发展有所启示。
关键词： 国土空间规划；开放空间；规划管控；空间治理；城市边缘区

Abstract: As a zone between the built-up area and the countryside, or the natural environment, peri-urban area plays an important role in the development of urban-rural coordination. Open spaces in this area are the key elements to sew up the urban and rural space, which could ensure the whole system to obtain organic continuity. Therefore, rational planning of peri-urban open space helps the progress of territorial space governance to go on wheels. This paper interprets the concepts, characteristics and current situation of peri-urban area and its open spaces, and analyzes the influence of the territorial space development trend on planning system, the related policies and planning control technologies of peri-urban open spaces. At last, we discuss the ways of planning control and governance faced to peri-urban open spaces in the new era, which contains three aspects-complete level of elements and system, win-win planning orientation of protection and production, smart and systematic planning technology, in order to provide inspiration for the coordination development of urban-rural space in quality homogeneity
Keyword: Spatial Planning; Open Space; Planning Control; Spatial Governance; Peri-urban Area

1　城市边缘区及其开放空间

1.1　城市边缘区的内涵及特征

城市边缘区是兼具城市和乡村的土地利用性质的城市与乡村地区的过渡地带，又称城市结合部、城乡交错带。针对城市边缘区的概念和范围界定在不同学科和语境下有所不同。在景观生态理论背景下，有学者运用基于不透水地表面积和小波变换的多尺度边缘的检测方法确定出城市边缘区的范围并分析其演变趋势，以此表征快速城市化导致得粗放扩张现象[1]。而在城市规划实践中，最早由美国为限定城市无序蔓延和低效扩张而采用的城市增长边界，人为划定了城市建设空间的边缘范围。我国也于 2014 年起试点划定具有相似作用的城市开发边界[2]，虽然不同城市划定办法各异，但各自均明确了城镇空间、生态空间与农业空间的管制区界，为未来城市空间的保护与发展提供了有力依据。

因大规模的工业用地、仓储用地多设在边缘区，所以这里具有用地密度低，地块面积大，空间用途划分相比城市中心区更加分明的特征。特别是大都市圈的边缘区，由于过度圈层面积较大，表现特征也更为明显。例如上海，虽步入功能调整的更新转型阶段，仍具有我国典型城市边缘区普遍存在的现状问题——城市环境品质较中心区明显下降，城市与自然环境系统未形成有机连续的格局，土地利用效率较低等。

1.2　城市边缘区开放空间的内涵及特征

目前我国城市边缘区内具有娱乐、文化、景观、自然资源价值的开放空间主要以城市绿地的形式存在，绝大多数农田和林地还未叠加休闲游憩功能。并且从整个城市范围的可达性来看，可供市民使用的开放空间缺乏的区域，即盲点区，也多集中在城市边缘区[3]，因此当前城市边缘区开放空间仍具有较大的供应潜力。

另一方面，与欧美城市边缘区多为高收入人群的居住分异情况不同，我国城市边缘区居民仍以中低收入群体为主，并且在大都市边缘区的居民中，中长耗时（高于 0.5h）通勤者占比较高，半数以上的居民活动模式多处于“两点一线”的状态。在对城市边缘区居民活动特征的研究[4]中，除睡眠和饮食等个人必须性事务外，户外休闲

① 基金项目：上海市城市更新及其空间优化技术重点实验室 2019 年开放课题（编号 20190617）资助。

活动成为占据日常非通勤活动时间最长的活动类型，并且没有受到通勤时间的制约。反而长时耗通勤者比中时耗通勤者的户外休闲活动比例更高。这体现了城市边缘区居民对户外休闲活动空间的使用必要性，同时也说明了对城市边缘区开放空间的大量需求。

作为城乡之间过渡地带的自然资源要素，城市边缘区开放空间不仅承担着该区域居民的日常休闲游憩功能，还具有连续城乡生态系统、调控环境韧性能力、塑造城市形态和历史风貌等多重功能。而我国当前城乡从二元割裂到一元融合，在"多规合一"背景下，承担城市自然属性功能的土地资源未来将不再仅限于作为建设用地的城市绿地，而是兼顾考虑休闲游憩功能复合利用的其他生态和农业等空间共同组成开放空间系统。这既依托于我国国土空间发展的一系列变革影响，也为风景园林学把握学科发展脉搏、探究方向途径提出了更高的要求。

2 国土空间发展趋势对城市边缘区开放空间规划的影响

2.1 体系变革——空间规划体系，开放空间的有效管控平台

2.1.1 "区域绿地"的增加——明确功能分类，推动"全覆盖"规划

2017版《绿地分类标准》CJJ/T 85—2017中的EG"区域绿地"作为非建设用地出现，并划分为4个主导功能中类，即EG1"风景游憩绿地"、EG2"生态保育绿地"、EG3"区域设施防护绿地"和EG4"生产用地"。虽然不包含具有潜在价值的耕地和未利用地，但将之前唯一建设用地外的G5"其他用地"定义为EG"区域绿地"，并加以功能分类上的明确[5]。这对我国开放空间类别的完善，以及具有城乡融合特征的城市边缘区向着"全覆盖"空间规划发展，都起到了积极作用。

2.1.2 "三区三线"的划定——限定分级边界，奠定管控基础

"三区三线"是我国为推进"多规合一"采取的空间分级管控方法，指生态、农业、城镇空间以及生态保护红线、永久基本农田保护线、城镇开发边界。虽然当前各地划定方法还未统一，但原则上是要确保生态空间不可替代，不能触动；农业空间保障生产，基本农田总量不能减少；城镇空间减量发展、复合利用且结构合理，保证基础设施互联互通[6]。包括城市绿地在内的各功能用地须遵守"三区三线"的治理方向和管控要求，城市边缘区开放空间涉及不同分级区域的多功能叠加利用，因此"三区三线"的划定为制定城市边缘区开放空间的保护和利用管控制度奠定了基础。

2.2 政策变革——土地整治，实现多目标落地

土地整治是当前我国优化城镇用地结构、推动产业转型升级的重要手段。新一轮的土地整治规划目标中，"城乡建设用地整理"和"加强土地修复和土地生态建设"为减量城镇低效建设用地，提升土地景观生态功能提出了要求。特别是"开展城乡接合部土地整治"是优化用地结构布局，加强基础设施建设，改善人居环境的有效抓手。

欧洲国家在20世纪，通过土地整治对土地重新分配，实现了开放空间的多重目标，例如荷兰利用多轮土地整理和开发法案对开放空间功能定位、生态修复、格局规划以及负责部门的规定，最终实现了对开放空间的严密理性管理，确立了在此发挥作用的"风景规划"的地位。而我国大城市在逐渐转向减量内涵式发展的过程中，以土地整治为平台也进行了有效的人居环境优化实践。例如上海郊野公园的规划建设就是运用土地整治实施手段，对农用地、建设用地、水域和未利用地等多种用地类型进行景观、商服、文化、游憩等多功能叠加，在原有用地性质基本不变的情况下，对涉及到土地整治的用地适当调整[7]，得以兼顾土地利用类型和产权关系的实现。这为城市边缘区开放空间的用地功能与土地类型协调提供了参考。

2.3 技术变革——多学科协同制约，影响深远

在国务院发布的"建立国土空间规划体系并监督实施的若干意见中"，为提高国土空间规划编制的科学性，规划技术上采用资源环境承载能力评价和国土空间开发适宜性评价（简称"双评价"）作为基础。前者用于判断资源（利用）、环境（质量）、生态（基线）、灾害（风险）四类要素对人类活动的承载能力，后者用于判断国土空间自然条件对城镇（开发）、农业（生产）、生态（保护）三类利用方式的适宜程度。这也是国土空间规划中多学科交融，发挥不同领域作用的体现。

这种技术上对开发的限定，同时也是多学科间对规划工作的协同平衡。城市空间发展与环境保护永远都是二元对立的问题，比如荷兰政府将规划部门分为空间规划分部和环境分部，分别承担提高生产效率优化土地结构，和控制生态环境的任务，虽然在商议讨论的过程中似乎降低了效率，但规划成果却影响深远[8]。连续贯通的结构性绿化体系构成中心城绿地与外围乡村空间有机联系的开放的生态系统，这既依靠土地利用的严格管控，也得益于多学科任务与技术间的相互制约。

3 面向新时代的城市边缘区开放空间规划途径

3.1 层次健全的要素体系

对城市边缘区开放空间进行规划，首先须明确其规划要素。建立大类要素与空间管制分级区域衔接，中类要素与主导功能资源协同，小类要素依据负责部门及具体实施管理方式细化的层次健全、要素完整的开放空间分类体系。开放空间分类体系应对接现有《城市用地分类与规划建设用地标准》《土地利用现状分类》规划主要标准，

最终统一整合形成“多规合一”的空间规划体系管理平台。

3.2 保产双赢的规划导向

城市边缘区开放空间的规划过程中，可对土地不改变用地性质，同时进行功能的叠加，理性规划应对复杂的土地利用类型与产权关系，形成“三生空间”分别与游憩、体育、休闲产业等多种功能叠加组合形成的“三生空间+”发展模式，保留原有生产、生活、生态用途的同时，实现空间保护与经济发展的双赢。

3.3 精明管控的制度技术

目前我国城市边缘区开放空间的规划内容尚未被纳入空间规划体系中，而在当前建设生态文明、人与自然协同的美丽中国的关键时刻，城市边缘区开放空间应进行系统精明的规划安排，作为重要内容之一纳入到国土空间规划体系。第一，可在开放空间相关的综合性法定规划中体现，如荷兰的“风景规划”中对城市边缘区开放空间相关规定；第二，也可作为一项专门的法定专项规划，如日本的“近郊绿地保全规划”以及与近郊绿地相关的一系列法律制度；第三，还可在相关法定专项规划的部分章节或内容中进行规范，如德国在“区域性开放空间系统”“风景规划”“游戏空间发展规划”等均对郊区与城市之间的开放空间发展有所规划。

同时在规划过程中对具有潜力的区域进行价值评估，从历史遗产、风景美学、自然生态等多角度进行综合价值判定，遵循《全球风景公约》的倡议，尊重风景的自然与社会双重属性，并将开放空间评价数据结果合并入空间规划信息平台，实现空间要素的精准管控。

4 结语

对我国大多数边缘区来说，城乡是紧密联系的，并且城与乡、城与自然的发展存在着矛盾。在当前城乡融合发展的背景下，通过对现阶段的体系、政策、技术进行分析梳理，可形成对边缘区开放空间较为合理有效的规划途径。未来将边缘区开放空间的规划内容纳入国土空间规划体系是实现“多规合一”的必然趋势。创造一个城乡生态连续、调控环境韧性、塑造景观形态和历史风貌的开放空间系统，推动城乡空间品质的均好性，是我国风景园林学科发展的之路。

参考文献

[1] Jian Peng，Yina Hua，Yanxu Liua. A new approach for urban-rural fringe identification：Integrating impervious surface area and spatial continuous wavelet transform[J]. Landscape and Urban Planning ，2018 (175)：72-79.

[2] 林坚，乔治洋，叶子君. 城市开发边界的“划”与“用”——我国14个大城市开发边界划定试点进展分析与思考[J]. 城市规划学刊，2017(2)：37-43.

[3] Peilei Fan，Lihua Xu. Accessibility of Public Urban Green Space in an Urban Periphery-The Case of Shanghai [J]. Landscape and Urban Planning，2016(11).

[4] 张孟云. 通勤时间对都市圈周边居民活动特征影响分析——以上海周边花桥典型社区为例[C]//中国城市规划学会城市交通规划学术委员会. 创新驱动与智慧发展——2018年中国城市交通规划年会论文集，2018：12.

[5] 王俊祺，金云峰. 新《城市绿地分类标准》区域绿地在“空间规划体系”中的策略研究[C]//中国风景园林学会. 中国风景园林学会2018年会论文集，北京：中国建筑工业出版社，2018.

[6] 金云峰，杜伊，周艳，等. 公园城市视角下基于空间治理的区域绿地管控与上海郊野公园规划实践[J]. 城乡规划，2019(1)：23-30.

[7] 金云峰，梁骏，王俊祺，等. 存量规划发展背景下郊野公园多地类性质与功能叠合研究——以上海郊区控规单元为例[J]. 中国园林，2019，35(2)：33-38.

[8] 沙洲，金云峰. 基于土地利用的荷兰风景规划及体系研究[J]. 广东园林，2017，39(1)：28-31.

作者简介

万亿，同济大学建筑与城市规划学院景观学系在读博士生。

金云峰，1961年生，男，上海人，同济大学建筑与城市规划学院景观学系副系主任、教授、博士生导师。研究方向为风景园林规划设计方法与技术、景观有机更新与开放空间公园绿地、自然资源管控与风景旅游空间规划、中外园林与现代景观。电子邮箱：jinyf79@163. com。

钱翀，同济大学建筑与城市规划学院景观学系在读硕士生。

朴门永续理念下城市自然教育景观建设的思考①

Thinking on Urban Nature Education Landscape Construction under the Concept of Permaculture

彭 越 殷利华*

摘 要：“自然教育”是加强人们认识、理解和尊重自然，实现人与自然和谐共处的良好途径。但如何营建城市中的自然教育景观，则是目前我国风景园林行业尚少涉及但具重要意义的内容。借鉴实践性强、以可持续发展为典型特征的朴门永续理念，探讨我国城市自然教育景观的规划设计思路，具有很好的理论及实践意义。本文基于大量文献阅读，界定自然教育景观的概念，并梳理了朴门永续理念的核心内容与方法，从中提炼出城市自然教育景观规划设计的原则与策略，主要研究成果：建议朴门农业作为城市自然教育景观的主要载体形式；发挥朴门设计对城市自然教育景观的指导作用。

关键词：风景园林；自然教育；朴门永续；自然教育景观

Abstract: "Nature education" is a good way to strengthen people's understanding and respect for nature and realize the harmonious coexistence between human and nature. However, how to build the natural education landscape in the city is an important content that is seldom involved in China's landscape architecture industry. It is of great theoretical and practical significance to study the planning and design ideas of urban natural education landscape in China by referring to the concept of permaculture, which is characterized by strong practicality and sustainable development. Based on a large number of literature reading, this paper defines the concept of natural education landscape, and sorted out the core content and methods of permaculture, from which the principles and strategies of urban natural education landscape planning and design were extracted. The main research results: suggest permaculture agriculture as the main carrier of urban natural education landscape; play the guiding role of permaculture design on urban natural education landscape.

Keyword: Landscape Architecture; Nature Education; Permaculture; Nature Education Landscape

1 自然教育及景观

1.1 自然教育概念及发展

自然教育（nature education）是将自然产物作为教育的内容、材料和工具，为培养人与自然的情感，提高人们的环境意识，促进其环保行为，并帮助人们成为更加独立的个体的教育行为。利用自然体验的方法，建立“人与自然”“人与人”“人与自我”之间联系，以期促进人们健康成长，实现人与自然和谐共生。

早期的“自然教育”（naturalism education）起源于18世纪法国启蒙思想家和教育家卢梭的著作《爱弥儿》，主张遵循儿童的自然（即“人的个别天性”）发展顺序进行教育。

现代自然教育（nature education）最初的发展与环境教育密切相关。一些机构以人工或少数以自然环境为背景，开展环境知识、技能等教育活动，然而受教育者的环境知识、接收程度无法与环境行为的实施程度成正比。人们发现通过建立人与自然长期的情感关系来促进人们的生态行为是最有效的。因此，“自然”在环境教育中的作用被重视，以“自然”为主题的教育活动也越来越多，这里的“自然”更多是指与人类社会相对的“自然界”。同环境教育和生态教育相比，自然教育培养的环境行为前的情感，建立人与自然牢固的联结性，由这些情感联结引导人们主动关心自然并产生生态行为，而不是环境教育和生态教育中被动式的环境知识、技能的输入。自然教育的广度和深度均要大于环境教育和生态教育，因而逐步受到重视。

目前，国内外自然教育学术研究还处在起步阶段，研究主要集中在：①自然教育对人的环境意识和生态行为的影响作用[1,8,11]；②自然教育对儿童的成长以及心理行为的影响[12~14]；③自然教育实践方式[10,15-17]。即集中在自然教育“意义”，探讨“为什么”要进行自然教育，是较为基础的理论研究。在应用研究方面主要是案例式的研究，对“教育”实践相关的理论指导研究较少。

1.2 自然教育景观

自然教育景观是自然教育在空间上的体现，包括“自然环境”，也包括可以展现人与自然关系的其他景观类型。自然教育强调“自然体验”，因此活动内容与自然教育景观的类型紧密相关。本文尝试基于景观的“自然性”程度来对自然教育活动三个阶段涉及的自然教育景观类型归纳和整理（表1）。

① 本文受国家自然科学基金资助（资助号：51678260）。

自然教育景观分类 **表 1**

景观分类		自然教育景观类型	自然教育目的
生物圈景观	自然景观	荒野地、自然保护区、森林公园、地质公园、风景名胜区、国家公园等自然保护地	培养其对自然的兴趣和审美，基于此初步建立与自然的情感
	半自然景观	部分被市场化生产的林地、草地、湿地、湖泊等自然度相对较高的自然环境，如国内一些A级景区	
	传统农业景观	人工种植草地、树林、耕地、果园等人与自然和谐相处的环境	从对自然的兴趣、知识、技能、经验等方面来加强人与自然的联结
	可持续农业景观	先进可持续，生产力与自然性都较高，对自然影响低的农业景观	
集约化农业景观		资本密集高能量投入的不可持续农业景观，如一些大棚蔬菜园、果园等	培养人知识和经验，以及初步建立生态意识
技术圈景观	乡村景观	农场、牧场、村庄等除城市外的人类聚居的能量密集的景观，与半自然景观和农业景观交织	
	亚城市景观	城市内及周边的受人类影响程度较高的“生物岛”，如湖泊、河床、大中型公园和林地等	培养受教育者一些关于自然的知识，同时也培养其处理人与自然的矛盾的生态意识和生态行为
	城市工业景观	能量密度最高，自然性最低的人类聚居区域，如一些小型公共绿地和附属绿地等	

资料来源：根据 Naveh 的“整体人类生态系统”等级图整理。

目前国内外对于自然教育景观研究较少，主要集中在：①自然教育对自然景观的保护作用[20,21]；②通过规划设计手段提升自然教育景观[22-25]，③一些特色景观实现自然教育的方法[10]等。

2 朴门永续理念解读

2.1 朴门永续概念

朴门永续是 Permaculture 的音译，由永久持续（permanent）、农业（agriculture）、文化（culture）三方面构成，是针对高能耗、高污染的工业化农业生产系统所提出的一种长久的、功能性的、可持续的系统设计科学。

“关心地球”“关爱人类”“分享多余”是朴门永续理念的三项基本道德准则，它倡导人们积极参与设计自己的环境，依照自然界的运作模式建立起能够自我维持的可持续系统，减少人们对于工业化生产和分配系统的结构性依赖。

现代朴门永续概念主要分为 3 个部分：朴门农业、朴门设计和朴门文化。朴门农业是指建立在自然运作模式、传统农业的智慧以及现代科学和技术知识的基础上，利用系统内部能量循环转换来建立经济上的低成本、高产量，和生态低干扰性、高稳定性的农业系统。朴门设计泛指在朴门永续理念地指导下，运用生态学、能源保育、景观设计及环境科学的等多学科知识，对人居环境进行系统性设计以保证其可持续性。朴门文化的含义更加广泛，不仅包括朴门农业、朴门设计等与人类生活密切相关的微观或中观层面的技术方法，也包括更加宏观的解决人与社会、环境、经济的矛盾的可持续发展思想。

2.2 朴门永续设计基本原理与方法

朴门永续理念的核心是“设计”，其设计的不是元素本身，而是元素间的关系，涉及的范围包括土壤、水、作物、森林、建筑、商业和财政系统、家庭食物和水安全、社区发展和微银行业务等多方面。

2.2.1 朴门永续设计基本原理

Bill Mollison 提出了朴门永续设计遵循的 10 项基本原理，本文基于生态学的基本原理将其概括为 4 个方面：

（1）多样性。即保证元素（物种）种类的多样性、元素间关系多样性、元素功能多样性（每个元素起多种作用）、元素对功能的响应多样性。

（2）稳定性。即通过利用多样性、边缘效应、自然模式以及高效管理来加强系统内部各元素之间关系的合理性和紧密性，增加系统的抗干扰性。

（3）高效性。即小规模的高效集约系统、耗能系统的节能高效、植物群落演替高效（加速有利土壤和生境的建立）。

（4）自养性。保证系统内的产物尽量多于废物，使能量尽量在系统内部循环，同时尽量使用生物资源减少化石能源的使用，保护自然环境。

2.2.2 朴门永续设计的基本方法

本文对吴瑞宁所提出的朴门永续设计方法进行归纳总结和调整，列出 7 个步骤，即①目标分析、②场地观察、③自然演绎、④观点与决定、⑤数据叠图、⑥自由组合评估、⑦制订工作流程图。

3　朴门永续理念对城市自然教育景观规划设计的借鉴

3.1　设计原则借鉴

朴门永续理念遵循以下设计原则：

（1）土地关怀

强调善待和保护自然生态系统。充分保留原有良好的自然环境和资源，最大程度减少对自然环境的破坏，充分考虑人的活动可能对环境造成的影响，进行应对性措施设计。

（2）多样性

强调场地内生物和非生物元素多样性来保证系统的稳定性（自我组织能力）。自然教育活动也基于生态系统的多样性来进行教育，因此设计中要考虑人、植物、昆虫、哺乳动物、爬行动物、鸟类以及水生动物等多种生物的生存环境，充分利用乡土物种优势，为生态系统的发展创造良好条件。

（3）可持续发展

自然教育场地需长时间承载人的活动，故场地生态系统的可再生能力非常重要。朴门永续理念提出对场地内的物质与能量消耗进行合理控制，减少不可再生能源的使用，注重物质与能量的循环利用，如太阳能利用、水资源循环、再生能源利用等，在设计上表现为可持续建筑、水循环系统设计、生物能循环设计。

（4）生态系统服务

朴门永续理念充分强调系统提供服务的能力。因此在进行自然教育景观设计时，要充分考虑系统所能提供的服务类型，不仅是为了人类的文化服务，也要充分考虑其供给服务、调节服务等，强调系统内动植物的生产性，充分考虑系统每个元素的“特性、需求和产出”。

3.2　设计策略借鉴

3.2.1　亚城市景观类自然教育

亚城市景观在地理区位上一般是位于城郊或者位于城中，拥有较大面积的良好自然条件，同时也常常受到城市发展的影响。在进行自然教育景观设计时，应着重考虑城市发展对亚城市景观的影响，将生态保护与自然教育活动结合：

（1）“守恒”生态保护策略

对于场地内现存稳定守恒的良性生态系统，在不破坏原生态阈值的原则下，让新的场地设计适应原有循环，共同形成新的稳定状态。这样既可减少新设计的经济投入和维护成本，也能最大发挥场地的生态价值。

对于已被破坏的生态系统，则需要对其进行生态修复，其修复的目标要充分考虑系统的可持续性。

对于新设计的生态系统，则要考虑更多地使用乡土植物。因为乡土植物对场地的适应性强，同时也利于一些本土野生动物的生存。

（2）“扇形”景观规划策略

对于场地的景观规划，除了考虑使用者的需求外，也要考虑管理者对场地的管理需求。根据管理频率、管理难度以及活动需求等因素，以管理者长期停留的区域（如住所、教室等）为中心（区域0），将场地其他区域按照管理需求和远近程度等分为区域1、区域2、区域3等（图1）。通过合理的分区规划可以避免管理活动和教育活动中的资源浪费，使场地的活动可持续地进行。

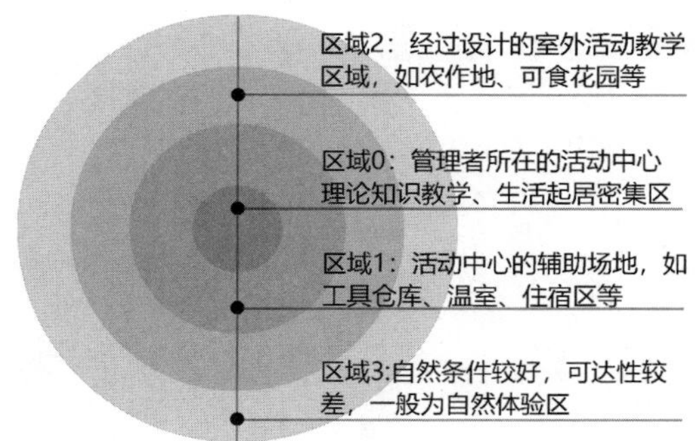

图1　分区规划示意图

此外，“扇形分析”理论（图2）也对自然教育景观规划有较强的指导作用。“扇形分析”理论强调对自然界中能量流动模式的应用。自然界的能量流动包括风能、太阳能和水能等，在规规划时利用位置关系、植被、构筑物、地形等要素尽量过滤掉不利因素，合理利用自然能量。顺应自然模式，可最小程度减少场地内的能耗，向“可持续”的目标靠近。

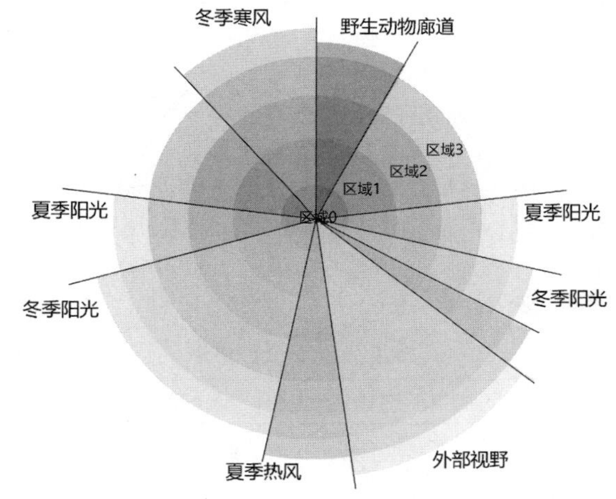

图2　扇形分析示意图（图片来源：根据 Bill Mollison 所著图改绘）

（3）“小尺度”“边缘”景观设计策略

景观设计中最重要的是“小尺度”的把握。对于所设计的人工设施和生态系统，小尺度化不仅可满足使用要求，也可减少管理上的投入，使系统随时在可控范围内。例如小而多产的水塘、可减少占地面积的螺旋种植床、小型蜜源花园等。这些小的生产系统可以随着整个景观系统的成熟而改变用途，适应能力强。同时在自然教育活动中，小尺度的景观更能让儿童产生亲切感，更有利于自然教育活动的进行。

此外，通过设计多个小型系统，也可增加系统内部的“边缘”，产生“边缘效应”。在生态系统中，能量容易在边缘积累，而对于儿童来说，他们往往对边缘和边界很感兴趣。因此“边缘”对于自然教育景观很重要。

（4）“自养性”物质循环策略

因为朴门永续理念的“自养性”，系统内部的物质尽可能在系统内部循环处理，可减少场地对城市系统的压力，甚至能帮助城市系统分担压力。这些循环过程不仅帮助处理了场地内部的问题，同时也是很好的自然教育活动素材，让受教育者参与其中能够加强教育的效果，见物质循环策略图（图 3）。

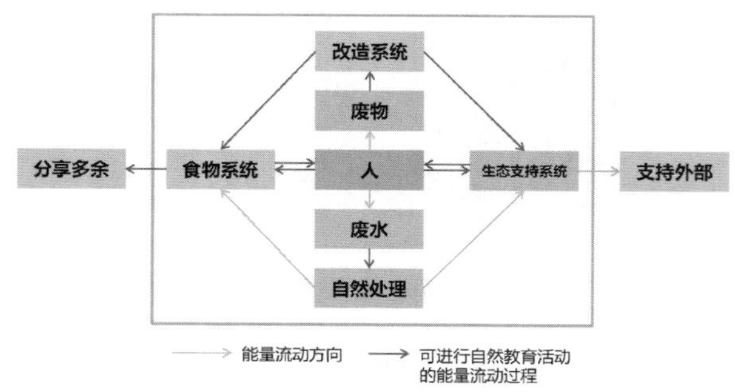

图 3　物质循环策略

（5）“自然关联”教育策略

在自然环境较好的亚城市景观中，一般是以体验式学习为主。围绕与自然相关的一系列活动，例如游戏、创作、比赛和调查等，来建立人与动物、人与植物以及人与环境间的长期关系，促进人们的“自然关联性”，让“自然”对学习者的影响更加深刻。

3.2.2　城市工业景观类自然教育

人口聚居的高密度的城市工业景观，是人们日常接触最多、可达性最高的区域，有较大的开展自然教育活动的潜力。在朴门永续理念的指导下，根据城市密集区可开展自然教育活动的场地类型，进行了不同的景观设计策略借鉴（表 2）。

城市工业景观设计策略　　表 2

场地类型	特点（针对受教育者）	景观设计策略
校园绿地	可达性高，接触时间最长，安全系数高	引入朴门农业活动，将农业生产与自然教育紧密结合，可进行多样化的服务性学习
社区绿地	可达性较高，接触时间较长，安全系数较高	适当引入朴门农业活动，可进行多样化的服务性学习
街头绿地	可达性较高，接触时间较少，安全系数一般	利用乡土植物，进行丰富多样的植物群落设计，可与雨水净化、空气净化等功能相结合，可进行体验式学习
其他附属绿地	如自然博物馆、医院等区域的附属绿地，安全系数较高	与场地原本功能相结合，进行特色的景观设计，可进行多样化体验式学习

其中，服务性学习是指受教育者在学习的同时能够为场地进行服务，例如动物护理，垃圾清理，植物管护，水体管护等，获得知识的同时也给场地创造更好的条件，让场地能够可持续的服务更多的人群。将服务性学习活动与城市工业景观的高成本维护活动相结合，不仅可达到教育的目的，也帮助节约景观维护成本，是自然教育活动中重要的教育手段。

4　结语

自然教育是改善人与自然关系的一种有效途径。城市虽然拥有可以进行自然教育的场地条件，如何营造良好的自然教育景观是一个很迫切的问题。朴门永续理念中的可持续的设计哲学、操作性强设计实践，对城市的自然教育景观设计有较强的指导意义。

综合上述理论梳理，不难发现：朴门永续理念对自然教育景观的影响主要体现在①朴门农业作为自然教育景观主要呈现形式；②朴门设计对“亚城市”“城市工业型”的自然教育景观规划设计有很好的实践指导意义。“土地关怀”“多样性”“可持续发展”“生态系统服务”的设计原则借鉴，以及“守恒”生态保护、“扇形”景观规划、“小尺度”及“边缘”景观设计、“自养性”物质循环以及“自然关联”教育等 5 设计策略，都能对城市自然教育景观的规划与设计提供参考借鉴，从而推动城市自然教育事业及其景观建设的良性发展。

参考文献

[1]　Uzun F V，Keles O. The Effects of Nature Education Project on the Environmental Awareness and Behavior[J]. Procedia-Social and Behavioral Sciences，2012，46(Complete)：2912-2916.

[2]　王清春，刘正源. 2016 自然教育行业调查报告[EB/OL]. 全国自然教育论坛.[2018-3-16]. http：//www.natureeducationchina.org/? p=1908.

[3]　王春燕. 自然主义教育理论及其思考[J]. 教育理论与实践，2001(09)：58-61.

[4]　陈·巴特尔，许伊娜. 和而不同：中西自然教育的不同演绎[J]. 天津市教科院学报，2015(04)：9-11+47.

[5]　胡卉哲. 自然教育，先做再说[J]. 中国发展简报，2014，61(1)：28-33.

[6]　武锋，邱国庆，李世伟，等. 广东星湖国家湿地公园环境教育实践[J]. 湿地科学与管理，2018，14(1)：26-28+32.

[7]　胡卉哲. 用立法强化环境教育[N]. 中国环境报，2012-02-27(004).

[8]　Siegmar Otto，Pamela Pensini，. Nature-based environmental education of children：Environmental knowledge and connectedness to nature，together，are related to ecological behavior[J]. Global Environmental Change，2017(47)：88-94.

[9]　黄正福. 高校生态教育浅析[J]. 黑龙江教育学院学报，2007(02)：36-37.

[10]　闫淑君，曹辉. 城市公园的自然教育功能及其实现途径[J]. 中国园林，2018，34(5)：48-51.

[11]　Erdogan M. The effects of ecology-based summer nature education program on primary school students' environmen-

tal knowledge, environmental affect and responsible environmental behavior[J]. Educational Sciences: Theory and Practice, 2011, 11(4): 2233-2237.

[12] 汤广全. 儿童"自然缺失症"的危害及教育干预[J]. 当代青年研究, 2017(6): 116-122.

[13] Pelo A . Rethinking Early Childhood Education. [J]. Rethinking Schools Ltd, 2008, 41(1): 256.

[14] Malone, K. Reconsidering Children's Encounters With Nature and Place Using Posthumanism[J]. Australian Journal of Environmental Education, 2016, 32(1): 42-56.

[15] Pietrzak-Zawadka, Joanna & Zawadka, Jan. THE FOREST ARBORETS AND THEIR ACTIVITIES FOR FOREST AND NATURE EDUCATION[J]. EKONOMIA I SRODOWISKO-ECONOMICS AND ENVIRONMENT, 2018, 1(64): 121-131.

[16] Laura P , Linda R , Jenny G . Nature Education for Sustainable Todays and Tomorrows (NEST): Hatching a New Culture in Schooling[J]. Australian Journal of Environmental Education, 2018: 1-18.

[17] 刘俊, 邹晓艳, 何廷美, 等. 四川卧龙自然保护区开展自然教育活动方法探讨[J]. 现代农业科技, 2019(02): 235-236.

[18] Zev Naveh. 景观与恢复生态学[M]. 李秀珍, 等译. 北京: 高等教育出版社, 2010: 77.

[19] 李妍焱. 拥有我们自己的自然学校[M]. 北京: 中国环境出版社, 2015: 214.

[20] Bai Z, Yu WY, Zhang Y, et al. FROM AN IGNORED GREY PLACE TO A RESILIENT URBAN WETLAND-DONG'AN WETLAND PARK IN SANYA, HAINAN PROVINCE[J]. LANDSCAPE ARCHITECTURE FRONTIERS, 2018(6): 91-103.

[21] Janeczko E, Woznicka M, Staniszewski P, et al. ECOLOGICAL EDUCATION AS A TOOL OF LANDSCAPE PROTECTION IN POLAND[A]. Public Recreation and Landscape Protection [C], 2018: 120-124.

[22] 钱佳怡, 吴晓华. 自然教育在现代园林设计中的体现研究——以浙江长乐国家林木种质公园规划设计为例[J]. 中国城市林业, 2018, 16(02): 43-47.

[23] 钱佳怡. 自然教育在现代园林设计中的体现研究[D]. 浙江农林大学, 2018.

[24] 龚文婷. 国家森林公园自然教育基地规划设计研究[D]. 西北农林科技大学, 2017.

[25] 刘静. 自然教育理念背景下的小学校园软质景观设计研究[D]. 西南交通大学, 2017.

[26] Bill Mollison. 永续农业概论[M]. 李晓明, 等译. 江苏: 江苏大学出版社, 2014.

[27] 吴瑞宁. 永续设计理念下可食地景的应用研究[D]. 山东农业大学, 2017.

[28] 殷玉洁. 向大自然学设计[D]. 中国美术学院, 2015.

[29] 李捷, 李奋生. 朴门永续中的可持续发展思想研究[J]. 中国石油大学学报(社会科学版), 2017, 33(04): 52-55.

[30] Brian Walker, David Salt. 弹性思维[M]彭少麟, 等译. 北京. 高等教育出版社, 2010.

[31] 杨艳平, 罗福周, 王博俊. 基于朴门设计的煤矿废弃地生态修复规划研究[J]. 自然资源学报, 2018, 33(06): 1080-1091.

[32] 刘翔宇, 周美玉. 朴门永续理念下的生态景观设计策略浅析——以华理闲置地景观设计为例[J]. 设计, 2016(13): 19-21.

[33] 柳骅, 赵秀敏, 石坚韧. 朴门永续农业在城市生态住区的发展策略与途径研究[J]. 中国农业资源与区划, 2017, 38(07): 188-194.

[34] 杨盈, 耿柳娜, 相鹏, 张晶, 朱丽芳. 自然关联性: 概念、测量、功能及干预[J]. 心理科学进展, 2017, 25(08): 1360-1374.

[35] 杨丛余. 基于朴门永续设计理念的城市农业公园规划设计研究[D]. 西南大学, 2016.

[36] 邢杰西. 基于朴门永续设计理论下的居住区景观新模式研究[D]. 沈阳农业大学, 2016.

作者简介

彭越, 1995年生, 女, 汉族, 湖北荆门, 本科, 华中科技大学, 在读研究生。研究方向: 自然教育及园林景观规划设计。电子邮箱: 1498917322@qq. com。

殷利华, 1977年生, 女, 汉族, 湖南宁乡, 博士, 华中科技大学, 副教授。研究方向: 工程景观学、雨水花园及桥阴海绵体景观绩效等。电子邮箱: yinlihua2012@hust. edu. cn。

浅析居民生活方式变迁对城市公园规划设计的影响
——以上海市城市公园发展为例

Analysis of the Impact of Residents' Lifestyle Changes on Urban Park Planning and Design
—A Case on Development of Urban Parks in Shanghai

黄楚梨　冯　玮

摘　要：伴随经济的腾飞，城市公园飞速发展。在城市公园的规划设计中，居民生活方式的变迁是一个重要的影响因素。基于此，本文先阐明了居民生活方式变迁的概念与内涵，进而分析城市公园的概念以及发展过程。在此基础上，结合两者，分析居民生活方式变迁的各方面对城市公园规划设计的影响，并以上海为例，通过对近代、现代、当代3个时间阶段城市公园规划设计理论、方法、实践进行研究，进一步明确了居民生活方式在城市公园规划设计中的重要影响地位，居民生活方式变迁推动着城市公园规划设计的革新与进步，两者密不可分。

关键词：生活方式；城市公园规划设计；变迁发展

Abstract: With the rapid development of economy, city parks have been developing rapidly. In the planning and design of urban parks, the change of residents' lifestyle is an important factor. Based on this, this paper firstly expounds the concept and connotation of residents' life style change, and then analyzes the concept and development process of urban park. On this basis, combining the two cases, the analysis of residents' lifestyle change parties face the influence of urban park planning and design, and taking Shanghai as an example, from the modern time to contemporary ear, the three stages of time city park planning and design theory, method, practice, further defined the residents way of life in the important position in the urban park planning and design, people's life style change promotes the innovation and progress of urban park planning and design.

Keyword: Lifestyle; Urban Park Planning and Design; Change and Development

1　居民生活方式变迁的概念与内涵

1.1　生活方式的定义

《中国大百科全书·社会学卷》中把生活方式定义成了不同的个人、群体或社会全体成员在一定的生活条件制约和价值观制导下，形成的满足自身生活需要的全部活动形式与行为特征的体系[1]。英国社会学家费瑟斯通则认为生活方式指特定的地位群体生活的突出风格，隐含个性、自我表现和风格的自我意识[2]。徐正明在《生活方式纵横谈》中提出，生活方式包括人们对衣食住行、劳动工作、休息娱乐、社会交往、待人接物等物质生活和价值观、道德观、消费观、审美观以及与这些观念相适应的行为模式和生活习惯[3]。不同的研究角度对于其定义的方式不同，综合来看，均是个体在不同社会背景下的行为方式。本文认为生活方式包含了生活条件与生活形式两个因素。生活条件包含了社会经济背景与个人消费水平两个系统。生活形式则是指人们通过衣食住行、工作劳作、休闲交往、精神生活等外在表现出来的形式。（图1）

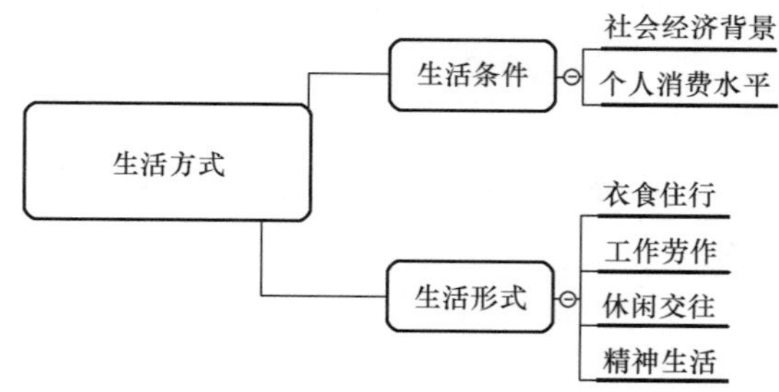

图1　生活方式研究框架

1.2　居民生活方式变迁的内涵

因本文研究影响对象为城市公园规划设计，因此本文中居民指的是在研究阶段居住于城市中的居民。变迁是人类社会一个永恒的话题，时刻都在发生。社会环境影响着居民生活方式的变迁，生活方式的变迁也改变着社会生活环境。对于居民生活方式变迁的研究可在一定程度上显示人与社会互动发展的过程，可以解释在不同时期对城市公园不同的功能需求。

2 城市公园

2.1 城市公园的产生

城市公园的兴起仅百余年，但“公园”一词早在17世纪资产阶级革命胜利后就已出现，如开放的皇家宫苑伦敦的皇家公园等。直至19世纪初，英国伦敦摄政公园的建成标志着世界园林史上第一座现代城市公园的出现。继而在19世纪中叶，欧洲美日等国均先后出现了经过设计、专供公众游览的城市公园。至19世纪下半叶，欧美兴起的“公园运动”城市公园建设达到高潮，仅在美国就相继建成城市公园100多处[4]。

在中国，传统园林历史悠久，但现代城市公园却起步很晚，1868年上海筹建的“公共花园”以西式的造园要素、开敞的布局正式对外国人开放，成为中国的第一座公园[4]。然而，在这个时期，公园的服务对象仅为租界中的外国人，中国人只能在西方人的陪伴下入园。中国真正意义上的开放现代城市公园始于新中国成立以后。

2.2 城市公园规划设计发展

伴随租界公园的建成，城市公园的规划设计重点是体育游憩功能；中华人民共和国成立以后，城市公园的规划设计中开始着重考虑文化教育、体育、休憩、娱乐、科普等功能，受到苏联文化休息公园的影响，文化科普教育成为重点，基本仍然保持着公园作为开放性公共绿地空间的特质[5]；文革时期，原来的城市公园规划设计理念均被粉碎，城市公园沦为政治教育的场地，公园功能退化严重；改革开放后，为了满足广大居民日益增长的户外活动需求，填补公园类型中的空缺，陆续出现了主题公园、社区公园、专类动物园、植物园、儿童公园等性质分明的公园，综合公园回归以休闲游憩功能为主，体育运动、人文教育、科普、商业服务功能兼存的城市公园绿地[6]。中国现代城市公园主要通过扩建、改建已有的园林以及新建的大量公园。近年来，国家大力推行“生态文明建设”，各地纷纷建起“森林城市”、“公园城市”，城市公园与生态绿网相结合，完善城市绿地系统，城市公园规划设计愈发多元化。

3 居民生活方式变迁与城市公园规划设计之间的关系

学术界对城市社区居民生活方式的变迁很少涉及，其对城市公园规划设计影响的研究仍几乎是一片空白，但其是城市公园规划设计的发展过程中的重要一环。风景园林从业者在公园绿地系统规划亦或公园设计中，都应考虑人们当下生活方式，以及未来可能到来的生活方式变化。前文已经提出生活方式包含了两个因素：生活条件与生活形式，因此下文将从这两个方面展开，详述其对城市公园规划设计的影响。

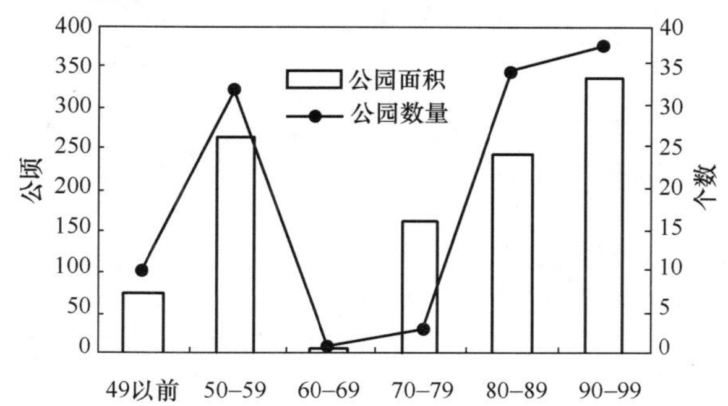

图2　上海不同时期公园发展动态图
（图片来源：贾佳.上海市中心城区综合公园变迁研究[D].华中农业大学，2011.）

3.1 生活条件变迁对城市公园规划设计的影响

3.1.1 社会经济背景的影响

中国城市公园发展的阶段性基本上决定于国民经济发展的阶段性。从上海公园发展动态的图中可以看出（图2），我国的现代城市公园建设随着国民经济发展阶段的不同而变化，基本表现出正相关的联系[5]。经济水平的提升带来了居民消费观念与水平的转变，对于城市公园功能的需求也随之变得多元。

3.1.2 个人消费水平的影响

消费是人类最基本的一种生活方式，也能间接从居民消费水平的变迁显出城市公园规划设计变迁的过程。自改革开放以来，我国政治、经济、文化等领域均取得举世瞩目的成就，居民的生活也发生了翻天覆地的变化，从统计数计可以看出，居民收入明显提高[7]（图3）。收入提高带动消费水平逐年提高，城镇居民的消费结构也从吃、穿为主的单一消费向生存享受、发展并重的消费结构转变，实现了从实物消费向精神消费的转变。也是在这样消费结构的变迁下，人们开始追求吃饱穿暖之外的享乐的追求，这对城市公园的规划设计又提出了新的需求——如何满足人们享乐的欲望，也进一步推进了城市公园功能的多元化发展。

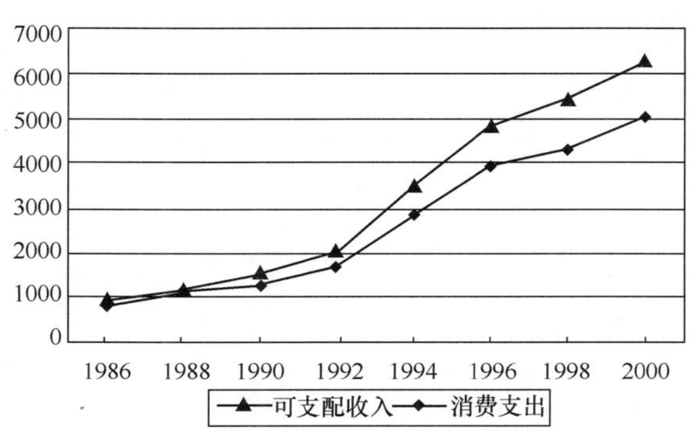

图3　我国城镇居民人均收支比较
（图片来源：《中国统计年鉴2001》，中国统计出版社，2001年）

3.2 生活形式变迁对城市公园规划设计的影响

3.2.1 衣食住行的影响

城市居民的生活形式大都是以居住地为中心点，首要解决衣食住行的基本活动需求，再通过交往、娱乐、健身等活动逐渐扩大生活圈，如健身漫步、邻里交往等活动，其所涉及有居住绿地、小区游园、居住区公园以及街旁绿地等[8]。其中居住绿地是使用频次最多，与日常生活最密切的绿地类型。在解决了最基本的生理活动需求之后，人们开始在意绿地的使用。绿地质量影响着小区的居住质量，居住区公园则影响着周边街区的居住环境。也正是抓住了城市居民生活形式变迁，渴望更好的居住环境的心理，房地产开发商纷纷打出"住在公园里"等广告词吸引购买者；在政府抛出一个公园规划时，周边的房价也因着"公园房"的利好上涨。由此可见，人们在得到了基本的生理活动需求的满足之后，逐渐渴望一个好的居住环境，各类城市公园恰好可满足这种需求，但同时，在这样的需求之下，对于城市公园的规划设计又提出了新的要求，如何为居民带来更好的居住体验、使用体验、游憩体验是当下城市公园规划需要思考践行的问题。

3.2.2 工作劳作的影响

随着社会的进步，工种随之由多劳力转向脑力劳动。大部分人整天待在建筑的一个个隔间中，缺乏与自然的亲近；长时间的坐立与高强度的脑力消耗也易出现机体的疲乏困倦之感。因此在午休时分能在办公地附近有一片绿地亲近自然，在下班之后能有公园能够休憩放松、运动健身的需求与日俱增。CBD广场绿地、公园健身场地、休闲绿道等的出现，一定程度上也是城市公园规划设计对新时代脑力工作者的诉求的回馈，使得公园的受众更加多元，功能日趋丰富完整。

3.2.3 休闲交往的影响

我国从1995年5月起实行一周五天工作制，近二十年来，城市居民的闲暇时间不断变多[9]（表1）。社会多元化发展影响了居民生活方式变迁，居民开始关注于闲暇时间里的休闲游憩需求。

我国城市居民时间预算调查数据（单位：分钟/日）

表1

调查	工作	家务	生理需要	休闲
1980～1981年调查	471	287	555	126
1985年天津调查	373	242	590	236
1988年调查	468	181	578	215
1987～1988年上海调查	363	194	615	259
1998年调查	261	197	645	337
上海	240	185	664	354
天津	294	201	632	313
哈尔滨	253	207	637	343
1997年全国40城市调查	301	141	642	366

资料来源：王雅林．构建生活美：中外城市生活方式比较［J］．南京：东南大学出版社，2003。

在这样的变迁影响下，绿地数量增加；原有的点状绿地面积扩大；点状绿地逐渐连成线，有成为绿地系统一部分的趋势。这样的趋势其实也是出于居民生活形式对城市公园规划设计的影响。英国学者Corralize致力于研究人们对"街道"和"停留场所"的偏爱度，研究发现：市民青睐于只需步行3～5min就能从家或工作单位到达附近的街旁绿地、小游园，并于此与他人及环境进行交流[10]。城市居民闲暇活动空间的偏好需求影响着城市公园的规划设计，这样需求的增加，也对更高质量的城市公园提出了新的发展方向。

3.2.4 精神生活的影响

城市公园不仅从是影响居民生活的物质实体，还是一个丰盈居民精神生活的产物。因建国初期苏联文化的影响，苏联交谊舞之风于国内盛行，此时多地公园中修建舞池以供交谊舞活动。在接触外来文化之后，全社会的精神需求有很大一部分折射成对公园的功能和质量的更高要求，各类专类园、文化展示园的出现也正是城市公园规划设计对于居民精神生活需求的回应。文化的进步推动了居民精神生活的富足化，推动现代城市公园功能的完善。

4 居民生活方式对城市公园规划设计的影响——以上海市城市公园为例

作为中国开埠最早的城市之一，上海城市发展具有独特且典型意义，公园正是随着开埠引进上海的西方事物，上海的黄浦公园被认为是中国的第一个城市公园[6]，上海城市公园的演化变迁历程贯穿了中国城市公园的发展，极具代表性与研究价值。因此本文以上海城市公园为重点研究案例，通过对其演变历程的梳理，不同阶段的变迁特征的分析，讨论居民生活方式变迁对其发展的影响。

4.1 近代上海城市公园的变迁

近代上海租界先后建有15座公园，其中公共租界10座，法租界5座[11]，其均为自行规划建设。在同时期，上海还有一批私人产权的私园，但对公众开放，可视为准公园。近代上海城市人口数量增大、密度增大，无疑推动了城市公园与公用私园的发展与演变。

另一方面，当时上海的城市公园仅向外侨开放，华人被冠以"不文明"的名号而被禁止入园，城市居民对此十分不满，渴望平等，也因如此，政府开始出资收购私园，改造为面向华人开放的公园，但即便如此，那时公园门票的限制，使得基本只有收入稳定的中等阶层人士才能时常去公园休闲娱乐。近代上海城市公园的变迁一定程度上反映了人民渴求平等意志以及切实的城市人口密度开始增多的社会实情。

4.2 现代上海城市公园的变迁

中华人民共和国成立后，因社会变迁的影响，上海城市公园从复苏发展再至破坏再修复的过程。上海著名的跑马厅曾是仅为极少数人游赏之地，后被改建为开放的

人民公园（图 4）。人民公园在保留原跑马厅的基础上，按经济美观的原则，建造了一座自然风景园，景色宜人，

图 4　上海跑马厅全景
（图片来源：周向频，陈喆华．上海公园设计史略［M］．同济大学出版社，2009．）

深受城市居民喜爱。据统计，其是市区游客量最大的公园，自此开始，公园正式面向大众开放，而不仅是中层及以上阶层之专享。从 1949～1952 年上海部分公园建设情况（表 2）中不难看出，城市公园在复苏发展，也在为广大人民的需求所想，逐渐开放成为一个平等的休憩交往的场所。在“文革”期间，居民生活方式变迁对城市公园规划设计的影响少之甚少，故本文不作过多概述。

1949～1952 年上海部分公园建设情况　　表 2

公园名称	建设情况（1949～1952 年）
黄浦公园	解放初，上海警备司令部迅速排除国民党军队在园内埋设的地雷，并于当年 6 月 9 日重新对外开放；保留了园内原有绿篱、乔木及天鹅绒草坪等
绍兴儿童公园	1951 年 5 月建成
西康公园	1951 年开始建园，同年 5 月 20 日开放，是上海市最早的免费公园
华山儿童公园	1950 年 6 月 12 日开工建设，1952 年 5 月 1 日对外开放
海宁公园	1951 年 5 月开工建设，1952 年竣工开放
波阳公园	1951 年市政府决定将第五苗圃改建为公园，1952 年 5 月对外开放；建园工程由市工务局园场管理处造园科张秀娟负责总体规划及绿化设计，虹口公园管理区组织施工，于 1952 年 5 月外开放，免费入园
莘庄公园	1951 年土改时没收归公；1952 年将篱笆门改建为木门，对绿化进行改造，将“莘野梅园”易名为“莘庄公园”
中山公园	1951 年新建面积 1669 平方米的动物和植物标本陈列室动物和植物陈列室，后改为展览馆
昆山公园	1950 年 1 月经修复后开放
吴淞公园	1952 年重建公园，定名为吴淞海滨公园
襄阳公园	1949 年兰维纳纪念碑被拆除，1950 年 5 月 28 日改名为“襄阳公园”
复兴岛公园	1951 年 1 月起年对公园略加整理，同年 5 月 28 日开放

资料来源：程绪珂．上海园林志［M］．上海社会科学院出版社，2000。

4.3　当代上海城市公园的变迁

改革开放以来，经济的复苏给上海城市公园的建设带来了新的发展契机，园林事业得到了持续稳定的发展。一方面对老公园进行修复与整理，二来新建了一批现代的综合公园，直至如今，上海中心城区城市公园分布均匀，呈稳定增长态势（图 5）。

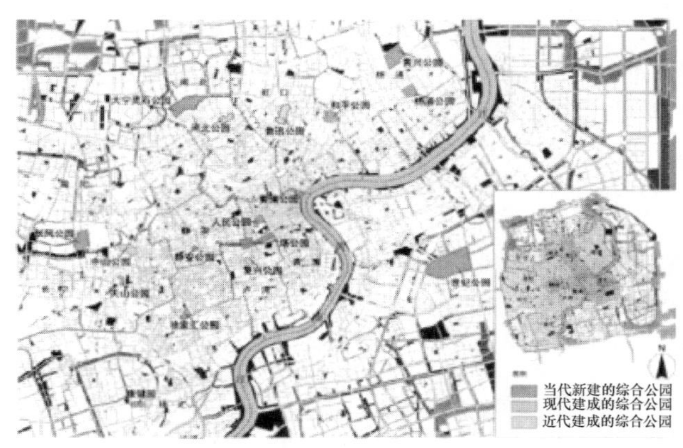

图 5　上海市中心城区城市综合公园分布图（2010 年）
（图片来源：《上海市城市总体规划》）

值得一提的是，在 20 世纪 80 年代，在城市公园的扩充改建过程中，大量增加了游乐设施。复兴、中山、人民、杨浦、天山公园大规模增添了儿童游乐设施、青少年活动设施、老年人活动区域，如开放“激流勇进”冲浪游乐区、剧场与舞厅，将游泳池改建为溜冰场，开放钓鱼池为中老年人服务等[6]。城市公园开始充分重视起儿童、青少年、老人的活动需求，并为其开辟专区以供活动。在 20 世纪 90 年代后，物质生活水平提高，精神需求得到重视，上海许多公园都加了文化科普的功能，例如在鲁迅公园先后建造了“梅亭”与“梅园”等等[6]。1994 年是城市绿化年，整个社会开始注重环境保护方面的问题，也在此契机下，上海开始建设生态园林城市，各城市公园开始改善植被配置，注重植物造景，城市公园规划设计的中心放在生态环境的营造上。21 世纪以来，规划设计理论的普及运用使得城市公园规划设计更加科学，城市公园的规划设计与城市居民生活方式的变迁与需求紧密结合在一起。

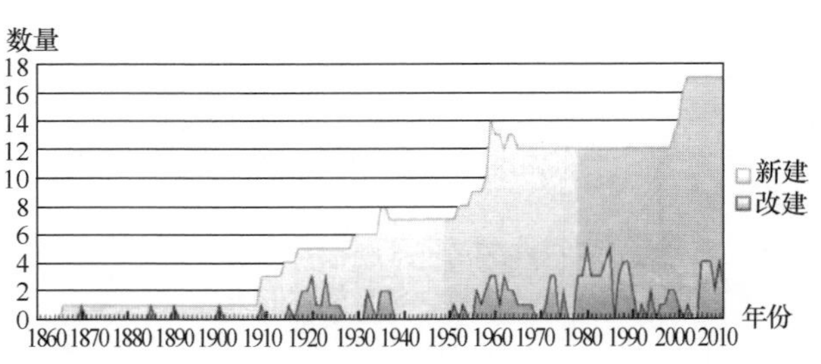

图 6　上海市城市公园总体建设历程（1860～2010 年）
（图片来源：贾佳．上海市中心城区综合公园变迁研究［D］．华中农业大学，2011）

5 结语

在城市公园发展的历史长河中，虽经历起伏，但整个大趋势是稳中有升，近年来大步向前发展的。借上海市城市公园总体建设历程的统计图（图 6）不难看出，随着居民物质水平的大幅提升，在无需考虑温饱的情况下，居民渴求精神上的享乐，这与中国古人造园之雅兴一脉相承。随着居民生活条件的提升、生活形式的多元化，居民对于城市公园的需求与渴望在随之而变。这也推动了城市公园规划设计工作的开展。简而言之，城市公园是居民生活方式的“镜子”，随着生活方式的变迁，城市公园随之更新升级，两者必不可分。

参考文献

[1] 《中国大百科全书》总委员会．中国大百科全书．社会学[M]．北京：中国大百科全书出版社，2004.

[2] 郗茜．西安地区城市居民生活方式与住宅空间形态演变研究[D]．长安大学，2013.

[3] 徐正明．生活方式纵横谈[M]．四川大学出版社，1985.

[4] 赵慧．上海现代城市公园变迁研究(1949—1978)[D]．上海交通大学，2010.

[5] 栾春凤，陈玮．中国现代城市综合性公园功能变迁探讨[J]．南方建筑，2004(5)：25-26.

[6] 贾佳．上海市中心城区综合公园变迁研究[D]．华中农业大学，2011.

[7] 蒋薇．现代化进程中城市居民消费方式研究——以苏州市为案例的分析[D]．苏州大学，2003.

[8] 宁艳，胡汉林．城市居民行为模式与城市绿地结构[J]．中国园林，2006，22(10)：51-53.

[9] 王敏．现代生活方式与城市街旁绿地系统演变研究[D]．湖南大学，2007.

[10] Thomposn C W．Urban open space in the 21th century[J]．Landscape and urban planning，2002(60)：47-53.

[11] 熊月之．近代上海公园与社会生活[J]．社会科学，2013(5)：129-139.

作者简介

黄楚梨，出生于 1995 年生，女，汉族，四川人，本科，北京林业大学，在读研究生。研究方向为风景园林规划设计。电子邮箱：huangchuli@bjfu. edu. cn。

冯玮，出生于 1994 年生，女，汉族，山东人，本科，北京林业大学，在读研究生。研究方向为风景园林历史与理论。电子邮箱：supervia@qq. com。

韧性景观改造初探
——以珠海市海天驿站为例

A Preliminary Study on the Resilient Landscape
—A Case Study of Haitian Greenway Station in Zhuhai City

韩舒颖

摘　要：随着城市化的推进，全球的气候变化正朝着不利方向发展，频发的高强度风暴潮、寒潮、热浪等自然灾害成为人类面临的越来越严峻的挑战。在这些挑战面前，人类不得不重新考虑与自然相处的方式。珠海市海天驿站在经历台风天鸽重创后进行了一轮改造重建以适应新的气候变化。建成后，公园不仅更受欢迎，且在第二年的台风山竹中表现良好，成为韧性景观改造的成功探索。本文通过分析介绍海天驿站改造案例，为韧性景观理论研究及相似实践提供参考。
关键词：气候适应型城市建设；韧性景观；台风

Abstract: With the advancement of urbanization, global climate change is developing in an unfavorable direction. High-intensity storm surges, cold waves, heat waves and other natural disasters have become more and more Frequently, and human beings are facing serious challenges. In this circumstance, we have to reconsider the way we live with nature. After suffering severe damage from Typhoon Hato, Haitian Greenway Station in Zhuhai City has been reconstructed to adapt to the new climate change. After completed, the park not only became more popular , but also performed well in the next year''s Typhoon Mangkhut. This case became a successful exploration of Resilient landscape. Through the introduction and analysis of Haitian Greenway Station reconstruction case, this paper provides a reference for the research and practice of resilient landscape theory.
Keyword: Construction of Climate-adaptive Cities; Resilient Landscape; Typhoon

1　气候适应型城市建设与韧性景观

1.1　韧性城市理论

韧性即 resilience（亦有人将其翻译为弹性 、恢复力[1]、抗逆力[2]等），源于拉丁词 resilio，表达“反弹（bounce to back）”之意[3]。20 世纪 70 年代，生态学家 Holling 首次描述了自然系统中的多平衡态的现象，并使用韧性一词表述系统吸收各类变化的能力[4]。城市韧性是指城市系统及其所有组成部分的社会生态能力和跨时间和空间尺度的社会技术网络，面对干扰，适应变化来维持或迅速恢复到所期望的功能，以及快速转换限制当前并适应未来能力的系统。城市的气候韧性，主要指其干扰为气候变化[5]。近年来，伴随着快速的人口城市化进程，气候变化引发的灾害风险也日益突出。许多国际城市制定和实施适应气候变化规划，建设“韧性城市（ Resilient Cities）”，以提升城市应对灾害的韧性[6,7]本文中所探讨的韧性城市，主要是指城市的气候韧性方面。

1.2　我国气候适应型城市建设现状

在全球进行气候适应型城市建设尝试的大背景下，我国也做了诸多韧性城市实践，主要是参与国际项目和政府部门主导推进两种途径，包括国际韧性城市、海绵城市、气候适应型城市三类试点[8]。

2010 年 3 月，联合国减灾战略署发起“让城市更具韧性”运动，鼓励地方政府在可持续城市化进程中建设韧性城市，为全球防灾减灾筛选范本。2013 年 11 月发布的《国家适应气候变化战略》将城市化地区作为适应的重点地区。2015～2016 年，住房和城乡建设部先后发布了 30 个国家级海绵城市试点城市名单，旨在修复城市水生态、涵养水资源，增强城市防涝能力。其中珠海于 2016 年入选第二批海绵城市试点城市。2016 年 2 月，国家发展改革委联合住房和城乡建设部出台了《城市适应气候变化行动方案》，提出试点目标：到 2020 年普遍实现将适应气候变化相关指标纳入城乡规划体系、建设标准和产业发展规划。到 2030 年，城市应对内涝、干旱缺水、高温热浪、强风、冰冻灾害等问题的能力明显增强、城市适应气候变化能力全面提升[9]。试点内容包括：开展城市气候变化影响和脆弱性评估；编制城市适应气候变化行动方案；针对不同气候风险和重点领域开展适应行动；开展提升适应气候变化能力建设的项目活动；成立专门的协调各部门工作的领导小组等[9]。

珠海是一处气候适应型城市建设的绝佳实践场地，相关研究表明，珠海市的暴雨致灾危险性高于 90%以上的全国城市，由于长期应对台风洪涝的基础设施投入、风险管理和城市建设，城市韧性远高于其他城市。已建成的许多项目，都是按照气候适应型城市建设相关理念设计，因此珠海是一座高危险-高韧性的城市[8]。

1.3 韧性景观理念

韧性景观的概念由韧性城市衍生而来，主要是指韧性城市中园林景观领域的部分。包括工程韧性、生态韧性与管理运营韧性等。其中工程韧性是指当干扰威胁到工程系统的稳定性时出现更少差错，一旦出现差错也能恢复到工程的常态功能，具有稳健性、冗余性、智能性、快捷性的特点[10]。景观工程韧性主要是指硬景方面，包括园林建筑物及其他工程设施的韧性。主要考虑洪水位以下建构筑物是否安全、其内部空间能否使用、承受洪水浸泡能力等。常用措施可归纳为：防水密封、洪水贯穿及抬升上浮[11]. 工程韧性反映了恢复到初始状态，而生态韧性可能是从一种平衡到另一种平衡，不一定恢复到初始状态。无论什么状态，需要避免生态系统的退化与生物多样性的缺失[12]。景观生态韧性措施主要体现在软景方面，具体是指景观园林中的植物生态系统、生态群落等。设计需要预见在气候变化过程中植物群落的适应能力，在遇到如强风、暴雨时原有生态群落是否能保持平衡，或者能够很快恢复到另一种平衡，并保持生物多样性。运营管理韧性主要是指园林景观在建成后管理方针对气象灾害等突发事件时的应急管理能力，包括灾前准备、灾中应急和灾后恢复等方面。通过有效及时的韧性应急管理，可最大限度提高工程韧性和生态韧性。

2 珠海市气候环境与变化

2.1 珠海市区位与气候

珠海市位于广东省南端珠江三角洲地区，珠江口伶仃洋海湾的西侧，南临南海，东与深圳、香港隔海相望，市区南部与澳门陆地相连。是粤港澳大湾区中珠江西岸核心城市。全市海陆总面积约 7653km^2，其中陆域面积 1687.8km^2，海域面积 5965.2km^2，是典型的沿海城市。海岸线（含海岛岸线）总长 700km，境内有大小岛屿 144 个。

根据珠海市统计局统计资料显示：珠海市地处北回归线以南，属南亚热带海洋性季风气候。降雨量较大，多年平均降水量 2271.6 mm 日最大降水量：430mm。受季风影响，每年四至九月份为雨季，同时也是台风季，降水日数占全年降水日数的 80%以上。主导风向为南和东南风（夏季），频率 13%。六级以上大风日数 35 天，属热带气旋、风暴多发地区，每年六至九月为盛行期，平均每年 5 次，瞬时最大风速 43m/s。年平均雷暴天数 39 天；潮波主要是太平洋潮波经巴士海峡和巴林塘海峡传入后，受地形、河川径流、气象因素的影响所形成，属河口潮汐，为不规则半日潮，年平均潮差为 1.1m，属弱潮河口。涨潮平均历时约为 5h30min，落潮平均历时约 7h。潮水位受台风影响较大，暴潮水位在 1.996m 以上，最高可达 3.366m。

2.2 珠海市主要气象灾害

根据珠海市气象局数据显示，影响珠海的主要灾害性天气有：热带气旋（台风）、暴雨、雷暴、雾和冷空气等。其中影响最为严重的气象灾害为台风及其带来的洪涝灾害。台风、热带气旋等风暴平均每年影响珠海 5 次，瞬时最大风速 43m/s。六级以上大风平均日数为 35 天，属热带气旋、风暴多发地区，每年六至九月为盛行期，称为“台风季”。自 1961 年珠海有气象资料以来，平均每年严重影响珠海的台风约有 1 到 2 个，大概每四年有一个台风登陆珠海。历史上直接登陆或擦肩而过的台风，均给珠海造成了严重影响。2017 年 8 月，接连在珠海当地及周边登陆的 13、14 号强热带风暴：“天鸽”，于 8 月 23 日 12 时在广东珠海金湾区登陆，登陆时中心最大风力 14 级；“帕卡”，于 27 日 9 时在广东台山市东南部沿海登陆，登陆时中心最大风力 12 级。珠海市在这两次台风灾害中，城市倒伏树木约达 40 万株[13]。珠海市的暴雨灾害多与台风相伴。部分靠海地区，如金鼎、三灶等地，当遇着海潮上涨时，雨水被海潮顶托，无法排出，极易内涝成灾。2017 年台风天鸽造成珠海市多处内涝，大片沿海居住区被淹，车库浸水、损失严重。

珠海市建设发展一直与风暴潮等气象灾害为伴，因此城市建设必须以气候适应型城市建设理论为指导，通过多专业配合及后期管理支持才能够应对全球越来越复杂的气候变化。

2.3 海天驿站与天鸽台风

海天驿站是珠海市香洲区城市绿道示范节点，面积约 2.8 万平方米，位于港湾大道与情侣中路交界处，区位关键，三面临海处于风口。场地原为一块临海石崖，因早年道路建设被削平，遗留一地乱石，后长满杂树。2010 年因绿道建设打造节点，以不征地、不砍树的理念铺设了一条穿行林间的绿道，并设置了驿站及停车场，成为广东省率先贯通的省立绿道节点。7 年后，驿站设施逐渐老化，香洲区启动了海天驿站全面升级改造的计划，2017 年 8 月 21 日刚刚进行施工。在 8 月 23 日台风“天鸽”及接踵而至的帕卡（8 月 29 日）的连续打击下，三面临海的海天驿站一片狼藉，树木损毁严重。至此，海天驿站重新调整设计思路，面向气候变化作出改造重建方案。

图 1 2010 年建成的海天驿站

图 2　2017 年台风“天鸽”、“帕卡”袭击过后的海天驿站

3　韧性景观改造案例：珠海市海天驿站

海天驿站处于珠海市主城区，情侣路—港湾大道一带九湾重要景观带，周边服务人群众多，区位关键；同时因三面临海，是台风影响高风险区。如何兼顾景观韧性与使用功能是该公园需要解决的问题。特别在经历台风天鸽后，公园场地各方面问题及矛盾突出，亟待解决。

3.1　改造方案理论支撑

台风“天鸽”后，珠海市积极开展灾后重建及相关理论研究，对于公园规划建设提出了相关指引要求，为海天驿站改造重建工作提供了理论依据。

根据《珠海市台风防御规划建设指引》《珠海市园林绿化（防灾）树种选择指引》：海天驿站在临海重要主干道路侧，公园三面临海，处于风口，是公园体系中防风工作的重中之重。在防灾指引中被划为高风险区，在园林绿化方面宜选择一级抗风乔木作为主要园林绿化乔木，不宜使用三级以下抗风乔木。绿化形式应采用透风的疏林草地，树种也根据珠海最新园林绿化防灾标准进行选择，选用具有树冠开张、木材材质坚硬、根系发达、树形过风等特征的一级抗风树种小叶榄仁、秋枫、海南椰子、大王椰子等。

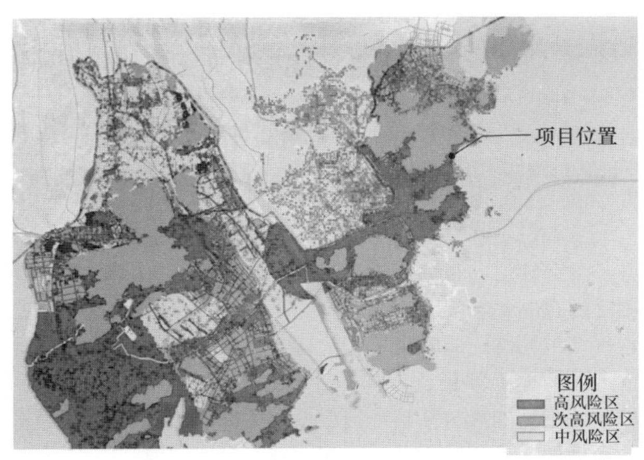

图 3 《珠海市台风防御规划建设指引》风险区划分图

《珠海市园林绿化（防灾）树种选择指引》　表 1
珠海市园林绿化常用植物抗风等级划分表

抗风等级	抗风植物	抗风表现
Ⅰ级（29 种）	秋枫、麻楝、香樟、小叶榄仁、大叶榄仁、锦叶榄仁、人面子、尖叶杜英、重阳木、木麻黄、朴树、幌伞枫、澳洲鸭脚木、铁冬青、海南椰子、大王椰子、狐尾椰、加拿利海枣、银海枣、假槟榔、酒瓶椰子、高干蒲葵、刺葵棕榈、落羽杉、池杉、荔枝树、龙眼、水石榕、福木	无受害或只出现部分小枝折断、少量植株轻微风斜（与地垂线夹角≤15°）或尾端风斜、灾后能自行恢复生长
Ⅱ级（32 种）	鸡蛋花、黄槿、大腹木棉、美丽异木棉、爪哇木棉、木棉、枫香、海南红豆、芒果、蒲葵、霸工棕榈、散尾葵、短穗鱼尾葵、老人葵、棕竹、二药槟榔、腊肠树、大叶山楝、银桦、海南蒲桃、蒲桃、洋蒲桃、白千层、扁桃、盾柱木、台湾相思、串钱柳、高山榕、印度橡胶榕、菩提树、大叶榕、小叶榕	出现一定量主干折断或少量风倒、风斜等现象，灾后须经人工进行修复
Ⅲ级（20 种）	凤凰木、宫粉紫荆、红花紫荆、羊蹄甲、黄槐、黄花风铃木、大花紫薇、火焰木、澳洲火焰木、铁刀木、鸡冠刺桐、萍婆、假萍婆、粉花山扁豆、石栗、竹柏、南洋杉、菜豆树、印度紫	常用景观树种，树冠适中，受灾较严重，但灾后能迅速恢复

3.2　韧性景观策略

根据相关理论依据，设计调整改造方案以适应最新气候变化。调整后的公园不仅具有韧性，能够适应场地滨海台风高风险的现状，还综合考虑公众使用功能与景观美学，设计很好地平衡了各方需求，成为一处非常受欢迎的场地。原有的书吧及绿道经过翻新得以保留下来，并增设了许多服务设施成为新的亮点。

图4　海天驿站方案平面图

图5　海天驿站航拍

3.2.1　硬景策略

前文提到，景观中硬景的韧性措施可归纳为：防水密封、洪水贯穿及抬升上浮[11]。本项目中主要应用的硬景措施包括洪水贯穿和抬升。其他非韧性措施包括结构加固和防冲刷措施。

洪水贯穿和抬升类韧性措施：海天驿站附近潮水位受台风影响较大，暴潮水位在1.996m以上，最高可达3.366m。$P=2\%$高潮位为2.90m，$P=5\%$高潮位为2.73m。而在台风极端天气下，滨海浪高可达五米及以上。综合以上考虑，临海栈道及建筑均采用桩基础向上抬升，沿海栈道人行部分标高4.4m，沿海服务建筑主要使用2层空间，标高为7.1m，首层标高3.05m，为可被洪水贯穿的柱网，同时也可作为遮荫构筑临时使用。

非韧性工程措施：建筑、栈道均为钢结构，多向支撑。所用基础为桩基础，抗震烈度7度；在海天驿站迎海面，增加挡墙及抛石设置防浪边坡，采取消浪和防护措施保护安全。

图 6　管理服务用房主要使用二层空间

图 7　滨海栈道及消浪抛石护岸

3.2.2　软景策略

场地原有的丰富的野生密林在天鸽台风中受损严重，乔木大量断肢、倾倒，原有生态平衡被打破，显然无法应对未来更多的气候变化。而随着周边地块的人口增加，居民需要更多的活动场地。原有的乔灌草三层生态群落已不适应最新的气候变化与周边居民的需求。因此，设计考虑使用新的植物配置方式来适应高风险的场地。

（1）疏林草地

根据《珠海市台风防御规划建设指引》《珠海市园林绿化（防灾）树种选择指引》，场地处于风口，应采用疏朗过风，不易造成风灾的植物配置方式。设计对灾后的乔木进行清理，保留树形较好，受损较轻的乔木，清理胸径过小的杂木及灌木，并对地形进行梳理后形成疏林草地。同时大草坪还可作为应急避难场所使用。

（2）树种选择

树种根据《珠海市园林绿化（防灾）树种选择指引》进行选择，选用具有树冠开张、木材材质坚硬、根系发达等特征的一级抗风树种小叶榄仁、秋枫、棕榈科植物等，而一级抗风树种中无开花乔木，因此开花树种选择二级抗风树种中的大腹木棉作为点缀。

图 8　2010 年的海天驿站与 2018 年的海天驿站对比

图 9　微地形草地上保留的原有相思树及新植秋枫、小叶榄仁

（3）加强支护

场地中胸径 15 以上的新植乔木均采取钢管支护，钢管支护相对以往的杉木支撑更加稳固，能够抵抗台风袭击。

3.3　公共策略：提升公园使用率

如果没有配套资金和民众的支持，那些维持城市和生态系统活力的功能性设计方案也将无法实施；反之，如果这些方案不能够提升开放空间的品质、促进环境公平和文化多样性，也很难得到民众支持。因此，韧性设计策略需要跳出功能或景观生态学的单一视角，将美学概念也纳入考量[14]。因此场地不仅考虑韧性，更需以小见大，因地制宜，最大程度提高公园使用率来满足周边居民的需求。针对公园使用面积不足、活动场地单一的情况，改造作出以下尝试：

（1）开发滨海空间，沿海岸线设计一条珠海最长滨海栈道、点缀观景木平台、广场，变化丰富，为游客提供优质滨海观景体验。游客可玩沙、在木平台上观景休憩、锻炼做操。

（2）释放绿地空间，设计为高尔夫球场级别微地形草地，细腻有品质有变化，可为游客进行野餐、放风筝、球类运动的场地。

图 10　新增滨海观景平台

图 11　新增景观亭及活动草坪

（3）完善服务配套，增加配套用房与洗手间、修复完善绿道，使用更为舒适便捷。同时对现有的驿站进行整修，使海天驿站的配套设施全面完善，更好地服务于市民。

重建后公园释放了比以前多两倍活动空间，同时增加了夜景照明，成为了一处 24h 的活力公园。建成开园后，晨起锻炼、午时出游，夜晚赏月散步的人群络绎不绝。

图 12　原有绿道修复

图 13　原有驿站修复改造为书吧

图 14　早中晚三个不同时段的活力公园

3.4　台风应急管理策略

目前海天驿站的管理工作由专业物业公司负责，除了日常园林养护及书吧的运营外，管理方还需负责场地遇到气象灾害的应急抢险工作。据介绍，台风前准备工作主要包括以下几项：

（1）排除危险源，园区枯枝进行修剪，易倒易吹物品清理，杂物和建筑围挡等清理加压加固。

（2）易倒新种苗木支撑全部安装加固。

（3）凉亭和管理用房屋顶加压，绳索平衡加固。房屋门窗封闭加固。

（4）排水沟，排水井盖加强清污疏通。

（5）管理用房门口，排水缺口加垒沙包，并准备应急沙包。

（6）物资转移，对房间物资进行转移，工具，作业车辆等转移到安排位置存放。

（7）园区关闭，出入口围蔽并摆放闭园告示牌。

（8）人员撤退前，关闭园区电闸和水阀。

台风过后的灾后恢复工作包括清理路障清出抢险通道，清理杂物，扶正树木，再根据《珠海市灾后道路绿化修剪指引》对断肢树木进行修剪整形、构筑物修补等。通过这一整套韧性管理方案，能够最小程度减小风暴潮对公园的影响。

4 结语

我国东南沿海每年遭受风暴潮气象灾害，特别是珠三角在近两年受灾严重，气候适应型城市建设工作亟待推进。海天驿站改造设计平衡了景观韧性与使用功能，主要从工程韧性及生态韧性两方面进行了尝试。重建后受到了社会各界的一致好评，并在次年的台风“山竹”的考验下表现良好。该案例为滨海韧性景观设计及管理提供了借鉴与参考。同时，由于目前所能收集参考的信息不够充足，韧性景观相关研究还不够深入，本项目也只是就目前所能收集到的资料进行整合设计，尚存在许多不足之处。韧性景观需要通过各个专业跨学科合作，通过景观设计学的牵头，通过包括地理学、水文学、水工结构、海洋气象学、建筑学、植物学等专业的通力合作，及不断的实践尝试及反馈，韧性景观才能在气候适应性城市建设中发挥更大作用。

图 15 天鸽过后及山竹过后的海天驿站对比

参考文献

[1] 张茜，顾福妹．基于城市恢复力的灾后重建规划研究．城乡治理与规划改革——2014 中国城市规划年会，2014：13.

[2] 朱华桂．论社区抗逆力的构成要素和指标体系[J]．南京大学学报：哲学·人文科学·社会科学版，2013，50（5）：68-74.

[3] Klein R J T，Nicholls R J，Thomalla F. Resilience to natural hazards：How useful is this concept? [J]. Environmental Hazards，2003，5(1)：35-45.

[4] Holling C S. Resilience and stability of ecological systems [J]. Annu. Rev. Ecol. Systemat，1973，4：1-23.

[5] Tyler S，Moench S. A framework for urban climate resilience[J]. Climate and Development，2012(4)：311-326.

[6] 郑艳．推动城市适应规划，构建韧性城市——发达国家的案例与启示[J]．世界环境，2013(6)：50-53.

[7] 王祥荣，谢玉静，徐艺扬等．气候变化与韧性城市发展对策研究 [J]. 上海城市规划．2016(1)：26-31.

[8] 郑艳等，基于适应性周期的韧性城市分类评价 ———以我国海绵城市与气候适应型城市试为例[J]．中国人口·资源与环境，2018，28(3).

[9] 城市适应气候变化行动方案．国家发展改革委，住房和城乡建设部，2016.

[10] 朱黎青，彭菲，高翅．气候变化适应性与韧性城市视角下的滨水绿地设计——以美国哈德逊市南湾公园设计研究为例[J]，风景园林生态，41-46.

[11] Department of Environmental Conservation. New York State Sea Level Rise Task Force：Report to the Legislature[EB/OL]. 2010-12-31[2016-12-03]. http：//www. dec. ny. gov/docs/administration _ pdf/ slrtffinalrep. pdf.

[12] Holling C S. Engineering resilience versus ecological resilience[C]//Schulze P C. Engineering within ecological constraints. Washington D. C.：National Academy Press，1996：31-43.

[13] 黄颂谊，陈峥，周圆．珠海市“天鸽”“帕卡”台风灾后行道树倒伏及复壮调研[J]．广东园林，2017(6)：91-95.

[14] 卡特琳娜·巴克，安琪·施托克曼．韧性设计：重新连接人和环境[J]．景观设计学，2018，6(4)，14-31.

作者简介

韩舒颖，1988 年生，女，汉族，北京人，硕士，毕业于北京大学，现就职于珠海市规划设计研究院园林分院，主任工程师。电子邮箱：545041314@qq. com。

三峡广场树阵景观空间布局对污染物的扩散影响实测研究

Study on the Influence of Tree Array Landscape Spatial Layout on Pollutant Diffusion in Sanxia Square

李亦晨　胡　纹

摘　要：树阵景观是城市街道中绿化生态与公共活动兼具的重要叠加空间。随着空气污染问题的加剧，城市街道中的绿化景观对于污染物扩散的影响逐渐成为学者们关注的重点之一。本文通过实地测量的研究方法，以重庆市三峡广场步行街为研究范围，对步行街中主要四类树阵空间中 $PM_{2.5}$ 的扩散能力进行比对分析，最终总结分析有利于吸附、阻拦 $PM_{2.5}$ 的和有利于 $PM_{2.5}$ 快速扩散的树阵空间布局特征，为三峡广场街道树阵景观的空间布局设计与树阵位置优化提供参考。

关键词：树阵景观；空间布局；$PM_{2.5}$；环境优化

Abstract: Tree array landscape is an important overlapping space of greening ecology and public activities in urban streets. With the aggravation of air pollution, the impact of greening landscape on pollutant diffusion in urban streets has gradually become one of the focuses of scholars. Based on the research methods of field survey and taking Chongqing Sanxia Square Pedestrian Street as the research area, this paper compares and analyses the influence of four main types of tree array space on the diffusion of $PM_{2.5}$ in pedestrian street, and finally concludes two kinds of tree array space layout modes which are beneficial to adsorption, blocking $PM_{2.5}$ and crowd activities, which are the spatial layout and tree array position of tree array landscape in Sanxia Square Street. The optimization provides a reference.

Keyword: Tree Array Landscape; Spatial Layout; $PM_{2.5}$; Environmental Optimization

1.1　树阵景观的概念

树阵景观作为城市常见的绿化景观，是通过利用多个乔木植被，以特定的网格化种植方式所形成的较为独立的空间形式[1]。树阵景观不仅能够增加湿度，减少局部区域的热辐射，同时也有利于美好城市形象的营造，具有良好的环境生态价值与美学价值。在城市重要的公共街道中，树阵景观因为具有完整的视线与环境的遮蔽性，往往能够与座椅等休闲设施结合，为周边市民提供相对独立的休憩、交流与活动的场地，是城市中重要的公共空间[2,3]。

1.2　树阵景观对污染物扩散影响的相关研究综述

近几年由于人们对生活环境品质的不断重视，对于植物与空气质量的相关性的研究也逐渐增多。一些研究发现城市街道中的乔木景观对街谷气流强度具有一定的阻挡和减弱作用，能够进一步影响空气污染浓度的空间分布[4-6]。在高度方面，高度较小的乔木能够减轻人行空间的污染物浓度[5,8]；在形态方面，景观乔木体积越大、冠层越密会进一步增强对风的消减从而加重污染[5,7,10,11]；在位置方面，位于街道中部的乔木相比位于街道两侧的乔木更容易改善该区域的空气污染状况[5,7,9]；在具体研究方法上，主要通过外场观测法、物理模拟法和 CFD 模拟法三种方式来进行相关研究（见表 1）。国外对于外场观测、物理模拟与 CFD 模拟的方法利用与研究已日趋丰富和完善，但对于国内的相关研究领域而言，已有部分学者对外场观测和物理模拟等方法进行研究[9,12,13]，但仍需要进一步完善。

城市风环境研究方法归纳（表格来源：作者自绘）　表 1

研究方法	研究阶段	优势	劣势
实地测试	1930 年代起，不连续	测量简便，准确收集一手资料	测试环境难以控制，长期数据观测较难
物理模拟	1960 年代起，不连续	相比于前者更加便于实际操作	成本昂贵
计算机数值模拟	1990 年代至今，较为连续	成本低，计算结果直观详细	大尺度模拟相对复杂

乔木的空间形态对于环境中污染物的扩散起到了重要的影响作用，已有的大多数研究成果却缺少对实地环境测量数据的支持与结合，对于研究对象上也较少涉及树阵景观的整体空间布局对污染物扩散的影响。事实上，在城市公共空间中，以多个乔木所组成的树阵空间相比行列式或点式的树阵布置形式来说，更容易吸引人群停留与活动。但植被对污染物具有一定的拦截作用，其整齐紧密的空间形态特征可能会促使该区域污染物的进一步累积，从而对在树阵景观中活动人群造成一定的健康隐患。树阵景观的空间形态设计应考虑到其空间布局对空气环境的影响，为城市居民的活动、交往创造良好的环境。本文以此为出发点，通过对重庆市三峡广场中具有不同空间布局特征的树阵进行实测研究，探究树阵景观布局与空气污染物分布的相关规律。

2　研究对象与研究方法

2.1　污染物参照选择

目前 $PM_{2.5}$ 逐渐成为衡量空气污染的重要指标，相对

于 PM_{10}，$PM_{2.5}$粒径更小，易进入呼吸道深部引发呼吸道损伤，进而诱发或加重多种疾病，且儿童和老年人对 $PM_{2.5}$污染更加敏感。同时，由于 $PM_{2.5}$粒径小，能够较长时间悬浮于空气中且远距离输送，受到气流环境的影响显著，树阵景观的布局形式可能会阻碍空气流动，减弱风速，从而促进 $PM_{2.5}$浓度的进一步累积。因此本研究以环境范围内 $PM_{2.5}$的浓度作为评价污染物分布情况的重要指标。

2.2 树阵景观空间的选取

2.2.1 研究地概况

三峡广场步行街位于重庆市沙坪坝区。重庆市属亚热带季风性湿润气候，年均风速较低，为 1～2 级强度，常年风向为西北向，城区内部由于地形较为复杂，无明显的主导风向。沙坪坝区作为重庆市重要的城区，人口密集，建筑密度较大，空气污染情况较为严重。

2.2.2 测量树阵的选择

三峡广场的步行空间整体呈现十字形的空间结构，北侧街道尺度较小（街道 22m 宽，两侧建筑 5～6 层高），东西侧横向步行街道尺度较大（街道 44m 宽，两侧建筑 33 层高左右），有多个树阵景观布置在步行街道上，其空间的布局方式主要有四种，首先在小尺度街道中，有以冠径小，枝下矮的乔木双排中心布置，和以冠径大，枝下高的乔木单排中心布置两种形式；其次在大尺度街道中，则是以四排冠径小、枝下矮的乔木分散均匀布置，和以四排冠径大、枝下高的乔木沿街道两侧集中紧密布置两种形式。为了保证测量数据的可靠与真实性，研究对象选择相类似的位置与街道空间形态，而空间布局方式不同的两组树阵景观：A1、A2 与 B1、B2（详见图 1）分别进行对比测量。

对照组	整体方位	所在街道空间特征	编号	主要树种类型	冠径长度	枝下高度	叶冠密度	空间布局形式	所处街道位置
第一组	三峡广场北侧	街道22m宽，两侧建筑5-6层高	A1	桂花树	4-4.5米	2-1.8米	较密	双排集中布置	街道中间
			A2	小叶榕	8-12米	3-3米	一般	单排线性布置	街道中间
第二组	三峡广场南侧	街道44m宽，两侧建筑33层高	B1	小叶榕	8-12米	3-3米	一般	四排集中布置	街道两侧
			B2	桂花树	4-4.5米	2-1.8米	较密	四排分散布置	均匀分布

图 1 研究树阵区域特征与具体位置

2.3 研究方法

2.3.1 实测点位分布

两组树阵景观空间因其形态空间布局不同，在人群活动上有着一定的差异，第一组A1、A2树阵景观在街道中部营造了较为独立完整的空间，吸引大部分人群进行停留、休憩，街道两侧为人流的主要通行空间；而第二组则恰好相反，B1、B2的树阵景观都在街道中间提供了空间供人群穿行，相关的休憩和交流等静态活动大多集中在街道两侧区域。根据$PM_{2.5}$对人体的作用机制来看，长时间停留在$PM_{2.5}$浓度较高的区域会造成较大的健康风险[14,15]。因此本次实测点位重点考虑休憩、交流等需要长时间停留的静态活动区域，在两组树阵景观内针对性地设置点位，来测量风向、风速与污染物$PM_{2.5}$浓度的变化情况（图2）。

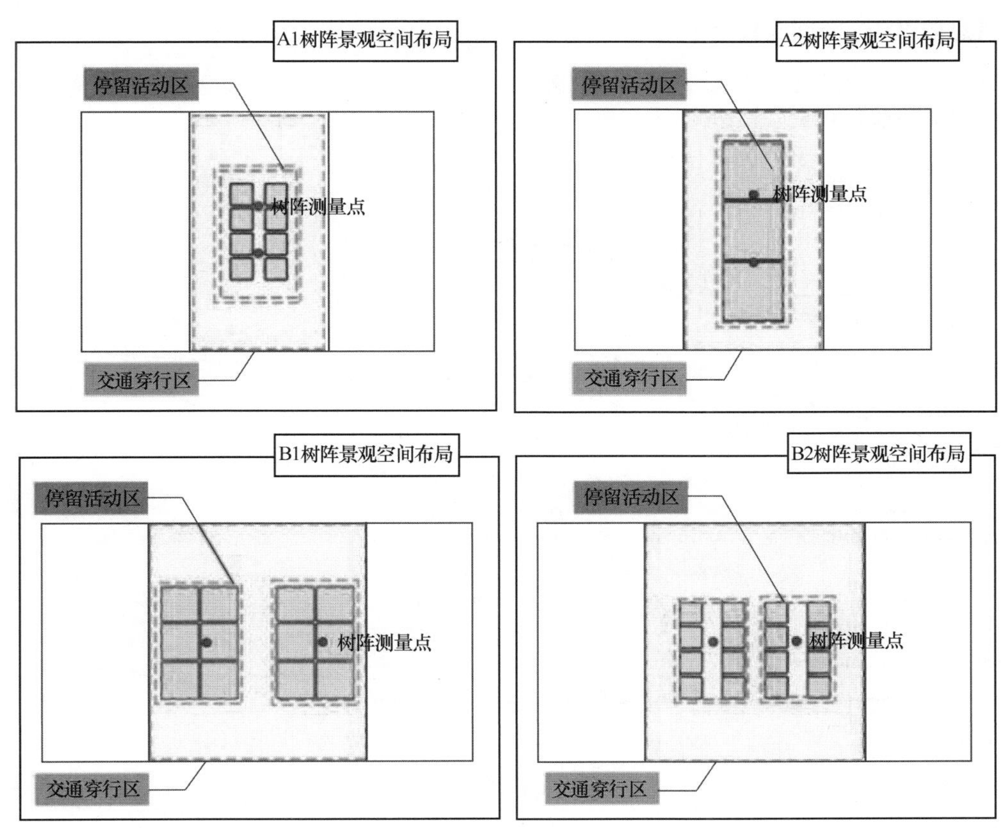

图2　树阵所在街道空间特点与测量点位分布

2.3.2 实测计划安排

为保证实测数据结果的完整与规律性，本研究选择冬季2018年12月11日（星期二）、2018年12月14日（星期五）、2018年12月14（星期日）在三峡广场从早8：00到晚上20：00进行12h的集中测量，每隔20min在每个树阵下的两个测量点记录$PM_{2.5}$浓度与风速平均值，作为一组数据，每个树阵三日各需记录108组数据。本次实测采用博朗通SMART-126S $PM_{2.5}$检测仪检测$PM_{2.5}$的浓度变化，风速的监测选择泰仕TES-1341手持热线式风速仪来采集风速风向的变化情况。在高度上，考虑人群的平均呼吸高度，将测量仪器统一设置在1.5m处。三日三峡广场的总体气象数据见表2。

三日三峡广场总体气象环境（资料来源：重庆市环境监测中心数据与研究团队实测数据）　表2

测试时间	天气	温度	太阳辐射	平均湿度	大气压	风力风向	重庆空气质量等级	沙坪坝刘家院监测站$PM_{2.5}$日平均浓度
12月11日（星期二）	阴/阴	10℃/7℃	弱	80%	1000hpa	无持续风向1～2级	良	65μg/m³
12月14日（星期五）	阴/阴	11℃/8℃	最弱	76%	998hpa	无持续风向1～2级	轻度污染	86μg/m³
12月16日（星期日）	多云/晴	12℃/5℃	弱	54%	996hpa	无持续风向1～2级	轻度污染	118μg/m³

可以发现，三天沙坪坝的平均浓度呈梯度上升的状态，12 月 11 日的空气质量尚好，14 日与 16 日的空气质量较差，其他气候条件相差较小，有助于发现不同空气质量背景下的树阵空间布局与 $PM_{2.5}$ 扩散的关联性。

3 数据分析

3.1 树阵景观总体 $PM_{2.5}$时间变化分析

通过参考靠近三峡广场的刘家院 $PM_{2.5}$ 监测站的数据（数据来源：重庆市环境监测中心实时数据），对三峡广场四个主要树阵景观空间 A1、A2、B1、B2 的当日 $PM_{2.5}$ 浓度的时间分布情况进行分析比对（图 3）。整体来说，四个树阵空间的 $PM_{2.5}$ 浓度水平始终高于监测站的实时数据，同时四个树阵空间的 $PM_{2.5}$ 浓度三日均在中午 13 点左右达到峰值，但监测站的 $PM_{2.5}$ 浓度峰值却无明显规律。测量日期 11 日、14 日以及 16 日的背景浓度值成升高的态势，当日的总体 $PM_{2.5}$ 浓度值偏小时（12 月 11 日），四个树阵之间的 $PM_{2.5}$ 浓度差值变化不大，但随着背景浓度的上升（12 月 14 日、16 日），A1 树阵则始终能够保持较低的 $PM_{2.5}$ 浓度水平；在高浓度情况下（12 月 16 日）四个树阵之间的 $PM_{2.5}$ 浓度差值较为明显，A1、A2 的污染程度小于 B1、B2。

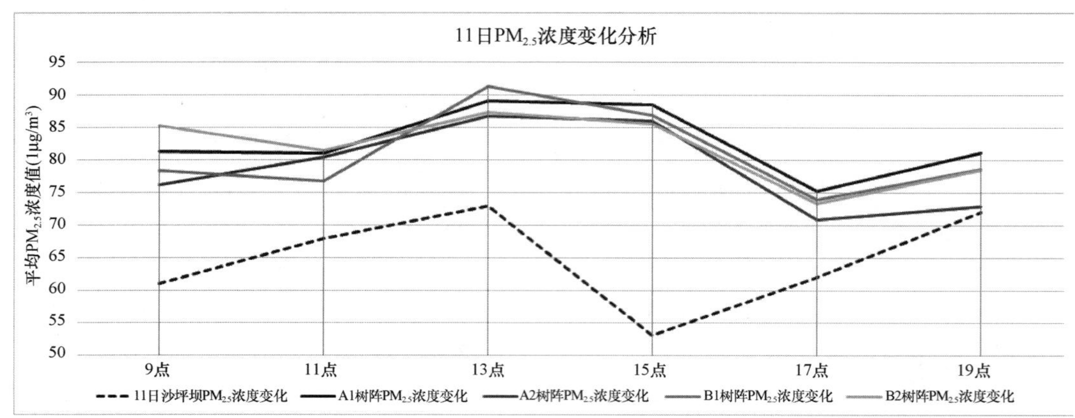

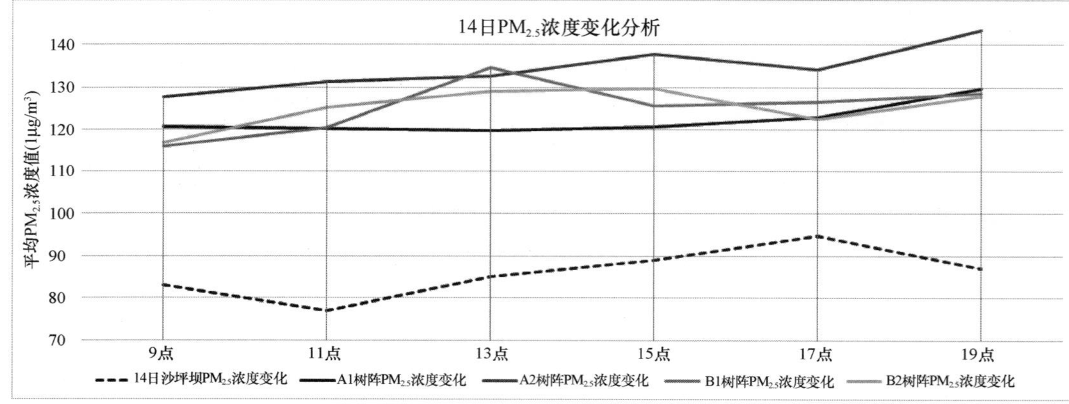

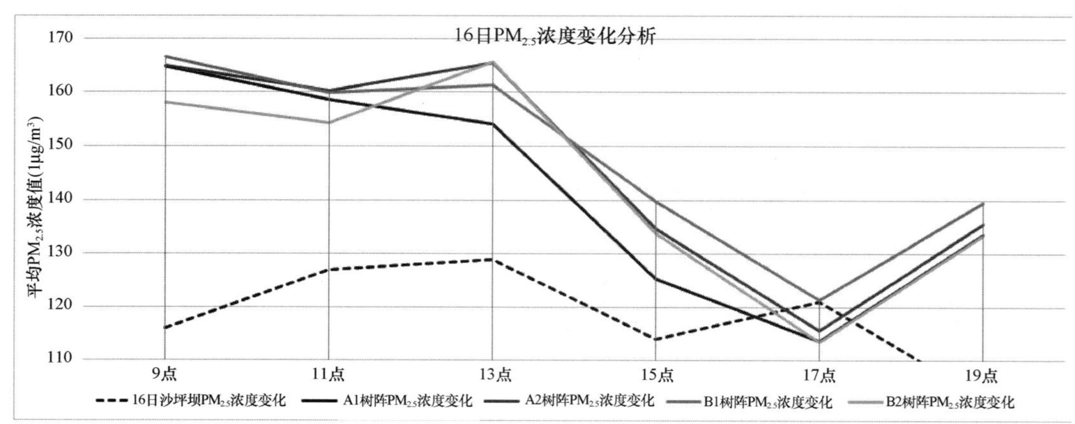

图 3 树阵景观总体 $PM_{2.5}$ 时间变化分析图

（图片来源：重庆市环境监测中心实时数据与作者团队实测数据）

3.2 树阵景观 $PM_{2.5}$浓度水平分布情况

为了方便进一步对比，结合世界卫生组织（WHO）所制定的《空气质量准则》，将每个树阵景观空间三日 108 组测量数据以 35～115μg/m³（良及轻度污染）为低污染浓度，以 115～250μg/m³（中度污染及重度污染）为高污染浓度进行划分比对。根据比对结果可以看出其中 A2、B2 的污染情况较差，高污染浓度的时间占比较大，分别出现了 70 次与 69 次。而 A1 与 A2 的总体空气质量较好，低污染浓度的出现次数有所提升，分别为 53 次与 48 次（图 4）。

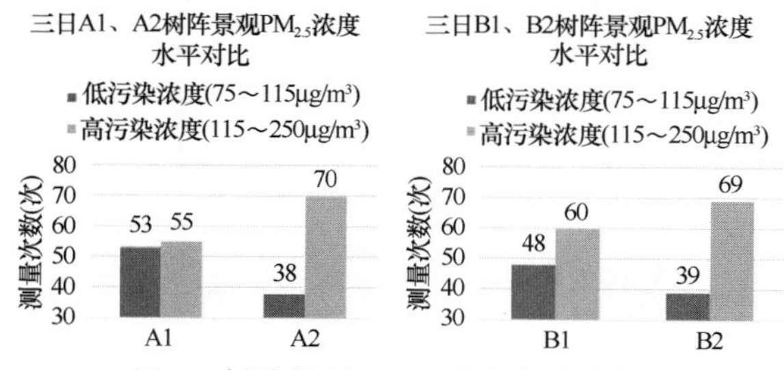

图 4　树阵景观 $PM_{2.5}$浓度水平分布图
（图片来源：作者团队实测数据）

3.3 树阵景观对 $PM_{2.5}$浓度的积累效应分析

$PM_{2.5}$主要靠气流进行扩散和转移，树阵景观由于具有较大的形体尺度特征，同时也有较为密集的叶冠层，能够将以 $PM_{2.5}$为主的污染物进行吸收和拦截，但会容易导致树阵空间污染浓度的提升。需要对四个树阵景观的测量点位数据进行分析从而判断树阵的空间布局是否会导致该区域 $PM_{2.5}$的累积。如果风速与 $PM_{2.5}$浓度呈现一定的负相关性，说明通过的风速越大，能够促进污染物会快速的转移与稀释，不会进一步积累；若风速与 $PM_{2.5}$浓度呈现一定的正相关性，则说明随气流吹来的 $PM_{2.5}$受到拦截以及树阵的二次扬尘导致该区域产生一定的 $PM_{2.5}$积累效应，会让污染物在区域内部循环积累，无法及时得到转移。通过对比三日两组树阵的风速与污染物的相互关联性（x 轴风速，y 轴 $PM_{2.5}$浓度值）趋势，可以看出一定的规律。首先，A1 树阵在 12.14 日呈现出明显的负相关趋势外，另外两日的风速与 $PM_{2.5}$的关联性较不显著，A2 树阵风速与 $PM_{2.5}$的相关趋势则在 12 月 14 日和 12 月 16 日呈现出较为明显的正相关性，在低污染的 12 月 11 日则无明显特征（图 5）。

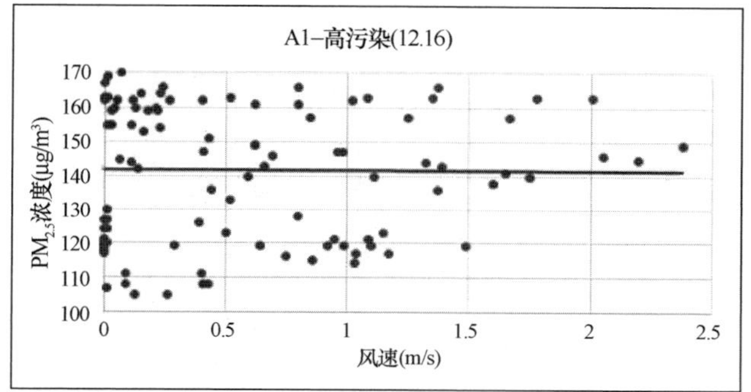
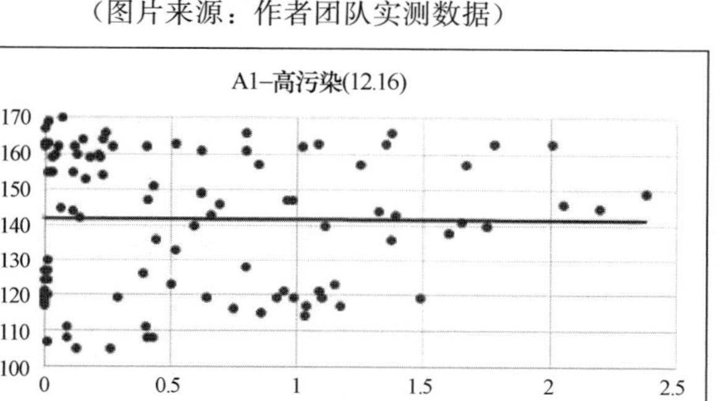

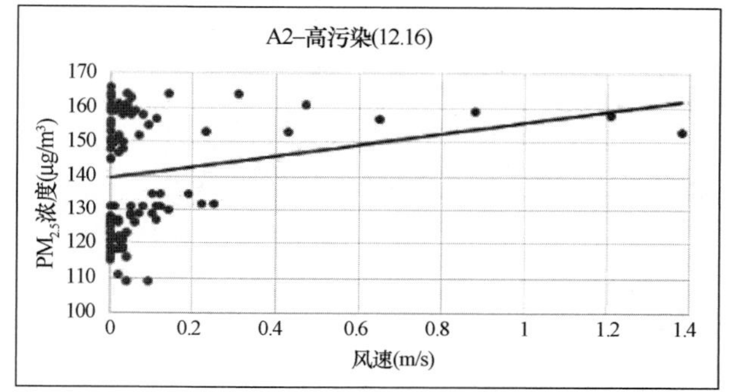

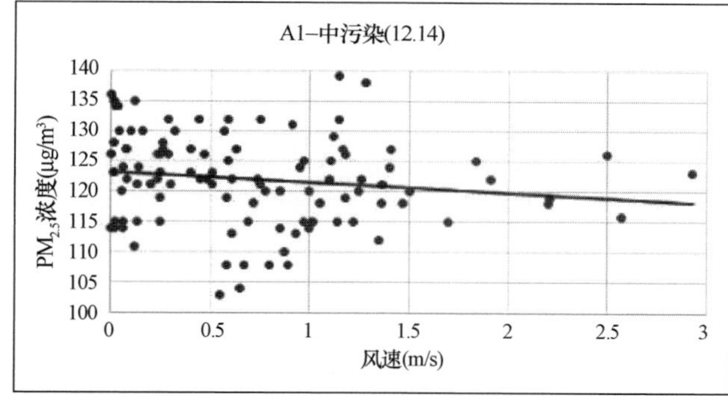

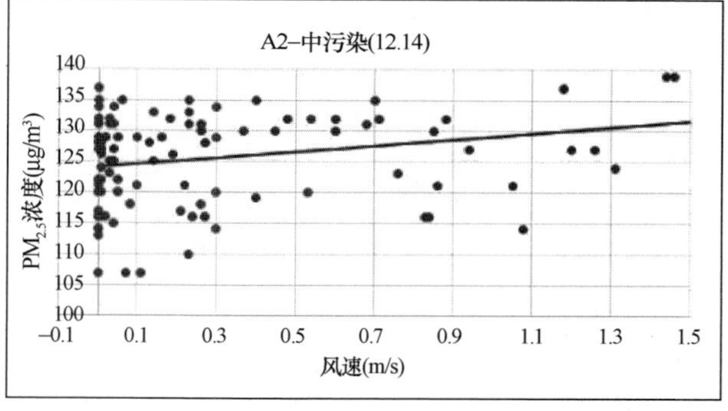

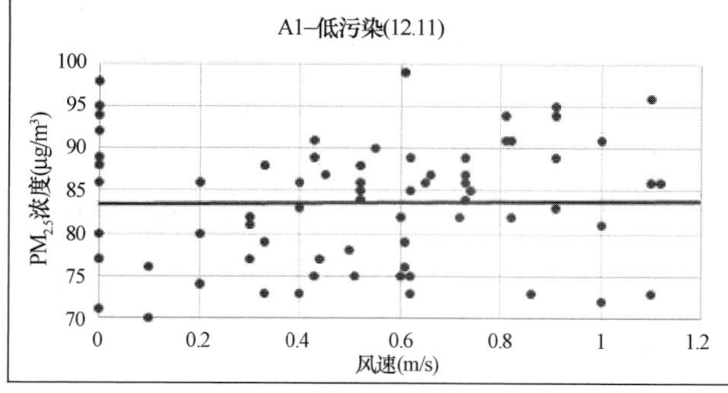

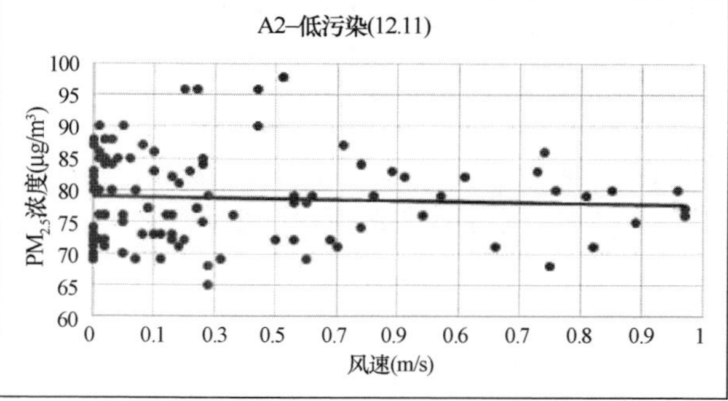

图 5　A1 与 A2 区域三日监测数据 $PM_{2.5}$浓度水平（μg/m³）与风速（m/s）的相关性分析
（图片来源：作者根据团队测量结果绘制）

其次，B1 树阵景观在 $PM_{2.5}$ 总体浓度水平较低的测量日（12 月 11 日与 12 月 14 日），其风速与 $PM_{2.5}$ 的浓度水平关联性均呈现出良好的负相关性，在 $PM_{2.5}$ 总体浓度水平较高的测量日（12 月 16 日）则缺乏明显相关性。B2 树阵景观则在 12 月 16 日（高污染水平）以及 12 月 11 日（低污染水平）所监测到的风速与 $PM_{2.5}$ 浓度水平的呈现明显的正相关性，在 12 月 14 日（中污染水平）则无明显特征（图 6）。

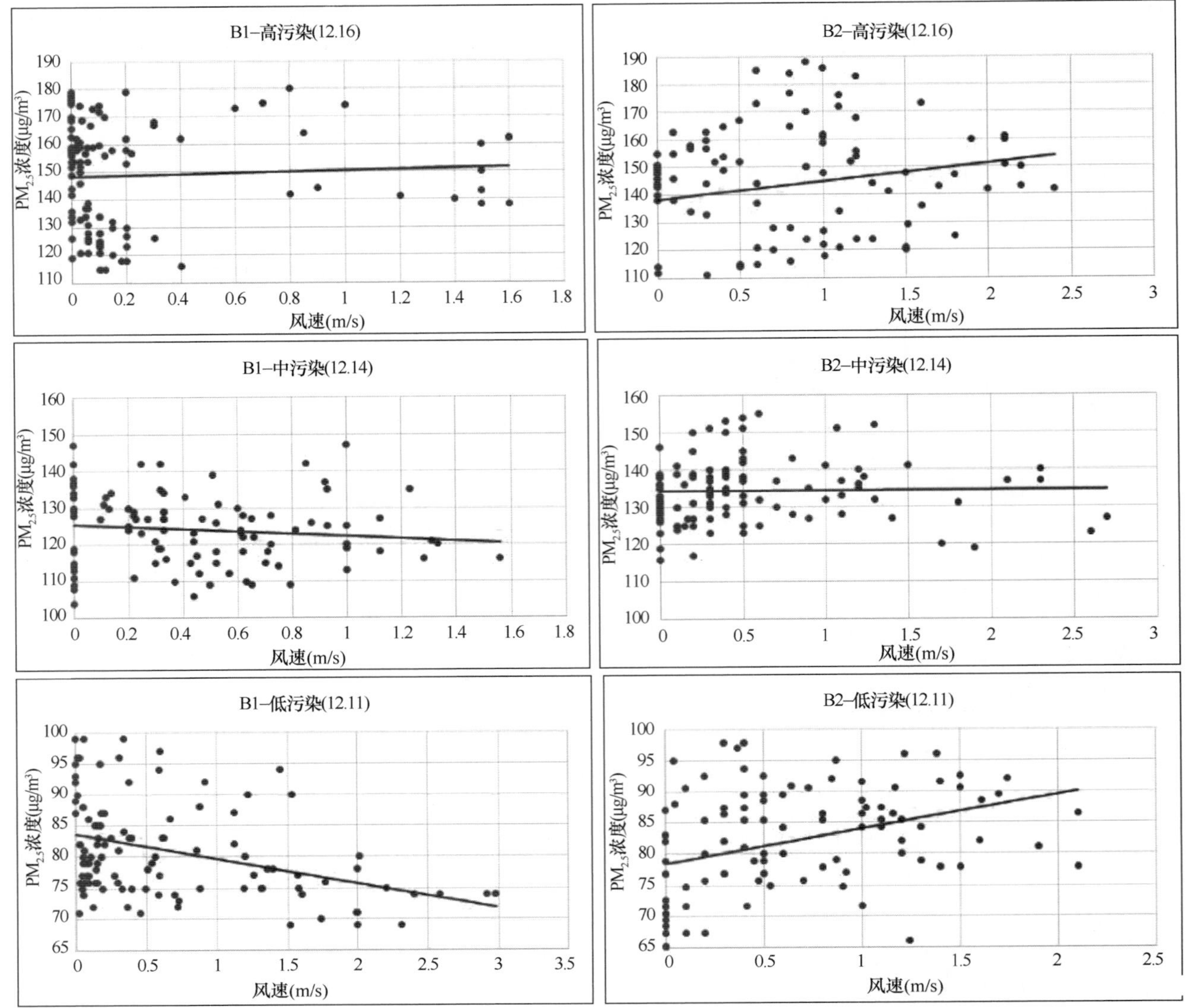

图 6　B1 与 B2 区域三日监测数据 $PM_{2.5}$ 浓度水平（$\mu g/m^3$）与风速（m/s）的相关性分析

（图片来源：作者根据团队测量结果绘制）

通过以上对比可以发现，虽然有部分测量日的数据无法体现明显趋势特征，但每个树阵空间的 $PM_{2.5}$ 浓度水平与风速的关联性趋势总体上存在一致性，A1 与 B1 树阵景观总体上并没有出现 $PM_{2.5}$ 的大量积累现象，其空间布局可以有助于 $PM_{2.5}$ 的快速扩散；而 A2 与 B2 树阵景观在浓度较高的环境下，其 $PM_{2.5}$ 与风速的相关性容易出现正向趋势，呈现出 $PM_{2.5}$ 浓度水平进一步积累增加的现象，其空间布局可能较不易促使 $PM_{2.5}$ 进行扩散。

4　结论

4.1　树阵空间普遍存在 $PM_{2.5}$ 浓度较高的现象

4 个树阵空间三日的 $PM_{2.5}$ 浓度值基本都高于监测站所检测到该环境整体的空气质量情况，说明小规模的绿化景观无法发挥明显的 $PM_{2.5}$ 吸收与沉降作用，其空间形态对气流的干扰与阻碍可能会促使该区域 $PM_{2.5}$ 浓度的部分提升。同时，在低浓度背景下，不同树阵的空间布局对 $PM_{2.5}$ 的分布影响较小，随着 $PM_{2.5}$ 整体浓度的提升，树阵之间的浓度差异逐渐增大。

4.2　不同的树阵布局方式污染物浓度分布呈现差异

在大尺度街道中，B1 相比 B2 更少出现高浓度 $PM_{2.5}$ 的情况，而在小尺度街道中，A1 也同样在 $PM_{2.5}$ 的浓度分布上更优异于 A2。在 4 个树阵空间中，A1 树阵出现高 $PM_{2.5}$ 浓度的次数最少，也侧面说明了尺度小，集中分布的树阵空间在街道中心布局的方式更有利于其内部空间空气环境的良好营造，与相关风洞试验和模拟运算的研究成果具有一致性[5,7,9]，适合作为人群活动与停留休憩的主要树阵空间。

4.3 树阵布局会对该区域风速与 $PM_{2.5}$ 浓度的相关性产生影响

在不同尺度的街道中，树阵空间布局的差异也能够影响到区域风速与 $PM_{2.5}$ 浓度的相关性，从而体现树阵空间对 $PM_{2.5}$ 的吸附与拦截效用的不同。通过对比发现，A2（在小尺度街道中，树阵尺度大、沿街道方向线性排列布局形式）与 B2（在大尺度的街道空间中，树阵尺度小、均匀且分散的布局形式）更易吸附和积累 $PM_{2.5}$；而 A1（小尺度街道中，树阵尺度小、位于街道中间集中式布局）与 B1（大尺度街道中，树阵尺度大、位于街道两侧的布局形式）对 $PM_{2.5}$ 的积累效应较弱。其中，A1 的布局形式始终能够保持较低的 $PM_{2.5}$ 浓度水平。

5 优化建议

对于完整的商业步行街空间来说，其空气环境营造的重点应注重内部空间通透的同时防止外部车行道所产生的空气污染向商业街内扩散。参考三峡广场现有的四种树阵布局特征与 $PM_{2.5}$ 扩散的影响关系，在商业街外侧可利用线性的 A2 布局方式，在步行街入口处可采取均匀分布的 B2 树阵布局方式，发挥这两种树阵景观布局的绿色屏障作用，来吸收外部 $PM_{2.5}$，削弱其向步行街内部扩散的趋势，弱化该树阵区域人群停留和活动的功能；在商业街内部则尽量采取 A1 小尺度或 B1 集中式的树阵景观空间来提供人群停留，进行各类休闲与娱乐活动，从而构建较为合理健康的树阵景观系统，进一步改善三峡广场商业街的空气质量。

参考文献

[1] 尹豪，傅玉．自然式种植设计的模数化途径研究[J]．中国园林，2017，33(9)：83-87.

[2] 汤朝君，曾惜，赵宏波．杭州树阵景观及其对夏季环境因子的影响[J]．中国城市林业，2019，17(02)：1-5.

[3] 刘滨谊，张德顺，张琳，等．上海城市开敞空间小气候适应性设计基础调查研究[J]．中国园林，2014，30(12)：17-22.

[4] VOS P E，MAIHEU B，VANKERKOM J，et al. Improving local airquality in cities：To tree or not to tree? [J]. Environmental pollution，2013，183：113-122.

[5] GROMKE C，JAMARKATTEL N，RUCK B. Influence of roadside hedgerows on air quality in urban street canyons[J]. Atmospheric Environment，2016，139：75-86.

[6] TONG Z M，WHITLOW T H，MACAE P F，et al. Quantifying the effect of vegetation on near-road air quality using brief campaigns[J]. Environmental pollution，2015，201：141-149.

[7] MORAKINYO T E，LAM Y F. Study of traffic-related pollutant removal from street canyon with trees：Dispersion and deposition perspective[J]. Environmental science and pollution research international，2016，23(21)：21652-21668.

[8] LI X B，LU Q C，LU S J，et al. The impacts of roadside vegetation barriers on the dispersion of gaseous traffic pollution in urban street canyons[J]. Urban Forestry & Urban Greening，2016，17：80-91.

[9] 周姝雯，唐荣莉，张育新，等．街道峡谷绿化带设置对空气流场及污染分布的影响模拟研究[J]．生态学报，2018，38(17)：6348-6357.

[10] GROMKE C，BLOCKEN B. Influence of avenue-trees on air quality at the urban neighborhood scale. Part II：Traffic pollutant concentrations at pedestrian level[J]. Environmental pollution，2015，196：176-184.

[11] JIN S，GUO J，WHEELERS，et al. Evaluation of impacts of trees on $PM_{2.5}$ dispersion in urban streets[J]. Atmospheric Environment，2014，99：277-287.

[12] 陈俊刚，毕华兴，许华森，等．北京市道路防护林带内外 $PM_{2.5}$ 质量浓度特征及与气象要素的相关性[J]．中国水土保持科学，2014，12(03)：1-8.

[13] 洪波，王娅楠．基于实测与数值模拟的景观绿化对大气 $PM_{2.5}$ 浓度影响研究[J]．动感(生态城市与绿色建筑)，2017(02)：30-35.

[14] 刘倩楠．我国成人户外体力活动与 $PM_{2.5}$ 的相关性研究[J]．中国循环杂志，2018，33(10)：70-74.

[15] 郭胜利，王希，黄军．基于时间-活动模式下各类微环境中人体 $PM_{2.5}$ 暴露评价研究进展[J]．科学技术与工程，2014，14(27).

作者简介

李亦晨，1993 年生，男，汉族，山东嘉祥，本科，重庆大学，研究生在读。研究方向为城市设计。电子邮箱：1527741610@qq.com。

胡纹，1957 年生，男，汉族，浙江宁波，硕士，重庆大学，教授。研究方向为城市设计。电子邮箱：443915177@qq.com。

上海工业园区绿地系统的规划实施评估研究①

Study on the Industrial Parks' Green Space System Planning and Implementation in Shanghai

王　茜　卫丽亚

摘　要：工业园区是城市功能区的重要组成，其绿地系统的规划实施关系到城市生态环境质量。从上世纪90年代初上海工业园区的发展经历了大发展时期、郊区化时期、向园区集中时期以及产业转型时期。但在绿地系统的规划与具体现实的角力中，存在规划实施差异大、绿地布局缺乏系统性、生态作用未充分发挥等问题。究其原因，主要是因为绿地规划滞后、绿地分类与指标不明确、缺少差异化的绿地评估标准和动态弹性的管理机制。建议在规划层面推进规划编制与实施评估；在政策层面建立绿化实施信用评价与惩罚机制；在管理层面建立动态平衡的管理机制，并明确监管重点。

关键词：工业园区；绿地系统；规划实施；104工业园区

Abstract: Industrial Parks are the important parts of urban functional areas. The planning and implementation of Industrial Parks' green space system is related to the quality of urban ecological environment. From the early 1990s, the development of Shanghai Industrial Park experienced a period of great development, suburbanization, concentration and industrial transformation. However, in the contest between the planning of the green space system and the specific reality, there are many problems, such as the great difference in the implementation of the planning, the lack of systematization of the green space layout, and the inadequate exertion of the ecological role. The main reasons are that the lag of green space planning, the unclear classification and indicators of green space, the lack of differentiated green space evaluation criteria and dynamic flexible management mechanism. It is suggested that the green space system planning and implementation, credit evaluation and punishment mechanism, dynamic and balanced management mechanism and the focus of supervision should be clearly defined.

Keyword: Industrial Parks; Green Space System; Planning and Implementation; 104 Industrial Parks

1　发展演进

上海工业园区的发展历程，基本可分为改革开放前与改革开放后的发展阶段。改革开放前，没有严格意义上的工业园区，以彭浦工业区、闵行工业区、桃浦工业区等8个工业区为主。大量工业区的迅速发展则发生在改革开放后。本文重点阐述上海工业园区从20世纪90年代初至今的发展历程，主要经历了四个发展阶段（图1）。

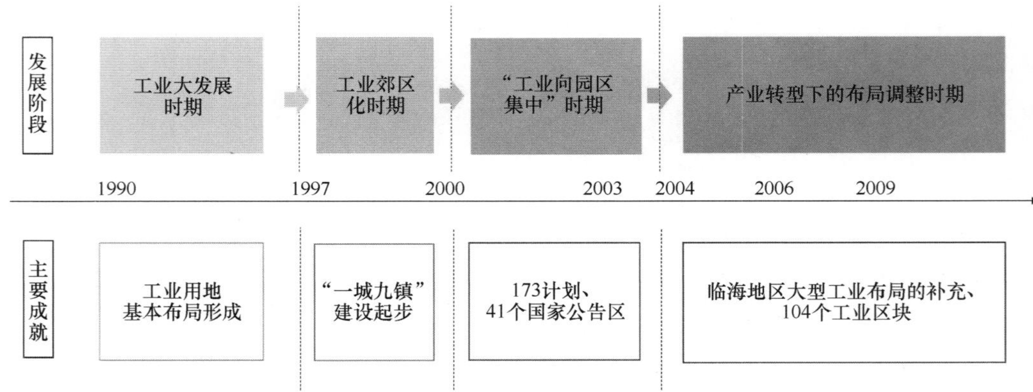

图1　上海工业园区发展历程与主要成就
（图片来源：作者自绘）

① 基金项目：本文基于上海市绿化和市容管理局的课题研究《本市工业园区绿化系统规划实施评估》。

1.1 大发展时期（1990～1997年）：基本布局形成

继20世纪90年代初浦东开发开放之后，上海工业总产值实现突破性飞跃的同时，二产“重型化”的趋势日渐明显。在这个过程中，工业用地的格局也发生了巨大的变化，先后启动了国家级工业区、“九大郊区工业园区”，并出现了200多个各类乡镇和村级工业园区[1]。上海工业用地高速扩张，现代工业园区的基本布局形成阶段。

1.2 郊区化时期（1997～2000年）：“一城九镇”工业郊区化

20世纪90年代末至21世纪初，上海工业郊区化进程加快。上海市总体规划获批后，“一城九镇”建设起步，产业郊区化成为郊区化进程最重要的推动力。

1.3 向园区集中时期（2000～2004年）：零散分布走向集中优化

2004年，上海提出了“三个集中”，明确郊区的工业发展向园区集中的规划导向。从此，“工业向园区集中”成为上海工业布局发展的大方向，其空间布局开始从零散分布逐步转向集中优化。“工业向园区集中”有利于土地的集约使用、企业的集聚效应和污染的集中整治[2]。

1.4 产业转型时期（2004年至今）：布局调整，确定“104工业区块”

上海工业用地的转型以集约化、精细化发展代替弥散式、粗放式发展。工业区块作为新的工业用地管理模式应运而生。上海市在2009年开展了“两规合一”工作，在国家公告园区涵盖的49个区块基础上，结合老工业基地和新增重点工业基地，以及实际存在的城镇工业地块进行整合，规划共形成工业区块104个，也称“104工业区块”[3]。

2 规划实施评估

到2017年，上海104个工业园区规划总面积为77817.85hm^2，其中规划绿地总面积为9232.89hm^2，占规划用地总面积的11.86%。参照《城市用地分类与规划建设用地标准》中绿地占建设用地的比例10%～15%，上海工业园区规划绿地的总量基本良好。已实施的绿地面积约2825.2hm^2，占规划绿地面积比例为30.6%，总体绿化覆盖率20.82%，反映出工业园区规划绿地在实施方面存在不足。

本文以上海104个工业园区为研究对象（图2），从布局、功能、实施等角度对工业园区绿地系统进行评估。评估显示，在上海工业园区规划绿地总量良好但实施进展滞后，存在各区规划实施差异大、绿地布局缺乏系统性、生态功能未充分发挥等问题[4]。

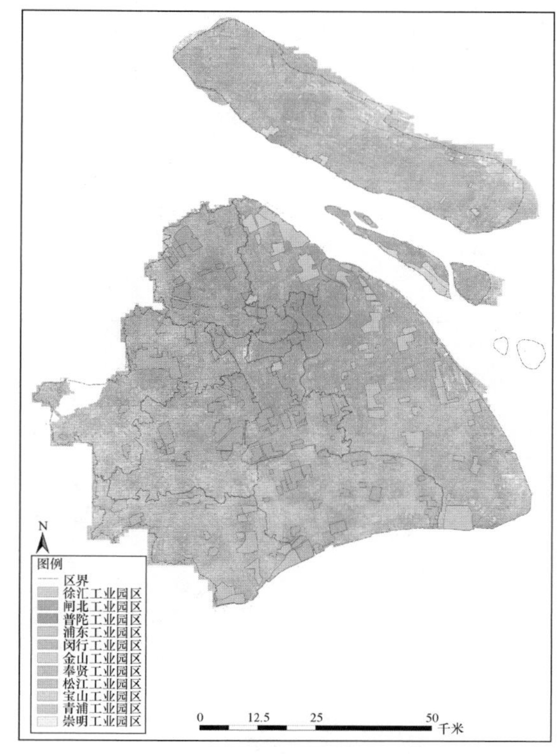

图2 上海104个工业园区的分布图
（图片来源：根据课题数据作者自绘）

2.1 各区规划实施差异大

上海104个工业园区的规划绿地在各行政区范围内显示出规划实施差异大的问题（表1），具体分为两个方面：①在规划方面，普陀区（27.83%）、青浦区（26.76%）和闵行区（16.38%）的工业园区规划绿地占比相对较高，规划绿地的占比较低（小于10%）的工业园区位于松江区（5.62%）、奉贤区（6.71%）、崇明区（6.73%）、金山区（7.59%）和嘉定区（9.64%），其他行政区基本在10%～15%的标准值之间。②在实施方面，闵行区、宝山区和徐汇区工业园区的已实施的绿地面积占规划绿地的比例均超过50%，其他区已建量基本在30%以下，静安区的工业园区（位于原闸北区）规划绿地的实施量最少，仅为7.16%。

上海104个工业园区规划绿地及实施的数据统计表 表1

工业园区	工业园区规划面积（hm^2）	规划绿地		已实施绿地		
		面积（hm^2）	占园区面积的比例（%）	面积（hm^2）	占园区面积的比例（%）	绿化覆盖率（%）
浦东新区	16804.06	1950.44	11.61%	420.23	21.55%	12.19%
闵行	7467.3	1222.8	16.38%	628.98	51.44%	18.60%

续表

工业园区	工业园区规划面积（hm^2）	规划绿地		已实施绿地		
		面积（hm^2）	占园区面积的比例（%）	面积（hm^2）	占园区面积的比例（%）	绿化覆盖率（%）
金山区	10339.84	785.06	7.59%	151.73	19.33%	12.35%
松江区	7249.23	407.43	5.62%	81.61	20.03%	11.50%
奉贤区	9313.98	625.02	6.71%	188.84	30.21%	10.52%
宝山区	8154.39	1091.45	13.38%	684.36	62.70%	19.73%
青浦区	6204.92	1660.18	26.76%	191	11.50%	13.41%
嘉定区	6507.6	627.18	9.64%	208.53	33.25%	12.57%
徐汇区	427.06	50.93	11.93%	29.51	57.94%	30.22%
静安区	422.64	49.17	11.63%	3.52	7.16%	11.56%
普陀区	548.27	152.6	27.83%	25.98	17.02%	20.60%
崇明区	4378.56	294.46	6.73%	83.6	28.39%	1.35%
合计	77817.85	9232.89	11.86	2825.2	30.60%	20.82%

2.2 绿地布局缺乏系统性

工业园区的规划绿地的类型和布局缺乏系统性(图 3)，主要存在以下两点问题：①部分工业园区无规划绿地；②规划绿地布局在形态与类型上的单一和结构整体性缺失，对绿地系统功能的发挥产生不利影响。

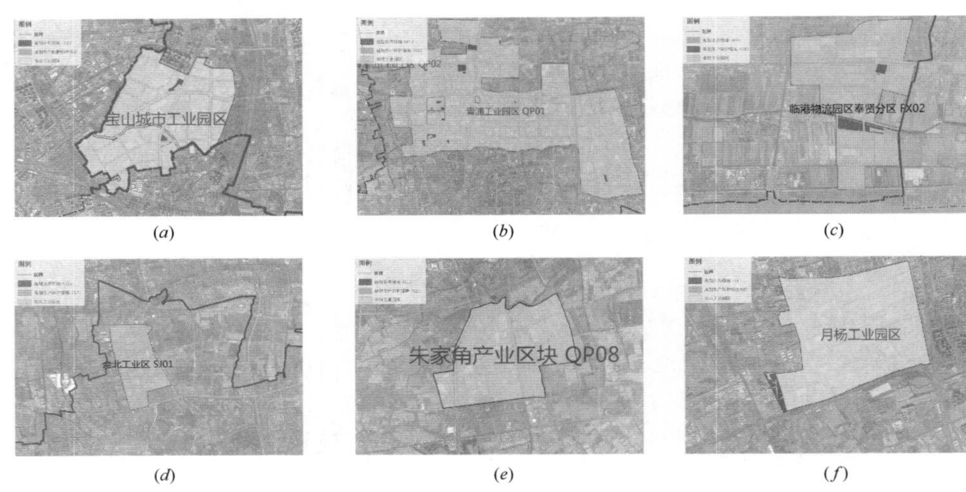

(*a*) (*b*) (*c*) (*d*) (*e*) (*f*)

图 3 部分工业园区绿地布局对比图

(*a*) ～ (*b*) 绿地布局相对系统，(*d*) ～ (*f*) 绿地布局缺乏系统性

2.3 生态功能未充分发挥

受利益驱动、绿化指标不明确、建设的先后顺序等多种因素影响，工业园区绿化系统的实施成效不佳：①项目配套绿化实施质量不高，部分园区出现以简单的草皮为主或树种单一的状况，生态效益严重受损；②规划绿地出现"零增长"的现象，导致工业园区内及或附近可供员工、居民使用的公共绿地的空间严重被挤压，公共绿地应有的生态服务功能未能充分发挥。

3 问题剖析

3.1 规划层面

3.1.1 绿地系统规划滞后

在规划绿地方面，上海 104 个工业园区在绿地系统方面并未做到规划全覆盖，约 18 个工业园区的规划绿地呈现空白（表 2）。在项目配套绿化方面，根据沪绿容（2014）164 号文要求，104 个工业园区的项目配套绿化比例，控制性详细规划已明确比例的按照确定比例执行；未明确的由工业园区管理机构组织编制园区整体绿化平衡方案；控制性详细规划需要进行修编的，也应当同步编制绿化平衡方案。但目前工业园区绿化平衡方案或绿化专项规划的编制工作进展滞后。

3.1.2 绿地分类与指标不明确

本文参考《城市绿地分类标准》CJJ/T 85—2017、《上海市产业用地指南》(2015)、《上海市控制性详细规划技术准则》（沪府办［2011］51 号发）、《上海市绿化条例》(2015) 等，发现针对工业园区绿地的规范和标准不统一。

（1）绿地分类不明确

当前绿地的分类因名词不一致容易混淆。表 3 对绿地分类进行了比较，发现除名称稍有区别外，各类绿地的含义相似。从便于规范绿地系统的规划、建设和管理的角度出发，《城市绿地分类标准》对绿地的分类更为清晰与合理，推荐使用该标准中的绿地分类。

规划绿地缺失的工业园区　　表 2

行政区	规划绿地缺失的工业园区	数量
宝山区	罗店工业园区	1
奉贤区	上海化学工业区奉贤分区	1
嘉定区	徐行工业园区、嘉定试点园区（南区）、嘉定区南翔城镇工业地块、嘉定区江桥城镇工业地块	4
金山区	亭林工业地块、山阳工业区、上海金山工业区	3
闵行区	吴泾工业基地	1
浦东新区	曹路城镇工业地块、六灶城镇工业地块、外高桥保税区	3
青浦区	商榻工业地块	1
松江区	佘北工业区、石湖荡工业区	2
崇明区	现代农业园农产品加工区、不锈钢产业基地、长兴岛船舶制造基地东块	3
合计		18

绿地分类的比较　　表 3

绿地分类	分类依据	绿地分类	含义
城市用地分类	《城市用地分类标准》GB 50137—2011	G 绿地与广场用地	公园绿地、防护绿地等开放空间用地，不包括住区、单位内部配建的绿地
		G1 公园绿地	向公众开放，以游憩为主要功能，兼具生态、美化、防灾等作用的绿地
		G2 防护绿地	城市中具有卫生、隔离和安全防护功能的绿地，包括卫生隔离带、道路防护绿地、城市高压走廊绿带等
		G3 广场绿地	以硬质铺装为主的城市公共活动场地
	《上海市控制性详细规划技术准则》（沪府办［2011］51 号发）	G 绿地	公共绿地及生产防护绿地，不包括附属绿地、园地和林地
		G1 公共绿地	向公众开放、有一定有其设施的绿化用地，包括其范围内的水域
		G2 生产防护绿地	园林生产绿地和防护绿地
		G9 其他绿地	除以上绿地外的其他绿地，包括郊野公园、野生动植物园等
绿地规划分类	《城市绿地分类标准》CJJ/T 85—2017	G1 公园绿地	向公众开放，以游憩为主要功能，兼具生态、景观、文教和应急避险等功能，有一定游憩和服务设施的绿地
		G2 防护绿地	用地独立，具有卫生、隔离、安全、生态防护功能，游人不易进入的绿地
		G3 广场用地	以游憩、纪念、集会和避险等功能为主的城市公共活动场地
		XG 附属绿地	附属于各类城市建设用地（除“绿地与广场用地”）的绿化用地
		EG 区域绿地	位于城市建设用地之外，对城乡生态环境及自然资源和文化资源保护、游憩健身、安全防护隔离、物种保护、园林苗木生产等功能的绿地
	《上海市绿化条例》（2015）	公共绿地	公园绿地、街旁绿地和道路绿地
		单位附属绿地	指机关、企事业单位、社会团体、部队、学校等单位用地范围内的绿地
		居住区绿地	居住区用地范围内的绿地
		防护绿地	城市中具有卫生隔离和安全防护功能的绿地

（2）绿地指标不明确

工业园区绿地系统的控制指标主要有绿地率、项目配套绿化比例及防护绿地的宽度。不同的行业标准与规范中，指标要求存在不一致、甚至冲突的情况（表 4）。

工业园区的绿地控制指标比较　　表 4

标准依据	指标	要求内容
《上海市绿化条例》（2015）	项目配套绿化比例、防护绿地宽度	新建工业园区附属绿地总面积不得低于工业园区用地总面积的 20%；园区内各项目的具体绿地比例，由工业园区管理机构确定；工业园区外新建工业项目以及交通枢纽、仓储等项目的附属绿地，不得低于项目用地总面积的 20%；新建产生有毒有害气体的项目的附属绿地面积不得低于工业项目用地总面积的 30%，并应当建设宽度不少于五十米的防护绿地

续表

标准依据	指标	要求内容
《工业项目建设用地控制指标》（国土资发〔2008〕24号）	绿地率	工业企业内部一般不得安排绿地。但因生产工艺等特殊要求需要安排一定比例绿地的，绿地率不得超过20%
《上海产业用地指南》（2016版）	绿地率	绿地面积包括厂区内公共绿地、建（构）筑物周边绿地等。除总部研发类项目外，工业企业内部严格控制绿地率。因生产工艺等有特殊要求需要安排一定比例绿地的，绿地率一般不超过15%

3.2 管理层面

3.2.1 缺少差异化的绿化评估标准

目前尚未出台关于工业园区已实施绿化的评估标准，造成其监督管理存在难度。同时，工业园区由于产业类型的不同，对环境的污染和干扰不尽相同，另一方面，不同工业类型对工业园区的绿化环境的建设也有相应要求。因此，针对工业园区绿地系统的复杂性与差异性，绿化评估标准也需要结合上海工业园区的现状、环境要求等进行差异化制定。

3.2.2 缺少动态与弹性的管理调控

当前工业园区建设规划工作重在招商引资、公共基础设施的建设、生态环保工程的投入、人才储备等方面，对于园区绿化环境的建设的关注存在不足。随着上海工业园区发展和产业结构调整，园区绿化也处于规划、实施、调整与更新的动态过程。在这个动态过程中，需要相关的专业部门进行动态的调控与平衡，并且在工业园区业主、绿化职能部门以及其他规划建设的相关部门进行沟通、协调。

4 对策建议

4.1 规划层面：推进规划编制与实施评估

上海工业园区绿地系统规划的编制工作存在滞后，相关部门和工业园区管理机构应进一步推进绿化规划的编制，并积极开展实施评估工作。本文参考《城市园林绿化评价标准》等相关法规规范，制定了合理可行的规划和实施评估指标[5]（表5、表6）。规划指标表可作为规划设计人员在绿化专项规划规划依据；实施评估表中指标分为基本项和提升项，当工业园区绿化实施较好、满足提升项要求后，行政管理部门可与激励机制挂钩，制定相应的激励方案，可作为工业园区管理机构、绿化监管部门进行实施管理的参考。

在产业升级转型的更新发展中，功能复合成为重要趋势。本文按照综合型和单一型对工业园区进行分类：①单一型的工业园区，是指以工业用地为主的园区类型，其绿地系统的规划侧重对工业用地的生态防护；②综合型的工业园区，是指工业园区除工业用地以外，还包含居住用、公共管理与公共服务设施用地、商业服务设施用地等多种用地类型，其绿地系统规划需要兼顾的休闲游憩等功能。

工业园区绿地系统的规划指标 **表5**

工业园区类型	规划指标	控制标准
综合型	绿地率	≥25%
	公园绿地占园区总用地比例	≥5%
	附属绿地占园区总用地比例	≥20%；在园区绿地率满足要求的情况下，各项目内的具体绿地比例可由工业园区管理机构确定
	防护绿地	M1类工业用地内防护绿地宽度≥10m M2类工业用地内防护绿地宽度≥20m M3类工业用地内防护绿地宽度≥30m 有毒气体项目，防护绿地宽度≥50m
单一型	绿地率	≥20%
	公园绿地占园区总用地比例	—
	附属绿地占园区总用地比例	≥15%；在园区绿地率满足要求的情况下，各项目内的具体绿地比例可由工业园区管理机构确定
	防护绿地	M1类工业用地内防护绿地宽度≥10m； M2类工业用地内防护绿地宽度≥20m； M3类工业用地内防护绿地宽度≥30m； 有毒气体项目，防护绿地宽度≥50m；

工业园区绿化系统的实施评估指标 **表 6**

工业园区类型	实施评估指标	基本项	提升项
综合型	绿地率	≥25%	≥30%
	绿化覆盖率	≥28%	≥34%
	公园绿地面积占园区的比例	≥5%	≥8%
	防护绿地的宽度	M1 宽度≥10m； M2 宽度≥20m； M3 宽度≥30m； 有毒气体项目，宽度≥50m	—
	附属绿地占园区的比例	≥20%	—
单一型	绿地率	≥20%	≥25%
	绿化覆盖率	≥23%	≥28%
	防护绿地的宽度	M1 宽度≥10m； M2 宽度≥20m； M3 宽度≥30m； 有毒气体项目，宽度≥50m	—
	附属绿地占园区的比例	≥15%	—

4.2 政策层面：建立绿化实施信用评价与处罚机制

将工业园区绿化系统实施的信用评价机制，形成良好的考核激励机制。通过每年度的遥感解译数据的统计分析，发布绿化实施信用良好和信用排名靠后的工业园区名录，纳入工业园区绩效考核。对于积极推进园区绿化规划与实施、取得一定突出成效的企业和园区，给予诸如容积率奖励的方式等优惠政策与荣誉鼓励，同时对绿化建设实施中的违规违法行为要有相应的处罚机制。

4.3 管理层面：建立动态平衡管理机制、明确监管重点

结合绿化部门每年的遥感解译数据，对工业园区绿化系统的实施进行动态跟踪管理。因建设需要，确有对绿化建设量有所调整的项目，工业园区管委会需及时向绿化管理部门反馈，并对工业园区的绿化专项规划及后续建设进行调整，确保园区绿地建设的总体目标和建设总量基本不变，实现规划与实施的有效对接以及绿化建设的动态平衡。

工业园区的绿化监管工作存在一定复杂性，需要从整体出发，明确监督管理的重点。本文建议将两类工业园区列为绿化监管工作的重点对象：①规划绿地实施进展明显滞后的工业园区；②从全市工业园区的能级和规模出发，应将规模较大、产值较高的工业园区纳入重点监管范围。

5 结语

本文以上海工业园区的绿地系统为研究对象，回顾了上海工业园区的发展历程，多角度分析当前工业园区绿地系统的规划实施中存在的问题，并从规划、政策和管理层面为切入点，提出了相应的解决对策，以期为本市工业园区绿化系统规划实施工作提供思考。

参考文献

[1] 黄珏．转型要求下上海工业用地规划与管理的创新思考[C]．// 中国城市规划学会．多元与包容——2012 中国城市规划年会论文集(13 城市规划管理)，2012：13.

[2] 金忠民．上海节约集约土地资源的生态思考[J]．上海城市规划，2011(1)：33-39.

[3] 胡俊．规划的变革与变革的规划——上海市城市规划与土地利用规划“两规合一”的实践与思考[J]．城市规划，2010，34(6)：20-25.

[4] 仇昕晔．上海市楔形绿地规划实施评估和思考[J]．上海城市规划，2017(03)：109-115.

[5] 吴松涛．城市绿地系统规划实施评估体系构建浅析[C]．// 中国城市规划学会．城市时代，协同规划——2013 中国城市规划年会论文集(04 风景旅游规划)，2013：13.

作者简介

王茜，1990 年生，女，汉族，江苏兴化，硕士，上海市宝山区绿化和市容管理局，科员。研究方向：绿化建设管理。电子邮箱：805682080@qq.com。

卫丽亚，1975 年生，女，汉族，安徽泾县，博士，上海市园林设计研究总院有限公司，副院长，高级工程师。研究方向：景观规划设计。电子邮箱：84726598@qq.com。

上海南京东路热生理感应分析与评价①

The Analysis and Evaluation of Microclimate on Human Physiological Thermal Responses at Nanjing East Road, Shanghai

彭旭路　刘滨谊*

摘　要：为探析夏热冬冷地区城市街道空间因子与风景园林小气候要素及人体热生理感应之间耦合互动关系，以上海南京东路为研究对象，将街道中典型的风景园林空间按顶面遮蔽方式分为4种空间类型12个测点，进行冬夏两季小气候实测、热舒适问卷调查及人体热生理感应实测。利用ErgoLAB人机环境同步系统，经滤波、图像反卷积、奇异点纠正、时域分析、频域分析等步骤，将皮电活动、皮肤温度、血容量波动、血氧饱和浓度等人体热生理感应实测信号生成量化数值，结合热舒适问卷结果，评价不同顶面遮蔽空间下人体热生理感应。结果显示：热生理感应指标能敏感地反应小气候变化及热舒适心理感受状况，相关性的数量、程度有明显的冬夏季节差异。平均心率、皮肤电导、胸部皮肤温度、皮肤温差是冬夏两季都适用于上海城市街道小气候热生理感应评价的重要指标。研究为理解风景园林小气候舒适感受机理及舒适性城市街道空间的规划建设提供经验与参考。

关键词：风景园林；小气候；热生理感应；南京东路

Abstract: To study the influence of spatial factors on microclimate and human physiological thermal responses in urban streets of hot summer and cold winter regions and their interaction laws, this paper has observed the microclimates in winter and summer and made thermal comfort questionnaires and measured the human physiological thermal responses of the typical landscape space, under the top shelter mode, at 12 measurement points under four spatial types in the pedestrian street of Nanjing East Road, Shanghai. Human physiological data such as skin electrodermal activity, skin temperature, blood volume pulsation, blood oxygen saturation had been processed by filtering processing, image deconvolution processing, singular point correction, time domain analysis, frequency domain analysis to generate physiological sensation indicators in ErgoLAB human—machine—environment synchronization system. Then it evaluates the human physiological thermal responses under different top shelter space combing with human physiological data and thermal comfort questionnaire. The result shows that: human physiological thermal responses can sensitively reflect the micro climate change and the psychological feeling of thermal comfort, the number and degree of correlation has obvious winter and summer season differences. Average heart rate, skin electrodermal activity, chest skin temperature and skin temperature difference are important indexes for human physiological thermal responses evaluation of microclimate in Shanghai urban street in winter and summer. This research will provide experience and reference for understanding the mechanism of microclimate comfort in landscape architecture and the planning and construction of comfort urban streets in the future.

Keyword: Landscape Architecture; Microclimate; Human Physiological Thermal Responses; Nanjing East Road

引言

城市街道作为风景园林空间的重要组成部分[1]是人们在城市室外活动的重要场所[2]。在街道上产生的步行化公共活动对中国城市居民的日常生活具有重要意义[3]。当前我国公共空间建设正面临着由“速度优先”转变为“品质追求”的新形势[4]，将风景园林空间与以小气候为代表的环境要素结合，探讨人如何通过气候感知使用空间，而空间环境又以何种方式影响感知从而改善城市宜居环境，不仅已是风景园林学科的研究热点[5]，也是人居环境领域多学科共同的核心关注点[6]。

在课题组已开展的相关研究中，对城市街道空间的高宽比、走向、植物类型、下垫面、围合界面等空间要素与小气候要素的相互作用规律已进行了详细的实测与分析，发现城市街道高宽比对太阳热辐射影响较大；植被要素夏季有降温增湿作用，但会削弱风速，且树冠形状对气温有较大影响；街谷走向平行于城市主导风向时，街谷空间风速较大；道路中线处比街道边缘靠近建筑处空气流通性好[7,8]。对城市街道小气候人体舒适性机制与评价研究发现：街道朝向和街道线型决定了街道人体舒适感受，融入气候因素的空间形态可以直接促进户外热舒适改善[9]。目前关注热生理感应与街道空间及环境要素结合的研究较少，随着人们对户外环境健康舒适的需求不断增加，应用人体热生理感应探讨街道空间的小气候舒适机理，可以为城市宜居环境的街道规划以及提升宜居环境品质提供指导与参考。

① 基金项目：国家自然科学基金重点项目《城市宜居环境风景园林小气候适应性设计理论和方法研究》（51338007）。

1 研究方法

1.1 研究对象

南京东路步行街位于上海市黄浦区，西起西藏中路，东至河南中路，东北至西南走向，地势平坦，全长1033m，路宽18～28m。两侧建筑为多层和高层混合，高度在24～100m范围内。作为具有百年历史的知名步行街，南京东路在社会上具有较高知名度与代表性，同时步行街可以排除机动车对热舒适感受的干扰。南京东路上的风景园林空间在山西南路的东西两侧路段类型丰富，能代表南京东路上典型的空间类型。按照空间的顶面遮蔽方式及平面位置[10]，共设置了12个测点架设仪器进行小气候定点观测（图1），按顶面遮蔽方式分出4种空间类型（图2）。

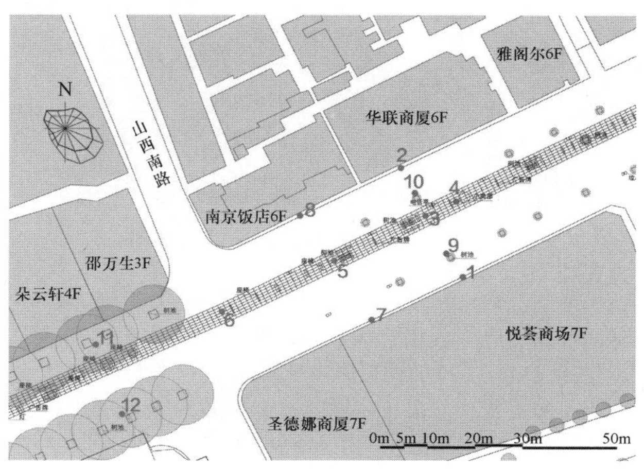

图1 测点平面分布图

1.2 测试方案

1.2.1 小气候测试方案

气候越恶劣，对使用者感受的影响越大[11]，因此选择最可能影响人体冷热感受的冬夏两季进行热生理感应实地测试。据气象资料，自2011年1月1日～2018年9月1日，上海最常见的天气为多云，雨天其次，晴天再次之[12]，多云或晴天是理想的实验天气。在冬夏两季选择具有代表性天气的连续3个工作日，每日进行定点实测。冬季实测日期为3月7、8、9日，夏季实测日期为7月9、10、11日。小气候测试仪器采用美国生产的Watchdog气象站2000系列。将仪器放置在测试点距离地面1.5m高度处，设置间隔1min自动记录。

1.2.2 热生理感应测试方案

本文选取适用于室外环境，并能因小气候环境变化而做出相应反应的生理指标，通过可穿戴式传感器采集了受试者心率、皮肤电导、皮肤温度、血氧饱和浓度生理感应信号（表1）。

皮肤电导（EDA）是皮肤表面两点之间的电导值，由无线皮电传感器采集信号，通过将两个电极同时与两个手指尖相连形成回路。皮肤温度（SKT）数据由无线皮温传感器采集，实验时将温度探头紧贴所要测试的皮肤部位并固定，每个受试者分别采集两个部位的皮肤温度，一个采集点直接暴露于小气候环境之中（手指），一个采集点位于衣物覆盖之下（胸部），以利于进行对比计算温差。心率数据由无线光电容积脉搏传感器采集，采集原理为光电容积脉搏波描记法（Photo Plethysmo Graphy, PPG）。实验时将脉搏传感器的耳夹夹在耳垂上。血氧饱和浓度由指夹式血氧饱和浓度仪采集，由受试者在实验时段中记录头、中、尾3次，以3次平均值为该测试点的

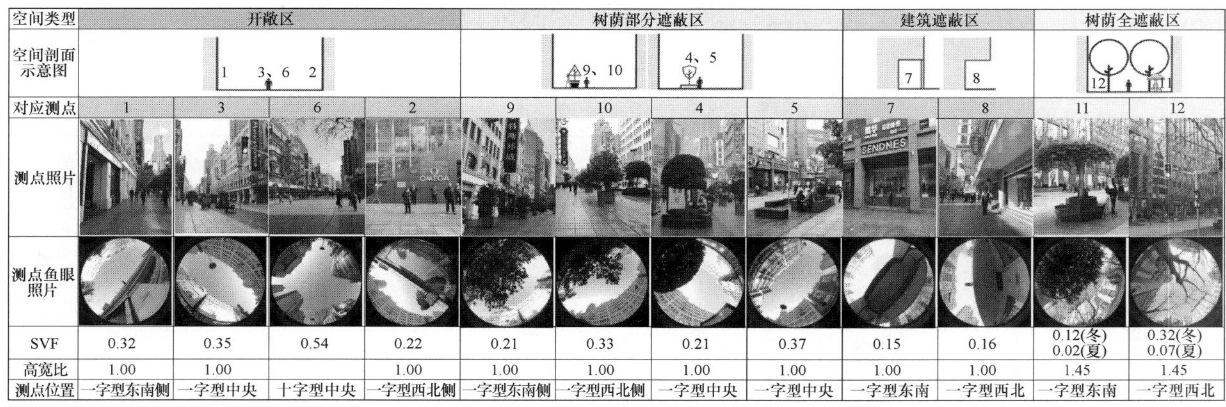

图2 测点空间形态基本情况

生理感应测试仪器参数表 **表1**

仪器名称	生理指标	单位	采样范围
皮电传感器EDA	人体皮肤电反应	μS	0～30
皮温传感器SKT	人体的皮肤温度	℃	10～60
光电容积脉搏传感器PPG	人体脉搏信号	bpm	25～240
指夹式血氧饱和浓度仪	人体血氧饱和浓度	%	0～99

血氧饱和浓度值。每个测试点每次的热生理感应测试时间为5min，根据小气候测试仪器的布点位置一轮共测试12个测点，选择在上海生活超过1年、适应上海的大气候背景，可代表上海常住居民的志愿者为受试者。

1.2.3 热舒适感受问卷调查

问卷分为两部分，一是受访者基本信息，包括调研个体的性别、体重、身高、年龄、着装等基本信息；二是舒适性感受调研，包括瞬时热感觉、热舒适、热可接受度。按照美国采暖、制冷与空调工程师学会（ASHRAE）[13]规范中的7级标度来进行热感觉投票（thermal sensation vote，简称TSV）选择，热舒适（thermal comfort vote，简称TCV）和热可接受度（thermal accepted vote，简称TAV）投票采用4级标度。

2 结果

2.1 小气候实测结果

从表2中可以看到冬夏两季进行热生理感应测试时的小气候要素实测数值。

南京东路冬夏两季问卷调查时点小气候实测数值　表2

季节		空气温度（℃）	相对湿度（%）	风速（m/s）	太阳辐射（W/m²）
冬季	平均值	8.92	49.39	1.21	154.28
	最小值	2.60	13.50	0.00	1.00
	最大值	13.10	89.80	4.72	866.00
夏季	平均值	31.49	57.95	0.85	175.21
	最小值	27.80	40.10	0.00	0.00
	最大值	37.00	83.40	3.89	1336.00

2.2 热生理感应实测结果

冬季共获得40人次受试者的476组有效热生理感应实测数据，夏季共获得48人次564组实测数据，受试者实测现场图片见图3。将实测采集的热生理感应信号在ErgoLAB的人机环境同步系统中，经滤波、图像反卷积、奇异点纠正、时域分析、频域分析和散点图等处理，生成各生理感应数值，实现了城市街道空间风景园林小气候热生理感应参数化，从而得到热生理感应数值在各街道空间的差异情况，以此来进行街道空间热舒适生理评价，见图4。

图3 南京东路热生理感应实测现场图片

冬夏两季热生理感应数值实测结果见表3。从表4各空间类型的热生理感应数值排序结果中可以看出：各生理指标受空间类型影响显著，冬夏各有区别，其中冬季平均心率和手指皮肤温度的排序一致，皮肤电导和皮肤温差的排序一致，其他三个生理指标的排序各不相同。夏季较冬季明显，出现排序一致的指标要多于冬季。其中平均心率与心率变异性的排序一致，皮肤电导、手指皮肤温度、皮肤温差的排序一致。而胸部皮肤温度与血氧饱和浓度的各空间类型排序正好相反。

南京东路冬夏两季热生理感应实测数值　表3

		平均心率（bpm）	心率变异性	皮肤电导（μS）	手指皮肤温度（℃）	胸部皮肤温度（℃）	皮肤温差（℃）	血氧饱和浓度（%）
冬季	平均值	84.93	1.16	1.3	16.19	33.87	17.68	98.38
	最小值	64	0.18	0.02	13.76	28.38	8.15	88
	最大值	117	3.85	13.05	22.99	36.86	22.99	99
夏季	平均值	90.75	1.14	1.93	34.87	34.06	−0.81	96.48
	最小值	70	0.17	0.1	29.28	28.49	−7.05	86
	最大值	117	3.94	11.55	38.47	39.08	4.95	99

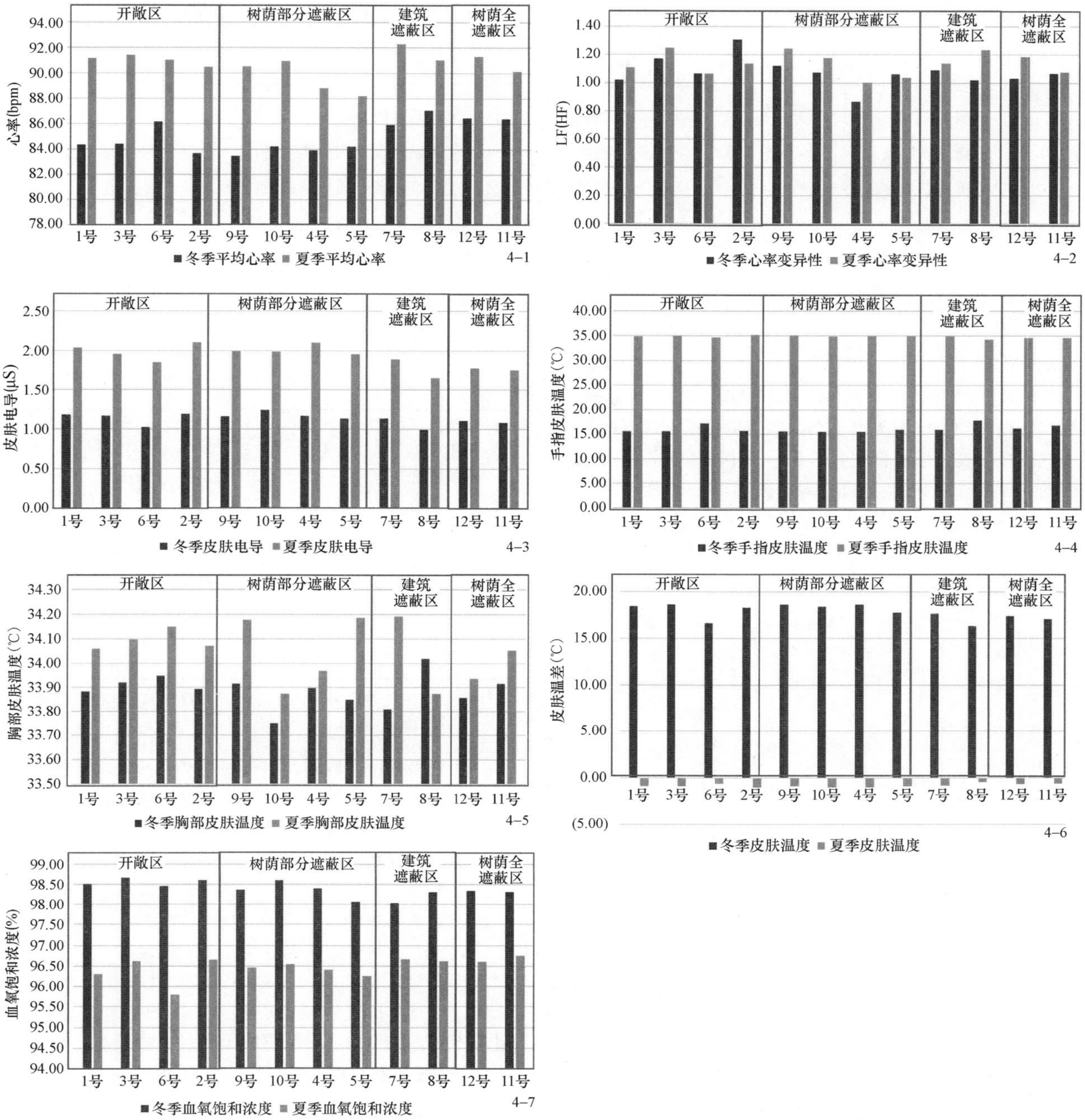

图 4　南京东路 4 种空间类型测点热生理感应实测结果

南京东路冬夏两季各空间类型热生理感应数值排序结果　　　　表 4

季节	生理指标	各空间类型由高到低排序
冬季	平均心率	建筑遮蔽区＞树荫全遮蔽区＞开敞区＞树荫部分遮蔽区
	心率变异性	开敞区＞建筑遮蔽区＞树荫全遮蔽区＞树荫部分遮蔽区
	皮肤电导	树荫部分遮蔽区＞开敞区＞树荫全遮蔽区＞建筑遮蔽区
	手指皮肤温度	建筑遮蔽区＞树荫全遮蔽区＞开敞区＞树荫部分遮蔽区
	胸部皮肤温度	建筑遮蔽区＞开敞区＞树荫全遮蔽区＞树荫部分遮蔽区
	皮肤温差	树荫部分遮蔽区＞开敞区＞树荫全遮蔽区＞建筑遮蔽区
	血氧饱和浓度	开敞区＞树荫部分遮蔽区＞树荫全遮蔽区＞建筑遮蔽区

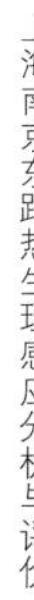

续表

季节	生理指标	各空间类型由高到低排序
夏季	平均心率	建筑遮蔽区>开敞区>树荫全遮蔽区>树荫部分遮蔽区
	心率变异性	建筑遮蔽区>开敞区>树荫全遮蔽区>树荫部分遮蔽区
	皮肤电导	树荫部分遮蔽区>开敞区>建筑遮蔽区>树荫全遮蔽区
	手指皮肤温度	树荫部分遮蔽区>开敞区>建筑遮蔽区>树荫全遮蔽区
	胸部皮肤温度	开敞区>树荫部分遮蔽区>建筑遮蔽区>树荫全遮蔽区
	皮肤温差	树荫部分遮蔽区>开敞区>建筑遮蔽区>树荫全遮蔽区
	血氧饱和浓度	树荫全遮蔽区>建筑遮蔽区>树荫部分遮蔽区>开敞区

注：同季节字体色彩相同说明排序相同、黑色字体表示无一致性。

2.3 热舒适感受问卷调查结果

热舒适感受调研冬夏两季共获得1040份有效问卷，从图5可以看到各空间类型测点的热感觉投票、热舒适投票、热可接受度投票高低变化结果。其中夏季热舒适投票按空间类型排序是树荫全遮蔽区>树荫部分遮蔽区>开敞区>建筑遮蔽区，冬季是建筑遮蔽区中位于街道北侧的悬挑区>树荫部分遮蔽区>开敞区>树荫全遮蔽区。夏季最舒适的区域在冬季是最不舒适的。

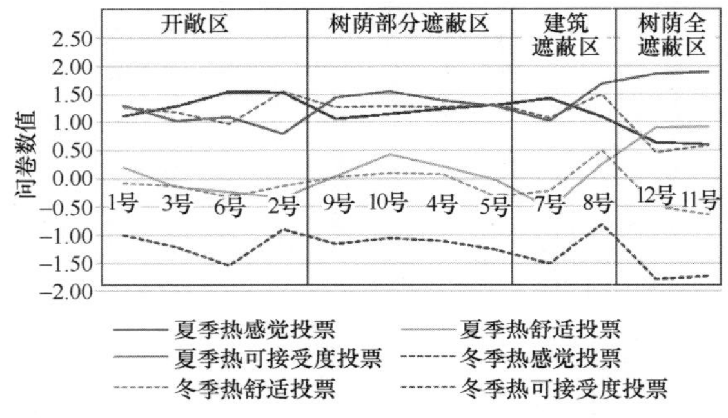

图5 南京东路热舒适感受问卷评价

3 讨论

3.1 热生理感应指标与小气候要素的关系

为探究街道空间小气候要素与热生理感应指标数值之间的关系，分别对南京东路冬夏两季的小气候要素空气温度、相对湿度、风速、太阳辐射与心率、心率变异性、皮肤电导、手指皮肤温度、胸部皮肤温度、皮肤温差、血氧饱和浓度进行了斯皮尔曼等级相关性分析，结果见表5。

南京东路热生理感应数值与小气候要素相关性分析 **表5**

季节	生理指标	空气温度	相对湿度	风速	太阳辐射
冬季	平均心率	−0.331**	0.428**	0.144	−0.253**
	心率变异性	0.117	−0.036	−0.051	−0.208*
	皮肤电导	0.383**	−0.660**	−0.407**	0.122
	手指皮肤温度	−0.139	−0.123	0.338**	0.214*
	胸部皮肤温度	0.552**	0.077	0.016	−0.134
	皮肤温差	0.560**	0.077	−0.215*	−0.218*
	血氧饱和浓度	0.017	0.187	0.012	−0.060
夏季	平均心率	0.652**	−0.645**	−0.145	0.406**
	心率变异性	−0.474**	0.469**	0.008	−0.364**
	皮肤电导	0.559**	−0.391**	−0.168*	0.248**
	手指皮肤温度	0.653**	−0.483**	−0.208*	0.480**
	胸部皮肤温度	0.541**	−0.590**	−0.028	0.194*
	皮肤温差	−0.075	−0.073	0.093	−0.181*
	血氧饱和浓度	−0.160	0.138	−0.085	−0.358**

注：**相关性在0.01级别显著（双尾），*相关性在0.05级别显著（双尾），没有*表示显著（双尾）大于0.05。

从表5中可以看到，小气候要素与各生理感应指标数值的相关性冬夏两季整体上各不相同，相关性的数量、程度有明显的冬夏季节差异。冬夏两季共同之处是平均心率与小气候要素的相关性一致，都与空气温度、相对湿度、太阳辐射有相关性，夏季的相关程度高于冬季。总的来说，夏季热生理感应指标对小气候要素的影响变化更敏感、显著，其中皮肤电导与手指皮肤温度对4个小气候要素都有明显相关性，能对小气候变化产生灵敏的调节反应。冬季对小气候变化反应灵敏的热生理感应指标与夏季不同，是平均心率和皮肤电导、皮肤温差，但都只与3个小气候要素有相关性，且各不相同。

3.2 热生理感应指标和热舒适感受的关系

南京东路热生理感应数值与热舒适心理感受数值相关性分析 **表6**

季节	生理指标	热感觉投票	热舒适投票	热可接受度投票
冬季	平均心率	−0.431**	−0.463**	−0.406**
	心率变异性	−0.028	−0.019	−0.085
	皮肤电导	0.483**	0.432**	0.254**
	手指皮肤温度	−0.173	−0.146	−0.043
	胸部皮肤温度	0.462**	0.447**	0.313**
	皮肤温差	0.468**	0.453**	0.347**
	血氧饱和浓度	0.020	0.028	0.022

续表

季节	生理指标	热感觉投票	热舒适投票	热可接受度投票
夏季	平均心率	0.678**	−0.576**	−0.449**
	心率变异性	−0.497**	0.439**	0.370**
	皮肤电导	0.557**	−0.339**	−0.347**
	手指皮肤温度	0.719**	−0.606**	−0.580**
	胸部皮肤温度	0.330**	−0.256**	−0.271**
	皮肤温差	−0.259**	0.238**	0.186*
	血氧饱和浓度	−0.286**	0.300**	0.280**

注：**相关性在0.01级别显著（双尾），*相关性在0.05级别显著（双尾），没有*表示显著（双尾）大于0.05。

从表6中可以看出，南京东路夏季各个生理感应指标和热舒适心理感受的相关数量与程度整体上都高于冬季，夏季生理感应指标能敏感地反应热舒适心理感受状况。通过冬夏两季的对比，平均心率、皮肤电导、胸部皮肤温度、皮肤温差冬夏两季都能灵敏反映出热舒适心理感受变化，对预测空间使用者的舒适程度具有较高重要性，手指皮肤温度、心率变异性在夏季对热舒适心理感受有较高程度的相关性，可以作为夏季预测空间使用者舒适程度的参考指标。

3.3 热生理感应指标的热舒适投票范围

将热舒适投票问卷调研结果分为两类，即回答为舒适与较舒适的统归为舒适，剩余的为不舒适，按这两类对热生理感应指标进行分类比较，从表7中可以看到热舒适投票为舒适时的生理感应指标均值和范围（除去最大最小值，按百分位数5%～95%统计）与不舒适分类的结果有冬夏差异性。平均心率、手指皮肤温度冬夏获得舒适感受时均值都比表3中的整体均值低，心率变异性在冬季是低于均值时舒适，而夏季是高于均值舒适。皮肤电导、胸部皮肤温度、皮肤温差冬季高于均值舒适，夏季低于均值舒适，不管冬夏，血氧饱和浓度都是数值越高越舒适。冬夏两季的区别，体现了冬季获得舒适感受时，人体通过调整生理减少新陈代谢与温度散发、增加迷走神经活动适应冷环境，夏季获得舒适感受时，人体通过调整生理促进排汗让温差变小的调节机制。

热生理感应指标的热舒适投票范围 **表7**

季节	热舒适情况	平均心率（bpm）	心率变异性	皮肤电导（μS）	手指皮肤温度（℃）	胸部皮肤温度（℃）	皮肤温差（℃）	血氧饱和浓度（%）
冬季	热舒适投票舒适均值	83.11	1.09	1.68	16.1	34.04	18.01	98.4
	热舒适投票不舒适均值	86.32	1.21	1.01	16.23	33.73	17.46	98.38
	热舒适投票舒适范围	70.3～96.0	0.41～2.44	0.11～11.26	13.82～20.92	30.87～36.14	11.67～22.06	95.3～99.00
	热舒适投票不舒适范围	74.00～101.00	0.46～2.70	0.07～2.32	13.87～20.49	29.10～36.17	11.39～22.02	96.00～99.00
夏季	热舒适投票舒适均值	88.51	1.25	1.36	34.5	33.81	−0.69	96.62
	热舒适投票不舒适均值	93.67	0.99	2.67	35.38	34.41	−0.96	96.3
	热舒适投票舒适范围	73.00～103.00	0.44～2.71	0.24～4.07	30.53～36.23	30.17～35.86	−5.17～3.67	93.97～99.00
	热舒适投票不舒适范围	77.00～113.00	0.36～2.16	0.38～9.77	31.93～37.02	30.16～36.96	−5.86～2.88	93.33～99.00

4 结语

本文对上海南京东路步行街进行了冬夏两季小气候物理实测、热生理感应实测和热舒适心理感受问卷调查，验证了街道空间因子、小气候环境、人体热生理感应和热舒适心理感受之间相互作用影响关系密切。

本文采用可穿戴传感器获取热生理感应数值，对街道空间小气候影响人体的热生理感应进行评价，为小气候舒适感受研究提供了多角度的思路与参考。热生理感应受多个小气候因子综合作用共同影响，整体上能敏感地体现出对小气候环境变化的反应，同时具有季节差异性。冬夏两季小气候要素对平均心率的影响一致，其次，夏季小气候对皮肤电导和手指皮肤温度的影响更灵敏，而冬季小气候对皮肤电导和皮肤温差反应灵敏，进一步认识到小气候要素对热生理感应作用机制的复杂性。

虽然各生理感应指标按空间类型排序的评价结果与热舒适投票问卷评价排序结果不一致，但热生理感应指标能敏感地反应热舒适心理感受状况，也能反应热舒适状态下生理调节机制表现的季节差异。平均心率、皮肤电导、胸部皮肤温度、皮肤温差是冬夏两季都适用于上海城市街道小气候热生理感应评价的重要指标。本文运用人体热生理感应数值和小气候及热舒适心理感受问卷结果相结合的方式对街道小气候舒适性进行分析与评价，是风景园林小气候适宜性规划设计理论体系的重要组成部分，可为城市街道风景园林空间的小气候舒适感受机理研究与街道空间舒适性规划设计提供参考。

参考文献

[1] 李凌舒，刘滨谊．街道夏季热环境多要素影响研究[C]// 中国风景园林学会．中国风景园林学会2016年会论文集．北京：中国建筑工业出版社，2016：6.

[2] 刘滨谊，魏冬雪．城市绿色空间热舒适评述与展望[J]．规划师，2017，33(3)：102-107.

[3] 黄晶，贾新锋．城市街道重塑——激发步行化公共生活[J]．城市交通，2015，13(01)：11—16+59.

[4] 卢济威．新时期城市设计的发展趋势[J]．上海城市规划，2015(1)：3-4.

[5] 邵钰涵，刘滨谊．城市街道空间小气候参数及其景观影响

要素研究[J]. 风景园林，2016，(10)：98-104.

[6] 叶宇，戴晓玲．新技术与新数据条件下的空间感知与设计运用可能[J]. 时代建筑，2017(05)：6-13.

[7] 李单．上海城市街道小气候要素与空间形态关系测析[D]. 同济大学，2015.

[8] 薛凯华．上海城市街道小气候要素与绿化布局关系测析[D]. 同济大学，2016.

[9] 陈昱珊．城市街道小气候人体舒适性机制与评价研究[D]. 同济大学，2017.

[10] 刘滨谊，彭旭路．上海南京东路热舒适分析与评价[J]. 风景园林，2019，26(04)：83-88.

[11] 比雅克·英格斯，冷到热：建筑适应之旅[M]. 张天翔，胡一可，译．南京：江苏凤凰科学技术出版社，2017.

[12] 上海历史天气统计[EB/OL]. (2018-09-01)[2018-10-09]. http：//lishi. tianqi. com/shanghai/index. html.

[13] ASHRAE (American Society of Heating，Refrigerating and Airconditioning Engineers). Handbook of fundamentals：physiological principles，comfort，health[M]. New York：ASHRAE，Inc.，1997

作者简介

彭旭路，1982 年生，女，四川泸州人，同济大学建筑与城市规划学院在读博士研究生。研究方向为风景园林小气候适应性。

刘滨谊，1957 年生，男，辽宁法库人，博士，同济大学风景园林学科专业委员会主任，风景科学研究所所长，景观学系教授，博士生导师，国务院学位委员会风景园林学科评议组召集人，国务院、教育部、人事部风景园林专业硕士指导委员会委员，住房和城乡建设部城市设计专家委员会委员、风景园林专家委员会委员。研究方向为景观视觉评价、绿地系统规划、风景园林与旅游规划设计。

生态文明转型背景下城市森林康养廊道网络规划研究

——以北京小西山为例

Study on Network Planning of Urban Forest Health Corridor under the Background of Ecological Civilization Transition

—A Case Study of Xiaoxi Mountain in Beijing

倪永薇　刘　阳　欧小杨　郑　曦*

摘　要：在生态文明转型背景下，森林城市建设作为城市未来规划生态保护发展模式的重要手段，对居民健康福祉具有重要意义，有助于城市可持续发展。本文以北京小西山为例，利用 i－Tree 模型对选取的固碳量、NO_2 吸收量、SO_2 吸收量、$PM_{2.5}$吸附量、释氧量、降温与增湿百分数 7 项指标计算并赋予权重，完成综合的森林康养评估体系，并将森林康养评价等级分类，选取 3～5 级高康养效益区为康养源地，利用最小累积阻力模型连接康养源地，参照游憩需求进行调整，并根据廊道提供康养与生态效益进行功能、宽度与环境类型的设计，完善廊道网络规划。结果表明：小西山康养源地面积 50.73km²，占研究区域面积的 36.8%，康养廊道网络规划设计了 3 类绿道与 3 类步道，共 77.1km，主要分布于小西山东部与北部。构建城市森林康养廊道网络的方法为城市生态文明转型背景下的风景园林规划提供范式。

关键词：廊道网络规划；生态文明转型；森林康养；康养效益评估；风景园林

Abstract: Under the background of the transformation of ecological civilization, as an important means of urban planning, ecological protection and development mode, is of great significance to the health and well-being of residents and contributes to the sustainable development of cities. Taking Xiaoxi Mountain in Beijing as an example, this paper uses i-Tree model to calculate and assign weights to seven selected indicators: carbon sequestration, NO_2 absorption, SO_2 absorption, $PM_{2.5}$ adsorption, oxygen release, cooling and humidification percentage, and completes a comprehensive forest health and conservation assessment system. The forest health and conservation assessment grade is classified, and 3-5 high health and conservation benefit areas are selected as health and nutrient source areas, and the minimum cumulative resistance model is used. The model connects the health and recreation sources, adjusts the recreation demand, defines the function and width of the corridor according to the health and ecological benefits, and improves the corridor network planning. The results show that the healthy area of Xiaoxishan is 50.73 km², accounting for 36.8% of the study area. The network planning of health corridor designs three types of greenways and three types of walkways, a total of 77.1 km, mainly distributed in the eastern and northern parts of Xiaoxishan. The method of constructing urban forest health corridor network provides a paradigm for landscape planning in the context of the transformation of urban ecological civilization.

Keyword: Corridor Network Planning; Transformation of Ecological Civilization; Forest Health; Evaluation of Health Benefits; Landscape Architecture

引言

城市高速发展使建设用地不断蔓延侵占林地等生态用地，城市环境与居民健康质量遭受极大的威胁。大量研究将城市发展模式划分为自然发展、建设优先发展与生态保护发展等三种类型，探讨城市未来生态系统健康等效益[1,2]，结果表明自然发展与建设优先发展模式下的城市生态系统健康呈现了明显的下降趋势[3,4]，在生态保护发展模式下城市发展更加具有可持续性。

在生态文明转型背景下，森林城市建设作为生态保护模式的重要手段，为城市的发展带来了众多效益，改善居民的健康水平，促进城市可持续发展。近年来对森林生态与经济效益的协同分析较为成熟，广泛应用 i－Tree 与 CITYgreen 模型量化大气污染物的清除、碳吸收/碳贮存、水土保持等方面进行生态效益评估，并根据生态效益核算改善空气质量、固碳、截流雨水等经济价值，为森林树种的选择和应用提供参考。对生态与社会效益的协同性的研究较少，但随着人们对健康的关注，研究开始探讨森林对居民康养的影响。因此，森林康养成为了提供生态效益和改善居民康养水平的价值关注的热点。森林康养通过森林资源提供富氧环境形成良好的空气质量，结合森林游憩、运动、保健、旅游等多种活动类型，实现人类的康复保健[5]。大量医学开展了森林环境对人类康养的科学研究，通过 i-Tree、浓度—响应模型等研究方法论证森林通过维持碳氧平衡、降温增湿、去除 PM2.5、吸收 NO_2 与 SO_2 等效益降低人类死亡率和呼吸道疾病的发病率，促进人们释放压力，维持城市居民的健康[6,7]。但生态与社会效益协同性的研究多从森林生态单因子论证对康养的影响，未形成一个完整的康养效益评估体系。并且国内基于以上理论，较多应用于森林康养产业结构、森林康养基地、森林康养旅游等方面的发展[8,9]，对于风景园林视角下的廊道网络规划设计方向较为缺失。现阶段的廊道网络主要通过形态空间格局等分析进行识别各种源地，利用最小累积阻力模型（MCR）进行廊道选线构建，为风景园林视角下的廊道网络规划设计提供科学依据。

本文选取北京近郊重要森林生态保育区域小西山为研究基址，利用i-Tree模型对选取多重指标计算后赋予权重，完成综合的森林康养评估体系，并将森林康养评价等级分类，选取3～5级高康养效益区为康养源地，利用最小累积阻力模型连接康养源地，参照游憩需求进行调整，并根据廊道提供康养与生态效益进行功能、宽度与活动类型的设计，完善廊道网络规划。为城市生态文明转型背景下以森林为生态保护主体的风景园林规划提供范式。

1 研究区域与数据来源

1.1 研究区域

北京小西山六环内中心城区西北部，属北京西山平原前出部分，是距离市区最近的山体。小西山森林资源丰富，被称为近郊的“天然氧吧”。研究区域地理位置为东经116°05′33″～116°15′27″，北纬39°56′01″～40°03′09″，面积约138km²，海拔范围在82.3～723.8m。小西山整体景观营建基底良好，周边包括4类城市绿道串接区域内6个郊野公园（图1），有着良好的交通与游憩条件（图2）。

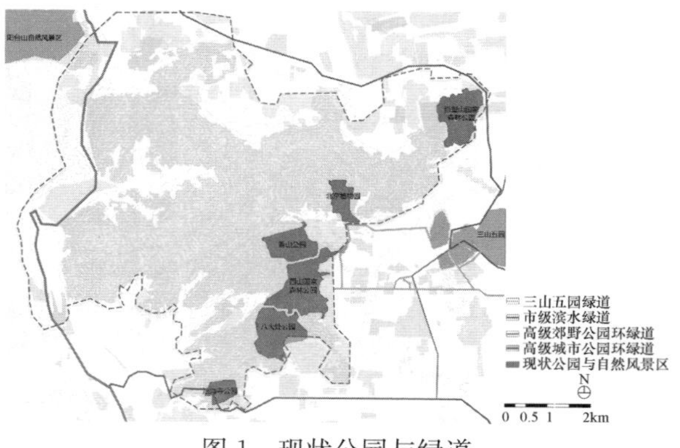

图1 现状公园与绿道

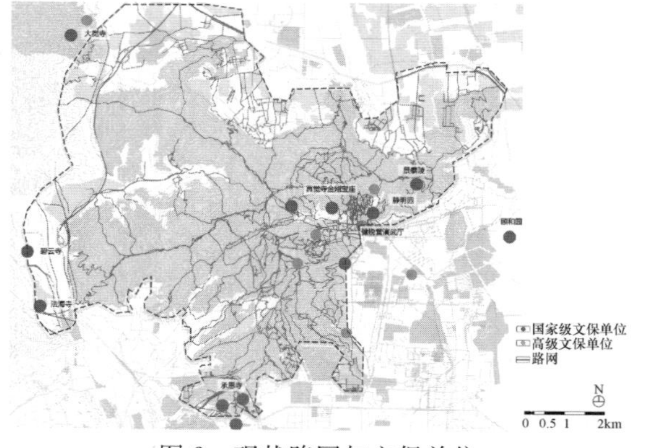

图2 现状路网与文保单位

1.2 数据来源

研究基础数据包括区域高程、坡度、路网、生态红线、植被优势树种分布图等。其中，通过地理空间数据云平台分辨率为30 m的DEM为基础获取高程与坡度数据，并通过OpenStreetMap与《北京市生态保护红线》确定区域道路信息与生态保护红线范围。区域植被优势树种分布图主要参阅文献[10]与实地调研绘制。基础数据的分析图示化主要借助ArcGIS10.2软件完成。

2 研究方法

2.1 康养效益评估体系

2.1.1 康养效益评估模型

森林是研究区域康养效益的主体提供者，因此选择i-Tree模型进行效益评估。i-Tree模型是由美国林务局设计开发，用于量化和评估树木提供的生态系统服务的计算工具，该模型在森林效益的评估中得到了广泛的应用[11]。在模型中选取与北京市同纬度、气候相近的纽约市同树种，输入树种、胸径、生长环境状况等基本信息，获取小西山优势树种的效益评估结果。由于国槐与荆条在美国区域无对应植物，选取Sophora槐属与Verbenaceae马鞭草科植物进行替代计算。

2.1.2 构建康养效益评估体系

参考前人对森林生态效益与居民健康相关研究[7,12,13]，康养效益评估选取森林固碳量、NO_2吸收量、SO_2吸收量、$PM_{2.5}$吸附量、释氧量、降温与增湿百分数7种因子（表1）。利用定性与定量相结合的决策层次分析法（AHP），对以上因子进行权重赋值（表1）。

2.2 基于最小阻力模型的康养廊道构建

2.2.1 康养源地识别

根据康养效益评估体系对区域优势植物进行计算，并利用ArcGIS10.2对评价结果进行划分为5个级别。康养源地优先选取康养效益3～5级较高的区域，并去除区域内生态保护红线范围与面积小于0.3km²的斑块，为康养廊道的构建提供源地基础。

2.2.2 康养阻力面构建

康养廊道作为游憩地的一种方式，阻力因子的选取需考虑规划建设的影响，结合小西山自然、游憩与交通等三大重要条件，选取坡度、距离文保点的距离与距离道路距离为阻力因子，采用层次分析法（AHP）赋予权重（表2）。

区域优势树种生态效益								表 1
植物名称	拉丁名	固碳量（kg）	NO_2吸收量（kg）	SO_2吸收量（kg）	$PM_{2.5}$吸收量（kg）	释氧量 g/（m^2·d）	降温 ℃/（m^2·d）	增湿百分数（%）
刺槐	*Robinia pseudoacacia*	3101.7	2.6	0.9	0.5	0.989	0.08	22.2
山杏	*Armeniaca sibirica*	27.7	0.5	0.2	0.1	0.879	0.09	23.1
毛白杨	*Populus tomentosa*	573.4	1.6	0.6	0.4	1.258	0.13	15.5
油松	*Pinus tabuliformis*	433.6	2.2	1.1	0.5	0.432	0.03	19.2
落叶松	*Larix gmelinii*	1478.8	1.3	0.5	0.3	0.924	0.07	23.5
蒙古栎	*Quercus mongolica*	996.0	1.6	0.6	0.3	0.495	0.05	26.0
麻栎	*Quercus acutissima*	3524.4	2.5	0.9	0.5	3.450	0.20	26.0
槐	*Sophora japonica*	2024.0	1.6	0.6	0.3	2.197	0.10	21.7
侧柏	*Platycladus orientalis*	618.8	1.8	0.9	0.5	9.948	0.10	25.3
荆条	*Vitex negundo*	131.5	0.6	0.2	0.1	0.879	0.09	29.8
苹果	*Malus pumila*	1420.9	1.7	0.6	0.4	0.800	0.07	22.0
	因子权重	0.023	0.063	0.094	0.186	0.387	0.061	0.186

阻力因子指标权重与分级					表 2
序号	评价指标	权重	阻力值		
			1 级	2 级	3 级
1	坡度（°）	0.41	0～15	15～30	30 以上
2	距离文保点距离（m）	0.26	0～100	100～200	200 以上
3	距离道路距离（km）	0.33	0～1	1～2	2 以上

2.2.3 康养廊道构建

在康养效益评估体系下生成康养源地与阻力面构建的基础上，利用最小累积阻力模型识别区域康养廊道。最小累积阻力模型（MCR）是指从生态源地经过阻力地区所耗费的费用或者所做的功，选取阻力较低的通道作为康养廊道的构建基础，根据实际情况与居民需求去除不合理廊道。计算公式如下：

$$MCR = f_{\min}\left(\sum_{j=n}^{i=1} D_{ij} \times R_i\right) \quad (1)$$

式中：MCR 为最小累积阻力值；D_{ij} 为物种从源 j 到空间某景观目的地 i 的运动距离；R_i 为景观目的地 i 对该物种的运动阻力。

3 结果与分析

3.1 康养效益评估

小西山的单一森林康养效益空间格局体现了区域优势植被的异质分布（图 3）。NO_2 吸收量、SO_2 吸收量、$PM_{2.5}$吸附量、固碳较高区域分布在小西山东部沿线，增湿较多区域位于小西山东、中部山区脊线，这与区域内以国槐、侧柏为优势树种有重要关联；释氧量较高、降温量较多的区域虽然也集中于东、中部，但是整体差异性较小。但是小西山西南与西北区在各项康养效益因子评估中

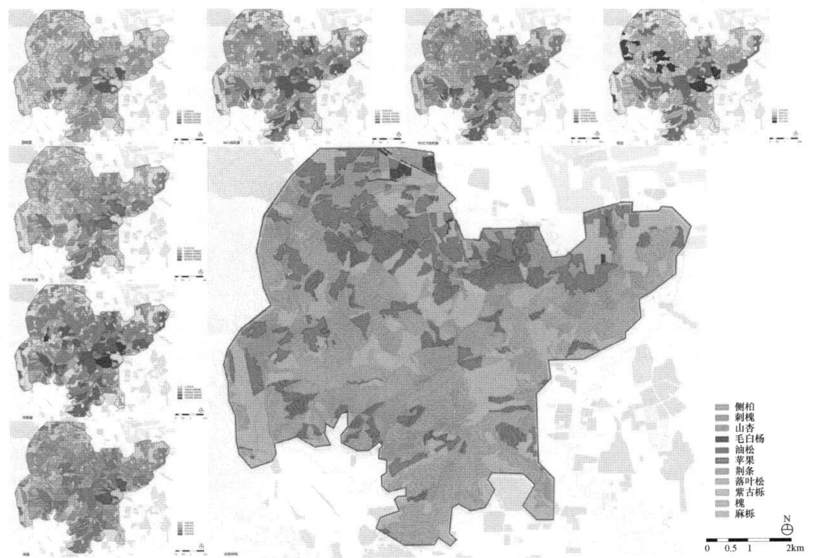

图 3 优势树种及其森林康养效益单因子

结果均较差，这与区域内有较多的建设用地，优势树种多为经济效益高的苹果林有关系，因此在这些区域规划廊道的选线会较少涉及。对于单一的生态效益评估结果运用加权叠加的方法，得到生态效益空间格局（图 4）。小西山东部、北部整体生态效益高于东部，从植物角度来看，是因为刺槐、侧柏与国槐能提供较高的康养效益；从营建基底角度来看，小西山的东、北部地区有北京植物园、香山公园、八大处公园等重要市级公园，公园已有良好的景观基础。

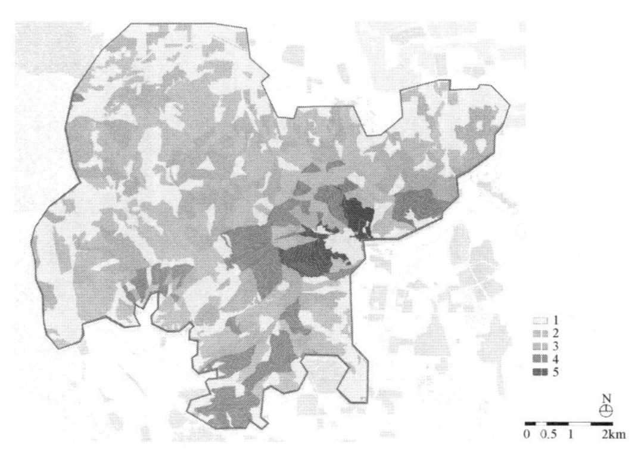

图 4 康养效益空间格局图

3.2 康养效益评估下康养源地的识别

康养源地的选取避让了小西山区域内生态保护红线，优先选取康养效益 3～5 级别的区域，并去除面积小于 0.3km^{2}的斑块（图 5）。最终康养关键源地总面积为 50.73km^2，占研究区域的 36.8%。康养源地中康养效益最高值的两个斑块位于北京植物园与西山国家森林公园周边，面积约 3.61km^2，占康养关键生态源地总面积的 7.1%；其次为东部中间区域，面积约 13.06km^2，占康养关键生态源地总面积的 25.74%。

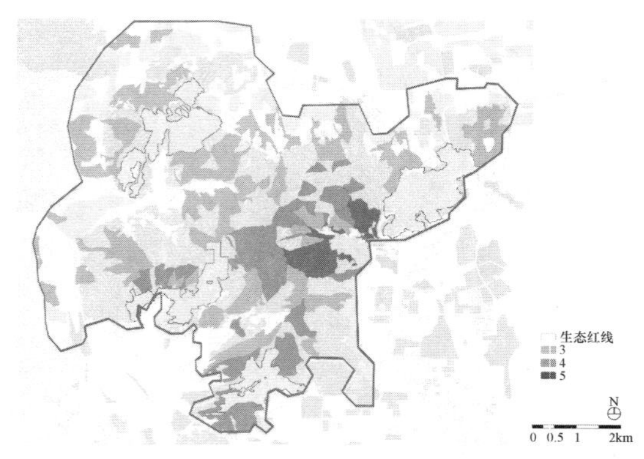

图 5 康养源地分布图

3.3 康养廊道构建与规划设计

康养廊道的构建可以有效促进康养源地之间的连通性与景观游憩性。为能充分发挥区域文化、植物景观资源优势，满足周边绿道、现状公园和区域建设用地、农田等用地类型的串联需求，在最小阻力模型廊道基础上进行廊道选线调整，并确定其主要功能与宽度。在东、北部山脚的平原区域新增生态连接绿道、田园观光绿道与历史文化绿道等三种绿道类型，共 19.4km，与现状三山五园绿道、市级滨水绿道等衔接；根据不同运动强度、步道建设坡度与现状公园的联通需要，规划登山健身步道、休闲健身步道与山地自行车道等三类康养步道（图 6），共 56.7km。在明确廊道类型后，根据文献查阅，廊道宽度在 34m 时对于提高负离子浓度[14]、缓解热岛效应[15]、保障动物迁徙[16]等方面具有关键性作用；廊道宽度在 200m 时是二级哺乳动物、一级鸟类、两栖、爬行、无脊椎动物最小迁徙宽度[17]。以此为理论依据，结合绿道与步道的生态、游憩功能以及小西山动物物种类型进行廊道构建（表 3）。

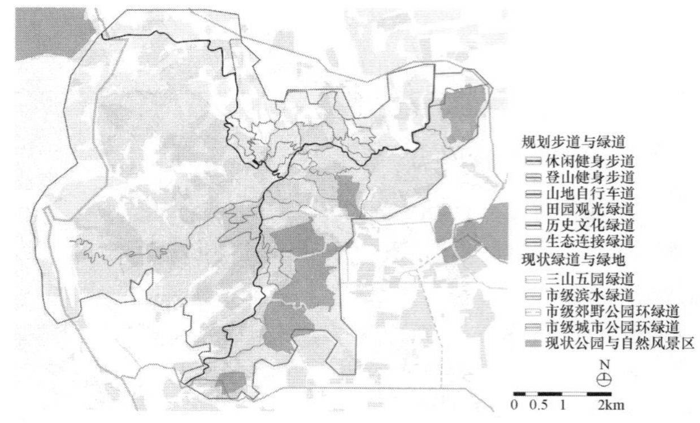

图 6 规划步道与绿道

除了廊道类型与选线外还需要进行更深入的康养活动类型的设计。较多研究验证了丰富的森林康养活动类型可以有效降低患糖尿病的风险、促进心灵健康等益处，其中包括园艺疗法、芳香治愈、感官体验等活动类型，将注重国槐等高释氧植物、薄荷等芳香植物的搭配，进行康养驿站、冥想休憩区、聆听平台、眺望塔等景观设施，引导自然感知，使居民深入其中促进康养效果。

廊道选线功能要求与宽度 表 3

类型		主要功能要求	宽度（m）	长度（km）
新增绿道	生态连接绿道	山体与水体之间的生态廊道	34～200	1.7
	田园观光绿道	构建城市-农田-山体生态廊道，促进生态农业观光	34～100	3.3
	历史文化绿道	串联人文风景资源	34	15.4
康养步道	登山健身步道	登山健身，坡度为 10°～25°，地形丰富	34～200	19.6
	休闲健身步道	散步、健步、自行车，坡度为 0°～10°，地形变化较小		24.8
	山地自行车道	设置 6km 短程赛，坡度不超 30°		12.3

4 结语

在城市生态保护发展模式下，森林康养作为生态文明转型的重要的研究焦点，对居民健康与城市可持续发展具有重要意义，本文提出了风景园林视角下的城市森林康养廊道网络规划框架。综合前人对森林生态与健康效益研究，构建森林康养评估体系，引导识别康养生态源地，利用最小累积阻力模型连接康养源地，参照游憩需求进行调整，并根据廊道康养与生态作用进行功能、宽度和功能的设计，完善廊道网络规划。根据康养效益评估等级划分，避让生态红线，去除面积过小区域，遴选出康养源地面积 50.73km^2，占研究区域面积的 36.8%。结合区域居民游憩需求与类型，康养廊道网络则由 3 类绿道与 3 类步道组成，共 77.1km，主要分布于小西山东部与北部。康养廊道网络在保证高康养效益基础上，串联区域现状公园与景观节点，促进生态、文化、游憩等多种服务功能协调发展，为城市生态文明转型背景下的风景园林规划提供范式。由于廊道网络规划是一个综合系统项目，需要涵盖生态、社会与经济等 3 大方面因素确定康养源地与最小阻力模型的阻力因子，完善规划框架。并且需要加入更多的理论支撑完成廊道网络中的节点设计与康养活动规划。

参考文献

[1] Wang R, Hou H, Murayama Y. Scenario－Based Simulation of Tianjin City Using a Cellular Automata - Markov Model[J]. Sustainability, 2018, 10: 2633.

[2] 邓元杰，潘洪义，陈丹，等．基于 CLUE-S 模型和 Markov 模型的土地利用变化模拟预测——以德阳市为例[J]. 江苏农业科学，2018，46(24)：321-327.

[3] Li Y , Li D . Assessment and forecast of Beijing and Shanghai \ "s urban ecosystem health[J]. Science of The Total Environment, 2014, 487: 154-163.

[4] PengKang. Weiping Chen. Ying Hou, Linking ecosystem services and ecosystem health to ecological risk assessment: A case study of the Beijing-Tianjin-Hebei urban agglomeration[J]. Science of The Total Environment, 2018. 636: 1442-1454

[5] 刘照，王屏．国内外森林康养研究进展[J]. 湖北林业科技. 2017，(5)：53-58.

[6] 王忠君．福州植物园绿量与固碳释氧效益研究[J]. 中国园林. 2010，(12)：1-6.

[7] Oh B, Lee K J , Zaslawski C , et al. Health and well-being benefits of spending time in forests: systematic review[J]. Environmental Health and Preventive Medicine, 2017, 22 (1): 71.

[8] 丛丽，张玉钧．对森林康养旅游科学性研究的思考[J]. 旅游学刊．2016，(11)：6-8.

[9] 何彬生，贺维，张炜，等．依托国家森林公园发展森林康养产业的探讨——以四川空山国家森林公园为例[J]. 四川林业科技．2016，(1)：81-87.

[10] 邢韶华．北京市森林植物分布规律及自然保护区体系研究[D]. 北京林业大学，2006.

[11] 张玉阳，周春玲，董运斋，王远森．基于 i－Tree 模型的青岛市南区行道树组成及生态效益分析[J]. 生态学杂志，2013，32(07)：1739-1747.

[12] 四川“康养产业发展研究”课题组，李后强，廖祖君．生态康养看攀西 以“六度理论”为衡量指标打造同心圆圈层发展体系[J]. 当代县域经济．2016，(3)：24-29.

[13] Nowak D J, Hirabayashi S, Bodine A, et al. Modeled PM2.5 removal by trees in ten U.S. cities and associated health effects[J]. Environmental Pollution, 2013, 178: 395-402.

[14] 朱春阳，李树华，纪鹏，等．城市带状绿地宽度与温湿效益的关系[J]. 生态学报．2011，(2)：383-394.

[15] 蔡妤，董丽．绿道生态价值研究进展及展望[J]. 山东农业大学学报：自然科学版．2018，(1)：110-116.

[16] 滕明君，周志翔，王鹏程，等．基于结构设计与管理的绿色廊道功能类型及其规划设计重点[J]. 生态学报．2010，(6)：1604－1614.

[17] 康敏明．基于不同生物多样性支撑功能需求的森林廊道宽度[J]. 林业与环境科学．2018，(3)：42-46.

作者简介

倪永薇，1995 年生，女，汉，江苏徐州人，硕士，北京林业大学，学生。研究方向为风景园林规划设计与理论。电子邮箱：823101879@qq.com。

郑曦，1978 年生，男，汉，北京人，教授，北京林业大学美丽中国人居生态环境研究院秘书长。研究方向为风景园林规划设计与理论。电子邮箱：zhengxi@bjfu.edu.cn。

试论野生观赏植物在现代化城市园林建设中的意义

Analysis of the Significance of Wild Ornamental Plants in the Construction of Modern Urban Landscape

李骏倬　黄楚梨

摘　要：中国土地辽阔，多元的自然条件、气候类型和地理类型孕育出丰富的野生植物资源。然而，目前仅有少量野生植物资源应用到现代化城市园林建设中。本文旨在针对城市园林建设中野生植物资源的应用进行讨论，通过对中国野生观赏植物资源现状的调查结果，结合城市生态系统对园林建设的需求，充分栽培难度、观赏价值、应用范围等多个因素，针对将野生观赏植物应用到城市园林建设的实际应用方式提出一些建议：如引种驯化、建立或充实专类花园、融入公园绿化等。并以四川省成都市温江区碧落湖公园为研究对象进行探究，以期在现代化城市园林建设中具地域特色的植物配置、丰富的观赏植物群落多样性、同时减轻人工选育工作量。

关键词：野生观赏植物；人工选育；植物配置；城市园林建设

Abstract: China's vast territory, complex natural conditions and changeable geographical types make landscape types extremely diverse and breed abundant wild plant resources. However, only a few wild plant resources have been applied to the construction of urban landscape in the modern time. This paper aims to explore the application of wild plant resources in urban landscape construction. It analyzes the demand of urban ecosystem for landscape construction through the investigation of the status quo of wild ornamental plant resources in China. Then, taking into account many factors such as cultivation difficulty, ornamental value and application range are proposed that wild ornamental plants will be applied to urban landscape construction through introduction and domestication, establishment and enrichment of special gardens, and integration into park greening. The Biluo Lake Park in Sichuan Province is an example to explore the plant configuration, creating regional arrangement of plants, enriching the diversity of urban vegetation communities, reducing the amount of artificial breeding work.

Keyword: Wild Ornamental Plants; Artificial Breeding; Arrangement of Plants; Urban Landscape Construction

1　中国野生观赏植物资源调查现状

我国幅员辽阔，复杂多变的地理类型和多样的气候特征使得景观类型极具多样性，孕育出丰富的野生植物资源。野生观赏植物是指现在仍在原产地处于天然自生状态的物种，其多具有花形奇异，色彩鲜艳等特点，观赏价值高。由于我国超过 60.6%的版图是山地，这使得大量野生植物资源免受城市化干扰，得以完整保存。其中常见于城市绿化中的园艺种包括百合科、蔷薇科、石竹科、菊科、兰科、唇形科、十字花科和禾本科等。我国自 19 世纪后野生观赏植物大量流失海外，据统计，美国栽培的观赏植物品种 57%来源于中国植物的基因。仅以杜鹃花为例，英国、美国等欧美国家从我国引种黄花杜鹃、云锦杜鹃等 250 种杜鹃花[1]。虽然中国具有悠久的观赏植物驯化历史和丰富的野生植物资源，但是近年来在引种驯化和培育新的园艺种等方面的工作进度远落后于国际水平。在此背景下，对我国的野生观赏植物资源进行调研和开发利用成为了当前我国观赏园艺和园林建设工作中的重要方向之一。

1.1　重点区域调查

基于地域广阔，跨多温度带的地理特性，我国气候类型丰富，孕育了多种多样且数量庞大的野生植物资源，南方地区拥有大部分野生观赏植物资源，是其重点区域。然而，也正是复杂的地形和气候条件限制了科研人员对部分地区野生观赏植物资源的调查。相较而言，东南地区开发更深入，例如有学者通过多年系统的野外调查与资料收集，总结出福建地区具有观赏价值的植物 1506 种，其中以兰花最多[2]，并采用心理物理法精选出 142 种观赏价值高的野生观赏植物。其中包括延龄草（*Trillium tschonoskii*）、毛药花（*Bostrychanthera deflexa*）、野牡丹（*Paeonia delavayi*）等野生花卉。因地形、经济发展水平等因素，西南地区野生植物的研究尚少，但其实云贵川渝地区大片的无人区山地中还隐藏着大量具有开发潜力的野生观赏植物。目前已整理出重庆地区野生观赏植物资源 159 科 378 属 1128 种，以毛茛科、百合科和菊科等居多[3]，但距离彻底掌握西南地区的野生观赏植物资源分布还有很长的一段路要走。

1.2　重点科属种调查

基于我国的野生观赏植物的分布和长期以来形成的对个别类型观赏植物的偏好，兰科、菊科、蔷薇科、禾本科等应当属于重点调查的对象。以菊花为例：菊花（*Chrysanthemum morifolium*）在中国已经有长达 1600 多年的栽培历史，品种类型丰富，在园林中应用极为广泛。菊花最初诞生在中国，品种形成与发展也在中国，至今，中国仍是菊花品种资源遗传多样性的中心，除了长期被育种家选育的栽培种菊花以外，野外也同样分布了种类多、数量极大的野生菊花居群。

研究人员在对菊花观赏性状的研究中发现了菊属植物中性状镶嵌分布的现象，即在高度进化的栽培品种中也存在较为原始的性状，原始的野生种中也经常出现一些栽培类群中才会出现的进化的性状[4]。这就意味着，即使是野生的菊花类群当中，也存在着经过无数育种家辛劳选育出来的优良观赏性状，对这些野生菊花的探索发现和利用可以大大减少选育过程中付出的精力和费用。

2 城市生态系统下对园林建设的需求

伴随着建筑行业的发展和人们对生活质量的高要求，传统观赏植物资源已经难以满足人们的需求，室内外植物的美化作用受到了更多关注[5]。除了美化作用以外，城市系统下的园艺植物往往还需要承担吸尘降噪、科普等作用，这对城市系统中的植物多样性有着更高的要求。然而，当下很多城市中的观赏植物景观无限趋同，千篇一律的建筑，套路化、标准化的植物配置，虽一定程度降低了施工成本和施工难度，但也使得园林建设失去了它应有的独特的艺术美学。

如今，各城市争先寻找城市特色标签，除了寻找城市本身的文化底蕴以外，本土特色植物资源的利用是不可忽视的一环。植物是体现当地地域和气候特色的重要因素之一，野生观赏植物是在本地长期生存并保留下来，已对周围环境有了高度的适应性，能充分体现当地特色的主要植物景观，并且能够在当地展现自身最完整的观赏价值。以西昌市的蓝花楹为例，西昌作为蓝花楹的起源中心之一，当地的气候条件适宜蓝花楹生长，盛花季节只见其花，不见其叶，整个城市都笼罩在一片蓝色的云彩之下，非常具有辨识度。很多城市见状引种蓝花楹作为城市行道树或者用于公园造景，但由于气候不适宜，仅能在树冠顶部有少量的花序，无法形成其特有的极具观赏性的密满花相，观赏性不佳，由此可见各地乡土植物对于当地的独特价值。

在当今的城市生态系统下，大面积的绿植已不足以满足园林建设的需求，如何提高植物搭配的可观性、丰富植被群落、减轻育种工作量、降低成本尤其值得思考，而野生观赏植物在园林中的恰当应用可在一定程度上有所裨益。

3 野生观赏植物的园林应用形式

3.1 引种驯化

多数学者在引种驯化方面从植物生态学方面着手，筛选野生观赏植物的标准为生态习性、生态学特征和观赏价值等，建立综合评价模式，选出合适引种驯化材料，方便园林应用[5]。但是在野生观赏植物引种的过程中需要重视的一点是，不能对野生居群进行破坏型的开采，包括保护野生居群完整性和原生环境两部分，野生植物居群大多生长缓慢，遭到破坏后需要很长的时间才能完成自我修复。例如去年风靡一时的兴安杜鹃，就是直接从其生境大肆开采，导致其野生居群需要数十年的恢复期才能恢复到维持种群完整性的地步。野生观赏植物引种成功的前提是熟悉其生长发育、开花结实和繁殖等规律，往往需要通过人工繁殖的手段进行扩繁，一方面不影响它们在自然环境中的正常生长，另一方面也能降低其在城市园林中的使用成本。许多野生花卉都具有种子，利用种子进行扩繁是一条便利而无破坏性的途径，野生花卉只有引种栽培成功，并通过繁殖获得大量的种苗，其在园林中的应用才能成为可能。

另外需要充分考虑到生境的变化对植物表现型的影响。我国拥有丰富的野生兰花资源，但是很多兰花对于生境的要求极高且十分敏感，例如北京市百花山地区的大花杓兰，花型奇特，颜色艳丽，具有极高的观赏价值，但是经过数代人的努力，也鲜有人工移植成功的案例。对于这类野生观赏植物，在引种前需要考虑能否建立起高规格的模拟生境系统以供育种繁衍，否则就无需在这当中投入过多的精力和成本。

3.2 建立或充实专类花园

中国历史上早已有专类花园的记载，如兰圃、菊圃、梅园、牡丹园等。对于某些特定野生观赏植物科属特别集中的省份、地区，可以充分引种，建立某种植物的专类花园，兼有观赏、科普、保存种质资源和科考的功用。

因专类园中的植物种类相对单一，所以在设计时就需要充分考虑到不同时间和空间层面上的观赏性，这就要求设计者对专类园的专题植物有一个整体的了解和认知，对其不同种或品种的个体的形态、生育期、观赏部位、色彩等多个方面综合分析，才能最大程度地表现出它们不同的特色之处的同时，也达成“点一线一面”的景观统一体。

目前，鲜有设计者将野生观赏植物充实应用到其同类植物的专类园当中，虽然市场上的栽培种的观赏植物已经十分成熟丰富，但是育种家在选育的过程中还是存在不同程度的偏好。以郁金香为例，现在市场上的郁金香在花型和花色等方面拥有丰富的变异，但是由于选育过程中必须考虑到其切花的特性，所以现有的品种花茎较长，这就与其原生种接近地被植物的特性相差较远，将郁金香的栽培种和野生原生种结合起来进行花镜造景，充实已有的专类花园，即可在互相填补在不同形态高度上的审美空白，也使得植物的专类园更加丰满多样。

4 野生观赏植物的园林应用实例——以成都市温江区为例

温江地处成都平原腹心，系都江堰自流灌溉区，土壤肥沃。作为成都市的“绿肺后花园”，其大力发展“绿色产业”，是成都市范围内苗圃、园林公司的集中地。因此笔者选取此地作为城市园林建设示范研究区对温江区主城区百余块城市绿地植物配置情况进行调研。笔者按照绿地性质的不同，将调研区域绿地植被情况分类列表，调查结果如下图所示（图1～图5）。

	附属绿地(XG)
乔木	朴树、 黄金香柳、枫杨、红椿、木槿、木芙蓉、腊梅、元宝枫、鸡爪槭、石榴、细叶楠、小翠丝竹、香樟、天竺桂、小叶榕、无花果、印度橡皮树、黄葛树、蓝花楹、山合欢、红花羊蹄甲、龙抓槐、皂角树、龙牙花、木香花、贴梗海棠、樱花、紫叶李、鱼尾葵、乐昌含笑、广玉兰、银杏、杜英、桂花、 紫薇、老人葵、枇杷、竹、加拿利海枣、火烈兰、二乔玉兰、八角枫
灌木	朱蕉、细叶萼距花、马尾铁、胡椒木、花叶假连翘、三角梅、海桐、山茶、蓝莓、杜鹃、花叶蔓长春、凤尾兰、紫叶小劈、十大功劳、决明、八角金盘、决明、月季、金边六月雪、栀子花、鹅掌柴、海桐、迎春、茉莉、小叶女贞、棕竹、散尾葵、 龟背竹、六月雪
地被	葡萄、爬山虎、红花酢浆草、三色堇、角堇、车前草、一串红、龙牙草、龙舌兰、细叶婆婆纳、黑麦草、蓝羊茅、菖蒲、沿阶草、鸢尾、肾蕨、一叶兰、百日草、绣球八仙花、蒲公英

图 1　附属绿地植被调查情况

	公园绿地(G1)
乔木	小叶榕、樟、桉树、核桃树、紫薇、杨梅、黄金香柳、枫杨、灯台树、枣树、红椿、木槿、木芙蓉、元宝枫、鸡爪槭、石榴、细叶楠、 小翠丝竹、香樟、天竺桂、夹竹桃、桑树、构树、黄葛树、蓝花楹、无患子、垂柳、山合欢、银荆、红花羊蹄甲、 槐树、皂角树、刺桐、栾树、梨树、贴梗海棠、 枇杷、紫叶李、 梅树、 桃树、白玉兰、含笑、桂花、蒲葵、漆树、杜英、晚樱、 罗汉松、银杏、红枫、桢楠、二乔玉兰、水杉、龙爪槐、油椰、黄连木、苏铁、灯台树、刺槐、松树、泡桐、 黑壳楠、大叶桉、臭椿、广玉兰、雪松
灌木	双色茉莉、大花曼陀罗、马尾铁、朱蕉、水麻、五色梅、 花叶假连翘、 加拿大杨、三角梅、山茶、杜鹃、花叶蔓长春、凤尾兰、南天竺、 紫叶小劈、十大功劳、决明、红花檵木、蚊母树、月季、石楠、金边六月雪、栀子花、八角金盘、鹅掌柴、迎春花、 茉莉、 金叶女贞、 金边大叶黄杨、小蜡树、 细叶黄杨、 冬青卫矛、 洒金千头柏、丝兰、棕竹、七里香、老人葵、 红叶石楠、海桐、小叶女贞、鸡爪槭、花叶青木、黄金香柳、 琴丝竹、荠菜、春羽、艳山姜、 葱莲、 黄木香花、荷花玉兰、小檗、金心黄杨、洒金珊瑚、红豆杉、鸭脚木
地被	孔雀草、花叶酢浆草、万年青、油麻藤、木香花、紫藤、紫叶美人蕉、紫叶酢浆草、石蒜、朱顶红、唐菖蒲、虎头兰、大丽花、西南文殊兰、花叶芦竹、芦苇、水葱、 早熟禾、 菊花、金钱草、虞美人、麦冬、狗牙根、沿阶草、三色堇、蝴蝶花、黄金菊、 菖蒲、石竹、三叶草、雏菊、紫苏

图 2　公园绿地植被调查情况

	广场用地(G3)
乔木	铁树、银杏、棕榈、桂花、紫薇、黄葛树、含笑、小叶榕、枫杨、石竹、紫叶李、杜仲、海棠、蒲葵、杜英、天竺桂、香樟、玉兰、梨、紫荆、榉树、蒲葵、松、朴树、苏铁、柳树，广玉兰、日本晚樱、木芙蓉、茶花、合欢、桃树、紫叶李、羊蹄甲、石榴，贴梗海棠、鸡爪槭、枇杷树、紫叶矮樱、杨树、水杉，构树、鸡冠刺桐
灌木	红花檵木、黄杨、红叶石楠、海桐、南天竺、四季桂、茶花、铁树、结香、杜鹃、八角金盘、洒金珊瑚、十大功劳、小叶女贞、金叶女贞、 南天竺、蚊母树、夹竹桃、红叶石楠、金边黄杨、棕竹
地被	麦冬、铜钱草、高羊茅、肾厥、花叶良姜、花朱顶红、红花酢浆草、三色堇

图 3　广场用地植被调查情况

	防护绿地(G2)
乔木	朴树、木犀、皱皮木瓜、双荚决明、核桃树、杨梅、紫薇、桉树、黄金香柳、枫杨、红椿、木槿、元宝枫、香樟、天竺桂、桑树、小叶榕、构树、无花果、黄葛树、鸡冠刺桐、栾树、木香花、女贞、榆树落羽杉、广玉兰
灌木	三角梅、红花檵木、海桐、山茶、杜鹃、蓝莓、凤尾兰、南天竺、紫叶小劈、十大功劳、苦谏、决明、金边黄杨、八角金盘、鹅掌柴、变叶木、月季、海东青、贴梗海棠、决明、女贞、蚊母树
地被	麦冬、金鸡菊、花叶良姜、紫背竹芋、紫叶美人蕉、紫夜酢浆草、石蒜、花朱顶红、唐菖蒲、三叶草、沿阶草、狗牙根、剪股颖、三色堇、蒲公英

图 4　防护绿地植被调查情况

	区域绿地(EG)
乔木	乐昌含笑、栾树、黄花槐、小叶榕、皂角、黄葛树、金桂、龙桂、朴树、 老人葵、蒲葵、香樟、香港紫荆、红豆杉、加拿利海枣、火烈兰、皂荚、小叶榕桂花、樱花、银杏、杨梅
灌木	海桐、法国冬青、南天竹、朱蕉、红叶石楠、金叶女贞、小叶女贞、红花檵木、比利时杜鹃、西洋杜鹃、鸭脚木、八角金盘、洒金珊瑚、万年青、栀子花
地被	花叶芦竹、沿阶草、地毯草、春羽、肾蕨、酢浆草、百日草、花叶良姜、紫背竹芋、石蒜、花朱顶红、虎头兰、绣球八仙花

图 5　区域绿地植被调查情况

整体而言，温江区城市绿地所使用的园林植物种类较多，基本囊括了适应当地气候类型的所有常见的观赏植物，并且将一些传统的果树例如枇杷、核桃、木瓜、蓝莓等灵活的运用到了园林设计当中，让人们在都市中领略到日常食物另一种不同的风姿。但是在温江区的各类绿地中，几乎不存在本土的野生观赏植物资源的应用。值得注意的是，在很多地区包括温江区有一种常见的地被植物——红花酢浆草（*O. debilis*），它其实原本是一种地地道道的入侵物种。酢浆草属（*Oxalis*）是一个世界性分布的大属，有超过 800 个物种，但绝大多数都生活在热带美洲。红花酢浆草进入我国后，迅速地适应了我国的气候，甚至丧失了其在原产地的夏眠行为，一年四季均可开花，并通过其鳞茎的营养繁殖快速扩张，与此同时，其优良的观赏性和自播的特性迅速地被园林设计者运用到了园林的地被植物当中，属于一个非常经典的野生观赏植物应用案例。除了红花酢浆草这一野生观赏植物的"前成员"以外，温江区各类绿地中对野生观赏植物资源的利用鲜有存在。

基于上述研究，笔者选取温江主城区近年来新建的碧落湖公园进行具体研究。碧落湖公园位于成都市温江区光华大道三段，占地面积约为 13.5 公顷，围湖而建。其位于政务、商业、居住的核心区，紧邻地铁站，交通便利，人流量集中（图 6、图 7）。

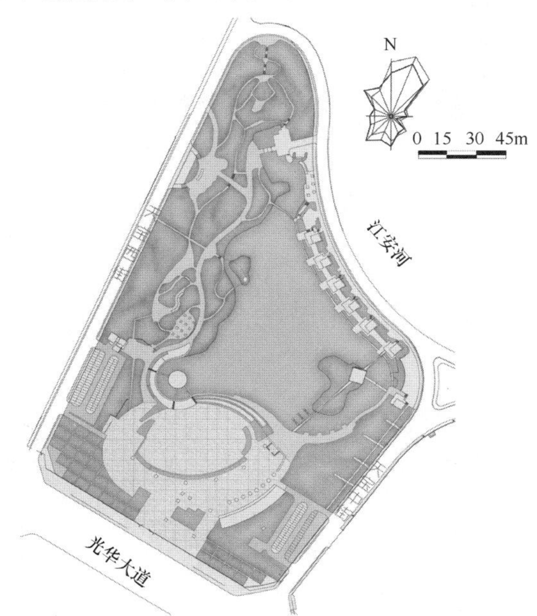

图 6　碧落湖公园平面图

碧落湖公园目前的植物设计主要分为疏林、密林、入口疏林及水生植物四个片区，其植物种类、植物结构、景观效果总结如下（图 8、图 9）。

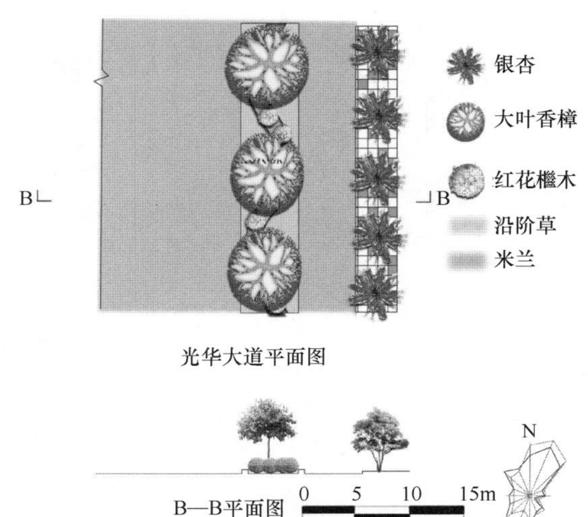

图 7　光华大道道路绿化平面图及剖面图

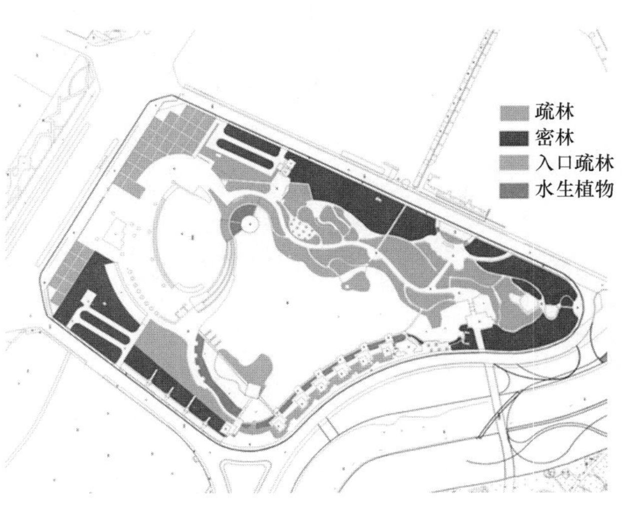

图 8　碧落湖公园植物设计分区图

通过以上分析总结发现，碧落湖公园中植物覆盖率高，但植物色相单一、缺少彩叶植物，且多为常见园林植物，搭配单一，生长状况不佳，几乎没有野生观赏植物的踪迹。根据西南地区地理气候条件以及资料查阅，建议在碧落湖公园水生植物草坡区域增添野生花卉——川百合，于入口疏林区增加地被——八角莲、灌木——四川蜡瓣花，在疏林区增添野生花卉——川百合、灌木——烟管荚蒾、乔木——峨眉黄肉楠，在密林区新添小乔木——峨眉四照花、峨眉黄肉楠。适度引入可控的野生观赏植物，丰富植物群落色相与层次，并给人带来自然野趣之享受，回归自然，体现野生观赏植物在新时代城市园林建设中的意义与价值。

景观类型	植物种类	植物结构	景观效果
密林	南天竹、肾蕨、双荚决明、苏铁、桢楠、杜英、槐树、大叶榕、迎春花、广玉兰、细叶芒、棕竹、蒲葵、八角金盘、加杨、早熟禾	乔木+灌木+地被类为主	主要分布在外围，植物以茂密的类型为主，生长状况良好。对视线有阻碍作用，在公园外围形成自然的“绿色屏障”。
疏林	柳树、艳山姜、紫叶李、桃树、垂丝海棠、红花羊蹄甲、女贞、银杏、紫玉兰、海枣、象牙花、梅花、三角梅、早熟禾	小乔木+地被为主	主要分布在湖周围，植物以开花乔木等景观效果较好的类型为主，生长状况良好。视线通透性良好，人们可以选择席地而坐观赏湖面。
水生植物	伞草、美人蕉、睡莲、黄菖蒲、花叶芦竹	成片种植	主要分布在湖边，选取的植物种类有良好的观赏性，但种类单一并且生长状况差，并未形成良好的景观效果。
入口疏林	银杏、沿阶草、早熟禾	大乔木+地被为主	在入口处选择高大的银杏和草坪为主，辅以小片沿阶草，视线开阔，提供自然的休闲空间，便于人群疏散。

图 9　碧落湖公园主要植物景观类型调查情况

5　结语

野生观赏植物是我国极为丰富的自然资源中特有的产物，其在新时代城市园林建设中的利用不仅能减轻人工选育工作量，推进观赏园艺学科的发展，而且能改善目前千城一面的植物配置风貌，丰富城市植被群落多样性，增添野趣，不失为新时代园林建设中不可或缺的一员。

参考文献

[1]　石进朝，张启翔，蒋细旺．我国观赏植物种质资源流失的原因及对策[J]．中国园林，2007，23(9)：85-89.

[2]　兰思仁．福建省野生观赏植物资源调查与观花植物的观赏特性评价[J]．中国园林，2010，26(12)：63-67.

[3]　谢吉容，张祖荣，熊运海，等．重庆地区野生观赏植物资源调查研究[J]．中国野生植物资源，2006，25(5)：8-12.

[4]　戴思兰，陈俊愉．中国菊属一些种的分支分类学研究[J]．植物科学学报，1997，15(1)：27-34.

[5]　雷蕾，雷镇泽，洪键．中国野生观赏植物种质资源及其应用前景[J]．南方农业，2016，10(3)：116.

作者简介

李骏倬，1994 年生，男，汉族，四川人，硕士，北京林业大学，在读研究生。研究方向为观赏植物遗传育种。电子邮箱：549064468@qq. com。

黄楚梨，1995 年生，女，汉族，四川人，本科，北京林业大学，在读研究生。研究方向为风景园林规划设计。电子邮箱：huangchu，li@bjfu. edu. cn。

探讨当代风景园林学科理论实践带动都市景观设计可持续发展

——以中国风景园林景观水文教材为例

Review of Contemporary Landscape Architecture Theory-Practice for Exploration of Urban Landscape Design Sustainability

—Cases of Landscape Hydrology Pedagogics in China

林开泰*　林晨艳　林钰珺　董建文

摘　要：由1993迄今近25年来，中国风景园林本科及研究所学科随着社会经济的快速发展，整体风景园林的可持续发展与经营，也因而亟需了解其背后基础理论、实践与教育的优劣趋势，从而得以密切配合，加速进一步实质建设。因此，本论文首先检视这些年来在纽约、新加坡风景园林学科下的景观水文，自然整地集排水，都市暴雨水尖峰径流量计算，与中国风景园林本科和研究所共同使用的《风景园林工程》教科书的优缺点；以北京某公园的集排水管线布置和福州某公园规划设计的实际案例，了解都市发展，特别是都市暴雨水径流的管理在中国风景园林的教育介入现况和趋势。本论文同时探讨风景园林理论工程或非工程改善实质建设概念，帮助教学教材的实践，期为将来可持续发展之借鉴。

关键词：风景园林；风景园林理论与实践；景观水文教学；整地与集排水设计；景观水文

Abstract: Looking up to the last quarter of century from 1993 through 2019 of socio-economical blooming, China institution and collegiate studies either on under or graduate school of landscape architecture shall have to integrate with achieving the feat of sustainability of physical construction through appreciating landscape planning and design in theory, practice, and education comprehensively. The study thus is to scrutinize the occurrences in these days of hydrological landscape planning and design in New York and Singapore as of natural drainage and grading in practice, and as of the pedagogics such as be-valued, popular textbook's shortcoming of drainage piping systems and storm management design at Beijing and Fujian's cases. The study is to examine the occurrences in these days of hydrological landscape planning and design in New York and Singapore as of natural drainage and grading in practice, and as of the pedagogics of drainage piping systems design and storm management at Beijing and Fujian as the cases.

Keyword: Landscape Architecture; Theory of Landscape Architecture; Pedagogy for Landscape Architecture; Grading and Drainage Design; Hydrological Landscape

引言

1993年，中国在确定社会主义的市场经济为改革目标，进行改革开放之后，基础的社会经济环境突飞猛进，1999年开始实行新的专业目录，园林专业，与具有园林学科的高校，大规模扩招[1]，持续至今已近25年（1993～2018年）。中国风景园林学科随着社会经济的快速发展，整体风景园林需求，以及贡献于社会的可持续发展与经营，因而亟需了解，检视风景园林理论、风景园林实践与教育的优劣趋势，从而需要密切配合，以加速更进一步建设。风景园林景观水文运用传统水文学和水力学知识，风景园林竖向设计，作为都市暴雨水和径流等雨洪管理的方法，达到更安全，更健康，同时提升生活品质的都市更新和城乡规划的主要考虑方法。

过去25年，纽约和新加坡逐渐发展更新，迄今繁荣进步，当地居民赞扬风景园林景观建筑专业工作者，认为他们带来环境可持续发展和环境生态服务机能，也带来社会更高的福祉。但值得注意的是，纽约和新加坡的例子，并非同样发生在其他世界各国的城市，所以本研究就风景园林学术理论实践与教育的现况和趋势，探讨是不是可以预估风景园林理论与实践的可能性；是不是师生可以理解环境规划与设计的教育教材，因而产生更好的设计规划决策人员？更重要的是，这种理解和检讨特别针对景观水文规划设计，检示是否环境规划设计中认知利用例如“整地即设计，设计即整地”的概念？自然生态集排水方式可能为田园式城市规划设计、城市花园化、地形、土壤、地质、和气候特性考虑多样性[2]？景观水文的考虑是不是会为这社会带来更佳的社会经济上的生态服务机能？

涵盖风景园林的理论实践，本研究利用实际上课布置作业，要求特定水文景观降水排水管网或任何雨洪管理。本研究利用事后回溯的方法，检视中国大陆本科和研究生在应用景观水文教材的回答，藉作业了解，探讨都市暴雨水径流雨洪管理的实施方案可不可列入大学或研究所的教材内，用为养成都市暴雨水径流管理的合理观念？总结是检讨风景园林理论实践过程中，都市设计，都市田园化是否运用降水、径流水，水量，水质的解决方法为最佳？本科及研究所教授提供适当素材，是否应要求学生学习场地或区域地形、地貌、土壤、地质，区域地方的历年降雨，统计预估与降雨强度频率的重现期？

1　风景园林理论和教学方式

中外大学研究所，或社区中心教育推广职业学校，风景园林教学方式或教材，有时并不十分确认何者最优先紧急，但基本上必然是跟随当下认定最重要的理论趋势；例如由1950年至1960后，新中国风景园林理论的本质到1990年前均是着重追求于对抗先前传统所做出的具体对抗成果的要求；对抗的成果，是过程本身或执行的实践方式，实践结果反而不是那么重要；景观规划设计的“过程”也可能涉及对风景园林语言的外显评议或隐晦语意的解读批判[2]。这过程也是对风景园材素材和使用者利用“机能”的解析探讨过程，并借此达到应用功能模式的落实与普及化。

相对20世纪初至50年代末以及60年代末至70年代初，风景园林学科都是对奥姆斯特德父子创办主导的风景园林景观建筑传统的“新”想法与反省。美国加州柏来大学教授埃克柏（Garrett Eckbo）进一步说明这种景规的过程：机能（功效）定位于“服务于社会人群的日常经验”；[2,3]自然环境的规划设计必须是和普世的社会文化经济价值密不可分；对于传统承受的概念，风景园林景观建筑专业扮演挑战寻求理清的角色，并提出和以往不同的解决方案。[3]

之后60年代末70年代，美国各地民权运动兴起，带来风景园林形式多元化，更多的社会公义，平等权益改革的要求，风景园林形式的外显理论意义已经是必须具有社会联系的意义，方为人所接受。

再进一步到70年代末，风景园林形式的外显风格和社会意义又进展到①整合区域性或界定范围内场地规划设计概念；②重视生态规划设计和场地规划设计的合理价值，和③实践生态规划设计和场地规划设计中基层平民，草根文化的社区参与。这最重要的方法和代表性重要学者，至少包括了凯文·林奇（K. Lynch）等的《场地规划设计》（Site Planning）[4]，伦道夫·赫斯持（R. Hester）的社会学《社区规划过程》（Community Design）[5]，和伊恩·麦克哈格（I. McHarg）的生态方法过程加权重的《设计结合自然》（Design with Nature）[6]，及雅各布斯（Jabcobs）的人文艺术社会文化思维的《重置（De/Re/In》[7]等。

也大约在同一时期1970年代末到1980年代开始，欧美国家城市，开始草根性社会运动，强调社区参与，由下而上的而非由上而下精英决策能力；生态知识要求，设计普及，促使诸如西雅图城市当局逐项改善更新都市风貌，以风景园林的生态集排水方式作为城市与城乡创新的基础：把降雨留在街上，将暴雨水径流导向下渗装置，池区净化排放水，减少河川污染，并带动了社区发展。此等风景园林理论不再是由上而下，而是由下而上自发理论一实践一规划兼顾了都市景观、生态景观、社区发展等永续理念。这些都对都市化过程土地开发及排水系统、保育水资源，和公众健康安全福祉产生极大的影响。

旧金山、芝加哥、纽约也在这些理论实践落地的成果中，并接续兴起了自然社会人文生态、可持续发展生态系统服务、绿色基础建设的概念和理论。这些不只是平行于当时同样具有意义的风景园林语言语意学批判和特立独行的发散思维，而且更是实务落地实践的美学伦理、生态设计、区域环境和社会文化自然实质经理的公共服务设施项目。[8]

1990年始迄今，近25年来，美国纽约公园与绿地、联外进出口及零容忍排污废水政策政策，与之相似新加坡的市政建设理论与实践活动，活力一美质一干净的风景园林景观水文政策[10]，均是现代风景园林中典型教学一教材基础。

纽约风景园林专业运用考试查验实践能力：风景园林专业学习工作实习满一定时限（3年）后必须通过执照考试（L. A. R. E.）委员会（CLARE）就风景园林最基本和最重要的能力，例如快速设计、检视迭替方案、植栽设计、细部设计，和整地集排水、景观水文加以考试以核发执照资格。整地集排水、景观水文是严峻考验之一，学生必须就场地或区域作出正确的正向排水、规划设计的暴雨水径流，集水，输导，放置，结构性例如管径排水进水口结构设计。专家学者组成委员提供命题范围，学校也因此培养学生，或在职实践中了解。

此完全不同中国大陆地区盛行的本科生或研究生在风景园林专业，只着重本科保研、考研、研究士直博、读博，专业并无实践的考核；学校更执着教授者首重本科和最终博士相同学位、教材作业考试首重效果图、视觉效果，甚少看重跨学门，跨领域的景观水文迭替方案，和植栽设计细部设计的关系，不论基本的景观水文迭替，和整地集排水的要求。

以上纽约、新加坡1990年代后配合急速发展的都市化与工业化过程，住宅排水系统、保育水资源，和保育地上地表，地下水管理，进一步利用教学考试、社会平等、公众健康，执行景观水文可持续发展政策。

风景园林理论和实践的配合在纽约和新加坡已是生态设计区域尺度，和公共设施基本建设审美理论的提升[10,11]，也是现代风景园林中教学一教材的基础。迄今，风景园林景观理论实务更着重于跨领域，多专业学识学程的互动，并非空言：风景园林景观理论的教学与教材确已着重实务跨领域多专业学识学程互动，景观水文学完整的自然生态整地与集排水设计方法和计算[12]，正是最重要的一环。

2　中国大陆地风景园林水文景观教学案例研究

探讨现代风景园林理论-实践，教学-教材，本研究以中国北京和福州二地区的公园场地作为案例检讨。第一案例系由中国“十一五”国家级规划教材教科书，北京公园示范基地，[13]另一个为福州市实际案例演变而成。二案例均可说是得到不完整或过度设计的负面性教材。演绎的过程说明过去传统的计算方式和思维没有表现或强调，现代的都市暴雨径流的雨洪管理必须是水量上排水系统整体系统化，将“收集”。“输导”与“移转”水资源带入滞流，净化，活用的整体考虑途径[11,14]。

各案例理论-实践之处，均依据地形整地集排水水文景观研究为之，具体说明如何违反了全面整合的思维方法：其中案例一；布置课本习题材料，全体学生（64/64）仅考虑暴雨水管渠系统布置收集（北京）都市暴雨水径流，排放沟渠，注入现有河流为唯一方法。案例二；布置实际基地材料，几乎全体学生（63/64 本科生，13/13 研究生）仅考虑管雨水管渠系统布置，沿道路收集可能暴雨水径流，地下排放沟渠，连接至可能的转接折点为唯一方法，只有一名研究生（1/13）和一名本科生（1/64）了解并愿意尝试草沟或海绵城市的留置径流水量。学生整体风景园林景观水文思考评估如下：

（1）思维均只着重水量管理，不求水质理管理；不求更重要，全面“就地”处理的方法。都市暴雨水径流雨洪管理，只将暴雨径流水直接排放至“场地外”，这种教学材料的回答，反映学生对现代景观理论可持续发展的缺乏认知。

（2）解决方法均只反映将降水排放，没有考虑降水为有用或可持续使用的资源。本地一处转移他处各地的作法，会大量耗费建造构件，如排水管，雨水弃流器等增加场地内的建构成本，和付出区域外的社会经济代价，例如补救下游各地因此可能发生水质水患的问题。

（3）反映解决方法不能以都市森林，社区，田园绿化或水资源与游憩使用，运用非工程建构方式进行思考，解决问题。依赖个别基地为主，以工程结构性措施为主的都市暴雨水径流雨洪管理方式，无法为水量排水系统，整体系统化收集，输导，与移转[11]，加以滞，净，用的优点。

理论-实践，教材资料授业的细节评论如下：

案例一，布置课本习题材料，全体学生（64/64）仅考虑暴雨水管渠系统布置收集（北京）都市暴雨水径流，排入沟渠，注入现有河流为唯一方法。此法简化大部分地面地表径流进入管线，且忽略山脊线无法围抱之次汇水区域面积：

（1）汇水区和各主要等高线，高程点所形成次汇水区，必须分开计算再加总，下列四方案中方案 4 为课本已知，其余 1、2、3 则可能更接近真实状况，见图 1 至图 4

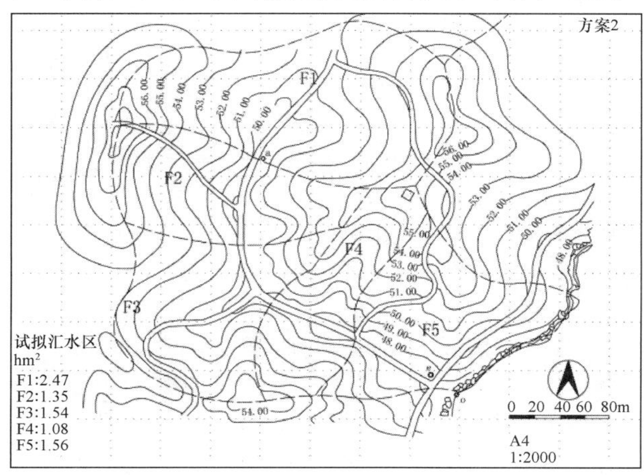

图 1　北京某公园汇水分区面积图 1

基地等高线和汇水分区面积图。

（2）方案 4 课本中的设计方案，由汇水低点利用管线网络布置由 a 至 e 排放至 o，反映降雨水或污废水排放，没有考虑为有用或可持续使用的资源。见图 4 和图 5；图 5 方案只适宜密闭式单一排水管线设计，排放水速率太大，导致管径极大，并不合宜（表 1～表 3）。

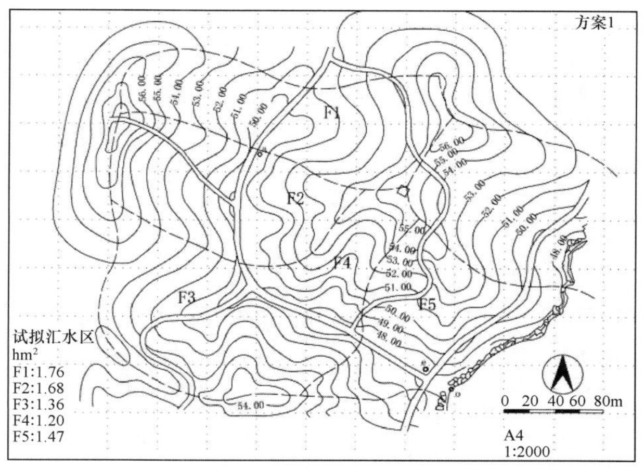

图 2　北京某公园汇水分区面积图 2

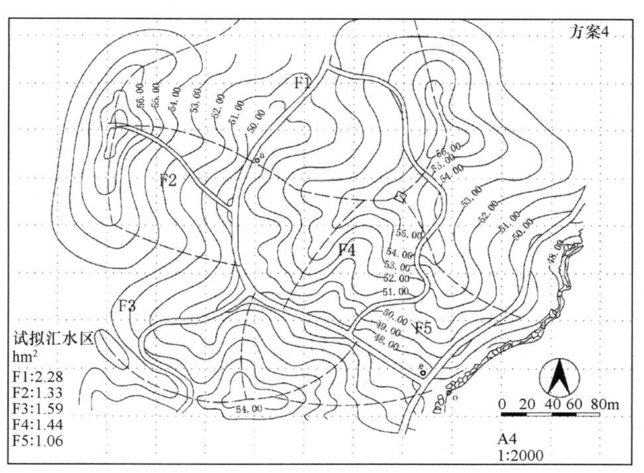

图 3　北京某公园汇水分区面积图 3

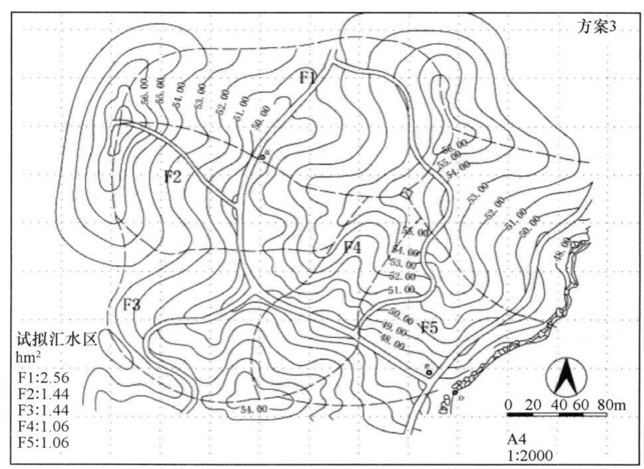

图 4　北京某公园汇水分区面积图 4

图 4 与图 5，图 4 为课本中所绘的汇水区，图 5 为设计的管线图。学生和课本上设计完全相同。图 5 基地集排水管线至汇水最低点管线网路布置，由 a 至 e 排放至 o 图。(资料来源：学生作业及《风景园林工程》2012 页 97 改缯)[13]

表 1 雨水干管水力计算。所有地面暴雨水与地面径流简化假设全部进入干管；同时尖峰径流速率，排水量依重现期一年，即 100% 发生频率之预期雨量（$P=1$）计算。

表 2 雨水干管水力计算。所有地面暴雨水与地面径流简化假设全部进入干管；同时尖峰径流速率，排水量依重现期一年至一百年即 100% 至 1% 发生频率之预期雨量（$P=1-100$）计算。

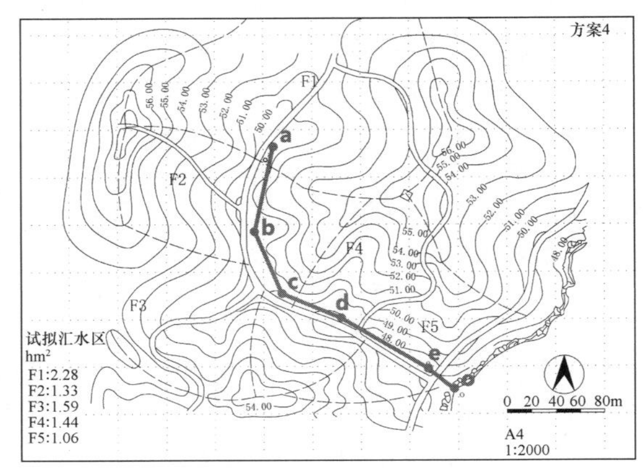

图 5 北京某公园设计管线分布图

雨水干管水力计算表 表 1

检查井编号	管段编号	管长 L (m)	管内雨水流行时间 (min) $\sum t_2$	$t_2=L/v$	单位面积径流量 q_0 [l/(s·hm²)]	汇水面积 F (hm²) 增量	总量	计算流量 Q (L/s)	管径 d (mm)	坡度 i (%)	流速 v (m/s)	重现期	地面集水时间
a	a-b	52	0.00	0.64	56.39	2.98	2.28	128.56	350.00	0.80	1.36	1	10
b	b-c	68	0.64	0.72	53.70	1.33	3.61	193.86	400.00	0.90	1.57	1	
c	c-d	66	1.36	0.65	51.02	1.59	5.20	265.29	450.00	0.90	1.70	1	
d	d-e	76	2.01	0.74	48.87	1.44	6.64	324.47	500.00	1.00	1.72	1	
e	e-0	25	2.74	0.22	46.67	1.06	7.70	359.34	500.00	1.00	1.92	1	

设计流量 (L/s)	管底坡降 i/L(m)	管底降落 (m)	原地面标高 起点(m)	原地面标高 终点(m)	设计地面标高 起点(m)	设计地面标高 终点(m)	管底标高 起点(m)	管底标高 终点(m)	管道埋深 起点(m)	管道埋深 终点(m)	管道埋深 平均(m)	降雨强度 q
130.46	0.42	—	—	—	49.50	48.90	48.32	47.91	1.18	0.99	1.09	256.30
197.54	0.61	0.05	—	—	48.90	48.30	47.86	47.24	1.04	1.06	1.05	244.10
270.37	0.59	0.05	—	—	48.30	48.00	47.19	46.60	1.11	1.40	1.25	231.90
377.58	0.76	0.05	—	—	48.00	47.00	46.55	45.79	1.45	1.21	1.33	222.12
377.58	0.25	0.09	—	—	47.00	46.65	45.70	45.45	1.30	1.20	1.25	212.12

北京雨水干管水力计算表 表 2

雨水干管编号	尖峰径流速率 q (m³/s)	径流系数 c (介于 0 与 1 之间)	降雨强度 i (mm/hr)	排水区之面积 A (hm²)	地面集流时间 t_1 (min)	雨水在管渠内流行时间 t_2 (min)	重现期 P (n)
a-e	0.36	0.22	76.23	7.70	10.00	2.74	1
a-e	0.45	0.22	94.84	7.70	10.00	2.74	2
a-e	0.56	0.22	119.44	7.70	10.00	2.74	5
a-e	0.65	0.22	138.05	7.70	10.00	2.74	10
a-e	0.77	0.22	162.65	7.70	10.00	2.74	25
a-e	0.85	0.22	181.26	7.70	10.00	2.74	50
a-e	0.94	0.22	199.87	7.70	10.00	2.74	100

表 3 雨水干管水力计算。所有地面暴雨水与地面径流简化假设全部进入干管；同时尖峰径流速率，排水量依重现期一年至一百年即 100% 至 1% 发生频率之预期雨量（$P=1-100$）计算。尖峰径流速率 q 以公制 cms 每秒立方米和英制 cfs 每秒立方英米单位表示。

详细计算案例一，整体风景园林景观水文教材的训练效益评估如下：

（1）估计在北京，就算是在最平常不过的降雨量，即 1 年重现期或 100% 频率（1/1=100%）的降雨（1— year recurrence)，公园管网管径排水或存置都市暴雨水径流，估计必须至少大于 0.36 cms（12.70 cfs）尖峰径流量，见上列北京干管尖峰径流速率 q 计算表。

（2）这尖峰径流量设计要求，如果是真实情境（虽是教科书教材，应是真实的场地），汇水区径流系数和降雨计算几乎已经是 2.5 倍于纽约市任何进入或接上旧有的系统的最高允许排放的尖峰径流量。纽约法规上严要求不能超过 0.14 cms（4.95 cfs）。在教材或应帮助。

北京雨水干管水力计算表 **表 3**

雨水干管编号	尖峰径流速率 q（m^3/s）	尖峰径流速率 q（ft^3/s）	径流系数 c（介于0与1之间）	降雨强度 i（mm/hr）	排水区之面积 A（hm^2）	地面集流时间 t_1（min）	雨水在管渠内流行时间 t_2（min）	重现期 P(n)
a-e	0.36	12.70	0.22	76.23	7.70	10.0	2.74	1
a-e	0.45	15.88	0.22	94.84	7.70	10.00	2.74	2
a-e	0.56	19.76	0.22	119.44	7.70	10.00	2.74	5
a-e	0.65	22.94	0.22	138.05	7.70	10.00	2.74	10
a-e	0.77	27.17	0.22	162.65	7.70	10.00	2.74	25
a-e	0.85	30.00	0.22	181.26	7.70	10.00	2.74	50
a-e	0.94	33.17	0.22	199.87	7.70	10.00	2.74	100

(3) 依据上述北京市雨水干管尖峰径流速率 q 值，正常稍大需要撑伞的降雨，即 2 年重现期，或 50％频率（1/2＝0.5＝50％）的降雨，其尖峰径流量来到 0.45cms 或 15.88cfs，几乎已经是三倍于纽约市任何进入或接上旧有的系统的最高允许排放最大尖峰径流量要求。

(4) 纽约法规严要求不能超过 2 年重现期 3.75～4.95 cfs（0.10～0.14 cms），当然这尖峰径流量设计要求，如果至少满足大于二年以上重现期，例如重现期 5 年以上，或驳岸旁重现期 10 年、25 年或 50 年、100 年以上（0.65cms、0.77cms、0.85cms、0.94 cms）的尖峰径流量要求，才能收集径流量的要求，这是非常巨大的尖峰径流量设计实质要求量。

(5) 任何减轻管网及管径大小、减轻财务负担的可行方法例如海绵城市配合社会经济效益低密度开发，降低初水降雨的排放等，都是值得探讨；暴雨水径流的管理，在过去，基本态度是尽快把雨水从已开发的基地排除，如北京公园基地案例，水管网系统引导径流进入最近的溪流河川，对基地外的潜在影响甚少考虑。这样的处理方式，长期下来，对环境与水质都会造成冲击。

(6) 先进的暴雨水管理作业，应是体会不断增加的径流量，与基地外影响，也注意这种影响，控制尖峰排放率的必要性，启用滞留设施（detention facilities）。

案例二，重复布置中国福州市某实际基地材料，请 64 名大三风景园林本科学生及 13 名研一研究生，可考虑管雨水管渠系统布置，沿道路收集可能暴雨水径流，地下排放沟渠，连接至可能的转接折点，或任何解决方案，雨水管渠系统布置并非为唯一方法，解决集排水与整地问题。基地与题目如下：

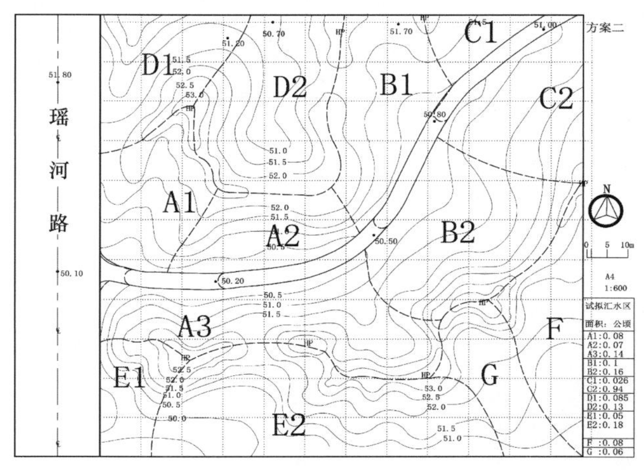

图 6 福州公园基地地形和汇水分区面积图
（地形图由福建农林大 风景园林学院 林增副教授提供）

表 4 福州公园基地雨水干管水力计算。所有地面暴雨水与地面径流简化假设全部进入干管；同时尖峰径流速率，排水量依重现期一年，即 100％发生频率之预期雨量（P＝1），地面集水时间 t＝10min 计算。

表 5 与表 6 雨水干管水力计算。所有地面暴雨水与地面径流简化假设全部进入干管；同时尖峰径流速率，排水量依重现期一年至一百年即 100％至 1％发生频率之预期雨量（P＝1～100）计算，q 单位为公制 cms 每秒立方米。

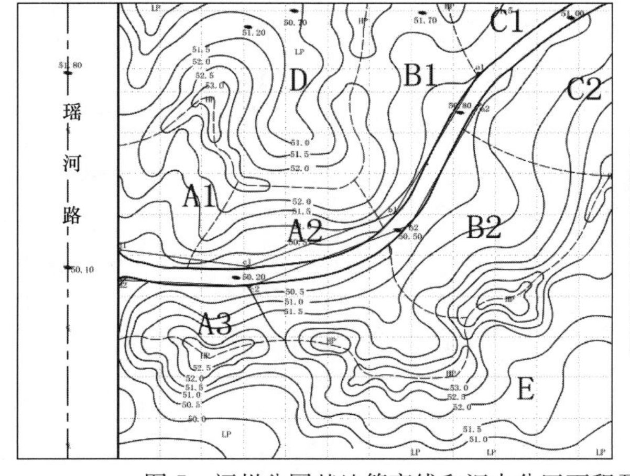

集水区及面积		
集水区编号	子集水区编号	面积(ha)
A	A1	0.08
	A2	0.07
	A3	0.14
B	B1	0.10
	B2	0.16
C	C1	0.03
	C2	0.94
D	D	0.22
E	E	0.37

--------- 汇水区分界线

检查井编号

图 7 福州公园基地等高线和汇水分区面积及管线布置设计

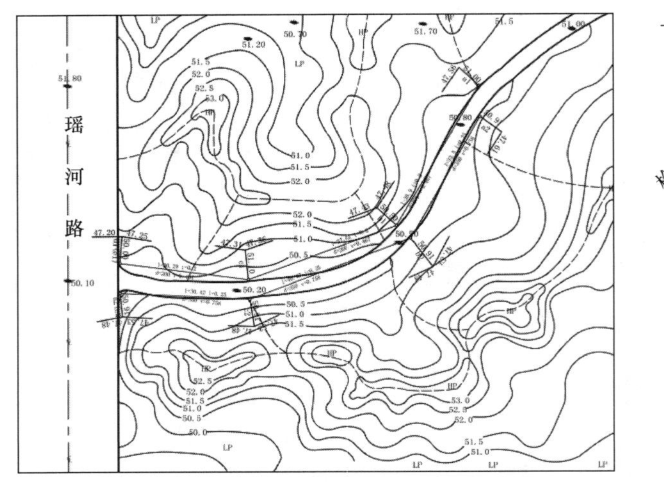

--------汇水区分界线

管段长l(m)
管径d(mm)
流速v(m/s)
坡度i(%)

说明：本题以封闭式排水系统排水，通过计算发现一条收集系统仍会造成路面积水问题，故重新划分集水器进行计算，采用两条排水系统进行收集

图 8　福州公园基地等高线和汇水分区面积及管线布置及设计流量速率计算

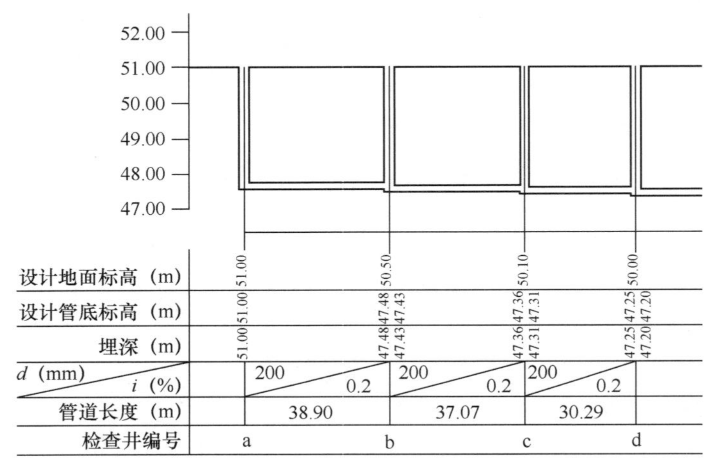

比例尺：竖向1:100
横向1:1000

图 9　福州公园基地雨水干管纵剖面图

福州某公园基地雨水干管水利计算表　　　　**表 4**

检查井编号	管段编号	管长 L（m）	管内雨水流行时间（min）		单位面积径流量 q_0 [l/（s·hm²）]	汇水面积 F（hm²）		计算流量 Q（L/s）	管径 d（mm）	坡度 i（%）	流速 v（m/s）	重现期
			$\sum t_2$	$t_2=L/v$		增量	总量					
a1	a1-b1	33.00	0.00	1.18	55.93	0.03	0.03	1.45	200	0.20	0.47	1
b1	b1-c1	34.20	1.18	1.22	51.67	0.10	0.13	6.51	200	0.20	0.47	1
c1	c1-d1	25.20	2.40	0.90	47.67	0.07	0.20	9.34	200	0.20	0.47	1
d1	d1-0	3.00	3.00	0.11	45.16	0.08	0.28	12.46	200	0.20	0.47	1
a2	a2-b2	30.00	0.00	0.66	56.39	0.94	1.22	68.57	350	0.25	0.76	1
b2	b2-c2	37.20	1.00	0.82	52.32	0.16	1.38	71.99	350	0.25	0.76	1
c2	c2-d2	24.00	2.00	0.53	48.89	0.09	1.47	71.67	350	0.25	0.76	1
d2	d2-0	3.00	3.00	0.07	45.96	0.05	1.52	69.67	350	0.25	0.76	1

设计流量（L/s）	管度坡降 i/L(m)	管底降落（m）	原地面标高		设计地面标高		管底标高		管道埋深			降雨强度 q	地面集水时间
			起点(m)	终点(m)	起点(m)	终点(m)	起点(m)	终点(m)	起点(m)	终点(m)	平均(m)		
14.67	0.07	—	—	—	51.00	50.50	48.24	47.47	2.76	3.03	2.89	254.23	10
14.67	0.07	0.05	—	—	50.50	50.10	47.42	47.36	3.08	2.74	2.91	234.84	
14.67	0.05	0.05	—	—	50.10	50.00	47.31	47.26	2.79	2.74	2.77	216.67	
14.67	0.01	0.05	—	—	50.00	49.90	47.21	47.20	2.79	2.70	2.75	205.28	
72.97	0.08	0.05	—	—	50.91	50.75	47.59	47.51	3.32	3.24	3.28	256.30	
72.97	0.09	0.05	—	—	50.75	50.10	47.46	47.37	3.29	2.73	3.01	237.80	
72.97	0.06	0.05	—	—	50.10	49.50	47.32	47.26	2.78	2.24	2.51	222.22	
72.97	0.01	0.05	—	—	49.50	49.90	47.21	47.20	2.29	2.70	2.50	208.89	

雨水干管水力计算表 表 5

雨水干管编号	尖峰径流速率 q (m^3/s)	径流系数 c (介于 0 与 1 之间)	降雨强度 i (mm/hr)	排水区之面积 A (hm^2)	地面集流时间 t_1 (min)	雨水在管渠内流行时间 t_2 (min)	重现期 P(n)
a1-d1	0.01	0.25	70.97	0.28	10.00	3.30	1
a1-d1	0.02	0.25	84.42	0.28	10.00	3.30	2
a1-d1	0.02	0.25	102.21	0.28	10.00	3.30	5
a1-d1	0.02	0.25	115.67	0.28	10.00	3.30	10
a1-d1	0.03	0.25	133.45	0.28	10.00	3.30	25
a1-d1	0.03	0.25	146.91	0.28	10.00	3.30	50
a1-d1	0.03	0.25	160.37	0.28	10.00	3.30	100

雨水干管水力计算表 表 6

雨水干管编号	尖峰径流速率 q (m^3/s)	径流系数 c (介于 0 与 1 之间)	降雨强度 i (mm/hr)	排水区之面积 A (hm^2)	地面集流时间 t_1 (min)	雨水在管渠内流行时间 t_2 (min)	重现期 P(n)
a2-d2	0.06	0.25	72.32	1.24	10.00	3.00	1
a2-d2	0.07	0.25	86.03	1.24	10.00	3.00	2
a2-d2	0.09	0.25	104.15	1.24	10.00	3.00	5
a2-d2	0.10	0.25	117.87	1.24	10.00	3.00	10
a2-d2	0.12	0.25	135.99	1.24	10.00	3.00	25
a2-d2	0.13	0.25	149.70	1.24	10.00	3.00	50
a2-d2	0.14	0.25	163.41	1.24	10.00	3.00	100

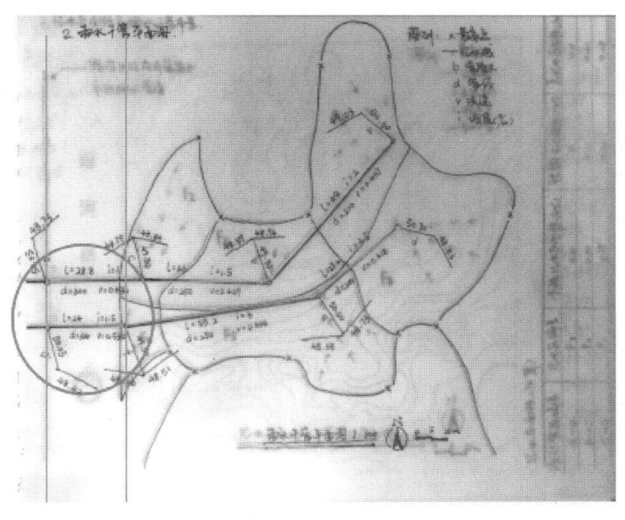

图 10 过度设计管线集排水管线布置设计
(图片来源：福农林大学风景园林学院修习景观水文课程研究生陈交作业之一，设置排水设计于主要公路干道两侧)

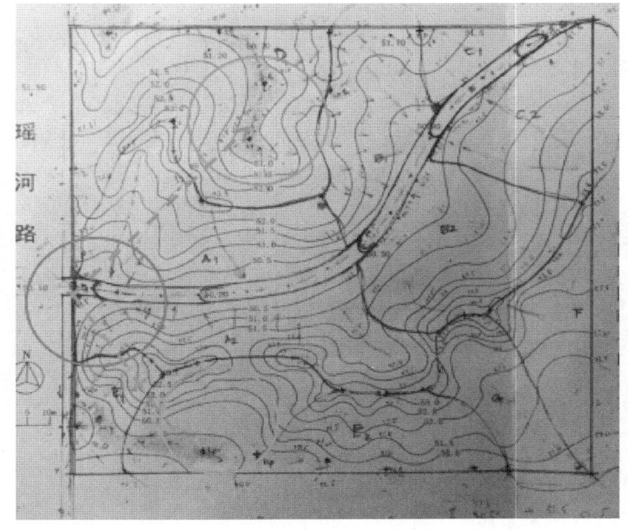

图 11 较完整的集排水设计
(图片来源：概念草图，福建农林大学风景园林学院，林开泰副教授提供；福农林大学风景园林学院景观水文课程讨论)

管线集排水管线布置设计，依地形地貌特征进行，以最低高程点位置安排人工湿地或滞留或置流池如圆圈所示，于二道路联结处以暂存收永设施过滤路面径流污染源，不设置排水设计于主要公路干道两侧，而以草沟取代。

整体风景园林景观水文训练评估如下：

(1) 如同案例一，案例二学生作思维只着重水量管理，不求水质管理；不求更重要的全面“就地”处理方法，或更具有景观介入的场地设计方法。都市暴雨水径流雨洪管理，或案例二的公园用地，不能只将暴雨径流水直接排放至“场地外”，这种教学材料回答，反映学生对现代景观理论可持续发展的缺乏认识与跟进。[14] 至少如果参考 2014 年住房城乡建设部《海绵城市建设技术指南——低影响开发雨水系统构建（试行）》要求，也至少应考虑一年一遇雨水量，即初水留置，年径流总量控制率最佳为 80%～85%，不能全部排放。

(2) 不同于案例一，案例二的计算，能看得出场地面积大小悬殊，二者设计暴雨水量悬殊。如果只反映将降水或污废水水排放的尖峰径流量，定位于通常暴雨重现期一年的可能流速与流量，只有一年是不足的（案例一），或相反不必要（案例二，因太小量，微不足道，但开发后，径流系数改变，尖峰流速流量就会倍增）。特别是案例一不能只有一年重现期，也应有较大的2年或5年一遇的暴雨水径流，甚至10年或25年一遇，或更大的降水50年或100年一遇的雨水量，以及其所形成的所需的设计暴雨。案例一其实是一非常大的排放量，基本假设 P 在重现期1年一遇的小雨已有公制0.36cms或英制12.70 cfs；重现期2至5年一遇的正常雨已有公制0.45～0.56cms或英制15.88～19.76cfs；比较纽约市法规管制要求排放不得3.95～4.95cfs的标准，那已是整整4倍，更不必提到100年或50年一遇的洪水，数值见表1～表6。

（3）案例二因为场地范围小，更须考虑降水或污废水为有用或可持续使用的资源，不必浪费资源再作地下干管排水网络排水系统，同时有自然起伏凹凸，可利用低点或山陵线低处为沉滞或留置降水或地表径流水设计。

（4）案例二也类同案例一，由本地一处转移他处各地的作法，会大量耗费建造构件如排水管，雨水收集等设施，增加场地内的建构成本，同时付出区域外的社会经济代价，例如补救下游各地因而可能发生水质水患的问题，应以非结构景观水文方式建造，例如草沟方式排除留置。

3 结论与讨论

检视过去半世纪迄今风景园林景观的理论变化，以及由理论带来的都市发展更新与风景园林介入趋势，本研究确认实践与研究教材，教育方向，应以与日常生活居民所需的公共设施基础建设为优先。加里·斯特朗宣称“公共基础建设就是风景园林”。[12]风景园林论是都市生活或城乡建设的充分条件，也是持续发展的必要条件。风景园林中的景观水文，是跨学科，与财政经济社会文化与实质环境的改善规划与设计，是实质基本建设的合理建构[14]。新加坡利用水资源活化，成就健康活动与社会平等公义的社会，纽约市利用风景园林和自由接收，同等享受健康安全福祉的资源，管制开发前后的排放水量水质平衡，[15]都是存留至今采行的理论与实务认知，也是教学教材上的运用契机。

同时，风景园林景观水文的实践教学和运用，正是教导潜在未来风景园林规划设计师或将来决策者为环境规划或风景园林带来新思维和新作法，进而带动日常社会，环境美质的持续发展。检视通行全国标准教科书上所列的北京公园集水排水管线布置，和地方福州公园用地实际规划设计的计算设计检讨，也可印证风景园林理论及风景园林工程或非工程社会经济文化的实际情况，显示大学和研究所景观水文领域教学，实际教材作业与练习不足。

在迈向都市更新或创造美丽乡村环境，我国风景园林景观水文、雨洪管理、都市暴雨水径流量或整地集排水仍有改进的空间。对于高校师生，风景园林的教学改进可能对这些未来都市或乡村环境规划设计师，或已然是环境设计决策者，产生更大的作用并赋予更大的责任。

参考文献

［1］ 林广思．中国风景园林学科的教育发展概述与阶段划分［J］．风景园林 2005，2：92-93.

［2］ Swaffield，S. Conclusion：The Theoretical Terrain of Landscape Architecture Swaffield，S. Theory in Landscape Architecture：A Reader［C］. Philadelphia：University of Pennsylvania Press. 2002：227-230

［3］ Oline，L. Form，Meaning，and Expressing（1988）. edited by Swaffield，S. Theory in Landscape Architecture：A Reader［C］. Philadelphia：University of Pennsylvania Press. 2002：77-80.

［4］ Lynch，K. and Hack，G. Site Design（1984）［M］//Swaffield，S. Theory in Landscape Architecture：A Reader. Philadelphia：University of Pennsylvania Press. 2002：57-58.

［5］ Hester，R. Community Design（1974）［A］//Swaffield，S. Theory in Landscape Architecture：A Reader［C］. Philadelphia：University of Pennsylvania Press. 2002 49-56.

［6］ McHarg，I. An Ecological Method（1967）［A］；Design with Nature（1969）［A］Swaffield，S.［C］Theory in Landscape Architecture：A Reader［C］. Philadelphia：University of Pennsylvania Press. 2002：38-39，173-175.

［7］ Jabcobs，P. DE/RE/IN［FORM］Landscape（1991）［A］Swaffield，S. Theory in Landscape Architecture：A Reader［C］. Philadelphia：University of Pennsylvania Press. 2002：116-121.

［8］ Swaffield，S. Conclusion：The Theoretical Terrain of Landscape Architecture［A］Theory in Landscape Architecture：A Reader［C］Philadelphia：University of Pennsylvania Press. 2002：227-230.

［9］ Lin，K.，et al. The Application of Urban Flooding Potential Analysis and Urban-Use Suitability-Taipei Da Gou Creek Park［J］. IFLA proceeding Singapore，2018.

［10］ Public Utilities Board：PUB Active，Beautiful，Clean Waters-Design Guidelines 4th ed.［C］Singapore PUB，2018.

［11］ Storm，S.，Nathan，K.，and Woland，J. Site Engineering for Landscape Architects 5th ed.［C］. New Jersey：John Wiley，2009.

［12］ Strang，G. Infrastructure As Landscape（1990）［A］. edited by Swaffield，S. Theory in Landscape Architecture：A Reader［C］. Philadelphia：University of Pennsylvania Press，2002：220-226.

［13］ 孟兆祯．风景园林工程［C］北京：中国林业出版社，2012：86-100.

［14］ 吴树陆（译），敷地工程：景观建筑基础工程教本 Steve Storm，K. Nathan，J. Woland［C］. 台北：六合出版社，2008.

［15］ New York City A Greener，Great New York PLANYC［C］. New York：New York City 2006，2011：30-44，45-67，62-71.

作者简介

林开泰，1950年生，男，中国台湾地区，台北，福建农林大学园林学院金山学者，副教授。

林晨艳，1995年生，女，福建平潭人，福建农林大学园林学院。电子邮箱：648003598@qq.com。

林钰珺，1995年生，女，福建漳州人。福建农林大学园林学院。电子邮箱：648003598@qq.com。

董建文，1968年生，男，福建长汀人，福建农林大学园林学院，院长，博导。电子邮箱：fjdjw@126.com。

体现国土风貌的北京市二道绿隔地区郊野公园体系规划研究

The Planning Study of the Country Park System Reflecting the Regional Characteristics of Outer Green belts in Beijing

高梦瑶　黄婷婷　韩若东　朱建宁*

摘　要：《北京城市总体规划（2016年～2035年）》明确提出："提高第二道绿化隔离地区绿色空间比重，推进郊野公园建设，形成以郊野公园和生态农业为主的环状绿化带"。在二道绿隔地区规划郊野公园体系及进行郊野公园设计，是一个自上而下的过程：首先应该评估现有的自然资源，基于区域生态安全格局，构建生态基础设施及绿色开放空间。进而，在绿色空间的基底之上，分析构建人文景观和自然景观相互融合的系统，建立起二道绿隔平原区的郊野公园体系。最后，立足于地域特征进行空间塑造，设计体现国土风貌特征的郊野公园。
关键词：国土风貌；二道绿隔；郊野公园；地域特征

Abstract: Beijing overall urban planning(2016－20135)clearly stated: "Improve the proportion of green space in the outer green blets , promote the construction of country parks and form a ring－shaped green belt mainly based on country parks and ecological agriculture. " Planning a country park system and designing a country park in outer green belts is a top－down process. First, existing natural resources should be assessed and ecological infrastructure and green open spaces built based on regional ecological security patterns. Furthermore, on the base of the green space, analyzing the system of constructing the integration of the human landscape and the natural landscape, buildinga country park system of the second green plain. Finally, based on the shaping of space, design a country park that reflects the characteristics of the country.
Keyword: Country Characteristics; Outer Green Belts; Country Parks; Regional Characteristics

引言

快速的城镇化建设在为国民经济快速发展和社会进步提供有力支撑的同时，不可避免的对生态空间造成挤压，致使国土风貌发生深刻变化，自然景观严重丧失、国土风貌典型特征趋弱。在新时期国土空间规划的背景下和创新建立新时代国土空间规划新体制的机遇下，寻求新的规划设计思路，以恢复自然景观特征及其相适应的文化景观特点，是风景园林的目标之一。

1　相关概念

1.1　国土风貌和国土空间

国土风貌作为国土空间的风景概貌，是人类活动作用于自然环境的结果，反映出人们的自然观和文化观，既是风景园林艺术创作的原型，也是风景园林学科整治的对象[1]。依照国土空间的用途管制，国土空间分为城镇空间、农业空间和生态空间三类。

1.2　二道绿隔

二道绿隔是"北京市第二道绿化隔地区"的简称，其规划范围为第一道绿化隔离地区及市区边缘集团外界至规划六环路外侧1000m，总用地面积约1650km^2[2]。其建设目的，是防止市区的建设用地无限制的向外扩展，保证城乡基本的生态环境和合理的空间布局。近年来，二道绿隔建设实施情况是否支持其发挥有效功能的问题，不断引发学界讨论。尤其是在新总规提出以后，二道绿隔与郊野公园的关联性建设成为了值得研究的命题。

1.3　郊野公园

内地郊野公园的概念和模式主要来自香港[3]。在对郊野公园在概念和范畴的理解上，目前存在着一定差异：狭义的郊野公园通常指在位于城市边缘地带的远近郊区，具有良好的自然生态环境和自然风景资源的地方划定的区域，经过规划和建设实施，可为人们提供休闲游憩的公共性开放空间。广义的郊野公园包括城市外围的绿化圈层、绿带、传统农田、郊野森林等[4]。本文中对郊野公园采取了广义的概念。

2　研究区域概况

选取北京市二道绿隔的东南部分作聚焦性研究（图1）。研究区域总面积为723.21km^2，是北京东南部河流携带大量泥沙砾石在下降的基底上沉积而成的典型山前洪积冲积平原，北京城市总体规划对该区域定位为平原风貌区。

2.1　地理概貌

国土风貌体现于地域自然景观，它是特定地区自然要素及其空间结构、演变规律的综合体现[4]。研究区域内，有潮白河、北运河以及凉水河三大水系贯穿其中。然而近十年以来，河湖湿地逐渐被建设用地取代，生物多样性遭到破坏。

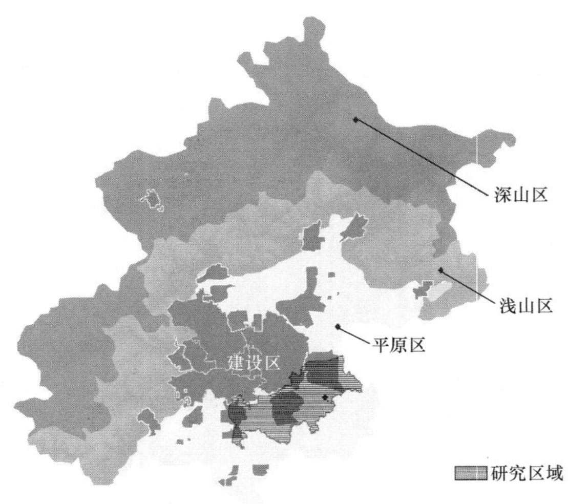

图 1　研究区域

2.2　空间归类

结合现状用地与卫星图地物解译，对研究范围进行国土空间层面上的归类，将其分为城镇空间、农业空间、生态空间和其他空间四种类型（图 2）。其中，城镇空间与生态空间呈现交错状态，生态空间以楔形伸向城市空间。在农业空间与生态空间的关系上则形成了图底关系不同的三大片区：西北以生态空间为主，东南以农业空间为主，中部相对均匀分布。

图 2　研究区域空间分类

3　郊野公园体系规划策略和方法

新总规明确提出：“提高第二道绿化隔离地区绿色空间比重，推进郊野公园建设，形成以郊野公园和生态农业为主的环状绿化带”。在二道绿隔地区建立郊野公园体系，应当以土地的有效利用为核心，形成高效、均衡，美丽的国土空间。据此，研究将郊野公园体系的规划分为绿色空间规划和郊野公园规划两个步骤和层次。

3.1　生态空间统领下的绿色空间规划

生态空间和农业空间是国土空间的风貌主体。研究所关注的绿色空间，是生态空间中除去裸地后所剩余的林地、草地、水域等空间。以风景园林手段规划绿色空间，应从生态空间入手，增加以生态空间为统领、有机组织城镇空间和农业空间的平原区绿色空间。

首先将生态空间现状结构进行总结，得到以下结论：

（1）点：现状没有很好地利用林斑、果园等点状绿地，更多的是在关注孤立的公园；

（2）线：带状绿地看似连接度较好，实际多为快速路的防护绿地，导致区域整体的生态连通性差；

（3）面：林地农田形成的绿色空间虽然比例很可观，但整体形成的风貌却并不好，农田林地为基底的整体景观与利用效率有待提升。

研究通过三步策略以解决上述问题。第一，优质斑块的识别。研究范围内共有 43 处可以确定位置、规模的公园，将 40 处 10hm^2 以上的公园形成一层绿色空间的优质斑块。第二，必要性层面的建设。这一步骤包括了两个方面，先由生态安全格局建够起生态底线，继而由通风廊道建设需求建构起环境安全格局。第三，重要性层面的建设。在这一步骤中，分析裸地的提升潜力，农田的稳定性、生产力和生态适宜性，进而将适宜裸地和农田向绿色空间转质。

将上述结果叠加现状绿色空间，形成了绿色空间规划的结果（图 3）。

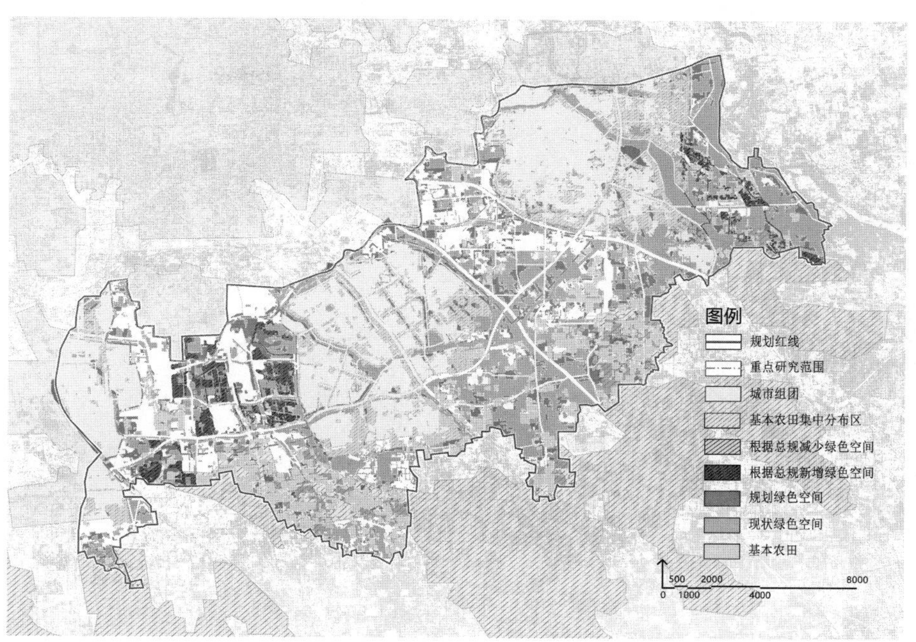

图 3　研究区域内绿色空间

3.2　近人、近自然的郊野公园体系规划

展现地域自然景观特征和人文特征构成的综合风貌，是风景园林最主要的内涵之一[5]。郊野公园体系应该以近人、近自然为目标，在绿色空间之上进行规划。

在近自然层面，识别出了优质的植被景观、河网水系景观及遗产景观及其周围绿色空间，并建设生态修复廊道。在近人层面，结合现有对北京市域范围内游憩行为的研究，对游憩廊道进行选线。综合上述两部分内容，得到郊野公园体系（图 4*a*）。体系包括了 28 个不同类型的新增郊野公园，生态迁徙廊道，以及串联这些公园与 17 个历史景点的游憩绿道，他们共同构成了平原区郊野公园体系“一轴三环”的空间结构（图 4*b*）。

郊野公园体系

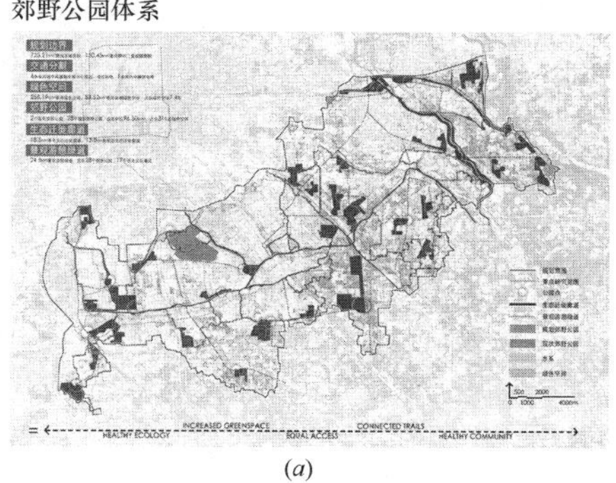

(*a*)

郊野公园结构

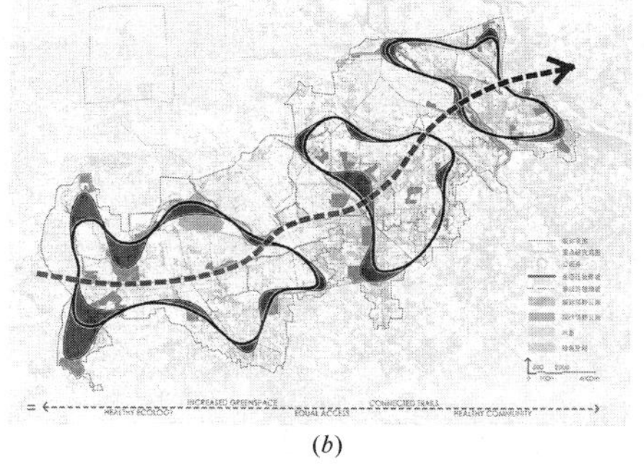

(*b*)

图 4　郊野公园体系和结构

4　体现地域特色的郊野公园设计方法

在毗邻大兴新城、距离北京中心城区 20 公里之处选取面积为 264hm^2 的场地进行设计。

一方面，为了体现该地域特色，郊野公园应展现出北京平原区林田相伴，河流相生这一显著不同于另外三个区域的郊野风貌；另一方面，广袤的研究区域内均面临着耕地大量向外流转所致的林田风貌单调、甚至湮灭的现实问题；此外，二道绿隔内的农业景观是形成京郊耕地空间特点的重要力量。基于以上，以农野公园设计解决上述问题具有合理性。如何立足空间塑造，在城田之畔营建郊野空间，是设计农野公园的本所在。

4.1　土地适宜应评价下的用地分类

梳理场地内外的交通、用地、植被、河网水系等现状条件，以及场地内一些潜在的集水区、土壤质地、养分和污染情况。

从生境营建的视角出发，首先试图寻找场地条件与植被应有的恰当关系：从坡度高程、土壤、水三方面进行了土地适宜性评价（表 1），进而得出了与土地条件相适应的田、林、水的用地分布。以此为依据，对现状进行了第一次调整（图 5）。

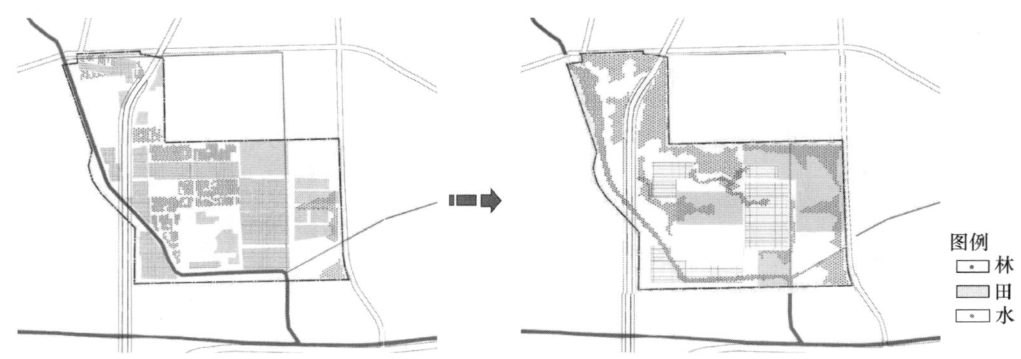

图 5　用地调整前后的对比

针对不同用地的土地适宜性评价　　表 1

类型		分级	因子权重	农田评价	林地评价值	水体评价值
坡度高程	坡度	＜2%	0.20	45	30	55
		2%～4%		30	30	30
		4%～15%		20	25	10
		＞15%		5	15	5
	集水区	高而干燥	0.20	10	10	10
		平地		60	30	30
		低而湿润		30	60	60
土壤	质地	轻壤土	0.16	60	30	75
		砂壤土		40	70	25
	养分	低	0.15	5	5	10
		中		25	35	30
		高		70	60	60
	污染	低	0.04	80	50	45
		中		20	35	30
		高		5	15	25
水	距离	＜25m	0.25	50	45	75
		25～75m		30	25	20
		75～150m		15	20	5
		＞150m		5	10	0

4.2　林、田、水生境营建策略

不同于一般林地的单一混交方式，生境营建视角下的林地模式，是有明显优势种的块状交错的林木混交模式（图 6*a*）。生境营建视角下的农田不同于统一产收为目的大尺度田块，而是能将作物植被分成更小的区块，并形成深浅结合等错落关系，丰富垂直梯度的层次（图 6*b*）。生境营建视角下的水体模式，是由城市的河道开始，先在园内经过湿地，再连接灌渠、洼地（图 6*c*）。

此外，对它们之间相互形成的空间也进行了一些对应的研究：一般的林-田关系，是单纯的农田防护林网，或者经济林直接与农田相接，在生境营建视角下，是从片林-林团-单体树-到农田过度序列（图 6*d*）。一般的林一水关系，主要是布置不同宽度的水体防护林带；在生境营建视角下，是尽可能实现水穿林间，水绕林缘，树缀水边（图 6*e*）。一般的水一田偏重生产的需求，排水渠以混凝土覆盖；在生境营建视角下，是营建田间洼地、生态沟渠（图 6*f*）。

除了上述骨架的景观要素之外，还应该关注了游憩与游线。抛弃诸多高强干扰的农事体验活动，减少人群聚集的可能性，同时降低路网密度（图 6*g*）。

依次落位地形水系，林地、农田，加上道路 、场地、建筑与构筑，结合风貌营建目标，设计形成了郊野公园的设计平面图（图 7）。

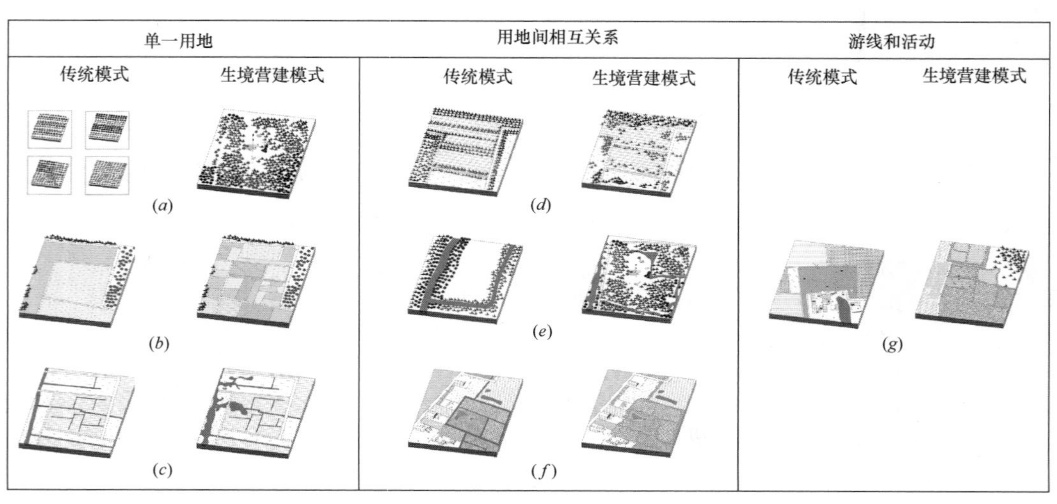

图 6　两种营建模式的对比

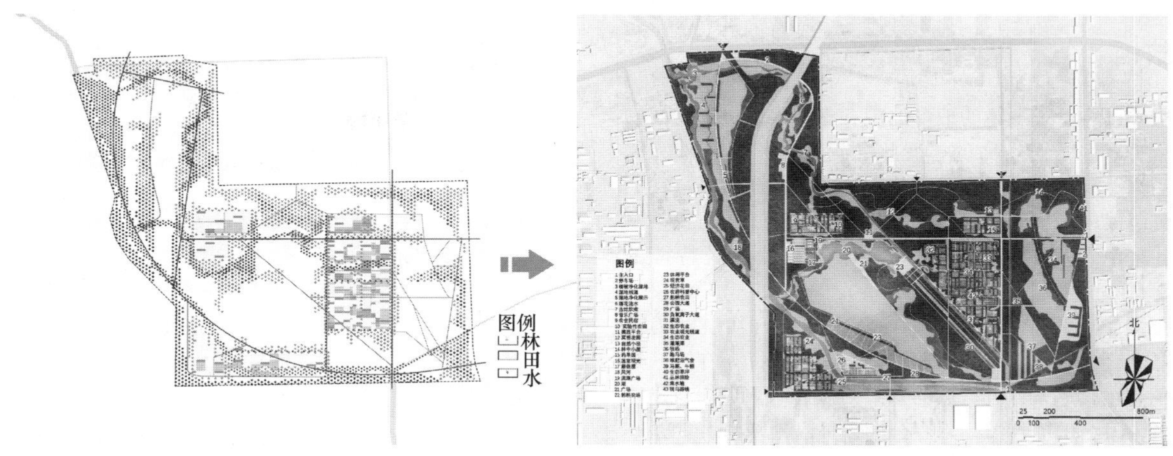

图 7　郊野公园设计平面

4.3　林、田、水生境设计

在生境设计时，分别考虑了以农田、林地、水为主的生境（图 8），有针对性的进行了植被选择和空间营造，让这些不同生境能够分布于整个场地之中。

具体来说，以林为主的生境考虑了林地中乔木的郁闭度、灌木高度，划分出了 4 种一级搭配模式；根据生境中通风、光照等条件的不同，又得到 12 种二级生境，形成了适合不同林鸟、哺乳动物的生境空间；农田为主的生境考虑了作物选择、边缘植被缓冲带植物和尺度，分别形成了适合不同节肢动物、哺乳动物、禽类等的生境空间。

林缘田畔的栖息生境场地中，现有的，场资源在林间实现与整体景观的相融，隔着一道“哈哈”，人可以看见远近羊群，通过创造这样的偶然性景观，来突出郊野公园特有的自然野趣。在农田生境的场地中，田园风光的尽头是林木的天际线，农田被分成了一些小尺度的区块，中间保留着洼地，架空的栈道给人在田间行走的机会；树团在田野之中分布，它们是林向田野的延伸，不间断地分布在风的垂直方向上，能起到同等的防护作用，并丰富生境和景观界面。

以水为主的境主要是考虑了驳岸与水深变化，形成了一系列适合不同游禽、两栖动物的栖息空间。在水为主的栖息环境中，溪流可以流入林间，不同深浅的水不仅能直接为两栖动物和游禽提供食物来源与居所，还能孕育诸多喜湿的灌草，进而为哺乳动物提供筑巢和藏匿空间。

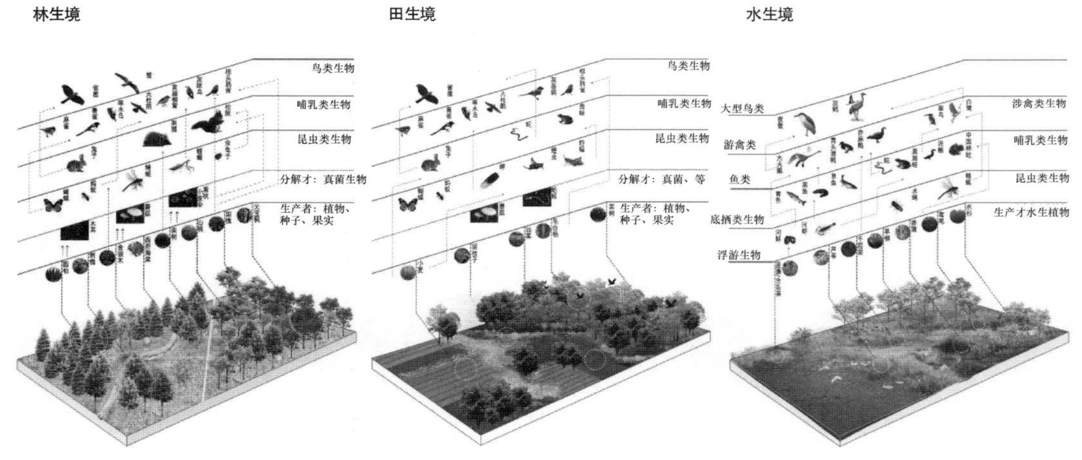

图 8　林、田、水生境设计

图 9　各类生境

5 结语

构成自然景观主体的地形地貌、土壤水系、动物植物等自然要素都是有生命的，彼此之间又是相互依赖和相互联系的。因此，要采取系统的和审慎的工作态度，在充分了解地域自然要素和自然景观特征的基础上开展整治行动，避免过度的人工干预导致原有自然景观特征的丧失[5]。

在北京市平原区二道绿隔内，增加以自然空间为统领、有机组织城镇空间与农业空间的绿色空间，在这一绿色本底上建设近人、近自然的郊野公园体系，进而营建以林、水、田为生境骨骼的郊野公园以体现地域特征，是在国土风貌视角下对郊野公园体系建设的一个探索与尝试。

需要进一步指出的是，研究中的空间分类是基于对卫星影像的地物解译及后续的分析而获得的。随着多来越多、越来越详实的基础资料的获取，未来绿色空间与郊野公园的结构极有可能会得到修正。但是这一研究性的自上而下的规划设计方法，为国土空间规划和风景园林规划设计的结合提供了一些有意义的借鉴。

参考文献

[1] 朱建宁．美丽中国背景下的国土风貌整治[EB/OL].（2018-07-24)[2019-05-25]. http：//chla. com. cn/htm/2018/0724/268954. html.

[2] 北京市人民政府关于加快本市第二道绿化隔离地区绿化建设的意见（京政发［2003］15 号）．北京：北京市政府，2003-07-11.

[3] 刘晓惠，李常华．郊野公园发展的模式与策略选择[J]. 中国园林，2009，25(03)：79-82.

[4] 丛艳国，魏立华，周素红．郊野公园对城市空间生长的作用机理研究[J]. 规划师，2005(09)：88-91.

[5] 朱建宁．展现地域自然景观特征的风景园林文化[J]. 中国园林，2011(11). 27(11)：1-4.

作者简介

高梦瑶，1994 年生。女，汉族，山东人，北京林业大学园林学院硕士研究生。研究方向为风景园林规划设计与。电子邮箱：bjfugmy@163. com。

黄婷婷，1994 年生。女，汉族，重庆人，北京林业大学园林学院硕士研究生。研究方向为风景园林规划设计与理论。电子邮箱：bjyx13529@yeah. net。

韩若东，1995 年生。女，汉族，辽宁人，北京林业大学园林学院硕士研究生。研究方向为风景园林规划设计与理论。电子邮箱：rhewalrd1@163. com。

朱建宁，1962 年生。男，江苏南京人。法国凡尔赛国立高等风景园林学院博士，北京林业大学园林学院教授，博士生导师，北京北林地平线景观规划设计院首席设计师。

统筹经济生态文化元素，提升农业园区综合效益①

——以三亚海棠湾国家水稻公园为例

Improving the Comprehensive Benefits of Agricultural Parks by Coordination the Economic, Ecological and Cultural Elements

—Take Sanya Haitangwan National Rice Park as an Example

吕元廷　张德顺　赵晓平

摘　要：农业园区的综合效益是园区规划设计成功与否的核心指标体系，经济、生态、文化是影响园区效益需要统筹的重要因素。本文通过对35个已建成、运营的园区三大因素与旅游收入的多元线性回归分析，揭示出各因素对园区效益的影响规律，并以三亚海棠湾国家水稻公园选址、设计、运营三个不同阶段的规划为案例，阐述风景园林规划设计的技术对策。

关键词：经济；生态；文化；综合效益；规划设计

Abstract: The comprehensive benefit is the core index to evaluatethe success of planning and design of agricultural parks. Financial, ecological and culturalelements are the important factors affecting the overall benefit of the park. The law of the influence of each factor on the park's benefit was revealedbased on the multiple linear regression analysis of 35 completed and operated parks and their tourism income. Taking the planning of three different stages of site selection, design and operation of Haitangwan National Rice Park in Sanya as an example, the technical countermeasures of is expounded for landscapingplanning and design.

Keyword: Finance ;ECology; Culture; Comprehensive Benefits; Planning and Design

引言

农业旅游园区是基于农业资源、地理位置、气候环境等多种因素来进行规划设计的空间载体，以构建视觉优美、生态良好的绿色生态环境为可持续发展为向导，从功能多元化、主题鲜明化、文化特色化为切入点，运用创新发展的理念，借助一产、三产融合发展的经营模式，培育和促进园区的综合性功能，满足游客个性化和多样性的游赏需求，让园区的现代化农业资本在经济、生态和文化各方面协调发展[1]。探索园区综合效益的影响机制，从选址、设计、运营不同阶段提升风景园林规划的科学内涵，可以使项目成为地区的风景旅游品牌。

1　经济、生态、文化因素对园区综合效益的影响研究

1.1　研究方法

多元回归分析法是在掌握大量客观数据的基础上，利用数理统计建立一个因变量和多个自变量之间的回归关系函数模型，通过数据分析，寻找出自变量对因变量影响规律的数理统计方法[2,3]。本文采用多元线性回归对35个已建成、运营农业旅游园，经济因素、生态因素、文化因素与园区旅游收入进行分析，从而揭示出各项因素对园区效益的影响规律。下面分别就这几个核心因素进行分析。

1.2　经济因素对园区综合效益的影响

1.2.1　数据来源

（1）园区市场半径所覆盖城市的人均GDP

35个农业旅游园中，每个园区在100km市场辐射半径以内所覆盖的地级城市2～5个不等。选择求平均值测算城市GDP。从Goole Earth卫星地图测量出样本园区市场辐射半径内的地级市，GDP从中国产业信息网上查取[4]，最后求出平均值。

（2）园区采摘商品人均收入

园区采摘商品人均收入＝35个农业旅游园采摘类商品的总收入/年游客量。

数据来源于山东省文化和旅游厅官方网站[5]。

1.2.2　农业园区的效益与经济因素的相关性分析

从园区市场半径所覆盖城市的人均GDP、园区采摘类商品人均收入两个评价因子分析（自变量X）对于综合效益（因变量Y）的影响。对35个园区样本数据确定评

① 基金项目：国家自然科学基金（编号：31770747；城市绿地干旱生境的园林树种选择机制研究）。

价模型系数，同时根据条件指数法对回归模型进行共线性检验，最终确定评价模型标准系数对综合效益 Y 的影响（表 1）。揭示出两项经济因素评价因子对园区综合效益的影响。

1.2.3 经济因素与园区综合效益之间的相关关系

经济因素评价因子与园区综合效益之间的相关性见表 1。

经济因素评价因子与园区综合效益之间的相关性　　表 1

评价目标（因变量 Y）	评价因素	评价因子（自变量 X）	回归模型
农业旅游园区综合效益	经济因素	X_1园区市场半径所覆盖城市的人均 GDP X_2园区采摘类商品人均收入	$Y=a_1X_1+a_2X_2$

1.2.4 经济因素回归系数分析

经济因素回归系数分析　　表 2

模型	未标准化系数		标准化系数	t	P 值	B 的 95.0%置信区间		VIF
	B	标准误差	Beta			下限	上限	
常量	−166.387	62.105	—	−2.679	0.012	−292.891	−39.882	—
市场半径所覆盖城市的人均 GDP	4.921	7.477	0.076	0.658	0.515	−10.309	20.150	1.114
采摘类商品人均收入	8.816	1.350	0.756	6.529	0.000	6.066	11.567	1.114

从经济因素对统计数据进行分析（表 2），对园区综合效益影响的权重基于标准系数，采摘类商品人均收入（标准系数 0.756），市场半径所覆盖城市的人均 GDP（标准系数 0.076）。可以看出这两项评价因子都对园区综合效益起到正相关的作用。其中，园区采摘类商品人均收入权重较高。规划时要把经济生产融入到园区建设中来，充分利用果树、蔬菜、花卉、农作物等植物材料设计为采摘类商品，更好地提高园区效益。

市场半径所覆盖城市的人均 GDP 对园区综合效益也产生正相关作用。说明经济水平能够反映出消费水平的高低，园区选址在经济环境良好、交通设施完善的区域具有较大发展潜力。

1.3 生态因素对园区综合效益的影响

1.3.1 数据来源

（1）绿化覆盖率：通过 Goole Earth 卫星图片测量 35 个园区绿化面积与园区用地面积的比例。

（2）植物多样性：选择 15m×15m 的样方，获得样方内植物种类的数量的平均值。

（3）空气质量：园区最近城市的 PM10 指标（引自山东省生态环境厅[6]）。

（4）水质：引自山东省水文局提供的《山东省水功能区水质通报》[7]。

（5）土壤：引自《山东绿色农业产地环境土壤评估及风险预警探究》[8]。

（6）气温、降雨量：引自山东省气象局[9]。

1.3.2 农业园区的效益与生态因素的相关性分析

园区绿化覆盖率、植物多样性、空气质量、水质、土壤、气温、降雨量七项因子作为自变量 X，综合效益为因变量 Y（人均旅游收入）。35 个园区数据用指数法进行回归分析，以此确定各个因素对综合效益的影响（表 3）。

1.3.3 生态因素与园区综合效益之间的相关关系

生态因素评价因子与园区综合效益之间的相关性见表 3。

生态因素评价因子与园区综合效益之间的相关性　　表 3

评价目标（因变量 Y）	评价因素	评价因子（自变量 X）	回归模型
农业旅游园区综合效益	生态因素	X_1园区绿化覆盖率； X_2植物多样性 X_3空气质量； X_4水质； X_5土壤； X_6气温； X_7降雨量	$Y=a_1X_1+a_2X_2+a_3X_3+a_4X_4+a_5X_5+a_6X_6+a_7X_7$

1.3.4 生态因素与园区综合效益之间的相关关系

生态因素与园区综合效益之间的相关性见（表4）。

从生态因素分析（表4）可见，各因子对因变量的权重序列为，植物多样性（标准系数0.737）＞园区绿化覆盖率（标准系数0.228）＞水质（标准系数0.115）＞气温（标准系数0.012）＞土壤（标准系数－0.030）＞空气质量（标准系数－0.031）＞降雨量（标准系数－0.072）。PM_{10}指数和土壤环境污染指数均与综合效益呈现负相关。

生态因素与园区综合效益之间的相关性　　表4

模型	未标准化系数		标准化系数	t	P值	B的95.0%置信区间		VIF
	B	标准误差	Beta			下限	上限	
（常量）	－263.524	188.041	—	－1.401	0.172	－649.352	122.304	—
园区绿化覆盖率	4.550	5.825	0.228	0.781	0.441	－7.401	16.501	1.019
植物多样性	20.188	7.847	0.737	2.573	0.016	4.089	36.288	1.122
空气质量	－0.219	0.414	－0.031	－0.529	0.601	－1.069	0.631	2.158
水质	1.287	0.540	0.115	2.383	0.024	0.179	2.395	1.474
土壤	－35.843	54.657	－0.030	－0.656	0.518	－147.991	76.304	1.294
气温	2.545	11.314	0.012	0.225	0.824	－20.670	25.760	1.702
降雨量	－0.102	0.065	－0.072	－1.559	0.131	－0.235	0.032	1.341

通过对评价因子调控规划，可以对园区综合效益产生积极的影响。植物多样性、园区绿化覆盖率、水质属于权重较高的可调因子，规划设计时，应着重提高园区的绿化覆盖率，在园林设计中体现植物的多样性，创造出生态优美的田园植物景观。提高水生态、水环境和水景观的管控，可以维护水体、水面和水生植物群落的吸引力，发挥更高的生态功效。

1.4 文化因素对园区综合效益的影响

1.4.1 数据来源

（1）民风民俗、乡土文化：35个园区中有国家级中国传统村落[10]，分值为2分。属于省级，山东省休闲农业和乡村旅游示范点的园区[11]，分值为1分。不属于以上国家级和省级的园区，评价分值为0分。

（2）农事活动：在35个园区中，一共有11项农事活动（表5），每个园区所设农事活动的项目计量分值。

（3）娱乐体验：35个园区中，一共有9项娱乐体验（表5），每个园区所设娱乐体验的项目计量分值。

35个园区的文化因素聚类分析　　表5

文化因素	内容
民风民俗、乡土文化	中国传统村落（国家级） 休闲农业和乡村旅游示范点（省级）
农事活动	收割农作物、播种、耕地、剪枝嫁接 鲜果采摘、种菜收菜、采茶、踩水车 喂牛挤奶、动植物认养、农产品简易加工
娱乐体验	夏令营、放风筝、农产品品尝、踩高跷、坐牛马车、捉泥鳅、斗鸡、捏面人、走植物迷宫

1.4.2 农业园区的效益与经济指标的相关性分析

以民风民俗、乡土文化，农事活动、娱乐体验为自变量X，人均旅游收入作为综合效益的因变量进行回归分析，揭示出三项文化因素对园区综合效益的影响。

1.4.3 文化因素与园区综合效益的相关关系

文化因素与园区综合效益的相关性见表6。

文化因素与园区综合效益之间的相关性　表6

评价目标（因变量Y）	评价因素	评价因子（自变量X）	回归模型
农业旅游园区综合效益	文化因素	X_1 民风民俗、乡土文化 X_2 农事活动 X_3 娱乐体验	$Y=a_1X_1+a_2X_2+a_3X_3$

1.4.4 文化指标回归系数分析

文化指标回归系数分析见表7。

从表7可见，园区综合效益影响的权重基于标准系数，民风民俗、乡土文化（标准系数0.102），农事活动（标准系数0.701），娱乐体验（标准系数0.075）。可以看出这三项评价因子都对园区综合效益都是正相关。

35个园区进行文化内容分类（表5），其中民风民俗、乡土文化，是当地特有的文化资源，有着与生俱来的悠久文化历史，是彰显园区特色的重要基础。如果当地具有特色的民风民俗、乡土文化，应作为园区选址的重要条件之一，并注重在规划设计阶段，充分保护和融合。

农事活动、体验娱乐，在规划设计中，应深入挖掘、调查整理当地的文化资源，设计有创新有特色的体验娱乐项目和农事活动，展示出乡村田园风貌，塑造浓郁的乡村气息、风土人情，不仅能提升园区吸引力，还可以起到对文化保护及传承的双重作用。

通过以上35个园区的数据分析，得出经济、生态、文化因素与园区综合效益的相关性有着显著影响。下面以三亚海棠湾水稻国家公园为案例阐述规划设计的技术应对。

文化指标回归系数分析 **表 7**

模型	未标准化系数		标准化系数	t	P 值	B 的 95.0%置信区间		VIF
	B	标准误差	Beta			下限	上限	
（常量）	−183.534	74.693	—	−2.457	0.020	−335.871	−31.198	—
民风民俗、乡土文化	26.677	37.326	0.102	0.715	0.480	−49.449	102.803	1.673
农事活动	48.048	9.277	0.701	5.179	0.000	29.127	66.969	1.517
娱乐体验	7.464	12.054	0.075	0.619	0.540	−17.121	32.049	1.208

2 三亚海棠湾水稻国家公园规划设计

三亚海棠湾水稻国家公园的分别从选址、设计和运营三个方面进行论述（图 1）。经济、生态、文化分别对应规划设计的三个阶段。

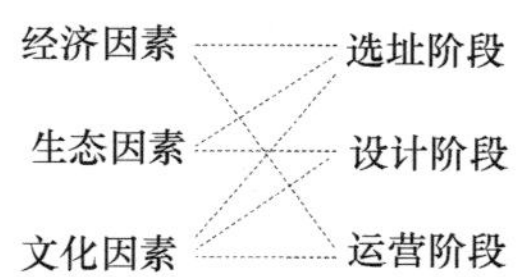

图 1 经济、生态、文化因素与选址、设计、运营阶段的关系

2.1 园区规划设计前期——选址阶段

计成在《园冶》中提到："相地合宜，构园得体"，对于今天农业园区的选址还具有指导意义，合适的选址事半功倍，求得理想的综合产出[12]。

从前期经济因素分析可知，市场辐射半径 100km 所覆盖城市的人均 GDP，对园区综合效益产生正相关作用。水稻公园选址位于三亚市海棠湾区，G98 高速南侧，东临湾坡路，距离三亚市中心约 30km，距三亚凤凰国际机场 45km，海棠湾紧邻环岛高铁沿线交通便捷。近三年来，三亚市的人均 GDP 以 7%以上的速度增长。由此说明选址区域为经济环境良好的城市近郊且交通通达性强，水稻公园在此建设，区位优势突出，发展潜力巨大。

从前期生态因素分析可知，植物多样性、园区绿化覆盖率、水质都对园区综合效益产生重要的影响，同时空气质量、土壤、气温、降雨量也对园区综合效益产生相关的作用。说明当地的地形特征、植被情况、水质、空气环境质量、土壤以及气候状况都是衡量园区选址的前提条件。

三亚市属热带海洋性季风气候，项目地三面环山，西北部群山叠嶂，周边生态环境良好，自然景观优美。同时，三亚还是中国杂交水稻研发基地，2014 年袁隆平院士国家杂交水稻三亚南繁综合试验基地落户三亚海棠湾，20 hm^2 实验基地就在本项目选址范围内，在此选址具有海棠湾形象的展示作用和地位。

从前期文化因素分析可知，民风民俗、乡土文化对园区综合效益也产生正相关的作用。项目选址的南侧，紧邻具有独特民俗民风的黎族村落。黎族世代生息，其建筑风貌、历史记忆、俚语方言、生产方式都具有传统的乡土特点。在此选址能传承丰富的历史信息和文化基因。

2.2 园区规划设计中期——设计阶段

设计水平是园区成功的关键。运用前期各因素的分析结果规划设计调控，可以营造出良好的空间境域[13]。

从生态因素方面分析，植物多样性、园区绿化覆盖率、水质属于权重较高的可调性评价因子。首先调查场地现状情况，场地内植物以水稻、莲花、辣椒、芒果、槟榔为主，为了克服植被单调，种群简单的现状，设计中：①按照海棠湾植物的生态习性，结合空间要求进行配置，恢复场地原生种群关系。同时，增加水生植物的比重，营建水体生态景观；②保持并发挥场地的肌理，使水稻公园营造特有生产性植物景观；③结合旅游需求，兼顾地域特点，营造热带气氛。最后对农田、湿地、节点广场、道路绿化、生态背景林进行景观规划，水稻公园的景观规划对策如下表（表 8）。

水稻公园景观规划对策 **表 8**

景观类型	景观规划对策
农田景观	丰富农田大地景观，涵养水土，种植方案采用"稻—稻—花"的模式，即水稻和绿肥花卉的农业轮作模式
湿地景观	在坑塘以及景观水面种植水生植物，完善水体生态体系，兼观赏性、生产性、生态性与一体。营建生态驳岸，为湿地栖岸生物提供生存条件，搭配使用漂浮植物、浮水植物、挺水植物和沉水植物四类水生种类，净化水体提高水质和含氧量
节点广场景观	营造热带植物景观为主，突出棕榈类植物的特色，选择观赏性强、枝叶丰美，冠大荫浓，具有地域风情的特色树种
道路绿化景观	行道树选取本地乡土树种，农田、道路两侧交接的边缘地带，加强空间的多样性，打造道路与农田边缘的美化效果
生态背景林景观	局部区域因建设开发被破坏，种植设计以保留现状植被为主要原则，在山体破坏区域栽植具有固土功能的植物，防止水土流失

从文化因素方面分析可知，评价因子民风民俗、乡土文化，是当地特有的文化资源，从而对园区综合效益产生积极的影响。规划设计阶段，应充分保护和融合。具体规划措施：

（1）运用民风民俗、乡土文化历史价值的元素及符号，重现当地的历史片段。

（2）工程材料的选择设计利用当地石材、木材、茅草等乡土材料。

（3）保留或重塑园区中的水稻梯田，充分利用山地丘陵的土地资源，截留雨水，强化水土保持。

（4）园区对有造景需要的建筑外形进行创造，参考水稻公园中农作物的生长特点，采取仿生设计。

（5）保留和利用原有黎族村落建筑，利用原有的建筑基础条件，结合园区整体风格对建筑立面和内部空间进行改动翻新，让原有老建筑风貌得到传承。

（6）赋予园区景点一定的文化性，借助当地独具特色的黎族文化展开设计。同时，园区设置一些代表农耕文化的展品，展示农耕文化的鲜明特点。

2.3 园区规划设计后期——运营阶段

运营阶段是园区持续发展的重要环节，规划设计是否合理，可从运营中逐步体现出来[14]。

前期分析得出经济因素中采摘类商品人均收入，对园区综合效益的权重较高。在水稻公园的运营阶段，规划园区提供更多的采摘类商品，同时，根据三亚夏季炎热的自然条件，发展智能温室，栽植观赏农作物、时令果蔬、名优花卉、中药材和食用菌类等，注重色彩和高低的配置，既可达到空间层次色彩变化丰富的效果，又为园区提供更多的采摘类商品。

同时文化评价因素中体验娱乐、农事活动，两项评价因子，对园区综合效益的权重作用较高。在规划运营阶段中，设计有创新有特色的体验娱乐项目和农事活动，塑造浓郁的民风民俗、乡土文化气息。

水稻公园以稻田为依托，开发体验娱乐项目和农事活动，让久居城市的游客享受自在悠然的乡野生活。体验娱乐项目和农事活动包括科研、休闲、创意和节庆等多种类型。科研产品主要利用南繁科研基地的文化优势，开展科普类观赏；体验类产品巧妙开发利用农业生产不同阶段的特点，开展种植、收割等农事体验活动；休闲类产品主要是以稻田为基底进行田园体验；创意类产品融入艺术、时尚元素，开展旅游演艺等艺术活动；节庆活动本着四季旅游，各有特色的原则开展各具特色的农事节庆。通过体验娱乐和农事活动的打造，让游客赏田园、游田园、乐田园，享田园[15]。同时延伸农业产业链，提升土地附加值，带动当地黎族致富。

3 结语

通过经济、生态、文化因素对园区综合效益的影响的研究，以海棠湾水稻公园为案例，通过合理的规划设计水稻公园选址、设计、运营3个阶段，统筹好农业园区的资源利用、生态环境、产业发展和文化传承各个因素，最终实现农业公园综合效益的最大化[16,17]。

参考文献

[1] 尹弘，张兵，张金玲．中国现代农业旅游发展模式浅析——基于全国203个农业旅游示范点的总结研究[J]．云南地理环境研究，2007(01)：122-126.

[2] 钟丽燕．基于多元线性回归分析的国内旅游收入预测[J]．现代商业，2017(15)：44-45.

[3] 刘振中．基于多元线性回归模型的国内旅游消费分析[J]．重庆理工大学学报(自然科学)，2016，30(6)：167-170.

[4] 中国产业信息网．2016山东各市GDP排行榜[EB/OL]．http：//www.chyxx.com/industry/201708/554724.html，2017-8-28.

[5] 省农业厅生态农业处、省旅游发展委员会产业促进处．山东省农业厅、山东省旅游发展委员会关于开展休闲农业和乡村旅游示范创建工作的通知[EB/OL]．http：//www.sdta.gov.cn/news/tzgg/fb017e8c5c7c997b015c809d4dc50005，2017-5-31.

[6] 山东省生态环境厅．山东省大气环境质量2016年12月份17城市排名[EB/OL]．http：//www.sdein.gov.cn/zwgk/sqcspm/2016/201701/t20170117_774223.html，2017-1-17.

[7] 山东省水文局．山东省水情月报[EB/OL]．http：//sdswj.sdwr.gov.cn/gbjb/sqyb/201507/P020180109296537016258.pdf，2015-7-1.

[8] 王磊，王玉涛，郭栋梁，等．山东绿色农业产地环境土壤评估及风险预警探究[J]．山东农业科学，2016，48(01)：91-94.

[9] 中国天气网山东站[EB/OL]．http：//sd.weather.com.cn/gywm/11/85351.shtml，2009-11-13.

[10] 中华人民共和国住房和城乡建设部．第五批拟列入中国传统村落名录的村落基本情况公示[EB/OL]．http：//47.93.137.210：84/publicityPage.aspx.

[11] 旅游中国．山东发布2018休闲农业和乡村旅游示范创建名单．http：//travel.china.com.cn/txt/2018-11/19/content_73679214.htm，2018-11-19.

[12] 苗壮．浅析休闲农业旅游新媒体营销[J]．经济研究导刊，2016(21)：165-166.

[13] 王磊，陈战波．低碳视角下休闲农业旅游发展的动力体系研究[J]．农业经济，2016(09)：18-19

[14] 任开荣，董继刚．休闲农业研究述评[J]．中国农业资源与区划，2016，37(03)：195-203.

[15] 张德顺．红叶谷生态旅游区植被群落特征研究[J]．中国园林，2007，23(12)：67-70.

[16] 张德顺．海南南山佛教文化区植被调查及景观构建[J]．中国园林，2012，28(7)：75-79.

[17] 张德顺，吕元廷．农业旅游园区用地面积的结构优化和景观营造——以三亚海棠湾国家水稻公园为例[J]．中国城市林业，2019，17(02)：76-81.

作者简介

吕元廷，1986年生，女，山东人，同济大学建筑与城市规划学院在读硕士研究生、济南市园林规划设计研究院 规划五所总工程师。研究方向为风景园林设计及其技术方法。电子邮箱：372763315@qq.com。

张德顺，1964年生，男，山东人，同济大学建筑与城市规划学院，高密度人居环境生态与节能教育部重点实验室教授、博士生导师、IUCN SSC委员、中国植物学会理事、中国风景园林学会园林植物与古树名木专业委员会副主任委员。

赵晓平，1963年生，男，山东人，济南市园林规划设计研究院院长、国家一级注册建筑师、高级工程师，中国勘察设计协会园林和景观设计分会常务理事，中国风景园林学会常务理事·规划设计委员会委员，山东省风景园林协会副会长·规划设计委员会主任。

文化触媒视角下传统街区微更新策略探讨

——以佘家胡同-延寿街街巷设计为例

Discussion on the Strategies of Micro-Regeneration in Historic Districts from the Perspective of Cultural Catalyst

—A Case Study of the Design of Shejia-Yanshou District

方濒曦　郭　巍*

摘　要： 在城市建设由大规模增量规划向小尺度存量更新转型的背景下，本文试图从文化触媒介入的视角，结合团队的北京城市设计大赛佘家胡同—延寿街更新项目分析，探讨传统街区微更新的可持续发展路径。本文首先论述了文化触媒的概念。其次，讨论了文化触媒与传统街区微更新运作的契合点，包括构建传统街区真实的叙事网络与提升传统街区微更新的易实施性与有效性，并提出三个方面的文化触媒策略——特色文化空间的构建、人文节事体系的活化与日常生活网络的重组。接着，文章结合佘延街道案例探讨基于文化触媒的传统街区微更新设计。最后总结了文化触媒介入角度下传统街区微更新的模式化过程，并讨论文化触媒策略的联动效应与弹性反馈机制，从而可能为类似实践提供参考。

关键词： 社区营造；传统街区；微更新；文化触媒

Abstract: In the context of the transformation of urban construction from large-scale incremental planning to small-scale Infill development, this paper, from the perspective of cultural catalyst, attempts to explore the sustainable development path of historic districts' micro-regeneration based on the team's Shejia-Yanshou District Design in the Beijing Urban Design Competition. The paper firstly discusses the concept of cultural catalyst. Secondly, it points out the matching aspects between cultural catalyst and micro—regeneration procedure in historic districts, which includes the construction of realistic narrative networks and the improvement of the operability and effectiveness. After that, the paper puts forward three strategies of cultural catalyst in historic districts——the construction of characteristic cultural spaces, the stimulation of the humanistic events system and the reorganization of daily life network. Then, takes the case of Shejia-Yanshou District as an example to discuss the historic districts' micro-regeneration design based on cultural catalysts. Finally, intending to provide potential reference for similar practice, the paper summarizes the patterned process of historic districts' micro-regeneration from the perspective of cultural catalyst, and discusses the linkage effect and elastic feedback mechanism of cultural catalyst strategies.

Keyword: Community Building; Historic District; Micro—regeneration; Cultural Catalyst

1　存量规划背景下的传统街区微更新

在城市规划手段由增量规划向存量规划转型的背景下，寻求内向发展因素、小微介入的城市更新方法不断涌现，以求从软性、人性的方面去提升城市环境的质量。

传统街区微更新是小微介入城市更新实践的重要议题。早年间尝试过的大拆大建式的更新手段使传统街区普遍展现出一种同质化发展的迹象，如前门大街迁出全部原住民并对整体街道进行拆旧建新[1]，又如南锣鼓巷过度商业化的改造。这些更新手法或多或少改变了传统街区的社会结构，而传统街区的价值恰恰在于其丰富的传统生活、多样的文化内涵[2]。因此，传统街区微更新方法的探索不应仅停留在物质空间更新的层面，需重视传统街区文化内涵的复杂性，从软质的层面提出更新策略。

本文采用文献研究法与调查法将理论研究与团队实践项目相结合，试图由文化触媒介入视角探讨传统街区微更新策略。文章首先论述文化触媒的概念，并指出其与传统街区微更新运作的契合点；接着，从三个方面探讨文化触媒策略的构建；然后以佘家胡同一延寿街街巷设计为例，阐述文化触媒策略如何与实际问题相结合；最后，进一步讨论文化触媒介入传统街区微更新的模式化过程及其机制特色。

2　文化触媒介入传统街区微更新

2.1　文化触媒的概念

文化触媒的概念源于城市触媒理论。“城市触媒”是20世纪80年代时由美国建筑师韦恩·奥图（Wayne Attoe）和唐·洛干（Dorm Logan）在《美国都市建筑——城市设计的触媒》著作中提出的，其重心为：策略性地引进新元素以激发城市的活力，并能引导后续的开发[3]。这个“新元素”具有多样的形态，其中，物质形态的触媒元素如博物馆、剧院、开放空间等可促进城市街区外在物质空间条件的改变，而政策、文化思潮、标志性事件等非物质形态的触媒元素可推动城市街区内在属性的转变[4]。

除触媒点外，触媒载体、触媒效应同为触媒运作机制中的重要组成。整体机制运作具有以点带面的特质，最初的触媒点通过触媒载体与街区整合，扩大影响力后进而与其他的触媒点相互作用产生联动效应，进一步促进街区空间的持续革新[5]。与此同时，文化作为当今城市更新的重要考量在触媒机制中起统筹到作用，是重要的触媒载体[6]。本文论述的"文化触媒"即是以文化为触媒载体的城市触媒。

2.2 文化触媒与传统街区微更新

传统街区微更新面临包括历史文化内涵发掘、多元化社会包容、商业发展需求、整体风貌营建等综合的问题，且由于开发建设规模、行政人事等制度变动的限制，常规"自上而下"的规划方法无法有效实施，需拉长战线从传统街区本质问题入手，为微更新工作提供多元平衡、灵活可变的体系性规划框架[5]。研究表明，文化触媒与传统街区微更新的运作可良好契合。

2.2.1 文化触媒构建传统街区真实的叙事网络

传统街区具有深厚的历史人文积淀，随时代变迁，城市发展需求、经济体制变革、人口迁移等等因素使得传统街区的风貌与内涵不断更替。真实的传统街区常呈现"新旧并存"的面貌，具有复杂的叙事网络[7,8]。如"广义的景观"概念中强调的传统街区时间及空间的完整性[9]，又如同莎伦·佐金在《裸城——原真性城市场所的生与死》一书中歌颂的城市粗犷与嘈杂的面貌一般[10]，绝对的干净整洁、高端仅仅是片段化的阐述，常常无法展现城市、街区的真正特征，尝试把握"矛盾"、"冲突"或许更能展现真实的全局。

文化触媒介入的优势在于，其以传统街区软质的文化特征发掘为前提，进而利用触媒工作框架的层次性与体系性推进传统街区微更新。进而言之，文化触媒策略按每个触媒项目的类别、影响力等分层级运作，采用文化事件、创意展示等文化触媒载体构建各个特色触媒点，逐步完善传统街区叙事网络的复杂性及完整性。无论历史文化方面的古旧经典、新潮轶事，还是社会构成方面复杂的人口、业态构成，亦或是古老建筑与新建房屋之间个性的冲突带来的街区风貌异质性。文化触媒策略尊重传统街区矛盾、复杂的叙事网络，可完善传统街区历史人文内涵的连续性，避免貌合神离的更新方式，从而真正意义上实现街区的"提质"。

2.2.2 文化触媒提升传统街区微更新的易实施性与有效性

传统街区的小尺度空间限定了微更新局部、小量介入的特色，更新项目实施过程往往耗时较长。这与街区复杂的人口、业态等组成有关，且微更新工作运作过程中常牵涉到多方利益，如政府、居民、街道办、商户等利益相关方[11]。在此基础上，文化触媒可提出非物质形态的更新策略提升微更新的易实施性与有效性。

相较于单纯的局部物质空间改造，文化策略更易于实施。物质空间改造过程中结合文化活动等软质策略可增强项目的公共参与性，为其散布影响力从而进一步推进物质空间更新。同时，这一过程能够收到公众及相关利益方的反馈，可指导更新项目的调整，让项目更贴近实际需求，避免"一步不到位"的改造。简言之，文化触媒微更新策略能够"自下而上"地鼓励居民、游客、企业等的参与，推进社区共治，进一步推进传统街区的发展、更新与保护。

3 传统街区的文化触媒策略探讨

传统街区的空间肌理、业态构成、传统文化、人群类型、日常活动及需求极具特色，其复杂的叙事网络为微更新策略体系的构建带来挑战。借助文化触媒构建微更新策略网络，在力求场地设计体现传统街区特色的同时，能够切实满足多方人群的利益需求，以保证微更新介入后传统街区内涵在时间、空间上的完整与连续。

项目前期需广泛调查收集传统街区多方面的信息，并提取关键要素，分层次、成体系地搭建街区的传统文化、产业发展、公众参与等方面的文化触媒策略网络。可由传统文化大背景、旧时市井生活片段、文保点展示、百姓家常印象等出发，在微更新的同时加强居民与街区生活的情感共鸣，构建传统街区的可持续发展模式。

3.1 策略一：特色文化空间的构建

传统街区中有许多潜在的特色文化空间资源，由于人口变迁、产权变动等原因，这些空间仍是街区中的灰色地带。建筑空间如腾退闲置的空房、院落、工厂，或是未再开发的文化建筑如地方会馆、寺庙、祠堂等；户外空间如街角、墙边、行道树下或是历史悠久的古树附近零碎的空地。一方面，利用灰色空间植入新文化业态、改善现状业态结构可吸引新兴经济部门投资、刺激街区消费经济、增强居民和商家对街区的忠诚度[12]；另一方面，特色文化空间体系的构建可提升传统街区整体风貌的建设，设计师的介入可为多方人群设立具有展示、体验、咨询交流功能的平台，以进一步探讨传统街区未来可能的发展方向。总体言之，该策略可令传统街区微更新更贴合实际、避免设计受限于表面形式。在复兴传统文化的同时，兼顾现代产业的发展，促进居民与传统街区发展的互利模式。

在深圳南头古城举办的深港双年展以"城市策展"的方式介入南头古城微更新，展览主题为"城市共生"，在尊重人性和历史的前提下，以城中村为展场，呼唤多元、包容、充满活力的城市生态系统，寻求城市文化、社会、空间多层面的共生[13]。在特色文化空间的营造方面，南头古城将临时房屋、废弃工厂改造为展览空间、社区书店、文化剧场等，同时重塑广场、街道、城门入口的公共空间景观，在古城内构建特色文化空间体系。该体系与本地居民生活空间融为一体，为原本略显破败的古城注入新的活力因子，推进南头古城的再发展（图1）。

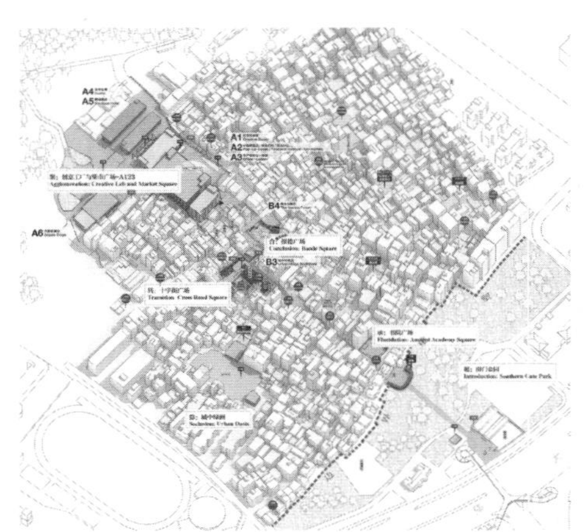

图1　特色文化空间构建——“城市共生”南头古城微更新
（图片来源：URBANUS官网，http：//www. urbanus. com. cn/projects/nantou-old-town/）

3.2　策略二：人文节事体系的活化

特色文化事件策划对于城市更新具有正面促进作用，在历史人文资源丰富的传统街区则更是如此。人文事件体系的建构可从非物质层面提升传统街区特色风貌的塑造，且成规模的事件组织可形成一定程度的文化输出，提升传统街区综合的文化供给能力[12]。此外，作为传统文化的载体可塑造传统街区文化名片与品牌效应，有益于促进人与传统街区的互动，建立公众对与传统街区的情感依托，而这反过来又可成为传统街区微更新的进一步推动力。

文化事件类活动如一年一度的北京国际设计周是在传统街区微更新基础上通过公众互动、媒体传播逐步建立品牌效应，除了相关专业人员，每年都有更多的普通民众闻名来访（图2）。对于传统街区保护与复兴而言，文化名片塑造可进一步拓展受众人群类型，使其中相对晦涩的内容更容易为大众所接受。例如，近两年的故宫博物院文创项目发展如火如荼，故宫博物院也因此由单纯的文物古迹角色升华至更为主流文化受众所喜爱的角色。故宫文化通过文创品牌效应在新的时代“活”了起来。故宫博物院院长单霁翔曾言道：“故宫的生命力很大程度上取决于懂得其价值的观众之多寡”“我们应该把那些恢弘的皇家古建筑当成一本书去阅读，而不是当成一个经典去参观”[13]。

图2　人文节事体系活化-北京国际设计周
（图片来源：大栅栏官网，http：//dashilar. beijing99. cn/）

3.3　策略三：日常生活网络的重组

日常生活文化是传统街区复杂叙事的重要体现，如莎伦·佐金在《裸城》中所提：“某些社区景象和感觉着实令我怀念，这些可触可感的景象丰富而多样，可以是民族风味餐厅传来的香气和叮当声响，可以是实验艺术画廊和表演空间，抑或是来自五湖四海，创造出街道独特风貌的脸孔和话语声。[10]”传统街区风貌不仅是空间形态、古老的砖木结构与材料，居住者及他们每日的生活图景是传统街区依然保有活力的证明。如北京的传统街区中融合了原住民和多元族群居住者的日常生活，是极富传统和当代特色的文化载体[14]

一方面是尝试解决现实的日常生活矛盾。日常生活网络的重组可建立在对居民日常生活记录研究的基础上，重点在于把握多样化的人群类型及活动需求以及生活空间、时间上的矛盾。如在武汉市原英租界胜利街口案例研究中，设计团队从微观角度对小摊贩的空间行为进行调查，将小摊贩售卖作为街区重要的文化载体进行一定程度的保留，并提出相应城市空间策略梳理街区的日常秩序[15]。另一方面是基于日常生活文化提出微更新设计策略以提升传统街区认同感的建设。例如，在对东四南片区、大栅栏片区等进行居民自发建设的微花园调查的基础上，史家胡同博物馆举办了微花园社区营造活动。该项目以居民日常生活文化为出发点，通过设计介入的方式鼓励居民参与到传统街区微更新的过程中（图3）[14]。

图3　日常生活网络重组-史家胡同博物馆微花园社区营造活动（图片来源：侯晓蕾　摄）

4 案例探讨：基于文化触媒的佘延街道微更新设计

2018年的北京公共空间城市设计大赛将佘家胡同—延寿街片区作为设计题目，邀请各方人士共同探讨传统街区微更新的可行方略。设计项目前期，团队针对佘延片区的现状问题进行了研究，其主要矛盾可概括为两个方面：传统文化的日趋消逝及日常生活与多元化需求的冲突。

佘延片区有着厚重的传统历史文化积淀，但目前处于文化缺失的空窗期，许多历史建筑、传统活动等均已不复存在。佘延片区的传统历史文化包括商业金融文化、戏曲梨园文化、士乡会馆文化等。如，许多戏院于清朝时迁至该片区推动了京剧的发展，目前街区内保留有一处“魁德社”；片区有众多省县级工商、文人会馆等，是士人集结的活跃公共场所；旧时的厂甸庙会途经延寿街，但恢复后的庙会与佘延街道关系疏离[16]（图4）。另一方面，佘延片区独特的市井生活氛围成为方案设计的灵感来源之一，如街头巷尾交谈小憩的老人、副食店前忙碌的店家与焦急的顾客、穿梭在人流间的自行车和电动三轮（图5）。但现状的问题是，传统文化积淀与当下的市井生活间存在精神断层，仅限于空间改造的策略可能无法恒久地发挥街区更新效用，软质的文化触媒策略方能推动传统街区历久弥新。团队提出节事策划与文化业态更新的文化触媒策略网络体系。首先，依类别提出节事活动的时间规划，包括一周一循环的生活类节事活动以及一年一循环的节庆、民艺类节事活动（图6、图8）。这一策略试图将细碎化的传统习俗生活进行再整合，以节事活动为文化载体将其展示给多方人群，传承、复兴传统街区的文化内涵。其次，提出利用腾退或闲置的空房，植入新文化业态、复兴老字号、调整现状冗余业态，如发掘老字号食品、工艺品等，通过展览、互动、售卖形式形成老字号复兴点（图7、图8）。

图4　佘家胡同-延寿街历史变迁
（图片来源：林晗芷　绘制）

图5　佘家胡同-延寿街市井生活调查
（图片来源：林晗芷　绘制）

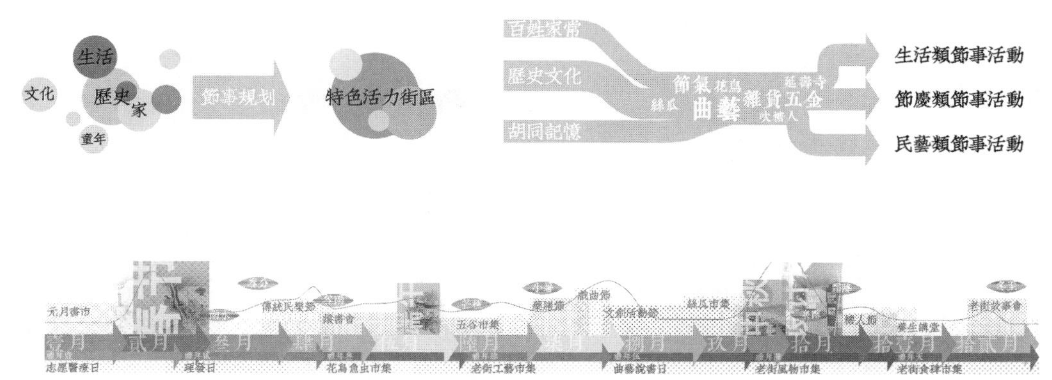

图6　佘家胡同-延寿街节事策划
（图片来源：作者、师晓洁　绘制）

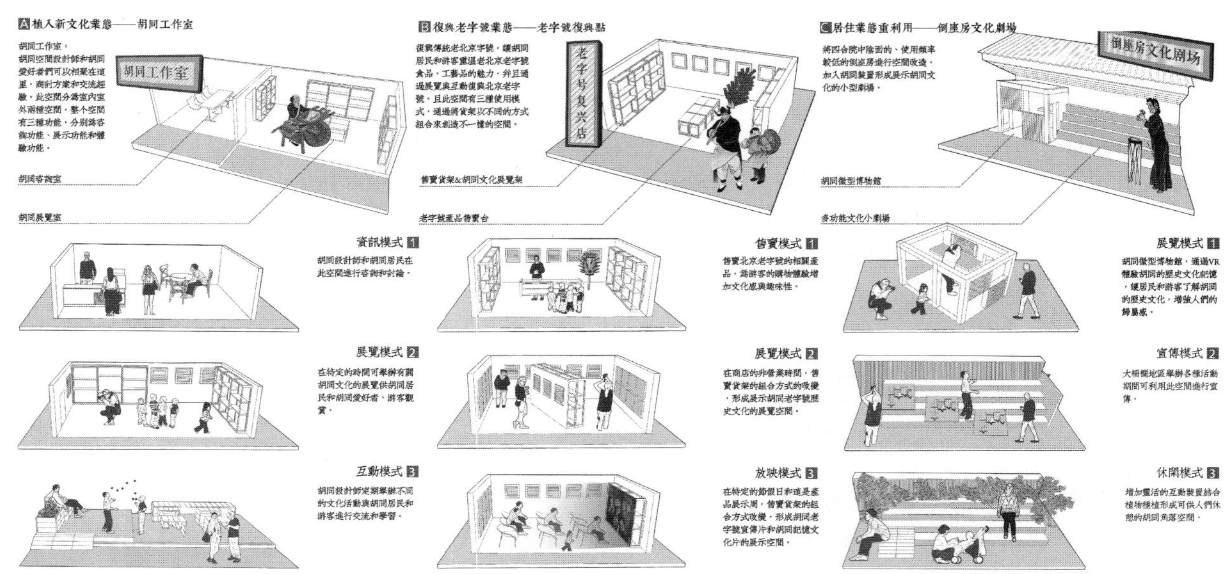

图 7　佘家胡同-延寿街文化业态更新
（图片来源：作者、师晓洁　绘制）

图 8　佘家胡同-延寿街的文化业态更新（左）与节事活动策划（右）
（图片来源：作者、师晓洁　绘制）

佘延片区的另一个主要现实矛盾为胡同高密度居民、商家、外来人群的多样化需求与狭小街区空间的矛盾与冲突。例如，店铺门口狭窄的空间为运送货物带来不便，又如四处堆放的非机动车占据了人们的活动及通行空间。通过探索片区内可利用微空间，针对功能、需求进行分类与分析，尝试整理出居民、商家、游人在街区中的活跃地点与路径。在此基础上通过空间、装置的微改造及其使用时段的再整理，以日常生活文化为线索提出相应的文化触媒策略。具体而言，居民群体中老年、中年、少年儿童的活动需求有别，非居民群体中访客与商户各有所需。设计方案基于现状分析提出空间潮汐、时间延展、共用共享三个方面的日常生活文化策略框架，于佘延街道重组日常生活网络（图 9）。

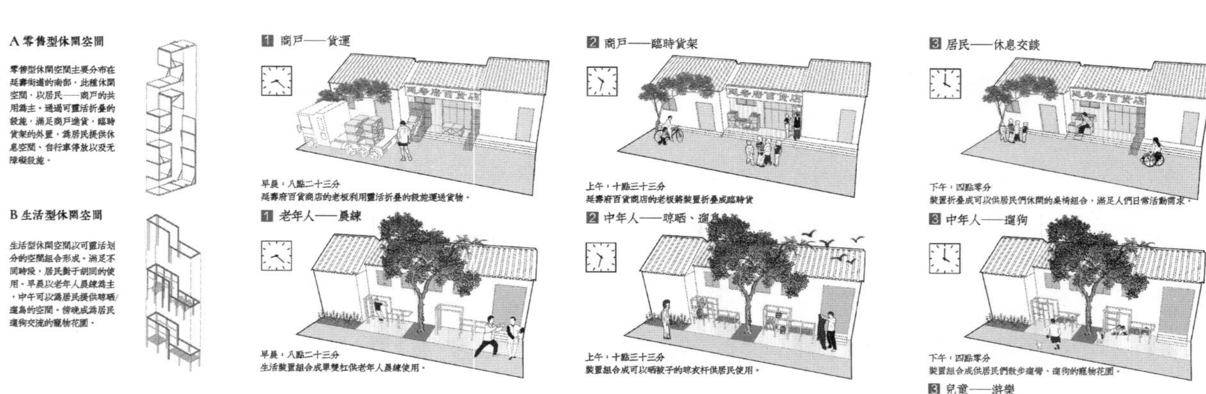

图 9　佘家胡同-延寿街日常生活网络的重组
（图片来源：吕婉玥　绘制）

5 讨论与展望

5.1 文化触媒介入的传统街区微更新模式化过程

文化触媒策略介入的传统街区微更新模式化过程是以传统街区的深层次认知为前提，软质文化触媒策略为统筹，活动组织、微空间及微装置设计等为具体手段，综合考虑实际需求及长远利益完成微更新策略框架的构建，推进传统街区自主发展的过程。微更新策略为多方人群谋求便利，同时鼓励业态更新、带动公众参与，建立公众与街区的情感纽带，为传统街区注入活力。

5.2 文化触媒策略的联动效应与弹性反馈机制

文化触媒策略介入的传统街区微更新策略框架具有复杂的联动效应。不同于单纯硬质空间改造中单一主题的片段式、线性叙事，文化触媒策略将传统街区的本质视作时空层积关联的复杂叙事，即经历岁月积淀的无数历史事件、生活意象等抽象要素与街区、建筑空间等物质性要素的集合交织关联产生的复杂性。将传统街区视作巨大的事件网络[17]，文化触媒策略希望达到的目标则是“牵一发而动全身”，透过局部的干预挖掘展示传统街区的多元特征并引起公众及相关工作者的重视与思考。接下来的工作或可以前一个文化触媒介入点的成果及反馈为依托，逐步地推广传统街区微更新的文化叙事网络。

另一方面，文化触媒策略相对于硬质空间改造项目而言，具有微干预的特质，便于建立即时反馈的机制。基于现状闲置房屋、腾退空地等实施策略能尽可能降低对街区风貌的干扰，更主要的效益则是通过文化活动设计、创意展示交流等体现。这个阶段的策略易于实施，能够及时与使用人群交流，并在获得使用反馈后随即进行策略的修正调整。

文化触媒策略的联动效应与弹性反馈机制可体现团队对于“自下而上”存量更新方法的考量。团队重点研究了传统街区的复杂性，虽说实践项目无法体现其复杂本质的全部，但希望项目能作为一个的开端引发思考。往后的传统街区微更新项目可从更为客观、全面的视角去认识传统街区，一步步实现传统街区的提质。

6 结语

如今的城市建设注重质量的提升，面对建成区需综合剖析复杂的影响因子，以使更新策略更贴合事物本质及社会需求。文化触媒视角下传统街区微更新策略基于复杂的叙事体系研究延续传统街区活力的深层次因子，提出软质、人文的介入方式，讨论整体或微观的设计形式。团队站在风景园林学科角度，探究策略各方面考量的可实施性以及策略的体系性，并总结文化触媒介入的特征及展望，希望在类似实践中提供有益借鉴。

注：团队成员：方濒曦、张宜佳、林晗芷、邓佳楠、师晓洁、吕婉玥。

参考文献

[1] 冯斐菲．北京历史街区微更新实践探讨[J]．上海城市规划，2016(5)：26-30.

[2] 戴湘毅，朱思嘉，宋予佳，等．居住性历史街区的商业结构及其形成机制——以北锣鼓巷为例[J]．城市发展研究，2017，24(07)：94-102.

[3] 韦恩·奥图，唐·洛干．美国都市建筑——城市设计的触媒[M]．台北：台北创兴出版社，1994：4.

[4] 孙乐．历史街区复兴中的“城市触媒”策略研究[D]．同济大学，2008.

[5] 徐云曦．“触媒式”旧城改造与更新的实践探索[D]．重庆大学，2012.

[6] 蒋昀熹．文化触媒下台湾地区乡村公共空间更新研究[D]．重庆大学，2018.

[7] 林怡琳．“城村共生”文化导向下的城市更新策略——以深圳南头古城为例[C]//中国城市规划学会、东莞市人民政府．持续发展理性规划——2017 中国城市规划年会论文集(02 城市更新)2017：14.

[8] 张利．透过三个问题看改造[J]．世界建筑，2016(04)：12-13.

[9] 刘祎绯，WANG Xi-yue．城市历史景观[J]．风景园林，2017(06)：4-5.

[10] 莎伦·佐金．裸城：原真性城市场所的生与死[M]．上海：上海人民出版社，2015：2，15-20.

[11] 刘思思，徐磊青．社区规划师推进下的社区更新及工作框架[J]．上海城市规划，2018(04)：28-36.

[12] 方丹青，陈可石，陈楠．以文化大事件为触媒的城市再生模式初探——“欧洲文化之都”的实践和启示[J]．国际城市规划，2017，32(02)：101-107+120.

[13] 2017 深港城市\建筑双城双年展举办方．2017 深港城市\建筑双城双年展(深圳)[J]．现代装饰，2018(02)：18-21.

[14] 天津北方网新媒体．故宫是如何通过“文创”这件事，让自己越来越年轻的？[EB/OL]．(2018-12-27)[2018-12-30]．https：//mp.weixin.qq.com/s/Gz9lDtS9nCs1Jr5iSFgm-g.

[15] 侯晓蕾，郭巍．社区微更新：北京老城公共空间的设计介入途径探讨[J]．风景园林，2018，25(04)：41-47.

[16] 杨璐，汪原．小摊贩的城市空间策略——武汉市原英租界胜利街口案例研究[J]．新建筑，2015(04)：27-30.

[17] 张金起．百年大栅栏[M]．重庆：重庆出版社，2008.

[18] 薛威．城镇建成遗产的文化叙事策略研究[D]．重庆大学，2017.

作者简介

方濒曦，1996 年生，女，汉族，湖南岳阳人，在读硕士研究生，就读于北京林业大学园林学院。研究方向为风景园林规划与设计。电子邮箱：610347819@qq.com。

郭巍，1976 年生，男，汉族，浙江人，博士，北京林业大学园林学院副教授，荷兰代尔伏特理工大学（TUD）访问学者。研究方向为乡土景观。电子邮箱：gwei1024@126.com。

西安城市街道林荫空间形态与微气候效应研究①

樊亚妮　董芦笛　韩雪琳

摘　要： 城市街道空间微气候由建筑、植被、地面共同作用影响。在风景园林构成要素中夏季行道树树冠的遮荫效应尤为突出，其对于改善城市街道微气候、热舒适有重要作用，且不同类型林荫空间形成的微气候效应不同。以冬冷城市西安为例，采用现场实测的方法，选取典型生活型林荫街道空间进行微气候实测研究，比较其微气候效应差异，分析差异形成机制。

关键词： 风景园林小气候；城市街道；林荫空间；热环境；风景园林规划设计

Abstract: The microclimate of urban street canyon space is affected by architecture, vegetation and ground. Among the elements of landscape architecture, the shade effect of street tree crown in summer is particularly prominent, which plays an important role in improving the microclimate of urban streets and the thermal comfort, and the effects of different types of street tree shade space are different. Taking Xi'an, a cold winter city, as an example, by using the method of field measurement, choose the typical living form to measure the microclimate, and compared the difference of microclimate effects, analyzed the formation mechanism of the difference.

Keyword: Landscape Microclimate; Urban Canyon; Crown dome Space; Thermal Environment; The Planning and Design of Landscape Architecture

引言

过去50年以来，中国经历了一个大规模城市化时期，城市人口增多，全球气候变暖，城市环境问题突出，户外公共活动空间受到压缩，环境品质下降。近年来夏季高温天气频繁，热射病和死亡率增加，城市户外公共活动空间需要增加热防护措施，减少热风险。城市风景园林小气候环境的改善是提高城市人居环境质量的重要途径。

城市街道是城市景观空间的主要类型之一，也是城市居民重要的户外活动空间，承载着居民的交通出行与日常生活的功能，其微气候环境代表着微观尺度的城市气候特征，是人、气候、建筑、植被等相互作用的集中区域，对城市生态的影响起着重要作用，直接影响着居民使用的舒适感受。作为城市户外空间的基本构成单元，其热环境质量的研究与改善对提高城市热环境有着极其重要的影响[1]。

由于人们对于居住环境和可持续发展理念的持续关注，关于城市微气候的研究越来越广泛，其中对于城市街道空间与生态环境的研究也逐渐深入[2]。国内学者赵敬源[1][3]、王振[4]、杜晓寒[5]等，通过实测、数值模拟等方法讨论了街道空间形态和结构等要素对城市街谷微气候或热环境的影响，初步提出合理绿化、水面设置的必要性，目标针对降低城市能耗，创造安全舒适的街谷热环境。之后由街区尺度的住区道路物理环境及微气候研究逐渐转向城市街道公共空间林荫环境的微气候研究。刘滨谊[6]、赵晓龙[7]、董芦笛[8]、曾煜朗[9]等从风景园林学科角度研究讨论了风景园林要素对城市街道公共空间微气候效应、热舒适的调节效果及形成机制。Angeliki[10,11]，Tobi Eniolu[12]，Xiaojiang Li[13]等定量研究了城市街道树木的遮荫效应，讨论形态、要素等参数对街道微气候和热舒适的影响。上述研究表明风景园林构成要素及空间形态对近人尺度的微气候调节和影响作用是十分显著的。

城市林荫街道是街道空间中舒适性和环境条件相对较好的一类景观空间，也是城市道路绿地的重要组成部分。行道树的遮阴效应、降温增湿效应能够十分明显地改善夏季街道的热舒适条件。城市街道作为城市户外空间的基本构成单元，其环境质量直接影响街道内行人的舒适性及城市区域的物理环境，对调节区域微气候起到十分重要的作用。本文针对西安城市街道林荫空间，讨论不同类型城市街道林荫空间形态的微气候效应。

1　城市街道林荫空间及微气候尺度概念界定

1.1　城市街道林荫空间

街道空间通常是城市气候研究的重点所在，被称之为"街道层峡"，体现中观尺度的城市气候特征。街道林荫空间从风景园林视角出发，更加关注以行道树为主体的城市街道层峡，是人们重要的户外生活空间，也是城市

① 基金项目：国家自然科学基金重点项目，城市宜居环境风景园林小气候适应性设计理论和方法研究（51338007）。陕西省自然科学基础研究计划面上项目，西安城市户外公共空间风景园林小气候适应性设计方法研究（2017JM5133）。

道路绿化的重要组成部分。

城市街道林荫空间通常由两侧垂直界面建筑物，隔离带中的植物、设施，以及水平界面城市道路铺装，相连的行道树林冠围合形成。街道的空间特征通常由高宽比来表示，街道空间使用者主要活动范围是在乔木分枝点（2.0～2.5m）以下的林荫空间（图1）。

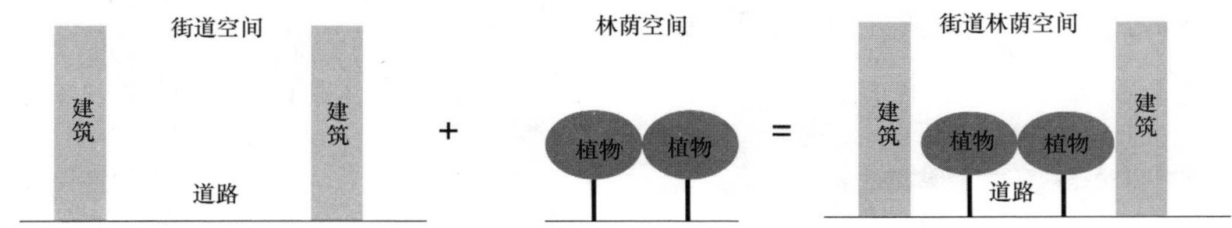

图1　街道林荫空间构成模式

1.2　街道林荫空间微气候

风景园林小气候的研究尺度界定为水平方向城市户外活动空间的周边形体界面和场地边界界定，垂直方向是指城市冠层以下，地面向上不超过24m，地面向下0.5m之间的范围[8]。这个范围内微气候变化与人的外部活动空间密切相关。夏季由于太阳高度角较大，街道空间中建筑的遮阳范围有限，林荫对调节街道空间微气候环境有重要作用。

街道空间在太阳辐射作用影响下，由于建筑的遮挡和树冠的遮蔽形成局部不同温差的微气候环境。街道两侧种植行道树，树冠形成的林荫可以在夏季通过拦截大部分太阳辐射来改善城市街道小气候，提升街道空间的舒适性，影响人们的热感觉。

城市街道空间下垫面由相连的树冠和地面铺装共同构成，不同材料的受热不均引起了热量交换。树冠覆盖地面，形成阴影且影响地面的长波辐射，并通过蒸腾作用吸收热量，影响温度和湿度的变化。常见街道中的微气候环境问题主要集中在无林荫覆盖街道的夏季热辐射问题，林荫全封闭覆盖的污染物和热量集聚问题，夏季昼夜小温差问题和种植效率问题。

2　西安城市街道林荫空间特征及类型研究

研究表明，西安市近50年来气温明显呈上升趋势，自1993年以来上升幅度为4.73℃，持续暖冬，平均气温高于全国。其风速呈明显下降的趋势，且变化幅度较大[14]。近十年来，西安高温天气骤增，2017年7月份出现17个高温天，成为第一个破40℃的省会城市[15]。

2.1　西安城市街道林荫空间特征及类型研究

城市街道空间类型主要影响参数包括街道宽度（W）、街道走向（θ）、街道高宽比（H/W）、天空视野因子（SVF）以及行道树。以此为依据对西安主城区生活型街道进行类型研究。

2.1.1　西安城市街道类型划分

西安明城墙内的街道路网继承了唐代“棋盘”式的路网布局结构，街道宽度较小，以商业性和生活性街道为主，大多数街道断面类型为一块板，建筑多为6～7层，街道空间的D/H多数都小于1，属于街道空间较为狭窄紧迫的类型，基本为东西走向和南北走向。明城墙外的道路网结构以方格网加放射为主要形式，增加了东北-西南和西北-东南的走向[16,17]。

通过对西安主城区主要街道的调研，根据城市街道红线宽度可分为6类，街道走向可分为南北走向，东西走向，东北-西南走向和东南西北走向。高宽比可分为三类，分别是H/W=0.2～0.5，0.6～1.0，1.1～1.5。

西安城市街道宽度分类　　表1

西安主城区主要城市街道宽度分类			
宽度类型	红线宽度（m）	比例（%）	数量
Ⅰ	<20	11	34
Ⅱ	20/25	58	177
Ⅲ	30	7	20
Ⅳ	40	8	25
Ⅴ	50	13	38
Ⅵ	≥60	3	10

2.1.2　街道林荫空间类型

尾岛俊雄首次提出了基于热环境的建筑外部空间构成分类，充分考虑植被在街道空间中的构成影响[18]。单株乔木树冠形成林荫，构成球状的伞形空间，根据树叶的遮蔽程度分为叶冠区和枝干区，不同分区中空气的加热程度不同，在单株乔木内形成气流微循环。单株乔木沿路行列式栽植形成“单行型”林荫空间，根据其树冠的交接封闭程度，又可形成单拱林荫空间和多行林荫空间(图2)。

2.1.3　西安城市街道林荫空间类型及特征

在城市街道类型和林荫空间类型基础上，对西安主城区街道林荫空间类型进行划分。分类基于行道树林荫热环境调控，采用第一层次分类指标街谷类型与第二层次指标林荫类型叠加。城市街道行道树沿道路两侧等距成行栽植，树木冠幅与街道路面宽度的空间关系决定了林荫空间的封闭程度。树冠相连在冠下形成封闭的“拱廊”型林荫空间，树冠间距较大时，形成开敞的“行列式“林荫空间。

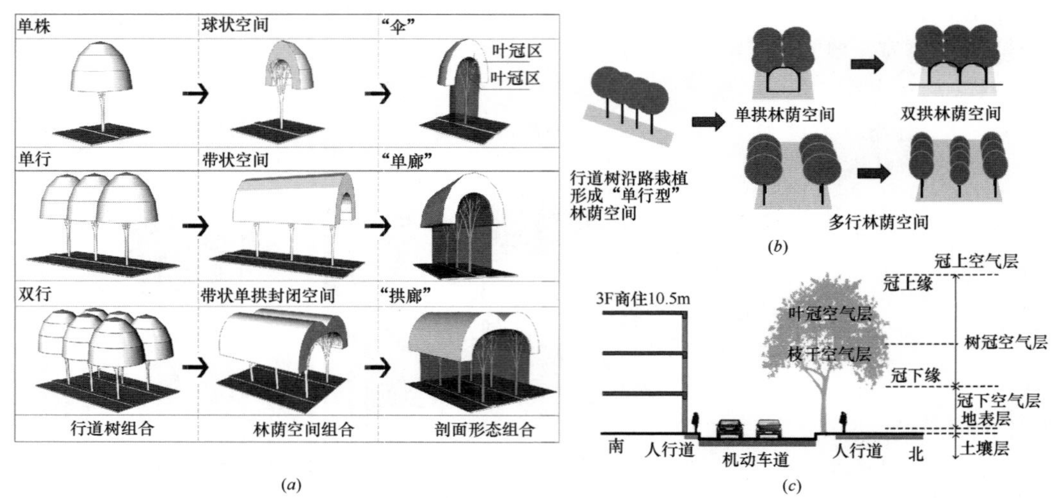

图 2　街道林荫空间类型

(a) 林荫空间构成；(b) 林荫空间类型；(c) 街道林荫空间构成

主城区内城市街道空间根据林荫空间的顶界面覆盖程度可以分为 3 类 6 种，3 类包括封闭空间，半封闭空间和开敞型空间，封闭型和半封闭型空间各自包括单拱和连续拱；开敞型空间包括单行和多行（图 3）。

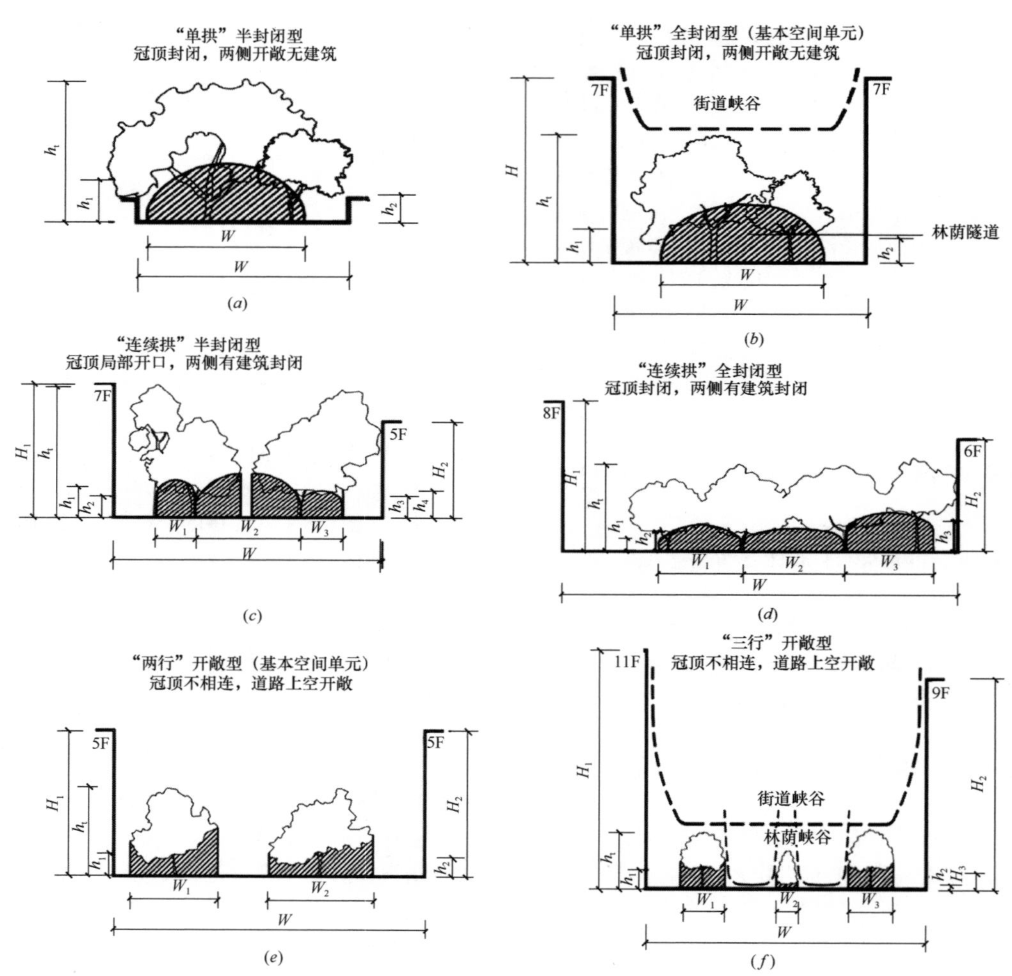

图 3　街道林荫空间类型[23]

(a)"单拱"半封闭型；(b)"单拱"全封闭型；(c)"连续拱"半封闭型；

(d)"连续拱"全封闭型；(e)"两行"开敞型；(f)"三行"开敞型

3 城市街道林荫空间微气候效应

城市街道空间小气候参数包括气流、湿度、温度及遮阳/阴影和污染物[19]。西安地处关中盆地腹地，静风频发[20]，因此太阳辐射、日照是影响街道微气候环境，热舒适条件的最显著因素。林荫空间的微气候效应在夏季最为显著，主要体现降温增湿和形成阴影。

3.1 降温增湿效应

街道行道树林荫能改变街道空间的地面温度和空气温度，具有明显的降温增湿效果。行道树叶片通过蒸腾作用将太阳辐射的显热转化成潜热，同时将体内的水分通过气孔蒸散到空气中，增加空气湿度，降低周围空气温度。可调节温度范围约 0.3～2.5℃，最大可增湿约 8.45%[7]。行道树高度和气温呈线性负相关，湿度与植物高度的相关性不明显[21]。课题组对西安五种常见行道树悬铃木、梓树、苦楝、栾树、国槐的热舒适效果进行了实测分析，结果表明叶面积指数为影响行道树热舒适调节的主要因素[22]。

通过对西安不同林荫空间街道类型 1.5m 高处实测气温、日照分析及相对湿度、风速与气象站和城市开放场地全日照的比较，得出如下结论：

（1）对于不同类型街道林荫空间，夏季降温效果最大温差幅度能达到与当日气象站气温相同，且越封闭降温效果越强。冬季街道林荫空间落叶透阳，气温高于气象站，增温幅度最大与气象站相同，且越开敞的街道增温幅度越大（图 4）。

根据实测分析，连续拱全封闭型街道林荫空间由于树冠和建筑对太阳辐射的遮挡，街道内夏季气温稳定，与气象站气温接近。

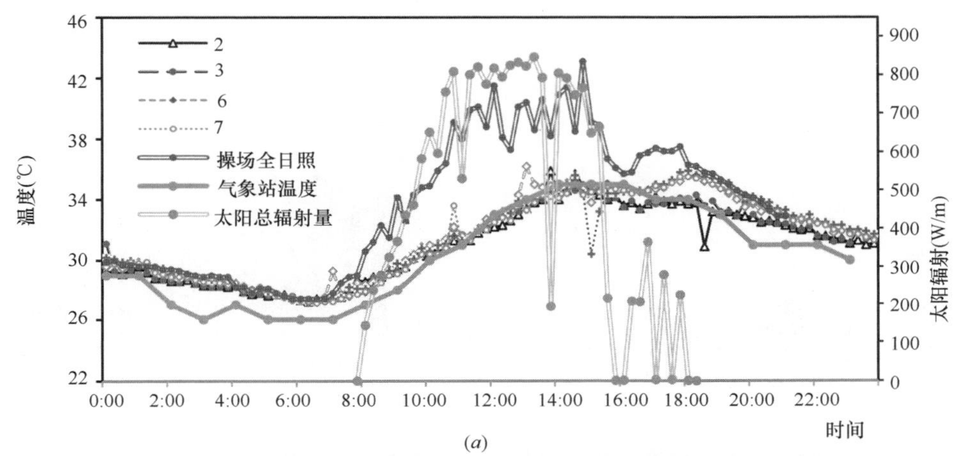

(*a*)

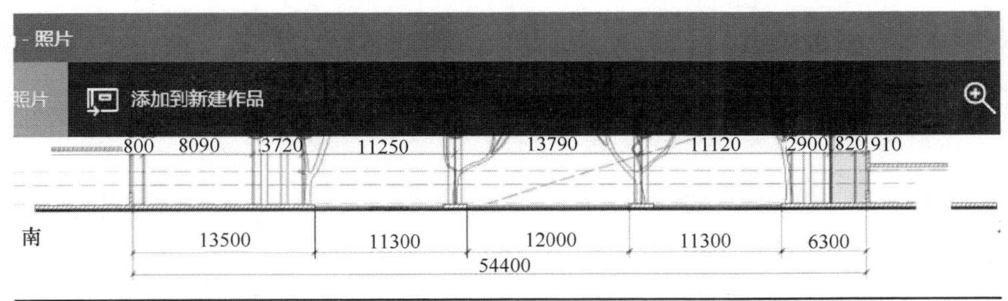

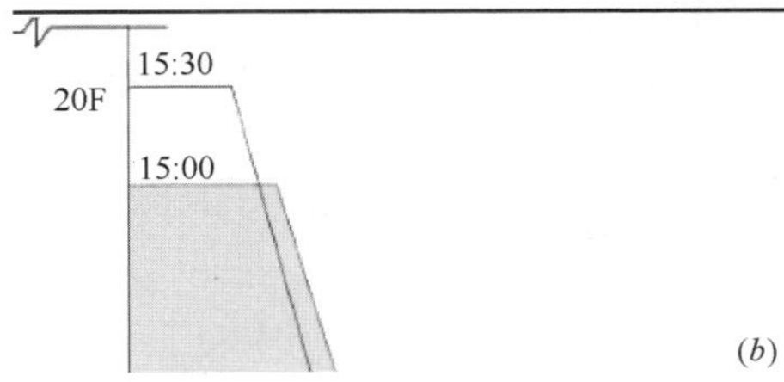

(*b*)

图 4　友谊东路西段林荫空间 1.5m 处气温及日照变化

(*a*)"连续拱"全封闭型街道友谊东路西段 1.5m 处气温变化；

(*b*)"连续拱"全封闭型街道友谊东路西段日照变化

"三行"开敞型街道林荫空间由于街道地面大部分区域和时间暴露于直射辐射下，夏季街道内气温变化强烈升温快，气温高于气象站，路中央测点与全日照接近，甚至受到人为放热的影响超过全日照（图 5）。

（2）同一街道林荫空间内部降温效应。白天树中心区域温度远低于街道其他区域平均温度，夜晚温度略高于街道其他区域。全封闭空间比半封闭空间整体温度低；日出之前受地面长波辐射影响，封闭空间温度相对较高；在升温段和高峰段，全封闭和半封闭空间 1.5m 处实测温度均低于场地全日照点（图 6）。

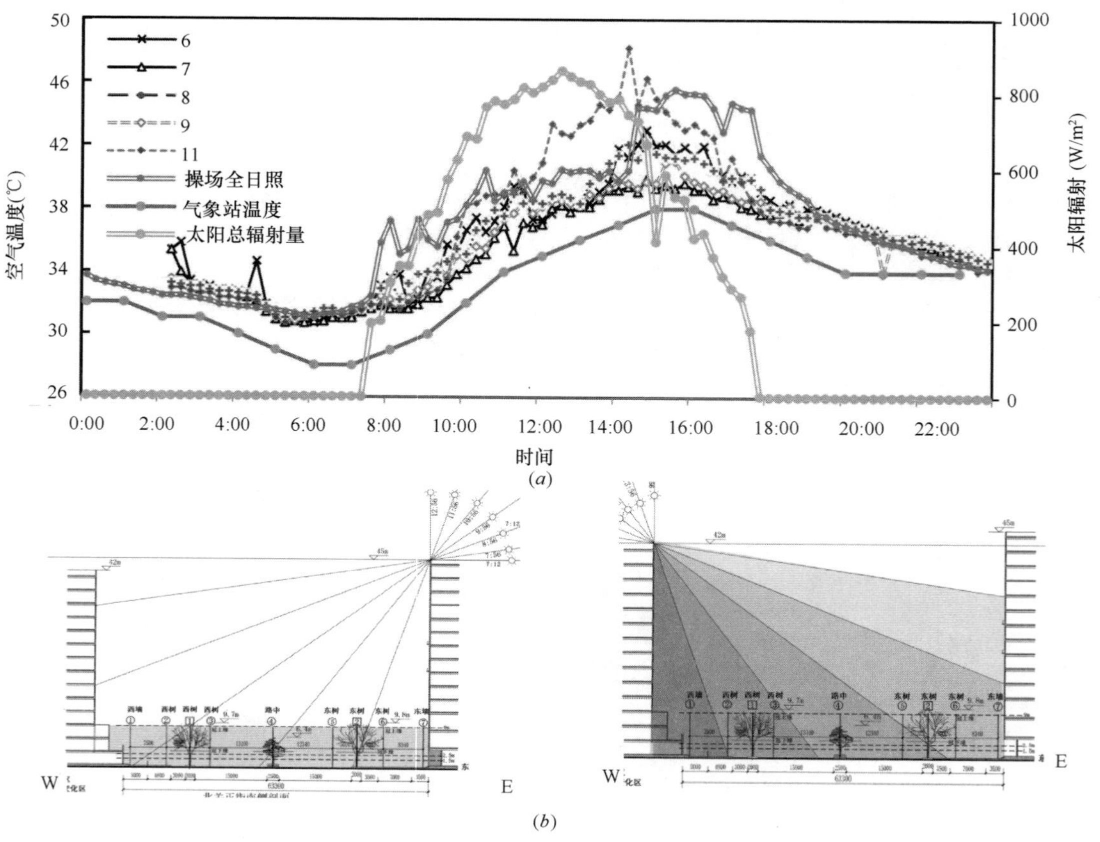

图 5 “三行”开敞型北关正街南段林荫空间 1.5m 处气温及日照变化

（a）“三行”开敞型街道北关正街南段林荫空间 1.5m 处气温变化；

（b）“三行”开敞型街道北关正街南段上、下午日照变化

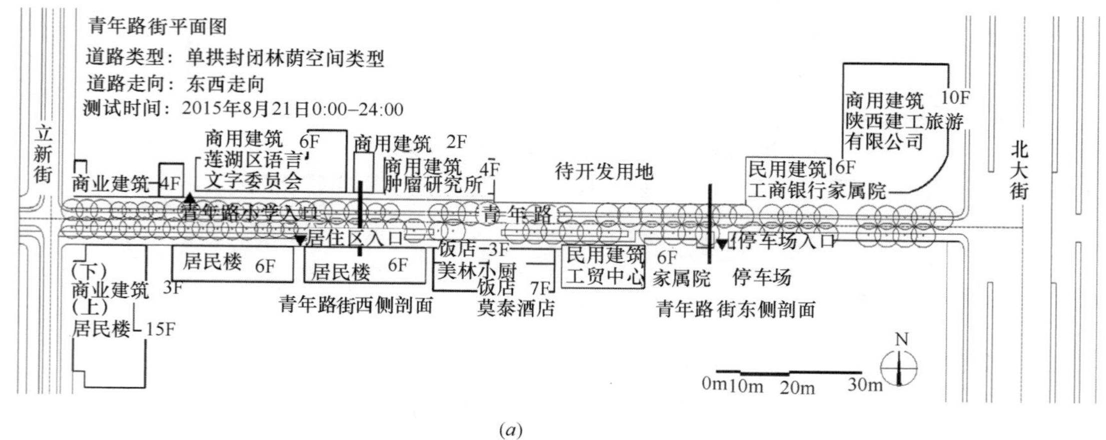

图 6 青年路街道东、西段林荫空间 1.5m 处温度变化（一）

（a）单拱封闭型东西向街道林荫空间青年路平面实测位置

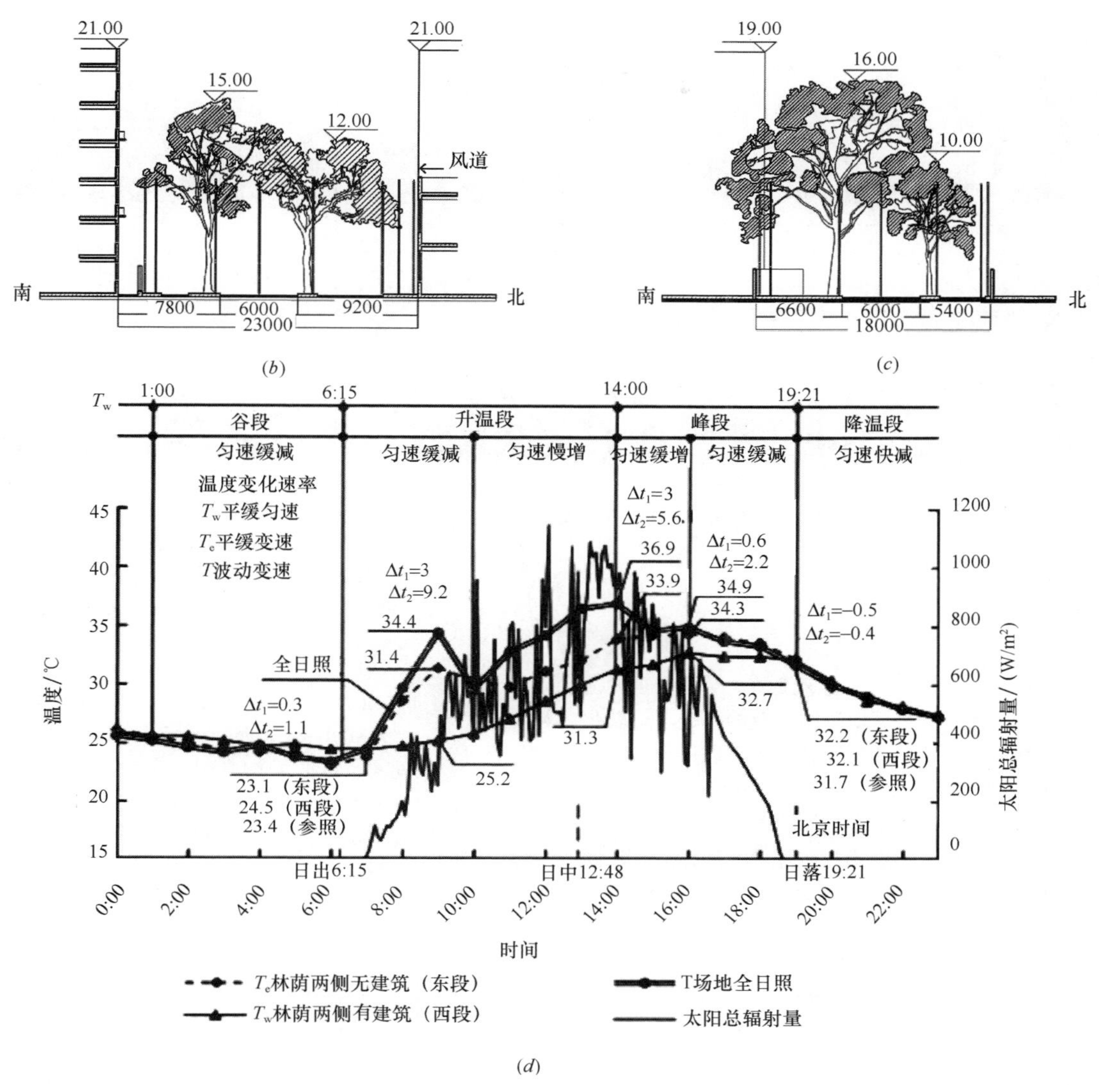

图6　青年路街道东、西段林荫空间1.5m处温度变化（二）

（b）青年路西段封闭空间剖面；（c）青年路东段半开敞空间剖面；

（d）夏季青年路东、西段树冠下层中心1.5m高实测温度状况变化分析

3.2　拦截辐射和阴影效应

街道行道树种植形成了城市街道林荫空间。其形态要素与微气候调节作用紧密相关。夏季林冠相接形成了街道空间的顶界面，白天通过拦截和自身叶片吸收，减少太阳直射辐射，降低地面温度，并为行人提供遮荫。有研究表明行道树树木可降低太阳辐射强度最高可达91.39%[7]。

林荫对街道空间的日照阴影效应影响通过天正建筑CAD的日照工具进行模拟分析。以单拱封闭型东西向街道青年路西段剖面为例，可看出一天当中林荫调控的明显作用。在一天的五个日照时段中，有四个时段街道空间是靠林荫遮阳提供阴影空间，在早晨和下午时段最为明显。对比上述1.5m处气温变化，可以看出日照阴影与降温效应之间存在相关性，使得街道林荫空间气温在白天大多数时段远远低于全日照，且呈现升温速率慢，日变化幅度小的特点（图7）。

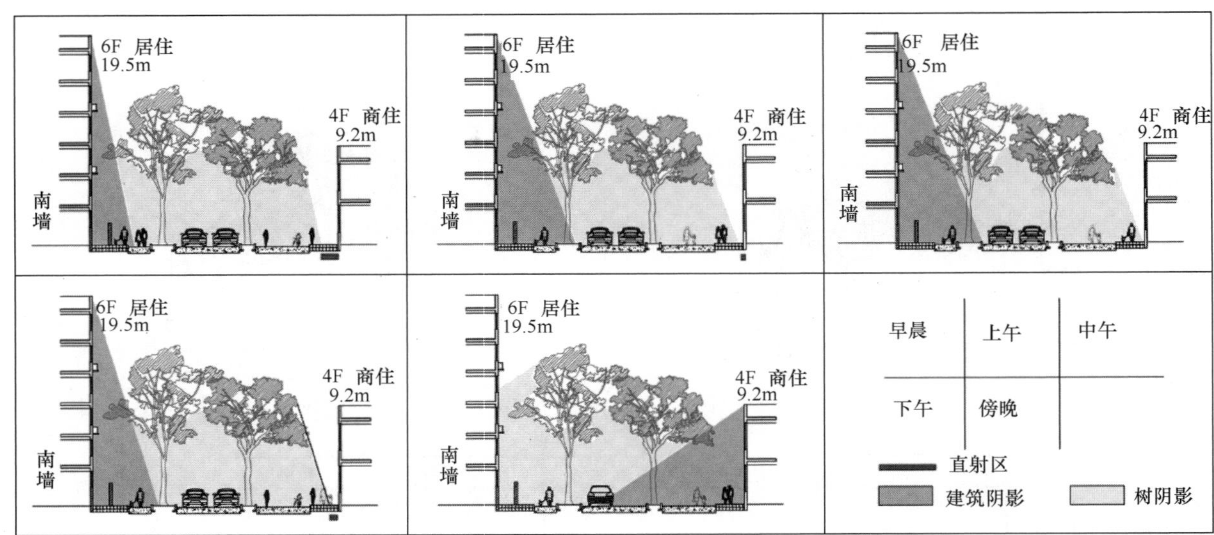

图 7　东西向单拱封闭型街道青年路夏季日照分析[22]

4　结语

城市街道林荫空间是人们交通、生活、交往的重要公共空间。新建城市街在满足城市道路规范的基础上，弱化了种植的要求和标准。从上述实测分析中可以得出，行道树林荫对街道空间热舒适的调节有显著效果，其空间类型及形态参数变化形成的热舒适调控差异性较为显著。因此在街道规划设计时，应以热舒适评价和选择适宜、高效的林荫空间参数作为重要的设计依据。

参考文献

[1]　赵敬源．城市街谷热环境数值模拟及规划设计对策[J]．建筑学报，2007，03：37-39.

[2]　金雨蒙．哈尔滨旧城住区街道冬季热环境实测研究[J]．建筑科学，2016，10：34-38.

[3]　赵敬源，刘加平．绿化对城市街谷热环境影响的模拟比较[C]. 2007 全国建筑环境与建筑节能学术会议，2007，29-35.

[4]　王振．从街道峡谷到街区层峡：城市形态与微气候的相关性分析[J]．南方建筑，2016，03：5-10.

[5]　杜晓寒．从街道峡谷到街区层峡：城市形态与微气候的相关性分析[J]．南方建筑，2016，03：5-10.

[6]　刘滨谊，彭旭路．悬铃木行道树夏季垂直降温效应测析[J]．中国城市林业，2018，16(05)：11-16.

[7]　赵晓龙，李国杰，高天宇．哈尔滨典型行道树夏季热舒适效应及形态特征调节机理[J]．风景园林，2016，(12)：74-80.

[8]　董芦笛，李孟柯，樊亚妮．基于"生物气候场效应"的城市户外生活空间气候适应性设计方法[J]．中国园林，2014，30(12)，23.26.

[9]　曾煜朗，董靓．步行街道夏季微气候研究——以成都宽窄巷子为例[J]．中国园林，2014，30(08)：92-96.

[10]　Angeliki Chatzidimitriou，Simos Yannas. Street canyon design and improvement potential for urban open spaces：The imfluence of canyon aspect ratio and orientation on microclimate and outdoor comfort[J]. Sustainable Cities and Society，2017，33：85-101.

[11]　Angeliki Chatzidimitriou，Simos Yannas. Microclimate development in open urban spaces：The influence of form and materials[J]. Energy and Buildings，2015，108：156-174.

[12]　Tobi Eniolu Morakinyo，Ling Kong，Kevin Ka-Lun Lau，et al. A study on theimpact of shadow－cast and tree species on in－canyon and neighborhood's thermal comfort[J]. Building and Environment，2017，115：1-17.

[13]　Xiao JL，Carlo Ratti，Ian Seiferling. Quantifying the shade provision of street trees in urban landscape：A case study in Boston，USA，using google street view[J]. Landscape and Urban Planning，2018，169：81-91.

[14]　刘培．西安市近 50 年气候变化分析[J]．吉林水利，2016，04.

[15]　http：//news. cnwest. com/content/2017-07/23/content_15190348. htm

[16]　刘炜．西安市道路网布局规划方法与评价研究[D]．西安：长安大学，2012.

[17]　管玥．西安老城区街道形态的类型话基础研究[D]．西安：西安建筑科技大学，2012.

[18]　尾岛俊雄，三浦昌生．建筑外部空间构成的分类与热环境的试验性测量[C]．日本建筑学会论文报告集，第 335 号昭和 59 年 1 月：79～87.

[19]　郜钰涵，刘滨谊．城市街道空间小气候参数及其景观影响要素研究[J]．风景园林，2016，10：98-104.

[20]　赵红斌，刘晖．盆地城市通风廊道营建方法研究——以西安市为例[J]．中国园林，2014，11：32-35.

[21]　夏繁茂，季孔庶驰，杨宜东．植物不同配置模式对绿地小气候温湿度的影响[J]．农业科技开发，2013，27(5)：75-78.

[22]　杨旭．太阳辐射影响下的西安城市街道热舒适林荫调控类型化研究[D]．西安：西安建筑科技大学，2018.

[23]　董芦笛，樊亚妮，李冬至，等．西安城市街道单拱封闭型林荫空间夏季小气候测试分析[J]．中国园林，2016，32(01)：10-17.

作者简介

樊亚妮，1982 年生，女，汉族，陕西人，风景园林博士在读，西安建筑科技大学建筑学院风景园林系，讲师。研究方向：风景园林小气候与传统园林。电子邮箱：37733121@qq.com。

董芦笛，1968年生，男，汉族，江苏人，工学博士，西安建筑科技大学建筑学院风景园林系系主任，教授，西北城乡宜居环境与生态设计团队负责人，生态景观工程技术研究所所长，西安唐风园林建筑艺术研究会理事长。研究方向：“风景区开发建设理论与生态恢复保护规划”“滨水及湿地生态修复技术”“风景园林小气候”以及“中国传统造园”。电了邮箱：ludidong@qq.com。

韩雪琳，1983年生，女，汉族，黑龙江人，风景园林硕士，北京市天坛公园管理处，工程师。研究方向：风景原理工程方面的实践工作。电子邮箱：yuan511@163.com。

宜居导向下社区生活圈公共开放空间导控[①]

The Livability-oriented Guidance and Control of Public Open Space in Community Life Circle

陈栋菲　金云峰*　宋美仪

摘　要： 伴随着新中国的成立，风景园林的不断发展，改善人居环境，提升人民生活质量成为风景园林的重要任务。近年来，与日常生活紧密联系的社区生活圈逐渐成为关注焦点，如何有效协调人与公共开放空间的关系成为本学科的重要课题。宜居导向是其共有理想，但目前普遍面临对社区生活圈公共开放空间相关导控不足的困境，尤其是缺乏与相关政策法规的落实以及技术体系的衔接。笔者基于对其宜居性"理论、需求、空间"的"三层面内涵"认识，对在相关领域有所建树的三个城市的既有经验的总结、比较、提炼，对我国语境下在政策法规与技术体系层面的导控提出建议。希望通过本研究，可对社区生活圈公共开放空间导控的内容进行系统性的思考与总结，形成更为清晰的认识，从而有效应对从"生产"到"生活"的宜居导向转型态势。

关键词： 社区宜居；社区生活圈；公共开放空间；规划导控

Abstract: With establishment of China, and continuous development of landscape architecture, improving the living environment and quality of people's life have become an important task of landscape architecture. In recent years, the community life circle closely related to daily life has gradually become the focus of attention. How to effectively coordinate the relationship between people and public open space has become an important topic of the discipline. Livable orientation is its shared ideal, however, it is currently faced with the dilemma of insufficient guidance and control of the public open space in the community life circle, especially the lack of implementation of policies and regulations, and connection with relevant compilation systems. Based on the understanding of livability in three aspects of "theory, demand, space", the author has summarized, compared and refined the existing experiences of three cities have made achievements in related fields in order to put forward suggestions on guidance and control of the relevant policies and regulations, as well as compilation system. It is hoped that through this study, the content of the guidance and control of the public open space in community life circle can be systematically considered and summarized, and a clearer understanding can be formed, in order to effectively respond to the livable-oriented transformation from "production" to "life".

Keyword: The Livability of Community; Community Life Circle; Public Open Space; Control and Guidance

引言

上海、北京等城市纷纷在其 2035 总规中提出社区生活圈，该概念的提出以探寻适宜人生活的社区生活空间为核心，已逐渐成为落实社区建设的重要方式；最新版《城市居住区规划设计标准》GB 50180—2018 总则提出"为确保居住生活环境宜居适度"的制定目的。这一新时代背景下，宜居成为社区生活圈的价值导向，从单纯的物质空间层面更新到关注人的生活需求，创造以人生活为核心的宜居社区生活为首任。

公共开放空间是社区生活圈内的一个子系统、落实宜居性的重要载体，但我国对社区生活圈公共开放空间导控的研究薄弱，这是其无法贯彻落实的重要原因[1-6]，更不用说宜居性的落实。为进一步优化顶层设计，笔者基于政策法规、技术体系两大方面的困境，以及对西雅图、墨尔本、上海这三个在相关领域有所建树的城市相关经验的研究，明晰导控要素，探索导控方法，以期对我国语境下的相关导控提出可操作性的建议。

综合相关理论，本文对社区生活圈视角下公共开放空间的内涵进一步明晰以指导后续研究，具体指该社区生活圈范围内面向所有公众开放的、经过人工开发并具有一定开敞性、可承载社会公共活动的户外空间场所[3,7-10]。

1　当前困境

1.1　政策法规维度：缺乏特色政策法规的落实

存量语境下，政策法规对空间宜居性的落实有重要意义[11-12]，可约束难以通过技术体系导控的内容，但目前我国对相关政策法规创新的重视度不够，缺乏特色政策的落实。

1.2　技术体系维度：缺乏与相关编制体系衔接

社区生活圈公共开放空间的相关内容分布于各层面规划中，当前我国对其如何与现有规划编制体系深度融

① 基金项目：上海市城市更新及其空间优化技术重点实验室 2019 年开放课题（编号 20190617）资助。

合的关注度弱，难以进行有效导控[13]，表现为：总规层面，主要对相关内容进行结构性控制[14]，由于该类空间以小微型为主，对整体结构影响小，总规层面关注度弱，难以对下层级规划形成实质性指导作用[15]，更不用说宜居性的落实；控规层面，作为行政许可和建设管理合法性判定的法定依据，直接影响空间的建成状态。但目前公共开放空间涵盖多种用地，具体操作中定义不明确、缺乏明确标准与指标，其层次化的技术体系也难以落实到社区[16,17]。另外，缺乏宜居导向下有针对性的导控，相关内容过于“简单、粗放”，实际操作中只达到最低限度[18]；城市设计层面，公共开放空间作为其核心的管控层面之一，可有效推动社区生活圈公共开放空间宜居性的落实。但目前仍需进一步探索对社区层面公共开放空间的宜居管控。另外，城市设计为非法定、有较强综合性，实施结果上易对无法直接产生经济效益、空间尺度小的社区级公共开放空间产生挤压[17]。

2 宜居导向的相关价值认识

首先，需理清宜居导向下社区生活圈公共开放空间“理论、需求、空间”的“三层面内涵”（如图1），为导控提供基本导向。其中，理论内涵构建了基本的价值框架，需求与空间内涵是其进一步补充。理论内涵层面，综合目前学界对公共开放空间宜居性在规划设计层面的已有认知，包括美国社会学家威廉怀特（William H. Whyte）[19]、丹麦人性化公共空间倡导者杨·盖尔（Jan Gehl）[20]等相关理论，认为评判主要涉及空间四大维度，即布局衔接、基础感知、精神认同、活动交往，其分别以可达性、舒适性、文化性、活跃性“四大特性”为核心，四者共同作用，实现空间带给人生活质量的提升。并结合《上海市15分钟社区生活圈规划导则》调研成果[21]以及人对社区日常生活空间的需求，得出其需求内涵与空间内涵。

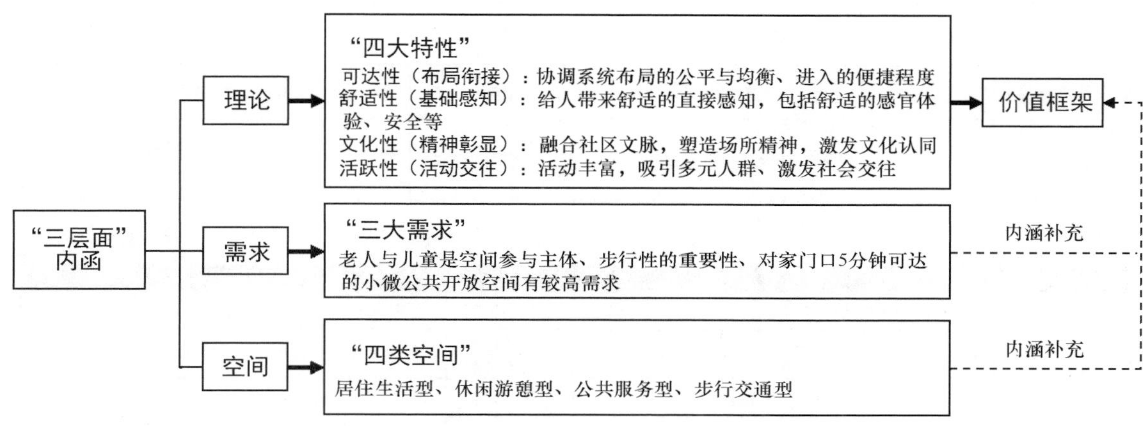

图1 “三层面内涵”的“宜居导向”价值建构图

3 宜居导向的相关导控方法

3.1 宜居导向的相关要素导控

基于宜居导向价值认识，以及对上海、墨尔本、西雅图这三个城市在政策法规与技术体系层面相关导控的研究（如图2～图4），笔者结合相关现行标准，明确宜居导向下社区生活圈公共开放空间四大维度的导控要素（如图5），其涵盖了可达性、舒适性、文化性、活跃性4项准则层，以及步行可达范围覆盖率（%）在内的27项方案层①。

3.2 政策法规落实

3.2.1 附属型公共开放空间激励政策

鼓励附属型公共开放空间向公众开放已成为获取存量社区空间资源的重要方式，可提升可达性。基于上海、西雅图、墨尔本相关经验，关键在于以下三个方面：①需将容积率奖励政策与现行法律框架对接。②明确、细化相关控制标准。对“什么是有效的公共开放空间”以及“具体设计要素”进行明确规定。③“规划设计—开发建设—使用维护”全生命周期管控。包括成立相关组织、完善标识系统、运用大数据等手段实施监督等。

3.2.2 微更新政策

“微更新”配套政策的设计可协调小微公共开放空间“量”的不足，提升可达性。可借鉴上海已连续推行三年并具有良好成效的“行走上海——社区微更新计划”。在基本管控要素层面，需遵循：项目原则上不涉及控规（用地性质、容积率等）调整；讲究经济性、易于维护性，选取环保、低成本材料；探索多元的开发模式与融资模式三个层面。另外，机构责任落实是政策有效执行的必要条件，如上海成立“公共空间设计促进中心”，负责开展“空间微更新计划”。

① 其中“四类空间布局与规模”“四类空间的活动/设施特色化”两项方案层的四类空间是指步行交通型、居住生活型、休闲游憩型、公共服务型这四类公共开放空间。

特性	导控要素		导控维度	
可达性 Accessibility （布局衔接）	空间布局与规模（社区级公共开放空间的面积与服务半径）；400平方米以上绿地、广场等公共开放空间5分钟步行可达覆盖率；人均公园绿地面积	指标性控制	总体规划：《上海2035总规》	技术体系
	空间布局与规模（网络构建）、无障碍设计	引导性控制		
	空间布局与规模（小型公共空间位置、面积）、出入口衔接	引导性控制	控制性详细规划：《上海控规（2016版）》	
	步行可达、人均公共开放空间水平、空间布局与规模（小型公共开放空间服务半径、社区级及以下公共开放空间的规模面积）	指标性控制	城市设计：《上海市15分钟社区生活圈规划导则》	
	空间布局与规模（社区级及以下公共开放空间的位置）、空间出入口衔接	引导性控制		
	附属型公共开放空间（折减系数、“有效的公共开放空间”）	引导性控制	附属型公共开放空间激励政策：《上海市城市更新规划土地实施细则》等	政策法规
	小微公共开放空间（不涉及控规调整、材料环保、易维护）	引导性控制	微更新政策：行走上海-空间微更新计划（2016-2018）等	
舒适性 Comfort （基础感知）	比例尺度等	引导性控制	总体规划：《上海2035总规》	技术体系
	设施、照明、乡土植物、步行系统连续、舒适的小气候、比例尺度等	引导性控制	城市设计：《上海市15分钟社区生活圈规划导则》	
文化性 Culture （精神彰显）	公共艺术品	引导性控制	城市设计：《上海市15分钟社区生活圈规划导则》	
	街头艺术	引导性控制	文化艺术政策	政策法规
活跃性 Activity （活动交往）	界面活跃性、空间活动	引导性控制	城市设计：《上海市15分钟社区生活圈规划导则》	技术体系

图 2　上海的相关“宜居导向”导控要素

特性	管控要素		导控维度	
可达性 Accessibility （布局衔接）	空间布局与规模（网络构建、类型细化）、无障碍	引导性控制	总体规划：《墨尔本规划(2017-2050)》	技术体系
	空间布局与规模	引导性控制	专项规划：《公共开放空间战略规划》	
	步行可达覆盖率	指标性控制		
	空间出入口衔接	引导性控制	城市设计：《维多利亚州城市设计导则》	
	步行系统连续、5分钟步行可达	引导性控制	城市设计：《墨尔本人性化空间规划（1994）》	
	步行系统拓展（与周边社区联系）	引导性控制	城市设计：《墨尔本人性化空间规划（2004）》	
舒适性 Comfort （基础感知）	树荫等庇护空间、户外公共座位、照明等	引导性控制	总体规划：《墨尔本规划(2017-2050)》	
	户外公共座位、安全、舒适的小气候、良好的视野、树荫及覆盖式空间、乡土植物、照明设施、步行系统连续	引导性控制	城市设计：《维多利亚州城市设计导则》	
	夜景照明、舒适的小气候、乡土植物、树荫及覆盖式空间、户外公共座位、空间清洁性、良好的视野、安全性	引导性控制	城市设计：《墨尔本人性化空间规划（1994）》	
	户外公共座位、夜景照明、乡土植物种植	引导性控制	城市设计：《墨尔本人性化空间规划（2004）》	
文化性 Culture （精神彰显）	标识系统文化性、文化艺术活动等	引导性控制	城市设计：《维多利亚州城市设计导则》	
	文化艺术品/活动	引导性控制	城市设计：《墨尔本人性化空间规划（1994）》	
	铺地文化性、公共艺术	引导性控制	城市设计：《墨尔本人性化空间规划（2004）》	
	涂鸦艺术、街头文化表演等公共艺术活动	引导性控制	公共艺术政策	政策法规
活跃性 Activity （活动交往）	空间活动与设施、界面活跃性	引导性控制	城市设计：《维多利亚州城市设计导则》	技术体系
	界面活跃性、特色活动	引导性控制	城市设计：《墨尔本人性化空间规划（1994）》	
	界面活跃性、特色活动	引导性控制	城市设计：《墨尔本人性化空间规划（2004）》	
	占道经营等	引导性控制	特色活动政策	政策法规

图 3　墨尔本的相关“宜居导向”导控要素

特性	导控要素		导控维度	
可达性 Accessibility （布局衔接）	空间布局与规模（构建网络、挖潜、提质）、附属型公共开放空间（激励措施）	引导性控制	总体规划：《西雅图综合规划（2015-2035）》	技术体系
	空间布局与规模	引导性控制	专项规划：《公园和开放空间规划（2017）》	
	步行可达范围覆盖率	指标性控制		
	出入口与建筑及其他公共开放空间的衔接、空间布局与规模	引导性控制	城市设计：《西雅图设计导则》	
	附属型公共开放空间	引导性控制	《西雅图土地使用法规》	政策法规
	小微公共开放空间	引导性控制	微更新政策："10分钟步行运动（10-min-walk）"	
舒适性 Comfort （基础感知）	乡土植物、舒适的小气候	引导性控制	城市设计：《西雅图设计导则》	技术体系
	适宜的小气候、安全性、植物、步行系统连续性、夜景照明、良好的视野等	引导性控制	城市设计：《市中心设计导则》	
文化性 Culture （精神彰显）	文化标识系统、文化艺术品	引导性控制	城市设计：《市中心设计导则》	
	文化艺术品	引导性控制	公共艺术政策：纽约艺术政策	政策法规
活跃性 Activity （活动交往）	空间活动与设施、特色活动	引导性控制	城市设计：《西雅图设计导则》	技术体系
	界面活跃性	引导性控制	城市设计：《市中心设计导则》	

图 4　西雅图的相关"宜居导向"导控要素

目标层	准则层	方案层		导控方式	导控维度
宜居视角下社区生活圈公共开放空间的导控要素	可达性 Accessibility （布局衔接）	系统层面	步行可达范围覆盖率（%）	指标性控制	技术体系衔接
			人均公共开放空间水平（%）	指标性控制	技术体系衔接
			中心绿地分布	指标性控制	技术体系衔接
			四类空间布局与规模	指标/引导性控制	技术体系衔接
			附属型公共开放空间激励政策	指标/引导性控制	政策法规落实
			微更新政策	引导性控制	政策法规落实
		空间层面	空间出入口的衔接性	引导性控制	技术体系衔接
			无障碍设施率（%）	指标性控制	技术体系衔接
	舒适性 Comfort （基础感知）	空间层面	树荫及覆盖式空间比率（%）	指标性控制	技术体系衔接
			舒适的户外座位	引导性控制	技术体系衔接
			步行环境连续性	引导性控制	技术体系衔接
			比例尺度适宜	引导性控制	技术体系衔接
			乡土植物指数	指标性控制	技术体系衔接
			适宜的小气候	引导性控制	技术体系衔接
			夜景照明质量	引导性控制	技术体系衔接
			空间清洁性	引导性控制	技术体系衔接
			界面连续性	引导性控制	技术体系衔接
			良好的视野	引导性控制	技术体系衔接
			安全保障	引导性控制	技术体系衔接
	文化性 Culture （精神彰显）	空间层面	界面文化性	引导性控制	技术体系衔接
			标识系统文化性	引导性控制	技术体系衔接
			地面铺装文化性	引导性控制	技术体系衔接
			文化艺术政策	引导性控制	政策法规落实
	活跃性 Activity （活动效能）	空间层面	界面活跃性	引导性控制	技术体系衔接
			活动场地面积占比（%）	指标性控制	技术体系衔接
			四类空间的活动/设施特色化	引导性控制	技术体系衔接
			特色活动政策	引导性控制	政策法规落实

图 5　"宜居导向"的相关导控要素

3.2.3 文化艺术政策

文化艺术政策以地域文化的彰显为原则，提升文化性。一方面融入社区本底的日常生活美学，引入具有地域识别性的永久性、临时性的文化艺术品。西雅图制定相关的艺术政策来资助优秀的公共艺术项目，以提升文化艺术品的质量与相关创作的积极性。另一方面，积极推进街头艺术的相关活动，上海、墨尔本推行街头艺人“持证上岗”政策，对表演人员、时间、地点、内容进行了明确的政策制定，以进一步规范化。

3.2.4 特色活动政策

特色活动政策包括占道经营、节庆活动等政策，以增加文化、商业、娱乐活动频率，激发周末、节假日开展系列性的公共活动，提升活跃性。墨尔本制定占道经营的相关政策，对其适用对象、相关设施摆放范围进行约束，并制定“许可证管理制度”，极大促进了墨尔本 Downtown 社区活力的激发。上海目前成功的案例有大学路步行系统改造提升等。

3.3 技术体系衔接

3.3.1 法定规划层面的优化控制：将相关要素纳入法定的管控平台

（1）总规及其专项规划层面

1）总体规划层面：“指标性、结构性控制”

建议编制城市总规所附属的公共开放空间专项规划，其与城市总规同步编制，以“宜居性”为核心价值观，引导空间的结构性控制，为详规阶段提供依据，主要涉及三个层面：

第一，明确公共开放空间概念内涵。如墨尔本 2017～2050 年规划（Plan Melbourne 2017-2050）将公共开放空间细化为四类，并明晰其内涵[22]。另外，需以“城市-片区-社区”三级管控的形式落实到社区，并对各级的服务半径与面积提出硬性管控指标，若在总规层面实在无法对其进行精细化控制，可借鉴上海 2035 总规经验，对易指标性管控、占比大的公园绿地提出明确要求，落实可达性，并将其落实到社区层面[23]。

第二，对核心指标进行指标性控制。该阶段主要涉及可达性层面的步行可达范围覆盖率、人均公共开放空间水平，在不同国家和地区有着不同的量化目标：①步行可达范围覆盖率。西雅图基于美国交通部《2012 年全国自行车和行人态度与行为调查》[24]，将 10 分钟步行可达公共开放空间作为统一标准。上海 2035 总规中提出将“400 平方米以上绿地、广场等公共开放空间 5 分钟步行可达覆盖率”纳入总规的 30 个核心指标[23]。②人均公共开放空间水平。由于公共开放空间权属复杂，目前总规主要以“人均公园绿地面积”为指标来控制，如上海 2035 总规中提出将“人均公园绿地面积”纳入总规的 30 个核心指标[23]。笔者建议随着公共开放空间概念内涵的明晰，可直接以“人均公共开放空间面积”来导控，最大程度保障城市中人对户外可活动的公共空间需求。

第三，对空间优化提出弹性化、方向性的概念性指引，为社区层面落实提供顶层策略基础，包括空间网络构建、附属激励开放、空间活动与设施、文化艺术活动等。如《上海 3035 总规》提出对主城区、新城区构建多层次的公共开放空间网络、附属空间开放、社区慢性网络构建、空间营造提升等，以落实可达性、舒适性[23]；《墨尔本规划（2017—2050）》提出对空间布局与规模、无障碍等进行管控，落实可达性，另外提出制定各类空间质量指标（户外公共座位、照明、可达性等）进行评估，指导可达性与舒适性落实[22]。

2）专项规划层面：“独立编制，深化总规”

总规专项层面，建议基于总规，单独编制公共开放空间专项规划，该规划有法定性，有助于从整体出发落实空间可达性，并落实到社区。如墨尔本和西雅图分别编制《公共开放空间战略规划（Open Space Strategy）》[25]和《公园与开放空间规划（Parks and Open Space Plan, 2017）》[26]，其中墨尔本《公共开放空间战略规划》从“前期的分析评估、区域层面的空间管控（类似于片区层面的尺度）、社区单元层面的空间管控”三个层次出发，实现从城市到社区单元的精细化导控[25]。

具体为：总规专项层面，进行整体格局性的优化指引（明确“城市-片区-社区”三级公共开放空间的规模与布局、步行可达范围覆盖率、人均水平等可达性层面的指标，并对舒适性、文化性、活跃性提出引导性的策略导控）。随后，将城市总规专项的内容落实到各单元规划的公共开放空间专项层面，进一步落实格局性内容，并以社区生活圈为单位对公共开放空间进行优化指引（对接上层级内容，明确可达性层面的四类公共开放空间“15 分钟-10 分钟-5 分钟”的布局与规模、步行可达覆盖率、人均水平等，并对舒适性、文化性、活跃性的内容进行引导性的策略导控）。

（2）控规层面：“精准控制、要素落实”

1）建议增加公共开放空间这一专有概念，并明确其所涵盖的相关用地。

建议控规阶段明确公共开放空间概念，作为控制图则的一个单项，并对公共开放空间范畴内的相关用地类型进一步明确。

2）以社区生活圈为控规编制单元，增加公共开放空间控制图则，落实相关要素。

可借鉴上海经验，编制单元层次控规，以 3～5km^2 的一个或多个街道（与社区生活圈规模吻合）作为控规编制单元，推动总规相关目标落实到社区生活圈单元[27]。具体操作中，需通过校核配置完善社区生活圈公共开放空间，并落实到规划控制图则：

第一，摸清现状情况，进行校核配置。宜居导向下，建议将公共开放空间作为控规图则的一个单项，以人均面积、步行可达范围覆盖率（尽量实现居住用地范围内 5min 步行可达全覆盖）为主要指标，系统性校核既有空间，优化配置。第二，建议在编制单元层面补充公共开放空间的控制图则，作为管理通则之外的补充，对需增加、调整、去除的公共开放空间进行明确、落实。另外还需对重点控制的公共开放空间廊道空间进行管控，突破传统控规以"地块"作为最小控制单元的局限性，进一步优化空间布局，提升可达性。

3）在地块层面，完善指标要求。

最微观层面以"分图则"为统一管理平台，以"地块"为基本单元进行控制。《上海控规（2016）》对小型公共空间可达性的落实提出了相关管控，如明确其独立占地的小型公共空间用地比例来控制空间布局与规模，并对空间出入口衔接提出要求等，并以图示的方式，对不同类型的小型公共空间的布局与规模、空间出入口进行引导[27]。宜居导向下除了落实可达性，还需进一步创新控制要求，兼顾舒适、文化、活跃三个层面，可通过在引导性指标的设计引导中，制定相关设计导则一并作为控规审批的法定文件，以图文并茂的方式落实。

3.3.2 城市设计层面的优化控制：提升城市设计"空间管控"地位

（1）编制专项城市设计导则："系统要素、精细指引"

城市设计导则包括各层级城市设计所配套的导则以及专项城市设计导则，是规划与管理的重要依据。除了西雅图、墨尔本等西方发达城市外，近年来上海也编制了相关专项导则，如《上海市15分钟社区生活圈规划导则》等。为进一步指导各个社区落实公共开放空间"宜居导向"导控，导则须从系统与要素两个层面优化：

系统层面。首先，需将公共开放空间落实到社区生活圈层面，明确其相关类型、涵盖的用地范畴、相关概念内涵等。其次，基于宜居的价值指引与主要困境，系统性优化空间网络，落实可达性，导控内容包括步行5min可达范围覆盖率、中心绿地分布、空间布局与规模、人均水平等，并进一步落实附属型公共开放空间激励政策、微更新政策等促进量的增加。

要素层面。社区生活圈范畴下公共开放空间组织，须基于人与空间的使用规律，落实居住生活型、休闲游憩型、公共服务型、步行交通型这四类人日常生活使用导向下公共开放空间在"可达性、舒适性、文化性、活跃性"层面的导控要素[28,29]，具体控制方法可参考墨尔本和西雅图城市设计导则的相关方法，进行弹性化、指导性的导控。

（2）编制社区层面城市设计："细水长流、法定衔接"

存量背景的城市设计应以实施为导向。基于墨尔本与西雅图经验，笔者建议在条件允许的前提下，以（一个或多个）社区生活圈单元（上海以街道行政边界划分，与控规单元一致）为载体，结合总规、专项、专项设计导则等开展社区层面的城市设计导控。

第一，具体操作层面，借鉴墨尔本Downtown社区三轮人性化城市设计的经验[30-32]，以"细水长流"的方式，落实宜居要素：首先，认识社区现状，作为导控基础。其次，具体导控分两阶段，一是功能完善阶段，二是品质提升阶段。功能完善阶段，对涉及可达性（步行可达范围覆盖率等）、舒适性（比例尺度等）、活跃性（四类空间设施等）中的"硬性要素"进行导控，满足基本生理、安全需求；品质提升阶段，注重对文化性（文化艺术品等）、活跃性（特色活动等）等中"软性要素"的提升，满足归属、尊重、自我实现的高层次需求。

第二，提升法定性，将核心管控内容与控规指标和建设用地规划设计条件等法定途径结合。西雅图社区城市设计成果（如《西雅图Belltown社区设计导则》[33]）操作性强，这是因为其社区设计导则为法定，并在实际操作过程中有优先权，可对社区进行针对性导控，目前西雅图有25个社区编制了独立的社区设计导则。对我国而言，应注重将核心要素与控规衔接，重点对涉及控规优化调整的内容进行表达，落实存在缺口、改造、取消的空间，控制其位置、规模、界面等。另外还可加强土地出让条件中城市设计层面的相关要素管控。

4 结语

基于我国当前面临的主要问题，笔者对三大先进城市社区生活圈公共开放空间宜居性落实的相关经验进行研究，得出如下结论：

政策法规落实：这是存量规划语境下协调空间问题的有效途径，规划配套政策法规设计的重要性日益突出，应进一步对前文所提出的4项内容进行配套政策设计，并将核心内容纳入相关法规之中，其中对涉及文化性、活跃性的相关管控要素进行配套政策设计尤为重要，可有效促进对空间活动等难以通过技术层面进行有效导控的要素的落实，也是目前还未得到足够重视的方面，可有效促进空间宜居性的激发。

技术体系衔接：需以法定规划与城市设计双管齐下的模式，注重"刚弹结合"，将相关要素与规划编制体系衔接，提升对社区生活圈层面公共开放空间的重视程度。值得一提的是，需进一步重视作为总规专项的公共开放空间规划在系统性协调社区层面与城市层面公共开放空间的关系，以落实可达性的重要作用，同时需重视城市设计在落实社区生活圈公共开放空间"舒适性、文化性、活跃性"层面的作用，以精细化、细水长流的方式，对这些难以量化的要素进行直观、弹性、留有余地的"空间管控"。同时，需进一步将相关要素落入控规，具体可通过以社区生活圈为控规编制单元对空间进行校核布局，并创新控制要求，除了落实可达性外，还需进一步落实舒适性等三层面要素，促使相关管控内容成为土地出让、开发、建设管理的法定前置条件。总的来说，总体阶段主要落实可达性层面的相关要素，城市设计可以有效弥补总体在舒适性、文化性、活跃性层面导控的不足，并需进一步创新控规编制，实现四个维度的相关要素与控规等法定管控途径的衔接。

参考文献

[1] 蔚芳．美国开放空间规划控制研究与启示[J]．国际城市规划，2016，31(4)：84-89.

[2] 黄建云，李杰，王燕霞．基于休闲活动视角的上海市公共开放空间布局探索[J]．上海城市规划，2015(1)：15-19.

[3] 杜伊，金云峰．"底限控制"到"精细化"——美国公共开放空间规划的代表性方法、演变背景与特征研究[J]．国际城市规划，2018(3)：92-97+147.

[4] 金云峰，卢喆，吴钰宾．休闲游憩导向下社区公共开放空

间营造策略研究[J]. 广东园林，2019(2)：59-63.

[5] 杜伊，金云峰．社区生活圈的公共开放空间绩效研究——以上海市中心城区为例[J]. 现代城市研究，2018(5)：101-108.

[6] 杜伊，金云峰．城市公共开放空间规划编制[J]. 住宅科技，2017(2)：8-14.

[7] 燕雁．基于国际经验借鉴的上海市总体层面公共开放空间规划探索[J]. 上海城市规划，2014，(4)：114-119.

[8] 付国良．城市公共开放空间设计探讨[J]. 规划师，2004(5)：46-50.

[9] 杨晓春，司马晓，洪涛．城市公共开放空间系统规划方法初探——以深圳为例[J]. 规划师，2008(6)：24-27.

[10] 周聪惠，金云峰．"精细化"理念下的城市绿地复合型分类框架建构与规划应用[J]. 城市发展研究，2014，21(11)：118-124.

[11] 邹兵．增量规划、存量规划与政策规划[J]. 城市规划，2013，37(2)：35-37+55.

[12] 刘巍，吕涛．存量语境下的城市更新——关于规划转型方向的思考[J]. 上海城市规划，2017(5)：17-22.

[13] 廖远涛，胡嘉佩，周岱霖，等．社区生活圈的规划实施途径研究[J]. 规划师，2018，34(7)：94-99.

[14] 陈荣．城市规划控制层次论[J]. 城市规划，1997(3)：20-24.

[15] 罗彦，孙文勇，邱凯付．供给侧结构性改革视角下的城乡规划转型[J]. 规划师，2017，33(6)：5-10.

[16] 郑剑侠，刘慧军，蒋卫鸣．基于公共开放空间构建的居住区控制性详细规划编制探索[J]. 规划师，2013，29(S2)：89-93.

[17] 宋晓杰，涂剑，周艳妮．城市微型公共空间系统规划管控策略[J]. 规划师，2017，33(11)：72-78.

[18] 朱海雄，朱德妮，程昊．控制性详细规划中绿地系统完全控制策略[J]. 规划师，2018，34(4)：38-43.

[19] Whyte H W. How to turn a place around[J]. Projects for Public Space Inc，2000：225-232.

[20] Gehl J，Svarre B. How to study public life[M]. London：Island press，2013：106-107.

[21] 上海市规划和国土资源管理局，上海市规划编审中心．上海15分钟社区生活圈规划研究与实践[M]. 上海：上海人民出版社，2017.

[22] Victoria State Government. Plan Melbourne 2017-2050[R]：98-103.

[23] 上海市规划与国土资源管理局．上海市城市总体规划(2017-2035)[R]. 2017.

[24] U. S. Department of Transportation's National Highway Traffic Safety Administration and the Bureau of Transportation Statistics. National survey of bicyclist and pedestrian attitudes and behavior. Volume 2，Findings report [R]. 2008.

[25] City Of Melbourne. Open space stragety[R]. 2012.

[26] Seattle Parks & Recreation，2017 Parks and Open Space Plan [R]. 2017.

[27] 上海市规划和国土资源管理局．上海市控制性详细规划技术准则(2016年修订版)[S]. 上海，2016.

[28] 金云峰，高一凡，沈洁．绿地系统规划精细化调控——居民日常游憩型绿地布局研究[J]. 中国园林，2018(2)：112-115.

[29] 张悦文，金云峰．基于绿地空间优化的城市用地功能复合模式研究[J]. 中国园林，2016(2)：98-102.

[30] The City of Melbourne in cooperation with Jan Gehl. PLACES FOR PEOPLE，Melbourne City，1994 [R]. 1994.

[31] City of Melbourne in collaboration with GEHL ARCHITECTS，Urban Quality Consultants Copenhagen. PLACES FOR PEOPLE，Melbourne City，2004[R]. 2004.

[32] City of Melbourne. PLACES FOR PEOPLE，Melbourne City，2015[R]. 2015.

[33] City of Seattle，Department of Planning and Development. Design Guidelines for the Belltown Urban Center Village [R]. 2004.

作者简介

陈栋菲，1994年生，女，上海人，同济大学建筑与城市规划学院景观学系在读硕士研究生。研究方向：风景园林规划设计方法与技术。电子邮箱：shfxcdf@126. com。

金云峰，1961年生，男，上海人，同济大学建筑与城市规划学院景观学系副系主任、教授、博士生导师。研究方向：风景园林规划设计方法与技术、景观有机更新与开放空间公园绿地、自然资源管控与风景旅游空间规划、中外园林与现代景观。电子邮箱：jinyf79@163. com。

宋美仪，1995年生，女，同济大学建筑与城市规划学院景观学硕士研究生。研究方向：风景园林规划设计方法与工程技术。

以五里坨地区为例浅谈浅山区的生态规划

Taking Wulituo Area as an Example to Analyze Ecological Planning in Shallow Mountain Areas

韩若东　高梦瑶　黄婷婷　朱建宁

摘　要：在全球资源能源危机日趋严峻的背景下，建设低碳、生态、绿色城市已经逐渐成为城市建设的主流。在中国，城市的快速发展对生态环境产生了巨大的影响，城市扩张带来了交通拥挤、环境污染、能源浪费等问题，同时使得城市面临自然资源流失、生态涵养地遭到破坏、地域特色被同化等危机。在这一背景下，生态城市的建设变得日益重要。浅山区作为城市的边缘地带，拥有丰富的自然资源，是重要的生态敏感区。笔者以五里坨浅山地区为研究对象，通过GIS分析的手法，提出了浅山区生态规划的策略。

关键词：浅山区；GIS；生态规划；生态城市；五里坨

Abstract: Under the background of the increasingly severe global resource and energy crisis, the construction of low-carbon, ecological and green cities has gradually become the mainstream of urban construction. In China, the rapid development of the city has had a huge impact on the ecological environment. Urban expansion has brought problems such as traffic congestion, environmental pollution, and energy waste. At the same time, the city has faced crisis such as the loss of natural resources, the destruction of ecological conservation sites, and the assimilation of regional characteristics. In this context, the construction of eco—cities has become increasingly important. As a fringe of the city, the shallow mountainous area is rich in natural resources and is an important ecologically sensitive area. The author takes the Wushanyu shallow mountain area as the research object, and proposes the strategy of ecological planning in the shallow mountain area through the method of GIS analysis.

Keyword: Shallow Mountain Area; GIS; Ecological Planning; Eco-city; Wulituo District

引言

在19大报告中"生态"一词频繁出现，如生态文明、生态环境、生态建设、生态保护、生态廊道等。习总书记在"加快生态文明体制改革，建设美丽中国"一章中提到人与自然是生命共同体，人类必须尊重自然、顺应自然、保护自然。我们要建设的现代化是人与自然和谐共生的现代化，为此我们要推进绿色发展、着力解决突出的环境问题、加大生态系统的保护力度、改善生态环境的监管体制。因此，城市的生态化建设也就顺应了时代的需求。生态城市将对日后城市的规划设计有重要的指导意义。

浅山区作为城市扩张的屏障，在早期的城市建设开发中缺少应有的重视。吴良镛院士曾经强调过，应该重视城市浅山区的环境保护问题"在对待城市内部与外部地域空间相互关系上，主城区的发展不能老是以牺牲浅山区的环境生态质量为代价，主城区与浅山区的的规划建设同样重要，要有一个近远期的规划设想。"[1]希望通过生态城市建设的理念引导，在浅山区寻求调节城市与自然间的平衡。

1　相关概念

1.1　生态城市

生态城市从广义上讲是建立在人们对人与自然更深刻认识的基础上，按照生态学原则建立起来的社会、经济和自然协调发展的新型社会关系，是有效利用环境资源实现可持续发展的新的生产和生活方式。狭义上讲，就是按照生态学原理对城市进行设计，建立高效、和谐、健康与可持续发展的人类聚居环境[2]。生态城市的发展目标是要实现人与自然的和谐，追求自然系统的和谐、人与自然的和谐是生态城市发展基础条件，即生态城市不仅能够供养自然，而且能满足人类自身的发展。

1.2　浅山区

浅山区是相对"深山区"和"平原区"提出的概念。2004年，在《北京城市总体规划（2004～2020年）》中，明确规定了浅山区的海拔范围为100～300m，是山地和平原的过渡区。浅山区多为山地一平原、山地一山地间的过渡地带，是人为开发建设和自然山地生境的缓冲区域。

2　研究区概况

五里坨地区位于北京市石景山区，属于北京小西山西麓，被小西山和永定河围合形成的碗状区域（图1），研究范围面积约25km^2。

该区域是北京市规划提出的"西山永定河文化带"的关键连接点之一。属于浅山区和受浅山区影响的平原地带。由于受到首钢工业区域的污染影响，且位于石景山区和门头沟区的交接地带，发展相对滞后。除了浅山山地以

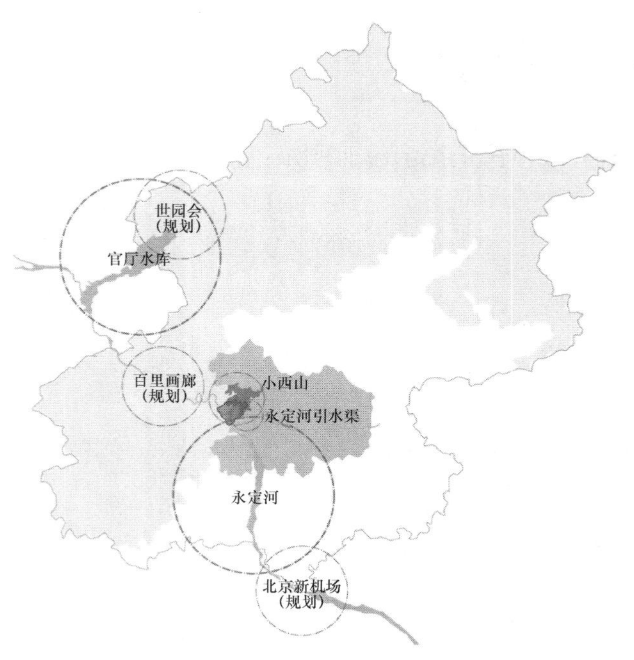

图 1　五里坨区位

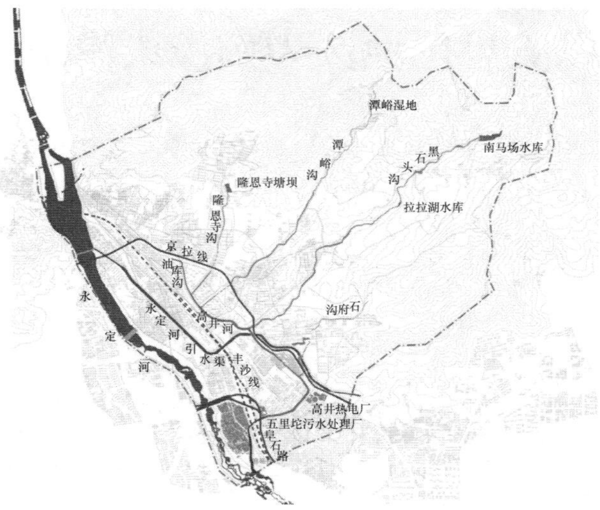

图 2　五里坨水系分布

外，该区域主要包括首钢工业区、新建住宅区、自然村庄和部队军事用地，且存在大量城市基础设施，城市更新发展潜力巨大。

浅山区是当今城市化研究的重要课题，由于其特殊的地理位置使得其在城市发展中的地位相当关键，作为城市化的边缘地带，是城市与自然的过渡地带，受城市扩张的影响，很容易产生对自然的破坏以及各种环境问题，因此进行生态规划对浅山地区存在重要的意义。

3　生态本底研究

历史上城镇的出现都是背山面水、逐水而居，例如丽江古城、苏州古城都是依据河道水系制定城市规划。大量事实证明水是城镇发展的命脉和重要制约因素。再加上山水依存的关系，水系形态、数量、质量等对浅山区地形塑造有重要影响。

3.1　水系概况

3.1.1　五里坨水系基本概况

研究区域西南部为永定河，海河流域七大水系之一。永定河平原段河道补水水源主要为永定河上游的三家店水库和高井河排洪渠的来水。同时，在该区段永定河引水渠从永定河引水，永定河引水渠是北京市修建最早的第一条引水工程，干渠总长 26 公里。研究区域内还有隆恩寺沟、潭峪沟、黑石头沟、石府沟四条从山上汇下的冲沟和一条永定河的支流高井河（图 2）。

3.1.2　水系变迁

永定河自从被人类记载以来，最初的名字并非是永定河，古称㶟水，隋代称桑干河、金代称卢沟，元、明代有浑河、小黄河等别称，其他名称还有许多，不一而足。到了清代才定名为永定河。其水质由北魏的“清泉无下尾”到金朝“浊则泥淖淤塞”；水位由辽金的地下河，到明清修成地上河；自金代水患开始频繁出现并愈加严重。

从古都北京起源和形成上看，洪荒时代的永定河从上游携带的大量泥土和砂石，在出山后形成的洪积冲积扇，是北京城建城的地理基础，为北京提供了建城的空间和适宜耕种的土壤及直接或间接的水源。北京建城史与永定河息息相关。前期主要用于农田灌溉，后因泥沙淤积而无法用于漕运，采用各种工程手段治理。自金代开始，历代政府均在河床两岸进行大规模的河道治理。其中有重大影响的有三国刘靖兴建车厢渠、元代郭守敬治理永定河、明代李庸修筑堤坝、清代康熙帝根治水患、中华人民共和国成立后修建各种水利设施等。

城市的发展引起了水文的剧烈变化，辽代以前永定河流域树木茂密、郁郁葱葱，有大片的原始森林。元明清时期，北京城成为我国的政治和文化中心，城内外人口激增，城市建设加速，以致永定河流域内森林遭到了大规模的破坏。清朝以来的筑堤束水虽减轻了城内水灾，加剧了永定河故道水体的湮废和水源的短缺，带来地下水补给的困难，引起地下水质恶化。

3.2　汇水研究

研究范围大部分区域属于 100～300m 的浅山区范围，即重要的城市边界以及城市与自然的过渡带，应着重考虑自然生态系统的保护与城市发展之间的平衡。

红线范围内城区坡度基本处于 7%以下，较为平坦，山区坡度基本维持在 25%～40%，少量区域达到 40%以上。由于山体植被覆盖以人工林为主且城区有大量裸露土地面，保水能力较差，需采取措施解决水土流失问题。对于山地的开发利用也应在适宜坡范围进行。

山区坡向以西、南方向为主，有部分东北坡，坡向条件对于植被选择较为有利。由于植被丰富度在土壤含水量较大的阴坡较大，应注意对东向坡加以利用。南坡温度较高应注重土壤水分的保持以及大坡度区域水土流失防护（图3）。

由图中分析可知几条主要冲沟的汇水最终均汇入永定河，在人为改变冲沟方向或增减冲沟数量时应注意对生态环境的影响和灾害发生的可能性。尤其要注意的是流域面积较大，长度较长的冲沟。基于前期分析得出的除了永定河外其他河道与沟渠都没有水的状况，我们进行了汇水的计算，得出在单次降雨20/50/100/200mm时场地整体汇水从30万方到500万方，数据详见表1。对这些水进行有效的蓄水利用可以用于供给城市段部分河道维持长年有水的状况（图4）。

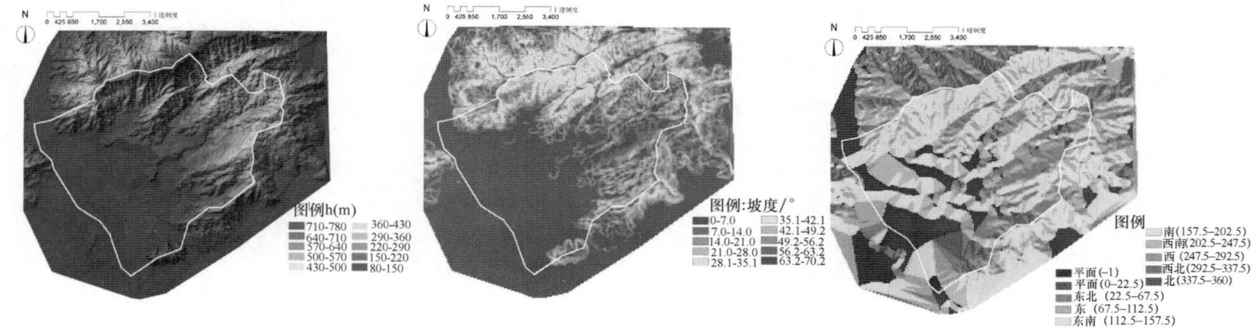

图3 高程分析、坡度分析、坡向分析
（图片来源：研究小组成员 绘制）

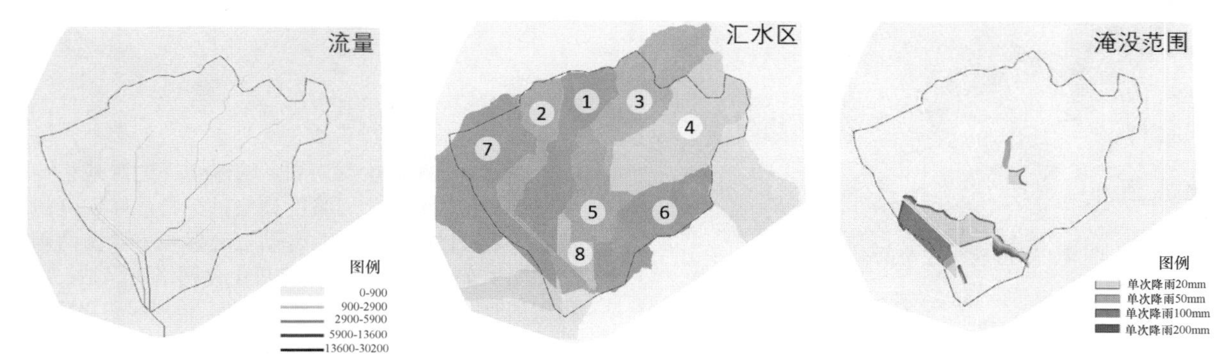

图4 五里坨降雨流量分析、五里坨汇水区分析、五里坨降雨淹没范围分析

五里坨地区不同降雨量各汇水区汇水量分析 表1

汇水区	1	2	3	4	5	6	7	8	合计
降雨量（mm）	汇水量（$\times10^4m^3$）								
20	3.7	6.7	1.5	2.6	3.8	3.5	1.8	1.0	24.6
50	12.2	21.6	11.9	17.7	13.2	16.7	5.0	2.7	101.0
100	27.0	47.2	36.0	51.1	30.0	42.1	10.3	5.5	249.2
200	56.6	98.8	89.7	124.2	63.6	95.2	21.1	11.3	560.5

注：汇水区1～8的径流系数分别是50、52、17、19、44、28、70、71。

4 生态规划策略研究

早在古代，人们是以基本生活和防御为主体功能的被动顺应的城水关系；随着人类发展文明的提高，逐渐演变成以社会交往、交通运输为主体功能的控制征服的城水关系；到了现代，水资源量成为制约城市发展规模的重要因素，水网结构成为影响城市空间布局和结构优化的重要载体，水环境质量成为决定城市居民生活质量的关键要素，水文化成为传承城市文脉的重要条件，形成了以生态安全及景观为主体功能的和谐共处的城水关系。

因此在规划的过程中，将雨水收集与河道整治作为生态城市构建的重点，以城水和谐为目标进行生态规划设计。

4.1 水文优化

前面使用GIS进行的水文分析，模拟了区域的径流和汇水情况。并形成了不同流量和河网。首先，进行水安全、水生态的绿色空间规划，为河道和冲沟设置10～30m不等的径流缓冲区。形成水体的优化网络。同时在汇水集水区修筑水池水坝，并划定缓冲区，形成预防淹没的区域网络。雨水资源用于补偿地下水，可通过设置道路下凹式绿化带，采用渗透地面、渗透池或渗渠系统来实现，既能节省封闭路面下的雨水管道投资，又利于自然界的水循环，还可降低城市洪水压力和排水管网负荷。

此外，进行水功能、水文化的空间保护规划，在重点区块内利用并合理改造天然山水地貌，个别区域人工开凿山水地貌，结合植物景观和已有建筑的营造，打造具有生态、文化、游乐功能的游憩体系。最终得出水文优化的绿色空间网络（图5）。

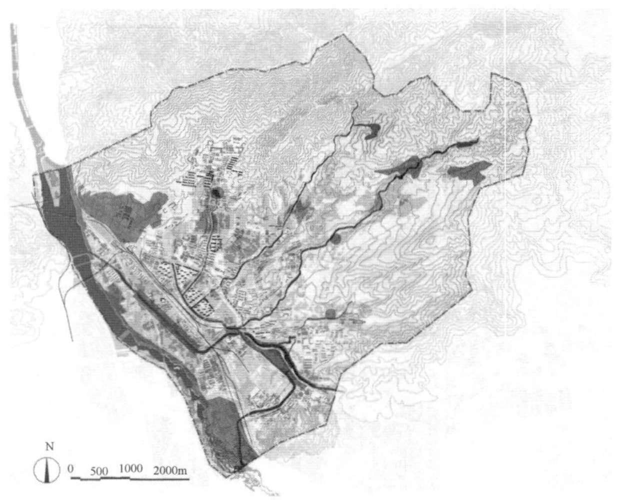

图5　水适应绿色空间分布图

4.2　综合生态格局优化

进行适应生态的绿地格局的构建，通过GIS对城市道路距离单因子分析、村路距离单因子分析、建筑距离单因子分析、人工沟渠距离单因子分析、河道和自然沟渠单因子分析、建设用地和植被距离单因子分析、基于权重综合评价的栖息地适宜性分析、最小阻力面的构建分析（图6），最终叠加分析得出了综合生态格局（图7）。

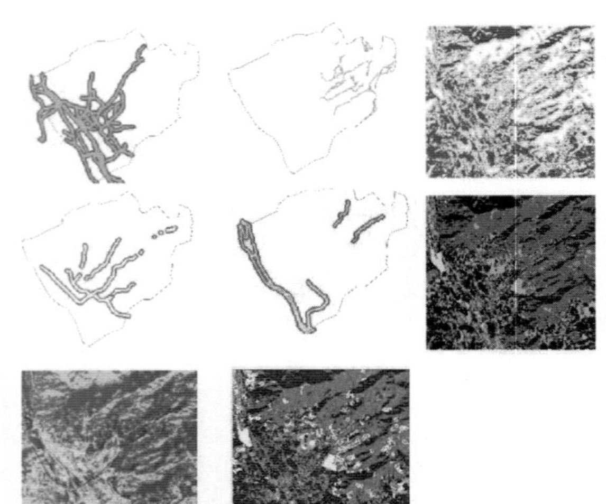

图6　单因子分析

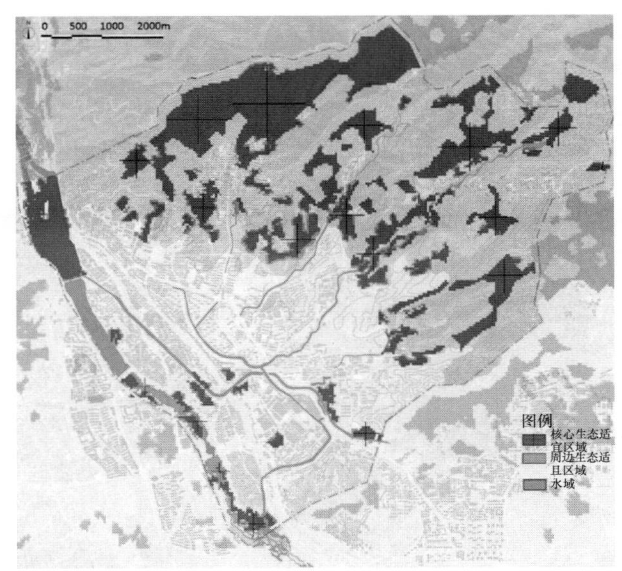

图7　综合生态格局
（图片来源：研究小组成员　绘制）

5　讨论

对于浅山区的生态规划，构建合理的绿地格局至关重要。水文过程优化网络的最终目标是能够恢复浅山区的自然水文过程，并在此基础上确保城市居民的雨洪安全和饮水安全。[3]综合生态格局优化网络对保护、修复生物栖息地提供相对完善的绿色空间，同时，可以降低地质灾害包括泥石流、山体滑坡等的发生几率；完善游憩网络、并对文化遗产起到很好的保护作用。

参考文献

[1]　冯艳，黄亚平．大城市都市区簇群式空间发展及结构模式[M]．北京：中国建筑工业出版社，2003.

[2]　张诗雨．国外的生态城市发展——国外城市治理经验之十一[J]．中国发展观察，2015(12)：82-85+74．

[3]　冯艺佳．风景园林视角下的北京市浅山区绿色空间理想格局构建策略研究[D]．北京：北京林业大学，2016.

作者简介

韩若东，1995年生，女，汉族，辽宁人，北京林业大学园林学院硕士研究生。研究方向：风景园林规划设计与理论。电子邮箱：rhewalrd1@163.com。

高梦瑶，1994年生，女，汉族，山东人，北京林业大学园林学院硕士研究生。研究方向：风景园林规划设计与理论。电子邮箱：bjfugmy@163.com。

黄婷婷，1994年生，女，汉族，重庆人，北京林业大学园林学院硕士研究生。研究方向：风景园林规划设计与理论。电子邮箱：bjyx13529@yeah.net。

朱建宁，1962年生，男，汉族，山东人，法国凡尔赛国立高等风景园林学院博士，北京林业大学园林学院教授，博士生导师，北京北林地平线景观规划设计院首席设计师。

银川市城水空间演进研究
——特征、动因及引导

Research on the Evolution of City Area and Water Space in Yinchuan City
—Characteristics, Drivers and Guidance

吴小辉　刘　晖　宋莉娟　纪　芳

摘　要： 银川市地处中国西北干旱半干旱地区，是宁夏平原中的绿洲城市。其水域相对丰富，素有塞北江南的美誉。银川对水的利用自秦汉一直延续至今，从开挖引黄灌渠，到疏通沟渠、填湖建设，再到挖湖造池，因此银川城市空间由靠近黄河到远离黄河临渠而建，逐渐演变为当下的城水交融。本文通过梳理秦汉以来银川城市水系建设与城市空间的演进特征，探析社会与自然因素影响下城水空间内在机制，总结当下银川城市水系规划问题，提出引导策略，对西北地区城市水系规划具有一定的启示作用。

关键词： 城水关系；银川；社会与自然因素；西北城市

Abstract: Yinchuan is an oasis city in Ningxia plain, which is located in the arid and semi-arid region of northwestern China. Compared with other cities in northwest China, its water area is rich and has long been known as Lush Southern-type fields north of the Great Wall. The exploit of water in Yinchuan continued from the Qin and Han dynasties. From the excavation of irrigation channels from the Yellow River, to the dredging of channels and filling of lakes, and then to the diging of lakes and pools. Therefore the construction of city evolves from area by the river to away from the Yellow River and near the channels, and now the city is blending with water. This paper reviews the evolution of urban water system construction and urban space evolution in Yinchuan since Qin and Han dynasties, exploring the inner mechanism of urban water space under the influence of social and natural factors, summarizing the current urban water system planning problems in Yinchuan, proposing guidance strategies, and struggling to find some inspiration in urban water system planning in northwest China.

Keyword: Relationship Between City Area and Water Space; Yinchuan City; Northwestern Cities; Social and natural factors

1　城水关系的全球化趋势与地域特点

水是城市中珍贵的资源，对城市社会和环境具有双重价值，如美化环境、增强场所活力、提升城市形象、调节气候、维持城市生态平衡等，能够带动城市的发展[1-3]。水系是影响古代城市选址和布局的重要因素[4]。很多城市选址在河流沿岸的绿洲上[5,6]。同时考虑“高勿近阜而水用足，低勿近水而沟防省”[7]。国内外依水而建的城市数不胜数，国外如阿姆斯特丹、巴黎、斯德哥尔摩、伦敦，国内如上海、重庆、兰州等。水系不仅决定城市的选址，还决定城市的发展规模、发展方向和空间布局。城市空间的改变也会带来城市水系的改变。城市与水系相互影响共同演进[4,8]。自改革开放以来，中国城镇化率由1978年的18%上升到2018年的59.58%，城市和水系均受到城市化的深刻影响[9,10]。

在城市与水系共同演进中，由于城市所处的气候环境、地形地貌环境的差异，城市发展对水系功能需求的差异，当地居民对水系认知的差异等，不同地区城市和水系的格局和演进不同。银川市是我国西北城市中水系最为发达的城市，素有塞北江南之称。但银川地处西北干旱半干旱气候区，降雨量小，蒸发量大，生态系统脆弱[11]。中华人民共和国成立以来，飞速的城市建设深刻的影响了银川城市水系空间格局。从而引发了很多问题，如气候恶化、旱灾加重、生态破坏、水资源缺乏等，本文通过银川城水演进研究，剖析社会与自然因素影响下的内在机制，提炼现有问题，为西北城市与水系规划提供启示。

2　银川城水空间演进及驱动因素

2.1　秦汉至建国初期

2.1.1　黄河对城市的影响

银川发源于黄河冲积形成的宁夏平原，土地肥沃[12]，水资源丰富，有利于农业发展[6]。其西部有贺兰山抵挡寒风，东部有黄河水的滋润，银川是西北干旱半干旱环境中条件最佳的绿洲城市[13,14]。早期由于生产力水平的限制，生活用水、农业生产和交通运输离不开黄河，银川一带的城镇均靠近黄河兴建。由于黄河年际间和年内的水量变化较大，导致黄河河道频繁摆动改道。黄河沿岸的城镇屡受黄河泛滥冲击，如西汉早期的廉县城位于黄河西汉西岸，由于黄河泛滥冲毁，后新建怀远县城亦靠近变道后的黄河的新主河道。自兴建引黄灌渠后，银川一带的城镇才开始远离黄河，如唐代的怀远县（今兴庆区掌政镇）被黄河冲毁，远迁至新城（今银川老城）。

2.1.2 引黄灌溉渠的形成与演进

随着社会的发展，农业需求不断提高，逐渐不满足于黄河沿岸耕作的限制。同时黄河两岸的银川平原地势平坦，沟渠纵横，为引黄灌溉提供得天独厚的条件[15]。所以自秦以来，“引黄灌溉”的水利工程已经发展，将原有的滩地和沙地进行农垦。

在秦汉时期银川以南的吴中南部最早开挖引黄灌溉渠[16]，到汉代的廉县（今贺兰暖泉）开始大量开挖沟渠，如在公元前102年开挖西汉旧渠，在公元前211年开挖汉延渠等。北魏时期开挖了艾山渠，将古高渠改道[17]。隋唐时期，对汉代旧渠进行全面整修，并新建、扩建大量灌溉渠，大力发展垦殖。如疏浚西汉旧渠唐东渠（唐徕渠前身）。文献记载当时的渠道有光禄渠、薄骨律渠、特进渠、汉渠、御史渠、尚书渠、胡渠、百家渠、白渠等[18]。唐代一直到明清，大量的开挖引黄灌溉渠，西夏时期，开凿兴修了昊王渠。元代疏浚了汉延渠、唐东渠、秦家渠等。清代初期的1726年和1929年分别兴建了大清渠和惠农渠。随后又开凿了昌润渠，清嘉庆年间，已有18条渠。见清嘉庆三年（1798年）的舆地全图（图1）和唐汉沟渠在清代的分布（图2）。民国时期兴建了湛恩渠、云亭渠等[17]。见民国16年（1927年）沟渠分布（图3）[19-21]。中华人民共和国成立前共有14条渠。

据《钦定昌润渠碑记》记载，在开凿灌溉渠的同时，还兴建闸坝、疏通沟渠湖泊，以解决灌溉和排水问题。据《惠农渠碑记》，在清代称“六羊河”的滩涂上修建了一道堤坝。修筑堤坝为了把进水的水位抬高，以达到自流灌溉的目的（渠线西侧为废弃后的昊王渠），后又对唐徕渠、惠农渠及汉延渠进行扩建，扩建中很多渠被截弯取直。为解决排水和农业的需求，将很多湖泊连通[17]。

引黄灌溉带动了城镇的形成和发展。如唐代怀远县城由黄河河西阶地前缘向阶地中央唐徕渠畔（即今银川老城址）转移[22]，远离黄河，避免泛滥冲击。西夏时期，形成了怀州（今贺兰县内）[26]。

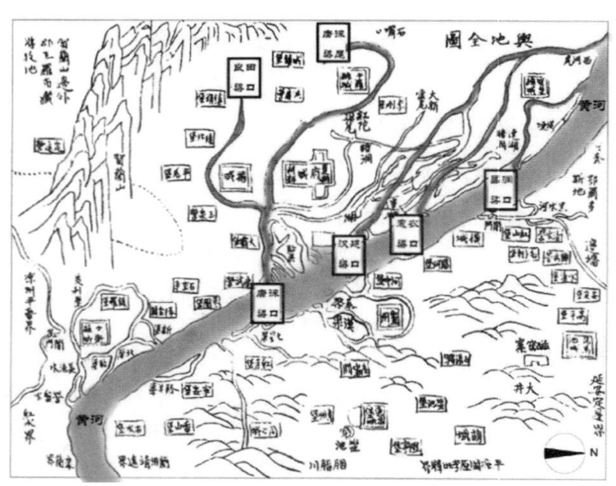

图1 清嘉庆三年舆地全图之主要沟渠图
［图片来源：根据王树声的《中国城市人居历史环境图典》（甘肃 宁夏 青海 新疆卷）中舆地全图改绘］

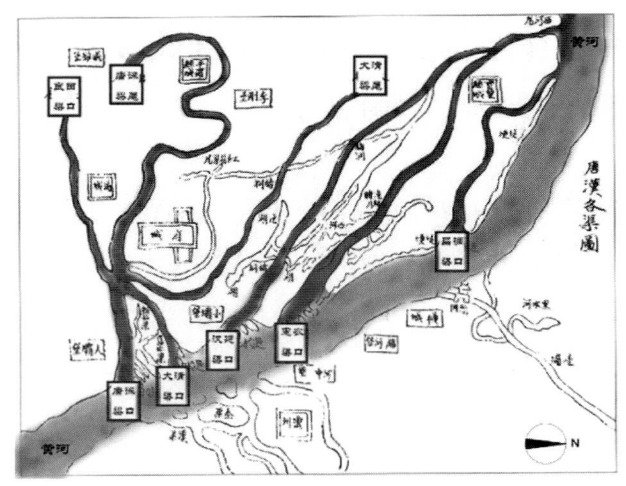

图2 清嘉庆三年的唐汉各渠图
［图片来源：根据王树声的《中国城市人居历史环境图典》（甘肃 宁夏 青海 新疆卷）中清嘉庆三年的唐汉各渠图改绘］

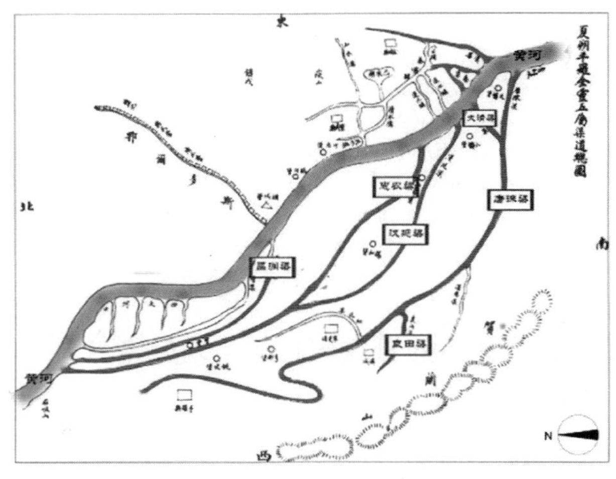

图3 民国16年夏朔平罗金灵五属渠道总图
［图片来源：根据王树声的《中国城市人居历史环境图典》（甘肃 宁夏 青海 新疆卷）中民国16年的夏朔平罗金灵五属渠道总图改绘］

2.1.3 湖泊湿地的形成与演进

银川湖泊湿地一部分是在全新世以后黄河的故道形成的湖沼洼地，一部分是在贺兰山前的断裂带上泉眼被截留后形成湖沼和贺兰山洪积扇与二级阶地交接地带山洪积水形成的湖沼。银川大面积的湖泊湿地是秦汉以来由于黄河泛滥、渠道溃坝和渠水下渗形成的。经过长期的演进，银川一带滩涂广泛分布，在黄河和惠农渠之间有大量的滩涂湿地。明代在唐徕渠下游形成的著名的“七十二连湖”[17]，使西北干旱半干旱地区的银川拥有“塞北江南”的称号[14,23]。中华人民共和国成立初期，银川平原仅湖泊的面积共有6.7万hm^2，包括盐湖和淡水湖[24]。

2.1.4 社会与自然因素分析

这一阶段城市选址主要考虑农业、生活和交通用水的需求。早期由于社会生产力水平有限，所以早期的城水的演进主要受自然因素的影响。顺应自然规律同时利用自然环境资源。农业发展这一社会因素驱动下，开挖引黄灌溉渠，黄河和原始湖泊水系统的稳态被打破。河流处于非平衡状态，随之自然因素凸显，使黄河、渠口泛滥和渠道溃坝后积水成湖。在此过程中，社会因素的驱动也一直伴随着自然因素驱动的过程，持续的人工凿渠引水和疏通排水。湖泊和湿地逐渐稳定的状态又不断地被开挖沟渠打破。在社会因素和自然因素共同作用下，很多河流、湖泊和湿地形成，也有部分因泥沙淤积、与主河道断连、人工排水疏干等影响而干涸消失。银川经历了漫长而深刻的变化，逐渐演进形成趋于稳态的湖泊和湿地。河流在通过自然力恢复其自然与社会因素平衡的状态[17]。在新中国成立以前，基于社会和自然因素的共同影响，城市和水系是共同依存、良性演进的过程。此阶段银川一带沟渠湖泊众多，湿度增加，成为宜居的绿洲城市[25,13]。

2.1.5 城水空间格局特点

引黄灌溉渠不仅影响了银川城市的形成，还塑造了城市的空间，引导城市发展。在兴建引黄灌溉渠之前，城水关系呈现出黄河洪水扰城，但城市仍逐河而建，城市被湖沼、农田包围的基本空间格局特征。在发展农业的社会需求驱动下发展水利开挖沟渠。城市不必再逐黄河而建。银川城选址远离黄河洪泛区[26]，位于南北向干渠之间相对安全的高地上。城市临近沟渠，水系与城市关系开始密切。水系以人工过程介入自然过程的形式开始影响并塑造城市空间结构。城市方位和空间结构受水系和贺兰山的山水空间影响，呈背山面水，以东南和西北方向为轴向发展（图 4）。如西夏兴庆府城（今银川市老城兴庆府片区，唐怀远县城，宋怀远镇）以《周礼·考工记》记载的基本形制为参考原型。有别于传统形制的正南北向格局，而是背向西北，面向东南。其主要受到贺兰山、黄河和沟渠空间方位的影响[27]。

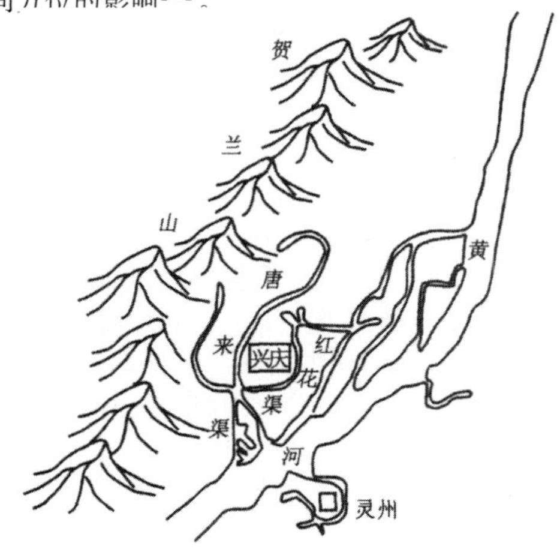

图 4 西夏兴庆府城山水空间示意图
（图片来源：颜廷真等．略论西夏兴庆府城规划布局对中原风水文化的继承和发展）

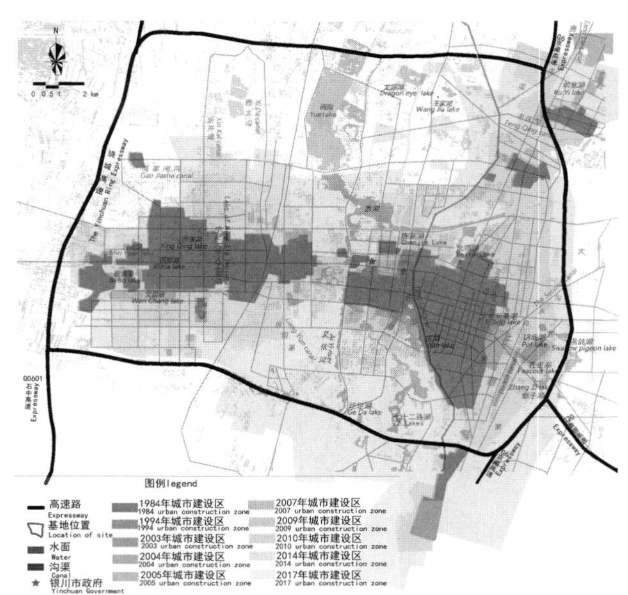

图 5 城市建成区扩张图
（图片来源：银川市滨水空间城市设计研究工作营自绘）

2.2 中华人民共和国成立后至 21 世纪初

2.2.1 城市水系的演进

中华人民共和国成立初银川城市发展主要依赖中央的财政扶持。改革开放以后，银川城市开始快速发展，城市化加速，城市开始扩张并一直持续至今（图 5）。早期城市扩张考虑建设成本，绕开河湖水系建设，水系被较为完整的保留。后期，随着城市化的进程，城市水系在城市大力建设的趋势下变得无足轻重[28]。城市开始占用河湖湿地建设，此阶段城市中河湖水系面积不断减少。城市化深刻影响着水系的演化[29]。20 世纪 50 年代至 20 世纪末由于围湖造田、城市建设等原因，湖泊面积大量减少[30]。截至 20 世纪 90 年代末，银川市就有 30%的湿地消失[24]，由于建成较完整的排水沟系，许多浅水湖泊与积水洼地被疏干，也造成湖泊面积减少[22]。据李文开研究，1989 年到 2009 年，河流和湖泊的面积由 494.3718km^2 减少到 201.9096 km^2，池塘水渠面积由 126.5616 km^2 减少到 60.3459 km^2。除黄河水域面积，减少的主要是银川市的天然湖泊，只有养殖基地是逐年增加的，从 1989 年的 35.5131 km^2 增加到 2009 年的 70.3017 km^2（图 6）。中华人民共和国成立初开始银川河湖水系等逐渐萎缩。[31] 到 2007 年，银川市内的湖泊近乎消失，湖泊面积减少到不到解放初期的 1/4，享有盛誉的七十二连湖所剩无几[24]。原有的城市空间格局已经不复存在[23]。

2.2.2 社会与自然因素分析

影响城市建设侵占水域的社会因素主要是城市工业、旅游业和城市建设。在城市化进程中经济高速发展，人口在城市集聚，城市建设的需求增加，导致城市空间扩张。土地资源稀缺，迫使城市侵吞大量的河湖和湿地用于开

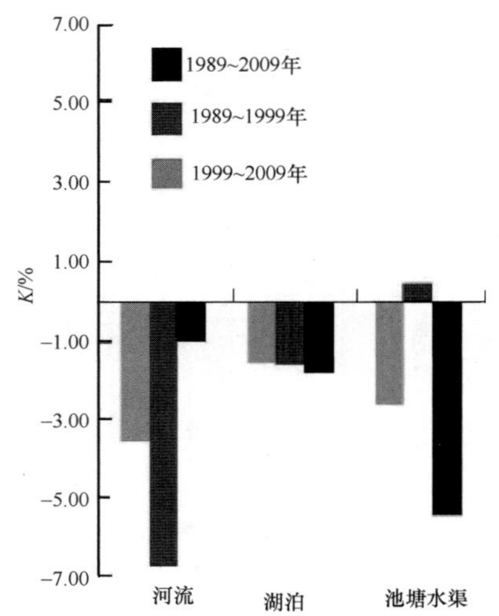

图 6　1989～2009 年银川平原水域面积动态变化（图片来源：李文开等．银川平原湿地资源遥感监测）

发建设[31]。城市化建设破坏了城市水系原有的水文径流路径和过程，改变了原有内在演进机制。很多城市水系的支流逐渐干涸，直至消失。原有稳定的城市水系统被打破，城市水系的水文格局遭到破坏。

影响河流湖泊面积减少的自然因素主要是气候条件和黄河水量减少[24]。一方面，随着城市化的发展，中国城市整体的自然环境遭到破坏，全球气候变暖使得银川空气越来越干燥，城市温度升高、降雨量减少、蒸发量增加[31]（图 7）。由于自然环境的改变，绿洲所需水量不足，

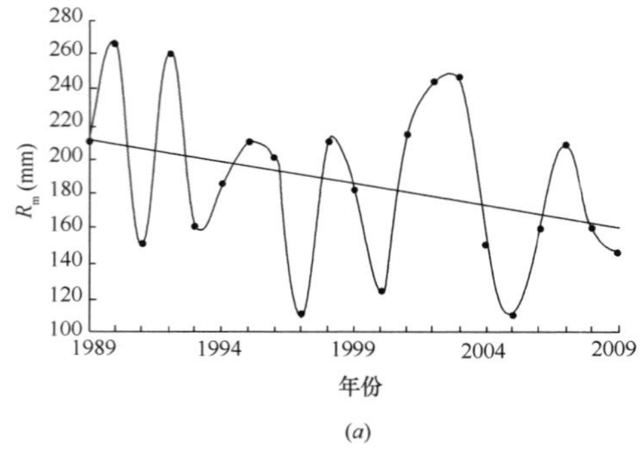

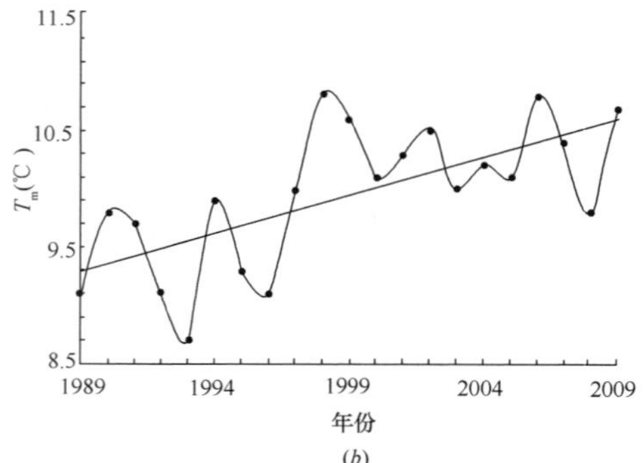

图 7　银川平原年降水量和气温变化图（图片来源：李文开，汪小钦，陈芸芝．银川平原湿地资源遥感监测）
（a）年平均降水量变化；（b）年平均温度变化

很多湖泊自然干涸。另一方面，银川城市水系水源主要来自黄河水，自 1996 年以来，黄河出现径流量锐减、河流断流时间增多和输水河道变窄的现象。所以补水不充分，导致银川湿地面积逐渐减小[31]。

2.2.3　城水空间格局特点

改革开放初期，城市建成区被湖、渠隔开。城市空间包括东西两个片区，城市环抱水系，呈扁担状空间格局发展。后期城市过分追求经济效益，城市建设盲目占用两片区中间的水域，城市水系被割裂，格局混乱，城市建成区呈现连片带状发展的趋势。城市与水域原有良好的空间格局被打破。

2.3　21 世纪以后

2.3.1　城市水系的演进

随着居民生活水平的提高，人类的价值观开始转向宜居的滨水生活。城市环境的恶劣，也使专家、学者和政府开始关注城市生态建设。水作为城市生态建设的重要载体和滨水区对旅游业和房地产业的带动，使城市水系建设受到政府的重视。城市水系从“灌溉、防洪等职能转变为景观、经济、文化、生态职能。水系建设逐渐纳入到各项发展计划和城市规划中”。

21 世纪初，银川政府确立“生态立市”方略。建设目标为“湖在城中、城在湖中”，全力打造“塞上湖城”，这一方略受到当地居民的关注。地产开发开始建设滨水住宅区，体现宜居生活[32]。在 2001～2020 年版总体规划中，新规划多条水系。构建网络化的水系格局。在此阶段，银川市为了恢复“湖城”的景象和构建“生态”的城市水系，开始实施湿地、水系恢复和湖泊连通工程[24]，开挖了河流和湖泊，连通了湖泊湿地，试图恢复原有的自然河流湿地生态系统，创建新的网络化城市水系。先后开挖排干和景观水道共 21.12km[23]。经过多年的建设，城市内水域面积逐渐增加[30]，到 2010 年左右，银川市已有湿地面积 4.7 万 hm^2（不含稻田和鱼塘湿地）[24]，2014 年左右，银川市湿地面积达到 7.1 万 hm^2，其中自然湿地仅有 2.8 万 hm^2。[32]城市内增加的主要是人工湿地和沟渠，自然湿地却在衰减。其湿地分布的集中度很高[17]。

2.3.2　社会与自然因素分析

此阶段城市水系的改变主要为社会因素驱动。城市水系的增加由单一景观功能的主导转变为景观、生态的共同关注。但对水系生态建设照搬我国东南地区城市方法，为建设水网格局，将城市大大小小的水系连通，而忽视了河流空间和城市空间的关系以及河流与所处气候条件的关系。导致银川市城市空间地域风貌缺失，水系建设出现很多问题。非真正的生态建设。

在气候条件逐渐恶劣、水资源逐年减少的环境下，错误追求湿地的恢复和城市水域面积的增加。城市湿地是城市中最为脆弱的生态系统，湿地作为水域与陆域生态系统间的过渡性生态系统，本身就是最多变且不稳定的生态系统类型[33]，其恢复需要长时间的演进和平衡，非

朝夕可得。恢复的城市湖泊湿地是人工化的湿地而非原有的自然湿地，其生态过程完全人工，新建的是水池，由"沼"变"池"，大部分河道生态系统退化。生态价值微小。外在空间的恢复不等同内在河流湿地的秩序的复原。

银川城市恢复的水系依赖黄河引水，银川市水域面积的减少是自然与城市共同演进中达到的平衡。现建设大面积的湖泊和湿地是否意味着过量占用黄河水资源，是学术界和当地管理部门多年争议未决的问题[17]。

2.3.3 城水空间格局特点

此阶段城市空间和水系空间相互掣肘、相互影响，城市空间逐渐由东西向带状发展形成成片放射状发展，城市水网逐渐由南北带状和零星点状发展成网络状，银川城市空间和水系空间与我国东南地区城市趋同，银川南北向的城水格局逐渐消失，城市空间特色弱化。

3 结语

城市和水系空间在社会因素和自然因素共同影响下相互演进，这种过程是持续和动态的优化过程，在特定的时间段达到平衡。现今科技发达，使社会因素成为影响水系空间和城市空间强势的主导因素。自然因素影响微弱，表现为城市和水系规划弱化地方自然环境限制，采用"拿来主义"，直接套用我国南方城市的城水空间规划方法。虽达到了预期的景观效果，但导致城水生态破坏和地方风貌缺失。本文基于对银川城市与水系演进的梳理和其社会与自然因素分析，提出以下规划引导策略：①限制大水面建设工程。充分考虑西北干旱半干旱自然特征的限制。减少盲目推行大水面建设工程，从而减小水面蒸发量，减轻对黄河水的过渡引用；②湖泊和湿地的恢复应考虑水域、陆域和水岸的生境多样性。人工干预恢复河湖和湿地需遵循自然水体演替的内在机制。应针对银川城市不同的滨水空间，以提高场地的生物多样性为目标，将生境空间作为设计要素介入到水域、陆域及水岸带的滨水空间设计中。将生态与场地设计耦合，规划适宜于西北地区且具有高生态效益的城市滨水空间；③限制水系高度网络化，遵循原有的"川"字形空间结构。水系的连通性能够提高水系的生态功能，提高其自净能力，但高度的连通破坏银川原有的水系格局和水文过程。应在保持南北向的"川"字形水系空间格局的基础上，将城市水系干道横向连通，避免处处水网的局面。使水系与城市空间相互协调，使自然与社会因素达到平衡，实现城市与水系空间的可持续发展。

参考文献

[1] Samant S, Brears R. Urban Waterfront Revivals of the Future[M]//Greening Cities. Springer, Singapore, 2017: 331-356.

[2] 高青峰，郭胜，阙志夏，等. 城市水系结构形态演变特征分析——以哈尔滨主城区为例[J]. 水利水电技术，2018，49(07)：54-61.

[3] 孟飞，刘敏，吴健平，等. 高强度人类活动下河网水系时空变化分析——以浦东新区为例[J]. 资源科学，2005，27(6)：156-161.

[4] 颜文涛，贵体进，赵敏华，等. 成都城市形态与河流水系的关系变迁：适应性智慧及启示[J]. 现代城市研究，2018(07)：14-19.

[5] 王耀. 清代阿克苏城市形态及格局变迁探析[J]. 云南师范大学学报(哲学社会科学版)，2019，51(02)：14-23.

[6] 闫震鹏，赵云章，焦红军，等. 黄河冲积扇对中原城市群的地质控制作用[J]. 地学前缘，2010，17(06)：278-285.

[7] 吴志强，李德华. 城市规划原理[M]. 4版. 北京：中国建筑工业出版社，2010.

[8] 徐敏. 水利因素影响下的城市形态变迁研究：以慈城为例[J]. 城市规划，2011(8)：37-43.

[9] 谢琮，王红瑞，柳长顺，等. 城市化快速进程中河道利用与管理存在的问题及对策[J]. 资源科学，2012，34(3)：424-432.

[10] 傅春，李云翊，王世涛. 城市化进程下南昌市城区水系格局与连通性分析[J]. 长江流域资源与环境，2017，26(07)：1042-1048.

[11] 刘树坤. 我国西部大开发中的灾害与生态环境问题[J]. 水利水电科技进展，2000(05)：2-5+69.

[12] 周特先，王利，曹明志. 宁夏构造地貌格局及其形成与发展[J]. 地理学报，1985(03)：215-224.

[13] 常虹. 宁夏沿黄城市带的生态环境健康评价[J]. 湖北农业科学，2013，52(10)：2286-2289.

[14] 薛正昌. 城市群建设析论——以宁夏沿黄城市带建设为例[J]. 宁夏社会科学，2016，(05)：138-144.

[15] 吴加敏，王润生，姚建华. 黄河银川平原段河道演变的遥感监测与研究[J]. 国土资源遥感，2006，(4)：36-39+80.

[16] 卢德明. 宁夏平原引黄灌溉的历史[J]. 人民黄河，1990，12(4)：69-72.

[17] 何彤慧. 银川平原不同类型湿地的历史演变[J]. 人民黄河，2016，38(04)：54-58.

[18] 汪一鸣.《水经注》黄河银川平原段若干历史地理问题讨论[J]. 宁夏社会科学，2009(2)：113-117.

[19] 银川市编纂委员会. 银川市志(上)[M]. 银川：宁夏人民出版社，1998.

[20] 银川市人民政府市志编纂办公室. 银川市情[M]. 银川：宁夏人民出版社，1987.

[21] 王树声. 中国城市人居环境历史图典——甘肃 宁夏 青海 新疆卷[M]. 北京：龙门书局，2015.

[22] 汪一鸣. 银川平原湖沼的历史变迁与今后利用方向[J]. 干旱区资源与环境，1992(01)：47-57.

[23] 王亚男，冯长春. 银川城市湿地的保护与合理开发利用探讨[J]. 地域研究与开发，2007(01)：99-103.

[24] 汪淑萍. 银川市湖泊湿地的演变及恢复与保护浅析[J]. 宁夏农林科技，2011，52(03)：43-44.

[25] Costanza R, Norton B G, Haskell B D. Ecosystem Health: New Goals for Environmental Management[M]. Washington DC: Island Press, 1992.

[26] 李陇堂，赵小勇. 影响宁夏城市(镇)形成和分布的地貌因素[J]. 宁夏大学学报(自然科学版)，1999(02)：76-79.

[27] 颜廷真，陈喜波，曹小曙. 略论西夏兴庆府城规划布局对中原风水文化的继承和发展[J]. 地域研究与开发，2009，28(02)：75-78.

[28] 李荷，杨培峰. 城市内河空间生态化维稳规划策略推演[J]. 城市规划，2018，42(05)：56-62.

[29] 韩龙飞，许有鹏，杨柳，等. 近50年长三角地区水系时空变化及其驱动机制[J]. 地理学报，2015，70(05)：

819-827.

[30] 王晓燕. 银川城市内部空间结构的演变与发展研究[J]. 城市问题，2006(07)：41-44.

[31] 李文开，汪小钦，陈芸芝. 银川平原湿地资源遥感监测[J]. 宁夏大学学报(自然科学版)，2016，37(1)：99-105.

[32] 谭鹏. 银川市湿地保护存在的问题及对策[J]. 宁夏农林科技，2015，56(1)：58-60.

[33] 王永浩，王治良，罗金明，等. 湿地水环境可持续性概念辨析[J]. 生态环境学报，2010，19(2)：449-504.

作者简介

吴小辉，1988年生，女，汉族，内蒙古人，西安建筑科技大学，在读博士生，注册城乡规划师。研究方向：西北生态环境风景园林规划设计理论与方法。电子邮箱：3111271564@qq. com。

刘晖，1968年生，女，汉族，辽宁人，博士，西安建筑科技大学，教授，博士生导师。研究方向：西北脆弱生态环境景观规划设计理论与方法，中国地景文化历史与理论。电子邮箱：249600425@qq. com。

宋莉娟，1995年生，女，汉族，四川人，西安建筑科技大学，在读硕士研究生。研究方向：中国地景文化理论与历史。电子邮箱：wsszs2017@163. com 。

纪芳，1993年生，女，满族，河北人，硕士，西安建筑科技大学，在读硕士生。研究方向：城市规划。电子邮箱：528230245@qq. com。

应对儿童自然缺失症的城市社区农园助益体系研究

Research on the Beneficial System of Urban Community Garden for Children with Natural-Deficit Disorder

余晓雯　杜春兰

摘　要： 自然缺失症描述了城市化导致儿童与自然的关系日益疏远乃至割裂的现象，而大量理论与实践已经证明社区农园能够通过增加果蔬摄入量和活动参与度来改善参与者的健康状况，为重建儿童与自然之间的联系提供了一种途径。在分析自然缺失症儿童的生理、心理特征及需求的基础上，以美国 Growing Healthy Kids 项目为例阐述社区农园的健康效益，并总结其助益体系的构成要素与助益过程，尝试建立助益体系与儿童需求之间的对应关系，说明社区农园对缓解儿童自然缺失症具有积极作用。

关键词： 自然缺失症；社区农园；儿童健康；风景园林；Growing Healthy Kids 项目

Abstract: Nature-deficit disorder describes the growing alienation and separation between children and nature as a result of urbanization, while a large number of theories and practices have proved that community gardens can improve the health of participants by increasing the intake of fruits and vegetables and enhancing physical activities, providing a way to rebuild the relationship between children and nature. On the basis of analyzing the physiological and psychological characteristics and needs of children with nature—deficit disorder, the health benefits of community garden are illustrated by taking the Growing Healthy Kids project in the United States as an example, and the components and processes of its help system are summarized. The corresponding relationship between the beneficial system and the needs of children is attempted to be established, which shows that community gardens have a positive effect on alleviating children' s nature-deficit disorder.

Keyword: Nature-Deficit Disorder; Community Garden; Children' s Health; Landscape Architecture;Growing Healthy Kids Program

引言

快速城市化语境下，人口增长和建成区密度增加引发多种环境问题，如自然环境被大量侵占[1]，这一过程直接导致了儿童与自然之间的纽带断裂。理查德·洛夫在《林间最后的小孩：拯救自然缺失症儿童》一书中用“自然缺失症”来描述这一现象，指出现代儿童缺少与自然的直接接触，而这种接触对儿童身体、情感和精神的健康发展都有深远的影响[2]。在北美、欧洲、澳大利亚等国家和地区，社区农园因其在生产新鲜果蔬、连接自然与城市生活、架构多种族和跨际交流桥梁、增加身体活动、改善饮食结构、促进社区发展等方面的潜力，被认为是提升社区、个人和家庭健康和福祉的一种途径[3]。本文通过美国的 Growing Healthy Kids（后简称 GHK）项目说明社区农园的健康效益，并试图构建社区农园缓解儿童自然缺失症的助益体系，说明其在应对儿童自然缺失症方面具有积极作用。

1　自然缺失症的概念与儿童需求

1.1　自然缺失症

自然缺失症指的是城市化进程中儿童与自然的联系逐渐减弱乃至断裂的现象，一方面科技的发展改变了传统教育与娱乐方式，当今儿童大部分时间花费在室内和科技产品上；另一方面，城市化过程破坏了大量自然环境，加剧了儿童与自然的分离。目前自然缺失症还没有被认定为一种医学症状，也没有被录入任何医学编码方案，如 ICD-10[4]或 DSM-5[5,6]，其之所以被描述为病态，意在唤起公众对儿童健康的全面认知和对自然助益的高度关注[7]。

自然缺失症儿童在初级症状上表现为注意力很难集中，感官能力退化，患肥胖症、注意力缺陷多动障碍症和心理疾病（如抑郁症等）的几率增高；其次，长期与自然分离会削弱儿童的创造力、灵性和自信心，不利于儿童全面发展；另外洛夫预测远离自然难以有效培养儿童敬畏自然和保护环境的意识，最终将对整个地球的生态环境造成巨大影响。由此可见，应对儿童自然缺失症是一项紧迫而意义深远的工作。

1.2　自然缺失症儿童需求

自然缺失症儿童的需求主要可以概括为以下几个方面：①感知自然：儿童可以在亲近自然的过程中充分调动自己的感官感知自然，获取有关自然知识以建立环境意识，如认知植物、观察动植物等；②改善健康：通过在大自然中参与活动，既能够促进新陈代谢，也能够缓减心理压力；③情绪管理：借助自然因子如新鲜空气、阳光、植物香气等舒缓心情、控制情绪；④社会协作：在自然中参与社会活动可以帮助儿童找到志同道合的伙伴，培养主动交流、分享以及分工协作等基本社交意识。

2 Growing Healthy Kids 项目

2.1 背景与理念

自 20 世纪 60 年代以来，美国儿童肥胖症已经成为一种流行病，2～5 岁儿童的肥胖率从 5%提高到 10.4%，而同期 6～11 岁儿童肥胖率升至近五倍（从 4.2%上升到 19.6%）[19]。研究表明，肥胖的儿童成年后更容易患肥胖症，尤其是严重肥胖的儿童[20]，同时患心血管疾病、糖尿病等慢性病的几率也大幅度提高[21]。

虽然肥胖的原因是多因素和复杂的，但大多数研究人员认为，缺乏体育锻炼和不良的饮食模式，包括蔬菜摄入不足，是导致超重和肥胖的两大原因[22]，而一些研究表明，社区农园作为一种环境介入的手段，不仅可以改善参与者的饮食、加强身体活动强度，而且可以通过提高社区和决策者的意识，作为一种预防肥胖公共政策的机制[23]。在此背景下，GHK 项目应运而生，旨在以社区农园为载体预防美国儿童的肥胖症，并通过一系列课程来提高儿童的营养学知识，改善其饮食习惯与身体活动。

2.2 具体措施

GHK 项目为那些抚养幼儿的家庭提供在社区农园里亲自种植的机会，并与学校合作开设与营养和健康行为相关的课程。其中，围绕社区农园的主要措施有：①鼓励亲子尤其是儿童参与种植：种植本土食物为主，如柠檬草、土豆、薄荷、南瓜、豌豆、黄瓜、洋葱、草莓、红辣椒、胡萝卜等。②定期召开农园工作会议：会议把所有成员召集在一起讨论农园近期和远期发展问题，并教授园艺技能，如整地、种植、灌溉和除草的方法。③举办烹饪及营养学讲习班：北卡罗莱纳合作推广人员为所有参与 GHK 项目的家庭举办了为期 7 周的烹饪和营养学系列讲习班，并为参与的西班牙裔家庭专门准备了西班牙语授课，鼓励儿童与家长做出更健康的食物选择。④组织农园活动：举办丰富的农园活动，如百乐餐（用从农园收获的果蔬来烹饪食物）活动、制作稻草人、雕刻南瓜、搭建鸟窝等。⑤编辑出版社区农园的时事快报：内容涵盖了园丁工作、健康食谱、常见的农园管理问题和儿童参与四部分。与学校合作开展的课程主要在幼儿园和一、二年级的儿童中展开（表 1），课程遵循国家健康标准设计。

课程主题 **表 1**

	幼儿园	一年级	二年级
课程 1	我的餐盘；消化	食物和你的身体：为什么我们的身体需要食物	消化
课程 2	五大类食物	食物和你的身体：我们的身体如何使用食物	我的餐盘；食物分类
课程 3	保持干净；从早餐开始；烹饪	五大类食物	健康计划（小吃）
课程 4	我的三明治；有趣的食物	均衡的饮食是怎么样的	食物多样性
课程 5	五感	健康的小吃	做出健康的选择
选修课	播种种子；寻找细菌	水果和蔬菜；健康食物；细菌；奶制品	聪明地吃

2.3 项目成果

根据 GHK 项目的研究发现：参与农园种植活动的儿童提高了新鲜果蔬的摄入量，并通过课程学习增强了营养学知识和健康行为，有利于缓解肥胖症并整体改善健康水平；另外在社区农园的种植经历满足了儿童感知自然的需求、培养了种植技能、加强了人与人、人与环境之间的互动，有利于培养儿童情绪管理与社会协作的能力（图 1）。

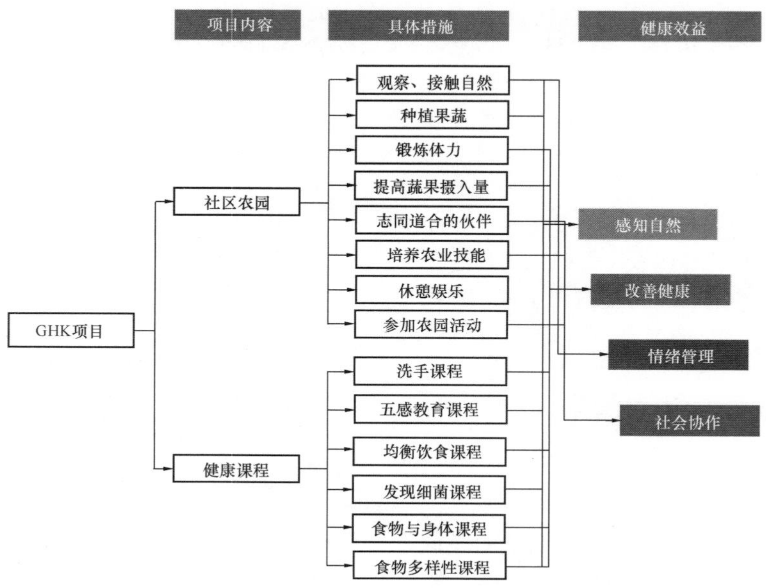

图 1 GHK 项目的助益模式

3 社区农园助益体系

根据北美社区农业协会（The American Community Garden Association）的定义：社区农园是人们共同种植果蔬或花卉的土地，可位于居住区、商业区、学校、单位附属绿地、医院等[8]。其最重要的特点是为城市居民提供了亲自种植蔬菜、花卉的场所，通过亲近土地、参与劳作和管理农园[9]，改善居民健康、提高社区凝聚力。在美国，社区农园是一种蓬勃发展的种植组织模式，同时也作为城市的基础设施和常见的社区活动备受重视[10]，其在改善参与者身体、情感和精神状态方面的作用为缓解儿童自然缺失症提供了一种思路。

3.1 社区农园的构成要素

从提高健康水平的角度来看，社区农园的干预效果可以被认为是一种多构成要素的、基于行为的社会一环境之间的干预作用——在享受绿色公共空间的同时参与种植和社交[3]。Victoria Egli 等人构建了社区农园改善健康的理论模型[11]，该模型从支撑环境角度将社区农园的构成要素分为营养健康环境和社会健康环境两部分(表 2)。

社区农园的构成要素　　表 2

构成要素	促进健康的效果	具体要素
营养健康环境	健康的体重	新鲜的蔬菜和水果 友好的邻里社交网络
	身体活动	高频率的种植活动 直接接触自然
	食物安全	减少家庭食物开支 缩短食物运输里程
社会健康环境	所有权和自豪感	改造社区荒地、空地 释放压力
	社区环境美化	公众参与积极性 社区文化认同感
	社区凝聚力	共同的目标

3.2 社区农园的助益过程

与其他花园相比较，社区农园的优势在于体验互动性强，可以通过激励儿童参与到社区农园的营建中，有效重建其与自然的联系。从自我内部调节、人-人互动关系和人-环境互动关系三个角度来说明社区农园的助益过程，建立参与者的健康行为与自然缺失症儿童需求之间的对应关系，说明社区农园改善自然缺失症的可行性（图 2）。

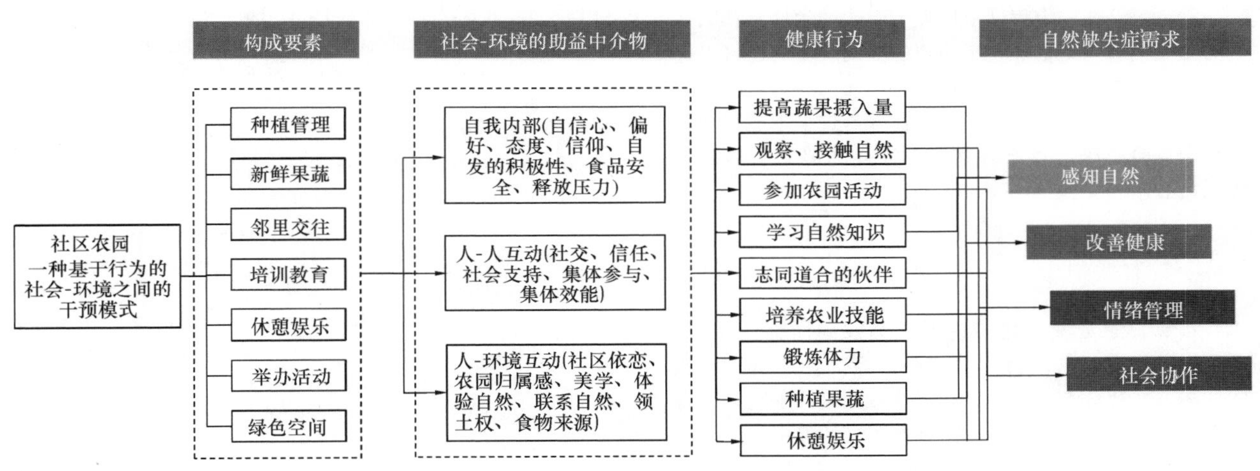

图 2　社区农园助益系统模式图

3.2.1 自我内部调节

参与社区农园的营建可以影响个体行为与心理的作用过程，如自信心、态度、自主动机和对健康行为的偏好，这些反过来会影响饮食和身体活动[3]。自我决定论认为自我决定是一种关于经验选择的潜能，是在充分认识个人需要和环境信息的基础上，个体对行动所做出自由的选择[12]，其动机很大程度上源于个体内部。从这个角度来理解人们参与营建社区农园的内在诉求，包括：①对自然与生俱来的亲切感与根植于内心的农耕文化：通过参与社区农园的营建，参与者有机会直接接触自然、亲自种植食物、丰富自己的触觉体验；②对食品安全的忧虑与对新鲜蔬果的需求：工业化促进了食品的流水线生产，导致城市与食物种植地分离，加剧了食品安全问题，而社区农园重建了人们与食物种植之间的联系，有利于改善参与者的饮食结构。研究表明参加社区农园活动的人比不参加的人消耗更多的水果和蔬菜[13,14]；③增强个体技能与改善心理状态：参与者可以通过信息交流、技能培训等方式学习种植技能、交流自然知识，并且利用农园景观美化社区环境，可以建立参与者的自豪感和自信心，有利于提高居民的幸福感与愉悦感。

3.2.2 人-人互动关系

从社区公共空间角度，社区农园除了基础的食物生产功能，还被作为举办各种社交、教育和文化活动的平台。一项对拉丁美洲社区农园的深入研究发现，农园成为居民与朋友、家人、邻居、外来者和游客交流互动的主要场所，除了日常社交，一些特殊的节日和活动也会在社区农园里举办，如生日会、婚礼和节庆等[15]，这些活动可以加强社区互动、支持和凝聚力。

从社区资产角度，除了获取新鲜果蔬这样的有形资产外，社区农园还为参与者之间交流种植经验与技能提供了机会[16]，而且有利于挖掘和培养社区能人，促进社区农园的可持续发展，如激励社区退休老人向儿童传授自己的种植经验。

从社区参与角度，积极且持续参与社区农园的营建，可使人们更深入地参与公民生活。一项针对社区农园民主效益的研究表明，居民参与社区花园志愿者活动的频率与其民主意识成正比[17]。同时为了维持社区农园的良性运营需要参与者公开募捐，为了维持土地的稳定需要参与者与相关部门机构进行博弈，这些都有助于建立牢固的社会组织和关系，加强人与人之间的社交网络。

3.2.3 人-环境互动关系

"社区农园"一词总是让人联想到一个破败不堪、到处都是垃圾的角落被转变成绿色圣地的过程[18]。在北美、欧洲、澳大利亚等国家和地区，社区农园成为改善社区建成环境品质的一种模式，尤其是在利用社区荒地方面。集体改造后的社区农园通常更具景观美感且有一定防御设施，如篱笆等，在一定程度上增强了农园的领域感和归属感，为儿童创造一个更加安全的户外活动环境，还可以进一步增强社区凝聚力。同时，社区农园还为参与者提供了打发时间、放松心情的机会，儿童在参与过程中能够获取成就感和自豪感来改善心理状况，并逐渐建立起对自然的敬畏之心。

4 结语

自然缺失症是城市化语境下人类共同面临的问题，需要社会各界人士共同努力来缩小乃至弥补儿童与自然之间的沟壑。社区农园在改善儿童饮食健康、丰富儿童身体活动、改善儿童社会关系方面具有积极的促进作用，被证明是一种具有可行性的缓解自然缺失症的模式。对于我国的借鉴意义在于：第一，将社区农园纳入社区规划领域，保证用地的合法性；第二，设计农园和配置资源时要以儿童友好为出发点，满足儿童感知自然、改善健康、管理情绪和社会协作的需求；第三，组织多样化的农园活动以增强儿童与居民间的互动，激发兴趣与归属感。

参考文献

[1] Kabisch N，Matilda V D B，Lafortezza R. The health benefits of nature-based solutions to urbanization challenges for children and the elderly-A systematic review[J]. Environmental Research，2017，159：362-373.

[2] (美)理查德·洛夫．林间最后的小孩：拯救自然缺失症儿童[M]．自然之友，译．北京：中国发展出版社，2014.

[3] Alaimo K，Beavers A W，Crawford C，et al. Amplifying health through community gardens：A framework for advancing multicomponent，behaviorally based neighborhood Interventions[J]. Current Environmental Health Reports，2016，3(3)：302-312.

[4] World Health Organization (WHO)，International Classification of Diseases (ICD)，WHO，2015.

[5] Capaldi C A，Dopko R L，Zelenski J M. The relationship between nature connectedness and happiness：A meta-analysis[J]. Frontiers in Psychology，2014，5.

[6] American Psychiatric Association，Diagnostic and Statistical Manual of Mental Disorders：DSM-5，American Psychiatric Association，Arlington，Va，USA，2013.

[7] 郭庭鸿，董靓．重建儿童与自然的联系——自然缺失症康复花园研究[J]．中国园林，2015，31(8)：62-66.

[8] Al-Delaimy W K，Webb M. Community gardens as environmental health interventions：Benefits versus potential risks[J]. Current Environmental Health Reports，2017，4(2)：252-265.

[9] 蔡君．社区花园作为城市持续发展和环境教育的途径以纽约市为例[J]．风景园林，2016，(5)：114-120.

[10] 李良涛，王文惠，Weller L，et al. 美国市民农园的发展、功能及建设模式初探[J]．中国农学通报，2011，27(33)：306-313.

[11] Egli V，Oliver M，Tautolo E S. The development of a model of community garden benefits to wellbeing[J]. Preventive Medicine Reports，2016，3：348-352.

[12] 刘海燕，闫荣双，郭德俊．认知动机理论的新近展——自我决定论[J]．心理科学，2003，26(6)：1115-1116.

[13] Litt J S，Soobader M J，Turbin M S，et al. The influence of social involvement，neighborhood aesthetics，and community garden participation on fruit and vegetable consumption[J]. American Journal of Public Health，2011，101(8)：1466-1473.

[14] Alaimo K，Packnett E，Miles R A，et al. Fruit and vegetable intake among urban community gardeners[J]. Journal of Nutrition Education & Behavior，2008，40(2)：94-101.

[15] Saldivar-Tanaka L，Krasny M E. Culturing community development，neighborhood open space，and civic agriculture：The case of Latino community gardens in New York City[J]. Agriculture and Human Values Health and Place Community Greening Review The Journal of Nutrition Education World Development American Journal of Alternative Agriculture Bulletin of Science，Technology and Society Community Greening Review Local Environment，2004，21(4)：399-412.

[16] What are the health and well-being impacts of community gardening for adults and children：A mixed method systematic review protocol[J]. Environmental Evidence，2014，3(1)：20.

[17] Glover T，Shinew K，Parry D. Association，sociability，and civic culture：The democratic effect of community gardening[J]. Leisure Sciences，2005，27(1)：75-92.

[18] Henderson B，Hartsfield K. Is getting into the community garden business a good way to engage citizens in local government? [J]. National Civic Review，2010，98(4)：12-17.

[19] Ogden C L，Carroll M D，Curtin L R，et al. Prevalence of high body mass index in U.S. children and adolescents，2007-2008. JAMA 2010；303(3)：242-9.

[20] Ward Z J，Long M W，Resch S C，et al. Simulation of growth trajectories of childhood obesity into adulthood[J].

New England Journal of Medicine, 2017, 377 (22): 2145-2153.

[21] Zhang H , Zhang T , Li S , et al. Long-term impact of childhood adiposity on adult metabolic syndrome is modified by insulin resistance: The bogalusa heart study[J]. Scientific Reports, 2015, 5: 17885.

[22] Spears-Lanoix E C , Mckyer E L J , Evans A , et al. Using family-Focused garden, nutrition, and physical activity programs to reduce childhood obesity: The Texas! Go! Eat! Grow! Pilot Study[J]. Childhood Obesity, 2015, 11(6): 707-714.

[23] Twiss J , Dickinson J , Duma S , et al. Community gardens: lessons learned from california healthy cities and communities[J]. American Journal of Public Health, 2003, 93 (9): 1435-1438.

作者简介

余晓雯，1995 年生，女，汉族，浙江衢州人，重庆大学建筑城规学院风景园林专业硕士研究生。研究方向：风景园林规划与设计。电子邮箱：yxwhelen@163. com。

杜春兰，1965 年生，女，汉族，青海西宁人，博士，重庆大学建筑城规学院院长、教授、博士生导师，山地城镇建设与新技术教育部实验室。研究方向：风景园林历史与理论、风景园林规划与设计。电子邮箱：cldu@163. com。

长三角一体化示范区构建区域生态网络体系的瓶颈与策略研究

Research on the Bottleneck and Strategy of Building Regional Ecological Network System inthe Yangtze River Delta Integrated Demonstration Area

杨　博

摘　要：长三角一体化发展是重大国家战略，由上海市青浦区、苏州市吴江区、嘉兴市嘉善县三地构成的长三角一体化示范区建设已进入规划研究阶段。本文基于长三角一体化发展的顶层规划定位要求，示范区三地在城市生态空间规划建设方面的进展，提出现阶段共建长三角一体化示范区区域生态网络体系的必要性、可行性和现实瓶颈。在深入分析欧洲区域生态网络体系共建经验的基础上，对如何共建长三角一体化示范区区域生态网络体系提出了规划策略和技术路径。

关键词：长三角一体化示范区；区域生态网络；瓶颈；策略；研究

Abstract: The Integration Development of the Yangtze River Delta is a Major National Strategy. The construction of the Yangtze River Delta Integrated Demonstration Area, which consists of Qingpu District of Shanghai, Wujiang District of Suzhou and Jiashan County of Jiaxing, has entered the stage of planning and research. Under the top-level planning positioning requirements of the integration development of the Yangtze River Delta and the progress of the three demonstration areas in urban eco-spatial planning and construction, this paper analyses the necessity, feasibility and bottleneck of constructing regional ecological network system of Yangtze River Delta Integration Demonstration Area at present stage. The planning strategy and technical path of how to build the regional ecological network system of the Yangtze River Delta Integrated Demonstration Area are put forward on the basis of in-depth analysis of the experience of Pan European Ecological Network .

Keyword: the Yangtze River Delta Integrated Demonstration Area; Regional Ecological Network; Bottleneck; Strategy; Research

引言

长三角城市群在上海市、江苏省、浙江省、安徽省范围内，由以上海为核心、联系紧密的多个城市组成，包括上海、南京、合肥等26市，总面积约21.17万平方公里。2018年末，习近平总书记在首届中国国际进口博览会开幕式上宣布将长三角一体化发展上升为国家战略，对上海市委、市政府提议在沪苏浙共建长三角一体化发展示范区的设想给予了充分肯定，要求把这件事办好[1]。目前，上海正会同江苏、浙江两省抓紧研究制定长三角一体化发展示范区建设方案。在一体化示范区的谋划中，要按照总书记的要求，在规划布局、产业发展、设施建设、公共服务、生态环境、社会治理六个方面实现“一体化”合作对接[2]。提升长三角区域生态环境，在长三角一体化示范区试点共建区域生态网络体系，具有极为重要的战略与示范意义。

1　示范区区域生态网络体系共建的实践基础

1.1　上海市基本生态网络规划与生态空间规划[3]

上海市基本生态网络规划是在“资源紧约束”大背景下，为促进城乡发展转型、维护城乡生态安全、提升城乡生态服务系统综合效益而进行的绿地生态系统规划。

总体目标是建设与上海“四个中心”建设总目标相适应、与现代化国际大都市目标要求相衔接的生态空间体系。通过“多层次、成网络、功能复合”的基本生态网络建设，落实低碳生态理念，促进市域绿地、耕地、林园地和湿地的融合发展，提升城市环境品质，提高居民生活环境质量，增强城市国际竞争力。在上海市的实践过程中，生态网络规划的作用已从绿地专项规划上升到城市总体规划顶层设计层面，通过生态红线这一法定依据，严守城市发展边界、保护生态底线、促进城市发展转型。通过系统的专项规划体系，如《城乡公园体系规划》《森林体系规划》《绿道网络规划》《生态廊道体系规划》《古树名木及后续资源保护规划》等，引导各类城市生态空间有序建设。

上海市基本生态网络结构可概括为中心城以“环、楔、廊、园”为主体，中心城周边以市域绿环、生态间隔带为锚固，市域范围以生态廊道、生态保育区为基底的“环形放射状”生态网络空间体系。

1.2　苏州市、嘉兴市城市绿地系统规划

《苏州市城市绿地系统规划（2017～2035年）》（专家论证稿）提出构建以“市域一核两带，市区四环四楔”为

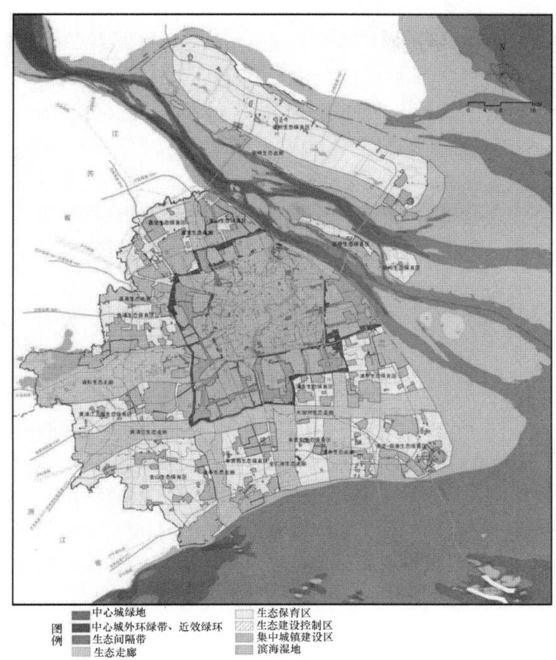

图 1　上海市域生态网络规划图

（图片来源：图 1、图 2 引自《上海市基本生态网络》、《上海市生态空间规划 2017-2035》）

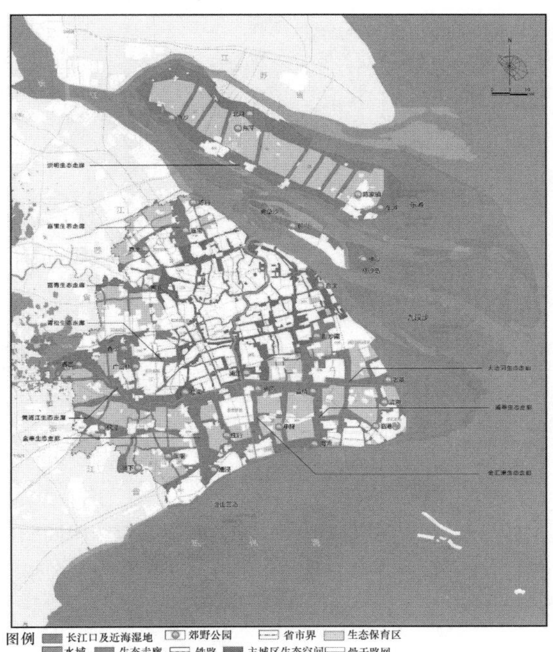

图 2　上海市域基本生态网络规划方案图

特征的绿地系统布局结构，“一核”为太湖生态核，“两带”是长江田园生态带、水乡湿地生态带。“四环”分为内环、二环、三环和外环，分别对应古城风光环、区块拉接环、城市公园环和郊野生态环；“四楔”指“西南角七子山——石湖——东太湖绿楔”“东南角澄湖——吴淞江——独墅湖绿楔”“东北角阳澄湖绿楔”“西北角三角咀绿楔”。

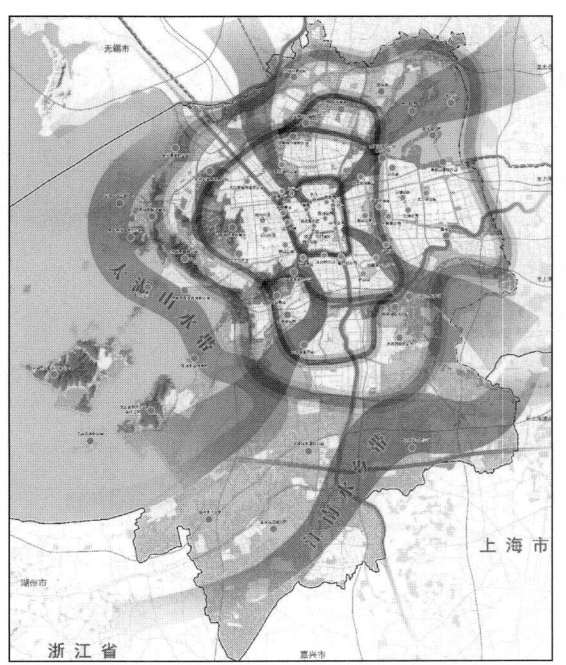

图 3　苏州市绿地系统结构图

（图片来源：图 3、图 4 引自 http：//k. sina. com. cn/article _ 2760296044 _ a486c66c01900885d. html）

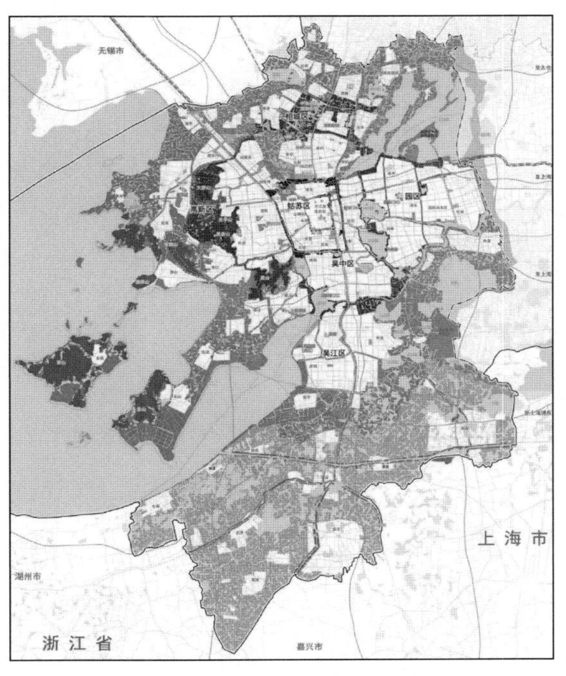

图 4　苏州市域绿地系统布局图

《嘉兴市城市总体规划（2003～2020 年）》以构建田园城市为总目标，建构“一主三副两廊道、三片三楔五板块”的城市空间结构。一主：中环以内城市中心区，其内部以南湖、西南湖为界，分商业金融核心和行政文化核心。三副：指南湖副中心、秀洲副中心、国际商务区副中心。两廊道：即东西向沿中山西路、中环南路的城市景观廊道和南北向沿苏州塘、海盐塘的生态景观廊道。三片三楔：即城市东南片、西南片和北片，以及楔入这三大片区的三块楔形绿地。五板块：即科技创新板块、先进制造板块、空港物流板块、高铁宜居板块、休闲旅游板块。

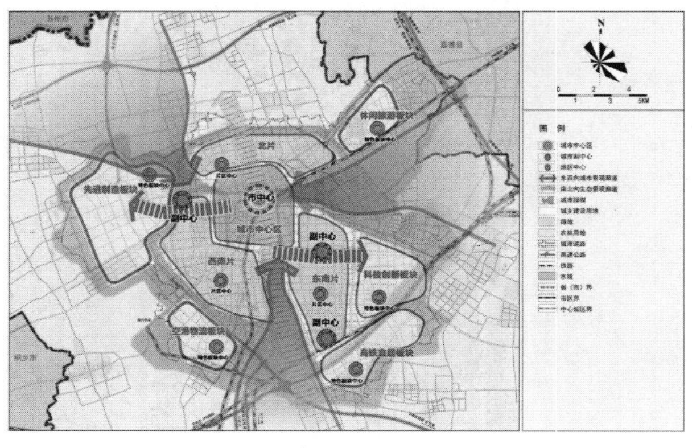

图 5　嘉兴市中心城空间结构图

（图片来源：图 5、图 6 引自 http：//www.gov.cn/zhengce/content/2017－10/11/content＿5231062.htm）

图 6　嘉兴市域土地利用总体规划图

1.3　构建区域生态网络体系的必要性、可行性和瓶颈

生态网络是保障特大城市可持续发展的绿色基础设施，是寻求城市发展与自然环境协调、保障城市生态安全的根本途径[4]。《长江三角洲城市群发展规划》（2016 年）指出，长三角地区既是经济发达和人口密集地区，也是生态退化和环境污染严重地区，优化提升长三角城市群，必须把生态环境建设放在突出重要位置。《长江三角洲地区区域规划》（2010 年）提出构成“三横两纵”生态网架，实现自然生态空间的链接，扩大区域生态空间。但目前整个长三角地区还缺少统一的生态治理方案[5]，尚未形成一体化的区域生态网络体系[6]，难以从根本上提升长三角地区生态保护和生态建设成效。构建区域生态网络对长三角一体化发展具有重要的保障和支撑作用，是实现长三角一体化发展战略的必由路径。

示范区共建生态网络体系对长三角区域生态网络体系发展具有典型的示范与带动作用。目前，《上海市城市总体规划（2017～2035 年）》在区域协同发展方面构建了“从长江三角洲区域整体协调发展的角度，充分发挥上海中心城市作用，加强与周边城市的分工协作，构建上海大都市圈，打造具有全球影响力的世界级城市群。”的顶层设计。示范区范围内的城市对生态网络规划建设的内生动力极为强烈。2018 年末，上海市与青浦区、昆山市、吴江区共同签署了环淀山湖战略协同区一体化发展合作备忘录，发布了 77 项对接事项清单，完成《枫泾-新浜-嘉善-新埭城镇圈区域协同规划》编制工作。该规划在区域协同要素、公共服务设施、生态廊道建设等方面形成了协同共建的规划成果（见图 7）。此外，在干部挂职交流、毗邻区域联动合作等方面同步形成体系化合作机制[7]。示范区在区域协同发展方面已积累了丰硕的实践成果，在共建区域生态网络体系方面已具备充分的可行性。

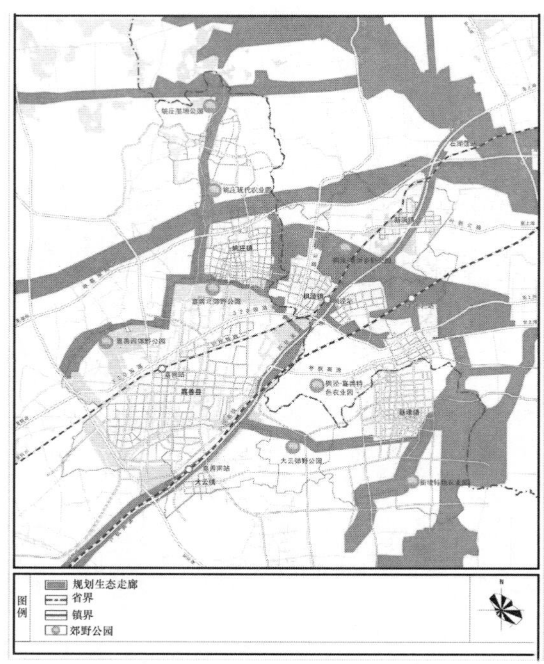

图 7　枫泾-新浜-嘉善-新埭城镇圈生态走廊协同图

（图片来源：图 7、图 8 引自 http：//shzw.eastday.com/eastday/city/gk/20180816/u1a14162828.html）

但上海、苏州、嘉兴在生态环境、管理体制、规划编制等方面存在诸多差异，如不及时研究、突破相关制约瓶颈，将很难推进长三角一体化示范区的协同发展。在生态环境方面，上海的生态空间破碎化程度较高，与苏州、嘉兴差异较大；在管理体制方面，嘉兴嘉善为省直管县，与上海青浦、苏州吴江为市管区不同；在规划编制方面，上海已编制完成并实施了《上海市基本生态网络规划》《上海市生态空间规划（2017～2035 年）》，形成了市域范围的生态网络规划建设蓝图，但苏州仅编制了市域绿地系统规划，嘉兴尚未编制市域范围的绿地系统规划。这些

差异在区域协同发展过程中是不可避免的瓶颈，需要及时梳理并形成解决策略，反之将极大影响长三角一体化示范区的协同共建和可持续发展，甚至影响长三角一体化国家战略的深化落实，因此相关研究工作极具紧迫性。

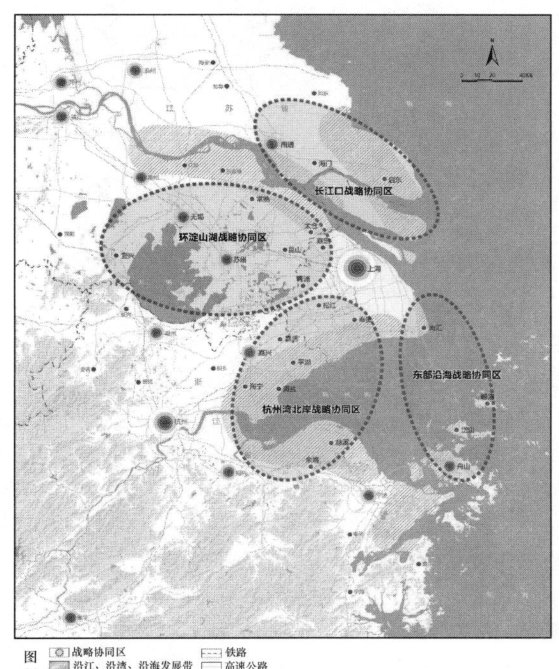

图 8　上海市和近沪地区战略协调区图

2　泛欧洲生态网络体系的规划建设经验借鉴

2.1　泛欧洲生态网络体系的发展历程与成果

生态网络这一概念历经了 2 个多世纪的漫长演变历程，是经过实践检验的、能够促进区域协同发展的可持续发展路径[8]。目前，欧洲已经发展形成了包括“自然 2000”网络（Nature 2000）、绿宝石网络（Emeraldnetwork）以及泛欧洲生态网络（Pan－European Ecological Network）在内的多种关于生态网络的自然保护规划，涉及从国际到国家、区域、城市等各个层次[9]，形成了完备的法律、行政、规划、建设、监督等环节的体系化共建框架，其实践范围已扩展至整个泛欧洲区域。

泛欧洲生态网络（Pan－European EcologicalNetwork，PEEN.）是欧洲最大的生态网络项目，是欧洲已确立实施的各类生态网络项目的体系化集成，涉及国际、国家、区域、城市各层面的协同共建。泛欧洲生态网络是泛欧洲生物和景观多样性战略（Pan European Biological and Landscape Diversity Strategy，PEBLDS.）的关键内容，该战略由欧盟委员会提供资金支持，以提高整个欧洲层面的生物多样性保护成效为核心目标。泛欧洲生态网络分为三个子项，分别为欧洲中部和东部片区、欧洲东南部片区以及欧洲西部片区，按片区分步规划实施，分别于 2002 年（中部和东部）、2006 年（东南部、西部）完成规划[10]。

2.2　泛欧洲生态网络体系的协同共建方法[11]

泛欧洲生态网络三个片区的总体规划方法基本类似，但因不同国家的地理差异、技术差异、数据差异等，在具体方法上多种多样，在生态空间的连通形式、生态廊道的建设需求等方面也存在很多不同。在生态网络的研究与规划环节，如何统一数据技术底板是主要难点；在生态网络的实施建设环节，难点主要集中于如何为欧洲范围内的一百余家生态网络共建机构制定协同共建的技术路径。如欧洲中部和西部必须规划建设生态廊道以增加生态连通度，而在北部、东部和南部因现存规模巨大且连贯的自然区域而无需规划建设生态廊道。

泛欧洲生态网络规划在基础数据和技术流程方面规定了统一的标准要求和技术流程。第一，在规划图比例尺方面，统一采用 1∶3000000 比例尺；在基础数据标准方面，规定所用数据（如物种监测数据）必须在欧洲或该项目区域具有持续性，不持续性的监测数据不可采用。如地表覆盖物数据采用了三套资源，分别为 CORINE 2000（欧洲区域）、PELCOM（白俄罗斯、乌克兰、俄罗斯西部地区）、IGBP-DIS（东欧地区）；第二，规定了明确的分析流程，如在泛欧洲生态网络核心区识别分析中，采用两条技术流线进行分析，一为栖息地分析，二为与栖息地相关的物种繁衍需求分析，如物种对栖息地的尺度、质量和拓展范围等的需求，最终需将上述两类分析整合为一个分析成果。该流程能够保持分析技术流程的一致性，同时预留了必要的弹性，可根据分析对象的特殊性，采用适宜的分析指标。

泛欧洲生态网络还在国际合作、立法、财政、教育、研究等多个层面进行了顶层设计。以乌克兰为例，乌克兰环境和自然资源局、乌克兰国家生态中心专门针对国际与国家层面的生态网络规划建设编制了《泛欧洲生态和景观多样性战略实施指南——建立乌克兰国家生态网络基础》专项文件。该文件的编制得到了世界保护联盟（IUCN）、荷兰农业、渔业和自然管理部的协作，并由“基于泛欧洲生态网络框架的试点区域概念实施指南——支持乌克兰国家生态网络发展项目”专项基金支持。《实施指南》分为三部分：一是乌克兰生物多样性现状分析；二是构建乌克兰国家生态网络的相关政策梳理，内容包括立法基础、财政支持、生物多样性研究和保护、信息与教育行动、主要实践成果总结（《实现乌克兰国家生态网络框架项目》）；三是未来发展指南，内容包括立法、财政和经济、方法和标准化、数据收储与分析、专业培训、信息发布和公众教育、社会参与、规划建设目标等。乌克兰以专门为国家生态网络规划建设立法，设立了国家自然保护专项基金，并确定了国家层面的生态网络规划建设目标、指标。

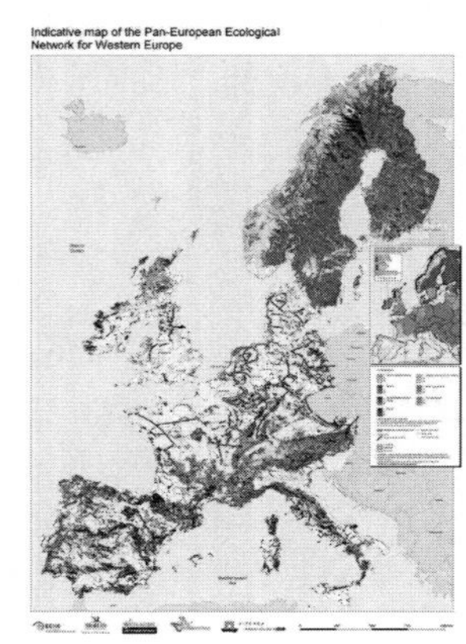

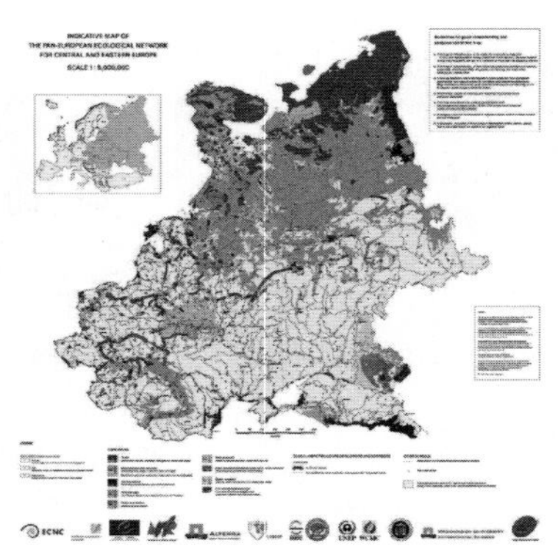
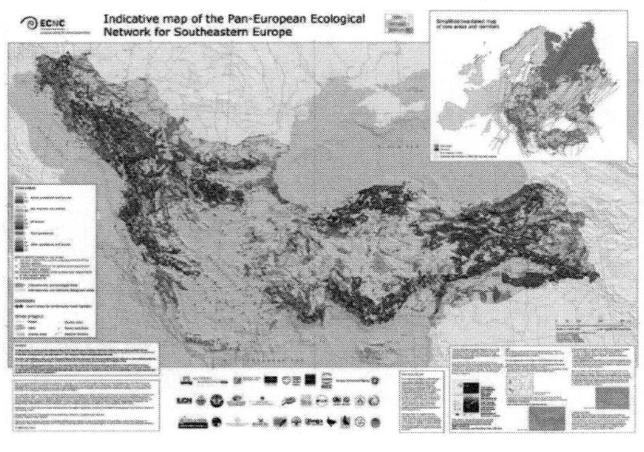

图 9　泛欧洲生态网络规划图（西部片区、中部和东部片区、东南部片区）
［图片来源：Jongman R H G，Bouwma I M，Griffioen A，et al. The Pan European Ecological Network：PEEN［J］. Landscape Ecology，2011，26（3）：311-326］

3　示范区生态网络体系共建的瓶颈与建议

3.1　主要瓶颈

长三角一体化示范区在生态网络共建方面存在如下瓶颈：

一是长三角区域生态网络规划建设的顶层设计框架尚未形成。区域生态网络体系应建立在国土空间规划体系的框架下，但我国在这一方面尚处于起步阶段，相关顶层设计仍在构建过程中，长三角区域生态网络体系还缺乏顶层设计框架的引导和支撑。

二是示范区三地在生态网络规划建设方面尚未形成共建平台。示范区三地的共建平台尚处于搭建过程中，尚无形成针对生态网络规划建设的协同机制和共建平台，无法推动联合研究、规划、建设等工作。

三是示范区三地在生态网络规划建设方面的发展水平不一致。除上海市外，苏州、嘉兴尚未编制生态网络规划，在区域生态网络体系共建方面存在空白区域亟待填补。

3.2　发展策略

针对上述客观瓶颈，应借鉴泛欧洲生态网络体系建设的国际经验，从顶层设计入手，构建协同共建平台，有序引导区域生态网络体系的规划建设，核心突破环节主要如下：

一是形成区域生态网络体系发展愿景。统一认识、统一目标是区域生态网络体系共建的先决条件，形成明确的区域生态网络体系发展愿景，有助于从根本上贯彻生态文明发展理念，避免城市化发展对周边环境的进一步破坏，这也是构建区域生态网络体系的根本目标。

二是形成区域生态网络体系构建框架。区域生态网络体系不仅仅是客观自然资源和空间布局形式，其内涵深入文化、教育、行政、法律、经济等各个层面，只有从顶层设计上建立区域生态网络体系构建框架，才能形成全社会的合力，从根本上推动区域生态网络体系的永续发展。

三是在立法层面奠定区域生态网络体系建设基础。立法是确保区域生态网络体系建设的必要环节，立法不仅要确立区域生态网络体系建设的法律地位，更要明确区域生态网络体系建设的责、权、利关系，严禁破坏区域生态网络体系的可能行为，确保法律的公信力和强制力。

四是为区域生态网络体系研究、规划和建设提供专项资金。区域生态网络体系建设是一项跨越百年的复杂系统工程，没有国家、地区专项资金支持将难以为继，必须形成专项资金支持，才能完成这一造福子孙的世纪工程。

五是构建区域生态网络体系协同共建平台。区域生态网络体系也是一项集合社会各界智慧成果的结晶，必须基于共商、共建、共享的原则，构建公众参与的协同共建平台，才能有序推进区域生态网络体系的研究、规划、实施工作。

六是确立规范化、弹性化技术标准和路径。长三角一体化区域地理要素复杂多变、生态环境千差万别，但为了形成符合发展愿景、结合当地情况、适合地区发展的区域生态网络体系，就必须对技术标准和路径进行规范化、标准化建设，这是确保区域生态网络体系建设水平的根本保障，但在制定标准和路径的同时，还需兼顾弹性，适合国情、地情和民情。

4　结语与展望

区域生态网络体系是经过实际检验的、符合城市化发展趋势的可持续发展路径，在国际经验的基础上构架具有中国国情的区域生态网络是我国城市化发展的必由之路。长三角一体化国家战略、长三角一体化示范区规划建设，正是适应我国城市化发展趋势的战略选择和试点示范。从长三角城市群来看，上海市这一国际化大都市已率先规划实施了基本生态网络规划和生态空间规划，能够有效引领长三角城市群生态文明与生态环境的保护与发展。在长三角一体化示范区的发展机遇下，构建示范区区域生态网络体系势在必行。示范区区域生态网络体系不仅将形成促进城市可持续发展的生态环境基础，更是促进示范区协同共建的重要抓手，是深化一体化发展水平、促进区域社会经济发展的重大工程。

参考文献

[1] 上海市发展和改革委员会．关于长三角一体化发展示范区规划建设的总体考虑[Z]. 2018—12—26.

[2] 青浦和苏州进行战略合作 六个一体化促进区域联动发展[EB/OL]. http://sh. sina. com. cn/news/m/2018-06-07/detail-ihcqccip7444717. shtml

[3] 上海市人民政府．上海市城市总体规划(2017-2035)[EB/OL]. http://www. shanghai. gov. cn/newshanghai/xxgkfj/2035002. pdf.

[4] 张庆费．城市绿色网络及其构建框架[J]. 城市规划学刊，2002，(1)：75-78.

[5] 长三角：联手张开湿地保护网络[EB/OL]. http://www. xinminweekly. com. cn/fengmian/2019/05/08/12276. html.

[6] 张浪．中国长三角区域生态网络体系构想 写在上海市基本生态网络规划批复之后.

[7] 青浦昆山吴江嘉善签约建设"环淀山湖战略协同区"[EB/OL]. http://shzw. eastday. com/eastday/city/gk/20180816/u1a14162828. html.

[8] 刘滨谊，王鹏．绿地生态网络规划的发展历程与中国研究前沿[J]. 中国园林，2010，26(3)：1-5.

[9] 张阔，张晋石．德国生态网络构建方法及多层次规划研究[J]. 风景园林，2018，25(4)：85-91.

[10] Jongman R H G，Bouwma I M，Griffioen A，et al. The pan european ecological network: PEEN[J]. Landscape Ecology，2011，26(3)：311-326.

[11] Ministry of the environment and natural resources of Ukraine. Pan-European biological and landscape diversity strategy(PEBLDS) implementation: Set the basis for national ecological network of Ukraine. 2003

作者简介

杨博，1983 年生，男，上海人，上海市园林科学规划研究院高级工程师，国家注册城市规划师。研究方向为城乡生态规划设计。

针对雨洪管理功能的城市绿色基础设施景观格局分析研究

Research on Landscape Pattern of Urban Green Infrastructure for Stormwater Management Function

吴隽宇* 关洁茹 陈静文

摘 要： 随着我国城镇化快速发展，城市下垫面硬质化程度加剧，绿地与水体减少，引起城市景观格局变化和城市内涝，自 2014 年起，我国倡导海绵城市建设。本研究基于景观生态学理论，以广州市海珠生态城为例，界定研究区域中"斑块—廊道—基质"的概念，选取 5 个景观格局指数对定性和定量分析研究区域内城市绿色基础设施的景观格局，研究城市绿色基础设施景观格局与雨洪管理功能的关系，期望从城市尺度的景观格局上为城市绿色基础设施雨洪管理的分析提供基础，探索运用景观格局分析城市雨洪管理功能以辅助城市规划的可能性。

关键词： 城市绿色基础设施；景观格局；规划分析；雨洪管理功能；海珠生态城

Abstract: With the rapid development of urbanization in China, the hard pavement has increased and the green space and water have decreased, causing the urban landscape patterns changes and urban waterlogging. China has advocated the construction of sponge cities since 2014. This study taking the Haizhu Eco-city of Guangzhou as an example. Based on the theory of landscape ecology, the landscape ecological concept of "plaque-corridor-matrix" are identified and five landscape pattern indices are selected to study qualitatively and quantitatively. The analysis explains the coupling relationship between the urban green infrastructure landscape pattern and its stormwater management function. It is expected to provide a basis for the analysis of the stormwater management function of urban green infrastructure from the urban scale in order to explore the possibility of using landscape pattern analysis to analyze urban stormwater management functions to assist urban planning.

Keyword: Urban Green Infrastructure; Landscape Spatial Pattern; Planning Analysis; Stormwater Management Function; Haizhu Eco-City

引言

随着我国城镇化的快速发展，我国城镇化率于 2011 年突破 50%，而截止到 2017 年，我国城镇化率已达到 58.52%。城市快速的集约化建设导致城市下垫面硬质化程度加剧，绿地与水体减少，加之城市传统排水管网体系建设相对滞后，导致城市景观格局变化并出现城市内涝等问题，危及公共财产安全和人们人身安全，这项问题得到我国重视。自"十二五"以来，我国倡导城市走可持续发展道路，大力推动生态文明建设。2014 年"海绵城市"建设理念和要求的提出引起社会对城市水环境综合治理的高度关注，并提高了城市规划和风景园林等相关专业对城市可持续水环境规划的关注。在"海绵城市"概念不断发展的过程中，其研究逐渐从自然转向城市区域，并拓展到雨水、污水等城市综合治水与城市雨洪管理问题上[1]。当前城市雨洪管理逐渐强调灰绿基础设施相结合的模式，以城市绿色基础设施的"就地截留，分散处理"功能弥补传统灰色基础设施雨洪管理的不足，这亦拓展了绿色基础设施的研究范围。

1 绿色基础设施与城市绿色基础设施概念

美国最早将绿色基础设施的概念定义为"国家的自然生命支持系统（Nation' s Natural Life Support System）"，指由多个网络中心（hubs）、连接廊道（links）及小型站点（sites）等开敞空间组成的自然与人工复合的绿色网络系统[2]，通常具有维持自然生态过程，保护空气、水和原生物种资源，提高人民生活质量等功能[3]。绿色基础设施的研究和实践涉及森林、河流、湿地等自然区域，耕地等半自然的人工区域，亦涉及公园、绿道等城市绿色区域[4]，当前的研究和实践逐渐强调对其生态功能的关注[5]。

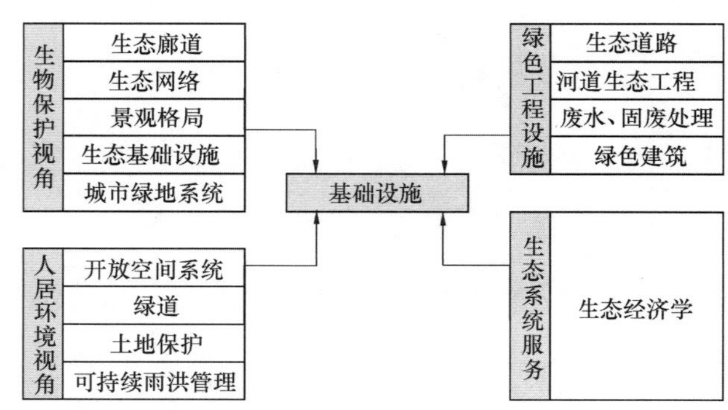

图 1 绿色基础设施研究发展脉络图

从景观生态学的角度看，绿色基础设施的建设能够整合与连通破碎斑块、优化景观格局、促进物质和能量交换并改善城市环境质量[6]。绿色基础设施涵盖三方面的内容（图 1）[7]，包括生物保护视角下的自然区域、人居环境视角下的城市绿地系统和以城市可持续发展为基础的绿色工程设施。随着城市化问题的日益突出，我国更多关注城市绿地系统和开放空间系统，并在此基础上研究城市绿色工程设施，发展出城市绿色基础设施（urban green infrastructure）的概念。

城市绿色基础设施是在绿色基础设施概念基础上提出的更具体的研究范畴，两者的结构与空间特征本质上是一脉相承的。在空间层面上，城市绿色基础设施亦是由网络中心、连接廊道和站点组成的“自然—半人工—人工”绿色空间网络系统[8]（图 2）。被誉为“翡翠之城”的美国西雅图是城市绿色基础设施成功规划并建设的著名案例，其核心内容为构建开放空间、低影响交通、水、生物栖息地和新陈代谢五大网络系统[9]，同时重点关注对现有城市结构的调整。作为城市景观的重要组成要素，城市绿色基础设施承担自然状态下城市中大部分的物质和能量流动代谢过程，是城市生态系统物质能量循环的基础。城市不透水下垫面的增加，减弱地表水下渗并增加降雨时地表径流量、洪水频率和径流总量，导致城市地表积水和内涝灾害[10]。城市绿色基础设施的网络结构一定程度上能削弱这种不利影响。本研究以城市绿色基础设施的景观格局为切入点，识别其网络结构并进行量化分析，探讨城市绿色基础设施作为城市重要的生态骨架，对城市水文过程和雨洪管理的影响，亦为城市可持续水环境规划提供新的思路和方法。

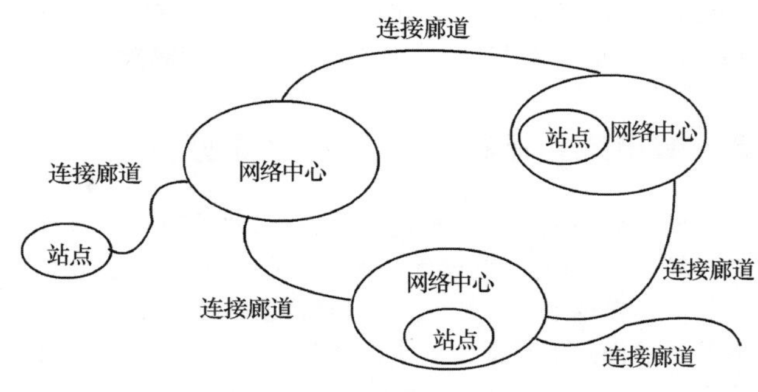

图 2　绿色基础设施结构图

2　绿色基础设施景观格局分析方法研究

国内外研究中相对成熟的绿色基础设施构建与评估理论与方法（表 1）为相关研究提供了理论基础与方法指导。然而，每种评估方法都有其适用性和局限性。垂直叠加法[11]需要获取大量且精确的土地覆被数据；廊道连通性评估法[12]侧重于表达水平生态过程；景观格局指数法可以量化绿色基础设施各类特征指数，是景观生态学理论下的一种重要的景观格局分析方法；形态格局空间分析法[13-14]和拓扑网络构建方法[15-16]均有易操作的特点，但不能准确反应生态系统的能量传递过程。

绿色基础设施研究理论和生态结构评估方法比较　　**表 1**

评价方法	研究理论	具体内容	优/缺点	计算机辅助
垂直叠加法	生态学	表达垂直生态过程，将不同生态要素叠加，找出最佳契合的绿色基础设施结构	结果准确且能表达生境物质传输过程，需要大量精确的土地覆被数据	—
廊道连通评估法	景观生态学	表达水平生态过程，根据生态要素的连接性，阻力模型或最小费用模型进行评估	可以量化评估绿色基础设施的现状及规划方案，但需要数据较精确	ArcGIS
景观格局指数法	景观生态学	结合图论，构建由“斑块——廊道”组成的结构模型，计算表达空间格局特征的各类指数	易操作，可以量化评估绿色基础设施的各类特征指数，但需要数据较精确	AreGIS Fragstats
形态学空间格局分析法	数学形态学	对生态要素进行二值图像栅格化处理，归类为 7 种形态类型，进行形态学格局分析	易操作，数据量少，但评价结果基于二维图像，不能准确反应生态系统的能量传递过程	ArcGIS Conefor
拓扑网络构建方法	拓扑图论原理	借助“重力模型”的衍生关系，通过关键物种选择、栖息地辨识，联通分析，生成拓扑结构的生态网络	易操作，但过于依靠数学模型，缺乏对生态系统垂直和水平过程的阐释，不能准确反应生态系统的能量传递过程	ArcGIS

城市绿色空间的相互作用与景观生态学阐述的“斑块—廊道—基质”基本模型定义、城市自然降水过程中的能量流动与生态系统物质能量传输过程的“源—汇”理论[17]相契合（图 3）。“源”和“汇”分别代表物质或能量产生和接收之地，如将产生地表径流的城市硬质化地表视为“源”，将接收地表径流的城市绿色基础设施视为“汇”。因此，本研究选择景观格局指数法分析城市绿色基础设施，通过识别城市绿色基础设施的“斑块—廊道—基质”结构特征和选取相应的景观格局指数对城市绿色基

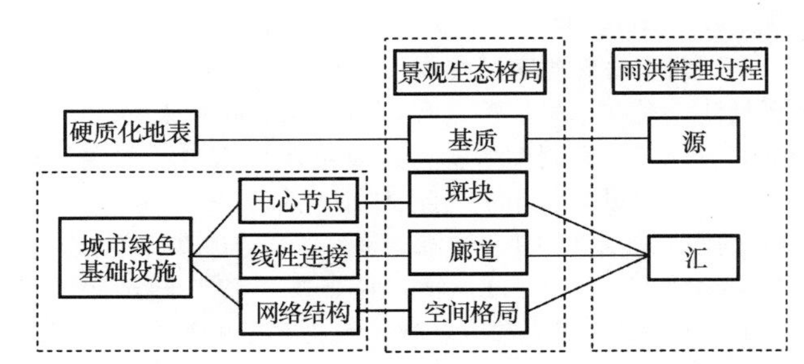

图 3　景观生态学理论下城市绿色基础设施雨洪管理过程图

础设施进行量化分析，以获得满足城市雨洪管理需求的城市绿色空间系统特征。

3 城市绿色基础设施景观格局分析

城市雨洪管理可分为“防洪”和“排涝”两方面，“防洪”主要应对城市水系治理等问题，“排涝”则应对雨水排放、内涝治理等问题。城市绿色基础设施主要参与雨水径流过程并承担部分雨水净化等生态服务功能，本研究侧重“排涝”方面。城市绿色基础设施雨洪管理功能的发挥与其网络绿量及完整性、连贯性和平衡性等结构特性有关。本研究进行城市绿色基础设施景观格局分析的内容包括根据用地类型定义和识别城市绿色基础设施的“廊道—斑块—基质”元素，选取相应的景观格局指标进行模拟运算并比较不同类型景观格局指数的计算结果，从总体结构层面分析不同城市绿色基础设施景观格局下雨洪管理功能的发挥效果。

城市生态系统的生物、非生物、社会和经济要素通过物质能量循环形成具有内在联系的统一整体[18]，根据“斑块—廊道—基质”原理定义和识别城市绿色基础设施，将城市景观分为斑块、廊道、基质三个类别的景观元素，其中农田、河流湖泊等城市绿色空间视为斑块或廊道，城市中的建筑和道路等不透水地面则视为基质，具体识别方式如下（表 2）：

本研究应用景观格局分析的景观格局指数法，借助Fragstats4.2 软件模拟计算景观格局指数，对城市绿色基础设施景观格局进行定性描述与定量分析。景观格局指数分为景观单元特征指数以及景观整体特征指数两类，本研究针对雨洪管理功能为导向的城市绿色基础设施网络结构这一分析目标，选取景观单元特征指数中的斑块数量（number of patches，NP）、斑块面积（patch area，PA）、斑块平均面积（average patch area，APA）和景观整体特征指数中的均匀度指数（Shannon's evenness index，SHEI）、（类型尺度和景观尺度下的）连接度指数（connectance index，CONNECT）这 5 类指数进行模拟计算、统计和分析。

城市绿色基础设施“斑块—廊道”要素识别分类[19] **表 2**

用地类型	用地代码	绿地类型	景观类型	人工识别解释说明
非建设用地	E11	河流、河涌	廊道	水体部分
	E11	湖泊、湿地	斑块	分体部分
	E2	农林用地	斑块	包括城市生态保护用地中的果园、耕地
城市建设用地	G11	综合公园	斑块	服务范围大于 3000m 的公园
	G12	社区公园	斑块	服务范围 500～1000m 的公园
	G13	专类公园	斑块	如湿地公园中除水体的绿色部分
	G14	带状公园	斑块	滨水带状绿地
	G15	街旁绿地	斑块	服务范围 200～500m 的绿地
	G3	防护绿地	斑块	主干道、快速路两侧绿地

4 城市绿色基础设施景观格局分析——以海珠生态城为例

4.1 广州市海珠生态城的简介

2012 年，广州市委首先提出“海珠生态城”的理念，围绕建设具有岭南水乡特色的生态城市示范区和建设花城、水城、绿城的样板区，提出将整合海珠区现有的万亩果园、海珠湖、新城市中轴线南段地区、琶洲地区、黄埔主村等功能区，建设海珠生态城，并制定《广州海珠生态城概念规划》，规划范围约 93 平方公里，生态用地约占 55%。

广州市海珠生态城的城市绿色基础设施与雨洪管理规划建设是共同发展的过程，本研究根据海珠生态城的基底条件、政策制度的支持以及解决城市内涝的需求，确定以其建设阶段和控制性详细规划方案作为实证研究案例。在城市的建设扩张过程中，研究区域内土地自然覆被急剧减少，2000 年其景观破碎程度已经较高。本研究以 2000 年为起点，选择海珠生态城建设发展过程中的 4 个重要时期进行横向和纵向研究，包括 2000 年、2009 年、2017 年和海珠生态城规划方案（拟定为 2030 年），分析不同时期研究区域的城市绿色基础设施景观格局。

4.2 城市绿色基础设施斑块统计分析

本研究运用 BIGEMAP 软件获取研究区域的高精度卫星图像并将图像载入 ArcGIS 10.2 地理信息平台，通过人工识别解译，提取出各类城市绿色基础设施用地类型的斑块要素。然后，对斑块要素图像进行栅格化处理并导入 Fragstats 4.2 软件，通过模拟运算选取的 5 个景观格局指数，获得各个景观格局指数的数值结果，对结果进行统计和分析。

结果统计得出自 2000 年起，研究区域内的斑块类型、数量、面积和结构等特征都有的明显变化（表 3、图 4～图 7）。研究区域一直缺少大型的城市公园，直到 2010 年，才将原有的大片农田耕地改造，建设海珠湖公园，并在规划方案中提出建设中轴绿带，以完善区域总体绿色网络结构。

各时期斑块统计表　　　　　　表 3

年份	指标类型	斑块数量（个）	斑块面积（m^2）	平均面积（m^2）
2000 年	总数	169	17049787	100896
	湖泊水塘	24	491378	20474
	农林耕地	33	4038258	122371
	农林果园	33	10801960	327332
	综合公园	0	0	0
	社区公园	5	245146	49029
	专类公园	0	0	0
	带状公园	23	166671	7246
	街旁绿地	30	725056	24168
	防护绿地	21	581318	27681
2009 年	总数	221	15112993	68384
	湖泊水塘	13	86598	6654
	农林耕地	38	5387519	141776
	农林果园	33	7154903	216815
	综合公园	0	0	0
	社区公园	11	412478	37498
	专类公园	0	0	0
	带状公园	38	524846	13811
	街旁绿地	24	517056	19886
	防护绿地	62	1029683	16607
2017 年	总数	205	14366245	70079
	湖泊水塘	1	34430	344430
	农林耕地	35	4960995	141742
	农林果园	30	6503870	216795
	综合公园	0	0	0
	社区公园	11	395890	39990
	专类公园	8	334944	41868
	带状公园	37	507508	13716
	街旁绿地	24	360801	15053
	防护绿地	59	957807	16234
规划方案 2030 年	总数	237	14526441	61293
	湖泊水塘	1	344430	344430
	农林耕地	9	3638933	40432
	农林果园	29	5892616	203193
	综合公园	8	823148	102893
	社区公园	16	467749	29237
	专类公园	13	525079	40390
	带状公园	42	1258330	29960
	街旁绿地	22	148052	6729
	防护绿地	97	1428059	14722

图 4　2000 年城市绿色基础设施斑块分布图

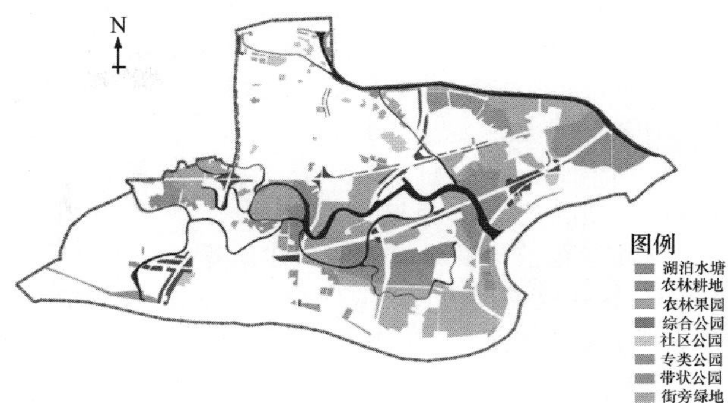

图 5　2009 年城市绿色基础设施斑块分布图

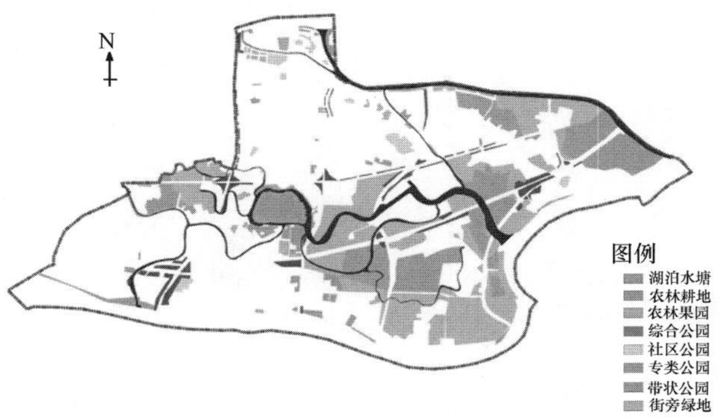

图 6　2017 年城市绿色基础设施斑块分布图

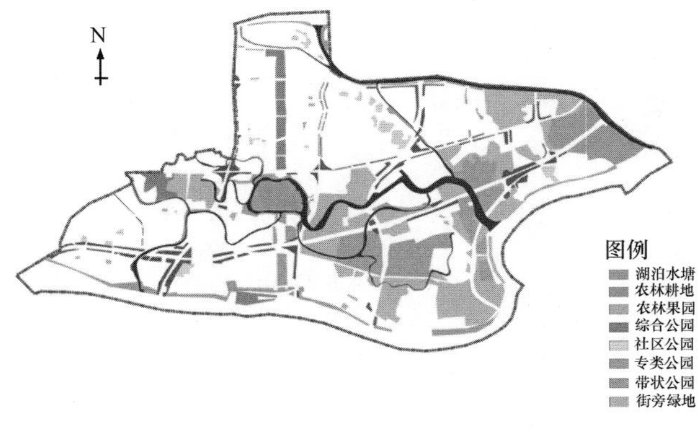

图 7　规划方案（2030 年）城市绿色基础设施斑块分布图

本研究通过景观单元特征指数中的斑块数量、面积和平均面积 3 项指数分析规划方案的提出对研究区域景观格局的影响（图 8～图 10）。从 2000 至 2030 年，研究区域中斑块数量增加、斑块面积和平均面积减少，斑块总面积占区域总面积比例从近 33%降至约 28%。规划方案中，海珠湖公园的开发建设增加了湖泊水塘斑块，对区域整体起一定的雨洪调蓄作用。综合公园、专类公园和带状公园 3 类城市公园斑块的数量、面积和平均面积均有上升，对完善城市绿色基础设施网络结构起到积极作用。

根据对 4 个时期斑块数量变化的统计分析可以看出（图 8），2000～2009 年，承担不同排涝片区雨洪调蓄作用的湖泊水塘斑块急剧减少，极大地改变了城市原本的水文过程。2000 年到 2030 年的规划方案中，耕地斑块锐减至 9 个；道路交通建设对大型绿色斑块的割裂作用非常明显，尤其是城市主干道和快速路的建设，如万亩果园斑块被东西和南北向的城市快速路割裂，严重破坏其生态功能的整体效应。但防护绿地斑块数量占比从约 12%上升到约 41%，面积占比从约 3%上升到约 10%，一定程度上能缓解和弥补城市道路对斑块割裂的负面影响。

城市绿色基础设施斑块的总体面积减少十分明显（图 8、图 10），规划方案中生态保护红线划定和中轴绿带建设规划，一定程度上能减缓建设用地对自然环境的侵蚀。在 2000 年至 2009 年间，湖泊斑块总体面积减少约 82%；部分果园林地转为对地表径流和水质控制效果较弱的耕地，导致果园林地总体斑块面积锐减约 34%，占总面积的比例从约 63%减少到约 40%。

随着斑块总体数量的增加而斑块总面积的减少（图 10～图 11），斑块平均面积在 2000 年至 2009 年间锐减约 32%，至 2030 年，斑块平均面积共减少近 40%，说明规划方案中城市绿色基础设施的斑块破碎化程度没有得到改善并持续恶化。

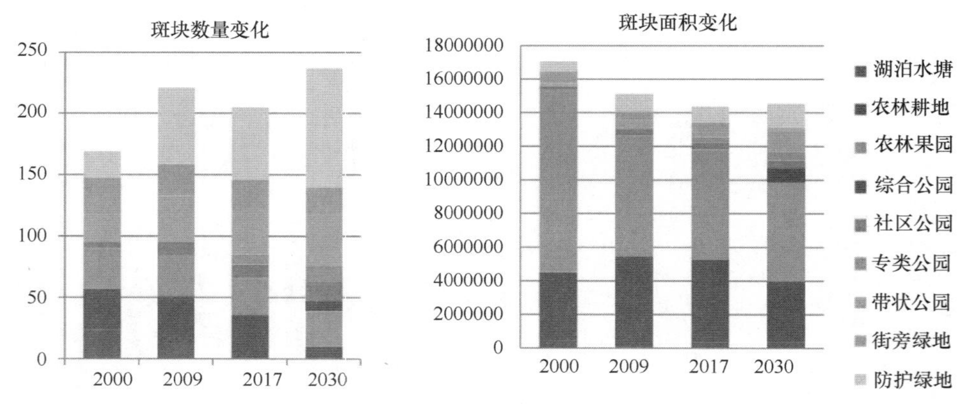

图 8　各类用地斑块数量和斑块面积统计条形图

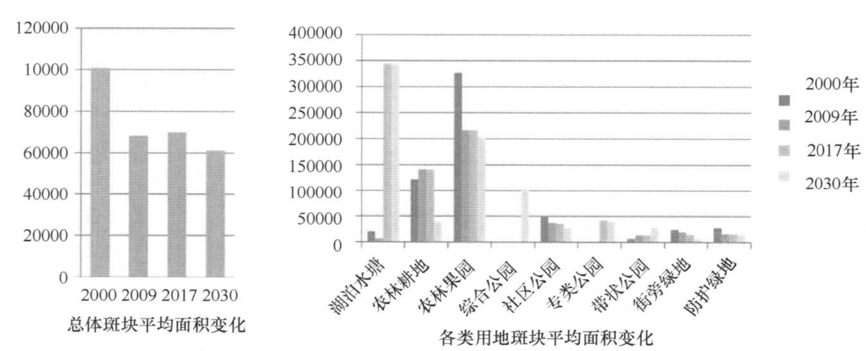

图 9　总体斑块平均面积和各类用地斑块平均面积统计条形图

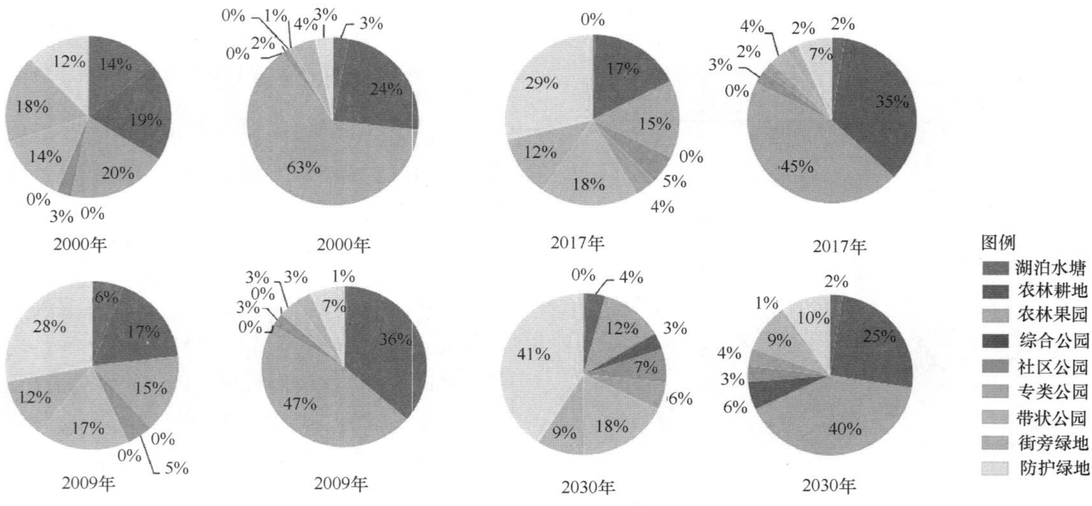

图 10　各类用地斑块数量及面积占比饼图

4.3 城市绿色基础设施空间格局分析

本研究通过景观整体特征指数均匀度指数（SHEI）和连接度指数（CONNECT）依次对各个时期的城市绿色基础设施空间格局进行分析。

景观尺度的均匀度指数分别为 0.3363、0.3236、0.3218 和 0.3147（表 4），可以看出四个时期的均匀度指数都偏低，且均匀度指数呈明显的降低趋势（图 11），说明研究区域整体斑块分布不是很均匀，且绿色斑块发挥的雨洪管理功能总体平衡性不断降低，不同地块之间雨洪管理功能的发挥效果差异越来越明显。规划方案中新增的斑块分布较不均匀，一定程度上会影响城市绿色基础设施雨洪管理功能发挥的均衡性。

连接度指数分析从景观尺度和类型尺度进行。各个时期景观尺度下的连接度指数分别为 1.7564、2.1565、1.9460 和 1.9578（表 4），反映各时期各斑块之间距离的变化关系。2000～2030 年（图 11），连接度指数呈现波动的状态。其中，2017～2030 年，虽然规划方案中增加了构成中央绿带的城市绿色基础设施，但斑块整体连接度指数只略微提高了约 0.6%，且斑块间的联系程度和聚集程度远不及 2000 年，说明规划方案对于斑块连接度的考虑较弱。

2000～2030 年各时期景观格局指数表 **表 4**

指数		2000 年	2009 年	2017 年	2030 年（规划方案）
斑块数量（NP）/个		169	221	205	237
斑块面积（PA）/hm^2		1704.98	1511.3	1436.62	1452.64
斑块平均面积（APA）		10.09	6.84	7	6.13
均匀度（SHEI）		0.3363	0.3236	0.3218	0.3147
景观尺度-连接度（CONNECT）		1.7564	2.1565	1.946	1.9578
类型尺度-连接度（CONNECT）	湖泊水塘	2.1739	5.1282	0	0
	农林耕地	1.5152	2.3529	2.621	5.4545
	农林果园	3.4116	2.8571	3.0303	2.6891
	综合公园	—	—	—	10.7143
	社区公园	0	1.5152	1.5152	1.6667
	专类公园	—	—	27.2727	21.7949
	带状公园	11.6883	4.5045	4.7619	3.6364
	街旁绿地	2.9885	1.7094	3.6667	1.087
	防护绿地	4.2857	1.2163	1.1689	0.8376

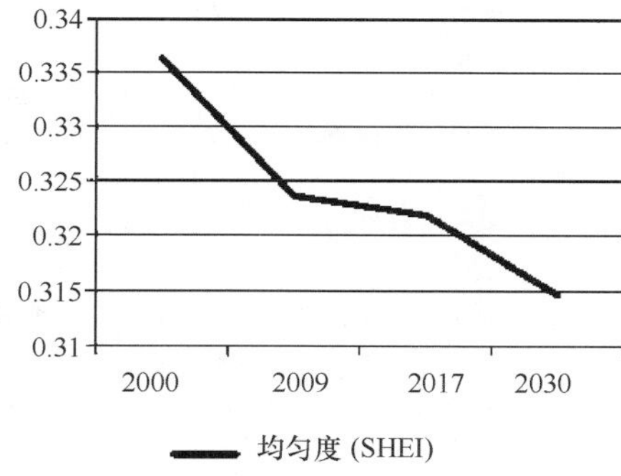

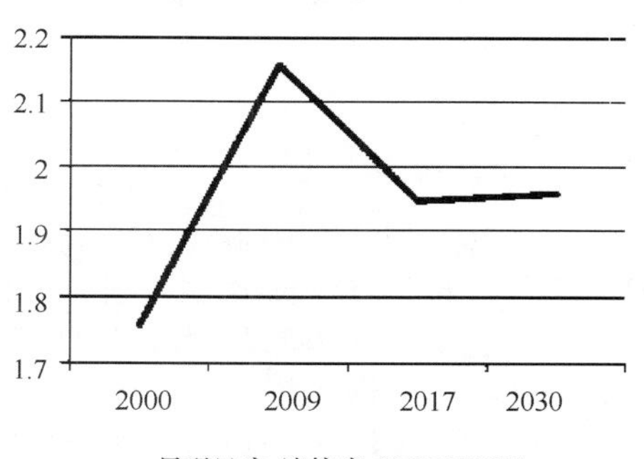

图 11 整体斑块均匀度指数和景观尺度斑块连接度指数变化折线图

类型尺度下，斑块的数量、面积和位置分布会影响斑块连接度指数，并影响斑块生态功能发挥的连贯性。2000～2030 年（图 12），各类绿色斑块的变化趋势都各不相同，其中专类公园的连接度指数变化幅度最为明显，综合公园、湖泊水塘和街旁绿地的指数变化较为明显，具体呈现为耕地、综合公园与社区公园的斑块连接度指数上升；果园、带状公园和防护绿地的指数下降；湖泊水塘的指数先上升后下降；街旁绿地的指数先下降后上升。

4.4 城市绿色基础设施景观格局分析对未来规划的启示

城市绿色基础设施空间格局和生态功能受斑块的数量、面积和平均面积，以及斑块分布的均匀度和连接度的

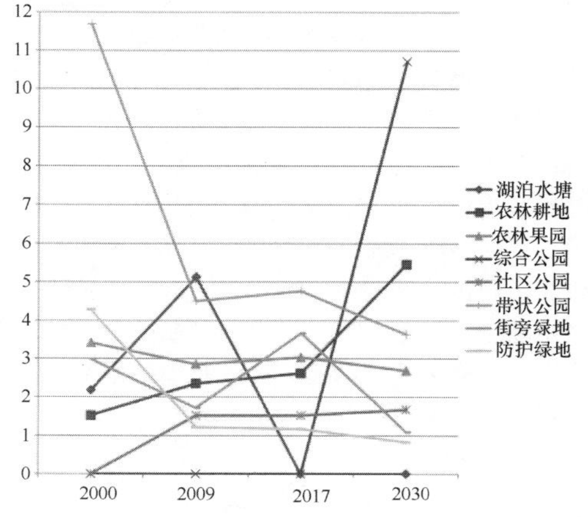

图 12 类型尺度斑块连接度指数折线图

共同影响。根据景观格局分析结果，总结出研究区域的斑块绿量减少明显、景观破碎化增加、斑块分布均匀度下降以及斑块连接度波动上升 4 项景观格局变化特征，体现在总体斑块和各类型斑块的绿量大小、破碎程度、均衡程度和连贯程度 4 个方面[20]。由此获得雨洪管理导向下的研究区域规划调整启示，包括：①斑块绿量大小，即斑块总面积大小，是影响城市绿色基础设施雨洪管理功能发挥的基础。分析结果表明规划方案对绿量有一定的控制，但是控制力度仍有提高的空间，可划定更多城市绿色基础设施用地以增加区域绿量，提高控制力度。②斑块平均面积大小体现景观的破碎化程度，研究区域的整体破碎化程度上升，并且规划方案中破碎程度最高，说明规划方案对斑块连接度的考虑较弱，原因可能是城市用地紧张的情况下，新增的城市绿色基础设施以小尺度绿色斑块为主。未来规划可构建绿色廊道串联研究区域中更多的绿色斑块，以缓解其破碎程度，提高区域绿色斑块的连接度。③斑块的均匀度指数体现景观生态功能发挥均衡性，尤其是雨洪管理功能发挥的均衡程度，自 2000 年起，研究区域的均匀度指数均持续下降。同时规划方案中雨洪管理功能发挥存在区域间差异，未来规划可将雨洪管理功能发挥良好的区域的景观格局作为规划调整参考，以提升其他区域的雨洪管理功能。④景观的连贯程度由斑块连接度指数体现，研究区域的连接度以波动变化为主，规划方案中斑块连接度指数比 2017 年只略微提高 0.6%，反映出规划方案对于提高城市绿色基础设施雨洪管理功能具有一定作用，但由于规划方案中的斑块连贯程度和聚集程度远不及 2000 年，因此，未来规划对于斑块连接度的考虑应加强。

5 结语

城市绿色基础设施是城市雨洪管理的重要载体，是城市可持续水环境规划、营造和管理的重要途径。本研究运用景观格局分析，探讨城市绿色基础设施数量与空间分布对城市雨洪管理的影响，为耦合空间形态与生态服务功能的关系、进行城市绿色基础设施规划管理及其生态服务功能评估提供基础，亦为城市绿色基础设施的定性与定量研究提供了一种方法和思路。研究以广州市海珠生态城为例，选取 5 个景观格局指数，针对研究区域的 4 个重要时期，通过模拟运算定性描述和定量分析研究区域的城市绿色基础设施景观格局，论证该分析方法的可行性，阐述了城市绿色基础设施景观格局及其雨洪管理功能的耦合关系。通过对景观格局指数法获得结果的统计和分析，提出了规划方案中存在的问题和对未来规划的启示。数据表明，海珠生态城规划方案呈现出斑块破碎程度较高，雨洪管理功能发挥存在区域间差异的结果，规划方案虽然在一定程度上对于控制绿量、加强斑块连接度、提高斑块雨洪管理功能发挥具有控制作用，但是其控制力度仍有提高的空间。

参考文献

[1] 吴隽宇，关洁茹．"海绵城市"概念及其理论研究进展述评[J]．南方建筑，2018，38(03)：34-39.

[2] 李开然．绿色基础设施：概念，理论及实践[J]．中国园林，2009，25(10)：88-90.

[3] Benedict M，Mc Mahon E．Green Infrastructure：Linking Landscapes and communities［M］．Washington，Covelo，London：Island Press，2006.

[4] 李锋，王如松，赵丹．基于生态系统服务的城市生态基础设施：现状、问题与展望[J]．生态学报，2014，34(01)：190-200.

[5] 付喜娥，吴伟．绿色基础设施评估(GIA)方法介述——以美国马里兰州为例[J]．中国园林，2009，25(09)：41-45.

[6] Dawson K J A comprehensive conservation strategy for Georgia's greenways[J]．Landscape and Urban Planning，1995，33(1-3)：27-43.

[7] 栾博，柴民伟，王鑫．绿色基础设施研究进展[J]．生态学报，2017，37(15)：5246-5261.

[8] 贾行飞，戴菲．我国绿色基础设施研究进展综述[J]．风景园林，2015，11(8)：118-124.

[9] 刘娟娟，李保峰，南茜·若，等．构建城市的生命支撑系统——西雅图城市绿色基础设施案例研究．

[10] 陈利顶，李秀珍，傅伯杰，等．中国景观生态学发展历程与未来研究重点［J］．生态学报，2014，34（12）：3129-3141.

[11] Ian L，McHarg．Design With Nature[M]．America：the Natural Press，1969.

[12] 王静文．城市绿色基础设施空间组织与构建研究[J]．华中建筑，2014，32(2)28-31.

[13] 邱瑶，常青，王静．基于 MSPA 的城市绿色基础设施网络规划——以深圳市为例［J］．中国园林，2013，29（5）：104-108.

[14] 刘颂，何蓓．基于 MSPA 的区域绿色基础设施构建——以苏锡常地区为例[J]．风景园林，2017，13(8)：98-104.

[15] 赵珂，李享，袁南华．从美国"绿道"到欧洲绿道：城乡空间生态网络构建——以广州市增城区为例[J]．中国园林，2017，33(8)：82-87.

[16] 唐强，闫红伟．基于图论的大洼县西安镇水禽生境绿道网络规划[J]．广东农业科学，2012，39(09)：158-161.

[17] 傅伯杰，陈利顶，马克明，等．景观生态学原理及应用[M]．北京：科学出版社，2011.

[18] 肖笃宁．景观生态学研究进展[M]．长沙：湖南科学技术出版社，1999.

[19] 住房和城乡建设部．城市绿地分类标准(CJJ/T 85—2002)[S]．2002，9.

[20] 关洁茹．基于景观格局分析的城市绿基雨洪管理系统耦合评价研究[D]．广州：华南理工大学，2018.

作者简介

吴隽宇 *，1975 年生，女，广东梅州人，博士，华南理工大学建筑学院、亚热带建筑科学国家重点实验室、广州市景观建筑重点实验室，副教授。研究方向：绿色基础设施规划与评估。电子信箱：wujuanyu@scut. edu. cn。

关洁茹，1992 年生，女，汉族，广东南海人，硕士，广州市设计院城市设计与景观所，景观设计师。研究方向：绿色基础设施规划与评估。

陈静文，1995 年生，女，广东清远人，本科，华南理工大学建筑学院，在读硕士研究生。研究方向：绿色基础设施规划与评估。

中西比较视角下我国城市公共开放空间的规划转型策略①

The Transformation Strategy of Chinese Urban Public Open Space Planning from the Perspective of Comparison between China and the West

卢 喆 金云峰* 王俊祺

摘 要：公共开放空间是城市空间的重要组成部分，是风景园林学科的重要研究对象。本文以城市公共开放空间为研究对象，透过中西比较的视角，解读西方相关城市案例，归纳其城市公共开放空间规划的核心内涵，对比剖析我国城镇化进程中公共开放空间规划的转型需求。在规划编制层面，应从用地规划向空间规划转型，推进规划体系的法定化和规划机制的弹性化；在规划过程层面，应从政府包办向协同共治转型，推进参与主体的多元化和实施流程的动态化；在规划技术层面，应从底限控制向精细发展转型，推进空间布局的系统化和空间设计的精细化。在美丽中国建设背景下，研究结果对我国城市公共开放空间的规划转型具有参考意义。

关键词：公共开放空间；弹性规划；协同共治；精细调适

Abstract: Public open space is an important part of urban space and an important research object of landscape architecture. This paper takes the urban public open space as the research object, through the perspective of the comparison between China and western country, interprets the relevant western urban cases and sums up the core connotation of its urban public open space planning. This paper compares and analyzes the transformation demand of public open space planning in the process of urbanization in China. At the aspect of planning, we should transform the land planning to the spatial planning, and promote the legal planning system and flexible planning mechanism. At the aspect of process, we should transform from government arrangement to coordinated co-governance, and promote the diversification of the participants and the dynamic implementation process. At the aspect of technology, we should transform from the bottom limit control to the fine development, and promote the refinement of the systematization and space design of the spatial layout. Under the background of beautiful China construction, the research results have reference significance for the planning and transformation of urban open space in China.

Keyword: Public Open Space; Flexible Planning; Cooperative Co-governance; Fine Adjustment

引言

公共开放空间是城市空间的组成部分，也是城市居民日常休闲活动的重要空间载体。随着存量发展的不断深入，依托现有空间格局，完善公共开放空间体系，成为我国众多城市规划建设中的重点内容。2014 年，上海市委市政府启动上海市新一轮城市总体规划，以建设“全球城市”为目标定位，组织相关学术机构，针对城市发展的 18 项战略议题展开研究，“上海城市公共开放空间体系和休闲活动网络研究”即是其中之一[1]。可见，城市公共开放空间是人居环境相关学科发挥自身优势，助力美丽中国建设的重要切入点。

然而，在城市居民日益增长的空间需求之下，我国诸多城市的公共开放空间体系却暴露出一些共性的问题：法定规划编制欠缺、公众参与制度失位以及实际空间绩效不足等，阻碍着我国城市公共开放空间规划的有效推进。

为此，本文研究重点关注城市公共开放空间的规划方法，通过剖析西方城市的相关实践，寻找其近百年公共开放空间发展中的先进经验，并紧密结合我国城乡规划体系，探索存量发展背景下的规划转型策略，旨在从根本上为我国城市公共开放空间规划体系的完善提供参考。

1 西方国家城市公共开放空间规划的内涵探析

西方国家的城市公共开放空间规划最早起源于英国，其代表性事件是 1877 年英国伦敦《大都市开放空间法》的颁布，为城市居民的日常休闲游憩活动提供了公共开放空间的法律保障[2]。随后，公共开放空间规划作为城市发展的重要内容，在以英国、美国、澳大利亚为代表的西方国家中得到实践。在百余年的发展历程中，西方国家的城市公共开放空间规划逐渐成熟，并形成了具有普适意义的规划内涵，为此，本文以欧洲、北美和大洋洲多个城市的公共开放空间规划为研究资料，尝试剖析和归纳其规划内涵和特征，为我国的相关实践提供参考。

① 基金项目：上海市城市更新及其空间优化技术重点实验室 2019 年开放课题（编号 20190617）资助。

西方城市公共开放空间规划相关文件梳理　　表 1

文件名称	公共开放空间相关重点内容
《英国伦敦刘易舍姆区休闲和开放空间研究报告（2010 年）》	1. 梳理区域发展背景，按照类型和尺度对城市公共开放空间进行划分 2. 清算区域范围内各类公共开放空间的布局、面积、位置等信息 3. 设置公共开放空间的评价标准，包括有标识信息的质量和可感知度、主要室外家具的质量、草坪区域的质量和干净程度等 4. 从空间数量、质量和可达性等角度，对公共开放空间进行设计指导
《美国匹兹堡市开放空间、公园和休闲系统规划（2013 年）》	1. 从系统层面对公共开放空间进行分类和整合 2. 将规划过程划分为理解发展背景、评价居民需求、制定行动计划、精炼并实施计划 3. 从规模布局、区域整合、场地激活、创意合作等方面对公共开放空间提出发展建议 4. 为公共开放空间规划建设提供财政补贴方案
《加拿大萨德伯里大市区公园、开放空间和休闲总体规划（2014 年）》	1. 从健康社区、人口转变、生活方式、设施供应等方面探讨未来公共开放空间的发展趋势 2. 强调网上调研和社区会议对于空间供给的重要性 3. 明确不同类型空间设施的供给标准 4. 强调公共开放空间系统层面的连通性 5. 提供公共开放空间更新相关的规划、执行和监督建议
《澳大利亚拉特罗布市公共开放空间规划策略和建议（2013 年）》	1. 对统筹整合市域范围内的各类公共开放空间提出要求 2. 提出城市居民对公共开放空间需求的评价框架 3. 从空间布局、空间连接等方面提出远景的发展方向和建议
《新西兰奥克兰开放空间供给策略（2016 年）》	1. 强调开放空间的功能、分布、位置和形态对其服务能力的影响 2. 提出公共开放空间更新的网络原则，包括空间连接性、空间与绿色基础设施的整合、空间发展的韧性等 3. 提出供给指标，包括不同类型公园的数量、内部设施、服务范围、步行可达性 4. 对于空间更新提出经验性意见

从相关文件和导则的分析中可以发现，西方城市公共开放空间规划呈现出较为明显的共性，形成了可归纳可总结的规划范式（表 1）。纵观其内容，笔者认为规划编制、规划过程和规划技术是其公共开放空间规划体系的三大关键要素，也是西方城市相关实践的核心内涵所在。

1.1　强调系统整体的规划编制

在规划编制层面，西方城市十分注重公共开放空间系统内部的完整性与连通性，通过强有力的编制办法进行空间系统的锚固。以美国为例，其城市公共开放空间被纳入区划法划定的特别意图区促进其保护发展[3]，可以说，在区划法规的作用下，美国城市公共开放空间规划与城市总体规划往往同步进行，在城市建设之初，即将公共开放空间的总体形态和保护边界进行落实，对城市发展过程中公共开放空间系统的独立性和完整性产生深远的影响。

1.2　强调公众参与的规划过程

在规划过程层面，西方城市在长期的实践中已经形成较为完善的公众参与机制，公共开放空间作为一项公共资产，其规划和变更必须在相关主体的共同参与下进行，这也是“以人为本”的城市规划价值观所在，这一点在前文的案例研究中多有体现。以美国匹兹堡市为例，其将公共开放空间规划过程分为四个重要阶段：理解发展背景、评价当地需求、制定行动计划、精炼并实施计划，并将公众参与作为公共开放空间财政补贴申请的重要参考[4]。可以说，在美国城市公共开放空间的规划过程中，公众参与起到了传播规划信息、了解居民需求、支持技术分析以及提高社区自组织能力等多种作用[5]。

1.3　强调服务绩效的规划技术

在规划技术层面，西方国家在城市公共开放空间规划中普遍重视空间的实际使用绩效。以新西兰奥克兰为例，除了在整体上构建城市公共开放空间格局外，奥克兰根据不同类型的公共开放空间，提供相应的规划技术标准，用以指导具体场地的设计和建造，包括对空间单元面积的基本要求、对于空间内部配套设施的引导以及对于空间服务范围的调控，这些技术标准对提高公共开放空间的实际服务绩效发挥着重要作用（表 2）。

奥克兰邻里公园类公共开放空间规划技术标准　　表 2

基本描述	配套设施	建设目标
为周边居住区提供短距离步行能够接触到的基本的非正式活动和社交机会，其面积一般为 0.3～0.5hm^2	• 玩耍空间 • 平整的、无障碍的非正规运动场地 • 用于社交和休息的区域 • 一定比例的景观 • 观赏植物 • 室外家具	• 在中高密度居住区，以 400m 为配置范围 • 在其他类居住区，以 600m 为配置范围 • 临近的社区公园应考虑提供不同类型的户外活动机会

2　我国城市公共开放空间的规划转型策略

上文对西方国家城市公共开放空间规划体系进行了归纳，从规划编制、规划过程和规划技术三个维度解读了其主要特征与核心内涵。对于我国而言，同样可以从这三个方面进行城市公共开放空间的规划转型。

2.1　规划转型的总体方向

2.1.1　从用地规划向空间规划转型

长期以来，绿地系统规划是城市建设者管控公共开放空间的主要手段，其本质上是城市总体规划之下的专项规划，旨在对绿地与广场用地这一城市建设用地类型进行统筹规划[6]。然而，由于受制于总体规划和其他各类专项规划，在实际的用地平衡中，绿地系统规划的落地性往往受到不同程度的影响，最终导致绿地系统的完整性遭到损害。为此，我国城市公共开放空间规划的一大转型方向，即在于提高公共开放空间的规划地位，调整其规划层级，以空间而非用地为规划导向，统筹各类存量用地中可以利用的户外空间，通过城市修补的方式逐步提高空间整合度，完成规划转型的时代要求。

2.1.2　从政府包办向协同共治转型

城市公共开放空间与居民的日常生活密切相关，其规划理应在相关利益主体的协同下进行规划。就现阶段我国城市建设的实际情况而言，以绿地系统为主导的公共开放空间规划主要以政府包办的形式进行，城市中独立占地的公园、广场等公共开放空间都是自上而下的规划产物，在快速城镇化阶段，这样的空间生产方式具有效率高、成本低等优势，但在如今存量规划的背景下，公众对于空间规划的参与意识和热情逐步提升，由政府包办向协同共治转型将成为未来城市公共开放空间规划过程的重要模式。

2.1.3　从底限控制向精细发展转型

我国城市公共开放空间发展的滞后，不乏传统规划技术手段带来的限制因素。部分城市绿地系统规划中对绿地率等抽象指标的过度依赖，造成了指标达标而空间分布不均的现象，部分公共开放空间的规划设计中在以景观形象为主要目标，缺乏相应的居住人口和环境行为评估数据和手段，导致空间功能与民众日常使用需求的严重脱节。随着存量规划的不断深入，从底限控制向精细发展将成为未来我国城市公共开放空间规划技术的转型方向[7]。

2.2　整合：规划编制转型策略

2.2.1　规划体系法定化

城市公共开放空间作为新兴的规划对象，还没有完全融入我国特有的城乡规划体系，但随着公共开放空间发展需求的增长，近年来各地城市也开始在法定规划体系下，展开公共开放空间规划研究和编制。2015 年，宁波市规划设计研究院对完善三江片区中的公共开放空间体系展开研究和规划，从总体规划、控制性详细规划和修建性详细规划三个层面，逐层梳理了公共开放空间衔接现有规划的控制要求和内容[8]（表 3）。

武汉市三江片区公共开放空间规划层级和控制内容[8]　　表 3

规划层级	控制内容
总体规划层面	人均公共空间面积；绿地率；慢行交通系统 公共绿地布局：各级公共绿地分布、周边保护区范围、保护要求 历史文化空间布局：保护控制范围、保护要求 滨水空间布局：保护控制范围、保护要求
控制性详细规划层面	土地利用：用地性质、用地面积、用地范围、地块开发条件、公共设施配套要求 建设强度：容积率、建筑密度、绿地率、建筑后退红线距离 交通设施：出入口位置、停车泊位、公共交通设施范围和站点位置、慢行系统、道路的形式与指标控制 市政设施：管线的位置、管径和工程设施用地界线
修建性详细规划与城市设计层面	人群活动特征：使用人员活动状态与特征 公共空间：类型、面积、权属、使用状况 交通体系：与城市车行、公共交通、慢行的衔接 公共设施：类型、面积、权属、使用状况

2.2.2　规划机制弹性化

在衔接各级法定规划的基础上，还应针对我国城市存量更新的实际情况，提供有效地规划弹性机制，保证公共开放空间的规划整合能够有序平稳推进。具体而言，规划弹性机制应包括三个维度：①在二维用地层面，应加快推进混合用地的落实，提高城市建设用地兼容性，推动绿地与广场用地和其他各类用地的高效复合利用[9]；②在三维空间层面，应充分利用城市立体空间，通过建筑底层架空、屋顶绿化等形式，在高密度人居环境中获取有效的公共开放空间；③在四维时间层面，应充分关注我国存量更新的时代背景，为公共开放空间规划与原有规划的变更和冲突提供足够的缓冲时间和弹性政策，防止规划编制损害土地产权人的合法权利。

2.3 赋能：规划过程转型策略

2.3.1 参与主体多元化

城市公共开放空间规划平台，应从政府包办转向多主体协同转型，而与城市公共开放空间规划相关的主体主要有三大类，分别为政府主体、市场主体和居民主体，其在规划过程中的转型策略有着各自的侧重点：①政府主体而言主要包括城市人民政府及其相关部门，其转型重点在于将城市公共开放空间规划作为简政放权项目，逐步从主导建设向保障更新秩序转变，积极组织政府、市场和居民的沟通，依法行政，平衡各方利益；②市场主体以各类开发商为主，在存量发展背景下，开发商简单地直接从土地获取利益的方式不复存在，市场需适应这种转变，积极参与到公共开放空间的二次开发中，提升空间品质和活力，以空间聚集人气，以人气带动经济；③居民主体应回归公共开放空间规划的中心，在规划师和专业人员的指导下，向相关政府部门反馈其空间需求，宜以社区为尺度参与并监督公共开放空间的规划过程及其落实[10]（图 1）。

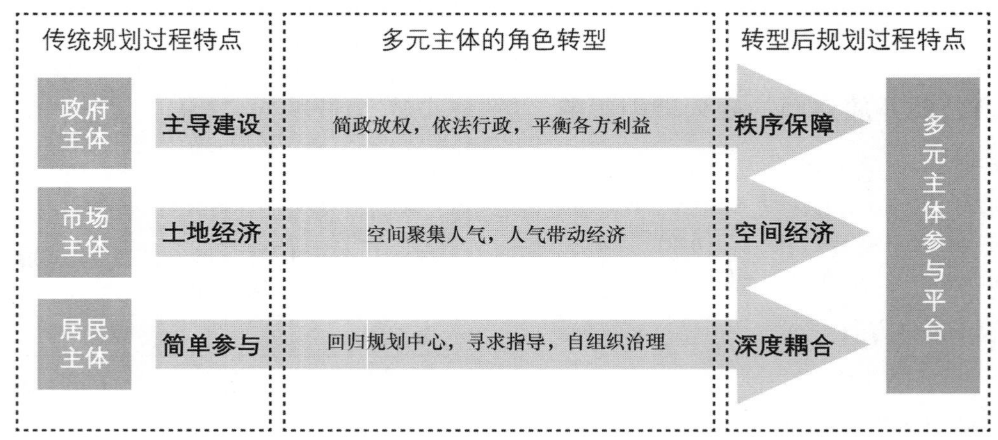

图 1 多元化的规划参与主体及其转型方向

2.3.2 实施流程动态化

在规划平台转型的基础上，还应制定动态化的规划流程，使城市公共开放空间根据城市居民的人口分布和需求变化进行动态调节，具体流程应包括：①现状空间资产清算，梳理城市中现有的不同类型和用地的公共开放空间，明确其布局、面积、权属等相关信息；②居民空间需求调研，针对规划区域内部以及周边的城市居民展开抽样调查，明确其公共开放空间的相关诉求，纳入空间规划考量；③组织空间规划编制，充分利用现状空间格局，并积极回应居民诉求，形成具有针对性的规划成果；④落实空间使用评价，关注公共开放空间的日常使用，采集公众反馈信息，作为下一轮规划编制的重要参考。

2.4 提效：规划技术转型策略

2.4.1 空间布局系统化

规划技术是公共开放空间规划的技术支撑，我国城市已经从扩张式转向内涵式发展，为此必须从技术层面对城市公共开放空间进行系统化调适。与传统的规划手段对绿地率等指标的底限控制不同，规划技术转型应更注重公共开放空间系统的层级性、公平性和均衡性，应首先划分都市圈级、城镇级、社区级等不同尺度的开放空间系统[11]，并综合运用 GIS 等相关软件，利用缓冲区分析、服务区分析、核密度分析等工具，将各类公共开放空间服务范围和供求关系可视化，指导相应的规划编制[12]。

2.4.2 空间设计精细化

在城市存量发展背景下，精细化成为公共开放空间设计的重要原则[13]。在系统化调适的基础上，针对局部的和具体的公共开放空间，应推动相关详细设计导则的制定，尤其应注重存量空间的优化和升级，通过有机更新路径，提升公共开放空间的实际使用绩效，具体策略包括但不限于：①应强化配置空间设施，将诸如慢行系统、运动场地、户外家具等设施的控制要求纳入规划导则[14]；②应注重空间特色的塑造，通过环境提升、艺术设计等方式，形成独具特色的场所氛围；③应发挥城市居民的主观能动性，鼓励部分公共开放空间的自组织利用，形成具有参与性和有机性的空间规划和建设成果。

3 研究总结

随着我国新型城镇化的不断推进，城市公共开放空间作为城市空间的组成部分，将成为城市居民日常活动的重要空间载体。目前，我国城市的公共开放空间规划还处于起步阶段，规划编制、规划过程和规划技术等诸多层面还不够成熟。本文在研究西方国家城市公共开放空间规划体系的基础上，结合我国城乡规划体系和城市建设实际情况，提出针对性的规划转型策略，包括：①在规划编制层面，将公共开放空间纳入法定规划体系，并制定相应的弹性规划机制以支撑规划的有效落实；②在规划过程层面，强调规划相关主体的转型策略，以及动态化规划流程对于公共开放空间规划的重要意义；③在规划技术层面，从大处着眼强调空间的系统化调适，并从小处入手提出空间精细化设计的转型策略。总结而言，在美丽中国建设中，城市公共开放空间的重要性将日益凸显，其规划转型中的相关问题也亟待解决，在此意义上，本文研究对未来相关理论研究和规划实践具有参考价值。

参考文献

[1] 杜伊，金云峰，顾丹叶．基于规划体系的公共开放空间规划现况与编制研究——以上海市城市总体规划(2040)战略议题“公共开放空间专项”为例[C]//．中国风景园林学会．中国风景园林学会2015年会论文集．中国风景园林学会：中国风景园林学会，2015：6.

[2] 裴沛．武汉城市圈绿色开放空间景观格局研究[D]．武汉：华中农业大学，2009.

[3] 杜伊，金云峰．城市公共开放空间规划编制[J]．住宅科技，2017，37(02)：8-14.

[4] OpenSpacePGH：optimizing Pittsburgh's open space，parks，and recreation system [OL]．City of Pittsburgh，2013.09.

[5] 金云峰，李宣谕，王俊祺，等．存量规划中大型公共空间更新的公众参与机制研究——以美国东海岸防灾项目为例[J]．风景园林，2019，(05)：71-76.

[6] 金云峰，刘颂，李瑞冬，等．城市绿地系统规划编制—“子系统”规划方法研究[J]．中国园林，2013，29(12)：56-59.

[7] 杜伊，金云峰．“底限控制”到“精细化”——美国公共开放空间规划的代表性方法、演变背景与特征研究[J]．国际城市规划，2018，33(03)：92-97+147.

[8] 罗明，王蔚炫，陈玉飞，等．宁波公共空间规划评估与规划对策[J]．规划师，2018，34(07)：110-115.

[9] 张悦文，金云峰．基于绿地空间优化的城市用地功能复合模式研究[J]．中国园林，2016，(2)：98-102.

[10] 罗坤．上海城市有机更新实施路径研究[C]//．中国城市规划学会、东莞市人民政府．持续发展 理性规划——2017中国城市规划年会论文集(02城市更新)．中国城市规划学会、东莞市人民政府：中国城市规划学会，2017：13.

[11] 杜伊，金云峰，李宣谕．风景园林学视角下基于生活圈的开放空间布局调适研究——以上海为例[C]//．中国风景园林学会．中国风景园林学会2018年会论文集．中国风景园林学会：中国风景园林学会，2018：7.

[12] 杜伊，金云峰．社区生活圈的公共开放空间绩效研究——以上海市中心城区为例[J]．现代城市研究，2018，(5)：101-108.

[13] 周聪惠，金云峰．“精细化”理念下的城市绿地复合型分类框架建构与规划应用[J]．城市发展研究，2014，(11)：118-124.

[14] 金云峰，卢喆，吴钰宾．休闲游憩导向下社区公共开放空间营造策略研究[J]．广东园林，2019，41(02)：59-63.

作者简介

卢喆，1993年生，男，汉族，江苏常州人，同济大学建筑与城市规划学院景观学系在读硕士研究生。研究方向：风景园林规划设计。电子邮箱：1103943668@qq.com。

金云峰，1961年生，男，上海人，同济大学建筑与城市规划学院景观学系副系主任、教授、博士生导师。研究方向：风景园林规划设计方法与技术、景观有机更新与开放空间公园绿地、自然资源管控与风景旅游空间规划、中外园林与现代景观。电子邮箱：jinyf79@163.com。

王俊祺，1995年生，男，汉族，江苏南京人，同济大学建筑与城市规划学院景观学系硕士研究生。研究方向：风景规划。电子邮箱：samwangjq@hotmail.com。

自然教育理念下社区体育公园儿童安全性设计研究
——以重庆社区体育公园为例

Research on Children's Safety Design of Community Sports Parks under the Concept of Nature Education
—Taking ChongQing Community Sports Park as an Example

徐　盈　徐煜辉

摘　要： 将自然教育植入社区公园的理念已被越来越多的人接受，但其中存在的儿童安全问题也不容忽视。本文采用文献资料分析、实例分析、实地调研、访谈等多种方法，阐明了自然教育理念下社区体育公园的特征，识别其危险因素，构建自然教育理念下社区体育公园儿童安全性设计要素体系，并以重庆社区体育公园为例，详细介绍了空间组织、地形两大重点要素的规划策略，以期为我国社区公园开展自然教育，保障儿童安全提供参考。

关键词： 儿童安全性；设计要素；自然教育；社区公园

Abstract: The idea of integrating nature education into community parks has been accepted by more and more people, but the safety problems of children should not be ignored. This article USES the literature analysis, case analysis, field investigation, interviews and other methods, expounds the characteristics of community sports park in the concept of natural education, identify the risk factors, building a community sports park in the concept of natural education child safety system design elements, taking chongqing as an example, introduced the spatial organization, terrain two key elements of the planning strategy, so as to our country community park child safety design to provide the reference for the development of natural education.

Keyword: Child Safety; Design Elements; Nature Education; Community Park

引言

现代社会的儿童存在沉迷手机游戏、注意力不集中、易怒易暴躁、身体素质降低等多种不健康的生理、心理现象，在《林间最后的小孩——拯救自然缺失症儿童》一书中，理查德·洛夫称这一现象为自然缺失综合征[1]，并提出，“自然教育就是在‘治愈’这样的‘自然缺失症’。”

国内景观、规划学者从各个角度对自然教育进行研究，如刘静将自然教育与学校教育结合，分析校园软质景观的设计要素[2]；李泽洲将自然教育引入儿童户外集体游戏场所，建立评价体系[3]；尹科娈将其引入市民农场并构建四级联动机制[4]。

从公园角度来看，学者们更侧重自然教育的功能及设计，如张媛提出城市绿地的教育功能是城市绿地社会服务功能的重要组成[5]；闫淑君，曹辉阐明城市公园的自然教育意义及实现途径[6]；钱佳怡总结城市公园中自然教育设计影响因素及设计原则[7]。

本文更侧重于其中的儿童安全性设计。笔者对自然教育理念下社区体育公园进行特征分析及危险因素识别，并进一步研究其中的儿童安全问题，构建儿童安全性设计要素体系。结合重庆社区体育公园的特征，选取空间组织、地形两大重点要素进行研究，提出对应规划策略。

1　理论研究

1.1　概念及内涵

对于自然教育（nature education），国内多数学者采用的是北京北研大自然教育科技研究院提出的定义：以自然环境为背景，以人类为媒介，利用科学有效的方法，使儿童融入大自然，通过系统的手段，实现儿童对自然信息的有效采集、整理、编织，形成社会生活有效逻辑思维的教育过程。

根据以上定义，钱佳怡总结了自然教育的三大主要内涵：重视感官的体验、自然信息的采集和人与自然的有效联结[7]。

1.2　联系及意义

社区公园作为距离儿童最近的活动绿地，是儿童密不可分的生活空间，对其身心发育有着直接的影响[8]。

自然教育理念下的社区公园，不同于一般观赏性的景观，更强调儿童的日常参与性，儿童可以通过看、听、闻、尝、接触来检验并强化自己的认知，收获到自然带来的充实和快乐[4]；通过近距离的接触自然环境中植物的形态、色彩、声音、芳香，理解另外一种有着季相变化的生命形态，形成敏锐的感知能力，培养丰富的情感[9]；通过与自然的深度接触而对生态、环保等理解更为深刻，形成环境友好意识，培养良好的社会责任感。

2 特征分析

笔者将自然教育理念下的社区体育公园与重庆现有社区公园进行对比，发现前者具有以下三个特征。

2.1 开放的自然环境

目前重庆社区公园绿化面积较小，大多以铺装为主。笔者对四处社区体育公园铺装及绿地情况进行步测统计，结果如图 1*a*；活动与自然的关系封闭，儿童活动大多为沙坑及攀爬器械，自然仅作为公园的“配饰”存在。笔者对仰天窝体育文化公园儿童活动内容进行定点定时统计，结果如图 1*b*。

而自然教育下的社区体育公园，将儿童游戏活动空间设置在自然环境中，没有严格的安全线和活动区域划分，自然作为公园的“主体”，如图 1*c*。

(*a*)　(*b*)

(*c*)

图 1　与自然不同的关系

(*a*) 铺装及绿地占比（图片来源：作者自绘）；(*b*) 儿童活动内容（图片来源：作者自绘）

(*c*) 自然与活动的融合（图片来源：ASPECT）

2.2 天然的活动设施

目前重庆大部分社区公园以人工化的设施为主，材质多为塑料、铁质，且大多附有设施使用说明，儿童活动内容及方式都已提前预设。笔者对四处社区体育公园儿童活动器材数量及其是否附有使用说明的情况进行统计，分析不同材质器材占比如图 2*a* 所示。

自然教育下的社区体育公园是没有任何人工设施的自然场所，只有树木、溪流、石块、泥土、昆虫等。活动内容由儿童自己寻找创造（图 2*b*），这种完全开放式的、自然的游戏场所可以激发儿童的想象力和创造力[7]。

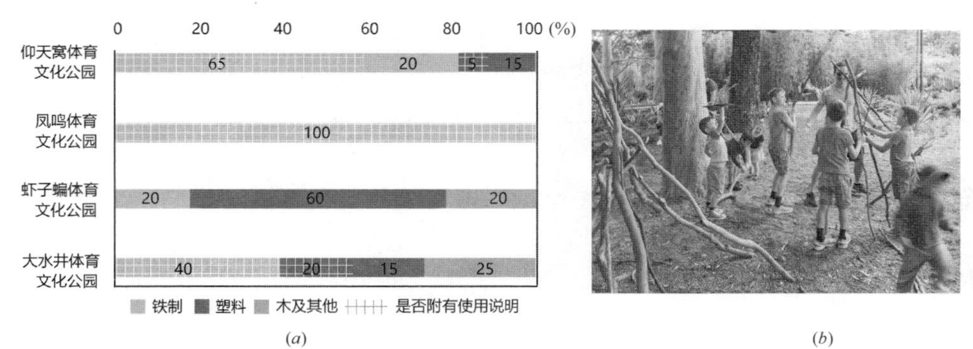

(*a*)　(*b*)

图 2　不同的活动设施

(*a*) 不同材质设施占比（图片来源：作者自绘）；(*b*) 自己搭建活动设施（图片来源：ASPECT）

2.3 生动的科学教育

通过对家长的调研走访，发现大多数家长带领儿童去公园的目的是休闲及交流，边缘化了公园的科普教育功能，且大部分家长认为在社区公园学习新知识效果一般，如图 3*a*。

自然教育下的社区体育公园，通过与自然的亲密接触达到寓教于乐的目的，如图 3*b*。这是位于美国波尔克郡的自然游乐场，82%访客认为该区域能激发儿童的创造力和想象力[10]。正如自然主义者卢·梅杰所说，“他们在学习，但却丝毫不觉得自己是在学习，他们以一种传统学校所不能提供的方式在学习”。

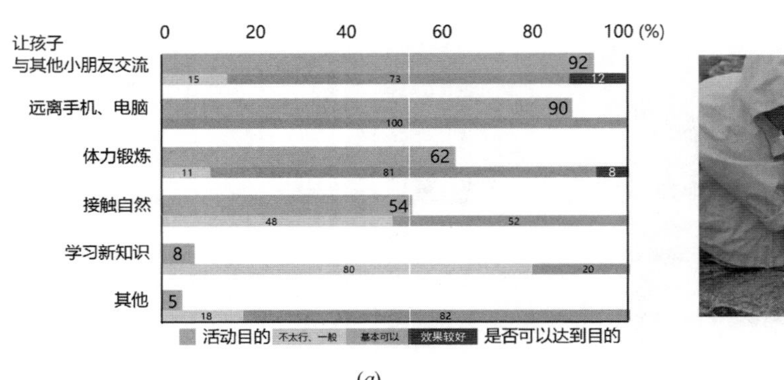

(*a*)

(*b*)

图 3 不同的活动目的

（*a*）活动目的（图片来源：作者自绘）；（*b*）通过接触自然学习新知识（图片来源：RDG）

3 危险因素识别

3.1 儿童安全理论

儿童的安全主要包含生理安全和心理安全两个方面。其中，生理安全包括场地安全、构成要素安全、教育管理安全等，心理安全指儿童活动时心理感受的安全度[11]。

儿童安全设计就是通过对环境中的危险、有害因素进行识别与分析，提出相应的安全对策与建议，让儿童在游戏活动中享有健康的保障[12]。

3.2 危险因素识别

自然教育目标下的游戏场地及游戏环境存在一定的风险性，丹麦自然教育者通过风险评估表、危险确认表、控制行为表[13]等明确风险管理。

笔者对自然教育的风险评估表进行整理，结合实际调研情况，梳理出自然教育理念下社区体育公园存在的安全危害，分为 4 大类 12 小类，具体如表 1。

自然教育下的社区体育公园里的危险因素　　表 1

安全危害		具体伤害原因
场地不安全	边界	通透性差的边界，可视安全性低
	交通	交通交汇处易发生冲撞
	地面	湿滑地面、不平坦地面、地洞处易摔倒
构成要素不安全	自然设备	尖、刺的物品，如石；低矮的树枝易刺伤
	植物	有毒的果子或菌类；带尖刺头的植物
	动物	昆虫叮咬或过敏
	水域	开放水域易跌落
管理教育不安全	监管	孩子走失或不在视线范围内
	日常维护	危险丢弃物如碎玻璃、垃圾、废弃物
	天气	雷暴天气或大风强风；太阳或紫外线辐射
心理不安全	空间	密闭空间
	交往	陌生人多

4 儿童安全性设计要素体系构建

4.1 要素选取原则

4.1.1 儿童为本

在目前的设计中，儿童因无法正常表达本身诉求而受到忽视，并导致诸多安全隐患。因此，为切实保障儿童的权利，选取设计要素时，要从儿童的行为、心理需求出发，以儿童为本。

4.1.2 安全为核心

基于儿童安全性设计的社区体育公园研究，其基本关注点在于儿童安全的保障。为实现这一核心目标，选取设计要素时应从多个方面进行全方位考虑。

4.1.3 兼顾身心需求

相对于生理安全，心理安全更具有隐蔽性，对儿童的影响存在滞后性，因此更易被人们忽视。但儿童生理安全与心理安全同等重要，在要素选取时，要考虑对儿童心理造成影响的不安全因素。

4.1.4 重视自然要素

自然教育下的社区体育公园，以自然要素代替人工要素，而自然要素本身具有更多的不确定性。因此在要素选取时，要有一定的针对性，重视自然要素对儿童安全的伤害。

4.2 要素解读

笔者梳理了国内关于儿童活动场地安全性设计的多篇文章（表 2），大类按照不同需求分为场地、景观、设施、安全教育与管理、空间布局、其他因素等 6 大类。

小类共有选址、场地、规模、边界、交通、功能分区、无障碍、植物、动物、水和沙土、地形、地面材质、铺装、游戏设施和小品、安全教育、公园维护和管理等 16 小类。

儿童安全性设计要素选取 **表 2**

篇名	文献类型	作者	设计要素总述	具体内容
重庆市公园儿童活动场地安全性设计探讨	硕士论文	蒋晓程	4 大类 11 小类	（1）场地要素：场地选址、场地规模、场地功能分区 （2）景观要素：植物配置、水和沙土、地面铺装 （3）设施要素：儿童游戏设施；环境附属设施；设施安全细节 （4）场地安全教育与管理：儿童安全意识、公园的维护和管理
安全视角下的儿童游憩空间设计研究	硕士论文	刘晶	6 大类 10 小类	（1）场地选择：选址 （2）交通设计 （3）空间布局：空间功能、空间类型 （4）绿化景观：绿化空间；植物配置；植物种类 （5）设施与小品 （6）管理与维护安全
城市户外儿童活动场的安全设计	期刊	熊亮；赵乃莉	4 大类 13 小类	（1）安全空间：地面材质；活动设施；微地形 （2）守护空间：座椅、植物、其他用地类型 （3）隔离空间：地面材质、植物、围栏、其他 （4）排斥空间：用地类型、地面材质、阻隔措施
降低意外伤害的城市公园儿童活动场地设计	期刊	季建乐	3 大类 9 小类	（1）场地与空间：场地选址、场地边界、地形 （2）场地设施：游戏器械、地面铺装、植物配置、休息设施 （3）其他因素：动物、日常维护
长沙市城市公园儿童户外活动场地安全性设计研究	硕士论文	段晓芬	6 大类 11 小类	（1）场地设计安全：场地选址、场地空间布局、无障碍 （2）地面材质安全 （3）植物景观安全 （4）游戏设施与景观小品安全；游戏设施、景观小品、附属设施 （5）水体安全 （6）场地管理安全；器械和场地维护；安全教育
城市公园中儿童游戏空间景观安全性设计研究	硕士论文	陈仕姣	11 类	选址；规模；地形；功能分区；地面；植物；水、沙；游戏设施；建筑小品及其他附属设施；安全管理；安全教育
儿童户外游戏场地的安全性研究	硕士论文	曹圆清	12 类	选址安全；场地安全；交通安全；游戏设施安全；铺装安全；植物安全；水域安全；照明安全；监管安全；维护安全；预防犯罪安全；空间安全
城市公园自然式儿童活动场地设计研究	硕士论文	周云婷	3 大类 7 小类	（1）植物安全 （2）游戏设施安全 （3）空间安全；交通安全；游戏器械安全；地面材料安全；水体安全；材料安全

4.3 要素体系构建

笔者采用文献资料分析法、实地调研法，结合本文4.2中总结的自然教育下的社区体育公园里的危险因素，提出自然教育下社区体育公园中儿童安全性设计要素，共有4大类17小类，如表3所示。

自然教育目标下社区体育公园中儿童安全性设计要素　表3

设计要素		安全因子
场地安全	选址及周边环境	用地、交通
	边界	通透度、材质
	出入口	数量、可达性、无障碍、标识
	交通	复杂度、坡度
	地面	粗糙度、平坦度
	空间组织	功能分区
构成要素安全	自然设备	尺寸、细节
	水体、沙	水深、水质、颗粒大小
	地形	高台、坡度、台阶
	植物	锋利度、含毒、飞絮
	动物	叮咬
教育管理安全	安全教育	自觉行为
	监控管理	自然监控、设备监控
	日常维护	废弃物、道路、植物
	天气	雨、风、光
心理安全	空间	密闭度
	交往	人群聚集度

5 引入重庆社区体育公园

2018年8月，重庆市启动了“在建成区利用边角地建设社区体育文化公园”行动计划，规划至2020年，将利用“边角地”修建92个社区体育文化公园，目前已陆续建成十余个。

重庆社区体育文化公园选址于城市边角地，多为地形复杂、范围畸形的地块，其中突出的不安全要素有复杂的周边环境、难以组织的空间形态、坡度较大的地形、随处可见的高台等。故笔者选取空间组织、地形两大重点要素进行研究，提出对应规划策略。

5.1 空间组织

重庆社区体育公园地块较为畸形，空间难以组织且存在较多不安全因素，最常用的方法为按不同年龄段划分不同场地进行组织。

各年龄段的儿童游戏行为和游戏场所需求各异[11]，因此在儿童场地规划时，要考虑到不同年龄儿童的活动需求（表4），因地制宜才能保障儿童活动安全性。可按不同年龄及其需求，将儿童活动场地分为三大区域，并在各区域之间形成过渡区域，以增加不同年龄儿童之间的互动[14]。同时对于规模较大、形态复杂的场地，应根据场地特色增设必要的区域。

各年龄段儿童生理特征及空间需求　表4

时期	活动状态	生理特征	空间需求
婴幼儿（0～3岁）	相对静止	独自玩耍，并在触觉、视觉和听觉上做一些尝试	学步道、可触碰的静止设施
学龄前儿童（3～6岁）	半动半静	探索和接触大自然，轻体力活动	略带坡度的草坪、迷宫、树屋等
学龄儿童（6～12岁）	动态	猎奇，热衷于难度高的组合游戏设施	提供变化和机遇的元素

（1）婴幼儿儿童活动区

适合0～3岁儿童进行相对静止的活动，包括供3～9个月宝宝晒太阳的草坪、为9个月～1岁宝宝安全爬行的区域、为1～2岁幼儿学习走步的学步道等。

（2）学龄前儿童活动区

适合3～6岁儿童进行半动半静的活动。这个时期的儿童是儿童活动场地最大群体，场地包含的要素应丰富多元，包括略带坡度的草坪、可攀爬的树木、水坑等。

（3）学龄儿童活动区

适合6～12岁儿童进行动态活动。这个时期的儿童已具有一定的独立性，故可设置具有挑战性的游戏设施，包括可自行搭建活动设施的场地、滑板、跑步道等。该片区活动场地以开敞空间为主，可结合地形形成起伏变化的场地。

（4）自然植物感知区

重庆边角地植物覆盖率较高，可因势形成特色的植物感知区，包括自然式的树林、人工式的植物迷宫、大面积草坪等。该空间可以由儿童自由发挥创意，实现不同的玩耍方式，不同年龄段的儿童可以共同穿梭，尽情体验大自然的魅力。但要注意在植物的选择上，符合三无一少原则：无刺、无毒、无飞絮、少病虫害。

5.2 地形

重庆地形起伏较大，在社区体育公园中主要有三方面的安全问题：高台控制、坡度控制、台阶控制。

5.2.1 场地的高台控制

由于儿童具有好动的天性，喜欢攀爬、跳跃等行为，场地内若设有高差较大的平台，会吸引儿童在其边缘玩耍跳跃，造成一定的安全隐患。为保障儿童安全，应尽可能以微地形缓坡的方式消除高台，若难以达到，则应考虑按不同高差进行分台处理，尽可能保障高台的相对高度不超过0.50m[15]。

5.2.2 场地的坡度控制

坡度对儿童安全有着重要的影响，过大的坡度会致使儿童在玩耍、跳跃时摔倒跌落，造成危险；过小的坡度会导致场地内部积水问题，所以我们应在保障儿童安全的前提下进行微地形的塑造。根据《居住区环境景观设计导则（2006年）》，坡度2%～3%为微坡，满足儿童活动的需求且排水良好；坡度4%～10%为缓坡，有一点的地形起伏，对儿童活动有一定的影响；坡度在10%～25%为陡坡，儿童难以开展奔跑、跳跃等活动。

故在坡度控制时，应做到：①控制常规的儿童活动区坡度在25%以下；②大多数儿童活动应安排在坡度10%以下区域；③坡度超过25%区域原则上不应作为儿童活动场地，但可依托原有地形，在保障儿童安全基础上开展冒险活动。

5.2.3 场地的台阶控制

场地内的台阶会对儿童造成一定的安全隐患，如绊倒、磕伤等，因此在条件允许情况下，应尽可能通过微地形来消除场地内部的高差，避免台阶的使用。综合《公园设计规范》CJJ 48—1992、《城市居住区规划设计规范》GB 50180—93，2002年版等国家标准、规范中的相关规定，保障儿童安全的活动场地台阶控制应满足以下要求：①场地高差在18%以内的，不宜设置台阶，宜以微地形消除高差；②场地高差在18%以上，可根据情况设置集中布置的台阶，不宜将台阶分散布局；③台阶踏步不应少于3级，台阶超过3m或需更改攀爬方向时，应设置宽度大于1.20m的休憩平台；④每级台阶的宽度不应小于0.30m，高度不得大于0.16m[15]。

6 结语

随着我国经济的发展，社区公园中植入自然要素的观念渐渐被人们所接受，与此同时，安全威胁也随之上升。本文在梳理自然教育理念下儿童活动场所的危险因素与国内儿童安全性设计要素研究的基础上，提出4大类17小类的儿童安全性设计要素，希望能为自然教育下社区公园儿童安全设计做出一份贡献。

另外，危险与安全并存，每一类活动设施都有自身的优缺点，更重要的是在活动过程中，让儿童树立自我保护意识、锻炼自我保护能力，这才是保障儿童安全最有效最直接的方式。

参考文献

[1] 理查德·洛夫．林间最后的小孩——拯救自然缺失症儿童[M]．北京：中国发展出版社，2014.

[2] 刘静．自然教育理念背景下的小学校园软质景观设计研究——以成都市区为例[D]．成都：西南交通大学，2017.

[3] 李泽洲．自然教育背景下的儿童户外集体游戏场所评价研究——以福州市为例[D]．福州：福建农业大学，2018.

[4] 尹科娈．基于儿童自然教育的城市隙地市民农园营造研究——以上海市创智农园为例[D]．长沙：湖南农业大学，2017.

[5] 张媛．城市绿地的教育功能及其实现[D]．北京：北京林业大学，2010.

[6] 闫淑君，曹辉．城市公园的自然教育功能及其实现途径[J]．中国园林，2018(05)：48-51.

[7] 钱佳怡．自然教育在现代园林设计中的体现研究——以余杭径山花海景观提升为例[D]．杭州：浙江农林大学，2018.

[8] 王岑涅，孙雪．全龄段儿童活动场地在社区公园中的设计分析——以成都云谷公园为例[J]．现代园艺，2018(12)：208-209.

[9] 于桂芬，邹志荣．居住区景观与儿童游戏场地设计现状与反思[J]．西北林学院学报，2009，(04)：205-208.

[10] 半农学院．低成本做个自然游乐场，孩子能不玩疯[EB/OL]．2016(10)．http：//www.sohu.com/a/115564988_446744.

[11] 李晓萌．武汉市综合公园儿童游戏场地安全性评价研究[D]．武汉：华中科技大学，2015.

[12] 蒋晓程．重庆城市公园儿童活动场地安全性设计探讨[D]．重庆：西南大学，2015.

[13] 阳思思．亲自然教育实践的分析研究——以欧洲森林幼儿园为例[D]．宁波：宁波大学，2018.

[14] 刘冰颖．城市儿童游戏和游戏活动空间的设计研究[D]．北京：北京林业大学，2005.

[15] 钟乐．基于儿童安全的城市绿地研究——以南昌市为例[D]．南昌：江西农业大学，2015.

作者简介

徐盈，1995年生，女，陕西咸阳人，硕士研究生，重庆大学建筑城规学院城市规划系。研究方向：山地城市规划理论与设计方法。电子邮箱：342905383@qq.com。

徐煌辉，1971年生，男，云南昆明人，博士，重庆大学建筑城规学院城市规划系，博导，重庆大学山地城镇建设与新技术教育部重点实验室教授。研究方向：山地城市规划理论与设计方法。电子邮箱：xyhsgc@126.com。